HANDBUCH DER SPEZIELLEN PATHOLOGISCHEN ANATOMIE UND HISTOLOGIE

HERAUSGEGEBEN UNTER MITARBEIT
HERVORRAGENDER FACHGELEHRTER
VON

O. LUBARSCH †
BERLIN

F. HENKE †
BRESLAU

R. RÖSSLE
BERLIN

DREIZEHNTER BAND

NERVENSYSTEM

HERAUSGEGEBEN VON

W. SCHOLZ
MÜNCHEN

VIERTER TEIL

SPRINGER-VERLAG BERLIN HEIDELBERG GMBH 1956

NERVENSYSTEM

VIERTER TEIL
ERKRANKUNGEN DES ZENTRALEN NERVENSYSTEMS IV

BEARBEITET VON

G. BIONDI · N. GELLERSTEDT† · H. HAGER
J. HALLERVORDEN · H. JACOB · W. KRÜCKE · J.-E. MEYER
B. OSTERTAG · G. PETERS · A. SCHMINCKE† · W. SCHOLZ

MIT 451 ZUM TEIL FARBIGEN ABBILDUNGEN
UND 5 BILDTAFELN

SPRINGER-VERLAG BERLIN HEIDELBERG GMBH 1956

ISBN 978-3-662-37355-2   ISBN 978-3-662-38098-7 (eBook)
DOI 10.1007/978-3-662-38098-7

Inhaltsverzeichnis.

IX. Vorwiegend klinisch bestimmte Krankheitszustände.

Dementia praecox.

Von

Gerd Peters - Bonn.

Mit 12 Abbildungen.

Einleitung.

Der Aufgabe dieses Handbuches entspricht es, vorwiegend die den Krankheiten zugrunde liegenden oder die sich als Folge der Syndrome oder einzelner ihrer Symptome entwickelnden gestaltlichen Veränderungen darzustellen. Bei den Psychosen — insbesondere aber bei den endogenen Psychosen (Epilepsie, Schizophrenie, manisch-depressives Irresein) — ist das anatomisch-pathologische Substrat, der „Grundprozeß", bis heute noch unbekannt. Trotz unermüdlichen Forschens nach den der Dementia praecox zugrunde liegenden somatischen Vorgängen, welche man sowohl durch pathophysiologische als auch durch pathologisch-anatomische Untersuchungen zu finden hoffte, ist bisher der „Morbus dementiae praecocis" noch nicht entdeckt worden. Die Schizophrenie ist bis heute nur als „pathopsychologisches Syndrom" charakterisiert und verständlich. Ihre „nosologische Entität" ist noch nicht gesichert.

Es ist bis heute völlig ungeklärt, ob der Psychose — was in gleicher Weise auch für die anderen Geisteskrankheiten Geltung hat — ein primäres Hirnleiden oder aber eine primäre Erkrankung des übrigen Organismus zugrunde liegt. Nach GRUHLE, der die Schizophrenie für ein endogenes organisches Leiden hält, bei der es jedoch offenbleibt, ob die primäre Ursache encephalogen oder nicht-encephalogen (somatogen) ist, ergeben sich folgende pathogenetische Möglichkeiten:

1. Endogenes spezifisches Körpergift.
    a) Reaktion eines normalen Gehirns auf dieses Gift,
    b) Reaktion eines allgemein geschwächten Gehirns auf dieses Gift,
    c) Reaktion eines heredodegenerierten Gehirns auf dieses Gift.

2. Endogene verschiedene Körpergifte, die aus einem spezifisch heredodegenerierten Gehirn die schizophrene Symptomenkoppelung hervorbringen.

3. Spezifische Hirnerkrankung.
    a) Hereditäre = endogen,
    b) anlagemäßige, aber nicht hereditäre = encephalogen.

4. Psychogene Erkrankung.
    a) Bei einer spezifischen Anlage = exogen und endogen,
    b) ohne letztere = exogen.

Das vorangegangene Schema zeigt mit besonderer Deutlichkeit die Unsicherheit unseres heutigen Standpunktes bezüglich Wesen und Ätiologie des „pathopsychologischen Syndroms" Schizophrenie. Es versteht sich daraus schon jetzt, daß in den folgenden Ausführungen das somatische, insbesondere anatomischpathologische Substrat der Schizophrenie nicht dargelegt werden kann. Vielmehr

handelt es sich lediglich um die Mitteilung von Teilergebnissen und die Auf-
zeigung der unterschiedlichen Wege, zum Teil Irrwege, auf denen bis heute dem
„Morbus dementiae praecocis" nachgespürt worden ist. Die skizzierten pathogenetischen Möglichkeiten machen es erforderlich, daß in den folgenden Ausführungen nicht nur die Vorgänge im Zentralnervensystem, sondern auch die
des übrigen Organismus beleuchtet werden müssen, wobei neben den Ergebnissen
anatomisch-pathologischer Untersuchungen auch die pathophysiologischen und
serologischen Forschungen berücksichtigt werden. Denn erst aus einer solchen
„Gesamtschau" über die bis heute bekannten Ergebnisse und deren pathogenetische Valenz wird die Problematik der „Schizophrenie" verständlich.

Der anatomisch-pathologischen Forschung stellen sich, worauf ich jeweils
noch eingehen werde, besondere Schwierigkeiten in den Weg. Man wird nur
ganz selten einmal sog. „reinen Fällen" begegnen, d. h. solchen Beobachtungen,
in welchen die Psychose nicht durch begleitende oder letale somatische Leiden
wie Tuberkulose, Urosepsis, chronische Magen-Darmerkrankungen, Pneumonie,
Unterernährung u. dgl. kompliziert wurde. Die Abgrenzung der eventuell mit
der Grundkrankheit zusammenhängenden morphologischen Veränderungen im
Gehirn und den inneren Organen von solchen, die durch den akzidentellen
Krankheitsvorgang hervorgerufen wurden, ist daher bei der Schizophrenie besonders schwierig, meist mit Sicherheit nicht möglich. Bei älteren Schizophrenen
können senile Veränderungen (Atrophie, Pigmentatrophie und einfache Atrophie
der Ganglienzellen, Drusen, ALZHEIMERsche Fibrillenveränderungen und Veränderungen am Stützgewebe) oder Folgen einer Arteriosklerose die mit der
Grundkrankheit zusammenhängenden morphologischen Alterationen komplizieren. Man muß ferner beachten, daß eventuelle morphologische Veränderungen lediglich Folge eines Symptoms oder einer Funktionsstörung der Krankheit sein können, bei Schizophrenen ganz besonders Folgen von mit den Erregungszuständen zusammenhängenden Kreislaufstörungen. Hierbei handelt es sich dann
nur um sekundäre oder symptomatische unspezifische Veränderungen; letztere
können je nach Sitz und Ausdehnung ihrerseits wiederum zu klinischen Ausfallserscheinungen führen, wodurch das Krankheitsbild durch akzessorische unspezifische Merkmale bereichert und abgewandelt wird. Eine besondere Schwierigkeit zur Erlangung reinen Ausgangsmaterials erwächst bei der Schizophrenie
auch aus der Unsicherheit der Differentialdiagnose, was ganz besonders bei im
Beginn des Leidens Verstorbenen zu berücksichtigen ist. Die Unterschiedlichkeit
der einzelnen psychopathologischen Syndrome und Verlaufsarten bei der Schizophrenie darf — will man von einem brauchbaren Ausgangsmaterial ausgehen —
ebenfalls nicht außer acht gelassen werden. Wir werden im folgenden sehen,
daß nur in ganz seltenen Ausnahmen die Möglichkeit zur Erlangung verwertbaren Beobachtungsgutes gegeben war und daß auch nur in wenigen Fällen
von den Bearbeitern die skizzierten Schwierigkeiten genügend beachtet worden
sind. Hieraus erklären sich manche Fehldeutungen und falsche Schlüsse, die im
folgenden auch besprochen werden müssen.

A. Die morphologischen Veränderungen im Zentralnervensystem.

Überblickt man die bisher vorliegende umfangreiche aus- und inländische
Literatur über die pathologisch-anatomischen Veränderungen im Zentralnervensystem bei der Dementia praecox, so erkennt man, daß ein Teil der Autoren
die der Dementia praecox zugrunde liegenden gestaltlichen Veränderungen im
Gehirn in unspezifischen Zellveränderungen sowie disseminiertem und lokalem

Zellausfall vorwiegend in der Hirnrinde gefunden zu haben glaubt (Alzheimer, Sioli, Josephy, Fünfgeld, Hechst, Naito, Miskolczy u. a.). Stellt man aber die Äußerungen von Steiner und Josephy nebeneinander, die beide in dem Bumkeschen Handbuch der Psychosen zu der Anatomie der Dementia praecox kritisch Stellung genommen haben, erkennt man deutlich die Differenz der Ansichten bezüglich des vermeintlichen anatomischen Substrates der „Schizophrenie". Während Josephy, welchem wir zweifellos eine besonders kritische Arbeit über die gestaltlichen Veränderungen bei der Schizophrenie im Gehirn zu verdanken haben, der Meinung ist, daß man die bei der Schizophrenie im Gehirn gefundenen Zellücken in der 3. und 5. Schicht, die erheblichen Zellreduktionen und die hochgradigen Zellverfettungen nicht mehr als normal bezeichnen kann und mit der Psychose in Zusammenhang bringen müßte, ist Steiner der Ansicht, daß es eine Anatomie der Schizophrenie nicht gibt. Steiner schreibt: „Wenn Josephy von einem unkomplizierten Fall berichtete, der 4 Jahre lang kataton-schizophren war und nach momentanem Tod (infolge unglücklichen Zufalls) Ganglienzellausfälle in der Rinde nicht gefunden worden sind, entsprechend dem von Rosenthal an der Heidelberger Klinik veröffentlichten Fall Wähler, so weist dies auf eine mangelnde Spezifität der Nervenzellausfälle für den schizophrenen Prozeß hin." „Den Ganglienzellausfällen, den Veränderungen der einzelnen Ganglienzellen, den lipoiden Verfettungen ektodermaler und mesodermaler Zellelemente kommt somit keinerlei Bedeutung für die Histotypie schizophrener Prozesse zu." Der Meinung, daß ein der Dementia praecox zugrunde liegendes anatomisches Substrat bis heute noch nicht gefunden wurde, sind ebenfalls Spielmeyer, Scholz, Dunlap, Klarfeld, Wohlfahrt, Roeder-Kutsch, Peters u. a. Letztere Autoren wiesen nach, daß es sich bei den bei der Schizophrenie nachgewiesenen Veränderungen zum Teil um nicht mit der Psychose in Zusammenhang stehende, zum Teil nicht einmal um sicher als krankhaft zu wertende Befunde handelt. Um dem Vorwurf der einseitigen Betrachtung des Problems zu entgehen und um dem Leser ein kritisches Abwägen der Ansichten zu ermöglichen, werde ich zunächst die Autoren zu Worte kommen lassen, die das anatomische Substrat der Dementia praecox erkannt zu haben hoffen, und anschließend werde ich aber auch der Kritik genügend Raum geben.

Im Vordergrund der morphologischen Befunde stehen Nervenzellveränderungen und Nervenzellschwund. Verschiedene Formen von Nervenzellveränderungen sind beobachtet worden, so Schrumpfung (Josephy, Klippel und Lhermitte u. a.), „chronische" Zellveränderung (Goldstein, Klarfeld u. a.), primäre Reizung (Hiresaki u. a.), Homogenisierung (Buscaino), akute Zellerkrankung Nissls (Hiresaki), Pigmentatrophie (Doutrebente und Marchand, Legrain, E. Schröder u. a.), Vacuolenbildung (Ansaldi, Hechst, Bernardi u. a.). Am regelmäßigsten sind aber Zellsklerose, die mit Verfettung einhergehen kann, degenerative Verfettung und Zellschwund erwähnt worden. „Lipoidsklerose" wurde von Cotton, Alzheimer, Cramer, Klarfeld, Münzer, Josephy, Fünfgeld, Hechst, Miskolczy u. a. beschrieben.

Die Zellen werden als geschrumpft bezeichnet, wobei die Schrumpfung einen solchen Grad erreichen kann, daß die Pyramidenzellen der 3. Schicht spindelförmig werden. Die Konturen solcher Zellen sind scharf, der Zelleib färbt sich mit Thionin dunkelblau an, Nisslsche Schollen sind nicht mehr zu differenzieren. Die Tigroidsubstanz bleibt nur in Form einiger tiefdunkel angefärbter Körnchen zurück. Solche dunklen Brocken liegen dann nach-Ansicht von Hechst vielfach an der Zellbasis und an der Teilungsstelle der Dendriten. Die Fortsätze erscheinen blaß- bis dunkelblau. Der Achsenzylinder ist zum Teil weithin sichtbar und verläuft korkzieherartig geschlängelt. Nicht selten sind Lipoideinlagerungen an der Peripherie der Zellen. Nach Fünfgeld sollen solche Zellen sich schließlich von der Peripherie her auflösen. Als Endzustand betrachtet Fünfgeld eine zusammengesintertez entral gelegene dunkle Masse, die etwas größer als ein Kernkörperchen ist, an welcher eine Struktur nicht mehr erkennbar ist, rings umgeben von einigen gelblichen Cystchen, deren Zwischensubstanz nur schwach tingiert ist.

Die Sklerose bzw. „Lipoidsklerose" soll, so wird übereinstimmend angegeben, vorwiegend in der 3., demnach in der 5. Schicht, aber stets diskontinuierlich angetroffen werden. Auffallend starke *Verfettung* der Nervenzellen, auch schon in relativ jungen Jahren, wurde in den Gehirnen Schizophrener von ROSENTHAL, JOSEPHY, RANKE, SIOLI, LADAME, LUBOUCHINE, ZIMMERMANN, NAITO, MÜNZER und POLLAK, FÜNFGELD, HECHST, MISKOLCZY u. a. festgestellt. JOSEPHY hebt die Verbreitung der Zellverfettung in seinen Fällen besonders hervor und betont, daß die nicht-schizophrenen Vergleichsfälle weit übertroffen wurden. Die „*schwundähnliche Zellerkrankung*" (FÜNFGELD) besteht im wesentlichen in einer Auflösung und in einem Zerfall der NISSLschen Schollen mit folgender Auflösung der gesamten Zelle. Man geht daher wohl nicht fehl, die von zahlreichen Autoren, so von DUNTON, ALZHEIMER, ANSALDI, GOLDSTEIN, KLIPPEL und LHERMITTE, WILLIAM, WADA, ZIMMERMANN u. a. beschriebene *Chromatolyse* in den Nervenzellen, dem „Zellschwund" gleichzusetzen.

Die erste ausführliche Beschreibung des „*Zellschwundes*" verdanken wir FÜNFGELD. „Der Plasmaleib der Zellen zeigt eine fädig-netzige, diffus angefärbte Grundstruktur mit Einlagerung ganz feiner, tiefdunkler Körnchen. Die NISSL-Schollen sind verschwunden. Vorwiegend an der Basis, gelegentlich aber auch an den Verzweigungen der Dendriten liegen abnorm dunkle, fast schwarz gefärbte Substanzbrocken von unregelmäßiger Form. Der Spitzenfortsatz erscheint häufig aufgelockert, ist, wie Achsenzylinder und Dendriten weithin verfolgbar und hat in größerer Entfernung von der Zelle eine glasig homogene Grundsubstanz. Zugleich scheint der in seiner Größe zunächst nicht wesentlich veränderte Kern an Färbbarkeit zuzunehmen. Die Kernmembran wird nicht nur durch das Verschwinden der Kernkappen abnorm schlecht abgrenzbar, sondern an sich auch dünner und zarter, so daß die Abgrenzung des Kerns, zumal in seiner Struktur mit dem ihn umgebenden Plasma große Ähnlichkeit aufweist, oft Schwierigkeiten bereitet. Kernfalten sind recht selten. Das Kernkörperchen zeigt eine bröckelige Begrenzung seiner Oberfläche und meist ein oder mehrere Kristalloide" (FÜNFGELD).

Die Zellalteration leitet ihre Bezeichnung daher, weil sie Ähnlichkeit mit der „schweren", auch zur Zellauflösung führenden „Zellerkrankung" NISSLs hat. Von FÜNFGELD, HECHST, MISKOLCZY u. a. wird diese Zellveränderung als das vorwiegende Substrat, vor allem akuter schizophrener Prozesse angesehen. Im weiteren Verlauf der Krankheit soll ein Teil der Zellen zugrunde gehen, wodurch disseminierter und fokaler Zellausfall entsteht. Mittelschwere Veränderungen sollen sich aber wieder zurückbilden können, denn „anders ist das Vorhandensein zahlreicher relativ normal aussehender Zellen, die meist nur viel Lipoid gespeichert haben, in der 3. Schicht älterer Fälle neben Ausfällen und sicheren Sklerosen kaum zu erklären" (FÜNFGELD). Schließlich ist nach FÜNFGELDs Meinung der Übergang der „schwundähnlichen Zellerkrankung" in die Sklerosen, die sich offenbar noch lange erhalten können, bis sie schließlich durch Zusammensinterung der Zellen völlig verschwinden können, gesichert. Nach FÜNFGELD wird die Zellveränderung vorwiegend in der 3., weniger in der 5. Schicht, und zwar diskontinuierlich gefunden, d. h. neben Rindenteilen mit erkrankten Zellen finden sich solche, deren Zellen intakt sind oder zwischen unberührten Nervenzellen werden hier und dort schwindende Zellexemplare angetroffen.

In 6 von HECHST untersuchten 13 Fällen war der vorherrschende Typ der Zellerkrankung in der 3. und 4. Schicht die „schwundähnliche Zellerkrankung". Nach NAITO steht im Vordergrund der Zellveränderungen die *Lipoidose*, die ebenfalls mit einem eigentümlichen Zellschwund (Chromatolyse und Schwellung der Dendriten, netzigfädige Struktur des Cytoplasmas, Abblassung und Abbrechen der Dendriten) verbunden sein soll. HECHST glaubt, daß den akuten Stadien der Psychose die Schwunderkrankung der Zellen, den chronischen Verlaufsformen die Zellsklerose entspricht. In den Fällen NAITOs, die HECHST nachuntersuchte,

konnte er jedenfalls in den kürzer verlaufenden Fällen vorwiegend die schwundähnliche Zellerkrankung feststellen, in den Fällen mit längerer Krankheitsdauer
die Zellsklerose.

Während vorher angeführte Autoren die „schwundähnliche Zellerkrankung"
nur in der Hirnrinde beobachteten, haben C. und O. Vogt in 8 Fällen von Katatonie im Nucleus medialis des Sehhügels, in einer dieser Beobachtungen auch im
Nucleus centralis und anterior Zellalterationen beschrieben, die sie mit der Fünfgeldschen „schwundähnlichen Zellerkrankung" für identisch halten.

Nach Vogt beginnt die Zellveränderung mit einer Vacuolisierung des Zelleibes und der
Dendriten. Die Vacuolen, die nach Ansicht Vogts sehr wahrscheinlich Fett enthalten,
konfluieren nach Vermehrung und Vergrößerung. Später kommt es zu einer Abschnürung
der Dendriten und zu einer Auflösung des Zelleibes. Der Zellkern vergrößere sich, die Kernmembran verliere langsam ihre chromatische Substanz und werde teilweise unsichtbar.
Wegen der Übereinstimmung dieser Zellveränderung mit dem von Fünfgeld beschriebenen
Zellschwund spricht Vogt von der „Fünfgeldschen Fettinvolution".

Die Reaktion der Glia auf die verschiedenartigen Zellprozesse ist nach Ansicht
von Fünfgeld, Naito, Hechst, Miskolczy u. a. gering bzw. fehlt völlig. Nach
Fünfgeld ist die Gliareaktion im wesentlichen auf die Stellen stärkerer Ganglien-
zelldegeneration beschränkt und auch hier nicht sehr erheblich. Winkelmann
und Book sprechen von einer dem Nervenzellausfall angepaßten gliösen Reaktion.
Nach C. und O. Vogt wird erst in späten Stadien die Glia mobilisiert. Hechst,
Miskolczy u. a. heben ausdrücklich hervor, daß Reaktionen von seiten der Glia
vermißt werden, deshalb sehr wahrscheinlich, weil auch die Glia geschädigt
worden ist.

Durch den Schwund der Nervenzellen in umschriebenen Gruppen sollen, wie
schon angedeutet, zellfreie Stellen („Lückenfelder") entstehen. Charakteristisch
ist nach Ansicht obiger Autoren das Fehlen einer Ersatzgliose in diesen Herden.
Hierdurch lassen sich derartige „Lückenfelder" von durch Kreislaufstörungen
entstandenen „elektiven Parenchymnekrosen" und Narben abgrenzen. Ein
weiteres wesentliches Kriterium ist die Gefäßunabhängigkeit solcher Zelllichtungen. Hiervon haben sich in Serienuntersuchungen Fünfgeld, Hechst,
Bouman u. a. überzeugt. Fünfgeld diagnostizierte nur dann einen Ganglienzellausfall, wenn er sich in der Schnittserie von 20 μ dicken Schnitten auf mehreren
aufeinanderfolgenden Schnitten verfolgen ließ. Derartige fleckförmige Zellausfälle sind von Alzheimer, Obregia und Antoniu, Sioli, Fr. Meyer, Hechst,
Miskolczy, Josephy, Schuster, Wada, Zimmermann, Zingerle, Bouman u. a.
beschrieben worden. Alzheimer hat in allen seinen Fällen diffusen und herdförmigen Zellausfall nachgewiesen, sogar mit teilweiser Störung der Schichten-
anordnung. „Die Zahl der Fälle mit solchen architektonischen Störungen ist
in der Dementia praecox-Gruppe recht erheblich; ich schätze sie auf über die Hälfte
des gesamten Materials" (Josephy). Miskolczy urteilt: „Nach alledem kann
also in erster Linie der Zellschwund und die dadurch bedingte diffuse und umschriebene Verminderung des Zellschatzes der Rinde als die primäre anatomische
Grundlage der Schizophrenie betrachtet werden." Der fleckförmige Zellausfall
wird von zahlreichen Autoren als charakteristisch, von Josephy sogar als spezifisch
für die Dementia praecox angesehen. Die Veränderungen sollen mit der Psychose,
nicht mit eventuellen begleitenden Krankheiten in Zusammenhang stehen.
Ursache der zellfreien Stellen ist nach Meinung von Fünfgeld, Hechst, Miskolczy, Kleist, Schaffer u. a. ein abiotrophischer Prozeß, nach Ansicht von
Buscaino u. a. eine der Schizophrenie zugrunde liegende im einzelnen noch unbekannte Intoxikation. Zellfreie Stellen sind aber nicht durchgängig im Rindenbild Schizophrener, auch nicht nach chronischem Verlauf der Krankheit gefunden worden. So fand Josephy in 5 Fällen von Dementia praecox nach einer
Krankheitsdauer von 4, 4,2, 3, 16 und 12 Jahren und Rosenthal im Fall Wähler

nach jahrelanger Psychose keine „Lückenfelder". Aus dieser Tatsache schließt STEINER auf die mangelnde Spezifität dieser Veränderungen. Nach JOSEPHY hat weder „die Schwere der psychotischen Symptome noch die Dauer der Erkrankung bestimmte Beziehungen zu dem Entstehen von Nervenzellausfällen". JOSEPHY hält sich für berechtigt, diejenigen Gehirne von Dementia praecox-Kranken, die Zellausfälle in der Rinde erkennen lassen, anders zu beurteilen als die, bei welchen die Rindenarchitektonik nicht gestört ist. „Den grundlegenden Unterschied dieser beiden Typen der Rindenerkrankung hat man wohl darin zu sehen, daß die Zellausfälle irreparable Störungen darstellen, während die allgemeinen Ganglien- und Gliazellerkrankungen, die den wesentlichen pathologischen Befund der Fälle mit ungestörter Architektonik bilden, doch wohl ganz oder zum großen Teil ausheilen können. Hier ergibt sich eine Beziehung zur Klinik. Den prognostisch ungünstigen, chronisch progredient verlaufenden Fällen dürften histopathologisch die Beobachtungen entsprechen, die die Zellausfälle aufweisen, während andererseits die Fälle, die nach einem Schub weitgehende Besserung oder nur geringe Defekte zeigen, denen entsprechen dürften, die keine architektonischen Störungen erkennen lassen" (JOSEPHY).

Neben dem fleckförmigen Zellausfall wurde vielfach auch *disseminierte Zellreduktion* in der Rinde festgestellt (ALZHEIMER, FÜNFGELD, KLARFELD, NAITO, JOSEPHY, ZINGERLE, GOLDSTEIN, SIOLI, MORIYASU, OBREGIA und ANTONIU u. a.) und ebenfalls mit dem Grundprozeß in Beziehung gesetzt. Durch mikrophotographischen Vergleich mit homologen Hirnteilen Hirngesunder, bzw. nicht an Dementia praecox Erkrankter wird die Reduktion an Nervenzellen nach Ansicht der Autoren am sichersten erwiesen. BOUMAN hat den Ausfall einzelner Rindenregionen zahlenmäßig bestimmt und dabei festgestellt, daß manchmal die Hälfte des Zellbestandes zugrunde gegangen war. HECHST hat die Ergebnisse mit der v. SANTHASCHEN Zellzählmethode nachgeprüft und dabei nachgewiesen, daß die einzelnen Rindenschichten eine unterschiedliche Zellreduktion erfahren. Es bleibt demnach, so betont vor allem MISKOLCZY, auch in den am stärksten betroffenen Rindenarealen und Rindenschichten noch immer ein beträchtlicher Teil der Nervenzellen erhalten. „Auf diese Weise ist es möglich, daß trotz der Reduktion der Zellzahl einzelner Schichten eine, im günstigsten Fall sogar sehr weitgehende klinische Remission auftreten kann" (MISKOLCZY).

Um die Ausdehnung des krankhaften Prozesses in der Hirnrinde registrieren zu können, haben JOSEPHY, FÜNFGELD, NAITO, HECHST, MISKOLCZY u. a. die verschiedensten Hirngegenden in Serienbearbeitung untersucht. Hierbei wurde immer wieder festgestellt, daß erkrankte und verschonte Rindenareale oft dicht beieinander lagen. Man spricht daher von der „*arealen Diskontinuität*" des Schwundprozesses. Aber auch bezüglich der laminären Verteilung bestehen Differenzen.

Alle Autoren, die von Zellausfall berichtet haben, stimmen darin überein, daß Lamina III am stärksten betroffen ist. An zweiter Stelle steht nach JOSEPHY, FÜNFGELD und HECHST die 5. Schicht, nach NAITO die 6. Schicht und nach BOUMAN die 2. Schicht. Nach MARBURG sind die Abweichungen der Reihenfolge bezüglich 5. und 6. Schicht zwischen NAITO und anderen Autoren dadurch zu erklären, daß der obere Teil der 6. Schicht von den anderen Autoren wahrscheinlich noch zur 5. Schicht gerechnet wurde. An dritter Stelle wird von HECHST, MISKOLCZY und FÜNFGELD die 6. Schicht, von NAITO Lamina II und von BOUMAN Lamina V angegeben. Als am wenigsten befallen werden von FÜNFGELD, MISKOLCZY und JOSEPHY die 2. und 4. Schicht bezeichnet. „Man könnte fast sagen, nicht die Zellausfälle haben etwas Systematisches an sich, wohl aber die Erhaltung bestimmter Schichten" (JOSEPHY).

Faßt man die Ergebnisse der verschiedenen Autoren bezüglich der arealen Verteilung des Zellausfalles zusammen, so scheinen hauptsächlich 3 Hirngebiete bevorzugt betroffen zu sein, nämlich die sog. präfrontale Gegend mit der 3. Stirnhirnwindung, die 1. Schläfenlappenwindung und die unteren Scheitellappenabschnitte. Die motorischen, sensiblen und sensorischen Hirnrindenfelder, insbesondere vordere und hintere Zentralwindung und Area striata werden im allgemeinen als gering affiziert oder völlig verschont angegeben.

Fünfgeld fand im Schläfenlappen die Brodmannschen Felder 20, 21, 22 und in der Präfrontalregion die Felder 9 10 und 11 durchwegs stark lädiert. Die Areale 39 und 40 (Area supramarginalis und angularis) waren weniger stark erkrankt. Verschont blieben in den Fünfgeldschen Fällen die Areae gigantopyramidalis, striata und parietalis sup. Naito stellte in 10 vorwiegend chronisch verlaufenen Schizophrenien in jedem Fall stärkeren Zellschwund in den Brodmannschen Feldern 10 45 und 47, also in der Präfrontalgegend und der 3. Stirnhirnwindung fest. Es folgten der Intensität der Veränderungen nach die Regionen 8, 9, 44 Brodmanns, also gleichfalls wieder die Präfrontalregion und die 3. Stirnhirnwindung. Stark befallen war in den Naitoschen Fällen auch wieder die Rinde der 1. Schläfenlappenwindung. Area supramarginalis und angularis waren nur in einzelnen Fällen betroffen. Am wenigsten waren wieder die occipitalen Regionen lädiert. In den Fällen von Bouman war der Prozeß am ausgesprochensten in dem Gyrus insularis post. und ant. Dann folgten bezüglich Intensität der Alteration die Felder 9, 10, 22, 39, 38, 4, 7, 40, noch weniger befallen waren die Areae 6, 11, 20, 28 und der Gyrus centralis post., während die Felder 19 und 17 kaum oder gar nicht lädiert waren. Während Miskolczy u. a. ausdrücklich das auffallende Verschontbleiben der Ammonshornformation erwähnen, fanden Münzer und Josephy in dieser Gegend ein Prävalieren der Nervenzellveränderungen.

Mehrfach sind auch die *subcorticalen Ganglien* und der Hirnstamm bei den quantitativen Untersuchungen berücksichtigt worden, um so mehr, als gewisse Symptome der Schizophrenie, insbesondere der Katatonie, an eine Erkrankung der Stammganglien, des Zwischen- und Mittelhirns denken lassen. Fünfgeld hat sich eingehend mit dem Thalamus befaßt, mit dem Resultat, daß primäre Veränderungen im Sehhügel nicht vorhanden waren. Nervenzellverfettung, Zellschwund und gliöse Reaktion, die in einigen Beobachtungen festgestellt wurden, werden von Fünfgeld als sekundäre, den Hirnrindenveränderungen nachgeschaltete Alterationen aufgefaßt (s. S. 8). Hechst, Miskolczy, Josephy u. a. erwähnen ebenfalls ausdrücklich, daß die tieferen Zentren im Gehirn im allgemeinen verschont waren. Josephy fand nur in einem seiner Fälle erhebliche Schädigung und Schwund der Ganglienzellen im *Pallidum*.

Klinisch zeigte dieser Fall mit besonderer Betonung Symptome, die der Starre von Pallidumkranken sehr ähnlich sahen. „Der Gedanke, diese Erscheinungen mit der anatomisch nachgewiesenen Pallidumerkrankung in Beziehung zu setzen, liegt zweifellos sehr nahe" (Josephy). In einem anderen Fall fand Josephy im sensiblen *Trigeminuskern* eine erhebliche Gliawucherung. Er schreibt dazu: „Ich habe geglaubt, ihr einige Bedeutung für die Symptomatologie des Falles (es bestanden lebhafte Sensationen, vor allem das Gefühl des Elektrisiertwerdens) beilegen zu dürfen. Es ist nicht ganz ausgeschlossen, daß sich bei eingehenden Untersuchungen öfters, als man jetzt vermutet, solche Veränderungen finden lassen."

Nagasaka hat 1925 systematische Serienuntersuchungen am *Striatum, Pallidum, Thalamus, Substantia nigra* und *Nucleus dentatus* an 8 Dementia preacox-Gehirnen durchgeführt. Das Alter der Verstorbenen war 90, 45, 31, 38, 72, 41 und 36 Jahre. Während Nagasaka in fast allen Fällen das Pallidum nicht erkrankt fand, glaubt er im Corpus striatum schwerste Veränderungen gesehen zu haben. Insbesondere waren die großen Zellen geschädigt (Lipoidose, Nissls schwere Zellerkrankung) und größtenteils ausgefallen. Der Prozeß griff aber auch auf die kleinen Nervenzellen über, von welchen ein Teil ausgefallen war. In der Substantia nigra stellte Nagasaka eine Entblößung von etwa $^2/_3$ der Zellen von Pigment fest. Im Nucleus dentatus wies er Blähung mit gleichzeitiger Homogenisierung des Zellinhaltes, Randstellung des Kernes und Zellschwund nach. Im Sehhügel waren die Veränderungen im allgemeinen gering. Über Zellausfall im *Striatum* berichteten noch Ranke, Omorokow, Zingerle sowie Klippel und Lhermitte. Schon erwähnt wurde der Befund von C. und O. Vogt. Letztere Forscher fassen die Veränderungen im *Thalamus* als primäre Alteration auf und sehen hierin ein Teilsubstrat der Schizophrenie. Auch Freeman hat im *Thalamus* und

Globus pallidum erhebliche Vermehrung lipoider Abbaustoffe gefunden. FÜNFGELD hat in 5 Fällen eingehend den *Hypothalamus* untersucht, ohne Veränderungen gefunden zu haben, die seiner Meinung nach auf den schizophrenen Grundprozeß zurückgeführt werden können. Auch JOSEPHY, MISKOLCZY und HECHST sind der Ansicht, daß primäre Veränderungen in den hypothalamischen Kernen bei der Schizophrenie nicht vorkommen. Vielmehr sollen sich im klinischen Bild äußernde krankhafte Funktionen der autonomen Zentren darauf beruhen, daß von der primär erkrankten Hirnrinde normalerweise ausgehende Regulationen sich ändern oder ausfallen. Die „Selbständigkeit" der subcorticalen Zentren bedinge dann die Dysfunktionen (vgl. S. 38). V. BUTTLAR aus der VOGTschen Schule fand aber auch in den hypothalamischen Zentren (Nuclei basalis, tubero-mamillaris, supraopticus und paraventricularis) starke Veränderungen. MORGAN und GREGORY stellten eine Verminderung der Zellen der Auskleidung des 3. Ventrikels und der Nuclei tuberis laterales fest.

Mehrfach ist versucht worden, mit entsprechendem areal akzentuiertem Nervenzellausfall klinische Symptome in Beziehung zu bringen.

So führte MISKOLCZY in einem seiner Fälle lebhafte optische und akustische Halluzinationen auf besonders starke Veränderungen in der Temporal- und Occipitalrinde zurück. Die Area striata war intakt, die konzentrisch umgebenden Formationen der Area para- und peristriata zeigten dagegen steigende Grade der Erkrankung. In einem anderen Fall waren die occipitalen Gebiete OA, OB und OC verschont, womit MISKOLCZY das Fehlen optischer Halluzinationen erklärt. In einer weiteren Beobachtung, in welcher die temporalen Felder TE 1, TE 2 und TF am stärksten lädiert waren, war das klinische Syndrom durch Gehörshalluzinationen besonders ausgezeichnet. Folgender Fall schien MISKOLCZY für Lokalisationszwecke besonders wertvoll. Er schreibt: „Eine besondere Erwähnung verdienen die hochgradigen Ausfälle in PEm und PEp sowie im parazentralen Teil des Feldes PA 2 (ungefähr der Regio 67 nach BRODMANN entsprechend). In dieses Gebiet wird nämlich neben der sacralen Tastsphäre die Sensibilität des Mastdarms und der Blase lokalisiert. Nun haben wir bei unserem Kranken beobachtet, daß er die Finger in den Anus führte, und daß anfangs Inkontinenz und später eine hochgradige Retention bestand. Diese klinischen Erscheinungen möchten wir mit den soeben erwähnten Ausfällen des Parazentralläppchens in Zusammenhang bringen."

Vor der Darstellung weiterer in den Gehirnen Schizophrener erhobener Befunde, wie Gliaveränderungen, Markscheidenuntergang, BUSCAINOsche Schollen, Fibrillenzerfall u. a. m. werden die bisherigen Befunde einer Kritik unterzogen. Die *zellfreien Stellen* in der Hirnrinde, die als charakteristischer anatomischer Befund der Schizophrenie gekennzeichnet wurden, sah SPIELMEYER auch in den Gehirnen Hingerichteter, Gefallener und plötzlich Verstorbener, die während des Lebens keine seelischen Abnormitäten, sicher keine schizophrenen Symptome zeigten. PETERS untersuchte vergleichsweise die Gehirne von 8 Hingerichteten und 14 Schizophrenen. In allen Fällen wurden folgende Hirnareale in lückenloser Schnittserie durchgesehen: FA, FB, FC, FD, FE, FG, TA, TE 1 und E 2, TG, PA, PB, PC, PD, PE, PF, OA, OB und OC, die den BRODMANNschen Arealen 4, 6, 8, 9, 10, 11, 22, 21, 20, 38, 3, 1, 2, 7, 40, 19, 18 und 17 in etwa entsprachen. Das Alter der Hingerichteten betrug 25, 24, 45, 50, 22, 57, 25 und 24 Jahre. PETERS fand in den verschiedenen Arealen der Gehirne Hingerichteter mehr oder weniger zahlreiche kleinere und größere zellfreie Stellen unter Bevorzugung der 3. und 5. Schicht. Zellfreie Stellen waren aber auch in Lamina II und VI festzustellen. Die zellfreien Stellen in der Hirnrinde Schizophrener und Hingerichteter waren von gleichem Aussehen (vgl. Abb. 1 und 2). Gelegentlich lagen in den Zellichtungen Gliakerne, vereinzelt auch „untergehende" Nervenzellen. In den geschrumpft erscheinenden Ganglienzellen hatte sich die NISSLsche Substanz nicht angefärbt, das Cytoplasma hatte eine wabig-reticuläre Struktur. Meist aber waren die „Lückenfelder" zellfrei und das Grundgewebe von einer eigentümlichen wie geronnen aussehenden Struktur, ähnlich wie es HECHST in Zellichtungen Schizophrener beschrieben und abgebildet hat. Eine Reaktion von seiten der Glia oder des Mesoderms hat PETERS in den Lückenfeldern der Hingerichteten ebensowenig wie in denen der Schizophrenen gesehen. Die lückenlose Serie erlaubte auch in jedem Fall die einwandfreie Feststellung der Gefäßunabhängigkeit der Herde. Damit waren die für die zellfreien Stellen bei Schizophrenen geforderten Kriterien erfüllt. Fast in allen untersuchten Arealen waren zellfreie Stellen bei Hingerichteten und Schizophrenen zu sehen.

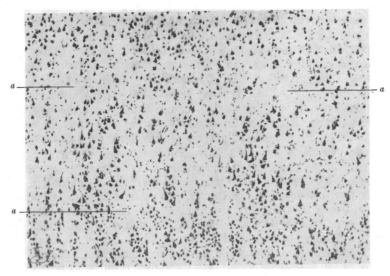

Abb. 1. Hingerichteter. Area PF. Vergr. 90:1. Färbung nach NISSL.
Bei *a* „Lückenfelder" mit „Ganglienzellschatten".

Bevorzugt waren die Areale FD, PE, PE, TE 1 und 2. Seltener wurden bei Schizophrenen und Hingerichteten in den Arealen FE, FC, PB und OC „Lücken-

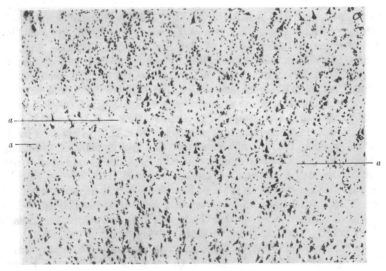

Abb. 2. Schizophrener. Area PF. Vergr. 90:1. Färbung nach NISSL.
Bei *a* „Lückenfelder" mit „Ganglienzellschatten".

felder" festgestellt. Auffallend häufig waren die „Lückenfelder" an den Windungs-kuppen und Windungstälern bei Schizophrenen wie Hingerichteten gelegen. FÜNFGELD und ZINGERLE haben in den Gehirnen Schizophrener das gleiche

konstatiert. Besonders häufig zeigten sich als zellfreie Stellen zu deutende Herde
in den Übergangszonen von einem cytoarchitektonischen Feld zu einem anderen
Areal, so an der Grenze von OC zu OB und von PA nach PB. Die Anzahl der
zellfreien Stellen war weder vom Lebensalter noch vom Geschlecht und bei den
Schizophrenen auch nicht von der Dauer der Krankheit abhängig. In einem Fall,
in welchem die manifeste Erkrankung erst 2 Wochen vor dem Tod einsetzte,
fand PETERS in allen untersuchten Arealen reichlich zellfreie Stellen. Übereinstimmend mit den Befunden von FÜNFGELD, HECHST, NAITO, MISKOLCZY war
eine „areale Diskontinuität" der „Lückenfelder" auch in den Gehirnen Hingerichteter nachweisbar. MISKOLCZY bezweifelte nach Kenntnisnahme der
PETERSschen Befunde, daß es sich bei den Hingerichteten um geistig gesunde
Menschen handelte. Ähnliche Einwände hat auch WILMANNS in einer Arbeit
„Über Morde im Prodromalstadium der Schizophrenie" gemacht. Alle von
PETERS zum Vergleich herangezogenen Hingerichteten waren mehrfach fach-
ärztlich untersucht, wobei das Vorliegen einer Psychose ausgeschlossen worden
war. ROEDER-KUTSCH hat die Vergleichsuntersuchungen daraufhin durch die
Untersuchung der Gehirne von 12 Geistesgesunden erweitert, die an einer inneren
oder chirurgischen Erkrankung verstorben waren. Auch hier wurden lückenlose
Serien von den Arealen FD, FE, PE, TE, OA und OC angefertigt. Das Alter
der 12 Beobachtungen betrug 33, 31, 58, 33, 24, 29, 37, 47, 54, 24, 27 und 37 Jahre.
An folgenden Grundkrankheiten litten die Untersuchten: Lungentuberkulose,
Echinococcus der Leber, Lebercirrhose, Peritonitis nach perforiertem Duodenal-
ulcus und paralytischem Ileus, Darminfarkt, Lymphogranulomatose, Magen-
carcinom, Grippepneumonie. RÖDER-KUTSCH fand auch in diesem Vergleichsmaterial zellfreie Stellen in der Hirnrinde, und zwar bevorzugt in den Arealen
FD, PE und TE, während FE, OA, OB und OC seltener von Lücken durchsetzt
waren. Demnach ergaben Untersuchungen von SPIELMEYER, PETERS und RÖDER-
KUTSCH in den Gehirnen Geistesgesunder gleich strukturierte zellfreie Stellen
in areal diskontinuierlicher Ausbreitung. Den „Lückenfeldern" kommt demnach
keine pathognostische Valenz zu. Es ergibt sich nun die Frage, wie derartige
zellfreie Stellen zu bewerten sind. Weder SPIELMEYER, PETERS, noch RÖDER-
KUTSCH haben in diesen zellfreien Stellen übereinstimmend mit den bei Schizophrenen erhobenen Befunden reaktive Veränderungen an Glia oder Mesenchym
beobachtet. Dies ist bemerkenswert, da im allgemeinen einem vital entstandenen
Parenchymuntergang eine mehr oder weniger ausgeprägte Reaktion von seiten
des intakt gebliebenen Gewebes folgt. Ist die Glia durch einen krankhaften
Prozeß ebenfalls in Mitleidenschaft gezogen, wie es z. B. von HECHST im Bereich
der zellfreien Stellen bei der Schizophrenie für wahrscheinlich gehalten wird,
würde man von seiten des Mesenchyms oder der ungeschädigten Umgebung
eine Reaktion erwarten können. Selbstverständlich muß hierbei der zeitliche
Faktor berücksichtigt werden. Ist der Nervenzelluntergang erst kurz vor dem
Tode eingetreten, wird man die Antwort der Glia und des Bindegewebes noch
nicht feststellen können. Nach chronischem, sich über Jahre hinziehendem Krankheitsverlauf müßte man aber doch auf „organisierte" Lückenfelder stoßen.
Bei allen uns bekannten Degenerationen, auch den auffallend langsam voran-
schreitenden Systematrophien (SPATZ), vermissen wir als Folge des Parenchym-
verlustes nie die organisatorische Tätigkeit der Glia. Bei der PICKschen Atrophie
und der myatrophischen Lateralsklerose bemerken wir im Bereich der atrophisierenden Systeme Fettkörnchenzellen und später eine faserige Gliose. Bei besonders langsam progredienten Atrophien, wie der spinalen Muskelatrophie oder
der spastischen Spinalparalyse, tritt zwar die abbauende Gliatätigkeit kaum in
Erscheinung, immer aber können wir uns von der reparatorischen Funktion

der Glia überzeugen. Die Zellreduktion in der Rinde der Gehirne bei normalen und krankhaftem Altern wird auch stets durch eine Gliazell- und Gliafaserproduktion beantwortet. Auch nach exogenen Schädlichkeiten, führen sie zu einer Parenchymschädigung, kann man sich stets von einer entsprechenden Reaktion des ektodermalen oder mesodermalen Stützgewebes überzeugen. SCHOLZ hat diesbezüglich mit Recht darauf hingewiesen, daß wir die Regeln allen pathologischen Geschehens außer acht lassen müßten, wenn wir in diesen zellfreien Lücken das Endprodukt eines krankhaften Vorganges annehmen würden. Man wird vielmehr die zellfreien Stellen zwangloser als normale Variante im Rindenbild auffassen können.

VON ECONOMO beschreibt in der Area FB in Lamina 2 und 3 *nervenzellfreie Lücken*. Von der Area FD schreibt er: „In der 3. Schicht bekommt man vielfach den Eindruck einer ganz sichtbaren Zunahme der *zellfreien Substanz*, die zellosen Zwischenräume sind bedeutend größer!" Über die Areae TE 1 und E 2 sagen v. ECONOMO und KOSKINAS: „Die 3. Schicht erscheint dagegen relativ schmächtig und zellarm, sogar mit *zelleeren Stellen*, besonders in ihren mittleren Lagen." Man könnte hier manchmal an einen Zellausfall denken. In der Area TG findet v. ECONOMO die 2. Schicht unregelmäßig und *lückenhaft* aussehend. Auch bei der Beschreibung anderer Areale weisen v. ECONOMO und KOSKINAS immer wieder auf das Vorkommen zellfreier Stellen. „Es ist doch sehr einleuchtend, daß in radiär strukturierten Rindenteilen (Parietal-, Temporal- und Occipitalrinde) die Zwischenräume zwischen den zu Zellsäulen angeordneten Ganglienzellen besonders, wenn diese Zellsäulen etwas gebogen verlaufen, den Eindruck von Lückenfeldern hervorrufen können. Vor allem aber kann durch das fächerförmige Auseinanderweichen der Zellsäulen an den Windungskuppen in diesen radiär gebauten Rindenteilen sehr leicht das Bild zahlreicher zellfreier Stellen entstehen. Ebenso wie nun die Zelldichte, die Zellgröße und Zellform individuell schwankt, so könnte auch die Zahl dieser zellfreien Stellen individuell schwanken, wodurch sich das unterschiedliche Ergebnis der Anzahl der zellfreien Stellen in den Fällen der Literatur sowie in unseren Fällen erklären würde. Es ist möglich, daß diese Momente mit einer gewissen Konstitution des Trägers des Gehirns zusammenhängen, wie SCHOLZ schon andeutete. Darüber aber läßt sich heute nichts Sicheres aussagen" (PETERS). Hier ist auch auf überzeugende Untersuchungen von BOCK über den Einfluß der Krümmungen (Furchen, Windungen) auf die Architektonik der Rinde hinzuweisen. BOCK rechnete aus, daß die Volumenverteilung der Rinde in den Krümmungen konstant bleibt. Die Volumenkonstanz fordert aber aus geometrischen Gründen, daß die Neuronenformen und die Schichtdicke sich in den Krümmungen ändern. Die in bezug auf die Krümmung inneren Schichten werden dicker, die äußeren werden dünner als in der flachen Rinde. Auch durch die Variationen der Zellformen können besonders an Windungskuppen und Tälern zellfreie Areale vorgetäuscht werden.

Wir erwähnten, daß in den Gehirnen Schizophrener neben fleckförmigem auch disseminierter Zellausfall vielfach beschrieben wurde. Zu anderen Resultaten kam DUNLAP durch Zellzählung. Er fand keine bemerkenswerten Unterschiede der Zellzahl in den Gehirnen von Geistesgesunden und Schizophrenen. ORTON ist der gleichen Meinung und weist im übrigen weiter darauf hin, daß die Zellzahl keinen absoluten Wert für die Integrität der Rinde darstellt. DUNLAP, SCHOLZ, ROEDER-KUTSCH sowie PETERS haben auf die *vielen Fehlerquellen* der sicheren Feststellung des disseminierten Zellausfalls hingewiesen. So zeigen Abb. 3 und 4 zwei aufeinanderfolgende Schnitte der gleichen Area des gleichen Falles. Abb. 3 stellt einen Schnitt von 20 μ, Abb. 4 einen solchen von 15 μ Dicke dar. Der letztere Schnitt erscheint deutlich zellärmer, diffus gelichtet. Abb. 5 und 6 zeigen Schnitte von gleicher Dicke, jedoch von verschieden intensiver Färbung. Der weniger stark tingierte Schnitt (Abb. 5) erscheint im Vergleich zu dem dunkler angefärbten Präparat (Abb. 6) „diffus zellgelichtet". Wir wissen, daß auch bei vollkommenster technischer Arbeit und bei guten Apparaten die Schnittdicke hier und da variieren und auch die Färbung Unregelmäßigkeit erfahren kann. Vor allem gibt es Gehirnblöcke, die sich intensiver, und andere, die sich schwächer färben. Es ist einleuchtend, welche großen *Fehlerquellen* sich allein durch diese technischen Momente einschleichen können. Dazu kommt noch, daß hier und da in Rindenarealen Zellen geschrumpft sein können, oder das Bild der Wasserveränderung tragen. Bei letzterer hat sich das Protoplasma der Zellen zum großen Teil aufgelöst, ist unfärbbar geworden, wodurch die Rinde aufgehellt erscheint. Der Vergleich solcher Areae mit gleichen anderer Fälle, in welchen die Zellen die Veränderungen nicht aufweisen, erweckt in ersteren den Eindruck eines diffusen Zellausfalles.

Neben technischen Mängeln muß man vor allem berücksichtigen, daß Zellzahl und Zellgröße in der gleichen Area bei verschiedenen Gehirnen individuellen

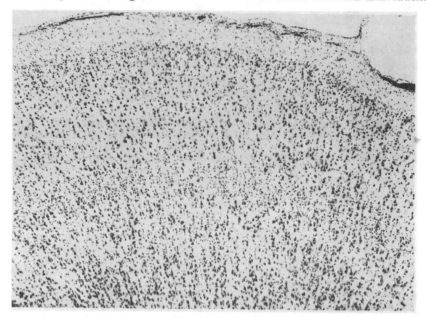

Abb. 3. Schizophrener. Area FD. Vergr. 45:1. Färbung nach NISSL. Schnittdicke 20 μ.

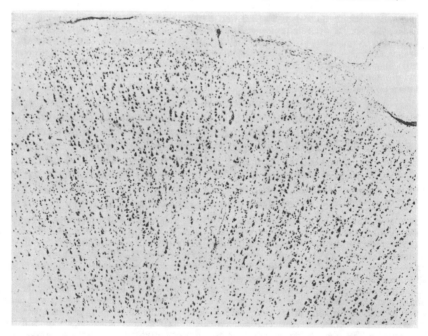

Abb. 4. Schizophrener. Area FD. Vergr. 45:1. Färbung nach NISSL. Schnittdicke 15 μ.

Schwankungen unterliegen. Auch SCHOLZ erkennt dem disseminierten Zellausfall keine wesentliche Bedeutung zu. Er schreibt: „Man benötigte wegen der Geringfügigkeit der Befunde die mikrophotographische Bildvergleichung mit homologen Stellen von normalen Hirnrinden, um überhaupt zu der Feststellung kommen

Abb. 5. Schizophrener. Area OB. Vergr. 45:1. Färbung nach NISSL.

Abb. 6. Schizophrener. Area OB. Vergr. 45:1. Färbung nach NISSL.

zu können, daß in der Hirnrinde gewisse Ausfälle an Nervenzellen vorhanden seien. Wer die Schwierigkeit der Homologisierung kennt, das Lebensalter und die

individuelle Schwankungsbreite im Aufbau des Zentralorgans berücksichtigt, die
ja schon aus den weiten Grenzen ersichtlich ist, in denen das normale Hirngewicht
sich bewegt, der wird geneigt sein, diesem Befund keine überzeugende Beweis-
kraft zuzuerkennen" (SCHOLZ).

Müßte man nicht übrigens bei der bei der Schizophrenie festgestellten Massivi-
tät des angeblichen Zellausfalls eine *Atrophie des Gehirns* erwarten? SCHOLZ hat
diesbezügliche Untersuchungen durch K. BROSER durchführen lassen. Das Beobachtungsgut umfaßt 219 Fälle (105 Männer, 114 Frauen) von langdauernden
Schizophrenien der hebephrenen, katatonen und paranoiden Form. Die durchschnittliche Dauer der Krankheit der von BROSER verwerteten Fälle betrug
19,8 Jahre. Kein Fall war dabei, der nicht eine Krankheitsdauer von mindestens
10 Jahren aufwies. BROSER stellte aber keine wesentliche Gewichtsdifferenz
zwischen den Gehirnen Geistesgesunder und schizophrener Menschen fest. Es
spricht nach Ansicht von K. BROSER nichts dafür, daß sich im Gehirn Schizophrener ein Prozeß abspielt, der zu einem Verlust funktionstragenden Parenchyms führt. Auch SCHEELE fand selbst bei langjährigen Schizophrenien keine
Hirnatrophie. Nach diesem Autor führen demnach histologische Veränderungen und Ausfall von Nervenzellen in den Gehirnen Schizophrener offenbar
nicht zu einer meßbaren Hirnschrumpfung. Es fällt ferner auf, daß alle Autoren,
die Zellausfall gefunden zu haben glauben, bei äußerer Betrachtung nie Hirnatrophie vermerkt haben. Ein besonders großes Beobachtungsgut hat WITTE
untersucht. Wägungen der Gehirne von 282 männlichen und 209 weiblichen
Schizophrenen ergaben ein normales Durchschnittsgewicht von 1375 bzw. 1210 g.
Schädel- und Hirnvolumenbestimmung nach RIEGER und REICHARDT führte
ebenfalls zu dem Ergebnis, daß bei der Dementia praecox Atrophie des Gehirns
im allgemeinen vermißt wird.

Von KLIPPEL und LHERMITTE, ZIMMERMANN sowie OBREGIA wurde Atrophie der Frontal-
windungen erwähnt. A. MEYER weist darauf hin, daß Hirnchirurgen gelegentlich der Durch-
führung der Leukotomien *Stirnatrophien* beobachtet haben wollen. Nach Untersuchungen
von KURE und SHIMODA soll das Hirngewicht Schizophrener beim Mann um 56 g, bei der
Frau um 69 g geringer als das Durchschnittsgewicht sein, wobei es sich um das Großhirn
betreffende Differenzen handelt. Die Atrophie betreffe vorwiegend das Frontal- und Parietal-,
weniger das Temporalhirn. Es liegen auch einige im Sinne einer Hirnatrophie zu deutenden
encephalographischen Befunde vor (JACOBI und WINKLER, LOVELL, LEMKE, GINSBERG,
MOORE, MATTHEW, KISIMOTO, DONOVAN, GALBRAITH und JACKSON u. a.). In der Mehrzahl
der von JACOBI und WINKLER untersuchten Schizophrenen bestand Erweiterung des Ventrikelsystems mittleren Grades und des Subarachnoidealraums. Das höchste Alter der Untersuchten betrug 49 Jahre. Die Verbreiterung der Sulci wurde vorzugsweise in der Stirn-,
Schläfen- und Scheitelregion, besonders in der Nähe der Zentralfurchen angetroffen. Frische
Fälle zeigten die Erweiterung nur in Spuren, erst bei alten Anstaltsinsassen wurde sie ausgeprägter. LEMKE stellte bei 100 Schizophrenen (vor allem solchen mit längerer Krankheitsdauer) in 29 Beobachtungen encephalographisch einen deutlichen und in 21 Fällen einen
hochgradigen Hydrocephalus internus fest. LEMKE weist auf die Zusammenstellung von
MOORE und MATTHEW hin, die bei der Auswertung der Encephalogramme von 60 Schizo-
phrenen zu dem Ergebnis kamen, daß die „Zerstörung der Persönlichkeit" dem Grad der
Ventrikelerweiterung entsprach. KISIMOTO fand bei 24 Katatonen und 30 Hebephrenen
Erweiterung und Asymmetrie der Ventrikel. Bei 24 Hebephrenen stellt er überdies noch eine
Erweiterung des Subarachnoidealraums über den Stirnlappen fest.

Diesen selteneren positiven encephalographischen Befunden stehen wesentlich
zahlreichere mit normalen Ventrikellumen gegenüber. Berücksichtigt man zudem,
daß die die Schizophrenie begleitenden Krankheiten Ursachen vorübergehender
Liquorproduktionserhöhung oder -resorptionsverzögerung sein können, und betrachtet man ferner die individuelle Schwankungsbreite und das durch technische
Momente bedingte Variieren der Weite der Hohlräume des Gehirns, so wiegen
letztere Befunde gering im Vergleich zu den zahlreichen, bei Sektionen gemachten
Feststellungen der fehlenden Hirnatrophie. Man darf behaupten, daß die bis

jetzt vorliegenden Beobachtungen über Hirngewicht und Hirnvolumen die Ansicht, daß der schizophrene Prozeß mit einem Parenchymuntergang einhergeht — dazu noch ohne gliöse Ersatzwucherung — auch nicht zu unterstützen vermögen.

Zu den „außerordentlich banalen Nervenzellveränderungen" (SCHOLZ) in den Gehirnen Schizophrener soll jetzt kritisch Stellung genommen werden. Eine bevorzugte Zellveränderung in den Gehirnen Schizophrener stellt nach Ansicht zahlreicher Autoren die *Zellsklerose* dar. Abb. 7 stammt von einem

Hingerichteten und zeigt sehr deutlich die verschmälerten, tief dunkel angefärbten Zellen, in welchen der Kern nicht mehr sichtbar ist. Die Fortsäzte sind zum Teil weithin erkennbar und zeigen korkzieherartige Schlängelung. PETERS hat derart aussehende Zellen in den Gehirnen Schizophrener nicht häufiger als in den Gehirnen Hingerichteter gefunden. Man muß hierbei sehr an Artefakte denken, um so mehr, als diese Zellveränderung häufig in den obersten Rindenschichten angetroffen wird. SCHARRER konnte gleiche Zellschrumpfungen im Tiergehirn postmortal durch Druck hervorrufen. COX, der sich eingehend mit der Frage postmortaler Zellveränderung beschäftigt hat, möchte derartige Zellschrumpfungen auch als Folge postmortaler Schädigung auffassen. DUNLAP hält die „sklerotischen" Zellen in den meisten Fällen für wahrscheinlich durch Fixierung entstandener Artefakte. Er fand

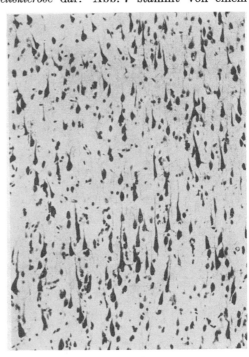

Abb. 7. Hingerichteter. Färbung nach NISSL. Vergr. 180:1.

derart veränderte Zellen ebenfalls in seinem Vergleichsmaterial, sogar bei Fällen mit plötzlichem Tod ohne vorangegangene längere Erkrankung. Abb. 8 zeigt Zellbilder, die mit der „*schwundähnlichen Zellerkrankung*" FÜNFGELDs vergleichbar sind.

Abb. 8a und b stammen von Hingerichteten, c und d von Schizophrenen. Abb. 8a zeigt eine beinahe vollkommen homogen aussehende Zelle, in welcher es zur Auflösung des Tigroids gekommen ist. Ein Kern ist nicht mehr abgrenzbar. Bei Bedienen der Mikrometerschraube sieht man an der Zellbasis, an welcher sich ein dunkel gefärbter Substanzbrocken befindet, Reste des Nucleolus. Der Zelleib selbst ist von wabig reticulärer Struktur und läßt bei *v* keine scharfe Zellgrenze mehr erkennen. Der homogen aussehende Spitzenfortsatz ist weithin sichtbar. In Abb. 8b zeigt die Zelle einen aufgelockerten, weithin sichtbaren Spitzenfortsatz, der Zelleib selbst ist feinwabig geformt. Im Zelleib liegen vor allem an der Basis noch vereinzelte, tiefblau gefärbte Bröckchen. Der Kern ist infolge Verschwindens der Kernkappe und der Kernmembran vom Zellprotoplasma nicht abgrenzbar. Die beiden dunklen Stellen bei *g* werden durch Gliazellen bzw. Kerne hervorgerufen. Abb. 8c zeigt eine Zelle (*v*) nur noch als Zellschatten. Der Spitzenfortsatz ist weithin sichtbar, der Zelleib ist wabig, von einem Kern ist nichts zu sehen. In der Zelle (*x*) haben wir den gleichen Prozeß. Nur sind die Auflösungserscheinungen nicht so weit fortgeschritten. Die Kernmembran ist noch schwach angedeutet. Abb. 8d zeigt einen wabig strukturierten Zelleib mit vereinzelten dunkelblau gefärbten Substanzbröckchen. Der verkleinerte Kern ist nicht scharf vom Zelleib abgrenzbar.

Solche und ähnliche Zellbilder fand PETERS häufiger in oder in der Umgebung zellfreier Stellen, wo sie als Schatten imponierten und als solche in der Literatur in „Lückenfeldern" Schizophrener beschrieben wurden. Man darf annehmen, daß ein Teil der als „schwundähnliche Zellerkrankung" imponierenden Zellbilder Artefakte oder postmortale Zellveränderungen darstellen. PETERS glaubt,

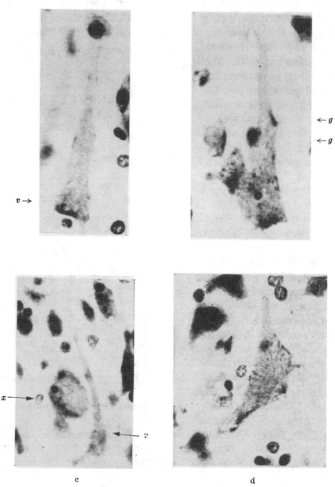

c   d
Abb. 8a—d. Färbung nach NISSL. Vergr. 450:1. Siehe Text.

daß die „schwundähnliche Zellerkrankung" durch eine entsprechende Schnittführung durch die Zelle vorgetäuscht werden kann.

Insbesondere kann aber wieder die Reaktionslosigkeit der Glia als Argument gegen eine intravital entstandene Ganglienzellveränderung angeführt werden. NISSL betont, daß bei der von ihm beschriebenen Zellauflösung (schwere Zellerkrankung), mit der die FÜNFGELD die „schwundähnliche Zellerkrankung" vergleichen zu können glaubt, das Vorkommen von Gliazellveränderungen (amöboide Glia) obligat sei. Bei kurz vor dem Tode entstandenen Nervenzellveränderungen vermißt man naturgemäß eine gliöse Reaktion. Danach könnte man dann aber die beschriebenen Zellveränderungen keinesfalls als das Substrat oder die Folge des schizophrenen Prozesses deuten, sondern nur als Folge agonaler Prozesse.

Bei der Beurteilung der *Lipoidose* der Nervenzellen, die von JOSEPHY, FÜNF-GELD, HECHST, VOGT u. a. in den Gehirnen Schizophrener als krankhafter Befund stark hervorgehoben wird, muß man ganz besonders zurückhaltend sein. SPIEL-MEYER stellte in den Gehirnen geistig normaler Menschen im Alter von 20 bis 25 Jahren schon eine teils recht beträchtliche und individuell schwankende An-häufung von Lipoidpigment in den Nerven-, Glia- und Gefäßwandzellen fest. PETERS wies in den Gehirnen Hingerichteter schon im Alter zwischen 20 bis 30 Jahren erhebliche Lipoidanreicherung in den Nervenzellen der Rinde nach, wobei ebenfalls die individuelle und auch areale Verschiedenheit der Veränderung auffiel. Auch DUNLAP fand in den Gehirnen junger Vergleichspersonen Lipoid in der gleichen Menge wie in den Gehirnen Schizophrener. Besonders in den tie-feren Hirnabschnitten gibt es Kerne (Thalamus, Oliven, Nucleus dentatus), deren Zellen, ohne daß die Träger der Gehirne während des Lebens psychotisch waren, besonders früh und stark mit Lipoid beladen sind. Die z. B. von NAGA-SAKA im Nucleus dentatus bei Schizophrenen beschriebenen Zellveränderungen sind ganz uncharakteristisch, so daß eine Beziehung zum schizophrenen Grund-prozeß mit Sicherheit ausgeschlossen werden kann. WOHLFAHRT faßt seine kritischen Bemerkungen zu der Lipoidatrophie und den Zellücken in den Ge-hirnen Schizophrener folgendermaßen zusammen: „Die beiden Aberrationen dürfen also, wenn sie in Schizophreniegehirnen gefunden werden, nicht, wie es in der Literatur mehrfach vorgekommen ist und noch vorkommt, als anatomische Kor-relate der Schizophrenie aufgefaßt werden." Berücksichtigt man das Lebensalter sowie die begleitenden Krankheiten (wie Tuberkulose, Sepsis, Diabetes, Kachexie, Nahrungsverweigerung) bei den von den Autoren angezogenen Fällen, wird der pathognostische Wert dieser Zellveränderung wie auch aller übrigen Zelldegene-rationen weniger als gering. Vielmehr muß man sie als unspezifische Reaktion auf ganz unterschiedliche Noxen auffassen (DUNLAP). H. COTTON macht geltend, daß die Ursache der Zellveränderung in der Hirnrinde in chronisch-septischen Prozessen, wie Entzündungen der Zähne und Tonsillen, Infektionen des Magen-Darmkanals und entzündlichen Veränderungen an Cervix und Samenblasen, gesucht werden könne. Der Autor denkt unter anderem an eine „fokale" Genese der Schizophrenie und glaubt, durch entsprechende Herdsanierung die thera-peutischen Erfolge von 38 auf 87% gesteigert zu haben. ZINGERLE weist darauf hin, daß die Zellveränderungen denjenigen nach chronischen Infekten und Ernährungsstörungen, insbesondere nach Tuberkulose gleichen. LAIGNEL-LAVASTINE und LEROY haben in den Gehirnen Tuberkulöser gleiche Läsionen wie in Gehirnen Schizophrener nachgewiesen, wenn auch von geringerer In-tensität. „Bevor daher nicht weitere Untersuchungen von sicher ganz un-komplizierten Fällen von Katatonie vorliegen, sind wir nicht mit Sicherheit in der Lage, die bisherigen Ergebnisse zur Feststellung des pathologisch-ana-tomischen Prozesses zu verwenden und einen Schluß auf die Art der Erkrankung zu machen." „Man muß vielmehr RANKE beipflichten, daß wir von einem Ver-ständnis der gefundenen pathologischen Veränderungen noch weit entfernt sind" (ZINGERLE). Unter der großen Zahl der verwerteten Fälle sind „reine" Fälle, wie sie JOSEPHY, DUNLAP, SCHOLZ u. a. zur Untersuchung fordern, nur ein Fall von GOLDSTEIN, je zwei Beobachtungen von HECHST, JOSEPHY und MÜNZER und POLLAK. In diesen Fällen trat plötzlicher Tod (Schädeltrauma, Erhängen, Aspiration von Fremdkörpern, Embolie) ein. Die Anzahl der „reinen" Fälle ist aber noch zu gering, um die großen eben dargelegten Bedenken an der Spezifität der von zahlreichen Autoren als das anatomische Substrat der Schizophrenie postulierten Veränderungen zerstreuen zu können.

Es muß schließlich noch dargelegt werden, daß in den Gehirnen Schizo-phrener angetroffene Veränderungen auch Folgen einzelner Symptome dieser

Psychose sein können. So haben SPIELMEYER, v. BRAUNMÜHL, NEUBÜRGER u. a. in den Gehirnen erregter Geisteskranker Nervenzellausfall und Nervenzellveränderungen als Folge von Kreislaufstörungen nachgewiesen. Durch Untersuchungen von SCHOLZ wissen wir, daß auch disseminierter Zellausfall in Rinde und Stammganglien nicht selten hypoxämisch bedingt ist. Erregungszustände stellen nicht nur bei den akuten Katatonien oder amentiellen Zustandsbildern häufige Episoden im Krankheitsverlauf der Schizophrenie dar. Durch SCHOLZ wissen wir übrigens auch, daß neben der ischämischen und homogenisierenden Zellerkrankung auch die schwere Zellerkrankung (NISSL) Folge von Kreislaufstörungen sein kann. Hieraus ergeben sich weitere differentialdiagnostische Schwierigkeiten bezüglich der in den Gehirnen Schizophrener festgestellten Veränderung insbesondere der schwundähnlichen Zellerkrankung und des disseminierten Zellausfalls.

Die bisher vorliegenden inkonstanten *elektrencephalographischen* Befunde liefern auch keine Stütze für die Ansicht eines primären Rindenprozesses bei der Schizophrenie. EEG-Befunde, die für eine bei der Schizophrenie konstante Störung der elektrischen Rindenfunktion sprechen oder die Aussagen über den eventuellen Sitz des schizophrenen Prozesses machen könnten, wurden jedenfalls bisher nicht erhoben.

Im folgenden sollen noch weniger regelmäßig in den Gehirnen Schizophrener erhobene Befunde erwähnt und einer Kritik unterzogen werden. Gelegentlich ist körniger Zerfall, Verklumpung, vakuoläre Auftreibung, Verlust der Färbbarkeit der *endocellulären Fibrillen* beschrieben worden (WADA, OMOROKOW, HIRESAKI, FÜNFGELD, DEROULAIX, SCHÜTZ, GOLDSTEIN, HECHST, MORIYASU, SCHUSTER, BERNARDI). Sollte es sich hierbei um intravital entstandene Veränderungen handeln — gerade bei der Darstellung endocellulärer Fibrillen sind Artefakte schwer auszuschließen —, handelt es sich jedenfalls um einen unspezifischen Befund.

KELLY sowie MOTT beschreiben eine besondere Veränderung des *Nucleolus* als *,,acidophile Degeneration"*. Während sich bei der von ALZHEIMER-MANN angegebenen Färbemethode Kern und Cytoplasma blaß anfärben, soll sich das Kernkörperchen bei Schizophrenen rot tingieren. KELLY fand in 7 von 10 untersuchten Gehirnen von Hebephrenen, Katatonen und Paranoiden, und zwar in der Frontal-, Präzentral-, Postzentral- und Temporalregion diese Eigentümlichkeit. Dagegen wurde die ,,acidophile Degeneration" nicht in den Zellen der Area striata des Ammonshorns, der Basalganglien und des Hirnstamms gefunden. Am häufigsten traf KELLY die Veränderung in solchen Gehirnen an, deren Träger nach einem akuten Schub verstarben, so daß er eine Abhängigkeit von der Stärke der klinischen Erscheinung vermutete. MOTT betrachtet die ,,acidophile Degeneration" des Nucleolus als Ausdruck gestörten Phosphorstoffwechsels der Zelle. DUNLAP konnte diese Befunde nicht bestätigen. Nur an altem formolfixiertem Material fand er gelegentlich Acidophilie des Nucleolus und hält dies für einen Artefakt. Auch HYDEN und HARTELIUS glauben eine *Insuffizienz des Kernkörperchens* und des Kernes bei der Schizophrenie nachgewiesen zu haben. Sie sind der Meinung, daß die Proteinsubstanzen, an welchen die Nervenzellen besonders reich sind, im Nucleolus gebildet werden. Die Eiweißsubstanzen wandern dann zum Kern und zur Kernmembran. Bei starker motorischer Aktivität und sensorischer Reizung werden nach Meinung der Autoren in allen Zellen mehr Proteinsubstanzen verbraucht. Wenn der Reiz allzu sehr anwächst, kann die Neubildung nicht mehr den Verbrauch kompensieren, wodurch Konzentration der Proteine und Menge der Nucleotide im Plasma erheblich abfallen. Nach HYDEN und HARTELIUS stellen Gehalt an Nucleotiden und Proteinen im Kernapparat und im Cytoplasma ein Maß für die Vitalität der Nervenzellen dar. Die Autoren glauben mit quantitativen, insbesondere aber mit mikrospektrographischen Methoden bei Geisteskranken eine geringere Menge von Polynucleotiden und Proteinen in den Nervenzellen nachgewiesen zu haben. Sie folgern daraus, daß das proteinproduzierende System bei Geisteskranken insbesondere aber Kern und Kernkörperchen unterentwickelt seien. In den Zellen der Frontalrinde sollen Polynucleotide in den Nucleoli völlig fehlen. Auch Proteine seien nur in geringer Menge nachweisbar. Übrigens haben auch C. und O. VOGT letztlich mehrfach auf die Bedeutung des Nucleolus als Vorratsspeicher von Nucleotiden zum Zweck einer dauernden Reparationsbereitschaft hingewiesen. Entsprechende therapeutische Versuche mit Malononitril, das sich im Rattenexperiment als Anreger der Nucleinsäureproduktion erwies, hatten keinen besonderen Effekt (MACKINNON, HOCH, CAMMER und WAELSCH). A. und M. MEYER stehen der Ansicht von HYDEN und HARTELIUS sehr skeptisch gegenüber. Nach Ansicht von SCHOLZ ist HYDEN und HARTELIUS dabei ein methodischer Fehler unterlaufen. Ihre quantitativen Untersuchungen beruhen auf Konzentrationsbedingungen; sie haben dabei aber die Zellschwellungen und -schrumpfungen bei der Fixierung kleiner Gewebsstücke außer acht gelassen, die die Resultate verfälschen.

Störungen der Nervenzellanordnung in der Weise, daß die Spitzenfortsätze nach ganz verschiedenen Richtungen orientiert sind, auch gelegentlich nach der weißen Substanz neigen, sind von ALZHEIMER, ANSALDI, KRAMER, HECHST, KLARFELD, NAITO, WEBER u. a. bei der Schizophrenie beschrieben worden. Nach HECHST kommen falsch orientierte Nervenzellen bevorzugt in mittleren Lagen der 3. Schicht vor. Derartig schief gestellte Nervenzellen sind aber, achtet man darauf, auch in den Gehirnen Geistesgesunder gar kein seltener Befund. Gelegentlich sind auch *Dysplasien* und *Heterotopien* in den Gehirnen Schizophrener angetroffen worden, wie besonders zahlreiche CAJAL-RETZIUSSche Zellen in der Molekularschicht (HECHST), heterotope PURKINJE-Zellen (HECHST, MISKOLCZY), doppelkernige Ganglienzellen (MARCUSE, HECHST) und mangelhafte Ausbildung der inneren Körnerschicht (MONDI, KLIPPEL und LHERMITTE). MARCUSE sieht in den doppelkernigen Nervenzellen, die er vor allem im Thalamus fand, den *Ausdruck einer degenerativen Veranlagung*, während HECHST und JOSEPHY ausdrücklich bemerken, daß in den Gehirnen Schizophrener *keine* sicheren *Zeichen* eines *Status degenerativus* nachweisbar sind. ZINGERLE weist mit Recht darauf hin, daß die Entwicklungsanomalien in den Gehirnen Schizophrener nicht häufiger angetroffen werden als in den Gehirnen anderer Geisteskranker.

ALZHEIMER und WALTER fanden kleine herförmige *Gliawucherungen* an der Grenze von Mark und Rinde. Die Herde bestanden in der Regel aus etwa 10 größeren, zum Teil faserbildenden Gliazellen. Auch JOSEPHY hat in 6 seiner Beobachtungen diese ALZHEIMER-WALTERschen Gliaherde gefunden. Er mißt dieser Gliawucherung an der Markleiste eine große Bedeutung bezüglich der histologischen Diagnose der Schizophrenie bei. Diese Befunde sind aber von späteren Untersuchern (HECHST, FÜNFGELD, NAITO u. a.) trotz darauf gerichteter Aufmerksamkeit nicht mehr beobachtet worden. Nach STEINER sind solche an der Markrindengrenze gelegenen Gliahyperplasien bei chronischen infektiösen Krankheiten sehr bekannt und daher völlig unspezifisch.

Die *Vermehrung der Trabantzellen* (DOUTREBENTE und MARCHAND, HIRESAKI u. a.), vor allem in der 6. Schicht mit Bildung von „Neuronophagien" (GOLDSTEIN, JOSEPHY) ist, ohne Bedeutung. Diese als Trabantzellwucherung besonders in der 6. Schicht sehr bekannte Erscheinung ist nicht als pathologisch zu bewerten. Vor der Verwechslung solcher „Pseudoneuronophagien" mit der echten Neuronophagie warnte SPIELMEYER eindringlich. Gelegentliche echte Neuronophagien in den Gehirnen Schizophrener können Reaktionen auf Nervenzelluntergang als Folge komplizierender Krankheiten darstellen. Mit dem schizophrenen Gundprozeß ebensowenig in Zusammenhang zu bringen sind die mehrfach beobachtete Randwucherung der Glia mit Bildung einer neuen gliösen Deckschicht (DOUTREBENTE und MARCHAND, D'HOLLANDER, WEBER, JOSEPHY, SIOLI, ELMIGER) und Gliaprogressivität in den äußeren und inneren Rindenschichten (DUNTON, ZALLPLACHTA, HECHST, ANGLADE und JACQUIN, LUBOUCHINE, R. VOGT, ZIMMERMANN, ZINGERLE, ALZHEIMER). In den Gehirnen während akuter Episoden verstorbener Schizophrener sind mehrfach *regressive Gliaveränderungen*, so insbesondere *Amöboidose* festgestellt worden (ALZHEIMER, SIOLI, LADAME, JOSEPHY und HECHST). Nach den Untersuchungen ALZHEIMERS kommt diesen Veränderungen aber keine spezifische Bedeutung für die Dementia praecox zu.

Ganz unspezifische Befunde wurden auch an den *Markscheiden* erhoben. In den meisten Fällen ist eine Lichtung der supra- und intraradiären Flechtwerke beschrieben worden (ALZHEIMER, GOLDSTEIN, WEBER, MARBURG, ZINGERLE HIRESAKI, WADA, MISKOLCZY.) Geringe subcorticale Entmarkung in der vorderen Hirnhälfte beobachteten WINKELMANN und BOOK. Nach NAITO, der übrigens in einzelnen Fällen auch diskontinuierlichen Markfaserzerfall beobachtet haben will, fällt die Faserdegeneration mit der Zellalteration zusammen.

Vorzugsweise in der weißen Substanz, aber auch in den Basalganglien beschrieb BUSCAINO eigentümliche *traubenförmige Gebilde* (s. Abb. 9), „welche in Kontinuität mit dem Nachbargewebe stehen und ihm nicht aufgelagert sind". Die Gewebsstruktur erscheint alteriert und eingeschmolzen. Die besonderen Massen färben sich mit Anilinfarben metachromatisch. BUSCAINO nannte diese Gebilde „*Zolle di disintegratione a grappolo*" *(Traubenabbauschollen).*

MARCUS will diese Gebilde als erster in Gehirnen Schizophrener beobachtet und beschrieben haben. Die Herde, die MARCUS vorwiegend in den basalen Kernen, aber auch im Marklager der Frontal- und Temporallappen fand, sind rund oder gezähnelt, manchmal „ähnlich den Olivenkernen". MARCUS vergleicht diese Herde auch mit einem Blumenstrauß. Im Markscheidenbild tingieren sich die Herde gar nicht oder schwach blau, woraus MARCUS schließt, daß die Markscheiden untergegangen oder nur noch in Resten vorhanden sind (Markschatten-

herde). Am Rande verdichten sich die Markfasern ringförmig um die Herde (s. Abb. 9). Mit
Hämatoxylin:Eosin färben sich die Herde nur schwach. Innerhalb der Herde will MARCUS
Capillaren oder mehrere Zweige einer Capillare festgestellt haben. Mucin- und Fettfärbung waren
negativ. Im Holzerbild glaubt MARCUS eine Gliazell- und Gliafaserwucherung nachgewiesen zu
haben, ohne jedoch die Feststellung mit einer überzeugenden Abbildung belegt zu haben. Bezüglich der Genese der „BUSCAINOschen Schollen" werden verschiedene Ansichten vertreten.
BUSCAINO nahm zunächst an, daß die Schollen aus veränderten Nervenfasern hervorgehen.
Gleicher Meinung sind SNESSAREW und FERRARO. BOLSI zeigte eine Beteiligung der Nervenzellen auf, MAZZANTI wie auch MARCUS wiesen eine solche der Glia an der Schollenbildung
nach.   BUSCAINO nahm später daher einen komplexen Entstehungsvorgang der Schollen
infolge histochemischer Veränderungen der Nervenfasern, Gliazellen, Nervenzellen und des
intercellulären Grundgewebes an.
Der Austritt von Aminen aus dem
Darm in den Kreislauf soll nach
BUSCAINO dem schizophrenen
Grundprozeß zugrunde liegen und
auch die Traubenabbauschollen
sollen mit der enterogenen Intoxikation in Zusammenhang stehen.
Gleiche Bildungen wurden beim
Tier bei den verschiedenen Intoxikationen nachgewiesen, so bei
Histaminvergiftung (BUSCAINO,
SIMON), bei Guanidinintoxika-
tionen (ROSENTHAL), bei Vergiftungen mit Vinylamin (LUZATTI
und LEVI), bei parathyreoidekto-
mierten Tieren (BUSCAINO), bei
Tieren mit Enteritis und nach
avitaminöser Diät (BUSCAINO).
Der Ansicht von BUSCAINO muß
entgegengehalten werden, daß die
Schollen bei ganz unterschiedlichen Prozessen in der Marksubstanz auftreten können.   So

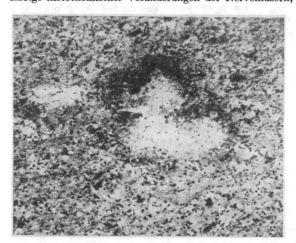

Abb. 9. Färbung mit Hämalaun-Eosin. Vergr. 60:1. Balkengliom·.
„BUSCAINOsche Schollen".

stammt Abb. 9 aus dem Gehirn mit einem Balkengliom. Wir haben aber nie eine gliöse
Reaktion in den Herden nachgewiesen. Wir teilen die Ansicht von LEWY, JOSEPHY, SCHOLZ
u. a., daß es sich bei diesen Bildungen nicht um intravital entstandene Strukturen, sondern
um *Kunstprodukte* handelt. Nach TEBELIS handelt es sich um die Wiederausfällung in Lösung
gegangener Lipoide, was auch der Ansicht von SCHOLZ entspricht. Keinesfalls kommt diesen
Bildungen irgendein pathognostischer Wert zu, ebenso können sie auch nicht als Indicator einer enterogenen Intoxikation gedeutet werden.
    Wie weit die Traubenabbauschollen mit von LAIGNEL-LAVASTINE, TRETIAKOFF und JOR-
GOULESCO gefundenen „*plaques cyto-graisseuses*" identisch sind, was MARCUS annimmt, vermag ich nicht zu beurteilen, da mir die Arbeit ersterer Autoren im Original nicht zugänglich
war. Es soll sich hierbei um Anhäufungen von Cholesterin und Fettsäuren handeln, im
Zentrum der Herde befinden sich untergehende Nervenzellen. Eine Neurogliareaktion fehlt.
Die Autoren fanden die Plaques in Hirnrinde, Striatum und Thalamus. In einem Fall
fanden die Autoren die Veränderungen auch im Kleinhirn.
    Am *Plexus chorioideus* stellten v. MONAKOW, KITABAYASHI, ALLENDE und NAVARRO
bei Schizphrenen degenerative Veränderungen an den Zottenepithelien fest. Die Zotten
waren hochgradig atrophisch, das Bindegewebe war hyalinisiert oder amyloid entartet.
Zottenepithelien waren cystisch degeneriert und zum Teil abgeschilfert. VON MONAKOW hat
atrophische Veränderungen am Plexus wohl auch bei anderen Krankheiten gesehen, glaubt
aber, daß diese Veränderungen dort in keiner Weise so ausgeprägt seien wie bei der Schizophrenie. Eigentümliche Ependymgranulationen („zottige Exkrescenzen") an den Ventrikeln
fanden KAHLBAUM und NAGASAKA. Gelegentlich traf NAGASAKA subependymär Anhäufung
von Ependymzellen und Bildung von Ependymschläuchen. Das subependymäre Gewebe war
war in allen Fällen sklerotisch, das subependymäre Gliaband verbreitert. Nach den beigegebenen Abbildungen scheint es sich hierbei um nicht pathologische Veränderungen zu
handeln. Aus eingehenden Untersuchungen, insbesondere von v. ZALKA geht hervor, daß
der Plexus chorioideus im Alter wie auch bei den verschiedenen Krankheiten mit unspezifischen Veränderungen stets reagiert. Die von v. MONAKOW beschriebenen Alterationen sind
keinesfalls als für die Dementia praecox spezifische Veränderung aufzufassen. VON MONAKOW,
der Plexus und Ependym für Schutzorgane gegen Eindringen schädigender Stoffe in das

Zentralnervensystem hält, nimmt an, daß die von ihm bei der Schizophrenie beobachteten krankhaften Veränderungen die Barrière durchlässig machen und somit die Schädlichkeit in das Gehirn eindringen kann.

Nicht geringe Aufmerksamkeit ist, um so mehr, als man bei der Dementia praecox vielfach an ein toxisches und infektiöses Geschehen dachte, dem *Verhalten der Blut-Liquorschranke* gewidmet worden. Häufig, keineswegs aber regelmäßig, wurde, meist mit Hilfe der WALTERschen Brommethode, *verminderte Durchlässigkeit* nachgewiesen (A. HAUPTMANN, BÜCHLER, ROTHSCHILD und HAMBURG, WEIL, F. K. WALTER, v. ROHDEN, ZIEGELROTH u. a.). HAUPTMANN stellte in 71,2% eine Verminderung der Schrankendurchlässigkeit und nur in 6,8% eine Steigerung fest. ROTHSCHILD und HAMBURG schlossen aus einer Erhöhung des Ca-Quotienten bei 42 von 147 Schizophrenen auf eine verminderte Durchlässigkeit der Blut-Liquorschranke. ZIEGELROTH und v. ROHDEN wiesen in der Mehrzahl der Fälle einen Permeabilitätsquotienten oberhalb von 3,5 nach. KAFKA hat selten sehr geringe Herabsetzung der Schrankendurchlässigkeit bei der Schizophrenie gefunden, so daß letztere noch im Bereich der Norm gelegen sein könnte. NICOLAJEW hat bei einem Gesamtmaterial von 400 Schizophrenen bei 113 (28,2%) eine Verdichtung der Schranke, bei 257 (64,3%) eine normale und bei 30 (7,5%) eine erhöhte Schrankendurchlässigkeit aufgedeckt. Die selten *erhöhte Schrankendurchlässigkeit* wurde am häufigsten während des aktiven Prozeßgeschehens festgestellt und war meist mit Zunahme des Gesamteiweißes (durch Zunahme der Albumine) verbunden. Permeabilitätsminderung war in 80% mit einer krankhaften Vermehrung der Liquorglobuline, also einer Erhöhung des Eiweißquotienten gekoppelt. NICOLAJEW erblickt in der Permeabilitätsminderung nicht das Zeichen eines Schrankendefektes, sondern das einer Schutz- oder Abwehrreaktion auf die der Schizophrenie zugrunde liegende somatische Noxe. Krankhafte Zusammensetzung des Liquors wurde nicht selten beschrieben (RIEBELING, DEMME, KAFKA u. a.). RIEBELING und STRÖMME fanden während akuter Episoden in 50%, bei chronischen Fällen in 14,6% erhöhte Zellwerte bei normalem Eiweißgehalt. KAFKA wies an einem großen Material Erhöhung des Gesamteiweißes (Globuline und Albumine) nach. Auch RAVAUT und BOYER stellten häufige Vermehrung des Gesamteiweißes fest. KOPP fand in 50% eine Erhöhung des Gesamteiweißes bei teilweise gleichzeitig vorhandener Kolloidausflockung und Cholesterinvermehrung und in akuten Stadien auch Zellvermehrung. Nach Ansicht KOPPs hing die Höhe des Zellgehaltes vom Grad der Erregung ab. KOPP schließt aus den Ergebnissen seiner Untersuchungen, daß Liquorveränderungen bei Psychosen (Gesamteiweißerhöhung, Globulinvermehrung, Kolloidausflockung, Cholesterinerhöhung, Zellvermehrung) bei Fehlen von Traumen, Arteriosklerose, Epilepsie, Lues und Alkoholismus mit blutfreiem Liquor für einen schizophrenen Prozeß sprechen. BORGHAUS und GAUPP stellten bei 181 Schizophrenen 144mal normalen Liquor fest. 9 Fälle zeigten lediglich einen Ausfall der Eiweißreaktionen nach NONNE und PANDY im Sinne einer Opalescenz bis Trübung. In 25 Fällen fanden die Autoren Pleocytosen (von 8—25/3 Zellen), in einer Beobachtung 48/3 Zellen. Zellerhöhung fanden die Autoren stets nur bei noch frischeren Prozessen, was mit den Befunden anderer Autoren (DIVRY und MOREAU, COURTOIS, HALPERN, DEMME, PLAUT und RUDI, HAHNEMANN, LEIP, RISALTI u. a.) übereinstimmt. EDERLE wies unter 150 Liquores Schizophrener nur in 23% der Beobachtungen mit einer Krankheitsdauer unter 2 Jahren Abweichungen von der Norm nach (Zellvermehrung —9 Fälle, Eiweißvermehrung —13 Fälle, pathologische Kolloidkurven — 29 Fälle).

GAMPER und KRAL sowie TSCHERKES und MARGULIS glauben, eine *toxische Wirkung* des Liquors nachgewiesen zu haben: GAMPER und KRAL haben nämlich nach Einbringung von Liquor Schizophrener in die Vorderkammer des Kaninchenauges oder bei subcutaner Injektion in die Rückenhaut weißer Mäuse recht beträchtliche toxische Wirkungen festgestellt. Die stärkste toxische Wirkung hatte der Liquor Katatoner. K. F. SCHEID konnte die Befunde von GAMPER und KRAL nicht bestätigen. Er erklärt die Sterblichkeit der behandelten Versuchstiere mit einer interkurrenten Epidemie. TSCHERKES und MARGULIS vermuten im Blut Schizophrener eine toxische, auf das pflanzliche Protoplasma wirkende Substanz. Der Samen von Lupinus albus kam jedenfalls unter Wirkung von Blut Schizophrener nicht zur Keimung. SJÖVALL wies nach, daß das menschliche Blut für fast alle Versuchstiere hämolysierend wirkt und hierauf wohl die „toxische Wirkung" beruhe. Gleicher Ansicht sind WEICHBRODT und BALDI.

Von den Vermutungen JAHNS und GREVINGS (vgl. S. 28) ausgehend, daß durch Leberfunktionsstörungen toxische Substanzen von histaminähnlicher Struktur im schizophrenen Organismus entstehen, erwartete DUENSING im Liquor Schizophrener Substanzen, die erhöht ultraviolettes Licht absorbieren. Zahlreiche biologisch aktive Körper, so z. B. alle Verbindungen, die einen Benzolkörper enthalten, schwächen das ultraviolette Licht. DUENSING hat deshalb mit dem POHLschen Doppelmonochromator im Gebiet der Wellenlängen 240 bis 289 μ gemessen. Er konnte keine pathologischen Körper im Liquor nachweisen, im Gegenteil lassen die gewonnenen Absorptionskurven eher auf verminderten Gehalt des Liquors Schizophrener an Ultraviolettlicht absorbierenden Substanzen schließen.

Häufiger sind *Fettkörnchenzellen* um die Gefäße, jedoch in sehr geringen Mengen angetroffen worden (FÜNFGELD, D'HOLLANDER, ALZHEIMER, VOGT, CRAMER, SIOLI, GOLDSTEIN, JOSEPHY, ROSENTHAL u. a.). JAKOB und PEDACE sowie JOSEPHY sehen in einer reichlichen Anhäufung eines grünlich-schwärzlichen Pigmentes in den Gefäßwänden, besonders des subcorticalen Marklagers ein Zeichen für eine lebhafte Abbautätigkeit bei krankhaften Vorgängen im nervösen Parenchym. Schon SPIELMEYER wies darauf hin, daß Gefäßwandzellverfettung ein häufiger und an Intensität wechselnder Befund in den Gehirnen Geistesgesunder und plötzlich Verstorbener ist. PETERS fand bei Hingerichteten schon im Alter von 20—30 Jahren, ROEDER-KUTSCH in den Gehirnen Geistesgesunder in wechselnder Menge neben Endothelzellenverfettung auch perivasculär gelagerte Fettkörnchenzellen.

Auch an den *Hüllen des Gehirns* sind nur unspezifische Veränderungen festgestellt worden. Von leichter Trübung und Verdickung weicher Häute bzw. chronischer Leptomeningitis sprachen JOSEPHY, LEGRAIN, MARCUS, FR. MEYER, MÜNZER und POLLAK, OBREGIA und ANTONIU, KLIPPEL und LHERMITTE, D'HOLLANDER, VIGOUROUX, GANTER, LAIGNEL-LAVASTINE, TRETIAKOFF und JORGOULESCO, MISKOLCZY, NAITO u. a. Fleckförmige Infiltrate mit Plasmazellen und Lymphocyten, gelegentlich auch mit Makrophagen stellten FR. MEYER, ZINGERLE, ZIMMERMANN, ROSENTHAL, RANKE, MORIYASU u. a. fest. NAITO weist ausdrücklich darauf hin, daß er in seinen Fällen vor allem dann Veränderungen der weichen Häute konstatiert hat, wenn Tuberkulose als begleitendes Leiden bestand.

Hirnschwellung ist nur nach akuten Zuständen oder bei den tödlichen Katatonien STAUDERs beschrieben worden (REICHARDT, PÖTZL, CRAMER, JOSEPHY, ROSENTHAL). ,,Hirnschwellung erscheint schließlich als einzige nachweisbare pathologisch-anatomische Ursache in jenen Fällen, die plötzlich im katatonen Verlauf zum Exitus kommen" (GOLDSTEIN). Keineswegs ist sie aber hierbei ein regelmäßiger Befund. REICHARDT fand die Hirnschwellung vorwiegend bei kurzdauernden heftigen katatonen Zuständen. Nach längerer Agone fand er sie seltener. REICHARDT meint, ,,daß die Hirnschwellung nur im Inititalstadium der schweren terminalen Krankheit episodisch vorhanden sein kann, bei längerer Agone aber wieder abklingt". WITTE traf unter 1885 sezierten Schizophrenen nur 11mal eine Hirnschwellung an. In den von K. F. SCHEID bearbeiteten Beobachtungen akuter Zustandsbilder habe ich nicht einmal Hirnschwellung festgestellt. SCHEIDEGGER diagnostizierte Hirnschwellung in 39 Beobachtungen nur 6mal. SCHEELE fand Hirnschwellung bei Schizophrenie nur im jüngeren Lebensalter, wobei fast immer dem Tod eine fieberhafte Krankheit vorausgegangen war. Die Hirnschwellung liegt zudem keinesfalls dem schizophrenen Syndrom zugrunde, sondern sie kann schon wegen der Seltenheit ihres Nachweises nur als Folge des schizophrenen Prozesses oder eher noch begleitender Momente aufgefaßt werden.

Die gelegentlich *außerhalb des Gehirns im Rückenmark* beschriebenen Veränderungen sind Folgen begleitender Krankheiten. Zellveränderungen in den Vorderhörnern beschrieben KLIPPEL und LHERMITTE, OMOROKOW, in den CLARKschen Säulen GOLDSTEIN sowie MORIYASU. Faserdegenerationen (GOLLscher Strang) bemerkten KLIPPEL und LHERMITTE, Verminderung der Markfasern im Rückenmark ZINGERLE und MORIYASU. Die von DIDE in einem Fall beschriebene chronische Leptomeningitis mit peripherer Demyelinisation ist sicher tuberkulöser Genese gewesen.

Abschließend sollen kurz die bei *bioptischen Untersuchungen* an Gehirnen Schizophrener gefundenen Veränderungen mitgeteilt werden. PAPEZ untersuchte bei Leukotomien gewonnene Stückchen aus den mittleren und unteren Stirnhirnwindungen in 13 Fällen. 50—85% der Nervenzellen waren nach seinen Untersuchungen zerstört (Auflösung der NISSLschen Substanz und des Cytoplasmas). Nur nackte Kerne waren noch sichtbar. Schwer geschädigte Zellen zeigten Verlust der Dendriten und Achsenzylinder. Die Kernkörperchen waren bläschenförmig aufgetrieben. In restierten Zellen stellte PAPEZ Einschlußkörperchen meist paarweise diskret, gelegentlich auch in größeren Kolonien fest. In allen Fällen fand er alte Gliaknötchen. KIRSCHBAUM und HEILBRUNN untersuchten Hirnstückchen von 12 schizophrenen Patienten im Alter von 25—50 Jahren, wobei sie in 2 Fällen Nervenzellausfälle und in 9 Nervenzellveränderungen sahen. Alterationen der protoplasmatischen Makroglia stellten sie in 12, der faserbildenden in 7, der Oligodendroglia in 4 Fällen fest. In 6 Fällen wurde Fett in der Glia, in 10 Beobachtungen in den Gefäßwandzellen nachgewiesen. Die kritischen Autoren vermögen nicht zu entscheiden, ob die Veränderungen Ursache oder Folge der Psychose sind oder ob sie Effekte anderer Faktoren darstellen, die mit der Psychose in keinem direkten Bezug stehen. ANSALDI untersuchte durch Punktion gewonnene Hirnzylinder aus dem Frontalhirn von 10 Schizophrenen und stellte folgende Veränderungen fest: In der weißen Substanz diffuse und inselförmige geringe Gliazellvermehrung, in der Hirnrinde homogenisierende Zellerkrankung, Zellschrumpfung, Chromatolyse, Vacuolenbildung im Zellplasma, Verbreiterung der Zellfortsätze, unregelmäßige Stellung der Nervenzellen, Verödungsherde und Vermehrung der Glia. ANSALDI wählte die Paraffineinbettung und hat die dadurch entstandenen Artefakte übersehen. Die beigegebenen Illustrationen (Abb. 17, 18, 19, 22, 24, 27, 30 und 34) stellen sichere Artefakte dar. Auch bei der von PAPEZ beschriebenen Zellveränderung handelt es sich um die sog. Wasserveränderung. ELVIDGE und REED fanden bei bioptischen Untersuchungen in den Gehirnen Schizophrener, aber auch Manisch-Depressiver, nicht aber im Vergleichsmaterial Schwellung und Hypertrophie der Oligodendrogliazellen im Marklager. Sie unterschieden 1. Schwellung der Zellen mit normalem Kern und Sitz und 2. Schwellung mit geschrumpftem und pyknotischem Kern. Nach FERRARO können diese Befunde auf einen toxischen Prozeß hinweisen. Er ist daher der Meinung, daß gewisse funktionelle Psychosen organischer Natur sein können. A. MEYER hat entsprechende Nachuntersuchungen vorgenommen und fand in einem nicht schizophrenem Vergleichsmaterial weniger geschwollene Oligodendrogliazellen. MEYER weist aber ausdrücklich auf die Empfindlichkeit der Oligodendroglia hin, auch auf ihre Neigung zu postmortalen Veränderungen und schließt daher die Möglichkeit von Kunstprodukten nicht mit Sicherheit aus.

Kombinationen der Schizophrenie mit anderen *organischen Krankheiten* des zentralen und peripheren Nervensystems sind nicht häufig. Das gemeinsame Auftreten mit *progressiver Muskelatrophie* ist durch Publikationen von RECKTENWALD, TSCHERNING, HERZ, HOCHAPFEL, mit *myatrophischer Lateralsklerose* durch die von FRAGNITO (3 Fälle), WESTPHAL (2 Fälle), DORNBLÜTH, PILCZ, HÄNEL, RAITHEL bekannt geworden.

RATH berichtete über einen Fall *dominanter Ophthalmoplegie* in Verbindung mit Dementia praecox. Er schließt aus der nicht so seltenen Kombination von Schizophrenie mit heredodegenerativen Veränderungen des Nervensystems auf eine gemeinsame pathobiologische Grundlage der Schizophrenie und der atrophisierenden Erkrankungen des Nervensystems. Von HERZ liegt noch die Mitteilung der Kombination von Schizophrenie und *Torsionsdystonie* vor.

Auch HERZ und WESTPHAL glauben aus der Kombination heredodegenerativer Erkrankungen mit der Schizophrenie eine Unterstützung der Ansicht von KLEIST sehen zu können, der die Schizophrenie als heredodegenerative Systemerkrankung auffaßt, „welche wahrscheinlich auf der Wirksamkeit endotoxischer Substanzen beruht, die eine elektive Affinität zu jeweils bestimmten Gehirnsystemen haben. Die Erkrankungen seien daher in Analogie zu setzen mit den systematischen Neuropathien (Systemdegenerationen), den verschiedenen Formen von Muskelatrophie, der FRIEDREICHschen Krankheit, der hereditären Kleinhirnatrophie, der HUNTINGTONschen Chorea, der WILSONschen Krankheit usw." (KLEIST).

BENEDEK und GYÁRFÁS haben einen Fall unilateraler *abortiver* RECKLINGHAUSEN*scher Krankheit* kombiniert mit Schizophrenie mitgeteilt. In jüngster Zeit hat EICKE 2 Fälle *multipler Sklerose* mit Schizophrenie publiziert.

EICKE hebt hervor, daß in beiden Fällen die beiden Krankheiten voneinander unabhängig verliefen und keinerlei Einfluß aufeinander ausübten. Interessant ist die Feststellung EICKES, daß Krampftherapie wohl zu einer Besserung der psychischen Zustandsbilder führte, dagegen zu einer Verschlechterung der multiplen Sklerose. Beobachtungen des gemeinsamen Vorkommens von Schizophrenie und multipler Sklerose teilten auch RIEGEL, SAETHRE, MÖNKEMÖLLER (s. dort Literatur) und BLOCH mit.

Die Frage der Kombination von *idiopathischer Epilepsie* und Schizophrenie ist besonders häufig diskutiert worden (JULES FALRET, SAMT, SOMMER, GIESE, VORKASTNER, KRAPF, STRANSKY, GUREWITSCH, GRUHLE, STAUDER, DÖRRIES u. a.). GRUHLE lehnt die Kombination beider Leiden ab und nimmt zu der entsprechenden Kasuistik kritisch Stellung. „Fälle wie die geschilderten sind keine Kombinationen zweier Leiden, sondern die wahrhaften, oft ganz schizophren aussehenden Psychosen sind symptomatische Schizophrenien; es liegt nur ein

Grundleiden vor, eine toxische endogene Epilepsie." ARONSON, STAUDER, VITELLO u. a. führen die bei der Schizophrenie auftretenden cerebralen Krampfanfälle auf Hirnschwellungszustände bzw. autotoxische Vorgänge zurück. Jüngst hat DE BOOR einen entsprechenden Fall mitgeteilt, bei welchem er eine echte Kombination zweier wohl umschriebener Syndrome annimmt.

DE BOOR ist aber auch von der Seltenheit der Kombination Epilepsie-Schizophrenie wegen der oft herausgestellten Unverträglichkeit beider Krankheiten überzeugt. Eine Schizophrenie kann nach DE BOOR in einem epileptischen Organismus nur dann entstehen, „wenn der antischizophrenen Tendenz des epileptischen Organismus ganz starke pathogenetische Faktoren gegenüberstehen, die einer schizophrenen Psychose zum Durchbruch verhelfen". DE BOOR glaubt, daß nicht nur der eigentliche Krampfanfall eine antischizophrene Wirkung hat, sondern die gesamte physiopathologische Verfassung des epileptischen Organismus. Aus therapeutischen Gründen empfehle es sich deshalb, nicht nur mit dem Krampf zu arbeiten, „sondern die pathophysiologische Gesamtsituation des epileptischen Organismus auf den schizophrenen Organismus zu übertragen" (DE BOOR).

B. Die morphologischen Veränderungen und Funktionsstörungen des endokrinen Apparates.

Seit KRAEPELIN, der schon die Vermutung aussprach, daß Endokrinopathien eine Rolle bei der Dementia praecox spielen können, ist man den eventuellen Beziehungen innersekretorischer Störungen mit der Dementia praecox nachgegangen, ohne aber bis heute eine grundsätzliche Bedeutung innersekretorischer Störungen in der Pathogenese der Schizophrenie wahrscheinlich gemacht zu haben. Die häufige zeitliche Koinzidenz des Ausbruches der Psychose mit Pubertät, Puerperium, Involution sowie das Vorliegen von Menstruationsstörungen im Beginn akuter Phasen oder auch während des ganzen Krankheitsverlaufes (BLEULER, HAYMANN, HANSE, REHM u. a.) wies insbesondere auf Störungen der *Keimdrüsen* hin. Atrophie der Ovarien und Hoden, Hypogenitalismus, Uterushypoplasie sind häufige Befunde (HAUCK, KÖHLER, FRÄNKEL, GELLER, NAITO und BASSI, ALLEN, LANGFELD, BERINGER u. a.).

Nach M. FRANK ist das Gewicht der *Keimdrüsen* unterdurchschnittlich. Er fand reichlich die Samenkanälchen auseinanderdrängendes bindegewebiges Stroma mit auffallend vielen LEYDIGschen Zellen. Die Epithelien der Samenkanälchen waren teils verfettet. BORBERG wies in allen Fällen, in welchen Lungentuberkulose die Todesursache war, pericanaliculäre und interstitielle Fibrose mit etwas atrophischen LEYDIGschen Zellen und fehlender Spermatogenese nach, während in den Ovarien keine Veränderungen festgestellt wurden. BORBERG sucht die Ursache für die „Sklerose", die er auch in Thyreoidea und Nebennieren fand, in den begleitenden Krankheiten wie insbesondere der Tuberkulose. MARIE und PARHON fanden ebenfalls gelegentlich in Hoden und Ovarien Sklerose, außerdem fehlende Spermatogenese und reichlich lipoide Granula in den Tubuli seminiferi. In den Ovarien wurde Hypo- und Hyperplasie, ferner kleincystische Degeneration (PÖTZL und WAGNER, GELLER) sowie mangelnde Follikelbildung (MOTT) festgestellt. Bei einem beim Tode 25jährigen Schizophrenen fand MÜNZER ein Untergewicht der Hoden und Nebenhoden (zusammen 32 g schwer — Durchschnittsgewicht nach BERBERICH und JAFFÉ 40—60 g). Bei der feingeweblichen Untersuchung fand sich diffuse Fettvermehrung im spermioplastischen Gewebe und herdförmige Atrophie der Kanälchen beider Hoden. Der Autor fand alle Stadien von mangelhafter Spermiogenese bis zum vollkommenen Schwund der Kanälchen, von welchen nur noch eine verdickte strukturlose Membran übriggeblieben war. Die gefundenen Veränderungen sprechen nach Ansicht MÜNZERS dafür, daß es sich nicht von vornherein um minderwertige Gebilde (wie z. B. beim Leistenhoden) handelt, sondern um verschieden Stadien eines progredienten Prozesses, „ohne daß sich dafür eine örtliche Ursache — Entzündung oder Gefäßschädigung — weder im Hoden noch in seiner Nachbarschaft auffinden ließ" (MÜNZER). MATERNA berichtet auch über Bindegewebsvermehrung, herdförmige Sklerosierung der Samenkanälchen und Verlust der LEYDIGschen Zwischenzellen. TODDE beobachtete eine Abnahme der Spermiogenese auf Grund tiefgehender Involutionsvorgänge am drüsigen und interstitiellen Gewebe. MOTT fand in 30 Fällen Veränderungen, die er als primäre „regressive Atrophie" ansprechen zu können glaubte. Der Grad der Hodenatrophie stimmte oftmals, aber nicht immer, mit der Dauer der Psychose überein. Außer Fehlen der Spermatogenese wies Mott bei älteren Schizophrenen Pigmentdegeneration der Zwischenzellen als Ausdruck eines präsenilen Zerfalls nach. Mott faßt die Hodenveränderung als Teilerscheinung einer allgemeinen Keimschädigung auf, die besonders in der Keimdrüse und in dem Gehirn bei der Dementia praecox zum Ausdruck komme. Neuerdings sind die von Mott erhobenen Befunde von Hemphill, Reiss und Taylor und von Hemphill voll bestätigt worden. „The pathological picture resembled in certain respects the secondary atrophy caused by hypophysectomy in animals, which may suggest pituitary disorder in schizophrenia antedating the histogical and presumably mental pathology" (Hemphill).

Nicht nur der bei der Schizophrenie häufig erniedrigte Grundumsatz (in der Wachphase) (Gjessing, S. Fischer, Jacobi, Claude, Walker, Farr und Clyfford, Lingjaerde u. a.), sondern auch andere Erscheinungen wie leichtes Myxödem mit bleichen, gedunsenen Gesichtszügen läßt an eine Insuffizienz der *Thyreoidea* gelegentlich denken. Es liegen zudem Mitteilungen von Kombination von Myxödem mit Psychosen vor (van der Scheer, Wegener, Hayward, Ilse Lamprecht, Jakob, Jacobi, Stout, Wolfson). Das psychopathologische Gepräge der Myxödempsychosen erinnert zum Teil an schizophren-paranoide Psychosen, so daß insbesondere von Hayward und Ilse Lamprecht auf die differentialdiagnostischen Schwierigkeiten gerade bei Myxödempsychosen hingewiesen wird. Über Kombinationen von Hyperthyreosen mit Schizophrenie haben unter anderem van der Scheer, Dunlap, Moersel, Olga Skalikowa berichtet. Bindegewebsvermehrung bzw. Sklerose der *Schilddrüse* ist oftmals festgestellt worden (Perrin de la Touche und Dide, Fauser, Heddäus, Lewis, Fr. Meyer, Morse). Andererseits wurden auch krankhafte Veränderungen vermißt (Frank, Borberg u. a.). Von Gewichtsverminderung berichteten Marie und Parhon, sowie Dercum und Ellis, Frank, Witte. Alle beschriebenen Veränderungen sind völlig uncharakteristisch, so daß ihnen eine pathogenetische Bedeutung für den schizophrenen Grundprozeß nicht zukommt.

Haberkant, Klewe-Nebenius, Gundert u. a. verweisen auf klinische Zusammenhänge zwischen Schizophrenie und Osteomalacie. Haberkant berichtete von 2 Katatonen, bei welchen 9 bzw. 19 Jahre nach Ausbruch der Psychose Skeletverbiegungen an den Beinen auftraten, die als Ausdruck einer Osteomalacie aufgefaßt wurden. Haberkant ist der Ansicht, daß *Ovarien* und *Nebenschilddrüse* bei der Osteomalacie und bei der Schizophrenie eine wichtige Rolle spielen. Er nimmt eine Beziehung der Knochenerkrankung zur Psychose an, eine Auffassung, der übrigens Kraepelin beipflichtete. Van der Scheer stellte auf Grund von Literaturstudien und 13 eigenen Beobachtungen fest, daß die nichtpuerperale Osteomalacie bei Kranken mit chronischen Psychosen häufiger als bei Geistesgesunden vorkomme. Frank wies in den *Epithelkörperchen* ein Zurücktreten der oxyphilen Zellen, Münzer und Pollak, ebenso Dercum und Ellis starke Verfettung und wenig Eosinophile nach. Nach Marie und Parhon waren die Nebenschilddrüsen hypoplastisch. Borberg fand die Glandulae parathyreoidae in 9 Fällen keinmal wesentlich verändert.

Schizophrenie bzw. schizophrenieähnliche Psychosen treten auch mit Störungen der *Hypophyse* vergesellschaftet auf. Berichte über Kombinationen mit *Akromegalie* bzw. Akromegaloid liegen vor von Bleuler, Delia Wolf, Wander-Vögelin, mit Zwergwuchs bzw. Akromikrie von Parhon und Cahane. Über gemeinsames Vorkommen von *Morbus Cushing* und Dementia praecox berichteten Oldenberg und Voss. Voss weist darauf hin, daß mitunter Fettsucht im Beginn der Psychosen beobachtet wird, die nach Art der Fettverteilung und der übrigen Begleitsymptome dem äußeren Bild des Cushingsyndroms überraschend ähnlich ist. Voss beschreibt 5 Schizophrene, bei welchen in 4 Fällen vor dem 1. Krankheitsschub, bei dem 5. vor dem 2. Schub eine starke Gewichtszunahme von 20 bis 40 kg und eine Veränderung der Gesichtszüge angegeben wurde. In allen 5 Fällen war der Fettansatz im Gesicht und am Stamm lokalisiert. Fernerhin stellte Voss in allen Fällen Blutdruckerhöhung fest. Auch Kombination von Fröhlichschem Syndrom mit Dementia praecox sind erwähnt (Miskolczy, Vanelli u. a.).

Die anatomischen Veränderungen in der Hypophyse sind völlig uncharakteristisch. Frank stellte einen Mangel an eosinophilen Zellen und Vermehrung der Basophilen fest. Letztere zeichneten sich durch besondere Größe aus; gelegentlich traf man Exemplare, die doppelt so groß wie Eosinophile waren. Borberg, Fauser und Heddäus, Mott sowie Robertson berichten gleichfalls von einer Vermehrung der basophilen Zellen. Münzer und Pollak fanden ein starkes Überwiegen der Basophilen. Öfters reichlich Eosinophile sahen Dercum und Ellis. Über Bindegewebsvermehrung berichteten Dercum und Ellis, Frank, Mott, Robertson und Morse sowie Fr. Meyer.

Besondere Beachtung ist den *Nebennieren* geschenkt worden. Lingjaerde wies kürzlich bei der Besprechung von 3 Fällen von „Delirium actum" darauf hin, daß viele Züge im klinischen Bild der Schizophrenie auf eine Hypofunktion der Nebennieren hinweisen. An entsprechenden Symptomen führt er an: ausgesprochene Schlafsucht, gastrointestinale Störungen, Nahrungsverweigerung, Gewichtsverlust, Menstruationsstörungen, labilen Puls, schwankende Temperatur, niedrigen CO-Verbrauch, niedrigen Blutdruck, herabgesetzte

Widerstandsfähigkeit gegenüber Infektionen, gewisse Leberfunktionsstörungen. Der kritischen Einstellung von LINGJAERDE entspricht sein Hinweis, daß man „in gewissen Fällen mit einer Nebennereninsuffizienz als pathogenem Faktor" rechnen muß. Beachtung verdient in diesem Zusammenhang, daß nach Untersuchungen von LINGJAERDE und STØA bei Schizophrenen in der aktiven Phase die 17-Kestosteroidausscheidung sehr niedrig, jedenfalls deutlich verschlechtert ist. GIBBS bezieht die häufigen Anomalien der sekundären Geschlechtsmerkmale bei Dementia praecox (Behaarung, Sexualtrieb) auf Nebennierenrindenanomalien. ALLEN berichtet von einer paranoiden Psychose bei einer 34jährigen Frau, bei welcher nach Entfernung der Nebennieren sowohl Geistesstörung als auch virile Behaarung und Amenorrhoe verschwanden. WITTE wies bei einem großen Untersuchungsgut darauf hin, daß bei der Schizophrenie in einem höheren Prozentsatz als bei anderen Geisteskrankheiten (Paralyse, senile Demenz) eine Verarmung an Nebennierenlipoiden nachweisbar war. Er folgert in seiner kritischen Art daraus nur, daß die Nebennieren der Dementia praecox-Kranken auf Schädigungen in der Mehrzahl der Fälle mit Lipoidverarmung reagieren. Auch DERCUM und ELLIS sowie BORBERG stellten Lipoidarmut der Nebennierenrinde fest. GAUPP jr. sah in 3 von 6 Fällen nahezu vollständigen und einmal erheblichen Lipoidschwund der Nebennierenrinde. Im 5. Fall fand er Atrophie der Glomerulosa und Reticularis bei guter Lipoidinfiltration der Fasciculata, während er im 6. Fall keine feingeweblichen Veränderungen feststellte. Im Gegensatz zu den erwähnten Mitteilungen über Lipoidarmut berichteten von Lipoidreichtum MOTT, HUTTON, FRANK sowie MÜNZER und POLLAK. Vermehrung des Bindegewebes beschrieben FRANK, MOTT, HUTTON, BAMFORD und BEAN u. a.

„Schon der Umstand, daß die Befunde im endokrinen Apparat recht schwankende sind, spricht dagegen, daß die Veränderungen eines der endokrinen Organe für die Auslösung der Psychose maßgebend sei. Denn es gibt viel tiefer greifende Störungen der einzelnen Drüsen mit innerer Sekretion und auch der Keimdrüsen, ohne daß es zu psychischen Veränderungen, geschweige denn zu einer so scharf umrissenen Psychose, wie es die Dementia praecox ist, kommt. Welche pathogenetische Rolle spielen dann aber diese Veränderungen? Wenn sie auch nicht als auslösende Ursache in Betracht kommen, so kann man nicht in Abrede stellen, daß Art und Grad der endokrinen Anomalien im Einzelfall die individuelle Erscheinungsform der Psychose mitbestimmen werden. Und darin scheint mir die Bedeutung der Befunde gelegen zu sein" (MÜNZER). M. BLEULER kommt nach breitesten klinischen Untersuchungen über die Beziehungen zwischen Endokrinopathie und Schizophrenie ebenfalls zu recht zurückhaltenden Schlüssen.

C. Die morphologischen Veränderungen und Funktionsstörungen der inneren Organe.

Nachdem von KRAEPELIN die Vermutung ausgesprochen wurde, daß der Schizophrenie eine Autointoxikation zugrunde liegen könne, ist vielfach der Nachweis einer enterogenen Vergiftung zu bringen versucht worden, mit besonderem Nachdruck von REITER. Entzündungszustände sowie Sekretions- und Motilitätsstörungen am *Magen-Darmkanal* sind nach Ansicht REITERs bei Schizophrenen gehäuft zu beobachten. In 23 sezierten Beobachtungen fand er Gastroenterocolitis, die er übrigens auch für die häufigste Todesursache Schizophrener hält. Es handelte sich entweder um eine hypertrophische proliferative Entzündung des Magens mit verdickter Schleimhaut oder häufiger um eine atrophische Entzündung mit dünner, schlaffer, atonischer und atrophischer Magenwand. Histologisch beschreibt REITER Hyperämie und dichte Rundzelleninfiltrate, am stärksten in der Pars pylorica. Gleiche Veränderungen fand REITER auch im Dünn- und Dickdarm. Oft sind sekundäre entzündliche Veränderungen in den Mesenteriallymphknoten noch vorhanden. In der Leber stellte REITER Übergänge von leichter Rundzelleninfiltration und Wucherung des interstitiellen Gewebes bis zur schwersten abscedierenden Entzündung fest. REITER glaubt, daß die primären Veränderungen im Darmkanal zu einer Vergiftung des Organismus führen. Er vermutet zwischen Darmleiden und Psychose einen Kausalzusammenhang, wobei aber auch noch eine erbliche Veranlagung vorhanden sein müsse. FR. MEYER fand bei 5 plötzlich verstorbenen Schizophrenen das gesamte Colon und die unteren Ileumpartien schwerstens, den übrigen Dünndarm oft bis zum Duodenum leichter verändert. Im Colon waren Schleimhaut und Muscularis atrophisch. Bei der feingeweblichen Untersuchung ergaben sich infiltrativ-proliferative, teils hämorrhagische Veränderungen. In 3 Fällen stellte Fr. MEYER ausgesprochene Hyperplasie der Mesenteriallymphknoten mit den Erscheinungen eines desquamativen Sinuskatarrhs fest. Befunde über Veränderungen im Magen-Darmkanal liegen auch von R. G. WILSON, WATSON, BEYERHOLM, SNESSAREW, WITTE, NEUBÜRGER u. a. vor. BEYERHOLM glaubt, daß in 40% als Todes-ursache Gastroenterocolitis vorgelegen habe. Er spricht von einer ,,Gastro-enteritis maligna schizophrenorum". SNESSAREW fand unter 9 Fällen 5mal Enteritis und zahlreiche Adhäsionen von Dünndarmschlingen. WITTE konnte an 11 Beobachtungen die REITERschen Befunde bestätigen. Bei 22 unaus-gesuchten Kontrollfällen konnte er aber 20mal den gleichen Befund erheben. WITTE teilt die Ansicht REITERs nicht, daß die häufigste Todesursache Schizo-phrener Gastroenterocolitis sei. Von 1185 Schizophrenen der Anstalt Bedburg-Hau erlagen 555 (47%) einer Tuberkulose; bei 251 Fällen (27%) stellte Marasmus die Todesursache dar und erst an 3. Stelle folgten als Todesursache Erkrankungen des Magen-Darmkanals (125 Fälle = 10%). BUSCAINO, BOLSI und DE GIACOMO beschrieben die gleichen Veränderungen am Magen-Darmkanal Schizophrener wie REITER, daneben auch Hyperplasie der mesenterialen Lymphknoten, fettige Degeneration, Rundzelleninfiltrate und Proliferation des Interstititums der Leber. BUSCAINO weist darauf hin, daß Störungen des Magen-Darmkanals nicht selten vor Ausbruch der Schizophrenie schon bestehen.

Für BUSCAINO und seine Schüler beruht die Dementia praecox auf der Einwirkung toxischer Substanzen auf ein hierfür prädisponiertes Nervensystem. ,,Die toxischen Sub-stanzen sind im wesentlichen vom Amintypus und haben sich im Darm unter dem Einfluß besonderer Mikroorganismen gebildet, wo sie dann durch Läsionen oder infolge besonderer Permeabilität der Darmschleimhaut in den Kreislauf übergetreten sind" (BUSCAINO). Be-kanntlich (s. S. 20) führt BUSCAINO die ,,Traubenabbauschollen" auch auf die Einwirkung der durch das Blut in das Gehirn gelangten toxischen Eiweiß-Abbauprodukte zurück. Für die ursächliche Bedeutung der Aminintoxikationen in der Pathogenese der Schizophrenie führt BUSCAINO mehrere Gründe an. Er weist auf die Ähnlichkeit der Folgen der Mescalin-vergiftung (BERINGER, JANZ, BÜRGER-PRINZ u. a. m.) mit der Katatonie hin. Mescalin ist ein Trimetaoxyphenyläthylamin. Ferner zieht BUSCAINO die durch Bulbokapninvergiftung beim Tier erreichten katatonieähnlichen Zustände zum Vergleich heran (DE JONG, BARUK, DONAGGIO, SCHALTENBRAND u. a. m.). Bulbokapnin ist chemisch ein cyclisches LÖWEsches Seitenkettenäthylamin. BUSCAINO und DE GIACOMO riefen bei Dementia praecox-Kranken durch Somnifen kataleptische Zustände hervor bzw. erhöhten schon vorhandene. Somnifen ist aber eine Mischung von Diäthyl-barbitur-diäthylamin + Isopropylallylbarbiturdiäthylamin.

Intestinale Intoxikationen als mögliche Ursache der Schizophrenie nahmen zahlreiche Autoren, so COTTON, BRUCH, MACPHERSON, HUNTER, OETTNER, WAGNER-JAUREGG u. a. m. an. DATTNER hält die Abstinenz Schizophrener für den schlagendsten Beweis, daß gastro-intestinale Störungen vorliegen. Die Abstinenz werde zwar in der Mehrzahl der Fälle wahn-haft motiviert. Wahrscheinlich aber würden sich Störungen der Verdauungsorgane und die mit ihnen verbundenen Empfindungen in einen Wahn umsetzen. Nach FORD-ROBERTSON kommt Coloninfektion mit Anaerobiern besonders häufig bei Geisteskranken vor. Er sieht hierin den Grund einer protrahierten schweren Intoxikation, die schließlich auch das Zentral-nervensystem schädige. COTTON hat als Anhänger der fokalen Genese der Dementia praecox nach Colonresektion Besserung der Zustandsbilder gesehen. Auch französische Autoren berichteten über Katatonien colibacillärer Ätiologie (BARUK und DEVEAUX, BARUK, CLAUDE, BARUK und FORESTIER). BARUK gelang es, katatone Zustandsbilder bei Katze, Hund und Meerschweinchen durch Colitoxine hervorzurufen. Nach BARUK ist jede Katatonie ein psycho-motorisches Syndrom organischer oder toxischer Natur.

Die Ansicht, daß eine primäre enterogene Intoxikation der Dementia praecox zugrunde liegt, ist durch bisher vorliegende Untersuchungen nicht einmal wahrscheinlich gemacht worden. Meist wird es sich bei den Veränderungen im Verdauungsschlauch um die Grundkrankheit lediglich begleitende Phänomene gehandelt haben. Man denke an die bei Geisteskranken häufigen Erscheinungen wie Nahrungsverweigerung, mangelnde Wahl der Speisen, Verschlingen der Nahrung. Man überlege sich ferner, daß in früheren Zeiten die Nahrung in den Anstalten recht eintönig war. Schließlich scheint die häufige Unreinlichkeit der Kranken noch beachtenswert. Zahlreiche Faktoren ergeben sich somit für den Schluß, daß es im Verlauf schizophrener Erkrankungen zu Magen- und Darmaffektionen kommen kann.

Schon bei der Besprechung der enterogenen Intoxikation wurde erwähnt, daß vielfach auch einer *Leberinsuffizienz* eine pathogenetische Rolle zugedacht worden ist. Von den zahlreichen pathophysiologischen Untersuchungen, deren Ergebnisse Hinweise für ein partielles Versagen der Leberfunktion geben, werden nur die systematischen und kritischen Arbeiten von GJESSING, JAHN, GREVING, LINGJAERDE, NAGEL, GEORGI und ULRICH erwähnt.

GJESSING stellte in jahrelang durchgeführten Längsschnittuntersuchungen über den katatonen Stupor fest, daß in der Wachperiode vorwiegend vagotone Einstellung (herabgesetzter Grundumsatz, herabgesetzte Pulsfrequenz, verringerter Blutdruck und Blutzucker, Leukopenie mit Lymphocytose) und Retention von Stickstoff und den übrigen Eiweißspaltprodukten („Retentionssyndrom") vorliegt, während in der Stuporperiode vorwiegend sympathicotone Einstellung (erhöhter Grundumsatz, erhöhte Pulsfrequenz, erhöhter Blutdruck, erhöhter Blutzuckergehalt, Hyperleukocytose) und kompensatorisch gesteigerte Ausscheidung von Stickstoff und anderen Eiweißprodukten („Kompensationssyndrom") besteht. GJESSING hebt die *zentrale Stellung des phasischen Schwankens der gesamten N-Ausscheidung in der Pathophysiologie der Schizophrenie* hervor. Das gestörte N-Gleichgewicht ist nach Ansicht GJESSINGS weder Folge der Ernährung noch intestinaler Störungen bei hepatogener Insuffizienz. Eine Leberfunktionsbeeinträchtigung besteht nach Untersuchungen GJESSINGS phasisch zweifellos, sie ist aber den Eiweißstoffwechselstörungen koordiniert, nicht vorgeschaltet. Nach den neuesten Arbeiten von GJESSING deutet die klinische Symptomatologie der periodischen Schizophrenien auf ein phasisches Schwanken der Schilddrüsentätigkeit zwischen Hypo- und Hyperfunktion. GJESSING gelang der Ausgleich sämtlicher Funktionsstörungen durch Eingabe von Schilddrüsensubstanz (Thyroxin oder thyreotropes Hormon). Thyroxin zur rechten Zeit gegeben (d. h. gleichzeitig mit dem Eintreten der negativen N-Bilanz) führt nach GJESSING zur Behebung der Periodik innerhalb einer Periode und mittels nachfolgender Schilddrüsensubstanzmedikation im Laufe von wenigen Wochen zur Beseitigung sämtlicher Funktionsstörungen, auch auf psychischem Gebiet. Die Schilddrüsendysfunktion ist nach GJESSING ein Glied im Circulus vitiosus, deren Behebung den Circulus bricht. Auch JAHN und GREVING konnten vor Beginn der akuten Phasen (Erregung, Stupor) Stickstoffretention, weiterhin Störungen der Harnstoffsynthese und der Veresterung der Cholesterine nachweisen. Nach GREVING sind die Störungen aber Folge einer fermentativen Schwäche der *Leber*. GREVING weist darauf hin, daß im Beginn der Schübe das Bilirubin im Blut erhöht sei, vermehrte Urobilinogenbildung stattfinde und die TAKATA-ARAsche Reaktion oft positiv sei. Auch dies seien deutliche Zeichen einer Leberschädigung. JAHN und JANTZ haben übrigens auch bei mescalinvergifteten Tieren deutliche Stickstoffretention festgestellt, was in Anbetracht der Ähnlichkeit der psychopathologischen Bilder bemerkenswert ist. LINGJAERDE unterscheidet aktive und inaktive Phasen. In den ersteren schreitet die Psychose fort, in den letzteren besteht Stillstand oder Besserung. In den aktiven Phasen stellte LINGJAERDE in ausgedehnten Untersuchungen so häufig Zeichen einer Leberfunktionsstörung fest, daß er die Möglichkeit eines zufälligen Zusammentreffens ausschließt. In den aktiven Phasen fand er ferner, ähnlich wie GJESSING, Dysrhythmie der Puls- und Temperaturkurven, Menstruationsstörungen, unterdurchschnittlichen Blutdruck sowie niedrigen O_2-Verbrauch. Nach GJESSING ist der erniedrigte O_2-Verbrauch nicht das deletäre Moment. „Vielmehr dürfte eher eine auf erniedrigte oder fehlerhafte Schilddrüsenfunktion beruhende Beeinflussung einer enzymatischen Reaktion, vorzugsweise der vegetativen Neuronen in Frage kommen" (GJESSING). Untersuchungsergebnisse von LINGJAERDE, S. KAUG, HELLEMS und ØRSTRØM sprechen für ein Versagen der Phosphorilisierung und Ausnützung der Kohlenhydrate. GOLDKUHL, KAFKA und ØRSTRØM stellten nicht selten im Blut Schizophrener erhöhten Thrombingehalt fest. Bei den älteren prozeßhaften Fällen fanden sie Beschleunigung der Senkung mit Erhöhung des Fibrinogengehaltes, bei den frischen Fällen ausgesprochene Störungen der Gerinnungsfaktoren. Die Autoren ventilieren, ob die besondere Eigenschaft des Fibrinogens durch *Leberstörungen* zu erklären ist, da die Leber der Entstehungsort des Fibrinogens ist.

Ausgedehnte Untersuchungen von F. GEORGI und Mitarbeitern stellten mit dem Hippur-
säuretest nach QUICK in der aktiven Phase der Krankheit eine Verminderung der Hippur-
säuresynthese fest. Sie führten dies ursächlich auf das *Unvermögen der Leber* zurück, das für
die Hippursäure notwendige Glykokoll bereitzustellen. In Remissionen waren die Glykokoll-
verhältnisse normalisiert. Auch während der Mescalinvergiftung stellten GEORGI, R. FISCHER
und R. WEBER durch den QUICK-Test eine Verminderung der Hippursäureausscheidung fest.
,,Damit stützt der Modellversuch die Hypothese, daß die Leberfunktionsstörung bei Schizophrenen eine Folgeerscheinung der vermuteten Toxikose sein könnte" (GEORGI und Mitarbeiter).

Die wenigen bisher mitgeteilten anatomischen Veränderungen an der *Leber*
sind uncharakteristisch. GAUPP jr. fand in 22 Fällen bei akuten Katatonen stets
ausgeprägte Hyperämie mit Bevorzugung der zentralen Leberläppchen. Die
DISSEschen Räume waren im allgemeinen frei von Serum. Regelmäßig zeigte
sich hochgradige Verfettung, die meist das Bild der sog. zentralen fettigen Degeneration bot. GAUPP beobachtete auch zentralen Läppchenzerfall. GAUPP jr. faßt
die im Vordergrund der Leberveränderungen stehende degenerative Verfettung
als toxisch bedingt auf. PENACCHIETTI stellte gleichfalls zentrale Verfettung fest.
LINGJAERDE beschreibt in ,,aktiven Fällen" Fettinfiltration vorwiegend im
Zentrum der Leberläppchen sowie Parenchymdegeneration. SCHEIDEGGER ist
mehrfach eine ungewöhnlich intensive braune Atrophie und zum Teil auch starke
Dissoziation des Leberparenchyms aufgefallen. SCHEIDEGGER fand die wohl eine
Erschöpfung des Organs anzeigende Veränderung, auch wenn keine Nahrungsverweigerung vorgelegen hatte. RIEBELING fand bei akuten Katatonen nicht
nur trübe Schwellung, ,,sondern echte Leberschwellung mit relativer und absoluter Substanzvermehrung". JANTZ fand nach Mescalinrausch bei Tieren eiweiß-
reiches Exsudat in den erweiterten DISSEschen Räumen. Er ist der Ansicht,
daß das capillartoxische Mescalin zu ,,seröser Entzündung" führe, der eine
Störung des Ab- und Aufbaues der intermediären Stoffwechselsubstanzen folge.
KLUGE steht den Leberbefunden sehr kritisch gegenüber. Nach ihm ist die Fettspeicherung mit hoher Wahrscheinlichkeit Folge subfinaler Krankheiten. KLUGE
fand gleiche Leberveränderungen bei Hungerödem, Hirntumoren und Meningitiden. ,,It is fairly certain, that none of these anatomical changes has a con-
vincing claim to be a substrate of the psychoses. Some of them, like the liver
change, are very probably secondary phenomena" (A. MEYER).

Zahlreiche Arbeiten behandeln die Pathologie des *hämatopoetischen Systems* bei der
Dementia praecox. GAUPP bestätigte die myeloische Reaktion des Markes der langen Röhrenknochen, die JAHN und GREVING bei akuten Katatonien häufig fanden. In 9 von 13 untersuchten Fällen wies GAUPP eine rote Metaplasie des Femur nach. Die Zellen waren teilweise
im Knochenmark sehr dicht gelagert. Sie bestanden aus Myeloblasten, Myelocyten, Knochen-
marksriesenzellen, Leukocyten mit zum Teil sehr ausgeprägter eosinophiler Granulierung
und Erythrocyten. JAHN zeigte autoptisch in 4 Fällen akuter, rasch zum Tode führender
Schizophrenien Umbildung des Fettmarkes der langen Röhrenknochen in rotes, blutbildendes
Mark auf. Die gleiche Veränderung des Knochenmarkes fanden JAHN und GREVING auch bei
Kranken, die schon seit Jahren an Schizophrenie litten und erst im letzten Schub unter
den Erscheinungen einer tödlichen Katatonie verstarben. Bei klinischen Untersuchungen
stellte JAHN bei 21 von 27 stuporösen Katatonen auffallend hohe Erythrocytenzahlen fest,
die er durch Eindickung des Blutes infolge Flüssigkeitsaustritt in das Gewebe erklärte.
Im katatonen Stupor auftretende Ödeme weisen auf letzteren Vorgang hin. Außerdem fand
JAHN aber auch eine erhebliche Vermehrung der vitalgranulierten jugendlichen roten Blut-
zellen, woraus er folgert, daß neben der Bluteindickung Blutneubildung vorliegt. JAHN und
GREVING weisen darauf hin, daß letztere, bei Katatonie festgestellte Veränderungen (Bluteindickung, Blutneubildung, Anreicherung an eosinophilen Zellen, Capillardurchlässigkeit
mit Ödem und Blutungen, Störungen des Säure-Basengleichgewichtes) mit Folgen einer
Histamineinwirkung vergleichbar sind. Nach Meinung von JAHN und GREVING ist eine Über-
schwemmung des Körpers mit aus dem Eiweißstoffwechsel stammenden giftigen Substanzen
als Ursache der ,,unverkennbaren körperlichen Stigmatisierung leichterer Fälle von Schizophrenie" und als Grund schwerer körperlicher Störungen bei der tödlichen Katatonie anzusehen. GAUPP fand ebenfalls im strömenden Blut zahlreiche Reticulocyten, manchmal auch

Normoblasten und Myelocyten und bei akuter Katatonie eine solche Vermehrung der Leukocyten, daß sie sich nicht durch die Bluteindickung erklären läßt. Auch KLUGE stellte Blutabbau und -neubildung (Hämosiderose der Milz in fast allen Fällen, etwas seltener rotes Knochenmark in den Röhrenknochen) fest.

Nach K. F. SCHEID ist das „*hämolytische Syndrom*" ein Kardinalsymptom der „subfebrilen und febrilen Episoden". Er wies nach, daß der Blutzerfall regelmäßig vor Auftreten der ersten psychopathologischen Erscheinungen zu beobachten ist. „Dies legt eine ursächliche Beziehung zwischen dem Blutkörperchenuntergang und der Psychose sehr nahe" (K. F. SCHEID). Den Blutzerfall hat SCHEID durch den Nachweis von vermehrten Hämoglobinabbauprodukten im Plasma (Färbeindexsturz) und im Urin (Urobilin und Urobilinogen) wahrscheinlich gemacht. Die vermehrte Produktion von Urobilin und Urobilinogen erklärt SCHEID mit dem Blutzerfall und schließt nicht wie andere Autoren hieraus auf eine Leberstörung. Die vermehrte Stickstoffausscheidung, die GJESSING regelmäßig bei Einsetzen akuter Schübe feststellte, beruht nach SCHEID in erster Linie auf der Anwesenheit stickstoffhaltiger Hämoglobinabbauprodukte.

Als Folge der Bluteindickung fassen JAHN und GREVING die Neigung zur Thrombenbildung auf, die sie in einzelnen Fällen akuter Katatonie sahen. Auch SCHEID erwähnt bei den febrilen cyanotischen Episoden Thrombosen und Lungenembolien. GAUPP stellte bei akuten Katatonien 6mal Thrombenbildung fest, 3mal in der Vena femoralis, 1mal in der Vena hypogastrica, 1mal im Plexus vaginalis und 1mal generalisiert. Auch KLUGE spricht von der starken Neigung des Blutes zur Gerinnung.

An den *übrigen Organen* sind auf Pathogenese und Wesen des „Morbus dementiae praecocis" hinweisende Veränderungen nicht festgestellt worden. BAMFORD und BEAN wiesen in 3 Fällen (Alter: 20, 31 und 21 Jahre, Krankheitsdauer: 11 Monate, 2 Jahre, 2 Monate) Fibrose der inneren Organe, vor allem der Nieren und der Milz nach. Nach KLUGE zeigten Leber, Milz und Nieren (bei Katatonen) starke Cyanose. Nicht selten sind Schleimhautblutungen (Magen, Darm, Blase) gesehen worden, die JAHN, GREVING sowie SCHEID als Folge toxischer Gefäßwandschädigung gedeutet haben. GAUPP fand 2mal Kalknephrose mit Ablagerung von Kalkzylindern an den Übergangsstellen in die Markkanälchen der Nieren, 2mal feintropfige basale Verfettung der Kanälchenepithelien, in einem Fall kombiniert mit Hyalinisierung einzelner Glomeruli und 1mal fein- und mitteltropfige Eiweißspeicherung in den Anfangsteilen der Tubuli. Ausgesprochenen *Status lymphaticus* stellten MÜNZER und POLLAK in einigen Fällen fest. Sie wiesen darauf hin, daß die gleiche Veränderung auch von FRANK, MORSE u. a. beobachtet worden war. MÜNZER fand in einem Fall eine Thymus von einem Gewicht von 50 g. VON KLEBELSBERG verzeichnete unter 86 Fällen von Dementia praecox 11mal einen Status lymphaticus. Auch die in klinischen Untersuchungen häufig nachgewiesene Lymphocytose im Blut (ZIMMERMANN, KAHLMETTER, ILTEN, GOLDSTEIN, FANKHAUSER u. a.) wird auf einen Lymphatismus zurückgeführt. SCHEID fand in einer seiner Beobachtungen eine Thymus persistens, GAUPP in 2 Fällen, wobei in 1 Fall die Größe der HASSALschen Körperchen auffiel. Hypoplasie der inneren Organe, insbesondere des Herzens und der Gefäße ist häufig vermerkt worden (FRANK, MORSE, SCHEID u. a.). SHATTOCK bestätigte durch Autopsien die Befunde von LEWIS von Hypoplasie des Herzens und der Gefäße bei 25 Katatonen. LEWIS fand besonders zarte Wände der Herzohren, die teils von Papierdünne waren. LINGJAERDE betont die Kleinheit und Atrophie gewisser Organe wie Herz, Leber, Milz und Ovarien. Sehr häufig sind bei Schizophrenen capillarmikroskopisch abnorme Haargefäße beobachtet worden (OLKON, HAUPTMANN, MYERSON u. a.). Auch abnorme Innervationsverhältnisse der Capillaren sind beschrieben worden, so daß Vergleiche mit der RAYNAUDschen Krankheit (ALTSCHULE, LORENZ, DAVIS) oder mit einer Zirkulationsschwäche (KOBB, COHEN und Mitarbeiter) gezogen wurden.

FR. MEYER fand in 4 unter 5 Fällen eine auffallende Aktivierung des *reticuloendothelialen Systems* in der Leber, Milz, Hypophyse und Nebennierenrinde. Auf Grund dieser Befunde und des Nachweises von Rundzelleninfiltration in den inneren Organen, insbesondere in Leber und Nieren, hält er ursächlich einen toxischen Prozeß für möglich. Die Ergebnisse von FR. MEYER sind von NICOLAJEW, TEBELIS und ORSOLIN bestätigt worden. Mit Hilfe der KAUFMANNschen Probe bestimmten die Autoren die Reaktionslage des reticuloendothelialen Systems bei 117 Geisteskranken (Schizophrenen, Paralytikern und anderen Geisteskranken). Die Autoren fanden bei den Schizophrenen in einem höheren Prozentsatz als bei anderen Geisteskranken eine veränderte Reaktionslage des reticuloendothelialen Systems. In aktiven Phasen der Erkrankung wurde sowohl Leistungssteigerung als auch Funktionslähmung des Systems festgestellt. Die Autoren glauben zu der Annahme berechtigt zu sein, daß die Reaktionsfähigkeit des reticuloendothelialen Systems für den Verlauf der Schizophrenie von Bedeutung ist. Wie weit die veränderte Reaktionslage des Systems pathogenetisch mit der Dementia praecox in Zusammenhang steht oder Begleiterscheinung ist, kann nicht entschieden werden.

NEUBÜRGER hat Sektionsbefunde bei plötzlichen und unklaren Todesfällen Geisteskranker mitgeteilt. Er berichtet über akute Magendilatation, akute Magenatonie, Dünndarmileus durch größere Speisebestandteile, diapedetische Magenblutung, Lungenblutung, Herzruptur und Herzinfarkt. Blutungen in den Magen-Darmkanal sowie Lungenblutungen werden besonders häufig bei Erkrankungen des Zentralnervensystems aller Art, bei Tumoren, bei Traumen u. a. m. beobachtet (BENEKE, CEELEN u. a.). Traumen konnten in den von NEUBÜRGER beobachteten Fällen ausgeschlossen werden. NEUBÜRGER neigt dazu, in den von ihm beschriebenen Beobachtungen eine zentrale Genese der Blutungen anzunehmen, ohne jedoch den näheren Zusammenhang klären zu können.

Fassen wir die in diesem Kapitel skizzierten teils recht wertvollen Ergebnisse zusammen, so ist das endgültige Resultat recht mager. Manche Hinweise wurden uns gegeben, daß der gesamte Organismus, besonders bei bestimmten Formen der Psychose, in Mitleidenschaft gezogen werden kann. Man kann vor allem nach den Ergebnissen der gründlichen pathophysiologischen Untersuchungen von GJESSING, JAHN, GREVING, LINGJAERDE, K. F. SCHEID u. a. an eine Störung des Eiweißstoffwechsels denken. Infolge der zentralen Bedeutung der Leber im Eiweißstoffwechsel ist deren Funktionsstörung als pathogenetisches Zwischenglied nicht unwahrscheinlich. Als Teilerscheinungen des Morbus dementiae praecocis mögen die nachgewiesenen Störungen gelten, wobei jedoch noch offenbleiben muß, ob sie Folge des dem psychopathologischen Syndrom zugrunde liegenden Grundprozesses oder Ursache der im Verlauf der Schizophrenie auftretenden besonderen Exacerbationen sind.

D. Die „symptomatischen Schizophrenien".

Die Darlegungen dieses Abschnittes sollen, insbesondere an Hand einiger anatomisch untersuchter „Symptomatischer Schizophrenien", aufzeigen, daß bezüglich Qualität, Ausdehnung und Topik ganz unterschiedliche gewebliche Veränderungen sowie eine Vielheit *exogener Noxen* das klinische Bild der Schizophrenie entwerfen können. Das nicht ganz seltene Auftreten schizophren anmutender Psychosen während der Schwangerschaft und nach der Geburt (GRUHLE, GLAUSS, HERZ, KRAEPELIN, PATZIG, PANSE, RUNGE u. a.), nach Intoxikationen wie Alkohol, Schwefelkohlenstoff, Kohlenoxyd, Brom, Toluol-Xylol u. a. m. (GLAUSS, BONHOEFFER, ROEDER-KUTSCH und SCHOLZ-WÖLFING, PANSE u. a.), nach Infektion wie Erysipel, Typhus, Fleckfieber, Malaria, Rheumatismus u. a. m. (BOSTROEM, VAN DER HORST, BRUETSCH, H. CLAUDE, CORTE, VELTIS und v. LEINSE), bei Hirntumoren (GUTTMANN und HERMANN, SCHILDER und WEISSMANN u. a.), nach traumatischen Veränderungen im Gehirn (v. MURALT, H. W. MAIER, PFISTER, A. SCHMIDT, WILMANNS, BERTSCHINGER, FEUCHTWANGER und MAYER-GROSS, ENGELMANN, CONSTANTINESCU, MAPHOTH u. a.) und bei Blutkrankheiten wie perniziöser Anämie und Morbus Werlhoffi (GRÜTZMACHER, BÜSSOW, WEIMANN, BONHOEFFER, PANSE, STERN) hat immer wieder die pathogenetische Bedeutung *exogener Faktoren* in der Ätiologie der Schizophrenie zur Diskussion gestellt. H. A. COTTON hält die Fokalinfektion für eine wesentliche Ursache der Geisteskrankheiten, wobei die primären Foci in Zähnen, Tonsillen, Intestinaltractus und Urogenitalapparat zu suchen sind. COTTON sieht die Bestätigung dieser Ansicht in dem therapeutischen Erfolg nach Sanierung der Herde. Besonders zahlreiche klinische Mitteilungen liegen über Psychosesyndrome mit schizophrenem Charakter nach Encephalitis (GUTTMANN, BÜRGER-PRINZ und MAYER-GROSS, STERN, BOSTROEM, SCHOLZ, SCHILDER, EWALD, THIELE, LEYSER, NEUSTADT, LEMKE, LEONHARD u. a.) und bei der behandelten und nicht behandelten *progressiven Paralyse* (GRUHLE, GLAUSS, BOSTROEM, GERSTMANN, SCHILDER, CARRIÈRE, JAKOB, KUFS u. a.) vor. Auch nach Hirntraumen werden

schizophrene Psychosen beobachtet (v. MURALT, PFISTER, A. SCHMIDT, WIL-
MANNS, MAYER-GROSS u. a.).

Es wurden auch Beziehungen zwischen der Tuberkulose und der Dementia praecox
gesehen. BARUK, DE JONG, CLAUDE, COSTE, VALTIS und VAN DEINSE sind der Ansicht, daß
analog anderen Giften auch eine „tuberkulöse Intoxikation" der corticalen Zentren die
psychischen und psychomotorischen Störungen bestimmter Schizophrenieformen verursachen
kann. Sie berufen sich dabei auf eigene Untersuchungen und solche von LOWENSTEIN,
VALTIS, SCHIFF und VAN DEINSE, D'HOLLANDER, ROUVROY, bei welchen KOCHsche Bacillen
im Liquor und Blut Schizophrener nachgewiesen wurden. CLAUDE und Mitarbeiter erklären
die Anwesenheit von Tuberkelbacillen im Liquor und das Fehlen entsprechender meningealer
Veränderungen mit einer besonderen Unempfindlichkeit oder einem besonderen Widerstand
der Kranken der Infektion gegenüber. Zahlreiche Nachuntersuchungen haben die positiven
Bacillenbefunde im Liquor nicht bestätigt (CH. E. JOHNSON und G. L. A. JOHNSON u. a.).

Schließlich ist auch der „chronische Rheumatismus des Gehirns" (rheumatic
brain disease") als pathogenetischer Faktor ventiliert worden (BRUETSCH,
ECKEL und WINKELMANN, GAGEL und ROSENFELD, VAN DER HORST, NEU-
BÜRGER u. a.). BRUETSCH fand bei der histologischen Untersuchung solcher
Gehirne in Rinde und Marklager herdförmige Nervenzellendegenerationen sowie
Wucherung der Mikroglia und faserigen Glia. Besonders werden von dem Autor
rheumatisch-endarteriitische Veränderungen an den kleinen Gefäßen der Meningen
und der Rinde, seltener an den basalen Gefäßen hervorgehoben. Die Gefäßveränderungen sind den Parenchymalterationen und Gliawucherungen vorgeschaltet. BRUETSCH hat darauf hingewiesen, daß die rheumatischen Gehirnveränderungen, die zu psychischen Störungen führen, viele Jahre nach dem
akuten Stadium des Rheuma auftreten können, auch noch zu einer Zeit, in welcher
sich die Kranken in relativ gutem Zustand befinden. BRUETSCH fand bei der
Sektion bei 9% der Schizophrenen eine chronische rheumatische Endokarditis, in
einem wesentlich höheren Prozentsatz als bei anderen Geisteskranken. VAN DER
HORST weist darauf hin, daß in der 2. Hälfte des vorigen Jahrhunderts allgemein
ein ursächlicher Zusammenhang zwischen Rheuma und Psychose angenommen
wurde. LEWIN sprach von „Brain-rheumatisme", „Encephalitis rheumatica",
„folie oder manie rheumatismale".

Die Ansicht der Autoren über die Valenz exogener Faktoren bei der Auslösung
schizophrener Zustandsbilder (KRISCH, HERZ u. a.) ist unterschiedlich. Das
Problem liegt hier ähnlich wie bei der Epilepsie, bei welcher wir bei nicht nachweisbarer Grundkrankheit von einer idiopathischen und bei festgestelltem Grundleiden von einer symptomatischen Epilepsie sprechen. Gleiches nimmt GRUHLE
auch von der Schizophrenie an, wobei er aber darauf hinweist, daß die „symptomatischen Schizophrenien" (KRISCH, HERZ u. a.) selten sind.

BUMKE, der wie zahlreiche andere Autoren die mangelnde Spezifität exogener Reaktionen
(BONHOEFFER) hervorhebt, geht besonders weit, wenn er annimmt, „daß die Schizophreniesymptome nichts anderes sind als eine bestimmte Form der exogenen Reaktionen, die, wenn
auch nicht von allen, so doch von manchen Gehirnen für recht verschiedene Schädlichkeiten
bereitgehalten werden". PANSE, der schizophrene Syndrome nach Fleckfieber, Malaria
und Morbus Werlhoff mitgeteilt hat, ist auf Grund der Zwillingsforschung der Ansicht,
daß Schizophrenie und manisch-depressives Irresein in ihrer Phänogenese erheblichen Manifestationsschwankungen unterliegen. Seiner Meinung nach müssen nicht selten exogene
Faktoren mit Anlagefaktoren in Wechselwirkung treten, damit die Psychosen in voller
Symptomatologie oder mit pathoplastischen Beiträgen zum exogenen Geschehen in Erscheinung treten. Bei der Besprechung des „hyperkinetischen Symptomenkomplexes", der
stets mit psychischen Störungen nicht-symptomatischen Gepräges einhergeht, äußert
POHLISCH: „Es handelt sich bei der Gegenüberstellung endogener zu den exogenen Psychosen oft nur um die Frage der größeren Wertigkeit einer dieser beiden Faktoren, die beide
am Zustandekommen der Psychose beteiligt sind oder sein können."

POHLISCH fand in allen seinen Fällen zum ersten Schub führende extracerebrale Noxen (5mal
Lungenprozesse, 2mal Nebenhöhlenaffektionen, 1mal Cystitis, 1mal Typhus und Pockenschutzimpfung, 1mal fieberhaften Darmkatarrh, 1mal starke Unterleibsblutung, 10mal Geburten,
darunter 7mal mit kompliziertem Verlauf), während die Rezidive autochthon auftraten.

Auch BONHOEFFER ist der Ansicht, daß das Verhältnis von Anlage und exogenen Schädigungsfaktoren ebensowenig sichergestellt ist, wie die Möglichkeit einer exogenen Entstehung der Schizophrenie grundsätzlich nicht abgelehnt werden kann.

BOSTROEM hält dafür, daß in den Fällen, in welchen sich im Puerperium oder bei Infektionskrankheiten im Anschluß an vorwiegend exogen gefärbte Psychosen nach Abklingen des Grundleidens eine Psychose schizophrenen Gepräges einstellt, die Schizophrenie tatsächlich schon durch die exogene Schädigung ausgelöst worden ist, aber erst nach Ablauf der nur exogen bedingten Verworrenheit in diagnostisch erkennbarer Form zutage tritt.

Die kurzen Darlegungen genügten, um die Unsicherheit des Standpunktes bezüglich Wertigkeit exogener Faktoren bei der Dementia praecox aufzuzeigen. Die noch keineswegs genügende Kenntnis über die genetische Grundlage und den Erbgang der Krankheit und die völlige Unkenntnis über die dem Leiden zugrunde liegenden cerebralen oder somatischen Vorgänge begründet die Divergenz der Ansichten.

Es folgt die kurze Darstellung einiger anatomisch untersuchten „symptomatischen Schizophrenien". KUFS teilt das Untersuchungsergebnis einer stationären Paralyse von über 30jährigem Verlauf mit, die klinisch als Schizophrenie imponierte; einen ähnlichen Fall hat auch JAKOB berichtet. Übrigens hat auch NISSL bei einem schleichenden Verblödungsprozeß aus der Gruppe der Schizophrenie bei der histologischen Untersuchung eine bezüglich Ausbreitung und feingeweblichen Veränderungen atypische paralytische Rindenerkrankung festgestellt, wobei sich ausgedehnte, bezirks- und schichtweise verteilte Parenchymdegenerationen fanden.

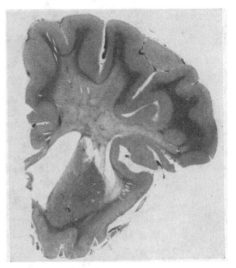

Abb. 10. Wa. Sklerosierende Entzündung des Hemisphärenmarkes (SPIELMEYER). Schnitt durch das rechte Frontalhirn. Färbung nach HEIDENHAIN. Übersicht. Entmarkung des Marklagers einschließlich des Balkens unter teilweiser Verschonung der U-Fasern.

Auch einige als Schizophrenie verlaufene Fälle von *Encephalitis epidemica* wurden anatomisch untersucht. SCHOLZ fand in einem solchen Fall neben Parenchymdegeneration im Striatum, Pallidum und anderen basalen Kerngruppen sowie in der Lamina IV der Occipitalregion auch leichte sekundäre Degenerationen in der Capsula interna und im Marklager der Occipitallappen. Trotz des chronischen Krankheitsverlaufes traf SCHOLZ noch frische entzündliche Veränderungen in den Zentralregionen und in der Gegend der Hirnschenkel an. Unabhängig von den entzündlichen und degenerativen Veränderungen wurden auch kreislaufbedingte gefäßabhängige Veränderungen und Narben sowie umschriebene Körnchenzellerweichung in Zentralregion, Inselrinde und Temporallappen nachgewiesen. Auf dem Höhepunkt der spät auftretenden akuten Psychose war sie nach Ansicht von SCHOLZ „in ihrer Symptomatologie bei entsprechender Würdigung der dem Parkinsonsyndrom zufallenden körperlichen und psychischen Erscheinungen von einer Katatonie mit Negativismus und Wahnbildung nicht zu unterscheiden". GUTTMANN hat die Beobachtung einer schizophrenen Psychose bei „Metencephalitis" histologisch untersucht, ohne atypisch lokalisierte Veränderungen zu finden, während in 2 Beobachtungen von WILCKENS ebenfalls wie im Falle von SCHOLZ Veränderungen in der Hirnrinde nachweisbar waren.

Mehrere Fälle von „*diffuser Sklerose*" sind als schizophrenes Syndrom verlaufen. FERRARO hat 2 Fälle mitgeteilt.

Bei einem 14jährigen Jungen bestand die schizophren gefärbte Psychose 2 Jahre. Er litt
unter besonders heftigen optischen Halluzinationen. Der Knabe war kontaktunfähig, un-
interessiert und zeigte keine emotionalen Regungen. Er war unsozial und häufig erregt.
Wesentlich ist, daß bis auf eine fragliche Differenz der Tricepssehnenreflexe keinerlei neurologische Ausfallserscheinungen festgestellt wurden. Die histologische Untersuchung ergab
diffuse Entmarkung mit entsprechender Gliareaktion, akzentuiert im *Marklager beider Frontal-*

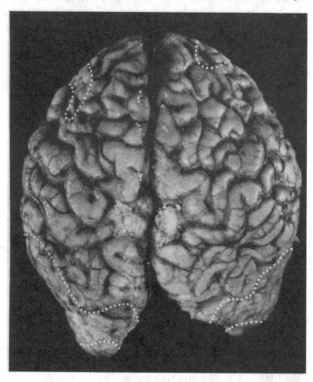

Abb. 11. CO-Vergiftung. Aufsicht auf das Gehirn von oben. Beiderseits frontal und occipital Bezirke narbiger
Windungsschrumpfungen. (Aus ROEDER-KUTSCH und SCHOLZ-WÖLFING.)

lappen. Die diffuse Entmarkung in den Occipital-, Parietal- und Schläfenlappen war wesentlich geringer. Die Achsenzylinder hatten im Bereich der Entmarkungsherde erheblich gelitten.
Daneben stellte FERRARO eine beträchtliche Reduktion der Nervenzellen in allen Schichten
fest. Bei einem 18jährigen Jungen, bei welchem die Diagnose Schizophrenie lautete, neurologisch war nur gelegentlich ein rechtsseitiger Babinski nachweisbar, fand FERRARO
ausgedehnte Entmarkung bei Erhaltenbleiben der U-Fasern, Fettabbau und normaler Gliareaktion, wobei ebenfalls die *vorderen Hirnabschnitte* deutlich bevorzugt waren.

Hier reiht sich ein selbst beobachteter und histologisch untersuchter Fall an. Der bei der
Anfnahme 13jährige Knabe fiel im Alter von $12^1/_2$ Jahren durch Konzentrationsschwäche
und Störung des Schulunterrichtes auf. Der Knabe wurde zunehmend unruhig und machte
mit den Armen krampfhafte Bewegungen. Er wurde unrein. Er muß zu allem angehalten
werden, manchmal auch gefüttert werden. Schließlich stellte sich eine Sprachstörung ein.
4 Wochen vor der Aufnahme in die Klinik war er völlig stumm.

Bei der Aufnahme wurde kein krankhafter neurologischer Befund erhoben. Der Dehnungs-
widerstand der Muskulatur in den Extremitäten war vielleicht etwas erhöht. Die Reflexe
waren an Beinen und Armen etwas lebhaft. Der Knabe war völlig stumm. Die vorläufige
Diagnose lautete: Verdacht auf *kindliche Schizophrenie.* Nach einer Gesamtkrankheitsdauer
von 11 Monaten verstarb der Junge.

Die weichen Häute waren etwas verdickt und getrübt. Die Zerlegung des Gehirns in
Frontalscheiben ergab eine graue Verfärbung der Marklager beider Stirnlappen in den

vorderen Teilen. Der Prozeß nahm im rechten Stirnlappen nur das vordere Drittel, im linken die vorderen $^2/_3$ des Marklagers ein. Auch das Balkenknie war von dem Prozeß erfaßt. Der vordere Teil des linken Schläfenlappens war ebenfalls verändert. Die Seitenventrikel waren etwas erweitert. Bei der feingeweblichen Untersuchung fand sich eine diffuse Entmarkung (s. Abb. 10) unter teilweiser Verschonung der U-Fasern. Der Entmarkungsprozeß nahm occipitalwärts schnell an Ausdehnung und Intensität ab. Fettkörnchenzellabbau war nur noch am Rand der Herde erkennbar. Es bestand schon eine dichte Gliafaserwucherung. Häufig

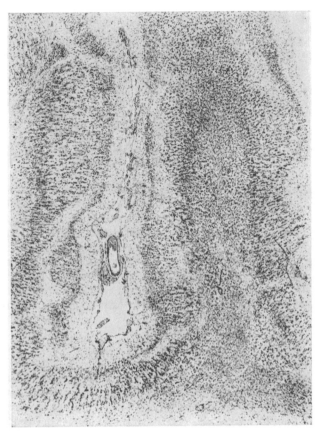

Abb. 12. CO-Vergiftung. Vergr. 30:1. Färbung nach NISSL. Zahlreiche Rindennarben teilweise pseudolaminärer Anordnung in zwei nicht wesentlich geschrumpften Hirnwindungen. (Aus ROEDER-KUTSCH und SCHOLZ-WÖLFING.)

traf man perivasculäre Infiltrate mit Lymphocyten und Plasmazellen in den Herden und den Meningen an. Die Achsenzylinder waren rarefiziert.

In einer anderen von FERRARO mitgeteilten Beobachtung lag eine „diffuse Encephalopathie" vor, die in zahlreichen, meist nicht scharf begrenzten Entmarkungsherden in der weißen Substanz und subcortical neben diffuser Markscheidenlichtung bestand. Die Achsenzylinder waren in Degeneration begriffen. Die Veränderungen waren am stärksten in den Präzentral-, Frontal- und Temporalwindungen ausgeprägt. Die Nervenzellen waren stark, teils herdförmig gelichtet. Die 2. und 3. Rindenschicht war bevorzugt erkrankt. Die schizophrenieähnliche Psychose begann plötzlich 2 Wochen nach der Geburt des 1. Kindes bei der 18jährigen Patientin. Der Zustand wechselte zwischen hochgradiger Erregung mit Stereotypien und ruhigen mutizistischen Phasen. Fälle von „SCHILDERscher Krankheit", die eine Schizophrenie vortäuschten, wurden auch von HOLT und TEDESCHI, ROIZIN, MORIARTY und WEIL mitgeteilt.

Einen besonders interessanten Fall von symptomatischer Schizophrenie auf der Grundlage ausgedehnter Hirnveränderungen nach Kohlenoxydvergiftung haben THESA ROEDER-KUTSCH und JULIE SCHOLZ-WÖLFING mitgeteilt.

Während des 1. Weltkrieges erlitt der Offizier eine Gasvergiftung dadurch, daß er freiwillig Kameraden, welche nach Detonation einer Mine im Stollen eingeschlossen waren, Hilfe leisten wollte. Er ließ sich in den Stollen abseilen, gab aber von unten keinerlei Lebenszeichen mehr und wurde im Zustand schwerer Bewußtlosigkeit wieder hochgezogen. Im unmittelbaren Anschluß daran entwickelte sich eine Psychose. die immer wieder als Schizophrenie diagnostiziert wurde. Nach 23jähriger ununterbrochener Krankheitsdauer starb der Patient an einer Lungentuberkulose. Am Gehirn wurden ausgedehnte, symmetrisch an beiden Stirn- und Hinterhauptslappen angeordnete *narbige Rindenschrumpfungen* (s. Abb. 11) festgestellt. Bei der histologischen Untersuchung fanden sich *Endzustände vollständiger und unvollständiger Erweichungen im Rinden- und Marklager* (s. Abb. 12). Beiderseits lag Ammonshornsklerose und Läppchenatrophie in den Kleinhirnhemisphären vor. Auch in beiden Globi pallidi waren vernarbte Gewebsschäden vom Charakter herdförmiger Nekrosen nachweisbar. Im Beginn der Psychose ließen schwankende Bewußtseinstrübung, Merkfähigkeitsstörung, Störung des optischen Erkennens und agraphische Symptome, zum Teil also Hirnherdsymptome noch den organischen Charakter der Erkrankung erkennen. „Später tauchen sie schwer auffindbar und in den Aufzeichnungen kaum noch erkenntlich unter in einer Massenproduktion von Sinnestäuschungen aller Art, Wahnbildungen und Verhaltensweisen, welche der über 2 Jahrzehnte dauernden Endphase das Gepräge einer schizophrenen Erkrankung gegeben haben" (ROEDER-KUTSCH und SCHOLZ-WÖLFING).

Psychosen im Anschluß an CO-Vergiftung, jedoch ohne Ergebnis der anatomischen Untersuchung, wurden mitgeteilt von POHLISCH, SIBELIUS, STIERLIN, BERGER, LEWIN, QUENSEL u. a.

Als Arbeitshypothese ventilieren ROEDER-KUTSCH und SCHOLZ-WÖLFING die Möglichkeit, „daß das verhältnismäßig häufige Vorkommen schizophrenieähnlicher Bilder bei CO-Vergiftung damit zusammenhängt, daß die allgemeine Anoxie bestimmte Glieder aus der integrierenden somatischen Kette schädigt und dadurch das relativ häufige Vorkommen solcher Bilder bedingt". „So gesehen würde die schizophrene Grundhaltung eben auch eine der an Zahl beschränkten cerebralen Reaktionen auf offenbar zahlreiche und mannigfaltige Schädigungsmöglichkeiten darstellen. Sie ist, um einen von KRAEPELIN angewandten Vergleich zu gebrauchen, eines der Register, auf dem das Gehirn zu spielen vermag" (ROEDER-KUTSCH und SCHOLZ-WÖLFING).

Schlußbetrachtungen.

Die in den vorangegangenen Ausführungen dargelegten Ergebnisse patho-logisch-anatomischer, pathophysiologischer und serologischer Arbeiten geben keine Stütze für die mannigfachen Hypothesen, die über Ätiologie und Wesen der Dementia praecox aufgestellt worden sind. Keine der in der Einleitung nach GRUHLE aufgestellten pathogenetischen Möglichkeiten kann durch Tatsachen auch nur wahrscheinlich gemacht werden. Für eine ursächlich wirksame endogene Intoxikation haben sich bis heute nicht genügend Anhaltspunkte ergeben. Wohl zeigen Ergebnisse pathophysiologischer Untersuchungen übereinstimmend auf, daß Störungen des Eiweißstoffwechsels im Verlauf einiger Krankheitsformen oder -phasen der Dementia praecox nachweisbar sind (GJESSING, JAHN, GREVING, LINGJAERDE, BUSCAINO u. a.). Ob diese Stoffwechseldysfunktion dem psychopathologischen Syndrom bzw. nur gewissen Phasen der Krankheit zugrunde liegt oder ob sie Folge unbekannter, mit gewissen Exacerbationen des Leidens einhergehender Vorgänge ist, kann nicht gesagt werden. Als Glied der pathogenetischen Kette der Stoffwechselstörung wird, wie ich darlegte, mancherseits partielles Versagen der Leber für möglich gehalten. Würde aber der Funktionsinsuffizienz der Leber eine konstante Bedeutung in der Pathogenese der Dementia praecox zukommen, wäre es bemerkenswert, daß das Versagen des Organs auf die Dauer ohne faßbare Rückwirkung auf das Organ selbst wie auch auf das Zentralnervensystem bliebe. Freilich sind ganz unspezifische anatomisch-pathologische Veränderungen in der Leber selten gefunden worden, die als Folgen der begleitenden oder finalen Krankheit leicht zu deuten sind. Im Gehirn sind aber nie gewebliche Schäden angetroffen worden, die von mit Leberversagen einhergehenden Prozessen bekannt sind. Es handelt sich um dysorische Schäden, wie Status spongiosus, herdförmige Gefäßbindegewebsproliferation oder Gliaveränderungen. Zur Regel gehören freilich zentralnervöse Veränderungen bei Lebererkrankungen nicht. Man müßte aber doch, spielte Leberinsuffizienz bei der Schizophrenie eine obligate Rolle, mindestens gelegentlich einmal eben angedeutete Veränderungen im Gehirn beobachtet haben. Auch bei Eiweißstoffwechselstörungen, wie z. B. den Paraproteinosen, sind gelegentlich Veränderungen als Folge einer Gefäß-Hirnschrankenstörung im zentralen und peripheren Nervensystem nachgewiesen worden. Nie aber wurden derartige oder ähnliche Alterationen bei der Schizophrenie im Nervensystem entdeckt.

Es muß zugegeben werden, daß die durch Mescalin, Bulbokapnin, aber auch durch Adrenalin und Acetylcholin (DE JONG), also körpereigene Stoffe erzielten psychopathologischen Syndrome, weitgehende Ähnlichkeit — nicht Identität — mit schizophrenen Zustandsbildern, insbesondere der Katatonie haben können. Das gleiche gilt von nach Infektionen und „hormonellen Krisen" auftretenden psychotischen Bildern. Es ist aber deswegen keineswegs erlaubt, von der Ähnlichkeit klinischer Syndrome auf die gleiche ihnen zugrunde liegende Ätiologie oder Pathogenese zu schließen. Der „exogene Reaktionstyp" zum Beispiel ist die mit unwesentlichen, zum Teil wohl konstitutionell bedingten Variationen einhergehende gleichbleibende Antwort auf ganz unterschiedliche Schädlichkeiten (Infektionen und Intoxikationen aller Art, Traumen, Tumoren u. a. m.), die zudem noch zu topisch differenten Schäden im Gehirn führen können. Ebenso wie die einzelnen Gewebe und Organe des Körpers nur an Zahl beschränkte Reaktionsmöglichkeiten auf die diversen Noxen haben, so kann die „exogene Reaktionsform" als Beispiel einer gleichen Beschränkung auch psychischer Reaktionsmöglichkeiten gelten. So gesehen, ist die Ansicht von BUMKE durchaus verständlich, daß die Schizophreniesymptome nichts anderes sind als eine bestimmte Form der exogenen Reaktion.

Man muß freilich einräumen, daß endogene und exogene Intoxikationen, auch wenn sie mit psychotischen Bildern einhergehen, nur in einem gewissen Prozentsatz der Fälle nachweisbare Spuren im Gehirn hinterlassen. Untersucht man beispielsweise die Gehirne von Menschen, die während ihres Lebens eine exogene Psychose nach Intoxikation oder Infektion mitgemacht haben, wird man kaum Engramme dieser Psychose im Gehirn finden. Dabei ist aber zu überlegen, daß es sich nur um eine passagere Schädigung handelte. Bei dem über Jahrzehnte sich hinziehenden Verlauf der Schizophrenien erscheint es aber — läge eine Intoxikation tatsächlich vor — in Analogie zu uns bekannten Vorgängen doch in höchstem Maße befremdend, daß Spuren dieses Prozesses sich nicht abzeichnen sollen. Vorausgesetzt, daß der Dementia praecox überhaupt ein Prozeß, also ein *fortschreitender* krankhafter Vorgang zugrunde liegt, wäre doch bei dem oft jahrzehntelangen Verlauf zu erwarten, daß das prozeßhafte Geschehen aus dem Bereich des „Submikroskopischen", „über Tag" träte. Manche Formen der Schizophrenien lassen viel eher an ein phasisches, nicht kontinuierlich progredientes krankhaftes Grundgeschehen denken. Nimmt man mit MONIZ u. a. eine Synapsenstörung an, mag deren Nachweis mit den heutigen Methoden nicht gelingen. Das Fehlen antegrader und retrograder Degenerationen spricht nicht gegen die Ansicht von MONIZ, da wir seit den Untersuchungen BECKERs wissen, daß das Erhaltenbleiben einiger Afferenzen genügt, um Degenerationen zu verhüten. PETERS hat kürzlich darauf hingewiesen, daß mit der heutigen Technik noch kein genügender Einblick in die die Afferenzen und Efferenzen der

Nervenzellen darstellenden Strukturen unter physiologischen und pathologischen
Bedingungen möglich ist. „Gelingt es uns in Zukunft, in diese ‚Brennpunkte'
nervösen Geschehens mehr Einblick zu erhalten, so wird sehr wahrscheinlich
das ‚Versagen' der Neuropathologie wiederum weiter eingeengt werden können"
(PETERS). Schließlich fehlen noch genügend Kenntnisse über die Bedeutung des
Acetylcholin-Cholinesterase- und Cholinacetylase-Systems bezüglich der Erregungs-
leitung. Störungen dieses Wirkstoffenzymsystems werden manchen Funktions-
wandel erklären können. Eine derartige Störung könnte insbesondere Syndromen
mit phasischem Verlauf, den wir unter anderen bei den Schizophrenien beobachten, zugrunde liegen. Nach KLEIST, HERZ u. a. liegt der Dementia praecox
ein heredodegenerativer Prozeß im Gehirn zugrunde. Vergleichbar wäre bei Richtigkeit dieser Hypothese dann der cerebrale Prozeß, wie auch KLEIST annimmt,
mit den übrigen heredodegenerativen Krankheiten des Zentralnervensystems,
aus welchen SPATZ als klinisch und anatomisch wohlcharakterisierte Gruppe die
Systematrophien herausgeschält hat. Bei diesem Krankheitsgeschehen (z. B.
Morbus PICK, amyotrophische Lateralsklerose, spinale Muskelatrophie u. a. m.)
ist freilich der ursächlich auch noch unbekannte, sich über Jahrzehnte hinziehende
Gewebsuntergang vielfach äußerst diskret. Im Beginn manches dieser Leiden
vermögen wir ihre gestaltlichen Engramme im Zentralnervensystem nur schwer
zu bemerken. Da es sich aber bei den Systematrophien fürwahr um Krankheitsprozesse handelt, stellen wir in späteren Krankheitsstadien stets Spuren im
Gewebe fest. Bei den Schizophrenien können wir aber mit den heute üblichen
Methoden auch nach jahrzehntelangem Verlauf Spuren der Systemdegeneration
im Gehirn nicht nachweisen. Als Kronzeugen dieser Feststellung dienen nicht
nur die Kritiker, sondern auch ein Teil der Autoren, die in der vermeintlichen
Zellreduktion der Rinde das anatomische Substrat der Dementia praecox gefunden
zu haben glauben. Ich erinnere an Fälle von JOSEPHY und ROSENTHAL, in
welchen trotz jahrelangen Verlaufes keine Spuren der „Systemdegeneration" im
Gehirn nachweisbar waren.

Bis heute liegen jedenfalls noch keine Resultate vor, die darauf hinweisen,
daß das psychopathologische Syndrom Schizophrenie mit einer bestimmten
Somatose korreliert ist. LINGJAERDE vertritt mit Recht die Ansicht, „daß wir
in der psychiatrischen Somatologie nicht mehr mit dem Begriff Schizophrenie
operieren dürfen, sondern nur mit einfachen Syndromen, von denen man annehmen
muß, daß sie in Art und Ursprung homogener sind als die Gruppe der Schizophrenien". Zukünftige Arbeiten müssen berücksichtigen, mit welchem psychopathologischen Syndrom bestimmte pathophysiologische Störungen einhergehen.

Die dargelegten pathophysiologischen Befunde und die häufige zeitliche
Korrelation gewisser körperlicher Dysfunktionen wie Schlafstörungen, Gewichtsschwankungen, Menstruationsanomalien, Schweißanomalien, Salbengesicht, Salivation, periphere Kreislaufstörungen, mit dem Beginn oder der Exacerbation
gewisser Formen der Schizophrenien sind immer Gründe gewesen, an eine dem
pathopsychologischen Syndrom zugrunde liegende Somatose zu denken. Auch
die Erblichkeit spricht für das Vorliegen einer Somatose. Schließlich ist die
Auslösung des Syndroms vom Seelischen her bei weitaus der Mehrzahl der Kranken
nicht wahrscheinlich zu machen. Selbst die Psychoanalyse, einschließlich der
daseinsanalytischen Methode von LUDWIG BINSWANGER, die zwar glaubt, aus
der veränderten Erlebniswelt des Kranken gewisse Symptome ableiten zu können,
kann den Eintritt des Erlebenswandels nicht motivieren. „Die Sinngesetzlichkeit
des Lebens ist", wie KURT SCHNEIDER sagt, „in einer Weise zerrissen, wie das sonst
nur bei seelischen Störungen als Folge anerkannter Krankheit vorkommt." Die
Psychotherapie schließlich vermag nur sekundäre, aus der Auseinandersetzung

der kranken Persönlichkeit mit der Krankheit sich ergebende Symptome günstig zu beeinflussen, während mit am Körperlichen angreifenden Maßnahmen bisher die günstigsten therapeutischen Erfolge erzielt wurden. „Aber selbst, wenn sich die Krankheit primär im Seelischen abspielen würde, dürfte man bei der freilich empirisch nicht erklärbaren Leib-Seele-Einheit des Menschen eine sekundäre Imprägnation auch im Körperlichen folgern" (PETERS).

Geht man von der Voraussetzung aus, daß es sich bei den Schizophrenien um körperlich begründbare Psychosen handelt, so ist freilich der grundsätzliche psychopathologische Unterschied zwischen den „endogenen" und „exogenen" Psychosen, welch letztere heute schon als körperlich begründbare Psychosen (KURT SCHNEIDER) aufgefaßt werden können, ein „höchst seltsames" (KURT SCHNEIDER), anscheinend paradoxes Phänomen. BONHOEFFER führte zur Erklärung an, daß bei den exogenen Psychosen ein ursprünglich gesundes Gehirn, bei den endogenen Psychosen aber ein in der Anlage krankes Gehirn auf Noxen reagiere, während BUMKE, wie schon dargelegt, konsequenterweise auch die Schizophrenien als Formen exogener Reaktionen auffaßte. v. DITFURTH hat kürzlich dargelegt, daß der Widerspruch sich auflöst, sobald man die Begriffe exogen und endogen als Kriterien zweier verschiedener Wege des pathophysiologischen Einwirkungsmechanismus auffaßt. Unter der exogenen Noxe sei eine körperliche Ursache zu verstehen, die am Gehirn unmittelbar derart angreift, „daß ihr Einwirkungsmechanismus nicht physiologischer Art ist", während als endogene Noxe eine körperliche Einwirkung anzusehen sei, die mittelbar, „nämlich vermittels des diencephalen Regulationsapparates angreift und damit den Weg benützt, welcher bereits physiologisch einer körperlichen Einwirkung auf das Gehirn dient".

Ebenso unbegründet wie die Hypothesen über die Ursachen und das Wesen der Krankheit sind auch die Ansichten über die vermeintliche *Lokalisation des „schizophrenen Prozesses"* im Gehirn. Es ist begreiflich, daß die im 1. Kapitel angeführten Autoren wie HECHST, FÜNFGELD, MISKOLCZY u. a. in der „Rindenerkrankung", die sich akzentuiert in neencephalen Abschnitten abspielen soll, das Substrat der Psychose sehen. Hier soll darauf hingewiesen werden, daß eine exquisit die neencephalen Rindenteile nachweisbar befallende Systematrophie — die PICKsche Krankheit — sich erscheinungsbildlich von dem psychopathologischen Syndrom der Dementia praecox abhebt. Ein anderer Teil der Autoren (REICHARDT, BERZE, EWALD, KÜPPERS, NAGEL, PFISTER u. a.) verlegt den Schwerpunkt in das Zwischenhirn. EWALD weist darauf hin, daß nach BERZE, STRANSKY u. a. die Grundstörung der Schizophrenie eine eigentümliche Veränderung der Bewußtseinslage ist, die von BERZE als „Hypotonie des Bewußtseins" bezeichnet wird. Die Bewußtseinslage des Schizophrenen sei vergleichbar mit der des Einschlafenden. In beiden Zuständen kenne man ein „Zerflattern und Zerfließen" der Gedanken und eine eigentümliche Veränderung der Auffassung, Aufmerksamkeit und Wahrnehmung. Die Schizophrenie beginnt zudem häufig, nach EWALD eigentlich immer, mit Schlafstörungen. Vegetative Dysfunktionen wie Gewichtsschwankungen, Menstruationsstörungen, Salivation, Schweißanomalien, Salbengesicht, periphere Kreislaufstörungen werden ebenfalls häufig beobachtet. Es liegen demnach nach Ansicht obenerwähnter Autoren zahlreiche Symptome vor, die zweifellos bei organischen Prozessen des Hirnstamms nachgewiesen werden können. Insbesondere trifft man in gewissen Krankheitsphasen und -formen der Dementia praecox Symptome des „Zwischensyndroms" nach STERTZ an. PFISTER hat durch entsprechende Belastungsproben bei Schizophrenen erwiesen, daß sich in akuten Stadien eine auffallende Labilität des vegetativen Systems kundtue, die in späteren Phasen in eine gewisse Übererregbarkeit überging. PFISTER hält die Schizophrenie für eine Systemerkrankung des vegetativen Steuerungsapparates, welche den Gesamtorganismus einschließlich Großhirnrinde in Mitleidenschaft zieht. GJESSING kam auf Grund der Ergebnisse seiner pathophysiologischen Arbeiten zu der Annahme einer toxisch bedingten „Diencephalose". Die von ihm in gewissen Krankheitsphasen nachgewiesenen Stoffwechselstörungen führt er nämlich auf eine Steuerungsstörung der vegetativen Zentrale zurück. C. und H. SELBACH sehen in gewissen Zuständen bei Schizophrenie und Epilepsie die Folgen sog. „Notfallsreaktionen", worunter sie das lebenserhaltende plötzliche „Umkippen" von der vagotonen in die sympathicotone Grundhaltung verstehen. Das gemäßigte Balancespiel beider vegetativen Partner sei gestört, woraus auch auf eine gewisse

Dysfunktion des autonomen Nervensystems geschlossen wird. Es ist wohl richtig, daß im Verlauf der Schizophrenie diencephale Symptome eine Rolle spielen können, „aber oft nur im akuten Stadium und dann nur zeitweise" (ROSENFELD). Es gibt auch Fälle, in welchen das diencephale Syndrom gar nicht oder kaum in Erscheinung tritt. Zudem liegen auch zahlreiche Untersuchungsergebnisse vor (JUNG und CARMICHAEL, MASLOW), die dartun, daß die Grundstörung der Dementia praecox nicht im autonomen, sondern im animalen Nervensystem gelegen sein muß. Da Hirnrinde und Thalamus eine Funktionseinheit im anatomischen und physiologischen Sinne darstellen, dürfte die schizophrene Symptomatik sowohl durch Rinden- wie auch Zwischenhirnläsionen hervorgerufen werden können. Pathologisch-anatomische Anhaltspunkte liegen bis heute weder für die eine noch die andere Hypothese bezüglich Lokalisation des schizophrenen Prozesses vor. Insbesondere können auch die physiologisch teils gut fundierten Hypothesen über die Beteiligung des autonomen Nervensystems am schizophrenen Prozeß durch entsprechende pathologisch-anatomische Befunde nicht unterbaut werden.

Bei den nicht selten zu „Symptomatischen Schizophrenien" führenden Krankheiten (Paralyse, Encephalitis, diffuse Sklerose, CO-Vergiftung) ist der faßbare Dauerschaden im Gehirn unterschiedlich lokalisiert. Bei der progressiven Paralyse liegt der hauptsächliche Defekt in der Großhirnrinde, während bei der Encephalitis epidemica der wesentliche Schaden im Mittel-Zwischenhirn zu suchen ist. Einige anatomisch untersuchte Beobachtungen, so der Fall von SCHOLZ, zeigten aber auch eine Beteiligung des Hirnmantels. Bei den diffusen Sklerosen mit schizophrener Symptomatik lag der hauptsächliche Krankheitsprozeß im Marklager beider Stirnhirne, wobei infolge Axonunterbrechung letztlich Schäden sowohl in der Stirnrinde als auch im Thalamus angenommen werden müssen. In der von ROEDER-KUTSCH und SCHOLZ-WÖLFING untersuchten Beobachtung der CO-Vergiftung lagen Schäden in Rinde und Marklager vor. Auch bei Tumoren verschiedener Lokalisation werden schizophrenie-ähnliche Psychosen phasisch beobachtet. Man kann demgemäß auch nicht in Analogie zu der Topik anatomischer Veränderungen bei den „Symptomatischen Schizophrenien" auf eine bestimmte Lokalisation des schizophrenen Prozesses Rückschlüsse ziehen.

Das Ergebnis dieses Beitrages ist recht unbefriedigend. Das enttäuschende Ergebnis wird nur mit demjenigen der „idiopathischen Epilepsie" vergleichbar sein. Auch bei dieser Krankheit ist uns der zugrunde liegende Prozeß noch völlig unklar. Das Versagen der Neuropathologie gerade im Bereich dieser weit verbreiteten Psychosen ist dem Spezialfach häufiger zum Vorwurf gemacht worden. SCHOLZ hat zu dieser Frage wie folgt Stellung genommen: „Sicher, wir müssen das, was wir als klinische Krankheitsäußerungen beobachten, das veränderte Fühlen, Denken und Erleben solcher Kranker, das wir letzten Endes nicht mehr verstehen können, schließlich mit einer Störung der Hirnfunktion in Zusammenhang bringen. Sagt uns aber diese gestörte Hirnfunktion, daß das Gehirn notwendig im Sinne eines Defektes verändert sei? Um einen Vergleich zu gebrauchen: Setzt, wenn eine Maschine ein fehlerhaftes Produkt liefert, dies immer voraus, daß in ihr selbst ein Bestandteil zerbrochen ist? Die Schuld an einem solchen mangelhaften Produkt kann natürlich in einem Defekt des Organs oder wenn ich den Vergleich weiter gebrauchen darf, der Maschine liegen. Aber es muß wohl nicht so sein. Man kann sich leicht vorstellen, daß der Fehler auch im Material liegt, das zur Verarbeitung angeboten wird, oder daß Unterschiede im Antrieb einzelner Teile oder des Ganzen eine qualitativ andere Leistung bedingen. Mit Hinsicht auf das Gehirn können also die betriebsnotwendigen Stoffe eine abnorme Zusammensetzung haben, einzelne vielleicht ganz fehlen. Wir kennen ja die schweren geistigen Veränderungen, die mit Schilddrüsenmangel verknüpft sind, Zustände, bei denen von Hirnschäden im Sinne eines fortschreitenden Prozesses oder eines Defektes nicht die Rede sein kann, schon weil die Zufuhr des Schilddrüsenstoffes den scheinbaren Defekt behebt. Sind wir zudem so sicher, in der Feststellung von psychischen Defekten im Sinne des unwiederbringlich Verlorenen, die uns zur Erwartung eines morphologischen Dauerschadens berechtigen? Überraschende Leistungen alter, anscheinend verblödeter Schizophrener, sog. gute Tage bei chronisch Geisteskranken, die seit Jahrzehnten als völlige Ruinen galten, und nun auf einmal seelische Funktionen offenbaren, kennt jeder Anstaltspsychiater. Schon das muß hinsichtlich eines Hirndefektes, mindestens aber bezüglich seines vermuteten Ausmaßes zu Bedenken Anlaß geben." Scholz weist ferner darauf hin, daß die erfolgreiche Malariatherapie bei der progressiven Paralyse auch davon überzeugen konnte, daß manche im Sinne einer echten Demenz und daher als Folgen eines anatomischen Defektes aufgefaßten Leistungsausfälle tatsächlich nur Folgen gestörter Hirnfunktion waren. Die „Heilung" gleichkommenden Remissionen mancher behandelter Fälle sprechen eindeutig hierfür. Tatsächlich liegt auch bei der Schizophrenie — was von klinischer Seite immer wieder betont wird (Gruhle) — keine primäre Demenz vor. Bei der Dementia praecox, so darf man annehmen, ist mindestens lange Zeit im Sinne des Vergleiches von Scholz die Maschine als solche intakt, der Strom aber, der die Maschine in Bewegung setzen soll, versagt oder aber auch derjenige, der sich in den Nutzen der Maschine setzen will, handhabt die Bedienung falsch. Mit dem letzteren Vergleich will ich keineswegs die Schichtentheorie Rothackers berühren und auch nicht der Frage nachgehen, welche der Persönlichkeitsschichten von der Psychose primär ergriffen wird. Der Vergleich soll nur besagen, daß das Gehirn bei der Schizophrenie in anatomischem Sinn nicht defekt zu sein braucht. So nur lassen sich die sog. guten Tage alter Geisteskranker und die spontanen und therapeutisch herbeigeführten Remissionen erklären. Hier verdienen auch gelegentliche Beobachtungen Erwähnung, in welchen durch akzidentelle Erkrankungen — vorausgesetzt jedoch, daß sie zu einer erheblicheren cerebralen Reaktion führten — die schizophrenen Symptome nicht nur verdeckt, sondern auch zum Schwinden gebracht werden (Fleck, Seelert u. a.). Nach Vorausgegangenem wird es verständlich, daß die Schizophrenie vielfach, vor allem in England und Amerika, als funktionelle Psychose gilt.

Literatur.

Aalbers, A. J.: Psychosen bei Endokrinopathie. Arch. f. Psychiatr. **101**, 470 (1933). — Albert, E.: Über Leberfunktionsstörungen bei phasischen und schubweise verlaufenden Psychosen. Nervenarzt **20**, 542 (1949). — Alcober, T.: Über den Nachweis von Acetylcholin im Liquor cerebrospinalis, besonders bei Psychosen. Arch. f. Psychiatr. **180**, 202 (1948). — Alzheimer: Beiträge zur pathologischen Anatomie der Hirnrinde und zur anatomischen Grundlage einiger Psychosen. Mschr. Neur. **2** (1897). — Beiträge zur pathologischen Anatomie der Dementia praecox. Z. Neur. Ref. 7. — Einiges zur pathologischen Anatomie der chronischen Geisteskrankheiten. Z. Psychol. **57**, 597 (1900). — Angyal, L. v.: Über die Theorie der Insulinschock- und Kardiazol-Krampfbehandlung der Schizophrenie. Mschr. Psychiatr. **97**, 280 (1937). — Über die verschiedenen Insulinschocktypen und ihre neuropsychopathologische Bedeutung. Arch. f. Psychiatr. **106**, 662 (1937). — Angyal, L. v., u. K. Gyarfas: Über die Cardiazol-Krampfbehandlung in der Schizophrenie. Arch. f. Psychiatr. **106**, 1 (1937). — Ansaldi, I. R.: Beitrag zum Studium der pathologischen Hirnhistologie der Dementia praecox mit Hilfe von Gehirn-Biopsien. Bol. Inst. psiquiatr. Rosario **4**, 15 (1940). — Arieti, S.: Histopathological changes in experimental metrazol convulsions in monkeys. Amer. J. Psychiatry **98**, 70 (1941/42). — Asher, R.: Myxoedemateous madness. Brit. med. J. **1949**, 555.

Bachmann, W.: Bestehen Zusammenhänge zwischen Schizophrenie und Tuberkulose? Schweiz. med. Wschr. **1948 I**, 62. — Baeyer, W. v.: Vergleichende Psychologie der Schocktherapien und der präfrontalen Leukotomie. Z. Neur. **17**, 93 (1949). — Baker, A. B.: Cerebral lesions in Hypoglycemia: Some possibilities of irrevocable damage from insulin shock. Arch. of Path. **26**, 765 (1938). — Bamford, C. B., and H. Bean: A histological study of a series of cases of acute Dementia praecox. J. Ment. Sci. **78**, 353 (1932). — Barich, D.: Zur Frage der Beziehungen zwischen dyskrinem und schizophrenem Krankheitsgeschehen. Arch. Klaus-Stuftg **21**, 113 (1946). — Baruk, H.: La catatonie expérimentale par la bulbocapnine et les autres catatonies expérimentales et toxiinfectieuses. Encéphale **28**, 645 (1933). — Psychiatrie médicale, physiologique et expérimentale. Paris: Masson & Cie. 1938. — Beca, M. F.: Alteraciones cérebrales en la cardiazolterapia. Rev. Psiquiatr. y Disc. con. **4**, 1 (1939). — Benedek, L., u. K. Gyarfas: Der Fall einer unilateralen abortiven Recklinghausenschen Erkrankung kombiniert mit Schizophrenie. Dtsch. Z. Nervenheilk. **153**, 266 (1942). — Beringer, K.: Der Meskalinrausch. Monographien Neur. **49** (1927). — Berze, J.: Geschichtliches und Kritisches zur Theorie der Schizophrenie. Z. Neur. **175**, 256 (1942/43). — Bichet:

Zur Anatomie und Ätiologie der Dementia praecox. Mschr. Psychiatr. **28** (1921). — BLEULER, M.: Das Wesen der Schizophrenieremission nach Schockbehandlung. Z. Neur. **173**, 553 (1943). — Schizophrenes und endokrines Krankheitsgeschehen. Arch. Klaus-Stiftg **18**, 404 (1943). — Untersuchungen aus dem Gebiet zwischen Psychopathologie und Endokrinologie. Arch. f. Psychiatr. u. Z. Neur. **180**, 271 (1948). — Endokrinologie in Beziehung zu Psychiatrie, Übersichtsreferat. Zbl. Neur. **110**, 225 (1950). — BODAMER, J.: Über ein bei der Elektrokrampfbehandlung auftretendes Stirnhirnsyndrom. Nervenarzt **18**, 385 (1947). — BÖSZÖRMÉNYI, Z.: Blut-Glutathion-Untersuchung bei Schizophrenie. Psychiatr.-neur. Wschr. **1941**, 224. — BOK, S. T.: Der Einfluß der in den Furchen und Windungen auftretenden Krümmungen der Großhirnrinde auf die Rindenarchitektur. Z. Neur. **121**, 682 (1929). — BOLTZ, O. H.: A report of spontaneous recovery in two cases of advanced schizophreniorganismic stagnation. Amer. J. Psychiatry **105**, 339 (1948/49). — BONHOEFFER, K.: Die Bedeutung der exogenen Faktoren bei der Schizophrenie. Mschr. Psychiatr. **88**, 201 (1934). — BOOR, W. DE: Zur Frage der Kombination von genuiner Epilepsie mit Schizophrenie. Nervenarzt **19**, 279 (1948). — BORBERG, N. C.: Histologische Untersuchungen der endokrinen Drüsen bei Psychosen. Arch. f. Psychiatr. **63**, 391 (1921). — BORGHAUS, H., u. R. GAUPP: Über den Liquor bei Schizophrenen. Allg. Z. Psychiatr. **117**, 234 (1941). — BOSTROEM, A.: Über die Auslösung endogener Psychosen durch beginnende paralytische Hirnprozesse und die Bedeutung dieses Vorgangs für die Prognose der Paralyse. Arch. f. Psychiatr. **86**, 151 (1929). — Die Luespsychosen. In BUMKES Handbuch der Geisteskrankheiten, Bd. VIII. Berlin: Springer 1930. — Über organisch provozierte endogene Psychosen. Z. Neur. **131**, 1 (1931). — BOWMAN, KARL M., EARL R. MILLER, MORRIE E. DAILEY, B. FRANKEL and G. W. LOVE: Thyreoid function in mental disease, measured with radioactive J_{131}. Amer. J. Psychiatry **106**, 561 (1950). — BRAUN, E.: Manisch-depressiver Formenkreis. Fortschr. Neur. **1937**, 381. — BRAUNMÜHL, A. v.: Über Gehirnbefunde bei schweren Erregungszuständen. Z. Neur. **117** (1927). — 5 Jahre Schock- und Krampfbehandlung in Eglfing-Haar. Ein Rechenschaftsbericht. Arch. f. Psychiatr. **141**, 410 (1942). — BRESOWSKY, M.: Zur Frage der Heilbarkeit der Dementia praecox. Mschr. Psychiatr. **68**, 125 (1928). — BROSER, K.: Hirngewicht und Hirnprozeß bei Schizophrenie. Arch. f. Psychiatr. u. Z. Neur. **182**, 439 (1949). — BRUETSCH, W. L.: Chronic rheumatic brain disease as a possible factor in the causation of some cases of dementia praecox. Amer. J. Psychiatry **97**, 271 (1940). — Late cerebral sequelae of rheumatic fever. Arch. Int. Med. **73**, 472 (1944). — Rheumatic brain disease. J. Amer. Med. Assoc. **134**, 450 (1947). — Specific structural neuropathology of the central nervous system in schizophrenia. Proc. of the I. Internat. Congr. of Neuropathology **1**, 487 (1952). — BÜCHLER: Über das Verhalten des Blutbilirubins bei Geistes- und Nervenkrankheiten. Mschr. Psychiatr. **68** (1925). — BÜRGER, H., u. W. MAYER-GROSS: Schizophrene Psychosen bei Encephalitis lethargica. Z. Neur. **106**, 438 (1926). — BÜSSOW, H.: Über paranoid-halluzinatorische Psychosen bei perniziöser Anämie. Nervenarzt **13**, 49 (1940). — BUSCAINO, V. M.: Neue Tatsachen über die pathologische Histologie und die Pathogenese der Dementia praecox, der Amentia und der extrapyramidalen Bewegungsstörungen. Schweiz. Arch. Neur. **14** (1924). — Die neuesten Untersuchungen über die Ätiologie und die Pathogenese der Amentia und der Dementia praecox. Psychiatr.-neur. Wschr. **1929**, 167. — Untersuchungen über den Stoffwechsel der Schizophrenen. Z. Neur. **125**, 734 (1930). — Die Traubenabbauschollen im Gehirn eines Dementia praecox-Kranken mit tödlicher enterogener Toxikose. Arch. f. Psychiatr. **90**, 15 (1930). — Ricerche sulla istopatologia e la biochimica del sistema nervoso di dementi precoci fatte nel sessenio 1932—1937. — Estratto da Neopsychiatria **3**, 5 (1937). — Iperpiretoterapia e chemioterapia delle psicosi schizophreniene e confusionali. Ric. sper. Freniatr. **65**, 588 (1941). — Extraneural pathology of schizophrenia. Proc. of the I. Internat. Congr. of Neuropathology **1**, 545 (1952). — BUSCAINO, V. M., e A. RAPISARDA: Il dosaggio dell' acido achetoglutarico ne sangue dei dementi precoci. Sue modificazioni dopo iniezioni endovenosa die acido e amide nicotinici. Acta neurol. (Napoli) **3**, 251 (1948). — BUSCAINO, V. M., e. F. VILLANO: Il tasso hematico dell' ac.a-achetoglutarico negli schizofrenici in condizioni varil. Acta neurol. (Napoli) **1947**, 61. — BUSCHHAUS, O.: Über die Isolierung von Abwehrfermenten bei Schizophrenen während der Insulinbehandlung. Allg. Z. Psychiatr. **119**, 143 (1942).

CAMMERMEYER, J.: Über Gehirnveränderungen, entstanden unter SAKELscher Insulintherapie bei einem Schizophrenen. Z. Neur. **163**, 617 (1938). — CARRIÈRE, R.: Schizophrenie im Verlauf malariabehandelter Paralyse und anderer chronischer Infektionen. Allg. Z. Psychiatr. **91**, 285 (1929). — CLAUDE, H., F. COSTE, J. VALTIS et F. VAN DEINSE: Sur les relations pathogéniques du virus tuberculeux avec la démence précoce. Encéphale **28**, 561 (1933). — COHEN, L. H., TH. TALE and M. J. TISSENBAUM: Acetylcholine treatment of schizophrenia. Arch. of Neur. **51**, 171 (1944). — COHEN, M.: Ocular findings in three hundred and twentythree patients with schizophrenia. Arch. of Ophthalm. **41**, 697 (1949). — CONDREAU, G.: Klinische Erfahrungen an Geisteskranken mit Lysergsäure-Diäthylamid. Acta psychiatr. (København) **24**, 9 (1949). — COTTON, H.: The relation of chronic sepsis to the so-called functional mental disorders. J. Ment. Sci. 69, 434 (1923). — CRAMER, A.: Pathologische Anatomie der Psychosen. In Handbuch der pathologischen Anatomie des Nervensystems, Bd. 2. 1909. — CREMERIUS, J., u. R. JUNG: Über die Veränderungen des Elektroencephalogramms nach Elektroschockbehandlung. Nervenarzt 18, 193 (1947). — CRINIS, DE: Über die Änderungen des Serumeiweißgehaltes unter normalen und pathologischen Verhältnissen. Mschr. Psychiatr. 42 (1917).

DARKE, R. A.: Tubercle bacilli in cerebrospinal fluid of dementia praecox. J. Nerv. Dis. 106, 686 (1947). — DATTNER, B.: Ernährungsprobleme in der Neurologie und Psychiatrie. Z. Neur. 111, 632 (1927). — DAVIDOFF, E., E. C. REIFENSTEIN and G. L. GODDSTONE: Amphetamine sulfate-sodium amytal treatment of schizophrenia. Arch. of Neur. 45, 439 (1941). — DAVIDS, A. B.: Electroencephalogramms of manic-depressive patients. Amer. J. Psychiatry 98, 432 (1941/42). — DESTUNIS, G.: Schizophrenieähnliches Bild bei chronischem encephalitischem Prozeß. Arch. f. Psychiatr. 116, 353 (1943). — DITFURTH, H. V.: Zur Begriffsbestimmung der endogenen und exogenen Noxe in der Psychiatrie. Nervenarzt 24, 500 (1953). — DONAGGIO: A proposito di riccerce sui disturbi motori estrapyramidali provocati della bulbocapnina. Atti dell 8. congresso della Societa Italiana di neurol. Napoli, 10.—12. April 1929. — DOUTREBENTE et MARCHAND: Considérations sur l'anatomie pathologique de la démence précoce à propos d'un cas. Revue neur. 13 (1905). — DRECKER, G.: Zur Fiebertherapie der Schizophrenie. Diss. Bonn 1930. — DREYFUS, G.: Die Inanition im Verlaufe von Geisteskrankheiten und deren Ursachen. Arch. f. Psychiatr. 41 (1906). — DÜEN, L., B. OSTERTAG u. G. THANNHAUSER: Klinik und pathologische Anatomie der chronischen Insulinvergiftung an Tieren. Klin. Wschr. 1933 II, 1054. — DUENSING, F.: Die Absorption der Liquor-Ultrafiltrate Schizophrener im ultravioletten Licht. Nervenarzt 18, 277 (1947). — DUNLAP, CH. B.: Dementia praecox. Some preliminary observations on brains from carefully selected cases and a consideration of certain sources of error. Amer. J. Psychiatry 3, 403 (1923). — DUNTON, R.: Report of a case of dementia praecox with autopsy. Amer. J. Psychiatry 59, 460 (1903).

EDERLE, W.: Somatische Erkrankungen bei schizophrenen Psychosen. Allg. Z. Psychiatr. 118, 239 (1941). — Ein Schizophrener vor und nach der präfrontalen Leukotomie. Arch. f. Psychiatr. u. Z. Neur. 181, 319 (1949). — EICKE, W. J.: Multiple Sklerose und Schizophrenie. Nervenarzt 22, 225 (1951). — EISATH, H.: Über Gliaveränderungen bei Dementia praecox. Allg. Z. Psychiatr. 64, 691 (1907). — De l'altération de la névroglie dans la démence précoce. Encéphale 1908, 523. — Allg. Z. Psychiatr. 64, 4 (1907). — EKBLAD, M.: Zur Prognose der Schizophrenie mit und ohne Insulinbehandlung. Z. Neur. 175, 665 (1942/43). — ELSÄSSER, G.: Über atypische endogene Psychosen. Nervenarzt 21, 194 (1950). — ELVIDGE, A. R., and G. E. REED: Biopsy studies of cerebral pathologic changes in schizophrenia and manic-depressive psychosis. Arch. of Neur. 40, 227 (1938). — ENGELMANN, F.: Über die kausale Bedeutung exogener Momente in der Ätiologie schizophrener Kranker. Arch. f. Psychiatr. 84, 588 (1928). — ENKE, W.: Konstitutionstypische und endokrine Faktoren bei Geisteskrankheiten. Allg. Z. Psychiatr. 109, 1 (1938). — ERBSLÖH, F.: Fortschritte der Pathologie der zerebralen Hypoglykämiefolgen. Fortschr. Neur. 17 412 (1949). — EWALD, G.: Zur Theorie der Schizophrenie und der Insulinbehandlung. Allg. Z. Psychiatr. 110, 153 (1939). — Über die Notwendigkeit einer pathophysiologischen Unterlegung der psychiatrischen Krankheitseinteilung. Z. Neur. 131, 18 (1931). — Über das optische Halluzinieren im Delir und in verwandten Zuständen. Mschr. Psychiatr. 71, 48 (1929).

FAUSER, A.: Versuch einer Begründung von Zusammenhängen zwischen gewissen elementaren psychopathologischen Symptomen und physikalisch-chemischen Zustandsveränderungen des Körpers. Z. Neur. 81, 497 (1923). — FAUST, U.: Die paranoiden Schizophrenien auf Grund katamnestischer Untersuchungen. Z. Neur. 172, 308 (1941). — FEODOROWA, A., i V. E. MAJORČIK: Die Änderung der elektrischen Aktivität der Hirnrinde vor und nach Leukotomieoperationen bei Patienten mit einer chronischen Form der Schizophrenie. Nevropat. it i. d. 18, 55 (1949). Ref. Zbl. Neur. 110 (1950). — FERNANDES, S.: Über die präfrontale Leukotomie. Fortschr. Neur. 18, 53 (1950). — FERRARRO, A.: Pathological changes in the brain of a case clinically diagnosed dementia praecox. J. of Neuropath. 2, 84 (1943). — Histopathological findings in two cases clinically diagnosed dementia praecox. Amer. J. Psychiatry 13, 883 (1934). — FERRONI, A.: Sull' esistenza di una sindrome perniciosi forme nelle psicosi schizophreniche. Riv. Pat. nerv. 60, 298 (1942). — FEUCHTWANGER, E.: Die Funktionen des Stirnhirns. Berlin: Springer 1923. — FEUCHTWANGER, E., u. W. MAYER-GROSS: Hirnverletzung und Schizophrenie. Schweiz. Arch. Neur. 41, 17 (1938). — FINLEY, K. H., and C. M. CAMPBELL: Electroencephalography in schizophrenia. Amer. J. Psychiatry 98, 374 (1941/42). — FISCHER, H.: Die Rolle der inneren Sekretion in den körperlichen Grundlagen für das normale und kranke Seelenleben. Zbl. Neur. 34, 233 (1924). — FISCHER, J.: Todesfälle bei akuten Katatonien. Diss. Leipzig 1934. — FISCHER, M.: Exogene Faktoren bei schizophrenen Psychosen. Arch. f. Psychiatr. 83, 779 (1928). — FISCHER, S.: Über den Gasstoffwechsel bei Depressionen. Arch. f. Psychiatr. 86, 237 (1929). — Gasstoffwechselveränderungen bei Schizophrenen. Z. Neur. **147**, 109 (1933). — FLECK, U.: Symptomatische Psychosen (1937). Fortschr. Neur. **11**, 263 (1939). — FOERSTER, O., u. O. GAGEL: Ein Fall von sog. Gliom des Nervus opticus. — Spongioblastoma multiforme gangloides. Z. Neur. **136**, 335 (1931). — Ein Fall von Ependymzyste des III. Ventrikels. Ein Beitrag zur Frage der Beziehungen psychischer Störungen zum Hirnstamm. Z. Neur. **149**, 312 (1934). — FORST-MEYER, M. W.: Untersuchungen über die Permeabilität der Blut-Liquorschranke bei der Schizophrenie und deren Beeinflussung durch die Insulinschocktherapie. Erg.-H. z. Schweiz. Arch. Neur. **39**, 95 (1937). — FRÄNKEL, F.: Über die psychiatrische Bedeutung der Erkrankungen der subkortikalen Ganglien und ihre Beziehungen zur Katatonie. Z. Neur. **70**, 312 (1921). — FRANCESCONI, O.: Beobachtung eines Falles von Narkolepsie mit Schizophrenie. Psychiatr.-klin. Wschr. **1934**, 2. — FRANK, M.: Veränderungen an den endokrinen Drüsen bei Dementia praecox. Z. angew. Anat. **5**, 23 (1919). — FREEMAN, W.: Transorbital lobotomy. Amer. J. Psychiatry **105**, 734 (1949). — FREEMAN, W., and J. W. WATTS: Retrograde degeneration of the thalamus following prefrontal lobotomy. J. Comp. Neur. **86**, 65 (1947). — FREEMAN, W., and R. N. ZABORENKI: Relation of changes in carbohydrate metabolism to psychotic states. Arch. of Neur. **61**, 3569 (1949). — FROIDEVAUX, CH.: Die Salzsäure-Collargol-Reaktion im Liquor cerebrospinalis bei Schizophrenie und einigen organischen Zustandsbildern. Schweiz. Arch. Neur. **48**, 130 (1942). — FÜNFGELD, E.: Über anatomische Untersuchungen bei Dementia praecox mit besonderer Berücksichtigung des Thalamus opticus. Z. Neur. **95**, 411 (1925). — Über die pathologische Anatomie der Schizophrenie und ihre Bedeutung für die Abtrennung „atypischer" periodisch verlaufender Psychosen. Mschr. Psychiatr. **63**, 1 (1927). — Über atypische Symptomenkomplexe bei senilen Hirnerkrankungen und ihre Bedeutung für das Schizophrenieproblem. Mschr. Psychiatr. **85** (1933).

GAMPER, E.: Zur Frage der Polioencephalitis haemorrhagica der chronischen Alkoholiker. Anatomische Untersuchungen beim alkoholischen Korsakow und ihre Beziehungen zum klinischen Bild. Dtsch. Z. Nervenheilk. **102**, 122 (1928). — GAMPER, E., u. A. KRAL: Zur Frage der biologischen Wirksamkeit des Schizophrenenliquors. Z. Neur. **159**, 696 (1937). — GAUPP, R.: Ein weiterer Beitrag zur pathologischen Anatomie der Katatonie. Nervenarzt **1942**, 476. — Leberveränderungen bei akuter Katatonie mit tödlichem Ausgang. Nervenarzt **13**, 392 (1940). — Über pathologisch-anatomische Befunde bei akuten Katatonien und ihre Bedeutung für die Pathogenese der Schizophrenie. Z. Neur. **176**, 255 (1943). — GELLER, W.: Stoffwechselstörungen und schizophrene Krankheitsbilder. Nervenarzt **13**, 399 (1940). — GELLHORN, E.: Effects of hypoglycemia and anoxia on central nervous system. Arch. of Neur. **40**, 125 (1938). — GEORGI, F., u. E. FELD: Follikelhormonbestimmungen im Harn schizophrener Frauen. Z. Neur. **147**, 747 (1933). — GEORGI, F., R. FISCHER u. R. WEBER: Psychophysische Korrelationen. Modellversuch zum Schizophrenieproblem. Meskalintoxikose und Leberfunktion. Schweiz. med. Wschr. **1949**, 121. — GEORGI, F., R. FISCHER u. P. WEIS: Psychophysische Korrelationen. Schizophrenie und Leberstoffwechsel. Schweiz. med. Wschr. **1948**, 1194. — GJESSING, R.: Beiträge zur Kenntnis der Pathophysiologie des katatonen Stupors. Arch. f. Psychiatr. **96**, 393 (1932). — Beiträge zur Kenntnis der Pathophysiologie des katatonen Stupors; über periodisch rezidivierenden katatonen Stupor mit kritischem Beginn und Abschluß. Arch. f. Psychiatr. **96**, 319 (1932). — Beiträge zur Kenntnis der Pathophysiologie der katatonen Erregung. Arch. f. Psychiatr. **104**, 355 (1936). — Biological investigations in endogenous psychoses. Acta psychiatr. (København) Suppl. **47**, 93. — Beiträge zur Somatologie der periodischen Schizophrenie. V. Arch. f. Psychiatr. u. Z. Neur. **191**, 191 (1953). — VI. Arch. f. Psychiatr. u. Z. Neur. **191**, 220 (1953). — VII. Arch. f. Psychiatr. u. Z. Neur. **191**, 247 (1953). — VIII. Arch. f. Psychiatr. u. Z. Neur. **191**, 297 (1953). — GLAUS, A.: Über das Vorkommen von Paralyse bei Schizophrenie. Z. Neur. **132**, 151 (1931). — Die Bedeutung der exogenen Faktoren bei der Entstehung und dem Verlauf der Schizophrenie. Schweiz. Arch. Neur. **43**, 32 (1939). — GLAUS, A., u. J. ZUTT: Beitrag zur Frage der Senkungsgeschwindigkeit der roten Blutkörperchen bei den Geisteskrankheiten, insbesondere bei den Schizophrenien. Z. Neur. **82**, 66 (1923). — GLEES, P.: Anatomische und physiologische Betrachtungen zur Therapie der Geisteskrankheiten durch den frontalen Hirnschnitt (prefrontal leucotomy). Nervenarzt **19**, 220 (1948). — GOLDKUHL, E., V. KAFKA u. A. ORTSTRÖM: Zur Biologie der Schizophrenie. Acta psychiatr. (København) Suppl. **47**, 118 (1946). — GOLDSTEIN, K.: Zur pathologischen Anatomie der Dementia praecox. Arch. f. Psychiatr. **46**, 1062 (1910). — Einige Bemerkungen zum Schizophrenieproblem. Mschr. Psychiatr. **117**, 215 (1949). — GOTTLIEB, J. S., and F. E. COBURN: Psychopharmacologic study of schizophrenie and depressions. Arch. of Neur. **51**, 260 (1944). — GRAF, I.: Symptomatische Psychose bei anämischer funikulärer Spinalerkrankung. Z. Neur. **139**, 252 (1932). — GRAVEL, D.M.: Changes in the central nervous system from convulsions due to hyperinsulinism. Arch. Int. Med. **54**, 694 (1934). — GRAVES, T. C.: Sinusitis in mental disorders. J. Ment. Sci. **78**, 495 (1932). — GREVING, H.: Über das psychische Verhalten von Psychopathen mit asthenischem Stoffwechsel. Dtsch. Z. Nervenheilk. **135**, 260 (1935). — Der Cholesterinstoffwechsel bei endogenen Psychosen als Ausdruck einer Leberfunktionsstörung. Nervenarzt **13**, 1 (1940). — Pathophysiologische Beiträge zur Kenntnis körperlicher Vorgänge bei endogenen Psychosen insbesondere bei der Schizophrenie. Arch. f. Psychiatr. 112, 613 (1941). — GREY, H., and J. G. AJRES: Body build in schizophrenia with special regard to age. Arch. of Psych. 41, 269 (1939). GRINKER, R. R., and H. M. SEROTA: Electroencephalographic studies of corticohypothalamic relations in schizophrenia. Amer. J. Psychiatry 98, 385 (1941). — GRÜTZMACHER, C. H.: Der paranoid-halluzinatorische Symptomenkomplex bei der perniziösen Anämie und seine Stellung im Verlauf der Perniziosa-Psychosen. Allg. Z. Psychiatr. 109, 32 (1938). — GRUHLE, H. W.: BLEULERS Schizophrenie und KRAEPELINS Dementia praecox. Z. Neur. 18, 114 (1913). — Ursprüngliche Persönlichkeit schizophren Erkrankter. Z. Psychol. 80, 269 (1924). — Schizophrenie. In Neue Deutsche Klinik, Bd. 9, S. 612. 1932. — Theorie der Schizophrenie. In Handbuch der Geisteskrankheiten, Bd. IX, S. 705. Berlin: Springer 1932. — Die Schizophrenie. Geschichtliches. In BUMKES Handbuch der Geisteskrankheiten, Bd. IX. Berlin: Springer 1932. — GULOTTA, S.: Untersuchungen über den Harn von Amentia- und Dementia-praecox-Kranken. Arch. f. Psychiatr. 90, 436 (1930). — GUTTMANN, E.: Schizophrene Psychosen bei Metencephalitis. Z. Neur. 118, 576 (1929). — GUTTMANN, E., u. K. HERMANN: Über psychische Störungen bei Hirnstammerkrankungen und das Automatensyndrom. Z. Neur. 140, 439 (1932). — GYÁRFÁS, K., u. Z. FABÓ: Behandlung der Schizophrenie mittels Anoxämie. Arch. f. Psychiatr. 112, 541 (1941).

HADDENBROCK, A.: Die psychopathologischen Zwischenhirn- und Stirnhirnsyndrome und ihre Bedeutung für ein natürliches nosologisches System. Fortschr. Neur. 17, 198 (1949). — HASSLER, R.: Über die anatomischen Grundlagen der Leukotomie. Fortschr. Neur. 18, 351 (1950). — Ist die Schizophrenie eine Zwischenhirnerkrankung? Zbl. Neur. 108, 311 (1950). — HAUPTMANN, A.: Die verminderte Durchlässigkeit der Blutliquorschranke bei Schizophrenie. Mschr. Psychiatr. 68, 243 (1925). — HAYMANN, H.: Schmerzen als Frühsymptome der Dementia praecox. Arch. f. Psychiatr. 74, 416 (1925). — HEATH, R. G., and J. L. POOL: Bilateral fractional resection of frontal cortex for the treatment of psychoses. J. Nerv. Dis. 107, 411 (1948). — HECHST, B.: Gehirnanatomische Untersuchungen eines Hingerichteten. Arch. f. Psychiatr. 89, 131 (1930). — Zur Histologie der Schizophrenie mit besonderer Berücksichtigung der Ausbreitung des Prozesses. Z. Neur. 134, 163 (1931). — HEINZE, E.: Endokrine Störungen. Fortschr. Neur. 1937, 297. — HEMPEL, J.: Zur Frage der morphologischen Hirnveränderungen im Gefolge von Insulinschock- und Cardiazol- und Azomankrampfbehandlung. Z. Neur. 173, 210 (1943). — HERZ, E.: Über heredodegenerative und symptomatische Schizophrenien. Mschr. Psychiatr. 68, 265 (1928). — Ein weiterer Beitrag zur Frage der „symptomatischen" Schizophrenien. Z. Neur. 136, 311 (1931). — HESS, W. R.: Das Zwischenhirn. Basel: Benno Schwabe & Co. 1949. — HIRESAKI, T.: Zur Histopathologie des Zentralnervensystems der Schizophrenie. Aus dem Inst. f. Hirnforschung der Tokyo Kaiserl. Universität. — HOCHAPFEL, L.: Über gleichzeitiges Vorkommen von Schizophrenie und progressiver Muskeldystrophie in einer Familie. Allg. Z. Psychiatr. 109, 19 (1938). — HOLMGREEN, H., u. S. WOHLFAHRT: Course of the blood sugar curve in mentally healthy subjects and in schizophrenics during adrenalin tolerance tests for a day and a night. Acta psychiatr. (København) Suppl. 46, 132 (1947). — HORST, L. VAN DER: Rheuma und Psychose. Arch. f. Psychiatr. u. Z. Neur. 181, 325 (1949). — Histopathology of clinically diagnosed schizophrenic psychosis or schizophrenia-like psychosis of unknown origin. Proc. of the I. Internat. Congr. of Neuropathology 1, 500 (1952). — HOSKINS, R. G.: The biology of schizophrenia. New York 1946. — HUMBKE, H., u. R. GAUPP: Über die Bedeutung der Insulintherapie bei Schizophrenen auf Grund katamnestischer Untersuchungen. Z. Neur. 175, 296 (1942/43). — HYDEN, H., u. H. HARTELIUS: Stimulation of the nucleoprotein-production in the nerve-cells by malononitrile and its effects on the psychic functions in mental disorders. Acta psychiatr. (Københ.) Suppl. 48, 1 (1948).

JACOB, H.: Über Todesfälle während der Insulinschocktherapie nach SAKEL. Nervenarzt 12, 302 (1939). — JACOBI, E.: Myxödem und Psychose. Arch. f. Psychiatr. 86, 426 (1929). — JACOBI, W., u. H. WINKLER: Enzephalographische Studien an chronisch Schizophrenen. Arch. f. Psychiatr. 81, 299 (1927). — Enzephalographische Studien an Schizophrenen. Arch. f. Psychiatr. 84, 208 (1928). — JAHN, D.: Funktionsstörungen des Stoffwechsels als Ursache klinischer Zeichen der Asthenie. Klin. Wschr. 1931 II, 2116. — Die körperlichen Grundlagen der psychasthenischen Konstitution. Nervenarzt 7, 225 (1934). — Stoffwechselstörungen bei bestimmten Formen der Psychopathie und der Schizophrenie. Nervenarzt 8, 26 (1935). — Stoffwechselstörungen bei bestimmten Formen der Psychopathie und der Schizophrenie. Dtsch. Z. Nervenheilk. 135, 245 (1935). — JAHN, D., u. H. GREVING: Untersuchungen über die körperlichen Störungen bei katatonen Stuporen und der tödlichen Katatonie. Arch. f. Psychiatr. 105, 105 (1936). — JAKOB, CHR., e E. A. PEDACE: Pathologisch-anatomische Studie über die Schizophrenie. Rev. neur. B. Air. 2, 247 (1938). — JANCKE, H.: Das moderne Schizophrenieproblem. Med. Klin. 1947, 617. — JANSEN, J., u. R. WAALER: Pathologisch-anatomische Veränderungen bei Todesfällen nach Insulin und Kardiazolschockbehandlung. Arch. f. Psychiatr. 111, 62 (1940). — JANSSEN: Senile Rindenveränderungen bei manisch-depressiven Psychosen. Psychiatr. Bl. (holl.) **1914**, 207. — JANTZ, H.: Veränderungen des Stoffwechsels im Meskalinrausch beim Menschen und im Tierversuch. Z. Neur. **171**, 28 (1941). — JOHNSON, CH. E., and GEORGIA LEE ALLISON JOHNSON: Cerebrospinal fluid studies in advanced Dementia praecox. Amer. J. Psychiatry **104**, 778 (1948). — JONG, H. DE: Die experimentelle Katatonie als vielfach vorkommende Reaktionsform des Zentralnervensystems. Z. Neur. **139**, 468 (1932). — On the so-called interruption of bulbocapnine-catatonia by means of a mixture of carbone-dioxide and oxygen. Proceed. **37**, 3 (1934). — JOSEPHY, H.: Beiträge zur Histopathologie der Dementia praecox. Z. Neur. **86**, 391 (1923). — Dementia praecox (Schizophrenie). In BUMKES Handbuch der Geisteskrankheiten, Bd. XI, S. 760. Berlin: Springer 1930.

KAFKA, V.: Serologie der Geisteskrankheiten. In BUMKES Handbuch der Geisteskrankheiten, Bd. III, S. 218. Berlin: Springer 1928. — KALINOWSKY, L. B.: Schockbehandlung, Lobotomie und andere somatische Behandlungen in den Vereinigten Staaten. Nervenarzt **19**, 537 (1948). — KANT, F.: Blutplasmauntersuchungen an Geisteskranken. Z. Neur. **95**, 541 (1925). — KATZENELBOGEN, S.: Studies in Schizophrenia. Chemical analyses of blood and cerbrospinal fluid. Arch. of. Neur. **37**, 881 (1937). — KATZENELBOGEN, S., R. J. HAWS and E. REBECCA SYNDER: Biochemical studies on patients with schizophrenia. Arch. of Neur. **51**, 469 (1944). — KAUFMANN, J.: Zur Frage der Beziehungen zwischen dyskrinem und schizophrenem Krankheitsgeschehen. Arch. Klaus-Stiftg **18**, 439 (1943). — KELLY, O. F.: Acidophile degeneration in dementia praecox. Amer. J. Psychiatry **3**, 721 (1923). — KETZ, S. S., R. R. WOODFORD, M. H. HARMEL, F. R. FREYHAN, K. E. APPEL and C. F. SCHMIDT: Cerebral blood flow and metabolism in schizophrenia. Amer. J. Psychiatry **104**, 765 (1948). — KIELHOLZ, P.: Über Ergebnisse der Behandlung akuter Katatonien mit der Durchblutungsmethode. Schweiz. Arch. Neur. **63**, 230 (1949). — KIRSCHBAUM, W. R., and G. HEILBRUNN: Biopsies of the brain of schizophrenic patients and experimental animals. Arch. of Neur. **51**, 155 (1944). — KLARFELD: Die pathologische Anatomie der Dementia praecox. Klin. Wschr. **1923**, 1. — KLEBELNBERG, E. v.: Über plötzliche Todesfälle bei Geisteskranken. Z. Neur. **25**, 251 (1914). — KLEIST, K.: Kriegsverletzungen des Gehirns in ihrer Bedeutung für die Hirnlokalisation und Hirnpathologie. Leipzig: Johann Ambrosius Barth 1924. — Über cykloide, paranoide und epileptoide Psychosen und über die Frage der Degenerationspsychosen. Schweiz. Arch. Neur. **23**, 523 (1928). — Die paranoiden Schizophrenien. Nervenarzt **18**, 481, 544 (1947). — KLEMPERER, E., u. M. WEISSMANN: Untersuchungen über den Kohlensäure- und Zuckergehalt des Liquor cerebrospinalis sowie Blutzuckerbestimmungen bei Erregungs- und Hemmungszuständen. Z. Neur. **131**, 453 (1931). — KLUGE, E.: Klinische und pathologisch-anatomische Befunde bei hyperkinetischen Psychosen. Z. Neur. **176**, 423 (1943). — KNAPP, A.: Die Jugendpsychosen. Arch. f. Psychiatr. **82**, 377 (1928). — KNUD, H.: Einige Untersuchungen von FORSSMANN-Antistoffen bei Schizophrenie. Z. Neur. **172**, 608 (1941). — KÖERSNER, P.-E.: Some observations on the hippuric acid test in schizophrenia. Acta psychiatr. (Københ.) Suppl. **47**, 145 (1946). — KOLLER: Hirnuntersuchungen Geisteskranker nach der WEIGERTschen Neurogliamethode. Mschr. Psychiatr **19**, 23 (1905). — KOPELOFF, N., and C. H. KIRBY: Focal infection and mental disease. Amer. J. Psychiatry **3**, 149 (1923). — KOPP, P.: Liquorbefunde bei endogenen Psychosen und ihre differentialdiagnostische Bedeutung. Z. Neur. **151**, 225 (1934). — KRISCH, H.: Schizophrene Symptome bei organischen Hirnprozessen und ihre Bedeutung für das Schizophrenieproblem. Z. Neur. **129**, 209 (1930). — KÜPPERS, E.: Über den Sitz der Grundstörung bei der Schizophrenie. Z. Neur. **87**, 545 (1922). — Der hypoglykämische Zustand in der Selbstbeobachtung. Erg.-H. z. Schweiz. Arch. Neur. **39**, 160 (1937). — Die Insulin- und Cardiazolbehandlung der Schizophrenie. Allg. Z. Psychiatr. **107**, 76 (1938). — Die Schockbehandlung des manisch-depressiven Irreseins. Allg. Z. Psychiatr. **112**, 436 (1939). — KUFS, H.: Schizophrenes Krankheitsbild bei chronischer (stationärer) Paralyse mit einer Verlaufsdauer von mehr als 3 Jahrzehnten. Arch. f. Psychiatr. **96**, 197 (1932).

LADAME, CH.: L'histologie de la démence précore. Encéphale **1909**, 542. — Psychose aigue idiopathique où foudroyante. Schweiz. Arch. Neur. **5**, 47 (1919). — LAIGNEL-LAVASTINE, C. TRETIAKOFF et NIC. JORGOULESCO: Lésions du corps strié, „plaques cytograisseuses" et altérations vasculaires dans trois cas de démence précoce hébéphréno-catatonique. Encéphale **7**, 151 (1922). — LANGE, J.: Klinisch-genealogisch-anatomischer Beitrag zu Katatonie. Mschr. Psychiatr. **59**, 114 (1925). — Die endogenen und reaktiven Gemütserkrankungen und die manisch-depressive Konstitution. In BUMKES Handbuch der Geisteskrankheiten, Bd. VI. Berlin: Springer 1928. — LEGRAIN et DIGOUROUX: Observations de démence précoce chez un dégénéré avec autopsie et examen histologique. Ann. méd.-psychol. **1906**, 973. — LEHMANN-FABIUS, H.: Über Kolloid-Phänomene des Liquors bei endogenen Psychosen, mit besonderer Berücksichtigung der Salzsäure-Kollargolreaktion. Z. Neur. **173**, 472 (1943). — Zur Klinik der Thalamus-Syndrome. Nervenarzt **19**, 503 (1948). — LEMKE, R.: Untersuchungen über die soziale Prognose der Schizophrenie unter besonderer Berücksichtigung des enzephalographischen Befundes. Arch. f. Psychiatr. **104**, 89 (1936). — Über schizophrene

Psychosen nach Encephalitis. Zbl. Neur. 108, 315 (1950). — LEUPOLDT, C. v.: Blutbilder bei Geisteskrankheiten. Arch. f. Psychiatr. 82, 669 (1928). — LHERMITTE, J., L. MARCHAND et P. GUIRAUD: Histopathologie générale structurale de la schizophrenie. Proc. of the I. Internat. Congr. of Neuropathology 1, 465 (1952). — LIEBERT, E., and A. WEIL: Histopathology of the brain following metrazol injections. Elgier State Hosp. Papers 3, 51 (1939). — LINDNER, T.: Nebennierentherapie und Schizophrenie. Sv. Läkartidn. 1941, 2353. Gedanken über die Ätiologie und Pathogenese der Schizophrenie mit besonderer Berücksichtigung der Kombination Leberleiden-Nebenniereninsuffizienz. Nord. Med. 1942, 275. — LINGJAERDE, O.: Einige somatische Untersuchungen an Schizophrenen. Schizophrenie und Anorexia nervosa. Nord. Med. 41, 215 (1949). — Delirium acutum — eine akute Nebenniereninsuffizienz? Mit einigen Bemerkungen über die Rolle der Nebennieren in der Pathogenese gewisser Schizophrenien. Nervenarzt 14, 97 (1941). — Akutes Delirium, „tödliche Katatonie", akute Nebenniereninsuffizienz. Nord. Med. 1941, 1215. — Beiträge zur somatologischen Schizophrenieforschung. Arch. f. Psychiatr. u. Z. Neur. 191, 114 (1953). — LINGJAERDE, O., u. K. FR. STØA: Die Ausscheidung von 17-Ketosteroiden bei Geisteskranken. Tidsskr. Norsk. Laegefor. 69, 181 (1919). — LONGO, V.: Vaccinoterapia aspecifica endonervosa ed endorachidea delle psicosi schizofreniche. Osp. psichiatr. 9, 474 (1941). — LOVELL, W.: Encephalography in schizophrenia. J. Nerv. Dis. 86, 75 (1937). — LOWENSTEIN, E.: Tubercle bacilli in the spinal fluid of dementia praecox. J. Nerv. Dis. 101, 106 (1945). — LUBOUCHINE: Modifications anatomo-pathologiques dans deux cas de démence précoce. J. de neuropath. et de psych. de M. Korsakoff 1902. — LUDLUM, S.: Physiologic pathology of schizophrenia and manicdepressive psychoses. Arch. of Neur. 57, 127 (1947). — LUTZ, J.: Über akute Begleitpsychosen körperlicher Erkrankungen und Schizophrenie im Kindesalter. Schweiz. med. Wschr. 1950 II, 2774.

MACKINNON, I. H., P. H. HOCH, L. CAMMER and H. B. WAELSCH: The uses of malononitrile in the treatment of mental illnesses. Amer. J. Psychiatry 105, 686 (1948/49). — MALL, G.: Der Kohlehydratstoffwechsel der Konstitutionstypen. Z. Neur. 171, 685 (1941). — Das Problem der Abwehrproteinasen bei schizophrenen Psychosen. Allg. Z. Psychiatr. u. Grenzgeb. 119, 110 (1942). — MALL, G., u. W. WINKLER: Klinische Erfahrungen mit der neuen Mikromethode der ABDERHALDENschen Reaktion. Allg. Z. Psychiatr. 116, 397 (1940).— MARBURG, O.: Bemerkungen zu den pathologischen Veränderungen der Hirnrinde bei Psychosen. Arb. neur. Inst. Wien 26, 244 (1924). — Der amyostatische Symptomenkomplex. Arb. neur. Inst. Wien 27, 47 (1935). — MARCUS, H.: Etudes sur l'histopathologie de la démence précoce. Acta med. scand. (Stockh.) 87, 365 (1936). — Etudes sur l'histopatologie de la démence précose; dégénérescence myélinique cérébrale multiple. Acta psichiatr. (København) 11, 709 (1936). — MARCUSE, H.: Doppelkernige Thalamuszellen bei Schizophrenie. Z. Neur. 95, 777 (1925). — MARKOVITS, G.: Leberfunktionsprüfungen bei verschiedenen Geisteskrankheiten. Mschr. Psychiatr. 88, 248 (1934). — MARUYAMA, H.: Studien über die Fermente im Gehirn bei Psychosen. Arch. f. Psychiatr. 112, 256 (1941). — MATHIAS: Ergebnisse der Elektrokrampfbehandlung in der Universitäts-Nervenklinik der Charité bei schizophrenen Patientinnen in den Jahren 1941—1947. Ref. Zbl. Neur. 106 (1949). — MAYER-GROSS, W.: Schizophrenie. Die Auslösung durch seelische und körperliche Schädigungen. In BUMKES Handbuch der Geisteskrankheiten, Bd. IX. Berlin: Springer 1932. — McLARDY, T.: Thalamic projection to frontal cortex in man. J. Neur., Neurosurg. a. Psych. 13, 198 (1950). — Uraemic and trophic deaths following leucotomy: neuro-anatomical findings. J. Neur., Neurosurg. a. Psych. 13, 106 (1950). — MC LARDY, T., and A. MEYER: Anatomical correlates of improvement after leucotomy. J. Ment. Sci. 95, 182 (1949). — MEDUNA, L. v.: Beiträge zur Histopathologie der Mikroglia. Arch. f. Psychiatr. 82, 123 (1928). — Allgemeine Betrachtungen über die Cardiazoltherapie. Erg.-H. z. Schweiz. Arch. Neur. 39, 31 (1937). — MEYER, A.: Critical evaluation of histopathological findings in schizophrenia. Proc. of the I. Internat. Congr. of Neuropathology 1, 648 (1952). — MEYER, A., and T. McLARDY: Clinico-anatomical studies of frontal lobe function based on leucotomy material. J. Ment. Sci. 95, 403 (1949). — Neuropathology in relation to mental disease. Recent. Progr. Psychiatry 2, 284 (1950). — MEYER, A., and M. MEYER: Nucleoprotein in the nerve cells of mental patients: a critical remark. J. Ment. Sci. 95, 180 (1949). — MEYER, FR.: Über die Bedeutung der Leberfunktionsstörungen bei endogenen Psychosen. Mschr. Psychiatr. 75, 98 (1930). — Anatomisch-histologische Untersuchungen an Schizophrenen. Mschr. Psychiatr. 88, 265 (1934). — MISKOLCZY, D.: Schizophrenie. Acta med scand. (Stockh.) 75 (1931). — Die örtliche Verteilung der Gehirnveränderungen bei Schizophrenie. Z. Neur. 158, 204 (1937). — MØLLER, ELSE: Nondiabetic glycosuria in chronic schizophrenia. Acta psychiatr. (København) 24, 223 (1949). — MONIZ, E.: Die präfrontale Leukotomie. Arch. f. Psychiatr. u. Z. Neur. 181, 591 (1949). — MOREL, F.: De la capacité des ventricules chez des schizophrènes. Schweiz. Arch. Neur. 49, 189 (1942). — MORSIER, G. DE, et H. BERSOT: Les troubles cérébraux dans l'hyperinsulinémie provoquée. Erg.-H. z. Schweiz. Arch. Neur., 39, 101, (1937). — MORSIER, G. DE, F. GEORGI et E. RUTISHAUSER, Etude experimentale des convulsions produites par le cardiazol chez le lapin. Erg.-H. z. Schweiz. Arch. Neur. **39**, 144 (1937). — MORSIER, G. DE, et J. J. MOZIER: Lésions cérébrales mortelles par hypoglycémie au cours d'un traitemant insulinique chez un morphinomane. Ann. Méd. **39**, 474 (1936). — MOSER, K.: Grundsätzliches und Kritisches zur Endo- und Exogenese der Schizophrenie. Arch. f. Psychiatr. **81**, 621 (1927). — MOTT, F.: J. Ment. Sci. **68** (1922). — MÜLLER, J.: Schizophrenes und endokrines Krankheitsgeschehen. Arch. Klaus-Stiftg **19**, 53 (1944). — MÜLLER, M.: Die Insulin- und Cardiazoltherapie in der Psychiatrie. Fortschr. Neur. **9**, 131 (1937). — Die Insulintherapie der Schizophrenie. Erg.-H. z. Schweiz. Arch. Neur. **39**, 9 (1937). — Die Insulin- und Cardiazolbehandlung in der Psychiatrie. Fortschr. Neur. **11**, 455 (1939). — Die Insulin- und Cardiazolbehandlung in der Psychiatrie. Die Konvulsionstherapie. Fortschr. Neur. **11**, 417 (1939). — Die Insulin- und Cardiazolbehandlung in der Psychiatrie. Fortschr. Neur. **11**, 361 (1939). — Über die präfrontale Leukotomie. Nervenarzt **19**, 97 (1948). — Die somatischen Behandlungsmethoden in der Psychiatrie, Fortschr. Neur. **19**, 195 (1951). — MÜNZER, TH.: Beiträge zur Pathologie und Pathogenese der Dementia praecox. Z. Neur. **103**, 18 (1926). — MÜNZER, TH., u. W. POLLAK: Über Veränderungen endokriner Organe und des Gehirns bei Schizophrenie. Z. Neur. **95**, 376 (1925).

NAGASAKA, G.: Zur Pathologie der extrapyramidalen Zentren bei der Schizophrenie. Arb. Neur. Inst. Wien **27**, 363 (1925). — NAGEL, W.: Zur Pathophysiologie der Schizophrenie. Schweiz. Arch. Neur. **49**, 195 (1942). — Vegetative Regulationen und schizophrene Psychosen. Schweiz. Arch. Neur. **52**, 77 (1943). — NAITO, I.: Das Hirnrindenbild bei Schizophrenie. Arb. neur. Inst. Wien **26**, 1 (1924). — NEUBÜRGER, K.: Sektionsbefunde bei plötzlichen und unklaren Todesfällen Geisteskranker. Z. Neur. **150**, 670 (1934). — NEUSTADT, R.: Über Leberfunktionsprüfungen bei Katatonie; zugleich ein Beitrag zu den körperlichen Störungen Katatoner. Arch. f. Psychiatr. **74**, 740 (1925). — Zur Auffassung der Psychosen bei Metencephalitis. Arch. f. Psychiatr. **81**, 99 (1927). — NICOLAJEW, V.: Über die Bromdurchlässigkeit der Hirnschranken, insbesondere bei schizophrenen Erscheinungsformen. Z. Neur. **157**, 206 (1937). — Zur Erfolgsprognose der Insulinschockbehandlung und zur Deutung des Heilungsvorgangs (Untersuchungen über Schrankenpermeabilität und Liquoreiweiß). Erg.-H. z. Schweiz. Arch. Neur. **39**, 206 (1937). — Über Durchlässigkeitsveränderungen der Hirnschranken bei behandelten Schizophrenien. Z. Neur. **171**, 135 (1941). — NICOLAJEW, V., F. TEBELIS u. V. OSOLIN: Zur Reaktionslage des retikuloendothelialen Systems (RES) von Geisteskranken, insbesondere von Schizophrenen. Arch. f. Psychiatr. **106**, 554 (1937). — NICOLAJEW, V.: Über eine besondere Gliaveränderung nach wiederholten Insulinschocks im Tierversuch. Erg.-H. z. Schweiz. Arch. Neur. **39**, 206 (1937). — NISSL: Über funktionelle und anatomische Geisteskrankheiten. Münch. med. Wschr. **1899**. — NORTHCOTE, M. L. M.: Somatic changes in the psychoses. J. ment. Sci. **78**, 264 (1932).

OBERDISSE, K., u. G. SCHALTENBRAND: Hirnschäden durch stumme Hypoglykämien. Z. exper. Med. **114**, 209 (1944). — OBRADOR, J.: Temporal lobotomy. J. of Neuropath. **6**, 185 (1947). — OBREGIA u. ANTONIU: Contribution à l'étude de l'anatomie pathologique de la démence précoce. Jber. Psych. **10** (1906). — OHM, G., u. L. KOCH: Untersuchungen an Defektschizophrenen über die Beziehungen zwischen Körperkonstitution und spezieller Krankheitsprognose sowie Symptomgestaltung. Arch. Psychiatr. u. Z. Neur. **182**, 649 (1949). — OKSALA, H.: Ein Beitrag zur Kenntnis der praesenilen Psychosen. Z. Neur. **81**, 1 (1923). — OLDENBURG, F.: Psychische Störungen bei Cushing-Syndrom. Schweiz. Arch. Neur. **59**, 324 (1947). — OLTMANN, J. E., B. S. BRODY, S. FRIEDMAN and W. F. GREEN: Frontal lobotomy. Amer. J. Psychiatry **105**, 742 (1948/49). — OMOROKOW: Zur pathologischen Anatomie der Dementia praecox. Arch. f. Psychiatr. **54**, 523. — OSTMANN: Zur Schwarzharnreaktion nach BUSCAINO. Arch. f. Psychiatr. **86**, 126 (1929). — Studien über das weiße Blutbild bei Schizophrenen. Allg. Z. Psychiatr. **91**, 497 (1929). — OTT-SCHAUB, E.: Zur Frage der Beziehungen zwischen dyskrinem und schizophrenem Krankheitsgeschehen. Arch. Klaus-Stiftg **18**, 411 (1943).

PANSE, F.: Zur Frage der Auslösung endogener Psychosen durch Infektionen. Arch. f. Psychiatr. u. Z. Neur. **182**, 1 (1949). — PAPEZ, J. W.: Inclusion bodies associated with destruction of Nissl substance and cytoplasm of nerve cells in 11 biopsies from prefrontal cortex in acute dementia praecox. Anat. Rec. **100** ,753 (1948). — PARSONS, E. H., E. F. GILDEA, E. RONZONI and S. Z. HULBERT: Comparatice lymphocytic and biochemical responses of patients with schizophrenia and affective disorders to electroshock, insuline-shock and epinephrine. Amer. J. Psychiatry **105**, 573 (1948). — PATZIG, B.: Die Pathogenese der Schizophrenie — ein genetisches Problem. Z. menschl. Vererb.- u. Konstit.lehre **24**, 648 (1940). — PEDERSEN, A. L.: Investigations into the metabolism of androgen in normalhaired and in hypertrichotic schizophrenic women. Acta psychiatr. (København) Suppl. **47**, 130 (1946). — PEIPERS, B.: Der endogene Fragenkreis der Schizophrenie. Diss. Bonn 1930. — PERSCH, R.: Schizophrenie (Katatonie) und Encephalitis. Allg. Z. Psychiatr. **107**, 246 (1938). — PETERS, GERD: Gibt es eine pathologische Anatomie der Schizophrenie? Z. Neur. **158**, 324 (1937). — Kritisches Referat über die Arbeit von SCHAFFER u. MISCOLCZY, Anatomische

Wesensbestimmung der hereditär-organischen Geisteskrankheiten. Acta med. scand. (Stockh.) 75. — Psychiatr.-neur. Wschr. 1937, 1. — Zur Frage der pathologischen Anatomie der Schizophrenie. Z. Neur. 160, 361 (1937). — Schizophrenia. Proc. of the I. Internat. Congr. of Neuropathology 1, 624 (1952). — Möglichkeiten und Grenzen der Hirnforschung in der Neurologie und der Psychiatrie. Dtsch. med. Wschr. 1955. — PETERS, GERD, u. R. LEPPIEN: Todesfall infolge Insulinschockbehandlung bei einem Schizophrenen. Z. Neur. 160, 444 (1937). — Anatomisch-pathologische Bemerkungen zur Frage der Schizophrenie. Allg. Z. Psychiatr. 108, 274 (1938). — Acerca de la anatomia y etiologia de las psicosas endogenas. Rev. Psiquiatr. y Disc. con. 12, 3 (1939). — PETRAN, V.: Die perkutane Histaminreaktion bei Geisteskrankheiten, insbesondere bei der Schizophrenie. Neur. a. psych. Ceská 4, 187 (1941). — PEYTON, W., J. HAAVIK and B. C. SCHIELE: Prefrontal lobotomy in schizophrenia. Arch. of Neur. 62, 560 (1949). — PFISTER, O. H.: Die neuro-vegetativen Störungen der Schizophrenie und ihre Beziehungen zur Insulin-, Cardiazol- und Schlafkurbehandlung. Erg.-H. z. Schweiz. Arch. Neur. 39, 29 (1937). — PICKWORTH, F. A.: Die Beziehungen von Erkrankungen der Nebenhöhlen zu Geisteskrankheiten. Z. Neur. 141, 420 (1932). — PÖTZL, O.: Über eine eigenartige psychische Enthemmungsreaktion. Z. Neur. 98 (1925). — PÖTZL, O., u. S. A. WAGNER: Über Veränderungen in den Ovarien bei Dementia praecox. Z. Neur. 88, 36 (1924). — POHLISCH, K.: Der hyperkinetische Symptomenkomplex und seine nosologische Bedeutung. Abh. Neur. usw. 29, 1 (1925). — POOL, J. L.: Topectomy: a surgical procedure for the treatment of mental illness. J. Nerv. Dis. 110, 164 (1949).

RAITHEL, W.: Kombination einer Schizophrenie mit amyotropischer Lateralsklerose Allg. Z. Psychiatr. 118, 48 (1941). — RATH, Z.: Über eine erblich-dominante Form von nucleärer Ophthalmoplegie in Verbindung mit Schizophrenie. Arch. f. Psychiatr. 86, 360 (1929). — RATNER, J.: Zur Lehre der Diencephalosen. Arch. f. Psychiatr. 86, 525 (1929). — Manisch-depressives Irresein resp. Cyclothymie und Zwischenhirn. Z. Neur. 132, 702 (1931). — RAUCH, H. J.: Die Neurofibrillen der Großhirnrinde und ihre Veränderungen bei Schizophrenie und Epilepsie. Nervenarzt 21, 407 (1950). — REICHARDT, M.: Über Todesfälle bei funktionellen Psychosen. Zbl. Neur. 1905. — Hirnschwellung. Z. Psychol. 75 (1918. — Hirnschwellung. Allg. Z. Psychiatr. 75 (1919). — Hirnstamm und Psychiatrie. Mschr. Psychiatr. 68, 470 (1928). — REITER, F.: Zur Pathologie der Dementia praecox. Gastrointestinale Störungen, ihre klinische und ätiologische Bedeutung. Leipzig: Georg Thieme 1929. — RIEBELING, C.: Pathophysiologie der Psychosen. Fortschr. Neur. 18, 403 (1950). — RIEBELING, G., u. R. STRÖMME: Studien zur Pathophysiologie der Schizophrenie. Z. Neur. 147, 60 (1933). — RICHE, BARBÉ et WICKERSHEIMER: Des lésions anatomiques attribuées à la démence précoce. Encéphale. 1908, 522. — RITTERSHAUS: Die klinische Stellung des manisch-depressiven Irreseins unter besonderer Berücksichtigung der Beziehungen zu organischen Gehirnerkrankungen. Z. Neur. 56, 25 (1920). — ROEDER-KUTSCH, TH.: Zur Frage der pathologischen Anatomie der Schizophrenie. Allg. Z. Psychiatr. 112, 63 (1939). — ROEDER-KUTSCH, TH., u. J. SCHOLZ-WÖLFING: Schizophrenes Siechtum auf der Grundlage ausgedehnter Hirnveränderungen nach Kohlenoxydvergiftung. Z. Neur. 173, 702 (1941). — ROJAS, L.: Contribucion al estudio histopatologico y de localisacion de la llamada catatonia experimental. Thèse de Madrid. 1933. — ROSENFELD, M.: Vegetative Systeme und Schizophrenie. Nervenarzt 13, 496 (1940). — Die diencephalen Syndrome und ihre diagnostische Bewertung bei endogenen Psychosen. Nervenarzt 21, 26 (1950). — ROTHSCHILD, D., and A. KAYE: The effects of prefrontal lobotomy on the symptomatology of schizophrenic patients. Amer. J. Psychiatry 105, 752 (1948). — RÜSKEN, W.: Über die Beeinflussung schizophrener Krankheitszustände durch die Leukotomie. Nervenarzt 21, 508 (1950). — RUNGE, H.: Zur Prognose der Schizophrenie. Nervenarzt 1942, 151. — RUNGE, W.: Die Geistesstörungen des Umbildungsalters und der Involutionszeit. In BUMKES Handbuch für Geisteskrankheiten, Bd. VIII, S. 542. 1930.

SAITO, M.: Experimentelle Untersuchungen über die inneren Verbindungen der Kleinhirnrinde und deren Beziehungen zu Pons und Medulla oblongata. Arb. Neur. Inst. Wien 23, 74 (1922). — SALM, H.: Erfahrungen und Erfolge mit der Insulinbehandlung bei 150 Schizophrenen. Allg. Z. Psychiatr. 109, 116 (1938). — SÀNTHA, K. v.: Über die Entwicklungsstörungen der Purkinje-Neurone. Arch. f. Psychiatr. 91, 373 (1930). — SAUER, W.: Interferometrische Untersuchungen an Schizophrenen. Arch. f. Psychiatr. 90, 72 (1930). — SCHAFFER, R.: Über das hirnanatomische Substrat der menschlichen Begabung. Arch. f. Psychiatr. 96 (1932). — SCHEELE, H.: Untersuchungen an Gehirnen Schizophrener. Z. Neur. 132, 675 (1931). — SCHEID, K. F.: Febrile Episoden bei schizophrenen Psychosen. Leipzig: Georg Thieme 1937. — Wege, Ziele und Ergebnisse der somatischen Schizophrenieforschung. Dtsch. med. Wschr. 1937, 1434. — Zur Frage der Toxizität des Liquor cerebrospinalis. Z. Neur. 159, 696 (1937). — SCHEIDEGGER, S.: Katatone Todesfälle in der psychiatrischen Klinik von Zürich von 1900—1928. Z. Neur. 120, 181 (1929). — Der gegenwärtige Stand der anatomischen Erforschung der Schizophrenie. Confinia neur. (Basel) 5, 1 (1942). — SCHILDER, P.: Zur Kenntnis der Psychosen bei chronischer Encephalitis epidemica, nebst

Bemerkungen über die Beziehung organischer Strukturen zu den psychischen Vorgängen. Z. Neur. **118**, 327 (1929). — The psychology of schizophrenia. Arch. of Neur. **40**, 409 (1938). — SCHLEUSSING, H., u. H. SCHUMACHER: Großhirnschädigung im Verlaufe eines Diabetes mellitus. Arch. klin. Med. **176**, 45 (1934). — SCHMIDT, H.: Beiträge zur Histophysiologie des Insulins. Erg.-H. z. Schweiz. Arch. Neur. **39**, 109 (1937). — SCHMID, H., u. H. BERSOT: L'insulinothérapie des psychoses schizophréniques. Encéphale **2**, 225 (1937). — SCHMID, M. H.: L'histopathologie du choc insulinique. Ann. méd.-psychol. **4**, 1 (1936). — SCHNEIDER, G.: Erfahrungen mit der LEHMANN-FACIUS-Reaktion. Allg. Z. Psychiatr. **109**, 86 (1938). — SCHNEIDER, K.: Reaktion und Auslösung bei der Schizophrenie. Z. Neur. **50**, 29 (1919). — SCHOLZ, W.: Zur Klinik und pathologischen Anatomie der chronischen Encephalitis epidemica. Z. Neur. **86**, 533 (1923). — Erwartungen, Ergebnisse und Ausblicke in der pathologischen Anatomie der Geisteskrankheiten. Allg. Z. Psychiatr. **105**, 64 (1936). — SCHRÖDER, E.: Entwicklungsstörungen des Gehirns und Dementia praecox. Z. Neur. **4**, 54 (1911). — SCHÜTZ: Zur pathologischen Anatomie der Nervenzellen und Neurofibrillen. Mschr. Psychiatr. **26**, 36 (1909). — SCHUSTER, I.: Zur Pathoarchitektonik der Dementia praecox. J. Psychol. u. Neur. **31**, 1 (1925). — Beitrag zur Histopathologie der Dementia praecox. Arch. f. Psychiatr. **90**, 457 (1930). — SCHWAB, H.: Die Katatonie auf Grund katamnestischer Untersuchungen. Z. Neur. **163**, 441 (1938). — Die paranoiden Schizophrenien auf Grund katamnestischer Untersuchungen. Z. Neur. **173**, 38 (1943). — SEELERT, H.: Erfahrungen zur Frage der Entstehung schizophrener Krankheitssymptome. Mschr. Psychiatr. **71**, 215 (1929). — SIEMERLING, F., u. H. G. CREUTZFELD: Bronzekrankheit und sklerosierende Encephalomyelitis. Arch. f. Psychiatr. **68**, 217 (1923). — SIOLI: Beiträge zur Histologie der Dementia praecox. Z. Psychol. 1903. — Histologische Befunde bei Dementia praecox. Allg. Z. Psychiatr. **66** (1909). — SJÖVALL, TH.: Preliminary studies on a possible serum toxicity in schizophrenia. Acta psychiatr. (Københ.) **47**, 105 (1946). — SKALWEIT, W.: Schizophrenie. Fortschr. Neur. 1937, 325. — Schizophrenie. Fortschr. Neur. **11**, 331 (1939). — SOMOGYI, I., u. A. Z. RATH: Über die Rolle der exogenen und endogenen Faktoren in der Hervorrufung symptomatischer Psychosen. Mschr. Psychiatr. Neur. **88**, 173 (1934). — SORG, E.: Zur Frage der Beziehungen zwischen dyskrinem und schizophrenem Krankheitsgeschehen. Diss. Zürich 1945. — SOUKHANOFF: Sur la démence précoce au point de vue clinique et biologique. Encéphale 1908, 529. — SPATZ, H.: Anatomie des Mittelhirns. In BUMKE-FOERSTERS Handbuch der Neurologie, Bd. I. Berlin: Springer 1935. — SPIELMEYER, W.: Los resultados de la cerebrologia aplicados al diagnostico y tratamiento de las enfermedades mentales. Rev. med. **1**, 1 (1928). — The problem of the anatomy of schizophrenia. J. Nerv. Dis. **72**, 241 (1930). — Kreislaufstörungen und Psychosen. Z. Neur. **123**, 537 (1930). — STAEHELIN, J. E.: Zur Frage psychophysischer Korrelation bei endogenen Psychosen. Diss. Basel 1948. — STAUDER, K. H.: Die tödliche Katatonie. Arch. f. Psychiatr. **102** (1934). — STECK, H.: Neurologische Untersuchungen an Schizophrenen. Z. Neur. **82**, 292 (1923). — Kritisches zur Ätiologie der Dementia praecox. Z. Neur. **92**, 665 (1924). — STEFAN, H.: Über den plötzlichen natürlichen Tod infolge hochgradiger Erregung bei akuten Psychosen ohne wesentliche anatomisch nachweisbare Ursache. Z. Neur. **152** (1935). — STEINER, G.: Encephalitische und katatonische Motilitätsstörungen. Z. Neur. **87**, 553 (1922). — Die Schizophrenie. Anatomisches. In BUMKES Handbuch der Geisteskrankheiten, Bd. IX. Berlin: Springer 1932. — STEINER, G., u. A. STRAUSS: Die Schizophrenie. Die körperlichen Erscheinungen. In BUMKES Handbuch der Geisteskrankheiten, Bd. IX. Berlin: Springer 1932. — STERN, K., B. A. ASKONAS and A. M. CULLEN: The influence of electroconvulsive treatment on blood sugar, total number of leucocytes and lymphocytes. Amer. J. Psychiatry **105**, 585 (1948/49). — STERN, K., and T. E. DANCEY: Glioma of the diencephalon in a manic patient. Amer. J. Psychiatry **98**, 718 (1941). — STERTZ, G.: Encephalitis und Lokalisation psychischer Symptome. Arch. f. Psychiatr. **74**, 288 (1925). — Über den Anteil des Zwischenhirns an der Symptomengestaltung organischer Erkrankungen des Zentralnervensystems: ein diagnostisch brauchbares Zwischenhirnsyndrom. Dtsch. Z. Nervenheilk. **117/118/119**, 630 (1931). — STIEF, A.: Der Wirkungsmechanismus der sog. Konvulsionstherapien mit besonderer Berücksichtigung der Insulinschockbehandlung. Psychiatr.-neur. Wschr. 1937, 225. — STIEF, A., u. L. TOKAY: Beiträge zur Histopathologie der experimentellen Insulinvergiftung. Z. Neur. **139**, 434 (1932). — STOCKER: Schwere Ganglienzellkernschädigung in einem Fall von Dementia praecox. Z. Neur. **75** (1922). — STOCKMANN, M.: Zur Frage der Beziehungen zwischen dyskrinem und schizophrenem Krankheitsgeschehen. Arch. Klaus-Stiftg **21**, 171 (1946). — STÖSSEL: Die Behandlung der Katatonie mit großen Wassergaben, zugleich ein Beitrag zur Theorie der Hirnschwellung. Arch. f. Psychiatr. **114**, 699 (1942). — STRECKER, E. A., B. J. ALPERS, J. A. FLAHERTY and J. HUGHES: Experimental and clinical study of effects of Metrazol-convulsions. Arch. Neur. **41**, 996 (1939). — SULZER, H.: Zur Frage der Beziehungen zwischen dyskrinem und schizophrenem Krankheitsgeschehen. Arch. Klaus-Stiftg **18**, 461 (1943).

TANCREDI, F., u. A. MATTOS PIMENTA: Präfrontale Leukotomie bei Schizophrenen, Epileptikern und Psychopathen. Beobachtungen an 76 operierten Fällen. Arqu. Neuro-Psiquiatr. 7, 141 (1949). — TANGERMANN, R.: Spontanremissionen bei Schizophrenie. Allg. Z. Psychiatr. 121, 35 (1942). — THIELE, R.: Über GRIESINGERS Satz: „Geisteskrankheiten sind Gehirnkrankheiten". Mschr. Psychiatr. 63, 294 (1927). — Symptomatische Psychose „schizoformen" Gepräges im Gefolge der Urämie. Nervenarzt 18, 313 (1947). — TÖBEL, F.: Hirnveränderungen nach Histaminschock und kombinierter Insulin-Histaminvergiftung bei Katzen. Arch. f. Psychiatr. 180, 105 (1948). — Über eigenartige Hirnschädigungen durch Depotinsulin bei Hunden. Z. Neur. 180, 569 (1948). — TOMASSON, H.: Investigations of manic depressive psychoses. Acta psychiatr. (Københ.) Suppl. 47, 472 (1946). — TOMPKINS, J. B.: A summary of thirty-six cases of lobotomy. Amer. J. Psychiatry 105, 443 (1948). — TORKILDSEN, A.: Notes on the importance of the occipital lobes in a case of schizophrenia. Acta psychiatr. (Københ.) 24, 701 (1949). — TRUNK, H.: Schizophrene Psychosen bei Encephalitis lethargica. Z. Neur. 109, 495 (1927). — TSCHERKES, A. L., u. M. MANGUBI: Phytotoxische Eigenschaften des Blutes bei Schizophrenie. Z. Neur. 132, 815 (1931).

ULRICH, MARGRET: Somatische Befunde bei der Schizophrenie und das Verhalten des Kupfer-Eisenspiegels. Diss. Jena 1942. — URECHIA, C. J.: Notes sur l'état du noyau dentelé dans un cas da catatonie. Revue neur. 29, 171 (1922). — USUNOFF, G.: Über einen Fall von Schizophrenie mit hämorrhagischen Erscheinungen. Arch. f. Psychiatr. 114, 294 (1942).

VERMEYLEN, G.: Les rapports cliniques entre les encéphalites et la démence précoce. J. belge Neur. 38, 647 (1938). — VOGT, C. u. O.: Erkrankungen der Großhirnrinde. Leipzig: Johann Ambrosius Barth 1922. — Psychiatrisch wichtige Tatsachen der zoologisch-botanischen Systematik. Z. Neur. 101 (1926). — Der heutige Stand der zerebralen Organologie und die zukünftige Hirnforschung. Anat. Anz. 94, 49 (1943). — Über anatomische Substrate. Bemerkungen zu pathoanatomischen Befunden bei Schizophrenen. Ärztl. Forsch. 2, 101 (1948). — Biologische Grundanschauungen. Zugleich eine Basis für die Kritik anatomischer Hirnveränderungen bei Schizophrenie. Ärztl. Forsch. 3, 121 (1949). — Altérations anatomiques de la schizophrenie et d'autres psychoses dites fonctionelles. Proc. of the I. Internat. Congr. of Neuropathology 1, 514 (1952). — VOSS, G.: Morbus Cushing. Fortschr. Neur. 9, 213 (1937).

WAGNER, H.: Über die Isolierung von Abwehrfermenten bei Schizophrenen. Allg. Z. Psychiatr. 119, 124 (1942). — WALL, P. D., P. GLEES and J. F. FULTON: Cortico-fugal connexions of posterior orbital surface in rhesus monkey. Brain 74, 66 (1951). — WALTHER, F.: Über das Verhalten von Pulszahl und Blutdruck bei Katatonikern im unbeeinflußten Zustand und im pharmakologischen Versuch. Arch. f. Psychiatr. 89, 377 (1930). — WANDER-VÖGELIN, M.: Schizophrenes und endokrines Krankheitsgeschehen. Akromegaloide Schizophrene und ihre Familien. Arch. Klaus-Stiftg 19, 256 (1944). — WARSTADT, A.: Kasuistischer Beitrag zur Pathogenese der Schizophrenie. Mschr. Psychiatr. 75, 78 (1930). — WEBER, L. W.: Über akute, tödlich verlaufende Psychosen. Mschr. Psychiatr. 16 (1904). — WEIL, A., E. LIEBERT and G. HEILBRUNN: Histopathologic changes in experimental hyperinsulinism. Arch. of Neur. 39, 467 (1938). — WEIMANN, W.: Endogene Intoxikationen. In BUMKES Handbuch der Geisteskrankheiten, Bd. XI. Berlin: Springer 1930. — WEINERT, W., u. E. FÜNFGELD: Über die klinische Bedeutung der Hirnlipoidreaktion nach LEHMANN-FACIUS. Allg. Z. Psychiatr. 109, 105 (1938). — WESTPHAL, A.: Schizophrene Krankheitsprozesse und amyotrophische Lateralsklerose. Arch. f. Psychiatr. 74, 310 (1925). — WIERSMA, D.: Dementia praecox und psychische Energie. Z. Neur. 95, 218 (1925). — WIGERT, V.: Dementia praecox, ein Hauptproblem der Psychiatrie. Nord. Med. 1941, 3. — WILMANNS, K.: Die Schizophrenie. Z. Neur. 87, 325 (1922). — Über Morde im Prodromalstadium der Schizophrenie. Z. Neur. 170, 583 (1940). — WINKELMANN, N. W.: Observation in the histopathology of schizophrenia. Amer. J. Psychiatry 105, 889 (1948). — WINKLER, H.: Spektrographische Liquoruntersuchungen bei Schizophrenen. Arch. f. Psychiatr. 86, 249 (1929). — WITTE, F.: Über anatomische Untersuchungen der Körperorgane bei der Dementia praecox. Z. Neur. 72, 308 (1921). — Über anatomische Befunde am Verdauungsapparat von Schizophrenen. Arch. f. Psychiatr. 88, 624 (1929). — WOHLFAHRT, S.: Die Histopathologie der Schizophrenie. Acta psychiatr. (Københ.) 11, 687 (1936). — Blutzucker und Pulsreaktion beim therapeutischen Schock sowie bei experimenteller Affektsteigerung. Mschr. Psychiatr. 108, 121 (1943). — WOHLWILL, FR.: Über amöboide Glia. Virchows Arch. 216, 468 (1944). — WOLF, D.: Zur Frage der Beziehungen zwischen dyskrinem und schizophrenem Krankheitsgeschehen. Arch. Klaus-Stiftg 21, 149 (1946). — Endokrines und psychisches Krankheitsgeschehen. Schweiz. Arch. Neur. 56, 144 (1946). — WOLFERT, L.: Die Tuberkulogenese der Dementia praecox. Z. Neur. 52, 49 (1919). — WUTH, O.: Untersuchungen über die körperlichen Störungen bei der Schizophrenie. Z. Neur. 87, 532 (1922). — Körpergewicht, endokrines System, Stoffwechsel. In BUMKES Handbuch der Geisteskrankheiten, Bd. III. Berlin: Springer 1928. — WYRSCH, I.: Zur Kenntnis der schizophrenieähnlichen metenzephalitischen Psychosen. Z. Neur. **121**, 186 (1929). — Beitrag zur Kenntnis schizophrener Verläufe. (Über Schizophrenien mit langen Zwischenzeiten.) Z. Neur. **172**, 797 (1941). — Zalka, E. v.: Beiträge zur Pathohistologie des Plexus choriodeus. Virchows Arch. **267**, 379, 398 (1928). — Zallplachta: Contribution à l'ètude de L'anatomie pathologique de la démence précoce. Jber. Psychiatr. **10** (1906). — Zara, E.: Ricerche sul ricambio della vitamina C nei dementi precoci. Osp. psichiatr. **9**, 405 (1941). — Ziegelroth, L.: Zur Frage: Schizophrenie und Kriegsdienstbeschädigung mit besonderer Berücksichtigung der Zwillingsforschung. Arch. f. Psychiatr. **91**, 107 (1930). — Zimmermann: Beitrag zur Histologie der Dementia praecox. Z. Neur. **30** (1915). — Kasuistische Beiträge zur Ätiologie und pathologischen Anatomie der Dementia praecox. Mitt. hambg. Staatskrk.anst. **8** (1908).— Zimmermann, F. H., M. Gallavan and M. Th. Eaton: The cephalin-cholesterol flocculation test in schizophrenia. Amer. J. Psychiatry **105**, 225 (1948). — Zimmermann, R.: Über mutmaßliche Leberstörungen bei Dementia praecox. Arch. f. Psychiatr. **90**, 537 (1930). — Zingerle, H.: Zur pathologischen Anatomie der Dementia praecox. Mschr. Psychiatr. **27**, 285 (1910). — Zurabašvili, A. D.: Über die cerebralen Grundlagen der Schizophrenie im Lichte der Elektronencephalographie. Nevropat. i t. d. **18**, 9 (1949).

Manisch-depressives Irresein.

Von

Gerd Peters - Bonn.

Die pathologische Anatomie des erblichen manisch-depressiven Irreseins ist unbekannt. Mannigfache Theorien bezüglich des Wesens der zirkulären Psychose sind erörtert worden. So hat MEYNERT 1889 die Meinung ausgesprochen, daß den verschiedenen Gemütszuständen der Manie und der Melancholie eine differente Sauerstoffversorgung der Nervenzellen der Hirnrinde zugrunde liegt. Der Manie gehe eine funktionelle Gefäßerweiterung parallel, bei der Melancholie liege Vaso-constriction mit Hemmung der corticalen Funktionen vor. Auch THALBITZER glaubte die pathologisch-anatomische Grundlage der Psychose in einer Dysfunktion des vasomotorischen Nervensystems des Gehirns suchen zu müssen. Nach HELWEG verlaufen die Vasomotoren der Hirngefäße in der Dreikantenbahn, die bei Geisteskranken zum Unterschied von Geistesgesunden besonders zarte Fasern enthalten soll. Die Struktureigentümlichkeit der Nervenfasern sei angeboren und nicht erworben. Nach BRESLER ist die Manie ein Ausfallssymptom, das durch den Ausfall der Funktion einer bestimmten Art von Rindenzellen mit kurzen Fortsätzen entstehen soll. Die Grundstörung sei die Depression. Die Manie sei gleichsam als Ausfalls- bzw. Enthemmungserscheinung aufzufassen. ANGLADE und JAQUIN glaubten die Grundlage des zirkulären Irreseins in einer Beeinträchtigung des Gleichgewichtszustandes zwischen Neuroglia und Nervenzellen sehen zu können. Aus dem MARBURGschen Institut liegt eine Untersuchung von TAKASE vor, nach welcher beim manisch-depressiven Irresein chronische Nervenzellveränderungen bzw. Zellsklerosen vorwiegend in der 3. Rindenschicht angetroffen wurden. Die supraradiären Markfasergeflechte waren leicht gelichtet. Prädilektionsorte vorerwähnter Veränderungen sind nach MARBURG das präfrontale Gebiet und die 2. und 3. Schläfenlappenwindung, entsprechend dem hinteren FLECHSIGschen Assoziationsfeld. In diesen Assoziationsfeldern seien Zentren der Affektivität zu vermuten. Melancholie und Manie seien Folgen von Hemmung und Enthemmung im Gebiet der Zentren der Affektivität, wobei man ursächlich an verschiedene Phänomene denken müsse, wie Interferenzvorgänge, Synapsenstörungen, Stoffwechselveränderungen in den Zellen und anderes mehr. Für alle diese und auch andere Hypothesen fehlen bis heute entsprechende anatomisch-pathologische Befunde. Von verschiedener Seite wurden ursächlich auch Störungen des Endokriniums verantwortlich gemacht (KRASSER, PARHON, MARBE, MURATOW, STRANSKY u. a.) wobei besonders häufig Schilddrüsenstörungen (Basedow-Myxödem) mit ihren unterschiedlichen seelischen Grundstimmungen als Parallele dienten, obwohl sie sich erheblich von den Gemütszuständen der Manie und Melancholie unterscheiden. Faßt man die an innersekretorischen Drüsen erhobenen pathologisch-anatomischen Befunde zusammen (FR. MEYER, HORRAX und YORSHIS, WOLBERG, BORBERG, HUTTON und STEINBERG, J. MÜLLER, WUTH u. a.), so finden sich keine regelmäßigen und charakteristischen Veränderungen an den verschiedenen innersekretorischen Drüsen, die auch nur als wesentliche

Teilursache des Leidens aufgefaßt werden können. Vielmehr handelt es sich um unspezifische, meist auf Komplikationen zurückzuführende Alterationen der Gestalt und der Funktion der Blutdrüsen, wie wir dies auch bei der Dementia praecox aufgezeigt haben. Im ABDERHALDENschen Versuch scheinen Melancholische gerne Leber, Manische vorwiegend Schilddrüse abzubauen. J. LANGE kommt, indem er einen Vergleich mit den Vorgängen beim Winterschlaf zieht, bei welchem die innersekretorischen Drüsen keine primäre Rolle spielen, „sondern sich übergeordneten Gesetzen fügen", zu der Meinung, daß innersekretorische Vorgänge für die zirkulären Störungen nicht primär verantwortlich zu machen sind. Vielmehr müsse man eine Störung der zentralen Steuerung annehmen, deren Substrat wohl im Gehirn zu suchen sei.

Letztere Gedanken münden in die heute vielfach vertretene Meinung ein, nach welcher bei der Psychose Regulationsstörungen der diencephalen Zentren eine Rolle spielen sollen, weshalb man das Leiden auch vielfach zu den „Diencephalosen" rechnet. Letztere Ansicht findet eine Unterstützung in zahlreichen Beobachtungen eigentümlicher psychopathologischer Zustände bei verschiedenartigen, das Diencephalon betreffenden krankhaften Prozessen. Besondere Beobachtungen dieser Art verdanken wir FOERSTER und GAGEL bei Tumoren in der Umgebung der 3. Hirnkammer wie Hypophysenadenomen, Kraniopharyngeomen, Spongioblastomen sowie Plexus- und Ependymcysten. Nach GAGEL rechnen psychische Krankheitszeichen zu den konstantesten Symptomen sich im Hypothalamus abspielender krankhafter Prozesse. „Euphorische Stimmung, lebhafter Rededrang mit mehr oder minder ausgesprochener Ideenflucht, Neigung zu Tobereien, unbekümmertes Drauflosreden mit witzelndem Einschlag, lebhafter Bewegungs- und Beschäftigungsdrang, mehr oder weniger völlige Ungeniertheit, Mangel an kritischer Einstellung oder auch völlig unmotivitierter Stimmungsumschlag in Gereiztheit, Zorn und Wut, der von wüstem Schimpfen und Gewalttätigkeiten begleitet wird und unvermittelt wieder verschwindet, kennzeichnen dieses Zustandsbild. Von Bedeutung ist dabei noch die Tatsache, daß diese maniakalischen Zustandsbilder bei Kranken auftreten, die früher nie irgendwelche manischen Züge gezeigt haben" (GAGEL). Solche maniakalischen Zustandsbilder konnte FOERSTER bei Operationen auch durch mechanische Einwirkungen auf die Infundibularregion des Zwischenhirns hervorrufen. „Die Manie konnte geradezu experimentell produziert werden" (FOERSTER und GAGEL). „Wir haben ein derartiges oder auch nur ähnliches psychisches Syndrom bei operativen Manipulationen von keiner einzigen anderen Hirnstelle aus entstehen sehen. Der Boden des 3. Ventrikels muß also als der Ausgangsort dieses maniakalischen Syndroms angesehen werden" (FOERSTER und GAGEL). Ähnliche Beobachtungen liegen auch von anderer Seite vor (BOYA, RYCHLINSKY, FULTON und BAILEY, STERN und DANCEY, SCHILDER und WEISSMANN, CUSHING, URECHIA, COX, DOTT u. a.). Die beschriebenen Enthemmtheitsphänomene treten vorwiegend bei Druck auf orale Teile des Hypothalamus auf. Bei Tumoren im hinteren Hypothalamusanteil werden Stumpfheit, Interesseneinengung, Verlangsamung im Ablauf der Denkfunktionen, Entschlußlosigkeit und allgemeine Müdigkeit festgestellt.

Auch bei Tieren wurden diencephal ausgelöste Stimmungsänderungen beobachtet. So erzielte HESS durch Reizung im vorderen Hypothalamus bei Katzen ein eigentümliches Verhalten, so, als ob sie von einem Hund bedroht würden.· „Sie faucht, schneuzt und knurrt gleichzeitig. Es sträuben sich die Rückenhaare und der Schwanz wird buschig. Die Pupillen erweitern sich bisweilen, die Ohren werden zurückgelegt" (HESS). BARD konnte nach Abtragung der oralen Hypothalamusabschnitte bei Katzen einen wutartigen Zustand (shamerage) auslösen.

BERINGER ist der Ansicht, daß solche Beobachtungen darauf hinweisen, „daß Störungen der Dynamik seelischer Geschehnisweisen ihre körperlichen Grundlagen in Veränderungen der Zwischenhirnregion haben können". BERINGER selbst beobachtete bei einem 12jährigen Knaben im Anschluß an eine Encephalitis einen rhythmischen Wechsel von Enthemmtheit und Gehemmtheit. Die körperlichen Symptome, die der Junge bot, wie Fieber, delirante Phasen, Speichelfluß, Pupillenstörung, deuteten auf eine entzündliche Erkrankung im Hirnstamm, so daß BERINGER mit Recht im wesentlichen einen diencephalen Prozeß als Ursache der Störung der Dynamik annimmt. Enthemmtheits- und Drangzustände sind bei Jugendlichen als Folgen der sich vorwiegend im Hirnstamm abspielenden Encephalitis epidemica hinlänglich bekannt (BÜRGER-PRINZ, SCHOLZ, STERN, BOSTROEM, THIELE, STERTZ u. a.).

Hier schließt sich eine eigene Beobachtung nach Fleckfieberencephalitis an. Ein 20jähriger Mann machte eine Fleckfieberencephalitis mit schwersten akuten Symptomen mit. Nach Abklingen des akuten Stadiums ließ sich ein rhythmischer Wechsel von Enthemmtheit und Gehemmtheit beobachten. Drei Jahre nacheinander trat bei Beginn der warmen Jahreszeit ein stumpf-apathisch-akinetischer Zustand ein, in welchem der Patient den größten Teil des Tages schlief, im übrigen antriebslos herumsaß und an ihn gerichtete Fragen kaum beantwortete. Im Herbst erfolgte dann plötzlich, innerhalb weniger Tage, ein Umschwung in das Gegenteil. Er bot dann ein ausgesprochen maniformes Zustandsbild. Er zeigte ungeheuren Rede- und Tätigkeitsdrang, sexuelle Enthemmtheit, Ideenflucht. Er hielt sich für einen besonderen Menschen, „so einen gibt es in 1000 Jahren nicht mehr, ich bin unsterblich". Er äußerte unablässig Größenideen, die seinem gesteigerten Selbstgefühl entsprachen. Encephalographisch wurde neben einer mäßigen Erweiterung beider Seitenventrikel eine hochgradige Dilatation der 3. Kammer nachgewiesen, so daß auch in diesem Fall der wesentliche krankhafte Prozeß im Diencephalon vermutet werden kann.

Man darf aber nicht übersehen, daß auch bei anderenorts lokalisierten Prozessen depressive und hypomanische Zustände bekannt sind. So sah FEUCHTWANGER nach Stirnhirnverletzungen wesentlich häufiger depressive und hypomanische Verstimmungen als bei Hirnverletzungen anderer Topik. PÖTZL, J. LANGE u. a. beobachteten bei Stirnhirntumoren manisch gefärbte Bilder, die nach operativer Entfernung der Geschwulst unmittelbar verschwanden. Die Tatsache, daß Stirnhirn und Thalamus bzw. Hypothalamus ein funktionell und anatomisch einheitliches System darstellen, kann das Auftreten beschriebener Symptome bei krankhaften Prozessen in beiden Regionen erklären.

Während man bei den beschriebenen Beobachtungen das Vorliegen einer endogenen Krankheitsbereitschaft im Sinne einer zirkulären Psychose nicht annehmen muß, da die Zustände nach Beseitigung der Krankheitsprozesse bzw. nach Sistieren des Reizes verschwanden, sind auch zahlreiche Fälle bekannt, bei welchen die endogene Psychose durch organische Hirnprozesse aus der Latenz gehoben wurde. Bekannt ist dies bei der progressiven Paralyse (BOSTROEM, SCHRÖDER u. a.), Arteriosklerose und nach Trauma. Hierbei darf nach Ansicht von BOSTROEM die auslösende organische Schädigung nicht zu intensiv sein, da eine schwere Hirnalteration zerstörend auf die psychischen Funktionen wirke und daher nicht geeignet sei, eine bereitliegende Anlage flott zu machen. Trifft nun nach Ansicht von BOSTROEM eine organische Hirnschädigung auf eine stärker ausgesprochene Krankheitsbereitschaft, so kommt es unter Umständen nicht nur zu einer symptomatischen Psychose, sondern es wird gleichzeitig eine Manie ausgelöst, wobei Bilder entstehen, die BOSTROEM als „verworrene Manie" (Manie mit organischer Bewußtseinstrübung) bezeichnet hat. Im weiteren Verlauf bilden sich die exogenen Symptome zurück, während die Manie noch länger anhält und erst später nach Art typischer Manien abklingt oder aber in eine Depression umschlägt.

Alle mitgeteilten Beobachtungen erklären indessen das Wesen des zirkulären Irreseins nicht. Die bei diencephalen Prozessen auftretenden symptomatischen psychopathologischen Syndrome lassen vermuten, daß eine konstitutionell bedingte Funktionsvariante diencephaler Wirkmechanismen beim man sch-depressiven Irresein eine Rolle spielen kann. Auf diencephale Wirkstöruı en lassen auch gelegentliche Kombinationen der Psychose mit Arthritismus und Fettsucht schließen. Freilich haben wir das gestaltliche Substrat der manisch-depressiven Konstitution noch nicht erfaßt. Einen gestaltlichen Defekt im Gehirn brauchen wir als Folge der psychopathologischen Episoden nicht anzunehmen, da zum Wesen des manisch-depressiven Irreseins gehört, daß nach den einzelnen Anfällen wieder völlige Gesundheit eintritt. Da der Zirkuläre volle Einsicht in die krankhaften Zustände hat, fürchtet er sich vor neuen Exacerbationen. Wiederholen sich letztere häufiger, wird er mutlos, still und stumpf. ,,Diesen Sinn hat es, wenn man gelegentlich vom Defekt der vielfach rückfälligen Manisch-Depresiven spricht. Es handelt sich nicht um einen Defekt, den das organische Hirnleiden setzte, sondern es ist ein einfühlbarer, motivmäßig bedingter, ein sozusagen psychogener Defekt'' (Gruhle).

Literatur.

Beringer, K.: Rhythmischer Wechsel von Enthemmtheit und Gehemmtheit als die encephale Antriebsstörung. Nervenarzt 15, 225 (1942). — Antriebsschwund mit erhaltener Fremdanregbarkeit bei beiderseitiger frontaler Marklagerschädigung. Z. Neur. 176, 10 (1943). Borberg, N. C.: Histologische Untersuchungen der endokrinen Drüsen bei Psychosen. Arch. ʃ. Psychiatr. 63 391 (1921). — Bostroem, A.: Über die Auslösung endogener Psychosen durch beginnende paralytische Hirnprozesse und die Bedeutung dieses Vorganges für die Prognose der Paralyse. Arch. f. Psychiatr. 86, 151 (1929). — Die Lues-Psychosen. In Bumkes Handbuch der Geisteskrankheiten, Bd. VIII, S. 70. Berlin: Springer 1930. — Über organisch provozierte endogene Psychosen. Z. Neur. 131, 1 (1931). — Braun, E.: Manisch-depressiver Formenkreis. Fortschr. Neur. 1937, 381. — Bresler, E.: Wesen und graphische Darstellung des manischen Symptomenkomplexes. Psychiatr.-neur. Wschr. 1906, Nr 43.

Dattner, B.: Ernährungsprobleme in der Neurologie und Psychiatrie. Z. Neur. 111, 632 (1927). — Davids, A. T.: Electroencephelogramms of manic-depressive patients. Amer. J. Psychiatr. 98, 432 (1941/42).

Eicke, W. J.: Multiple Sklerose und Schizophrenie. Nervenarzt 22, 225 (1951). — Elvidge, A. R., and G. E. Reed: Biopsy studies of cerebral pathologic changes in schizophrenia and manic-depressive psychoses. Arch. of Neur. 40, 227 (1938). — Enke, W.: Konstitutionstypische und endokrine Faktoren bei Geisteskrankheiten. Allg. Z. Psychiatr. 109, 1 (1938).

Foerster, O., u. O. Gagel: Ein Fall von sog. Gliom des Nervus opticus — Spongioblastoma multiforme ganglioides. Z. Neur. 136, 335 (1931). — Ein Fall von Ependymcyste des dritten Ventrikels. Ein Beitrag zur Frage der Beziehungen psychischer Störungen zum Hirnstamm. Z. Neur. 149, 312 (1934).

Gagel, O.: In Bumke-Foersters Handbuch der Neurologie, Bd. V. Berlin: Springer 1936. — Einführung in die Neurologie. Berlin-Göttingen-Heidelberg: Springer 1949. — Galatschian, A.: Zur Frage des ungünstigen Endzustandes beim manisch-depressiven Irresein. Z. Neur. 139, 241 (1932). — Greving, H.: Der Cholesterinstoffwechsel bei endogenen Psychosen als Ausdruck einer Leberfunktionsstörung. Nervenarzt 13, 1 (1940). — Gruhle, H. W.: Lehrbuch der Nerven- und Geisteskrankheiten, 2. Aufl. Halle a. d. Saale: Carl Marhold 1952.

Heinze, E.: Endokrine Störungen. Fortschr. Neur. 1937, 297. — Hess, W. H.: Das Zwischenhirn. Basel: Benno Schwalbe & Co: 1949. — Hochapfel, L.: Über gleichzeitiges Vorkommen von Schizophrenie und progressiver Muskeldystrophie in einer Familie. Allg. Z. Psychiatr. 109, 17 (1938).

Jahn, D.: Stoffwechselstörungen bei bestimmten Formen der Psychopathie und der Schizophrenie. Z. Nervenheilk. 135, 245 (1935).

Kafka, V.: Serologie der Geisteskrankheiten. In Bumkes Handbuch der Geisteskrankheiten, Bd. III, S. 218. Berlin: Springer 1928. — Kraepelin, E.: Psychiatrische Klinik. Leipzig: Johann Ambrosius Barth 1921.

Lange, J.: Die endogenen und reaktiven Gemütserkrankungen und die manisch-depressive Konstitution. In Bumkes Handbuch der Geisteskrankheiten, Bd. VI, S. 1. Berlin: Springer 1928.

Marburg, O.: Bemerkungen zu den pathologischen Veränderungen der Hirnrinde bei Psychosen. Arb. neur. Inst. Wien 26, 244 (1924). — Müller, J.: Schizophrenes und endokrines Krankheitsgeschehen. Arch. Klaus-Stiftg 19, 53 (1944).

PETERS, GERD: Die Histopathologie der endogenen Psychosen. Nervenarzt **11**, 521 (1938). — Spezielle Pathologie der Krankheiten des zentralen und peripheren Nervensystems. Stuttgart: Georg Thieme 1951. — PILCZ, F.: Die periodischen Geistesstörungen. Jena: Gustav Fischer 1901. — Beiträge zur Klinik der periodischen Psychosen. Mschr. Psychiatr. **14**, 112 (1903).

RATNER, J.: Manisch-depressives Irresein resp. Zyklothymie und Zwischenhirn. Z. Neur. **132**, 702 (1931). — REICHHARDT, M.: Hirnstamm und Psychiatrie. Mschr. Psychiatr. **68**, 470 (1928). — REITER, F.: Zur Pathologie der Dementia praecox. Leipzig: Georg Thieme 1929.

SORG, E.: Zur Frage der Beziehungen zwischen dyskrinem und schizophrenem Krankheitsgeschehen. Diss. Zürich 1944. — STERN, K., u. T. E. DANCEY: Glioma of the diencephalon in a manic patient. Amer. J. Psychiatr. **98**, 718 (1941/42). — STERTZ, G.: Encephalitis und Lokalisation psychischer Symptome. Arch. f. Psychiatr. **74**, 288 (1925). — Über den Anteil des Zwischenhirns an der Symptomgestaltung organischer Erkrankungen des Zentralnervensystems. Ein diagnostisch brauchbares Zwischenhirnsyndrom. Z. Nervenheilk. **117/119**, 630 (1931).

TAUBERT, O.: Zur Lehre von den periodischen Psychosen. Insbesondere Ausgang und Sektionsbefund. Inaug.-Diss. Jena 1909. — THALBITZER, S.: Die manisch-depressive Psychose — das Stimmungsirresein. Arch. f. Psychiatr. **43**, 12 (1908). — Die HELWEGsche Dreikantenbahn in der Medulla oblongata. Arch. f. Psychiatr. **47**, 126 (1910). — TOMASSON, H.: Investigations of manic-depressive psychoses. Acta psychiatr. (København) Suppl. **47**, 472 (1946).

WERNICKE, C.: Grundriß der Psychiatrie. Leipzig: Johann Ambrosius Barth 1900. — WESTPHAL, A.: Schizophrene Krankheitsprozesse und amyotrophische Lateralsklerose. Arch. f. Psychiatr. **74**, 310 (1925). — WUTH, O.: Körpergewicht, endokrines System, Stoffwechsel. In BUMKES Handbuch der Geisteskrankheiten, Bd. III, S. 154. Berlin: Springer 1928.

Angeborener erblicher Schwachsinn
einschließlich „befundlose Idiotien", sowie Megalencephalie bei angeborenem Schwachsinn.

Von

H. Jacob - Hamburg.

Mit 14 Abbildungen.

1. Allgemeines.

Fragestellungen, die sich aus der Neuropathologie des angeborenen erblichen Schwachsinns und aus hirnpathologisch unauffälligen Befunden bei einer keineswegs kleinen Schwachsinnsgruppe ergeben, berühren sich in vieler Hinsicht mit verwandten Problemen bei endogenen Psychosen. Hierbei wird oft sehr augenscheinlich, wie vielschichtig und teils auch fragwürdig sich die Beziehungen zwischen klinischem Bild und morphologischem Substrat darstellen. Die Erfahrung lehrt ohne Zweifel, daß man fehlschließen würde, wollte man die bei Schwachsinnigkeit und Idiotie morphologisch aufdeckbaren Anlagestörungen und neuropathologischen Prozesse in jedem Falle unmittelbar als „Substrate" des Intelligenzdefektes auffassen. Beobachtungen bei cerebraler Kinderlähmung oder Athétose double mit der Norm entsprechendem, teils sogar recht gutem Intelligenzniveau, trotz schwersten, wenn auch umschriebenen, narbigen Defekten weisen sehr eindeutig darauf hin, in welchem Ausmaße früh erworbene Hirnsubstanzverluste vorliegen können, ohne daß sich dies in einer Beeinträchtigung der Intelligenzleistungen ausprägt. Selbst bei auffälligen Anlagestörungen des Gehirns kann sich die Variationsbreite in der klinischen Repräsentation vom durchaus geistig Gesunden bis zu schwerer Minderbegabung oder Schwachsinnigkeit, verbunden mit Anfallsleiden, erstrecken. Ein hierfür bekanntes Beispiel stellt der Balkenmangel dar, den wir sowohl gewissermaßen als Extremvarietät innerhalb gesunder „Norm" finden können, als auch bei Idiotie. Ähnliches gilt aber auch in gewissen Grenzen für Migrationsstörungen und Rindenfehlbildungen. Etwa gleich ausgebreitete und tiefgreifende Rindenentwicklungsstörungen können klinisch das eine Mal mit Idiotie, ein anderes Mal lediglich mit Minderbegabung oder Epilepsie vergesellschaftet sein (H. JACOB). Auch die erfahrungsgemäß erstaunlich geringe Verzögerung der geistigen Entwicklung mancher hydrocephaler Kinder gibt uns ein Beispiel für die vielfach recht lockeren Beziehungen zwischen neuropathologisch faßbaren cerebralen Gewebszuständen und dem geistigen Entwicklungsstand. Solche Erfahrungen erweitern sich noch in anderer Richtung. Vergleicht man an einem größeren Material die histoarchitektonischen Verhältnisse bei abartigen Hirnwuchsformen (Makrencephalie, Mikrencephalie, mongoloider Hirnwuchs), so erscheint die Breite histotektonischer Differenzierungsmöglichkeiten durch schwere Minderanlagen und Dysgenesien auf der einen Seite, durch völlig unauffällige Rindenstrukturierung andererseits abgesteckt. Auch hierbei sind die klinischen Entsprechungen lediglich mitunter, aber keineswegs immer „sinngemäß" zugeordnet. Das kann sich klinisch dann eindrucksvoll darstellen, wenn etwa bei familiärer Makrocephalie oder Mikrocephalie lediglich das eine der Geschwister schwachsinnig ist (RÖSSLE, FRITZE, WEIL). Man wird sich also auf Grund solcher Erfahrungen für den Einzelfall vor Schlüssen weitgehend zurückhalten müssen, die auf eine enge und unmittelbare Korrelation zwischen hirnmorphologischer Strukturentfaltung und geistigem Entwicklungsstand abzielen. Die heute erreichte Sachkenntnis erlaubt nur den Schluß, daß sowohl Anlagestörungen und Narbendefekte, als auch postnatal fortschreitende Prozesse in statistischer Hinsicht häufiger innerhalb der klinischen Gruppe Schwachsinn und Epilepsie angetroffen werden, als im Bereich gesunder Norm. Darüber hinaus ist allerdings zu fragen, ob die vorhandenen Anlagestörungen nicht lediglich körperliche Begleiterscheinungen bei Schwachsinnigkeit darstellen (vergleichbar etwa dysraphischen Störungen am Rückenmark) ohne unmittelbare Beziehungen im Sinne somatopsychischer Korrelationen. Das ist vermutlich der Fall, wenn in Familien mit neuropathischer Veranlagung und cerebralen „Degenerationsstigmen" innerhalb einer Linie Schwachsinnigkeit hinzutritt. Ähnliches gilt für die Beurteilung cerebraler Anlagestörungen innerhalb von Sippen mit genuiner Epilepsie.

2. Zur Frage der „befundlosen Idiotien".

Eine zahlenmäßig nicht unerhebliche Gruppe von Schwachsinnigen ohne Hirnentwicklungsstörungen und ohne neuropathologisch faßbare Prozesse ist bis auf den heutigen Tag weder unter klinisch-morphologischen Gesichtspunkten, noch unter genealogischer Betrachtung oder etwa in statistischer Form gewürdigt worden. Andererseits kennt jeder erfahrene Neuropathologe Hirne von Schwachsinnigen, die in histotektonischer Hinsicht nicht von denjenigen Normalsinniger unterschieden werden können. Darauf hatte W. SPIELMEYER (1930) eindrücklich hingewiesen. Man pflegt in solchen Fällen sorgfältig nach subtileren Differenzierungsstörungen und zentralnervösen Degenerationsstigmen zu fahnden und ist nur zu leicht versucht, in „Mikrovariationen" Hinweise auf, wenn auch diskrete, so doch scheinbar aus der Norm fallende Fehlanlagen zu sehen. Vor allem im älteren Schrifttum finden sich entsprechende Überwertungen und Fehldeutungen. *Die neuropathologische Untersuchung „befundloser Idiotien" wird jedoch in erster Linie auf eine Abgrenzung noch „normaler" Variabilität von tiefergreifender „pathologischer" Entwicklung abzielen müssen.* Das ist um so schwieriger, als gewisse „Extremvariationen" beim gesunden Normalen beobachtet werden können und fließende Übergänge immer wieder begegnen. Ein auf breiter Materialbasis fußender Überblick über die normalen Variabilitäten innerhalb des Zentralnervensystems liegt bis zum heutigen Tage noch nicht vor. Untersuchungen über normale Varietäten in der Cytoarchitektonik [Elitegehirne, Hirne von Trägern mit Sonderbegabung (VON ECONOMO, C. und O. VOGT, R. A. PFEIFFER)], über individuelle Züge in Furchenmuster und Windungsrelief, über Atypien von Faserverläufen u. a. m. sind im Schrifttum außerordentlich verstreut und auch für den Erfahrenen nur sehr schwer überschaubar. So scheint die Abgrenzung normaler Varietäten und Extremvarietäten von tiefergreifenden Mißbildungen weitgehend eine Ermessensfrage seitens des Untersuchers zu sein. Will man trotzdem den Versuch machen, zu einigermaßen allgemeinverbindlichen Klassifizierungen zu kommen, die eine gegenseitige Verständigung ermöglichen, so wird man die Abgrenzung nicht so sehr an Hand der Einzelfehlbildung, als vielmehr auf Grund der Gesamtheit vorliegender Abwegigkeiten und deren Ausbreitung vornehmen müssen. Erst ein solcher Gesamtüberblick erlaubt zugleich Hinweise auf die Art der zugrunde liegenden Richtungsänderung im Gesamtplan cerebraler Entwicklung und auf die gesamte Zeitspanne der teratologischen Terminationsperiode. Trotz fließender Übergänge wird man dann doch im großen und ganzen entscheiden können, inwieweit die Befunde des Einzelfalles als „normale" Variationen oder bereits als Ausdruck „pathologischer Entwicklung" angesehen werden können. Es kann sich in diesem Abschnitt lediglich darum handeln, eine Anzahl solcher Typen von Richtungsänderungen in der Entwicklung des Zentralnervensystems herauszustellen, um eine Abgrenzung „befundloser Idiotien" von Schwachsinnsformen mit begleitenden zentralnervösen Fehlbildungen zu ermöglichen. Im übrigen sei auf den Abschnitt „Entwicklungsstörungen des Zentralnervensystems" verwiesen.

1. Varietäten in der Wuchsform und Größe des Hirns in stets enger Beziehung zur Schädel - konfiguration (schädelhirnphysiognomische Merkmale) können individuell, konstitutionell, rassisch oder artefiziell (Hirndeformierung bei Liegekindern u. a. m.) bedingt sein. Bei manchen Extremvariationen in der Form (z. B. Turmschädel) überwiegt durchaus Normalsinnigkeit. Innerhalb der Extremvariationen des Gewichtes erscheinen die Träger hingegen zu einem hohen Prozentsatz schwachsinnig oder epileptisch (Megalencephalie, Mikrencephalie).

2. Varietäten in Windungsanlage und Furchenmuster (Primärfissuren, Sekundär- und Übergangswindungen u. a. m.) gehören mit zu den individuell gestaltungsreichsten Möglichkeiten innerhalb des Spielbereiches der Norm. Gerade hinsichtlich der Beurteilung von „Atypien" im Furchenmuster hat man im älteren Schrifttum unter dem Eindruck der Atavismenlehre die Vielgestaltigkeit normal möglicher Variationen weitgehend übersehen (z. B. „Affenfurche" als normale Variationsmöglichkeit).

3. Migrationsstörungen und Rindendysgenesien (Mikropolygyrie, Pachygyrie), Fehlanlagen also, die Windungscharakter und Rindenstruktur betreffen und teratologisch vor den 5. Fetalmonat zu terminieren sind, gehen in der Regel mit Idiotie, deutlicher Minderbegabung oder Epilepsie einher. Doch finden sich innerhalb der Norm hin und wieder (meist allerdings innerhalb kleiner umschriebener Bezirke) Störungen grundsätzlich gleichen Charakters (Spielmeyer, H. Jacob). Vor allem wird normalerweise gar nicht so selten die Entwicklung von Hirnwarzen beobachtet, deren Struktur mikropolygyren Charakter zeigt (H. Jacob). Von diesen etwa in 40% eines Durchschnittsmaterials auffindbaren Bildungen bis zu noch häufiger vorkommenden leichten Oberflächenerhebungen im Verein mit persistierenden Cajalschen Fetalzellen bestehen fließende Übergänge. Auch die von Schmincke als Gliawarzen beschriebenen Buckelbildungen der Molekularschicht mit Ansammlungen gliöser Zellhäufchen sind mitunter einmal innerhalb der Norm zu finden. In der Hirnwarzen- und Gliawarzenbildung, in umschriebenen kleinen Rindenfehlbildungen und schließlich in vereinzelten heterotopen Ganglienzellfunden, insbesondere subcortical, subependymal oder in Stammganglienähe wird man weit in der Norm verbreitete Extremvariationen erblicken dürfen. Nur ausgedehnte und gehäufte Fehlbildungen dieser Art zeigen Fehlanlagen von pathologischem Wert an und werden beim psychisch Gesunden kaum gefunden. Besonders prädestiniert für noch normal zu wertende Bildungen solcher Art sind jedoch Unterwurm und Flockenbereich des Kleinhirns, wenn auch Ähnliches in anderen Kleinhirnanteilen normalerweise hin und wieder beobachtet wird. Hier bedarf die Beurteilung besonderer Zurückhaltung.

4. Ebenfalls als normale Variationen zu betrachten sind häufig anzutreffen sind Unterbrechungen der Rindenstrukturierung durch nervenzellfreie Stellen („Lückenfelder"), atypische Gefäßzüge mit begleitenden Störungen der Cytoarchitektonik, Fehl- und Schieflagerung einzelner Ganglienzellen oder Aneinanderlagerung zu kleinen Gruppen. Darüber hinaus ist die Cytoarchitektonik von Rinde, Stammganglien, Hypothalamus, Hirnstamm und verlängertem Mark in der Areal- und Kernbegrenzung starken individuellen Variationen innerhalb normaler Spielbreite unterworfen (Grünthal).

5. Die auf Schließungsatypien oder -störungen des Neuralrohres zurückgehenden Variationen und Fehlbildungen reichen bekanntlich weit in das Feld des normalerweise Anzutreffenden. So unterliegt die Gestaltung des Ependymschlauches im Zentralkanal und Ventrikelbereich unter Bevorzugung bestimmter Gebiete zahlreichen Variationen (Ependymblindschläuche, Verklebungen, Gliakeilbildungen und -atypien, s. Scherer und Rohrbek, Stämmler, Ostertag). Nicht nur im Rückenmark, sondern auch im Bereich der Vierhügelplatte, des Kleinhirnwurmes, des Balkens bis zur Terminalplatte können sich normalerweise Relikte als Ausdruck unbedeutender Schließungsverzögerungen finden. Auch hier sind es die ausgeprägteren und tiefgreifenderen Verschlußstörungen, die den normalerweise häufiger anzutreffenden geringfügigen Schließungsanomalien und Extremvariationen im Schließungsvorgang des Neuralrohres gegenübergestellt werden müssen (Rachischisis, Meningomyelocelen, Syringomyelie, Arnold-Chiarische Mißbildung u. a. m.). Auf das Vorkommnis von Balkenmangel innerhalb gesunder Norm war bereits hingewiesen.

6. Atypien im Verlauf von Markfaserbündeln (Pickesches Bündel u. a.) , Atypien im Abgang von Hirnnerven und Rückenmarkswurzeln, sowie Varietäten im Verlauf peripherer Nerven finden sich in vielfältiger Ausprägung innerhalb des Normbereiches.

7. Entsprechendes gilt für die Variationen im Verlaufe und Anordnung der Hirngefäße.

Erst unter Berücksichtigung noch normal möglicher und häufig anzutreffender Variationen wird man entscheiden können, ob im Einzelfalle die Grenze von der Extremvariation nach der Fehlentwicklung von „pathologischer Wertigkeit" überschritten ist. *Es kann kein Zweifel sein, daß bei einem solchen Maßstab die Gruppe „befundlose Schwachsinnsformen" zahlenmäßig durchaus nicht sehr klein erscheint. Es wird ebenso einsichtig, daß die Zahl der befundlosen Fälle um so mehr wächst, je mehr sie die nach der einfachen Minderbegabung reichende klinische Personengruppe umgreift.*

Besondere Kennerschaft erfordert die Beurteilung anlagebedingter Zellarmut oder aber Zellreichtums in der Hirnrinde, geringfügiger Strukturabwegigkeiten im Schichtenaufbau oder mangelhafter Ausreifung von Ganglienzellen. Als einer der ersten hatte HAMMARBERG (1895) systematisch vergleichende Zählungen vorgenommen (12 Normalhirne, 8 Hirne mehr oder weniger tiefstehender Schwachsinniger, darunter 2 Mikrocephale). Später hatte NORMAN (1938) an einem Material von 54 Imbezillen- und Idiotenhirnen (in Kontrolle zu 39 Normalhirnen) das Erfahrungsgut erweitern können. Zwischen eindeutiger Zellminderung bis zu abnormem Reichtum dicht aneinanderstehender, oft mangelhaft differenzierter Ganglienzellen wechselten die Befunde innerhalb der Schwachsinnshirne individuell. Gehäuft fanden sich unregelmäßige Anordnungen (besonders in der supragranulären Schicht und in entwicklungsgeschichtlich jüngsten Teilen) und leichtere Strukturabweichungen. DODGSON (1951) beschrieb abnorme Horizontalschichtungen der Ganglienzellen im Supragranulärcortex. Die Beurteilung wird oft dadurch erschwert, daß die Befunde innerhalb der Areale wechseln können. Angesichts der erheblichen Variationsbreite in der individuellen Normalhistotektonik der Hirnrinde bedarf auch hier die Abgrenzung gegenüber „befundlosen Schwachsinnsformen" großer Sorgfalt (ASHBY und STEWART, BERRY und NORMAN 1933).

Es wird bei der Beurteilung „befundloser Idiotien" darüber hinaus darauf ankommen, neuropathologischen Prozessen, die erst im späteren Leben in Gang kommen, nachzuspüren. Bei Schwachsinn im Verein mit epileptischen Anfällen muß selbstverständlich alles das an Veränderungen sorgfältig geprüft werden, was Krampffolge darstellt (W. SCHOLZ). Gleiches gilt für zentralnervöse Sekundärschäden als Folge oder Begleiterscheinung bei Erkrankungen anderer Körperorgane (toxisch, infektiös oder vasal bedingte Cerebralschäden). Selbst bei Ausschluß derartiger Faktoren finden sich aber immer wieder einmal Auffälligkeiten an der gliösen Stützsubstanz in Form von diffusen oder herdförmigen Gliawucherungen, deren Genese nicht klar ersichtlich wird. Auch die anamnestische Eruierung in Richtung möglicher Intrauterinschäden kann ergebnislos verlaufen.

MEYER und COOK (1937) hatten in 22 Schwachsinnsfällen solche diffusen Gliosen der weißen Substanz konstatieren können. Allerdings lag in 7 Fällen davon geringer geistiger Defekt mit schweren angeborenen neurologischen Schäden und in 6 Fällen Mikrocephalie mit spastischer Paraplegie vor. In 2 weiteren Fällen bestand einfache Mikrocephalie, einmal Idiotie und 6mal mongoloide Idiotie. Ähnliches beschrieb FREEMAN (1927) (Literatur dort).

Künftige Forschungen über die Neuropathologie des Schwachsinns werden sich also auch um die Abgrenzung dieser Gruppen gegenüber den „befundlosen Idiotien" zu bemühen haben. In dieser Hinsicht müssen auch gewisse mit Stoffwechselanomalien einhergehende Schwachsinnsformen (z. B. die Phenylbrenztraubensäure-Oligophrenie) in Betracht gezogen werden. Auch hierbei finden sich nach ALVORD (1950) perivasale Gliosen, verbunden mit Fettablagerungen; in einem Falle diffuse Stäbchenzellgliosen. Solcherart Beobachtungen legen den Gedanken nahe, daß diffuse oder herdförmige Veränderungen an der Glia in Korrelation zu Stoffwechselstörungen stehen und möglicherweise erst allmählich und „sekundär" zur Progression kommen. Recht schwierig für die Beurteilung werden oft Beobachtungen, die sich klinisch als *Entwicklungsverzögerung, Spätentwicklung oder Stillstand auf früher Altersstufe* darstellen. Manche Beobachtungen sprechen dafür, daß den klinischen Phänomenen bei Entwicklungsverzögerung bzw. Spätentwicklung verlangsamte Reifungsprozesse der entsprechenden cerebralen Systeme zugrunde liegen können. Hierher gehören beispielsweise retardierte Myelinisierungen im optischen System bei der sog. scheinbaren Blindheit der Neugeborenen (graue Pseudoatrophie des Opticus nach Beauvieux 1947).

Nicht immer wird man im Vorliegen exogener Faktoren hinreichende Verursachung für geistigen Rückstand sehen können. Lange-Cosack (1939) hatte am Beispiel der Spätschicksale atrophischer Säuglinge darlegen können, daß die Pädatrophie gewissermaßen als „Anlagefänger" für Schwachsinnigkeit zu wirken scheint. Das gilt sicherlich allgemein für jene Gruppe exogen „ausgelöster" Schwachsinnsfälle mit hoher gleichsinniger Belastung. Gerade solche Beobachtungen lassen die Vielschichtigkeit des Problems erkennen.

Für eine andere Schwachsinnsgruppe ist unter klinischen Gesichtspunkten *Kurzlebigkeit und Vitalschwäche* kennzeichnend. Hiermit eng verknüpft ist die Frage nach dem Altern bzw. nach dem frühen Aufbrauch zentralnervöser Systeme (L. Edinger). Gewisse Wandlungen im gesamtpsychischen Bild mancher Schwachsinniger lassen an Entsprechungen zum psychischen Alterungsprozeß beim Normalsinnigen denken (s. auch S. 77 und Mongolismus, S. 82 u. 92). So wird man mitunter einmal erwägen müssen, ob die erwähnten Vorgänge an der Glia nicht mit einer solchen vorzeitigen Alterung unter fortschreitender zentraler Stoffwechselerschöpfung erklärt werden können. Auch insofern würden die Befunde an der Glia auf Vorgänge hinweisen, die sich erst im späteren Leben eingestellt haben, während der im übrigen unauffällige Befund berechtigt, den Fall „primär" in die Gruppe „befundlose Idiotien" zu weisen. *Man wird also bei dem Versuch einer Umgrenzung der Gruppe „befundloser Idiotien" diejenigen zentralnervösen Schäden zu eliminieren haben, die sich lediglich aus der* „**Verlaufspathologie**" *während des postnatalen Lebens erklären lassen.*

3. Angeborener erblicher Schwachsinn.

Im Vergleich zu dem ausgedehnten Schrifttum über Klinik und Genealogie des erblichen Schwachsinns hat das neuropathologische Gebiet des Erbschwachsinns relativ wenig Bearbeitung erfahren. Die mit Heredodegenerativerkrankungen oder zentralnervösen Speicherkrankheiten kombinierten Schwachsinnsformen stehen hier nicht zur Besprechung (s. die betreffenden Abschnitte 2. Teilband). Vielmehr betrifft die Erörterung ausschließlich familiäres und erbliches Vorkommnis von Schwachsinnsformen mit cerebralen Anlagestörungen (Hirnwuchsform, Hirngröße, Windungsrelief und Furchenmuster, histotektonische Besonderheiten, Sonderanlagen bestimmter Hirnteile u. a. m.). Andererseits gewinnen naturgemäß jene Formen „befundloser Idiotien" Interesse, bei denen sich familiäre Verbreitung oder Erblichkeit nachweisen lassen. Der Frage nach Familienähnlichkeiten in Schädelform, Schädelhirnphysiognomie und in der Eigenform des Hirns ist bisher nur von wenigen nachgegangen worden (Retzius 1896, Bolk 1910, Schreiner 1923, Spitzka 1904, Karplus 1907 und 1923, Hildén 1925, Siemens 1924, Martin 1928, Patzig 1937, Meyer 1937, Rössle 1940). Das liegt nicht zuletzt an der Seltenheit vergleichbaren Materialanfalls von Sippenzugehörigen. Bereits Retzius (1896) hatte auf „vererbbare Wachstumsenergien einzelner Hirnbezirke" hingewiesen. Hinsichtlich der Verwertbarkeit unreifer Gehirne für die Prüfung auf Erbähnlichkeiten in Form, Gestalt und insbesondere in der Furchenanlage stehen sich auch heute noch unterschiedliche

Auffassungen gegenüber (WALDEYER, KARPLUS, BOLK, RÖSSLE). Selbst bei eineiigen Zwillingen pflegen die Hirne einander niemals völlig zu gleichen. Der Grund hierfür liegt offensichtlich darin, daß sich im Menschenhirn das individuellste Organ des menschlichen Körpers darstellt. Hierin steht es in auffälligem Gegensatz zur Uniformität von beispielsweise Hunde- und Katzenhirnen, für die auffallende Familienähnlichkeiten als Regel gelten dürfen. Bereits beim Affen hingegen pflegen sich starke familiäre Differenzen und individuelle Varietäten einzustellen (KARPLUS, VON ECONOMO). Zudem steht das Menschenhirn im Reifungsprozeß wesentlich mit der Körpergröße in Beziehung, was bei der Beurteilung unterschiedlich großer eineiiger Feten beachtet werden muß (RÖSSLE, MEYER).

Trotz allem läßt sich aus den wenigen bisher vorliegenden Untersuchungen entnehmen, daß hin und wieder einmal beim Vergleich unreifer Hirne gewisse Familieneigentümlichkeiten deutlich werden (BOLK, RÖSSLE, PATZIG). Auch hemisphärengekreuzte Ähnlichkeiten (heterolaterale Homologien) sind beobachtet worden. Andererseits ist die Basis des auf erbliche und familiäre Merkmale untersuchten Sippenmaterials noch sehr schmal, so daß angesichts eines dauernden Nebeneinanders von konkordanten und diskordanten Bildungen (PATZIG) und der Überlagerung einer Vielzahl von Einheiten vorerst keine allgemeingültigen Schlüsse gezogen werden können. Man wird sich zunächst auf die vergleichende Sichtung von Einzelbeobachtungen beschränken müssen und damit einen Weg beschreiten, den vor allem RÖSSLE in seinen Untersuchungen „Zur Frage der Windungsbilder an Gehirnen von Blutsverwandten" und in seiner „pathologischen Anatomie der Familie" und PATZIG bereits eingeschlagen haben.

Aber auch hinsichtlich der Extremvariationen und schweren Fehlbildungen des Hirns liegen insgesamt noch sehr wenig Sippenfunde vor. Es war bereits darauf hingewiesen worden, daß cerebrale Fehlanlagen nur sehr lose mit der Intelligenzentwicklung gekoppelt sein können. Wir werden also erwarten müssen, daß der Erbgang beider Phänomene unterschiedlich und unabhängig voneinander verlaufen kann. Schon sehr lange bekannt sind Beobachtungen familiärer Mikro- und Makrocephalien bzw. Mikren- und Megalencephalien (HITZIG 1876). Geschwisterreihen mit Mikrencephalie wurden von PILCZ, DANNENBERGER, WATANABE und SCHOB mitgeteilt. RÖSSLE hatte bei Mutter und 3 Kindern (erweiterter Suicid) übereinstimmend unterdurchschnittliche Hirngewichte feststellen können. In einem von MANTESANO beobachteten Mikrencephaliefall waren Mutter und Schwester kleinköpfig gewesen. Ähnliches kommt bei abnormem Hirngroßwuchs zur Beobachtung. In der Megalencephalenfamilie, die von WALSEM und LEMAI beschrieben wurde, hatten 2 Brüder abnorm große Köpfe. FISCHER (1942) beschrieb ein eineiiges Zwillingspaar mit Megalencephalie, kombiniert mit älterer Meningitis, Ependymitis granularis und Hydrocephalus internus communicans (Hirngewicht 1750 g und 1730 g). Hierher gehören auch die von FRITZE (1919) und RÖSSLE (1940) beschriebenen vererblichen megalencephalen Extremvariationen.

29jähriger Soldat, Hirngewicht 1930 g, Mutter „starker Kopf"; Fall Stu. (1131): Vater 64jährig, Hirngewicht 1610 g, Sohn 24jährig, Hirngewicht 1630 g; oder: 2 Brüder mit 1476 g und 1816 g schweren Hirngewichten; schließlich der von W. MÜLLER sezierte Fall eines 51jährigen Megalencephalen mit 2072 g Hirngewicht, dessen 65jähriger Bruder ein 1421 g schweres Hirn bei 159 cm Körpergröße und dessen 79jährige Schwester einen ziemlich großen Schädel hatte.

Angesichts einer Beobachtung von SPITZKA (1904) an 3 hingerichteten Brüdern, deren Hirne übereinstimmend durch eine besondere Konfiguration in der Gegend der linken Interparietalfissur und im Bereich der beiderseitigen medialen

Hirnflächen (bei unterschiedlichem Hirngewicht) als offensichtlichem Familien-
merkmal auffielen, ist zu fragen, ob nicht — über normale Variationen hinaus —
schwere Anlagestörungen in der Windungsbildung und Rindenstruktur unter
Umständen einmal familiär beobachtet werden können. Hier liegt bisher nur
ein von mir beschriebenes Vorkommnis vor.

Aus einer gesunden, erblich nicht belasteten Elternschaft stammten ein weibliches mikrocephales Zwillingspaar und ein männliches Zwillingspaar, dessen einer Partner mikrocephal,
dessen anderer geistig gesund, normalen Schädelwuchs zeigte. Von den 3 schwachsinnigen
und epileptischen mikrencephalen Geschwistern konnten in 2 Fällen die Hirne untersucht
werden. Bei Mikrencephalie, insgesamt symmetrischem Windungsrelief und etwas einfacher
Furchenbildung zeigte das Insel-Putamengebiet in beiden Hemisphären beider Hirne Komplexe schwerster mikropolygyrer und heterotoper Fehlbildungen, die bis in die feineren
architektonischen Details einander ähnelten.

Man wird für diese Beobachtung zumindest annehmen dürfen, daß der Mißbildungskomplex auf dem Boden einer familiär-konstitutionellen Anlageschwäche
entstand. Unsere Kenntnisse über solcherart familiäre oder auch erbliche Vorkommnisse erweitern sich dann, wenn man die Beobachtungen familiärer oder
erblicher Hirngeschwülste und Dysplasien unter der Erwägung heranzieht, daß
hierbei wesentlich anlagebedingte Faktoren eine Rolle spielen können. Es sei
in diesem Zusammenhang lediglich auf die Beobachtungen von BENDER und
PANSE (1932), HALLERVORDEN (1935), OSTERTAG (1939) und KOCH (1949) hingewiesen. Kürzlich hat UNTERBERG (1951) aus dem OSTERTAGschen Institut
auf das Vorkommnis von Fehlanlagen und Cystenbildungen mit blastomatösem
Einschlag bei einer 23jährigen Mutter und ihrem neugeborenen Kind und in
einem anderem Falle bei Mutter und Sohn aufmerksam gemacht. Bemerkenswert
ist auch eine Beobachtung von WEIL. Der 7jährige Megalencephale mit neo-
plasmatischer Entartung in Kleinhirn und Hirnstamm (Glioblastomatose) hatte
einen Bruder mit Schädelmaßen an der oberen Grenze der Norm.

Schließlich sind in diesem Zusammenhang die Untersuchungen von C. und
O. VOGT zu nennen, die familiär auftretende Minderentwicklungen innerhalb des
Linsenkernbereiches histoanatomisch konstatieren konnten. Sicherlich bedarf es
bei der Beurteilung solcher familiärer Hypoplasien bestimmter Hirnbezirke und
„innerer Disharmonien" innerhalb der Beziehungen einzelner Hirngebiete zueinander sehr großer Erfahrung. Gleiches gilt zweifellos für die vergleichende Abschätzung von Größenverhältnissen der Ganglienzellen. Es wird darauf ankommen müssen, die bisher vorliegenden Ergebnisse durch Erweiterung der
Erfahrungsbasis und unter Berücksichtigung individueller Variationsmöglichkeiten abzustützen.

Das Problem des angeborenen erblichen Schwachsinns wird unter hirn-
morphologischen Gesichtspunkten nur dann klarer erfaßt und durchdrungen
werden können, wenn man auf der einen Seite die oft nur lose Koppelung der
Hirnanlagestörungen mit dem klinisch psychiatrischen Bild nicht aus dem Auge
verliert und von vornherein auf unterschiedliche Erbeinheiten seitens der morphologischen und seitens der psychischen Fehlanlage achtet. Zum anderen wird
das Studium erblicher Anlagestörungen des Hirns sich eine breite Ausgangsbasis
schaffen müssen, die nach der Erforschung erblicher Variationen in der Hirn-
struktur Normalsinniger, überhaupt nach der Erfassung der Spielbreite normal
möglicher Variationen ausgerichtet ist und diejenigen erblichen Anlagestörungen
mitumfaßt, die bei Nichtschwachsinnigen, beispielsweise bei vorwiegend neurologischen Erkrankungen (Heredodegenerationen, Gruppe der Dysraphien u. a. m.)
zur Beobachtung kommen. Gerade unter den Heredodegenerativerkrankungen
haben in jüngster Zeit jene Vorkommnisse besondere Beachtung gefunden, bei

denen eine Koppelung an angeborene Minderbegabung oder Schwachsinnigkeit offensichtlich wird. Hierbei wiederum wir entscheidend, inwieweit beispielsweise in der Gruppe der spino-ponto-olivo-cerebellaren Degenerativerkrankungen Schwachsinnigkeit lediglich als klinisches Phänomen mit gesondertem Erbgang hinzutritt oder ob sich zusätzlich „anatomische Substrate" (Degenerativprozesse) im Bereich des Großhirns aufdecken lassen.

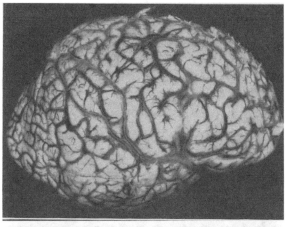

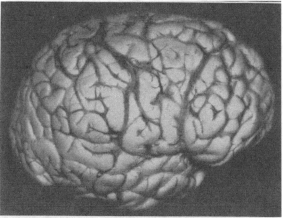

Abb. 1. Megalencephale Extremvariation bei einem 28jährigen Normalsinnigen (1600 g) (oben). Megalencephale Idiotie bei $9^{1}/_{2}$ jährigen (1510 g). Relativ einfaches Furchenmuster, relativ kurze, stumpfe Frontallappen (unten).

4. Megalencephalie und angeborener Schwachsinn.

Anlagemäßig überdurchschnittlich große und schwere Hirne im Sinne der Megalencephalie (FLETSCHER 1900)] haben unter sehr vielfältigen Gesichtspunkten ein besonderes Interesse gefunden. Bereits im älteren Schrifttum war bekannt, daß der angeborene Hirngroßwuchs — wenn auch entschieden häufiger bei psychisch Abnormen — durchaus hin und wieder einmal innerhalb des Grenzbereichs normaler Variationen angetroffen wird (VIRCHOW 1875, TSINIMAKIS 1902). Für die Beurteilung entscheidend werden die jeweils recht unterschiedlichen histotektonischen Anlagen und neuropathologischen Prozesse. Das war bereits von ROKITANSKY (1856) und VIRCHOW (1857) erkannt worden. Unter deskriptiven Gesichtspunkten wird man auch heute noch der von VIRCHOW (1857) vorgeschlagenen Sonderung — allerdings unter gewissen Vorbehalten —

folgen können. Danach sind jene selteneren Megalencephalien, die sich durch Zunahme aller die Hirnsubstanz konstituierenden Elemente kennzeichnen, von anderen zu trennen, die wesentlich auf eine quantitativ oder qualitativ abnorme Anlage der Glia („interstitielle Hyperplasie mit Vermehrung der gliösen Zwischensubstanz") hinzuweisen scheinen. Im französischen Schrifttum pflegt man (Calmeil) die „hypertrophies cerebrales simplies par hypernutrition" den „processus hypertrophiques pathologiques" gegenüberzustellen. Eine Charakteri-

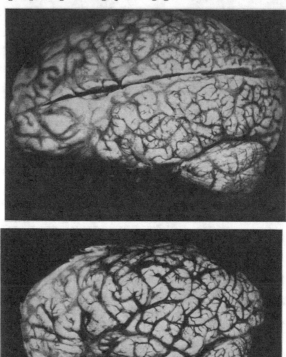

Abb. 2. Megalencephalie bei normalsinniger 14jähriger (2200 g). Tod an Lungentuberkulose (84/51) (oben) Vergleichsfall mit normalem Durchschnittsgewicht.

sierung der ersten Gruppe als „Makrencephalie physiologischer Natur" (reine Hirnhypertrophie nach Tsinimakis 1902) gegenüber den „Hyperplasien pathologischer Art" erscheint in doppelter Hinsicht nicht ganz treffend. Wie die Beobachtungen von Peter und Schlüter und eigene Fälle zeigen, können „reine Hirnhypertrophien" bei „megalencephalem Schwachsinn" und andererseits Normalsinnigkeit bei Hirnhyperplasie mit interstitieller Gliavermehrung gefunden werden. *Andererseits bleibt sehr zu fragen, inwieweit es sich bei der interstitiellen Gliavermehrung um pathologische Produktionen im Rahmen der cerebralen Fehlanlage handelt, oder ob die Gliaproliferationen erst im postnatalen Leben zur Entwicklung gekommen sind.* Auf die sich hieraus ergebenden und für eine Anzahl anderer Hirnfehlbildungen (Mikrencephalie, mongoloide Hirne u. a. m.) ebenfalls zu erörternden Fragen wird später einzugehen sein. Schließlich wird man bei dem Versuch einer Rubrizierung nach Typen megalencephaler Fehlentwicklung

(C. DE LANGE hat zuletzt ein Klassifikationsschema nach allerdings sehr heterogenen Gesichtspunkten entwickelt) bedenken müssen, daß — bereits makroskopisch erkennbar — insbesondere histotektonisch und neuropathologisch recht unterschiedliche Befunde innerhalb der einzelnen Hirnbezirke gefaßt werden können. PETER hatte als erster auf die Häufigkeit „innerer Disharmonien" bei Megalencephalie hingewiesen. Schwierig wird auch die Abgrenzung gegenüber jenen „pseudohypertrophischen Zuständen" (MARBURG 1906), wie sie etwa bei primären diffusen Gliombildungen beobachtet werden können. MARBURG und WEIL hatten darauf hingewiesen, daß anlagebedingte reine Hirnhypertrophie, interstitielle Hyperplasien und echte Neubildung wechselnd miteinander kombiniert sein können. Andersartige Entwicklungsrichtungen werden dann faßbar, wenn sich Megalencephalien mit schweren Rindenfehlbildungen kombinieren, ein offenbar sehr seltenes Vorkommnis (H. JACOB). Schließlich ergeben sich an manchen Beobachtungen

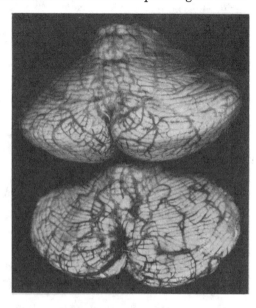

Abb 3. Megacerebellum (oben) im Vergleich zu normalgewichtigem Kleinhirn (gleicher Fall wie Abb. 4).

Dysgenesien (Gliawarzen), wie sie bei andersartigen dysontogenetischen Prozessen (tuberöse Sklerose, RECKLINGHAUSENsche Krankheit) angetroffen werden (SCHMINCKE, HALLERVORDEN). Auch die seltene Kombination von Akromegalie mit Hirnhypertrophie gehört in den für das Gesamtproblem der Megalencephalie sehr wesentlich werdenden Grenzbereich (VOLLAND 1910, KLEBS-FRITSCHE 1884, HOLSTI 1892, DANA 1893, HALLERVORDEN 1925, ATKINSON 1932).

Unter Berücksichtigung der Körpergröße und Gesamtkonstitution wird man für den Er-

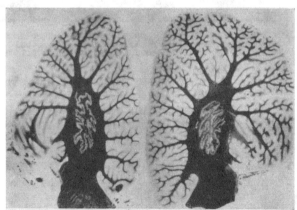

Abb. 4. Sagittalschnitt durch Megacerebellum und normales Kleinhirn.

wachsenen im allgemeinen die Grenze der normalen Variationsbreite mit etwa 1450 g für den Mann, 1360 g für die Frau einschätzen dürfen, so daß Hirngewichte zumindest über 1400—1500 g als megalencephale Extremvariationen oder Fehlbildungen anzusehen sind.

Es sei in diesem Zusammenhang auf die von A. JAKOB, WEYGANDT, VOLLAND, SCHOB tabellarisch wiedergegebenen Hirngewichtszahlen megalencephaler Normalsinniger und

Schwachsinniger hingewiesen. Es folgen lediglich die Zahlen aus eigenem Material von
10 Beobachtungen:

Ra. (259/24)   3jährig 1770 g, Idiotie
Beh. (113/26) 6 „   1540 g, Kopfumfang 51 cm, Körpergröße 118 cm, *normale*
                                       Entwicklung
Gü. (51/35)   8 „   1600 g, Kopfumfang 59 cm, Epilepsie und Idiotie
Ni. (129a/42) 9 „   1420 g, Idiotie, sporadische Krampfanfälle
Da. (127a/42) 9½ „   1510 g, Idiotie
Ke. (84a/51)   14 „   2200 g, *normalsinnig*
Iv. (64/21)   17 „   1730 g, Epilepsie und Idiotie
Wi. (95/25)   22 „   1471 g, Körpergröße 155 cm, Idiotie
Ber. (144/17) 48 „   1715 g, Kopfumfang 61 cm, Körpergröße 162 cm, Idiotie
Re. (160/17)   62 „   2040 g, Kopfumfang 61 cm, Psychose bei Schwachsinn.

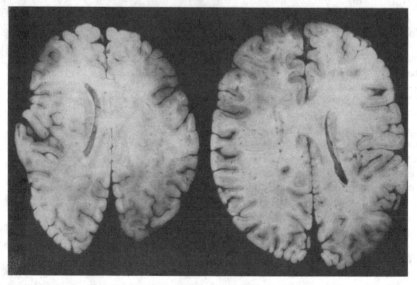

Abb. 5. Etwa in gleicher Ebene liegende Horizontalschnitte durch die Großhirnhemisphären bei Megalencephalie
(rechts) und normal. „Innere Disharmonie" zwischen Mark- und Rindensubstanz zugunsten der mächtig
entwickelten Marklager (gleicher Fall wie Abb. 2).

Gewisse Merkmale lassen bereits klinisch das Vorliegen einer Megalencephalie
aus der Schädelphysiognomie vermuten. Im Gegensatz zur Hydrocephalie fehlt
in der Regel die relative Unterentwicklung des Gesichts und das Hervortreten
der Augen. Die Stirn ist meist breit, rund und hochgewölbt. Der Kopf ist nicht
so kugelig aufgeblasen wie bei Hydrocephalie. Nicht immer liegt Mesokranie
vor, wie Kastein meint. Rössle beschrieb bei einem 64jährigen mit einem
Hirngewicht von 1610 g Hyperbrachykranie. Da mitunter Megalencephalie im
Verein mit absoluter und relativer Ventrikelerweiterung beobachtet wird (Anton,
Volland, Hallervorden-Fischer) ist der encephalographische Befund differentialdiagnostisch nicht immer entscheidend. Auch die Dicke der knöchernen
Schädelkapsel kann individuell erheblich variieren.

Auffallend dünne Kalottenwände fanden Virchow, Anton, Höstermann, von Hansemann, Peter und Schlüter; dicke und schwere Schädelkalotten wurden von Volland
Peter u. a. beschrieben.

Entsprechend der unterschiedlichen Schädelkonfiguration wird zwar in der
Regel Mesencephalie, andererseits aber auch Brachyencephalie beobachtet.
Außerordentlich variabel erscheinen die Gewichts- und Größenrelationen zwischen
Groß- und Kleinhirn. Neben relativer und sogar absoluter Untergewichtigkeit

des Kleinhirns (PETER 1928) und entsprechendem Überhang der Occipitallappen ist relative und absolute Übergewichtigkeit beschrieben worden (VOLLAND,
PETER und SCHLÜTER) (Abb. 3 und 4). Man wird annehmen dürfen, daß mit

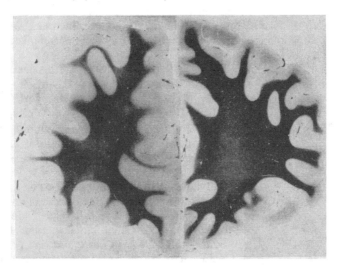

Abb. 6. Frontalschnitt durch ein megalencephales (links) und normal entwickeltes (rechts) Hirn. „Innere
Disharmonie" zwischen relativ gering entwickelter weißer und erheblich verbreiterter grauer Rindensubstanz.

der jeweils unterschiedlichen Größenentwicklung des Kleinhirns entsprechende
Bauunterschiede an der knöchernen Schädelbasis einhergehen. Auch im Hinblick
auf andere *schädelhirnkorrelierte Merkmale* finden sich nicht selten besondere

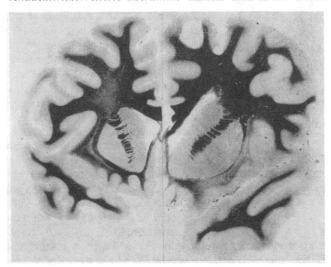

Abb. 7. Frontalschnitte wie oben (megalencephal rechts, normal links); siehe vor allem die erhebliche
Massenentwicklung von Caudatum-Putamen-Claustrum.

Auffälligkeiten. So wurden mitunter Dislozierungen der Temporallappen medialwärts (Krabbenscherenform), mangelhafte Opercularisierungsvorgänge im Bereich
der SYLVIIschen Grube (freiliegende Insel) oder auffallend spitzwinkliger Abgang
der Nervi optici (normalerweise stumpfer Abgangswinkel) beschrieben (Abb. 8).

In der Verkleinerung des Abgangswinkels zwischen Hirnstamm- und Großhirnachse (90—100° statt 110—120°) wird man ebenfalls schädelhirnkorrelierte Besonderheiten sehen dürfen. Sicherlich werden auch in der Norm gewisse individuelle Unterschiede in den Stammwinkelmaßen faßbar; insbesondere bei Brachycephalie werden zumeist kleinere Stammwinkel gemessen (ARIEN KAPPERS). Doch bleibt die Häufung kleiner Stammwinkel beim Meso-Megalencephalen bemerkenswert (Abb. 8).

Hinsichtlich der *Eigenform des Gehirns* (H. JACOB 1950) werden besondere Eigentümlichkeiten innerhalb einer sehr weiten individuellen Spielbreite beobachtet.

Sowohl normaler Windungsentwurf mit unauffälliger Windungskonfiguration (WEIL), wie relativ oder absolut verbreiterte oder plumpe Windungsbildungen (PETER, FERRARO und BARRERA) wurden beschrieben (Abb. 1, 2, 5). Das Furchenmuster ist in der Regel unauffällig. KASTEIN weist darauf hin, daß die SYLVIIsche Furche mitunter auffällig weit occipitalwärts reicht. Der Balken kann sowohl dem Hirnwuchs entsprechen, als relativ oder absolut zu kurz bzw. zu schmal angelegt sein (PETER und SCHLÜTER). Auch in bezug auf das Verhältnis von weißer und grauer Substanz ergeben sich fallweise erhebliche Unterschiede. PETER und KASTEIN unterschieden jene Beobachtungen, in denen bei relativ schmaler Hirnrinde das Markweiß auffallend mächtig entwickelt war, von anderen Fällen mit breiter Rinde und girlandenförmig tiefreichenden Windungszügen bei relativ minderer Entwicklung der weißen Substanz (Abb. 5, 6, 7). Inkonstant und individuell wechselnd können sich „innere Disharmonien" auch in den Größenverhältnissen von Thalamus, Hypothalamus und insbesondere auch Mamillarkörpern nachweisen lassen. Von KASTEIN wurden Fehlentwicklungen des corticalen und subcorticalen Riechsystems beschrieben. Das Rückenmark kann nicht nur absolut, sondern auch relativ überentwickelt sein. In einem von KASTEIN mitgeteilten Falle betrugen die Gewichtsverhältnisse Gehirn-Rückenmark 36:1 (50:1 normalerweise).

Abb. 8. Spitzwinkliger Abgang der Nervi optici, kleiner Hirnstammwinkel, relative Minderentwicklung der Mamillarkörper bei Megalencephalie.

Das Ventrikelsystem kann mit der Gesamtgrößenentwicklung Schritt halten, doch können sich andererseits absolut und relativ überweite Ventrikel finden (ANTON, VOLLAND, HALLERVORDEN-FISCHER). VOLLAND hatte auf relative und absolute Vergrößerung der Spinalwurzeln und SCHMINCKE auf eine solche der Nervenstämme an der Hirnbasis hingewiesen.

Die Cytoarchitektonik in Groß- und Kleinhirnrinde erscheint sicherlich in manchen Fällen nicht besonders auffällig (Abb. 4). Jedenfalls pflegt die Stratifikation in der Regel in den Grundzügen normal angelegt zu sein. Bei sorgfältigem Vergleich der einzelnen Regionen lassen sich jedoch oft gewisse Abwegigkeiten und Fehldifferenzierungen fassen. In der Molekularschicht des Großhirns werden (gegenüber der Spielbreite normaler Variationen sicherlich häufiger) CAJALsche Fetalzellen vereinzelt oder in Gruppen gefunden. Ähnliches gilt für heterotope Ganglienzellverlagerungen insbesondere innerhalb der subcorticalen Marksubstanz. Mitunter erscheinen allerdings die Rindenschichten wenig scharf voneinander getrennt (Abb. 9, 10 und 11). Die Grenze zwischen Molekularschicht und 2. Rindenschicht kann eigentümlich girlandenförmig verlaufen (Abb. 10). VOLLAND hatte frontal, parazentral und occipital ein Überwiegen der Ganglienzellen vom Körnertyp feststellen können (Abb. 9 und 11). Man wird muten dürfen, daß es sich dabei um ein Festhalten früher Entwicklungsstufen während der Ausreifung der Rindenstruktur handelt (granuläres Stadium; BRODMANN, V. ECONOMO, BECK). Ausgeprägtere Dysgenesien im Ammonshornbereich

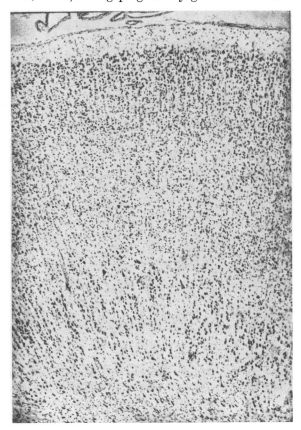

Abb. 9. Verwaschene Stratifikation, reichlich Ganglienzellen vom Körnertyp bei Megalencephalie.

(Anhäufungen unreifer Ganglienzellen) wurden von KASTEIN beobachtet. Die Zelldichte der Hirnrinde kann der Hirnvergrößerung und Rindenverbreiterung entsprechen. Mitunter aber fällt doch eine gleichmäßige relative Minderung der Zellzahl deutlich auf. Dabei liegen die Zellen abnorm weit auseinander. Hinsichtlich der Zellgröße wechseln die Befunde selbst innerhalb des Einzelfalles. Neben Größenverhältnissen, die dem Normalhirn entsprechen — also relativ zu kleinen Zellelementen — finden sich solche, die der Größe proportioniert erscheinen (Abb. 12 und 13). Einzeln oder in Gruppen können Riesenganglienzellen vom Format der BETZschen Zellen angetroffen werden. Durch einen solchen Wechsel in Größe und Zahl von Areal zu Areal gewinnt die Gesamtstruktur mitunter einen recht uneinheitlichen Eindruck. Hinzu kommen die gegenüber der Norm sicherlich häufiger anzutreffenden Schief- und Fehllagerungen von Einzelelementen (Abb. 13). Auch in der Myeloarchitektonik können

sowohl einigermaßen normal anmutende Verhältnisse getroffen werden, als auch
eindeutige Fehlanlagen, die sich auf eine wechselnde Minderung der Tangentialfasern und des radiären Flechtwerkes zu beschränken pflegen. Besonders häufig
finden sich Anlagestörungen innerhalb der Kleinhirnrinde. Auch hier werden
sowohl Minderungen als offensichtliche Vermehrungen der Purkinje-Zellen
beschrieben. Nicht selten sind die Purkinje-Zellen vergrößert, atypisch gestaltet
mit Einschnürungen des Zelleibes, Kernteilungsvorgängen und Doppelkernigkeit
(Peter). Atypische Formen vom Typ der Großhirnganglienzellen wurden beobachtet. Dystopien in Richtung Molekular- oder Körnerschicht finden sich nicht

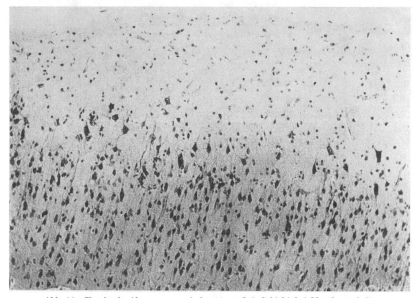

Abb. 10. Unscharfe Abgrenzung zwischen 1. und 2. Schicht bei Megalencephalie.

allzu selten. Auch Heterotopien im subcorticalen Mark können vorliegen. Besonders bemerkenswert sind die Beobachtungen von Weil, Ferraro und Barrera
und Kastein, in denen nicht nur eine Persistenz der äußeren Körnerschichten
mit Verbindungsbrücken zwischen beiden Körnerschichten zu konstatieren war,
sondern darüber hinaus Atypien, wie man sie bei mikropolygyrer Rindenfehl-
bildung anzutreffen pflegt. Mehrschichtiger Aufbau der Purkinje-Zellagen,
Körnerzellbrücken zwischen äußerer und innerer Körnerschicht und Unreife der
Zellelemente mit Entwicklungsstadien in Richtung nervöser oder gliöser Elemente
kennzeichnen diese Beobachtungen. Auch im Mark lagen perivasale Inseln nicht
ausdifferenzierter Elemente. Derartige über den ganzen Kleinhirnmantel ausgebreitete Fehlbildungen heben sich zweifellos von den normalerweise in Kleinhirnwurm und -flocke nicht selten anzutreffenden Heterotopien ab. Man wird
in den Befunden von Weil und Kastein tiefgreifende Entwicklungsstörungen
der Kleinhirnrinde mit fließendem Übergang zur Mikropolygyrie sehen dürfen.
Unter diesem Gesichtspunkt ist eine eigene früher publizierte Beobachtung von
generalisierter Mikropolygyrie des Groß- und Kleinhirns bei Megalencephalie
bemerkenswert (25jähriger epileptischer Idiot, Gehirngewicht 1600 g, Schädelumfang als 8jähriger 59 cm) (Abb. 14).

Besonders auffällig sind in der Mehrzahl der Fälle die *Vorgänge an der Glia.*
Sowohl eindeutige Vermehrungen, auffällige Darstellbarkeit des Protoplasmas,

gewisse Vergrößerungen der Gliaelemente, als auch charakteristische Lagerungen in Gruppen frei, perigangliocellulär (Trabantzellgliose) oder in dichten Reihen perivasal wurden häufig gefunden. Dabei kann die Vermehrung erheblich, Einzelelemente mit hypertrophen und hyperplastischen Zügen deutlich erkennbar sein. Insbesondere KASTEIN macht auf erhebliche zellige Rindengliosen in seinen Fällen aufmerksam. SCHMINCKE und HALLERVORDEN beobachteten „Gliawarzen" in der Molekularschicht. Es handelt sich dabei um warzige Erhebungen

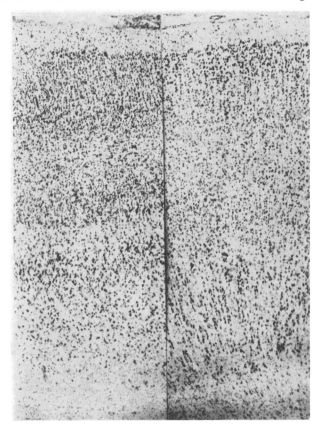

Abb. 11. Area striata bei Megalencephalie (rechts) im Vergleich zu normalen Größen- und Schichtverhältnissen.

über die Oberfläche zufolge dichter gliöszelliger Ansammlungen, die in gewisser Hinsicht an Ependymwarzen erinnern, zum anderen an ähnliche Bildungen bei tuberöser Sklerose. Mitunter finden sich innerhalb solcher Warzen Ansammlungen fetaler Zellelemente. Zweifellos liegen Beziehungen zu jenen Störungen vor, die von BUNDSCHUH, BIELSCHOWSKY und H. JACOB als Hirnwarzen beschrieben wurden. Es handelt sich dabei um Fehlentwicklungen, die weit in dem Grenzbereich normaler Variationsbreite beobachtet werden können. VOLLAND beschreibt erhebliche Verdichtungen des Gliafasersaumes in der Molekularschicht (CHASLINsche Randgliose).

Die histotektonischen Störungen und Dysgenesien von Ganglienzellen und Glia gewinnen für die Megalencephalie dadurch eine besondere Bedeutung, daß sich — wenn auch nicht in allzu häufigen Fällen — auf dem Boden solcher Fehlanlagen echtes neoplastisches Wachstum entwickeln kann. MARBURG (1906) und Weil (1933) hatten auf Beobachtungen von anlagebedingter Megalencephalie mit schweren Dysgenesien in Kleinhirn, Brücke und verlängertem Mark hingewiesen, wobei es im Verlaufe postnatalen Lebens (bei anfänglich ungestörter geistiger und gesamtkörperlicher Entwicklung) zu neoplastischem Wachstum gekommen war.

Besonders eindrucksvoll ist die Beobachtung eines 7jährigen mit einem Hirngewicht von 1856 g, dessen 12jähriger normal entwickelter Bruder einen Schädelumfang an der

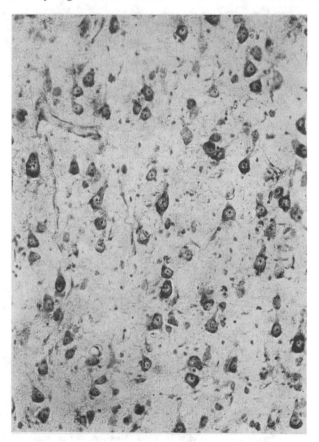

Abb. 12. Absolute und relative Ganglienzellvergrößerung bei Megalencephalie.

oberen Grenze der Norm zeigte. Der Patient hatte sich bis zum 6. Lebensjahr geistig und körperlich normal entwickelt. Erst ein halbes Jahr vor dem Tode hatte sich der cerebralorganische Prozeß klinisch manifestiert. Man wird mit Weil annehmen dürfen, daß innerhalb dieser Zeit die interstitielle Hypertrophie der gliösen Elemente hyperplastisch konvertierte.

Von hier aus ergeben sich zweifellos Beziehungen zu manchen Beobachtungen aus der Gruppe der diffusen Hamartome des Kleinhirns, wie sie beispielsweise als Ganglioneurome oder als „dégénérescence hypertrophique singulière" von Schmidt (Hallervorden) (1926), Bielschowsky und Simons (1930), Alajouanine und Bertrand (1951/52) u. a. beschrieben wurden.

Solche bemerkenswerten Beobachtungen von Megalencephalie und konvertierenden Kleinhirn-Hirnstamm-Dysgenesien gewinnen in mehrfacher Richtung besonderes Interesse. Man wird sie einerseits jenen cerebellaren Dysgenesien

zur Seite stellen dürfen, wie sie in der Gruppe der ARNOLD-CHIARIschen Entwicklungsstörungen beobachtet werden. Auch hierbei finden sich fließende
Übergänge einfacher Dysgenesien (Mikropolygyrien, Heterotopien im Kleinhirn,
Dysraphismen in Hirnstamm und Rückenmark) zu schweren Dysplasien und
Hyperplasien (H. JACOB). Doch kommt es hierbei frühzeitig zum Exitus infolge
von konsekutiven Verschlußhydrocephalien des Großhirns. Andererseits ist für
die nicht allzu seltenen Beobachtungen von Gangliocytomen oder -blastomen

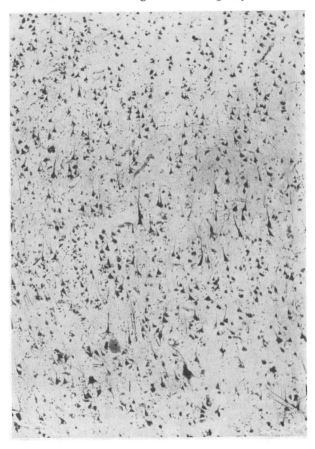

Abb. 13. Relativ und absolut vergrößerte Ganglienzellen mit Schieflagerung und Fehllagerung
bei Megalencephalie.

des Kleinhirns das innige Beieinander primärer Dysgenesien mit Konversion
zu blastomatösem Wachstum charakteristisch. Bei einem solchen Vergleich
scheint die Besonderheit der Fälle von MARBURG und WEIL nicht nur in den
schweren Dysgenesien im Kleinhirn-Hirnstamm-Bereich zu liegen, sondern darüber hinaus in der „inneren Disharmonie" der Wachstumsbeziehungen zwischen
Groß- und Kleinhirn. Besonders eindrucksvoll stellen sich die inneren Disharmonien in den Beobachtungen von halbseitiger bzw. partieller Megalencephalie
dar (HALLERVORDEN 1923—1925, RUGEL 1946, WARD und LERNER 1947).

Die so vielgestaltigen Befunde bei Megalencephalie sind in genetischer Hinsicht wenig geklärt. Formalgenetisch weist nicht nur das oft unproportionierte
Wachstum, sondern auch das Gesamt der — wenn auch mitunter geringfügigen —

Dysgenesien und Dysplasien auf anlagebedingte Momente. Dafür sprechen auch die mehrfach mitgeteilten Geschwisterfälle (v. Walsem und Lemai, Fritze, Fischer, Rössle, Weil) und das Vorkommen bei Eltern und Kindern (Rössle) (s. auch S. 63). Schwieriger ist die Frage nach der Verursachung der angeborenen Störung (primäres pathologisches Moment) und nach der teratologischen Terminationsperiode zu beantworten. Tierexperimentelle Erfahrungen der jüngsten Zeit und die Analyse einer ganzen Anzahl verschiedener Formen menschlicher Hirnfehlbildungen lassen berechtigt vermuten, daß zumindest ein Teil angeborener

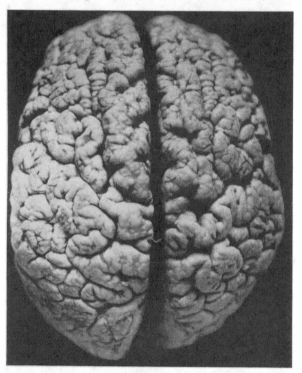

Abb. 14. Megalencephalie (1600 g) mit generalisierter Mikropolygyrie von Groß- und Kleinhirn bei 25jährigem epileptischem Idioten (Schädelumfang im 8. Lebensjahr 59 cm) (Gü. 51/35).

cerebraler Entwicklungsstörungen auf intrauterin erfolgte Einwirkungen unterschiedlichster Art zurückgeführt werden kann (Röntgen- und Radiumschäden, Intoxikationen, Erschöpfungszustände, Sauerstoffmangelzustände, Infektionen, z. B. Rubeolenencephalopathie, Toxoplasmose und andere mehr). In diesem Zusammenhang bedürfen die vielfach beobachteten und sehr unterschiedlichen Kombinationen von Megalencephalie mit Anlagestörungen oder später in Gang kommenden pathologischen Prozessen innerhalb anderer Körperorgane der Beachtung. Man wird sich auch heute noch vorerst damit begnügen müssen, das bisher Beobachtete zu registrieren.

Virchow (1857) und Höstermann (1876) machten auf Hypo- und Aplasien der Schilddrüsen aufmerksam. Rokitansky, Virchow, Anton, Fritsche-Klebs und Volland konstatierten persistierendes Thymusgewebe. Von Hansemann, Anton, de Lange, Kastein und Weil beschrieben cystische Degenerationen oder Blutungen im Mark, Atrophien oder Hypoplasien der Rinde der Nebennieren. Marburg fand in einem Falle adenomatös verändertes Zirbelgewebe. Schmincke beobachtete Zunahme der Eosinophilen, in einem anderen Falle mangelhaftes Zusammenwachsen der Hypophysenlappen. Hypoplasien von Herz, Aorta, Nieren und Mesenterialdrüsen wurden von Kastein beschrieben. Anton weist auf

Pigmentanomalien der Hautdecken hin, desgleichen FISCHER. Nicht selten wurden Teleangiektasien und Angiombildungen konstatiert (VOLLAND, HALLERVORDEN, RUGEL). Besonders bemerkenswert ist die Kombination von Megalencephalie mit Akromegalie (VOLLAND, KLEBS-FRITSCHE, DANA, SCHMINCKE) oder Hemimegalencephalie mit halbseitigem Riesenwuchs (SCHMIDT-HALLERVORDEN).

Nicht nur für die so unterschiedlichen Fehlanlagen des Zentralnervensystems, sondern auch für die Veränderungen an den übrigen Körperorganen wird der Nachweis zeitlich übereinstimmender teratologischer Terminationsperioden nicht möglich. Offenbar folgen die Störungsmechanismen zu recht unterschiedlichen Zeiten aufeinander. Die so wechselnde Kombination mit Schäden an übrigen Körperorganen erscheint zudem nicht nur für die Megalencephalie, sondern für einen Großteil andersartiger cerebraler Fehlbildungen charakteristisch. Die Beurteilung wird um so schwieriger, als die maßgeblichen Wachstumsschübe des megalencephalen Hirns nach dem bisher Vorliegenden individuell recht unterschiedlich zu terminieren sind. Während in manchen Fällen bereits bei der Geburt abnormer Schädelumfang vorlag, wird in anderen Beobachtungen (SCHMINCKE, APLEY und SYMONS) abnormes Schädelwachstum erst postnatal deutlich. So lassen bereits die cerebralen Anlagestörungen erkennen, daß die Deutung des pathologischen Geschehens wesentlich von der Beachtung der Aufeinanderfolge verschieden zu terminierender Störungen abhängt. Das gilt aber in besonderem Maße für die Beurteilung der Vorgänge an der Glia. Mit guten Gründen hatten SCHMINCKE und später vor allem französische Autoren versucht, die gliösen Hypertrophien mit Störungen im nutritiven Apparat des Zentralnervensystems in Zusammenhang zu bringen. Bekanntlich kommt der Glia eine besondere Bedeutung für den Hirneigenstoffwechsel zu. Soweit ich sehe, ist jedoch der Frage, ob und inwieweit im Verlaufe postnatalen Lebens die Progression gliöser Elemente anhält, zunimmt oder ob die gliösen Prozesse überhaupt erst postnatal einsetzen, noch nicht nachgegangen worden. Hiermit ist aber ein grundsätzliches Problem angeschnitten, das auch für andere Anlagestörungen des Zentralnervensystems Bedeutung gewinnt (Mongolismus, mikroencephale Idiotie, andere Idiotieformen, die wesentlich auf Fehlanlagen des Zentralnervensystems zurückgehen). Für diese Schwachsinnsformen und für die meisten Fälle von megalencephaler Idiotie scheint klinisch charakteristisch, daß die Lebenserwartung weit unter derjenigen der Norm liegt. Wenn auch nicht die hohe Anfälligkeit gegenüber Infekten und die sich darin ausdrückende Vitalschwäche als einer der Gründe für die Kurzlebigkeit übersehen werden darf, so ist doch andererseits die Erfahrung ebenso bemerkenswert, daß in einem hohen Prozentsatz mit früher Sterblichkeit der Exitus nicht selten gewissermaßen unvermittelt und ohne recht erkennbare Ursache eintritt. Es ist durchaus zu fragen, ob hierfür nicht gerade eine vorzeitige Erschöpfung des Hirneigenstoffwechsels verantwortlich gemacht werden kann. In den gliösen Proliferationen wären dann frustrane Versuche der Aufrechterhaltung zu sehen. Von hier aus gewinnt auch die gelegentliche Entwicklung von ALZHEIMERscher Glia in der bereits erwähnten Gruppe: Megacerebellum mit Dysplasien eine gewisse Bedeutung (BIELSCHOWSKY). Andererseits wäre daran zu denken, daß es sich bei den Vorgängen an der Glia um frühzeitig einsetzende Alterungsphänomene besonderer Art handeln könne (s. auch S. 62 und Mongolismus, S. 82 und 92). Naturgemäß ist es sehr schwierig, in klinischer Hinsicht etwas Schlüssiges über das Altern bzw. vorzeitige Altern von Idioten und Schwachsinnigen auszusagen. Der häufige Wandel von erethischen Verhaltensweisen in der Kindheit zu torpiden Zuständen in späteren Jahren und der Verlust erworbener Fähigkeiten in späteren Jahren (wie etwa bei manchen Verläufen von mongoloider Idiotie; WEYGANDT) könnte für eine solche Auffassung sprechen. Darüber hinaus gewinnt man doch hin

und wieder den Eindruck eines Alterns im Gesamthabitus, wenn auch die innersekretorische Gesamtsituation in ihren Auswirkungen nicht übersehen werden
soll. Wir halten aus den genannten Gründen eine solche Betrachtungsweise
gerade für die Beurteilung der Vorgänge an der Glia bei Megalencephalie in
mancher Hinsicht für fruchtbar. Man würde sich unter diesem Gesichtspunkt
vorstellen können, daß sich die zunehmende Erschöpfung des Systems im Sinne
vorzeitigen Alterns in der zunehmenden Proliferation gliöser Elemente dartut.
Bekanntlich kann sich der zentralnervöse Alterungsprozeß auch beim Normal-
entwickelten in einfachen Schwunderscheinungen an der Ganglienzelle verbunden
mit gliösen Proliferationen erschöpfen (Spatz, Grünthal, Jacob).

Offenbar können sich nicht nur an den gliösen Strukturen des megalencephalen Gewebes Symptome zeigen, welche auf eine gesteigerte Dekompensier-
barkeit hinweisen. In jüngster Zeit sind von Stevenson und Vogel (1952)
eigentümliche Entartungen der grauen Substanzen mit Ablagerung von häma-
toxylinaffinen Massen, welche sich auch an der Rückenmarksoberfläche fanden,
beobachtet worden. Crome (1953) beschrieb anscheinend verwandte Vorgänge
als „hyaline Panneuropathie" bei Megalencephalie. Hier fanden sich neben einer
spongiösen Degeneration der Marksubstanz, verbunden mit atrophischen Gliosen
der grauen Substanzen, ubiquitär ausgestreute hyalin-fibrinoide Körper. Prädilektionsorte hierfür waren die subpialen Rindenzonen, U-Fasern des Centrum
semiovale, Hirnstamm und Rückenmark. Nach Crome handelt es sich hierbei
vornehmlich um Veränderungen an der „Grundsubstanz", welche mit Störungen
an der Liquor- und Blutschranke einhergehen. Diese jüngsten Beobachtungen
dürften zeigen, daß sich das megalencephale Gewebe nicht nur im Hinblick auf
seine gliöszellige Struktur, sondern auch auf die Anlage der „Grundsubstanz"
als besonders dekompensierbar erweist.

Schließlich sind an den weichen Hirnhäuten mit einer gewissen Regelmäßigkeit Befunde
im Sinne eines leichten Ödems, wechselnder Proliferation bindegewebiger Elemente und
geringfügige lymphocytäre Infiltrate zu erheben. Natürlich muß in jedem Falle erwogen
werden, inwieweit nicht das jeweils zu Tode führende Leiden (Infektionskrankheiten, Kreislaufstörungen u. a. m.) seinerseits sekundär morphologische Auswirkungen am Zentralnervensystem bewirken konnte. Die von Peter und Peter und Schlüter beschriebenen
Fälle, in denen sich als überlagernder Prozeß ein encephalitisches Geschehen (Gliaknötchen-
encephalitis) fand, weisen darauf hin, daß beim Megalencephalen mitunter eine dahin gerichtete Anfälligkeit bestehen kann. Auch bei dem von Fischer beschriebenen eineiigen
Zwillingspaar mit Megalencephalie fand sich als überlagerndes Krankheitsgeschehen ein
Restzustand nach Meningoependymitis mit Hydrocephalusbildung.

Literatur.

Zur Frage der „befundlosen Idiotien".

Alvord, E. C., L. D. Stevenson, F. Vogel and R. L. Engle: Neuropathological findings
in phenyl-pyruric oligophrenia. J. of Neuropath. 9, 298 (1950).

Beauvieux: La cécité apparente chez le nouveau-né. (La pseudoatrophie grise du
nerf optique.) Arch. d'Ophthalm. 7, 241 (1947).

Dodgson, M. C. H.: Anomalous horizontal lamination of nerve cells in the supragranular
cortex of an idiot brain. J. of Neur., N. S. 14, 303 (1951). — Dubitscher: Klinische Schwachsinnsformen. Wien. med. Wschr. 1938 II, 887.

Economo, C. v.: Zur Frage des Vorkommens der Affenspalte beim Menschen im Lichte
der Cytoarchitektonik. Z. Neur. 130, 419 (1930). — Economo, v., u. Koskinas: Die Cytoarchitektonik der Hirnrinde. Berlin: Springer 1925.

Freeman, W.: Mikrocephaly and diffuse gliosis. Brain 50, 187 (1927). — Fritze, W.:
Über Megalencephalie. Z. Konstit.forsch. 1919. — Inaug.-Diss. Jena 1919.

Geyer, H.: Die angeborenen und früh erworbenen Schwachsinnszustände. Fortschr.
Neur. 10, 289 (1938); 12, 263, 273 (1940).

Hammarberg: Studien über Klinik und Pathologie der Idiotie nebst Untersuchungen
über die normale Anatomie der Hirnrinde. Leipzig: K. F. Köhler 1895.

JACOB, H.: Die feinere Oberflächengestaltung der Hirnwindungen, die Hirnwarzen-bildung und die Mikropolygyrie. Z. Neur. 170, 64 (1940). — Über die Hirnwarzenbildung. Zbl. Path. 78 (1941). — Die „Eigenform" des Menschenhirns und die Schädelhirnphysio-gnomie. Zool. Anz. (Neue Erg. u. Probl. d. Zoologie) 1950, 327. — JERVIS, G.: Phenyl-brenztraubensäure-Oligophrenie. Arch. of Neur. 38, 944 (1937).

LANGE-COSACK, H.: Spätschicksale atrophischer Säuglinge. Leipzig: Georg Thieme 1939.

MEYER and COOK: Diffuse Gliose der weißen Substanz bei geistig Minderwertigen. J. Ment. Sci. 83, 258 (1937).

NORMAN: Einige Beobachtungen über den Nervenzellgehalt der Hirnrinde bei normalen und bei geistig defekten Personen. J. of Neuropath. 1, 198 (1938).

OPPERMANN, K.: CAJALsche Horizontalzellen und Ganglienzellen des Marks. Z. Neur. 120 (1929). — OSTERTAG, B.: Zur Frage der dysraphischen Störungen des Rückenmarks und der von ihnen abzuleitenden Geschwulstbildungen. Arch. f. Psychiatr. 75, 89 (1925).

RÖSSLE, R.: Die pathologische Anatomie der Familie. Berlin: Springer 1940.

SCHOB, F.: Pathologische Anatomie der Idiotie. In Handbuch der Geisteskrankheiten, herausgeg. von O. BUMKE, Bd. XI, Spez. Teil VII, S. 779ff. Berlin: Springer 1930. — SPIELMEYER, W.: Die anatomische Krankheitsforschung in der Psychiatrie. In Handbuch der Geisteskrankheiten, herausgeg. von O. BUMKE, Bd. XI, Spez. Teil VII, S. 1ff. Berlin: Springer 1930. — STÄMMLER, M.: Hydromyelie, Syringomyelie und Gliose. Monographien Neur. 1942, H. 72.

VOGT, C. u. O.: Sitz und Wesen der Krankheiten im Lichte der topistischen Hirnforschung und Variierens der Tiere. Leipzig: Johann Ambrosius Barth 1937.

WEIL, A.: Megalencephaly with diffuse Glioblastomatosis of the brain stem and the cerebellum. Arch. of Neur. 30, 795 (1933). — WEYGANDT, W.: Idiotie und Imbezillität. In Handbuch der Psychiatrie, herausgeg. von G. ASCHAFFENBURG, Spez. Teil, 2. Abt., S. 95. Leipzig u. Wien: Franz Deuticke 1915. — Der jugendliche Schwachsinn. Stuttgart: Ferdinand Enke 1936.

Angeborener erblicher Schwachsinn.

APLEY, J., and M. SYMONS: Megalencephaly, a report of 2 cases. Arch. Dis. Childh. 22, 172 (1947).

BOLK, L.: Die Furchen des Großhirns eines Thorakophagen. Fol. neurobiol. 4, 207 (1910). — BRUGGER, C.: Die Vererbung des Schwachsinns. In Handbuch der Erbbiologie des Menschen, herausgeg. von G. JUST, Bd. V, Teil 2, S. 697. Berlin: Springer 1939. — Fortschr. Neur. 12, 364 (1941).

DANNENBERGER: Die Mikrocephalenfamilien Becker und Bürgel. Klin. psych. Krkh. 7 (1912).

ECONOMO, C. F. v., u. KOSKINAS: Die Cytoarchitektonik der Hirnrinde des erwachsenen Menschen. Berlin: Springer 1925.

FISCHER, H.: Ein eineiiges Zwillingspaar mit Hydrocephalus internus communicans und Megalencephalie. Z. Neur. 174, 264 (1942). — FRITZE, W.: Über Megalencephalie. Z. Kon-stit.forsch. 1919. — Inaug.-Diss. Jena 1919.

HALLERVORDEN, J.: Erbliche Hirngeschwülste. Dtsch. Z. Nervenheilk. 139, 56 (1935). — HILDÉN, K.: Zur Kenntnis der menschlichen Kopfform in genetischer Hinsicht. Hereditas (Lund) 6, 127 (1925). — HITZIG, E.: ZIEMSSENS Handbuch der speziellen Pathologie und Therapie, Bd. 11. 1876.

JACOB, H.: Eine Gruppe familiärer Mikro- und Mikrencephalie. Z. Neur. 156 (1936). — Die „Eigenform" des Menschenhirns und der Schädelhirnphysiognomie. Zool. Anz. 1950, 327.

KARPLUS, J. P.: Über Familienähnlichkeit an den Gehirnfurchen des Menschen. Arb. neur. Inst. Wien 12 (1905). — Zur Kenntnis der Variabilität und Vererbung am Zentra-nervensystem des Menschen und einiger Säugetiere. Leipzig u. Wien: Franz Deuticke 1907. — Variabilität und Vererbung am Zentralnervensystem des Menschen und einiger Säugetiere, 2. Aufl., S. 234. Leipzig u. Wien 1921. — KOCH, G.: Erbliche Hirngeschwülste. Z. menschl. Vererbgs- u. Konstit.lehre 29, 400 (1949).

MARTIN, R.: Lehrbuch der Anthropologie, 2. Aufl. Jena 1928. — MEYER, H. H.: Die Massen- und Oberflächenentwicklung des fetalen Gehirns. Virchows Arch. 300, 202 (1937).

OSTERTAG, B.: Einteilung und Charakteristik der Hirngewächse. Jena: Gustav Fischer 1938. — Neuere Untersuchung zur erbbiologischen Bewertung angeborener Miß- und Fehl-bildung. Verh. dtsch. path. Ges. 1939.

PATZIG, B.: Zur Erblichkeit der Kopfformen. Klin. Wschr. 1937 I, 763. — Erbbiologie und Erbpathologie des Gehirns. In Handbuch der Erbbiologie des Menschen, Bd. V, Teil 1, Erbneurologie, Erbpsychologie, S. 233. Berlin: Springer 1939.

RÖSSLE, R.: Zur Frage der Windungsbilder an Gehirnen von Blutsverwandten. Sitzgsber. preuß. Akad. Wiss., Physik.-math. Kl. 14 (1937). — Die pathologische Anatomie der Familie. Berlin: Springer 1940.

Schob, F.: Pathologische Anatomie der Idiotie. In Handbuch der Geisteskrankheiten herausgeg. von O. Bumke, Bd. XI, Spez. Teil VII, S. 779ff. Berlin: Springer 1930. — Schreiner, A.: Vererbung der Schädelformen. Genetica ('s-Gravenhage) 5, 385 (1923). — Siemens: Über die Linkshändigkeit. Ein Beitrag zur Kenntnis des Wertes und der Methodik familienanamnestischer und korrelationsstatistischer Erhebung. Virchows Arch. 252 (1924). — Spielmeyer, W.: Die anatomische Krankheitsforschung in der Psychiatrie. In Handbuch der Geisteskrankheiten, herausgeg. von O. Bumke, Bd. XI, Spez. Teil VII, S. 1ff. Berlin: Springer 1930. — Spitzka, E. A.: Hereditary resemblances in the brain of three brothers. Amer. Anthrop. 6 (1904).

Unterberg, A.: Hereditäre Fehlbildungscyste des Großhirns. Inaug.-Diss. Tübingen 1950.

Vogt, C. u. O.: Sitz und Wesen der Krankheit im Lichte der topistischen Hirnforschung. Leipzig 1937.

Walsem, v., u. Lemai: Über das Gewicht des schwersten bis jetzt beschriebenen Gehirns. Festschr. Niederl. Ges. für Psychiatrie 1896. Neur. Zbl. 1899. — Watanabe: Über einen Fall von Mikrocephalie. Mitt. med. Fak. Tokio 28, 77 (1921).

Megalencephalie und angeborener Schwachsinn.

Alajouanine, Th., et I. Bertrand: Dysplasie laminaire hypertrophique du cervelet associée a une malformation rénale avec gigantisme tissulaire. Revue neur. 86, 289 (1952). — Alajouanine, Th., I. Bertrand et O. Sabouraud: Ganglioneurome myélinique diffus de l'écorce cérébelleuse. Revue neur. 84, 3 (1951). — Anton, G.: Wahre Hypertrophie des Gehirns mit Befunden an Thymusdrüse und Nebennieren. Wien. klin. Wschr. 1902, Nr 50, 1321. — Apley, J., and M. Symons: Megalencephaly, a report of 2 cases. Arch. Dis. Childh. 22, 172 (1947).

Bielschowsky, M., u. A. Simons: Über diffuse Hamartome (Ganglioneurome) des Kleinhirns und ihre Genese. J. Psychol. u. Neur. 41, 50 (1930). — Bischoff, Th.: Das Hirngewicht des Menschen. Bonn 1880. — Brummelkamp: Normale en abnormale hersengroei in verband met de cephalisatieleer. Diss. Amsterdam 1937. — Brain: Megalencephaly. Proc. Roy. Soc. Med. 30, 391 (1937).

Crome, L.: Megalencephaly associated with hyaline pan-neuropathy. Brain 76, 215 (1953).

Dana: Akromegalie and Gigantisme with unilateral facial Hypertrophie. J. Nerv. Dis. 18, 27 (1893).

Ferraro and Barrera: Myelomegaloencephalie. Bericht über einen Fall von diffuser Medulloblastose. Amer. J. Psychiatry 92, 509 (1935). — Fischer, E.: In Baur-Fischer-Lenz, Menschliche Erblehre, 4. Aufl. München: J. F. Lehmann 1936. — Fischer, H.: Ein eineiiges Zwillingspaar mit Hydrocephalus internus communicans und Megalencephalie, Z. Neur. 174, 264 (1942). — Fletscher, H. M.: A case of Megalencephalie. Trans. Path. Soc. London 1900. — Fritsche u. Klebs: Ein Beitrag zur Pathologie des Riesenwuchses. Leipzig 1884. — Fritze: Über Megalencephalie. Inaug.-Diss. Jena 1919. — Z. Konstit.-forsch. 1919.

Gerlach: Über Megalencephalie. Ref. Biol. Verein Hamburg 24. Nov. 1925.

Haberlin: A case of hypertrophie of the brain. J. Amer. Med. Assoc. 1906, No 26, 1998. — Hallervorden, J.: Über den mikroskopischen Hirnbefund in einem Falle von angeborener Hemihypertrophie der linken Körperhälfte einschließlich des Gehirns. Zbl. Neur. 33, 518 (1923); 41, 704 (1925). — Hansemann, v.: Über echte Megalencephalie. Berl. klin. Wschr. 1908, Nr 1, 7. — Hitzig: In Ziemssens Handbuch der speziellen Pathologie und Therapie, Bd. 11, S. 759. 1876. — Höstermann: Über einen Fall von Gehirnhypertrophie. Psychiatr. Zbl. 1876, H. 4, 41. — Holsti: Ein Fall von Akromegalie. Z. klin. Med. 20, 298 (1892).

Jakob, A.: Über Megalencephalie als Grundlage der Idiotie. Verslg des Dtsch. Vereins für Psychiatrie, Kassel 1925. Ref. Zbl. Neur. 42, 348 (1926). — Normale und pathologische Histologie des Großhirns, Bd. I. Leipzig u. Wien: Franz Deuticke 1929.

Kastein, G. W.: Über Megalencephalie. Acta neerld. Morph. norm. et path. 3, 249 (1940). — Lange, C. de: Über Megalencephalie. Acta psychiatr. (Københ.) 7, 4, 955 (1932). — Lissencephalie beim Menschen. Mschr. Psychiatr. 101, 350 (1939). — Lenhossek, J. v.: Die künstlichen Schädelverbildungen im allgemeinen und 2 künstlich verbildete makrocephale Schädelverbildungen aus Ungarn. Budapest 1878.

Marburg, O.: Hypertrophie, Hyperplasie und Pseudohypertrophie des Gehirns. Arb. neur. Inst. Wien 13, 288 (1906). — Marchand: Über das Hirngewicht des Menschen. Abh. königl. Ges. Wiss. Leipzig 1902.

Obersteiner: Ein schweres Gehirn. Zbl. Nervenheilk. 13 (1890).

Peter, K.: Über eine klinisch und anatomisch bemerkenswerte organische Hirnerkrankung des kindlichen Lebensalters. Z. Neur. **113**, 286 (1928). — Ein weiterer anatomischer Beitrag zur Frage der Megalencephalie und Idiotie. Z. Neur. **113**, 298 (1928). — Peter, K., u. K. Schlüter: Über Megalencephalie als Grundlage der Idiotie. Z. Neur. **108**, 21 (1927). Rössle, R.: Die pathologische Anatomie der Familie. Vergleiche von Gehirnen und Schädeln, S. 177/178. Berlin: Springer 1940. — Rössle, R., u. Roulet: Maß und Zahl in der Pathologie. Wien u. Berlin: Springer 1932. — Rokitansky: Lehrbuch der pathologischen Anatomie. Wien: Wilhelm Braumüller 1856. — Rugel, S. J.: Congenital hemihypertrophy: report of case with postmortem observations. Amer. J. Dis. Childr. **71**, 530 (1946).

Schick, Bela: Zur Kenntnis der Hypertrophia cerebri als Krankheitsbild im Kindesalter. Jb. Kinderheilk. **1903**, 423. — Schmidt, M. B.: Über halbseitigen Riesenwuchs des Schädels und seine Beziehungen zur Leontiasis und Ostitis fibrosa. Beitr. Anat. usw. Ohr usw. **23**, 594 (1926). — Schmincke, A.: Zur Kenntnis der Megalencephalie. Z. Neur. **56**, 154 (1920). — Spratt: Report of a brain weighing 2069 g. J. Amer. Med. Assoc. **47**, No 1 (1909). — Steffen: Handbuch der Kinderheilkunde, herausgeg. von Gerhardt. Tübingen 1880. — Stevenson, L. D., and F. Vogel: A case of makrocephaly associated with feeble-mindness and encephalopathy with peculiars deposits throughout the brain and spinal cord. Ciencia (Mexico, D. F.) **12**, 71 (1952).

Tsinimakis, K.: Zur Kenntnis der reinen Hypertrophie des Gehirns. Arb. neur. Inst. Wien **9**, 169 (1902).

Variot: Hypertrophie simple du cerveau simulant l'hydrocephalie chez un enfant de seize mois. Bull. Soc. méd. Hôp. Paris **19**, 20 (1902). — Virchow, R.: Untersuchungen über die Entwicklung des Schädelgrundes, S. 200. Berlin 1857. — Geschwülste, Bd. II, S. 131. 1864/65. — Volland: Über Megalencephalie. Arch. f. Psychiatr. **47**, 1228 (1910).

Walsem u. Lemai: Ein Geval von Pseudohypertrophia cerebri. Festschr. Niederl. Ges. für Psychiatrie 1896. — Über das Gewicht des schwersten bisher beschriebenen Gehirns. Neur. Zbl. **1899**, Nr 13. — Ward, J., and H. H. Lerner: Review of subject of congenital hemihypertrophy and complete case report. J. of Pediatr. **31**, 403 (1947). — Weygandt, W.: Der jugendliche Schwachsinn. Stuttgart: Ferdinand Enke 1936. — Weil: Megalencephaly with diffuse Glioblastomatosis of the brain stem and the cerebellum. Arch. of Neur. **30**, 795 (1933). — Wilson, S. A. K.: Megalencephaly. J. of Neur. **14**, 193 (1937). — Wolf and Cowen: Cytoplasmakörper in einem Falle von Megalencephalie. Bull. Neur. Inst. NewYork **6**, 1 (1937).

Mongolismus.

H. Jacob-Hamburg.

Mit 7 Abbildungen.

Einleitung.

Gemessen an dem außerordentlich umfangreichen Schrifttum über Klinik, Pathogenese und Erbbiologie des Mongolismus (s. die Übersichten von PORTIUS 1938 und 1941, BENDA 1946, ENGLER 1949) erscheint die Zahl hirnmorphologischer und neuropathologischer Untersuchungen und Veröffentlichungen relativ gering.

Die auf den ersten Blick bereits makroskopisch auffallenden Fehlbildungen in Größe, Form und Gestalt des Mongoloidenhirns weisen im Verein mit histotektonisch erkennbaren Entwicklungsstörungen auf das Vorliegen eines angeborenen Geschehens hin. Die Frage nach dem primären pathologischen Moment (H. VOGT) ist trotz zahlreicher Theorienbildungen auch heute noch nicht schlüssig zu beantworten. Schon eher läßt sich — vor allem auf Grund jüngster Untersuchungen von BENDA (1946) im Anschluß an ältere Untersuchungen (A. JAKOB und DAVIDOFF 1928 und MEYER und JONES 1939) — einiges über die Pathogenese jener Gewebsschäden und Vorgänge an der Glia sagen, die sich vermutlich im Laufe des Lebens allmählich einzustellen pflegen und ein Sonderkapitel gewissermaßen in der *Verlaufspathologie des Mongolismus* darstellen. Solange die genetischen Beziehungen zwischen den anlagebedingten Störungen und den sich später entwickelnden neuropathologischen Prozessen noch nicht endgültig geklärt sind, empfiehlt es sich, beides zunächst gesondert abzuhandeln.

1. Die Fehlentwicklungen des mongoloiden Hirns und Rückenmarks.

Ein Überblick über die bisher bekannt gewordenen Befunde und über ein eigenes Material von 35 Fällen (unter diesen wurden 10 Fälle von A. JAKOB und DAVIDOFF 1928 publiziert) läßt in Übereinstimmung mit dem Urteil erfahrener Untersucher erkennen, daß trotz einer gewissen Typisierung des „Mongoloidenhirns" nicht unerhebliche Variabilitäten konstatiert werden können (VAN DER SCHEER, WEYGANDT, SCHOB, BENDA u. a.). Wenn es kaum gelingt, zwei einander völlig gleichende Mongoloidenhirne zu finden, so hat dies ohnehin seine Entsprechung in der klinischen Gesamterfahrung. Bekanntlich lassen sich insbesondere bei älteren Mongoloiden trotz der Typisierung erhebliche Individualunterschiede in den Einzelmerkmalen fassen. Es wird also von vornherein darauf ankommen, nicht nach spezifischen Einzelmerkmalen zu suchen, sondern das Gesamtbild fehlgerichteter Entwicklung zu erfassen. Dabei empfiehlt es sich, jene Formungen des Gehirns, die in offensichtlich enger Korrelation zur Nachbarschaftsgestaltung des knöchernen Schädels stehen, denjenigen gegenüberzuhalten, die eine solche enge Zuordnung in der Regel vermissen lassen. Eine solche

Sonderung von schädelkorrelierten Gestaltungsprinzipien des Gehirns *(Schädel-hirnphysiognomie)* und der davon weitgehend unabhängigen *Eigenform* des Gehirns (H. JACOB 1950) erscheint uns für die Betrachtung des Mongoloiden-hirns besonders fruchtbar.

a) Die Schädelhirnphysiognomie des Mongoloiden.

In der Regel sind die Hirne mehr oder weniger brachymikrencephal und untergewichtig. Das ergibt sich allein schon aus dem häufigen klinischen Befund

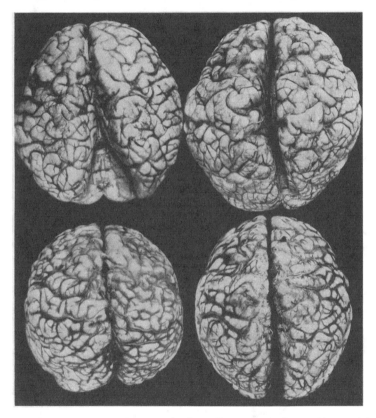

Abb. 1. Vier Hirne von mongoloider Idiotie mit unterschiedlichen hyperbrachy- und mesocephalen Wuchs-formen und variablen Furchenmustern und Windungsentwürfen. Wechselnde Ausbildung der Frontallappen. (Zi 96a/27, Mo 60b/25, 63a/29, 26a/29.)

einer Brachymikrocephalie mit durchschnittlichen Schädelumfangmaßen zwischen 46 und 50 cm und einem Längenbreitenindex zwischen 85 und 95 cm (75—80 cm normal) (WEYGANDT). Relativ selten finden sich Normalgewichte. Hierbei gilt zu bedenken, daß der Mongoloide bereits im frühen Kindesalter im Gesamtwachstum auffällig zurückbleibt. Von BRUSHFIELD (1924), VAN DER SCHEER (1927) und BENDA (1946) wurden nach Altersstufen gestaffelte Angaben über Hirngewichte Mongoloider zusammengestellt.

Aus dem Vergleich wird die trotz durchgehender Untergewichtigkeit bestehende individuelle Variationsbreite deutlich. BENDA (1946) war auf Grund seines eigenen Materials von 50 Fällen an Hand der Gewichtsverhältnisse zu dem Schluß gekommen, daß die Hirnentwicklung während des 1. Lebensjahres einen besonders schweren Rückschlag erleide und alle Hirne während des 2. Lebensjahres mit nur einer Ausnahme auf der Gewichtszahl des 1. Lebensjahres stehengeblieben seien. Zwar fände in späteren Jahren ein Weiterwachstum

6*

statt, doch würden Normalgewichte nie erreicht. Im allgemeinen entspräche der Gewichts-
rückstand einem Alter von 6 Lebensjahren. Man wird jedoch die Allgemeingültigkeit
solcher Schlüsse auf Grund eines Vergleichs mit den von BRUSHFIELD, A. JAKOB, DAVIDOFF
gegebenen und eigenen Gewichtszahlen bezweifeln müssen. Im Gegensatz zu BENDA,
der unter seinen Fällen zwischen 2.—8. Lebensjahr nur mit 2 Ausnahmen stets ein Gewicht
unter 1000 g fand, wog BRUSHFIELD in seiner Altersgruppe unter 4 Lebensjahren unter
15 Fällen 11mal über 1000 g. Anscheinend bestehen sowohl hinsichtlich des Beginns des
Wachstumsstops als auch des postnatalen Wachstums erhebliche individuelle Unterschiede.

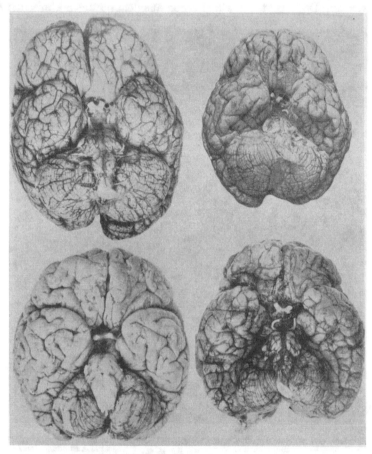

Abb. 2. Vier Hirnbasisansichten von mongoloiden Idioten. Wechselnde Großhirn-Kleinhirnrelationen (innere
Disharmonien), unterschiedliche Hirnstamm-Kleinhirngrößen, wechselnde Abgangswinkel der Nervi optici,
krabbenscherenförmige Gestaltung der Temporallappenanlage, unterschiedliche Windungsanlage und Furchenmuster. (116a/30, 4a/39, 312a/30.)

    Wenn auch klinisch das Bild der Brachymikrocephalie bei weitem dominiert,
fand man doch mitunter mongoloide Langschädel (WEYGANDT 1915, FANCONI
1939), Turmschädel (DOXIADES 1935), Hydrocephalie (CATALANO 1935), DIAZ
ORERO 1935, SCHRÖDER 1937) oder etwa keilförmig vorspringende Stirn-
fehlbildungen (BABONNEIX und RIOM 1932) und schließlich nicht allzu selten
Schädelasymmetrien. So wird man neben der am häufigsten anzutreffenden
Brachymikrencephalie andersartige Grundformen des Hirns konstatieren können,
die der jeweiligen Schädelform entsprechen. In der Regel jedoch wird eine sehr
auffällige Kugelform mit kurzem Längen- und relativ weitem Breitendurchmesser
deutlich, die sich den gleichgestalteten Schädelbinnenräumen gut einpaßt. Auch

hinsichtlich der Wuchsform der einzelnen Hirnlappen, der Torsion von Frontal-, Temporal- und Occipitallappen und der Wuchsrichtung des Hirnstammes besteht eine enge Korrelation zum Schädelwuchs (VAN DER SCHEER, SCHOB, BENDA). Die Frontal- und Occipitalpole wirken meist plump und abgeplattet, gegenüber dem Euencephalon vielfach zu kurz geraten. Dabei erscheint die en-face-Ansicht des Frontalhirns und die Frontalbasis vielfach dadurch besonders auffällig, daß — entsprechend der tief einschneidenden Siebbeinplatte und der hochgewölbten Orbitaldächer — die basalwärts vorgewulsteten meist schmalen Gyri recti (Siebbeinschnabel) und die eingedellten seitlichen Frontobasalflächen den Ein-

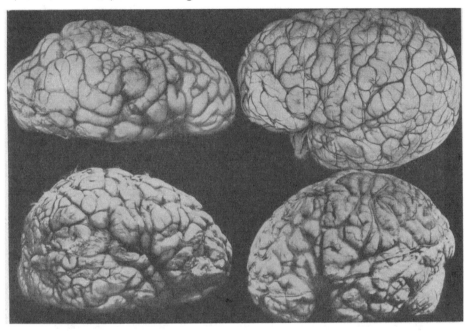

Abb. 3. Seitenansichten von 4 Hirnen mongoloider Idioten. Außerordentlich wechselnde Windungsanlagen. Furchenmuster und Windungscharaktere. Verschiedene Gestaltung der Frontallappen. (277a/23, 60b 25, 63a/29, 96a/27.)

pruck einer „Vogelkopfform" des Stirnhirns vermitteln. Die Temporalpole können einerseits lateral, andererseits nach medial (Krabbenscherenform) disloziert sein. Mitunter sind sie derart angelegt, daß durch unvollständige Opercularisierungsvorgänge die Inselwindungen frei liegen oder die Parietalwindungen seitlich vorzuspringen scheinen. Die Basis des Temporallappens kann sowohl gewölbt, als auch nicht selten auffällig eingedellt sein. Die Occipitallappen sind häufig basalwärts zapfenförmig gekrümmt. Das Schädelröntgenbild vermag besonders bezüglich der Bauverhältnisse an der Schädelbasis Hinweise dafür zu geben, daß die charakteristischen Lappenformungen den jeweiligen Anlagen der Schädelbasis entsprechen[1].

Das gilt vermutlich auch hinsichtlich des verkleinerten Stammwinkels (Abgangswinkel des Hirnstamms), der zumeist zwischen 80—100⁰ statt 110—120⁰

[1] Der Schädelbau kennzeichnet sich häufig durch erhebliche Fehlbildungen und Disharmonien, welche bereits röntgenologisch analysiert werden können. Oft finden sich Minderentwicklungen des Nasenbeins, der Maxillen, des Sphenoids oder Steilanstieg der vorderen Schädelwand; insgesamt Strukturwandlungen, welche als Akrocephalie, Scaphocephalie oder Akromikrie bezeichnet wurden (SCHÜLLER, CLIFT, VAN DER SCHEER, GREIG, WELKER, BENDA).

normalerweise mißt. Ähnliches betrifft die nicht selten anzutreffende Verkleinerung im Abgangswinkel der Sehnerven (90⁰ oder kleiner, gegenüber normalerweise stumpfem Opticuswinkel). Mitunter werden Hypoplasien des Hypothalamus oder kleine Mamillarkörper beobachtet (VAN DER SCHEER). Nicht obligat, aber doch in etwa der Hälfte der Fälle wird eine größen- und gewichtsmäßige Minderentwicklung von Kleinhirn, Brücke und Medulla oblongata gefunden (SUTHERLAND 1899, GANS 1923, BIACH 1909, ENGLER 1949, JAKOB und DAVIDOFF 1928). Die Großhirn-Kleinhirnrelationen lagen in diesen Fällen etwa zwischen 1:8 bis 9, statt 1:7 normalerweise (BENDA, DAVIDOFF). Auch hierbei gewinnt man mitunter den Eindruck, daß Bau der hinteren Schädelgrube und Tiefstand des Tentorium cerebelli zugeordnet sind. Schließlich machten GANS und JAKOB auf dellenförmige Abplattungen im Bereich der Oliven- und Pyramidenwülste aufmerksam.

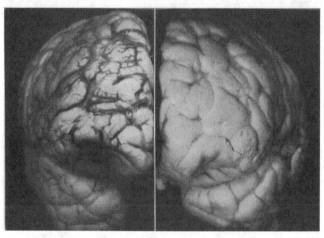

Abb. 4. En-face-Ansicht der Fronto-Temporal-Gestaltung (rechts normal, links mongoloid). Vogelkopfprofil (s. Text).

Insgesamt vermitteln die schädelhirnphysiognomischen Merkmale den Eindruck eines Kugelhirns (Abb. 1—5). Es handelt sich dabei aber keineswegs um absolut spezifische Kennzeichen. Mikrencephale Kugelhirne nicht mongoloider Genese können in dieser Hinsicht erhebliche Übereinstimmungen zeigen. Noch uneinheitlicher wird das Bild bei Berücksichtigung der formes frustes Mongoloider. Der im älteren Schrifttum häufig erörterte Vergleich mit pränatalen Schädelhirnphysiognomien, mit Bauverhältnissen bei niederen Primaten (Atavismenlehre, etwa nach H. VOGT 1907) oder mit rassebedingten Schädelhirnphysiognomien ist in den früher benutzten Ansätzen nur noch von historischem Interesse. Er wird allerdings auch heute noch sinnvoll und fruchtbar sein, wenn man auf die formale Genese der Schädel-Hirnbaubeziehungen abzielt. Insofern erscheint bemerkenswert, daß sich Chinesenhirne rassentypologisch durch ,,Vogelkopfform" des Stirnhirns (70%), basale Eindellung der Schläfenlappen und zapfenförmige Abwärtskrümmung der Occipitallappen sowie geringe Opercularisierung der Insel besonders kennzeichnen (KLAATSCH, KURZ). Hinsichtlich des verkleinerten Stammwinkels beim Mongoloiden gilt andererseits zu bedenken, daß der Stammwinkel Brachycephaler im Durchschnitt kleiner als derjenige beim Meso- und Dolichocephalen mißt. Normale, rassentypologisch verankerte Bildungstendenzen können also Hirnformen bedingen, wie sie in ähnlicher ,,äußerer" Gestalt auch auf dem Boden schwerer Störungen der Schädelhirnentwicklung zustande kommen. Die erörterten schädelhirnphysiognomischen Merkmale lassen vielfach erkennen, daß „innere Disharmonien" im Gesamtaufbau bereits makroskopisch faßbar werden (veränderte Großhirn-Kleinhirnrelationen, Balken-Großhirnrelationen u. ä. m.). Aber auch diese Merkmale sind nicht obligat. Zudem werden mitunter breite Variationszonen mit mehr oder weniger fließenden Übergängen zur Norm deutlich. Auch in Richtung nichtmongoloider mikrencephaler oder makrencephaler Wuchsstörungen werden solcherart „innere Disharmonien" nicht selten angetroffen.

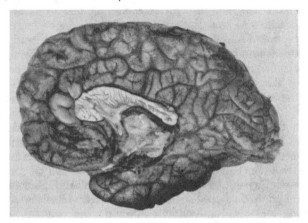

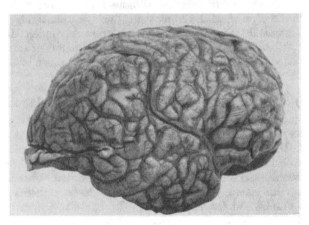

Abb. 5. Abstumpfung der Frontallappen, zapfenförmige Ausziehung der Occipitallappen, Dellenbildung an der Temporallappenbasis, kurzer gekrümmter Balken, windungsreiches Relief bei mongoloider Idiotie. (118a/37.)

b) Die Eigenform des mongoloiden Hirns
(Windungscharakter- und -entwurf, Oberflächengestaltung, Furchenmuster).

Eugyrie, Stenogyrie oder kurzer plumper Windungsbau pflegen zwar mitunter an gewisse Grundtypen im Schädel-Hirnwuchs gebunden zu sein. So finden wir beispielsweise beim Dolichocephalen nicht selten Stenogyrie. Doch handelt es sich hierbei bereits um recht inkonstante, keineswegs gesetzmäßige Beziehungen. Der Windungscharakter erscheint vielmehr als höchst individuelles und nicht an Schädelbautypen gebundenes Merkmal der „Eigenform" des Hirns. Um so auffallender wirkt eine gewisse Nivellierung beim Mongoloiden. In der Regel jedenfalls erscheint das Windungsbild außerordentlich plump, einfach, wodurch sich der Eindruck noch durch eine eigentümliche Abplattung der Windungen

einerseits, buckelige Vorwölbungen andererseits und durch die Schmalheit der
Furchen verstärkt. Wie die Abb. 1—5 erkennen lassen, besteht auch in dieser
Hinsicht eine gewisse Spielbreite individueller Abwandlungen. BENDA (1946)
macht auf schmales Windungsrelief vor allem bei manchen mongoloiden Säug-
lingen aufmerksam. Allerdings mutet das Normalsäuglingshirn nicht selten
windungsreicher und -schmäler an gegenüber dem Windungsbild des Erwachsenen.
Das Furchenmuster des Mongoloiden erscheint in der Regel einfach, primitiv.
Der Furchenverlauf wird von BENDA als S-förmig, ziehharmonikaartig — der
Torsionsrichtung von Frontal- und Occipitallappen entsprechend — geschildert.
Damit in Übereinstimmung steht auch die mitunter hakenförmige Krümmung
des hinteren Balkenendes und entsprechende Richtungsänderung darüberliegender
Windungszüge. Die von STEWART (1926) in 30% konstatierte Minderanlage
und Verschmälerung der oberen Temporalwindungen wurde hin und wieder
bestätigt.

Mitunter ist die Entwicklung von Sekundärfurchen, die Modellierung durch
Übergangs- und Tiefenwindungen, Unterbrechungen und Überbrückungen sonst
typischer Furchenverläufe recht mangelhaft, andererseits wiederum deutlich ausgeprägt. In solchen Merkmalen des *Windungsentwurfes* sah bekanntlich RETZIUS
(1896) einen wesentlichen Ausdruck individueller Variationstendenzen für das
Normalhirn und man darf schließen, daß in dieser Hinsicht selbst im form-
nivellierten Mongoloidenhirn individuelle Noten deutlich werden. Was schließlich
die *„feinere Oberflächenmodellierung der Windungen"* (H. JACOB 1940) anlangt, so
kann einerseits die eigentümliche Abplattung und Breitflächigkeit der Windungs-
kämme das Gesamtbild charakterisieren. Andererseits finden sich nicht selten
buckelige Vorwölbungen, die insgesamt an Oberflächenbilder erinnern, wie man
sie hin und wieder bei Säuglingshirnen antrifft (embryonaler Windungstyp nach
MITCHELL, SUTTLEWORTH, BIACH, BOURNEVILLE u. a.).

c) Die Entwicklungsstörungen in der Histotektonik.

Sehr auffällig sind teilweise erhebliche Minderungen im Ganglienzellbestand
vorwiegend der Großhirnrinde (WEYGANDT, BIACH, BOURNEVILLE, OBERTHUR,
GANS, JAKOB, DAVIDOFF u. a.). Dabei wird oft eine außerordentlich mangel-
hafte Differenzierung der Rindenstruktur deutlich. Hinzu kommt, daß die
Zellelemente mehr oder weniger deutliche Zeichen der Unreife (embryonale
Strukturtypen, embryonale Ganglienzellen, Neuroblasten) erkennen lassen (WEY-
GANDT, BOURNEVILLE und OBERTHUR u. a.). In der teilweise verbreiterten Mole-
kularschicht werden CAJALsche Fetalzellen angetroffen. Die Rindenstruktur-
störungen können sich über den ganzen Querschnitt erstrecken (JAKOB, DAVI-
DOFF, MEYER und JONES). Von JAKOB und DAVIDOFF wurde andererseits eine
Akzentuierung im Bereich der 3. Schicht konstatiert. BENDA wies auf Säulen-
bildungen schmaler Nervenzellen hin. Scharfe Grenzen zwischen normalen und
zellarmen Gegenden scheinen nicht zu bestehen (JAKOB). Mitunter liegt das
Schwergewicht der Veränderungen in der Frontalrinde, während das Zentral-
gebiet unauffällig erscheint und der Occipitalbereich eine mittlere Stellung einnimmt (BIACH). Nach dem Material von JAKOB und DAVIDOFF fand sich im
Schläfenlappen stärkst ausgeprägte Zellminderung, scheitel- und occipitalwärts
geringerer Ausfall. In der Area striata fiel eine Unterentwicklung der inneren
Körnerschicht bei allgemein unscharfer Schichtenabgrenzung auf (GANS, JAKOB,
DAVIDOFF). Auch erhebliche Strukturstörungen zeigte die Übergangszone zwischen Rhinencephalon und Isocortex. Der cytoarchitektonischen Fehlanlage
entspricht sehr häufig eine deutliche Störung der Myeloarchitektonik der Großhirnrinde. Zumeist fehlen die Tangentialfasern völlig, während die Radiärfasern

nicht bis zu den superfiziellen Schichten hinaufreichen und die interradiären Fasern mangelhaft entwickelt sind (WEYGANDT, BIACH, JAKOB, DAVIDOFF). Vor allem bei jungen Mongoloiden konnte BEDNA keine Darstellung der U-Fasern erzielen. Gegenüber solchen positiven Befunden darf andererseits nicht übersehen werden, daß verläßliche Untersucher mitunter außerordentlich geringfügige und praktisch normale histotektonische Befunde erhoben haben (RANKE, FROMM, VOGT, SCHABAD, JAKOB, DAVIDOFF).

Demgegenüber scheint die Histotektonik der Stammganglien und insbesondere des Hypothalamus offenbar stets ungestört, eine bemerkenswerte Auffälligkeit, die an Hand von Stufenserien gesichert werden konnte (BIACH, JAKOB, DAVIDOFF,

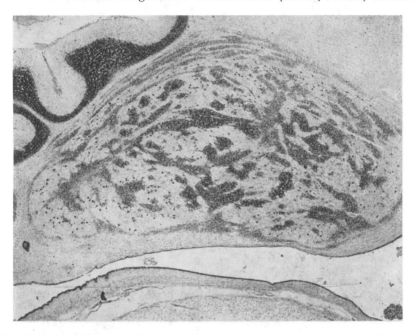

Abb. 6. Heterotope Bildungen im Bereich der Kleinhirnflocke (Tuber flocculi) bei mongoloider Idiotie.

JOSEPHY, BENDA, MORGAN). Dadurch wird VAN DER SCHEERs Annahme einer als pathogenetisch zentral angesehenen Unterentwicklung des Hypothalamus, der ohnehin nur in einem Teil aller Fälle volumengemindert erscheint, nicht gestützt. Schließlich fanden sich in einem Falle von JAKOB und DAVIDOFF persistierende Ependyminseln frontobasal als Relikt der primären Rhinencephalonanlage.

Selbst bei makroskopischer Minderentwicklung von Kleinhirn, Brücke und verlängertem Mark sind die histotektonischen Störungen hier im Gegensatz zur Großhirnrinde weniger eindrucksvoll. BIACH fand bei einem 6 Monate alten Mongoloiden auffälligen Zellreichtum der Brückenkerne und Bildung von Zellkolonien innerhalb der Oblongata- und Hinterstrangskerne. GANS konstatierte eine Mangelanlage der Striae acusticae (PICCOLOMINI) und JAKOB eine solche der Nuclein arcuati. Die Kleinhirnrinde läßt häufig Fehlen oder Verlagerung von PURKINJE-Zellen in Richtung Molekular- oder Körnerschicht bei sonst unauffälliger Stratifikation erkennen (VILLAVERDE). Hinzu kommt eine mangelhafte myeloarchitektonische Differenzierung. Heterotope Bildungen im Flocculusgebiet (Tuber flocculi) wurden von GANS, JAKOB, DAVIDOFF und BIACH gesehen, von BENDA vermißt (Abb. 6).

Rückenmarksuntersuchungen wurden zuletzt von BENDA an größerem Material vorgenommen. Nie fanden sich normale Verhältnisse. Hypoplasien, Entwicklungsrückstände mit pathologischen Differenzierungen, „wahre Fetalismen" waren die Regel. Mangelhafte Trennung der CLARKEschen Säulen, breite graue Massen hinter dem Zentralkanal, kurze runde Vorderhörner, Hypoplasien der grauen Substanz, abnorme Erweiterungen des Zentralkanals, Bilder, die an Hydromyelie erinnern, mitunter „Ependymosen" und Ansätze zu irregulären Ependym-

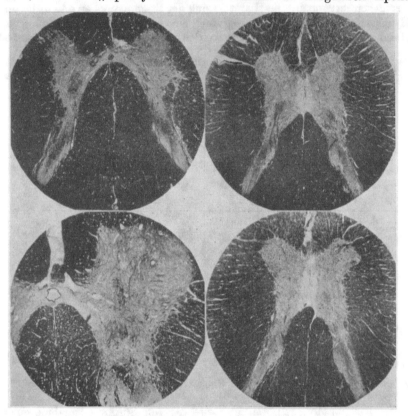

Abb. 7. Fehlbildungen der grauen Rückenmarksubstanz bei Mongolismus. (Aus BENDA.)

wucherungen wechselten von Fall zu Fall. Bereits HILL (1908/09) hatte auf geringe Zellzahlen im Vorderhorn aufmerksam gemacht. Mitunter fand BENDA Veränderungen in der Richtung einer „wahren" Syringomyelie. In einem anderen Falle waren die Hinterhörner nicht angelegt; es bestand außerdem beiderseits Klumpfußbildung. Eine weitere Beobachtung zeigte, daß sich die graue Substanz bis in die vorderen Randbezirke ausgebildet hatte. Daneben weist BENDA auf verschiedentlich beobachtete Myelodysplasien des Rückenmarkes hin. Insgesamt konstatierte er in 50% seines Materials eindeutige Entwicklungsrückstände, die sich in den übrigen Fällen mit abnormer Differenzierung verbanden. Angesichts solcher Fehlentwicklungen des Rückenmarkes gewinnen die von DEGENKOLB (1906) mitgeteilten klinischen Beobachtungen eine besondere Bedeutung. Es handelte sich um FRIEDREICH-Ataxiefälle mit mongoloiden Merkmalen in einer Geschwisterschaft. Auf anthropologische Merkmale bei spinocerebellaren Degenerationen hatte auch NONNE hingewiesen.

Überblickt man die Vielfalt der angeborenen Veränderungen am Zentralnervensystem des Mongoloiden, so ist es außerordentlich schwierig, einen einheitlichen Nenner für das Gesamtgeschehen zu finden. Wachstums- und Entwicklungsrückstand, mangelhafte Differenzierung und Fehldifferenzierung kennzeichnen zwar das Gesamtbild. Man wird sich auch BENDA anschließen können, wenn er den 2. und 3. Schwangerschaftsmonat — insbesondere auch im Hinblick auf Fehlbildungen an anderen Organen — als teratologische Terminationsperiode bestimmt. Auch die von BENDA erhobenen Rückenmarksbefunde sprechen für einen frühzeitigen Störungstermin. Andererseits ist doch sehr auffällig, daß Störungen in der Richtung diffuser Migrationshemmungen, Pachygyrien, Mikropolygyrien oder circumscripter Migrationsstörungen und Heterotopien in der Ventrikelumgebung für den Mongolismus gerade nicht charakteristisch sind, obwohl die Terminationsperiode für solche Fehlbildungen ebenfalls früh, zwischen dem 2. und 5. Schwangerschaftsmonat liegt. Die hin und wieder einmal gefundenen Heterotopien im Flocculusgebiet gehören bekanntlich weit in die Spielbreite noch normaler Variationen. Die relativ unauffällige Histotektonik der zentralen Ganglien und des Hirnstamms steht andererseits in deutlichem Gegensatz zu Unterentwicklung und mangelhafter Differenzierung der Großhirnrinde. Gegenüber leichteren Strukturstörungen der Kleinhirnrinde liegen wiederum erhebliche Minderanlagen und Fehldifferenzierungen im Rückenmark vor. *Das Gesamtbild der Anlagestörung ist also wesentlich durch das sehr unterschiedliche Betroffensein der einzelnen Anteile des Zentralnervensystems gekennzeichnet.* Man muß entweder annehmen, daß die Störungsfaktoren zu unterschiedlichen Zeiten angreifen oder jeweils nur an bestimmten Teilen wirksam werden. Schließlich wird man daran denken müssen, daß Fehlentwicklungen eines Gebietes Konsekutivstörungen in Nachbargebieten bzw. entwicklungszugeordneten Bereichen bewirken. Ein solches Vorkommnis läßt sich an Hand von analogen Beobachtungen an tiefgreifenderen Hirnmißbildungen belegen (H. JACOB 1938). Jedenfalls könnte man in dieser Hinsicht an die Möglichkeit denken, daß die Minderentwicklung des Kleinhirns unter Umständen einmal durch primäre Fehlanlage im Frontallappenbereich bewirkt sein könnte. Für die schädelhirnphysiognomisch erkennbaren Fehlbildungen werden gegenseitige Wachstumsabhängigkeiten zwischen Hirn und Schädel nicht zu übersehen sein. Das charakteristische Windungsbild und Furchenmuster als Kennzeichen der *Eigenform* des Hirns wird hingegen auf davon unabhängige Fehlsteuerungen zurückgeführt werden müssen. Das gleiche gilt zweifellos für die Störungen der Rindenstruktur. Trotz weitgehender Unspezifität der Einzelmerkmale und trotz ausgeprägter individueller Züge innerhalb der Gruppe mongoloider Hirne wird man doch die Minderentwicklung von Gesamthirn und Teilstrukturen, die „inneren Disharmonien" der verschiedenen Bereiche des Zentralnervensystems und die Fehldifferenzierungen in der Histotektonik als sehr wesentliche Charakteristika des Mongoloidenhirns bezeichnen dürfen. Die Diagnose allerdings wird stets nur unter Beachtung der Schädelphysiognomie und der Gesamtheit klinischer Merkmale zu stellen sein.

Neben der Frage nach den Bildungsprinzipien für die Entwicklungsstörung des mongoloiden Hirns kommt derjenigen nach der Verursachung eine besondere Bedeutung zu (primäres pathologisches Moment nach K. VOGT). Wir werden auf die Erörterung möglicher ätiologischer Faktoren am Abschluß eingehen. Hier erfolgt auch ein kurzer Hinweis auf eine Anzahl charakteristischer Befunde in bezug auf die innersekretorischen Organe beim Mongoloiden (pluriglanduläre Hypo- und Dysplasien). Vorerst wird es darauf ankommen, die neuropathologisch faßbaren Veränderungen regressiver und progressiver Natur am zentralnervösen Gewebe und insbesondere an der Glia in ihrer Pathogenese zu erfassen.

Offensichtlich können sich im Verlaufe postnatalen Lebens Mongoloider zusätzlich neuropathologische Prozesse entwickeln, die lediglich mittelbar mit den Anlageschäden in Beziehung stehen und einer gesonderten Besprechung bedürfen.

2. Die postnatal in Gang kommenden neuropathologischen Prozesse im mongoloiden Hirn (Verlaufspathologie des Mongolismus).

a) Zur Frage toxisch oder entzündlich bedingter Prozesse.

Angesichts des nicht seltenen Befundes verdickter und getrübter weicher Hirnhäute, die mit der Hirnsubstanz so fest verbunden sind, daß sie sich oft nur unter Verlust von Rindensubstanz (Dekortikation) lösen lassen und angesichts nicht seltener lympho- oder plasmocytärer Infiltrate innerhalb der Meningen, aber auch vereinzelt in Rinde und Mark hatte man im älteren Schrifttum das Vorliegen einer „forme special de meningo-encéphalite corticale" (Philippe-Oberthur) mehrfach erwogen. Eine schlüssige Erklärung für die wenn auch meist diskreten infiltrativen Vorgänge ist auch heute noch nicht zu geben. Man wird natürlich erwägen müssen, inwieweit nicht sekundäre Komplikationen vorliegen. Insofern gewinnen die tuberkulösen Infektionen, denen jugendliche Mongoloide nicht so selten erliegen können, eine Bedeutung (Scharling, Meseck u. a.). Andererseits aber finden sich im Schrifttum immer wieder Beobachtungen, die an die Wirksamkeit kongenital-luischer Faktoren in dem einen oder anderem Falle denken lassen. So fanden Babonneix und Lhermitte (1936) eine ausgeprägte basale gummöse Meningitis bei einem Mongoloiden. Hinweise auf das Vorliegen einer kongenitalen Lues wurden auch in den Fällen von van der Bogaret (1916), Goddard (1917), Gordon (1913), Riddel und Stewart (1923), McClelland und Ruh (1917) gegeben. Andererseits handelt es sich bei den genannten Beobachtungen um eine doch recht kleine Gruppe von Einzelfällen, die den Gedanken nahelegen, daß sich ein symptomatischer Mongolismus auf dem Boden einer kongenitalen Lues entwickelt haben könnte.

b) Zur Frage vasal bedingter Gewebsschäden und frühzeitigen Alterns Mongoloider.

Neben der Stratifikationsstörung, der Unreife und Fehldifferenzierung der Ganglienzellen lassen sich in einem nicht kleinen Prozentsatz Ganglienzellschäden feststellen, die im Verlaufe postnatalen Lebens einsetzen können. Ganglienzellverfettungen und -sklerosierungen (Weygandt, Philippe und Oberthur), -vacuolisierungen (Philippe und Oberthur, Vanavan, Meyer und Jones, Benda), sowie ischämische Ganglienzellerkrankungen (Benda) können intensitäts mäßig sehr unterschiedlich faßbar werden. Sie scheinen sich sowohl ubiquitär, als herdförmig, teilweise perivasal zu verteilen (Benda). Aber auch in der Marksubstanz finden sich mitunter herdförmige oder diffuse Gewebsschäden (Philippe und Oberthur, A. Jakob, Davidoff, Meyer und Jones, Benda). Es handelt sich dabei um herdförmigen Myelinschwund mit Abbau zu Neutralfetten, reaktiver Gliazellwucherung und Körnchenzellbildung. A. Jakob fand in solchen Herden granulomähnliche Bildungen. Ältere Herde lassen deutliche Gliafasernarben erkennen, besonders auch dann, wenn sie subependymal liegen (Meyer und Jones). Nicht nur sudanpositive Fettsubstanzen, sondern auch grünliches Pigment, hämatoxylinaffiner Pseudokalk oder homogene Massen können in Herdbereichen darstellbar werden. Nach Benda, der die Herdchen vorwiegend perivasal gelagert fand, kann es zu typischen Koagulationsnekrosen kommen. Schließlich stellen gliöszellige oder -faserige Proliferationen in der Molekularschicht keinen seltenen Befund dar. Selbst wenn man in Erwägung zieht, daß solcherart Herdschäden beim mongoloiden Säugling innerhalb der ersten Lebenswochen mitunter von den bekannten Vorgängen während der Myelinisationsperiode (Myelinisationsgliose mit Fettspeicherung) schwer abgrenzbar sind und andererseits ursächlich mit dem zu Tode führenden Krankheitsprozeß in Beziehung gebracht werden müssen, bleibt doch eine ganze Anzahl von Beobachtungen, die pathogenetisch zweifellos anders gelagert sind. BENDA hat mit sehr guten Gründen an Auswirkungen vasaler Dysergien gedacht. Bekanntlich leiden Mongoloide häufig an angeborenen Herzfehlbildungen (offenes Foramen ovale, Pulmonalstenosen, FALLOTsche Tetralogie u. ä. m.). Nach BENDA fanden sich unter denjenigen mongoloiden Kindern, die innerhalb des 1. Lebensjahres starben, in 75 % kardiale Fehlbildungen, unter den Überlebenden hingegen in 35 %. Darüber hinaus muß das gesamte Gefäßsystem der Mongoloiden als hypoplastisch bezeichnet werden (BENDA). Die Arterien sind in der Regel eng, dünn und die Zahl der Gefäßäste gegenüber der Norm geringer. Bereits WILMARTH (1896) hat auf die auffallende Schmalheit und Zartheit der basalen Hirngefäße und ihrer Verzweigungen innerhalb der nervösen Substanz aufmerksam gemacht. Insofern würde das cerebrale Gefäßsystem lediglich einen minderentwickelten Teilabschnitt des gesamten hypoplastischen Kreislaufapparates darstellen. Darüber hinaus sind Hämangiombildungen nach BENDA nicht selten zu finden. Stauungserscheinungen mit kleinen perivasalen Hämorrhagien innerhalb des Zentralnervensystems sind mehrfach beschrieben worden. Wenn auch A. JAKOB und DAVIDOFF auf die Intaktheit der Gefäßwände in ihren Fällen besonders hinweisen, scheint andererseits nach den Erfahrungen von BENDA eine leichte Verdickung, Schwellung der Intimazellen und homogene Mediazonen einen nicht seltenen Befund darzustellen. Solcherart Wandveränderungen am cerebralen Gefäßapparat bedürfen um so mehr der Beachtung, als nach BENDAs Beobachtungsgut Atheromatosen der Körpergefäße bei über 25jährigen Mongoloiden die Regel darstellen. Die bisher einmalige Beobachtung einer Endarteriitis obliterans (STEWART) bedarf in diesem Zusammenhang der Erwähnung. Angesichts solcher Befunde am Herz-Kreislaufapparat wird man BENDA zweifellos recht geben müssen, wenn er die während des postnatalen Lebens in Gang kommenden zentralnervösen Gewebsschäden als vornehmlich kreislaufbedingt auffaßt. Das um so mehr, als klinisch wiederholte lebensbedrohliche Anfälle von schwerer Cyanose und Dyspnoe bei mongoloiden Säuglingen beobachtet wurden (WIENEN 1931). Insofern dürften ähnliche Verhältnisse vorliegen wie beim Morbus caeruleus bzw. beim Blausuchtinfantilismus. Unter diesem Gesichtspunkt gewinnen jene formes frustes besondere Bedeutung, die sich als kongenitale Herzfehler mit mongoloiden Zügen kennzeichnen (KRABBE 1920, eigene Beobachtung). Schwere herdförmige Cerebralschäden bei Blausuchtkindern sind uns geläufig (BODECHTEL, BOCHNIK, MEESSEN und STOCHDORPH, SCHOLZ). W. SCHOLZ hatte zudem wahrscheinlich machen können, daß bei so zustande kommendem chronischen Sauerstoffmangel in früher Kindheit bzw. von Geburt an echte Minderentwicklungen bzw. Kümmerformen von Ganglienzellen (Ganglienzellhypoplasien, Zwergformen, einfache Atrophien, isochrome Hypotrophien) resultieren. Man wird auf Grund solcher Befunde vermuten dürfen, daß dies auch einmal im mongoloiden Hirn zustande kommt. Insofern ergeben sich für die pathologisch-anatomische und klinische Forschung bemerkenswerte Beziehungen zu zentralnervösen Prozessen bei angeborenen oder früh erworbenen Herzerkrankungen. Der Vergleich wird sich sowohl auf die Genese der „sekundären" Postnatalschäden, als möglicherweise auch auf Zwergwuchs, Mikrocephalie und Mikrencephalie beim Blausuchtinfantilismus erstrecken dürfen. Andererseits möchten wir doch glauben, daß Benda insofern zu weit geht, als er die von anderen Autoren mit Recht als Neuroblasten bezeichneten Elemente für Regressivschäden an der Ganglienzelle infolge Gewebsasphyxie hält. Wir können uns ihm deshalb auch nicht anschließen, wenn er die Zellminderung in der Großhirnrinde als Folgeerscheinung eines solchen postnatalen und progredient vor sich gehenden asphyktischen Vorganges darstellt. Die Fehlanlage des gesamten Zentralnervensystems erscheint so eindeutig, daß es gezwungen wäre, die Differenzierungsstörungen der Hirnrinde allein aus dem postnatalen Ganglienzellschwund zu erklären. Zudem finden sich tiefgreifendere vasale und kardiale Fehlbildungen bekanntlich nur in einem bestimmten — wenn auch für die Gruppe mongoloider Säuglinge erheblichen — Prozentsatz. Eine andere Frage allerdings ist, *ob man nicht in der hypoplastischen Gefäßanlage mitunter einmal eine der Stratifikationsstörung zugeordnete Minderentwicklung zu sehen hat.* Hier könnten angioarchitektonische Untersuchungen an der Großhirnrinde im Vergleich zu den Verhältnissen im Hirnstamm weiter führen. Wir halten es also mit Benda immerhin für möglich, daß man in der cerebralen Angiohypoplasie mitunter einmal einen sehr wesentlichen Faktor für die Entstehung teils pränataler, sicherlich aber postnataler Spätschäden im Mongoloidenhirn erfaßt hat. Benda vermutet, daß sich darüber hinaus durch Vorgänge in den weichen Häuten Arrodierungen und Verwachsungen benachbarter Windungen einstellen können. Dadurch soll es gewissermaßen im Verlaufe der postnatalen Entwicklung zu Überwachsungen von Sekundärfurchen und demzufolge zu einfacheren Furchenmustern kommen. Er begründet seine Auffassung damit, daß sich Windungsrelief und Furchenmuster beim mongoloiden Säugling von denjenigen der Älteren erheblich unterscheide. Auch hierin also soll sich der vasalbedingte und im Laufe des Lebens fortschreitende Prozeß äußern. Aber auch in dieser Hinsicht möchten wir glauben, daß seine Vorstellungen zunächst einer Abstützung durch sorgfältige Nachuntersuchungen bedürfen. Jene gesicherten Beobachtungen mit unauffälligen Cerebralgefäßen und nicht nachweisbaren sekundären Kreislaufschäden dürften jedenfalls einer Verallgemeinerung dieser Auffassung ebenso entgegenstehen, wie die Befunde beim Blausuchtinfantilismus ohne mongoloide Merkmale.

Hinsichtlich mancher diskreter gliöser Zellwucherungen von mehr diffusem Charakter in der Marksubstanz, der häufigen Gliaproliferationen in der Molekularschicht, der Verdickung und Schwielenbildung innerhalb der weichen Häute und schließlich der Verfettungen, Sklerosierungen oder vacuoligen Degenerationen an den Ganglienzellen wird man die Frage erörtern müssen, ob es sich dabei nicht um *vorzeitige Alterungserscheinungen* handelt. Nicht nur für den Mongolismus, sondern auch für eine Anzahl anderer Formen von Idiotie verbunden mit Anlagestörungen des Gehirns gehört bekanntlich die Kurzlebigkeit und Vitalschwäche zu den auffälligsten klinischen Merkmalen (z. B. Mikrencephalie, Megalencephalie). Auch hierbei finden sich mitunter analoge Erscheinungen an der Glia (s. S. 62 u. 77). Darüber hinaus fanden Bertrand und Koffas (1946), Jervis (1948) und Benda (persönliche Mitteilung) bei Mongoloiden bereits im mittleren Lebensalter senile Abbausyndrome (senile Drusen, Alzheimersche Fibrillenveränderungen, Pigmentdegeneration der Ganglienzellen im Verein mit Gliaproliferationen). In Verbindung hiermit ist die klinische Erfahrung hervorzuheben, daß Mongoloide mittleren Lebensalters nicht selten vorzeitig altern bzw. sich senil-dementiv verändern (Ingalls 1947, Biewald 1940, Jervis 1948). Möglicherweise stellen auch die oben erwähnten unspezifischen Veränderungen des zentralnervösen Gewebes eine Grundlage hierfür dar. Auch die auffällige Neigung zur Kataraktbildung bei erwachsenen Mongoloiden (van der Scheer 1927, v. Muralt 1942) könnte in die gleiche Richtung weisen. Auf jeden Fall wird man gut tun, die *Verlaufspathologie* hinsichtlich fortschreitender zentralnervöser Prozesse jeweils unter einer Vielzahl ätiologisch und pathogenetisch möglicher Faktoren zu betrachten.

Ein neuropathologisch noch wenig bearbeitetes oder zusammenfassend gewürdigtes Feld stellen die mongoloiden Abortivformen bzw. formes frustes dar. Insonderheit gewinnen jene Beobachtungen Bedeutung, in denen sich mongoloide Merkmale mit cerebralen Entwicklungsstörungen andersartiger Natur oder mit Heredodegenerativerkrankungen vereinen. Es war bereits auf das — wenn auch seltene — Vorkommnis mongoloider Züge bei spinocerebellaren Degenerationen hingewiesen worden (DEGENKOLB, NONNE). Ein solches Zueinander gewinnt dadurch noch einen besonderen Aspekt, als Friedreich-Kranke nicht selten an angeborenen Herzfehlern leiden. Des weiteren ist angesichts der Rückenmarksbefunde von HILL und BENDA eine nicht allzu seltene Koppelung von dysraphischen Störungen und in die gleiche Richtung weisenden Anomalien am Skelet mit mongoloiden Merkmalen bemerkenswert. Schließlich ist das Vorkommnis hereditärer Taubstummheit mit mongoloidem Einschlag beschrieben worden. Auf mongoloide Merkmale bei angeborenem Herzfehler bzw. auf Kombinationen von Mongolismus mit Blausuchtinfantilismus war bereits hingewiesen worden.

Besonderes Interesse haben in jüngster Zeit die beim Mongolismus recht häufig anzutreffenden Veränderungen an den innersekretorischen Organen gefunden. Untersuchungen auf breiter Basis wurden vor allem von BENDA durchgeführt. Im Gegensatz zu den Verhältnissen beim hypophysären Zwergwuchs erscheint die Insuffizienz der Hypophyse aus einer primären Anlagestörung hervorzugehen und nicht aus einer in der Kindheit erworbenen Schädigung. Abnorme embryonale Bedingungen erzeugen sekundär Hypopituitarismus. Hierdurch aber erfolgt vermutlich eine Fehlsteuerung anderer innersekretorischer Drüsen (Schilddrüse, Geschlechtsdrüsen, Nebennieren).

In ätiologischer Hinsicht steht unser augenblickliches Sachwissen in keinerlei Entsprechung zur Fülle von Theoriebildungen. Verhältnismäßig nicht sehr häufig wurde erbliches Auftreten beobachtet. Relativ hohes Alter der Mütter, insbesondere Erstgebärenden, war schon immer aufgefallen. Die Annahme einer mangelhaften Implantation eines gesunden Eies in die pathologisch veränderte Uterusschleimhaut ist teils vertreten, teils bezweifelt worden. Als mögliche ätiologische Faktoren werden erwogen: Erkrankungen der Geschlechtsorgane, mißglückter Abort, Blutungen während der Gravidität, Infektionskrankheiten der Mutter (Rubeolen), Sauerstoffmangellage in utero, Schilddrüsendysfunktionen der Mutter (nach BENDA in ungefähr 13%) u. ä. m. (Schrifttum hierzu siehe vor allem unter BENDA, ENGLER, INGALLS, GEYER, JENKINS, PORTIUS, SCHRÖDER).

Literatur.

BABONNEIX, L.: Contribution à l'Etude anatomique de l'Idiotie mongolisme. Arch. Méd. Enf. 12, 497 (1909). — Lésions inflammatoires des Meninges dans l'Idiotie mongolienne. C. r. Soc. Biol. Paris 87, 419 (1922). — BABONNEIX, L., et VILLETTE: Idiotie mongolienne familiale. Arch. Méd. Enf. 19, 478 (1918). — BABONNEIX, L., et RIOM: Mongolisme avec saillie verticale médio-frontale. Bull. Soc. Pédiatr. Paris 30, 85 (1932). — Mongolisme avec dolichocolon. Bull. Soc. Pédiatr. Paris 31, 432 (1933). — BABONNEIX, L., et J. LHERMITTE: Arriération mongolienne et méningite gummeuse de la base de l'encéphale. Soc. de neurol. de Paris 3. Dez. 1936. — BENDA, CL. E.: Clinical and anatomical studies in mongolism. J. Nerv. Dis. 90, 56 (1939). — Studies in mongolism. I. Growth and physical development. Arch. of Neur. 41, 83 (1939). — Studies in mongolism. II. The thyroid gland. Arch. of Neur. 41, 243 (1939). — Studies in mongolism. III. The pituitary body. Arch. of Neur. 42, 1 (1939). — The central Nervous System in Mongolism. Amer. J. Ment. Def. 45, 42 (1940). — Mongolism and Cretinism. New York: Grune a. Stratton 1946. — Prenatal maternal factors in mongolism. J. Amer. Med. Assoc. 139, 979 (1949). — Acromicria congenita or the mongoloid deficiency. In the biology of mental health and disease, S. 402 bis 421. New York: P. B. Hoeber 1952. — BIACH, P.: Zur Kenntnis des Zentralnervensystems beim Mongolismus. Dtsch. Z. Nervenheilk. **37**, 7 (1909). — Zur Histopathologie des Mongolismus. Wien. klin. Wschr. **1909**, 783. — BIEWALD: Beitrag zur Erforschung der Psyche der älteren Mongoloiden. Mschr. Kinderheilk. **82**, 197 (1940). — BOCHNIK, H. J.: Hirnbefunde bei Morbus caeruleus. Arch. f. Psychiatr. u. Z. Neur. (im Druck). — BODECHTEL: Gehirnveränderungen bei Herzkrankheiten. Z. Neur. **140**, 657 (1932). — BOGARET, F. VAN DER: Congenital Syphilis simulating Mongolism in one of twins. Amer. J. Dis. Childr. **2**, 55 (1916). — BOURNEVILLE: Idiotie du type mongolienne. C. r. Bizêtre **1901/02**. — Rech. clin. et thérap. sur l'epil., l'hyst. et l'idiotie **22**, 136 (1902). — BOURNEVILLE, PHILIPPE et OBERTHUR: Idiotie du type mongolienne. Rech. clin. et thérap. sur l'epil., l'hyst. et l'idiotie **22**, 137 (1902); **23**, 1 (1903); **24**, 149 (1904). — BOURNEVILLE et ROYER: Imbecilité congénitale. Type mongolienne. C. r. Bizétre **24** (1903). — BRUSHFIELD, TH.: Mongolism. Brit. J. Childr. Dis. **21**, 241 (1924).

CARDONA, F.: La microglia nell'idioza mongoloide. Riv. Pat. nerv. **41**, 293 (1933). — CATALANO, E.: Contributo anatomopatologico allo studio del mongolismo. Pisani **55**, 37 (1935). — CLIFT: Roentgenological findings in mongolism. Amer. J. Roentgenol. **9**, 420 (1922). — COMBY, J.: Le mongolisme infantile. Arch. Méd. Enf. **4**, 193 (1906). — Nouveau cas de mongolisme infantile. Arch. Méd. Enf. **10**, 1 (1907). — Idiotie mongolienne. Arch. Méd. Enf. **20**, 505, 560, 617 (1917). — A propos du mongolisme. Bull. Soc. Pédiatr. Paris **22**, 20 (1924). — Nouvelles observations de mongolisme. Arch. Méd. Enf. **30**, 5, 86 (1927). — COZZOLINO: L'Encephalo in un caso d'idiozia mongoloide. Pediatria **29**, 49 (1921).

DAVIDOFF, L. M.: The Brain in Mongolian Idiocy. Arch. of Neur. **20**, 1229 (1928). — DEGENKOLB: Familiäre Ataxie mit Idiotie bei zwei Geschwistern. Arch. f. Psychiatr. **41**, 774 (1906). Ref. Neur. Zbl. **1906**, 963. — DELFINI, C.: Contributo alla studio del mongolismo. Riv. sper. Freniatr. **56**, 162 (1932). — DIAZ ORERO, E.: Mongolismus mit Hydrocephalus. Arch. Med. infant., Hosp. Garcia, Hab. **4**, 256 (1935). — DOXIADES u. PORTIUS: Zur Ätiologie des Mongolismus unter besonderer Berücksichtigung der Sippenbefunde. Z. menschl. Vererbgs.-u. Konstit.lehre **21**, 384 (1938). — DUBLIN, W. B., and R. W. BROWN: Histopathologic changes of brain accompanying delayed death following asphyxiation. Northwest Med. **41**, 167 (1942).

ENGLER, M.: Mongolism. (Peristatic Amentia.) Bristol: J. Wright a. Sons Ltd.; London: Simpkin Marshall Ltd. 1949.

FANCONI, G.: Die Mutationstheorie des Mongolismus. Schweiz. med. Wschr. **1939 II**, 995. — FRASER, J., and A. MITCHELL: Kalmuc Idiocy. J. Ment. Sci. **22**, 169 (1876/77). — FROMM: Sektionsbefund bei einem Fall von Mongolismus. Mschr. Kinderheilk. **4**, Nr 5 (1905).

GANS, A.: Anatom. bevind. by de mongol. idiotie. Psychiatr. Bl. (holl.) **1923**, 301. — Anatom. bevind. by de mongol. idiotie. Nederl. Tijdschr. Geneesk. **69**, Nr 8 (1925); **70**, Nr 12 (1926). — Anatomische Befunde bei der mongoloiden Idiotie. Zbl. **45**, 142 (1927). — Het outbreken der striae (acusticae) Piccolomini by de mongol. Idiotie. Psychiatr. Bl. (holl.) **1926**, Nr 2/3, 3. — GEYER, H.: Zur Ätiologie der mongoloiden Idiotie. Leipzig: Georg Thieme 1939. — GODDARD, H. H.: Syphilis as an etiologic Factor in mongolian Idiocy. J. Amer. Med. Assoc. **68**, 1057 (1917). — GORDON, J. L.: The incidence of inherited Syphilis in congenital mental Deficiency. Lancet **1913 II**, 861. — GORDON, R. G., J. A. ROBERTS and FRASER: Paraplegia and mongolism in twins. Arch. Dis. Childh. **13**, 79 (1938).

HALLERVORDEN, J.: In Handbuch der inneren Medizin (BERGMANN, FREY, SCHWIEGK), Bd. 5, 3. Teil, Neurologie III Mongolismus, S. 927. Berlin-Göttingen-Heidelberg: Springer 1953. — HILL, B.: Mongolism and its Pathology. An analysis of 8 cases. Quart. J. Med **2**, 49 (1908/09). — HELLMANN: Anatomische Studien über Mongolismus. Arch. Kinderheilk. **26**, 329 (1909). — HOVEN: Des lésions anatomo-cliniques de l'idiotie. Encéphale **16** (1921). — HUSLER, J.: Mongolismus. In Handbuch der Kinderheilkunde, 4. Aufl., Erg.werk von W. v. PFAUNDLER, Bd. I, S. 123. Berlin: Springer 1942.

ILLING, J.: Beiträge zum Krankheitsbild der mongoloiden Idiotie. Mschr. Kinderheilk. **78**, 353 (1939). — INGALLS: Pathogenesis of mongolism. Amer. J. Dis. Childr. **73**, 297 (1947). — Etiology of mongolism. Amer. J. Dis. Childr. **74**, 147 (1947). — INGALLS and DAVIS: New England J. Med. **236**, 437 (1947).

JACOB, H.: Die „Eigenform" des Menschenhirns und die Schädel-Hirnphysiognomie. Neue Ergebnisse und Probleme der Zoologie, S. 327. (KLATT-Festschrift.) Leipzig: Geest u. Portig 1950. — Die feinere Oberflächengestaltung der Hirnwindungen, die Hirnwarzenbildung und die Mikropolygyrie. Ein Beitrag zum Problem der Furchenbildung und Windungsbildung des menschlichen Gehirns. Z. Neur. **170**, 64 (1940). — JAKOB, A.: Über das pathologisch-anatomische Bild der mongoloiden Idiotie (nach Untersuchungen von DAVIDOFF). Allg. Z. Psychiatr. **88**, 382 (1928). — JELGERSMA, H. C.: Beschreibung des Schädels einer mongoloiden Idiotin. Z. Neur. **150**, 446 (1934). — JENKINS: Etiology of mongolisme. Amer. J. Dis. Childr. **45**, 505 (1933). — JERVIS, G.: Early senile dementia in mongoloid idiocy. Amer. J. Psychiatry **105**, 102 (1948).

KRABBE, K. H.: The possibility of abortive forms of mongolism in congenital heart disease. J. Nerv. Dis. **51**, 373 (1920). — KREYENBERG: Der Mongolismus. In Handbuch der Neurologie, herausgeg. von O. BUMKE u. O. FOERSTER, Bd. 17, Spezielle Neurologie VIII S. 13. Berlin: Springer 1936.

LANGE, P.: Beitrag zur pathologischen Anatomie des Mongolismus. Inaug.-Diss. Leipzig 1907. — LENZ: Siehe BAUR-FISCHER-LENZ: Menschliche Erblehre, Bd. I, S. 442. München 1936. — LEVI, S.: Studio sulla morfologia cerebrale nella Idiocia mongoloide. Riv. Clin. pediatr. **34**, 769 (1936). — LHERMITTE, SLOBOZIANO et RADOVICI: Contribution a l'étude anatomique de l'idiotie mongolienne. Bull. Soc. Pédiatr. Paris **19**, 187 (1921).

MCCLELLAND, J. E., and H. O. RUH: Syphilis as an etiologic factor in mongolian Idiocy. J. Amer. Med. Assoc. **68**, 777 (1917). — MELTZER: Über mongoloide Idiotie. Z. jugendl. Schwachsinn **1909**, Nr 5/6. — MENDE, L.: Über eine Familie hereditär degenerativer Taubstummer mit mongoloidem Einschlag und teilweisem Leukismus der Haut und Haare. Arch. Kinderheilk. **79**, 214 (1926). — MESECK, H.: Tuberkulöse eitrige Meningitis bei einem mongoloiden Idioten. Mschr. Kinderheilk. **28**, 343 (1924). — MEYER, A., and L. C. COOK: J. Ment. Sci. **83**, 258 (1937). — MEYER, A., and J. B. JONES: Histological changes in the brain in mongolism. J. Ment. Sci. **85**, 206 (1939). — MITCHELL, A. G., and H. F. DOWNING: Mongolian idiocy in twins. Amer. J. Med. Sci. **172**, 866 (1926). — MORGAN, L. O.: Alterations in the hypothalamus in mental deficiency. Psychosomat. Med. **1**, 498 (1939). — MURALT, A. v.: Über Augenuntersuchungen und anthropologische Messungen an 22 Mongoloiden. Arch. Klaus-Stiftg **17**, 81 (1942).

NEUMANN, H.: Über den mongoloiden Typus der Idiotie. Berl. klin. Wschr. **1899**, 210.

OBERTHUR, J.: Examen histol. de trois cerveaux d'idiots du type mongolien etc. Rech. clin. et thérap. sur l'épil., l'hyst. et l'idiotie **24**, 169 (1904).

PÉHU, M.: Mongolisme et syphilis. (Étude critique.) Volum. jubil. en l'honneur de L. E. C. DAPPLES 303, 1937. Siehe auch: Rev. franç. Pédiatr. **13**, 212, 209 (1937). — PHILIPPE, C., et J. OBERTHUR: Examen histol. de deux cerveaux d'idiots mongoliens. Rech. clin. et thérap. sur l'epil., l'hist. et l'idiotie **23**, 19 (1903). Siehe auch C. r. Bicétre **22**, 3, 148 (1902). — PORTIUS, W.: Mongolismus. Fortschr. Erbpath. usw. **2**, 281 (1938); **5** 194 (1941).

RANKE: Anthropometrische Untersuchungen usw. Z. Schulgesdh.pfl. **18** (1905). — RIDDEL, D. O., and R. M. STEWART: Syphilis as an etiological factor in mongolian idiocy. J. of Neur. **4**, 221 (1923). — ROSANOFF and HANDY: Etiology of mongolisme with special reference to its occurence in twins. Amer. J. Dis. Childr. **48**, 764 (1934). — RUSSEL: Mongolism in twins. Lancet **1933** I, 802.

SCHABAD: Ein Beitrag zur Kenntnis der mongoloiden Idiotie. Freiburg 1908. — SCHARLING, H.: Der infantile Mongolismus und die Tuberkulose. Z. jugendl. Schwachsinn **4**, 48 1911). — SCHEER, W. M. VAN DER: Beiträge zur Kenntnis der mongoloiden Mißbildung. (Abh Neur. usw., Beih. z. Mschr. Psychiatr. **1927**, H. 41. (Dort siehe weitere Literatur von VAN DER SCHEER.) — SCHOB: Pathologische Anatomie der Idiotie. Teil 5, C. Mongoloide Idiotie. In Handbuch der Geisteskrankheiten, herausgeg. von O. BUMKE, Bd. 11, Spez. Teil VII, S. 949. Berlin: Springer 1930. — SCHOLZ, W.: Über den Einfluß chronischen Sauerstoffmangels auf das menschliche Gehirn. (Auf Grund des Hirnbefundes eines 18jährigen mit Morbus coeruleus bei angeborenem Herzfehler.) Z. Neur. **171**, 427 (1941). — SCHRÖDER, H.: Die Sippschaft der mongoloiden Idiotie. Z. Neur. **160**, 73 (1937). — Haben gynäkologische Erkrankungen eine Bedeutung für die Genese des Mongolismus? Z. Neur. **163**, 390 (1938). — Zur Frage der ovariellen Insuffizienz bei Mongoloidenmüttern. Z. Neur. **170**, 148 (1940). — SCHULZ, B.: Zur Genealogie des Mongolismus. Z. Neur. **134**, 269 (1931). — SHUTTLEWORTH, G. E.: Mongolian Idiocy. Brit. Med. J. **2**, 661 (1909). — SIEGERT, F.: Der Mongolismus. Erg. inn. Med. **6**, 565 (1910). — STEFKO, W., et L. IVANOWA: L'anatomie et la pathologie du mongoloidisme. Bull. Soc. roum. Neur. etc. **16**, 57 (1935). — STEVENS, H. C.: Mongolian Idiocy and Syphilis. J. Amer. Med. Assoc. **64**, 1636 (1915). — STEWART, R. M.: The problem of the Mongol. Proc. Roy. Soc. Med. **19**, 11 (1925/26). — A note on the presence of endarteritis obliterans in the brain of a mongolian imbecile. Metropolitan Asylum Board Annual Report **1926/27**, 291. — J. of Neur. **7**, 338 (1927). — SUTHERLAND, G. A.: Mongolian imbecility in infants. Practitioner **63**, 632 (1899). — Mongolian Imbecile. Brit. Med. J. **1**, 1121 (1909). — SVENDSEN: Ergebnisse der Erbforschung auf dem Gebiet der Oligophrenie, Epilepsie und anderer neurologischer Krankheiten 1939—1946. Ref. Zbl. Neur. **110**, 1 (1950).

TARANTELLI, E.: Contributo allo studio del mongolismo. Un caso da eredolues. Endocrinologia **2**, 329 (1927). — TEDESCHI: Mischform von Mongolismus, Myxödem, Infantilismus und Akromelie. Mschr. Kinderheilk. **101** (1904). — TETAFIORE, E.: Pathologischanatomische Untersuchungen über das Gehirn und die innersekretorischen Drüsen von 2 mongoloiden Säuglingen. Fol. med. (Napoli) **23**, 1209 (1937). Ref. Zbl. Neur. **81**, 124 (1936). — THIEMIG: Sektionsbefund bei einem Falle von Mongolismus. Mschr. Kinderheilk.

2, 134 (1903). — Thums, K.: Neuere Ergebnisse der psychiatrischen Erbforschung. II. Mongolismus. Allg. Z. Psychiatr. **103**, 152 (1935). — Tredgold, A. F.: Textbook of Mental Deficiency, S. 193. London: Baillière, Tindall a. Cox 1947. — Turpin: Les conditions d'apparition du mongolisme. Univ. méd. Canada **67**, 1263 (1938). — Mongolisme. Rev. franç. Puéricult. **5**, 22 (1938).

Villaverde, J. M. de: Les lésions cérebélleuses dans l'idiotie mongoloides et quelques considérations sur la pathologie du cervelet. Trav. Labor. Rech. biol. Univ. Madr. **27**, 111 (1931). — Vivaldo, J. C., et A. Barrancos: Histologische Studie über das Gehirn einer mongoloiden Phrenasthesie. Prensa méd. argent. **15**, 274 (1928). — Vogt, H.: Der Mongolismus. Z. jugendl. Schwachsinn **1**, 445 (1907).

Waterson, D.: A preliminary note on the brain and skull in mongolism. Lancet **1906 II**. — Welker, A.: Das Schädelröntgenbild bei der mongoloiden Idiotie. Inaug.-Diss. Hamburg 1930. — Weygandt, W.: Über mongoloide Degeneration. Berl. klin. Wschr. 1908, 1787. — Über Hirnrindenveränderungen bei Mongolismus, Kretinismus und Myxödem. Z. jugendl. Schwachsinn **5**, 428 (1912). — Idiotie und Imbezillität. 9. Mongolismus. In Handbuch der Psychiatrie, herausgeg. von G. Aschaffenburg, Spez. Teil, 2. Abt., S. 149. Leipzig u. Wien: Franz Deuticke 1915. — Über die Pathogenese des Mongolismus. Psychiatr.-neur. Wschr. 1926. — Der jugendliche Schwachsinn, S. 272. Stuttgart: Ferdinand Enke 1936. — Ist mongoloide Entartung eine Erbkrankheit? Psychiatr.-neur. Wschr. **1937**, 355, 368. — Wienen: Wiederholte lebensbedrohliche Anfälle von schwerer Zyanose und Dyspnoe bei einem Säugling mit Mongolismus. Kinderärztl. Prax. **2**, 27 (1931). — Wilmarth, A.: Report on examination of a hundred brains of feebleminded children. Alien. a. Neur. 1890. — The brains of feeble-minded children. Alien. a. Neur. **12**, 543 (1891).

Zappert, J.: Hat eine Strahlenbehandlung der graviden Mutter einen schädlichen Einfluß auf das Kind? Wien. klin. Wschr. **1925**, 669.

Epilepsie.

Von

W. Scholz-München und **H. Hager**-München[1].

Mit 39 Abbildungen.

I. Zum Begriff „Epilepsie".

Um eine pathologische Anatomie der Epilepsie darzustellen, müßte man wissen, was Epilepsie ist. Wissen sollte man wenigstens, was darunter verstanden wird, um damit einen thematischen Rahmen zu finden. Es ist aber nicht ganz einfach, sich im Wechsel der Anschauungen und Standpunkte darüber orientiert zu halten. Von der klinischen Symptomatik her gehören generalisierte Krämpfe und anfallsartige Äquivalente zu den charakteristischen Krankheitserscheinungen; sie sind maßgeblich für die Diagnose. Schwierigkeiten der Zuordnung können die Formen machen, bei denen im Kindesalter solche Äquivalente in Gestalt von Petit-mal-Anfällen, Absencen mit mehr oder weniger ausgesprochenen Automatismen, dämmeriger Bewußtseinstrübung usw. ohne generalisierte Krämpfe auftreten (Pyknolepsie), bis das spätere Hinzutreten großer Anfälle die Zugehörigkeit zum epileptischen Formenkreis offenbart. In anderen Fällen sind zwar generalisierte Krämpfe vorhanden, sie treten aber im Krankheitsverlauf zugunsten obengenannter Rudimente ganz in den Hintergrund; sie werden als psychomotorische Epilepsie bezeichnet (GIBBS, GIBBS und LENNOX) und haben, besonders nach den Erfahrungen der Hirnchirurgen (PENFIELD u. a.) sehr häufig ihre Ursache in Läsionen bestimmter Teile des Schläfenlappens (Nucleus amygdalae und Gyrus hippocampi),von wo sich diese Symptome auch durch Reizung reproduzieren lassen. Erfolgreiche Behandlung durch Temporallappenresektionen haben sie besonders in den letzten 2 Jahrzehnten in den Vordergrund des Interesses gerückt. Es wird aber nicht jeder, der einmal einen oder mehrere generalisierte Krämpfe gehabt hat, als Epileptiker bezeichnet und erst recht nicht der, der einmal vorübergehend von den viel schwerer rubrizierbaren anfallsartigen Äquivalenten befallen war. Die Berechtigung, von einer Epilepsie zu sprechen, wird allgemein erst dann anerkannt, wenn während einer längeren Periode des Lebens ein Krankheitsbild besteht, in dem diese Phänomene die Symptomatologie beherrschen oder bestimmen. Die chronische Form des Verlaufes ist ein wesentliches Merkmal der Epilepsie; deshalb werden ihr auch die Eklampsie der Schwangeren, die Keuchhustenklampsie, die eklamptischen Zustände der Spasmophilen und andere episodische Krankheitszustände dieser Färbung nicht zugerechnet, ebensowenig wie eklamptische Zustände bei Urämie, im diabetischen Koma usw.

Verwickelter liegen die Dinge von der kausalgenetischen Seite her. Früher begnügte man sich damit, eine symptomatische und eine genuine, essentielle

---

[1] Abschnitte I—III von W. SCHOLZ, Abschnitt IV von H. HAGER.

bzw. idiopathische oder kryptogenetische Form der Epilepsie zu unterscheiden; symptomatisch mit Hinsicht auf ein mehr oder weniger gut definiertes cerebrales oder extracerebrales Grundleiden, mit dem eine Epilepsie zwar nicht obligat verbunden ist, auf das sie aber von Fall zu Fall ursächlich oder wenigstens teilursächlich bezogen werden kann. Zu der genuinen Form rechnete man die kryptogenetischen chronischen Anfallsleiden, wobei denen mit konstitutionellen bzw. erblichen Ursachen ein sehr breiter Raum zugestanden wurde. Diese Formen waren es auch, bei denen man nach ihrem Verlauf mit den bestimmt gefärbten Veränderungen der Persönlichkeit und der schließlichen Entwicklung eines intellektuellen Verfalls annahm, daß ihnen ein chronisch verlaufender Hirnprozeß, vergleichbar den progressiven involutiven Vorgängen oder dem paralytischen Prozeß zugrunde läge. Es ist nicht zu verwundern, daß mit der Vervollkommnung der klinischen Diagnostik vieles aus der Gruppe der genuinen in die der symptomatischen Epilepsie abwanderte und in dieser wieder so verschiedene Situationen wie etwa eine Fallsucht bei narbigen Veränderungen im Gehirn und ein Anfallsleiden bei endokrinen Störungen — beispielsweise bei parathyreopriver Tetanie — oder bei chronischen Vergiftungen zu begrifflichen Trennungen aufforderten. Entstand so zunächst eine Vielzahl genetisch unterschiedlicher Epilepsien, so besteht neuerdings unter dem Eindruck der Analyse des Krampfvorganges mit bioelektrischen und stoffwechselchemischen Methoden besonders von neurophysiologischer Seite her die Neigung, den Begriff der Epilepsie überhaupt fallenzulassen und von epileptischen Reaktionen geklärter oder ungeklärter Genese zu sprechen. Auch die neueren Ergebnisse der pathologisch-anatomischen Epilepsieforschung könnten zur Begründung eines solchen Standpunktes herangezogen werden, indem sich die alte Vorstellung von einem epileptischen Hirnprozeß nicht mit zuverlässigen Befunden hat stützen lassen und das Gemeinsame im Hirnbefund aller epileptischen Erkrankungen sich in dem morphologischen Effekt eines Symptoms, nämlich des generalisierten Krampfes, erschöpft.

Bei einer Betrachtung, die das Symptom des Anfalls und seine hirnphysiologischen und pathogenetischen Bedingungen so sehr in den Mittelpunkt stellt, ist aber der Verlauf mit seinen charakteristischen Entwicklungen, die ja nun auch mit zu dem Krankheitsbild gehören, das man Epilepsie nennt, allzu sehr in den Hintergrund gedrängt. Bei den konstitutionellen Formen treten die Anfallssymptome öfter sogar hinter frühzeitigen Persönlichkeitsveränderungen zurück, so daß letztere als Krankheitsphänomen mindestens gleichberechtigt neben den anfallsartigen cerebralen Reaktionen stehen. Gerade diese Entwicklungen lassen es zweckmäßig erscheinen, an dem Krankheitsbegriff der Epilepsie festzuhalten, solange man keine besseren Definitionen geben kann.

Wir möchten aus Gründen der Zweckmäßigkeit für die Darstellung der neuropathologischen Tatbestände auch eine Gruppierung in sog. genuine und symptomatische Epilepsien beibehalten. Das scheint uns schon für eine gemeinsame Betrachtung definierbarer cerebraler Tatbestände und ihrer Beziehungen zur Entwicklung eines epileptischen Leidens notwendig. Auf der anderen Seite scheint das Kapitel der morphologischen Attribute der „Epilepsie aus konstitutionellen Ursachen", soweit es das Nervensystem betrifft, noch keineswegs abgeschlossen, wenn diese Attribute auch nicht in der Ebene eines progressiven Hirnprozesses. sondern wie die körperbaulichen in der Richtung von Dysgenesien, Dysplasien. Porportionsunterschieden oder ähnlichem zu suchen sind.

Von den symptomatischen Formen der Epilepsie interessieren an dieser Stelle in der Hauptsache die epileptischen Verläufe, die auf ein definierbares cerebrales Grundleiden ursächlich bezogen werden können. Sie werden übereinkunftgemäß allerdings nur mit Einschränkungen als symptomatische Epilepsien bezeichnet, was bei der hier zu gebenden Darstellung zu berücksichtigen ist. So spricht man beispielsweise bei den an die Existenz von Hirnnarben gebundenen epileptischen Entwicklungen nach Hirnverletzung oder nach frühkindlichen Hirnschäden von symptomatischer Epilepsie, selbst wenn in letzterem Fall das Bild der cerebralen Kinderlähmung oder des erworbenen Schwachsinns das eindringlichere ist. Der Grund dafür dürfte darin zu suchen sein, daß der ursächliche cerebrale Defekt den Charakter des Stationären, des Abgelaufenen und Gewesenen trägt und das hinzugetretene epileptische Leiden die weitere Krankheitsentwicklung bestimmt.

Anders ist es bei fortschreitenden Hirnprozessen und einigen Krankheitszuständen charakteristischer cerebraler Prägung. So verläuft beispielsweise die progressive Paralyse, besonders deren juvenile Form, oft mit gehäuften generalisierten Krämpfen. Es ist aber nicht üblich, hierbei von symptomatischer Epilepsie zu sprechen, sondern man bezeichnet diese Krankheitszustände, indem man den verlaufsbestimmenden cerebralen Prozeß in den Vordergrund stellt, als Anfallsparalysen. Bezeichnenderen Merkmalen zuliebe vermeidet man es sogar bei cerebralen Krankheitszuständen, die wie die tuberöse Sklerose und die STURGE-WEBERsche Angiomatose der weichen Häute regelmäßig mit epileptischen Krämpfen verlaufen, den Begriff der Epilepsie anzuwenden. Widersprüchlich wird in dieser Hinsicht die LUNDBORG-UNVERRICHTsche Myoclonusepilepsie behandelt; allerdings handelt es sich hier mehr um die Beibehaltung einer traditionellen Benennung, als daß man bei dem bekannten Hirnprozeß damit ihre Zugehörigkeit zu den symptomatischen Epilepsien zum Ausdruck bringen wollte. Noch viel weniger rechnet man Anfälle bei degenerativen Erkrankungen wie etwa bei amaurotischer Idiotie, Leukodystrophie, HUNTINGTONscher Chorea usw., in deren Verlauf sich gelegentlich generalisierte Krämpfe einschieben, zu den symptomatischen Epilepsien; hierbei fehlt eben in der Regel auch eine epileptische Entwicklung. Trotzdem vermögen Krämpfe, wie wir sehen werden, den Hirnbefunden dieser Krankheiten einen typischen zusätzlichen Stempel aufzudrücken.

Die Stellung der *Spät-* und *Altersepilepsie,* zu der man eben auch nur epileptische *Entwicklungen* rechnen sollte, ist genetisch sicher nicht einheitlich. Zum Teil handelt es sich um späte Manifestationen konstitutioneller Gegebenheiten, so daß einschlägige Fälle der genuinen Form zugeordnet werden müssen. Ein anderer Teil wird mit den dem höheren Lebensalter eigentümlichen Erkrankungen in Zusammenhang gebracht. Arteriosklerose, Hypertonie und involutive Veränderungen am Hirngewebe haben als epileptogene Faktoren aber bei weitem nicht die Bedeutung wie etwa traumatische oder frühkindliche Veränderungen, Hirngeschwülste oder der Prozeß der progressiven Paralyse. Eine Inbeziehungsetzung stößt hier auf viel größere Schwierigkeiten, und das Anfallsleiden dürfte mit der Existenz einer arteriosklerotischen oder involutiven Hirnveränderung allein schon wegen der relativ seltenen Koinzidenz nicht immer einleuchtend zu begründen sein. Eine Brücke zu den involutiven Hirnveränderungen schlägt die ALZHEIMERsche Krankheit mit ihrem diffusen, vornehmlich in der Rinde lokalisierten Prozeß, bei der neben dem Demenzsyndrom oft Herdsymptome und epileptische Erscheinungen anzutreffen sind. Die ALZHEIMERsche Krankheit faßt man nun aber wieder nicht mit ins Auge, wenn man von symptomatischen Epilepsien schlechthin spricht.

Den Ausdruck Epilepsie für Krämpfe im Zusammenhang mit *Hirngeschwülsten* zu gebrauchen, wäre danach folgerichtig auch nur so lange erlaubt, als die Geschwulstdiagnose noch nicht gestellt ist. Immerhin läßt sich eine gewisse Berechtigung dafür von dem Umstand herleiten, daß bestimmte Tumoren, insbesondere die Großhirnastrocytome monate- und jahrelang monosymptomatisch unter dem Bilde einer Epilepsie verlaufen können, bis endlich Hirndruck- und Hirnherderscheinungen die wahre Sachlage offenbaren. Hirngeschwülste haben dazu durch die Verschiedenheit ihres Sitzes Bedeutung für die Frage der Krampf- foci und der cerebralen Repräsentanz des Krampfes und damit für epileptogene Ursachen im allgemeinen, obwohl die Beziehungen dabei keineswegs so klar liegen wie bei den traumatischen Hirnnarben. Eine umfangreiche Literatur zeugt von dem Interesse an den Beziehungen zwischen Art und Ort cerebraler Tumoren und epileptischen Erscheinungen. Von einer Tumorepilepsie zu reden, wie ich es früher selbst getan habe, hat dadurch jedenfalls mehr Berechtigung als etwa von einer Epilepsie bei dem diffusen Prozeß einer Paralyse.

Diesen epileptischen Verläufen mit manifesten, bzw. früher oder später manifest werdenden cerebralen Veränderungen steht die Gruppe von chronisch Anfalls- kranken gegenüber, die sich im Laufe der Zeit wohl psychisch verändern, aber niemals neurologisch faßbare Herdsymptome darbieten und schließlich bezüglich morphologischer Veränderungen auch mit ihrem Hirnbefund enttäuschen. Man hat sie genuine Epileptiker genannt, ohne damit eine bestimmte Vorstellung von den Ursachen ihres Leidens zu verbinden. Aus dem progressiven Verlauf der Erkrankung hatte sich dem Kliniker, wie gesagt, die Vorstellung eines prozeß- haften Vorganges im Gehirn aufgedrängt. Unter diesem Postulat ist von patho- logisch-anatomischer Seite viel Mühe zum Nachweis dieses „epileptischen" Hirn- prozesses aufgewendet worden; wie gleich gesagt werden soll, mit negativem Ergebnis. Wenn man gleichwohl aus den Befunden an den Gehirnen genuiner Epileptiker Schlüsse nach der ätiologischen Seite hin gezogen hat, so wurden mit postnatalen Veränderungen mehr kausale Eventualitäten ausgeschlossen als positive Hinweise gegeben. Die mit einer gewissen Konstanz vorhandenen stationären Befunde gliöser Hyperplasien (Grenzflächen- und Ammonshorn- sklerosen bei langjährig Anfallskranken) haben den Deutungen, die sich zwischen Dysgenesien, primären Gliosen und reparativen Vorgängen bewegten, begreif- licherweise breitesten Spielraum gelassen und damit an genetischen Hinweisen am wenigsten erbracht. Der Nachweis cerebraler Mikrodysgenesien (Cajalsche Fetalzellen) hat in Verbindung mit sonstigen körperlichen Degenerationszeichen immerhin das Augenmerk auf eine besondere Konstitution als eine der möglichen Ursachen der kryptogenetischen Epilepsie gelenkt. Der morphologische Weg hat aber zunächst nicht recht weitergeführt.

Mit der Einführung der Encephalographie hat sich vorerst einmal die Gruppe der symptomatischen Epilepsien auf Kosten der genuinen nicht unerheblich ver- größert; neuerdings werden die bioelektrischen Methoden die Zahl der genuinen Epileptiker voraussichtlich noch weiter einschränken. Wenn Alzheimer im Jahre 1907 die Häufigkeit der genuinen Epilepsie noch mit 60% angegeben hat, so hat sich das Verhältnis inzwischen wahrscheinlich mehr als umgekehrt. Genaue Zahlen sind wegen ihrer Abhängigkeit von Größe und Zusammensetzung des Ausgangsmaterials begreiflicherweise schwer zu gewinnen. Immerhin bleibt noch ein sehr beachtlicher Prozentsatz, der intra vitam und auch autoptisch irgendwie nachweisbarer cerebraler Ursachen entbehrt. Janz (1955) kommt in einer neueren klinisch-statistischen Aufarbeitung von 1206 Epilepsiefällen doch wieder auf 71% idiopathische (kryptogene) Epilepsien gegenüber nur 29% sicher sympto- matischen. Bei einem allerdings verhältnismäßig kleinen Teil haben genealogische Forschungen, unter anderem Zwillingsuntersuchungen (Conrad), den Nachweis der Erblichkeit erbracht. Die Zahlen schwanken zwischen 10 und 15%. Ein anderer Teil weist nach konstitutionsbiologischen Untersuchungen Kennzeichen einer besonderen Konstitution wie athletischen bzw. dysplastischen Körperbau (Kretschmer) oder charakterologische Eigentümlichkeiten auf. Mauz spricht

direkt von einer iktaffinen Konstitution, in deren Bereich dysraphische Störungen, Minderwertigkeiten des Kreislaufsystems, insuffiziente Reflexapparatur
und massive Athletik liegen. Dem Pathologen gibt unter anderem die Häufigkeit
überdurchschnittlicher Hirngewichte bei Epileptikern (BUCKNILL und ECHEVERRIA,
HAHN, KIRCHBERG und SCHARPF) einen Hinweis auf die Bindung an eine gewisse
Konstitution. Ihm legt der oftmalige Mangel jeglichen strukturellen Befundes
im Gehirn jugendlicher Epileptiker auch die Frage nahe, ob die Ursachen für diese
Form der Epilepsie überhaupt im Gehirn zu suchen sind. Diese Frage stellt sich
um so leichter im Hinblick auf die seit langem bekannten krampfauslösenden
Stoffe und — im Falle der parathyreopriven Tetanieepilepsie — auf das Beispiel
einer chronisch wirkenden, endogenen, aber eben extracerebralen Ursache. Die
Schocktherapie mit Insulin hat uns in der Hypoglykämie eine weitere endogene
Bedingung für die Krampfentstehung gezeigt.

Die von manchen Seiten aufgestellte Behauptung, alle Epilepsien seien Herdepilepsien, bei den sog. genuinen Formen habe man den offenbar sehr kleinen
epileptogenen Focus nur nicht gefunden, ist durch nichts bewiesen. Die zahlreichen negativen Ergebnisse sehr sorgsamer histologischer Untersuchungen
sprechen dagegen. Dem ist außerdem entgegenzuhalten, daß es bislang nicht
möglich ist, eine Hirnveränderung histologisch als epileptogen zu charakterisieren.
Lediglich die Gegenüberstellung der Lokalisation von Hirnveränderungen mit
Eigentümlichkeiten von Anfallsphänomenen kann gewisse Hinweise auf ihre
kausale Bedeutung geben, was für die sog. Jackson-Anfälle am bekanntesten ist.

Mit Hinsicht auf die wahrscheinlich nicht einheitliche Ätiologie der sog.
genuinen Epilepsie ist die Berechtigung ihrer Gegenüberstellung mit einer symptomatischen Epilepsie bestritten, ja von JANZEN sogar als logischer Fehler
bezeichnet worden. Für die Bedürfnisse der morphologischen Pathologie hat sich
diese Trennung, solange sie durch nichts Besseres ersetzt wird, aber bisher als
praktisch brauchbar erwiesen, und so gedenken wir sie auch hier beizubehalten,
mit der Maßgabe, daß wir als genuin die Epileptiker bezeichnen, deren Leiden
eine ursächliche Beziehung zu einem organischen Hirnbefund oder zu bekannten,
anderweitig definierten Krankheitszuständen vermissen läßt. Gewiß sind strukturelle Veränderungen wie Grenzflächen- und Ammonshornsklerosen und entsprechende Veränderungen an den Kleinhirnläppchen im Gehirn älterer genuiner
Epileptiker keine Seltenheit. Stellt man diese Befunde aber den Hirnveränderungen symptomatischer Epileptiker gegenüber, so läßt sich leicht feststellen,
daß sich dort neben dem Grundleiden dieselben Phänomene bis in alle geweblichen
und topographischen Einzelheiten wiederfinden. Das trifft selbst auf die Anfallsparalysen und Krampfzustände bei anderen, oft extracerebralen Erkrankungen
zu. Schon daraus ist ersichtlich, daß diese Befunde mit dem hypothetischen
Hirnprozeß der Epilepsie nichts zu tun haben können, sondern daß ihre Entstehung mit dem allen Epilepsieformen und Anfallserkrankungen gemeinsamen
Symptom des generalisierten Krampfes in Verbindung zu bringen ist. Die in
dieser Hinsicht bereits von SPIELMEYER gemachten Feststellungen sind in den
letzten 2 Jahrzehnten besonders von SCHOLZ wesentlich erweitert und durch
zahlreiche neue Befunde ergänzt worden. Alles, was heute bei der genuinen
Epilepsie an wiederkehrenden Befunden prozeßhafter Genese im Gehirn bekannt
ist, geht nicht über die Gewebsschäden hinaus, die mit dem Vorgang des Krampfes
in ursächliche Beziehung gebracht werden können. Deshalb wird an den Beginn
einer Darstellung der pathologischen Anatomie der Epilepsie zweckmäßig die
pathologische Anatomie des generalisierten Krampfes gestellt, wie sie von SCHOLZ
an Hand von Hirnbefunden bei Krämpfen der verschiedensten Ätiologie entwickelt worden ist.

II. Die pathologische Anatomie des generalisierten Krampfes[1].

a) Die historische Entwicklung der Krampfpathologie.

Die heute nicht mehr bestreitbare Tatsache, daß der Vorgang des Krampfes bleibende Veränderungen am Gehirn hervorrufen kann, hat sich nur langsam durchsetzen können. Das erklärt sich damit, daß der Einzelkrampf trotz seines dramatischen Ablaufes keine klinisch erkennbaren Spuren zurückzulassen pflegt, wenn auch transitorische neurologische Symptome postparoxysmal keine Seltenheit sind. Was zudem an den Gehirnen genuiner Epileptiker festgestellt worden war, war, soweit es für paroxysmale Veränderungen hätte in Anspruch genommen werden können, an der Zahl der überstandenen Krämpfe gemessen so geringfügig, daß es wenig reizvoll erschien, dieser Frage weiter nachzugehen. Freilich hätte die Mortalität in spontanen Krampfserien zu denken geben können. Für eine Ordnung der nach Krampfstatus erhobenen frischen Befunde unter einem einheitlichen pathogenetischen Gesichtspunkt fehlten seinerzeit auch noch die allgemein-pathologischen Grundlagen. So wurden die dabei festgestellten, genetisch sehr verschieden gedeuteten Veränderungen (WEBER 1901; ALZHEIMER 1904, 1910; MARCHAND, MORYASU 1908; VOLLAND 1914 usw.) meist als eine akute Steigerung des postulierten Hirnprozesses der Epilepsie aufgefaßt. Von der pathologisch-anatomischen Seite her wurden damals die mehr oder weniger befundlosen Gehirne der genuinen Epilepsie zugeordnet, wobei die unscheinbaren Ammonshornschrumpfungen zwar weniger als direkte Krampfursache betrachtet als dem hypothetischen Hirnprozeß zugeschrieben wurden. Gröbere Befunde, insbesondere auch ausgedehntere Sklerosen aber wurden kurzerhand als Ursache der Krämpfe gedeutet und der Krankheitsfall damit der symptomatischen Epilepsie zugerechnet. Klinisch erzwangen Krämpfe durch ihre beherrschende Stellung zwar die ihnen gebührende Beachtung, für das Gehirn aber wurden sie merkwürdigerweise als bedeutungslos angesehen. Man braucht sich deshalb nicht zu wundern, daß Ende der achtziger Jahre, als weder über Art und Bedeutung des Geburtstraumas, noch über die Entstehung narbiger Hirnsklerosen etwas Zuverlässiges bekannt war, Kliniker wie OSLER und SACHS nicht mit einer Auffassung durchdringen konnten, nach welcher ausgedehnte sklerotische Rindenschrumpfungen, die auch damals schon als Befunde bei cerebraler Kinderlähmung bekannt waren, eine Folge vorausgegangener Krämpfe sein sollten. Allerdings mußte ein so gewissenhafter Forscher wie FREUD in seiner umfassenden Darstellung der cerebralen Kinderlähmung zugeben, daß die OSLER-SACHSsche Auffassung über die ursächliche Bedeutung von Krämpfen für die Entstehung früh erworbener Lähmungen auch nicht widerlegt worden sei. Die Dinge hätten eine andere Entwicklung nehmen können, wenn man die bereits 1882 erschienenen Untersuchungen des Irrenanstaltsarztes PFLEGER berücksichtigt hätte. Auf den seit BOUCHET und CAZAUVIELH (1825) bekannten und in den folgenden Jahrzehnten durch BERGMANN (1846), MEYNERT (1868), SNELL (1874), HEMKES (1878) immer wieder behandelten Ammonshornschäden bei Epileptikern fußend, war PFLEGER auf Grund von Leichenbefunden mit frischen Veränderungen zu der Auffassung gekommen, daß die Ammonshornschädigung „auf einer Ernährungsstörung durch Änderung der Art und Weise der Zirkulation des Blutes während und nach dem epileptischen Anfall bei eigentümlicher Anordnung und Lage der Blutgefäße zurückzuführen sei". Das ist eine Anschauung, die durchaus modern anmutet; sie konnte aber erst fast ein halbes Jahrhundert später, nämlich 1927 durch

---

[1] Die Darstellung folgt hier im wesentlichen der monographischen Bearbeitung von SCHOLZ (1951). Es wird außerdem auf die Ausführungen über elektive Parenchymnekrosen (Teil 1) und systemgebundene Kreislaufschäden (Teil 1) dieses Handbuchbandes verwiesen, auf die im folgenden unter der Bezeichnung Kapitel EPN bzw. SKS des öfteren Bezug genommen wird.

SPIELMEYER mit histologischen Befunden unterbaut, mit gleichartigen Veränderungen an den Kleinhirnläppchen erweitert, näher begründet und zur allgemeinen Anerkennung gebracht werden. Damit war dem bis dahin herrschenden Postulat eines epileptischen Hirnprozesses bereits der entscheidende Stoß versetzt worden. Denn das, was man bis dahin als seinen handgreiflichen Ausdruck angesehen hatte, war ja nun pathogenetisch etwas ganz anderes. Die 1930 von MINKOWSKY hinzugefügten Veränderungen an den unteren Oliven bei Epileptikern wurden vom Autor zwar noch in diesen Rahmen hineingestellt; er gab aber bereits die Mitwirkung vasaler Faktoren beim Krampfvorgang als Teilursache zu. Der Bezug dieser Phänomene auf den Vorgang des Krampfes war bereits von SPIELMEYER u. a. damit begründet worden, daß sie in gleicher Weise bei symptomatischen Epilepsien zu finden seien. Deshalb konnte SCHOLZ in seiner zusammenfassenden Darstellung der pathologischen Anatomie der Epilepsie (1929 und 1930) zu der Schlußfolgerung kommen, daß ein selbständiger Hirnprozeß bei der genuinen Form unwahrscheinlich sei, die konstanteren Befunde derselben vielmehr mit dem Krampfvorgang in Zusammenhang stünden, was auch für die Gesamtheit der bei ihr vorkommenden prozeßhaften Befunde nicht auszuschließen sei. Der von ihm späterhin (1933) durchgeführte Vergleich mit traumatischen und anderen symptomatischen Epilepsien und die Heranziehung von frischen Veränderungen nach Krämpfen ganz verschiedener Genese, z. B. bei Spasmophilie, Keuchhusteneklampsie, Eklampsie der Schwangeren usw. hat diese Auffassung unter beträchtlicher Erweiterung des Rahmens der paroxysmalen Hirnschäden bestätigt. SCHOLZ (1951) hat unter Benutzung eines in 20 Jahren gesammelten großen Materials von Gehirnen Krampfkranker feststellen können, daß die Gesamtheit der bei der sog. genuinen Epilepsie bekannten prozeßhaften Befunde als ein- und mehrzeitig entstandene Krampfschäden aufzufassen sind; mit ihrem Ausmaß sei für die bei ihr auftretende progressive organische Demenz auch eine ausreichende Erklärung gegeben. Es hat sich ihm in der Vielheit der Befunde eine qualitativ und topographisch gezeichnete Schablone ergeben, die jeweils als fest umrissener Befundkomplex identifizierbar und nicht nur in den Gehirnen der Epileptiker im engeren Sinne feststellbar ist, sondern sich auch aus der Gemeinschaft mit anderen Hirnprozessen, z. B. aus dem Hirnbefund der Anfallsparalyse isolieren läßt; die es mit anderen Worten erlaubt, vom Hirnbefund her mit großer Wahrscheinlichkeit auf überstandene Krämpfe zurückzuschließen. Damit ist nicht nur, wie bereits 1935 von HILLER angedeutet wurde, eine pathologische Anatomie des generalisierten Krampfes entstanden, sondern die Inbeziehungsetzung frischer Krampfschäden mit alten sklerotischen Hirnbefunden bei Krampfkranken hat unter Zuhilfenahme der Krankheitsverläufe darüber hinaus auch manche Befunde verstehen und erklären gelehrt, die wie lobäre Sklerosen und Hemisphärenatrophien bis dahin einer pathogenetischen Analyse widerstanden hatten.

Damit hat sich für die pathogenetische Auflösung älterer Hirnbefunde, die bei Kranken mit Krämpfen vorkommen — Krämpfe können so gut wie immer und überall auftreten — ein völlig neuer Aspekt ergeben. Welche Bedeutung die pathologische Anatomie des Krampfes auch für die Klinik hat, möge daraus ersehen werden, daß der cerebrale Krampfschaden nach der von SCHOLZ des Näheren gegebenen Begründung eine überragende Rolle unter den Befunden der cerebralen Kinderlähmung und der erworbenen Schwachsinnszustände spielt und dabei nach seiner Häufigkeit sogar in die Nähe der Geburtsschädigung rückt. Ihr neuestes Feld hat die Krampfpathologie in der in die psychiatrische Therapie eingeführten Krampfbehandlung gefunden. Für die Epilepsieforschung, soweit sie mit morphologischen Methoden betrieben werden kann, und die Erforschung erworbener Schwachsinnszustände und frühkindlicher Lähmungen hat die Krampfpathologie jedenfalls zentrale Bedeutung erlangt.

b) Morphologisch faßbare cerebrale Vorgänge beim generalisierten Krampf.

Eine der ersten Fragen, die sich dem Epilepsieforscher aufdrängen, ist die nach der cerebralen Repräsentanz des Krampfes. Man möchte wissen, unter welchen Umständen es zu einem Krampf kommt, welche Funktionen bzw. Ausfälle welcher Hirnteile in den einzelnen Krampfphasen und -symptomen Ausdruck gewinnen, welche Hirnörtlichkeiten durch welche Veränderungen in Angriff genommen werden müssen, damit der typische Krampfablauf eintritt, und welcher Weg bei Reizung eines Hirnorts vom örtlichen Reizsymptom zum generalisierten Krampf mit Bewußtseinsverlust führt. Die Möglichkeiten morphologischer Forschung sind hier von vornherein begrenzt. Der gegebene Weg zur Beantwortung solcher Fragen führt über die Reiz- und Ausschaltungsmethoden der Hirnphysiologie. Die Zahl der mit diesem Ziele ausgeführten Untersuchungen ist sehr groß und knüpft sich an die Namen Fritsch und Hitzig, Binswanger, Ziehen, Rothmann, Munk, Trendelenburg, F. Krause, O. Foerster usw. Eine Übersicht bis etwa 1930 findet sich bei Krause und Schumm (1931). Einen neuen aussichtsreichen Weg eröffneten hier die von Hans Berger in den zwanziger Jahren in genialer Weise gefundenen und entwickelten bioelektrischen Methoden der Elektrencephalographie, auf deren auch lokalisatorisch interessante Ergebnisse hier aber nicht eingegangen werden kann. Erwähnt seien noch die wertvollen Beiträge, die von hirnchirurgischer Seite — nach O. Foerster besonders von Penfield — zur Frage der hirnphysiologischen Grundlagen epileptischer Erscheinungen geleistet worden sind. Penfield betont in einem neuesten Aufsatz, der sich auf Reizergebnisse und bioelektrische Feststellungen am menschlichen Gehirn stützt, die Bedeutung der mit beiden Hemisphären in inniger Verbindung stehenden Zwischen- und Mittelhirnanteile (centrencephalic integrating system) für die Entstehung primär generalisierter Krämpfe mit Bewußtseinsverlust und beleuchtet die Rolle temporaler und frontaler Hirnmantelteile an Zustandekommen und Struktur psychischer Ausnahmezustände. Die pathologische Anatomie hat zu diesen Fragen im wesentlichen durch Beiträge über Häufigkeitsbeziehungen zwischen Krampfphänomenen und Art und Ort umschriebener Hirnveränderungen beigesteuert. Besonders auf dem Gebiet der traumatischen Hirnläsionen und der Tumorpathologie konnte die Frage der Rindenepilepsie und Krampffoci durch morphologische Feststellungen gefördert werden. Hingegen können die Versuche einer histologischen Charakterisierung epileptogener Eigenschaften von Hirnveränderungen (Penfield) im Hinblick auf gleichartige Befunde, welche die Hirnpathologie in großer Zahl bei Kranken anzubieten hat, die nie epileptische Erscheinungen dargeboten hatten, nicht als erfolgreich betrachtet werden. Darauf wird in dem Abschnitt über traumatische Epilepsie näher eingegangen werden.

Hinsichtlich der cerebralen Vertretung der verschiedenen Krampfphasen weisen die mit den verschiedenen Methoden gewonnenen Ergebnisse dahin, daß das initiale tonische Krampfstadium mit schlagartigem Bewußtseinsverlust innigere Beziehungen zu subcorticalen Gebieten hat, und in seinem Ausdruck Anklänge zu der tonischen Muskelspannung der Enthirnungsstarre aufweist. Das klonische Stadium, das früher mit Hinsicht auf die zahlreichen corticalen Reiz- und Ausschaltungsversuche und den Beginn der Jackson-Anfälle als ein Ausdruck der Rindentätigkeit betrachtet wurde, ist doch nicht so streng lokalisierbar, wenn es auch bei Krankheitsprozessen, die wie Leukodystrophien in fortgeschrittenen Stadien praktisch zur Isolierung der Großhirnrinde führen oder bei totalen Hirnmanteldefekten zu fehlen pflegt.

Ertragreicher war die morphologische Forschung bei der Beantwortung der Frage, was sich während des Krampfes am Gefäßapparat des Gehirns abspielt, und in welcher Beziehung die dabei beobachteten Phänomene zu Gewebsveränderungen stehen, die nach Krämpfen festzustellen sind.

Es wurde bereits einleitend erwähnt, daß PFLEGER und SPIELMEYER die Veränderungen am Ammonshorn und letzterer auch diejenigen am Kleinhirn mit dem Vorgang des Krampfes in Verbindung bringen und für die Entstehung dieser Veränderungen Störungen des Kreislaufes verantwortlich machten. Im Anschluß an die Beobachtungen der Hirnchirurgen (HORSLEY, O. FOERSTER, HARTWELL und KENNEDY, LÉRICHE u. a.), die am geöffneten Schädel vor Eintritt des Krampfes ein Blaßwerden und Zurücksinken des Gehirns beobachtet hatten, glaubte SPIELMEYER (1927) im Anschluß an die alte NOTHNAGELsche Theorie von der vasomotorischen Krampfgenese, eine präparoxysmale angiospastische Ischämie für die Auslösung des Krampfes und auch für die danach zur Beobachtung gekommenen Hirnveränderungen verantwortlich machen zu müssen. Gestützt auf bioptische Beobachtungen erhob sich aber aus dem Lager der Chirurgen selbst Widerspruch dagegen (FEDOR KRAUSE u. a.), so daß die angiospastische Ischämie des Gehirns wenigstens nicht als alleinige Krampfursache, und soweit es sich um ihr präparoxysmales Auftreten handelt, auch nicht als alleinige Ursache für die paroxysmalen Hirnveränderungen betrachtet werden kann. Das lehren auch die von CERLETTI in die psychiatrische Therapie eingeführten Elektrokrämpfe, bei denen der allgemeine Krampf dem Stromschluß so augenblicklich folgt, daß eine spastische Ischämie als Krampfursache schon aus zeitlichen Gründen nicht in Betracht gezogen werden kann. Für die paroxysmalen Hirnveränderungen freilich kann schon nach ihrem feingeweblichen Charakter, der durch ischämische Nervenzellnekrosen gekennzeichnet ist, und bei ihrer häufig ausgesprochen fokalen Gestaltung die vasculäre Genese nicht bezweifelt werden. Hinsichtlich ihrer Entstehung ergibt sich aus den bioptischen Beobachtungen von PENFIELD (1933) am menschlichen Gehirn, daß angiospastische Verschlüsse pialer Arterien von 15—20 min Dauer mit regionaler Hirngewebsischämie auch postparoxysmal vorkommen. Die postparoxysmale Persistenz vasomotorischer Reaktionen mit anhaltenden Durchblutungsstörungen des Hirngewebes ist von DRESZER und SCHOLZ (1939) am Katzengehirn bei Cardiazolkrämpfen mittels der Benzidinmethode am histologischen Schnitt auch für die intracerebralen Gefäße nachgewiesen worden. SCHOLZ und JÖTTEN (1951) haben in Übereinstimmung mit ALEXANDER und LOWENBACH nach Serien von Elektrokrämpfen auf demselben Wege eine Dauer schwerer örtlicher Ischämien im Hirngewebe bis zu fast $^3/_4$ Std beobachtet. Dabei sprach die Allörtlichkeit der Durchblutungsstörungen im Gehirn im Einklang mit den Beobachtungen PENFIELDs beim Spontankrampf dafür, daß es sich um vasomotorische Reaktionen handelt, die mit dem Krampf selbst koordiniert sind, und nicht um eine direkte Reizantwort auf den elektrischen Stromstoß, wie ALEXANDER und LOWENBACH auf Grund der von ihnen beschriebenen interpolaren Lokalisation ischämischer Bezirke meinen.

Mit Hinsicht auf ihre lange Dauer können diese örtlichen, wenigstens zum Teil angiospastisch-ischämischen Durchblutungsstörungen nicht als gleichgültig für das gegen ischämische Mangelfaktoren sehr empfindliche Hirngewebe betrachtet werden (s. Kapitel EPN). Hinzu kommt, daß sich das Hirngewebe nach dem Krampf und noch mehr nach Krampfserien nicht mehr in einer Stoffwechselgleichgewichtslage befindet. Der Krampf bedeutet für die Nervenzellen eine maximale Energieausgabe, die nach R. JUNGs elektrencephalographischen Messungen das etwa 50fache der Durchschnittsleistung erreichen kann; das entspricht bei einer Krampfdauer von 90 sec dem Energiewechsel von etwa $^1/_2$ Std normaler Hirntätigkeit. JUNG (1950) weist deshalb mit Recht auf eine durch Steigerung der cellulären Oxydationsvorgänge bedingte relative Hypoxie des Hirngewebes hin; wenn er aber die Auffassung vertritt, daß schon dadurch irreversible anoxische Gewebsschäden eintreten können, ohne daß man auf Durchblutungsstörungen zurückgreifen müsse, so kann dem nicht beigepflichtet werden. An der Existenz von schweren anhaltenden Störungen der Hirngewebsdurchblutung in und nach dem Krampf läßt sich nach den oben zitierten Feststellungen nicht zweifeln. Ebenso steht es fest, daß die Mehrzahl der Krampfschäden im Gehirn — wie übrigens auch im Herzmuskel — ihre äußere Gestalt von angioarchitektonischen Gegebenheiten her erhält. Um sich eine Vorstellung davon zu machen, welche Bedeutung diese ,,konsumptive Hypoxie" (Scholz 1952) in und nach Krampfserien als alleiniger Wirkungsfaktor für den Bestand des Gewebes erlangen kann, braucht man die Situation nur einmal mit den hypoxämischen Anoxien des Gehirns zu vergleichen. Bei diesen pflegen selbst schwere Zustände nicht auf direktem Wege zu strukturellen Schäden zu führen, sondern diese werden erst durch die von Physiologen und Pathologen festgestellten konsekutiven vasomotorischen Oligämiebereiche hervorgerufen und geformt (s. Kapitel SKS). So ist es unwahrscheinlich, daß der vergleichsweise wenig schwere Zustand einer konsumptiven Hypoxie allein bereits den Vorgang der Nekrose bewirkt.

Trotzdem bildet die konsumptive Hypoxie einen wesentlichen Faktor für das Zustandekommen der Gewebsschäden, insofern als sie eine Vorbelastung des Gewebes bei paroxysmal und postparoxysmal auftretenden Durchblutungsstörungen darstellt; d. h. Durchblutungsstörungen, die einem in Durchschnittsleistung befindlichen Gehirn nach Grad und Dauer noch nichts ausmachen würden, werden unter ihrer Mitwirkung zu einer ernsten Gefahr für den Bestand des Gewebes. Das was die in Krampfserien erschöpfte Nervenzelle zur Regeneration ihres Stoffwechsels am notwendigsten braucht, nämlich Sauerstoff neben einer Fortschaffung der angehäuften Stoffwechselendprodukte, das wird in den nachgewiesenermaßen zum Teil ausgesprochen ischämischen Gewebsbezirken nicht oder nur ganz ungenügend geboten; die Restschuld steigt von Krampf zu Krampf, bis die Stoffwechselvorgänge schließlich ganz aufhören und die Nervenzelle erliegt. Danach stellt der Einzelkrampf auch noch keine so ernste Gefahr dar, vielmehr werden die Zahl der Krämpfe und die Kürze der zwischen ihnen liegenden Erholungszeiten zum entscheidenden Moment. Zu berücksichtigen ist dabei, daß der Komplex der oligämischen Mangelfaktoren eben sehr viel schneller wirkt als eine reine Hyp- oder Anoxie.

Von physiologischer Seite ist immer wieder angegeben worden, daß während des Krampfes und im postparoxysmalen Stadium eine vermehrte Hirndurchblutung stattfinde. Es ist aber die Frage, ob die gemessene Blutmenge dem Hirngewebe wirklich in der Weise zugute kommt wie etwa bei der Normaldurchblutung oder einer gleichmäßigen fluktionären Hyperämie. Das ist offensichtlich nicht der Fall. Man braucht nur das Bild der Normaldurchblutung mit der ganz ungleichmäßigen Blutverteilung in den entsprechenden Krampfstadien im Benzidinpräparat zu vergleichen und im Auge zu behalten, daß Ischämie und Stauung dabei keineswegs sehr flüchtige Phänomene sind. Aus den bioptischen Beobachtungen Penfields im Krampf, nach denen das Venenblut dabei eine arterielle Färbung annimmt, ist ebenso wie aus Feststellungen im Benzidinpräparat (Scholz und Jötten) zu schließen, daß das Capillarnetz durch Eröffnung zahlreicher präcapillärer und arteriovenöser Anastomosen vom strömenden Blut an vielen Stellen förmlich umgangen wird. Trotz gemessener Vermehrung des Blutvolumens ist deshalb eine mangelhafte Versorgung großer Teile des Hirngewebes anzunehmen. Hinzuweisen ist in diesem Zusammenhang auch auf Untersuchungen von C. F. Schmidt (1949), der etwa 10 min nach Krampfende eine erhebliche Verminderung des cerebralen Blutvolumens, eine gewisse Abnahme des cerebralen Sauerstoffverbrauchs und eine deutliche Zunahme der cerebralen

Gefäßresistenz festgestellt hat, was sich mit den bioptischen und histologischen Beobachtungen gut in Einklang bringen läßt.

Aus der funktionellen Überbeanspruchung des Neurons und dem transitorischen Charakter der Durchblutungsstörungen wird es verständlich, daß der im Krampf zustande kommende Gewebsschaden nicht als totale Zerstörung, sondern in der Form der elektiven Parenchymnekrose aufzutreten pflegt (s. Kapitel EPN) und die grauen Substanzen bevorzugt. Blutungen sind auch bei experimentellen Krampfserien im Benzidinpräparat nur verhältnismäßig selten zu beobachten. Erweichungen spielen so gut wie keine Rolle; dagegen kann es bei peristatischen Zuständen zu ausgedehnteren Ödemen kommen, die nach den oft im anämischen Milieu liegenden Stauungskomplexen wohl sämtlich als hämodynamisch aufzufassen sind. Wir haben von einer primär erhöhten Durchlässigkeit der Bluthirnschranke als Folge von Elektrokrämpfen bei den von ZEISE angestellten Trypanblauversuchen an den in unserem Institut untersuchten Objekten jedenfalls nichts gesehen. Starke Stauung in den langen Gefäßen des Hemisphärenmarkes im Benzidinpräparat nach experimentellen Krämpfen deutet auf die bekannte Ödembereitschaft der weißen Substanz (SCHEINKER) hin. Aus ihrer durch GREENFIELD, HALLERVORDEN und H. JACOB bekannt gewordenen Verletzlichkeit gegen ödematöse Zustände erklären sich die bei ausgedehnten paroxysmalen Rindensklerosen oft gleichzeitig vorhandenen Sklerosen der zugehörigen Marklager (s. unten).

Reichen die in unmittelbarem Zusammenhang mit dem Krampf möglichen morphologischen Feststellungen über die Hirngewebsdurchblutung zum Verständnis der Qualität der Krampfschäden aus, so sind wir hinsichtlich ihrer Topographie in einer ungleich ungünstigeren Lage. Warum z.B. Ammonshorn, Kleinhirnrinde und Thalamus so häufig betroffen werden, die Sehrinde trotz schwerer Schäden in ihrer unmittelbaren Nachbarschaft dagegen eine auffallende Resistenz besitzt, darüber sagen sie nichts aus. Dürftigkeit oder Eigentümlichkeiten der Vascularisation, die man für den häufigen Befall einer Örtlichkeit anschuldigt, bestehen in anderen nicht betroffenen Gebieten auch. Auch der Vergleich mit der Hypoxämiepathologie ergibt keine befriedigende Parallele schon insofern, als die hier mit großer Regelmäßigkeit befallenen basalen Kerne wie Pallidum und Corpus Luysi bei Krämpfen äußerst selten betroffen sind. Ebensowenig ist es berechtigt, die Krampfschäden von der Pathologie allgemein oligämischer Zustände des Gehirns abzuleiten. Wenn beiden auch die häufige Beteiligung von Klein- und Großhirnrinde einschließlich Ammonshorn gemeinsam ist, so fehlt bei oligämischen Zuständen doch der Thalamus in der ersten Platzreihe, ebensowenig wie Schäden von unterer Olive und Nucleus dentatus dabei eine bevorzugte Stellung einnehmen. Außerdem spielen Erweichungen eine große Rolle, die bei den Krampfschäden zu fehlen pflegen. Als mögliche Grundlage der häufigen laminären Rindenschädigungen trifft man im Durchblutungsbild bei Krämpfen und Asphyxien bisweilen laminäre Ischämien oder Hyperämien an; gemessen an der Häufigkeit der schichtförmigen Nervenzellausfälle handelt es sich dabei jedoch auch nur um seltene Befunde (vgl. dazu Kapitel SKS).

Die relative Häufigkeit großräumiger Veränderungen unter den Krampfschädigungen, z. B. ulegyrischer Bezirke und lobärer Sklerosen, spricht dafür, daß öfter angioarchitektonische Systemteile höherer Größenordnung an ihrer Entstehung beteiligt sind; andererseits offenbaren Gewebsveränderungen und das Durchblutungsbild auch kleinräumige, arterielle und capillarautonome Reaktionen. Die bevorzugte Lage der geschädigten Gebiete im hinteren arteriellen Zuflußbereich des Gehirns weist darauf hin, daß in einer temporären Flußbehinderung in den dazugehörigen Arterien vielleicht einer der maßgeblichen Faktoren für die Topographie der häufigsten Krampfschäden zu suchen ist. Zu denken ist hierbei in erster Linie an die Ungunst der topographischen Situation am Schlitz des Tentorium cerebelli bei Massenverschiebungen des Schädelinhaltes. Die Uncushernien bei supratentoriellen Geschwülsten und anderen Raumbeengungen im supratentoriellen Raum sind längst bekannt. Einschnürungsfurchen können aber auch auf der Dorsalfläche des Kleinhirns entstehen (LINDENBERG). Es ist das Verdienst von EARLE, BALDWIN und PENFIELD, auf die Tamponade des Tentoriumschlitzes und die dadurch bedingte Kompression der durch ihn verlaufenden Arterien bei erschwertem Geburtsvorgang hingewiesen zu haben. Sie führen Sklerosen vorderer Schläfenlappenanteile (incisural sclerosis) darauf zurück, welche sie als besonders häufige Ursache der psychomotorischen Temporallappenepilepsie ansprechen. Auch LINDENBERG nimmt in seinem Aufsatz über die „Gefäßversorgung des Zentralnervensystems und ihre Bedeutung für Art und Ort von kreislaufbedingten Gewebsschäden" in Teil I dieses Handbuchbandes eingehend Bezug auf die Nekrosen und Blutungen im Sonderfall der Gefäßkompression durch das Tentorium. Besonders aufschlußreich ist eine neueste, mit eindrucksvollen Abbildungen belegte Untersuchung LINDENBERGs über primäre und sekundäre Gewebsschäden in der Umgebung des Tentoriums nach schweren Schädeltraumen. Dabei können die im Verlauf von traumatischen Schwellungszuständen und subduralen Hämatomen im Hippocampus einschließlich Ammonshorn, in der Kleinhirnrinde, im Thalamus und in der Occipitalrinde eintretenden Erweichungen und Blutungen, die sich zwanglos auf die Abklemmung der entsprechenden Arterien am freien Rande des Tentoriums und in der Fossa interpeduncularis zurückführen lassen, durchaus die Lokalisation der häufigsten Krampfschäden imitieren. Übertragen auf die Krampfschäden würde das heißen, daß wahrscheinlich auch die im Krampfstatus auftretenden Massenverschiebungen in der Schädelkapsel infolge von Stauung, Ödem und Schwellung eine Kompression der Arterien am freien Tentoriumrand bewirken. Angesichts des Grades der folgenden Gewebsschädigung (elektive Parenchymnekrose) könnte ein vollständiger Gefäßverschluß, wenn er überhaupt zustande kommt, nur von ganz kurzer Dauer sein; wahrscheinlich ist er infolge der besonderen Gewebssituation im Krampf aber auch gar nicht notwendig.

Es ist ferner daran zu denken, daß eine gesteigerte konsumptive Hypoxie in den elektrencephalographisch festgestellten prädilektiven Krampfgebieten wie Ammonshorn, Thalamus usw. an der Entstehung der in einer gewissen Ordnung auftretenden Krampfschäden mitwirken. Eine ausschließliche Berücksichtigung dieses pathogenetischen Faktors brächte jedoch schon durch die häufige Einseitigkeit der morphologischen Veränderungen im Gehirn — Ammonshornveränderungen sind in der Mehrzahl nur in *einer* Hemisphäre vorhanden — in Bedrängnis. Außerdem gehört die so häufig betroffene Kleinhirnrinde nach den bioelektrischen Untersuchungen nicht zu den Gebieten stärkerer Krampfentladungen.

c) Die Morphologie der Krampfschädigungen.

1. Histologie.

Strukturelle Veränderungen am Hirngewebe finden sich in der Regel nur nach gehäuft auftretenden Krämpfen. Beim Tier bedarf es nach den vielfachen experimentellen Untersuchungen einer großen Zahl von Elektrokrämpfen, um Veränderungen von bleibendem Charakter hervorzurufen, so daß sogar die Meinung entstanden ist, sie seien überhaupt ohne Einfluß auf den Bestand des nervösen Gewebes. Soweit frische Veränderungen erwartet werden, enttäuscht der Befund gewöhnlich auch nach Spontankrämpfen beim Menschen, wenn der Tod in einer ersten Krampfserie eintritt, weil Veränderungen in der Regel einer Manifestationszeit von Stunden bedürfen. Ihr Ausmaß kann so gering sein, daß ihre Feststellung einiger Aufmerksamkeit und Geduld bedarf; erleichtert wird ihr Auffinden, wenn

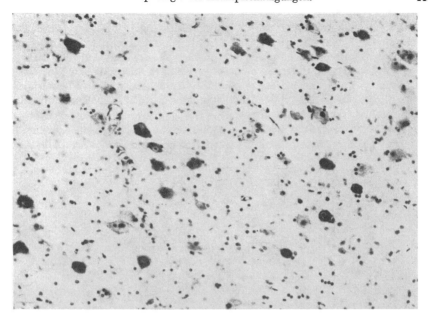

Abb. 1. Disseminierte Ganglienzellnekrosen im Thalamus als leichteste Form der Krampfschädigung bei einem 7jährigen genuinen Epileptiker nach 2stündigem Status. NISSL-Präparat. (Aus SCHOLZ: Krampfschädigungen.)

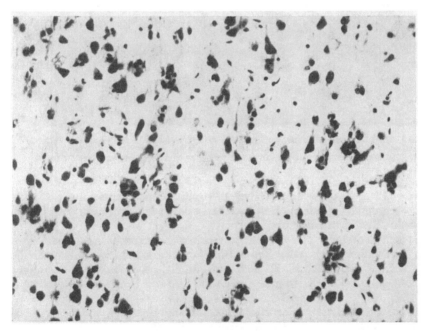

Abb. 2. Leichte Form der Krampfschädigung der Großhirnrinde; disseminierte Ganglienzellnekrosen im Abräumstadium (Neuronophagien) nach 5tägigem Status bei einem 7jährigen Epileptiker mit Hemisphärenatrophie. Der Befund stammt aus der nichtatrophischen Hemisphäre. NISSL-Präparat. (Aus SCHOLZ: Krampfschädigungen.)

man weiß, wo im Gehirn man nach ihnen zu suchen hat. In einer Zahl von Fällen sind Umfang und Intensität jedoch so groß, daß sie nicht übersehen werden können. Wesentlich ist immer, daß die frischen Veränderungen mit unmittelbar vorausgehenden Krämpfen in einwandfreie Beziehung gebracht werden können.

Die Erscheinungsform der Krampfschädigungen im Zentralnervensystem deckt sich mit dem Bild der elektiven Parenchymnekrose, wobei ihre Intensität zwischen singulären ischämischen Ganglienzellnekrosen und der Erbleichung bzw. Verödung und Sklerose mehr oder weniger ausgedehnter Gebiete grauer Substanz schwankt. Die Grenze zur Erweichung hin wird nur selten und dann gewöhnlich in der Form multipler kleiner Erweichungen innerhalb von Bezirken geschlossener Ganglienzellnekrosen bzw. Gewebssklerosen überschritten (mikropolycystische Sklerosen). Gleichzeitige hämodynamische Ödeme kommen häufig, kleinere diapedetische Blutungen verhältnismäßig selten vor. Alles, was im

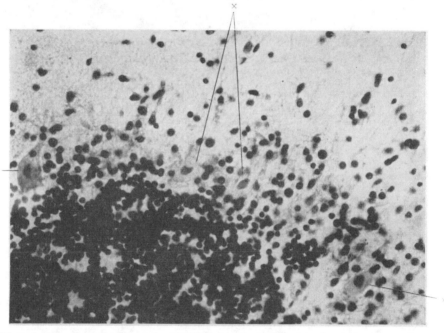

Abb. 3. Leichtere Krampfschädigung der Kleinhirnrinde mit alleinigem Betroffensein des Purkinje-Zellverbandes (homogenisierende Ganglienzellnekrose ×). 10jähriger Epileptiker mit symmetrischer Sklerose beider Occipitallappen und corticaler Blindheit; Tod nach Status epilepticus. Nissl-Präparat.
(Aus Scholz: Krampfschädigungen.)

Kapitel EPN über Form und Ausmaß elektiver Parenchymnekrosen und teilweise auch über deren Lokalisation ausgeführt worden ist, trifft auf den Charakter cerebraler Krampfschädigungen zu.

Es genügt deshalb, hier die Besonderheiten aufzuzeigen, mit denen die elektiven Parenchymnekrosen bei Krampfkranken in Erscheinung treten. Sie liegen mehr auf topographischem als auf feingeweblichem Gebiet und betreffen auf letzterem hauptsächlich *Ausdehnung* und *Dichte* der Ganglienzellnekrosen bzw. -ausfälle.

Als leichtestem Grad der Krampfschädigung begegnen wir in den grauen Substanzen den *singulären* oder *disseminierten Ganglienzellnekrosen* und *-ausfällen* (Abb. 1). So leicht sie festzustellen sind, solange die Zelleichen oder die neuronophagischen Abräumungsphänomene (Abb. 2) noch am Schädigungsort liegen, so schwer, ja unmöglich kann die Beurteilung nach beendeter Abräumung sein, wenn disseminierte Nervenzellausfälle in geringer Dichte und einigermaßen gleichmäßiger Streuung in ganglienzellreichen Gebieten erfolgt sind. Darauf wurde bereits in dem Kapitel über elektive Paernchymnekrosen hingewiesen. Da diese

Form des Nervenzellausfalles nach Beobachtungen an frischen Veränderungen bei Krampfkranken aber recht häufig vorkommt, ist es nicht zu verwundern, daß auch bei langjährigem Bestehen der Krämpfe in zelldichten grauen Substanzen bisweilen ein sicherer Parenchymverlust nicht feststellbar ist, obwohl der Ganglienzellausfall auf das ganze Gehirn bezogen in die Millionen gehen mag. Reparatorische Phänomene am Stützgewebe im Sinne einer Defektdeckung können dabei gering sein oder ganz ausbleiben. Spärliche faserbildende Astrocyten inmitten

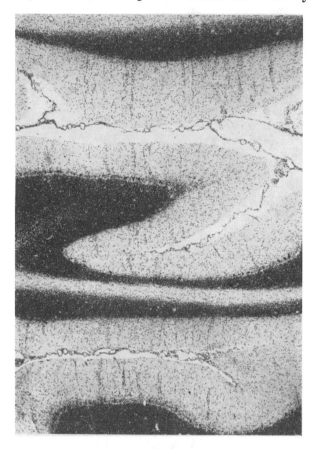

Abb. 4. Leichteste Form der Krampfschädigung der Kleinhirnrinde; disseminierte PURKINJE-Zellnekrosen im Abräumstadium, sog. Gliastrauchwerke. Der gleiche Fall. von dem Abb. 1 stammt. NISSL-Präparat.
(Aus SCHOLZ: Krampfschädigungen.)

eines anscheinend vollständigen Ganglienzellbestandes geben mitunter den einzigen Hinweis auf einen stattgehabten pathologischen Vorgang. Den sichersten Anhalt geben in solchen Fällen die Verdichtung und Verdickung der Gliafaserlagen an den Grenzflächen, d. h. an der Organoberfläche, der Ventrikelwand und an den Gefäßen, ein bei chronisch Krampfkranken fast regelmäßiger Befund (CHASLIN-sche Randsklerose, perivasculäre Gliose), die freilich nicht als Deckung eines örtlichen Defektes, sondern als Antwort auf die Änderung der gewebsmechanischen Verhältnisse (BRAND) aufgefaßt werden müssen (Abb. 32 und 33).

Die disseminierte Nervenzellnekrose kommt in allen Hirngebieten vor, die von Krampfschäden betroffen werden, häufig auch an den PURKINJE-Zellen des Kleinhirns. So leicht dort die homogenisierenden Nekrosen infolge ihrer

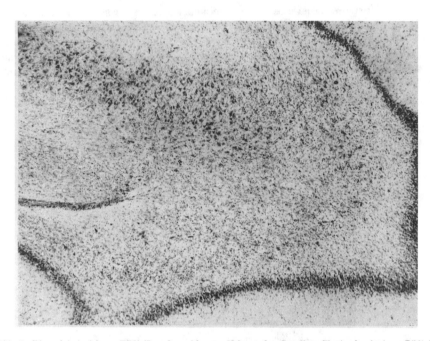

Abb. 5. Disseminierte (oberer Bildteil) und geschlossene Nekrose des Ganglienzellbestandes (unterer Bildteil) im Endblatt des Ammonshornes (Feld h$_3$) im Stadium der Abräumung und beginnenden Organisation; diffuse Stäbchenzell- und Astrocytenwucherung. Tod 10 Tage nach Beginn anhaltender Krämpfe. Nissl-Präparat. (Aus Scholz: Krampfschädigungen.)

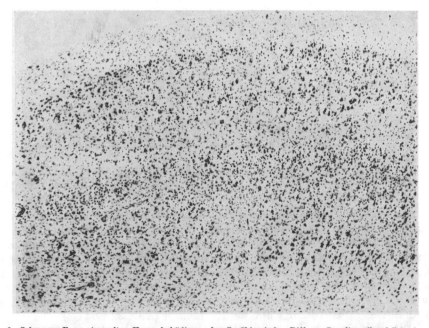

Abb. 6. Schwerere Form einer alten Krampfschädigung der Großhirnrinde. Diffuser Ganglienzellausfall in der 3. und teilweise in der 4. Schicht (Summationseffekt); zwei vornehmlich in der 5. Schicht lokalisierte fokale Ausfälle mit konsekutiver Gliose. Fall mit Hemisphärenatrophie und progressivem Krankheitsverlauf. Nissl-Präparat. (Aus Scholz: Krampfschädigungen.)

Unfärbbarkeit übersehen werden können (Abb. 3), so augenfällig sind die ihnen folgenden, seit SPIELMEYER als Gliastrauchwerke bekannten, den PURKINJE-Dendriten folgenden neuronophagischen Reaktionen in der zellarmen Molekular-schicht. Oft nur vereinzelt vorhanden, durchsetzen sie in anderen Fällen weite Teile der Molekularschicht ganzer Kleinhirnläppchen (Abb. 4). Da auch hierbei die reparatorische Defektdeckung gering bleiben kann und keine Atrophie der

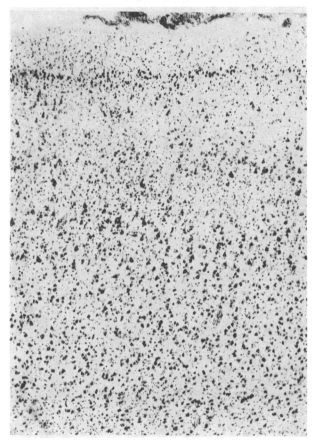

Abb. 7. Mittelschwere Form einer alten Krampfschädigung der Großhirnrinde, die sich in der Hauptsache aus noch erkennbaren Einzelherden von Nervenzellausfällen in Lamina III zusammensetzt. NISSL-Präparat.
(Aus SCHOLZ: Krampfschädigungen.)

Kleinhirnrinde folgt, sondern bestenfalls ein spärliches Auftreten von senkrecht zur Oberfläche ausgerichteten Gliafasern, können geringe Ausfälle der Feststel-lung völlig entgehen.

Das Bild ändert sich, wenn die Streuung von Ganglienzellnekrosen dichter wird, wobei noch nicht das Bild der Erbleichung einzutreten braucht; jedoch wird dann in der Weiterentwicklung das Bild der Einzelneuronophagie wie in dem Ammonshornausfall der Abb. 5 öfter von einer diffusen Stäbchenzell- und Astrocytenproliferation abgelöst. In solchen Fällen erscheinen die Endzustände in den grauen Substanzen als *diffuse Auslichtung des Ganglienzellbestandes* mit Vermehrung und Verdichtung der Gliazellen (Abb. 6), wobei es nun allerdings zu einer deutlichen Vermehrung der faserbildenden Glia am Orte des Defektes kommt.

*8

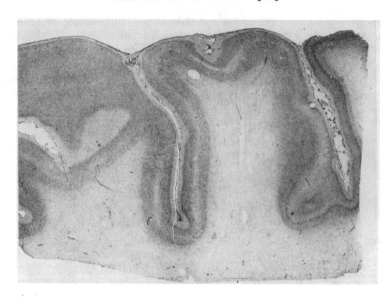

Abb. 8. Frische laminäre Ganglienzellnekrose der mittleren Hirnrindenschichten (laminäre Erbleichung) **nach** 2stündigem epileptischem Status. Nissl-Präparat. (Aus Scholz: Krampfschädigungen.)

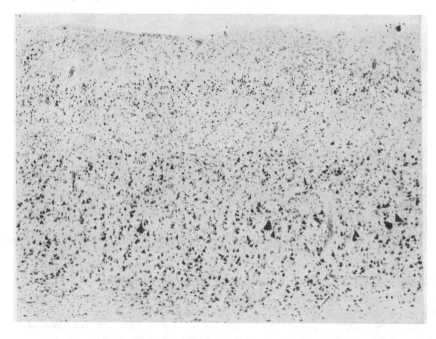

Abb. 9. Kompletter, nach dem klinischen Verlauf wahrscheinlich einzeitig entstandener, laminärer Ganglien-zellausfall der Schicht 3a der motorischen Rinde. Befund der paroxysmal entstandenen, supraganglionären Lähmung (Hemiplegie bzw. Paraplegie bei intakter Pyramidenbahn). Nissl-Präparat. (Aus Scholz: Krampfschädigungen.)

Inmitten solcher diffusen Auslichtungen treten dann gelegentlich auch kleine Bezirke auf, in denen die Nervenzellen völlig fehlen, also bereits ein fokaler, gefäß-bezogener Charakter des Gesamtschadens sichtbar wird (Abb. 7).

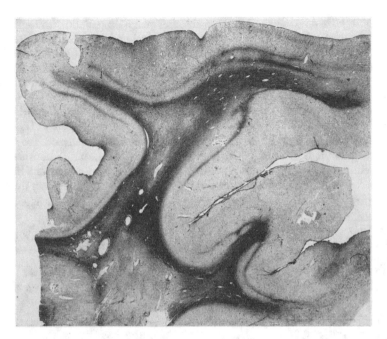

Abb. 10. Gliöse Organisation laminärer Nervenzellausfälle der Großhirnrinde. Auch das Großhirnmark ist an der Fasergliose beteiligt, wahrscheinlich als Folge eines begleitenden Ödems. HOLZER-Präparat. (Aus SCHOLZ: Krampfschädigungen.)

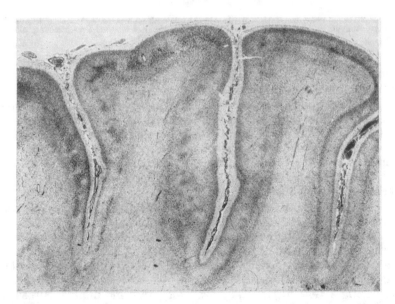

Abb. 11. Fleckige, in der Furchentiefe konfluierende Erbleichungen der parietalen Großhirnrinde bei einem 27jährigen Hirntraumatiker (Impressionsbruch des Schädeldaches mit reizloser Hirnduranarbe) nach erstmalig aufgetretenen, 3tägigen Krämpfen. NISSL-Präparat. (Aus SCHOLZ: Krampfschädigungen.)

Für die Pathogenese solcher Gewebsschäden ist von Bedeutung, daß Nervenzellausfälle bei chronisch Krampfkranken wie sie in Abb. 6 und 7 in der Hirnrinde dargestellt sind, in der Mehrzahl der Fälle nicht einzeitig entstehen, sondern

Summationseffekte darstellen. Das läßt sich bei geeigneten Fällen an dem Nebeneinander von alten Ausfällen bzw. Gliosen und frischen Nervenzellnekrosen leicht erweisen, wobei klinisch durch den fortschreitenden Ausfall cerebraler Funktionen auf körperlichem oder psychischem Gebiet der Eindruck eines progressiven Pozesses entstehen kann. Auf solche Entwicklungen wird später noch bei der Gruppe von Fällen zurückzukommen sein, in denen sich das Scheinbild des selbständigen, fortschreitenden Hirnprozesses auch klinisch in einen intervallär erfolgenden Verfall mit jeweils postparoxysmalen Verschlimmerungen auflösen läßt.

Wie aus den Abb. 6 und 7 ersichtlich ist, bevorzugen die mehrzeitigen disseminierten Ausfälle oft bestimmte Schichten der Hirnrinde. Letztere können jedoch auch auf einmal ihre sämtlichen Ganglienzellen verlieren. Es entsteht das dann schon mit bloßem Auge erkennbare Bild der laminären Erbleichung im Nissl-

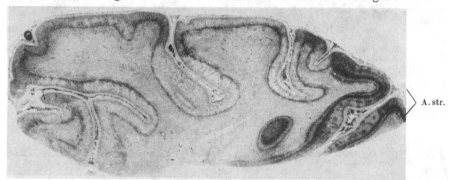

Abb. 12. Occipitalrinde desselben Gehirns wie in Abb. 11 mit noch schwereren Veränderungen unter relativer Besserstellung der Sehrinde (Area striata). Nissl-Präparat. (Aus Scholz: Krampfschädigungen.)

Präparat (Abb. 8) durch Unfärbbarkeit der nekrotischen Ganglienzellen. Ihre Endzustände, die in den Abb. 9 und 10 im Zell- und Gliafaserpräparat dargestellt sind, können bereits einen leichteren Grad von Rindenatrophie bedingen; sie führen jedoch noch nicht zur sklerotischen Windungsschrumpfung, obwohl sie sich gelegentlich über ausgedehnte Windungsbezirke, bisweilen sogar über den größeren Teil einer Hemisphäre erstrecken. Gewöhnlich bedingen sie nur eine geringe Verkleinerung der Windungen ohne Verhärtung oder Verfärbung. Abb. 9 illustriert den meist paroxysmalen Befund der Hemiplegie bzw. Paraplegie bei intakter Pyramidenbahn, die sog. supraganglionäre Lähmung durch Ausfall der receptorischen Schichten der motorischen Rinde.

Um den Zustand der im Gehirn von Krampfkranken nicht seltenen *sklerotischen Windungsschrumpfung* entstehen zu lassen, bedarf es intensiverer Schädigungen. Solche sind im frischen Stadium nach erstmals aufgetretenen Krämpfen bei einem jugendlichen Hirntraumatiker in den Abb. 11 und 12 dargestellt. Die teilweise deutlich gefäßabhängigen fokalen Erbleichungen konfluieren besonders in den Furchen zu zusammenhängenden Bezirken, die teilweise nur noch inselartig nervenzellhaltiges Gewebe, im Talgrund aber gar keine intakte Hirnsubstanz mehr enthalten. Die Entsprechungen im Endzustand finden sich in den Abb. 13 und 14). Letztere ist der Typus der von Bresler als *Ulegyrie* (Pseudomikrogyrie) bezeichneten narbigen Windungsschrumpfung, die sich auf einzelne Windungen, aber auch über umfangreiche Windungskomplexe erstrecken kann (Abb. 15). Gewöhnlich sind die Windungen derb, lederartig, oft höckerig und zeigen eine Verwischung der Grau-weiß-Zeichnung auf dem Schnitt (Abb. 16); die Volumenreduktion kann bis zu hahnenkammartigen Formationen mit völliger Ganglien-

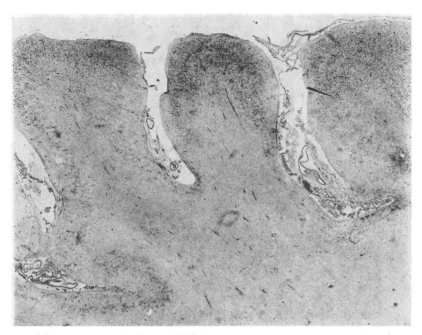

Abb. 13. Fleckige Verödung der Frontalrinde bei einem 11jährigen imbezillen Epileptiker mit fast völligem Ganglienzellausfall in den Furchentiefen. Narbiger Endzustand ohne ausgesprochene Windungsschrumpfung. (Vgl. entsprechende frische Veränderung in Abb. 11.) NISSL-Präparat. (Aus SCHOLZ: Krampfschädigungen.)

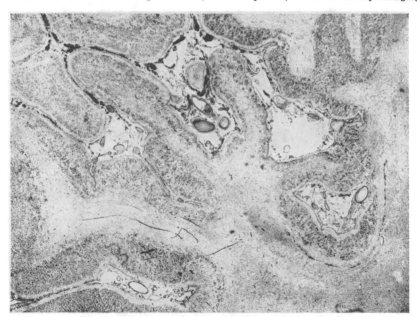

Abb. 14. Derselbe Zustand wie in Abb. 13 in intensiverer Ausprägung mit hochgradiger narbiger Windungsschrumpfung (Ulegyrie) in den Occipitallappen bei einem 46jährigen Epileptiker. NISSL-Präparat.
(Zugehöriges Glia- und Markscheidenpräparat s. Abb. 28 und 29, Kap. EPN.) (Aus SCHOLZ: Krampfschädigungen.)

zellverödung führen. Auch hierfür finden sich Entsprechungen unter einwandfreien akuten Krampfschäden; so ist es in Abb. 17a und b zu einer völligen
Erbleichung, d. h. zur Nekrose sämtlicher Nervenzellen in der parastriären

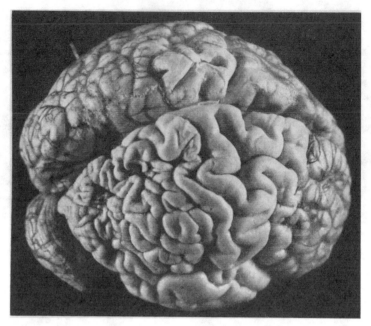

Abb. 15. Occipitaler ulegyrischer Windungskomplex am formolfixierten Gehirn nach Entfernung der weichen Hirnhäute. Die sichelförmige Ausbreitung vom occipitalen Zentrum nach parietal und temporalwärts folgt den arteriellen Grenzgebieten von Aa. cerebri ant., med. und post. 16jähriger Epileptiker.

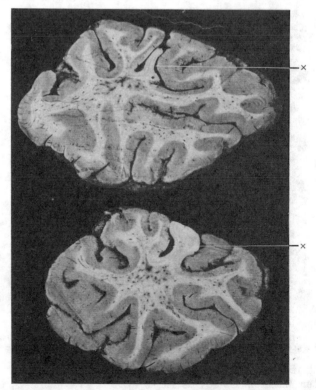

Abb. 16. Beiderseitige ulegyrische Schrumpfung und weiße Verfärbung einer Calcarinalippe (×) bei einem 3¹/₂jährigen epileptischen Kinde mit Entwicklung eines LITTLE-Komplexes im Krampfstatus.

Hirnrinde bzw. im lateralen Thalamuskern gekommen. Unter solchen Umständen geschieht es, daß in der konsekutiven Rindensklerose auch einmal mehr oder weniger zahlreiche kleine Erweichungscysten auftreten (mikropolycystische Sklerose); doch bildet dies immer eine Ausnahme unter den auf den Krampf zu beziehenden Hirnveränderungen. Bei milderer Ausprägung entstehen Bilder,

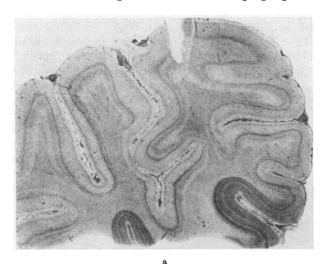

a

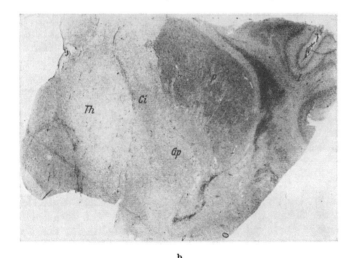

b

Abb. 17 a u. b. a Völlige Erbleichung der Occipitalrinde mit Ausnahme der regelrecht dunkelgefärbten Sehrinde; stellenweise als heller Streifen im subcorticalen Mark erkennbares Ödem. b Erbleichung des lateralen Thalamuskernes (*Th*) und streifenförmige Erbleichung der Inselrinde (*I*). *P* Putamen; *Gp* Globus pallidus; *Ci* innere Kapsel. NISSL-Präparate. Spasmophiles Kind, Tod $1^1/_2$ Tage nach erstmaligem Auftreten gehäufter eklamptischer Konvulsionen. (Aus SCHOLZ: Krampfschädigungen.)

die der ,,granulären Atrophie'' (SPATZ-PENTSCHEW) nahestehen. Häufiger stößt man bei ausgedehnten Rindensklerosen auf die Residuen ödematöser Zustände, welche als Begleiterscheinungen der hämodynamischen Störungen im Krampf aufgetreten waren. Sie manifestieren sich in den narbigen Endzuständen als spongiöse Auflockerung der Gliastrukturen inmitten dichter Narben und im Falle der Beteiligung der Marklager als gewöhnlich recht dichte Marksklerose.

Entsprechend intensive und ausgedehnte Schäden wie im Großhirn entstehen auch im Kleinhirn. Autoptisch findet man bei Endzuständen im Kleinhirn dann eine weißliche Verfärbung und lederderbe Konsistenz der atrophischen Hirnläppchen (Abb. 18). Der Thalamus kann bei starken Ganglienzellausfällen in seinem Volumen mehr oder weniger reduziert sein, während die durch Ganglienzellausfall im Striatum entstandenen, fleckförmigen Gliosen meist keine sehr auffällige Organatrophie machen; hingegen neigen sie durch sekundäre Myelinisierung des gliösen Narbengewebes zu einem bisweilen bereits autoptisch erkennbaren Status marmoratus, der sein Gegenstück in der Hirnrinde besonders bei Zuständen granulärer Atrophie durch Häufung sog. Plaques fibromyéliniques finden kann. Im Bereich von Totalverödungen in den grauen Substanzen stößt man aber häufig auch auf einen mehr oder weniger vollständigen Markfaserverlust, wenn beim Nervenzelluntergang ein begleitendes Ödem aufgetreten war. Die Dichte der Fasergliose steht im Gegensatz zu den Überschußbildungen bei entzündlichen Vorgängen gewöhnlich im Verhältnis zur Dichte des Nervenzellausfalles. Das Bindegewebe nimmt an der Defektdeckung nicht teil. Bezügich der Oberflächengliosen (CHASLINsche Randsklerose) und hyperplastischer Vorgänge an den intracerebralen Gefäßen wird auf die betreffenden Ausführungen im Abschnitt „Genuine Epilepsie" verwiesen. Farbänderung und Konsistenzvermehrung der atrophischen Organe oder Organteile, z. B. des Ammonshornes, der Kleinhirnläppchen und der Großhirnwindungen sind von der Dichte der Gliose abhängig, die bei Krampfschäden sehr hohe Grade erreichen kann. Das Wesentliche an dem Vorgang ist aber in allen Fällen der Ausfall der ortsständigen Nervenzellen, der ein- oder vielzeitig erfolgen kann.

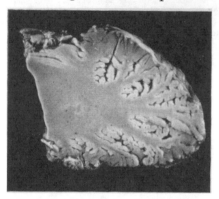

Abb. 18. Sagittalschnitt durch die formolfixierte Kleinhirnhemisphäre. Ausgedehnte narbige Schrumpfung von Läppchen und Bäumchen, kenntlich an ihrer Verschmälerung und weißen Farbe (histologische und topographische Verhältnisse vgl. Abb. 11, 13 und 14, Kap. SKS). (Aus SCHOLZ: Krampfschädigungen.)

2. Topik der Krampfschäden.

Die Qualität der Gewebsveränderungen allein würde ihre Charakterisierung als paroxysmaler Schaden nicht ermöglichen; dazu ist die Berücksichtigung ihrer Topik notwendig. Diese hat in der Ammonshornschädigung der Epilepsie-Anatomie einen Zeugen von schon fast historischem Alter. Erhebt man bei der Autopsie eines Gehirns keinen anderen Befund als den einer ein- oder doppelseitigen Verkleinerung und Verhärtung des Ammonshorns, so denkt man unwillkürlich an eine Epilepsie, noch ehe ein histologischer Befund vorliegt. Es sind indessen im Laufe der Zeit noch andere Prädilektionsorte für paroxysmale Gewebsschäden bekannt geworden, so zu Beginn der zwanziger Jahre die Kleinhirnrinde durch SPIELMEYER, 1930 die unteren Oliven durch MINKOWSKY, 1933 der Thalamus und in bestimmter Art und Weise die Großhirnrinde durch SCHOLZ. VON BRAUNMÜHL hat 1937 das Augenmerk auf die häufigere Beteiligung des Nucleus dentatus gelenkt und 1938 haben SCHOLZ, WAKE und PETERS auf die Häufigkeit von Krämpfen in der Vorgeschichte des Status marmoratus des

Striatums hingewiesen[1]. Bringt man diese Prädilektionsorte für Krampfschäden in eine nach der Häufigkeit ihrer Beteiligung ausgerichtete Ordnung, so stehen an erster Stelle Ammonshorn und Kleinhirnrinde, sie werden gefolgt von Thalamus und Großhirnrinde, denen sich das Striatum anreiht; an letzter Stelle der Reihe stehen untere Oliven und Nucleus dentatus. Möglicherweise rückt die Großhirnrinde noch in eine bevorzugtere Stelle, da diskrete Krampfschäden in ihr wegen Zelldichte und Ausdehnung nicht die gleichen Chancen für ihre Auffindung haben wie beispielsweise solche im Ammonshorn. Den Prädilektionsorten stehen solche mit besonderer Resistenz gegenüber, unter ihnen die Area striata, auf die unter anderen von WOHLWILL, BODECHTEL und SCHOLZ hingewiesen worden ist; sie bleibt bei fast völliger Verödung des Occipitallappens auffällig häufig intakt oder relativ verschont. Niemals haben wir nennenswerte Ausfälle in den vegetativen Zwischenhirnkernen, im Globus pallidus, der Substantia nigra und den Hirnnervenkernen und kaum je in den subthalamischen Kernen und im Nucleus ruber angetroffen. Dabei haben die Veränderungen in den Prädilektionsorten jeweils noch einige Eigentümlichkeiten, die sie als typische Veränderungen geradezu kennzeichnen. Im Ammonshorn, in der Klein- und Großhirnrinde, in den unteren Oliven und im Nucleus dentatus tritt immer wieder die Bindung an gewisse Systeme bzw. topistische Einheiten zutage. Diese Verhältnisse sind im Kapitel über systemgebundene Kreislaufschäden eingehender dargestellt worden, so daß hier darauf verwiesen werden kann. Alle diese topischen Merkmale gehören zum Bild der Krampfschädigung. Ohne ihre Berücksichtigung ist es nicht möglich, aus einem Hirnbefund mit Wahrscheinlichkeit auf seine Krampfgenese zurückzuschließen. Je größer im Einzelfall die Zahl solcher topographischen Merkmale ist, mit um so größerer Sicherheit läßt sich aus dem Hirnbefund darauf schließen, daß der Träger des Gehirns zu einer Zeit seines Lebens an generalisierten Krämpfen gelitten hat.

Die Ammonshornveränderung.

Sie ist der wahrscheinlich häufigste Ausdruck einer paroxysmalen Schädigung des Gehirns und bei hinlänglicher Ausprägung als Organverkleinerung, -verhärtung und -verfärbung schon autoptisch erkennbar. Häufig genug jedoch werden weniger umfangreiche Ausfälle im makroskopisch unauffälligen Ammonshorn erst durch die mikroskopische Untersuchung aufgedeckt. Ihre Häufigkeit wurde von SOMMER mit 30%, von BRATZ mit 50% und von ALZHEIMER mit 50—60% bei Epileptikern angegeben; SPIELMEYER kam bei regelmäßiger mikroskopischer Kontrolle sogar auf 80%. Meist wird sie nach den Angaben von BRATZ nur einseitig gefunden, und zwar bei Bevorzugung einer Körperseite durch Krämpfe in der gegenüberliegenden Hirnhälfte.

An ihrer Entstehung im Zusammenhang mit Krämpfen kann heute nicht mehr gezweifelt werden. Es wäre daher wenig sinnvoll, hier noch auf die seit ihrer Auffindung im Schrifttum niedergelegten, nur noch historisch interessanten Auffassungen über ihre Natur als Dysgenesie (NERANDER), primäre Gliose (CHASLIN, FÉRÉ), als Ausdruck eines ,,epileptischen Hirnprozesses'' usw. näher einzugehen. Die im Ammonshorn sich abspielenden feingeweblichen Vorgänge bei Krampfkranken unterscheiden sich in keiner Weise von denen in anderen Hirngegenden. Bezüglich ihrer seit SOMMERs Untersuchungen bekannten Beschränkung auf bestimmte cytoarchitektonische Felder und die weiteren diesbezüglichen Fest-

---

[1] Nach neueren Untersuchungen von A. MEYER ist auch der *Nucleus amygdalae* nächst dem Ammonshorn sehr häufig von paroxysmalen Schädigungen betroffen, welche die gleiche histologische Qualität aufweisen.

stellungen von Bratz sowie der dafür maßgeblichen kausalen Faktoren wird hier auf die ausführliche Darstellung im Kapitel über die systemgebundenen Kreislaufschäden[1] verwiesen. Die dort entwickelten Anschauungen beruhen zum größten Teil auf Befunden, die bei Krampfkranken erhoben ·worden sind. Es ist dort auch darauf hingewiesen worden, daß der sog. typische Ammonshornausfall nicht auf die Koinzidenz mit generalisierten Krämpfen beschränkt ist, sondern bei zahlreichen anderen Krankheitszuständen vorkommt, bei denen Kreislaufstörungen eine Rolle spielen. Der sehr hohe Prozentsatz ihres Auftretens bei Krampfkranken jedoch wird unter anderen pathologischen Konstellationen nicht entfernt erreicht. Deshalb besitzt sie einen besonders hohen Indicatorwert im Gesamtbild der Krampfschädigung.

Daran ändert auch eine neuere Untersuchung von Morel und Wildi nichts, die bei der histologischen Kontrolle von 351 Fällen verschiedener psychiatrischer Krankheitszustände mit und ohne Krämpfe zu dem überraschenden Ergebnis kommen, daß bei ihren Kranken mit epileptischen Anfällen nur in 20,5% der Fälle eine Ammonshornveränderung vorhanden war, während die Häufigkeit im Gesamtmaterial 36% betrug, wobei progressive Paralyse, Arteriosklerose und senile Demenz mit 72, 47 und 45% an der Spitze standen und selbst die Alzheimersche Krankheit noch mit 20% erschien. Die Autoren schließen daraus, daß die Epilepsie für das Zustandekommen der Ammonshornsklerose nur eine geringe Bedeutung habe, wenn sie überhaupt existiere. Es liegt auf der Hand, daß dieses widersprüchliche Ergebnis seine besondere Ursache haben muß. Sie liegt in der Alterszusammensetzung des verwendeten Materials, die eine nicht beabsichtigte Materialauslese darstellt. Von den 351 untersuchten Fällen hatten nämlich 291 das 60. Lebensjahr bereits überschritten, nur 20 Fälle waren unter 50 Jahren und nur 6 hatten das 35. Lebensjahr noch nicht erreicht. Vergleiche ich damit das Material. das meinem Institut aus Krankenhäusern, Kliniken, Heil- und Pflegeanstalten und karitativen Anstalten zufließt, und das die Lebensalter vom Säugling bis zum Greis umfaßt, so sind Anfallskranke über 60 Jahre darin eine verhältnismäßige Seltenheit; das Gros derselben ist in den ersten 3 Dezennien verstorben; allenfalls weist das 4. Jahrzehnt noch eine größere Zahl Krampfkranker auf. Gerade diese Lebensalter enthalten aber die Kranken mit häufigen Krämpfen, was der Erfahrung entspricht, daß die Mortalität der Epileptiker mit Häufigkeit und Schwere der Krämpfe rapid ansteigt. Unsere Feststellungen entsprechen etwa den Zahlen der früheren Autoren, und das Ergebnis von Morel und Wildi ist nicht mehr verwunderlich, weil man nach der Altersschichtung ihres Materials annehmen muß, daß Fälle mit schweren und häufigen generalisierten Krämpfen, die nun einmal zur Entstehung paroxysmaler Hirnveränderungen notwendig sind, darin gar nicht mehr in durchschnittlicher Zahl enthalten gewesen sind. Zur Frage der histologischen Differenzierung der Ammonshornveränderungen bei Atheromatose der kleinen pialen Arterien und bei senilen und präsenilen Hirnerkrankungen (Alzheimersche und Picksche Krankheit), von denen die beiden letzteren nach einem anderen Prinzip erfolgen, sei auf das Kapitel: „Systemgebundene (topistische) Kreislaufschäden" in Teil I dieses Handbuchbandes verwiesen.

Erwähnt sei hier noch die auf statistischem Wege gewonnene Auffassung von Sano und Malamud, wonach sich aus der Krampfschädigung des Ammonshorns ein sekundärer epileptogener Focus bilden könne, der zu einer Temporallappenepilepsie mit psychomotorischen Phänomenen Anlaß gäbe, sozusagen also aus einem Krampfeffekt eine Anfallsursache werden könne. Die Beweisführung scheitert an der bereits erwähnten Unmöglichkeit, einem histologischen Befund seine epileptogenen Eigenschaften anzusehen.

Bezüglich der bei primären Ammonshornausfällen möglichen konsekutiven Degenerationen im System Fornix - Corpus mammillare - Thalamus bzw. Gyrus cinguli sei auf die kürzlich erschienene, ausgezeichnet orientierende Zusammenstellung von Ule (1954) verwiesen.

Veränderungen der Kleinhirnrinde.

Bezüglich der für die histologische Struktur, Ausdehnung und Entstehung maßgeblichen Faktoren wird auf die entsprechenden Ausführungen im Kapitel über die systemgebundenen Kreislaufschäden verwiesen, insbesondere auch auf die dort angebrachten Abb. 11, 13 und 14.

---

[1] Teil I dieses Handbuchbandes.

Die atrophischen Zustände im Kleinhirn entstehen in der Hauptsache auf Kosten des Rindengraus, wobei nach den genannten Regeln der temporären Oligämie als erstes die PURKINJE-Zellen, dann die Körnerschicht und als letztes die GOLGI-Zellen zum Opfer fallen. In ausgeprägten Fällen ist die Kleinhirnrinde unter starker Volumenreduktion der Läppchen gänzlich von Nervenzellen entblößt und ihr Verlauf nur noch von der gewucherten BERGMANNschen Gliazellschicht angedeutet. Unter solchen Verhältnissen besteht eine massive Fasergliose, welche dem Organ die harte Konsistenz und der Rinde eine weiße Verfärbung verleiht (Abb. 18). Analog der intensiveren Schädigung der Rinde in den Windungsfurchen des Großhirns ist im Kleinhirn die Neigung zum *Befall der marknahen Teile der Bäumchen* immer wieder erkennbar (Abb. 19).

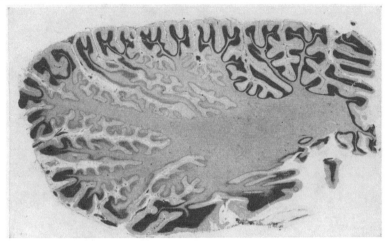

Abb. 19. Zentrale (marknahe) Bäumchenatrophie des Kleinhirns mit totalem PURKINJE-Zellausfall und partiellem Körnerschwund bei einem 20jährigen Epileptiker. NISSL-Präparat. (Aus SCHOLZ: Krampfschädigungen.)

Die endlichen Ausfälle in den Schichten der Kleinhirnrinde entstehen bei chronisch Krampfkranken wohl meist als Summationsschaden. Wenigstens findet man ausgedehntere Erbleichungen im Kleinhirn ebenso wie in der Großhirnrinde nicht gerade häufig. So eindeutig die Nekrosen der PURKINJE-Zellen nach den Krampfserien ohne oder bereits mit neuronophagischen Strauchwerkreaktionen (Abb. 3 und 4) in Erscheinung treten, so wenig auffällig sind meist die akuten Veränderungen in der Körnerschicht. Daß auch sie häufig in disseminierter Form erfolgen, kann nur daraus erschlossen werden, daß man als Endstadien bei weitem nicht immer völlige Verödungen, sondern häufig nur Lichtungen ihres Zellbestandes antrifft.

Der Menge der paroxysmalen Zellausfälle entsprechend wechselt der Umfang der konsekutiven Atrophie und die Dichte der Sklerose. Geschlossene PURKINJE-Zellausfälle bedingen infolge der Verschmälerung der Molekularschicht meist schon eine merkliche Verminderung des Organvolumens; sie sind auch meist bereits von Lichtungen der Körnerschicht begleitet. Die ausgeprägten sklerotischen Organatrophien und Verhärtungen beruhen aber auf einem Schwund aller Rindenschichten. Die Ausdehnung der paroxysmalen Schäden des Kleinhirns reicht von kleinen sektorförmigen Ausfällen über die Atrophie einzelner Läppchen bis zur Atrophie und Sklerose *ganzer Kleinhirnlappen.* Der autoptische Befund einer Atrophie des Lobus semilunaris findet sich in Abb. 18, die mikroskopischen Verhältnisse desselben Falles bringt Abb. 11 von Kapitel SKS.

Aber nicht nur lobäre Sklerosen, sondern auch *Hemisphärenatrophien* sind im Kleinhirn anzutreffen. Ein Beispiel einer Hemisphärenatrophie des Kleinhirns als Summationseffekt von diskreteren Krampfschädigungen bei einer genuinen (!) Epilepsie bringen wir in Abb. 20. Daß es sich um paroxysmale Veränderungen handelt, ist nicht nur durch den Krankheitsverlauf, sondern auch die Art der Atrophie mit völligem Verlust der Purkinje-Zellen und leichterer Schädigung der Körnerschicht, ferner durch frische Veränderungen in Form von Strauchwerken in der anderen, nichtatrophischen Hemisphäre, sowie durch gleichartige Veränderungen in anderen Vorzugsgebieten für Krampfschädigungen sichergestellt. Differentialdiagnostisch kann man in solchen Fällen vor die Frage einer

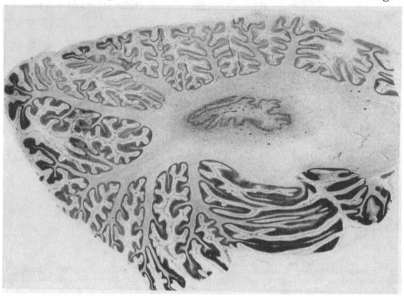

Abb. 20. Hemisphärenatrophie des Kleinhirns bei einer 31jährigen genuinen Epileptikerin. Nur geringe Atrophie der Läppchen und Bäumchen. Kompletter Purkinje-Zellausfall und mehr oder weniger starke Lichtung der Körnerschicht. Die Atrophie ist im lateralen Randgebiet und in der Kleinhirntonsille weniger ausgesprochen; der Flocculus ist überhaupt nicht betroffen. Endzustand. Nissl-Präparat. (Aus Scholz: Krampfschädigungen.)

durch andere Prozesse bedingten oder einer genuinen Kleinhirnatrophie gestellt werden, besonders dann, wenn eine doppelseitige Atrophie vorliegt. Kleinhirnatrophien bei amaurotischer Idiotie unterscheiden sich durch die relative Persistenz der Purkinje-Zellen gegenüber der Körnerschicht, paralytische Atrophien erreichen nie diese Ausdehnung; zudem sind beide durch die Präsenz des jeweiligen Krankheitsprozesses gekennzeichnet. Nur die genuinen Atrophien, unter ihnen besonders die vom zentrifugalen Typus, können einige Schwierigkeiten bereiten, zumal wenn, wie im angeführten Beispiel, der Schwund in paläocerebellaren Teilen weniger ausgeprägt ist. In solchen Fällen müssen schließlich der klinische Verlauf und die Existenz anderweitiger Krampfschädigungen die Entscheidung bringen.

Über die Häufigkeit der Kleinhirnrindenveränderungen bei Krampfkranken existieren meines Wissens keine statistischen Angaben. Eindrucksmäßig haben wir an einem sehr großen eigenen Material die Auffassung gewonnen, daß sie der Ammonshornveränderung nur wenig nachsteht. Begreiflicherweise ist der Ausschluß ihrer Existenz bei der unterschiedlichen Organgröße aber viel schwerer als beim Ammonshorn. Wir haben indessen eine nicht ganz kleine Zahl von

Fällen, in denen wohl typische Kleinhirnrindenveränderungen, aber keine Ammonshornschäden festgestellt worden sind.

Thalamusveränderungen.

Disseminierte ischämische Ganglienzellnekrosen nach Status epilepticus (Abb. 1) wurden in einer Anzahl von Fällen erstmals von SCHOLZ (1933) beschrieben. Seither haben sich frische Veränderungen, sei es in Form von Einzelnekrosen oder Erbleichungen und entsprechende alte Ausfälle mit mehr oder weniger dichten Gliosen immer wieder bei Krampfkranken feststellen lassen. Von einer besonderen Vorliebe für einzelne Thalamuskerne läßt sich dabei nur insofern sprechen, als disseminierte Nekrosen bzw. Ausfälle mit größerer Häufigkeit in lateralen und dorsomedialen Kerngebieten angetroffen werden; medioventrale Thalamusregionen sind jedenfalls viel seltener beteiligt. Gehen Ganglienzellverbände geschlossen zugrunde, so geschieht dies oft in deutlich fokaler Form mit mehr oder weniger eindeutigen Beziehungen zu Gefäßen. Beispiele einer Erbleichung und einer Sklerose dorsolateraler Thalamusgebiete sind in den Abb. 17b und 21 gegeben. Im Markscheidenbild kommen Faserlichtungen selbst bei mas-

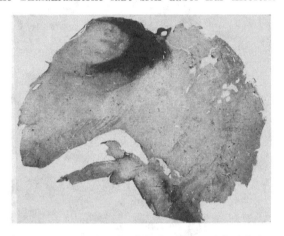

Abb. 21. Dichte Gliose dorsolateraler Thalamusteile bei einer 18jährigen Epileptikerin. Gliafaserfärbung nach HOLZER.
(Aus SCHOLZ: Krampfschädigungen.)

siven Ganglienzellausfällen und Sklerosen meist nur wenig augenfällig zur Darstellung; öfter kommt es sogar zur Markfaserneubildung in sklerotischen Gebieten in der Form des sog. Status marmoratus, der im markfaserreichen Thalamus aber viel weniger deutlich in Erscheinung tritt als unter gleichen Umständen in Rinde und Striatum.

Die Ausfälle erfolgen oft doppelseitig. Die Organatrophie, die in den meisten Fällen nur einen geringeren Grad erreicht, ist autoptisch bei einseitigem Befallensein begreiflicherweise leichter festzustellen.

Die Identifizierung frischer Veränderungen als Krampfschädigung begegnet schon durch die Form des Zelluntergangs keinen Schwierigkeiten. Zu bedenken ist aber bei alten Ausfällen im Thalamus, daß es bei Gegenwart ausgedehnter Rindenveränderungen zu retrograden und transsynaptischen Ganglienzellausfällen in den thalamischen Kernen der Rindenprojektion zu kommen pflegt. Wenn sich die Frage durch den unsystematischen bzw. fokalen Charakter der Nervenzellausfälle nicht von selbst beantwortet, sondern nucleäre Beschränkungen vorliegen, kann man vor die Notwendigkeit gestellt werden, Rinden- und Thalamusausfälle in gegenseitige Beziehung zu setzen, weil sich eine Feststellung in dem einen oder anderen Sinne dann erst aus etwaigen Inkongruenzen treffen läßt.

Nach den Untersuchungen von SCHOLZ (1951) ist die Teilnahme des Thalamus an den Krampfschädigungen ein recht häufiges Ereignis. Sicher erreicht sie die von Ammonshorn und Kleinhirnrinde nicht; sie steht aber eindrucksmäßig noch vor den gröberen Ausfällen der Großhirnrinde.

Veränderungen der Großhirnrinde.

Frische diffuse Veränderungen in der Großhirnrinde nach epileptischem Status sind von vielen Seiten beschrieben worden; war doch das Augenmerk der Untersucher unter dem Einfluß der Vorstellung von einem fortschreitenden epileptischen Hirnprozeß vornehmlich auf dieses Hirngrau gerichtet (Alzheimer, Volland, Kogerer, Moryasu, Bassi, Tramer u. a.). Eine genetisch einheitliche Deutung hat man diesen vielgestaltigen Befunden jedoch nicht zu geben vermocht. Sieht

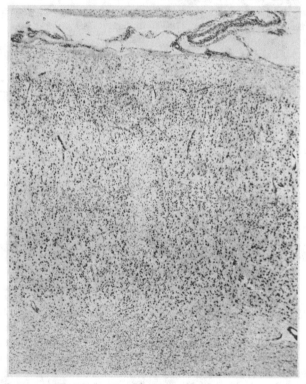

Abb. 22. Streifenförmiger, gefäßabhängiger Ganglienzellausfall mit konsekutiver Gliazellvermehrung in der Hirnrinde eines genuinen Epileptikers mit sehr zahlreichen Anfällen. Nissl-Präparat. Daneben bestanden Ammonshorn- und Kleinhirnläppchensklerosen. [Aus Scholz: Z. Neur. **145**, 471 (1933).]

man von der Chaslinschen Randsklerose ab, die nach ihrer Kennzeichnung als reparatives Phänomen durch Alzheimer ja nur einen indirekten Hinweis auf Parenchymausfälle zu geben vermochte, so hat zuerst Alzheimer in überzeugender Weise bleibende Veränderungen bei genuinen Epileptikern in Form von stärkeren diffusen Ganglienzellausfällen in den oberen Rindenschichten nachgewiesen und sie auf die epileptische Erkrankung bezogen. Diese Form der Ausfälle war mit den damaligen Vorstellungen vom Wesen der epileptischen Hirnveränderungen ohne weiteres vereinbar. Natürlich hatte man das Vorkommen von mehr oder weniger ausgedehnten Sklerosen der Hirnrinde bei chronisch Krampfkranken von jeher beobachtet und sich über ihre feingewebliche Struktur Rechenschaft gegeben. Wernicke (1881) und Warda (1895) hatten darin bereits den Rückstand eines abgelaufenen Krankheitsvorganges erkannt, der nur zum Untergang der nervösen Strukturen geführt hatte. Man hatte darin aber wie bei anderen gröberen Hirnbefunden immer nur die Ursache des Auftretens von Krämpfen gesehen. Die nähere Bestimmung besonderer Formen von diffusen und umschriebenen Veränderungen der Hirnrinde als Folge von Krämpfen beruht erst auf den Untersuchungen von SCHOLZ (1933, 1935, 1938 und 1951).

Was man von der Idee des diffusen epileptischen Rindenprozesses herkommend in den Gehirnen genuiner Epileptiker zunächst nicht erwartet hatte, sich jedenfalls scheute, in Beziehung zum epileptischen Leiden zu bringen, waren *kleinere, herdförmige, vielfach offenkundig gefäßabhängige Ganglienzellausfälle* (Abb. 22). Erst ihre Beobachtung in frischem Zustand und im zeitlichen Zusammenhang mit Krämpfen erlaubte es, hier genetische Beziehungen herzustellen. Das konnte um so leichter geschehen, als ja inzwischen die Kreislaufgenese der Ammonshornsklerose und der Läppchenatrophie bei Epileptikern von SPIELMEYER einleuchtend begründet worden war. Da solche Großhirnrindenausfälle zudem auch bei anderen Krampfkranken, z. B. bei eklamptischen Keuchhustenkindern von HUSLER und SPATZ, bei eklamptischen Schwangeren von v. BRAUNMÜHL, bei traumatischen Epileptikern von SCHOLZ gesehen worden waren, ferner WOHLWILL sogar ausgedehntere streifenförmige Rindenerbleichungen bei Krampfkranken beschrieben hatte, bedeutete es kein Wagnis mehr, solche herdförmigen Ganglienzellnekrosen und entsprechende alte Ausfälle in der Rinde mit dem Vorgang des Krampfes selbst in eine ursächliche Relation zu bringen. Hatte man vorher solche Befunde in den Hirnen genuiner Epileptiker als etwas Zufälliges verstanden, allenfalls in ihnen die Ursache für Krämpfe gesehen und damit den Krankheitsfall der Gruppe der symptomatischen Epilepsien zugeordnet, so war mit ihrer Entlarvung als möglicher Krampfschaden der Zwangsläufigkeit solcher Schlußfolgerungen der Boden entzogen worden. Solange es sich nur um einzelne solcher kleinen fokalen Ausfälle handelt, sind sie auch im narbigen Zustande nur dem mikroskopischen Nachweis zugänglich. Summieren sie sich und ergreifen durch Konfluenz ausgedehntere Rindengebiete, so daß sie sich in frischem Zustande als fleckige Erbleichung präsentieren (Abb. 11 und 12), so wird als deren Folgezustand auch das Bild der sklerotischen Windungsschrumpfung als Krampfschädigung ohne weiteres verständlich (Abb. 13—16).

Diese durch ihren fokalen Charakter am leichtesten als kreislaufbedingt erkennbare Krampfschädigung der Hirnrinde ist aber nicht ihre einzige und auch kaum ihre häufigste Form. Sehr oft erfolgt der *Ausfall in der Rinde disseminiert* (Abb. 2) und es ist kaum zweifelhaft, daß der von ALZHEIMER beschriebene und abgebildete diffuse Ausfall von Nervenzellen der 3. Hirnrindenschicht als Summationseffekt auf diesem Wege entstanden war. Innerhalb solcher diffusen Zelllichtungen zeichnen sich kleine fokale Ausfälle wesentlich weniger deutlich ab (Abb. 6 und 7); einer sorgsamen Beobachtung werden sie aber auch da nicht entgehen.

Eine ebenfalls sehr häufige Manifestation sind die *schichtförmigen oder schichtbetonten Nervenzellichtungen oder -totalausfälle*, die bereits oben berührt und abgebildet worden sind (Abb. 8—10). Bezüglich ihrer Natur als Krampfschaden und der Problematik ihrer Genese wird auf das Kapitel über systematische Kreislaufschäden verwiesen. Im Gegensatz zu der Häufigkeit laminärer Rindenschäden sind die *vollständigen Rindenerbleichungen*, die sich über große Teile beider Hemisphären erstrecken (Abb. 17a), verhältnismäßig selten. Von einer gewissen Ausdehnung an finden sich dazu keine narbigen Entsprechungen mehr, da solche einzeitig entstandenen schweren Schäden, zumal dabei in der Regel auch subcorticale Gebiete mitbetroffen sind, eben nicht lange genug überlebt werden. Bei beschränkter Ausdehnung müssen daraus aber ausgedehnte, gleichmäßige Rindensklerosen hervorgehen, die, wenn sie wie im Falle von Abb. 17a gewisse Hirnlappen bevorzugen, das Bild der lobären Sklerose entstehen lassen.

Es ist nur eine Frage der Ausdehnung bzw. der beteiligten angioarchitektonischen Kategorien und der Intensität, ob die Endzustände aller dieser Veränderungen schon autoptisch als *leichtere allgemeine Atrophien* (disseminierte und schichtförmige Nervenzellausfälle) oder als lokale, atrophisch sklerotische Veränderungen in Erscheinung treten. Bei letzteren führt der Weg von den *umschriebenen Ulegyrien* (Abb. 15) zu den *lobären Ulegyrien* (Abb. 23) und zu den mehr *gleichmäßigen lobären Sklerosen* mit mehr oder weniger totalen Rindenverödungen. Wahrscheinlich der größere Teil der bisher rätselhaft gebliebenen

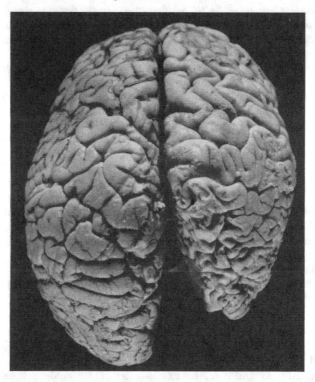

Abb. 23. Lobäre, ulegyrische Sklerose im Occipital-, Parietal- und Temporalbereich der rechten Großhirnhemisphäre mit Verkleinerung und Verhärtung der Windungen bei einem 2½jährigen Kinde nach 6 Tage lang anhaltenden Krampfserien im Alter von 9 Monaten. (Aus Scholz: Krampfschädigungen.) (Histologische Verhältnisse s. Abb. 28, Kapitel SKS.)

lobären Atrophien bzw. Sklerosen des Großhirns sind ebenso wie die des Kleinhirns paroxysmalen Ursprungs. Sie bevorzugen die occipital-temporalen Hemisphärenteile und treten meist einseitig, nur selten doppelseitig auf. Ihre Beziehungen zur Epilepsie waren bereits Schob (1930) aufgefallen, ihre Natur als Krampfschädigung ist von Scholz sichergestellt worden. Auch lobäre Sklerosen entstehen in einem Zuge oder mehrzeitig durch Summation. Mitunter erscheint das Gehirn bei äußerer Betrachtung an der Konvexität unauffällig und erst auf der Schnittfläche ist in der Tiefe der Furchen eine beträchtliche Rindenatrophie zu entdecken (Abb. 11—13), die der Intensivierung bzw. Konfluenz der Erbleichungen an diesen Orten in frischen Stadien entspricht.

Als ausgedehnteste Krampfschädigung ist schließlich die *Atrophie einer ganzen Großhirnhemisphäre* zu nennen (Abb. 24), die wiederum ihre Entsprechung im Kleinhirn hat. Sie tritt uns mehr oder weniger als Endzustand entgegen. Da es sich bei ihr durchgängig um einen Summationseffekt handelt, sind akute

Entsprechungen, welche den Gesamtverlust an nervösem Parenchym im frischen Stadium darstellen, begreiflicherweise nicht beizubringen. Ihre aus eigenen Beobachtungen und den Angaben der Literatur erkennbare klinische Entwicklung mit paroxysmal erfolgenden Krankheitsfortschritten steht aber so eindeutig mit dem jeweiligen Auftreten generalisierter Krämpfe im Zusammenhang, daß sich der bislang in seiner Entstehung ungeklärte morphologische Komplex der

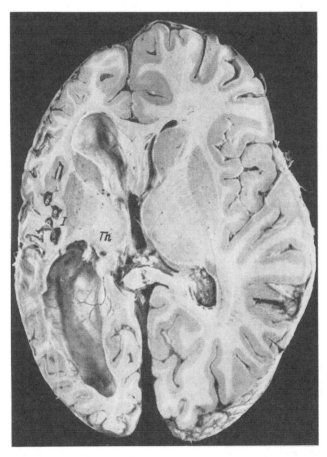

Abb. 24. Linksseitige Hemisphärenatrophie mit allgemeiner Rindenverschmälerung, Ulegyrien im Inselbereich (I), hochgradiger Thalamusreduktion mit Schwund der Marklager; konsekutiver Hydrocephalus internus, 21jähriger Epileptiker mit Krankheitsbeginn im 11. Lebensjahr; paroxysmale Progredienz cerebraler Funktionsausfälle bis zur spastischen Hemiplegie mit Aphasie und Demenz. (Aus Scholz: Krampfschädigungen.)

Hemisphärenatrophie in den meisten Fällen als sicherer Krampfschaden entlarven läßt. Das simultane Auftreten gleichartiger Veränderungen in anderen von Krampfschäden bevorzugten Hirngebieten und in der nicht grobatrophischen Hirnhälfte Abb. 2) macht das so sicher, wie eine klinisch-pathologisch-anatomische Beweisführung eben sein kann. Bei den Fällen von BIELSCHOWSKY, A. JAKOB, SCHOB und SCHOLZ, ferner denen von KÖPPEN und HESTERMANN — in letzteren konkurrieren freilich teilweise gröbere Hirnveränderungen als Krampfursachen —, läßt sich das gleiche Prinzip immer wieder erkennen. Histologisch handelt es sich um ausgedehnte Ganglienzellausfälle in laminärer oder weniger systematischer Form (Abb. 6) mit entsprechenden konsekutiven Gliafaserentwicklungen. Der

9*

Grad der Nervenzellausfälle kann dabei von Ort zu Ort erheblich schwanken und örtlich auch die Intensität der ulegyrischen Windungsschrumpfung erreichen. Im großen und ganzen wiegt aber eine relativ geringe gleichmäßige Volumenreduktion ohne wesentliche Formveränderung oder Konsistenzvermehrung vor. Eine ausführliche, zusammenfassende Darstellung der histologischen Verhältnisse findet sich bei Schob im Handbuch der Geisteskrankheiten von O. Bumke, Bd. XI, S. 927ff., „Lobäre Sklerosen". Da der Befund meist in ruhendem Zustand angetroffen wurde und nur gelegentlich einmal spärliche fettige Abbauprodukte festgestellt wurden, ist es begreiflich, daß die Pathogenese lange Zeit rätselhaft blieb und man einen progressiven degenerativen Hirnprozeß dahinter vermutete. Das noch fehlende Zwischenstadium in der Entwicklung der Hemisphärenatrophie, das die paroxysmale Ätiologie und zirkulatorische Genese bestätigt, ist 1936 durch Jansen, Környey und Saethre beigebracht worden.

Ähnlich ist es übrigens auch mit der Pathogenese der lobären Sklerose des Großhirns gegangen, die, soweit es sich nicht um lobäre Ulegyrien handelt, als ein lokalisierter Spezialfall der Hemisphärenatrophie aufgefaßt werden kann. Ihre Natur als Krampfschädigung wurde mit der Beobachtung einzeitig entstandener paroxysmaler Rindenerbleichungen von der Ausdehnung der Abb. 17a offenbar.

Zu erwähnen sind schließlich noch die *mikroskopisch befundlosen Gehirne* chronisch Krampfkranker. Daß es sich dabei vielfach nur um eine scheinbare Intaktheit handelt, muß man daraus schließen, daß man unmittelbar nach Krämpfen häufig nur singuläre Nervenzellnekrosen in sehr lichter Streuung findet, die außer Einzelneuronophagien (Abb. 2) sonst keine nennenswerten Reaktionen von bleibendem Charakter hervorrufen; solche örtlich geringen Defekte sind nach Abräumung der nekrotischen Zellen nicht feststellbar, selbst wenn die Nervenzellausfälle auf das ganze Gehirn umgelegt sehr hohe Zahlen erreichen. Einen indirekten Hinweis auf sie geben die im Abschnitt „Genuine Epilepsie" zu besprechenden Grenzflächengliosen.

Angeführt sei hier noch die innerhalb ausgedehnter Rindenschäden ziemlich häufige *relative Resistenz der Sehrinde* (s. auch Kapitel SKS). Auf sie ist bei Krampfkranken von Wohlwill und Bodechtel hingewiesen worden, und auch Scholz hat sie in seinem Material immer wieder beobachtet (s. Abb. 12 und 17a). So findet man die Area striata nicht selten auch bei lobären Sklerosen (Scholz) und Hemisphärenatrophien (Bielschowsky, A. Jakob) unverändert und umgeben von einer schweren sklerotischen Atrophie der angrenzenden Rindenfelder. Die Häufigkeit dieses Verhaltens bei Krampfschäden gibt ihr sogar einen gewissen diagnostischen Wert.

Im Zusammenhang mit den Veränderungen der Großhirnrinde sind auch die der *Hemisphärenmarklager* zu erörtern. Sie können selbst bei chronisch Krampfkranken sehr gering sein und nur in einer geringen Vermehrung plasmaarmer faserbildender Astrocyten ohne jeden nachweisbaren Markfaserausfall bestehen. Dabei ist häufiger eine dichtere perivasculäre Gliose zu beobachten. Es ist aber klar, daß ausgedehntere höhergradige Nervenzellausfälle in der Hirnrinde nach dem Gesetz der Wallerschen Degeneration zwangsläufig sekundäre Nervenfaserausfälle in der weißen Substanz der Hemisphären mit konsekutiver Gliose nach sich ziehen. Treffen die Rindenausfälle mit umfangreicheren Veränderungen im Thalamus zusammen, so sind die sekundären Degenerationen sogar doppelläufig und müssen zu intensiveren Ausfällen und konsekutiven Gliosen führen. Öfter steht die Dichte der Marksklerose aber in einem Mißverhältnis zum Ausmaß der corticalen und thalamischen Ausfälle. Das trifft besonders auf die massiven Sklerosen bei lobären Atrophien und Ulegyrien zu. Für ihre Erklärung muß man auf das in entsprechenden akuten Zuständen öfter zu beobachtende ausgedehnte Ödem zurückgreifen, das insbesondere von HALLERVORDEN mit guten Gründen für das Zustandekommen ausgedehnter Marksklerosen in Anspruch genommen wird. In der Tat sind derartige massive Marksklerosen auch nicht selten mit einer ausgesprochen spongiösen Struktur der corticalen Gliosen vergesellschaftet, ein Zeichen, daß hier nicht nur die weiße, sondern auch die graue Substanz mit in den Ödembereich einbezogen war (s. Kapitel EPN). Das alles gilt übrigens auch für die Kleinhirnmarklager.

Verglichen mit den eben beschriebenen Hirnörtlichkeiten fällt die Häufigkeitskurve der Beteiligung bei den im folgenden noch aufzuführenden 3 Kerngebieten ziemlich steil ab. Die Reihenfolge, in der sie hier gebracht werden, ist nicht gleichbedeutend mit einer Häufigkeitsordnung ihrer Beteiligung, für die noch keine ausreichenden statistischen Unterlagen vorhanden sind. Eindrucksmäßig folgen mit vielleicht gleichen Häufigkeitszahlen das Corpus striatum und die unteren Oliven, während der Nucleus dentatus hinter beiden zurückbleibt.

Corpus striatum.

Oft in Gemeinschaft mit der Großhirnrinde und dem Thalamus ist das Corpus striatum von paroxysmalen Schäden betroffen. Sie lassen sich in frischem Zustand als disseminierte Ganglienzellnekrosen, häufiger jedoch in multipel herdförmiger Form meist nicht mit sehr klaren Beziehungen zu bestimmten Gefäßen nachweisen. Es kommt gelegentlich auch zu ausgedehnten Erbleichungen weiter Teile dieses Kernes, in dem nur noch einige mehr oder weniger intakte Nervenzellinseln liegenbleiben. Da es sich um elektive Parenchymnekrosen handelt, wird bei der Intaktheit der benachbarten weißen Substanz besonders leicht das Bild einer systematischen, auf den Kern beschränkten Veränderung vermittelt (s. Kapitel SKS). In der Tat ist der benachbarte Globus pallidus im Gegensatz zu dem durch die innere Kapsel räumlich getrennten Thalamus kaum je mitbetroffen. Die Endzustände mit mehr oder weniger dichter Fasergliose und meist nur geringer Volumenreduktion des Kerngebietes bieten im Markscheidenbild besonders häufig das seit C. VOGT bekannte Bild des sog. Status marmoratus, das nach SPATZ und SCHOLZ ebenso wie die narbigen Plaques fibromyéliniques der Hirnrinde durch eine ungeordnete Regeneration von markhaltigen Nervenfasern in die sich ausbildende Fasergliose hinein zustande kommt. Die genetische Beziehung zu Krämpfen ist von SCHOLZ, WAKE und PETERS betont und begründet worden; bei Durchsicht der Literatur ergab sich ihnen, daß in mehr als der Hälfte der Fälle epileptische Anfälle angegeben und in etwa einem Drittel als Krankheitsbeginn genannt worden waren. Auch SCHOLZ (1951) bringt einschlägige Fälle, darunter einen bei einer als genuin anzusprechenden epileptischen Entwicklung (Abb. 25). Wenn das kindliche Gehirn besonders zur Myelinisierung gliös gedeckter Striatumverödungen neigt, so ist diese doch nicht darauf beschränkt. Innerhalb des Striatums neigen das Kopfteil des Nucleus caudatus und die der inneren Kapsel benachbarten Teile von Caudatus und Putamen besonders zu diesen Veränderungen, die besser im narbigen als im frischen Zustand ihre Beziehungen zum örtlichen Gefäßapparat erkennen lassen (A. MEYER). Zu erwähnen ist noch, daß im Stadium der Nervenzellabräumung Einzelneuronophagien öfter vermißt werden und dafür wohl infolge der Dichte des Nervenzellbestandes eine diffuse, gemischt mikro- und makrogliöse Proliferation auftritt.

Nucleus olivaris inferior.

Auf Veränderungen dieses durch eine allgemeine Anfälligkeit ausgezeichneten Kernes (WEIMANN, v. BRAUNMÜHL) hat bei Epileptikern MINKOWSKY (1930) hingewiesen. Wie bei anderen Krankheitszuständen ist auch nach Krämpfen seine Beteiligung mit ischämischen bzw. homogenisierenden Nekrosen seiner Ganglienzellen gewöhnlich keine vollständige (s. Kapitel SKS). Immerhin können die Ausfälle einen Umfang erreichen, daß nur kleine orale und caudale Kernteile erhalten bleiben; auch bei weniger umfangreichen Veränderungen sind die

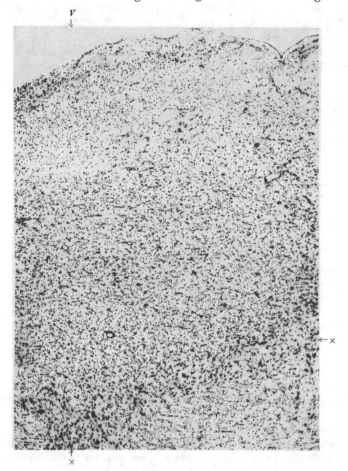

Abb. 25. Verödung und konsekutive Gliose des Nucleus caudatus bei einer 31jährigen genuinen Epileptikerin. Statt der Nervenzellen enthält der ventrikelnahe Teil (*V*) nur mehr vermehrte Gliakerne, im mittleren sind noch eine Anzahl großer Nervenzellen enthalten und an der Basis ist ein schmaler Saum unveränderten Striatumgewebes (× — ×) stehengeblieben. Sklerotischer Endzustand. Nissl-Präparat.
(Aus Scholz: Krampfschädigungen.)

Ausfallsgebiete öfter annähernd spiegelbildlich symmetrisch. In anderen Fällen (Abb. 26) besteht keine ausgesprochene Symmetrie.

Die Beziehungen zu Krämpfen lassen sich bei frischen Veränderungen durch den Charakter des Nervenzellunterganges als ischämische bzw. homogenisierende Nekrose und den zeitlichen Zusammenhang verhältnismäßig leicht erweisen. Bei alten Ausfällen und Zusammentreffen mit ausgedehnten Kleinhirnveränderungen kann man ähnlich wie im Thalamus vor die Frage des transsynaptischen Charakters der Olivenverödungen gestellt sein. Dann ist man genötigt, beide in Beziehung zu setzen und zu prüfen, ob die Ausdehnung der Olivenveränderung nicht dem Projektionsgebiet der veränderten Kleinhirnanteile entspricht

(s. Kapitel „Sekundäre und transneuronale Degenerationen" von H. JACOB). Da eine solche Koinzidenz öfter festzustellen ist, muß vor einer unkritischen Abstempelung alter Olivenverödungen als Krampfschaden gewarnt werden und vice versa.

Nucleus dentatus.

Hinsichtlich der allgemeinen Anfälligkeit dieses Kernes bei den verschiedenartigsten Krankheitszuständen (H. J. SCHERER) gilt Gleiches wie für die untere Olive. Das verbindende Glied zu dem häufigen Befallensein von paroxysmalen

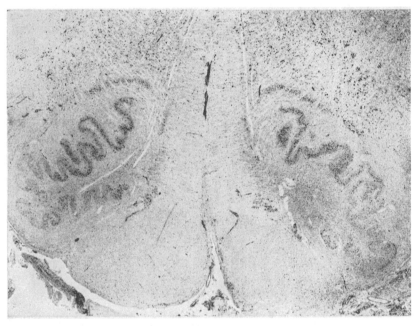

Abb. 26. Unsymmetrische, teils kleinfleckige, teils über größere Strecken zusammenhängende Teilausfälle der unteren Oliven in lateralen und ventralen Bandabschnitten unter Mitbeteiligung der medialen Nebenoliven. LITTLEsches Syndrom nach Krämpfen in der Kindheit. NISSL-Präparat. (Aus SCHOLZ: Krampfschädigungen.)

Veränderungen, auf das v. BRAUNMÜHL (1937) besonders hingewiesen hat, bildet das gemeinsame zirkulatorische Moment und die erhöhte Empfindlichkeit seiner Nervenzellen gegenüber den ischämischen Mangelfaktoren, insbesondere gegenüber Sauerstoffmangel. Von den 3 Kernen, welche bei langdauerndem chronischem Sauerstoffmangel systematische Schäden aufweisen (SCHOLZ 1942), ist der Nucleus dentatus allerdings der einzige, der häufiger von Krampfschädigungen befallen wird; Globus pallidus und Corpus Luysi sind von letzteren so gut wie nie betroffen. Im Nucleus dentatus erfolgen die Ausfälle der Nervenzellen fast nie in der ganzen Kernausdehnung, sondern, wie v. BRAUNMÜHL gezeigt hat, fast stets sektorförmig, ein weiterer Hinweis auf die ursächliche Bedeutung zirkulatorischer Faktoren bei ihrer Entstehung (s. Kapitel SKS). Auch beim Nucleus dentatus läßt sich wie bei den unteren Oliven gelegentlich eine gewisse Symmetrie der Ausfälle in den Kernen beider Kleinhirnhälften feststellen.

Die hier aufgezählten Hirnorte sind Prädilektionsstellen für Krampfschäden, d. h. sie treten in ihnen, wenn sie vorhanden sind, regelmäßig oder verglichen mit anderen grauen Substanzen doch mit überdurchschnittlicher Häufigkeit auf.

Das schließt nicht aus, daß sie auch einmal an anderen Orten mit angetroffen werden, die hier nicht genannt sind. Wir haben z. B., wenn auch — im Gegensatz zu Velasco — selten, einseitige Atrophie der Mammillarkörper gesehen. Da es sich aber durchweg um alte Veränderungen handelte und auch ausgedehnte gleichseitige fokale Thalamus- und Ammonshornverödungen vorhanden waren, mußte die Frage der retrograden bzw. transsynaptischen Natur der Mammillaratrophie offen bleiben. Es gibt aber Hirnregionen, die nach den bisherigen Erfahrungen *nicht oder doch sehr selten* befallen werden. Dazu gehören eigentümlicherweise der sauerstoffmangelempfindliche *Globus pallidus* und das dafür ebenso bekannte *Corpus Luysi*, die sich ebenso wie die *Zona rubra der Substantia*

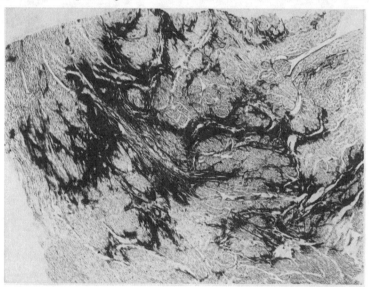

Abb. 27. Bindegewebsschwielen im Herzmuskel eines jugendlichen Epileptikers. Van Gieson-Präparat. Originalaufnahme von Dr. Neubuerger. (Aus Scholz: Krampfschädigungen.)

nigra bei hypoxämischen Zuständen als besonders vulnerabel erweisen. Dieser Umstand kann als ein weiterer Hinweis dafür gelten, daß eine generelle Hypoxie, die bei Krämpfen durch einen hohen Sauerstoffkonsum entsteht, zwar als Hilfsmoment, nicht aber als eigentlicher bildgestaltender Faktor eine maßgebliche Rolle spielt. Als intakt pflegen sich selbst bei sehr ausgedehnten Krampfschäden auch die *vegetativen Zwischenhirnkerne*, ferner die *Brücke* und die *Medulla oblongata* mit Ausnahme der Oliven zu zeigen. Am Rückenmark haben wir Veränderungen nie gesehen. Natürlich schließt das nicht aus, daß auch lebenswichtige Kerne in den sonst verschonten Gebieten mitbetroffen werden können. Da bei nekrotisierender Stärke der Noxe aber der Tod dem Eintritt der Schädigung mehr oder minder unmittelbar folgt, wird die Manifestationszeit für strukturelle Veränderungen in lebenswichtigen Kernen in der Regel nicht erreicht.

Das topische Bild der Krampfschäden wäre unvollständig, wollte man sich dabei auf das Zentralnervensystem beschränken. Die Schädigungen des letzteren sind nämlich verhältnismäßig häufig begleitet von gleichartigen Befunden am Herzmuskel.

Veränderungen am Herzmuskel.

Sie wurden 1920 erstmals von Gruber und Lanz als frische Nekrosen nach vorangegangenem Anfall bei einem jugendlichen Epileptiker beschrieben.

NEUBUERGER hat später diese Frage an einem größeren Material aufgegriffen und bei 34 Epileptikern unter 40 Jahren 14mal entweder frische Nekrosen oder Schwielen im Herzmuskel, mit Vorliebe im Spitzenbereich der Papillarmuskeln und in Vorderwand und Kammerscheidewand gefunden (Abb. 27). Mangels Veränderungen an den Kranzgefäßen werden dafür sowohl von GRUBER und LANZ als auch von NEUBUERGER durch Erregung vasomotorischer Zentralstellen veranlaßte spastische Vorgänge an den Coronarien verantwortlich gemacht. NEUBUERGER weist in diesem Zusammenhang auch darauf hin, daß sich bei alten Epileptikern mit überdurchschnittlicher Häufigkeit sklerotische Veränderungen an den Kranzgefäßen finden. Wie das kindliche Gehirn sei auch das kindliche Herz durch Krampfschäden besonders gefährdet; es möge sogar mancher Todesfall im Krampf in schweren mikroskopischen Herzmuskelschäden, die sich frisch als kleine kernlose Bezirke, vernarbt als Bindegewebsschwielen darstellen, seine Ursache haben.

d) Die morphologische Diagnose der Krampfschädigung.

Die Zuordnung von Hirnbefunden zur Kategorie der Krampfschädigungen erfolgt in der Zusammenschau von Prozeßqualität und Topik. Feingeweblich ist das Bild der Krampfschädigung im Zentralnervensystem — und auch im Herzmuskel — durch den Vorgang der elektiven Parenchymnekrose gekennzeichnet. Da dieser bei den verschiedenartigsten Krankheitszuständen, bei denen Sauerstoffmangel oder der Komplex der ischämischen Mangelfaktoren wirksam wird, eintreten kann, besitzen wir darin zwar ein Kennzeichen der Krampfschäden, aber kein Merkmal, aus dem *allein* auf Krämpfe als Ursache zurückgeschlossen werden kann.

Auch die Lokalisation derartiger Gewebsveränderungen in dem einen oder anderen der oben angeführten prädilektiven Hirnorte oder im Herzmuskel würde noch keine Möglichkeit geben, etwas darüber auszusagen, selbst wenn man dabei Erweichungen und Blutungen ausschließt. Denn Veränderungen von der Art der elektiven Parenchymnekrose kommen z. B. im Ammonshorn und in der Kleinhirnrinde nach Hirntraumen (NEUBUERGER, BODECHTEL) und bei Kohlenoxydvergiftung (HILLER, WEIMANN, A. MEYER) auch ohne Mitwirkung von Krämpfen vor. Auf die allgemeine Anfälligkeit von Nucleus dentatus (H. J. SCHERER) und unteren Oliven (WEIMANN, v. BRAUNMÜHL) bei den verschiedensten Krankheitszuständen wurde oben schon hingewiesen. Pathogenetisch kann aus den Veränderungen in einzelnen prädilektiven Hirnorten zunächst nur auf funktionelle Störungen des örtlichen Kreislaufs zurückgeschlossen werden.

Soll ein Hirnbefund in der Richtung auf seine paroxysmale Genese ausgewertet werden, so müssen zunächst qualitativ saubere Verhältnisse vorliegen, d. h. das Bild der elektiven Parenchymnekrose darf nirgends nennenswert überschritten sein. Daß dabei auch einmal eine kleine Blutung mit angetroffen wird, erklärt sich aus temporären Schwankungen in den paroxysmalen Durchblutungsstörungen. Gelegentlich in einer ausgedehnten Rindensklerose vorkommende kleine Erweichungscystchen sind aus den fließenden Grenzen der verschiedenen Nekrosegrade zu verstehen. Es kann nach der anderen Richtung hin natürlich auch vorkommen, daß die Einwirkung des Krampfes einmal nicht ausgereicht hat, um das Vollbild der elektiven Parenchymnekrose entstehen zu lassen, sondern als Nervenzellveränderungen nur tigrolytische Schwellungszustände, etwa im Bild der akuten Schwellung angetroffen werden. Damit wird aber die Identifizierung der frischen Veränderung als paroxysmaler Schaden schon qualitativ ganz unsicher oder auch unmöglich. Handelt es sich dabei um restitutionsfähige Veränderungen, so werden später auch Ausfälle und entsprechende reaktive Veränderungen am gliösen Interstitium nicht erwartet werden können.

Jedenfalls müssen qualitativ klare Verhältnisse vorliegen, ehe darangegangen werden kann, der Topik der Veränderungen als der zweiten diagnostischen Leitlinie zu folgen. Dabei ist nun nicht nur auf die Lokalisation in die betroffenen Organe etwa das Ammonshorn und die Kleinhirnrinde zu achten, sondern ganz besonders auch auf die Form und die Ausdehnung, in denen der Parenchymuntergang in ihnen erfolgt; so beispielsweise auf die Auswahl bestimmter Felder im Ammonshorn (SOMMERscher Sektor) oder auf die Bevorzugung der PURKINJE-zellen in der Kleinhirnrinde bzw. auf den laminären Charakter der Ausfälle im Cortex. Man wird sich dabei nicht durch Ganglienzellausfälle ähnlicher Lokalisation, aber anderer Qualität täuschen lassen dürfen, die z. B. im Ammonshorn bei involutiven Prozessen, insbesondere bei ALZHEIMERscher und PICKscher Krankheit auftreten, aber an Prozeßmerkmalen leicht zu erkennen sind. Begreiflicherweise steigt die Wahrscheinlichkeit bzw. Sicherheit in der Feststellung von Krampfschädigungen mit der Zahl der im Einzelfall betroffenen Prädilektionsorte. Diese haben unter sich nach der Regelmäßigkeit bzw. Häufigkeit ihrer Anteilnahme an den paroxysmalen Schäden allerdings eine sehr verschiedene Wertigkeit. Ein singulärer Oliven- oder Dentatusausfall sagt z. B. mit Hinsicht auf Krämpfe noch gar nichts. Findet er sich aber in Gemeinschaft mit typischen Ammonshorn- und Kleinhirnveränderungen, so wird sich wahrscheinlich in 9 von 10 Fällen die Vermutung einer paroxysmalen Genese aus dem Krankheitsverlauf bestätigen lassen. Treten dazu noch fleckförmige Ausfälle im Thalamus oder gar noch laminäre corticale Schäden oder eine von erbleichten oder verödeten Rindenfeldern umschlossene gut erhaltene Area striata, dann ist die paroxysmale Genese des Gesamtbildes so gut wie gewiß.

In allen Fällen bringt eine geeignete histologische Untersuchung Klarheit, ob es sich bei den Volumensreduktionen der genannten grauen Hirnregionen um Sklerosen, d. h. reparatorische Zusammenhänge handelt oder um dysgenetische Hypoplasien oder Aplasien. Unter den Sklerosen werden sich in der Regel auch die herdförmigen kreislaufbedingten Ausfälle von den retrograden bzw. synpatischen Kernatrophien unterscheiden lassen. Dann kann es nicht vorkommen, daß in einer 150 Epileptikergehirne umfassenden Untersuchungsreihe zahlreiche, als offensichtliche Krampfschäden identifizierbare Veränderungen als Ausdruck einer rhinencephalen Hypoplasie oder „Abiotrophie" aufgefaßt werden, wie es durch VELASCO geschehen ist, und aus solchen irrtümlichen Deutungen noch eine Theorie der Epilepsie als Ausdruck einer funktionellen Gleichgewichtsstörung zwischen Paläo- und Neocortex entsteht.

Es ergibt sich somit ein in seiner Zusammensetzung zwar variabler, aber doch gut umrissener morphologischer Komplex, der als bestimmt gezeichnetes Muster wiedererkennbar ist und je nach seiner Vollständikeit wahrscheinliche bzw. sichere kausalpathogenetische Schlußfolgerungen erlaubt. Er findet sich öfter als gemeinhin angenommen wird, und zwar ganz rein im Rahmen der sog. genuinen Epilepsie und — wenn auch meist nicht in voller Ausbildung — bei experimentellen und therapeutischen Krämpfen. Unkompliziert tritt er in der Regel bei allen generalisierten Krämpfen auf, die ihre Ursache nicht in strukturellen Hirnveränderungen haben, z. B. bei spasmophilen Konvulisonen, bei parathyreopriver Tetanieepilepsie, bei Keuchhustenenklampsie (HUSLER und SPATZ), und schließlich läßt die puerperale Eklampsie (SIOLI, v. BRAUNMÜHL) in ihren cerebralen Befunden, wenn auch gelegentlich durch Blutungen kompliziert, das Muster der Krampfschädigung ebenfalls erkennen. Doch auch bei allen Formen cerebral bedingter symptomatischer Epilepsie wird er in Gemeinschaft mit den Krampfursachen, etwa mit traumatischen Hirnnarben, mit feineren oder gröberen Residuen von Geburtsraumen oder anderweitig entstandenen narbigen Veränderungen angetroffen. Bei den charakteristischen Verhältnissen traumatischer Befunde bereitet eine scharfe Trennung zwischen dem traumatischen und dem paroxysmalen Komplex im allgemeinen keine Schwierigkeit. Schwerer kann es bei fetalen, geburtstraumatischen oder postnatalen meningitischen Resten sein. Hinsichtlich der Analyse solcher Befunde kann hier auf die von SCHOLZ (1951) gebrachte Kasuistik verwiesen werden. Ganz allgemein erlaubt bei solchen kompliziert gelagerten Fällen mitunter die offenbare Mehrzeitigkeit in der Entstehung der Befunde, etwa das gemeinsame Vorkommen von ruhenden Narben und noch reaktionslosen oder im Abräumstadium befindlichen elektiven Parenchymnekrosen eine Entscheidung.

Selbst aus dem morphologischen Befund im Gang befindlicher Prozesse, die durch Krämpfe kompliziert waren, läßt sich das Krampfmuster gewöhnlich unschwer herauslesen. Sehr einfach ist es neben den typischen Befunden der amaurotischen Idiotie (SCHOLZ, HADDENBROCK), der Leukodystrophie (SCHOLZ), der HUNTINGTONschen Chorea (SPIELMEYER) oder neben anderen, durch charakteristische Veränderungen ausgezeichneten degenerativen Prozessen zu erkennen. Nachdem der typische Ammonshornausfall bei Anfallsparalysen durch MERRITT als Krampffolge identifiziert worden war, hat sich nach den Untersuchungen von TEBELIS das kompliziertere morphologische Bild der juvenilen Paralyse dahin auflösen lassen, daß darin der paralytische Prozeß und oft recht ausgedehnte Krampfschäden wie zwei Negative zu einem Positiv sozusagen übereinander kopiert sind. Ausgedehnte cerebrale Atrophien lobären Charakters fallen dabei mitunter nicht dem paralytischen Prozeß, sondern der cerebralen Krampfschädigung zur Last. Und auch bei den cerebellaratrophischen Veränderungen der Paralyse ist zu prüfen, inwieweit sie unmittelbar auf den Prozeß zu beziehen oder auf dem Umweg über Konvulsionen entstanden sind.

e) Die klinische Bedeutung paroxysmaler Hirnschäden.

Es ist nicht zu bezweifeln, daß ausgedehnte paroxysmale Hirnveränderungen, wie sie von SCHOLZ (1935, 1951) beschrieben worden sind, den Tod im Krampfstatus herbeiführen können, jedenfalls eine ausreichende Erklärung dafür geben. Das größere klinische Interesse besitzen aber jene Fälle, die überleben und die Folgen paroxysmaler Hirnveränderungen zu tragen haben. Bleibende geistige und körperliche Defekte nach Krämpfen waren schon lange vor dem Bekanntwerden von Existenz und Umfang paroxysmaler Hirnschäden besonders von Pädiatern beobachtet, wenn auch genetisch anders gedeutet worden. Ihnen gab die bekannte Bereitschaft des Kindes zu Krämpfen den Anlaß, sich damit zu beschäftigen. Dazu kommt noch die von SCHOLZ betonte Anfälligkeit des kindlichen Gehirns für Krampfschädigungen. Bei dem häufig bleibenden Charakter paroxysmaler Hirnveränderungen sind auf der klinischen Seite wenigstens bei einem Teil der Krampfkranken Dauerschäden zu erwarten, die bei einmaligen Krampfperioden stationär bleiben, sich bei chronisch Krampfkranken infolge der Vielzeitigkeit ihrer Entstehung summieren und so unter Umständen klinisch das Bild eines fortschreitenden Hirnleidens vermitteln können. Ein besonders reiches und zuverlässiges Beobachtungsgut gaben dem Kinderkliniker die Konvulsionen bei Säuglingstetanie in den ersten Dezennien dieses Jahrhunderts, weil hierbei ja prozeßhafte cerebrale Krampfursachen nicht vorliegen. Aus der zusammenfassenden Darstellung von BIRK über Kinderkrämpfe (1938) ist zu entnehmen, daß die Mortalität der krampfenden spasmophilen Säuglinge damals die erschreckende Höhe bis zu 60% erreichte. Eine von THIEMICH und BIRK 1907 durchgeführte katamnestische Untersuchung an Überlebenden hatte das überraschende Resultat, daß sich von den krampfenden Spasmophilen nur ein Drittel in normaler Weise entwickelt hatte, während die übrigen zwei Drittel entweder charakterliche, neuropathische Abartigkeiten oder Minderwertigkeiten auf intellektuellem Gebiet aufwiesen. Dabei wird ausdrücklich gesagt, daß die nicht-krampfenden Fälle von Spasmophilie diese schlechte Prognose hinsichtlich ihrer Entwicklung nicht haben. Gleiche, nur prozentual differente Ergebnisse zeigten Nachuntersuchungen von Potpeschnigg, Wille, Looft, Philippi, Schiffers und Heckert. Die Ursachen für diese Fehlentwicklungen suchte man in Un-kenntnis der Vorgänge im Gehirn bei generalisierten Krämpfen in Eigentümlich-keiten der Konstitution. R. Vogt hat 1942 am Material der Leipziger Kinder-klinik diese Untersuchungen unter Berücksichtigung konstitutioneller Gesichts-punkte und des inzwischen bekannt gewordenen Umfanges von Krampfschädi-gungen mit ähnlichen Ergebnissen wiederholt; er weist den paroxysmalen Hirn-veränderungen bei der Entstehung solcher Fehlentwicklungen die ihnen gebüh-rende überragende Stellung zu. Die gleiche Bedeutung wie bei der Spasmophilie haben Konvulsionen bei anderen extracerebralen Erkrankungen, z.B. beim Keuch-husten, wofür Husler und Spatz klassische Beispiele gegeben haben; auch sie weisen auf die verheerenden Folgen hin, welche die von ihnen erhobenen frischen Hirnbefunde im Falle des Überlebens für die weitere Entwicklung des Indi-viduums hätten haben müssen.

Es ergibt sich somit schon mit klinisch-statistischen Methoden, welche außer-ordentliche Bedeutung das Auftreten gehäufter Krämpfe im frühen Kindesalter für die körperliche und geistige Entwicklung hat. Dazu werden von Scholz (1951) an einigen repräsentativen Fällen eines in fast 2 Jahrzehnten gesammelten umfangreichen Materials die näheren Beziehungen ein- und mehrzeitig entstan-dener Hirnschäden und der ihnen zugeordneten körperlichen und geistigen Fehl-entwicklungen bzw. Defektzustände zu voraufgegangenen Krämpfen im Einzel-fall näher dargelegt. Es befinden sich darunter Krankheitsfälle, in denen bereits nach einer einzigen Krampfserie ausgedehnte Lähmungen oder ein Stillstand der geistigen Entwicklung eingetreten waren, und solche, bei denen erst durch Summa-tion leichterer Einzelausfälle idiotische und Demenzzustände mit ausgesprochenen neurologischen Befunden oder ohne solche sich ausgebildet hatten. Obwohl noch keine statistischen Untersuchungen vorliegen, kann bereits heute gesagt werden, daß paroxysmale Hirnschäden bei der Entstehung erworbener Schwachsinns-zustände und Idiotieformen und in der Ursachenreihe der cerebralen Kinder-lähmung (s. Beitrag von Hallervorden und J. E. Meyer) eine hervorragende Rolle spielen, die vielleicht nur noch vom Geburtstrauma übertroffen wird.

Das fortgesetzte Auftreten von Krämpfen vermag aber auch der Entwicklung andersartiger Prozesse eine besondere Richtung zu geben. Etwa kann ein geburts-traumatischer Hirnschaden mit an sich geringen stationären Erscheinungen durch die Entwicklung einer symptomatischen Epilepsie zu einem Leiden mit immer neu auftretenden Defektsymptomen werden. Ganz zweifellos wird auch der Krankheitsverlauf der Anfallsparalysen, insbesondere der juvenilen Paralyse durch das Auftreten mehr oder weniger ausgedehnter paroxysmaler Hirnschäden mitbestimmt. Haddenbrock hat kürzlich darauf hingewiesen, daß dies auch bei amaurotischer Idiotie der Fall sein kann. Diese Richtungsänderung im Ver-lauf kann durch einzeitige Einwirkung oder durch Summation mehrzeitiger Schädigungen hervorgerufen werden. Es fehlt besonders bei den als lobäre Sklerosen und Hemisphärenatrophien verifizierten Krankheitszuständen nicht an Beispielen (Bielschowsky, Schob, A. Jakob, Scholz, Jansen-Környey-Saethre, Köppen, Hoestermann), bei denen abgesetzte, jedesmal ausgesprochen paroxysmale Krankheitsfortschritte mit stationären Zwischenzeiten klinisch einwandfrei festzustellen sind. Und von hier aus führt der Weg zu der auf oftmaligen, sehr kleinen cerebralen Ausfällen beruhenden, in umschriebenen

Zeiträumen unmerklich fortschreitenden Demenz der Epileptiker, worauf im Abschnitt über genuine Epilepsie noch zurückzukommen sein wird.

Es ist in diesem Zusammenhang noch darauf hinzuweisen, daß das Auftreten von Krämpfen bei den verschiedensten Krankheitszuständen vom Kliniker als ein alarmierendes Zeichen angesehen wird und bei infektiösen Erkrankungen häufig fälschlicherweise zur Diagnose einer hinzugetretenen Encephalitis Veranlassung gibt, beispielsweise beim Keuchhusten. Der pathologisch-anatomische Befund klärt den diagnostischen Irrtum, zeigt aber zugleich im Auftreten par-

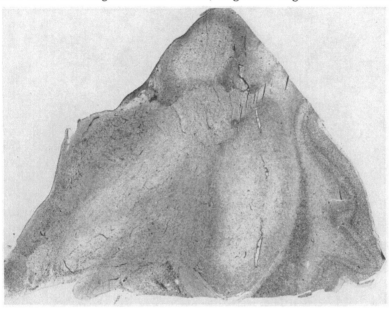

Abb. 28. Ausgedehnte, noch reaktionslose Erbleichungen im Nucleus caudatus und Putamen nach 8tägiger Insulinschockbehandlung mit zahlreichen generalisierten Krämpfen 34 Std ante mortem. 37jähriger Schizophrener. Nissl-Präparat. [Aus Cammermeyer: Z. Neur. **163**, 617 (1938).]

oxysmaler Strukturschäden, wie begründet die Furcht des Klinikers und wie groß die Gefahr ist, daß einem an sich vielleicht heilbaren Zustand durch Krämpfe eine verhängnisvolle Wendung gegeben wird.

f) Therapeutische Krämpfe.

Es wäre schließlich noch kurz auf die in der Psychiatrie üblich gewordene *Schock-* bzw. *Krampfbehandlung* einzugehen. Während im therapeutischen hypoglykämischen Schock das Auftreten von Krämpfen nicht zwangsläufig erfolgt, sondern eher zu vermeiden gesucht wird, bezweckt die Cardiazol- und Azomanbehandlung ebenso wie die Anwendung des elektrischen Stromes direkt die Provokation generalisierter Krämpfe. Man hat bei letal verlaufenen und später interkurrent verstorbenen Therapiefällen die grundsätzlich gleichen Hirnveränderungen festgestellt wie bei spontanen Krämpfen; deshalb wird man die Berechtigung dieses therapeutischen Vorgehens an sich aber nicht bestreiten wollen, weil damit meist ohne merkbaren bleibenden Schaden Erfolge erzielt werden, die anderweitig bislang nicht erreichbar sind. Die pathologische Anatomie des Krampfes lehrt, daß die Gefahr struktureller Hirnveränderungen beim Einzelkrampf gering ist, daß die Gefährdung vielmehr auf der mangelnden

Erholungszeit bei Krampfserien beruht. Einwände von pathologisch-anatomischer Seite werden sich deshalb in der Hauptsache mit Hinsicht auf die Dosierung der Krämpfe erheben lassen. Am sichersten ist die Dosierbarkeit beim Elektrokrampf, bei dem jedem Stromstoß augenblicklich ein mehr oder minder voll entwickelter generalisierter Krampf folgt.

Man hat, um die Gefahren bzw. die Gefahrlosigkeit der therapeutischen Schock- bzw. Krampfbehandlung zu demonstrieren, sehr viel experimentell

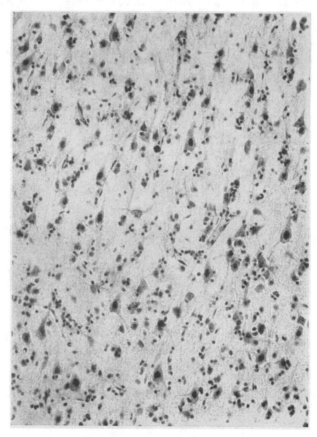

Abb. 29. Disseminierte ischämische Ganglienzellnekrosen mit beginnender Stäbchenzellreaktion in der Großhirnrinde nach Cardiazolkrampfbehandlung. 4 Cardiazolinjektionen innerhalb von 3 Tagen; Exitus 2 Tage nach der letzten Injektion. Nissl-Präparat. [Aus Hempel: Z. Neur. 173, 210 (1941).]

gearbeitet, worauf hier im einzelnen nicht eingegangen werden kann. Bei Insulinverabreichung haben Stief und Tokay im Tierexperiment Hirnveränderungen von der Art erzeugen können, wie sie nach Spontankrämpfen beim Menschen beobachtet werden. Dasselbe haben Rotter und Krug mit Cardiazolkrampfserien beim Meerschweinchen in verschiedenen Kerngebieten erreicht. Besonders zahlreich sind die Versuche mit Elektrokrämpfen. Dabei waren die Ergebnisse trotz sehr zahlreicher Krämpfe teilweise negativ (Cerletti und Bini, Globus, van Harreveld und Wiersma, Winkleman und Moore u. a.); andere Autoren berichten über leichtere, meist reservible, von Kreislaufstörungen abhängige Veränderungen (Ferraro, Roizin und Helfand), aber auch über Befunde, die den Spontankrampfschäden beim Menschen gleichen (Neubuerger,

WHITEHEAD, RUTLEDGE und EBAUGH). Tigrolytische Schwellungszustände der Nervenzellen haben SCHOLZ und JÖTTEN bei Katzen schon nach kurzen Serien von Elektrokrämpfen eintreten sehen. So viel scheint sicher, daß es zur Erzeugung wirklicher elektiver Parenchymnekrosen bei Tieren längerer' Serien von Elektrokrämpfen bedarf.

Über Hirnveränderungen nach Insulinschockbehandlung beim Menschen, die nach Art und Lokalisation denen nach Spontankrämpfen gleichen, ist von LEPPIEN und PETERS, FERRARO und JERVIS, H. JACOB, INOSE, JANSEN und WAALER u. a. berichtet worden (Abb. 28), zusätzliche schwere dyshorische Gewebsschäden bei protrahiertem Koma sind von HEMPEL und GRÜNTHAL gefunden

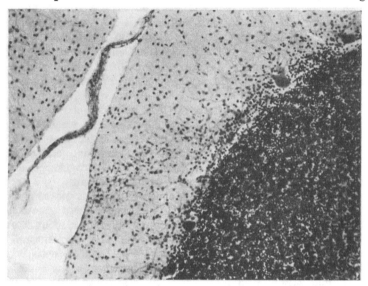

Abb. 30. Gliastrauchwerk in der Kleinhirnrinde 10 Tage nach Beendigung einer Elektrokrampfbehandlung. Außer disseminierten PURKINJE-Zellnekrosen bestanden gleiche Veränderungen im Thalamus. NISSL-Präparat
[Aus ZEMAN: Arch. f. Psychiatr. 184, 440 (1950).]

und neuerdings in extremer Form von TÖBEL nach chronischer Insulinvergiftung bei Hunden festgestellt worden. HEMPEL, WEIL-LIEBERT und ZEMAN haben artgleiche Hirnveränderungen wie nach Spontankrämpfen bei einer größeren Zahl von menschlichen Fällen gesehen, die mit Cardiazol- und Azomankrämpfen behandelt worden waren (Abb. 29). Sie haben nach HEMPEL und ZEMAN auch die gleichen Prädilektionsorte im Gehirn. Daß auch Elektrokrämpfe, besonders bei kumulierter Anwendung die gleichen Veränderungen hervorrufen können, geht aus den Untersuchungen von DE CARO, EBAUGH, BARNACLE und NEUBUERGER, ALPERS und HUGHES, RIESE und ZEMAN hervor. Ganz allgemein sind sie quantitativ geringer als nach Spontankrampfserien; es wiegen besonders disseminierte Ganglienzellnekrosen vor (Abb. 30), die, solange sie noch nicht abgeräumt sind, verhältnismäßig leicht aufgefunden werden, nachher aber sehr schwer oder überhaupt nicht mehr feststellbar sein können, obwohl der Ganglienzellverlust auf das ganze Gehirn gerechnet, außerordentlich hohe Zahlen zu erreichen vermag. Der passagere Charakter mancher psychischen Veränderungen organischer Färbung mag bei Krampfbehandelten auf Erholung geschädigter Strukturen beruhen, oder auch auf einer Übernahme der Funktion ausgefallener Bausteine durch intakt gebliebene Strukturen. Doch ist z. B. von SOLÉ-SAGARRA auch über massivere Hirnschäden nach Elektroschockbehandlung berichtet worden.

Nach intensiven Krampfkuren beobachtete er in 7% seines Materials „offensichtliche Gehirnläsionen". Jedenfalls zeigt die Berührung der Grenzbereiche von gewolltem therapeutischem Effekt und Gefahrenpunkt, daß einer bedenkenlosen Anwendung auch der leicht dosierbaren Elektrokrämpfe von pathologischanatomischer Seite her nicht das Wort geredet werden kann.

III. Die genuine oder idiopathische Epilepsie.

Wollte man in diesem Abschnitt über alles das berichten, was im Laufe der Jahre auf morphologischem Gebiet über Epilepsie veröffentlicht worden ist, so könnte man leicht einen Band damit füllen. Man ist deshalb von vornherein genötigt, eine gewisse Auswahl in dem literarischen Material zu treffen, um den hier gegebenen Rahmen nicht zu sprengen und um dem Leser überhaupt eine Orientierung in dem Irrgarten der Befunde und Deutungen zu ermöglichen. Es wird darzustellen sein, was man von den einigermaßen regelmäßig wiederkehrenden oder doch überdurchschnittlich häufigen Befunden bei dieser in ihren Ursachen unklaren Krankheit ermittelt hat und was davon zu ihrer Charakterisierung beizutragen vermag. Dabei wird den Befunden der Vorzug zu geben sein, die mit zuverlässiger Methodik gewonnen sind. Es erscheint heute z. B. wenig sinnvoll, längst zur Ruhe eingegangene Befunde an Einzelstrukturen, die sich als banal und in keinem Zusammenhang mit anderem gesichertem Wissen stehend erwiesen haben, immer wieder zum Leben zu erwecken; sie vermögen die Kenntnis vom Wesen dieser Krankheit nicht zu fördern.

Nachdem durch die Entwicklung einer Krampfpathologie so gut wie alle prozeßhaften Befunde im Gehirn des genuinen Epileptikers genetisch geklärt sind, hieße es die Darstellung mit einer verwirrenden Fülle von nicht zu ordnenden Einzelheiten belasten, wollte man die Ergebnisse aller der Autoren zitieren, welche sich etwa mit den frischen Veränderungen nach epileptischem Status befaßt haben, in ihren Detailschilderungen die Herausarbeitung genetischer Gesichtspunkte und Zusammenhänge vermissen lassen und auch für eine nachträgliche genetische Auswertung nur ungenügendes Material vorlegen. Viele dieser Untersuchungen stehen dazu im Zeichen einer Zeit, in der man das Spezifische eines Krankheitsprozesses am einzelnen Strukturelement, etwa am Zustand der intracellulären Neurofibrillen zu erfassen suchte. Man weiß allzuoft nicht, wie man solche Detailbefunde in eine Gesamtschau einordnen soll. Was über die Versuche zur Charakterisierung eines spezifischen Hirnprozesses bei der Epilepsie zu berichten ist, läßt sich in einer kurzen historischen Rückschau sagen.

Anders ist es mit dysgenetischen Befunden, die etwa zur Umschreibung einer besonderen Konstitution des Epileptikers dienen können. Gemeint sind die sog. Degenerationszeichen, ferner Hyper- und Hypoplasien in der Ausbildung von Geweben, Organen und Organsystemen und schließlich Mikrodysgenesien im Zentralnervensytem selbst. Hier kann man vielfach nicht sagen, welche Anzeichen von Fehlentwicklung im Gehirn oder an anderen Organen als Ausdruck einer bestimmten Anlage zu werten und welche für eine Erkrankung an Epilepsie von Bedeutung sind. Man ist dabei zunächst auf das Sammeln und Sichten angewiesen, was in früheren Jahren bereits in großem Umfang geschehen ist, ohne daß man damit allerdings zu einer genischen Einheit vorgestoßen wäre.

a) Autoptische Befunde am Zentralnervensystem.

Da man früher alle Fälle, die sichtbare Veränderungen prozeßhaften Charakters am Gehirn aufwiesen, mit wenigen Ausnahmen zur symptomatischen Epilepsie rechnete, mußten die Befunde bei genuinen Epileptikern begreiflicherweise gering sein. Immerhin fand HAHN bei 533 Sektionen nur ein Drittel der Gehirne ganz frei von makroskopischen Veränderungen. Es ist dabei zu unterscheiden zwischen frischen Veränderungen, die mit kurz vorausgegangenen Krämpfen im Zusammenhang stehen, und solchen älteren Entstehungsdatums. Von frischen Veränderungen sind jedem Obduzenten *Durchblutungsanomalien* des Gehirns im Sinne von Hyperämie und Stauung nach Tod im epileptischen Status bekannt. Ihr Grad hängt von der Zahl der vorausgegangenen Anfälle und der zeitlichen Distanz zwischen Status und Eintritt des Todes ab, bei verzögertem letalen Ausgang daneben von kardialen und pulmonalen Komplikationen. Als reine Krampffolge sind auch die öfter vorkommenden, aber keineswegs zum gewöhnlichen Bild gehörigen, oft nur meningealen *kleinen Blutungen* anzusprechen, die bei bestimmter Lokalisation zu weitergehenden Schlußfolgerungen Anlaß gegeben hatten. Daß sie die Ursache eines plötzlichen Todes sein können, wenn sie in den Kerngebieten der Medulla oblongata auftreten (BRIAND, VIGOUROUX und COLIN, H. VOGT u. a.), ist nicht zu leugnen. Sie sind aber sicherlich seltenere Vorkommnisse. *Gefäßerweiterungen und -ektasien* mit schließlichen kleinen Blutungen in den Hirnnervenkernen XII und X glaubte SCHRÖDER VAN DER KOLK (1858) mit Zungenbissen und Atemstörungen im Anfallsablauf in Beziehung setzen zu können. ECHEVERRIA schließlich sah in solchen Gefäßbefunden in der Medulla oblongata sogar die Ursache des epileptischen Leidens. Die darauf fußende medulläre Theorie der Epilepsie, gegen die sich unter anderen VIRCHOW und BINSWANGER gewandt hatten, hat sich besonders in der Ära FRITSCH und HITZIG nicht lange halten können. Nicht selten ist nach lange dauerndem Status ein umschriebenes oder auch allgemeines *Hirnödem* anzutreffen (HAHN, GANTER u. a.). PÖTZL und SCHLOFFER sahen am freiliegenden Gehirn im Krampf freie Ödemflüssigkeit auf der Pia entstehen; JACOBI macht bei experimentellen Krämpfen entsprechende Beobachtungen. Sicher zählt aber ein ausgesprochenes Hirnödem nicht zu den Regelbefunden nach Krampfstatus. Noch weniger häufig sind *Hirnschwellungszustände*, von denen REICHARDT 8 Fälle mit exakten Messungen von Hirnvolumen und Schädelkapazität mitteilt. Das Mißverhältnis zwischen beiden schwankt nach GANTER, dessen Epileptikermaterial freilich ziemlich heterogen ist, bald im Sinne eines zu großen, bald eines zu kleinen Spielraumes.

Ohne Zweifel handelt es sich bei allen diesen Feststellungen um Befunde, die mit dem Symptom des Krampfes in enger Beziehung stehen, und zwar im Sinne einer mittelbaren oder unmittelbaren Krampffolge. Über die Ursache des epileptischen Leidens vermögen sie nichts auszusagen.

Das trifft auch auf die Mehrzahl der Befunde älteren Entstehungsdatums beim genuinen Epileptiker zu. Man wird bei den oft erwähnten *meningealen Befunden* freilich zu prüfen haben, inwiefern Trübungen und Verdickungen der weichen Häute, die z. B. von HAHN besonders in der Umgebung der größeren Gefäße in fast $^2/_3$ der Fälle seines Materials von 533 Sektionen gefunden wurden, Reste einer überstandenen Meningitis sind und inwieweit sie einfache meningeale Bindegewebshyperplasien nach Schwundvorgängen am Großhirn sind. Fibrös schwartige Verdickungen mit Verwachsungen an der Hirnoberfläche stellen als meningitisverdächtig die Zugehörigkeit des Falles zur genuinen Epilepsie von vornherein in Zweifel. Hingegen deutet der mit oft reichlicher Bindegewebsvermehrung einhergehende subarachnoideale Hydrops besonders in Gemeinschaft mit Erweiterung des Ventrikelsystems auf einen primären Schwundvorgang am Gehirn hin. Mehr am Operations- als am Sektionstisch sind *arachnoideale Verwachsungen* mit mehr oder weniger lokalen Ansammlungen von Cerebrospinalflüssigkeit beobachtet worden. TILLMANN und später auch DANDY neigen dazu, ihnen eine größere Bedeutung als anatomische Grundlage einer Fallsucht beizumessen, während Krause und Schumm dies nur für Fälle gelten lassen, in denen sich scharf umschriebene Liquoransammlungen finden; im übrigen sehen sie darin nur einen Ausdruck überstandener Attacken. Im Hinblick auf die von E. Scherer veröffentlichten Fälle mit riesigen arachnoidealen Liquorcysten und hochgradigen Hirnlappenverdrängungen, die ohne alle cerebralen Erscheinungen verliefen, wird man in der Bewertung solcher Zustände als epileptogene Noxen immerhin Vorsicht walten lassen. Dasselbe trifft auf die oft beobachteten *Ventrikelerweiterungen* bei Epileptikern zu. Thom erwähnt sie als die nach der Ammonshornsklerose häufigsten Befunde; er stellte eine Erweiterung der Seitenventrikel in 41 von 75 Fällen fest. Auch McDonald und Cobb bezeichnen sie als etwas ganz Gewöhnliches beim Epileptiker. Es wird nicht immer leicht zu entscheiden sein, ob es sich um einen Hydrocephalus ex vacuo oder congenitus handelt. Stärkere Untergewichtigkeit des Gehirns, lokale oder allgemeine Zeichen von Schrumpfungsvorgängen und meningealer Hydrops in Gemeinschaft mit mäßigen Graden von Erweiterung der Seitenventrikel weisen in die Richtung konsekutiver Formen. Residuen entzündlicher Vorgänge am Ventrikelependym wie Spangenbildungen, Verwachsungen und Granulationen gehören nicht zum Bilde der Ventrikelerweiterung bei genuiner Epilepsie. Auch wenn das Fehlen sonstiger Hirnveränderungen die Annahme eines kongenitalen Hydrocephalus nahelegt, könnte darin nicht zwingend die direkte Ursache des Krampfleidens gesehen werden. Es ist auch nicht erwiesen, daß ein dysgenetischer Hydrocephalus der cerebrale Ausdruck einer bestimmten Konstitution wäre und daß diese eine größere ursächliche Bedeutung für das Krampfleiden hätte als andere sog. Degenerationszeichen wie Linkshändigkeit, Irisveränderungen usw. Gleich liegen die Dinge auch bei anderen *Proportionsverschiebungen*, z. B. der besonders von Anton, Anton und Völker und auch von Ganter hervorgehobenen Häufigkeit eines Größenmißverhältnisses zwischen Groß- und Kleinhirn im Sinne eines Überschießens der Kleinhirngrößen. Das umgekehrte Verhältnis läßt sich meist als paroxysmal entstanden entlarven; ein- und doppelseitige partielle Kleinhirnatrophien gehören ja nicht zu den besonders seltenen konsekutiven Befunden bei Krampfkranken und sind demnach auch beim genuinen Epileptiker zu finden.

Eingehender ist das *Hirngewicht* der Epileptiker in der Literatur diskutiert worden. Schon Bucknill und Echeverria war das relativ häufige Vorkommen großer und schwerer Gehirne bei Epileptikern aufgefallen. Hahn fand unter 468 Hirngewichten 186 mit mehr als 1350 g, 50 mit mehr als 1500 g und 6 mit über 1700 g. In Ganters Material wogen 10% der Gehirne mehr als 1400 g und auch Kirchberg und Scharpf berichten von überdurchschnittlichen Hirngewichten bei Epileptikern. Extreme Gewichte von 1874 g und 2170 g wurden von Volland bzw. Wiglesworth und Watson mitgeteilt. Wenn sich das Durchschnittsgewicht des Epileptikerhirns trotzdem etwa in Normalwerten bewegt, so tragen daran die Abweichungen nach der Minusseite hin Schuld, die häufiger sind, wenn man symptomatische Epilepsien mit groben Defekten etwa geburtstraumatischer Art mit einbezieht. Da aber ausgedehnte sklerotische Atrophien an Groß- und Kleinhirn auch bei genuinen Epileptikern als Krampfschäden vorkommen, sind beträchtliche Gewichtsverminderungen auch bei ihnen anzutreffen.

Grobe *dysgenetische Defekte* wie Balkenmangel und sonstige Agenesien oder Hypoplasien spielen zahlenmäßig im Heer der Epileptiker eine so geringe Rolle, daß es schon aus diesem Grunde unzulässig wäre, solche Befunde etwa zur Kennzeichnung bestimmter Formen der Epilepsie heranzuziehen. Zur Charakterisierung der genuinen Epilepsie oder einer ihr eigentümlichen Konstitution sind sie gleichfalls ungeeignet, schon weil ihre idiotypische Bedingtheit vielfach in Zweifel gezogen werden muß und sogar öfter widerlegt werden kann. Es würde auch kaum jemand etwa mit den Befunden der tuberösen Sklerose die Konstitution der Epileptiker kennzeichnen wollen.

Einer der konstantesten Befunde ist auch beim genuinen Epileptiker die ein- oder doppelseitige *sklerotische Atrophie des Ammonshorns*. Ihr Vorkommen bei allen Arten von Krampfkranken sagt schon, daß sie für die Kennzeichnung besonderer Formen der Epilepsie unbrauchbar ist. Sie hat genetisch im Laufe der Zeit viele Deutungen erfahren. Bereits 1825 von BOUCHET und CAZAUVIELH erwähnt, wurde ihr Zusammenhang mit epileptischen Erkrankungen zuerst 1846 von G. H. BERGMANN erkannt. Aber bereits MEYNERT, der dieser Frage an einem größeren Material im Jahre 1868 nachging, lehnte ihre ursächliche Bedeutung für die epileptische Erkrankung ab. Als erster äußerte PFLEGER im Jahre 1880 die auf autoptischer Beobachtung frischer Veränderungen beruhende Vermutung, daß es sich um eine auf Durchblutungsstörungen beruhende Krampffolge handele. Unter dem Einfluß der Deutungen, welche die von CHASLIN im Jahre 1889 gefundene Oberflächengliose (Randsklerose) erfuhr, ging die Meinung aber zunächst dahin, daß es sich um eine als Krankheitsursache zu betrachtende primäre Gliose (CHASLIN, FÉRÉ), um eine Entwicklungshemmung (NERANDER) bzw. eine Hypoplasie (BRATZ) handelte. Die Langlebigkeit solcher Vorstellungen kommt in einer Untersuchung von VELASCO aus dem Jahre 1950 zum Ausdruck, mit der wir uns schon oben bei der Diagnose der Krampfschäden (S. 138) auseinandergesetzt haben. In der Zeit von NISSL und ALZHEIMER sah man in ihr den besonders intensiven Ausdruck des hypothetischen Hirnprozesses der Epilepsie, eine Auffassung, der sich später auch BRATZ anschloß. Bezüglich ihrer endgültigen Entlarvung als paroxysmaler Effekt durch SPIELMEYER wird auf die Ausführungen in dem Abschnitt über die pathologische Anatomie des Krampfes verwiesen.

Sie teilt diese Genese mit anderen gröberen Veränderungen wie Läppchensklerosen im Kleinhirn, Windungsschrumpfungen im Großhirn, fleckförmigen Sklerosen in Thalamus und Striatum (Status marmoratus), lobären Sklerosen und sogar Hemisphärenatrophien in Groß- und Kleinhirn, die als Krampfschädigungen des Gehirns natürlich auch bei der kryptogenetischen bzw. genuinen Epilepsie vorkommen. Damit hat sich die Bewertung prozeßhafter Befunde für die Klassifikation der verschiedenen Formen der Epilepsie grundlegend geändert. Man kann heute nicht mehr fordern, daß das Gehirn des genuinen Epileptikers keine gröberen morphologischen Abweichungen aufweisen dürfe. Aus ihrer Gegenwart kann jedenfalls nicht die Berechtigung abgeleitet werden, das Anfallsleiden einfach den symptomatischen Formen der Epilepsie zuzuordnen. Vielmehr ist zuerst zu prüfen, ob die Befunde paroxysmalen Schäden entsprechen; nur Veränderungen, die darüber hinausgehen, wie Erweichungscysten, porencephalische Defekte, unter Umständen traumatische Rindenschäden, die aber auch durch Verletzungen im Anfall zustande kommen können, der Nachweis eines andersartigen Prozesses und anderes mehr geben vom Hirnbefund her das Recht, eine genuine Epilepsie auszuschließen und das Anfallsleiden als symptomatisch aufzufassen.

Als letzter bei fortgeschrittenen Krampfleiden fast regelmäßig anzutreffender Befund ist die Verdickung und Verdichtung der Grenzschichten durch eine Vermehrung der Gliafaserlagen, die CHASLINsche *Randsklerose* zu erwähnen. Sie ist ein im wesentlichen mikroskopischer Befund und tritt nur bei starker Entwicklung an der Oberfläche der Großhirnhemisphären deutlicher in Erscheinung; sie verursacht eine gewisse Derbheit der Oberfläche und kann ihr nach ALZHEIMER mitunter ein feinhöckeriges, chagrinlederartiges Aussehen verleihen. Sicher nachweisbar ist sie nur mikroskopisch wie alle nicht zu stärkeren Schrumpfungen führenden Veränderungen, z. B. viele Groß- und Kleinhirnveränderungen, Ammonshorn- und Thalamusausfälle, ferner die noch zu erwähnenden Mikrodysgenesien.

b) Mikroskopische Befunde am Zentralnervensystem.

1. Prozeßhafte Veränderungen.

Der klinisch bedeutsamste Defektbefund im Gehirn fortgeschrittener Fälle von genuiner Epilepsie ist der *diffuse Ausfall von Ganglienzellen in der Großhirnrinde*. Auf ihn hat zuerst Alzheimer (1898) hingewiesen und in ihm auch bereits das Substrat der epileptischen Demenz gesehen. Er beruht auf den

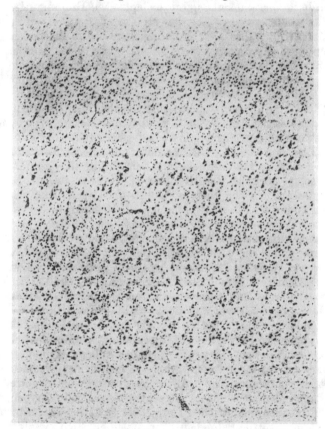

Abb. 31. Bereits unverkennbare diffuse Verödung der 3. Hirnrindenschicht bei einem 5¹/₂jährigen epileptischen Kinde mit vielen Krämpfen und erworbenem Schwachsinn. Nissl-Präparat.
(Aus Scholz: Krampfschädigungen.)

im Abschnitt „Pathologie des Krampfes" dargelegten disseminierten Nervenzellnekrosen in Anfällen oder Anfallsserien. Fehlen in gleichmäßiger Verteilung nur wenige Nervenzellen, so ist der Verlust erst von einem bestimmten Grad an nachweisbar. Ein Verlust von 10—15% kann sich dem Nachweis vollständig entziehen. Auf diese schon Alzheimer bekannten Schwierigkeiten ist oben bereits mehrfach hingewiesen worden. Alzheimer bediente sich zu ihrer Überwindung des photographischen Bildvergleiches homologer Rindenstellen, der aber auch erst von einer bestimmten Massierung der Ausfälle an zum Erfolg führt. Da die reaktiven Erscheinungen von seiten der astrocytären Glia bei geringem Ausfall unscheinbar bleiben können, mag manches dieser Gehirne als „befundlos" beiseite gelegt worden sein. Höhergradige disseminierte Ausfälle und solche, die bestimmte Hirnrindenschichten bevorzugen, bereiten dem einigermaßen Geübten keine Erkennungsschwierigkeiten mehr (Abb. 31). In der Regel handelt es sich bei den diffusen disseminierten Ausfällen um eine Summation mehrzeitig erfolgter Schädigungen, während der Ausfall geschlossener Ganglienzellformationen, sei es in fokaler oder laminärer Form, häufiger einzeitig geschieht, was durch die Beobachtung frischer Stadien nachgewiesen ist.

Kleine *gefäßgebundene Verödungsherde* in der Hirnrinde waren bereits ALZHEIMER bekannt (Abb. 22); ihre Herkunft mußte bei der damals herrschenden Vorstellung vom Wesen der genuinen Epilepsie als selbständiger Hirnprozeß und dem damaligen allgemeinen Kenntnisstand aber ebenso dunkel bleiben wie die häufigen schichtförmigen Ganglienzellausfälle und diffusen Entmarkungen in den Großhirnhemisphären. Auch SCHOLZ zögerte 1930 noch, solche Befunde in direkte Beziehung zur Epilepsie zu setzen, obgleich organische Gefäßprozesse als ihre Ursache nicht nachgewiesen werden konnten. Erst seine späteren Untersuchungen und die inzwischen auch von WOHLWILL, HUSLER und SPATZ und VON BRAUNMÜHL erhobenen frischen Befunde gleicher Art bei Krämpfen anderer Genese setzten ihn in den Stand, diese Befunde als Krampffolgen zu charakterisieren und damit ihr Vorkommen auch im Gehirn des genuinen Epileptikers erklärbar zu machen. Von diesen Befunden unterscheiden sich die *lokalen Häufungen fokaler Ausfälle* und die mehr oder weniger vollständige *Verödung der Hirnrinde*, die autoptisch als granuläre Atrophie bzw. umschriebene ulegyrische Windungsschrumpfung Ausdruck finden, nur quantitativ. Und es ist wiederum nur eine Frage der Quantität, daß diese histologischen Veränderungen bei entsprechender Ausbreitung zu lobären Sklerosen oder Hemisphärenatrophien führen. Hinsichtlich der histologischen Einzelheiten aller dieser Veränderungen und ihrer kausalen und formalen Pathogenese kann hier auf die Kapitel über die nicht zur Erweichung führenden Nekrosen und über systemgebundene Kreislaufschäden sowie den Abschnitt über die pathologische Anatomie des Krampfes in diesem Kapitel verwiesen werden. Der gleiche Hinweis gilt für die seit SPIELMEYER als Krampffolge bekannten Befunde der Ammonshornsklerose und der Kleinhirnrindenveränderungen, der Krampfschäden in Thalamus und Striatum (SCHOLZ), der unteren Oliven (MINKOWSKI) und des Nucleus dentatus (v. BRAUNMÜHL). Sämtliche Befunde haben als Krampfschädigungen ihre Berechtigung natürlich auch im Gehirn des genuinen Epileptikers.

Damit sind die bekannten, als Defektbefunde zu charakterisierenden Veränderungen in den Gehirnen genuiner Epileptiker erschöpft mit Ausnahme der CHASLINschen *Randsklerose*, die hier noch einer kurzen Besprechung bedarf. Es wurde bereits erwähnt, daß sie wahrscheinlich zufolge ihrer Lage an der Rindenoberfläche von CHASLIN und FÉRÉ als primäre Gliose aufgefaßt und als Ursache des epileptischen Leidens angesehen wurde. Sie besteht in einer Vermehrung der normalerweise an der Rindenoberfläche vorhandenen Gliafasern, die zu Lagen anwachsen, deren Dicke von ALZHEIMER und WEBER bis zu 0,2 mm gemessen worden ist (Abb. 32). Von den mehr oder weniger parallel zur Oberfläche verlaufenden Fasern stehen viele in Verbindung mit gewucherten Astrocyten; zahlreiche Fasern strahlen von dort aus schief oder senkrecht in die Rinde ein, wo sie bis in den oberen Teil der 3. Schicht hineinreichen. Diese Randsklerose kann in wechselnder Breite (ORLOFF) über weite Teile der Hemisphärenoberfläche reichen. Verwachsungen mit dem pialen Bindegewebe wie bei der progressiven Paralyse oder Wirbelbildungen wie bei der tuberösen Sklerose finden sich entgegen den Angaben von CHASLIN und BUCHHOLZ im Gehirn des genuinen Epileptikers gewöhnlich nicht. BLEULER brachte den Grad ihrer Ausbildung mit dem der epileptischen Verblödung, WEBER, ORLOFF und VOLLAND mit Alter und Chronizität des Verlaufs des epileptischen Leidens in Zusammenhang. Erst

Alzheimer stellte gegenüber Chaslin, Bleuler und Buchholz den sekundären Charakter dieser oberflächlichen Gliawucherung fest; seiner Auffassung als reparatorisches Phänomen stellte sich freilich die Tatsache entgegen, daß am Orte ihres Auftretens nur wenige nervöse Strukturen vorhanden sind, die zugrunde gehen können, um eine so massive Reaktion zu veranlassen, und daß oberflächliche Markfaser- und Achsenzylinderausfälle (Alzheimer, Passow, Lubimow und Moryasu) von anderen Untersuchern trotz starker gliöser Deckschicht nicht immer festgestellt werden konnten (Weber, Orloff, Alquier).

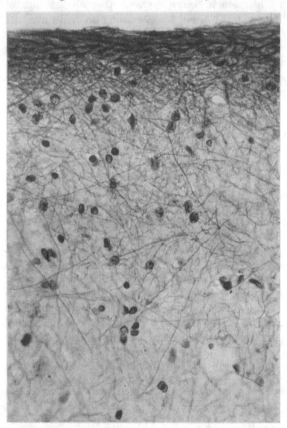

Abb. 32. Chaslinsche Randsklerose mäßiger Dicke an der Oberfläche der Temporalrinde bei einem 17jährigen traumatischen Epileptiker. Gliafaserfärbung nach Holzer.

Mit der Betrachtung der Randsklerose als reparatives Phänomen im Sinne der Defektdeckung geht also die Rechnung nicht ganz auf. Man kommt dem Sachverhalt näher, wenn man nicht nur die Oberfläche der Hirnrinde, sondern *sämtliche Grenzflächen des Hirngewebes* ins Auge faßt. Dann stellt sich nämlich heraus, daß eine solche Grenzflächengliose nicht nur an der Rindenoberfläche, sondern auch in den Ventrikelwänden und an den intracerebralen Gefäßen existiert (Abb. 33). Es nehmen also alle Grenzflächen am Vorgang teil, d. h. dort, wo Astrocyten schon normalerweise in verstärktem Maße Fasern bilden, tritt auch die Grenzflächengliose auf. Das läßt vermuten, daß die pathologische Verstärkung der Gliafaserlagen aus ihrer physiologischen Funktion heraus zu verstehen ist. Letztere dürfte, wie von Brand einleuchtend begründet worden ist, im

Dienste der Gewebsmechanik stehen, und es sind im wesentlichen Zugmomente, welche zum Wachstum dieser Strukturen Anlaß geben und ihre Wachstumsrichtung bestimmen. Dieselben Grenzflächengliosen wie im Epileptikergehirn

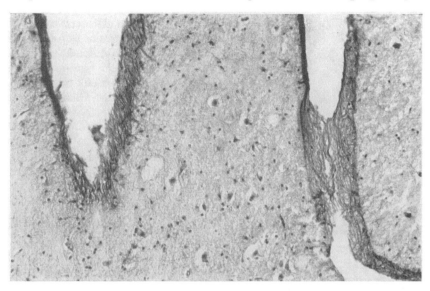

Abb. 33. Vasculäre Grenzflächengliosen im gliafaserfreien Thalamusgewebe, links im Querschnitt, rechts im Flachschnitt, sozusagen perivasale „CHASLINsche Randsklerose" bei einer 12jährigen idiotischen Epileptikerin. Gliafaserfärbung nach HOLZER.

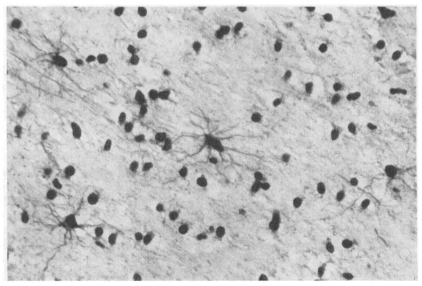

Abb. 34. Einzeln liegende, faserbildende Spinnenzellen im Großhirnmarklager eines 31jährigen genuinen Epileptikers mit zahlreichen Anfällen und Demenz. Gliafaserfärbung nach HOLZER.

lassen sich nämlich bei allen atrophisierenden Prozessen nachweisen, wobei der Grad der Gliose in der Regel dem Grad der Atrophie parallel geht. Dabei tritt eine corticale Oberflächengliose auch dann auf, wenn sich der Schwundprozeß gar nicht in der Rinde, sondern wie bei den Leukodystrophien ausschließlich im

Hemisphärenmarklager abspielt. Jede durch die Organverkleinerung verursachte dauernde Änderung in den gewebsmechanischen Verhältnissen wirkt als spezifischer Reiz auf die gliösen Strukturen der Grenzflächen. Daß die Stärke der Reaktion auch von prozeßhaften Momenten beeinflußt werden kann, z. B. durch den entzündlichen Reiz bei der paralytischen Hirnatrophie, ändert daran nichts. Die Grenzflächen sind ein sehr feiner *Indicator auf gewebsmecha-*

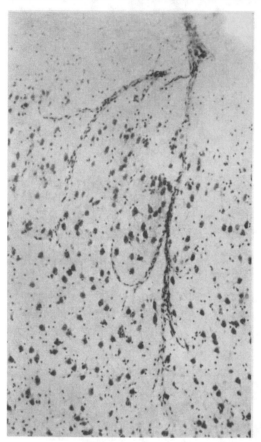

nische Veränderungen, indem sie bereits sehr geringe Schwundgrade durch eine merkliche Verdichtung der Gliafaserlagen anzeigen. Trotzdem ist im Epileptikergehirn öfter ein Mißverhältnis zwischen dem nachweisbaren Gewebsschwund und der Dicke der Rindenrandsklerosen, subependymären und perivasculären Gliosen augenfällig. In diesem Falle ist die von Scholz bereits 1930 aufgeworfene Frage zu prüfen, ob und inwieweit bei Anfallskranken nicht der Vorgang des Krampfes selbst an der Ausbildung der Grenzflächengliosen mitbeteiligt ist. Exzessive Volumenschwankungen des Gehirns als ganzes und auch des Gefäßkalibers dürften bei kaum einem anderen Krankheitsvorgang in dem Umfang und der Häufigkeit vorkommen wie bei chronischen Krampfleiden. Diese *immer wieder gleichsinnige Beanspruchung der Grenzflächen* in der Richtung einer Dehnung und eines Zurückfallens über den ursprünglichen Zustand hinaus dürften, auch ohne daß ödematöse Zustände hinzutreten, auf die auf solche Reize abgestimmten gliösen Strukturen nicht ohne

Abb. 35. Vermehrung der Wandzellen einer kleinen Rindenarterie bei einem 9jährigen epileptischen Kinde mit sehr zahlreichen Krämpfen und Demenz. Nissl-Präparat.

Wirkung bleiben. Wenigstens zeigt sich hier ein Weg zum Verständnis für die oft überraschend starke Ausbildung der Grenzflächengliosen in Epileptikergehirnen, die histologisch nur geringe Ausfälle erkennen lassen. Ähnliche Erwägungen mögen für die *leichte diffuse Vermehrung der faserbildenden Spinnenzellen* in den Hemisphärenmarklagern gelten, für deren Proliferation ein „Defekt" als Ursache nicht nachgewiesen werden kann (Abb.34).

Scholz (1930) hat oftmalige, paroxysmale Volumenänderungen auch zur Erklärung der schon vor ihm von Weber, Alzheimer, Volland, Tramer u. a. beobachteten *hypertrophischen Vorgänge an intracerebralen Gefäßen* jugendlicher Epileptiker herangezogen. Es handelt sich dabei im wesentlichen um eine Vermehrung der adventitiellen und vielleicht auch muskulären, weniger der endothelialen Elemente im Gefäßwandbereich (Abb. 35). Da die Gefäßwandstrukturen im Epileptikergehirn an prozeßhaften bzw. reparatorischen Vorgängen unbeteiligt bleiben, muß mangels anderer Ursachen für diese progressiven Vorgänge in der Gefäßwand dieselbe Denkmöglichkeit wie für die perivasculären Gliosen gelten.

Wir sehen in den Grenzflächengliosen mit Einschluß der CHASLINschen Randsklerose und in den chronischen hypertrophischen Veränderungen an den intracerebralen Gefäßen demnach keine reparatorischen Phänomene im landläufigen Sinne, sondern *die Antwort auf einen oftmaligen Wechsel in den gewebsmechanischen Verhältnissen,* hervorgerufen einerseits durch allgemeine Schwunderscheinungen der Hirnsubstanz, beim Epileptiker zum anderen durch das häufige Auftreten paroxysmaler extremer Volumenschwankungen.

2. Mikrodysgenesien.

Obwohl der bei den groben Mißbildungen oben gemachte Einwand bezüglich ihrer Eignung zur Umschreibung einer bestimmten Konstitution auch für die Mikrodysgenesien gilt, rechtfertigt hier wenigstens die von vielen Seiten angegebene Häufigkeit ihres Vorkommens im Gehirn genuiner Epileptiker ihre Erwähnung. Am wenigsten zuverlässig sind Befunde, die von einer *unscharfen Absetzung von Rinde und Hemisphärenmark* und einer *Verlagerung von Ganglienzellen in die Marklager* sprechen. Ersteres ist an verschiedenen Orten normalerweise schon sehr variabel, aber auch die bei der Neuroblastenwande-

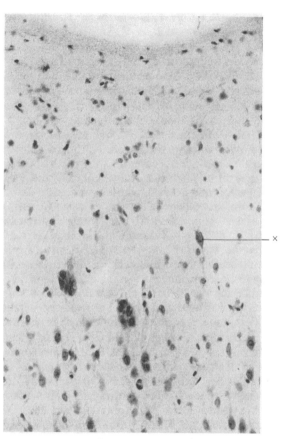

Abb. 36. Zwei traubenartige Anhäufungen von neuroblastenähnlichen Zellen in der Lamina zonalis der Hirnrinde bei einem genuinen Epileptiker. Rechts eine senkrecht gestellte CAJAL-RETZIUSsche Zelle (×). NISSL-Präparat. (Aus SCHOLZ: Epilepsie. Handbuch der Geisteskrankheiten, Bd. XI.)

rung im Marklager zurückgebliebenen Einzelexemplare von Nervenzellen sind ein so häufiger Befund in der normalen Variationsbreite, daß diese Frage auf das schwierige Gebiet der quantitativen Abschätzung verschoben wird. Zuverlässige zahlenmäßige Angaben darüber fehlen. Bedeutsamer sind schon die von BEVAN-LEWIS und TURNER in Rinde und Mark und von GERSTMANN in der Molekularschicht der Rinde beschriebenen *unreifen neuroblastenähnlichen Zellformen,* die dort mitunter „glomerulöse" Anhäufungen bilden (Abb. 36). Atypische große Zellformen, auf die GERSTMANN und POLLAK hingewiesen haben, könnten eine Verbindung zur tuberösen Sklerose herstellen. Von einer abnormen Kleinheit der BEETZschen Zellen und der Pyramidenzellen der 3. Schicht berichtet TRAMER; er versuchte damit sogar eine spastische Form der Epilepsie zu begründen, womit schon gesagt ist, daß diese auf dem unsicheren Boden quantitativer Abschätzungen gemachten Feststellungen nicht für die Gesamtheit der genuinen Epileptiker zutreffen. Im ganzen handelte es sich bei den cellulären Formabweichungen doch um seltenere Vorkommnisse in der Gesamtzahl der genuinen Epileptiker. Auch die von Kaes beschriebene Verdoppelung der tangentialen Markfaserschicht hat als einigermaßen häufiges Vorkommnis keine Bestätigung gefunden.

Am häufigsten erwähnt ist das überdurchschnittliche Vorkommen der Cajal-Retziusschen Horizontalzellen in der Molekularschicht der Großhirnrinde (Ranke, Alzheimer, Volland, A. Jakob, Gerstmann, Wohlwill, Pollak, Klarfeld u. a.). Diese in der Embryonalentwicklung normalerweise vorhandenen, häufig bipolaren und parallel zur Rindenoberfläche gestellten Ganglienzellen bilden sich in den späteren Stadien der Entwicklung wieder zurück (Ranke), persistieren aber beim genuinen Epileptiker anscheinend häufiger als beim Normalen. Sie sind jedoch auch bei letzterem keineswegs so selten; Verhältniszahlen darüber sind meines Wissens nicht mitgeteilt worden.

Der Auffassung, daß Fasergliosen, sei es an den Grenzflächen, im Ammonshorn oder sonstwo im Gehirn, primäre Gliosen im Sinne einer Anlagestörung seien, ist heute der Boden im wesentlichen entzogen. Besonders Fälle mit Übergängen zu gliomatösen Entwicklungen, die von A. Jakob, Steiner und Bielschowsky beschrieben worden sind, dürften eher Beziehungen zur tuberösen Sklerose haben oder schon zu den eigentlichen blastomatösen Prozessen gehören; sie stehen weit außerhalb der Durchschnittsbefunde beim genuinen Epileptiker. Kurz ist in diesem Zusammenhang noch darauf hinzuweisen, daß sich die mikroskopische Struktur der übergroßen Gehirne qualitativ gar nicht von der Norm abzuheben braucht. Lediglich durch relativ große Abstände der zelligen Elemente voneinander gewinnt man in manchen Fällen den Eindruck einer hypertrophischen Ausbildung der Zwischensubstanzen. Grobe Formabweichungen, wie Mikro- und Pachygyrien oder Heterotopien rechtfertigen die Zuordnung einschlägiger Fälle zu den ausgesprochenen Mißbildungen mit fakultativen Anfällen.

Keiner der Autoren hält die gefundenen Entwicklungsanomalien für spezifisch; sie erblicken in ihnen lediglich den Ausdruck einer angeborenen Minderwertigkeit des Epileptikergehirns, die einen günstigen Boden für die Entwicklung des epileptischen Leidens abgibt (A. Jakob, Wohlwill, Bielschowsky, Ranke, Gerstmann u. a.). Die Richtigkeit der Auffassung Pollaks, daß solche Entwicklungsanomalien die Voraussetzung für das Auftreten eines epileptischen Leidens auch bei Hirntraumatikern oder sonstwie Hirnkranken seien, hat sich nicht erweisen lassen; das ist nach F. H. Lewy und Redlich bei der doch immerhin erheblichen Verbreitung solcher Mikrofehlbildungen bei Nichtepileptikern auch gar nicht wahrscheinlich.

c) Befunde an den Körperorganen.

Die Einteilung in ,,vorausgehende" und ,,nachfolgende" Befunde, die Krause und Schumm bei Darstellung der pathologisch-anatomischen Abweichungen bei der Epilepsie getroffen haben, läßt sich vorteilhaft zu einer Ordnung der Befunde an den Körperorganen verwenden, obgleich sich mitunter eine sichere Entscheidung in der Zuordnung nicht treffen läßt. Unter den ,,nachfolgenden" Befunden sind die Veränderungen zu verstehen, die erst im Laufe des epileptischen Leidens entstanden sind und in erster Linie mit allgemeinen Krämpfen in Zusammenhang zu bringen sind, ferner Verletzungen, die im Anfall erfolgen. ,,Vorausgehende" Befunde können in irgendeiner Weise Beziehungen zur Ätiologie des Krampfleidens haben. Morphologische Tatbestände, die einem bekannten selbständigen Leiden entsprechen, in dessen Verlauf es mehr oder weniger häufig zu epileptischen

Anfällen kommt, müssen dabei außer Betracht bleiben. Die Aufmerksamkeit muß aber auf Organbefunde und Korrelationen gerichtet bleiben, die durch ihr häufiges Vorhandensein bei Epileptikern Beziehungen zu den Ursachen dieses Leidens haben können. Dabei muß es sich begreiflicherweise auch um Befunde handeln, die zur Kennzeichnung einer besonderen Konstitution und in- und außerhalb einer solchen auch einer irgendwie gearteten Stoffwechselstörung oder besonderen hormonalen Situation verwendet werden können. Sie reichen von histologischen Organbefunden bis zu den früher viel beachteten äußeren Degenerationszeichen. Wir stellen der leichteren Definierbarkeit wegen die nachfolgenden Befunde voran, wobei wir die mit jedem chronischen Leiden bzw. einer dauernden Asylierung in Verbindung zu bringenden Veränderungen körperlicher Integrität beiseite lassen.

1. Befunde im Gefolge des Krampfleidens (nachfolgende Befunde).

Eindrucksvoll und nach Art und Häufigkeit den Hirnbefunden an die Seite zu stellen sind die *Veränderungen am Herzmuskel.* Auf die zuerst von GRUBER und LANZ beschriebenen und später an größerem Material von NEUBUERGER bestätigten und pathogenetisch gedeuteten miliaren Herzmuskelnekrosen bzw. entsprechenden Schwielenbildungen ist bereits bei den Krampfschädigungen (S. 131) eingegangen worden. Verwandter Natur sind die Befunde, die schon CLAUS und VAN DER STRICHT bei im Anfall verstorbenen Epileptikern beobachteten, nämlich parenchymatöse Verfettung des Herzmuskels, der *Leber* und der *Nieren.* VOLLAND zeigte in seinen gründlichen Untersuchungen, daß es sich dabei um eine Fettphanerosis in den Parenchymzellen handelt, die er sowohl bei genuinen als auch symptomatischen Epileptikern beobachtete. Gelegentlich fanden sich auch bei im Status verstorbenen Patienten feinkörnige Ablagerungen in der *Milz,* die er als eingeschwemmte Gewebstrümmer auffaßte. Daß eine große Zahl überstandener Anfallsattacken eine Verminderung des Herzgewichtes nach sich ziehe, konnte VOLLAND auf Grund seiner Wägungen nicht bestätigen. Ebenso sprach er sich gegen die Behauptung von WEBER und HAHN aus, daß bei Epileptikern überdurchschnittlich häufig arteriosklerotische Prozesse anzutreffen seien. Eine Sklerose der Kranzgefäße kommt nach NEUBUERGER aber häufiger zur Beobachtung als bei Nichtepileptischen.

Die Möglichkeit, sich im Anfall ernstlich zu verletzen, bedeutet für Epileptiker eine ständige Gefahr. So findet man bei Anfallskranken denn auch häufig *traumatisch entstandene Veränderungen* an Skelet und Weichteilen und am Gehirn. Bei letzteren handelt es sich meist um kontusionelle Oberflächenverletzungen, sog. Rindenprellungsherde, die oft durch Contrecoupwirkung entstehen und nach den von SPATZ gegebenen Merkmalen auch in ihren Endzuständen unschwer als traumatisch entstanden erkennbar sind. Bei dem häufig erfolgenden Sturz auf den Hinterkopf finden sich die kuppenständigen Defekte der Hirnwindungen gewöhnlich am Orbitalhirn; auch die polnahen basalen Bezirke des Schläfenlappens sind Prädilektionsorte des „Etat vermoulu".

FISCHER beschäftigte sich an Hand eines großen Krankengutes mit der Statistik der Anfallsverletzungen. Bei 1030 Epileptikern fanden sich 1697 Verletzungen verschiedenster Art; nur 37,3% waren von traumatischen Veränderungen ganz frei. Kontusionen sind nach FISCHER die häufigsten traumatischen Anfallsfolgen, ferner Muskelzerreißungen, Druckschädigungen der Nerven, am häufigsten solche des Nervus radialis, ferner auch öfters Brandwunden. Ebenso wie Kontusionen sind offene Wunden vorzugsweise am Kopf zu finden. 55% des Materials wiesen die Spuren von Zungenbissen auf. Schwere Anfallsverletzungen sind Frakturen des Schädels und der Extremitätenknochen und

Luxationen. Die moderne Krampftherapie der Psychosen gibt neuerdings Anlaß, sich mit diesen unerwünschten Anfallsfolgen (Wirbelfrakturen) auseinanderzusetzen.

Verschiedene Autoren weisen bei Epileptikern auf eine allgemeine Verdickung des Schädeldaches hin. Die exakten Untersuchungen Ganters zeigten in dieser Hinsicht keine eindeutigen Ergebnisse. Ob bei den vom frühen Kindesalter an an Anfällen leidenden Epileptikern eine Verdichtung der Diploe und eine vorzeitige Ossifikation der Suturen als Folge einer frühzeitigen Hirnatrophie eintritt, oder ob sie auf konstitutionellen Ursachen beruht, ist nicht entschieden. Die Unbeständigkeit des Vorkommens bei Hirnatrophien spricht mehr für letzteres.

2. Vorausgehende Befunde.

Unter der Annahme, daß verschiedenen Geisteskrankheiten eine konstitutionelle Degeneration zugrunde liege, fahndete man seit langem nach körperlichen Hinweisen, die in dieser Richtung verwertbar wären. Damit sollte die Annahme gestützt werden, daß auch die Epilepsie auf dem Boden einer solchen allgemeinen somatischen Entartung erwächst. Frühzeitig wies Sommer auf *Atlassynostosen* hin, denen er sogar eine ursächliche Bedeutung beimaß. Doch wurden solche Veränderungen auch bei Nichtepileptikern festgestellt. Anton hat später diese alten Beobachtungen wieder aufgegriffen und 31 Fälle zusammengestellt, unter denen sich immerhin 9 Epileptiker befanden. Eine nähere Beziehung dieser Anomalie zum epileptischen Formenkreis ist aber nicht ersichtlich. Dasselbe gilt für die einfachen *Deformitäten des Hinterhauptsloches*, die Solbrig beschrieb. Die Angabe Schuppmanns, daß die durchschnittliche *Schädelkapazität* im allgemeinen bei Epileptikern größer sei als bei Normalen, scheint im häufigeren Vorkommen überdurchschnittlicher Hirngewichte eine gewisse Bestätigung zu finden.

McKennan und Johnston, Stone (1914) beobachteten bei Epileptikern *Hyperostosen und Spangenbildungen an der Sella turcica*, die sie als lokale Akromegalie auffaßten. Goldham und Schüller (zit. bei Wesseler) konnten sie als Ossifikationen von präformierten Durasträngen befriedigend erklären. Wesseler kam 1939 auf Grund von röntgenologischen Feststellungen an 950 Fällen eines psychiatrisch-neurologischen Materials zu der Auffassung, daß diese Spangenbildung ein Stigma degenerationis für Epilepsie sei. Denn 35,9% der Träger dieser Anomalie hatten Beziehungen zum epileptischen Formenkreis aufzuweisen; 15% waren gesicherte idiopathische Epileptiker. Clark beschrieb bei Epileptikern eine *Humerusverkürzung* als Degenerationszeichen, Ohlmacher, Hebold und Pineles glaubten eine angeborene *Enge der Aorta* als häufigen Befund beim Epileptiker feststellen zu können. Das Fahnden nach *Entartungszeichen an inneren Organen* zeitigte keine eindeutigen Ergebnisse. Die Gewichte von Herz und Nieren zeigen den normalen Durchschnitt, die von Leber und Milz sind vielleicht etwas höher, wie Moore und Lennox an Hand von umfangreichen Wägungen feststellen konnten. Abweichende Furchungsverhältnisse an Leber und Nieren und andere gelegentliche Stigmata an den inneren Organen (Ganter) weisen ebenfalls keine eindeutigen Häufigkeitsbeziehungen zum epileptischen Formenkreis auf. Größeres Interesse fanden von jeher gewisse *Degenerationszeichen an den Augen, Ohren, Zähnen und der Haut*. Nach den Untersuchungen Ganters waren Anomalien der Irisfärbung bei Epileptikern 6—10mal häufiger zu konstatieren als bei Geistesgesunden. Ebenso traten als Degenerationszeichen gewertete Anomalien am Ohr annähernd 6mal häufiger bei Epileptikern auf. Abnorme Zahnstellung, Bildungsanomalien der Zähne wurden oft zu unrecht als Degenerationszeichen angesprochen, da die spätere Forschung ihre Zugehörigkeit zu rachitischen oder luischen Stigmata belegen konnte. Immerhin konnten

PESCH und HOFFMANN in einer großen Untersuchungsreihe bei Epileptikern ein Mehrfaches der Zahl an Kiefer- und Zahnstellungsanomalien feststellen wie bei Nichtepileptikern. Was Veränderungen an der Haut betrifft, so sei lediglich bemerkt, daß VOLLAND und LANNOIS Fälle von Ichthyosis und Melanodermien bei Epileptikern beschrieben. Schließlich sei noch eines sehr umstrittenen Degenerationszeichens gedacht, nämlich der individuellen und familiären *Linkshändigkeit*. LOMBROSO beschrieb als erster ein häufigeres Vorkommen der Linkshändigkeit bei Epileptikern. Während er einen Anteil von 10% angab, kam TONINI sogar zu 40% linkshändigen Epileptikern. REDLICH (1908) errechnete 17% gegenüber 8% des Durchschnittsmaterials. Er faßte sie überwiegend als Folge einer angedeuteten rechtsseitigen Hemiparese auf. Gegen diese Interpretation wandte sich G. STEINER, der fand, daß nicht selten die Linkshändigkeit in der Sippe solcher Kranker familiär verbreitet ist. Die von verschiedenen Autoren gesammelten Beobachtungen über Polydaktylie, Syndaktylie haben wohl lediglich den Wert kasuistischer Beobachtungen.

Im Rahmen eines Versuches, die epileptische Veranlagung in einen weiten Kreis konstitutioneller Merkmale zu stellen, gab MAUZ in jüngerer Zeit für die *„iktaffine"* Konstitution eine Reihe recht heterologer Gestaltmerkmale an, von denen hier nur genannt seien: Veränderungen, die zum Status dysraphicus in Beziehung stehen, Mikrocephalie, akromegale Stigmen, verschiedene Wuchsanomalien und Skeletabnormitäten. Allen diesen Erscheinungsbildern sollen Hemmungen oder Störungen der gesamten somatischen Entwicklung und Ausdifferenzierung zugrunde liegen. Da die moderne genetische Forschung gezeigt hat, wie kompliziert und vieldeutig die Beziehungen zwischen Anlage und Merkmal sein können, und andererseits neuere Untersuchungen für früher als sicher hereditär aufgefaßte Mißbildungen exogene Ursachen im Fetalleben aufgedeckt haben, ist der Wert der einst so stark beachteten Degenerationszeichen für die Umschreibung einer bestimmten für die Epilepsie ursächlichen Konstitution oder gar für pathogenetische Folgerungen nur ein sehr beschränkter.

Die beginnende Erkenntnis von Natur und Funktion der *endokrinen Organe* führte begreiflicherweise dazu, auch die genuine Epilepsie unter diesem Aspekt zu untersuchen. Besonders beachtet wurden gewisse histologische Befunde, die CLAUDE und SCHMIERGELD, ZALLA, MARCHAND, CAPELLI in Form von Sklerose, Abflachung und Degeneration der Epithelzellen der Schilddrüse von Epileptikern gefunden haben wollten. Die Nachprüfungen von VOLLAND, FAUSER und HEDDAEUS, BORBERG zeitigten ein negatives Ergebnis. PARHON und GOLDSTEIN wollen bei Epileptikern eine Abnahme des Durchschnittsgewichtes der Schilddrüse festgestellt haben. In der Nebenniere beobachteten CLAUS und VAN DER STRICHT bei 4 Statustodesfällen eine Verminderung des Lipoidgehaltes der peripheren Zellpartien. Auch CAPELLI und POPEA und EUSTAZIA geben abnorme Kleinheit und Lipoidarmut der Rinde an, LEVIS bindegewebige Entartung, ferner Sklerose des Pankreas und der Keimdrüsen. Dagegen konnte VOLLAND derartiges nicht feststellen. Sicher hat man bei allen diesen Feststellungen nicht immer genügend bedacht, welche davon habituelle Befunde sind, und inwieweit die körperlichen Katastrophen langer Krampfserien auf ihre Entstehung Einfluß gehabt und damit ihre Beziehung zur Krankheit Epilepsie fragwürdig gemacht haben. Das Studium der Epithelkörperchen hätte wegen der Beziehung der Tetanie zur Epilepsie besonderes Interesse. SCHOU und SUSMAN fanden hypertrophische Zustände der Nebenschilddrüsen bei Epileptikern; VASSALE lenkte die Aufmerksamkeit auf gewisse cystische Veränderungen bei eklamptischen Schwangeren; Regelbefunde haben sich dabei nicht ergeben (vgl. HERXHEIMER, dieses Handbuch, Bd. VIII, S. 615ff.). Auch hier konnte VOLLAND bei 24 Fällen einen völlig normalen Befund erheben. Angefügt sei noch, daß Parhon und Briesse bindegewebige Entartung der Hypophyse, Schou und Susman ihre Hypertrophie bei Epileptikern beschrieben. Hier fielen kritische Nachprüfungen ebenfalls negativ aus. Die Ergebnisse sind im ganzen so widersprechend, daß zur Herstellung bestimmter Beziehungen noch alle Grundlagen fehlen. Lediglich daß sich in einem größeren Material von Epileptikern eine relativ häufige Thymuspersistenz findet, wird von einer Reihe von Autoren (Anton, Bratz, Volland [etwa 25%], Ohlmacher, Ganter) übereinstimmend angegeben. Wer die Schwierigkeiten in der Beurteilung der Normalwerte gerade bei diesem Organ kennt (Rössle und Roulet), wird auch diesen Feststellungen nicht leicht eine zu große Bedeutung beimessen.

Insgesamt sind die erhobenen morphologischen Befunde an den endokrinen Organen nicht weniger widerspruchsvoll als die Ergebnisse pathophysiologischer Untersuchungen in dieser Richtung.

d) Möglichkeiten morphologischer Bezüge auf Symptome, Wesen und bedingende Faktoren des epileptischen Leidens.

Nachdem sich ein Rahmen für die durch den Krampf bedingten Hirnveränderungen hat finden lassen, ist die Frage nach dem Wesen der genuinen Epilepsie vom Morphologischen her in mancher Hinsicht einfacher zu beantworten als es noch 1930 durch Scholz hat geschehen können. Schon damals waren Ammonshorn- und Kleinhirnveränderungen als Krampffolgen bekannt. Heute sind auch die von Alzheimer und anderen Autoren festgestellten Nervenzellausfälle in der Großhirnrinde und die pathogenetisch viel umstrittene Chaslinsche Randsklerose als Krampfschädigungen bzw. paroxysmale Effekte definiert. Damit bleibt im Hirnbefund des genuinen Epileptikers kein Raum mehr für ein von Krämpfen unabhängiges prozeßhaftes Geschehen. Alles, was von Weber, Alzheimer, Volland und manchen anderen Autoren über Veränderungen an Nervenzellen und -fasern und an progressiven und amöboiden Veränderungen an der Glia mitgeteilt worden ist, läßt sich zwanglos aus Intensitätsunterschieden paroxysmaler Schädigungen des Gehirns verstehen. Das Postulat eines selbständigen epileptischen Hirnprozesses hat seine Berechtigung endgültig verloren, nachdem sich alle im Epileptikergehirn anzutreffenden prozeßhaften Befunde als paroxysmale Schäden zu erkennen gegeben haben. Der Rahmen der genuinen Epilepsie hat vom Anatomischen her eine beträchtliche Erweiterung dadurch erfahren, daß alle Befunde paroxysmaler Genese grundsätzlich auch im Gehirn des genuinen Epileptikers ihre Existenzberechtigung haben. Es sind also nicht nur die bereits anerkannten unscheinbaren Ammonshornausfälle und Läppchenatrophien im Kleinhirn zu erwarten, sondern auch gleichartige Thalamus- und Striatumveränderungen, disseminierte und laminäre Ausfälle, ja sogar totale Verödungen der Großhirnrinde, die in größerer Ausdehnung das Bild der lobären Sklerose und Hemisphärenatrophie herbeiführen können, Befunde also, die noch vor 2 Jahrzehnten Anlaß dazu gegeben hätten, einschlägige Fälle den symptomatischen Epilepsien mit mehr oder weniger definierbarem Grundprozeß zuzuweisen.

Freilich wird mit der Rückführbarkeit aller im Gehirn des genuinen Epileptikers anzutreffenden prozeßhaften Veränderungen auf ein Symptom des Krampfleidens — eben den Krampf — gleichzeitig anerkannt, daß sie über Wesen und Bedingungen der genuinen Epilepsie nichts auszusagen vermögen. Das trifft auch auf die prozeßhaften bzw. nachfolgenden Befunde zu, die an anderen Körperorganen, am eindeutigsten am Herzmuskel erhoben worden sind. Myokardnekrosen oder -schwielen, Fettphanerose oder andere Veränderungen an Organen und inneren Drüsen sagen uns nur, daß der Sturm des eigengesetzlich ablaufenden

Symptoms auch an ihnen nicht spurlos vorübergegangen ist. Es ist deshalb mit v. BRAUNMÜHL zu fragen, ob der Pathologe seinen Bemühungen um prozeßhafte Befunde überhaupt das richtige Organ zugrunde gelegt hat, und weiter noch, ob die Suche nach prozeßhaften Merkmalen wo auch immer überhaupt noch sinnvoll ist. Denn auch die klinische Progredienz des Leidens ist mit einer fortwährenden Summation von paroxysmalen Schäden erklärbar und mitunter evident zu machen; dabei vermögen die corticalen Ausfälle wenigstens dem intellektuellen Verfall des Epileptikers als morphologische Grundlage zu dienen. Hinsichtlich morphologischer Entsprechungen für klinische Phänomene kann darüber hinaus die Frage gestellt werden, ob die häufigen thalamischen Veränderungen an den Störungen auf affektivem Gebiet mitbeteiligt sind. Freilich, die Veränderung der Persönlichkeit des Epileptikers läßt sich nicht einfach in paroxysmalen Schäden am Gehirn oder an anderen Organen auflösen; sie kann ohne eigentlichen intellektuellen Defekt auftreten und sich bereits in einer Zeit entwickeln, in der erst spärliche Anfälle stattgefunden haben, so daß es schon aus diesem Grunde nicht zutreffend wäre, die Gesamtheit der psychischen Veränderungen des Epileptikers einfach in paroxysmalen Schäden aufgehen zu lassen. Und dann erfordern ja schließlich die Krämpfe auch selbst eine Bedingtheit, über die morphologische Feststellungen allein bis jetzt noch keinen Aufschluß gegeben haben.

Aus solchen Überlegungen, dem familiären Vorkommen und dem Nachweis erblicher epileptischer Erkrankungen, unterstützt durch das häufige Vorkommen sog. Degenerationszeichen, haben schon frühzeitig Bemühungen eingesetzt, den Ausdruck konstitutioneller Faktoren im somatischen Phänotypus festzulegen. Sie reichen vom Sammeln äußerlicher, an der Grenze der Mißbildungen stehender Anomalien in der Gliedmaßenausbildung, der Körperbehaarung, der Irisfärbung, der Ausbildung der Schädelknochen, der Hypoplasie des Gefäßsystems usw. bis zu den ausgesprochenen Dysgenesien des Gehirns. Alle diese nicht auf den Epileptiker beschränkten mannigfaltigen und sicher zum Teil auch exogen bedingten Merkmale reichen aber weder zur Kennzeichnung einer bestimmten Konstitution, noch gar eines epileptischen Konstitutionstypus hin. Die Mehrzahl der Autoren, deren Bemühungen besonders am Ausgang des letzten und in den ersten Jahrzehnten dieses Jahrhunderts liegen, ziehen aus ihren Feststellungen denn auch nur Schlüsse auf eine allgemeine Minderwertigkeit bzw. auf eine spezielle des Gehirns im Sinne einer Begünstigung der Entstehung des epileptischen Leidens.

Einen neuen Anstoß erfuhren die in dieser Richtung liegenden Bemühungen durch die Erforschung hormonaler Einflüsse auf die körperliche und geistige Entwicklung und den gesamten Körperhaushalt. Das häufige Auftreten von epileptischen Anfällen bei parathyreopriver Tetanie konnte in dieser Richtung liegende Bestrebungen nur bestärken. Der Beitrag, den die pathologisch-anatomische Untersuchung der Drüsen innerer Sekretion bei Epileptikern liefern konnte, mußte bei der Uneinheitlichkeit, ja Widersprüchlichkeit der Ergebnisse freilich enttäuschend bleiben, obwohl manche Erscheinungen an der Körperlichkeit Epileptischer sehr eindringlich auf hormonale Störungen hinweisen. Von praktischen Folgerungen wie der Exstirpation einer Nebenniere ist man als erfolglos auch schnell wieder abgekommen. Auch anderen als morphologischen Methoden ist der Erfolg der Herausarbeitung einer bestimmten hormonalen Habituallage beim Epileptiker bisher versagt geblieben.

Später ist auf der Grundlage der von KRETSCHMER aufgestellten Körperbautypen und der ihnen zugeordneten Temperamente versucht worden, Beziehungen zur Epilepsie herzustellen (HOFFMANN, DELBRÜCK, KREYENBERG u. a.). Die gewonnenen Werte an Körperbauformen sind insofern relativ, als sie auf der

Basis eines Vergleiches mit anderen Psychosen beruhen; immerhin ist die Verschiebung nach der Seite der athletisch-dysplastischen Typen bei Zurücktreten pyknischer Körperbauformen bemerkenswert. Die Verankerung der an den athletischen Habitus gebundenen charakterologischen Eigentümlichkeiten (Kretschmer und Enke) in einer „epileptischen Konstitution" wird von Conrad durch die Feststellung gestützt, daß sich in Epileptikerfamilien eine Häufung analoger Charaktere finde.

Mit der Aufstellung des sog. „iktaffinen Konstitutionskreises" verläßt Mauz bewußt den engeren Rahmen der genuinen Epilepsie. Seine Konzeption enthält fast alles, was man einer allgemeinen degenerativen Konstitution zugeordnet und von dem man angenommen hat, daß es das Auftreten von Krämpfen begünstige. Mauz stellt die erhöhte Krampffähigkeit an die Spitze und sieht in ihr das genotypisch Gemeinsame, dem die anderen Anomalien zu einer nicht weiter zerlegbaren psychophysischen Gegebenheit zugeordnet sind. Daß unter einer solchen Betrachtungsweise Versuche einer weiteren Ordnung nach morphologischen Gesichtspunkten ihren Sinn verlieren, liegt auf der Hand. Es ist aber wohl der kritischen Stellungnahme Conrads zuzustimmen, der es als eine Gefahr dieser Betrachtungsweise bezeichnet, daß sie biologisch Unzusammengehöriges nicht nur als phänischen, sondern auch als genischen Gesamtstatus bewertet.

Die Feststellung, daß Genwirkungen im Kausalkomplex des Epilepsiesyndroms und in der Anlage zu dem, was man genuine Epilepsie im engeren Sinne nennt, eine entscheidende Rolle zufallen, ist das Verdienst der Erblichkeitsforschung. Das belegen die Zwillingsforschungen Conrads, durch die bei eineiigen Zwillingen Konkordanzziffern von 56%, bei zweieiigen von 10,4% gefunden wurden, besonders überzeugend. Die Morphologie hat zur Umschreibung ihres Phänotypus bisher im wesentlichen eine mehr oder weniger planvolle Sammelarbeit geleistet. Der Zukunft muß die systematische Durcharbeitung mit vervollkommneten morphologischen und einwandfreien statistischen Methoden vorbehalten bleiben, wozu bei den offenbaren Mängeln früherer Feststellungen freilich vielfach neue empirische Grundlagen geschaffen werden müssen.

IV. Die symptomatischen Epilepsien.

a) Epilepsie nach traumatischen Schädigungen des Gehirns.

Beobachtungen von Krampfanfällen nach Hirnverletzungen zählen zum alten ärztlichen Erfahrungsgut. Diese sog. „traumatische Epilepsie" bietet als Ausgangspunkt der Betrachtung von symptomatischen Anfallskrankheiten den Vorteil einer relativ übersichtlichen Situation, zumal schon reine Häufigkeitsbeziehungen eindringlich auf den Konnex zwischen Hirnverletzung und späterem Anfallsleiden hinweisen.

Die pathogenetische Analyse und Deutung der bei der posttraumatischen Epilepsie faßbaren morphologischen Befunde wird versuchen müssen, Beziehungen aufzuzeigen zwischen *Lokalisation, Quantität und feingeweblichen Besonderheiten traumatisch entstandener Hirnveränderungen und Auftreten, Verlauf und Ausgang einer Erkrankung, bei der epileptische Erscheinungen als Ausdruck einer dauernden Änderung cerebraler Funktionen das Gesamtbild beherrschen oder doch einen wesentlichen Bestandteil desselben ausmachen.*

Zur Abgrenzung des *Begriffs* „Hirnverletzung" sei kurz bemerkt, daß wir grundsätzlich *gedeckte* und *offene* traumatische Schädigungen des Zentralorgans zu unterscheiden haben. Die Verschiedenartigkeit der feingeweblichen Läsionen und Reaktionen und nicht zuletzt auch diagnostisch-therapeutische Gesichtspunkte berechtigen zu dieser Einteilung. Eine offene Hirnverletzung (Hirnwunde) liegt vor, wenn durch direkte mechanische Gewalteinwirkung die Schädelkapsel eröffnet, die Dura durchtrennt und Hirngewebe zerstört wurde. Solche Hirnwunden sind fast durchwegs als primär infiziert zu betrachten. Bei der gedeckten Hirnverletzung dagegen bleibt die Dura in jedem Fall unverletzt, unbeschadet einer Fraktur des knöchernen Hirnschädels. Es finden sich in der Regel mehr oberflächliche Effekte (Kontusionen, SPATZ) des Hirngewebes. Ausschlaggebend für die Einteilung in diese 2 Verletzungsgrundtypen ist also das Verhalten der harten Hirnhaut.

Mit zwingender Evidenz haben die Kriege, die „traumatischen Epidemien" PIROGOFFs, *Häufigkeitsbeziehungen zwischen Hirnverletzungen und später auftretenden Krampfanfällen* klargelegt. Doch stehen einer Verwertbarkeit statistischer Ergebnisse nach einheitlichen Gesichtspunkten mannigfache Schwierigkeiten und Fehlerquellen entgegen. Die größeren, meist an Hand von Versorgungsakten oder ähnlichen Unterlagen gewonnenen Verhältniszahlen kranken daran, daß sie mangels exakter Angaben meist alle „Kopfverletzten im weiteren Sinne" einbeziehen. Jedoch ist die Feststellung einer Kopfverletzung bei weitem nicht gleichbedeutend mit der Existenz einer traumatischen Hirnschädigung. Die von Beobachtern in Speziallazaretten und Anstalten für Hirnverletzte angegebenen Daten sind zwar mit den wenigsten methodischen Fehlerquellen belastet, gehen aber naturgemäß von einem besonders ausgewählten Krankenbestand aus. Daß schließlich der Begriff „Epilepsie" scharf zu umgrenzen ist, wurde einleitend unterstrichen. Numerische Methoden zeitigen bestechend exakte Ergebnisse. Allgemeine Schlußfolgerungen sollte man aus statistischen Untersuchungen über traumatische Epilepsie aber nur ziehen, wenn das Ausgangsmaterial allen kritischen Anforderungen gerecht wird.

Älteste Beobachtungen von posttraumatischer Epilepsie stammen von SMET (um 1560), KOYTER (1550) und besonders von MORGAGNI (1767). Den ersten verwertbaren Verhältniszahlen lagen die Pensionslisten des nordamerikanischen Sezessionskrieges zugrunde: von 139 erfaßten Kopfverletzten im weiteren Sinne hatten 13,1% unter posttraumatischer Epilepsie zu leiden. Aus dem Kriege 1870/71 ergaben die deutschen Unterlagen (Heeressanitätsbericht: 8985 Kopfverletzte) mit 4,3% ebenso wie die englischen Versorgungsakten des 1. Weltkrieges (SARGENT) bei 18000 Kopfverletzten mit 4,4% einen relativ niedrigen Satz. Neuere umfassende Statistiken stammen vom spanischen Bürgerkrieg (Y. GOMEZ 1949), wo sich 3% Epilepsie bei 450 „Schädelverletzten" fand. Aus dem *Durchschnittsmaterial sicher Hirnverletzter* (überwiegend Hirnschüsse mit Eröffnung der Dura) des 1. Weltkrieges kann auf Grund der Angaben einer Reihe von Autoren (AMELUNG, BOIT, BREWITT, CLAUDE, EGUCHI, ELSBERG, ECONOMO, FUCHS, HOLBECK, HOTZ, LANGE, MARBURG, P. MARIE, PERLS, RÖPER, SBROZZI, DELLA TORRE, WAGSTAFFE, WEITZEL) eine mittlere Zahl von immerhin 11,73% posttraumatischer Anfallskrankheiten errechnet werden. Andere Ergebnisse erhält man, wenn man die Beobachtungen verwertet, die aus *Speziallazaretten für schwer Hirnverletzte* des 1. Weltkrieges stammen (BRUSKIN, GAMBERINI, JOLLY, LEWANDOWSKY, REDLICH, TILLMANN, VILLARET, VOSS, WEITZEL). Hier findet sich ein überraschend großer Prozentsatz traumatischer Epileptiker, nämlich 44,4% als Durchschnitt, wobei GAMBERINI und VOSS die höchsten Erkrankungszahlen beobachteten, beide über 61%.

Eine *absolute Zunahme der traumatischen Epilepsie* hat neuerdings BAILEY (1947) festgestellt, er führt sie auf die größere Zahl überlebender Hirnverletzter zurück; denn die moderne neurochirurgische Behandlung hat die Prognose aller offenen Hirnwunden quod vitam verbessert. Auch bekommen nicht wenige traumatische Epileptiker ihre Anfälle relativ spät, d. h. der Zeitfaktor kann die statistischen Ergebnisse beeinflussen. Deshalb sind die Späterhebungen an Verletzten des 1. Weltkrieges, die wir Baumm (1930), Isserlin und Luise Credner (1930) und Weiler (1935) verdanken, besonders wertvoll (Tabelle 1). Noch mehr von der seit Eintritt der Verletzung verstrichenen Zeit dürfte das Ergebnis neuerer Statistiken (Verletzte des 2. Weltkrieges) abhängig sein (Tabelle 2). Nach Janzen (1951) leidet bis jetzt ein Viertel seiner schwer Hirnverletzten an epileptischen Anfällen. Mit einer weiteren Zunahme der Morbidität sei aber noch zu rechnen.

Tabelle 1. *Häufigkeit epileptischer Anfälle nach Hirnverletzungen des 1. Weltkrieges (Späterhebungen).*

Autor	Art des Ausgangsmaterials	Ausgangszahl	Davon traumatische Epileptiker in %
Baumm 1936	Hirnverletzte im „engeren Sinn"	562	44,0
Credner, L. 1931 . . .	Schwer Hirngeschädigte (offene und geschlossene Hirnverletzungen)	1990	38,2
Weiler 1935	Offene und geschlossene Hirnverletzungen	2302	35,0
Mittelwert			39,0

Tabelle 2. *Häufigkeit epileptischer Anfälle nach Hirnverletzungen des 2. Weltkrieges.*

Autor	Art des Ausgangsmaterials	Ausgangszahl	Davon traumatische Epileptiker in %
Watson 1947	Offene Hirnverletzungen	229	36,2
Birkmayer 1949	Offene und geschlossene Hirnverletzungen	2335	11,8
Janzen 1949	Offene und geschlossene Hirnverletzungen	1000	26,0
Watson 1952	Offene Hirnverletzungen	286	41,6
Russel u. Whitty 1952 .	Offene Hirnverletzungen	820	43,0
Mittelwert			31,7

Ganz allgemein stellt das bei der traumatischen Spätepilepsie in seiner zeitlichen Ausdehnung sehr variable *Intervall zwischen Verletzung und dem ersten Auftreten von ausgeprägten Krampfanfällen* ein schwer deutbares Phänomen dar. Nur verschwindend wenige Fälle von Frühkrämpfen werden chronisch, so daß eine eigentliche Latenzzeit völlig fehlt. Es sei eingeschaltet, daß die „Frühepilepsie", d. h. Anfälle, die kurz nach der Verwundung auftreten, kaum im Rahmen unserer Problemstellung liegt. Denn es handelt sich in der Regel um später nie wiederkehrende Einzelkrämpfe, deren temporäres Auftreten nicht berechtigt, von Epilepsie zu sprechen. Das durchschnittliche Mindestintervall zwischen Verletzung und Ausbruch eines traumatischen Krampfleidens beträgt nach Krause und Schumm 2—3 Monate, dann folgt bis zum 6. Monat eine deutliche Zunahme des ersten Auftretens von Spätkrämpfen (Glaser, Schaffer, Baumm, Jolly, Melzner, Petersen, Redlich), um dann allmählich wieder zurückzugehen. Die Bedeutung des Zeitfaktors wird noch unterstrichen durch die Feststellungen von P. Marie, der bei gleich zusammengesetztem Ausgangsmaterial in den Jahren 1916 5,8%, 1919 aber 12% traumatische Epilepsie fand. Voss stellte an seinem gleichbleibenden Krankengut 1917 37%, im Jahre 1920 jedoch einen Anstieg auf 61,7% fest. Weitzel nimmt mit Recht an, daß die überwiegende Zahl von traumatischen Epilepsien innerhalb einer Zeitspanne von

18 Monaten nach der Verletzung beginnt. Es wird aber auch vereinzelt über Intervalle von 10 bis über 30 Jahren berichtet (BAUMM, BRAUN, CREDNER, PETERSEN, STEVENSON, STUTZ, VOLLAND, WEILER). Sicher wird eine einem schweren Hirntrauma folgende Epilepsie zu *jedem* Zeitpunkt des Lebens beginnen können. Doch müssen mit zunehmender Größe des Zeitintervalls auch die Anforderungen steigen, die man hinsichtlich der sicheren Rückführbarkeit des Traumas auf das Krampfleiden stellen muß.

Tabelle 3. *Lokalisation der Verletzungen bei Hirnverletzten überhaupt und bei traumatischen Epileptikern.*

Autor	Art des Ausgangsmaterials	Lokalisation der Verletzung in %			
		centro-parietal	frontal	temporal	occipital
BAUMM	Hirnverletzte überhaupt	52,0	20,0	12,0	14,0
CREDNER	Hirnverletzte überhaupt	40,0	33,3	10,3	15,0
Mittelwerte	Hirnverletzte überhaupt	46,4	26,6	11,2	14,5
BAUMM	Traumatische Epileptiker	67,7	15,8	9,7	6,9
BRUSKIN . . .	Traumatische Epileptiker	40,0	30,0	20,0	3,0
STEINTHAL . . .	Traumatische Epileptiker	23,7	14,6	12,2	18,2
PEDERSEN . . .	Traumatische Epileptiker	44,0	18,0	30,0	8,0
BÉHAGUE . . .	Traumatische Epileptiker	55,2	25,9	8,3	10,5
REDLICH . . .	Traumatische Epileptiker	63.7	10,3	8,6	3,4
Mittelwerte	Traumatische Epileptiker	49,0	19,1	14,8	8,3

Zweckmäßig sind den reinen Häufigkeitsbeziehungen die Hinweise an die Seite zu stellen, die uns statistische Erhebungen über *Lokalisation und Ausdehnung der Hirnverletzungen bei traumatischen Epileptikern* bieten. Eine überwiegende Bedeutung der linken Hemisphäre glaubte nur REICHMANN (1927) festgestellt zu haben. REDLICH korrigierte seine entsprechende Ansicht, wie auch aus den bisher vorliegenden Mitteilungen die bevorzugte Bedeutung einer Hemisphäre nicht eindeutig hervorgeht.

Auf zuverlässigen Beobachtungen beruhende Angaben über die genauere Lokalisation der epileptogenen Verletzungen sind aus Tabelle 3 zu ersehen. So konvergieren die teilweise recht verschiedenen Ergebnisse einer Reihe von Autoren (ALLERS, BAUMM, BÉHAGUE, BRAUN, BRUSKIN, v. ECONOMO, FUCHS, GOMEZ, JAEGER, L. CREDNER, JANZEN, LEVINGER, MUSKENS, NICOLO, PETERSEN, PIKE, PÖTZL, REDLICH, SCHOU, STEINTHAL) alle darin, daß die *centroparietale Region* weit im Vordergrund steht. Dann dürften Frontal- und Temporalregion folgen. Am wenigsten scheinen, wie schon BRODMANN hervorgehoben hat, die Occipitalhirnverletzten gefährdet zu sein. Jedoch ist bei der Bewertung all dieser zahlenmäßigen Ergebnisse zu berücksichtigen, daß von allen überlebenden schweren Hirntraumatikern der größte Teil Verletzungen der Scheitelgegend aufweist. (Tabelle 3) (nach KRAUSE und SCHUMM, WAGNER-JAUREGG, etwa 40—45%) Praktisch darf die überwiegende Bedeutung der Centroparietalregion bei traumatischer Epilepsie doch als sichergestellt gelten, zumal sich auch eine bemerkenswerte Übereinstimmung mit den Zahlen der Tumorepilepsie zeigt, wo solche Einschränkungen bei Betrachtung des Sitzes aller Blastome weniger ins Gewicht fallen. Schließlich ist die Antithese *cortical-subcortical* im Falle der traumatischen Epilepsie zugunsten wohl höherer epileptogener Bedeutung von Rinden- und rindennahen Herden zu entscheiden. Erwähnt sei noch, daß KLEIST geneigt war, die Hirnstammläsion als eine Vorbedingung für das Auftreten traumatischer Epilepsie anzunehmen und diese cerebrale Funktionsänderung überhaupt aus

einer nachgebliebenen Schwäche und Labilität vegetativer und motorischer Hirn-
stammeinrichtungen entspringen ließ. Andererseits glaubt Janzen (1951), daß
die anatomische und funktionelle Unversehrtheit des Hirnstammes eine wesentliche Bedingung für das Auftreten symptomatischer epileptischer Anfälle sei.

Über die Bedeutung der „supprimierenden Rindengebiete" (Garol und Bucy
1944, Hecaen, David und Talairach 1947), deren Erregung zur Unterdrückung
von motorischen Reizeffekten und bestehenden Muskelkontraktionen führt, läßt
sich trotz der Hinweise M. W. R. Russels (1947), daß bei bestimmter Lokalisation der Verletzung an Enthemmung durch Zerstörung der Unterdrückergebiete
zu denken sei, heute noch schwer etwas Abschließendes zu sagen.

Wenn es sich hier auch nur um Häufigkeitsregeln handelt, die auf mehr oder
weniger großen Ausgangszahlen beruhen und die nichts absolut Verbindliches
für den Einzelfall aussagen, so scheint doch bei aller Würdigung der Problematik
lokalisierenden Vorgehens die Annahme berechtigt, daß der *Sitz der Verletzung*
für Auftreten und Ausgestaltung dieses symptomatischen Anfallsleidens eine
gewisse Rolle spielt.

Als *pathogenetische Ausgangssituation* der traumatischen Spätepilepsie sind
aus der pathologischen Perspektive die *Frühstadien der offenen und gedeckten
Hirnverletzungen* zu betrachten. Die dabei vorhandenen mannigfachen Veränderungen am Hirn und seinen Häuten können hier nur insoweit interessieren, als
ihre *Eigenart als Wegbereiterin des späteren Anfallsleidens gelten darf.*

Klinisch-statistische Angaben sind dazu nur beschränkt verwertbar, da in
tabula feststellbare Zerstörungen nach Schädeltraumen wesentlich intensiver und
ausgedehnter sein können als in vivo angenommen wurde (Esser 1935). Posttraumatische Spätepilepsie nach „Friedensverletzungen" tritt erfahrungsgemäß
relativ und absolut selten auf. Bei dem von Reichmann untersuchten Material
überwogen Schädelbasisfrakturen (603 Fälle, davon 352 Basis- und 251 Schädel-
dachbrüche). Er konnte nur 3,8% traumatische Spätepilepsie feststellen, Glaser
und Schaffer (1935) an ähnlichem Material 2,5%. Baumm schließlich fand unter
1200 Schädelverletzten keinen Fall von Epilepsie nach Commotio oder Basis-
bruch[1]. Sicher bedeutet das aber nicht, daß sie dabei überhaupt nicht vorkämen,
wie allerdings sehr seltene Fälle von *klinisch* einfacher Commotio im Material
der Forschungsanstalt für Psychiatrie zeigen. Was die „Kriegsverletzungen" betrifft, so setzte schon Eguchi (1913) die Schwere der Hirnquetschung in Beziehung zur Häufigkeit des Auftretens späterer Krampfanfälle. 47% der traumatisch Krampfkranken Baumms hatten Gewehrschußverletzungen erlitten. Er
schloß daraus, daß die Träger von kleinen Knochendefekten gefährdeter seien
als solche mit größeren Lücken des Schädeldaches. Ob sich auch die Verletzungen
des Hirns und seiner Häute bei beiden Kategorien deutlich unterschieden, konnte
nicht geklärt werden. Die Rolle der *Schädeldefekte* wurde von chirurgischer
Seite überhaupt sehr verschieden bewertet (Ventilwirkung von Kocher, Röpen).
Sicher jedoch ist die Häufigkeit von Knochenlücken bei an Krämpfen leidenden
offenen Hirnverletzten kein Beweis für ihre epileptogene Bedeutung. Dasselbe
gilt nach Steinthal für die Effekte einer bestimmten Geschoßart (Handfeuer-
waffen, Granatsplitter) und nach Baumm und Redlich für die Anwesenheit von
Fremdkörpern. Die Eröffnung der Dura und die Primärinfektion der Hirnwunde spielt nach den Erfahrungen dieser Autoren eine maßgeblichere Rolle.
L. Credner zeigte an Hand des Krankenbestandes des Münchener Hirnverletzten-
heims bei Fällen, die durchwegs länger als 5 Jahre beobachtet werden konnten,
zahlenmäßige Beziehungen zwischen Art und Besonderheit der Hirnverletzung
und dem später aufgetretenen Krampfleiden.

---

[1] Siehe Nachtrag S. 193.

Von 1234 Fällen von offenen Hirnverletzungen waren Epileptiker . . . . . . 611 = 49,5%
Von 417 Fällen von Hirnschädigungen bei Schädelverletzungen ohne Dura-
eröffnung . . . . 85 = 20,3%
Von 244 Fällen von gedeckten Hirnschäden ohne Schädelverletzungen . . . 53 = 19,7%

Epilepsie trat auf in:

    63% der Fälle mit Primärinfektion,
    47% der Fälle mit Hirnprolaps,
    45% der Fälle mit operativer Splitterentfernung,
    42% der Fälle mit intrakraniellen Geschoßteilen,
    41% der Fälle mit ungenau beschriebenen Verletzungen,
    40,7% der Fälle mit Ausfluß von zertrümmerter Hirnsubstanz,
    33% der Fälle mit intrakraniellen Knochensplittern.

Zu dieser Aufstellung sei bemerkt, daß nahezu jede offene Hirnverletzung als primär infiziert zu betrachten ist, und daß die Tatbestände für die von L. CREDNER gewählte Einteilung bei Hirnschußwunden wohl nur selten isoliert vorgefunden werden. Daß schließlich der Krankenbestand eine Auswahl von pflegebedürftigen Patienten darstellt, dürfte den zu anderen Angaben relativ hohen Prozentsatz von Anfallskranken nach gedeckten Hirnschädigungen erklären.

W. FREEMANN (1953) legte neuerdings umfangreiche Feststellungen über das Auftreten epileptischer Anfälle nach Leukotomie vor. Wie sorgfältige katamnestische Erhebungen bei 1120 operierten Patienten ergaben, stellten sich in Monaten bis Jahren nach dem Eingriff bei 17,1% aller erfaßten Kranken Krampfanfälle ein. Nach präfrontaler Leukotomie ohne operative Komplikationen war der Anteil 19%, während er nach transorbitaler Leukotomie mit nur 1% sehr niedrig verblieb. Eine beträchtliche Krampfgefährdung brachten operative Komplikationen (86%) und Wiederholungen des Eingriffes (53%) mit sich.

Eine bemerkenswerte Übereinstimmung zeigt sich in der positiven Beurteilung der epileptogenen Bedeutung von *offenen* Hirnduraverletzungen (AUERBACH, BERGER, BEYERHANS, BÖTTIGER, FINSTERER, O. FOERSTER, HEINEMANN und GRÜDER, JANZEN, LEXER, NAVILLE, OLIVECRONA, PENFIELD, PEDERSEN, PERLS, REDLICH, v. SAAR, SARGENT, v. SCHELVEN, SPIELMEYER, STEELMANN, STEINTHAL, TILLMANN, TÖNNIS, WALKER, WITZEL). Der erste exakte Hinweis auf Narbenprozesse an den Hüllen des Hirns bei „Morbus sacer" stammt bemerkenswerterweise von MORGAGNI (1767), dem Begründer der morphologischen Pathologie. Danach scheint sich die *Narbenbildung zwischen dem Hirn und seinen Häuten* und die dadurch bedingte *narbige Fixation* des nervösen Zentralorgans als ein Hauptfaktor aus dem der traumatischen Spätepilepsie zugrunde liegenden Ursachenbündel ausgliedern zu lassen. Kausale und begünstigende Momente, die diese Form der Narbenbildung gestalten helfen, sind schon in der pathogenetischen Ausgangssituation, nämlich im frischen Hirntrauma festzulegen. Trümmerverletzungen verwandeln bei eröffneter Dura einen Teil der direkt betroffenen Hirngebiete in einen hämorrhagischen Brei mit mehr oder weniger weit reichenden Nekrosen der angrenzenden Partien. Hier interessiert nur, daß das Bindegewebe der mitbetroffenen Hirnhäute mit in den ganzen gliös-mesenchymalen Organisationskomplex einbezogen wird. HORTEGA und PENFIELD haben in einer gründlichen Analyse das Wesen dieser feingeweblichen Veränderungen unter Heranziehung tierexperimenteller Befunde und im *Hinblick auf ihre epileptogene Bedeutung* analysiert. Danach zeigt das anfänglich außerordentlich gefäßreiche, defektdeckende junge Bindegewebe in den Grenzzonen zum erhaltenen Hirngewebe eine starke Untermischung mit proliferierter astrocytärer Glia. Der Prozeß der kollagenen Umbildung und Schrumpfung, der das Hirngewebe in einem gewissen Umkreis um die zerstörte Zone mit einbezieht, endet in einer soliden, fest mit der Dura verwachsenen Narbe mit rein bindegewebigen, gemischt bindegewebig gliösen und peripher mit rein gliösen Anteilen. Im Tierexperiment führt eine Verletzung, welche die Dura nur oberflächlich, aber nicht Arachnoidea und Pia betrifft, zu keiner cerebromeningealen Adhäsion. Nur mit Verletzung der Pia und Exposition von Hirngewebe kommt es zu narbigen Adhäsionen zwischen dem Organ und seinen Hüllen (Hortega und Penfield 1927). Das Moment der Radiär- und Tangentialfixation und der Mechanismus der Narbenschrumpfung finden sich in verhängnisvollem Synergismus zusammen. Schon bei nur einfachen meningealen Verklebungen entwickeln die oberflächlichen subpialen Astrocyten dicke Fortsätze, die sich nach beiden Richtungen hin senkrecht zur Adhäsionsstelle anordnen und so die Zugrichtung förmlich markieren (vgl. auch Brand 1941). Der Prozeß der Narbenschrumpfung bei ausgedehnteren Hirn-Duraverletzungen greift nun mit allmählichem Zug am Stützgerüst der Hirnsubstanz an, nämlich an den fibrillären Astrocyten und am Gefäßbaum. So wird das weiche Hirngewebe immer mehr nach der Verwachsungsstelle hin gezerrt. Die röntgenologisch auffälligen *umschriebenen Ventrikelausziehungen* bei traumatischen Epileptikern fassen O. Foerster und Penfield als Folge des ausgeprägten Narbenzuges auf. Tönnis, der solche Ausweitungen aber schon 3 bis 4 Wochen nach der Verletzung beobachtete, führt sie auf den Substanzverlust durch die Markzertrümmerung zurück. Hertrich (1952) fand örtliche Ausweitungen bei traumatischen Epileptikern häufiger als bei Hirnverletzten ohne Anfälle. Den meist auch vorzufindenden gleichmäßigen Ventrikelerweiterungen auf der Verletzungsseite dürfte eher ein diffuser Markschwund (Ödemfolge) zugrunde liegen. Oft sind nach schweren offenen Hirnverletzungen Kopfschwarte, Dura und Hirnnarbe miteinander verbacken, so daß das Gehirn förmlich an der Narbe angelötet erscheint (O. Foerster und Penfield, Neubuerger und von Braunmühl, Redlich). Beobachtungen bei operativen Eingriffen erhärten die *Bedeutung von Fixation und Zugwirkung* bei epileptischen Hirntraumatikern durch augenfällige Befunde, z. B. das sofortige Einsinken der Adhäsionsstelle bei Circumcision (Foerster, Penfield, Tönnis), die kegelartige Ausziehung der mit der Narbe verwachsenen Hirnoberfläche (Heinemann). Ein derartiger Fixationseffekt kommt nie in so ausgeprägter Form zustande, wenn sauber excidiert und kein beschädigtes Gewebe zurückgelassen wird (Hortega und Penfield, H. Steelmann, Wortis). Auch auf Grund neurochirurgischer Erfahrungen ist nach solchen lege artis durchgeführten Eingriffen fokale Epilepsie eine seltene Spätkomplikation. Röttgen (1950) hat die während des 2. Weltkrieges oft gestellte Frage, ob nicht die offene Wundbehandlung, insbesondere die Schwämmchentamponade, auf Grund der ausgeprägten Narbenbildung das Auftreten von posttraumatischer Spätepilepsie begünstige, bejaht. Schließlich wurde die direkte Auslösung von Krampfanfällen durch leichte mechanische Reize an der Rinde des operativ freigelegten Gehirns mehrfach bestätigt. In Fällen von traumatischer Epilepsie konnten Foerster und Penfield während des Eingriffes durch Zug an der Dura einen Anfall auslösen. Für die Unterhaltung und Verschlimmerung der epileptischen Entwicklung gewinnt die permanente Verstärkung der Fixation durch langsame Schrumpfungsvorgänge an der Hirn-Duranarbe Bedeutung. Diese lange Zeit in Anspruch nehmenden Umbildungen der Narbe mögen auch für das zeitliche Intervall und seine Variabilität eine befriedigendere Teilerklärung geben als eine konkret schwer vorstellbare und bisher auch beim symptomatischen Epileptiker nicht erfaßte cerebrale „epileptische Veränderung". Jedenfalls beginnt die posttraumatische Anfallsbereitschaft meist zu einem Zeitpunkt in dem angenommen werden kann, daß die reparativen und Schrumpfungsvorgänge an der Narbe noch nicht zur Ruhe gekommen sind. Wie dargelegt wurde, ist als Endresultat der narbigen Schrumpfung eine verstärkte Fixierung des Hirns in radiärer und tangentialer Richtung vorhanden, die meist schon in Ruhe eine elastische Anspannung der beteiligten Gewebselemente bedingt. Nicht nur bei jeder Bewegung, sondern auch beim Husten und Pressen, ja bei jedem Pulsschlag erfolgt so ein gewisser Reiz auf das Zentralorgan (AUERBACH, O. FOERSTER, PENFIELD, KRAUSE und SCHUMM, REDLICH, SARGENT). Schon LUYS hat die Beweglichkeit des Hirns in situ an Hand von Gefrierschnitten des Schädels bewiesen, wie auch GAVOY mit seinem „cerebral kinesiometer" eine Beweglichkeit von 3,9 mm Amplitude nachweisen konnte. TÖNNIS denkt neben der Behinderung der normalen Hirnpulsation vor allem an eine Hemmung der Zirkulation im benachbarten Hirngewebe.

Damit ist das Problem der *epileptogenen Wirkung der Gewebsdestruktion in der Umgebung der Hirn-Duranarben bzw. ihrer Progredienz im Verlaufe der Vernarbung und des Krampfleidens* angeschnitten. Wenn v. SCHELVEN glaubte, die Schädigung des anliegenden Hirngewebes mit einer direkten Zug- und Druckwirkung erklären zu können oder FRÄNKEL an zeitweilige Gefäßverschlüsse dachte, die durch die Unterbrechung der Kontinuität der Schädeldecke im Verein mit Hirnvolumensänderungen entstehen könnten, so sind diese Deutungen doch wohl zu mechanistisch-vereinfachend. Unter dem Aspekt der vasomotorischen Theorie des Krampfanfalles (O. FOERSTER) nahmen PENFIELD und auch SARGENT schon frühzeitig reflektorische, durch Zerrungseffekte hervorgerufene Zirkulationsstörungen in der Narbenumgebung an. TÖNNIS und GRIPONISSIOTIS legten der Narbenschrumpfung an sich weniger Bedeutung bei, doch wiesen auch sie nachdrücklich auf Verödungsbezirke im anliegenden Hirngewebe hin, die ebenfalls als Effekte einer Zirkulationsstörung durch die radiäre und tangentielle Fixierung des Hirns aufgefaßt wurden. PENFIELD, BRIDGERS und HUMPHREYS haben dieses Problem neuerdings unter Heranziehung der Benzidindarstellung des Füllungszustandes der Gefäße weiter verfolgt und kamen zu folgenden Schlüssen: Die Arterien einer Hirnnarbe unterlägen periodischen Konstriktionen; die Ursache der Irritabilität sei nicht sicher erschließbar. Dieser Mechanismus wird nun von PENFIELD einer begrenzten, aber kontinuierlichen *Gewebsverödung* in der Umgebung epileptogener Narben zugrunde gelegt. Sie sei ein *allgemeines Charakteristicum* solcher Läsionen. Der Prozeß schreite langsam an der Grenze zum normalen Hirngewebe weiter fort und präge sich in umschriebenen und verstreuten fokal ischämisch geschädigten Gewebsbezirken aus. Disseminierte und fokale Ganglienzellausfälle, die PENFIELD auf nicht direkt erschließbare und vom Gefäßapparat der Narbe ausgehende begrenzte Vasokonstriktionen zurückführt, erscheinen aber auch von anderer Richtung her deutbar. PENFIELD faßt das Grenzgebiet zwischen Narbe und nicht geschädigtem Gewebe mit gutem Grund als Zone mit temporär oder ständig verschlechterter Durchblutung auf. Die Krampfpathologie zeigt, daß gerade solche Mangelgebiete bei konsumptiver Hypoxie im Gefolge der paroxysmalen Zirkulationsstörung des Krampfes sich besonders anfällig zeigen. So kann man diese progressive Gewebsdestruktion auch als Resultat paroxysmaler vasculärer Störungsbereiche auffassen (s. Abschnitt II, in dem auch über den möglichen Umfang von Krampfschäden bei traumatischer Epilepsie berichtet ist). PETERS denkt neben der später zu erörternden Exacerbation entzündlicher Prozesse an Kreislaufstörungen als Folge organischer Gefäßwandveränderungen. Solche Gefäßprozesse hat PENFIELD aber in der Narbengegend regelmäßig vermißt. Wie dem auch sei, die Tatsache, daß zirkulatorisch bedingte Gewebsnekrosen jeder Ausprägung und Lokalisation als Folge von organischen Gefäßerkrankungen ungemein häufig sind, Krampfanfälle dabei aber relativ selten auftreten, läßt jedenfalls die entscheidende epileptogene Bedeutung solcher Veränderungen fragwürdig erscheinen.

Ferner bleibt zu bedenken, das jede tiefergreifende mechanisch verursachte Zerstörung von Hirnsubstanz *von Anfang an* von einer mehr oder minder breiten
Zone nur teilweise geschädigten Gewebes umgeben ist, und sich daher meist ein
fließender Übergang zum intakten Gebiet finden dürfte. Janzen (1951) hat
erneut darauf hingewiesen, daß nicht nur die Schädigungen am Orte der Gewalteinwirkung Einfluß auf die Entwicklung einer posttraumatischen Anfallsbereitschaft haben können, sondern auch die mit der örtlichen Zerstörung oft gleichzeitig auftretenden *Fernwirkungen in anderen Hirnteilen*. Scholz konnte schon
1936 zeigen, welchen Umfang kreislaufbedingte herdförmige Veränderungen der
Rinde im Umkreis frischer Hirnschüsse annehmen können. Weit über die unmittelbare Umgebung der Trümmerzone hinaus fanden sich bei einem die Hirn-
schußverletzung kurze Zeit überlebenden Patienten in makroskopisch vollständig
unveränderten Bezirken der Cortex Herde frischer elektiver Parenchymnekrose.
Sogar sehr weit entfernte Hirngebiete wie Ammonshorn und Kleinhirn können
bei schweren frischen Hirnverletzungen durch Durchblutungsstörungen in Mitleidenschaft gezogen werden (Neubuerger und Bodechtel). Welche Bedeutung
dabei arterielle Kompressionen im Tentoriumschlitz gewinnen, ist neuerdings
von Lindenberg dargelegt worden (s. auch S. 110).

Es sei erwähnt, daß Penfield, Williams, Walker, Weil, Bärtschli-
Rochaix, Jasper, Gibbs, Hoff, R. Jung, Riechert und Heines, Janzen u. a.
in neuerer Zeit mit Hilfe von *elektroencephalographischen Methoden* danach tracht-
teten, den *Focus* und damit die eigentliche *epileptogene Zone* der traumatischen
Veränderungen zu umgrenzen. Elektroencephalogramm und elektrische Reiz-
versuche weisen nach Penfield auf das Übergangsgebiet zwischen destruiertem
und normalem Rindengrau hin. Den Einwand von Lennox, daß einem toten
Neuron doch nicht gut eine direkte epileptogene Wirkung zugeschrieben werden
könne, begegnet Penfield mit dem Hinweis auf wohl geschädigte und existenz-
gefährdete, aber noch lebensfähige Ganglienzellen in diesem Grenzgebiet, die sehr
wohl als Quellen abnormer Erregungsvorgänge betrachtet werden könnten.
Walker (1949) sucht das Substrat des epileptogenen Focus in einem Abschnitt
der Narbenzone, der bei üblicher histopathologischer Methodik nicht vom
normalen Gewebe abgrenzbar sei. Die bioelektrisch erschlossenen Foci decken
sich in der Regel nie mit der Vernarbungs- und Destruktionszone, sondern reichen
darüber hinaus. Elliot und Penfield (1948) haben schließlich an frisch exci-
dierten epileptogenen Herden den Sauerstoff- und Glucoseverbrauch untersucht
und sind dabei zu keinem wesentlichen Unterscheidungsmerkmal gegenüber dem
Stoffwechsel normalen überlebenden Hirngewebes gelangt. Auch Pope, der das
Cytochrom-Cytochromoxydasesystem und den p_H-Wert der Gewebsflüssigkeit
solcher corticaler Herde bestimmte, fand normale Verhältnisse. Dagegen will er
einen gesteigerten Cholinesterasegehalt gefunden haben.

Eine maßgebende Rolle als Wegbereiterin der traumatischen Epilepsie wurde
und wird von verschiedenen Seiten der *Primärinfektion der Hirnwunde und nachfolgenden entzündlichen Vorgängen* zugeschrieben (Krause und Schumm, Sargent,
Auerbach, Tillmann, Steinthal, Credner, Pedersen, G. Peters). Schon
Auerbach maß entzündlichen Folgeerscheinungen eine epileptogene Bedeutung
bei. Nur unter dem Einfluß solcher Vorgänge gestaltete Narben sollen später
Epilepsie hervorrufen. Tillmann (1915) sah in umschriebenen chronisch entzündlichen Erscheinungen, die er bioptisch an den Meningen beobachtete, sogar
die eigentliche Ursache der traumatischen Epilepsie. Die Annahme von Marburg
und Ranzi, daß die Verdickung der Hirnhäute als sekundäre Anfallsfolge aufzufassen sei, glaubte er zurückweisen zu können. Jedoch ging Tillmann in der hohen
Einschätzung der pathogenetischen Bedeutung arachnoidaler Veränderungen

mit Liquorstauungen zweifelsohne zu weit. Neuere Untersuchungen, die ursprünglich darauf abzielten, den Grund für das relativ häufige Wiederauftreten cerebraler Krampfanfälle nach Narbenexcision festzulegen, verdanken wir G. PETERS (1948 und 1949). 16 bzw. 41 operativ entfernte Hirn-Duranarben wurden histologisch untersucht; 13 bzw. 31 der behandelten Hirnverletzten waren traumatische Epileptiker. Das Zeitintervall zwischen Gehirnverletzung und Narbenexcision betrug im Durchschnitt 1—6 Jahre. An einem großen Teil der untersuchten Narben stellte er *stärkere entzündliche Veränderungen und Zeichen frischen Gewebsabbaues*, ferner Abscedierung, Ödem, protoplasmatische Gliawucherungen, frische entzündliche Gefäßwandveränderungen und Endstadien von Arteriitiden und Phlebitiden fest. Insbesondere fand PETERS das mitexstirpierte umgebende Hirngewebe in der Mehrzahl der Fälle mit Fettkörnchenzellen förmlich übersät. Er faßt diese diffusen Fettkörnchenzellanhäufungen als Folgen frischer Abbauvorgänge auf, die für eine noch nach Monaten oder Jahren nach der Hirnverletzung vorliegende Progredienz der geweblichen Veränderungen sprechen. PETERS neigt dazu, ein Wiederaufflackern infektiöser Vorgänge anzunehmen, denn es handelte sich überwiegend um Fälle, deren Hirnwunden primär nicht ausreichend versorgt waren oder bei denen während der Wundheilung Komplikationen auftraten. Jedoch seien auch Effekte von etwaigen in der Umgebung der Narbe ablaufenden Kreislaufstörungen für die Deutung als zusätzlicher Faktor in Erwägung zu ziehen. Vereinzelte Körnchenzellen, vielfach auch in perivasculärer Anordnung, können im ruhenden Narbengewebe jeder Genese jahrelang erhalten bleiben. Sie werden kaum, wie etwa ESSER glaubte, als Ausdruck eines progredienten Gewebszerfalls zu werten sein. Was allerdings PETERS beschrieb, nämlich ausgeprägte perivasculäre Infiltrate und diffuse Fettkörnchenzellansammlungen, muß aber wohl als Ausdruck frischer Abbauvorgänge aufgefaßt werden. Seine Befunde, insbesondere die lymphocytäre Infiltrierung an den Gefäßen sprechen dafür, daß ein Wiederaufflackern des infektiösen Prozesses die Ursache der beobachteten Abbauerscheinungen bildet. Die Anfallsbereitschaft beginnt zwar überwiegend zu einem Zeitpunkt, wo angenommen werden kann, daß die reparativen Vorgänge noch nicht abgeschlossen sind (JANZEN). Daß sich aber in den Narben aller traumatisch Anfallskranken entzündliche und destruierende Vorgänge abspielen, und demnach prozeßhafte Vorgänge an der Narbe und ihrer Umgebung von ausschlaggebender epileptogener Bedeutung seien, ist nicht erwiesen und auch nicht anzunehmen. Auch PETERS fand unter den von ihm untersuchten Excisa von traumatischen Epileptikern immerhin einen großen Anteil sog. ruhender Narben. Ebenso deuten die Angaben von L. CREDNER, die an 1294 offenen Hirnverletzungen innerhalb von 15 Jahren nur eine ganz geringe Zahl (21 Fälle) eitriger Spätkomplikationen beobachtete, ganz allgemein darauf hin, daß entzündliche Vorgänge sich in bescheidenen Grenzen halten dürften. Sicher ist nur, daß die Primärinfektion die pathogenetische Ausgangssituation kompliziert und auf die qualitative und quantitative Ausprägung der Vernarbungsvorgänge an der Hirn-Durawunde einen nicht unbedeutenden Einfluß ausübt.

Es bleiben noch kurz *regressive Veränderungen in der Hirnnarbe* und ihrer Umgebung zu erörtern, die sich im wesentlichen als *Verkalkungsprozesse* und selten sogar in Form von Knochenbildung repräsentieren. Neben GUTTMANN und PENFIELD haben vor allem ALEXANDER und WOODHALL (1943) auf verkalkte Läsionen in der Hirnrinde traumatischer Epileptiker hingewiesen. Als Ursache dieser mineralischen Ablagerungen wird die lokal mangelnde Blutversorgung des geschädigten Gewebes aufgefaßt. Verknöcherung in Narben alter traumatisch Fallsüchtiger hat BRUNNER 1921 beschrieben.

Epilepsie als *Folge anderweitiger Verletzungen und Verletzungsfolgen* tritt in der Bedeutung weit hinter dem mechanischen Schädelhirntrauma zurück. Nur anhangsweise sei an cerebrale Spätkrämpfe nach Starkstromverletzungen (Ranzi, Meyer, Oberhamm, Jellinek und Panse) und als Folgen von Röntgen- und Insolationsschädigungen besonders des kindlichen Hirns (Schaltenbrand, Steinhauser) erinnert.

b) Epilepsie nach fetalen oder frühkindlichen Hirnschädigungen.

Die Rückführbarkeit einer epileptischen Entwicklung auf eine *fetale* oder *frühkindliche Hirnschädigung* wird dem Kliniker mitunter nicht durch noch so sorgsame Befunderhebung, sondern erst durch eine gute Anamnese ermöglicht. Zwar legt bei einem an Krämpfen leidenden Kind das Vorhandensein einer Littleschen Lähmung den Verdacht einer symptomatischen Epilepsie von vornherein nahe. Schwachsinn und Idiotie sind aber schon vieldeutigere Hinweise. Wenn jedoch nennenswerte neurologische Symptome oder intellektuelle Abweichungen fehlen, muß die gründliche Erhebung der Vorgeschichte weiterhelfen. Das Fahnden nach Komplikationen im Geburtsverlauf, Eingriffen mit forcierten Zangenversuchen und Wendungen und nicht zuletzt nach asphyktischen Zuständen wird an erster Stelle stehen. Wenn gar im Anschluß an solche Ereignisse bereits in den ersten Monaten Krämpfe aufgetreten waren und sich dann im Kindesalter ein Anfallsleiden entwickelte, ist die Annahme einer symptomatischen Epilepsie sicher berechtigt (Residualepilepsie Kraepelins). Nach Untersuchungen vor allem der Pädiater (W. Birk, E. Schreck u. a.) stellen sich erste Anfälle im Rahmen der genuinen Epilepsie im allgemeinen erst im Schulalter und während der Entwicklungsjahre ein, während bei den symptomatischen Kinderepilepsien der Krampfbeginn im 1. Lebensjahr weit überwiegt. Karl Schneider wies auf den diagnostischen Wert gewisser Restsymptome, der sog. Bajonettfingerhaltung (latente Athetose) und der Längenumkehr zwischen dem 2. und 4. Finger für die Erkennung der kindlichen Residualepilepsie hin. Auf die Bewertung der pneumographischen Methoden wird noch kurz eingegangen. Neuerdings leistet vor allem die Elektroencephalographie zur Differentialdiagnose der kindlichen Anfallsleiden einen wertvollen Beitrag (Lennox 1948, Zellweger 1948 u. a.).

Die *Kinderkrämpfe* im Sinne W. Birks, Erscheinungen der verschiedensten ätiologischen Herkunft, wie Spasmophilie, Keuchhusteneklampsie (Husler und Spatz), Konvulsionen bei fieberhaften Infekten, die orthostatischen Krämpfe Huslers stehen als transitorische Phänomene, die ganz allgemein auf eine *erhöhte Krampfbereitschaft im Kindesalter* hinweisen, außerhalb des Rahmens vorliegender Betrachtung, die sich auf epileptische Entwicklungen zu beschränken hat. Für geburtstraumatische Frühkrämpfe gilt grundsätzlich das über die traumatische „Frühepilepsie" der Erwachsenen Gesagte.

Auch die eingehendste klinische Analyse wird jedoch in vielen Fällen die Grundlagen einer epileptischen Entwicklung des Kindesalters nicht befriedigend und eindeutig zu klären vermögen. Hier kann die morphologische Pathologie entscheidend weiterhelfen, indem sie *Krampfursachen und Krampffolgen zu scheiden und vom Gewebsbild her Hinweise auf Ätiologie und Pathogenese der kindlichen Epilepsien zu gewinnen sucht.*

Was die *ursächlichen Faktoren* betrifft, die für die Entwicklung von Krampfleiden in Betracht zu ziehen sind, so mißt man den *Geburtsschäden* mit Recht eine besondere Bedeutung bei. Traumatische Effekte, wie sie Schwartz (1924) an Neugeborenen und Säuglingen feststellte, Berstungen der Hirnsichel und des Tentoriums mit Zerreißung der großen venösen Abflußwege, Arachnoidealblutungen, Quetschläsionen durch Schädelkompression, Durarisse werden wohl nicht gerade häufig überlebt, doch auch geringfügigere Schäden können hinsichtlich einer epileptogenen Wirkung verhängnisvoll werden. Die Rolle der Geburtsasphyxie (Kaiserschnitt, Sturz- und Amniongeburten) wurde lange Zeit nicht gebührend gewürdigt. Über die Auswirkung von *pränatal intrauterinen Schädigungen* für die Entwicklung kindlicher Krampfleiden ist wenig Sicheres bekannt. Gegen Hypoxie (Störungen des Placentarkreislaufes, intrauterine Nabelschnurverschlingungen) scheint das fetale Gehirn weniger empfindlich zu sein (WINDLE und BECKER). Einwirkung von Noxen in der ersten Embryonalzeit kann fundamentale Mißbildungen auch des Cerebrums hervorrufen (BÜCHNER, RÜBSAAMEN und ROTHWEILER 1951). Auch an *toxische Fruchtschädigungen*, Vergiftungen (OSTERTAG 1936), Schwangerschaftstoxikosen (NAUJOKS 1936), Strahlenschädigungen (STETTNER 1944) muß gedacht werden. Während *infektiöse Schädigungen* des Fetus auf luischer Grundlage schon länger bekannt sind, wurde auf Encephalitiden bzw. Encephalosen durch Toxoplasmainfektion (KOCH, SCHOEN und ULE 1951) und Viruskrankheiten der Mutter (Rubeolen) (TÖNDURY 1951) erst in neuerer Zeit die Aufmerksamkeit gelenkt (HÖRING 1952). Unter den im *postnatalen Leben* auftretenden und die Entwicklung eines Anfallsleidens auslösenden Schädigungen spielen echte Encephalitiden bei weitem nicht die Rolle, die ihnen in der älteren Literatur zugeschrieben wurde, zumal sie ja nicht allzuhäufig überlebt werden. Es ist selbst schwierig, die Bedeutung der Meningitiden richtig einzuschätzen (EICKE 1947, J. E. MEYER 1951).

Da alle Noxen das unreife und wachsende Hirn treffen, wird Entwicklung, Reifung und die besondere Reaktionsform des kindlichen Hirngewebes das Bild des Endzustandes prägen. So werden die cerebralen Veränderungen, auf die eine epileptische Entwicklung im Kindesalter zurückgeführt werden kann, vornehmlich End- und Defektzustände stationärer Natur und besonderen Gepräges sein. *Den Kernpunkt der morphologischen Arbeit muß deshalb die Scheidung in vorausgehende und konsekutive Hirnbefunde, gegebenenfalls in Krampfursachen und Krampffolgen bilden.*

Porencephalien, grobe, cystisch organisierte Gewebsdefekte, materielle Gefäßveränderungen und ihre Effekte sind bei Berücksichtigung von Verlauf und Entwicklung des Anfallsleidens unschwer als vorausgehende Befunde festzulegen, wenn auch ihre pathogenetische Deutung oft nicht leicht sein wird. Für umschriebene adhärente Vernarbungen zwischen Hirn und Dura haben die für die traumatische Epilepsie des Erwachsenen herausgestellten Gesichtspunkte grundsätzliche Gültigkeit. Schwieriger gestaltet sich schon die Deutung von entzündlichen Prozeßresiduen, etwa von Restzuständen nach postnatalen Meningitiden. Welche Vorsicht man bei der Beurteilung von narbigen Veränderungen der grauen Substanz, fleckenförmigen Rindenherden, laminären Verödungen, ausgedehnten flächenhaften Ulegyrien walten lassen muß, zeigen eindrucksvoll die vielen Fehldeutungen, die sich daraus ergeben, daß man *Anfallsursachen* und *Folgen* nicht unterscheidet. DOLLINGER forderte unter dem Eindruck dieser Tatsachen mit Recht eine Neubearbeitung des Problems der kindlichen Anfallsleiden durch die morphologische Pathologie. Wer am Gehirn eines epileptischen Kindes deutlich ausgeprägte Veränderungen feststellt, ist auch heute noch nur zu sehr geneigt, das Krampfleiden von vornherein als Symptom dieses Hirnbefundes aufzufassen. SCHOLZ stieß 1938 auf weitgehenden Unglauben, als er über die ursächliche Bedeutung von frühkindlichen Krämpfen für die Pathogenese mehr oder minder ausgedehnter Hirnschäden berichtete. Veränderungen, die sich in charakteristischer Ausdrucksform als sklerotische Gewebs- und Organschrumpfungen darstellen, cerebrale und cerebellare Ulegyrien, striäre und thalamische Sklerosen, ja sogar lobäre Sklerosen und Hemisphärenatrophien sind

Folgen und Endzustände *elektiver Parenchymnekrosen* und fanden ihrer *Ausdrucksform und Lokalisation nach* als *Krampfschäden* eine überzeugende Definierung (Scholz 1938, 1951). (Siehe Abschnitt I und II.) Sie sind in ihrer Gestalt von den krampfauslösenden Grundkrankheiten unabhängig. Das Muster dieser konsekutiven Schädigungen kann deshalb nicht selten in Gemeinschaft mit geburtstraumatischen oder postnatal meningitischen Prozeßresiduen angetroffen werden. Es wird hier die oft nicht ganz leichte Aufgabe sein, den vorausgehenden Befund und den konsekutiv-paroxysmal entstandenen Komplex zu trennen. Mancher cerebrale Geburtsschaden würde seiner Lage und Größe nach kaum Erscheinungen machen, wenn er eben nicht zum Ausgangspunkt eines schweren Anfallsleidens würde. So wird die Bedeutung der Hirnschädigungen durch Krämpfe für die Entstehung der im Kindesalter erworbenen cerebralen Defektzustände wohl nur durch die Geburtsschäden übertroffen. Auch für die Beurteilung von Patienten im späteren Lebensalter sind diese grundlegenden Gesichtspunkte von Bedeutung. Man wird sich vor der *Überbewertung von encephalographischen Befunden,* besonders von gleichmäßigen Ventrikelausweitungen (W. Gross, Göllnitz, W. Brenner) zur Scheidung von symptomatischer und genuiner Epilepsie hüten müssen, denn auch solche Veränderungen können als Anfallsfolge durch den fortschreitenden Parenchymuntergang entstanden sein. Dasselbe gilt von *bioptischen Befunden* bei chirurgischen Eingriffen, zumal die Beobachtungen auf das Operationsgebiet beschränkt sind. Penfield, Keith, Gage, Krause und Schumm beschrieben bei Epilepsien des Kindesalters herdförmige Rindenatrophien und Windungsschrumpfungen als epileptogene Veränderungen. Erst die Berücksichtigung des Gesamtbefundes am Gehirn würde aber diese Charakterisierung erlaubt haben.

Das gilt besonders für die bei operativen Maßnahmen erhobenen Befunde. Allerdings läßt sich bei motorischen Anfällen vom Jackson-Typ die Bedeutung einer Hirnveränderung als epileptogener Focus durch die Gegenüberstellung von Herdsitz und motorischem Anfallscharakter wahrscheinlich machen, wobei der EEG-Befund diese Beziehungen noch zu sichern vermag. Es ist also der aus seinen cerebralen Symptomen erschlossene Sitz und nicht die morphologische Qualität eines Befundes, der ihn hier als epileptogen erkennen läßt.

Hatte man früher nur die motorischen Phänomene zur Herausstellung solcher Beziehungen in Betracht gezogen, so hat sich die Aufmerksamkeit in den letzten Jahrzehnten mehr einem Anfallstypus zugewandt, der bereits im Jahre 1888 von J. Hughlings Jackson in seinen Grundzügen beobachtet und von ihm als *„Gruppe der Uncinatus-Anfälle"* beschrieben worden war. Es sind anfallsartige Zustände, die sich häufig mit einer Geruchs- oder Geschmacksaura einleiten, von Schmatz- oder Kaubewegungen begleitet sind und mit einer ängstlich-traumhaften Bewußtseinsveränderung mit Verkennung der Umgebung und gelegentlich auch Sinnestäuschungen einhergehen; generalisierte Krämpfe treten bei solchen Krankheitsverläufen oft ganz in den Hintergrund. Die Annahme von Gibbs, Gibbs und Lennox, daß diese von ihnen *„psychomotorische Epilepsie"* genannte Sonderform durch konstante Besonderheiten des EEG gekennzeichnet sei, hat sich nicht halten lassen. Dagegen sind die Beziehungen zu Temporallappenherden durch zahlreiche Obduktions-, Operations- und EEG-Befunde erhärtet, so daß man heute kurzerhand von *Temporallappenepilepsie* spricht. Die für ihr Zustandekommen in Betracht zu ziehenden Hirnteile, auch „visceral brain" (Papez 1937, MacLean 1949) genannt, umfassen die vorderen zwei Drittel des Temporallappens einschließlich Gyrus hippocampi und Nucleus amygdalae, den Übergang zur Inselregion, hintere Teile des Orbitalhirns und schließlich den vorderen Gyrus cinguli. Als Krankheitsursachen dieser Herdepilepsie kommen alle die Befunde in Betracht, die man sonst auch bei Herdepilepsien findet, unter anderem oft nur kleine Geschwülste wie Meningiome und Angiome (JASPER und PENFIELD, A. MEYER u. a.), Contrecoup-Verletzungen (GASTAUT), entzündliche Prozesse, Restzustände von Kreislaufschäden, wie cystische Narben und Sklerosen u. a. m. Während in den Statistiken die Krankheitsursachen unbekannter Ätiologie überwiegen (POURSINES, ROGER und ALLIEZ), ist diese Unbekannte in der letzten Statistik PENFIELDs zugunsten einer Schädigung bei der Geburt verschwunden. EARLE, BALDWIN und PENFIELD kommen nämlich bei einer kritischen Sichtung von 157 Fällen von Temporallappenepilepsie zu dem Ergebnis, daß 100 Fälle (63%) auf einer mehr oder weniger charakteristischen Schädigung der Hirnsubstanz bei der Geburt beruhen. Gestützt auf Modellversuche legen sie der intra partum erfolgenden Einpressung der Schläfenlappen in die Tentoriumöffnung *(hippocampal herniation)* eine überwiegende Bedeutung bei. Durch sie wird eine Anpressung der regionalen arteriellen Zuflüsse an den freien Tentoriumrand bewirkt, die zu temporären Zirkulationsbehinderungen führt, in deren Folge sich meist einseitige Gewebsschädigungen in den vorderen medialen Anteilen der Schläfenlappen entwickeln, die in ihren Spätstadien als leichtere oder schwerere, mehr oder weniger ausgedehnte Gewebssklerosen *(incisural sclerosis)* in Erscheinung treten. So einleuchtend dieser Sachverhalt an sich ist, und so zutreffend er in vielen Fällen sein mag, man wird doch Bedenken tragen, ihn auch auf die Fälle anzuwenden, bei denen anamnestisch jeder Anhaltspunkt für eine schwere oder komplizierte Geburt fehlt. Die Tatsache, daß die epileptischen Erscheinungen sich in der Regel erst nach Jahren, nicht selten nach mehreren Jahrzehnten einstellen, wird damit erklärt, daß diese als dauernd progredient angesprochenen Hirnveränderungen einer mehr oder weniger langen ,,Reifezeit'' bedürften, um epileptogen zu werden. Begründet wird der frühkindliche Entstehungstermin solcher Sklerosen unter anderem mit der häufigen röntgenologischen Ungleichheit der Fossae temporales.

Gegen die sehr starke Ausweitung der Anwendung dieses pathogenetischen Mechanismus haben sich schon A. MEYER, FALCONER und BECK gewandt. Sie halten insbesondere eine Umdeutung der auch von ihnen als Krampfschädigung anerkannten Ammonshornsklerose in einen primären epileptogenen Focus für nicht berechtigt und weisen außerdem an Hand ihres histologisch untersuchten Materials von Temporallappenepilepsien darauf hin, daß die gleichen Veränderungen der incisural sclerosis als Krampfschädigungen nach epileptischem Status entstehen können. Es würde sich lohnen, in Zukunft darauf zu achten, ob auf diesem Wege nichtfokale Krampfepilepsien sich tatsächlich zu temporalen Herdepilepsien wandeln können. Man müßte auch fordern, daß der Mechanismus der incisural sclerosis nicht immer nur mit der Topographie narbiger Veränderungen begründet wird, sondern wenigstens einmal mit frischen Gewebsschäden bewiesen würde, wie das in zahlreichen Fällen für die Krampfschädigungen geschehen ist. Daß der Mechanismus der Tamponade des Tentoriumschlitzes übrigens auch für die Lokalisation der häufigsten Krampfschädigungen im Gehirn in Anspruch zu nehmen ist, wurde oben (S. 110) bereits betont. Auf die Bedenken, welche gegen eine Rückführung der ,,Reifung'' sklerotischer Gewebsveränderungen auf eine prozeßhafte Progredienz bestehen, ist bereits eingegangen worden.

Die Aufstellung reiner *Häufigkeitsbeziehungen zwischen kindlicher Hirnschädigung und epileptischer Entwicklung* würde noch eine umfassendere qualitative Sichtung und Sonderung des Materials durch den Morphologen als Grundlage erfordern, wobei sich zum Teil wohl der traumatischen Epilepsie des Erwachsenen weitgehend analoge Gesichtspunkte ergeben dürften. Die meisten bisher vorliegenden Feststellungen, soweit sie nicht überhaupt im empirisch kasuistischen Bereich verbleiben, halten kritischen Anforderungen nicht stand. Vogt fand unter 1100 Fällen angeborener oder frühzeitig erworbener Hirnschäden, die zum guten Teil mit Lähmungen und Epilepsien einhergingen, bei 47 Kranken die Angabe einer schweren Geburt ohne Kunsthilfe, bei 11 Kindern die Angabe einer Geburtsasphyxie und bei 20 einer Zangengeburt. Fattowich fand in der Vorgeschichte von 100 Fällen jugendlich Fallsüchtiger 9mal die Angabe einer schweren Geburt. Petermann nahm bei 500 epileptischen Kindern in 15,4% Geburtsschäden als Ursache des Leidens an. Pouché fand bei 69 krampfkranken Kindern 4,9%, Rupils bei 113 solcher Patienten 21% Geburtsverletzungen auf Grund von Anhaltspunkten in der Vorgeschichte. Schließlich fand E. Schreck im Rahmen seiner umfangreichen Untersuchung bei 168 Kindern mit symptomatischer Epilepsie in 64% sichere oder zum mindesten sehr verdächtige Angaben, die für eine Geburtsschädigung sprachen. Zahlenmäßige Untersuchungen über die Bedeutung entzündlicher Prozesse liegen bis jetzt noch nicht vor. So unterschiedlich die diesen Ergebnissen zugrunde liegenden Ausgangspunkte und Methoden sind, die überragende Rolle der Geburtsschädigung für die Entwicklung kindlicher Anfallsleiden geht auch daraus hervor.

c) Epilepsie bei Neubildungen und anderen raumbeschränkenden Prozessen des Schädelinneren.

Das Vorkommen häufiger Krampfanfälle bei intrakraniellen Neubildungen ist seit langem bekannt. Besonders eindrucksvoll waren Beobachtungen von Geschwulstkranken, die beträchtliche Zeit oder auch ausschließlich das Bild einer „genuinen" Epilepsie boten, d. h. bei denen klinisch keine Tumorsymptome bestanden. Solche Jahre und Jahrzehnte lang bestehenden Anfälle ohne Herdzeichen sind von Heymann (18 Jahre lang bei Endotheliom der rechten Centroparietalgegend, 20 Jahre bei Dermoid der Supraorbitalgegend), Dreyfuss, Glotz (4 Jahre lang; Oligodendrogliom rechtes Stirnhirn), Obregio und Constantinesco, Riser und Duanin, Pritchard beschrieben worden. Die Priorität steht hier wohl F. Plater zu (Basel 1680), der bei einem Epileptiker ein eigroßes Gewächs im Stirnlappen feststellte. Ebenso beginnt auch bei den der heutigen Diagnostik zugänglichen Hirngeschwülsten die Erkrankung nicht gerade selten *allein* mit epileptischen Konvulsionen, die lange Zeit im Vordergrund der Symptomatik stehen können (Destunis, Parker, Adson und Moersch, K. H. Stauder, Kolodny und Voris). Diese Beobachtungen geben eine gewisse Berechtigung, vom klinischen Standpunkt her an dem *Begriff der symptomatischen Epilepsie bei Hirntumoren* festzuhalten (F. Kehrer).

Bei der Frage nach der Verursachung von Krämpfen spielt bei Geschwülsten begreiflicherweise der Sitz des Blastoms eine hervorragende Rolle. Da aber auch Häufigkeitsbeziehungen zu der Art der Gewächse bestehen, wird man versuchen müssen, Beziehungen von Art und feingeweblicher Struktur, Ausdehnungs- und Wachstumseigentümlichkeiten einer Neubildung zu ihrer epileptogenen Wirkung aufzuzeigen.

Seit Knapp 1905 auf das häufige Zusammentreffen von Krampfanfällen und Neubildungen der Schläfengegend hinwies, strebte man nach *zahlenmäßiger Festlegung und Sichtung der Beobachtungen.* Jedoch sind die Angaben der älteren Literatur nur beschränkt mit den heutigen zu vergleichen, da die Zahl der klinisch erfaßten Geschwulstträger zunächst nur klein war. Umfassendere Statistiken aus neuerer Zeit verdanken wir vornehmlich nordamerikanischen Autoren, die über ein großes Krankengut verfügten (Tabelle 4). Wenn man auch die Angaben von Bostroem, Dew, Winternitz, Kolodny, Martin, die sich auf kleinere Zahlen stützen, berücksichtigt, wird man den Mindestprozentsatz des Auftretens epileptischer Anfälle bei Kranken, die an intrakraniellen Neubildungen leiden, sicher auf etwa 30% festsetzen können.

KRAUSE und SCHUMM bezeichnen sogar in Übereinstimmung mit FRAZIER, MARBURG und RANZI den Krampfanfall als eines der wichtigsten und zuverlässigsten Tumorsymptome und KEHRER nennt die Tumorepilepsie die praktisch bedeutendste Form symptomatischer Fallsucht. Er wird insofern recht haben, als die absolute Zahl der Geschwulstkranken das Vielfache der Hirnverletzten beträgt.

Tabelle 4. *Absolute Häufigkeit epileptischer Anfälle bei Hirntumorkranken.*

Autor	Zahl der Hirntumor-kranken	Anfallshäufigkeit in %
KNAPP 1905	40	25,0
BRUNS 1908	63	30,0
WEXBERG 1921	36	30,1
ROBERT u. FEINIER 1921	165	13,0
PARKER 1930	313	21,6
HOFF u. SCHOENBAUER. 1933	138	19,0
FURLOW u. SACHS 1936	700	34,0
PEDERSEN 1938	586	29,0
PILCHER u. PARKER 1938	248	29,8
PENFIELD, ERICKSON u. TARLOV 1940	703	37,0
HOEFER, SCHLESINGER u. PENNES 1946	506	34,0
BORMANN u. SCHIEFER 1951	1182	28,5

Diese zahlenmäßigen Überlegungen führen zur Frage nach der Beziehung von *Lokalisation der Neubildung zu Auftreten und Häufigkeit von Krampfanfällen.* Der vielfach diskutierte Konnex zwischen Tumorsitz, Symptomatologie und Ablauf des Anfallsgeschehens (BORMANN und SCHIEFER 1951) soll hier weniger berücksichtigt werden, da solche Betrachtungen mehr Aufgabe der klinischen Phänomenologie bleiben, eine wachsende Geschwulst in dieser Hinsicht überdies viel ungünstigere Voraussetzungen gibt, als etwa eine ruhende Hirnnarbe beim Hirntraumatiker. Wie beim Hirntumor selbst, so wurde auch bei der Tumorepilepsie der von KNAPP 1942 behauptete Seitenunterschied zugunsten der rechten Hemisphäre *nicht* bestätigt (BORMANN und SCHIEFER). PENFIELD, ERICKSON und TARLOV (1940) unterscheiden zwischen supra- und infratentoriellen Tumoren; während letztere in nur 20% epileptische Anfälle während des Krankheitsverlaufes aufwiesen, traten solche bei ersteren in fast 79% der Fälle auf. Bei supratentoriellen Geschwülsten sah KIRSTEIN 50% Anfälle, bei infratentoriellen nur 5—6%. Diese supratentorielle Gruppe gliedert nun PENFIELD nach *Hirngegenden* auf (Abb. 37) und findet bei parietalen Geschwülsten Anfälle in 50%, bei frontoparietalen in 71%, bei frontotemporalen in 80%, bei temporalen in 48% und schließlich bei occipitalem Sitz in nur 32%. H. BORMANN und SCHIEFER stellen an ihrem großen Material folgende Zahlenverhältnisse fest: frontal 39%, centroparietal 57,7%, temporal 48,4%, occipital 12,7%. Auch PEDERSEN (1938) kommt zu der Häufigkeitsreihenfolge: centroparietal, temporal, frontal, occipital. Ob ein tiefsitzendes Gliom weniger epileptogene Bedeutung hat als ein oberflächlich wachsendes, scheint nicht sichergestellt (PARKER).

Mit den *epileptischen Erscheinungen bei Stirnhirntumoren* befaßten sich neben DESTUNIS (1940) und KOLODNY auch WORIS, ADSON und MOERSCH, die Epilepsie in etwa 25% ihrer Fälle fanden. Aus der Reihe fällt die Angabe von ALLEN, der bei einem kleineren Material von *Occipitalhirntumoren* die relativ hohe Ziffer von 52,5% Anfällen errechnete. Auch andere Autoren geben allerdings an, daß

Anfälle bei dieser Lokalisation nicht gerade selten sind (Krause, Küttner, Meisel, Reiter, Henschen, Lenz, Berger).

Epilepsie bei *Tumoren des Schläfenlappens* fand schon frühzeitig besonderes Interesse (Knapp 1906, Marburg und Ranzi 1921, Artom 1923, McRobert und Feinier). Nach K. H. Stauder zeigten 161 Schläfenlappentumoren der Literatur Krampfanfälle in fast 40%. Astwazaturow, Knapp und Stauder wiesen unter anderen auf die psychischen Syndrome hin, die in ihrer Mannigfaltigkeit und

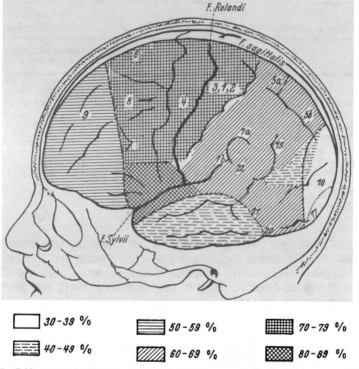

```
        30-39 %        50-59 %        70-79 %

        40-49 %        60-69 %        80-89 %
```

Abb. 37. Zahlenmäßige Beziehungen zwischen Lokalisation von cerebralen Blastomen und Auftreten epileptischer Erscheinungen (Anfallshäufigkeit in Prozent).
[Aus Penfield, Erickson u. Tarlov: Arch. of Neur. **44**, 303 (1940).]

besonderen Färbung denen bei der genuinen Epilepsie fast völlig gleichen. Der Schluß, daß hierfür die Ammonshornnähe von Bedeutung sein müsse, lag damals nahe. Mit der Kennzeichnung der Ammonshornbefunde als Krampffolge durch die Spielmeyersche Schule ist diese Ansicht unhaltbar geworden; dazu besteht über die feineren fasersystematischen und funktionellen Beziehungen dieses phylogenetisch alten Rindenanteiles noch heute ziemliche Unklarheit (Drooglever-Fortuyn, Ule). Wenn McRobert, Russel, Laurent und Feinier unter Berufung auf Mills und Foster-Kennedy das häufige Zusammentreffen von temporalem Tumorsitz und cerebralem Anfallsgeschehen mit einer Kompression der A. foss. Sylvii durch den Tumor erklären wollen, so kann doch für die nicht minder häufige Epilepsie bei Gewächsen mit anderer Lokalisation ein analoger Mechanismus nicht vorausgesetzt werden. Mit Kompression oder Verschluß eines arteriellen Hauptstammes durch Druckwirkung läßt sich die Entwicklung einer länger bestehenden Anfallsbereitschaft schwer erklären. Denn langsame Lumenverengerungen sind an den großen Gefäßen der Hirnbasis im Rahmen arteriosklerotischer Prozesse ungemein häufig. Bei jähen embolischen Gefäßverschlüssen der A. cerebri media wurden zwar gelegentlich frühe initiale Halbseitenkrämpfe beobachtet (SARGENT), die aber in der Regel schnell der Ausbildung von hemiplegischen Erscheinungen wichen. STERN, HOFFMANN, KRAUSE, BRUNS, KOLODNY, R. A. PFEIFER bezweifelten auf Grund ihrer Erhebungen, daß die Schläfenlappentumoren hinsichtlich Anfallssymptomatik und Anfallshäufigkeit eine Sonderstellung einnehmen.

Hier sind auch kurz die *epileptischen Erscheinungen bei Hypophysentumoren* anzureihen. REDLICH und MARBURG stellten fest, daß bei Hypophysengewächsen nicht allzu selten Krampfanfälle zu beobachten sind. Doch wiesen neben MARBURG schon MEGGENDORFER und später K. H. STAUDER darauf hin, daß eine Läsion der benachbarten basalen Anteile des Temporallappens ausschlaggebend für die Entstehung der Anfälle sein könne. Schließlich sei noch bemerkt, daß über Epilepsie bei *Balkentumoren* nur ganz wenige Beobachtungen vorliegen (BALDUZZI, MINGAZZINI und TENANI).

Ebenso gehören *Krampfanfälle bei Geschwülsten des Hirnstammes* zu den Seltenheiten, wie ja überhaupt die infratentoriellen Tumoren im Sinne PENFIELDs wesentlich seltener Krampfsyndrome hervorrufen (O. FOERSTER, E. HIRSCH, KLIEM.)

Alles in allem kann man aus den Gegenüberstellungen von Sitz des Tumors und Auftreten von Krampfanfällen zwar keine Gesetzmäßigkeiten aufstellen, aber doch *beachtenswerte Häufigkeitsregeln* erkennen. In Übereinstimmung mit der traumatischen Spätepilepsie ist die *centroparietale Lokalisation* von besonderer Wichtigkeit.

Wenn früher dem Sitz der Geschwulst die größte Aufmerksamkeit geschenkt wurde, so hat man sich mit dem Fortschritt der histologischen Differenzierung der Blastome des Nervensystems zunehmend auch für *Zusammenhänge zwischen Geschwulstart und deren epileptogener Wirkung* interessiert. NOTHNAGEL (1879) hielt solche Untersuchungen noch für aussichtslos; später glaubte man dem Gliom überhaupt eine Sonderstellung bezüglich seiner epileptogenen Wirkung zusprechen zu dürfen. Das war zum Teil in der Auffassung begründet, daß Gliombildung und die Randgliose CHASLINs nur koordinierte Manifestationen einer der Epilepsie zugrunde liegenden heriditären Fehlanlage seien (STEINER 1910). Auch BIELSCHOWSKY und WOHLWILL neigten zu solchen Deutungen, die allerdings nach Erkennung des sekundären Charakters der Oberflächengliosen im wesentlichen nur mehr historisches Interesse besitzen. Schon REDLICH und STERN räumten dann dem Gliom bei der Tumorepilepsie keine eindeutige Vorzugsstellung mehr ein. Auch zu dieser Frage können wir *statistische Ergebnisse* heranziehen, deren Bewertung allerdings durch die teilweise unterschiedliche Klassifikation der Blastomarten sehr erschwert wird. Eine Aufgliederung der Tumorepilepsiefälle (703 Kranke) von PENFIELD, ERICKSON und TARLOV nach der Natur der Neubildung bringt die Häufigkeitsverhältnisse eindrucksvoll zur Darstellung (Abb. 38). Ferner sind noch die Zahlen von HOEFER, SCHLESINGER und PENNES (1946) zu nennen (506 Fälle), die bei Glioblastomen 30%, bei Astrocytomen 55% symptomatischer Epilepsie fanden und schließlich die von BORMANN und SCHIEFER (1951), (1182 Fälle), die mit 63,7% bei Oligodendrogliomen, 59% bei Astrocytomen, 53,2% bei Ependymomen und endlich mit 24,7% bei Glioblastomen genannt werden. Aus neuester Zeit stammen die Angaben von M. LUND, die sich auf statistische Bearbeitung von 966 operativ oder autoptisch verifizierten Hirntumorfällen stützen. Epileptische Anfälle fanden sich bei Astrocytomen in 66%. bei Oligodendrogliomen in 81%, bei Glioblastomen in 42% und bei Ependymomen in 56% der Fälle. Von den Meningeomen hatten die des mittleren parasagittalen Drittels die größte Häufigkeit mit 74%, von den arteriovenösen und venösen

Aneurysmen waren 73% von Anfällen begleitet. Daß es bei langsam wachsenden intracerebralen Gliomen relativ viel häufiger zu Anfällen kommt als bei den malignen Formen, scheint gesichert (Penfield, Erickson und Tarlov, Pedersen, Parker, Pette, Furlow-Sachs); unter ihnen befinden sich auch *die* Fälle, die sich längere Zeit nur unter dem Bilde einer Epilepsie manifestieren. Bemerkenswert ist, daß *Meningeome* (Groff), deren Wachstum doch wesentlich in expansiv

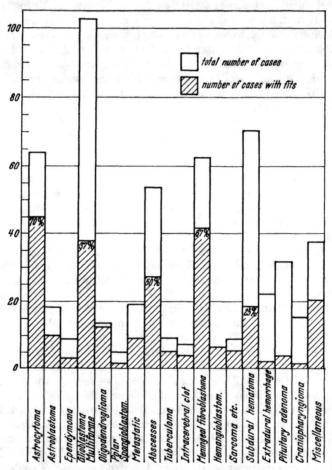

Abb. 38. Häufigkeit von Anfällen in Beziehung zur Art der cerebralen Blastome. Gestrichelt: Zahl der Fälle mit epileptischen Erscheinungen. [Aus Penfield, Erickson u. Tarlov: Arch. of Neur. **44** 305, (1940).]

verdrängender Form geschieht, eine relativ hohe und *Hämangioblastome* (Penfield) die absolut höchste Anfallshäufigkeit haben. Die diffusen *Meningoblastosen* gehen nach Erbslöh (1951), Bodechtel, Nonne, Pette. Schubert mit Ausnahme der diffusen Melanoblastosen (Erbslöh) in über 30% der Fälle mit cerebralen Krampfanfällen einher. Es sei noch darauf hingewiesen, daß bei *Ependymomen, Craniopharyngeomen und Hypophysenadenomen* die absolute Häufigkeit epileptischer Erscheinungen gering ist. Wie unter anderen Hoefer, Schlesinger und Pennes, Bormann und Schiefer betonen, ist für die Frage der Tumorepilepsie eine isolierte Betrachtung von Art und Sitz der Geschwulst nicht voll befriedigend, um so mehr als beide voneinander nicht unabhängig sind, wie die Untersuchungen von Ostertag, Schwartz, Zülch über den Vorzugssitz bestimmter Geschwulstarten in bestimmten Gegenden zeigen. Auch BORMANN und SCHIEFER (1951) brachten bei ihrem Krankenmaterial die Anfallshäufigkeit einzelner Tumorarten mit dem Sitz des Blastoms in Beziehung. Das Ergebnis der Zusammenstellung ist aus Abb. 39 zu ersehen.

Was schließlich die epileptogenen Faktoren betrifft, die aus der Eigenart von *Ausbreitungsform, feingeweblicher Struktur und sekundären Gewebswirkungen* der cerebralen Blastome abgeleitet werden könnten, so scheint die Größe der Tumoren an sich kaum von direkter Bedeutung zu sein. PARKER und besonders LIST wiesen mit Nachdruck auf das vorwiegend *infiltrierende Wachstum* der Astrocytome und Oligodendrogliome hin. LIST fand bei seinem Material eine

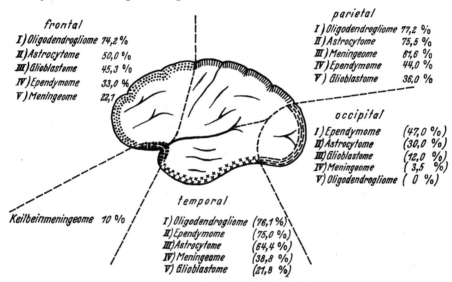

frontal
I) Oligodendrogliome 74,2 %
II) Astrocytome 50,0 %
III) Glioblastome 45,3 %
IV) Ependymome 33,0 %
V) Meningeome 22,1

parietal
I) Oligodendrogliome 77,2 %
II) Astrocytome 75,5 %
III) Meningeome 61,6 %
IV) Ependymome 44,0 %
V) Glioblastome 36,0 %

occipital
I) Ependymome (47,0 %)
II) Astrocytome (30,0 %)
III) Glioblastome (12,0 %)
IV) Meningeome (3,5 %)
V) Oligodendrogliome (0 %)

Keilbeinmeningeome 10 %

temporal
I) Oligodendrogliome (76,1 %)
II) Ependymome (75,0 %)
III) Astrocytome (64,4 %)
IV) Meningeome (38,8 %)
V) Glioblastome (21,8 %)

Abb. 39. Häufigkeit von Krampfanfällen. Aufgliederung nach Art der Tumoren und Hirnregionen.
[Aus H. BORMANN u. W. SCHIEFER: Dtsch. Z. Nervenheilk. **166**, 1 (1951).]

höhere Anfallshäufigkeit bei Trägern fibrillärer im Vergleich zu solchen mit protoplasmatischen Astrocytomen. Er zog ebenso wie B. SCHLESINGER die Faserbildung dieser ausdifferenzierten Gewächse zur Erklärung der epileptischen Erscheinungen heran. Doch stehen anderseits Oligodendrogliome als differenzierte, diffus infiltrierend wachsende Tumoren, die keine fibrillären Strukturen bilden, bezüglich ihrer Anfallshäufigkeit mit an erster Stelle. Man wird sich ferner fragen, ob solche Schlüsse nicht ganz allgemein für reparative fibrilläre Gliosen gelten müßten. Mit mehr Berechtigung könnte man wohl die Persistenz nervösen Parenchyms innerhalb des Wachstumsbereiches langsam und diffus sich ausbreitender Gewächse für die Erklärung der epileptogenen Wirkung heranziehen. Man müßte dann allerdings auch bei Spongioblastomen eine besondere Anfallshäufigkeit erwarten. Die Ansicht PENFIELDs, daß Glioblastom und Astrocytom unter Voraussetzung gleicher Lebensdauer des Geschwulstträgers keine so erheblichen Unterschiede der Anfallshäufigkeit aufweisen würden, zeigt wie komplex und schwer analysierbar die pathogenetische Situation ist. LIST wies auf die Häufigkeit von Verkalkungsvorgängen im Bereich von intracerebralen Tumoren oder deren Umgebung hin. Solche Ablagerungen im Gewebe sind jedoch wie auch Cystenbildung, muköse Entartung und andere regressive Prozesse, zu häufige Erscheinungen, um ihnen ausschlaggebende Bedeutung zubilligen zu können.

Gewebliche Effekte von *Zirkulationsstörungen* innerhalb des Tumors oder seiner Umgebung, wie mehr oder minder ausgedehnte Erweichungen und Infarzierungen sah Parker gleich häufig bei Geschwulstträgern mit und ohne Krampfanfälle. Bei solchen Veränderungen wären auch die zeitlichen Bedingungen zwischen Alter der Gewebeffekte und dem Auftreten epileptischer Erscheinungen zu beachten. Wenn Tönnis zirkulatorischen Störungen für die Entstehung der Tumorepilepsie ganz allgemein größere Bedeutung beimaß, so ging er von der Beobachtung aus, daß bei kongenitalen arteriovenösen Aneurysmen epileptische Phänomene als regelmäßige und meist erste Symptome anzutreffen sind. Auch paraselläre Aneurysmen der Carotis interna zeitigen oft Anfälle (Bufano, Neander). Dasselbe gilt schlechthin für die meisten *angiomatösen Bildungen* von corticaler und subcorticaler Lokalisation, die zwar spät, aber überaus häufig, epileptische Erscheinungen verursachen (Astwazaturow, Deist, Lewandowsky, Olivecrona und Tönnis). Entsprechend dem Charakter dieser Formationen als wachsende Mißbildungen sind die Veränderungen des Hirngewebes im Bereich dieser „Angiome" geringfügiger als bei infiltrierenden Geschwülsten und beruhen auf Druckwirkungen. Eingefügt sei, daß bei *echten Angioblastomen* (Lindau-Tumoren) des Kleinhirns sog. „cerebellar fits" (Jackson) beobachtet wurden. Die *Meningeome* als extracerebrale langsam wachsende Tumoren stehen in der Verursachung von Krämpfen den gliogenen intracerebralen Gewächsen wenig nach. Auch sie üben in der Regel zunächst lediglich örtliche Druckwirkung aus. Cushing meinte ganz allgemein, daß Meningeome mehr komprimieren als zerstören. Doch kommt es in den unter dem Meningeom liegenden Rinden- und Markbezirken ja nicht selten zu Zirkulationsstörungen und Ödem (H. J. Scherer, Jacob). Nach Erbslöh soll das häufige Auftreten epileptischer Erscheinungen bei diffusen Meningoblastosen auf umschriebenen *Ödematisierungen der anliegenden Rindenbezirke* beruhen. Nach Erfahrungen mit Hilfe der elektroencephalographischen Methodik sind jedoch bei zu Anfällen neigenden Meningeomträgern Veränderungen im Hirnstrombild, die sonst bei Ödematisierung der Tumorumgebung meist ausgeprägt auftreten, nur in ganz geringem Maße feststellbar (J. Peiffer). Ferner müßte eine Beziehung zwischen Ödem und Anfallshäufigkeit auch für die diffuse Carcinomatose der Meningen und gewisse andere Carcinommetastasen gelten. Denn es scheint nicht restlos sichergestellt zu sein, ob die Ödematisierung des Gehirns, insbesondere der Rinde, grundsätzlich die Anfallsbereitschaft hebt (K. Wilson), Doch wird ein fortschreitendes Ödem im Verein mit zunehmendem Geschwulstwachstum zu lokalem und allgemeinem *Hirndruck* führen, mit dessen Beginn Krampfattacken bei Glioblastomträgern nach Bormann und Schiefer (1951) in etwa einem Fünftel der Fälle zeitlich zusammenfallen. Die Beobachtungen von Tönnis und Pedersen, daß Krämpfe bei längerem Bestehen von Hirndruck häufig sistieren, konnten auch von anderer Seite bestätigt werden. Längerdauernde epileptische Zustände bei angeborenem oder früh erworbenem *Hydrocephalus occlusus* werden im Schrifttum kaum erwähnt. Ob die Ansicht Penfields zutrifft, daß generell akuter Hirndruck Anfälle hervorruft, chronischer aber weniger, muß vorerst noch offen bleiben. Die epileptogene Bedeutung langsam sich entwickelnder umschriebener Druckwirkungen im Schädelbinnenraum, wie sie ja bei extracerebralen raumbeschränkenden Prozessen häufig gegeben sind, wird durch die interessanten Beobachtungen E. Scherers bei meningealen Cystenbildungen im Bereich der Sylviischen Furche sehr in Frage gestellt. Extreme Verdrängungsdeformitäten des Gehirns durch eine faustgroße Cyste blieben völlig symptomlos. Auch die direkt betroffenen Rindenpartien wiesen keine erheblichen Veränderungen auf. Die Plastizität des Gehirns bei langsam eintretenden Verformungen ist offenbar sehr weitgehend.

Wenn man die Anschauung Ostertags zugrunde legt, daß das cerebrale Blastom fast stets zu einer komplexen Erkrankung des ganzen Hirnes führt, so wird der dürftige Erfolg aller bisherigen Bemühungen, greifbare und wirklich ausschlaggebende epileptogene Faktoren abzugrenzen, nicht wundernehmen. *Jedenfalls manifestiert sich kein Tumor von bestimmter Art und Sitz obligat durch Krampfanfälle* und andererseits dürften solche fast bei jedem cerebralen Blastom von beliebiger Lokalisation schon beobachtet worden sein.

Angefügt sei noch, daß epileptische Konvulsionen, denen *cerebrale Solitärtuberkel oder Gummen* zugrunde liegen, unter ähnlichen Gesichtspunkten zu betrachten sind wie solche bei Blastomen (Zanetti). Schließlich können, wenn auch in unseren Breiten nicht sehr häufig, der *Echinococcus* und der *Cysticercus* eine ätiologische Rolle spielen. Obliterierende Gefäßprozesse sind dabei nicht selten (Knapp, Anglade, Y. Castellas, Redlich, Goldstein). Was schließlich den *akuten und chronischen Hirnabsceß*, gleich ob metastatischer oder traumatischer Genese, betrifft, so treten bei ihm Konvulsionen häufiger im Frühstadium auf (bei 50% der Patienten von Penfield). Mayer und Urbanitsch, die Krampfattacken 5 Monate nach operativer Heilung eines Stirnabscesses beobachteten, stellen bei ihrem Fall mit gutem Grund Vernarbungs- und Schrumpfungsvorgänge in den Vordergrund.

d) Epilepsie bei toxischen und infektiösen Hirnprozessen.

Durch Intoxikationen hervorgerufene Krämpfe interessieren hier nur so weit, als epileptiforme Konvulsionen das Krankheitsbild bestimmen oder mitbestimmen und zugleich charakteristische Veränderungen am Hirn und seinen Häuten den organischen Charakter dieser Epilepsien kenntlich machen.

Damit scheiden die akuten Intoxikationen durch Krampfgifte, die kaum charakteristische Spuren hinterlassen, für diese Betrachtung aus. Es sei nur an die Campherderivate, das Pikrotoxin, das Cocain und das Magnesiumsulfat erinnert. An Hand von experimentell erzeugten Cardiazolkrämpfen etwa die Frage der Rindenepilepsie oder der Krampffoci durch morphologische Feststellungen fördern zu wollen, wäre ein wenig sinnvolles Unterfangen. Doch auch der eigentliche epileptogene Faktor chronisch toxischer Prozesse, soweit er sich überhaupt in feingeweblichen Veränderungen ausdrückt, ist schwer zu umgrenzen (s. auch Pentschew: Intoxikationen in diesem Handbuch). Die bei der *chronischen Bleivergiftung* (Encephalopathia saturnina) nicht selten auftretenden epileptischen Erscheinungen sind als klassisches Beispiel einer toxischen Epilepsie bekannt geworden. Lehmann, Spatz und Wiesbaum (1926) beobachteten bei Katzen, welche bis zu einem Monat Bleiweiß im Futter aufnahmen, neben anderen schweren neurologischen Symptomen fast durchwegs längere Zeit auftretende epileptiforme Krämpfe. Bei den Tieren fanden sich in Groß- und Kleinhirnrinde nekrobiotische Veränderungen der Ganglienzellen. Obgleich typische Ammonshornausfälle fehlten, muß hier auch an frische Krampfschäden gedacht werden. Ferner wäre zu fragen, ob es sich nicht, wie bei den Beobachtungen Nissls (1892), eher um subakute Vergiftungen gehandelt hat. Bei der menschlichen Bleiintoxikation mit Epilepsie stehen in der Regel schwere Gefäßwandveränderungen im Sinne arteriitischer Prozesse und konsekutiver zirkulatorische Gewebsschäden im Vordergrund (Petri). Die von älteren Autoren angenommenen direkten Giftwirkungen auf das Hirngewebe bzw. Parenchym scheinen bei der chronischen Intoxikation an Bedeutung zurückzutreten. Bei lange bestehender Bleiepilepsie wird jedoch das Krampfgeschehen das Bild mitprägen. Weber fand bei einem solchen Fall eine Sklerose beider Hinterhauptslappen nebst Ammonshornsklerose. Auch die in der Regel sich einstellende sekundäre Anämie kann im Sinne einer Hypoxämie zum zusätzlichen pathogenetischen Faktor werden. Schließlich ist zu bedenken, daß im Rahmen der Veränderungen an den anderen Körperorganen bei chronischer Bleiintoxikation häufig eine Schrumpfniere sich ausbildet, die zu urämisch-eklamptischen Erscheinungen führen kann. Auch bei *chronischer Quecksilbervergiftung*, die selten mit länger dauernden Krämpfen einhergeht (LEGGE und KENNETH), wird der Angriffspunkt an den Gefäßen von größerer Bedeutung sein als eine direkte Giftwirkung.

Die cerebralen Bedingungen, unter denen es *bei Alkoholikern zu Krampfanfällen kommt*, sind offenbar sehr verschieden. BRATZ erhob bei der „toxischen", durch Abstinenz wieder schwindenden Epilepsie gewohnheitsmäßiger Trinker im allgemeinen einen negativen Befund. Auch die Ammonshörner zeigten keine Veränderung. Bei Abgrenzung einer im Verlauf des Alkoholismus entstandenen chronischen Epilepsie (habituelle Epilepsie der Trinker), ist vor allem die nur zu häufige Zugehörigkeit zum idiopathischen Formenkreis zu berücksichtigen. Daneben wäre nach SCHROEDER die Arteriosklerose auszuschließen. Bei den wenigen wirklich habituellen Fällen wird man geneigt sein, die beim chronischen Alkoholismus oft vorhandenen cerebralen Veränderungen, wie progressive Gefäßprozesse, Gliawucherungen, Schädigungen des nervösen Parenchyms mit dem symptomatischen Anfallsleiden in Beziehung zu setzen, also Veränderungen in Richtung der Polioencephalitis haemorrhagica WERNICKEs, für die heute ätiologisch eine B-Avitaminose in Anspruch genommen wird (s. PENTSCHEW, Abschnitt „Intoxikationen" in diesem Handbuch). COBB hält hier Schrankenstörung und Ödematisierung der Hirnsubstanz für den epileptogenen Faktor.

Endogen-toxische Allgemeinerkrankungen seien nur erwähnt, da, wie einleitend schon bemerkt wurde, dem episodischen Auftreten von Anfällen bei akuten Erkrankungen wie Urämie und Eklampsia gravidarum die Bezeichnung „symptomatische Epilepsie" nicht zukommt.

Was schließlich die *Beziehung der Tetanie* zur Epilepsie betrifft, so sind trotz weitgehender Kenntnis der hormonalen Ursache des Tetaniesyndroms die pathophysiologischen Zusammenhänge auch heute noch keineswegs klar. Schon 1911 zeigte REDLICH, daß die eindeutigsten Verhältnisse doch bei parathyreopriver Tetanie zu finden sind. Generalisierte epileptiforme Anfälle treten dabei in der Regel erst nach Monaten auf. Es kann dabei an eine Herabsetzung der Reizschwelle infolge der bei Epithelkörperchenausfall vorhandenen Störung im Calciumhaushalt gedacht werden. Andererseits ist der von WEIMANN, OSTERTAG, SCHOLZ u. a. beobachteten Häufigkeit von ausgedehnten Gefäßveränderungen zu gedenken. Bei dem von SCHOLZ beobachteten Fall von jahrelang bestehender parathyreopriver Tetanie mit Epilepsie waren so ausgeprägte Gefäßwandverkalkungen vorhanden, daß man beim Streichen über die Schnittfläche des frischen Gehirns das Gefühl eines rauhen unrasierten Bartes hatte. Trotzdem kam es merkwürdigerweise nur in verhältnismäßig geringem Maße zu sich an Rinde und Mark abzeichnenden Ernährungsstörungen. In diesem Zusammenhang sei aber an die neuerdings gelegentlich beobachtete Vergiftung durch Überdosierung von AT10 erinnert, bei der in der 2. Phase häufig echte cerebrale Krampfanfälle beobachtet wurden (ERBSLÖH, HOLTZ). Die auch bei diesen Störungen vorkommenden ausgedehnten intracerebralen Gefäßverkalkungen und Kalkmetastasen erreichen oft hohe Grade.

Zwar sind auch *Krämpfe bei infektiösen Hirnerkrankungen* wie bei Lues cerebri und Paralyse, soweit es sich um die Entwicklung epileptischer Zustände handelt, eigentlich als symptomatisch zu bezeichnen. Gleichwohl ist es, wie eingangs ausgeführt, nicht üblich, sie dem Begriff der symptomatischen Epilepsie zu subsumieren. Besondere Prozeßeigentümlichkeiten spielen dabei keine Rolle; allerdings kann das Krampfgeschehen schließlich das Gewebsbild mitprägen, wie es besonders augenfällig die pathogenetische Analyse der Veränderungen bei juveniler Paralyse zeigt (TEBELIS, SCHOLZ). Die Annahme A. JAKOBs, daß die sog. Anfallsparalysen besonders starke entzündliche Phänomene aufwiesen, hat SPIELMEYER mit Recht zurückgewiesen. Verlauf und Ausgang dieser Erkrankungen werden vom Hirnprozeß her bestimmt, wenn auch häufige Krampfserien sekundär dem Krankheitsbild eine zusätzliche Note zu geben und auch die Verlaufsdauer zu beeinflussen vermögen.

Bei Erwachsenen sind Residualepilepsien nach abgelaufenen entzündlichen Prozessen des Zentralnervensystems relativ selten. Die hohe Letalität dieser Erkrankungen mag mit ein Grund sein. O. FOERSTER hat Spätepilepsien als Folge von „epidemischer Encephalitis" (ECONOMO) beobachtet.

e) Epilepsie bei Gehirnkrankheiten des späteren Lebensalters.

Die sog. *Spätepilepsie (Epilepsia tarda)*, die überwiegend auf organische Hirnprozesse zurückgeführt wird, tritt häufig ohne Vergesellschaftung mit Herdzeichen oder sonstigen auffälligen neurologischen Symptomen auf. Und wo solche beobachtet werden, wie häufig bei ALZHEIMERscher Krankheit, sind lokale Prozeßbetonungen im Hirnbefund, welche als epileptogen in Anspruch genommen werden könnten, meist nicht nachweisbar. Die Häufigkeit arteriosklerotischer Hirnveränderungen im höheren Lebensalter steht in keinem Verhältnis zu dem relativ seltenen *Auftreten von symptomatischer Epilepsie bei cerebralen Arteriosklerosen.* Die Multiplizität der Hirnveränderungen verbietet in der Regel Lokalisationsversuche. Aufgabe einer statistischen Untersuchung könnte es sein, festzustellen, ob die Fälle mit multiplen kleinen Rindenherden durch Beteiligung der kleinen pialen Arterien mehr zu Krämpfen neigen als die häufigeren mit Stammganglienschäden und Erkrankung der großen Hirnarterien. SPIELMEYER beschrieb bei arteriosklerotischen Epilepsien bisweilen perivasculäre Gliose, bisweilen auch diffuse Rindenveränderungen und multiple kleine Erweichungen, also durchaus unspezifische Befunde, welche aber auf eine vorzugsweise Erkrankung der kleinen pialen Arterien hinweisen könnten. LÜTH glaubte feststellen zu können, daß dabei umschriebene Veränderungen gegenüber allgemeinen atrophischen Vorgängen mit Trübung und Verdickung der Meningen zurücktreten.

Was schließlich die *Epilepsie* bei *präsenilen und senilen Hirnprozessen* betrifft, so brachte sie REDLICH in Beziehung zum Schwerpunkt der Lokalisation seniler Hirnveränderungen (Plaques und Fibrillenveränderungen) im Ammonshorn, der bei der mit epileptischen Anfällen einhergehenden ALZHEIMERschen Krankheit besonders evident ist. Jedoch ist eine solche örtliche Prädilektion der Veränderungen mit Nervenzellenschwund auch bei der PICKschen Krankheit bekannt, die bekanntlich in der Regel ohne Anfälle verläuft. Daß bei dem ausgesprochen diffusen Charakter involutiver Prozesse insbesondere auch der ALZHEIMERschen Krankheit jeder Versuch, Lokalisation und Intensität des Befallenseins bestimmter Rindenregionen in Parallele zur Anfallshäufigkeit zu setzen, ein aussichtsloses Beginnen wäre, liegt auf der Hand.

Abschließend sei noch auf die von verschiedener Seite als sog. *Grundproblem der symptomatischen Epilepsie* hervorgehobene Frage kurz eingegangen: Warum kommt es bei gleichartigen Primärveränderungen in dem einen Fall zur Entwicklung eines Anfallsleidens, in dem anderen Fall aber nicht? (REDLICH, SCHRECK u. a.).

Grundsätzlich scheint eine solche kategorische Alternative für den Einzelfall nicht befriedigend lösbar zu sein, es sei denn, man bedient sich der Hilfshypothesen wie Krampfdisposition u. dgl., die aber hier nicht näher zu erörtern sind. Gesichert ist jedenfalls, daß die Häufigkeit der Anfallsbereitschaft nach Hirnverletzungen weit über der genealogisch erschlossenen Belastung („genuiner Erbkreis") der Gesamtbevölkerung liegt. Pohlisch hat neuerdings überzeugend dargelegt, daß erbliche Belastung und prätraumatische konstitutionelle Besonderheiten keine entscheidende Bedeutung für die Entstehung der traumatischen Epilepsie haben.

Zusammenfassend kann gesagt werden, daß nach den bisherigen Erfahrungen kein Hirnprozeß existiert, bei dem obligatorisch die Krampfsyndrome im Vordergrund des klinischen Bildes stehen müssen. Andererseits gibt es kaum eine exogen das Zentralnervensystem beeinträchtigende Noxe, die nicht schon irgendwo und bei irgendwem den immanenten cerebralen Anfallsmechanismus in Gang gebracht hätte. So ist bei den symptomatischen Epilepsien kein als spezifisch aufzufassender morphologischer Befund an den Primärveränderungen selbst oder ihren sekundären Gewebswirkungen erkennbar, der ihre Rolle bei der Entwicklung des Krampfleidens eindeutig formal- und kausalgenetisch charakterisieren würde. Insbesondere kann beim Hirntrauma kein prozeßhafter Vorgang an der Narbe oder ihrer Umgebung in zwingende kausale Beziehung zum Anfallsgeschehen gebracht werden. *Die qualitativen und quantitativen Besonderheiten der Primärveränderungen lassen sich vorläufig nur in Form von Häufigkeitsregeln mit dem Syndrom der symptomatischen Epilepsie in Beziehung setzen. Manche Befunde, wie adhärente traumatische Hirnnarben können als verdächtig angesprochen werden. Sichere direkte Schlüsse vom morphologischen Befund her auf eine irritative epileptogene Wirkung sind nicht möglich.*

Literatur.

Alexander, L., and H. Lowenbach: Experimental studies on electric shock treatment. J. of Neuropath. 3, 139 (1944). — Alexander, L., and B. Woodhall: Calcified epileptogenic lesions as caused by incomplete interference with the blood supply of the diseased areas. J. of Neuropath. 2, 1 (1943). — Allen, M.: A clinical study of tumors involving the occipital-lobe. Brain 53, 194 (1930). — Allers, R.: Über Schädelschüsse. Berlin: Springer 1916. — Alpers, B. J., and J. Hughes: The Brain Changes in electrically induced convulsions in the Human. J. of Neuropath. 1, 173 (1942). — Alquier: Sur l'état des neurofibrilles dans l'épilepsie. Revue neur. 1905. — Alquier et Aufinow: Das Vorhandensein und die Bedeutung von kleinen Blutungen unter der Pia cerebralis bei der Epilepsie. Ref. Neur. Zbl. 1907. — Alzheimer: Ein Beitrag zur pathologischen Anatomie der Epilepsie. Mschr. Psychiatr. 4 (1898). — Die Gruppierung der Epilepsie. Allg. Z. Psychiatr. 64 (1907). — Beiträge zur Kenntnis der pathologischen Neuroglia. Nissl-Alzheimer Arb. 3 (1910). — Amelung, W.: Traumatische Epilepsie bei Hirnverletzten. Fortschr. Med. 1920, 617. — Anglade: Cyste hydatique du cerveau. J. Med. Bordeaux 92, 119 (1921). — Artom, L.: Die Tumoren des Schläfenlappens. Arch. f. Psychiatr. 69, 47 (1923). — Astwazaturow: Über Epilepsie bei Tumoren des Schläfenlappens. Mschr. Psychiatr. 29, 342. — Auerbach: Klinisches und Anatomisches zur operativen Behandlung der Epilepsie. Zbl. Neur. 27 (1908).
Bärtschli-Rochaix, F. u. W.: Das EEG des Hirntraumatikers. Schweiz. Arch. Neur. 66, 457 (1950). — Bailey: Die Hirngeschwülste. Stuttgart: Ferdinand Enke 1934. — Balduzzi, O.: Die Tumoren des Corpus callosum. Arch. f. Psychiatr. 79, H. 1 (1926). — Bannwarth, H.: Gehirnmißbildung und Epilepsie. Nervenarzt 13, 97 (1940). — Bassi: Contributo alla conoscenza delle alterazioni acute della corteccia cerebrale. Note Psichiatr. 10 (1927). — Baumm, H.: Erfahrungen über Epilepsie bei Hirnverletzten. Z. Neur. 127, 279 (1930). — Béhague: Thèse de Paris. 1919. — Berger: Über traumatische Epilepsie. Münch. med. Wschr. 1916. — Bergmann, G. H.: Vorläufige Bemerkungen über die Verrücktheit nebst pathologisch-anatomischen Erläuterungen. Allg. Z. Psychiatr. 4 (1847). — Beyerhaus: Pathogenetische Bedeutung von Hirn-Duranarben. Verhandlungsbericht. Allg. Z. Psychiatr. 74, 609 (1918). — Bielschowsky: Epilepsie und Gliomatose. J. Psychol. u. Neur. 21 (1915).— Über Hemiplegie bei intakter Pyramidenbahn. J. Psychol. u. Neur. 22 (1916). — Biemond,

H.: Epilepsie und Hirngeschwulst. Zbl. Neur. **65**, 540 (1933). — BINSWANGER, O.: Die Epilepsie, 2. Aufl. Wien u. Leipzig: Alfred Hölder 1913. — BIRK, W.: Über Anfänge der kindlichen Epilepsie. Erg. inn. Med. **3**, 551 (1909). — Kinderkrämpfe. Stuttgart: Ferdinand Enke 1938. — BLEULER: Die Gliose bei Epilepsie. Münch. med. Wschr. 1895, Nr 33. — BODECHTEL, G.: Die Veränderungen an der Calcarina bei der Eklampsie und ihre Beziehungen zu den eklamptischen zentralen Sehstörungen. Arch. f. Ophthalm. **132**, 34 (1934). — Zur Bedeutung des vasalen Faktors beim Hirntrauma. Dtsch. Z. Nervenheilk. **140**, 286 (1936). — BÖTTIGER: Zur operativen Behandlung der Epilepsie. Münch. med. Wschr. 1916, 873. — BOGAERT, L. VAN, u. W. SCHOLZ: Klinischer, genealogischer und pathologisch-anatomischer Beitrag zur familiären diffusen Sklerose. Z. Neur. **141**, 519 (1932). — BOIT: 140 perforierende Schädelschüsse mit Berücksichtigung des Ausgangs. Bruns' Beitr. **108**, 395 (1917). — BONHOEFFER, K.: Perioden von Rindenepilepsie bei cystischer Großhirnerkrankung. Z. Neur. **13**, 50 (1917). — BOSTROEM, A.: Über Hirntumoren. Münch. med. Wschr. **1925**, 331. — BOUCHET et CAZAUVIELH: De l'epilepsie considerée dans ses rapports avec l'aliénation mentale. Paris 1825. — BRAND, F.: Zur Morphogenese pathologischer Gliafaserstrukturen mit besonderer Berücksichtigung gewebsmechanischer Momente. Z. Neur. **173**, 178 (1941). — BRATZ: Über Sklerose des Ammonshorns. Arch. f. Psychiatr. **31** (1897). — Ammonshornbefunde bei Epileptischen. Arch. f. Psychiatr. **30** (1898). — Veröffentlichungen über Epilepsie. Mschr. Psychiatr. **9** (1901). — BRATZ u. GROSSMANN: Über Ammonshornsklerose. Z. Neur. **81** (1923). — BRATZ u. LÜTH: Hereditäre Lues und Epilepsie. Arch. f. Psychiatr. **33** (1900). — BRAUN, W. u. LEWANDOWSKY: Verletzungen des Gehirnes und Schädels. In Handbuch der Neurologie, herausgeg. von LEWANDOWSKY, Bd. 3, S. 56. — BRAUNMÜHL, A. v.: Über die Gehirnveränderungen bei puerperaler Eklampsie und ihre Entstehung durch Kreislaufstörungen. Z. Neur. **117**, 698 (1928). — Zur Pathogenese örtlich elektiver Olivenveränderungen. Z. Neur. **120**, 716 (1929). — Über Ganglienzellveränderungen und gliöse Reaktionen in der Olive. Z. Neur. **126**, 621 (1930). — Epilepsie. Anatomischer Teil. Z. Neur. **161**, 292 (1938). — BRENNER, W.: Die Röntgenologie des Hydrocephalus im Kindesalter unter besonderer Berücksichtigung der Grenzen des Normalen. Fortschr. Neur. **20**, 445 (1952). — BRESLER: Klinische und pathologisch-anatomische Beiträge zur Mikrogyrie. Arch. f. Psychiatr. **31**, 566 (1899). — BREWITT: Untersuchungen über Spätresultate nach komplizierten Schädelbrüchen. Arch. klin. Chir. **79**, 47 (1906). — BRIAND: La mort dans l'état de mal épileptique. Rev. Méd. lég. **17** (1910). — BROCA: Gaz. Hôpitaux **1867**, 123. — BRUNNER, H.: Über Verkalkung und Knochenbildung in Hirnnarben. Z. Neur. **42**, 205 (1921). — BRUSKIN, M.: Die traumatische Epilepsie bei den Schußverletzungen des Gehirns. Festschrift für P. A. HERZER. Moskau 1924. — BUCHHOLZ: Beitrag zur pathologischen Anatomie der Gliose der Hirnrinde. Arch. f. Psychiatr. **19** (1888). — BÜCHNER, F., RÜBSAAMEN u. ROTHWEILER: Reproduktion fundamentaler menschlicher Mißbildungen am Hühnchenkeim bei O$_2$-Mangel. Naturwiss. **38**, 142 (1951). — BUFANO, M.: Sindrome epileptiforme da ectasia aneurismatica delle carotide interne. Ref. Zbl. **75**, 426. — Policlinico, Sez. med. **42**, 1 (1935). — CAPELLI: Epilepsia e secrezione interna. Riv. sper. Freniatr. **49** (1923). — CARO, D. DE: Osp. psychiatr. **10** (1942). — CASTELLA: Epilepsia de origin traumatico queste hidatidico cerebral. Rev. español. Med. **3** (1920). — CERLETTI, U., e L. BINI: L'Elettroshock. Le alterazioni istopatologice del sistema nervoso in seguito all E.S. Riv. sper. Freniatr. **64** (1940). — CERLETTI, U. u. a.: L'Elettroshock. Istituto Psichiatrico di S. LAZZARO. Reggio-Emilia **1940**, XIX. — CHASLIN: Contribution à l'étude de la sclérose cérébrale. Arch. Méd. expér. **3** (1891). — CLARKE: The sella turcica in some epileptics. New York Med. J. **99** (1914). — CLAUDE u. SCHMIERGELD: Neur. Zbl. 1909, H. 3. — CLAUS u. VAN DER STRICHT: Pathogénie et traitement de l'épilepsie. Paris et Bruxelles 1896. — COBB, ST.: Causes of Epilepsy. Arch. of Neur. **27** (1932). — CONRAD: Epilepsie. In Handbuch der Erbbiologie des Menschen, Bd. 5, Teil II, S. 932. Berlin: Springer 1939. — CREDNER, L.: Klinische und soziale Auswirkungen von Hirnschädigungen. Z. Neur. **126**, 721 (1930).
DANDY: The space-compensating function of the cerebrospinal fluid, its connection with cerebral lesions in epilepsy. Bull. Hopkins Hosp. **34** (1923). — DEIST, H.: Ein Fall von Angioma racemosum des linken Lobus paracentralis usw. Z. Neur. **49**, 412 (1922). — DELBRÜCK: Über die körperliche Konstitution bei der genuinen Epilepsie. Arch. f. Psychiatr. **77**, 555 (1926). — DELLA TORRE, P. L.: A notationi sopra 9 casi die epilessia traumatica precoce in feriti cranici di guerra. Arch. ital. Chir. **5**, 349 (1922). — DESTUNIS, G.: Der epileptische Symptomenkomplex bei Stirnhirntumoren. Arch. f. Psychiatr. **111**, 421 (1940). — DEW, H. R.: Tumors of the brain, their pathology and treatment. Med. J. Austral. **1**, 515 (1922). — DIAZ y GOMEZ, E.: Casuistica de epilepsias posttraumaticas. Rev. español. Oto-Neuro-Oftalmol. **8**, 62 (1949). — DOLLINGER: Geburtstrauma und Zentralnervensystem. Erg. inn. Med. **31** (1927). — DRESZER, R., u. W. SCHOLZ: Experimentelle Untersuchungen zur Frage der Hirndurchblutungsstörungen beim generalisierten Krampf. Z. Neur. **164**, 140 (1939). — DREYFUSS: Ein Fall von Gehirngeschwulst unter dem Bild der Epilepsie. Arch. f. Psychiatr. **65**, 305 (1922). — DROOGLEEVER-FORTUYN, M. J.: Anatomie topographique

du rhinencéphale et de ses connexions. Colloque sur les problèmes d'anatomie normale et pathologique posés par les décharges épileptiques. Marseille 15.—18. Nov. 1954. — EARLE, K. M., M. BALDWIN and W. PENFIELD: Incisural sclerosis and temporal lobe seizures produced by hippocampal herniation at birth. A.M.A. Arch. of Neur. 69, 27—42 (1953). — EBAUGH, F. G., C. H. BARNACLE and K. NEUBUERGER: Fatalities following electric convulsive therapy. Arch. of Neur. 49, 107 (1943). — ECHEVERRIA: On epilepsy. New York 1870. — ECONOMO, C. v. u. FUCHS: Nachbehandlung der Kopfverwundeten. Wien. med. Wschr. 1919. — EGUDIS: Zur Kenntnis der traumatischen Epilepsie nach Kopfverletzungen im Russisch-Japanischen Krieg. Dtsch. Z. Chir. 121, 199 (1913). — EIDEN, H. F.: Zur EEG-Diagnose der traumatischen Epilepsie nach gedeckten Schädeltraumen. Vortr. auf der Tagg der Dtsch. EEG-Arbeitsgemeinschaft, Heidelberg. — EICKE, W. J.: Zur Frage der fetalen Encephalitis, Meningitis und ihren Folgeerscheinungen. Arch. f. Psychiatr. 116, 568 (1943). — ELLIOT, K. A., and W. PENFIELD: Respiration and glycolysis of focal epileptogenic human brain tissue. J. of Neurophysiol. 11, 485 (1948). — ELRIDGE, A. R.: The posttraumatic convulsive and allied states. Injuries of the Skull, Brain and spinal Cord. Editor: Brock 5. Baltimore: Williams & Wilkins Company 1940. — ELSBERG: The indications for a result of cerebral and cerebellar decompression in acute and chronic brain disease. Surg. etc. 23 (1916). ERBSLÖH, F.: Über die Ausfallbereitschaft bei diffusen meningo-cerebralen Tumoren. Nervenarzt 1951, 413. — Über wenig bekannte Gefahren der AT 10-Behandlung bei der parathyreopriven Tetanie. Dtsch. med. Wschr. 1952, 553. — ESSER: Pathologisch-anatomische und klinische Untersuchungen von Kriegsverletzten durch Schädelschüsse. Leipzig: Georg Thieme 1935.

FATTOWICH: Zit. nach E. SCHRECK, 1937. — FAUSER, A., u. E. HEDDAEUS: Histologische Untersuchungen an den innersekretorischen Organen bei psychischen Erkrankungen. Z. Neur. 74, 616 (1922). — FÉRÉ: Les épilepsies et les épileptiques. Paris 1890. — FERRARO, A., L. ROIZIN and HELFAND: Morphologic changes in the brain of monkeys following convulsions electrically induced. J. of Neuropath. 5, 285 (1946). — FERRARO, A., and G. A. JERVIS: Brain Pathology in 4 cases of schizophrenia treated with insulin. Psychiatr. Quart. 13, 207 (1939). — FINSTERER: Die Bedeutung der Duraplastik bei der Behandlung der Epilepsie nach geheilten Schädelschüssen. Dtsch. Z. Chir. 146, 105 (1918). — FISCHER, H.: Die chirurgischen Ereignisse in den Anfällen der genuinen Epilepsie. Arch. f. Psychiatr. 36, 500. — FOERSTER, O.: Die Pathogenese des epileptischen Krampfanfalles. Zbl. Neur. 44, 1926. — FOERSTER, O., u. W. PENFIELD: Der Narbenzug am und im Gehirn bei traumatischer Epilepsie in seiner Bedeutung für das Zustandekommen der Anfälle und für die therapeutische Bekämpfung derselben. Z. Neur. 125, 475 (1930). — FRÄNKEL: Schädeldefekt und Epilepsie. Wien. klin. Wschr. 1905, 982. — FREEMANN, W.: Lobotomy and epilepsy. A study of 1000 patients. Neurology 3, 479 (1953). — FREUD, S.: Die infantile Cerebrallähmung. In NOTHNAGELS Spezielle Pathologie und Therapie IX, III. Wien 1897. — FRITSCH, E., u. E. HITZIG: Untersuchungen über die elektrische Erregbarkeit des Großhirns. Du Bois-Reymonds Arch. 1870, H. 3. — FURLOW, L. T., and E. SACHS: The occurence of convulsions in a series of over seven hundred verified intracranial tumors. South. Surgeon 5, 139 (1936).

GANTER: Über Degenerationszeichen bei Gesunden, Geisteskranken, Epileptikern und Idioten. Allg. Z. Psychiatr. 70, 205 (1913). — Über Erblichkeitsverhältnisse und Sektionsbefunde bei Epileptikern. Arch. f. Psychiatr. 64 (1921). — Über Dicke und Gewicht des Schädeldaches bei Epileptikern usw. Arch. f. Psychiatr. 67 (1922). — Schädelinhalt, Hirngewicht usw. bei Epileptikern und Schwachsinnigen. Allg. Z. Psychiatr. 78 (1922). — GAROL, A. W., and P. BUCY: Suppression of motor response in man. Arch. of Neur. 51, 528 (1944). — GASTAUT, H.: Etat actuel des connaissances sur l'anatomie pathologique des épilepsies dites psycho-motrices ou temporales. Colloque sur les problèmes d'anatomie normale et pathologique posés par les décharges épileptiques. Marseille 15.—18. Nov. 1954. — GAVOY u. LUYS: Zit. nach A. HAUPTMANN. Der Hirndruck. In Allgemeine Chirurgie der Gehirnkrankheiten, herausgeg. von F. KRAUSE. Stuttgart: Ferdinand Enke 1914. — GEERT-JÖRGENSEN: Spättraumatische Hirnleiden. Hosp.tid. (dän.) 2, 786 (1931). — GERSTMANN: Beiträge zur Kenntnis der Entwicklungsstörungen in der Hirnrinde bei genuiner Epilepsie. Arb. neur. Inst. Wien 21 (1916). — GEYELIN, H. R. and PENFIELD: Cerebral calcification epilepsy. Arch. of Neur. 21, 1020 (1929). — GIBBS, F. A., E. L. GIBBS and W. G. LENNOX: Cerebral dysrhythmias of epilepsy. Arch. of Neur. 39, 298—314 (1938). — GLASER, M. A., and FR. P. SHAFER: Epilepsy secondary to head injury. Arch. Surg. 30, 783 (1935). — GLOBUS, J. H., v. HARREVELD and WIERSMA: The influence of electric current application on the structure of the brain of dogs. J. of Neuropath. 2, 263 (1943). — GLOTZ, H. C.: Zur Differentialdiagnose zwischen genuiner Epilepsie und Tumor cerebri. Sitzungsbericht. Ref. Zbl. Neur. 73, 70. — GÖLLNITZ: Über das normale Encephalogramm im Kindesalter. Nervenarzt 1951, 1101. — GOLDSTEIN: Jacksonsche Epilepsie bedingt durch Cysticercus cellulosae. Münch. med. Wschr. 1914, 1854. — Kriegserfahrungen über episodischen Bewußtseinsverlust. Arch. f. Psychiatr. 59, 713 (1918). — GREENFIELD: The histology of cerebral oedema associated with intracranial tumours (with special reference to changes in the nerve fibres of the centrum ovale). Brain 62, 129 (1939). — GROFF: Ann. Surg. 1935, 167. — GROSS, W.: Zit. nach E. SCHRECK 1937. — GRUBER u. LANZ: Ischämische Herzmuskelnekrose bei einem Epileptiker nach Tod im Anfall. Arch. f. Psychiatr. 61 (1920). — GRÜNTHAL, E.: Über eine ungewöhnliche Schädigung der Großhirnrinde durch Insulin. Mschr. Psychiatr. 104, 302 (1941). — GUILLAUME, J., B. POMME u. G. MAZARS: Remarques à propos de l'épilepsie tumorale des jeunes. Rev. Neur. 181, 221 (1949). — GUTTMANN, L.: Pathohistologische und chirurgisch-therapeutische Erfahrungen bei Epileptikern. Z. Neur. 136, 1 (1931).

HADDENBROCK: Zur Pathogenese systematischer Bahndegenerationen bei amaurotischer Idiotie usw. Arch. f. Psychiatr. 185, 129 (1950). — HAHN: Sterblichkeit, Todesursachen und Sektionsbefunde bei Epileptikern. Allg. Z. Psychiatr. 69 (1912). — HALLERVORDEN, J.: Kreislaufstörungen in der Ätiologie des angeborenen Schwachsinns. Z. Neur. 167, 527 (1939). HEBOLD: Wesen und Behandlung der Epilepsie. Hyg. Rdsch. 1897. — HECAEN, H., M. DAVID et J. TALAIRACH: L'aire ,,suppressive" du cortex prémoteur chez l'homme. Revue neur. 79, 727 (1947). — HECKERT: Arch. Kinderheilk. 1936. — HEINEMANN u. P. GRÜDER: Zur chirurgischen Behandlung der Epilepsie nach Kriegsschädelverletzungen. Zbl. Neur. 28, 324 (1922). — HEMPEL, J.: Zur Frage der morphologischen Hirnveränderungen im Gefolge von Insulinschock-, Cardiazol- und Azomankrampfbehandlung. Z. Neur. 173, 210 (1941). — HERTRICH, P.: Veränderungen an den Liquorräumen nach gedeckten Hirnverletzungen. Dtsch. Z. Nervenheilk. 167, 253 (1952). — HEYMANN, E.: Langdauernde Epilepsie und Hirngeschwulst. Med. Klin. 1932, 430. — HILLER, F.: Über die krankhaften Veränderungen im Zentralnervensystem nach Kohlenoxydvergiftung. Z. Neur. 93, 594 (1924). — Die Zirkulationsstörungen des Rückenmarks und Gehirns. In Handbuch der Neurologie, herausgeg. von BUMKE-FOERSTER, Bd. XI, S. 178. Berlin 1936. — HIRSCH, E.: Studie über bulbospinale und cerebellare Anfälle. Mschr. Psychiatr. 62, 76 (1927). — HITZIG: Untersuchungen über das Gehirn. Berlin 1894. — HOEFER, SCHLESINGER u. PENNES: Epilepsy. Proceed. of the Ass. int. Leag. ag. Epilepsy 1946. Baltimore: William & Wilkins Company 1943. — HÖRING, F. O.: Die intrauterine Infektion. Ärztl. Fortschr. 1952, 129. — HOESTERMANN, E.: Cerebrale Lähmung bei intakter Pyramidenbahn. Arch. f. Psychiatr. 49, 40 (1912). — HOFF, H.: Neue Fragestellungen zum Epilepsieproblem. Wien. klin. Wschr. 1949. — HOFFMANN, H.: Über Epilepsie bei rechtsseitigen Schläfenlappentumoren. Allg. Z. Psychiatr. 101, 397 (1934). — HOFMANN: Zur Frage des epileptischen Konstitutionstypus. Z. Neur. 94 (1924). — HOLBECK, O.: Die Schußverletzungen des Schädels im Kriege. Veröff. Mil.san.wes. 1912, H. 53. — HOLTZ, F.: Arch. exper. Path. u. Pharmakol. 174 (1933); 208 (1940). — HORSLEY, V.: The function of the so-called motor area of the brain. Brit. Med. J. 1909. — HORTEGA DEL RIO, u. W. PENFIELD: Cerebral cicatrix. The reaction of neuroglia and microglia to brain wounds. Bull. Hopkins Hosp. 41, 246 (1927). — HOTZ, G.: Schädelplastik. Bruns' Beitr. 98, 592. — HUSLER u. SPATZ: Die Keuchhustenklampsie. Z. Kinderheilk. 38, 428 (1924).

INOSE, T.: Zur Histopathologie der Insulinwirkung auf das Gehirn. Psychiatr. et Neur. jap. 43, 899 (1939).

JACKSON, J. H.: On a particular variety of epilepsy (,,Intellectual Aura"): One case with symptoms of organic brain disease. Brain 11, 179—207 (1888). — JACKSON, J. H., and P. STEWART: Epileptic attacks with a warning of a crude sensation of smell and with intellectual aura (dreamy state) in a patient who had symptoms pointing to gross organic disease of the right temporo-sphenoidal lobe. Brain 22, 534—549 (1899). — JACKSON, S. W.: Observations on the anatomical, physiological and pathological investigations of the epileptics. Deutsch von O. SITTIG. Berlin: S. Karger 1926. — JACOB, H.: Über Todesfälle während der Insulinschocktherapie nach SABEL. Nervenarzt 12, H. 6 (1939). — Über diffuse Markdestruktion im Gefolge eines Hirnödems. Z. Neur. 168, 382 (1940). — Zur histopathologischen Diagnose des akuten und chronischen recidivierenden Hirnödems. Arch. f. Psychiatr. 179, 158 (1948). — JACOBI, W.: Präparoxysmale Gefäßveränderungen nach experimentell gesetzter Hyperventilation beim Hunde. Z. Neur. 102, 625 (1926). — JAEGER: Über Kopfverletzungen. Arch. f. Psychiatr. 59, 829 (1918). — JAKOB, A.: Zur Pathologie der Epilepsie (Fall III). Z. Neur. 23, 1 (1914). — JANSEN, KÖRNYEY u. SAETHRE: Hirnbefund bei einem Fall mit epileptiformen Anfällen und corticalen Herdsymptomen. Arch. f. Psychiatr. 105, 21 (1936). — JANSEN, J., u. E. WAALER: Pathologisch-anatomische Veränderungen bei Todesfällen nach Insulin- und Cardiazolschockbehandlung. Arch. f. Psychiatr. 111, 62 (1940). — JANZ, D.: Anfallsbild und Verlaufsform epileptischer Erkrankungen. Nervenarzt 1955, H.1, 20. — JANZEN, R.: Das ,,Grenzland" der Epilepsie. Fortschr. Neur. 19, 333 (1951). — Klinik und Pathogenese des cerebralen Anfallsgeschehens. Vortr. auf dem Internist.-Kongr. Wiesbaden 16. April 1950. — Zur Spätklinik der Hirnverletzung. Dtsch. Z. Nervenheilk. 166, 363 (1951). — JASPER, H. H. u. a.: EEG-studies of injurie to the head. Arch. of Neur. 44, 328 (1940). — JELLINEK, ST.: Epilepsie und elektrisches Körpertrauma. Mschr. Unfallheilk. 43, 225 (1936). — JOLLY: Traumatische Epilepsie nach Schädelschuß. Münch. med. Wschr. 1916, 1430. — JUNG, R.: Hirnelektrische Untersuchungen über den

Elektrokrampf. Die Erregungsabläufe in corticalen und subcorticalen Hirnregionen bei Katze und Hund. Arch. f. Psychiatr. 183, 206 (1949). — Über die Beteiligung des Thalamus, der Stammganglien und des Ammonshorns am Elektrokrampf. Arch. f. Psychiatr. 184, 261 (1950). — Jung, R., Fr. Riechert u. K. D. Heines: Zur Technik und Bedeutung der operativen Elektrocorticographie und subcorticalen Hirnpotentialableitung. Nervenarzt 1951, 433.

Kaes: Über Markfaserbefunde in der Hirnrinde bei Epileptikern. Neur. Zbl. 1904, H. 11.— Kaufmann, I. C., u. A. E. Walker: The electroencephalogram after Head injury. J. Nerv. a. Ment. Dis. 109, 233 (1949). — Kehrer, F.: Die Allgemeinerscheinungen der Hirngeschwülste. Leipzig: Georg Thieme 1931. — Kennedy, F.: Epilepsy and the convulsive state. Arch. of Neur. 9, 567. — Kirchberg: Hirngewichte bei Geisteskranken. Arch. f. Psychiatr. 53 (1914). — Kirstein: Tumorepilepsie. Acta med. scand. (Stockh.) 110, 56 (1942). — Klarfeld: Die genuine Epilepsie. In Bumkes Lehrbuch der Geisteskrankheiten, Anatomischer Teil. München: J. F. Bergmann 1924. — Kleist: Zur Auffassung der subcorticalen Bewegungsstörungen. Arch. f. Psychiatr. 59, 790ʹ (1918). — Kleist, K.: Gehirnpathologie. Leipzig: Johann Ambrosius Barth 1934. — Kliem: Über kontinuierliche rhythmische Krämpfe bei Kleinhirnherden. Münch. med. Wschr. 1918, 374.— Knapp, A.: Die Tumoren des Schläfenlappens. Z. Neur. 42, 226 (1918). — Echinococcus des linken Schläfenlappens usw. Dtsch. Z. Nervenheilk. 60, 213 (1918). — Koch, Fr., G. Schorn u. G. Ule: Über Toxoplasmose. Dtsch. Z. Nervenheilk. 166, 315 (1951). — Kocher, Th.: Hirnerschütterung, Hirndruck und chirurgische Eingriffe bei Hirnkrankheiten. In Nothnagels Spezielle Pathologie und Therapie, Bd. 9. Wien 1901. — Köppen, M.: Über halbseitige Gehirnatrophie bei einem Idioten mit cerebraler Kinderlähmung. Arch. f. Psychiatr. 40, 1 (1905). — Kogerer: Akute Ammonshornveränderungen nach terminalen epileptischen Anfällen. Z. Neur. 86 (1923). — Kolodny: Symptomatology of tumors of the frontal lobe. Arch. Neur. 21, 1107 (1929). — Koyter (1550): Zit. nach Krause-Schumm. — Krause, F.: Die operative Behandlung der Epilepsie Med. Klin. 1909, Nr 38. — Eigene hirnphysiologische Erfahrungen aus dem Felde. Verh. dtsch. Ges. Chir. 1920 I, 190 u. II, 67. — Krause, F., u. H. Schumm: Die spezielle Chirurgie der Gehirnkrankheiten, Bd. II. Die epileptischen Erkrankungen. 1. Hälfte. Stuttgart: Ferdinand Enke 1931. — Kretschmer u. Enke: Die Persönlichkeit der Athletiker. Leipzig: Georg Thieme 1936. — Kreyenberg: Körperbau, Epilepsie und Charakter. Z. Neur. 112. (1928). — Küttner, H.: Junges Mädchen mit Epilepsie vom Hinterhauptslappen ausgehend. Berl. klin. Wschr. 1911, 274.

Lange. J.: Psychiatrische Fragen. V. Die Epilepsie. Münch. med. Wschr. 1929, 1091. — Lannois: Mélanodermie chez les épileptiques. Revue neur. 1898. — Legge, Th. M., u. W. G. Kenneth: Bleivergiftung und Bleiaufnahme usw. Schriften der Gewerbehygiene, 7/1. Berlin: Springer 1921. — Lehmann, K., H. Spatz u. K. Wisbaum: Die histologischen Veränderungen des Zentralnervensystems bei der bleivergifteten Katze und deren Zusammenhang mit den klinischen Erscheinungen, insbesondere mit Krampfanfällen. Z. Neur. 103, 323 (1920). — Lehoczky, T.: Hirngeschwulst und Epilepsie. Dtsch. Z. Nervenheilk. 138, 117 (1935). — Lennox, W. G., and W. Penfield: Diskussion zur Arbeit Penfield. Arch. of Neur. 43, 260 (1940). — Therapeutic agents in the treatment of epileptiform seizures. Adv. Pediatr. 3, 91 (1948). — Leppien u. G. Peters: Todesfall infolge Insulinschockbehandlung bei einem Schizophrenen. Z. Neur. 160, 444 (1937). — Levinger: Untersuchungen an 30 durch Anfall Hirnverletzter mit epileptiformen Erscheinungen. Ein Beitrag zum Problem der traumatischen Epilepsie. Arch. orthop. Chir. 32, 342 (1932). — Lewis: Pathologic processes in extraneural system of body in various hered. and fam. nerv. a. ment. diseases. Arch. of Neur. 12 (1925). — Lewy, F. H.: Kritische Anmerkung zur Arbeit Pollaks. Ref. Z. Neur. 24 (1921). — Lexer, F.: Plastische Operationen in der Kriegschirurgie. In Handbuch der ärztlichen Erfahrungen des Weltkrieges 1914—1918, Bd. 2, S. 676. Leipzig 1922. — Liebers, M.: Über Kleinhirnatrophien bei Epilepsie nach epileptischen Krampfanfällen. Z. Neur. 113, 739 (1928). — Lindenberg, R.: Compression of brain arteries as pathogenic factor for tissue necroses and their areas of predilection. (Als Manuskript; erscheint in J. of Neuropath. 1955.) — Lindenberg, W.: Die ärztliche und soziale Betreuung der Hirnverletzten. Leipzig: Georg Thieme 1948. — List, C. F.: Epileptiform attacks in cases of glioma of cerebral hemispheres. Arch. of Neur. 35, 323 (1936). — Looft: Untersuchungen über die Bedeutung der Krämpfe im Kindesalter für die spätere Intelligenzentwicklung. J. Dybwad Kristiania 1915. — Lubimow: Über pathologisch-anatomische Alterationen des Gehirns beim Status epilepticus. Wratsch 9. Ref. Iber. Neur. 1900. — Lund, M.: Epilepsia in association with intracranial tumor. Acta psychiatr. (Københ.) Suppl. 81 (1952).

MacLean, P. D.: Psychosomatic disease and the „visceral brain". Psychosomatic Med. 11, 338 (1950). — Marburg, O.: Diskussionsbemerkungen i. d. Verein d. Chir. Wiens. Zbl. Chir. 1926, 2157. — Die Klinik der hypophysären Erkrankungen. Med. Klin. 1929, Nr 38, 1457. — Marburg, O., u. Ranzi: Erfahrungen über die Behandlung von Hirnschüssen. Wien. klin. Wschr. 1914, Nr 46. — Zur operativen Behandlung der Epilepsie nach Schädelschüssen. Wien. klin. Wschr. 1917, 652. — Zur Klinik und Therapie der Hirntumoren mit besonderer

Berücksichtigung der Endresultate. Arch. klin. Chir. **116**, 2 (1921). — MARCHAND, L.: Lésions du syst. nerv. central dans l'état de mal épileptique. Bull. Soc. Anat. 4. — Glandes endocrines et épilepsie. Rev. Neur. **38**, 1435 (1922). — MARIE, PIERRE: Quelques considérations sur l'étiologie et sur le traîtement de l'épilepsie. Presse méd. **1928 I**, 81. — MARTIN, J. P.: Tumors of the frontallobe of the brain. Brit. Med. J. **1928**, 1058. — MAUZ: Die Veranlagung zu Krampfanfällen. Leipzig 1937. — MAYER: Über Stirnhirnabscesse. Wien. med. Wschr. **1929**, Nr 8. — McDONALD, M. E., and ST. COBB: Intracranial pressure changes during experimental convulsions. J. of Neur. **4**, 228 (1923). — McKENNAN and JOHNSTON: Beobachtungen über Epilepsie vom röntgenologischen Standpunkt. J. Nerv. Dis. **1914**. — McKENNAN, JOHNSTON and HENNINGER: Observations on epilepsy. J. Nerv. Dis. **41**, 495. — McROBERT, RUSSEL and FEINIER: The cause of epileptique seizures in tumors of the temporosphenoidal lobe. J.Amer. Med. Assoc. **76** (1921). — MEISEL: Zwei Fälle von Epilepsie. Schweiz. med. Wschr. **1921**, 429.— MERRITT: Über Ammonshornsklerose bei der progressiven Paralyse und ihren Zusammenhang mit sog. paralytischen Anfällen. Z. Neur. **136**, 436 (1931). — The epileptic convulsions of dementia paralytica. Their relation to sclerosis of the cornu Ammonis. Arch. of Neur. **27**, 138 (1932). — MEYER, A.: Über die Wirkung der Kohlenoxydvergiftung auf das Zentralnervensystem. Z. Neur. **100**, 201 (1926). — Lésions observées sur les pièces opératoires prélevées chez des épileptiques temporaux. Colloque sur les problèmes d'anatomie normale et pathologique posés par les décharges épileptiques. Marseille 15.—18. Nov. 1954. — MEYER, A., M. A. FALCONER and E. BECK: Pathological findings in temporal lobe epilepsy. J. of Neur., Neurosurg. a. Psychiatry **17**, 276 (1954). — MEYER, J.-E.: Zur Ätiologie und Pathogenese des fetalen und frühkindlichen Cerebralschadens. Z. Kinderheilk. **67**, 123 (1949). — MEYER, W. C.: Über posttraumatische Epilepsie. Dtsch. Z. Nervenheilk. **139**, 278 (1936). — MEYNERT: Studien über das pathologisch-anatomische Material der Wiener Irrenanstalt. Vjschr. Psychiatr. **1** (1868). — MINGAZZINI, G.: Der Balken. Eine anatomische und klinische Studie. Monographien Neur. **1922**, H. 28. — MINKOWSKY, M.: Neuer Beitrag zur pathologischen Anatomie der Epilepsie. Dtsch. Z. Nervenheilk. **116**, 68 (1930). — MOREL, F., et E. WILDI: Sclérose ammonienne et épilepsies. (Etude anatomo-pathologique et statistique.) Als Manuskript. — MORGAGNI: De sede et causis morborum per anatomen indigatis. Lugd. Bat. **1767**. — MOORE, M., and W. G. LENNOX: Studies in epilepsy XXII. A comparison of the weights of brain, liver, heart, spleen and kidneys of epileptic and schizophrenic patients. Amer. J. Psychiatry **92**, 1439 (1936). — MORYASU: Fibrillenbefunde bei Epilepsie. Arch. f. Psychiatr. **44** (1908). MUSKENS: Epilepsie. Monographien Neur. **47** (1926).

NAUJOKS, H.: Über intrauterine Fruchtschädigungen. Münch. med. Wschr. **1936**, 1039. — NAVILLE, F.: Note sur deux cas d'épilepsie cicatricielle tardive. Schweiz. Arch. Neur. **2**, 106 (1918). — NAVILLE, F., et M. SALOMON: Die anatomische Grundlage für die späten posttraumatischen Hirnsyndrome und die anatomische Wiederherstellung von traumatischen Hirnschäden. Ref. Zbl. Neur. **77**, 302 (1935). — NEANDER: Ein Fall von Aneurysma der Carotis interna und JACKSON-Epilepsie nach Schußverletzung. Arch. klin. Chir. **179**, 756 (1939). — Studier öfoer förändringara: Ammonshorn usw. Lund 1894. Ref. Neur. Zbl. **1894**. — NEUBUERGER, K.: Akute Ammonshornveränderungen nach frischen Hirnschußverletzungen. Krkh.forsch. **7**, 219 (1928). — Über Herzmuskelveränderungen bei Epileptikern. Verh. dtsch. path. Ges. (Wiesbaden) **1928**, 487. — Über die Herzmuskelveränderungen bei Epileptikern und ihre Beziehung zur Angina pectoris. Frankf. Z. Path. **46**, 14 (1933). — Herz, Epilepsie, Angina pectoris. Klin. Wschr. **1933**, Nr 35. — NEUBUERGER, K., R. W. WHITEHEAD, E. R. RUTLEDGE and F. G. EBAUGH: Pathologic changes in the brain of dogs given repeated electr. chocks. Amer. J. Med. Sci. **204**, 381 (1942). — NISSL, F.: Rindenbefunde bei Vergiftungen. Arch. f. Psychiatr. **31** (1898). — NORDMANN, M.: Die Rolle der Kreislaufstörungen bei der traumatischen Epilepsie. Verh. dtsch. Ges. Kreislaufforsch. (9. Tagg) **1936**.

OBREGIO, I., et S. CONSTANTINESCO: L'épilepsie comme manifestation unique ou prédominte dans quatre cas de tumeur du lobe préfrontal. Encéphale **29**, 401 (1934). — OHLMACHER: Epilepsy with persist thymus lymphat. hyperplasia and vascular hypoplasia. Ref. Iber. Psychiatr. **2** (1899). — OLIVECRONA: Corticomeningeal scars in traumatic epilepsy: localization by plennographic examination. Arch. of Neur. **5**, 666 (1941). — OLIVECRONA u. TÖNNIS: Gefäßmißbildungen und Gefäßgeschwülste des Gehirns. Leipzig: Georg Thieme 1936. — ORLOFF: Zur Frage der pathologischen Anatomie der genuinen Epilepsie. Arch. f. Psychiatr. **38** (1904). — OSLER: The cerebral palsies of children. Med. News 1888, No 2, 3, 4, 5. OSTERTAG, B.: Einteilung und Charakteristik der Hirngewächse. Jena: Gustav Fischer 1936. — Die erbbiologische Bedeutung angeborener Miß- und Fehlbildungen und die Frage gegenseitiger Abhängigkeit. Verg. dtsch. Orthop. Ges. **1936**, 30.

PANSE, F.: Brückenherd mit epileptiformen Anfällen nach elektrischem Unfall. Ärztl. Sachverst.ztg **38**, 15 (1932). — PAPEZ, J. W.: A proposed mechanism of emotion. Arch. of Neur. **38**, 725 (1937). — PARHON et M. BRIESSE: Quelques observations sur les altérations hypophysaires chez les aliénés. Rev. Neur. **19** (1922). — PARKER, A. L.: Epileptiform convulsions. Incidence of attacke in cases of intracranial tumor. Arch. of Neurol. **23**, 1032

(1930). — Passow: Der Markfasergehalt der Großhirnrinde. Mschr. Psychiatr. 5 (1899). — Pedersen, O.: Über die Entstehungsbedingungen der traumatischen Epilepsie. Arch. f. Psychiatr. 104, 621 (1936). — Über epileptische Anfälle beim Tumor cerebri. Zbl. Neurochir. 3, 204 (1938). — Epilepsie als Frühsymptom bei Hirngeschwülsten. Dtsch. med. Wschr. 1938, 1061. — Peiffer, J.: Das EEG bei Hirntumoren in seiner Beziehung zum autoptischen und histologischen Befund. Arch. f. Psychiatr 190, 26 (1953). — Penfield, W.: Meningo-cerebral adhesions. Surg. etc. 39, 603 (1924). — The mechanism of cicatrical contraction in the brain. Brain 50, 499 (1927). — The evidence for a cerebral vascular mechanism in epilepsy. Ann. Int. Med. 7, No 3 (1933). — Les épilepsies. Thérapeutique chirurgical. Rev. Neur. 64, 477 (1935). — Epilepsy and surgical therapy. Arch. of Neur. 36, 449 (1936). — Epileptic automatism and the centrencephalie integrating system. Res. Publ. Assoc. Nerv. Ment. Dis. 30, 513 (1952). — Anatomie pathologique des lésions épileptogènes; précisions sur la sclérose incisusaire et la sclérose temporale lobaire rencontrées chez les épileptiques tempo-raux. Colloque sur les problèmes d'anatomie normale et pathologique posés par les décharges épileptiques. Marseille 15.—18. Nov. 1954. — Penfield, W., and W. Bridgers: Progressive tissue destruction in epileptogenic lesions of the brain. Proc. Annual Med. of the Am. Neurolog. Assoc. (Chicago 1942). — Penfield, W., and R. Bukley: A study of brain punctures. Arch. of Neur. 20 (1928). — Penfield, W., and T. C. Erickson: Epilepsie and cerebral localisation, S. 623. Springfield u. Baltimore 1941. — Penfield, W., Erickson and Tarlov: Relation of intracranial tumors and symptomatic epilepsy. Arch. of Neur. 44, 300 (1940). — Penfield, W., and L. Gage: Cerebral localization of epileptic manifestation. Arch. of Neur. 30, 709 (1933). — Penfield, W., and St. Humphreys: Epileptogenic lesions of the brain, a histologic study. Arch. of Neur. 43, 240 (1940). — Penfield, W., and H. Jasper: Epilepsy and the functional anatomy of the human brain. Boston: Little, Brown & Company 1954. — Penfield, W., and H. M. Keith: Focal epileptogenic lesions of birth and infancy. Amer. J. Dis. Childr. 59, 718 (1940). — Penfield, W., and K. Kristianos: Epileptic seizure patterns. A study of the localizing value of initial phenomena in focal cortical seizures. Baltimore: Ch. C. Thomas 1952. — Penfield, W., and A. Steelman: The treatment of focal epilepsy by cortical excision. Ann. Surg. 126, 740 (1947). — Perls: Beitrag zur Symptomatologie und Therapie der Schädelschüsse. Bruns' Beitr. 105, 435 (1918). — Pesch u. Hoffmann: Erbfehler des Kiefers und der Zähne bei erblicher Fallsucht. Z. Konstit.lehre 19 (1936). — Petermann, M. C.: Convulsions in childhood. J. Amer. Med. Assoc. 102, 1729 (1934). — Peters, Gerd: Spätveränderungen nach offenen Gehirnverletzungen. Klin. Wschr. 1948, 115. — Zur Frage des fortschreitenden Gewebszerfalls nach Gehirnverletzungen. Ärztl. Forschg 1949, 6. — Untersuchungsergebnisse bei Spätveränderungen nach offener Gehirn-verletzung Sitzg der Dtsch. Ges. Neurochirurg. 1950. — Petri: Bleivergiftung. In Hand-buch der speziellen pathologischen Anatomie, herausgeg. von Henke-Lubarsch, Bd. 10. Berlin: Springer 1930. — Pette, H.: Diskussionsbemerkung Epilepsie und Hirntumor. Ver-handlungsbericht. Allg. Z. Psychiatr. 102, 159 (1934). — Pfeifer, R. A.: Lokalisation der Tonskala. Mschr. Psychiatr. 50, 7 (1921). — Pfleger: Beobachtungen über Schrumpfung und Sklerose des Ammonshornes bei Epilepsie. Allg. Z. Psychiatr. 36 (1880). — Philippi, M.: Med. Tijdschr. Genesk. 1922. — Pike, F. H., C. A. Elsberg, W. S. McCullerk and M. M. Chapell: The problem of localization in experimentally induced convulsion. Arch. of Neur. 23, 847 (1930). — Pineles: Infantiles Myxoedem. Jb. Psychiatr. 21, 383. — Plater, F.: Observationes medicinales. Basileae 1680. — Podmaniczky, T. v.: Über den Spätabsceß und die Spätepilepsie nach Schädelschüssen. Z. Neur. 43, 264 (1918). — Pötzl: Über Herderschei-nungen bei Läsion des linken unteren Scheitellappens. Med. Klin. 1923, 7. — Pötzl, O., u. A. Schloffer: Befunde am Gehirn während des epileptischen Anfalles. Med. Klin. 1923, 77. — Pohlisch, K.: Differentialdiagnose der genuinen und sog. traumatischen Epilepsie. Arch. f. Psychiatr. 185, 466 (1950). — Pollak: Anlage und Epilepsie. Arb. neur. Inst. Wien 23 (1922). — Pope: Zit. nach W. C. Lennox and J. P. Davis, Epilepsy. Rev. Psychiatr. Progr. 1947. — Popea et Eustazia: La capsule surrénale dans deux cas de mort à la suite du stat. epilept. Bull. Soc. roum. Neurol. etc. 2, 184 (1925). — Potpeschnigg: Arch. Kinder-heilk. 47 (1908). — Pouché: Zit. nach E. Schreck 1937. — Poursines, Y., J. Roger et J. Alliez: Présentation de documents cliniques pour servir à l'étude étiologique des épilepsies temporales. Colloque sur les problèmes d'anatomie normale et pathologique posés par les décharges épileptiques. Marseille 15.—18. Nov. 1954. — Pritchard, E. A. B.: Cerebral tumor as cause of generalized epileptic attacks of long standing. Lancet 1931, 842.

Ranke: Normale und pathologische Hirnrindenbildung. Beitr. path. Anat. 47 (1910). — Ranzi, E., Mayr u. Oberhammer: Über Starkstromverletzungen am Schädel. Dtsch. Z. Chir. 200, 36 (1927). — Redlich, E.: Über Halbseitenerscheinungen bei der genuinen Epilepsie. Arch. f. Psychiatr. 41 (1906). — Epilepsie und Linkshändigkeit. Arch. f. Psychiatr. 44 (1908). Über die Beziehungen der genuinen zur symptomatischen Epilepsie. Dtsch. Z. Nervenheilk. 6, 197 (1909). — Über das Vorkommen epileptischer und epileptiformer Anfälle bei Tumoren der Hypophysis cerebri und der Hypophysengegend. Epilepsie 5 (1914). — Zur Pathogenese der Epilepsie nach Schädelschußverletzungen. Z. Neur. 48, 8 (1919). — REICHARDT: Über Hirnschwellung. Ref. Z. Neur. 3 (1911). — REICHMANN, V.: Über Entstehung und Häufigkeit epileptischer Krämpfe nach Schädelbrüchen an Hand von 603 Fällen. Dtsch. Z. Nervenheilk. 96, 260 (1927). — REITER, P. J.: Zwei Fälle von Hirntumor mit eigentümlichen diagnostischen Schwierigkeiten. Bibl. laeg. (dän.) 1922, 95. — RIESE, W.: Report of two cases of sudden death after electric shock treatment with histopathological findings in the central nervous system. J. of Neuropath. 7, 98 (1948). — RISER et J. L. DUANIN: De l'épilepsie d'emblée généralisée par tumeur cerebrale chez l'adulte. Ref. Zbl. Neur. 74 (79. Verh.ber.) 1933. — RISER, LAPORTE et DUCOUDRAY: De l'épilepsie solitaire au cours des tumeurs cérébrales. Revue neur. 39 I, 1308 (1932). — ROCHLIN, L. L.: Traumatische Epilepsie nach Schußverletzungen des Gehirnes. Chirurgija 2, 31 (1950). — RÖPER: Demonst. Marinelazarett Hamburg. Münch. med. Wschr. 1915, 231. — Zur Prognose der Hirnschüsse. Münch. med. Wschr. 1917, 121. — RÖSSLE u. ROULET: Maß und Zahl in der Pathologie. Berlin u. Wien: Springer 1932. — RÖTTGEN: Vortr. auf dem Kongr. der Neurochir. u. Neurol., Bonn. Ref. Zbl. Neurochir. 10 (1950). — ROTHMANN: Über das Zustandekommen der epileptiformen Krämpfe. Dtsch. Z. Nervenheilk. 45, 255 (1912). — ROTTER, W., u. P. KRUG: Veränderungen des Gehirns nach Cardiazol- und Campherkrämpfen im Tierversuch. Arch. f. Psychiatr. 111, 380 (1940). — RUPILS: Zit. nach E. SCHRECK 1937. — RUSSEL, M. W. R.: L'anatomie de l'épilepsie traumatique. Revue neur. 79, 161 (1947). — RUSSEL, W. R.: Disability caused by brain wounds. A review of 1166 cases. J. Neurol., Neurosurg. a. Psychiatry 14, 35 (1951). RUSSEL, W. R., and C. M. WHITTY: J. Neurol., Neurosurg. a. Psychiatry 15, 93 (1952).

SACHS, B.: Hirnlähmungen der Kinder. VOLKMANNS Vortr. 1892, Nr 46—47. — Symptomatology of a group of frontal lobe lesions. Brain 50, 474 (1927). — SANO, K., and M. MALAMUD: Clinical significance of sclerosis of the cornu ammonis. Ictal "psychic phenomena". Arch. of Neur. 70, 40—53 (1953). — SARGENT, J.: Some observations on epilepsy. Brain 44, 312 (1921). — SBROZZI, M.: Lesioni di guerra del cranio e del cervello. Ann. ital. Chir. 1922, 904. — SCHALTENBRAND: Epilepsie nach Röntgenbestrahlung des Kopfes im Kindesalter. Nervenarzt 8, 62 (1935). — SCHARPF: Hirngewicht und Psychose. Arch. f. Psychiatr. 49 (1912). — SCHEINKER, I.: Über das gleichzeitige Vorkommen von Hirnschwellung und Hirnödem bei einem Falle einer Hypernephrometastase des Kleinhirns. Dtsch. Z. Nervenheilk. 148, 1 (1938). — SCHELVEN, TH. VAN: Trauma und Nervensystem. Berlin: S. Karger 1919. — SCHERER, E.: Über Cystenbildung der weichen Hirnhäute im Liquorraum der SYLVIISchen Furche mit hochgradiger Deformierung des Gehirns. Z. Neur. 152, 787 (1935). — SCHERER, H. J.: Beiträge zur pathologischen Anatomie des Kleinhirns. II. Die Erkrankungen des Kleinhirnmarkes und seiner Kerne, insbesondere des Nucleus dentatus. Z. Neur. 139, 337 (1932). — SCHIPPERS: Mschr. Kinderheilk. 71 (1937). SCHLESINGER, B.: The syndrome of the fibrillary astrocytomas of the temporal lobe. Arch. of Neur. 29, 843 (1933). — SCHMIDT, C. F.: Der Kreislauf des Gehirns. Pflügers Arch. 251, 571 (1949). — SCHNEIDER, C. F.: Zur Diagnose symptomatischer, besonders residualer Epilepsieformen. Nervenarzt 7, 385, 456 (1934). — SCHOB, F.: Pathologische Anatomie der Idiotie. In Handbuch der Geisteskrankheiten, herausgeg. von O. BUMKE, Bd. XI, S.777. Berlin: Springer 1930. — SCHOLZ, W.: Zur Kenntnis des Status marmoratus (C. u. O. VOGT). Z. Neur. 88, 355 (1924). — Zur Frage der schichtförmigen Veränderungen der Großhirnrinde. 48. Jverslg südwestdtsch. Psychiater, Tübingen 1925. Ref. Zbl. Neur. 42, 623 (1926). — Epilepsie. In Handbuch der Geisteskrankheiten, herausgeg. von O. BUMKE, Bd. XI, S. 716. Berlin: Springer 1930. — Über die Entstehung des Hirnbefundes bei der Epilepsie. Z. Neur. 145, 471 (1933). — Anatomische Anmerkungen zu den Beziehungen zwischen Epilepsie und Idiotie. Dtsch. Z. Nervenheilk. 139, 205 (1935). — Über pathomorphologische und methodologische Voraussetzungen für die Hirnlokalisation. Diskussionsvortrag z. Ref. von K. KLEIST. Z. Neur. 158, 234 (1937). — Krämpfe im Kindesalter. Pathologisch-anatomischer Teil. Verh. dtsch. Ges. Kinderheilk. 1938. — Mschr. Kinderheilk. 75, 5 (1938). — Histologische Untersuchungen über Form, Dynamik und pathologisch-anatomische Auswirkung funktioneller Durchblutungsstörungen des Hirngewebes. Z. Neur. 167 (1939). — Über den Einfluß chronischen Sauerstoffmangels auf das menschliche Gehirn. Z. Neur. 171 (1941). — Krämpfe in der Entwicklung körperlicher und geistiger Defektzustände. Ber. Kongr. Neur. Tübingen 47, 60 (1949). — Histologische und topische Veränderungen und Vulnerabilitätsverhältnisse im menschlichen Gehirn bei Sauerstoffmangel, Ödem und plasmatischen Infiltrationen. Arch. f. Psychiatr. 181, 621 (1949). — Die Krampfschädigungen des Gehirns. Berlin: Springer 1951. — Etude des lésions cérébrales rencontrées chez les épileptiques; précisions sur la sclérose de la corne d'Ammon. Colloque sur les problèmes d'anatomie normale et pathologique posés par les décharges épileptiques. Marseille 15.—18. Nov. 1954. — SCHOLZ, W., u. J. JÖTTEN: Durchblutungsstörungen im Katzenhirn nach kurzen Elektrokrampfserien. Arch. f. Psychiatr. 186, 264 (1951). — SCHOLZ, W., J. WAKE u. G. PETERS: Der Status marmoratus. Ein Beispiel systemähnlicher Hirnveränderungen auf der Grundlage von Kreislaufstörungen. Z. Neur. 163, (1938). — SCHOU and SOUSMAN: The endocrines in epilepsy. A histological study. Brain **50**, 53 (1927). — Schou, H.: Trauma capitis and epilepsy. Acta psychiatr. (Københ.) **8**, 75, 91 (1930). — Schreck, E.: Die Epilepsie des Kindesalters. Stuttgart: Ferdinand Enke 1937. — Schroeder: Intoxikationspsychosen. In Handbuch der Psychiatrie, herausgeg. von Aschaffenburg. Leipzig u. Wien 1912. — Schröder van der Kolk: Bau und Funktion der Medulla spinalis und oblongata und nächste Ursache und rationelle Behandlung der Epilepsie. 1859. — Schuberth, O.: Dtsch. Z. Nervenheilk. **109** (1929). — Schwartz, Ph.: Erkrankungen des Zentralnervensystems nach traumatischer Geburtsschädigung. Z. Neur. **90**, 268 (1924). — Anatomische Typen der Hirngliome. Nervenarzt **5** (1932). — Sioli, I.: Pathologisch-anatomische Befunde am Zentralnervensystem. In Die Eklampsie von Hinselmann. Bonn: Cohen 1924. — Smet: 1560. Zit nach Krause u. Schumm. — Snell: Zur pathologischen Anatomie der Epilepsie. Allg. Z. Psychiatr. **32**, (1875). — Solè-Sagarra, J.: Elektroschock und Gehirnläsionen. I. Internat. Neuropathologenkongr., Rom 1952. — Sommer, W.: Erkrankung des Ammonshornes als ätiologisches Moment der Epilepsie. Arch. f. Psychiatr. **10**, 631 (1880). — Atlasankylose und Epilepsie. Virchows Arch. **119**, 362 (1890). — Spatz, H.: Kann man alte Rindendefekte traumatischer und arteriosklerotischer Genese unterscheiden? Die Bedeutung des „état vermoulu". Arch. f. Psychiatr. **90**, 885 (1930). — Spielmeyer, W.: Hemiplegie bei intakter Pyramidenbahn (intracorticale Hemiplegie). Münch. med. Wschr. **1906**, 1404. — Die Psychosen des Rückbildungs- und Greisenalters. In Handbuch der Psychiatrie, herausgeg. von Aschaffenburg. Leipzig u. Wien 1912. — Zur Behandlung „traumatischer Epilepsie" nach Hirnschußverletzungen. Münch. med. Wschr. **1917**. — Über einige Beziehungen zwischen Ganglienzellveränderungen und gliösen Erscheinungen, besonders am Kleinhirn. Z. Neur. **54**, 1 (1920). — Histopathologie des Nervensystems. Berlin: Springer 1922. — Zur Pathogenese örtlichelektiver Hirnveränderungen. Z. Neur. **99**, 756 (1925). — Die anatomische Krankheitsforschung am Beispiel einer Huntingtonschen Chorea mit Wilsonschem Symptomenbild. Z. Neur. **101**, 701 (1926). — Die Pathogenese des epileptischen Krampfes. Histopathologischer Teil. Z. Neur. **109**, 501 (1927). — Vasomotorisch-trophische Veränderungen bei cerebraler Arteriosklerose. Mschr. Psychiatr. **68**, 605 (1928). — Funktionelle Kreislaufstörungen und Epilepsie. Z. Neur. **148**, 285 (1933). — Stauder, K. H.: Epilepsie. Fortschr. Neur. **10** (1938). — Steiner, G.: Epilepsie und Gliom. Arch. f. Psychiatr. **46**, 1091 (1910). — Über die Beziehung der Epilepsie zur Linkshändigkeit. Mschr. Psychiatr. **30**, 119 (1911). — Steinthal u. H. Nagel: Die Leistungsfähigkeit im bürgerlichen Beruf nach Hirnschüssen mit besonderer Berücksichtigung der traumatischen Epilespie. Bruns' Beitr. **137**, 361 (1926). — Steinthal, K.: Traumatische Epilepsie nach Hirnschüssen und berufliche Leistungsfähigkeit. Münch. med. Wschr. **1926**, 1393. — Stern, K.: Die psychischen Störungen bei Hirntumoren. Arch. f. Psychiatr. **54**, 565 (1914). — Stettner, E.: Wachstum und Wachstumsstörung. Mschr. Kinderheilk. **94**, 400 (1944). — Stevenson: Epilepsy and gunshot wounds of the head. Brain **54**, 214. — Stutz, M.: Kasuistischer Beitrag zur symptomatischen Epilepsie. Schweiz. med. Wschr. **1936**, 988.

Tebelis, Fr.: Beitrag zur Klinik und Histopathologie der juvenilen Paralyse. Z. Neur. **166**, 178 (1939. — Thiemich u. Birk: Über die Entwicklung eklamptischer Säuglinge in der späteren Kindheit. Jb. Kinderheilk., N. F. **1** (1907). — Thom, D. A.: Infantile convulsions. Amer. J. Psychiatry **6**, 613 (1927). — Thom, D. A., and E. E. Southard: Anatomical search for idiopathic epilepsy. Rev. Neur. **13**, 471 (1915). — Tilmann: Anatomische Befunde bei Epilepsie nach Traumen. Med. Klin. **1908**, 1442. — Die Pathogenese der Epilepsie. Festschrift Akad. Köln. Bonn 1915. — Tillmann: Zur Pathogenese der Epilepsie. Virchows Arch. **229** (1921). — Töbel, Fr.: Über eigenartige Hirnschädigungen durch Depotinsulin bei Hunden. Arch. f. Psychiatr. **180**, 569 (1948). — Töndury, G.: Zum Problem der Embryopathia rubeolosa. Dtsch. med. Wschr. **1951**, 1029. — Tönnis, W.: Erfolgreiche Behandlung eines Aneurysmas der A. communicans ant. cerebri. Zbl. Neurochir. **1**, 39 (1936). — Veränderungen an den Hirnkammern nach Verletzungen des Gehirns. Nervenarzt **1942**, 361. — Tönnis, W., u. B. Griponissiotis: Operative Behandlung der posttraumatischen Spätepilepsie. Arch. klin. Chir. **196**, 515 (1939). — Tonini: Zit. nach F. Hartmann u. H. di Gaspero, Epilepsie. In Lewandowsky, Handbuch der Neurologie, Bd. 5, S. 901. Berlin: Springer 1914. — Tramer: Untersuchungen zur pathologischen Anatomie des Zentralnervensystems bei der Epilepsie. Schweiz. Arch. Psychiatr. **2** (1918). — Trendelenburg, W.: Die Extremitätenregion der Großhirnrinde. Pflügers Arch. **137**, 515 (1911).

Ule, G.: Über das Ammonshorn. Fortschr. Neur. **22**, 510 (1954).

Velasco, P.: Contribuiçao anatomo clinica as atuais concepçoes sôbre a epilepsia. Arqu. Neuro-Psiquiatr. **8**, 301—334 (1950). — Vigouroux et Colin: Mort subite dans l'épilepsie. Bull. Soc. clin. Med. ment. **3** (1910). — Vogeler, Herbst u. Stupnicki: Spätschicksale der Schädelschußverletzten. Dtsch. Z. Chir. **234**, 245. — Vogt: Epilepsie im Kindesalter. Berlin: S. Karger 1910. — Vogt, C.: Quelques considérations générales à propos du syndrome du corps strié. J. Psychol. u. Neur. **18** (1911). — Vogt, H.: Epilepsie. In Handbuch der Psychiatrie, herausgeg. von Aschaffenburg. Leipzig u. Wien: Franz Deuticke 1915. —

VOIGT, R.: Die Bedeutung der Spasmophilie für die Entstehung cerebraler Dauerschäden. Mschr. Kinderheilk. **90**, 294 (1942). — VOLLAND, A.: Kasuistischer Beitrag zu den traumatischen Rindendefekten der Stirn- und Zentralwindungen. Arch. f. Psychiatr. **44** (1908). — VOLLAND, P.: Organveränderungen bei Epilepsie. Z. Neur. **3** (1910). — Histologische Untersuchungen bei epileptischen Krankheitsbildern. Z. Neur. **21** (1914). — Organuntersuchungen bei Epilepsie. Z. Neur. **3**, 307 (1919). — VORIS, ADSON u. MOERCH: Zit. nach KRAUSE-SCHUMM. — VOSS, G.: Über die Spätepilepsie der Kopfschußverletzten. Münch. med. Wschr. **1921**, 358. — Nervenärztliche Erfahrung an 100 Schädelschüssen. Münch. med. Wschr. **1917**, 881.

WAGNER-JAUREGG, v.: Diskussionsbemerkungen Ges. Ärzte Wiens. Wien. klin. Wschr. **1917**, 667. — WAGSTAFFE, W.: The incidence of traumatic epilepsy after gunshot wound of the head. Lancet **1928**, 861. — WALKER, M. E.: Posttraumatic epilepsy. Springfield. III.: C. Thomas, Publ. 1949. — WARDA: Beiträge zur Histopathologie der Großhirnrinde. Dtsch. Z. Nervenheilk. **7** (1895). — WATSON, W. C.: Incidence of epilepsy following craniocerebellar injury. II. Three-Year follow.-up Study. Arch. of Neur. **68**, 831 (1952). — WEBER, L. W.: Beiträge zur Pathogenese und pathologischen Anatomie der Epilepsie. Jena: Gustav Fischer 1901. — WEIL, A.: EEG findings in posttraumatic encephalopathy. Neurology **1**, 293 (1951). WEIL, A., and LIEBERT: Arch. of Neur. **42** (1939). — WEILER, K.: Nervöse und seelische Störungen bei Teilnehmern am Weltkriege, ihre ärztliche und rechtliche Beurteilung. II. Geisteskrankheiten und organische Nervenstörungen. In Arbeit und Gesundheit, Sozialmed. Schriften, H. 25. Leipzig: Georg Thieme 1935. — WEIMANN, W.: Zur Kenntnis der Verkalkung intracerebraler Gefäße. Z. Neur. **76** (1922). — Hirnbefunde beim Tod in der Kohlenoxydatmosphäre. Z. Neur. **105**, 213 (1926). — Gehirnbefunde bei septischen Allgemeininfektionen. Z. Neur. **114**, 242 (1928). — Besondere Hirnbefunde bei cerebraler Fettembolie. Z. Neur. **120**, 68 (1929). — Intoxikationen. In Handbuch der Geisteskrankheiten, herausgeg. von O. BUMKE, Bd. XI, Spezieller Teil VII, S. 42. Berlin: Springer 1930. — WEINBERGER, GIBBON and GIBBON: Temporary arrest of the circulation to the central nervous system. II. Pathologic effect. Arch. of Neur. **43**, 615, 961 (1940). — WEITZEL, L.: L'avenir des trépanés. Rev. de Chir. **1923**, 586. — WERNICKE: Lehrbuch der Gehirnkrankheiten. 1881—1883. — WESSELER, LUDGER: Hyperostosen- und Spangenbildung der Sella turcica als Stigmata degenerationis, vor allem in ihrer Beziehung zur Epilepsie. Psychiatr.-neur. Wschr. **1939**, 417. — WESTPHAL: Über Encephalopathia saturnina. Arch. f. Psychiatr. **19** (1888). — Experimentelle Beiträge zur Ätiologie des Schlaganfalles. Dtsch. Arch. klin. Med. **151**, H.1/2. — WIGLESWORTH and WATSON: The brain of a macrocephalic epileptic. Brain **36** (1913). — WILLE: Jb. Kinderheilk. **133**. — WILLIAMS, D.: New orientations in epilepsy. Brit. Med. J. **1950**, No 4655, 685. — WILSON, A., and N. W. WINKLEMAN: An unusual cortical change in carbon monoxide poisoning. Arch. of Neur. **13**, 191 (1925). — WINDLE, W. F., R. F. BECKER and A. WEIL: Alterations in Brain structure after asphyxiation at birth. J. of Neuropath. **3**, 224 (1944). — WINKLEMAN, N. W., and M. T. MOORE: Neurohistologic findings in experimental electric shock treatment. J. of Neuropath. **3**, 199 (1944). — WINTERNITZ, A.: Neuere Erfahrungen in der chirurgischen Behandlung der Hirn- und Rückenmarkstumoren. Gyógyászat (ung.) **1923**, 40, 66. — WITZEL: Die Encephalolyse bei traumatischer Epilepsie. Münch. med. Wschr. **1915**, 1478. — WOHLWILL, F.: Entwicklungsstörungen des Gehirns und Epilepsie. Z. Neur. **33** (1916). — Über akute pseudolaminäre Ausfälle in der Großhirnrinde bei Krampfkranken. Mschr. Psychiatr. **80**, 139 (1931). — Cerebrale Kinderlähmung. In Handbuch der Neurologie, herausgeg. von BUMKE-FOERSTER, Bd. XVI. Berlin: Springer 1936. — WUSTMANN, O., u. J. HALLERVORDEN: Beobachtungen bei TRENDELENBURGschen Embolieoperationen. Dtsch. Z. Chir. **245**, 472 (1935).

ZALLA, M.: L'anatomie pathologique de la glande thyreoide dans l'épilepsie. Riv. Pat.-nerv. **15** (1911). — ZANETTI, G.: Über die Struktur und Histogenese der Gehirntuberkel. Riv. Pat. e Clin. Tbc. **2** (1928). — ZELLWEGER, H.: Krämpfe im Kindesalter. Teil I. Helvet. paediatr. Acta, Ser. D, Suppl. **5** (1948). — ZEMAN, W.: Zur Frage der Hirngewebsschädigung durch Heilkrampfbehandlung. Arch. f. Psychiatr. **184**, 440 (1950). — ZIEHEN: Über Erregungs- und Reizungsort der genuinen Epilepsie. Mschr. Psychiatr. **2**, 77 (1897). — ZÜLCH, K. J.: Häufigkeit, Vorzugssitz und Erkrankungsalter bei Hirngeschwülsten. Zbl. Neurochir. **9**, 115 (1949). — Die Hirngeschwülste. Leipzig: Johann Ambrosius Barth 1951.

Nachtrag zu Seite 164.

Nach in jüngster Zeit von G. PHILLIPS [Traumatic epilepsy after head injury. J. Neurol., Neurosurg. a. Psychiatry **17**, 1 (1954)] veröffentlichten Erhebungen über das Auftreten traumatischer Epilipsie nach geschlossenen Schädelverletzungen kam es bei 500 ohne besondere Auswahl zusammengestellten und über lange Zeiträume betreuten Patienten in 6% der Fälle zur Entwicklung eines posttraumatischen Krampfleidens. Als besonders gefährdet erwiesen sich Kranke mit Depressionsfrakturen, von denen 68% epileptisch wurden.

Cerebrale Kinderlähmung.
(Früherworbene körperliche und geistige Defektzustände.)

Von

J. Hallervorden - Gießen und **J.-E. Meyer** - München.

Mit 52 Abbildungen[1].

Einleitung.

Die cerebrale Kinderlähmung ist ein klinischer Sammelbegriff für Endzustände von Krankheiten, welche das Zentralnervensystem während seiner
Entwicklung und Reifung betroffen haben. Es handelt sich hauptsächlich um
mehr oder weniger vollständige hemiplegische oder diplegische Lähmungen
sowie mannigfache andere nervöse Ausfallserscheinungen, meist mit Schwachsinn bzw. Idiotie, oft auch mit epileptischen Anfällen verbunden. Anatomisch
entsprechen ihnen sehr verschiedenartige Läsionen: Entwicklungsstörungen und
erworbene Schäden, wie herdförmige Zellausfälle, Narben- und Höhlenbildungen,
Defekte ganzer Lappen und Hemisphären bis zum Verlust des ganzen Großhirns.
Das ungewöhnliche Ausmaß dieser Zerstörungen und die Variabilität der anatomischen Bilder beruht auf der besonderen Empfindlichkeit des noch unreifen
nervösen Gewebes, dessen Differenzierung auch mit der Geburt noch nicht
abgeschlossen ist. Die Ursachen liegen in allgemeinen und lokalisierten Erkrankungen der Frucht von der Bildung des Eies an durch die ganze intrauterine
Entwicklung hindurch bis zur Reifung des Gehirns im frühkindlichen Alter.

Die Entstehung des Begriffs der cerebralen Kinderlähmung ist nur historisch zu verstehen. FREUD hat diese Entwicklung in seiner Monographie (1897) genauer geschildert;
wir folgen hier seiner Darstellung. Zunächst erweckte die angeborene halbseitige Lähmung
das Interesse. Die erste wesentliche Arbeit darüber stammt von CAZAUVIELH (1827). Er
gab eine klinisch bemerkenswert gute Schilderung und bezog die Verkleinerung einer Hemisphäre, die er als Agenesie bezeichnet, teils auf eine Entwicklungshemmung im Fetalleben
ohne sonstige pathologische Veränderungen, teils auf Gewebsveränderungen (Cysten, Erweichungen), welche die Entwicklungshemmung der Hemisphäre zur Folge haben und durch
einen pathologischen Prozeß unbekannter Art hervorgerufen sind. DUGÈS (1826) nahm als
Ursache eine Encephalitis an, BRESCHET (1831) nur eine Entwicklungshemmung, dagegen
sollte nach LALLEMAND immer eine pathologische Veränderung vorliegen. Die Entdeckung
der sekundären Degeneration nach Großhirnherden (TÜRCK 1851, TURNER 1856) brachte
einen wichtigen neuen Gesichtspunkt. Aus der CHARCOTschen Schule beschrieb COTARD
(1868) die pathologischen Veränderungen bei der „atrophie partielle du cerveau" und unterschied primäre Hirnveränderungen von den sekundären allgemeinen. Die primären waren
1. Plaques jaunes, 2. Cysten und Zellinfiltrationen, 3. Substanzverluste mit Resorption
des erkrankt gewesenen Nervengewebes, 4. sclérose diffuse lobaire; die sekundären bestanden
in der Schrumpfung, der Lappensklerose. Seine Befunde wurden an längst abgelaufenen
Endzuständen erhoben. Als Ursache nahm er Erweichung, Apoplexie, Meningealhämorrhagie,
traumatische Encephalitis an und vielleicht eine primäre Lappensklerose.

---

[1] Die Abbildungen stammen aus dem Max Planck-Institut für Hirnforschung, Neuropathologische Abteilung in Gießen und aus dem Hirnpathologischen Institut der Deutschen
Forschungsanstalt für Psychiatrie in München.

Weiterhin beschäftigte man sich mit der *Porencephalie* (HESCHL 1868). KUNDRAT (1882) sah die Ursache der Substanzverluste in einer anämischen Nekrose infolge unvollständiger Aufhebung der Zirkulation und unterschied kongenitale von später erworbenen; AUDRY (1888) hielt sie für den Endzustand verschiedenartiger Läsionen, JENDRASSIK und MARIE (1885) nahmen eine primäre Sklerose mit Beteiligung der kleinen Gefäße eines arteriellen Gebietes an und einen diffusen sekundären zur Atrophie führenden Degenerationsprozeß, der niemals abgeschlossen ist und mit der begleitenden Epilepsie verknüpft ist, welche durch den Gewebsuntergang unterhalten wird. Ätiologisch kommen Infektionskrankheiten in Betracht mit einer Lokalisation des Krankheitsstoffes in einem Gefäßgebiet.

Zur selben Zeit, als COTARD seine Untersuchungen veröffentlichte, hatte der englische Chirurg LITTLE auf die Bedeutung der mechanischen Geburtsschäden (1853) und besonders auch auf die vorwiegende Beteiligung der Geburtsasphyxie (1862) als Ursache der doppelseitigen Gliederstarre hingewiesen. Er hatte auch schon erkannt, daß bei der allgemeinen Versteifung die Arme meist weniger betroffen sind als die Beine. Seitdem wird dieser Symptomenkomplex als „LITTLEsche Krankheit" bezeichnet. PIERRE MARIE (1886) betonte, daß keine einheitliche Krankheit vorliege und daß verschiedene Läsionen des jugendlichen Gehirns die Lähmungen herbeiführen. HEUBNER (1883) beschrieb sie als Folge einer Hirnembolie, HEINE (1860) bemerkte, daß sie sich an vorangehende Infektionen anschlossen. Als HUGHLINGS JACKSON (1868) die halbseitige Epilepsie beschrieben hatte, wurde von BOURNEVILLE u. a. dieses Krankheitsbild als Initialsymptom der kindlichen Hemiplegie betrachtet. Nachdem BENEDIKT (1868) auf die Beziehungen zur Chorea hingewiesen hatte, ebenso S. WEIR MITCHELL (1874) und RAYMOND (1876), wurde den Bewegungsstörungen besondere Aufmerksamkeit geschenkt, HAMMOND (1871) beschrieb die Athetose als neues Krankheitsbild, CHARCOT und BERNHARD zeigten Übergangsformen zur Hemichorea auf, ebenso GOWERS (1876).

Nachdem die Mannigfaltigkeit der Ursachen erkannt war, wirkte es um so überraschender, daß STRÜMPELL (1885) für die klinische und anatomische Einheit der cerebralen Kinderlähmung eintrat. Er hielt sie für eine akute Encephalitis, die der Poliomyelitis — nur mit anderer Lokalisation — entspreche. Diese Ansicht wurde sehr bald von BERNHARD (1885) und WALLENBERG (1886) widerlegt. Die Diskussion hatte das Gute, daß dieses Gebiet jetzt eifriger bearbeitet wurde: P. MARIE (1885), OSSLER (1888), GIBOTTEAU (1889), SACHS und PETERSON (1890), FREUD und RIE (1891). Die Entwicklung fand einen vorläufigen Abschluß in der Monographie von SIEGMUND FREUD (1897), dem Begründer der Psychoanalyse. Ihr Verdienst besteht vor allem in der klar herausgestellten Erkenntnis, daß es sich um rein klinische Symptomenkomplexe handelt, die weder ätiologisch noch pathologisch-anatomisch einheitlich sind; intrauterine Schäden, Geburtraumen, Meningitiden und Encephalitiden können je nach Lokalisation des bleibenden Schadens die Ursache der Endzustände sein.

Aber FREUD konnte diese Endzustände noch nicht von den chronisch fortschreitenden degenerativen Prozessen, wie spastische Spinalparalyse, HUNTINGTONsche Chorea usw., unterscheiden. Wenn wir diese systematischen Degenerationen sowie ferner die tuberöse Sklerose, die amaurotische Idiotie, die diffuse Sklerose und ähnliche Krankheiten herausnehmen, so behalten wir „eine überragend große Kerngruppe der cerebralen Kinderlähmung sensu strictiori" (THUMS 1939) übrig. Diese definierte IBRAHIM (1931) als „Dauerschäden des kindlichen Gehirns, die durch abgeschlossene, nicht weiter fortschreitende Krankheitsprozesse bedingt sind". SCHOB (1930) spricht kurz von „Endzuständen destruierender Prozesse".

Seit der FREUDschen Monographie haben sich unsere Kenntnisse wesentlich vertieft durch die Aufdeckung der extrapyramidal-motorischen Krankheiten von C. und O. VOGT, die pathologisch-anatomischen Untersuchungen über die Geburtsschäden von PH. SCHWARTZ und über die Bedeutung von Krämpfen für die Entstehung von Hirnschäden von SCHOLZ, die Klärung der Vererbungsfrage von THUMS. Unser Wissen um die Entwicklungsvorgänge und ihre Abweichungen ist bedeutend gefördert worden, wir sind in der Beurteilung der morphologischen Bilder viel weiter gekommen und haben neue Krankheiten kennengelernt. Auf Grund langjähriger Studien gab SCHOB eine unser Gebiet einschließende Darstellung der pathologischen Anatomie der Idiotie (1930), eine spezielle über die cerebrale Kinderlähmung stammt von WOHLWILL (1936). Von neueren Werken sind die Bücher von FORD (1944) und BENDA (1952) zu nennen.

Von jeher bestand der Wunsch, die cerebrale Kinderlähmung in einzelne umschriebene Gruppen aufzuteilen. Wenn wir jetzt auch besser dazu in der Lage sind als früher, so bleiben immer noch genug Fälle übrig, die uns den Begriff unentbehrlich machen. *Das gemeinsame Band aller dieser Krankheitszustände ist das frühkindliche Alter oder richtiger: die Unreife des Zentralnervensystems.* Zum Verständnis der folgenden Abschnitte ist daher eine Vorstellung von dem Zustande des neugeborenen Gehirns erforderlich.

Das Gehirn des Neugeborenen.

Bei der Geburt ist das Gehirn in seiner Form und Struktur angelegt, aber im einzelnen noch nicht fertig differenziert. Die phylogenetisch ältesten Teile

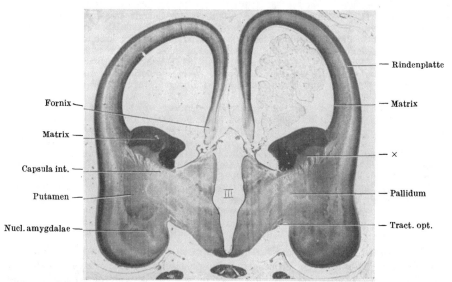

Abb. 1. Frontalschnitt durch Zwischenhirn und Endhirn in der Höhe des caudalen Tuber cinereum (Embryo IV/115). Vergr. 5mal. Im Zwischenhirn ist die Matrix völlig aufgebraucht, die einzelnen Zentren einschließlich Pallidum sind differenziert. Im Endhirn ist dagegen noch eine breite Matrix zu erkennen, die im Bereich der Ganglienhügel eine besondere Breite erreicht. Im Rhinencephalon tritt der Nucleus amygdalae durch seine relative Ausdehnung und deutliche Gliederung hervor. Im Gebiet des Ganglienhügels liegt das Putamen völlig in der Differenzierungszone, vom Nucleus caudatus nur ein ventraler Abschnitt (×).
[Aus Kahle: Dtsch. Z. Nervenheilk. **166** (1951).]

vom Rückenmark bis zum Zwischenhirn — einschließlich des zu ihm gehörigen Globus pallidus — sind am weitesten entwickelt, während das Endhirn (Rinde mit Striatum) noch erheblich im Rückstande ist. Schon am Ende des 4. Schwangerschaftsmonats ist das Lager der indifferenten Bildungszellen an den Ventrikeln (Matrix) für das Zwischenhirn bereits aufgebraucht (Kahle 1951), an den Seitenventrikeln aber recht umfangreich (Abb. 1). Selbst zur Zeit der Geburt sind noch *Reste der Matrix* an der oberen Ecke des Seitenventrikels vorhanden. In ihrem Umkreis finden sich etwa bis zum 4. Lebensmonat kleine Zellhaufen an den Gefäßen der Marksubstanz, welche den Querschnitten derselben kappenartig aufzusitzen pflegen; sie werden oft mit entzündlichen Infiltraten verwechselt (Abb. 2). Diese Befunde sind individuell recht verschieden; bei verzögerter Entwicklung können sie länger bestehenbleiben. Sie differenzieren sich an Ort und Stelle aus; man findet dann später einzelne oder mehrere Ganglienzellen oder Gliazellansammlungen an diesen Gefäßen, ebenso begegnet man Gruppen von Matrixzellen bzw. ihren gliösen Differenzierungsprodukten am

Unterhorn der Seitenventrikel oder im Ammonshorn. Regelmäßig ist bei der Geburt die embryonale Körnerschicht des Kleinhirns vorhanden, die erst gegen den 9. Monat hin zu verschwinden pflegt.

Die *Abwanderung der Ganglienzellen zur Rinde* ist im Endhirn bei der Geburt noch nicht ganz abgeschlossen. Die Zellen liegen anfangs in größerer Zahl in der Marksubstanz, namentlich in den Markstrahlen der Windungen; später sind sie verschwunden. Ihr reichlicheres Vorkommen im vorgeschrittenen Alter kann als Anzeichen einer gewissen Entwicklungshemmung gewertet werden. In der Rinde sind die Ganglienzellen noch klein, ihre vollständige Differenzierung zieht sich länger hin als die Markreife (FILIMONOFF 1925); sie liegen sehr viel dichter zusammen als beim Erwachsenen, erst mit der weiteren Entwicklung der Zwischen-

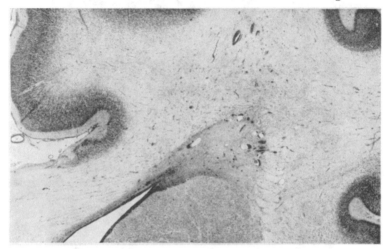

Abb. 2. Matrixreste im Marklager an der Ecke des Seitenventrikels beim Neugeborenen. Thionin. Vergr. 7mal.

substanz, dem „nervösen Grau" (aus Nervenzellfortsätzen und gliösem Gewebe) gewinnen sie den gewöhnlichen Abstand (ALDAMA 1930; vgl. CONEL 1939).

Die *Markscheiden* sind bei der Geburt vom Rückenmark bis zum Globus pallidus einschließlich am weitesten entwickelt (Abb. 3); ihre Anfänge reichen bis in die Zeit des 4. und 5. Schwangerschaftsmonats zurück (FLECHSIG). Im Endhirn sind die Sinnesbahnen und die Pyramidenbahn angelegt, sonst sind das Marklager und die meisten Windungen frei von Markfasern (Abb. 3). „Das Neugeborene ist seelenblind und seelentaub und kann noch keine willkürlichen Bewegungen ausführen" (CLARA). Die Reifung des Markes steht in enger, noch nicht aufgeklärter Beziehung zur Funktion und reicht etwa bis in das 3. Lebensjahr hinein, das gilt sowohl für die letzten Fasern des Marklagers im Großhirn (ROBACK und SCHERER 1935) wie für die peripheren und Hirnnerven (WESTPHAL 1894, 1897).

In enger Anlehnung an die Markreifung vollzieht sich die Bildung der *Glia*. Sie stammt aus derselben Matrix wie die Ganglienzellen, und zwar gilt dies für alle 3 Formen, die Astrocyten, die Oligodendroglia und die Mikroglia. Überall dort, wo die Bildung der Markscheiden bei der Geburt noch im Gange ist, sind neben vereinzelten, bereits ausdifferenzierten Gliazellen zahlreiche unreife Elemente mit großem hellen Kern und einseitig anliegendem, spärlichem Plasma vorhanden, welche in der Längsrichtung der Fasern orientiert sind (ROBACK und SCHERER 1935). Sie enthalten in ihrem Plasma feinste Fetttröpfchen, die sich auch mit Markscheidenfarben tingieren können; es handelt sich also um Aufbaumaterial (GOHRBAND 1923, SCHEYER, WOHLWILL 1925 u.a.). Diese „Myelinisationsgliose" besteht am längsten im Hemisphärenmark und erreicht dort ihren Höhepunkt im 5.—6. Lebensmonat, sie verschwindet aber erst im 2. Lebensjahr vollständig.

Die Astrocyten erwerben die Fähigkeit der Faserbildung auch erst im Laufe der fetalen Periode. Die Mikroglia (= Hortega-Glia) erscheint offenbar am spätesten. Weil ihr dieselbe Funktion zukommt wie den Zellen des reticulo-endothelialen Systems, hat man sie für Abkömmlinge des Mesenchyms gehalten, die während der Entwicklung in das Zentralnervensystem einwandern sollen

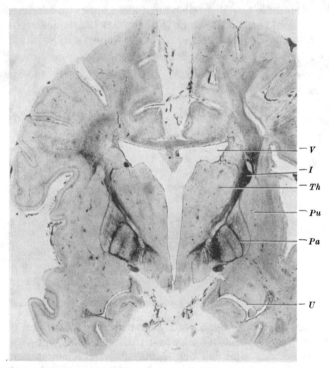

Abb. 3. Frontalschnitt durch das Gehirn eines Neugeborenen. Markscheidenpräparat. Vergr. 1:1,6. *V* Ventrikel; *I* innere Kapsel; *Th* Thalamus; *Pu* Putamen; *Pa* Globus pallidus; *U* Unterhorn des Seitenventrikels. (Aus Hallervorden: Handbuch der inneren Medizin, 4. Aufl., Bd. V.)

(Hortega u. a.). Diese Ansicht wird aber von Metz und Spatz (1924), Pruijs (1927), Rydberg (1932) u. a. nicht geteilt.

Die *weichen Häute* — Arachnoidea und Pia — sind nach Ansicht der meisten Autoren mesenchymaler Abkunft (Weed 1932), doch wird auch die Bildung aus der Ganglienzellleiste vertreten (Oberling 1922), aus welcher die Schwannschen Zellen der peripheren Nerven stammen (vgl. Hörstadius 1950).

Diese Andeutungen müssen hier genügen. Ihre Kenntnis ist zum Verständnis der morphologischen Veränderungen unerläßlich. Mindestens so wichtig aber ist die Berücksichtigung des allgemeinen *Stoffwechsels*, der fetalen Blutzusammensetzung, des größeren Wassergehaltes — dies alles hat ebenfalls seinen phylogenetisch vorgeschriebenen Werdegang.

Bei der Geburt ist das Gehirn das größte Organ, sein Gewicht verhält sich zum Körpergewicht wie 1:8, beim Erwachsenen beträgt das Verhältnis 1:40. Das Hirngewicht verdoppelt sich im Laufe des 1. Lebensjahres und erreicht das Dreifache des Anfangsgewichtes im 3. Lebensjahr, von da ab ist die Zunahme nur gering. Das stimmt mit den angegebenen Daten der Differenzierung überein.

Mit dem weiteren Wachstum des Gehirns sind auch sicher noch feinere Differenzierungsvorgänge verbunden, welche im wesentlichen mit dem Ende des Körperwachstums abgeschlossen sein dürften, doch ist die *Reifung etwa im 4. Lebensjahre so weit vollendet, daß anatomisch keine wesentlichen Unterschiede mehr mit dem Gehirn des Erwachsenen bestehen.* Die Krankheiten, welche zu Endzuständen der cerebralen Kinderlähmung führen, fallen fast alle in diese erste Lebenszeit.

A. Pathogenese.

1. Allgemeine Pathogenese.

In der Embryonalzeit gehen die Gewebe bei Einwirkung von Schädlichkeiten infolge ihrer mangelnden Differenzierung rasch und reaktionslos zugrunde. Es gibt weder eine Entzündung noch einen Abbau durch Körnchenzellen oder eine Narbenbildung wie beim Erwachsenen; zudem ist der Anfall an Material sehr gering und die Resorption kann auf humoralem Wege vor sich gehen. So bleiben keine Spuren zurück, die gesunden Teile legen sich aneinander, so daß dadurch eine Aplasie vorgetäuscht wird (*Reaktionsweise des unreifen Nervengewebes,* SPATZ 1920). Je weiter die Entwicklung fortschreitet, um so mehr nehmen die Reaktionsmöglichkeiten zu. Nach RÖSSLE ist erst im 5. Monat mit einem Auftreten von Leukocyten zu rechnen, mit einer echten Entzündung erst im 6.—7. Monat. Die *Differenzierung* erfolgt *in den phylogenetisch älteren Teilen früher* als in den jüngeren, deshalb muß bei der Beurteilung der Befunde stets das *Entwicklungsstadium der betroffenen Abschnitte berücksichtigt* werden. Gegen Ende der Fetalperiode ist die Reifung so weit fortgeschritten, daß Rückenmark und Hirnstamm wesentlich resistenter sind als das noch unfertige Endhirn, welches um die Zeit der Geburt immer noch am empfindlichsten ist und daher bei schwerer Schädigung fast restlos verschwinden kann. Manche Widersprüche in der Beurteilung der Reaktionsweise des Nervengewebes finden in der Nichtbeachtung des phylogenetischen Alters der einzelnen Hirnteile ihre Aufklärung.

Von der Befruchtung des Eies an und mit Beginn der Entwicklung können wir von einer Erkrankung der Frucht sprechen. Die Folgen für das Kind richten sich nach dem Zeitpunkt, in welchem die Schädlichkeit einwirkt.

Wenn die Frucht nicht von vornherein abstirbt, so entstehen bei einer Störung bis etwa zum 3. Monat, d. h. während der Embryogenese, schwere Mißbildungen meist der ganzen Körperanlage, welche für unsere Betrachtung ausscheiden. Später in der Zeit der Organbildung und Differenzierung (Fetogenese) gibt es weniger eingreifende Entwicklungsstörungen, z. B. Anomalien des Hirnrindenbaues nach Anlage des Endhirns, und schließlich in der zweiten Hälfte der Fetalzeit mit der *fortschreitenden Reaktionsbereitschaft des Gewebes* mehr und mehr Defekte und Narben, wie man sie aus der Pathologie des Neugeborenen kennt. Dieser Übergang ist ein ganz allmählicher und die Läsionen sind örtlich verschieden, entsprechend der genetisch bedingten Reihenfolge der Organdifferenzierung. So kann also die gleiche Schädigung in einem Teil des Zentralnervensystems Cysten und Narben, in einem anderen aber nur Entwicklungsstörungen hervorrufen.

Dies zeigt eine eigene Beobachtung: Eine Frau beging im 5. Monat der Gravidität einen Suicidversuch mit Leuchtgas, wurde aber gerettet; das Kind wurde zur rechten Zeit geboren. Es war tetraplegisch und starb am Ende des 1. Lebensjahres an Diphtherie. Im Gehirn fand sich eine doppelseitige Einschmelzung des Pallidums und zum Teil auch des Striatums und Thalamus mit einem Defekt in der inneren Kapsel, außerdem aber eine symmetrische, echte Mikrogyrie der Hirnrinde ohne Narbenbildung (Abb. 4). Beide sind auf die gleiche Ursache, den O_2-Mangel bei der CO-Vergiftung der Mutter, zurückzuführen (HALLERVORDEN 1949).

Eine scharfe Trennung zwischen einer Entwicklungsstörung der späteren Fetalzeit und Läsionen, die zu den Endzuständen der cerebralen Kinderlähmung Veranlassung geben, läßt sich also nicht durchführen. Solange die Formbildung des Organs noch nicht abgeschlossen ist, versucht der Organismus einen Gewebsausfall aus dem noch vorhandenen Bildungsmaterial zu ersetzen, was wohl nur selten vollständig gelingt. So entstehen die Anomalien, die wir kurz als Mißbildung bezeichnen, wie z. B. im Falle der Mikrogyrie. Ist aber das Bildungsmaterial verbraucht, dann führt der Defekt, wenn das Gewebe schon dazu fähig ist, zur Bildung einer Narbe (Ulegyrie) oder, wenn der Ausfall zu groß ist oder das Stützgewebe durch die Schädlichkeit mitbetroffen wurde, zur Cyste.

So hängen die entstehenden Veränderungen einesteils von dem *Zeitpunkt der Schädigung* ab, anderenteils von der Art der Störung, so daß verschiedene Ursachen zu gleichartigen pathologisch-anatomischen Veränderungen führen können, aber die gleiche Ursache zu verschiedenen Zeiten auch andere histologische Bilder hervorrufen muß. Das gilt für die ganze Zeit des intrauterinen Lebens und danach bis zur Ausreifung, deren Grenzen wir für unser Gebiet etwa in das 4. Lebensjahr zu setzen haben. Während in der Fetalzeit Krankheiten der Mutter für das Kind verhängnisvoll werden können, bringt der Geburtsakt seine eigenen Gefahren mit sich, und später sind die Erkrankungen der Säuglingszeit und des frühkindlichen Alters die Ursache der Endzustände (vgl. Fanconi und Zellweger 1949). Aus praktischen Gründen können wir daher alle diese Schädlichkeiten auch in dieser Reihenfolge besprechen: Krankheiten vor, während und nach der Geburt.

Abb. 4. Fetale Kohlenoxydvergiftung. Frontalschnitt in Höhe der vorderen Stammganglien. Thionin. Vergr. 1:1. [Aus Hallervorden: Z. Psychiatr. 128, 290 (1949).]

Vererbung. Von jeher ist es aufgefallen, daß Fälle von cerebraler Kinderlähmung öfter im genealogischen Umkreis von Psychopathen und Schwachsinnigen vorkommen „oder es läßt sich Blutsverwandtschaft der Eltern, Phthise oder Potatorium feststellen" (Ibrahim 1931). Es sind ferner eine größere Zahl von Fällen mit erblicher diplegischer Starre veröffentlicht worden, welche Thums (1939) in seiner Monographie einer sorgfältigen Kritik unterzieht. Es handelt sich dabei einmal um verkannte, langsam progressiv verlaufende Fälle von Systemerkrankungen, wie spastische Spinalparalyse u. dgl., ferner um solche, bei denen an eine erbliche Krankheit der Mutter zu denken ist (enges Becken usw.), und um rein klinische Beobachtungen, die unseres Erachtens erst als gesichert gelten können, wenn ein eindeutiger anatomischer Befund beigebracht ist. Die „7 Fälle von Diplegia spastica infantilis" von Hanhart (1936) (ohne anatomischen Befund) beweisen nach Thums nur, daß „im heutigen Sammelbegriff der cerebralen Kinderlähmung vereinzelte Formen stecken, die genetisch als Morbus sui generis, als Erbkrankheit zu werten sind". Andererseits gibt es beim Status marmoratus klinische Beobachtungen mit ganzen Stammbäumen (Patzig 1936) und erbliche Belastung bei anatomisch verifizierten Fällen: nämlich von Anton (1895): Nervenleiden in der väterlichen und mütterlichen

Familie, ein Bruder mit ähnlichen Bewegungsstörungen; Vogt (Barré) (1920): Bruder des untersuchten Falles hatte Bewegungsstörungen; Oppenheim-Vogt (1920): anatomischer Befund von Mutter und Tochter; Scholz (1924): anatomischer Befund eines Geschwisters, Eltern blutsverwandt, vielleicht gleichartiger Fall in der Aszendenz; Hallervorden (nicht veröffentlicht): Tochter eines Athetotikers. Da der Status marmoratus die Folge kreislaufbedingter Nekrosen aus verschiedenen Ursachen ist, so kann eine Erblichkeit im Sinne einer heredodegenerativen Krankheit nicht vorliegen (Scholz usw. 1938), sondern höchstens eine „Anlage zur Krankheit im Sinne einer verminderten Widerstandsfähigkeit auf Schädigungen verschiedener Art" (Scholz 1924).

Auch die Zwillingsuntersuchungen von Thums sprechen gegen eine Erblichkeit der cerebralen Kinderlähmung. Seine Ergebnisse lauten: „Unter 90 Zwillingspaaren fanden sich 13 eineiige, 33 zweieiige und 44 Paare, von denen der Partner des Ausgangspaarlings ‚klein gestorben' war. Hinsichtlich der cerebralen Kinderlähmung war von den eineiigen Paaren 1 Paar konkordant, während sich 9 Paare völlig diskordant verhielten; 3 Paare zeigten ein klinisches Bild, das man unter dem Begriff einer schwachen Konkordanz einreihen konnte. Von den zweieiigen Paaren waren 2 konkordant, 2 ‚schwach konkordant' und 29 diskordant. Dieses Ergebnis spricht dafür, daß Erbanlagen am Zustandekommen der cerebralen Kinderlähmung keinen maßgebenden Anteil haben." Geburtstraumatische Vorgänge haben dabei „eine nicht unbedeutende Rolle" gespielt.

2. Kausale Pathogenese.

Die Betrachtung der verschiedenen Ursachen und Entstehungsweisen der Folgezustände fetaler und frühkindlicher Hirnerkrankungen soll mit einer Übersicht über die pathologisch-anatomischen Befunde an einem großen Material von Schwachsinn und cerebraler Kinderlähmung eingeleitet werden, das nach der *klinischen* Diagnose ohne Berücksichtigung der Frage der Erblichkeit unter Ausschluß von mongoloider Idiotie, Kretinismus, Lues, Tuberkulose und genuiner Epilepsie gesammelt wurde (Meyer 1949). Die 385 Fälle verteilen sich wie folgt:

1. 31% Schwachsinnige ohne groben anatomischen Befund,
2. 13% reine Entwicklungsstörungen,
3. 3% Entwicklungsstörungen, kombiniert mit Kreislaufstörungen,
4. 40% Kreislaufstörungen,
5. 3% postmeningitische Veränderungen,
6. 10% Verschiedenes.

Man ersieht daraus, welche quantitative Bedeutung den hier interessierenden Hirnbefunden, die vor allem der Gruppe 4 angehören, für das klinische Bild der cerebralen Kinderlähmung und des Schwachsinns zukommt. (Bei der Gruppe 1 handelt es sich hauptsächlich um erblichen Schwachsinn.) Die Statistik von Benda (1952) über 258 Fälle ergibt, soweit vergleichbar, hinsichtlich der Gruppen 2 und 4 gute Übereinstimmung. Dagegen fand Malamud (1952) unter 512 Schwachsinnigen Entwicklungs- und Kreislaufstörungen etwa gleich häufig.

a) Intrauterine Schädigungen.

Die ätiologische Aufhellung fetal entstandener Hirnschäden ist deshalb so schwierig, weil die Reaktionsweise des fetalen Gewebes gegenüber den verschiedensten Noxen relativ einförmig ist und weil die Auswirkungen mütterlicher Erkrankungen auf den Fet klinisch bei Fortdauer der Schwangerschaft kaum beurteilt werden können. So sind die seltenen und interessanten Mitteilungen über ein größeres anatomisches Material von Tot- und Frühgeburten (Grebe 1942, Smith 1948, Sorba 1948) doch nur von begrenztem Wert für die ätiologischen Fragestellungen, weil es hier darum geht, diejenigen Schädlichkeiten zu erfassen, die mit dem Weiterleben der Frucht vereinbar sind. Grebe fand bei einem Zehntel aller Totgeburten und einem Fünftel aller Frühverstorbenen Mißbildungen.

Bei den intrauterinen Fruchtschädigungen kann man vasculäre, toxische, infektiöse und mechanische unterscheiden (Naujoks 1936), wobei diese Reihenfolge ihrer praktischen Bedeutung ungefähr entspricht. Hier ist vorauszuschicken, daß pathogenetisch auch die 3 letzteren zumeist durch die begleitende Alteration der fetalen Blutzirkulation wirksam sind.

Was die unmittelbaren *Kreislaufstörungen* betrifft, so ist zu bedenken, daß der Sauerstoffbedarf des fetalen Gehirns entsprechend seiner funktionellen und histologischen Unreife wesentlich niedriger liegt als beim ausgereiften Zentralnervensystem (Opitz und Schneider 1950). Zahlreiche, vor allem amerikanische Experimente haben an neugeborenen Tieren eine erstaunlich große Toleranz gegenüber Sauerstoffmangel festgestellt (Fazekas, Alexander und Himwich 1941, Windle und Becker 1942). Dies hängt offenbar damit zusammen, daß „der Fet" — vor allem im letzten Schwangerschaftsdrittel — „ein an Sauerstoffmangel angepaßtes Lebewesen" ist (Opitz 1939). Der Sauerstoffmangel des Feten entspricht einem Aufenthalt in Höhen von 8000—10000 m. Dies wird hauptsächlich durch einen niedrigeren Stoffwechsel und eine höhere O_2-Affinität der fetalen Erythrocyten ausgeglichen (Opitz). Dennoch ist es nach übereinstimmender Erfahrung der Neuropathologen nicht zweifelhaft, daß hypoxämische Hirnschäden des Feten, die überlebt werden und an ihren Residuen erkennbar bleiben, häufig vorkommen (Huber 1951, Courville 1952 u. a.). Diese können durch *Allgemeinstörungen des mütterlichen Kreislaufs* (Anämie, Schreiber 1940, in der Gravidität dekompensiertes Herzvitium) hervorgerufen werden. Wichtig sind auch CO-Vergiftungen der Mutter durch Suicidversuche mit Leuchtgas (Maresch 1929, Neuburger 1935, Hallervorden 1949). Hinzu kommen *Störungen des Placentarkreislaufs,* wie sie bei größeren Placentarinfarkten oder vorzeitiger Ablösung der Placenta gegeben sind. Hier schließen sich Zirkulationsstörungen durch intrauterine *Nabelschnurumschlingung* und schließlich jene Störungen an, die den Blutkreislauf des Fetus selbst betreffen, wie *angeborene Herzfehler* oder grobe Mißbildungen an den großen Gefäßen (Armand-Delile und Lesobre 1935, Mossberger 1949). Die Nabelschnurumschlingungen mit Behinderung des Carotidenkreislaufs, vielleicht unter Bildung intraarterieller Thromben (Becker 1949b), wird besonders für die Entstehung der (symmetrischen) Hydranencephalie angeschuldigt (Lange-Cosack 1944, Moser 1952). Norman (1936) beschreibt eine doppelseitige lobäre Sklerose als Folge einer gegen Ende der Gravidität durchgemachten Thrombose des oberen Längsblutleiters.

Mit *toxischen* Fruchtschädigungen ist immer dann zu rechnen, wenn eine schwere Erkrankung, eine eingreifende Therapie oder Schädigung des mütterlichen Organismus stattgefunden hat. Hier sind zu nennen: Röntgen- oder Radiumbestrahlung (Zappert 1927, Goldstein 1930, Johnson 1938, Engelhart und Pischinger 1939, Pauly 1941, Stettner 1944), Neosalvarsanbehandlung der Mutter während der Schwangerschaft (Noetzel 1948), Abtreibungsversuche (Ostertag 1936, Windorfer 1954) sowie alle Erkrankungen der Mutter, die mit einem stärkeren Eiweißzerfall einhergehen. Schachter (1949) sah eine schwere Störung der geistigen Entwicklung des Kindes, nachdem die Mutter während der Gravidität eine Malaria durchgemacht hatte. Ostertag (1936) hat einen fetalen Hirnschaden bei mütterlicher Pilzvergiftung beschrieben. Außerdem sind die verschiedenen Schwangerschaftstoxikosen (Hydrops gravidarum, Hyperemesis, Nephropathie, Eklampsie) (Entres 1925, Naujoks 1936, Kroll 1950, Sierig 1950, Wilke und Mitarbeiter 1955), und der Diabetes mellitus (Gilbert und DUNLOP 1949, KLOOS 1951/52) als Schädigungsmöglichkeiten für das fetale Gehirn hervorzuheben. Die Arbeit von SCHACHTER (1950) über Graviditätstoxikosen und die neurologisch-psychiatrische Prognose der Kinder weist unter Berücksichtigung der neuesten Literatur auf diese keineswegs sehr seltene kindliche Hirnschädigung hin. Nach experimentellen, klinischen und anatomischen Erfahrungen wird man vielleicht auch mit cerebralen Schäden durch allgemeine Unterernährung oder Vitaminmangel der Mutter in der Gravidität zu rechnen haben (SCHRÖDER 1930, KING 1945, VAN CREFELD 1947, HOSEMANN 1947).

Die *infektiösen* Schädigungen können den Fet auf 3 Wegen erreichen: durch Amnioninfektion, placento-fetale und durch hämatogene Infektion (SORBA 1948). Der Modus der Amnioninfektion liegt vor allem bei Abtreibungsversuchen vor (Fruchtwasserinfektion — STAEMMLER 1951). Die placento-fetale Infektion dürfte ein sehr seltenes, bei lokalen Erkrankungen der Placenta (Tuberkulose — J.BECKER 1945 und 1948) verwirklichtes Vorkommnis sein, das wohl regelmäßig zum Tod der Frucht führt.

In der überwiegenden Mehrzahl haben wir es wohl mit einer hämatogenen Infektion zu tun. Virusinfektionen der Mutter können im ersten Drittel der Schwangerschaft zu „Mißbildungen"[1] des Kindes führen, indem das Virus in die Zellen der Frucht eindringt. Dies wurde zuerst durch GREGG (1941) anläßlich einer Rötelepidemie in Australien erkannt und bald in allen Ländern bestätigt (BOURQUIN). Die Kinder haben Katarakt, Herzfehler, Taubheit, Störungen der Zahnbildung usw. (TÖNDURY). Ähnliche Beobachtungen sind auch bei anderen Viruskrankheiten gemacht worden, z. B. beim Speicheldrüsenvirus mit Mikrocephalie und Mikrogyrie (LINZENMEIER, WYATT und TRIBBY, DIEZEL, HAYMAKER und Mitarbeiter), bei Hepatitis epidemica der Mutter in der 4.—6. Schwangerschaftswoche mit Hirn- und Augenschädigung des Kindes (HELLBRÜGGE), bei Varicellen (LAFORET und LYNCH), bei Herpes (WILDI 1952) usw. (WERTHEMANN, vgl. auch das Kapitel über die *Entwicklungsstörungen*). Andererseits ist vor einer Überschätzung der Virusinfektion in der Gravidität für die Entstehung von Entwicklungsstörungen der Frucht zu warnen (FOX, KRUMBIEGEL und TERESI 1948).

Dagegen werden Bakterien und Protozoeninfektion einschließlich Lues, Toxoplasmose u. a., wenn überhaupt, nicht vor dem 3. Monat wirksam.

Wie weit bei mütterlichen Erkrankungen die Erreger auf die Frucht übergehen, wie weit es sich auch hier nur um eine toxische Fruchtschädigung handelt, ist deshalb schwer zu sagen, weil das fetale Gehirn bis zum 6. Monat (RÖSSLE 1923) oder bis zur Geburt (WOHLWILL und BOCK 1933, ZOLLINGER 1945) zu einer echten Entzündung noch nicht fähig ist[2]. Dadurch erklärt sich auch, daß — von der Toxoplasmose abgesehen — die Zahl der Beobachtungen fetaler Encephalitiden außerordentlich klein ist (MARINESCO 1921, SCHLEUSSING 1935, EICKE 1943).

Als *mechanische* Schädigungen der Frucht sind Traumen der Mutter und alle raumbeengenden Veränderungen zu nennen [Uterus bicornis, Fruchtwassermangel, Haltungsanomalien (ERNST 1942, KINNUNEN 1947), Zwillingsschwangerschaften (OSTERTAG 1936)]. Dazu gehören auch die Amnionsstränge (ILBERG 1940), die man früher für viele grobe Mißbildungen der Frucht verantwortlich machte. Es hat sich jedoch gezeigt, daß man ihre Bedeutung weit überschätzt hat (NAUJOKS 1936, VELLGUTH 1937, GRUBER 1938, GROSSER 1938).

Anhangsweise sei noch auf die gerade für den Mongolismus vielfach diskutierte Bedeutung des *Alters der Mutter* hingewiesen (SCHEER 1927: Implantations-

---

[1] Über die Definition der „Mißbildung" s. DIEZEL (1954).
[2] Hier ist nur der Nachweis des Erregers im fetalen Organismus beweisend.

störungen in der veränderten Uterusschleimhaut; Geyer 1939, 1941 und 1952: ovarielle Insuffizienz). Neue Untersuchungen von Büchi (1950) und Hegnauer (1952) zeigen, daß die Zahl der Mißgeburten mit zunehmendem Gebäralter auffallend ansteigt. Lüers und Lüers (1954) haben eine Segmentierungshemmung der Leukocyten bei Mongolismus beschrieben.

b) Geburtsschäden.

„Die Geburtsverletzungen des Kindes, die Frage, ob Fälle von Idiotie, Schwachsinn und Epilepsie wirklich in einem nennenswerten Prozentsatz auf ein Geburtstrauma zurückgeführt werden können, ist trotz reichlich aufgewandter Mühe noch immer nicht befriedigend zu beantworten" (Naujoks 1934). Diese Worte spiegeln die sehr unterschiedliche Beurteilung der cerebralen Schädigungsmöglichkeiten unter der Geburt wieder. Unter dem Einfluß der anatomischen Untersuchungen an Neugeborenen und Säuglingen von Ph. Schwartz (1924, 1925, 1927) wurde die Bedeutung des Geburtsschadens für cerebrale Defektzustände ganz in den Vordergrund gestellt, wobei man Markschädigungen durch venöse Abflußstörungen (Thrombosen — Marburg und Casamajor 1944) oder durch Zerreißung der großen Abflußwege, vor allem der Venae terminales und der Vena magna Galeni im Auge hatte. Später hat Hirvensalo 1949 auf das Vorkommen von Hirnstammblutungen hingewiesen. Häufig treten diese jedoch erst agonal auf und sind dann für die Entstehung kindlicher Cerebralschäden nicht anzuschuldigen. Dabei wird die verlängerte Blutgerinnungszeit des Neugeborenen für das Zustandekommen der cerebralen Blutungen unter der Geburt verantwortlich gemacht (Ford 1927). Patten und Alpers (1933) haben bei rechtzeitig Geborenen und Frühgeburten subependymäre Blutungen beobachtet, die die Matrix schädigen und so zu erheblichen Entwicklungsstörungen führen können. Hier sind auch die von Norman und McMenemey 1955 beschriebenen Adhäsionen zwischen Balken und Caudatum zu erwähnen, die möglicherweise durch Blutungen unter der Geburt entstehen. Auch subdurale und subarachnoidale venöse Blutungen kommen vor (Bonner 1947). Als dann post partum vorgenommene Liquoruntersuchungen zwar häufig Blutbeimengungen im Liquor ergaben, entsprechende Katamnesen jedoch cerebrale Spätfolgen meist vermissen ließen, wurde man zurückhaltender in der Einschätzung des Geburtstraumas (Ullrich 1929, Rydberg 1930, Catell 1932 und 1933, Liebe 1940). Der Ansicht Penroses (1949) von einer ganz untergeordneten Bedeutung des Geburtsschadens wird man sich allerdings nicht anschließen können. Dieser Autor fand unter 1280 kindlichen Hirnschäden („defectives") nur 11 sichere Geburtsschäden. Zu ähnlichen Ergebnissen kamen Campbell und Mitarbeiter 1950, Craig 1952 sowie Keith und Mitarbeiter 1953. In der oben angeführten Statistik (Meyer 1949, s. S. 201) dagegen betrugen die Fälle von Geburtsschädigung etwa 15%. Zu dem gleichen Prozentsatz kam Ford (1939) bei der Untersuchung von 235 Fällen spastischer Diplegie. Bei Benda (1945) waren unter Idioten 30—35, unter Imbezillen nur 8% Geburtsgeschädigte.

Die Bedeutung des Geburts*traumas* im engeren Sinne, also der mechanischen Gewalteinwirkung auf den Schädel, ist dagegen mit Fortschreiten der geburtshilflichen Technik sehr zurückgetreten. Praktisch am wichtigsten sind hier als Folge von Schädelkompressionen durch Anwendung der Zange (besonders der sog. hohen Zange — Sturma 1949) Tentorium- und gelegentlich auch Falxrisse (Beneke 1910, Patten 1931, Brander 1937 u. a.). Fest steht, daß derartige Schädigungen ebenso wie die, welche Schwartz beschrieben hat, meist nicht überlebt werden. Sie kommen daher als Ursache des Schwachsinns und der cerebralen Kinderlähmung weniger in Betracht.

Dagegen spielt für die kindlichen Defektzustände die *Geburtsasphyxie* eine sehr bedeutende Rolle (AKERRÉN 1947, FABER 1947, AREY 1949). Es handelt sich dabei um hypoxämische Schäden auf der Grundlage funktioneller Kreislauf-störungen, doch haben die Tierexperimente von WINDLE (1944) und seinen Mit-arbeitern gezeigt, daß neben der Asphyxie auch ein Hirnödem wirksam ist. Die zur Zeit der Geburt im Gange befindliche Markscheidenentwicklung bedingt eine ganz besondere Empfindlichkeit dieser nervösen Strukturen gegenüber ödema-töser Durchtränkung.

Zunächst ist hier auf die außerordentliche *Vulnerabilität der Frühgeborenen* gegenüber den Gefahren der Geburt hinzuweisen (LANGE 1929, CAPPER 1929, ECKHARDT 1930, HEYMAN 1938, CZERNY 1942, YLPPÖ 1919 und 1942 u. v. a.). In einem Material von 122 Schwachsinnigen fanden RASANOFF und IMMAN-KANE (1934) 21%, GUSTAVSON und GARCEAU (1941) unter 185 Little-Kranken 30%, FORD (1939) unter 325 spastischen Diplegien 33% Frühgeburten. Hinzu kommt die häufig eintretende Schädigung des Atemzentrums (lange Apnoe — SCHREIBER 1940, TARDIEU und TRÉLAT 1954) und die besondere Blutungsneigung der Frühgeborenen. So beobachtete CAPPER (1929) in seinem Material von Früh-geburten mit geringen Blutungen katamnestisch 5% Epileptiker, 5% Little-Kranke und 7% Idioten.

Als Ursache der cerebralen Geburtsschäden werden von SCHWARTZ die Druck-differenz zwischen Uterusinhalt und Außenwelt, von RYDBERG (1930) Blutdruck-schwankungen während jeder Wehe, von BENEKE (1940) der „Liquorstoß" angeführt. Hinzu kommen besondere Belastungen der Frucht durch pausenlose Wehen (NEVINNY 1936), durch eine abnorme Beschleunigung (unter 12 Std — GUSTAVSON und GARCEAU 1941) oder Verzögerung der Geburt bei Wehenschwäche oder engem Becken (FORD 1927). Dabei ist auch an die Gefährdung des Kindes durch eine verlängerte Austreibungsperiode in Beckenendlage (BRANDER 1937, YLPPÖ 1942) oder Wendung (KRUKENBERG 1930), durch mehrfache Nabelschnur-umschlingung oder durch Respirationsversuche im Geburtskanal (Fruchtwasser-aspiration) besonders zu erinnern. Wenn BRANDER (1938) über geistige und neuro-logische Defekte bei Kaiserschnittkindern berichtet, so wird dies wohl nicht auf den operativen Eingriff, sondern auf den brüsken Übergang in die atmo-sphärischen Verhältnisse zurückgeführt werden müssen und auch auf die Ein-wirkung der Narkose (RUSS und STRONG 1946, HINGSON und Mitarbeiter 1948, PUTNAM 1949). Anaesthetica und Analgetica wirken auf das Atemzentrum ein und sind mit wirksam bei der Entstehung einer Apnoe; auf ihre Gefährlichkeit haben vor allem SCHREIBER (1938) und BUSHNELL (1948) hingewiesen.

Die *Hypoxydoseschäden* spielen unter den natalen Schädigungsmöglichkeiten die zahlenmäßig wichtigste Rolle. Das Vorliegen eines derartigen Geburtsschadens kann jedoch aus dem morphologischen Bild des Endzustandes allein nicht mit Sicherheit erschlossen werden. So können auch infektiöse und toxische Schädi-gungen zu ähnlich schweren cystischen Gewebsdefekten führen, wie sie bei der Geburtsasphyxie vorkommen (DIAMOND 1934). Immerhin scheinen Gefäßver-änderungen in Form multipler Thrombosen der subarachnoidalen Arterien (MEYER 1949) bei hypoxämischen Geburtsschäden besonders häufig zu sein. — Handelt es sich nicht um Hypoxydoseschäden, sondern um die von SCHWARTZ beschriebenen venösen Abflußstörungen, so sind die Gewebseinschmelzungen weitgehend auf die Marksubstanz beschränkt. Es werden auch Kombinationen, Blutungen im Vena terminalis-Gebiet und corticale Ulegyrien (als Sauerstoff-mangelschaden) beschrieben (NORMAN 1944). Damit sind aber nur 2 geläufige Bilder als Geburtsschaden skizziert. Die vielfältigen vasculären Schädigungs-möglichkeiten lassen auch unter der Geburt alle Arten von cerebralen Kreislaufschäden zur Beobachtung kommen. Mackenzie (1933) hat einen Gewebsdefekt im linken Corpus restiforme als Folge einer Geburtsschädigung beschrieben. Lokalisatorisch sind die Schäden nicht selten in Grenzgebieten oder in besonders Sauerstoffmangel-empfindlichen Grisea angeordnet, während isolierte Ausfälle im Bereich eines Arterienastes nicht zum typischen Bild des Geburtsschadens gehören.

Auf einen eigenartigen Geburtsschaden haben Earle, Baldwin und Penfield (1953) hingewiesen. Die Schädelkompression bei der Geburt bewirkt leicht eine Einschnürung des Gehirns durch den freien Rand des Tentoriums [wie beim Erwachsenen die Zisternenverquellung (Spatz) bei raumbeengenden Prozessen], wobei die vordere Chorioidealarterie, aber auch die Arteria cerebri media und posterior abgeklemmt werden können. Dadurch kommt es zu Gewebsnekrosen, teils einzelner Gyri oder des ganzen Lappens, des Uncus oder des Ammonshorns, mit Zellausfällen und gliöser Sklerose („incisural sclerosis"). Die Folgen sind epileptische Anfälle, die bekanntlich gerade vom Schläfenlappen durch geringfügige Läsionen leicht auslösbar sind. In 157 Fällen von Schläfenlappenanfällen fanden die Autoren 100mal (= 63%) diese Sklerose, in den übrigen 37% lagen andere Prozesse vor. Wichtig ist, daß diese Anfälle nicht bloß bis ins Erwachsenenalter sich fortsetzen, sondern auch erst längere Zeit nach der Geburt auftreten können.

c) Postnatale Schädigungen.

Kernikterus. Mit der Entdeckung des Rh-Faktors ist die Genese der fetalen Erythroblastosen grundsätzlich geklärt worden[1]. Für das Problem der frühkindlichen Hirnschädigung ist praktisch nur der Kernikterus bei Icterus neonatorum gravis von Bedeutung (Cappell 1947). Yannet und Liebermann (1946) haben die Möglichkeit erwogen, ob Rh-Unverträglichkeit allein, ohne fetale Erythroblastose, ätiologisch für den „undifferenzierten Schwachsinn" in Frage kommt (ähnlich auch Wolff 1949). Nach den neuen Untersuchungen von Gilmour (1950) erscheint dies jedoch wenig wahrscheinlich. Zum Verständnis der Folgezustände des Kernikterus muß vorausgeschickt werden, daß es sich im akuten Stadium um die gallige Imbibierung vorher hypoxydotisch geschädigter Nervenzellen, also um eine Supravitalfärbung handelt (H. Jacob 1948). Ein Icterus gravis mit den gleichen Folgen wie bei dem durch Erythroblastose bedingten kann durch Gallengangsatresie, infektiöse oder toxische Hepatitis zustande kommen (Dublin 1949). Der anatomische Befund bei der Encephalopathia posticterica infantum (Pentschew 1948) unterscheidet sich — von topographischen Eigentümlichkeiten abgesehen — nicht nennenswert von narbigen Veränderungen nach unvollständiger Gewebsnekrose anderer Ätiologie.

Die *Klinik* der Encephalopathia posticterica infantum ist charakterisiert durch Tonusveränderungen (häufig Hypotonie mit Spasmus mobilis), extrapyramidale Bewegungsstörungen (choreatisch-athetotische Hyperkinesen oder Akinesen), Koordinationsstörungen (Gang, Sprache), Taubheit (Dublin 1951) und durch selten zu vermissende Intelligenzdefekte (Zimmermann und Yannet 1934/35, Pentschew). Auch Diplegien kommen vor (Alajouanine und Nehlil 1949). Von Zimmermann (1938) sowie von Dechamps und van Bogaert (1948) wurde über Krampfanfälle berichtet. Über die Todesursachen vgl. H. Patzer und Stech (1955).

Über die *Häufigkeit* der Encephalopathia posticterica infantum gibt es bisher kaum genauere Angaben. Klingmann und Carlson (1937) fanden in der Anamnese von 6675 geistig defekten Kindern 45mal einen schweren Ikterus. Aidin und Mitarbeiter (1950) fanden unter 239 kurz nach der Geburt verstorbenen Kindern 25 Frühgeburten mit Kernikterus. Die anatomisch untersuchten Fälle von Encephalopathia posticterica infantum sind in den umfassenden Darstellungen von Pentschew (1948) und von Dereymaker (1949) enthalten[2]; außerdem Eckstein (1933), Dechamps und van Bogaert (1948), Dublin (1949, 1951),

---

[1] In seltenen Fällen kann statt der Rh- auch eine ABO-Inkompatibilität zu fetaler Erythroblastose führen (Gasser 1951).

[2] Siehe ferner Bertrand, I., M. Bessis u. I. M. Segarra-Obiol: L'ictère nucléaire. Paris: Masson & Cie. 1952.

MERIWETHER, HAGER und SCHOLZ (1955). Leider sind die neurohistologischen Untersuchungen oft unvollständig geblieben. Der erste anatomisch untersuchte Fall stammt von BURGHARD und SCHLEUSSING (1933).

Makroskopisch findet man bei einer Überlebensdauer von etwa 6 Monaten noch eine grau-gelbe Verfärbung einzelner Gebiete. Nach dieser Zeit ist bei Betrachtung mit bloßem Auge keine Veränderung oder eine mäßige Schrumpfung des Globus pallidus wahrzunehmen. Zur *Topographie* der Hirnveränderungen: am stärksten betroffen sind Pallidum, Corpus subthalamicum (VAN BOGAERT 1947) und Ammonshorn, dann folgen Striatum, Dentatum und untere Oliven; vereinzelt sind Veränderungen in Hemisphärenmark, Opticus, Substantia nigra, Nucleus ruber und Hypothalamus beschrieben worden. Sehr auffallend ist, daß bei der Encephalopathia posticterica infantum eindeutige Veränderungen am Boden des 4. Ventrikels, d. h. an den Hirnnervenkernen bisher kaum beobachtet wurden, was sicher zum Teil nur technische Gründe hat. So diskrete Befunde können meist nur durch die HOLZERsche Gliafaserfärbung erfaßt werden. Im Fall von DECHAMPS und VAN BOGAERT (1948) fand sich außerdem eine intensive Gliose der Hinterstränge mit Atrophie der Vorderhörner im Hals- und oberen Brustmark. Auf jeden Fall ergibt sich im Vergleich mit den frischen Befunden beim Kernikterus noch manche Diskrepanz. Die meisten Untersucher, vor allem DEREYMAKER (1949), betonen die erhebliche Variabilität der Befunde hinsichtlich ihrer Lokalisation und Intensität. So war z. B. in dem Fall WESTRIENEN-DE LANGE (1938) das Striatum stärker betroffen als das Pallidum.

Die *Histologie* der Encephalopathia posticterica infantum ist durch Veränderungen am Nervenzellbestand, an der Glia und an den Markscheiden gekennzeichnet. Überblickt man die feingeweblichen Befunde, so ergibt sich, daß etwa nach einem Jahr ein narbiger Endzustand erreicht ist (PENTSCHEW 1948). Nur bei DECHAMPS und VAN BOGAERT (1948) scheint der Entmarkungsprozeß (nach $2^1/_2$ Jahren) noch im Gange gewesen zu sein. Der Nervenzellbestand ist in den betroffenen Gebieten weitgehend dezimiert. Oft fehlen im Pallidum oder Corpus subthalamicum nahezu sämtliche Ganglienzellen, im Striatum sind bald mehr die großen (ZIMMERMANN und YANNET 1935), bald die kleinen Nervenzellen (WESTRIENEN-DE LANGE 1938) betroffen. Die noch erhaltenen Exemplare sind häufig geschrumpft. Entsprechend ist es zu einer intensiven faserigen Gliose unter Ausbildung zahlreicher Astrocyten gekommen. Die Markscheidenfärbung deckt schließlich in den geschädigten Bezirken eine intensive Entmarkung auf, vor allem im Globus pallidus und Corpus subthalamicum. Dabei fehlen Regenerationsvorgänge nach Art des Status marmoratus vollkommen. Stehen die Veränderungen am Globus pallidus schon makroskopisch bei der Encephalopathia posticterica infantum im Vordergrund, nehmen wir den hervorragenden Befund seiner Entmarkung hinzu, so ergibt sich daraus heute die Folgerung, daß der von C. und O. VOGT (1920) erstmals beschriebene *Status dysmyelinisatus* ein zentrales Gewebssymptom der Encephalopathia posticterica infantum sein kann.

Krampfschäden. Nachdem schon WOHLWILL (1931) auf die Entstehung von Hirnläsionen durch Krampfanfälle aufmerksam gemacht hatte, konnte SCHOLZ (1933) auf Grund der bekannten Befunde an den Gehirnen erwachsener Epileptiker (BRATZ 1897, SPIELMEYER 1927) und an Hand entsprechender frischer Veränderungen im Status epilepticus Verstorbener zeigen, daß der generalisierte Krampfanfall gleich welcher Genese zu morphologisch faßbaren hypoxämischen Gewebsveränderungen zu führen vermag. Es handelt sich bei den Hirnveränderungen um unvollständige Gewebsnekrosen, die bevorzugt in Ammonshorn, Thalamus, Kleinhirnrinde und Dentatum, Striatum und vor allem im Occipitalhirn (unter Schonung der Area striata) zu beobachten sind. Gefäßveränderungen fehlen dabei. Im einzelnen wird auf das Epilepsie-Kapitel verwiesen.

Dem epileptischen Krampfanfall ist bei der Entstehung der frühkindlichen Hirnschäden eine wichtige Rolle zuzumessen (Scholz 1938, 1951, Zimmermann 1938). Die große Krampfneigung der Kinder schon bei banalen Infekten (Zahnfraisen, Fieberkrämpfe — Lennox 1949, Lenggenhager 1953) und akuten intestinalen Erkrankungen (Patrick und Levy 1924) ist bekannt (Soltmann 1907, Thom 1927, Petermann 1934). Stauder (1939) hat geradezu von einer physiologischen Krampfbereitschaft des Kindes gesprochen. Die akuten infantilen Hemiplegien werden nach den Untersuchungen von Wyllie (1949) in $^2/_3$ der Fälle durch Anfälle eingeleitet. Dabei führen vor allem Anfallsserien (Status epilepticus) zu bleibenden Hirnveränderungen. So hat neben Bielschowsky (1916) vor allem Scholz (1947, 1951) eindrucksvolle Fälle mitgeteilt, bei denen es nach gehäuften Anfällen zu neurologischen Ausfallserscheinungen gekommen war, die sich wieder zurückbildeten, um dann nach einer weiteren Anfallsserie stationär zu bleiben (ebenso Biro 1938, Zimmermann 1938). Entsprechend der klinischen Erfahrung, daß jugendliche Epileptiker rascher verblöden als Kranke, die erst in späteren Jahren epileptische Anfälle bekommen, nimmt man von seiten der Neuropathologen allgemein an, daß das kindliche Gehirn gegenüber Sauerstoffmangel — und auch beim Krampfanfall handelt es sich um eine Hypoxydose — besonders empfindlich ist. Die Befunde von Scholz sind durch klinisch-katamnestische Untersuchungen zumeist bestätigt worden (Thiemich und Birk 1907, Patrick und Levy 1924, Wille 1931 und Schippers 1937). Praktisch scheint unter den Kinderkrämpfen die Spasmophilie den wichtigsten Faktor in der Ätiologie der Krampfschäden darzustellen (Voigt 1942).

In Übereinstimmung mit dem morphologischen Bild des akuten Krampfschadens werden wir also bei entsprechender Vorgeschichte Hirnveränderungen dann als Krampffolgen auffassen, wenn grobe, cystisch organisierte Gewebsdefekte und materielle Gefäßveränderungen fehlen, wenn es sich bei den Schäden vielmehr um Restzustände unvollständiger Gewebsnekrosen mit rein gliösfaseriger Narbenbildung in typischer Lokalisation (häufig mit Chaslinscher Randgliose) handelt. Scholz hat auch lobäre Sklerosen und Hemisphärenatrophien als Krampffolgen, ihre laminären Ausfälle als Summationseffekte miliarer Herde oder disseminierter Ganglienzellnekrosen angesprochen. Der Status marmoratus des Striatum ist oft ebenfalls ein Krampfschaden (Scholz, Wake und Peters 1938). — Wichtig ist es im übrigen zu wissen, daß Krampfschäden das anatomische Bild eines fetalen oder frühkindlichen Hirnschadens komplizieren können, indem etwa eine geburtstraumatische Hirnschädigung zu Anfällen führt, die nun ihrerseits zusätzliche Hirnveränderungen als Krampfschäden hervorrufen. Damit hängt es auch zusammen, daß allein diejenigen Bilder des nichterblichen Schwachsinns und der cerebralen Kinderlähmung, die mit Anfällen einhergehen, klinisch eine Progredienz erkennen lassen.

Infektionskrankheiten, Encephalitis und Meningitis. Diese spielen in der Ätiologie des frühkindlichen Hirnschadens eine wichtige, zahlenmäßig allerdings schwer abzuschätzende Rolle. Man hat dabei zu unterscheiden zwischen denjenigen Erkrankungen, die als parainfektiöse Encephalitis (Vaccination, Pocken, Masern, Röteln, Varicellen, Mumps) auch das Cerebrum mitbefallen, und solchen, bei denen es nur sekundär zu einem in der Regel hypoxämischen Hirnschaden kommt. Dies wird im Endzustand am pathologisch-anatomischen Bild oft nicht mehr mit Sicherheit zu entscheiden sein, wir bedürfen dazu der Kenntnis von den frischen morphologischen Befunden bei den betreffenden Erkrankungen. Darüber hinaus steht fest, daß die gleiche Allgemeinerkrankung im einen Fall eine Encephalitis, im anderen nur einen Kreislaufschaden hervorrufen kann (z.B. Vaccination).

Bei den infektiösen, nichteitrigen Encephalopathien hat WYLLIE (s. ROLLESTON) (1934) unterschieden: 1. Demyelinisationsprozesse (bei Masern, Pocken, Windpocken, Röteln), 2. toxische Prozesse (bei Scharlach, Keuchhusten, Pneumonie, Streptokokkeninfektionen), 3. vasculäre Prozesse (bei Diphtherie, Scharlach, Keuchhusten). Unter den Infektionskrankheiten spielt zahlenmäßig für die Verursachung von Dauerschäden die *Pertussis* eine wichtige Rolle (FREUD und RIE 1891, NEURATH 1904). Die Untersuchungen von SPATZ und HUSLER (1924), die später in ihren Befunden von NEUBÜRGER (1925), YAMAOKA (1929), HILLER und GRINKER (1930), SINGER (1930) und DOLGOPOL (1941) bestätigt worden sind, haben ergeben, daß es sich bei der sog. Keuchhustenencephalitis nicht um einen entzündlichen Prozeß, sondern um kreislaufbedingte Hirnschäden handelt. In ihrer histologischen Struktur weisen sie keine spezifischen Eigentümlichkeiten auf, sie sind also ohne Kenntnis der Anamnese nicht von anderen funktionellen Kreislaufschäden zu trennen (ZIMMERMANN 1938).

Auf die verschiedene Deutung der Genese der Hirnveränderungen bei Keuchhusten als toxisch bedingte Gewebsveränderungen (SPATZ 1924) oder als Krampfschäden sei nur hingewiesen. Die Annahme NEUBÜRGERs (1925), es handle sich um die Folgen von Luftembolien nach Zerreißung einzelner Lungencapillaren, die neuerdings auch von RÖSSLE (1944) diskutiert wird, erscheint schon nach der Lokalisation der Hirnveränderungen wenig wahrscheinlich.

Meist ganz anderer Art sind die Schäden, die durch Diphtherie und Scharlach hervorgerufen werden und klinisch gewöhnlich zu Hemiplegien führen. Es handelt sich hier in der Regel um embolisch bedingte Ausfälle im Gebiet eines Arterienastes, gewöhnlich der Arteria cerebri media (FORD und SCHAFFER 1927, IBRAHIM 1931, ROLLESTON 1934, NOTTI 1936, KELLER 1938, GREVING und STENDER 1949, SAUERBREI und STÜPER 1950). RIMBAUD und Mitarbeiter (1942) beobachteten nach einem fieberhaften Infekt einen thrombotischen Verschluß der linken Arteria cerebri anterior, der zu einem großen Gewebsdefekt geführt hatte. Auch alle anderen Infektionskrankheiten sind gelegentlich als Ursache frühkindlicher Hirnschäden angeschuldigt worden, doch bleiben die Fälle, in denen der ursächliche Zusammenhang bewiesen werden kann, selten. FORD und SCHAFFER (1927) und BOENHEIM (1925) nennen im einzelnen Keuchhusten, Diphtherie, Typhus, Masern, Varicellen, Dysenterie, LEVINSON (1933) — beim Studium der zu akuten flüchtigen neurologischen Symptomen führenden Erkrankungen — die Pneumonie (ebenso SCHACHTER 1947), Infekte der oberen Luftwege, Otitis media, Pyelitis und rheumatisches Fieber. DUBOIS (1934) hat über die klinischen Folgen der Scharlachencephalitis berichtet. Dagegen haben KRAMÁR, MISKOLCZY und CSAJAGHY (1940) bei der Ruhr keine nennenswerten cerebralen Spätfolgen gefunden. SOREL, PONS und VIRENQUE (1936) haben besonders auf den Typhus, ZIMMERMANN und YANNET (1932) auf die Pneumokokkensepsis hingewiesen. MALAMUD (1939) beobachtete bei 2 Kindern eine typische perivenöse Encephalitis nach Masern im Endzustand. SAWCHUK und Mitarbeiter (1949) fanden bei 17 von 19 Kranken, die eine Masernencephalitis überstanden hatten, neurologische und zum Teil auch psychische Störungen. FORD (1928), der ähnliche Folgezustände nach Masern beschreibt, bezeichnet die Art der akuten Hirnschädigung als toxisch-degenerativ; nur selten sei es eine echte Encephalitis. Fox und Mitarbeiter (1953) haben in 77 Fällen von Masernencephalitis im Alter von 5 Monaten bis zu 32 Jahren (Durchschnitt 4—7 Jahre) 28% Todesfälle erlebt; 65% der Überlebenden behielten Dauerschäden.

Auf häufigere Defektheilungen nach den verschiedenen Formen der parainfektiösen Encephalitis hat Pette hingewiesen (1942). Nach Bick, Gerberding und Stammler (1954) starben von 8 Encephalitiden nach Pockenschutzimpfung (Erstimpflinge) die 4 über 3 Jahre alten Kinder insgesamt (anatomisch bestätigt); von den anderen 4 unter 3 Jahren überlebten alle, davon hatten 3 eine spastische Hemiparese , die sich langsam zurückbildete und nur noch bei einem Kind nachzuweisen war. Bei allen 3 entstand ein Anfallsleiden, einmal erst nach 3jähriger Latenz; nur bei diesem sind psychische Störungen nicht mehr nachweisbar, die anderen sind dement. Nur ein Kind mit einer leichten Encephalits ist frei geblieben. — Von 10 Masernencephalitiden ist einer gestorben, 2 hatten eine Myelitis, 1 ein Parkinson-Syndrom und 1 eine schwere Demenz; 1 Patient zeigte eine Wesensänderung, 1 weiterer noch nach einem Jahr Krampfströme im EEG.

Es ist auch heute noch klinischer Brauch, bei Vorliegen eines sicher postfetalen Hirnschadens immer dann eine *Encephalitis* anzunehmen, wenn eine Geburtsschädigung anamnestisch nicht ermittelt werden kann. Dabei haben seit Jahren namhafte Pathologen wie Wohlwill (1921) und Schob (1930) auf Grund ihres Sektionsmaterials immer wieder auf die Seltenheit echter Encephalitiden im frühen Kindesalter hingewiesen. Die histologische Untersuchung von 42 Kindern, die unter der klinischen Diagnose einer akuten Encephalitis gestorben waren, konnte nur 9mal die Diagnose bestätigen (Meyer 1949). Deshalb ist es nur zu berechtigt, vor der Encephalitis als Verlegenheitsdiagnose zu warnen (Jorgensen 1935, de Lange 1938, Környey 1939), vor allem, wenn das akute Krankheitsbild klinisch nicht zureichend erfaßt wurde (keine Liquoruntersuchung!)[1]. Bedenkt man, daß in den letzten Fetalmonaten und im frühen Kindesalter, ausgenommen Lues und Tuberkulose, nur Toxoplasmose, parainfektiöse, postvaccinale und metastatische Herd-Encephalitiden vorkommen (jenseits des Kleinkindesalters noch die Encephalitis japonica und Leukencephalitis subacuta), so wird man der Encephalitis als Ursache frühkindlicher Hirnschäden zahlenmäßig im Verhältnis zu den anderen Noxen *keine* besondere Bedeutung zumessen.

Wenn es im Rahmen eines encephalitischen Prozesses auch zu hypoxämischen Schädigungen kommen kann, so stehen doch die ödematösen Vorgänge meist im Vordergrund (Hallervorden 1939). Deshalb dürfen wir, wenn bei entsprechender Anamnese und Begleitbefunden im Endzustand des frühkindlichen Hirnschadens Ödemfolgen mit überwiegendem Betroffensein der Marksubstanz das Bild bestimmen, auch eine Encephalitis ätiologisch in Erwägung ziehen.

Das gilt z. B. für ein von Laubenthal und Hallervorden (1940) beschriebenes Krankheitsbild, dem vermutlich auch eine Beobachtung von Horanyi-Hechst und A. Meyer (1939) zuzurechnen ist, mit diffusen symmetrischen Kalkablagerungen und zahlreichen Nekroseherden um die Gefäße der weißen Substanz. Daß dem Ödem hier ein entzündlicher Hirngewebsprozeß zugrunde liegt, ist nach der an die parainfektiöse Encephalitis erinnernden Anordnung der Entmarkungsherde sehr wahrscheinlich (Hallervorden 1950). Jervis (1954) hat zwei gleichartige Fälle mitgeteilt.

Die häufigste Folge einer *Meningitis* ist, wie die Untersuchungen von D. Russel (1949) erneut gezeigt haben, der Hydrocephalus internus [2]. Dieses schon klinisch meist leicht erfaßbare Krankheitsbild gehört als solches nicht in die Gruppe der hier in Rede stehenden Krankheitszustände. Dagegen interessiert uns die Frage, wie weit die narbigen Hirnveränderungen bei der cerebralen Kinderlähmung und beim nichterblichen Schwachsinn Folgezustände von Meningitiden darstellen. Grundlage dafür sind die Beobachtungen von Sittig

---

[1] Der Vorschlag Hollingers (1933), verschiedenartige frische Hirnveränderungen, meist Kreislaufschäden, als Säuglingsencephalitiden zusammenzufassen, ist irreführend.

[2] Wobei die Toxoplasmose noch nicht berücksichtigt war!

(1916), BODECHTEL und OPALSKI (1930), welche ausgedehnte funktionelle Kreislaufschäden im Verlaufe eitriger und tuberkulöser Meningitiden beschrieben
haben, die oft für den letalen Ausgang verantwortlich zu machen waren. Nehmen
wir die Tatsache hinzu, daß leichte unspezifische Meningitiden im Kindesalter
häufig sind und klinisch unauffällig verlaufen können, so folgt daraus, daß frühkindliche Hirnschäden typischer Art auch durch Meningitiden hervorgerufen
werden können (HALLERVORDEN 1939, BROCHTEIN 1939). Ihre Bedeutung zahlenmäßig abzuschätzen, ist jedoch deshalb schwierig, weil die bekannten geweblichen
Residuen einer durchgemachten Meningitis meist keine eindeutig pathognomoni-
schen Zeichen darstellen. So ist die Ependymitis granularis zwar häufig, aber
keineswegs ausnahmslos Folge eines echten entzündlichen Prozesses in den
Liquorräumen — OPALSKI (1934) fand sie bei amaurotischer Idiotie, NOETZEL
(1946) bei Subarachnoidalblutung, BECKER (1949b) bei experimentellen Porencephalien. Bei intraventrikulären Blutungen sind sie ein typisches Vorkommnis.
Das gleiche gilt von der Fibrose der Meningen, die häufig bei sog. befundlosen
Idiotien zu beobachten ist.

EICKE (1947) hat nun versucht, die Bedeutung der Meningitis für den frühkindlichen Hirnschaden durch weitere anatomische Befunde zu belegen. Es
handelt sich um die postmeningitischen Gefäßveränderungen in Gestalt von
konzentrischen Intimawucherungen (s. S. 254), in denen er die Ursache der
Hirngewebsschäden sieht. Nachuntersuchungen haben gezeigt, daß Gefäßveränderungen überhaupt nur bei einer relativ kleinen Zahl von frühkindlichen
Hirnschäden zu beobachten sind, so daß die postmeningitischen allein zahlenmäßig kaum ins Gewicht fallen (MEYER 1951).

Intoxikationen, alimentäre Schäden u. a. Toxische Hirnschädigungen im
engeren Sinne etwa durch CO-Vergiftung, Thallium (NOETZEL — persönliche
Mitteilung), Narkose, Überwärmung, Insolation, Röntgenbestrahlung (SCHALTEN-
BRAND 1935 und 1937) sind seltene Vorkommnisse und spielen zahlenmäßig
in der Ätiologie der frühkindlichen Hirnschäden keine nennenswerte Rolle. Zu
erwähnen sind Bleivergiftungen, die man häufig bei chinesischen Kindern nach
Verwendung bleihaltigen Körperpuders beobachtet hat. Möglicherweise können
auch Pemphiguserkrankungen im frühen Kindesalter zu irreversiblen Hirnschäden
führen (HECHST 1933). Hier sind auch diejenigen *Impfungen* zu nennen, die nicht
eine Encephalitis, sondern reine cerebrale Kreislaufschäden hervorrufen. Dies
gilt nicht nur für die Vaccination (STUSSBERG und ROTH 1940, HUBER 1942,
VAN BOGAERT 1950), sondern nach den Untersuchungen von ANDERSON und
MORRIS (1950) auch für die Keuchhustenschutzimpfung.

Die *akuten enterotoxischen* Schädigungen des Zentralnervensystems verdienen
eine weit größere Beachtung, als es bisher geschehen ist (BAILEY und HASS
1932, ELIAS, SCHACHTER und LAMLEHIS 1934, NEUSTADT 1934, COMBY 1935,
CROME 1952, KRAMER 1954). Auch Fall 1 der Arbeit von SCHOLZ, WAKE und
PETERS (1938) gehört hierher. Es soll daher eine eigene Beobachtung (MEYER)
über einen gefäßbedingten Hirnschaden bei alimentärer Intoxikation mitgeteilt
werden:

Fall Pflä. (F. A. 87/47): Normale Entwicklung bis zum 6. Lebensmonat. Akute Erkrankung mit Erbrechen, Durchfällen und Zuckungen im Gesicht und am ganzen Körper. Bei
der Aufnahme in eine Universitäts-Kinderklinik war das Kind benommen, hatte Fieber,
schwere Durchfälle und klonische Zuckungen im Gesicht und an den Extremitäten, rechts
mehr als links. Wiederholte Lumbalpunktionen ergaben einen normalen Liquor. Zunächst
wurde eine alimentäre Intoxikation angenommen; dann, nachdem mit Besserung der Dys-
pepsie das Kind in seinem Wesen weiterhin verändert blieb, eine *Encephalitis* bzw. *Encephalopathie.* Das Kind schlief auch weiterhin auffallend viel, reagierte nur träge und bekam
nach einigen Wochen serienweise Blitzkrämpfe. Encephalographisch zeigte sich ein erheblicher Hydrocephalus internus und externus.

Zwei Jahre später in einer Heil- und Pflegeanstalt konnte das Kind nicht sitzen, nicht stehen, mußte vollkommen versorgt werden. Auf Sinnesreize reagierte es nicht. Mobile Spasmen in Armen und Beinen, keine Reflexanomalien. Zeitweise Krampfanfälle. Tod unter pneumonischen Erscheinungen.

Klinische Diagnose. Frühkindlicher Hirnschaden, Mikrocephalie, spastische Tetraplegie.

Hirnsektion. 650 g schweres Gehirn. Hirnhäute über der Konvexität mäßig verdickt und getrübt; die Hirnwindungen in großem Umfang verschmälert, verhärtet und stärker gewunden. Besonders stark geschrumpft sind die Zentralwindungen und die Occipitalpole. Bei der Zerlegung finden sich die Seitenventrikel hochgradig erweitert, auch der 3. Ventrikel ist deutlich dilatiert, der Balken stark verdünnt. Die Hirnrinde enthält zahlreiche narbige Veränderungen, die sich vor allem an der Grenze zwischen Frontale und Zentrale in typischer

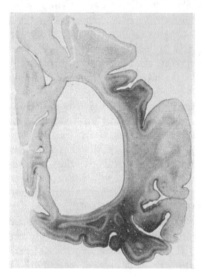

Abb. 5. Narbige Rindenveränderungen in den Grenzgebieten der Arteria cerebri media gegen die Anterior- und Posterior-Versorgungsbezirke. Holzer-Färbung. Frühkindlicher Cerebralschaden nach akuter intestinaler Intoxikation.

Grenzgebietsbetonung finden. Die narbigen Veränderungen sind an einem Klaffen der Furchen, einer Verhärtung und weißlichen Verfärbung des Gewebes kenntlich. Im Occipitalhirn und im Parietale sind sie stellenweise besonders hochgradig, auch hier ist der Zusammenhang mit den Grenzgebieten evident. In den Stammganglien zeigt das Putamen eine fleckige weißliche Zeichnung (Status marmoratus). Wie im Großhirn die Tiefen der Furchen am meisten befallen sind, so zeigt das Kleinhirn das Bild der zentralen Kleinhirnläppchenatrophie mit Verschmälerung, Verhärtung und weißlicher Verfärbung in den marknahen Rindenpartien.

Histologisch. Ausgedehnte elektive Parenchymnekrosen in der Rinde, auch in der Kleinhirnrinde und im Putamen. Dazu kleinere Erweichungen, die bandartig angeordnet sind. Einzelne Gefäße zeigen fleckförmige Elasticaverkalkungen ohne sonstige Veränderungen.

Es handelt sich also um ein Kind, welches nach normaler Geburt und Entwicklung während der ersten Lebensmonate akut unter Fieber und dem Bild einer alimentären Intoxikation mit Krämpfen erkrankte. Nach Abklingen der akuten Krankheitserscheinungen trat eine Weiterentwicklung des Kindes nicht mehr ein, das Kind verblieb auf der Stufe eines Idioten mit gelegentlichen Krampfanfällen und einer spastischen Tetraplegie. Der anatomische Befund zeigte kreislaufbedingte Rindenveränderungen, die in den Arteriengrenzgebieten besonders ausgeprägt waren (Abb. 5).

Neben diesen akuten Ernährungsstörungen scheint aber auch *chronische Unterernährung* (Dystrophie und Atrophie des Säuglings) für das Zentralnervensystem nicht gleichgültig zu sein; die Kinder bleiben in ihrer geistigen und körperlichen Entwicklung zurück (Czerny und Keller 1923, 1928). In den sorgfältigen katamnestischen Untersuchungen von Lange-Cosack (1939) waren von 83 atrophischen Säuglingen — um nur das auffallendste Ergebnis herauszuheben — 27 familiär nicht belastete Kinder schwachsinnig. Die Autorin kommt zu dem vorsichtigen Schluß, daß „eine cerebrale Schädigung nicht ausgeschlossen werden kann". Die neueren Untersuchungen Stoltes (1951) zeigen, daß jedenfalls die schwersten Zustände chronischer Ernährungsstörungen (Dekomposition) zu Hirnschäden führen können.

Pathogenetisch handelt es sich nach den chemischen Untersuchungen von Ederer (1922) und von Aron und Pogorschelski (1926) um ein *Hirnödem*; dies ist neuerdings auch pathologisch-anatomisch durch Noetzel (1951) sowie Altegöhr (1952) nachgewiesen worden, was mit den Befunden bei der Hungerkrankheit der Erwachsenen gut übereinstimmt (Holle 1948, Jochheim 1949, Wilke 1950, vgl. auch Müller 1953).

Anhang: Hirntraumen.

Anhangsweise sind hier noch die eigentlichen *Hirntraumen* des frühen Kindesalters zu erwähnen, über deren Folgen, besonders hinsichtlich der psychischen Störungen, eine recht umfangreiche Literatur vorliegt (BECKMANN 1926, KASANIN 1929, SORREL und Mitarbeiter 1937, FAUST 1938, DAMIER 1939, GROH 1941, PROBST 1949). Klinisch kann es vor allem ohne ausreichende Anamnese unmöglich sein, sie vom Bild der cerebralen Kinderlähmung oder des erworbenen Schwachsinns zu trennen. Im anatomischen Befund wird eine Verwechslung kaum gegeben sein, soweit nicht neben der direkten mechanischen Gewebsschädigung die Auswirkungen der mit dem Trauma einhergehenden funktionellen Kreislaufstörungen das Bild besonders komplizieren. Bei den traumatischen Schädigungen finden wir den kuppenständigen Rindenprellungsherd, welcher sich damit lokalisatorisch von den üblichen Kreislaufschäden klar unterscheidet. Im Säuglingsalter gibt es allerdings schwere Hirnschädigungen ohne Rindenprellungsherde, ebenso soll die Commotio fehlen, solange die Elastizität des geschlossenen Schädels noch nicht vorhanden ist (GROH 1941).

B. Morphologie.

Einleitung.

Die pathologische Anatomie des nichterblichen Schwachsinns und der cerebralen Kinderlähmung ist eine Morphologie von Defektzuständen des Gehirns, wie sie als Folge verschiedenster Schädlichkeiten vor, während und nach der Geburt entstehen. Es ist daher grundsätzlich ohne Bedeutung, wie lange die akute Krankheitsphase überlebt wurde. Sind die Resorptions-, Organisations- und, in geringem Maße, auch Regenerationsvorgänge (Status marmoratus) einerseits, die Hirnentwicklung andererseits zum Abschluß gekommen, so bleibt das morphologische Substrat im wesentlichen unverändert, ob nun der Träger dieser Hirnveränderungen schon als Kleinkind stirbt oder das mittlere Lebensalter erreicht, was auch bei ausgedehnten Hemisphärenschäden vorkommen kann. Wir dürfen also nur dann morphologische Hirnveränderungen auf einen fetalen, natalen oder frühkindlichen Cerebralschaden zurückführen, wenn alle Kennzeichen frischer Gewebsveränderungen oder die feingeweblichen Zeichen eines fortschreitenden Prozesses fehlen — soweit wir dieselben nicht auf eine terminale Erkrankung, etwa einen interkurrenten Infekt, oder auf kurz vorher durchgemachte Krampfanfälle als Krampfschäden zurückführen können. Die frischen Hirnveränderungen werden bei der Darstellung der einzelnen Krankheitsbilder besprochen. Die pathologisch-anatomischen Befunde der Endzustände, die klinisch als Schwachsinn und cerebrale Kinderlähmung in Erscheinung treten, mit den sie verursachenden akuten Veränderungen in Beziehung zu setzen, ist eine auch heute noch keineswegs vollständig gelöste Aufgabe der Neuropathologie.

Wir haben teils Defekte und Höhlenbildungen, teils Narben und Schrumpfungen vor uns in Verbindung mit einer kompensatorischen lokalen oder allgemeinen Erweiterung des Ventrikelsystems, welche aber mitunter noch durch eine Hydrocephalie kompliziert sein kann. Auch kleine Defekte können, besonders in frühen Entwicklungsstadien, das Wachstum des Gehirns hemmen oder verlangsamen, so daß seine Größe und seine Form dadurch beeinflußt wird — auch noch in der ersten Zeit nach der Geburt; davon hängt dann wiederum die Bildung des Schädels ab. Durch ein Ödem, welches so häufig den auslösenden Krankheitsprozeß begleitet, kann über die örtliche Störung hinaus eine allgemeine Schrumpfung eintreten, wie die Experimente von WINDLE und Mitarbeitern (1944) zeigen.

Es fällt immer wieder auf, daß die Konvexität fast stets schwerer erkrankt ist als die Basis. Das hat seinen Grund darin, daß das Endhirn als ontogenetisch jüngster Teil weitaus anfälliger ist als der in der Entwicklung vorauseilende Hirnstamm.

Da dieselben Veränderungen aus verschiedenen Ursachen entstehen und aus gleicher Ätiologie ganz variable Befunde hervorgehen können, so läßt sich kein Prinzip für eine Gruppierung der Endzustände aufstellen und es bleibt nur übrig, vorwiegend nach lokalisatorischen Gesichtspunkten einen Überblick zu gewinnen.

1. Porencephalie.

Unter Porencephalie versteht man einen Endzustand verschiedener Hirnschädigungen, welcher eine Höhle in der Marksubstanz darstellt mit einer Öffnung (Porus) im Hirnmantel und oft auch mit einer weiteren in der Ventrikelwand. Der Porus in der Rinde ist fast immer von den weichen Häuten bedeckt, die Wand der mit Flüssigkeit gefüllten Höhle ist glatt, manchmal von bindegewebigen Strängen durchzogen oder durch Septen geteilt. Die Öffnung befindet sich gewöhnlich an der Konvexität des Großhirns, meist im Bereich der Fossa Sylvii, aber auch in anderen Abschnitten, seltener an der Basis oder der Medianseite; sogar im Kleinhirn kann eine Höhlenbildung vorkommen. Mitunter sind mehrere Pori vorhanden, in rund $^2/_3$ der Fälle sind sie symmetrisch.

Ursprünglich meinte man mit Porencephalie die in der Entwicklung und im frühkindlichen Alter entstandenen Höhlenbildungen mit der trichterförmigen Öffnung. Die Anwesenheit eines Porus wurde aber bald als unwesentlich erkannt, da er nur von dem Grade der Gewebseinschmelzung abhängt, so daß jede Höhlenbildung im Mark ohne Rücksicht auf ihren Umfang darunter verstanden wurde (Siegmund 1923). Schließlich hat man den Begriff auch auf ähnliche, besonders traumatische Defekte bei Erwachsenen ausgedehnt. Bleiben wir jedoch bei der ursprünglichen Definition!

Heschl (1859), welcher der Porencephalie ihren Namen gab, erkannte bereits, daß sie „eine Krankheit während der Entwicklung des Gehirns ist", ein damit verbundener Hydrocephalus ist nicht die Ursache, sondern die Folge der Gehirnschädigung (Pommer 1931). Kundrat (1882) erklärte die Höhlenbildung als Endzustand von Destruktionsprozessen infolge von Hämorrhagie, Thrombose, Embolie oder Anämie. Heubner (1882) beschrieb eine Porencephalie nach Embolie mit rekanalisiertem Thrombus in der Arteria cerebri media. Schäffer (1895) und Richter (1899) nahmen Schädelanomalien als Ursache an. Schattenberg (1889) und v. Kahlden (1895) setzten primäre Entwicklungsstörungen in der ersten Fetalperiode voraus (Stillstand des Dickenwachstums der Hirnrinde), diese allein sollten als „kongenitale" Porencephalie bezeichnet werden und wären den „erworbenen" der zweiten Fetalperiode gegenüberzustellen. Diese These wurde von Zingerle (1904/05) abgelehnt. Er stützt sich weitgehend auf Kundrat und stellt an 3 ausgezeichnet untersuchten Fällen fest, daß es sich um Erweichungshöhlen handelt, die gewöhnlich von den weichen Häuten und einer gliösen Schicht bedeckt sind. Die Defekte sind meist doppelseitig und selbst einem einseitigen Porus entspricht auf der anderen oft ein kleiner Herd. Die sehr zahlreichen kasuistischen Mitteilungen brachten nichts wesentlich Neues, bis Spatz (1921) die besondere Reaktionsweise des unreifen Nervengewebes auf Grund seiner experimentellen Rückenmarksdurchschneidungen an neugeborenen Kaninchen aufdeckte. Wegen der Gleichheit der Grundvorgänge bezeichnete Siegmund (1923) „jeden Gewebsdefekt, der auf dem Boden einer aseptischen Gewebsnekrose zustande gekommen ist", als Porencephalie; er hob besonders die Beeinflussung der weiteren Entwicklung durch die gesetzten Schäden hervor.

In den letzten Jahren haben Yakovlev und Wadsworth (1941 und 1946) die alte Theorie der primären Entwicklungsstörung wieder aufgenommen: Die symmetrischen Porencephalien sollen auf einer Agenesie der Rinde beruhen („Schizencephalie"), dieser Form wird eine „encephaloklastische" gegenübergestellt; jedoch haben Marburg und Mitarbeiter (1945) diese Anschauung mit guten Gründen widerlegt.

GOWERS (1899) und ANTON (1904) hatten schon auf die Wichtigkeit der Thrombosen der großen Venen hingewiesen, die im frühen Kindesalter bei Ernährungsstörungen und Infektionen, lokalen entzündlichen Prozessen (Otitis!) und Geburtsschäden so häufig vorkommen. Darüber gibt es zahlreiche Mitteilungen von WOHAL (1923), EHLERS und COURVILLE (1936; 21 Fälle), EBBS (1937; 12 Beobachtungen), BAILEY und HASS (1937), CHRISTENSEN (1941), TURHAN und RÖSSLER (1942), CASAMAJOR und MARBURG (1944), MITCHELL (1952) u. a. PH. SCHWARTZ ist in seinen umfassenden Untersuchungen über die Geburtsschäden ausführlich darauf eingegangen. Er studierte die Abflußwege des Blutes im Gehirn von neuem (SCHWARTZ und FINK 1925, auch SCHLESINGER 1939). Neben den Venen der Konvexität kommt besonders das Gebiet der Vena magna Galeni in Betracht, welcher das Blut aus dem Marklager des Groß- und Kleinhirns zuströmt, so daß ein Verschluß der Vene oder auch nur Rückstauungen die Ernährung des Marks beeinträchtigen müssen. Die Stammganglien gehören nur teilweise dazu und haben auch noch andere Abflußwege, so daß sie nicht immer mitgeschädigt werden. Ein instruktives Beispiel bringen MARBURG und Mitarbeiter (1945):

Sie beschrieben ein 10 Monate alt gewordenes Kind (Zangengeburt) mit doppelseitigem Porus im Bereich der Fossa Sylvii mit sklerotischen Rändern, Hydrocephalus, vielfachen kleinen Läsionen und Glianarben, auch Rindenschädigungen, aber ohne Mikrogyrie. Verschiedene Venenthrombosen und Blutpigment deuteten auf die Genese, ebenso auch eine Cyste im Kleinhirn, welche den unteren Teil des Wurms und der anliegenden Bezirke der Hemisphären einnahm, entsprechend dem Abflußgebiet der Vena magna Galeni. Ähnliche Kleinhirnporencephalien sind ferner von MONAKOW (1895), ZINGERLE (1904/05) und MESSING (1904) mitgeteilt worden.

Es ergibt sich also, daß die Porencephalie eine typisch exogene Schädigung darstellt infolge von Kreislaufstörungen, wie sie bei Geburtsschäden, Traumen und Infektionskrankheiten vorkommen.

In der Entwicklung und im frühkindlichen Alter entstehen dadurch Höhlenbildungen, *solange die Marksubstanz noch nicht reif ist* (SPATZ 1921). Beim Erwachsenen dagegen kommt es zur Vernarbung, was nur bei sehr großen Defekten nicht gelingt. In der intrauterinen Periode und in der ersten Lebenszeit ist das im Anbau begriffene Mark besonders empfindlich und geht daher bei einer Schädigung rasch und in großem Umfange zugrunde, wobei auch die Hirnrinde oft mit einbezogen wird (Porus). Dadurch kann das Wachstum gehemmt und in der Umgebung die Anlage der Furchen beeinflußt und die Architektonik der Rindenschichten gestört werden. Es liegt in der Natur der Schädigung, daß sie anfänglich weit ausgedehnter ist als dem verbleibenden Restzustand entspricht, man denke nur an das Ödem bei thrombotischen Herden, an die diffuse Wirkung allgemeiner Anoxie u. dgl. Man findet daher häufig nicht nur weitere kleinere Höhlen, abnorme Verwachsungen, sondern auch dem Entwicklungsstadium entsprechende Störungen in entfernten Gebieten in Form von Mikrogyrien, Heterotopien usw.

Mit der weiteren Reifung gegen die Zeit der Geburt treten die Entwicklungsanomalien immer mehr zurück und bleiben schließlich ganz aus. Die fortschreitende Differenzierung ermöglicht zunehmend die Reparation und Narbenbildung, und so entstehen dann durch vollständige und unvollständige Nekrosen die Höhlenbildungen oder Sklerosen und oft beides nebeneinander.

Bei 37 Porencephalien eigener Beobachtung (HALLERVORDEN) vom Neugeborenen bis zum Alter von 81 Jahren fehlten in 4 Fällen jegliche Angaben, in 7 weiteren verwertbare anamnestische Daten. Ein pathologischer Verlauf der Gravidität ist 6mal vermerkt: Nierenerkrankung der Mutter 4mal (einmal Eklampsie), einmal Blutung im 4. Monat, einmal Gallensteinleiden, einmal „Krankheit". Es handelt sich in allen Fällen um doppelseitige Porencephalien; wieweit die Erkrankung der Mutter ätiologisch zu bewerten ist, steht dahin.

In 8 Fällen wurde die Geburt ausdrücklich als „normal" bezeichnet, in 16 Fällen sind als Geburtsschwierigkeiten notiert: 3mal Zange, 4mal schwere Geburt oder Asphyxie, 8mal Frühgeburt im 7.—8. Monat, einmal Zwillingsfrühgeburt im 7. Monat mit Zange.

Alle diese Fälle sind ihrem anatomischen Befund nach meist als intrauterin entstanden anzusehen, mit dem oben erwähnten Vorbehalt bei zeitiger Frühgeburt. In einem Fall wird der Beginn mit $1^1/_2$ Jahren angegeben: doppelseitige Porencephalie der Temporallappen.

Von diesen 37 Fällen waren 27 doppelseitig, von den restlichen 10 die meisten einseitig, doch sind darunter mehrere, die histologisch nicht untersucht worden sind, so daß ein kleiner Herd auf der anderen Seite unbemerkt geblieben sein kann.

Dazu kommen ferner 11 Fälle von einseitigen Mediaherden im Alter von 6—44 Jahren (4 rechts, 7 links); anamnestisch: 3mal Krämpfe in den ersten Monaten oder im 1. Lebensjahr, einmal Masern mit $1^1/_2$ Jahren, einmal Blutsturz mit $1^1/_4$ Jahren, einmal Scharlach im 8. Lebensjahr (Abb. 11), die übrigen unbekannt. Diese Gruppe könnte leicht vermehrt

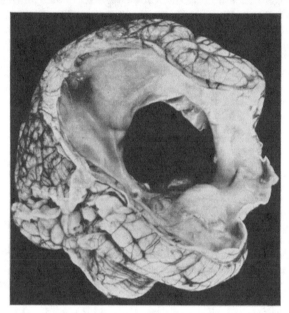

Abb. 6. Doppelseitiger Porus (Henkelkorbgehirn). Seitenansicht von rechts. Verkl. 1 : 0,9. Zwei Monate altes Kind (42/34 Gr.). Zangengeburt. Mutter Nierenentzündung in der Gravidität. Größe 54 cm, Gewicht 5 kg, Schädelumfang 46 cm, Hirngewicht 220 g. In der rechten Hirnhälfte sind erhalten geblieben die Windungen der Medianseite in Stirn- und Parietalhirn, des Schläfen- und Occipitallappens. An der Basis erblickt man die Stammganglienhügel und das aufgerauhte Ependym der Ventrikelhöhle; das Septum pellucidum fehlt. — Links ist der Defekt der gleiche.

werden durch eine Reihe von Beobachtungen, in denen im Gebiet der Arteria cerebri media nur unvollständige Nekrosen mit Narbenbildungen oder Mikrogyrien vorhanden waren, die aber nicht eigentlich als Porencephalie bezeichnet zu werden pflegen.

Der makroskopische Befund ist so wechselvoll wie die Größe der Pori und die begleitenden Rindenschädigungen. Sind große symmetrische Öffnungen vorhanden, so bekommt das Gehirn nach Entfernung der weichen Häute das Aussehen eines Henkelkorbes und man blickt auf die freiliegenden Stammganglienhügel (Abb. 6). Gewöhnlich sind die Leptomeningen erheblich verdickt, nicht selten durch netzförmige Verstärkungen. Oft ist der Porus sehr klein, so daß er auch von außen nicht kenntlich ist und erst bei der mikroskopischen Untersuchung entdeckt wird.

Die den Rand des Porus bildende Rinde ist entweder glatt abgesetzt — mit einer schmalen Degenerationszone — oder, was viel häufiger ist, er zeigt mikrogyre (Abb. 7) oder narbige Veränderungen. Da die Rinde gewöhnlich noch im Wachstum begriffen ist, so überwuchert sie den Rand des Defektes und kann in ihn eingestülpt werden, so daß der Porus nicht auffällt (Abb. 7). Bei sehr früh eintretenden Schädigungen können überhaupt nur tief eingezogene Spaltbildungen im Gehirn mit mikrogyren Rändern vorhanden sein (YAKOVLEV und WADSWORTH). Im ganzen tritt eine Schrumpfung der betroffenen Seite ein und damit eine Verkürzung der Hemisphäre.

Häufig sind die Pori *symmetrisch*; aber auch bei einseitigen findet man oft in der gegenüberliegenden Hemisphäre einen kleinen Herd oder wenigstens eine geringe Anomalie der Windungsbildung. Es wurde schon oben darauf hinge-wiesen, daß die ursächliche Schädigung anfangs sehr viel ausgedehnter gewesen sein muß, als es dem verbleibenden Defekt entspricht. Dies zeigt sich oft sehr eindrucksvoll in dem Vorkommen entfernt gelegener kleiner Herde und Cysten

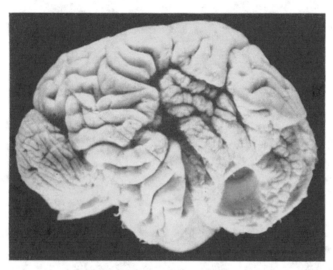

Abb. 7. Porencephalie mit mehreren Pori. Seitenansicht von rechts (nach Entfernung der stark verdickten weichen Häute). 5jähriger Idiot (36/57 Br.), normale Geburt. Größe 96 cm, Schädelumfang 45 cm, Hirngewicht 570 g. Öffnung im Stirnhirn mit Mikrogyrien, tiefe Einziehung im Gebiet der Fossa Sylvii ebenfalls mit Mikro-gyrie. — Links besteht die gleiche Öffnung im Stirnhirn und in der Fossa Sylvii mit noch weit ausgedehnteren Mikrogyrien.

oder in der weit verbreiteten Mikrogyrie großer Abschnitte (Abb. 8) der gleichen oder der gegenüberliegenden Hirnhälfte und selbst im Kleinhirn.

Von dem *histologischen Befund* interessieren vor allem die Wand der Höhle, die Deckschicht und die Rindenveränderungen, diese letzteren werden in anderem Zusammenhang besprochen (S. 225).

In der früh entstandenen Höhle kann die Wand glatt sein und keinerlei Reste von Degenerationserscheinungen aufweisen. Sehr viel häufiger aber findet man Spuren von abgelaufenen Erweichungsvorgängen in der Deckschicht oder der Ventrikelwand, wenn eine solche vorhanden ist (Abb. 9). Die Deckschicht besteht aus der Arachnoidea, dem subarachnoidalen Bindegewebe und zahl-reichen, meist vermehrten Gefäßen, liegengebliebenen Körnchenzellen, Hämo-siderin, Gewebsinseln sowie der Pia, unter welcher regelmäßig ein zellreicher Gliasaum liegt. Es ist dies die oberste Schicht der zugrunde gegangenen Rinde, die sich als besonders resistent erweist, da sie offenbar in ihrer Ernährung vom Gefäßsystem unabhängig ist. Naturgemäß ist sie nicht überall gleichmäßig dick, sie kann auch noch Markfasern oder Ganglienzellen enthalten. Gegen die Höhle zu wird dieser Gliasaum durch eine neu gebildete Membrana limitans gliae abgeschlossen, ebenso wie die Rinde von der Pia durch eine solche gliöse Membran abgetrennt ist (SPATZ 1921, SIEGMUND 1923, H. BECKER 1949). Bei der Höhlenbildung des Erwachsenen bildet sich unter dieser gliösen Faser-

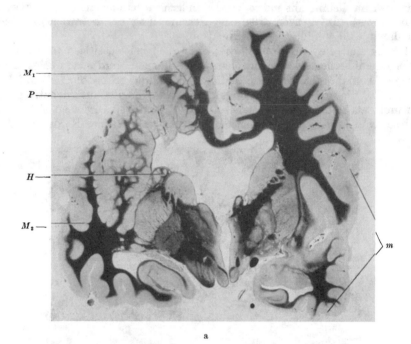

a

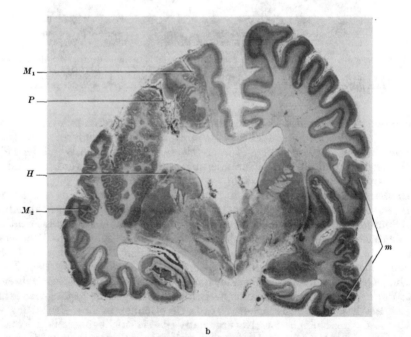

b

Abb. 8 a u. b. Porencephalie mit ausgedehnten Mikrogyrien. a Markscheidenbild; b Thioninpräparat. Vergr. 1:1. Zweijähriges Mädchen (42/35 Br.), normale Geburt (?), Hirngewicht 720 g, davon Kleinhirn 110 g. Linke Hemisphäre verkürzt. Quer über beide Hirnhälften ziehende seichte Furche im Bereich der vorderen Zentralwindung (Venenthrombose?). Linksseitiger Porus (P) (infiltrierte Meningen infolge tödlicher Meningitis) mit ausgedehnten Mikrogyrien des linken Stirn-, Schläfen- und Scheitellappens mit Einbeziehung der Inselrinde (M_1 bis M_2), Heterotopien über dem Nucleus caudatus (H), Fehlen des Septum pellucidum. Rechts Mikrogyrie im Gebiet der Fossa Sylvii, des Schläfenlappens (M) sowie später des ganzen Parietal- und Occipitallappens.

schicht noch ein bindegewebiger Überzug: die Pia accessoria (LINDENBERG; nach LANGE-COSACK 1944). Das Fehlen einer solchen ist ein wesentliches Charakteristikum einer im unreifen Gehirn entstandenen Höhle.

Der Gliasaum unterliegt aber mit der Zeit einer allmählichen Resorption, welche eine bindegewebige Organisation von seiten der Gefäße hervorruft, so daß schließlich eine Atrophie und sogar ein Schwund des Saumes zustande kommen kann. Dabei werden kleine Teile des Gliasaumes nach dem Subarachnoidalraum zu abgeschnürt, in welchen sie dann halbinselförmig hineinragen oder auch losgetrennt als „Gliainseln" erhalten bleiben (Abb. 10). Diese abgerundeten oder oval geformten Gebilde bestehen aus Zellen, die oft in der Mitte liegen und von Plasma und Gliafasergeflechten umgeben sind. Sie werden gewöhnlich von Bindegewebsfasern umsponnen, also gewissermaßen mit einer neuen Pia versehen (SPATZ 1921, LANGE-COSACK 1944). Ihre Anwesenheit ist ein sehr charakteristisches Merkmal für die am frühkindlichen Gehirn sich abspielenden Erweichungsvorgänge (vgl. COOPER und KERNOHAN 1952).

In der Deckschicht kommt es niemals zu einer Durchflechtung von Glia- und Bindegewebsfasern, wie sie z. B. bei Erwachsenen infolge von traumatischen Einwirkungen die Regel ist (FOERSTER und PENFIELD 1930), vielmehr bleiben die Grenzscheiden zwischen dem ektodermalen und mesodermalen Gewebe im frühkindlichen Gehirn gewahrt (LANGE-COSACK 1944).

Die Ventrikelwand kann ganz glatt sein oder aber an der der Höhle zugewandten Seite noch Gewebsreste von Glia und nervösen Elementen aufweisen, das gleiche gilt von Gefäßen oder bindegewebigen

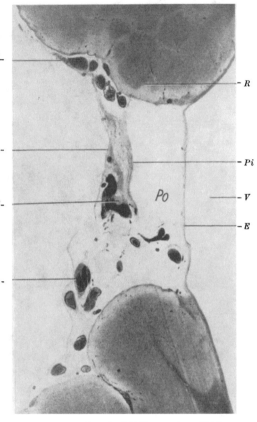

Abb. 9. Porus aus dem Occipitallappen eines 6jährigen Idioten (7-Monatskind) mit allgemeiner Mikrogyrie (32/147 Bi.). van Gieson. Vergr. 10mal. Hirnrinde *R* mit einigen narbigen Einziehungen. Deckschicht = *A* Arachnoidea (eingerissen); *Pi* Pia; dazwischen das subarachnoidale Bindegewebe mit *G* Gefäßen; *Gl* Gliainseln und *K* Körnchenzellen mit Hämosiderin; Höhle = *Po* Porus mit einigen durchziehenden Gefäßen; Ventrikel *V* mit erhaltenem Ependym *E*, an dessen Höhlenseite noch einige Gewebsreste anhängen.

Membranen, welche die Höhle durchziehen. Das Ependym ist vielfach streckenweise zugrunde gegangen, die subependymäre Glia ist mächtig gewuchert mit Bildung von Knötchen und ausgedehnten Polstern (Ependymitis granularis). Fast niemals wird die Erweiterung des Ventrikels im Bereich der erkrankten Hirnabschnitte derselben oder beider Hemisphären, vermißt. Die in den ersten Lebensjahren erworbenen Porencephalien unterscheiden sich histo logisch nicht von den Erweichungsherden der Erwachsenen (Abb. 11).

Die Porencephalie des Erwachsenen durch *Schädeltrauma* (SCHRÖER 1926) ist verhältnismäßig selten. Die beiden Weltkriege aber haben uns mit diesem Bilde wieder vertrauter gemacht: Bei Schädelschüssen können glatte Höhlen entstehen — offenbar unter dem Einfluß des Liquors, wenn eine freie Kommunikation zwischen inneren und äußeren Liquorräumen besteht (Spatz 1941).

Porencephalische Höhlen können auch im *Rückenmark* vorkommen; sie sind von der Syringomyelie streng zu trennen, welche auf einer Entwicklungsstörung beruht. Die Höhlen sind, wie auch Blutungen, in der Längsrichtung orientiert, was sich ohne weiteres aus dem Gefäßverlauf und der Rückenmarksstruktur ergibt. Ihre Entstehung ist die gleiche wie im Gehirn: Nekrosen in der Zeit

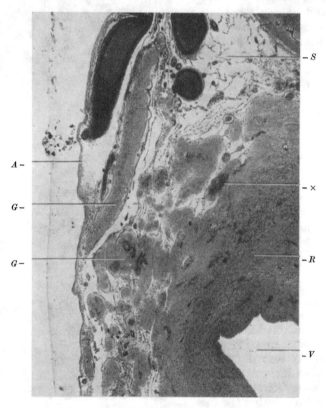

Abb. 10. „Gliainseln" von einer Porencephalie (G. 42/159 W.). van Gieson. Vergr. 50mal. *A* Arachnoidea; *G* längliche und rundliche Gliainseln; *R* Rinde; *S* Subarachnoidalraum; *V* Ventrikel; × Ablösung der Gliainseln von der Oberfläche der Hirnrinde.

vor Vollendung der Markreife. Deshalb sind derartige Höhlen hauptsächlich bei Geburtsschäden zu erwarten, doch sind gewöhnlich nur frische Verletzungen, insbesondere Blutungen, dabei beschrieben worden (Hausbrandt und Meier 1935). Eine von Spatz (1921) zitierte Veröffentlichung von Handwerck (1901) über ausgedehnte Erweichungsherde im Rückenmark bei einem die Geburt 3 Monate überlebenden Kind zeigte schon mehr eine Neigung zur Vernarbung. Zum Unterschiede von der Syringomyelie schlägt Spatz (1921) für derartige Höhlenbildung die Bezeichnung „*Poromyelie*" vor. — Bei Erwachsenen gibt es Cysten bei Rückenmarksverletzungen (Klaue 1948).

Die gut umschriebenen Defekte der Porencephalie sind schon immer bevorzugte Studienobjekte für die *gegenseitige Abhängigkeit der Zentren* und den Verlauf der Bahnen gewesen und haben viel zur Kenntnis dieser Verhältnisse beigetragen. Der frühe Ausfall bestimmter Hirnabschnitte zieht natürlich eine fehlende oder mangelnde Ausbildung davon abhängiger Faserzüge und Zentren nach sich, wie z. B. Nichtentwicklung oder Ausfall der schon in Bildung begriffenen Pyramidenbahn. Bereits angelegte Teile können nachträglich wieder zugrunde gehen, ante- oder retrograde Degenerationen können sich anschließen. Es muß aber dabei beachtet werden, daß dieselbe Schädigung, welche die Höhlenbildung veranlaßt, gleichzeitig an anderen Orten ebenfalls Ausfälle verursachen kann, die jenen gleichgeschaltet sind und daher nicht als Folgen des Defektes angesehen werden dürfen.

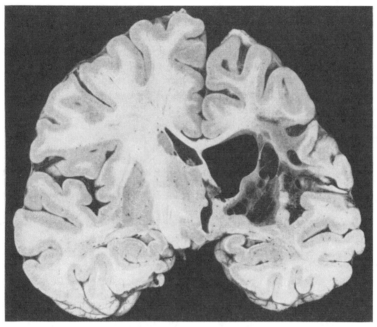

Abb. 11. Porencephalie. Cyste mit Narbenbildung im Gebiet der Arteria cerebri media. Frontalschnitt. 44jähriger Mann (41/128 Kr.). Im 8. Lebensjahr „Schlaganfall" mit linksseitiger Lähmung und Epilepsie.

Es liegt nicht im Rahmen dieses Handbuches, die Ergebnisse dieser lokalisatorischen Untersuchungen zu referieren. Es sei verwiesen auf die Arbeiten von ANTON (1882, 1904), MONAKOW (1895, 1901), ZINGERLE (1905), OBERSTEINER (1902) usw. (vgl. SCHÜTTE 1902 und MONAKOW 1914).

Sehr bemerkenswert ist die von verschiedenen Autoren hervorgehobene *vikariierende Hypertrophie* von Hirnabschnitten der gesund gebliebenen Seite, insbesondere der einen Pyramidenbahn beim Ausfall der anderen (MONAKOW 1905, DÉJÉRINE 1901 u. a.), aber auch anderer Hirnteile (ANTON 1903, 1923; HAENEL 1902; vgl. SPATZ 1930). ANTON (1904) sagt darüber: „Diese Größenzunahme ist mitunter eine homologe, d. h. es hypertrophieren besonders jene Großhirnteile der gesunden Seite, welche auf der kranken Seite ausgefallen sind. So konnte ich einen Fall von Porencephalie mitteilen, wo rechts der Stirnlappen, Operculum und Inselgegend verkümmert waren, während die gleichen Teile am linken Gehirn außerordentlich vergrößert erschienen; im gleichen Fall war links der Uncus des Cornu Ammonis resorbiert, während der gleiche Teil am rechten kranken Gehirn mitsamt der äußeren Wurzel des Riechnerven abnorm vergrößert erschien." Auch fand GUDDEN bei seinen Experimenten an jungen Tieren regelmäßig eine vikariierende Hypertrophie; offenbar wird sie durch eine gesteigerte funktionelle Inanspruchnahme hervorgerufen. Dazu bemerkt Anton: „Die mikroskopische Untersuchung derartiger Durchschnitte läßt mich mit aller Wahrscheinlichkeit annehmen, daß dabei eine Größenzunahme der Elemente des Parenchyms, also der einzelnen Nervenfasern und Zellen, die Gesamtvergrößerung veranlaßten."

2. Hydranencephalie.

Wenn der Prozeß, der das Bild der Porencephalie erzeugt, sich nur auf die Marklager beschränkt, ohne eine Öffnung in der Rinde oder der Ventrikelwand hervorzurufen, so entsteht ein sehr charakteristisches Bild, das man als „Markporencephalie" bezeichnet hat (vgl. Markschädigungen S. 239). Ist aber der Krankheitsprozeß so umfangreich, daß die Pori gewissermaßen die ganze Konvexität beider Hemisphären einnehmen, so gehen *Rinde und Mark mitsamt der Ventrikelwand zugrunde* und man findet statt des Großhirns nur eine mit Flüssigkeit gefüllte Blase mit erhaltenem oder mehr weniger geschädigtem Hirnstamm: die Hydranencephalie oder das Blasenhirn.

Cruveilhier (1835) beschrieb 2 Fälle ausführlich und erkannte bereits, daß als Ursache ein Krankheitsprozeß anzunehmen ist. Von den zahlreichen weiteren Beobachtungen, die von Lange-Cosack (1944) eingehend besprochen sind, sei nur hervorgehoben, daß häufig Blutungsreste gefunden werden. Als Ursache sind vermerkt: kongenitale Lues (Ilberg 1901), Sturz der Mutter im 4. Schwangerschaftsmonat von der Kellertreppe (Seitz 1907), zweimaliger Sturz der Mutter in der Gravidität (Langer 1919). Spielmeyer (1905) beschrieb das einzige hydranencephalische Zwillingspaar; die Mutter hatte eine akute Herzinsuffizienz und Ödem in der Schwangerschaft.

Im Gegensatz zur Anencephalie, welche bereits zu Lebzeiten an dem Schädeldefekt in der Mittellinie mit der Area cerebro-vasculosa zu erkennen ist, ist bei der Hydranencephalie der Schädel normal gebildet. Der Befund eines Blasenhirns bei der Sektion ist darum oft sehr überraschend, weil Ausfallssymptome beim Säugling wegen der erst viel später einsetzenden Großhirnfunktion noch nicht in Erscheinung treten konnten. Schneidet man die Blase auf, so sieht man auf den Boden der Hirnventrikel, die Stammganglienhügel mit den Plexuswülsten, Zwischen- und Mittelhirn, sowie die unteren Teile des Stirn-, Schläfen- und Occipitallappens, doch sind auch hier oft weitgehende Defekte vorhanden (Abb. 12). Dagegen sind Kleinhirn, Brücke und Medulla oblongata in der Regel bis auf die sekundären Veränderungen intakt. Das Fehlen der Ventrikelwand ist ein wesentliches Kennzeichen für die Hydranencephalie gegenüber der vorher erwähnten Markporencephalie, bei welcher sie erhalten ist.

Die oft bräunlich verfärbte Blasenwand entspricht der Deckschicht bei der porencephalischen Höhle, sie besteht aus den weichen Häuten und der anhängenden Gliaschicht der Hirnrinde. An ihrer Innenseite erkennt man ein feines Trabekelwerk, welches durch die unregelmäßigen Verdickungen der Gliaschicht entsteht. Wie bei der Porencephalie „fehlt ein bindegewebiges Netzwerk an der Innenseite und der Abschluß des Saumes gegen das Cystenlumen durch eine Pia accessoria" (Lange-Cosack). Im Subarachnoidalraum findet man ebenfalls Reste der Erweichung: Fettkörnchenzellen, Hämosiderin und Abbauprodukte, Gliainseln und vermehrte Gefäße mit leichten Wandveränderungen und zuweilen endarteriitische Veränderungen kleiner Arterien, während die basalen Gefäße unversehrt sind.

Diese Deckschicht unterscheidet die Hydranencephalie eindeutig von einem Hydrocephalus internus. Bei diesem wird die Hirnrinde mitsamt der Marksubstanz und dem ihr anliegenden Ependym der Ventrikel in hochgradigen Fällen zu einer dünnen Platte ausgewalzt, aber selbst bei beträchtlicher

Schädigung dieser Gewebe bleibt doch stets ihre Struktur erkennbar, so daß eine Verwechslung nicht möglich ist. „Hydrocephalie und Hydranencephalie sind morphologisch und pathogenetisch grundsätzlich geschieden" (LANGE-COSACK). Bei längerer Lebensdauer ist die Hydranencephalie mit einem Hydrocephalus internus verbunden, d. h. einer Flüssigkeitszunahme mit Schädelvergrößerung. Bei der zweiten Beobachtung von LANGE-COSACK traf dies zu. Das Kind war 1 Jahr alt geworden, der Kopfumfang von 33 cm bei der Geburt vergrößerte sich durch „intrakranielle Liquorstauung" bis zu 60 cm. Die Ursache war ein entzündlicher Verschluß des Foramen Monroi (bei erhaltenem

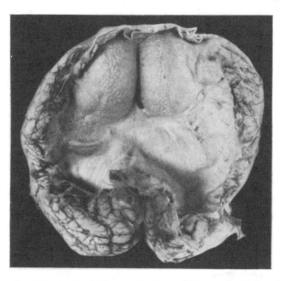

Abb. 12. Hydranencephalie. Blick in das Gehirn von oben nach Abtrennen der Blase auf den Boden des Ventrikels mit den Stammganglienhügeln. Dreijähriges Kind (30/59a K.). Schädelumfang 46 cm. Völlig versteift, blind, muß besorgt werden. Bei Sektion flossen 1½ Liter Wasser ab. Hirngewicht 210 g, Stammganglien, miteinander verwachsen, boten dasselbe Aussehen wie Abb. 13.

Plexus chorioideus der Seitenventrikel), welcher eine im späteren Verlauf des Krankheitsprozesses aufgetretene Komplikation darstellt und nicht etwa die Ursache der Hydranencephalie war. Ähnlich verhält sich eine eigene Beobachtung (HALLERVORDEN):

B. L. (42/16) 1 Jahr alt. Patient ist das 5. Kind, die Geschwister sind normal. Geburt ohne Schwierigkeiten, 4 Wochen gestillt, progressive Zunahme des Kopfes, völlig teilnahmslos. Größe 78 cm, Kopfumfang zuletzt 62,5 cm. Nähte weit klaffend. Sagittalnaht 5 cm breit. Decubitus am Hinterkopf. Liegt mit angezogenen Armen und Beinen. Hypertonische Tetraplegie. Reagiert nur bei Anfassen mit Schreien, fixiert nicht, hört nicht. — Bei Lumbalpunktion wurden 70 cm³ Liquor abgelassen und 50 cm³ Luft eingeblasen. Da ein gewisser Stop eintrat, wurde die Ventrikelpunktion angeschlossen und 1000 cm³ Liquor durch 800 cm³ Luft ersetzt. Die Aufnahme ergab Luftfüllung bis dicht an den knöchernen Schädel und ließ Gehirn nur an der Basis erkennen.

An dem Schädeldach klafft die große Fontanelle und die in sie einmündenden Furchen, welche nur peripher geschlossen sind. Gewicht des Hirnrestes 250 g, davon allein Kleinhirn mit Brücke und Medulla oblongata 110 g. Nach Eröffnung der Blase sind die Stammganglien mit den Plexus und die übrigen Hirnteile der Basis nebst den Occipitalpolen zu sehen. Die ganze basale Ventrikelfläche sieht etwas körnig aus. Die Meningen sind verdickt, der Aquädukt ist durchgängig.

Frontalschnitte zeigen, daß die Stammganglien in der Mitte verwachsen sind (Abb. 13) und zwischen sich den Fornix einschließen. Das Pallidum ist beiderseits um 90° nach innen gedreht. An Stelle der Inselrinde sind nur einige heterotope Ganglienzellhaufen vorhanden; links sind noch Reste des basalen Schläfenlappens zu erkennen, rechts nur ein Rudiment des Ammonshorns. Die Ventrikelfläche ist von einer dicken Gliaschicht bedeckt, unter welcher zahlreiche Ependyminseln liegen. Die Architektonik der erhaltenen Teile ist im wesentlichen ungestört. Die Meningen zeigen vielfach entzündliche Infiltrate. Das relativ große Kleinhirn und die Medulla oblongata sind unversehrt, die Pyramidenbahnen degeneriert. — Auch hier sind die entzündlichen Veränderungen sekundärer Natur.

Von diesem typischen Bild kommen auch halbseitige Formen vor (nach LANGE-COSACK, von BRECHET, CRUVEILHIER, HESCHL, KOPP 1912, SCHWARTZ, WERTKIN 1939), experimentell von H. BECKER (1949). Außerdem gibt es unvollständige Blasenhirne, bei denen von den basalen Teilen mehr erhalten geblieben ist, der ganze Schläfen- und größte Teil des Occipitallappens, so daß im wesentlichen nur Stirn- und Scheitellappen fehlt; es sind dies Übergänge zu den doppelseitigen Porencephalien, wobei aber die Ventrikelwand zugrunde gegangen ist.

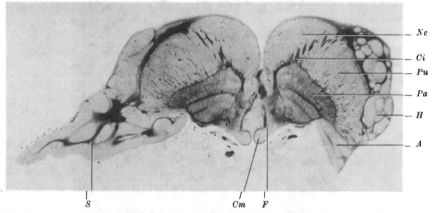

Abb. 13. Hydranencephalie (B. L. 42/16). Frontalschnitt durch die Basis. Markscheidenpräparat. Vergr. 1:1,6.
A Ammonshorn; *Ci* Capsula interna; *Cm* Corpus mamillare; *F* Fornix; *H* Heterotopien; *Nc* Nucleus caudatus; *Pa* Pallidum; *Pu* Putamen; *S* Schläfenlappen.

Pathogenese. Der Defekt der Großhirnanteile entspricht dem Versorgungsgebiet der beiden inneren Carotiden (Arteria cerebri anterior und media), während die von den Arteriae vertebrales versorgten basalen Hirnrindengebiete erhalten bleiben. Es ist also naheliegend anzunehmen, daß eine Abschnürung dieser Gefäße wie bei der Strangulation etwa durch Amnionstränge oder Nabelschnurumschlingung stattgefunden hat. Daß jedenfalls schwere Kreislaufstörungen in diesem Gebiet eine maßgebliche Rolle spielen müssen, beweisen die Experimente von H. BECKER (1949), welcher beim Hunde die Hydranencephalie durch Verstopfung der Carotiden durch Paraffinplomben erzeugen konnte. Dabei fehlten die Blutungsreste, es gibt aber auch menschliche Hydranencephalien ohne solche. Außerdem kommen direkte traumatische Einwirkungen in Betracht, besonders wegen der erheblichen Hämosiderinmengen in den weichen Häuten, der Dura und den Plexus chorioidei, welche vielleicht eine Ventrikelblutung annehmen lassen. LANGE-COSACK denkt in ihrem zweiten Fall an die Möglichkeit einer Abtreibung durch Einstich in die große Fontanelle mit einem unsauberen Instrument, wodurch Blutung und Infektion erklärt wären. Die oft angeschuldigten entzündlichen Erkrankungen allein können so schwere und gleichmäßige Ausfälle nicht hervorrufen. Als Zeit der Entstehung muß die letzte Hälfte des intrauterinen Lebens angenommen werden. Ein Geburtsschaden ist mindestens sehr unwahrscheinlich und nach den bisherigen Beobachtungen auch nicht beweisbar; für eine postnatale Entstehung haben sich in der Literatur keine Anhaltspunkte für einen entsprechenden Schaden und daran anschließendes

Krankheitsbild beibringen lassen. Einer „Aplasie" des Großhirns widerspricht die gute Ausbildung des Schädels.

Klinisch gehört dieses Bild in die Gruppe der „Kinder ohne Großhirn", bei denen nur der Hirnstamm oder Reste desselben das Leben erhalten. Man bezeichnet sie nach dem vordersten funktionstüchtigen Hirnteil als Zwischenhirn-, Mittelhirnwesen usw. In diese Gruppe gehören außer der Hydranencephalie auch die Anencephalien sowie die Markporencephalien, bei denen praktisch die Hirnrinde, selbst wenn sie gut erhalten bleibt, ausgeschaltet ist. Diese Kinder mit angeborenem — aber erworbenem — Mangel des Großhirns bleiben oft noch eine Zeitlang am Leben (bis zu $3^1/_4$ Jahren: HUNZIKER 1947). Dem eingehenden Studium dieser Mißgeburten verdanken wir wesentliche Aufschlüsse über die Funktion niederer Hirnteile (GAMPER 1926, LANGE-COSACK 1944 usw.).

3. Vorwiegende Rindenveränderungen.

a) Allgemeine Veränderungen (Plaques fibromyéliniques, Status spongiosus).

Man kann 2 Arten von *Narbenbildungen* auseinanderhalten, die für sich allein, aber auch nebeneinander vorkommen: die fleckförmigen Herde und die laminären Veröhungen.

Die fleck- oder keilförmigen Herde sind schon von ALZHEIMER als „perivasculäre Veröhungsherde" beschrieben worden. Es sind dies Endzustände kleiner Nekrosen. Wenn die Glia dabei mit zugrunde gegangen ist, so bleiben Lichtungsbezirke um die Gefäße zurück, im anderen Falle stellen sie gliöse Narben dar. Diese letzteren treten oft im Markscheidenpräparat durch einen überraschenden Reichtum an Markfasern als dunkle Flecken und Streifen in der Rinde hervor: Plaques fibromyéliniques, C. und O. VOGT (Abb. 14a). Ehe man diesen Zusammenhang erkannte, galten sie als Mißbildung; BIELSCHOWSKY (1925) erklärte den Überschuß an Markfasern durch Zusammendrängung der Fasern in der Marknarbe oder durch Myelinisierung ursprünglich markloser Fasern. SPATZ (1930) stellte fest, daß es sich um unvollkommene Regenerationsversuche von Markfasern aus der Umgebung der Narbe handelt, welche durch die Nekrose unterbrochen waren; sie bilden ein wirres Geflecht feiner Markfasern. Diese Anisomorphie ist für sie kennzeichnend. Nebeneinander liegende oder sich überschneidende Narbenzüge lassen zwischen sich abgerundete und unregelmäßige Gruppen von erhaltenen Ganglienzellen stehen, ein sehr charakteristisches Rindenbild (Abb. 14b). Wenn diese Narben in größerer Zahl vorkommen, entstehen durch die Schrumpfung auf der glatten Windung kleine Grübchen, so daß die Oberfläche das runzlige Aussehen einer Granularniere bekommt: „granuläre Atrophie der Großhirnrinde" (PENTSCHEW 1933) (Abb. 15).

Eine Hypermyelinisation gliöser Narben findet in gleicher Weise beim Status marmoratus des Striatums statt, weshalb man auch die Rindenveränderungen mit demselben Ausdruck bezeichnet hat. Das Vorkommen an beiden Orten unterscheidet sich aber dadurch, daß die Überschußbildung der Markscheiden in der Rinde in jedem Lebensalter eintreten kann, während sie im Striatum fast nur im frühkindlichen Alter vorzukommen pflegt. Sie kann auch an beiden Orten unterbleiben, so daß das charakteristische Markscheidenbild nicht zustande kommen kann. Maßgebend für die Beurteilung ist immer die Existenz der Narbe und der Ausfall der Ganglienzellen, denn die Hypermyelinisation ist nur ein — wenn auch sehr auffälliges — Begleitphänomen (s. auch S. 247).

Die laminären Veröhungen bestehen in einem kontinuierlichen Ganglienzellausfall einzelner Schichten, die sich über kurze Strecken, aber auch durch mehrere

Windungen hinziehen können (Abb. 16). Dadurch wird die Rinde verschmälert, so daß die Windungen dünn und scharfkantig werden, während die Oberfläche

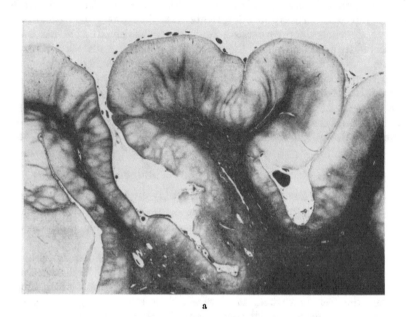

a

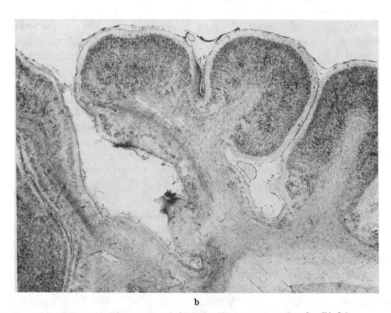

b

Abb. 14a u. b. Plaques fibromyéliniques (Status marmoratus der Rinde).
a Markscheidenpräparat; b Zellpräparat. Vergr. 1:7. 29jähriger Idiot (H. 233 E. V.), ausgedehnte Ulegyrien beiderseits und Status marmoratus des Striatums.

glatt bleibt. Die Ausfälle können sich ganz elektiv auf eine Schicht beschränken oder auch mehrere gleichzeitig betreffen, sie können aber auch unregelmäßig auf andere Schichten übergreifen (pseudolaminär). Am häufigsten ist die 3. Schicht

betroffen. Eine Entwicklung dieser zusammenhängenden Verödung aus Einzelherden ist naturgemäß häufig; die Ausfälle können auch mit spongiösen
Veränderungen verbunden sein (Abb. 17).

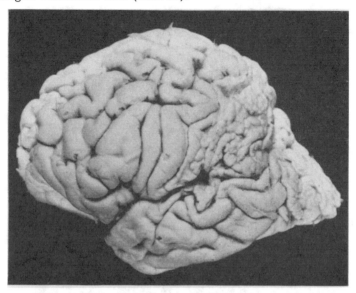

Abb. 15. Granuläre Atrophie der Großhirnrinde. ³/₄ natürliche Größe. Seitenansicht des Gehirns von links
Ulegyrien im Parieto-Occipitalgebiet. 8jähriger Idiot (33/78b A.), epileptische Anfälle. Hirngewicht 610 g
Kopfumfang 40 cm.

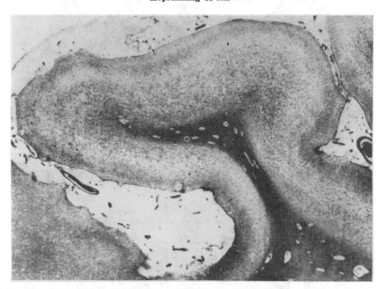

Abb. 16. Laminäre Zellausfälle in der 3. Rindenschicht (Status spongiosus) über die ganze Windung hinweg
Markscheidenpräparat. Vergr. 1:10. 34jähriger Epileptiker (39/103 A. F.). Rechtsseitige Hemisphärenatrophie.
Nach normaler Entwicklung mit 4¹/₂ Jahren Meningitis mit epileptischem Anfall, dazu Scharlach und Diph-
therie: linksseitige Lähmung. Nach vorübergehender Besserung Anfallsserie, bleibende Lähmung,
Verkürzung der Gliedmaßen.

Das Gewebssyndrom des *Status spongiosus* ist vor allem von der PICKschen
Atrophie, der LISSAUERschen Herdparalyse und der WILSONschen Krankheit
bekannt, es ist aber auch bei den Endzuständen der cerebralen Kinderlähmung

häufig. — Es handelt sich dabei um eine schwammig poröse Auflockerung des Gewebes, welches von feineren oder gröberen Spalten durchsetzt ist, ohne daß

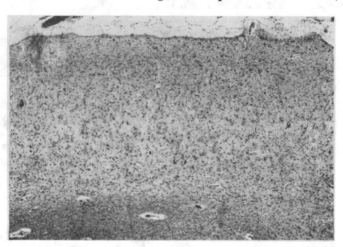

Abb. 17. Laminärer Status spongiosus. Vergrößert aus Abb. 16, 1:75.

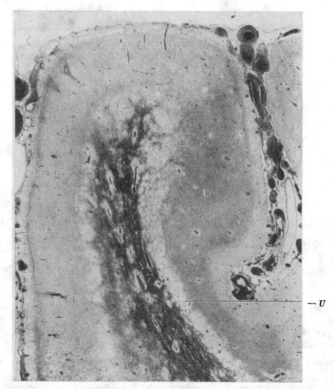

Abb. 18. Status spongiosus im Bereiche der U-Fasern (*U*). Diffuse und fleckige feinporöse Gewebsauflockerung mit Entmarkung bei subchronischer Meningitis. (F. A. 187/39.) Heidenhain.
[Aus J.-E. MEYER: Arch. f. Psychiatr. **185**, 35 (1950).]

ein Inhalt der Poren färberisch nachzuweisen wäre. Diese Auflockerung kann sich sowohl in der Hirnrinde wie in der Marksubstanz vorfinden. Dadurch

kommt es einerseits zu einer geringgradigen örtlichen Verdrängung der Ge-
webselemente, andererseits zu einer Parenchymschädigung sehr verschiedenen
Ausmaßes. Von dem Befund einer chronischen Zellerkrankung oder einfachen
Schrumpfung bis zum vollständigen Schwund der Nervenzellen im betroffenen
Gebiet werden alle Übergangsstufen beobachtet. Gleiches gilt für die stets
vorhandene Alteration der Markfasern, der Radiär- und Tangentialfasern der
Rinde. So haben wir beim voll ausgebildeten Status spongiosus ein leeres
Maschenwerk von Gliafasern vor uns, das Gebiet ist vollkommen entmarkt,
die Nervenzellen in ihrer Gesamtheit zugrunde gegangen (vgl. Abb. 27 und 28).

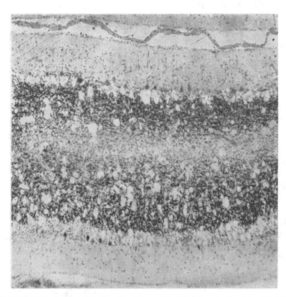

Abb. 19. Status spongiosus in einem Kleinhirnläppchen. Großtropfige seröse Durchtränkung mit besonderer
Lokalisation in der Lamina dissecans. Verschiebung der Purkinje-Zellen bis fast in die Mitte der Molekularschicht.
(F. A. 2572, Fall St.) Nissl-Präparat. [Aus J.-E. Meyer: Arch. f. Psychiatr. 181, 736 (1949).]

Das Mesenchym nimmt an diesen Vorgängen nicht teil; nur dann, wenn sich die
Veränderungen einer vollständigen Nekrose nähern, können auch Silberfibrillen
und selbst kollagene Fasern angetroffen werden (Siegmund 1927, eigene Beobachtung Hallervorden).

Lokalisatorisch beschränkt sich der Status spongiosus in der Rinde auf einzelne
Schichten. Man findet ihn am häufigsten in der Lamina III, aber auch in der V.,
seltener in anderen Schichten. Er kann sich über mehrere Hirnwindungen
hinziehen (Abb. 16), so daß man zunächst eine systematische laminäre Rindenerkrankung vor sich zu haben meinte (Schob 1930). Der Status spongiosus,
der meist mit einer allgemeinen Windungsschrumpfung einhergeht, ist gewöhnlich
am Furchengrund ausgesprochener als an den Windungskuppen (s. S. 256).
Andererseits kann das Gebiet der U-Fasern bevorzugt sein (Abb. 18), wobei es
zu einer Schädigung der Markfasern kommt. Am Kleinhirn ist gewöhnlich die
Schicht der Purkinje-Zellen aufgelockert (Abb. 19), welche dadurch in die
Molekularschicht abgedrängt werden können (Meyer 1949).

Im Rahmen der frühkindlichen Hirnschäden beobachtet man den Status
spongiosus vor allem bei lobären Sklerosen und Hemisphärenatrophien, also bei
diffus ausgebreiteten Hirnveränderungen. Gerade beim Studium derartiger
Krankheitsbilder konnte Hallervorden (1939) zeigen, daß durch ein Ödem

auch eine dichte Fasergliose entstehen kann, was der chronischen Induration anderer Körperorgane entspricht. Die Veränderungen hängen ab von dem Tempo und der Intensität des Prozesses. Es handelt sich dabei um diffuse Entmarkungsvorgänge in der weißen Substanz, die nicht einfach als Folgen der Nervenausfälle in der Rinde angesehen werden können, da sich der Parenchymuntergang beim Status spongiosus meist nur auf einzelne Rindenschichten beschränkt.

In leichteren Fällen kann man Entmarkung und Gliose nur perivasculär in der weißen Substanz antreffen (perivasculäre Verödung), wodurch Verwechslungsmöglichkeiten mit der diffusen Sklerose oder Restzuständen nach perivenöser Encephalitis gegeben sind. Hinzu kommt schließlich eine Veränderung am Gefäß-Bindegewebsapparat in Gestalt einer Fibrose der Gefäßadventitia und mesenchymaler Proliferation in den Virchow-Robinschen Räumen, wie es vom chronisch rezidivierenden Hirnödem her bekannt ist (Jacob 1945). Diese leichteren Veränderungen, gewissermaßen die Äquivalente des Status spongiosus, zu kennen, ist besonders für die pathogenetische Aufklärung wichtig, zumal man ihnen viel öfter als dem voll ausgebildeten Status spongiosus begegnen wird.

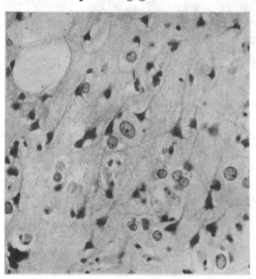

Abb. 20. Progressiv veränderte Astrocyten bei Status spongiosus der Hirnrinde (nackte Kerne vom Typus der Alzheimer II-Glia).
[Aus J.-E. Meyer: Arch. f. Psychiatr. 185, 35 (1950).]

Zur *Genese* des Status spongiosus: Noch bevor man genauere Einsicht in die Hirnveränderungen bei akuter ödematöser Gewebsdurchtränkung gewonnen hatte, waren Sträussler und Koskinas (1926), vor allem aber Bielschowsky (1920) an Hand seiner Untersuchungen über den spongiösen Rindenschwund zu der Meinung gekommen, daß dem Status spongiosus eine Lymphstauung bzw. „örtlich begrenzte seröse Durchtränkung des Rindengewebes" zugrunde läge. Spielmeyer (1922) und nach ihm Siegmund (1927) hatten die Ursache des Status spongiosus in einer Insuffizienz der Glia, einem Mangel an Gliafasern gesehen. Hallervorden (1939) schließlich spricht von einem *histologischen Komplex der serösen Durchtränkung* (infolge einer Permeabilitätsstörung), in dessen Mittelpunkt der Status spongiosus steht, der durch die Art des Untergangs der Gewebselemente (Nervenzellen und Markfasern) und das Verhalten des Stützgewebes (lockere Gliose, fehlende mesenchymale Reaktion) gekennzeichnet wird. Wesentlich ist außerdem, daß die Veränderungen in ihrer Lokalisation von Gefäßversorgungsgebieten unabhängig sind. Die Kenntnis der unmittelbaren Folgen eines Hirnödems akuter und chronischer Art brachte dann die völlige Bestätigung dafür, daß es sich beim Status spongiosus und den übrigen ihm entsprechenden bzw. ihn begleitenden Veränderungen um den *Restzustand nach ödematöser Gewebsdurchtränkung* handelt. Dazu gehören die hervorragende Schädigung der myelinhaltigen Strukturen durch gewebsfremde Flüssigkeit (Greenfield 1939, Jacob 1946), die Veränderungen am Gefäßbindegewebsapparat beim chronisch-rezidivierenden Ödem (Jacob 1948) und schließlich die dem Parenchymuntergang nicht adäquate

Gliareaktion in der Hirnrinde (Abb. 20). Schon eine ödematöse Durchtränkung von verhältnismäßig kurzer Dauer, die zu keiner Parenchymschädigung führt, ruft zahlreiche progressive Astrocyten auf den Plan (Abb. 20), wodurch histologisch bei intaktem Ganglienzellbestand ein ungewöhnliches Gewebsbild entsteht (SCHOLZ 1949). Damit wird es verständlich, daß bei leichteren Schäden an Stelle der lockeren Gliose des Status spongiosus eine dichte Rindenfasergliose bei erhaltenen Nervenzellen beobachtet wird.

Es fragt sich nun, warum der Status spongiosus oft auf bestimmte Rindenschichten beschränkt ist. ALAJOUANINE, HORNET und THUREL (1936) möchten dies auf Besonderheiten der corticalen Angioarchitektonik zurückführen. Nach HALLERVORDEN (1939) könnte die Bevorzugung einzelner Schichten rein mechanische Ursache haben, indem sich die freie Flüssigkeit im Gewebe am Ort des geringsten Widerstandes sammelt. Als ein solcher ist gerade die locker gebaute, weitmaschige 3. Rindenschicht aufzufassen, der gegenüber die stark markfaserhaltige Lamina IV relativ undurchlässig erscheint. Von der Tatsache der laminären Lokalisation des Status spongiosus ausgehend, hat man nun gefolgert, daß die laminären oder pseudolaminären Ausfälle bei diffusen, von Gefäßversorgungsgebieten unabhängigen Rindenatrophien im Rahmen des frühkindlichen Hirnschadens Folge einer ödematösen Gewebsdurchtränkung sind — auch dort, wo im Endzustand nicht ein Status spongiosus, sondern lediglich ein laminär begrenzter Parenchym-

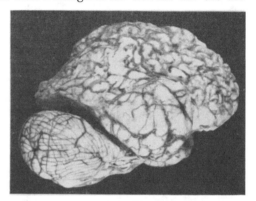

Abb. 21. Flächenhafte Ulegyrie des Großhirns. Seitenansicht des Gehirns von rechts. Kleinhirn relativ zu groß. Zwei Jahre altes Kind (G. 42/31 D.), normale Geburt von 20 Std Dauer. „Scheintot". Bald nach Geburt Krämpfe. Mikrocephalie, Kopfumfang 42 cm, Tetraplegie, kann nicht sitzen, stehen, sprechen, affektiv nicht ansprechbar. Hirngewicht 440 g.

ausfall mit entsprechender Gliose zu beobachten ist. — Es wird sich dabei wohl nicht ausschließlich um die Folgen der Durchtränkung mit gewebsfremder Flüssigkeit handeln, doch ist diese für die Lokalisation der Schäden maßgeblich (HALLERVORDEN). Dies ist von anderer Seite bestritten worden, wenn auch zugegeben wurde, daß bei hypoxydotischen Schäden der Faktor der ödematösen Durchtränkung bildmodifizierend wirken kann (SCHOLZ 1949). Auf andere mögliche Ursachen des Status spongiosus (besonders bei der PICK-schen Atrophie) wie auf die grundsätzlichen Entstehungsbedingungen des Hirnödems ist hier nicht einzugehen. Im Bereich des frühkindlichen Hirnschadens kommen vor allem Meningitiden und toxische Prozesse ursächlich für die Entstehung des Status spongiosus und seiner Äquivalente in Frage.

b) Lobäre Sklerosen (flächenhafte Ulegyrien).

Diese Rindenschädigungen sind gewöhnlich nur Teilerscheinungen einer allgemeinen Störung, die sich nur besonders auffällig an der Rinde auswirkt. Sie bleiben natürlich nicht ohne Einfluß auf die Marksubstanz, und nicht selten sind daneben auch andere Hirnteile, wie Stammganglien und Kleinhirn, in Mitleidenschaft gezogen. SCHOB (1930) unterscheidet 2 Arten von Rindenschädigungen: 1. „die lobäre oder flächenhafte Ulegyrie" (= lobäre Sklerose) und 2. „die progressive sklerosierende Rindenatrophie" (= Hemisphärenatrophie).

Die *lobäre Sklerose* betrifft einzelne Lappen einer oder beider Seiten und kann sich auch auf die ganze Hemisphäre ausdehnen (Abb. 21). Makroskopisch zeigt das Gehirn entsprechende Deformitäten: Schrumpfung der betroffenen Lappen, Verkürzung einer oder beider Hirnhälften, Erweiterung der Ventrikel. Die weichen Häute sind mindestens getrübt, oft ganz erheblich verdickt, die Pia nicht selten mit der Hirnrinde verwachsen; die Arterien des Subarachnoidalraumes können Veränderungen aufweisen, kleine Venen thrombosiert sein. Diese Gruppe ist unter den Endzuständen recht häufig vertreten.

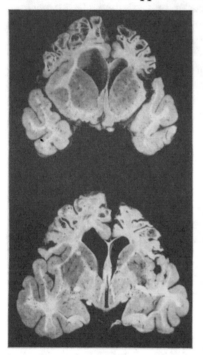

Abb. 22. Frontalschnitte des Gehirns von Abb. 21.

Die Windungen sind geschrumpft, von Narben und Cysten durchsetzt oder auch ganz verödet, das darunterliegende Mark sklerosiert oder auch ausgehöhlt. Sind die Windungstäler vorwiegend verändert und die Kuppen besser erhalten, wie dies meistens der Fall ist, so entsteht auf dem Querschnitt ein sehr eindrucksvolles Bild: die Windungen sitzen dem Marklager wie kleine Hutpilze auf (Abb. 22). Als Reste alter Erweichung bleiben Fettkörnchenzellen oft in erheblichen Mengen im Narbengewebe eingeschlossen erhalten. Auch eine beträchtliche Organisation durch bindegewebige Netze kann vorkommen. Überraschend wirkt oft die intensive Gliafaserwucherung in der Rinde, wie sie beim Erwachsenen nicht gesehen wird (Abb. 23). Man kann wohl von einer Überproduktion sprechen, die auf die Jugendlichkeit des Gliagewebes und auf die besonderen physikalisch-chemischen Gegebenheiten des einzelnen Falles bezogen werden muß (Brandt 1941, Wilke 1950)[1].

Die Lage der Rindenschädigungen an der Konvexität und nahe der Mittellinie läßt vermuten, daß hier eine Thrombose des Sinus longitudinalis und seiner zuführenden Venen vorgelegen haben könnte. In einem eigenen Falle (Hallervorden 1939) lagen diese Verhältnisse recht übersichtlich, es handelte sich um eine alte thrombotisch bedingte Schrumpfung einer Hemisphäre, wobei der Tod durch eine neue Thrombose mit frischer Blutung auf der anderen Seite herbeigeführt wurde (Abb. 24).

Der $2^1/_2$jährige Knabe (37/185 M. G.), Frühgeburt, bekam bald nach der Geburt Krämpfe. Es entwickelte sich eine Lähmung des rechten Armes und beider Beine. Gegen Ende des Lebens bekam er eine Lungenentzündung und linksseitige Zuckungen in Gesicht und Körper. — Hirngewicht 870 g, Schädelumfang 45 cm. Der Sinus longitudinalis war mit geronnenem Blut gefüllt, die Venen der Konvexität, namentlich rechts, thrombosiert. Die linke Hirnhälfte war eine kleine Spur kleiner als die rechte, die Schädelbasis auf dieser Seite etwas schmäler. Links zeigte die Gegend der Mantelkante in der ganzen Länge der Hemisphäre an der Medianseite wie an der Konvexität ausgedehnte narbige Schrumpfung der Rinde mit schichtförmiger Verödung und Atrophie der Marksubstanz. Der linke Seiten-

---

[1] Diese intensive Gliawucherung wird oft als Beweis gegen die besondere Reaktionsweise des unreifen Nervengewebes (Spatz) angeführt. In diesen Fällen ist aber das Gewebe, speziell die Glia, bereits so weit entwickelt, daß es zu dieser Reaktion fähig ist. Das Mißverständnis beruht darauf, daß das kindliche Nervengewebe ohne weiteres als unreif angesehen wird, ohne den ontogenetisch fortschreitenden Reifungsprozeß in Rechnung zu ziehen.

ventrikel war erweitert; Atrophie des linken Thalamus, geringe Verschmälerung der gekreuzten Kleinhirnhälfte. Rechts fand sich eine frische, kompakte Blutung im Bereich

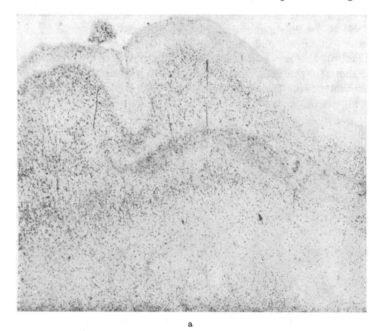

a

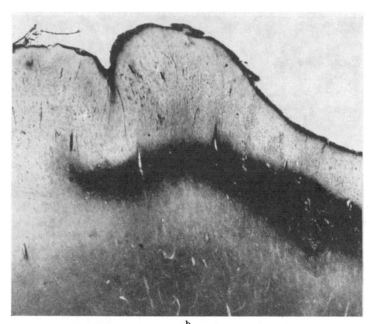

b

Abb. 23 a u. b. Laminäre Verödung der Hirnrinde. a Zellpräparat; b Gliafaserpräparat. Vergr. 20mal. Zwei-
jähriger Idiot (30/71a St.) mit epileptischen Anfällen, mikrocephal. Hirngewicht 635 g, zahlreiche Ulegyrien.

der 1. und 2. Stirnwindung, etwa zweifingerbreit, und anschließende ödematöse Erweichung.
Diese Veränderungen entsprachen in ihrer Ausdehnung der älteren Schädigung der linken
Seite. Damit finden die rechtsseitige Lähmung durch die Verödung in der linken Hemisphäre

und die zuletzt aufgetretenen Reizerscheinungen in der linken Körperhälfte durch die frische thrombotische Blutung der rechten Hirnhälfte ihre Erklärung.

Hätte dieses Kind auch noch diese Schäden überlebt, so wäre ein Bild entstanden, wie es der flächenhaften Ulegyrie (Abb. 21) entspricht. Ähnliche Fälle doppelseitiger Sklerose und Atrophie sind öfter beschrieben worden, so von Norman (1936), Bailey und Hass (1937), Lumsden (1950) u. a. Die gleichen Bilder können aber durchaus auch bei allgemeinen Kreislaufstörungen und Anoxie zustandekommen; eine primäre Schädigung durch eine Toxoplasmose oder Folgen einer Meningitis wären auch in Betracht zu ziehen.

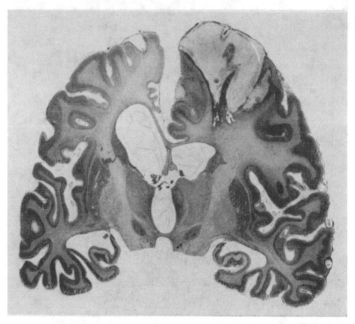

Abb. 24. Hirnschädigung durch Venenthrombose (37.185 G.). Frontalschnitt durch beide Hemisphären. Thionin, natürliche Größe. Frische Blutung an der Konvexität rechts (ungefärbt), alte narbige Veränderungen links mit entsprechender Erweiterung des linken Seitenventrikels und sekundärer Degeneration des linken Thalamus. [Aus Hallervorden: Z. Neur. **167**, 527 (1939).]

Eine recht charakteristische Lokalisation flächenhafter Ulegyrie findet sich an der Konvexität am Occipitallappen, häufig symmetrisch in den sich hier überschneidenden Grenzgebieten der 3 Hirnarterien (Abb.5). Man findet dies als Nebenbefund bei Schwachsinnigen und Epileptikern gelegentlich, da auffällige Ausfallserscheinungen dadurch nicht hervorgerufen werden. Eine doppelseitige Lokalisation von Ulegyrien in der Gegend der Zentralwindung beiderseits kann Ursache einer Littleschen Lähmung sein, bei welcher die unteren Extremitäten so häufig mehr betroffen sind als die oberen, wobei freilich eine Erkrankung der Stammganglien ausgeschlossen werden muß.

c) Hemisphärenatrophie.

Die Hemisphärenatrophie betrifft gewöhnlich nur eine Hemisphäre, welche im ganzen verkleinert ist.

Klinisch zeigen die Patienten eine Hemiplegie mit verkürzten, im Wachstum zurückgebliebenen Extremitäten mit charakteristischen Kontrakturstellungen. Sie leiden gewöhnlich an epileptischen Anfällen, die serienweise aufzutreten pflegen. Das Leiden beginnt im 1. Lebensjahr (auch noch im 13. Jahre: Moore 1943) meist mit einer fieberhaften Erkrankung.

In dieser oder kurz danach treten epileptische Anfälle auf, an welche sich eine halbseitige Lähmung anzuschließen pflegt; sie kann sich wieder bessern, um nach neuen Anfällen wiederzukehren, bis sie zu einem Dauerzustand wird (BIELSCHOWSKY 1916, BIRK 1933 und 1938). Viele Patienten sterben noch in der Jugend, sie können aber auch ein mittleres und höheres Alter erreichen. Es gibt aber auch Fälle, bei welchen der Endzustand gleich nach der initialen Krankheit zustande kommt und stationär bleibt; Krämpfe können dann fehlen (TÖPPICH 1935: 40jähriger Mann; JOSEPHY 1945: 64jährige Frau, Beginn mit $2^1/_2$ Jahren).

Ist der Schädel noch im Wachstum begriffen, so pflegt er sich der veränderten Form des Gehirns anzupassen. Der Knochen ist auf der Seite der Hemiatrophie verdickt, die Nebenhöhlen kompensatorisch erweitert (NOETZEL 1946); dies ist röntgenologisch wichtig (DEYCKE usw. 1933, ROSS 1941). Bei gekreuzter Kleinhirnatrophie kann auch der Knochen der. gegenüberliegenden hinteren Schädelgrube verdickt sein.

Die erkrankte Hirnhälfte (Abb. 25) bietet ein gleichmäßig verkleinertes Abbild der gesunden, mit schmalen Windungen und klaffenden Furchen, aber mit glatter Oberfläche. Die Meningen sind über der betroffenen Hemisphäre meist bedeutend verdickt. In anderen Fällen ist die Reduktion nicht so gleichmäßig, sondern betrifft mehr die vordere oder die hintere Hälfte. Die derbe Konsistenz der atrophischen Hemisphäre steht in auffallendem Kontrast zu der normalen Seite. Rinde und Mark sind erheblich verschmälert, die Ventrikel der betroffenen Hälfte erweitert, Striatum und Pallidum sind nicht oder wenig verkleinert, der Thalamus ist stets erheblich reduziert (Abb. 26). Oft gibt es eine gekreuzte Kleinhirnatrophie.

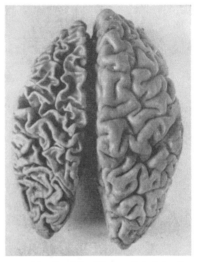

Abb. 25. Hemiatrophia cerebri bei einer 43jährigen epileptischen Patientin.

Die histologischen Befunde sind, abgesehen von der initialen Erkrankung, auf die mit den epileptischen Anfällen verbundenen Kreislaufstörungen und ihre Folgen zurückzuführen. Diese finden ihren Ausdruck auch in einer oft deutlichen Bevorzugung der arteriellen Grenzgebiete (MEYER). Es besteht vorwiegend eine elektive Parenchymnekrose (SCHOLZ 1951), teils fleckförmig, auch mit Plaques fibromyéliniques, teils kontinuierlich ganze Rindenschichten betreffend, und zwar in abfallender Folge die 3., 4. und 5. Schicht, oft über viele Windungen hinweg. Dabei sind die Windungstäler bevorzugt oder nur allein befallen, immer aber bleibt die Form der Windungen gewahrt. Dementsprechend gibt es ausgedehnte Gliafaserwucherungen oder Lückenbildungen. Oft findet man große Mengen von Corpora amylacea in den atrophischen Windungen (JOSEPHY, PEKELSKY usw.). Der Abbau wird im allgemeinen durch die Glia besorgt, mobile Fettkörnchenzellen kommen nur ganz vereinzelt vor, dagegen sind sie reichlicher an den Gefäßen vorhanden, falls noch frische Veränderungen vorliegen; doch gibt es auch genug Fälle, in denen der Abbau längst vorüber ist. Cysten und Höhlenbildungen gehören nicht zum Bilde der elektiven Parenchymnekrose, sondern sind Folge größerer Erweichungsherde.

Gegenüber der schweren Schädigung der Großhirnrinde überrascht die Unversehrtheit des Striatums und Pallidums, doch ist in manchen Fällen eine geringere Verkleinerung festzustellen, ohne daß irgendwelche besonderen Ausfälle zu bemerken sind. In wieder anderen allerdings findet man kleine herdförmige Parenchymschädigungen und manchmal auch einen Status marmoratus.

Die auffällige Atrophie des Thalamus beruht zum großen Teil auf einem Ausfall der Rindenanteile dieses Zentrums durch sekundäre Degeneration (Biel-schowsky 1916, Le Gros Clark und Russel 1940), besonders des Nucleus anterior, medialis und lateralis, wobei weniger die Markfasern als die Nervenzellen geschwunden sind. Andererseits wissen wir aus den Untersuchungen von Scholz, daß gerade im Thalamus bei epileptischen Anfällen Nervenzellen primär zugrunde zu gehen pflegen, und zwar auch bei der Hemiatrophie in beiden Hirnhälften. Immerhin spricht aber die ungleich schwerere Schrumpfung des gleichseitigen Thalamus für die überwiegende Bedeutung der sekundären Degeneration.

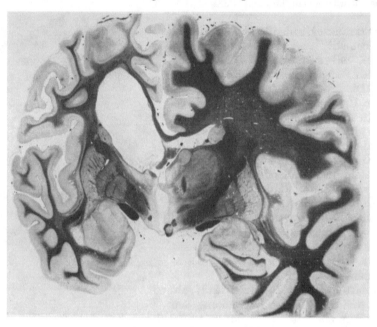

Abb. 26. Hemisphärenatrophie (mit Sklerose). Frontalschnitt. Markscheidenpräparat. Natürliche Größe; 62jähriger Mann (H. 390 Sch.), Hirngewicht 920 g.

Als weitere sekundäre Degenerationen können vorkommen: eine gleichseitige Atrophie des roten Kernes, des Hirnschenkelfußes mit Pyramiden- und Brückenbahnen und der zugehörigen Brückenfußhälfte, während auf der gekreuzten Seite die Kleinhirnhemisphäre mit Nucleus dentatus und Brückenarm betroffen sein kann. Von diesen letztgenannten Zentren sind wiederum weitere transneuronale Degenerationen (Becker 1952) abhängig in Bindearm und Corpus restiforme sowie der unteren Olive der Gegenseite (Miskolczy und Dancz 1934, Juba 1936, Ule 1954). Es gibt aber im Kleinhirn ebenfalls primäre Ausfälle (Läppchenatrophien), auch größeren Ausmaßes, durch die epileptischen Anfälle.

Die Marksubstanz ist bedeutend verschmälert und stark gelichtet. Sie besitzt gewöhnlich eine dichte Fasergliose, doch kommt auch ein Status spongiosus vor, namentlich im Gebiet der Markkegel der Windungen. In seltenen Fällen ist die allgemeine Auflockerung so bedeutend, daß die ganze Hemisphäre nur ein feines Maschenwerk von Gliafasern darstellt (Hallervorden 1939):

H. R. (38/27), 13jähriger Knabe, normale Geburt. Im 6. Lebensmonat Krämpfe mit rechtsseitiger Hemiparese und Wachstumsverzögerung der rechten Gliedmaßen. Es entwickelte sich eine schwere Demenz. — Hirngewicht 950 g, linke Hemisphäre bedeutend kleiner als die rechte, ebenso entsprechend die linke Schädelhöhle (Abb. 27). Die Rinde ist stark verschmälert bis auf das Ammonshorn und, wie das Marklager von Stirn- bis zum Occipitalpol, in ein teils lockeres, teils dichtes Maschenwerk aus Gliafasern verwandelt — ohne jede Beteiligung des Bindegewebes (Abb. 28). Erweiterung des linken Seitenventrikels, Status marmoratus des Putamens, auch rechts angedeutet; Atrophie des Thalamus links,

Verschmälerung des Balkens. In der rechten Hemisphäre fand sich nur ein kleiner spongiöser Herd in der Hirnrinde. Ausgebreitete Ependymitis granularis. Im Kleinhirn mäßige diffuse und fleckige Lichtung der Körnerschicht in beiden Hemisphären, rechts etwas mehr als links, sowie Verminderung der PURKINJE-Zellen; der Wurm ist besser erhalten.

Die beschriebenen Veränderungen sind in der verkleinerten Hemisphäre vom Stirnhirn bis zum Occipitallappen ziemlich gleichmäßig ausgebreitet. Eine genauere Untersuchung zeigt aber gelegentlich ein Übergreifen des Prozesses auf die andere Seite, z. B. im Balken oder im Gyrus cinguli, oft sind auch weitere kleine Ausfälle vorhanden (z. B. PEKELSKY, TÖPPICH), aber sie bleiben doch unbedeutend.

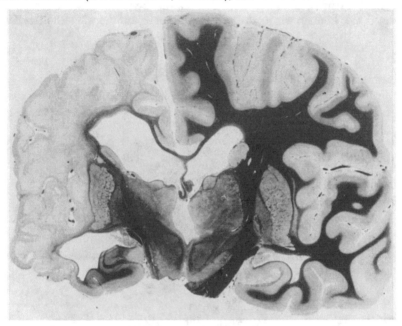

Abb. 27. Hemisphärenatrophie (mit Status spongiosus). Frontalschnitt. Markscheidenpräparat. Natürliche Größe. (38/27 H. R.) Vgl. Text. [Aus HALLERVORDEN: Z. Neur. **167**, 527 (1939).]

Abgesehen von diesen mehr gleichmäßigen Hirnatrophien können auch umschriebene größere Defekte, erhebliche Ausweitung einzelner Ventrikelabschnitte und auch stärkere Schädigung der Stammganglien vorkommen. Schließlich können auch beide Hemisphären in nahezu gleicher Weise erkranken, woraus sich natürlich ein anderes klinisches Bild ergibt.

Bei einem Teil der Patienten, besonders bei den in früher Kindheit erkrankten, ist trotz der halbseitigen Lähmung die Pyramidenbahn nicht degeneriert. Nachdem SPIELMEYER (1906) bei einer erst im 23. Lebensjahre erkrankten Frau mit epileptischen Anfällen (ein früherer Beginn ist nicht ganz sicher auszuschließen), eine solche „*Hemiplegie mit intakter Pyramidenbahn*" mitgeteilt hatte (noch einmal nachuntersucht, HALLERVORDEN 1930), hat BIELSCHOWSKY (1916) denselben Befund bei 2 Patienten erhoben, welche in den ersten Lebensjahren erkrankt gewesen waren. Die Ursache der Lähmung sieht er darin, daß der Ausfall der 3. Rindenschicht die Zuleitung der kinästhetischen Anregungen zu den unteren effektorischen Rindenschichten verhindert und die BETZschen Zellen dadurch isoliert sind (vgl. auch HASSLER 1949). Ähnliche Beobachtungen stammen von BISCHOFF (1897), HÖSTERMANN (1912), A. JAKOB (1921), ALPERS und DEAR (1939), SCHOLZ (1951) u. a.; bei Paraplegie: FINKELNBURG (1913), VAN BOGAERT und LEY (1929). In der Mehrzahl ist aber die Pyramidenbahn wie gewöhnlich degeneriert.

Pathogenese. Nach der Auffassung von BIELSCHOWSKY entsteht durch die Infektionskrankheit ein Herd (Focus), welcher die epileptischen Anfälle auslöst, die ihrerseits wieder durch einen Circulus vitiosus die Ausbreitung eines degenerativen Krankheitsprozesses über die ganze Hemisphäre begünstigen. Dieser Anschauung, welche auf COTARD zurückgeht, können wir heute nicht mehr folgen, ganz abgesehen davon, daß in der größten Zahl der Fälle ein solcher Focus nicht nachzuweisen ist. Seit SCHOLZ die Bedeutung der Krampfschäden aufgedeckt hat, können wir jetzt die Veränderungen auf die wiederholten Krampf-

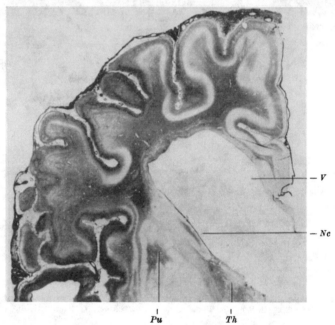

Abb. 28. Hemisphärenatrophie (mit Status spongiosus). Gliafaserpräparat nach HOLZER. Vergr. 1:1,7. Ausschnitt aus der erkrankten linken Hirnhälfte (Abb. 27). Intensive Fasergliose des Marklagers, des Nucleus caudatus (*N.c.*); des Putamens (*Pu*) und des Thalamus (*Th*), Erweiterung des Ventrikels (*V*).

anfälle zurückführen; in diesem Sinne spricht auch der klinische Verlauf und der oft noch zu erhebende Nachweis eines progredienten Prozesses.

Es bleibt aber rätselhaft, warum nur die eine Seite so schwer geschädigt wird, obwohl die Kreislaufstörungen des Anfalls sich in beiden Hemisphären auswirken, wie man in der „normalen" Hirnhälfte an leichten Zellausfällen feststellen kann, wenn man danach sucht. Hierfür muß die einleitende, meist sehr bedrohlich aussehende fieberhafte Erkrankung, vielleicht eine Meningitis oder Encephalitis, zur Erklärung herangezogen werden. Diese kann selbst Ursache des ersten epileptischen Anfalles sein oder aber einen Focus hervorrufen, d. h. einen größeren Defekt, z. B. durch Thrombose oder Embolie, welcher erst die Auslösung der epileptischen Anfälle bedingt.

Als bleibende Reste einer Meningitis deutet HALLERVORDEN: Die nie fehlende Verdickung der Meningen an der erkrankten Seite, häufig vorhandene, mäßige Gefäßwandveränderungen, wie sie bei Meningitis vorkommen (EICKE) und die bisher stets von ihm beobachtete Ependymitis granularis (diese Veränderungen sind sowohl in den Fällen von BIELSCHOWSKY vorhanden, die HALLERVORDEN daraufhin nachuntersuchte, wie auch in seinen eigenen Fällen). Wenn diese Befunde auch keineswegs spezifisch sind (und auch durchaus nicht bei jeder Meningitis zurückbleiben müssen), so sprechen sie in ihrer Gesamtheit doch mehr für eine durchgemachte Meningitis, namentlich die Ependymitis granularis (HASENJÄGER und STROESCU). Wenn diese auch gelegentlich durch andere Prozesse, namentlich Ventrikelblutungen nach Geburtsschäden (die aber hier nicht in Betracht kommen) hervorgerufen werden, so bleibt doch die Meningitis eine ihrer weitaus häufigsten Ursachen.

Jede Infektionskrankheit, welche das Gehirn betrifft, führt zu einer Permeabilitätsstörung und Ödemneigung, besonders die in der Kindheit so häufige Meningitis. Dabei ist nicht selten das Ödem in der einen Hemisphäre bedeutend stärker entwickelt als in der anderen. Wird dadurch ein epileptischer Anfall ausgelöst, so verstärken die damit verbundenen Kreislaufstörungen nicht nur die Durchlässigkeit der Gefäße, sondern sie können die durch das Ödem bereits anfälligen Rindenbezirke noch weiter schädigen. Die einmal geschaffene Labilität des Gefäßsystems in der einen Hemisphäre wirkt sich später immer wieder in derselben aus. Dies gilt um so eher für das kindliche Gehirn, als dieser Vorgang auch beim Erwachsenen auf dem Boden einer entzündlichen Gehirnerkrankung zu einer einseitigen Hemisphärenatrophie führen kann, wie BIELSCHOWSKY (1919) bei einer progressiven Paralyse zeigte (gleichartiger Fall von DIVRY 1939, eigene nicht publizierte Beobachtung von HALLERVORDEN) und ferner FERNANDES (1935) auf dem Boden einer encephalitischen Erkrankung[1].

Eine halbseitige Hemisphärenatrophie kann auch intrauterin entstehen, wie ein Fall von BATTEN (1900) — 6 Monate altes Kind mit vereinfachtem plumpem Windungsbau der kleineren Hemisphäre — zeigt. HALLERVORDEN beobachtete ein 11jähriges Mädchen mit einer allgemeinen Mikrogyrie der linksseitigen, etwas reduzierten Hirnhälfte (nicht publiziert).

Diese Form der Hemiatrophie mit und ohne Pyramidenbahndegeneration ist seit CHARCOT (1852) und SCHRÖDER VAN DER KOLK (1861) wiederholt beschrieben worden: KOTSCHEKOWA (1901), KÖPPEN (1905), HAJASHI (1923), STROH (1925), WILSON (1925), SPADOLINI (1930), MARBURG (1930), PEKELSKI (1932), TÖPPICH (1935), ALPERS und DEAR (1939), HASSIN (1935), MOORE (1943), JOSEPHY (1945).

Natürlich gehört nicht jede Verkleinerung einer Hemisphäre zu diesem Prozeß, ebensowenig wie eine kindliche Hemiplegie immer auf eine halbseitige Sklerose des Gehirns bezogen werden darf.

Über therapeutische Erfolge durch Entfernung der erkrankten Hemisphäre wurde neuerdings mehrfach berichtet, z. B. LAINE und Mitarbeiter (1952).

4. Vorwiegende Markveränderungen.

a) Markporencephalie.

Abgesehen vom sekundären Untergang der Markfasern durch Ganglienzellausfälle in der Hirnrinde, gibt es primäre Schädigungen, die bei der Anfälligkeit der noch unreifen Marksubstanz alles übertreffen, was im späteren Leben möglich wäre. Bei den *Markporencephalien* handelt es sich um eine fast vollständige Auflösung der Marklager, doch bleibt im Gegensatz zur Hydranencephalie die Ventrikelwand erhalten und größtenteils auch die oft erheblich geschädigte Hirnrinde. Ein eigener Fall mag dies verdeutlichen (Abb. 29):

G. M. (42/58), 1 Jahr 4 Monate. Schwere Geburt von 8stündiger Dauer. Das Kind war $^3/_4$ Std „scheintot". Kephalhämatom rechts, 3 Monate andauernde linksseitige Lähmung, keine Krämpfe — Kopfumfang 47 cm, allgemeine Starre, Beine gekreuzt. Babinski beiderseits positiv. Leicht schreckhaft, sonst ruhig, reagiert wenig. Zuletzt Fieberanstieg; Liquor etwas getrübt, 24/3 Zellen.

Hirngewicht 320 g, davon Kleinhirn 90 g. Beide Großhirnhälften vollständig zusammengefallen, aber mit deutlichem Windungsrelief. Weiche Hirnhäute verdickt und getrübt, von der

---

[1] Aber auch andere Ursachen können vorkommen: So beschreibt BECKMANN (1947) eine Ödemnekrose einer Hirnhälfte bei einem 30jährigen Manne infolge subakuter Nephritis.

Hirnrinde sind nur noch Reste um die Fossa Sylvii, an der Basis des Hinterhaupt- und Schläfenlappens und an der Medianlinie vorhanden. Die Marksubstanz ist großenteils ausgehöhlt, ihre Reste vollständig verödet. Intakt sind nur die Tractus optici und einzelne Faserzüge. Die Stammganglien sind zwar in ihrer Form erkennbar, aber verödet, das Putamen beiderseits von Cysten durchsetzt, die Ventrikel sind erweitert, ihre Wand verdickt, im Unterhorn

Abb. 29. „Markporencephalie", Frontalschnitt. (G. M. 42/58). Markscheidenpräparat. Vergr. 1:1,3. Erhalten sind die beiden Tractus optici, die Markfasern des Ammonshorns und des Tapetums am Unterhorn sowie dürftige Reste in der inneren Kapsel und im Globus pallidus.

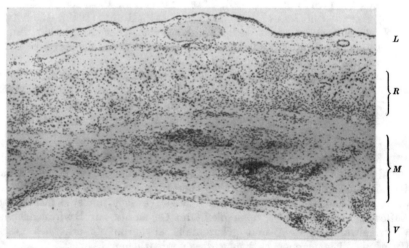

Abb. 30. „Markporencephalie", Rinde und Marksubstanz. (G. M. 42/58.) Thioninfärbung. Vergr. 45mal
L Leptomeningen; R verschmälerte Rinde mit einzelnen restlichen Ganglienzellhaufen; M Marksubstanz mit Erweichungsherden, welche durch ihren Zellreichtum hervortreten; V Ventrikel.

sind einige Gliapolster vorhanden. Der Hirnstamm ist vom Hypothalamus ab intakt bis auf die sekundären Veränderungen.

Die Hirnrinde zeigt nur einzelne Haufen von erhaltenen Ganglienzellen (Abb. 30). Sie ist mit der anliegenden Marksubstanz von Fettkörnchenzellen durchsetzt, die besonders an den Gefäßen stark angehäuft sind (Abb. 31). Dasselbe gilt von den weichen Häuten, deren Gefäße einige Kalkeinlagerungen in die Adventitia und hier und da Intimawucherungen besitzen, sowie einige spärliche entzündliche Infiltrate.

Im Kleinhirn findet sich ein größerer Verödungsherd in der linken Hemisphäre, im übrigen ist die Marksubstanz intakt, im zugehörigen Nucleus dentatus sind die Zellen fast ganz ausgefallen. Die Pyramidenbahnen sind degeneriert, der Brückenfuß stark reduziert·

Klinisch wäre diese Beobachtung als Zwischenhirnwesen zu bezeichnen. Die Ursache ist hier in einer Geburtsasphyxie zu suchen. In einem anderen eigenen Falle (HALLERVORDEN) lag eine schwere eitrige Meningitis vor. Naturgemäß leben diese Kinder nicht lange. Das bisher älteste war ein $3^3/_4$ Jahre altes Kind (EDINGER und FISCHER 1913); HALLERVORDEN (1939) berichtete kurz über einen 6 Jahre alt gewordenen Knaben, der wie ein Säugling besorgt werden mußte. Andere hierhergehörige Beobachtungen stammen von HEDINGER und MEIER (1912), A. JAKOB (1923 und 1931), GHIZETTI (1931), SCHOB (1930), BROCHER (1932).

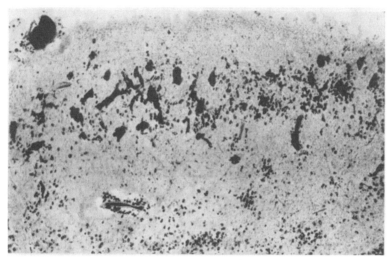

Abb. 31. „Markporencephalie", Schnitt durch Rinde und anliegende Marksubstanz. (G. M. 42/58.) Fettfärbung. Vergr. 45mal. Fettkörnchenzellen in der Rinde und an den Gefäßen.

b) Marknarben.

Eine andere Form primärer Markschädigungen besteht in einer bedeutenden Verschmälerung der Marksubstanz mit Bildung strichartiger Narben („Marknarben"). Sie ziehen durch die Mitte des Marklagers und verzweigen sich bis in die Markkegel der Windungen „wie die Adern eines Blattes" (MARIE und FOIX 1927).

Im frischen Präparat und im formolfixierten Hirn sind es feine graue Linien mitten in der Marksubstanz (Abb. 32). Da die Rinde im wesentlichen erhalten ist, ergibt sich beim Durchschneiden des Gehirns ein charakteristisches Bild: Man sieht die Windungstäler bis tief an die Ventrikelwand herabreichen. Diese Vernarbung kann das gesamte Marklager des Großhirns betreffen, so daß die Verbindungen der Rinde zur Peripherie unterbrochen sind; die Kranken sind daher tetraplegisch. Im Hirnstamm und im Kleinhirn wurden solche Narben bisher nicht beobachtet.

In anderen Fällen beschränken sich die Narben auf einen Lappen oder nur wenige Windungen. Im Markscheidenpräparat (Abb. 33) treten sie als schmale, sehr scharf abgesetzte weiße Linien hervor, denen eine dichte Gliose entspricht (Abb. 34). Oft sieht man an den Gefäßen einzelne Körnchenzellen mit Hämosiderin, auch wohl einmal Fettkörnchenzellen und kleine Cysten, namentlich an den Verzweigungsstellen. Gelegentlich können die Cysten auch eine beträchtliche

Größe haben, sie laufen öfter in eine Narbe aus. Manchmal ziehen die Narben bis in die Rinde hinein und enden in einem Verödungsherd. Auch sonst

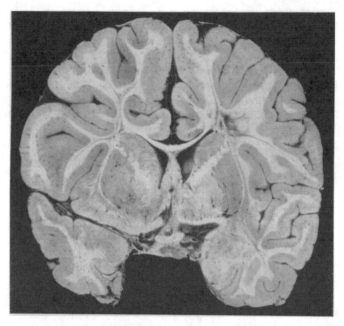

Abb. 32. „Marknarben". Frontalschnitt des fixierten Gehirns. ²/₃ natürliche Größe. 7jähriger Idiot (32/30 b U.), kann nicht gehen und sprechen, spastisch. Keine Anfälle, aber Tod im Status epilepticus. Hirngewicht 1200 g. (Aus Hallervorden: Handbuch der inneren Medizin, 4. Aufl., Bd. V.)

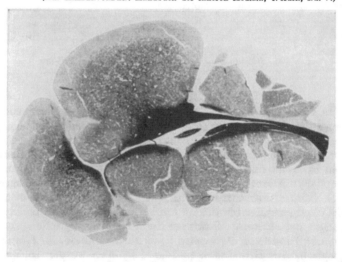

Abb. 33. „Marknarben" mit Rindenherden. Markscheidenfärbung am Gefrierschnitt. Vergr. 4mal. 5jähriges Kind (31/55c Gr.), kann nicht stehen und gehen, nicht sprechen, psychisch ansprechbar. Gegen Lebensende mehrfach epileptische Anfälle, Tod im Status epilepticus. Hirngewicht 735 g, Kopfumfang 43 cm.

kommen in der Rinde, in den Stammganglien und im Kleinhirn in wechselndem Maße kleine Verödungsherde vor.

Die Narben entsprechen dem Verlauf der langen Venen der Marksubstanz. Daraus geht schon hervor, daß es sich um die Folge von Blutungen oder Stauungen im Gebiete der Vena magna Galeni handeln muß, wie sie Schwartz bei Geburtsschäden beschrieben hat. Ein Vergleich mit seinen Bildern zeigt dies eindeutig. In den eigenen Fällen (HALLERVORDEN) war auch immer eine Geburtskomplikation nachzuweisen oder wenigstens wahrscheinlich. Ob auch einmal eine parainfektiöse Encephalitis ursächlich in Betracht zu ziehen wäre,

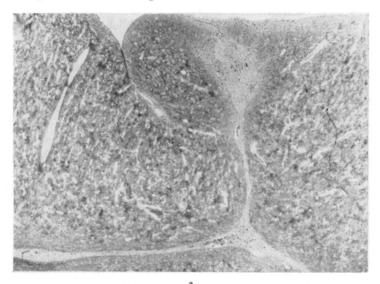

a

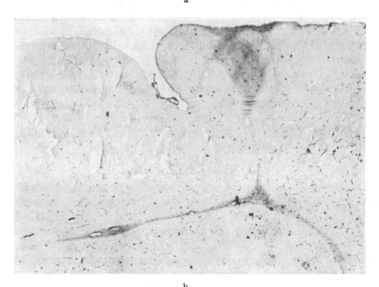

b

Abb. 34 a u. b. „Marknarben" mit Rindenherd. Vergr. 20mal. a Fettpräparat, einzelne Fettkörnchenzellen (schwarze Punkte); b Gliafaserpräparat. (31/55 c Gr.) Vgl. Abb. 33.

läßt sich nicht sagen; Anhaltspunkte dafür haben sich aus dem eigenen Material bisher nicht ergeben.

Diese Narben sind bereits von MARIE und FOIX (1927) als eine besondere Form der diffusen Sklerose beschrieben worden (Sclérose intracérébrale centro-lobaire et symétrique), sie sind aber von den progressiv verlaufenden diffusen Sklerosen, sowohl der SCHILDERschen Form wie der Leukodystrophie eindeutig zu unterscheiden (HALLERVORDEN 1932). Daß sich etwa aus solchen Läsionen der Prozeß der diffusen Sklerose entwickeln könnte, ist nicht vorstellbar und bisher nicht beobachtet, wenn auch vielfach behauptet worden.

Die sonst vorkommenden Veränderungen im Mark sind Teilerscheinungen allgemeiner Schädigungen des Gehirns, wie sie mehrfach erwähnt wurden. Auch mehr lokalisierte Erkrankungen zeigen öfter größere oder kleinere Gliosen im Mark, die im Markscheidenpräparat nicht aufzufallen brauchen, darauf haben A. Meyer und Mitarbeiter (1935) hingewiesen.

c) Anhang: Hirnveränderungen bei Duraerkrankungen.

Anhangsweise soll hier noch eine Hirnveränderung erwähnt werden, die am ehesten Ähnlichkeit mit der Markporencephalie hat. Unter den im früh-kindlichen Alter öfter vorkommenden Krankheiten der Dura (Pachymeningitis haemorrhagica, Pachymeningosis, subdurales Hämatom, Hydrom der Dura mater) gibt es eine seltenere Gruppe, bei welcher gleichzeitig als ,,koordinierte Begleit-erscheinung'' (Wohlwill 1913) eine schwere Hirnschädigung besteht. Es handelt sich um bedeutende seröse oder blutig-seröse Ergüsse zwischen Dura und Arach-noidea oder in die Schichten der neugebildeten Häutchen der unteren Duralage. Dabei kann das Gehirn gleichzeitig schwer geschädigt sein, das Großhirn erweicht und zusammengefallen, während die basalen Teile besser erhalten sind; meist besteht auch ein Hydrocephalus internus. In solchen Fällen ist die Schädelhöhle fast ganz von Flüssigkeit erfüllt, das geschrumpfte Gehirn mitsamt den weichen Häuten an der Basis zusammengedrückt (Wohlwill 1913, Bannwarth 1949, Griepentrog 1952). Derartige Beobachtungen sind in der älteren Literatur als ,,Hydrocephalus externus pachymeningiticus'' beschrieben worden — irrtümlicher-weise, denn der Hydrocephalus externus besteht in einer Erweiterung der Subarach-noidalräume zwischen den Leptomeningen. Das Krankheitsbild unterscheidet sich auch grundsätzlich von der Hydranencephalie, denn bei dieser befindet sich die Flüs-sigkeitsansammlung unterhalb der Pia mit den ihr anhängenden Resten der ersten Rindenschicht; die weichen Häute liegen der Dura unmittelbar an. Die Genese dieses Krankheitsbildes bedarf noch der Aufklärung[1]. Nach der Beobachtung von Gasser (1951) ist an einen Zusammenhang mit der Blutbeschaffenheit zu denken.

5. Veränderungen in Stammganglien, Kleinhirn, Hirnstamm, Medulla oblongata und spinalis.

a) Status marmoratus.

Es handelt sich um eine in ihrer Struktur äußerst charakteristische Gewebs-veränderung, die in bestimmten Teilen der Stammganglien beobachtet wird. Die betroffenen Gebiete weisen bei der Betrachtung mit bloßem Auge eine wolkige, weißfleckige Zeichnung auf, erscheinen, wie der Name sagt, marmoriert (Abb. 35).

Die histologische Analyse ergibt im Nisslschen Äquivalentbild größere und kleinere, fleckige und streifige, oft eindeutig perivasculär gelegene Herde, in denen die Nervenzellen zugrunde gegangen sind. Gelegentlich findet man in diesen Verödungsbezirken noch einzelne verkalkte Ganglienzellen. Ent-sprechend dem cellulären Untergang kommt es zu einer faserigen Gliose. Die Besonderheit, die den Status marmoratus aus dem üblichen Bild herdförmiger narbiger Veränderungen in der grauen Substanz heraushebt, besteht nun in dem Auftreten eines feinen Markfaserfilzes, der in seiner Intensität meist der faserigen Gliose ungefähr entspricht (Abb. 36). Wir finden also bei der

---

[1] In dem einen Fall von Griepentrog (Zbl. Path. **1952**) ist der Verdacht auf eine Toxo-plasmose nicht von der Hand zu weisen, doch konnte der Erreger nicht gefunden werden.

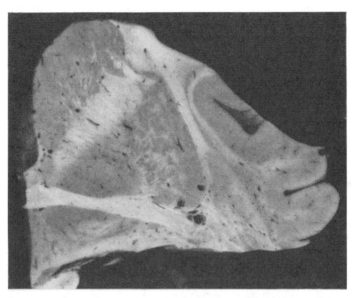

Abb. 35. Status marmoratus im Putamen und Nucleus caudatus an der formolfixierten Frontalscheibe. Weißwolkige myelinisierte Narben (19jährige symptomatische Epileptikerin). (Aus SCHOLZ: Die Krampfschädigungen des Gehirns.)

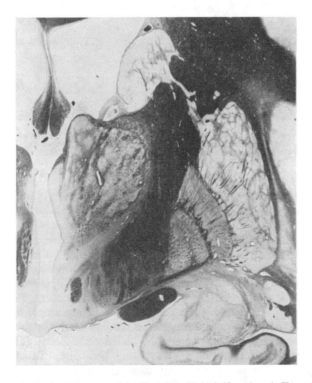

Abb. 36. Status marmoratus des Striatums und des Thalamus. Markscheidenpräparat. Vergr. 1:1,2. 29jähriger Mann (H. 233 E. V.), erkrankte im Alter von 3 Wochen. Hirngewicht 750 g, linke Hemisphäre kürzer als die rechte. Ausgedehnte Ulegyrien der Hirnrinde beiderseits, besonders occipital; im Kleinhirn zentrale Läppchenatrophie.

Markscheidenfärbung myelinhaltige Strukturen, die keinerlei Zusammenhang mit der normalen Myeloarchitektonik erkennen lassen (Abb. 37), in ihrer Lokalisation vielmehr durch die Form der Narbe bestimmt sind. URECHIA und ELEKES (1935) fanden die Narben des Status marmoratus im Putamen, Pallidum und Nucleus amygdalae mit Eisen inkrustiert.

Der Status marmoratus, der im Striatum schon 1896 von ANTON beobachtet und mit extrapyramidalen Bewegungsstörungen in Beziehung gesetzt war, ist als „*état marbré*" erstmals 1911 von C. VOGT ausführlich beschrieben worden. Seine wichtigste Lokalisation ist das Striatum, wobei meist das Putamen (dessen

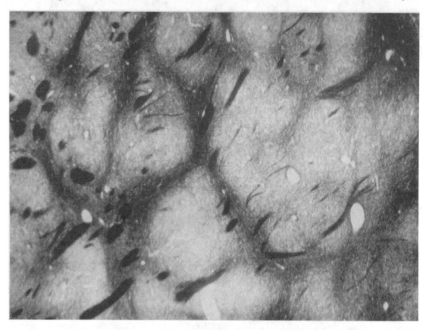

Abb. 37. Detail vom Status marmoratus des Striatums. Die Bündel der feinmyelinisierten Fasern unterscheiden sich durch Struktur und Anfärbung deutlich von den groben normalen Markfasern. Markscheidenfärbung. Frühkindlicher Hirnschaden, Tod mit 8 Jahren. [Fall 2 aus SCHOLZ, WAKE u. PETERS: Z. Neur. **163**, 193 (1938).]

dorsaler Anteil) die schwersten Veränderungen aufweist, während im Caudatum der Innenteil bevorzugt geschädigt wird. Die gleichen Veränderungen finden sich in der Mehrzahl der Fälle auch im Thalamus (MYSLIVECEK 1926, HOLZER 1934, MEYER und COOK 1936, NORMAN 1949), selten einmal im Claustrum.

Der meist symmetrisch ausgebildete Status marmoratus des Striatums kann das anatomische Substrat der Athetose double darstellen (C. und O. VOGT 1920), doch gibt es auch andere Ursachen für diese Bewegungsstörung. Nicht jeder Status marmoratus führt zur Athetose (NORMAN 1940, CARPENTER 1950). Ob das klinische Syndrom der Athetose double zustande kommt, hängt davon ab, ob die Schädigung zur Störung der normalen Funktion ausreicht und ob nicht auch gleichzeitig andere Veränderungen vorhanden sind, welche die Auslösung der Hyperkinese unmöglich machen, z. B. bedeutende Zellausfälle im Pallidum (Status dysmyelinisatus), die eine Versteifung bedingen. Tatsächlich sind die Veränderungen oft sehr ausgebreitet, wie dies bei der Hypoxydose, welche letzten Endes immer die Ursache des Status marmoratus ist, nicht anders erwartet werden kann. So werden Striatumveränderungen häufig gefunden, ohne daß die klinische Beobachtung sie vermuten ließ. Der Status marmoratus stellt gar nicht selten einen Nebenbefund dar bei der Hemisphärenatrophie, der granulären Atrophie der Großhirnrinde, bei „flächenhafter Ulegyrie"; auch Kleinhirnläppchenatrophien können sehr ausgesprochen sein. Demgegenüber ist der Status marmoratus mit dem klassischen, reinen Athetosesyndrom relativ selten, eher trifft man Mischfälle von athetoiden Bewegungsstörungen bei vorwiegender Versteifung.

Die entsprechenden *corticalen* Veränderungen (sog. Status marmoratus der Rinde) wurden bei ihrer Entdeckung als Plaques fibromyéliniques (C. VOGT 1911) oder als atypische Markfasergeflechte (BIELSCHOWSKY 1924) bezeichnet (Abb. 14). Prinzipiell handelt es sich um das gleiche Bild wie im Striatum: herdförmige Ganglienzellausfälle mit begleitender faseriger Gliose und Ausbildung von lockeren Markfasergeflechten. Die Hirnoberfläche bietet dabei in den veränderten Bezirken das Bild der granulären Atrophie, die Hirnrinde ist verschmälert (NORMAN 1938).

Was die *Genese* des Status marmoratus anlangt, so haben C. und O. VOGT die Veränderungen zunächst als Ausdruck einer Entwicklungsstörung angesehen. Mit Aufdeckung des gliösen Narbengewebes („infantile partielle Striatumsklerose", SCHOLZ 1924) trat dann die exogene Herkunft dieser Veränderungen mehr in den Vordergrund. Wegen der Lokalisation in den Stammganglien glaubten PH. SCHWARTZ (1927) und HOLZER (1934), daß der Status marmoratus durch Zirkulationsstörungen der Vena magna Galeni hervorgerufen sei — ebenso BENDA (1952). LÖWENBERG und MALAMUD (1933) sowie CASE (1934) dachten an eine Entstehung durch eine metastatische Herdencephalitis. Schließlich zeigte sich aber, daß der Status marmoratus in der Regel zusammen mit anderen narbigen Veränderungen vorkommt, die nach Art und Lokalisation aus der Pathologie der Kreislaufschäden wohlbekannt waren (s. etwa den Fall von JUBA 1937). — Die beiden von ONARI (1925) mitgeteilten Beobachtungen weichen insofern vom Üblichen ab, als der Status marmoratus in einem Fall mit einem Status dysmyelinisatus, im anderen mit Entwicklungsstörungen einhergeht. — Nachdem auch die später zum Status marmoratus führenden frischen Veränderungen aufgefunden waren (SCHOLZ, WAKE und PETERS 1938), ist nun heute sichergestellt, daß es sich hier um die Folgen eines hypoxämischen Gewebsschadens handelt, worauf A. MEYER (1926) als erster aufmerksam gemacht hat. Damit wird verständlich, daß sich die dem Status marmoratus entsprechenden Rindenveränderungen (Plaques fibromyéliniques) nicht nur bei den kreislaufbedingten frühkindlichen Hirnschäden finden, sondern auch bei den verschiedensten Prozessen, die mit Kreislaufstörungen einhergehen (CO-Vergiftung, Strangulation, Sinusthrombose, progressive Paralyse, Arteriosklerose usw.). Im Rahmen der frühkindlichen Hirnschäden beobachtet man den Status marmoratus am häufigsten bei Geburtsschäden (HOLZER 1934, BALTHASAR 1939, NORMAN 1947 und 1949) und Krampfschäden (SCHOLZ, PFEIFFER 1939), dagegen wahrscheinlich nicht bei pränataler Hirnschädigung, weil das Striatum vor der Geburt noch keine Markfasern besitzt. In neuerer Zeit hat VAN BOGAERT (1950) in einer sehr eingehenden Untersuchung unter Hinweis auf die bekannten familiären Fälle, die in der Arbeit von KOCH (1949) zusammengestellt sind, und eine eigene Beobachtung bei Bruder und Schwester wahrscheinlich gemacht, daß nicht alle Fälle von Status marmoratus *ausschließlich* exogener Genese sind; VAN BOGAERT möchte eine „prédisposition vasculaire familiale" annehmen und vermutet, daß es im Rahmen kindlicher Systemerkrankungen (Chorea-Athetose mit Myoklonusepilepsie, VAN BOGAERT 1929) zur Ausbildung eines Status marmoratus des Striatums kommen kann. Jedenfalls bleibt es sehr auffallend, daß der Status marmoratus wiederholt in verschiedenen Generationen einer Familie beobachtet worden ist (s. S. 201).

In diesem Zusammenhang ist auf die genealogischen Untersuchungen von Patzig (1936) hinzuweisen („Striatum-Schwächlinge").

Bemerkenswert ist, daß der Status marmoratus des Striatums im Gegensatz zu den entsprechenden corticalen Veränderungen nur im Kindesalter vorzukommen scheint (Hallervorden 1930). Andererseits gibt es am frühkindlichen Gehirn die gleichen vielherdigen Kreislaufschäden im Striatum ohne Ausbildung eines Markfaserfilzes, also ohne Status marmoratus; die Gliose zieht also nicht regelmäßig die Hypermyelinisation nach sich (Hallervorden 1930, Malamud und Löwenberg 1933), ebenso wie in den Rindenherden. In anderen Fällen enthält das Striatum neben dem état marbré auch noch Cystenbildungen als Ausdruck totaler Gewebsnekrose (Pfeiffer 1939; eigene Beobachtung Hallervorden).

Als Erklärung für die den Status marmoratus kennzeichnende pathologische Markfaserbildung wurde zunächst angenommen, es handle sich um eine narbig bedingte Zusammendrängung noch erhalten gebliebener markhaltiger Fasern oder um eine Myelinisation sonst markloser Fasern (Bielschowsky 1919), und neuerdings hat Alexander den Status marmoratus noch einmal als eine fetale Fehlentwicklung, als aberrierende Fasern der sich im Striatum aufzweigenden fronto-pontinen Bahnen auffassen wollen. Beide Vorstellungen sind jedoch unrichtig, was einerseits durch das Ausmaß des pathologischen Markfaserfilzes, andererseits durch den Nachweis der im übrigen intakten Markfaserung im Striatum sichergestellt ist (Abb. 36, 37). Die pathologische Markfaserbildung ist vielmehr als eine überschießende Regeneration (atypische luxurierende Regeneration nach Spatz 1930) aufzufassen.

Der Vorgang, der im Endzustand zum Status marmoratus führt, ist demnach folgender: Durch Hypoxydose kommt es zu multiplen unvollständigen Gewebsnekrosen, bei deren narbiger Organisation neben der üblichen faserigen Gliose auch eine pathologische Wucherung der der Narbe benachbarten myelinhaltigen Strukturen eintritt.

b) Status dysmyelinisatus.

Als Status dysmeylinisatus wird das Zustandsbild einer Markfaserverarmung des Pallidums bezeichnet, wodurch es im Markscheidenpräparat mehr oder weniger aufgehellt erscheint. Dies kann bald in oralen, bald in caudalen Abschnitten oder auch in den einzelnen Gliedern verschieden stark ausgeprägt sein. Am ehesten geschädigt sind die feinen Markfasern, während die gröberen hindurchziehenden striopallidären Fasern weniger betroffen zu sein pflegen. Ferner sind die Marklamellen zwischen den Pallidumgliedern und die Linsenkernschlinge reduziert und abhängig davon auch das Corpus Luysi in entsprechendem Grade.

Dies alles ist nur ein vom Markscheidenbild her gewonnener Ausdruck für eine Schädigung dieses grauen Kerns. Diese besteht vor allem in einem beträchtlichen Ausfall von Nervenzellen bis zu fast völliger Verödung und erheblicher Fasergliose (Abb. 38). Zellverlust und Markscheidendefekte gehen aber nicht immer parallel, da bei einer allgemeinen Zellerkrankung die durchziehenden Markbündel nicht wesentlich geschädigt zu sein brauchen.

Der Status dysmyelinisatus ist häufig nur die Begleiterscheinung von anderen Krankheiten der Stammganglien, z. B. des Status marmoratus oder einer Allgemeinerkrankung des Zentralnervensystems; er kommt aber auch isoliert vor. Klinisch resultiert bei geringer Schädigung der Pallida eine Athetose, bei schweren Ausfällen eine Versteifung mit extrapyramidalen Kontrakturen, dazwischen gibt es alle möglichen Mischformen von Spasmus mobilis und Rigor.

Dieser Symptomenkomplex kann die verschiedensten Ursachen haben. Als solche kommen bei den frühkindlichen Erkrankungen differentialdiagnostisch progrediente Prozesse in Betracht: Die HALLERVORDEN-SPATZsche Krankheit, die WILSON-Pseudosklerose, die Versteifung bei der HUNTINGTONschen Chorea, die progressive Pallidumdegeneration von HUNT und VAN BOGAERT. Davon zu unterscheiden sind die hier interessierenden Folgen *einmaliger* Schädigung. Sie beruhen auf gewissen Formen allgemeinen Sauerstoffmangels. Wegen seiner eigentümlichen Stoffwechselverhältnisse sind das Pallidum und das Corpus Luysi dafür besonders prädisponiert (Pathoklise) [s. den Abschnitt über die system-gebundenen (topistischen) Kreislaufschäden von SCHOLZ]. Die weitaus häufigste Ursache sind der Kernikterus (vgl. dort) und die Geburtsasphyxie; auch die entsprechenden Systemschäden bei chronischem Sauerstoffmangel (Morbus coeruleus, SCHOLZ 1941) gehören hierher.

Es ist bei diesen allgemeinen Schädigungen selbstverständlich, daß auch noch andere Gebiete mehr oder weniger in Mitleidenschaft gezogen werden können, wie Striatum, Hirnrinde usw., und daß daher nahezu reine Fälle verhält-nismäßig selten sind. C. und O. VOGT haben in ihrer klassischen Arbeit 2 der-artige Beobachtungen mitgeteilt, deren erste hier wiedergegeben sei:

10 Jahre alt gewordener Knabe, 7-Monatskind mit schwerer Geburt und Krämpfen vom 6. Monat ab. Es bestanden athetotische Bewegungen der Arme, in Streckstellung kontrakturierte untere Extremitäten und unverständliche Sprache bei relativ guter psychi-scher Reaktionsfähigkeit. — Die Pallida, besonders deren innere Glieder, und die Corpora Luysi waren verkleinert, etwas weniger auch die mit dem Pallidum in Beziehung stehenden Thalamuskerne vtl., vtm. und mv. Die Hauptveränderungen beschränkten sich auf einen Schwund der oral gelegenen striopallidären Fasern, teilweise auch der zum Thalamus und Hypothalamus verlaufenden Verbindungen und Ausfall eines großen Teiles der Pallido-Luysischen Faserung. Jedoch waren Substantia nigra, Nucleus ruber und innere Kapsel intakt.

Die Mitteilungen aus der Literatur über solche reinen Fälle sind recht spärlich (CARPENTER 1950). Außer den beiden Beobachtungen von C. und O. VOGT gibt es solche von SCHARAPOW und TSCHERNOMORDIK (1928; Fall 2) mit Geburts-asphyxie bei einem 6^1/$_2$jährigen Kinde, sowie (1930) einem 3jährigen Kinde mit normaler Geburt, von KREYENBERG (1931) über einen 28 Jahre alt gewor-denen Mann mit angeborener Athetose, von PAPEZ und Mitarbeitern (1938) über eine 35jährige Frau, Sturzgeburt, von DE LANGE (1939) über einen 15 Monate alten Knaben, 8-Monatskind und von INOSE (1941) über einen 21jährigen Mann, bei welchem außerdem noch eine Ammonshornsklerose bestand. Bei einem Fall von BALTHASAR (1939, 1 Fall) kann ein Icterus gravis als Ursache nicht aus-geschlossen werden.

Von eigenen Beobachtungen (HALLERVORDEN) an 12 Jugendlichen mit schwerer Pallidum-athetose im Alter von 1—30 Jahren waren 8 Fälle geistig relativ rege und gemütlich an-sprechbar; es waren dies meist die älter gewordenen, aber auch ein 5jähriger Knabe. Die übrigen sind meist klein gestorben. Hin und wieder, besonders bei den nicht ganz reinen Fällen, sind auch epileptische Anfälle beobachtet worden. In allen diesen 12 Fällen handelt es sich um Geburtsschwierigkeiten und Asphyxie: Zwillingskind mit Wendung, Steißgeburt mit Nabelschnurumschlingung, Zwillinge in Steißlage, Frühgeburt im 7. und 8. Monat oder einfache Asphyxie.

In den 8 älter gewordenen Beobachtungen lag eine fast reine Pallidumerkrankung vor mit Markfaseraufhellung und erheblicher diffuser Ganglienzellreduktion, öfter im äußeren Gliede mehr betont als im inneren, teils Vermehrung der Gliakerne, immer aber der Glia-fasern, sowie eine entsprechende Schädigung des Corpus Luysi. Regelmäßig sind die Mark-lamellen zwischen den Pallidumgliedern und die Linsenkernschlinge mehr oder weniger in ihrem Faserbestand verringert. Kalkkonkremente kamen nur selten und vereinzelt vor, das typische Pallidumpigment fehlte gewöhnlich. Rinde, Striatum und Kleinhirn besaßen nur selten geringfügige Zellausfälle, dagegen gab es bei den übrigen 4 Fällen zum Teil be-merkenswerte Lichtungen in der Rinde, auch im Striatum, und gelegentlich eine mäßige Läppchenatrophie im Kleinhirn.

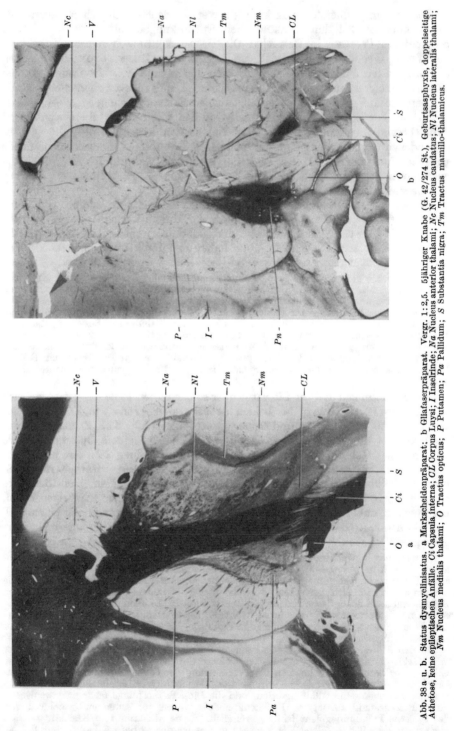

Abb. 38a u. b. Status dysmyelinisatus. a Markscheidenpräparat; b Gliafaserpräparat. Vergr. 1:2,5. 5jähriger Knabe (G. 42/274 St.). Geburtsasphyxie, doppelseitige Athetose, keine epileptischen Anfälle. *Ci* Capsula interna; *CL* Corpus Luysi; *I* Inselrinde; *Na* Nucleus anterior thalami; *Nc* Nucleus caudatus; *Nl* Nucleus lateralis thalami; *Nm* Nucleus medialis thalami; *O* Tractus opticus; *P* Putamen; *Pa* Pallidum; *S* Substantia nigra; *Tm* Tractus mamillo-thalamicus.

Die Abb. 38 zeigt die Aufhellung des Pallidums und die des oberen Teiles des Corpus Luysi, das Gliafaserbild die entsprechende Gliose, außerdem eine deutliche Gliafaservermehrung an einem schmalen Streifen neben der inneren Kapsel im Fuß; dies ist die rote Zone der Substantia nigra, welche mit dem Pallidum in enger Beziehung steht, während die schwarze Zone intakt geblieben ist. Das Präparat stammt von einem 5 Jahre alt gewordenen Knaben (Geburtsasphyxie) mit schweren athetotischen Bewegungsstörungen, aber nur geringer Spracherschwerung und guter gemütlicher Ansprechbarkeit[1].

c) Thalamus.

Im *Thalamus* kommen außer der sekundären Degeneration infolge von Rindenschädigungen auch primäre Ausfälle vor, besonders sei an die von SCHOLZ bei Epilepsie beschriebenen erinnert. Nicht selten gibt es hier auch das Bild des Status marmoratus.

Die hypothalamischen vegetativen Zentren können bei hochgradigem Hydrocephalus durch die Ausweitung des Bodens des 3. Ventrikels geschädigt werden, wodurch es zu Pubertas praecox, Dystrophia adiposo-genitalis, Fettsucht, Zwergwuchs usw. kommen kann (vgl. Kapitel Hydrocephalus). Durch die Lage dieser Zentren an der Wand des 3. Ventrikels und durch dessen Zusammenhang mit dem Infundibulum sind sie bei der basalen Meningitis besonders gefährdet (OSTERTAG 1949, LINK 1950, DIEZEL 1951).

d) Kleinhirn.

Im *Kleinhirn* können die gleichen frühembryonalen Schäden auftreten wie im Großhirn: Rudimentäre Entwicklung des Organs, Spaltbildungen, Heterotopien, Mikrogyrien usw. (BRUN 1917/18, WARNER 1953). Klinisch braucht dieser Mangel nicht immer aufzufallen, doch können auch sehr ausgesprochene Kleinhirnsymptome vorhanden sein, so daß die Kinder nicht richtig laufen lernen. Halbseitige „Agenesien" der Hemisphäre oder des Wurms sind öfter beobachtet worden, mitunter sind sie ein unerwarteter Nebenbefund (ERSKINE 1950). Es ist offensichtlich, daß es sich dabei nur um eine nachträgliche Einschmelzung des bereits angelegten Organs gehandelt haben muß, also meist eine Störung der späteren Fetalperiode. Hierher gehört auch die ARNOLD-CHIARISCHE Mißbildung. Sie beruht nicht, wie oft angenommen wird, auf einer Mißbildung des Kleinhirns, sondern sie ist die Folge einer Einpressung des Cerebellums in das Hinterhauptsloch durch einen Hydrocephalus (SPATZ und STROESCO 1934), mitunter begünstigt durch gleichzeitige Anormalitäten der Skeletteile; dabei wird das Kleinhirn in seiner Entwicklung gestört (vgl. Kapitel Entwicklungsstörungen).

In die letzte intrauterine Zeit und die ersten Lebensjahre fallen die prozeßhaften Veränderungen, die uns hier vornehmlich interessieren (SCHERER 1931 und 1933): Der häufigste Befund ist die sog. *Läppchenatrophie* (Abb. 39). Im Gegensatz zum klinischen Bilde, das im Endzustand der cerebralen Kinderlähmung und des nichterblichen Schwachsinns cerebellare Symptome in der Regel vermissen läßt, sind diese Kleinhirnveränderungen ein häufiger Befund; sie treten meist nicht in Erscheinung, weil sie im Verhältnis zur Masse des Organs unbedeutend bleiben. Unter 153 kreislaufbedingten frühkindlichen Hirnschäden fanden sie sich in nahezu einem Drittel der Fälle (MEYER 1949). Damit stimmt die besondere Vulnerabilität der Kleinhirnrinde und besonders der PURKINJE-Zellen bei der Untersuchung frischer Hypoxydoseschäden und im Tierexperiment

---

[1] Unter Pallidumdementia wurden von REUBEN (1935) kindliche Verblödungszustände mit oder ohne epileptische Anfälle, Salaam- und Nick- oder Blitzkrämpfe zusammengefaßt, die rein spekulativ auf das Pallidum oder Striatum bezogen werden.

überein. In regelloser Anordnung — im ganzen jedoch wie im Großhirn mit
Bevorzugung der phylogenetisch jüngeren Teile — finden sich in der Kleinhirnrinde „atrophische" Bezirke mit Verschmälerung der zellarmen Molekularschicht,
Fehlen der Purkinje-Zellen, Wucherung der Bergmannschen Glia und weitgehender Rarifizierung der Körnerschicht. In der Molekularschicht zeigt sich
eine dichte isomorphe Gliose mit senkrecht zur Oberfläche angeordneten Fasern.
Im zugehörigen Markstrahl findet sich eine Entmarkung, die im Gegensatz zu
den kreislaufbedingten Großhirnherden unscharf begrenzt ist und fließend in
das gesunde Gewebe übergeht; sie wird durch Glia gedeckt. Ferner gibt es im

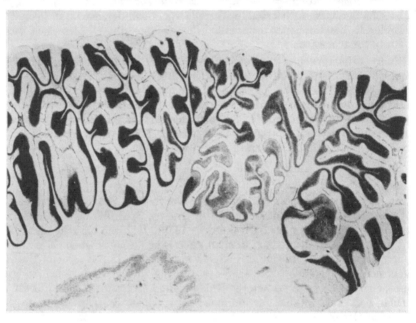

Abb. 39. Umschriebene Kleinhirnläppchensklerose. Lichtung der Körnerschicht, die stellenweise fast völlig
geschwunden ist, so daß hier nur die gewucherte Bergmannsche Zellschicht als dünner Streifen die Rinde vom
Mark abgrenzt. Verschmälerung der Molekularschicht. Nissl-Färbung. Cerebrale Kinderlähmung mit Anfällen.

Dentatumvließ entsprechend dem Ausfall der Purkinje-Zellaxone eine Aufhellung im Markscheidenpräparat und dazugehörige Gliose. Gemäß der Empfindlichkeit gegenüber O_2-Mangel gehen zuerst die Purkinje-Zellen zugrunde,
danach die Körnerschicht und schließlich auch die Golgi-Zellen; übriggebliebene
Purkinje-Zellen sind sklerotisch oder geschrumpft oder nehmen stachelzellähnliche Formen (Meyer 1949) an (Abb. 40).

Bei gleichen feingeweblichen Verhältnissen kommen die Läppchensklerosen
in 2 gegensätzlichen Lokalisationen vor: die häufige Form der sog. *zentralen*
Kleinhirnläppchenatrophie, auf deren Genese später eingegangen wird (S. 257)
und die ungleich seltenere *periphere* Läppchenatrophie (Abb. 41), bei der also
die Kleinhirnbäumchen an der Peripherie narbig geschrumpft sind. Letztere
sieht man am häufigsten bei der juvenilen progressiven Paralyse, sie ist aber,
wie schon H. J. Scherer betonte, nicht darauf beschränkt. Ätiologisch werden
hier entzündliche Erkrankungen der Meningen (Noetzel 1944) oder auch Subarachnoidalblutungen (Noetzel 1940) anzuschuldigen sein. Auf das gelegentliche
Vorkommen einer Lokalisation in Gefäßgrenzgebieten in der Kleinhirnrinde sei
hingewiesen.

Häufiger als diese speziellen Lokalisationen sind unregelmäßig ausgedehnte Atrophien großer Teile oder der ganzen Hemisphäre. Ein frischer Fall einer solchen Kleinhirnschädigung bei einem halbjährigen Kinde ist von WOHLWILL (1921) beschrieben worden. Cysten und Höhlenbildungen sind verhältnismäßig

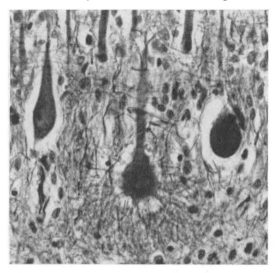

Abb. 40. Stachelzellähnliche Form der PURKINJE-Zelle. Silberimprägnation. Vergr. 400mal.
[Aus ULE: Die Kleinhirnatrophie vom Körnertyp. Dtsch. Z. Nervenheilk. **168** (1952).]

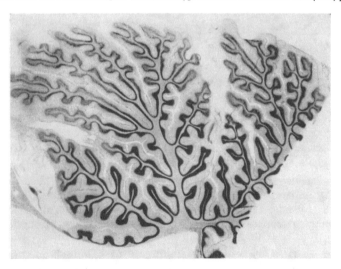

Abb. 41. Periphere Kleinhirnläppchenatrophie. Sagittalschnitt. NISSL-Färbung. Vergr. 3mal. Kind mit chronischer luischer Meningitis (36/41). Läppchensklerose der Peripherie; intakte Läppchen in der Tiefe.
[Aus NOETZEL: Arch. f. Psychiatr. **117,** 275 (1944).]

selten, doch kommt auch hier eine Porencephalie vor (S. 217). In der Marksubstanz gibt es Blutungen und Erweichungen, einen Status spongiosus und die schon erwähnten Aufhellungen des Dentatumvließes. Ein Ödem breitet sich besonders gern in der lockeren Schicht der PURKINJE-Zellen aus, wobei diese intakt bleiben können, aber gelegentlich in die Molekularschicht disloziert werden (MEYER 1949).

Ferner gibt es *diffuse* Ausfälle, welche so bedeutend sein können, daß sie den degenerativen Erkrankungen ähnlich werden. Wir können 2 Formen unterscheiden: die eine durch Verlust der Purkinje-Zellen, wobei auch meist die Körnerschicht etwas affiziert wird, und eine andere durch Schwund der Körnerzellen bei erhaltenen Purkinje-Zellen (Norman 1940, Ule 1949). So gewinnt ein solches Bild geradezu den Charakter einer systematischen Atrophie, besonders dann, wenn die neocerebellaren Anteile schwerer betroffen sind als die paläocerebellaren, wie dies öfter geschieht. Da die degenerativen Erkrankungen auch

schon sehr früh beginnen können, läßt sich nicht mit Bestimmtheit sagen, ob eine exogene Ursache vorliegt oder nicht. Das Bild des isolierten Körnerausfalls kann bei der amaurotischen Idiotie vorkommen (Bielschowsky 1920: „Zentripetaler" Degenerationstypus), ist aber neuerdings auch ohne diese Lipoidose mehrfach beschrieben worden. Die Atrophie „vom Körnertyp" (Abb. 42), wie sie Ule (1949) nennt, wurde von Norman (1940) als familiäres Leiden beobachtet, von Jervis (1954) bei Zwillingen; Ule hält sie für degenerativ, will aber exogene Ursachen nicht ausschließen. Leigh und A. Meyer (1949) haben bei Stoffwechselstörungen Erwachsener mehrfach diese isolierten Ausfälle der Körnerschicht gesehen; die Mitwirkung eines Ödems scheint nicht ausgeschlossen zu sein.

Abb. 42. Kleinhirnatrophie vom „Körnertyp". Nissl-Präparat. Vergr. 2mal. Bevorzugung der neocerebellaren Teile. 15jähriger Knabe (44/75 Z.), imbezill, Gangstörung, Ungeschicklichkeit. Keine Krämpfe, Hirngewicht 900 g. [Aus Ule: Verh. dtsch. Ges. Path. (33. Tagg) 1949.]

Es gibt ferner Atrophien mit weitgehendem Ausfall der Purkinje- und Körnerzellen mit Bevorzugung der neocerebellaren Anteile, deren Einordnung nicht möglich ist, und vorläufig immer noch die unbefriedigende Diagnose einer „genuinen Kleinhirnatrophie" (Jervis 1950) rechtfertigen. Es sei ferner an die sekundäre, gekreuzte Kleinhirnatrophie bei halbseitigen Großhirnschäden erinnert (Ule 1954) (S. 236).

e) Brücke, Medulla oblongata und spinalis.

Im *Hirnstamm* sind die nuclearen Atrophien der Augenmuskel- und anderer motorischer Hirnnerven von Bedeutung. Beim Kernikterus wird die Gelbfärbung von Ganglienzellgruppen am Boden des 4. Ventrikels hervorgehoben (S. 206). Kleinen Blutaustritten wird in diesen wichtigen Lebenszentren ein großes Gewicht beigelegt. Bei Frühgeburten soll dadurch eine Atemlähmung hervorgerufen werden. Creutzfeld und Peiper (1932) haben nachgewiesen, daß Blutungen in den meisten Fällen vermißt werden, so daß eher eine Unreife des Atemzentrums als Ursache anzunehmen ist. Hirvensalo (1949) hat 54 Frühgeburten und 20 Kinder mit normaler Geburt daraufhin untersucht. Bei 35 Frühgeburten fanden sich Blutungen, und zwar 20mal in der Medulla oblongata, davon 6 im Gebiet des Atemzentrums; bei den ausgetragenen Kindern gab es in 10 Fällen mikroskopische Blutaustritte. Demnach ist der Befund bei Frühgeburten in der Regel bedeutungslos. Es muß auch daran erinnert werden, daß solche Blutungen oft erst bei agonalen Kreislaufstörungen auftreten und daß ihnen daher meist keine pathogenetische Bedeutung zukommt. Im allgemeinen sind Blutungen in der Medulla oblongata mit entsprechenden klinischen Erscheinungen große Seltenheiten. Viel wichtiger sind die Veränderungen infolge von Ventrikelblutungen oder entzündlichen Erkrankungen am Ependym, die häufige Ursache des Hydrocephalus occlusus.

Im *Rückenmark* gibt es außer den bekannten Entwicklungsstörungen (Spina bifida) Blutungen und Erweichungen durch den Geburtsakt, namentlich im Halsmark (HAUSBRANDT und MEIER 1935), wobei allerdings Ausheilungen mit Defekt nur selten vorkommen dürften.

C. Spezielle Fragen der formalen Pathogenese, insbesondere der Kreislaufschäden.

1. Grundsätzliches zur Lokalisation.

Überblickt man ein großes anatomisches Material, so wird in der Anordnung der Hirnschäden ein lokalisatorisches Prinzip deutlich, das seinen Niederschlag auch im klinischen Bild, den üblicherweise *zugleich* bestehenden psychischen und neurologischen Mängeln, findet: Der *bevorzugte Befall der Konvexität* der Hemisphären, also der neocorticalen Anteile.

Aus der Tatsache, daß es sich bei den fetalen und frühkindlichen Cerebralschäden unabhängig von ihrer Ätiologie in der Regel um Folgen von Kreislaufstörungen mit Nekrose, Blutung oder ödematöser Gewebsdurchtränkung handelt, leiten sich zur Frage der Lokalisation folgende grundsätzliche Feststellungen ab:

1. *Hypoxydotische Schäden* betreffen wegen der besonderen Vulnerabilität der Nervenzellen gegenüber Sauerstoffmangel zunächst die graue Substanz. Nur der schwere, zur Erweichung führende Sauerstoffmangel schädigt auch das Markweiß.

2. Bei *Blutungen*, wie sie besonders unter der Geburt auftreten, haben wir es in der Regel mit den Folgen von Thrombosen, Zerreißungen oder Abflußbehinderungen der großen Venen zu tun. Wir werden sie also in der Nähe bzw. im Zustromgebiet der großen Blutadern zu suchen haben und entsprechende Höhlenbildungen oder Narben im Endzustand antreffen. Auch massive Subarachnoidalblutungen, etwa aus einem arteriellen Aneurysma, können eine Gewebsschädigung der Hirnoberfläche verursachen (NOETZEL 1940).

3. *Ödematöse Gewebsdurchtränkungen*, die auch für die Entstehung von lobären Sklerosen und Hemisphärenatrophien von Bedeutung sind, etablieren sich in ihren Folgezuständen vor allem in der weißen Substanz. Überwiegen also im Gesamtbild die Markveränderungen gegenüber den corticalen Schäden, so ist damit zu rechnen, daß wir die Folgen eines Hirnödems vor uns haben, bzw. daß das morphologische Bild hauptsächlich auf die Durchtränkung der Marksubstanz mit gewebsfremder Flüssigkeit zurückzuführen ist. — Diese prinzipiellen Feststellungen werden durch die Beschreibung der Einzelbefunde im folgenden noch gewisse Einschränkungen erfahren, sind aber als Richtlinien für die Analyse der Lokalisation der Hirnschäden maßgebend.

2. Feingewebliche Lokalisation.

Wenn wir Form und Anordnung kreislaufbedingter Hirnschäden an den einzelnen Hirnwindungen betrachten, werden gewisse Gesetzmäßigkeiten deutlich, die sich der makroskopischen Betrachtung leicht entziehen. So finden wir auch am Cortex das Analogon der *Infarktnarbe* an Körperorganen. Es handelt sich in der Hirnrinde um keilförmige Gewebsdefekte, deren Basis dem Mark und deren Spitze der Hirnoberfläche zugewandt ist (Jakob 1927, Pentschew 1934). In der Nähe oder innerhalb der Keilspitze läßt sich oft die von der Pia her einstrahlende Arterie nachweisen, in der es zur Blutstromunterbrechung kam, welche dann eine Nekrose des arteriellen Versorgungsbereiches zur Folge hatte. Am Endzustand des frühkindlichen Hirnschadens werden diese keilförmigen Narben leicht durch die Holzersche Gliafaserfärbung sichtbar gemacht.

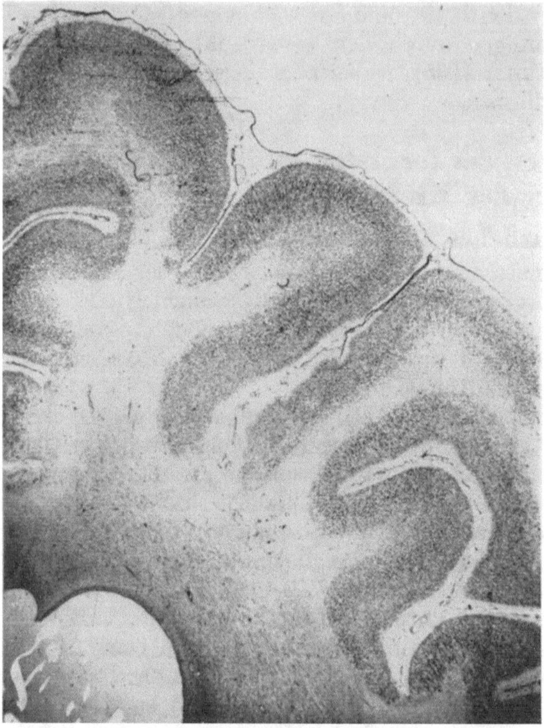

Abb. 43. Zellausfälle in den Furchentälern. Nissl-Präparat. Vergr. 3mal. 17jähriger Imbeziller (40/141 W.) mit epileptischen Anfällen seit Geburt. Hirngewicht 1080 g. Ulegyrien beiderseits im Gebiet der Fossa Sylvii.

Wichtiger und viel häufiger ist das *besondere Betroffensein des Furchengrundes* bei Kreislaufschäden. So besteht zwischen den kreislaufbedingten Gewebsschäden und dem kuppenständigen traumatischen Rindenprellungsherd ein klares gegensätzliches Verhalten in lokalisatorischer Hinsicht, was auch differentialdiagnostisch wertvoll ist. In seltenen Fällen (bei Subarachnoidalblutungen und subduralem Hämatom) kann es auch einmal zum peripheren Schädigungstyp unter Verschonung der Furchentäler kommen, ebenso am Kleinhirn. Schon bei leichtesten Kreislaufschäden haben wir die Zellausfälle gerade am Furchengrund zu erwarten: im akuten Stadium als Erbleichungen, so daß an einem größeren Präparat der Grund aller Sulci wie fortgewischt erscheint (Abb. 43); im Endzustand beim frühkindlichen Hirnschaden deckt dann die Holzer-Färbung halbmondförmige Gliosen auf; man kann aber oft schon makroskopisch eine Verschmälerung und weißliche Verfärbung des Rindengraus, bei Betastung eine Verhärtung im Furchental wahrnehmen; häufig ist dabei der Sulcus an seinem Grund kolbenförmig erweitert.

Die keilförmige Infarktnarbe und die am Furchengrund lokalisierten Ausfälle sind für den frühkindlichen Hirnschaden in keiner Weise charakteristisch, man kann sie grundsätzlich bei jeder Art von Kreislaufschaden beobachten. Dagegen scheint das Vorkommen der sog. *zentralen Kleinhirnläppchenatrophie* auf den frühkindlichen Hirnschaden beschränkt. Man nimmt allgemein an, daß die zentrale Kleinhirnläppchenatrophie mit ihrer Anordnung der Kreislaufschäden in den marknahen Anteilen der Kleinhirnbäumchen die Parallele zu den Ausfällen im Furchental an der Großhirnrinde darstellt. Ihr histologisches Bild entspricht dem der Kleinhirnläppchensklerose (s. S. 251). Der Nucleus dentatus ist meist vollkommen intakt; doch gibt es Fälle, in denen die Nervenzellen hier erheblich geschrumpft sind, gerade in den der Rindenatrophie zugewandten Abschnitten (Abb. 44).

Die zentrale Kleinhirnläppchenatrophie ist bei transversaler Schnittführung nur in den wurmnahen Gebieten deutlich zu erkennen, auch hier aber zeigt sich, daß die Atrophie oft nicht überall gleichmäßig auf die marknahen Anteile beschränkt ist, sondern um den Sulcus horizontalis cerebelli (als Arteriengrenzgebiet) herum auch periphere Teile der Kleinhirnbäumchen mit erfaßt. Bei einer gewissen Variabilität der Befunde im einzelnen ist jedoch die zentrale

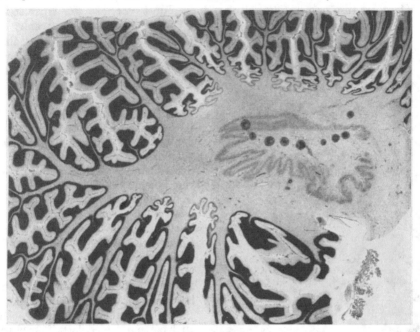

Abb. 44. Zentrale Kleinhirnläppchenatrophie. Lichtung der Körnerschicht und Verschmälerung der Molekularschicht in den Furchentälern, d. h. in den marknahen Anteilen der Kleinhirnrinde. Die punktierte Linie bezeichnet entsprechende Zellausfälle im Nucleus dentatus. NISSL-Färbung. LITTLEsche Krankheit mit Idiotie.

Lokalisation der atrophischen Gebiete, verglichen mit anderen Formen vasculär bedingter Kleinhirnatrophie, nicht zu übersehen.

Bei der Erörterung der Genese der auf den Furchengrund beschränkten Kreislaufschäden am Großhirn nimmt HALLERVORDEN unter Hinweis auf die Schädigung der rindennahen weißen Substanz an, daß man es hier wesentlich mit den Folgen einer ödematösen Durchtränkung zu tun hat, die vom Mark auf die Rinde übergegriffen hat. Das würde mit der Erfahrung übereinstimmen, daß das Gebiet der U-Fasern bei den verschiedenen Formen des Hirnödems sich als ein Prädilektionsgebiet erweist (MEYER 1950). Dafür spricht auch die örtliche Verteilung von Verkalkungen bei Folgezuständen einer Meningoencephalitis (HALLERVORDEN 1950); in gleiche Richtung weisen Beobachtungen NOETZELs (1951) mit sichelförmigen Ödembezirken am Furchengrund bei schweren frühkindlichen Ernährungsstörungen. Es liegt nahe, diese Vorstellung auf die zentrale Läppchenatrophie des Kleinhirns zu übertragen. Gegenüber der Ödemgenese sieht SCHOLZ (1949) die Ursachen in einem reinen Hypoxydoseeffekt, indem Schwellungszustände des Gehirns die in der Furchentiefe gelegenen Rindenteile durch Abflußstauung hinsichtlich ihrer Sauerstoffversorgung in besonderem Maße notleiden lassen. Insbesondere hat er darauf hingewiesen, daß die Nervenzellen der Ödemeinwirkung besonders lange Widerstand leisten können, wie sich gerade an den Purkinje-Zellen der Kleinhirnrinde zeigen läßt, während die Körner eher durch Ödem zu leiden haben. Hier sei auf die einleitenden allgemeinen Kapitel von Scholz verwiesen.

3. Typische Formen von Kreislaufschäden.

a) Gewebsveränderungen im Versorgungsgebiet einer großen Hirnarterie.

Klare lokalisatorische Verhältnisse liegen dort vor, wo die Hirnveränderungen ausschließlich auf ein arterielles Versorgungsgebiet beschränkt sind (Hallervorden 1937). Dies findet

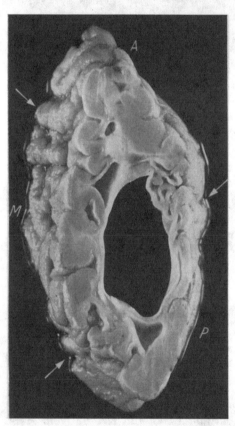

sich nicht selten auch bei pränatal geschädigten Gehirnen (de Morsier 1952). Der sog. Mediaschaden ist hier das typische Beispiel (Abb. 11). Neben dem Mediaschaden treten isolierte Defekte im Versorgungsgebiet der anderen großen Hirnarterien zahlenmäßig ganz zurück. Einen auf das Gebiet der Arteria cerebri posterior beschränkten Gewebsdefekt hat Hallervorden (1937) beobachtet. Die einen großen Arterienast betreffenden Schäden sind in der Regel Folge von Embolien, wie sie im Kindesalter bei Diphtherie und Scharlach vorkommen; die linke Arteria cerebri media ist daher besonders häufig betroffen (Patten, Grant und Yaskin 1937). In der Fetalzeit, gelegentlich auch postnatal, sind derartige Schäden im Mediagebiet auch doppelseitig anzutreffen.

b) Arterielle Grenzgebietsschäden.

Darunter versteht man nach dem von der cerebralen Thrombangiitis obliterans (Lindenberg und Spatz 1939) bekannten Prinzip die Lokalisation bzw. Akzentuation der multiplen narbigen Hirnrindenveränderungen in den Grenzgebieten der

Abb. 45. Frontalschnitt durch das linke Parieto-Occipitale. Anordnung der narbigen Rindenveränderungen in allen 3 Grenzgebieten (Pfeile). *A* Anterior-, *M* Media-, *P* Posterior-Versorgungsbezirk. Idiotie.

großen ernährenden Hirngefäße, also an den Nahtstellen zwischen den Arteriae cerebri anterior-media, anterior-posterior, media-posterior (Abb. 45; in seltenen Fällen auch im Kleinhirn ausgeprägt: Abb. 46). Damit wird die bei den frühkindlichen Hirnschäden bevorzugte Läsion der caudalen Hemisphärenanteile verständlich, da nur hier im Parieto-Occipitale alle 3 großen Mantelarterien aneinander grenzen.

Bei leichteren Schäden finden sich die Herde nur im Grenzgebiet selbst, bei schwereren ist es allein hier zu totalen Gewebsnekrosen mit cystischer Organisation gekommen, während die übrigen Rindengebiete unverändert sind oder unvollständige, d. h. nur die Nervenzellen betreffende Nekrosen aufweisen. Bei ganz diffusen Rindenschädigungen vasculärer Genese wie bei den lobären Sklerosen sind die narbigen Veränderungen in den Arteriengrenzgebieten oft am deutlichsten. Die Grenzgebietsschäden werden an makroskopischen Frontalscheiben

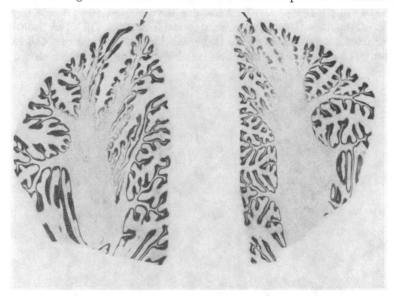

Abb. 46. Symmetrische Kleinhirnatrophie im Bereich des Sulcus horizontalis cerebelli, dem Grenzgebiet zwischen den Arteriae cerebelli superior und inferior anterior (Pfeile). (Die Schnitte aus beiden Hemisphären entsprechen sich nicht ganz.) NISSL-Färbung. Residualepilepsie. [Aus J.-E. MEYER: Z. Kinderheilk. 67, 123 (1949).]

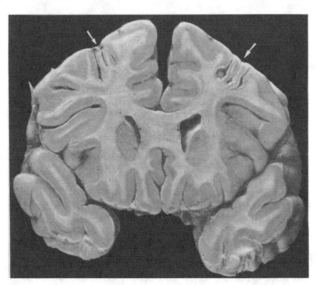

Abb. 47. Symmetrische narbige Windungsschrumpfung in der 2. Frontalwindung, dem Grenzgebiet zwischen den Arteriae cerebri anterior und media. Frontalscheibe. Geburtsschaden. Idiotie mit Anfällen. [Aus J.-E. MEYER: Arch. f. Psychiatr. 186, 437 (1951).]

(Abb. 47) oder auf großen HOLZER-Schnitten (Abb. 48) gut sichtbar; am leichtesten faßbar sind solche Befunde an der 2. Frontalwindung.

Grenzgebietsschäden trifft man (in etwa 20% aller kreislaufbedingten Fälle von kindlichem Cerebralschaden) sowohl als Folge materieller Gefäßveränderungen

17*

(z. B. bei der multiplen Thrombose der subarachnoidalen Gefäße unter der Geburt) wie bei funktionellen Kreislaufstörungen (Meyer 1951). Sie sind gelegentlich auch bei intrafetal geschädigten Gehirnen erkennbar (Yakovlev und Wadsworth 1946). Die Ursache der bevorzugten oder isolierten Schädigung der arteriellen Grenzgebiete wird von H. Becker (1950) in funktionellen Zirkulationsstörungen gesehen. Einfacher erscheint die Erklärung, daß in diesen distalsten Gefäßabschnitten mit ihren niedrigen Blutdruckwerten unter patho-

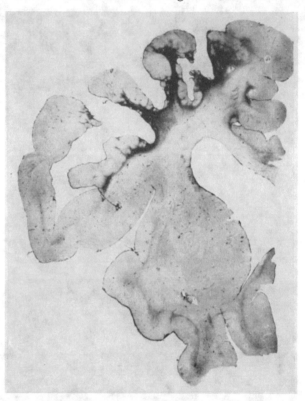

Abb. 48. Frontalschnitt mit besonderem Betroffensein der 2. Frontalwindung als Grenzgebiet zwischen den Arteriae cerebri anterior und media. Plaques fibromyeliniques im Grenzgebiet. Holzer-Färbung. Idiotie. Mikrocephalie mit Anfällen.

logischen Bedingungen das O_2-Angebot unter das zur Erhaltung des Gewebes notwendige Minimum absinkt. Zusätzlich sind hier Besonderheiten der Angioarchitektonik anzunehmen (Meyer 1953).

c) Venös bedingte Störungen.

Diese sind naturgemäß nicht so umschrieben wie die Schädigungen bestimmter arterieller Versorgungsgebiete, zum Teil schon deshalb, weil selten eine einzige Vene betroffen ist. Doch gibt es gelegentlich enger begrenzte ulegyre Rindenveränderungen, welche dem Verlauf einer Konvexitätsvene folgen, manchmal doppelseitig und wie ein schmales Band quer über die Konvexität verlaufen. Gewöhnlich gibt es Blutungen, besonders im Mark, sowie Stauungsödeme, welche mehr diffuse Veränderungen hinterlassen, so daß eine sichere ätiologische Diagnose nachträglich nicht möglich ist. Das Ergebnis gleicht dann der flächenhaften Ulegyrie.

Die sehr charakteristischen Veränderungen in dem Abflußgebiet der Vena magna Galeni wurden schon mehrfach erwähnt (S. 215), diese sind meist doppelseitig.

d) Topistische Ausfälle.

Außer den bisher besprochenen, von den Verhältnissen des cerebralen Blutgefäßsystems unmittelbar abhängigen lokalisatorischen Regeln lassen sich auch bei den frühkindlichen Hirnschäden Prädilektionsgebiete erkennen, die auf einer besonderen Vulnerabilität der betreffenden Nervenzellen gegenüber Sauerstoffmangel im Sinne der Pathoklise von C. und O. VOGT zurückzuführen sind. Als besonders betroffene Gebiete werden hier genannt: Globus pallidus, Ammonshorn, Kleinhirnrinde, Striatum, Großhirnrinde unter Ausschluß der Area striata. Im übrigen ist gerade bei diesen topistischen Schäden die Art des Sauerstoffmangels (akut, subakut oder chronisch) für den Befall der verschiedenen hypoxydoseempfindlichen Gebiete von Bedeutung (s. entsprechenden Abschnitt von SCHOLZ).

e) Kreislaufregulationsstörungen.

Zur Analyse der Anordnung multipler kreislaufbedingter Hirnveränderungen wird man oft noch den Faktor der Kreislaufregulationsstörungen in Anwendung bringen müssen. Diese spielen zweifellos eine bedeutsame Rolle für Lokalisation und Intensität der Hirnschäden bei allgemeiner Hypoxydose. Vor allem die Untersuchungen von BECKER (1949/I) haben dies deutlich gemacht. Die experimentellen Studien der Hirndurchblutung nach Krampfanfällen von SCHOLZ (zusammen mit DRESZER 1939, JÖTTEN 1951 und mit SCHMIDT 1952) lassen erkennen, daß dabei im Hirngefäßsystem nebeneinander anämische Bezirke und Stasen vorkommen, wodurch sich die gewebsschädigende Wirkung noch verstärken kann. Bei allgemeiner Hypoxie kann es vorübergehend zu einer lokalen Anoxie kommen (BECKER). Freilich ist der Faktor der Kreislaufregulationsstörungen im akuten Krankheitsgeschehen am anatomischen Substrat des Endzustandes nicht mehr klar zu erfassen. Immerhin ist die Entstehung halbseitiger Kreislaufschäden (Hemiatrophien), soweit sie nicht auf Verschluß großer Gefäße oder eine mehr halbseitig ausgebildete Meningitis zurückgeführt werden können, ohne die experimentell unterbaute Annahme der Wirksamkeit von Kreislaufregulationsstörungen nicht zu verstehen.

4. Morphologische Gefäßveränderungen.

Morphologische Gefäßveränderungen (unter Ausschluß luischer und tuberkulöser Prozesse) finden sich bei den kreislaufbedingten frühkindlichen Hirnschäden in etwa 15—20% aller Fälle (MEYER 1949). An pränatal entstandenen Hirnschäden kommen Veränderungen am Gefäßsystem nur selten und dann offenbar in der gleichen Weise wie unter der Geburt und im frühen Kindesalter zur Beobachtung. Es darf daraus jedoch nicht gefolgert werden, daß die kreislaufbedingten Gewebsschäden, die wir im Endzustand erfassen, in der Regel funktionelle Durchblutungsstörungen sind, daß man im akuten Stadium an den Gefäßen nicht mit pathologischen Befunden zu rechnen hat. Tierexperimente haben gezeigt, daß thrombotische Gefäßverschlüsse weitgehend resorbiert werden können (H. BECKER 1949/II).

Vom morphologischen Bild her kann man folgende Gefäßveränderungen unterscheiden, die oft in Kombination miteinander vorkommen: Thrombosen der großen Gefäße, subarachnoidale arterielle Thrombosen, postmeningitische Intimawucherungen, umschriebene Intimapolster und Elasticaverkalkungen. Es handelt sich dabei fast ausschließlich um Veränderungen an den extracerebralen

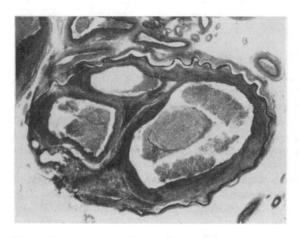

Abb. 49. Thrombosierte und dreifach rekanalisierte Arteria cerebri media. Die Elastica interna ist im wesentlichen intakt. Van Gieson-Färbung.
[Aus J.-E. Meyer: Z. Kinderheilk. 67, 123 (1949).]

arteriellen Gefäßen, während demgegenüber die Pathologie der intracerebralen Gefäße und der Venen zurücktritt. Mit Ausnahme der offenbar auf das Kindesalter beschränkten Elasticaverkalkung gibt es keine für den kindlichen Cerebralschaden spezifischen Gefäßveränderungen.

Die *Thrombosen der großen Gefäße* zeigen sich in verschiedenen Bildern der abgeschlossenen Organisation oder auch Rekanalisation eines Blutpfropfs (Abb. 49), wie es vor allem aus der Pathologie der v. Winiwarter-

Buergerschen Erkrankung bekannt ist. Derartige Residuen von Thrombosen der großen Gefäße sind meist Emboliefolgen und sind am häufigsten in der linken Arteria cerebri media mit entsprechendem Gewebsdefekt („Mediaschaden") anzutreffen.

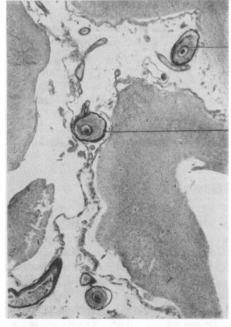

Abb. 50. Multiple subarachnoidale Gefäßthrombosen nach schwerer Zangengeburt. In den organisierten Thromben hat sich um das Rekanalisationslumen eine neue Elastica (e) gebildet. Verkalkung der Elastica interna (E). Narbige Rindenveränderungen. Van Gieson-Färbung.
[Aus J.-E. Meyer: Arch. f. Psychiatr. 180, 647 (1948).]

Die *Thrombosen der subarachnoidalen Arterien* (Juba 1936, Levin 1936, Yakovlev und Wadsworth 1936, v. Cseh 1937, Altschul 1949) treten in der Regel multipel auf und führen so zu vielherdigen narbigen Rindenveränderungen. Das Bild der multiplen Thrombosen der subarachnoidalen Gefäße (Abb. 50) ist äußerst charakteristisch und unterscheidet sich pathologisch-anatomisch von dem Typ II der cerebralen Thrombendangiitis obliterans nur dadurch, daß Thromben in *verschiedenzeitigen* Organisationsstadien fehlen (Meyer 1951). Die häufigste Ursache der multiplen Thrombosen der subarachnoidalen Gefäße ist die Geburtsasphyxie. Es gibt aber auch Fälle kreislaufbedingter, frühkindlicher Hirnschäden mit nur vereinzelten subarachnoidalen Thrombosen (Wohlwill 1921, Jakob 1927). Die Histologie der subarachnoidalen Thrombosen stimmt mit den Verhältnissen bei den großen thrombosierten

Gefäßen überein, lediglich die an den großen Gefäßen fehlenden Elasticaverkalkungen sind hier häufig. In ganz seltenen Fällen kommt es dabei auch zur Gefäßwandverknöcherung (S. 265).

Die Ursache der arteriellen Thrombosen ist noch umstritten. Veränderungen der Blutgerinnungsverhältnisse liegen jedenfalls nicht vor, da unter der Geburt und in den ersten Lebenswochen eine Hypoprothrombinämie besteht (KOLLER 1941, FANCONI 1941, APITZ 1943/44, PERLSTEIN 1949, RANDALL und RANDALL 1949, WILLI 1951). Am meisten Wahrscheinlichkeit hat die Annahme MEESENS (1941), daß die Thrombosen durch schwere hypoxämische Gefäßwandschädigung entstehen. Die häufig zugleich vorliegenden Elasticaverkalkungen und Nervenzellverkalkungen lassen außerdem an das Mitwirken einer ödematösen Durchtränkung der einzelnen Wandschichten denken. Sicher kann aber auch eine *Meningitis* zur Thrombosierung von Gefäßen des Subarachnoidalraumes führen.

Postmeningitische Gefäßveränderungen sind bei länger verlaufenden unspezifischen Meningitiden zu beobachten (LÖWENSTEIN 1910, HEYMANOWITSCH und GOLIK 1935, GIESE 1944, EICKE 1947). Hier handelt es sich um meist konzentrische Wucherungen der Intima, wobei im frischen Stadium Endothelabhebungen

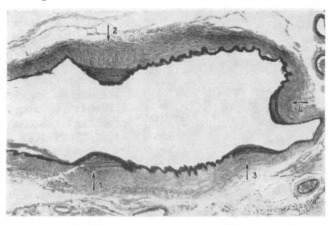

Abb. 51. Vier umschriebene Intimabeete (Pfeile) an der Arteria basilaris, 3 und 4 an der Abgangsstelle einer kleinen Arterie. Bei der Aufsplitterung der Elastica kommen die meisten Fasern unmittelbar unter das Endothel zu liegen. Elasticafärbung. Debilität mit Mißbildungen am übrigen Körper. An den Hinterhörnern der Seitenventrikel Heterotopien, Agenesie der rechten Kleinhirnhemisphäre.
[Aus J.-E. MEYER: Arch. f. Psychiatr. **186**, 437 (1951).]

und entzündliche Infiltration der Gefäßwände beobachtet werden. An einem größeren Material von cerebraler Kinderlähmung hat EICKE (1947) in 76% solche postmeningitischen Gefäßveränderungen beobachtet, er macht sie für die Parenchymveränderungen bei den frühkindlichen Hirnschäden verantwortlich. Der Verfasser folgert daraus, daß ein beträchtlicher Teil der hier in Rede stehenden Defektzustände Folge einer klinisch oft latent durchgemachten Meningitis verschiedenster Ätiologie sei.

EICKE (1947) erwähnt als unmittelbare Folgezustände der Meningitis Wandveränderungen der Arterien (die Venen sind weitaus weniger betroffen): Fibrose der Adventitia, seltenere Schäden der Media, exzentrische und konzentrische Intimapolster. „Die morphologischen Unterschiede werden durch das jeweilige Stadium bestimmt.“ Die Ätiologie der Meningitis spielt dabei keine ausschlaggebende Rolle, es kommt vielmehr auf die Dauer derselben an. Ähnliche Gefäßveränderungen kommen auch bei chronischen Entzündungen anderer Organe vor. Im Verein mit einer Fibrose der Meningen und einer Ependymitis granularis sprechen diese Gefäßveränderungen im allgemeinen für eine durchgemachte Hirnhautentzündung.

Nachuntersuchungen an einem größeren Material haben die Ergebnisse der EICKEschen Beobachtungen nicht bestätigen können und sind hinsichtlich der von ihm mitgeteilten Befunde am Gefäßsystem zum Teil zu einer anderen Deutung gelangt (MEYER 1950).

Die *lokalen Intimapolster* sind im Gegensatz zu den eben genannten konzentrischen Intimawucherungen in ätiologischer und morphologischer Hinsicht ganz unspezifisch. Man findet sie meist an mechanisch besonders beanspruchten

Stellen, so an Gefäßverzweigungen und dort, wo der distale Gefäßbaum verödet ist (Levin 1936), oft auch an korrespondierenden Stellen der Gefäßwand (Abb. 51). Histologisch ist wichtig, daß die auf kurze Strecken des Gefäßquerschnitts beschränkte Intimawucherung, wie bei der Arteriosklerose (Winkelmann und Eckel 1935), regelmäßig von einer Aufsplitterung der Elastica interna begleitet ist, wodurch es nach der Ansicht von Scholz möglich ist, derartige intimale Prozesse von randständigen Restthromben zu unterscheiden, bei denen die Elastica gewöhnlich intakt bleibt. Die lokalen Intimapolster (weitere Beobachtungen von Singer 1930, Alpers 1931, Altschul 1949, Meyer 1951) dürften kaum zu einer stärkeren Beeinträchtigung der Blutversorgung des Gefäßes führen.

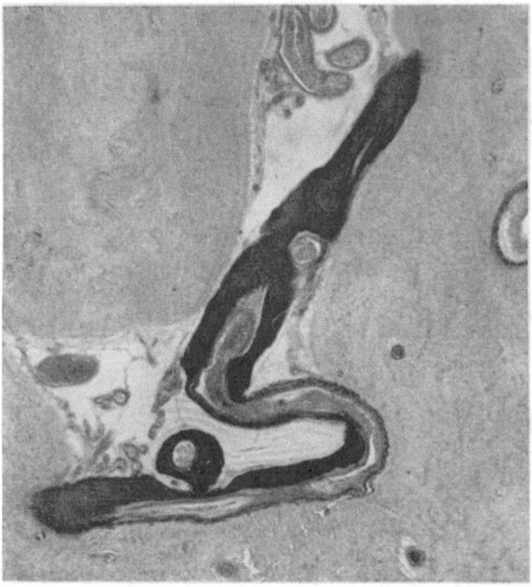

Elasticaverkalkungen finden sich in der Regel an thrombosierten, gelegentlich auch an intakten Gefäßen. Während sie am übrigen Körper häufig sind, kommen sie am cerebralen Gefäßsystem offenbar nur im Kindesalter vor (Schob, Wohlwill 1921, Schmincke 1921, Siegmund 1923, Altschul 1949). Es handelt sich um die Ablagerung von Kalkkonkrementen an den Grenzflächen der Membrana elastica interna, deren Kontinuität nur bei sehr hochgradigen Veränderungen unter Bildung grober Kalkspangen unterbrochen wird. Mit der Beschränkung der Verkalkung auf die Elastica interna sind differentialdiagnostisch die Gefäßverkalkungen bei Hämangiomen, Tetanie und bei der idiopathischen, nicht arteriosklerotischen Gefäßverkalkung leicht abzugrenzen; bei letzterer wird vorwiegend die Media betroffen, wobei auch spießförmige, radiär zum Lumen gerichtete — von der Elastica unabhängige — Verkalkungen vorkommen können (Hallervorden 1950).

Abb. 52. Verknöcherung einer pialen Arterie. Van Gieson-Elastica-Färbung. [Aus J.-E. Meyer: Arch. f. Psychiatr. **186**, 437 (1951).]

Veränderungen an den Venen. Schon vorher ist auf die Wichtigkeit der Thrombosen hingewiesen worden. Lubarsch unterscheidet als Grundursache der Venenthrombosen die Stromverlangsamung, die Gefäßwandveränderungen und die Blutveränderung. Diese letzteren dürften wohl weniger bei der Ätiologie der Endzustände in Betracht kommen, und zwar wegen der Hypoprothrombinämie unter der Geburt (vgl. arterielle Thrombosen, S. 263). Die Stromverlangsamung durch Stauungen ist vorwiegend bei den Geburtsschäden und bei den marantischen Erkrankungen zu berücksichtigen (in den großen Venen und den Sinus). Die Wandveränderungen bei der Asphyxie und den entzündlichen Erkrankungen, der Otitis (Sinusthrombose) und der Meningitis betreffen die kleinen Venen im Subarachnoidalraum. Die Thromben können resorbiert werden oder auch organisiert und eventuell rekanalisiert. Wandveränderungen der Venen sind offenbar nicht häufig. Bartels (1902) hat eine Meningitis mit „Intimawucherungen ausschließlich in den Venen" bei einer 32jährigen Frau gesehen. Giese (1944) beschreibt eine „diffuse Phlebosklerose, wobei die Wand in ein lockeres, zum Teil hyalinisierendes Bindegewebe" verwandelt wird.

Ferner muß auf die *Fibrose der Adventitia* intracerebraler Gefäße hingewiesen werden, wie sie JACOB (1948) beim chronisch rezidivierenden Hirnödem beschrieben hat. Dabei fällt das Gefäß im Hirngewebe histologisch durch einen breiten Außenring kollagenen Gewebes auf, der der Adventitia zugehört. Häufig besteht auch eine Erweiterung des VIRCHOW-ROBINschen Raumes, der ebenfalls vermehrt kollagene Fasern enthält. Die Adventitialfibrose findet sich bei den frühkindlichen Hirnschäden nicht selten, man trifft sie meist in den Randbezirken totaler Gewebsnekrosen (SCHOB 1930, HORANYI-HECHST 1940).

Ein sehr seltener Befund ist die *Wandverknöcherung* thrombosierter Arterien des Subarachnoidalraumes, die vermutlich von der Elastica interna ausgeht und bei der es zur Ausbildung typischer Knochenzellen kommt (Abb. 52) (JUBA 1936, MEYER 1951). Über die Verknöcherung der Hirnarterien hat CH. KRÜCKE (1940) an Hand von 5 Fällen berichtet; bei 4 von diesen handelt es sich bemerkenswerterweise um eine cerebrale v. WINIWARTER-BUERGERsche Krankheit.

Bei Hydranencephalie beobachtete LANGE-COSACK (1944) Veränderungen an den kleinen Arterien des Subarachnoidalraumes, die sie als Intimawucherung auffaßt.

D. Klinische Symptomatik und Differentialdiagnose.

Entsprechend den anatomischen Hirnveränderungen, die den Endzustand von Hirngewebsschädigungen darstellen, vermissen wir auch in der Klinik eine Progredienz des Leidens. In der Regel pflegen sich vielmehr manche neurologischen Ausfallserscheinungen durch Anpassung und funktionellen Ausgleich zurückzubilden, wie man es vor allem bei der Encephalopathia posticterica infantum und überhaupt bei extrapyramidalen und cerebellaren Störungen beobachten kann. Nur diejenigen Formen von Schwachsinn und cerebraler Kinderlähmung weisen oft eine *Progredienz* auf, die mit Anfällen einhergehen, indem zu dem bereits vorhandenen Hirndefekt durch die Krampfanfälle weitere Schäden hinzutreten.

Die klinische Diagnostik hat auch für die cerebrale Kinderlähmung und den Schwachsinn eine bedeutende Bereicherung durch die Einführung der Pneumographie *(Encephalographie, Ventrikulographie)* erfahren. Arbeiten, wie etwa die von BANNWARTH 1939, BRENNER 1942, POSPIECH 1942 u. v. a. zeigen, daß Porencephalie, Balkenmangel und andere gröbere Strukturstörungen im Röntgenbild erfaßt werden können.

Aus didaktischen Gründen empfiehlt es sich, in der klinischen Symptomatik zu unterscheiden:

1. reine Schwachsinnsformen ohne neurologischen Befund,
2. Fälle mit überwiegend pyramidalen Symptomen,
3. Fälle mit überwiegend extrapyramidalen Symptomen,
4. Fälle mit überwiegend cerebellaren Symptomen.

In einem größeren Material (YANNET 1944), das die 1. Gruppe nicht berücksichtigte, sich also rein auf das neurologische Bild der cerebralen Kinderlähmung beschränkte, gehörten 72 Fälle zur 2., 14 zur 3. und 13 zur 4. Gruppe. In 43% aller Fälle fanden sich organische Anfälle in der Vorgeschichte. ALPERS und MARCOWITZ (1938) unterscheiden bei den Diplegien klinisch folgende Gruppen: Cerebrale Diplegie (eigentlicher Morbus Little), spastische Paraplegie, bilaterale Chorea-Athetose bzw. athétose double und den cerebellaren Typ der Diplegie.

Unter den hypotonen Zustandsbildern unterscheiden YANNET und HORTON (1952) einen atonischen, einen ataktischen und einen athetoiden Typ.

Die reinen *Schwachsinnsformen* ohne nennenswerten neurologischen Befund sind bei den hier in Rede stehenden Hirnschäden nicht so häufig. Meist handelt es sich bei ihnen um den erblichen Schwachsinn bzw. um die Gruppe der sog. befundlosen Idiotie (aclinical group: JOSEPHY 1949). Daneben finden sich rein psychische Defekte bei den Krampfschäden (s. Fall 2, 4 und 5 der Monographie von SCHOLZ) und bei Hirnschäden aus der Fetalzeit. — Bei der üblichen Dreiteilung in Idiotie, Imbezillität und Debilität bezeichnet man Idioten als nicht bildungsfähig, bei denen also die Möglichkeit zu abstrakter Begriffsbildung auch in bescheidenem Umfange fehlt. Den Grad der Debilität sucht man durch Angabe des Alters zu bezeichnen, in dem der bei dem Kranken vorliegende Grad an geistigem Besitz bei normaler Entwicklung erreicht ist (WEYGANDT 1937), oder durch den Intelligenzquotienten. An der Faustregel, daß es sich bei tiefstehenden Idioten meist um exogene Formen, bei den Debilen überwiegend um erblich Schwachsinnige handelt, ist festzuhalten (BENDA 1948). Nach BENDA (1948) sind 50% der Idioten Folgen fetaler Hirnschäden; 30% sind natal, 18% postnatal entstanden. Über den Versuch, erworbenen und endogenen Schwachsinn nach dem psychischen Bild zu trennen, haben STRAUSS und WERNER (1941) berichtet. Bei der 1. Gruppe, die gewöhnlich schwere Hirndefekte und oft Mißbildungen am übrigen Körper aufweist, können neurologische Zeichen ganz fehlen. Zur Psychologie der Idioten sei auf die neuen Untersuchungen von SCHORSCH (1950) verwiesen. GÖLLNITZ hat sich besonders um den Entwicklungsrückstand der Motorik bemüht.

Bei den Fällen mit überwiegend *pyramidaler* Symptomatik sind hemiplegische und para- bzw. diplegische Formen zu unterscheiden. Dabei kann man (wir folgen hier im wesentlichen der Darstellung von WOHLWILL 1936) die eigentliche LITTLEsche Krankheit als eine Kerngruppe der doppelseitigen Motilitätsstörungen ansprechen. Die wesentlichen Kennzeichen dieses oft durch Geburtsschäden hervorgerufenen Krankheitsbildes bestehen in einem stärkeren Betroffensein der unteren Extremitäten, in einem Überwiegen der Spastik über die Parese, welche bis zur paraplegischen Starre gehen kann und von der vor allem die Adduktoren im Hüftgelenk, die Strecker im Hüft- und Kniegelenk und die Plantarflektoren im Fußgelenk betroffen sind. HEYMAN (1938) ist der Ansicht, daß die asymmetrischen Formen der LITTLEschen Krankheit auf pränatale Schädigungen zurückzuführen seien, was mit der Erfahrung des Neuropathologen aber nicht übereinstimmt. Neue Untersuchungen von DUNSDON (1952) haben gezeigt, daß die intellektuellen Ausfälle gerade bei den spastischen Formen in der Regel relativ gering sind.

Bei den halbseitigen Pyramidenläsionen besteht meist, vor allem wenn der Schaden in die ersten Lebensjahre fällt, ein gegensätzliches Verhalten zu dem erwachsenen Hemiplegiker. Bei diesem pflegen die Beugesynergien am Arm, die Strecksynergien am Bein erhalten zu bleiben, während beim Kind meist segmental gliedweise Lähmungen bestehen. Es kommt dabei durch die ausgesprochene Tonuserhöhung zu charakteristischen Haltungen von Arm und Bein (sog. „Wernicke-Mann"). Die cerebrale Kinderlähmung, vor allem die hemiplegische Form, geht außerdem häufig mit Sprachstörungen (Stottern, Aphasie, Dysarthrie) einher (PALMER 1941). Auch Sehstörungen bzw. Blindheit kommen vor (Differentialdiagnose gegenüber der amaurotischen Idiotie!) und beruhen meist auf ausgedehnten occipitalen Rindenveränderungen oder Schäden im Corpus geniculatum laterale (DRUDE 1949, NORMAN 1949).

Die Art der kreislaufbedingten Hirnschäden, ihr meist vielherdiges Auftreten bedingt es, daß alle denkbaren Kombinationen vorkommen können, besonders häufig ist ein Strabismus, während die übrigen Hirnnerven seltener betroffen sind. Zuweilen besteht nur eine Monoplegie. Andererseits sind häufig gleichzeitig pyramidale, extrapyramidale, seltener cerebellare Ausfälle nachzuweisen. Die neurologische Symptomatik ist von Ort und Grad der Hirnschädigung abhängig (PERLSTEIN 1952). Dies gilt auch von den psychischen Ausfallserscheinungen, die in leichteren Graden bei der cerebralen Kinderlähmung selten vermißt werden (BURGEMEISTER und BLUM 1949). Für diese ist es entscheidend, ob ausgedehnte Partien der Hirnrinde betroffen sind, wobei auch das psychische Bild, etwa durch umfassende Frontalhirnschädigung, noch modifiziert sein kann. ASHER und SCHONELL (1950) fanden bei 400 Fällen von cerebraler Kinderlähmung in mehr als der Hälfte einen Intelligenzquotienten von 70 und darüber. Auch bei schweren neurologischen Ausfällen können die intellektuellen Mängel überraschend gering sein.

Krampfanfälle (Residualepilepsie) sind bei der cerebralen Kinderlähmung, vor allem bei den hemiplegischen Formen (WOHLWILL 1936) ein häufiges Symptom. FABER (1947) fand unter 99 encephalographisch nachgewiesenen kindlichen Cerebralschäden in fast der Hälfte der Fälle Krämpfe. Sie führen oft zu einer Progredienz des Leidens (BIELSCHOWSKY, SCHOLZ). Grundsätzlich sind alle von der Epilepsie bekannten Anfallstypen zu beobachten. JACKSON-Anfälle und fokale große Krampfanfälle mit Kopf- und Augendeviation nach einer Seite sind bei den einseitigen Hirnschäden häufig. Die verschiedenen Epilepsieformen bei Kindern und Jugendlichen sind in jüngster Zeit unter Verwertung der elektrencephalographischen Befunde von LENNOX (1948), ZELLWEGER (1948, 1953) und von PACHE (1954) beschrieben worden [vgl. auch SCHÜTZ und MÜLLER-LIMMROTH (1952)]. — Der Zeitpunkt des Auftretens der Anfälle ist insofern verwertbar, als geburtsgeschädigte Kinder meist schon in den ersten Lebenstagen krampfen (danach können einige anfallsfreie Monate oder auch Jahre folgen), während bei fetalen Hirnschäden die ersten Anfälle oft erst nach Monaten oder Jahren auftreten sollen (BENDA 1945). Epilepsien, die sich vor dem 10. Lebensjahr entwickeln, sind meist nicht hereditär, sondern durch cerebrale Schäden bedingt.

Bemerkenswert ist der Hinweis C. SCHNEIDERs (1934) auf Fingerveränderungen als Restsymptome einer cerebralen Kinderlähmung, die auch zur Diagnose der Residualepilepsie gegenüber der erblichen Fallsucht dienen: Es handelt sich um die sog. *Bajonettfingerhaltung* (als latente Athetose) und die *Längenumkehr* zwischen dem 2. und 4. Finger; letztere ist jedoch nur bei einseitigem Auftreten verwertbar.

Wachstumsstörungen sind ein charakteristischer Befund bei der cerebralen Kinderlähmung, der schon früheren Beobachtern wie CAZAUVIELH, COTARD und CHARCOT aufgefallen ist. Zunächst sind die Schädelasymmetrien zu nennen, etwa die Verkleinerung der entsprechenden Schädelhälfte bei Hemisphärenatrophien, wobei es gleichzeitig zu einer verstärkten Pneumatisation und Vergrößerung der Nebenhöhlen kommen kann (NOETZEL 1949). Neben diesen Veränderungen, die sich aus der Abhängigkeit der Ausbildung des Hirnschädels von Wachstum und Form des Gehirns ergeben, sind die — allgemein pathologisch besonders bemerkenswerten — Wachstumsstörungen am übrigen Körper zu nennen. Diese betreffen alle Gewebsbestandteile, fallen jedoch am Knochensystem besonders auf. So zeigt sich röntgenologisch eine Osteoporose, der Knochen bleibt im Längen- und Dickenwachstum zurück. Die Muskulatur ist heller, dünner und weniger fleischig. Wachstumshemmungen finden sich auch an Kehlkopf, Ohren, Augen, Hoden und Mamma. Auch eine Entwicklungsverzögerung der Nieren wurde beobachtet (ROOSEN-RUNGE 1949). Die Wachstumshemmung kann eine Körperhälfte (Hemihypoplasie) mit Bevorzugung der oberen Extremität oder nur einzelne Körperteile betreffen.

Differentialdiagnose.

Allgemeines. Bei den hier behandelten Hirnveränderungen haben wir es mit *Endzuständen*, den Resten abgelaufener Krankheitsvorgänge, zu tun, so daß differentialdiagnostisch zunächst alle entzündlichen und blastomatösen Erkrankungen, ja überhaupt alle Krankheits*prozesse* und *akuten* Hirnveränderungen auszuschließen sind — letztere, wie schon mehrfach betont, mit Ausnahme jener Fälle, bei denen Krampfanfälle während der letzten Lebenszeit frische Hypoxydoseschäden erzeugten, oder wo die terminale Erkrankung noch zu Hirnveränderungen geführt hat. Das Bild eines frischen Sauerstoffmangelschadens läßt sich aber meist ohne Schwierigkeiten vom übrigen Hirnbefund abtrennen. Komplizierter liegen die Dinge dort, wo noch Reste der akuten Erkrankung erhaltengeblieben sind. Das gilt vor allem von den *entzündlichen Infiltraten*, die noch lange liegenbleiben können und nicht mit Matrixresten verwechselt werden dürfen (S. 196). Man wird sich hier fragen müssen, ob die Residuen eines akut entzündlichen Prozesses oder eine chronische Entzündung vorliegen. Beispielsweise ist es nicht einfach, sich am histologischen Bild der Toxoplasmose darüber klar zu werden, ob der Krankheitsprozeß abgeschlossen ist. Was von den entzündlichen Restinfiltrationen zu sagen war, gilt auch für die Ansammlungen von *perivasculären Fettkörnchenzellen*, die man noch lange nach Abschluß aller Abräumvorgänge antreffen kann. Hier ist im wesentlichen nach ihrem Ausmaß sowie dem übrigen Gewebsbild zu entscheiden, ob es sich um Reste einer Gewebseinschmelzung oder um einen progredienten Gewebsuntergang handelt.

Im einzelnen. Für die Abtrennung der kreislaufbedingten narbigen Residuen von den Folgezuständen *mechanischer Hirntraumen* ist ihre gegensätzliche Lokalisation zu beachten: Bei den Kreislaufschäden findet sich ein bevorzugter Befall der Furchentäler, während bei unmittelbarer Gewalteinwirkung der kuppenständige Rindenprellungsherd charakteristisch ist. Von den traumatischen Hirnveränderungen unter der Geburt lassen sich die viel häufigeren natalen asphyktischen Gewebsveränderungen auch durch ihre Abhängigkeit von den Blutgefäß- und Zirkulationsverhältnissen abtrennen. Ausgesprochen schwere Mißbildungen weisen auf eine frühembryonale Störung hin.

Schwierigkeiten in der Differentialdiagnose gegenüber den sog. *Kernaplasien* und den sehr seltenen *systematischen Degenerationen* des frühen Kindesalters sind kaum zu erwarten. „Aplasien" entstehen zur Zeit der Unreife und zeigen daher keine gliösen Reaktionen. Das anatomische Substrat wird bei den sog. Kernaplasien allein durch das Fehlen oder die mangelhafte Ausbildung einzelner Kerngruppen bestimmt. Bei den Systemerkrankungen besteht eine faserige Gliose am Ort der Atrophie. Es handelt sich hier aber um einen symmetrischen Befall umschriebener Neuronensysteme, wobei keinerlei Beziehungen zum Blutgefäßsystem bestehen, auch ist im Krankheitsverlauf eine Progredienz zu erkennen.

Besonders schwierig kann sich die Unterscheidung zwischen der *genuinen Kleinhirnatrophie* des Kindesalters und ausgedehnten kreislaufbedingten Kleinhirnrindenatrophien gestalten. Das Vorliegen der letzteren werden wir dann annehmen, wenn sich zugleich typische Veränderungen im Großhirn finden oder das charakteristische Bild der sog. zentralen Kleinhirnläppchenatrophie vorliegt. Im Einzelfall kann hier die Unterscheidung unmöglich sein.

Wichtig ist ferner die Differentialdiagnose zwischen den lobären Sklerosen und den *degenerativen Formen der diffusen Sklerose*, wie S. 243 ausgeführt wurde. Die vielfach noch vertretene Meinung, aus einer cerebralen Kinderlähmung könne sich ein progredientes Leiden im Sinne der diffusen Sklerose (Leukodystrophie) entwickeln, ist abwegig.

Ähnlich liegen die Verhältnisse bei denjenigen kindlichen Cerebralschäden, die mit einem ausgedehnten Status spongiosus einhergehen und von der chronischen „*Ödemkrankheit des Kindesalters*" (dégéneressance spongieuse: VAN BOGAERT und BERTRAND 1949, MEYER 1950) zu unterscheiden sind. Bei letzterer ist die blasige Gewebsdurchsetzung nahezu ubiquitär mit Schwerpunkt in der Rindenmarkgrenze und im rindennahen Mark, während der Status spongiosus im engeren Sinne eine corticale Veränderung darstellt. Bei der chronischen Ödemkrankheit sind außerdem histologisch der noch im Gange befindliche Markscheidenzerfall und Alzheimer-II-Glia nachzuweisen.

Bei multiplen kreislaufbedingten Hirnschäden ist daran zu denken, ob wir es mit multiplen Embolien bei *Endokarditis* zu tun haben, die makroskopisch unter Umständen ein ähnliches Bild hervorrufen können. Die Hirnembolien betreffen jedoch meist überwiegend das Mark und erzeugen, weil nicht aseptisch, das charakteristische Bild der metastatischen Herdencephalitis. Es kommt hinzu, daß man beim *Morbus embolicus* die Herde in verschiedenzeitigen Organisationsstadien antrifft, während sich die frühkindlichen Gewebsdefekte alle im gleichen Narbenstadium befinden.

Diese *Einzeitigkeit* der Hirnveränderungen hat noch differentialdiagnostische Bedeutung bei den Gefäßveränderungen, denn nur hierdurch ist die multiple, subarachnoidale Gefäßthrombose von der auch in ihrer Lokalisation oft übereinstimmenden *cerebralen Thrombendangiitis obliterans* zu unterscheiden.

Differentialdiagnostische Schwierigkeiten mit der klinisch nahestehenden *tuberösen Sklerose* sind nicht gegeben, wenn man die abnormen Zellelemente in den Rindenknoten und die Ventrikeltumoren beachtet. Zur *amaurotischen Idiotie* ist nur darauf hinzuweisen, daß bei ihr Kleinhirnrindenatrophien vorkommen, die alle typischen Prozeßmerkmale dieser Krankheit aufweisen.

Schluß.

Mit den genannten speziellen pathogenetischen Faktoren der fetalen, natalen und frühkindlichen Hirnschäden läßt sich in der Praxis kaum mehr als die Hälfte der Fälle ursächlich aufklären. Bei einer klinischen Studie an kindlichen Hemiplegien fehlte in 55% jeder ätiologische Hinweis (KELLER 1938) und zahlenmäßig verhält es sich ganz ähnlich, wenn man von dem anatomischen Befund des Endzustandes aus ohne zureichende anamnestische Daten die Ursache eines Hirnschadens klären soll. Bei Untersuchungen von McGOVERN und YANNET (1949) blieb die Ätiologie der Quadriplegien in 30%, der Hemiplegien in 67% und der Diplegien in 100% unbekannt. Die begrenzten Möglichkeiten, aus anamnestischen Angaben auf die spezielle Pathogenese zurückzuschließen, zeigen etwa die Untersuchungen von EVANS (1948) an 114 Fällen von cerebraler Kinderlähmung. Was aber heute meist schon vom anatomischen Substrat her gelingt, ist die Aufdeckung der *allgemeinen Pathogenese*. Man wird zunächst an dem Vorhandensein oder Fehlen von Entwicklungsstörungen und an der Art der Reaktion auf die Noxe die früher eingetretenen von den später entstandenen intrauterinen Schäden abtrennen können.

Eine weitere Differenzierung von beträchtlicher Bedeutung liegt in der Unterscheidung zwischen den verschiedenen Graden der Gewebsnekrose mit ihren Ausgängen in cystische Zustände bzw. Sklerosen. Haben wir doch darin ein Maß für die Schwere und in gewissem Umfange auch für die Akuität des Schadens, der das Hirngewebe betroffen hat, indem man als Ursache der zur Sklerose führenden elektiven Ganglienzellnekrose nur eine kurz dauernde, gewöhnlich funktionelle Störung des Kreislaufs annehmen kann. Wichtig ist ferner die

Erkennung derjenigen kreislaufbedingten Hirnschäden, deren morphologische Gestaltung nicht durch Gewebshypoxydose, sondern durch ödematöse Durchtränkung bestimmt wird. Damit sind nur einige grobe Richtlinien zur pathogenetischen Aufklärung derjenigen Fälle gegeben, deren Ätiologie dunkel geblieben ist. Die Einsicht in die *formale Pathogenese* der Endzustände nach fetalen und frühkindlichen Hirnschäden bringt uns ätiologisch doch insofern weiter, als so die zunächst relativ große Zahl der ätiologischen Möglichkeiten auf einige wenige beschränkt werden kann. Der weiteren morphologischen Forschung wird es gelingen, noch eine Anzahl von Gewebssyndromen aus dem großen Sammelbegriff der kreislaufbedingten fetalen und frühkindlichen Hirnschäden zu isolieren. Ein entscheidender Erkenntniszuwachs in ätiologischer Hinsicht ist jedoch nur von einer genaueren klinischen Erfassung des *akuten* Krankheitsbildes zu erwarten, dessen Folgezustände dann dem Neuropathologen erst nach Jahren zu Gesicht kommen.

Literatur.

Einleitung.

Benda: Developmental disorders of mentation and cerebral palsies. New York: Grune & Stratton 1952.

Fanconi u. Zellweger: Die bleibenden Schädigungen des Zentralnervensystems infolge Erkrankungen des Foetus und des Kleinkindes. Schweiz. Arch. Neur. **63**, 193 (1949). — Ford: Diseases of the nervous system in infancy, childhood and adolescence, 2. Aufl. Springfield: Ch. C. Thomas 1944. — Freud: Die infantile Cerebrallähmung. In Nothnagels Spezielle Pathologie und Therapie, Bd. IX, S. 2. Wien 1897.

Hallervorden: Entwicklungsstörungen und frühkindliche Erkrankungen des Zentralnervensystems. In Handbuch der inneren Medizin, 4. Aufl., Bd. V. Berlin-Göttingen-Heidelberg: Springer 1952.

Ibrahim: Organische Erkrankungen des Nervensystems. In Pfaundlers Handbuch der Kinderheilkunde, 4. Aufl., Bd. IV, S. 241. Berlin: Springer 1931.

Potter: Pathology of the fetus and the newborn. Chicago 1952.

Schob: Die pathologische Anatomie der Idiotie. In Bumkes Handbuch der Geisteskrankheiten, Bd. XI. Berlin: Springer 1930.

Wohlwill: Cerebrale Kinderlähmung. In Bumke-Foersters Handbuch der Neurologie, Bd. XVI, S. 34. Berlin: Springer 1936.

Gehirn des Neugeborenen.

Aldama: Cytoarchitektonik der Großhirnrinde eines 5jährigen und eines 1jährigen Kindes. Z. Neur. **130**, 532 (1930).

Clara: Entwicklungsgeschichte des Menschen, 3. Aufl. 1943. — Conel: The prenatal development of the human cerebral cortex, Bd. 3. Cambridge 1939. — Conel, J. Le Roy: The postnatal development of the human cerebral cortex, Bd. 1—3. Cambridge, Mass. 1939—1947.

Filimonoff: Zur embryonalen und postembryonalen Entwicklung der Großhirnrinde des Menschen. J. Psychol. u. Neur. **39**, 323 (1929). — Flechsig: Anatomie des menschlichen Gehirns und Rückenmarks auf myelogenetischer Grundlage, Bd. I. Leipzig 1920.

Gohrband: Über Gehirnbefunde bei Neugeborenen und Säuglingen. Virchows Arch. **247**, 374 (1923).

Hörstadius: The Neural Crest. Oxford: University Press 1950.

Kahle, W.: Studien über die Matrixphasen und die örtlichen Reifungsunterschiede im embryonalen menschlichen Gehirn. Dtsch. Z. Nervenheilk. **166**, 273 (1951).

Metz u. Spatz: Die Hortegaschen Zellen (das sog. „dritte Element") und über ihre funktionelle Bedeutung. Z. Neur. **89**, 138 (1924).

Pruijs: Über Mikroglia, ihre Herkunft, Funktion und ihr Verhältnis zu anderen Gliaelementen. Z. Neur. **108**, 298 (1927).

Roback u. Scherer: Über die feinere Morphologie des frühkindlichen Gehirns unter besonderer Berücksichtigung der Gliaentwicklung. Virchows Arch. **294**, 365 (1935). — Rydberg: Cerebral Injury in new-born children consequent on birth trauma; with an inquiry into the normal and pathological anatomy of the neuroglia. Acta path. scand. (København) Suppl. **10** (1932).

Scheyer: Über Fettkörnchenzellbefunde im Rückenmark von Feten und Säuglingen. Z. Neur. **94**, 185 (1925) u. Nachwort von Wohlwill.

Weed: The meninges. In Penfield: Cytology and Cellular Pathology of the Nervous System, Bd. 2. New York 1932. — Westphal: Die elektrischen Erregbarkeitsverhältnisse des peripherischen Nervensystems des Menschen in jugendlichem Zustand. Arch. f. Psychiatr.

26, 1 (1894). — Über die Markscheidenbildung der Gehirnnerven des Menschen. Arch. f. Psychiatr. **29,** 474 (1897).

A. Pathogenese.

AKERRÉN, Y.: Om asfyxi hos ny födda. Nord. Med. Stockholm **34,** 1269 (1947). Zit. nach Pediatria (Napoli) **2,** 91 (1948). — ALAJOUANINE, TH., et J. NEHLIL: Encephalopathie infantile en rapport avec une iso-immunisation anti-Rh. Revue neur. 81, 678 1949). — ALTEGÖHR: Zur Morphologie und Genese des akuten Hirnödems bei ernährungsgestörten Säuglingen. Beitr. path. Anat. **112,** 205 (1952). — ANDERSON, J. M., and D. MORRIS: Encephalopathy after combined diphtheria-pertussis in-occulation. Lancet **1950 I,** 537. — ANTON: Über die Beteiligung der großen basalen Ganglien bei Bewegungsstörungen und besonders bei Chorea. Jb. Psychiatr. **14,** 141 (1895). — AREY, J. B.: Pathologic findings in the neonatal period. J. of Pediatr. **34,** 44 (1949). — ARMAND-DELILE, P., et R. LESOBRE: Malformations congénitales du coeur avec cyanose, endocardite subaiguë, double hémiplégie. Bull. Soc. Pédiatr. Paris **33,** 274 (1935). Zit. nach Zbl. Neur. **79,** 357 (1936). — ARON, H., u. H. POGORSCHELSKY: Organanalytische Untersuchungen bei ernährungsgestörten Kindern. Jb. Kinderheilk. **112,** 111 (1926).

BAILEY, O. T., and G. M. HASS: Dural sinus thrombosis in early life. Brain **62,** 293 (1937). Zit. nach Zbl. Neur. **88,** 650 (1938). — BAMATTER: Die Toxoplasmose. Erg. inn. Med., N. F. **3,** 652 (1952). — BECKER, H.: Über Hirngefäßausschaltungen. I. u. II. Dtsch. Z. Nervenheilk. **161,** 407, 446 (1949). — BECKER, J.: Über angeborene tuberkulöse Meningitis. Zbl. Path. **83,** 442 (1945/48). — BECKMANN, F.: Head injuries in children. An Analysis of 331 cases with especial reference to end results. Amer. Ann. Surg. **87,** 355 (1928). Ref. Zbl. Neur. **50,** 738 (1928). — BENDA, C. E.: The late effects of cerebral birth injuries. Medicine **24,** 71 (1945). — Structural cerebral histopathology of mental deficiencies. Proc. 1. Internat. Congr. of Neuropath. Rom 1952. — BENEKE, H.: Über Tentoriumzerreißungen. Münch. med. Wschr. **1910,** 2125. — BENEKE, R.: Die intrakraniellen Blutungen beim Neugeborenen. Z. Geburtsh. **120,** 105 (1940). — BERTRAND I., M. BESSIS et J. M. SEGARRA-OBIOL: L'ictère nucléaire. Paris: Masson & Cie. 1952. — BICK, GERBERDING u. STAMMLER: Zur Klinik der akuten und subakuten Encephalitis im Kindesalter. Z. Kinderheilk. **75,** 307 (1954). — BIELSCHOWSKY, M.: Über Hemiplegie bei intakter Pyramidenbahn. J. Psychol. u. Neur. (Erg.-H.) **22,** 225 (1916). — BIRK, W.: Kinderkrämpfe. Stuttgart: Ferdinand Enke 1938. — BIRO, M.: LITTLEsche Krankheit und Epilepsie. Schweiz. Arch. Neur. **42,** 1 (1938). — BODECHTEL, G., u. A. OPALSKI: Gefäßbedingte Herde bei der tuberkulösen Meningitis. Z. Neur. **125,** 401 (1930). — BOENHEIM, C.: Über nervöse Komplikationen bei spezifisch kindlichen Infektionskrankheiten. Erg. inn. Med. **28,** 589 (1925). — BOGAERT, L. VAN: Aspect histologique d'une séquelle tardive de l'ictère nucléaire. Ann. paediatr. (Basel) **168,** 57 (1947). — Über funktionelle Kreislaufstörungen des Zentralnervensystems und das Problem der postvaccinalen Encephalitis. Arch. f. Psychiatr. u. Z. Neur. **185,** 482 (1950). — BONNER, F.: Histopathology of epilepsy in children. Nerv. Child. **6,** 6 (1947). — BOURQUIN: Les malformations du nouveau-né causées par les viroses de la grossesse et plus particulièrement par la rubéole (Embryopathie rubéolaise). Paris 1948. — BRANDER, T.: Über intrakranielle Geburtsverletzungen im Anschluß an Geburt in Beckenendlage. Mschr. Geburtsh. **105,** 205 (1937). — Über cerebral defekte Kaiserschnittskinder. Acta paediatr. (Stockh.) **23,** 145 (1938). — BRATZ: Über Sklerose des Ammonshorns. Arch. f. Psychiatr. **31** (1897). — BROCHTEIN, J. G.: Sort des enfants qui on supporté la méningite cérébro-spinale au cours de la première année. Pédiatr. (russ.) **9/10,** 71 (1939). Zit. nach Zbl. Neur. **97,** 69 (1940). — BÜCHI, E. C.: Über die Abhängigkeit der Mißbildungen vom Gebäralter. Arch. Klaus-Stiftg **25,** 61 (1950). Zit. nach Zbl. Neur. **113,** 242 (1951). — BURGHARD, E., u. H. SCHLEUSSING: Folgezustände des Icterus neonatorum gravis. Klin. Wschr. **1933,** 1526. — BUSHNELL, L. F.: Asphyxia of the newborn. J. Amer. Med. Assoc. **136,** 1000 (1948).

CAMPBELL, W. A., E. A. CHEESMAN and A. W. KILPATRICK: The effects of neonatal asphyxia on physical and mental development. Arch. Dis. Childh. **25,** 351 (1950). — CAPPELL, D. F.: The mother-child incompatibility problem in relation to the nervous sequelae of haemolytic disease of the newborn. Brain **70,** 486 (1947). — CAPPER, A.: Cerebral birth hemorrhage in premature and immature infants. Amer. J. Obstetr. **18,** 106 (1929). — CATELL, W.: Zur klinischen Diagnose intracranieller Geburtsblutungen. Mschr. Kinderheilk. **52,** 1 (1932). — Über das spätere Schicksal von Kindern mit intracraniellen Geburtsblutungen. Mschr. Kinderheilk. **58,** 89 (1933). — COMBY, J.: Les encéphalites aiguës postinfectieuses de l'enfance. Paris: Masson & Co. 1935. — CRAIG, W. S.: Intracranial irritation in the newborn: immediate and long term prognosis. Arch. Dis. Childh. **25,** 325 (1952). — CREFELD, S. VAN: Schwangerschaftsernährung und Mißbildung. Gynaecologica **124,** 299 (1947). Zit. nach Ber. allg. u. spez. Path. **5,** 359 (1950). — CROME, L.: Encephalopathy following infantile gastroenteritis. Arch. Dis. Childh. **27,** 468 (1952). — CZERNY, A.: Angeborene infantile Gehirnanomalien. Dtsch. med. Wschr. **1942 I,** 658. — CZERNY, A., u. KELLER: Des Kindes Ernährung, Ernährungsstörungen und Ernährungstherapie, 3. Aufl. 1923—1928.

Damier, N.: Traumatismes du crâne chez les enfants. Chirurgija (russ.) 6, 89 (1939). Zit. nach Zbl. Neur. 96, 629 (1940). — Dechamps, A., et L. van Bogaert: Idiotie, épilepsie, choréoathetose double avec un syndrom médullaire, séquelles tardives de l'ictère nucléaire. Acta neurol. psychiatr. belg. 10, 480 (1948). — Dereymaker, A.: L'ictère nucléaire du nouveau-né. Brüssel: Arscia 1949. — Diamond, J. B.: Encephalomalacia in infants. Arch. of Neur. 31, 1153 (1934). — Diezel, P. B.: Mikrogyrie infolge cerebraler Speicheldrüsen-infektion im Rahmen einer generalisierten Cytomegalie bei einem Säugling. Virchows Arch. 325, 109 (1954). — Dolgopol, V. B.: Changes in the brain in pertussis with convulsions. Arch. of Neur. 46, 477 (1941). — Dublin, W.: Pathogenesis of Kernikterus. J. of Neuropath. 8, 119 (1949). — Neurologic lesions of erythroblastosis. Amer. J. Clin. Path. 21, 935 (1951). Zit. nach Zbl. Neur. 120, 113 (1952). — Dubois, R.: Les complications encéphalitiques de la scârlatine. Rev.franç.Pédiatr. 10, 320 (1934). Zit. nach Zbl.Neur. 74, 642 (1935).

Earle, Baldwin, Wilder and Penfield: Incisural sclerosis and temporal lobe seizures produced by hippocampal herniation at birth. Arch. of Neur. 69, 27 (1953). — Eckardt, H.: Geburtstrauma als Ursache von Krüppeltum. Gesdh.fürs. Kindesalt. 5, 495 (1930). Zit. nach Zbl. Neur. 60, 272 (1931). — Eckstein, A.: Encephalopathien bei Stoffwechsel-erkrankungen der Kinder. Acta paediatr. (Stockh.) 16, 610 (1933). Zit. nach Zbl. Neur. 72, 204 (1934). — Ederer, St.: Gehirnchemische Untersuchungen an atrophischen Säuglingen. Mschr. Kinderheilk. 24, 244 (1923). — Eicke, W. J.: Zur Frage der fetalen Encephalitis, Meningitis und ihrer Folgeerscheinungen. Arch. f. Psychiatr. 116, 568 (1943). — Gefäßverände-rungen bei Meningitis und ihre Bedeutung für die Pathogenese frühkindlicher Hirnschäden. Virchows Arch. 314, 88 (1947). — Elias, M. Schachter et J. G. Lamlehis: Contribution à l'étude des complications nerveuses dans la fièvre typhoide des enfants. Rev. franç. Pédiatr. 10, 603 (1934). Zit. nach Zbl. Neur. 75, 558 (1935). — Engelhart, E., u. A. Pischinger: Über eine durch Röntgenstrahlen verursachte menschliche Mißbildung. Münch. med. Wschr. 1939, 1315. — Entres, J. L.: Die Kinder eklamptischer Mütter. Allg. Z. Psychiatr. 81, 258 (1925). — Erdmann: Listeriose und Frühgeburten. Dtsch. med. Wschr. 1953, 813. — Ernst, S.: Intrauterine Umwelt und Mißbildung. Erbarzt 10, 83 (1942).

Faber, H. K.: Cerebral damage in infants and in children. Amer. J. Dis. Childr. 74. 1 (1947). — Faust, F.: Über Dauerschäden nach Hirntrauma bei Kindern und Jugendlichen. Allg. Z. Psychiatr. 108, 72 (1938). — Fazekas, J. F., F. A. D. Alexander and H. E. Himwich: Tolerance of newborn to anoxia. Amer. J. Physiol. 134, 281 (1941). Zit. nach Opitz u. Schneider. — Ford, F. R.: Cerebral birth injury and their results. Medicine 5, 121 (1926). Zit. nach Zbl. Neur. 45, 894 (1927). — The nervous complications of measles. Bull. Hopkins Hosp. 43, 140 (1928). — Diseases of the nervous system. Holt's Diseases of infancy and childhood, 11. Aufl. New York u. London: Appleton-Century Company 1939. — Ford, F. R., and A. J. Schaffer: The etiology of infantile acquired hemiplegia. Arch. of Neur. 18, 323 (1927). — Fouracre, Barns, H. and M. E. Morgans: Pregnancy complicated by diabetes mellitus. Brit. Med. J. 1949 I, 51. — Fox, M. J., E. R. Krumbiegel and J. L. Teresi: Maternal measles, mumps and chickenpox as a cause of congenital anomalies. Lancet 1948 I, 746. — Fox, M. J., J. F. Kuzma and J. D. Stuhler: Measles encephalomyelitis. Amer. J. Dis. Childr. 35, 444—450 (1953). Zbl. Neur. 131, 56.

Geyer, H.: Zur Ätiologie des Mongolismus. Leipzig: Georg Thieme 1939. — Die mon-goloide Idiotie. Naturwiss. 1939, 735. — Die Insuffizienz der Ovarien bei Müttern mit mon-goloider Idiotie. Z. Neur. 173, 735 (1941). — Dysplasmatisch-idiotische Kinder ovariell insuf-fizienter Mütter. Arch. Gynäk. 181, 227 (1952). — Gilbert, J. A., and D. M. Dunlop: Diabetic fertility, maternal mortality, and foetal loss rate. Brit. Med. J. 1949 I, 48. — Gilmour, D.: The Rh-Factor: it's role in human disease, with particular reference to mental deficiency. J. of Ment. Sci. 96, 359 (1950). — Goldstein, L.: Radiogenic microcephaly. Arch. of Neur. 24, 102 (1930). — Grebe, H.: Über die Todesursachen bei Totgeborenen und Frühverstorbenen. Erbarzt 10, 110, 126 (1942). — Greving, H., u. A. Stender: Über Carotis interna-Verschluß bei Diphtherie. Dtsch. Z. Nervenheilk. 160, 99 (1949). — Groh: Über die Schädelfrakturen im Kindesalter. Arch. klin. Chir. 202, 207 (1941). — Grosser: Entwicklungsgeschichtliche Grundlagen amniotischer Mißbildungen. Verh. dtsch. path. Ges. (31. Tagg) 1938, 213. — Gruber, G.: Über Wesen und Abgrenzung amniogener Mißbildungen. Verh. dtsch. path. Ges. (31. Tagg) 1938, 228. — Gustavson, G. W., and G. J. Garceau: Cere-bral spastic paralysis. J. Amer. Med. Assoc. 116, 374 (1941). Zit. nach Zbl. Neur. 101, 121 (1942).

Hallervorden, J.: Kreislaufstörungen in der Ätiologie des angeborenen Schwachsinns. Z. Neur. 167, 527 (1939). — Über eine Kohlenoxydvergiftung im Fetalleben mit Entwick-lungsstörungen der Hirnrinde. Allg. Z. Psychiatr. 124, 289 (1949). — Über diffuse symme-trische Kalkablagerungen bei einem Krankheitsbild mit Mikrocephalie und Meningoence-phalitis. Arch. f. Psychiatr. u. Z. Neur. 184, 579 (1950). — Entwicklungsstörungen und früh-kindliche Erkrankungen des Zentralnervensystems. In Handbuch der inneren Medizin, 4. Aufl., Bd. V/3. 1953. — Hanhart: Eine Sippe mit einfach-rezessiver Diplegia spastica infantilis

(„Littlesche Krankheit") aus einem Schweizer Inzuchtgebiet. Erbarzt **1936**, 165. — Haymaker, W., B. R. Girdany, I. Stephens, R. D. Lillie and G. W. Fetterman: Cerebral involvement with advanced periventricular calcification in generalized cytomegalic inclusion disease in the newborn. J. of Neuropath. **13**, 562 (1955). — Hechst, B.: Gehirnanatomische Untersuchungen bei Pemphigusfällen. Arch. f. Dermat. **167**, 522 (1933). — Hegnauer, H.: Mißbildungshäufigkeit und Gebäralter. Geburtsh. u. Frauenheilk. **11**, 777 (1951). — Hellbrügge, Th. Fr.: Intrauterine Fruchtschädigung durch Hepatits epidemica. Ann. paediatr. (Basel) **179**, 227 (1952). — Heyman, C. A.: Infantile cerebral palsy. J. Amer. Med. Assoc. **111**, 493 (1938). — Hiller, F., and R. R. Grinker: Functional circulatory disturbances and organic obstruction of the cerebral blood vessels. Arch. of Neur. **23**, 634 (1930). — Hingson, R. A., W. B. Edwards, C. B. Lull, F. E. Whitaere and H. Ch. Franklin: Newborn mortality and morbidity with continous caudal analgesia. J. Amer. Med. Assoc. **136**, 221 (1948). — Hirvensalo, M.: On hemorrhage of the medulla oblongata and the pons and on respiratory disorders in premature infants. Acta paediatr. (Stockh.) **37**, Suppl. 1 (1949). — Höring, F. O.: Die intrauterine Infektion. Ärztl. Forsch. **1952**, 129. — Holle: Über plötzliche Todesfälle bei schwerer Inanition. Z. inn. Med. **3** (1948). — Hollinger, F.: Über toxische Hirnschädigungen im frühesten Säuglingsalter. Frankf. Z. Path. **45**, 346 (1933). — Horanyi-Hechst and A. Meyer: Diffuse sclerosis with preserved myelin islands. J. of Ment. Sci. **1939**. — Hosemann, H.: Ernährung und fötale Entwicklung. Dtsch. med. Wschr. **1947**, 507. — Huber, H. G.: Schwerer Gehirnschaden mit Ersterscheinungen im Anschluß an die Pockenschutzimpfung. Kinderärztl. Prax. **13**, 9 (1942). — Husler, J., u. H. Spatz: Die „Keuchhusten-Eklampsie". Z. Kinderheilk. **38**, 428 (1924).

Ibrahim, J.: Organische Erkrankungen des Nervensystems. In Pfaundler-Schlossmanns Handbuch der Kinderheilkunde, Bd. IV. Berlin: Springer 1931. — Ilberg, G.: Verwachsungen der Plazenta mit dem Kopf des Kindes, Verwachsungen von Amnionsträngen mit dem Zentralnervensystem; Mißbildungen. Z. Geburtsh. **121**, 126 (1940).

Jacob, H.: Über die Hirnschäden bei Icterus neonatorum gravis (Kernikterus). Arch. f. Psychiatr. **180**, 1 (1948). — Jervis, G. A.: Microcephaly with extensive calcium deposits and demyelination. J. of Neuropath. **13**, 318 (1954). — Jochheim: Zur Frage der Fehlernährungszustände mit cerebraler Symptomatologie. Dtsch. med. Wschr. **1949**, 698. — Johnson, F. E.: Injury of the child by Roentgen ray during pregnancy. J. Pediatry **13**, 894 (1938). Zit. nach Zbl. Neur. **94**, 520 (1939). — Jorgensen, J. V.: Toxische Encephalopathie als Folge von extracerebralen Infektionen. Bibl. Laeg. (dän.) **127**, 401 (1935). Zit. nach Zbl. Neur. **80**, 378 (1936).

Kasanin, J.: Personality changes in children following cerebral trauma. J. Nerv. Dis. **69**, 385 (1929). — Keith, H. M., M. A. Norval u. A. B. Hunt: Neurologic lesons in relation to the sequelae of birth injury. Neurology **3**, 139 (1953). Zit. nach Zbl. Neur. **127**, 279 (1954). — Keller, E.: Die Hemiplegien im Kindesalter. Diss. Zürich 1938. — King, W. E.: Vitaminuntersuchungen bei Fehlgeburten. Surg. etc. **80**, 2 (1945). Zit. nach Dtsch. med. Wschr. **1947**, 205. — Kinnunen, O.: Ein seltener Fall von während der Schwangerschaft entstandener Impressio cranii beim Fetus. Ann. chir. et gynaec. fenn. **36**, 266 (1947). Zit. nach Zbl. Neur. **108**, 386 (1950). — Klingmann, N., and E. Carlson: Bull. Neur. Inst. N. Y. **6**, 238 (1937). Zit. nach Pentschew. — Kloos: Zur Pathologie der Feten und Neugeborenen diabetischer Mütter. Virchows Arch. **321**, 177 (1952). — Kloos, G.: Pathologisch-anatomische Grundlagen der Embryopathia diabetica. Klin. Wschr. **1951**, 557. — Környey, St.: Klinische Syndrome bei funktionellen Kreislaufstörungen des Gehirns. Z. Neur. **167**, 476 (1939). — Kramár, J., D. Miskolczy u. M. Csajaghy: Die kindliche Ruhe und das Nervensystem. Leipzig: Johann Ambrosius Barth 1940. — Kramer, W.: Ein Fall von Encephalopathie durch Enteritis bei einem Säugling. Mschr. Kindergeneesk. **22**, 223 (1954). — Kroll: Humorale Übertragbarkeit nervöser Wirkungen. Ärztl. Forsch. **1950**, 145. — Krukenberg, H.: Spätschäden bei Kindern nach Zangengeburt und Wendung. Med. Klin. **1930**, 1186.

Laforet and Lynch: New England J. Med. **236**, 534 (1947). Zit. nach Hellbrügge, Ann. paediatr. (Basel) **179**, 227 (1952). — Lange, C. de: Die Diagnose „Encephalitis" im Säuglings- und Kleinkindesalter. Mschr. Kinderheilk. **75**, 264 (1938). — Lange, M.: Wie groß ist die Zahl der Krüppel, deren Leiden auf ein Geburtstrauma zurückgeht? Münch. med. Wschr. **1929**, 1211. — Lange-Cosack, H.: Spätschicksale atrophischer Säuglinge. Leipzig: Georg Thieme 1939. — Die Hydranencephalie. Arch. f. Psychiatr.**117**, 1 (1944). — Laubenthal, F., u. J. Hallervorden: Über ein Geschwisterpaar mit einer eigenartigen frühkindlichen Hirnerkrankung nebst Mikrocephalie und über seine Sippe. Arch. f. Psychiatr. **111**, 172 (1940). — Leigh, D.: Subacute necrotizing encephalomyelopathy in an infant. J. of Neur., N. S. **14**, 216 (1951). — Lenggenhager, K.: Zur Genese der Fieberkrämpfe im Kindesalter. Schweiz. med. Wschr. **1952**, 390. — Lennox, M. A.: Febrile convulsions in childhood. J. of Pediatr. **35**, 427 (1949). — Levinson, A.: Acute transitory cerebral manifestations in infants and in children. J. Amer. Med. Assoc. **101**, 765 (1933). — Liebe, S.: Zur

Diagnose und Prognose geburtstraumatischer intrakranieller Blutungen. Mschr. Kinderheilk. **83**, 1 (1940). — LINZENMEIER: Die Bedeutung des Speicheldrüsenvirus für den Menschen. Z. Kinderheilk. **71**, 62 (1949). — LÜERS, TH., u. H. LÜERS: Über eine Segmentierungshemmung der neutrophilen Leukocyten bei Mongolismus. Ärztl. Forsch. **8**, H. 6 (1954).

MACKENZIE, J. M.: Absence of left restiform body resulting from intracranial birth injury. J. Ment. Sci. **79**, 167 (1933). — MALAMUD, N.: Sequelae of postmeasles encephalomyelitis. Arch. of Neur. **41**, 943 (1939). — Mental deficency. Proc. 1. Internat. Congr. of Neuropath., Rom 1952. — MARBURG, O., and L. CASAMAJOR: Phlebostasis and Phlebothrombosis of the brain in the newborn and in early childhood. Arch. of Neur. **52**, 170 (1944). Zit. nach LUMSDEN, J. of Neuropath. **9**, 119 (1950). — MARESCH, R.: Über einen Fall von Kohlenoxydschädigung des Kindes in der Gebärmutter. Wien. med. Wschr. **1929 I**, 454. — MARINESCO, M. G.: L'encéphalite épidémique et la grossesse. Revue neur. **37**, 1055 (1921). — MERIWETHER, L. S., H. HAGER and W. SCHOLZ: Kernicterus. Hypoxemia, signifcant pathogenic factor. Arch. of Neur. **73**, 293 (1955). — MEYER, J. E.: Zur Ätiologie und Pathogenese des fetalen und frühkindlichen Cerebralschadens. Z. Kinderheilk. **67**, 123 (1949). — Über Gefäßveränderungen beim fetalen und frühkindlichen Cerebralschaden. Arch. f. Psychiatr. u. Z. Neur. **186**, 437 (1951). — MOHR: Toxoplasmose. In Handbuch der inneren Medizin, 4. Aufl., Bd. I/1, S. 730. 1952. — MOSSBERGER, J. J.: Anoxia of the central nervous system and congenital heart disease. Amer. J. Dis. Childr. **78**, 28 (1949). — MÜLLER, D.: Über Hirnschäden nach Dystrophia im Säuglingsalter. Dtsch. Z. Nervenheilk. **170**, 167 (1953).

NAUJOKS, H.: Die Geburtsverletzungen des Kindes. Stuttgart: Ferdinand Enke 1934. — Über intrauterine Fruchtschädigungen. Münch. med. Wschr. **1936**, 1039. — NEUBÜRGER, H.: Über die Pathogenese der Keuchhusteneklampsie. Klin. Wschr. **1925**, 113. — Über cerebrale Fett- und Luftembolie. Z. Neur. **95**, 278 (1925). — NEUBURGER, F.: Fall einer intrauterinen Hirnschädigung nach Leuchtgasvergiftung der Mutter. Beitr. gerichtl. Med. **13**, 85 (1935). — NEURATH, M. J.: Cerebrale Erscheinungen bei akuten Diarrhöen bei jungen Kindern. Sovet. Pediatr. **4**, 101 (1934). Zit. nach Zbl. Neur. **75**, 311 (1935). — NEURATH, R.: Die nervösen Komplikationen und Nachkrankheiten des Keuchhustens. Obersteiners Arb. **11**, 258 (1904). — NEVINNY, H.: Über die geburtstraumatischen Schädigungen des Zentralnervensystems. Stuttgart: Ferdinand Enke 1936. — NOETZEL, H.: Diffusion von Blutfarbstoff in der inneren Randzone und äußeren Oberfläche des Zentralnervensystems bei subarachnoidaler Blutung. Arch. f. Psychiatr. **111**, 129 (1940). — Salvarsanschaden am Gehirn bei Mutter und Föt. Beitr. path. Anat. **110**, 661 (1948). — Ödemschäden bei ernährungsgeschädigten Kindern. Vortr. Tagg. Südwestdtsch. Kinderärzte, München Mai 1951. — NORMAN, R. M.: Bilateral atrophic lobar sclerosis following thrombosis of the superior longitudinal sinus. J. of Neur. **17**, 135 (1936). — Atrophic sclerosis of the cerebral cortex associated with birth injury. Arch. Dis. Childh. **19**, 111 (1944). — NORMAN, R. M., and W. H. McMENEMEY: Transventricular adhesons in association with birth injury of the caudate nucleus. J. of Neuropath. **14**, 84 (1955). — NOTTI, H. J.: Halbseitenlähmung mit motorischer Aphasie nach Diphtherie. Semana méd. **1936 I**, 1392. Zit. nach Zbl. Neur. **84**, 509 (1937).

OPALSKI, A.: Studien zur allgemeinen Histopathologie der Ventrikelwände. Z. Neur. **150**, 42 (1934). — OPITZ, E.: Über die intrauterine Sauerstoffversorgung der Frucht. Zbl. Gynäk. **71**, 113 (1939). — OPITZ, E., u. M. SCHNEIDER: Über die Sauerstoffversorgung des Gehirns und den Mechanismus von Mangelwirkungen. Erg. Physiol. **46**, 126 (1950). — OSTERTAG, B.: Die erbbiologische Bedeutung angeborener Miß- und Fehlbildungen und die Frage gegenseitiger Abhängigkeit. Verh. dtsch. orthop. Ges. (31. Tagg.) **1936**, 30.

PATRICK, H. T., and D. M. LEVY: Early convulsions in epileptics and in others. J. Amer. Med. Assoc. **82**, 375 (1924). — PATTEN, C. A.: Cerebral birth conditions. Arch. of Neur. **25**, 453 (1931). — PATTEN, C. A., and B. J. ALPERS: Cerebral birth conditions with special reference to the factor of hemorrhage. Amer. J. Psychiatry **12**, 751 (1933). Zit. nach Zbl. Neur. **70**, 575 (1934). — PATTEN, C. A., F. C. GRANT and J. C. YASKIN: Porencephaly. Arch. of Neur. **37**, 108 (1937). — PATZER, H., u. D. STECH: Über die Todesursache beim Icterus gravis neonatorum. Münch. med. Wschr. **1955**, 633. — PATZIG: Zur Vererbung striärer Erkrankungen. Erbarzt **3**, 161, 436 (1936). — PAULY, R. G.: Un microcéphale, „enfant des rayons-X". J. Méd. Bordeaux **118**, 537 (1941). Zit. nach Zbl. Neur. **102**, 264 (1942). — PENROSE, L. S.: Birth injury as a cause of mental defect. J. Ment. Sci. **95**, 373 (1949). Zit. nach Zbl. Neur. **110**, 373 (1950). — PENTSCHEW, A.: Encephalopathia posticterica infantum. Arch. f. Psychiatr. u. Z. Neur. **180**, 118 (1948). — PETERMANN, M. G.: Convulsions in childhood. J. Amer. Med. Assoc. **102**, 1729 (1934). — PETTE, H.: Die akut entzündlichen Erkrankungen des Nervensystems. Leipzig: Georg Thieme 1942. — PROBST, H.: Über psychische Folgen des Schädelbruchs im Kindesalter. Z. Kinderpsychiatr. **15**, 186 (1949). Zit. nach Zbl. Neur. **108**, 407 (1950). — PUTNAM, T. J.: The neurology and neurosurgery of cerebral palsics. Nerv. Child **8**, 170 (1949). Zit. nach Zbl. Neur. **111**, 209 (1950/51).

RASANOFF, A. J., and CHR. v. IMMAN-KANE: Relation of premature birth and underweight condition at birth to mental deficiency. Amer. J. Psychiatry **13**, 829 (1934). Zit. nach Zbl. Neur. **72**, 63 (1934). — RIMBAUD, L., L. CHAPTAL, CL. GROS, D. BRUNEL, J. L.

FAURE et A. LEVY: Le rôle des thromboses des troncs artériels encéphaliques dans la mécanisme de certains „encéphalites" de l'enfance. Arch. franç. Pédiatr. 6, 75 (1949). Zit. nach Pediatrics 3, 590 (1949). — RÖSSLE, R.: Referat über Entzündung. 19. Tagg Path. Ges. 1923. Schweiz. med. Wschr. 1923, 1053. — Über die Luftembolie der Capillaren des großen und kleinen Kreislaufs. Virchows Arch. 313, 1 (1944). — ROLLESTON, J. D., W. G. WYLLIE, J. G. GREENFIELD, W. GUNN, L. J. LAURENT, E. STOLLKIND, RUSSEL BRAIN and J. PURDON MARTIN: Discussion on the nervous complications of the acute fevers and exanthemata. Proc. Roy. Soc. Med. 27, 1421 (1934). — ROSENTHAL, S. R.: Relationship between trauma sustained at birth and encephalities in children. Arch. of Path. 16, 33 (1933). — RUSS, J. D., and R. A. STRONG: Asphyxia of newborn infants. Amer. J. Obstetr. 51, 643 (1946). Zit. nach Arch. of Neur. 58, 380 (1947). — RUSSEL, D.: Observations on the pathology of Hydrocephalus. Med. Res. Council 1949, No 265. — RYDBERG, E.: Cerebral injury in newborn children consequent on birth trauma. Acta path. scand. (København.) Suppl. 10 (1930).

SAUERBREI, H. U., u. P. STÜPER: Über apoplektiforme Insulte im Kindesalter. Z. Kinderheilk. 67, 481 (1950). — SAWCHUK, S., A. C. LA BOCETTA, A. TORNAY, A. SILVERSTEIN and A. R. PEALE: Masernencephalitis. Amer. J. Dis. Childr. 78, 844 (1949). — SCHACHTER, M.: Complications et séquelles neuro-psychiques de la pneumonie infantile. Arch. Pédiatr. Uruguay 18, 421 (1947). Zit. nach Pediatrics 2, 175 (1948). — Encéfalopatía infantil. Acta Pediatr. españ. 1949, 7/75 353, Zit. nach Pediatrics 3, 374 (1949). — Toxicoses gravidiques et prognostic neuro-mental de la déscendance. Praxis (Bern) 1950, 267. Zit. nach Zbl. Neur. 113, 247 (1951). — SCHALTENBRAND, G.: Epilepsie nach Röntgenbestrahlung des Kopfes im Kindesalter. Nervenarzt 8, 62 (1935). — Mschr. Kinderheilk. 68, 106 (1937). — SCHEER, VAN DER: Beiträge zur Kenntnis der mongoloiden Mißbildung. Berlin: S. Karger 1927. (Beih. Mschr. Psychiatr. H. 41). — SCHIPPERS, J. C.: Zur Prognose der Säuglingstetanie. Mschr. Kinderheilk. 71, 186 (1937). — SCHLEUSSING, H.: Encephalitis congenita vera. Schweiz. med. Wschr. 1935 I, 225. — SCHOB, F.: Pathologische Anatomie der Idiotie. In BUMKES Handbuch, Bd. XI. Berlin: Springer 1930. — SCHOLZ W.: Zur Kenntnis des Status marmoratus (C. u. O. VOGT.) (Infantile partielle Striatumsklerose.) Z. Neur. 88, 355 (1924). — Über die Entstehung des Hirnbefundes bei der Epilepsie. Z. Neur. 145, 471 (1933). — Krämpfe im Kindesalter. Mschr. Kinderheilk. 75, 5 (1938). — Krämpfe in der Entwicklung körperlicher und geistiger Defektzustände. Psychiatr.- u. Neur.-Kongr. Tübingen 1947. — Die Krampfschädigungen des Gehirns. Berlin-Göttingen-Heidelberg: Springer 1951. — SCHOLZ, W., J. WAKE u. G. PETERS: Der Status marmoratus, ein Beispiel systemähnlicher Hirnveränderungen auf der Grundlage von Kreislaufstörungen. Z. Neur. 163, 193 (1938). — SCHREIBER, F.: Apnea of the newborn and associated cerebral injury. J. Amer. Med. Assoc. 111, 1263 (1938). — Neurologic sequelae of paranatal asphyxia. J. Pediatry 16, 297 (1940). — SCHRÖDER, H.: Pränatale Ernährung und kongenitale Anomalien. Dtsch. med. Wschr. 1930, 351. — SCHWARTZ, PH.: Erkrankungen des Zentralnervensystems nach traumatischer Geburtsschädigung. Z. Neur. 90, 263 (1924). — SCHWARTZ, PH., u. L. FINK: Morphologie und Entstehung der geburtstraumatischen Blutungen in Gehirn und Schädel des Neugeborenen. Z. Kinderheilk. 40, 427 (1925). — SIERIG, E.: Die Entwicklung von Kindern an Eklampsie erkrankter Mütter. Nervenarzt 21, 343 (1950). — SINGER, H.: Zur Pathogenese der Keuchhustenapoplexie und Keuchhusteneklampsie. Virchows Arch. 274, 645 (1930). — SITTIG, O.: Über das Vorkommen von fleckweisen Degenerationsprozessen bei epidemischer Cerebrospinalmeningitis. Z. Neur. 33, 294 (1916). — SMITH, CLEMENT: Effects of birth processes and obstetric procedures upon the newborn infant. Adv. Pediatr. 3, 1 (1948). — Ber. allg. u. spez. Path. 6, 81. — SOLTMANN, O.: Experimentelle Studien über die Funktionen des Großhirns der Neugeborenen. Jb. Kinderheilk. 9, 106 (1907). — SORBA, M.: Etudes de pathologie foetale et néonatale. Lausanne: F. Rouge 1948. — SOREL, R., H. PONS et J. VIRENQUE: Les syndromes de LITTLE post-infectieux. Paris méd. 1936 II, 255. Zit. nach Zbl. Neur. 84, 238 (1937). — SORREL, E., SORREL-DÉJERINE et GIGON: A propos de 109 cas de fracture du crane chez les enfants. Presse méd. 1937 I, 761. — SPATZ: Über eine besondere Reaktionsweise des unreifen Zentralnervensystems. Z. Neur. 53, 363 (1920). — SPIELMEYER, W.: Die Pathogenese des epileptischen Krampfanfalls. Histopathologischer Teil. Z. Neur. 109, 501 (1927). — STAEMMLER, M.: Die Infektion des Fruchtwassers und ihre Folgen für die Frucht. Virchows Arch. 320, 577 (1951). — STAUDER, K. H.: Krampfbereitschaft und Krämpfe des Kindesalters. Münch. med. Wschr. 1939 I, 4, 52. — STETTNER, E.: Wachstum und Wachstumsstörung. Mschr. Kinderheilk. 94, 400 (1944). — STOLTE, H.: Zur Katamnese der der Dekomposition überlebenden Kinder. Mschr. Kinderheilk. 99, 157 (1951). — STRAUSS, A. A., and H. WERNER: The mental organization of the brain-injured mentally defective child. Amer. J. Psychiatry 97, 1194 (1941). Zit. nach Zbl. Neur. 101, 245 (1942). — STURMA, J.: Contribution to the study of late sequelae in children after forceps delivery. (Tschechisch) Zit. nach Pediatrics 3, 599 (1949). — STUSSBERG, H., u. F. ROTH: Über Encephalitis post vaccinationem. Dtsch. med. Wschr. 1940 II, 962.

Tardieu, G., et J. Trélat: L'avenir des nouveau-nés ranimés. Revue neur. 89, 259 (1953). — Thiemich, M., u. W. Birk: Über die Entwicklung eklamptischer Säuglinge in der späteren Kindheit. Jb. Kinderheilk. 65, 16 (1907). — Thom, D. A.: Infantile convulsions. Amer. J. Psychiatry 6, 613 (1927). Zit. nach Zbl. Neur. 47, 455 (1927). — Thums: Studien über Vererbung, Entstehung und Rassenhygiene der angeborenen cerebralen Kinderlähmung usw. Berlin 1939. — Töndury: Zum Problem der Embryopathia rubeolosa. Dtsch. med. Wschr. 1951, 1029. — Zur Wirkung des Erregers der Rubeola auf den menschlichen Keimling. Helvet. paediatr. Acta 7, 105 (1952).

Ullrich, O.: Über Häufigkeit und Prognose geburtstraumatischer Läsionen des Zentralnervensystems. Münch. med. Wschr. 1929, 487.

Vellguth, L.: Amniogene Mißbildungen? Erbarzt 4, 75 (1937). — Voigt, R.: Die Bedeutung der Spasmophilie für die Entstehung cerebraler Dauerschäden. Mschr. Kinderheilk. 90, 294 (1942). — Vogt, C. u. O.: Zur Lehre der Erkrankungen des striären Systems. J. Psychol. u. Neur. 25, 631 (1920).

Werthemann: Allgemeine Teratologie mit besonderer Berücksichtigung der Verhältnisse beim Menschen. In Handbuch der allgemeinen Pathologie von Büchner, Letterer u. Roulet, Bd. VI, Teil 1, S. 68. — Westrienen, A. v., u. C. de Lange: Jb. Kinderheilk. 150, 257 (1938). — Wildi, E.: Quelques problèmes anatomiques d'actualité en neuropathologie du premier âge. Ann. paediatr. (Basel) 178, 318 (1952). — Wilke: Zur Frage der Hirnödeme bei der Unterernährung. Dtsch. med. Wschr. 1950, 172. — Wilke, G., E. Klees u. R. Moschel: Gehirnveränderungen bei Schwangerschaftstoxikose. Dtsch. Z. Nervenheilk. 172, 377 (1955). — Wille: Die Prognose der spasmophilen Kinder. Jb. Kinderheilk. 133, 377 (1931). — Windle, W. F., and R. F. Becker: Effects of anoxia at birth on central nervous system. Proc. Soc. Exper. Biol. a. Med. 51, 213 (1942). — Windle, W. F., R. F. Becker and Weil: Alterations in brain structure after asphyxation at birth. J. of Neuropath. 3, 224 (1944). — Windorfer, A.: Zum Problem der Mißbildungen durch bewußte Keim- und Fruchtschädigung. Med. Klin. 1953, 293. — Wohlwill, F.: Zur Frage der sog. Encephalitis congenita (Virchow). II. Z. Neur. 73, 360 (1921). — Über akute pseudolaminäre Ausfälle in der Großhirnrinde bei Krampfkranken. Mschr. Psychiatr. 80, 139 (1931). — Cerebrale Kinderlähmung. In Bumke-Foersters Handbuch der Neurologie, Bd. XVI. Berlin: Springer 1936. — Wohlwill, F., u. H. E. Bock: Tierversuche zur Frage der fetalen Entzündung. Virchows Arch. 291, 864 (1933). — Wolff: Icterus neonatorum gravis und Rhesus-Faktor. Mschr. Kinderheilk. 97, 155 (1949). — Wyatt, I. P., and W. W. Tribby: Granulomatous encephalitis in infancy. Arch. of Path. 53, 103 (1952). — Wyllie, W. G.: Acute infantile hemiplegia. Proc. of Med. 1948, 41/7, 459. Zit. nach Pediatrics 3, 116 (1949).

Yamaoka, Y.: Studien über Keuchhustengehirne. Z. Kinderheilk. 47, 543 (1929). — Yannet, H., and R. Liebermann: Central nervous system complications associated with kernicterus. J. Amer. Med. Assoc. 130, 335 (1946). — Ylppö, A.: Pathologisch-anatomische Studien bei Frühgeborenen. Z. Kinderheilk. 20, 212 (1919). — Pathologie der frühgeborenen Kinder. In Pfaundler-Schlossmanns Handbuch der Kinderheilkunde, Erg.-Bd. 1, S. 96. Berlin: Springer 1942.

Zappert, J.: Über röntgenogene foetale Mikrocephalie. Arch. Kinderheilk. 80, 34 (1927). — Zimmermann, H. M.: The histopathology of convulsive disordres in children. J. Pediatry 13, 859 (1938). — Zimmermann, H. M., and H. Yannet: Cerebral changes in pneumococcus septicemia. J. Nerv. Dis. 75, 386 (1932). — Kernikterus. Amer. J. Dis. Childr. 45, 740 (1933). — Cerebral sequelae of icterus gravis neonatorum and their relation to kernicterus. Amer. J. Dis. Childr. 49, 418 (1935). — Zollinger, H. N.: Foetale Entzündung und heterotope Blutbildung. Schweiz. Z. Path. u. Bakter. 8, 311 (1945).

B. Morphologie.

Alajouanine, Hornet et Thurel: L'aspect fenêtre de l'écorce cérébrale. Revue neur. 65 (I) 819 (1936). — Alpers and Dear: Hemiatrophy of the brain. J. Nerv. Dis. 89, 653 (1939). — Anton: Störungen im Oberflächenwachstum des menschlichen Großhirns. 1887. — Über die Beteiligung der großen basalen Ganglien bei Bewegungsstörungen und insbesondere bei Chorea. Jb. Psychiatr. 14, 141 (1896). — Porencephalie. In Handbuch der pathologischen Anatomie des Nervensystems von Flatau usw., Bd. 1, S. 434. 1904. — Über den Wiedereinsatz der Funktion bei Erkrankungen des Großhirns. Mschr. Psychiatr. 19, 1 (1906).

Balthasar, K.: Über die Beteiligung des Globus pallidus bei Athetose und Paraballismus. Dtsch. Z. Nervenheilk. 148, 243 (1939). — Bailey and Hass: Dural sinus thrombosis in early life: Recovery from acute thrombosis of the superior longitudinal sinus and its relation to certain acquired cerebral lesions in childhood. Brain 60, 293 (1937). Zit. nach Zbl. Neur. 88, 650. — Bannwarth: Das chronisch cystische Hydrom der Dura mater usw. Stuttgart: Georg Thieme 1949. — Batten: Two cases of arrested development of the nervous system in children. Brain 23, 269 (1900). — Becker, H.: Experimentelle Verschlüsse an Arterien und Venen des Gehirns und ihre Einwirkung auf das Gewebe. Z. Neur. **167**, 546 (1939). — Über Hirngefäßausschaltungen. I. Extrakranielle Arterienunterbindungen. Zur Theorie des Sauerstoffmangelschadens am zentralnervösen Gewebe. Dtsch. Z. Nervenheilk. **161**, 407 (1949). — Über Hirngefäßausschaltungen. II. Intrakranielle Gefäßverschlüsse. Über experimentelle Hydranencephalie (Blasenhirn). Dtsch. Z. Nervenheilk. **161**, 446 (1949). — Retrograde und transneuronale Degeneration des Neurons. Wiesbaden 1952. — BENDA, CL. E.: Structural cerebral histopathology of mental deficiencies. Proc. 1. Internat. Congr. of Neuropath., Rom 1952. — BIELSCHOWSKY: Über Mikrogyrie. J. Psychol. u. Neur. **22**, 1 (1915/16). — Über Hemiatrophie bei intakter Pyramidenbahn. J. Psychol. u. Neur. **22**, 225 (1915/16). — Über Markfleckenbildung und spongiösen Schichtenschwund in der Hirnrinde der Paralytiker. J. Psychol. u. Neur. **25**, 72 (1920). — Zur Histopathologie und Pathogenese der amaurotischen Idiotie mit besonderer Berücksichtigung der cerebellaren Veränderungen. J. Psychol. u. Neur. **26**, 123 (1920). — Über den Status marmoratus des Striatums und atypische Markfasergeflechte der Hirnrinde. J. Psychol. u. Neur. **31**, 125 (1924). — BIRK: Über eine mit zeitweiligen schlaffen Lähmungen verlaufende Form der kindlichen Epilepsie. Mschr. Kinderheilk. **55**, 28 (1933). — Kinderkrämpfe. Stuttgart: Ferdinand Enke 1938. — BISCHOFF: Über die sog. sklerotische Hemisphärenatrophie. Jb. Psychiatr. **15**, 221 (1897). — BOGAERT L. VAN: L'épilepsie myoclonique avec choréo-athétose. Revue neur. **1929 II**, 385. — Aspects cliniques et pathologiques des atrophies pallidales et pallido-Luysiennes progressives. J. Neur., Neurosurg. a. Psychiatr. **9**, 125 (1946). — Sur une athétose double chez un frère et une soeur. Mschr. Psychiatr. **120**, 169 (1950). — VAN BOGAERT, u. LEY: L'état verruqueux de la corticalité cérébrale et cérébelleuse dans un cas d'idiotie et amaurose. Contribution à l'étude des paraplégie spasmodiques cérébrales avec intégrité de la voie pyramidale. Schweiz. Arch. Neur. **24**, 195 (1929). — BRAND: Zur Morphologie pathologischer Gliafaserstrukturen mit besonderer Berücksichtigung gewebsmechanischer Momente. Z. Neur. **173**, 178 (1941). — BRESLER: Klinische und pathologisch-anatomische Beiträge zur Mikrogyrie. Arch. f. Psychiatr. **31**, 566 (1898). — BROCHER: Polyporencephalie. Z. Neur. **142**, 106 (1932). — BRUN: Zur Kenntnis der Bildungsfehler des Kleinhirns. Schweiz. Arch. Neur. **1**, 61; **2**, 48; **3**, 13 (1918).

CARPENTER: Athotosis and the basal ganglia. Arch. of Neur. **63**, 875 (1950). — CASAMAJOR u. MARBURG: Phlebostasis and phlebothrombosis of the brain in the newborn and in early childhood. Arch. of Neur. **52**, 170 (1944). — CASE, TH. J.: Status marmoratus related to early encephalitis. Arch. of Neur. **31**, 817 (1934). — CHRISTENSEN: Die sog. primäre Sinusthrombose mit Besprechung von 2 Fällen. Nord. Med. **1941**, 2669. Zit. nach Zbl. Neur. **102**, 487. — CHRISTENSEN u. STUBBE TEGLBJAERG: Double athetosis with status marmoratus. Acta psychiatr. (Københ.) **21**, 177 (1946). Zit. nach CARPENTER, Arch. of Neur. **63**, 875 (1950). — COOPER and KERNOHAN: Heterotopic glial nests in the subarachnoidal space. J. of Neuropath. **10**, 16 (1952). — LE COUNT and SEMERAK: Porencephaly. Arch. of Neur. **14**, 365 (1925). — CREUTZFELD u. PEIPER: Untersuchungen über die Ursache der Fehlgeburten. Mschr. Kinderheilk. **52**, 24 (1932).

DIEZEL: Pathologisch-anatomische Grundlagen zu psychosomatischen Korrelationsstörungen. Dtsch. med. Wschr. **1950**, 447. — DIVRY: Paralyse de LISSAUER. Atrophie énorme de tout un hémisphère. J. belge Neur. **39**, 5 (1939). — DYKE, DAVIDOFF and MASSON: Cerebrale Hemiatrophie mit hemilateraler Hypertrophie des Schädels und der Höhlen. Surg. etc. **57**, 588 (1933). Zit. nach Zbl. Neur. **71**, 647.

EBBS: Cerebral sinus thrombosis in children. Arch. Dis. Childh. **12**, 133 (1937). Zit. nach Zbl. Neur. **90**, 256. — EDINGER u. FISCHER: Ein Mensch ohne Großhirn. Pflügers Arch. **152**, 535 (1913). — EHLERS and COURVILLE: Thrombosis of internal cerebral veins in infancy and childhood. J. Pediatry **8**, 600 (1936). Zit. nach Zbl. Neur. **83**, 210. — EICKE: Gefäßveränderungen bei Meningitis und ihre Bedeutung für die Pathogenese frühkindlicher Hirnschäden. Virchows Arch. **314**, 88 (1947). — ERSKINE: Asymptomatic unilateral agenesis of the cerebellum. Mschr. Psychiatr. **119**, 321 (1950).

FERNANDES: Hemiatrophie einer Groß- und Kleinhirnhemisphäre als Folge chronisch verlaufender Encephalitis. Z. Neur. **153**, 506 (1935). — FINKELNBURG: Partielle Rindenatrophie mit intakter Pyramidenbahn in einem Fall von kongenitaler spastischer Paraplegie (LITTLE). Dtsch. Z. Nervenheilk. **46**, 163 (1913). — FOERSTER u. PENFIELD: Der Narbenzug am und im Gehirn bei traumatischer Epilepsie in seiner Bedeutung für das Zustandekommen der Anfälle und für die therapeutische Bekämpfung derselben. Z. Neur. **125**, 473 (1936). — FORTANIER: Ein Fall von Mikrogyrie und Porencephalie. Z. Neur. **142**, 98 (1932).

GAMPER: Bau und Leistung eines menschlichen Mittelhirnwesens. Z. Neur. **102**, 154; **104**, 49 (1926). — GASSER: Die hämolytischen Syndrome im Kindesalter. Stuttgart: Georg Thieme 1951. — GHIZETTI: Studio anatomico di un caso di cerebropatia degenerativa diffusa. Rev. Neur. São Paulo **4**, 197 (1931). Zit. nach Zbl. Neur. **62**, 568. — GLOBUS: A contribution to the histopathology of porencephalus. Arch. of Neur. **6**, 652 (1921). — GOWERS: A manual of diseasis of the nervous system. Philadelphia 1899. — GREENFIELD: The histology of cerebral oedema associated with intracranial tumours. Brain **62**, 129 (1939). Zit. nach Zbl.

Neur. 95, 52 (1940). — Griepentrog, F.: Eine besondere, den Markporencephalien nahe-stehende Form von frühkindlicher Hirnschädigung. Zbl. Path. 80, 254 (1952). — Die Be-deutung subduraler Ergüsse für die Pathogenese der Pachymeningitis haemorrhagica interna. Arch. f. Psychiatr. u. Z. Neur. 189, 373 (1952). — Le Gros Clark and Russel: Atrophy of the thalamus in a case of acquired hemiplegia associated with diffuse porencephaly and sclerosis of the left cerebral hemisphere. J. of Neur., N. S. 3, 123 (1940).

Hajashi: Über cerebrale Hemiatrophie. Zbl. Neur. 35, 275 (1924). — Hallervorden: Eigenartige und nicht rubrizierbare Prozesse. In Bumkes Handbuch der Geisteskrankheiten, Bd. XI, Spez. Teil VII, S. 1099. Berlin: Springer 1930. — Die extrapyramidalen Erkran-kungen. Aus: Die Anatomie der Psychosen. In Bumkes Handbuch der Geisteskrankheiten, Bd. XI, Spez. Teil VII. Berlin: Springer 1930. — Über gefäßabhängige Prozesse bei Idiotie. Zbl. Neur. 54, 730 (1932). — Kreislaufstörungen in der Ätiologie des angeborenen Schwach-sinns. Z. Neur. 167, 527 (1939). — Über Spätfolgen von Hirnschwellung und Hirnödem, namentlich bei Schwachsinnigen und Idioten. Psychiatr.-neur. Wschr. 1939, Nr 2. — Handwerck: Zur pathologischen Anatomie der durch Dystokie entstandenen Rückenmarks-läsionen. Virchows Arch. 164 (1901). Zit. nach Spatz 1921. — Hasenjäger u. Stroescu: Über den Zusammenhang zwischen Meningitis und Ependymitis und über die Morphogenese der Ependymitis granularis. Arch. f. Psychiatr. 109, 46 (1938). — Hassin: Crossed atrophy of the cerebellum. Arch. of Neur. 33, 917 (1935). — Hassler: Über die efferenten Bahnen und Thalamuskerne des motorischen Systems der Großhirnrinde. II. Mitt. Arch. f. Psychiatr. 182, 786 (1949). — Hausbrandt u. Meier: Zur Kenntnis der geburtstraumatischen und extrauterinen cerebralen Schäden des Zentralnervsystems bei Neugeborenen. Frankf. Z. Path. 49, 21 (1935). — Hedinger: Demonstration einer eigentümlichen Hirnerweichung bei einem 5 Monate alten Kinde. Zbl. Path. 23, 464 (1912). — Heschl: Gehirndefekt und Hydrocephalus. Prag. Vjschr. 61, 59 (1859). — Ein neuer Fall von Porencephalie. Prag. Vjschr. 72, 104 (1861). — Neue Fälle von Porencephalie. Prag. Vjschr. 100, 40 (1868). — Heubner: Berl. klin. Wschr. 1892, 737. — Hirvensalo: On hemorrhages of the medulla oblongata and the pons and on respiratory disorders in premature infants. Acta paediatr. (Stockh.) 1, Suppl. 37 (1949). — Höstermann: Cerebrale Leistung bei intakter Pyramiden-bahn. Arch. f. Psychiatr. 49, 40 (1912). — Holzer: Über das Vorkommen des Status mar-moratus im Thalamus. Z. Neur. 151, 696 (1934). — Hunt: Progressive atrophy of the globus pallidus. Brain 40, 28 (1927). — Hunziker: Über einen Fall von Hydranencephalie. Mschr. Psychiatr. 114, 129 (1947).

Ilberg: Beschreibung des Zentralnervensystems eines 6tägigen syphilitischen Kindes mit unentwickeltem Großhirn. usw. Arch. f. Psychiatr. 34, 140 (1901). — Inose: Athetose bei der symmetrischen pallidären Gliose. Psychiatr. jap. 45, 23 (1941). Zit. nach Zbl. Neur. 100, 65.

Jacob, H.: Über die diffuse Markdestruktion im Gefolge eines Hirnödems. Z. Neur. 168, 382 (1940). — Zur histopathologischen Diagnose des akuten und chronisch-rezidivie-renden Hirnödems. Arch. f. Psychiatr. 179, 158 (1948). — Jakob, A.: Die extrapyramidalen Erkrankungen. Berlin: Springer 1913. — Zum Kapitel der paradoxalen Kinderlähmung. Dtsch. Z. Nervenheilk. 68, 313 (1921). — Normale und pathologische Anatomie und Histo-logie des Großhirns. In Aschaffenburgs Handbuch, Bd. I. Wien: Franz Deuticke 1927. — Über ein 3½ Monate altes Kind mit totaler Erweichung beider Großhirnhemisphären („Kind ohne Großhirn"). Dtsch. Z. Nervenheilk. 117, 240 (1931). — Jervis, G. A.: Frühe familiäre Kleinhirndegeneration. Mitteilung von 3 Fällen in einer Familie. J. Nerv. Dis. 111, 398 (1950). — Josephy: Cerebral Hemiatrophy. J. of Neuropath. 4, 250 (1945). — Juba: Über gekreuzte halbseitige Kleinhirnatrophie. Arch. f. Psychiatr. 105, 504 (1936). — Über früh-infantile Großhirnmißbildung. Z. Neur. 157, 622 (1937).

Kahlden, v.: Über Porencephalie. Beitr. path. Anat. 18, 231 (1895). — Klaue: Beitrag zur pathologischen Anatomie der Verletzungen des Rückenmarks mit besonderer Berück-sichtigung der Rückenmarkskontusion. Arch. f. Psychiatr. 180, 206 (1948). — Koch: Athe-tose double bei eineiigen Zwillingen. Ärztl. Forsch. 3, 278 (1949). — Köppen: Über Gehirn-krankheiten der ersten Lebensperiode als Beitrag zur Lehre vom Idiotismus. Arch. f. Psych-iatr. 30, 896 (1898). — Über halbseitige Gehirnatrophie bei einem Fall von cerebraler Kinder-lähmung. Arch. f. Psychiatr. 40, 1 (1905). — Kopp, J.: Ein Fall von Porencephalo-Hydro-cephalia (interna). Dtsch. Z. Chir. 116, 226 (1912). — Kowitz: Intrakranielle Blutungen und Pachymeningitis haemorrhagica chronica interna bei Neugeborenen und Säuglingen. Virchows Arch. 215, 233 (1914). — Kreyenberg: Status dysmyelinisatus des Pallidum bei kongenitaler bilateraler Athetose. Z. Neur. 132, 806 (1931). — Kundrat: Die Porencephalie. Graz 1882.

Laine, E., M. Fontan, Delandtsheer et Desfontaines: Étude d'une série d'hémi-sphérectomies pour hémiplégie infantile. Revue neur. 86, 344 (1952). — Lange, C. de: Angeborene Systemerkrankung des Zentralnervensystems. Ann. paediatr. (Basel) 152, 309 (1939). Zit. nach Zbl. Neur. 97, 197. — Langer: Z. Kinderheilk. 22, 359 (1919). Zit.

nach LANGE-COSACK. — LANGE-COSACK: Die Hydranencephalie (Blasenhirn) als Sonderform der Großhirnlosigkeit. Arch. f. Psychiatr. **171**, 1, 595 (1944). — LEIGH and A. MEYER: Degeneration of the granular layer of the cerebellum. J. of Neur., N. S. **12**, 287 (1949). — LINK: Über einen periinfundibulären Verdichtungsring bei eitriger Basalmeningitis. Zbl. Path. **86**, 216 (1950). — LÖWENBERG u. MALAMUD: Status marmoratus. Arch. of Neur. **29**, 104 (1933). — LUMSDEN, C. E.: Multiple cystic softening of the brain in the newborn. J. of Neuropath. **9**, 119 (1950).

MARBURG: Zur Kenntnis der Mißbildungen des Großhirns. (Hemiatrophia cerebri und Hydrocephalus.) Psychiatr.-neur. Wschr. **1930** II, 457. — MARBURG, REZEK and MARKS: Porencephaly. II. Studies in Phlebothrombosis and Phlebostasis. J. of Neuropath. **4**, 43 (1945). — MARIE et FOIX: Triplégie spasmodique, sclérose intracérébrale centrolobaire et symmétrique. Revue neur. **27**, 1 (1914). — La sclérose cérébrale centrolobaire etc. Encéphale **22**, 81 (1927). — MESSING: Drei Fälle von Porencephalie. Arb. neur. Inst. Wien **11**, 184 (1904). — MEYER, A.: Zur Auffassung des Status marmoratus. Z. Neur. **100**, 529 (1926). — MEYER, A., u. L. C. COOK: Etat marbré. J. of Neur. **16**, 341 (1936). Zit. nach Zbl. Neur. **82**, 247 (1936). — MEYER, J. E.: Über mechanische Lageveränderungen der PURKINJE-Zellen der Kleinhirnrinde. Arch. f. Psychiatr. **181**, 736 (1949). — Über eine eigenartige Gestaltsveränderung der PURKINJE-Zellen der Kleinhirnrinde. Arch. f. Psychiatr. **181**, 748 (1949). — MISKOLCZY u. DANCZ: Atrophia cerebro-cerebellaris cruciata. Arch. f. Psychiatr. **101**, 637 (1934). — MITCHELL, R. G.: Venous thrombosis in acute infantile hemiplegia. Arch. Dis. Childh. **27**, 95 (1952). — MONAKOW, v.: Experimentelle und pathologisch-anatomische Untersuchungen über die Haubenregion usw. Arch. f. Psychiatr. **27**, 386 (1895). — Über die Mißbildungen des Zentralnervensystems. Erg. Path. **6**, 513 (1901). — Gehirnpathologie. 1897. 2. Aufl. 1905. — Die Lokalisation im Großhirn. Wiesbaden: J. F. Bergmann 1914. — MOORE: Hemiatrophy of the brain with contralateral cerebellar atrophy. J. Nerv. Dis. **98**, 31 (1943). — MOSER, E.: Zur Frage der Hydranencephalie. Ann. paediatr. (Basel) **179**, 193 (1952). — MYSLIVECEK: Beitrag zur Athetosis duplex. Rev. Neur. (tschech.) **23**, 188 (1926). Zit. nach Zbl. Neur. **45**, 99 (1927).

NOETZEL: Diffusion von Blutfarbstoff in die innere Randzone und äußere Oberfläche des Zentralnervensystems bei subarachnoidaler Blutung. Arch. f. Psychiatr. **11**, 129 (1940). — NORMAN: Bilateral atrophic lobar sclerosis following thrombosis of the superior longitudinal sinus. J. of Neur. **17**, 135 (1936). — An example of status marmoratus of the cerebral cortex. J. of Neur., N. S. **1**, 7 (1938). Zit. nach Zbl. Neur. **89**, 476 (1938). — Cerebellar atrophy associated with état marbré of the basal ganglia. J. of Neur., N. S. **3**, 311 (1940). — Primary degeneration of the granular layer of the cerebellum. Brain **63**, 4 (1940). — Etat marbré of the corpus striatum following birth injury. J. of Neur., N. S. **10**, 12 (1947). — Etat marbré of the thalamus following birth injury. Brain **72**, 83 (1949).

OBERSTEINER: Ein porencephalisches Gehirn. Arb. neur. Inst. Wien **8**, 1 (1902). — ONARI: Über 2 klinisch und anatomisch kompliziert liegende Fälle von Status marmoratus des Striatum. Z. Neur. **98**, 457 (1925). — OSTERTAG: Über ererbte und erworbene Konstitution vom Standpunkt des Pathologen. Z. menschl. Vererb.- u. Konstit.lehre **29**, 157 (1949).

PAPEZ, HERTZMAN and RUNDLES: Athetosis and pallidal deficiency. Arch. of Neur. **40**, 789 (1939). — PATTEN, GRANT and YASKIN: Porencephaly. Diagnosis and treatment. Arch. of Neur. **37**, 108 (1931). — PATZIG: Zur Vererbung striärer Erkrankungen. Erbarzt **3**, 161 (1936). — PEKELSKY: Über die sklerosierende Hemisphärenatrophie. Arb. neur. Inst. Wien **34**, 221 (1932). — PFEIFFER: Ein besonderer Fall von „Status marmoratus". Psychiatr.-neur. Wschr. **1939**, 409. — POMMER: Beiträge zur Kenntnis der hydrocephalischen und cystischen Hohlraumbildungen des Großhirns. Virchows Arch. **282**, 456 (1931).

REUBEN: Pallidal amentia. Arch. of Pediatr. **52**, 12 (1935). Zit. nach Zbl. Neur. **77**, 53. — RICHTER, L.: Über Porencephalie. Arch. f. Psychiatr. **32**, 145 (1899). — Das Hydrom der Dura mater. Inaug.-Diss. Gießen 1899. — ROSS: Cerebral hemiatrophy with compensatory hemilateral hypertrophy of the skull and sinuses and diminution of cranial volume. Amer. J. Roentgenol. **45**, 332 (1941).

SCHÄFFER: Über die Entstehung der Porencephalie und der Hydranencephalie auf Grund entwicklungsgeschichtlicher Studien. Virchows Arch. **145**, 481 (1896). — SCHARAPOW u. TSCHERNOMORDIK: Zur Pathologie der Stammganglien. J. Psychol. u. Neur. **25**, 279 (1928). — Zur Klinik und pathologischen Anatomie der Linsenkernerkrankungen. Z. Neur. **129**, 796 (1930). — SCHATTENBERG: Über einen umfangreichen porencephalischen Defekt des Gehirns bei einem Erwachsenen. Beitr. path. Anat. **5**, 119 (1889). — SCHERER, H. J.: Beiträge zur pathologischen Anatomie des Kleinhirns. Z. Neur. **136**, 559 (1931); **139**, 337 (1932); **145**, 335 (1933). — SCHLESINGER: The venous drainage of the brain with special reference to the Galenic system. Brain **62**, 274 (1939). — SCHOB: Totale Erweichung beider Großhirnhemisphären bei einem 2 Monate alten Säugling. J. Psychol. u. Neur. **40**, 365 (1930). — Pathologische Anatomie der Idiotie. In BUMKES Handbuch der Geisteskrankheiten, Bd. XI. Berlin: Springer 1930. — SCHOLZ, WAKE u. PETERS: Der Status marmoratus, ein Beispiel systemähnlicher Hirnveränderungen auf der Grundlage von Kreislaufstörungen. Z. Neur. 163, 193 (1938). — Scholz, W.: Zur Kenntnis des Status marmoratus. Z. Neur. 88, 355 (1924). — Histologische und topische Veränderungen und Vulnerabilitätsverhältnisse im menschlichen Gehirn bei Sauerstoffmangel, Ödem und plasmatischen Infiltrationen. Arch. f. Psychiatr. u. Z. Neur. 181, 621 (1949). — Die Krampfschäden des Gehirns. Berlin-Göttingen-Heidelberg: Springer 1951.—Schröer: Zur Kenntnis der traumatischen Porencephalie. Virchows Arch. 262, 147 (1926). — Schütte: Die pathologische Anatomie der Porencephalie. Zbl. Path. 13, 633 (1902). — Schwartz u. Fink: Morphologie und Entstehung der geburtstraumatischen Blutungen im Gehirn und Schädel des Neugeborenen. Z. Kinderheilk. 40, 427 (1925). — Schwartz, Ph.: Erkrankungen des Zentralnervensystems nach traumatischer Geburtsschädigung. Z. Neur. 90, 263 (1924). — Die Verfettungen im Zentralnervensystem Neugeborener. Z. Neur. 100, 713 (1926). — Die traumatischen Schädigungen des Zentralnervensystems durch die Geburt. Anatomische Untersuchungen. Erg. inn. Med. 31, 165 (1927). — Seitz: Arch. Gynäk. 83, 701 (1907). Zit. nach Lange-Cosack. — Siegmund: Die Entstehung von Porencephalien und Sklerosen aus geburtstraumatischen Hirnschädigungen. Virchows Arch. 241, 237 (1923). — Spadolini: Über einen Fall von gekreuzter cerebro-cerebellarer Atrophie. Studi psichiatr. 19, 766 (1930). Zit. nach Zbl. Neur. 60, 219. — Spatz: Über die Vorgänge nach experimenteller Rückenmarksdurchtrennung mit besonderer Berücksichtigung der Unterschiede der Reaktionsweise des reifen und des unreifen Gehirns. Histol. Arb. Großhirnrinde 1921. — Morphologische Grundlagen der Restitution des Zentralnervensystems. Dtsch. Z. Nervenheilk. 115, 197 (1930). — Gehirnpathologie im Kriege. Von den Gehirnwunden. Zbl. Neurochir. 6, 162 (1941). — Spatz u. Stroescu: Zur Anatomie und Pathologie der äußeren Liquorräume des Gehirns. Nervenarzt 1934, 225, 481. — Spielmeyer: Ein hydranencephales Zwillingspaar. Arch. f. Psychiatr. 39, 807 (1905). — Hemiplegie bei intakter Pyramidenbahn. Münch. med. Wschr. 1906, 1404. — Neur. Zbl. 1909, 786. — Histopathologie des Nervensystems. Berlin: Springer 1922. — Spruth: Zur Pathogenese der Porencephalie. Frankf. Z. Path. 58, 452 (1944). — Sternberg: Multiple Cystenbildungen im Großhirn (Markporencephalie) als Folge des Geburtstraumas. Beitr. path. Anat. 84, 521 (1930). — Sträussler u. Koskinas: Über den spongiösen Rindenschwund, den Status spongiosus und die laminären Hirnrindenprozesse. Z. Neur. 106, 55 (1926). — Strietzel, G.: Porenephalie als Reaktionsform unreifen Nervengewebes. Zbl. Path. 89, 222 (1952). — Stroh: Halbseitige Mikrencephalie durch degenerative Atrophie infolge Pachymeningitis usw. Z. Neur. 99, 1 (1925).

Tschernyscheff: Zur Frage der pathologischen Anatomie und der Leitungsbahnen des Kleinhirns bei Hirnaffektionen. Arch. f. Psychiatr. 75, 301 (1925). — Turhan u. Rössler: Schädigung der Vena magna Galeni durch Geburtstrauma. Mschr. Psychiatr. 105, 228 (1942).

Ule, G.: Über eine ungewöhnliche Form der Kleinhirnatrophie bei jugendlichen Schwachsinnigen. Verh. dtsch. Ges. Path. 1949, 228. — Kleinhirnatrophie vom Körnertyp. Dtsch. Z. Nervenheilk. 168, 195 (1952). — Die gekreuzten und andere sekundäre Kleinhirnatrophien. Dtsch. Z. Nervenheilk. 171, 490 (1954). — Urechia et Elekes: L'anatomie pathologique d'un cas de chorée congenitale. Encéphale 30, 55 (1935).

Vogt, C.: Wesen und Lokalisation der kongenitalen und infantilen Pseudobulbärparalyse. J. Psychol. u. Neur. 18, 293 (1911). — Ein neuer Fall von Etat marbré des Corpus striatum. J. Psychol. u. Neur. 18, 489 (1911). — Vogt, C. u. O.: Zur Lehre der Erkrankungen des striären Systems. J. Psychol. u. Neur. 25, 631 (1920).

Warner, F. J.: The histogenic principle o microgyria and related cerebral malformations. J. Nerv. Dis. 118, 1 (1953). — Wertkin: Ref. Zbl. Path. 52, 341 (1939). Zit. nach Lange-Cosack. — Wohal: Ein Fall von Varix der Vena magna Galeni bei einem Neugeborenen. Virchows Arch. 242, 58 (1923). — Wohlwill: Über Pachymeningitis haemorrhagica interna. Virchows Arch. 214, 388 (1913). — Zur Frage der sog. Encephalitis congenita. I. Z. Neur. 68, 384 (1921). — Zur Frage der sog. Encephalitis congenita (Virchow). II. Z. Neur. 73, 360 (1921).

Yakovlev and Wadsworth: Double symmetrical porencephalies (Schizencephalies). Trans. Amer. Neur. Assoc. 67, 24 (1941). — Schizencephaly. J. of Neuropath. 5, 116, 169 (1946). — Zingerle: Ein Fall von umschriebener Störung im Oberflächenwachstum des Gehirns. Ein Beitrag zur Kenntnis der Porencephalie. Arch. f. Psychiatr. 36, 97 (1902). — Über Porencephalia congenita. Z. Heilk. 25, 295 (1904); 26, 1 (1905). — Zülch, K. J.: Betrachtung über die Entstehung der frühkindlichen Hirnschäden auf Grund klinischer und morphologischer Befunde. Arch. Kinderheilk. 149, 3 (1954).

C. Spezielle Fragen der formalen Pathogenese, insbesondere der Kreislaufschäden.

Alpers, B. J.: Diffuse progressive degeneration of the gray matter of the newborn. Arch. of Neur. 25, 469 (1931). — Altschul, R.: Cerebral endarteritis obliterans in infant. J. of Neuropath. 8, 204 (1949). — Apitz, K.: Die intravitale Blutgerinnung. Erg. inn. Med. 63, 1 (1943). — Über die Ursache der Arterienthrombosen. Virchows Arch. 313, 28 (1944).

BARTELS: Über Encephalo-myelo-meningitis diffusa haemorrhagica mit encephalitischen Wucherungen. Arch. f. Psychiatr. **36**, 207 (1902). — BECKER, H.: Über Hirngefäßausschaltungen. I. Dtsch. Z. Nervenheilk. **161**, 407 (1949). — Die Bedeutung der arteriellen Grenzzonen für die Pathologie der Hirndurchblutung. Dtsch. Z. Nervenheilk. **164**, 560 (1950). — BEYME, F.: Über das Gehirn einer familiären Oligophrenen mit symmetrischen Kalkablagerungen. Schweiz. Arch. Psychiatr. **56**, 1 (1945).

CSEH, J. v.: Multiple Cystenbildung im Gehirn. Frankf. Z. Path. **50**, 534 (1937).

EICKE, W. J.: Gefäßveränderungen bei Meningitis und ihre Bedeutung für die Pathogenese frühkindlicher Hirnschäden. Virchows Arch. **314**, 88 (1947).

FANCONI, G.: Die Störungen der Blutgerinnung beim Kinde. Leipzig: Georg Thieme 1941.

GIESE, W.: Die eitrigen Hirnhautentzündungen und ihre ätiologische Differenzierung. Beitr. path. Anat. **109**, 229 (1944).

HALLERVORDEN, J.: Das Geburtstrauma als Ursache der Entwicklungshemmung im Kindesalter. Med. Klin. **1937 II**, 1224. — Über Spätfolgen von Hirnschwellung und Hirnödem, namentlich bei Schwachsinnigen und Idioten. Psychiatr.-neur. Wschr. **1939**, Nr 2. — Über diffuse symmetrische Kalkablagerungen bei einem Krankheitsbild mit Mikrocephalie und Meningoencephalitis. Arch. f. Psychiatr. u. Z. Neur. **184**, 579 (1950). — HEYMANOWITSCH, A., u. N. GOLIK: Gefäßpathologie der cerebrospinalen Meningitis (Russ.). Zit. nach Zbl. Neur. **75**, 52 (1935). — HORANYI-HECHST, B.: Eigenartige Gefäßwandveränderungen im Gehirn eines Idioten. Arch. f. Psychiatr. **112**, 279 (1940).

JACOB, H.: Über passagere eiweißgebundene Kalkausfällungen im zelligen Abbaustadium von Colliquationsnekrosen. Z. Neur. **174**, 513 (1942). — JAKOB, A.: Normale und pathologische Anatomie und Histologie des Großhirns. In ASCHAFFENBURGS Handbuch, Bd. I. Wien: Franz Deuticke 1927. — JUBA, A.: Über einen zellig-fibrösen, nicht entzündlichen Obliterationsvorgang der meningealen Arterien im Säuglingsalter. Arch. f. Psychiatr. **104**, 663 (1936).

KOLLER, F.: Das Vitamin K und seine klinische Bedeutung. Leipzig: Georg Thieme 1941. — KRÜCKE, CHR.: Über das Vorkommen von Knochengewebe in Hirnarterien. Arch. f. Psychiatr. **111**, 233 (1940).

LANGE-COSACK, H.: Die Hydranencephalie. Arch. f. Psychiatr. **117**, 1 (1944). — LEVIN, P. M.: Cortical encephalomalacia in infancy. Arch. of Neur. **36**, 264 (1936). — LINDENBERG, R., u. H. SPATZ: Über die Thrombo-endarteriitis obliterans der Hirngefäße. Virchows Arch. **305**, 531 (1939). — LÖWENSTEIN, C.: Über die Veränderungen des Gehirns und Rückenmarks bei der Meningitis cerebrospinalis. Beitr. path. Anat. **47**, 282 (1910).

MEESSEN, H.: Arterielle Thrombosen nach Lungenschuß. Beitr. path. Anat. **105**, 432 (1941). — MEYER, J. E.: Zur Ätiologie und Pathogenese des fetalen und frühkindlichen Cerebralschadens. Z. Kinderheilk. **67**, 123 (1949). — Über eine „Ödemkrankheit" des Zentralnervensystems im frühen Kindesalter. Arch. f. Psychiatr. u. Z. Neur. **185**, 35 (1950). — Über Gefäßveränderungen beim fetalen und frühkindlichen Cerebralschaden. Arch. f. Psychiatr. u. Z. Neur. **186**, 437 (1951). — Über die Lokalisation frühkindlicher Hirnschäden in arteriellen Grenzgebieten. Arch. f. Psychiatr. u. Z. Neur. **190**, 328 (1953). — MORSIER, G. DE: Les syndromes vasculaires embryonnaires dans les malformations cérébrales. Proc. 1. Internat. Congr. of Neuropath., Rom 1952.

NOETZEL, H.: Diffusion von Blutfarbstoff in der inneren Randzone und äußeren Oberfläche des Zentralnervensystems. Arch. f. Psychiatr. **111**, 129 (1940). — Die Mitbeteiligung des Gehirns bei der traumatischen Leptomeningitis. Arch. f. Psychiatr. **117**, 275 (1944). — Ödemschäden bei ernährungsgeschädigten Kindern. Vortr. auf der Tagg. Südwestdtsch. Kinderärzte, München, Mai 1951.

PATTEN, C. A., F. C. GRANT and J. C. YASKIN: Porencephaly. Arch. of Neur. **37**, 108 (1937). — PENTSCHEW, A.: Die granuläre Atrophie der Großhirnrinde. Arch. f. Psychiatr. **101**, 80 (1934). — PERLSTEIN, M. A.: Medical aspects of cerebral palsy. Nerv. Child. **8**, 128 (1949). — Infantile cerebral palsy. J. Amer. Med. Assoc. **149**, 30 (1952).

RANDALL, A., and J. P. RANDALL: Prothrombin deficiency of the newborn. Proc. Soc. Exper. Biol. a. Med. **70**, 215 (1949).

SCHMINCKE, A.: Encephalitis interstitialis Virchow mit Gliose und Verkalkung. Z. Neur. **60**, 290 (1920). — SCHOB, F.: Pathologische Anatomie der Idiotie. In BUMKES Handbuch der Geisteskrankheiten, Bd. XI. Berlin: Springer 1930. — SCHOLZ, W., u. R. DRESZER: Experimentelle Untersuchungen zur Frage der Hirndurchblutungsstörungen beim zentralisierten Krampf. Z. Neur. **164**, 140 (1939). — SCHOLZ, W., u. J. JÖTTEN: Durchblutungsstörungen im Katzengehirn nach kurzen Serien von Elektrokrämpfen. Arch. f. Psychiatr. u. Z. Neur. **186**, 264 (1951). — SCHOLZ, W., u. H. SCHMIDT: Cerebrale Durchblutungsstörungen bei Hypoxämie. Arch. f. Psychiatr. u. Z. Neur. **189**, 231 (1952). — SIEGMUND, H.: Die Entstehung von Porencephalien und Sklerosen. Virchows Arch. **241**, 237 (1923). — SINGER, H.: Zur Pathogenese der Keuchhustenapoplexie und Keuchhusteneklampsie. Virchows Arch. **274**, 645 (1930).

282   J. Hallervorden und J.-E. Meyer: Cerebrale Kinderlähmung.

Vogt, C. u. O.: Der Begriff der Pathoklise. J. Psychol. u. Neur. **31**, 245 (1925).
Willi, H.: Die Blutungskrankheiten des Neugeborenen. Erg. inn. Med., N. F. **2**, 467
(1951). — Winkelmann, N. W., and J. L. Eckel: Arterial changes in the brain in childhood.
Amer. J. Syph. **19**, 223 (1935). Zit. nach Zbl. Neur. **77**, 219 (1935). — Wohlwill, F.: Zur
Frage der sog. Encephalitis congenita (Virchow). II. Z. Neur. **73**, 360 (1921). — Cerebrale
Kinderlähmung. In Bumke-Foersters Handbuch, Bd. XVI. Berlin: Springer 1936.
Yakovlev, P. J., and R. C. Wadsworth: Schizencephalies. I. u. II. J. of Neurophath.
5, 116, 169 (1946).

D. Klinische Symptomatik und Differentialdiagnose.

Alpers, B. J., and E. Marcovitz: Pathologic background of cerebral diplegia. Amer.
J. Dis. Childr. **55**, 356 (1938). — Asher, P., and F. E. Schonell: A survey of 400 cases
of cerebral palsy in childhood. Arch. Dis. Childh. **25**, 360 (1950).
Bannwarth: Über den Nachweis von Gehirnmißbildungen durch das Röntgenbild
und über seine klinische Bedeutung. Arch. f. Psychiatr. **109**, 805 (1939). — Benda, C. E.:
The late effects of cerebral birth injury. Medicine **24**, 71 (1945). — Mental deficiency. Progr.
Neur. a. Psychiatry 1948, 483. — Bielschowsky, M.: Über Hemiplegie bei intakter Pyra-
midenbahn. J. Psychol. u. Neur. **22**, 225 (1916). — Bogaert, L. van, et I. Bertrand:
Sur une idiotie familiale avec dégénérescence spongieuse du névraxe. Acta neurol. et psychiatr.
belg. **8**, 572 (1949). — Brenner: Die Ergebnisse der Encephalographie im Kindesalter.
Erg. inn. Med. **62**, 1238 (1942). — Burgemeister, B. B., and L. H. Blum: Intellectual
evaluation of a group of cerebral palsied children. Nerv. Child **8**, 177 (1949).
Drude, W.: Über frühkindliche Lobärsklerosen und Porencephalien. Diss. Hamburg 1949.
Dunsdon, M. I.: The educability of cerebral palsied children. London: Newness Educational
Publishing Co. 1952.
Evans, P. R.: Antecedents of infantile cerebral palsy. Arch. Dis. Childh. **23**, 213 (1948).
Zit. nach Pediatrics **3**, 267 (1949).
Faber, H. K.: Cerebral damage in infants and in children. Amer. J. Dis. Childr. **74**,
1 (1947). Zit. nach Pediatrics **2**, 174 (1948).
Göllnitz, G.: Die Bedeutung der frühkindlichen Hirnschädigung für die Kinderpsych-
iatrie. Leipzig: Georg Thieme 1954.
Hallervorden, J.: Kreislaufstörungen in der Ätiologie des angeborenen Schwachsinns.
Z. Neur. **167**, 527 (1939). — Heyman, C. A.: Infantile cerebral palsy. J. Amer. Med. Assoc.
111, 493 (1938).
Josephy, H.: The brain in cerebral palsy. Nerv. Child **8**, 152 (1949).
Keller, E.: Die Hemiplegien im Kindesalter. Diss. Zürich 1938.
Lennox, W. G.: Therapeutic agents in the treatment of epileptiform seizures. Adv.
Pediatr. **3**, 91 (1948). Zit. nach Zbl. Neur. **110**, 115 (1950).
Mc Govern, J., and H. Yannet: Asymmetric spastic infantile cerebral palsy. Amer. J.
Dis. Childr. **74**, 121 (1947). — Meyer, J. E.: Über eine „Ödemkrankheit" des Zentralnerven-
systems im frühen Kindesalter. Arch. f. Psychiatr. u. Z. Neur. **185**, 35 (1950).
Noetzel, H.: Über den Einfluß des Gehirns auf die Form der benachbarten Neben-
höhlen des Schädels. Dtsch. Z. Nervenheilk. **160**, 126 (1949). — Norman, R. M.: Etat marbré
of the thalamus following birth injury. Brain **72**, 83 (1949).
Pache, H. D.: Die Klinik der kindlichen Krampfleiden. Mschr. Kinderheilk. **102**, 42
(1954). — Palmer, M. F.: Speech disorders in cerebral palsy. Nerv. Child **8**, 193 (1949). —
Pospiech, K. H.: Encephalographische und anatomische Befunde bei angeborenem Balken-
mangel. Z. Neur. **174**, 249 (1942).
Roosen-Runge, E. C.: Retardation of postnatal development of kidneys in persons
with early cerebral lesions. Amer. J. Dis. Childr. **77**, 185 (1949).
Schneider, C.: Zur Diagnose symptomatischer, besonders residualer Epilepsieformen.
Nervenarzt **7**, 385, 456 (1934). — Scholz, W.: Die Krampfschädigungen des Gehirns. Berlin-
Göttingen-Heidelberg: Springer 1951. — Schorsch, G.: Zur Psychopathologie der Idiotie.
Nervenarzt **21** (1950). — Schütz u. Müller-Limmroth: Elektrencephalographische Befunde
bei geistig rückständigen Kindern. Nervenarzt **23**, 455 (1952).
Weygandt, W.: Der jugendliche Schwachsinn. Stuttgart: Ferdinand Enke 1937. —
Wohlwill, F.: Cerebrale Kinderlähmung. In Bumke-Foersters Handbuch der Neurologie,
Bd. XVI. Berlin: Springer 1936.
Yannet, H.: The etiology of congenital cerebral palsy. J. Pediatry **24**, 38 (1944). —
Yannet, H., and F. Horton: Hypotonic cerebral palsy in mental defectives. Pediatrics
9, 204 (1952).
Zellweger, H.: Krämpfe im Kindesalter. Teil I. Helvet. paediatr. Acta, Ser. D
Suppl. **5** (1948). Zit. nach Zbl. Neur. **111**, 237 (1950/51). — Betrachtungen zum Problem
der Kinderkrämpfe. Dtsch. med. Wschr. **1953** ,1253.

X. Mißbildungen.

Grundzüge der Entwicklung und Fehlentwicklung. Die formbestimmenden Faktoren*.

Von

B. Ostertag-Tübingen.

Mit 31 Abbildungen.

Das Verständnis der Verbildungen des Nervensystems setzt die Kenntnis der normalen Entwicklung (Orthogenese) und der formbildenden Faktoren voraus. Im Gegensatz zu den meisten übrigen Organen des menschlichen Körpers, deren Entwicklung in ihren Einzelabschnitten gleichmäßiger vor sich geht, ist die Entwicklung des Nervensystems ein recht komplizierter Vorgang. Vor allen Dingen spielen sich ein und dieselben Entwicklungs- und Differenzierungsvorgänge trotz ihrer Gleichartigkeit zu verschiedenen Zeiten, d. h. in verschiedenen Entwicklungsphasen ab. Dies ist besonders bei den generalisierten Verbildungen zu berücksichtigen, denn es kann z. B. (OSTERTAG 1925) der größte Teil des Rückenmarks bereits völlig geschlossen sein und sich weiterhin wohl ausdifferenzieren, während erst in der letzten Phase des Medullarschlusses eine Störung *sowohl* zu einer caudalen Spina bifida *wie* zu einer cervicalen Gliose führt. So ist die Voraussetzung für das Verständnis der Verbildungen nicht nur die Kenntnis des tatsächlichen qualitativen Ablaufes der Differenzierungsvorgänge, sondern auch die Kenntnis der Phasenbedingtheit. Da aus unten zu erörternden Gründen die menschliche Pathologie für diese ersten Stadien nicht viel beitragen kann, kommt für das Verständnis und für die Erklärung der Entwicklungsvorgänge in erster Linie das entwicklungsphysiologische Experiment in Frage. Eine Übersicht über die heute vorliegenden Ergebnisse ist deshalb vorangestellt.

---

* Für die Möglichkeit, die schwierigen Kapitel überhaupt herausgeben zu können, muß ich meinen früheren und jetzigen Mitarbeitern den besonderen Dank aussprechen; von ihnen namentlich meinem Mitarbeiter WILHELM DRAEGER, Berlin-Buch, Frl. A. BRÜNY, Berlin, und von den Tübinger Mitarbeitern Herrn Dr. TH. GRIMM, jetzt München, der unermüdlich an der Wiederherstellung des Bildmaterials mit zahllosen Ersatzaufnahmen und an den Grundlagen der Schemata mitarbeitete, sowie Herrn Dr. G. LIEBALDT, der dieses Kapitel mit vollenden half. Ihm danke ich sowohl die verständnisvolle und kritische Bearbeitung zahlreicher Einzelfragen, als auch die mühselige Zusammenstellung und Überprüfung einiger Tabellen.

Um so bedauerlicher ist es, daß es nicht möglich war, die nachfolgenden Kapitel, selbst in der vorliegenden Form, eher herauszubringen. Das Ausgangsmaterial, sowie Teile des ursprünglichen Manuskriptes und der Aufzeichnungen sind mir trotz aller Bemühungen nach dem Kriege noch nicht wieder zugänglich geworden. Im Interesse des Abschlusses dieses Buches wurden — so weit es möglich war — die Grundlagen wieder hergestellt und dank der Hilfe in- und ausländischer Kollegen, von denen ich ganz besonders Herrn Prof. HANS JACOB, Hamburg, und Herrn Prof. G. TÖNDURY, Zürich, großen Dank schulde, die Fertigstellung dieses Manuskriptes ermöglicht.

Die Entwicklung umfaßt die *Progenese* bis zur Befruchtung des Eies, die *Primitiv-* oder Keimesentwicklung (auch formative Phase), sowie die *Organogenese*, wobei sich diese bezüglich der Ausbildung der einzelnen Organe in ihrer groben Form, d. h. in die *Morphogenese*, bzw. bezüglich des Feinbaus in die *Histogenese* teilen läßt. Ist schon (s. unter anderen Grosser-Politzer) die Abgrenzung zwischen Blastogenese und Organogenese außerordentlich schwierig, so läßt sich diese Trennung bezüglich Morpho- und Histogenese für die einzelnen Abschnitte des Nervensystems kaum durchführen, denn selbst bei einem Embryo mit 8 Ursegmentpaaren ist bereits der größte Teil des Neuralrohres, einschließlich der caudalen Oblongata, geschlossen, während die gesamte Hirnplatte und das caudale Rückenmark noch offen sind. Es läßt sich natürlich nicht umgehen, auch über die formbestimmenden Faktoren hinaus die Formentwicklung wiederzugeben, zumal dieselbe bisher nirgends in einer Weise zusammengestellt ist, die einen leichten Vergleich mit den Verbildungen ermöglicht. Wir sind deshalb auf die Betrachtung der Entwicklungsphasen für die einzelnen Hirnteile angewiesen, um jeweils die teratogenetische Terminationsperiode (Marchand, Schwalbe) richtig zu erfassen. Eine wesentliche Unterstützung für die Kenntnis sowohl der Phasenspezifität, wie für den Zeitpunkt der Störungen gibt das das Nervensystem unterlagernde bzw. umschließende Achsenskelet. Daher bleibt es in der Darstellung der nachfolgenden Abschnitte ein wichtigeres Anliegen, das scheinbare Nebeneinander verschiedenartiger Störungen im Sinne eines einheitlichen Geschehens, an dem nur in verschiedenen Differenzierungsstadien getroffenen Organ klarzustellen, als etwa aufzuzählen, was alles bei bestimmten Verbildungen nebeneinander gefunden wird. Nach vielfacher Überarbeitung sind daher die auf S. 369—381 wiedergegebenen Tafeln entstanden, in deren Mitte die *Orthoontogenese* und zu beiden Seiten (nach unten begründeter Einteilung) die Einzelformen der Verbildungen wiedergegeben werden. Nur so war es möglich, eine Linie zu wahren, ohne sich in zahllose Einzelheiten zu verzetteln, vor allem glauben wir, was der Zweck jeder Einteilung sein sollte, Zusammengehöriges übersichtlich darstellen zu können.

A. Entwicklung des Nervensystems.

1. Wichtige entwicklungsphysiologische und phylogenetische Daten.

Die Entwicklung des Nervensystems ist heute nicht mehr verständlich ohne die Kenntnis der für das Tierreich allgemein geltenden Grundpläne des Aufbaus. Wir werden deshalb für das Verständnis auch der gestörten Entwicklung nicht nur die ontogenetischen und vergleichend-phylogenetischen Tatsachen benötigen, sondern ebensosehr die entwicklungsphysiologischen Forschungsergebnisse. Mochte es zunächst als ein Mangel erscheinen, daß das entwicklungsphysiologische Experiment sich fast ausschließlich auf die Amphibien (Anuren und Urodelen) stützt, so gelang es doch, die Grundzüge des Bauplanes in den frühen Embryonalstadien, die bei allen Wirbeltieren nahezu übereinstimmen, herauszuarbeiten. Das entwicklungsphysiologische Experiment, das an Namen von Spemann und seiner hervorragenden Mitarbeiter gebunden ist, heute besonders von Bautzmann, Lehmann und Töndury gefördert wird, hat mehr und mehr eine Richtung eingeschlagen, die uns die Entwicklung der Form zu verstehen gestattet. Weitere Erkenntnisse vermittelte uns das Naturexperiment — z. B. Rubeoleninfektion —, durch das frühe Keimschäden beim Menschen erzeugt wurden. Ferner konnte Kaven mit dem Verfasser durch Untersuchungen der Feten nach einmaliger Begattung zu bestimmten Zeiten bestrahlter trächtiger Mäuse die von uns postulierten Verbildungen finden.

Die Fragestellung des entwicklungsbiologischen Experimentes ist nicht mehr morphologisch-funktionell, sondern weiter gesteckt in der Hinsicht, *welche Faktoren* bedingen die funktionellen Leistungen, die für die Entwicklung der befruchteten Eizelle bis zur Reifung verantwortlich sind. Wenn also, wie auch LEHMANN hervorhebt, wir biologisch das „Werden der Organisation" erfassen wollen, so gilt das für die orthologischen wie für die abwegigen, pathologischen Bildungsvorgänge. Aus dem entwicklungsbiologischen Experiment müssen wir sowohl die „morphologische Anordnung der Keimbereiche" (LEHMANN), als auch „Festlegung wichtiger formbildender Funktionen" sowohl des Ganzkeimes wie verschiedener Keimbereiche übernehmen. Denn von der Bildung der Neurula bis zu der des Schlundspaltenembryos besteht bei den Wirbeltieren eine weitgehende Übereinstimmung in den Vorgängen der Normbildung und der Mißbildung. Dem Schlundspaltenstadium mißt LEHMANN (1950) eine ganz besondere Wichtigkeit bei, da in diesem Stadium der Organisationsplan grundsätzlich festliegt. Dieses Stadium ist nach LEHMANN durch die Ausbildung des entodermalen Vorderdarms und des Gehirns charakterisiert. Am Vorderdarm sind entwickelt: Mundbucht und Pharynx, der die Schlundtaschen trägt. In der prämandibulären Zone liegt das Akrencephalon[1], das Endhirn mit den Riechorganen, sowie Zwischenhirn mit Hypophyse und Augenanlagen. Dahinter das Chordencephalon, das Mittel- und Rautenhirn. Das Kopfskelet tritt dagegen noch stärker zurück.

Das entwicklungsbiologische Experiment sieht die verschiedene Schwere der einzelnen Verbildungen als graduelle Unterschiede, und geht beim Studium des morphologischen und funktionellen Bauplanes *von den Abweichungen* aus, wobei die Hauptfrage sich dahin orientiert, welche Sichtungsprozesse garantieren die orthologische Entwicklung. Es ist auffällig, daß eine Anzahl von Vorgängen weniger empfindlich zu sein scheinen, während andere häufiger einer Störung unterliegen, d. h. also einen labilen Faktor in der Entwicklung darstellen. So gibt, wie LEHMANN hervorhebt, die bei den Wirbeltieren feststehende Neigung zur Cyclopie und Verbildung der Extremitäten einen Hinweis auf die besondere Labilität einzelner Teilprozesse, während andere Vorgänge sich durch eine erhebliche Stabilität auszeichnen.

Gleichzeitig aber sind wir durch das entwicklungsbiologische Experiment, zu dem am Warmblüter auch unsere Versuche mit KAVEN gehören, über die Phasenspezifität unterrichtet. Die genannten Untersuchungen an Mäusen finden ihre Bestätigung durch andersgeartete Experimente TÖNDURYs, der z. B. für Augenveränderungen bei der Maus zur Feststellung derselben Determinationsperiode kommt (phasenspezifisch). Diese Phasenspezifität ist nun nicht einfach von einem bestimmten Embryonalalter, sondern von dem Individualalter abhängig; gerade auch dies geht aus KAVENs Untersuchungen hervor. Die Ursachen für die Bildung der Form sind eine ganze Reihe „unsichtbarer physikalisch-chemisch biologischer Teilprozesse" (LEHMANN); und doch sind dies die ausschließlichen Grundlagen; denn jeweils bedingt die Struktur des jeweiligen Entwicklungszustandes des Keimes „seinerseits ein lenkendes und begrenzendes Gefüge".

Auf die Lehre LEHMANNs (1945 und 1950)[2] von der Topogenese, der Hierarchie und Integration der Strukturen kann in diesem Zusammenhang im ein-

---

[1] TÖNDURY benutzt mit DALCQU die Bezeichnungen Akr- bzw. Chordencephalon, die auch unseres Dafürhaltens klarer und verständlicher sind, als die von LEHMANN gebrauchten Bezeichnungen Arch- und Deuteroencephalon (s. unten S. 293).

[2] Bei Abschluß dieses Kapitels wurden mir freundlicherweise die Korrekturfahnen der Abschnitte LEHMANN und WERTHEMANN aus Handbuch der allgemeinen Pathologie, Bd. 6 überlassen. Auf diese Ausführungen sei ausdrücklich verwiesen.

zelnen nicht eingegangen werden. Nach der Größenordnung stellt Lehmann (1950) in der Gastrula folgende Stufenreihe auf:

1. *Ganzer Keim* (Individuum) (besteht aus Blastemen).
2. *Blasteme* (morphogenetische Einheiten) (bestehen aus embryonalen Zellen); experimentell isolierbar und existenzfähig.
3. *Zellen* (morphogenetische Einheiten) (bestehen aus Cytosystemen: Rinde, Endoplasma, Kern).
4. *Cytosysteme:* Rinde, Endoplasma und Kern (bestehen aus komplexen Gefügen kleiner Einheiten); experimentell isolierbar, aber isoliert nicht auf die Dauer existenzfähig.
5. *Biosomen* (Chromosomen, Mitochondrien, Mikrosomen) (bestehen aus komplexen Gefügen von Makromolekülen. Vergleichbar der Organisationsstufe von Viren); experimentell isolierbar, aber isoliert nicht existenzfähig.
6. *Makromoleküle:* Protein, Nucleinsäure, Kohlenhydrate, Lipoide.

Wir können festhalten, daß es bis zum Neurulastadium nur wenig einheitliche Systeme gibt, aus deren orthonomer Leistung und gegenseitiger Beeinflussung schließlich die Organsysteme entstehen. Sowohl bei der orthologischen Evolution wie bei der pathologischen imponiert der skizzenhafte Charakter der verschiedenen Keimbereiche.

Auch über diese Vorgänge ist noch vieles heute unbekannt. Immerhin gelang es im entwicklungsbiologischen Experiment, biochemische Leistungen des Cytoplasmas mit morphogenetischen Vorgängen zu verknüpfen, wodurch die Frage nach dem Konstituenten des Plasmas akut wurde. Bis jetzt haben sich die ribonucleinsäurehaltigen Mikrosomen und die lipoproteidreichen Mitochondrien als die hauptsächlichen Träger des Zellstoffwechsels in der Entwicklung und damit für die Morphogenese erwiesen.

Nach Brandt ist zwar eine Morula beim Menschen noch nicht beobachtet. Doch[1] haben Hertig, Rock, Adam und Mulligan Blastocysten mit einem 2-, 12-, 58- und 107-Zellenstadium beim Menschen beschrieben, die eine Entwicklung in Tropho- und Embryoblasten darstellen, analog den Beschreibungen Streeters für den Macacus. Spätere Stadien den Säugetieren ähnlichen Blastocysten unter Abspaltung des Dotterblattes vom Embryoblasten s. in Grosser-Politzer.

Ein grundsätzlicher Unterschied besteht auch bezüglich der Gastrulation bei dem blasigen Keim der Amphibien gegenüber dem flachen Scheibenkeim der Amnioten. Um so auffälliger sind dagegen die Übereinstimmungen vom Neurulastadium bis zum Stadium des angelegten Embryos. Unter Neurula versteht man den Keim mit der beginnenden Ausbildung der Neuralplatte. Brandt setzt allerdings die Gastrulation mit Einsenkung des Urdarms der Amphibien in Analogie zum Auftreten der Primitivgrube der Vögel und Säuger. So bezeichnet er als Gastrulation den Zustand, in dem in der Mitte der Keimscheibe der Primitivstreifen sichtbar wird, der sich rostralwärts zum Primitivknoten verdichtet und von dem aus der Kopffortsatz unterhalb der Keimscheibe nach vorne wächst und von dort aus die über ihm liegenden Zellen zur Medullarplatte induziert.

Seine Auffassung wird offensichtlich auch damit begründet, daß der Primitivknoten der dorsalen Urmundlippe der Amphibiengastrula *homolog sei.* Von der Primitivgrube geht der Canalis neurentericus in die Entodermhöhle.

Der Zentralabschnitt des Kopffortsatzes wird später zur Chorda. Aus dem darüberliegenden Ektoderm entsteht die Medullarplatte und damit wird die Neurulation eingeleitet. Diese Übereinstimmung der entsprechenden Organogenese bei Fischen, Amphibien, Vögeln und Säugern stellt aber nicht eine zufällige phylogenetische Rekapitulation dar (Lehmann 1938), sondern es muß

---

[1] Wir verdanken diesen Hinweis Herrn Prof. Töndury.

dahinter die allgemeine Ähnlichkeit entwicklungsphysiologischer Faktoren stehen, die diese weitgehenden Übereinstimmungen innerhalb der Wirbeltierreihe bedingt. Die Differenzierungseigenheit tritt dann erst beim Schlundspaltenembryo ein, die je nachdem zum Amphibium oder Säuger führt. Innerhalb der Vertebraten ist die Größe des Eies nach dem Dottergehalt verschieden, wohingegen das Cytoplasma wenig stark variiert. Nach der Furchung zeigt sich die erste morphogenetische Sonderung in der Bildung der Keimblase, in der das embryobildende und das extraembryonale Material bereits gesondert ist. Dann sondert sich das Amnion von der Keimscheibe ab, und es bildet sich das Entoderm, die Keimscheibe unterlagernd. Das extraembryonale Mesoderm wandert nunmehr aus der Keimanlage aus, damit beginnt die Grundplanbildung des Vertebratenembryos. Während der Gastrulation ist das Geschehen gekennzeichnet durch die Anordnung der 3 Keimblätter, und zwar ist die Aussonderung und zunächst die flächenhafte Ausbreitung der Keimblätter im Neurulastadium von größter Bedeutung für die Topogenetik und die weitere Induktion. Mit Recht verweist LEHMANN (1945, 1950), wie HÖRSTADIUS (1950) darauf, daß diese Sonderung von 3 Keimschichten *keine Spezifität* der 3 Keimblätter besagt, denn die *ektodermalen* Zellen der Neuralleiste bauen auch das Viscerocranium, also nicht nur den Hüllraum mit auf, sondern auch einen großen Teil des übrigen Kopfmesenchyms und die Zahnpapillen, die auch ihrerseits Stützgewebe bilden.

(Diese Tatsache ist für das Verständnis eines großen Teiles der Verbildungen, die unten behandelt werden, von ausschlaggebender Bedeutung.)

Neben der Entwicklung der Kopfregion ist besonders auch die Entstehung der hinteren Körperregion untersucht worden (vgl. HOLMDAHL 1951). Bekanntermaßen entwickelt sich diese entsprechend dem caudalen Abwandern des Primitivstreifens. Mit dem Abwandern des Primitivstreifens sondert sich aus dem Neuroektoderm, das zunächst einheitlich imponiert, Neuralplatte und Ektoderm, nach innen Chorda und Mesoderm.

Wird bei den Amphibien die Anlage des Schwanzes deutlich, treten auch gleichzeitig Schlundbogen und Schlundspalten auf, damit finden die großen Blastemverschiebungen ein Ende. In der Phase des Schlundspaltenembryos finden sich dann die 3 Hauptregionen Kopf, Rumpf und Schwanz bei allen Wirbeltieren angelegt. Im dorsalen Körperabschnitt läßt sich die Neuralplatte in 2 Hauptabschnitte unterteilen, nämlich (LEHMANN 1942) die vor der Chorda liegende vordere Hirnregion [Akr(Arch)encephalon], das das gesamte Vorderhirn, das Riechhirn, Zwischenhirn und Augen bildet, und die darunterliegende epichordale hintere Hirnregion, das Chord(Deuter)encephalon mit der anschließenden spinalen (d. h. Rückenmark) und der caudalen (d. h. Schwanzregion). Das Chordencephalon bildet Mittelhirn mit Hörbläschen und Labyrinth, Kleinhirn, Oblongata und Hirnnerven. Für die Störungen der Entwicklung im Kopfbereich ist die vergleichende anatomische und experimentell begründete Auffassung LEHMANNs von Bedeutung, daß die Induktoren für das Akrencephalon und für die spinale und caudale Region verschieden sind. Es werden nicht einzelne kleine Abschnitte, sondern stets ein größerer Komplex einheitlich induziert. Dies scheint besonders für das Akrencephalon zuzutreffen, für dessen Weiterentwicklung LEHMANN eine Selbstorganisation annimmt. Diese Weiterentwicklung ist sowohl ein Zuwachs, wie auch ein Umbau primär angelegter Teile. Die speziellen Vorgänge in der Organisation des prächordalen Akrencephalon, sowie die Induktionsvorgänge seitens des Kopfmesenchyms bedürfen noch weiterer Klärung. Teile nicht nur des basalen Neurocraniums, sondern auch des Kopfmesenchyms werden von Bildungsmaterial der Neuralleiste aufgebaut, wie insbesondere aus den Arbeiten von HAMILTON, BOYD und MOSSMAN hervorgeht.

Nach der Organogenese beginnt die Gestaltung und der Feinaufbau der einzelnen Organe. Das gegenseitige Größenverhältnis der Organe entsteht auf Grund von Wachstumsvorgängen, die im Verhältnis zum gesamten Organismus isometrischen oder allometrischen Charakter haben können. In diese Phase des Größenwachstums der einzelnen Organe können Erbfaktoren richtungsweisend eingreifen. Eine ganze Reihe von Verbildungen lassen sich, von Lehmann als harmonisch bezeichnet, bestimmten Entwicklungsphasen zuordnen (Lehmann: es handelt sich hier um Störungen der induktiven, topogenetischen und selbstorganisatorischen embryologischen Prozesse, ohne daß später Gewebe- oder zelletale Vorgänge mitbeteiligt sind).

Demgegenüber beruhen disharmonische und degenerative Mißbildungen auf Störungen der grundlegenden morphogenetischen Prozesse mit späterer Zell- und Gewebsdegeneration. Diese sind später auf Grund der Endzustände oft nur sehr schwer zu analysieren. Hierfür schlägt Lehmann vor, die Grundlage der harmonischen Anormogenese zu benutzen, weil sich dann „Schädigungsmuster der degenerativen Typen" besser erfassen lassen.

Bekanntermaßen entwickelt sich das Neuroektoderm aus dem Ektoderm der Keimscheibe. Die Bedeutung der Ausschaltung des Neuroektoderms aus der Keimscheibe bedingt die besondere eingehendere Behandlung dieser allgemeinen Entwicklungsvorgänge. Denn bei den meisten Verbildungen des Zentralnervensystems ist dieses ja nicht allein betroffen, sondern die Verbildungen sind unter dem Gesichtspunkt der Koordination oder gegenseitigen Abhängigkeit zu betrachten. Die Aussonderung der Neuralplatte aus dem Ektoderm und der Chorda aus dem Chorda-Mesodermfeld hat das Vorhandensein eines Organisationszentrums zur Voraussetzung. Ein Organisationszentrum im eigentlichen Sinne liegt dann vor, wenn während eines Invaginationsprozesses ein chorda-mesodermales Urdarmdach entsteht und über diesem Urdarmdach eine gegliederte Neuralplatte gebildet wird (Lehmann). Das Urdarmdach ist also maßgeblich verantwortlich für ein harmonisch aufgebautes System der dorsalen Achsenorgane.

Gleichzeitig mit dem topogenetischen Vorgang der Einstülpung geht der außerordentlich wichtige Vorgang der Selbstdifferenzierung des chorda-mesodermalen Feldes vor sich. Durch die induzierende Wirkung des Urdarmdaches (Chorda) entsteht im Ektoderm der Neuralplatte das 2. Blastemfeld, das nun (nach Lehmann) auf dem Wege der Selbstorganisation sich in neurale Teilbereiche aufgliedert.

Das entwicklungsbiologische Experiment benutzt auch die Wirkung abgetöteter Gewebe der entsprechenden Phase, um neurale und chorda-mesodermale Funktionszustände hervorzurufen. Bei einer Anzahl von Tieren erweist sich die Fähigkeit zur Selbstorganisation auch darin, daß z. B. schon die Hälfte nach Teilung der Keimanlage einen harmonischen Organismus schaffen kann.

Da die Mehrlings- und Doppelbildungen zu den Fragestellungen des nachfolgenden Kapitels nicht gehören, bleibt das entwicklungsbiologische Experiment in dieser Hinsicht unerörtert. Hier interessieren nur die Teilverdoppelungen, wie sie am Rückenmark an bestimmter Stelle gelegentlich als echte Mißbildungen auftreten. Interessanterweise sind diese echten Duplicitates medullae (ähnlich wie Doppelbildungen ganzer Früchte bzw. Zwillinge) spiegelbildlich gleich.

Was nun den „Organisator" anbelangt, so laufen bei allen Wirbeltieren bei der Gastrulation und Neurulation die wesentlichen Vorgänge und die Ausbildung organbildender Areale im Chordamesoderm und im Ektoderm gleichartig ab. Die Gastrulation schafft für dieses Determinationsgeschehen die *topischen* Voraussetzungen. Es entsteht der dreischichtige Keim, in welchem Ekto-, Meso- und Entoderm in ausgedehntem flächenhaften Kontakt miteinander stehen. Die regionale Gliederung des Mesoderms, die Induktion der Neuralanlage, schließlich die Trennung des Neuralbereiches vom übrigen Epidermisektoderm ist Aufgabe der Neurulation. Damit entsteht der Grundplan der embryonalen Organisation als „kombinative einheitliche Leistung eng verknüpfter determinativer und topogenetischer Prozesse in allen drei Keimblättern" (LEHMANN).

Aus den angegebenen Gründen werden die Amphibien als das bekannteste Objekt der Entwicklungsphysiologie herangezogen, obwohl die frühesten Phasen — wie gesagt — nicht gleichgesetzt werden können. Allerdings spricht die Gleichartigkeit der Endprodukte bestimmter Verbildungen dafür, daß cum grano salis ein Vergleich gestattet ist. So entstehen Cyclopien und Otocephalien als Folge abnormer Gestaltung des Organisators und des Vorderdarms. In der vergleichenden entwicklungsphysiologischen Analyse der eben genannten Verbildungen definiert LEHMANN die Cyclopie als eine „harmonische Störung", in der verschiedene Komponenten der Kopfregion in ihren rostralen Teilen befallen sind, während bei einer mehr caudalen Störung die Kopfregion im Gebiet der Ohren und des Labyrinths verbildet werden. Auf die einzelnen Versuche der Induktionswirkung in verschiedenen Phasen auf das Akrencephalon (LEHMANN) durch Ribonucleinsäure kann hier nicht eingegangen werden. Die Untersuchungen von ALDERMANN (1935 und 1938) machen die *räumliche Ordnung* (Topogenese) des normalen Urdarmdaches für die normale bilaterale Gestaltung des Archencephalons wahrscheinlich. Nach den Untersuchungen des KAVENschen Experiments scheint hierfür eine länger andauernde induktive Wirkung des Urdarmdaches eine Rolle zu spielen. Bezüglich der Cyclopie nimmt LEHMANN für die meisten Fälle eine primäre Störung im meso-entodermalen Bildungsbereich der Kieferbogen an, was die komplexe Natur „dieser Abnormitäten" im Vorderkopf erklären würde. Die Synotie geht beim Meerschweinchen[1] auf Störungen entodermaler Kopffortsatzderivate zurück.

Besonders wichtig sind aus den Bearbeitungen des entwicklungsbiologischen Experimentes die Spaltbildungen am Gehirn und Rückenmark. Diese können bei Amphibien sowohl wie bei Vögeln durch Störung der Primitivanlage entstehen, unter anderem auch durch Mangel an Sauerstoff. Hierbei sind wir aber viel weniger auf das entwicklungsphysiologische Experiment angewiesen, da wir diese Dinge aus erklärbarer Ursache (OSTERTAG 1936) oft genug selbst beim Menschen beobachten konnten.

2. Vergleichende Anatomie und Physiologie.

Das biogenetische Grundgesetz vertritt die Lehre, daß jedes höhere Individuum frühe ontogenetische Stufen erneut durchläuft. In der Entwicklungsphysiologie ist die Frage der Rekapitulation eines phylogenetisch alten Zustandes von BAEHR und LEHMANN — wie erwähnt — ausführlich behandelt. Die Bildung der Schlundspalten bei den Embryonen der Amnioten sei die Rekapitulation eines solchen phylogenetischen alten Zustandes, und der Vergleich der Topogenese bestätigt nach LEHMANN die Ähnlichkeit der wichtigsten Gestaltungsvorgänge. Aber schon LEHMANN weist 1938 darauf hin, daß es sich bei dieser Erscheinung nicht um eine bedeutungslose Rekapitulation von Formbildungsvorgängen handelt, sondern daß hinter dieser Erscheinung eine weitgehende Ähnlichkeit der entwicklungsphysiologischen Faktoren steht, die in dieser Phase, und zwar innerhalb des ganzen Kreises der Cranioten, nicht sehr stark voneinander abzuweichen scheinen. Die weitere Umgestaltung des Schlundspaltenembryos führt zum

---

[1] WRIGHT, S., u. K. WAGNER: Types of subnormal development of the head from inbred strains of guinea pigs and their bearing on the classification and interpretation of vertebrate monstres. Amer. J. Anat. **54**, 383 (1934).

typischen Fisch bzw. Amphibium usw. Hier setzen nach Lehmann die Prozesse des allometrischen Wachstums in den verschiedensten Formen ein, und zwar auf dem Wege über die Proportionsverschiebung bzw. die Histogenese, um aus dem allgemeinen Grundplan der Wirbeltiergestaltung besondere Organisationen zu erzeugen, die dann große Differenzen aufweisen.

Es war immer ein besonderes Anliegen der vergleichenden Topographie, und der vergleichenden Anatomie des gesamten Nervensystems, die die Forscher zur Verarbeitung dieses Themas anregte. So dürfen wir besonders auf den eigentlichen Begründer der vergleichenden anatomischen Hirnforschung, Edinger (vgl. seine Vorlesungen), sowie Kuhlenbeck (in seinem Standardwerk über die vergleichende Anatomie des Gehirns der Wirbeltiere) verweisen. Bezüglich des Feinaufbaus der Organisation und des Inbeziehungsetzens der Funktionen zu bestimmten aufgebauten Rindenarealen sei auf die Arbeiten Korbinian Brod-manns verwiesen (vgl. Architektonik).

Da die Verbildungen immer wieder die Phantasie der Betrachter angeregt haben, ist die Zahl der Versuche zu Deutungen derartiger Verbildungen keineswegs gering. Besonders häufig fanden wir die Deutungsversuche im Sinne des Atavismus in bezug auf die Mikrocephalie. Es ist aber grundsätzlich falsch, die Miß-bildungen des Zentralnervensystems mit reifen Stadien der Tiere, seien es Vögel, seien es Säugetiere, in Beziehung setzen zu wollen. Selbst wenn infolge Aplasien oder Hypoplasien bestimmte Hirngebiete nicht ausgebildet sind, so fehlt uns doch der Vergleichsmaßstab dafür, und wir werden bei menschlichen Gehirnen lediglich von Mißbildungen oder Fehlbildungen oder von Defekten zu sprechen haben, die eine weitere Ausreifung des Gehirnes verhindern. Man darf sich nicht verleiten lassen, bestimmte Miß- und Defektbildungen einfach trotz gewisser Ähnlichkeiten mit Entwicklungsstufen des Tierreiches gleichzustellen. Denn diese Verbildungen, die gewissen Tiergehirnen ähneln können (Carnivoren-, Affengehirn) erhalten ihre Form dadurch, daß bestimmte Hirnteile sich nicht entwickeln. Einen Rückfall in ein früheres phylogenetisches Stadium stellen sie nicht dar.

Ein neuer Zweig dieser Forschung, nämlich die Paläoneurologie, wird von Spatz, Tilly Edinger u. a. heute betrieben. Sie geht von der Lehre von Spatz aus (s. S. 339), daß die noch in progressiver Entwicklung sich befindlichen Hirnteile einen Abdruck an der Innenfläche des Schädels setzen, während die bereits zur Ausreifung und zu einem festen Stillstand gelangten Entwicklungs-vorgänge, wie z. B. motorische und sensorische Rinde keinerlei Impressionen an der Schädeloberfläche mehr setzen (s. Spatz, T. Edinger nach Spatz und Thea Lüers). Bei dieser Zunahme des Neencephalons werden andere Hirnteile überwachsen, d. h. gewissermaßen in die Tiefe gedrängt. Dies bedeutet aber keine Abwertung dieser Hirnteile, sondern das Abdrängen dient lediglich dem Platzschaffen für den Neocortex, ist außerdem bedingt durch die Entwicklung der Faserbahnen. „Diese Faserbahnen dienen einem engen Zusammenwirken zwischen Großhirnrinde und Zwischenhirn. Es laufen also Wechselwirkungen ab zwischen Gebieten, welchen intellektuelle Leistungen zuzuordnen sind, und solchen, welche die Triebe und Affekte steuern" (Lüers-Spatz).

B. Grundzüge der Formentwicklung beim Menschen.

Über die frühesten Stadien des Menschen fehlen noch ausreichende Beob-achtungen, da ein Teil der gewonnenen jüngsten Keimlinge autolytisch ver-ändert war. Die gültigen Darstellungen basieren deshalb auf den wenigen allgemein bekannten Beschreibungen, so daß hierauf verwiesen sei[1].

---

[1] In der 2. Auflage des Lehrbuches von Hamilton, Boyd und Mossman finden sich jüngste Keime von 6, 7½, 8, 9, 9½, 10, 11, 12 usw. Tagen in sehr gutem Zustande.

In den, HAMILTON entnommenen Abbildungen ist links der Keimschild mit Neuralplatte und Primitivstreifen wiedergegeben. In der Embryonalanlage hat sich die ekto- und die entodermale Keimschicht gebildet, aus jener ist unter anderem die Amnionhöhle, aus dieser der Dottersack entstanden. Am Boden der Amnionhöhle liegt über dem Dottersack der Keimschild. Das präsumptive Neuroektoderm liegt in der Längsrichtung des ektodermalen Epithels. In demselben Maße, wie sich die Chorda dorsalis bildet, wandelt sich das präsumptive Neuroektoderm in das Neuralepithel um. Die Chordaplatte ist phylogenetisch der älteste Skeletanteil.

In Abb. 1 A ist an den Rändern das Amnion abgetragen und somit der Keimschild sichtbar gemacht. In der Längsrichtung ist der Primitivstreifen

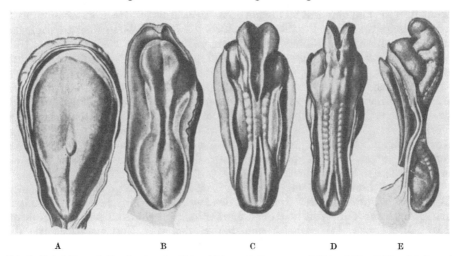

A   B   C   D   E

Abb. 1. Entwicklungsstadien des dorsalen Keimschildes nach STREETER. A Keimschild mit Neuralplatte und Primitivstreifen. B Keimschild mit 3 Somiten und Vertiefung der Neuralrinne. C Mit 7 Somiten (Urwirbeln) und beginnender primärer Schließung, dabei erhebliche Hebung der Neuralwülste. D Keimling mit 10 Urwirbeln und Schluß des Neuralrohrs kranial- und caudalwärts, auf der Höhe die Erhebung des Mittelhirns, Mittelhirnbeuge. E Seitenansicht mit 19 Urwirbeln, vollkommener Schluß des Neuralrohrs außer der Neuropori. (Aus HAMILTON.)

und davor Primitivgrube und Primitivknoten sichtbar. Von diesem stülpt sich der röhrenförmige Kopffortsatz vor. Primitivknoten und Primitivstreifen sind Proliferationszentren, aus denen sich das intraembryonale Mesoderm entwickelt.

Vor dem Primitivknoten entstehen die kranialwärts wachsenden Neuralwülste. Der Primitivknoten bleibt im Wachstum gegenüber der Medullaranlage zurück und wird von dieser umwachsen. Auf diese Weise wandert nur scheinbar der Canalis neurentericus, die Verbindung zwischen Amnion und Dottersackhöhle, caudalwärts. Während in dem soeben beschriebenen ersten Stadium eine Gliederung der Keimscheibe noch nicht zu erkennen ist, ordnet sich zur Zeit des Zusammenlegens der seitlichen Teile der Neuralrinne auch das darunterliegende Mesenchym in die einzelnen Somiten (Ursegmente), aus denen sich später Cutisplatte, Myotom (Muskulatur), Sklerotom (Achsenskelet), Hüllen des Nervensystems usw. bilden.

Durch zunehmende Streckung in der Längsrichtung wird die ursprünglich runde oder ovale Keimscheibe mehr länglich. Durch das Anheben der seitlichen Teile der Keimlingsanlage, vorwiegend durch Auffaltung der Medullarwülste, entsteht die offene Neuralrinne, wie bei dem etwa 1,5 mm langen Embryo (Abb. 1 B) mit 3 Urwirbelpaaren. Bei weiterer Differenzierung (Abb. 1 C) finden sich bald mehrere Urwirbel und gleichzeitig beginnt der primäre Schluß der Neuralrinne zum Neuralrohr, der sich rostral wie caudal fortsetzt, bis schließlich nur noch das caudale und kraniale Ende offenbleibt.

Bei einem Embryo von etwa 1,9—2,0 mm Länge ist das Neuralrohr bis auf den Neuroporus anterior und posterior kranial und caudal geschlossen. Nach Stern-berg (1927) und Politzer (1952) verschwinden der rostrale Neuroporus und der Neuroporusrest ziemlich schnell bei einem Embryo von 5 mm Länge. Stern-berg glaubt, den vorderen Neuroporus in die Commissurenplatte und seine Ver-schlußstelle in die Gebiete der Nasenwurzel (Sulcus nasofrontalis) verlegen zu können. Zur Unterstützung dieser Auffassung führt Politzer an, daß die syncephalen Encephalocelen an der Nasenwurzel liegen, oftmals mit Balken-mangel und anderen Mißbildungen aus der Anlage der Commissurenplatte vergesellschaftet sind. Politzer gab 1930 die Beschreibung eines prosophthal-mischen menschlichen Embryos von 7 mm größter Länge wieder, der eine Naht zwischen Hirnwand und Oberflächenepithel in der Tiefe eines Sulcus des Neuro-porus aufwies. Durch Vergleich der Untersuchungen mit den Embryonen Hoch-stetters konnte festgestellt werden, daß diese Nahtlinie in der Tat dem Neuro-porus entspricht, der demnach im Telencephalon liegen und mit gutem Recht der späteren Commissurenplatte zugeordnet werden müsse. Die Beschreibung dieses Embryos kann ich als beispielhaft wiedergeben. Ebenso dienen Politzers Ausführungen zusammen mit den Untersuchungen Ikedas dazu, von dem Auftreten einer nahezu physiologischen Verbildung der caudalen Rücken-marksabschnitte zu sprechen.

Ist der Schluß vollständig und hat sich Hautektoderm darüber vereinigt, dann strahlt vom mittleren Keimblatt das Mesenchym zwischen Hautektoderm und Neuralrohr ein. Von den oben erwähnten Sklerotomen aus den Somiten wird sowohl das Achsenskelet mit den Hüllen des Nervensystems wie das Bildungsmaterial der Pachymeninx gebildet (s. unten).

In der 4. Embryonalwoche wächst der Embryo von 5 auf 8 mm. Hierbei liegt der Schwerpunkt auf der Größenzunahme des Gehirns. Aus den mächtig angelegten Hirnplatten ist in kürzester Zeit das Dreiblasenstadium des primären Hirns entstanden (Vorder-Mittel-Rautenhirnbläschen). Aus dem Prosencephalon bilden sich die paarigen Endhirn- und das Zwischenhirnbläschen. Das Mittel-hirnbläschen bleibt (Abb. 2A und B oben), während sich aus dem Rhombence-phalon das Met- und Mylencephalon, das Nach- und Hinterhirnbläschen ent-wickelt.

In seiner soeben erschienenen Embryologie legt D. Starck (Stuttgart: Verlag von Georg Thieme 1955) besonderes Gewicht auf die Aufgabe der Lehre von dem Drei- bzw. Fünfblasenstadium:

„Im Schrifttum findet sich häufig die Beschreibung eines Stadiums ‚der drei primären Hirnbläschen': Prosencephalon, Mesencephalon und Rhombencephalon. Diese Gliederung geht auf Befunde an Vogelkeimlingen (Hühnchen) zurück. Bei Vögeln ist oft (nicht bei der Ente) tatsächlich das spätere Mittelhirngebiet als Folge einer ontogenetischen Hetero-chromie früh mächtig entwickelt. Ein selbständiges Mittelhirnbläschen fehlt aber den meisten übrigen Wirbeltieren, insbesondere den Säugern und dem Menschen. In der Tat beruht die Entfaltung des Mittelhirngebietes bei Vögeln zunächst auch nur auf einer dorsal lokali-sierten Proliferation des Materials übergeordneter optischer Gebiete (Tectum). Die seit-lichen und basalen Teile dieses Gebietes sind echtes Rhombencephalon (Tegmentum). Eine innere Strukturgrenze zwischen Tegmentum mesencephali und Rhombencephalon existiert auch im ausgebildeten Zustand nicht. Die besondere und verfrühte Anlage des Tectums steht mit der bevorzugten Ausbildung der Augen bei Vögeln in ursächlichem Zusammenhang."

Das heißt also nichts anderes, als daß Starck das Zentralnervensystem der Wirbeltiere nur in das Rhombencephalon und Prosencephalon aufteilt. In letzterem unterscheidet er wie üblich das Di- und Telencephalon, während er als Rhombencephalon die Mittelhirnregion bis zum Mylencephalon zusammenfaßt. Es geht für ihn also um die Frage: ist die Annahme eines Mittelhirns berechtigt?, eine Frage, die auch von unserem Standpunkt aus ohne weiteres zu diskutieren ist. Denn wie dargelegt, ist das gesamte Rhombencephalon (das später als Myl- und Metencephalon aufgeteilt wird) ebenso wie das „Mesencephalon" noch ein Teil des primitiver gebauten Neuralrohrs, das noch sämtliche Anteile wie

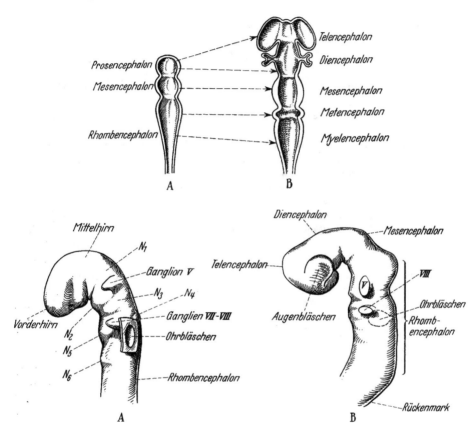

Abb. 2. Oben A Dreiblasenstadium, Rhombencephalon, Mesencephalon und Prosencephalon. B Das Fünf-blasenstadium mit Augenanlage. Unteres Bild A dasselbe von der Seite, Vorderhirn, Mittelhirn und Rautenhirn. Mit Ziffern die Neuromeren bezeichnet. B Das Fünfblasenstadium, deutlich die Mittelhirnbeuge. (Aus HAMILTON.)

Bodenplatte, Grundplatte enthält, während das davor gelegene prächordale Neuralrohr ausschließlich aus Flügelplattengebiet besteht. Gegen die Differen-zierung des Prosencephalons in Zwischen- und Endhirn hat auch STARCK nichts einzuwenden. Aber schon aus seinem Schema auf S. 342 geht hervor, daß bei dem Mittelhirngebiet, nämlich dem Tectum, die enge Verbindung zu den dience-phalen Anteilen des Sehhirns außerordentlich eng ist, die er deshalb als Ophthalmoencephalon zusammenfaßt. Es ist zweifellos ein Verdienst, die Dinge aus einer Schau zusammenfassend darzustellen. Es zeigt aber doch nur, daß in der phylogenetischen Evolution die in dem einfacheren rostralen epichordalen Neuralrohr angelegten Zentren sich bei der weiteren Höherentwicklung rostral-wärts bis ins Prosencephalon verschieben. Ebenso wie es bau- und entwicklungs-mäßig keine scharfe Trennung zwischen Mes- und Rhombencephalon gibt, gibt es auch keine scharfe Trennung zwischen Di- und Mesencephalon, nämlich den Zentren des den Tonus und die Bewegung steuernden extrapyramidalen Systems.

Für uns stellt die Einteilung in Rhomb-, Mes- und Prosencephalon doch nichts funktionelles Eigenständiges dar, sondern lediglich die morphologische Beschreibung eines Zustandsbildes. Wir könnten ebensogut heute unter den Belangen des nachfolgenden Kapitels als Kriterium eine Einteilung des Differenzierungsstadiums vom einblasigen Prosencephalon in das bilaterale Hemisphärenhirn nehmen; wollen wir aber vergleichen, so müssen wir uns doch wohl an eine historische Lehre halten, noch dazu, wenn der als Mittelhirn imponierende Hirnteil durch besondere Eigenheiten im Aufbau ausgezeichnet ist. Im Mittelhirn repräsentiert sich noch einmal der klare grundsätzliche Aufbau des Myelons und des Myelencephalons. Noch einmal findet sich ein einfacher Zentralkanal, insbesondere der Aquädukt und es besteht doch kein Zweifel, daß das „Mittelhirn" auf einem bestimmten einfacheren Stadium auch beim Menschen zeitlebens verharrt.

(Wir müssen uns natürlich über bestimmte Ungenauigkeiten in der Nomenklatur klar sein, die wir aber wohl kaum abzuschaffen imstande sein werden. Defacto ist doch, wenn man schon die Bezeichnung Olfactorius und Opticus als 1. und 2. Hirnnerven überhaupt beibehält, der Opticus eigentlich der 1. und der Olfactorius der erst sehr viel später davor gelagerte Hirnnerv. Ebenso wird es kaum möglich sein, die Bezeichnung des Linsenkernes auszurotten, obwohl wir seit mehr als einem Menschenalter wissen, daß als Linsenkern ein Teil des telencephalen Striatums und das ganze diencephale Pallidum zusammengefaßt werden.)

Wichtig erscheint uns, und damit stimme ich Starck unbedingt zu, das Tectum mit den diencephalen Partien als subcorticales Sehhirn richtig zusammenzufassen. Andererseits können wir das Verharren des „Mittelhirns" auf einer phylogenetisch schon früh erreichten Stufe nicht leugnen, und sowohl der Aufbau der Glia wie auch die Gewächse im Gebiet des Mittelhirns haben ihre bestimmten Eigenheiten.

Schon 1935 haben wir in *einem* besonderen Abschnitt die Neubildung des übrigen Met-, sowie benachbarten Mes- und Mylencephalons zusammengefaßt und dabei die für dieses Gebiet charakteristischen Ependymome, Flügelplattenastrocytome und die basalen Spongioblastome, die vom Opticus rückwärts bis zum Bulbus reichen, herausheben müssen, Befunde, die wir noch in jüngster Zeit an anderem Material erneut bestätigen konnten.

Auf Abb. 2 A und B unten ist die in diesem Entwicklungszeitraum auftretende Beugung der Hirnachse deutlich. Der Kulminationspunkt der Beugung liegt im Gebiet des Mittelhirns. Dies liegt über dem rostralen Ende der Chorda dorsalis. Die vor dem Mittelhirn liegenden Hirnteile sind ausschließlich *Flügelplattengebiet* (s. unten Zwischenhirn) und wachsen über die Chordaunterlage des Kopffortsatzes hinaus. Diese Beugung auf der Höhe des Mittelhirns kann sich auch rein mechanisch auswirken (s. unten).

In dem Nervensystem der beiden 3 bzw. 4 mm langen Embryonen sind schon die Neuromeren zu erkennen. Die Aussprossung der Hirnnerven hat begonnen, das Telencephalon tritt bei dem 4 mm langen Embryo nur als kleine Vorwölbung vor dem Zwischenhirn hervor, während das Gebiet des Rhombencephalon und des Mittelhirns noch erheblich die übrige Hirnanlage überwiegt. Mächtig imponieren die an der Basis des rostralen Zwischenhirns austretenden Augenbläschen.

Die Abb. 3 b des 18 mm langen Fetus zeigt noch den Höhepunkt der Beuge auf der Höhe des Mittelhirns; der große Hohlraum mit der nur durchscheinenden Wand ist der 4. Ventrikel, an dessem rostralem Ende sich die wulstförmige Kleinhirnanlage bereits abgrenzt.

Abb. 3a gibt den Vorgang des Schlusses von der Medullarrinne zum Neuralrohr und die beginnende innere Differenzierung wieder. In A ist die Verdickung des Neuralepithels mit

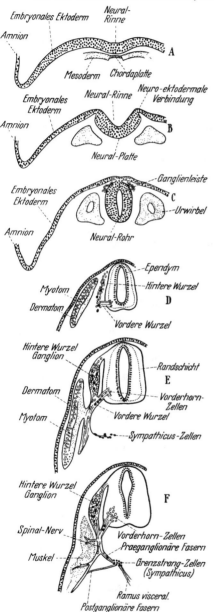

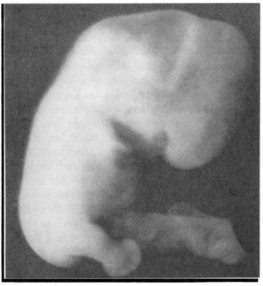

Abb. 3 b.

der medialen Einsenkung dargestellt, die seitlich in das zellarme Hautektoderm übergeht. In B sind unterhalb der Neuralrinne die Somiten eingezeichnet; die Neuralplatte hat enorm an Masse zugenommen und geht mit einem scharfen Knick in das zellärmere embryonale Hautektoderm über. Diese Übergangsränder nähern sich zunehmend und führen schließlich zur Vereinigung der Neuralrinne C zum Neuralrohr; dabei verschmilzt das darüberliegende embryonale Ektoderm und vom Sklerotom schieben sich Mesenchymmassen ein. Es bildet

Abb. 3a. Entwicklung des Rückenmarks von der Neuralrinne bis zum primären Schluß. A Induktion und Wucherung des präsumptiven Neuroektoderms nach Ausschaltung des Chordamesenchyms. B Vertiefung der Neuralplatte zur Rinne mit Wucherung des Neuralepithels. C Schluß des Ektoderms über dem eben geschlossenen Neuralrohr, Bildung der Neuralleiste. D Differenzierung des Neuralrohrs mit einem ependymausgekleideten Lumen, Aussprossen der Wurzeln. E Trennung des Neuralrohrs vom Ektoderm durch dazwischentretendes Mesenchym. Differenzierung der Wand in Mantel und Randschicht. Entwicklung der sympathischen Ganglien. F Weitere Differenzierung mit deutlicher Strukturänderung bei noch nicht deutlichem, aber schon im ventralen und dorsalen Teil zu unterscheidendem Hohlraum. (Schematische Zeichnung nach AREY.)

Abb. 3 b. Embryo, 4,5mal vergrößert, läßt deutlich die Rautenhirnblase erkennen. Rechte Begrenzung der Rautenhirnlücke ist die Anlage des Kleinhirns. Auf der Scheitelhöhe das Mittelhirn. 1,8 cm lang.

sich durch Aussprossung in dem Winkel zwischen Neuralrohr und Ektoderm die Neuralleiste (s. unten), die das Material für die Ganglien liefert. Während Fischel eine Neuralleiste nicht anerkennt, sondern ausschließlich von der Crista neuralis als von der Nerven- oder Ganglienleiste spricht, betont Holmdahl, daß Neuralleiste und Ganglienleiste beim Menschen zwei wohl abgrenzbare und voneinander ganz verschiedene Gebilde seien. Holmdahl nennt Neuralleiste nur die Primitivbildung anläßlich des Schlusses des Neuralrohrs, während er als Ganglienleiste die bereits erfolgte Differenzierung anerkennt. Nach Hamilton, Boyd und Mossman (1952) entwickeln sich aus der Neuralleiste außer der ganglionären, sympathischen Ganglienzellreihe, den Schwannschen Zellen, auch Mesenchymzellen des Hüllraumes, Knorpelzellen des Kopfskelets, Pigmentzellen und Mesenchymzellen für das Kopfskelet.

Wie in Abb. 4a und 4d zu erkennen, sind in der Wand verschiedene Abschnitte zu unterscheiden. Basal die Bodenplatte mit dem hohen zylindrischen Neuralepithel, das lange diese Form beibehält, seitlich basal bis zur Fissura mediana die Grundplatten, oberhalb derselben die Flügelplatten. Die dorsale Vereinigungsstelle bildet im Gegensatz zu dem ventralen Ependymkeil (Bodenplatte) den dorsalen Ependymkeil, die Deckplatte. Diese Grundaufteilung bleibt im Rückenmark sehr lange erhalten. Boden- und Deckplatte bilden kein nervöses Parenchym. Die Bodenplatte bleibt als Ependymanteil des späteren Zentralkanals zeitlebens fixiert. Durch scheinbares „Vorrücken" des dorsalen Ependymkeils beginnt die Ausbildung der Rhaphe (der Naht, Bielschowsky-Henneberg). Dieser Vorgang ist unerläßlich für die physiologische Entwicklung des gesamten Organs. Zwar kann der vordere Ependymkeil von sich aus allein den Zentralkanal bilden, jedoch ist die Entwicklung des Organs schwer gestört, wenn die Rhaphebildung unterbleibt. Die Ursachen hierfür werden unten in dem Abschnitt der dysrhaphischen Störungen und der Syringomyelie behandelt. Diese im Verhältnis zum gesamten Querschnitt zunehmende Verkleinerung des Zentralkanals beruht darauf, daß sich das Seitenwandspongioblastem, d. h. also ventral die Grundplatte, dorsal die Flügelplatte, mehr und mehr erschöpfen und ihr Zellmaterial abgeben, so daß diese Keimlager schon in der zweiten Hälfte der Entwicklung vollkommen zellfrei und nur noch wenig Ependymzellen vorhanden sind, die primär die Abgrenzung gegen das Lumen bilden bzw. im Ependymkanal mit aufgehen. Besonders früh sind die Keimlager der Grundplatten erschöpft; deren Neuroblasten bilden hauptsächlich die Vorderhornareale, während von den Flügelplatten sowohl Ganglienzellen wie die Hauptmasse der Glia gebildet wird. Die Rhaphe erscheint zwar später zelleer, enthält aber noch lange Zeit Zellen; bei orthologischer Rhaphebildung bleiben die dorsalen Ependymzellen mit ihren Fortsätzen am hinteren Umfang fixiert.

Die Abb. 4b zeigt den Übergang an der medianen Fissur von der bereits im wesentlichen erschöpften Grundplatte zu der Flügelplatte (Teilabschnitt aus der Abb. 4a). Die Abb. 4c zeigt in einem etwas späteren Stadium in der Oblongata den ventralen Ependymkeil und das Grundplattengebiet offen, wogegen das Flügelplattengebiet bereits geschlossen ist, mit noch ganz erheblichem Keimmaterial beiderseits der eben geschlossenen Rhaphe.

Eine kleinere noch persistierende ependymäre Spaltbildung im dorsalen Abschnitt der Rhaphe kann man bei Untersuchung menschlicher Früchte immer wieder finden, ohne daß diesem Umstand eine besondere Bedeutung zukommen würde. Meist verlötet diese später vollkommen. Besondere Verhältnisse liegen am caudalen Ende der Körperachse vor; s. unter anderen Holmdahl, der sich mit dem Gebiet der Rumpfschwanzknospe befaßt. Ask hat in neueren Untersuchungen die Umbildung des Zentralkanals am caudalen Körperende studiert.

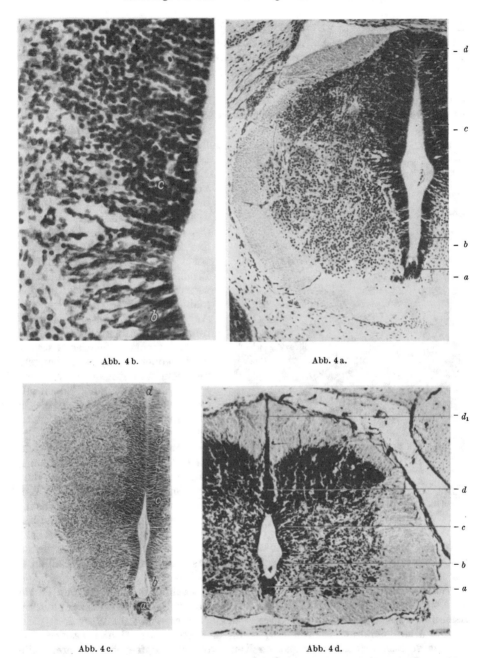

Abb. 4 b.   Abb. 4 a.

Abb. 4 c.   Abb. 4 d.

Abb. 4 a—d. Rechts oben: Von einem 2 cm langen Embryo. Bei a Bodenplatte, bei b Grundplatte, bei c Flügelplatte, bei d dorsaler Ependymkeil. Bodenplatte zeigt noch hohes Ependym, Grundplattenmatrix weitgehend erschöpft. Sulcus lateralis zwischen Grund- und Flügelplatte. Bei d Zusammenlegen des Ependyms mit Verschmelzung. Noch erkennbares hohes Epithel am dorsalen Ependymkeil. Flügelplattenmatrix noch in voller Tätigkeit. Vergr. 116:1. — Links oben: Ausschnittvergrößerung (425:1). Die Buchstaben entsprechen denen des obenstehenden Bildes. Das Ependym ist noch mit Flimmerhaaren versehen. Die Einbuchtung entspricht dem Sulcus lateralis am Ependym. — Rechts unten: Weitere Differenzierung. a Bodenplatte unverändert, Differenzierung d des Vorderhorns; b Ventrikelbegrenzung im Gebiet der Grundplatte nur noch durch Ependym; c Flügelplattengebiet, noch aktive Matrix; d dorsaler Ependymkeil; d_1 Rhaphe. — Links unten: Etwas späteres Stadium. a Bodenplatte unverändert; b Matrix der Grundplatte völlig erschöpft; das Bild zeigt die gleiche Vergrößerung wie rechts oben; c Flügelplatte (Seitenwandspongioblastem) relativ geringer als rechts oben; d dorsaler Ependymkeil. (Aus B. OSTERTAG: Hirngewächse. Jena: Gustav Fischer 1936.)

Auch er bestätigt die von Ikeda (s. dort) recht häufig gefundenen doppelten Lumina. Während des sog. Ascensus des Rückenmarks bildet sich der caudalste Teil zum Filum terminale um und obliteriert. Nach Streeter ist das Filum terminale in 2 Abschnitte zu teilen, nämlich das Internum, das den direkten Anschluß an den Conus medullaris bildet und im Boden des Duralsackes endet, und den externen Teil, der von der straffen Durahülle umscheidet bis zu den Steißwirbeln reicht. Der Ventriculus terminalis ist sowohl bei Kindern wie bei Erwachsenen nachweisbar. Nach Kernohan, Harmeier, ist er den Ventrikeln des Gehirns gleichzusetzen. Das Ependym zeigt bis in den 5. Monat hinein Mitosen und ist noch nach der Geburt mit Cilien besetzt. In dem inneren internen Abschnitt des Filum terminale ist anfänglich das Ependym deutlich; oft überwiegt das Ependym alle anderen Zellen. Auch im übrigen Filum terminale liegen reichlich unregelmäßige Lumina. In den peripheren Anteilen finden sich oft undifferenzierte neuroektodermale und mesenchymale Zellhaufen. Größere Spalten oder gar Cystenbildungen, insbesondere mit noch erkennbaren Ependymresten[1], sind jedoch als pathologisch zu bewerten. In diesen Stadien ist noch überall der Randschleier zellfrei.

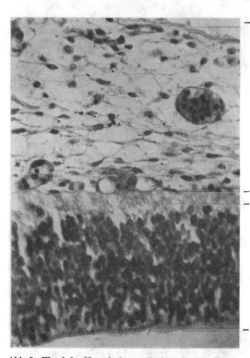

Abb. 5. Wand des Neuralrohrs. *a* Pericanaliculäre Randschicht; *b* Randschleier; *c* Mesenchymgrenze; *d* Arachnoides. Zwischen *c* und *d* perineurales Mesenchym. (Aus A. Jakob: Handbuch der Psychiatrie, Bd. I.)

Abb. 5 zeigt die ersten Entwicklungsstadien des Neuralrohres mit zellfreiem Randschleier und darüberliegendem Mesenchym. Man erkennt die Membrana limitans interna — die von den Ependymzellen gebildet wird —, die sehr zellreiche Matrix, die Randschicht abgegrenzt gegenüber den Meningen durch die Membrana limitans externa. Der Zustand entspricht ungefähr dem Teilbild C der Abb. 3a. Bald bildet sich eine Zwischenschicht.

Schon während die Rhaphebildung einsetzt, strahlen in zunehmendem Maße die Neuriten der Vorderhornzellen aus. Die Spinalganglien bilden sich zur gleichen Zeit, und zwar zunächst in der Gegend der späteren vorderen Wurzel.

Die Rhaphebildung ist beendet, wenn das Keimmaterial abgewandert ist. In dem einfacher gebauten unpaaren Neuralrohr erschöpft sich zu allererst die Matrix. Dieser Grundaufbau des Rückenmarks ändert sich rostralwärts um so mehr, je mehr funktionell übergeordnete Zentren gebildet werden. So differenziert zunächst das Rhombencephalon aus, es entwickelt sich das Kleinhirn in eigenen Bahnen. Am unpaaren Neuralrohr weicht das Mesencephalon am wenigsten von der Grundform ab, während Zwischenhirn und Großhirn unter wesentlicher Umgestaltung ihre Entwicklung nehmen.

---

[1] Aus diesen Ependymzellresten können Gewächse hervorgehen (Benedek und Juba, „präsakrale Ependymome").

Insbesondere verschiebt sich das *Massenverhältnis* ganz außerordentlich. Überwiegt am Gehirn in den ersten Stadien das Rhomb- und das Mesencephalon, so wird es bald in der menschlichen Entwicklung durch Wachstum des Zwischenhirns und der Großhirnhemisphären überflügelt. Dementsprechend bleiben in den Organen, deren Massenzunahme verhältnismäßig am stärksten ist, auch die Keimlager mit ihren Hilfsschichten am längsten erhalten. Auf diesen Aufbrauch der Matrix machten SPATZ und sein Mitarbeiter KAHLE[1] ganz besonders aufmerksam: „Der Aufbrauch der Matrix wird im Endhirn im allgemeinen erst nach der Geburt erreicht, während die Zwischenhirnmatrix Ende des 3., Anfang des 4. intrauterinen Monats bereits beendet ist, d. h. also, daß der Matrixaufbrauch im Endhirn gegenüber dem Zwischenhirn um mehr als ein halbes Jahr verzögert sei" (SPATZ).

Besondere Verhältnisse liegen am Kleinhirn vor. Der Sulcus lateralis weitet sich seitwärts aus und die Flügelplatten entfalten eine ungeheure Tätigkeit. Aus ihnen entstehen zunächst die Kleinhirnwülste(Abb.6), die mit ihren Keimmassen jedoch nicht ausreichen würden, um das aus kleinster Ausgangsbasis sich mächtig entwickelnde Organ zu schaffen, weshalb zunächst die Wucherung nach außen seitwärts geht, so daß wir von einer Exversion der Kleinhirnwülste sprechen, die sich dann umschlagen und in eine Inversion übergehen. Durch diesen Faltungsvorgang wird

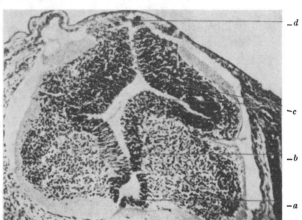

Abb. 6. 4,5 cm langer Fet, Schnitt durch das Metencephalon. *a* Bodenplatte; *b* Grundplatte; *c* Flügelplatte, Kleinhirnanlage; *d* dorsaler Ependymkeil. Der kreuzförmige Hohlraum ist die Rautengrube. Vergr. 26:1. (Aus B. OSTERTAG: Hirngewächse. Jena: Gustav Fischer 1936.)

schon in früher embryonaler Zeit eine enorme Massenzunahme eingeleitet. Das für den Aufbau des Kleinhirns notwendige Zellmaterial wird nicht nur durch die ventrikuläre, sondern auch durch die transitorische embryonale Körnerschicht gestellt. Wegen dieser komplizierten Vorgänge wird die Kleinhirnentwicklung gesondert behandelt (s. S. 327).

Im Gebiet der Medulla ist das Neuralrohr vollkommen geschlossen (Abb. 7a und b). Beim Übergang in den 4. Ventrikel öffnet sich das Neuralrohr und ist von dem Velum medullare posterius mit der Pia überdeckt. Zu Anfang der Brückenbeuge ist die bereits mächtige Kleinhirnplatte zu erkennen. Die außerordentlich starke Brückenbeuge bedingt eine vollkommene (haarnadelförmige) Umkehr der Achse des Neuralrohrs. Das Mesencephalon hat noch einen recht großen Hohlraum und die zukünftige Vierhügelplatte nimmt einen erheblichen Teil der konvexen Krümmung ein. Unmittelbar davor liegt die epiphysäre Ausstülpung. Abb. 7a läßt den noch sehr weiten basalen Hohlraum des Zwischenhirns mit der dünnen Wand der infundibulären Region erkennen und den darunterliegenden, bereits deutlich abgegrenzten Knoten des Thalamus; während von den Hemisphärenbläschen nur wenig zu sehen ist, sind dieselben bei sich schon entwickelnder Commissurenplatte deutlicher. Zwischen der Commissurenplatte und dem

---

[1] Die 2. Mitteilung KAHLES ist leider noch nicht erschienen.

Thalamus liegt das Foramen interventriculare. Die Commissurenplatte entwickelt sich (s. unten S. 314) im Gebiet der Lamina terminalis und gehört sowohl als rostrale Begrenzung dem Zwischenhirn, wie als mediane Verbindung den Hemisphären an.

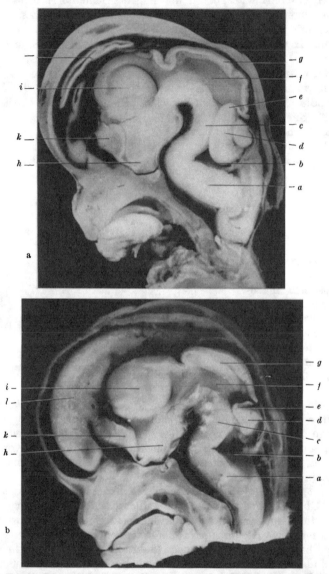

Abb. 7a u. b. a Fet etwa 5,6 cm, Sagittalschnitt durch den Schädel. *a* Mylencephalon; *b* Rautengrube; *c* Met-encephalon; *d* Kleinhirn; *e* Isthmus; *f* Aquädukt; *g* Vierhügelplatte; *h* Infundibulum; *i* Thalamus; *k* Commis-surenplatte; *l* Großhirnhemisphäre bzw. Anschnitt derselben. b Fet etwa 6,2 cm. Bezeichnungen wie oben. Man beachte den Unterschied in der Ausdifferenzierung der Rautengrube, die relative Verkleinerung des Mesencephalon, die schnelle Vergrößerung des Diencephalon mit den zwischen *h* und *i* liegenden Sulcus Monroi, die Massenzunahme der Großhirnhemisphäre mit der Verschiebung des Hirnstamms nach hinten. Hier-durch verändert sich auch schon in diesem Stadium die Beziehung von Sella zum Infundibulum und übrigen Großhirn.

Im Verlauf des 3. Monats wächst der Embryo von 4 auf 9 cm. Es entwickeln sich in dieser Zeit die Hemisphären und die Altcommissuren. Bei der Massen-zunahme des Gehirns werden die ursprünglich weiten Hohlräume enger, was insbesondere für den Ventrikel des Mesencephalon gilt, der schließlich zum Aquädukt wird.

Das Hauptwachstum des Zentralorgans entfalten die Hemisphären, die sehr bald mit ihrem occipitalen Ende die Vierhügelregion erreichen. Der in diesem Zeitpunkt entstehende occipitale Pol wird der spätere Temporalpol. Inzwischen nimmt die Differenzierung der Zwischenhirnanteile ihren Lauf, das Mittelhirn bleibt in seiner Grundstruktur erhalten, ändert sich im wesentlichen nur durch den Durchgang der Faserbahnen, dagegen nimmt die Kleinhirnentwicklung einen besonderen Platz in der Betrachtung ein.

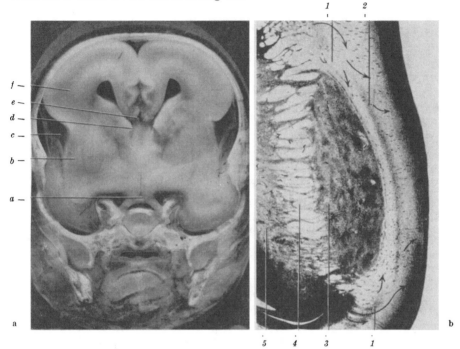

Abb. 8a u. b. a Fet 15,5 cm lang. Schnitt durch das Infundibulum, Blick nach hinten. Deutlich zu erkennen *a* Infundibulum; *b* Hemisphärenwand (Bicortex), Inselrinde und Striatumanlage; *c* Fossa Sylvii; *d* Foramen Monroi, median Commissurenplatte und Fornix; *e* noch nicht geschlossene Hemisphärenwand (median); *f* Großhirnmantel mit deutlich erkennbarer Zwischenschicht. b Schnitt durch den Bicortex, rechts außen Inselrinde. Die Pfeile geben die Wanderungsrichtung der Zellen aus der ventrikulären Matrix an. *1* äußere Übergangsschicht geht nicht in das Claustrum über; *2* Claustrum; *3* Putamen; *4* innere Kapsel; *5* Caudatum.
[Nach H. Jacob: Z. Neur. **155**, 1 (1936).]

Abb. 8a (Frontalschnitt durch das Infundibulum) zeigt basal links und rechts der Sella den Schläfenpol und über einem glatten Mittelstück der Hemisphärenwand eine wenig gegliederte Großhirnrinde. Dieses glatte Mittelstück der lateralen Wand, die sich mit einer schwachen Furche gegen die Hemisphäre nach oben absetzt, ist das Gebiet der späteren Inselrinde, des von M. Rose sog. Bicortex (Cortex bigenitus), der deshalb so bezeichnet wird, weil sich aus dieser Keimmasse sowohl das Neostriatum (Nucleus caudatus und Putamen), sowie die Inselrinde entwickeln. Diese Eindellung ist die älteste primäre Furchenanlage, die Fossa Sylvii, die wir oft an sonst windungslosen Gehirnen schon wahrnehmen können.

Die weitere Entwicklung der Hirnteile gegeneinander ist unten S. 305 dargelegt.

Zu beachten ist auf alle Fälle, daß das ursprüngliche Althirngebiet, der Allocortex, sich immer und überall nahe der Medianlinie befindet, was ohne weiteres leicht im Großhirn verfolgt werden kann, wo der Gyrus cinguli und die Ammonshornregion ineinander übergehen und als „Randbogen" den ganzen Hirnstamm median umgreifen, selbst dort, wo die Ammonshornregion infolge Überwucherung des Hirnstammes durch das Großhirn seitlich abrückt. Die älteren Autoren nannten diese „Riechhirnwindungen" die Bogenwindungen.

Wie Abb. 9 zeigt, entwickeln sich die Großhirnwindungen und Furchen nicht ganz gleichmäßig. Schon in der Orthogenese unterscheiden sich die phylogenetisch alten Hirnteile durch eine frühere Gliederung und weitere Differenzierung gegenüber den jüngeren, besonders den frontalen Abschnitten. So sieht

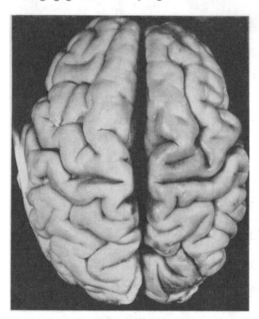

man in der Abb. 9 ein reich gegliedertes Parietal- und Occipitalhirn bei ungewöhnlich plumpen, aber noch nicht ausdifferenzierten präzentralen Windungen. Wie außerordentlich verschieden die Entwicklung sein kann, beweist Abb. 10a und b, und zwar sowohl (worauf wir noch zurückkommen) bezüglich der Persistenz der Keimlagermassen, wie der Ausdifferenzierung der Windungen. Im Vergleich zu Abb. 10b zeigt Abb. 10a die Primärfurche der Fossae Sylvii, gleichzeitig aber schon eine angedeutete Furchung im medianen Schläfenlappen, im Gyrus cinguli und auch im Parietalhirn.

Im Gebiet der Lamina terminalis entsteht an der medialen frontalen Hemisphärenwand eine Verdickung, die sich bald zusammenlegt, sofern dies nicht durch massiven Mesenchymeinbruch verhindert wird. Das ist die sog. Commissurenplatte, in deren Gebiet sich

Abb. 9. Normales Gehirn aus der Wende des 6. zum 7. Monat. Vollendete Gyration im Parietal- und Occipitalteil; demgegenüber Zurückbleiben der Rindendifferenzierung im Frontallappen.

sowohl die Althirncommissur wie die Neuhirncommissur entwickelt. Der Commissurenplatte kommt dabei nur die Rolle eines Leitgewebes zu, das bei der Vereinigung der Hemisphären dem Durchtritt der Fasern auf die kontralaterale Seite den Weg ebnet (Literatur Mingazzini, s. unten S. 314 und 465).

Durch das Wachstum der Hemisphären kommt allmählich die dünne dorsale Wand (Deckplatte) als Dach des Zwischenhirns mitsamt der im Medianspalt vorgedrungenen Leptomeninx in die Tiefe zu liegen. Das eigentliche Zwischenhirndach ist eine einfache Epithelplatte, die zum Teil durch die Tela chorioidea und den aus ihr entstehenden Plexus Einstülpungen erfährt. Die Fissura chorioidea geht ebenso wie der aus ihr entspringende Plexus chorioideus mit der Entwicklung der Hemisphären mit. Nachdem sich die Fornices und der Balken voll entwickelt haben, bleibt die Fissura chorioidea die einzige Kommunikation zwischen Seitenventrikel und den pialen Lymphräumen.

Bei weiterem Wachstum der Hemisphären entsteht aus der Commissurenplatte durch Resorptionsvorgänge das Cavum septi pellucidi, von deren 3 Begrenzungen die frontale und dorsale vom Balken, die dritte vom Fornixgewölbe gebildet wird. G. Pommer erörtert die Entstehung des Vergaschen Hohlraums, und zwar nimmt er an, daß es sich dabei um eine ganz analoge Höhlenbildung handelt, die, ähnlich wie das Cavum septi pellucidi, durch Auflockerung des Gewebes und Flüssigkeitsansammlung in der embryonalen Commissurenplatte entsteht. Das Cavum Vergae liegt bekanntermaßen zwischen dem Balken und den Crura Fornicis.

Die Columnae fornicis entwickeln sich am hinteren Rand des Septum pellucidum; sie umklammern gewissermaßen das Zwischenhirn, legen sich von unten

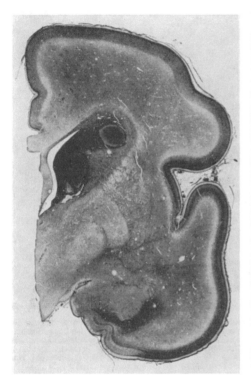
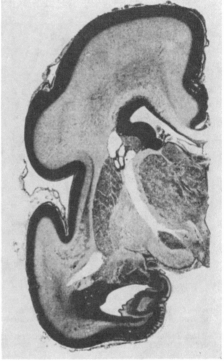

a b

Abb. 10a u. b. Zur Bewertung der Keimlagermassen in embryonalen Gehirnen: Gegenüberstellung zweier Präparate nach A. Jakob (links) und Werner J. Eicke (rechts). Das Präparat von Jakob aus dem 5. Monat enthält ein ausgeprägtes ventrikelnahes Keimlager, während es bei dem Fall Eickes vom Ende des 6. Monats naturgemäß wesentlich geringer ist. Dagegen ist der Anfang der Gyration und die Eindellung der Furchen im Falle Jakobs (im 5. Monat) wesentlich weiter vorgeschritten als bei dem von Eicke gezeigten Präparat. Infolgedessen dürfte die Gyration individuell verschieden sein. Vergr. 3mal. [Nach A. Jakob: Handbuch der Psychiatrie, 1927 und Werner J. Eicke: Arch. f. Psychiatr. 116 (1943).]

an den Balken an, um sich mit ihren Fasern in die Ammonshornregion fortzusetzen. Für die Determination ist es wesentlich zu wissen, daß schon im Verlauf des 2. Embryonalmonats die Teilung der primären Endhirnblase erfolgt (Sulcus hemisphaericus) und so aus dem Dreiblasenstadium mit dem Ventriculus impar die beiden Hemisphärenblasen entstehen. Bald nachdem aus der Basis des Zwischenhirns die Augenblasen sich ausgestülpt haben, sehen wir an der medialen Basis des Vorderhirns die Riechhirnausladung entstehen. Dieses ist (s. Phylogenese) die ursprünglichste Großhirnanlage (Paläoencephalon).

Auch im Großhirnmantel haben wir zwischen Alt- und Neuerwerbungen des Menschen zu unterscheiden (s. hierzu besonders Spatz, unten S. 338). Die ersten Differenzierungen der Hirnwand entstehen in der Gegend des späteren Ganglienhügels und der Inselrinde. Dieser, wie schon erwähnt, von Rose Cortex bigenitus oder Bicortex genannte Anteil entwickelt sowohl die sechsschichtige Inselrinde wie das gesamte Neostriatum. Die frühen Verhältnisse des Ganglienzellhügels, auf die Hochstetter besonders hingewiesen hat, der in der frontalen Ebene einen medialen und lateralen Anteil unterscheidet, haben auch Bedeutung für die Determination und Besonderheiten der Retardierung bei gewissen Zuständen wie der Arrhinencephalie.

Durch das Entstehen der Nervenfasern wird die Anlage des Ganglienzellhügels aufgeteilt (innere Kapsel). Am rostralen Ende des Daches des 3. Ven-

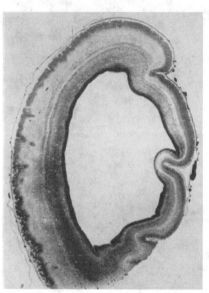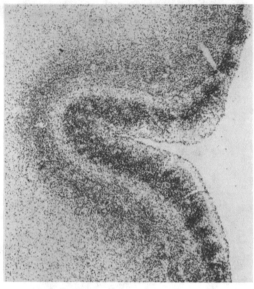

Abb. 11. Rechts: Embryonale Rinde (Fehlbildung oder normal?), embryonale Körnerschicht, Tangentialschicht, in diese vordringend Proliferationszentren, Lamina dissecans an der Furche sich nach den Seiten hin verlierend. Lineare Vergr. 4mal. (Aus Eckhardt-Ostertag: Körperliche Erbkrankheiten. Leipzig: Johann Ambrosius Barth 1940.) Links: Aus der Hinterhauptsregion. Ausgesprochener Status verrucosus. Deutliche Trennung der einzelnen Mark- und Rindenschichten. (Aus A. Jakob: Handbuch der Psychiatrie, Bd. 1. Herausgeg. von G. Aschaffenburg, 1927.)

trikels wächst die Tela chorioidea nunmehr frei durch die Foramina Monroi in die Ventrikel ein, um dort den Plexus der Seitenventrikel zu bilden.

Die Einkerbungen und Faltungen der Oberfläche entstehen vom 2. Embryonalmonat ab. Da — wie bereits betont — die Entwicklung individuell verschieden sein kann, finden sich auch bei den einzelnen Autoren differente Angaben. Zunächst entwickelt sich von den Großhirnanteilen die Riechhirnausladung ziemlich selbständig und ist durch die Fissura rhinencephali interna deutlich von der Hemisphäre getrennt. Hinter der Riechhirnausladung liegt die erste Hauptfurche, nämlich die Fossa Sylvii, die im Verlaufe des 3.—5. Monats immer deutlicher geworden, zu Beginn des 6. eine recht tiefe, aber noch nicht scharf abgegrenzte Rinne ist. In diesem Zeitpunkt liegt der Schläfenpol noch erheblich hinter dem Anfangsteil der Inselrinde. Nach innen zu entspricht dieser Eindellung das Striatum. Im 4. und 5. Monat trennt sich durch den angedeuteten Sulcus parieto-occipitalis der Hinterhauptslappen ab. Der Sulcus centralis, jetzt noch ziemlich weit frontal gelegen, wird ebenfalls deutlicher, die Riechhirnausladung wandelt sich zum Bulbus olfactorius um. In der medianen Hemisphärenwand finden wir um die Wende des 4./5. Monats tiefere Einschnitte, in erster Linie entstanden durch die caudalwärts gerichtete Entwicklung des Balkens, entsprechend der Hemisphärenentwicklung, die anfangs occipitalwärts, später bei zunehmender Massenentwicklung orobasalwärts erfolgt, so daß allmählich der ursprüngliche Occipitalpol zum Temporalpol wird, während das zunächst auf der Scheitelhöhe gelegene Gebiet den Occipitalpol bildet.

Unter primären oder *Hauptfurchen* versteht man diejenigen, die als fetale Einfaltung der Hemisphärenwand schon frühzeitig in Erscheinung treten: Fissura Sylvii, Fissura chorioidea, Fissura hippocampi, Calcarina collateralis. Sie sind in diesem Stadium der Entwicklung auch an der Innenseite der Ventrikelwand wahrzunehmen (vgl. Abb. 11). Die Fissura hippocampi ist gewissermaßen die Fortsetzung des Sulcus corporis callosi, an der Medianfläche des Gehirns das Splenium corporis callosi umfangend.

Um die Wende des 5./6. Monats ist der Sulcus cinguli (calloso-marginalis) und die Fissura collateralis (occipito-temporalis) entstanden.

Das Septum pellucidum, Fornix, Gyrus dentatus, Induseum und untere Teile des Gyrus cinguli sind Teile der medianen Hemisphärenwand, d. h. Allocortexgebiet, die nur durch den Balken voneinander getrennt sind. Während der weiteren Entwicklung treten dann eine Reihe sekundärer und tertiärer Furchen auf, nachdem sich die Fossa Sylvii ganz erheblich vertieft hat.

H. H. Meyer gibt nach Untersuchung von 180 Feten der 20—40. Schwangerschaftswoche eine Übersicht über das Auftreten und Besonderheiten der wichtigsten Furchen, die an sich bilateral symmetrisch, während der Entwicklung durch Auftreten von Teilungen und Anastomosen verwischt werden. Zwischen allgemeiner Körperentwicklung und Gehirnentwicklung besteht kein direkter Zusammenhang. In der 36. Woche sind alle Furchen vorhanden und das Oberflächenrelief ähnelt bereits dem des Erwachsenen. Da jedoch die Furchen eng beieinanderliegen, ist die Orientierung recht schwierig. Die Fossa Sylvii hat sich fast geschlossen (Ende der Opercularisation), der Sulcus centralis (bereits von der 22. Woche ab vorhanden), erreicht oft die Mantelkante, seltener die Sylviische Furche. Der Sulcus postcentralis ist in der Entwicklung sehr unregelmäßig, in der 40. Woche erreicht er die Fossa Sylvii. Der Sulcus cinguli (von der 20. Woche ab vorhanden), ist anfangs unzusammenhängend, während die Fissura parietooccipitalis schon in der 20. Woche stark entwickelt ist und fast immer zu der Calcarina, die zum gleichen Zeitpunkt auftritt, Verbindung hat. Die sehr genau durchgeführten Untersuchungen ergeben gewisse Unterschiede zwischen rechter und linker Hemisphäre, wobei der Autor besonders hervorhebt, daß links die Furchen in der Nähe der Fossa Sylvii sich schneller entwickeln und mehr Variationen zeigen. Verfasser sucht dies durch den Sitz der wichtigen physiologischen Zentren zu erklären, die den übrigen Hemisphärenanteilen voraneilen (vgl. Hallervorden). Die Partien der medialen rechten Hemisphärenseite sind stärker als links, ohne daß ein Grund dafür angegeben werden kann. In der ursprünglichen Anlage besteht eine bilaterale Symmetrie. Was nun das endgültige Gehirn anbelangt, fand H. H. Meyer bei hochgewichtigen Gehirnen auch ein vorgeschrittenes Furchenrelief, bei niedrigen Gewichten eine geringere Entwicklung. (Hiervon gebe es zahlreiche Ausnahmen.) Einen Geschlechtsunterschied konnte H. H. Meyer nicht feststellen. In allen Lebensaltern bleibe das Verhältnis Hirngewicht zu Körpergewicht, männlicher und weiblicher Gehirne, nahezu das gleiche.

Siehe hierzu H. Jacob (1950): Die Eigenform des Hirnes gestaltet sich nach individuell variablen Plänen. Mit gewissen Einschränkungen ist es möglich, den Windungscharakter nach 3 Grundtypen herauszuheben: die Eugyrie, die Stenogyrie und das plumpe Windungsrelief. Mitunter können diese Grundtypen im Windungsbild in scheinbarer Regelmäßigkeit den Elementartypen (Brachyencephalie, Dolychoencephalie und Hirnhochwuchs beim Turmschädel) in der Hirnform zugeordnet erscheinen. Wenn sich jedoch auch der Dolychoencephale mitunter durch einen gestreckteren und schmaleren Windungstyp vom Brachyencephalen mit kürzeren und breiteren Windungen abhebt, so handelt es sich hierbei doch um keineswegs regelmäßige, sondern schon recht lockere Zuordnungen im Grenzbereich zur spezifischen „Eigenform" des Gehirns. So entstehen immer wieder stenogyre Kugelhirne, plumpe, kurzläufige Windungen beim Dolychoencephalen und ähnliche Unabhängigkeiten zwischen Windungscharakter und Hirngröße. Der Windungscharakter beruht offenbar auf Gestaltungsprinzipien, die nicht gesetzmäßig, sondern lediglich mitunter in Korrelation zum Schädelhirnwuchs wirksam werden. Bezüglich der „Eigenform" des Großhirns können wir hirnspezifische Merkmale in der Lappengliederung, am Furchungsplan, am Windungscharakter, Windungsentwurf und an der feineren Oberflächenmorphologie der Windungen ablesen. Bekanntlich entwickelt sich unter dem höchst variablen Windungsfurchenrelief eine gleichermaßen variierende cytoarchitektonische Feldgliederung, die zwar von Windungs- und Furchenzäsuren weitgehend unabhängig begrenzt erscheint, aber andererseits in einer Anzahl von Brennpunkten mit markanten Stellen innerhalb der Oberflächengliederung gesetzmäßig zusammentrifft. Eine solche absolute Deckung findet sich etwa im Bereich der Ammonshornformation. Häufiger allerdings betreffen solche Entsprechungen nicht die Abgrenzung der Areale, vielmehr gewissermaßen zentrale Bindungen an oberflächenmarkante Stellen (z. B. Fissura calcarina, Gyrus centralis anterior).

Lappengliederung, Grundplan des Furchenwindungsreliefs und Fixpunkte der cytoarchitektonischen Karte sind frühfetal festgelegt. Die Wirksamkeit individueller Variationstendenzen fällt offensichtlich wesentlich in die 2. Hälfte der Fetalperiode nach Abschluß der Zellmigration (4.—9. Fetalmonat). Die hirnspezifischen Gestaltungen am Oberflächenrelief variieren nunmehr vornehmlich im Hinblick auf die Differenzierung des Furchennetzes, auf den Windungscharakter und Windungsentwurf.

Nach Hallervorden wiegt das Gehirn bei der Geburt etwa 300—400 g. Es ist zu diesem Zeitpunkt das größte Organ. Sein Gewicht verhält sich zum Körpergewicht wie 1:8, beim Erwachsenen wie 1:40. In seiner Form ist das Gehirn zur Zeit der Geburt fertig entwickelt, jedoch noch unreif. Bis zum Ende des 1. Lebensjahres verdoppelt sich das Gehirngewicht etwa und erreicht schließlich im 3. Lebensjahr das 3fache. Keine wesentlichen Unterschiede gegenüber dem Zentralnervensystem des Erwachsenen finden sich vom 4. Lebensjahr ab.

Die Entwicklung des Rückenmarks als einfachstem Teil des Neuralrohres bedarf keiner besonderen Erörterung. Bei größerer Längenzunahme der Wirbelsäule, infolge schnelleren Wachstums der Wirbelsäule gegenüber dem Rückenmark, endet dasselbe auf der Höhe des 2., 3. Lumbalwirbels. Nur noch das Filum terminale reicht bis an das Ende des Duralsackes. Infolge dieses Vorganges liegen die Spinalganglien nicht mehr außerhalb der Wirbelsäule, sondern werden mehr in die Foramina intervertebralia hineingezogen.

Das caudale Ende der Körperachse und des Rückenmarks (s. unter Dysraphien) zeigt eine besondere Neigung zu bestimmten Störungen (Spina bifida usw.). Dagegen werden Störungen aus frühester Embryonalzeit in den Wirkungsbereich der Rumpfschwanzknospe verlegt. Über deren Bildung und Rückbildung und ihr Verhalten zum hinteren Neuroporus sind die Untersuchungen noch nicht abgeschlossen (s. Ikeda 1930, Holmdahl 1925).

Die Neuralleiste ist bereits oben erwähnt. Während die meisten Autoren Neural- und Ganglienleiste im gleichen Sinne gebrauchen, erkennt Holmdahl als Neuralleiste nur die Primitivbildung anläßlich des Schlusses des Neuralrohrs an, während er als Ganglienleiste die bereits erfolgte Differenzierung und Hinzufügung des Mesenchyms (Mesektoderms) auffaßt: Neuralleiste und Ganglienleiste seien auch beim Menschen zwei wohl abgegrenzte und zwei voneinander ganz verschiedene Gebilde (Holmdahl 1934). Das würde also bedeuten, daß allerdings nur am unpaaren Neuralrohr bis zum Rhombencephalon sich eine Neuralleiste im Sinne Holmdahls finden kann; denn nur dort entsteht bereits am sich schließenden bzw. geschlossenen Neuralrohr eine Ganglienleiste. Diese ist kontinuierlich und bildet die 36, später auf 31 reduzierten Spinalganglien, sowie die Schwannschen Zellen und schließlich wandern von ihr aus auch die sympathischen Ganglienzellen aus. Die segmental angeordneten 31 Spinalganglien lassen aus einem Teil ihrer Zellen Nervenfasern hervorgehen, welche zentralwärts als hintere Wurzelfasern zum hinteren Rückenmark ziehen, peripherwärts mit den vorderen Wurzelfasern zusammen die Spinalnerven bilden (FISCHEL 1929). Wie wesentlich die normale Entwicklung der Ganglienleiste vom Schluß des Neuralrohres abhängig ist, beweist eine Anzahl Beobachtungen, von denen diejenige von SCHNEIDERLING (s. unten) erwähnt sei. Es fanden sich bei einer Diastematomyelie noch in der Mitte liegende Spinalganglien, was mit Sicherheit auf eine Verdoppelung der Ganglienleiste zurückzuführen ist.

Über die verschiedenartige Lage der Spinalganglien innerhalb des Dural-sackes siehe unten. Im Gegensatz zu der spinalen Ganglienleiste entwickelt sich die Kopfganglienleiste diskontinuierlich noch am offenen Neuralrohr. Aus der Kopfganglienleiste entwickeln sich 4 Ganglien, und zwar die zwei hinter dem Ohrbläschen gelegenen des Nervus IX und X und die zwei vor dem Ohrbläschen gelegenen, nämlich Nervus V und Nervus acusticus-facialis. Aus dem rostralen Anteil, der zu dem optischen Apparat in Beziehung steht, entwickelt sich mit großer Wahrscheinlichkeit das Ganglion ciliare. Noch nicht gesichert ist jedoch die Frage, ob sich aus der Kopfganglienleiste auch Mesenchym der Meningen bildet oder ob nur eine Induktion vorliegt. In der Ontogenese der Säugetiere müßte man, wie mir liebenswürdigerweise KUHLENBECK persönlich mitteilte, noch größere Vorsicht walten lassen. In Frage kommt vom Mesektoderm aus die Entstehung der Hülle des Nervus opticus, der Sklera, Uvea und Iris; mit Sicherheit jedoch (s. unten Hüllraum) geht aus dem Gebiet der Kopfganglien-leiste nach den neueren Untersuchungen ein großer Teil des Visceralskelets des Schädels hervor (LEHMANN).

Bezüglich der Zuordnung des Zwischenhirns muß auf die Entwicklung des rostralen Körperendes noch einmal eingegangen werden. Schon aus dem Vor-herstehenden (s. S. 285 und 294) geht hervor, daß der Bau des Neuralrohres in Boden-, Grund- und Flügelplatte nur so weit reicht, wie dieselbe von der Chorda unterlagert wird, d. h. gewissermaßen die Chorda die Bodenplatte und die Boden-platte ihrerseits die Grundplatte induziert, während diese wiederum die Ent-wicklung der Flügelplatten beeinflußt. Ursprünglich nahm HIS an, daß nach einem bestimmten Bauplan, gewissermaßen parallel zur Bodenplatte, sowohl die Grundplatten wie die Flügelplatten bis an das rostrale Körperende gingen. Das würde dann zur Folge haben, daß das Zwischenhirn in seinem Aufbau dem übrigen Neuralrohr absolut gleichzusetzen sei, also auch aus Bodenplatte, Grund-platte und Flügelplatte, sowie schließlich Deckplatte bestünde. Demgegenüber vertreten KINGSBURY und KUHLENBECK die Auffassung, daß das Chordamaterial (vgl. Abb. 12) die Bodenplatte und diese wiederum die Grundplatte induziere, während alles übrige dann Flügelplattengebiet sei. Wie wir bereits betonen konnten, nimmt die Flügelplatte bei höherer Differenzierung in der Phylogenese mehr an Bedeutung zu. Aus ihr entstehen ausschließlich die Regulations-organe und insbesondere auch der ganze Hirnmantel. So sind KINGSBURY und KUHLENBECK u. a. der Auffassung, daß die Bodenplatte mit dem Ende der Chorda dorsalis endet und daß sich bei der Vorwölbung des präsumptiven Endhirns über das Körperende und die Chorda hinweg auch bald das Grund-plattengebiet erschöpft, d. h. mit dem Corpus mammillare endet; was sich davor über das embryonale Körperende nach vorne wölbt, ist Flügelplattengebiet.

SPATZ und sein Schüler KAHLE sind dagegen der Auffassung mit HIS, daß auch im Zwischenhirn noch der primitive Bau des Neuralrohres nachweisbar sei und daß dementsprechend der Globus pallidus als motorisches Ganglion des Zwischenhirns anzusehen wäre, während andere Autoren, so auch MARBURG, den Globus pallidus als ein zwischengeschaltetes Regulationszentrum den vege-tativen Zentren gleichsetzen.

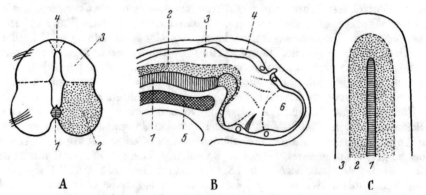

A   B   C

Abb. 12 a u. b. Entwicklung des Neuralrohrs und deren Äquivalente am fertigen Organ.

Abb. 12 a. Schematische Darstellung der Aufteilung des Neuralrohres in die Hisschen Platten. A Querschnitt;
B Längsschnitt; C Flächenansicht der Medullarplatte. *1* Bodenplatte; *2* Grundplatte; *3* Flügelplatte; *4* Deckplatte; *5* Chorda dorsalis; *6* Hemisphärenanlage. (B und C nach Kuhlenbeck: Zentralnervensystem
der Wirbeltiere.)

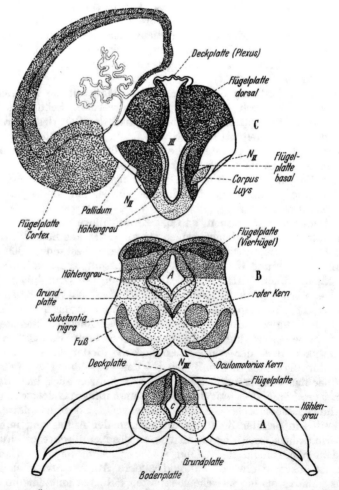

Abb. 12b. Übersicht der Grund- und Flügelplattengebiete. (Umgezeichnet nach Spatz.)
[Aus B. Ostertag: Z. Urol. **47**, 344 (1954).]

Wir selbst möchten uns der Auffassung von KUHLENBECK anschließen und betrachten das Zwischenhirn als ausschließliches Flügelplattengebiet. Denn schon beim Embryo können wir das Auftreten der Bodenplatte nur über dem Chordaabschnitt sowohl an unseren Mäuseserien wie bei menschlichen Embryonen verfolgen. Gerade die Lage der vegetativen Zentren an der Basis des Zwischenhirns würde doch weitaus eher mit dem übrigen Bauplan des Neuralrohres übereinstimmen, wo diese Zentren im Gebiet der Fissura lateralis, d. h. im Gebiet der ventralen Flügelplatte gelegen sind. OSTERTAG und Mitarbeiter, besonders O. STOCHDORPH und GG. SCHMIDT haben den Nachweis erbracht, daß sich ganz charakteristische Spongioblastome ausschließlich im Flügelplattengebiet des Diencephalon und Allocortex finden. Auch haben wir nirgends finden können, daß der Sulcus Monroi eine Fortsetzung des Sulcus limitans sei. In einer neueren Arbeit bringt J. C. ORTIZ DE ZARATE aus dem Institut VAN BOGAERT's eine Darstellung der Flügelplatten, in der er unter anderem die ganze Flügelplattenstraße mit einer Fehldifferenzierung der Spongioblasten als Charakteristikum für die zentrale Neurofibromatose darstellt.

Neuerdings sind auch FEREMUTSCH und GRÜNTHAL dem Problem nachgegangen, ob sich im Bereich des Zwischenhirns Flügel- und Grundplatte unterscheiden ließen. Auf Grund des Studiums der Matrix-Struktur kommen sie zu dem Ergebnis, der Paläocortex und der mediale Ganglienhügel (später Pallidum) stülpen sich aus dem Hypothalamus aus. Über ihrer dichten Matrix fehlt eine Rindenplatte, während der dorsale Archi- und Neocortex einschließlich des lateralen Ganglienhügels sowie Bildung des Striatum aus dem thalamischen Zwischenhirn hervorgingen. Die hier gelegene diffusere Matrix bilde eine schärfer abgesetzte Rindenplatte; zwischen Thalamus und Hypothalamus bestände eine Grenzfurche und da eine ebensolche Matrix zwischen Thalamus und Epithalamus und an der Grenze gegen das Mittelhirn liegt, wird die Gliederung der Flügel- und Grundplatte abgelehnt.

Urabschnitt des Vorderhirns sei der Hypothalamus, während Thalamus und Epithalamus „das einigende und ordnende Prinzip aller aus dem Zwischenhirn entstehenden Organe sei".

Die Einreihung des Ganglienhügels bei den Grundplattengebieten, wie dies in den Arbeiten von KAHLE geschieht, ist unseres Erachtens nicht hinreichend begründet. In Abb. 8c seiner genannten Arbeit erscheint ihm der rostrale Flügelplattenhaken bei schräg frontalem Schnitt zweimal getroffen.

Anläßlich einer Erörterung über diese Frage teilt KUHLENBECK freundlicherweise brieflich mit, daß nach seiner Ansicht die sog. Matrixphasen (KAHLE) Ausdruck eines ontogenetischen und physiologischen Gradienten seien, wie er ihn beim Chordagewebe als „axiales Differenzierungsgefälle" beschrieben habe (1930). Bei den Matrixphasen handle es sich jedoch um einen ventrodorsalen Gradienten, der sich auf das axiale Gefälle superponiert.

An dieser Stelle kann nur auf grundsätzliche Dinge der *Kleinhirnentwicklung* eingegangen werden. In bezug auf die Phylogenese ist es wohl das interessanteste Organ, das den progressiven Aufstieg bei einem ursprünglich relativ einfachen Bau versinnbildlicht. Deshalb muß entgegen der übrigen Anordnung dieser Kapitel das Kleinhirn im Zusammenhang erörtert werden. Phylogenetisch entwickelt sich das Organ im frontalen Anschluß an die Kerne der Körperstatik (Nn. vestibulares, Nn. laterales). Schon bei den Amphibien finden sich große Unterschiede zwischen den Lurchen und den Fröschen. Bei den Reptilien sind ebenfalls erhebliche Unterschiede zu erkennen. Aber überall überwiegt das Corpus cerebelli, auriculus oder flocculus. Auch treten hier schon innere Kerne auf. Eine erhebliche Größenzunahme des Kleinhirnkörpers erfolgt bei den Vögeln, die deutlich transversale Furchen erkennen lassen. An einen Flocculus und Paraflocculus grenzt hier seitlich der Lobus posterior. Im Kleinhirninnern liegen medial der Nucleus tecti lateralis und die Nuclei dentati. Im Kleinhirn der Säuger sind stets mehr oder minder deutlich die vom Mittelstück abgegrenzten Hemisphären vorhanden. Durch Zunahme der Brückenfasern nimmt auch die Masse der Kleinhirnhemisphären zu.

Der Nucleus dentatus gewinnt erheblich an Masse. Über die Einteilung des Säuger- und Menschenkleinhirns s. die Übersicht bei A. Jakob (l. c.) und bei Gagel (Handbuch der Neurologie 1935), der sich im wesentlichen an die Untersuchung von Jakob und Hayashi hält, und die verschiedenen Einordnungsversuche der Kleinhirnanteile nach Bolk, Ingvar, Edinger und Gomolli einer Kritik unterzieht.

Das menschliche Kleinhirn entwickelt sich (s. Abb. 6 und 7b) im Gebiet der Flügelplatten, an der vorderen lateralen Kante der Rautengrube. Im Gebiet des lateral am Boden der Rautengrube gelegenen Sulcus limitans bildet das Ependym ein starkes Proliferationszentrum. Für die dorsalwärts hochziehende Flügelplatte (Hayashi) am Ende des 1. Embryonalmonats ist das Tuberculum cerebelli deutlich. Ein sich nach hinten anschließender Wulst kann mit dem Tuberculum acusticum identifiziert werden.

Der weiter caudalwärts (ebenfalls auf Abb. 7b) zu erkennende Wulst ist die Anlage von Brücke und Olive.

Die Abb. 14 (nach Arey) gibt den Überblick über die Entwicklung des Kleinhirns, wobei nur zu beachten ist, daß der oberste Schnitt parasagittal bzw. schrägsagittal gelegt ist. Hierzu vergleiche man die nach Hayashi und Jakob (Abb. 13) wiedergegebene Darstellung der Rindenreifung des Kleinhirns, da hier, ebenso wie beim Großhirn (s. oben S. 302, s. unten S. 330) die phylogenetisch ältesten Teile in der Reifung vorauseilen.

Bei Embryonen von der Länge um 30 mm SSL, d. h. um die Mitte des 2. Monats, lassen sich Differenzierungen gut erkennen. Ebenso wachsen schon zu dieser Zeit die zunächst noch offenen und nur durch die Tela chorioidea getrennten Flügelplatten der Kleinhirnanlage in der Mittellinie zusammen und der bald auftretende Sulcus primarius trennt die Kleinhirnblätter in Unter- und Oberblatt. Aus dem unteren Blatt entsteht der Unterwurm und die Hemisphären, seitwärts schließt sich mit starker Krümmung der Flocculuswulst an. Das Mittelstück zeigt eine leichte Vertiefung, die seitwärts in den Sulcus primarius übergeht.

Auch der Oberwurm entwickelt sich aus zwei bilateral symmetrischen Wülsten, die seitlich durch eine scharfe Furche begrenzt sind. Das phylogenetisch älteste, das Urkleinhirn (Wurm, Flocculus, Paraflocculus) ist vom Neocerebellum, Kleinhirnhemisphären und Kleinhirntonsillen zu trennen. Zum Paläocerebellum gehören die mittelälteren Anteile (Lobus medianus, Velum medullare anterius und posterius).

Schon frühzeitig erkennt man die Verbindung des Kleinhirns mit dem übrigen Gehirn durch die schon äußerlich sichtbaren Stränge. Unterer Kleinhirnschenkel: Corpus restiforme = Crus medullo-cerebellare, Mittelkleinhirnschenkel = Brachium pontis = Crus ponto-cerebellare, oberer Kleinhirnschenkel = Brachium conjunctivum = Crus cerebello-cerebrale.

Um die Mitte des 3. Monats bei etwa 65 mm SSL ändert sich die Kleinhirnanlage durch die Einrollung im Unterblattanteil; während im Oberblatt bereits der Wurm geschlossen ist, sind die Unterwurmanteile deutlich getrennte paarige Wülste. Die jetzt erkennbare flache Einsenkung vor den oralen Unterwurmwülsten wird als Zwischenstück bezeichnet. Die caudalsten Teile des Unterwurms bilden den Nodulus, der in den Ansatz des Velum medullare posterius übergeht. Die Hemisphären zeigen noch keine Furchungen. Bei Embryonen von etwa 70 mm SSL ist der Sulcus primarius deutlich, bald darauf der Sulcus praepyramidalis und im 4. Monat sind alle Hauptlappen des Wurmes ausgeprägt. Gleichzeitig beginnt vom Lobulus centralis nach rückwärts weiterschreitend die Bildung der sekundären Furchen.

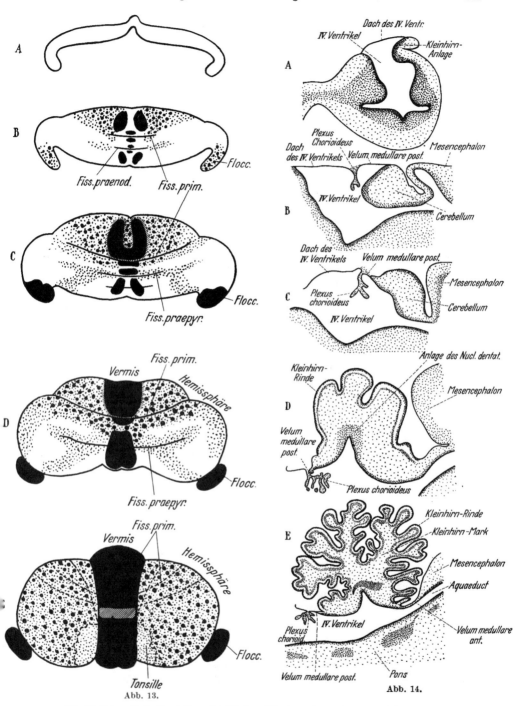

Abb. 13. Schematische Darstellung der Rindenreifung im embryonalen menschlichen Kleinhirn.
(Nach A. JAKOB.)

Abb. 14. Entwicklung des Kleinhirns. (Nach AREY.) Vgl. Abb. 6. A Entstehung der Kleinhirnlippe und Verschmälerung des Daches zur Tela des 4. Ventrikels. B Seitlicher Teil des Kleinhirnwulstes. C Medianteil mit der
tiefen Furche gegenüber dem Mittelhirn, bei D Entwicklung der Kleinhirnkerne im Kleinhirn selbst, Auftreten
der Incisura fastigii, embryonale Kleinhirnschicht, bei E Kleinhirn in Windungen und Läppchen angelegt, mit
besserer Ausdifferenzierung des Paläocerebellums.

Bei Embryonen zwischen 20 und 25 cm SSL ist die grobe Oberflächenstruktur bereits vollendet.

Zusammenfassend können wir also an der Kleinhirnanlage Ober- und Unterblatt unterscheiden, wobei sich aus dem Oberblatt der Oberwurm mit seinem hinter dem Sulcus primarius gelegenen Mittelstück, sowie das Zwischenstück als seitliche Anteile entwickeln. Aus dem Unterblatt gehen der Unterwurm mit dem Nodulus, sowie die Hemisphären und der Flocculus hervor.

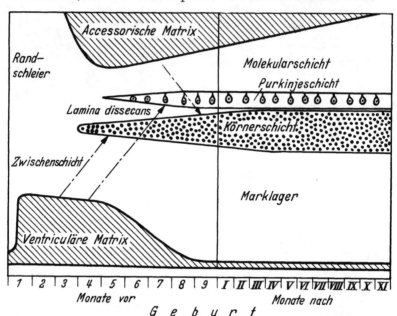

Abb. 15. Übersicht über die Kleinhirnentwicklung. Unten Matrix, aus der Körnerschicht und Purkinje-Schicht hervorgehend, oben embryonale Körnerschicht in ihrem Verhalten während der Entwicklung und nach der Geburt. (Nach Schwarzkopf.)

Übersicht über die Kleinhirnentwicklung.

	Oberblatt	Unterblatt	Kerne
a) Wurmwulst (Paläocerebellum)	Oberwurm, Lobus simplex und medianus (Mittelstück), Velum medullare anterius	Unterwurm, Nodulus, Velum medullare posterius	Nuclei tecti und eventuell N. globosi
b) Hemisphärenwulst (Neocerebellum)	Zwischenstück (Nucleus emboliformis oromediales Dentatum)	Kleinhirnhemisphären (Tonsillen)	Nucleus dentatus
c) Flocculuswulst (Paläocerebellum)	Flocculi als paarige Urkleinhirnbestandteile (vestibulare Kerngebiete)		

Zwischen Hemisphären und Unterwurm liegt beim Tier und Menschen eine rindenfreie Zone, die während des Embryonallebens jedoch eine verkümmerte Rindenanlage zeigt (Nidus avis).

Der Feinaufbau des Kleinhirns, den wir hier vorwegnehmen, unterscheidet sich von dem der Großhirnrinde wesentlich, insbesondere aber auch durch die Ontogenese. Abb. 15 und 16a und b geben eine schematische Übersicht über die Entstehung der Kleinhirnrinde und der Kleinhirnkerne, die hier nicht nur aus der ventrikulären Matrix gebildet werden, sondern auch durch die akzessorische

Körnerschicht. Diese entsteht aus den sog. Ependymkeilen Schapers überall in den Umschlagstellen des Ventrikels, besonders seitlich am Ansatz des Velum medullare und im Nodulus. Von diesen akzessorischen Keimzentren wird sowohl die embryonale Körnerschicht wie auch besonders im Unterwurmgebiet Kleinhirn-

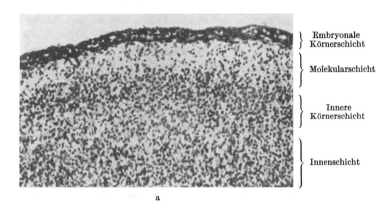

} Embryonale
   Körnerschicht

} Molekularschicht

} Innere
   Körnerschicht

} Innenschicht

a

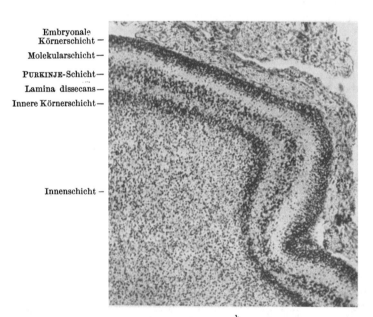

Embryonale
Körnerschicht —
Molekularschicht —
Purkinje-Schicht —
Lamina dissecans —
Innere Körnerschicht —

Innenschicht —

b

Abb. 16a u. b. Rindenentwicklung des Kleinhirns. Oben Kleinhirnrinde aus dem 3. Monat, unten aus dem 8. Monat. (Nach O. Gagel.)

substanz selbst gebildet. Die embryonale Körnerschicht beginnt im 3. Embryonal-monat zu proliferieren, hat ihren Höhepunkt um die Wende vom 4./5. Monat und verschwindet erst im 9./10. Monat des extrauterinen Daseins. Die hier entstehenden Bildungen größtenteils vorübergehender Natur in der Kleinhirn-rinde, wie die Lamina dissecans werden unten (Architektonik) abgehandelt. Bezüglich der Ontogenese sei nur noch auf Besonderheiten hingewiesen, näm-lich 1. auf die Fiss. med. cerebelli, die sich nur langsam schließt, aber auch lange Zeit offenbleiben kann und 2. auf die eigenartigen von Hochstetter be-schriebenen Blasen in der medianen Fläche der Kleinhirnwülste (s. unten S. 330).

Die Entstehung der Verbindungen des 4. Ventrikels mit dem Subarachnoidalraum (Foramen Magendii und Foramina Luschkae) bespricht Schaltenbrand (Handbuch der mikroskopischen Anatomie 1955). Danach erfolgt im 4. (Retzius 1896), bisweilen auch schon im 3. Embryonalmonat die Entstehung dieser Kommunikation. Zur Untersuchung dieser Verhältnisse ist sehr gut erhaltenes Material Voraussetzung. Bei einem Fetus von 11 mm Länge fand Karlfors (1924) in der Gegend des späteren Foramen Magendii eine auffallende Verdünnung der Epithelwand und chromatinarme Zellkerne, außerdem unscharfe Begrenzung gegen das unterlagernde Bindegewebe. Das Foramen Luschkae soll dagegen erst am Ende des 6. Embryonalmonats entstehen. Seiner Öffnung ginge eine Atrophie der Wand voraus, die im 5. Monat einsetze.

Die Entwicklung der Großhirncommissuren.

Die Lamina terminalis ist das ursprüngliche rostrale Ende des geschlossenen Neuralrohres, als dessen vorderste Wand sie unmittelbar vor der Chiasmaplatte dorsalwärts nach oben zieht und in die Decklamelle des Zwischenhirns übergeht. In dem dorsalen Abschnitt dieser anfangs noch sehr dünnen und zarten Lamelle entwickelt sich bei Embryonen (zwischen 3,5 und 7 mm) eine Verdickung, die nach beiden Seiten zunimmt. Durch das gleichzeitige Wachstum der Hemisphärenblasen wird diese Verdickung zur Commissurenplatte. Diese ist gewissermaßen nur das Leitgewebe, in das in späteren Monaten (und zwar bei Embryonen jenseits von 50 mm Größe), die Nervenfasern einstrahlen.

Infolge der Massenzunahme wird die Commissurenplatte bald halbkugelig, zeigt mit ihrer Konvexität gegen das Foramen Monroi. Im Verlauf der weiteren Entwicklung bildet sich in der Basis der Commissurenplatte die vordere Commissur, die unverändert als Commissura anterior auch im späteren Leben die Riechhirnzentren der Schläfenlappen verbindet. Eine gleicherweise zum Althirn gehörende Commissur ist die Fornixformation, die ebenfalls aus der Commissurenplatte entsteht. Sie verbindet die Nervenzellen des Ammonshorns mit den medialen Kernen des Corpus mammillare bzw. dem Tuberculum olfactorium und parolfactorium. Die weitere Entwicklung des Gewölbes der Columnae fornices ist nur aus der räumlichen Entwicklung des Großhirns zu erklären, die wir zugleich mit der Entwicklung des Balkens erörtern. Der Gyrus hippocampi entwickelt sich ebenfalls aus der basalen Commissurenplatte und stellt eine Verbindung der beiden Ammonshörner dar, die als Psalterium zwischen dem Balkenwulst und den Crura fornicis verläuft. Durch Rückresorption entsteht, wie oben bereits erwähnt, das Cavum septi pellucidi, analog dem Cavum Vergae.

Das Wachstum der Commissurenplatte geht einmal auf Proliferation ortsständiger Zellen, zum anderen auf die in zunehmender Zahl durch sie hindurchtretenden Nervenfasern zurück, die, von den Hemisphären eindringend, Anschluß an die Fasern der Gegenseite gewinnen.

Die Massenentwicklung dieser Fasern ist proportional der Entwicklung der in dem Hirnmantel sich entwickelnden Nervenzellen. So ist die weitere Zunahme des Balkens in allererster Linie ein Auseinandergezerrtwerden der primären Anlage durch die einstrahlenden Nervenfasern. Mit dem Wachstum der Hemisphären über das Zwischenhirn schiebt sich auch der Balken über dieses hinüber, bis er schließlich auch die Vierhügelregion bedeckt. Zu Beginn der Hemisphärenentwicklung ist der äußere bzw. Randbogen deutlich zu erkennen. Die beiden Allocortexanteile, nämlich der basale Gyrus cinguli einerseits mit den grauen Massen auf dem Balken selbst, der Fornix- bzw. Psalteriumformationen andererseits, werden durch den neencephalen Balken voneinander getrennt.

Die Entwicklung des Balkens hat einen außerordentlichen Einfluß auf das Furchenrelief der medialen Hemisphärenwand. Bei Fehlen des Balkens haben wir ausgesprochen radiär gestellte Windungen, die senkrecht auf die Fissura interhemisphaerica verlaufen[1].

C. Cytogenese, Architektonik und Feinaufbau.

In der organogenetischen Phase wird aus den Primitivorganen die äußere Form gebildet und in der histogenetischen der Feinaufbau zum geburtsreifen Organ vollendet. Damit ist jedoch die Entwicklung noch nicht abgeschlossen.

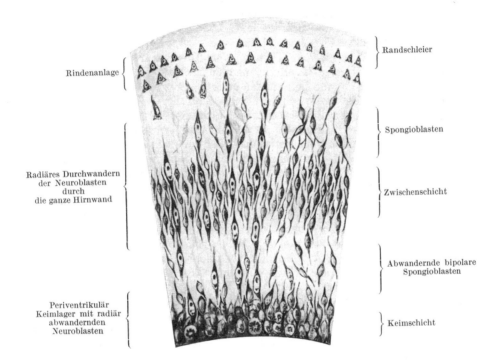

Im Nervensystem und speziell im Großhirn ist die organogenetische Phase gekennzeichnet durch die Migration der proliferierenden Matrixzellen in der Richtung auf den Randschleier. Gegen Ende des 2. Embryonalmonats befindet sich die ventrikuläre Matrix in hoher Tätigkeit. Die Entstehung der das Zentralorgan aufbauenden Zellen geht primär von der um den Hohlraum gelegenen Matrix aus. Dieser ist innen wie von einem Zellkranz umgeben, und zwar den relativ großen Medulloblasten, die sich vom primären Neuroepithel ableiten. Die Medulloblasten bilden, mit Flimmerhaaren besetzt, die Begrenzung des Hohlraums; die Ausläufer der Zellen, deren Kerne gegen den Hohlraum zugewandt sind, reichen bis an die äußere Peripherie. Durch enorme Teilungsvorgänge, die sich schon frühzeitig auf bestimmte Schwerpunkte konzentrieren, vermehren sich

---

[1] Über die einzelnen Gestaltungsvorgänge und die Befunde bei Fehlen des Balkens wird unten eingegangen, wobei wir grundsätzlich zwischen denjenigen Fehlformen des Balkens, die in das Gebiet der systemisierten Verbildungen fallen, und denjenigen, die wir einfach als dysraphisches Äquivalent anzusehen haben, unterscheiden müssen.

diese Zellen, die bald eine mehrschichtige Zellwand um das Lumen bilden (vgl.
Abb. 17). Anfangs stehen noch alle Zellen auch mit der inneren Oberfläche in
Verbindung; später hört dieses auf, nur was noch an Zellen um den Hohlraum
gelegen ist, differenziert zum Ependym aus. Die übrigen Zellen (die primären
Medulloblasten) differenzieren sich sowohl in der Richtung auf die Ganglien- wie
auf die Gliazellreihe. Besteht ursprünglich das Neuralrohr nur aus der um den
Hohlraum gelegenen Zellschicht und dem im Zellbild als zellfrei imponierenden
Randschleier, so bildet sich in der Zeit um die Wende des 2./3. Monats eine
Zwischenschicht aus, in die von der Matrix Zellen abgegeben werden, die ihrerseits noch Teilungspotenzen in hohem Maße besitzen. Wir haben in diesem Stadium
die zellreiche Matrix, eine äußere Schicht und den zellarmen Randschleier.
Während die spongioblastischen Elemente zunächst die maschig-locker aufgebaute
Zwischenschicht bilden und sich hier an Ort und Stelle vermehren, durchwandern
die Neuroblasten diese Zwischenschicht, ordnen sich im Randschleier an und vermehren sich hier durch weitere Teilung. Von Interesse sind die von W. Jacoby
1935 aufgestellten Gesetze des allgemeinen Zellwachstums. Die Volumenzunahme
der Zellkerne aller Organe beträgt das ganzzahlige Vielfache eines elementaren
Grundquantums. Es verdoppelt sich fortlaufend die Größe ihrer Chromosomen
bei gleichbleibender Anzahl. Jacoby faßt es in die Worte: ,,Dem rhythmischen
Wachstum der Zellkerne liegt also ein rhythmisches Wachstum der Chromosomen
zugrunde". Nun existiert im Embryonalleben nur ein Grundquantum. Ist K 1
die Grundklasse, so gibt es in Spinalganglien z. B. Nervenzellen folgender Größenordnung: K 8, K 16 und K 32. Die Körnerzellen im Kleinhirn sind dagegen
nur $K^{1}/_{2}$, d. h. nur halb so groß wie die Grundklasse. Leider ist diese Lehre für
die Zelldifferenzierung im Nervensystem noch nicht entsprechend ausgebaut.

Die erste Anlage der Rindenschicht findet sich nach His in der Gegend der
späteren Inselrinde an der Außenseite der Striatumanlage (dem Biocortex, Rose).
Die Abwanderung geht von den zahlreichen sich teilenden Elementen aus, bei
denen sich auch frühzeitig die birnenförmigen Neuroblasten wie die rundlichen bzw.
ovalen Spongioblasten unterscheiden lassen. Diese siedeln sich in der sog. Zwischenschicht an und teilen sich dort weiter, sie bilden die Zellgrundlage für das spätere Marklager. Am Ende des 2., Anfang des 3. Embryonalmonats sind die Zell-
charaktere bereits gut voneinander zu scheiden. Im Randschleier findet man
bereits neuroblastische Schichten, die horizontal zur äußeren Oberfläche liegen.
Noch ehe die Rinde aufgefüllt ist, entstehen die ersten Fortsätze der Neuroblasten
in der Zwischenschicht. In der 2. Hälfte des 3. Monats sind diese Fortsätze
der Nervenzellen schon gebündelt und dringen durch die Zwischenschicht als
Faserbündel in die tiefere Innenzone ein. Hierdurch erhält die Zwischenschicht
eine radiäre Aufteilung durch die senkrecht zur Oberfläche stehenden faser-
reicheren bzw. zellreicheren Lamellen.

Daten zur Hirnentwicklung [1].

1. **Embryonalmonat:** Formative Phase mit Einleitung der organogenetischen Phase. Zwei-
schichtung des Neuralrohrwand in Matrix und zellarme Randschicht. Proliferation der
Matrixzellen. Beginn der Migration (H. Jacob, H. Vogt).

2. **Embryonalmonat:** Erhebliche Zellvermehrung in der ventrikulären Matrix. Auftreten
der Zwischenschicht (späteres Marklager). Ausgeprägte Migration mit Vermehrung auch
der wandernden Elemente durch Teilung. Die Matrixsäulenzellen fußen mit einem
Protoplasmafortsatz in der Membrana limitans ventriculi, sie dienen den Keimzellen
als Stützgerüst und beteiligen sich nicht an der Migration (H. Jacob).
Erste Anlage der Rindenschicht an der Außenseite des Striatums (Bicortex) (His).
Zellreiche Verdichtungszone deutlich von der Rinde abgesetzt, sog. Unterschicht z (Filimonoff).

---

[1] Nach den einzelnen Autoren von Herrn Dr. G. Liebaldt zusammengestellt.

3. Embryonalmonat: (Vgl. Abb. 18 a.) Auf dem Weg zur Rinde und am Bestimmungsort erfolgt bereits eine Differenzierung der Wanderungselemente zu Neuroblasten und Spongioblasten. Anordnung zu mehreren Neuroblastenschichten. Die Zwischenschicht ist mit reichlich wanderndem Zellmaterial durchsetzt. Vorwachsen der ersten Zellfortsätze der Neuroblasten in die Zwischenschicht. In der 2. Hälfte des 3. Embryonalmonats lamellenförmige Anordnung der Nervenfortsätze mit Bildung ganzer Faserbündel in der Zwischenschicht. Durchkreuzung mit den aus der inneren Kapsel vordringenden Bogenfasern (Jacob); Auftreten von Spongioblasten in der Unterschicht z (Filimonoff), während die Rindenschicht noch keine Spongioblasten aufweist (His).

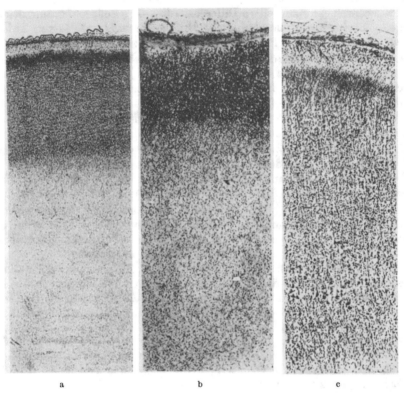

a   b   c

Abb. 18a—c. a Rinde 3. Monat. Entsprechendes Bild mit deutlichen Proliferationszentren der äußeren Rinde (Status verrucosus). b Rinde 5. Monat. Deutlich zu unterscheiden die bereits dicht besiedelte Rindenplatte, embryonale Körnerschicht, im Marklager noch die abwandernden Neuroblasten. c Rinde aus dem 8. Monat, noch bestehende Zelldichte, 4. Schicht gering entwickelt (Reduktion?), schon deutlich erkennbare Betzsche Riesenpyramidenzellen. Superfizielle Körnerschicht. (Nach A. Jakob.)

Entwicklung der Cajalschen Zellen (auch Horizontal- oder Spezialzellen genannt) (Ranke). Regionale Unterschiede in der Rinde „sog. Rindenareale", die sich nicht mit den endgültigen Rindenarealen decken. Variables Ausdehnungsverhältnis von Rinde und Zwischenschicht mit teils scharfem, teils undeutlichem Übergang (Filimonoff).

4. Embryonalmonat: Die streifigen Schichten von His zeigen maschigen Aufbau. Die Unterschicht z (Filimonoff) verschwindet. (Nur passageres Auftreten zwischen dem 3. und 4. Fetalmonat, (H. Jacob).

Die Achtschichtung des Hirnmantels ist bereits erkennbar. Im Stirnteil nur eine streifige Schicht (phylogenetisch jüngster Rindenanteil) (His).

5. Embryonalmonat: (Vgl. Abb. 18b.) Erschöpfung der Keimlager. Aufhören der Migration. Umwandlung der Stützzellen der Matrix zu Ependym. Höhepunkt der Teilung der Rindenelemente. Ungleichmäßige Besiedelung des Randschleiers, so daß die Hirnoberfläche ein warzig vorgebuckeltes Aussehen erhält (H. Jacob).

Auftreten von „Hirnwarzen" (Retzius und His). Nach A. Jakob und Hayashi sind die Hirnwarzen nichts Gesetzmäßiges.

Auftreten einer superfiziellen Körnerschicht (Ranke, Vogt) im Großhirn.

6. Embryonalmonat: (Vgl. auch Abb. 18 c.) Rinde entsprechend dem Brodmannschen 6-Grund-
schichtentyp entwickelt. Differenzierung der Rindenareale. Auftreten Betzscher Riesenzellen (H. Jacob).

7. Embryonalmonat: Beginnende Rückbildung an den vorübergehend in der Rindenzone
auftretenden Cajal-Zellen (H. Jacob).
Verschwinden der superfiziellen Körnerschicht bis auf wenige Reste, besonders im
Gebiet des Frontalhirns beim medialen Umbiegen zum Balken und in den Windungen
des Occipitalpols (Ranke, Vogt).

Zu Beginn des 4. Embryonalmonats erfahren zunächst die tieferen Abschnitte
der Zwischenschicht eine weitere Differenzierung. Die Zellproliferation des Hirnmantels läßt jetzt statt der bisherigen Dreischichtenanlage: Matrix, Zwischenschicht, Rindenanlage, 8 Schichten unterscheiden:

1. das Höhlengrau oder die Matrix, 2. eine innere streifige Schicht, 3. eine innere
Übergangsschicht, 4. eine äußere streifige Schicht, 5. eine äußere Übergangsschicht, 6. die breite Zwischenschicht, 7. die Rindenanlage, 8. den relativ schmal
gewordenen Randschleier (His).

Lediglich in den Frontalabschnitten, die phylogenetisch als jünger anzusprechen sind, bleibt eine weniger differenzierte streifige Schicht länger erkennbar.

In diesen Partien der Zwischenschicht (2—5 der vorstehenden Übersicht) ent-
wickelt sich die Anlage des Marklagers. Die Zunahme der Fasern teilt diese
Zwischenschicht weiter auf. Die erste Durchkreuzung der radiär verlaufenden
Fasern im Hirnmantel erfolgt durch die Bogenfasern aus der inneren Kapsel.

In demselben Maße wie die Fasern die Zwischenschicht durchdringen, vermindert sich deren Zellgehalt. Vereinzelte Zellhaufen werden erst im extrauterinen Dasein in Glia umgewandelt, meist liegen sie zirkulär oder halbmondförmig um ein Gefäß herum (Guillery, Roback und Scherer).

H. Jacob schildert 1936 die Verhältnisse um den Zeitpunkt des 4. Fetalmonats
folgendermaßen: Danach findet sich schon vor dem 4. Fetalmonat in den Markschichten der zellreichen Innenzone, der Hisschen Zwischenschicht, eine je nach
dem Ort verschieden charakterisierte Anordnung der Zellelemente und Nervenfasern vor, die in diesen Stadien schon das gleiche typische Gepräge zeigt, wie
die Anordnung der Gliazellen und Nervenfasern der tiefen Markstrata des definitiven Gehirns. Man sieht beim Beginn der Umformung dieser Zwischenschicht zu
gleicher Zeit einerseits Nervenfasern, andererseits eine bestimmte Anordnung
der Zellelemente zwischen ihnen, d. h. zwei anscheinend einander koordinierte
Vorgänge. Aus diesem Befund kann man nicht entnehmen, ob die wachsenden
Nervenfasern die Zellmassen teilen oder die Zellmassen sich primär charakteristisch
ordnen, um sekundär die Richtung der Fasern zu leiten.

Guillery bezeichnet im 3. Monat speziell die Markmassen als „schon zu einer
individuell und lokal schwankenden, im ganzen sehr mächtigen Ausbildung
gelangt". Etwa vom 5. Embryonalmonat an hört die Zellwanderung in der
Matrix völlig auf. Dagegen nimmt die Zellteilung in der äußeren Hirnrinde
außerordentlich, aber keineswegs gleichmäßig zu, so daß die Partien einer starken,
lockeren Proliferation warzenförmig in den Randschleier vordringen und auch
der Hirnoberfläche ein warziges Aussehen geben können.

Schon Retzius und His haben diesen von Ranke als Status verrucosus simplex bezeichneten Zustand (Retziussche Wärzchen) beschrieben. Die Einwände
von Hochstetter, daß es sich dabei um „Kunstprodukte" oder um „syphilitische
Keimstörungen" handeln könnte, wurden durch Nachuntersuchungen an gut erhaltenen fetalen Gehirnen widerlegt. Aus der Inkonstanz dieser Erscheinungen
im 5. Fetalmonat kann nach H. Jacob noch nicht der Schluß gezogen werden,
daß sie nur vor dem 5. Fetalmonat oder überhaupt nicht konstant auftreten.

Der Status verrucosus simplex wird bisher am häufigsten zwischen dem 4. und 5. Fetalmonat beobachtet. Er sei Ausdruck einer Vermehrung der Neuroblasten innerhalb der Rinde, die nicht mehr nur und ausschließlich — wie in den vorhergehenden Perioden — durch Zuwanderung von der Matrix aus erklärbar sei. Auch H. Jacob bestätigt das von His beschriebene Verhalten der Rindenmarkgrenze, die keine glatte Linie bot, sondern kleinzackige Unregelmäßigkeiten aufwies. Auch die Außenfläche zeigte in den von Jacob berichteten Fällen das von His beschriebene Verhalten. Eine Unterschicht z (Filimonoff) konnte im Stadium des Status verrucosus simplex nicht mehr nachgewiesen werden. Die verschieden starke Ausprägung des Status verrucosus simplex wird schon von Ranke als nach Zeit und Ort verschieden stark ausgeprägt, im 5. Fetalmonat zu beiden Seiten der Fissura Sylvii beschrieben. Eine Gleichsetzung der Retziusschen Wärzchen des fetalen Gehirns und der Verrucae hippocampi ist nicht statthaft. Nach H. Jacob liegt der Unterschied sowohl im genetischen, als auch zeitlich andersartigen Entstehen. Nach demselben Autor existieren bisher auch keine Befunde, welche die Annahme erlaubten, daß aus dem Verschmelzen der Retziusschen Wärzchen etwa die sekundäre Windungsbildung entstünde, denn der Status verrucosus simplex würde am häufigsten in den Stadien gefunden, die vor dem Auftreten der sekundären Windungen lägen.

Ebenfalls in der Zeit des 5. Embryonalmonats entsteht die superfizielle Körnerschicht, die zunächst von Schaper im Kleinhirn beobachtet, von Ranke und H. Vogt auch im Großhirn beschrieben wurde. Unmittelbar unterhalb der Membrana limitans externa findet sich im Randschleier dieser Kernsaum mit mehrfacher Schichtung. Bis zur Zeit der Geburt verschwindet die Körnerschicht und ist im 7. Embryonalmonat nur noch in bestimmten Prädilektionsstellen zu finden[1]. Bei dem Verschwinden der superfiziellen Körnerschicht handelt es sich nach Ranke um ein Wandern der Zellen, weil die Umformung der Zellen zu birnenförmiger, spindeliger Gestalt an die Umwandlung der ventrikulären Matrixzellen während ihrer Wanderung durch die Zwischenschicht erinnert. Ob die Zellen sich in die Rindenschicht begeben, ist bisher nicht beobachtet worden. Der im Großhirn zwischen der Membrana limitans externa und der superfiziellen Körnerschicht liegende zellfreie Saum — wir lehnen uns auch hier eng an die Ausführungen H. Jacobs an — ist nicht in der Molekularschicht des Kleinhirns vorhanden.

Ranke zog deshalb in Erwägung, daß dieser als präformierter Raum für die spätere Gliadeckschicht, die das Großhirn vom Kleinhirn unterscheidet, zu gelten habe. Genaue Beobachtungen darüber, wo die Elemente dieser transitorischen Zellschicht bleiben, liegen noch nicht vor. Ranke nimmt deren Abwandern in die Rinde an. Da sich keine Neurofibrillen in ihnen darstellen lassen, kommt Ranke zu dem Schluß, daß „die große Anzahl der Kerne sich an der Produktion der Glia beteiligt und die spätere Gliadeckschicht bildet".

Außer dieser embryonalen Körnerschicht haben sich inzwischen die Cajalschen Zellen der Hirnrinde voll entwickelt. Diese horizontal gelegenen Zellen sind schon in den ersten Embryonalmonaten (s. oben) (Oppermann) vorhanden. Ranke allerdings sah sie zunächst im 3. Embryonalmonat und glaubt, in ihnen die erste Differenzierung der Neuroblasten zur Randzelle annehmen zu können. Die ursprünglich unmittelbar unter der Randzone gelegenen Cajalschen Zellen dringen allmählich in die tiefere Rinde vor. Von dem vertikalen monopolaren Typ kann man einen sternförmigen horizontalen Typ unterscheiden.

---

[1] Bei bestimmten Tumoren, wie z. B. den Spongioblastomen des Allocortex, bleibt diese superfizielle Körnerschicht besonders in Balkennähe erhalten (B. Ostertag, O. Stochdorph, G. Schmidt).

Die Cajalschen Zellen zeichnen sich durch eine erhebliche Labilität aus. Auch in normalen Gehirnen finden sich schon sehr früh (besonders im 7. Embryonalmonat) Rückbildungsvorgänge. Bei der Geburt lassen sich allenfalls noch Reste dieser superfiziellen Schicht nachweisen. Über deren wahrscheinliche Beziehungen zur Windungsbildung s. unten.

Nach dem 6. Fetalmonat ist die Differenzierung soweit fortgeschritten, daß sich der Sechsschichtentyp (Brodmann) überall erkennen läßt. Es folgt die Ausdifferenzierung der Rindenareale mit der speziellen Ausdifferenzierung charakteristischer Zellelemente und Formationen, gegebenenfalls unter Rückbildung von Rindenschichten, wie z. B. in der agranulären Rinde der Präzentralregion mit der Ausdifferenzierung der großen motorischen (Betzschen) Zellen.

Entwicklung und Ausdifferenzierung der Rinde findet nicht gleichzeitig, vor allen Dingen nicht gleichmäßig statt. So hat Filimonoff an einem $3^{1}/_{2}$ Monate alten Fetus erhebliche regionale Unterschiede aufdecken können. Jedoch decken sich diese Areale keineswegs mit denen der definitiven Rinde und beweisen auch nur (Filimonoff), „daß Unterschiede in der Dynamik in der Formierung der Rinde in ihren verschiedenen Gebieten in diesem Stadium vorhanden sind".

„Am Ende der ersten Hälfte der fetalen Hirnentwicklung bietet der Großhirnmantel in allen seinen Schichten schon eine weitgehende ortsspezifische Struktur.

1. Die Spongioblasten in den tiefen Markschichten sind schon vor dem 4. Monat in der gleichen örtlich verschiedenen Weise angeordnet, wie sie auf Frontalschnitten die tiefen Markschichten des definitiven Gehirns aufweisen. Im Laufe der weiteren Entwicklung scheint sich hier nur eine quantitative Änderung zu vollziehen. Die Grundstruktur ändert sich nicht.

2. Im Gegensatz dazu sind in der sekundären Zwischenschicht genau so wie im späteren Centrum semiovale des definitiven Gehirns, die Gliaelemente „diffus" und für unser Auge nicht ortsspezifisch und -verschieden verteilt.

3. Die isokortische Rinde zeigt schon zwischen dem 3. und 4. Monat ortsverschiedene Bilder, nicht nur in ihrer Dicke, sondern vor allem im Auftreten der Unterschicht z (Filimonoff) und ihrer örtlich verschiedenen Abgrenzung gegen die eigentliche Rinde. Auch das Verhalten der Unterschicht z im Gebiet der primären Fissuren ist deutlich ortsspezifisch charakterisiert.

4. Andere örtlich bedingte Verschiedenheiten finden sich schon vor dem 4. Monat in der Neuroblastenwanderung von der Matrix zum Isocortex. Besonders charakterisiert ist in dieser Hinsicht das Gebiet der späteren Operkularisierung der Inselrinde.

5. Zu der gleichen Zeit findet sich außerdem im Gebiet der späteren Insel und der anliegenden Rindengebiete die Rinde durch einen zelldichten Streifen geteilt.

6. Auch das Auftreten der Retziusschen Wärzchen vollzieht sich an verschiedenen Orten zu verschiedenen Zeitpunkten.

7. Sowohl die Unterschicht z, die Rindenteilung im Gebiet der Fissura Sylvii und der späteren Operkularisierung, als auch die Retziusschen Wärzchen sind vorübergehende Erscheinungen, die mit irgendwelchen Begrenzungen der definitiven Rinde keinerlei Zusammenhang erkennen lassen.

8. Ungleiches Wachstum der Zwischenschichtbezirke, ungleiche Proliferation der Neuroblasten im eigentlichen Cortex und ungleiche Verteilung der Zellen der superfiziellen Körnerschicht und der Cajal-Zellen scheinen Faktoren zu sein, die die Windungsbildung bedingen" (H. Jacob).

Auf Grund eigener Erfahrung können wir anfügen, daß selbst bei Untersuchungen größerer Serien diese Unterschiede auch individuell recht verschieden sein können.

Das Verhalten der Unterschicht z charakterisiert H. Jacob:

1. Regionäre Unterschiede im Verhalten zur Rinde:

a) Vor dem Balken, der sich gerade in der Commissurenplatte entwickelt, ist im ventromedialen und ventralen Hemisphärenwandgebiet die Rinde scharf mit einem lichten Streifen von der Unterschicht abgesetzt.

b) Lateral und dorsal davon findet sich ein direkter Übergang in die Rinde ohne Trennung durch einen „lichten Streifen".

c) Im Gebiete des späteren Cingulum findet sich der „helle Streifen" wieder, ebenso

d) in den Regionen der lateralen Hemisphärenwand im Bereich der Anfänge des Putamens.

e) Fortsetzung nach occipital in der Hemisphärenwand, dann

f) Verschwinden am Anfang der Fissura Sylvii.

2. Dickenunterschiede.

In den dem Sulcus cinguli entsprechenden Partien findet sich eine schmale Unterschicht z. Dieselbe ist sonst breit wie die Rindenschicht (H. Jacob) (s. auch Filimonoff, der ein ähnliches Verhalten der Calcarina beschrieb).

Filimonoff sieht in der Unterschicht z eine Übergangsverdichtung zwischen der eigentlichen Zwischenschicht und der Rindenschicht. Sie weise runde Zellformen auf, obgleich in dieser Schicht die Zellen weniger dicht gelagert seien als in der Rindenschicht, so daß augenscheinlich die Ursache dieser Verwandlung nicht in der Zellverdichtung liege. Der Verfasser hat den bestimmten Eindruck, daß sich die Zellen dank ihrer Migration ausstrecken, um dann im Gebiet ihres definitiven Aufenthaltsortes eine mehr oder weniger runde Form — wie im Matrixbereich — anzunehmen.

Über die „normale fetale Entwicklung" sagt H. Jacob 1936:

Am Ende der ersten Hälfte der fetalen Hirnentwicklung bietet der Großhirnmantel in allen seinen Schichten schon eine weitgehende ortsspezifische Struktur. Neben frühzeitig angelegten und in der Grundstruktur im definitiven Gehirn gleichbleibenden Bildungen (die ortsspezifische Anordnung der Spongioblasten in der tiefen Markstriata zwischen 3. und 4. Monat, die derjenigen der Gliazellen im definitiven Gehirn vollkommen gleicht) treten vorübergehend Strukturen auf, die im definitiven Gehirn nicht mehr nachgewiesen werden können (Unterschicht z, Filimonoff, Teilung der fetalen Rinde zwischen 4. und 5. Monat im Gebiet der Insel und der späteren Operkularisierung, Retziusschen Wärzchen, Richtung der Neuroblastenwanderung von der Matrix zur Rinde, Lage und Wanderung der Cajalschen Zellen und der superfiziellen Körner u. ä.). In diesem Zeitpunkt ändert sich auch die äußere Form des Großhirns. Nach den primären oder Hauptfurchen entstehen die weiteren Sulci und die Ausbildung der Windungen. Ursache und Art der Windungsbildungen haben, wie die nachstehende Übersicht zeigt, zahlreiche Autoren bearbeitet.

Im einzelnen brauchen wir auf diese Ansichten nicht mehr einzugehen, nachdem schon Schob 1930 die hauptsächlich vertretenen Auffassungen präzisiert hat.

„Die eine nimmt an, daß die Corticalis zu wuchern anfängt und sich infolgedessen faltet. Die andere, daß die Furchen sich durch Einstülpung der Randschicht bilden. Richtig hat Bielschowsky das eine Kernproblem besonders hervorgehoben, daß nämlich der Bildungsvorgang bei den primären und sekundären Furchen grundsätzlich verschieden sei."

Zu den als Primärfurchen meist gerechneten Furchenbildungen gehören hauptsächlich die von H. Jacob als Furchen der ersten Terminationsperiode zugeschriebenen Bildungen, das sind die noch während der Migrationsperiode sich entwickelnden, von ganz besonderen Wachstums- und Differenzierungsfaktoren abhängigen Furchen. Das sekundäre Windungs- und Furchenrelief ist das noch relativ grobe, sich erst am Abschluß der Zellwanderungsperiode bildende, mit seinen Neben-, Tiefen- und Übergangswindungen.

In klassischer Weise hat dies Jacob (1936) beschrieben:

„Wenn auch beiden (d. h. der Anlage primärer und sekundärer Furchen) gewisse Vorgänge in der Molekularschicht gemeinsam sind, beobachten wir doch andererseits zahlreiche unterscheidende Momente: bei der Entstehung der Fissura calcarina beobachteten wir korrespondierend eine Vorbuckelung der medialen Hemisphärenwand in den Ventrikel; dazu kommt eine Verdünnung der ganzen Hemisphärenwand in der Furchentiefe, die auch in der feinen Struktur der Wand ihren Ausdruck darin findet, daß Zwischenschicht, Unterschicht z, Rindenschicht nnd Randschleier sich verschmälern, davon die erstere am stärksten, der letztere am schwächsten. Ein ähnliches Verhalten der Wandschichten fanden wir im Sulcus cinguli, nur daß dort von der Buckelung in den Ventrikel wenig zu sehen ist. Schwerer sind die Verhältnisse bei der Entstehung der Fissura Sylvii zu beobachten. Auch hier fehlen Untersuchungen. An dieser Stelle sollen nur einige Punkte mit hervorgehoben werden. Inwieweit beim Entstehen der Fissura Sylvii die mit der außen sichtbaren Delle korrespondierende innere Buckelung in den Ventrikel nur auf diesen Vorgang oder nicht vielmehr auf das Wachstum der zentralen Ganglien- und Matrixmassen zu beziehen ist, ist nicht zu entscheiden. Wichtig erscheint, daß die Zwischenschicht zwischen Putamen und späterer Inselrinde nicht nur gegenüber der sich dorsal und ventral davon ausbuckelnden Hemisphärenblasenwand in der Dickenausdehnung zurückbleibt, sondern sogar zwischen dem 4. und 5. Monat an Dickendurchmesser abnimmt, was wohl durch die gleichzeitige dorsoventrale Ausdehnung erklärbar wird. Ob die in der gleichen Zeit auftretende Zweiteilung der eigentlichen Rinde in dieser Gegend irgendwie in Zusammenhang mit der Furchung steht, könnte nur an häufigeren Beobachtungen nachgewiesen werden. Im Randschleier sowohl der primären als auch sekundären Furchentäler wurde schon von His und Ranke eine Anhäufung der Gliazellen aus der superfiziellen Körnerschicht beobachtet, während diese Schicht an den Windungskuppen stark verschmälert ist. Wir fanden außerdem im Furchental gehäufte, meist vertikal gestellte Cajal-Zellen. Außer der Verschmälerung der eigentlichen Rinde im Furchental sind bisher keinerlei regelmäßige Beziehungen zwischen Neuroblastenproliferation in der Rinde und Furchen- oder Windungsteil der Rinde oder regelmäßige Beziehungen zu den einwachsenden Rindengefäßen nachgewiesen worden. Auf Grund der Hisschen Untersuchungen wissen wir, ‚daß die Zwischenschicht hinsichtlich ihres Tiefendurchmessers den größten Schwankungen unterworfen ist‘. ‚Überall da, wo Furchen entstehen, geschieht es auf Kosten der Zwischenschicht‘. Das besagt aber, daß bei dem stetigen Wachstum des Gehirns zur Zeit der Bildung sekundärer Furchen eine größere Anzahl von Gliazellen in die Gebiete der Zwischenschicht zu liegen kommt, die sich unter einer Windungskuppe befinden gegenüber den Teilen unter einer Furche. Wir beobachten also, ‚daß mit der ersten Entstehung der sekundären Furchen auch ein dementsprechendes, ungleiches Wachstum der Zwischenschichtbezirke parallel geht‘. Ungleiches Wachstum der Zwischenschichtbezirke, ungleiche Proliferation der Neuroblasten im eigentlichen Cortex und ungleiche Verteilung der Zellen der superfiziellen Körnerschicht und der Cajalschen Zellen scheinen Faktoren zu sein, die die Windungsbildung bedingen.“

Gegenüberstellung der Ansichten verschiedener Autoren über die normale Windungsbildung[1].

Nach Schnopfhagen treiben die Markleisten die Hirnrinde an den Stellen ihres größten Umfanges vor, da das Mark an den Windungskuppen kräftiger ausgebildet sei als in den Windungstälern.

Nach Seitz ist das Eindringen der pialen Gefäße für die Reliefgestaltung der Hirnrinde verantwortlich zu machen. Die sekundären Windungen würden demnach infolge Eindringen der Gefäße von außen durch die Einstülpung der Sulci bedingt.

Nach M. Heidenhain entstehen die Hirnwindungen analog den Entwicklungsvorgängen an drüsigen Organen. Der erste Entwicklungsvorgang sei eine Entstehung teilungsfähiger, histomerer Systeme, die sich in der Folge nach mehrfacher Teilung zum fertig differenzierten Organ aufbauten.

Nach H. Jacob resultiert die Windungsbildung aus dem ungleichen Wachstum der Zwischenschichtbezirke, aus der ungleichen Proliferation der Neuroblasten in der Rinde und aus der ungleichen Verteilung der Zellen in der superfiziellen Körnerschicht, so wie der Cajal-Zellen.

Nach Schob gäbe es zwei Möglichkeiten:
   a) Die Corticalis beginnt zu wuchern und faltet sich infolgedessen.
   b) Die Furchen können sich durch Einstülpungen der Randschicht bilden.

Nach Ranke ist der Status verrucosus simplex ein gewichtiges Moment bei der sekundären Windungsbildung. Die Zellwucherung in den Randschichten, deren Resultat der Status verrucosus simplex ist, bilde Keimzentren um die eindringenden pialen Gefäße, die später um die Sulci lägen: ,,Diejenigen Gefäße, an welchen sich die gesteigerte Zellproduktion geltend macht, bilden zugleich puncta fixa in den Form- und Niveauverschiebungen, welche sich nun einleiten. Das in ihrer Umgebung gebildete Material wird durch immer neu hinzukommende Zellen seitlich abgedrängt und stößt dabei auf die den nächst benachbarten Quellen stammenden Elementen. Dadurch wird eine Volumenzunahme der grauen Substanz und eine Vorwölbung der Oberfläche bedingt. Am Orte der stärksten Summation entwickelt sich die Kuppe der Windung, während die Produktionszentren mit dem Abklingen ihrer formativen Potenz immer mehr in die Tiefen der Furchen geraten. Dieser Vorstellung liegt die anatomisch unbestreitbare Tatsache zugrunde, daß mit der fortschreitenden Entwicklung des Gehirns die graue Rindensubstanz auf der Kuppe der Windungen konstant an Breite zunimmt und sich nach den Furchen hin allmählich verschmälert". Eine weitere Vorwölbung und Gestaltung der Windungen sei eine Folge der fortschreitenden Entwicklung des Marklagers.

Nach Bielschowsky, der im großen und ganzen die nämliche Auffassung wie Ranke vertritt, sei diese Theorie der Windungsbildung lediglich auf die sekundäre Oberflächengestaltung anzuwenden. Die primäre Furchenbildung erfolge in einem umgekehrten Modus, nämlich durch aktive Einstülpung der Rinde.

Nach Schaffer liegt der Antrieb zur Windungsbildung nicht in den Rindenschichten (im Gegensatz zu Ranke und Bielschowsky), sondern geht von den Zellelementen des Randschleiers aus. Dabei erfolgt ein aktives Anlegen der Furchen, der die Bildung der Windungen passiv folge. Punktförmige Verbreiterungen im Randschleier bewirkten ein stellenweises Einsinken der Corticalis, so daß eine mit kleinen Grübchen versehene Oberfläche entstünde. Zur selben Zeit erfolge eine lokale Verdickung der superfiziellen Körnerschicht, die die Tendenz habe, keilförmig in die Corticalis hinein vorzudringen und sie an diesen Orten verschmälere. Die hier verschmälerte Corticalis sei gleichzusetzen mit demselben Befund in den Windungstälern vollausgebildeter Gehirne. Auch hier bestehe eine Dickendifferenz zugunsten der Rinde an den Windungskuppen. Nach Eindellung der Corticalis durch die proliferierte Körnerschicht erfolge in dem Keile eine nekrotische Auflösung und Spaltung, der dann die spätere Furche entspräche. Schaffer erklärt mit seiner Ansicht daraus nicht nur die sekundäre Windungsbildung, sondern auch die primäre. Zwei Faktoren seien maßgeblich, der eine wäre im Hissschen Randschleier lokalisiert und sei für die äußere Gestalt und die des Hirnmantels mit der beginnenden Furchung im 5. Embryonalmonat verantwortlich (Perigenese). Der andere Faktor sei ein innerer und für die progressive Ausbildung der Schichtung innerhalb der Rinde zur Brodmannschen tektonischen Schichtung im 7. Embryonalmonat verantwortlich (Tektogenese). Dabei sei die Tektogenese als später auftretender Faktor von der vorhergehenden Perigenese abhängig, nicht aber umgekehrt. Denn mit Auftreten der Perigenese können noch keine tektonischen Faktoren wirksam sein. Die lokalen Vermehrungs- und Wucherungsvorgänge in der superfiziellen Körnerschicht gingen von einzelnen Reizpunkten in der Rinde aus.

Nach Landau, der im wesentlichen mit den Ansichten Schaffers übereinstimmt, sei für die Bildung der Furchen durch die superfizielle Körnerschicht das Einwärtswandern der äußeren Zellage, der Lamina corticalis, in die darunterliegenden Schichten verantwortlich zu machen.

---

[1] Zusammengestellt von Dr. G. Liebaldt.

1938 definiert H. Jacob die Faktoren, von denen die normale Gestaltung von Furchen und Windungen abhängig ist:

1. nahezu abgeschlossene Migrationsperiode,

2. bereits vollständig angelegte Grundstruktur der späteren tiefen Markstrata (Hissche streifige und Übergangsschichten),

3. ungleiches Wachstum der Zwischenschicht, d. h. ungleiche Proliferationspotenz des fetalen Zwischenschichtzellmaterials (unter den Windungskuppen stärker als unter den Windungstälern),

4. ungleiche „Proliferationspotenz" (Bielschowsky), der in die Rindenkeimzone des Hemisphärenmantels gelangten Neuroblasten- vielleicht von der Vascularisation der Rindensubstanz abhängig (Ranke, Bielschowsky),

5. ungleiche Verteilung der Zellen der superfiziellen Körnerschicht und der Cajal-Zellen (im Furchental gehäuft).

Es muß also bezüglich des Zeitpunktes daran festgehalten werden, daß sich die meist als Primärfurchen bezeichneten noch während der Migrationsperiode infolge besonderer Wachstums- und Differenzierungsvorgänge entwickeln; während die sog. sekundären Furchen und Windungsbildungen erst nach Beendigung der Migration entstehen. Bezüglich des feineren Oberflächenreliefs der tertiären Windungsbildung spielen weitere Vorgänge eine Rolle, und zwar vorübergehende warzenähnliche Erhebungen und Einsenkungen, die sich jedoch über der orthologen Rindenstruktur finden und dementsprechend auch von den unten zu behandelnden pathologischen echten Hirnwarzen und Hirngrübchen (Jacob 1940), die im Rahmen einer dysplastischen Rinde entstehen würden, unterscheiden.

Auf die Verschiedenheiten der individuellen Entwicklung ist mehrfach verwiesen. Auf Grund der oben erwähnten Untersuchungen gibt H. H. Meyer 1937 (vgl. S. 305) eine Übersicht über das Auftreten und die Besonderheiten der wichtigsten Furchen, die zunächst bilateralsymmetrisch angelegt, noch während der Entwicklung durch Gabelung und Anastomosen ein verschiedenes Bild bieten. Zwischen allgemeiner Körper- und Gehirnentwicklung besteht kein Zusammenhang. Zur Zeit der Geburt ist die Abwanderung der Ganglienzellen noch nicht beendet. Sie finden sich noch reichlich in den Markzellen der Windungen und schwinden erst allmählich. Ein reichliches Vorkommen von Ganglienzellen im Marklager bzw. im Windungsmark ist als eine Entwicklungshemmung aufzufassen. Die Zellen liegen noch dichter als im reifen Gehirn des Erwachsenen. Die Ganglienzellen bleiben noch relativ klein; ihre Ausdifferenzierung überdauert sogar die Zeit der Markreifung.

Der allgemeinen Entwicklung folgen zunächst sämtliche Anteile des Neuralrohrs. In dem gesamten primitiven unpaaren Neuralrohr bleiben die Kerngebiete innen und die Faserbahnen am Rande. Besondere Verhältnisse liegen beim Diencephalon vor, da dasselbe aus der dorsalen Hälfte des Neuralrohrs, den Flügelplatten, angelegt ist. Hier liegen die vegetativen Kerne an der Basis. Weiterhin liegen besondere Verhältnisse im Kleinhirn vor, das in seiner ungeheuren Massenentwicklung nicht nur von einer erst sehr spät erschöpften ventrikulären Matrix ausgebildet wird, zu der noch eine weitere akzessorische Keimbildungsschicht, nämlich die embryonale Körnerschicht, hinzutritt.

Im Verlauf der Differenzierung erhalten bestimmte Hirnregionen auch ganz bestimmte Zellarten bzw. einen eigenen Zellaufbau, der bezüglich des Großhirns zu der Lehre der Cytoarchitektonik geführt hat. Bekannt sind die charakteristischen Rindenstrukturen des Ur- und Althirns mit seinen Abkömmlingen, das wir als Allocortex zusammenfassen, ferner bestimmter Großhirnregionen, so die granuläre Frontalregion gegenüber der agranulären, die charakteristische

Umgebung der ROLANDOschen Furche, der Aufbau der Occipitalregion und speziell die Sehrinde.

Am Kleinhirn besteht die Rinde aus einer im Prinzip multiformen Körnerschicht und den PURKINJE-Zellen. Im Rückenmark sind die Vorderhornzellen wesentlich größer als die anderen Kerngebiete. Die vegetativen Kerne fallen durch ihre Form auf.

Aber auch innerhalb der Hirnrinde selbst liegen verschiedene Zelltypen, und zwar schichtenförmig geordnet, so die kleinen Körner, die die innere (2) und äußere (4) Körnerschicht bilden. Die äußere Pyramidenschicht (3) zeigt meist kleinere Zellen, die innere (5) größere Pyramidenzellen. Zellen, die nur in bestimmten Regionen vorkommen, werden als Spezialzellen bezeichnet. So fallen durch ihre Größe die BETZschen Zellen der motorischen Hirnrinde auf. Ähnlich, aber etwas kleiner, sind die MEYNERTschen Riesenzellen, die in der V. Schicht der Sehrinde vorkommen. In der VI. Schicht der Sehrinde finden sich flache, sternförmige Zellen, Riesensternzellen. Für das Riechhirn typisch sind die Quastenzellen (CAJAL) und die Korkenzieher- oder Stäbchenzellen (v. ECONOMO), die im Gyrus limbicus und in den Gyri transversi insulae liegen. Der Zellreichtum ist je nach der Rindenschicht oder der Hirnregion verschieden.

Der größte Teil der Hirnrinde weist die BRODMANNsche Sechsschichtung auf (VOGTS Isocortex). Lediglich das Riechhirn zeigt im embryonalen wie im erwachsenen Zustand einen grundsätzlich anderen Rindenaufbau. Dabei findet sich entweder keine oder nur eine unvollkommene Schichtung, allogenetischer Cortex oder Allocortex. Dazu gehören der Gyrus subcallosus, Gyrus intralimbicus mit Induseum, der Gyrus fasciolaris und dentatus mit dem Ammonshorn, Subiculum und Präsubiculum des Gyrus hippocampi, der Uncus, der Gyrus olfactorius lateralis und medialis und eventuell die Substantia perforata. Der Allocortex macht beim Menschen höchstens $1/_{12}$ der gesamten Hirnoberfläche aus. Der Isocortex zeigt zwar durchweg Sechsschichtung, doch variiert die Breite der Rinde, die Zusammensetzung der Zellen der einzelnen Schichten mit den verschiedenen Hirnregionen. Die Rindendicke nimmt von der Windungskuppe bis zum Furchental ab. Außerdem ändert sich auch die Dicke mit den verschiedenen Hirnregionen. Die dickste Hirnrinde findet sich an der vorderen Zentralwindung nahe der Mantelkante und im vorderen Temporallappen. Gegen Stirnpol und Occipitalpol nimmt die Dicke allmählich ab. Die schmalsten Stellen finden wir im Gebiet der Fissura calcarina und in der ROLANDOschen Furche (Vorderwand der hinteren Zentralwindung). Durchschnittliche Dicke der Gesamtheit der Rinde 2,5 mm. Mit der Änderung der Rindendicke ändert sich auch die Ausdehnung der einzelnen Schichten doch nicht proportional, sondern einzelne Schichten werden auf Kosten anderer breiter und behalten ihre Dicke, die sie in den dickeren Rindenbezirken gehabt haben. Es ändert sich also jede Schicht abhängig von der Rindengegend, in der sie beobachtet wird. Demgemäß finden sich regionäre und lokale Änderungen in bezug auf die Zellform, die Zellgröße und die Zellzusammensetzung der Areale. Allgemein gilt, daß die ganze Hirnrinde frontal vom Sulcus Rolando zellärmer ist und größere Zellelemente aufweist. Caudal davon ist sie kleinzelliger und zellreicher. Die Pyramidenzellen der III. Schicht und die Spindelzellen der VI. Schicht sind in den vor der ROLANDOschen Furche gelegenen Hirnpartien größer und schöner geformt als in allen Partien hinter ihnen. Ähnlich auch die Pyramidenzellen in der V. Schicht, welche an Breite und Zellreichtum caudal von der ROLANDOschen Furche stetig an Ausdehnung abnimmt, jedoch zur temporalen Gegend hin wieder zunimmt. Die Rinde des Riechhirns und die angrenzenden Cortexpartien einschließlich Insel zeigen in der V. Schicht eine dichte, mehrfache Lage größerer Pyramidenzellen.

Mit dem Status der sechsschichtigen Rinde (BRODMANN) hört jedoch die Teilungsfähigkeit der Zellen auf. Die Schichten der Hirnrinde sind zur Zeit der Geburt endgültig angelegt, aber die Differenzierung der Ganglienzellen reicht noch weit in die postnatale Periode; sie ist beim 3jährigen Kinde schon weit fortgeschritten, beim 8jährigen nicht mehr vom Erwachsenen zu unterscheiden (FILIMONOFF 1929) (vgl. Abb. 19a und b).

ALDAMA (1930) fand bei einem 1jährigen und einem 5jährigen Kinde die Rinde noch schmäler und die Zelldichte noch größer als beim Erwachsenen, während

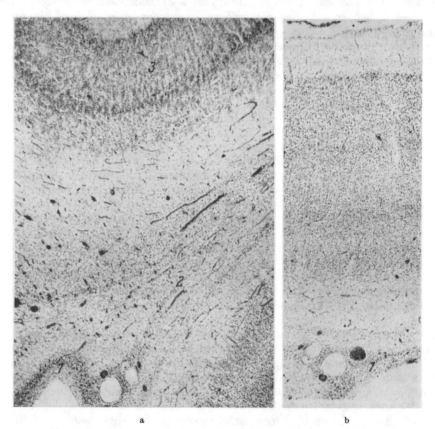

a   b

Abb. 19a u. b. Übergang von der vier- in die sechsschichtige Rinde beim Neugeborenen. a *1* Ventrikuläre Matrix nahezu erschöpft; *2* Züge von Ganglienzellen; *3* vierschichtige Rinde. b Anschließend an das vorhergehende Bild. Normale sechsschichtige Rinde.

die Zwischensubstanz — das „nervöse Grau" der Nervenfasern und der Glia — noch weniger entwickelt ist. Die einzelnen Rindenfelder sind schon beim 1jährigen Kinde vorhanden, aber selbst beim 5jährigen noch nicht endgültig differenziert. Einmal angelegte Ganglienzellen sind nicht teilungsfähig und können daher nicht ersetzt werden, wenn sie zugrunde gegangen sind.

Neben der horizontalen Schichtung der Rinde trifft man auch auf eine in Grad und Ausprägung unterschiedliche senkrechte Streifung, die aus radiär angeordneten Zellzügen besteht. Das ist charakteristisch besonders für den unteren Scheitellappen. Diese Streifung erstreckt sich auch auf die erste Temporalwindung. Im übrigen Temporallappen sehen wir eine breitere Streifung und deutliche Säulenanordnung der Zellen, die alle 6 Schichten überqueren. Im

Occipitallappen sind die Zellen zu dicken, kurzen, gedrungenen Säulen zusammengefügt. Im Frontallappen fehlt fast jede senkrechte Streifung.

Wie oben bereits gesagt, geht der *Aufbrauch der Matrix* nicht nur lokal, sondern auch allgemein tempomäßig verschieden vor sich (KAHLE, FEREMUTSCH und GRÜNTHAL).

Die Ansammlung der indifferenten Bildungszellen, die Matrix (KAHLE), ist am Ende des 4. Schwangerschaftsmonats für das Zwischenhirn bereits aufgebraucht, während die Zellager an den Seitenventrikeln noch mächtig hervortreten, d. h.

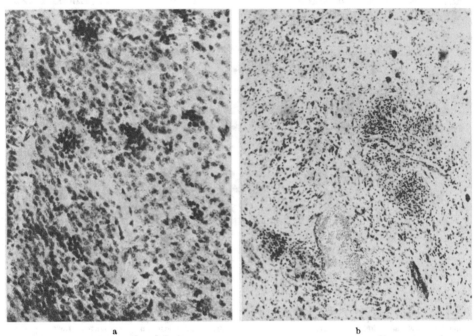

a   b

Abb. 20a u. b. Vier Tage alter eineiiger Zwilling, Bruder gesund. Frühgeburt. 35./36. Woche. Dysrhaphie. a Keimzentren in der Nähe des Ependyms bei noch nicht erschöpfter Matrix. b Keimzentren im Gebiet des Striatums.

späte Entwicklung des Endhirns (Rinde mit Striatum) gegenüber dem Zwischenhirn. Von diesem Zellager sind bei Geburt noch Reste zu erkennen, nach ROBACK und SCHERER (1935) regelmäßig bis zum 4. Lebensmonat. Den Gefäßen können Gruppen von Matrixzellen einseitig wie eine Kappe aufsitzen (Abb. 20a und b).

An der Bildung des Kleinhirnparenchyms ist — wie bereits gesagt — nicht nur die ventrikuläre Matrix, sondern auch eine akzessorische, nämlich die (embryonale) superfizielle Körnerschicht beteiligt. Während am übrigen Neuralrohr das gesamte Zellbildungsmaterial von den ventrikulären Keimlagern ausgeht, besitzt einzig und allein das Kleinhirn eine zusätzliche Keimschicht, die, von den Ependymkeilen SCHAPERs ausgehend, die Oberfläche der Organanlage überzieht. Primär geht dieses Bildungsmaterial auch von den genannten Ependymkeilen aus und stellt eine Vermehrung pluripotenten Materials indifferenter Zellen vorzüglich an der Grenze zwischen Nervensubstanz und dem Telaansatz dar. Auf Abb. 21a und b ist an dem Übergang zur Tela, links vom Boden der Rautengrube, eine Verdichtung des Epithels der ventrikulären Zellschicht deutlich, von der aus Keimmaterial (Abb. 21a, Abb. 22a und b) sogar den Plexus durchwandert und im Nodulus erneut Keimlager bildet. Von hier vermehren sich die

Zellen unter der Kleinhirnoberfläche; sie bleiben im Gebiet der caudalen Kleinhirnabschnitte, hinter der Incisura fastigii, am vorderen Wurmanteil wesentlich
stärker. Abb. 15 gibt einen Überblick über das Auftreten und Schwinden sowohl
der ventrikulären wie der akzssorischen Keimschicht. Die ventrikuläre Matrix
hat ihren Höhepunkt vom Beginn der 4. Woche bis in den 5. Monat, während sie
dann bald erschöpft ist. Die akzessorische Matrix tritt im 3. Monat auf, ist um
die Wende des 4. zum 5. Monat am stärksten und bildet sich dann bis zum
Ende des 1. Lebensjahres zurück, kann aber noch in Resten im 11. Monat nach
der Geburt gefunden werden. Nach den Untersuchungen von HOCHSTETTER,
A. JAKOB, HAYASHI u. a. bildet die ventrikuläre Matrix, abgesehen von den

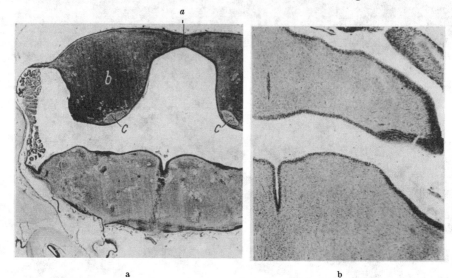

Abb. 21a u. b. a 4,8 cm langer Fet, bei *a* Vereinigungsstelle des Kleinhirndachs, bei *b* Kleinhirnwulst, an deren
medialem unterem Teil die resorbierbaren Cysten (*c*) liegen; zwischen Kleinhirn und Oblongata der Plexus, in
der Mitte tief eingeschnittene mediane Rhaphe. Vergr. 15,7:1. b Kleinhirn einer 8 cm langen Frucht, tief eingeschnittene mediane Rinne, in der Mitte das Lumen des Recessus postcommissuralis. Vergr. 28:1.
(Aus OSTERTAG: Hirngewächse. Jena: Gustav Fischer 1936.)

Kernen des Kleinhirns, die Schicht der inneren Körner, die vom 2. Monat ab
schon deutlich erkennbar ist, sowie die PURKINJE-Zellen. Von der akzessorischen
Matrix (der embryonalen Körnerschicht) wandert das Keimmaterial vorwiegend
in die endgültige Molekularzone und gibt außerdem Material zur Bildung
der inneren Körnerschicht ab. Die PURKINJE-Zellen differenzieren sich um die
Mitte des 3. Embryonalmonats. Sie sind bei der Durchwanderung der Körnerschicht als große Elemente zu erkennen und gelangen, zunächst noch etwas
pyramidenförmig gestaltet, als jugendliche Zellen bald an den Ort ihrer Bestimmung, oberhalb der Körnerschicht. Zur Zeit des 4. Embryonalmonats
findet man sie sowohl in der inneren Körnerschicht, als auch im subcorticalen
Marklager und in der Lamina dissecans. Schon im 3. Embryonalmonat lassen
sich die aus den ventrikulären Keimmassen entstehenden inneren Kleinhirnkerne
als getrennte Kerngruppe gut abgrenzen. Im Nucleus globosus finden sich
2 Kerngrößen.

Die Lamina dissecans ist eine der vorübergehenden Bildungen im Kleinhirn,
die bei Verbildungen häufig bestehen bleibt und nicht mit etwaigen prozeßhaften
Vorgängen, im Sinne J. E. MEYERs, verwechselt werden darf. Ebenso wie die
superfizielle Körnerschicht zurückgeht, bildet sich auch die Lamina dissecans

zurück, indem auch die äußere Lage der inneren Körnerschicht erheblich breiter wird, und zwar vorwiegend durch Einwanderung von Zellen der superfiziellen Körner. Die Zellen der superfiziellen Körnerschicht wurden von SCHAPER als „indifferente" Zellen bezeichnet. Auch A. JAKOB wie GAGEL betonen ihre Fähigkeit zur Umbildung zu Ganglien- wie Gliazellen. Wir haben deshalb den Namen

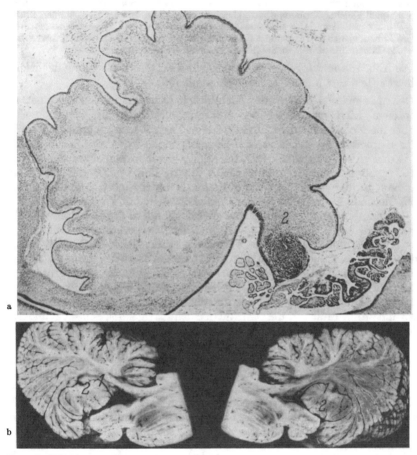

Abb. 22a u. b. Kleinhirn, 12 cm langer Fet. a Am Nodulus (2) enorme Keimmassen, ebenso Velum medullare und Plexus (1) dicht von Zellen angefüllt, die in die äußere, embryonale Körnerschicht einwandern. Vergr. 18:1. b Einrollen des Unterwurms mit dem Nodulus und der Ansicht des Plexus. 1 Plexus und Nodulus; 2 eingerollter Unterwurm. b links Medianschnitt; b rechts Paramedianschnitt. Vergr. 27:1. (Aus OSTERTAG: Hirngewächse.)

„Neurospongioblasten" gewählt, da sie sowohl zu Neuroblasten wie Spongioblasten werden können, was man auch bei Geschwulstbildungen feststellen kann.

Die Bezeichnung Medulloblast, die sich seit BAILEY und CUSHING eingebürgert hat, dürfte nicht ganz das Wesentliche treffen, weil ein Medulloblast eine Zelle ist, die gewissermaßen das Medullarepithel bilden soll, sich aber niemals im Sinne der Nervenzelle oder der Glia direkt weiter differenziert.

Die embryonale Körnerschicht ist nicht ganz gleichmäßig gebaut und ändert sich bezüglich des Zellaufbaues im Laufe der Embryonalentwicklung. Ihre weitere Differenzierung entspricht derjenigen der inneren Matrix, nur mit dem Unterschied, daß von ihr keine PURKINJE-Zellen und keine größeren Ganglienzellen gebildet werden. Die Zellanhäufung zur Zeit der Entstehung der Ependymkeile ist die gleiche wie bei der ventrikulären Matrix. Ebenso wie im Großhirn findet sich im Kleinhirn zur entsprechenden Zeit die Zwischenschicht. In dieser erkennt man vom 4. Embryonalmonat an die großen Zellen, die als abwandernde Purkinje-Zellen anzusehen sind. Zwischen dem 5.—8. Embryonalmonat bilden sich die hellkernigen Ganglienzellen in der Purkinje-Schicht, neben recht chromatinreicher Glia.

Wie beim Menschen findet sich auch bei den niedriger organisierten Tieren (nach Gagel) ein prinzipiell gleicher Rindenaufbau. (Lediglich im Kleinhirn der Cyclostomen finden sich keine Purkinje-Zellen, dafür sind quasi als Vorläufer derselben in der Körnerschicht einige größere Zellen sichtbar.) Im übrigen ist nur die Größe und Dichte der Purkinje-Zellen, sowie die Breite der einzelnen Schichten gewissen Schwankungen unterworfen.

Die Abb. 16a und b geben eine Übersicht über die Entwicklung der Kleinhirnrinde zur Zeit des 3. und 8. Embryonalmonats.

Der histologische Aufbau der Kleinhirnrinde macht im Zellbild einen relativ monotonen Eindruck. Über der Körnerschicht liegt die Purkinje-Schicht, darüber die Molekularschicht. Bei stärkeren Vergrößerungen erkennt man jedoch in der Körnerschicht neben etwa liegengebliebenen Purkinje-Zellen die Golgi-Zellen und „Protoplasmainseln". Da infolge der Faserzunahme die „Zwischensubstanz" zunimmt, rücken die zunächst dichter liegenden Purkinje-Zellen auseinander. In der Molekularschicht finden sich (zunächst von Cajal mit der Golgi-Methode festgestellt) kleinere Ganglienzellen mit kurzen feinen Dendriten und dünnen, horizontal verlaufenden Achsenzylindern (äußere Sternzellen). Die großen Stern- oder Korbzellen weisen deutlich Kernmembranen auf und zeigen mehr Nissl-Granula. Der Name Korbzellen stützt sich auf die Eigenschaft der Bildung von (bei Silberimprägnation sichtbaren) Faserkörben um die Purkinje-Zellen. Die Purkinje-Zellen mit ihren weit verzweigten Dendriten sind bekannt. In der inneren Körnerschicht unterscheiden wir die eigentlichen Körner (dicht gelagerte kleinere Ganglienzellen), die dazwischen zerstreut liegenden Golgi-Zellen mit ihren radiär in die Molekularschicht steigenden Achsenzylindern und schließlich die „Plasmainseln". Diese heben sich durch ihre Eosinophilie und das körnige Grundplasma hervor und färben sich bei Imprägnation rauchgrau. Sie erhalten ihre nervöse Verbindung von den Moosfasern. Ein weiteres Element, das ebenfalls von Cajal eingehend erforscht wurde, sind die Kletterfasern, die die Faserkörbe der Purkinje-Zellen mit aufbauen. Nach Verlust der Markscheiden klettern sie (daher der Name) an den Dendriten der Purkinje-Zellen hoch. Weniger für die Kenntnis der hier zu behandelnden Verbildungen als für die der degenerativen Erkrankung des Kleinhirns ist der spezielle Bau der Glia der Kleinhirnrinde in der Molekularschicht (A. Jakob, Hayashi und Gagel) von Wichtigkeit. Im Paläocerebellum werden die Markfasern ausschließlich von afferenten und efferenten Fasern gebildet. Nach Naito gibt Schob (s. dort) 3 Stadien der Markbildung im Kleinhirn an. Das *primäre*: Beginn der Markreifung im Gebiet der Commissuren und der Dachkerne mit Übergriff auf den tiefen Wurm, sowie Flocculus und Paraflocculus. Das *intermediäre*: Markreifung der Seitenlappen, und zwar vom Wurm ausgehend, unter anderem auch Ummarkung des Nucleus dentatus. Im *terminalen* wird die Markreifung bereits intrauterin vollendet.

Im Grunde genommen ist auch hier die von Hallervorden erneut hervorgehobene Tatsache bestätigt, daß die phylogenetisch *alten* Anteile in der Markreifung vorauseilen.

Es bleiben noch „vorübergehende Bildungen" in der Kleinhirnentwicklung zu besprechen: 1. die von Hochstetter zuerst gefundenen Bildungen von kleinen Cysten, die nach Ansicht dieses Autors den Anlaß zu Verbildungen geben können und deren Bedeutung ebensowenig bekannt ist wie die vorübergehenden Cystenbildungen, die Essick im Hirnstamm beschrieben hat.

Wir haben sie bisher in keinem Fall der entsprechenden Altersstufe vermißt (Abb. 21 a). Die Rolle der Lamina dissecans ist bereits erörtert.

Auch die Fissura mediana cerebelli gehört hierher; sie ist ein Spalt, der aus dem Zusammenlegen der Kleinhirnhemisphären resultiert und ähnlich wie der Ependymkanal lange Zeit offenbleiben kann. Wir finden bei dysrhaphischen Störungen (s. unten) daher öfters gleichzeitig den mangelnden Schluß im Flügelplattengebiet am Kleinhirn.

Markscheidenentwicklung.

Die Scheidung von grauer und weißer Substanz ist grundsätzlich im Verlauf des 4. und 6. Monats zum Abschluß gekommen (BIELSCHOWSKY 1923). Die Markscheiden der Nervenfasern im Großhirn entwickeln sich nicht gleichmäßig, sondern zeitlich zu verschiedenen Zeitpunkten, aber als stets zusammengehörige Faserbahnen. Einzelne, wie die Pyramidenbahnen, reifen erst im extrauterinen Dasein [1].

Da gegen Ende des vergangenen Jahrhunderts die Markscheidendarstellung die Methode der Wahl für alle Untersuchungen des Zentralnervensnstems war, wurde sie auch zum Studium der Hirnentwicklung angewandt. Wenn auch FLECHSIG verschiedene Vorläufer gehabt hat (MECKEL, WEBER, MEYNERT, VULPIUS u. a.), so war er der erste, der den Reifungsprozeß des Gehirns auf Grund von Markscheidenpräparaten systematisch untersuchte. Er baute auf Grund der Markfaserreifung, die zu bestimmten Arealen gehören, die Lehre von der „myelogenetischen Rindenfelderung" auf. Die endgültige Fassung seiner Lehre war eine Dreigliederung des Cortex nach dem Reifungsstadium. So trennte er die früh markreifen (d. h. die bereits bei der Geburt markreif gewordenen) Projektionsfasern der Sinnessphären von den intermediären Gebieten, die in dem Zeitraum zwischen der Geburt bis Ende des 1. Monats reifen (frühen Assoziationsflächen), sowie den Terminalgebieten, deren Markreifung erst nach dem ersten extrauterinen Monat eintritt (Zentralgebiete seiner Assoziationszentren). Er kam dabei auf eine Differenzierung von 36 Feldern, die heute nicht mehr aufrechterhalten und insbesondere von C. und O. VOGT abgelehnt werden. VON ECONOMO und KOSKINAS bewerten die Markreifung in ihrer anatomischen Bedeutung und für die physiologische Differenzierung einzelner Rindenfelder. — Die Bedeutung der Untersuchung FLECHSIGS liegt darin, daß er die zeitliche Differenzierung in der Markscheidenreifung verschiedener Territorien herausgearbeitet hat, aber als Grundlage für eine Cortexgliederung kann dieselbe nicht angesprochen werden.

Im reifen Gehirn unterscheidet man die Assoziationsfasern, Commissurenfasern und Projektionsfasern. Während Hirnstamm und Rückenmark mit Ausnahme der neencephalen Pyramidenbahnen frühzeitig intrauterin einen weitgehenden Reifungsgrad erreichen, sind in dem Commissurensystem, d. h. besonders am Balken, erst in der 3. Woche nach der Geburt (VILLAVERDE) Markscheiden zu finden, und zwar beginnt die Myelinisation in dem mittleren Balkenabschnitt, dessen Fasern zu dem Gebiet der Zentralwindungen gehören. Im Balkenknie (Splenium) werden zu dieser Zeit noch Markfasern vermißt.

Die erste Markreifung im Balkengebiet zeigen die seitlichen Längsstriae. Bei der weiteren Markreifung sind die dorsalen Balkenabschnitte stärker myelinisiert als die ventralen. VILLAVERDE glaubt, diese zeitliche Bevorzugung damit begründen zu können, daß die Commissurenfasern des Gyrus fornicatus kürzer seien als die längeren, die die Hemisphären verbinden. Mit dem 6. Lebensmonat ist das Splenium nahezu völlig myelinisiert, während die Markreifung des Balkenknies und des Rostrums sehr viel langsamer fortschreitet. Dies dürfte wohl seinen Grund darin haben, daß die neencephalen Gebiete des Frontalhirns und der basalen Rinde im Sinne von SPATZ auch in der übrigen Reifung längere Zeit beanspruchen. Bis zum Eintritt der Geburt sind mit Ausnahme der ganzen Pyramidenbahnen die Fasern in Rückenmark und Hirnstamm bis zum Globus

---

[1] Siehe Abb. 3 in HALLERVORDEN-MEYER, dieser Teilband, S. 198.

pallidus markhaltig, ferner die sensorischen Bahnen für Geruch, Gehör und Gesicht; das sind also die Bahnen der Rindenterritorien, die sich am frühesten differenzieren und die auch in der Gefäßversorgung (s. unten) bevorzugt sind. Das Neugeborene hat noch keine funktionierenden Verbindungen zum Striatum und zur Hirnrinde, weshalb Clara von einer „Seelenblind- und -taubheit" des Neugeborenen spricht, dem außerdem die Fähigkeit zur willkürlichen Bewegung fehlt. Von den Hirnnerven ist nur der Acusticus markreif, die peripheren Nerven (Roback und Scherer) erhalten ihre völlige Markanbildung erst im 2. und 3. Lebensjahr.

Die Histogenese der Markreifung ist nicht zu trennen von der Gliadifferenzierung. Die zur Markscheidenbildung bestimmten gliösen Elemente weisen besonders nach den Arbeiten Roback und Scherers kleine Fetttröpfchen in ihrem schmalen Protoplasma auf. Man spricht von einer „Myelinisationsgliose".

Entwicklung der Glia.

Die Entwicklung der Glia geht der Entwicklung des gesamten Organs parallel. Bekanntermaßen erfolgt die Ausdifferenzierung in der Richtung auf astrocytäre, und zwar auf die plasmatische und faserbildende Glia, wobei die Astrocyten die Fähigkeit zur Faserbildung erst in der 2. Hälfte der Schwangerschaft erwerben. Die mangelnde Reife der Glia bedingt auch die Reaktionsweise des unreifen Nervensystems zur Porusbildung (s. dieses Handbuch Hallervorden-Meyer). Die Differenzierung geht in der Richtung zur Oligodendro-, Trabantzellenglia, die auch für die Histogenese der Markreifung eine Rolle spielt. Die Hortega-Zellen entstehen von allen gliösen Elementen am spätesten. Den alten Streit, ob diese meso- oder ektodermaler Herkunft seien, glauben wir, dahingehend beantworten zu können, daß die Hortega-Zellen auch Abkömmlinge der Ganglienleiste sind. Während Metz und Spatz die neuroektodermale Natur vertreten, hatte der rein histo-morphologisch arbeitende del Rio Hortega sich für die mesodermale Abstammung ausgesprochen.

Über die Frage der „Encephalitis congenita" (Virchow) und ihre Beziehungen zur Myelinisationsgliose siehe dieses Handbuch, Teil 3, S. 267. Allerdings meint Siegmund, daß diese Fettstoffe unter normalen Verhältnissen nicht sichtbar wären. Die Unterschiede, die Roback und Scherer in der Dichte und in der Verteilung der Gliazellen und -formen, die wir beim reifen Individuum nicht mehr finden, hervorgehoben haben, müssen als Ausdruck der Myelinisationsgliose gedeutet werden.

Nach Fraenkel sowie Schiff und Stransky nimmt der Lipoidgehalt während der postfetalen Entwicklung fortlaufend zu und erreicht bei der Geburt 34% der Trockensubstanz, beim 13jährigen 50% und schließlich beim Erwachsenen 66%. Wie Letterer (1948) gezeigt hat, hängt die verschiedene Zusammensetzung der Lipoide mit der Markscheidenbildung zusammen.

In einer sorgfältigen Studie von C. R. Tuthill (1938) wurden die Beziehungen des Fettes zu den Markscheidenbildungen bearbeitet. Sie sieht in dem Fett ein unbrauchbares Produkt des Myelinstoffwechsels, das in schlecht capillarisierten Gebieten liegenbleibt. Das Fett findet sich physiologischerweise in subcorticalen Gebieten vom 1. Monat bis zum Ende des 2. Lebensjahres als Stoffwechselprodukt des Myelins anläßlich der Vereinigung der weißen und grauen Substanz. Ihrer Untersuchung lagen 46 Kindergehirne vom 1. Tage bis zum Ende des 2. Lebensjahres zugrunde. Nach P. Gohrbandt und Siegmund liegt der Höhepunkt des Markscheidenaufbaus im 5./6. Uterinmonat und ist erst im 2. Lebensjahr völlig beendet (s. hierzu diesen Teilband, Hallervorden-Meyer, S. 189ff.).

D. Die Entwicklung des neuraxialen Hüllraums und Achsenskelets[1].

Die Entwicklung des Gesichtsschädels ist nicht zu trennen von der bestimmter Endhirnanteile (s. S. 289 ff.).

Während man früher allgemein die mesodermale Herkunft des Hüllraumgewebes annahm, ist die Auffassung über die Abkunft der einzelnen Teile dieses Bindegewebes noch im Fluß. Ihre Darstellung kann gelegentlich verwirrend wirken, zumal die Begriffe Neural- bzw. Ganglienleiste (s. oben S. 296 und 306) nicht einheitlich benutzt werden. Nach Schluß des Neuralrohrs umhüllt das (zunächst das Zentralorgan ventral unterlagernde) Bindegewebe das gesamte Zentralnervensystem, wobei es in der ganzen Embryonalzeit ventral stärker entwickelt bleibt als dorsal (s. S. 341). Hat sich das Hautektoderm über dem geschlossenen Neuralrohr vereinigt, schiebt sich das Mesenchym dazwischen. Aus diesem Bindegewebe entstehen a) das knöcherne Gerüst des Hüllraums, b) die Dura mater und c) das System der weichen Häute.

Die Herkunft dieses Mesenchyms ist zum mindesten bezüglich einzelner Anteile noch strittig. Die alte Auffassung der mesodermalen Abstammung kann zum mindesten nicht in vollem Umfange aufrechterhalten werden. So macht OBERLING gegenüber der klassischen Lehre von der Embryogenese der Hirnhäute im Sinne HOCHSTETTERS „den größtenteils neuroektodermalen Ursprung" geltend. Von HÖRSTADIUS, HARVEY und BURR wird die Bedeutung der Ganglienleiste für die Hüllraumbildung besonders ins Feld geführt (s. oben S. 306).

BRANDT unterscheidet Ganglien- oder Neuralleiste und Kopfganglienleiste. Während sich die Ganglien- oder Neuralleiste im segmentierten Chordagebiet findet, liegt die Kopfganglienleiste in Höhe des unsegmentierten Prächordalgebietes. Auch die Differenzierungsprodukte beider Blasteme sind ganz verschieden. Die Kopfganglienleiste bildet unter anderem die Knorpel der Visceralbögen, die von der Neuralleiste niemals gebildet werden könnten.

Neben der Beteiligung der Neuralleiste an der Mesenchymentwicklung des Hüllraums wird auch von einigen Autoren die Bildung von Melanoblasten auf die Neuralleiste zurückgeführt. In den Grundzügen seiner Konstitutionsanatomie hat BRANDT dargestellt, wie die lokal verschiedene Differenzierungsmöglichkeit von dem orthotopischen Potential abhängt. Auch KUHLENBECK (persönliche Mitteilung) rät zur Vorsicht bei Bewertung der Befunde, die zur Theorie des Mesektoderms geführt haben, denn es sei schwer zu sagen, ob Ganglienleistenmaterial tatsächlich bei der Bildung der Meningen verwertet wird oder ob es sich *lediglich um eine Induktion* handelt. Während die Auffassungen über die Entstehung des periencephalen Hüllraumgewebes noch nicht als endgültig zu betrachten sind, scheinen die Verhältnisse am Rückenmark eindeutiger zu liegen.

Die Hirn- und Rückenmarkshäute (W. BRANDT 1949) entwickeln sich aus dem embryonalen Bindegewebe, das aus den ausgewanderten Zellen der medialen Anteile der segmental angeordneten Somiten (Urwirbel) entsteht. Rostral vom 1. Somiten im Kopfgebiet besteht keine metamere Gliederung der Myotome und Sklerotome mehr. In diesem Gebiet entwickeln sich die Meningen aus dem unsegmentierten Kopfmesoderm. In dem ursprünglichen embryonalen Bindegewebe, dem meningogenen Mesenchym, erfolgen alsbald Verdichtungen. So zeigen sich die ersten Anlagen einer Dura mater dadurch, daß die lockeren Bindegewebsmaschen schwinden und die Zellen dichter aneinandergelagert werden (Membranbildung). Nach H. BLUNSCHLI (1925) und C. DEGELER (1941) erfolgt der funktionelle Ausbau der Bindegewebsfasern erst im späteren Fetalleben.

Das der Oberfläche des Zentralorgans anliegende embryonale Mesenchym wird zur Leptomeninx. Deren Anlage sondert sich (vgl. die Abb. 23—28 nach W. J. EICKE, die dieses Geschehen besser als jeder Text wiedergeben) in das piale und arachnoidale Blatt. Aus dem dazwischenliegenden weitmaschigen Bindegewebe wird das Spatium interleptomeningicum gebildet.

---

[1] *Anmerkung bei der Korrektur:* Siehe auch diesen Teilband: Hüllraum, Entwicklung der Hirnhäute, sowie G. SCHALTENBRAND: Plexus und Meningen im Handbuch der mikroskopischen Anatomie 1955.

Die Abb. 23—28 sind hier gebracht, um außer dem Rückblick auf die Cortexgestaltung die Entwicklung der Meningen zu zeigen.

Schon HIS und OBERSTEINER erwähnen die reiche *Vascularisation* vor Beginn des 2. Embryonalmonats. Sie charakterisieren dieses Geschehen als eine laufende

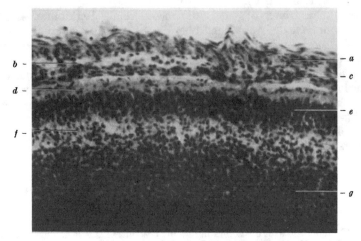

Abb. 23. Von der Konvexität eines 58 mm langen Feten. Erklärung zu Abb. 23—28: *a* Anlage des Schädelknochens; *b* Anlage der Dura; b_1 Falx; *c* Limitans meningea; *d* Randschleier; *e* Rindenschicht; *f* Zwischenschicht; *g* Matrix; *h* Anlage der Stammganglien; *i* Meningen der Basis; k_1 Anlage der Arachnoidea; k_2 hirnnaher Anteil (schmale Zone dichtliegender pialer Zellen); k_0 aufgelockertes piales Gewebe; *l* Molekularschicht, unten unregelmäßige warzenartige Verdichtungen der Rindenanlage; *m* Molekularschicht. Vergrößerungsmaßstab der Abb. 23, 24 und 26—28 140:1, der Abb. 25 38:1.

Abb. 24. Aus der medialen Hemisphärenwand eines mittleren Feten. (Erklärung s. Abb. 23.)

Zunahme ununterbrochener Lagen von relativ weiten bluterfüllten Kanälen. — Die Partien der Einstülpungen, wie Tela und Plexus, sind schon früh durch Anhäufung von Blutgefäßen zu erkennen. Eingehende Untersuchungen verdanken wir SABIN sowie STREETER. Danach bilden sich zunächst am Vorder- und Mittelhirn Gefäßplexus, die sich schließlich über die ganze Hirnwand ausdehnen. Diese, noch nicht irgendwie charakteristischen Bluträume verlaufen in einem lockeren maschigen Bindegewebe. Bei den einzelnen Vorgängen zur Gliederung dieses gefäßführenden Gewebes in drei übereinandergelagerten Schichten differenzieren

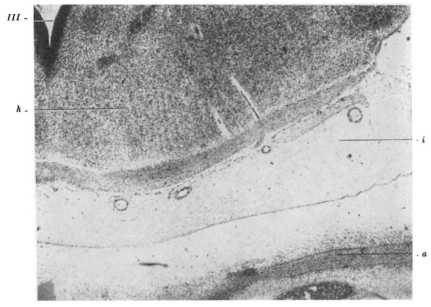

Abb. 25. Dasselbe Objekt, weiche Häute an der Basis. (Erklärung s. Abb. 23.)

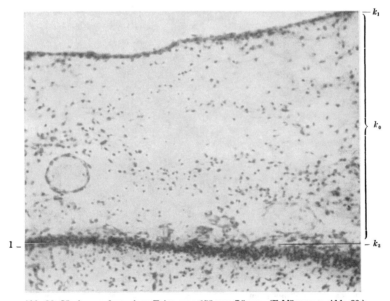

Abb. 26. Meningenanlage eines Feten von 175 mm Länge. (Erklärung s. Abb. 23.)

sich die frühembryonalen Gefäße in Oberflächen-, durale und piale Gefäße. Schließlich wird das Hirngefäßsystem mit zunehmender Hirnentwicklung weiterhin einer Aufteilung, und zwar einer topischen Aufteilung unterworfen, wobei es zur wesentlichen *Umgestaltung* des Gefäßsystems kommt; streckenweise obliterieren Gefäße, bestimmte Hauptstämme bilden sich heraus. Im Zuge der Weiterentwicklung kommt es zur eigentlichen Differenzierung in Arterien, Venen und Capillaren. Dies geht am Gehirn nicht ganz gleichmäßig vor sich. So weist

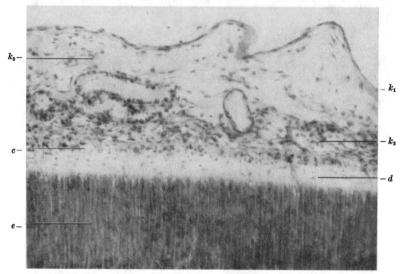

Abb. 27. Meningenanlage eines Feten von 330 mm Länge. (Erklärung s. Abb. 23.)

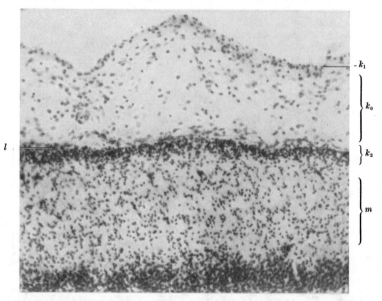

Abb. 28. Meningenanlage eines Feten von 420 mm Länge. (Erklärung s. Abb. 23.)

schon Bailey (1951) darauf hin, daß bei der Anlage der Großhirnrinde die sensorische und die Sehrinde sich sehr früh entwickelt und daß wir schon bei einem Fet von 4 cm Gesamtlänge hier verhältnismäßig mehr Capillaren sehen, als etwa im Frontalpol. Die Umgestaltung des Gefäßsystems erfolgt nicht nur schichtweise, sondern auch in ihrem Zufluß- und Abflußgebiet, wobei besonders die venösen

Gebiete, die zunächst alle basalwärts führen, die stärkste Umbildung erfahren. Erst im Verlaufe der weiteren Entwicklung bekommen die bis dahin weniger differenzierten arteriellen Gefäße ihren charakteristischen Aufbau, damit grenzen sich ihre endgültigen Ausbreitungsgebiete ab. Diese Abgrenzungen erfahren im embryonalen venösen Versorgungsgebiet die stärkste Umwandlung. Ein besonders kritisches Moment liegt in der Abgrenzung bei der Umwandlung der venösen Gefäßgebiete etwa in der Zeit des 4. Monats. Während bis dorthin die Venen vorwiegend basalwärts abfließen, entwickeln sich an der polaren und der dorsalen Konvexität die venösen Gefäße, die das Blut in die Durasinus abführen. — Ein Rest mündet durch die Vena cerebri media in den basalen Plexus cavernosus bzw. in den Reststamm der Vena ophthalmica. Späterhin entsteht eine Kommunikation durch die beiden Venae magnae anastomoticae. Die lokalisatorische Übereinstimmung des embryonalen Gefäßgewebes nicht nur mit gewissen arteriovenösen Aneurysmen an der Hirnrinde, sondern ebenso mit den angioplastischen Gliomen und schließlich auch mit den Verbildungen, die unten behandelt werden, muß hervorgehoben werden.

Uns war es seit langem aufgefallen, daß die arteriovenösen Aneurysmen, ebenso wie die parietalen und hochfrontalen angioplastischen Gliome an den Grenzen der Versorgungsgebiete der einzelnen Gefäßstämme gelegen sind, nämlich einmal im Gebiet des hinteren Parietallappens mit Übergreifen auf die Umgebung, seltener im Frontalhirn. Diese Versorgungsgebiete wechseln schon individuell während des Embryonallebens (unsere hierüber angestellten Untersuchungen kann ich leider aus den eingangs angegebenen Gründen nicht reproduzieren).

In seiner grundlegenden Arbeit unterscheidet STREETER 5 Stadien der Gefäßentwicklung:

In der *ersten Periode* entstehen die primordialen, endothelialen bluthaltigen Gefäße und es bildet sich ein zunächst unregelmäßiges endotheliales vasculäres Maschenwerk an der Hirnoberfläche aus.

In der *zweiten Entwicklungsperiode* kommt es zur Differenzierung von Arterien und Venen, womit die wesentlichen Zirkulationsverhältnisse fertiggestellt werden. (Bei 4 mm langen menschlichen Embryonen ausgebildet.)

Die *dritte Periode* wird durch die Differenzierung der Haut, Dura und Pia bestimmt und es kommt zu einer Trennung der cerebralen Gefäße von den duralen und den oberflächlichen Gefäßen des Kopfes. Die ersten Schritte dieser Entwicklung sind bei 44 mm langen Embryonen schon im Gang.

Die *vierte Periode* überschneidet sich mit der dritten Periode und ist durch eine Anpassung und Umgestaltung der Blutgefäße entsprechend dem Wachstum und den besonderen Formveränderungen des Gehirns gekennzeichnet. STREETER hat besonders auch die Entwicklung der duralen Venen und der Sinus dargestellt.

In der *fünften Periode* kommt es zur Vollendung der histologischen Differenzierung der Gefäßwände.

Bekanntlich setzt sich der Schädel embryologisch aus 4 verschiedenen Teilen zusammen, dem *Primordialcranium* mit der chondralen Osteogenese, der *Schädelkapsel*, deren Knochen auf dem Wege der bindegewebigen Knochenentwicklung entstehen, der knorpeligen, später knöchernen *Kapsel der Sinnesorgane* und schließlich den *Bestandteilen des 1. und 2. Visceralbogens*. Das früheste Entwicklungsstadium des Primordialcraniums erscheint nach BRANDT in der 5. und 6. Woche als dichte Mesenchymmasse, die Andeutung einer Segmentierung erkennen läßt. In der 7. Woche erscheinen die ersten knorpeligen Anlagen, später Knochen, in der Gegend der späteren Occipital- und Sphenoidalregion. Der Verknorpelungsprozeß breitet sich von der Basis lateralwärts aus und trifft mit der rechten und linken periotitischen Kapsel zusammen. Zur gleichen Zeit erscheinen

meist mehrere Ossifikationszentren in jedem einzelnen der späteren Schädelknochen. Bekannt ist vor allem die Verzögerung der Ossifikation der Schädel-
nähte bei Hydrocephalus. Das *Primordialcranium* besteht aus dem Os occipitale,
dem Os sphenoidale, dem Os ethmoidale und dem Os temporale. Zum *Desmo-
cranium* gehören das Os parietale, das Os frontale, der Vomer, das Os nasale,
Os lacrimale, Os zygomaticum und Os palatinum. Das Schädeldach und der
Gesichtsteil des Schädels werden also auf bindegewebiger Grundlage gebildet.

Das Gehirn formt den Schädel, und zwar nicht nur in der individuellen Ontogenese, sondern in der Phylogenese, und wie Spatz dargelegt hat, auch in der
progressiven Weiterentwicklung der neencephalen Großhirnanteile. Über die
ontogenetische Entwicklung äußert sich Erdheim: die Beziehungen zwischen
Hirnvolumen und Schädelkapazität verhalten sich (Böning, Rössle) in den
verschiedenen Lebensaltern unterschiedlich. Von der Geburt bis zum 11. Lebensjahr nimmt die Schädelkapazität mehr zu als das Gehirnvolumen, was wohl nur
mit der Zunahme des Liquors zu erklären ist. Vom 11. Lebensjahr an bleibt das
Verhältnis jahrzehntelang unverändert. E. Hammer (1932) untersuchte das Verhältnis zwischen Hirnwachstum und Schädelbildung bei normaler Entwicklung.
„Schädelbasis und Gesichtsschädel sind bei allen Graden von Spaltschädeln vollständig angelegt, wie von Virchow und allen späteren Untersuchern schon hervorgehoben wurde. Die Anlage dieser Teile wird von einem Defekt in der Neuralanlage nicht berührt, ihre Entwicklung muß als unbeeinflußt vom Hirnwachstum,
als Eigenentwicklung aufgefaßt werden. . . .“

Die teratologische Terminationsperiode für Spaltbildungen am Schädel ist
nach Sternberg spätestens im 2. Monat anzusetzen. Schädelbasis und Gesichtsschädel entwickeln sich also bei der Cranioschisis schon von diesem Zeitpunkt
an selbständig zu der Form, wie sie für den Anencephalen charakteristisch ist.

Von Lissauer wurde in vergleichenden anatomischen Untersuchungen
festgestellt, daß die Krümmung des Grundbeines im Laufe des embryonalen
Lebens eine verschieden starke ist, indem sich zwischen 4. und 8. Monat eine
stärkere Prognathie findet als beim Neugeborenen. Lissauer nimmt ein Überwiegen des Olfactorius in dieser Periode, die er als phylogenetische Erinnerung
in der Ontogenese betrachtet, gegenüber dem Wachstum des Stirnhirns an und
führt die relative Verlängerung der Lamina cribrosa mit der daraus resultierenden
Prognathie auf dieses Mißverhältnis im Wachstumstempo zurück (E. Hammer).
In den letzten Monaten des fetalen Lebens beginnt das Wachstum eine andere
Richtung einzuschlagen, die Wirbelsäule ist nun gerade genug gestreckt, die
Frontallappen des Gehirns wachsen wieder stärker und überwiegen gegen das
Wachstum des Bulbus olfactorius, sie drängen das Stirnbein mehr nach vorn,
die Lamina cribrosa mehr nach unten — dadurch muß das Gesicht des reifen
Kindes an Prognathie einbüßen (Lissauer).

„Die Untersuchungen der Schädelverhältnisse bei Fehlen und bei übermäßiger
Ausdehnung des Gehirns erschließen uns also die Möglichkeit, den Einfluß des
Gehirnwachstums auf die Ausbildung der übrigen Teile des Schädels, insbesondere
den Gesichtsschädel indirekt zu ermessen. Neben der Selbständigkeit der Anlage
und einer bis zu einem gewissen Punkt fortschreitenden autarken Entwicklung
von Schädelbasis und Visceralcranium spielt das Hirnwachstum eine bestimmende
Rolle, sowohl für die Stellung des gesamten Gesichtsschädels zum Hirnschädel
als auch für die Gestaltung des Profils (Prognathie). Den Einfluß des Gehirns
auf die Form der benachbarten Nebenhöhlen hat H. Noetzel 1949 untersucht.
Ohne den Einfluß des Hirnwachstums bleibt der Gesichtsschädel in seinem
Breitenwachstum weit hinter der Norm zurück“ (E. Hammer).

W. Busanny-Caspari untersuchte mit der Methode der Craniotrigonometrie
die Schädelbasis in ihren Korrelationen zu Gesichts- und Hirnschädel mit dem

Ergebnis, daß mit der Zunahme des Clivuswinkels nicht nur die Schädelbasis-, sondern auch die Gesichtslänge abnimmt. Diese Abnahme sei jedoch um so geringer, je stärker die Abnahme der Schädelbasislänge sei. Der Grad der Prognathie nimmt dabei zu und zeigt somit *meßbare* Beziehungen zur Schädelbasiskonfiguration. E. Schuchardt untersuchte 1951 in einer Arbeit den Index der Schädelbasismitte in der Phylogenese. Danach verschieben sich in der Phylogenese und in der menschlichen Ontogenese die Beziehungen in den Massen von Hypothalamus und Endhirn mit zunehmender Organisationsstufe zugunsten des Hypothalamus. Die Schädelbasismitte wird als Verbindungslinie der vorderen Ränder der Sehlöcher und der hinteren Sattellehne definiert. Sie wird als Vertretung des Hypothalamus am Schädelinneren aufgefaßt. So kann mit dieser Methode eine Aussage bei paläontologischen Untersuchungen gemacht werden, auch wenn das Gehirn selbst nicht zur Verfügung steht, ferner besteht die Möglichkeit, röntgenologisch am Lebenden die entsprechenden Maße zu ermitteln.

Unter anderen nimmt B. Kummer zum Fetalisationsproblem bei der Entstehung der menschlichen Schädelform Stellung und vergleicht Primatenschädel mit der menschlichen Schädelform. Zum Unterschied vom Menschen bleibt hier die fetale Orthognathie. Die Orbita verschiebt sich in bezug auf ihre Umgebung nur wenig, dagegen ist die basale Knickung zwischen Neuro- und Viscerocranium wesentlich stärker als bei Rhesus. Demnach dürften für die Formgestaltung des Menschenschädels nur Einzelzüge und nicht das Gesamtgefüge als Fetalisation gedeutet werden.

Auch J. Anthony untersuchte 1953 den Einfluß des Gehirns auf die Knickung der Schädelbasis bei den Primaten. Die für den Menschen kennzeichnende Knickung der Schädelbasis tritt in der Stammesgeschichte erst bei den Primaten auf.

In einer persönlichen Mitteilung von Spatz auf Grund eigener Untersuchungen und der seiner Mitarbeiter (Spatz, Th. Lüers) zur Schädelformung ist die Volumenzunahme des Neopalliums eine sehr unterschiedliche. Bestimmte Anteile, wie z. B. die Insel, entfalten sich frühzeitig und sind in frühen Phasen verhältnismäßig ausgedehnt. Wenn in späteren Phasen andere Anteile sich stark zu entfalten beginnen, würden die erstgenannten mehr und mehr von der Oberfläche abgedrängt, „subprimiert". Dieser Vorgang ginge der Phylogenese und menschlichen Ontogenese parallel. Bestimmte basale Anteile des Schläfenlappens und bestimmte Anteile des Stirnhirns kämen erst ziemlich spät in die Phase einer stärkeren Ausdehnung. Der Schläfenlappen dehnt sich dabei in ventraler und oraler, der Stirnlappen in ventraler und caudaler Richtung aus. Die notwendige Folge dieser gegensinnigen Rotation ist die von Diepen gefundene Drehung der Richtung der Achse des Infundibulums und des Hypophysenstiels. Die Rotation erfolge durch eine Achse, welche durch die Insel geht, die als der früher entwickelte Teil später im Wachstum zurückbleibt. Die endgültigen Formen ergeben sich zwangsläufig aus den Bildungsvorgängen; die erst ziemlich spät erfolgende Vertiefung der mittleren Schädelgrube sei eben die Folge der erwähnten Wachstumstendenz basaler Anteile des Schläfenlappens, so wie die vordere Schädelgrube durch die Ausdehnung basaler Anteile der Frontallappen ausgeprägt würde.

Die Entwicklung des Mittelgesichts ist ein Ausdruck der Höhe der Reifung des Zentralorgans. Bleibt aus äußeren Gründen oder bei hypoplastischen Anlagen die Entwicklung des Gehirns zurück und wird dadurch die Ausdehnung des Schläfenlappens frontalwärts gehindert (Ostertag 1949), dann bleibt das Mittelgesicht klein. Dies steht in absoluter Übereinstimmung mit der Untersuchung von Spatz, Dabelow, Schiffer.

Im Anschluß an Klatt (1949) hatte H. Jacob (1950) jene Gestaltungsprinzipien der Gehirnentwicklung, welche in besonders enger Korrelation zur Entwicklung der Schädelform stehen (Schädelhirnphysiognomie) der davon weitgehend unabhängigen „Eigenform" des Gehirns gegenübergestellt. Hiernach ist nicht nur die Gesamtwuchsform des Gehirns, sondern auch die Lappengestaltung und Furchenausrichtung mit der Formbildung des Schädels und seiner übrigen

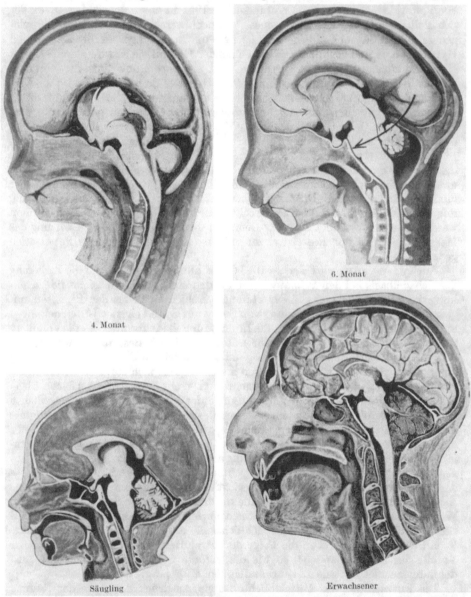

Abb. 29. Die Entwicklung des Gehirns im Verhältnis zum Schädel demonstriert die Lage des Zwischenhirns (Infundibulums zur Hypophyse) und die Formgestaltung des Schädels und Mittelgesichtes, bedingt durch die Hirnentfaltung und das scheinbare Vorrücken des Schläfenpols. (Nach Dabelow, aus Diepen.) [Aus: Dtsch. Z. Nervenheilk. **159**, 340—358 (1948).]

Organe *korreliert.* Der Windungscharakter hingegen beruht auf Gestaltungsprinzipien, die nicht gesetzmäßig, sondern lediglich mitunter in Korrelation zum Schädelhirnwuchs wirksam werden können. Zwischen der Entwicklung der Gesamtform, des Gyrifikationsgrades und des histotektonischen Reifegrades bestehen keine konstanten Beziehungen. Die Wirksamkeit individueller Variationstendenzen fällt wesentlich in die 2. Hälfte der Fetalperiode.

Grundlegende Kenntnisse bezüglich der Entwicklungsphysiologie der Wirbelsäule verdanken wir G. TÖNDURY (1952). Nach ihm ist die Gliederung des Somitenmaterials und damit die Herausbildung der Anlagen der Wirbelkörper und Bandscheiben abhängig vom Bestand der Chorda, die beide unter dem Einfluß normaler Allele stehen, die die Ausbildung des hinteren Körperendes und speziell der Wirbelsäule steuern.

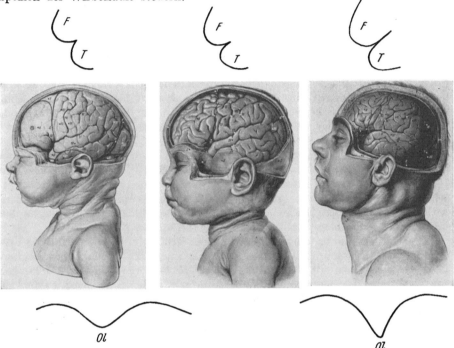

Abb. 30. Massenzunahme des Gehirns und die dadurch bedingte Lageverschiebung der Hirnteile sowie deren Einfluß auf die Gestaltung des Craniums und Gesichtsschädels. Deutlich ist das „Vorschieben des Schläfenlappens" infolge der Massenzunahme der basalen Rinde, der dabei unter das Stirnhirn unter gleichzeitiger Vertiefung der Olfactoriusrinne gelangt. Dabei Zunahme der Höhe des Mittelgesichtes. *F* Frontalpol; *T* Temporalpol; *Ol* Olfactoriusrinne. (Nach HEIDERICH, Skizze nach OSTERTAG.)

Ihre Auswirkung muß in der gleichen Phase gesucht werden, in welcher die Letalfaktoren ihren Einfluß zur Geltung bringen. Es handelt sich dabei um das Stadium, in welchem durch Neugliederung das Sklerotommaterial für die Wirbelkörper und Bandscheibenanlagen bereitgestellt wird. Jede Schadensauswirkung ist also phasenspezifisch. Die Weiterentwicklung der einmal gegliederten Wirbelsäule ist abhängig von zusätzlichen Faktoren, die die gewebliche Ausgestaltung der Bandscheiben und die Verknöcherung der Wirbelkörper veranlassen. Bei der Hausmaus sind die dominanten Faktoren (T und S d) bekannt geworden, welche zu einer Chordareduktion und im weiteren Verlauf zu Block- und Keilwirbelbildung führen.

Nach BRANDT füllen sich im Laufe der Entwicklung der Wirbelsäule die Zwischenräume zwischen den Sklerotomen bald mit Mesenchym, wodurch die Grenzen zwischen zwei Sklerotomen immer mehr verwischt werden. Auf diese Weise entsteht ein axiales Bindegewebsrohr, welches die Chorda dorsalis allseitig umschließt und die bindegewebige oder desmale Anlage der Wirbelsäule darstellt. Bei 5 mm langen Embryonen zerfällt jedes Sklerotom in eine kraniale und caudale Hälfte. Die caudale Hälfte der Sklerotome stellt die primäre Wirbelanlage dar. Die Anlage ist paarig und in der Mitte zwischen beiden verläuft die Chorda dorsalis. Innerhalb der Sklerotome treten 3 Verdichtungszonen auf, die Processus neurales, costales und chordales. Durch die Verschmelzung der rechten und linken Neuralfortsätze kommt der Wirbelbogen zustande, innerhalb welchem das Rückenmark liegt. Die ursprünglich primitive Metamerie des embryonalen Körpers kann später nur noch an der Lage der Myotome erkannt werden. Das Knorpelstadium der Wirbelsäule erscheint in der 7. Woche.

Die gesamte Wirbelsäule ist beim Sechswochenembryo noch stark konkav ventralwärts gekrümmt. Im 6. Monat besteht eine leichte Kyphose im oberen Brustabschnitt. Der Lendenteil der Wirbelsäule verläuft gerade nach abwärts und im Sacralgebiet beginnt sich eine leichte Konkavität abzuzeichnen (Kreuzbeinhöhle).

Nach Benninghoff durchzieht die Rückenmarksanlage bei einem menschlichen Fetus aus dem Anfang des 3. Monats die ganze Länge des Wirbelkanals vom Foramen magnum bis zum Schwanzende. Bereits im 3. Embryonalmonat bleibt das Längenwachstum des Rückenmarks hinter dem der Wirbelsäule zurück. So kommt es, daß die ursprünglichen Lagebeziehungen verändert werden und der Sacralteil mit dem Conus medullaris im Laufe der Entwicklung in die Höhe der oberen Lumbalwirbel zu liegen kommt. Die noch im 5. Fetalmonat dorsal von der Steißbeinspitze befestigte rudimentäre Pars caudalis des Rückenmarks verfällt in ihrem untersten Anteil der Rückbildung. Die Abgangsstellen der Nervenwurzeln am Rückenmark liegen ursprünglich entsprechend der orthologischen Lagebeziehung zwischen Rückenmark und Wirbelsäule in derselben Höhe wie die Foramina intervertebralia. Nach der entwicklungsbedingten Verschiebung der Rückenmarkssegmente muß der untere, in Höhe der ersten Lendenwirbel gelegene Teil des Rückenmarks als Sacralanteil bezeichnet werden, da von ihm die das Kreuzbein durchsetzenden Nerven ausgehen.

Für das Verständnis von Fehlbildung ist es ferner von Interesse, daß die Vereinigung der knorpeligen Wirbelbogenanteile im 4. Embryonalmonat beginnt (Bönig). Zusammen mit G. Töndury kommt H. R. Schinz bei Untersuchungen zur Ossifikation der menschlichen Wirbelsäule unter anderem zu folgenden Schlußfolgerungen: Bei jungen Feten findet sich im Innern immer ein Überrest des zentralen Kalkknorpelkernes, dem außen Knochenbälkchen aufgelagert sind. Auf dieses Stadium der ersten Knochenbälkchenentstehung folgt rasch die Bildung eines einheitlichen mononucleären Knochenkernes.. Echte dinucleäre, durch ruhende Knorpelmassen vollständig getrennte Knochenkernbildung kommt nicht vor. Bei älteren Feten wird der Kalkknorpel mehr und mehr abgebaut und verschwindet schließlich ganz.

Ask zeigte bei 14 menschlichen Embryonen die individuelle Verschiedenheit der Schließung der Wirbelbögen des Knorpelsacrums.

Übersicht über die zeitliche Entwicklung des menschlichen Zentralorgans [1].

Alter	Kriterien der Länge	Beschreibung	Autor
7—11 Tage	—	Stadium I: Dauert von der Ausbildung einer Blastocyste bis zum Erscheinen des Dottersacks.	Nach Hamilton, Boyd und Mossmann
11—12 Tage		Stadium II: Amnionhöhle und Dottersack fertig entwickelt. Ausbildung einer noch indifferenten Keimscheibe.	desgl.

[1] Zusammengestellt von Dr. Grimm und Dr. Liebaldt.

Anmerkung bei der Korrektur: In Contribution to Embryology, Bd. 35, S. 201 berichten Hertig, Rock, Adam und Mulligan (1954) über früheste Eier, und zwar haben die Autoren Blastocysten (s. oben S. 286) beim Menschen gefunden, mit Entwicklung des Trophoblasten und Embryoblasten, wie Streeter für den Macacus nachgewiesen hat; die Autoren haben ein 2-Zellstadium, 12-, 58- und 107-Zellstadium nachgewiesen.

Übersicht über die zeitliche Entwicklung des Zentralorgans. (Fortsetzung.)

Alter	Kriterien der Länge	Beschreibung	Autor
13 Tage	—	Stadium III: Amnion und Dottersack haben sich stark vergrößert, Chorionzotten sind in Bildung begriffen. An der Keimscheibe noch keine Veränderungen sichtbar.	Nach HAMILTON, BOYD und MOSSMANN
13,5—17 Tage	—	Stadium IV: Weitere Vergrößerung von Amnion und Dottersack, Chorionzotten beginnen sich zu verzweigen, die Keimscheibe wird oval und zeigt hinten die Ausbildung von Primitivstreifen und Primitivknoten. Anlage der Kloakenmembran.	desgl.
16,5—19 Tage	—	Stadium V: Der Primitivstreifen verlängert sich, es bildet sich der Chordafortsatz.	desgl.
19—21 Tage	—	Stadium VI: Die Chorda dorsalis ist im Entstehen begriffen, die Medullarplatte wird sichtbar und die Kopf-Darm-Anlage.	desgl.
—	—	In der folgenden Entwicklungsphase kommt es zur Ausbildung der Ursegmente und zur Auffaltung der Neuralwülste.	desgl.
23 Tage	10—14 Ursegmente	Der Neuralrohrschluß ist in vollem Gange.	desgl.
12 Tage	—	3-Blasenstadium des Gehirns (Pros-, Mes- und Rhombencephalon).	ERNST
2. Embryonalwoche	—	Vereinigung der paarigen Medullarwülste am Ende der 2. Woche (zuerst im mittleren Abschnitt), Auftreten der Neuropori; zuvor Abschnürung der Ganglienleiste (Spinal-, Kopf- und vegetative Ganglien), sowie der Augen- und Hörbläschen.	ERNST
19 Tage	0,8 mm, noch keine Ursegmente (BRANDT)	—	FISCHEL
20 Tage	1,17 mm, Anlage des 1. Urwirbels	—	FISCHEL
21 Tage (3 Wochen)	1,54 mm (5 mm, ERNST)	5-Blasenstadium des Gehirns mit primären Augenblasen.	FISCHEL, ERNST
22—23 Tage	1,8 mm (6 mm, ERNST)	Deutliche Abhebung des Kopfteils, steiler gestellte, stark vorspringende Neuralleiste.	FISCHEL
—	1,5 mm, 7—8 Urwirbel	Beginn des Schlusses des Neuralrohrs; zuvor Trennung der Zentralnervensystemanlage in Hirn- und Rückenmarksteil; 3 Bläschen im Hirnteil angedeutet.	KEIBEL, BROMAN
22—25 Tage	Anlage bis zu 9 Urwirbeln	—	BRANDT
—	2,0 mm	Deutliche Anlage von 3 Hirnbläschen.	VOGT
24—25 Tage	2,11 mm, 8 Urwirbel	Vereinigung der Neuralwülste in der Mitte des Embryonalkörpers. Entstehung von Neuroporus anterior und posterior.	ETERNOD, FISCHEL
—	2,3 mm	Entstehung einer seichten Rückenbeuge.	FISCHEL
14—16 Tage	2,4 mm, 14 Urwirbel	—	KEIBEL
3. Embryonalwoche	3,2 mm, 16 Urwirbel	Schluß des Neuralrohrs bis auf Neuroporus anterior und posterior. Deutliche Gliederung in 3 Bläschen, Scheitelbeuge 9°.	KEIBEL, HIS

Übersicht über die zeitliche Entwicklung des Zentralorgans. (Fortsetzung.)

Alter	Kriterien der Länge	Beschreibung	Autor
—	20 Urwirbel	Neuroporus anterior geschlossen.	Brandt
—	2,5 mm, etwa 23 Urwirbel	Neuroporus anterior geschlossen.	Broman, Keibel
—	etwa 3,0 mm, 25 Urwirbel	Neuroporus posterior geschlossen.	Broman
—	etwa 30 Urwirbel	Neuroporus posterior geschlossen.	Keibel
3 Wochen	4,0 mm	—	His
Ende 3. Woche	—	Nackenbeuge.	Broman
Zwischen 3. und 4. Woche	—	Vollständiger Schluß des Neuralrohrs, Scheitelbeuge spitzwinklig, Nackenbeuge.	Keibel
—	6,0 mm	Auswölbung der Seitenränder des Endhirns (Anlage der Hemisphärenbläschen).	Fischel
4. Embryonalwoche	4,25—6,5 mm	—	His
4. Embryonalwoche	4,02 mm	Neuralanlage zum Rohr geschlossen. Hervortreten von Stirn- und Scheitelhöcker, Rhombencephalon, Auge.	Fischel
4. Embryonalwoche	—	Anlage des Tuber cinereum, Infundibulum, Hypophysenhinterlappen.	Broman
—	7,5 mm	5-Bläschenstadium des Gehirns.	Fischel
4. Embryonalwoche	—	Scheidung in rechte und linke Hemisphäre durch mediane Längsfissur.	Vogt
4. Embryonalwoche (Ende)	—	Chorda umwachsen, Anlage der Wirbelsäule vollendet.	Ernst
4. Embryonalwoche (Ende)	40 Urwirbel	Primäre Entwicklung beendet, alle 40 Urwirbel vorhanden.	Keibel
5. Embryonalwoche	5,0 mm	Ausstülpung des Riechlappens aus Stirnlappen; Vereinigung des vorderen und hinteren Hypophysenanteils.	Brandt, Ernst
5. Embryonalwoche	—	Anlage des Striatum (zusammen mit dem von außen her sichtbaren Wandteil; Anlage des sog. Stammlappens.	Broman
5. Embryonalwoche	etwa 1 cm	Anlage des Lobus olfactorius an der ganzen unteren Seite jedes Hemisphärenbläschens.	Broman
5. Embryonalwoche (Ende)	10,5—10,9 mm	—	His
Ende des 1., Anfang des 2. Monats	—	Differenzierung des Telencephalon im unpaaren medianen Anteil: Wände der vorderen (Lamina terminalis) und unteren Partie des 3. Ventrikels und paarige Hemisphärenanteile.	Broman
Anfang des 2. Embryonalmonats	—	Anlage des Striatum.	Broman
Anfang des 2. Embryonalmonats	—	Abgliederung der Ganglienleiste; erste Bildung von Knorpelspangen im Bereich der Wirbelsäule.	Ernst
6. Embryonalwoche	11 mm	—	Brandt
6. Embryonalwoche	12,5—14 mm	—	His
6. Embryonalwoche	15,6 mm	Lumen im Rückenmark länglich oval, in der dorsalen Hälfte weiter.	Broman, His

Übersicht über die zeitliche Entwicklung des Zentralorgans. (Fortsetzung.)

Alter	Kriterien der Länge	Beschreibung	Autor
6. Embryonalwoche	12,0 mm	Die drei primären Hirnbeugen sind vorhanden; Epiphysenanlage erkennbar; Meningen eben unterscheidbar; segmentale Anordnung der sympathischen Ganglien.	
7. Embryonalwoche	17,0—17,8 mm	Auswachsen der Hemisphären; Anlage des Schläfenlappens; Thalamus und Striatum in den Ventrikel vorspringend; Verwachsung von Infundibulum und RATHKEscher Tasche; Plexus chorioidei erkennbar. — Verknorpelung der Schädelbasis (ERNST).	HIS, BRANDT
8. Embryonalwoche	29,0—30,0 mm	Ventraler Teil des Rückenmarkslumens weiter, dorsaler Teil zeigt engen Spalt. Erstes Auftreten der typischen Zellen in der Hirnrinde; Dura und weiche Häute deutlich.	BROMAN
—	—	—	ERNST, HIS, BRANDT
Im 2. Monat	—	Verwachsung der Hemisphärenbläschen mit den lateralen Wänden des Diencephalon.	BROMAN
Im 2. Monat	—	Erste Anlage der Rindenschicht an der Außenseite des Striatum.	HIS
Ende des 2. Embryonalmonats	—	Entstehung der Plexus chorioidei, die sich in den nächsten Monaten so stark entwickeln, daß sie die Cella media und das Unterhorn fast ausfüllen. — Erstes Auftreten typischer Zellen in der Hirnrinde.	BROMAN
Ende des 2. Embryonalmonats	—	Auftreten ventrikulärer Keimbezirke. Gliederung in ventrikuläre Matrix, Zwischenschicht und Randschleier.	ERNST
11 Wochen	42 mm (HIS)	Rückenmark zeigt definitiven inneren Aufbau, Zellmigration in vollem Gang.	HIS
Anfang des 3. Embryonalmonats	—	Balkenstrahlung als heller Streifen erkennbar (ERNST). Verwachsung der medialen Hemisphärenwände mit der lateralen und teilweise oberen Seite des Thalamus. Beginn der Umbiegung des späteren Schläfenlappens um den Stammlappen (spätere Insel). Entstehung der Fissura hippocampi (später Sulcus corporis callosi). Zwischen Fissura chorioidea und Fissura hippocampi der Gyrus dentatus. Ausweitung dieser Windung halbkreisförmig um den Stammlappen. Entstehung der primären Fissuren: Fissura parieto-occipitalis und Fissura calcarina.	BROMAN
3. Embryonalmonat	—	Entstehung der Fissura collateralis an der nach innen und unten gerichteten Seite des Temporallappens; Beginn der Bildung des Occipitalpols. Teilweise Verwachsung der Gyri dentati. Entstehung des Septum pellucidum. Entstehung des Fornix und Balkens. Kleinhirnoberwurm beginnt sich abzuheben.	CLARA, BROMAN
12 Wochen	56,0 mm	Hirn im großen ganzen in allen Teilen angelegt. Ende der sog. formativen Phase mit Ausbildung der äußeren Form (ERNST). Intumescentia cervicalis et lumbalis; Deutlichwerden von Cauda equina und Filum terminale. Differenzierung der Neuroglia. Beginn der Verknöcherung der Schädelbasis im Laufe des 3. Embryonalmonats.	ERNST

Übersicht über die zeitliche Entwicklung des Zentralorgans. (Fortsetzung.)

Alter	Kriterien der Länge	Beschreibung	Autor
3. und 4. Monat	60—90 mm (His)	Anlage des Bulbus olfactorius. Verwachsung der Hemisphärenblasen untereinander (Durchtritt der Commissurenfasern). Sulcus primarius und praepyramidalis werden am Urkleinhirn (Palaeocerebellum) sichtbar.	Broman, Braus
16. Woche	112,0 mm	Hemisphären überwachsen den größten Teil des Stammhirns. Abgrenzung der Hirnlobi, Anlage der primären Furchen. Corpora quadrigemina treten in Erscheinung. Massenzunahme des Kleinhirns; am Wurm werden alle Hauptlappen erkennbar, gleichzeitig Bildung der sekundären Windungen, somit Bildung von Declive, Folium und Tuber an dem Anfractus vermis.	Braus
4. Embryonalmonat	—	Bildung des Sinus rectus durch Vorwachsen der Tentoriumanlage. Beginn der Ausbildung der inneren Architektonik im Sinne der organogenetischen Phase mit innerer Ausgestaltung der angelegten Teile. In-Beziehungtreten komplexer Zellverbände. Ausbildung der Wirbelbogen beendet.	Ernst
4. Embryonalmonat	—	Erste Balkenanlage erkennbar (Genu, Rostrum und Splenium); erstes Hervortreten der Insel.	Ernst
3.—5. Embryonalmonat	—	Allmähliche Verlagerung des Stammlappens in die Tiefe; Entstehung der Fossa Sylvii und der Insel.	Broman
4. Embryonalmonat	—	Auftreten vasculärer Keimbezirke.	Ernst
4. Embryonalmonat	—	Der ursprüngliche hintere Anteil des Pallidum ist als Schläfenpol nach vorne gerückt. Entstehung der Foraminae Luschkae und Magendi.	Broman
4. Embryonalmonat	—	Verhältnis der Hirnrinde zur Hemisphärenwand wie 1:4 (Quer- und Schrägstand der Neuroblasten); Eindringen der Gefäßbäumchen der Pia; Beginn eines Status verrucosus simplex (Retziussche Wärzchen), besonders zu beiden Seiten der Fossa Sylvii; Auftreten der superfiziellen Körnerschicht (passagerer Zustand).	Ernst
4. und 5. Monat	—	Die den Randschleier bevölkernden Cajalschen Zellen besitzen während dieser Zeit Neurofibrillen.	Ernst
1.—5. Embryonalmonat	—	Ausschwärmung und Wanderung der Bildungszellen aus der Matrix.	Ernst
5. Embryonalmonat	—	Commissurensystem vollständig. Beginn der Myelinisation des Rückenmarks. Streckung des Gehirns.	Ernst
Mitte des 5. Embryonalmonats	160,0 mm	Gliederung der Oberflächenwindungen am Neukleinhirn (Neocerebellum) bis zum Sulcus posterior, dahinter noch glatt, Sulcus praetonsillaris jedoch schon deutlich.	His, Braus
5.—6. Embryonalmonat	etwa 25 cm	Durch Wachstumsdifferenz zwischen Wirbelsäule und Rückenmark Emporrücken des Rückenmarkendes in den Bereich des 3. Lendenwirbels. Auftreten sog. unabhängiger Keimbezirke im Gehirn. Furchung am Urkleinhirn beendet. Beginn der Gliederung der rückwärtigen neocerebellaren Abschnitte.	Ernst

Übersicht über die zeitliche Entwicklung des Zentralorgans. (Fortsetzung).

Alter	Kriterien der Länge	Beschreibung	Autor
6. Monat	etwa 30 cm	Verhältnis der Hirnrinde zur Hemisphärenwand wie 1:6; schärfere Gliederung mit typischer 6-Schichtung. Beginn der physiologischen Rückbildung an den CAJALschen Horizontalzellen.	ERNST
6. Monat	—	Beginn der Windungsbildung, zuerst im Bereich des Sulcus Rolandi und cinguli.	BROMAN
Ende des 5. Embroynalmonats	—	Erste primäre und sekundäre Windungszüge unter Verkleinerung der Ventrikel und Verdickung der Hemisphärenwand.	ERNST
Bis zum 7. Embryonalmonat	—	Auftreten der Primär- oder Hauptfurchen, die die Hirnmanteloberfläche gesetzmäßig in kleine Abteilungen aufteilen.	ERNST
Im 7. Embryonalmonat	etwa 35,0 cm	Auftreten von Pyramidenzellen in der Rinde; vasculäre und ventrikuläre Keimbezirke verschwinden. Abnahme der superfiziellen (rein fetalen) Körnerschicht (Bildungszellen der Neuroglia). Schnelle Entwicklung der Gyri und Sulci.	ERNST
7.—8. Embryonalmonat .	—	Ossifikation der Schädelbasis.	ERNST
8. Embryonalmonat	etwa 40 cm	Verschwinden der Neuroblasten unter dem ventrikulären Epithel.	ERNST
Vom 9. Embryonalmonat an	—	Insel vollständig opercularisiert.	ERNST
9.—10. Embryonalmonat	etwa 45—50 cm	Nebenfurchen (Sekundär- und Tertiärfurchen) des Gehirns; Beginn der Myelinisation im Großhirn.	ERNST

E. Ursachen von Störungen der Entwicklung des Zentralorgans.

Für die Entstehung der Verbildungen sind früher in erster Linie äußere Ursachen[1] angeschuldigt worden. Mit Recht werden unter den exogenen Faktoren Sauerstoffmangel, Virusinfektion — insbesondere Röteln — Hungerzeiten, Strahleneinwirkungen in ihren unmittelbaren und mittelbaren Auswirkungen benannt. Es geht aber wohl zu weit, wenn das sog. „Versehen" der Mutter als Schreckwirkung u. ä. m. heute wieder auflebt (KLOTZ) und die Erklärung versucht wird, daß eine derartige Schreckwirkung zu einer Durchblutungsstörung und damit mittelbar zur Anoxämie führen würde. Die Berufung dieses Autors auf STIEVE ist nicht zulässig; denn die Störungen der Genitalfunktion, die STIEVE erörtert, sind bei Gefängnisinsassen, die mit einem schweren, ja Vernichtungsurteil zu rechnen hatten, aufgetreten.

Wie unten umrissen, kann als „Mißbildung" kein Defektzustand anerkannt werden. Auch wenn eine äußere Schädigung für eine Mißbildung vorliegt, muß dieselbe schon in frühester Zeit die *Keimanlage selbst* betroffen haben.

Die Pathogenese intrauteriner Schädigung ist unter anderem von HALLERVORDEN-MEYER (dieser Band, S. 191 ff.) erörtert; diese betrifft vor allen Dingen die Schäden mit Narben und Ausheilungsvorgängen. Doch sind diese Faktoren

---

[1] Die Erörterung der Tierexperimente, wie z. B. von WERTHEMANN, REINIGER, BÜCHNER, würde zu weit führen; das Wesentlichste ist oben im Abschnitt der Entwicklungsbiologie erwähnt.

auch durchweg geeignet, Mißbildungen hervorzurufen, sofern sie — wie betont — während der Neurulation eingreifen.

Bei den Fragen zur *Sicherstellung der exogenen* Ursache einer Verbildung steht die *eine* im Vordergrund: sind es etwa peristatische Einflüsse, die einem sonst nicht sehr durchschlagenden Gen erst zur Manifestation verholfen haben? Das heißt, wie groß ist der jeweilige Anteil der inneren und äußeren Ursachen zu bewerten? Wir haben das bereits mit allem Nachdruck (1933 und folgende Jahre) niedergelegt.

„Nach unseren Erfahrungen gibt es körperliche Mißbildungen, bei denen wir in jedem Fall bei charakteristischer Ausprägung des Erscheinungsbildes Erblichkeit annehmen können, weiter gibt es eine zahlenmäßig geringe Gruppe von Verbildungen, bei denen im Einzelfall, ebenfalls auf Grund des Erscheinungsbildes, exogene Entstehung mit großer Wahrscheinlichkeit angenommen werden kann. Dazwischen stehen die mannigfachen und zahlreichen Formen von Mißbildungen, die nach dem gegenwärtigen Stande unseres Wissens sowohl erblicher als auch exogener Natur sein können."

Unter den Ursachen für die Verbildungen des Nervensystems, insbesondere auch für die Anencephalie sind häufig, sogar noch in neuerer Zeit auch *Amnionstränge* [1] herangezogen worden. Entsprechend den Untersuchungen Grubers haben wir (Eckhardt-Ostertag 1940) bei Durchsicht unseres Untersuchungsgutes (des Rudolf-Virchow-Krankenhauses und zahlreicher Zuweisungen) nicht einmal in 3% eine amniogene Ursache festgestellt. Unterrichter (Innsbruck) hat unter 10000 Geburten nur 1,31% Mißbildungen gefunden, darunter 8 sichere amniogene (= 6%). Von diesen waren 5 Früchte extramembranös entwickelt. Auf 10000 Innsbrucker Geburten kamen also höchstens 0,08%, auf das Göttinger Material von 12318 Geburten nur 0,008% amniogene Mißbildungen.

Da das Amnion auch ein Teil des fetalen Ektoderms ist, kommt es nicht selten bei *schweren endogenen* Verbildungen der Frucht auch zu dysamniogenen Verklebungen und Strangbildungen. Ihrer Sinnfälligkeit wegen sind diese lange ursächlich überschätzt worden. So glaubt z. B. ein kritischer Untersucher (E. de Vriess 1922) die Entstehung einer Anencephalie auf zu enges Amnion zurückführen zu können. Bei extraamnialer Kopf- (Schädel- und Gehirn-) Entwicklung resultiert die Mangelbildung der Kalotte und des Gehirns (Ostertag) (Abb. 31a und b). Amnionschäden sind nur bis zum Beginn der 6. Woche möglich, wo das Amnion den Fetus noch eng einhüllt. [G. Ilberg (1940): „Verwachsung der Placenta mit dem Kopf des Kindes, Verwachsung von Amnionsträngen mit dem Zentralnervensystem". E. Ritter (1933): „Encephalocystocele nasofrontalis kombiniert mit Hydromikrocephalie und multiplen amniogenen Mißbildungen".]

Als vorwiegend exogen bedingt hat nach unserer Auffassung das Zugrundegehen des *einen* Paarlings bei einer Zwillingsschwangerschaft [2] zu gelten, wofür wir zahlreiche Beispiele haben; ebenso die Unterentwicklung und Entwicklungshemmung der Früchte kranker, insbesondere durch Hypoxämie herzkranker dekompensierter Mütter. Freiwillig oder unfreiwillig eingeleiteter Abort, wie z. B. Kurzwellenbesendung im Beginn der Gravidität oder Versuch eines Abortierens bei Ausbleiben der Menstruation können vorzüglich zu Störungen im Körperschluß führen.

---

[1] Wie bereits früher (Ostertag) ausgeführt, bezeichnen wir als *dysamniogen* diejenigen Vorgänge, die ihre primäre kausale Ursache in der Abwegigkeit des Amnions haben, während wir das Adjektiv „amniotisch" für solche verwenden, wo etwa Stränge, Verklebungen usw. rein sekundär koordiniert mit anderen Verbildungen auftreten.

[2] Es sei jedoch vermerkt, daß nach einzelnen Autoren Mißbildungen bei Mehrlingsschwangerschaften fast mit der Mißbildungszahl unter der übrigen Population übereinstimmen, so daß unter anderem G. B. Gruber (s. dort) glaubt, daß nur bei einem Paarling das entsprechende Gen „durchgeschlagen" wäre.

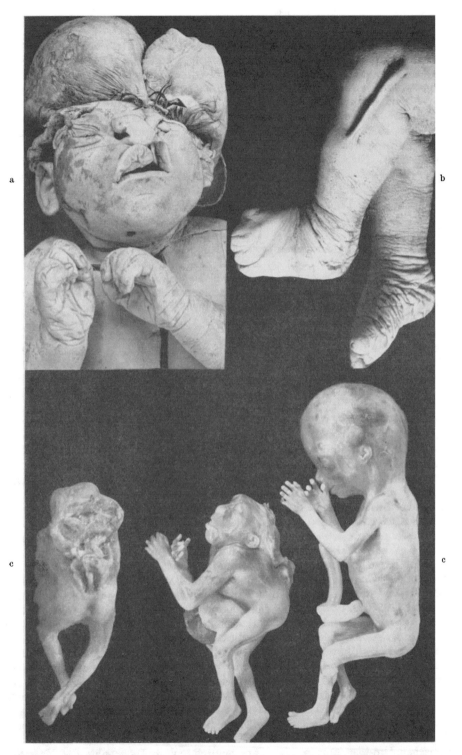

Abb. 31a—c. a Links oben: Fixierung von Amnionsträngen vor dem Schluß des Gesichtsschädels mit Teilung der Hirnanlage. Das Prosencephalon ist in 2 gleiche Teile gespalten. Schiefe Gesichtsspalte. Klumpfüße beiderseits, quere Abschnürungsdefekte von Zehen und Fingern. Hauthornbildung an Stelle von Nägeln. Mehrere kleinbleistiftdicke Hautstränge an Gesicht und Extremitäten. b Ein Hautstrang ist auf dem Bild rechts oben zu sehen. Außer mäßiger lumbaler Kyphoskoliose eine Fehlbildung im Ependymkanal, Verlagerung der Hinterhornganglienzellen. c Zwillingsschwangerschaft. Interruption wegen Erkrankung der Mutter an Herzfehler. Eineiiges Zwillingspaar. Der rechte Paarling normal, der linke (Ansicht seitlich und von hinten) zeigt, abgesehen von einem Bauchbruch, schwere Cranio-Rhachischisis, Atresia ani usw.

(Aus: ECKHARDT-OSTERTAG: Körperliche Erbkrankheiten. Leipzig: Johann Ambrosius Barth 1940.)

Wesentlich ist unter anderem, daß Einnistung und Fixation des Eies in der entsprechenden Terminationsperiode gestört sein kann. In demselben Sinne sind diejenigen A- und Dysrhaphien ursächlich zu erklären, bei denen nach erfolgter Konzeption noch eine „Menstruationsblutung" termingerecht eintrat, das normal große Kind entsprechend dem echten Konzeptionstermin (nach der Berechnung der Mutter jedoch einen Monat zu früh) sonst ausgereift geboren wurde (Ostertag 1935, 1936, R. Schulz 1939, F. Stephen Vogel und John L. McClenahan 1952, sowie spätere Arbeiten aus der Büchnerschen Schule insbesondere von Rübsamen). Eineiige Zwillinge mit diskordanter A- bzw. Dysrhaphie haben außer dem Verfasser 1925 noch die hier in alphabetischer Reihenfolge genannten Autoren beschrieben (v. Braitenberg 1948, Grebe 1948, Jughenn-Krücke und Wadulla 1949, Lücke 1937, Roemheld 1939, Weitz 1924). Außerdem wird das Problem ausführlich von Panse und Gierlich 1948 beleuchtet (dort weitere Literatur).

Systemisierte Verbildungen oder die Koppelung schwerer Verbildungen sind jedoch als endogen (erbbedingt) anzunehmen. Hierüber liegen eine Reihe von Untersuchungen, insbesondere aus dem Gebiete der Dysrhaphien vor.

Sinngemäß wurden besonders die Syringomyelie, die Spina bifida, Anencephalie und auch andere Fehlbildungen eingehenden Untersuchungen unterzogen. So fanden J. A. Barré und L. Reys 1924 eine Syringomyelie bei Bruder und Schwester (ohne anatomische Untersuchung); F. Kino 1927 ein syringomyelieähnliches Syndrom bei Vater und 3 Töchtern. Auch J. Tenner beschrieb 1928 eine Syringomyelie bei Vater und Tochter. L. van Bogaert berichtete 1934 über eine familiäre Syringomyelobulbie von 2 Schwestern, wobei die eine Schwester außerdem noch eine Kleinhirncyste aufwies; B. Mankowsky und L. I. Czerni 1930 über familiäres Auftreten der Syringomyelie, einmal bei 2 Brüdern, das andere Mal bei 2 Schwestern. I. Wagner fand 1932 eine familiäre Syringomyelie bei 2 Schwestern mit Blutsverwandtschaft der Eltern. D. A. Schamburow und J. J. Stilbans untersuchten 1932 23 Familien kranker Probanden mit 119 Personen röntgenologisch und entdeckten bei 70 eine Spina bifida. L. Barraquer und I. de Gispert fanden 1936 13 Fälle von Syringomyelie in 2 Generationen einer Familie. K. Weidenmüller 1936 zeigt an Hand eines Überblickes über die Frage der Erbbedingtheit der Spina bifida unter anderem eine Familie, bei der unter 4 Kindern derselben Eltern 3 Fälle unter dem Bilde der Rachischisis gefunden wurden: Acranie, Spina bifida aperta thoracica, Rachischisis partialis lumbodorsalis. Während sich bei der Mutter der 3 Kinder ein halbseitiger Bogendefekt im ersten Kreuzbeinsegment fand, bestand in der Ascendenz der väterlichen Sippe eine Syndaktylie. A. Knauer untersuchte 1934 und 1939 den Syringomyeliekomplex und diskutierte die familiären Manifestationsschwankungen, ebenso G. Weise 1935. B. Waldmann (1938) führte in einer Untersuchung über die Erblichkeit der Spina bifida und Rachischisis die schweren Grade der Formstörung auf eine zweifelsfreie Erbbedingtheit dieses Störungskomplexes zurück. E. Artwinski und B. Bornstein berichteten 1937 über eine Syringomyelie bei Mutter und Sohn. Die Autoren betonen, daß der Begriff des Bremerschen Status dysrhaphicus als konstitutionelle Entwicklungsanomalie das Verständnis der heredofamiliären Varietät der syringomyelischen Gliose bzw. Gliomatose auch bei der seltenen Abart der lumbosacralen Syringomyelie erleichtere. K. Krabbe berichtete 1939 bei zweieiigen Zwillingen über Syringomyelie und Halsrippen. H. Jughenn, W. Krücke und H. Wadulla (1948) fanden bei klinisch-anatomischen Untersuchungen „familiäre neurovasculäre Dystrophie der Extremitäten". Sie fanden intrafamiliär variierend sensible und trophische Störungen vorwiegend im Bereich der unteren Extremitäten aber auch der Hände. Wegen der meist dissoziierten Form der Empfindungsstörung wurde dieses Syndrom früher vorwiegend als familiäre Syringomyelie aufgefaßt. In auffallendem Gegensatz dazu stand jedoch die Progredienz der typischen Syringomyelie. Die Verfasser reihen ihre Beobachtungen schließlich in den Formenkreis des myelodysplastischen Syndroms ein.

M. NORDMANN und K. LINDEMANN (1940) nehmen eine familiäre Tetraperomelie zum Anlaß, auf die Vererbung der Peromelie in gesetzmäßiger Abhängigkeit von *Mißbildungen des Zentralnervensystems* hinzuweisen. Verfasser verweisen ferner auf die diesbezügliche Arbeit von GRUBER wie OSTERTAG, erwähnen die Beobachtungen von LINDEMANN über 3 Kinder gesunder Eltern, von denen das erste einen offenen Wirbelspalt, das zweite eine Spina bifida der Lendenwirbelsäule und eine Meningocele, das dritte eine Peromelie des Unterarms aufwiesen.

Die zu den frühen Formen der Schlußstörungen gehörende Anencephalie ist bezüglich Untersuchungen auf ihre Erblichkeit zahlreich im Schrifttum vertreten. Es sollen nur einige Autoren genannt werden: So berichtet W. WIESE 1950 in einer Arbeit über konkordante Anencephalie bei eineiigen Zwillingen. In seinem Falle konnte die Eineiigkeitsdiagnose einwandfrei aus den Eihautbefunden und der Ähnlichkeitsvergleichung bewiesen werden. Wegen der völligen Gleichartigkeit der Mißbildungen postuliert WIESE eine wahrscheinlich endogene Ursache bei beiden Zwillingsfrüchten. Dabei kann es sich entweder um eine nicht erbliche dysplasmatische oder um eine erblich chromosomale Anlagestörung der befruchteten Eizelle handeln. N. FEUERLICHT stellt 1950 in einer Arbeit über familiäre Häufung von Anencephalen fest, daß es sich meistens um weibliche Anencephale und selten um männliche handle, eine familiäre Häufung sei oft nachzuweisen und eine übliche Komplikation sei ein Hydramnion. Auch J. BÖÖK und S. RAYNER (1950) kamen in einer Studie, die eine Untersuchung von 46 Müttern mit 67 anencephalen Kindern zur Grundlage hatte, auch dazu, das Überwiegen des weiblichen Geschlechtes sicherzustellen (42:24, ein Fall unentschieden). Die Autoren vermuten den Einfluß eines Letalfaktors, besonders auch wegen der Neigung der Anencephalusmütter zu Aborten. Die Wahrscheinlichkeit für fernere Kinder bei Anencephalusmüttern für eine Craniorhachischis sind 1%, für Spontanaborte aber 20%. Nach den genannten Autoren machen Anencephalusgeburten 0,064% der Gesamtgeburtenzahl aus. Im Rahmen einer großangelegten Untersuchung über die Ursachen von Totgeburten in niederländischen Provinzen stellte A. POLMANN 1950 eingehende erbstatistische Erhebungen in 181 Familien an, in denen Fälle von Anencephalie, Hydrocephalie, Spina bifida, Encephalocele und andere Mißbildungen bzw. Entwicklungsstörungen des Zentralnervensystems beobachtet worden waren. Für exogene Faktoren ergaben sich diesem Verfasser keine Anhaltspunkte. Dagegen führte ihn die gründliche Durcharbeitung des Materials zu der Annahme der Erbbedingtheit dieser Mißbildungen, wobei ihm eine monomere Recessivität am wahrscheinlichsten erschien. Die Möglichkeit peristatischer Momente bei der Ausprägung gewisser Mißbildungen wird eingeräumt, jedoch können diese Momente bei der Kausalgenese der beschriebenen groben Entwicklungsstörungen kaum ausschlaggebend sein. Blutsverwandtenehen bzw. wechselseitiges Heiraten zwischen Angehörigen von Sippen, in welchen solche Mißbildungen auftraten, sind nach obigem Verfasser besonders disponierend anzusehen. 1953 unternahm H. GREBE Sippenuntersuchungen; neben den erblichen, völlig gleich erscheinenden bestünden nichterbliche Formen von Anencephalie — also echte Phänokopien. Die Notwendigkeit der Erfassung von Totgeburten und auch von Fehlgeburten in Sippen mit Anencephalie wird betont. — Welche Rolle der exakten erbgenetischen Untersuchung zukommen kann, zeigen H. GREBE und H. R. Wiedemann 1953 mit ihrer Arbeit über „intrafamiliäre Variabilität einiger typischer Mißbildungen" (s. auch Pernkopf 1938).

Abgesehen von der Erblichkeit der Spaltbildung ist die Mikrocephalie (die an sich pathogenetisch nichts Einheitliches darstellt) Gegenstand erbbiologischer Untersuchungen gewesen. R. Tambroni und E. Padovani (1923) berichteten über eine Familie mit zwei ausgeprägten idiotisch mikrocephalen Kindern, während zwei andere durch eine weniger hochgradige Mikrocephalie auffielen. Bischoffs-werder konnte 1931 Mikrocephalie bei blutsverwandten Eltern (Geschwister-kinder) bekanntgeben. Er glaubt an eine recessive Vererbung. Eine längere, nur im Referat zugängliche Mitteilung B. Berlins (1934) beschäftigt sich mit der familiären Mikrocephalie. In einer wenig kritischen Untersuchung, die zum Teil auf recht überholten Vorstellungen beruht, teilt Klöppner 1939 3 Fälle mit. Der erste gehört in das Kapitel der Anoxämie bei Zwillingsschwangerschaft. Es handelt sich um eine Mikrocephalie mit doppelseitiger Lippen-Kiefer-Gaumen-spalte. Nach der Abbildung handelte es sich außerdem mehr um eine in das arrhinencephale Bild gehörige Erkrankung. In dem 2. Fall waren die Eltern der Frau Geschwisterkinder. Der 3. Fall scheint eine echte Mikrocephalie zu sein, wofür der Verfasser ein „Schreckerlebnis" im 2. Schwangerschaftsmonat durch Anblick einer ohnmächtigen Frau annimmt. (!)

Eine exakt untersuchte Familie, die für die Auffassung Bischoffswerders spricht, hat C. Brädel 1942 bearbeitet, und damit einen wesentlichen Beitrag zur Kenntnis erblicher neuroektodermaler Dysplasien (familiäre Mikrohydro-cephalie und Melanose mit weiteren Verbildungen) gegeben. Aus einer phäno-typisch gesunden Familie wurden 3 Kinder geboren, von denen die ersten beiden alsbald nach der Geburt infolge einer Mikrocephalie bzw. Hydromikrocephalie zugrunde gegangen waren. Das dritte Kind wurde ebenfalls mikrocephal geboren, erreichte ein Alter von 16 Jahren, bei einer Körperlänge von nicht einmal 120 cm, als der Tod infolge einer Melanoblastose eintrat.

Die von Brummelkamp als Mikrocephalie sichergestellte Gehirnhypoplasie bei einem 118 cm großen erwachsenen Mädchen hat Ariens-Kappers 1942 in seiner Erblichkeit untersucht. Das Kind stammte von blutsverwandten Eltern (Ge-schwisterkinder); in derselben Generation fand sich noch ein idiotischer mikro-cephaler Paarling (das Schicksal des anderen blieb unbekannt). Ein weiterer Bruder der Probandin war ebenfalls mikrocephal.

Häufig verdeckt ein dysrhaphischer Symptomenkomplex (s. unten) eine andere ernste Erbkrankheit. Denn abgesehen von den originären Dysrhaphien gibt es eine symptomatische Dysrhaphie, besonders bei den hereditären Verbildungen mit blastomatösem Einschlag, die wir (tuberöse Sklerose, Recklinghausen-Hippel-Lindausche Krankheit) als ausgesprochene Erbkrankheiten kennen. [So berichten Mankowsky und Czerni (1933) über 2 Familien mit hereditärer Syringomyelie und erörtern die Kombination mit den genannten Erbkrankheiten.] Ein außerordentlich störender Punkt für die Frage der Erblichkeit ist die un-leugbare Tatsache, daß ein großer Teil der fehlangelegten Früchte als Letal-faktoren sehr frühzeitig zugrunde gehen und bei einer Blutung ausgestoßen werden. Von gynäkologischer Seite fehlt z. B. noch immer die Untersuchung über etwa abortähnliche Blutungen bei den Frauen, die schon ein- oder mehrmal anencephale Früchte geboren haben (S. N. Feuerlicht 1950, J. Böök und S. Rayner 1950 u. a.).

In umfangreichen Studien an menschlichen Aborteiern brachte O. Käser aus der Baseler Frauenklinik eine kritische Übersicht an Hand von 606 Abortfällen, in denen er vorwiegend die Moleneier untersucht hat, und unter anderem als Ursache auch die E-Avitaminose erörtert. Das Grundsätzliche gilt auch für die Mißbildungen des Zentralnervensystems. Insbesondere ist seine Feststellung der Zunahme des prozentualen Anteils der Aborte mit dem Alter der

Frau wichtig. Sofern es sich nicht um sicher genetisch bedingte Störungen oder Krankheiten handelt, liegt kein Dauerschaden vor, sondern vorübergehende Ursachen.

In zwei Untersuchungen ist Büchi (1950) an dem Kopenhagener Material den Häufigkeiten der Mißbildungen zu Beginn und Ende der Gebärfähigkeit nachgegangen. Er erörtert die Frage der ovariellen Insuffizienz im jugendlichen bzw. höheren Alter, ferner die Häufigkeit der verschiedensten Schädigungen der Eizelle während des Lebens. Außerdem untersucht er die Anzahl der Geburten einer Frau in ihrer Rolle als Mißbildungsursache. Da seine Untersuchungen an über 2500 Fällen aus den Jahren 1911—1949 stammen, sind seine kritischen Ausführungen beachtenswert. Einen kürzeren Zeitraum mit einer größeren Geburtenzahl (über 5600) übersehen Klebanow und Hegnauer (1950) aus München, die vor allen Dingen in Übereinstimmung mit Spontanaborten und Totgeburten auch eine entsprechende Mißbildungsquote Neugeborener feststellen konnten, die vom höheren Gebäralter der Mutter abhängig seien. Mit Stieve nehmen diese Autoren die altersbedingte „Minderwertigkeit des Keimgutes" an, die — auch histologisch nachweisbar — zu Änderungen der weiblichen Keimdrüsen führen kann. Auch Töndury hebt, wie schon Verfasser vor 20 Jahren, hervor, daß man ein Bild von der Häufigkeit und Art der menschlichen Mißbildungen nur erhalten könne, wenn auch die Häufigkeit und die Ursache von Fehlgeburten berücksichtigt würde. Mit Schultze (zitiert nach Töndury) unterscheidet er die Aborte durch äußere Einwirkungen, infolge mütterlicher Erkrankungen, Aborte infolge einer Erkrankung des Eies und Aborte unbekannter Ursachen.

Im letzten Jahrzehnt ist durch eine Rötelepidemie in Australien die außerordentliche Bedeutung einer Virusinfektion Gravider aufgezeigt worden (Bourquin 1948). Die engen Beziehungen der Zeit der Erkrankung zu der Morphogenese des Embryo wurden von ihm tabellenmäßig an Hand von 146 Fällen festgelegt. Dabei wurde eine überraschende Übereinstimmung der kritischen Periode der Organentwicklung mit dem Zeitpunkt der Erkrankung festgestellt. Merkwürdigerweise wurden aber auch Mißbildungen beobachtet, wenn sich die Mutter erst nach der blastogenetischen Entwicklungsphase der Frucht infizierte. 1950 machte Selander auf solche Fälle aufmerksam, wo die Mutter während oder kurz vor der Konzeption an Röteln erkrankt war, so daß die Annahme gerechtfertigt erscheine, daß das Virus sich im mütterlichen Gewebe halten kann.

Unter den peristatischen, auf den mütterlichen Organismus zurückzuführenden Mißbildungen erörtert Shapiro, abgesehen von den bereits genannten Ursachen, wie Einnisten des Eies an ungünstiger Stelle, konstitutionelle mangelhafte Deciduabildung, Entzündung der Mucosa, Erschöpfungszustand durch Alter oder vielfache Geburten, auch die Abrasio. Lim (1935) fand unter über 4000 Geburten der Peiping-Frauenklinik 10 Anencephale, 7 Hydrocephale, 1 Iniencephalen, von denen die Hälfte noch anderweitige Mißbildungen hatten. Abgesehen von Erkrankungen der Mutter und dem bekannten Übergreifen der syphilitischen Infektion auf den Fet konnte auch die unmittelbare Einwirkung der Toxoplasmose auf den in Entwicklung befindlichen Organismus sichergestellt werden. 1941 wies Gregg nach, daß die Kinder von rubeolenkranken Müttern schwer geschädigt waren, und zwar bei Erkrankungen innerhalb der ersten beiden Monate Schädigung sämtlicher Kinder, bei Erkrankung der Mütter im 3. Monat noch die Hälfte. Wie Töndury bestätigte (1954), sind vorwiegend Organe des äußeren Keimblattes, die einen hohen Gehalt an Ribonucleinsäure aufweisen, betroffen. Auch bei anderen Viruserkrankungen wurden entsprechende Erfahrungen gemacht[1].

---

[1] Nach dem Abschluß dieses Kapitels erscheint eine Mitteilung von H. Nevinny-Stickel und H. W. Lechtenberg: Mißbildungen der Körperachse. Zbl. Path. **1955**, 123.

Außerordentlich wichtig für die erbbiologische Erfassung der Verbildungen ist die Kenntnis der Krankheitsgruppen, in die diese schwersten Formen hineingehören. An einer fortlaufenden Reihe von *schwerster Rinnenbildung* des Achsenskelets bis zum *Status dysrhaphicus* und dessen Äquivalenten besteht kein Zweifel. Es ist deshalb nicht zu umgehen, bei der Prüfung der Ursache und Frage der Verbildungen auch die Anlageverhältnisse beim angeborenen Klumpfußleiden (ROLF MÜLLER 1941), der FRIEDREICHschen Ataxie (CURTIUS, STÖRRING, SCHÖNBERG 1935) des Status dysrhaphicus (CURTIUS und Mitarbeiter sowie ENDERLE 1933) zu beachten.

In dieser Hinsicht sind auch die Untersuchungen von IDELBERGER (1939) von Bedeutung, insofern wir keinen einzigen Fall von Klumpfuß kennen (außer bei Skeletdefekten), der nicht auf eine caudale Dysrhaphie zurückzuführen ist.

Zum Kapitel schwerster Verbildungen, die *nicht* auf mangelnden Schluß zurückzuführen sind, hat KLOPSTOCK (1921) einen wertvollen Beitrag geliefert: familiäre Cyclopie und Arrhinencephalie bei naher Blutsverwandtschaft der Eltern. Wenn die beiden Einzelformen der Mißbildungen auch nicht identisch sind, so werden sie doch als zusammengehörig erkannt. In der Frage nach Ursache und nach Erblichkeit bringt uns auch die Beachtung dysontogenetischer Zeichen bei Gliomträgern (BIELSCHOWSKY und SIMONS 1930) dem Ziel näher (CHASAN 1931 und GÜTHERT 1938).

Die Schwierigkeiten der erbbiologischen Zuordnung werden am Schluß des nächsten Kapitels noch einmal ausführlicher behandelt. Denn oft ist die Entscheidung dadurch ganz besonders erschwert, daß hypoplastische Anlagen gleichzeitig leichten exogenen Störungen ausgesetzt sind.

Zu den außerhalb der Erbmasse liegenden Faktoren, die in die Entwicklung eingreifen können, gehören außer Anoxämie bei kreislaufdekompensierten Müttern auch Störungen des Stoffwechsels. Beobachtungen dieser Art liegen unter anderen vor bei DEBIASI (1931), PARHON, BALLIF und LAVRÉNENCO (1929), PEDERCINI (1927), VANELLI (1931).

Bezüglich des Stoffaustausches zwischen Mutter und Frucht und des biologischen Schutzes durch das fetale Ektoderm sei auf die Lehrbücher der Gynäkologie und die Untersuchungen von HERTIG und Mitarbeitern (Lit. bei KÄSER) verwiesen. Über die Entwicklungsstörungen bei Mangelernährung und bei Stoffwechselstörungen dürfte zunächst das Problem des Diabetes mellitus zu erörtern sein, ebenso wie die Störungen nach Insulinbehandlung und dem hypoglykämischen Schock.

Abgesehen davon, daß es beim Diabetes mellitus Störungen des Cyclus bis zur vollen Amenorrhoe gibt, dürfte ein Teil der Beeinträchtigung der Frucht sicherlich auf die Hypoxämie zurückzuführen sein, denn gleichgültig, ob Zucker überwiegt oder fehlt, so ist doch das Leben der Zelle völlig abhängig von dem *Gleichgewicht* zwischen Zucker und Sauerstoff.

Die exquisiteste Folge keimplasmatischer Störung stellt der Röntgenschaden dar. Die Röntgenmutationen, experimentell in überreichem Maße erzeugt, können hier nicht behandelt werden. Dagegen spielt die Einwirkung der Röntgenbestrahlung z. B. anläßlich einer Myomatose der schwangeren Mutter eine erhebliche Rolle bei der Keimentwicklung. Daß es durch *Röntgenbestrahlung* der trächtigen Maus (s. KAVEN und OSTERTAG) gelingt, unter entsprechenden Kautelen auch beim Säuger die entsprechenden Verbildungen zu erzielen, ist oben erwähnt. Bei anencephalen Kindern, die von röntgenbestrahlten Myommüttern geboren wurden, ist Kritik erforderlich. Denn schon das an sich veränderte Milieu des Uterus kann bereits die Implantation schwerwiegend beeinträchtigt haben.

Eindringlich behandelt ERLACHER die Mißbildungen auf Grund von Röntgenschäden (und tierexperimentellen Untersuchungen 1947) und verweist auf ANTOINE, „daß auf Grund der vermehrten Mißbildungen bei Kindern röntgenbestrahlter Frauen auch von der temporären Kastration abgesehen worden sei".

So haben sich zahlreiche Autoren mit der Auswirkung einer Röntgenbestrahlung während der Gravidität befaßt. In einer übersichtlichen Tabelle stellte J. ZAPPERT 1926 die bis dahin bekannten Beobachtungen intrauteriner Röntgenschäden der Frucht zusammen. Unter diesen 20 gesicherten Röntgenschäden fand sich sehr häufig echte Mikrocephalie, meist mit Mikrophthalmie verbunden. Ferner wird das gleichzeitige Auftreten anderer Verbildungen, so besonders des äußeren Genitale und der unteren Extremitäten betont. Auch die Frage etwaiger anderer Schäden wird in dieser Arbeit erörtert. H. ERNBERG (1928) konnte ebenfalls den Einfluß der Röntgenbestrahlung eindeutig nachweisen. Das erste Kind der 43jährigen Mutter war gesund. Nach einer Mammakrebsoperation wurde mit dem Ziel des Abortes eine Röntgenbestrahlung des Uterus vorgenommen. Das Kind wurde zur rechten Zeit sonst gut entwickelt geboren, hatte jedoch einen sehr kleinen Kopf und blieb schwachsinnig. Ob der Strabismus convergens etwa auf eine Mikrophthalmie, die ZAPPERT in einem Drittel seiner Fälle gefunden hatte, mit zurückzuführen ist, wird nicht erörtert. L. GOLDSTEIN berichtete 1930 über 19 schwachsinnige Kinder mit Mikrocephalie, 3 derselben waren oxycephal, 16 andere hatten kleine Rundschädel. Von diesen 19 intrauterin *radiumbestrahlten* Früchten — 15 vor dem 5. Monat und 4 erst später bestrahlt — war das Ergebnis bei allen Kindern gleich. Die Augenstörungen wurden auch bei der Radiumbestrahlung beobachtet (Mikrophthalmus, Opticusatrophie mit Amaurose), und zwar sehr viel häufiger als bei den nicht strahlenbedingten Mikrocephalien.

Eine ausführliche kasuistische Mitteilung verdanken wir L. GOLDSTEIN und D. P. MURPHY 1929. Die Strahleneinwirkung auf die Frucht der 29jährigen Mutter fand erst im 6. Schwangerschaftsmonat wegen eines zerfallenden Cervixcarcinoms statt; es bestand ebenso wie in den Fällen von ZAPPERT außer der Mikrocephalie eine gleichmäßige zwergwuchsähnliche Unterentwicklung.

Eine weitere Beobachtung von röntgenbedingter Mikrocephalie infolge Bestrahlung im 1. und 2. Monat stammt von E. A. DOLL und D. P. MURPHY 1930.

Angeregt durch die Auffassung DÖDERLEINS (1930), daß die Röntgenbestrahlung gravider Frauen keine Schädigung des Feten bedingen würde, hat E. ANAU 1930 eine Beobachtung beschrieben, die den Wert des Experimentes hat, sofern nicht die genannten Bedenken auch in diesem Falle Geltung haben. Bestrahlung der Mutter im 4. Monat der Gravidität wegen „Wachstumszunahme eines Uterusmyoms", das dann doch operiert werden mußte. Erst bei der Myomoperation wurde die Gravidität entdeckt. Das schließlich ausgetragene Kind zeigte allgemeinen Kleinwuchs, Mikrocephalie und Synostose. Später Krämpfe und Kontrakturen sowie Pyramidensymptome. (Dieser Fall besagt nur die grundsätzliche Bedeutung der Röntgenschäden. Er gehört nicht in das eigentliche Kapitel der Mißbildung, da nach dem Gesamtbefund eher ein Defekt des heranwachsenden Nervensystems anzunehmen ist. Die Anlage der Frucht ist offensichtlich in der Frühentwicklung nicht gestört worden.) Eine Beobachtung WILLIS (1952) (s. unten S. 394) betrifft ein anencephales Kind, jedoch war die Anencephalie nicht auf die Röntgenuntersuchung 8 Wochen nach der letzten Menstruation zurückzuführen, sondern auf die bei der Mutter 6 Wochen nach der letzten Menstruation auftretende enorm stark und lang andauernde Blutung. Diese Hemmungsmißbildung gehört schon in die Zeit der eigentlichen anencephalen Determination und dürfte auf die Störung der Eieinnistung zurückzuführen sein.

Ähnliches gilt für den 1931 von D. Miskolczy mitgeteilten Fall. Die Mutter war im 3. Schwangerschaftsmonat röntgen-behandelt worden. Die nachgewiesene Störung des 9 Monate alten Mädchens zeigte außer einer schweren cyto- und myeloarchitektonischen Störung des Kleinhirns ein occipitales, erweichtes Gewächs.

Eine eindeutige Beobachtung stammt dagegen von N. Hirvensalo (1937), der eine mikrocephale schwachsinnige Patientin im Alter von $9^1/_2$ Jahren beschreibt, die, um 9 kg untergewichtig, außer dem kleinen Kopfumfang von 45 cm noch Augenstörungen, Myopie, Epicanthus und Nystagmus zeigte. Geburt vorzeitig und untergewichtig. Der Autor unterstreicht die außerordentliche Häufigkeit der Mikrocephalen bei Röntgenbestrahlung, während sonst Mikrocephalie mit 1:10000 der normalen Geburten anzunehmen sei. Eine menschliche Mißbildung mit besonderer Berücksichtigung des Nervensystems teilten schließlich E. Engelhardt und A. Pischinger (1939) mit.

Zahlreiche Fragen stehen offen, wie z. B. die einwandfreie Familiarität der Hemmungsbildung mit versenkten Windungen u. ä., die H. Jacob (1938) beschrieben hat. Von großem Interesse ist die Beobachtung Unterbergs (1951). Die 23 Jahre alte, gravide Frau mußte wegen einer raumfordernden Cyste in der Parieto-occipital-Region operiert werden. Das bald verstorbene Neugeborene hatte genau an derselben Stelle wie die Mutter, jedoch doppelseitig, eine porusartige cystische Hemmungsmißbildung.

Was die Sterblichkeit von Neugeborenen anbelangt, so muß auch an dieser Stelle darauf hingewiesen werden, daß Störungen der sekundären Entwicklung nicht immer auf die Geburtsschädigung oder ähnliches zurückzuführen sind, *sondern daß hypoplastische Anlagen oft der Anlaß zu Frühgeburten sind und dementsprechend um so eher einem äußeren Zufall unterliegen.*

1951 haben McKeown und R. G. Record die jahreszeitlichen Bedingungen untersucht. Nach Untersuchungen an 930 Mißbildungen werden die Anencephalien vorwiegend in den Monaten Oktober bis März geboren, während Spina bifida und Hydrocephalus keine jahreszeitlichen Beziehungen haben sollen.

Literatur.

A. Entwicklung des Nervensystems.

Baehr, V.: Zit. nach F. E. Lehmann in: Die morphologische Rekapitulation des Grundplanes bei Wirbeltierembryonen und ihre entwicklungsphysiologische Bedeutung. Vjschr. naturforsch. Ges. Zürich **83**, 187 (1938a). — Bautzmann, H.: Neuere Einsichten in die frühen Entwicklungsvorgänge. Klin. Wschr. **1949**, Nr 19/20, 351. — Brandt, W.: Lehrbuch der Embryologie. Basel: S. Karger 1949. — Brodmann, K.: Vergleichende Lokalisationslehre. Leipzig 1909. — Neue Ergebnisse über die vergleichende histologische Lokalisation der Großhirnrinde mit besonderer Berücksichtigung des Stirnhirns. Verh. anat. Ges. **1912**.

Cajal, S. R. Y: Histologie du système nerveux de l'homme et des vértebrès. Traduxtion par Azoulay. Paris 1909—1911.

Edinger, L.: Vorlesungen über den Bau der nervösen Zentralorgane des Menschen und der Tiere. Leipzig 1908—1911. — Edinger, Tilly: Zit. nach einer persönlichen Mitteilung von Spatz.

Hamilton, Boyd and Mossmann: Human Embryology. Baltimore 1952. — Held, H.: Die Entwicklung des Nervengewebes bei den Wirbeltieren. Leipzig 1909. — Hörstadius, S.: The Neural Crest, its properties and derivatives in the light of experimental research. London: Oxford University Press 1950. — Holmdahl, D. E.: Die Entstehung und weitere Entwicklung der Neuralleiste (Ganglienleiste) bei Vögeln und Säugetieren. Z. mikrosk.-anat. Forsch. **14**, 99 (1928). — Rhachischisis. Eine vom entwicklungsmechanischen Gesichtspunkt lehrreiche Mißbildung. Roux' Arch. **144**, 626 (1951).

Kappers, Ariens: Die vergleichende Anatomie des Nervensystems der Wirbeltiere und des Menschen. Haarlem 1920/21. — Kaven, A.: Auftreten von Gehirnmißbildungen nach

Röntgenbestrahlung von Mäuseembryonen. Z. menschl. Vererbgs- u. Konstit.lehre **22**, 247 (1938). — KUHLENBECK, H.: Vorlesungen über das Zentralnervensystem der Wirbeltiere. Jena: Gustav Fischer 1927.

LEHMANN, F. E.: Handbuch der allgemeinen Pathologie, Bd. VI, Teil I, 1955. — LÜERS, TH.: Hirnentwicklung und Menschwerdung. Umschau **52**, H. 16 (1952).

OSTERTAG, B.: Hirngewächse. Jena: Gustav Fischer 1936.

SCHENK, R.: Beschreibung eines menschlichen Keimlings mit 5 Ursegmentpaaren. Acta anat. (Basel) **22**, 236—271 (1954). — SPATZ, H.: Die Bedeutung der basalen Rinde. Auf Grund von Beobachtungen bei PICKscher Krankheit und bei gedeckten Hirnverletzungen. Ges. Dtsch. Neur. usw. 1936. Z. Neur. **158**, 208 (1937). — SPEMANN, H.: Experimentelle Beiträge zu einer Theorie der Entwicklung. Berlin 1936.

TÖNDURY, G.: Normale und abwegige Entwicklung des zentralen Nervensystems im Lichte neuerer Amphibienexperimente. Schweiz. Arch. Neur. **43**, 360 (1939). — Embryonales Wachstum und seine Störungen. Schweiz. med. Wschr. **1953**, 175.

B. Grundzüge der Formentwicklung beim Menschen.

AREY, L. B.: Developmental Anatomy. Philadelphia: W. B. Saunders Company 1949. — ASK, O.: Studien über die embryologische Entwicklung des menschlichen Rückgrats und seines Inhaltes unter normalen Verhältnissen und bei gewissen Formen von Spina bifida. Uppsala Läk.för. Förh., N. F. **46**, 5—6 (1941).

BENEDEK, L., u. A. JUBA: Über die sog. „präsacralen" Ependymome. Z. Neur. **172**, 394 (1941). — BIELSCHOWSKY, M., u. R. HENNEBERG: Zur Histologie und Histogenese der zentralen Neurofibromatose. Madrid 1922. — BIELSCHOWSKY, M., u. M. ROSE: Über die Pathoarchitektonik der mikro- und pachygyren Rinde und ihre Beziehungen zur Morphogenie normaler Rindengebiete. J. Psychol. u. Neur. **38**, 42 (1929).

ECONOMO, V., u. KOSKINAS: Anatomie des menschlichen Gehirns und Rückenmarks auf myelogenetischer Grundlage, Bd. 1. Leipzig 1920. — Die Cytoarchitektonik der Hirnrinde des erwachsenen Menschen. Berlin 1925.

FEREMUTSCH, K., u. E. GRÜNTHAL: Beiträge zur Entwicklungsgeschichte und normalen Anatomie des Gehirns. Basel: S. Karger 1952. — FISCHEL, ALFRED: Die Bedeutung der entwicklungsmechanischen Forschung für die Embryologie und Pathologie des Menschen. Entwicklungsmechanik der Organismen. Herausgeb. WILH. ROUX. H. XVL. Leipzig: Wilhelm Engelmann 1912. — Lehrbuch der Entwicklung des Menschen. Berlin: Springer 1929.

GAGEL, O.: Anatomie des Kleinhirns. In BUMKE-FOERSTERs Handbuch der Neurologie, Bd. 1. Berlin: Springer 1935.

HALLERVORDEN, J.: Entwicklungsstörungen und frühkindliche Erkrankungen des Zentralnervensystems. In Handbuch der inneren Medizin, Bd. V. 1952. — HAMILTON, W. J.: Human Embryology. Baltimore 1947. — HARMEIER: Normal histology of intradural filum terminale. Arch. of Neur. **29**, 308 (1933). — HAYASHI, M.: Wichtige Tatsachen aus der ontogen. Entwicklung des menschlichen Kleinhirns. Dtsch. Z. Nervenheilk. **81**, H. 1/4 (1924). — HIS sen.: Die Entwicklung des menschlichen Gehirns während der ersten Monate. Leipzig 1904. — HOCHSTETTER, F.: Beitrag zur Entwicklungsgeschichte des Gehirns. Bibl. Bedica (Stuttgart) **1898**. — Über normalerweise während der Entwicklung im Kleinhirn des Menschen auftretende cystische Hohlräume und über ihre Rückbildung. Wien. klin. Wschr. **1928**, Nr 1, 13. — HOLMDAHL, D. E.: Die erste Entwicklung des Körpers bei den Vögeln und Säugetieren, inklusive dem Menschen, besonders mit Rücksicht auf die Bildung des Rückenmarks, des Cöloms und der entodermalen Kloake nebst einem Exkurs über die Entstehung der Spina bifida in der Lumbosakralregion. II—V. Gegenbaurs morph. Jb. **55**, 112 (1925). — Die formalen Verhältnisse während der Entwicklung der Rumpfschwanzknospe beim Huhn. Verh. anat. Ges. **1939**.

IKEDA, Y.: Über bisher unbekannte Entwicklungsvorgänge am kaudalen Abschnitt des Medullarrohres beim Menschen. Wien. klin. Wschr. **1930**. — Beiträge zur normalen und abnormalen Entwicklungsgeschichte des caudalen Abschnittes des Rückenmarks bei menschlichen Embryonen. Z. Anat. **92**, 380 (1930).

KERNOHAN: The ventriculus terminalis; its growth and development. J. Comp. Neur. **38**, 107 (1924). — KINGSBURY: The fundamental plan of the vertebrate brain. J. Comp. Neur. **34** (1922).

MARBURG, OTTO: Cyclopia, arhinencephalia and callosal defekt. Cranium bifidum anterius and telencephaloschisis. J. Nerv. Dis. **107**, 430 (1948). — MEYER, H. H.: Die Massen- und Oberflächenentwicklung des fetalen Gehirns. Virchows Arch. **300**, 202 (1937). — MINGAZZINI, G.: Der Balken. Eine anatomische, physiopathologische und klinische Studie. Monographien Neur. **1922**, H. 28.

Ostertag, B., O. Stochdorph u. G. Schmidt: Zur Spongioblastose und Spongioblastomatose des Gehirns, ihrer Charakteristik und pathogenetischen Bedeutung. Arch. f. Psychiatr. u. Z. Neur. **182**, 249 (1949).

Pommer, G.: Beiträge zur Kenntnis der hydrocephalischen und cystischen Hohlraumbildungen des Großhirns (im besonderen zur Kenntnis des Cavum Vergae, der porencephalischen Hydranencephalie und der Hydromikrencephalie bei angeborener Hirngefäßsyphilis, mit einem Anhang von Befunden bei erworbener Hirnarteriensyphilis). Virchows Arch. **282**, 456—539 (1931).

Retzius, G.: Die Cajalschen Zellen der Großhirnrinde beim Menschen und bei Säugetieren. Biol. Unters., N. F. **5** (1893). — Rose: Histologische Lokalisation der Großhirnrinde bei kleinen Säugetieren. J. Psychol. u. Neur. **19** (1912).

Schaper, A.: Die morphologische und histologische Entwicklung des Kleinhirns der Teleostier. Anat. Anz. **9** (1894). — Die frühesten Differenzierungsvorgänge des Zentralnervensystems. Arch. Entw.mechan. **5** (1897). — Zur Morphologie des Kleinhirns. Anat. Anz. **16**, Ergh. (1899). — Schneiderling, W.: Morphologische Beiträge zur Frage der Syringomyelie, Hydromyelie und Diastematomyelie. Beitr. path. Anat. **100**, 323 (1938). — Schnopfhagen: Die Entstehungen der Windungen des Großhirns. Jb. Psychiatr. **1890**. — Spatz, H.: Über die Bedeutung der basalen Rinde. Auf Grund von Beobachtungen bei Pickscher Krankheit und bei gedeckten Hirnverletzungen. Z. Neur. **158**, 208 (1937). — Spielmeyer, W.: Die Anatomie der Psychosen. In O. Bumkes Handbuch der Geisteskrankheiten, Bd. 11, Teil VII. Berlin: Springer 1930. — Streeter: The cortex of the brain in the human embryo during the fourth month with special reference to the so-called "Papillae of Retzies". Amer. J. Anat. **7** (1907). — Formation of the filum terminale. Amer. J. Anat. **25**, 1 (1919).

Zarate, Ortiz de: Sur la neurofibromatose centrale de Recklinghausen dans ses relations avec les gliomes du nerf optique. Acta neurol. et psychiatr. belg. **54**, 716—732 (1954).

C. Cytogenese, Architektonik und Feinaufbau.

Aldama: Cytoarchitektonik der Großhirnrinde eines 5jährigen und eines 1jährigen Kindes. Z. Neur. **130**, 532 (1930).

Bailey u. Cushing: Medulloblastoma cerebelli. Arch. of Neur. **14**, 192—223 (1925). — Die Gewebsverschiedenheit der Hirngliome und ihre Bedeutung für die Prognose. Ins Deutsche übersetzt von A. Camann. Jena: Gustav Fischer 1930. — Bielschowsky, M., u. M. Rose: Über die Pathoarchitektonik der mikro- und pachygyren Rinde und ihre Beziehungen zur Morphogenie normaler Rindengebiete. J. Psychol. u. Neur. **38**, 42 (1929). — Brodmann, K.: Beiträge zur histologischen Lokalisation der Großhirnrinde. VI. Die Cortexgliederung des Menschen. J. Psychol. u. Neur. **10** (1908). — VII. Die Cortexgliederung der Halbaffen. J. Psychol. u. Neur. **10**, Ergh. (1908). — Vergleichende Lokalisationslehre. Leipzig 1909. — Neue Forschungsergebnisse der Großhirnanatomie. Verh. Ges. dtsch. Naturforsch. **1913**. — Physiologie des Gehirns. In Neue Deutsche Chirurgie. Stuttgart 1914.

Cajal, S. R. y: Histologie du système nerveux de l'homme et des vértebrès. Traduxion par Azoulay. Paris 1909—1911.

Essick: Transitory cavities in the corpus striatum of the human embryo. Contrib. to Embryol. **2**, No 222 (1915).

Feremutsch, K., u. E. Grünthal: Beiträge zur Entwicklungsgeschichte und normalen Anatomie des Gehirns. Basel: S. Karger 1952. — Filimonoff: Zur embryonalen und postembryonalen Entwicklung der Großhirnrinde des Menschen. J. Psychol. u. Neur. **39**, 323 (1929). — Flechsig: Anatomie des menschlichen Gehirns und Rückenmarks auf myelogenetischer Grundlage, Bd. I. Leipzig 1920.

Gagel, O.: Anatomie des Kleinhirns. In Bumke-Foersters Handbuch der Neurologie, Bd. 1. Berlin: Springer 1935. — Gohrbandt: Über Gehirnbefunde bei Neugeborenen und Säuglingen. Virchows Arch. **247**, 374 (1923). — Guillery jr., H.: Entwicklungsgeschichtliche Untersuchungen als Frage zur Frage der Encephalitis interstiti. neonatorum. Z. Neur. **84** (1923). — Besondere Befunde an hydrocephalen Gehirnen. Virchows Arch. **262**, 499 (1926).

His, W.: Die Entwicklung des menschlichen Gehirns. Leipzig: S. Hirzel 1904. — Hochstetter: Zur Entwicklung des menschlichen Kleinhirns. Leipzig: S. Hirzel 1904. — Über normalerweise während der Entwicklung im Kleinhirn des Menschen auftretende cystische Hohlräume usw. Wien. klin. Wschr. **1928**, 41.

Jacob, H.: Die feinere Oberflächengestaltung der Hirnwindungen, die Hirnwarzenbildung und die Mikropolygyrie. Ein Beitrag zum Problem der Furchen- und Windungsbildung des menschlichen Gehirns. Z. Neur. **170**, 64 (1940). — Über die Hirnwarzenbildung. Bemerkung zu der Arbeit von W. Schmidt, Eigenartige Bildungen am Gehirn eines Neugeborenen und ihre Beziehung zu den Hirnhernien. Zbl. Path. **78**, 121 (1941/42). — Die „Eigenform" des Menschenhirns und die Schädel-Hirnphysiognomie. In Neue Ergebnisse und

Probleme der Zoologie, S. 327—342. (KLATT-Festschrift.) Leipzig 1950. — Faktoren bei der Entstehung der normalen und entwicklungsgestörten Hirnrinde. Z. Neur. **155**, 1 (1936). — JACOBJ: Handbuch der inneren Medizin (J. HALLERVORDEN), Bd. V. 1935. — JAKOB, A.: Kleinhirn. In Handbuch der mikroskopischen Anatomie, Bd. 4. Berlin: Springer 1928.

KAHLE, W.: Studien über die Matrixphasen und die örtlichen Reifungsunterschiede im embryonalen menschlichen Gehirn. Dtsch. Z. Nervenheilk. **166**, 273—302 (1951).

LETTERER, E.: Allgemeine Pathologie des Stoffwechsels. In Naturforschung und Medizin in Deutschland, 1939—1946, Bd. 70, Teil 1. 1948.

MEYER, H. H.: Die Massen- und Oberflächen-Entwicklung des fetalen Gehirns. Virchows Arch. **300**, H. 1/2 (1937). — MEYNERT: Die Ursachen des Zustandekommens der Großhirnwindungen. Anz. k. k. Ges. Ärzte in Wien **1876**. — MINGAZZINI, G.: Der Balken. Eine anatomische, physiopathologische und klinische Studie. Monographien Neur. **1922**, H. 28.

OPPERMANN, K.: CAJALsche Horizontalzellen und Ganglienzellen des Marks. Z. Neur. **120** (1929).

PRUIJS: Über Mikroglia, ihre Herkunft, Funktion und ihr Verhältnis zu anderen Gliaelementen. Z. Neur. **108**, 298 (1927).

RANKE: Normale und pathologische Hirnrindenbildung. Beitr. path. Anat. **47** (1910). — RETZIUS, G.: Das Menschenhirn. 1898. — ROBACH u. SCHERER: Morphologie des frühkindlichen Gehirns usw. Virchows Arch. **294**, 365 (1935). — ROSE: Histologische Lokalisation der Großhirnrinde bei kleinen Säugetieren. J. Psychol. u. Neur. **19** (1912).

SCHAPER, A.: Die morphologische und histologische Entwicklung des Kleinhirns der Teleostier. Anat. Anz. **9** (1894). — Die frühesten Differenzierungsvorgänge des Zentralnervensystems. Arch. Entw.mechan. **5** (1897). — Zur Morphologie des Kleinhirns. Anat. Anz. **16**, Ergh. (1899). — SCHEYER: Über Fettkörnchenzellbefunde im Rückenmark von Feten und Säuglingen. Z. Neur. **94**, 185 (1925) und Nachwort von WOHLWILL. — SCHOB, F.: Pathologische Anatomie der in Idiotengehirnen vorkommenden Mißbildungen. In Handbuch der Geisteskrankheiten, Bd. 11. Spez. Teil VII: Die Anatomie der Psychosen. 1930. — SCWHARTZ: Die Verfettungen im Zentralnervensystem Neugeborener. Z. Neur. **100**, 713 (1926). — SPATZ: Über die Vorgänge nach experimenteller Rückenmarksdurchtrennung mit besonderer Berücksichtigung der Unterschiede der Reaktionsweise des reifen und des unreifen Gehirns. Histol. Arb. Großhirnrinde **1921**.

TUTHILL, C. R.: Fat in the infant brain in relation to myelin, blood vessels and glia. Arch. of Path. **25**, 336—346 (1938).

VOGT, H.: Über die Entwicklung des Cerebellums. J. Psychol. u. Neur. **5** (1905). — VOGT, O.: Die myelogenetische Gliederung des Cortex cerebelli. J. Psychol. u. Neur. **5**, 235 (1906). — Die Myeloarchitektonik des Isocortex parietalis. J. Psychol. u. Neur. **18** (1911).

WESTPHAL: Über die Markscheidenbildung der Gehirnnerven des Menschen. Arch. f. Psychiatr. **29**, 474 (1897).

D. Die Entwicklung des neuraxialen Hüllraums und Achsenskelets.

ANTHONY, J.: L'influence des facteurs encéphaliques sur la brisure de la base du crâne chez les primates. Ann. Paléontol. **38**, 71—79 (1953). — ASK, O.: Studien über die embryologische Entwicklung des menschlichen Rückgrats und seines Inhaltes unter normalen Verhältnissen und bei gewissen Formen von Spina bifida. Uppsala Läk.för. Förh. **46**, 337 (1941). —

BAILEY, P.: Die Hirngeschwülste. Stuttgart: Ferdinand Enke 1951. — BENNINGHOFF, A.: Lehrbuch der Anatomie des Menschen, 3. Aufl., Bd. 2, Teil II. Berlin: Urban & Schwarzenberg 1946. — BLUNSCHLI, H.: Zit. in W. BRANDT, Lehrbuch der Embryologie. Basel: S. Karger 1949. — BÖNIG, H.: Zur Kenntnis des Spielraumes zwischen Gehirn und Schädel. Z. Neur. **92**, 72—84 (1925). — BÖNING u. RÖSSLE: Zit. in J. ERDHEIM, Virchows Arch. **301**, 763 (1938). — BRANDT, W.: Lehrbuch der Embryologie. Basel: S. Karger 1949. — BUSANNY-CASPARI, W.: Die Schädelbasis in ihren Korrelationen zu Gesichts- und Hirnschädel. (Beiträge zur Anthropologie, H. 1.) Baden-Baden: Verlag für Kunst u. Wiss. 1953.

DABELOW, H.: Morph. Jb. **67**, 84 (1931). — DEGELER, C.: Z. Anat. **111**, 4 (1942).

EICKE, W.-J.: Über die Entwicklung der weichen Hirnhäute. Zugleich ein weiterer Beitrag zur Frage fetaler entzündlicher Gehirnerkrankungen. Arch. f. Psychiatr. u. Z. Neur. **182**, 585 (1949). — ERDHEIM, J.: Der Gehirnschädel in seiner Beziehung zum Gehirn unter normalen und pathologischen Umständen. Virchows Arch. **301**, 763 (1938).

HAMMER, E.: Zur Ätiologie der Spaltbildungen am Neuralrohr. Zbl. Path. **56**, 289 (1932).— Über den Einfluß der Gehirnentwicklung auf den Gesichtsschädel. Zbl. Path. **58**, 105 (1932).— HARVEY and BURR: The development of the meninges. Arch. of Neur. **15**, 545 (1926). — HENSCHEN, F.: Tumoren des Zentralnervensystems. In Handbuch der speziellen pathologischen Anatomie und Histologie, Bd. 13, Teil 3, Erkrankungen des Zentralnervensystems III, S. 439. Berlin: Springer 1955. — HIS: Die Häute und Höhlen des Körpers. Arch. f. Anat. **27**, 368 (1903). — HOCHSTETTER, F.: Über die Entwicklung und Differenzierung der Hüllen des menschlichen Gehirns. Morph. Jb. **83**, 359—494 (1939). — Hörstadius, S.: The Neural Crest, its properties and derivatives in the light of experimental research. London: Oxford University Press 1950.

Kuhlenbeck, H., and R. N. Miller: The pretectal of the human brain. J. Comp. Neur. **91**, 369 (1949). — Kummer, B.: Zur Entstehung der menschlichen Schädelform. Ein Beitrag zum Fetalisationsproblem. Verh. anat. Ges. **1951**, 140—145.

Lissauer: Über die Ursachen der Prognathie und deren exakten Ausdruck. Arch. f. Anthrop. **5**, 409 (1872).

Noetzel: Über den Einfluß des Gehirns auf die Form der benachbarten Nebenhöhlen des Schädels. Dtsch. Z. Nervenheilk. **160**, 126 (1949).

Oberling: La gliomatose meningoencephalique. Bull. Soc. Anat. Paris **94**, 334 (1924). — Obersteiner, H.: Ein porencephalisches Gehirn. Wien: Franz Deuticke 1902. — Ostertag, B.: Ber. Kongr. für Neurologie u. Psychiatrie Tübingen 1947. Zur plastischen Umwanlung des Schädelbinnenraums und deren Ursachen. Tübingen: Alma Mater Verlag 1948. — Über ererbte und erworbene Konstitution vom Standpunkt des Pathologen. Z. menschl. Vererbgs- u. Konstit.lehre **29**, 157 (1949).

Pankow, G.: Untersuchungen über die Schädelbasisknickung beim Menschen. Z. menschl. Vererbgs-·u. Konstit.lehre **29**, H. 1/2 (1949).

Sabin, F.-R.: Preliminary note the differentation of angioblasts and the method by which they produce blood vessels, blood plasma and red blood cells as seen in the living chick. Anat. Rec. **13**, 199 (1917). — Schaltenbrand: Plexus und Meningen. In Handbuch der mikroskopischen Anatomie des Menschen, Bd. 4, Nervensystem, Teil 2. Heidelberg: Springer 1955. — Schinz, H. R.: Zur Frühossifikation der menschlichen Wirbelsäule nach gemeinsamen Untersuchungen mit G. Töndury. Radiol. Rdsch. **12**, 2 (1943). — Schuchardt, E.: Der „Index der Schädelbasismitte" in der Phylogenese. Ein neuer Schädelindex als ein Maß der Organisationsstufe bei Säugetieren. Z. Morph. u. Anthrop. **43**, 61 (1951). — Spatz, H.: Die Bedeutung der basalen Rinde. Auf Grund von Beobachtung bei Pickscher Krankheit und bei gedeckten Hirnverletzungen. Ges. Dtsch. Neur. usw. 1936. Z. Neur. **158**, 208 (1937). — Spatz, H., T. Diepen u. V. Gaupp: Beitrag zur normalen Anatomie des Infundibulums und des Tuber cinereum beim Kaninchen. Anat.-Kongr. Bonn 1947. Klin. Wschr. **1948**, Nr 7/8, 127. — Sternberg: Über Spaltbildungen des Medullarrohres bei jungen menschlichen Embryonen. Virchows Arch. **1929**, 272. — Streeter, G. L.: The developement alterations in the vascular system of the brain of the human embryo. Carnegie Publ. No 271, S. 5, 1918.

Töndury, G.: Neuere Ergebnisse über die Entwicklungsphysiologie der Wirbelsäule. Arch. f. Orthop. **45**, 313 (1952).

Virchow: Untersuchungen über die Entwicklung des Schädelgrundes. Berlin 1857. Zit. bei E. Hammer 1932.

E. Ursachen von Störungen der Entwicklung des Zentralorgans.

Anau, E.: Microcefalia da applicazioni di raggi roentgen durante la vita intrauterina. Atti 13. Congr. pediatr. Ital., S. 659—661, 1930. — Artwinski, E., u. B. Bornstein: Syringomyelie bei Mutter und Sohn. Neur. polska **20**, 220 (1937).

Barraquer, L., u. de Gispert: Die Syringomyelie, eine familiäre und hereditäre Krankheit. Dtsch. Z. Nervenheilk. **141**, 146 (1936). — Barré, J.-A., u. L. Reys: Syringomyélie chez le frère et la soeur. Rev. neur. **1**, 521 (1924). — Berlin, B.: Zur Klinik der familiären Mikrocephalie. Sovet. Psichonerv. **10**, Nr 1, 55 (1934). — Bielschowsky, M., u. A. Simons: Über diffuse Hamartome (Ganglioneurome) des Kleinhirns und ihre Genese. J. Psychol. u. Neur. **41**, 73 (1930). — Böök, J. A., and S. Rayner: A clinical and genetical study of anencephaly. Amer. J. Human Genet. **2**, 61 (1950). — Bogaert, Ludo van: Kyste cérèbelleux associé à la syringo-myélobulbie chez une malade dont la soeur présente une syringomyélie cervicale typique. J. de Neur. **29**, 146 (1929). — Syringomyelie bei zwei Schwestern, in einem der Fälle von Vorhandensein von Kleinhirncyste. Anat.-klin. Beitrag. Z. Neur. **149**, 661 (1934). — Bourquin, J. B.: Les malformations du nouveau-né causées par des virioses de la grossesse et plus particulièrement par la rubéole. Thèse de Genève 1948. — Brädel, C.: Zur Kenntnis erblicher neuroektodermaler Dysplasien. Familiäre Mikro-hydrocephalie und Melanose mit weiteren Verbildungen. Diss. Berlin 1942. — Braitenberg, H. v.: Diskordantes Auftreten der Anencephalie bei eineiigen Zwillingen. Ein Beitrag zur Frage der Erblichkeit der Anencephalie. Z. Anat. **114**, 123 (1949). — Brummelkamp, R.: Caractère anthropoide du cerveau dans un cas de microcéphalie. Acta neerld. Morph. norm. path. **4**, 135 (1941). — Büchi, E. C.: Über die Abhängigkeit der Mißbildungen vom Gebäralter. Arch. Klaus-Stiftg **25**, 61 (1950). — Büchner, F., J. Maurath u. H. J. Rehn: Experimentelle Mißbildungen des Zentralnervensystems durch allgemeinen Sauerstoffmangel. Klin. Wschr. **1946**, Nr 7/10, 137.

CHASAN, B.: Eine Mißbildung und Mischgeschwulst des Zentralnervensystems. Beitrag zur Entwicklungspathologie des zentralen Nervensystems. Schweiz. Arch. Neur. **27**, 64 (1931). — CURTIUS, F., F. K. STÖRRING u. K. SCHÖNBERG: Über FRIEDREICHsche Ataxie und Status dysrhaphicus. Zugleich ein Beitrag zu den Beziehungen zwischen FRIEDREICHscher Ataxie und Diabetes mellitus. Z. Neur. **153**, 719 (1935).

DEBIASEI, E.: Dysthyreoidismus der Mutter und Anencephalie des Fetus. Zbl. Gynäk. **135** (1931). — DIEPEN, F.: Über die Lageveränderungen des Hypothalamus und des Hypophysenstieles in der Phylogenese und Ontogenese. Klin. Wschr. **1948**, Nr 7/8, 128. — DOLL, E. A., MURPHY and P. DOUGLAS: A case of microcephaly following embryonic Roentgen irradiation. Amer. J. Psychiatry **9**, 871 (1930).

ECKHARDT-OSTERTAG: Grundlagen der Fehlentwicklung in körperlichen Erbkrankheiten. Leipzig: Johann Ambrosius Barth 1940. — ENDERLE, C.: Beitrag zur Kenntnis der „familiären myelodysplastischen Syndrome" und des „Status dysrhaphicus". Z. Neur. **146**, 747 (1933). — ENGELHART, E., u. A. PISCHINGER: Über eine durch Röntgenstrahlen verursachte menschliche Mißbildung. Münch. med. Wschr. **1939**, 1315. — ERLACHER, PH.: Entstehung angeborener Mißbildungen im Lichte tierexperimenteller Forschung. Klin. Med. (Wien) **2**, 532 (1947). — ERNBERG, H.: Fetale Mikrocephalie infolge Röntgenbestrahlung. Hygiea (Stockh.) **90**, 950 (1928).

FEUERLICHT, N.: Recurrent anencephaly. J. Amer. Med. Assoc. **143**, 23 (1950).

GOLDSTEIN, L.: Radiogenic microcephaly. A survey of nineteen recorded cases, with special reference to ophthalmic defects. Arch. of Neur. **24**, 102 (1930). — GOLDSTEIN, L., and D. P. MURPHY: Microcephaly idiocy following radium therapy for uterine cancer during pregnancy. Amer. J. Obstetr. **18**, 189, 281 (1929). — GREBE,, H.: Über die Todesursachen bei Totgeborenen und Frühverstorbenen, insbesondere durch Mißbildungen. Erbarzt **10**, 110—119, 126—143 (1942). — Lipomatosis, psychische Anomalien und Mißbildungen in einer Sippe. Erbarzt **11**, 55 (1943). — Anencephalie bei einem Paarling von eineiigen Zwillingen. Virchows Arch. **316**, 116 (1948). — GREBE, H., u. H.-R. WIEDEMANN: Intrafamiliäre Variabilität einiger typischer Mißbildungen. Acta genet. med. et gemellologiae **2**, 203 (1953). — GREGG, N. M.: Congenital cataract following german measles in mother. Trans. Ophthalm. Soc. Austral. **3**, 35 (1941); **4**, 119 (1944). — Rubella during pregnancy of the mother with its sequelae of congenital defects in the child. Med. J. Austral. **1**, 313 (1945). — GRÖNWALL, H., u. P. SELANDER: Viruskrankheiten während der Gravidität und deren Einfluß auf den Fetus. Nord. Med. **37**, 409 (1948). — GRUBER, G. B.: Vorweisungen zur Frage der Entstehung einiger Mißbildungen (Anenzephalie, Spina bifida, Arhinenzephalie, Hemizephalie) Verh. dtsch. path. Ges. (27. Tagg) **1934**, 303. — GÜTHERT, H.: Ein Teratoid im linken Seitenventrikel des Gehirns. Zbl. Path. **70**, 295—300 (1938).

HEGNAUER, H.: Mißbildungshäufigkeit und Gebäralter. Geburtsh. u. Frauenheilk. **11**, 777—792 (1951). — HIRVENSALO: Über röntgenogene fetale Mikrocephalie. Ref. Zbl. Neur. **90**, 309 (1938).

ILBERG, G.: Verwachsung der Plazenta mit dem Kopf des Kindes, Verwachsung von Amnionsträngen mit dem Zentralnervensystem. Mißbildungen. Z. Geburtsh. **121**, H. 1 (1940).

JACOB, H.: Genetisch verschiedene Gruppen entwicklungsgestörter Gehirne. Z. Neur. **160**, 615 (1938). — JUGHENN, H., W. KRÜCKE u. H. WADULLA: Zur Frage der familiären Syringomyelie. Arch. f. Psychiatr. u. Z. Neur. **182**, 153—176 (1949).

KAESER, O.: Studien an menschlichen Aborteiern mit besonderer Berücksichtigung der frühen Fehlbildungen und ihren Ursachen. Schweiz. med. Wschr. **1949**, Nr 23, 509; **1949**, Nr 34/35; **1949**, Nr 44/45. — KAVEN, A.: Auftreten von Gehirnmißbildungen nach Röntgenbestrahlung von Mäuseembryonen. Z. menschl. Vererbgs- u. Konstit.lehre **22**, 247 (1938). — KINO, F.: Über heredo-familiäre Syringomyelie. Zugleich ein Beitrag zur topischen Gliederung im Querschnitt des Vorderhorns. Z. Neur. **107**, 1—15 (1927). — KLEBANOV, D., u. H. HEGNAUER: Zur Frage der kausalen Genese von angeborenen Mißbildungen. Med. Klin. **1950**, 1198—1203. — KLÖPPNER, K.: Mikrocephalie beim Neugeborenen. Zbl. Gynäk. **1939**, 871. — KLOPSTOCK, A.: Familiäres Vorkommen von Cyclopie und Arrhinencephalie. Mschr. Geburtsh. **56**, 59 (1921). — KNAUER, A.: Syringomyelie in ihren Beziehungen zu Unfällen und Kriegsdienstbeschädigung. Arch. orthop. Chir. **35**, 34 (1934). — Ergebnisse der Zwillingsprobe bei Syringomyelie. Zbl. Neur. **91**, 620 (1939). — KRABBE, K. H.: Syringomyélie et côtes cervicales chez des jumeaux hétérocygotes. Acta psychiatr. (Københ.) **14**, 489 (1939).

LEHMANN, F. E.: Handbuch der allgemeinen Pathologie, Bd. VI, Teil I. 1955. — LIM, KHA TI: On foetuses with cephalic malformations delivered in the Peiping Union Medical College Hospital from July first 1922—January first 1934. Chin. Med. J. **49**, 624 (1935). — LINDEMANN, K., u. M. NORDMANN: Tetraperomelie und Zentralnervensystem. Virchows Arch. **306**, 176 (1940). — LÜCKE, H.-H.: Seltene Mißbildungen der mittleren Wirbelsäulenanlage bei einem menschlichen Zwillingspaarling. Frankf. Z. Path. **50**, 492 (1937).

MANKOWSKY, B. N., u. L. I. CZERNI: Zur Frage über die Heredität der Syringomyelie. Z. Neur. **143**, 701 (1933). — McKEOWN, TH., and R. G. RECORD: Seasonal incidence of

congenital malformations of the central nervous system. Lancet **1951** I, 192. — MISKOLCZY, D.:
Ein Fall von Kleinhirnmißbildung. Arch. f. Psychiatr. **93**, 596 (1931).
    NEVINNY-STICKEL, H., u. H. W. LECHTENBERG: Über Mißbildungen der Körperachse,
in Sonderheit des zentralen Nervensystems. Zbl. Path. **93**, H. 3/5 (1955).
    OSTERTAG, B.: Die Syringomyelie als erbbiologisches Problem. Verh. dtsch. Ges. **1930**. —
Die erbbiologische Beurteilung angeborener Miß- und Fehlbildungen und die Frage gegen-
seitiger Abhängigkeit. Ber. 31. Kongr. Königsberg i. Pr., 28.—30. Aug. 1936. — Die erb-
biologische Beurteilung angeborener Schäden des Zentralorgans. Dtsch. Z. Nervenheilk.
139, H. 1/2 (1936). — Neuere Untersuchungen zur erbbiologischen Bewertung angeborener
Miß- und Fehlbildungen. Verh. dtsch. path. Ges. **1938**. — Grundlagen der Fehlentwicklung.
In ECKHARDT-OSTERTAG, Körperliche Erbkrankheiten usw. Leipzig: Johann Ambrosius
Barth 1940. — Die Verbildungen des Stütz- und Bewegungsapparates. In ECKHARDT-
OSTERTAG, Körperliche Erbkrankheiten usw. Leipzig: Johann Ambrosius Barth 1940. —
Neurologische Erbkrankheiten und deren Differentialdiagnose. Anatomischer Teil. In
ECKHARDT-OSTERTAG, Körperliche Erbkrankheiten usw. Leipzig: Johann Ambrosius Barth
1940.
    PANSE, FR., u. J. GIERLICH: Konkordante Bauchspalte bei eineiigen Zwillingen. Z.
menschl. Vererbgs- u. Konstit.lehre **28**, 399 (1944). — Vergleichende Untersuchungen des
Hirnoberflächenbildes bei neugeborenen Zwillingen. Z. Neur. **177**, 408 (1944). — Zur Pathogenese der Anencephalie (auf Grund der Untersuchung eines Akardius und seines Paarlings). Virchows Arch. **316**, 135 (1948). — PARHON, C. J., L. BALLIF et N. LAVRÉNENCO:
Microcéphalie familiale. Acromicrie et syndrome adipeux-génital. Rev. franç. Endocrin.
7, 307 (1929). — PERNKOPF, E.: Zum Problem Mißbildung und Vererbung beim Menschen.
Wien. klin. Wschr. **1938**, Nr 37, 1. — PICKHAN, A.: Erbschädigungen durch Strahlen. Strah-
lenther. **62**, 240 (1938). — POLMAN, A.: Anencephaly, spina bifida and hydrocephaly. A
contribution to our knowledge of the causal genesis of congenital malformations. Genetica
('s-Gravenhage) **25**, 29 (1950).
    ROEMHELD, L.: Eineiige diskordante Syringomyeliezwillinge in einer Familie mit
gehäuften Zwillingen. Nervenarzt **12**, 24 (1939). — RÜBSAMEN, H.: Gehirnmißbildungen bei
Molchen nach experimentellem Sauerstoffmangel. Klin. Wschr. **1949**, 180.
    SCHAMBUROW, D. A., u. J. J. STILBANS: Die Vererbung der Spina bifida. Arch. Rassen-
biol. **26**, 304 (1932). — SCHULZ, R.: Hemmungsmißbildung des Gehirns und des Rückenmarks
aus äußerer Ursache. Diss. Berlin 1939. — SHAPIRO, D. E.: Über einen Fall von Ectopia
cordis abdominalis mit Cranio- und Rachischisis unter Berücksichtigung ihrer Genese. Diss.
Düsseldorf 1938.
    TAMBRONI, R., e E. PADOVANI: Contributo allo studio microcefalia vera familiare.
Scritti di scienze med. e natur. a. cele brazione del primo centenario dell'accad. di Ferrara
(1823—1923), Jg. 1923, S. 289. 1923. — TENNER, J.: Syringomyelie bei Vater und Tochter.
Dtsch. Z. Nervenheilk. **106**, 13—25 (1928). — TÖNDURY, G.: Normale und abwegige Entwicklung des zentralen Nervensystems im Lichte neuerer Amphibienexperimente. Schweiz.
Arch. Neur. **43**, 360 (1939). — Über die Wirkungsweise der Gene auf die Embryonalentwicklung. Praxis (Bern) **1947**, 1. — Embryonales Wachstum und seine Störungen. Schweiz.
med. Wschr. **1953**, Nr 8, 175.
    UNTERBERG, A.: Hereditäre Fehlbildungscyste des Großhirns. Diss. Tübingen 1951. —
UNTERRICHTER, L. v.: Zur kausalen Genese der Mißbildungen. Med. Welt **1935**, Nr 7, 219.
    VANELLI, A.: Quattro casi di microcefalia. Rass. Studi psichiatr. **20**, 1204—1231 (1931). —
VOGEL, F. ST., and J. L. MCCLENAHAN: Anomalies of major cerebral artery associated
with congenital malformations of the brain. With special reference to the pathogenesis
of anencephaly. Amer. J. Path. **28**, 701—723 (1952). — VOGT, E.: Über intrauterin erworbene
Entwicklungsstörungen. Kurse ärztl. Fortbildg **27**, 1—11 (1936). — VRIES, E. DE: Ein Fall
von Hemicephalus. Schweiz. Arch. Neur. **10**, 32 (1922).
    WAGNER, I.: Beitrag zur familiären lumbo-sacralen Syringomyelie. Wschr. Kinderheilk.
1932, 137. — WALDMANN, B.: Beitrag zur Frage der Erblichkeit der Spina bifida und der
Rachischisis. Z. menschl. Vererbgs- u. Konstit.lehre **21**, 558 (1938). — WEIDENMÜLLER, K.:
Beitrag zur Frage der Erbbedingtheit der Spina bifida. Ein Fall von familiärer Spina bifida
aperta. Z. menschl. Vererbgs- u. Konstit.lehre **20**, 42 (1936). — WEISE, G.: Die Frage der
Erblichkeit oder Nichterblichkeit der Syringomyelie an Hand eines eineiigen Zwillingspaares.
Arch. f. Psychiatr. **103**, 191 (1935). — WEITZ, W.: Beitrag zur Ätiologie der Syringomyelie.
Dtsch. Z. Nervenheilk. **82**, 65 (1924). — WERTHEMANN, A.: Allgemeine Teratologie mit
besonderer Berücksichtigung der Verhältnisse beim Menschen. In Handbuch der allgemeinen
Pathologie, Bd. VI/1. 1955. — WERTHEMANN, A., u. M. REINIGER: Über Augenentwicklungs-
störungen bei Rattenembryonen durch Sauerstoffmangel in der Frühschwangerschaft. Acta
anat. (Basel) **11**, H. 1 (1950). — WIESE, W.: Konkordante Anencephalie bei eineiigen Zwillingen. Zbl. Gynäk. **72**, 504 (1950).
    ZAPPERT, J.: Über röntgenogene fetale Mikrocephalie. Arch. Kinderheilk. **80**, 34 (1926).

Die Einzelformen der Verbildungen
(einschließlich Syringomyelie).

Von

B. Ostertag - Tübingen.

Mit 127 Abbildungen und 5 Bildtafeln.

A. Definition und Umgrenzung der Mißbildungen.

Was haben wir unter *Mißbildungen* zu verstehen? Im Grunde genommen jede von der Norm abweichende Formbildung, mag sie nun die Folge von Erkrankungen, endogener oder sonst früh einwirkender Faktoren sein.

Der Begriff der Mißbildung ist ein vorwiegend morphologischer. Indem wir die Defekt- und Narbenbildung als Folgen destruierender Prozesse ausschalten, sollen unter Mißbildung nur diejenigen Abweichungen von der Form verstanden werden, die aus äußeren oder inneren Gründen die Organanlage betreffen und eine Änderung der normalen Differenzierungs- und Wachstumsvorgänge bedingen. Hiermit ist gleichzeitig gesagt, daß bei der Korrelation und der Abhängigkeit in der Entwicklung der Organe — auch der Organteile innerhalb des Nervensystems — die Morphogenese der Mißbildung sich weit bis in das *postnatale* Alter fortsetzen kann.

Von den modernen Hirnpathologen hat besonders Schob den Begriff der Mißbildung erörtert, weil dieser nicht immer im gleichen Sinne gebraucht wurde, und weil vielfach die Autoren ein ätiologisches Moment mit hineingebracht haben, insofern sie Mißbildung mit Anlagefehler und endogen bzw. endogen — erblich — bedingt gleichsetzen. Unter Ausschaltung des „ätiologischen Momentes" hatte Ernst definiert: „Mißbildung ist eine während der fetalen Entwicklung zustande gekommene, also angeborene Veränderung eines oder mehrerer Organe oder Organsysteme oder des ganzen Körpers, welche außerhalb der Variationsbreite der Spezies gelegen ist."

Schob hält wie Spatz diese Definition nicht für ausreichend, da gerade am Nervensystem nach dem Zeitpunkt der Geburt die Entwicklung noch lange Zeit hindurch fortschreitet. Er hat deshalb der Definition von Ernst den Begriff der *postembryonalen Entwicklung* hinzugesetzt und den morphogenetischen Mechanismus in *der* Fassung zum Ausdruck gebracht: „Mißbildungen sind Abweichungen von der normalen Morphologie eines oder mehrerer Organe, die auf Änderungen der bis zur Reife sich abspielenden normalen Wachstumsvorgänge zurückzuführen sind" (Schob).

In klassischer Weise hat Schob auf die besondere Bedeutung des Faktors hingewiesen, daß zwischen der Entwicklung eines Organs und der des gesamten Organismus ganz bestimmte Korrelationen bestehen, und daß die Entwicklung eines Organteils des Nervensystems stets abhängig ist von der normalen zeitlichen und morphologischen Entwicklung anderer Teile. Dies trifft besonders für die phylogenetisch jüngeren Partien in bezug auf die Abhängigkeit von phylogenetisch älteren zu. Gehen bestimmte Zellkomplexe zugrunde oder werden sie in der Entwicklung gehemmt, so resultieren Wachstumsstörungen anderer Regionen, so z. B. die mangelnde Anlage der Pyramidenbahnen im Rückenmark bei bestimmten Entwicklungsstörungen der Hirnrinde oder Entwicklungshemmungen der Großhirnanteile des Thalamus bei unzureichender Entwicklung bestimmter Rindenabschnitte. Andererseits hat jeder für die Bildung eines Organs oder Organteils bestimmte Zellkomplex die Tendenz, sich zum „morphologischen bzw. funktionellen Endziel" weiterzuentwickeln. „Das Selbstdifferenzierungsvermögen einerseits, die Hemmung des Wachstums von Zellkomplexen andererseits, die in korrelativer Wachstumsabhängigkeit bei Schädigungen anderer Zellkomplexe eintreten, sind Faktoren, die für die endgültige Gestaltung der Morphologie einer Mißbildung von allergrößter Bedeutung sind."

In dieser Definition Schobs sind Ursache, Wesen und Ablauf der „Mißbildung" klar umschrieben. Als kürzeste Definition möchten wir vorschlagen, daß man unter *Mißbildung nur die morphologische Verbildung einzelner Organe, Körperabschnitte oder der ganzen äußeren Form* verstehen darf, *die während der frühembryologischen Entwicklung entstanden oder eingeleitet ist*, das würde heißen, daß *das exogene oder endogene Agens spätestens zur Zeit der Neurulation eingewirkt* haben muß. Diese Klarstellung erscheint notwendig, weil — wie Töndury (1954) gezeigt hat — z. B. die Kataraktbildung durch eine Rubeoleninfektion eine intrafetale Erkrankung ist und dementsprechend keine Mißbildung darstellt. Fehlbildung und Mißbildung sind vom Standpunkt des Pathologen etwas Gleichartiges, wenn diese Begriffe auch dem klinischen Bedürfnis entsprechend nebeneinander gebraucht werden, insofern man unter Mißbildungen die schwereren, das Leben und die Funktion beeinträchtigenden Formen versteht, während man unter Fehlbildungen die leichteren Anomalien zusammenfaßt, die keine gröberen Störungen des Trägers bedingen. Mit Recht wird die Genetik gegen eine solche Unterscheidung angehen, denn unter ihrem Gesichtspunkt ist es gleichgültig, ob der Merkmalsträger von der leichteren oder schwereren Form einer Verbildung betroffen ist.

Es würde den Rahmen unserer Aufgabe sprengen, wollten wir hier auch die als Acardii, Doppelbildungen u. dgl. bekannten Mißbildungen mit behandeln, selbst wenn bei ihnen das Nervensystem irgendwie mitbeteiligt ist. Sie haben mehr kasuistisches Interesse als Monstren in Sammlungen der Institute und sind im entwicklungsphysiologischen Experiment oft genug reproduziert worden. Unsere Darstellung beschränkt sich deshalb auf diejenigen Formen, die eine gewisse Reife erreichen und eine besondere Problematik haben, sei es in ontogenetischer, teratogenetischer oder in ärztlich diagnostischer oder pathophysiologischer Hinsicht. Daß vom Zentralnervensystem auch nur Rudimente vorhanden sind, wenn ein amorpher Acardius vorliegt, bedarf wohl keiner Erörterung[1].

Grosser und Politzer unterteilen die Mißbildungen in *typische* und *atypische*. Als typische Fehlbildungen werden jene bezeichnet, welche eine häufig wiederkehrende Kombination bestimmter Einzelverbildungen zeigen. Gerade diese Fehlbildungen treten in verschiedenen Graden auf, so daß man sie nach der Intensität der Verbildung ordnen kann. Man spricht dann von teratologischen Reihen. Diese sind für die Systematik der Fehlbildungen von größter Bedeutung, aber für die genetische oder gar ätiologische Zusammengehörigkeit der einzelnen Glieder dieser Reihen nicht bindend. Dies bedingt, daß die Darstellung der Mißbildungen des Nervensystems infolge der topisch verschiedenartigen Organentwicklung

---

[1] Eine gute Übersicht mit Literaturangaben bis 1913 stammt von C. Heijl.

auf Schwierigkeiten stößt. Fehlt der Schluß des Neuralrohrs, so bleibt ein Rinnenstadium bestehen, damit ist ein eindeutiger Zustand gegeben. Für gewöhnlich liegen die Verhältnisse anders. Das Neuralrohr ist bereits in bestimmten Abschnitten geschlossen. Caudales oder kraniales Ende bleiben offen, so daß trotz teilweise geschlossenem Neuralrohr und Wirbelkanal im Gebiete der Brustwirbelsäule caudal oder kranial das Rinnenstadium fortbesteht.

Eine andere Frage ist das Durchschlagen des Genfaktors bei verschiedenem Individualalter und Differenzierungszustand, z. B. selbst bei Tieren eines Wurfes. Als Beispiel einer solchen Verbildung aus innerer Ursache mit verschiedener Manifestation sind die Kaninchen des englischen Genetikers HAMMOND anzuführen: Der Faktor der Schlußstörung ist bei allen in gleicher Weise vorhanden, determiniert sich jedoch an verschiedenen Stellen, — einmal komplette Anencephalie, ein anderes Mal Offenbleiben der Wirbelsäule und des Rückenmarks und das dritte Mal Spina bifida caudalis. Es kommt also darauf an, in welcher individuellen Phase selbst bei (dem Befruchtungsalter nach) gleichaltrigen Früchten das präsumptive, zur Differenzierung bestimmte Material getroffen wird.

Wie breit die für die Verbildung maßgebliche Empfindlichkeit einer Phase ist, wissen wir beim Menschen nicht. Deshalb sind hier weitere genauere Beobachtungen notwendig. Bei einer sonst wohl bekannten, mit blastomatösen Tendenzen einhergehenden Erkrankung wie der RECKLINGHAUSENschen Neurofibromatose, die oft mit weiteren Verbildungen des Zentralorgans und des Körpers vergesellschaftet ist, hat J. FÄHR (1947) einheitliche Gesichtspunkte für die frühzeitige vorwiegend median sich manifestierende und die spätere, mehr lateral sich mani.estierende Form herausgearbeitet.

So soll auch hier aus der Vielzahl, selbst typischer Mißbildungen das einheitliche Geschehen in den Vordergrund gestellt werden.

Eine Übersicht über die Verbildung des axialen Nervensystems bei jungen menschlichen Embryonen hat STERNBERG bis 1929 gegeben. Seine Aufstellung ist im nachstehenden, soweit uns das Schrifttum zugänglich war und Wesentliches ausgesagt wurde, ergänzt.

Anschließend folgt außerdem eine Übersicht über Störungen am Neuralrohr (s. S. 369 ff.), die in der Mitte einen Überblick über die Normentwicklung enthält, der auf der linken Seite die Störung des nicht- oder fehlgeschlossenen und auf der rechten die Störungen am geschlossenen Neuralrohr für die einzelnen Phasen gegenübergestellt sind. Die folgenden 5 Bildtafeln enthalten die Einzelformen, wobei im Textteil auf die Seiten verwiesen ist, auf denen die ausführliche Darstellung erfolgt. Durch diese Übersicht soll unter anderem gezeigt werden, wie häufig Verbildungen am bereits geschlossenen Neuralrohr (rechte Seite und römische Zahlen) eine Störung der noch nicht geschlossenen Partien (lateinische Buchstaben) bedingen können, so daß z. B. die Cyclopiegruppe entweder mit teilweisen Schließungsdefekten im Thorakolumbalbereich oder mit einer Dysrhaphie einhergehen kann. Die letzte Tabelle auf S. 380 und 381 gibt einen Überblick der Verbildungen der einzelnen Hirnteile: der Schwere nach von der Norm nach den Seiten hin abfallend — und zwar sind in dieser tabellarischen Übersicht auch die Auswirkungen der führenden Störungen auf die übrigen Hirnteile bzw. Hüllraum, Gesichtsschädel und Körperorgane eingetragen.

Übersicht über Verbildungen des Nervensystems bei menschlichen Embryonen.

Name des Verfassers und Bezeichnung des Embryo	Länge und Urwirbelzahl des Embryo	Ausdehnung der Spaltbildung	Histologischer Befund der Medullarplatte	Besonderheiten
Bartelmez und Evans (1925), Wilson H 98	1,27 mm, 9 Urwirbel	Vor dem 4. Urwirbelpaar	—	—
Bartelmez und Evans (1925), Univ. of Calif. Coll. 197	2,18 mm, 12 Urwirbel	Caudal von der Rückenkrümmung	—	—
Mall (1896, 1897, 1889, 1923), Nr. 12	2,1 mm, 12—14 Urwirbel	Caudaler Rückenmarksanteil	—	Auffallend kleiner Kopf
Bujard (1915)	2,8 mm, 20 Urwirbel	Mehrere Öffnungen im Bereiche des Gehirns	—	—
Politzer und Sternberg (1929)	1,9 mm, etwa 20 Urwirbel	Gehirn und Rückenmark	—	Zahlreiche andere Mißbildungen
Janosik (1887)	3 mm, etwa 24 Urwirbel	Zwischenhirn	—	—
Holmdahl (1925/26)	2,5 mm, 24 Urwirbel	Lendensegmente	—	—
Nilsson (1926)	2,5 mm	Rautenhirn und Rückenmark	—	—
Mall (1908)	4 mm	Gehirn und Rückenmark	—	Mangel der Hirnnerven und motorischen Wurzeln
Bremer (1906)	4 mm	Vorderhirn und caudaler Rückenmarksanteil	—	—
Bertacchini (1899)	4,2 mm	Caudaler Rückenmarksanteil	Verschmelzung der Medullarplatte mit Mesoderm und Entoderm	Spaltung der Chorda, Mangel an Augen und Ohren
Ingalls (1921), Nr. 83	7 mm	Sacralsegmente	—	—
Tourneux und Martin (1881)	8 mm	Caudaler Rückenmarksanteil	—	—
Lebedeff (1881)	9 mm	Rückenmark	—	—
Kermauner (1909)	9 mm	Gehirn und Rückenmark	—	—
Fischel (1907)	10 mm	—	—	Zerfall der dorsalen Rückenmarkswand
Mall (1908), Nr. 54	11 mm	Mittelhirn	—	—
Wrete (1924)	11,5 mm	Gehirn und Rückenmark	—	Mangel der Riechgruben und des Stirnfortsatzes
Ingalls (1921), Nr. 288	12 mm	Brust- und Lendensegmente	—	—

KLEBS [zit. nach MUSCATELLO (1884)]	13 mm	—	—	Mangel von Wirbeln und abnorme Krümmungen der Chorda
GROTH (1928)	14 mm	Gehirn, Hals- und Brustmark	Mangel des oberen Brustmarks	Rüsselförmige Gestalt der unteren Gesichtsteile
MALL (1908), Nr. 365	14 mm	Gehirn und Rückenmark	—	—
MEYER (1912)	14 mm	Gehirn	—	Mangel der Riechgruben und der vorderen Teile des Gaumens
INGALLS (1921), Nr. 46	14,5 mm	Gehirn und Rückenmark	—	—
MALL (1908), Nr. 364	16 mm	Gehirn und Rückenmark	Rückenmarksplatte bindegewebig, Hirnplatte drüsenartig gewuchert Zerstörung des Rückenmarks	—
CULL (1919)	17 mm	Rückenmark	Gewebszerfall der Hirnplatte	Lordose d. Brustwirbelsäule, Verschmelzung von Wirbelkörpern
FRAZER (1921)	17 mm	Gehirn	—	—
VOIGT (1906)	18 mm	Halssegmente, Lendensegmente	—	Teilweise Verdoppelung des Brustmarks und der Wirbelsäule
BÖHMIG (1922)	20 mm	Hals- und obere Brustsegmente	An 2 Stellen Mangel des Rückenmarks	Mißbildung der entsprechenden Teile der Wirbelsäule
VRIES (1927)	23 mm	Gehirn, Hals- und oberes Brustmark	Mangel des Mittel- und Rautenhirns, des Hals- und oberen Brustmarks	—
SPANNER (1928)	37 mm	Hals- und Brustsegmente	Ependymeinstülpungen in die Hemisphärenwand	Spaltung der Halswirbelkörper
GROTH, K. E. (1928)	14 mm	Anencephalie und Rhachischisis	—	—
BERGEL, A. (1928)	16,5 mm	—	In Höhe des 5. Lendensegmentes in den Zentralkanal hineinragendes Knötchen (Tumoranlage)	Verdoppelung des Zentralkanals im caudalen Rückenmarksabschnitt
KOTRNETZ, H. (1929)	9 mm	Im Bereich des Mittelhirns und im unteren Teil des Medullarrohres	—	—
STERNBERG, H. (1929)	5 mm	Offener vorderer Neuroporus, Spaltbildung im Bereich des Zwischenhirns	—	—
STERNBERG, H. (1929)	5 mm	Offener vorderer Neuroporus	—	—
STERNBERG, H. (1929)	10 mm	Spaltbildung im Bereich des Rautenhirns	—	Mangel des Vorder- und Mittelhirns

Übersicht über Verbildungen des Nervensystems bei menschlichen Embryonen. (Fortsetzung.)

Name des Verfassers und Bezeichnung des Embryo	Länge und Urwirbelzahl des Embryo	Ausdehnung der Spaltbildung	Histologischer Befund der Medullarplatte	Besonderheiten
STERNBERG, H. (1929)	12,5 mm	Spaltbildung im Bereich des verlängerten Markes	—	—
STERNBERG, H. (1929)	14 mm	Spaltbildung des verlängerten Markes	—	—
ILBERG, G. (1933)	2—3 Wochen	—	Undifferenzierte Zellhaufen noch ohne Anlagendifferenzierung	—
ORTS-LLORGA, F., und H. STERNBERG (1934)	7 mm 9,5 mm 12,0 mm	—	—	Regelwidriger Zusammenhang der Chorda dorsalis mit dem Boden des Neuralrohres
ORTS-LLORGA, F. (1937)	2,6 mm	—	—	Erhebliche Rückenkrümmung
STÖER, W., und A. VAN DER ZWAN (1939)	18 mm	Neuralrohr nur am Anfang geschlossen, sonst überall offen	—	Hirn- und Spinalnerven bis auf Trochlearis ausgebildet
HOLMDAHL (1939)	etwa 10 Tage alte Embryonalanlage	Anencephalie + Rhachischisis posterior	Embryonalschild noch ohne Primitivrinne	Hypoplastisches Mesoblastengewebe
MARTINESZ, R. (1940)	16 mm	Spaltung im oberen Halssegment	Dorsale Divertikelbildungen des Zentralkanals	—
POLITZER (1951)	7,0 mm	Encephalomyeloschisis	—	Im caudalen Abschnitt Dimyelie
POLITZER (1951)	9,5 mm	—	—	Ektopisches Ohrbläschen in Höhe des Isthmus rhombencephali
VAN DER ZWAN, A. (1951)	18 mm 21 mm 22 mm	Weitgehende Platyneurie Weitgehende Platyneurie Weitgehende Platyneurie	—	Mehr oder weniger weitgehende Verdoppelung der Chorda dorsalis
KVITNICKIJ-RYZÓV, JU. N. (1953)	3 mm	Schlußstörungen	—	Ungleichartige Großhirnbläschen
	4—5 mm	—	—	Hornartiger Vorsprung auf dem Stirnbuckel
	16,1 mm	—	Hydromyelie	Asymmetrie der Anlage, Deformierung des Rumpfschwanzteiles

Übersicht über Störungen am nicht- bzw. fehlgeschlossenen und am geschlossenen Neuralrohr[1].

Stadien	Störungen am nicht- oder fehlgeschlossenen Neuralrohr (A- bzw. Dysrhaphie)	Normale Entwicklung	Störungen am geschlossenen Neuralrohr
Primitiv-Anlage (Keimanlage)	Vollständige Arrhaphie	Offene Neuralrinne	
	Teilweiser Schließungsdefekt (Thorakolumbalbereich)	Beginnende primäre Schließung	Meroencephalie
	Teilweiser Schließungsdefekt (Hals- und Sacralbereich)	3-Hirnblasen-Stadium	Cyclopie-Gruppe (monoventrikuläre Prosencephalie)
		5-Hirnblasen-Stadium	
Organogenese — Morphogenese (Formbildung)	Dysrhaphie	Migrationsbeginn	
		Beginn des sekundären Markschlusses	Diffuse Störungen der Migration
	Syringobulbie (Opticusgliosen)	Grobe Hirnmantelgestaltung (Gyration I)	Agyrie und Hypogyrie
	Rostrale Dysrhaphie	Primäre Markschließung beendet	
	Dysrhaphischer Balkenmangel	Ausbildung des Commissurensystems	Circumscripte Störungen der Migration
	Dysrhaphischer Hydrocephalus	Balken	Balkenmangel
		Migrationsende	Schwere Differenzierungsstörungen der Hirnrinde
Organogenese — Histogenese (Heranreifung)	Dysrhaphische Retardierungen am Zentralnervensystem	Differenzierung der Hirnoberfläche (Status verrucosus, Gyration II)	
	Mikroformen der Dysrhaphie	Differenzierung der Rindenarchitektonik (Gyration III)	Leichtere Störungen der Rindendifferenzierung
		Rückresorption überschüssigen Keimmaterials	Persistieren embryonaler Keimlager

Ausreifung der Form

Orthogenetische Reifung

Status dysrhaphicus — Konstitutionelle Abweichungen

Variationsbreite der Norm

---

[1] Für diese und die folgenden Bildtafeln s. die Anmerkung oben auf S. 283 (allgemeiner Teil).

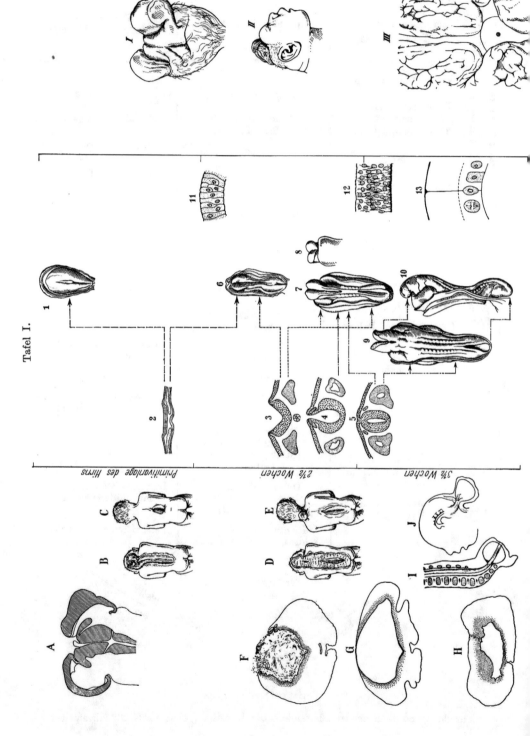

Tafel I.

I.
Anencephalie bei Rückresorption angelegter bzw. nicht weiter entwickelter Hirnblasen (s. S. 391).

II.
Meroencephalie mit deutlich angelegtem ventrikelführendem Zentralnervensystem (s. S. 391).

III.
Anophthalmie mit Mangel der optischen Bahnen (s. S. 534).

Erklärungen zu den Abbildungen auf Tafel I.

1. Dorsale Ansicht der Keimscheibe mit Primitivrinne.

2. Querschnitt zu Beginn der Primitivrinne. Ausschaltung des Neuroektoderms. Ventral: Ausschaltung des Chordamaterials.

3. Querschnitt aus der Mitte der Neuralrinne im Übergang zwischen Haut und Neuroektoderm. Entstehung der Ganglienleiste; basal, Chorda geschlossen.

4. Querschnitt durch den sich vorbereitenden Schluß des Neuralrohrs. Im Winkel zwischen Ekto- und Neuroektoderm die Ganglienleiste.

5. Schluß des Neuralrohrs in der Mitte.

6. Erhebung der Neuralwülste, Vertiefung der Rinne.

7. Keimanlage mit 5 Urwirbeln.

8. Der den Keimschild nach vorn überwuchernde rostrale Anteil der Großhirnanlage.

9. Keimanlage mit 12 Urwirbelpaaren, weitgehender Schluß des Neuralrohrs, oben offen die Mittelhirnanlage.

10. Dasselbe seitlich, oberhalb des Pfeils der Neuroporus.

11. Schema der Zellentwicklung im Neuralrohr.

12. Wand des bereits geschlossenen Neuralrohrs.

13. Schema der Differenzierung. Die spongioblastisch gliösen Elemente setzen an der Membrana limitans wie am Ependym an, nur ein Teil der Zellen bleibt als Ependymzellen mit breiter Basis am Hohlraum liegen. — Entwicklung selbständiger Ependymzellen, sich teilende Medullarepithelien, selbständige Gliazellen (s. S. 315).

Primitivanlage des Hirns	2⅓ Wochen	3⅓ Wochen

A. Arrhaphischer Anencephalus, Exversion der Hemisphärenanlagen mit fließendem Übergang in das Hautektoderm (s. S. 382).

B. Totale Craniorhachischisis (s. S. 382).

C. Rhachischisis thoracolumbalis (s. S. 404).

D und E. Rhachischisis lumbosacralis mit Spina bifida und Myelocele im Cervicalbereich (s. S. 404).

F. Arrhaphie bei bereits entwickelter Neuralanlage, Abdeckung des Organs und Ausfüllung der Höhle durch Mesenchym (s. S. 430 ff.).

G. Hydromyelie (s. S. 430 ff.).

H. Hydromyelie mit gliomatöser Wand bei beginnender Rhaphebildung (s. S. 438).

I. Spina bifida sacralis mit Meningocele und Verlötung des Rückenmarks im Gebiet des Neuroporus posterior (s. S. 407).

J. Occipitale Cerebello-Meningocele (s. S. 409).

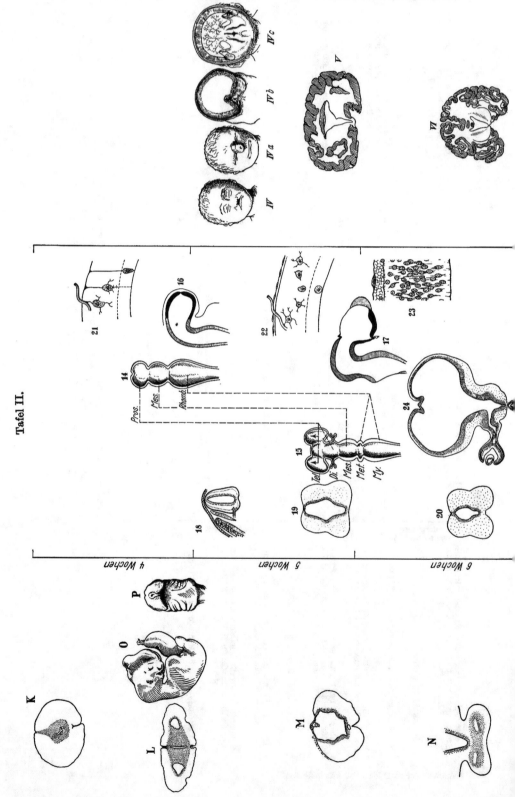

Tafel II.

IV.
Arrhinencephalie mit doppelter Gaumenspalte (s. S. 491 ff.).

IVa.
Cyclopie mit rüsselförmiger Anlage (s. S. 491 ff.).

IVb.
Frontalschnitt durch ein monoventrikuläres Endhirn bei Arrhinencephalon (s. S. 491 ff.).

IVc.
Horizontalschnitt durch das einkammerige Gehirn (s. S. 536).

V.
Einkammeriges Gehirn mit fehlender Balkenbildung (s. S. 536).

VI.
Defekt des Fornix und Septum pellucidum mit Windungsbildung an Stelle des Balkens. Rudimentäre Balkenverbildung (s. S. 536).

Erklärungen zu den Abbildungen auf Tafel II.

14. Dreiblasenstadium des geschlossenen Neuralrohrs. In der Mitte der vordersten Blase (Prosencephalon) die Lamina terminalis gegedellt, beginnende Proliferation der Hemisphären. Aus dem Prosencephalon wird das Tel- und Diencephalon, die Mittelhirnblase bleibt in ihrer Grundstruktur erhalten, das Rhombencephalon wird Met- und Myelencephalon. (Vgl. auch 16 und 17.)

15. Fünfblasenstadium der Hirnanlage. Gut erkennbar die verdünnte Wand des Myelencephalon. Telencephalon; Diencephalon; Mesencephalon; Myelencephalon.

16. Dreiblasenstadium seitliche Ansicht. Prosencephalon schwarz, Mesencephalon ///; Rhombencephalon ≡.

17. Fünfblasenstadium; Telencephalon; Diencephalon; Mesencephalon; Metencephalon; Myelencephalon.

18. Bereits geschlossenes Neuralrohr. Grundtypus mit Auswachsen der Vorderwurzeln.

19. Rückenmarkslumen dorsal weit, ventral enger.

20. Zunehmende Verengerung des ventralen Anteils des Zentralkanals mit Vorrücken des hinteren Ependymkeils.

21. Schema der Hemisphärenwand. Lage der Ependymschicht. Ansatz der Spongioblasten an der Randzone und an den Gefäßen.

22. Weitere Differenzierung der Hemisphärenwand mit ependymaler Keimzone.

23. Hemisphärenwand mit Spongioblastenvermehrung und Entwicklung der weichen Häute.

24. Schrägschnitt durch das Hemisphärenbläschen, auf dem Infundibulum und Diencephalon zu sehen sind, bei letzterem sogar die Augenanlage.

4 Wochen

K. Dysrhaphische Gliose bei Syringomyeliekomplex (s. S. 438 ff.).

L. Dysrhaphische Gliose mit seitlichen Hohlräumen (s. S. 438 ff.).

O. Spaltbildung des Mittelhirns (s. S. 382 ff.).

P. Vorderansicht mit Kiemenbögen und offenem Neuroporus anterior (s. S. 292).

5 Wochen

M. Hydro-myelo-encephalie mit gliomatöser Wand, abgedeckt durch Velum medullare mit Plexusanteilen (s. S. 488).

6 Wochen

N. Höhlenbildung und Gliomatose des Chiasmas (s. S. 461).

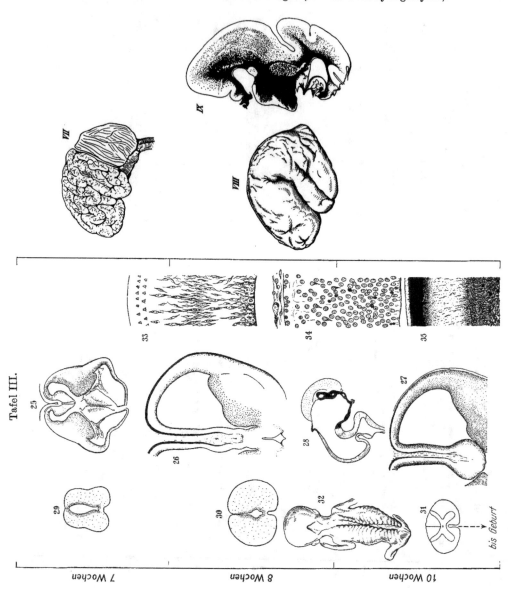

Tafel III.

7 Wochen   8 Wochen   10 Wochen

bis Geburt

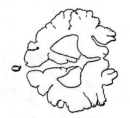

VII.
Mikrocephalie bei normal entwickeltem Kleinhirn (s. S. 522 ff.).

VIII.
Ungegliederter Hirnmantel mit Primärfurchen (s. S. 506 ff.).

IX.
Dazugehöriges histologisches Bild; Frontalschnitt: Schwere Migrationsstörung (s. S. 506 ff.).

Erklärungen zu den Abbildungen auf Tafel III.

25. Horizontalschnitt durch das Gehirn. Diencephalon differenziert. Corpus striatum angelegt. Beginnende Commissurenbildung.

26. Entwicklung der Commissurenanlage.

27. Weitere Entwicklung der Commissurenanlage mit Differenzierung zum Balken.

28. Commissurenanlage aus rostralen Teilen des Endhirns und vorderer Zwischenhirnwand, schwarz. Diencephalon einschließlich Infundibulum schwarz gezeichnet. Beginnende Anlage der Hemisphären und Ausbildung des Balkensulcus. Mittelhirn wie oben schraffiert. Metencephalon lichte Schraffierung. Myelencephalon dicht punktiert.

29. Weitere Verengung des ventralen Rückenmarklumens, stärkere Einstellung des Sulcus anterior. Rhaphebildung.

30. und 31. Weitere Entwicklung des Rückenmarks unter starker Einengung des dorsalen Anteils des Zentralkanals zur Norm. Im wesentlichen in der 10. Woche beendet, dann bis zur Geburt feinere Differenzierung.

31. Siehe unter Nr. 30.

32. Ansicht des Keimlings von hinten. Sekundärer Schluß der Wirbel und des Neuralrohres. Die Hälfte der Brustwirbel in Schließung.

33. Durchschnitt durch die Hirnwand. Deutlich entwickelte Zwischenschicht mit einwandernden Spongioblasten, Durchwandern von Neuroblasten. Teilung der Keimzellen in der ventrikulären Matrix. Äußere Rindenschicht angelegt.

34. Durchschnitt durch die Hemisphärenwand mit der Abwanderung unipolarer Neuroblasten in die Rinde. Entwicklung der Hirnhäute.

35. Hemisphärenwand mit den 8 unterscheidbaren Schichten von His.

7 Wochen

8 Wochen

10 Wochen

Q. Dysrhaphischer Balkenmangel ohne Entwicklung eines Balkenlängsbündels (s. S. 465).

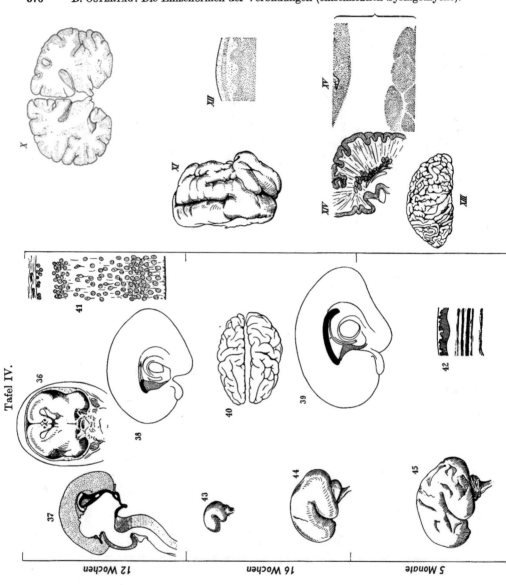

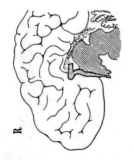

X.
Endogener Balkenmangel mit Balkenlängsbündel (s. S. 465).

XI.
Frontale Pachygyrie-Hemmungsbildung. Vgl. Nr. 40 (s. S. 512 ff.).

XII.
Hemmungsvierschichtung bei Migrationsstörung (Pachygyrie) (s. S. 512 ff.).

XIII.
Pachygyrie- bzw. Pseudomikrogyrie-Rinde (s. S. 506 ff.).

XIV.
Liegenbleiben von Keimmaterial mit Unterentwicklung der Rinde (s. S. 506 ff.).

XV.
Detailbild aus XIV obere Rinde (s. S. 506 ff.).

Erklärungen zu den Abbildungen auf Tafel IV.

36. Trennung der Hemisphären, Entstehung der Balkenanlage, Furchung und beginnende Opercularisation.

37. Weitere Entwicklung des Gehirns, Vergrößerung der Commissurenanlage, Entstehung des Balkens. Dach des 3. Ventrikels noch hoch ausgewölbt. Schraffierung wie bei Nr. 16, 17 und 28.

38 und 39. Weitere Entwicklung des Commissurensystems bei Massenentfaltung des Gehirns, Vordringen des Schläfenpols.

39. (Siehe Nr. 38.)

40. Physiologische transitorische Pachygyrie in den neencephalen frontalen Hirnanteilen.

41. Migration: Spongio- und Neuroblasten der Zwischenschicht, Randschleier bereits besiedelt.

42. Warzenstadium der Hirnrinde.

43.
44. Etwa in größengerechtem Verhältnismaßstab Entwicklung des Hirnmantels und der Furchen. Besonders zu beachten das Vorrücken des Temporalpoles.
45.

12 Wochen   16 Wochen   5 Monate

R. Dysrhaphischer Balkenmangel mit kümmerlicher Anlage der terminalen Schlußplatte (s. S. 471).

S. Hydrosyringomyelie mit dysrhaphischer Gliose (s. S. 430 ff.).

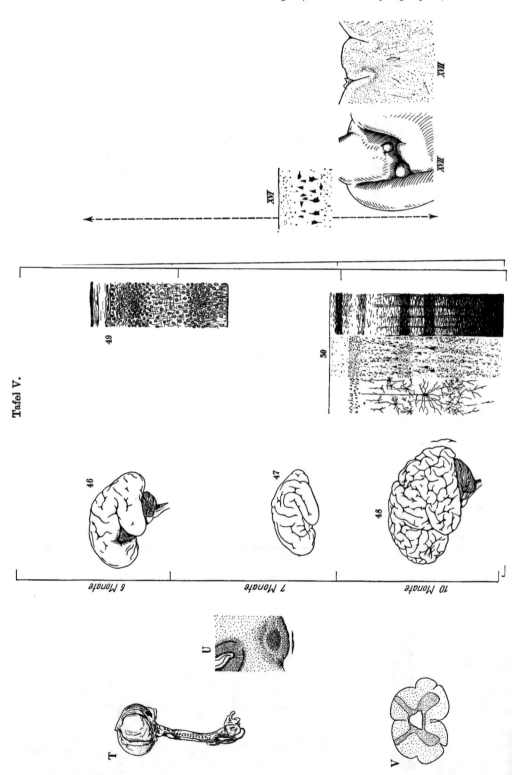

Tafel V.

Erklärungen zu den Abbildungen auf Tafel V.

Weiterentwicklung des Hirnmantels bis Orthogyration.

46.
47.
48.

6 Monate

T. Fast lebensfähige Dysrhaphie mit Spina bifida lumbosacralis aperta. Spina bifida mit Meningocele in der Halswirbelsäule, Mißbildungshydrocephalus (s. S. 430 ff.).

XVI.
Fehlorientierung der Nervenzellen in entwicklungsgestörter Rinde (s. S. 518 ff.).

49. Hirnrinde mit Besiedlung der Rinde vor Erschöpfung des Keimlagers.

7 Monate

U. Einfaches Liegenbleiben von Keimmaterial. (Vgl. die Nr. XIV und XV) (s. S. 488).

XVII.
Hirnwarzen aus der übrigen Rindenfläche hervorragend (s. S. 518 ff.).

50. Ausdifferenzierte Rinde; in der Mitte Zellbild mit einheitlicher Radiärorientierung der Nervenzellen; links Imprägnation der Nervenfasern, rechts Markscheidenpräparat der Rinde.

10 Monate

V. Persistierende Hydromyelie mit gliotischer Wand und parasagittalen Sulci (s. S. 430 ff.).

XVIII.
Schnittbild durch eine Hirnwarze (s. S. 518 ff.).

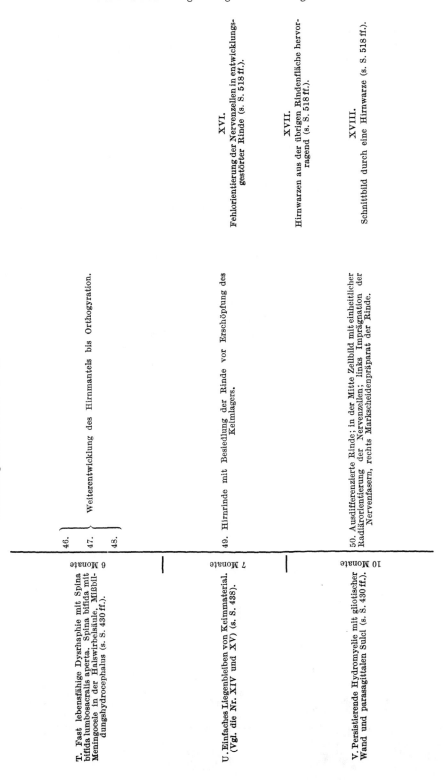

Zusammenfassende

Verbildungen bei Schlußstörungen			Organ	Verbildungen am geschlossenen Neuralrohr					
Status dysrhaphicus	Dysrhaphie bzw. Syringomyelie	Arrhaphie		sogenannte Hemicephalie	echte Cyclopie	Cyclopie-Arrhinencephalie-Gruppe — Arrhinencephalie			
						Ethmocephalie	Cebocephalie	mit medianer doppelseitiger Gesichtsspalte	
Mißbildungs-Hydrocephalus nicht systemisierte Keimlagerpersistenz		Exvertierte Area medullovasculosa arrhaphische Anencephalie	Endhirn* (Telencephalon) Hemisphärenhirn Neuhirnmantel (Neopallium)	Anencephalie bei primär geschlossener Hirnblase	Monoventrikulie Striatum nicht bzw. unvollkommen angelegt	mit geringer Tendenz zur Differenzierung der Hemisphärenteilung			I. II. III.
Persistieren der Riechhirnausladung			Riechhirn (Allocortex)		nicht oder unvollständig				IV.
Offene dorsale Commissur bzw. Balkenrudimente			Balken		nicht oder unvollständig				V.
Rostrale Dysrhaphie			Zwischenhirn* (Diencephalon) Augenanlage		nur eine diencephale Platte. Nur ein Opticus bzw. nur eine Anlage. Fehlen der Augen				
Persistieren des Canalis opticus									
pericanaliculäre Gliose, Gliomatose			Mittelhirn (Mesencephalon)	meist vorhanden, oft differenziert					
Dasselbe bzw.			Hinterhirn** (Metencephalon) Kleinhirn (Cerebellum)	geschlossen bzw. Cerebellomeningocele	meist geschlossen meist normal angelegt; zahlreiche Fehldifferenzierungen	intakt oder hypoplastisch			VI.
Dysrhaphie des Kleinhirns, Cystenbildung im Wurm mit Gliomatose									
Hypoplasie der vegetativen Kerne	Syringobulbie, ependymale Blastome, Neuroepitheliome		Nachhirn** (Myelencephalon)		geschlossen				
Leichte Dysrhaphie	Dysrhaphie, Hydromyelie, Syringomyeliekomplex	Amyelie	Rückenmark (Medulla spinalis)	sekundäre symptomatische Verbildungen	geschlossen oder symptomatische Dysrhaphien				VII.
Spina bifida (Meningocele)		Rinnenstadium, Fehlen des Schädeldaches, Occiput oder Wirbelschlusses	Hüllen und Schädelkapsel	keine Falx, Tentorium vorhanden, Fehlen des Siebbeins, Nasenbeins und Zwischenkiefers	Dreieck- oder Eierköpfe; schmale kielartige Stirn bei verschiedenen Graden von Verschmelzung der Stirnbeine				
Retardierungen, kleines Mittelgesicht, hoher Gaumen etc.		mediale Spaltbildungen und Hypoplasien	Gesichtsschädel	mit angelegt	eine Orbita (Synophthalmie)	Synotie			
Caudale Schlußstörungen, Hypoplasie der Hypophyse, Nebennieren, Genitale; Hohlfuß, Mammadifferenz, Arachnodaktylie		fehlerhafte Renkung, Fehlanlage des Urogenitalsystems, Hypospadie, Prolapsus ani etc.	Körperorgane	Unterentwicklung der Hypophyse, Nebennieren	Nasenrüssel (Proboscis)	oft genetisch koordinierte Verbildungen			

* = im Zustand des Dreiblasenstadiums Prosencephalon.
** = im Zustand des Fünfhirnblasenstadiums Rhombencephalon.

tabellarische Übersicht.

		Störungen der Migration und der Rindendifferenzierung		
		Störungen der reifenden Matrix	Störungen der Migration und frühen Gyration	Störungen der Rindendifferenzierung und primären Windungsbildung	Störungen der Architektonik, der sekundären und tertiären Gyration
I.	Isocortex allgemein	Persistenz der Matrix und Zwischenschicht. Agyrie, Pachygyrie, selbst Fiss. Sylvii und Fiss. calcarina manchmal nicht angelegt	Zellreiche Zwischenschicht bzw. kugelige Heterotopien	Manchmal generalisierte Mikropolygyrie	Mikrofehlentwicklung in der Rinde; Ganglienzellen im Marklager, falsch orientierte Ganglienzellen in der Rinde
				Matrixreste, Heterotopien	
II.	Speziell: **Frontalhirnbereich**	zellreiche Zwischenschicht; in den Markstrata diffuse symmetrische Migrationshemmungen	Oberfläche pachygyr bis mikrogyr, versenkte Windungen	Oberfläche mikrogyr bis mikropolygyr oder verrucöse Pachygyrie	mitunter mikropolygyre Oberfläche
III.	**Bicortex**	Fehldifferenzierung des Neostriatum, keine Opercularisation der Insel. Allg. Hypoplasie	hypoplastisch bis normal, evtl. mangelhafte Opercularisation	ungestört	ungestört
IV.	**Allocortex** (Riechhirn)	häufig gestört	gelegentlich gestört	ungestört	ungestört
V.	**Balken**	oft fehlend	vorderer oder hinterer Anteil partiell vorhanden oder totale Hypoplasie	hypoplastisch oder normal	normal
VI.	**Cerebellum** (Paläocerebellum u. Neocerebellum)	Agyrie	oft hypoplastisches Neocerebellum	Persistieren der Lamina dissecans; Liegenbleiben der Ganglienzellen bzw. Dystopien der PURKINJE-Zellen. Hyperplastische Dysplasie	
VII.	**Rückenmark**	Symptomatische Schlußstörungen.			
	Körperorgane	Koordinierte somatische Verbildungen			

B. Verbildungen der Primitivanlage
(Verbildungen bei fehlendem oder mangelhaftem Schluß
des Neuralrohrs und Achsenskelets).

1. Cranioschisis.

Für die Darstellung der Verbildungen der Primitivanlage, nämlich der Verbildungen bei fehlendem oder mangelhaftem Schluß des Achsenskelets und Neuralrohrs gilt die Schwierigkeit, die PERNKOPF (1952) in bezug auf die normalen Verhältnisse hervorhebt. Der Grundaufbau des übrigen Körpers läßt sich stratigraphisch gut darstellen, während es außerordentlich schwer ist, beim Achsensystem Visceral- und Neuralskelet entsprechend gegenüberzustellen. Trotz der gegenseitigen Induktion und Abhängigkeit der Entwicklung in der Frühphase können wir nicht alle jeweiligen Verbildungen völlig befriedigend einreihen. Ganz besonders schwierig ist die Einordnung der „Anencephalie" (s. unten). Sie stellt im Endeffekt einen hochgradigen Mangel dar, ist aber nur selten als eine totale Aplasie anzusehen. Am durchsichtigsten liegen die Verhältnisse bei der Craniorhachischisis totalis, bei der der Schluß des gesamten Neuralrohrs ausgeblieben ist. Aus genetischen Gründen kann nun der Störungsfaktor an verschiedenen Stellen einsetzen, so daß — wie bei den oben erwähnten HAMMOND-Kaninchen — der kraniale bzw. der caudale oder vorwiegend der mittlere Anteil befallen ist. Somit ist eine gewisse Zahl der Anencephalen als Teil der Craniorhachischisis anzusehen, d. h. alle diejenigen Formen, bei denen der fehlende Schluß der Wirbelbögen als Leitsymptom imponiert. Einen anderen Teil der Anencephalien müssen wir den partiellen Spaltbildungen zuordnen. Dies trifft besonders für die Fälle von Exencephalie zu (s. unten). Wie aus den vorstehenden Tafeln zu ersehen, teilen wir die Verbildungen des Nervensystems grundsätzlich in diejenigen bei mangelndem Schluß der Achsenorgane und diejenigen (mehr systemisierten oder komplexen) Verbildungen bei primär geschlossenem Neuralrohr ein. Ein Offenbleiben des Neuralrohrs kann auch dadurch vorgetäuscht werden, daß die dünne Dachplatte wie z.B. im Gebiet des Kleinhirns sich wieder öffnet oder (infolge Fehldifferenzierungen) vielleicht wieder platzt. Diese Bilder mit einem Wiederauftreten eines Spaltes im Gebiete der Nackenbeuge oder Scheitelhöhe haben STERNBERG und POLITZER besonders herausgestellt.

Nach der *Agenesie* der Neuralanlage ist die Craniorhachischisis die frühzeitigste und ausgedehnteste Störung, nämlich das vollkommene Offenbleiben des Neuralrohrs und des ihm unterlagerten Achsenskelets. Bleibt es im ganzen ungeschlossen, sprechen wir von einer Craniorhachischisis totalis (Arrhaphie)[1].

---

[1] A- bzw. Dyskatarrhaphie (hergeleitet von καταρράφειν = zusammennähen) hat HENNEBERG die Vorgänge der Schlußstörung benannt, spricht aber später selbst (wohl aus praktischen Gründen) einfacher von Dysrhaphie bzw. Arrhaphie. Der Schließungsvorgang geht in zwei Etappen vor sich. Die erste besteht in der Umwandlung der Medullarplatte in das Medullarrohr, die zweite in die Umwandlung des Medullarrohrs in den Zentralkanal durch Vorrücken des dorsalen Ependymkeils bis zu seiner Vereinigung mit dem ventralen. Den zwei Etappen entsprechen nun auch zwei Terminationsperioden für Hemmungen und Störungen, die er als Akatarrhaphie bei Ausbleiben eines normalen Zusammenschlusses der Medullarfalten oder als Dyskatarrhaphie bei Ausbleiben oder Hemmung der Rhaphebildung bezeichnet.

Dem ersten Typus der Akatarrhaphie gehören an: Persistierender Plattentypus bei Rhachischisis und Spina bifida, rinnenförmiges Rückenmark oft mit Invagination der Häute, Einrollungen (Diastematomyelie), Bildung eines Bindegewebsseptums in der hinteren Schließungslinie, Teratombildung und mesodermale Tumoren in derselben.

Dem zweiten Typus der Dyskatarrhaphie gehören an: Persistieren des primären Medullarrohes (Myelocystocele, genuine Hydromyelie), Gliosis spinalis, Syringomyelie, wahrscheinlich auch die zentral gelegenen Gliosen, Neuroepitheliome, Neurinome. Durch Steckenbleiben des hinteren Ependymkeiles in verschiedenen Entwicklungsstufen kommen die verschiedenen Formen der dysrhaphischen Störung bzw. der Syringomyelie zustande.

Bei dieser fehlen die Wirbelbögen oder sind nur stummelförmig angelegt. Entsprechend verhält sich das Kopfskelet. Die Nervensubstanz liegt auf diesem mehr oder weniger differenzierten Achsenskelet als Rinne oder nur als Rest der Medullarplatte oder als Neuralrinne. Oft findet sich statt dessen ein meist weiches, zottiges bzw. schwammiges Gewebe, mehr oder minder von neuroektodermaler Stützsubstanz durchsetzt. Vereinzelt finden sich Nervenzellen und Nervenfasern und regressive, rückgebildete Achsenzylinder, oft in körnigem Zerfall, seltener eine Rinnenbildung des Neuralrohrs, in dem noch mediobasal ein Ependymgewebe zu erkennen ist. Dieser mesenchymdurchsetzte persistierende Medullarplattenrest liegt auf den meist gut dem Alter entsprechenden differenzierten weichen Häuten und geht in das Hautektoderm über. Der Übergang kann direkt erfolgen oder von den mit Epithel bedeckten weichen Häuten unterbrochen sein. Typisch ist bei partieller Rhachischisis die vordere und hintere Begrenzung durch trichterförmige Bildungen, die — sofern angrenzende Nervensubstanz vorhanden ist — in den Zentralkanal dieser angrenzenden geschlossenen Rückenmarkspartie übergehen. Je nach der Entwicklung dieser „Medullarplatte" sind außer den vorderen auch die hinteren Wurzeln gebildet. Tritt die Störung sehr frühzeitig ein, dann kann das gesamte Gewebe rückresorbiert werden und wir finden am Boden der Rinne lediglich ein Bindegewebe, so daß der Eindruck eines Mangels des Rückenmarks, einer Amyelie, besteht. Der Nachweis einmal gebildeter Nerven und der Spinalganglien gestattet dann allein die richtige Einordnung der Determination. Es dürfte überflüssig sein, alle einzelnen Phasen und Möglichkeiten zu beschreiben, die, sofern irgendwelche Teile des Nervensystems geschlossen und differenziert sind, alle Phasen von der „scheinbaren Amyelie bis zum vollständig geschlossenen Neuralrohr" durchlaufen können. In der Umgebung dieser schweren Schlußstörungen ist das umgebende Integument oft verbildet. Meist findet sich eine abwegige Behaarung in einem größeren Umfange. Das bei geschlossener Haut unter dieser liegende Achsenskelet ist oft nicht oder nur unzureichend gegliedert.

Der fehlende Schluß des Neuralrohrs und dementsprechend auch die Ausdifferenzierung des Achsenskelets ist auf eine frühe Störung der Organanlage im Neurulastadium zu verlegen. Der Zustand der persistierenden Neuralplatte wird *Platyneurie* genannt.

LEHMANN u. a. vertreten die Auffassung, daß zur Zeit dieser Störung die Differenzierung des Achsenskelets und des Neuralrohrs gestört, die Neuralplatte durch die Amnionflüssigkeit weitgehend geschädigt sei und sich nicht mehr ausdifferenzieren könne. Unseren Feststellungen des Auftretens von anencephalen Früchten bei Müttern, die sonst normale Kinder geboren haben, aber zur Zeit der Eieinnistung erkrankt waren, stehen auch die Versuche STOCKARDS (1921) gegenüber, die jetzt von BÜCHNER u. a. wiederholt sind, nämlich der Sauerstoffmangel in der kritischen Phase der Entwicklung.

Ob der Schlußmangel die gesamten Achsenorgane befällt oder nur Teile derselben und ob einzelne Teile noch eine gewisse Ausdifferenzierung erlangen, ist für die Frage der Entstehung weniger bedeutsam. Infolgedessen erübrigt sich eine Erörterung der alten rein deskriptiven Nomenklatur. Hemicephalie ist ebenso wie Pseudoencephalie eine wenig begründete Bezeichnung, denn niemals ist ein halbes oder ein falsches Gehirn angelegt, sondern es sind die Hirnanlagen mehr oder minder verkümmert bzw. auch rückresorbiert, so daß man höchstens noch von einer Mero- oder gar Anencephalie, d. h. also Teil- oder Totalmangelbildung des Gehirns sprechen könnte.

Im allgemeinen geht dem Fehlen des Gehirns oder Rückenmarks die Entwicklung der Wirbelbögen bzw. der Schädelknochen parallel.

Bei der sog. *Holoacranie* fehlen Hinterhauptbein, die Scheitelbeine und die Frontalia mit Ausnahme der basalen Orbitalanteile. Es ist also praktisch nur die Schädelbasis vorhanden. Gelegentlich finden sich noch Knochenanbildungen in den seitlichen Partien, es bleibt nur die dorsale Spalte offen. Doch ist auch in diesem Falle stets der übrige Schädel entsprechend mehr oder minder vollständig entwickelt. Selbst bei den schwersten Fällen von Hirnmangel ist die Basis in ihren Einzelanteilen gut erkennbar.

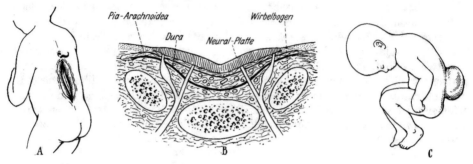

Abb. 1A—C. A Rhachischisis, B Spina bifida aperta totalis, mit Abgang der hinteren Wurzeln und Bildung des Spinalganglions. C Spina bifida. (Nach Hamilton.)

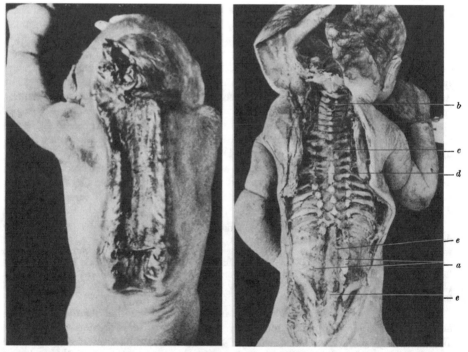

Abb. 2. Links: Spina bifida totalis aperta, Rhachischisis, *Rinnenstadium* der gesamten dorsalen Körperachse. Rechts: Spina bifida caudalis bei *a*, cervicalis *b* mit Mißbildungshydrocephalus. Blockwirbelbildung bei *c*, Verschmelzung der Dornfortsätze bei *d*. Fehlimplantation der Rippen. Bei *e* Rückenmarksstrang bis zum Sacrum reichend. (Verhaftung am Neuroporus?)

Eine volle Berücksichtigung des Schrifttums ist leider dadurch erschwert, daß häufig Anencephalie mit Acranie (oder überhaupt Cranium und Hirn) verwechselt werden. Eine besondere Verbildung des Craniums wird unter den Spaltbildungen besprochen, nämlich die Cranioschisis mit einem wohlausgebildeten Gehirn, die Exencephalie. Dieses oft von der äußeren Haut, häufig nur von den Hirnhäuten umgebene voll angelegte Großhirn liegt entweder dorsal auf einer mangelhaft gebildeten Schädelbasis, oder in einem Hautsack im Gebiet einer occipitalen Spalte, sofern es nicht infolge einer Rhachischisis wie bei einer Iniencephalie (KORNFELDT 1934)[1] an der offenen Rinne nach hinten abgleitet (Uranoscopie).

Während vordere Spaltbildungen, z. B. die *Cranioschisis orbitalis nasalis*, immer wieder isoliert beobachtet werden können, und zwar aus Gründen, die nicht ohne weiteres zu erkennen sind, ist die *Cranioschisis occipitalis*, die den unteren Teil der Occipitalschuppe und die obersten Wirbel erfaßt, nichts Seltenes und bezüglich der Terminationsperiode der Spina bifida caudalis gleich-zustellen.

Die *Exencephalie* nimmt eine Sonderstellung ein. Im allgemeinen formt das Gehirn den Schädel. Welche Faktoren sind es aber, die den Schluß des Schädels bei einem anscheinend voll entwickelten Ge-hirn verhindern, so daß das Gehirn (s. unten Abb. 13) sich außerhalb des Schädels entwickelt? Die Hirn-basis ist ganz ähnlich der bei der Anencephalie. Mitunter sind in dem Schädel noch mediobasale Win-dungen wie Hippocampusregion und der Hypothalamus zu finden, wäh-rend das ganze übrige Gehirn extra-kranial gelegen ist (vgl. Abb. 124 oben).

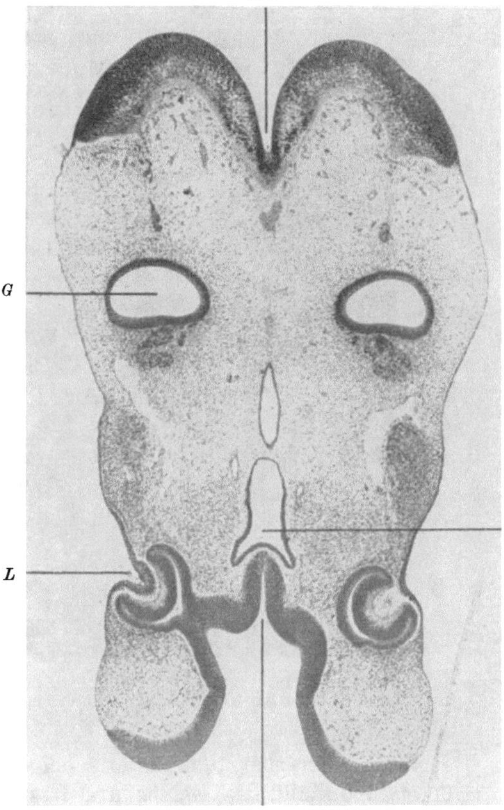

Nun unterliegt es aber keinem Zweifel, daß es die Folgezustände verschiedenartiger Prozesse sind, die zur *Anencephalie* führen, einmal die mangelnde Anlage bzw. man-gelnde Differenzierung und das Zu-grundegehen des rostralen Flügel-plattenmaterials, zum anderen die Rückresorption des in einem frem-den Milieu gelegenen mehr oder minder voll differenzierten Nerven-systems. Das konnten wir besonders im KAVENschen Experiment wieder-

Abb. 3. Schnitt durch Auge und Ohr. *D* Diencephalon; *G* Labyrinth; *L* Linsengrube; *R* RATHKEsche Tasche; *Rh* Rhombencephalon. Vergr. 30:1.

holt beobachten, daß nämlich die bereits einen gewissen Differenzierungsgrad aufweisenden Gehirne bei nicht entsprechender Entwicklung des Hüllraums und der Gefäße und nicht entsprechender Bedeckung durch die Meningen, d. h. also in einem fremden Milieu zugrunde gehen. Echte Exencephalie habe ich auch beim Menschen bei Embryonen, und zwar bis zum 6. Monat, gesehen.

Von der Schwere der Verbildung ausgehend, unterscheiden wir:

1. Craniorhachischisis totalis.

2. Cranioschisis bzw. Acranie bei geschlossenem Rückenmark und Großhirn (häufig Fehlen der prächordalen Hirnanteile).

---

[1] Nur im Referat zugänglich.

3. Mehr oder minder deutliche Hügelbildung mit medianer Rinne bei mehr oder minder erhaltenem Diencephalon bzw. Exversion des Gehirns mit Rückresorption.

4. Meroencephalie mit Großhirnresten insbesondere basal.

5. Partielle Schlußstörungen und

6. Lückenbildung des Skelets und Meningocelen[1].

Eine Analyse der Spaltbildungen *ohne* Rückresorption ist nur am verbildeten Embryo möglich. Deshalb geben wir nachstehend die Abb. 3—8 aus POLITZER (1952) wieder und folgen seiner Darstellung. Bei dem menschlichen Embryo von 7 mm Länge waren mehrfache Fehlbildungen vorhanden.

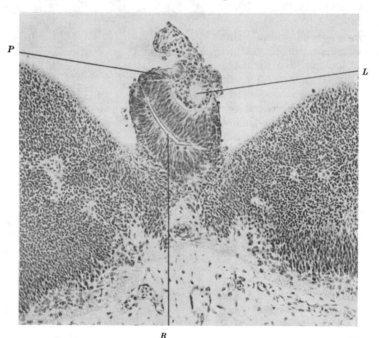

Abb. 4. Schnitt durch das Knötchen im I. Rhombomer. *B* Becher; *L* Linsenbläschen?; *P* Plakode. Vergr. 124:1.

Das Zentralnervensystem zerfällt bei diesem Embryo in vier Abschnitte: Der erste umfaßt das Gehirn und das Rückenmark bis über die vorderen Extremitäten hinaus. In diesem Bereiche hat *kein Verschluß* der Neuralplatte stattgefunden; es besteht somit eine *Encephalomyeloschisis*. Im ersten Rhombomer wurde in der Mittellinie ein Knötchen gefunden, welches „augenähnliche" Züge besitzt. Der zweite Abschnitt reicht vom caudalen Rande der vorderen Extremität bis zur Mitte der hinteren Extremität; hier ist das Rückenmark geschlossen, zeigt jedoch im kranialen Abschnitt eine Erweiterung des Zentralkanals, eine Hydromyelie. Es folgt ein kurzer dritter Abschnitt, in welchem das Rückenmark neuerlich offen ist. In seinem caudalen Anteil bestehen unregelmäßige Faltungen der Rückenmarkswand. Dann folgt ein vierter, wieder geschlossener Abschnitt, in dessen kranialem Anteil eine Verdoppelung des Rückenmarks mit innenständigem Urwirbel und mit innenständigen Ganglien besteht.

Auf Abb. 3 sieht man auf dem Querschnitt das nicht geschlossene Di- bzw. Rhombencephalon; auf der linken Seite eine tiefe Linsengrube. In der Abb. 4

---

[1] Die wesentlichen Störungen, die wir in unmittelbarem Zusammenhang mit der Arrhaphie oder Dysrhaphie am Achsenskelet finden, sind bei den jeweiligen Einzelformen dieser Verbildungen abgehandelt.

liegt an der Grenze zwischen Rhomb- und Mesencephalon ein Knötchen, das vom Verfasser als fetales Linsenbläschen angesehen wird. Abb. 5 entstammt dem

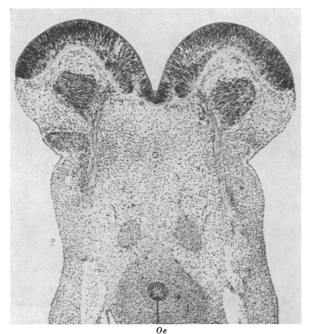

Abb. 5. Schnitt durch die Wurzel eines Spinalnerven. *Oe* Oesophagus. Vergr. 63:1.

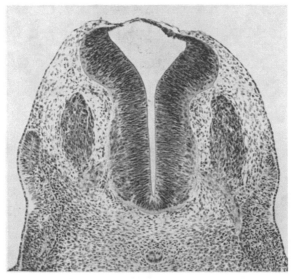

Abb. 6. Schnitt durch die Hydromyelie. Vergr. 92:1.

Abschnitt, in dem das Rückenmark erneut nicht geschlossen ist, während Abb. 6 den Durchschnitt durch die Hydromyelie zeigt, die sich ausschließlich auf das Flügelplattengebiet beschränkt. Man beachte hier gleichzeitig die weitere Differenzierung der Spinalganglien.

In Abb. 5 ist die bogenförmige basale Vorwölbung der Grundplatten zu sehen, bedingt durch die Vorderhornzellager, aus denen die Wurzeln der Spinalnerven

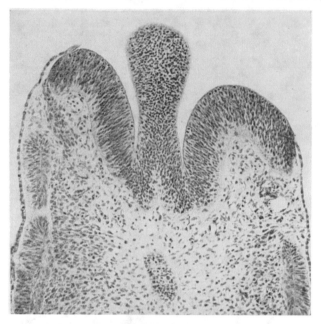

Abb. 7. Schnitt durch das caudale Ende der Myeloschisis. Vergr. 125:1.

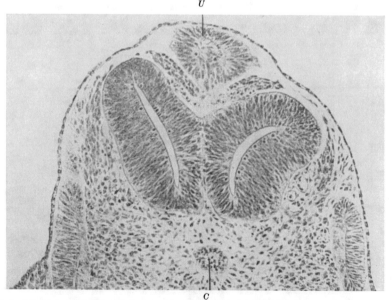

Abb. 8. Schnitt durch die Dimyelie. *C* Chorda; *U* unpaarer innenständiger Urwirbel. Vergr. 144:1.

entstehen, ihnen sind die Spinalganglien angelagert. Auch bei diesem offenen Neuralrohr sind Hinterwurzelfasern gebildet.

Die Hydromyelie in Abb. 6 läßt ebenfalls die Vorderhornlager und die Spinalganglien erkennen. Von besonderem Interesse ist die Abb. 7, das caudale Ende der Myeloschisis. Auf der linken Seite Duplikatur des Oberflächenepithels, während rechts normaler Übergang des Neuroektoderms in das Hautektoderm. Weiter caudalwärts Abb. 8, wo der Verschluß zwar stattgefunden hat, sind aber 2 Zentralkanäle zu sehen, die von normalem Rückenmarkgewebe begrenzt sind. Der Randschleier ist in der Mitte gemeinsam. Im dorsalen Winkel zwischen den beiden Neuralrohrpartien jeweils ein paar innenständige Spinalganglien und dorsalwärts ein innenständiger Urwirbel. Noch weiter caudal legen sich beidseitige Rückenmarksabschnitte zusammen, und es finden sich nebeneinander 2 Zentralkanäle, so wie es IKEDA (1930) beschrieben hat.

Verfasser bespricht weiter ein auf dieser Abbildung nicht getroffenes, früher von BERGEL (1928) beschriebenes wandständiges Knötchen. Die rechte Rückenmarkshälfte wird zunehmend kleiner, rückt dorsalwärts. Als Unregelmäßigkeit findet sich fernerhin noch ein dritter ventral aufgetretener Zentralkanal, nachdem die beiden beschriebenen sich vereinigt haben. Im Gebiet der Schwanzknospe geht das solide Rückenmark in das übrige Gewebe über.

Zu Abb. 7. Dieser in der Mitte liegende Zapfen ist durchaus zu erklären, da es sich um einen symmetrischen Schrägschnitt handelt und dieser Keil, der zwar nach dem mikroskopischen Bilde getreu wiedergegeben, in Wirklichkeit niedriger ist als der Schrägschnitt; und zwar ist dieses Nervengewebe, besonders durch die Somiten, gewissermaßen nach vorne geschoben, bevor sich das Rückenmark wieder schließt. —

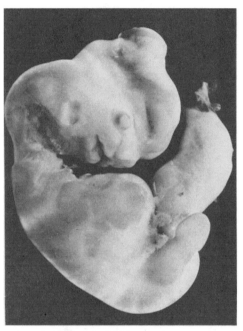

Abb. 9. Spaltbildung im Mittelhirn mit Unterentwicklung des Vorderhirns. Größe 8,7 mm, Originalvergrößerung 5^{1}/$_{2}$ fach. (Aus OSTERTAG: Hirngewächse. Jena: Gustav Fischer 1936.)

Der schwerste Grad von Mangelbildung am kranialen Körperende ist das völlige Fehlen des Kopfes. Es sind einige Fälle ausgetragener Feten beobachtet, bei denen beim Druck auf den kranialen Medullarrest Hampelmannbewegungen ausgelöst werden konnten. Aus dem Wiener embryologischen Institut berichtet BURKL (1953) über das Rückenmark eines Acephalus. Für die Entstehung der Acephalie erscheint die Erklärung am wahrscheinlichsten, daß das gesamte Material des prächordalen Mesoderms verlorengegangen ist, so daß weder eine entsprechende Schlundtaschenbildung noch die Induktion des Neuroektoderms erfolgen konnte.

In BURKLS Fall fehlt der Hals und ein Teil der Brustwirbelsäule; der erste erhaltene Brustwirbel war der 5. mit einem Chordarest. Es muß also der gesamte rostrale Teil des Embryoblasten zugrunde gegangen sein. Rückenmark und Spinalganglien zeigen ein durchaus gleichsinniges Verhalten wie das Achsenskelet.

„Der innere Aufbau des Rückenmarks gleicht dem bei totaler Anencephalie. Der Befund, daß das kraniale Ende des Rückenmarks caudal von den zugehörigen Spinalganglien liegt und daher die dorsalen Wurzeln von den Ganglien zu den zugehörigen Rückenmarksegmenten deszendieren, wird darauf zurückgeführt, daß einerseits durch den Einfluß der Störungszone die obersten Rückenmarksegmente im Wachstum gegenüber der Norm zurückgeblieben sind, andererseits durch den Mangel der kranialen Teile des Zentralorgans über dem 5. Brustsegment das Rückenmark nicht nur — wie normal — am caudalen Ende, sondern auch am kranialen gegenüber der Wirbelsäule eine Verschiebung erfährt."

Die Mitteilung ist eine der wenigen histologisch gut unterbauten. Die meisten ergehen sich teils in Spekulationen bezüglich der Übernahme wichtiger vegetativer Funktionen durch das Rückenmark, teils über die Genese dieser Verbildungen.

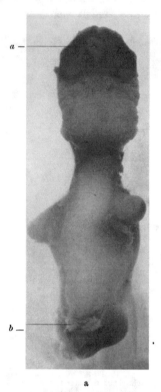 

Abb. 10 a u. b.   a Anläßlich Operation gewonnene menschliche Frucht (1,1 cm lang) mit offenem Neuroporus (*a*), Kiemenbögen, Rumpfknospen. Haftstiel (*b*). Vergr. 8fach. b Überhäutete Rhachischisis totalis mit Cerebello-Meningocele, abnorme Behaarung über der Wirbelrinne.

So nimmt KLÖPPNER (1950) ohne hinreichende Begründung eine Strangulation und Amputation des Kopfes infolge Amnion- oder Nabelschnursträngen an. Nur selten dürfte dem Amnion und den Amnionsträngen eine tatsächliche primäre Bedeutung zukommen; weitaus häufiger sind amniotische Fäden zurückzuführen auf eine gleichzeitige Erkrankung des Amnions als Teil des fetalen Ektoderms.

Auf die Genese durch *Amnionschäden* ist oben eingegangen. Besonders krasse Fälle von Verbildungen des rostralen Körperendes einschließlich des Nervensystems hat ILBERG (1940) beschrieben. — Weitere sind in Verh. dtsch. path. Ges. 1938 in den Vorträgen von GRUBER und von OSTERTAG niedergelegt, andere vom Verfasser 1940 beschrieben.

In der Morphopathogenese der Cranioschisis und der Anencephalie ist für den Menschen zu bedenken, daß in der Keimscheibe das Neuroektoderm in das Hautektoderm übergeht und dieses in das Amnion. Die Innenauskleidung der Amnionhöhle ist ein Teil des fetalen Ektoderms. Die Erklärung, daß das Amnionwasser für die Rückresorption des einmal angelegten Neuralgewebes bei der

Craniorhachischisis eine Rolle spielen soll (HOLMDAHL 1951) ist nicht sehr wahrscheinlich, da es sich um eine physiologische Flüssigkeit handelt, in der zunächst der gesamte Embryonalschild eingebettet ist und die schließlich auch als Gewebsflüssigkeit das noch nicht geschlossene Neuralrohr umspült. Anders ist es jedoch, wenn ein nicht lebensfähiges Gewebe ohne den gewöhnlichen Turgor und ohne die entsprechende Blutversorgung nekrobiotisch dem Druck des Amnionwassers ausgesetzt wäre. Nur dann wäre tatsächlich eine Beeinflussung denkbar.

Auf der anderen Seite ist aber diese Area med. vasc. auch bei frisch erhaltenen Feten nicht etwa kolliquiert, sondern höchstens durch die ektatischen Blutgefäße sehr weich. Deshalb können wir dieser von HOLMDAHL (1951) u. a. vertretenen Auffassung im großen und ganzen nicht zustimmen.

Der viel diskutierte Gefäßreichtum der Area med. vasc. in ihren mesenchymalen vasculären Gefäßanteilen stellt nach unserer Auffassung nichts besonderes dar. Betrachtet man nämlich Gehirnhaut eines Embryos von 10—12 mm Länge, so imponieren vor allen Dingen die wenigen differenzierten Capillaren (vgl. die Bilder bei HOCHSTETTER). Es zeigen sich am Embryo mit totaler Rhachischisis von entsprechender Länge dieselben meningealen Bilder an der ventralen Seite wie bei der Area med. vasc. Daß beim Zugrundegehen des nervösen Parenchyms das Bild von der Area med. vasc. beherrscht wird, entspricht der allgemeinen Tatsache, daß das Bindegewebe und die Gefäße eben nicht zurückgebildet werden wie das Nervengewebe. Das Persistieren embryonal multipotenten Bindegewebes unter anderem auch eines solchen mit starker Gefäßuntermischung kennen wir sowohl aus den Dysrhaphien (s. unten) wie insbesondere aus den Fällen dysrhaphischen Balkenmangels. Das dorsal gelegene Diencephalon ist entsprechend am stärksten gefährdet.

Die große Zahl von Veröffentlichungen, in denen mit nur geringeren Abweichungen das wesentliche Geschehen immer wieder dargestellt wird, unterliegt verschiedenen Deutungen. Ein wichtiger Grund ist der Versuch, das anatomische Substrat für die Lebensäußerungen derartiger Früchte ohne Großhirn in pathophysiologischen Gründen zu suchen.

Das Fehlen des Gehirns kann

1. lediglich eine auf den Kopf beschränkte Teilform der kompletten Rhachischisis sein oder

2. eine Hypoplasie des bereits angelegten Neuralrohrs mit mehr oder minder vollständigem Schluß und entsprechender Rückresorption des hypoplastischen Materials oder

3. eine Entwicklungshemmung bei primär amniogener Ursache oder extraamnialer Entwicklung des Schädels.

Für diese Formen gilt das unter den amnionbedingten Verbildungen Gesagte (s. oben).

2. Anencephalie.

Bei der totalen Akranie und Anencephalie ist sowohl das rostrale Ende des Kopforganisators mit dem Akrencephalon wie der anschließende Abschnitt mit dem Chordencephalon betroffen.

Bei der Großhirnlosigkeit auf dem Boden der Rhachischisis ist das Kopfskelet mit den entsprechenden Veränderungen (s. oben S. 381) erhalten. Ebenso finden wir, sofern nicht eine Differenzierung vollkommen ausgeblieben ist, das Nervensystem entsprechend dem Rinnenstadium mit einer Grundplatte bis in das Gebiet der rostralen Chorda und mit einem entsprechenden Grundplattengebiet. Das Flügelplattengebiet ist meist reduziert. Bei gut erhaltenen Embryonen kann man gewissermaßen die HISschen Platten verfolgen, dann liegt nämlich hinter dem embryonalen Boden- und Grundplattengebiet noch das Flügel-plattengebiet in Gestalt eines Wulstes, der oft an das Diencephalon erinnert. Bei etwas älteren Embryonen jedoch setzen bereits die Rückbildungsvorgänge in erheblichem Maße ein, so daß wir bei Feten vom 7. Monat ab nur noch die Area medullo- oder cerebrovasc. antreffen.

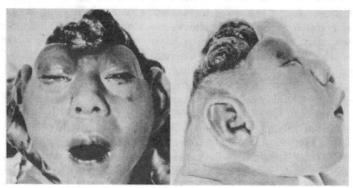

Abb. 11 a.

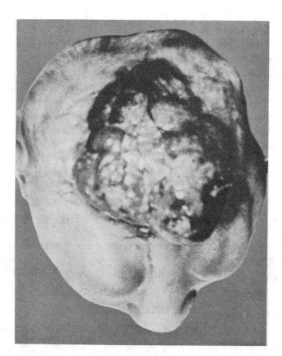

Abb. 11 b.

Ist jedoch das Neuralrohr primär geschlossen, dann ist das Skeletsystem für gewöhnlich intakt, allerdings können auch Störungen im sekundären Schluß angetroffen werden.

Sieht man von den auf dem Boden einer Craniorhachischisis entstandenen Anencephalien ab, bei denen die seitlichen und dorsalen Knochen des Craniums nicht angelegt sind, dann bleibt die große Zahl der Fälle übrig, bei denen ein völlig geschlossenes und wohl differenziertes Achsenskelet bis zur Schädelbasis oder noch bis zu deren Anfangsteilen vorliegt, während der Schädel völlig offenbleibt. Hier haben wir es mit derjenigen Form der Anencephalie zu tun, bei der es sich um Entwicklungsstörungen und Rückresorption eines differenzierten, auf jeden Fall schon geschlossenen Gehirns handelt.

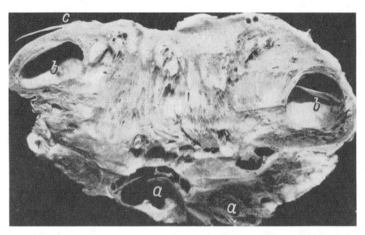

Abb. 11 c.

Abb. 11a—c. Anencephalie, Neugeborener mit etwa 3tägigem Überleben. Keine Anlage des Schädeldaches; auf der verkleinerten Schädelbasis sitzt die sog. Area med. vasculosa. Abb. 11 c Durchschnitt durch dieselbe: Derbe Bindegewebszüge durchziehen die Hirnanlage. An der Basis amnionähnliche Gefäßbildungen (a), bei b Hohlraum mit Ependym ausgekleidet, bei c Übergang in das Epithel der Haut.

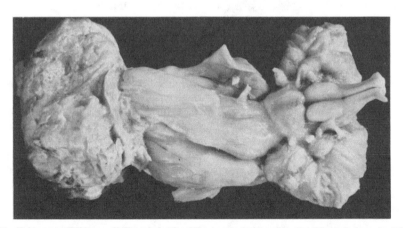

Abb. 12. Gehirnmangelbildung mit Encephalocele. Hirnstamm, insbesondere das Diencephalon schmächtiger als normal. In der Medulla fehlen die Pyramiden bei stark entwickelten Oliven; Hirnnerven XII bis VI vorhanden. Pons im ganzen verkleinert. Brachia conjunctiva ad cerebellum vorhanden. Cerebellum kleiner als normal. Mittelhirn ungeheuer in die Länge gezogen ohne Grenze zum Diencephalon. Hirnschenkel fehlen. Zwischen- und Endhirnderivate nicht sicher zu eruieren. Die Blase besteht aus Hirnrinde mit Resten des Plexus. Wahrscheinlich röntgenogene Mikrocephalie mit frontaler Encephalocele; 56 Tage gelebt. (Originalaufnahme von WILLI nach einem Sektionsbefund von TÖNDURY.)

Aufschluß darüber gab unser eigenes Material, das ich aus den angegebenen Gründen leider nicht wiedergeben kann. Wir finden aber eine exakte Stützung für diese Annahme aus TÖNDURYs Institut von I. M. BIVETTI (1954). So zeigt der Embryo seiner Abb. 12 von 21 mm SSL das prolabierte Großhirn, das dem Prolaps entsprechend auf der Höhe der Scheitelblase und der Nackenbeuge

Veränderungen zeigt. Diese Bilder gestatten uns einen Rückschluß auf das Geschehen bei der Anencpehalie und erklären uns auch die intakten Verhältnisse des Schädelskelets, das zu dieser Zeit bereits angelegt war. Bivettis Embryonen 303, 30 mm SSL, 303a 25 mm SSL und 303b von 25 mm SSL geben überaus instruktive Bilder. Der letztgenannte zeigt uns außerdem die schwere Störung im Gebiet des Neurocraniums, nämlich die einfache Balkenform des Hirnrohrrestes, dessen frontaler Fortsatz schon weitgehend durch Mesenchym ersetzt erscheint. Die Arbeit Bivetti basiert auf der Untersuchung von 6 Keimlingen, denen allen gemeinsam ein Defekt in der Anlage der noch rein bindegewebigen Schädelkalotte war, durch den der Gehirnteil prolabierte. Von den Beobachtungen Bivettis hatten 3 Keimlinge den Defekt im Bereiche der Scheitelbeuge. Hier waren Teile des Mes- und Diencephalons prolabiert; bei den übrigen lag der Defekt in der Stirnregion.

Abb. 13. Exencephalie; auf der verkleinerten Schädelbasis sitzt ein rudimentäres Gehirn, Fehlen des Riechhirns, doppelseitige schräge Gesichtsspalte, gedoppelte blind endende Nase.

Bei diesen Hirnlosen sind nicht selten die Knochenanlagen des Neurocraniums vorhanden. Zu dieser Gruppe von Anlagestörungen gehört auch die Exencephalie (s. Abb. 13), bei der an der Schädelbasis nur gewisse Althirnanteile gefunden werden, während das übrige Gehirn oberhalb, in einer mehr bindegewebigen Kapsel liegt. Diese Verbildung wird leicht zu Rückresorptionsvorgängen Anlaß geben können.

Weiter gehört hierher ein Neugeborenes von Willi (1952), dem wir die Abb. 12 verdanken. Von der Basis gesehen sind Oblongata, Brücke und Kleinhirn offensichtlich altersgemäß ausgebildet, wenn auch kleiner als die Norm entspricht, während das Mittelhirn wie ein Stiel in die Länge gezogen ist und ohne Grenze in das Zwischenhirnrudiment übergeht. Die dorsal gelegene Blase besteht aus Hirnrinde mit Plexusanteil. Die Encephalocele im Stirnbereich war vereitert und enthielt mit Sicherheit Rindenanteile. Obwohl unter dem Gesichtspunkt der Neurologie des Neugeborenen untersucht, ist die Beschreibung Willis außerordentlich lehrreich. Insbesondere ist es auch von Interesse, daß die Hirnnerven VI—XII ordnungsgemäß angelegt sind, ebenso der V. Hirnnerv an normaler Stelle austritt.

Derartige Fälle sind geeignet, die Übergänge gewisser Hirnreste bei der Anencephalie zu den Hirnrudimenten der Cyclopiegruppe zu erklären. Die Frage, weshalb Augen und Nase bei der Anencephalie gebildet sind, muß in dem Sinne beantwortet werden, daß auch aus dem nicht geschlossenen Neuralrohr an der rostralen Basis des 3. Ventrikels ein Opticus ausstrahlen kann und eine Augenanlage entsteht, während das übrige Gesichtsskelet auf dem Wege der Selbstdifferenzierung sich weiter entwickelt, sofern nicht der formende Einfluß des Craniums auf die Gestaltung des Gesichtsschädels entfällt. Andererseits sind mangelnde Differenzierung entsprechender Hirnteile und Entwicklungsstörungen des Zwischenkiefers als koordiniert aufzufassen. Da für die Entstehung einzelner Verbildungen nur eine zeitlich sehr schmale phasenspezifische Empfindlichkeit anzusetzen ist, während für andere eine breitere Terminationsperiode anerkannt werden muß, erklärt sich das isolierte Befallensein einzelner Systeme bei Intaktbleiben oder regelrechter eunomischer Entwicklung der übrigen. Wir müssen auch unterscheiden zwischen einer Insuffizienz, d. h. einer Schädigung der „funktionellen Induktionskraft" mit Mißbildungen der induktionsabhängigen Organe ohne Mitbeteiligung der Organbildungen des induzierenden Blastems und einer Schädigung des induzierenden Blastems mit Fehlbildung des Blastems selbst und einer dadurch bedingten sekundären Induktionsschwäche, also koordinierten Mißbildung. Sorgfältige embryonale Beobachtungen benötigen wir weiterhin, da schon mit dem Eintritt ins extrauterine Dasein, weitaus häufiger jedoch schon während der Schwangerschaft, die Rückresorption einsetzt.

So vertritt PEKELSKY (1921), ähnlich wie es später MARBURG (1943) getan hat, die Auffassung eines reinen intrauterinen Prozesses bei der Entstehung der Anencephalie, indem er mit Recht betont, daß intrauterine Krankheitsprozesse sehr rasch und ohne Zerfallsresiduen ablaufen[1], während er andererseits aber die entzündlichen Veränderungen zeitlich nicht richtig determiniert und die Gefäßektasien als Hämorrhagien bezeichnet. Die Auffassung, daß die Anencephalie sich ausschließlich auf die vorderen Hirnabschnitte beschränkt und daß diese mangelnden Schlüsse „sich nach außen gelagert haben", wird durch die Arbeit von HUNTER (1934) bestätigt. Der 35 mm SSL lange Embryo zeigte im Mittelhirn eine tiefe v-förmige Furche, an deren Seiten „tumorartige" Gewebsmassen lagen, die mikroskopisch als Thalamus imponierten. An der Grenze zwischen Thalamus und exvertierten Hemisphären lagen vom Plexusgewebe gebildete Fransen. Die nicht geschlossenen Endhirnanteile hingen über die Augen herab und die Hirnlappen waren nicht vom Knochen bedeckt. Das Schädelmesoderm hatte keine Knochen gebildet, sondern unterlagerte die exvertierten Hemisphärenabschnitte, bei denen dementsprechend die Hemisphärenwand (Matrix) außen lag und die Rindenplatte nach innen unten. Augen, Ohren, Ganglion Gasseri, 4. Ventrikel, Rückenmark und Zentralkanal waren in Ordnung. Der Aquädukt mündete zwischen den Thalamusanteilen.

Wir haben hier also ein Stadium ohne Rückresorption vor uns, bei dem, bei mangelndem Schluß des Schädelskelets, die das Großhirn bildenden Flügelplattenanteile extravertiert waren. Es handelt sich hier um einen wesentlichen Schlüsselfall, der die Verhältnisse genau so wiedergibt, wie wir es in den experimentellen Untersuchungen KAVENs sahen. Außerordentlich aufschlußreich sind Fälle wie die von DE VRIES (1927), der bei einem etwa 3 Monate alten Embryo das erhaltene End- und Zwischenhirn feststellen konnte, während Mittel- und Rautenhirn fehlten. Wären nicht in den fehlenden Bereichen die motorischen Nerven voll entwickelt, so würde man eine Mangelbildung des Chordencephalons (Deuteroencephalons im Sinne LEHMANNs) annehmen müssen. Hals- und Brustmark waren dagegen ebensowenig wie deren motorische Wurzeln zu finden. Im Lumbosacralbereich wurden in einem Meningealsack Reste des Rückenmarks gefunden, wobei die Wurzeln fehlten, so daß auch in diesen Partien eine normale Anlage des Rückenmarks nicht möglich gewesen sein kann.

Die Auffassung, daß die Anencephalie das Resultat einer prozeßhaften Rückbildung eines angelegten Hirnes sei, vertreten auch ANDRÉ und THOMAS (1950) in einer ausgezeichneten Studie. Alle diese Untersuchungen berechtigen zu der Unterscheidung des Hirnmangels bei der Rhachischisis (als Schlußstörung) gegenüber den übrigen Anencephalien. Allerdings wird die Terminationsperiode für diese Fälle gewöhnlich zu spät angegeben. Denn das Hirn formt den Schädel. Außerdem ist es eine auffällige Tatsache, daß bei diesen Anencephalien meistenteils nur das prächordale Nervensystem, d. h. das gesamte Flügelplattengebiet, befallen ist. Ein Bodenplattengebiet finden wir noch im Mittelhirn. Es induziert noch frühzeitig Grundplatten, die bis in das Gebiet der Corpora mamillaria

---

[1] In seiner Arbeit über ein $3^1/_2$ Monate altes Kind mit totaler Erweichung beider Großhirnhemisphären hat A. JAKOB (bereits 1931) eine scharfe Trennung der „Kinder ohne Großhirn" gegenüber den Anencephalen verlangt. Er konnte in seinem Falle noch nachweisen, daß das Gehirn völlig angelegt, aber prozeßhaft reduziert war, wobei die Deutung des sehr reichlich gefundenen Mesenchyms interessant ist. Da das fetale Nervengewebe restlos resorbiert werden kann, bleibt das Mesenchym übrig; dieses kann im Sinne einer Vakatwucherung proliferieren.

gehen, diese wiederum frühzeitig die basalen Flügelplatten des Zwischenhirns. Dorsales Zwischenhirngebiet und die Großhirnhemisphären entstehen erst sehr viel später.

Die Auffassung von der *Reduktion* des Nervensystems bei der Anencephalie vertritt nachdrücklich unter Erörterung aller Gründe und eventuellen Einwände Warren (1951), indem er unter ausdrücklicher Würdigung des amerikanischen Schrifttums die Verhältnisse der Schädelknochen erörtert. In 4 seiner Fälle war eine Medullarplatte der hinteren Schädelgrube, jedoch segmental undifferenziert, vorhanden.

Während wir nach diesen Beobachtungen die Genese der reinen Anencephalie noch andeutungsweise erkennen können, müssen wir auf die Wiedergabe anderer Beobachtungen verzichten, teils weil die Beschreibung bereits in einer Deutung untergeht [1], unter denen als Ursache „recessiv erbliches Phänomen", „Keimvergiftung", „amniotische Verbildungen" usw. dominieren, teilweise auch, weil die wirklichen Beobachtungen unzureichend sind, oder weil die Deutung durch die Wiedergabe nur noch historisch zu bewertender Erklärungen versucht wird.

Körperschäden und Verbildungen des Gehirns werden vielfach auf dieselbe Keimzellschädigung zurückgeführt, und die Veränderungen bezüglich Fehlens der Schädelknochen gewissermaßen als Ausdruck eines polyvalenten Gens angesehen. Eine Reihe von einzelnen Daten für die Ursachen der Anencephalie sind oben S. 351 und 394 wiedergegeben. Mit Sicherheit sind damit *nicht* alle Möglichkeiten der Ursachen wie z. B. die Frage der Rückresorption erfaßt. Je intensiver der Untersucher in die Genese der Anencephalie eindringt, um so mehr wird er die Vielheit der Ursachen und des morphologischen Aufbaues erkennen. Daß große Ähnlichkeiten, ja oft photographische Gleichheiten beobachtet werden, hat seinen Grund in der Zeit des Befallenseins, d. h. der entsprechenden teratogenetischen Terminationsperiode, dem Ablauf im Sinne eines bestimmten Musters, der Tendenz zur Organreifung einer Verbildung und schließlich in der sekundären Degeneration von Fasern, deren Zentralanteile betroffen sind. Andererseits sind die gefundenen Differenzen ein Grund, Einzelbeobachtungen überzubewerten. Grundsätzlich falsch ist es aber, aus vorhandenen Entzündungen, ja sogar eitrigen Entzündungen eine Ursache oder Teilursache für den Anencephalus herzuleiten.

Wir müssen zwar grundsätzlich zwischen der *Anencephalie* als Ausdruck eines Teilsymptoms der Craniorhachischisis und der *Anencephalie* als hypoplastische Anlage mit Rückresorption unterscheiden, doch stimmt bei beiden Formen das, was als Hirnrest bei der Schädelbasis verbleibt, weitgehend überein. Bei der Holoacranie (Ernst) ist nur das Os tribasilare vorhanden, die Occipitalschuppe fehlt, so daß kein Foramen occipitale gebildet werden kann. Der Hirnrest der Area cerebro-vasculosa liegt auf der rudimentären Schädelbasis. Sie besteht im wesentlichen aus Gefäßen und Nervensubstanz, enthält oft epithelausgekleidete Hohlräume. In der Nervensubstanz finden sich selten Nervenzellen, sondern fast nur gliöse Elemente. Eine Ausdifferenzierung zum Ependym findet sich meist nur in der medianen Rinne; die seitlichen Hohlräume enthalten Plexusteile (Abb. 11 c).

Das median gelegene Ependym bildet häufig weitverzweigte Schläuche, deren Zellen auch an die des primären Medullarrohrs erinnern können. Das oft überschießende Wachstum des Ependyms am Ende des epichordalen Neuralrohrs erinnert an die Ependymome des 4. Ventrikels; dies dürfte aus einer primitiven Induktion infolge der reichen Gefäßversorgung zu erklären sein. Denn ähnlich wie

---

[1] So glaubt z. B. Hansen (1937), als Ursache der Anencephalie die alte Theorie Hannovers (1882) von der Überproduktion des Liquors, die dann zu einer Deformierung des Schädels und der Wirbelsäule führe, vertreten zu können.

in Ependymomen werden zentralkanalähnliche Formationen gebildet, wobei die Fasern dieser Zellen an Gefäßen mit Gliafüßen ansetzen. Häufig werden die bei der Anencephalie gebildeten Buckel und Hügel, zumal wenn sie in der Mitte durch das Ependym getrennt sind, von den Autoren mit der Vorderhirnblase identifiziert. Dies trifft nicht zu. Hiervon würde man nur sprechen können, wenn wirklich der Nachweis entsprechend differenzierter Zellen gelingt. So verweist z. B. ERNST auf eine Beobachtung VERAGUTHs, der rindenähnliche Formationen bzw. solche der Basalganglien nachweisen konnte.

Die Hoffnung ERNSTs, eine lückenlose Reihe verschiedener Entwicklungsstufen je nach der Differenzierungsreife aufstellen zu können, wird sich kaum erfüllen lassen. Daher sind für diese Untersuchungen *die* embryologischen Befunde maßgeblich, in denen wir die Anfänge der schließlich zur Anencephalie führenden Prozesse, d. h. mangelnde Anlage, oder nicht die Entwicklung überdauernde Fehlbildungen übersehen können. Die Frage der Rückbildung des unzureichend angelegten Gewebes ergibt auch die Diskrepanz zwischen dem Zustand des Schädels und dem des Hirnrestes.

Kommt es doch — wie schon ERNST hervorhebt — in dem Falle ARNOLDs zu einem Überzug dieser Hirnreste mit Plattenepithel von dem Integument aus. Auch in einer Anzahl der VERAGUTHschen Fälle war der Hirnrest von äußerer Haut überzogen, die im Leben zunächst als Pia angesehen wurde. Diesen Befund konnten wir in 9 unserer Fälle mit Craniorhachischisis ebenfalls erheben. Diese Überhäutung dürfte als eine sekundäre anzusprechen sein. VERAGUTHs Darlegungen über Labilität der Gefäße der Area cerebro-vasculosa treffen auch heute noch zu. Dagegen ist in der Gefäßanlage selbst nicht etwas Pathologisches zu sehen, da sie der embryonalen mesenchymalen Gefäßanlage entspricht.

Merokranie, d. h. Teilschädelbildung nennt ERNST diejenigen Schädelhypoplasien, bei denen wenigstens der rostrale Teil der Occipitalschuppe angelegt und dementsprechend eine hintere, allerdings offene Schädelgrube gebildet war. In diesen häufigsten Fällen ist das Rautenhirn, oft auch das Kleinhirn, ausgebildet; letzteres jedoch meistenteils unvollständig bei erhaltenem Mittelhirn mit einem Schluß am rostralen Ende, während der Rest ein verkümmertes gespaltenes Organ darstellt, in dem der stark ausgebildete und hypervascularisierte Plexus auffällt. Das Mesencephalon ist mehr oder minder deutlich erhalten, meistenteils geht es rostralwärts mit unregelmäßigen Gewebsfetzen in die Area cerebro-vasculosa über; mitunter sind Thalamusanteile beschrieben. Der *Reifegrad des Kleinhirns* wechselt. Nicht geklärt sind die bandförmigen Streifen, die in einem Falle ZINGERLEs aus der Area cerebro-vasculosa in die Brücke übergingen, die als Hirnstiele angesprochen wurden. Dies würde bedeuten, daß eine wesentlich reifere Großhirnanlage vorhanden gewesen sein müßte, als nach den Resten anzunehmen wäre. Je nachdem, ob sich das Neuralrohr bis zum Mittelhirn geschlossen hat, sind die Vierhügel entwickelt oder fehlen. Die eigentlichen Hirnnerven (III—XII) sind meist erhalten (je nach Entwicklung des Hirnrestes V—XII oder VI—XII). Häufig sind die Optici vorhanden, die oft nach kurzer Strecke blind enden. Auch die übrigen Hirnnerven können blind in der Area cerebro-vasculosa enden. Das Ganglion Gasseri ist ausgebildet, wobei die Optici oft mit der Dura fest verwachsen sind, während sich die übrigen Hirnnerven und das Periost der Schädelbasis anheften (ERNST). Auch Kopf- und Halssympathicus konnten, wie auch in eigenen Fällen, nachgewiesen werden. Erstaunlicherweise sind die Nerven, deren Ursprungskerne später nicht mehr nachgewiesen werden konnten, vielfach auch mit Markscheiden umgeben. Was die Sinnesorgane anbelangt, so ist das Auge vollständig vorhanden, entwickelt sich auch autonom zu einer entsprechenden Größe bei hinreichender Gefäßversorgung, wodurch auch das

Hervortreten aus den relativ kleinen Augenhöhlen bedingt ist. Während die Netzhaut mit dem Sehepithel, Stäbchen und Zapfen vorhanden ist, fehlen meist Nervenfasern und Ganglienzellschicht. In einem seiner Fälle glaubt Veraguth, Neuroblasten nachgewiesen zu haben.

Von den neueren Untersuchungen sei der Fall von Willi (1953) — klinisch untersucht mit Monnier — eines meso-rhombo-encephalen Wesens erwähnt.

„Die mikroskopische Untersuchung zeigte, daß der Integrationsapparat aus den phylogenetisch ältesten Systemen des Hirnstamms und des Rückenmarks besteht: Tegmentum pontis, Formatio reticularis medullae oblongatae mit ihren reticulo-spinalen Bahnen, Processus reticulares und Fasciculi proprii. Diese Systeme bilden die gemeinsame efferente Bahn des extrapyramidalen Systems. Gut myelinisiert sind die primären und sekundären afferenten Systeme (dorsale Rückenmarkswurzeln, Hinterstränge und Vorderstränge), sowie die ventralen Wurzeln des Rückenmarks und die Kranialnerven V—XII. Das vestibuläre System mit den entsprechenden vestibulo-reticulären und vestibulo-spinalen Bündeln ist funktionsfähig, dagegen nicht das akustische System."

In früheren Untersuchungen derselben Autoren an 4 Rautenhirnwesen fehlten Vorderhirn, Mittelhirn und rostrales Rautenhirn mit Brücke und Kleinhirn, bei gut entwickelter Formatio reticularis; Ponskerne und Pyramidenbahnen fehlten, ebenfalls die dorsalen Wurzeln V, VIII, IX, X; Spinalnerven waren gut entwickelt, auch die ventralen Wurzeln VI, VII, IX, X, XI, XII. Die spinoreticulären Vorderstrangbündel waren gut myelinisiert und werden von den Verfassern als überdimensional angegeben, während die absteigenden Reticulo- und Vestibulo-Spinalbündel, ferner der Eigenapparat des Rückenmarks und der Processus reticularis der Norm entsprachen.

Abnorme Wachstumsvorgänge im Gebiete der Rautengrube führten nach Gysi (1936) zu einer Verlagerung der Fasersysteme und der Kerne in diesem Gebiet. So findet sich im Anschluß an die Vierhügelplatte ein zusätzlicher Hügel mit akzessorischem Kern in Verbindung mit den Fasern des Trapezkörpers und der Acusticuskerne. Dieser akzessorische Kern lag in einem tiefen Spalt des Kleinhirnwurmes. Verfasser betonen den harmonischen Aufbau auch der Verbildungen. Die Auffassung Környeys (1928), der in einer sehr lesenswerten Arbeit die Anencephalen als kleinhirnlose Brückenwesen bezeichnet, trifft mit Sicherheit nicht für alle Fälle zu, da sonst wohl angelegte Kleinhirnrudimente häufiger gefunden würden.

Ossenkopp (1932) hat den Fall Trömners (klinische Beschreibung) bezüglich des Zentralnervensystems untersucht; nachdem er die im einzelnen nicht von den gewohnten Befunden abweichenden Daten erhoben hat, kommt er zu folgendem Schluß:

„Der vorliegende Zustand ist das Ergebnis einer Entwicklungshemmung, und zwar einer Störung des normalen Schlusses des Medullarrohres im Bereich des Hirnteiles der Medullarplatte. Im allgemeinen ist durch das Aufeinanderfolgen bzw. Ineinandergreifen normaler Entwicklungsvorgänge und regressiver Vorgänge das ursprüngliche Verhalten stark verwischt worden. Im Gebiet des Hinterhirns sehen wir aber den ursprünglichen Zusammenhang erhalten in Form der sicherlich präformierten Kommunikation des Kanalsystems des Neuralrohres mit der Körperoberfläche. Das Neuralgewebe, das hier auf weite Strecken diese Spalträume bekleidet, dokumentiert sich einwandfrei wenigstens an diesen Stellen als eine echte Gewebsmißbildung, es stellt das Gewebe dar, zu dem sich die entwicklungsgestörte Medullarplatte unter solchen Verhältnissen primär differenziert; es liegt gar kein Grund zu der Annahme vor, daß es sich hier um ein ursprünglich — etwa zu einer echten embryonalen Hirnrinde — differenziertes und später sekundär irgendwie grundlegend verändertes Gewebe handeln könnte."[1]

„Nach den wenigen bisher vorliegenden Befunden auch bei menschlichen Embryonen hat es den Anschein, als sei die Gegend des Mittel- und Rautenhirns eine besondere Prädilektionsstelle für Störungen des Neuralrohrschlusses. Es können anscheinend dabei also sehr wohl die kranial davon gelegenen Teile sich zunächst regelrecht anlegen. An den mehr oder minder

---

[1] Hier siehe auch eine Würdigung der älteren Literatur.

ausgereiften Monstren, die wir später untersuchen können, sind aber durch sekundäre Prozesse die Verhältnisse so verändert, daß sich nur in den seltensten Fällen über das ursprüngliche Verhalten etwas mutmaßen läßt. Zu der Annahme einer Verschlußstörung im Hinterhirngebiet stimmen nun auch Befunde im vorliegenden wie in vielen anderen Fällen sehr wohl: Stets beginnt das Gewebe der Oblongata zuerst in ihrer Dorsalregion abnorm zu werden: dort treten die ersten Brocken fehldifferenzierter Neuralsubstanz auf oder finden sich große von Plexuszotten erfüllte Hohlräume. Ja sogar im Rückenmark finden wir die regellos zerstreuten Ependymzellenhaufen überwiegend dorsal vom Zentralkanal. Hierauf ist wohl auch die Tatsache zurückzuführen, daß in der überwiegenden Mehrzahl der Fälle sich keine Spur eines Kleinhirns findet und die Flügelplatten keine höher differenzierten Zellen enthalten. Allerdings ist auch hier kaum je mit Sicherheit zu entscheiden, was einmal angelegt gewesen sein könnte, wie bezüglich des Kleinhirns Schürhoffs Fall 8 und 9 und der Fall Pfeiffers lehren.

Von den 4 Wänden also, die das embryonale Nervenrohr bilden, finden wir bei der häufigsten Form der Anencephalie, bei der nur das verlängerte Mark differenziert ist, allein die basale, die „Grundplatte", die später den eigentlichen Oblongatakörper bildet, normal ausdifferenziert. Daß die davorgelegenen Teile ebenfalls angelegt gewesen sein müssen, ist ja schon lang aus dem Vorhandensein der übrigen Hirnnerven gefolgert worden.

Nach den im vorliegenden Fall beschriebenen Verhältnissen läßt sich der weitere Verlauf, wenigstens wie er sich im mesorhombencephalen Bereich der Verschlußstörung abspielen muß, folgendermaßen rekonstruieren: Der nunmehr regellos weiterwachsende übrige Teil der Medullarplatte — Deck- und Seitenplatten — faltet sich zu komplizierten Falten-, Spalten- und wohl auch Rohrbildungen, innerhalb deren das Ependymepithel an den verschiedensten Stellen selbständig weiterwuchern kann, unter anderem zu plexusartigen Gebilden.

In weiteren Bereichen differenziert sich jedoch das die Spalträume auskleidende Medullarplatten-Epithel zu der spezifischen Gewebsfehlbildung weiter, die sich meist noch bei der Geburt so weitverbreitet vorfindet, dem Neuralgewebe. An der freien Oberfläche bildet sich ein Deckepithel, dessen Herkunft nachträglich schwer zu bestimmen ist; es könnte sich Epidermis von der Seite her über die Substantia cerebro-vasculosa geschoben haben (Környey) es könnte sich aber auch um ein primäres Differenzierungsprodukt des Medullarepithels handeln (v. Monakow). An der Stelle, wo das Neuralgewebe in jenes Deckepithel übergeht, erinnert es noch an Zylinderepithel, im übrigen zeigt es der Spongioblastenreihe zugehörige oder ähnliche und höchst indifferente Zellen, vielfach nähert es sich sehr einer ausgereiften Glia. Auf ähnliches Verhalten des teratomatösen Zentralnervengewebes wurde bereits hingewiesen, hier sei nur noch betont die verblüffende Ähnlichkeit, die an vielen Stellen dieses fehldifferenzierte Gewebe mit echtem Blastomgewebe zeigt. Zumal an bestimmte polymorphe Spongioblastome Bailey und Cushing) erinnert es stellenweise lebhaft."

Unzutreffend ist allerdings die Auffassung von Ossenkopp, daß das Nervensystem bis zum 4. Monat völlig gefäßlos wäre.

Von den neueren Untersuchungen seien die 1934 von Verhaart berichteten 5 Fälle erwähnt, die zu folgender Schlußfolgerung des Verfassers führen:

„Die meisten Fälle von Anencephalie sind es sensu strictori nicht, weil das Zentralnervensystem kranial bis zum Übergang des Pons in das Mittelhirn vorhanden ist. Die Organe, die vorhanden sind, funktionieren während der ersten Stunden post partum meistens gut. Es besteht mimische Motilität, wenn die Nn. VII vorhanden sind, Reaktion auf Schmerz, wenn Nn. V bestehen. Wenn ein Anencephalus 1 Woche oder länger lebt, hat er eine vollständige Medulla oblongata mit Tegmentum pontis. Die Ursache der Anencephalie ist nicht anzugeben, weil sie wie die Syringomyelie keine einheitliche Krankheit ist."

In der Beobachtung von Schenk (1933) — 5 Monate alte Mißgeburt —, auf die wir unten anläßlich Besprechung der Verdopplung des Rückenmarks zurückkommen, ist die restliche Hirnrinde weitgehend differenziert, und zwar gerade in der Umgebung des Infundibulums. Haut, Plexus chorioideus, Hirnrinde gehen laufend ineinander über. Erkennbar ist die Fasc. dentata, die Pyramiden, die Ammonshornformation und der Gyrus hippocampi. Auf einer Abbildung, wahrscheinlich der Praesubiculum-Gegend, sind die prall gefüllten ektatischen Gefäße deutlich. Die Arbeit, die sich vorwiegend mit der Verdopplung befaßt, ist bezüglich der Hirnreste außerordentlich wichtig. Schenk beschrieb weiterhin 1932 eine Meroencephalie mit Erhaltensein der Hirnnerven V—XII, ferner Oblongata. Es fehlten die Ganglienzellen im Auge und fanden sich geringfügige Abweichungen am Hör- und Gleichgewichtsorgan. Die, während des 8 Tage langen Lebens, erhobenen

Befunde heben besonders den Mangel der Regulation der Körpertemperatur, die zwischen 34 und 41⁰ schwankte, hervor.

A. Mellentin (1948) berichtet über einen 40 cm langen Anencephalus, der 7 Std 41 min gelebt hat und während seines Lebens Reflexbewegungen sowie ein Hampelmannphänomen bei Berührung der Area vasculosa zeigte.

„Bei der Körpersektion fanden sich nur ein Septumdefekt des Herzens und sehr kleine Nebennieren. Die mikroskopische Untersuchung der Area vasculosa und des Nervensystems ergab ein gut entwickeltes Rückenmark und Medulla oblongata, ohne Pyramiden- und Kleinhirnseitenstrangbahnen. Es sind die Kerngebiete VII, VIII, IX, X, XI, XII, die Nn. facialis, acusticus, glossopharyngeus, accessorius und hypoglossus, sowie der sensible Anteil des N. trigeminus vorhanden. Die auf der Schädelbasis liegende, zunächst wie Großhirnbläschen anmutende Area cerebro-vasculosa, die aus gliotischem Gewebe mit Ependymzellen, gewuchertem Plexusgewebe und starker Vascularisation besteht, verdichtet sich caudalwärts zu soliderem Nervengewebe, welches sich in der Höhe des Isthmus rhombencephali in den knöchernen Wirbelkanal einsenkt und erst in Höhe des sensiblen Trigeminuskerns in eine annähernd normal angelegte Medulla oblongata übergeht. Der Zentralkanal öffnet sich zur Rautengrube, die von rudimentären Kleinhirnwülsten begrenzt wird, aber nach kranial offen zur Körperoberfläche sich in eine mediane Rinne, die zwischen den beiden blutigen Bläschen der Area vasculosa sichtbar ist, übergeht. Der knöcherne Schädel zeigt nur die Basis und den Rest eines Os occipitale. Auffallend ist ein hohes Dorsum sellae und eine tiefe Hypophysengrube mit kleiner Hypophyse, die mikroskopisch unter anderem geschrumpfte Nervenzellen zeigt. Ein Infundibulum ist nicht vorhanden. Augenhöhlen sind ausgebildet, Augenanlage sowie Tractus opticus fehlen. — Die Nase zeigt eine oberflächliche Spaltbildung (die auch als Doggennase bezeichnet wird, Picker 1939), die Ethmoidalzellen waren jedoch regelrecht angelegt. Äußerer und innerer Gehörgang waren intakt. Das noch direkt chordal induzierte Grundplattengebiet, dessen Anlage frühzeitig abgeschlossen ist, bleibt erhalten, während das Flügelplattengebiet (zu dem fast das ganze prächordale Hirn gehört) schon im Gebiet des Rautenhirns unvollkommen angelegt und zurückgebildet ist."

Entsprechend der mangelhaften Anlage des Großhirns ist das Kleinhirn bei der Anencephalie entweder gar nicht oder nur rudimentär ausgebildet. Beginnt die Arrhaphie, d. h. das Rinnenstadium, bereits auf der Höhe des obersten Cervicalmarks oder der Oblongata, dann bleiben Nachhirn und Mittelhirn ebenfalls offen und als Kleinhirnanlage (s. Mellentin) finden sich lediglich Teile des Flocculus mit dem seitlich gelegenen Plexus. Häufig ist bei Arrhaphie im Gebiete des Schädels das Neuralrohr bis zum Mittelhirn hin geschlossen und erst rostralwärts vom Zwischenhirn an findet sich nur noch eine mehr oder minder gut erkennbare Hirnanlage. In diesen Fällen kann auch der rostrale Teil des Kleinhirns primitiv angelegt sein, gelegentlich finden sich auch Anlagen der Dachkerne; eine Anlage des Neocerebellums ist nie beobachtet worden. Für gewöhnlich sind bei den Anencephalien die basalen Teile, also nur das Boden- und Grundplattengebiet einigermaßen ausdifferenziert, während das Gebiet der Flügelplatten fehlt oder stark hypoplastisch ist.

Ernst (1909) gibt eine klassische Darstellung der ihm am wichtigsten erscheinenden Fälle mehr oder minder vollständiger Anencephalie, auf die wir verweisen können. In deskriptiver Hinsicht ist kaum etwas Neues hinzugekommen.

Das Hauptinteresse wandte sich den Anencephalen von klinischer Seite zu, um die Lebensäußerungen dieser Medulla- bzw. Mittelhirn- oder Hirnstammwesen zu erforschen. Ein längeres Leben war jedoch keinem dieser Früchte beschieden. Andere befaßten sich mit der Aufdeckung des Einflusses der übergeordneten Zentren auf die Entwicklung nachgeordneter Systeme.

Schließlich erfordert die Anencephalie eine Würdigung unter dem Gesichtspunkt der morphogenetischen Hemmung, des Schlusses des Neuralrohrs und schließlich unter dem Gesichtspunkt der gekoppelten Verbildungen also der Abhängigkeit dieser Entwicklungsstörungen von dem mangelnden Großhirn oder, was besonders im Mittelpunkt dieser Untersuchungen stand, der Hypophyse.

Anencephale Früchte, in ihrer mannigfachen Entwicklungsform, können zum Beweis für die Entwicklung der einzelnen Kerngebiete und deren Abhängigkeit voneinander herangezogen werden. So läßt die Entwicklung einer Anzahl von Kerngebieten in Oblongata und Pons gegebenenfalls Rückschlüsse darauf zu, was vorher vorhanden gewesen ist. Andererseits entwickeln sich aber auch bestimmte Kerngebiete wie z. B. das Corpus geniculatum weitaus rindenähnlich um, wenn die übergeordneten Zentren fehlen. Dies führte früher zu der Auffassung einzelner Mißbildungen gewissermaßen als Atavismen in der Phylogenese, während es sich effektiv um Verbildungen handelt, die nur deshalb eine gewisse Ähnlichkeit mit niederen Tieren haben, weil eben die Entwicklung höherer Zentren ausgeblieben ist. Wir können daran erkennen, welche enormen Massen einmal das Rhomb-encephalon gegenüber dem sich entwickelnden Zwischen- und Hemisphärenhirn auch in der menschlichen Entwicklung dargestellt hat.

Klinik und Lebensäußerungen der Anencephalen sind in einer Reihe recht guter Arbeiten besprochen. Von klassischer Bedeutung ist GAMPERs (1926)[1] Beschreibung eines Mittelhirnwesens, bei dem allerdings noch Zwischenhirnanteile vorhanden waren.

Neuere gleichwertige Untersuchungen stellen die bereits genannten Arbeiten von ANDRÉ-THOMAS (1950) und die Untersuchungen von MONNIER und WILLI (1953) — 4 neurologisch und morphologisch gut untersuchte Fälle — und WILLI (1953) dar.

Der von A. MELLENTIN (s. oben) beschriebene Fall hatte während der Lebensstunden nur ein beschränktes Maß von Körperfunktionen.

„Neurologisch wurden folgende Befunde erhoben: Saugreflex schwach, oraler Einstel-lungsreflex nicht nachweisbar. Kind schreit leise. — Grundhaltung: Arme und Beine werden leicht gebeugt ohne Spastik gehalten. Zeitweise strampelnde Spontanbewegungen, alter-nierendes Stoßen. Muskeltonus o. B. Kopf sinkt ohne Opisthotonus hintenüber. — Motilität: Keine Lähmungen nachweisbar. — Hautreflex: Sensibilität überall deutlich. Gallant stark vorhanden (auch von vorne her Lateralflexion des Rumpfes auslösbar). Stärkere Berührung löst überwiegend ein Hampelmannphänomen mit Erheben von Armen und Beinen aus. — Durch Volarreizung der Hände sind deutliche Greifbewegungen auslösbar. — Babinski und Plantarsehnenreflex sind nicht mit Sicherheit zu entscheiden. — Stützphänomen: deutlich vorhandenes Kriech-, schwaches Schreitphänomen — Lagereaktion: Zeitweise auf Kopf-drehung deutliche Fechterstellung mit Streckung des Kinnarmes. Ventroflexion des Kopfes ergibt schwaches zeitweises Beinstrecken, Dorsalflexion des Kopfes eindeutige Beugehaltung in Knie und Hüfte. — Halsstellreflex und Körperstellreflex vorhanden. Beim GAMPERschen Versuch kein Aufsetzen bei Druck auf den Oberschenkel. Patellarsehnenreflex und Achilles-sehnenreflex nicht auslösbar. — Vegetative Funktion: „ließ Wasser".

Die anatomische Untersuchung ergab rostralwärts des Rückenmarks ein durchweg schwer verbildetes Organ, in dem das rostralste Ende des Zentralnervensystems nur eine kümmer-liche Kleinhirnplatte und Teile des Mesencephalons zeigte.

Eine elektrische Reizung der vorhandenen Basalganglien wurde von GRINKER (1931) in einem Falle untersucht. Die Substanz, deren elektrische Reizung zu konstanten Bewegungen führte, wird als der Boden des Zwischenhirns angesprochen.

CATEL und KRAUSPE (1930) beschreiben die Labyrinthstellreflexe und den Muskeltonus (normal trotz Fehlen des Nucleus ruber). In dem Fall PEKELSKYs (1921) hat das Kind, obwohl die Oblongata zerstört war, $^1/_4$ Stunde lang nach der Geburt geatmet. Nach einer von PEKELSKY nach LEONOWA angeführten Beobachtung hat ein Anencephalus ohne Vaguszentrum geatmet, so daß anzunehmen sei, daß die Rückenmarkszentren, die noch erhaltenbleiben, wenigstens eine Zeitlang die Funktion der Atmung allein ermöglicht hätten. Verfasser nimmt an, daß derartige selbständige Funktionen dieser Zentren nur bei Läsionen, die frühzeitig in der Entwicklung zum Verlust der übergeordneten Zentren führen, möglich seien.

Ein weiteres Mittelhirnwesen lag der Untersuchung von GYSI (1936) zugrunde. Gut er-haltenes Rückenmark bis Mesencephalon, Kleinhirn mit einem kastanienartigen Endhirn-körper, der einen rudimentären Thalamus enthält. Untere Hauptoliven stark entwickelt, Pyramidenbahnen fehlen. Die Hauptcharakteristika waren relative Unempfindlichkeit gegen-über Morphin, Fehlen des Saugreflexes; sonst Reaktion eines normalen Säuglings.

---

[1] Das Mittelhirnwesen GAMPERs gilt (auch für WILLI) mit Recht als Standardfall.

a) Hirnnerven bei Gehirnmangel.

Eine größere Zahl von Arbeiten beschäftigt sich mit der Frage des *übrigen Nervensystems* bei der Anencephalie. Übereinstimmend fehlte regelmäßig mit dem Vorderhirn auch der Olfactorius, die Verhältnisse der Optici waren, je nach der Anlage des Diencephalon verschieden, während andere Fälle sich durch das Fehlen der beiden Hirnnerven I und II und der Augenmuskelnerven auszeichnen. Häufig ist auch der Ursprung von VII und VIII atypisch.

Wenn Shdanow (1930) zu dem Schluß kommt, daß „die Strukturen der Gehirnanlage" erst zu einer Zeit entstünden, in welcher die Kopfnerven bereits angelegt seien, so dürften seine verallgemeinernden Aussagen nicht haltbar sein. „Die einmal angelegte periphere Nervenfaser, wozu er auch die Hirnnerven rechnet, entwickle sich in gleichem Tempo weiter mit den Organen, selbst wenn die Verbindung mit der Ganglienleiste verloren sei." Er glaubt, zu dieser Auffassung dadurch berechtigt zu sein, daß sich unabhängig vom Zustand des Zentralnervensystems Regeneration und Entwicklungsprozesse abspielen. „Eine wichtige Korrelationsrolle im embryonal-dynamischen Prozeß käme deshalb dem *Zentralorgan* nicht zu."

Barbieri (1923) berichtet bei einem ausgetragenen anencephalen Kinde mit Area medullovasculosa über sehr kleine Augen, kleine Netzhaut, Fehlen des Sehnerven — während ein anderer Anencephalus normal große Augen und eine normale Netzhaut besaß. Die Sehnervenstümpfe endeten blind ohne Bildung einer Sehnervenkreuzung. Histologisch fehlten die Nervenfasern. Es war nur das bindegewebige Gerüst vorhanden. Der Autor glaubt, daß die Nervenstümpfe nur ein Leitgewebe für die Aufnahme der Nervenfasern darstellen. (Die Arbeit ist unter dem Gesichtspunkt, ob die Retina ein peripheres Nervenzentrum [Ganglion] sei, aus dem Nervenfasern ihren Ursprung nähmen, entstanden. Ostertag.)

Palich-Szántó (1923) hat 5 Anencephalien unter ophthalmologischen Gesichtspunkten untersucht. In der Retina fehlten die Ganglienzellen, im Sehnerv die Nervenfasern; die Glia war vermehrt. Cornea und Sclera unverändert, in der Uvea erweiterte Gefäße, die Conjunctiva zellreicher.

Über das *Gehörorgan* bei Anencephalie berichtet Turkewitsch (1932). Er sieht in 3 gut untersuchten Fällen das gesamte Organ als hypoplastisch im Vergleich zum gesunden Neugeborenen an. Eine Regelmäßigkeit der Veränderungen konnte nicht festgestellt werden. In demselben Sinne spricht die Untersuchung von Osawa (1933) (nur in deutscher Zusammenfassung zugänglich).

Die Angaben über die *Hirnnerven* bei der Anencephalie stimmen im allgemeinen überein. Je nach dem Hirnrest sind die Hirnnerven von V ab entwickelt, selten sind auch III und IV vorhanden. Eingehende Arbeiten liegen vor von Zdanov (1930), von Shinozaki (1928). Nach diesen zeigten sich alle Hirnnerven — Olfactorius, Trochlearis, Acusticus — in einem recht dürftigen Zustand. Bei einem 9 Monate alten Anencephalus von 20 cm Rumpflänge waren Gesichtsmißbildungen vorhanden; es fehlten nur Oculomotorii, Trochleares und Abducentes, während alle anderen normal vorhanden waren. Die Gefäßversorgung war bei dem 1. Fall eine durchaus unzureichende. Zdanov (1930) konnte auf Grund von Untersuchungen von 3 Feten zu dem Ergebnis kommen, daß die Hirnanlage erst „zerstört" wurde, wenn die Kopfnerven angelegt waren. Aus dieser Tatsache wird auf keinen primären Mangel, sondern auf einen sekundären Prozeß geschlossen. Die bereits angelegten peripheren Fasern entwickeln sich mit den Organen auch dann weiter, wenn die Verbindung mit der Ganglienzelle verloren sei. Die Rückbildung der Gehirnbläschen hätte nicht die der Kopfganglien zur Folge. Es wird deshalb dem Zentralnervensystem die Rolle eines wichtigen Korrelationsapparates im „embryonalen dynamischen Prozeß" abgesprochen. Zdanov verweist auch auf Untersuchungen bei vollkommener Amyelie mit gut ausgebildeten Spinal- und sympathischen Ganglien und hinteren Wurzeln.

Das Vorhandensein der Nerven bei Anencephalie hat eine verschiedene Deutung erfahren.

So Holmdahl (1952): „Wenn eine fertige totale Rhachischisis mit Amyelie und Anencephalie ein relativ wohl entwickeltes peripheres Nervensystem mit motorischen und sensiblen Nerven nebst Ganglien aufweist, ist dies dadurch verständlich, daß ein gut differenziertes zentrales Nervensystem früher vorhanden gewesen sein muß, aber sekundär untergegangen ist."

Den Fall Dodds (1937), den Giordano in anderer Weise deutet, hat auch Hallervorden in der Besprechung [Zbl. Neur. 86, 342 (1937)] dahin kommentiert, daß gerade die Ausbildung der Hirnnerven und der Schädelbasis beweise, daß das Gehirn bereits einen beträchtlichen Entwicklungsgrad erreicht haben muß, also erst nachträglich zugrunde gegangen sei, während Dodds als Ursache für die Anencephalie eine Störung in der Bildung des Vorderteiles der Neuralplatte ersähe [1].

Die Fasern der peripheren afferenten Nerven waren in der Beobachtung Sokolanskys (1921) hinsichtlich der Myelinisation weiter als die Fasern einer gleichaltrigen normalen Frucht. Im Embryonalleben habe das Nervensystem keinen trophischen Einfluß auf die Muskulatur. Auch geht die Markanbildung der afferenten peripheren Nerven ohne Einfluß des Rückenmarks vor sich.

1924 hat Staemmler unter kritischer Auswertung der Arbeiten von v. Monakow, Vera-guth u. a. in 2 Fällen von Anencephalie bzw. Cyclopie die Spinalganglien, sensible und moto-rische Nerven untersucht. Er konnte zwar auch motorische Nervi femorales nachweisen, ohne aber motorische Endplatten finden zu können. Er glaubt sich zu der Annahme berechtigt, daß die motorischen Fasern auch ohne Nervenzellen entstehen könnten, entgegen der all-gemeinen Auffassung, daß gerade die Anlage motorischer Fasern ein Beweis für die minde-stens einmal vorhanden gewesenen motorischen Nervenfasern im Rückenmark anzu-sprechen wäre.

b) Skeletverhältnisse bei Hirnmangel.

Die Skeletverhältnisse bei der Craniorhachischisis haben schon bei Ernst eine zusammenfassende Darstellung erfahren. In einzelnen Fällen, wie z. B. dem Lückes (1937), fehlt ein ganzer Abschnitt der Wirbelsäule, und zwar derjenige, der am frühesten zur Differenzierung ansteht, ebensowenig konnten in diesem Gebiet — in dem mir persönlich bekannten Falle — Rückenmarksreste ge-funden werden. In den meisten Fällen ist das Achsenskelet angelegt.

Bei dorsoventraler Spaltung der Wirbel als Rhachischisis ventralis oder Rhachischisis totalis finden sich häufig zwei Chordaanlagen (s. unten bei Dia-stematomyelie). Sonst bilden sich unvollständige Wirbel, Keilwirbel, d. h. also es können bei dieser Verbildung alle Formen der Wirbelverbildungen von der einfachen Platyrhachischisis bis zur Differenzierung einzelner Wirbel mit man-gelndem Bogenschluß gefunden werden.

Schädel. Was den Schädel anbelangt, so liegen einzelne gute neuere Beob-achtungen vor, besonders sei auf die Arbeit Deppes (1934) verwiesen, der eine Anzahl „anencephaler" Feten präpariert hat. Untersuchungen, wie die seinen, sollten gerade unter modernen Gesichtspunkten wiederholt werden, zumal sie geeignet erscheinen, auch am menschlichen Material Klarheit über die Beteiligung der Ganglienleiste am Visceralskelet des Kopfes zu erhalten. Das Wesentliche bei der Craniorhachischisis ist nach Deppe nicht nur die Reduktion und die mangelnde Differenzierung des Achsenskelets, sondern auch die fehlende Aufteilung und die Verbildung der Wirbelkörper, in der fast niemals vermißten starken Krümmung insbesondere der Halswirbelsäule. Diese hochgradige Kypho- und Lordoskoliose der Wirbelsäule ist zum Teil auf Muskelzug zurückzuführen, der wohl dadurch bedingt sein dürfte, daß die normale Einrollung des Fetus bei mangelnder Entwicklung des Kopfes ausbleibt, während sich der restliche Körper dem Raum im Uterus anzupassen hat. Je hochgradiger die Craniorhachischisis sei, um so größer würde der Winkel, den die Längsachse der unteren Brustwirbelsäule mit der Gesichtslinie bildet. Der Winkel zwischen einer durch die nach außen geklappte Hinterhauptsschuppe gelegten Ebene und der sagittal-vertikalen medianen Ebene des Skelets würde um so kleiner, der Winkel zwischen Keilbein und der Pars basilaris würde um so größer, je hochgradiger die Spaltbildung der Wirbel sei. Die Zahl der Wirbel und Rippenanlagen sei in seinen Fällen normal gewesen. Durch Verschmelzung oder Verlagerung von Knochen könne aber ein Fehlen von Wirbelanlagen vorgetäuscht sein.

Ausgangspunkt für Deppes Untersuchungen waren die Untersuchungen Maternas (1932), der die anencephalen Skeletverhältnisse untersucht und die stets mehr oder weniger stark

---

[1] Bezüglich „Rückresorption" s. S. 424.

nach hinten gehende Abknickung der Halswirbelsäule als primäre Ursache der Craniorhachischisis annimmt: „Der Druck von oben und hinten verhindere den Schluß des Schädels und der Wirbelsäule und so entständen auch die flügelartigen Basisknochen, die als Schuppenteile des Hinterhauptbeines anzusprechen wären." Auch v. Gierke (1932) (Spaltbildung des Occipitale) stimmt dieser Erklärung zu.

Die besonderen Verhältnisse der Halswirbelsäule bei Anencephalie hat der Röntgenologe Arif (1931) untersucht. Bei gut angelegten Brust- und Lendenwirbeln zeigen die Halswirbel in bezug auf Größe und Lage die schwersten Verbildungen. Von einem craniovertebralen Gelenk ist nichts zu finden.

Bei 9 eigenen Fällen konnte Warren (1951) die bekannten Verhältnisse bestätigen. Er führt den Mangel des Gehirnschädels auf das Fehlen des Nervensystems zurück. Im Gebiet der verbildeten Halswirbelsäule und in der hinteren Schädelgrube lag eine segmental undifferenzierte Medullarplatte.

Halswirbelsäule. Zu den schweren Verbildungen vorwiegend der Halswirbelsäule, die mit einer Störung des Wirbelschlusses und Störungen in der Entwicklung des Nervensystems im Sinne der A-, Hypo- bzw. Dysrhaphie gekoppelt sind, gehört das Klippel-Feil-Syndrom und der Sprengelsche Schulterblatthochstand. Daß die schwere Verbildung des Achsenskelets bei beiden Krankheitsformen identisch ist, haben wir 1940 dargelegt.

Es handelt sich, wie Feller und Sternberg (1932) sowie Giordano (1938) festgestellt haben, um eine metamere Entwicklungsstörung der Wirbelsäule an der Prädilektionsstelle der oberen (cervicalen) Stelle der Schließungsstörungen mit zahlenmäßiger Reduktion, Verschmelzungen oder Spaltungen der Wirbelkörper und um eine damit koordinierte Entwicklungsstörung der Myomeren mit einer dadurch bedingten Verhinderung des Descendus scapulae, der nach Bromann beim 11 mm langen Embryo in der 5. Fetalwoche erfolgt. Giordano fand entsprechende Verbildungen im Rückenmark, sowie einen Mißbildungshydrocephalus. Es liegt nicht nur eine Fehlentwicklung der oft vorzeitig verknöcherten Brustwirbelsäule, sondern auch eine Reflexion derselben vor, bedingt durch vorzeitige Verknöcherung, Blockwirbelbildungen sowie Aplasien der Wirbelkörper reichend von der Rhachischisis bis zur Spina bifida. Giordano setzt seine Beobachtungen in Parallele zu dem oben erwähnten Fall Lücke-Liebenam, der lediglich an anderer Stelle, nämlich im Dorsolumbalteil eine Aplasie bzw. weitgehende Dysplasie der Wirbel mit Fehlen der Nervensubstanz zeigt. Er betrachtet den Fall Lücke etwa als ein Klippel-Feil-Syndrom der tieferen Wirbelsäule. Ähnlich wie bei der Craniorhachischisis finden sich Synostosen der an den veränderten Wirbeln ansetzenden Rippen, auch Pectoralisdefekte finden sich neben anderem Muskelmangel häufig[1].

Dietrich (1952) beobachtete außerdem eine Spaltbildung des ganzen Os occipitale.

Eine Sprengelsche Deformation mit „Defekten der Halswirbelsäule und Syringomyelie" beschreibt du Toit (1931). Auch sein Fall beweist die Identität des Sprengel und Klippel-Feil.

3. Rhachischisis.

Die Rhachischisis, besser die *Rhachischisis dorsalis*, d. h. das Persistieren eines Rinnenstadiums, ist die schwerste Mangelbildung im Gebiete der dorsalen Körperachse. Es wird bei der Craniorhachischisis totalis auch häufig von einer Akranie gesprochen, obwohl ja die Basis des Schädels mehr oder minder vollständig angelegt ist. Infolge der verbildeten Wirbel finden sich häufig stark kyphotische Verbildungen, denen dann meist auch Körperspalten vergesellschaftet sind. Die Stamm-Muskulatur ist oft hypoplastisch, die Muskulatur der Extremitäten

---

[1] Zahlreiche rudimentäre Formen leiten zum Status dysrhaphicus über. Es wird noch die Frage zu klären sein, ob die schweren dysrhaphischen Störungen beim Klippel-Feilschen Syndrom in das Gebiet der Verbildungen der Körperachse gehören, wie die komplette Arrhaphie und Dysrhaphie.

meistenteils schwach, da zwar aus den Spinalganglien entsprechende Nerven vorhanden sind, aber diese meist keine Beziehungen zur vorderen Wurzel haben (eine Tatsache, die gleichzeitig ebenso wie das Vorhandensein der Spinalganglien für die selbständige Differenzierung in frühesten Stadien spricht).

Eine reine Craniorhachischisis gehört immerhin zu den Seltenheiten. Die Rückenmarksanlage tendiert dabei, sich in der Mitte der Wirbelsäule zu schließen (vgl. den oben wiedergegebenen Embryo POLITZERs). Die meisten Befunde zeigen ein Zusammentreffen von teilweise unvollständig geschlossenem Achsenskelet und Neuralrohr und einem vollkommenen Offenbleiben.

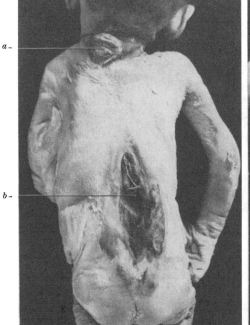 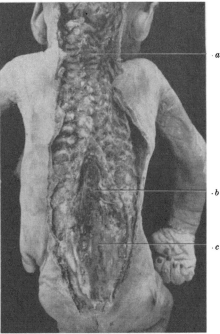

Abb. 14. Rhachischisis lumbalis bis in die Brustwirbelsäule hinein. Spina bifida der Halswirbelsäule. *a* Spina bifida cervicalis mit Meningocele; *b* Rhachischisis mit freiliegenden Nervenfasern ohne erkennbare Anlage des Rückenmarks; *c* keine Differenzierung der Wirbelanlagen, eine Knochenplatte vom Sacrum bis in die untere Brustwirbelsäule hinein. Am Übergang von Hals-Brustwirbelsäule Schalt- und Keilwirbel. Gehirnmißbildung, Balkendefekt. Hochgradiger Hydrocephalus internus. Windungsgliederung entsprechend dem 3.—4. Embryonalmonat. Innere Mikrogyrie. Bruchsack der rechten Leistenbeuge. Lappungsanomalien der Lungen. Offenes Foramen ovale.

Der häufigste Befund ist die Rhachischisis lumbalis, oft vergesellschaftet mit einer Rhachischisis cervicalis. In der Abb. 14 erkennt man den total offenen caudalen Wirbelkanal, in dem ein bis ins embryonale Steißende gehendes erweitertes, teilweise plattenförmiges Rückenmark „eingelagert ist", daneben die Spina bifida cervicalis. Aber auch die dazwischenliegende Wirbelsäule ist unzureichend bzw. falsch differenziert. So sehen wir nicht nur Synostose und falsche Artikulation der Rippen, miteinander verwachsene Dornfortsätze in der Längsrichtung und unmittelbar darüber als Ausdruck der Blockwirbel eine Knochenplatte an Stelle der nichtdifferenzierten Wirbelbögen und Dornfortsätze. Im Gebiete der untersten Brust- und Halswirbelsäule scheinen bei dorsaler Ansicht die Verhältnisse der Norm angeglichen zu sein, bis wieder eine Spina bifida cervicalis auftritt[1].

---

[1] Wir sollten nicht von Spalt*bildungen* sprechen, denn dadurch wird der Eindruck erweckt, als wäre schon einmal ein Schluß vorhanden gewesen. Der Spalt wird *nicht gebildet*, sondern die Wirbelbögen *bleiben* offen, wobei bei der Rhachischisis überhaupt kein Ansatz zum dorsalen Schluß des Achsenskelets nachweisbar ist. Die Bezeichnung Spina bifida dürfte daher rühren, daß oft 2 Bogenrudimente zu tasten sind.

Deutlich ist auf alle Fälle die Kongruenz der Schlußstörung im Lumbalteil und im Cervicalteil. Diese cervicale Schlußstörung kann isoliert auf die unteren Hals-

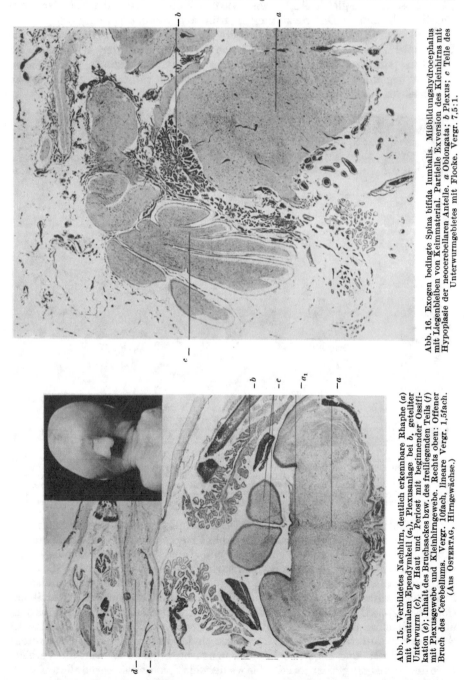

Abb. 16. Exogen bedingte Spina bifida lumbalis. Mißbildungshydrocephalus mit Liegenbleiben von Keimmaterial. Partielle Exversion des Kleinhirns mit Hypoplasie der neocerebellaren Anteile. *a* Oblongata; *b* Plexus; *c* Teile des Unterwurmgebietes mit Flocke. Vergr. 7,5:1.

Abb. 15. Verbildetes Nachhirn, deutlich erkennbare Rhaphe (*a*) mit ventralem Ependymkeil (*a₁*), Plexusanlage bei *b*, geteilter Unterwurm (*c*), *d* Haut und Periost mit beginnender Ossifikation (*e*); Inhalt des Bruchsackes bzw. des freiliegenden Tells (*f*) mit Plexusgewebe und Kleinhirngewebe. Rechts oben: Offener Bruch des Cerebellums. Vergr. 10fach, lineare Vergr. 1,5fach. (Aus Ostertag, Hirngewächse.)

wirbel beschränkt sein, reicht aber, wie die folgende Abbildung zeigt, meistenteils wesentlich höher und ergreift nicht selten das Gebiet der oberen Halswirbelsäule mit den distalen Teilen der Occipitalschuppe, so daß die dorsale Begrenzung des Hinterhauptsloches wie der dorsale Atlasbogen fehlen kann. Bei den Fällen mit teilweiser Rhachischisis kann das Gehirn vollständig entwickelt sein, zeigt aber stets Entwicklungshemmungen. Andererseits kann ein völliger Schluß, und zwar sogar ein der normalen Entwicklung nahekommender Schluß der Wirbelsäule und eine Rhachischisis des Kopfes und des obersten Halsmarkes bestehen.

4. Besondere Verbildungen des caudalen Körperendes.

Besondere Verbildungen sehen wir in Verbindung mit dem *Nervensystem am caudalen Körperende*. Wir haben dabei zu unterscheiden:

1. Diejenigen, die aus der frühesten Entwicklungszeit, aus der Periode der Neuroporusbildung stammen.

2. Die Formen derjenigen, bei denen die Störung des ansetzenden Haftstiels, der zunächst in der Längsrichtung der Körperachse verläuft, mit einhergeht. Der Haftstiel umwandert ventralwärts das caudale Körperende, bis er zum Nabelstrang[1] wird. Die in diese Zeit zu verlegenden Störungen, die eigentlich stets mit Schlußstörung am caudalen Neuralrohr bis zum Lumbalmark einhergehen, sind Spaltbildungen am Damm, Atresia oder Prolapsus ani, Hypospadie, Exstrophia vesicae, verbunden manchmal mit schweren Störungen in der Entwicklung des Urogenitalsystems.

Im weiteren Sinne gehören, und zwar ebenfalls mit Störungen in der Differenzierung des Neuralrohrs verbunden, die sirenoiden Verbildungen dazu, die auf einen mangelnden Ventralschluß des Beckengürtels zurückgehen. Je früher eine derartige Verbildung einsetzt, um so mehr wird der gesamte lumbosacrale Anteil des Zentralnervensystems miterfaßt. Bei systematischer Untersuchung eines auslesefreien Untersuchungsgutes in großen pathologischen Instituten waren wir erstaunt, abgesehen von der häufigen Spina bifida sacralis, noch ein Persistieren des Neuralrohres mit Verlötungen in einem caudalen Sack einer Myelocele mit Spina bifida (Abb. 17) zu finden; ebenso wie häufig eine Umbildung in das Filum terminale fehlt. Auch recht häufig sind noch im caudalen Abschnitt des Wirbelkanals mit mehr oder minder geschlossenem Wirbelkanal Ependymome, Paraganglien oder ähnliches zu finden. Auch Fehlbildungen auf dem Boden nicht ausgewanderter Spinalganglien der unteren Rückenmarkssegmente konnten wir gelegentlich nachweisen. Über die Ependymome des Filum terminale (s. bei GAGEL sowie FOERSTER 1936 und GAGEL 1936)[2], Defekte und Entwicklungsstörungen des caudalen Wirbelsäulenabschnittes und Rückenmarks haben STERNBERG (1931) und FELLER und STERNBERG (1932) beschrieben.

Mißbildungen mit Defekten am hinteren Körperende hat TÖNDURY (1939), zugleich mit Defekt der Wirbelsäule, Rückenmark, dorsalen Anteilen der Kloake und Kloakenmembran beschrieben. Das Rückenmark endete auf der Höhe des 2. Lumbalwirbels, jederseits waren 2 paarige Sacralnerven zu finden, während ein 3. unpaarer Nerv das Rückenmark caudalwärts fortsetzte. Ferner fanden sich Mißbildungen der Urogenitalorgane, Hemmungsmißbildungen am Darm. Gelegentlich auch vordere Meningocelen mit und ohne Proliferation eines embryonalen Materials (LÜTH 1937, SHERMAN, CAYLOR und LONG 1950), oder totale Spaltbildungen wie bei KLEINER (1931) mit ausgedehnten Cystenbildungen. Besondere Bedeutung haben die Geschwulstbildungen erlangt, wie sie ANTONI (1950) als Ependymom am caudalen Körperende gefunden hat, die er den rostralen Ependymomen in Hypophyse und Infundibulum analog setzt. DIEZEL (1949) beschreibt Gewebsmißbildungen am kranialen und caudalen Neuroporus mit Beziehungen zur Geschwulstbildung:

Bei einem einjährigen Knaben war das Lumbalmark ein doppelt kanalisiertes Rohr mit einer riesigen Schwanzblase (bei Geburt kindskopfgroß, beim Tod 29 cm Umfang), in deren Wand liegt typisches Bildungsgewebe des zentralen Nervensystems mit Makro-, Mikroglia, Ganglienzellen, Neurofibrillennetzen, Plexusplatte und Ventrikelependym. — Die Mesenchymation mit dem Eindringen von Gefäßen dürfte ein Analogon zu der physiologischen Rückbildung der Rumpfschwanzknospe sein.

[1] Der oft nur 2 Nabelgefäße enthält.

[2] BENEDEK und JUBA: Präsacrale Ependymome, s. auch S. 289.

Bei einem 17jährigen jungen Manne lag neben einem Paragangliom isoliert über dem Filum terminale eine Mißbildung mit Ganglienzellen, außerdem Hüllzellen des Sympathicus,

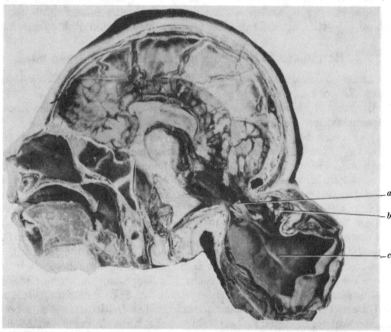

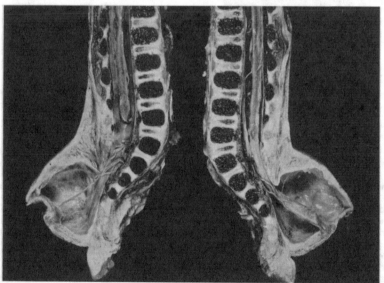

Abb. 17. Oben; Cerebello-Meningocele mit Fehlen des Kleinhirns: Inneres Blatt dünne Neuroektodermschicht, außen von einer bindegewebigen Tapete gestützt, äußere Begrenzung Ektoderm mit Muskulatur. Im Inneren des Sackes ein Rest abgehender Hirnnerven (a); Rest des rostralen Kleinhirnwurms (b); Hirnnerv in der Wand (c). Unten: Verhaftung des Neuralrohrs am Neuroporus posterior mit Myelomeningocele bei Spina bifida sacralis. Höherrücken des Rückenmarks ausgeblieben. [Aus Ostertag: Verh. dtsch. orthop. Ges. (31. Kongr.) **1936.**]

ferner Sympathicogonienhaufen in dem Mark der Nebenniere, die auf die Störung der Sympathicusabwanderung hinweisen. Die gleichzeitig bestehende Thymushyperplasie wird als koordinierte Systemfehlbildung in die Störung des Sympathicus eingereiht.

Von GRIDNEV (1934) stammt die Mitteilung medianer Mißbildungen der Sacrococcygealgegend, die alle auch eine Höhlenbildung im Innern zeigen. Die am weitesten rostral gelegenen sind mit Rückenmarkshäuten ausgekleidet, die am weitesten caudal mit Haut und Schleimhaut. Diese Hohlräume können, zumal bei Knochenspalten, mit der benachbarten Leibeshöhle kommunizieren; je nach der Höhe der Entstehung hänge es ab, ob eine Meningocele, ein Dermoid oder ein Teratom entstehe.

SABATINI (1927) bringt eine vordere und hintere Meningocele in Beziehung zum Teratom. Die nicht seltenen Steißteratome gehören nicht in dieses Kapitel (s. hierzu auch GREBE 1942 und KENNEDY 1926).

Die Tumoren der Caudagegend sind vorwiegend Ependymome (s. F. HENSCHEN, dieses Handbuch, Teil XIII/3, S. 926). Ihre Zahl ist recht erheblich und entspricht der Häufigkeit der am Sektionstisch gefundenen caudalen Verbildungen.

Was die klinische Auswirkung dieser caudalen Verbildungen anbelangt, so beruhen sie entweder auf dem totalen Fehlen des Kreuzbeins mit einem Fehlen des Conus terminalis, wobei die Muskulatur des Dammes und der Blase entweder hypoplastisch angelegt — oder infolge der mangelnden Nervenversorgung mangelhaft entwickelt — unzureichend funktioniert (COSACESCO 1922).

Nach BECK (1922) findet sich in den Wirbelspalten nicht selten ein dysplastisches Rückenmark bzw. Cauda, neben Strängen, die den fibrösen Stiel einer mit der Haut verwachsenen Rückenmarks- oder Cauda equina-Verbildung darstellen. Diese fibrösen Stränge bedingen oft die klinische Symptomatologie.

5. Die partiellen Spalten.

Der Unterschied zwischen den *dorsalen Spalten* und den *rostro-ventralen Spalten* des Gesichtes besteht darin, daß der dorsale Schluß von Neuralrohr und knöchernem Hüllraum aufs engste miteinander gekoppelt ist, während bei den Gesichtsspalten das Nervensystem meist bereits ausdifferenziert, nur passiv verlagert ist. Bei der Otocephalie ist der hintere Anteil des Kopffortsatzes mißbildet, das darüberliegende deuteroencephale Mittel- und Rautenhirn jedoch ausdifferenziert. Bei den Gesichtsspalten kann nur der rostralste Teil des prächordalen Mesenchyms betroffen sein, wobei zu bedenken ist, daß die später einwachsenden Abkömmlinge der Neuralleiste sich den Lagebeziehungen des Entoderms anschließen, weshalb auch das Skelet der Kopfregion mitbefallen ist. Für die Pathologie des Nervensystems spielen diese Gesichtsspalten und vorderen Spaltbildungen keine erhebliche Rolle. Der Vorzugsitz der Encephalocelen ist der Hinterkopf (Abb. 17a). In weitaus geringerem Maße treten Spalten im Stirngebiet, und zwar zwischen Stirnbein und Nasenwurzel auf und eine weitere kleine Gruppe an der rostralen Basis[1]. Hierzu gehören auch die Hernien im Gebiet der frontonasalen, der fronto-maxillaren und der fronto-lacrimalen Naht, sowie diejenigen der Lamina cribosa. Bei den frontalen Encephalocelen handelt es sich weniger um einen koordinierten Vorgang der Schlußstörung des Nervensystems und des Knochenskelets, sondern um Mangelbildungen am Schluß der fronto-basalen Schädelknochen bzw. deren Ossifikation.

Die naso-orbitalen Encephalocelen können (RAND 1937) gelegentlich auch doppelseitig auftreten. Die meisten Mitteilungen stammen heute von Ohrenärzten oder Ophthalmologen, die diese rostralen Encephalocelen mit Erfolg behandeln. Der Inhalt dieser Encephalocelen ist ein ausgesprochenes Nervengewebe, und zwar entweder gliöse Reste in dem Sack (RAND) (infolge Druckatrophie bei gleich-

---

[1] Eine Kritik der Projektion der embryonalen Gesichtsfortsätze auf das Gesicht des Erwachsenen wird von POLITZER (1936) gegeben. Für die hier interessierenden Spaltbildungen im Gebiet der fronto-naso-orbitalen Spalten spielen diese sehr lesenswerten Darlegungen keine Rolle. Denn diese Spalten befinden sich im Gebiet der Nähte und die Hirnsubstanz ist nicht primär dazwischen gelagert.

zeitig bestehendem Hydrocephalus), oder aus Inseln von Nervengewebe von cortexähnlichem Aufbau wie bei Kahn und Lemmen (1950) (s. unten).

Die Auswirkungen der verschiedenen Encephalocelen auf die Gestaltung des Schädels behandelt Mussgnug (1931), der bei Encephalocele naso-orbitalis 3 Verbildungen des Schädels beschrieb. Nach seiner Auffassung sei es durch Einwirkung einer äußeren Kraft in frühembryonaler Zeit zu einer Verschiebung von Anlageteilen und Kontinuitätsabbau an der Stelle der Bruchpforte gekommen. Hierdurch sei Gehirnanlage interponiert, die als Encephalocele sich durch Wachstum vergrößert und Mißbildungen des Visceralskelets hervorgerufen hätten.

Die verschiedenen Typen der basalen Cephalocelen besprechen Schreyer und Sprenger (1927) auf Grund einer gleichzeitigen Cephalocele orbitalis posterior, einer Cephalocele des Gehörganges und im Bereich einer Schläfenbeinschuppe.

Unter den orbitalen treten die fronto-sphenoidalen am häufigsten auf. Lepennetier und Voisin (1941) fanden die Encephalocelen im Gebiet der stark vergrößerten Augenhöhle zugleich mit erheblichem Mangel des großen und kleinen rechten Keilbeinflügels. Sie betonen die Ursache dieser Encephalocele als Folgen der Schädelverbildung, die primär das Gehirn nicht betrifft. Daß auch eine Encephalocele durch das Foramen opticum vordringen kann, hat Cohen (1928) gezeigt. Den Nachweis der Zugehörigkeit des Cystengewebes zum Gehirn erbringen bei einer Encephalomeningocele des inneren Orbitalwinkels Popesco und Trybalski (1935).

Sieben (1931) sah bei einem 4 Tage alten Neugeborenen eine mediane Nasenspalte, doppelseitige Gaumenspalte, Defekt des Zwischenkiefers und mediane intranasale Encephalocele, die als dünner cystischer Wulst aus dem Munde herausragte.

Aus dem deutschen Schrifttum sei besonders die Arbeit von K. Fleischer (1951) über die intranasalen Cephalocelen erwähnt. Fast immer sind es kleine Kinder mit „Nasenpolypen". Bei der Probeexcision findet sich dann Hirngewebe mit atypischen Ganglienzellen, wenn es sich dabei um Encephalomeningocelen handelt.

Im wesentlichen ist also daran festzuhalten, daß es sich bei den dorsalen Meningocelen bzw. Myelo- oder Cerebellomeningocelen um eine Störung des allgemeinen Schlusses handelt, gleicherweise von Knochen- und Nervensystem, während es sich bei den sog. vorderen Brüchen im Gebiet des gesamten Schädels vielfach nicht um eine primäre Gehirnerkrankung, sondern um Hypoplasien oder Fehlanlagen des Visceralskelets handelt.

Die reinen dorsalen Hirnbrüche enthalten meist das ganze Gehirn (s. unten Encephalocele), wobei die Schädelbasis nur sehr kümmerlich angelegt sein kann. Von diesen Meningocelen oder Encephalocelen sind scharf die Hirnhernien zu trennen, bei welchen die Hirnsubstanz durch einen Duradefekt heraustritt (s. Hüllraum).

Zverev (1949) (nur im Referat zugänglich) hat 101 rostrale Hernien beobachtet und glaubt, daß diese Hernien in der Stirnunterfläche eine Art Ersatzanhängsel für den gewöhnlich fehlenden N. olfactorius seien. Denn er fand in 17% andere Bildungsfehler: verminderte Hirnsubstanz, kleine abgeflachte Windungen, Asymmetrie, Mikrocephalie, Hydrocephalus, Augenmißbildungen, Fehlen von Fingern und Zehen.

In einer älteren Arbeit hat Sternberg (1929) die vorderen Hirnbrüche untersucht und sie mit dem Neuroporus in Verbindung gesetzt; die formale Genese der vorderen Hirnbrüche ließe sich dadurch erklären, daß die Loslösung des Gehirns vom Ektoderm an der Stelle des vorderen Neuroporus zu spät erfolge, so daß das Mesoderm der Schädelkapsel hier fehlerhaft angelegt sei. Er beschreibt unter anderem das Zusammentreffen von vorderen Hirnbrüchen und Balkenmangel.

Ausgangspunkt seiner Untersuchungen über die normalen Verhältnisse war unter anderen ein Fet mit 18 Urwirbelpaaren. Beim Schluß des Neuroporus „vereinigen sich die den Neuroporus seitlich begrenzenden Lippen so, daß sie zuerst mittels einer zwischen dem Ektoderm und der Hirnwand gelegenen Zellgruppe miteinander verschmelzen. Erst später verschmelzen auch die beiden Medullarwülste zur einheitlichen Hirnwand, in der eine Furche die Nahtstelle noch andeutet. An der Verschlußstelle des vorderen Neuroporus besteht noch längere Zeit hindurch, bis zu Embryonen mit 28 Urwirbelpaaren, ein Zusammenhang zwischen der Hirnwand und dem Ektoderm in Gestalt einer schmalen epithelialen Zelleiste. Durch die Ausbildung der Endhirnausstülpung an der vorderen Wand des Vorderhirns rückt die Verschlußstelle des vorderen Neuroporus in den Bereich des Endhirns." Bei älteren Embryonen liegt diese Stelle dorsalwärts von der Lamina terminalis. Falls sich diese Lagebeziehung, wie es wahrscheinlich ist, im Verlaufe der weiteren Entwicklung nicht wesentlich verschiebt, wäre die Annahme gerechtfertigt, daß sich die Stelle des vorderen Neuroporus später im Bereiche der Commissurenplatte befindet, aus welcher sich bekanntlich unter anderem die vordere Commissur und der Balken entwickeln." Der Bruch lag über der Nasenwurzel, war 3 cm lang, im Durchmesser an der Basis 3 cm, an der Kuppe 2 cm.

BROWDER, JEFERSON und DE VEER (1934) beschrieben ebenfalls oberhalb der Nasenwurzel eine Verbildung als Rhino-Encephalocele, die sich als Ausstülpung der beiden Stirnhirne entpuppte. Es fehlte der Riechlappen und der Nervus olfactorius, die Lamina cribriformis und die Crista galli. Verfasser diskutieren die Bezeichnung Rhino-Encephalocele gegenüber den Bezeichnungen nasales Gliom, Encephalom oder Fibrogliom.

Im Fall 2 von KAHN und LEMMEN (1950) fanden sich Inseln von Hirngewebe mit Gliaelementen und vereinzelt Differenzierung zu einem Rindengewebe bei einem mit Erfolg operierten kleinen Kinde.

Eine besondere Form der Encephalocystocele beschreibt MARZIO (1924), und zwar eine mit dem intrakraniellen Nervensystem nicht kommunizierende Cyste, die nach dem Aufbau vom Verfasser als frühembryonal losgelöst angesehen wird, da sowohl cerebellare wie cerebrale Partien innerhalb der Cyste vorhanden seien. Die nicht kommunizierenden Encephalocelen entstünden dadurch, daß sich die primäre Öffnung wieder schließt.

Eine frontale Encephalocele, die auch zu einer Weitstellung der Augen geführt hatte, beschreibt ARMENIO (1940).

Eine Übersicht über die ophthalmologisch beobachteten Störungen gibt STRANDBERG (1949) und BENEDICT (1950).

6. Diastematomyelie.

Für das Verständnis der Verdopplungen[1] ist die Arbeit von HENNEBERG und und WESTENHÖFFER (1913) sowie die neuere Arbeit A. VAN DER ZWANs (1951) wichtig. Dieser Untersuchung liegen 3 Embryonen von 18, 21 und 22 mm Länge und 3 mit den Zeichen der Reife geborene Anencephale zugrunde. Bei allen 6, Embryonen und Neugeborenen, fand Verfasser eine *mehr oder weniger* vollständige Verdopplung der Chorda dorsalis und der Wirbelsäule in Verbindung mit einer Platyneurie. Auch dort, wo bei den Neugeborenen die Dornfortsätze erkennbar, wenn auch mangelhaft geschlossen waren, war die Chorda dorsalis verdoppelt und die Wirbelkörper selbst zeigten eine Tendenz zur Verdopplung. Von den Schädelknochen an waren sämtliche Knochen, auch Stirn-, Schläfen-, Scheitel- und Hinterhauptbein angelegt, allerdings in abnormer Lagerung und hochgradig deformiert. Von den weiteren 40 nur röntgenologisch untersuchten Anencephalen zeigten 17 mit oder ohne Rhachischisis ein atypisches Verhalten der Wirbelkörper in Gestalt von Verdopplungen oder irregulären Verschmelzungen der Ossifikationszentren. Zwischen Skelet und Nervensystem, sowie der nervösen Gewebsanlage, wurde ein exzessiver Gefäßreichtum festgestellt[2].

Der größte Teil der als Verdopplung beschriebenen Fälle bedarf einer eingehenden Kritik; denn es ist hierbei — wie schon von VAN GIESON (1892) und von ERNST (1909, s. dort) dargelegt — der weitaus größte Teil dieser „Befunde" als Kunstprodukt zu werten. Echte Verdopplungen sehen wir jedoch bei allgemeinen Störungen des Schlusses, und zwar unter anderem auch als Teilsyndrom

---

[1] Eine klassische Darstellung der „Diplomyelie" gibt v. RECKLINGHAUSEN [Virchows Arch. **105** (1886) „Untersuchungen über Spina bifida"] und WIETING [Spina bifida, Zweiteilung des Rückenmarks in Bruns Beitr. **25** (1899)].

[2] Wenn nach den Abbildungen auch an den oben wiedergegebenen Tatsachen nicht zu zweifeln ist, so gibt die übrige Beschreibung, die den bekannten Tatsachen widerspricht, zu denken.

einer Dysrhaphie. Eine totale Verdopplung gehört zu den Seltenheiten. Für
gewöhnlich findet sich die Rückenmarksverdopplung in denjenigen Partien, die

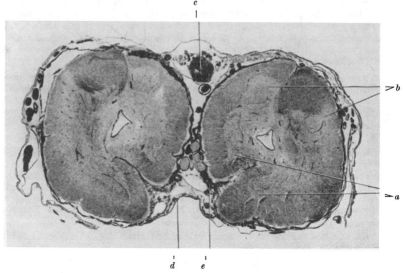

Abb. 18. Rückenmarkquerschnitt bei einem Fall mit Myelomeningocele kurz vor dem Eintritt in den Hautsack,
Doppelbildung des Rückenmarks, beide Rückenmarkquerschnitte sind voneinander vollkommen getrennt und
haben ungefähr denselben Querschnitt. In der Mitte zwischen den beiden ein Spinalganglion. Bei *a* Vorderhörner, bei *b* Hinterhörner, bei *c* Spinalganglion, bei *d* Arachnoides, bei *e* Pia. (Nach Gagel.)

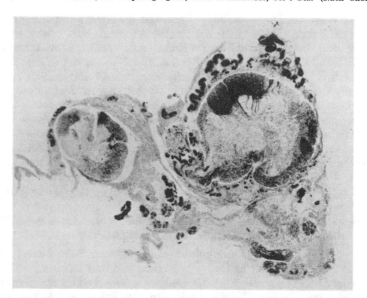

Abb. 19. Doppelbildung des Rückenmarks bei differentem Umfang und differenter Differenzierung. Enorme
Gefäßvermehrung in den Leptomeningen, Markscheidenbild. (Nach Gagel.)

sich am spätesten schließen, d. h. im Lumbal- und Cervicalmark, wie auch in dem
von Gagel (s. dort) beschriebenen Fall eines Neugeborenen mit Spina bifida.

Wie häufig, so sind auch bei Gagel die beiden Rückenmarksquerschnitte von verschiedener
Größe und auch in ihrem histologischen Aufbau verschieden. Die typische H-Form der grauen
Substanz ist auf dem größeren Anteil noch zu erkennen.

Auf anderen Höhen stehen beide Rückenmarksquerschnitte noch durch gliöse Substanz miteinander in Verbindung (s. Abb. 19 und 20, aus GAGEL entnommen)[1]. Weiter caudalwärts vereinigen sich die Hemistelen, lassen aber noch 2 getrennte längsgespaltene Zentralkanäle erkennen; noch weiter caudalwärts vereinigen sich die Hemistelen mehr und mehr, bis sich nur noch eine tiefe breite Fissura anterior abgrenzen läßt, von deren einer Seite eine kleine

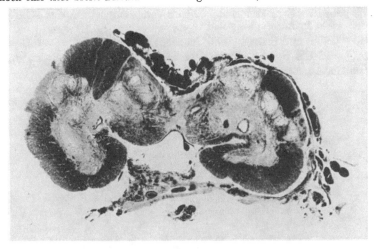

Abb. 20. Unvollständige Trennung der beiden Rückenmarksquerschnitte, die durch gliöses Gewebe in Verbindung stehen. (Nach GAGEL.)

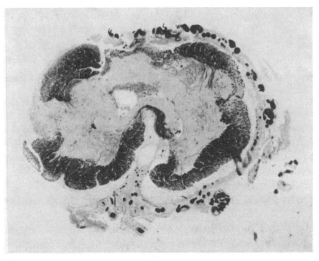

Abb. 21. Derselbe Fall einige Segmente tiefer; Asymmetrie der Rückenmarkshälften; ein markarmer breiter Zapfen zieht aus der Gegend des Zentralkanals dorsal bis an die Peripherie. (Nach GAGEL.)

Sprosse gegen das Vorderhorn vordringt. Den dorsalen Zapfen (Abb. 21) sieht GAGEL als die rudimentär verschmolzenen inneren Hinterhörner an. Wichtig ist bei diesen Verdopplungen, die häufig mit einer Rhachischisis anterior einhergehen, die Tatsache der 2 gebildeten Zentralkanäle. Es müssen also 2 Bodenplatten vorhanden gewesen sein.

Bei allen diesen Bildungen findet man auch eine erhebliche Vermehrung und Vascularisation des Mesenchyms. Bei anderen Verdopplungen hängen die beiden Hemistelen basal mit den Vorderhorngebieten zusammen, dann findet sich in den dorsalen Abschnitten ein dazwischengelagertes Mesenchym, sogar Knorpel bzw. Chordagewebe. Vom entwicklungs-

---

[1] Vgl. POLITZER oben S. 382 und Abb. 3—8.

physiologischen Standpunkt, wie dem der Differenzierung und Induktion, sind diese Fälle von erheblicher Bedeutung. Doch läßt sich die ganze teratogenetische Reihe noch nicht klar darstellen. Auch die Gründe für die Teilung sind nicht ersichtlich. Auffällig ist lediglich, daß sich sehr häufig eine Verdopplung des Rückenmarks an eine Area med. vasc. bzw. Myelocele subcutanea anschließt (Abb. 18). Am häufigsten kommen die Diastematomyelien (Ollivier 1837) in den distalen Partien im Anschluß an eine Spina bifida (Abb. 22) vor, oder ober- und unterhalb einer derartigen Verbildung, oder als Verbildung bei schweren Mißbildungen allgemeiner Art wie z. B. Anencephalie und Cyclopie.

Seit Ernst (1909) und Gagel (1936) ist nichts Grundsätzliches veröffentlicht. Von Interesse sind die Befunde Politzers beim Embryo mit dem im dorsalen Spalt differenzierten Mesenchym und Achsenskelet.

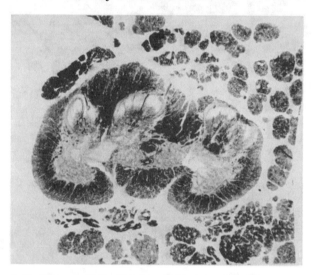

Abb. 22. Beginnende Vereinigung der beiden Medullae spinales. Bei dem einen Fall bestand eine Wirbelspalte. (Nach Gagel.)

Sofern nicht eine Rhachischisis anterior vorliegt, findet sich häufig (s. Ernst) an der Ventralseite des Rückenmarks von der hinteren Fläche des Wirbelkörpers ausgehend, ein knöcherner oder knorpliger Fortsatz. Gelegentlich gehen auch — wie in dem Embryo von Politzer — Stützgewebsanlagen von einem Wirbel- bogen aus oder es wird eine längsverlaufende Spange in dem offenen Winkel zwischen den Hemistelen gebildet.

Nach Ernst fehlen Zentralkanäle ganz oder jede Hälfte hat ihren eigenen oder mehrere.

Es handelt sich (nach Ernst) bei der Diastematomyelie höchstens um eine Zweiteilung, niemals um eine Überschußleistung des Organismus, häufig sogar um eine Mangelbildung. Der Querschnitt beider erreicht meist nicht einmal den eines normalen Rückenmarks. Auf der anderen Seite kann aber die eine Hemistele Veränderungen im Sinne der Syringomyelie zeigen.

Von Rauber stammt der Ausdruck Hemidydemie, womit er eine Zweiteilung meint, die als Hemmungsbildung durch verzögerten Anschluß der rechten und linken Randwulsthälfte zustande kommt. Nach Ernst finden sich Spuren der Halbierung in Myelomeningocelen in der Seite, die am Sack ansitzt und in den partiellen Teilungen des Sackes der Myelocystocele. Mit Rücksicht auf die all- gemeine patho- und morphogenetische Bedeutung verlangt Ernst schon 1909 mehr auf die Spuren von Spaltbildungen beim Übergang der Meningocele in den Wirbelkanal zu achten.

Neben der Zweiteilung findet sich in einem Cyclopiefalle NAEGELIS auch eine Knickung des Neuralrohrs mit Einstülpung in die Schädelhöhle, wobei auch das unterlagerte Knochengerüst (von der Schädelbasis bis zur Wirbelsäule) ungegliedert miteinander verschmolzen war. Die Zahl der Zentralkanäle schwankt zwischen 1—5; auch Aussackungen und Sprossungen sind nicht selten. Eine klassische Beschreibung gibt GAGEL (s. dort) bei einer Myelomeningocele. Oberhalb einer Area med. vasc. nimmt im obersten Brustmark der Zentralkanal von gliotischem Gewebe umgeben zunächst dreieckige Form an. Dann findet sich ein zentrales gliotisches Gewebe mit schlauchartigen Ependymzellen; weiter caudal eine rautenförmige Höhle am Übergang vom oberen ins mittlere Brustmark, mit sehr stark ausgeprägtem Sulcus anterior und dorsaler Spalte. Kurz vor dem Eintritt in den Hautsack ist das Rückenmark geteilt, und zwar steht die Fissura anterior beider Hemistelen medial konvergierend. Die Rückenmarksabschnitte haben annähernd denselben Umfang, wenn sie auch nicht gleich entwickelt sind. Sie sind durch Mesenchym getrennt, zwischen beiden liegen vordere Wurzeln und *in der Dorsallinie* ein Spinalganglion.

In den jeweils lateralen Hälften findet sich eine gute Differenzierung der Ganglienzellgruppe, nicht in den medianen. Auch die Area med. vasc. ist auf der Mitte des Hautsackes durch eine papillentragende Haut getrennt. Ein Querschnitt durch das Rückenmark nach dem Austritt aus dem Hautsack zeigt ein sehr dünnes „Rückenmark" mit zwei verhältnismäßig großen cylinderepithel-ausgekleideten Hohlräumen. Weiter caudal verläuft der Rückenmarkshohlraum nahezu quer. Ähnliche Bilder konnten wir bei der Syringomyelie (s. Abb. 37 b) feststellen.

Von der physiologischen Verdopplung des Zentralkanals in den sacralen Rückenmarksabschnitten gibt es (nach IKEDA) bis zu den Spaltbildungen mit vollkommener Teilung alle Übergänge.

Aus dem Studium dieser Verdopplungen ist die Bedeutung des regelrechten Neuralrohrschlusses für die Entwicklung der Ganglienleiste zu sehen. So fand SCHNEIDERLING (1938) Spinalganglien in der dorsalen Medianebene bei unvollständig dorso-ventraler Verdopplung des Rückenmarks bei Rhachischisis thoracolumbalis.

„Ein in der Entwicklungsphase der Medullarplatte stehengebliebenes Rückenmark ist durch die weichen Häute von einem unter ihm ventral von diesem gelegenen voll ausgebildeten Rückenmark vollständig getrennt. Das Vorhandensein eines unterhalb der Medullarplatte liegenden Spinalganglions und der deutlich erkennbare Eintritt hinterer Nervenwurzeln in die lateralen Partien der Medullarplatte lassen die Annahme zu, daß außer für das eigentliche Rückenmark auch für die Medullarplatte Ganglienleisten angelegt wurden, die sich selbständig weiter entwickelten. Daraus ergibt sich die Folgerung, daß es sich für meinen Fall einer inkompletten dorso-ventralen Diastematomyelie formalgenetisch nicht um eine Zweiteilung einer Rückenmarksanlage handelt, wie dies für die Entstehung lateraler Diplomyelien anzunehmen ist, sondern daß 2 Rückenmarksanlagen gebildet sein müssen, aus denen sich vollständig unabhängig voneinander ein regelrechtes Rückenmark und eine hochdifferenzierte Medullarplatte entwickeln konnten, wobei die Medullarplatte aus uns unbekannten Gründen, vielleicht durch im Keime gelegene innere Ursachen, in ihrer Weiterentwicklung gehemmt wurde."

Siehe hierzu auch HENNEBERG und WESTENHÖFFER (1913) über die asymmetrische Diastematomyelie. Die sehr sorgfältige Untersuchung SCHENKS (1933): Acranie, Rhachischisis, Duplicitas medullae usw., zeigt im Anschluß an die Platyneurie eine echte Diastematomyelie. Bei dem 5 Monate alten Fetus liegen die Vorder- und Hinterhörner unter- und übereinander, die Vorderhornpaare medial, die Hinterhörner lateral. Der Zentralkanal war verdoppelt und dorsal des verdoppelten Rückenmarks ein ungewöhnlich großes Spinalganglion in der Medianlinie. Die Verhältnisse des Kleinhirns sind unten S. 544 berücksichtigt. Der Fall ist außerdem (s. oben) bedeutungsvoll wegen der Differenzierung der rudimentären Hirnanlage. Verdopplungen des Rückenmarks hat SCHENK noch 1935 und 1936 beschrieben; in einem Falle: Anencephalie, Acranie, Rhachischisis cervicalis, Spina bifida sacralis und Hernia ventralis. Halsmark plattenförmig mit guter Ausdifferenzierung der Ganglienzellen, das Brustmark sehr klein. Im

Lendenmark Verdopplung des Rückenmarks, wobei die Deck- und Grundplatten-achse parallel verlief. Es fanden sich ventral 3 Vorderhörner, bei vollständiger Verdopplung der Hinterhörner.

Eine inteerssante klare Beobachtung stammt von C. de Lange (1935). 7 Wochen altes Kind, Hemmungsmißbildungen (offener Ductus Botalli, Meckel-sches Divertikel). Im rechten Hoden versprengtes Nebennierenrindengewebe. Diastematomyelie im untersten Brust- und Lumbalmark.

Die Diastematomyelie findet sich auch im allgemeinen bei anderen schweren Verbildungen, so der Fall Preisig (1921) und Zuidema (1934) und die seltenen Zufallsbefunde wie in einer Beobachtung von Holland (1926) und Weber (1928).

Die vollständigste Teilung des Rückenmarks und Achsenskelets (Gabelung der Lendenwirbelsäule und des Rückenmarks) konnte Giegerich (1940) mitteilen.

Kahn und Lemmen (1950) sahen ebenfalls eine komplette Teilung der Wirbel-säule, die in Höhe von D 8 mit der Bildung von Keilwirbeln begann. Über diesen Wirbelkörpern lag eine echte Diastematomyelie.

Das oben über die Diagnose der Diastematomyelie Gesagte gilt auch für die von Haas (1951) beschriebene fortsatzähnliche Mißbildung des Rückenmarks. Es ist eine typische Ver-letzung, wie sie insbesondere bei Skoliose und Kyphoskoliose durch ungeschicktes Heraus-nehmen vorkommt. Unter mehr als 20000 Obduktionen, bei denen das Zentralorgan mittels der von uns angegebenen Methode in situ frisch erhalten war, hat es nie eine derartige „Verbildung" gegeben. Gerade die vom Autor gezeigten Querschnitte beweisen, daß an der von ihm mit 5 bezeichneten Stelle ein größerer Teil des Rückenmarksquerschnittes und die gesamte graue Substanz herausgerutscht war. Der Autor selbst bezeichnet die vordere und hintere Wurzel als absolut normal, während von dem Fortsatz keine Wurzeln ausgingen. *Die Arachnoidea bildet eine einheitliche Hülle um Rückenmark und Fortsatz und inseriert in der üblichen Weise.* Es bleibt das Geheimnis des Autors, weshalb von den Segmenten unterhalb T 12, wo weder Vorderhörner der grauen Substanz noch am Zentralkanal und in den dahinterliegenden Abschnitten auch keine graue Substanz zu finden war, segmental Rückenmarkswurzeln in physiologischer Weise entspringen können, und warum die weichen Häute nur eine einheit-liche Hülle um Rückenmark und Fortsatz bilden. Wäre es wirklich ein Fortsatz, wäre auch dieser selbst von weichen Häuten umgeben. So können wir es nur als eine subarachnoidale artefizielle Luxation von Rückenmarkssubstanz ansehen. Nachdem uns mindestens 3—4 der-artige Fälle jährlich offeriert werden, wäre es dringend erwünscht, das Schrifttum von unzu-reichend bestimmten Fällen freizuhalten[1].

Ähnliches gilt für die Fälle Löblich (1953) und Griepentrog (1935).

Lichtenstein beschreibt bei einem 20 Tage alten Knaben mit Hydromyelie eine Diastematomyelie mit ventrikelähnlichen Ausstülpungen des Zentralkanals und Inseln ependymärer Gliose.

Eine weitere Arbeit von Yorke und Edwards (1940) behandelt eine echte Rückenmarks-verdopplung im Brustmark, auf der streckenweise jede Hälfte von einer Duralscheibe um-geben war, Ligamenta dentata inserierten beiderseits an einem atypischen Knochenfortsatz, Spina bifida und Klumpfußbildung, Tod an Gliom.

7. Craniorhachischisis, Anencephalie und Körperorgane.

Abgesehen von den Veränderungen des Skelets, die bei der Craniorhachi-schisis mit dem Schluß des Neuralrohrs zusammenhängen und bei der Anence-phalie als koordinierte Verbildungen mit auftreten, sind besonders die *Drüsen mit innerer Sekretion* Gegenstand genauer Untersuchungen gewesen. In etwas ge-ringerer Stärke finden sich dieselben Störungen auch bei den übrigen Schluß-störungen einschließlich der unten zu besprechenden Dysrhaphie. Außer von den *Nebennieren*, die von einigen vermißt, von anderen Autoren stets gefunden werden, ist es besonders die *Hypophyse*, die die Aufmerksamkeit auf sich gezogen hat. Sofern das Organ zu finden war, waren nur ganz selten Hinter- und Mittel-lappen vorhanden. Der drüsige Vorderlappen war von maximalen Bluträumen

---

[1] Artefakte können mit Sicherheit dann ausgeschlossen werden, wenn Mesenchym und Membrana limitans gliae nachzuweisen sind. Das Mesenchym wölbt sich stets zwischen die beiden Hemistelen.

durchsetzt und die Zahl der eosinophilen Zellen meist vermehrt. Die *Thymusdrüse* wird als vergrößert und bezüglich der Zellen als hypoplastisch aufgebaut angegeben. Jedoch schwanken die Angaben außerordentlich, ebenso wie die über die offensichtlich nur selten untersuchte *Schilddrüse*. Über den Zusammenhang zwischen Hypophyse und Nebennieren bestehen nur zum Teil interessante Vermutungen. Lediglich in der Arbeit von LANDAU und BÄR und JAFFÉ (1924) findet sich die auf verschiedenem Wege entdeckte Tatsache, daß sich Cholesterinester bei den Anencephalen finden, während sie beim normalen Kinde erst mehrere Monate nach der Geburt auftreten. Die Lipoidansammlung in der schmalen Schicht der Fascicularis bei DE VECCHI (1922) würde in demselben Sinne sprechen. Für die teratogenetische Terminationsperiode wird von OESTERN (1937) ins Feld geführt, daß etwa um die 4.—5. Woche Hypophysenvorder- und -hinterlappen sich vereinigen, während SPATZ als Referent der Arbeit MAUKSCH (1921) Gewicht auf das Persistieren des Canalis craniopharyngeus legt, obwohl diese Tatsache ebensosehr Zeichen einer koordinierten Hemmungsmißbildung sein kann.

Bei 11 Anencephalen (OESTERN 1937) zeigte die Hypophyse verschiedene Lagebeziehungen, lag jedoch stets vor der Cartilago sphenooccipitalis oder dem Keilbein. Die meist birnenförmige Hypophyse wechselt jeweils in der Größe erheblich, nur in 5 Fällen war eine kümmerliche Neurohypophyse vorhanden. Ein Zusammenhang mit den Hirnresten fehlte. Nur wenn der Hinterlappen vorhanden war, hatte es auch einen Mittellappen. Im drüsigen Anteil ist das Bindegewebe vermehrt. Die eosinophilen Zellelemente sind vermindert. Abgesehen von diesen immerhin häufigen gleichartigen A- oder Hypoplasien der innersekretorischen Drüsen finden sich (besonders bei den endogenen Fällen) weitere Verbildungen, so am Intestinaltrakt und Skeletsystem, z. B. Syndaktylie. Die Bauch- und Nabelbrüche sind ebenfalls Ausdruck der schweren Verbildung im frühen embryonalen Stadium, seltener abhängig von der Verbildung des Achsenskelets, häufig koordiniert. Das gleiche gilt von Störungen im Rumpfschwanzgebiet die — wie z. B. Hypospadie — einen Teil der Schlußstörungen des caudalen Körperendes darstellen. Sofern es sich nicht um unvollständigen Schluß eines Organs handelt, sind diese Verbildungen als Entwicklungshemmung derselben Determinationsperiode anzusehen, so z. B. die nicht seltenen Blindverschlüsse der Kanalsysteme.

Da die einzelnen Autoren zu recht verschiedenen Ergebnissen kommen, außerdem die Ansichten über den Zusammenhang der Drüsen mit innerer Sekretion nicht unerheblich schwanken, geben wir eine Anzahl derjenigen Arbeiten wieder, die eine Übersicht ermöglichen und das Schrifttum kritisch verwertet enthalten.

MAUKSCH (1921), der leider die Nebennieren nicht berücksichtigt, zeigt in 9 eigenen Fällen mit histologischer Untersuchung der entkalkten Schädelbasis stets das Vorhandensein der Hypophyse. Der Canalis craniopharyngeus war 5mal vollkommen, 4mal noch teilweise erhalten. Die Rachendachhypophyse wird durch die Craniorhachischisis nicht in Mitleidenschaft gezogen. Siebenmal war nur ein Vorderlappen da, in den beiden anderen Fällen ein rudimentärer Mittel- und Hinterlappen. Blutungen hatten erhebliche Veränderungen auch im Hypophysengewebe gesetzt. [Der Referent SPATZ (1921) betont, daß der Canalis craniopharyngeus sich beim Menschen in der 10. Woche schließt.]

Bei 12 Akraniern (DE VECCHI 1922) vom 5.—9. Fetalmonat bestand 9mal Rhachischisis, 1mal Occipitalhernie, 2mal reine Akranie. Das typische Anencephaliesyndrom (Exophthalmus, Makroglossie) war 10mal deutlich. In den 9 eingehend untersuchten Fällen deutliche Hypoplasie der Nebennieren, und zwar der Rinde. In 5, mikroskopisch starke Reduktion der Zona reticularis; Fettgehalt der Rinde auffallend gering. Schlecht differenzierbare Markzellen, stark erweiterte Gefäße. Von den 12 Fällen war die Hypophyse nur 7mal nachzuweisen. 5mal nicht zu finden. Einmal im Zwischenlappen kavernöses Angiom. Vorderlappenelemente waren nicht geschädigt. Die *Schilddrüse* war von 10 untersuchten Fällen in je 2 Fällen regelrecht, klein, vergrößert, stark oder sehr stark vergrößert. Der Thymus wurde in den 10 untersuchten Fällen stets sehr vergrößert gefunden. Bei mikroskopischer Untersuchung von 8 Fällen Hyperplasie der lymphoiden Elemente. Das anencephale Syndrom wird weniger auf Hypophysen- als auf Schilddrüsenfehlfunktion zurückgeführt.

Zur Frage der Drüsen mit innerer Sekretion bei der Rhachischisis beschreibt Gentili (1922) 3 weibliche Anencephale. Bei einem derselben keine Nebennieren, bei den anderen Hypoplasie. Während die Zona glomerulosa fast regelrecht gefunden wurde, ist die Zona fasciculata leichter, die Zona reticularis schwerer betroffen. Die Rinde ist lipoidarm im Gegensatz zu Mattina (1927). Verfasser bringt den Lipoidmangel mit der häufigeren weiblichen Geschlechtsdifferenzierung bei Anencephalie in Verbindung.

Gaifami (1923) fand den Thymus in wechselndem Maße ausgebildet bei Akranie und weist darauf hin, daß auch bei Hydrocephalen sowohl sehr große wie kleine Thymusdrüsen gefunden werden.

Auch untersuchte Clemente (1924) die endokrinen Organe von 1 männlichen und 3 weiblichen Anencephalen: Fehlen der Hypophyse in einem Falle, Thyreoidea einmal kleiner, 3mal vergrößert. Thymus in allen Fällen vergrößert. Nebennieren fehlten in einem Falle, in den übrigen Fällen Hypoplasie von Rinde und Mark. Ovarium o. B.

Der scheinbare Exophthalmus hängt (entgegen der Auffassung von Clemente und de Vecchi) nicht mit der Schilddrüse zusammen.

Eingehende Untersuchung über *Anencephalie und Nebennieren* mit einer guten Schrifttumsübersicht gibt A. Kohn (1924). Bei 11 Anencephalen war stets die Neurohypophyse verkümmert, die Pars intermedia fast nie vorhanden und die Adenohypophyse zeigte regelrechten Befund, verschiedentlich mit Vermehrung der Eosinophilen. A. Kohn läßt die Frage offen, ob dieser Befund der Neurohypophyse zu der Nebennierenverkleinerung in ursächlichem Zusammenhang steht oder durch Veränderung der epithelialen Teile bedingt sei, oder durch die mangelhafte Entwicklung der juxtaneuralen Anteile.

Bei Untersuchung von 2 männlichen und einem weiblichen Anencephalus sah Mattina (1927) einmal eine normale Schilddrüse, in 2 Fällen Verkleinerung bei erhöhter Konsistenz. Thymus vergrößert. Mikroskopisch in 2 Fällen Hyperplasie der Thymusrinde und in 2 Fällen erhebliche Eosinophilie. Nebennieren nach Mattina in allen Fällen schwer hypoplastisch; in einem Fall (weiblich) sowohl Niere und Mark betroffen. Ein Zusammenhang der Hypoplasie des Interrenalsystems mit der größeren Häufigkeit der weiblichen Anencephalen (Gentili) besteht nicht.

Ettinger und Miller (1929) fanden als regelmäßige endokrine Anomalie Fehlen der Zirbeldrüse, der Nebenniere und der Hypophyse. Die Hypophyse sei fast regelmäßig vorhanden mit einem Mangel des Hinterlappens. War die Nebenniere vorhanden, so zeigte sie einen postnatalen Entwicklungszustand. Bei 2 von 9 Fällen fehlte sie. Eine Verantwortlichkeit der endokrinen Verbildungen für diejenigen der allgemeinen Körperbeschaffenheit insbesondere des Gehirns kann nicht festgestellt werden. Das Fehlen der Neurohypophyse bei gut entwickelter Retina geht offensichtlich darauf zurück, daß die Neurohypophyse vor Erreichung der Reife zugrunde geht. Daher sei wahrscheinlich auch die Anencephalie mehr das Ergebnis eines destruktiven Prozesses.

Den Zusammenhang der Nebenniere mit der Hirnmißbildung erörtern Ettinger und Miller (s. dort), möglicherweise würden von der fetalen Nebennierenrinde Hirnlipoide mitproduziert. Beim Gehirn könne es zu einer Inaktivitätsatrophie kommen. In 21 Fällen (Sorentino 1933) (9 Akranie mit Anencephalie, 5 Merokranie mit Meroencephalie, 4 Merokranie mit Exencephalie, 3 Meningoencephalocelen) fanden sich durchweg sichere Strukturveränderungen der Nebennieren, meist ohne Hypoplasie; in 2 Fällen Fehlen einer, in 3 Fällen Fehlen beider Nebennieren. In den anderen sei die Rinde immer hypoplastisch, Mark „kongestioniert", die Schichten undeutlich abgegrenzt. In den gleichen Fällen (s. oben) fand Sorentino bei der Thymusdrüse in 15 von 21 Fällen deutliche Hypertrophie der Drüse; in 9 Hyperplasie der einzelnen Zellelemente, besonders der kleinen Lymphoiden. Bei den 21 Fällen konnte die Hypophyse nur in 7 sicher nachgewiesen werden, und zwar bei den reiferen Formen. Die Ovarien waren in 11 Fällen zu finden, die Schilddrüse zeigte in den Fällen von Sorentino deutliche Entwicklungshemmung mit völligem Fehlen von Kolloid und fetaler Struktur.

Zuidema (1934) sieht hypoplastische Nebennieren in Abhängigkeit von der ebenfalls fehlgebildeten Hypophyse bei 3 Fällen von Anencephalie.

Giordano (1939) betont die Hypoplasie des Skeletsystems, so daß „die Anencephalen wesentlich älter sind als nach Körperlänge und Gewicht anzunehmen war". Er führt dies auf innersekretorische Faktoren zurück. Die oft behauptete Hypoplasie der Thymusdrüse ist nur selten zu finden; dagegen sind die Nebennieren mehr oder minder hochgradig hypoplastisch, und zwar besonders in den Rindenanteilen, in der Zona fasciculata und reticularis. Trotz der Hypoplasie besteht eine frühzeitige Reifung. Ebenso hypoplastisch ist auch die Pars nervosa der Hypophyse; die Schilddrüse ist oft hyperplastisch. Diese innersekretorischen Hypoplasien faßt Giordano als sekundär gegenüber denen des Nervensystems auf.

Török (1951) (20 Anencephale) verweist auf das Fehlen der der Hypophyse übergelagerten hypothalamischen Systeme. Er fand niemals den Hypophysenhinterlappen[1]. Das Gewicht

---

[1] Covell (1927) erklärt das geringe Gewicht der Anencephalenhypophyse mit dem Fehlen des hinteren Lappens.

des hypophysären Drüsenkörpers könne nicht beurteilt werden, da stets eine maximale Blutfülle vorläge. Die Nebennieren, die in seinen Fällen immer vorhanden waren, betragen im Durchschnitt $1/7$ des Normalgewichtes. Die fetale Nebennierenrinde fehlt bei den Anencephalen gänzlich. In der fasciculären Schicht weisen die anencephalen im Gegensatz zu den normalen Früchten Lipoide auf. Der Thymus ist doppelt so groß als bei den normalen Neugeborenen, als mögliche Ursache der beobachteten Abweichungen wird die Rolle des hypophysär-hypothalamischen Systems und die Schwangerschaftshormone diskutiert.

Diese Übersicht gibt ein keineswegs einheitliches Bild. Auch an eigenen Untersuchungen konnten wir kein systematisches Verhalten aufdecken; deshalb wird man gut tun, möglichst alle Daten, auch die klinischen und die Stoffwechsel-Äußerungen der Anencephalen zu erfassen, ehe man zu Hypothesen gelangt. Das eine steht aber fest: Es genügt nicht, die Organe der inneren Sekretion und des Stoffwechsels zu untersuchen; es ist ebenso notwendig, auch der Frage der Durchblutung, etwaiger Spaltbildungen, Zahl der Nabelschnurgefäße usw. Aufmerksamkeit zu schenken.

8. Spina bifida dorsalis.

Die dorsalen Spalten der Wirbelsäule werden als *Spina bifida* bezeichnet[1]. Der Wirbelbogen bleibt offen oder die beiden Anteile der Wirbelbögen erreichen sich nicht, sondern gehen schräg aneinander vorbei. Die Haut kann darüber völlig geschlossen sein, nur der tastende Finger stellt den fehlenden Wirbelbogenschluß fest. Am häufigsten ist der Spalt in der Lumbal- oder Lumbosacralregion. Aus dem nicht geschlossenen Wirbelkanal können Organe heraustreten, die sonst den Inhalt desselben bilden[2]. Je nach dem Inhalt dieses vorstehenden Sackes und seiner äußeren Gestalt unterscheiden wir die *Myelocele* oder *Myelomeningocele*, bei der caudal die Rückenmarksanlage offen geblieben, durch ventrale Flüssigkeitsansammlung emporgehoben wird, „so daß sie sich als herniöse Geschwulst über die Rückenfläche hervorwölbt" (ERNST). Die Unterscheidungen, ob die Flüssigkeit dann zwischen Rückenmark und der Anlage der Häute oder zwischen Pia und Arachnoides entsteht, wobei die Nerven die Wand durchlaufen, hat mehr eine theoretische Bedeutung.

Diese Myelocele ist im Grunde genommen lediglich eine durch den Liquor nach außen gedrängte Area med. vasc. Die letztere kann (s. HENNEBERG und LEVEUF-FOULON) auch von Epithel bedeckt sein (HENNEBERG, Myelomeningocele subcutanea).

GAGEL beobachtete eine 10 Monate alte Frühgeburt, bei der sich eine überhäutete Myelocele in zeitlichem Zusammenhang mit der Überhäutung vergrößert hatte, und zwar bei dem Fall, von dem die Abb. 18 mit der Verdopplung des Rückenmarks stammt. Auf dem Querschnitt durch den Hautsack liegen 2 Platten von Nervensubstanz einem dichten, welligen Unterhautbindegewebe an. In der Mitte der Platte einzelne multipolare Ganglienzellen, keine Nervenfasern oder Markscheiden, sondern nur reichlich gliöses Gewebe. Dorsal von den Platten liegt ein Unterhautbindegewebe, das auf die Medullarsubstanz übergreift, während sich ventral das Nervengewebe gegen die Pia scharf absetzt. Auf der Höhe der Vorwölbung nimmt die Area med. vasc. die ganze Höhe des Hautsackes ein. Diese Haut enthält keine Papillen. Die Pia schmiegt sich von innen der Area med. vasc. an und ist durch Liquor von der Arachnoides getrennt. In den seitlichen Abschnitten der Platten liegen multipolare oft zweikernige Ganglienzellen. Caudal von dieser Verbildung liegt ein auffallend dünnes Rückenmark mit 2 Zentralkanälen und extradural ein Spinalganglion, welches das Rückenmark an Größe übertrifft.

---

[1] Den individuellen Unterschied beim Schluß des Kreuzbeins betont auf Grund sorgfältiger Untersuchung ASK (1941), insofern die Wirbelanlage von S 1 sich wesentlich später schließt als die kranial und caudal gelegenen Bogenanlagen. Im Rückenmark hat er die von IKEDA (1930) beschriebene Doppellumina immer wieder gefunden, und zwar in den caudalen Segmenten des Rückenmarks bis in die Zeit hinein, wo das Filum terminale gebildet wird (s. auch JUBA 1951).

[2] Wir finden dieses zusammenfassend dargestellt bei ERNST in SCHWALBES Handbuch, bei GAGEL, Handbuch der Neurologie, in der französischen Literatur bei LEVEUF.

Bei der *Myelocystocele* sind Wirbelkanal und Dura nicht geschlossen, während das Rückenmark und die weichen Häute ihren physiologischen Schluß zwar erhalten haben, aber der Zentralkanal hydromyelisch erweitert bleibt. Unter der Myelocystomeningocele dorsalis verstehen wir eine von Haut und Hirnhäuten gebildete cystische Höhle, bei der die Flüssigkeit dorsal des Rückenmarks gelegen ist. Die Unterscheidung in Myelocystomeningocele ventralis oder Myelocystomeningocele dorso-ventralis nach Muskatello (in Gagel wiedergegeben), ist im Prinzip nur unwesentlich. Bei den reinen Meningocelen besteht die Wand des Sackes aus dem Rückenmark und den Häuten. Die Flüssigkeitsansammlung liegt je nach dem zwischen Pia und Arachnoides oder innerhalb der weichen Häute. Am ventralen Boden des Sackes liegt dann das Zentralorgan.

Diese Verhältnisse sind in jedem Lehrbuch ausführlich behandelt und bieten prinzipiell keine Problematik. Die Flüssigkeit ist stets mit dem Liquor identisch. Leveuf und Foulon (1930) haben in 7 Jahren 28 Fälle von Spina bifida cystica gesammelt. Die Einteilung Recklinghausens bzw. Hildebrandts in Myelomeningocele und Myelocystocele trifft nach Ansicht der Verfasser ebensowenig das Wesentliche, wie die der Myelomeningocystocele von Muskatello. Leveuf und Foulon haben an ihrem Material keine echte Myelocystocele finden können, allenfalls eine Myelomeningocystocele. Ist die Höhle mit Epidermis ausgekleidet, so ist der Inhalt ein mit dem subarachnoidalen Raum kommunizierender Liquor. Das Rückenmark durchzieht diesen Sack (ähnlich Abb. 17), inseriert am Scheitelpunkt dieses Sackes und bildet dann erst hier die Area medullaris. Oft ist die Area medullaris durch eine Schicht dicker parallel-streifiger Bindegewebsbündel mit zahlreichen Fibroblasten abgegrenzt. Diese Trennungsschicht gestattet die Unterscheidung ehemals epidermisüberkleideter aber ulcerierter Spina bifida von der echten Myelomeningocele. Im übrigen unterscheiden sich die Fälle der Verfasser lediglich durch den Bau der Area medullaris, die sowohl aus einem mehr oder minder ausgebreiteten Nervengewebe ohne Zentralkanal oder aus einem geschlossenen mehr oder weniger stark mißbildeten Rückenmark oft mit breitem Ependym ausgekleideten Hohlraum besteht. Treten Cysten im Innern eines mißbildeten aber von einem Zentralkanal durchzogenen Rückenmark auf, so seien diese Cysten ein sekundäres Ereignis, d. h. ein späterer Zerfall. Auf diese Weise entstünden die Myelomeningocystocelen. Die Area medullaris besteht aus den symmetrischen durch eine Commissur verbundenen Partien grauer Substanz, in der sich Ganglien- und Gliazellen finden mit der Bildung von vorderen und hinteren Wurzeln. Leveuf und Foulon sehen die entarteten großen Gefäße als Folgen einer Entzündung an und wollen deshalb das ,,vasculosa'' überhaupt streichen. Die Verfasser beschreiben auch bei diesen partiellen Areae medullosae an beiden Enden den charakteristischen Übergang in den Ependymkanal der anschließenden Rückenmarkspartien.

Leveuf (1934) betrachtet die Meningocele lediglich als eine Unterart der Spina bifida, gewissermaßen als einfaches Divertikel des Subarachnoidalraumes. Das Rückenmark nimmt an der Bildung der Meningocele teil. Auch er bestätigt Entwicklungsanomalien des Rückenmarks bei Meningocelen und fand in einem Falle verstreute Neurogliainseln und eine Spinalganglionanlage in der Meningocele.

Eine besondere Problemstellung bieten die occipitalen Encephalocelen bzw. Myeloencephalocelen nicht[1,2]. Einzelformen werden bei der Syringomyelie mitbehandelt. Gute Beschreibungen gaben Esau (1932) und Stüber (1949). Stenzel gibt (1955) eine Übersicht über die Seltenheit der Cephalocelen, die nach Cordez nur in 0,05% gefunden werden, während die Spina bifida im Lumbosacralbereich nach Lichty und Curtius in 17—18% aller Wirbelsäulen zu finden waren. Stenzel verweist mit Recht darauf, daß bei der hinteren Encephalocele (Cranium bifidum occipitale inferior) auch — s. oben — die frühembryonale Occipitalfissur fortbestehen kann, ebenso wie Spaltbildungen im Bereich der oberen Halswirbel

---

[1] Ernst stellt die Verhältnisse zwar richtig dar und hebt auch die Lage der dorsalen Hirnbrüche als im Gebiet des Occipitalhirns und obersten Halsmarks gelegen ausdrücklich heraus, bezeichnet aber die occipitale Encephalocele als ein nach oben verlängertes Foramen magnum, trotzdem es sich hierbei um eine Schlußstörung wie bei den Wirbelbögen handelt. Mutatis mutandis befindet sich in diesen dorsalen Encephalocelen, sofern es sich nicht um einfache Meningocelen handelt, auch Hirnsubstanz, und zwar vorzüglich des Kleinhirns (vgl. Abb. 15). Sie wären also als eine Hydrocerebellomeningocele zu bezeichnen, während die tieferliegenden occipitalen Encephalocelen, sofern das Nervensystem daran beteiligt ist, aus einem nicht geschlossenen Cervicalmark und Oblongata bestehen.

[2] Bei der von Gruber so benannten Dysencephalia splanchnocystica hat Apert (1936) eine solche im hinteren Hirnbruch gefunden.

(HALLERVORDEN, FORD). Spaltbildungen oberhalb der Protuberantia occipitalis sind selten. Die Determination wird vor das Ende des 2. bis spätestens des 3. Embryonalmonats gelegt, da die Verschmelzung der aus 2 Knochenkernen bestehenden Unterschuppe in der 8.—9. Woche stattfindet und nach den Untersuchungen von SPALTEHOLZ die Vereinigung der Knochenkerne der Oberschuppen um die 12.—13. Woche beginnt. STENZEL weist weiterhin auf den Widerspruch der alten Auffassung von ERNST und CORDEZ (Schließungshemmung im Bereich der quer zur Körperachse verlaufenden Verschmelzungslinie) hin und sucht die Störung in der Mittellinie. Hierfür spricht unter anderem die Kombination von Spina bifida mit dem Klippel-Feil. Von praktischer Bedeutung ist STENZELs Hinweis, daß es sich bei Vorwölbungen im Bereich der Schädelspalten auch um den Stiel von Dermoidcysten handeln kann.

Zu den leichtesten Verbildungen gehört die von der Haut bedeckte Spina bifida (s. Abb. 1 c und 33).

In einer ausführlichen Beschreibung geht FINCK (1921) auf diese Verhältnisse ein:

„Anomalien nehmen von den Fällen mit bloß rudimentärer Ausbildung der Dornfortsätze bis zur ausgesprochenen Spina bifida occulta stufenleiterartig zu, wobei die Veränderungen innerhalb und außerhalb des Sacralkanals einander parallel gehen. Je höher hinauf der Dornfortsatz- und Schlußbogendefekt reicht, um so ausgesprochener sind die Erscheinungen im Sacralkanal. Die ganze Anomalie stellt offenbar die Endstufe einer intrauterinen Reparationsarbeit an einem ursprünglich offengebliebenen Sacralrohr dar. Je nachdem, wieweit diese Rekonstruktion gediehen ist, ergibt sich ein schwerer oder leichter Fall von Spina bifida occulta. Die Reparationsvorgänge setzen sich in geringerem Grade auch über die Geburt hinaus fort. Für die klinische Prognose ist außer dem Alter des Patienten auch die Höhenlokalisation des Defektes von Bedeutung. Bei Beteiligung der oberen Sacralwirbel ist starke Fettwucherung im Sacralkanal anzunehmen: hier ist die Prognose zweifelhaft. Sie ist ungünstig bei Fällen mit Hypertrichose und narbiger Einziehung im hypertrichotischen Feld."

Schon in die physiologische Breite fallen die in der medianen Schlußlinie des Kreuzbeines gelegenen Hautrhaphen, die allerdings bei histologischer Untersuchung subcutan in der Medianlinie Neuroektoderm enthalten können.

Eine besondere Form eigenartiger Myelomeningocelen beschrieb ECONOMO (1939). Es handelt sich um den durch Vorfall der völlig zum Rohr geschlossenen Partie des Rückenmarks, also eine Ektopie auf der Höhe des 12. Brustwirbels, im ganzen 9 cm lang. CAMERON hat nach MACNAB (1954) festgestellt, daß es bei den Myelomeningocelen zu einer verzögerten Markreifung des Rückenmarks käme.

PENFIELD und CONE (1932) sehen — wie andere Autoren — nach Resektion einer Myelomeningocele einen hochgradigen, gelegentlich zum Tode führenden, *Wasserkopf*, was von MACNAB-CAMERON bestritten wird. PENFIELD und CONE erklären den Hydrocephalus durch den besonderen Aufbau der Meningocelenwand und glauben, daß die von ihnen in unmittelbarer Nachbarschaft der venösen Gefäße gefundenen Zellnester weitgehend mit den PACCHIONIschen Granulationen übereinstimmen. In derselben Weise wie diese mit embryonalen Sackbildungen verbundenen Schlußstörungen ist auch die cervicale oder occipito-cervicale zu bewerten. Hier findet sich statt des Rückenmarks oft Kleinhirnsubstanz in dem Bruchsack. Anders verhält es sich jedoch mit den Spaltbildungen im frontalen Abschnitt des Schädels (s. S. 409).

Die Exencephalien werden, sofern sie nicht aus verbildetem Material bestehen, zu den Spaltbildungen, d. h. den Hirn- und Rückenmarksbrüchen zu rechnen sein.

GRAGERT (1933) beschreibt eine „Merokranie" mit Encephalocele und einer $7 \times 3^{1}/_{2}$ cm großen aus der Stirn horizontal herausragenden dunkelblauroten infarzierten „Geschwulst", eine Hernia cerebri sagittalis. Der Schädel erscheint von oben nach unten platt gedrückt. Die Scheitelbeine sind konkav und bilden an der Pfeilnaht einen scharfen Rand. Der Gesichtsschädel zeigt massives Knochenwachstum. Über den eigentlichen Inhalt dieses Bruchsackes wird nichts gesagt. Richtiger wäre dieser Fall als Exencephalie zu beschreiben. Fälle dieser Art mögen es gewesen sein, die den Anlaß dazu gegeben haben, die Akranie bzw. Aplasien des Craniums zu den Spaltbildungen zu rechnen.

Gremme (1930) beschreibt eine Meroakranie und Exencephalie, die trotz des Schädeldefektes und der Fehlbildungen des Gehirns dasselbe in seiner äußeren Form vollentwickelt erscheinen lassen; die Hirnhäute sind intakt. Er sieht in seinem Falle im Anschluß an die Auffassung von Walz den Ausdruck einer Spalte, die er an das Ende der Rhachischisisreihe stellt.

Giordano (1939) übernimmt die Auffassung Bergers, daß eine Volumenzunahme des Schädelinhaltes das Primäre für die Entstehung des Hirnbruches sei. Diese Volumenzunahme beruhe auf hamartomatöser Wucherung der Gefäße häufig mit Bildung der Megalencephalia spuria.

Holmdahl (1952), der großes Gewicht auf den Druck des Amnions während der Entwicklung bzw. der späteren Hydropsbildung legt, glaubt, daß auch die lokale Spina bifida auf diese Weise entstünde.

Occipitale Encephalocelen bzw. Encephalo-Meningocelen finden wir als koordiniertes Äquivalent ausgedehnter lumbosacraler Spina bifida und generalisierter Dysrhaphien, weiterhin als Symptom der Dysrhaphien bei den Fällen z. B. der Abb. 14—17ff. In dem Fall von Yakovlev und Osgood (1947) bestand außerdem eine Diastematomyelie.

9. Die ventralen Wirbelspalten.

Die meisten ventralen Wirbelspalten sind auf frühzeitige Störung der Induktion zurückzuführen. Das beweisen die Fälle von Rhachischisis anterior mit völliger Trennung und räumlicher Entfernung der beiden Wirbelsäulenhälften. Nach Bell (1923) finden sich bei der Rhachischisis anterior auch Verbildungen mit Persistieren des Canalis neurentericus. Er fand in seinen 18 Fällen die Kommunikation zwischen Neuralrohr und Intestinaltrakt. Mit Budda nimmt Bell an, daß eine Hemmungsmißbildung infolge einer Behinderung der caudalwärts gerichteten Urmundwanderung vorliege. Die schwere allgemeine Entwicklungsstörung wird durch eine Reihe weiterer Verbildungen, so durch das Vorliegen eines Arnold-Chiari, bewiesen (ausführliche Literatur).

Dodds (1941) erörtert die vorderen und hinteren Wirbelspalten. In seinen beiden Fällen finden sich eine komplette Spaltung der Halswirbelsäule, eine enorme Vergrößerung des For. occ. magnum, das ohne Entwicklung eines Nackens dorsal mit der Brustwirbelsäule in Verbindung stand. Die Ursache war in dem 2. Falle eine riesige bis zum 10. Thorakalwirbel herabreichende 200 cm³ fassende Meningocele zwischen Kopf und 10. Brustwirbel. Das Brustmark war im ersten Falle verdickt, aber geschlossen. Im 2. Falle imponierte es als verlängerte Medulla oblongata. Zu den Spaltbildungen des Wirbelkörpers gehören, abgesehen von den ventralen, die ebenfalls stets mit Verbildungen der Nervensubstanz vergesellschafteten lateralen, denen aber — wie in dem Falle von Goldman (1949) — eine schwere Aplasie zugrunde liegt. Goldman fand auf der rechten Seite Defekte der 1.—9. Rippe und im unteren Teil der Wirbelsäule eine Myelomeningocele mit gleichzeitigem Defekt der Wirbelkörper. Die weiter vorhandenen Verbildungen sprechen für eine primäre tiefgreifende Störung.

Die ältere Literatur findet sich bei Ernst bis 1909, und bei Leveuf und Sternberg (Spina bifida, 1937). Eine kritische Übersicht ist uns nicht bekannt.

Die Frage der Rückresorption fehlgebildeten Gewebes ist oben im Abschnitt der Anencephalie S. 396 eingehend besprochen, da die bei der Anencephalie vorhandenen Reste zum großen Teil nicht anders zu deuten sind. Auch aus dem entwicklungsphysiologischen Experiment Töndurys, sowie aus den genannten Beobachtungen junger menschlicher Keimlinge geht die Bedeutung der Rückresorption eines nicht ausreichend unterlagerten oder später nicht ausreichend mesenchymal versorgten Gebietes hervor. Einzelne Fälle wie der von Hurowitz (1936) sind jedoch nicht zu klären.

C. Scheinaplasien und Entwicklungsstörungen auf anatomisch beweisbarer exogener Grundlage.

In vorhergehenden Kapiteln bzw. im Eingang dieses Kapitels haben wir auf Grund unserer heutigen Ergebnisse die Rolle exogener Prozesse herausstellen müssen. Exogene Prozesse führen zu einer echten Mißbildung, wenn die Störung schon zur Zeit der Neurulabildung eintritt (z. B. Störung der Eieinnistung) bzw. bedingen sie Krankheitszustände, wenn es sich um die Embryopathien handelt und zu intrauterinen Erkrankungen, wenn Toxoplasmosen oder Rubeolen sich in der späteren Schwangerschaft auswirken können. Diese Ursachen werden im-mer bewiesen werden können. Dagegen lassen sich Stö-rungen der Eieinnistung oft nur aus der Kenntnis des Geschehens heraus schließen, wie z. B. bei frühen Abtrei-bungsversuchen, Röntgen-bestrahlung zu Beginn einer nicht bekannten Gravidität oder bei Erkrankungen (z. B. dekompensierter Herzfehler) der Mutter (s. oben S. 348). Von besonderem Interesse sind diejenigen früh ein-setzenden Schäden, die zwar nicht eine Keimverbildung bedingen, aber doch auf Grund einer Erkrankung die Ausbildung einer normalen Reifung empfindlich stören. Eines der eindruckvoll-sten Beispiele dürfte unsere Beobachtung (1936) sein, die beweist, daß auch die Dys-

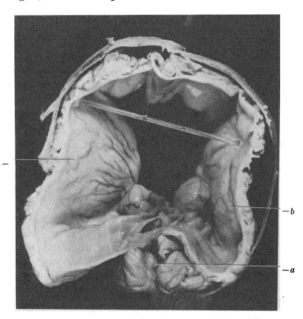

Abb. 23. Spaltbildung des Kleinhirns (*a*) bei Spina bifida; sympto-matische Entwicklungsstörung des Gehirns auf Grund einer Lues. Vernarbung des Bindegewebes im Gebiete der Cisterna ambiens und des Plexus. Hydrocephalus internus. *b* Einfache Hetero-topien unter der teilweise meningitisch vernarbten Hirnrinde. (Aus OSTERTAG, Hirngewächse, 1936.)

rhaphien, gleichgültig, ob endogen oder exogen bedingt, nach einem einheit-lichen Muster entstehen. Die luische Infektion setzte im jungen Mesenchym die typischen Veränderungen, führte unter anderem zu einer chronischen ver-narbenden Entzündung des Plexus und der Meningen. Es resultierte eine dorsale Spaltbildung des Kleinhirns (vgl. Abb. 23), eine typische Dysrhaphie, ein riesiger Hydrocephalus internus mit Liegenbleiben von Keimmaterial in der Ventrikelinnenfläche und mangelnder Ausdifferenzierung der Rinde. Man würde vielleicht sagen können, daß schon die Lues „als keimplasmatisches Gift" die Verbildung veranlaßt hatte, doch steht dem entgegen, daß wir derartiges niemals bei der Lues gesehen haben. Wohl aber finden wir bei früh-kindlichen Meningitiden oder Störungen in der Oberfläche des noch nicht gereiften Organs infolge von Fehlmesenchymation derartige Heterotopien grauer Substanz in der Ventrikelfläche. Auf Grund von Kaninchenversuchen, die auf gemeinsame Überlegungen mit M. ROSE zurückgingen, gelangten wir zu der Auffassung, daß die Abwanderung des Keimmaterials auch dann gestört ist, wenn das ursprüng-liche Randschleiergebiet irgendwie in Mitleidenschaft gezogen wird. Auf eine weitergehende Verbildung der Rinde, die nicht als Narbenstadium, sondern als echte Fehlbildung gedeutet werden muß, haben wir 1925 bei einer amaurotischen Idiotie hinweisen können. Neben pachygyren fanden wir pseudomikrogyre Windungen, eine Heteropolygyrie und im Sinne der von Bielschowsky definierten Migrationsstörung noch Zellager unter der U-Faserung. Auch aus anderen Befunden war der Nachweis zu erbringen, daß der Prozeß der amaurotischen Idiotie bereits im Fetalleben eingesetzt hatte, und wir konnten damals schon die Frage der Hemmungsbildung der Hirnrinde und die Migrationsstörung diskutieren.

D. Fetale Prozesse und Verbildung.

Selbst kleinere Defekte hemmen das Wachstum des Gehirns oder verlangsamen die Entwicklung. Ein Teil der als Hemiatrophien beschriebenen Fälle mit gleichseitiger Kleinheit einer Schädelhälfte gehen auf frühe Defekte zurück, deren Nachweis oft nicht leicht ist.

Aus der Arbeit Diezels erhellt die Rolle äußerer Vorgänge bei einem Eingriff in die Entwicklung und gleichzeitig die Beeinflussung bestimmter in ihrem ontogenetischen Alter verschieden differenzierter Abschnitte. Diezel bildet die einem 4. embryonalen Monat entsprechende Hemisphärenanlage ab, in der die phylogenetisch ältesten, ontogenetisch frühdifferenzierten Regionen der Flocke und des Unterwurms bereits gut differenziert sind, während die Anlage der Hemisphären fehlt. Damit sind auch gleichzeitig unsere Befunde (1935 bzw. 1936) bestätigt, in denen wir die äußere Bedingtheit von Verbildungen erweisen konnten.

Meningeale Prozesse mit Beeinträchtigung des Randschleiers haben eine die Cytotaxis hemmende Wirkung, so daß im Ventrikel Keimmaterial liegenbleibt, dort heterotopisch ausdifferenziert, während die äußere Rinde wohl angelegt und hinreichend zellreich ist, die tiefe Rinde jedoch leer bleibt. Dieser Mechanismus dürfte außerdem für die Heterotopien bei *Porencephalie*[1] verantwortlich zu machen sein, sofern diese schon zu einer Zeit auftritt, in der die Migration noch nicht abgeschlossen ist. Hierzu haben wir inzwischen eine Reihe weiterer Beobachtungen sammeln können.

Wir müssen deshalb H. Jacob zustimmen:

„Es ist eben eine wesentliche Besonderheit fetaler Erkrankungsprozesse gegenüber denen im ausgereiften Gehirn des Erwachsenen, daß die Schädigung nicht am fertig entwickelten Gehirn einsetzt, eine gewisse Zeit abläuft und einen unveränderten einmaligen Defekt zurückläßt. Vielmehr ist für die Erkrankungen der Fetalperiode charakteristisch, daß eine teratologisch frühzeitig und einmalig einsetzende Störung nicht nur eine Hemmung der in diesem Zeitpunkt ablaufenden Entwicklungsphasen hervorruft, sondern alle auf diese Phase folgenden Entwicklungsvorgänge an der betreffenden Stelle ebenso stört. Wir haben also in einer solchen Fehlbildung eine Summe von einzelnen Entwicklungsstörungen vor uns, die zu verschiedenen Zeitpunkten (vom Einsetzen der störenden Faktoren an) nach und nach entstanden sind."

Von grundsätzlicher Bedeutung sind die tierexperimentellen Untersuchungen Hermann Beckers:

„Bei Läsionen vor der Hirnreifung können bereits angelegte Strukturen spurlos beseitigt werden, z. B. die Pyramidenbahn; das Ergebnis dieser Umwandlung wird als „Pseudoagenesie" bezeichnet. Es können ferner Umstrukturierungen statthaben, die die Verhältnisse früherer phylo- und ontogenetischer Stadien wieder herstellen. So ist der Schwund des Balkens mit einer Umgestaltung des Induseum griseum zu einer Rindenformation vom Ammonshorntyp verbunden (Stufe der Beuteltiere bzw. menschlicher Keime von 60 mm Scheitel-Steißlänge). Bei dem postnatalen Balkenschwund beim Hund bleibt ein Längsfasersystem zurück, das an das Balkenlängsbündel der menschlichen Fälle von Balkenmangel

---

[1] Porencephalie ist das intraembryonale Zugrundegehen von Hirnsubstanz mit restlosem Abtransport des eingeschmolzenen Hirngewebes.

erinnert. Es wird die Frage zur Diskussion gestellt, ob nicht beim angeborenen Balkenmangel das Balkenlängsbündel ebenso aus normal angelegten Fasern bestehen könnte, wie
bei dem postnatal entstandenen Balkenschwund des Hundes. Auch das Wiederauftreten
der nur niederen Wirbeltieren und menschlichen Feten eigentümlichen Fissura telodience-
phalica stellt eine Umstrukturierung auf frühere Entwicklungsstadien dar.

Diese nach der Geburt, aber noch vor der Hirnreifung stattfindenden Umformungen
werden unter Heranziehung experimental-zoologischer Literatur als grundsätzliche Reak-
tionsformen eines erweiterten Regenerationsvermögens gedeutet."

MARBURG führt 1930 Abweichungen der Form des Großhirns mit Recht auf
äußere Ursachen zurück. Nur handelt es sich hier nicht um primäre Mißbildungen,
sondern um Narbenbildungen im Gehirn mit nachfolgender Entwicklungsstörung.
Unter diesem Gesichtspunkte haben verschiedene dieser Fälle Interesse, erstens,
weil sie beweisen, wie stark die organo-genetische Tendenz zur Schaffung eines
vollkommenen Organs ist, zweitens, weil sie zeigen, welche Teile, wenn einmal nicht
angelegt, sich weiterhin auf die Entwicklung des Zentralorgans auswirken (z. B.
Unterentwicklung nachgeordneter Hirnstammkerne) und drittens, weil sie einen
Überblick über die Differenzierungshemmung geben, wenn ein Prozeß die Ausreifung stört.

Selbst wenn wir uns hier die größte Mühe geben, klare Begriffe zu schaffen,
die bekannten Ursachen klar zu stellen und die Problemstellungen herauszuarbeiten, so müssen wir leider davon überzeugt sein, daß die Veröffentlichungen:
„Mißbildung als Entzündungsfolge" usw. nicht aufhören werden, ehe nicht für
Pathologen, Neurologen, Gynäkologen und Pädiater die Kenntnis der Ortho-
genetik des Nervensystems etwas selbstverständlicher sein wird.

Außerdem müssen wir stets daran denken, daß selbst innerhalb des werdenden
Gehirns die Reaktionen als Antwort auf einen Reiz oder eine Schädigung niemals
die gleichen sein werden. Je weiter die Entwicklung, desto stärker auch die Mög-
lichkeiten der Reaktion. In den phylogenetisch älteren Teilen sind deshalb die
Reaktionen stärker und früher als in den jüngeren. Es kommt deshalb bei der
Beurteilung auch hier stets darauf an, den Reifungstermin der einzelnen Ab-
schnitte zu beachten. So kommt HALLERVORDEN anläßlich Mitteilung einer
Kohlenoxydvergiftung im Fetalleben mit echten Entwicklungsstörungen der
Hirnrinde zu dem Schluß:

„Es kommt dabei alles darauf an, wie die verschiedenen Faktoren in einem bestimmten
Zeitpunkt hinsichtlich der Intensität und Dauer der Schädigung im Verein mit der weiteren
Entwicklungsfähigkeit des verbleibenden Materiales aufeinander abgestimmt sind, um überhaupt eine lebensfähige Mißbildung zu ermöglichen. Andererseits wissen wir aus der Genetik,
daß Entwicklungsstörungen allein durch Mutationen hervorgerufen werden können. Die
Endzustände, die wir zur Untersuchung bekommen, lassen nicht erkennen, wie weit rein
genetische und in welchem Grade Umweltfaktoren ursächlich beteiligt sind. Wir müssen
uns einstweilen damit bescheiden, in günstig gelegenen Einzelfällen diese Faktoren erschließen
zu können."

Er erbrachte in dieser Arbeit den Nachweis, daß es trotz der exogenen Einwirkung auf das fetale Gehirn sich nicht um eine Narbenbildung (Ulegyrie),
sondern um eine echte Mikrogyrie, d. h. eine Entwicklungsstörung im Aufbau
der Rinde gehandelt hat. Hierzu gibt er die Erklärung, daß im 5. Fetalmonat
außer der ventriculären Matrix und der Rindenanlage noch die Neuroblasten
der Zwischenschicht, der Rinde zustrebend, enthalten sind. Irgendeine Schädigung
könne das Neuroblastenmaterial an Ort und Stelle liegenbleiben lassen, wenn
sie sich im Sinne der Ganglienzellreifung weiterdifferenziert. So faltet sich die
Rinde unvollständig und es entstehe die Pachygyrie mit heterotopen Ganglienzellen im Marklager. Würde jedoch erst später diese Entwicklung gestört, wenn
die Neuroblasten schon näher der Rinde gekommen wären, entsteht die Mikrogyrie. Der Ganglienzellstreifen liegt unter der Rinde und es bilden sich kleine

unvollkommene Windungen mit wenigen Schichten bzw. es wird gerade noch
eine Rinde gebildet, die an den Kuppen breiter erscheint, während die tiefen
Schichten völlig ungeordnet wären.

E. Die Verbildungen des Mesenchyms und seine Folgen. Verbildungen der Hirnhäute.

Im Abschnitt der Dysrhaphie wird die Frage der Fehlmesenchymation, Fehlvascularisation und Fehlbildung bzw. Fehldifferenzierung und Hypoplasie an
treffenden Beispielen noch
erörtert werden.

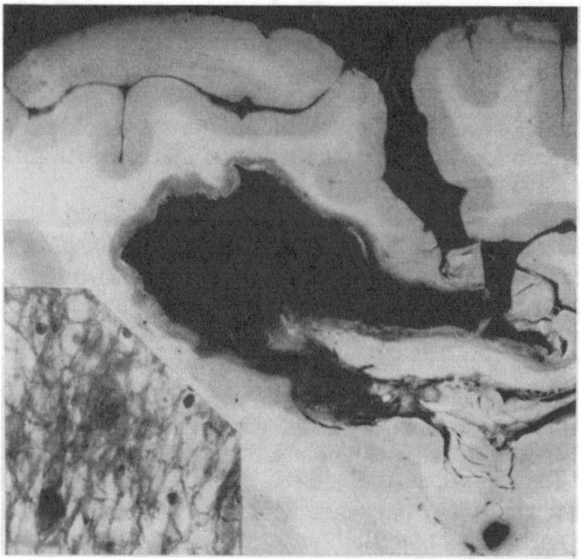

Abb. 24. Derbe Fasergliose um ein Cholesteatom. Links unten: Fehlgliotisation bei Fehlmesenchymation. Vergr. 345:1.

Fehlmesenchymation
mit Störung in der aus-
geglichenen Ernährung,
d. h. sowohl das Vor-
handensein von Angio-
men, Stase oder Blu-
tungen führt im Beginn
der Entwicklung zum
Untergang des Gewebes.
Es kommt dabei zu einer
lokalen Hypoxämie, die
das leitende Gewebe emp-
findlich stört. Eine im
Verlaufe der späteren Entwicklung (schon in der
morphogenetischen Phase)
entstandene Vermehrung
des Bindegewebes führt
jedoch zu einer verstärk-
ten Gliotisation bei reichlicher Gefäßversorgung,
auch zu einer Hyperplasie der betreffenden Teile. Einbruch und Fehldifferenzierung mesenchymaler und ektodermaler Massen bedingen eine reaktive
Vermehrung der Glia. So haben wir — wie in der Abb. 24 gezeigt — um ein
Cholesteatom herum eine erhebliche Vermehrung der Glia. Dies ist insofern
wesentlich, als die Ursache (das Cholesteatom) hier vollkommen klar liegt, während
man sonst leicht annehmen könnte, daß eine primäre Hypergliose auch eine
Vermehrung des Gefäßsystems bedingt.

Die engen Beziehungen des Mesenchyms gerade zur Deckplatte (am Rückenmark hinterer Ependymkeil) sind in der Embryonalzeit noch inniger und enger,
als sie später am ausgereiften Organ erscheinen. Wir werden darauf bei der
Syringomyelie und den bei dieser häufig gefundenen Tumoren nicht ektodermaler
Herkunft zurückkommen müssen.

Bei der Anencephalie wurde von verschiedenen Autoren die Frage der Bedeutung des überaus stark vascularisierten Mesenchyms erörtert. GIORDANO (1939)
spricht von hamartomartigen Wucherungen der Meningen und des Plexus. Wir
haben wenig Anhaltspunkte dafür finden können, da in den Endzuständen, zumal
bei dem hohen Flüssigkeitsgehalt und der leichten Resorbierbarkeit zugrunde gegangenen kindlichen Hirngewebes nicht viel von den Vorgängen zu finden war. Auf
der anderen Seite müssen wir aber doch die Häufigkeit der „angiomatösen Verbildungen" bei einer Anzahl von Mißbildungen bestätigen. So hatte der in Abb. 14
wiedergegebene Fet symmetrisch an der Konvexität im Gebiete des Parietal-

lappens beiderseits echte kavernöse Angiome, die fast wie ein Persistieren des embryonalen Gefäßsystems an das die Gefäßentwicklung darstellende Bild von STREETER erinnerten.

Bei frühen Verbildungen, wie gerade den zur Cyclopiegruppe zugehörigen Beobachtungen sind angiomatöse oder angiomähnliche Störungen gefunden worden. Ebenso beschreibt eine sorgfältige Untersucherin, C. DE LANGE (1937) angiomatöse Verbildungen im Frontalgebiet bei einem schwachsinnigen Kinde mit Mangel des Balkens, des Septum pellucidum, der vorderen Commissur und des Fornix.

Was die Verbildungen der Hirnhäute anbelangt, so bestehen diese entweder in einer fibromatösen Verdickung, Verlagerungen von Keimmaterial insbesondere des äußeren Keimblattes (vgl. Abb. 24); hierzu gehören die Anlagen der Cholesteatome (Epidermoide) und schließlich die Lipomatosen der Pia, die sich meist (s. oben) an Stelle von Störungen bei Schließungsdefekten finden. Infolgedessen kommen diese Lipomatosen im Gebiete des rostralen Balkens und im Gebiete der dorsalen Schließungslinie im Rückenmark vor. Verbildete neuromartige Nervenfasern sind gelegentlich in den Hirnhäuten zu finden. Metaplasie, wie z. B. knöcherne Einlagerungen in die Hirnhäute können sowohl als Folge eines pathologischen Stoffwechsels eintreten, aber auch, wie wir gelegentlich gesehen haben, schon als Fehlanlagen vorhanden sein. Eine größere Bedeutung kommt ihnen nicht zu, insbesondere keine isolierte Bedeutung. Meist finden sie sich bei Verbildungen des darunterliegenden Nervensystems.

In den Fällen, in denen das Hirngewebe hypoplastisch bleibt, oder rückresorbiert wird, imponiert als dominierend das gerade in der Zeit der frühen Differenzierung sehr reichliche und reichlich capillarisierte Mesenchym. Dasselbe ist der Fall, wenn z. B. bei der Syringomyelie in den Erweichungszonen das Mesenchym persistiert, den Untergang des nervalen Gewebes überdauert und als wenig differenziertes Bindegewebe in überschießender Weise den Defekt ausfüllt.

Andererseits kann eine starke Capillarisation des Gewebes — wie unten in Abb. 34 gezeigt — zu einer echten Hypertrophie ganzer Gewebsteile oder einzelner Stellen führen. Wie oben bei Besprechung der Anencephalien betont, kann das als sehr reichlich imponierende Mesenchym nicht als Verbildung angesehen werden, da es auf seiner frühen Entwicklungsphase stehenbleibt und ihm in diesem Zustande noch Abräumfunktionen zugemutet werden. Die Überlegung, zu welchem Zeitpunkt eine Verbildung entsteht und wie zu dieser Zeit das Mesenchym ausgebildet war, wird bei vielen Prozessen die richtige Antwort erleichtern. Hierbei ist auch der Faktor zu beachten, daß sich physiologisch, wie z. B. bei Anlage der Commissurenplatte, sehr reichlich Mesenchym findet, das sich bei der Reifung des Organs und Anpassung der Capillarisierung an den Reifezustand zurückbildet. Die Nichtrückbildung haben wir schon früher im Zusammenhang mit den Allocortexglioblastomen am Splenium und Genu corpus callosum nachgewiesen.

F. Dysrhaphie und Syringomyelie.

Die moderne Auffassung der A- bzw. Dysrhaphie und der Syringomyelie geht auf die Arbeit von SCHIEFERDECKER und LESCHKE (1913), auf die Arbeiten von M. BIELSCHOWSKY[1] und UNGER (1920) sowie auf die Mitteilung HENNEBERGs 1920 und 1921 zurück (OSTERTAG 1925).

---

[1] Die Tatsache der erst von BIELSCHOWSKY richtig gedeuteten Verhältnisse der Beziehungen der dorsalen Gliosen usw. zum Zentralkanal und der hinteren Schließungslinie finden sich objektiv schon früher angegeben, so in dem Handbuchbeitrag von HAENEL (1911), der die Ependymzellwucherungen im Zentralkanal mit einer beginnenden Spornbildung an der hinteren Commissur abbildet oder „Gliawucherung zwischen Zentralkanal und Spitze der Hinterstränge" beschreibt (HAENEL, vollständige Literatur bis 1911).

Bielschowsky sowie Henneberg erkannten, daß all diesen Vorgängen eine Grundstörung zugrunde liegt, und zwar eine Grundstörung in der Anlage des Rückenmarks, die ihren Ausdruck in dem mangelnden Schluß des Neuralrohrs, in der Störung der Rhaphebildung findet. Diese Bildung (dorsale Naht) der Rhaphe ist ein wesentlicher Vorgang in der Entwicklung des Rückenmarks. Für gewöhnlich wird es so dargestellt, daß beim Abwandern von Keimmaterial aus dem Bereich des Zentralkanals sich dieser verkleinere, das ganze ursprüngliche Seitenwandspongioblastem schwinde und bei dieser Gelegenheit der hintere Ependymkeil nach vorne wandere. Dieses „Vorwandern" ist ein mehr Passives. Der Zentralkanal verändert im Laufe der kindlichen Entwicklung seine Weite absolut nur wenig und verengert sich im wesentlichen nur relativ im Verhältnis zur Massenzunahme des Rückenmarksquerschnittes. Da der vordere Ependymkeil fixiert ist, werden an diesem keine wesentlichen Veränderungen irgendwelcher Art auftreten. Er ist eigentlich der einzig ruhende Pol in der ganzen weiteren Entwicklung des Rückenmarks. Die scheinbare Vorwanderung des hinteren Ependymkeiles geschieht in erster Linie durch ungeheure Massenzunahme der dorsalen Rückenmarksabschnitte. Der primäre Schluß des Neuralrohrs im Gebiet des späteren Rückenmarks ist allerdings die Vorbedingung für die weitere Entwicklung. Verklebungen im Gebiet des dorsalen Schlusses mit dem Mesenchym gestatten nicht mehr eine dorsale Schließung, sondern nur eine paramediane dorsale Entwicklung der Rückenmarkabschnitte, wobei die Tendenz zu einer vollständigen Organogenese die Seitenwandspongioblasteme miteinander verkleben läßt. Aus diesem atypisch fixierten Material entwickelt sich ein Teil der Gliosen.

Der gesamte dysrhaphische Symptomenkomplex kann (vgl. untenstehende Tabelle) aus uns unbekannten Ursachen erbbedingt auftreten (autochthon),oder Symptom einer andersartigen Fehlbildung sein. Erbkrankheiten wie tuberöse Sklerose, Recklinghausen-, Hippel-Lindau-Krankheit, neuroektodermale Dysplasien und kongenitale Hypoplasien bzw. Abiotrophien wie die Friedreichsche

Erscheinungsbreite der Dysrhaphien.

Krankheit	Art	Stellung
Status dysrhaphicus	Einfache Fehlbildungen *ohne* blastomatösen Einschlag	*Selbständige* Erkrankung
Dysrhap*home* Syringomyelie-komplex		
Tuberöse Sklerose Zentrale Neurofibromatose (Recklinghausen) Andere neuroektodermale Dysplasien (Bogaert) Hippel-Lindaus Krankheit	Fehlbildungen *mit* hyperplastischem bzw. blastomatösem Einschlag	*Symptomatische Dysrhaphien* (Schlußstörungen des Neuralrohrs durch Einwirkung der Grundkrankheit)
Friedreich-Komplex (cerebellar-pontospinale Ataxie)	Hypoplastisch-progressive degenerative Systemerkrankung	

Ontogenetische Stellung des dysrhaphischen Symptomenkomplexes.

Störung	Zeitpunkt	Symptome	Ursache
Arrhaphie	Formative Phase	*Fehlender* Schluß des Neuralrohrs, Rhachischisis, totale Spina bifida, Anencephalie	Endo- oder exogen
Dysrhaphie	Organogenetische Phase	*Fehlerhafter* sekundärer Schluß des Neuralrohrs in der Mitte der Nahtlinie mit Folgeerscheinungen. (Anatomisch latente Spaltbildungen. Mißbildungen, Hydrocephalus.)	
	a) Status dysrhaphicus mit Fehlbildungen des Achsenskelets, der Extremitäten, der Harnorgane, des caudalen Körperschlusses		b) „Syringomyelie" Progressive Hyperplasie, verlagerten und fehldifferenzierten Bildungsmaterials, Stiftgliose. Progressive Hydromyeliebulbie, Gliomatosen, Gliome, Ependymome

Ataxie sind nicht selten mit Dysrhaphie vergesellschaftet. Zum Komplex der Dysrhaphien gehören alle Veränderungen mit Störungen des dorsalen Schlusses des Rückenmarks, der Wirbelsäule oder der darüber gelegenen Haut. Man darf den Begriff der Dysrhaphie nicht zu eng fassen. Denn letztlich gehört ein großer Teil der Kleinhirncysten und Kleinhirngliosen zu den Dysrhaphien, ebenso wie es eine Höhlenbildung mit Gliose, eine Syringomyelie des Nervus opticus gibt. So haben wir nicht selten dorsale Dysrhaphien in der Oblongata neben denen im Gebiet des Nervus opticus.

Das Systemhafte in der Dysrhaphie geht, wenn auch vom Autor nicht zum Ausdruck gebracht, aus einer späteren Arbeit BIELSCHOWSKYs (1935) hervor, der für die dysrhaphischen Störungen den Mangel an telokinetischer Energie für die Elemente der hinteren Schließungslinie in den Vordergrund gestellt und in Analogie mit der mangelnden telokinetischen Energie der Ganglienzelleiste bei der Neurinombildung gesetzt hat. Die gesamten Erscheinungen auch bei den häufig mit Dysrhaphie kombinierten Erkrankungen der Gruppe der sog. Phakomatosen lassen sich nach BIELSCHOWSKY auf die Formel des mehr oder weniger festen Verharrens von embryonalem Keimmaterial in der Nähe der ursprünglichen Bildungsstätten zurückführen. Da bei den Dysrhaphien die Telokinese im Bereich des Flügelplattengebietes betroffen ist, liegt der Schwerpunkt dieser Störungen naturgemäß im Bereich des dorsalen Abschnittes des Neuralrohrs.

1. Die dysrhaphischen Störungen des unpaaren Neuralrohrs.

Wenn wir mit HENNEBERG einerseits zur *Arrhaphie* die Verbildungen vom persistierenden Plattentypus bei Rhachischisis und Spina bifida, rinnenförmigem Rückenmark — oft mit Invagination der Häute, Einrollung, Diastematomyelien, Bindegewebssepten in der hinteren Schließungslinie, sowie Teratombildungen und mesodermale Tumoren in derselben — andererseits zur *Dysrhaphie* (den Störungen des zweiten Schlusses) das Persistieren des primären Medullarohrs wie Myelomeningocele, genuine Hydromyelie[1], spinale Gliose, Syringomyelie und die zentral gelegenen Gliosen rechnen müssen, dann erscheint die getrennte Abhandlung der einfacheren Spaltbildungen und der Dysrhaphien nicht berechtigt. Denn — wie oben gezeigt — gehen an ein und demselben Rückenmark diese Verbildungen oft genug ineinander über. Da wir jedoch bei dem abwegigen sekundären Schluß des Neuralrohrs die *Dysrhaphien* als die *Grundlage* der *Syringomyelie* darstellen wollen, haben wir oben die einfache Schlußhemmung ohne Fehl-

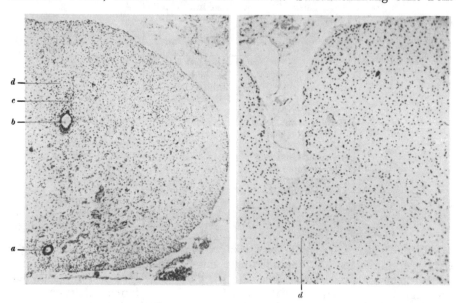

Abb. 25. Rückenmark desselben Falles wie Abb. 11. *a* Auf dem mißbildeten Rückenmarksquerschnitt ein ventraler Ependymkanal, nur vom vorderen Ependymkeil gebildet und ein dorsaler (*b*) mit Ansatz zur Rhaphebildung (*c*). Rechts und links zwischen den beiden Ependymkanälen motorische Ganglienzellen und Mesenchym. Dorsale Gliose bei *d*. Vergr. 52,5:1. Rechts: Ein wenig rostralwärts. Bei *d* die Rhaphe mit Übergang in eine erhebliche Zellvermehrung entlang der Randzone. Vergr. 8fach.

differenzierung zusammen mit den Spaltbildungen der Wirbelsäule und des Neuralrohrs wiedergegeben. Richtiger wäre es vielleicht, nicht nur von einer Arrhaphie und einer Dysrhaphie zu sprechen, sondern von einer *Arrhaphie* bei Offenbleiben des Neuralrohrs, von einer *Hyporhaphie* bei einem Nichteintreten des sekundären Schlusses und von einer *Dysrhaphie* als dem *fehlerhaften* Schluß des dorsalen Neuralrohrs. Unter diesen Gesichtspunkten hätten wir oben unter den Spaltbildungen die Arrhaphien und Hyporhaphien besprochen und können im nachfolgenden die Dysrhaphien und die Syringomyelie abhandeln.

a) Die einfachen Dysrhaphien.

Die Dysrhaphie definieren wir als eine einfache Fehlbildung ohne progressiven Einschlag, während die Syringomyelie als Dysrhaphie mit blastomatösem Einschlag anzusprechen ist. Die einfachen Formen der Dysrhaphien können wir be-

---

[1] Gagel handelt zwar die Hydromyelie unter den einfachen Mißbildungen des Rückenmarks ab. Nach der eingangs des Kapitels gegebenen Definition von Henneberg müssen wir aber hierin eine Störung des sekundären Schlusses, nämlich der Rhaphebildung sehen und werden sie deshalb unten bei den Dysrhaphien und Syringomyelie mitbesprechen, zumal sie meist mit dem Syringomyeliekomplex vergesellschaftet ist.

sonders im jugendlichen Alter an einem auslesefreien Obduktionsgut immer wieder finden. Mitunter ist ein Persistieren auch im höheren Lebensalter möglich: Eine Störung der Entwicklung im Gebiet der Rhaphebildung des hinteren Ependymkeils, häufig im lateralen Gebiet der hinteren Commissur des Rückenmarks, verbunden mit Persistenz embryonaler Furchen.

Einen geringen, wenn auch deutlichen Hinweis auf eine Dysrhaphie gibt das Verhalten der äußeren Haut. Wie auf Abb. 26 dargestellt, ist die äußere Haut in

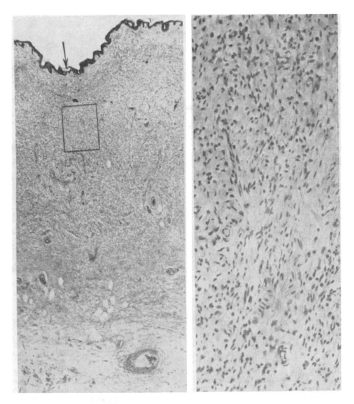

Abb. 26. 45 Jahre alter Mann. Leichteste Form der Dysrhaphie. Epithel in der Medianlinie eingesunken, darunter verbildetes neuroektodermal untermischtes Mesenchym. Rechts: Ausschnitt daraus. Vergr. 110fach.

der Mittellinie des Körpers eingesunken, darunter findet sich ein verbildetes mit neuroektodermalen Zellabkömmlingen untermischtes Mesenchym, das durch Fettgewebe von dem darunter liegenden oft nur kümmerlich geschlossenen Wirbelbogen getrennt ist. Das auf dieser Höhe liegende bzw. zu diesem Segment gehörige Rückenmark zeigt dann entweder eine Verbreiterung der Rhaphe, einen unregelmäßigen oder mehrere Zentralkanäle oder Abweichungen im Gebiet des Filum terminale. In Abb. 25 findet sich auf dem Rückenmarksquerschnitt ein ventraler Ependymkanal, der offensichtlich nur vom Grundplatten (ventralen)-Ependymkeil gebildet ist sowie ein dorsaler mit Andeutung einer Rhaphebildung. Vom Conus terminalis bis in das Filum terminale hinein finden sich embryonal oft noch lange persistierend mehrfache Zentralkanäle, aber selten, wie in der Abbildung, in der Medianebene gelegen.

Während wir in der Abb. 25 links den Anfang einer Rhaphe bis zur dorsalen Organbegrenzung erkennen können, ist in der Abb. 25 rechts die Rhaphebildung

nicht bis zum Ende des Organs zu verfolgen, sondern es findet sich ventral von
dieser Rhaphebildung zwar ein Zentralkanal, der aber nicht die Kennzeichen der
Zusammensetzung aus vorderem und hinterem Ependymkeil und abwanderndem
Seitenwandspongioblastem erkennen läßt, sondern in einer dorsal mesenchym-
ausgekleideten Spalte mündet, die von einem reichlichen Zellensaum an der
Peripherie des Neuralrohrs umsäumt ist. In diesem Falle handelt es sich gewissermaßen um ein Zusammenlegen der Flügelplatten mit Bildung einer Ersatzrhaphe,

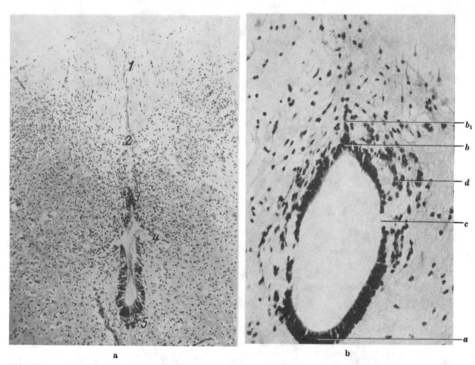

a   b

Abb. 27a. Dysrhaphie: bei *1* Rhaphebildung, bei *2* gliös verbreiterte Rhaphe, bei *3* dorsaler Ependymkeil
bei *4* Unterbrechung des Ependyms auf der Grenze zwischen Flügel- und Grundplatte. *5* Bodenplatte, anschließend
nach beiden Seiten die Grundplatte. Letzteres nur noch als embryonales Ependym erhalten. Zwischen *3* und *4*
gestörte Abwanderung und Vermehrung gliöser Elemente infolge der Störung.
(Aus OSTERTAG, Hirngewächse. Jena: Gustav Fischer 1936.)

Abb. 27b. Zum Vergleich mit der linken Abbildung Unterbrechung des Ependyms am Übergang von der Grund-
zur Flügelplatte mit verlagerten ependymären Zellhaufen und Zelldichte im Gebiet der Rhaphe. *a* Vorderer
Ependymkeil (Bodenplatte); *b* dorsaler Ependymkeil (Deckplatte); *b₁* Rhaphe; *c* Unterbrechung des Ependyms
(kein Kunstprodukt) zwischen Flügel- und Grundplatte mit abwandernden ependymalen Spongioblasten (*d*).

die nicht bis an die Grenze des Organs reicht. Das an den Kanten oben liegengebliebene Zellmaterial hätte eigentlich den Schluß des Neuralrohrs bilden müssen.
In derartigen Kanten sind häufig noch Fehldifferenzierungen oder Retardierungen
im Sinne des Liegenbleibens ependymähnlicher Strukturen oder noch jüngerer
Zellen nachzuweisen.

   Die Abb. 27a und b zeigt einen Zentralkanal, dessen ventraler Anteil von hohen
Ependymzellen gebildet ist, während sein dorsaler Teil aus reiferen Ependym-
zellen mit Zellfortsätzen zur Rhaphe hin besteht; der ventrale ist noch mit Cilien
bedeckt. Im lateralen Abschnitt ist der Kanal unterbrochen und Zellen des
Seitenwandspongioblastems sind in der Nähe des Zentralkanals liegen geblieben.
Ein im Prinzip gleichartiger Zustand mit massenhaft liegengebliebenen Zellen im
Gebiete des dorsalen Seitenwandspongioblastems ist in Abb. 27a links zu sehen.

Über die Verhältnisse des Zentralkanals liegen die ausgedehnten Untersuchungen von STAEMMLER vor, auf dessen Feststellungen verwiesen sei (bezüglich der Deutung seiner Befunde s. unten).

Eine einfache Hemmung liegt auf Abb. 28a vor, wobei sich außerdem ein atypischer Sulcus lateralis findet (selbst für ein Neugeborenes ungewöhnlich), während Abb. 28b bei einem Jugendlichen die erhebliche Erweiterung des persistierenden Rückenmarkskanals mit einer ausgesprochen gliotischen Wand darstellt. Hier hat offenbar eine Hydromyelie vorgelegen, die in ihrer Form dadurch geändert wurde, daß die Rückenmarksubstanz durch gliotische Wucherungen gegen das Lumen vorgedrückt wurde. Die homogene gliotische Wand liegt an Stelle der hinteren Commissur.

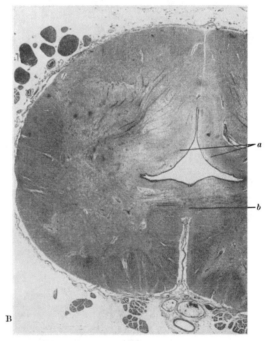

Einfachere Verbildungen dieser Art mit oft atypischen Wandverhältnissen sind Verlagerung von Mesenchym und Gefäßen, die entweder in der dorsalen Rhaphe liegen, oder als breites Mesenchymband dieselbe ersetzen, so daß der Anschein erweckt wird, daß das Mesenchym mit der Schlußplatte in die Tiefe gezogen ist.

Die Abb. 29 zeigt auf dem unteren Bild an der äußeren Haut eine atypische Rhaphe, die nach oben, ähnlich wie in Abb. 26, eingesunken ist. Diese Rhaphebildung durchzieht den ganzen Damm bis zum Scrotum. Das dazugehörige Rückenmark (Abb. 29B) zeigt eine derartige, in der dorsalen Schließungslinie gelegene Mesenchymansammlung, die das Rückenmark breit auseinandertreibt; in diesem dorsalen Rückenmarksspalt liegen hintere Caudawurzeln, während die ventralen Wurzeln ordnungsgemäß ausgebildet sind.

In Abb. 29A wenige Schnitte höher finden wir an Stelle dieses großen dorsalen Spaltes nur noch

Abb. 28 A u. B. A Neugeborenes mit abnormer Hydromyelie, Persistieren der embryonalen Furchung. Bei *a* erweiterter Zentralkanal; bei *b* atypischer Sulcus lateralis; bei *c* überschüssige Mesenchymation im Ventralspalt. Vergr. 24:1. B Persistieren einer erweiterten Lichtung mit gliotischer Wand in den dorsalen Abschnitten (*a*); Commissurengebiet bei *b* angelegt. Vergr. 11,5:1. [Aus OSTERTAG: Verh. dtsch. orthop. Ges. (31. Kongr.) **1936**.]

einen relativ kleinen Einschnitt, während der ventrale Spalt in dieser Verbildung viel Mesenchym enthält.

Auch bei den einfachen Dysrhaphien ist die Abwanderung der Seitenwand-Spongioblasten gestört. Aus den liegengebliebenen Spongioblasten entsteht durch Metaplasie das gliotische Gewebe. In diesem Sinne sind diese Gliosen im Gebiete des dorsalen Rückenmarkshohlraums ganz ähnlich zu bewerten wie die

Heterotopien im Gebiete der Ventrikel (s. unten dysrhaphisches Äquivalent im
Großhirn). Der mangelhafte Aufbau drückt sich noch in anderen Zeichen des
dysrhaphischen Rückenmarks aus. Nicht selten finden sich Mikromyelie, atypische
Ganglienzellen in der Höhlenwandung usw. Die vasculo-fibrösen Wandungen

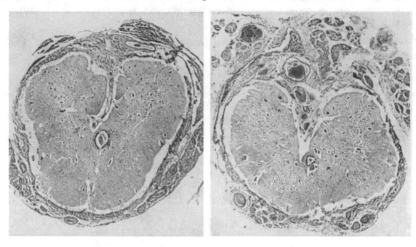

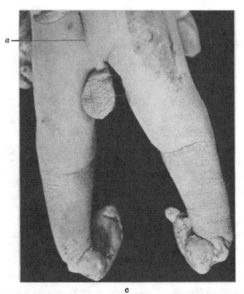

c

Abb. 29a—c. a Tiefes Eindringen des Mesenchyms bis an den Zentralkanal, der nur vom vorderen Ependymkeil gebildet wird. Auf dem Bild rechts: Spalt bis zur Höhe des Zentralkanals, in dem Mesenchym Caudawurzeln
gelegen. Vergr. 9:1. c Derselbe Fall. Bei a atypische Nahtbildung in der Haut in der Medianlinie bis ins Scrotum
verfolgbar; Klumpfüße. (Aus Ostertag.)

dürften nicht nur in der Genese des Grundprozesses von Bedeutung sein, sondern
können auch durch Zirkulationsstörungen des Blutes und der Lymphe Nekrobiosen
in gliotischem Gewebe erleiden und herbeiführen und so eine raschere Progression
bedingen (Bielschowsky und Unger 1920).

Das makroskopische Bild der Dysrhaphien im Kindesalter geben die Abb. 30 und 31.
Bei diesen mit längerem Leben nicht zu vereinenden Verbildungen ist meist eine Rhachischisis caudalis mit einer Area medullo-vasculosa oder Myelocystocele, seltener mit einer

Myelomeningocele vorhanden. Nicht selten (Abb. 30) finden sich die Störungen am caudalen Körperende mit Prolapsus ani, Klump- und Hackenfuß, Hypospadie, Störungen am Urogenitalsystem oder Exstrophia vesicae oder ein Hydrocephalus. (Über die Bedeutung des Hydrocephalus s. unten.)

Das offene oder stark erweiterte Neuralrohr geht meist in einen schmalen Lendenteil des Rückenmarks über (Abb. 31b rechts), vom mittleren Brustmark an nimmt die Verdickuug bis in Oblongata hinein zu. Meist finden wir (Abb. 14) eine Spina bifida mit Meningocele im Halsmark oder (s. unten Abb. 56) eine Hydrocerebello-Meningocele. Der letztgenannten Beobachtung entstammen die Rückenmarksquerschnitte der Abb. 32.

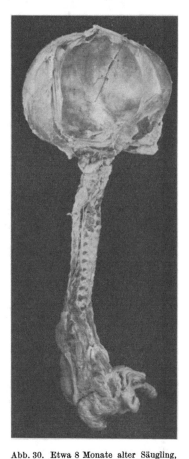

Sie zeigt im tiefen Lumbalmark normale Verhältnisse, jedoch ist schon im Lumbalmark eine graue Rhaphe deutlich zu erkennen, die besonders kraß in der Lendenanschwellung hervortritt. Am unteren Brustmark wird diese graue Rhaphe etwas unschärfer und macht wenig höher einer durch eine gliotische Wand ausgebildeten Höhle Platz. An deren dorsalem Ende ist die in die Höhle mündende dorsale Naht zu erkennen.

Im Cervicalmark befindet sich ein etwas quer verlaufender Spalt von der dorsalen Schlußlinie zu einem Hinterhorn, während im Halsmark eine Stiftgliose zu sehen ist und schließlich öffnet sich in der Abb. 32 oben links der Zentralkanal in den 4. Ventrikel, der ebenfalls von einer gliotischen Wand ausgekleidet ist. Die einfachste Form eines derartigen Nahtschlusses sehen wir z.B. in Abb. 26 bei einem 45jährigen Mann. Das Epithel ist in der Medianlinie eingesunken und in dieser dorsalen Nahtlinie der Haut liegt (Ausschnitt) ein von Gliazellen durchmischtes Mesenchym. Das darunter gelegene Rückenmark zeigt meist eine Abwegigkeit, von denen einfache Retardierungen noch in die Breite der Norm gerechnet werden müssen. Häufig sind bei diesen leichten, aber auch bei schwereren Fehlbildungen, wie in Abb. 25 und 27 wiedergegeben, eine gliotische Rhaphe auf einem ungemein zellreichen dorsalen Rückenmarksabschnitt oder Verdopplung des Zentralkanals mit Mesenchymuntermischung zu finden.

Abb. 30. Etwa 8 Monate alter Säugling, mit Mißbildungshydrocephalus. Caudale Hydromeningocele mit Spina bifida, dysrhaphische Hypertrophie des Halsmarks, Aplasie der Glans, Totalprolaps des Rectums, Klump- und Hackenfuß. (Aus ECKHARDT-OSTERTAG: Körperliche Erbkrankheiten.)

Der mikroskopischen Analyse eines analogen Falles (OSTERTAG 1925) sind die folgenden Abb. 33—35 entnommen, die geeignet sind, schon beim Neugeborenen verschiedene Erscheinungsformen weitgehend zu klären. Am Ende der Spina bifida mit Hydromyelomeningocele ist ein sehr reichliches subcutanes Bindegewebe über dem dorsalen Rückenmarksschluß vereinigt, über demselben liegt ein unauffälliges Hautektoderm. Innerhalb des Mesenchyms (bei a der Abb. 33) die noch mit Ependym innen ausgekleidete Schlußplatte (dorsaler Ependymkeil), unter derselben öffnet sich das Rückenmark zu einem rhombusähnlichen Spalt, an dessen rechter Seite die Wand mit dem Mesenchym aufs engste verlötet ist. In dem mittleren Teil hat eine Verklebung der Seitenwände stattgefunden. Der ventrale Teil des Lumens ist vom hohen Ependym der Bodenplatte ausgekleidet und geht erst in der Mitte in die Gliose über.

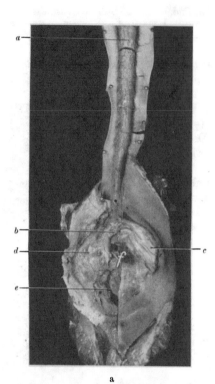 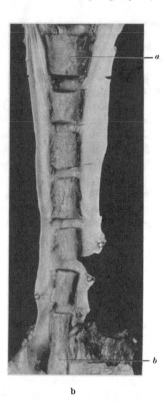

a   b

Abb. 31a u. b. Rhachischisis lumbosacralis. Dysrhaphische Hyperplasie des Cervicalmarks mit Einschmelzung. *a* Dysrhaphische Gliose im oberen Lumbal- und Thorakalmark; *b* Übergang des Rückenmarks in das Gebiet der Myelomeningocele; *c* Hautsack; *d* freipräparierte Rinne; *e* angiomatöse Bildungen und *f* über diese hinwegziehende hintere Wurzel.

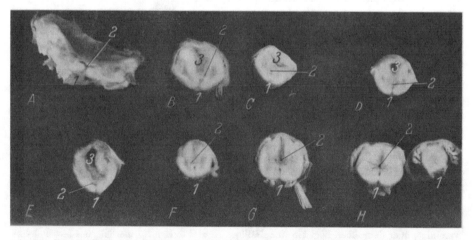

Abb. 32. Derselbe Fall wie Abb. 56. Jugendliche Dysrhaphie mit Gliomatose, von oben nach unten aufgenommen, gleichbleibende Bezeichnung. *1* Vorderer Medianspalt; *2* Zentralkanal; *3* dorsale Gliose mit Höhlenbildung, bei dem jugendlichen Individuum nur im Gebiet des dorsalen Ependymkeils mit Ependym ausgekleidet; in *F*, *G* und *H* dorsale Rhaphe durch die graue Farbe deutlich erkenntlich. In *A* (oberstes Halsmark) geht der Zentralkanal in die Höhle über, die gleichzeitig von einer gliotischen Wand ausgekleidet ist; *B* oberes Halsmark, Stiftsgliose; *C* querer Spalt zur rechten hinteren Wurzel reichend; *D* Höhlenbildung mit gliotischer Wand; *E* Vergrößerung der Höhle mit Transsudat im unteren Thorakalmark; *F* unterstes Thorakalmark; *G* Lumbalanschwellung; *H* unterstes Lendenmark; *H 1* Sacralmark.

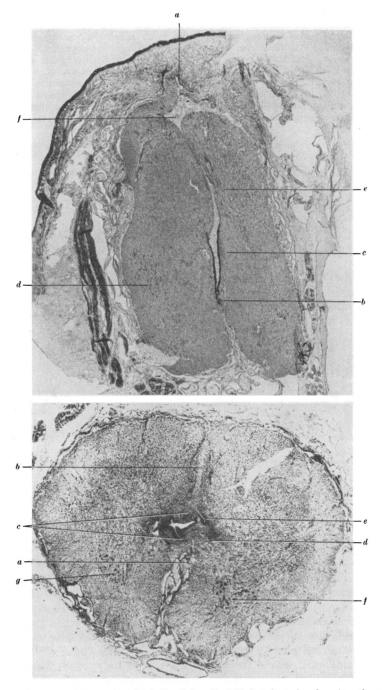

Abb. 33. Verhaftung des hinteren Ependymkeils mit dem Hautektoderm bzw. dem darunter gelegenen Mesenchym (*a*), ventraler Ependymkeil (*b*), mit Ependymisation der Grundplatten (*c*), Grundplattenmaterial, Vorderhornzellen normal angelegt bei *d*, Gliose bzw. gliotische Wand im Flügelplattengebiet bei *e*, mit schrägen Spaltbildungen bei *f*. In diesem Gebiet Spina bifida. Vergr. 10fach. Unten: Sehr tief reichender Ventralspalt bei *a*,
breite gliotische Raphe bei *b*; durch Zellwucherung (vom Syringomyeliecharakter) stark verbreiterter Querschnitt des ganzen Organs. Keimlager um den Zentralkanal herum (*c*), abwandernde Spongioblasten bei *d*;
schräger dorsaler Spalt (*e*), hypertrophe Ganglienzellen bei *f*, normale Vorderhornzellen bei *g*. Vergr. 10fach.
[Aus OSTERTAG: Arch. f. Psychiatr. **75** (1925).]

In anderen, höher gelegenen Schnitten ist das Rückenmark zwar geschlossen, aber die breite dorsale Rhaphe zu erkennen. Um den Zentralkanal herum, besonders in den dorsalen Abschnitten, liegen dichte Keimlager, die auf der (vom Beschauer rechte Seite) die Marksubstanz wesentlich leerer erscheinen lassen als auf der kontralateralen Seite. Von besonderem Interesse ist in diesem Falle das Verhalten der Ganglienzellen beider Vorderhörner. Bei der schwer fehldifferenzierten Naht sind die Vorderhornzellen um das Vielfache vergrößert, gegenüber denen der Norm entsprechenden auf der anderen Seite. Die Mannigfaltigkeit der Bildung ist erheblich; oben ist der Zentralkanal angelegt, vom hinteren Ependymkeil aber nichts zu finden. Der Spalt der dorsalen Rhaphe hat einer cystischen vom Mesenchym dorsal abgeschlossenen und ausgefüllten Höhle Platz gemacht, die dann kranialwärts sich

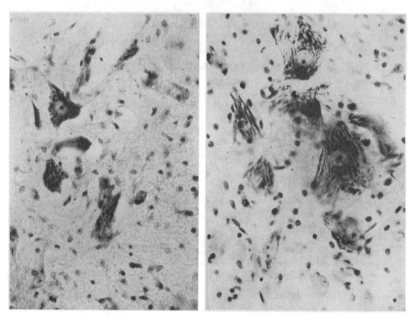

Abb. 34. Rechts: Hypertrophische Ganglienzellen auf dem vergrößerten hypergliotischen Querschnitt (*f*) der vorhergehenden Abb. 33. Vergr. etwa 340fach. Links: *g* der Abb. 33 die nichthypertrophe Seite. Vergr. dieselbe.

bis zur Oblongata (s. Abb. 35a und b) fortsetzt. Bei diesen ist der Zentralkanal anfangs geschlossen und von der Höhle durch die gliotische Wand getrennt. Klein- und Großhirn dieses Falles werden unten gesondert besprochen.

b) Der sogenannte Syringomyeliekomplex.

Die einfachste Umreißung des *Syringomyelie*begriffes wäre meines Erachtens: *Dysrhaphie mit progressivem Einschlag*. (Man würde auch von Dysrhaphomen sprechen können.) Tatsächlich gehen sämtliche Verbildungen, die *klinisch* das Bild der Syringomyelie setzen, auf die Dysrhaphie zurück, und zwar handelt es sich um eine Volumenvermehrung mit Zerstörung des nervösen Parenchyms, entweder durch eine persistierende progressive Hydromyelie oder eine dysrhaphische Gliose mit Zerfall oder seltener um echte Gewächsbildungen wie Medulloblastome, Medulloepitheliome, Neuroblastome und Ependymome. Diese kommen jedoch nur im Gebiet des spätesten Schlusses, also entweder Cervicalmark, Oblongata bzw. Lumbosacralbezirk vor. Die von Olivier d'Angers (1823) eingeführte Bezeichnung „*Syringomyelie*" gibt eine anschauliche Vorstellung des von der röhrenförmigen Längsspalte durchsetzten und aufgetriebenen Rückenmarks. Bald mußte die anfängliche Auffassung, daß lediglich eine Ektasie und Hydrops des Zentralkanals vorlägen, aufgegeben werden, da die Höhlenbildung oft „unabhängig" vom Zentralkanal gefunden wurde[1]. Schon BING (1913) betont, die Übereinstimmung der klinischen Symptomatologie, gleichgültig, ob es sich um eine Gliose oder um eine Syringomyelie handle, da „sich unsere Auffassungen

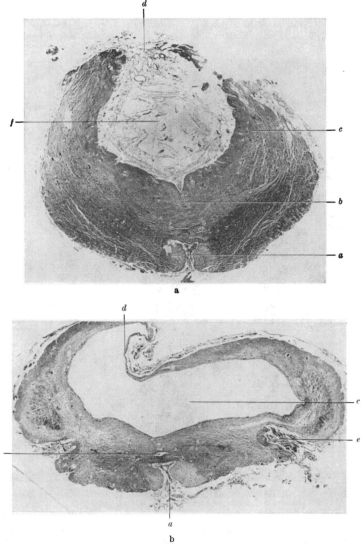

Abb. 35a u. b. a Ventralspalt bei *a*; vorderer Ependymkeil bei *b*; gliotische Wand (*c*); Fehlen des hinteren Ependymkeils (*d*); Ausfüllung der gliotischen Höhle durch eingedrungenes Mesenchym bei *f*. Vergr. 10fach. b Pseudohydromyelie bei *a* Ventralspalt; *b* Zentralkanal; bei *c* mit Liquor gefüllte Höhle, die am Übergang zur Oblongata mit dem zentralen Liquorsystem kommuniziert; *d* dorsaler Ependymkeil und *e* embryonale parasagittale Furche. Vergr. 10fach.

auf beide weder klinisch noch anatomisch zu trennenden Zustände beziehen werden". Weiterhin stellt BING fest, daß die syringomyelischen Höhlenbildungen

---

[1] In früheren Arbeiten wie z. B. bei ARGUTINSKY (1898) wollte man den sog. Ventriculus terminalis, d. h. das Offenbleiben und die Erweiterung des Zentralkanals (ein häufig zu durchlaufender Zustand) am caudalen Ende des Rückenmarks zu der Hydromyelie bzw. Syringomyelie in Analogie setzen.

eine Auskleidung mit zylindrischen Flimmerzellen nur an derjenigen Stelle tragen, wo die Vereinigung mit dem ventralen Zentralkanal stattgefunden hat. Eine Reihe wesentlicher Arbeiten finden sich bei Ernst (1909), so die von Rosenthal (1898) und von Schlesinger (1902).

„Syringomyelie" ist also ein klinisch geschaffener Begriff; das Erscheinungsbild hat keine einheitliche anatomische Grundlage. Bald findet sich nur ein dorsaler Gliastift, bald eine Hydromyelie mit Gliose, bald eine bilaterale Gliose mit einem verzweigten Zentral-

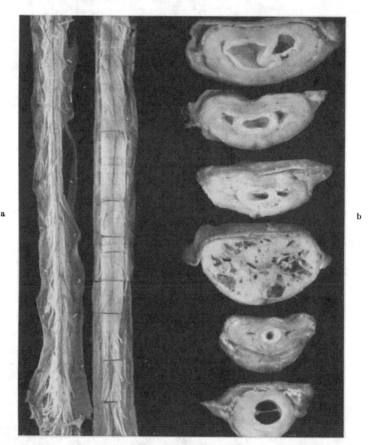

a   b

Abb. 36a u. b. a Das Rückenmark des Falles einem normalen Vergleichsrückenmark gegenübergestellt. b Querschnitt des Rückenmarks in verschiedenen Höhen. (Nach Weicht.)

kanal oder einem verzweigten System von Ependymkanälen. Auch eine zentrale Erweichung oder ein Tumor kann das klinische Bild der Syringomyelie erklären, das oft schwer zu differenzieren ist, wenn etwa noch entlang der Erweichungszone sich eine Blutung findet.

Im Vordergrund stehen zu Beginn die segmentalen Schmerzen, zu denen dann die Störung der Aufhebung der Temperatur- und Schmerzempfindung, sowie die Zirkulationsstörungen an den Acren hinzukommt, bei erhaltener oder gering herabgesetzter Berührungsempfindlichkeit (gekreuzte Sensibilitätsstörung).

Alles, auch die trophischen und sekretorischen Störungen, stellen eine Symptomatologie dar, die ein Befallensein der zentralen Abschnitte des Rückenmarks in einer mehr oder minder großen Längsausdehnung über verschiedene Segmente voraussetzt.

Gagel (1936) bedauert, daß die Definition Schlesingers verlassen sei: „als eine ätiologisch nicht einheitliche chronisch progrediente Spinalaffektion, welche zur Bildung langgestreckter, mit Vorliebe die zentralen Rückenmarksabschnitte einnehmender Hohlräume und oft auch zu erheblicher, der Spaltbildung gleichwertiger und letzterer vorangehender oder koordinierter Gliaproliferation in nächster Umgebung der Hohlräume oder mit gleicher

Lokalisation wie letztere führt", und daß „bei der Erforschung der Syringomyelie, bei der sich gerade die einheitliche klinische pathologische Forschung durch F. R. Schulze so fruchtbringend erwiesen habe, die pathologisch-anatomischen Arbeiten so wenig das klinische Bild und den Krankheitsverlauf berücksichtigen".

Dies dürfte gerade bei der Syringomyelie heute recht schwierig sein, da der Pathologe die kausale und formale Genese der Krankheitsprozesse zu klären hat und deshalb nicht von dem klinischen Leitsymptom allein ausgehen kann.

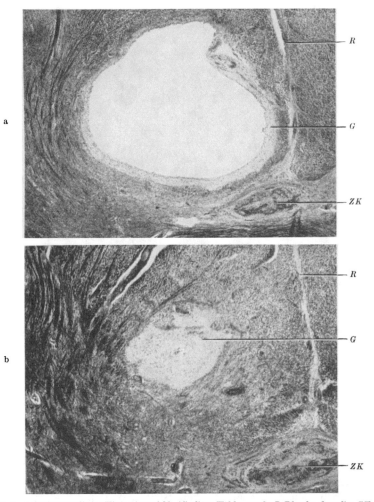

Abb. 37a u. b. a Syringomyelie im Hinterstrangfeld. (G gliöse Höhlenwand; R Rhaphe dorsalis; ZK Zentral-kanalanlage.) b Syrinx geschlossen, caudales Ende der Gliose. (Nach Weicht.)

Dies geht an sich auch aus dem schönen Handbuchbeitrag Gagels hervor, der der gewöhnlichen Verlaufsform der Syringomyelie die zahlreichen „ungewöhnlichen Formen" gegenüberstellt, nämlich die Syringomyelie unter dem Bilde der spinalen Muskelatrophie oder amyotrophischen Lateralsklerose, die pseudotabische Form oder die Syringomyelie mit vorwiegend trophischen Störungen (Morvanscher Typus 1883) schließlich die humero-scapulare Form, die pachymeningitische und andere Formen.

Andererseits kann das klinische Bild der Syringomyelie auch durch stiftartige Nekrosen oder Blutungen in den zentralen Rückenmarksabschnitten hervorgerufen werden. Mit autochthonen zentralen Erweichungsprozessen haben wir uns ebensowenig zu befassen, wie mit der Frage der Läsionen und Defekte. Bekanntermaßen hat Spatz im Guddenschen Versuch bei der starken Tendenz des embryonalen Gewebes zur schnellen Verflüssigung

Höhlen erzeugt, die sich auch entsprechend längs dem Gefäßverlauf ausgedehnt haben. Gerlach (1935) hat in der Medullarrinne von Axolotleiern Verletzungen beigebracht und die Höhle studiert. Die Ergebnisse sind ähnlich denen von Spatz mit Gudden beschriebenen. Als „Syringomyelie" kann man diese hieraus resultierenden Defekthöhlen beim Embryo nicht bezeichnen.

Schon die Dysrhaphie beschränkt sich nicht auf das Rückenmark allein, sondern kann auch das gesamte unpaare Neuralrohr vom caudalen Ende bis zur terminalen Schlußplatte am 3. Ventrikel umfassen, ebenso wie sie nur einzelne Rückenmarksabschnitte befallen kann.

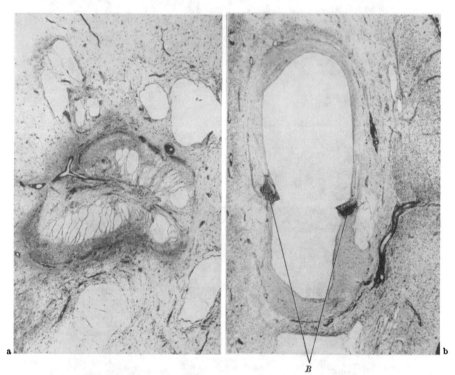

Abb. 38a u. b. a Ausgefüllte Hydromyelie mit beginnender Rekanalisierung und zentraler Bindegewebszunge. b Th IX. Weiter fortgeschrittene Rekanalisierung. Bindegewebe (*B*) an der vorderen und hinteren Höhlenwand als Reste eines Septums, das ursprünglich zwei selbständige Höhlen voneinander trennte. (Nach Weicht.)

Da sich der Schluß des Neuralrohrs zur Medulla nur ungleichmäßig vollzieht, so kann dieselbe Ursache in den verschiedenen Abschnitten des Zentralorgans zu ganz verschiedenen morphologischen Bildern in den einzelnen Abschnitten führen, d. h. also, wir können am caudalen Ende eine Spina bifida aperta mit einer Rinnenbildung oder Myelocystocele haben, während sich in den darüberliegenden kranialen Abschnitten eine einfache dysrhaphische Gliose oder Hydromyelie findet, im Halsmark wiederum eine gliöse Hyperplasie des Rückenmarks vorliegt und am Übergang des Halsmarks zur Oblongata ein echtes ependymales Gewächs.

Schon bei der Eröffnung des Wirbelkanals fällt an einzelnen oder mehreren Stellen die den ganzen Wirbelkanal einnehmende Verdickung des Rückenmarkes auf, die von mehr oder minder fester Konsistenz sein kann. Die Entnahme des Organs muß (sofern nicht eine Konservierung in situ erfolgt) sehr vorsichtig vorgenommen werden, damit die Lageverhältnisse etwa erweichter Partien nicht gestört werden und etwa Verdoppelungen (s. oben) vortäuschen. Neben Stellen, die maximal über Daumenbreite aufgetrieben sind, oder solchen, die ein dicker bindegewebiger Pannus[1] umgibt, liegen Stellen, in denen das Rückenmark wie eine prall gefüllte Cyste wirkt. Wenn eine derartige Cyste kollabiert, läßt sie beiderseits median eine graue streifenförmige Struktur erkennen, z. B. in der Beobachtung von Weicht (Abb. 36—39), in der ein syringomyelisch umgewandeltes Rückenmark neben einem normalen photographiert ist. Auf den Querschnitten der verschiedenen Höhen liegen über den dicksten, scheinbar solideren Abschnitten nach oben solche von mehrkammerigen Höhlen, während nach unten zu eine Gliose um den Hohlraum das markanteste Merkmal ist. Vom mittleren Hals- bis zum unteren Thorakalmark reichen unter sich abgeschlossene Höhlen, von denen sowohl die oralen wie die caudalen an Stelle eines völligen Schlusses die Form einer zentralen Stiftgliose aufweisen, während in den mittleren Abschnitten eine ependymale Geschwulst lag.

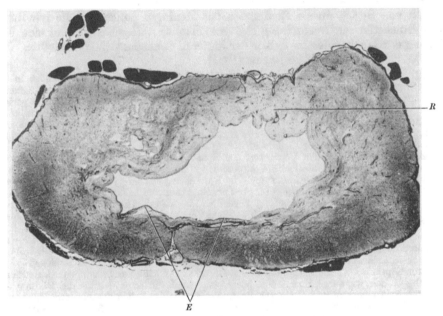

Abb. 39 (seitenverkehrt). *R* Rhaphe dorsalis. Hydromyelie, ependymale Auskleidung an der ventralen Wand (*E*). Lateral Gliamembran, rechtes Hinterhorn stark ödematös mit Spaltbildungen. (Nach Weicht.)

Diese sekundären, vom Autor als „parakavitäre" Zerfallshöhlen beschriebenen Hohlräume im regulär gebauten Rückenmarksgewebe, sind durch chronische Zirkulationsstörungen bedingt. Außerdem werden in dem in das Rückenmark vaginiertem Bindegewebe der dorsalen Rhaphe neurinomartige Knötchen gefunden, die Verfasser als von den Gefäßnerven ausgehend annimmt[2].

Die Abb. 36 bringt das typische Bild einer gliotisch umkleideten Hydromyelie, wobei das eine Hinterhorn Spaltbildungen zeigt. Diese finden wir schon ohne regressive Veränderungen bei den Neugeborenen. Sie sind Reste eines fehlerhaften Zusammenlegens des Seitenwandspongioblastems, wie es sich auch auf der rechten Seite der Abbildung angedeutet findet.

Einige Schnitte unterhalb findet sich an Stelle der Höhlen bzw. des Höhlensystems auf Th 5 ein ausgedehntes Ependymom, das den ganzen Rückenmarksquerschnitt einnimmt und das präformierte Nervengewebe „zwirnfadenstark" reduziert. Ein Zentralkanal ist nicht mehr gebildet. Zwischen diesem Ependym liegen noch Ganglienzellen.

---

[1] Ein bindegewebiger Pannus bei dysrhaphischen Störungen ist in Teilband 3, S. 160 abgebildet. Eine Reihe weiterer Untersuchungen bestätigen das Vorkommen massiver Mesenchymvermehrung auf dem Boden einer Syringomyelie, wie auch Stenholm (1922) die klinischen Reizsymptome von pachymeningitischen Veränderungen bei einer Syringomyelie mit Gliose und Höhlenbildung vom 1. Cervical- bis in die Gegend des 3. Lumbalsegments, am stärksten im Dorsalsegment, besonders links, fand.

[2] Ein Vergleich mit der Abb. 29a und b läßt jedoch eher die Erklärung einer Verlagerung von der Ganglienleiste aus oder von Wurzelnerven bei ausgebliebenem Schluß zu.

Der Beginn des Ependymoms liegt zwischen Th 3 und 4, und zwar schiebt sich dieses vom ventralen Ependymkeil aus gegen die gliotische Höhle vor. Nach oben und unten öffnet sich dieses Ependym wieder zu einer Hydromyelie, in dem die Ependymkanäle immer weiter werden und schließlich zur Hydromyelie konfluieren. Wie in allen diesen Fällen finden sich noch im Gebiet der tiefsten Störung, nämlich in den Ependymompartien solche mit Einbruch von Mesenchym. Wie diese Mesenchymverlagerungen zustande kommen, zeigt unsere eingangs wiedergegebene Beobachtung. Oft ist das gesamte Gewebe der dorsalen Schließung mesenchymal durchsetzt.

Alajouanini, Hornet, Thurel und André (1935) fanden in einem Falle von Syringobulbie eine ungeheure arachnoidale Verfilzung, die den Anlaß zu weiteren Untersuchungen gab. Es wurden bei 6 anatomisch sichergestellten Fällen von Syringomyelie Reaktionen der Meningen aufgezeigt, die nur durch ihre Intensität und Ausbreitung sich voneinander unterschieden, und eine Verfilzung der Arachnoidea im Gebiet der hinteren Schließungslinie darstellten. Die Erklärung dafür gibt Henneberg (1921):

„Nach Bielschowsky kommen für die Verschleppung von *mesodermalen Zellen* in das Rückenmark mehrere Möglichkeiten in Betracht. Die Zellen des dorsalen Ependymkeiles sind mit den Zellen der Membrana reuniens innig verbunden. Bei ihrer ventralwärts gerichteten Wanderung, die die Umwandlung des primären Medullarrohres in den Zentralkanal einleitet, können sie Zellen der Membran mitziehen, eventuell auch solche des Ektoderms, womit die Möglichkeit für die Genese eines Blastoms bzw. Teratoms gegeben wäre. Es können ferner beim Einwachsen der Gefäße in die lateralen Partien des hinteren Ependymkeiles im Zusammenhang mit dem Vorrücken der Ependymzellen in der Richtung des hinteren Septums Elemente der Deckmembran mitgeschleppt werden. Auf eine derartige Mesenchymverschleppung führt Bielschowsky auch die Entstehung der bei Syringomyelie so häufigen, die Gefäße begleitenden Bindegewebszüge zurück. Auch die bekannten, im Zuge von Gefäßen mit stark verdickter Wandung liegenden lateralen Spaltbildungen in der Medulla oblongata erklärt Bielschowsky durch analoge Vorgänge. Daß eine Mesenchymverschleppung in der von Bielschowsky geschilderten Weise vorkommt und den Anlaß zur Entstehung intramedullärer Tumoren geben kann, ist durchaus wahrscheinlich. Speziell für die Tumoren der hinteren Schließungslinie, die wir im Auge haben, erscheint jedoch der von uns gekennzeichnete Entstehungsmodus naheliegender, weil der Befund eines bindegewebigen hinteren Septums bei Mißbildungen des Rückenmarks auf Grund von Störungen des Medullarabschlusses, wie wir ausgeführt haben, häufig ist. Auch dürfte es sich bei der Bildung des hinteren Septums weniger um ein wirkliches Vorrücken der Zellen des hinteren Ependymkeiles, als um eine Streckung derselben handeln, derart, daß die Füße der Fortsätze derselben mit der Membrana reuniens in Kontakt bleiben. Was die Bindegewebsformationen anlangt, die wir so häufig bei Syringomyelie vorfinden als wandständige Membranen in den Höhlen, als solide Ballen, Septen, Wandfibrosen der Gefäße usw., so glaube ich, daß nur in vereinzelten, besonders gearteten Fällen eine embryonale Entwicklungsstörung als Grundlage anzunehmen ist.“

Die Abb. 38 oben bezeichnet der Autor (Weicht) als eine ausgefüllte Hydromyelie mit beginnender Rekanalisierung und zentraler Bindegewebszunge, von der sich im unteren Bild nur noch Reste zeigen. Eine Höhlenbildung bei ihrem größten Durchmesser und in ihrem unteren Ende zeigt Abb. 36. Die Höhlenbildung ist unmittelbar im Gebiet des Hinterstranges neben dem Zentralkanal gelegen. Wir sehen also im Thorakalmark ein Ependymom, das sich nach oben und unten in eine echte Syringomyeliehöhle fortsetzt. Bei allen diesen Höhlen ist zunächst zwischen einer echten Hydromyelie, die den vorderen Ependymkeil mit einbezieht, also im Gebiet des ursprünglichen Neuralrohrlumens entsteht, und den Cysten im Gebiet einer Dysrhaphie zu unterscheiden. Letztere entbehren meist völlig eines Ependymbelages und sind gliotisch umgeben. Diese Cysten finden wir bereits bei Neugeborenen, während die massive gliotisch umgewandelte Cyste (Längscyste, von der die Syringomyelie ihren Namen hat), teils auf präformierte Höhlenbildungen im medialen Teil zurückgeht, zum großen Teil aber in ihrem definitiven Aussehen durch Umbauerscheinungen bestimmt ist.

Abb. 40 gibt die Übersicht über die Rückenmarksquerschnitte einer 39jährigen Frau, die klinisch unter dem typischen Bilde einer Syringomyelie verstorben war. In A oben links liegt hinter der Incisura ventralis ein Ependymkanal, hinter demselben eine Gliose mit zentraler Spaltbildung, die als Stiftgliose nach oben zieht. In den beiden folgenden Schnitten C und D aus den Capillaren nimmt diese Gliose fast den ganzen Rückenmarkquerschnitt ein, von dorsal ist reichlich Bindegewebe eingewuchert, das derbfaseriges, grobkalibriges Bindegewebe und zellreiche Capillaren mit verdickter Wand enthält. Von diesen Capillaren stammt die Blutung im Zentrum, die in D bis an die hintere Peripherie geht. Auf diesen Schnitten

finden wir in den dorsolateralen Abschnitten eine Erweichung in dem präformierten gliotischen Rückenmarksgewebe. Nach wenigen Segmenten hört diese gliotische Erweichung

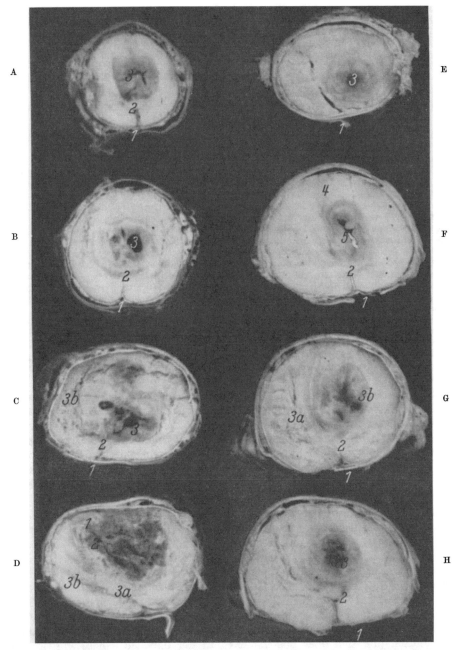

Abb. 40. Syringomyelie. A—H Querschnitte durch das Rückenmark. A Lumbal; B oberes Lumbalmark;
C unteres Thorakalmark; D Thorakalmark; E mittleres Thorakalmark; F Grenze vom Thorakal- zum Cervicalmark; G unteres Cervicalmark; H mittleres Cervicalmark. Gleichbleibende Bezeichnung: *1* ventraler Medianspalt;
2 Zentralkanal; *3* dorsale Gliose mit Höhlenbildung; *3a* Blutung in der dorsalen Gliose; *3b* Erweichung um
die Gliose; *4* dorsale Rhaphe; *5* Spaltbildung mit Ependym. — Im Schnitt D ist die Bezeichnung *2* und *3a*
miteinander verwechselt, der vordere Medianspalt liegt wie auf allen Schnitten nach vorne gerichtet.

auf und geht scheinbar einseitig in eine massive Gliose über, die auf der Höhe Th 1 unmittelbar median gelegen, eine von Ependym ausgekleidete Höhle enthält, während sich
eine Gliose gleichmäßig unter weitgehender Erhaltung der Nervensubstanz über den Querschnitt ausdehnt.

Im Cervicalmark nimmt die Gliose an Ausdehnung zu, und es treten auf der Höhe der
Cervicalanschwellung (unterstes Bild rechts) neben einer Blutung in die zentrale Gliahöhle
auch Erweichungen auf (die 1 gehört auf H 5 mm nach links). In der Medianlinie ist dorsal
der Ansatz der Rhaphe zu erkennen.

Diese Befunde gelten für den weitaus größten Teil der Syringomyeliefälle,
die sich als Stiftgliosen mit geringerer Höhlenbildung durch das ganze Rückenmark ziehen und häufig an 2 Segmenten, deren Schließung in die gleiche Zeit
fällt, einen größeren Umfang annehmen. Eine atypische Rhaphebildung besteht
im ganzen Mark, läßt sich sogar nach oben verfolgen.

Die Abb. 41 entstammt der Beobachtung einer 49jährigen Frau, die geistig zurückgeblieben
war und seit dem 16. Lebensjahr an Krampfanfällen gelitten hatte. (Klinisch von Taterka
1924 beschrieben.) In dem mir zur Verfügung gestellten Untersuchungsgut fand sich vom
oberen Halsmark an eine hinter dem Zentralkanal gelegene dorsale Stiftgliose mit einem
Medianspalt, die einige Segmente höher dicht unter der Oblongata auch das Gebiet des
ventralen Ependymkeiles mit erfaßte, und von dem aus teils schlauchförmige, teils konzentrisch angeordnete Ependymformationen ausgebildet wurden. Während nur auf diesen
Schnitten die ventralen Abschnitte Ependymformationen enthielten, zeigte sich in den
folgenden, schon der Oblongata angehörigen Abschnitten, der gesamte Querschnitt von
Ependymformationen ersetzt. Diese bilden zum Teil regelrechte Kanäle, zum Teil
tragen sie den Charakter der Ependymoblasten, die sich mit einem Protoplasmafortsatz
am Gefäß ansetzen. Häufig sind die Ependymstrukturen offen mit einer Membrana limitans
gegen das Lumen abgesetzt, und in dieses Lumen wuchert gefäßführendes Parenchym ein.
In einem ähnlichen Falle (Abb. 42) gleicher Lokalisation ging der Gliastift unter Einbeziehung des ventralen, ependymalen Bodenplattengebietes in eine gliös umwachsene, aber von
Ependym ausgekleidete Höhle über, also in eine Hydromyelie mit gliotischer Wand. Die
Ependymstrukturen zeigen eine außerordentliche Proliferationstendenz, und auf den folgenden
Querschnitten sind diese von einem wohl ausdifferenzierten Ependymgewebe mit zahlreichen gut abgegrenzten Kanälen ausgefüllt. Die ependymalen Zellen liegen mehrschichtig,
die Ependymzellen häufig mit Cilien besetzt. Wenige Schnitte darüber enden diese Epen-
dymomstrukturen wieder in einem gliösen, über mehrere Schnitte zu verfolgenden mediodorsalen Zapfen, der sich als Gliose ins basale Gebiet der Oblongata fortsetzt.

Über die Histologie der Gliastifte ist nicht mehr viel zu sagen. In einfachen
Fällen sind sie aus einer isomorphen, faserreichen Gliazellwucherung zusammen-
gesetzt, insbesondere wenn sie als Nebenbefunde bei Sektionen entdeckt werden.
Sie beginnen stets an der mehr oder minder deutlich ausgeprägten dorsalen
Rhaphe, die mitunter ein hyperplastisches Mesenchym enthält. Oft gehen die
Fortsätze der Gliazellen bis an den äußeren Rand des Rückenmarks. Die übrigen
Strukturen des Rückenmarks sind nicht gestört. Die doppelseitige Anlage doku-
mentiert sich häufig durch einen Medianspalt.

Unter den (klinisch als Syringomyelie imponierenden) Gliosen können folgende Bilder unterschieden werden: nämlich einmal das Persistieren des Rücken-
markhohlraumes, der sich nicht zum Zentralkanal zurückbildet, sondern (oft
bei Kindern) mit dem Ventrikelsystem kommuniziert. Selten handelt es sich
dabei um eine reine Hydromyelie, meist ist diese von einer gliösen Gliawucherung
umgeben. Die Zunahme dieser längsgerichteten Höhle (Syrinx) kann schon
allein das Bild der Syringomyelie hervorrufen, meist ist es jedoch die Erweichung
an der Grenze der Proliferationszone, die das klinische Bild erzeugt. Weiter die
Gliastiftbildungen, die entweder mit einer zentralen Flüssigkeitsansammlung
einhergehen (die sich aber ausschließlich in der dorsalen Gliose entwickelt),
schließlich die das ganze Rückenmark durchsetzenden Gliastifte. Diese sind,
je nach dem Ort und Terminationspunkt der Entstehung, verschieden ausgebildet,
tragen aber den einen gemeinsamen Zug, bei weiterer Zunahme regressiven Verbildungen anheimzufallen.

Die Beeinträchtigung des Rückenmarksquerschnittes zusammen mit den Erweichungen und der oft geschädigten Anlage der dorsalen Rückenmarksabschnitte

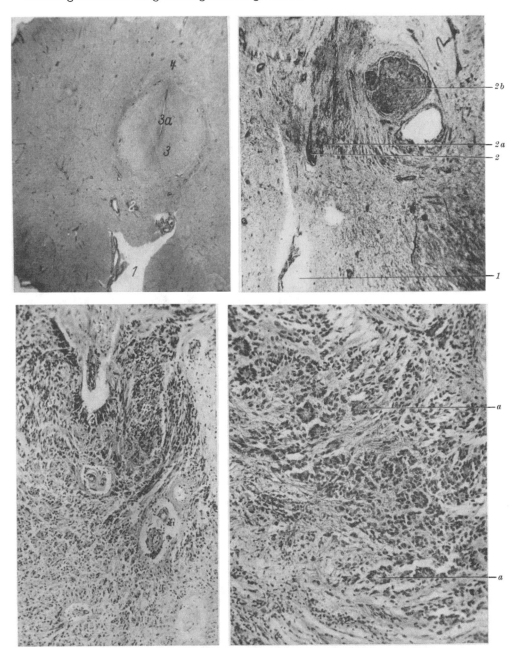

Abb. 41. Oben links: Oberstes Halsmark. Bei *1* ventraler Medianspalt; *2* Ependymkanal; *3* dorsale Stiftgliose;
3a mit medianem Spalt; *4* darüber gelegene dorsale Rhaphe. Oben rechts: Schnitt oberhalb des Präparates
links; aus dem ursprünglichen Zentralkanal (*2*) ist (*2a*) auf diesem Querschnitt noch eine Reihe ependymaler
Schlauchbildungen entstanden, außerdem (*2b*) eine konzentrische Ansammlung ependymaler Zellen. Unten
links: Darüber gelegenes ependymales Blastom, oberstes Halsmark, unterste Oblongata; *2* aus dem Zentralkanal hervorgegangenes hohes Ependym, bei *3* abwandernde ependymale Spongioblasten, bei *4* Spongioblasten
mit Tendenz zur Ependymbildung. Unten rechts: Ependymstrukturen zum Teil mit Lumen (*a*).
[Aus OSTERTAG: Arch. f. Psychiatr. 75 (1925).]

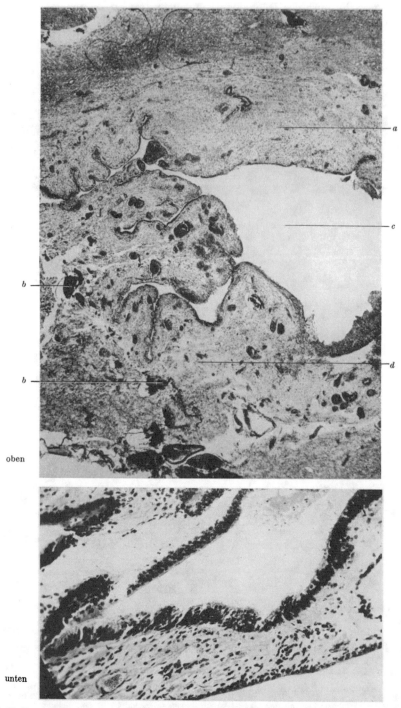

oben

unten

Abb. 42 Oben: Im Verlauf eines Gliastiftes von typischem Aufbau hat sich im Dorsalmark die gliotische Höhle unter Einbeziehung des vorderen Ependymkeils entwickelt. Bei *a* die gliotische Wand zum Teil von prallgefüllten Gefäßen (Operationsfolge) durchsetzt (*b*), bei *c* der ependymausgekleidete Hohlraum; 1 cm höher besteht die gesamte Neubildung nur aus Ependymgewebe (s. unten), *d* Ependymzellhaufen. Lineare Vergr. 1,5fach. Unten: Übergang in ein echtes ependymbildendes Blastom, im Verlauf einer Stiftgliose.
[Aus Ostertag: Arch. f. Psychiatr. **75** (1952)].

sind das Substrat für das klinische Bild. Die oft als traumatisch angesehenen Blutungen sind nicht anders zu bewerten als die Spontanblutungen in Gliomen. Häufig gehen sie auf die Fehlmesenchymation und Fehlvascularisation im Gebiet der hinteren Schließungslinie zurück. Gelegentlich kommen auch echte Angiome neben anderen Mesenchymveränderungen vor. Die Glia selbst besteht an den Enden der Gliastifte aus einer differenzierten Gliose, sonst aber wechseln kleine faserbildende gliöse Elemente mit plasmareichen, astrocytären ab.

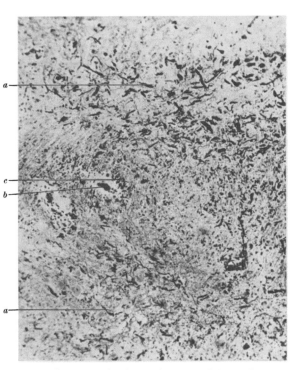

Echte Geschwulstbildungen treten bei der Syringomyelie an den Stellen tiefgreifender Störungen, die die Bodenplatte miteinbeziehen, auf, so z. B. die Ganglioneurome am Boden des 4. Ventrikels, die dort lokalisierten Ependymome und Medulloepitheliome und im obersten Dorsalmark, sowie im Sacralmark die Ependymome.

Markscheiden werden, obwohl Nervenfasern auch in dem einfachen gliotischen Gewebe gefunden werden, wohl immer vermißt. Mit ihnen wurden die ROSENTHALschen Fasern in Verbindung gebracht, was zum Teil wohl darauf zurückzuführen ist, daß sie sich mit Hämatoxylin fast elektiv schwarz färben (s. Abb. 43).

Abb. 43. ROSENTHALsche Fasern (*a*); bei *b* Gefäß; *c* Wall von Gliazellen. [Aus OSTERTAG, Arch. f. Psychiatr. **75** (1925).]

BIELSCHOWSKY und UNGER (1928) hatten diese „als eigenartige Metamorphose plastischer Gliazellenausläufer mit der Persistenz einer Funktion als Myelinbildner" betrachtet, doch dürfen wir heute annehmen, daß diese Prälipoide eine Stoffwechselstörung darstellen.

Sowohl wir selbst (1925) und ZÜLCH (1937), wie auch ursprünglich ROSENTHAL, sehen jedoch (zumal nach Anwendung der modernen Gliafärbungen) in den sog. ROSENTHALschen Fasern lediglich eine zugrunde gehende Glia.

K. J. HOFFMANN (1931) hat die ROSENTHALschen Fasern in 7 Fällen (4 primäre Gliosen mit Höhlenbildung, 3 Rückenmarksgeschwülste mit Gliose) gefunden.

Die regressiven Vorgänge in den Gliastiften gehen ursächlich ganz analog denen bei allen raumfordernden Prozessen zurück auf die Labilität des proliferierten hyperplastischen Gewebes, auf die Druckauswirkung (Kompression) und auf Zirkulationsstörungen. Der Versuch STAEMMLERs (s. unten), die Syringomyelie als Folge einer Ependymdurchlässigkeit zu erklären, dürfte nach unseren Erfahrungen nicht zu halten sein. Besonders bedeutsam bleibt für die Erfassung des Wesens der Syringomyelien das rostrale und caudale Ende der Stiftgliosen sowie die ortsgebundenen Tumoren im Rahmen der Syringomyelie. Die Fehlmesenchymation in den gestörten Gebieten gehört zum charakteristischen Bilde und findet sich schon bei jüngsten Frühfällen (s. Abb. 44).

Einen besonders interessanten Einblick gibt lebensfrisch gewonnenes Untersuchungsgut, z. B. das Operationsmaterial der Abb. 45. Innerhalb der Gliose sehen wir bei etwa 100facher Vergrößerung neben einer spongioblastischen Gliose Nekrosezonen, meist randständige Gliakerne und im Gebiet der sehr deutlichen Mesenchymation und Vascularisation auch eine lockere Randzone. Abb. 45 unten gibt bei 300facher Vergrößerung einen Ausschnitt aus dem Zellaufbau; selbst in diesen soliden Partien ist die atypische Wandbildung des Gefäßes zu erkennen.

Das Krankheitsbild „*Syringomyelie*" kann also hervorgerufen werden: Durch die echte Dysrhaphie mit dorsaler Gliose, durch eine persistierende Hydromyelie mit gliotischer Wand, durch das Rückenmark durchsetzende Stiftgliosen

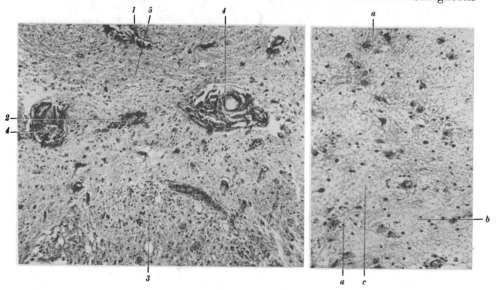

Abb. 44. Obere Grenze eines Gliastiftes mit Fehlmesenchymation. *1* Vorderer Medianspalt; *2* Zentralkanalrest; *3* Ende der Gliose; *4* Fehlmesenchymation; *5* ventrale Commissur. Vergr. 78fach. Rechts daneben: Doppelt starke Vergrößerung, aus einem Schnitt unterhalb des vorhergehenden. *a* Zerfallende plasmatische Glia; *b* Grenze zum intakten Gewebe; *c* Ödemnekrose. Vergr. 150fach.

im dorsalen Abschnitt des Zentralkanalbereiches eventuell kombiniert mit schrägen Spalten, durch Hyperplasien bestimmter Gewebsbestandteile, die echten Blastomen nahekommen, wie z. B. den ependymalen Blastomen im Halsmark oder Oblongata, durch regressive Vorgänge innerhalb der vorher genannten Bildungen; weiter infolge Zusammentreffens der vorstehend genannten Erscheinungen (wie es die Regel ist), Hydromyelie, Stiftgliose mit perifokalen Erweichungen oder ependymalen Blastomen mit durchgehender Stiftgliose und anderen dysrhaphischen Störungen; schließlich entsteht das Bild der Syringomyelie auch durch Kombination der vorgenannten Formen mit intramedullären, nicht gliomatösen Gewächsen, unter denen besonders häufig Angiome, Lipome, seltener Fibrome und Neurinome, jedoch auch Teratome zu nennen sind. Diese kommen bei mangelndem oder fehlerhaftem Schluß des Neuralrohrs, durch Einbruch des dorsalen Mesenchyms in das Rückenmark hinein, bzw. handelt es sich mit oder ohne Mesenchymuntermischung um Verlagerung von Produkten der Ganglienleiste.

Während die letztgenannten mesenchymalen Tumoren oder etwa Teratome, ebensowenig wie die reine Hydromyelie (selbst mit gliotischer Wand) Anlaß zur Erörterung gaben, bewegen zwei Fragen die Autoren, nämlich erstens die Frage nach der *Ursache der Progression*, d. h. der Gliastifte oder der Dysrhaphome, zum anderen *die Frage der Erweichungen*.

Nachdem sich BIELSCHOWSKYs und HENNEBERGs Auffassung durchgesetzt hat, und wir die grundsätzliche Identität frühkindlicher Dysrhaphien mit dem späteren Syringomyeliekomplex und die Ursachen für die Lokalisation bestimmter Verbildungen innerhalb des Rückenmarks hatten erweisen können, beschäftigten sich TANNENBERG (1924) und KIRCH (1927) mit der Frage der Höhlenbildung (besser Rohrbildung) bei der Syringomyelie (s. unten); mit deren Auffassung der Pathogenese setzt sich GAGEL (l. c. 1936, S. 366) auseinander.

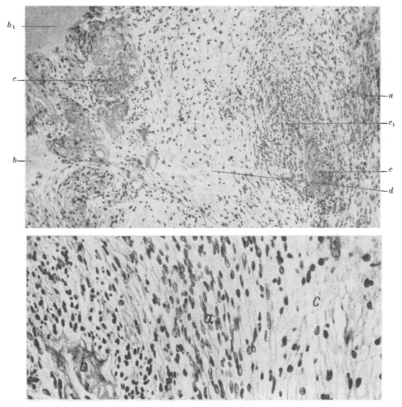

Abb. 45. Oben: Operationsmaterial einer Stiftgliose. Bei *a* gliotisches Gewebe vom Typus der dorsalen ausreifenden spongioblastischen Gliose, bei *b* Nekrosezone mit randständig stehenden Gliakernen (b_1), bei *c* Fehlvascularisation zum Teil mit Nekrose der Gefäßwand, bei c_1 gemischt gliös-mesodermale Reaktion, bei *d* Ödemnekrose. Vergr. 108:1. Unten: Aufnahme bei stärkerer Vergrößerung, bei *a* die proliferierenden Zellen der Gliose, mit geringer Zellpolymorphie, bei *b* Gefäß mit verdickter Wand, bei *c* Auflockerung des Grundgewebes mit Zugrundegehen der Kerne, teilweise Substitution, Status spongiosus. Vergr. 315:1.

Später hat in einer ungemein mühevollen, systematischen Untersuchung von 1170 Fällen STAEMMLER (1942) die Veränderungen des Zentralkanals untersucht.

STAEMMLER sieht als primäre Schädigung die Dysrhaphie und die Hydromyelie an. Bei ihr käme es durch Liquortranssudat zu einer Durchtränkung des umgebenden Gewebes, dieses zerfalle unter der toxischen Einwirkung des Liquors, alsdann entstände die reaktive Gliawucherung, die auch wieder eingeschmolzen werden könne:

„Danach gäbe es also 3 Grundformen der Veränderungen des Zentralkanals: a) Reine Dysrhaphie: Zentralkanal ungenügend rückgebildet, aber erweitert, 1. mit Rückbildung der sekretorischen Funktion; Obliteration kommt zustande; 2. mit Erhaltenbleiben der sekretorischen Funktion; Obliteration kommt nicht zustande. b) Reine Hydromyelie: Zentralkanal richtig zurückgebildet, aber erweitert, 1. durch Erhaltenbleiben der sekretorischen Funktion der Ependymzellen und Mißverhältnis zwischen Sekretion und Ableitung des Liquors; 2. durch Fortsetzung einer Hydrocephalie auf den offenen Zentralkanal. c) Dysrhaphie und Hydromyelie: Mangelhafte Rückbildung mit Erweiterung des Zentralkanals." Den Begriff Syringomyelie-Dysrhaphie definiert Staemmler folgendermaßen: „Unter echter Syringomyelie sollte man vielmehr nur diejenige Erkrankung des Rückenmarks verstehen, die auf einer primären Dysrhaphie beruht und durch eine Auflösung des Rückenmarksgewebes durch den Liquor (Myelolyse) mit nachfolgender Gliawucherung gekennzeichnet ist."

Döring faßt 1949 seine Ansicht folgendermaßen zusammen:

„Die Gewebsprodukte, welche wir ‚Dysrhaphie' nennen, entstehen durch eine Störung der embryonalen Entwicklung. Sie können im postnatalen Leben zum Ausgang von Syringomyelie, spinaler Gliose und verschiedener Geschwülste werden. Die ‚Dysrhaphie' betrifft das ganze Gewebe, welches mit seinen potentialen Eigenschaften (= Anlage) zum Übergang in Syringomyelie, sowie zum Übergang in paratypische (Gliose) oder atypische Gewebshyperplasie (Geschwulst) ‚disponiert'. Das dysrhaphische Ausgangsgewebe muß sich somit auch funktional anders verhalten als normales Gewebe. Wir sehen diese Verhaltensweise begründet in einem abnorm vereinfachten Stoffwechsel, den die Gewebsprodukte aus der Fetalzeit mit sich bringen und behalten und der das ganze Gewebe, sowie seine Funktion, nicht nur die Zellen, sondern zugleich die Beziehungen des Gewebes zum strömenden Blut und Nervensystem betrifft.

Die Endbefunde der Syringomyelie kommen zustande nach Quellung und Myelolyse des Gewebes, denen Gliahyperplasie und Gefäßwandveränderungen folgen (Staemmler). Da die Flüssigkeitsansammlung im Gewebe als perivasculär nachgewiesen werden konnte (Gagel), muß angenommen werden, daß die Befunde durch Kreislaufstörungen zustande kommen, wie es bereits Tannenberg festgestellt hat. Nicht Serum, Plasma oder Liquor bringen die Auflösung des Gewebes zustande, sondern eine örtliche Kreislaufstörung funktionaler Art, die in einem abnorm erregbaren Gewebe auftritt und auch zur Quelle der späteren Mehranlagerung im Gewebe (zellige und faserige Glia) wird. Sie bringt auch die Gefäßwandbefunde hervor, die somit nicht als Ursache der Gewebsvorgänge herangezogen werden können. Die als stark ‚vereinfacht' anzunehmenden Beziehungen des dysrhaphischen Gewebes zum strömenden Blut und Nervensystem (funktionaler Stoffwechsel) machen das Ausgangsgewebe gegenüber hinzutretenden Reizen geneigt, in diejenige Art des Stoffwechsels überzugehen, die als Quelle des Reizes für das para- oder atypische Wachstum in Betracht kommt. Nur auf dieser Grundlage kann das Nebeneinander von Syringomyelie, Gliose und Geschwulstbildung eine ausreichende Erklärung finden.

Für das Zustandekommen der Krankheit ‚Syringomyelie' und ‚spinale Gliose' müssen neben der ‚Anlage' (= Dysrhaphie), die als solche nicht als wirkend vorzustellen ist, noch zusätzliche Einflüsse für die Krankheitsentwicklung gefordert werden. Nach der klinischen Erfahrung kommen sie durch die Summation der täglich einwirkenden schwächeren Reize oder durch einen einmaligen starken Reiz zustande, wodurch im dysrhaphischen Gewebe und dessen nächster Umgebung ein neuer, die Krankheit manifestierender Erregungszustand herbeigeführt wird."

Mit Recht betont allerdings Staemmler, daß die Dysrhaphie nicht zwangsläufig zur Syringomyelie oder Gliose führen muß. Die äußeren Einwirkungen, die beim Menschen ohne die Anlage Dysrhaphie unwirksam seien, beeinflussen gemäß der nervalen Wechselwirkung von Peripherie und Zentrum die embryonalen Gewebsteile im Zentralkanalgebiet, insbesondere das innervierende vegetative Nervensystem dieses Bereiches derart, daß infolge der dabei hervorgerufenen Kreislaufstörungen Flüssigkeitsexsudation, Gliahyperplasie oder paratypisches Gliawachstum entstehen.

Döring hält seine Auffassung deshalb für so naheliegend, weil es sich bei den Rückenmarksbefunden der Syringomyelie und Gliose um Mehranlagerung von Gewebe handelt und weil dieses Wachstum nur aus dem Blut als der einzigen Quelle der anzulagernden Stoffe kommen könne. Anders sei das Auftreten der Veränderungen nicht zu verstehen, vor allem nicht mit „Aktivierung der embryonalen Zellen" oder mit „Aktivierung des Liquors, wobei die von verschiedenen Autoren, so von Gagel nachgewiesenen perivasculären Lichtungsbezirke und die Gefäßwandbefunde unerklärt und unverständlich bleiben müßten. Die Art der Durchblutung und der Bestand des dysrhaphischen Gewebes bleiben so lange „normal", bis durch die Summation der täglich einwirkenden schwächeren Reize (Erschütterung, Belastungen der Wirbelsäule, Heben schwerer Lasten usw.) oder durch einen einmaligen starken Reiz ein neuer, die Krankheit manifestierender Erregungszustand herbeigeführt wird. Damit versucht Döring auch die von Gagel nicht geklärte Rolle wiederholter leichter Traumen aufzuklären und führt außer den Traumen auch (im Sinne nervaler Beeinflussung) Infektionen an. Im Grunde genommen besagt die Auffassung Dörings nichts anderes, als daß zur Manifestation der „Syringomyelie" bestimmte auslösende Ursachen notwendig wären.

Wenn wir aber ein Gewebe, noch dazu eines, das als Überschußbildung oder nicht als völlig ausgereift imponieren muß, in ein blastomatöses Stadium treten sehen, dann liegt es im Prinzip doch sehr viel näher, einen anderen, und zwar häufigeren Faktor anzunehmen, nämlich denjenigen, der auch selbst Wachstumsvorgänge auszulösen imstande ist; *das sind einmal* die noch unbekannten inneren Ursachen, die z. B. zum Krebswachstum führen, zum anderen aber der Altersfaktor. Würde die Auffassung Dörings zutreffen, dann müßte man dasselbe für jeden wachsenden Naevus annehmen, wo doch nun wirklich von Traumen nicht die Rede sein kann. Außerdem kennen wir die Entgleisung der Naevi im Alter hinreichend genau und insbesondere erleben wir es, daß ein dysplastisches Gewebe sehr viel leichter und eher altert bzw. entgleisen kann (aber nicht muß!) als eines unter den physiologischen Bedingungen im Körperhaushalt mitversorgtes.

Ich erinnere dabei allein an die Tatsache der schon bei zufälligen dysrhaphischen Gliosen gefundenen Gefäßdysplasien und kann auf die erhöhte Anfälligkeit von Alterungsvorgängen gerade bei derartigen Gefäßdysplasien auch an anderen Körperstellen verweisen. Wie aber wollte Döring dann diejenigen im Verlaufe der dysrhaphischen Hyperplasien auftretenden Tumoren erklären, wie z. B. die im Halsmark und im Caudalmark nicht seltenen Medulloblastome, Neuroepitheliome, bei denen doch die von ihm gegebenen Argumente nicht in Frage kommen.

Döring fußt, wie schon betont, auf der monographischen Veröffentlichung von Staemmler, die auf einem großen Material über die Entwicklung des Zentralkanals basiert. Staemmlers Lehre gipfelt im wesentlichen darin, daß Liquor durch Ependymdefekte in die Gliose gelangen und dort über eine Verquellung zu einer Myelolyse führen kann, gegebenenfalls auf dem Umweg einer primären reaktiven Gliawucherung. Döring erinnert jedoch daran, daß es für die Ependymdefekte nicht bewiesen sei, ob diese den Quellungen und der Myelolyse des Nachbargewebes vorausgingen und Ursache seien oder ob sie eine Folge oder Begleiterscheinung der sich im Gewebe abspielenden Vorgänge darstellen. Staemmler beruft sich bekanntermaßen auf die Reagensglasversuche Speranskys zur Verdauungswirkung des Liquors, die jedoch mit dem lebenden Gewebe nicht identifiziert werden können. So sei auch die Zersetzung des Gewebes durch Pankreas-, Magen-, Darm- und Gallensaft nur möglich, nachdem die Beziehung zwischen dem strömenden Blut und dem Gewebe verändert oder aufgehoben und das Gewebe einer Teil- oder Totalnekrose anheimgefallen sei. Auch der Aktivierung des Liquors, wie sie Staemmler annimmt, steht Döring wohl mit Recht skeptisch gegenüber.

Die Arbeit Tannenbergs war wohl die erste, die die Syringomyelie und Gliose auf eine Kreislaufstörung unter dem Gesichtspunkt der Relationspathologie (Rickers) zurückgeführt hatte. Tannenberg glaubte, in der Gliose eine reaktive Gliawucherung sehen zu können. Die umfangreiche Arbeit von Tannenberg kann in diesem Zusammenhang nicht weiter berücksichtigt werden, da er unter Syringo-

myelie nicht nur die auf dysrhaphischer Basis entstehende Gliose und Höhlenbildung, sondern auch alle intramedullären Höhlen mit einbezieht.

In seiner Monographie hat Staemmler die Mannigfaltigkeit der Form des
Zentralkanals ausführlich dargestellt, wodurch das uns Bekannte ebenso bestätigt
wird, wie die Einzelvorgänge bei der Dysrhaphie.

Das Wesentliche ist für ihn jedoch die Auffassung von der Myelolyse infolge
des Liquordurchtrittes, wofür wir aber ebensowenig wie Döring den Beweis
als geführt ansehen können. Über den Einfluß des Liquors auf das Hirngewebe
stehen uns nicht nur durch den Krieg, sondern auch durch die moderne Therapie
der Psychosen Beobachtungen von der Dignität eines Naturexperimentes zur
Verfügung. So haben wir eine Reihe von Fällen, in denen im gesunden Gehirn
die Ventrikel eröffnet waren und der Liquor in die Hirnsubstanz eindringen konnte
und mußte. Niemals sahen wir hier eine Gewebsauflösung im Sinne Staemmlers.
Anders jedoch, wenn eine Leukotomie einen Ventrikel eröffnet und Liquor in
das durch wiederholte Schockbehandlung geschädigte Gewebe eindringen konnte.
Hier kam es in der Tat zur entsprechenden Auflösung, Ödemnekrose und in
diesem Gewebe führte auch die Leukotomie in einzelnen unserer Fälle zur Nekrose
und zur sekundären Verkalkung.

Ein weiterer Punkt: Die Erweichung bei der Syringomyelie tritt nur in einem
geringen Prozentsatz der Fälle im Zentrum der Gliose auf, weitaus häufiger
an der Peripherie; denn keineswegs sehen wir den physiologisch verengten Zentralkanal mit einer dorsal entstandenen Stiftgliose ödematös durchtränkt, während
sich die Erweichungen an der Peripherie des Gliastiftes finden.

In den zahllosen Fällen von Hydromyelie, die wir untersucht haben, war
infolge der Druckatrophie kein Ependymsaum mehr vorhanden, wohl aber eine
faserige Gliose, ohne daß hier eine Erweichung des umgebenden gliotischen
Gewebes aufgetreten wäre. Schließlich geht es auch nicht an, einfach Hydromyelie und Gliose in ihrem Erscheinungsbild gleichzusetzen, wenngleich ihr
klinisches Bild, nämlich das „einer Syringomyelie" identisch sein kann, auch
wenn beide Zustände an ein und demselben Rückenmark abwechseln können.
Die Syringomyelie mit ihrer Erweichung um den Gliastift tritt dort ein, wo
Markscheiden- und Stützgewebe infolge progressiver Kompression und Zirkulationsstörungen zugrunde geht.

Die Arbeit Tannenbergs (1924) stützt sich auf 2 Fälle mit Capillarhämangiomen, von denen der eine auch eine Reihe von Verbildungen in anderen
Organen zeigte. Trotzdem die Fälle [wie schon Henneberg in der Besprechung
Zbl. Neur. 39, 241 (1925) hervorgehoben hat] durchaus die dysrhaphisch-dysonto-
genetische Genese bestätigen, sieht Tannenberg die regressiven Vorgänge bei der
Syringomyelie und den Gliosen als einen „eigenartigen chronischen Vernarbungs-
prozeß und Folgen von Tumoren und Erweichungen" an. Die Hohlraumbildungen aus verschiedensten Ursachen werden mit der genuinen Syringomyelie
durcheinander geworfen. Auch werden irrtümlicherweise die Rosenthal-Fasern
als Achsenzylinderreste gedeutet, ebenso wie die Abwegigkeiten des Zentralkanals als Geburtsschädigungen des Rückenmarks angesprochen werden.

Die Auffassung von Kirch (1928) über die Genese der Syringomyelie gipfelt
in einer grundsätzlichen Gleichstellung von Syringomyelie und Gehirncysten,
soweit diese *in* irgendwelchen *Blastomen* vorkämen. In Spina bifida-Cysten
komme der Hohlraum durch Degeneration und nekrotischen Zerfall des äußeren
Tumorgewebes zustande. Die Wandung des Hohlraumes besteht (1. Gruppe)
aus Tumorgewebe. Die 2. Gruppe bilde sich infolge eines serösen Transsudates
aus den Tumorgefäßen, so daß Kirch von einer intrablastomatösen bzw. einer
extrablastomatösen (gliösen) Syringomyelie spricht.

Obwohl im Falle KRAUSEs (zur Entstehung der Syringobulbie) eine ausgesprochene Hydromyelie bestand, wird für die Syringobulbie ein gefäßabhängiger Erweichungsherd beschuldigt.

Viel Verwirrung haben die Autoren gestiftet, die alle Höhlenbildungen im Rückenmark mit Syringomyelie gleichsetzen. Die Tendenz zur Längsausbildung von Herden liegt in der Natur des Organaufbaus begründet. So lassen sich z. B. die Beobachtungen von LEVADITI (1929), LÉPINE und SCHOEN erklären, die ihre Fälle mit Syringomyelie in Verbindung bringen.

Wir müssen allen, die sich um die Frage bemüht haben, für die Vielfalt ihrer Gesichtspunkte und ihrer Kritik dankbar sein, wenngleich wir uns deren Beweisführung nicht anschließen können. Daß an einem auf das Doppelte aufgetriebenen Rückenmark Zirkulationsstörungen und mechanische Einwirkungen bei physiologischen Bewegungen auftreten können, ist selbstverständlich. Sie sind aber gewissermaßen nur ein in dem schicksalsmäßigen Verlauf eingeschlossenes Geschehen.

Zu den vorstehend geäußerten Ansichten seien noch einige Bemerkungen gemacht. STAEMMLER behandelt nicht den gesamten Komplex der Dysrhaphie, der Hyperplasie und der Geschwulstbildung. Man kann aber den Syringomyeliekomplex nicht betrachten, ohne die an der Stelle der tiefgreifendsten Störung einsetzenden blastomatösen Proliferationen zu beachten und ohne die Verlagerung des Mesenchyms, das obendrein oft einen persistierenden Hohlraum auskleiden kann, entsprechend zu berücksichtigen.

Wenn einer der oben genannten Autoren die Auffassung vertritt, ein Teratom könne nur im Blastulastadium entstanden sein, wo von einer differenzierten Neuralplatte noch keine Rede sein könne, so ist dem zu entgegnen, daß diese Teratome keineswegs etwa eine Art Doppelbildungen oder ähnliches zu sein brauchen, sondern die Verlagerung eines gemischten multipotenten Gewebes in das Rückenmarksinnere (S. 450). Siehe hierzu die Bemerkung FOLKE HENSCHENs, daß die meisten nicht gliomatösen Tumoren im Rückenmark von dem nach innen verlagerten Mesenchym abstammen.

STAEMMLERs Untersuchungen fußen auf der Untersuchung des menschlichen Zentralkanals in allen Lebensaltern.

Nach seiner Auffassung hat das Ependym des Zentralkanals eine sezernierende und resorbierende Funktion. Ginge das Ependym zugrunde, dann käme es zu den Erweichungen. Zur Zeit der physiologischen Rückbildung des Zentralkanals bestünde eine Hinfälligkeit des Epithels durch den Durchtritt des Liquors käme es zur Myelolyse. — Wir haben uns an zahlreichen Präparaten bemüht, STAEMMLERs Gedankengängen zu folgen, können aber in diesem Punkte seine Auffassung nicht teilen. Wir sehen doch auch im Gehirn einen häufigen Untergang des Ependyms, zumal im zunehmenden Alter und bei Liquorschwankungen, konnten uns aber nur bei bestimmten Erkrankungen und bestimmten Diffusionsstörungen davon überzeugen, daß diese Ependymschranke durchbrochen wird. Ich glaube, daß wir die Zerfallsvorgänge bei der Syringomyelie noch immer auf das Konto der unreifen Glia, der mangelhaften oder Fehlmesenchymation und schließlich der Kompression zurückführen müssen. So finden wir unendlich häufiger die Zerstörung nicht etwa um den Zentralkanal herum, der im Gegenteil von einer derben Gliose umgeben ist, sondern weitaus häufiger an der Peripherie dieser Gliose, und zwar oft in der Form einer Ödemnekrose gegenüber der präformierten Rückenmarksubstanz, die durch Kompression geschädigt ist. Einen grundsätzlichen Unterschied zwischen einer Umgebungsreaktion bei gewissen, diesen Gliosen nahestehenden Hirntumoren und der Erweichungszone bei der Syringomyelie vermag ich nicht anzuerkennen.

Eine wesentliche Schwierigkeit für die begriffliche Bestimmung und für die Deutung der Verhältnisse ist der Umstand der Fehlcapillarisation, die ihrerseits zu erneuten Störungen bzw. Blutungen führen kann; ferner der Umstand, daß durch die Gliosen und Gliomatosen ein Mißverhältnis zwischen Wirbelkanal und Rückenmark entstehen kann und dieses leicht Läsionen bei physiologischen Bewegungen ausgesetzt ist. Das Rückenmark ist nicht umsonst vom Liquorraum umgeben und durch das Ligamentum dentatum im Wirbelkanal so aufgehängt, daß es in gesundem Zustand allen Bewegungen ohne Gefahr, Schaden zu laufen, folgen kann. Allein die regionale Auftreibung der Syringomyelie wird diese Verhältnisse grundsätzlich stören. Dieses mechanische Moment darf nicht vernachlässigt werden, wenn sich ein Rückenmarksquerschnitt — wie es nicht selten der Fall ist — auf das 5fache vermehrt; bei einer Vorwärtsbeugung z. B. werden die dorsalen Partien, die ohnehin Sitz der Veränderung sind, leicht überdehnt werden.

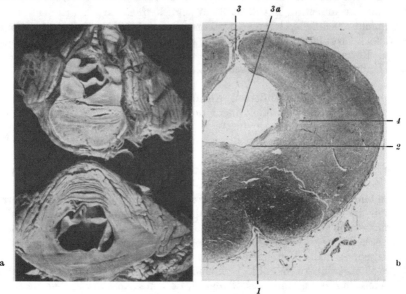

Abb. 46a u. b. a Gliose im Gebiet der Oblongata und des Mittelhirns, den Liquorraum verschließend. b Caudaler Teil der Oblongata am Übergang ins Rückenmark. _1_ Ventraler Medianspalt; _2_ vorderer Ependymkeil; _3_ fehlerhafter Schluß (Dysrhaphie); _3a_ ventral-ependymär, lateral nur gliotisch umkleideter Hohlraum; _4_ Gliose mit Zerfall. Vergr. 5,3:1.

Außerdem wird nach meinen Erfahrungen dem Umstand nicht Rechnung getragen, daß bereits vor Eintritt der klinischen Symptomatologie die Nervenfasern durch die Gliose entmyelinisiert sind, diese Abbauprodukte abtransportiert werden und zusammen mit der Druckwirkung u. dgl. zu der Vermehrung des perimedullären Bindegewebes führen. Dieser Pannus (vgl. Abb. 11, dieses Handbuch, Bd. XIII/3, S. 160) ist bedingt durch reaktive Wucherungen infolge einer gesteigerten Resorption bei Durchblutungsstörungen, Stauungen und als Anwort der Leptomeninx auf Druck.

Schließlich können wir der Auffassung Staemmlers von Hydromyelie und selbst liquorführender Höhle nicht zustimmen. Die Hydromyelie ist eine Hyporhaphie, das Neuralrohr ist zwar geschlossen, die Nahtbildung, die Rhaphe, jedoch nicht gebildet. Es bleibt also ein Persistieren eines erweiterten Zentralkanals. Da aber die Rhaphebildung einen Teil der Reifung und Differenzierung des Rückenmarks darstellt und von diesem Vorgang die Differenzierung und Abwanderung, die Telokinese im dorsalen Blastem abhängt, bleibt in diesem Falle das Keimmaterial um den persistierenden, erweiterten Zentralkanal liegen und differenziert gliotisch aus. Aus den eingangs genannten Gründen bin ich leider nicht in der Lage, unsere Serienbilder vorzulegen, aus denen die pericanaliculäre Gliose bei vollkommen erhaltenem Ependym ersichtlich ist. Man findet eine reine Hydromyelie außerordentlich selten, um so häufiger aber auch in Anfangsstadien eine Hydromyelie mit gliotischer Wand. Ein großer Teil der als Hydromyelie angesprochenen Hohlräume verdient diese Bezeichnung nicht, sondern es sind meist nicht von Ependym, sondern nur von gliotischem Gewebe umgebene Höhlen im Gebiet der dorsalen Schließungslinie. In diesem Falle ist — wie bereits oben dargelegt — der Zentralkanal nur vom vorderen Ependymkeil gebildet. Diese gliotischen Höhlen können auch ohne Zerfall in der Tiefe des Rückenmarks liegen, wenn die Dysrhaphie eine unvollständige ist. In diesen Fällen ist fast immer die dorsale Rhaphe durch Mesenchym ersetzt oder in erheblichem Maße durchsetzt.

Wenn das Mesenchym in Höhlenbildungen besonders imponiert, so hat dies seinen Grund darin, daß die Fehlmesenchymation in Übereinstimmung mit der Fehlgliotisation überschießend erscheint und vor allen Dingen, daß sie alle Zerstörungen übersteht, während im Gegensatz zu dem Bindegewebe und den Gefäßen die Glia eher zugrunde gehen kann. Zudem antwortet das Bindegewebe auf Druck, auch auf den Druck der Gliose, mit einer Proliferation. Man wird deshalb niemals aus einzelnen Schnitten etwas aussagen dürfen, wenn nicht das Rückenmark in allen Abschnitten genau untersucht ist.

Schon bei den Stiftgliosen ohne regressive Erscheinungen imponiert der mediale

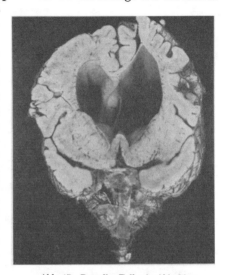

Abb. 47. Derselbe Fall wie Abb. 28.
Mißbildungshydrocephalus bei Dysrhaphie.

Spalt als Rest des bei Dysrhaphien nicht miteinander verschmolzenen Seitenwandspongioblastems. HENNEBERG sah in seinen Fällen keine oder nur durch Nekrose des gliotischen Gewebes bedingte Höhlen. Der Standpunkt BIELSCHOWSKYS, daß die Höhlen bei der Syringomyelie ein persistierendes Neuralrohrlumen darstellten, trifft nach unseren ausgedehnten Untersuchungen nicht zu.

Wie kommen diese Höhlen zustande? Höhlenbildungen bzw. Erweichungen waren erst dann nachweisbar, wenn die Gliose einen entsprechenden Umfang auf dem Querschnitt erreicht hatte. Zentrale Nekrosen sind ungemein selten. Höhlenbildungen im Zentrum der Gliose sind stets von einem derben Gliawall umgeben. Anders jedoch die seitlichen Erweichungen und die perifokale Erweichung um den Gliastift herum. Diese entsprechen in ihrem histologischen Aufbau der Randzone eines derben Glioms. Die Blutungen, die aus den Capillaren hervorgehen, entsprechen den Blutungen bei den Glioblastomen, wenn auch infolge Erweichung bei diesen z. B. der Gewebsturgor verlorengeht. Da die Organe von Syringomyeliekranken erst nach einer langen Zeitspanne des Bestehens, die von therapeutischen Maßnahmen angefüllt ist, zur Untersuchung gelangen, werden die Anfangsstadien nur bei systematischen Untersuchungen, wie sie von uns ausgeführt wurden, gefunden werden[1].

---

[1] Ganz besonders sei auf die Untersuchung des Rückenmarks von Gliomträgern verwiesen. Wir haben zwar Beschreibungen, daß bei Syringomyelie ein Gliom gefunden wurde, außerordentlich wenige dagegen, daß bei den Gliomträgern auch Dysrhaphien vorhanden waren. Dies liegt allein daran, daß nur in einem geringen Prozentsatz von Obduktionen das Rückenmark zur Untersuchung gelangt (vgl. YORKE und EDWARDS 1940).

2. Der dysrhaphische Faktor im Gehirn.

Die *Dysrhaphie der Medulla oblongata* unterscheidet sich in nichts von der des Rückenmarkes, ebensowenig die dorsalen Gliosen, die häufiger mit Ependymwucherungen vergesellschaftet sind. Im Zwischenhirn fanden wir außer in den hypothalamischen Anteilen, nämlich dem Opticus (Abb. 50 und 51 a und b), abgesehen von Hypergliosen kein dysrhaphisches Äquivalent. Am Austritt des

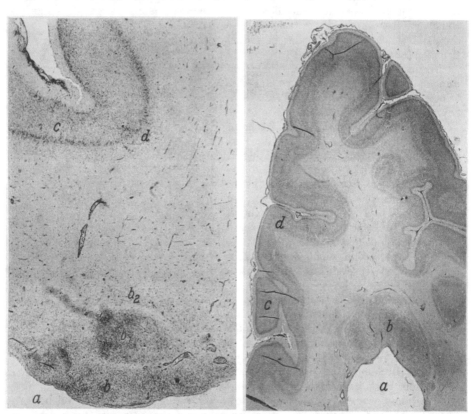

Abb. 48. Links: Ausgetragenes Neugeborenes mit Dysrhaphie und dysrhaphischem Hydrocephalus. Rindenähnlich ausdifferenziertes Keimmaterial an der Ventrikelfläche. *a* Ventrikel; *b* rindenähnlich differenziertes Keimmaterial; *b₁* weniger differenziertes Keimmaterial (Rest der Zwischenschicht?) mit noch abwandernden Spongioblasten (*b₂*); *c* vierschichtige Rinde mit lockerem Zellband (*d*) unterhalb derselben. Vergr. 14:1. Rechts: Einfaches Liegenbleiben von Keimmaterial am Ventrikeldach, mangelnder Zellgehalt der inneren Rinde (dieselbe zellärmer und daher im Bild lichter). *a* Ventrikel; *b* liegengebliebenes Rindenmaterial; *c* äußere Rindenschicht von normaler Zelldichte; *d* inneres Zellband gelichtet. Vergr. 4:1. (Aus Ostertag: Hirngewächse.)

Recessus opticus und im Chiasmagebiet haben wir mit gleichartigen periventrikulären Gliosen in der Oblongata nicht selten auch syringomyelieähnliche Höhlen gesehen, die sich mit ihrem Wachstum und regressiven Vorgängen wie eine Stiftgliose verhalten.

Wenn sich der Zentralkanal des Rückenmarks zum 4. Ventrikel öffnet, bleibt die mediane Bodenplatte noch weithin zu verfolgen. Das Bildungsmaterial der Grundplatten erschöpft sich in der Oblongata ziemlich bald, bildet allerdings erhebliche Zellmassen, während das Keimmaterial der Flügelplatten nur zum Teil in Oblongata und Pons aufgeht, vorwiegend aber das Kleinhirn bildet. Der Hohlraum ist der 4. Ventrikel bzw. im Mittelhirn der Aquädukt. Im Gebiet der Flügelplatten und des Hohlraumes finden wir, ebenso wie im Rücken-

mark, Dysrhaphien, Hydroventrikulie und pericanaliculäre Gliosen. Die größere
Beanspruchung des Keimmaterials bei dem größeren Organquerschnitt, der den
des Rückenmarks um das Mehrfache übertrifft, bedingt häufigere kleine Verbildungen; so sind am Calamus scriptorius kleine Ependymome, häufiger Ver-

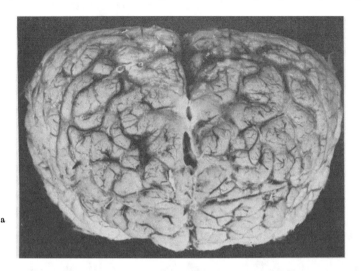

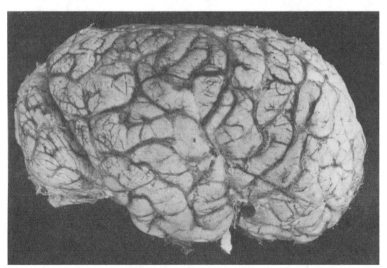

Abb. 49 a u. b. a 40 Jahre alter Mann, psychisch unauffällig. Verklebungen der frontalen medianen Hemisphärenwand, einschließlich des rostralen Gyrus cinguli. b Ein entsprechendes Gehirn, 50 Jahre alter Mann von der
Seite. Streckung der FOREL- zur MEINERTschen Achse mit auffälliger Querstellung der Fossa Sylvii, Massen-
reduktion des Frontalhirns und Verschiebung des Sulcus centralis nach vorne. Unzureichende Entwicklung
der „basalen Rinde" und des Commissurensystems.

bildungen des Ependyms in der Mittellinie zu finden. Im Gebiet des Aquäduktes
und des Metencephalon kann, wie oft leicht nachweisbar, aus den beim Schluß
liegengebliebenen Ependymschläuchen ein System von Kammern entstehen,
welche die Liquorpassage verhindern und so zu einem Hydrocephalus internus
führen können (Abb. 46 und 47). Die Hauptzahl der dysrhaphischen Störungen
liegt jedoch im medianen Kleinhirn, und zwar von gleichem Aufbau, wie die

dorsalen Gliosen im Rückenmark. Als generalisierte Störung eines Flügelplattengebietes finden sich durchgehende, einseitige Gliosen, beginnend in der Oblongata, im Kleinhirn, in der Vierhügelplatte, bis in den Thalamus hinein.

Seltener wird bei den Gliosen nur das Gebiet der Grundplatten betroffen. Die Spongioblastome, die vom Tractus opticus den Hirnstamm bis zum Bulbus durchlaufen, gehören nicht hierher, sondern sind (Ostertag und Mitarbeiter 1948—1954) besonders zu bewerten. Die Dysrhaphien im Gehirn sind ebenfalls vorherrschend im Flügelplattengebiet lokalisiert. So kann es nicht ausbleiben,

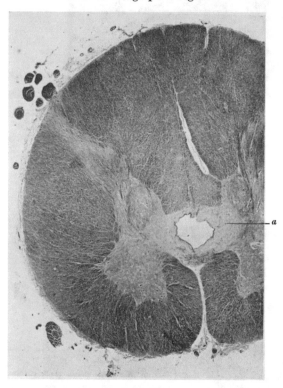

daß eine Behinderung der Telokinese sich auch in dem Flügelplattengebiet des Großhirns auswirkt. Im Gegensatz zu den unten näher beschriebenen Heterotopien mit Hemmung der Migration und des Rindenaufbaus haben wir mehrfach (Ostertag 1936) Liegenbleiben von Matrixmaterial mit nur geringer rindenähnlicher Differenzierung an denjenigen Stellen des Ventrikels gefunden, die am spätesten ihre Matrix abgeben.

Wie auf der Abb. 48 ersichtlich, enthält die sonst in ihrer Gyration voll entwickelte Rinde ein 4—6schichtiges Rindenband, darunter eine zellfreie Zone und unter derselben ein Zellband, das zum Teil große Pyramiden enthält. Es besteht das Faktum, daß die tiefe Rinde nur unzureichend mit Zellen aufgefüllt ist, während der größere Teil des Zellmaterials am Ventrikel liegengeblieben ist.

Abb. 50. Dysrhaphische pericanaliculäre Gliose (a) um den stark erweiterten Zentralkanal bei 43jähriger Frau. Vergr. 13:1.

In Abb. 48 unten liegt Keimmaterial unter dem Ependym, darüber ein Knoten, der in seinem Aufbau an die Zwischenschicht erinnert. Die tiefe Rinde ist zellarm.

An Gehirnen von Dysrhaphikern fanden wir nicht nur bei den stark Hydrocephalen eine erhebliche periventrikuläre Gliose und Hyperplasie des Plexus chorioideus, der in allen Fällen untersucht wurde. Es war auffällig, daß der Durchgang zum Foramen Magendii frei war. Ein Hydrocephalus des 4. Ventrikels bestand ebensowenig wie eine Verlegung des Aquäduktes. Wir glauben, diesen Hydrocephalus im wesentlichen mit der Verbildung des Ependyms und des subependymären Lagers in Verbindung bringen zu können. Als weitere Hemmungsmißbildung des Gehirns sehen wir das Persistieren einer Riechhirnausladung.

Eine der wesentlichsten Veränderungen ist die Störung beim Zusammenlegen der Hemisphärenwände im Gebiet der Trapezplatte zur Bildung der Commissuren. Auch Marburg rechnet bestimmte Fälle von Balkenlosigkeit und Balkenmangelbildungen zu den Dysrhaphien; ebenso gehören dazu Fälle mit einem Fehlzusammenschluß in den unteren rostralen Balkenabschnitten, die wir vor allem bei neugeborenen Dysrhaphikern des öfteren gesehen haben.

Als dysrhaphisches Äquivalent[1] haben wir 2 Fälle angesehen (OSTERTAG 1949 und 1953), die dadurch ausgezeichnet waren, daß eine ausreichende Trennung in der Mittellinie des Frontalhirns weder im Gebiet der Hirnsubstanz selbst, noch in dem der weichen Häute erfolgt war (Abb. 49a und b). Die Zuteilung zum dysrhaphischen Syndrom begründen einmal die gleichfalls gefundenen hierhergehörigen weiteren Veränderungen; des weiteren das Vorkommen von Anzeichen des Status dysrhaphicus und von koordinierten Verbildungen im Urogenitalsystem mit Abflußstörungen im Gebiet des Nierenbeckens und der Ureteren.

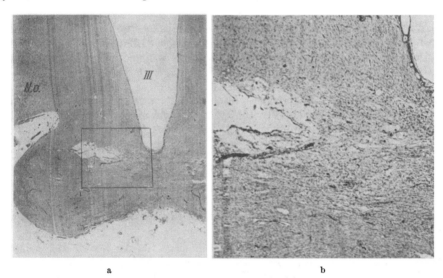

a   b

Abb. 51a u. b. a Gleichartige Gliose im Gebiet des ursprünglichen Hohlraumes der Augenblasenbildung den ganzen Nervus und Tractus opticus durchsetzend. Schnitt durch das Chiasma. *III* 3. Ventrikel; *N.o.* Nucleus supraopticus. Eingerahmt: Gebiet des Ausschnittes. b Gliose mit zentralem Zerfall. Vergr. 6,5:1. Lineare Vergr. 3$^1/_2$fach.

Ein Beweis für die dysrhaphische Hydrocephalie ist anatomisch nicht leicht und nicht immer sicher zu führen, weil Ursachen und Folgen oft nicht voneinander geschieden werden können. Bei Dysrhaphie mit hochgradigem Hydrocephalus schwindet das Septum pellucidum, ja sogar das Fornixgebiet kann atrophieren; andererseits kann der Hydrocephalus sich bei den überlebenden Dysrhaphikern zurückbilden. Häufig findet sich die Angabe (s. oben bei Spaltbildungen), daß ein Hydrocephalus nach Operation einer Spina bifida stärker wird, oder gar erst entstehe.

Nicht unerwähnt bleiben darf die Rolle des Mesenchyms, das, häufig überschüssig angelegt, auch eine abnorm starke Capillarisation zeigt. Dies ist nach unseren Erfahrungen ventral stärker als dorsal der Fall und dürfte damit dem Verhalten der embryonalen Mesenchymation entsprechen.

Mit dem Hydrocephalus bei Spina bifida, d. h. also auch bei Dysrhaphie, befassen sich eine Anzahl von Arbeiten, von denen zunächst die encephalo-

---

[1] GASTRAUT und DE WULF (1947) sprechen von einer Synrhaphie bei einem 12- und 15jährigen Mädchen bei Verschmelzungen beider Stirnhirne mit einheitlichem Ventrikel. Es handelt sich um eine typische Arrhinencephalie. Der röntgenologische und klinische Befund ist von BANNWARTH vorbildlich beschrieben.

graphischen Untersuchungen von Köttgen (1949) erwähnt seien. An 14 Fällen von Spina bifida mit Meningocele fand sich mit einer Ausnahme stets eine Erweiterung der Ventrikel. Sie sei *nicht* Folge einer Drucksteigerung, sondern eine Hemmungsmißbildung. Bei 6 Fällen bestand außerdem eine Kleinhirnhypoplasie, zweimal Fehlen des Septum pellucidum und einmal des Balkens.

J. van Houweninge (1932) glaubt, den Hydrocephalus allein durch eine Verbildung der Meningen erklären zu können, deren Mesenchymverbildungen im Gebiet der Cisterna cerebello-medullaris denen beim Arnold-Chiari-Syndrom entsprachen. Farbstoffversuche hatten ergeben, daß die Kommunikation zwischen Meningocele oder Myelocele und Liquorräumen des Gehirns zwar von caudal nach rostral, aber nicht umgekehrt vorhanden waren.

Weiterhin befaßt sich mit dem Zusammenhang von Hydrocephalus und Syringomyelie die Arbeit von Vercelli (1940), der diesen ebenso wie den nicht druckatrophisch bedingten Mangel des Septum pellucidum als Ausdruck des Status dysrhaphicus bei Syringomyelie beschreibt (6 Fälle).

Russel und Donald (1935) fanden bei 10 Fällen von lumbosacralen und thorako-lumbosacralen Meningocelen stets eine Arnold-Chiarische Mißbildung. Durch Verschluß des großen Hinterhauptsloches und mangelhaften Liquorabfluß bedinge diese die Entstehung eines Hydrocephalus internus bei Spina bifida.

3. Symptomatische Dysrhaphie.

Dysrhaphien vorzüglich des Rückenmarks und Rhombencephalon finden wir bei der tuberösen Sklerose, der zentralen Neurofibromatose, den neuroektodermalen Dysplasien van Bogaerts, der Hippel-Lindauschen Krankheit und der cerebello-pontospinalen Ataxie.

Die teratogenetische Terminationsperiode liegt für die ersten 4 genannten Erkrankungen, die als Phakomatosen zusammengefaßt werden, sehr nahe bei der der dysrhaphischen Störung. Schon aus den am Eingang dieser Kapitel gebrachten Tafeln kann man ersehen, daß eine entsprechende Verbildung am geschlossenen Neuralrohr in den zeitlich benachbarten Entwicklungsphasen Schlußstörungen des Neuralrohrs im Sinne eines Nichtschlusses (Spalten) oder einer *Dys*rhaphie setzen kann.

Bei der tuberösen Sklerose wurden die Schlußstörungen ebenso beobachtet wie bei der Recklinghausenschen Krankheit. Bei letzterer konnten wir selbst Neurinombildungen an Stelle des vorderen Ependymkeiles im Rückenmarksquerschnitt nachweisen; trotz des geschlossenen Rückenmarks war der ventrale Teil des Zentralkanals nicht ausdifferenziert, sondern wir konnten nur ein persistierendes Medullarepithel finden, und zwar hatten wir einen caudalen im Lumbalmark gelegenen Tumor (ausgesprochenes intramedulläres Neurinom), während im Halsmark ein ependymales Blastom mit neurinomatösen Strukturen lag; dazwischen fand sich teilweise eine zentrale Gliose mit echter Syringomyelie (Ostertag 1925). Bielschowsky (1935) zeigte von der Ganglienleiste ausgehend neurinomatöse Bildungen im Rückenmark. De Busscher, Scherer und Thomas (1938) konnten das Zusammentreffen der Recklinghausenschen Neurofibromatose mit dem dysrhaphischen Symptomenkomplex erörtern. Während in den bisherigen Beobachtungen der Syringomyeliekomplex hinter den der Neurofibromatose zurückgetreten war, wurden von den Autoren unter weiteren Syringomyeliefällen noch bei vier Zeichen von Recklinghausenscher Krankheit gefunden.

HENSCHEN (dieses Handbuch Bd. XIII, Teil 3, S. 933) erwähnt die Angioblastome des Rückenmarks bei Syringomyelie, wobei er die Fälle von TANNENBERG, SCHUBACK, KERNOHAN und Mitarbeiter, D. RUSSELL, HARBITZ, WOLF und WILSENS und WYBURN-MASON zitiert.

Weitere instruktive Fälle sind die von SILBERMANN und STENGEL (1929), WIESE (1934), D'ANTONA (1934) und FRACASSI, RUIZ und GARCIA (1935).

Ein großer Teil dieser angiomatösen Verbildungen gehört in das Gebiet der LINDAUschen Krankheit, die Übereinstimmung der intramedullären Angiomknoten mit denen des Kleinhirns ist oft frappierend. Außerdem wurde (s. unten S. 483) bei LINDAUscher Krankheit auch Syringomyelie beobachtet.

Abgesehen von den Beobachtungen von CURTIUS und Mitarbeitern (1935) liegt die Mitteilung von ALPERS und WAGGONER (1929) vor, die bei der FRIEDREICHschen Ataxie, d. h. der Spino-pontocerebellaren Ataxie, Spina bifida und weitere Verbildungen im Sinne der Dysrhaphien gefunden hatten. Ob es sich hierbei um ein Zusammentreffen oder um ein frühes Auswirken der abiotrophischen Anlage der Hinterstrangsysteme handelt oder ob die Insuffizienz des die Hinterstrangsysteme bildenden Flügelplattensystems diese Verbildung hervorruft, kann noch nicht mit hinreichender Sicherheit gesagt werden. Sehr interessant ist in diesem Zusammenhang die Stellungnahme von WANGEL (1950), dessen Darlegungen man insgesamt wohl kaum folgen kann, der aber doch eine Unterentwicklung der Nervenzellen festgestellt hat und darin das Primäre sieht. Auch bei den seinerzeit von NACHTSHEIM gezüchteten und von uns untersuchten Kaninchen mit „vererbbarer Syringomyelie" fanden sich eigenartigerweise Tiere mit motorischen Lähmungen, die auf eine hypoplastische Entwicklung der Vorderhornzellen zurückzuführen waren neben den mehr oder minder ausgesprochenen Zeichen der Syringomyelie. Die Darlegungen WANGELs bedürfen dringend einer kritischen Nachprüfung.

Immerhin bleibt die eine Tatsache bestehen, daß bei den genannten Erkrankungen, vor allen Dingen bei den Verbildungen mit blastomatösem Einschlag, sich häufig eine Syringomyelie bzw. eine Dysrhaphie findet.

4. Status dysrhaphicus und die allgemeine pathogenetische Stellung der Syringomyelie.

Im Verfolg unserer Mitteilung (1925) untersuchte BREMER die Angehörigen von Patienten, die an Syringomyelie erkrankt waren.

Er fand 1926 „in der nicht kranken Verwandtschaft Syringomyeliekranker immer wiederkehrende Anomalien, die in ihrer Gesamtheit gewissermaßen formes-frustes-Bilder des syringomyelischen Syndroms geben. Es handelt sich um einen Status, eine idioplasmatisch bedingte Teilkonstitution, die jede Progredienz vermissen läßt. Vasomotorische und trophische Störungen kommen gehäuft vor. Besonders eindrucksvoll sind die Sternumanomalien (Trichter- und Rinnenbrust), mit denen fast gesetzmäßig vasomotorische und trophische Störungen an den Händen kombiniert sind. Meist finden wir kalt feuchte, livide Hände, die oft im ganzen klobig verdickt sind (Makrosomie, nichtAkromegalie) oder auch auffallend dünne zarte Hände und Finger, über die die Haut gleichsam als zu enger Handschuh gezogen scheint (Arachnodaktylie). Letztere finden sich vor allem bei den weiblichen Geschlecht, beim Manne sehen wir häufiger die aus der Klinik der Syringomyelie bekannte ‚main succulante', Kyphoskoliosen, Mammadifferenzen, Überlänge der Spannweite über die Körperlänge, Krümmungstendenz der Finger auf der ulnaren Seite vervollständigen das Bild. Wichtig ist ferner die Häufung von Spina bifida occulta, meist der Lendengegend, seltener der Halswirbelsäule. Damit erklärt sich die Häufigkeit von Enuresis in der Verwandtschaft von Syringomyeliekranken. Sensibilitätsstörungen, Schweißanomalien, Behaarungsanomalien, hohe Gaumenbögen, Schwimmhautbildungen kommen oft vor und erscheinen im neuen Licht."

BREMER nennt dieses *nicht progressive* Krankheitsbild „Status dysrhaphicus".

In der Folge beschäftigen sich insbesondere Curtius und Mitarbeiter mit diesem Problem (dort auch ausführliche Literatur), während neuere Untersuchungen, besonders Cl. E. Benda (1949) die Frage der Syringomyelie, Dysrhaphie und Myelodysplasie erörtern. Unter anderem wies Curtius bei einwandfreien Fällen von spinocerebellarer Ataxie einen Status dysrhaphicus nach. Inzwischen ist das Schrifttum erheblich angewachsen. Von Baumhakl und Lenz stammen Untersuchungen über die Beziehung zwischen Status dysrhaphicus und Syringomyelie (1940). Die Arbeiten des Arbeitskreises von Curtius sind in seinem Buche 1935, sowie 1939 ausführlich wiedergegeben.

Arachnodaktylie, Status dysrhaphicus und Gliose beschreibt Wegelius (1950). E. A. Spiegel (1929) und A. Passow (1934) befassen sich mit den Augensyndromen der Irisheterochromie, warnen allerdings vor einer allzu raschen Annahme einer neurogenen Ursache der Heterochromie und diskutieren die Frage einer koordinierten Störung.

Die myelodysplastischen Syndrome setzte Enderle (1933) in Beziehung zum Status dysrhaphicus, während Jughenn, Krücke und Wadulla (1949) zu dem Ergebnis kommen, daß von den familiären Syringomyeliefällen und dementsprechend auch vom Status dysrhaphicus ein Teil gar nicht zu der Syringomyelie, sondern zur familiären neurovasculären Dystrophie der Extremitäten gehört. Zu diesem von Kehrer Akrodystrophia universalis hereditaria genannten Krankheitsbild hat Krücke erstmalig den histologischen Befund erheben und damit die histologisch begründete Abgrenzung geben können. Im übrigen wird leider der Status dysrhaphicus, der sich in erster Linie auf die Konstitutionsgesamtheit der körperlichen Erscheinungen bezieht, heute oft mißbräuchlich angewandt und man dürfte wohl kaum W. Meyer zustimmen, der 1939 versucht, den Begriff des Status dysrhaphicus zu erweitern, indem er eine Reihe medial schizosomatischer Früchte mit weiteren Verbildungen als einen besonderen Expressivitätsgrad des Status dysrhaphicus annimmt.

Dawidenkow warnt ganz allgemein davor, Nervenkrankheiten wie medullo-pontocerebellare Atrophie oder Charcot-Leyden mit dem Status dysrhaphicus in Verbindung zu setzen. Er verweist auf die Häufigkeit derartiger Abwegigkeiten in der allgemeinen Population. Andererseits muß aber Verfasser aus Erfahrungen am Sektionstisch bestätigen, daß selbst bei leichteren Dysplasien im Urogenitalsystem die typischen Zeichen der einwandfreien Dysrhaphie, die nicht mehr innerhalb der normalen Breite lagen, nachzuweisen waren (Ostertag 1954).

Bezüglich der Bewertung der Spina bifida im Sinne der Dysrhaphie ließe sich ein großes Schrifttum mit gegenteiligen Ansichten anführen. Vom Standpunkt des Ontogenetikers warnt Holmdahl schon 1922 davor, den mangelnden Schluß am Kreuzbein als Beweis für eine Spina bifida occulta ansehen zu wollen. Sie sei eine Variation innerhalb der physiologischen Breite, auf der es erst ziemlich spät zu einem Schluß der Kreuzbeinwirbel käme.

Die *Syringomyelie* können wir als *eine auf dem Boden der Dysrhaphie entstandene Fehlbildung mit hyperplastischem bzw. blastomatösem Einschlag* (Dysrhaphom) definieren.

Die *Dysrhaphie* ist eine Verbildung, und zwar eine Hemmungsmißbildung beim sekundären Schluß des Rückenmarks, die gleichzeitig die telokinetischen Potenzen der Matrix, vorzüglich des Seitenwandspongioblastems, in Mitleidenschaft zieht.

Trotz scheinbarer Lokalisation an einer Stelle ist bei der Dysrhaphie das gesamte Neuralrohr mehr oder minder schwer in den einzelnen Abschnitten betroffen, ebenso wie die *Syringomyelie* sich nicht auf das Rückenmark beschränkt, sondern auf das übrige Neuralrohr übergreifen kann. Die Dysrhaphie mit ihren Hyperplasien bzw. Dysrhaphomen betrifft das gesamte Neuralrohr. Als dysrhaphisches Äquivalent haben im Großhirn die Störung der Commissurenplatte, der rostralen Hemisphärenwand und ein charakteristischer Hydrocephalus zu gelten.

Der Syringomyelie (nicht zu verwechseln mit den Höhlenbildungen anderer Genese, die auch in der Längsrichtung des Organs verlaufen können) liegen verschiedenartige, allerdings stets mit primärer Dysrhaphie einhergehende Fehldifferenzierungen zugrunde: Echte Hydromyelie, dorsale Fasergliose, gliös-gliomatöse stiftförmige Bildungen mit primären Hohlräumen bzw. Erweichungen, oder an Stellen besonders tiefgreifender Störungen auch echte Tumoren (Medulloepitheliome, ependymale Blastome — oft als Neuroepitheliome beschrieben — oder neurinomatöse spongioblastische Gewächse). Da bei der Dysrhaphie die Fehlmesenchymation besonders am dorsalen Abschnitt nicht ausbleibt bzw. kaum ausbleiben kann, können in dem unzureichenden oder fehlerhaften Schluß des Neuralrohrs auch Mesenchymalelemente verlagert werden (angiomatöse, lipomatöse, fibromatöse, meningomatöse Neubildungen, seltener Teratome).

Da sich die Dysrhaphie in ihrer teratogenetischen Terminationsperiode zum Teil mit der tuberösen Sklerose, der Neurofibromatose und LINDAUs Angioreticulose überschneidet, können diese, auch von symptomatischer Dysrhaphie begleitet, auftreten. Die Dysrhaphie bei FRIEDREICHscher Krankheit kann sowohl ein zufälliges Zusammentreffen oder ein Ausdruck der frühzeitigen hypoplastischen Anlage der Hinterstrangsysteme sein.

5. Die Mangelbildung des Commissurensystems.
Der sogenannte Balkenmangel[1].

Seit der ersten Beschreibung von REIL (1812), dem die Mitteilungen von WARD (1846) sowie von ROKITANSKY (1858) folgten, ist der Balkenmangel bekannt und vielfach bei Formen schwerer Hirnverbildungen gefunden, aber auch isoliert als scheinbar einziges Symptom beobachtet worden. Man spricht vom totalen bzw. partiellen Balkenmangel, je nachdem, ob das gesamte Organ oder nur Teile desselben fehlen. Meist sind die rostralen Abschnitte, d. h. Balkenknie und Rostrum, erhalten. Es fehlen lediglich die dorsalen und splenialen Abschnitte. Jedoch ist auch völliges Fehlen größerer Teile der Commissurenplatte beschrieben worden, so daß auch die Riechhirncommissuren mehr oder minder fehlen. Es hat immer wieder Verwunderung hervorgerufen, daß eine ganze Anzahl von Trägern balkenloser Gehirne (s. NOBILING 1869, EICHLER 1878, ferner MEYER, KLIENEBERGER und STÖCKER) keine Zeichen irgendwelcher psychischer Abwegigkeiten oder eines Mangels gezeigt haben. Aus der neueren Literatur seien die Beobachtungen von JUBA (1936), MERKEL (1939) und KITASATO und TAZIRI (1939) genannt.

Sehen wir von dem Balkendefekt infolge destruktiver Prozesse ab, die entweder den Balken selbst oder die Großhirnhemisphären betreffen, so bleiben die originären Fälle von Balkenmangel übrig. Pathogenetisch rechnen wir diese zu den dysrhaphischen Störungen ebenso wie auch MARBURG (1949) den Balkenmangel den Dysrhaphien zurechnet. MARBURG hat den besonderen Verhältnissen Rechnung getragen und mit DE MORSIER und MOSER die Bezeichnung gewählt: Telencephaloschisis restricta. Wie bei den übrigen dysrhaphischen Störungen handelt es sich entweder um eine primäre Störung eventuell als Teilsymptom einer tiefergreifenden Entwicklungsstörung im Sinne der Dysrhaphie oder um einen sekundären symptomatischen Mangel.

Die Bezeichnung „Balken" als Verbindung und Träger erscheint berechtigt. Corpus callosum bedeutet jedoch nichts anderes, als dicker oder schwieliger Körper, während *Balken* =

---

[1] Verbildungen des Balkens wurden als Agenesie, Aplasie, Hypoplasie, Meroaplasie, Balkendefekt beschrieben.

Docos (Längsbalken bzw. allgemeine Balken) oder zygos bzw. zygon (Waagebalken und Brücke, das, was zusammengespannt ist) bedeutet.

Ich würde, damit eine kurze Verständigung möglich ist, bei Mangel des Balkens von einer Azygie bzw. von einer Hypozygie oder Merozygie sprechen. Im gesamten Schrifttum war es mir nicht möglich, sonst eine vom Griechischen abgeleitete Bezeichnung für den Balken zu finden.

Voraussetzung für die Bildung eines Balkens ist:

1. Die richtige Anlage der Lamina terminalis, sowie die regelrechte Entstehung der Commissurenplatte.

Mangelnder Schluß im Gebiet der Lamina terminalis und entsprechende Anlagestörungen, die auch die in der Lamina terminalis entstehende Commissurenplatte betreffen, führen zwangsläufig zum Balkenmangel. Rostrale Teile können *nur* bei etwaiger Rückresorption wieder verlorengehen. Bei mangelnder Anlage der Commissurenplatte geht das Ependym der Lamina terminalis unter Beibehaltung der embryonalen Gefäßversorgungsverhältnisse in das Ependym der Dachplatte des 3. Ventrikels über, das dann lediglich durch die dünne Ependymplexusplatte und die Pia gebildet wird. Diese oft cystisch sich vorwölbende Partie am Dach des 3. Ventrikels wird häufig (zu Unrecht) als Ursache des Balkenmangels angesehen. Bei der echten Dysrhaphie, d. h. einem fehlerhaften Nahtschluß am rostralen Neuralrohr kann mit dem Mesenchym des Medianspaltes ebenfalls Bindegewebe mit embryonalen Potenzen verlagert werden in Analogie zu dem fehlerhaften Schluß des Rückenmarks. So entstehen im Gebiet des großen Längsspaltes Lipome, Angiome, Fibrome.

2. Die orthologische Trennung der Hemisphären.

Bleibt ein Gehirn in dem Entwicklungsstadium des einblasig ungeteilten Endhirns stehen, dann werden bei diesen univentrikulären Gehirnen Fasern, die eventuell zur Gegenseite verlaufen, nur innerhalb dieses ungeteilten Hirnmantels liegen können. Eine ,,Balkenbildung" ist nicht möglich. Daher können eine große Zahl von mißbildeten Hirnanlagen keinen Balken haben. Bei zahlreichen der Arrhinencephaliegruppe zugehörigen Fällen von Balkenmangel imponierte dieser den Autoren (zu Unrecht) als Leitsymptom.

3. Die ordnungsgemäße Entwicklung des Palliums und der Hirnrinde.

Entsteht keine Hirnrinde, aus deren Nervenzellen Fasern auswachsen und den Kontakt mit der kontralateralen Seite suchen, so wird eine Balkenbildung nicht möglich sein. Es geht selbst die Anlage zugrunde, wenn bei schwerer Verbildung einer Hirnanlage in dieser keine dem Balken zustrebenden Fasern gebildet werden.

Zu den rein dysrhaphisch bedingten Balkenfällen gehört der erste Fall Regirers. Das charakeristische Balkenlängsbündel fehlt bei der 40 Jahre alt gewordenen Patientin, eine Bogenfurche wie bei embryonalen Verhältnissen ist deutlich sichtbar und Balkenfasern dringen zwischen medialem Ependym und Rinde ein. Das Feld der sagittalen Balkenfasern ist recht klein. Im oralen Frontalhirn sind die Balkenfasern angelegt; der Fornix ließ sich nicht nachweisen. Es fehlte ferner die vordere Commissur. Einen von uns als rein dysrhaphisch aufgefaßten Balkenmangel zeigt die Abb. 52. Es fand sich eine Encephalocele anterior mit einem Klaffen der Stirnbeine, außerdem eine Spina bifida caudalis. Bei dem 14 Tage alt gewordenen Säugling hat sich die Hemisphärenwand gebildet, es fehlt aber jede Anlage eines Balkens. Das Balkenlängsbündel fehlt auch, die mediane Hemisphärenwand geht mit einem Markstreifen zu den Striae longitudinalis und zum Fornix über. Die Commissura anterior ist gut ausgeprägt. In den rostral nur wenig geteilten Hemisphären, die nur an der Basis eine Querfaserung durchgehen lassen, zeigt sich der Fornix. Das Interhemisphärenbindegewebe reicht tief in den Hemisphärenspalt unmittelbar vor dem Fornix in das kümmerliche Septum pellucidum hinein. Das Septum pellucidum hat sich gerade soweit entwickelt, wie eine Anlage vom Balkenknie vorhanden war. In der nachgelassenen Arbeit von MARBURG (1949) fehlt das Corpus callosum ebenfalls, während Fornix, Psalterium und Septum pellucidum unterentwickelt waren.

Übrigens lagen ähnliche Verhältnisse wie bei REGIRER auch in dem in diesem Kapitel zitierten Fall von CREUTZFELDT und SIMONS vor. Eine frontale Meningocele, wie in dem vorstehenden Balkenmangel-Fall sowie eine Spina bifida occulta zeigte die Beobachtung von DE MORSIER (1934). Der Plexus chorioideus wird

Abb. 52. Angeborene Dysrhaphie mit mangelnder Balkenbildung. Ohne Bildung eines Balkenlängsbündels.

von der A. cerebri post. versorgt. Als weitere Verbildung (wichtig für den teratogenetischen Gesichtspunkt) fehlt das Culmen des Wurmes.

Bei einer Anzahl von Fällen, von denen ich nur die von O. FOERSTER (1939) und MERKEL (1939) erwähnen möchte, wird als Ursache des Balkenmangels eine dorsale Cyste im Interhemisphärenspalt angegeben. O. FOERSTER glaubt, diese rostro-dorsal gelegene Cyste auf ein Persistieren der cystisch umgewandelten Paraphyse zurückführen zu können, eine Bildung, die beim Menschen nur in einer sehr kurzen Zeitspanne nachweisbar ist. Die Cystenwand bestand von innen nach außen aus einem mehrschichtigen Ependym, das von einem lockeren Bindegewebe mit gefäßarmem Stroma umgeben war.

Auch dem Fall MERKELs ist eine derartige große Cyste eigen. Gleichzeitig besteht eine erhebliche Reduktion der Falx. Die Fimbria hippocampi geht im Bereich des Hinterhornes schon makroskopisch erkennbar in die Wand der großen Cyste über, während der Fornix sich am Dach des Hinterhornes bogenförmig nach dessen Ende wendet und als schmales Bündel in den Hippocampus übergeht. Nach der Beschreibung muß diese Cyste als eine einfache Hydromeningocele im Gebiet des 3. Ventrikels angesprochen und den entsprechenden Bildungen bei den Dysrhaphien gleichgestellt werden. Bei diesem (übrigens zufällig) erhobenen Befund gilt das bereits Betonte, daß koordinierte Verbildungen nicht fälschlich in die Beziehung von Ursache und Wirkung gebracht werden dürften.

Es sei die Bemerkung Giordanos (l. c.) wiedergegeben:

„Es ist eigenartig, daß unter der Lehre für die Ursachen der Spaltbildungen — unter Einfluß der Untersuchung von Bielschowsky, Henneberg, Ostertag — die Morgagnische Lehre als Ursache für die Spaltbildung verlassen ist, daß dagegen bei der Mangelanlage des Balkens der Hydrocephalus eine gewichtige Rolle spielt."

Die Auffassung des Balkenmangels als ein dysrhaphisches oder besser als ein hyporhaphisches Symptom wird weiterhin unterstützt durch das Auftreten der mesenchymalen Verbildungen an Stelle des oder in Verbindung mit dem mangelnden Balken. Das mediane Mesenchym reicht embryonal an die nur durch eine dünne gliöse Platte dargestellte Lamina terminalis und bleibt mit ihr verhaftet noch zu einem Zeitpunkt, in dem die Trapezplatte entsteht. Es bildet sich erst langsam zurück. Ebenso wie bei Mangel- oder Fehlbildung der Rhaphe oft Mesenchym in den bleibenden Spalt beim Schluß des Neuralrohrs eindringen kann und dort verschiedene Derivate zu bilden vermag, so Fettgewebe, Angiome, auch fibromatöse Verbildungen, ist es auch beim Schluß der Deckplatte der Fall.

Gelegentlich findet man den Balken in der Mitte verdünnt mit fest verhaftetem hyperplastischem Mesenchym, oft jedoch ist der vorhandene Teil des Balkens von einer diffusen meningealen Lipomatose bedeckt, und ein großes Lipom findet sich erst dort, wo der Balken fehlt. Nicht selten füllen Lipome bei Balkenmangel fast den ganzen Spalt aus.

Fälle mit Lipomatose finden sich bei Juba (1937), der die Meinung vertritt, daß die Lipome die Balkenentwicklung verhindert haben könnten (der Balken ging nur bis zum Ende des Ventriculus septi pellucidi).

Wie häufig diese Lipome bzw. Lipomatose sind, zeigen Huber (1953), Hammer und Seitelberger (1953) und sprechen sie als 5% der Balkengewächse an. H. Luten (1951) beschreibt bei einem 15jährigen Knaben ein Balkenlipom, das sogar in das Foramen Monroi reichte. Kinal, Rasmussen und Hamby (1951) referieren eine recht interessante Beobachtung eines 17jährigen Mannes, dem als Kind mit 2 Monaten ein eigroßes Lipom von der Stirn entfernt wurde. Nach Entfernung des Tumors wölbte sich die Dura in Walnußgröße vor. Mit 17 Jahren Operation mit Entfernung eines Balkenlipoms in Walnußgröße. Bei der Obduktion wurde das Fehlen des Balkens festgestellt mit Ausnahme des Rostrums [d. h. nichts anderes, als Lipomatose im primären medianen-sagittalen Medianspalt (Ostertag)].

Bei einer 30jährigen Frau fand Rubinstein (1932) an Stelle des Balkens ein lipomatöses Gewebe, außerdem eine Fehldifferenzierung des Plexus chorioideus mit Umwandlung in Fettgewebe. Der Balken fehlte vollkommen, ebenso die Commissura hippocampi, ferner das Septum pellucidum zwischen Fornixsäule und Balkenknie.

Huddleson stellt ebenfalls 1928 bei einem 46jährigen Manne denselben Befund eines walnußgroßen Lipoms an Stelle des Balkens fest (naturgemäß kann hier nicht der ganze Balken bestanden haben). (20 Balkenlipome.) Weitere Lipome sind unter vorwiegend klinischen Gesichtspunkten beschrieben. Gleich den Lipomen zu bewerten sind die median gelegenen Angiome, wie sie unter anderem von Creutzfeldt und Simons (1930) beschrieben wurden.

Seltener sind die Meningome (Kirschbaum 1947). Unter Berücksichtigung der allgemeinen Störung beschreiben Lloyd und Jacobsen (1938) an der Stelle des Balkens ein großes Fibrom.

Der weitaus größte Teil der balkenlosen oder Balkenmangel-Fälle ist mikroencephal und zeigt eine Reihe weiterer hypoplastischer oder Retardierungs-Symptome. Eine Übersicht auf Grund einer eigenen Beobachtung bei einem Kinde mit polygyren Windungen gibt C. DE LANGE (1925). Ebenso gibt M. DE CRINIS (1928) einen mit weiteren Bildungsfehlern behafteten Balkenmangelfall wieder, bei dem eine schwere Hypoplasie und Verzögerung der Markreifung nachzuweisen war. L. GUTTMANN (1929) fand Hemmungsmißbildungen und ebenso eine Verbildung des Kleinhirns bei einem balkenlosen 5jährigen Knaben. Die Windungsgebiete um die Fissura occipito-parietalis enthielten zahlreiche graue Heterotopien im Marklager, die Molekularschicht zeigte auf beiden Hemisphären eine Vermehrung der CAJAL-RETZIUSschen Zellen mit Lageanomalien der Pyramidenzellen. L. THOMAS (1929) konnte besonders die Verschiedenartigkeit im Aufbau des Palliums nachweisen. Auf der linken Seite war an der Stelle des Balkens eine eingekerbte Windung zu finden, während rechts Balkenanlage und Fornix eine gemeinsame Vorwölbung darstellten, die sich nach hinten gabelförmig teilte. Es wird weiterhin eine „echte subcallöse Cyste" beschrieben (möglicherweise ein cystisch umgewandelter Ventriculus septi pellucidi; OSTERTAG), während der 3. Ventrikel von der ependymären Decke und der Pia überdacht ist. Die Commissuren fehlen ebenfalls. Eine Übersicht geben 1933 BAKER und GRAVES. Als konstantes Symptom finden sie die Erweiterung der Hinterhörner der Seitenventrikel mit Wandverdünnung, Trennung der Fissura calcarina und des Sulcus parieto-occipitalis durch eine zwischengeschaltete oberflächliche Windung, eine radiäre Anordnung der Windungen an der medianen Mantelfläche oberhalb des 3. Ventrikels. Diese radiäre Anordnung erfährt jedoch Änderungen infolge etwaigen teilweisen Vorhandenseins des Balkens. Bei völligem Balkenmangel fehlt auch das Septum pellucidum, während es bei partiellem Mangel vorhanden ist. Obwohl Fornixkörper und Fornixsäulen vorhanden sind, fehlt das Psalterium bei völligem Balkenmangel; außerdem findet man fast immer eine Vergrößerung der Commissura anterior, unvollständige Trennung der Stirnlappen, häufig Fehlen der Nervi olfactorii und eine embryonale Furchenanordnung, insbesondere noch embryonale Bogenfurchen. Abgesehen von den senkrecht zum Medianspalt verlaufenden Windungen der medianen Hemisphärenwand (die KIRSCHBAUM 1947 veranlaßt haben, den Balkenmangel als eine mediane Porusbildung zu bezeichnen), findet sich in der Mehrzahl der Fälle, vor allen Dingen in denjenigen, die im Rahmen systemisierter Verbildungen erscheinen, das Balkenlängsbündel. Zu diesen typischen Fällen mit Fehlen des Balkens, Striae Lancisi, Septum pellucidum, Fascia dentata, Massa intermedia bei noch erhaltenem Fornix und vorderer Commissur gehört auch der Fall von SEGAL (1936).

Die häufigste und auffallendste, daher am meisten erörterte Veränderung an balkenlosen Gehirnen ist das Balkenlängsbündel. Dieses liegt an der dorsomedialen Seite der Seitenventrikel, wo sonst der Balken auszutreten pflegt. Die mediane Hemisphärenwand ist eingerollt, so daß der Gyrus cinguli das Balkenlängsbündel oft nach lateral unten drückt. Ventralwärts steht das Längsbündel mit dem Fornix in Verbindung. Es zieht parallel dem Längsstrang von der Stirn zum Hinterhaupt und geht in das Tapetum über (Abb. 54a und b). Vorwiegend wird das Längsbündel mit der Entstehung von Faserzügen erklärt, die aus den Rindenzellen nicht in die andere Hemisphäre übertreten können, weil sie nicht durch eine Commissurenplatte, die nur ein Leitsystem darstellt, auf die Gegenseite übertreten können. Die Problematik geht bereits aus folgenden Zeilen von ERNST (1909) hervor:

„Ist das Längsbündel als Balkenformation aufzufassen, so entspricht es doch nicht etwa einer Balkenhälfte. Sein lateraler Umfang grenzt sich scharf von der umgebenden

Marksubstanz ab. Es fehlt, abgesehen vom Übertritt der Fasern nach der anderen Hemisphäre hinüber, die charakteristische Balkenstrahlung nach der Konvexität. Es fehlt der ganze bogenförmige Verlauf der Hauptmasse um den Seitenventrikel, wie er beim Fetus von 5 Monaten schon nachweisbar ist. Die Auffassung des Balkenlängsbündels hängt natürlich auch von der Deutung des normalen Ursprungs und Verlaufs der Balkenfasern ab, ob sie von Pyramidenzellen der Rinde ausgehen, nach symmetrischen Stellen der anderen Seite (Commissurenfasern) oder nach verschiedenen Teilen der gegenüberliegenden Hemisphäre (Assoziationsfasern zwischen beiden Hälften) oder ob sie, wie Ramon y Cajal meint, Kollateralen von Assoziations- und von Stabkranzfasern sind, die in symmetrischen Rindengebieten enden. Das Balkenlängsbündel setzt sich aus mehreren Bestandteilen zusammen, die teilweise dem normalen Balken entsprechen. Ein Teil geht aus Fasern vom Hinterhaupt- und Schläfenlappen hervor, die, statt hinüberzutreten, die sagittale Richtung beibehalten und weiter vorn aus dem Bündel heraustreten, um sich zur Rinde der medialen Fläche des Scheitel- und Stirnlappens zu begeben (occipito-frontale Bündel von Banchi). Ein zweiter Teil ist der Fornix longus mit Fasern aus Ganglienzellen der Stria Lancisi und Fasciola cinerea und aus dem Cingulum. Die Lancisischen Streifen sind kleine Bündel am dorsomedialen Umfang des Längsbündels und werden weiter hinten durch eine Taenia tecta ersetzt. Fasern vom Gyrus fornicatus treten in das Längsbündel ein (auch von Probst, Arndt und Sklarek, Banchi beobachtet)."

1930 umreißt Schob das Problem etwa folgendermaßen: Während einzelne Autoren (Onufrowicz, Forel, Kaufmann, Hochhaus) der Auffassung sind, daß das Balkenlängsbündel ein normalerweise vorkommendes Assoziationsbündel ist, das erst durch den Balkenmangel sichtbar wird, weisen andere Autoren (Sachs, Marchand, Sklarek und Probst sowie Arndt) darauf hin, daß das Balkenlängsbündel zwar einen großen Teil der Balkenfasern enthielte, die mangels Anschlußmöglichkeit an die kontralaterale Seite diese nicht erreichen könnten, und deshalb in der Längsrichtung wachsen, andererseits aber ergäben (besonders Marchand) die Balkenlängsbündel zusammen niemals einen vollständigen Balken.

Nach Stöcker ist das Balkenlängsbündel nicht aus heterotopen Balkenfasern hervorgegangen, sondern es sei ein physiologisch stets vorhandenes Längsbündel, das sich bei mangelnder Bildung des Balkens vikariierend zu einem Längsfasersystem gestaltet hat (eventuell unter Hinzutreten heterotoper Fasern).

Es stehen sich also heute die Auffassungen gegenüber: 1. das Balkenlängsbündel sei ein physiologisch vorhandenes Gebilde, des (fronto-occipitalen) Assoziationsbündels, das nur durch die übliche Balkenentwicklung verdeckt sei und 2. die Auffassung, daß eine ersatzweise auftretende Formation vorläge, wozu noch vermittelnde Theorien im Sinne Stöckers und Tumbelakas hinzukommen.

Gianelli (1931) nimmt zu der Frage, ob das Balkenlängsbündel als Ersatz des physiologischen Balkens zu gelten hat, mit einer interessanten Hypothese Stellung, insofern er behauptet, daß die Drehung der Fasern des Balkenlängsbündels um 90° einen normalen Balken ergeben hätte.

In seiner schönen Dissertation aus Mingazzinis Institut hat A. Regirer, abgesehen von seinem ersten Fall, welchen wir den rein dysrhaphischen Formen zurechnen müssen, in seinem zweiten Fall besondere Verhältnisse an dem Längsbündel gefunden. Die Untersuchungen sind besonders instruktiv, da er die eine Hemisphäre in Frontal-, die andere in Horizontalschnitte zerlegt hat. Die Fasern des Längsbündels kommen zum Teil von den Windungen des Frontalpols. Andere stammen aus der Rinde der Konvexität und müssen den Ventrikel um die Spitze des Vorderhorns umgehen. Und drittens steigen Fasern zunächst vertikal in der lateralen Hemisphärenwand auf, um in einem Bogen durch die Corona radiata im Ventrikeldach weiter medialwärts zu verlaufen. Gegen das hintere Ende des Längsbündels ließ sich eine massive Ausstrahlung gegen den Gyrus cinguli feststellen. Ähnlich in unserem Fall L. D. werden diese transversal gerichteten Fasern so zahlreich, daß sie die quergetroffenen sagittalen Fasern fast völlig verdecken. „Es macht den Eindruck, als ob die Marksysteme des Gyrus cinguli und des Längsbündels ineinander übergehen." Ferner fand Verfasser Bogenfasern um den Scheitel des Corpus callosum herum, die sich leicht von den Fasern des Längsbündels unterscheiden ließen. Sie verbinden den Gyrus cinguli und die Stria Lancisi mit dem Fornix, sind also alles Riechhirnanteile.

Als weitere Gebilde, die bisher nicht beachtet waren, wird ein unteres sagittales Längsbündel beschrieben, das unterhalb des Septum pellucidum verlaufend dem Rostrum des Balkens entspricht. Die Herkunft der Fasern sei ähnlich der dem Hauptlängsbündel, jedoch zögen diese Fasern nicht um das Ventrikeldach, sondern um den Ventrikelboden.

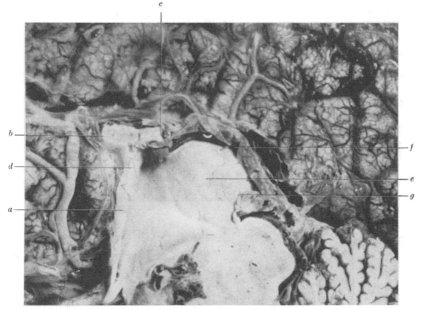

Abb. 53. Dysrhaphischer Balkenmangel, nur rostral angelegtes Commissurensystem. *a* Lamina terminalis; *b* Balkenknie; *c* Ende des Balkens; *d* hypoplastischer Fornix; *e* Thalamus; *f* mesenchymale Deckplatte über dem 3. Ventrikel; *g* Epiphyse. (Sammlungspräparat aus dem Virchow-Krankenhaus; weibliche Frühgeburt.)

Abgesehen von dem Auftreten des Balkenlängsbündels erfahren die anderen Commissurenanteile mehr oder minder starke Veränderungen und abwegige Verbindungen. REGIRER verweist dabei auf die Lehre von MONAKOW und BRUN (l. c.), der „ein relatives Zurücktreten der Symptome der primären teratogenen Störung gegenüber sekundären Veränderungen" als kein seltenes Ereignis ansieht. Ebenso bestätigt REGIRER unsere Auffassung, daß für Betrachtung und Bewertung der Verbildungen nicht die Organe des fertigen Gehirns in Betracht gezogen werden dürfen, *sondern die embryonalen Verhältnisse zum entsprechenden Zeitpunkt zu berücksichtigen seien.* Die Lamina terminalis stellt am erwachsenen Gehirn lediglich die rostrale Begrenzung des Recessus opticus dar, während sie (vgl. Abb. 53) noch beim Embryo und zur Zeit der Entwicklung die ganze rostrale Wand darstellt. Die genannte Abbildung zeigt insbesondere auch die Verdickung der Lamina terminalis, wie sie häufig zur Zeit der Entstehung des Septum pellucidum angetroffen wird und insbesondere auch von DE MORSIER und MOSER in ihrem Falle beschrieben wurde. Oft ist die Verdickung des Septum pellucidum durch das Anlegen des oralen Teiles der Balkenfasern eine scheinbare.

Als *symptomatisch* sind besonders die Fälle der Hauptgruppe zu bezeichnen, wie z. B. der Fall der Abb. 54; dieser zeigt ein ziemlich kugeliges Gehirn. Nach Abtragung der Meningen und eines Plexusrudimentes lagen die Ventrikel offen vor. Vom Balken ist nur ein kleiner vorderer Anteil vorhanden, derselbe ist spleniumartig umgeschlagen. Das 26 Jahre alte Mädchen hatte eine Kyphoskoliose

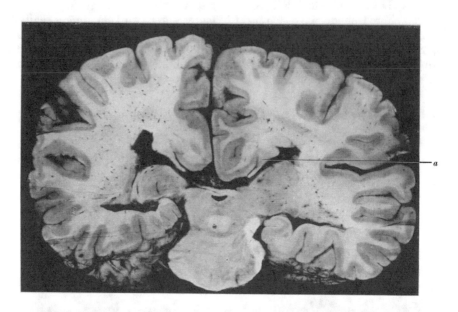

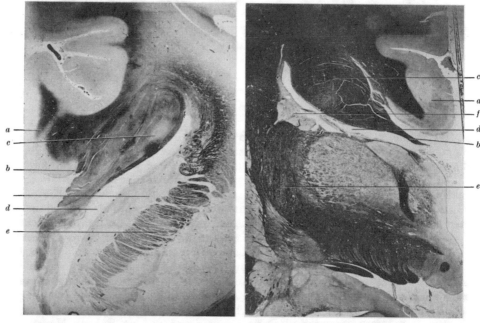

Abb. 54. Oben: Entwicklung eines rudimentären Balkenansatzes mit Balkenlängsbündel (*a*) auf der Höhe der vorderen Vierhügel. Unten links: Balkenlängsbündel, aus dem *frontalen Teil* des Hirnstammes des gleichen Falles, und rechts *auf der Höhe des Thalamus. a* Gyrus cinguli; *b* Ansatz der Balkenfaserung; *c* Balkenlängsbündel; *d* Seitenventrikel; *e* innere Kapsel; *f* Caudatum.

und Dysrhaphie, zahlreiche Naevi, sehr enge Aorta bei offenem Foramen ovale, ein doppelseitiges Phäochromocytom und Cysten an beiden Ovarien. Wie die

untere Abbildung zeigt, ist das Balkenlängsbündel weit vom Gyrus cinguli überwuchert und ganz nach innen an das Dach des Seitenventrikels gedrängt, wo es
in einen auffällig breiten Fornix übergeht, der wiederum mit dem Mesenchym
und der Deckplatte des 3. Ventrikels in Verbindung steht. Aus dem rostralen
Balkenanfang gehen Bündel in das Längsbündel über. In dem Gebiet des
Spleniums überwiegen — wie die Abb. 54 zeigt — eine längsgetroffene Faserung,
die eine erhebliche Ausstrahlung der Balkenfasern beweist. Im übrigen war
die Markbildung im Hemisphären-
mark nur sehr schütter.

Mikroskopisch war die Hirnrinde
primitiv und verschmälert. In der
Rinde der Mantelkante deutliches
Persistieren einer embryonalen
Körnerschicht, bei relativer Leere
der säulenförmig angeordneten
äußeren Rinde. Die grauen Kerne
im Gebiet des rostralen Fornix sind
eher vermehrt, unter dem Balkenknie Entwicklung des Septum pellucidum, überall ist das Cingulum
erhalten, das Längsbündel geht
deutlich in den Fornix über, außerdem besteht eine Riechhirnausladung.

Von besonderem Interesse ist
das Balkenverhalten des Falles
der Abb. 55. Der Balken ist im
ganzen außerordentlich hypoplastisch, lang ausgezogen, in der
Mitte eingedellt, mit einer ausgesprochenen Nahtbildung. Commissura anterior und das ganze
Fornixgebiet sind im Verhältnis
zum übrigen Gehirn hyperplastisch.

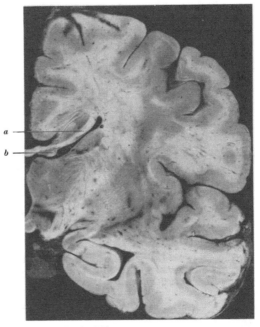

Abb. 55. Rückwärtiger Teil eines partiell balkenlosen
Gehirns; Hypoplasie des Balkens, bei *a* Balken mit darüber-
liegendem Balkenlängsbündel, bei *b* lateral verlagerter
Fornix bei großem Ventriculus V.

Im splenialen Gebiet ist der Balken in der Mitte nicht vereint. Windungsverbildungen bestehen nicht. Das Septum pellucidum ist nach hinten offen. Die
Rinde zeigt den sechsschichtigen Grundtypus, die ganze Wand des 3. Ventrikels
ist gliotisch, der Ventriculus septi pellucidi ist nach hinten geöffnet. In beiden
Nieren finden sich bis hühnereigroße Cysten.

Als eine Ursache des Balkenmangels wird auch die Gefäßversorgung angeschuldigt. Mit Recht wird entgegnet, daß es nicht die ganze Arteria cerebri
anterior sein kann, sondern höchstens der partielle Zweig, der paarig den
Balken versorgt. Nach KIRSCHBAUM (l. c.) entspringen ein oder zwei sehr enge
Arterien, die sich in Radiäräste aufteilen und ZELLWEGER (l. c.) vermißte bei
fehlendem Balken auch die Arteria pericallosa. (Nach eigenen Untersuchungen
fand sich ein entsprechender Ast oft mit dem der Gegenseite kommunizierend
in dem Mesenchym des Längsspaltes, OSTERTAG.) Wesentlich dürfte auch die
Beobachtung HOCHSTETTERs sein, daß in der frühen Embryonalzeit der vordere
Teil des Plexus chorioideus, sowie die Tela chorioidea von einem Ast der Arteria
cerebri anterior versorgt werden, während bei der occipitalen Verlagerung des
normal gebildeten Balkens Plexus und Tela chorioidea von der Arteria cerebri
posterior versorgt werden. Nach ausgedehnten eigenen Untersuchungen über die

Störungen im Gebiet der Lamina terminalis und der Commissurenplatte konnten wir (Ostertag, Raumfordernde Prozesse 1940, s. dort Abb. 55, 65 und 66, s. auch oben S. 333) bei den als Zufallsbefunden am Obduktionstisch beobachteten inzipienten Gliomen die schwere Fehlmesenchymation in der medianen Sagittalebene feststellen. Zu Beginn der Ausbildung der Trapezplatte zur Vereinigung der Hemisphären liegt das gefäßführende Mesenchym der Lamina terminalis eng an und versorgt die dem Medianspalt unmittelbar anliegenden Allocortexregionen; es hat sogar eine erhebliche Mächtigkeit während der Balkenentstehung und bildet sich physiologischerweise vom 5. Embryonalmonat ab zurück. Unterbleibt eine Rückbildung des Mesenchyms, so ist dies als ein den Verbildungen des Neuralrohrs koordinierter Vorgang aufzufassen. Unseres Erachtens ist es nicht angängig, die Gefäßversorgung als ursächlich primär für das Geschehen verantwortlich zu machen. Wir haben schon früher auf die Beziehungen zwischen Fehlmesenchymation und Fehlgliotisation verweisen müssen. Wie eng diese Dinge, nämlich fehlerhafter Schluß und Fehlentwicklung im Gebiet der medianen Hemisphärenwand in ihren rostralen Abschnitten mit den Verbildungen des Mesenchyms gekoppelt sind, geht aus der unzureichenden bzw. abwegigen Bildung der weichen und harten Hirnhäute in diesen Gebieten hervor.

Eine Reihe von Beobachtungen ist nicht sicher einzuordnen. Dies liegt teils an der Darstellung, teils an dem Standpunkt der Verfasser, die rein deskriptiv nur die Symptomatologie wiedergeben, aber Ätiologie und Morphogenese nicht hinreichend berücksichtigt haben.

Auf die Fälle von Balkenmangel, welche in die Cyclopie-Arrhinencephalie-Gruppe gehören, in denen jedoch der Balkenmangel die Autoren am stärksten beeindruckt hatte, ist S. 493 verwiesen.

Eine Besonderheit stellt der Fall Ayalas (1924) dar. Das Gehirn des 17jährigen geistesschwachen Patienten zeigte eine Reihe schwerer Verbildungen, insbesondere lag zwischen den beiden Hemisphären im Sulcus longitudinalis eine Art (akzessorische) 3. Hemisphäre; diese zeigt eine primitiven Rindenaufbau und einen ventrikelähnlichen Hohlraum, der mit dem linksseitigen Ventrikel kommuniziert. Die Untersuchung in Serienschnitten hatte einen Balkenmangel besonders im Spleniumteil, ein Fehlen des linken Fornix, eine Unterentwicklung der vorderen Commissur, sowie der linken Ammonshornformation ergeben. Aber man fand drei markhaltige Faserstreifen, die teils über, teils unter dem Balkenrudiment in der Längsrichtung hinwegziehen. Eine Einordnung dieses Falles wäre wohl am ehesten im Anschluß an die unten (S. 534) mitgeteilten Beobachtungen von Transpositionen im Bereich des Allocortex möglich. Es wäre lohnend, die Gesamtheit dieser Fälle einer Durchsicht zu unterziehen, die bisher nur als besonders auffällige Hirnmonstren beschrieben wurden.

Sicherlich auf äußere, und zwar prozeßhafte Ursachen sind folgende Beobachtungen zurückzuführen:

In der Mitteilung von Friedmann und Cohen (1947) mußte die Balkenentwicklung unterbleiben, weil offensichtlich ein intrafetaler Prozeß (zu einer hypoplastischen Anlage ?) hinzugekommen war. Es fand sich einmal ein Katarakt beider Augen, sowie im Gehirn zahlreiche Abbauprodukte. Es kommt demnach ursächlich auch die Rötelnencephalitis in Frage.

Shryock, Barnat und Knighton (1940) sahen Balkenmangel bei einem erst postfetal stark entwicklungsgestörten Kinde, wobei außerdem Septum pellucidum und Ammonshorn fehlten. Der offenbar intrauterine Prozeß hatte zu kommunizierenden Höhlenbildungen geführt.

Die Beobachtung von Hecker (1923) ließ eine erhebliche Verkümmerung der vor dem Sulcus Rolandi gelegenen Großhirnwindung erkennen, deren Anlage als normal beschrieben wird, während das Scheitelhirn demgegenüber als Hyperplasie imponiert habe. Auch hier wird eine (nicht erwiesene) intrauterine Hydrocephalie angeschuldigt; doch scheint ein doppelseitiger gefäßabhängiger Prozeß die Frontal- und Präzentralregion einschließlich der rostralen Balkenbildung geschädigt zu haben. Man wird diesen Fall als sekundären Balkendefekt ansehen müssen.

Schon nach den klassischen Experimenten Guddens gehen Balken bzw. Balkenabschnitte zugrunde, wenn die entsprechenden Hemisphärenabschnitte ausfallen.

Nur kurz können die Möglichkeiten der *röntgenologischen Darstellung* erwähnt werden, da der Pathologe häufig gezwungen sein wird, das Ventrikulo- oder Encephalogramm zu deuten. Daß dies am besten möglich ist, wenn die vom Verfasser angegebene Methode (s. Ostertag, Sektionstechnik 1944) angewandt wird, dürfte zumal bei der Labilität der dorsalen Ventrikelbegrenzung verständlich sein. Nur zu leicht kollabiert sonst bei der Obduktion das oft nur von hauchdünnem Mesenchym abgegrenzte dorsale Ventrikelsystem. Der klinische Nachweis des vollständigen oder teilweisen Balkenmangels ist durch die Encephalographie leicht möglich. Die Röntgendiagnose des Balkenmangels geht auf die Beschreibung von Guttmann (1929), Davidoff und Dyke (1934), sowie von Hyndman und Penfield (1937) zurück. Als eindeutige Zeichen galten die deutliche Trennung der Seitenventrikel, winklig dorsale Begrenzung der Seitenventrikel, konkave mittlere Ränder der Seitenventrikel und Erweiterung deren caudaler Abschnitte. Im 3. Ventrikel erkennt man die Verlängerungen der Foramina Monroi, dorsale Ausdehnung und Erweiterung des 3. Ventrikels und schließlich (Davidoff und Dyke) noch die radiäre Anordnung der Windungen der medianen Hemisphärenwand um das Dach des 3. Ventrikels herum und deren Ausdehnung im vorderen Balkengebiet. Palmgren und Jonssell (1942) betonen, daßbei einer Septum pellucidum-Cyste ein Abstand zwischen den Seitenventrikeln entstehen kann.

Malcol, Carpenter und Druckemiller (1953) diagnostizierten ein „Lipom"; es fand sich bei Operation nur Balkenmangel.

Hyndman und Penfield ebenso wie Krüger (1939) legen Gewicht auf das hornartige Auseinandergezogensein der Seitenventrikel, wenn der 3. Ventrikel ungewöhnlich weit hinaufreicht und die Hinterhörner hydrocephal erweitert sind.

So interessant die Bemühungen Bannwarths sind, aus den Röntgenbildern die Diagnose besonders des Balkenmangels intra vitam zu stellen, so sollte man doch vorsichtig sein bezüglich der Deutungen. Gerade die klinisch-röntgenologischen Untersuchungen von Dietrich lassen eine Kritik berechtigt erscheinen. Trotz der guten Röntgenbilder ist eine Deutung nicht ohne weiteres möglich.

Die auch oben zitierte Arbeit Zellwegers (1952) ist vorwiegend unter klinischen Gesichtspunkten, Luftencephalographie und Arteriographie, abgefaßt. Doch käme der Feststellung des Balkens keine große Bedeutung zu, da „die *Prognose wesentlich von denen mit der Balkenagenesie kombinierten Hirnstörungen abhängig ist*".

Differentialdiagnostische Erwägungen bezüglich Mangel- und Defektbildungen stellten Hahn und Kuhlenbeck (1930) an.

Rückblickend können wir über den Balkenmangel oder die Balkenlosigkeit sagen: Völliger oder teilweiser Balkenmangel ist Ausdruck ein und derselben Störung. Völlige Balkenlosigkeit ist nur bei einer schweren bereits die Lamina terminalis im frühen Stadium treffenden Störung verständlich. Für gewöhnlich ist der Balkenmangel nur ein teilweiser, und zwar fehlen dann die rückwärtigen (splenialen) Abschnitte. Der Balkenmangel kann ein originäres, primäres, dysrhaphisches Symptom sein und hat (neben anderen Veränderungen) als ein dysrhaphisches Äquivalent am rostralen Neuralrohr zu gelten. Bei diesen rein dysrhaphischen Formen findet sich meist kein Balkenlängsbündel. Ebenso findet sich bei dem reinen dysrhaphischem Balkenmangel gleichzeitig eine Spina bifida mit Meningocele bzw. Hydromeningocele. Wie andere symptomatische Dysrhaphien tritt der Balkenmangel ferner dysrhaphisch-symptomatologisch auf, wenn schwere allgemeine Hypoplasien in Gestalt von Makro-Mikrogyrie bzw. Migrationsstörungen vorliegen. Die cystischen Erweiterungen des 3. Ventrikels sind ebensowenig wie eine Lipomatose, Angiomatose oder Fibromatose an der Stelle des Balkens Ursache des Balkenmangels, sondern ein koordiniertes (dysrhaphisches) Symptom. Auffällig ist der Balkenmangel selbst bei weitgehend ausdifferenzierten Fällen der Arrhinencephaliegruppe. Legt man den Betrachtungen die Untersuchungen von Feremutsch und Grünthal zugrunde, so gewinnen die Fälle von Balkenmangel eine besondere Bedeutung, in denen die Allocortexregion fehlt. Zusammen mit den Beobachtungen, die Störungen in der Differenzierung des Riechhirns zeigen, bestehen daher enge Beziehungen zwischen der Arrhinencephaliegruppe einerseits zu denen mit mangelnder Trennung der Hemisphären und Balkenmangel andererseits (s. unten S. 493) und der eigentlichen rostralen Dysrhaphie mit Störung der Trennung der

Hemisphären bzw. des rostralen Zusammenlegens der Hemisphären im Verlauf der Bildung der Trapezplatte. Die Determination für die Cyclopie liegt nach Bruce (1898) um die 3. Embryonalwoche, von Balken und vorderer Commissur in der Zeit vom 2. und 3. Monat. Sind die Hemisphären schon gebildet, d. h. nach dem 4. Schwangerschaftsmonat, kann es nur noch zu einem Balkenmangel in den hinteren Abschnitten kommen. Damit dürfte wohl Bruce bereits, wenn auch nicht deutlich zum Ausdruck gebracht, an eine fortlaufende Reihe in der Determination der verschieden schweren Verbildungen am rostralen Neuralrohr gedacht haben.

6. Dysrhaphie und Syringomyelie des Kleinhirns.

Bei den dysrhaphischen Störungen ist das Kleinhirn in Mitleidenschaft gezogen, entweder in der Form einer Cerebello-Hydro-Meningocele oder einer einfachen Spaltbildung. Die Spaltbildung des Kleinhirns besonders des Unterwurms und gewisse Kleinhirncysten konnten wir schon 1925 den dysrhaphischen Störungen gleichsetzen. Ihr Charakteristikum ist das Vorhandensein der Commissurenanlage am rostralen Anteil der Kleinhirnplatte und die Spaltbildung oder Cysten im Gebiet der caudalen Kleinhirnabschnitte. Am meisten gestört ist das Gebiet des Unterwurms und des anschließenden Velum medullare posterius, gegebenenfalls unter Einbeziehung des Plexusmesenchyms. Häufig bleibt in diesen Fällen an der Matrix Bildungsmaterial für die Kleinhirnkerne liegen und Spaltbildungen reichen nahezu an die Oberfläche des Organs.

Während andere systemisierte Verbildungen nicht selten kombiniert mit symptomatischer Dysrhaphie sein können, sind von dieser symptomatischen Dysrhaphie das ganze Organ durchsetzende Spaltbildungen oder frühzeitige Keimverlagerungen (vor allen Dingen mit neurinomatösen Formationen) zu trennen.

Der Rückblick auf die Entwicklung des Kleinhirns lehrt uns, daß zunächst rostral im Anschluß an die dorsale Decke des Übergangs des Ventrikeldaches des 4. Ventrikels zur Vierhügelregion (Velum medullare anterius) der Kleinhirnwulst sich zu schließen beginnt und das Commissurensystem entsteht. Diese Schließung geht langsam dorsalwärts weiter und lange Zeit bleibt ein Kanal als Überbleibsel der Fissura mediana (B. N.) erhalten, den Hochstetter Incisura cerebelli interna mediana genannt hat, er schließt sich erst verhältnismäßig spät. Entsprechend den Dysrhaphien kann das Dach des 4. Ventrikels, in diesem Falle das Kleinhirn, offenbleiben, sofern die einzelnen Abschnitte sich fehlerhaft differenzieren. Der mangelnde Schluß ist meist kombiniert mit dem fehlerhaften Schluß des basalen Os occipitale und der kranialen Halswirbelsäule, so daß eine Cerebellomeningocele entsteht.

Die Abb. 56a zeigt eine von außen gut bedeckte Cerebellomeningocele. Die cystische Wand des Cerebellums ist dorsal noch hauchdünn, von der verdickten Pia zusammengehalten und geht mit 2 Lamellen oberhalb der Kleinhirntonsillen in eine das Kleinhirn begrenzende mediane Wand über. Während rostralwärts das Kleinhirn-Commissurensystem und die Bindearme erhalten sind und nur ein schmaler schräger Gliastift die dorsale Spalte bildet, geht auf der Höhe der Brücke (Kleinhirnbrückenarme) die Spaltbildung schon wesentlich tiefer, um schließlich ganz mit dem Ventrikel zu kommunizieren. Die Wand dieser Höhle ist gliotisch wie bei den Rückenmarksgliosen. Der knöcherne Defekt betrifft den Epistropheus, Atlas und die Hinterhauptschuppe.

Weitaus seltener (Abb. 56b und c) sind die Fälle, in denen die Spaltbildung symmetrisch das Kleinhirn median trennt, so daß auch die paläocerebellaren Anteile, die ursprünglich ebenfalls bisymmetrisch angelegt sind, auseinanderklaffen. Wir haben diesen Befund nur zweimal bei einem sehr großen Sektionsgut erheben können.

In Verbindung mit typischen Dysraphien des Rückenmarks fanden wir eine Cerebellomeningocele mehr oder minder starken Ausmaßes oder geringgradigere Spaltbildungen im Gebiet des Kleinhirns. Einen totalen Schlußmangel in der

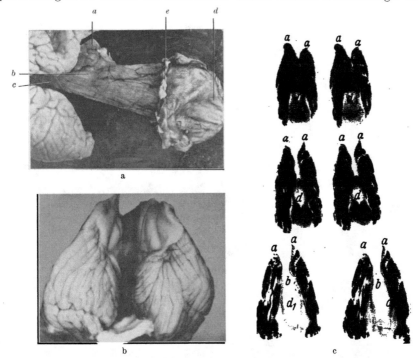

Abb. 56. Links oben: Encephalomeningocele, bei cervicaler occipitaler Spina bifida. Bei *a* Kleinhirnhemisphären, bei *b* lateraler Teil des Wurms, bei *c* vom Mittelhirn durch das Kleinhirn durchgehende Spaltbildung, *d* von Epidermis überkleidete Cerebellomeningocele, bei *e* Ansatz der äußeren Haut. Der Sack bei *b* besteht aus einer dünnen Ependymschicht und pialem Gewebe. Links unten: Kleinhirn bei schwerer Dysraphie und Cerebellomeningocele. Rechtes Bild: Dorsaler Kleinhirnspalt, bei *a* Übergang in die Cerebellomeningocele (vgl. Abbildung links unten). Im caudalen Abschnitt (*b*) Kommunizieren der Cyste mit dem Ventrikel; die grauen Massen in der Ventrikelwand (*c*) gehören zum Nucleus dentatus; *d* Übergang des Aquäduktes in den 4. Ventrikel; d_1 4. Ventrikel.

Medianlinie zeigt die Abb. 57, auf der eine Syringomyelie mit gliotischer Proliferation im Gebiet des Cervicalmarks zu sehen ist. Das Kleinhirn war bis in das Gebiet des Velum medullare anterius hinein gespalten, die dorsalen Wurmanteile nach innen gerollt. Eine Art Commissurenplatte verbindet rostral die beiden Kleinhirnhemisphären. Eine Einrollung des Unterwurms ist nicht erfolgt, derselbe vielmehr mit dem Velum medullare posterius am caudalen Ende des 4. Ventrikels verhaftet.

Im allgemeinen ist bei mangelndem Schluß des Kleinhirns der rostrale Anteil im Gebiet der Lingula und des Lobus centralis am Oberwurm geschlossen, wenn auch, wie in dem Falle von PINES und SURABASCHWILI, fehldifferenziert (Abb. 58).

Die Beobachtung von PINES und SURABASCHWILI zeigt ein auf der Höhe des Dentatums und des Trigeminuskerns caudal gespaltenes Kleinhirn, das einer früheren Entwicklungsperiode entstammt. Die Spaltbildung geht bis unter den

Hauptteil des Wurmes. Kranial ist das Kleinhirn bereits auf der Höhe der Bindearme in typischer Weise geschlossen. Die Autoren beschreiben diesen Fall als eine partielle symmetrische Wurmagenesie, wobei vom Kleinhirnwurm vorwiegend die paläocerebellaren Anteile vorhanden sind, während Folium, Tuber vermis, Pyramis und Uvula fehlen und vom Declive und Nodulus nur die vorderen Anteile zu finden sind.

Auch in dem Falle der Abb. 56 ist der rostrale Teil im Anschluß an das Velum medullare anterius geschlossen (vgl. Abb. 58 oben), während sich ein dorsaler

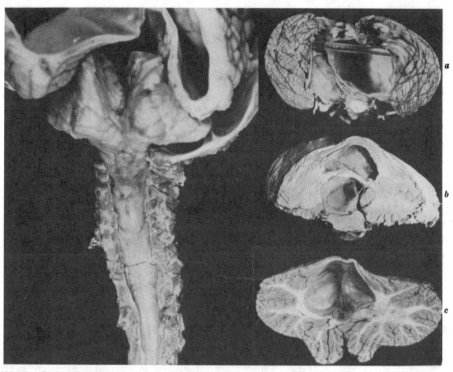

Abb. 57a. Links: Syringomyelie mit Verdickung des Cervicalteils geht in ein dorsal gespaltenes Kleinhirn über. Kleinhirntonsillen und Plexusansatz der Tela im Bereich des Wirbelkanals; unvollständiger ARNOLD-CHIARI. Rechts: Mediane Cysten im Kleinhirn. *a* Einfache gliotische Fehlbildungscyste mit glatter Wand ohne Komplikationen. *b* Fehlbildungscyste im Kleinhirnwurm mit gliomatöser Wand. *c* Transsudatcyste mit LINDAUscher Angioreticulose.

Spalt mit einer vorderen gliotischen Wand zeigt, der caudalwärts immer stärker wird. Die Ränder dieses Restes (vgl. Abb. 56b) gehen in die mit Ependym ausgekleidete große Cyste über, die sich dann bald vollkommen öffnet, und im Gebiet, das sonst dem Declive angehören würde, zu einem totalen mit dem Ventrikel kommunizierenden Spalt wird.

In der Beobachtung SCHWARZKOPFs (Abb. 59) hat sich im Gebiete der Schließungslinie die Cyste entwickelt, die im Vorderwurm nur dorsal liegt, caudalwärts jedoch durch eine ganz dünne Membran vom Ventrikel getrennt war. Die vollkommene Entlastung erfolgte durch eine Excision dieser Cystenwand, die die Kommunikation mit dem Ventrikel herstellte. Abgesehen von dieser im Sinne der Dysrhaphie zu deutenden Cystenbildung war besonders im Gebiet des Dentatums im Ventrikeldach und im Gebiet des Unterwurms Keimmaterial liegengeblieben. Die Wand der Cyste war mäßig gliotisch. —

Ebenfalls von einer Dysrhaphie stammt das Kleinhirn (Abb. 60, derselbe Fall wie Abb. 33—35a und b). Wie ersichtlich, ist im Gebiet des Unterwurms neben einer Spaltbildung das Keimmaterial liegengeblieben in einer Form, wie wir es bei den von JACOB (s. unten S. 508) beschriebenen versenkten Windungen finden. Ich konnte an den histologischen Details schon damals die entsprechenden Struktur-elemente analysieren, wobei es von besonderem Interesse ist, daß am Rande der körnerschichtähnlichen Gebilde auch Ganglienzellen liegengeblieben sind (OSTERTAG 1925).

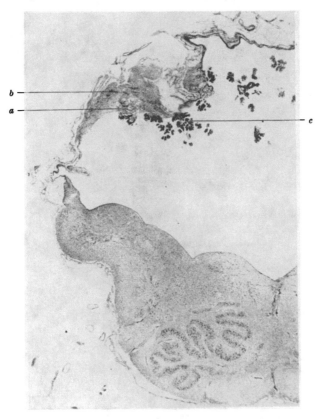

Abb. 57 b. Versprengte Gliose mit Plexusansatz am Velum medullare (*a*), bei *b* ependymale Strukturen, bei *c* Plexus. Fortsetzung nach oben in einen Kleinhirnspalt.

Die häufigsten, auch bei gleichzeitig bestehender Syringomyelie vorhandenen Veränderungen des Kleinhirns, sind die von einer gliotischen Wand ausgekleideten Cysten.

ANTONI und besonders VAN BOGAERT haben die Beziehungen der Kleinhirncysten zur Syringomyelie betont. ANTONI spricht von ihnen als der Syringomyelie des Kleinhirns. Die Beobachtung VAN BOGAERTS an 2 Schwestern mit Syringomyelie, von denen eine noch eine Kleinhirncyste aufwies, ist bereits oben erwähnt.

Wichtig ist die Mißbildung des Kleinhirns bei Syringomyelie und Syringobulbie von KRAUSE und TER BRAAK (1931) mit Kleinhirncyste und Verbildung im Gebiet der Uvula, der Lingula und des Nodulus. Derartige Verbildungen sind nach Verfasser schon früher bei Spina bifida beschrieben worden und eindeutig als dysrhaphisch zu erklären, die Nuclei dentati sind ebenfalls verbildet. Im linken Flocculus fehlte die normale Läppchenstruktur; sie war durch undifferenzierte Massen embryonalen Gewebes durchsetzt. Zwischen den Resten dieses embryonalen Gewebes fanden sich reichlich gewucherte Gefäße, die mit Wahr-scheinlichkeit dem Plexus chorioideus entstammten.

Ob der Fall von Wersilow — Angiogliomcyste in einer Kleinhirnhemisphäre mit Syringomyelie im Halsmark — hierher gehört, muß fraglich erscheinen, da wir eine symptomatische Dysrhaphie auch beim Morbus Lindau haben.

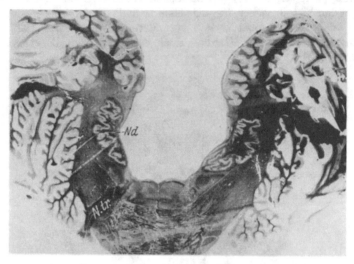

a

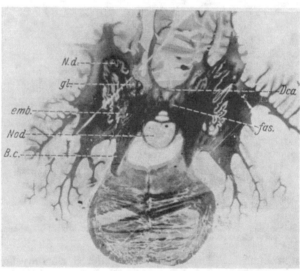

b

Abb. 58 a u. b. Rostral fehlerhaft geschlossenes Kleinhirn; caudal auf der Höhe der Dentata geöffnetes Klein-hirn. *Nd.* Nucleus dentatus; *N.tr.* Nervus trigeminus; *B.c.* Brachia conjunctiva; *Nod.* Nodulus; *emb.* Nucleus emboliformis; *gl.* Nucleus globosus; *fas.* Nucleus fastigii; *Dca.* Decussatio cerebelli ant. [Nach Pines: und Surabaschwili, Arch. f. Psychiatr. **96**, 718 (1932).]

Auf jeden Fall haben wir eine erhebliche Anzahl gelegentlich auch seitlich gelegener Kleinhirncysten untersuchen können, bei denen sich weitere Störungen im Bereich der hinteren Schlußlinie gefunden haben.

Wenn diese Beobachtungen — Kleinhirncysten und Dysrhaphie bzw. Syringo-myelie — zahlenmäßig nicht so häufig erschienen, wäre ein Gegenargument nur dann beachtlich, wenn man *stets* das Rückenmark in seinem völligen Umfange mit obduzieren würde.

Den Kleinhirncysten mit einer rein gliotischen Wand stehen diejenigen mit einer gliomatösen Wand zahlenmäßig nicht nach. Sie finden sich fast stets median, gelegentlich nach einer Hemisphäre hin verschoben, im Gebiet des Unterwurms.

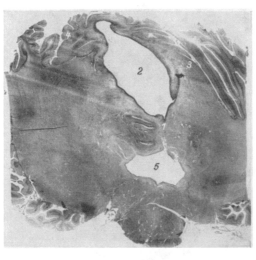

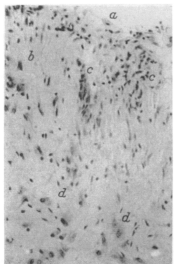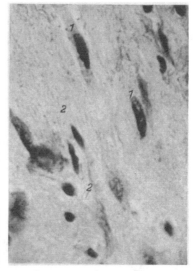

Abb. 59. Oben: Mediane Kleinhirncyste mit Rindenverbildungen an beiden Hemisphären. *2* Cyste; *5* 4. Ventrikel. Vergr. 1,5:1. Unten links: *a* Cystenwand; *b* Dach des 4. Ventrikels oberhalb des Ependyms; *c* Spongioblasten-haufen; *d* dystopische Ganglienzellen. Unten rechts: *1* Ausreifende Spongioblasten im Cystenboden; *2* Gefäß mit Endothelzellen. [Aus SCHWARZKOPF: Arch. f. Psychiatr. u. Z. Neur. **185**, 84—94 (1950).]

Wie die Abb. 59a zeigt, findet sich im Gebiet dieser Kleinhirncysten, insbesondere wenn das Unterwurmmaterial nur wenig differenziert ist, im Dach des Ventrikals bzw. am Boden der Cyste liegengebliebenes Keimmaterial. Die Zellen, die diese knotigen Gebilde aufbauen, sind meist Spongioblasten mit mehr oder minder deutlicher Wucherungstendenz.

Abgesehen von einer Cystenbildung mit und ohne Verlagerung des Unter-wurmmaterials können wir mediane Spaltbildungen im Kleinhirn feststellen.

Häufig finden sich dabei wie im Großhirn ventrikuläre Keimlager, wobei das ventrikuläre Keimmaterial liegengeblieben ist.

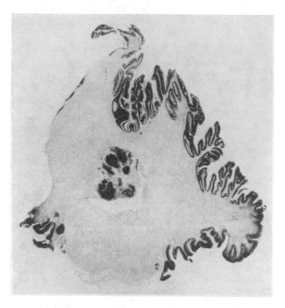

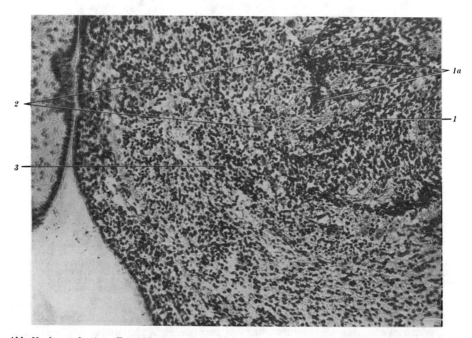

Abb. 60 oben und unten. Entwicklungsstörung des Kleinhirns. Oben: An der Kleinhirnrinde ist die embryonale Körnerschicht deutlich. Die linke Hälfte war stark geschädigt, Defekte sind jedoch nach dem Gesamtbefund nicht anzunehmen. Vom 4. Ventrikel geht ein Spalt linksseitig nach oben, die dem Ventrikel benachbarte Partie des Kleinhirns (Ventrikeldach) ragt als ein stumpfer Zapfen in den Ventrikel vor. Der Zellreichtum dieser eigenartigen Bildung tritt durch die dunkle Färbung sehr gut hervor. Unten: Die in der oberen Abbildung bezeichnete Partie mit stumpfen Zapfen bei stärkerer Vergrößerung. Bei *1* fischzugähnliche Anordnung der Glia, bei *1a* entsprechende Partie im Querschnitt getroffen, bei *2* Ganglienzellen, bei *3* Körnerschicht. Vergr. 2fach. [Aus Ostertag: Arch. f. Psychiatr. 75 (1925).]

Die Abb. 60 oben und unten stammen von demselben Neugeborenen wie die Abb. 33 und 34. Ein lateraler Spalt reicht gegen die dorsale Fläche des Kleinhirns, diese vom Beschauer rechte Hälfte ist zwar unzureichend, aber einigermaßen ausdifferenziert, während sich auf der linken Seite des Bildes nur ein schmaler Zellsaum befand, der offensichtlich nur von der äußeren Körnerschicht gebildet war. In dem gegen den Ventrikel vorspringenden Zäpfchen liegen heterotope Massen, die bei stärkerer Vergrößerung kleinhirnrindenähnlich ausdifferenziert erscheinen. Ins besondere imponiert verschiedentlich die Lage von Ganglienzellen, die, einem jugendlichen PURKINJE-Zelltyp entsprechend, in einer angrenzenden zellfreien Zone auftreten.

Mutatis mutandis liegt im Prinzip derselbe Vorgang bei den Cystenbildungen des Kleinhirns und bei den proliferativen Prozessen vor, wie bei den gliotischen Hydromyelien oder dorsalen Rückenmarkscysten und denen mit gliotisch-gliomatösem Proliferieren der Wand (s. auch F. HENSCHEN, dieses Handbuch, Bd. XIII/3)[1].

Die engeren Beziehungen zu der außerordentlich gefäßreichen Tela chorioidea und Pia im Velum medullare posterius und der Plexusanlage zum Nodulus lassen bei Verbildungen im Gebiet des caudalen Unterwurms die Mesenchym-Gefäßkomponente sehr stark hervortreten. So z. B. bei ARNOLD-CHIARISchen Verbildungen oder bei den Unterwurmmischgewächsen.

Auch GAGEL (Handbuch der Neurologie, Bd. I, 1935) beobachtete bei einem Falle mit ausgedehnten syringomyelischen Höhlen im Rückenmark eine Kleinhirncyste, die histologisch von einem schmalen Saum markfreien Gewebes eingesäumt war, in der kleine rundliche Gliakerne lagen. Bei feinerer Untersuchung ergab sich eine mäßige Fasergliose.

Im ganzen jedoch ist das Kleinhirn im Rahmen der Dysrhaphien weniger betroffen als das Rückenmark, aber immerhin stärker als etwa Mittel-, Zwischen- und Endhirn.

Unter dysontogenetischen Gesichtspunkten sind die Cystenbildungen im Kleinhirn leicht verständlich: Ependymreste bleiben im Gebiet der Fissura mediana im Dach des 4. Ventrikels sehr lange liegen und kleinere Hohlräume schwinden oft sehr spät. Selbst bei größeren Cysten im medianen Unterwurm wurde nach Resektion des Bodens der Cyste und damit erreichter Eröffnung des Daches des 4. Ventrikels völlige dauernde Heilung erzielt.

Zur Differentialdiagnose der Cysten im Kleinhirn (Abb. 57a rechts): Ähnlich wie in der Arbeit SCHWARZKOPF ist in dem obersten Präparat eine einfache von normaler Glia abgegrenzte dysrhaphische Cyste zu sehen, ausgekleidet von einer überall ganz glatten ependymfreien Gliawand. Im mittleren Bild ist die Basis der Cyste durch ein progressives gliotisches Gewebe im Gebiet des Unterwurms abgegrenzt. Diese Windungen werden meist als embryonale Astrocytome des Kleinhirns beschrieben, sind aber das Äquivalent der Dysrhaphome des Rückenmarks im Kleinhirn. Schwer zu deuten sind die Cysten mit einem Wandreticulom bei der LINDAUschen Krankheit, die gemeinhin als Transsudatcysten aufgefaßt werden. In 2 Fällen von Morbus Lindau fanden wir gleichzeitig dysrhaphische Störungen von typischem Ausdruck und es ist zum mindesten bemerkenswert, daß LINDAU-Reticulome, wenn sie am Nodulus des Kleinhirns sitzen, keinerlei Cysten verursachen. Zu dem Schlüsselfall, auf den wir mehrfach zurückgegriffen haben, gehört auch die Verbildung des Velum medullare (Abb. 57b oben): Der dem Nodulus benachbarte Abschnitt des Velum medullare posterius enthält ein gliotisches, mit Mesenchym und Plexus untermischtes Gewebe von progressivem Charakter. Diese Bildungen haben wir zu wiederholten Malen gesehen (vgl. unten Abb. 66). In den Mikroformen sind sie auch von anderer Seite beobachtet.

---

[1] Die mit Cystenbildungen des Kleinhirns einhergehenden Prozesse werden klinischerseits wohl stets als Tumoren angesehen werden und in der Tat dürfte es nicht ganz leicht sein, bei einer Proliferation der Glia, noch dazu einer wenig ausreifenden Glia, diese Fehlbildungen mit blastomatösem Einschlag scharf von einem Gewächs zu trennen.

7. Die Arnold-Chiarische Mißbildung.

Eine besondere Rolle spielt unter den Mißbildungen des Kleinhirns die nach Arnold und Chiari benannte. Wegen des vielfachen Überschneidens mit anderen

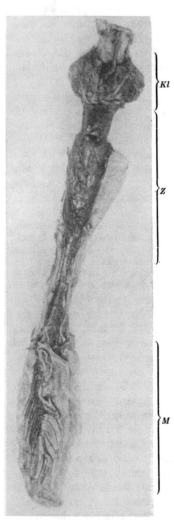

dysrhaphischen Symptomen wird sie an dieser Stelle abgehandelt. Das Leitsymptom der echten Arnold-Chiarischen Mißbildung ist die Verbildung des Kleinhirns zusammen mit der Lageänderung infolge koordinierter fehlerhafter Entwicklung des entsprechenden Achsenskelets, sowie der Achsenverschiebung von Medulla und oberstem Halsmark gegeneinander und die zapfenförmige Verlagerung der caudalen Kleinhirnabschnitte in ein offen gebliebenes Halsmark oder auf dasselbe; hinzukommt der Hydrocephalus, der von einigen Beobachtern als Leitsymptom und als Ursache für die Kleinhirnverbildung angesehen wurde. Chiaris Beschreibung (1891) behandelte die Verlagerung des Kleinhirns infolge Hydrocephalie[1] mit zapfenförmigen Fortsätzen des Kleinhirnwurms in den 4. Ventrikel und dessen taschenartige Verengerung auf eine axiale Verschiebung der Medulla oblongata gegen das Halsmark.

Arnold berichtete in einer Arbeit 1894 ,,Über Myelocyste, Transposition von Gewebskeimen und Sympodie", über eine Anomalie des Kleinhirns, das sich nach unten in eine bandartige Masse fortsetzt, die oben breiter, unten schmäler, den 4. Ventrikel völlig bedeckend, beinahe bis zur Mitte des Cervicalmarks herabreichte. Dieser Zapfen bestand zum Teil aus gut entwickelter Kleinhirnsubstanz, ,,an manchen Windungen aber erscheint die Molekularschicht zu rundlichen tumorähnlichen Massen angehäuft, manche Windungen bestehen aus einer Einsenkung der gefäßreichen Pia, auf welcher mehr oder weniger breite Zonen von Glia liegen".

1895 erschienen die größeren Arbeiten Chiaris über Veränderung des Kleinhirns, des Pons und der Medulla oblongata infolge von kongenitalem Hydrocephalus des Großhirns, die auf der Untersuchung von 63 Fällen kongenitaler Hydrocephalie bei 4276 Verstorbenen beruhten. Seinen ursprünglichen 3 Gruppen

Abb. 61. Arnold-Chiarische Mißbildung nach H. Jacob. Hypoplastisches Kleinhirn (*Kl*) mit zapfenartigem Fortsatz (*Z*), der sich — dorsal dem Rückenmark anliegend — bis in Höhe des 5. Brustwirbelkörpers erstreckt. Im Lumbosacralteil Meningomyelocele (*M*). [Aus Jacob: Z. Neur. 164 (1938).]

1. die Verlängerung der Tonsillen und der medialsten Teile der Lobi inferiores des Kleinhirns zu zapfenförmigen Fortsätzen, welche die Medulla oblongata in den Wirbelkanal begleiten,

2. die Verlagerung von Teilen des Kleinhirns in den erweiterten Wirbelkanal innerhalb des verlängerten, in den Wirbelkanal hineinreichenden 4. Ventrikels und

---

[1] Der Hydrocephalus bei der Dysrhaphie wird in der Arbeit von Russel und Donald (1935) auf einen Arnold-Chiari zurückgeführt. Verfasser fanden in einer Serie von 10 Fällen mit Meningomyelocelen im Lumbalmark Anomalien in der Medulla cervicalis und Oblongata.

3. die Einlagerung nahezu des ganzen, selbst hydrocephalischen Kleinhirns in eine Spina bifida cervicalis

fügt er noch eine 4. hinzu: nämlich die Hypoplasie im Bereich des Kleinhirns ohne Einlagerung von Teilen desselben in den Wirbelkanal.

Der klassischen ersten Mitteilung von Chiari und der Beschreibung Arnolds fügten 1907 Schwalbe und Gredig vier weitere Fälle dieser Verbildung an, die seither als Arnold-Chiarische Mißbildung bezeichnet wird.

Ernst (l. c.) gibt auf Grund einer Übersicht über die bis 1909 veröffentlichten Beobachtungen folgende Einteilung:

Gruppe I: Verlagerung der Kleinhirnsubstanz in den Zentralkanal (die Medullarrinne) bis zum Lendenmark (Fall Sträussler).

Gruppe II: Verlagerung der Kleinhirnsubstanz in eine Ausbuchtung des 4. Ventrikels, die sich hinter dem Rückenmark nach unten erstreckt (Fall 16 Chiaris).

Gruppe III: Zapfenförmiger Fortsatz des stark veränderten Kleinhirns ist dem dorsalen Teil der Medulla oblongata (oder Halsmark) aufgelagert. Die Kleinhirnmasse, mit dem Velum medullare posterius (bzw. Plexus und Pia) verwachsen, liegt also an der dorsalen Grenze des 4. Ventrikels.

Gruppe IV: Verlängerung des Kleinhirnwurms ist unbedeutend. Der dorsale, dem Rückenmark aufgelagerte Tumor besteht aus Adergeflecht.

Gruppe V: Unbedeutende zapfenförmige Verlängerung des Wurms in den Wirbelkanal (Verlängerung uni- oder bilateral).

Bei den ersten 3 Gruppen finden sich im Kleinhirn echte Mißbildungen (Heterotopien) neben Verlagerung von Kleinhirnsubstanz in das noch offene Neuralrohr (Medullarrinne) oder ein zapfenförmiger Fortsatz, der dem dorsalen Teil der Medulla oblongata aufliegt. Bei den Gruppen 4 und 5 ist der Aufbau der Kleinhirnsubstanz nicht verändert, es finden sich lediglich Ausziehungen des Kleinhirnwurms nach unten oder, wie in der Gruppe 4, das dem Rückenmark aufliegende Gewebe besteht nur aus Plexus chorioideus.

In der letzten, 5. Gruppe, sind diejenigen Fälle untergebracht, die lediglich eine unbedeutende Verdrängung des Wurms in den Wirbelkanal zum Teil mit uni- bzw. bilateraler Betonung zeigen.

Während Gruppe 4 nach unserer heutigen Auffassung vielleicht noch Beziehungen zum Arnold-Chiari hat, gehören die der 5. Gruppe (s. unten) nicht zum Arnold-Chiari.

Von neueren Autoren bemüht sich H. Jacob (1939) um eine grundsätzliche Klärung. Ausgangspunkt seiner Untersuchungen ist das 7 Tage alte Kind J., das spontan mit „Hydrocephalus, Spina bifida, Meningocele, beiderseits Klumpfuß" geboren war. Dieser Beobachtung entstammen die uns liebenswürdigerweise überlassenen Abb. 61—64. Abgesehen von dem hochgradigen Hydrocephalus internus mit völligem Schwund des Septum pellucidum, Verschmälerung des Palliums mit Abplattung des Commissurensystems und den verschiedenartigsten Störungen der Rindenstrukturen liegt der Hauptbefund im Kleinhirn, das hypoplastische, ausgedehnte Anlagestörungen in der Lappenbildung, insbesondere mit Bildung eines bis zum 5. Brustwirbel herabreichenden Kleinhirngewebezapfens und einer mediodorsalen Wurmspalte zeigte. Bei sonst in den rostralen Abschnitten gehörig angelegten Strukturen der Kleinhirnrinde finden sich, besonders in dem Anteil des Kleinhirngewebezapfens, hochgradigste architektonische Störungen mit abwegigen Differenzierungen neuro- und spongioblastenähnlicher Elemente. Die Kleinhirnkerne sind verbildet. Außerdem waren ganze Komplexe von Windungsmaterial in der Tiefe steckengeblieben als Heterotopien im Kleinhirnmark. Die Deformität des Mittelhirns wird zwar nur auf den Druck zurückgeführt. Es finden sich jedoch zahlreiche dystopische Ganglienzellen. Die Brücke war klein; die Ganglienzellen zeigten ungleiche Reifegrade; in den Brückenkernen und im Olivensystem fanden sich zahlreiche Fehlanlagen, dazu Fehlbildung des Zentralkanals sowohl im Hirnstamm wie im Rückenmark und eine Myelomeningocele im Bereich der Lumbalwirbelsäule. Der Schluß der Wirbelbogen fehlte vom 11. Brustwirbel abwärts.

Jacob erörtert in vorbildlicher Gesamtschau die allgemeinen Fragen und deren Beziehungen zu den Migrationsstörungen und anderen Verbildungen. Über das Skeletsystem der Halswirbelsäule konnte leider nichts ausgesagt werden. *Der Autor läßt es bei diesem Falle offen, ob diese Hemmungsmißbildung auf Grund der Dysrhaphie entstanden sei oder die Dysrhaphie auf Grund der Entwicklungsstörung.*

Die Analogie mit den übrigen dysrhaphischen Störungen jedoch führt uns zu der Annahme, daß auch diese Vorgänge koordiniert aufzufassen sind.

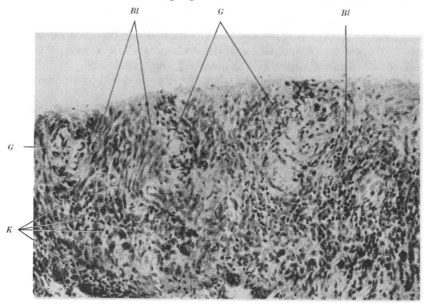

Abb. 62. Hochgradige Rindenstrukturstörungen der Kleinhirnrinde im Bereich des Kleinhirnzapfens. Fischzugartig und zwiebelschalenförmig angeordnete neuro- und spongioblastenartige Zellzüge (*Bl*), dazwischen einzelne
Körnerzellen (*K*) und Gefäßquerschnitte (*G*). [Nach H. Jacob: Z. Neur. **164** (1939).]

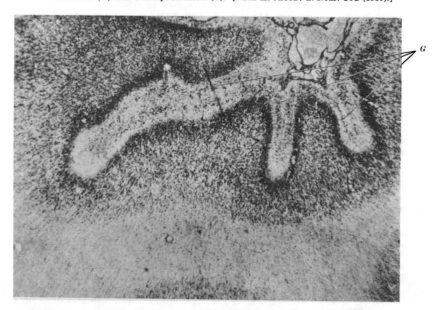

Abb. 63. Streifenartig angeordnete Ganglienzellen in der Molekularschicht (*G*), auffallend zelldichte Lamina II,
unvollkommene Furchenbildung. [Nach H. Jacob: Z. Neur. **164** (1939).]

Verlagerungen von Kleinhirnsubstanz in den Anfang des Wirbelkanals kommen am häufigsten bei mangelndem Schluß des oberen Cervicalmarks vor, das
sich zu einer nach unten verlängerten Rautengrube (einer Fossa rhomboides)

öffnet. Die scheinbare Abknickung von Oblongata und Rückenmark ist bisher von uns nur an Fällen gesehen worden, in denen eine durchaus plausible mechanische Erklärung möglich ist. Auch bei dem gezeigten Fall von Spina bifida (s. oben S. 478) bestand ein derartiger Befund, der durch die hohe Rhachischisis und Hydrocephalus geklärt ist. Offensichtlich hat auch ein Umstand Deutungsschwierigkeiten gemacht, und zwar die Tatsache, daß bei diesen Fällen häufig Kleinhirnsubstanz in die dorsalen Rückenmarkshäute oder in den Rückenmarkskanal verlagert ist. Verlagerung von Kleinhirngewebe in die Pia, und zwar nicht

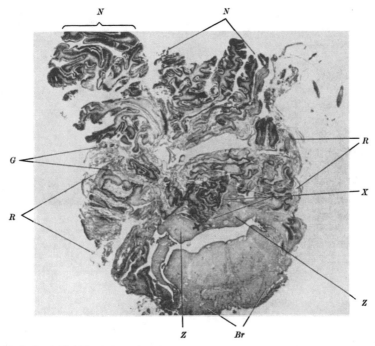

Abb. 64. Schnitt durch Kleinhirnzapfen und Brücke. Läppchen mit einigermaßen normal strukturierter Kleinhirnrinde (*N*) und solche mit hochgradigen Rindenstrukturstörungen (*R*), dazwischen außerordentlich gefäßreiches Gewebe der weichen Häute (*G*). *X* bezeichnet die Stelle, an der sich in Schnitten vor und hinter der getroffenen Schnittebene Konglomerate steckengebliebener Windungen zeigten. Brücke (*Br*), fehlgebildete Zahnkerne (*Z*), ferner im Großhirn circumscripte Migrationshemmungen mit steckengebliebenen Windungen und Heterotopien in der Umgebung eines Porus. [Nach H. JACOB: Z. Neur. **164** (1939).]

nur über dem Kleinhirn, sondern auch über dem Rückenmark, haben wir bei den verschiedensten einwandfrei dysontogenetischen Kleinhirntumoren des öfteren gesehen.

Das mikroskopische Verhalten des Kleinhirns bzw. der verlängerten Kleinhirnanteile ist wechselnd. In unserem Falle — Abb. 65 — war das Kleinhirn hypoplastisch, der Nodulus (Abb. 66) war von Plexusgewebe und pialem Mesenchym überwuchert. Von dort aus dringt auch Mesenchym in das Nervengewebe ein. Scheinbar intakte Stellen zeigt Abb. 66b, wo in der Randzone die große Zahl der horizontal liegenden Ganglienzellen imponiert, während die angrenzende Körnerschicht ziemlich leer ist. Die hier liegengebliebenen präsumptiven PURKINJE-Zellen sind gut zu erkennen.

Schwer sind die Veränderungen in dem Falle H. JACOB (Abb. 61). Wie bei Abb. 64 zu sehen, ist die Kleinhirnstruktur weitgehend durcheinander gewürfelt. Die Abb. 63 (nach H. JACOB) zeigt streifenartig angeordnete Ganglienzellen, abgesehen von der unzureichenden Furchenbildung des Kleinhirns, ähnlich wie bei unserer Abb. 66, die streifenförmige Anordnung der Ganglienzellen in der Molekularschicht; und schließlich zeigt die Abb. 64 gegenüber der Rautengrube,

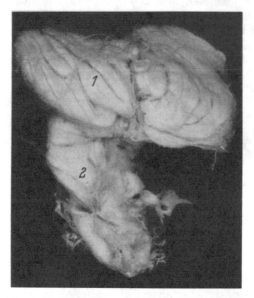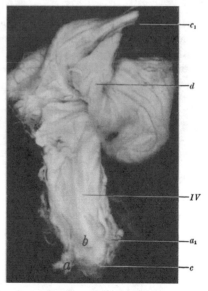

Abb. 65. Links: 4 Monate alter Säugling, Hydrocephalus internus und externus. Mißbildung der Schädelkalotte. Spina bifida lumbalis, Klumpfuß, abnorme Mehrlappung beider Lungen, Hufeisennieren, Bauchhoden, Kloaken-persistenz. Man sieht das Kleinhirn als eine flache Scheibe (*1*) bzw. als Ausguß des erweiterten Foramen occipitale und obersten Vertebralkanals. Inhalt desselben Medulla, Kleinhirnwurm und Tonsillen (*2*). Rechts: Kleinhirnwurm bei a_1 abgetrennt und nach oben geschlagen. 4. Ventrikel bis zum 3. Cervicalsegment verlängert. Bei *a* Plexus-gewebe mit Ansatz des Velum medullare an der Öffnung der Medulla verlötet. *b* Öffnung des Zentralkanals; *c* Ansatz des mit dem dorsalen Rückenmark verlöteten Unterwurms (Nodulus); c_1 hochgeschlagene Schnittfläche; *d* Flocke.

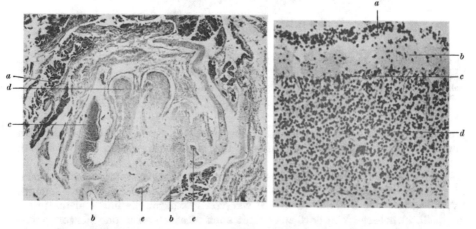

Abb. 66. Derselbe Fall wie Abb. 65. Links: Caudales Ende des gestreckten nicht eingeschlagenen Nodulus; entspricht *c* der Abb. 65. Bei *a* mit Bindegewebe und Velum medullare mit untermischter Plexus, bei *b* Ependym vom Dach des verlängerten 4. Ventrikels, bei *c* verbildete Partie ähnlich im Aufbau dem caudalen Nodulus, bei *d* atrophische Kleinhirnwindungen mit embryonaler Körnerschicht, bei *e* mit abnormen Mesenchymzügen durchsetzt. Vergr. 45fach. Rechts: Kleinhirnrinde. Bei *a* embryonale Körnerschicht unregelmäßig mehr-schichtig; *b* Molekularschicht mit verlagerten Ganglienzellen; *c* Purkinje-Schicht, ohne Ausbildung entspre-chender Elemente, zahlreiche langgestreckte Ganglienzellen von unregelmäßiger Orientierung an Stelle der Purkinje-Zellen; *d* Körnerschicht mit nesterartigen Körnern. Vergr. 260fach.

d. h. also am Dach des Ventrikels (*X* in Abb. 64) „ein Konglomerat stecken-gebliebener Windungen im Markgebiet des Unterwurms".

Auf die Ähnlichkeit mit Abb. 60 sei verwiesen. Ein nicht seltenes Bild bei schwerer Dysrhaphie ebenso wie bei systemisierten Störungen, z. B. Kleinhirn beteiligung bei Cyclopie, ist das in Abb. 62 nach Jacob wiedergegebene. Neuroblasten und Spongioblasten bilden fischzugartige Strukturen (s. unten Abb. 105); dazwischenliegen kleine Körner, die sich von etwa quer getroffenen Spongioblasten wohl unterscheiden.

Bei den *echten Mißbildungen dieser Gruppe* handelt es sich *um Dysgenesien* mit *Migrationshemmung* im Klein- (und Groß-)hirn und ausgedehnten Störungen in der Entwicklung des ganzen Neuralrohrs. So kann zu den einfachen Verbildungen der sich am spätesten schließenden dorso-basalen Teile der Occipital schuppe und der obersten Lendenwirbel, die einerseits zu Myelomeningocelen bzw. Cerebellomeningocelen führen können, auf der anderen Seite aber gar zu leicht eine caudale Verlagerung des Kleinhirns bedingen, hier nicht Stellung genommen werden. Sie gehören nicht in das Gebiet der primären Verbildungen der Nervensubstanz.

Wir können deshalb zur *Arnold-Chiarischen Verbildung im eigentlichen Sinne nur diejenigen Formen rechnen*, in denen das rostrale Halsmark *nicht geschlossen, das Kleinhirn zapfenförmig verlagert* ist oder andersartige im nachfolgende be- schriebene Verbildungen bestehen.

Echte neuere Fälle sind die von P. Desclaux, A. Soulairac und C. Morlon (1950), H. Jacob (1939), J. G. Kapsenberg und J. A. van Lookeren Campagne (1949) [Arnold-Chiari mit offenem Atlasbogen). Letztere beschrieb außerdem 1949 einen Fall von Hydro- cephalus mit Spina bifida zusammen mit Diastematomyelie und Arnold-Chiarische Ver- änderung bei einem Neugeborenen.

In einem ausgeprägten Fall von Arnold-Chiarischer Mißbildung von Tardini (1950) fanden sich Spina bifida mit Myelomeningocele, verbunden mit subependymaler Hetero- topie grauer Substanz, Hydrocephalus internus und Syringomyelie neben den eigentlichen Verbildungen des Kleinhirns.

Viel häufiger findet sich ein Mißbildungshydrocephalus wie auch beim Syringomyelie- komplex, der oft durch Verbildungen im Gebiete des 4. Ventrikels seinerseits erst bedingt ist. Beobachtungen hierüber bei C. de Lange (zit. nach Houweninge, Graftdijk, in seiner Arbeit über Hydrocephalus und Spina bifida, 1932).

Abgesehen von dem Offenbleiben der Wirbelbögen und Verbildungen der Halswirbelsäule kann auch eine kraniale Störung im Sinne der basalen Impres- sionen (Platybasie, Assimilation des Atlas usw.) mit der Arnold-Chiarischen Verbildung vergesellschaftet sein.

So fanden Chorobski und Stepieu (1948) eine Platybasie, allerdings mit einer Spina bifida des Atlas. Das wäre im Sinne der Dysrhaphie absolut dem Verwachsen der Wirbelkörper bei offenen Wirbelbögen gleichzusetzen. Der Autor konnte (auf dem Operationstisch) Kleinhirnwurm und Tonsillen infolge mangelnder Differenzierung des Kleinhirns nicht auseinanderhalten. In diesen Fällen war die Unterlage für die Oblongata zu kurz, so daß die Knickung im Gebiet des 4. Ventrikels gegenüber dem Rückenmark noch leichter erklärlich wird.

Bartstra (1954) versucht unter klinischen und röntgenologischen Gesichtspunkten eine Abgrenzung der Fälle nach 2 Gesichtspunkten:

1. Das Syndrom nach Arnold-Chiari-Schwalbe-Gredig-Penfield-Coburn, wobei neben der Verbildung von Kleinhirn und gegebenenfalls Hirnstamm noch weitere angeborene Entwicklungsstörungen in anderen Regionen des Organismus angetroffen werden.

2. Das Syndrom nach Chiari-Parker-McConnell-Aring, wobei die Verbildung des Cerebellums isoliert und nur in geringerem Ausmaße aufzutreten pflegt.

Er möchte die Platybasie (s. unten Hüllraum) dem Arnold-Chiari zurechnen.

Die Arnold-Chiarische Mißbildung kann sowohl als eigenes Krankheitsbild, wie auch als ein Symptom bei allgemeiner Entwicklungsstörung auftreten. Es wird deshalb notwendig sein, in allen weiteren Untersuchungen das gesamte Nervensystem und Achsenskelet genauestens durchzusehen und weiterhin auf koordinierte Verbildungen an Körperorgan und Extremitäten zu achten. Ebenso wichtig ist aber, aus der großen Zahl der als Arnold-Chiarischen Mißbildung beschriebenen Fälle (s. Beitrag „Hüllraum") alle diejenigen auszunehmen (Gruppe V von Ernst), bei denen ausschließlich die abhängigen Kleinhirnabschnitte oder die Oblongata in das Zisternengebiet der caudalen Cisterna cerebello-medullaris bzw. Cisterna medullae verlagert sind, d. h. also zunächst alle Verschiebungen von Hirnsubstanz infolge raumfordernder Prozesse oder Hirnschwellung. Ebenso ist die Entstehung des Hydrocephalus genau zu analysieren, ob er Ursache der Verdrängung ist oder als Okklusionshydrocephalus Folge der Vorgänge in der hinteren Schädelgrube. Besondere Aufmerksamkeit erfordert die Analyse der Verhältnisse bei Kindern im ersten Lebensjahrzehnt, da bei endokraniellen Druckzunahmen die Plastizität auch der Schädelbasis eine außerordentlich große ist.

DAUM, MAHOUDEAU und TAVERNIER (1952) beschreiben einen 23jährigen Mann mit occipitalen Kopfschmerzen, Schwindel und Störungen im Gebiet des 8.—12. Hirnnerven und der obersten Cervicalwurzel. Röntgenologisch fand sich eine Occipitalisation des Atlas, beim Eingriff Mißbildung der Kleinhirntonsillen, jedoch nach Beschreibung offensichtlich nur ein Heruntergedrücktsein (OSTERTAG).

Zwei operierte Fälle einer Kleinhirnfehlbildung, die der ARNOLD-CHIARISchen Mißbildung nahestehen sollen, teilt KRAYENBÜHL mit. Auch hier handelte es sich allenfalls um symptomatische ARNOLD-CHIARI-Fälle, wie sie auch von PENFIELD und COBURN (1938), sowie RICARD und GIRARD (1949) beschrieben werden. Teils war ein Verschluß des 4. Ventrikels infolge Kleinhirnmißbildung, teils eine symptomatische Verdrängung des Kleinhirns bei positiven Tuberkulosebefunden mit Hydrocephalus gefunden worden. Dysrhaphische Äquivalente lagen hier nicht vor.

So sind auch die Fälle ARING (1938), BAGLEY und SMITH (1951), GARDNER und GOODALL (1950), HURTEAU (1950), KRAYENBÜHL (1941), PASQUIÉ (1951), RICARD und GIRARD (1949) *nicht* als die ARNOLD-CHIARISche Mißbildung anzusehen. Fälle, die fälschlicherweise als Arnold-Chiari beschrieben wurden, zeigten etwa nur Tonsillenverdrängung, Anomalien der Basis der hinteren Schädelgrube und Verbildungen des Atlas, sowie Erweiterung des Foramen magnum, cervicalen Bandscheibenvorfall, raumfordernde oder entzündliche intraspinale Prozesse, wie Halsmarktumoren, Pachymeningitiden, hochgradigen Hydrocephalus internus. Auch die Auffassung von GARDNER und GOODALL ist nicht haltbar, die, entsprechend einem Referat von KROLL, lediglich eine Einklemmung der hinteren Schädelgrubenbestandteile in den obersten Teil des cervicalen Wirbelkanals, bedingt durch einen Obstruktivhydrocephalus, als Arnold-Chiari ansehen.

Ebenso ist ein abwegiger Winkel zwischen der Atlasebene und der des harten Gaumens allein kein Beweis einer ARNOLD-CHIARISchen Mißbildung. Auch eine KLIPPEL-FEILSche Deformierung der Halswirbelsäule mit Verlängerung und caudaler Einpressung bzw. Verlagerung der Kleinhirntonsillen kann nicht zum Arnold-Chiari gerechnet werden.

Da wir aus dem Vorstehenden ersehen, daß in der ganz überwiegenden Mehrzahl der Beobachtungen die entsprechenden Schlußstörungen im dorsalen Abschnitt des Hüllraums vorliegen, außerdem die Häufigkeit des Zusammentreffens von caudaler Spina bifida und Spina bifida rostralis nicht übersehen werden kann, glauben wir im Zusammenhang mit anderen Verbildungen, den dysrhaphischen Entwicklungsstörungen in weiterem Sinne auch die ARNOLD-CHIARISche Mißbildung hinzurechnen zu müssen. Insbesondere bleibt der rostrale Schluß des Cervicalmarkes ebenfalls aus, so daß der Kleinhirnwurm mit seinem Flocculus — wie im Falle der Abb. 65 und 66ff. — auf der Höhe des 3. Halssegmentes fest verlötet ist, und zwar mitsamt der Plexusplatte und sich hier bereits der Zentralkanal zu einem verlängerten 4. Ventrikel öffnet. Ebenso wie es eine symptomatische Dysrhaphie gibt, gibt es eine symptomatische ARNOLD-CHIARISche Verbildung, wie wir aus den Fällen der gleichzeitigen Migrationsstörung an Groß- und Kleinhirn sehen können, während ein Teil der schweren Verbildungen mit völlig durcheinandergewürfeltem Material wohl auf den Einbruch des Plexusbindegewebes zurückzuführen sein dürfte (s. Abb. 61). In diesem pathologisch fixierten Bildungsmaterial finden sich — wie von JACOB (Abb. 63) gezeigt —, Fehldifferenzierungen und Retardierungen bzw. sogar Liegenbleiben von Keimmaterial im Markgebiet des Unterwurms, die dem zuerst von uns (OSTERTAG) gezeigten Verbildungstypus bei den Dysrhaphien entsprechen und den Keimlagerheterotopien am Ventrikel des Großhirns gleichzusetzen sind. In letzterem Falle sind die Strukturstörungen und ein überlanges Persistieren der Körnerschicht nichts Ungewöhnliches, ebenso wie sich in diesen Kleinhirnen auch eine Ausdifferenzierung zu neurinomartigen Strukturen finden kann.

Als Anhang zur ARNOLD-CHIARISchen Mißbildung bringt ERNST (l. c.) die Beobachtung GUDDENS (1898) über einen Fall von Knickung der Medulla oblongata und Teilung des Rückenmarks. Dieser Fall mit einer echten Diastematomyelie hatte eine schwere Rhachischisis von der Höhe der mittleren Brustwirbelsäule abwärts. Es bestand weiterhin ein Hydrocephalus. „Der Unterwurm des Kleinhirns ist in die stark erweiterte Höhle des 4. Ventrikels hineingewuchert und von den Gefäßschlingen des Plexus derartig besetzt und umflochten, daß seine ursprüngliche Struktur kaum noch zu erkennen ist." Besonderes Gewicht wird auf die Analyse dieser Achsenverschiebung gelegt. Leider ist aber über die hintere Schädelgrube nichts ausgesagt.

Bei der schweren Mißbildung im Gebiet des Rückenmarkanals mag in diesem Falle der Hydrocephalus noch verstärkend gewirkt haben. Die Verbildung des Unterwurms jedoch muß ebenfalls als anlagebedingt angesehen werden.

G. Systemisierte Verbildungen.

Im Gegensatz zu den im vorhergehenden Kapitel behandelten Verbildungen am nicht- oder fehlgeschlossenen Neuralrohr gehen die nachstehend zu besprechenden auf ein geschlossenes, aber noch nicht differenziertes Neuralrohr zurück. Wir unterscheiden nach groben Merkmalen: a) Die Verbildungen auf der Höhe des 3-Hirnblasenstadiums, b) die Verbildungen auf der Höhe des 5-Hirnblasenstadiums s. oben Tabelle S. 369—381 und Anmerkung S. 283. Im 3-Blasenstadium ist das Prosencephalon noch nicht in Tel- und Diencephalon getrennt, daher enthält ein monoventrikuläres Endhirn stets ein rudimentäres Zwischenhirn, bei den Fehlbildungen späterer Determination, die einen mehr oder minder deutlich doppelseitigen Großhirnventrikel gebildet haben, finden wir es in differenzierterer Form. Am Mittelhirn findet man selten wesentliche Veränderungen, während die Differenzierung des Met- und Myelencephalon oft unzureichend ist, obgleich, wie schon die Verhältnisse bei der Anencephalie zeigen, die Entwicklung der Rhombencephalonkerne sehr frühzeitig erfolgt. Daß sich die Verbildungen bei einem monoventrikulären Endhirn naturgemäß auch auf die übrigen Hirnstrukturen auswirken, ist selbstverständlich; man denke an die Unmöglichkeit der Balkenausbildung bei ungeteiltem Telencephalon. Ein höheres Lebensalter erreichen die Träger dieser Fehlbildungen nie.

1. Großhirn.

a) Verbildungen bei univentrikulärem Telencephalon, Cyclopie-Arrhinencephaliegruppe.

Die Verbildungen, die merkbar das Antlitz mit einbeziehen, haben schon im Altertum Anlaß zu phantasievoller Deutung oder zur Unterstellung besonderer schicksalhafter Eigenschaften oder gar Fähigkeiten gegeben. Es sei nur an die Cyclopie erinnert. Später wurden diese Kuriosa in anatomischen Schausammlungen gezeigt. Heute versuchen wir, diesen Erscheinungen mit exakten naturwissenschaftlichen Methoden näherzukommen; erlauben uns

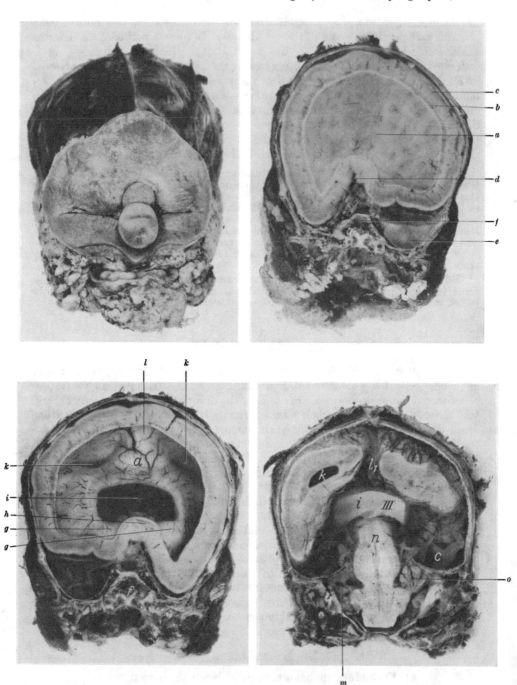

Abb. 67. Links oben: Neugeborenes, Cyclopie. Amorpher Rüssel oberhalb des horizontalen Augenspaltes. Rechts oben: Durchschnitt durch den Cyclopenschädel auf der Höhe der Sella. Blick von hinten nach vorne. Bei *a* univentrikulärer Hohlraum, bei *b* Markzone, bei *c* Rinde, bei *d* angedeutete mediane Spaltung des basalen Hemisphärenmantels, bei *e* mittlere Schädelgrube, *f* Sella. Links unten: Blick nach hinten, Bezeichnung wie oben; *g* Anlage des Diencephalon; *h* mediane Erhebung mit Bildungsmaterial des Neostriatums; *i* offener 3. Ventrikel, übergehend in eine Area vasculosa an Stelle der Plexusplatte; *k* Andeutung der Hinterhörner; *l* dorsale Hemisphärenwand, hinter der ein Medianspalt ansetzt. Rechts unten: Bezeichnung wie die vorangehenden Bilder, l_1 Aufblick auf den Hemisphärenschluß von hinten; *m* hintere Schädelgrube; *n* rinnenförmiges Mittelhirn; *o* Anschnitt des rudimentären Kleinhirns.

doch diese — bei Tieren häufigeren — Naturexperimente Rückschlüsse auf die orthologische Entwicklung, sowie das entwicklungsphysiologische und formgestaltende Geschehen.

Bei den menschlichen Kopfmißbildungen sind 3 Grundtypen zu unterscheiden (J. v. GRUBER 1948):

1. Mißbildungen mit einer einfachen Orbita in der Nasengegend, wobei meist beide Bulbi mehr oder weniger „verschmolzen" sind. Diese werden seit jeher *Cyclopie* genannt (s. Abb. 67, Abb. 68a und b, Schemazeichnungen J. v. GRUBER, Abb. 72ff.).

2. Mißbildungen mit Störungen des Nasenapparates und konstantem Defekt des Riechhirns (SCHWALBE) *(Arrhinencephalie)* (s. Abb. 69a und b, 70, 71 und 73, Abb. Schemazeichnungen J. v. GRUBER).

3. Mißbildungen, bei denen die Ohren die Tendenz zeigen, sich in der Kinngegend zu vereinigen, wobei der Unterkiefer rudimentär ist oder völlig fehlt, werden mit J. G. ST. HILAIRE (1822) als *Otocephalie* bezeichnet.

Entsprechend der Terminationsperiode läßt sich eine lückenlose „teratologische Reihe" aufstellen, die zugleich der „phasenabhängigen Empfindlichkeit" (TÖNDURY, LEHMANN 1955) der embryonalen Struktur entspricht. Der Schweregrad einer Verbildung nimmt mit dem späteren Terminationspunkt ab. Für die Verbildungen im Bereich des *Prosencephalon* ergibt sich folgende Stufenreihe (P. ERNST):

1. **Cyclopie und ihre Erscheinungsformen.** Sie stellt die schwerste Störung im Bereich des Prosencephalon dar und ist charakterisiert durch die ausgebliebene Hemisphärenteilung in diesem Gebiet, so daß beide Seiten- und der 3. Ventrikel mehr oder minder einen einheitlichen Liquorraum bilden (Abb. 67ff.). Dementsprechend fehlt der Balken, und die Windungen des Vorderhirns verlaufen (sofern sie angelegt sind) transversal. Das Riechhirn im engeren Sinne fehlt (Arrhinencephalie). Dem entspricht die Mangelbildung bzw. das Fehlen der primären, sekundären und tertiären Riechzentren (Bulbus olfactorius, Regio parolfactoria, Ammonshornformation)[1].

Entsprechend der frühzeitigen Determination und damit der Schwere der Störungen sind auch die das Neuralrohr unterlagernden Blasteme fehlentwickelt, so im Bereich des oberen Kopfdarms, der das Visceralskelet mit aufbauenden Prächordalplatte und der Kopfganglienleiste. Die Mangelentwicklung der Abkömmlinge dieser Blasteme ist (s. S. 347ff.) die Ursache der Verbildungen des Gesichts- und Hirnschädels, wie der Schädelbasis. Sie sind für das Erscheinungsbild so charakteristisch, daß die Haupt- und Untergruppen dieser Reihe danach benannt wurden, wie Cyclopie, Cebocephalie, Trigonocephalie usw. Für die „Cyclopie" gilt in den ausgeprägten Fällen: Ein cyclopisches Auge in einer Orbita (Synophthalmie verschiedenen Grades, rüsselartig gebildete Nasenteile (Proboscis), Fehlen oder Kleinheit der Mundspalte (A- bzw. Mikrostome), letztere gilt schon als Übergang zur Arrhinencephalie.

2. **Arrhinencephalie.** Zu einem etwas späteren teratogenetischen Terminationspunkt ist die Arrhinencephalie anzusetzen (Abb. 69—71). Ihr charakteristisches Merkmal ist der *Mangel des Riechhirns* bzw. *seiner Abkömmlinge,* ferner Entwicklungshemmungen, besonders im Schädelbasis-, Gesichtsschädel- und Kopfdarmbereich (A- oder Hypoplasie des Unterkiefers — Mikro- bzw. Agnathie). Die Augenanlage ist nicht wesentlich beeinträchtigt. Sie ist häufig (s. die *Untergruppen)* mit medianer Lippen-Kiefer-Gaumenspalte kombiniert:

a) Ethmocephalie. Selten. Unterscheidet sich von der Cyclopie durch getrennte Orbitae und Bulbi, die Nase ist durch einen Rüssel (Proboscis) ersetzt, die Stirn-

---

[1] Vgl. die tabellarische Übersicht S. 380 u. 381.

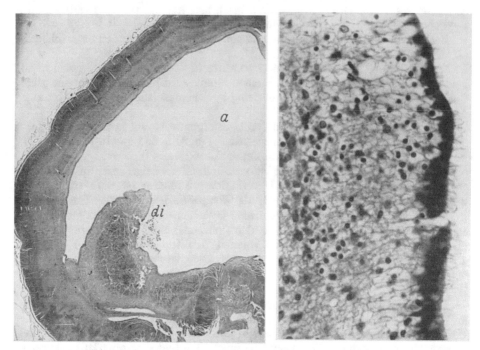

Abb. 68a. Links: Schnitt durch *h* der vorhergehenden Abbildung; *a* der einblasige Hohlraum, übrige Bezeichnung wie oben; *di* verbildete Striatumanlage. Vergr. 2:1. Rechts: Hohes Ependym der Zwischenhirnwand mit Flimmerhaaren. Vergr. 460:1.

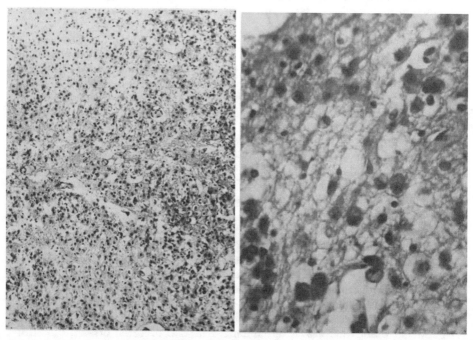

Abb. 68b. Links: Verbildete Striatumanlage *di* der Abb. 67 mit regressiven Erscheinungen. Vergr. 125:1. Rechts: Aus der Striatumanlage, ausgesprochener Status spongiosus. Vergr. 560:1.

naht verwachsen. Tränen- und Gaumenbeine sind verschmolzen. *Nasenbein, Zwischenkiefer, Siebbein, Septum und Muscheln fehlen, das Riechhirn fehlt oder ist verkümmert* (Riechnerven und -lappen). Das Vorderhirn besteht aus einer länglichen dünnen Blase, die das Mittelhirn nicht bedeckt.

b) Cebocephalie. Die am richtigen Platz sitzende Nase ist verkümmert, durch die flache Nasenwurzel ist eine gewisse Ähnlichkeit mit den platyrhinen Affen gegeben. Über die Stirn zieht ein kielartiger Buckel, die vordere Schädelgrube ist eng, das Keilbein schmal und kurz, das Siebbein unvollständig. *Nasenseptum und Zwischenkiefer fehlen,* Nasenbein und Muscheln sind verkümmert und die

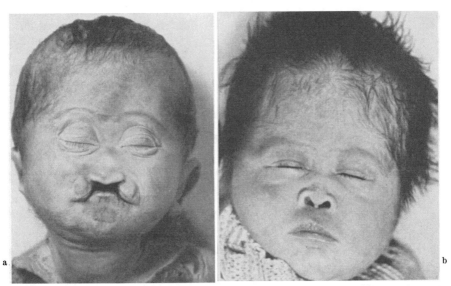

a   b

Abb. 69a u. b. a Arrhinencephalie, zusammengewachsene Augenbrauen, Fehlen des Riechhirns, beiderseitige schräge Gesichtsspalte. [Aus Köhn: Zbl. Path. **88**, 246 (1952).]
b Arrhinencephalie. [Nach einem Originalphoto von Willi: Ann. paediatr. **178** (1952).]

Oberkiefer verschmolzen. Die Nervi optici liegen dicht nebeneinander in einem gemeinsamen knöchernen Loch. Das Vorderhirn ist ungeteilt. *Balken, Septum pellucidum und rostraler Fornixanteil* fehlen, ebenso die Sichel. Das Vorderhirn sitzt kappenartig einer großen Cyste auf, die sich bis zum Mittelhirn erstreckt. Der *Streifenhügel fehlt zumeist,* die Sehhügel sind nicht getrennt. Absteigende Fornixschenkel und Ammonshornformation sind meist vorhanden. Riechnerven, Lamina perforata anterior, Infundibulum, Corpora mammillaria und die Zirbel fehlen. Das Kleinhirn ist hypoplastisch und deckt nicht den 4. Ventrikel. Daneben finden sich Mikro- und Anophthalmie, Ohrdefekte und Mißbildungen an den inneren Körperorganen.

c) Arrhinencephalie mit medianer Lippenspalte. Häufigste und wegen der „Hasenscharte" bekannteste Form. Die mediane klaffende Spalte entspricht dem fehlenden Philtrum. Der Gaumen ist meist gespalten, die Nase platt, die Augen sind einander genähert, die Stirn ist kielförmig. Es fehlen *Zwischenkiefer, Nasenseptum, horizontale Siebbeinplatte* und die *Crista galli.* Die Choanen sind häufig verschmolzen, ebenso die oberen Muscheln und die Foramina optica. Die *Hirnsichel kann ganz oder teilweise fehlen.* Das Vorderhirn zeigt einfachen Bau, die basalen Teile des Zwischenhirns sind schlecht ausgebildet. *Riechnerven und -kolben fehlen,* ebenso die Streifenhügel, die Sehhügel sind nicht getrennt. Vom

Mittelhirn ab finden sich oft nur geringfügige Verbildungen, koordiniert jedoch häufig Polydaktylie und Mißbildungen der inneren Körperorgane.

d) Arrhinencephalie mit seitlicher Lippen- und Gaumenspalte. Synostose beider Stirnhälften mit schmaler und kielförmiger Stirn. *Riechhirn*, der Balken und Teile des vorderen Fornix fehlen, Streifen- und Sehhügel sind nicht getrennt. Siebbeinplatte, Zwischenkiefer und Nasenscheidewand zumeist verkümmert. Ober-

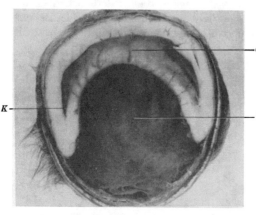

kiefer- und Gaumenbeine nicht verschmolzen (Lippen-Kiefer-Gaumenspalte). Entsprechend der Teilung des Vorderhirns, je nachdem eine Sichel vorhanden ist oder nicht, unterscheidet man verschiedene Grade innerhalb dieser Gruppe. Mikrophthalmie, Polydaktylie und Herzmißbildungen werden häufig gefunden.

e) Arrhinencephalie mit Trigonocephalie (Dreiecks- oder Eierköpfe). Gesichtsmißbildungen fehlen, die zumeist schmale kielartige Stirn und eine Mikrophthalmie sind äußerlich der einzige Hinweis. Bei Erhaltensein der äußeren Nase fehlen die Riechnerven, zumeist sind auch die basalen Teile des Vorder- und Zwischenhirns verkümmert.

3. Otocephalie, die eine besondere Mißbildungsreihe bildet, aber mit ihren verschiedenen Manifestationsformen sich eng an die Cyclopie-Arrhinencephalie anschließt und vielfach mit ihr kombiniert ist[1]. Innerhalb dieser Mißbildungsreihe sind die Einzelformen nur graduell unterschieden. In reiner Form zeigt sie keine charakteristischen Störungen am Gehirn. Bestehende Veränderungen am Zentralnervensystem müssen den Verdacht auf eine kombinierte arrhinencephal-otocephale Verbildung lenken. In erster Linie ist der Unterkieferbogen (1. Kiemen-

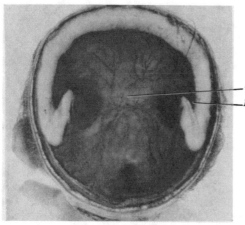

Abb. 70. Oben: Eröffnung des Schädels durch Horizontalschnitt: man sieht den univentrikulären Hohlraum (*a*). Im übrigen die Bedeckung des 3. Ventrikels durch eine Area vasculosa (*i*). Bei *K* angedeutete Seitenhörner. Unten: Ansicht der Kalotte, Blick in den Hohlraum. (Nach Köhn.)

bogen — besonders der Meckelsche Knorpel) von der Entwicklungshemmung betroffen, so daß die Mandibula fehlt oder nur rudimentär ausgebildet ist. Entsprechend der Verschmelzung der Felsenbeine zeigen die Ohren verschiedene Grade der Vereinigung im Schädelbasis-Halsbereich. Die Ohrtrompeten münden dabei häufig in den blindsackähnlich unter dem Keilbeinkörper liegenden Pharynx. Die äußere Schädelform zeigt zumeist bei allen 3 Gruppen Dreiecks- oder Eierköpfe.

Das Problem der formalen und kausalen Genese liegt darin: ist das primäre oder erst das Differenzierungsstadium betroffen?, d. h. liegt eine Beeinträchtigung

---

[1] Siehe oben S. 283ff. und 347ff., Teil I.

der „frühembryonalen Gestaltungsbewegung" (TÖNDURY), also des Gastrulations-Neurulationsprozesses und damit vorwiegend eine Störung der Topogenese (LEHMANN) vor oder sind vorzugsweise die — auch von der Topogenese abhängigen — induktiven Differenzierungs- und Wachstumsvorgänge betroffen? Auf die Verbildungsreihe der Cyclopie-Arrhinencephalie-Otocephalie angewandt, besagt dies, daß offensichtlich nicht so sehr primär das induktive Geschehen als vielmehr topogenetisch-abhängige Vorgänge gestört werden. So führt Verklebung der Urmundlippen mit Störung der Unterlagerungs- und Gestaltungsvorgänge zu fehlerhafter Neurulation und Desorganisation des besonders empfindlichen Prächordalgewebes (POLITZER 1930). Diese Empfindlichkeit der Differenzierungs- und Bildungsvorgänge im apikalen Kopfgebiet wird unter anderem

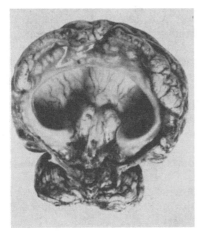

Abb. 71. Links: Blick von dorsal auf das einkammerige Gehirn. Median die Thalami mit Öffnung des 3. Ventrikels. Hinten der offene 4. Ventrikel, der nur vom Mesenchym bedeckt ist, das bilateral paramedian am dorsalen Kleinhirn ansetzt. Rechts: Ventrale Ansicht. Das einblasige Großhirn ist in der Mitte stark eingekerbt; Olfactorius fehlt; Chiasma vorhanden. [Nach WILLI: Ann. paediatr. 178 (1952), s. auch Abb. 69b.]

von TÖNDURY (1939), J. v. GRUBER (1948), LEHMANN (1955) betont. So sind hier in diesem prächordalen unsegmentierten Gebiet die topogenetischen Verhältnisse von ausschlaggebender Bedeutung. Eine Schädigung dieser Blasteme muß sich zwangsläufig bei der engen räumlichen Nachbarschaft dieser Gebilde auch auf die Derivate der benachbarten Blasteme auswirken. Nach E. SCHWALBE und H. JOSEPHY liegt der Cyclopie eine Verbildung des primären Vorderhirns (Prosencephalon des 3-Bläschenstadiums) zugrunde, während die Arrhinencephalie eine solche des sekundären, also des bereits zu Tel- und Diencephalon beim 5-Hirnbläschenstadium differenzierten Vorderhirnes ist (s. S. 293).

Während die Störung bei den verschiedenen Formen der Cyclopie-Arrhinencephalie zwar grundsätzlich die gleiche Lokalisation betrifft, jedoch in zeitlich dicht beieinander gelegenen Stadien angreift (Phasenspezifität), trifft sie bei der Otocephalie eine nachgeordnete Region, nämlich den ersten Schlundbogen, der keine direkte Induktionswirkung mehr auf die Gehirnentwicklung hat. Dies mag die orthologische Entwicklung des Cerebrums bei den Otocephalen erklären.

Die teratogenetische Terminationsperiode liegt für die Cyclopie-Arrhinencephalie — mit allen Übergängen — an der Grenze der Umbildung vom 3- zum 5-Hirnbläschenstadium. Zu dieser Zeit ist die Augenanlage noch ein einheitliches Feld, dessen Trennung erst durch ein mediales unterdrückendes Feld in

32

der Prächordalplatte gewährleistet ist[1]. Die phasenspezifische Störung ist für die verschiedensten Grade der Cyclopie verantwortlich, bei der neben der Manifestation des Induktionsschadens am Vorderhirn auch die des primär geschädigten induzierenden Blastems (Schädelbasis- und Gesichtsschädelverbildungen) imponiert. Mit fortschreitender Differenzierung zum 5-Hirnbläschenstadium erlischt zunehmend die induktive Beeinflußbarkeit der neuralen Blasteme und die Schädigung wirkt sich nur mehr in morphogenetisch aktiven Blastemen, nicht oder nur gering in Blastemen histogenetischer Phase aus, bei der bereits selbstorganisatorische Tendenzen wirksam sind.

Als *Ursachen* für die Entstehung dieser Verbildungen werden vor allem Genfaktoren (Letal- bzw. Subletalfaktoren) angeschuldigt, wie sie auch im Tierexperiment teils wahrscheinlich gemacht, teils sichergestellt werden konnten (BALTZER und HADORN, HOLTFREETER, LITTLE und BAGG, WRIGHT und WAGNER, BONNEVIE, LEHMANN). Daneben spielen endogene wie exogene Faktoren, so O_2-Mangel (z. B. bei Nidationsstörungen) eine Rolle.

O. MARBURG (1948) sieht die Entstehung von ,,Cyclopia, Arrhinencephalia and Callosal Defect" in fehlerhaftem Zusammenwachsen der beiden Blastulalippen oder fehlerhaftem Schluß des vorderem Neuroporus. Die Terminationsperiode schwankt nach MARBURG zwischen den ersten fetalen Lebenstagen und der 3. Woche, bevor sich der vordere Neuroporus schließt. Die übergeordnete Bedeutung der Membrana cerebrovasculosa wird besonders hervorgehoben, ebenso die des Faktors für die medianen Anteile, der die verschiedenen Typen der Cyclopie und Arrhinencephalie bedingen soll. Der Vorgang wird dem der Dysrhaphie mit Arrhinencephalie und Craniorhachischisis gleichgestellt, wofür ursächlich das prächordale Mesoderm verantwortlich sei. In den theoretischen Erklärungen stützt sich MARBURG auf die Untersuchungen HERTWIGs.

Die Beziehungen zur Entstehung der Anencephalie sind oben erörtert. In Frage kommen nur die Anencephalien, in denen mit großer Wahrscheinlichkeit das Neuralrohr bereits geschlossen war, entweder geplatzt ist oder aus anderen Gründen rückresorbiert wurde. Daß häufig Arrhinencephalie als Balkenmangel beschrieben wurde, ist ebenfalls kritisch behandelt. Im Gebiet eines mehr oder weniger monoventrikulären Telencephalon kann kein Balken entstehen.

Aus der großen Zahl der Mitteilungen nur folgende: B. RATING (1933) sah neben einem cyclopischen Auge eine zweite rüsselartige Nasenanlage, in dieser einen rudimentären Zwischenkiefer und Zahnanlagen. Er erörtert die Frage, ob es sich um mangelhafte Trennung bei einem eineiigen Zwilling oder um eine Überschußbildung handelt.

BIEMOND (1936) schildert einen Fall von MOEBIUS*scher infantiler Kernhypoplasie* bei *Arrhinencephalie*. Das gleichzeitige Auftreten führt er auf ,,einen störenden Einfluß von der Ventralseite her" zurück, wobei die ventralen motorischen Kerne direkt, Riechnerven, sowie das vordere Commissurensystem durch den mangelhaften dorsalen Verschluß des Neuroporus anterior indirekt betroffen werden.

H. DE JONG (1927) berichtet über kompensatorische *Gehirnhypertrophie* an einem arrhinencephalen Gehirn. Er begründet diese Hypertrophie mit einer Hypo- bzw. Aplasie von entwicklungsgeschichtlich verwandten, alten Hirnteilen und zieht Analogieschlüsse zum Pflanzenreich, wo eine Zerstörung von Endknospen Auswachsen hypertrophischer Nebenknospen hervorrufe.

GG. B. GRUBER (1934) betont die Beziehungen zu dysencephal-splanchnocystischen Syndromen und Akrocephalosyndaktylien bei ,,gekoppelten Mißbildungen".

Die *Augenverhältnisse*: Atypische Kolobome, Faltenbildungen und Gliarosetten und Persistieren des Canalis opticus ordnen sich unschwer in das Gesamtbild der Fehlentwicklungen am Diencephalon ein. Jedenfalls liegt ihre Entstehung wahrscheinlich schon im Stadium der Neuralplatte, also vor dem 1,8 mm-Stadium.

---

[1] Primäre Augenblasen erscheinen am 21. Tage vom Diencephalon aus; Augenmuskeln differenzieren sich in der 11. Woche. Längsfurchung des primären Vorderhirns etwa Ende der 4. Woche.

Was die im Schrifttum erwähnten *Heterotopien* betrifft, so hängt *ihre* Entstehung weitgehend von selbstorganisatorischen Tendenzen ab bzw. von andersartigen, eventuell übergeordneten Prozessen, z. B. Weiterbestehen einer Noxe oder Rückresorption. Weiterhin ist an die entsprechende tektonische Verlagerung von Keimmaterial als Folge der Fehlanlagen zu denken. Daneben bleibt als Hauptursache aber immer die Migrationshemmung (s. unten).

H. BRECKWOLDT (1936) verdanken wir genaue Untersuchungen „über die *Zahnverhältnisse bei Cyclopie und Gesichtsspalte*".

„Bei vollkommen fehlendem Zwischenkiefer ist nur ein Schneidezahn entwickelt. Dieser Schneidezahn entsteht aus zwei symmetrischen Hälften, die beiderseits vom Oberkiefer gebildet werden und infolge Fehlens des Zwischenkiefers miteinander verschmelzen. Bei einseitiger schräger Gesichtsspalte, wie auch bei Gaumenspalten, läuft die Spalte, wenn sie an typischer Stelle liegt, durch den lateralen Schneidezahn. Es entsteht bei dieser Spaltbildung auf der Spaltseite eine Überzahl an Zähnen, die durch die ausbleibende Verschmelzung des vom Zwischenkiefer und des vom Oberkieferfortsatz gebildeten Anteils der seitlichen Schneidezahns bedingt wird. Die beiden Teile können unter Umständen verschieden groß sein, wenn noch andere Entwicklungsstörungen hineinspielen. Daß sie zusammengehören, geht aber aus der jederseits der Spalte nur halbseitig entwickelten Alveole hervor. Man muß nach den Bildern dieser typischen Mißbildung für die normale Entwicklung des seitlichen Schneidezahnes eine Entstehung aus zwei Hälften annehmen, von denen die eine von dem im Zwischenkiefer liegenden Anteil, die andere von dem im Oberkiefer liegenden gebildet wird. Vielleicht ist durch diese eigentümliche Form der Entwicklung ein gewisser Anhaltspunkt zum Verständnis für die häufige Überzahl von Schneidezähnen auch ohne Spaltbildung zu sehen."

Bezüglich der *röntgenologischen Erfassung* beschreibt A. BANNWARTH (1940) einen 27jährigen Epileptiker, bei dem im Pneumencephalogramm eine schwere Gehirnmißbildung (unpaare Anlage der Seitenkammern vom Vorderhorn bis zum Ventrikeldreieck, Fehlen des Septum pellucidum des Fornix und der Commissura hippocampi, wahrscheinlich auch Balkenaplasie) gefunden wurde.

Verhältnismäßig häufig wird eine Kombination dieser Fehlbildungsgruppe mit *Eunuchoidismus* erwähnt. wobei sich die Erklärung zwanglos aus der Entwicklungsbeeinträchtigung der Hypophysen-Zwischenhirnregion herleitet. Ist doch neben der Fehlbildung im neuroektodermalen Bereiche (Infundibulum, Neurohypophyse) die Prächordalplatte und vor allem auch der Kopfdarm (Adenohypophyse) beteiligt.

Schließlich sind diese Fehlbildungen bei Tieren (Hühnchen, Kaninchen, Kalb, Ziege usw.) von zahlreichen Autoren beschrieben (SCHWALBE, ERNST, GRÜNTHAL, STUPKA, BOUMAN u. a.). Dies ist ein wichtiger Hinweis darauf, daß die Entwicklungsvorgänge auch im Kopfgebiet *prinzipiell gleichartig* wie beim Menschen ablaufen.

Bei der Cyclopie der Abb. 67 imponiert die mediane Proboscis oberhalb des doppelseitig angelegten, aber zusammenfließenden Augenspaltes[1].

Weitere Mißbildungen waren ein Megasigma, Coecum mobile, Uterus bicornis, Vagina duplex und Klumpfüße.

Die Abb. 67 zeigt das Äußere des Kopfes. Bei *a* ein doppelseitig angelegter Augenspalt, der sich in der Mitte trigonumartig erweitert und in welchem der Rüssel *b* ansetzt. Derselbe ist überall von Epidermis umgeben. Das Innere des Schädels läßt keine Gliederung im medianen Gebiet der vorderen Schädelgrube erkennen. Es fehlen: Siebbein, Crista galli, Impressiones digitatae am Orbitaldach, Olfactoriusrinne, Canalis opticus, N. oculomotorius. Das periencephale Mesenchym ist ungewöhnlich verdickt. Die Fontanellen sind nahezu geschlossen. Auf der Höhe der sehr steilen Sella ragt ein blutrotes, schwammiges Gewebe (Hypophysenanlage ?) hervor.

---

[1] Herrn WINDORFER und Frau SCHMIDTMANN, Stuttgart, sei für die Überlassung gedankt.

Das Gehirn ist auf einem Schnitt dieser Höhe (Abb. 67 rechts oben) eine einkammerige Höhle, in der sich von oben keinerlei Ansatz zur Trennung der Hemisphären erkennen läßt, während an der Basis ein Medianspalt besteht. Im Gegensatz zu der homogenen Zeichnung der Hirnrinde über der Konvexität ist dieselbe an der Basis unregelmäßig gestaltet.

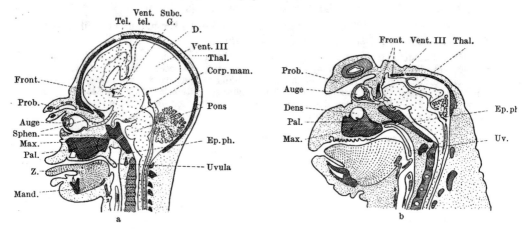

a   b

Abb. 72a. Sagittalschnitt durch den Kopf eines menschlichen Cyclopen. Di- und Telencephalon sind stark reduziert und außerdem unpaar, wodurch Vorderhirnventrikel und Thalamus auf dem Schnitt getroffen sind. Das Dach des 3. Ventrikels ist zu einer Blase erweitert. — Der orbitale Anteil des Os frontale und die kleinen Keilbeinflügel sind mangelhaft entwickelt, somit die vordere Schädelgrube stark verkürzt. Maxillare und Gaumenbein bilden eine einheitliche Masse und reichen bis gegen den Keilbeinkörper, mit dem sie durch Bindegewebe verbunden sind. Die Mundhöhle ist eingeengt. Der Pharynx beginnt als Blindsack unter dem Keilbeinkörper.

Abb. 72b. Sagittalschnitt durch den Kopf eines cyclopischen Kaninchens. Vgl. Abb. 72a. Hier Proboscis schräg getroffen, daher keine Öffnung nach außen. Telencephalon überhaupt nicht recht entwickelt. Dach des 3. Ventrikels bläschenförmig, durchbricht das Os frontale. Der Thalamus bildet eine unpaare Masse. Die Vierhügelplatte ist etwas abgeflacht, die übrigen Hirnteile sind normal. — Os frontale stark verkürzt. Os maxillare plump und mit Os palatinum gegen den Keilbeinkörper hin verschoben und mit diesem verbunden. Der Epipharynx beginnt blind unter dem Keilbein.

Erklärungen zu Abb. 72—74[1].

An. tymp.	Anulus tympanicus	Mand.	Unterkiefer
Atl.	Atlas	M.	rudimentäre „Mundbucht"
C.c.	Corpus callosum	Max.	Oberkiefer
C. cric.	Cartilago cricoides	Nas.	Nasenbein
C. ep.	Cartilago epiglottidis	O. o.	Hinterhauptbein
C. th.	Cartilago thyreoides	Pal.	Gaumenbein
D.	Dach des 3. Ventrikels mit der Schädelkalotte verwachsen	Par.	Scheitelbein
		Prob.	Proboscis („Rüsselnase")
Dens	cystisch degenerierter Zahn	Sphen.	Keilbein
Epi	Epiphyse	S. t.	Türkensattel
Ep. ph.	Epipharynx	Subc. G.	subcorticale Ganglienmasse
Front.	Stirnbein	Tel.	Großhirn
G.	Gaumenfortsatz der Maxilla und weicher Gaumen (nicht bis zur Mittellinie reichend)	Thal.	Thalamus
		Uv.	Uvula
		Vent. III	3. Ventrikel
Hyo.	Zungenbein	Vent. IV	4. Ventrikel
Hypo.	Hypophyse	Vent. tel.	einheitlicher „1. und 2." Ventrikel
K.H.	Kleinhirn	Vom.	Vomer
K.H.Hemisph.	Kleinhirnhemisphäre	Z.	Zunge
L. crib.	Siebbeinplatte	II.	Fasciculus opticus
Lam. quad.	Vierhügelplatte		

[grid] Hirn und Rückenmark   [grid] Knorpel   [grid] Weichteile
[solid] Knochen   [dots] Zungenmuskulatur

Abb. 67 links unten ist die Schnittfläche der Abb. 67 rechts oben nach hinten gesehen. Dort hinter der Konvexität gehen rechts und links ein paar Hinterhörner ab, während sonst nur ein Riesenventrikel besteht. Caudalwärts unterhalb der Hinterhörner findet sich eine von Ependym bedeckte, sonst aber vor-

---

[1] Die Wiedergabe erfolgt mit gütiger Genehmigung Herrn Prof. Töndurys und der Autorin. Für die Überlassung der Bilder bin ich ihnen zu Dank verpflichtet.

wiegend von Plexusgewebe ausgefüllte große Cyste (vgl. Abb. 67 rechts unten), die zwischen Tentorium und den hochgehobenen Occipitalanteilen gelegen ist. Das gesamte Gebiet zwischen Tentorium, Hirnstamm und den Occipitallappen

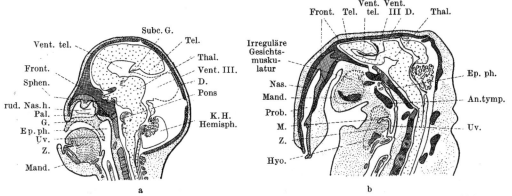

Abb. 73 a. Sagittalschnitt durch den Kopf einer menschlichen Arrhinencephalie. Die Hirnform entspricht Abb. 72 a. — Ebenso ist der Boden der vorderen Schädelgrube abnorm kurz und steil durch mangelhafte Entwicklung von Os frontale und Präsphenoid. Das Os maxillare ist mit dem Gaumenbein und dieses mit dem Keilbeinkörper verwachsen. Es ist allerdings auf dem Sagittalschnitt nicht zu sehen, da es mit seinen Gaumenfortsätzen nicht bis zur Mittellinie reicht. — Über dem Gaumen ist eine rudimentäre Nasenhöhle *(rud. Nas.h.)*, es fehlt ihr aber die normale Verbindung via Choanen zum Rachen. Der Pharynx beginnt blind unter dem Keilbeinkörper.

Abb. 73 b. Sagittalschnitt durch den Kopf eines sphärocephalen Kaninchens. Hirn im Typ wie Abb. 72 b, jedoch ein unpaares Vorderhirnbläschen vorhanden mit unpaarem Ventrikel (vgl. mit Abb. 74 a und b). Mächtige Proboscis, sonst keine Sinnesorgane. Os frontale weniger rudimentär als bei Abb. 72 b, dafür starke Störungen in der unteren Gesichtshälfte. Oberkiefer und Gaumenbein fehlen, Unterkiefer *(Mand.)* rudimentär, von irregulärer Gesichtsmuskulatur umhüllt. Hörknöchelchen *(An.tymp.)* in der Mittellinie vereinigt, unpaar. Schnauze fehlt. Zunge ganz rudimentär. Mundhöhle kaum angedeutet, beginnt blind, ebenso der Epipharynx. Normale Luft- und Speisewege erst vom Kehlkopf ab.

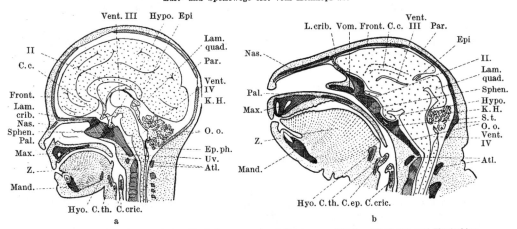

Abb. 74 a. Sagittalschnitt durch den Kopf eines normalen frühgeborenen Kindes. Thalamus und Vorderhirnventrikel sind auf dem Schnitt nicht getroffen, da sie paarig sind und seitlich von der Sagittalen liegen. — Beachte die Größe der vorderen Schädelgrube und ihre winkelige Abknickung gegen den Clivus, Die Distanz zwischen Os palatinum und dem Keilbeinkörper, wo die Choanen eine normale Verbindung der Nase zum Rachen herstellen.

Abb. 74 b. Sagittalschnitt durch den Kopf eines normalen neugeborenen Kaninchens.

ist von diesem, der Plexusplatte bzw. der Cisterna ambiens zugehörenden Gewebe ausgefüllt. Das Tentorium steht steil. Durch den trichterförmigen nach unten gesenkten Tentoriumschlitz ist die im caudalen Teil nicht geschlossene Vierhügelregion zu erkennen, also ein offener Aquädukt. Unten sieht man die Kleinhirnbrückenbindearme mit einem Anschnitt des Kleinhirns. Im caudalen

Abschnitt haben wir also paarige Hinterhörner, während die rostralen Teile eine einzige hydrocephale Höhle darstellen, wobei sowohl die Anlagen des Striatums, der Lamina terminalis, des Commissurensystems, Opticus und Riechhirns fehlen.

Nach J. v. Gruber (1948) unterscheiden sich Cyclopie und Arrhinencephalie nur durch den Grad der Störung: eine Mangelentwicklung des Vorderhirnbläschens, einen Ausfall im mittleren, oberen Anteil des Gesichtsschädels, sowie Verkürzung der prächordalen Schädelbasis, ferner eine Störung im vordersten Abschnitt der Kopfdarmregion. Die Autorin gibt eine Übersicht (Abb. 72a u. b—74a u. b) über die Entstehung der Verbildungen der Cyclopiegruppe im Vergleich mit den beim Kaninchen beobachteten Verbildungen.

Was die Beobachtungen des Schrifttums anbelangt, so finden sich die älteren bei Ernst, Schwalbe und Josephy sowie Josephy (l. c.); von den neueren sind folgende besonders erwähnenswert:

G. Politzer (1930) beschreibt (s. oben S. 385) einen arrhinencephalen menschlichen Embryo von 7 mm Länge. Bei einem sonst normal entwickelten Embryo fanden sich folgende Fehlbildungen: abnorme Näherung der Riechgruben, schmaler Stirnfortsatz, rostral konvergierende Augenbecherstiele, median-sagittal verlaufende Rinne in der Area triangularis des Stirnfortsatzes, Hypoplasie des präsumptiven Riechhirns. Dies entspricht dem arrhinencephalen Syndrom. Verfasser erörtert die gleiche teratogenetische Terminationsperiode der Arrhinencephalie und Mißbildung des vorderen Neuroporus. 1952 berichtet er über eine frühembryonale Arrhinencephalie beim 7,5 mm langen menschlichen Embryo. Bezüglich der Genese der Arrhinencephalie und Cyclopie stützt sich der Autor auf Fischel, Grünwald und Speemann. Danach entstünde die Fehlbildung durch eine unvollständige Invagination des Vorderdarmes, so daß das für die Induktion der rostralen medianen Zone der Hirnplatte nötige Material fehlt. So werden mediane Teile des Telencephalon (Commissurenplatte, Rhinencephalon und die medianen Zonen des Ophthalmencephalon) nicht angelegt. Infolge des Fehlens der medianen Augenhälften verschmelzen die Augenanlagen.

P. Rothschild berichtete 1924 über eine Arrhinencephalie, bei der die Stirnbeine fehlten und die Stirnknochen durch das linke Parietale gebildet wurden. Nase und Philtrum, Nasalia, Septum, Ethmoidale, Lacrimale, Vomer und Zwischenkiefer fehlten völlig. Entsprechend fand sich eine mediane Gaumenspalte. Beide Augen waren schwer mißbildet, lagen in einer gemeinsamen knöchernen Orbita. Die Optici waren getrennt, jedoch fehlte das Chiasma. *Diese Merkmale charakterisieren den Fall als eine Zwischenform von „Arrhinencephalie" zur Cyclopie.* Das Telencephalon war in eine Blase umgewandelt, Diencephalon und Mesencephalon bildeten einen einheitlichen Körper ohne entsprechende Differenzierung. Das Kleinhirn war hypoplastisch, der Wurm schwach entwickelt, Flocculi und Tonsillen fehlten, ebenso die Nebennieren.

C. de Lange (1937) sah bei einem mit 8 Monaten an Erysipel verstorbenen Kinde eine „Verwachsung" beider Stirnhirne mit Fehlen des Balkens, des Septum pellucidum, der vorderen Commissur und der Fornices, so daß die Seitenventrikel median kommunizierten. Am Stirnhirn fanden sich in den Häuten angiomatöse Bildungen. Das Hemisphärenmarklager war unterentwickelt, das Pallidum erschien unverhältnismäßig groß. Dieser Fall gehört in die Gruppe der Arrhinencephalie.

H. Kuhlenbeck und H. Globus bearbeiteten 1936 das Gehirn eines 4 Tage nach der Geburt verstorbenen Kindes. Auf der Ventralseite des Gehirns fehlten Bulbus und Tractus olfactorius, ebenso das Trigonum olfactorium völlig. Die Sehnerven und das Chiasma waren vorhanden, jedoch hypoplastisch. Die Schnittuntersuchungen ergaben einen hohen Grad von Exversion der dorsalen Wand des Endhirns mit Anklängen an die Verhältnisse bei niederen Wirbeltieren. Die Rinde war höher entwickelt als das Corpus striatum, welches nur rudimentäre Ausbildung zeigte.

A. Thomas und J. Gruner beschrieben 1951 ein 4 Tage altes Kind mit *Arrhinencephalie* und vielfachen Mißbildungen: mit Mangel des Balkens und des Trigonum olfactorium, ferner Heterotopien, Anomalien des Kleinhirns, Hirnstamms und Rückenmarks. Das Gefäßsystem war ebenfalls mißbildet. Die organisatorische Bedeutung des Mesenchyms und die ursächliche Mitwirkung exogener Faktoren, vor allem die Anoxie, werden erörtert. Ein Fall von Arrhinencephalie (R. M. Stewart 1939) betraf einen 17jährigen Idioten, der unter epileptischen Krampfanfällen litt. Das Windungsrelief zeigte an der Basis der Frontallappen große plumpe Windungszüge. wobei der Bulbus und Tractus olfactorius beiderseits vollständig fehlten. Der Balken war kurz, im Hippocampusbereich konnte das Giacominische Band, der Gyrus intralimbicus, semilunaris und ambiens nicht bestimmt werden. H. Stefani berichtete 1941 über ein arrhinencephales Syndrom mit Mangel der Trigona olfactoria und der Tractus, sowie Sulci olfactori, im Augenbereich eine Mikrophthalmie; daneben bestand eine beiderseitige Lippen-Kiefer-Gaumenspalte bei vorhandenem Zwischenkiefer und Vomer. H. SHRYOCK und S. KNIGHTON (1940) berichteten über 2 Fälle von Arrhinencephalie mit Balkenmangel und anderen Anomalien. Während der erste (17 Std alt) cyclocephale Züge aufwies, zeigte der zweite (48 Tage alt) eine Encephalomeningocele. Gemeinsam war beiden Fällen eine *Mikrocephalie*, das Fehlen des Bulbus, Tractus und Trigonum olfactori beiderseits, sowie des Balkens, Verbindung beider Thalami, Gefäßveränderungen und Rindenheterotopien.

P. W. NATHAN und M. C. SMITH berichteten 1950 über die Arrhinencephalie. Der 34jährige an einem Chondrosarkom des Ileum verstorbene Mann zeigte normale geistige Leistungen. Beide Hemisphären waren durch querverlaufende Gyri verbunden, der Balken, Fornix, Septum pellucidum und Gyrus cinguli fehlten. Die Seitenventrikel bildeten mit dem 3. Ventrikel eine gemeinsame Höhle. Hippocampus und Gyrus dentatus waren klein.

Im Falle T. MIRSALIS' (1929) fehlten die Lobi olfactori, Tractus und angrenzende Teile des Riechhirns waren verkümmert. Die Lamina cribrosa zeigte nur wenige Löcher. Die Hypophyse war verkleinert. Mit WEIDENREICH wird eine Entwicklungshemmung am prächordalen Abschnitt des Neurocranium angenommen. Klinisch bestand Eunuchoidismus, der auf die Hypophysenhypoplasie bezogen wird. Ein ursächlicher Zusammenhang zwischen dem arrhinencephalen Syndrom und dem Eunuchoidismus wird als wahrscheinlich angenommen.

K. KÖHN (1952) versuchte eine morphologische Analyse einer 43 cm langen unreifen männlichen Frucht mit Arrhinencephalie und medianer Kiefer-Lippen-Gaumenspalte. Der Verfasser weist dabei auf die enormen Variationsmöglichkeiten im Rahmen arrhinencephaler Fehlbildungen hin.

A. GIORDANO (1939) behandelt arrhinencephale und cyclopische Syndrome. Er führt diese nahverwandten Zustände auf eine abnorme Annäherung und Verlötung der in der vorderen Mittellinie gelegenen Anteile der Neuralplatte zurück.

K. GOLDSTEIN und W. RIESE (1926) untersuchten ein 4jähriges riechhirnloses Kind mit unpaarem Vorderhirn und völligem Fehlen des Olfactorius. Ebenso fehlten Septum pellucidum, Fornix, Psalterium, vordere Commissur und Balken. Der Hirnmantel bestand oberflächlich aus einer regellosen Furchung und ließ nicht einmal die Hauptfurchen und Windungen erkennen. Mikroskopisch war die Rinde von vielfach frühfetalem Aufbau. In der Arbeit werden Vergleiche zwischen arrhinencephalen Gehirnen und Gehirnen von riechhirnlosen Cetaceen bezüglich der sekundären und tertiären Riechzentren gezogen.

H. DE JONG berichtete 1927 „über einen Fall von Arrhinencephalie mit Hypertrophien im Gehirn". Neben der arrhinencephalen Gehirnmißbildung wurden Mediandefekte der Oberlippe, Abplattung der Nase, Fehlen der Ossa nasalia, des Vomer und der knorpeligen Nasenscheidewand gefunden, ferner eine totale Gaumenspalte. Die vordere Schädelgrube war einfach. Lamina cribrosa und Crista galli fehlten. Der Ductus Botalli war offen, die rechte Lunge zweilappig. Interessant waren die Überschußbildungen bei einigen entwicklungsgeschichtlich alten Teilen des Gehirns, die offensichtlich kausal mit der Aplasie noch älterer Teile zusammenhingen.

U. HINRICHS sah (1929) bei einem mit 4 Monaten verstorbenen Kind einen einheitlichen Stirnhirnlappen, der nur vorn an seiner basalen Fläche gespalten war. Balken und Fornix fehlten, der Hemisphärenkörper war nur kümmerlich entwickelt, eine Falx cerebri fand sich nur im hinteren Schädelbereich. Die Thalami waren nicht getrennt, im Marklager des Vorder- und Kleinhirns fanden sich Heterotopien, am Gesichtsschädel eine Lippen-Kiefer-Gaumenspalte.

E. HESCHL berichtete 1934 über einen Fall von Arrhinencephalie mit Störung der Wärmeregulation. An dem einblasigen Großhirn fehlten die Riechnerven und Fornices sowie der Balken. In weiterer Abhängigkeit fanden sich: Primitive Furchung der Hirnoberfläche, Exophthalmus, Oberlippenspalte und über dem linken Os parietale eine Blutgeschwulst.

C. B. COURVILLE (1946) beschreibt einen 6 Wochen alten weiblichen Säugling, bei dem das Cerebrum nur das vordere Drittel der Schädelhöhle einnahm, während sich im hinteren Bereich eine liquorgefüllte Cyste befand, nach deren Eröffnung man in das hintere Ende eines 3. Ventrikels mit den Thalami sah. Balken und Fornix fehlten, ebenso das Nasenseptum. Außerdem bestand eine Hasenscharte und eine partielle Gaumenspalte. Cortex und Subcortex waren nur dünn, ein Versuch zur Unterteilung des Pallium in zwei Hemisphären war nicht festzustellen, die SYLVIschen Fissuren waren kaum entwickelt. Die Hirnnerven waren mit Ausnahme der ersten vorhanden, sie waren eingebacken in eine verdickte basale Leptomeninx. Die Pyramiden fehlten fast völlig, Kleinhirn und Vierhügel waren normal. Klinisch interessant war das Auftreten von Krämpfen bei fehlenden motorischen Arealen und Pyramidenbahnen.

S. OLDBERG berichtete 1932 von einem 67 Jahre alten Mann, dessen Gehirn von normaler Größe und Form gewesen sei, jedoch fehlte Bulbus und Tractus olfactorius sowie der Nervus terminalis. Die übrigen Hirnnerven waren normal. Das rechte Ammonshorn war verkleinert.

G. Badtke (1948) hat die Bulbi einer 8 Monate alten arrhinencephalen Frühgeburt untersucht. Nach einer eingehenden Beschreibung der vielgestaltig mißgebildeten mikrophthalmischen Augen geht Verfasser auf das atypische Kolobom der Iris und des Ciliarkörpers ein. Hierfür möchte der Verfasser eine im Keim verankerte Wachstumshemmung verantwortlich machen. Der Nachweis der Vererbung atypischer Kolobome durch mehrere Generationen und deren zuweilen beobachtete Koppelung mit anderen erblichen Augenmißbildungen sowie die spiegelbildliche Doppelseitigkeit spricht für eine keimbedingte Ursache dieser Mißbildung, für die gleichfalls die Rosetten- und Faltenbildung der Netzhaut in Frage kommt.

Auch im Falle M. Ozawas (1939) fehlten die Trennung der Hemisphären, ferner die Riechlappen völlig, ebenso das Ammonshorn und das Septum pellucidum. Der Balken bildete nur eine dünne Platte als das Dach des 3. Ventrikels; die Thalami waren nicht getrennt. Die Seitenventrikel und der 3. Ventrikel bildeten einen großen gemeinsamen Raum. Aus dem Chiasma opticum ging ein Nervus opticus hervor. Die Hypophyse fehlte, das Infundibulum war vorhanden. Kleinhirn und Medulla oblongata o. B. Im Bereich des Gesichts fand sich nur ein Auge mit doppelt angelegter getrennter Cornea und gemeinsamer Conjunctiva; dicht oberhalb des Auges ein 2,5 cm langer Rüssel. Der Mund war sehr klein. Auch an den Körperorganen fanden sich mehrfach Mißbildungen. Der Verfasser ist der Ansicht, „daß in der teratogenetischen Terminationsperiode das Ophthalmencephalon von einer, in Form eines Stillstandes der Entwicklung des Riechhirns, manifest werdenden Störung angegriffen wird, so daß durch Defekte des Riechhirns die paarigen Augenblasen in verschiedenen Graden miteinander verschmolzen sind, und so die oben beschriebene Cyclopie entsteht".

A. Barber und R. J. Muelling berichteten 1950 über eine Cyclopie bei einem Fet (Gesamtlänge 22 cm), dem 3. Kind einer Negerin mit hohem Blutdruck. Das Endhirn war unpaar, dementsprechend fehlten sowohl der Balken wie die Nn. optici, die Bulbi und Tracti olfactorii. Zwischen Telencephalon und Cerebellum fand sich über den Thalami eine große Cyste, deren Wand als evertierter Plexus chorioideus gedeutet wird. — 4. Ventrikel normal. Unterentwicklung des furchen- und windungslosen Gehirns. Über der unpaaren Orbita lag ein 21 mm langer rüsselförmiger Fortsatz, der von Lidrudimenten eingefaßt war. Am Boden der Augenhöhle fanden sich spitzenwärts neurale Anteile in Form von Pigmentepithel und Gliarosetten. Der Hypophysenvorderlappen war vorhanden, der Hinterlappen fehlte. Verfasser führt die Mißbildung auf eine Störung im Neuralplattenstadium (vor dem 1,8 mm-Stadium) zurück, wobei die neuralen Anteile gehemmt wurden, die mesodermalen sich jedoch weiterentwickelten.

M. N. De und H. K. Dutta beobachteten 1939 einen sonst normal entwickelten Fetus mit einem Auge in der Mitte des Gesichtes. Die Proboscis lag in der Mittellinie über dem Auge, histologisch konnten alle Gewebe der Nase in ihr gefunden werden. Die Riechnerven fehlten, die Sehnerven bildeten kein Chiasma, sondern zogen getrennt zum Gehirn. Im Schädel fehlte die Sella.

Die Mannigfaltigkeit der Erscheinungen und die Untermischung mit anderen, vorwiegend mesenchymalen Gewebsbestandteilen zeigte O. Dupont (1936) an drei interessanten Fällen.

Im Falle E. Katzenstein-Sutro (1949) fehlten bei typischer Arrhinencephalie Balken, Fornix, Streifenhügel und die Sichel. Die Sehhügel waren nicht getrennt, Riechnerven und -kolben waren vorhanden. Der Hirnmantel war wulstig und unterschiedlich dick. (Histologisch: primitive Rinde.)

F. A. Mettler fand 1947 in 6 Fällen von Cyclopie an der Basis vor dem Infundibulum eine fibröse Platte, die aus der Desorganisation des prächordalen Mesenchyms entstanden sei. Das optische System sei davon unabhängig. Gelegentlich könnte man wahrnehmen, daß es versuche, sich einen Weg durch diese Platte zu bahnen. Gewöhnlich fehle auch der Vorderlappen der Hypophyse. Die Augenmuskeln differenzieren sich aus dem den Bulbus umgebenden Mesenchym etwa in der 11. Woche. Bezüglich der kausalen Genese der Cyclopie nimmt Verfasser Sauerstoffmangel in der 3.—6. Woche an.

R. Kautzky teilte 1936 eine Mißbildung im Gebiet des Endhirns mit, bei der neben dem unpaaren Stirnhirn, Rostrum und Genu corporis callosi vollkommen fehlten, ebenso Septum pellucidum, Commissura anterior und Fornix. An der ventralen Seite fehlte der Sulcus interhemisphaericus, so daß die Windungen von der einen Seite auf die andere übergingen. Verfasser glaubt, wegen der paarigen Anlage des gesamten Sehapparates und des Riechhirns mit vollständig getrennten intakten Tractus olfactorii den Fall weder als Cyclopie, noch als Arrhinencephalie ansprechen zu können. Auch ein einfacher Balkenmangel käme nicht in Frage, da die sonst bei Balkenmangel vorkommenden radiären Windungen fehlten. Er stellt diese Mißbildung zwischen Balkenmangel und Arrhinencephalie.

H. Zellweger beschrieb 1952 bei zwei schwer idiotischen, 3 Jahre bzw. 10 Monate alten Kindern, die an Krämpfen litten, bei Pneumoencephalographie jeweils eine große einheitliche Ventrikelhöhle, welche die 3. Hirnkammer, die Vorderhörner und Pars media der

Seitenventrikel umfaßte. Die hinteren Abschnitte der Seitenventrikel (Hinter- und Unterhörner) waren paarig angelegt und in Form und Größe, wie auch der 4. Ventrikel, etwa der Norm entsprechend. Verfasser nimmt einen kongenitalen Defekt des Septum pellucidum im Verein mit einem Hydrocephalus internus an. Er wendet sich gegen die von DAVIDOFF und EPSTEIN geprägte Bezeichnung eines „congenital single lateral ventricle". Bezüglich der Differentialdiagnose zur Cyclencephalie wird für letztere ein einheitlicher Ventrikel mit ungeteiltem Großhirn gefordert.

O. MARBURG und F. A. METTLER kamen 1943 bei einer Untersuchung der Gehirnnervenkerne in einem Fall von menschlicher Cyclopie und Arrhinie unter anderem zu folgendem Ergebnis: Die meisten der Augenmuskelkerne waren vorhanden und gut entwickelt bei der Cyclopie; es gab jedoch einige bemerkenswerte Ausnahmen in den Untergruppen des Oculomotoriuskerns.

F. A. METTLER und O. MARBURG beschrieben 1943 die Verhältnisse des Diencephalon und Telencephalon in einem Fall von menschlicher Cyclopie und Arrhinie. Sie kamen dabei unter anderem zu folgenden Ergebnissen: das Diencephalon und Striopallidum waren vorhanden und meist auch die gewöhnlichen Unterteilungen dieser Strukturen. Das Corpus subthalamicum war gut entwickelt und völlig unterschieden von den anderen Kerngebieten. Auch existierte ein interpallidäres Commissurensystem. Ein Teil der Fasern kreuzte und stellte, nach Ansicht des Autors, die MEINERTsche Commissur dar.

O. MARBURG und F. J. WARNER kamen 1946 in einer Studie über das Gehirn einer menschlichen Cyclopie zu folgender Auffassung: Die Ursache der Cyclopie und Arrhinencephalie liege in einer Entwicklungsstörung des End- und Zwischenhirns. An der Basis dieser Hirnteile wechselten die Meningen in fibröse Massen über, wodurch die Bulbi und Tracti olfactorii, sowie die Striae olfactoriae und teilweise auch die Opticuskreuzung zerstört seien. Die Zerstörung des sekundären Olfactoriussystems ist gefolgt von einem Mangel des peripheren olfactorischen Apparats. Dementsprechend findet sich eine Veränderung des Skelets mit Entwicklung einer gemeinsamen Orbita und einem oder zwei Augen, welche in der Mittellinie verschmolzen sind, wie im vorliegenden Fall. Diese Ansicht zeigt die Abhängigkeit der Entwicklung der peripheren Anteile des sekundären olfaktorischen Systems, des Bulbus und Tractus olfactorius. Trotz der Zerstörung ist das zentrale dritte olfaktorische System (Ammonshornformation), die Habenula, das Corpus mammillare und die Fornixcommissur vorhanden. Dies zeigt die Unabhängigkeit der Entwicklung dieser Strukturen.

1938 beschreibt H. SCHÖNBERG eine 11 Std alte Cyclopie (Synophthalmie), jedoch ohne Nasenentwicklung im Sinne eines rüsselförmigen Rudiments. Nasen- und Augenhöhle erwiesen sich nach der Präparation als miteinander verschmolzen. In der Augenhöhle Retina- und Linsenderivate. Die Verfasserin führt die „Hemmungsbildung" auf eine Störung in der 8. Fetalwoche zurück.

M. SEGAL beschrieb 1935 drei balkenlose Gehirne, von denen die ersten beiden Arrhinencephalie, das dritte jedoch eine grobe Mißbildung des Balkens aufwies.

A. BANNWARTH erwähnt 1939 in seiner Arbeit „Über den Nachweis von Gehirnmißbildungen durch das Röntgenbild und über seine klinische Bedeutung" einen Sektionsfall von BECK, bei dem beide Großhirnhemisphären bis auf die Bereiche der Occipital- und Schläfenlappen nicht getrennt waren. Hirnlappenbildung und Hirnfurchung waren völlig unregelmäßig. Es fehlten die Riechkolben, der Fornix, das Septum pellucidum und der Balken. An Stelle der Seitenkammern fand sich ein großer einheitlicher Ventrikel, dagegen waren die Unter- und Hinterhörner paarig angelegt. Die Stammganglien (Thalamus und Caudatum) waren noch miteinander verschmolzen. Innere Kapsel, Pallidum und das hypertrophische Claustrum lagen atypisch. Das Putamen war unregelmäßig gezackt. Die vordere und hintere Zentralwindung, sowie die Querwindungen des Schläfenlappens und auch die Anlage der in diesen gelegenen Zentren (BRODMANN) fehlten. Die höheren, allgemein zum Riechhirn zählenden Zentren (Regio praepyriformis, Tuberculum olfactorium, Regio entorhinalis, Praesubiculum und Ammonshorn) waren angelegt, jedoch stark hypotroph.

H. GASTRAUT mit DE WULF berichteten 1947 über ein 12jähriges und 15jähriges Mädchen, beide idiotisch mit Versteifung der unteren Extremitäten, die den gleichen Hirnbefund zeigten, nämlich eine Nichttrennung der beiden Stirnhirnanteile (von den Autoren als Synrhaphie bezeichnet). Entsprechend der Monoventrikulie fehlte der Balken (beim 2. Fall war der hintere Teil erhalten). Die übrigen Commissurensysteme waren erhalten, das Septum pellucidum, der Fornix, Membrana tectoria und Tela chorioidea fehlten. Auf eine mögliche Erkennbarkeit im Röntgenbild wird hingewiesen. Die Fehlbildung wird richtig als zur Arrhinencephalie gehörig bezeichnet.

KÖHNE (1947) glaubt, im Riechepithel Olfactoriusfasern gefunden zu haben. Wenn man nicht gerade unter den Verhältnissen des 1. „Hirnnerven" ganz besondere Potenzen der Eigendifferenzierung von Nervenfasern annehmen möchte, bleibt es sehr viel näherliegend, die gefundenen Nervenfasern als Trigeminusfasern anzusehen.

Durch den Olfactorius werden ohnehin nur die Geruchswahrnehmungen bzw. die feinen Unterschiede des Geruches erfaßt, während bekanntermaßen der Trigeminus die Reize übermittelt.

b) Verbildungen bei biventrikulärem Telencephalon.

Bei einem Endhirn, das sich nur auf dem Stand des Prosencephalons weiter-differenziert, ist schon primär die Topogenese gestört. Eine physiologische Rindendifferenzierung kann trotz der Tendenz, ein möglichst vollkommenes Organ zu schaffen, nicht erreicht werden. Anders liegen die Verhältnisse bei den Verbildungen aus etwas späterer Terminationsperiode, wenn sich das Endhirn

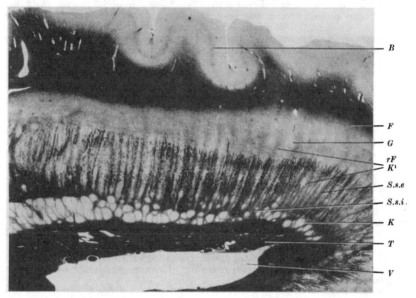

Abb. 75. Frontalschnitt der lateralen Hemisphärenwand aus dem Hinterhaupt. Bandförmig angeordnete Hetero-topien innerhalb des Centrum semiovale. *rF* radiäre Fasern; *B* Baillargerscher Streifen; *K¹* „helles" Zentrum; *G* Grenzzone; *F* Fibrae gyrorum propriae; *S.s.e.* Stratum sagittale externum; *S.s.i.* Stratum sagittale internum; *K* „Kapsel" um heterotope Kugeln; *T* Tapetumfasern; *V* Ventrikel. [Nach H. Jacob; Z. Neur. 155 (1936).]

bereits in die Hemisphärenanlage geteilt hat, also bereits den Stand des 5-Hirn-bläschenstadiums erreicht hat. Die wichtigsten Verbildungen sind Störungen der Migrationsphase.

α) Störungen der frühen Migrationsphase.

v. Monakow, H. Vogt, M. Bielschowsky, M. Rose und H. Jacob haben den Zusammenhang zwischen Hamartomen am Ventrikeldach, Heterotopien, d. h. Liegenbleiben von grauer Substanz im Marklager während der Entwicklung und Störungen der Rindenentwicklung richtig erkannt und herausgearbeitet. Sie haben die bekannten, zunächst nur nach äußeren Aspekten beschriebenen und benannten Rindenfehlbildungen, wie „Agyrie, Pachygyrie, Mikropolygyrie" und Hirnwarzenbildungen einzuordnen versucht.

Während die Bildung der Primär- oder Hauptfurchen noch in die morpho-genetische Phase fällt und weitgehend unabhängig vom Endeffekt der Migrations-fähigkeit ist, zeigt die sekundäre Oberflächengliederung eine deutliche Abhängig-keit von den Migrationsvorgängen in der histogenetischen Phase der Hirnent-wicklung. Vorzeitige Matrixerschöpfung ist so auch immer mit einer Fehlbildung des Windungsmusters gekoppelt. Störungen, die nach der Beendigung der Migration wirksam werden, treffen demnach nur noch die feineren Differenzierungsvorgänge, die für den Ausbau des angelegten Windungsmusters entscheidend sind. In diese Phase ist auch die Entstehung der sog. Hirnwarzen zu verlegen.

Mit BIELSCHOWSKY unterscheidet auch H. JACOB zwischen einer allgemein symmetrischen und einer circumscripten Migrationshemmung. Wir folgen seinen Ausführungen: „Kausalgenetisch läßt sich aus der verschiedenartigen formalen Entwicklung nur etwa folgendes schließen: Bei der ausgedehnten symmetrischen Migrationshemmung muß entweder eine

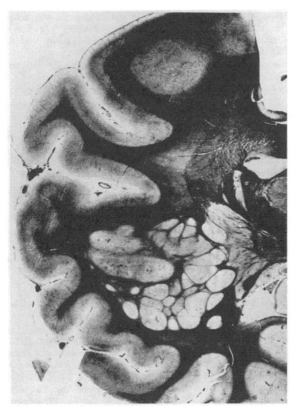

Abb. 76. Traubenförmige Heterotopie mit innerer Mikrogyrie. [Nach H. JACOB: Z. Neur. **155** (1936).]

Noxe fast auf das gesamte ventrikuläre Keimlager bzw. auf die von ihm abwandernden Neuroblasten einwirken, oder die gesamte ventrikuläre Matrix muß von vornherein keimgeschwächt sein. Dabei scheinen in seltenen Fällen in den dorsalen Kleinhirngebieten ähnliche Vorgänge stattzuhaben (s. unten S. 541 ff.). Bei der circumscripten Migrationshemmung muß dagegen der Angriffspunkt der Noxe oder die Anlageschwäche des Keimlagers nur in einer oder mehreren umschriebenen Stellen des Keimlagers liegen. Also bestehen sowohl formalgenetisch wie kausalgenetisch zweifellos beträchtliche Verschiedenheiten bei etwa gleicher teratologischer Terminationsperiode.

Im Gegensatz zu den ersten beiden Gruppen (ausgedehnte symmetrische und circumscripte Migrationshemmung) liegt bei den Rinden*wachstums*störungen der Ansatzpunkt der Störung nicht mehr in den ventrikulären bzw. tiefen Zwischenschichtanteilen der Hemisphärenbläschen, sondern eher in der fetalen Rindenanlage selbst.

Da es sich hier um eine fetale Entwicklungsphase handelt, in der die Einzelphasen der Rindenentwicklung sehr rasch aufeinander folgen, möchten wir annehmen, daß die zahlreichen Typen der Rindenstrukturstörungen nicht durch die Verschiedenartigkeit der Schädigung, sondern durch das jeweilige Betroffensein verschiedenartiger Terminationsperioden

bedingt sind. Auch die erwähnten, sich immer gleichbleibenden Fehlstrukturen der Kleinhirnrinde bei verschiedenen Fehlstrukturen der Großhirnrinde sprechen dafür."

Der Bau der Hemisphärenwand zeigt sowohl bei der Pachy- wie bei der Mikrogyrie
häufig den Vierschichtentyp (Bielschowsky 1929):

1. Innen die Ependymschicht.

2. Ein stark verschmälertes Marklager, im wesentlichen Assoziationsfasern und Balkenfasern enthaltend, durchsetzt mit meist herdförmig angeordneten Heterotopien grauer
Substanz.

3. Eine breite Zone grauer Substanz im Bereich des Centrum semiovale mit wechselndem
Markfasergehalt.

4. Die eigentliche Rinde, welche zumeist ebenfalls eine Vierschichtung zeigt, nämlich:
a) eine zellfreie oder zellarme Molecularis, b) eine kleine Körner enthaltende schmale Schicht,
c) eine große bis mittelgroße Pyramidenzellen führende Schicht und d) eine vorwiegend
Körner bzw. multipolare Zellen enthaltende Schicht.

Eine Dreischichtung kann bei dem nicht selten anzutreffenden Fehlen der kleine Körner
enthaltenden Schicht entstehen.

Die *heterotopen* Massen (Abb. 75 und 76) können dabei innerhalb der tiefen Markstrata
oder im Bereich des Centrum semiovale liegen. „Gestaltung und Lage der Heterotopien
und pachymikrogyren Rindenmißbildungen sind dabei abhängig vom vorübergehenden
und vom bleibenden örtlichen Faktor während der fetalen Entwicklung, sowie vom örtlichen Faktor im definitiven Gehirn. Es besteht die Möglichkeit, daß die Verteilung miß-
bildeter Rindenbezirke, die sich nicht nach irgendwelchen Grenzen des *definitiven* Gehirns
richtet, durch vorübergehende örtliche Faktoren (Unterschicht z Filimonoff, Rindenteilung
im Gebiet der späteren Opercularisierung und der Inselrinde usw.) bestimmt wird"
(H. Jacob).

„Heterotopien" im menschlichen Rückenmark beschrieb 1925 A. Bebris.

v. Monakow und nach ihm H. Vogt (1905) stellten Gruppen graduell verschiedener Heterotopien dar, die F. Schob folgendermaßen zusammenfaßt:

„1. Verlagerung einzelner Zellindividuen in das Marklager. Die Zellen liegen einzeln
oder in kleinen Gruppen. Schon im normalen Gehirn kommen solche abgesprengte Zellen
und Zellkomplexe im subcorticalen Mark vor. In pathologischen Fällen von Mißbildungen
liegen sie bis weit in das Mark hinein und zeigen alle Übergänge von der Neuroblastenform
bis zu vollentwickelten Nervenzellen. Bisweilen liegen sie so dicht, daß das Bild sehr dem
der Hemisphärenwand im 4. Monat gleicht, wo die Gegend des gesamten späteren Mark-
körpers von Zellen durchsetzt ist.

2. Verlagerung von Teilen des Mutterbodens in Gestalt von ungegliederten Zellhaufen
ohne Differenzierung in geschlossenen oder kleineren Zellverbänden. Eine Masse von Zellen
bildet hier einen Teig, der aus undifferenzierten Zellen, Gefäßen, Ganglienzellen (einige
können dabei voll ausgereift sein) und Markfasern besteht (wie z. B. Abb. 77a—c).

Eine derartige Bildung sah Vogt in einem der von ihm beschriebenen Mikrencephalie-
fälle an der Basis des Gehirns; sie glich weitgehend einer Area medullo-vasculosa. Vogt
faßt sie als einen sitzengebliebenen Rest des Area medullo-vasculosa-Stadiums auf, der sich
zu einer Heterotopie entwickelt hat.

3. Heterotopien in Form geschlossener Verbände mit charakteristischen Eigenschaften
des Nervengraus, aber ohne innere Differenzierung, ohne daß die Struktur eines spezifischen
Graus vollständig erreicht wird. Gewöhnlich zeigen die Zellen einer solchen Heterotopie
äußerlich den gleichen Grad der Entwicklung, es fehlt aber eine innere Architektonik. Sie
liegen oft direkt unter dem Ependym, sind kreisrund oder oval, scharf gegen das Mark abgesetzt, zeigen im Innern oft einzelne Markstreifen. Die vollkommen ausgereifte Ganglien-
zellform wird gewöhnlich auch von den am weitesten ausgereiften Zellen nicht erreicht
(wie z. B. Abb. 78a—c).

4. Heterotopien mit Differenzierung der abgesprengten Teile zu geschlossenen und
geordneten Verbandkomplexen; es kommt dabei zu Anordnung richtig geschichteter Strukturen (Rinde oder andere charakteristisch gebaute Massen, Olive).

5. Störung der inneren Struktur der grauen Massen allein (Rinde), ohne Verlagerung."

Seine Kritik an der letzten Gruppe begründet F. Schob damit, daß innere
Störungen der Rindenarchitektonik — falsche Zelleinstellung am richtigen Ort,
abnorm große Zellen usw. — auch durch Vermehrungsprozesse an Ort und Stelle
entstanden sein können und nicht unbedingt auf Fixation von *wandernden* Zellelementen am falschen Ort zu beruhen brauchen.

Ebenso hat BIELSCHOWSKY nachgewiesen, daß es sich bei dem Bild der sog. „Rindenverdoppelung" bei A- bzw. Pachygyrie nicht um heterotope Bil-

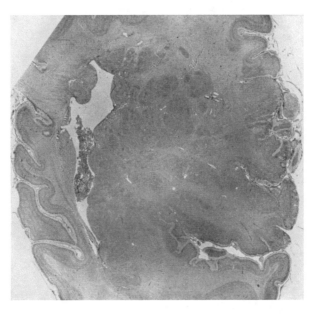

a

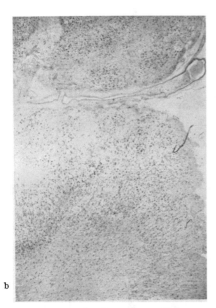

b

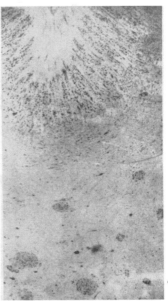

c

Abb. 77 a—c. Rindenähnlich aufgebaute Heterotopien aus dem Occipitallappen der darunter abgebildeten miß-bildeten Rinde, unregelmäßige Besiedlung des Randschleiers. — Zahlreiche Heterotopien im Marklager des Frontalhirns, Scheitel- und Schläfenhirns bei einer embryonal fixierten Rinde; säulenförmiger Rindenaufbau.

dungen *innerhalb* der Rinde handelt, sondern daß hier eine von der eigentlichen Rinde durch einen Markfaserstreifen getrennte „bandförmige Heterotopie" vorliegt.

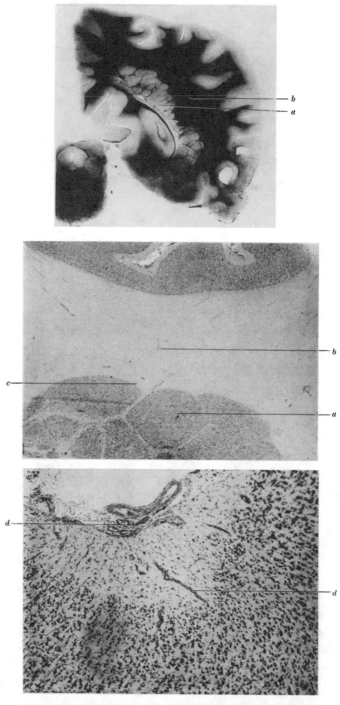

Abb. 78. Oben: Rindenartige Heterotopien an der ventrikulären Matrix durch Markfaserstreifen voneinander abgegrenzt (a), bei sonst guter Entwicklung des Marklagers (b). Mitte: Histologisches Bild der abgegrenzten kugeligen grauen Massen (a), keine wesentlichen Veränderungen des Marklagers bei b, abgrenzende Markfasern bei c. Unten: Ausschnitt aus der fehlmesenchymisierten Hirnrinde, abnorme Vascularisation bei d, sonst weitgehend ausdifferenzierte Hirnrinde.

Hinsichtlich der *kausalen Genese* hat H. JACOB eine familiäre konstitutionelle Variation bzw. Anomalie der Rindenentwicklung im Inselgebiet bei Geschwistern nachweisen können (1936)[1].

Ebenfalls in einer Arbeit aus dem JACOBschen Institut (HENZ 1948) werden in einer Untersuchung über Entwicklungsstörungen in der Hirnrinde und Balkenmangel 2 Fälle erwähnt, bei denen ein wahrscheinlich dysrhaphisch bedingter, partieller Balkenmangel zu konsekutiven, tiefreichenden Rinden- und Windungsfehlbildungen mit heterotopen Verlagerungen geführt hatte (s. unten S. 517 und 536).

OSTERTAG sah 1925 bei einer amaurotischen Idiotie Entwicklungsstörungen des Gehirns. Es fanden sich pachygyre und mikrogyre Windungsanomalien, bei denen zwischen den sekundär durch den gliösen Narbenprozeß verschmälerten Windungen und Formveränderungen, die Ausdruck einer primären Entwicklungsstörung sind, zu unterscheiden ist. Dies dokumentiert sich in den echt pachy- und *echt* mikrogyren Bezirken, den persistierenden CAJAL-Zellen der Tangentialschicht und den massenhaft im Marklager liegengebliebenen Ganglienzellen. Die Fixation der zum definitiven Aufbau der Rinde notwendigen Elemente ist am Ausbleiben der Furchung schuld. Zeitlich ist die Entwicklungsstörung in den letzten Teil der organogenetischen Phase zu verlegen. Der der Störung der amaurotischen Idiotie zugrundeliegende Prozeß mit der schweren Protoplasmastörung dürfte die Telokinese schon frühzeitig gestört haben, zumal kaum anzunehmen ist, daß die mehr oder minder während der Reife geschädigten Ganglienzellen noch einer weiteren Migration fähig sind.

Oft sind es andere schwere Fehlentwicklungen, die auf einer frühen topogenetischen Störung beruhen, die den weiteren Differenzierungsverlauf stören. So im Fall von B. CHASAN (1931), (Mischgeschwulst an Stelle der linken Hemisphäre.) Der rechte Thalamus war mit der Geschwulst verwachsen, der linke fehlte. Die Mischgeschwulst bestand aus faserigem Bindegewebe mit Fettgewebsinseln, Knorpelteilen und Knochenpartien. In der Geschwulsthöhle fanden sich hypertrophe Plexus chorioideus-Zotten. Während die linke Hemisphäre weitgehend frühzeitigen Rückresorptionsvorgängen anheimgefallen war, zeigte die rechte Hemisphäre ausgeprägte Mikrogyrie.

Ein interessanter, jedoch problematischer Beitrag zur Frage der Beeinträchtigung des Randschleiers und deren Folgen auf die Windungsbildung könnte der Fall E. SCHERERs (1936) sein, bei dem eine weitgehende meningeale Lipomatose, verbunden mit echter Mikrogyrie bestand. Der Autor nimmt eine „Wachstumsreaktion aus dem örtlichen pialen Gefäßmesenchym heraus" an. Entsprechend der Genese der Meningen (s. Balkenlipome, dieser Handbuchbeitrag) wäre jedoch durchaus die Frage zu diskutieren, ob nicht die Ursache der meningealen Fehlbildung in einer Störung der Abgliederung der Neuralleiste (Kopfganglienleiste) vom Hautektoderm bzw. Neuroektoderm zu suchen ist. Die auch im Bild gezeigte Fehlvascularisation der Pia bedeutet letztlich auch eine solche des Randschleiers. Diese kann eine sekundäre Gyrationsstörung infolge mangelhafter örtlicher Vermehrungs- und Ansiedlungsverhältnisse für die Neuroblasten bei primär regelrecht verlaufender Migration herbeiführen.

Bezüglich der Rindenfehlentwicklung kommen mit BIELSCHOWSKY pathogenetisch im wesentlichen zwei Möglichkeiten in Betracht. Nämlich entweder ein *primärer Fehler* der Keimanlage oder *sekundäre pathogenetische* Beeinflussung *während* der fetalen Entwicklung.

Eine „atavistische Hemmungsbildung", wie sie 1931 K. SCHROEDER bei der Interpretation zweier Idiotiefälle mit subcorticalen Heterotopien annimmt, liegt nicht vor, da diese Windungsbilder nur „vorgetäuscht" Tiergehirnen gleichen. So besteht bei den hier geschilderten Fällen von der eigentlichen Rinde durch einen breiten Markfaserstreifen getrennt heterotop verlagerte Rindensubstanz (wie Abb. 79 und entsprechend Abb. 80). Dieses Bild einer offensichtlichen Fehlentwicklung kann nicht mit der orthologischen Entwicklung der

---

[1] Gerade bei den systemisierten Verbildungen sind bis in die dreißiger Jahre hinein als Entstehungsursachen von Hirnverbildungen Entzündungen, Intoxikationen, sogar Traumen in Anspruch genommen worden. In der Ära der Gelegenheitsgenetiker gab es dann nur noch erbbedingte Veränderungen (s. oben S. 352).

Tierreihe verglichen werden, wenn auch, wie die Feststellungen Ch. Jacobs besagen, die vier oberen Zonen der Rinde als äußere Fundamentalschicht, die 5. und 6. Zone als innere Fundamentalschicht phylogenetisch zusammengehören und bei niederen Tieren durch einen breiten Markfaserstreifen getrennt sind.

β) Auf Migrationsstörungen beruhende Fehlgyration.

Die regelrechte Abwanderung des Keimmaterials von der Matrix, die Auffüllung der Rinde und die Weiterentwicklung der Ganglienzellen im Randschleier bedingt auch die Windungs- und Furchenbildung, und zwar handelt es sich hier (s. oben S. 506ff.) um die *sekundäre* Windungsbildung. Entsprechend der Fixation

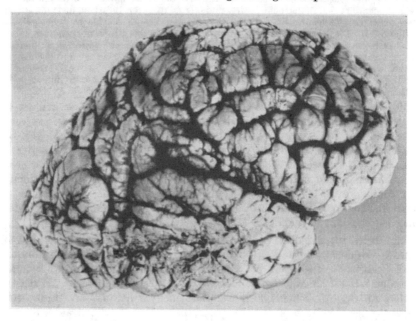

Abb. 79. Mikrogyre bzw. pachygyre Hirnwindung. [Nach H. Jacob: Z. Neur. **160**, 615 (1938).]

des jeweiligen Entwicklungszustandes im Laufe des Migrationsvorganges sprechen wir von Agyrie, Pachygyrie (Abb. 82) oder Mikropolygyrie (Abb. 79—81 und 84). Agyrie bedeutet demnach Windungslosigkeit, Pachygyrie Windungsverbreiterung und Mikropolygyrie eine Vermehrung und Verkleinerung der Windungen an der Hirnoberfläche. Stets handelt es sich um ein Mißverhältnis zwischen grauer und weißer Substanz. In einem Falle besteht eine Hypogyration, im anderen eine Hypergyration. Agyrie wäre der extremste Fall der sog. Pachygyrie und wird beim Menschen sehr selten in reiner Form beobachtet, oft fälschlicherweise als Lissencephalie[1] (s. Abb. 85a und b) bezeichnet.

Die Ursachen für diese Fehlbildungen der Hirnoberfläche während der Migrationsphase sind mannigfaltig. Sie jeweils im einzelnen zu deuten gestatten die Endbilder, die zudem durch Selbstdifferenzierung und Ausgleichsleistungen stark variieren, nicht.

Die Eingliederung der zahlreichen Erscheinungsformen und -grade in entsprechende größere Gruppen ist aus Übersichtsgründen zwar notwendig, entpflichtet aber niemals, den Einzelfall genauestens zu analysieren. Dies sollen die folgenden Fälle zeigen.

---

[1] Lissencephalie ist nach dem von Owen (1866) eingeführten Begriff nur die *physiologisch* ungegliederte Oberfläche bestimmter Säugetiergehirne.

Abb. 82 und 83 stammt von einem 3 Jahre alten schwachsinnigen Kind. Anatomisch fand sich über der Konvexität eine ausgesprochene Pachygyrie besonders über dem Stirnhirn, sowie eine sog. Affenspalte.

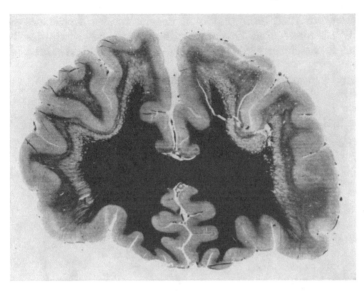

Abb. 80. Doppelseitige schwere Migrationshemmung im Sinne H. JACOBS (s. Text). [Nach H. JACOB: Z. Neur. **160**, 635 (1938).]

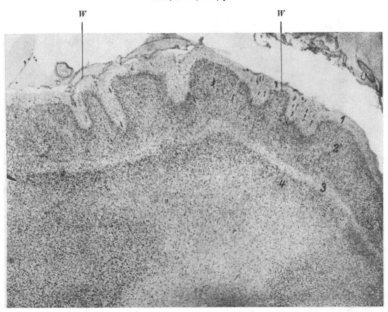

Abb. 81. Vierschichtentyp bei Mikropolygyrie: multiple aneinandergereihte, den „echten" Warzenbildungen perigenetisch und tektogenetisch weitgehend ähnliche Fehlbildungen. [Aus H. JACOB: Z. Neur. **170**, 77 (1940).]

Histologisch war in den occipitalen Abschnitten der sechsschichtige Grundtypus im Prinzip erhalten. Unter einer Tangentialzone von wechselnder Zellverdichtung liegt eine schmale Zone kleiner Körner mit vereinzelten kleinen Pyramiden. Darunter liegt eine zellarme Zone mit größtenteils fehlorientierten Ganglienzellen. An diese schließt sich nach innen eine girlandenartig verlaufende, eine Gyration imitierende Ganglienzellschicht an, die fast ausschließlich aus größeren Pyramidenzellen zusammengesetzt ist. Weiter nach innen folgt eine lockere Schicht aus kleineren runden Ganglien- und Pyramidenzellen, weiter nach innen eine stellenweise zellreichere Schicht, unter der wieder eine vorwiegend streifenförmig angeordnete Rindenplatte liegt, die am ehesten der tiefen V, VI oder VII entsprechen dürfte.

W. Koch teilte 1936 einen Fall von nahezu totaler Agyrie des Großhirns bei einem 8½ Monate alten Kind mit. Zwar zeigte die Rinde des Temporallappens eine Sechsschichtung, jedoch ohne Furchen- und Windungsbildungen.

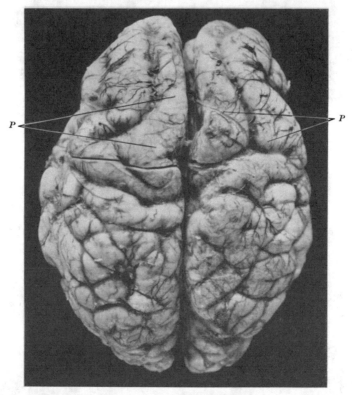

Abb. 82. Echte Pachygyrie, undifferenzierte Windungsbildung, besonders im Gebiet rostral der Zentralregion (vgl. Abb. 79). *P* pachygyre Windungszüge.

Im Frontallappen fand sich nur eine Dreischichtung der Rinde. Auf eine Migrationsstörung weisen die umfangreichen Heterotopien (Atelokinese) im Centrum semiovale hin. Inseln und Claustrum waren nicht entwickelt. Während die Entwicklungsstörung von der Autorin am Ende des 3. Monats angenommen wird, bezieht sie die Störungen am Temporallappen auf die Zeit gegen Ende des 5. Embryonalmonats.

In einer sorgfältigen Studie erörterte 1939 C. de Lange die Pachygyrie beim Menschen auf Grund eines im 10. Lebensmonat verstorbenen Kindes. Das wenig gegliederte Gehirn wog 700 g und war ausgezeichnet durch ein fast völliges Fehlen der Windungen des Neocortex. Während sich die Hirnrinde als verbreitert erwies, war das Mark reduziert. Die Verbreiterung der Rinde beruhte hauptsächlich auf der übermäßigen Ausdehnung der verschmolzenen 5. und 6. Schicht. Die Nuclei dentati waren mißgebildet und die Oliven wiesen eine Metataxie auf.

Weitere Fälle haben I. T. Borda (1932) und A. Biemond (1938) beschrieben. Dieser führt erstaunlicherweise die Mikrogyrie auf frühzeitige Schädelsynostose zurück.

Wenn im folgenden von Mikrogyrie die Rede ist, so bedeutet dies anlagebedingte Kleinheit der Windungen und nicht Verkleinerung von Windungen nach Krankheitsprozessen. Diese Narbenverkleinerungen werden als *Ulegyrie* bezeichnet.

So veröffentlichte A. H. Fortanier (1932) einen Fall von „Mikrogyrie und Porencephalie". Wahrscheinlich handelt es sich um eine Ulegyrie. Das asphyk-

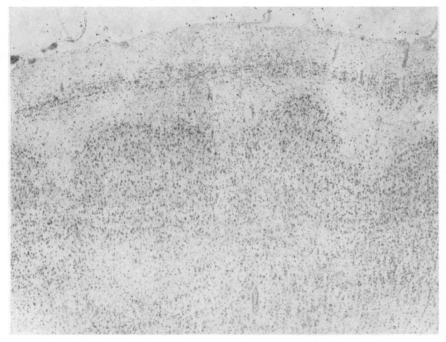

Abb. 83. Querschnitt durch die pachygyre Rinde (s. Text). Vergr. 25,5:1.

tisch zur Welt gekommene Kind hatte 4 Jahre lang täglich etwa 4mal allgemeine Krämpfe. Die Sektion ergab eine Mikroencephalie mit Mikrogyrie. Es bestand ein Hydrocephalus internus und das Septum pellucidum fehlte im frontalen Gebiet. Außerdem fanden sich Heterotopien bei Mikrogyrie in beiden Großhirnhemisphären und im dorsalen Kleinhirnanteil. Ferner lag eine Hypoplasie des rechten Thalamus und der rechten Pyramide vor. Im Nissl-Bild wurden ferner Überreste einer Meningitis gefunden, sowie eine abnorm starke Verzweigung der von der Pia aus eindringenden Gefäße. Die dreischichtige Rinde umfaßte eine zellarme äußere Schicht, die den oberen Teil der Rinde bildete, eine zellreiche mittlere und eine zellarme innere Schicht, die beide die eigentlichen mikrogyren Windungen bildeten. Die Zellen selbst zeigten embryonalen Typ. Der Autor deutet die erhebliche Vascularisation als Folge eines nicht gefundenen toxischen Prozesses. Hierdurch seien die Keimzentren noch eine Zeitlang gewachsen, wobei es zu den mikrogyren Partien in den Windungen gekommen sei. Einen gleichzeitig bestehenden porencephalischen Defekt faßte der Autor als Folge einer anämischen Nekrose auf. Mit Bock und Wohlwill muß es jedoch als fraglich bezeichnet werden, ob in diesem Stadium überhaupt schon typische Entzündungsvorgänge Platz greifen können.

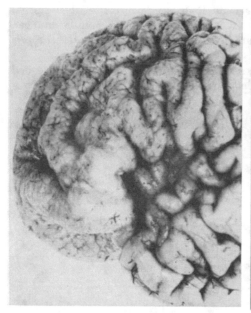
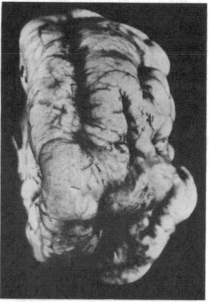

Abb. 84. Überblick auf die pachygyre Rinde im Frontalpol; zum Vergleich nebenstehendes Bild: Pachygyrien bei Mikrencephalie (H. Jacob), pachygyre Frontalrinde mit angedeuteter Furchung, unzureichende Opercularisation. (Originalpräparat von H. Jacob.)

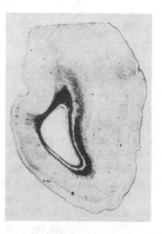

a   b

Abb. 85a u. b. a Agyrie. Unterentwicklung des Centrum semiovale bei guter Entwicklung des Diencephalon und Neostriatum. Dorsale Mantelkante ungefurcht. b Im Hinterhorn kräftig entwickelte Markstrata. Markfaserung in der Rinde. (Nach C. de Lange.)

A. Rabinowitsch (1933) kommt in einer Arbeit über die Cytoarchitektonik bei Mikrogyrie etwa zu nachstehenden Folgerungen: die mikrogyrale Rinde (s. Abb. 86) zeige in ihrem Fall nicht nur eine Entwicklungshemmung, sondern auch eine veränderte Entwicklung und es sei nicht ausgeschlossen, daß der Faktor, der zur inneren Mikrogyrie geführt habe, auch durch die fehlerhafte Entwicklung der Gehirnvascularisation mitgewirkt habe. — Im übrigen weist sie auf den vierschichtigen Grundcharakter der mikrogyralen Rinde hin.

Von M. DE CRINIS wird 1928 ein Fall von Mikropolygyrie mit Balkenmangel mitgeteilt. Ein Balkenlängsbündel war nicht anzutreffen. Der Thalamus war kaum erkennbar, die Brücke nur rudimentär, Großhirn und Kleinhirn asymmetrisch. Das 3 Wochen alte Kind zeigte außerdem zwei frontal gelagerte Encephalocelen. Eine serienmäßige Untersuchung wurde nicht vorgenommen, jedoch konnte an den vorhandenen Schnitten ein Rückstand in der Markreifung festgestellt werden.

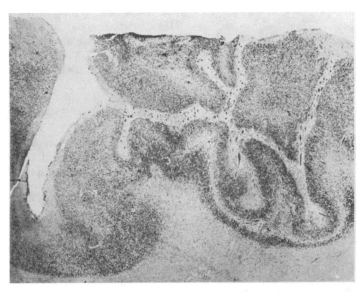

Abb. 86. Linke Seite normale, rechte Seite mikrogyrale Rinde.
[Nach RABINOWITSCH: Z. Neur. **144**, 653 (1933).]

Im Rahmen einer Dissertation beschrieb HENZ 2 Fälle (1948) von circumscripter Mikropolygyrie bei Heterotopien und Balkenmangel, „bei denen es am Orte der fehlenden Balkenausstrahlung bzw. an der medialen Seite einer oder beider Hemisphären zu tiefgreifenden Rinden- und Windungsfehlbildungen mit heterotopen Verlagerungen gekommen ist".

Fälle ähnlicher Art sind nach HENZ bereits von LASALLE-ARCHAMBAULT, KINO sowie DE MORSIER und MOSER beschrieben. Offenbar handelt es sich bei all diesen Fällen um eine Sonderform des Balkenmangels, also Fälle, die aus der großen, in sich genetisch sehr uneinheitlichen Gruppe der Balkenmangelfälle herausgehoben werden müssen. Dabei tragen die Windungsfehlbildungen stets den Charakter einer mehr oder weniger umschriebenen Anlagestörung im Sinne einer circumscripten Migrationshemmung des fetalen Zellmaterials.

Nur zweimal fand sich zudem am Orte des fehlenden Balkens eine Cystenbildung. Gerade unter diesem Gesichtspunkt finden sich verwandtschaftliche Beziehungen zu zwei anderen, von JUBA und von v. MONAKOW beschriebenen Fällen, die sich dadurch unterscheiden, daß die Fehlbildungen den Hemisphärenmantel in toto getroffen haben, und daß die Mißbildung bei diesen nur wenige Monate lebensfähigen Individuen die gesamte Gehirnentwicklung einbezieht.

Für die den beschriebenen Fällen zugrunde liegenden Vorgänge sind zwei Faktoren möglich: entweder kann mit DE MORSIER und MOSER eine Fehlbildung

oder Fehlfunktion der Arteria cerebri anterior angenommen werden, oder aber
— was uns wahrscheinlicher erscheint — stellen der Balkenmangel und die
begleitenden Rindenfehlbildungen Folgeerscheinungen eines Vorganges dar, der
den dysrhaphischen Störungen zur Seite gestellt werden kann. Eine sorgfältige
anatomische und histologische Beschreibung eines Falles von makrogyrer Mikrocephalie (s. unten S. 524) bringt 1927 H. Brunschweiler. Anzeichen eines
entzündlichen und vasculären Prozesses fehlten vollständig. Die beiden Großhirnhemisphären zeigten bei einer monströsen Rindenbreite die Verhältnisse
eines fetalen Gehirns vom 4. Monat, sowohl bezüglich der äußeren Form,
wie auch des cytologischen Aufbaues.
Der Hirnstamm war auffallend gut entwickelt und im Zusammenhang mit ihm
der Plexus des 4. Ventrikels. Brunschweiler vermutet einen engen Zusammenhang zwischen dem Entwicklungsgrad
des Plexus und dem zugehörigen Hirnabschnitt, dessen Ernährung in Abhängigkeit vom Plexus steht. Die Analyse der
vorgefundenen Heterotopien zeigte im
Kleinhirn, daß der Ausfall an Zellen einer
bestimmten Region parallel der heterotopen Masse ging.

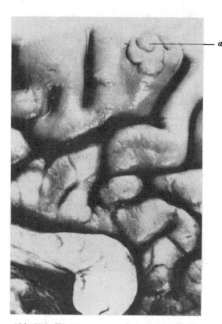

Abb. 87. Hirnwarzen an der medianen Oberfläche (a). [Nach H. Jacob: Z. Neur. **170**, 64
(1940).]

A. Brodal beschrieb 1935 ein 48 cm langes,
2740 g schweres Neugeborenes, das 7 Std nach
der Geburt gestorben war. Die Sektion ergab eine symmetrische Mikrogyrie an umschriebenen Teilen der Großhirnhemisphären.
Mikroskopisch fand sich unter dem zellarmen
Stratum zonale ein in 2 Abteilungen geteiltes
welliges Band. Danach folgte eine zellarme
Schicht und unter dieser ein breiter beinahe
gerade laufender Zellstreifen. Die Grenze
zwischen Markschicht und Hirnrinde war wenig
scharf. Auch fanden sich in der weißen Substanz bipolare Ganglienzellen und zahlreiche
Ansammlungen kleiner und mittelgroßer Zellen,
wie sie in den Matrixresten ebenfalls gefunden
wurden. Auch unmittelbar unter der Rinde
waren solche Zellhäufchen (Heterotopien grauer Substanz). Im Großhirn fanden sich keine
markhaltigen Fasern, das Kleinhirn zeigte einen Entwicklungsstand, der etwa dem eines
Fetus von 8 Monaten entsprach. Entzündliche Prozesse konnten nicht nachgewiesen werden.
Das Hirngewicht betrug 250 g statt 340—370 g.

γ) Störungen am Ende der Migration (Störungen der tertiären Windungsbildung).

Der sekundären Gyration, die das Endergebnis der Migrationsphase ist, folgt
die feinere Ausgestaltung der Sekundärwindungen, bei der besonders das Auftreten der „Hirnwarzen" (s. Abb. 87—89) Anlaß zur Erörterung gegeben hat.
Hierzu meint H. Jacob (1941):

„Bei der echten Hirnwarzenbildung handelt es sich offenbar um eine Abartigkeit innerhalb des Spielbereichs des noch bei normaler Durchschnittsentwicklung Möglichen. Wenn
wir schließlich die Momente, die möglicherweise zur Hirnwarzenbildung führen, in den
Rahmen aller die Ausbildung der Windungen und Furchen bedingten Faktoren eingliedern,
so kommen wir nach formalgenetischen Gesichtspunkten zu folgenden 3 Bildungsformen
des menschlichen Windungs- und Furchenreliefs:
1. Die Gruppe jener noch während der Migrationsperiode (vor dem 5. Fetalmonat) sich
entwickelnden, von ganz besonderen Wachstums- und Differenzierungsfaktoren abhängigen
Primärfurchen (primäres Furchen-Lappenrelief).

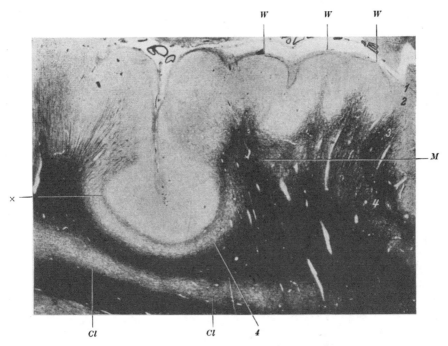

Abb. 88. Übergang der zellarmen Markfaserzone (3. Schicht des Vierschichtentyps) in normal strukturierte Hirnrinde in Höhe der mittleren Rindenschichten (bei ×). Die 4. Schicht wird auf der rechten Seite des Bildes vielfach von Markfaserzügen unterbrochen, welche die Fortsetzung der Markfaserbüschel der 3. Schicht darstellen und in das tiefe Mark übergehen (*M*). Bei *W* multiple aneinandergereihte Warzenbildungen (im Zentrum jeder Warze ein Markbüschel), *Cl* Claustrum. [Nach H. JACOB: Z. Neur. **170**, 78 (1940).]

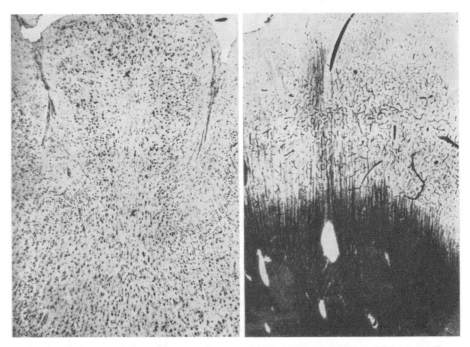

Abb. 89. Hirnwarzen. Markscheidenbüschel im Zentrum einer Hirnwarze, besonders dicht zwischen der 2.—4. Schicht. Starke Entwicklung der Tangentialschicht. [Aus H. JACOB: Z. Neur. **170**, 64 (1940).]

2. Das sich erst am Abschluß der Zellwanderungsperiode bildende Windungs- und Furchenrelief mit seinen Neben-, Tiefen- und Übergangswindungen (sekundäres Windungs- und Furchenrelief).

3. Die sehr variable feine Oberflächenmodellierung der Hirnwindungen, die sich offenbar ebenfalls nach Abschluß der Migrationsperiode entwickelt und an der die echten Hirnwarzenbildungen mit zugrunde liegender Fehlbildung der Rindenstruktur und die warzenähnlichen Erhabenheiten, die sich frei von Rindenstrukturstörungen zeigen, teilhaben können *(tertiäre Oberflächengestaltung)*."

V. NICOLAJEV teilte 1938 eine ausgedehnte Entwicklungsstörung der Großhirnrinde bei einer 71jährigen Frau mit, die zeitlebens debil, 26 Jahre vor ihrem Tod in einer Anstalt untergebracht war. Es fand sich eine streng bilateral symmetrische Fehlbildung mit verruköser Pachygyrie in den frontalen Partien und Agyrie in den hinteren Abschnitten. Die Neuroglia und das Mesenchym waren hyperplastisch. Die Störung wird zeitlich in die späte Fetalperiode lokalisiert, wobei die viergeschichteten windungslosen Partien schwerer geschädigt scheinen, als die verrukösen Windungen mit besser ausgeprägter Zellschichtung. Die übrigen Hirnpartien, besonders der Hirnstamm, erschienen intakt.

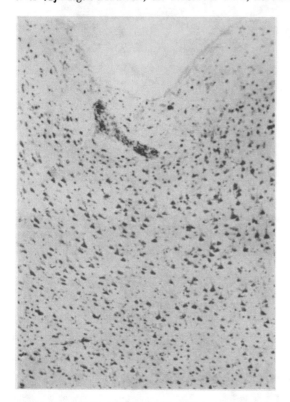

Abb. 90. Hirngrübchenbildung: nur die drei oberen Laminae begleiten bogenförmig die durch das Hirngrübchen verursachte Eindellung, während die unteren Laminae in ihrem Verlauf ungestört bleiben und sich nach dem bogenförmigen Verlauf der Windungskuppel richten, auf der sich das Hirngrübchen gebildet hat. (Nach einem Originalpräparat von H. JACOB.)

In Verbindung mit Mikropolygyrie werden Hirnwarzen öfter beobachtet (z.B. Abb. 88). In seltenen Fällen finden sie sich als Plusvariation der tertiären Windungsausgestaltung bei sonst normalen Gehirnen. Bei Pachygyrie ist der Befund ungewöhnlich. Bei einem interkurrent gestorbenem, frühgeborenem Kinde fand W. SCHMIDT (1941) eine ungewöhnliche Häufung von Hirnwarzen über dem ganzen Großhirn. Den Hirnwarzenbildungen stellt H. JACOB die Hirngrübchen gegenüber. Die Rindenschichtungen am Orte dieser Hirngrübchen (Abb. 90) lassen kein normales Bild eines Furchentals erkennen, um das physiologischerweise die gesamte Rindenschichtung bogenförmig geht. Bei den Hirngrübchen machen nur die Molekularschicht, die 2. und 3. Schicht die Biegung mit. Die übrigen (tieferen) Schichten verlaufen gänzlich unbekümmert um diese Einsenkung. Infolge dieses gleichartigen Verhaltens sieht JACOB die Hirngrübchen als ein Äquivalent der Hirnwarzen an.

Der abwegige Aufbau des nervösen Parenchyms innerhalb der Hirnwarzen, wie sie nach JACOB auf Abb. 87—89 wiedergegeben sind, betrifft ausschließlich die äußere Rindenschicht einschließlich der Molekularschicht und auch die Markfaserung (Abb. 89 rechts). Abb. 88 zeigt diese Abwegigkeiten der Rindenstruktur beim Übergang einer zellarmen Markfaserzone in die normale Hirnrinde, wobei diese abwegige Markfaserschicht in die tiefe Rinde einstrahlt. Was die allgemeine

Pathogenese anbelangt, so stellt JACOB die Hirnwarzenbildungen den leichten Heterotopien bei sonst normal entwickelten Hirnen an die Seite.

Bei der echten Hirnwarzenbildung im Sinne JACOBs handelt es sich um eindeutige Atypien, und zwar um eine Rindenstrukturstörung, die dem embryonalen Vierschichtentyp sehr nahesteht, aber nur isoliert aufträte.

Im Gegensatz zu den Hirnwarzen müssen die sog. Hirnhernien auf Defektbildungen der Pia zurückgeführt werden. E. SCHAIRER berichtete 1933 über einen Fall von RECKLING-HAUSENscher Neurofibromatose bei dem sich neben zahlreichen Neurofibromen an den peripheren Nerven und Eingeweidenerven ein Gliom am Aquädukt, zwei gliöse Knoten im 4. Ventrikel, sowie multiple Hirnhernien, die er den anderen Fehlbildungen am Nervensystem parallel setzt, fand (s. unter Abschnitt „Hüllraum").

c) Störungen der Myeloarchitektonik.

Hier ist ebenfalls streng zu unterscheiden zwischen *Entwicklungs-, Wachstums-* bzw. Differenzierungsstörungen (Myelinisation) *und* Folgezuständen von Prozessen.

Auch die Myeloarchitektonik zeigt naturgemäß eine weitgehende Abhängigkeit von der Art des Migrationsablaufes. M. BIELSCHOWSKY fand bei Pachy- und Mikrogyrie die Tangentialfaserung häufig stark vermehrt. Bezüglich der von C. und O. VOGT beschriebenen Plaques fibromyeliniques (gewissermaßen ein Gegenstück zum Status marmoratus des Striatum) war M. BIELSCHOWSKY mit Recht der Meinung, daß sie verschiedener Genese seien. Diese Plaques fibromyeliniques können sowohl Mißbildungen darstellen, als auch myelinisierte Narben nach fetalen und postfetalen Prozessen sein.

Systematische Untersuchungen über Entwicklungsstörungen der Myeloarchitektonik konnten wir nicht finden.

C. DE LANGE (1925) fand bei der Sektion eines 13jährigen Mädchens mit Mikrocephalie keine nachweisbaren Verbindungen zwischen Frontalhirn und ventralen Thalamuskernen. Auch waren allgemein die pholygenetisch älteren Gebiete besser entwickelt als die jüngeren. Substantia nigra und Pallidum waren gut ausgebildet; das Striatum zeigte nur eine geringe Entwicklungshemmung.

Unter dem Gesichtspunkt des partiellen Balkenmangels veröffentlichte T. HIRESAKI (1937) den Fall eines 8jährigen Idioten. Anatomisch ergab sich ein partieller Balkenmangel ohne Balkenlängsbündel, eine starke Verschmälerung des Marklagers bei verkleinerten Stammganglien, deutlichen myeloarchitektonischen Störungen, wobei besonders ein faserarmes fronto-occipitales Assoziationsbündel und ein Hydrocephalus internus hervorzuheben ist. Ein Schichtenaufbau der Rinde war zwar erkennbar, doch waren sowohl die 2./3. und die 5. Schicht zellarm und enthielten neuroblastenähnliche Pyramidenzellen.

Unserer Auffassung nach bedeutet dabei das Fehlen eines sog. Balkenlängsbündels eine schwere dysrhaphische oder myelogenetische Störung. Beide Arten unterscheiden sich lediglich durch den Terminationspunkt. Ein ausgebildetes Balkenlängsbündel bei fehlendem Balken deutet jedoch auf eine mangelhafte Bildung der frühen Commissurenplatte hin, wobei die ortsspezifischen Fasersysteme in der Längsrichtung in Form eines Balkenlängsbündels abgelenkt werden.

d) Störungen des Massenwachstums.

Vorbemerkung.

Die Sichtung des Schrifttums war dadurch erschwert, daß die Bezeichnungen nicht nur ungenau, sondern häufig irreführend gebraucht werden, so ist z. B. häufig die Rede von einem mikrocephalen Typ, wobei jedoch oft nur die Kleinheit des Hirnschädels zum Ausdruck gebracht werden soll. In diesem Falle spricht man richtiger von Mikro-kranie und nur bei Kleinheit des Gesichts- *und* Hirnschädels von Mikrocephalie; unter Mikro-encephalie ist nur die Kleinheit des Gehirns selbst zu verstehen.

Die Begriffe sollten nur in folgendem Sinne gebraucht werden:

A-cephalie	= Fehlen des Kopfes,
A-kranie	= Fehlen des Hirnschädels,
An-encephalie	= eigentlich nur Fehlen des Gehirns (häufig gebraucht bei weitgehendem Mangel des Hirnschädels und Gehirns),
Mikro-cephalie	= Kleinheit des Kopfes (Gesichts- + Hirnschädel),
Mikro-kranie	= Kleinheit des Hirnschädels,
Mikro-encephalie	= Kleinheit des Gehirns,
Makro-cephalie	= Vergrößerung des Kopfes,
Makro-kranie	= Vergrößerung des Hirnschädels,
Megal-encephalie	= Vergrößerung des Gehirns.

Bezüglich der älteren Arbeiten sei besonders auch auf die einschlägigen Kapitel in Schwalbes Handbuch der Morphologie der Mißbildungen des Menschen und der Tiere verwiesen.

α) Mikroencephalie.

Mikroencephalie, d. h. also Kleinheit des Gehirns findet sich bei den Anlagestörungen mit einer Verkleinerung des gesamten Schädels verbunden. Einen normal großen Hirnschädel finden wir jedoch dann, wenn bei Mikrocephalie ein Hydrocephalus externus oder eine Mikrohydrocephalie besteht. Dann ist der Druck des Endocraniums bei der Bildung des Schädels dem des normalen Gehirns gleichzusetzen. Wichtig in allen Fällen ist zunächst das Ausschließen exogener Prozesse, die infolge Narben-Verbildung bzw. Resorption einer normalen Gehirnanlage zu dessen Verkleinerung geführt haben. Wir finden neben einer harmonischen allgemeinen Verkleinerung aller Gehirnteile (Hypoplasie) als Folge einer primären Mangelanlage auch Störungen der weiteren Entwicklung, d. h. Entwicklungshemmung bei offensichtlich primär regelrechter Anlage. Infolge dieser Hemmungsverbildung ist je nachdem Migration oder Oberflächenrelief gestört. Im wesentlichen können wir bei ihr genetisch 2 Gruppen unterscheiden:

a) Die harmonische Form mit allgemeiner Verkleinerung sämtlicher Hirnanteile.

b) Eine dysharmonische Form, welche oft nur symmetrische Verkleinerungen bestimmter Hirnanteile aufweist, so z. B. bei Mikropolygyrie, bei der meist Stammhirn- und oft auch Kleinhirn intakt sind. Kleinheit des Gehirns infolge einer Fehlmesenchymation und -vascularisation, welche die Entwicklung beeinträchtigen können, gehören im Prinzip nicht hierzu. Leider sprechen jedoch die meisten Untersucher auch in diesen Fällen von Mikrocephalien. Oft wird man den Anlagemangel der Nervensubstanz bzw. dessen weitere Fehldifferenzierung nicht von dem Ergebnis bei Fehlmesenchymation trennen können.

Während die alten Autoren in der Mikroencephalie eine atavistische Zwischenstufe zwischen Affen und Menschen sahen, versuchte Virchow das mangelnde Wachstum des Gehirns durch eine prämature Synostose der Schädelnaht zu erklären.

Marchand teilte die verschiedenen Formen der Mikroencephalie in 3 Gruppen, je nach dem Hirngewicht (bis 500 g, 800 g bzw. darüber) ein.

Giacomini unterscheidet:

1. Mikroencephalia vera als reine Entwicklungshemmung ohne pathologischen Befund.

2. Mikroencephalia spuria als Mißbildung, nur durch pathologische Prozesse hervorgerufen.

3. Mikroencephalia combinata, wobei neben echter Mikroencephalie noch pathologische Prozesse bestehen.

Im allgemeinen werden (nach ERNST) Gehirne unter 900 g als mikrocephal bei Erwachsenen und ein Schädelumfang unter 45 cm zur Mikrokranie (meist als Mikrocephalie bezeichnet) gerechnet.

Nach M. G. STRINGARIS (1929) seien etwa 2,10% der jugendlichen Schwachsinnigen Mikroencephale, wobei der Grad der Mikroencephalie dem Grade der Idiotie entspräche. Klinisch sind Epilepsie, Lähmungen oder Nervenatrophie häufig. STRINGARIS stellte 21 Beobachtungen familiärer Mikroencephalie zusammen. Seltener sind Verwandte betroffen. Meist handelt es sich um Kinder desselben Elternpaares. Prädisposition für die Entstehung seien Alkoholismus

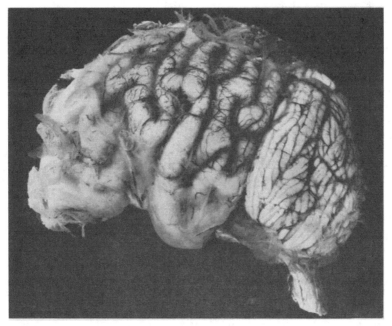

Abb. 91. Normal entwickeltes Kleinhirn und Rückenmark bei weitgehender Hypoplasie des Großhirns. Im Windungsaufbau nichts Auffälliges. 65 cm groß, 9 Jahre alt.

und erbliche Belastung. Auch geht die Mikroencephalie (s. Abb. 91) parallel mit einer Kümmerbildung des übrigen Körperwuchses oder Verbildungen des Körperparenchyms.

H. JACOB (1936) hat eine Gruppe familiärer Mikrocephalien und Mikroencephalien veröffentlicht. Ebenso wie bei BRÄDEL bestand keine erbliche Belastung. Von 2 Fällen liegt eine genaue anatomische Untersuchung der Mikroencephalie vor. Bei einem symmetrischen Windungsrelief des Hirnmantels war die feinere Furchenbildung vereinfacht (Störungen der tertiären Gyration). Lateral vom Putamen lagen bei beiden Gehirnen bis ins feinste auffallend ähnliche kugelige Heterotopien. Diese umfassen schalenförmig einen sich von der mangelhaft angelegten Insel einstülpenden „versenkten" Windungszug. Das ausschließliche Befallensein der Inselgebiete bei den Geschwistern veranlaßt JACOB, diesen Mißbildungskomplex auf eine konstitutionell-familiäre Anomalie zurückzuführen.

Die Rolle der Konsanguinität unterstreicht ein Fall eines 25jährigen Idioten (T. WATANABE 1921). Von den Eltern (Geschwisterkinder) stammt bereits ein mikrocephaler Idiot. Das Gehirngewicht betrug in diesem Fall 435 g. Es fanden sich keine Heterotopien, der Windungsbau war einfach, ein Teil der rechten Insel war unbedeckt.

Weitere Beispiele für familiäres Auftreten der Mikroencephalie gaben C. J. Parhon, L. Ballif und N. Lavrénenco (1929) „familiäre Mikrocephalie und Akromikrie mit adiposo-genitalem Syndrom" bei zwei idiotischen Geschwistern. Außer Prognathie verminderter Schädelumfang und vergrößerte Sella mit ungeheurem Fettpolster. Testes nicht deszendiert. Keine anatomische Untersuchung.

L. Bianchi untersuchte 1924 die Gehirne von zwei erwachsenen mikrocephalen Idioten (Bruder und Schwester). Das Gehirngewicht betrug 184 g und 280 g. Es wird die Einfachheit der Windungen, das Fehlen der Übergangswindungen, die Kürze und Neigung der Fissura Sylvii, sowie die außerordentliche Kleinheit des Schläfenlappens hervorgehoben. Bei Bruder und Schwester fanden sich 2 Stirnwindungen. Pathologische Prozesse konnten nicht aufgedeckt werden. Dieser Autor deutet das Fehlen der 3. Stirnwindung als Atavismus wegen angeblicher Ähnlichkeit mit dem Gehirn eines Macacus und Cercopithecus.

Die Frage eines äußeren eventuell infektiösen oder geburtstraumatischen Einflusses auf die weitere Entwicklung des Gehirns ist gerade bei den Mikroence-phalen nicht immer leicht zu beantworten. Wir haben an anderer Stelle (1948) dargelegt, daß endogene hypoplastische Anlagen oder vorzeitig geborene Früchte besonders anfällig sind, sowohl für das Geburtstrauma wie für etwaige Infek-tionen, so daß (s. S. 576) bei einem gewissen Prozentsatz von Verbildungen und hypoplastischen Anlagen nicht gesagt werden kann, ob das Exogene oder Endo-gene vorherrscht. Es ist auf die Ausführungen oben S. 424 und 515 zu verweisen, daß eine fetale Meningitis die Abwanderung des Keimmaterials zur Rinde in ganz erheblichem Maße hemmt. Auch der Fall der Abb. 91 hat als mikrocephales Kind mit Sicherheit eine überlagernde Entzündung durchgemacht. In diesem Sinne ist auch die Beobachtung von Stringaris (1929) an einem $5^1/_2$ Monate alten mikroencephalen Kinde zu bewerten, das aus gesunder Familie stammte. Das nur 180 g schwere Gehirn war symmetrisch angelegt. Die Primärfurchen waren bei sonstiger Gliederungsarmut des Großhirnmantels gut angelegt. Für den Balkenmangel gilt das oben Gesagte. Bei der Sektion wurde zudem eine alte seröse, exsudative Meningitis gefunden.

F. Giannuli (1923) beobachtete ein mit 15 Jahren verstorbenes Kind mit einem Kopfumfang von 390 mm. Die histologische Untersuchung ergab schwere Veränderungen, so eine Verdickung und hyaline Degeneration der Gefäßwände, Infiltration und Lichtungen um Gefäße, Gliawucherungen und im Mark ver-breitete Gliose sowie Zellausfälle. Die Cytoarchitektonik entsprach an verschie-denen Stellen der Hirnrinde einer Differenzierungsstufe des 7.—8. Fetalmonats. Es handelt sich demnach hier nicht um eine „reine", sondern um eine „prozeß-bedingte" Mikroencephalie und Mikrocephalie.

Eine Abhängigkeit der Hirnentwicklung vom *synchronen Entwicklungszustand des Gefäßsystems* erörtert H. Brunschweiler 1927 in einer sorgfältigen ana-tomischen und histologischen Beschreibung einer makrogyren Mikrocephalie. Anzeichen eines entzündlichen oder vasculären Prozesses fehlten vollständig. Die beiden Großhirnhemisphären zeigten bei einer monströsen Rindenbreite die Verhältnisse eines fetalen Gehirns vom 4. Monat, sowohl bezüglich der äußeren Form wie auch des cytologischen Aufbaues. Der Hirnstamm war auffallend gut entwickelt und im Zusammenhang mit ihm der Plexus des 4. Ventrikels. Brunsch-weiler vermutet einen engen Zusammenhang zwischen dem Entwicklungs-grad des Plexus und dem zugehörigen Hirnabschnitt, dessen Ernährung in Ab-hängigkeit vom Plexus steht. Die Analyse der vorgefundenen Heterotopien im Kleinhirn zeigte, daß der Ausfall an Zellen einer bestimmten Region parallel der heterotopen Masse ging.

Die *cytoarchitektonischen Verhältnisse* zweier mikrocephaler Gehirne schilderte 1925 M. de Paoli. Er fand dabei eine deutliche Verschmälerung der Rinden-breite, die sich vor allem auf die ersten 5 Schichten bezog. Nahezu in allen untersuchten Hirnregionen war die äußere Körnerschicht verringert oder fehlte;

ein Befund, wie er nach Meinung des Autors am Gehirn der Primaten und niederen Tiere zu erheben sei. Die an Zahl verminderten Pyramidenzellen erwiesen sich als Einzelbestandteile hypertroph. In den physiologisch sechsschichtigen Rindenregionen war die innere Körnerschicht unregelmäßig angeordnet und unterschiedlich entfaltet. Der Autor erklärt das Vorhandensein einer inneren Körnerschicht bei gleichzeitigem Fehlen einer äußeren als ein atavistisches Merkmal (hierfür gilt das oben Gesagte), das man sonst bei den Primaten antreffe. Auch die Vermehrung des molekularen Index (Verhältnis der Breite des Stratum moleculare zur Gesamtbreite der übrigen Rindenschicht) sei ein weiteres atavistisches Merkmal, da der Index mit absteigender Tierreihe zunehme. So wird hier eine Entwicklungshemmung im üblichen Sinne verneint und eine Entwicklungsabweichung in Richtung einer phylogenetisch älteren Entwicklungsform (Primatengehirn) angenommen.

L. PINES und N. POPOV (1928) sahen ein 4 Monate altes Kind mit einem Hirngewicht von 105 g. Die lebenswichtigen Zentren des Hirnstammes und die Oblongata waren gut entwickelt und entsprechend myelinisiert. Neben der Aplasie einzelner Rindenanteile imponierte eine sekundäre Atrophie der mit den aplastischen Teilen verbundenen Gebiete, nämlich Thalamus, Opticus, Vierhügel. Die Cytoarchitektonik des Groß- und Kleinhirns war auf einer embryonalen Stufe stehengeblieben; die Hemisphären waren asymmetrisch. Außerdem waren einzelne wie die subthalamischen Gebiete im Verhältnis zum ganzen Gehirn unverhältnismäßig vergrößert (kompensatorische Hypertrophie) und fehlaufgebaut.

Ebenfalls mit der Morphologie und Cytoarchitektonik der Mikroencephalie befaßten sich M. BRIESE und Z. CARAMAN. Sie beschrieben 1934 einen 2 jährigen Mikrocephalen, bei dem einige Hauptfurchen stärker reduziert und die rudimentäre Insel nicht opercularisiert war. Zum Teil ließen sich die Windungen kaum abgrenzen. Die Fissura parieto-occipitalis war auffallend tief. Bezüglich der Cytoarchitektonik war die Rinde nur unvollkommen entwickelt. Sie war bis auf den Occipitalbereich verschmälert und die Grenze zwischen weißer und grauer Substanz unscharf. Die Zellen selbst waren ungleich färbbar und vielfach atypisch gestaltet. Eine Rindenschichtung war relativ deutlich, trotz einer unregelmäßigen Lagerung der Zellen und Bildung von Zellhaufen innerhalb der Schichten. Außer der Sehrinde war die Gegend der vorderen Zentralwindung noch am besten differenziert. Im ganzen wies das Gehirn teils fetale, teils regressive Züge auf. In der Familie mehrere Mikrocephale.

Einen weiteren Beitrag lieferte B. HECHST, der 1932 einen Fall von Mikrocephalie *ohne geistigen Defekt* beschrieb und zugleich darauf hinwies, daß hier erstmalig Fälle von geistiger Gesundheit bei Trägern von Gehirnen mit weniger als 900 g Gewicht veröffentlicht wurden. Der Fall des Autors betraf eine 72jährige Frau, die ein 350 g schweres Gehirn aufwies und einen Schädelumfang von 501 mm hatte. Zellzahl und Zelldichte entsprachen der Norm im Gegensatz zu dem Falle INABAS, bei dem eine Kompensation der Kleinheit des Gehirns durch eine Verdreifachung der Zell*zahl* bestand. Die Oberflächenverhältnisse zeigten dagegen ein eigenartiges Mißverhältnis zwischen äußerem und innerem Entwicklungsgrad. Der äußere Entwicklungsgrad (Gehirngewicht und Oberfläche) entsprach dem eines Kindes im 6. oder 8. Lebensmonat. Eine primär endogene, keimbedingte Mißbildung wird angenommen.

C. G. NAGTEGAAL berichtete 1929 über ein 24 Jahre altes mikrocephales Mädchen, dessen Gehirngewicht 435 g betrug. Der Hirnaufbau war symmetrisch, Fossa Sylvii und obere Temporalfurche zeigten steilen Verlauf, die Frontal- und Temporalpole waren kurz und die Insel auf den linken Seite teilweise nicht bedeckt.

Vier Fälle von Mikrocephalie teilte 1924 M. DE PAOLI mit. Zweimal war das Hinterhorn sehr klein, zweimal fehlte es vollkommen. Der Calcar avis fehlte nicht nur in den 4 Fällen, sondern auch in den insgesamt 7 Fällen, die der Autor mit den drei einschlägigen Fällen GIACOMINIS überblickte. In 5 Fällen fehlte das Hinterhorn völlig.

O. JÄGER (1926) beschrieb ein Mikrocephalengehirn von 600 g. Es war besonders im Großhirnanteil verkleinert und zeigte verschmälerte Windungen und breite Furchen. Frontal- und Parietallappen waren mangelhaft ausgebildet. Eine mikroskopische Untersuchung fehlt leider.

Die Abb. 91 zeigt das Gehirn eines 9jährigen Mädchens von knapp 100 cm Körperlänge mit Mikroencephalie. Bei gut entwickeltem Hirnstamm und Kleinhirn fand sich eine hochgradige Hypoplasie des Großhirns, welche besonders die frontalen Anteile betraf. Der Subarachnoidalraum war vor den beiden hypoplastischen Schläfenpolen sackförmig erweitert. Das Relief der Hirnwindungen war stark vereinfacht und zum Teil atypisch (besonders am Occipitalpol), die Insel nicht angelegt. Von den großen Fissuren des Großhirns fehlten unter anderem die Fissura calcarina, collateralis und interparietalis. Die dem Tentorium anliegende Fläche des Großhirns war ungegliedert. Auf der Schnittfläche erschien die Rinde relativ breit. Histologisch ist eine typische Zellschichtung nicht überall erkennbar. Die Molekularschicht ist durchgehend und besonders in der Tiefe der Spalten auffallend breit. Sie besteht aus plasmaarmen kleinen Gliazellen und sehr spärlichen, multipolaren CAJALschen Zellen. In der Rinde sind die Ganglienzellen im allgemeinen stark gelichtet und die Gefäßräume vergröbert. Die Ganglienzellen selbst weisen nicht selten eine erhebliche Polymorphie, Atypie und Fehllagerung auf. Oft beherrscht nur das gliöse Element das Zellbild. Lateral und oberhalb von den mittleren Anteilen der Seitenventrikel findet man in der Mitte zwischen Ventrikelwand und corticaler Oberfläche regellose Haufen auffällig großer, polymorph gestalteter Ganglienzellen neben kleinen spindelförmigen Elementen, die als versprengte Neuroblasten angesehen werden. Diese Heterotopie ist an der untersten Grenze eines Rindengebietes lokalisiert, das hier eine regellose Schichtung aufweist. Die subcorticalen Ganglien waren gut ausgebildet, während das Marklager erheblich reduziert war bei einer hochgradigen Erweiterung der Seitenventrikel und des 3. Ventrikels. Im Striatum war nur eine spärliche Anzahl von Ganglienzellen nachzuweisen, während der Thalamus reich an kleineren und größeren Ganglienzellen war.

Gegen eine Interpretation der Befunde an Mikroencephalengehirnen als Atavismen wendet sich 1934 A. ROSTAN. Er zeigte an 2 Gehirnen Mikrocephaler als charakteristisches Merkmal die kärgliche Entwicklung der Hemisphären auf. In beiden Fällen hatte die Parieto-Occipitalregion nur eine geringe Ausdehnung. Besonders weist der Autor darauf hin, daß diesen beiden Gehirnen jene Merkmale fehlten, wie sie von verschiedenen anderen Autoren als pithekoide oder atavistische Bildungen beschrieben wurden. Im Gegensatz zur primitiven Endhirnentwicklung waren der Hirnstamm und das Kleinhirn ebenfalls relativ gut ausgebildet.

Dagegen beschreibt R. BRUMMELKAMP 1941 das Gehirn einer 39jährigen Mikrocephalin als Folge einer sehr frühen Störung, deren Hirngewicht 440 g betrug. Oblongata, Kleinhirn und Brücke waren etwa normal entwickelt; die Mangelentwicklung betraf Mittel-, Zwischen- und Endhirn. Die Gyration war primitiv, insbesondere die Gestaltung der Orbitalregion und des Stirnhirns.

Dem *Verhalten der endokrinen Drüsen* schenkte 1928 M. D'ARRIGO sein besonderes Augenmerk. Neben dem mikrocephalen Gehirn der 54 Jahre alten Frau fand er eine hyperplastische, an den infantilen Zustand erinnernde Glandula pinealis, eine Hyperplasie des Hypophysenvorderlappens bei Atrophie des Hinterlappens, Hypoplasie der Thyreoidea, der Nebennierenrinde und atrophische Ovarien. In den Drüsenveränderungen sieht der Autor einen der Entwicklungsanomalie des Gehirns koordinierten Zustand.

β) Megalencephalie.

D. v. HANSEMANN benutzt im deutschen Schrifttum erstmalig die Bezeichnung FLETCHERs „Megalencephalie", um damit zum Ausdruck zu bringen, daß hier eine eigene ungewöhnliche Größe des Gehirns vorliegt, die nicht mit Volumenvermehrungen anderer Genese verwechselt werden darf.

In der Vor-VIRCHOWschen Zeit wurde unter Gehirnhypertrophie jede Vergrößerung des Gehirns gleich welcher Genese zusammengefaßt, einschließlich der Volumenzunahme infolge eines Hydrocephalus und der Hirnschwellungszustände. Diesen Fällen von Hypertrophie stellte VIRCHOW die echten „Hypertrophien" bei „*Cephalones*" gegenüber. Schon bald setzte sich die Erkenntnis durch, daß die Größe des Gehirns mit der Leistung desselben nichts zu tun hat. Es wurden

Gewichte bis 2850 g bei Schwachsinnigen und Epileptikern gefunden (Originalfall von HANSEMANN), während andererseits auch bei psychisch unauffälligen ebenso wie bei besonders begabten Menschen erhebliche Gehirngewichte festgestellt wurden.

Eine Übersicht über hohe Gehirngewichte, soweit sie bis 1926 bekannt waren, gibt mit Angaben der Autoren A. JAKOB (1926), SCHOB (1930) sowie T. SENISE (1934), der sich schon früher mit dem Begriff der Megalencephalie und deren Vorkommen bei Durchschnittsintelligenzen, Genies oder auch Schwachsinnigen mit oder ohne Epilepsie beschäftigt hatte. Vergrößerung nur einer Hemisphäre hat HALLERVORDEN beschrieben; die linke Hemisphäre war 192 g schwerer als die rechte, in die halbseitige Vergrößerung war der Hirnstamm mit einbezogen.

Im allgemeinen sind die durch ihre Gesamtgröße imponierenden Gehirne sowohl in ihren äußeren Konturen wie in dem feineren Aufbau den gewohnten entsprechend zusammengesetzt. Sie imponieren nur durch die infolge der Massenzunahme auch breiter erscheinenden Windungen. Im Gegensatz zur Pachygyrie sind jedoch die Proportionen eher der Norm entsprechend. SCHOB wünscht eine Unterscheidung zwischen denjenigen Megalencephalien, in denen alle Gewebsbestandteile eine entsprechende Zunahme aufweisen, und zwar im Sinne einer numerischen Hypertrophie (Hyperplasie), während bei anderen lediglich die Stützsubstanz vermehrt ist. Er zweifelt jedoch daran, ob sich die Trennung überall durchführen läßt.

Von PETER und SCHLÜTER (1927) sowie von PETER (1928) sind 2 Fälle mit hohem Hirngewicht mitgeteilt, und zwar 1770 g bei einem $3^1/_2$jährigen Kinde mit einer Schädelkapazität von 1840 g. Bei normalem architektonischen Aufbau waren die Rinde und das Grau sehr erheblich verbreitert, während Marklager und Balken nicht nur relativ, sondern auch absolut reduziert waren. Die zweikernigen PURKINJE-Zellen rechnen Verfasser zu dem megalencephalen Komplex. Bei einem 22jährigen Idioten stellte PETER 1928 ein Hirngewicht von 1450 g fest. Neben plumpen Windungen im Großhirn und schlechter Ausbildung der Sekundärwindungen imponierte eine enorme Vergrößerung des Kleinhirns, während der Balken außerordentlich schmal war. Besonders die untere Rindenschicht war zellarm. Die PURKINJE-Zellen waren zahlenmäßig vermehrt, atypisch gelagert und zum Teil abnorm groß. Es bestand also eine Hypertrophie und Hyperplasie des Kleinhirns. Auf Grund seiner beiden Beobachtungen unterscheidet PETER einmal die absolut harmonische Vergrößerung und zweitens die disharmonische mit der „relativen Megalencephalie", in denen Mißverhältnisse zwischen grauer und weißer Substanz oder auch zwischen Großhirn und Kleinhirn oder Balken und Kleinhirn besonders hervorzuheben sind.

In anderen Fällen persistieren (trotz Weiterdifferenzierung) embryonale Strukturen; so Vermehrung der CAJAL-Zellen der Randzone (SCHMINCKE, HALLERVRODEN), sowie Persistieren gangliocytärer Elemente im Marklager, weiterhin Störungen der Orthoarchitektonik neben Auftreten falsch gerichteter oder abnormer Zellformen. Eine Reihe von Beobachtungen (SCHMINCKE, DANA, KLEBS, FRITSCHE) ist mit Akromegalie verbunden. Von besonderem Interesse ist der Fall HALLERVORDENs, in dem die Megalencephalie mit einer halbseitigen Hypertrophie der linken Seite einherging. Familiarität ist von VOLLAND, VAN WALSEN, HITZIG beobachtet.

Nach SCHMINCKE könnte es sich sowohl um eine gleichmäßige Vermehrung bei einer hyperplastischen Anlage handeln oder die physiologische Anlage gerät in ein hyperplastisches Wachstum.

Gegenüber HANSEMANN-VIRCHOW schlägt C. DE LANGE als Einteilung: vor

A. Wahre Hyperplasie oder Megalencephalie. Das sind große Gehirne von harmonischem Bau, deren Träger sowohl guten wie überdurchschnittlichen oder mangelhaften Intellekt besitzen können, sowie große Gehirne von ungefähr proportioniertem Bau mit kleinen Abweichungen.

B. Partielle Hyperplasie. a) Als Äußerung von Begabung auf bestimmtem Gebiet; b) als Mißbildung; c) zusammengehend mit anderen Mißbildungen; d) diffuse Gliomatose.

C. Zusammengehen von Hypertrophie, Hyperplasie und Pseudohypertrophie (Gliom).

Diese Einteilung C. DE LANGEs hat den Nachteil, morphologisches Geschehen und Funktion miteinander zu vermengen.

Ein von C. DE LANGE 1932 beobachtetes 7 Monate altes Kind mit einem Gehirngewicht von 1750 g zeigte eine erhebliche Vermehrung von Faser- und Zellelementen im ganzen Gehirn. Über die Ganglienzellen und Rindenentwicklung kann nicht viel ausgesagt werden, da die Untersuchung am chromierten Material erfolgte.

APLEY und SYMONS (1947) berichten über eunomische Hirnvergrößerung und normalen architektonischen Aufbau zweier Gehirne mit dem Gewicht von 1450 g (16 Monate altes Kind) und 1770 g (15 Monate altes Kind).

Ein mit 12 Jahren verstorbener Knabe (FERRARO und BARRERA 1935) mit allgemeiner Retardierung hatte ein Gehirngewicht von 2050 g. Bei normaler äußerer Konfiguration waren Groß- und Kleinhirn gleicherweise vergrößert. Den Kleinhirnbefund s. S. 553. Im Großhirn war vorwiegend das Marklager vergrößert und die Zellen waren nicht nur zahlenmäßig vermehrt, sondern auch teilweise abnorm groß. An allen Stellen fanden sich gliöse Mitosen. Bezüglich der Hyperplasie des Parenchyms im Zusammenhang mit gliösen Hyperplasien s. S. 557, Abb. 111.

Schwierig zu deuten ist der Fall von H. FISCHER, der 1942 bei einem Zwillingspaar neben dem Hydrocephalus eine Megalencephalie feststellt.

WOLF, ABNER und COWEN (1937) fanden bei einem 13 Monate alten Kind mit ungewöhnlich großem Kopf und auffallender Muskelschwäche ein Gehirngewicht von 2160 g. In den Cortexzellen war das Cytoplasma abnorm anfärbbar.

Bei den zwei megalencephalen Kindern S. A. K. WILSONs (1934) wurde wegen der Schädelgröße zunächst ein Hydrocephalus angenommen. Der $2^{1}/_{2}$jährige schwachsinnige Knabe war an Krämpfen gestorben. Er hatte seit der Geburt einen großen Schädel; Hirngewicht 1645 g bei 55 cm Schädelumfang.

Ein $3^{1}/_{2}$jähriger Junge zeigte ebenfalls einen auffallend großen Kopf, konnte nicht stehen, gehen und sprechen. Das Hirngewicht betrug bei einem Schädelumfang von 51,2 cm 1502 g. Histologische Untersuchungen über die Fälle liegen nicht vor.

Ein außergewöhnlich schweres Gehirn eines 37jährigen Mannes mit normaler Intelligenz (2140 g ohne Liquor) sah W. GERLACH (1925). Die Vergrößerung betraf auch das Kleinhirn und das Rückenmark in völlig proportionaler Weise. Äußerlich saß auf einem kleinen spitz dreieckigen Gesicht ein „hydrocephaler“ Hirnschädel. Die mikroskopische Untersuchung der verschiedensten Regionen und der Vergleich mit Normalbildern dieser Regionen, sowie Ganglienzellmessungen ergaben ein völlig normales histologisches Verhalten. In dem Falle von E. ELSNER und H. N. ROBACK (1939), schlecht entwickeltes 4jähriges Mädchen, 1250 g Gehirngewicht, fehlt die histologische Untersuchung. Über eine Megalencephalie mit einer meningealen Hyperplasie, welche die mediane Fissur überdeckt, berichtet R. RINALDI 1941 bei einem 7jährigen taubstummen Idioten.

Um die Abgrenzung der echten Megalencephalie bemüht sich G. W. KASTEIN (1940). Unter seinen 7 Fällen überwogen Idiotie mit Epilepsie und Pyramidensymptomen. Hypophysen- und Nebennierenfunktion waren gestört. Verfasser betont gewisse gemeinsame Formeigenschaften mit den Gehirnen mongoloider Idioten: spitzer Chiasmawinkel, geringe Ausbildung der Commissura anterior und habenularum, Unterentwicklung des Hypothalamus, Kleinheit der Hirnschenkel und der Brücke und mediales Zusammenrücken der Temporallappen. Nach dem Windungstyp unterscheidet KASTEIN: *Gehirne mit breiten Windungen und normaler Zahl, kleinen Stammganglien und normalem Balken und Gehirne mit stark vermehrter Windungszahl, reduzierter weißer Substanz und kleinen Balken.* Histologisch zeigten alle untersuchten Gehirne Entwicklungsstörungen, viele Heterotopien, besonders am Gyrus hippocampi und am Ammonshorn, Persistenz der äußeren Körnerschicht der Kleinhirnrinde und ein breites wenig gewundenes Olivenband.

Unter den einseitigen dysplastischen Hyperplasien des Kleinhirns (s. S. 557) finden sich verschiedentlich echte Megalencephalien. Anläßlich einer eigenen von KLUGE (1943) beschriebenen Beobachtung haben wir das Großhirn serienweise durchuntersucht, an dem 1770 g schweren Gehirn aber nur ein eunomisches Verhalten finden können. Selbst auf dem Frontalschnitt durch eine Hemisphäre hatte man kaum auf eine Vergrößerung des Gesamtgehirns schließen können, derartig wohl ausgeglichen war das Verhältnis der Rindenschichten und des Marklagers. Auch Neostriatum und Zwischenhirn wichen nicht von der Norm ab.

e) Keimlagerpersistenzen verschiedener Differenzierungsstufen.

Abgesehen von der frühen Bildung der ventrikulären Matrix entstehen im weiteren Verlauf der Entwicklung und noch oft beim Neugeborenen nachweisbar perivasculäre gliöse Keimzentren. Um ihre Deutung und Bedeutung haben sich eine Reihe von Forschern bemüht, insbesondere um ihre Abgrenzung gegenüber der interstitiellen Encephalitis VIRCHOWS (s. hierzu SIEGMUND, dieses Handbuch, Bd. III). Je nach dem Zustand des Gehirns können diese perivasculären Keimzentren noch lange erhalten bleiben, während das Gebiet der ehemals ventrikulären Matrix zur Zeit der Geburt noch etwas zellreicher ist. Über die nicht seltenen Befunde liegengebliebener Matrixzellen und der Ganglienzellen im Marklager siehe HALLERVORDEN (1953).

2. Schwere Verbildungen an Groß- und Kleinhirn eigener Prägung[1].

a) Porusbildungen.

Lochartige Defekte der Hirnsubstanz werden als Porus bezeichnet. In einem großen Teil der Fälle gehen sie auf intrauterine Prozesse zurück, wie Encephalitiden oder Gefäßverschlüsse. Der erhöhte Flüssigkeitsgehalt der kindlichen Hirnsubstanz bedingt schnelle Verflüssigung zugrundegegangener Hirnsubstanz, so daß Teile gewissermaßen spurlos verschwinden können (SPATZ und Mitarbeiter). Von Bedeutung für die Beurteilung sind deshalb die noch restierenden mehr oder minder stark obliterierten Gefäße und das die Poruswand auskleidende Mesenchym.

Unter Porus verstehen wir eine Verbindung der inneren zur äußeren Oberfläche; die Höhlen kommunizieren also mit dem Ventrikelsystem. Nur selten ist die innere Ependymschicht erhalten. Das Ependym kann auch auf die innere Poruswand übergehen, während von der äußeren leptomeningealen Bedeckung Mesenchym in den Porus einwuchert und dessen Wandauskleidung bildet. Die Hirnsubstanz geht meist zungenförmig in das den Porus bedeckende Mesenchym über und je nach der Entstehungsart findet sich in der Umgebung des Porus eine Narbenbildung mit Verbildungen der Rinde (Ulegyrie), häufig vergesellschaftet mit ventrikulär liegengebliebenem Keimmaterial.

Porusbildung auf endogen-erblicher Basis hat UNTERBERG (1951) beschrieben. Die 23jährige Mutter war wegen einer gliotischen Cyste mit Erfolg operiert worden. Das ausgetragene nicht lebensfähige *Neugeborene* (Abb. 92—95) zeigte analog der Cystenbildung der Mutter eine doppelseitige arachnoidale Cyste mit Porusbildung und eine schwere Verbildung des Bicortexgebietes, während Allocortex, Mantelkante, basale Rinde besser ausdifferenziert waren.

Die Bilder zeigen die schwere Störung der Rindenanlage zum Teil in Form der inneren Mikrogyrie mit geringem Liegenbleiben von ventrikulärem Keimmaterial. Unter dieser fehlgebildeten Rindenplatte liegt eine Markfaserschicht. Das Commissurensystem ist ausgebildet. Wie meist bei diesen Verbildungen findet sich eine Überschußanlage des Mesenchyms. Bei der heute noch lebenden Mutter war die Wand einer Cyste, die bis nahe an die Ventrikel ging, auch mit einem Gefäßknoten ausgekleidet. In vorstehendem Falle sind die Gefäßverbildungen als koordinierte Erscheinungen anzusehen, zumal sich Fehlvascularisation und -mesenchymation auch an anderen Stellen fanden. In Anbetracht der schweren Verbildung

---

[1] Nachstehend werden einige Fälle besonderer Prägung gegeben, da ihnen eine grundsätzliche Bedeutung im Sinne systemisierter Verbildungen zukommt; bei der unter a) geschilderten doppelseitigen Porusbildung gelang nur durch Zufall die Sicherung der endogenen Fehlanlage.

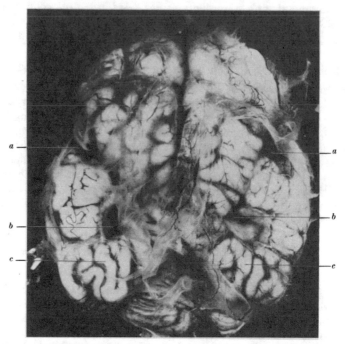

Abb. 92. Gehirn eines Neugeborenen mit hereditärer Porencephalie, Windungsmißbildung und Hypoplasie bei *a* Fossa Sylvii, bei *b* Pori mit Übergang in eine Area vasculosa, bei *c* die hypoplastischen Occipitallappen, die weitklaffend den Blick auf das Kleinhirn freilassen.

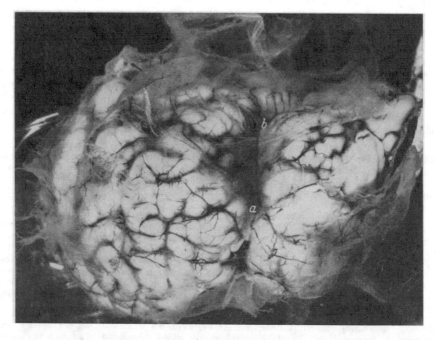

Abb. 93. Der gleiche Fall wie Abb. 92. Blick auf die linke Hemisphäre. *a* Fossa Sylvii; *b* Porus mit Verschmälerung der Windungen.

und der Nichtausdifferenzierung des cystenfernen Bicortexgebietes dürften diese Gefäßveränderungen als symptomatisch anzusehen sein. Die Determinationsperiode dieser Fälle

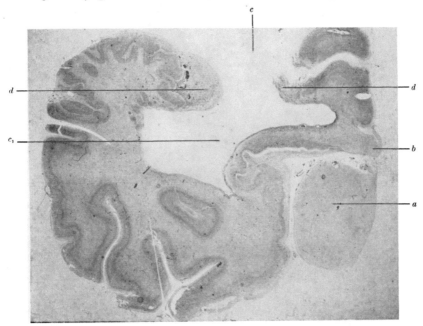

Abb. 94. Porus auf der Höhe des Splenium. *a* Mittelhirn; *b* Splenium corporis callosi; *c* mesenchymüberdeckter
Porus; c_1 Hinterhorn; *d* medianer und lateraler Porusrand. Vergr. 2fach.

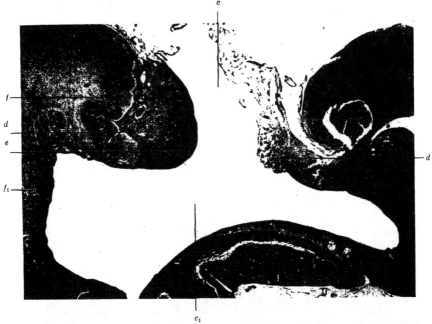

Abb. 95. Porus, entspricht etwa der Partie *c* der vorhergehenden Abb. 94. Bezeichnung wie dort. *d* Medianer
Rand des Porus mit Übergang in das mesenchymführende Bindegewebe; *e* lateraler (unterer) Rand, bestehend
aus einem gemischt gliös mesenchymal vasculärem Bindegewebe mit eingestreuter Rindensubstanz. *f* Girlanden-
förmige, zum Teil mikrogyre Rinde; f_1 am Ventrikel liegengebliebenes Keimmaterial von rindenähnlichem
Aufbau.

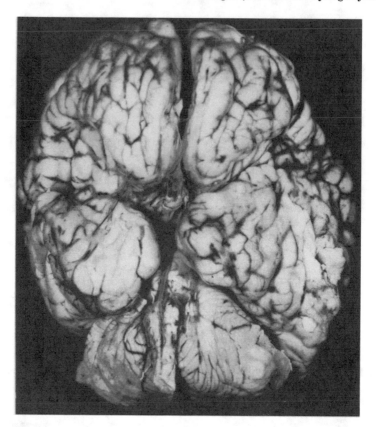

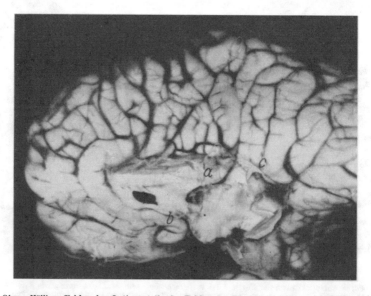

Abb. 96. Oben: Völliges Fehlen des Opticus, teilweise Fehlen des Riechhirns, Unterentwicklung des Schläfenlappens, caudales Fehlen des Balkens; senkrechte Balkenwindungen in der Richtung zum ungedeckten Zwischenhirn. Unten: *a* Hypoplasie des Balkens; *b* völliger Defekt des Opticus; *c* radiär zum Medianspalt verlaufende
Windungen infolge des verkümmerten Balkens.

ist schon in die Zeit nach Anlage der Rindenplatte anzusetzen. Sie betrifft Neuerwerbungen des menschlichen Cortex und die Ausdifferenzierung der Assoziationsrinde; über die Ausdifferenzierung der sog. basalen Rinde und der agranulären Stirnregion ist hierbei nichts auszusagen. Bei dem Erhaltensein des Hirnmantels am Bicortex ist die Hemisphärenwand gewissermaßen versteift und die Opercularisation ausgeblieben. Ohne Kenntnis des erbgenetischen Faktors hätte man geneigt sein können, eine primäre andersartige Schädigung für diesen Fall zu erörtern, und es hätte leicht die Auffassung Platz gewinnen können, daß der primäre Mesenchymeinbruch als ursächliches Moment für die fehlende weitere Rindendifferenzierung in Frage gekommen wäre. In der unmittelbaren Umgebung dieses gliotischen Porus ist die Rinde verschmälert und ausgesprochen mikrogyr, und am Ventrikeldach ist Keimmaterial liegengeblieben, während im Bicortex die ganze Rindenplatte einer Fehldifferenzierung unterworfen war.

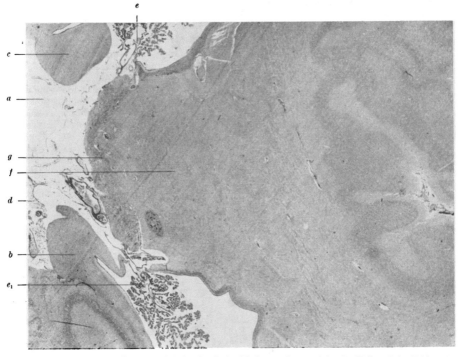

Abb. 97. Mikroskopisches Präparat: Schnitt durch den Thalamus des vorstehenden Falles. Bei *a* Fehlen eines Abschlusses des Ventrikels; *b* Schläfenlappen-Ammonshornregion; *c* Gyrus cinguli; *d* von basal aus einwucherndes Mesenchym, das in Verbindung zum Plexus *e* und *e₁* steht; *f* Pulvinar thalami; *g* dicht von Spongioblasten durchsetzte Randzone gegenüber dem Mesenchym. Vergr. 6fach, lineare Vergr. 2fach.

Unseren Beobachtungen ist der bereits erwähnte Fall (7jährige Idiotin) von L. SMIRNOV und S. SAVENKO (1928) anzureihen. An dem hypoplastischen Gehirn nahm ein symmetrischer Porus das Gebiet beider Occipitallappen ein. Die übrigen Großhirnpartien waren a- bzw. mikrogyr, nur die Orbitalteile leidlich entwickelt. Der mangelnden Hirnrinde entsprechend war der Balken nur sehr dünn; das Nervensystem vom Hirnstamm bis zum Rückenmark sehr klein. Eine einwandfreie Deutung ist nicht möglich, da ein exogenes Moment nicht ausgeschlossen werden kann.

Ebenfalls hierher zu rechnen ist der Fall von I. WERTKIN, der 1930 eine mit Hydro- und Porencephalie einhergehende Mißbildung des Großhirns bei einem 10 Wochen alten Knaben beschrieb, der sich zuerst normal entwickelt hatte. Das primär endogene Geschehen ergibt sich aus den zahlreichen anderen Mißbildungen, besonders dem Fehlen des Oberwurmes. Die rechte Hemisphäre war in einen Sack verwandelt, der Balken fehlte. Das Oberflächenrelief war vorn mikrogyr, die Vierhügel fehlten zum größten Teil. Der Aquädukt hatte keine Verbindung mit der Hirnblase. Im Kleinhirn fehlte der Oberwurm, während Rückenmark und Häute keine Veränderungen aufwiesen. In der Vierhügelgegend fanden sich als Zeichen einer Entwicklungsstörung ependymausgekleidete Hohlräume und Schläuche. Im hinteren Teil des verlängerten Marks war der Zentralkanal verdoppelt. Die Vorderhörner des Rückenmarks zeigten nur wenige Ganglienzellen.

Der von A. H. Fortanier (1932) veröffentlichte Fall von Mikrogyrie und Porencephalie ist von uns bereits ausführlich im Kapitel der auf Migrationsstörungen beruhenden Fehlgyration wiedergegeben worden (s. S. 515).

b) Komplette Anophthalmie.

Eine große Seltenheit stellt eine komplette Anophthalmie mit Fehlen der Sehnerven und des Chiasmas dar (Abb. 96).

Bei einem 8 Monate alten, 70 cm großen Mädchen waren Lidspalten angelegt und die Orbitalhöhle mit Fett- und Augenmuskelgewebe ausgefüllt. Mikroskopisch fanden sich auch

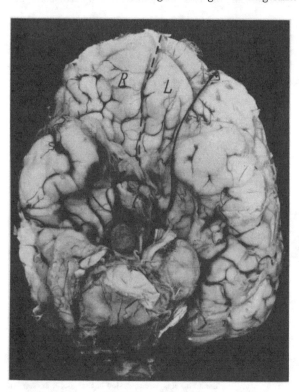

Teile der Tränendrüsen. Das Gehirn war 620 g schwer und in der Medianachse rechts konvex gekrümmt. Der caudale Teil des Balkens fehlte und die medianen Thalamusflächen waren von basal her mit Pia überzogen. Auch in den 3. Ventrikel war Mesenchym eingebrochen, das hier eine deutliche Fehlvascularisation aufwies. Im medialen Thalamusbereich fand sich noch eine Keimschicht, im Parietallappenbereich Mikrogyrie. Am Übergang zwischen Parietal- und Occipitallappen Heterotopien. Die Windungen zeigten ganz allgemein Carnivorentyp mit Steilstellung gegen den Hirnstamm und Reduktion der Schläfenlappen. Die Cisterna ambiens klaffte. Wir haben also hier eine echte Mangelbildung mit Fehlen der Augenbecherderivate, des Opticus und Chiasmas, daneben einen Einbruch des Mesenchyms bei partiellem Balkenmangel, außerdem leichte Rindenfehlbildungen mit Heterotopien.

Bei dem Fall wurde offensichtlich die bereits abgegrenzte Anlage des Augenbechers getroffen. Ob der Einbruch des Mesenchyms am Rande des

Abb. 98a. Cerebellomeningocele mit Hyperplasien im Gebiet des Kleinhirnbrückenwinkels. Transposition des linken Riechhirns auf die rechte Seite, gestrichelt die tiefe Furche zwischen beiden. *R* und *L* Riechhirn, ausgezogen die Fissura interhemisphaerica.

3. Ventrikels (Abb. 97) als ein dysrhaphisches Zeichen zu werten ist oder ob ein sekundäres Geschehen nachträglich zu dem Einbruch geführt hat, ist bei der schnellen Aufeinanderfolge der Entwicklungsstadien zu diesem Zeitpunkt nicht zu entscheiden. Typische Veränderungen im Sinne einer Cyclopie-Arrhinencephalie liegen jedenfalls *nicht* vor, auch ist die Ammonshornformation beiderseits ausgebildet.

c) Riechhirntransposition.

Ist bei der Cyclopie-Arrhinencephalie-Gruppe mit das leitende Syndrom die mangelnde Teilung des frontalen Großhirns mit den oben beschriebenen Folgeerscheinungen, auch bezüglich der mehr oder minder fehlenden Anlage des rostralen Commissurensystems einschließlich Fornix und Psalterium, so finden wir offensichtlich aus ähnlichen Faktoren hervorgehend eine Reihe weiterer

Verbildungen. Zu diesen gehört die jetzt von uns zum zweiten Male beobachtete Verlagerung eines Allocortexgebietes auf die kontralaterale Seite, so daß die eine Seite gewissermaßen 2 Riechhirne hat (Abb. 98a und b). Diese Riechhirnverlagerung kann nur durch eine Störung im basalen Teil des rostralen Neuralrohres bedingt gewesen sein; ob das nun eine etwaige Gefäßversorgungsstörung

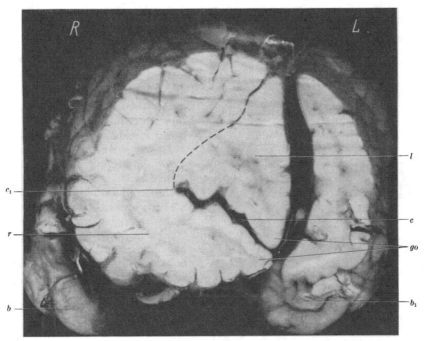

Abb. 98b. Gleicher Fall wie Abb. 98a. Linker Frontallappen mondsichelförmig zusammengedrückt, rechte Hemisphäre erheblich vergrößert, bei b bzw. b_1 Schläfenpol, bei c basaler zusätzlicher Spalt zwischen beiden Hemisphären. Die gestrichelte Grenze zwischen c_1 und der Rinde zeigt die Partie an, die nach dem histologischen Bild zur linken Seite gehören würde; r der physiologische Anteil des Riech- bzw. Stirnhirns der rechten Hemisphäre; l der zur linken Hemisphäre gehörende Anteil; go Gyrus olfactorius.

war oder ein rein endogener Faktor, namentlich bei dem mit einer ausgedehnten Spaltbildung im Kleinhirn einhergehenden Falle, ist nicht ganz sicher zu entscheiden.

d) „Kombinierte" Verbildungen.

Verbildungen, die einerseits gewisse Eigenheiten der Cyclopie-Arrhinencephalie-Gruppe tragen, andererseits mit Migrationsstörungen verbunden sind, hat, abgesehen von H. GASTRAUT und DE WULF (1947), neuerdings HENZ (1948) in einer bereits oben angeführten Dissertation beschrieben. Das Charakteristikum dieser Fälle ist einmal ähnlich wie bei der Cyclopie-Arrhinencephalie-Gruppe das mangelnde Commissurensystem bei nicht entwickeltem Balken und die mangelnde Trennung der Großhirnhemisphären. In dem Falle von GASTRAUT und DE WULF ist die Fissura interhemisphaerica zwar im Prinzip, jedoch nur unvollständig angelegt und der vordere mediane Abschluß wird beim Fehlen des Fornix und Balkens durch Rindensubstanz gebildet.

In einer eigenen Beobachtung war bei einem Mädchen von $4^1/_2$ Jahren an Stelle des Rostrum und Genu corporis callosi nach Art des rostralen Kleinhirnwurms Rindenmasse, sowohl in der äußeren wie in der ventrikulären Seite der

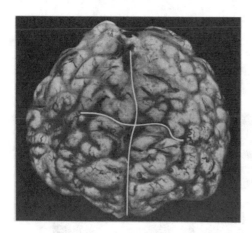

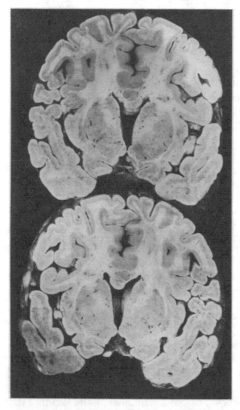

Abb. 99. Oben: Frontale Ansicht eines 4,3 Jahre alt gewordenen idiotischen Kindes. Fehlen des Septum pellucidum; an Stelle des Balkens nur eingestülpte Rinde mit wurmähnlicher Gyration, äußerlich Kreuzfurchen der auffallend dicht gelegenen Windungen am Frontalhirn. Histologisch: ausdifferenzierte Rindenbildung ähnlich der inneren Mikrogyrie. Unten: Frontalschnitt unmittelbar hinter dem Beginn der Seitenventrikel. Ein Medianspalt des Gehirns ist angelegt, ebenso ein Balken; der Balken ist jedoch durchsetzt von rindenähnlichen grauen Massen, die auch an der Ventrikelseite des Balkens gegen das Lumen vorragen. Kein Fornix. Kein Septum pellucidum. Monoventrikulie bei Entwicklung der Sagittalfurche.

Hemisphärenverbindung vorhanden (Tabelle S. 372). Gleichzeitig zeigt dieser Fall (wie Abb. 99 oben) in der Mitte der vorderen Ansicht, lotrecht zur medianen Spalte verlaufend, tiefe Querfurchen. Dieser Befund wurde bisher vorzüglich von HENZ erhoben.

Mögen auch in unserem Falle die nach Art eines Kleinhirnwurmes außen und innen in den Verbindungsstücken der Hemisphärenbrückenwindungen gelegenen grauen Massen als Heterotopien imponieren, so haben wir in den Fällen HENZ' bei fehlendem Balken zusätzlich dieselben Verbildungen (s. Abb. 100 und 101), wie wir sie bei den schweren Migrationsstörungen finden: nämlich einmal in der konkaven rechten Seite heterotope Verbildungen, während wir in der linken Seite nur in geringem Maße Veränderungen im Gebiete des Rindengraues nahe dem Querspalt haben; dieser Querspalt wird lediglich bei a durch ein entsprechendes Markfaserbündel überbrückt. In dem 2. Falle HENZ' (Abb. 102) sind graue Massen am Dach des Seitenventrikels als knollige Heterotopien liegengeblieben.

Es ist also kein isoliertes Geschehen, wenn beispielsweise der Balkenschluß ausbleibt; denn in unserem Falle, wie in den Beobachtungen von HENZ, geht der Balkenmangel völlig konform der Entwicklungsstörung des Cortex.

Nach HENZ stimmt die zeitliche Determination für die Ausbildung des Balkens und der Entwicklung der Insel überein. In gleicher Weise sind auch die Störungen, die GIANNULI und MINGAZZINI feststellten und die die Trennung des Stirnhirns beeinträchtigten, aufzufassen.

STÖCKER, KLIENEBERGER, MINGAZZINI u. a. haben die mangelnde Vereinigung der Fissura calcarina mit der Fissura parietooccipitalis beim Balkenmangel feststellen können. Die Windungsverbildungen in der medianen Hemisphärenwand möchten wir allerdings als eine vorübergehende Erscheinung nämlich der Gyration in der Zeit vor der Balkendifferenzierung mit Fortbestehen als einer einfachen Hemmungsmißbildung bei ausbleibendem Balkenschluß ansehen. KIRSCH-BAUM (l. c.) hat unter anderem auf die Ähnlichkeit der Windungsrichtung mit der bei Porusbildungen hingewiesen und war deshalb geneigt, den Balkenmangel als einen medianen Porus anzusehen. *Unsere eigenen wie die Beobachtungen von* HENZ *und* GASTRAUT-DE WULF *unterscheiden sich von den einfachen Balkenmangelfällen durch die seichte Ausbildung des Interhemisphärenspaltes, die dorthin verlagerten Windungen und die arrhinencephalieartige Gestaltung der frontalen Mitte.*

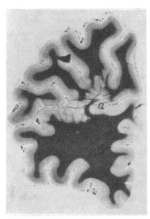 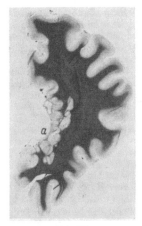 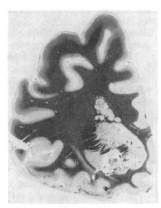

Abb. 100.	Abb. 101.	Abb. 102.

Abb. 100. In der oberen Hälfte des Präparates die extrem tiefe Furchung (*a*). Da diese Furchen radiär aufeinander zulaufen, ist nur eine ganz schmale Vereinigungsstelle der durch sie getrennten Gyri, die in der Rindenstruktur unauffällig sind, vorhanden. Diese wird eingenommen von einem kleinen, aber dichten Konglomerat grauer, heterotoper Kugeln, die von völlig unregelmäßigen, schmalen Markfaserzügen durchzogen werden. Im übrigen Rindenbereich im Markscheidenpräparat keine Besonderheiten.

Abb. 101. Ausbuchtung der medialen Hemisphärenfläche, Folge der Cystenbildung, Reste der Cystenmembran sind erkennbar (*a*). An dieser Stelle ein völlig atypisches Bild der Rinde. Furchen und Windungen sind kaum abzugrenzen, das ganze mittlere Gebiet wird von einem zusammenhängenden mikrogyren Windungszug gebildet, hinter dem sich an einer Stelle deutlich sichtbar ein zweiter, steckengebliebener, mit dem ersten in Verbindung stehender Zug anschließt.

Abb. 102. Vor und über dem Schwanzkernkopf liegt ein dichtes Konglomerat heterotoper Kugeln, teils abgegrenzt, teils konfluierend, aber insgesamt auf einen relativ kleinen, scharf umschriebenen Raum zusammengedrängt. Eine Verbindung dieses Konvoluts mit der Rinde an irgendeiner Stelle fehlt. Das Vorderhorn des Seitenventrikels, das in dieser Höhe getroffen sein müßte, fehlt. [Aus Dissertation HENZ: Balkenmangel und Entwicklungsstörungen der Hirnrinde (Fall 2, HEIDENHAIN).]

Im Falle HENZ (54jähriger Mann) ist das Corpus callosum nur im Gebiet des Knies angelegt. Das Balkenlängsbündel deutlich, in der medianen linken Hemisphärenwand sind Windungen und Furchen normalerweise vorhanden, während rechts mikro- und pachygyre Windungen bzw. Mischtypen im Gebiete des Frontallappens vorhanden sind.

„Im rechten Frontallappen findet sich nun eine sehr wesentliche Veränderung: es liegt dicht vor dem Schwanzkernkopf ein Konglomerat steckengebliebener Windungen und heterotoper Kugeln, das sich bis in die medial vom Caput nuclei caudati befindlichen Gebiete erstrecken und so den rechten Ventrikel im Vergleich zum linken wesentlich einengen und überdies den Eindruck erwecken, als ob Schwanzkern und Rinde ineinander übergingen."

„Während die linke Hemisphäre auch medial eine etwa der Norm entsprechende Windungskonfiguration zeigte, ist es an der rechten Medialwand zu ausgeprägten Fehlbildungen und mikropolygyrischen Umgestaltungen mit heterotopen Verlagerungen gekommen, die sich aber völlig auf die medialen Rinden- und Markgebiete beschränken und occipitalwärts sehr rasch abklingen. Dort finden sich schließlich nur noch Abartigkeiten in der Bildung des Cingulums bzw. in diesen Markkegeln liegende mikroskopisch kleine heterotope Kugeln. Die Abartigkeit verschwindet etwa am Orte des nicht angelegten Spleniums."

In dem 2. Falle von Henz war eine dünnwandige mediane Cyste nachweisbar, deren Membran beiderseits an dem Längsbündel ansetzte. Die Verbildungen im Frontalhirn waren nahezu mit dem ersten Falle identisch. Vor und über dem Schwanzkernkopf liegt ein dichtes Konglomerat heterotoper Kugeln, die insgesamt auf einen kleinen scharf umschriebenen Raum zusammengedrängt sind, ohne daß diese grauen Heterotopien irgendwelche Beziehungen zur Rinde haben.

Henz kommt zu dem Schluß: „An den beiden Medialseiten der Hemisphären haben sich Windungsfehlbildungen mit heterotopen Verlagerungen zu beiden Seiten in einer Ausdehnung entwickelt, die etwa der des fehlenden Balkens entspricht. Dem Ausmaß nach klingen sie von frontal nach occipital ab." „Die Stratifikation des Cortex der betreffenden Gebiete ist sowohl in cyto- als auch myeloarchitektonischer Hinsicht weitgehend fehl angelegt."

Die vorgefundenen rindenarchitektonischen Störungen stimmen mit denen bei Mikropolygyrie überein. Bereits in der Zusammenstellung von Henz werden die Beobachtungen von Lasalle-Archambault (1910) sowie Kino (1920) (balkenloses Gehirn mit mikrogyrer Heterotopie im Bereich der ersten Stirnwindung und eine atypische persistierende Windung im Bereiche des Balkenknies) und schließlich die von de Morsier und Moser (1935) (balkenloses Gehirn mit Aplasie der linken Großhirnhemisphäre bei unwesentlich veränderter rechter) dem geschilderten Symptomenbild zugeordnet.

Ferner ein Fall von Probst (1901): „wenn er sich auch dadurch unterscheidet, daß bei völligem Balkenmangel und normal angelegten Hirngefäßen die mikropolygyren und heterotopen Fehlbildungen nicht an der Medialseite des Frontallappens lokalisiert waren, sondern im Bereich der lateralen Konvexität des Frontal- und oberen Scheitellappens links, aber wenn auch in geringerem Umfange, auch rechts" (Henz).

Abgesehen von unseren Beobachtungen (interkurrenter Tod) erreichen die Patienten ein höheres Lebensalter. Es dürfte wichtiger sein, bei diesem Symptombilde das Zusammengehörige herauszustellen, als in einzelne Fälle aufzugliedern. Die Störungen liegen im wesentlichen einseitig in der Nachbarschaft des nicht rostral angelegten Balkens, während es sich bei dem Fall von Gastraut-de Wulf[1] und in unserem Falle um eine gleichmäßige Verbildung handelt; sie haben mit den Fällen von Henz die tiefen Horizontalfurchen am Frontalpol gemeinsam. Außerdem war im 2. Falle von Henz die Verbildung beiderseits symmetrisch.

Der 3. Fall von Segal (1935) dürfte ebenfalls zu dieser Gruppe gehören. An Stelle des Balkens liegt eine Verbindung der beiden Hemisphären „durch übermäßige Ausbreitung und abnorme Verschmelzung der interhemisphärischen grauen Substanz" vor, daneben finden sich arrhinencephale Zeichen. Eine strenge Trennung zwischen den Arrhinencephalen mit Balkenmangel und denjenigen mit einem dysrhaphischen Äquivalent am rostralen Ende des Nervensystems wird sich kaum ermöglichen lassen. Man wird bei darauf gerichteter Aufmerksamkeit vielmehr eine fortlaufende Reihe aufstellen können.

Ebenfalls durch querverlaufende Gyri war das Frontalhirn eines 34jährigen Patienten von Nathan und Smith (1950) verbunden. Fornix, Septum pellucidum und Gyrus cinguli fehlten. Hippocampus und Gyrus dentatus klein, während der Tractus olfactorius, Commissura anterior und posterior und Commissura habenulae intakt waren.

Schwer einzuordnen ist der Fall Hinrichs' (1929). Das mikroencephale Gehirn zeigte am Frontalpol nur an der Basis eine seichte Fissura interhemisphaerica im hinteren Drittel. Balken und Fornix fehlten, ebenso das Septum pellucidum, so kommunizierten die beiden Seitenventrikel breit miteinander. Die Thalami waren über einen spaltförmigen 3. Ventrikel miteinander verwachsen. Das Claustrum war im Verhältnis zum übrigen Gehirn hypoplastisch. Rechts fehlte der Olfactorius völlig, links war er nur als Rudiment vorhanden. Eine Migrationsstörung zeigte sich in abnormer Lagerung vieler Ganglienzellen, sowie namentlich extracorticaler Ganglienzellanhäufungen. Entsprechend der Mißbildung fand sich ein Hydrocephalus (körperlich: Gaumenspalte). Obwohl wir den Fall H. im Anschluß an den Fall von Henz wiedergegeben haben, könnte er ebensogut zur Arrhinencephalie gerechnet werden (s. dort), weshalb er auch dort erwähnt ist.

Wir möchten allerdings den Fall eher zur Arrhinencephalie rechnen, wenngleich die systemisierte Hypoplasie des Allocortex ihm eine besondere Stellung zuweist. Auch Kautzky ist sich mit seiner Beobachtung von 1936 über die Zuordnung nicht sicher; er selbst stellt sie zwischen Arrhinencephalie und Balkenmangel.

Nach der Zeichnung bestanden ebenfalls abnorme Windungsverhältnisse im Frontalhirn und eine mediane Windungsbrücke. Die Verlagerung, wie sie Henz beschrieben hat, fand sich auch oberhalb der Nuclei caudati an der Windungsbrücke. Diese Windungsbrücke ist in verschiedenen Schnitten dargestellt. Caudalwärts ging die frontale Windungsbrücke

---

[1] Der Fall von Gastraut und de Wulf (1947) wird von Hallervorden in seiner Besprechung als Arrhinencephalie aufgefaßt [Zbl. Neur. **107**, 31 (1949)]. Grundsätzlich falsch ist naturgemäß die Bezeichnung „Synrhaphie" oder Verschmelzung der Hemisphären, da es sich naturgemäß um eine Nicht*trennung* im Gebiet der Trapezplatte handelt (Ostertag).

in einen Balken über. Wir dürfen sie mit den Fällen von Henz zusammengruppieren. Auch die Ausstrahlung dieser Windungsbrücke auf der Höhe der Substantia nigra entspricht dem Balken.

3. Mißbildungshydrocephalus.

Mißbildungshydrocephalus finden wir bei Verbildungen des Nervensystems, sofern dieselben nicht auf exogene Ursachen zurückgehen und mit ihnen ge-

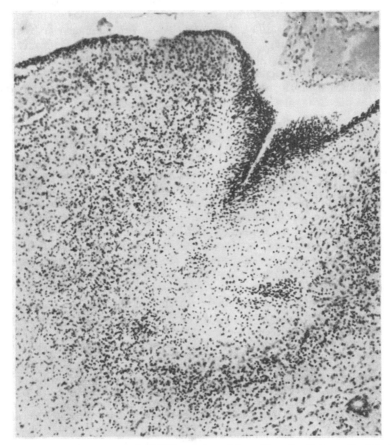

Abb. 103. Schwere Schlußstörung und Mißbildungshydrocephalus. Allgemeine Hydromyelie, tiefe caudale Spina bifida. Neurinomatöse Verbildung an Stelle des Kleinhirnunterwurms. Hüftluxation. Persistieren einer embryonalen Rindenschicht, unregelmäßig besiedelter Randschleier, dünnes Rindenband nur durch Körner aufgefüllt. Nirgends Differenzierung von Pyramidenzellen. Vergr. 86:1 (lineare Vergr. 2fach).

koppelt sind, als einen Hydrocephalus internus. Wir werden als Mißbildungshydrocephalus im eigentlichen Sinne nur solchen bezeichnen können, der nicht etwa durch eine Verlagerung bzw. mißbildungsbedingten Verschluß der Liquorwege entsteht, sondern nur denjenigen, der sich bei den entsprechenden Verbildungen des Nervensystems zwangsläufig und ohne Abflußbehinderung findet. Hierzu gehört die relative Weite der Hirnhöhen bei der Cyclopie, die vielleicht aus einem Mißverhältnis von Tela bzw. Plexus chorioideus zum Ventrikelsystem hervorgeht, ferner (s. oben Dysrhaphie) Verbildungen wie z. B. periventrikuläre Gliosen, welche den Flüssigkeitsaustausch zwischen Ventrikelsystem und Hirnsubstanz erschweren bzw. unmöglich machen.

Eindeutige Befunde sind ungemein schwer zu erheben. Dies hat seinen Grund zum Teil in der Hypermesenchymation und Vascularisation der frühzeitig determinierten Verbildungen, zum Teil in superponierten Organisationsvorgängen des überschüssigen Mesenchyms oder in dem Hinzukommen von Entzündungen. (Die koordinierten Verbildungen des Plexus s. unter „Hüllraum" und „Plexus").

Giordano vertritt die Auffassung einer vermehrten Liquorsekretion bei Fehlmesenchymation früher Verbildungen.

Fälle wie die der Abb. 103 mit generalisierten Verbildungen der Körperachse und fehlerhafter Renkung des Hüftgelenks zeigen häufig Hydromyelie und Hydrocephalus als Zeichen des gestörten sekundären Schlusses. Wir müssen in diesen Fällen den Hydrocephalus als ein Teilsymptom der gesamten Verbildung ansehen (s. auch Abb. 16), zumal wenn die Abflußwege wie im Falle der Abb. 103 im Gebiete der Foramina Luschkae und Magendi offen sind.

4. Systemisierte Verbildungen am Kleinhirn.

Ontogenese und Phylogenese s. S. 309ff. In keinem anderen Organ sind die alten und die neuerworbenen Anteile so gut zu überblicken, wie im Cerebellum.

In klassischer, größtenteils noch heute gültiger Weise hat R. Brun (1918) die „tektonischen Dysplasien des Kleinhirns" beschrieben. Er konnte feststellen, daß phylogenetisch junge (neocerebellare) meist in weit stärkerem Maße als die paläocerebellaren Anteile befallen sind. Innerhalb des Neocerebellums zeigen wiederum die ontogenetisch später reifenden Lobuli häufigere und schwerere tektonische Verbildungen. Vorzugsstellen für Rindenheterotopien und -heterotaxien sind der Lobulus lateralis posterior (Bolk) und innerhalb dieses Lappens die Tonsille (Lobus paramedianus). Dies stimmt mit der Besonderheit der histotektonischen Differenzierung dieser Abschnitte überein (v. Valkenburg).

Wie S. 310 bereits vermerkt, ist die von uns benutzte Einteilung A. Jakobs ein Kompromiß zwischen den verschiedenen — onto- wie phylogenetischen — nach physiologischen Gesichtspunkten durchgeführten Abgrenzungen der neueren Autoren, die sich nicht nur auf das morphologische Erscheinungsbild stützen.

So ist nach A. Jakob das Kleinhirn im Lobus medius und posterior in ein Mittelstück und zwei Seitenteile einzuteilen, d. h. Wurm und Hemisphären, während der Lobus anterior und simplex als ein einheitliches Gebilde anzusehen sind. Auf Grund dieser Trennungen berücksichtigt A. Jakobs Einteilung neben der transversalen auch eine longitudinale Trennung. In seinen Arbeiten mit Hayashi werden die vergleichende ontogenetische Rindendifferenzierung, die Faserverbindungen, die Myelogenese und die Fingerzeige durch Mißbildungen aller Art zu einer natürlichen Einteilung verwandt.

Die Hemmung der „Wanderenergie" verursacht eine Dysharmonie der tektonischen Differenzierung und gibt damit Anlaß zur Entstehung verschiedenartiger Architekturstörungen des Rindenaufbaues („Irrwanderungen", v. Monakow). Auch hier finden sich dann wie im Großhirn größere oder kleinere heterotope Inseln grauer Substanz („subcorticale Windungen") (wie z. B. Abb. 104).

Als die die *Hemmung der Migration* verursachenden dynamischen Faktoren präzisiert Brun folgendermaßen:

a) Der Zeitpunkt des Einsetzens der Wanderungshemmung innerhalb der verschiedenen Rindenabschnitte, bzw. in welchem Stadium ihrer Tektogenese dieselben von der Erstarrung befallen wurden. Bleibt das Bildungsmaterial während der ersten Phase der Wanderung (auf dem Wege aus der ependymalen Keimschicht nach der Peripherie) liegen, so entstehen subcorticale Heterotopien; sistiert dagegen die Wanderung erst in der zweiten Phase, im Verlaufe der Rückwanderung aus der sekundären corticalen Matrix (periphere Körnerschicht) in die Tiefe, so entstehen intracorticale Heterotopien mit Dystaxie einzelner Elemente (z. B. Verlagerung Purkinjescher Zellen nebst Teilen der Körnerschicht in die Substantia molecularis).

b) Die Frontausdehnung, auf welcher die Hemmung gleichzeitig einsetzte. Sistiert die Wanderung auf breiter Front gleichzeitig und in allen Sektoren (genetischen Aktionsradien) mit ungefähr gleicher Intensität, so werden zusammenhängende graue Schichten mit Rindenstruktur, sog. subcorticale Windungen, unter der Oberfläche entstehen. Erfolgt die Hemmung aber ungleichmäßig, beispielsweise so, daß die einen Sektoren in ihrer Wanderung früher als andere erlahmen, oder die einen langsamer, die anderen rascher, noch eine Zeitlang weiterwandern, so wird als Endresultat eine subcorticale Rindenperversion (Heterotaxie) entstehen.

c) Die Dauer und die Intensität der Hemmung. Ist dieselbe nur eine temporäre oder tritt nur eine ungleichmäßige Verlangsamung der Wanderung in einzelnen Sektoren ein, so wird das Bildungsmaterial zwar seinen Bestimmungsort an der Peripherie noch erreichen, sich aber dort, infolge der verlorenen gegenseitigen Fühlung, nicht mehr flächenhaft architektonisch geordnet aufbauen können: Es entsteht die corticale (oberflächliche) Rindenheterotaxie.

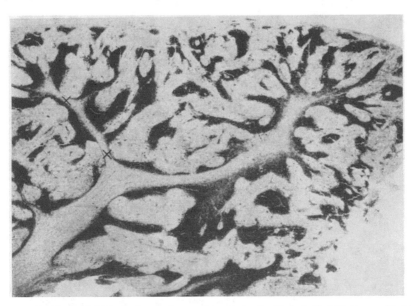

Abb. 104. Fehlgebildete Kleinhirnrinde nach JACOB. Bei × treten im Markscheidenbild abnorme Markfaserbündel aus den Markkegeln und verlaufen zwischen Molekular- und Körnerschicht. Die Körnerschicht ist an solchen Stellen kaum entwickelt, die Molekularschicht stülpt sich wurmartig ein. Pachygyre und verruköspachygyre Wülste der dorsalen Oberfläche des Kleinhirns, × abnorm auf der Oberfläche verlaufende Markfaserzüge. Rindenwachstumsstörung wie bei Mikropolygyrie des Großhirns. [Aus H. JACOB: Z. Neur. **160**, 615 (1938)].

d) Das Moment der histologischen Nachdifferenzierung (Postgeneration) des heterotopisch gebannten Bildungsmaterials. Erleiden die indifferenten Bildungszellen zugleich mit der Hemmung ihrer Wanderenergie auch eine Hemmung ihrer ,,morphogenen Ekphorie" (SEMON), so werden natürlich die betreffenden heterotopischen Massen keine oder nur geringe histotektonische Differenzierung und Gliederung aufweisen.

e) Das Moment der Überwucherung durch minderwertige Elemente: An Stelle des in seiner Entwicklung gehemmten spezifisch-nervösen Gewebes kann das Stützgewebe (Glia) kompensatorisch treten.

Die *Hemmung der Teilungsenergie* der Elemente der Keimschicht gibt, sofern sie erst in der Phase der architektonischen Differenzierung erfolgt, zur Entstehung der Mikrogyrie Anlaß:

a) Tritt die Störung (in einem bestimmten Lobusabschnitt) schon zu einer Zeit ein, wo die sekundäre corticale Matrix (periphere Körnerschicht) sich noch nicht, oder noch nicht genügend gebildet hat, so entsteht die einfache äußere Mikrogyrie (zu kleine Rinde auf zu kleiner Markbasis).

b) Erfolgt dagegen die Hemmung später, nämlich erst, nachdem die sekundäre Matrix bereits geliefert ist, so entsteht die Polygyrie: Das vorhandene Material genügt zum Aufbau der Rinde; da aber infolge der Hemmung der primären (ependymalen) Keimschicht das Markstroma sich nur spärlich bildet, so muß die sich entfaltende Rinde, um auf der hypoplastischen Basis Platz zu finden, sich in exzessive Falten legen. Die Annahme einer Über-

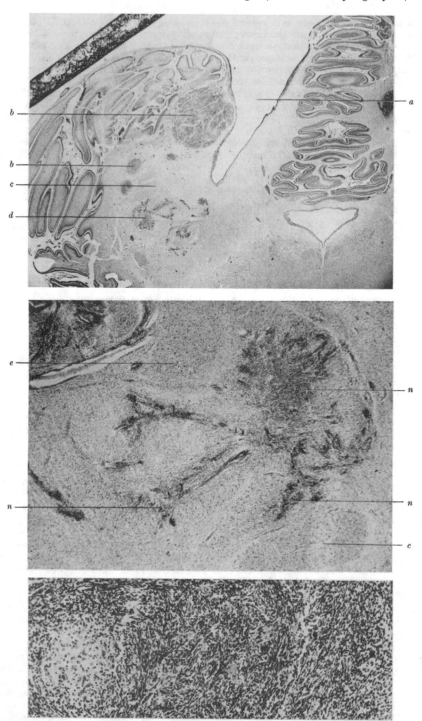

Abb. 105. Kleinhirn bei Cyclopie, derselbe Fall wie in Abb. 67. Oben: Paläocerebellarer Anteil regulär angelegt, embryonale Körnerschicht noch vorhanden. Ventrikel und Pons ebenfalls unauffällig. Bei *a* schräger Spalt mit einem Ependymbesatz, der sich in einer von Pia überkleideten Cyste verliert. Bei *b* symmetrisch gelegene Zellmassen, bei *c* Nucleus dentatus, bei *d* neurinomatöse Bildung. Mitte: Ausschnitt aus *d* der oberen Abbildung. Oberhalb des Dentatum (*c*) neurinomatös wuchernde gliöse Elemente (*n*), dazwischen bei *e* ein Zellkonglomerat mit großen Ganglienzellen, die denen des Nucleus emboliformis ähneln. Unten: Neurinomatös wuchernde Partie bei stärkerer Vergrößerung.

produktion von Rindenmaterial im Sinne einer exzessiven pathologischen Proliferation der Keimzonen zur Erklärung der Polygyrie ist dagegen als unwahrscheinlich und entbehrlich abzulehnen.

Die bei Bildungsfehlern und angeborenen Atrophien des Kleinhirns anzutreffende KIRCH-HOFFsche Schicht ist identisch mit der fetalen OBERSTEINER-LANNOIS-PAVIOTschen Körnerschicht („äußere Körnerschicht" von VOGT und ASTWAZATUROW). Diese Schicht hat Beziehungen zur Histogenese der PURKINJEschen Zellen, sie bildet eine Art „tertiärer Matrix" derselben (in Übereinstimmung mit VOGT und ASTWAZATUROW)."

Die außerordentliche Schwierigkeit, eine einheitliche Darstellung der Kleinhirnverbildungen zu geben, ist ferner darin begründet, daß die meisten Fehlentwicklungen oder Unterentwicklungen des Kleinhirns nicht isoliert auftreten,

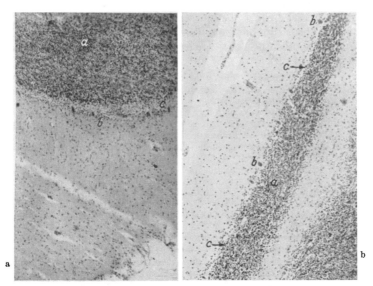

Abb. 106a. Rindenverbildung aus der linken Kleinhirnhemisphäre, *a* Körnerschicht; *b* zellarme PURKINJE-Schicht; *c* Lamina dissecans.
Abb. 106b. *a* Lockere schmale Körnerschicht; *b* zellarme PURKINJE-Schicht; *c* Lamina dissecans.
[Aus H. SCHWARZKOPF: Arch. f. Psychiatr. 185, 84 (1950).]

sondern als Teil einer übergeordneten allgemeinen Störung. So findet sich nur selten ein intaktes Kleinhirn bei Anencephalie oder Cyclopie (Abb. 105). Bei den Dysrhaphien bzw. Syringomyelien kann das Flügelplattengebiet des Kleinhirns in den Prozeß mit einbezogen sein. Einseitige Gliosen können von dem Flügelplattengebiet des obersten Rückenmarks bis in den Thalamus hineinreichen.

Ebenso finden sich, wie auf einer durchgehenden Straße, vom dorsalen Cervicalmark bis zum Thalamus durchgehend Flügelplattenspongioblastosen. Da die Dysrhaphien vorwiegend das dorsale Seitenwandspongioblastem, d. h. die dorsalen Flügelplatten befallen und wir (s. oben S. 429) von einem Erlahmen der telokinetischen Energie dieser Flügelplattenareale bei der Dysrhaphie-Syringomyelie sprechen müssen, treten bei mangelndem Neuralrohrschluß Heterotopien und Fehldifferenzierungen auf. Eine mangelnde Ausdifferenzierung der Rinde ist demnach für uns schon ein Leitsignal für darunterliegende Tumoren. Die Bedeutung der persistierenden Lamina dissecans mit und ohne Zellheterotopien sowie einer embryonalen Rindenstruktur (Abb. 106) ist von KLUGE, WEITBRECHT, SCHWARZ-KOPF und ALBER behandelt worden.

J. YASKIN (1929) erwähnt als Ursache späterer Mißbildungen im Kleinhirn die Persistenz eines ependymausgekleideten Kanals, die mediane und paramediane Anhäufung von Keimzellen und Cystenbildungen an der ventralen Seite des Kleinhirnlappens im Bereich der sog. Zona spongiosa, die den bereits erwähnten physiologischen fetalen Cysten vorausgeht.

Eine weitere besonders kritische Stelle in der Entwicklung des Kleinhirns ist der Nodulus mit dem Telaansatz, wo es zumal auf dem Höhepunkt der Abwanderung aus den Ependymkeilen zu mesenchymal-ektodermalen Untermischungen kommt. Diese können als einfache Fehlbildungen liegenbleiben oder zu Mischgewächsen des Unterwurmes werden. Klassische Mißbildungsgewächse sind beispielsweise die Neuroblasten und jugendliche Gliaformen enthaltende Tumoren des Unterwurmes, die gelegentlich (so in der Beobachtung von W. J. C. Verhaart 1936) als „innere Mikrogyrie" imponieren, wie wir diese auch vom Großhirn her kennen. Wohl nur die Rinde befallende Verbildungen sind die von Foerster und Gagel als Gangliocytome, von uns als Kleinhirnhyperdysplasien bezeichneten, zum Teil einseitigen Verbildungen des Kleinhirns, die wir in einer stabilen adulten, wie auch in einer juvenilen progressiven Form kennen (s. unten).

H. Jaksch (1936) konnte an über 100 Gehirnen die Variationen im Bereich des Velum medullare posterius erfassen, das in mehr als 50% der Fälle bei Erwachsenen einen Rindenbelag von stark wechselnder Ausdehnung besitzt. Diese Variationen ließen keine Gesetzmäßigkeiten erkennen, denn die Rindenauflagerungen des Velum können an verschiedenen Stellen auftreten, bei wechselnder Form und Ausdehnung, bald vom Nodulus, bald vom Flocculus ausgehend. Manchmal kann auch das ganze Velum von grauer Substanz überzogen sein, auch wurden Defekte grauer Substanz im Bereich des Tonsillenstiels und des Uvulaansatzes gefunden.

Vom Gesichtspunkt der Entwicklungsmechanik aus gesehen ist ein 1933 von D. Schenk veröffentlichter Fall von Akranie, Rhachischisis, Duplicitas medullae usw. von Interesse. Neben Abweichungen im Bau des knöchernen Schädels und der Wirbelsäule war bei dem Kind im Thorakalmark die Plattenform des Rückenmarks erhalten. Im Lumbalmark verschwand sie und machte einer Verdoppelung (s. S. 415) Platz. Schon im Bereich der Medulla oblongata hatte sich ein 4. Ventrikel gebildet. Links und rechts ging das verlängerte Mark in das Cerebellum über, von dem bei fünfschichtiger Rinde 5—10 Lappen gebildet waren. Beiderseits fanden sich Teile eines Nucleus dentatus; auch im Dach des 4. Ventrikels Kernhaufen. Der Plexus chorioideus füllte den ganzen Ventrikel aus und drang beiderseits zwischen Cerebellumlappen und verlängertem Mark nach außen. Ziemlich weit caudal bildete er eine Cyste, deren Wand direkt in Kleinhirnrinde und Gewebe der Medulla oblongata überging. Wie im Rückenmark persistierte auch im Gehirn die Plattenform, bei einem ungewöhnlichen Reifestadium mit erhaltener, differenzierter Riechhirnrinde. — *Die Kleinhirnanlage war also nicht geschlossen, so daß die fünfschichtige Rinde des Kleinhirnmantels nur die seitliche Begrenzung des dorsalen 4. Ventrikels ausmachte. Der Zustand der Kleinhirnrinde entspricht dem 5.—6. Embryonalmonat.*

Für die Verbildungen des Kleinhirns sind im wesentlichen folgende Gesichtspunkte zu berücksichtigen:

1. a) Störungen auf der Entwicklungsstufe der Schließung des Neuralrohrs (Schlußstörungen, Dysrhaphien),

   b) Störungen auf der Stufe des geschlossenen Neuralrohrs (Migrationsstörungen).

2. Störungen des Massenwachstums

   a) Hypoplasie allgemein oder partiell,

   b) Hyperplasie allgemein oder partiell.

3. Die Rolle fetaler Prozesse in verschiedenen Entwicklungsphasen.

4. Anlagebedingte hyperplastische Prozesse oder Tumoren.

Wie schon bei den Anencephalien, bei den dysrhaphischen Störungen und der Syringomyelie betont, ist eine strenge Einordnung nicht möglich, da Störungen des Schlusses oft im Gefolge allgemeiner hypoplastischer Anlagen oder Fehlbildungen auftreten, so daß wir eine besondere Gruppe der symptomatischen Dysrhaphie behandeln konnten.

J. G. W. ter Braak und F. Krause berichteten 1932 über ein 16jähriges Zwillingskind mit den klinischen Erscheinungen einer Syringobulbie. Autoptisch fand sich im Rückenmark eine typische Syringomyelie, im verlängerten Mark eine deutliche Gliose, hier ohne Höhlenbildungen. Am Kleinhirn imponierte zunächst eine Ausstülpung des 4. Ventrikels, die, im Kleinhirnmark gelegen, von einschichtigem Epithel ausgekleidet war; sie ist auf eine mangelhafte Rückbildung des dorsalen Ventrikelblattes zurückzuführen. Es lagen außerdem Heterotaxie, innere Mikrogyrie und Polygyrie vor. Unter den 4 Fällen K. KIYOJIS (1923) weist einer neben dysrhaphischen Kleinhirnwindungsstörungen als Folge eine Migrationshemmung auf. Beide Kleinhirnhälften waren klein und durch einen von vorn nach hinten ziehenden medianen Spalt nahezu in ganzer Ausdehnung voneinander getrennt; ein eigentlicher Wurm fehlte. An seiner Stelle fand sich nur rechts und links ein Konvolut mikrogyrer Windungen. Sonst zeigte die Rinde normalen Windungsbau. Bei dem Fall 1 und 4 des Autors handelte es sich vor allem um *tektonische Dysgenesien* mit schweren Störungen des inneren Aufbaues der Kleinhirnrinde. Die äußere Form des Kleinhirns blieb dabei, wenn auch mit Defekten, bestehen. Beim 2. und 3. Fall handelte es sich um *formale Dysgenesien* bei nahezu einwandfreiem innerem Aufbau. Nur die äußere Form war gestört. Bei den tektonischen Dysgenesien ist die Schichtenbildung zur Zeit des Einsetzens der Schädigung noch nicht abgeschlossen. Bei den formalen Dysgenesien handelt es sich um später einsetzende Schädigungen. Ein früher Schaden erzeugt neben der formalen Dysgenesie auch eine tektonische Dysgenesie. O. DUPONT schilderte 1936 die Kleinhirnverhältnisse bei cyclopisch-arrhinencephalen Fehlbildungen. In seinem 1. Fall fanden sich Kleinhirnrindenverlagerungen im Kleinhirnbrückenarm (Heterotopien?) sowie multiple bis linsengroße „rindennahe Kleinhirnrindenverlagerungen", im 2. Fall eine mangelhafte gewebliche Differenzierung in Unterwurm, Tonsille und großen Teilen der Kleinhirnhemisphären mit kleinem angiomatösen Herd in den angrenzenden Meningen, sowie eine Hypoplasie des 4. Ventrikels, im 3. Fall schließlich eine schalenförmige Abplattung des im ganzen hypoplastischen Kleinhirns.

a) Störungen auf der Stufe des geschlossenen Neuralrohrs. Migrationsstörungen.

R. BRUN bezeichnete 1918 Fehlbildungen dieser Art, als Dysplasien und teilte sie morphologisch wie folgt ein:

A. Dysplasien der äußeren Tektonik: Anomalien der Furchung und Windungsbildung.

a) Abnorme Konfiguration (paradoxer Verlauf) äußerlich normaler Windungen — Allogyrie.

b) Abnorm kleine und zahlreiche Windungen — Mikrogyrie und Polygyrie.

c) Abnorm breite und spärliche Windungen — Makrogyrie.

d) Fehlen äußerer Windungen — Agyrie.

B. Dysplasien der inneren Tektonik: Heterotopien im weitesten Sinne.

a) Verlagerung grauer Substanz an Orte, wo sie normalerweise nicht hingehört — Irrwanderungen, Heterotopien im engeren Sinne (v. MONAKOW).

1. Irrwanderungen isolierter Elemente.

2. Irrwanderungen ganzer grauer Verbände oder Kolonien.

I. Die irregewanderten Kolonien zeigen keine oder nur sehr mangelhafte histogenetische und tektonische Differenzierung: Heterotopien niederer Ordnung.

II. Die irregewanderten Kolonien zeigen histogenetische Differenzierung, jedoch mit perverser Architektonik: Heterotopie mit Perversion.

III. Die irregewanderten Kolonien zeigen sowohl histogenetische als tektonische Differenzierung: Heterotopien höherer Ordnung, Metaplasien (v. MONAKOW), subcorticale Windungen u. dgl.

b) Die graue Substanz hat sich zwar an normaler Stelle differenziert, zeigt jedoch eine perverse Architektonik: Heterotaxie.

BRUN unterscheidet weiter neben allgemeinen Dysplasien lobäre und lobuläre. Zunächst sei das Verhalten der PURKINJE-Zellen besprochen:

J. E. MEYER fand „stachelig" veränderte PURKINJE-Zellen und datiert den Anfang dieser Entwicklung in das bekannte und oft beschriebene Stadium der basalen Vacuolisierung. Er räumt ein, daß man diese Zellen nicht nur in atrophischen Rinden, sondern auch im Bereich gewucherter BERGMANNscher Zellen in der Nähe kreislaufbedingter Herde fände: diese stachelige Zellveränderung also eine charakteristische Degenerationsform der PURKINJE-Zelle darstelle. Derselbe Autor (1948) erklärt „die mechanischen Lageveränderungen" der PURKINJE-Zellen durch Austritt von Blutflüssigkeit in das dafür disponierte Gebiet der Lamina dissecans. Es handele sich also nicht um entwicklungsbedingte Verbildungen. — Demgegenüber berichtete T. F. MÉREI (1950) über subpiale

Heterotopien der Purkinje-Zellen des Kleinhirns und bewertete sie als Mikrostigma, die außer beim endemischen Kretinismus auch bei akuten und chronischen Nerven- oder Geisteskrankheiten und bei gesunden Individuen gefunden werden. Als lobäre Dysplasien beschrieb Brun ein 2 Monate altes Kind mit Spina bifida lumbosacralis, Mißbildung der Hinterhörner, Hydro-Mikromyelie, Hydrocephalus und leichter partieller Mikrogyrie des Großhirns. Weiterhin noch partielle symmetrische Dysgenesie der ventrocaudalen Kleinhirnlappen (Lobus posterior von Bolk), und zwar vornehmlich der lateralen Abschnitte (Lobus lateralis posterior), weniger des Unterwurmes und der Flocken, die verhältnismäßig geringfügige Veränderungen aufweisen. Die tektonischen Störungen inner-

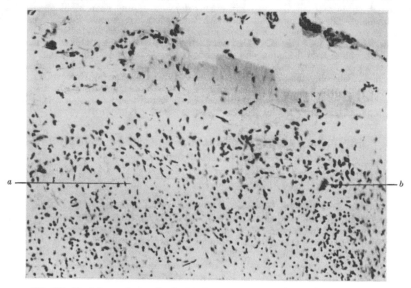

Abb. 107. Persistieren einer embryonalen Lamina dissecans (a) bei Kleinhirnastrocytom.
b Verlagerte Purkinje-Zelle. Vergr. 190fach.

halb dieses mißbildeten Gebietes sind mannigfacher Natur und auf die verschiedenen Lobuli in ziemlich unregelmäßiger Weise verteilt. Immerhin lassen sich bei genauerem Zusehen doch vier (allerdings nicht scharf voneinander abgrenzbare) Zonen unterscheiden, innerhalb derer ein bestimmter Typus von tektonischer Entwicklungsstörung besonders vorzuherrschen scheint:

a) Die am meisten lateral gelegenen Windungen (lateraler Teil des Lobus ansiformis = Lobulus semilunaris inferior), die vorwiegend durch exzessive äußere Mikrogyrie, also durch eine architektonische Störung höherer Ordnung ausgezeichnet sind;

b) die mittleren basalen Windungen (medialer Teil des Lobus ansiformis = laterale Partie des Lobus cuneiformis), in denen neben jener äußeren Mikrogyrie besonders auch subcorticale Windungen (architektonisch gegliederte Windungsheterotopien) in den Vordergrund treten;

c) die paramedianen Windungen (Lobus anso-paramedianus Bolk = mediale Partie des Lobus cuneiformis und Tonsille), innerhalb deren die Entwicklung des spezifischen Rindengewebes größtenteils auf frühester Embryonalstufe stehengeblieben ist; und endlich

d) die paläocerebellaren Teile (Unterwurm = Lobus medianus posterior von Bolk) und Flocken, welche im wesentlichen nur geringfügige und architektonisch hochdifferenzierte Entwicklungsstörungen der Rinde (einfache äußere Mikrogyrie) aufweisen.

Endlich scheint das Vorhandensein einer bis auf das Mark einschneidenden medianen Spalte im Vermis superior („mediodorsale Wurmspalte") und im Zusammenhang damit das Auftreten ziemlich mächtiger heterotaktischer subcorticaler Rindenknoten unterhalb dieser Spalte darauf hinzudeuten, daß in diesem Falle auch ein Teil des Oberwurmes nicht zur normalen Entfaltung gekommen ist.

Eine weitere Beobachtung betraf ein 3 Monate altes Kind mit Spina bifida sacralis, einfacher Mikrogyrie und Hydrocephalus des Großhirns. Allgemeine beträchtliche Hypoplasie des Cerebellums, namentlich des linken Seitenlappens. Tektonische Dysgenesie des Lobus posterior von Bolk und Mikrogyrie, subcorticalen Heterotopien, Rindenheterotaxien und Verharren mancher Windungsabschnitte (Lobuli paramediani) auf frühester Embryonalstufe. Partielle sekundäre Veränderungen (Sklerose und Atrophie) sowohl im normalen dorsalen als namentlich im mißbildeten basocaudalen Kleinhirnabschnitt. Totale mediodorsale Wurmspalte in der ganzen Längsausdehnung des Oberwurmes.

Bei einem 16³/₄ Jahre alten Knaben mit schwerer Idiotie fand Brun Mikrocephalie, Kontrakturen in allen Extremitäten, Infantilismus und Athyreoidismus. Entwicklungshemmung des Großhirns etwa auf der Stufe des 8monatigen Fetus. Hypoplasie des gesamten

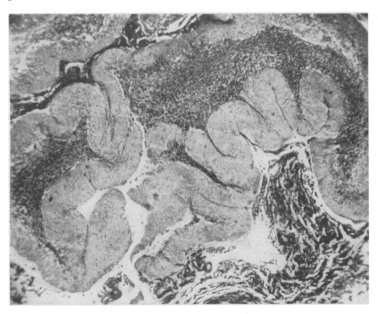

Abb. 108. Rindenhyperplasie des Kleinhirns, teilweise mit Pseudomikrogyrie. Im Großhirn Reste einer embryonalen Körnerschicht, besonders in der Präzentralregion. Im Kleinhirn lediglich im paläocerebellaren Anteil schwere Windungsmißbildungen, die offensichtlich auf eine mangelnde Körnerschicht zurückgehen. Die benachbarten Windungen sind im Prinzip makrogyr. Die Körnerschicht ist verdünnt, aufgelockert und regressiv umgewandelt. Vergr. 19fach.

Hirnstamms. Sehr starke Hypoplasie des Cerebellums, namentlich des Neocerebellums, mit histogenetischer Entwicklungshemmung der Rinde (Persistenz der peripheren Körnerschicht, Fehlen der Purkinjeschen Zellen) und der Kerne auf der Stufe des 8monatigen Fetus. Schwere frühembryonale Entwicklungshemmung der hinteren Abschnitte des Lobus posterior mit sekundären vasculären und entzündlichen Veränderungen. Heterotopien im zentralen Mark des Ober- und Unterwurmes.

Ein 3 Wochen altes Kind wies einen exzessiven Hydrocephalus internus sowie Mikrophthalmus rechts und Colomboma iridis links auf. Beträchtliche allgemeine Hypoplasie des Cerebellums. Partielle hochdifferenzierte Dysgenesie der laterobasalen Läppchen desselben (Mikrogyrie). Partielle mediodorsale Wurmspalte mit kleinen subcorticalen Rindenheterotaxien.

Bei einer 20jährigen Idiotin wurde Hemiatrophie der rechten Großhirnhemisphäre mit einfacher Mikrogyrie und partieller Sklerose beobachtet. Hemiatrophie der gekreuzten (linken) Kleinhirnhemisphäre. Exquisite umschriebene, einfache Mikrogyrie der Lobuli tonsillares, semilunares superioris und der lateralen Hälfte des Lobus quadrangularis.

Den lobären Dysgenesien stellt v. Brun die lobulären gegenüber.

Ein 2¹/₂jähriges, idiotisches Kind mit einer schweren Mikrocephalie mit Mikrogyrie des Großhirns und Hydrocephalus wies subcorticale Heterotopien und undifferenzierte Reste der Basalplatte des Zwischenhirnbläschens auf, ferner heterotope Metaplasien von Teilen der unteren Oliven ins Corpus restiforme. Mikromyelie. Allgemeine Hypoplasie des Cerebellums.

Alter und Nummer	Art und Sitz des Blastoms	Makroskopische Rindenveränderungen	Mikro-
			Molekularschicht
3½ Jahre, Ö., 87/45	Cystisches Astrocytom im rechten Kleinhirnoberwurm mit einzelnen regressiven Veränderungen	Windungen über dem ganzen Gebiet der Gliose zeigen Fehlbildungscharakter	Nach Breite und Zellgehalt normal
4 Jahre, F., 97/45	Cystische Gliose in der rechten Kleinhirnhemisphäre. *Makroencephalie*	Ausgesprochen hypoplastische Windungen in unmittelbarer Nähe der Gliose	Normal breit ohne Veränderungen
4½ Jahre, B., 93/45	Plexusmischgewächse des Kleinhirnunterwurmes	In unmittelbarer Nähe des Tumors eine pachygyre Windung, die den Übergang zur Mikrogyrie zeigt	Normal breit
25 Jahre, U., 132/44	Isomorphes Astrocytom der rechten Kleinhirnhemisphäre	Über dem Gliom einige fehlangelegte Windungen, die Pachygyrie zeigen	Normal breit
25 Jahre, D., 110/44	Embryonales Astrocytom des Kleinhirnunterwurmes mit Einwachsen in die beiden Hemisphären	Unmittelbar über dem Blastom plumpe, pachygyre Windungen	Normal breit, aber von einem Markfasersystem durchzogen

Embryonale Segmentierung der laterobasalen und caudalen Abschnitte der Nuclei dentati mit vollständiger histogenetischer und -tektonischer Nachdifferenzierung. Heterotaxie der frontalen Abschnitte der Lobuli paramediani.

Bei einem 2½jährigen Kind Mikrocephalie mit Balkenmangel, partieller Mikro- und Pachygyrie und Heterotopie. Allgemeine Hypoplasie des Cerebellums mit histogenetischer Entwicklungshemmung auf der Stufe des 14tägigen Kindes. Partielle symmetrische Mikrogyrie innerhalb der Lobuli simplices und ansiformes. Kleine hochdifferenzierte Heterotopie im Flockenstiel. Partielle Heterotaxie des Nodulus. Embryonale Segmentierung der laterocaudalen Abschnitte der Nuclei dentati mit tektonischer Postgeneration.

M. J. Cid fand 1929 bei einem 69jährigen, nicht erblich belasteten Mann als Nebenbefund eine circumscripte, beiderseitige symmetrische „Agenesie" des Lobulus semilunaris des Kleinhirns. Die Körnerschicht fehlte stellenweise vollkommen, während die Molekularzone normale Breite und die Purkinje-Zellen nur senile Veränderungen aufwiesen, entsprechend den Ganglienzellen im übrigen Zentralnervensystem.

1937 fiel es H. Jacob in einem von Brunschweiler veröffentlichten Fall und einem (ihm von Hallervorden überlassenen) auf, *daß der ausgedehnten symmetrischen Migrationshemmung im Großhirn eine dem Grad und der Art nach vergleichbare Migrationsstörung vorhanden war.* Er betont mit Anton, daß die Entwicklungshemmung des Großhirns keineswegs gesetzmäßig eine des Kleinhirns im Gefolge habe. M. Bielschowsky (1924) fand bei einem 4¼jährigen Idioten mit einem Hirngewicht von 490 g im Großhirn Windungsatypien, Mikro- und Pachygyrie. Im Kleinhirn steckengebliebene Windungen mit umgebenden Heterotopien zwischen dorsalen Wurm- und Dentatuskernen.

In Übereinstimmung mit Ostertag (1936, 1940, s. obenstehende Tabelle) stellt Schwarzkopf (1950) die Mangelbildung der Kleinhirnrindenpartien über den Kleinhirncysten und Kleinhirngliosen fest. Es gelang erneut der Nachweis, daß diese hypoplastischen, nicht ausdifferenzierten Kleinhirnwindungen über dem am Ventrikel verbliebenen Material der ventrikulären Matrix zu finden waren. Die Körnerschicht zeigte sich locker und zellarm, stellenweise mit eingesprengten unreifen Körnerzellen. Auch die Purkinje-Schicht war nur mangelhaft ausdifferenziert und lückenhaft ausgebildet. Eine Lamina dissecans ist für das Fortbestehen embryonaler Zustände bezeichnend, ebenso das Vorkommen nicht vollkommen ausdifferenzierter Purkinje-Zellen in ihr. Im Marklager finden sich dabei gewöhnlich noch Ganglienzellen.

Bei dem zweiten Fall war das liegengebliebene Matrixmaterial in der gliomatösen Wand der *lateralen* Kleinhirncyste und des erweiterten 4. Ventrikels aufgegangen. Bis zu einem *skopische Veränderungen.*

PURKINJE-Schicht	Lamina dissecans	Körnerschicht	Markschicht
An ihrer Stelle ein schmales Zellband proliferierender Gliazellen. Dazwischen einzelne ausdifferenzierte PURKINJE-Zellen	Schmal, aber sehr deutlich sichtbar	Verbreitert und aufgelockert. Körnerzellen sind polymorph	Verbreitert
Zellsaum gliaartiger Elemente, dazwischen wahllos und nach innen bis zur Körnerschicht reichend ausdifferenzierte PURKINJE-Zellen	Deutlich wahrnehmbar. In ihr wahllos PURKINJE-Zellen	Locker, Körnerzellen polymorph	Verbreitert
PURKINJE-Zellen fehlen vollständig. An ihrer Stelle ein Saum von Gliazellen	Vorhanden, manchmal nicht deutlich erkennbar	Verbreitert. Wabiges Grundgerüst	Etwas verbreitert
Fehlen stellenweise ganz, wo vorhanden, nicht voll ausdifferenziert	Fehlt	Aufgelockert und verbreitert, wabiges Plasmanetz	Verbreitert
PURKINJE-Zellen fehlen. Vereinzelte Vorstufen. Polymorphe Gliazellen an Stelle der PURKINJEschen Ganglienzellreihe	Ist deutlich vorhanden	Aufgelockert und verbreitert'	Verbreitert

gewissen Grade hatte es sich ausdifferenziert, jedoch kam es auf der befallenen Seite nicht zu einer Anlage der inneren Kleinhirnkerne. Das Zellmaterial lag verstreut im Marklager. Über der Gliomatose fanden sich plumpe pachygyre Windungsbäume, zum Teil mit Ansätzen zu Mikrogyrie. Auch hier war die PURKINJE-Schicht lückenhaft und ungemein zellarm, zum Teil von polymorphen, stellenweise noch von jugendlichen Körnerzellen durchsetzt und durch eine Lamina dissecans von der schmalen und wenig zelldichten Körnerschicht getrennt. In dieser lagen auch noch PURKINJE-Zellen. Bemerkenswert war, daß die vorwiegend einseitige Dysplasie nur auf der gleichen Seite zu Rindenverbildung und Kernaplasie geführt hatte.

Analog fand SCHWARZKOPF *Rindenverbildungen bei einem embryonalen Kleinhirnastrocytom.* Die Körnerschicht zeigte geringen Zellreichtum mit stark variierenden Einzelelementen. An Stelle der fehlenden PURKINJE-Zellen lagen in den verbildeten Windungen polymorph gestaltete multipolare und ovale Zellen mit granuliertem Protoplasma und blasigem Kern mit Kernkörperchen.

Auch hier persistierte eine Lamina dissecans (Abb. 107) und im Marklager fanden sich versprengte Körnerzellen. Die Art der Rindenverbildung schwankte zwischen Pachy- und Pseudomikrogyrie (Abb. 108). Ähnliche Rindenverbildungen beschrieb AMMERBACHER im Kleinhirn bei tuberöser Sklerose und zentraler Neurofibromatose. OSTERTAG fand Kleinhirnverbildungen gleichzeitig mit Störungen der Gliotisation des Fornix oder mit einer Megalencephalie. Um die Beziehung über Art und Sitz einer Hamartie einerseits und cyto- und myeloarchitektonischen Fehlbildungen andererseits deutlich zu machen, seien einige beispielhafte Fälle in kurzer tabellarischer Übersicht wiedergegeben.

Pachygyre Windungen finden sich auch bei anderen endogenen Blastomatosen. M. BIELSCHOWSKY (1924) betont bei der tuberösen Sklerose die große Ähnlichkeit tuberöser Windungsgebiete mit rein pachygyren Mantelzonen. Er stellte die charakteristischen histologischen Eigenschaften der tuberösen Großhirnrindenknoten und pachygyrer Kleinhirnwindungen fest.

E. J. HOPF beschrieb 1952 bei einem 66jährigen Mann ein im Medianspalt des Kleinhirns gelegenes Gewächs, das als Heterotopie grauer Substanz bzw. als *Choristom* angesprochen wurde. In der Neubildung fanden sich außer Gliafasern auch PURKINJE-Zellen.

b) Störungen des Massenwachstums.

α) Hypoplasie.

Unter den Befunden von angeblicher Kleinhirn*aplasie*, insbesondere einseitiger Kleinhirnaplasie, ist bezüglich der Beurteilung größte Zurückhaltung angezeigt. Zahlreiche Fälle sind durch eine frühembryonale Gefäßerkrankung erklärbar und es scheint, daß der über dem Tentoriumschlitz verlaufende Ast der Arteria cerebri posterior besonders leicht betroffen werden kann. Eine echte Kleinhirnaplasie wurde bisher nur für das Gebiet des *Neo*cerebellums erfaßt (wie bei Abb. 109a).

So berichtet R. BRUN (1918) über ein $10^3/_4$ Monate altes Kind (Abb. 109b), welches eine Aplasie der neocerebellaren Anteile mit teilweiser Mikrogyrie und Pseudosklerose der spärlichen in den caudalen Abschnitten zur Entwicklung gekommenen Windungsrudimente zeigte. Streckenweise fand sich eine abnorme Tangentialfaserschicht in der Rinde, sowie symmetrische paramediane Rindenheterotaxien am frontalen Unterwurm an Stelle der fehlenden Lobuli tonsillares. Auch fanden sich kleine subcorticale Rindenheterotopien in den Markstrahlen. Das Paläocerebellum — Flocken und Wurm — wies eine normale Entwicklung auf. Jederseits medial vom Nucleus dentatus fand sich ein mächtiges mediofrontales Kernkonglomerat mit auffallend großen Zellen und reicher Markentwicklung. Die medialen Dachkernabschnitte fehlten. Am Rückenmark war eine allgemeine Hypoplasie zu konstatieren, sowie rückständige Myelinisation besonders im Bereich des GOWERSschen Bündels. Die unteren Hauptoliven zeigten eine embryonale Entwicklungshemmung mit sekundär degenerativen und sklerotischen Gewebsveränderungen. In der Brücke fehlten die Brückenarme nahezu völlig und auch im Gebiet des oberen Kleinhirnstiels zeigte sich eine außerordentliche Hypoplasie der Bindearme. Im Großhirn fanden sich leichte allgemeine Retardierungen sowie vereinzelte Rindenheterotopien und Mikrogyrie im Occipitallappen. Bei einem zweiten $5^1/_4$ Jahre alten Fall zeigte das Kleinhirn eine hochgradige symmetrische Hypoplasie der Seitenlappen mit primitiver Furchen- und Läppchenbildung. Außer einer leichten allgemeinen Hypoplasie der Zellelemente, zumal der PURKINJE-Zellen, zeigte die Rindenarchitektonik regelrechtes Verhalten. Wurm und Flocken waren normal entwickelt, das laterale Mark enorm reduziert. Dabei zeigten die Nuclei dentati eine inselförmige Segmentierung mit Entwicklungshemmung der lateralen Abschnitte auf früher Fetalstufe. Die medialen Dachkernabschnitte zeigten ebenfalls eine hochgradige Hypoplasie. Ebenso die dorsale Wurmcommissur. Außerdem fand sich eine abnorme Entwicklung eines mächtigen dorsofrontalen Kernkonglomerates. Die unteren Hauptoliven zeigten starke Volumenreduktion mit Atrophie und partieller Degeneration der lateralen Abschnitte. Die medialen Schlingen der Hauptoliven waren intakt. Die Brückenarme zeigten hochgradige Reduktion, ebenso die Bindearme.

In einem von ST. MACKIEWICZ (1935) veröffentlichten Fall zeigte nicht nur das ganze linke Neocerebellum, sondern auch das Paläocerebellum eine ausgesprochene Hypoplasie. Von den paläocerebellaren Anteilen waren nur diejenigen der linken Kleinhirnhälfte, ebenso wie der Plexus chorioideus der gleichen Seite, deutlich hypoplastisch. Das Persistieren gewisser embryonaler Überreste, die einer bestimmten Phase der embryologischen Entwicklung entsprechen, andererseits das Fehlen von Anzeichen eines aktiven oder zum Stillstand gekommenen pathologischen Prozesses sprechen dafür, daß es sich um eine primäre pathologische Entwicklungsstörung (H. VOGT) und nicht um das Resultat einer Rückbildung des bereits entwickelten Cerebellums gehandelt haben dürfte.

Unter den *Entstehungsursachen* werden unter anderem therapeutische Röntgenbestrahlungen der Mutter während der Schwangerschaft in Erwägung zu ziehen sein. So berichtete

D. MISKOLCZY (1931) von einem 9 Monate alten weiblichen Säugling, dessen Mutter im 3. Monat der Schwangerschaft röntgenbestrahlt worden war. Neben einer teilweise erweichten Geschwulst im linken Occipitallappen, auf die leider nicht näher eingegangen wird, bestand

Nucl. glob.+ embol.   N. tecti   Oberwurm   Pars intermedia

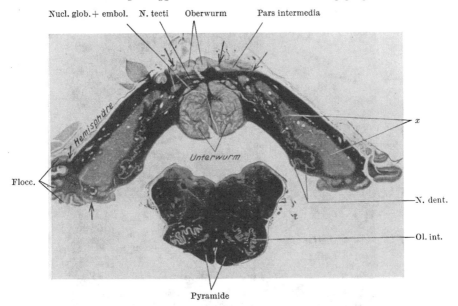

Abb. 109a. Cerebellare Aplasie. Markscheidenpräparat. Mikrophotographie. Die Rinde ist nur im Flocculus, im Oberwurm und in der Pars intermedia einigermaßen entwickelt. x Zellmassen im Mark der rindenfreien Hemisphäre. Man beachte den gut entwickelten Nucleus dentatus.

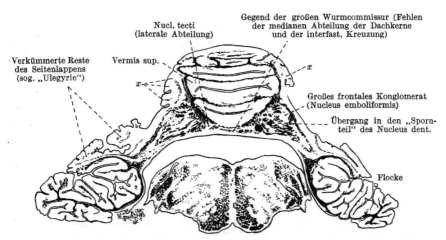

Abb. 109b. Neocerebellare Aplasie (nach BRUN). Das Paläocerebellum (Wurm und Flocke) ist allein entwickelt. Fall Sch. Schnitt durch das obere Ende der Oliven. Vergr. 5:1. (Aus A. JAKOB: Handbuch der mikroskopischen Anatomie des Menschen, Bd. IV, Teil 1. Berlin: Springer 1928.)

eine Kleinhirnmißbildung, die in einer hochgradigen Störung der cerebellaren Myeloarchitektonik und in einer schweren Störung der Rindenarchitektonik bestand. Die PURKINJE-Zellen lagen in der ganzen Breite der Molekularschicht zerstreut.

Eine ausgesprochene Hypoplasie des Kleinhirns beschrieb 1929 auch L. GUTTMANN. Neben der Verbildung des Kleinhirns fand sich am Großhirn eine „Affenspalte". Die Windungsgebiete um diese zeigten deutliche Heterotopien im Mark. Die Molekularschicht wies eine erhebliche Vermehrung der CAJAL-RETZIUSschen Zellen auf, sowie vereinzelt große querliegende Pyramidenzellen.

C. M. Pintos, R. A. Celle und E. A. R. Frugoni berichteten 1951 unter anderem über eine offenbar auf einem Anlagedefekt des Paläocerebellums beruhenden Kleinhirnhypoplasie.

B. Brouwer (1924) sah bei einem 1¹/₄jährigen Kind eine neocerebellare Hypoplasie im wesentlichen der Kleinhirnhemisphären und der mit ihnen in engerem Zusammenhang

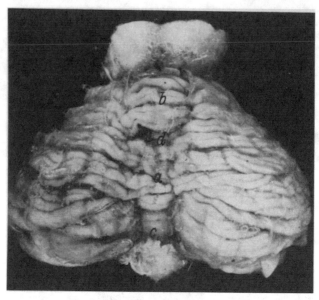

a

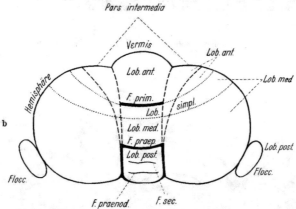

b

Abb. 110 a u. b. a Doppelseitige Hüftluxation. Idiotie. Polydaktylie. Daumenverdopplung an der rechten Hand. Kleinhirn: Unterentwicklung des Wurmes. Balken am caudalen Ende nicht geschlossen. Systematisierte Verbildung des Wurmes. Rostraler Wurm angelegt; Verkleinerung der paläocerebellaren Anteile, erhaltener neocerebellarer Lobus. Pachygyrie der Windungen an der Hemisphärenwölbung. a Lobus medianus; b Lobus anterior; c Lobus posterior; d Lobus simplex. b Zum Vergleich Kleinhirnschema. (Aus A. Jakob: Handbuch der mikroskopischen Anatomie des Menschen, Bd. IV, Teil 1. Berlin: Springer 1928.)

stehenden Brückenarme und Brückenkerne. Der Lobus anterior und simplex zeigten die meisten Veränderungen. Die Nuclei dentati waren stark reduziert mit Ausnahme der paläocerebellaren dorsalen Kernpartie. H. S. Rubinstein und W. Freeman (1940) beschrieben bei einem 72jährigen eine ausgedehnte Kleinhirnhypoplasie mit Bildungsmangel des Nucleus fastigii, dentatus und der Oliva inferior. Das Dach des 4. Ventrikels fehlte teilweise. Oral war noch ein Wurmrudiment zu sehen, mit schmalen Kleinhirngewebsstreifen auf jeder Seite. Der Flocculus war erhalten. Seine Existenz wird phylogenetisch erklärt.

Über eine vorwiegend paläocerebellare „Aplasie" des Kleinhirns berichtete 1933 H. A. Castrillón. Unterwurm, Flocculus und Paraflocculus fehlten, doch seien „deutliche Zeichen der Kompensation durch das Großhirn vorhanden gewesen". R. C. Baker und G. O. Graves brachten 1931 eine kurze makroskopische Beschreibung zweier Gehirne mit Unterentwicklung des Kleinhirns. Das eine Kleinhirn (von einem 19jährigen Idioten) entsprach etwa der Entwicklungsstufe des 3.—4. Embryonalmonats. Die Oliven fehlten und die Fossa rhomboidea war abnorm weit. — Bei dem anderen (68jährige Frau) fehlte die linke Kleinhirnhemisphäre, während die rechte voll entwickelt war. Eine genauere histologische Untersuchung dieser Fälle fehlt leider (s. unten).

Auch L. Pines und A. Surabaschwili (s. oben S. 477 und 480) berichteten 1932 über einen Fall von partieller Agenesie des Kleinhirnwurmes, bei dem die Kleinhirnhalbkugeln erhalten waren. Von dem Lobus inferior war nur ein kleiner Teil, nämlich der vordere Teil des Nodulus, erhalten. Der Lobus posterior vermis fehlte ganz, während der Lobus superior vermis bis auf den caudalen Teil des Declive verschont war. Der 4. Ventrikel lag auf einer Strecke von etwa 17 mm frei. — Die Autoren schlossen aus dem Fehlen von Veränderungen im Brückengrau und in den fronto-cerebellaren Bahnen auf den Mangel der normalen Verbindungen zwischen Brücke und Kleinhirnwurm, wie das auch schon von Besta, Karplus, Spitzer u. a. angenommen wurde.

F. Krause kommt 1929 bei der sorgfältigen Analyse eines Falles im Hinblick auf die faseranatomischen Beziehungen dahin, gewisse ontogenetische Schlüsse zu ziehen. So ist im Wurm des Kleinhirns der Lobus medius als ontogenetisch jünger anzusehen als der Lobus centralis anterior und der Lobus posterior. In einem eigenen Falle (s. Abb. 110) ist eben dieser ontogenetisch jüngere Anteil von einer dort lokalisierten Hypoplasie betroffen.

β) Hyperplasie.

Nicht minder sind die Schwierigkeiten bezüglich der Einordnung der Hyperplasien, namentlich auch bei partiellen Vergrößerungen von Kleinhirnanteilen. Eine echte allgemeine Hyperplasie findet sich am Kleinhirn kaum isoliert. Sie ist zumeist mit einer allgemeinen Megalencephalie verbunden (s. dort S. 526ff.).

So zeigte der Fall Ferraro und Barrera bei einer allgemeinen Hyperplasie des Zentralorgans stärkste Betonung des Kleinhirns. Noch im 12. Lebensjahr war die äußere Körnerschicht enorm entwickelt, die innere ungewöhnlich zelldicht.

Weiter berichtete 1920 E. Spiegel über eine beträchtliche Volumenzunahme der rechten Kleinhirnhemisphäre bei einem 22jährigen Mann mit Leontiasis ossea der rechten Schädelhälfte. Die Vergrößerung war ungleichmäßig und in den ventro-caudalen Partien am ausgesprochensten. Das Windungsbild wich über den am meisten vergrößerten Abschnitten stark von der Norm ab. Histologisch fand sich eine Volumenzunahme aller Schichten ohne Wucherung des interstitiellen Gewebes; dabei betraf die Hyperplasie auch den Nucleus dentatus und die 3 Kleinhirnarme der rechten Seite. Eine stellenweise Verbreiterung des dorsalen Blattes zeigte die Olive der Gegenseite, in geringerem Grad auch die gleichseitige Olive. Ferner fanden sich äußere und innere Mikrogyrien, Unregelmäßigkeiten in den einzelnen Schichten zueinander, Verlagerung von Purkinje-Zellen und am Nucleus dentatus Verhältnisse, welche an embryonale Entwicklungsstufen dieses Kerns erinnerten. Die hier vorhandenen hyperplastischen Bildungen waren mit sicheren Hemmungsmißbildungen kombiniert. Eine gemeinsame Ursache dieser kombinierten Fehlbildungen ist anzunehmen.

M. Bielschowsky und A. Simon berichteten 1930 über diffuse Hamartome (Ganglioneurome) des Kleinhirns. Sie verglichen einen eigenen mit einem bereits von Hallervorden und M. B. Schmidt sowie einem 1920 von Lhermitte und Duclos veröffentlichten Fall. Jeweils war eine Hemisphäre stark vergrößert. Die Vergrößerung war durch eine Volumenzunahme der einzelnen Kleinhirnläppchen bedingt. An Stelle der Körnerschicht fand sich eine stark verbreiterte Schicht unterschiedlich ausreifender Neuroblasten. Diese Schicht war im eigenen Falle ohne, im zweiten Falle mit Körnerzellen vermischt; außerdem fanden sich an zwei Stellen Rindenverlagerungen in die Marksubstanz. Bei beiden war die Markschicht äußerst dürftig angelegt. Im dritten Falle war die linke Kleinhirnhemisphäre stark vergrößert und bei reduzierter Marksubstanz fand sich auch hier eine Läppchenhypertrophie. In der Molekularschicht fanden sich reichlich markhaltige Fasern und unter dieser lag eine Neuroblastenzone, von der aus

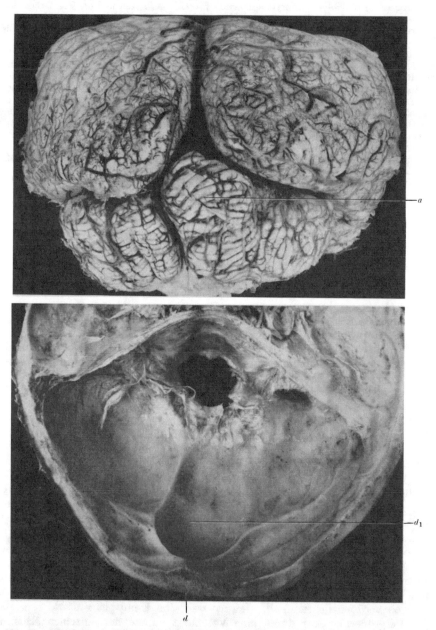

Abb. 111. Umschriebene hyperplastische Kleinhirndysplasie mit entsprechendem Abdruck des vergrößerten Kleinhirns in der hinteren Schädelgrube. Oben: Rückansicht des Gehirns, enorme Vergrößerung der Kleinhirnwindungen der rechten Kleinhirnhemisphäre, Wurm und linke Hemisphäre verdrängend, nach oben in die mediane Fissur vordringend. Unten: Knochenabdruck. Bei *d* Crista occipitalis nach links verdrängt; bei d_1 Raum für die vergrößerten Kleinhirnwindungen (*a*). (Nach J. KLUGE 1944.)

myelinhaltige Nervenfasern die Molekularschicht durchzogen. Unterhalb dieser Zone war nur eine äußerst gering angelegte Körnerschicht vorhanden. Die Verfasser treten für eine echte Blastomnatur der Veränderungen ein. Sie werden von ihnen als neurocytäre Blastome im Sinne der Hamartoblastome ALBRECHTS angesprochen. Die Geschwulstbildungsmatrix ist die über der Kleinhirnhemi-

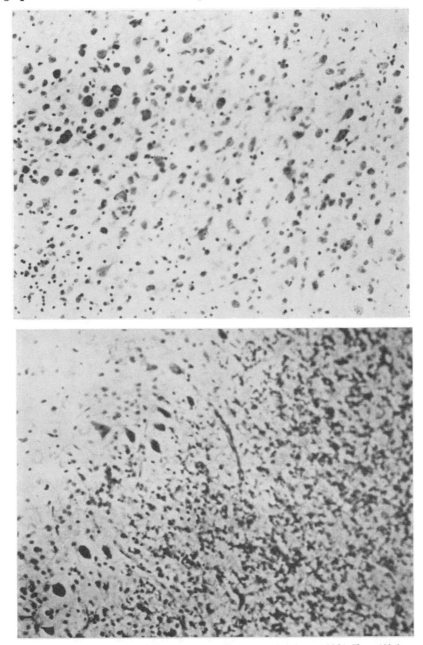

Abb. 112. Oben: Abwegige jugendliche Ganglienzellen an Stelle der Körnerschicht. Vergr. 180:1.
Unten: Körnerschicht von auffallend lockerem Bau, die Zellen liegen gleichmäßig verstreut. Vergr. 180:1.

sphäre ausgedehnte Neuroblastenschicht. In dem Falle HALLERVORDENS, bei dem Rindenheterotopien gefunden wurden, trat die Geschwulstnatur gegenüber der Gewebsverbildung mehr zurück.

Zwei der Geschwulstträger wiesen eine Polydaktylie, einer einen halbseitigen Riesenwuchs des Gesichts- und Hirnschädels auf. Da unter den bisher beobachteten Fällen von

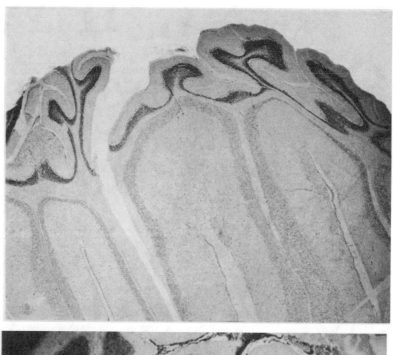

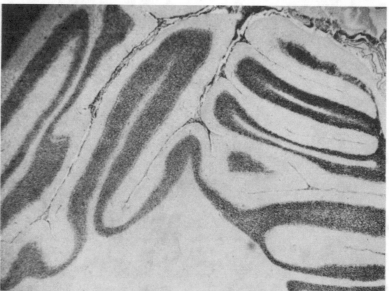

Abb. 113. Oben: Im oberen Abschnitt des Bildes normale Kleinhirnzeichnung, nach unten zu anschließend
veränderte Windungen mit breiter Molekularschicht und leerem Marklager. Vergr. 9:1. Unten: Übergang
der normalen zur veränderten Kleinhirnrinde. Die dunklen Zellbänder der Körnerschicht wandeln sich in
breitere hellere Bänder um. Vergr. 9:1. (Nach J. Kluge 1944.)

Ganglioneurom des Gehirns gleichfalls zum Teil Polydaktylie beobachtet wurde, sollten
bei der körperlichen Untersuchung bemerkbare dysontogenetische Zeichen bei Trägern von
Hirngeschwülsten (einschließlich ihrer Sippe) besondere Beachtung finden, da auf diese Weise
eventuell ein Rückschluß auf die Genese und Art der Geschwülste im Gehirn möglich ist.

O. FOERSTER und O. GAGEL berichteten 1933 über einen weiteren Fall als „Gangliocytoma dysplasticum" des Kleinhirns. Sie stellten ihn als den siebten bisher beschriebenen Fall von Ganglienzellgeschwulst dar. Bei der 43jährigen Frau bestand eine Vergrößerung der ganzen linken Kleinhirnhemisphäre, wobei die Windungen stark verbreitert waren. Im histologischen Bild zeigte dieses Gangliocytom weitgehende Ähnlichkeit mit den von BIELSCHOWSKY und SIMON beschriebenen Fällen (s. S. 553).

Ähnlich wie wir auch bei anderen dysontogenetischen Fehlbildungen am Zentralnervensystem eine infantile und eine juvenile Form unterscheiden können, ist auch bei der Kleinhirnhyperplasie eine jugendlichere und eine ausgereiftere Form zu unterscheiden. J. KLUGE hat 1945 das Problem der sog. einseitigen Vergrößerung einer Kleinhirnhemisphäre an Hand unserer zwei eigenen Beobachtungen (Abb. 111—113) einer Untersuchung unterzogen. Die erste Beobachtung entsprach weitgehend dem Haupttypus der bisher veröffentlichten Fälle. Mikroskopisch fand sich eine enorme Verbreiterung der Molekularschicht mit einem Band unreifer ganglionärer Zellen bei geringer Reduktion der Marksubstanz. Die zweite Beobachtung unterscheidet sich von der Mehrzahl der bisherigen Beobachtungen durch die starke Verbreiterung der Körnerschicht, während Molekularschicht, PURKINJE- und Markschicht innerhalb der Norm liegen. Die Ursache für die Verbreiterung der Windungen stellte hier die auffallend verbreiterte Körnerschicht dar. Die vorwiegend im jugendlichen Alter beginnenden Fälle, zu denen auch unser erster Fall W. gehört, können als eine einheitliche Gruppe zusammengefaßt werden, während unser Fall T. mit den Fällen von SPIEGEL und M. B. SCHMIDT-HALLERVORDEN weitgehend übereinstimmt. (Diese Fälle waren bisher unter anderen Gesichtspunkten beschrieben worden.) Gleichartige Fälle sahen außerdem HEINLEIN-FALKENBERG, H. BARTEN (1934) und E. CHRISTENSEN (1937). Eine kurze Übersicht mag das Vorstehende verdeutlichen.

Übersicht über die dysplastischen Kleinhirnhyperplasien.
(Nach J. KLUGE: Dissertation Berlin 1944.)

Schicht	Mikroskopisches Bild der Rinde	
	juveniler Typ	adulter Typ
Molekularschicht	Enorm verbreitert, Markfasersystem zur Oberfläche parallel und senkrecht bis in die Körnerschicht	Kaum verbreitert, normal, keine Vermehrung der Fasern
PURKINJE-Schicht	Nicht differenziert, verschwinden, ebenso BERGMANNsche Gliazellen	Ausdifferenziert, Zahl und Reife entsprechen der Norm
Körnerschicht	An Stelle der Körnerschicht ein breites Band von Ganglienzellen, neuroblastenartige Formen, ausreifende Formen, Typen motorischer Ganglienzellen. Der innere Teil der Körnerschicht ist am längsten erhalten	Stark verbreitert, aufgelockertes, wabiges Grundgerüst, in dem Zellen eingelagert sind. Nur noch teilweise typische Körnerzellen, viele regressiv verändert
Markleiste	reduziert	breit
Megalencephalie und weitere Verbildungen	stets vorhanden	fehlen
Klinische Kleinhirnsymptome	stets vorhanden	fehlen
	Fälle: LHERMITTE, BIELSCHOWSKY, BARTEN, CHRISTENSEN, HEINLEIN-FALKENBERG, MAIS, OSTERTAG I (Fall W.)	Fälle: SPIEGEL, HALLERVORDEN, OSTERTAG II (Fall T.)

Eine große Rolle bei partiellen Mangelzuständen spielen *fetale Prozesse*; die gefäßabhängigen Defektbildungen sind oben erwähnt.

So beschreibt C. A. Erskine (1950) 2 Fälle, die als Nebenbefund bei einem 79jährigen und einem 27jährigen Manne den Mangel einer Kleinhirnhälfte erbrachten. Die Zweige der Art. basilaris auf dieser Seite waren vermindert, die weichen Häute jedoch vorhanden. Beide Male war der Wurm größtenteils erhalten; ebenso waren die Oliven der Defektseite vorhanden. Hallervorden bezweifelt für diesen Fall eine reine Entwicklungsstörung, da eine solche kaum mit der Ausbildung einer völlig normalen Kleinhirnhälfte vereinbar sei. Es wird aus diesem Grunde eine eventuelle Blutung vor oder nach der Geburt, wie sie auch häufiger in der Literatur angegeben wird, angenommen.

Auch H. Tesseraux berichtete 1930 über ein 1½jähriges Kind mit einer Encephalocystocele im Bereich der Hinterhauptsschuppe mit Sklerose und hochgradiger Unterentwicklung des Kleinhirns. Der linke Flocculus wies wohlausgeprägte Windungen auf, die

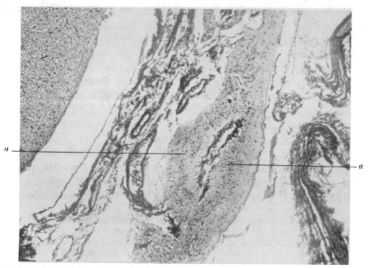

Abb. 114. Gliöse Heterotopie in den weichen Häuten des Rückenmarks (*a*). (Aus Ostertag: Hirngewächse. Jena: Gustav Fischer 1936.)

anderen Kleinhirnanteile waren windungslos. Histologisch großenteils das Bild der Rindenheterotaxie. Im Gegensatz zu dem zuvor erwähnten Fall wird man hier eine Entwicklungsstörung annehmen müssen, die jedoch eine *Folge* der Encephalocystocele ist.

Nebenbei sei vermerkt, daß Köttgen (1948) bei encephalographischen Untersuchungen an 14 jungen Säuglingen in 3 Fällen eine Kleinhirnhypoplasie sowie einen Mißbildungshydrocephalus fand. Neben Fällen von Mißbildungshydrocephalus ohne nachweisbare Drucksteigerung finden sich auch solche, die, wie H. Guillery (1926) beschrieb, infolge einer exzessiven Drucksteigerung zu enormem Druckschwund des Parenchyms bzw. zu Wandeinrissen führen können.

5. Extraneuraxiale Gewebsversprengungen.

Piale Heterotopien von Nervensubstanz finden sich zumeist im Bereich der hinteren Schädelgrube, und zwar am häufigsten bei gleichzeitig bestehenden Ependymomen, auch solchen des 3. Ventrikels. Sie liegen meist in den weichen Häuten des Kleinhirns und obersten Halsmarks. Treten schon früh in der Entwicklung Heterotopien von Blastemteilen besonders des Kleinhirns auf, so können diese bis in die caudale Rückenmarkspia verlagert sein (s. Abb. 114, 115).

T. Mérei (1950) sah subpial verlagerte Purkinje-Zellen bei Plexuspapillomen:

„Im dritten embryonalen Monat kann man nach Kuithan und His in der Kleinhirnrinde 2 Schichten unterscheiden: 1. die Mantelschicht, welche aus der embryonalen Körnerschicht und der Molekularschicht besteht und 2. die innere Schicht, welche die innere Körnerschicht und die sog. Zwischenschicht bilden. Im 4. Monat kommen nach Jakob und Hajashi schon überall in der inneren Körnerschicht große Zellen mit großem hellem Protoplasma und großem Kern vor; in ihrem Zelleib sind bereits Neurofibrillen nachweisbar. Laut A. JAKOB und HAJASHI sind diese Zellen die Vorgänger der PURKINJE-Zellen. In den späteren Monaten differenzieren sich die PURKINJESche Schicht und innere Körnerschicht weiter. Gleichzeitig bildet sich die embryonale Körnerschicht stufenweise zurück. Sie verschwindet im 11. oder 12. Säuglingsmonat endgültig. JAKOB meint, daß die äußere Körnerschicht gar keine oder nur eine geringe Rolle in der Bildung der PURKINJEschen Zellen spielt. VOGT und ASTWAZA-TUROW lassen im Gegenteil die PURKINJEschen Zellen wie die ganze Kleinhirnrinde von der embryonalen äußeren Körnerschicht abstammen.

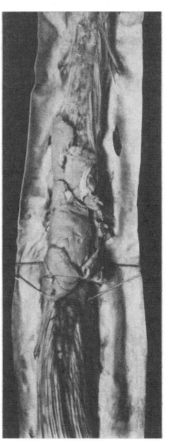

CAJAL entscheidet sich nicht in der Frage des Ursprungs der PURKINJEschen Zellen, hält aber ihre schnelle Differenzierung auf ihren endgültigen Plätzen für sehr wichtig.

Von den zwei geschilderten Auffassungen ist jene von VOGT und ASTWAZATUROW geeignet, die Entwicklung oberflächlicher und auch in der Molekularschicht liegender PURKINJE-Zellen zu erklären. Deswegen nehme ich im Anschluß an LOTMAR an, daß sie sich aus PURKINJE-Neuroblasten der embryonalen Körnerschicht entwickeln, welche durch irgendwelche Hemmung in der Tiefenwanderung aufgehalten werden."

E. GNIESER fand 1935 bei Untersuchung über die Syringomyelie 2 Fälle mit multiplen Gliomen und anggliösen Wucherungen in der Brust-Hals-Markgrenze, sowie ausgedehnte gliöse Wucherungen im Subarachnoidalraum, die sich über einen großen Teil des Rückenmarks bis zum Großhirn erstreckten.

L. VAN DER HORST und J. A. VAN HASSELT (1934) sahen bei der Sektion eines 26jährigen Syringomyeliekranken einen intramedullären Tumor im 8. Cervicalsegment und gliomatöses Gewebe, das sich in die Pia fortsetzte und das ganze Rückenmark wie ein Rohr umgab.

KERNOHAN beschreibt heterotope Gliazellnester im Subarachnoidalraum, ihre histopathologischen Merkmale, ihre Entstehungsweise und ihre Beziehungen zu den meningealen Gliomen. Außer diesen und den Arbeiten von OBERLING besteht keine uns bekannte europäische Literatur über diesen Gegenstand.

Abb. 115. Heterotopie von Kleinhirngewebe in die weichen Häute des Rückenmarks (Fall OSTERTAG I der Tabelle S. 557). (Aus Dissertation JOACHIM KLUGE: Zur Frage der dysplastischen Hyperplasie einer Kleinhirnhemisphäre. 1944.)

6. Sogenannte Retardierungen.

Neben den in den vorstehenden Abschnitten geschilderten Verbildungen verschiedenen Schweregrades müssen hier noch die feineren morphologischen Strukturabweichungen vom Charakter früher Entwicklungsstadien — sog. Retardierungen — Erwähnung finden, deren Träger häufig klinisch schwierig zu deutende regulatorische und psychisch abartige Zustände darbieten.

Hierher gehören die sog. *ventrikulären und vasculären Keimlagerpersistenzen*, die man im Cerebrum von Kleinkindern noch finden kann.

Auch die von F. J. BRZUSTOWICZ und J. W. KERNOHAN (1952) im Bereich des 4. Ventrikels beschriebenen *Zellreste*, die sich auch an anderen Stellen nachweisen lassen (OSTERTAG), gehören hierher (s. auch bei systematisierte Verbildungen, Abschnitt Kleinhirn).

In einer ersten Mitteilung berichteten sie über den Sitz und Vorkommen mit Bezug auf das Alter und Geschlecht. Bei einer Gesamtzahl von 253 Patienten verschiedenen Lebensalters und auch von Feten fand sich im Velum medullare anterius 234mal, im Velum medullare posterius 190mal, im Nodulus 95mal, im Ponticulus 43mal, im Velum medullare inferius 23mal Verlagerung von Keimzellen. In den 253 Kleinhirnfällen, die nicht durch Tumoren in Mitleidenschaft gezogen waren, wurden Zellreste festgestellt. Ponticulus und Nodulus cerebelli waren die häufigsten Sitze derselben. Weniger häufig war die Lokalisation im Kleinhirnmark, dagegen etwas mehr in den Vela medullaria. Zeitlich waren sie am häufigsten bei Frühgeburten, unentwickelten Kindern und Feten. Bei Männern waren diese Keimüberschüsse stärker als bei Frauen. Was die Dachstrukturen anbelangt, so finden sich in ihnen ziemlich viele Zellreste und es gibt zahlreiche Autoren, die Gewächse des 4. Ventrikels auf

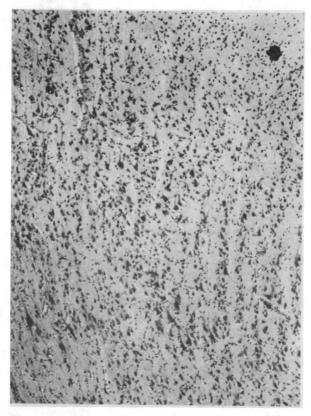

Abb. 116. Persistieren eines embryonalen Säulenaufbaus der Hirnrinde bei einer „Psychopathin".
Vergr. 50fach, lineare Vergr. 1¹/₂fach.

sie zurückführen wollen. In einer zweiten Mitteilung wurde am gleichen Material der histologische Aufbau dieser Zellreste untersucht, und zwar erstens unter dem Gesichtspunkt gemischter Zellreste, zweitens ependymaler Zellreste. Hinzu kamen Reste aus der Anlage der embryonalen Körnerschicht und Ganglienzellen, wie sie z. B. im Marklager einer im 6. Monat fehlgebildeten weiblichen Frucht vorhanden waren. Am häufigsten wurden gemischte Zellreste gefunden, die eine nicht unerhebliche variable Breite aufwiesen. Es folgten die ependymalen Zellreste, während solche der äußeren Körnerschicht nur in besonderen Fällen gesehen wurden. Neuronale Elemente fanden sich nur ganz selten. Die dritte Mitteilung bezieht sich auf die Zellreste und ihre Beziehungen zu Gliomentwicklung. Sie stützt sich auf 79 Fälle von Gliomen (43 Ependymome, 23 Astrocytome und 13 subependymäre Gliome). Der hintere Teil des 4. Ventrikels und der Nodulus waren am häufigsten Sitz dieser Ependymome. Das männliche Geschlecht überwog erheblich.

W. JERMULOWICZ fand 1934 bei einem 7jährigen Kind an der Stelle des Calamus scriptorius, an der sich das Neuralrohr zum 4. Ventrikel hin öffnet, ein vorwiegend aus Glia und atypischen Ganglienzellen bestehendes Knötchen. Die Möglichkeit einer Geschwulstanlage wird erörtert.

— Hydrocephalus, Poly- und Syndaktylie, Dystopia renis sin., Retentio testis utriusque abdominalis, Hermaphroditismus tubularis, Anus vestibularis, Pes equinovarus, Pes planus, Hyperplasia glandularum suprarenalium et thymi — zum Anlaß, diese auf eine gleiche Ursache zurückzuführen, da viele Mißbildungen des Falles auf eine gleiche Entstehungszeit fielen. Unseres Erachtens spielen sich in den frühen Entwicklungsstadien viele Teilprozesse zwar in zeitlich rascher Reihenfolge ab, aber auch hier sind Empfindlichkeitsphasen zu unterscheiden, so daß nicht notwendigerweise auf nur eine Ursache geschlossen werden kann.

Interessant ist die Mitteilung von YORKE und EDWARDS über eine partielle Verdoppelung des Rückenmarks bei einem 22jährigen Mädchen, Spina bifida und Klumpfußbildung. Außerdem fand sich im Thalamus, d. h. im dorsalen Flügelplattengebiet ein Gliom vom Aufbau der embryonalen Kleinhirnastrocytome.

Bei einem 5jährigen Knaben (NORDMANN und LINDEMANN 1940) fanden sich Hydromyelie und Tetraperomyelie. Die Mutter hatte eine weitere Fehlgeburt mit verkrüppelten Extremitäten.

Dagegen kann ein Fall von H. HEBER (1923), der eine 38jährige Frau mit Syringomyelie bzw. Syringobulbie, verbunden mit Cheiromegalie und Arthropathie betraf, wohl zu den Fällen gezählt werden, bei denen eine gewisse Abhängigkeit der Entwicklung wahrscheinlich gemacht werden muß.

Zweifellos ist eine direkte Abhängigkeit in dem Fall von G. B. CONTARDO (1933), bei dem neben einer Meningoencephalocystocele eine Syndaktylie der linken Hand, Mißbildung des linken Armes sowie eine Palatoschisis bestand. Das einseitige Vorkommen der Extremitätenmißbildung spricht gegen eine, unter dem Einfluß der Fehlbildung des Zentralnervensystems entstandene Mißbildung der Extremitäten.

Beim Arnold-Chiari sind sinngemäß dieselben Verbildungen zu erwarten wie bei den übrigen Dysrhaphien.

Bei der von ARNOLD (1894) und CHIARI (1895) erstmalig beschriebenen Fehlbildung wurden 1951 von P. DESCLAUX, A. SOULAIRAC und C. MORLON 2 Kinder beobachtet, bei denen das eine neben einer Afterfehlbildung Klumpfüße zeigte und das zweite eine Veränderung im Sinne eines tuberösen Angioms.

Auch bei Cyclopie und Arrhinencephalie sind koordinierte Fehlbildungen der Körperorgane von A. KLOPSTOCK (1922) beobachtet worden.

b) Einfluß der Verbildungen des Nervensystems auf die Funktion der Körperorgane, der Extremitäten und auf die Renkung.

Im Gegensatz zu den vorstehend genannten Verbildungen, die als koordinierte Entwicklungsstörungen teils der gleichen Determinationsperiode angehören, teils auf das Durchschlagen verschiedener Gene aufgefaßt werden müssen, sind nunmehr die Fehlbildungen zu erwähnen, die in deutlicher Abhängigkeit von zentralen Verbildungen stehen. Ein klassisches Beispiel ist die Pubertas praecox, die auf eine Hyperplasie im Gebiete des Tuber cinereum (s. Abb. 118) bzw. Hypothalamusanteilen zurückzuführen ist. Diese Hyperplasie stellt als übergeordnetes Regulationsorgan den verantwortlichen Faktor für die Pubertas praecox dar.

Neuerdings (1954) berichteten H. GRABER und G. KERSTING über einen Fall von Pubertas praecox hypothalamischer Art bei einem 7jährigen idiotischen Knaben. Auch hier fand sich eine umschriebene geschwulstartige Hyperplasie der vegetativen Kerngebiete im Bereiche des Infundibulums, Tuber cinereum und der beiden Corpora mamillaria. Im rechten hyperplastischen Mamillarkörper fand sich eine primitive Augenanlage mit Pigmentkapsel.

Die trophischen Störungen der Haut der Extremitäten beim Syringomyelie-komplex und dem Status dysrhaphicus gehen auf Störungen der Trophik *infolge* der Verbildungen des Nervensystems zurück. Allerdings ist die klare Entscheidung oft schwierig, so z. B. wenn bei einer rostralen Dysrhaphie die Gonaden hypo-plastisch sind, kann dies entweder eine koordinierte Entwicklungsstörung sein oder die Auswirkung einer Störung im Gebiete des Infundibulums bzw. der Tuber-kerne oder auch Folge einer Druckatrophie beim Hydrocephalus. Entscheidend wäre der Nachweis weiterer Veränderungen im Bereiche des übrigen Urogenital-systems oder weiterer Störungen im Gebiete des caudalen oder des ventro-caudalen Körperschlusses. Fehlen diese, dann dürfte der trophische Einfluß

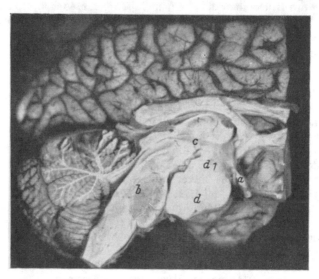

Abb. 118. Infundibuläre bzw. hypothalamische Hyperplasie mit Pubertas praecox. *a* Chiasma opticum; *b* Pons; *c* Sulcus Monroi mit dem darunterliegenden Hypothalamus; *d* Hyperplasie; d_1 fließender Übergang vom Hypo-thalamus in die Überschußbildung. [Nach Ostertag (1950).]

im Vordergrunde stehen, und zwar insbesondere dann, wenn infundibulär-hypophysäre Veränderungen nachweisbar sind. Einfacher liegen die Dinge bei der Beurteilung des Klumpfußes; denn wir kennen keinen angeborenen schweren bzw. doppelseitigen Klumpfuß ohne Entwicklungsstörung im Lumbosacralgebiet, so auch — wie Rohlederer gezeigt hat — bei der Hüftgelenksluxation, wobei eine Retardierung in der Entwicklung des Achsenskelets vorliegt, der häufig Entwicklungshemmungen im Gebiete der Medulla koordiniert sind.

Bei Wirbelsäulenverkrümmungen kommt neben einem Einfluß des Zentral-nervensystems auf die Renkung (harmonische Tonusverteilung) ätiologisch auch eine besondere Zwangshaltung im Fetalleben in Frage. 1954 wurden von H. Schrimpf fetale Beckenformen in Abhängigkeit von Mißbildungen der Wirbel-säule untersucht und vor allem auch der Entstehungsmechanismus des Spina bifida-Beckens zu erklären versucht.

Eigenartig sind die Fälle mit intrafetalen Frakturen und Callusbildung, wie in der Abb. 119a und b wiedergegeben. Bei allen von uns bisher beob-achteten Fällen handelt es sich um eine ganz eindeutige schwere Dysrhaphie mit einem dysrhaphischen Hydrocephalus und ventrikulär liegengebliebenen Keimlagermassen, also Veränderungen, wie sie von R. Schulz (1939) be-schrieben sind.

Die Beziehungen des angeborenen Olfactoriusdefektes (abortive Form der Arrhin-encephalie) zum primären Eunuchoidismus wird unter anderem von G. Köhne (1947) erörtert. Bei dem 43jährigen geistig zurückgebliebenen Manne fehlten beide Nervi olfactorii. Beide Hoden waren nur erbsgroß und im Hypophysen-vorderlappen die basophilen Zellen erheblich vermehrt. Köhne nimmt als Ursache „eine fehlerhafte chromosomal bedingte Anlage mit einem im Genotypus begrün-deten Abhängigkeitsverhältnis an." Weitere Beobachtungen stammen von Alt-mann sowie von Oldbergs (1914) und Weidenreich (leichtere Arrhinencephalie und Eunuchoidismus).

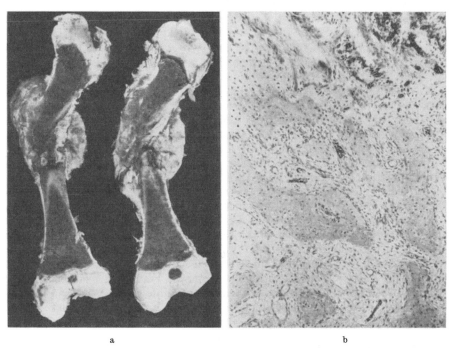

a   b

Abb. 119a u. b. a Intrauterine Spontanfraktur beider Oberschenkel. b Callusbildung mit osteoplastischen Säumen des gleichen Falles. Vergr. 86:1.

De Morsier (1955) faßt die „Dysplasia olfacto-genitale" als eine nosologische Einheit auf und nimmt als Ursache eine laterale ethmoido-olfaktive Dysrhaphie caudalwärts bis zum Hypothalamus an. Das entwicklungsbiologische Experiment und genaue Beobachtungen am Menschen werden uns allerdings erst Klarheit über weitere Zusammenhänge vermitteln.

Interessant ist die Auffassung von F. Panse, der auch die Polydaktylie als Ergebnis einer zentralen (diencephalen) Wachstumsfehlregulation auffaßt.

Mikrocephalie und Verhalten des endokrinen Apparates hatte d'Arrigo (1928) diskutiert, nachdem er eine hyperplastische, an den infantilen Zustand erinnernde Glandula pinealis bei einer 54 Jahre alten Patientin gefunden hatte, verbunden mit einer Hyperplasie des Hypophysenvorderlappens, bei Atrophie des Hinter-lappens. Auch Thyreoidea, Ovarien und Nebennierenrinde waren hypoplastisch.

Die trophischen Störungen bei der Syringomyelie sind oben näher erörtert. Wirken sich diese schon frühzeitig aus, entstehen die schweren Störungen in der Wachstumsdifferenzierung der beiden Körperhälften (J. Boudouresques und J. Capus 1947, Syringomyelie mit Hypertrophie der rechten oberen

Extremität), Cheiromegalie (D. d'Antona 1927), Akromegalie oder Fettsucht (Langeron und Dourneuf 1934). Raab (1926) führte eine Adipositas auf eine Syringomyelie des Halsmarkes zurück.

8. Vergleichende Pathologie [1].

Unter den bei Tieren beobachteten Verbildungen am Zentralnervensystem haben wir zwischen denen zu unterscheiden, die spontan beobachtet und denen, die genetisch erzeugt werden. Bei freilebenden Tieren haben wir wenig Kenntnis vom etwaigen Auftreten von Verbildungen, sondern lediglich bei Haustieren, bei denen häufig das Moment der Inzucht eine Rolle spielt. Ich lasse hierbei wiederum die totalen Mißbildungen und Doppelbildungen beiseite. Anencephalie kennen wir beim Pferd, Cyclopie insbesondere beim Schwein usw.

Außerdem wäre noch auf eine besonders beim Kalb (als Perosomus elumbis bezeichnet) und bei Hunden — vornehmlich dänischen Doggen und Bernhardinern — auftretende partielle Hypoplasie bzw. Agenesie der caudalen Rückenmarksabschnitte hinzuweisen. Die vordere Körperhälfte ist dabei völlig normal entwickelt, die hintere ist verkürzt und in allen Teilen sekundär atrophisch. Joest unterscheidet dabei (nach P. Cohrs):

,,1. Eine häufigere Form mit vollständiger Aplasie der Lenden-, Kreuz- und Schwanzwirbelsäule. Das Rückenmark endet unvermittelt einige Brustwirbel kranialwärts im blindgeschlossenen Wirbelkanal. Das Becken hängt mit dem Thorax und der Brustwirbelsäule nur durch die Haut, das Bindegewebe und die atrophische Lendenmuskulatur zusammen.

2. In selteneren Fällen fehlt nur die Lendenwirbelsäule, während Kreuzbein und Schwanzwirbel vorhanden sind. Das Brustmark endet wie bei der ersten Form. Im Kreuzbein findet sich wieder ein Stück Rückenmark, das in die Cauda equina ausläuft. Wie schon erwähnt, ist die primäre Bedingung in einer partiellen Agenesie des Rückenmarks zu suchen, während die Veränderungen der Knochen und Muskulatur usw. in einer Inaktivitätsatrophie infolge des fehlenden Nervenreizes und vielleicht auch dem fehlenden trophischen Einfluß der Nerven zuzuschreiben sind."

Eine ähnliche Verbildung (wie unter 2. beschrieben) konnte auch beim Menschen beobachtet werden. Fall Lücke-Liebenam, s. S. 404 und Ostertag (1936, l. c.).

Eine ganze Anzahl von Verbildungen des Nervensystems bei den kleinen Laboratoriumstieren verdanken wir den Genetikern. Ich verweise hier auf die Untersuchungen Bonnevies an Mäusen, auf die Untersuchungen Nachtsheims an Kaninchen, auf die wir unten noch eingehen werden. Die Frage der Genese haben wir hier nicht zu erörtern. In einer uns liebenswürdigerweise zur Verfügung gestellten Übersicht hat Frauchiger anläßlich der Abhandlung über die Nervenkrankheiten der Tiere auch Verbildungen wie den Hydrocephalus congenitus und die Kleinhirnhyperplasien zusammengestellt.

Eine Hydrocephalie verbunden mit einer Hydromyelie — nach Frauchiger bei Tieren sehr selten — beobachtete Cohrs beim Kalb.

Der angeborene Hydrocephalus, der auch beim Tier ein Geburtshindernis sein kann, kommt am häufigsten bei Kälbern und Fohlen vor (E. Frauchiger). Ursächlich werden teils erbgenetische, teils Krankheiten des Muttertieres (insbesondere Avitaminosen) angenommen.

1925 beschrieb Timmer Encephalocelen bei Schweinen. H. Butz und Th. Böttger (1939) haben Encephalocelen in der Stirngegend bei zwei neugeborenen

[1] Herren Prof. Cohrs, Hannover, Frauchiger, Bern, und Frau Dr. Gylstorff-Sassenhoff, München, sei für freundliche Hinweise gedankt.

Ferkeln beschrieben. 1949 berichtete W. WEBER über einen 20 mm langen Rinderembryo mit einer Hirnmißbildung in Form einer medianen Spaltbildung, die vom hinteren Teil des Prosencephalon bis in den Anfang des Mylencephalon reichte.

Nach FRAUCHIGER überwiegen Meningoencephalocystocelen beim Kalb gegenüber solchen bei Schwein und Kaninchen. ÜBERREITER sah eine Spina bifida occulta bei einem Fohlen, WINSSER bei einem Hund; SANTEMA (nach E. FRAUCHIGER) hat 14 Fälle von Spina bifida beim Kalb gesehen.

Neben anderen Autoren berichteten über Mißbildungen bei Kälbern JACKSCHATH (1899) über eine Myelomeningocele anterior, DOBLER (1903) über eine Rhachischisis partialis dorsolumbalis, GRATIA und ANTOIN (1913), REISINGER (1915), MAGNUSSON (1918), HJÄRRE (1926), ÖRS und KARATSON (1936) über Spina bifida. D. SCHENK beobachtete schließlich 1933 einen Fall von Akranie, Rhachischisis und Verdoppelung des verlängerten Markes bei einem Schwein.

J. E. MARSH erwähnt in einem alten Bericht Cyclopie beim Schwein. Über die Bauverhältnisse des Zentralnervensystems und des Nasenrudimentes bei einer cyclopischen Ziege berichtete 1938 W. STUPKA, K. H. BOUMAN und V. W. D. SCHENK teilten 1937 einen Fall von Synotie beim Kalb mit. Eine eingehende Beschreibung cyclopischer Mißbildungen beim Hühnchen lieferte 1941 E. GRÜNTHAL. Im Gegensatz zu TÖNDURY, der arrhinencephale Bildungen als Ausdruck einer Störung der Wirkung des Kopforganisators auffaßt, nimmt GRÜNTHAL an, daß die Unterentwicklung des Riechhirns und der Hirnbasis auch erst sekundär entstanden sein könnte.

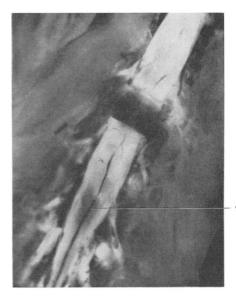

Abb. 120. Vererbbare Dysrhaphie beim Kaninchen. a Syringomyelie. (Aus OSTERTAG: Verh. Dtsch. Path. Ges., 25. Tagg. 1930.)

Aus der älteren Literatur finden sich Hinweise auf derartige Mißbildungen bei Tieren auch im Handbuch „Die Morphologie der Mißbildungen des Menschen und der Tiere" von E. SCHWALBE; z. B. die Beschreibung einer cyclopischen Ziege und eines Schweines, sowie einer Cebocephalie bei einem Pferd.

ILANCIC (nach FRAUCHIGER) beschrieb in Kroatien Mißbildungen im Riechapparat in der Nachkommenschaft eines Stieres.

Anencephalie und Craniorhachischisis hat der englische Genetiker HAMMOND beobachtet. Sie entsprechen in ihrem Erscheinungsbild denen der anderen Tiere und des Menschen. Die Syringomyelie an den von uns untersuchten Rex-Kaninchen NACHTSHEIMs lassen — mutatis mutandis — analoge Verhältnisse wie bei der frühkindlichen Syringomyelie des Menschen erkennen (s. Abb. 120 und 121). Bei einzelnen dieser Tiere war eine Hypoplasie der Pyramidenbahnen gleichzeitig vorhanden.

Phylogenetisch findet sich der Balken erst bei den unteren Säugergruppen. TUMBELAKA berichtete 1915 über das Gehirn eines Affen ohne Balken. H. H. CURSON beschrieb 1933 ein kongenitales Lipom bei einem Schafe mit vollständiger Verschmelzung der Hemisphären des Großhirns und unregelmäßiger Anordnung der Gyri und Sulci. E. FRAUCHIGER sieht den Balkenmangel bei Tieren als ein selteneres Vorkommnis an. In seiner Sammlung finden sich 4 totale (2 Pferde, 2 Kälber) und eine partielle (Katze) Balkenagenesie. S. King und E. Keeler berichteten 1928 und 1932 über Balkenmangel bei der Hausmaus. 1934 beschrieb Z. N. Kisselewa einen Balkenmangel bei der Katze, Scherer zitiert einen Fall bei einem Cebusaffen.

Nach E. Frauchiger ist über Mikrogyrien, Pachygyrien oder Heterotopien bei Tieren nur wenig bekannt. Joest (Handbuch) zeigt ein pachy- und mikrogyres Kälbergehirn. Schellenberg beschrieb eine kongenitale Porencephalie, Mikrogyrie und Heterotopien bei einem Schwein. Ferner finden sich von Verlinde-Ojemann Mikrogyrien bei 3 Katzen und Heterotopie der Purkinje-Zellen, ebenfalls bei einer Katze, beschrieben.

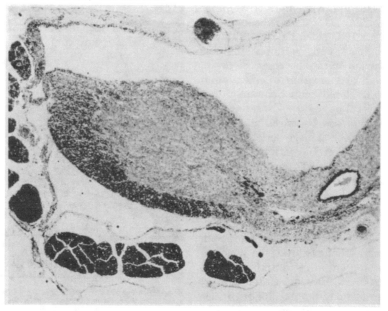

Abb. 121. Syringomyeliehöhlen dorsal eines geschlossenen Zentralkanals.
(Aus Ostertag: Verh. Dtsch. Path. Ges., 25. Tagg. 1930.)

Die Arnold-Chiarische Verbildung sah Frauchiger (1952) beim Kalb; die Mitteilung ist insofern für uns wesentlich, als die oft angeschuldigten mechanischen Momente bei der horizontalen Achse des gesamten Nervensystems beim Kalb nicht in Frage kommen.

Partielle Hypoplasie des Kleinhirns konnte S. R. Dow (1941) beobachten. Wie er berichtet, fehlten die Nuclei fastigii und zum Teil der Nucleus interpositus und dentatus.

Cerebellare Rindenaplasien bei verschiedenen Säugern erörtert L. C. Schulz (1953): „Im Bereich des Tuber vermis ... hypertrophiert der Wurm zunächst mit sagittalen Komponenten, bis eintretender Raummangel die beiden Wachstumszentren im Tuber zwingt, die median-sagittale Wachstumsrichtung zu verlassen und eine S-förmige Schleife anzulegen. Diese Entwicklung ist bereits abgeschlossen, bevor die Myelinisierung der Markscheiden im Kleinhirn beginnt. — Zunächst läßt etwa 4 Wochen vor der Geburt ein kraniales Wachstumszentrum die kraniale linke Teilschleife sich ausbilden, bis ein zweites caudal sich anschließendes Wachstumszentrum anlegt. Da diese

Hypertrophie sich in einem Teil des Cerebellum abspielt, der als phylogenetisch jung beschrieben und auch in der Ontogenese spät entwickelt wird, setzt eine überstürzt schnelle Differenzierung dieses Gebietes ein. Es ist zu vermuten, daß für die so explosiv ablaufende Vergrößerung der Oberfläche augenblicklich nicht ausreichend rindenaufbauendes Material zur Verfügung steht. So bleiben auf Kosten der Rindendifferenzierung über den funktionell wichtigen Teilen schmale Sektoren in der Nachbarschaft der S-Schleife rindenfrei, um bald durch ‚minderwertiges Material‘, hauptsächlich Gia, überwuchert zu werden. — Diese ausnahmslos in jedem Schweinkleinhirn anzutreffenden Rindenaplasien sind also nicht als eine pathologische Äußerung, sondern vielmehr als eine physiologische Eigenart anzusprechen."

1954 greifen P. Cohrs und L. Cl. Schulz noch einmal das Thema auf: „Die Hypertrophie des Kleinhirnwurmes präsentiert sich morphologisch artspezifisch. Und zwar in Schleifenform bei Wildschwein, Rind, Schaf, Rothirsch, Reh, Pferd, Elefant, Seehund, Löwe, Tiger, Hauskatze und einigen Hunderassen, dagegen beim Känguruh in ganz abweichender Form. Keine Hypertrophie des Tuber vermis findet sich im primitiven Gehirn der Nagetiere, vertreten durch Maus, Ratte, Meerschweinchen, Haus- und Wildkaninchen, Stachelschwein und Biberratte. Bei den Primaten ist das Tuber ein hochdifferenzierter Lappen, wenn auch von einer ausgesprochenen Tuberhypertrophie nicht gesprochen werden kann. Für diese in der Ontogenese sehr schnell ablaufende Vergrößerung der Oberfläche steht nicht genügendes rindenaufbauendes Material zur Verfügung. — Auf die Möglichkeit des Zusammenhanges der Hypertrophie des phylogenetisch jungen Tuber mit dem phylogenetischen Alter der einzelnen Individuen wird hingewiesen.

Beim Menschen können ebenfalls Aplasien der Rinde des Kleinhirns gefunden werden. Während aber bei den genannten Säugetieren die Aplasie die Folge eines Druckes schnell wachsender Teile des Kleinhirns ist und sich erst sekundäre Gefäße der Leptomeninx in die entstehenden Furchen einlegen (Schulz), scheinen sie sich beim Menschen durch das primäre Eindringen von Venen von der Leptomeninx in die Markblätter zu bilden. Diesen Vorgang kann man bei den genannten Säugetieren neben den durch Druck entstandenen Aplasien außerdem finden.

H. Allgemeine Schlußbemerkungen.

Beim Lesen der vorangehenden Abschnitte wird jeder die großen Lücken empfinden, die unser Wissen über die Entstehung, und zwar nicht nur in formalgenetischer Hinsicht, sondern auch in ätiologischer Beziehung aufweist. Ist auch vielfach das entwicklungsphysiologische Experiment und die Erbgenetik helfend eingesprungen, so müssen wir doch zugeben, daß trotz des ähnlichen Grundplanes im Frühaufbau der Vertebraten die Analogien nicht immer zwingend sind und daß bezüglich der Ursache es kein einziges sicheres Merkmal gibt, um eindeutig die endogene erbbedingte oder eine peristatische Ursache aufzudecken.

Die Mißbildungen im oben definierten Sinne sind ein entwicklungsphysiologisches Naturexperiment. In unseren Bemühungen, unter möglichst genau bekannten Bedingungen die Genese der Verbildungen erfassen zu können, haben wir anläßlich der Untersuchungen Kavens, die bis heute noch nicht wieder aufgenommen werden konnten, etwas mehr über die Phasenspezifität einzelner Entwicklungsstörungen aussagen können.

Nachfolgend eine Übersicht über die Ergebnisse der von Kaven angestellten Röntgenbestrahlung des Uterus der schwangeren Maus, wobei jedesmal mit

7.	8.	9.	10.	11.	12.	13.	14.	15.—17.	18.—19.
Resorption Placenta- reste Stark letale Wirkung	Hirnhernien Extra- kranielle Encephalie Resorption	\multicolumn{5}{c}{Schwanzveränderungen: Kurz-, Knick- bzw. Kurz- und Knickschwänze}				Sterilität der Männchen	Katarakte
		\multicolumn{3}{c}{Würfe meist aus Totgeburten mit Schwanz- veränderungen}			Hydrocephalus mit Schwanz- veränderungen			

derselben Dosis gearbeitet wurde. Es gelang mit großer Sicherheit, unter gleichen Versuchsbedingungen die Verbildungen jeweils zu reproduzieren. Bei Bestrahlung am 7. Tage finden wir wohl noch Placentareste, Resorption der Feten, also eine starke letale Wirkung, während am 8. Tage die Bildung von Hirnhernien und (extrakranieller) Exencephalie auftritt. Eine Bestrahlung an späteren Tagen zeigt außerdem Letalfaktoren, Schwanzveränderungen und Hydrocephalus.

Diese Untersuchungen ergeben folgende Tatsachen von Bedeutung: 1. Wie aus Abb. 122 ersichtlich, werden in einem Wurf die verschiedenen Tiere alle nur jeweils in *ihrer* sensiblen Phase getroffen. Das älteste sowohl wie das jüngste Tier ist jenseits bzw. noch vor der sensiblen Phase, die übrigen haben graduell verschiedene Fehlbildungen am Gehirn und Schwanz (Kurz- und Knickschwänze).

2. Mit dem Eintritt der Störung wird nicht unmittelbar eine Zäsur in der Entwicklung gesetzt, sondern es wird zunächst das Bildungsmaterial in seiner sensiblen Phase getroffen. Die pathologischen Erscheinungen z. B. am 8. Bestrahlungstag sind frühestens morphologisch am 15. Schwangerschaftstag erkennbar. Nach dieser Zeit tritt eine Resorption von Gehirnpartien der Früchte ein.

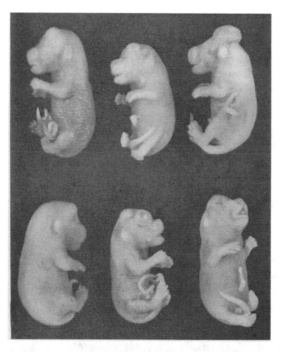

Abb. 122. Experimentell erzeugte Entwicklungsschäden des Gehirns bei der Maus. (Nach Kaven und Ostertag, Arbeit nicht veröffentlicht.)

3. Die erzeugten Fehlbildungen, sowohl bezüglich der Knickschwänze, wie bezüglich des Zentralnervensystems, sind hier durch das Experiment, also durch äußere Ursache, erzeugt worden, sie bieten aber dasselbe Bild wie die in den verschiedensten erbgenetischen Versuchen erzeugten Verbildungen. Praktisch sind diese verschieden erzeugten Veränderungen der Organe kaum voneinander zu unterscheiden (Dobrovolskaja-Zaradekaja). Dies ist ein weiterer Beweis dafür, daß die phänotypische Erscheinungsform sowohl erbbedingt wie exogen entstanden sein kann.

Infolge eines bestimmten Individualalters der einzelnen Früchte konnten wir nebeneinander (s. Abb. 122 ff.) die verschiedensten Verbildungen neben Normaltieren sehen. Das Tier c aus Abb. 123 und die Verfolgung dieser Stadien geben uns den Hinweis auf Resorptionsvorgänge, die zur Anencephalie führen können. Auch in Abb. 124 sehen wir im oberen Bild die Exencephalie mit ungenügender Entwicklung des Cortex und in dem darunterliegenden Bilde die Rückresorption eines Teiles dieses Materials, wobei es dahingestellt bleibt, ob diese Rückresorption sekundär erfolgt oder schon durch eine Störung der Anlage bedingt ist. Abb. 125 zeigt das, was bisher im Experiment noch nie erreicht werden konnte, nämlich die Retardierung und atypische Proliferation von ventrikulärem Matrixmaterial, und als leichtesten Grad der Störung sahen wir den so erzeugten Hydrocephalus, der in Abb. 126 in der unteren Reihe im Vergleich mit dem Kontrolltier (s. obere Reihe) dargestellt ist.

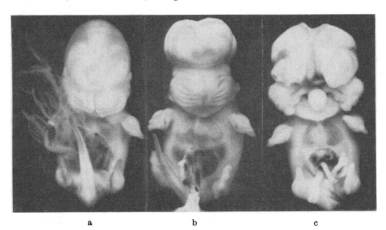

a   b   c

Abb. 123a—c. Aus der gleichen Versuchsserie wie Abb. 122. a Normaler Embryo; b Exencephalie; c schwerste Störung des Kopforganisators mit fehlender Vereinigung der Kieferteile, Rinnenstadium des Prosencephalon.

In Übereinstimmung mit neueren Untersuchungen TÖNDURYS konnten wir schon damals feststellen, daß für einzelne Veränderungen (zum mindesten bei der Maus) eine ganz erheblich breitere, für andere eine — zeitlich gesehen — sehr schmale Induktionsphase vorliegt. So ist die empfindlichste Phase für die Kurz-Knick-Schwänze der 9.—14. Embryonaltag, während für die Katarakte nur der 18.—19. Schwangerschaftstag in Frage kommt.

Diese Daten dürften für die Maus nunmehr als gesichert gelten. Gleichzeitig aber konnten wir aus der Versuchsreihe KAVENs folgern, daß wir die teratogenetische Determinationsperiode vielfach zu spät anzusetzen pflegen. Es kommt nicht darauf an, in welchem Zeitpunkte wir schon den Erfolg sehen, d. h. wann wir schon eine Veränderung des Keimmaterials feststellen können, sondern es kommt sehr viel mehr darauf an, festzustellen, wann die Blastemzellen in ihrer prospektiven Potenz geschädigt sind und dies geschieht zu einem Zeitpunkte, in dem sie noch keine erkennbaren Veränderungen aufweisen. Geschädigt wird nämlich nicht die Mitose, sondern es wird schon der Zellkern geschädigt, bevor er zur Mitose ansetzt. Die abwegige Mitose ist dann nichts weiter als ein Zeichen der bereits gesetzten Störung. Diese Schäden können jedoch sowohl endogen wie exogen bedingt sein. Unsere Untersuchungen werden also bestätigt durch die neuerdings durchgeführten Untersuchungen von BÜCHNER und seinen Mitarbeitern.

Bei Rückschau auf die Bildtafeln S. 369—381 sehen wir eine fortlaufende Reihe von den schwersten Verbildungen bis zu den leichtesten (Mikro)-Formen,

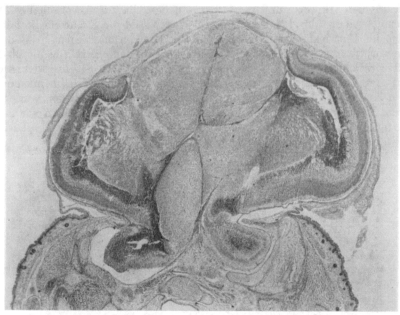

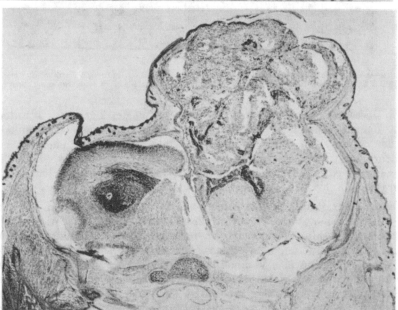

Abb. 124. Hirnhernie bei nicht geschlossenem Schädel mit Rückresorption des Materials. Exencephalie mit dorsal freiliegendem Diencephalon. Vergr. 22:1.

die uns als individuelle Abweichungen oder Eigenheiten oder als typenmäßige Konstitution entgegentreten. Bei Betrachtung dieser Tafeln sieht man, wie sich beide Gruppen der Verbildungen, nämlich die auf *Schlußstörungen* zurückzuführenden wie die auf endogen hypoplastischen Einflüssen zurückzuführenden mehr und mehr nähern, je reifer die Organdifferenzierung wird. So begegnen uns schließlich am Ende die Konstitutionstypen.

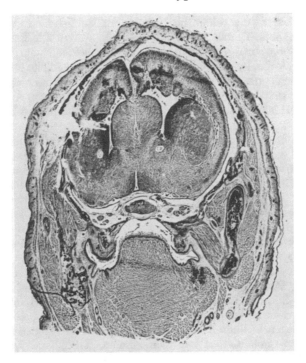

Abb. 125. Migrationshemmung mit Liegenbleiben von Keimmaterial im Ventrikeldach.
Vergr. 13:1, lineare Vergr. 1¹/₂fach.

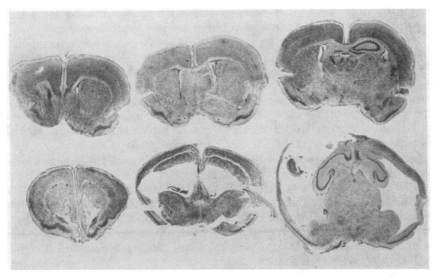

Abb. 126. Experimentelle Hydrocephalie. (Nach KAVEN und OSTERTAG, noch nicht veröffentlicht.)

Wie wir aus der Kenntnis der Fehlentwicklung Rückschlüsse auf die physio-logische Entwicklung ziehen können und immer wieder bei exakter Analyse des

Einzelfalles für Pathogenese, Morphogenese, sowie für das anatomische Substrat der Patho- und Orthophysiologie etwas lernen können, so ist es doch von wissenschaftlicher und klinischer Bedeutung, einen Einblick in die Faktoren zu haben, die für die Entwicklung des reifen Individuums maßgeblich sind. Wir werden uns aber eingestehen müssen, daß wir nicht imstande wären, alle Fragen zu beantworten, die uns entgegentreten. Wenn wir z. B. entscheiden sollen: Liegen koordinierte Störungen vor oder handelt es sich genetisch um Allele, multiples Durchschlagen eines Gens oder um Verbildungen, die abhängig sind von der primären Störung am Nervensystem, bzw. entwickelt sich bei bestimmten Anlagestörungen das Zentralorgan nicht entsprechend, weil andere Regulationsmechanismen nicht funktionieren.

Hier sei z. B. an die Auffassung erinnert, daß die unzureichende Entwicklung der Nebennieren eine Störung auch der Entwicklung des Gehirns, insbesondere seines Lipoidstoffwechsels mitbedingt u. a. m. Aus diesem Grunde haben wir das Kapitel Verbildungen des Nervensystems und Körperorgane mit aufgenommen. Hier setzt im Interesse des lebenden Menschen die Humanforschung ein und wenn uns das frühe Studium der Entwicklungsphysiologie wichtige Erkenntnisse beibringen konnte, so reicht leider das Experiment am niederen Wirbeltier und insbesondere an den Amphibienlarven, ja nicht einmal bei den Vögeln dazu aus, um die Vorgänge beim Menschen zu klären.

Gelegentliche *Gutachterfragen* sind solche erbbiologischer Art. Nun haben wir bereits ausgeführt, daß es mit Spielmeyer kein absolutes Merkmal gibt, das bei einer bis dahin nicht sicher bekannten Krankheit die Erblichkeit beweisen konnte. Darüberhinaus haben wir (1935 und später) ausdrücklich auch beim Menschen die exogen bedingten Dysrhaphien unter Beweis stellen und schließlich im Tierexperiment mit Kaven beweisen können, daß phänotypisch dieselben Verbildungen, wie sie aus endogen genetischer Ursache entstehen, auch exogen als phänotypische Modifikationen (Phänokopien) erzeugt werden können. Je nach der Auffassung wird in einer Zeitperiode das Pendel mehr nach der einen oder anderen Seite ausschlagen und dementsprechend die endogen erbgenetische Anlage oder die exogen erworbene in den Vordergrund geschoben werden.

Das Entwicklungsexperiment zeigte in Übereinstimmung mit unseren Untersuchungen (1936), daß frühzeitig in der formativen Phase gesetzte Störungen nicht anders verlaufen als endogen bedingte. Erst *nach* Anlage des Organs werden Erkrankungen eine Störung der Weiterentwicklung im Sinne eines Defektes setzen. In frühen Stadien werden sie, sofern der Keim am Leben bleibt, dieselbe Auswirkung haben wie eine genbedingte Fehlinduktion. Sehen wir von den Ursachen, die der Laie beschuldigt, ab, so finden sich selbst im medizinischen Schrifttum noch zahlreiche recht fragwürdige Angaben.

Daß selbst bei erbgesunden eineiigen oder zweieiigen Zwillingen der eine in seiner Ernährung durch räumliche (peristatische) Verhältnisse geschädigt werden kann (s. oben), ist von uns 1936, 1940 und 1954 ausdrücklich erörtert worden. Wir konnten damals ausführen, daß sich kein Arzt darüber wundert, in der Nachgeburt einen Holoacardius oder einen Foetus papyraceus zu finden, daß aber sofort von einer Erbbedingtheit gesprochen wurde, wenn ein Paarling mit geringer Schlußstörung, Spina bifida, Hydrocephalus und dadurch bedingten Klumpfüßen das Licht der Welt erblickte.

Der Partner eines infolge infizierter Spina bifida[1] verstorbenen eineiigen Paarlings lebt heute noch als völlig gesunder Mensch und hat gesunde Nachkommenschaft. Jede Störung der Eieinnistung, insbesondere bei einer nochmals erfolgten

---

[1] Unserer Beobachtung der Abb. 33—35 (1925).

Blutung nach erfolgter Konzeption, kann eine Dysrhaphie hervorrufen, ebenso wie der Versuch zur Beseitigung der unerwünschten Gravidität.

Wie im Kapitel „Rückresorption" sowie fetale Prozesse und Verbildungen ausgeführt, ist es oft schwierig, den diesbezüglichen Vorgang noch einigermaßen klar herauszuschälen. Die Ursachen dafür sind oben erörtert. Der Wasserreichtum des kindlichen Gehirns führt zu einem restlosen Abbau der etwa gesetzten Schäden.

Oft steht die Frage zur Erörterung, ob epileptische Anfälle auf ein angeschuldigtes Trauma zurückzuführen sind. Hierbei wird bei den Mißbildungsformen der allgemeine Befund, der Bau des Gehirns den Ausschlag geben. Am häufigsten wird jedoch die Frage nach einem Unfallzusammenhang bei denjenigen Krankheitszuständen gestellt, die aus scheinbarer Gesundheit heraus auftreten und progredient verlaufen. Diese Frage nach dem Unfallzusammenhang wird nicht nur bei Hirngewächsen, sondern ebenso häufig bei der Syringomyelie gestellt. Wir werden sie auf Grund des schicksalsmäßigen Ablaufs dieser Erkrankung verneinen müssen. Schwierig ist lediglich die Frage, eine Beschleunigung des Ablaufes dieser Erkrankung durch eine traumatische Schädigung zu beantworten. Einzig und allein eine schwere Verletzung der Körperachse, die in ihrer Lokalisation mit dem Schwerpunkt des späteren Befundes übereinstimmt, kann bei anatomischem und röntgenologischem Nachweis vielleicht im Sinne einer richtungsweisenden Verschlimmerung angesehen werden. In diesem Falle wäre eine sonst nicht zu erwartende Blutung oder eine besonders schwere Auswirkung einer Rückenmarkscommotio nachzuweisen. Jedes derartige Urteil muß hinreichend bewiesen oder in einem erheblichen Maße wahrscheinlich gemacht werden können.

Für die Beantwortung all dieser Fragen ist sowohl die genaue Kenntnis der anatomischen Bilder unerläßliche Voraussetzung, als auch die Kenntnis der sekundären Veränderungen, so z, B. die infolge der Druckverhältnisse und des Abbaues oft auftretende kleincystische Meningitis oder pannusartige Umscheidung des Rückenmarks bei Syringomyelie, die zu einer Verödung des Cavum leptomeningicum und damit zu einer Atrophie der Rückenmarkswurzeln führen kann. Stets ist zur Beantwortung dieser Fragen der Befund des gesamten Hüllraums, insbesondere auch des Knochens mit der Dura, der Foramina intervertebralia, die oft schon Aufschluß über einen länger bestehenden Druck geben, heranzuziehen (vgl. Kompressionen, Teil 3 dieses Handbuchbandes, S. 144). Ebenso kann der Hydrocephalus bei den Dysrhaphien und bei der Syringomyelie eine plötzliche Zunahme erfahren. Daß die Dysrhaphien wie die Syringomyelie häufig mit Verbildungen der Wirbelsäule einhergehen, ist ebenfalls zu berücksichtigen.

Aus unseren Darlegungen ergibt sich, wie sehr die Dinge noch im Fluß sind. Über die Frage der nur endogenen oder exogenen Entstehung hinaus gewinnt die Lehre von den Mißbildungen auch unter den willkürlichen und unwillkürlichen Veränderungen der Lebensbedingungen eine erhebliche Bedeutung. Um so wichtiger ist die exakte Bestimmung des Begriffes. Wie oben dargelegt, dürfen wir unter Mißbildung nur die primären, während der ersten Embryonalentwicklung entstandenen Veränderungen der Organe oder des Individuums bezeichnen, die sich spätestens zu Beginn der organogenetischen Phase ausgewirkt haben. Was später eintritt, sei es durch Infektionen oder Krankheiten der Mutter, ist entweder als intrauterine Erkrankung oder als eine Defektbildung, z. B. infolge einer Zirkulationsstörung anzusprechen. Um diese Dinge richtig zu erfassen, bedarf es, wie wir es mehrfach (l. c.) gefordert haben, der exakten fachpathologischen Untersuchung aller frühzeitig ausgestoßenen Früchte und aller Verbildungen unter Mitwirkung des Gynäkologen und des Klinikers. Wir werden dabei im wesentlichen von vorne anfangen müssen, denn ein großer Teil der Statistiken ist für die heutigen Fragen nicht mehr ausreichend[1].

Die Teratogenese ist eine wesentliche Quelle für die Erfassung der orthologischen Entwicklung; insbesondere sind diejenigen leichteren Veränderungen von Bedeutung, die auch einer funktionellen Untersuchung klinisch zugänglich sind. Über die frühesten Stadien der menschlichen Verbildungen sind wir, wie oben ausgeführt, unzureichend unterrichtet und auf das entwicklungsphysiologische Experiment angewiesen, das gegenüber den Störungen in der menschlichen Entwicklung auch den großen Vorteil der willkürlichen Unterbrechung und vor allen Dingen auch der Reproduzierbarkeit besitzt.

Was das menschliche Untersuchungsgut anbelangt, so ist es oft nicht möglich, erbliche und nichterbliche Fehlbildungen sicher auseinanderzuhalten. Wir kennen wohl die Endformen der Verbildungen, aber wir wissen nichts über die Frühformen. Hier kann nur eine systematische Untersuchung aller Fehlgeburten zum Ziele führen, wie wir es zuletzt 1940 nachdrücklichst getan haben: „Es ist dringend zu fordern, daß alle Fehl- und Frühgeburten wie verbildete Früchte der sachverständigen anatomischen Untersuchung mitsamt der Schwangerschafts- und Geburtsanamnese wie der erbklinischen Daten zugeleitet werden." Ich möchte noch hinzufügen, auch alle frühen Abortiveier. Schon klinisch erweist es sich, wie auch HALLERVORDEN (l. c.) betont, daß ein Einzelfall, „den wir für exogen bedingt halten, bei genauerer Nachforschung sich später als erblich bedingt herausstellt. Im übrigen ist gar keine scharfe Trennung möglich, weil immer Anlage und Umwelt zusammenwirken und wir *viel richtiger* fragen müssen: Wieviel ist in dem einzelnen Falle anlagebedingt und wieviel auf äußere Ursachen zurückzuführen? So können Atrophien des Kleinhirns isoliert oder als Teilerscheinungen allgemeiner Hirnerkrankungen vorkommen, sie können auf exogene Schäden zurückgehen oder heredofamiliär bedingt sein, sie können primär auftreten oder durch Großhirndefekte sekundär hervorgerufen werden. Sie können angeboren oder erworben sein, stationär bleiben oder progressiv verlaufen."

Nach unseren überschlägigen Feststellungen verteilen sich die sicher exogenen, die rein endogenen, rein exogenen und die exogenen Schäden bei endogenen Hypoplasien wie auch am unfertigen Organ entsprechend der graphischen Darstellung (Abb. 127), wobei ein Prozentsatz um 20% herum heute noch ungeklärt bleiben muß.

Als der Verfasser seinerzeit den Beweis dafür erbringen konnte, daß es an sich keine Verbildung gibt, die mit Sicherheit als erblich angesprochen, sondern bei entsprechender Determination auch durch äußere Ursachen ausgelöst werden kann, wurde zu diesem Zwecke ein einwandfreies Untersuchungsgut von mehreren hunderten Früchten mit Familien- und Schwangerschaftsanamnesen gesammelt, konnte aber hier leider noch nicht verwertet werden. So darf es mit Genugtuung verzeichnet werden, daß gerade LEHMANN und WERTHEMANN neuerdings dieselben Forderungen für den Fortschritt der Untersuchungen gestellt haben: „die wissenschaftliche Mißbildungslehre, beruhend auf den Forschungs-

---

[1] Außerordentlich wesentlich für die Analyse der Ursachen der Verbildungen ist die Feststellung, wann eine Schädigung eingetreten ist. Hierüber finden wir im Schrifttum leider häufig unzutreffende Angaben, vor allen Dingen auch bei der Behauptung von Röntgenschäden, die mit der Determinationsperiode niemals übereinstimmen können. Wenn bei einer Myombestrahlung Verbildungen auftreten, die mit dem Zeitpunkt der Bestrahlung nicht in Einklang gebracht werden können, dann liegt es häufig sehr viel näher, schon an eine Störung der Eieinnistung infolge der myomatösen Veränderung des Uterus selbst zu denken, als etwa an eine Röntgenschädigung. Durch Bestrahlung in der 5.—6. Woche kann niemals eine Hasenscharte (18.—19. Tag) oder Störung des Nasenprofils bzw. Mikrogyrie bedingt sein.

ergebnissen der Entwicklungs- und physiologischen, embryologischen, der Genetik-, der normalen und pathologischen Mikro- und Makroanatomie". Berechtigterweise warnt auch WERTHEMANN vor dem Fehlen bei einer vergleichenden Teratologie, das Mißbildungsgeschehen phylogenetisch erklären zu wollen. „Es gibt so gut wie keine menschlichen Mißbildungen, die als Rekapitulation oder Relikte von Zuständen der Stammesgeschichte bezeichnet werden können." Voraussetzung bleibt für die Zukunft trotz allem, was Generationen getan und gedacht haben: nur durch eine sorgfältige Gemeinschaftsarbeit, an hinreichend großen Untersuchungsreihen zu arbeiten, bei größter Bescheidenheit in der Deutung und bei möglichst vielen und sorgfältigen Beobachtungen. Genau so wie vor 2 Jahrzehnten, da fast jede Verbildung als endogen erblich angesehen wurde, ist heute die Tendenz in die andere Richtung umgeschlagen. Sogar das „Versehen", und zwar in diesem Fall auf dem Umwege über psychisch gesetzteDurchblutungsstörungen,taucht wieder auf.

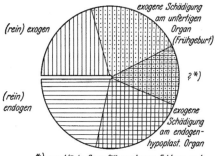

Kurz ist noch die Frage „Mißbildung und Gewächsentstehung am Zentralnervensystem" zu streifen. Wir befinden uns hier in einer Situation, die FOLKE HENSCHEN (dieses Handbuch, Bd. XIII, Teil 3) meisterhaft herausgestellt hat. Abgesehen von der oben besprochenen Syringomyelie, die seit BIELSCHOWSKY als Fehlbildung mit blastomatösem Einschlag richtig bezeichnet wird, haben wir in dieser Gruppe die tuberöse Sklerose (s. oben S. 449 und 462), die RECKLINGHAUSENsche Neurofibromatose, die Phakomatosen BOGAERTs. Das Kennzeichen dieser Erkrankungen ist das Nebeneinander von Mißbildung und proli

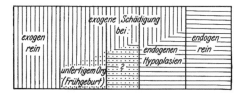

Abb. 127. Übersicht über die Entstehung abwegiger Entwicklung. Senkrechte Linien: exogen; horizontale Linien: endogen; Punkte: Frühgeburtsfaktor (unfertiges, unausgereiftes Organ). Unten: Lineare Darstellung der Übersicht, um in den drei mittleren Gruppen den abnehmenden Anteil des exogenen Faktors zu zeigen.

ferativem, entweder hyperplastischem oder echtem blastomatösem Wachstum. Bei der tuberösen Sklerose sterben die infolge der mangelnden Hirndifferenzierung schwachsinnigen Patienten nicht an den Verbildungen der Hirnrinde (es sei denn im epileptischen Anfall), sondern an den dauernd wachsenden Thalamustumoren, die als echte Spongioblastome anzusprechen sind. Es bezweifelt kaum jemand, daß z. B. eine Gliomatose des Brustmarkes und ein Neuroepitheliom oder ein ependymales Gewächs des Halsmarks bei einer Spina bifida ein auf Anlagestörung beruhendes geschwulstmäßiges Wachstum darstellt. Unserer Auffassung, daß sich an den Stellen tiefstgreifender Störungsmöglichkeiten echte Medulloblastome, Neuroepitheliome, ependymale Gewächse bis in den 4. Ventrikel hinein ganz vorzüglich finden, ist bisher nirgends widersprochen. Dasselbe gilt für die Flügelplattengliomatosen und Gliome, die wir oft einseitig, seltener doppelseitig vom Halsmark durch das Rautenhirn hindurch bis ins Mittelhirn, ja bis zum diencephalen Thalamus verfolgen können.

Bei den frühkindlichen Gewächsen, auch des Großhirns, wird niemand den Anlagefaktor bezweifeln können; wohl aber wird von jüngeren Autoren der Anlagecharakter generell abgelehnt, sobald es sich um die Gliome des Groß hirns handelt. Ebenso wie es Gynäkologen gibt, die nur wissen wollen: Ist es es eine Hyperplasie, eine Erosion, ein Portio- oder ein Collum-Krebs...? gibt es eben auch Hirnchirurgen und Pathologen, denen die Diagnose Glioblastom oder Astrocytom vollkommen ausreicht, und die es als Ballast empfinden, wenn man von „Spongioblastom der Riechhirnausladung" spricht.

Gerade die Gewächse im Gebiete des Allocortex haben ihre anatomischen und klinischen Eigenheiten, weil sie nämlich zu den systemisierten Verbildungen gehören, die im Verlaufe oft des gesamten ursprünglichen Randbogens oder des Fornixgebietes oder der Riechhirnausladung auftreten. Es mangelt uns nicht an Beobachtungen, wie sie unter anderem von Härter (1951) beschrieben wurden, in denen die Riechhirnausladung beiderseits unvollständig rückgebildet war, auf der einen Seite sich ein Glioblastom fand, während auf der anderen, scheinbar gesunden Seite, die Riechhirnausladung noch persistiert, aber von einer echten hyperplastischen Gliose umgeben war. Daneben haben wir diejenigen Fälle, in denen beide Territorien der ursprünglichen Olfactoriusrinne gliomatös entartet sind. Ich erinnere weiter an die Glioblastome, z.B. im rostralen Abschnitt des Fornix, die sich bis in den Gyrus hippocampi fortsetzen; weiter an die zahlreich gefundenen Gliosen des Fornix bei den medianen (Allocortex-)Gewächsen des Stirnhirns. Man wird hier also ebenso, wie z.B. bei den Hypophysengangsgewächsen, über deren Ausgangspunkt keine Diskussion herrscht, die Verbildung auf eine angeborene Fehldifferenzierung der Matrix zurückführen müssen.

Warum aber — und *warum* oft in einem bestimmten Lebensalter — ein geschwulstmäßiges Wachstum eintritt, wissen wir bis heute noch nicht. Für einzelne Fälle und Geschwulstarten spielt zweifellos die *Evolution des Organismus* bzw. die *Involution* eine Rolle.

Es ist heute auch kein Geheimnis mehr, daß der Zellcharakter bzw. der Aufbau bestimmter Gewächse an bestimmte Regionen gebunden ist, und wenn wir in der Phylogenese im Anschluß an den Allocortex die motorische Region, die agranuläre Rinde, in ihrer charakteristischen Gewebsart kennengelernt haben, so verstehen wir auch den Aufbau dieser Gewächse. Sie sind jedoch wesentlich diffuser, als die vorher genannten. Wir sahen anläßlich der Untersuchungen dieser Gewächsgruppe auch häufig bei völlig gesunden Trägern die Satellitenglia in Form von morphologisch noch nicht völlig ausgereiften Spongioblastomen oder zur Oligodendroglia ausreifenden Spongioblastomen und es ist — wie schon an anderer Stelle betont — bei diesen Gewächsen interessant, zumal wenn sie doppelseitig und nicht zu gleicher Zeit auftreten, daß gewissermaßen das ganze Blastem dieser Region mit seiner Glia proliferiert.

Es sind nach unseren bisherigen Erfahrungen nur die primären spongioblastischen Gewächse des Großhirns, die mutipel auftreten können. So hat vor kurzem Brückner (1954) die doppelseitigen Spongioblastome des Großhirns zusammengestellt. Auffällig ist auch, wie häufig bei diesen Gewächsen koordinierte Störungen in der Differenzierung des Großhirns, die weit außerhalb der physiologischen Breite gelegen sind, auftreten.

Für gewisse Gewächse haben wir zur Erklärung ihrer Lokalisation die *embryonalen* Ventrikelumschlagstellen herangezogen. Dies wurde von einem neueren Autor völlig mißverstanden, insofern er diese Ventrikelumschlagstellen mit einem lateralen Ventrikelwinkel am fertigen Gehirn gleichsetzt und sogar die Ausbreitung der Herde bei der multiplen Sklerose vom Ventrikeldach aus in Analogie zu den frühembryonal besonders intensiven Keimlagerstätten setzt. Henschen zitiert unsere schon vor mehr als 20 Jahren niedergelegte Auffassung vollkommen richtig, daß nämlich der Großteil dieser Gliome in ihrem Aufbau und Ausdehnung nur durch die ontogenetischen Verhältnisse zu erklären ist, daß aber niemals behauptet wurde, daß *alle* Gliome auf eine Fehlbildung zurückgehen müssen. Wir haben sogar stets ausdrücklich betont, daß wir den Grund für das pathologische Wachstum, d.h. für die Geschwulstentstehung bis heute noch nicht kennen, daß wir aber andererseits als Entstehungs*ort* dieses Wachstums die hier häufigen Störungsmöglichkeiten annehmen müssen. In denjenigen Fällen, in denen weitere Verbildungen vorhanden sind, vor allen Dingen gleicher Art, wie z.B. ausgedehnte Gliose oder Gliomatose der einen Riechhirnausladung, bei spongioblastischem Glioblastom der anderen, wird wohl niemand leugnen wollen, daß hier der Ort des Geschwulstwachstums identisch ist mit der Störung auf der anderen Seite. Im übrigen sei auf die oben zitierten Arbeiten aus der Schule KERNOHANs verwiesen, der eine Anzahl von Studien den Zellresten im Gebiete des Mittel- und Rautenhirns widmet. Auch die Neurospongioblastome des Kleinhirns (vielfach als Medulloblastome bezeichnet), werden wohl von jedem auf die embryonale Körnerschicht zurückgeführt. Wesentlich war für uns nicht etwa die schematische Übertragung einer für das Chordencephalon unbestritten gültigen Erfahrung auf das Telencephalon, sondern die Erklärung — der auch praktisch wichtigen Tatsache —, weshalb auf entsprechenden Frontalschnitten z. B. im Stirnhirn einmal median Spongioblastome bzw. spongioblastische Glioblastome, in anderen Fällen lateral — gänzlich unbestritten — die gutartigen Astrocytome zu finden sind.

Diese und andere Fragen sind nun einmal für jeden mit der Tumorforschung Beschäftigten, insbesondere aber auch für den Chirurgen, wichtig. Erarbeitet wurden diese Befunde allerdings an Hunderten von Schnittserien des täglichen Obduktionsgutes, und nur so konnten wir die beginnenden Blastome finden.

Wenn natürlich die Grundlagen der allgemeinen Pathologie auch für das Zentralnervensystem gelten müssen, so liegen bezüglich der Geschwulstentstehung doch andere Verhältnisse vor als etwa beim Magen oder dem sich dauernd regenerierenden Parenchym in den Keimdrüsen, wie z.B. im Hoden. Daß hier andere Bedingungen statthaben, liegt darin begründet, daß der Grundaufbau des Nervensystems bezüglich des Parenchyms schon in früher Zeit *beendet* und daß eine Regeneration von Parenchymelementen im Zentralorgan nicht möglich ist. Damit nimmt allerdings das Zentralnervensystem sowohl bezüglich der Verbildungen, d.h. der Anormogenese, wie auch hinsichtlich seiner Gewächsentstehung, d.h. der Blastomgenese eine begründete Sonderstellung ein.

Literatur.
A. Definition und Umgrenzung der Mißbildungen.

ERNST, P.: Siehe S. 580.

FÄHR, J.: Über Plexuspsammome und ihre teratogenetische Bedeutung bei zentraler Neurofibromatose. Diss. Tübingen 1947.

GROSSER, O., u. H. POLITZER: Grundriß der Entwicklungsgeschichte des Menschen. Berlin-Göttingen-Heidelberg: Springer 1953.

HAMMOND: Nach OSTERTAG, 1938. — HEIJL, CARL: Weitere Untersuchungen über die akardialen Mißgeburten. Frankf. Z. Path. **13**, H. 3 (1913).

KAVEN, A.: Auftreten von Gehirnmißbildungen nach Röntgenbestrahlung von Mäuseembryonen. Z. menschl. Vererbgs- u. Konstit.lehre **22**, 247 (1938).

OSTERTAG, B.: (1) Neuere Untersuchungen zur erbbiologischen Bewertung angeborener Miß- und Fehlbildungen. Verh. dtsch. path. Ges. (31. Tagg) 1939. — (2) Grundlagen der Fehlentwicklung. In ECKHARDT-OSTERTAG, Körperliche Erbkrankheiten. Leipzig: Johann Ambrosius Barth 1940. — (3) Neurologische Erbkrankheiten und deren Differentialdiagnose. In ECKHARDT-OSTERTAG, Körperliche Erbkrankheiten. Leipzig: Johann Ambrosius Barth 1940.

SCHOB: Pathologische Anatomie der Idiotie. In O. BUMKEs Handbuch der Geisteskrankheiten, Bd. XI, Teil 7. Berlin: Springer 1930. — STERNBERG, H.: Über Spaltbildungen des Medullarrohres bei jungen menschlichen Embryonen, ein Beitrag zur Entstehung der Anencephalie und der Rhachischisis. Virchows Arch. **272**, 325 (1929).

TÖNDURY, G.: Zur Wirkung des Erregers der Rubeolen auf den menschlichen Keimling. Helvet. paediatr. Acta **7**, 105 (1951).

B—E. Verbildungen der Primitivanlage (Verbildungen bei fehlendem oder mangelhaftem Schluß des Neuralrohrs und Achsenskelets).

André-Thomas: L'anencéphalie est-elle primitive ou secondaire? Presse méd. 1950, 1425—1429. — Antoni, N.: Gliomas of the neurohypophysis and hypophysical stalk. J. of Neurosurg. 7 (1950). — Apert, E.: La dysencéphale splanchnokystique. Presse méd. 1936 II, 2040. — Armenio, O. A.: Su di un caso di malformazione congenita craniofacciale (pteroschisi-encefalocele-ipertelorisme) Arch. ital. Otol. 52, 251 (1940). — Arif, Ch.: Un cas d'anencéphalie. J. de Radiol. 15, 376 (1931). — Ask, O.: Studien über die embryologische Entwicklung des menschlichen Rückgrats und seines Inhaltes unter normalen Verhältnissen und bei gewissen Formen von Spina bifida. Upsala Läk.förh. Ny följd, 46, 5—6, 337 (1941).

Bär, R., u. R. Jaffé: Lipoiduntersuchungen in den Nebennieren des Anencephalus. Zbl. Path. 35, 179 (1924). — Bailey, P., u. H. Cushing: Die Gewebsverschiedenheit der Hirngliome und ihre Bedeutung für die Prognose. Jena: Gustav Fischer 1930. — Barbieri, N. A.: Présence de la rétine et absence de nerfs optiques chez les monsteres anencéphales. C. r. Acad. Sci. Paris 177, 1155 (1923). — Beck, O.: Spina bifida occulta und ihre ätiologische Beziehung zu Deformitäten der unteren Extremität. Erg. Chir. 15, 491 (1922). — Becker, H.: Zur Faseranatomie des Stamm- und Riechhirns auf Grund von Experimenten an jugendlichen Tieren. Dtsch. Z. Nervenheilk. 168, 345 (1952). Bell, H. H.: Anterior spina bifida and its relation to a persistence of the neurenteric canal. Report of a case, in association with posterior spina bifida, intraspinal pons, medulla and cerebellum, absence of pineal body and tentorium cerebelli, and abnormalities of the cerebrum, cardiac circulation, diaphragm, stomach, pancreas and intestines. J. Nerv. Dis. 57, 445 (1923). — Benedict: Erkrankungen der Orbita, Übersicht (einschließlich kongenitaler Erkrankungen). Amer. J. Ophthalm. 33, 1—10 (1950). — Bergel, A.: Siehe S. 593. — Berner, V. A.: Eigentümlichkeiten des Gehörorgans bei Anencephalen. Arch. sovet. Otol. i. t. d. 1935, Nr. 1, 327. — Bielschowsky, M.: J. Psychol. u. Neur. 22 (1918); 30 (1923). — Bivetti, J. M.: Ein Beitrag zur Frage der Entstehung der Pseudenkephalie. Schweiz. Arch. Neurol. 73 (1954). — Böhmig, R.: Über das Primordialcranium eines menschlichen Embryos aus dem zweiten Monat mit Craniorhachischisis. Z. Anat., Abt. 1. 65, 570 (1922). — Bromann, Ivar: Normale und abnorme Entwicklung des Menschen. Wiesbaden: Bergmann 1911. — Browder, Jefferson and J. A. de Veer: Rhino-encephalocele. Arch. of Path. 18, 646 (1934). — Budda: Zit. in H. H. Bell. — Büchner, F., J. Maurath u. H. J. Rehn: Experimentelle Mißbildungen des Zentralnervensystems durch allgemeinen Sauerstoffmangel. Klin. Wschr. 1946, Nr 7 — 10, 1937. — Burkl, W.: Das nervöse Zentralorgan eines Acardius acephalus. Acta anat. (Basel) 17, Nr 1 (1953).

Cameron: Zit. in A. Giordano. — Zit. in G. H. Macnab. — Catel, W., u. C. A. Krauspe: Über die nervöse Leistung den anatomischen Bau einer menschlichen Hirnmißbildung (Meroanencephalie mit Meroakranie). Jb. Kinderheilk. 129, 1—54 (1930). — Clemente, Guiseppe: Sul reperto anatomico di feti anencefali con speciale riguardo al determinismo del sesso. Arch. di Ostetr. 11, 409 (1924). — Cohen, Martin: Orbital-meningo-encephalocele associated with microphthalmia. Report of a case. J. Amer. Med. Assoc. 89, 746 (1927). — Cordez: Zit. in E. Stenzel 1955. — Cosacesco, A.: Absence du sacrum et hypoplasie vésicale par arrêt de développement de la moelle, traitement, amélioration. J. d'Urol. 13, 21 (1922).

Deppe, B.: Beiträge zur Frage der Skeletverhältnisse bei Anencephalie und Craniorhachischisis. Virchows Arch. 293, 153 (1934). — Dietrich, H.: Über einen seltenen Fall von medianer Längsnaht der Hinterhauptsschuppe bei occipitaler Schädellücke. Zbl. Neur. 117, 264 (1952). — Diezel, Paul: Gewebsmißbildungen am kranialen und caudalen Neuroporus mit Beziehungen zur Geschwulstbildung. Arch. f. Psychiatr. u. Z. Neur. 182, 229 (1949). — Dodds, G. S.: Anterior and posterior rhachischisis. Amer. J. Path. 17, 861—872 (1941). — Dodds, G. S., and E. de Angelis: An anencephalie human embryo 16,5 mm long. Anat. Rec. 67, 499—505 (1937). — Dubreuil-Chambardel, L.: Les hommes sans cou, le syndrome de Klippel-Feil. Presse méd. 1921, Nr 36, 353.

Economo, E. v.: Spina bifida cystica posterior und ein seltener Fall von Myelomeningocele mit Vorfall der zum Rohr vollkommen geschlossenen Partie des Rückenmarks. Zbl. Chir. 1939, 1750. — Elze, C.: Anatomie des Menschen (Braus), Bd. III. Centrales Nervensystem. Berlin: Springer 1932. — Ernst, Paul: Mißbildungen des Nervensystems. In Schwalbes Handbuch „Morphologie der Mißbildungen des Menschen und der Tiere", Bd. III/2. 1909. — Esau: Hydroencephalocele occipitalis, Spina bifida mit koordinierten Wirbelmißbildungen. Arch. klin. Chir. 171, 445 (1932). — Ettinger, G. H., and J. Miller: Congenital anomalies in a series of anencephalic foetuses. Trans. Roy. Soc. Canada. Sect. V 20, 249 (1926). — Endocrine and other anomalies in anencephaly. J. Obstetr. 36, 552 (1929).

Feller u. Sternberg: Zur Kenntnis der Fehlbildungen der Wirbelsäule. Virchows Arch. 285 (1932). — Finck, J. v.: Ein Beitrag zur pathologischen Anatomie und Klinik der Spina bifida occulta auf Grund von Sektionsbefunden an Leichen Neugeborener. Z. orthop.

Chir. **42**, 65 (1921). — FLEISCHER, K.: Zur Diagnose der intranasalen Cephalocelen. Z. Laryng. usw. **30**, 466 (1951). — FOERSTER, O., u. O. GAGEL: Das Ependymom des Filum terminale. Zbl. Neurochir. **1936**, Nr 1, 5. — FORD: Zit. in E. STENZEL 1955. — FRAZER, J. E.: Report on an anencephalic embryo. J. of Anat. **56**, 12 (1921).

GAGEL, O.: Mißbildungen des Rückenmarks. In Handbuch der Neurologie, herausgegeben von BUMKE u. FOERSTER, Bd. 16, S. 182. 1936. — GAIFAMI, P.: A proposita della iperplasia del timo negli anencefali. Riv. Biol. **5**, 178 (1923). — GAMPER, E.: Bau und Leistungen eines menschlichen Mittelhirnwesens (Arrhinencephalie mit Encephalocele). Zugleich ein Beitrag zur Teratologie und Fasersystematik. Z. Neur. **102**, 154 (1926). — Bau und Leistungen eines menschlichen Mittelhirnwesens (Arrhinencephalie mit Encephalocele), zugleich ein Beitrag zur Teratologie und Fasersystematik. II. Klinischer Teil. Z. Neur. **104**, 49 (1926). — GENTILI, A.: Sul sesso degli anencefali. Riv. tal. Ginec. **1**, 37 (1922). — GIEGERICH, M.: Über eine echte Gabelung der Lendenwirbelsäule unter Mitbeteiligung des Spinalkanals und des Rückenmarks. Frankf. Z. Path. **54**, 221 (1940). — GIERKE, E. v.: Über die Skelettverhältnisse, insbesondere das Okzipitale bei Kraniorhachischisis und Kranioschisis. Zbl. Path. **53**, 1 (1931/32). — GIORDANO, A.: Angeborener Schulterblatthochstand. Beitr. path. Anat. **101** (1938). — Die Dysencephalien. Anencephalisches arrhinencephalisches und cyclopisches Syndrom, Encephalocele, Morbus von v. HIPPEL-LINDAU, Pseudodysencephalien. Bari: Gius. Laterza & Figli 1939. — GOLDMAN, J. R.: Congenital malformation of vertebrae (hemivertebrae) with aplasia of corresponding ribs, associated with a lateral meningomyelocele. A report of a case. Arch. of Path. **47**, 153 (1949). — GRAGERT, O.: Merokranie mit Encephalocele sagittalis (Porencephalie). Zugleich ein Beitrag zur palpatorischen und röntgenologischen Diagnostik von Schädelmißbildungen ante partum. Z. Geburtsh. **104**, 322 (1933). — GREBE, H.: Die Fistula sacrococcygea, ein Erbmerkmal. Erbarzt **1942**, Nr 6, 123. (Hemmungsmißbildung bei der Obliteration des Medullarrohres in seinem kaudalen Teil.) — GREMME, A.: Meroakranie und Exencephalie. Mschr. Geburtsh. **86**, 415 (1930). — GRIDNEV, A.: Zur Kenntnis der Mißbildungen der Sacrococcygealgegend. Arch. klin. Chir. **179**, 355 (1934). — GRIEPENTROG, E.: Eine seltene Form von Rückenmarksmißbildung. (Partielle unfreie Diplomyelie.) Zbl. Path. **90**, 380 (1953). — GRINKER, R.: Elektrische Reizung der Basalganglien bei einem Falle von Anencephalie. Z. Neur. **135**, 573 (1931). — GRUBER, G. B.: Zit. in E. APERT. — GYSI, W.: Über einen Fall von Anencephalie. Schweiz. Arch. Neur. **38**, 69 (1936).

HAAS, E.: Eine fortsatzähnliche Mißbildung des Rückenmarkes und ihre Abgrenzung von den Diastematomyelien. Zbl. Path. **88**, 16 (1951). — HALLERVORDEN, J.: Fall Dodds. Zbl. Neur. **86**, 342 (1937). — Zit. in E. STENZEL 1955. — HAMILTON, W. J.: Human Embryology. Baltimore 1947. — HAMMOND: Siehe B. OSTERTAG, Die allgemeine Pathologie der Entwicklung im Rahmen der morphologischen Hirnforschung. Mschr. Psychiatr. **99**, 434 (1938). — HANNOVER: Zit. bei S. HANSEN. — HANSEN, S.: Über Anenzephalie. Hosp. tid. (dän.) **1937**, 469. — HARPER, W. F.: The sternalis muscle in the anencephalous foetus. J. of Anat. **70**, 317 (1936). — HENNEBERG u. WESTENHÖFFER: Über asymmetrische Diastematomyelie. Mschr. Psychiatr. **38** (1913). — HENSCHEN, F.: Tumoren des Zentralnervensystems und seiner Hüllen. In HENKE-LUBARSCH' Handbuch, Bd. XIII, Teil 3, S. 926. — HILDEBRAND: Spina bifida und Hirnbrüche. Dtsch. Z. Chir. **34** (1893). — Arch. klin. Chir. **46** (1893). — HOCHSTETTER, F.: Beiträge zur Entwicklungsgeschichte des menschlichen Gehirns, Teil 1. Wien: Franz Deuticke 1919. — HOLLAND, E.: Zwei Befunde von Zweiteilung des Rückenmarkes. Mschr. Psychiatr. **61**, 147 (1926). — HOLMDAHL, D. E.: Rhachischisis. Eine vom entwicklungsmechanischen Gesichtspunkt lehrreiche Mißbildung. Roux' Arch. **144**, 626 (1951). — HUNTER, R. H.: Extroversion of the cerebral hemipheres in a human embryo. J. of Anat. **69**, 82 (1934). — HUROWITZ, J.: Über einen gewöhnlichen Fall von Hydromesencephalie. Schweiz. Arch. Neur. **38**, 207 (1936).

IKEDA, Y.: Siehe S. 590. — ILBERG, G.: Ein mikrocephaler Fetus ohne Augen und Nase mit schweren Defekten des Vorderhirns, Kleinhirns, inneren Ohres und der endokrinen Drüsen. Z. Neur. **154**, 1 (1935). — Verwachsung der Placenta mit dem Kopf des Kindes, Verwachsung von Amnionsträngen mit dem Zentralnervensystem; Mißbildungen. Ausgetragener Fetus mit Hemikranie, Placenta am Kopf, Nekrose des Großhirns, Fehlen des Zwischen- und Mittelhirns. Gesichtsspalt. Kopf nach rechts oben verdreht. Amnionstrang von Placenta bis zur Wirbelsäule und zurück; Hydromyelus. Fehlen der rechten Niere; rechte Nebenniere nur in Spuren vorhanden. Z. Geburtsh. **121**, 126 (1940).

JACOB, H.: Faktoren bei der Entstehung der normalen und der entwicklungsgestörten Hirnrinde. Z. Neur. **155**, 1 (1936). — JAKOB, A.: Über ein dreieinhalb Monate altes Kind mit totaler Erweichung beider Großhirnhemisphären („Kind ohne Großhirn"). Dtsch. Z. Nervenheilk. **117**, 118 u. **119** (1931). — JUBA, A.: Das Ependymom der Cauda equina-Gegend. Mschr. Psychiatr. **121**, 15 (1951).

KAHN, E. A., and L. J. LEMMEN: Unusual congenital anomalies of neurosurgical interest in infants and children. J. of Neurosurg. **7**, 522 (1950). — KAVEN, A.: Auftreten von

582   B. Ostertag: Die Einzelformen der Verbildungen (einschließlich Syringomyelie).

Gehirnmißbildungen nach Röntgenbestrahlung von Mäuseembryonen. Z. menschl. Vererbgs-u. Konstit.lehre **22**, 247 (1938). — Kennedy, R. L. J.: An unusual rectal polyp: Anterior sacral meningocele. Surg. etc. **43**, 803 (1926). — Kleiner, G.: Cysten im Kreuzbein. (Spina bifida sacralis incompleta anterior et posterior.) Beitr. path. Anat. **86**, 407 (1931). — Klöppner, Karl: Menschliches Zwischenhirn-, Mittelhirn- und Rückenmarkswesen. Arch. Gynäk. **177**, 82 (1950). — Köhn, K.: Über die Arrhinenzephalie. Zbl. Path. **88**, 257 (1952). — Környey, St.: Physiologisch-anatomische Beobachtungen bei mesencephalen Mißbildungen. Arch. f. Psychiatr. **85**, 304 (1928). — Kohn, A.: Anencephalie und Nebenniere. Arch. mikroskop. Anat. u. Entw.mechan. **102**, 113 (1924). — Kornfeld, M.: Iniencephalus. Ljicn, Vjesn. **56**, 160, 165 (1934). — Kounakov, K.: Zur Frage der Anencephalie und Amyelie. Sovet. Psichonevr. **13**, Nr 2, 35, 45 (1937). — Kuhlenbeck, H.: Vorlesungen über das Zentralnervensystem der Wirbeltiere. Jena: Gustav Fischer 1927.

Landau: Zit. in Bär und Jaffé 1924. — Lange, C. de: Beitrag zur Teratologie des Rückenmarks. Psychiatr. Bl. (holl.) **39**, 227 (1935). — Leonowa, v.: Zit. bei A. Pekelsky, Literatur in Schwalbes Handbuch. — Lepennetier, F., et J. Voisin: Un cas d'encéphalocèle orbitaire. (Forme frontosphénoidale.) J. de Radiol. **34**, 158 (1941). — Leveuf, J.: La méningocèle, forme contestée des „spina bifida". Bull. Soc. Pédiatr. Paris **32**, 328 (1934). — Leveuf, J., et P. Foulon: Le spina bifida „kystique". I. Formes dont l'aire médullaire est revêtue de tissu fibreux et d'épiderme. Ann. d'Anat. path. **7**, 31—67 (1930). — La spina bifida „kystique". Formes dont l'aire médullaire ets à nu. (Myélomeningocele v. Recklinghausen.) Ann. d'Anat. path. **7**, 529 (1930). — Lichtenstein, Ben W.: „Spinal dysrhaphism", Spina bifida and myelodysplasia. Arch. of Neur. **44**, 792 (1940). — Lichty u. Curtius: Zit. in E. Stenzel 1955. — Löblich, H. J.: Intramedulläre Diplomyelie. Zbl. Path. **90**, 373—380 (1953). — Lücke, H.-H.: Seltene Mißbildung der mittleren Wirbelsäulenanlage bei einem menschlichen Zwillingspaarling. Frankf. Z. Path. **50**, 492 (1937). — Lüth, G.: Zur praktischen Bedeutung der Spina bifida sacrails anterior. Zbl. Chir. **1937**, 15.

Macnab, G. H.: Spina bifida cystica. Ann. Roy. Coll. Surg. **14**, 124—138 (1954). — Marburg, O.: Zur Kenntnis der Mißbildungen des Großhirns (Hemiatrophia cerebri — Hydrocephalus). Psychiatr.-neur. Wschr. **1930 II**, 457. — Cyclopia, arhinencephalia and callosal defect. Cranium bifidum anterius and telencephaloschisis. J. Nerv. Dis. **107**, 430 (1948). — Marburg, O., and Fred A. Mettler: The nuclei of the cranial nerves in a human case of cyclopia and arhinia. J. of Neuropath. a. Exper. Neur. **2** ,54 (1943). — Marzio, Q. di: Encefalocistocele dell'orbita non communicante. Riv. otol. ecc. **1**, 507 (1924). — Materna, A.: Über die Skeletverhältnisse der Craniorhachischisis. Zbl. Path. **54**, 1—5 (1932). — Mattina, A.: Contributo allo studio delle giandole a secrezione interna negli anencefali di sesso maschile. Ann. Ostetr. **49**, 109 (1927). — Mauksch, H.: Das Verhalten der Hypophyse und des Canalis craniopharyngeus in neun Fällen von Kranioschisis untersucht. Anat. Anz. **54**, 248 (1921). — Mellentin, A.: Beitrag zum Problem der Anencephalie. (7³/₄ Std überlebender Anencephalus.) Diss. Berlin 1948. — Mertz, H. O., and Lester A. Smith: Spina bifida occulta. Its relation to dilatations of the upper urinary tract and urinary infections in childhood. Radiology **12**, 193 (1929). — Monakow, v.: Zit. bei M. Staemmler, S. 587. — Monnier, M., u. H. Willi: Die integrative Tätigkeit des Nervensystems beim normalen Säugling und beim bulbospinalen Anencephalen (Rautenhirnwesen). Ann. paediatr. (Basel) **169**, 289 (1947). — Die integrative Tätigkeit des Nervensystems beim meso-rhombo-spinalen Anencephalus (Mittelhirnwesen). I. Physiologisch-klinischer Teil. II. Anatomischer Teil. Mschr. Psychiatr. **126**, 239—258, 259—273 (1953). — Mussgnug, H.: Über Mißbildung des Schädels bei Encephalocele naso-orbitalis. Frankf. Z. Path. **42**, 238 (1931).

Naegeli: Neue mit Cyclopie verbundene Mißbildung des Zentralnervensystems. Arch. Entw.mechan. **5** (1897).

Oestern, H. Fr.: Über das anatomische Verhalten der Hypophyse bei Anencephalen. Diss. Göttingen 1938. — Olivier: Zit. bei Ernst in Schwalbes Handbuch, Die Morphologie der Mißbildungen des Menschen und der Tiere. — Osawa, A.: Das Gehörorgan bei der Anencephalie. Ausz. Z. Otol. usw. (Tokyo) **39**, dtsch. Zus.fassg 17 (1933). — Ossenkopp, G.: Anatomischer Befund des Zentralnervensystems bei dem Anencephalus, dessen Lebensäußerungen von Prof. Trömner (J. Psychol. u. Neur. **1928**) beschrieben wurden. Biol. Ver., Hamburg, Sitzg vom 17. Dez. 1929. — Die Entstehung der hirnlosen Mißgeburten. J. Psychol. u. Neur. **44**, 613 (1932). — Ostertag, B.: Die erbbiologische Beurteilung angeborener Miß- und Fehlbildungen und die Frage gegenseitiger Abhängigkeit. Verh. dtsch. orthop. Ges. **1936**. — Hirngewächse. Jena: Gustav Fischer 1936.

Palich-Szántó, O.: Pathologisch-anatomische und pathohistologische Augenuntersuchungen über Anencephalie. Klin. Mbl. Augenheilk. **69**, 503 (1922). — Pekelsky, A.: Zur Pathologie der Anencephalie. Arb. neur. Inst. Wien **23**, 145 (1921). — Penfield, W., and W. Cone: Spina bifida and cranium bifidum. Results of plastic repair of meningocele and myelomeningocele by a new method. J. Amer. Med. Assoc. **98**, 454 (1932). — Pernkopf, E.: Topographische Anatomie des Menschen. Lehrbuch und Atlas der regionär-stratigraphischen Präparation, Bd. 3, Der Hals. Berlin: Urban & Schwarzenberg 1952. — PFEIFFER: Zit. bei M. STAEMMLER, S. 587. — PICKER, E.: Beiträge zur Kenntnis der Gesichtsmißbildungen bei Anencephalen, insbesondere zur Frage der sog. Doggennase. Bleicherode a. H.: Carl Nieft 1938. — POLITZER, G.: Die Projektion der embryonalen Gesichtsfurchen auf das Gesicht des Erwachsenen und die Entstehung der schrägen Gesichtsspalte. Beitr. path. Anat. 97, 557 (1936). — Über frühembryonale Enzephaloschisis beim Menschen. Wien. Z. Nervenheilk. 5, H. 1 (1952). — POPESCO, ST., et TRYBALSKI: Encephalo-méningocèle de l'angle interne de orbite. Rev. de Chir. 38, Nr 5/6, 84 (1935). — PREISIG, H.: Malformation de la moelle épinière. J. Psychol. u. Neur. 26, 105 (1920).

RABAUD, E.: Le cerveau et la rétine des anencéphales. C. r. Acad. Sci. 177, 1329 (1923). — RAND, C. W.: Bilateral naso-orbital encephalocele. Report of case with surgical treatment. Bull. Los Angeles neur. Soc. 2, 179 (1937). — RAUBER: Zit. bei ERNST in SCHWALBES Handbuch, Die Morphologie der Mißbildungen des Menschen und der Tiere. 1909. — RECKLINGHAUSEN: Untersuchungen über Spina bifida. Virchows Arch. 105 (1886). — ROSE, M.: Zit. in B. OSTERTAG, Anatomie und Pathologie der Spontanerkrankungen der kleinen Laboratoriumstiere (Nervensystem). Berlin: Springer 1931.

SABATINI, L.: Sacro-meningocele posteriore e anteriore misto a formazione teratomatosa. Policlinico, Sez. med. 34, 254 (1927). — SCHENK, V. W. D.: Ein Hemicephalus. Z. Neur. 142, 469 (1932). — Störungen in Entwicklungsfunktionen des Keimes. Ein Fall von Anencephalie. Nederl. Tijdschr. Geneesk. 1935, 767, 774. — Ein Fall von Acranie, Rhachischisis, Duplicitas medullae usw. Z. Neur. 146, 369 (1933). — SCHNEIDERLING, W.: Morphologische Beiträge zur Frage der Syringomyelie, Hydromyelie und Diastematomyelie. Beitr. path. Anat. 100, 323 (1938). — Unvollkommene dorso-ventrale Verdopplung des Rückenmarks. Virchows Arch. 301, 479—489 (1938). — SCHREYER, W., u. W. SPRENGER: Über basale Cephalocelen. Z. Hals- usw. Heilk. 17, 252 (1927). — SCHÜRHOFF: Zit. bei M. STAEMMLER, S. 587. — SHDANOW, D. A. = ZDANOV: Der Entwicklungszustand der Kopfnerven bei Anencephalen. Gegenbaurs Jb. 64, 532 (1930) — SHERMAN, R. M., H. D. CAYLOR and L. LONG: Anterior sacral meningocele. Amer. J. Surg. 79, 743 (1950). — SHINOZAKI, S.: Investigation of cerebral nerves of anencephalus. Jap. J. Obstetr. 11, 283 (1928). — SIEBEN, L. M.: Über die Beziehungen einer endonasalen Encephalocele zur medianen Nasenspalte. Diss. Kiel 1931. — SMEESTERS: Deux cas de syndrome de KLIPPEL-FEIL. Arch. franco-belg. Chir. 26, 1067 (1923). — SOKOLANSKY, G.: Zur Mikromorphologie und Pathogenie der Amyelie. Arch. f. Psychiatr. 92, 354 (1930). — Über Anencephalie und „das Verhalten" der Anencephalen. Z. Neur. 145, 576 (1933). — SORRENTINO, B.: Studio anatomo-istologica sulle ghiandole a secrezione interna negli anencefali. Pathologica (Genova) 25, 625 (1933). — SPATZ, H., ref. bei MAUKSCH, H.: Das Verhalten der Hypophyse und des Canalis craniopharyngeus in neun Fällen von Kranioschisis untersucht. Anat. Anz. 54, 248 (1921). — STAEMMLER, M.: Der Entwicklungszustand des peripheren Nervensystems bei Anencephalie und Amyelie. Virchows Arch. 251, 702 (1924). — STENZEL, E.: Über angeborene mediane Spaltbildungen im Os occipitale. Nervenarzt 26, 75 (1955). — STERNBERG, H.: Zur formalen Genese der vorderen Hirnbrüche (Encephalomeningocele anterior). Wien. med. Wschr. 1929, 1. — Defekte und Entwicklungsstörungen des caudalen Wirbelsäulenabschnittes. Arch. orthop. Chir. 30, 20 (1931). — STERNBERG, H., in LEVEUF, J.: Etudes sur le spina bifida. Paris: Masson & Cie. 1937. — STOCKARD, C. R.: Zit. nach BÜCHNER. — Die körperliche Grundlage der Persönlichkeit. Jena: Gustav Fischer 1932. Dort ausführliche Literatur. — STRANDBERG: Acta psychiatr. (København) 24, 665 (1949). — Fortschr. Augenheilk. 2, 88. — STREETER, G. L.: The developement alterations in the vascular system of the brain of the human embryo. Carnegie Publ. No 271, S. 5. 1918. — STÜBER: Doppelseitige Meningocele thoracalis. Zbl. Path. 85, 275 (1949).

TÖNDURY, G.: Beitrag zur Kenntnis der Fehlbildungen mit Defekten am hinteren Körperende. Z. Anat. 110, 322 (1939). — TÖRÖK, J.: Die endokrinen Beziehungen der Anencephalie. Acta morph. (Budapest) 1, 231—242 (1951). — DU TOIT, FELIX: A case of congenital elevation of the scapula (SPRENGEL's deformity) with defect of the cervical spine associated with syringomyelia. Brain 54, 421 (1931). — TRÖMNER, E.: Reflexuntersuchungen an einem Anencephalus. J. Psychol. u. Neur. 35, 194 (1928). — TURKEWITSCH, B. G.: Noch eine Untersuchung des knöchernen inneren Ohres der Anencephalen. Frankf. Z. Path. 43, 517 (1932). — Seltene Veränderung im anatomischen Bau des inneren und mittleren Ohres bei Anencephalie. Arch. Ohr- usw. Heilk. 134, 8 (1933).

VECCHI, B. DE: Le ghiandole a secrezione interna nell'acrania. (Studi sulla patologia dello sviluppo.) Riv. Biol. 4, 634 (1922). — VERAGUTH: Zit. bei M. STAEMMLER, S. 587. — VERHAART, W. J. C.: Über Anencephalie. Acta psychiatr. (København) 9, 511 (1934). — Das Zentralnervensystem von zwei Anencephalen. Psychiatr. Bl. (holl.) 38, 186 (1934). — VOGEL, F. ST., and J. L. McCLENAHAN: Anomalies of major cerebral arteries associated with congenital malformations of she brain. With special reference to the pathogenesis of anencephaly. Amer. J. Path. 28, 701—723 (1952). — VOISIN, J., et F. LEPENNETIER: Une encéphalocèle orbitaire postèrieure. Presse méd. **1941** II, 1150. — Vries, E. de: Description of a young human anencephalic and amyelic embryo. Anat. Rec. **36**, 293 (1927). — Wallgren, A.: Eine seltene Halswirbelanomalie. Zbl. Chir. **49**, 1578—1583 (1922). — Warren, H. S.: Acrania induced by anencephaly. Anat. Rec. **111**, 653—667 (1951). — Weber, F. P.: Duplication of the spinal cord. Brit. Med. J. **1928**, No 3521, 1101. — Weil, S.: Ungewöhnlicher Fall von Wirbelsäulenmißbildung mit Zweiteilung des Wirbelkanals. Arch. klin. Chir. **170**, 100—105 (1932). — Weninger, A.: Über eine seltene Entwicklungsanomalie des Halses (Klippel-Feil-Syndrom). Arch. Gynäk. **159**, 725 (1935). — Westenhöffer: Verdopplung des Rückenmarks (Diastematomyelie). Dtsch. med. Wschr. **1912**, 1. — Wieting: Spina bifida, Zweiteilung des Rückenmarks. Bruns' Beitr. **25**. — Willi, H.: Neurologisches aus dem Gebiet der Neugeborenenpathologie. Ann. paediatr. (Basel) **178**, 297 (1952). — Winter, G.: Beiträge zur Kenntnis der Skeletveränderungen bei Anencephalen. Beitr. path. Anat. **85**, 371 (1930).

Yakovlev, Paul J., and R. Osgood: Schizencephalies III: Congenital symmetrical clefts in the cerebral mantle assiciated with extensive defect in the roof plate (encephalocele and meningo-myelocele). J. of Neuropath. **6**, 212 (1947). — Yorke, R., and J. E. Edwards: Diplomyelie (duplication of the spinal cord). Arch. of Path. **30**, 1203 (1940).

Zdanov, D.: Das Entwicklungsstadium der cerebralen Nerven bei Anencephalen. Z. Nevropat. **23**, 42 (1930). — Zuidema, P. J.: Über einige Fälle von Anencephalie. Acta neerl. Physiol. etc. **4**, 155 (1934). — Zverev, A. F.: Angeborene Encephalocelen und ihre operative Heilung. Angeborene Gehirnbrüche und ihre operative Therapie. Chiurgija **1949**, H. 9, 42—50. Ref. Zbl. Neur. **117**, 332 (1952). — Zverev, A. F., i Bachtjerow: Zur Frage der Morphologie angeborener Gehirnhernien. Arch. Pat. (Moskau) **12**, H. 4, 80 (1950). — Zwan, A. van der: nencephaly and rhachischisis. Case description, pathology and aetiology. Fol. psychiatr. néerl. **54**, 147—156 (1951).

F. Dysrhaphie und Syringomyelie.

Syringomyelie, Status dysrhaphicus.

Alajouanine, Hornet, Thurel et André: Le feutrage arachn. post. dans la syringomyélie. Revue neur. **64**, 91 (1935). — Alajouanine et R. Thurel: Syringomyélie gliome et épendymome intramédullaires. Revue neur. **73**, 239 (1941). — Alonso, A.: Spina bifida und Hydrocephalus. Rev. chil. Pediatr. **1**, 120 (1930). Ref. Zbl. Neur. **58** (1931). — Alpers, B. J., and B. Comroe: Syringomyelia with choked disc. J. Nerv. Dis. **73**, 577 (1931). — Alpers and Waggoner: Extraneural and neural anomalies in Friedreich's ataxie. Arch. of Neur. **21** (1929). — d'Antona, S.: Angiomatosi del ponte e siringomielia. Riv. Pat. nerv. **43**, 444 (1934). — Antoni, Nils: Gliomas of the neurohypophysis and hypophysial stalk. J. of Neurosurg. **7** (1950). — Argutinsky, P.: Über die Gestalt und die Entstehungsweise des Ventriculus terminalis und über das Filum terminale des Rückenmarkes bei Neugeborenen. Arch. m krosk. Anat. **52** (1898). — Ask, Olof: Studien über die embryologische Entwicklung des menschlichen Rückgrates und seines Inhaltes unter normalen Verhältnissen und bei gewissen Formen von Spina bifida. Upsala Läkarförh. Ny följd. **46**, 337 (1941).

Ballif u. Ferdman: Contribution à l'étude de la syringomyelobulbie. Festschrift Marinesco 1933, 43. — Bannwarth: Siehe S. 591. — Barbu, V.: Über eine neuroepitheliale Zyste des vorderen Abschnittes des 3. Ventrikels. Z. Neur. **156**, Nr 3 (1936). — Wien. klin. Wschr. **1936**, 1, 132 2. — Baumhackl u. Lenz: Über die Beziehungen zwischen Status dysrhaphicus und Syringomyelie. Wien. med. Wschr. **1940**, 1043. — Benda, Cl. E.: Myelodysplasie, spinal dysrhaphysm and congenital syringomyelia. J. of Neuropath. **8**, 109 (1949). — Benedek u. Juba: Über die sogenannten „präsacralen" Ependymome. Z. Neur. **172**, 394 (1941). — Berkwitz, N.: Extensive longitudinal cavitation of the spinal cord etc. Arch. of Neur. **32** 569 (1934). — Beyreuther, H.: Tumor des Rückenmarks bei sogenannter Syringomyelie. Zbl. Path. **37**, 9 (1926). — Bielschowsky, M.: Gliomatosis cerebri in Verbindung mit dysontogenetischen Erscheinungen am Rückenmark usw. Z. Neur. **155**, 313 (1935). — Bielschowsky u. Henneberg: Zur Histologie und Histogenese der zentralen Neurofibromatose. Festschrift für Cajal. Madrid 1922. — Bielschowsky u. Simons: Über diffuse Hamartome. J. Psychol. u. Neur. **41** (1930). — Bielschowsky u. Unger: Syringomyelie mit Teratom und extramedullärer Blastombildung. J. Psychol. u. Neur. **25**, 173 (1920). — Zit. in B. Ostertag, Zur Frage der dysrhaphischen Störungen des Rückenmarks usw. 1925. — Bielschowsky u. Valentin: Über ein Lipom am Rückenmark mit Hydrosyringomyelie usw. J. Psychol. u. Neur. **34**, H. 5 (1927). — Bing, R.: Lehrbuch der Nervenkrankheiten. Berlin-Wien 1913. — Bremer: Die pathologisch-anatomische Begründung des Status dysrhaphicus. Dtsch. Z Nervenheilk. **99**, 104 (1927). — Bremer, F. W.: Syringomyelie und Status dysrhaphicus. Fortschr. Neur. **9** (1937). — Bronisch, F. W.: Syringomyelie im Kindesalter. Dtsch. Z. Nervenheilk. **148**, 178 (1939). — Bucy and Buchanan: Teratoma of the spinal cord. Surg. etc. **60**, 1137 (1935). — Bueno, R.: Syringomyelie und intramedulläres Gliom. Ann. Med.

int. **4**, 543 (1935). — BURDET et MEYES: Pathogénie de la syringo-myélie. Encéphale **30**, 137 (1935). — BUSSCHER, DE, SCHERER et THOMAS: RECKLINGHAUSEN's neurofibromatosis combined with true syringomyelia. J. belge Neur. **38** (1938).

CIBELIUS, CH.: Dicephalus with two complete spines. J. Amer. Med. Assoc. **78**, 504 (1922). — CISLAGHI, F.: Contributi allo studio della patologia de neonato. Med. ital. **21**, 116 (1940). Ref. Zbl. Neur. **97**, 600 (1940). — CLARA, M.: Das Nervensystem des Menschen. Leipzig: Johann Ambrosius Barth 1942. — CORNIL, L., et M. MOSINGER: Sur les processus prolifératifs de l'épendym médullaire. Revue neur. **40** I, 749 (1933). — COX, L. B.: Syringomyelie und Rückenmarkstumor. J. of Path. **44**, 661 (1937). — CURTIUS, F.: Die organischen und funktionellen Erbkrankheiten des Nervensystems. Stuttgart: Ferdinand Enke 1935. — FRIEDREICHsche Ataxie und Status dysrhaphicus. Zbl. Neur. **80** (1936). — Status dysrhaphicus und Myeloplasie. Z. Erbpath. **3** (1939). — CURTIUS u. LORENZ: Über Status dysrhaphicus. Z. Neur. **149** (1933). — CURTIUS, STÖRRING u. SCHÖNBERG: Über FRIEDREICHsche Ataxie und Status dysrhaphicus. Z. Neur. **153** (1935).

DAWIDENKOW: Zur Theorie des dysrhaphischen Genotyps. Ref. Zbl. Neur. **79**, 254 (1936). — DÖRING, G.: Entstehung und Ursache der Syringomyelie und spinalen Gliose. Nervenarzt **20**, 263 (1949). — Zur Klinik vegetativer Störungen bei Syringomyelie usw. Dtsch. med. Wschr. **1949**, 754—758.

ECKHARDT, H., u. B. OSTERTAG: Körperliche Erbkrankheiten. Ihre Pathologie und Differentialdiagnose. Leipzig: Johann Ambrosius Barth 1940. — ECONOMO, E. v.: Spina bifida cystica posterior und ein seltener Fall von Myelomeningocele usw. Zbl. Chir. **1939**, 1750. — ENDERLE, C.: Beitrag zur Kenntnis der familiären myeloplastischen Syndrome und des Status dysrhaphicus. Z. Neur. **146** (1933). — ERNST, P.: Mißbildungen des Nervensystems. In SCHOBS Handbuch der Neurologie, Bd. III, S. 246. Jena: Gustav Fischer 1909.

FOIX, CH. et FATOU: Syringomyélie à début par cypho-scoliose juvénile. Revue neur. **29**, Nr 1, 28 (1922). — FRACASSI, TH., FERNANDO, RUIZ y GARCIA: Angiomatose des Rückenmarkes, Syringomyelie und andere gleichzeitig bestehende Höhlenbildungen. Rev. argent. Neur. **1**, 4 (1935). — FRACASSI, TH., PARACHU y GARCIA: Einseitige Syringomyelie, beginnend mit jugendlicher Kyphoskoliose. Rev. argent. Neur. **1**, 422 (1935). Ref. Zbl. Neur. **82**, 266. — FRACASSI, RUIZ y GARCIA: Angiomatose des Rückenmarkes usw. Rev. argent. Neur. **1935**. Ref. Zbl. Neur. **77** (1935).

GAGEL, O.: Syringomyelie. In BUMKE-FOERSTERS Handbuch der Neurologie, Bd. XVI, S. 319. Berlin: Springer 1936. — GASTRAUT, H., et DE WULF: Étude de 2 cas d'une dysgénésie cérébrale exceptionelle „La synrhaphie des fissures cérébrales" etc. Revue neur. **79**, 591 (1947). — GERLACH, W.: Das Wesen der Syringomyelie. Virchows Arch. **1935**, 295, 449. — GIORDANO: Die Dysencephalien usw., S. 198 u. Abb. 25 L. Bari: Gius. Laterza & Figli 1939. — GNIESER, E.: Syringomyelie mit multiplen Gliomen. Beitr. path. Anat. **95** (1935). — GUDDEN, B. v.: Zit. in H. SPATZ, Über die Vorgänge nach experimenteller Rückenmarksdurchtrennung mit besonderer Berücksichtigung der Unterschiede der Reaktionsweise des reifen und des unreifen Gewebes nebst Beziehungen zur menschlichen Pathologie (Porenzephalie und Syringomyelie). Histol. Arb. Großhirnrinde, Erg.bd. **1920**.

HAENEL: In Handbuch der Neurologie, 1. Aufl., Bd. II. 1911. (Hier vollständige Literatur bis 1911.) — HAKENBROCH, M.: Beitrag zur Kenntnis der Geschwulstbildungen im Lumbosakralkanal bei Spina bifida occulta. Med. Klin. **35**, 1179 (1936). — HAMPEL, E.: Zur Klinik und Pathologie der chronischen Arachnitis adhaesiva. Dtsch. Z. Nervenheilk. **144** (1937). — HARBITZ, F.: Ein Fall von multiplen Geschwülsten: Hämangiome und Gliomatose des Zentralnervensystems usw. Acta path. scand. (Stockh.) **11** (1934). Ref. Zbl. Neur. **74** (1935). — HENNEBERG, R.: Über Geschwülste der hinteren Schließungslinie des Rückenmarkes. Berl. klin. Wschr. **1921**, 10. — Spina bifida occulta. Zbl. Neur. **26**, 380 (1921). — HENNEBERG, R. u. M. KOCH: Zur Pathogenese der Syringomyelie und über Hämatomyelie bei Syringomyelie. Mschr. Psychiatr. **54**, 117 (1923). — HENSCHEN, F.: Siehe Kap. B, Verbildungen der Primitivanlagen. — HOFFMANN, K. J.: Beitrag zur Pathogenese und Morphologie der Syringomyelie. Frankf. Z. Path. **42**, 261 (1931). — HOLMDAHL: Die Myelodysplasielehre. Mschr. Kinderheilk. **23**, H. 1 (1922). — HOLMDAHL, D. E.: Rhachischisis. Roux' Arch. **144**, 626—642 (1951). — Ber. Path. **10**, 31 (1952). — HOUWENINGE, VAN: Über das Auftreten von Hydrocephalus bei Spina bifida. Mschr. Kindergeneesk. **2**, 93 (1932). Ref. Zbl. Neur. **69**, 61 (1934). — HORST, VAN DER, u. VAN HASSELT: Syringomyelie oder Tumor medullae? Dtsch. Z. Nervenheilk. **133** (1934).

JANUSZ, W.: Über eine große primäre Zyste des Stirnlappens, mit Syringomyelie auftretend — als anatomische Grundlage symptomatischer Epilepsie. Polska Gaz. lek. **2**, 930 (1929). Ref. Zbl. Neur. **56** (1930). — JUGHENN, H., W. KRÜCKE u. H. WADULLA: Zur Frage der familiären Syringomyelie. (Klinische, anatomische Untersuchungen über „familiäre neurovasculäre Dystrophie der Extremitäten".) Arch. f. Psychiatr. **182**, 153 (1949).

KAWAGUCHI, KEN.: Die histologische Untersuchung der hinteren Spinalnervenwurzeln bei Syringomyelie. Mitt. med. Ges. Tokio **44**, 996 (1930). — KERNOHAN u. Mitarb.: Zit. in

F. Henschen, Henke-Lubarsch' Handbuch, Bd. XIII, Teil 3, S. 933. — Kirch, E.: Über die pathogenetischen Beziehungen zwischen Rückenmarksgeschwülsten und Syringomyelie. Z. Neur. 117, 231 (1927). — Zur Pathogenese der Syringomyelie. Verh. dtsch. path. Ges. 1927, 221. — Köhn: Über die Arrhinencephalie. Zbl. Path. 88, 257 (1952). — König u. Schoen: Über ausgedehnte Angiomatosis der Medulla oblongata usw. Bruns' Beitr. 170, H. 2 (1939). — Köttgen, H. U.: Enzephalographische Untersuchungen bei der Spina bifida cystica. Dtsch. med. Wschr. 1949, Nr 10, 307. — Zur Frage des Hydrocephalus bei der Spina bifida cystica. Mschr. Kinderheilk. 96, 372 (1949). — Krause, F.: Zur Entstehung der Syringomyelie. Z. Nervenheilk. 144, 1—2 (1937).

Lange, C. de: Hydrocephalus biperforatus. Mschr. Kindergeneesk. 2, 67 (1932). — Beitrag zur Teratologie des Rückenmarkes. Psychiatr. Bl. (holl.) 39, 227 (1935). — Langeron ct Dourneuf: Acromégalie et syringomyélie. Rev. franç. Endocrin. 12 (1934). — Laursen, L.: Cranial deformity and syringomyelia. Acta psychiatr. (København) 14, 509 (1939). Ref. Zbl. Neur. 95, 617 (1940). — Levaditi, C., P. Lépine et R. Schoen: Mécanisme pathogénique des formations cavitaires du névraxe. Inst. Pasteur 43, 1165 (1929). — Leveuf, J.: La méningocèle, forme contestée der „spina bifida". Bull. Soc. Pédiatr. Paris 32, 328 (1934). — Études sur le spina bifida. Paris: Masson & Cie. 1937. — Leveuf, J., et P. Foulon: Le spina bifida «kystique». Ann. d'Anat. path. 7, 31—67 (1930). — Liber, A. F., and J. R. Lisa: Rosenthal fibers in non-neoplastic syringomyelia. J. Nerv. Dis. 86, 549 (1937). — Lichtenstein, B. W.: Spinal dysrhaphism, spina bifida and myelodysplasia. Arch. of Neur. 44, 792—810 (1940). — Lörcher, D.: Über einen Fall von Syringomyelie mit Gliom im Rückenmark. Diss. Tübingen 1936. — Lopez, Albo: Myelodysplasie und Rhachidysplasie. Arch. de neurobiol. 5 (1925). Ref. Zbl. Neur. 43 (1926).

Marburg, O.: So-called agenesia of the corpus callosum. Arch. of Neur. 61, 296 (1949). — Marconi, S.: Malformazioni degli arti inferiori da spina bifida occulta. Chir. Org. Movim. 20, 401 (1934). — Martinez, Rovira J. L.: Mißbildung des Canalis centralis des Nervensystems beim menschlichen Embryo C. N. von 16 cm. Rev. clin. españ. 1, 504 (1940). — Meyer, W.: Zur Kenntnis medial schizosomatischer Früchte. Ein Beitrag zur Frage des Status dysrhaphicus. Z. Konstit.lehre 23, 189 (1939).

Nachtsheim, H.: Siehe S. 600. — Nobile, F.: Über Syringomyelie. Schweiz. med. Wschr. 1936, 93.

Oettle, M.: Beitrag zu den gleichzeitigen Mißbildungen der weiblichen Harn- und Geschlechtsorgane. Med. Klin. 1952, 1355. — Ortiz de Zarate, J.: Sur la neurofibromatose centrale de Recklinghausen dans ses relations avec les gliomes du nerf optique. Acta neurol. et psychiatr. belg. 54, 716 (1954). — Ostertag: Über ererbte und erworbene Konstitution vom Standpunkt des Pathologen. Z. Vererbungslehre 29 (1949). — Ostertag, B.: Zur Frage der dysrhaphischen Störungen des Rückenmarks und der von ihnen abzuleitenden Geschwulstbildungen. Arch. f. Psychiatr. 75 (1925). (Hierin auch einschlägige Literatur bis 1925.) — Zur Frage der dysrhaphischen Störungen des Rückenmarks und der von ihnen abzuleitenden Geschwulstbildungen. Berlin: Springer 1925. Siehe dort weitere Literatur. — Einteilung und Charakteristik der Hirngewächse. Jena: Gustav Fischer 1936. — Die erbbiologische Beurteilung angeborener Miß- und Fehlbildungen und die Frage gegenseitiger Abhängigkeit. Verh. dtsch. orthop. Ges. 1936. — Nierendysplasien bei den dysrhaphischen Äquivalenten in Hirn und Rückenmark usw. Z. Urol. 47 (1954).

Passow, A.: Okulare Paresen im Symptomenbild des Status dysrhaphicus. Münch. med. Wschr. 1934, 32. — Penfield, W., and W. Cone: Spina bifida and cranium bifidum. J. Amer. Med. Assoc. 98, 454 (1932). — Poppek, G.: Leistenschädel bei Spina bifida. Mschr. Kinderheilk. 82, 49 (1903). — Preisig, H.: Malformation de la moelle épinière. J. Psychol. u. Neur. 26, 105 (1920). — Priesel, A.: Über Gewebsmißbildungen in der Neurohypophyse und am Infundibulum des Menschen. Virchows Arch. 1922, H. 3, 423. — Psachos, D. Nikolaopoulos: Zwei Fälle von Mißbildung des Schädels und der Wirbelsäule des Zentralnervensystems. Wien. klin. Wschr. 1940, Nr 22, 441. — Puusepp e Zimmermann: Spina bifida occulta mit Bruchsack der Haut. Fol. neuropath. eston. 5, 88 (1926).

Raab, W.: Beitrag zur Genese zentralnervös bedingter Störungen usw. Fettsucht infolge von Syringomyelie des Halsmarkes. Klin. Wschr. 1926, Nr 33, 1516. — Rasmussen, H.: Myelomeningocystocele mit Bauchwand-Becken-Darmblasenspalte. Med. Rev. 50, 20 (1933) (Norwegisch). — Riefferscheidt, W.: Über einen ungewöhnlichen Fall von Meningozephalocele beim Neugeborenen. Zbl. Gynäk. 1940, Nr 7, 265. — Rohlederer: Habilitationsschrift nach Eckhardt-Ostertag. Sitzgsber. Dtsch. Orthop. Ges. Gießen 1938. — Roig, Gilabert: Monstrum mit totalem, abdominellem Coelosoma und Spina bifida mit mächtiger Meningocele. Rev. méd. Barcelona 2, Nr 7, 22 (1924). — Rojas, L.: Ein Fall von „Status dysrhaphicus". Archivos Neurobiol. 14, 599 (1934). — Rosenthal, W.: Über eine eigentümliche, mit Syringomyelie komplizierte Geschwulst des Rückenmarks. Beitr. path. Anat. 23, 111 (1898). — Zit. in K. J. Zülch, Die Hirngeschwülste in biologischer und morphologischer

Darstellung. Leipzig: Johann Ambrosius Barth 1951. — RUSSELL and DONALD: Der Ent-stehungsmechanismus des Hydrocephalus internus bei Spina bifida. Brain 58 (1935). Ref. Zbl. Neur. 78 (1936). SAFTA, E.: Über Spina bifida occulta usw. Cluj med. 12, 538 u. dtsch. Zus.fassg. 553 (1931). Ref. Zbl. Neur. 62 (1932). — SAITO, SH.: Meningoencephalocystocele mit Hydro-myelie und Gliose. Arb. neur. Inst. Wien 25, 207 (1924). — SCHIEFFERDECKER u. LESCHKE: Höhlen im Rückenmark. Z. Neur. 20 (1913). — SCHLESINGER: Fall von 3 Jahre dauerndem Trismus. Wien. klin. Wschr. 1906. — SCHOEN, H.: Über stiftförmige Gliombildung im Rücken-mark. Münsch. med. Wchr. 1937, 1035. — SCHUBACK: Zit. in F. HENSCHEN, HENKE-LUBARSCH' Handbuch, Bd. XIII, Teil 3, S. 933. — SCHULZ, ROLF: Hemmungsmißbildung des Gehirns und des Rückenmarkes aus äußerer Ursache. Diss. Berlin 1939. — SILBERMANN u. STENGEL: Angiom und Syringomyelie. Mschr. Psychiatr. 73 (1929). — SLACZKA, A.: Über die sogenannten Neuroepitheliome des zentralen Nervensystems. Bull. internat. Acad. pol. Sci., C. Méd. 1937, 4/6. — SPIEGEL, E. A.: Irisheterochromie bei Syringomyelie. Nerven-arzt 2, 146 (1929). — STAEMMLER, M.: Hydromyelie, Syringomyelie und Gliose. Berlin: Springer 1942. — STANOJEVIC, L., u. SL. KOSTIC: Ein Fall von hydromyeloider Zyste unter dem klinischen Bilde eines extramedullären Rückenmarkstumors. Wien. klin. Wschr. 1941, 265. — STEINBRÜCK, R.: Ein Beitrag zum Auftreten von Meningocele im Halsmark. Diss. Freiburg i. Br. 1934. — STENHOLM, T.: Ein Fall von Syringomyelie, die einen Rückenmarks-tumor vortäuschte. Acta med. scand. (Stockh.) 57, 247 (1922). — STERNBERG: Anatomischer Teil in LE VEUF: Spina bifida. Paris 1930. — SZATMARI, A., u. L. ZOLTAN: The role of spina bifida occulta in bringing about compressional symptoms of the cauda. Mschr. Psychiatr. 116, 251—256 (1948).

TANNENBERG, J.: Über die Pathogenese der Syringomyelie, zugleich ein Beitrag zum Vorkommen von Capillarhämangiomen im Rückenmark. Z. Neur. 92, 119 (1924). — TARDINI: Su di caso du spina bifida con mielomeningocele ecc. Riv. Anat. Pat. 1950, Nr 7. — TATERKA, H.: Zentrales Gliom der Oblongata und Medulla spinalis usw. Z. Neur. 90 (1924). — TOIT, F. DU: A case of congenital elevation of the scapula with defect of the cervical spine. Brain 54, 421 (1931). — TURNBULL, F. A.: Syringomyelia complications of spina bifida. Brain 56, 304 (1933).

VERCELLI, G.: Siringomielia idrocefalica. Riv. Neur. 13, 306 (1940). Ref. Zbl. Neur. 100, 69 (1941).

WAHRENBERG H.: Über einen Fall von Syringomyelie mit Ependymom. Diss. Jena 1940. Ref. Zbl. Neur. 100 (1941). — WANGEL, G.: On the essential nature of hydro- and syringomyelia etc. Acta psychiatr. (Stockh.) Suppl. 59, 88 (1950). — WEGELIUS, C.: Arachno-dactyly, status dysrhaphicus, gliosis. Acta med. scand. (Stockh.) 1950. Ref. Zbl. Neur. 113 (1951), u. WEICHT, H.: Zur Morphogenese spinaler Höhlen- und Geschwulstbildungen auf dysrhaphischer Grundlage. Arch. f. Psychiatr. u. Z. Neur. 188, 99 (1952). — WIESE, KURT: Über einen Fall von Syringomyelie mit multiplen Kavernomen. Diss. Tübingen 1934. — WILLI u. LÜTHY: Schluckapnoe. Schweiz. med. Wschr. 1952, Nr 15, 397. — WOLF u. WILSENS: Zit. in F. Henschen, HENKE-LUBARSCH' Handbuch, Bd. XIII, Teil 3, S. 933. — WOLF, J.: Über Hydromyelie im Säuglingsalter. Mschr. Kinderheilk. 69, 371 (1937). — WOLF, K. M.: Über einen Fall von Spina bifida. Diss. Jena 1933. — WYBURN-MASON: Zit. in F. HENSCHEN, HENKE-LUBARSCH' Handbuch, Bd. XIII, Teil 3, S. 933.

YAKOVLEV, P., and R. OSGOOD: Schizencephalies III: Congenital symmetrical clefts in the cerebral mantle associated with extensive defect in the roof plate. J. of Neur. 6, 212 (1947). — YORKE, R., and J. E. EDWARDS: Diplomyelia (duplication of the spinal cord). Arch. of Path. 30, 1203 (1940).

ZAPPERT: Kinderrückenmark und Syringomyelie. Wien. klin. Wschr. 1901. — ZEHNDER, M.: Späterscheinungen bei Spina bifida occulta lumbo-sacralis. Helvet. chir. Acta 14 (1947). — ZÜLCH, K. J.: Siehe W. ROSENTHAL.

Die Mangelbildung des Commissurensystems. Der sogenannte Balkenmangel.

(Arbeiten mit ausführlichem Literaturverzeichnis s. unter JUBA*, MERKEL*, MINGAZZINI*, VOGT*.)

ABBIE, A.: The origin of the corpus callosum and the fate of the structures related to it. J. Comp. Neur. 70, 9 (1939). — ANTON: Zur Anatomie des Balkenmangels im Großhirn. Z. Heilk. 7, 53 (1886). — ARNDT u. SKLAREK: Über Balkenmangel im menschlichen Gehirn. Arch. f. Psychiatr. 37 (1903). — AYALA, G.: Di un casa singolare, malformazione del corpo calloso non ancora descritta. Riv. sper. Freniatr. 48, 340 (1924). Ref. Zbl. Neur. 39, 6 (1925).

BAKER, R. C., and G. O. GRAVES: Partial agenesis of the corpus callosum. Arch. of Neur. 29, 1054 (1933). — BANNWARTH, A.: Über den Nachweis von Gehirnmißbildungen durch das Röntgenbild und über seine klinische Bedeutung. Arch. f. Psychiatr. 109, 805—838 (1939). — Gehirnmißbildung und Epilepsie. Nervenarzt 13, 97 (1940). — BERBLINGER:

Schweiz. Arch. Neur. **36** (1935), nach DE MORSIER u. MOSER. — BIELSCHOWSKY: Zit. bei GIORDANO. — BRUCE: Absence of corporis callosi in the human brain. Brain **12**, 171 (1898). CASS, A. B., and D. L. REEVES: Partial agenesis of the corpus callosum. Arch. Surg. **39**, 667 (1939). — CHASAN, B.: Eine Mißbildung und Mischgeschwulst des Zentralnervensystems. Schweiz. Arch. Neur. **27**, 64 (1931). — CHIRO, GIOVANNI DI: Caso di lipoma del sorpo calloso. Studio radiografico. Radiol. med. **38**, 635—640 (1952). — CREUTZFELDT u. SIMONS: Zur Frage der Balkenbildung. Zbl. Neur. **57**, 854 (1930). — CRINIS, M. DE: Über einen Fall von Balkenmangel. J. Psychol. u. Neur. **37**, 443 (1928).

DAVIDOFF u. DYKE: Amer. J. Roentgenol. **32**, 1 (1934), nach BANNWARTH. — DIETRICH, H.: Klinisch-röntgenologischer Fall von cystischer Ausstülpung des Daches des 3. Ventrikels, Balkenmangel usw. Dtsch. Z. Nervenheilk. **167**, 407—420 (1952).

FATTOVICH, G.: Contributo allo studio dei lipoma del corpo calloso. Riv. Pat. nerv. **52**, 310—320 (1938). — FOERSTER, O.: Ein Fall von Agenesie des Corpus callosum usw. Z. Neur. **164**, 380 (1939). — FRIEDMAN, M., and P. COHEN: A genesis of corpus callosum as a possible sequel to maternal rubeola during pregnancy. Amer. J. Dis. Childr. **73**, 178—185 (1947). — FUJIWARA, M.: Balkenloses Gehirn. J. Med. Sci. Trans. I. Anat. 8, H. 1, Anh. S. 61 (1940).

GAUPP, R.: Mißbildungen und frühe Schädigungen des Gehirns, angeborener Balkenmangel. Münch. med. Wschr. **1935**, 646. — GAUPP, R., u. H. JANTZ: Zur Kasuistik der Balkenlipome. Nervenarzt **2**, 58 (1942). — GASTRAUT et DE WULF: Étude des deux cas d'une dysgénésie cérébrale exceptionelle. Revue neur. **79**, 591 (1947). — GIANELLI, A.: Un caso di mancanza del sorpo calloso. Bull. Accad. med. Roma **57**, 410 (1931). — GIORDANO, A.: Die Dysencephalien, Anencephalie usw. Bari: G. Laterza & Figli 1939. — GOLDBERG, I.: Ein Fall von Balkenmangel im menschlichen Großhirn. Inaug.-Diss. Königsberg 1905. — GUTTMANN, L.: Über einen Fall von Entwicklungsstörung des Groß- und Kleinhirns mit Balkenmangel. Psychiatr.-neur. Wschr. **1929**, 453.

HAHN, O., u. H. KUHLENBECK: Defektbildung des Septum pellucidum im Encephalogramm. Fortschr. Röntgenstr. **41**, 737 (1930). — HAYEK, H.: Über einen Fall von Hypoplasie des Balkens an einem in situ gehärteten Gehirn eines Neugeborenen. Virchows Arch. **273**, 767 (1929). — HECKER, P.: Sur un cas d'agénésie du corps calleux. Bull. Soc. anat. Paris **93**, 441 (1923). — HINRICHS, U.: Über eine durch Balken- und Fornixmangel ausgezeichnete Gehirnmißbildung. Arch. f. Psychiatr. **89**, 57 (1929). — HIRESAKI, T.: Über einen Fall von schwerem partiellen Balkenmangel. Psychiatr. jap. **41**, 1058 u. dtsch. Zus.fassg **85** (1937). — HOCHSTETTER: Beiträge zur Entwicklung des menschlichen Gehirns. Wien und Leipzig: Franz Deuticke 1929. — HONDA, I., u. S. SHIRAI: On the lipoma of the corpus callosum. Trans. jap. path. Soc. **23**, 603 (1933). — HUBER, K., B. HAMMER u. F. SEITELBERGER: Ein operiertes intrakranielles Lipom im Dach des 3. Ventrikels. (Mit einer Übersicht über die Literatur.) Wien. Z. Nervenheilk. **7**, 104—114 (1953). — HUDDLESON, J.: Ein Fall von Balkenmangel mit Lipomentwicklung im Defekt. Zbl. Neur. **113**, 177 (1928). — HYNDMAN, O. R., and W. PENFIELD: Agenesis of the corpus callosum. Arch. of Neur. **37**, 1251 (1937).

JUBA, A.: Über eine Zystenbildung des Gehirns usw. Arch. f. Psychiatr. **102**, 730 (1934). — *JUBA, A.: Über den vollständigen Balkenmangel bei einem 39jährigen, geistig normalen Menschen. Z. Neur. **156**, 45 (1936). — Über einen mit Lipomatose verbundenen Fall von partiellem Balkenmangel. Arch. f. Psychiatr. **106**, 324—332 (1937).

KAUFFMANN: Totale Erweichung des Balkens. Arch. f. Psychiatr. 1888. — KINAL, M. E., G. RASMUSSEN and W. B. HAMBY: Lipoma of the corpus callosum. J. of Neuropath. a. Clin. Neur. **1**, 168—178 (1951). — KING, L.: Hereditary defects of the corpus callosum in the mouse musculus. J. Comp. Neur. **64**, 337 (1936). — KIRSCHBAUM, W.: Agenesis of corpus callosum and associated malformations. J. of Neuropath. **6**, 78 (1947). — KISSELEWA, Z. N.: Ein Fall von Balkenmangel bei der Katze. Anat. Anz. **15/19**, 331 (1934). — KITASATO, Y., u. M. TAZIRI: Totaler, vollständig symptomfrei verlaufender Balkenmangel bei einem 58jährigen Manne. Acta med. Nagasakiensal (dtsch. Zus.fassg) **1939**, 161. — KÖHN: Über Arrhinencephalie. Zbl. Path. **88**, 252 (1952). — KÖTTGEN, H. U.: Die Erkennung des angeborenen Balkenmangels. Mschr. Kinderheilk. **78**, 227 (1939). — KRÜGER, W.: Über Balkenmangel. Arch. f. Psychiatr. **110**, 638 (1939). — KUNICKI, A., and J. CHOROLSKI: Ventriculographic diagnosis of agenesis of the corpus callosum. Arch. of Neur. **43**, 139 (1940).

LANGE, C. DE: On brains with total and partial lack of the corpus callosum and on the nature of the longitudinal callosal bundle. J. Nerv. Dis. **62**, 449 (1925). — Two cases of congenital anomalies of the brain. Amer. J. Dis. Childr. **53**, 429 (1937). — LLOYD and JACOBSEN: Agenesis of the corpus callosum. J. Ment. Sci. **84**, 995 (1938). — LUTEN, J.: Lipome des Corpus callosum. Nederl. Tijdschr. Geneesk. **1951**, 1416—1421.

MALCOLM, B. C., and W. H. DRUCKEMILLER: Agenesis of the corpus callosum diagnosed during life. Arch. of Neur. **69**, 305—322 (1953). — MARBURG, O.: Cyclopia, arrhinencephalia and callosal defect. J. Nerv. Dis. **107**, 430 (1948). — So-called agenesis of the corpus callosum (callosal defect). Arch. of Neur. **61**, 296 (1949). — MARCHAND: Über die normale Entwicklung und den Mangel des Balkens. Abh. sächs. Ges. Wiss., math.-phil. Kl. **31** (1909). — MERKEL, H.: Zur Frage der Balkenlipome. Z. Neur. **171**, Nr 1/3 (1941). — *MERKEL, H.: Über partiellen Balkenmangel bei Cystenbildung des Gehirns. Beitr. path. Anat. **102**, 530 (1939). — MEYER, KLIENEBERGER u. STÖCKER: Zit. in F. SCHOB, Pathologische Anatomie der Idiotie. In Handbuch der Geisteskrankheiten, spezieller Teil VII, Bd. XI, Die Anatomie der Psychosen. — *MINGAZZINI, G.: Der Balken, Monographien Neur., H. 28. Berlin: Springer 1922. — MORSIER, G. DE: Un nouveau cas d'agenesie totale de la commissure calleuse. Essai sur la pathogénie de cette malformation. Schweiz. Arch. Neur. **34**, 401 (1934). — MORSIER, G. DE, u. MOSER: Agénésie complete de la commissure calleuse et trouble du développement de l'hémisphère droite etc. intégrité mentale. Schweiz. Arch. Neur. **35**, 64, 317 (1935). — NATHAN, P. W., and M. C. SMITH: Normal mentality associated with a maldeveloped "rhinencephalon". J. of Neur., N. S. **13**, 191 (1950). — NOBILING: Zit. bei MINGAZZINI. ONUFROWICZ: Das balkenlose Mikrocephalengehirn. Arch. f. Psychiatr. **18** (1887). — OSTERTAG: Zit. bei GIORDANO.

PALMGREN, A., u. S. JONSELL: Agenesie des Corpus callosum, durch Encephalographie diagnostiziert. Z. Kinderheilk. **63**, 318—327 (1942). — PAOLI, G.: Di un caso raro di mancanza completa del corpo calloso. Riv. Pat. nerv. **27**, 687 (1922). — POSPIECH, K. H.: Encephalographische und anatomische Befunde bei angeborenem Balkenmangel usw. Z. Neur. **174**, 249—263 (1942). — PROBST: Über den Bau vollständig balkenlosen Gehirns usw. Arch. f. Psychiatr. **34** (1901).

REGIRER, A.: Über zwei Fälle von Balkenlosigkeit am menschlichen Gehirn. Schweiz. Arch. Neur. **36**, 306 (1935); **37**, 99 (1936). — ROSENBLATH: Über sekundäre Degeneration im Balkenwulst. Dtsch. Z. Nervenheilk. **123**, 54 (1931). — RUBINSTEIN: Über einen Fall von unvollständig fehlendem und durch Fettgewebe ersetztem Balken. Frankf. Z. Path. **44**, 379 (1932).

SALUSTRI, E.: Rilievi anatomici in un caso di mancanza del corpo calloso. Arch. ital. Anat. path. **7**, 89 (1936). — SCHEIDEGGER, S.: Osteolipom des Gehirns. Virchows Arch. **303**, 423 (1939). — SEGAL, M.: Agenesie of the corpus callosum in man. S. Afric. J. Med. Sci. **1**, 65—74 (1935). — SHRYOCK, E., J. BARNARD and S. KNIGHTON: Agenesis of the corpus callosum associated with porencephaly. (Report of a case.) Bull. Los Angeles neur. Soc. **5**, 146 (1940). — STERNBERG, H.: Zur formalen Genese der vorderen Hirnbrücke (Encephalomeningocele anterior). Wien. med. Wschr. **1929**, 1. — STÖCKER: Über Balkenmangel im menschlichen Gehirn. Arch. f. Psychiatr. **1**, 543 (1868/69). — SURY, K. v.: Ein gemischtes Lipom auf der Oberfläche des hypoplastischen Balkens. Frankf. Z. Path. **1**, 484 (1907).

THOMAS, L.: A propos d'un cas d'absence congénitale du corps calleux sur un cerveau humain. Arch. d'Anat. **10**, 347—369 (1929). — TRAMONTANO-GUERRITORE, G.: Presentazione di un preparato di cerevello fornito di doppio setto pellucido e considerazioni relative. Atti Accad. Fisiocritici Siena **15**, 241 (1924). — TUMBELAKA: Das Gehirn eines Affen ohne Balken. Fol. neur. **9** (1915).

URQUIZA, P., y J. A. ALBERTY: Un caso de agenesia de cuerpo calloso. Acta luso-españ. Neurol. y Psiquiatr. **8** (1940).

VILLAVERDE: Beitrag zur Entwicklungsgeschichte des Balkens. Schweiz. Arch. Neur. **4** (1953). — *VOGT, H.: Über Balkenmangel im menschlichen Großhirn. J. Psychol. u. Neur. **5**, H. 1 (1905).

WERTKIN, I.: Über eine mit Hydro- und Porencephalie einhergehende Mißbildung des Großhirns. Frankf. Z. Path. **40**, 571 (1930).

ZELLWEGER, Hr.: Kasuistischer Beitrag zum Problem der Cyclencephalie und des Congenital single lateal ventricle. Helvet. paediatr. Acta, Ser. D **7**, 98—104 (1952). — Agenesia corporis callosi. Helvet. paediatr. Acta **7**, 136—155 (1952).

Dysrhaphie und Syringomyelie des Kleinhirns.

Die ARNOLD-CHIARIsche Mißbildung.

ANTONI: Aus F. HENSCHEN, Cerebellar cysts, syringomyelia of cerebellum, 3 personal cases. Acta oto-laryng. (Stockh.) **9**, 1 (1926). — ARING, C. D.: Cerebellar syndrome in an adult with malformation of the cerebellum and brain stem (ARNOLD-CHIARI deformity), with a note on the occurrence of "torpedos" in the cerebellum. J. of Neur., N. S. **1**, 100 (1938). — ARNOLD: Gehirn, Rückenmark und Schädel eines Hemicephalus. Beitr. path. Anat. **11** (1892). — Myelocyste, Transposition von Gewebskeimen und Sympodie. Beitr. path. Anat. **16** (1894). — ASK, O.: The ARNOLD-CHIARI malformation. A morphogenetic study. Uppsala Läk.för. Förh. **51**, 259 (1946).

BAGLEY, CH., and G. SMITH: Unilateral cervical displacement of cerebellum associated with basilar impression, producing signs of high cervical cord tumors. Ann Surg. **133**, 874—885 (1951). — BARTEL u. LANDAU: Über Kleinhirncysten. Frankf. Z. Path. **4**, 372 (1910). —

Bartstra, H. K. G.: Arnold-Chiarische Mißbildungen und Platybasie. Fol. psychiatr. néerl. **57**, 104—115 (1954). — Bell, H. H.: Anterior spina bifida and its relation to a persistence of the neurenteric canal. Report of a case, in association with posterior spina bifida, intraspinal pons, medulla and cerebellum, absence of pineal body and tentorium cerebelli, and abnormalities of the cerebrum, cardiae circulation, diaphragm, stomach, pancreas and intestines. J. Nerv. Dis. **57**, 445 (1923). — Beenis: Zur Pathologie der zystischen Tumoren des Kleinhirns. Arb. neur. Inst. Wien **26**, 397 (1924). — Bogaert, van: Kyste cérébelleux associé a la syringomyélobulbie chez une malade dont la sœur présente une syringomyélie cervicale typique. J. de Neur. **29**, 146 (1929). — Syringomyelie bei 2 Schwestern, in einem der Fälle Vorhandensein einer Kleinhirncyste. Z. Neur. **149**, 661 (1934).

Chiari, H.: Über Veränderungen des Kleinhirns, des Pons und der Medulla oblongata infolge von kongenitaler Hydrocephalie des Großhirns. Wien 1895, Bd. 63 der Denkschr. der math.-naturwiss. Kl. der kaiserl. Akad. Wiss. — Chorobski, J., and L. Stepieu: On the syndrome of Arnold-Chiari. Report of a case. J. of Neurosurg. **5**, 495—500 (1948). — Colclough, J. A.: Simulation of herniated cervical disc by the Arnold-Chiari deformity. Presentation of two cases in adults. Surgery (St. Louis) **28**, 874 (1950).

Daum, S., D. Mahoudeau et J. B. Tavernier: Un cas atypique de malformation d'Arnold-Chiari avec ébauche de synostose occipito-atloidienne. Semaine Hôp. **1952**, 3659—3661. — Desclaux, P., A. Soulairac et C. Morlon: Hydrocéphalie avec spina bifida. Syndrome d'Arnold-Chiari. Études des malformations associées. Arch. franç. Pédiatr. **7**, 418 (1950).

Epstein, B. S.: Pantopaque myelography in the diagnosis of the Arnold-Chiari malformation without concomitant skeletal or central nervous system defects. Amer. J. Roentgenol. **59**, 359—364 (1948). — Ernst: Siehe S. 591.

Farbitius: Ein Fall von cystischem Kleinhirntumor. Beitr. path. Anat. **51**, 311 (1911). — Fraenkel: Zur Pathogenese der Gehirncysten. Virchows Arch. **230**, 479 (1921).

Gagel: In Bumke-Foersters Handbuch der Neurologie, Bd. I. Berlin: Springer 1935. — Gardner, W., and R. Goodall: The surgical treatment of Arnold-Chiari malformation in adults. An explantation of its mechanism and importance of encephalography in diagnosis. J. of Neurosurg. **7**, 199 (1950). — Gudden: Über einen Fall von Knickung der Medulla oblongata und Teilung des Rückenmarks. Arch. f. Psychiatr. **30** (1898).

Henschen, F.: Tumoren des Zentralnervensystems und seiner Hüllen. In Henke-Lubarsch' Handbuch der speziellen pathologischen Anatomie und Histologie, Bd. XIII, Teil 3. Berlin: Springer 1955. — Heppner, F.: Arnold-Chiarische Mißbildung und kindlicher Hydrocephalus. Dtsch. Z. Kinderheilk. **6**, 314 (1951). — Houweninge, van: Über das Auftreten von Hydrocephalus bei Spina bifida. Mschr. Kindergeneesk. **2**, 93 (1932). — Hurteau, E. F.: Arnold-Chiari malformation. J. of Neurosurg. **7**, 282 (1950).

Ikeda, Y.: Über Asymmetrie des Gehirns, Knickung des kranialen Abschnittes des Halsmarkes und eigentümliche Veränderungen des Rückenmarkes bei einem menschlichen Embryo von 13,2 mm St.-Sch.-L. und über die normale Asymmetrie der Hirnanlage. Z. Anat. **94**, 345 (1931).

Jacob, H.: Die gestaltlichen Veränderungen und Verlagerungen des Kleinhirns bei Hydrocephalie. Zbl. Neur. **91**, 612 (1939). — Über die Fehlentwicklungen des Kleinhirns, der Brücke und des verlängerten Markes (Arnold-Chiarische Entwicklungsstörung) bei kongenitaler Hydrocephalie und Spaltbildung des Rückenmarkes. Z. Neur. **164**, 229 (1939).

Kapsenberg, J. G., u. J. A. van Lookeren Campagne: A case of spina bifida combined with diastematomyely, the anomaly of Chiari and hydrocephaly. Acta anat. (Basel) **7**, 366 (1949). — *Köttgen: Zur Frage des Hydrocephalus bei der Spina bifida cystica. Mschr. Kinderheilk. **96**, 372 (1949). — *Kernohan, J. W.: Cortical anomalies, ventricular heterotopias and occlusion of the aqueduct of Sylvius. Arch. of Neur. **23**, 460 (1930). — Krause, F., u. ter Braak: Mißbildungen des Kleinhirns bei Syringomyelie und Syringobulbie. Proc. roy. Acad. Amsterd. **34**, 175 (1931). — Krayenbühl, H.: Chronischer Hydrocephalus internus infolge einer der Arnold-Chiarischen Entwicklungsstörung nahestehenden Fehlbildung des Kleinhirns. Schweiz. med. Wschr. **1941**, 414. — Kubo, K.: Beiträge zur Frage der Entwicklungsstörungen des Kleinhirns. Zbl. Neur. **33**, 353 (1923).

Lookeren Campagne, J. A. van: Ein Fall von Hydrocephalie mit Spina bifida zusammen mit Diastematomyele und der Chiarischen Veränderung bei einem Neugeborenen. Nederl. Tijdschr. Geneesk. **1949**, 378.

McConnell, A., and H. Lee Parker: A deformity of the hind-brain associated with internal hydrocephalus. Its relation to the Arnold-Chiari malformation. Brain **61**, 415 (1938). — Mérei, T. F.: Über die subpiale Heterotopie der Purkinjeschen Zellen des Kleinhirns. Sistema nerv. (Milano) **1950**, H. 4.

Ostertag, B.: Siehe S. 586. — Die typischen Geschwulstbildungen des Kleinhirns und ihre Beziehungen zu den Fehlbildungen des übrigen Medullarrohres. Zbl. Path. **55**, 172 (1932).

PASQUIÈ, M.: Spina bifida et hydrocéphalie. (Le syndrome d'ARNOLD-CHIARI.) Presse méd. 1951, 50. — PINES u. SURABASCHWILI: Ein seltener Fall von partieller Agenesie des Kleinhirnwurmes. Arch. f. Psychiatr. 96, 718 (1932). — PENFIELD, W., and D. F. COBURN: ARNOLD-CHIARI malformation and its operative treatment. Arch. of Neur. 40, 328—336 (1938).

RICARD, A., et P. F. GIRARD: Difformité d'ARNOLD-CHIARI. A propos d'une observation. Revue neur. 81, 332 (1949). — RODDA, R.: A case of the ARNOLD-CHIARI malformation of the hind brain. J. of Path. 61, 261 (1949). — RUSSEL, D. S., and CH. DONALD: The mechanism of internal hydrocephalus in spina bifida. Brain 58, 203 (1935).

SCHENK, V. W. D.: Ein Fall von Acranie, Rhachischisis, Duplicitas medullae usw. Z. Neur. 146, 369 (1933). — SCHLEY: Über das Zustandekommen von Gehirncysten bei gleichzeitiger Geschwulstbildung. Virchows Arch. 265, 665 (1927). — SCHÜLE: Ein Beitrag zu der Lehre von den Kleinhirncysten. Dtsch. Z. Nervenheilk. 18, 110 (1900). — SCHWALBE u. GREDIG: Entwicklungsstörungen in Kleinhirn, Pons, Medulla oblongata und Halsmark bei Spina bifida. Zbl. Path. 17, 49 (1906). — SCHWARZKOPF, H.: Ventrikuläre Matrix- und Rindenentwicklung bei medianen Kleinhirnverbildungen. Arch. f. Psychiatr. u. Z. Neur. 185, 84 (1950). — SWANSON, H. S., and E. F. FINCHER: ARNOLD-CHIARI deformity without bony anomalies. J. of Neurosurg. 6, 314 (1949).

TARDINI, A.: Su di un caso spina bifida con mielomeningoele associata ad eterotopie sottoependimali di sostanza grigia, malformazione di ARNOLD-CHIARI, idrocefalo interno, idromielia e siringomielia. Riv. Anat. Pat. 3, 602 (1950).

ULE, G.: Die gekreuzten und andere sekundäre Kleinhirnatrophien. Dtsch. Z. Nervenheilk. 171, 490 (1954).

VERBIEST, H.: The ARNOLD-CHIARI malformation. J. of Neur., N. S. 16, 227 (1953). — VERHAART, W. J. C.: Eine sonderbare Mißbildung des Kleinhirns. Acta psychiatr. (Københ.) 8, 691—699 (1933). — A case of encephalocele posterior with sagittal dissection of the cerebellum. Psychiatr. Bl. (hol.) 39, 629 (1935).

WANGEL: On the essential nature of hydro- and syringomelia, myelocele, encephalocele, hydrocephalus internus and neurinoma, with special reference to syringomyelia. Acta psychiatr. (Københ.) Suppl. 59, 88 (1g50). — WERSILOW: Zur Frage über die sog. serösen Zysten des Kleinhirns. Zbl. Neur. 32, 350 (1913). — WILLIAMSON: Cysts of the cerebellum and the results of cerebellar surgery. Rev. Neur. Psychiatr. 8, 143 (1910).

G. Systemisierte Verbildungen.

Großhirn: Verbildungen bei univentrikulärem Telencephalon, Cyclopie-Arrhinencephalie-Gruppe.

ADELMANN, K. B.: The embryological basis of cyclopia. Amer. J. Ophthalm. 1934, No 10, 883. — Zbl. Path. 62, 69 (1935). — ARANOBICH, J.: Beitrag zur Kenntnis der Morphologie und Struktur des Gehirns bei der Cyclopie. Rev. neur. Buenos Aires 2, 266 (1938).

BADTKE, G.: Über Augenveränderungen bei Arrhinencephalie. Graefes Arch. 148, 430 (1948). — BANNWARTH, A.: Über den Nachweis von Gehirnmißbildungen durch das Röntgenbild und über seine klinische Bedeutung. Arch. f. Psychiatr. 109, H. 5 (1939). — Gehirnmißbildungen und Epilepsie. Nervenarzt 1940, Nr 3, 97. — BARBER, A. N., and R. J. MUELLING jr.: Cyclopia with complete separation of the neural and mesodermal elements of the eye. Report of a case. Arch. of Ophthalm. 43, 989 (1950). — BATEMANN, J. T.: Cerebral frontal agenesis in association with epilepsy. Arch. of Neur. 36, 578 (1936). — BECK: Ein Fall von Arrhinencephalie (nicht veröffentlicht), jedoch in der Arbeit A. BANNWARTH, Über den Nachweis von Gehirnmißbildungen durch das Röntgenbild und über seine klinische Bedeutung. 1939. — BIEMOND, A.: Über einen Fall von Kernaplasie (MOEBIUS), kombiniert mit Arrhinencephalie. Acta psychiatr. (Københ.) 11, 49 (1936). — BOUMAN, K. H., and V. W. D. SCHENK: A cyclops and a synotus. J. of Neur. 17, 48 (1936). — BRECKWOLDT, H.: Über die Zahnverhältnisse bei Cyclopie und Gesichtsspalte. Diss. Freiburg 1935. — Beitr. path. Anat. 98, 115 (1936).

COURVILLE, C. B.: Congenital malformation of the cerebrum associated with microcephaly. Bull. Los Angeles Neur. Soc. 1, 2 (1936).

DE, M. N., and H. K. DUTTA: A case of foetus with one eye (cyclops). J. of Anat. 73, 499 (1939). — DUPONT, O.: Beitrag zur Kenntnis der Entwicklungsstörungen des Gehirns mit besonderer Berücksichtigung des Kleinhirns. Beitr. path. Anat. 96, 326 (1936).

ERNST, P.: Mißbildungen des Nervensystems. Morphologie der Mißbildungen des Menschen und der Tiere von E. SCHWALBE, Teil III. 1913.

FRAZER, J. E.: A curious abnormal human brain. J. of Anat. 69, 526 (1935).

GAMPER, EDUARD: Bau und Leistungen eines menschlichen Mittelhirnwesens (Arrhinencephalie mit Encephalocele. Zugleich ein Beitrag zur Teratologie und Fasersystematik). Z. Neur. 102, 154 (1926). — GIORDANO, A.: Die Dysencephalien; anencephalisches, arrhinencephalisches und cyclopisches Syndrom, Encephalocele, Morbus von v. Hippel-Lindau, Pseudodysencephalien, 198 S. u. 48 Abb. Bari: Gius. Laterza & Figli 1939. — Goldstein, K., u. W. Riese: Klinische und anatomische Beobachtungen an einem vierjährigen riechhirnlosen Kinde. Zugleich ein Beitrag zur Kenntnis des zentralen Riechapparates des Menschen, insbesondere des Riechhirnanteiles der Stammganglien, sowie zur Lehre von der kompensatorischen Hypertrophie der Stammteile des Gehirns bei Vorderhirndefekten. J. Psychol. u. Neur. **32**, 291 (1926). — Gruber, G. B.: Beiträge zur Frage „gekoppelte" Mißbildungen. (Akrocephalo-Syndaktylie und Dysencephalia splanchnocystica.) Beitr. path. Anat. **93**, 459 (1934). — Gruber, J. v.: Versuch einer entwicklungsmechanischen Analyse menschlicher Kopfmißbildungen. Arch. Klaus-Stiftg **23**, H. 3/4 (1948). — Grünthal, E.: Über das Gehirn einer cyclopischen Mißbildung beim Hühnchen. Wschr. Psychiatr. **1941**, 215.

HALLERVORDEN, J.: Handbuch der inneren Medizin, 4. Aufl., Bd. V, Teil 3. Berlin-Göttingen-Heidelberg: Springer 1953. — Henz, K.: Beitrag zur Frage der hyporhinen Arrhinencephalie. Beitr. Anat. usw. Ohr usw. **31**, 241 (1948). — Heschl, E.: Über einen Fall von Arrhinencephalie mit Störung der Wärmeregelung. Z. Kinderheilk. **56**, 140 (1934). — Hinrichs, U.: Über eine durch Balken- und Fornixmangel ausgezeichnete Gehirnmißbildung. Arch. f. Psychiatr. **89**, 5o—101 (1929). — Arch. f. Psychiatr. **89** (1930). Beschrieben in A. Bannwarth, Über den Nachweis von Gehirnmißbildungen durch das Röntgenbild und über seine klinische Bedeutung.

JONG, H. DE: Über Arrhinencephalie mit Hypertrophien im Gehirn. Z. Neur. **108**, 734 (1927). — Josephy, H.: Otocephalie und Triocephalie. Mißbildungen des Halses. Aus: Morphologie der Mißbildungen von E. Schwalbe, Teil III. 1913.

KATZENSTEIN-SUTRO, E.: Vorläufige Mitteilung von zwei Fällen cerebraler Mißbildungen. Schweiz. Arch. Neur. **49**, 276 (1942). — Kautzky, R.: Über einen Fall von Mißbildung im Gebiete des Endhirnes. Z. Anat. **106**, 447 (1936). — Köhn, K.: Über die Arrhinencephalie. Zbl. Path. **88**, 246—258 (1952). — Köhne, G.: Die Beziehungen des angeborenen Olfactoriusdefekts zum primären Eunuchoidismus des Mannes. (Anatomische und experimentelle Beobachtungen.) Virchows Arch. **314**, H. 2 (1947). — Kovács, L.: Über Cyclopse auf Grund eines Falles. Orv. Hetil. **1937**, 528. — Kuhlenbeck, H., and J. H. Globus: Arrhinencephaly with extreme eversion of endbrain. An anatomic study. Arch. of Neur. **36**, No 1, 58 (1936).

LANGE, C. DE: Two cases of congenital anomalies of the brain. Amer. J. Dis. Childr. **53**, 429 (1937). — Lehmann, F. E.: Selektive Beeinflussung frühembryonaler Entwicklungsvorgänge bei Wirbeltieren. Naturwiss. **24**, 401—407 (1936). — Die embryonale Entwicklung. Entwicklungsphysiologie und experimentelle Teratologie. In Handbuch der allgemeinen Pathologie, Bd. VI, Teil 1. Berlin-Göttingen-Heidelberg: Springer 1955.

MARBURG, O.: Cyclopia, arrhinencephalia and callosal defect. Cranium bifidum anterius and telencephaloschisis. J. Nerv. Dis. **107**, 430 (1948). — Marburg, O., and F. A. Mettler: The nuclei of the cranial nerves in an human case of cyclopia and arhinia. J. of Neuropath. a. Exper. Neur. **2**, 54 (1943). — Marburg, O., and J. W. Warner: The brain in a case of human cyclopia. J. Nerv. Dis. **103**, No 4 (1946). — Mettler, F. A.: Congenial malformation of the brain. Critical review. J. of Neuropath. **6**, 98 (1947). — Mettler, F. A., and O. Marburg: The diencephalon and telencephalon in a human case of cyclopia and arhinia. J. of Neuropath. a. Exper. Neur. **2**, No 2 (1943). — Mirsalis, T.: Ein neuer Fall von Arrhinencephalie. Anat. Anz. **67**, 353 (1929).

NATHAN, P. W., and M. C. Smith: Normal mentality associated with a maldeveloped rhinencephalon. J. of Neur., Neurosurg. a. Psychiatry **13**, 191 (1950). — Nikolskij, I.: Ein Fall von Mikrocephalie im Kindesalter. Pediatr. **12**, 567 (1928).

OLDBERG, S.: Ein Beitrag zur Frage der Arrhinencephalie. Uppsala Läk.för. Förh., N. F. **38**, Nr 5, 1—14 (1932). — Ostertag, B.: Entwicklungsbiologisches und Dysontogenetisches zum Gewächsproblem. Neuere Ergebnisse auf dem Gebiete der Krebskrankheiten. Leipzig: S. Hirzel 1937. — Ozawa, M.: Ein Sektionsfall von Cyklopie. Zur Einteilung des 4. und 5. Typus Bocks. Jap. J. Med. Sci., Path. **4**, 189 (1939).

POLITZER, G.: Arrhinencephalie bei einem menschlichen Embryo von 7 mm ganzer Länge. Z. Anat. **93**, 188 (1930). — Über frühembryonale Arrhinencephalie beim Menschen nebst Bemerkungen über die Entstehung der Cyclopie. Wien. Z. Nervenheilk. **5**, 188 (1952).

RATING, B.: Über eine ungewöhnliche Gesichtsmißbildung bei Anencephalie. Virchows Arch. **288**, 223 (1933). — Rothschild, P.: Arhinencephalia completa. Eine Form der Arrhinencephalie mit Betrachtungen über die formale und kausale Genese von Arrhinencephalie und Cyclopie. Beitr. path. Anat. **73**, 65 (1924). — Rubinstein, B. G.: Über einen Fall von unvollständig fehlendem und durch Fettgewebe ersetzten Balken. Frankf. Z. Path. **44** (1933).

SCHÖNBERG, H.: Über Hemmungsbildungen. Frankf. Z. Path. **52** (1938). — Schwalbe, E., u. H. Josephy: Die Mißbildungen des Kopfes. II. Die Cyclopie. Aus: Morphologie der Mißbildungen des Menschen und der Tiere von E. Schwalbe, Teil III. 1913. — Segal, M.:

Agenesis of the corpus callosum in man. S. Afric. J. Med. Sc. 1, 65 (1935). — SHRYOCK, H., and R. S. KNIGHTON: Arhinencephaly with associated agenesis of the corpus callosum and other anomalies. Report of two cases. Bull. Los Angeles Neur. Soc. 5, 192 (1940). — SICHEL, G.: Su di un raro caso di arinencefalia in embrione umano. Atti Soc. ital. Anat. 1950, 187—193. — STEFANI, H.: Vorweisung zur Frage des arrhinencephalen Syndroms. Med. Ges. Göttingen 26. Juni 1941. Münch. med. Wschr. 1941, Nr 35, 972. — STEWART, R. M.: Arhinencephaly. J. of Neur. 2, 303 (1939). — STUPKA, W.: Über die Bauverhältnisse des Gehirns einer cyclopischen Ziege. Arb. neur. Inst. Wien 33, 315—394 (1931).

TÖNDURY, G.: Normale und abwegige Entwicklung des zentralen Nervensystems im Lichte neuerer Amphibienexperimente. Schweiz. Arch. Neur. 42, H. 2 (1939). — Embryonales Wachstum und seine Störungen. Schweiz. med. Wschr. 1953, 175. — THOMAS, A., et J. GRUNER: Un cas de microcéphalie avec malformations complexes. Arhinencephalie, agénésie du corps calleux et du trigone, hétérotopies, anomalies du cervelet, du tronc cérébral et de la moelle; malformations vasculo-mésenchymateuses. Ann. Méd. 52, 5—31 (1951). — TOVERUD, K. U.: Etiological factors in the neonatal mortality with special reference to cerebral hemorrhage. Acta paediatr. (Stockh.) 18, F. 3, 249 (1936).

UNTERRICHTER, L. v.: Zur Arrhinencephalie. Erbarzt 11, Nr 3, 63 (1943).

VOGT, H.: Über Balkenmangel im menschlichen Gehirn. J. Psychol. u. Neur. 5 (1905), siehe auch S. 589.

WERTHEMANN, A.: Allgemeine Teratologie mit besonderer Berücksichtigung der Verhältnisse beim Menschen. In Handbuch der allgemeinen Pathologie, Bd. VI, Teil 1. Berlin-Göttingen-Heidelberg: Springer 1955. — WILLI, H.: Neurologisches aus dem Gebiet der Neugeborenenpathologie. Ann. paediatr. (Basel) 178, 297—317 (1952).

ZELLWEGER, H.: Kasuistischer Beitrag zum Problem der Cyclencephalie und des Congenital single lateral ventricle. Helvet. paediatr. Acta, Ser. D 7, 1952, 98—104.

Weitere Literatur bei LEHMANN, WERTHEMANN und TÖNDURY (in den hier zitierten Arbeiten).

Großhirn: Verbildungen bei biventrikulärem Telencephalon.

D'APLEY, J., and M. SYMONS: Megalencephaly: a report of two cases. Arch. Dis. Childh. 22, 172 (1947). — D'ARRIGO, M.: Sopra un caso di microcefalia pura con speciale riquardo alle alterazioni della ghiandole endocrine. Ric. istol. Cervello 7, 209 (1928).

BEBRIS, A.: Un cas d'hétérotopie de la substance blanche dans la corne antérieure de la moelle chez l'homme. C. r. Soc. Biol. Paris 93, 539 (1925). — BERGEL, A.: Über ein tumorähnliches Knötchen in der Seitenwand des Rückenmarkes bei einem menschlichen Embryo von 16,5 mm größter Länge. Z. Neur. 116, 687 (1928). — BIANCHI, L.: Contributo alla conoscenza della microcefalia. Neurologica (Napoli) 41, 131 (1924). — BIELSCHOWSKY: Zit. bei SCHOB. — BIELSCHOWSKY, M., u. M. ROSE: Über die Pathoarchitektonik der mikro- und pachygyren Rinde und ihre Beziehungen zur Morphogenie normaler Rindengebiete. J. Psychol. u. Neur. 38, 42 (1929). — BIEMOND, A.: Sur une remarquable malformation symétrique de l'écorce cérébrale (micro-engyrie) allant de pai avec une synostose prénatale de toutes les sutures du crâne. Ann. d'Anat. path. 15, 883 (1938). — BORDA, J. T.: Über eine seltene Gehirnmißbildung bei einem Idioten. Rev. Asoc. méd. argent. 45, 308 (1932) (Spanisch). — BRIESE, M., et Z. CARAMAN: Contribution à la morphologie et la cytoarchitectonie du cerveau d'un microcephale. Vo. jubilaire an l'honneur de PARHON, p. 90—108. 1934. — BRODAL, A.: Ein Fall von Mikrogyrie. Norsk Mag. Laegevidensk. 96, 1298 u. dtsch. Zus.fassg 1311 (1935) (Norwegisch). — BRUMMELKAMP, R.: Caractère anthropoide du cerveau dans un cas des microcéphalie. Acta neerl. Morph. norm. et path. 4, 135 (1941). — BRUNSCHWEILER, H.: Contribution à la connaissance de la «Microcephalia vera». Étude de la fine organisation tectonique d'un cerveau microcéphale. Considérations sur les différentes significations biologiques possibles de cette organisation. Etude basée sur l'organisation tectonique et sur l'histogenèse du cerveau embryonnaire normal. Schweiz. Arch. Neur. 21, 246 (1927); 22, 73, 269 (1928).

CHASAN, B.: Eine Mißbildung und Mischgeschwulst des Zentralnervensystems. (Beitrag zur Entwicklungspathologie des zentralen Nervensystems.) Schweiz. Arch. Neur. 27, 64 (1931). — CRINIS, M. DE: Über einen Fall von Balkenmangel. J. Psychol. u. Neur. 37, 443 bis 449 (1928).

DIEZEL, P. B.: Mikrogyrie infolge cerebraler Speicheldrüsenvirusinfektion im Rahmen einer generalisierten Cytomegalie bei einem Säugling. Virchows Arch. 324, 109—130 (1945).

ELSNER, E., and H. N. ROBACK: Cerebral dysgenesis (agenesis). Amer. J. Dis. Childr. 57, 371 (1939).

FERRARO, A., and S. E. BARRERA: Megalo-cycloencephaly. Report of a case with diffuse medulloblastosis. Amer. J. Psychiatr. 92, 509 (1935). — FISCHER, H.: Ein eineiiges Zwillingspaar mit Hydrocephalus internus communicans und Megalencephalie. Z. Neur. 174, 264 (1942). — Fortanier, A. H.: Ein Fall von Mikrogyrie und Porencephalie. Z. Neur. 142, 98 (1932).

Gastraut, et de Wulf: Étude de deux cas d'une dysgénésie cérébrale exceptionnelle: «La synrhaphie des fissures cérébrales» et des anomalies anatomiques et cliniques qu'elle entraine. Revue neur. 79, 591 (1947). — Gerlach, W.: Über Megalencephalie. Biol. Abt. d. ärztl. Ver. Hamburg, Sitzg vom 24. Nov. 1925. — Giacomini: Siehe bei Schob. — Giannuli, F.: Il cranio ed il cervello di una microcefala. Riv. di Antropol. 25, 215—319 (1923). — Goldstein, L.: Radiogenic microcephaly. A survey of nineteen recordet cases, with special reference to ophthalmic defects. Arch. of Neur. 24, 102 (1930). — Greenfield: Agyre und mikrogyre Mikrocephalie. Arch. of Neur. 33, 1296 (1935).

Hallervorden, J.: In Handbuch der inneren Medizin, 4. Aufl., Bd. V, Teil 3. Berlin-Göttingen-Heidelberg: Springer 1953. — Hallervorden, J., u. J.-E. Meyer: Cerebrale Kinderlähmung. (Früherworbene körperliche und geistige Defektzustände.) In diesem 4. Teil des XIII. Bd. (Nervenband) von Henke-Lubarsch' Handbuch, S. 194ff. — Hansemann, D. v.: Zit. bei Schob. — Hechst, B.: Über einen Fall von Mikroencephalie ohne geistigen Defekt. Arch. f. Psychiatr. 97, 64 (1932). — Hecker, P.: Sur un cas d'agénésie du corps calleux. Bull. Soc. anat. Paris 93, 441 (1923). — Henz: Balkenmangel und Entwicklungsstörungen der Hirnrinde (Mikropolygyrien, Heterotopien). Diss. Hamburg 1948. — Hess, H. J.: Prematur infants. Malformations and diseases of the nervous, osseous and muscular systems requiring corrective treatment. J. Amer. Med. Assoc. 79, 552 (1922). — Hinrichs, Ü.: Über eine durch Balken- und Fornixmangel ausgezeichnete Gehirnmißbildung. Arch. f. Psychiatr. 89, 57—101 (1929). — Hiresaki, T.: Über einen Fall von schwerem partiellen Balkenmangel. Psychiatr. et Neur. japonica 41, 1058 u. dtsch. Zus.fassg 85 (1937) (Japanisch). — Hurowitz, J.: Über einen ungewöhnlichen Fall von Hydromerencephalie. Schweiz. Arch. Neur. 38, 207 (1936).

Inaba: Zit. bei Hechst.

Jacob, H.: Faktoren bei der Entstehung der normalen und der entwicklungsgestörten Hirnrinde. Z. Neur. 155, 1—19 (1936). — Eine Gruppe familiärer Mikro- und Mikroencephalie. Z. Neur. 156, 633 (1936). — Genetisch verschiedene Gruppen entwicklungsgestörter Gehirne. Z. Neur. 160, 615 (1938). — Über die Fehlentwicklungen des Kleinhirns, der Brücke und des verlängerten Markes (Arnold-Chiarische Entwicklungsstörung) bei kongenitaler Hydrocephalie und Spaltbildung des Rückenmarkes. Z. Neur. 164, 229 (1939). — Die feinere Oberflächengestaltung der Hirnwindungen, die Hirnwarzenbildung und die Mikropolygyrie. Ein Beitrag zum Problem der Furchen- und Windungsbildung des menschlichen Gehirns. Z. Neur. 170, 64 (1940). — Über die Hirnwarzenbildung. Zbl. Path. 78, 123 (1941). — Jäger, O.: Beschreibung eines Mikrocephalengehirns. Z. Anat., Abt. 2, Z. Konstit.lehre 12, 728 (1926). — Jakob, A.: Über Megalencephalie als Grundlage der Idiotie. Aus dem Gesellschaftsbericht, Sitzg vom 1.—2. Sept. 1925 der Verslg des Dtsch. Vereins für Psychiatrie in Kassel. Zbl. Neur. 42, 348 (1926). — Jermulowicz, W.: Zur Frage der Tumoranlage im Gehirn (Knötchen im Calamus scriptorius (Neurol. Inst., Univ. Wien). Nervenarzt 7, 550—552 (1934). — Juba: Siehe S. 588.

Kastein, G. W.: Über Megalencephalie. Acta neerl. Morph. norm. et path. 3, 249 (1940).— Kautzky, R.: Über einen Fall von Mißbildungen im Gebiete des Endhirns. Z. Anat. 106, 447 (1936). — Klöppner, K.: Mikrocephalie beim Neugeborenen. Zbl. Gynäk. 1939, Nr 16, 871. — Kluge: Diss. bei Ostertag 1943. — Koch, W.: Ein Fall von nahezu totaler Agyrie des Großhirns. Beitr. path. Anat. 97, 247 (1936). — Kotzowski, A.: Zur Lehre von der Mikrogyrie. Moderne Med., 1. F. 1921, H. 1, 59 (Russisch).

Lange, C. de: Mikrocephalie bei einem javanischen Mädchen. Psychiatr. Bl. (holl.) 1925, Nr 5, 231. — Über Megalencephalie. (Kinderklin. u. Neurol. Laborat., Univ. Amsterdam.) Acta psychiatr. (København) 7, 955—980 (1932). — Lissencephalie beim Menschen. Mschr. Psychiatr. 101, 350 (1939). — Laubenthal, F., u. J. Hallervorden: Über ein Geschwisterpaar mit einer eigenartigen frühkindlichen Hirnerkrankung nebst Mikrocephalie (und über seine Sippe). Arch. f. Psychiatr. 111, 712 (1940). — Lisch, K., u. K. Thums: Diskordantes Vorkommen von Mikrocephalie mit Schichtstar und Littlescher Krankheit bei einem eineiigen Zwillingspaar mit Zeichen des Status dysrhaphicus. Z. Konstit.lehre 21, 220 (1937). — Löwenberg, K.: Histological studies on the brain of a craniopagus. Amer. J. Path. 6, 469 (1930).

Marchand: Siehe bei Schob. — Monakow: Über die Mißbildungen des Zentralnervensystems. Erg. Path. 6, 513 (1899). — Morel, F., et E. Wildi: Dysgénésie nodulaire disséminée de l'écorce frontale. Revue neur. 87, 251—270 (1952). — Morsier, de, u. Moser: Zit. bei Henz, siehe dort S. 594.

Nagtegaal, C. G.: An ineresting arrangement of fissures in the brain of a microcephalic idiot. Proc. roy. Acad. Amsterd. 32, 786 (1929). — Nathan, P. W., and M. C. Smith: Normal mentality associated with a maldeveloped "rhinencephalon". J. of Neur., N. S. **13**, 191 (1950). — NICOLAJEV, V.: Ausgedehnte Entwicklungsstörung der Großhirnrinde als unerwarteter Sektionsbefund. Z. Neur. **163**, 565 (1938).

OSTERTAG: Über ererbte und erworbene Konstitution vom Standpunkt des Pathologen. Z. menschl. Verbgs- u. Konstit.lehre **29**, 157 (1949). — OSTERTAG, B.: Entwicklungsstörungen des Gehirns und zur Histologie und Pathogenese, besonders der degenerativen Markerkrankung bei amaurotischer Idiotie. Arch. f. Psychiatr. **75**, 355 (1925). — OTTO, R:. Zur Hirnpathologie. Virchows Arch. **110**, 81 (1887).

PAOLI, M. DE: Ulterior contributi allo studio della microcefalia pura. Giorn. Psichiatr. clin. **52**, 67 (1924). — La citoarchitettonica di due cerevelli di microcefali. Riv. sper. Freniatr., Arch. ital. Mal. nerv. e ment. **49**, 45 (1925). — PARHON, C. J., L. BALLIF et N. LAVRÉNENCE: Microcéphalie familiale. Acromicrie et syndrome adipeux-génital. Rev. franç. Endocrin. **7**, 307 (1929). — PASKIND and STONE: Familiäre spastische Paralyse. Ein typischer Fall von „essentieller Pachygyrie". Arch. of Neur. **30**, 481 (1933). — PETER, K.: Ein weiterer anatomischer Beitrag zur Frage der Megalencephalie und Idiotie. — PETER, K., u. K. SCHLÜTER: Über Megalencephalie als Grundlage der Idiotie. Z. Neur. **108**, 21—40 (1927). — PINES, L., u. N. POPOV: Zur Lehre über die Microcephalia vera. Psychoneur. Festschr. ALEXANDER JUSCENKO **1928**, 82—87 (Russisch).

RABINOWITSCH, A.: Cytoarchitektonik im Falle von Mikrogyrie. Z. Neur. **144**, 650 (1933). — RINALDI, E.: Caso raro di anomalia congenita delle meningi encefaliche. Pathologica (Genova) **33**, 383 (1941). — ROSTAN, A.: Contributo allo studio della morfologia di cerevelli microcefalici. Riv. pat. Nerv. **43**, 327 (1934).

SCHAIRER, E.: Über Neurofibromatose und ihre Beziehungen zu Gliomen und Hirnhernien. Z. Krebsforsch. **40**, 30 (1933). — SCHERER, E.: Über die pialen Lipome des Gehirns. Beitrag eines Falles von ausgedehnter meningealer Lipomatose einer Großhirnhemisphäre bei Mikrogyier. Z. Neur. **154**, 45 (1936). — SCHMIDT, W.: Eigenartige Bildungen am Gehirn eines Neugeborenen und ihre Beziehung zu den Hirnhernien. Zbl. Path. **77**, 177 (1941). — SCHMINCKE: Zit. bei SCHOB. — SCHOB, F.: Pathologische Anatomie der Idiotie. In Handbuch der Geisteskrankheiten, Bd. XI, Teil 7 von W. SPIELMEYER, S. 779. 1930. — SCHROEDER, K.: Zur Kenntnis der subcorticalen Heterotopien. Mschr. Psychiatr. **80**, 58—71 (1931). — SCHWALBE: Die Morphologie der Mißbildungen des Menschen und der Tiere. 1909. — SEGAL, M.: Agenesis of the corpus callosum in man. S. Afric. J. Med. Sci. **1**, 65 (1935). — SENISE, T.: Concetto e aspetti della megalencefalia. Cerevello **13**, 71 (1934). — SMIRNOV, L., i S. SAVENKO: Zur Kasuistik der Gehirnmißbildungen. Trudy Klin. Nerv. Bol. kiev. Inst. Usovers. Vrac. **1**, 159—172 (1928) (Russisch). — STRINGARIS, M. G.: Mikroencephalie. Ein Beitrag zur Lehre und Kasuistik der Mißbildung. Frankf. Z. Path. **37**, 396 (1929).

THOMAS, L.: A propos d'un cas d'absence congénitale du corps calleux sur un cerveau humain. Arch. d'Anat. **10**, 347—369 (1929). — TÖNDURY, G.: Über experimentell erzeugte Mikrocephalie bei Urodelen. Roux' Arch. **136**, 529 (1937).

UNTERBERG, A.: Hereditäre Fehlbildungscyste des Großhirns. Diss. Tübingen 1951.

VELTEN, C.: Über innere Heterotopien im Hirn. Beitr. path. Anat. **103**, H. 1 (1939). — VERHAART, W. J. C.: Epidural hydrocephalus externus with microgyry, microencephaly and rupture of the corpus callosum. Psychiatr. Bl. (holl.) **40**, 17 (1936). — VIVALDO, J. C.: Die familiäre mikrocephalische Idiotie nach GIACOMINI. Riv. criminol. psichiatria y med. leg. **12**, 546 (1925) [Spanisch]. — VOGT, C. u. O.: Zit. bei SCHOB.

WATANABE, T.: Über einen Fall von Mikrocephalie. Mitt. med. Fak. Tokyo **28**, 77 (1921). — WEIL, A.: Megalencephaly with diffuse glioblastomatosis of the brain stem and the cerebellum. Arch. of Neur. **30**, 795 (1933). — WERTKIN, I.: Über eine mit Hydro- und Porencephalie einhergehende Mißbildung des Großhirns. Frankf. Z. Path. **40**, 571 (1930). — WILSON, S. A. KINNIER: Megalencephaly. J. of Neur. **14**, 193 (1934). — WINKLER, J. E.: Einige Bemerkungen über Mikrogyrie. Psychiatr. Bl. (holl.) **1924**, 10 (Holländisch). — WOLF, ABNER and D. COWEN jr.: Cytoplasmic bodies in an case of megalencephaly. Bull. Neur. Inst. N. Y. **6**, 1 (1937).

Schwere Verbildungen an Groß- und Kleinhirn eigener Prägung.

FORTANIER, A. H.: Ein Fall von Mikrogyrie und Porencephalie. Z. Neur. **142**, 98 (1932). — GASTRAUT, H., et DE WULF: Étude de deux cas d'une dysgénésie cérébrale exceptionelle: "La synrhaphie des fissures cérébrales" et des anomalies anatomiques et cliniques qu'elle entraine. Revue neur. **79**, 591 (1947). — GIANNULI, F.: Il cranio ed il cervello di una microcefala. Riv. Antrop. **25**, 215—319 (1923). — GIORDANO, A.: Die Dysencephalien, anencephalisches, arrhinencephalisches und cyklopisches Syndrom, Encephalocele, Morbus von v. HIPPEL-LINDAU, Pseudodysencephalien. Bari: Guis. Laterza & Figli 1939. 198 Seiten und 48 Abbildungen.

Henz: Balkenmangel und Entwicklungsstörungen der Hirnrinde (Mikropolygyrien, Heterotopien). Diss. Hamburg 1948. — Hinrichs, U.: Über eine durch Balken- und Fornixmangel ausgezeichnete Gehirnmißbildung. Arch. f. Psychiatr. 89, 57—101 (1929). Kautzky, R.: Über einen Fall von Mißbildungen im Gebiete des Endhirns. Z. Anat. 106, 447 (1936). — Kino: Zit. bei Henz. — Kirschbaum, W. R.: Agenesis of the corpus callosum and associated malformations. J. of Neuropath. 6, 78 (1947). — Klieneberger: Zit. bei Henz.

Lasalle-Archambault: Zit. bei Henz.

Mingazzini, G.: Der Balken. Berlin: Springer 1922.

Probst: Zit. bei Mingazzini.

Segal, M.: Agenesis of the corpus callosum in man. S. Afric. J. Med. Sci. 1, 65 (1935). — Smirnov, L., i S. Savenko: Zur Kasuistik der Gehirnmißbildungen. Trudy Klin. Nerv. Bol. kiev. Inst. Usovers. Vrac. 1, 159—172 (1928). — Spatz, H.: Beiträge zur normalen Histologie des Rückenmarks des neugeborenen Kaninchens mit Berücksichtigung der Veränderungen während der extrauterinen Entwicklung. Histol. Arb. Großhirnrinde 1917. — Über degenerative und reparatorische Vorgänge nach experimentellen Verletzungen des Rückenmarks. Vorläufige Mitteilung. Z. Neur. 58, 327 (1920).

Unterberg, A.: Hereditäre Fehlbildungscyste des Großhirns. Diss. Tübingen 1951.

Wertkin, I.: Über eine mit Hydro- und Porencephalie einhergehende Mißbildung des Großhirns. Frankf. Z. Path. 40, 571 (1930).

Systemisierte Verbildungen am Kleinhirn.

Alber, H.: Die Mischgewächse des Kleinhirnunterwurms. Diss. Tübingen 1947. — Ammerbacher, W.: Über Kleinhirnveränderungen bei tuberöser Sklerose und zentraler Neurofibromatose. Arch. f. Psychiatr. 107, 113 (1937).

Baker, R. C., and G. O. Graves: Cerebellar agenesis. Arch. of Neur. 25, 548 (1931). — Barten, H.: Eine seltene Fehlbildung des Kleinhirns. (Ein Beitrag zur Frage der Ganglioneurome.) Beitr. path. Anat. 93, 219 (1934). — Berliner, K.: Beiträge zur Histologie und Entwicklungsgeschichte des Kleinhirns. Diss. Breslau 1904. — Bielschowsky, M.: Zur Histopathologie und Pathogenese der tuberösen Sklerose. J. Psychol. u. Neur. 30 (1924). — Bielschowsky, M., u. A. Simons: Über diffuse Hamartome (Ganglioneurome) des Kleinhirns und ihre Genese. J. Psychol. u. Neur. 41, H. 1/2 (1930). — Borowsky, M. G.: Beiträge zur postembryonalen Entwicklung der Kleinhirnrinde beim Menschen. Schweiz. Arch. Neur. 39, 225 (1927). — Brouwer, B.: Hypoplasia ponto-neocerebellaris. Psychiatr. Bl. (holl.) Nr 5 (Jelgersma-Nr., S. 461) (1924). — Brun, R.: Zur Kenntnis der Bildungsfehler des Kleinhirns. Schweiz. Arch. Neur. 1, 1, 61 (1918); 2, 1, 48 (1918); 3, 1, 13 (1918). — Brzustowicz, R. J., and J. W. Kernohan: Cell rests in the region of the fourth ventricle. I. Their site and incidence according to age and sex. Arch. of Neur. 67, 585—591 (1952).

Castrillon, H.: Über paläocerebellare Aplasie des Kleinhirns. Z. Neur. 144, 113 (1933). — Christensen, E.: Virchows Arch. 300, 567 (1937) nach Kluge. — Cid, J. M.: Symmetrische Agenesie der Körnerschicht in einzelnen Läppchen des Kleinhirns. Bol. Inst. psiquiatr. Fac. Ci. méd. Rosario 1, 40 (1929). — Cohrs, P., u. L. Cl. Schulz: Artspezifische Hypertrophie des Kleinhirnwurms bei Säugetieren, verbunden mit partiellen Rindenaplasien. Anat. Anz. 101, 23—36 (1954).

Dow, R. D.: Partial agenesis of the cerebellum in dogs. J. Comp. Neur. 72, 569 (1940). — Dupont, O.: Beitrag zur Kenntnis der Entwicklungsstörungen des Gehirns mit besonderer Berücksichtigung des Kleinhirns. Beitr. path. Anat. 96, 326 (1936).

Erskine, C. A.: Asymptomatic unilateral agenesis of the cerebellum. Mschr. Psychiatr. 119, 321 (1950). — Essik, Ch.: The corpus pontobulbare. Amer. J. Anat. 7 (1907).

Foerster, O., u. O. Gagel: Ein Fall von Gangliocytoma dysplasticum des Kleinhirns. Z. Neur. 146, 792 (1933).

Guillery, H.: Besondere Befunde an hydrocephalen Gehirnen. Virchows Arch. 262, 499 (1926). — Guttmann, L.: Über einen Fall von Entwicklungsstörung des Groß- und Kleinhirns mit Balkenmangel. Psychiatr.-neur. Wschr. 1929, 453.

Hajashi, M.: Einige wichtige Tatsachen aus der ontogenetischen Entwicklung des menschlichen Kleinhirns (mit Demonstrationen). Dtsch. Z. Nervenheilk. 81, 74 (1924). — Hallervorden, J.: Die Kleinhirnatrophien. In Bumke-Foersters Handbuch der Neurologie, Bd. XVI. Berlin: Springer 1936. — Heinlein u. Falkenberg: Z. Neur. 166, 128—135. — Hochstetter, F.: Über normalerweise während der Entwicklung im Kleinhirn des Menschen auftretende cystische Hohlräume und über ihre Rückbildung. Wien. klin. Wschr. 1928, Nr 1, 13. — Hopf, E. J.: Ein Choristom des Kleinhirns. Beitr. path. Anat. 112, 298—302 (1952).

Jacob, H.: Genetisch verschiedene Gruppen entwicklungsgestörter Gehirne. Z. Neur. 160, 615 (1938). — Die gestaltlichen Veränderungen und Verlagerungen des Kleinhirns bei Hydrocephalie. 4. J.verslg. der Ges. Dtsch. Neur. u. Psychiatr., Köln, Sitzg. vom 24. bis

27. Sept. 1938. — Über die Fehlentwicklungen des Kleinhirns, der Brücke und des verlängerten Markes (ARNOLD-CHIARIsche Entwicklungsstörung) bei kongenitaler Hydrocephalie und Spaltbildung des Rückenmarkes. Z. Neur. **164**, 229 (1939). — JAKOB, A.: Handbuch der mikroskopischen Anatomie des Zentralnervensystems. 1928. — JAKSCH, H.: Beobachtungen über Oberflächenverhältnisse im Bereiche und in der Umgebung des Velum medullare posterius (cerebellare). Gegenbaurs Jb. **77**, 273—304 (1936). — JOSEPHY, H.: Über das diffuse Neuroblastom und das Vorkommen multipler Geschwülste im Gehirn. Z. Neur. **139**, 500—508 (1932). — JUGHENN, H., W. KRÜCKE u. H. WADULLA: Zur Frage der familiären Syringomyelie. (Klinisch-anatomische Untersuchungen über „familiäre neurovasculäre Dystrophie der Extremitäten".) Arch. f. Psychiatr. **182**, 153 (1949).

KIYOJI, K.: Beiträge zur Frage der Entwicklungsstörungen des Kleinhirns. Dtsch. med. Wschr. **1923**, Nr 36, 1187. — KLUGE, J.: Zur Frage der dysplastischen Hyperplasien einer Kleinhirnhemisphäre. Diss. Berlin 1945. — KÖTTGEN: Zur Frage des Hydrocephalus bei der Spina bifida cystica. Mschr. Kinderheilk. **96**, 372 (1949). — KRAUSE, F.: Über einen Bildungsfehler des Kleinhirns und einige faseranatomische Beziehungen des Organs. Z. Neur. **119**, 788 (1929).

MACKIEWICZ, ST.: Über einen Fall von halbseitiger Aplasie des Kleinhirns. Schweiz. Arch. Neur. **36**, 91 (1935). — MÉREI, T. F.: Über die subpiale Heterotopie der PURKINJEschen Zellen des Kleinhirns. Sistema nerv. **1950**, H. 4. — MEYER, J.-E.: Gestaltveränderung der PURKINJE-Zellen. Arch. f. Psychiatr. **181**, 748—754 (1949). — Über mechanische Lageveränderungen der PURKINJE-Zellen der Kleinhirnrinde. Arch. f. Psychiatr. **181**, 736—747 (1949). — MISKOLCZY, D.: Ein Fall von Kleinhirnmißbildung. Arch. f. Psychiatr. **93**, 596 (1931). — MONAKOW, C. v.: Experimentelle und pathologisch-anatomische Untersuchungen über die Haubenregion etc., nebst Beiträgen zur Kenntnis früherworbener Groß- und Kleinhirndefekte. Arch. f. Psychiatr. **27** (1895).

OSTERTAG, B.: Die erbbiologische Beurteilung angeborener Miß- und Fehlbildungen und die Frage gegenseitiger Abhängigkeit. Verh. dtsch. orthop. Ges. **1936**. — Die Bedeutung einer sozialen Pathologie für die erbbiologische Bestandsaufnahme. Dtsch. Z. Nervenheilk. **139**, H. 3/4 (1936). — Die erbbiologische Beurteilung angeborener Schäden des Zentralorgans. Dtsch. Z. Nervenheilk. **139**, H. 1/2 (1936). — Einteilung und Charakteristik der Hirngewächse. Jena: Gustav Fischer 1936. — Grundlagen der Fehlentwicklung. In ECKHARDT-OSTERTAG, Körperliche Erbkrankheiten. Leipzig: Johann Ambrosius Barth 1940.

PINES, L., u. A. SURABASCHWILI: Ein seltener Fall von partieller Agenesie des Kleinhirnwurmes. Arch. f. Psychiatr. **96**, 718 (1932). — PINTOS, C. M., R. A. CELLE y E. A. R. FRUGONI: Agenesias del sistema nervioso (4 casos). Arch. argent. Pediatr. **35**, 93—106 (1951).

RICHTER, G.: Über einen Fall von Kleinhirnaplasie, bestätigt durch encephalographischen Befund. Psychiatr., Neurol. u. med. Psychol. **3**, 162 (1951). — RUBINSTEIN, B. G., and W. FREEMAN: Fehlendes Kleinhirn. J. Nerv. Dis. **92**, 489—562 (1940).

SCHENK, V. W. D.: Ein Fall von Acranie, Rhachischisis, Duplicitas medullae usw. Z. Neur. **146**, 369 (1933). — SCHULZ, L. CL.: Entwicklungsmechanisch bedingte physiologische Aplasien in der Kleinhirnrinde beim Haus- und Wildschwein. Diss. Hannover 1953. — SCHWARZKOPF, H.: Rindenverbildungen des Kleinhirns. Arch. f. Psychiatr. u. Z. Neur. **185**, 84—94 (1950). — SPIEGEL, E.: Hyperplasie des Kleinhirns. Beitr. path. Anat. **67**, 539 (1920).

TER BRAAK, J. W. G., u. F. KRAUSE: Syringobulbie mit Mißbildung des Cerebellums, zugleich ein Beitrag zur Automatie der Atmung. Z. Neur. **138**, 232 (1932). — TESSERAUX, H.: Zur Kenntnis der Kleinhirnmißbildungen. Virchows Arch. **278**, 555 (1930). — TOVERUD, K. U.: Etiological factors in the neonatal mortality with special reference to cerebral hemorrhage. Acta paediatr. (Stockh.) 3. F., **18**, 249 (1936).

VERHAART, W. J. C.: Eine sonderbare Mißbildung des Kleinhirns. Acta psychiatr. (Kobenh.) **8**, 691 (1933). — Ein Tumor im verlängerten Mark bei Syringobulbie. Geneesk. Tijdschr. Nederl-Indië **1936**, 2797.

WEIL, A.: Megalencephaly with diffuse gioblastomatosis of the brain stem and the cerebellum. Arch. of Neur. **30**, 795 (1933). — WEITBRECHT, W.: Die Verbildungen der Kleinhirnrinde bei den Astrocytomen in ihrer Beziehung zu den dysplastischen Hyperplasien. Diss. Stuttgart 1946.

YASKIN: Über Entwicklungsanomalien bei Kleinhirnembryonen als Grundlage pathologischer Bildungen. Arb. neur. Inst. Wien **31**, 13 (1929).

Extraneuraxiale Gewebsversprengungen.

GNIESER, E. VAN: Syringomyelie mit multiplen Gliomen. Beitr. path. Anat. **95** (1935). HORST, L. VAN DER, u. J. A. VAN HASSELT: Syringomyelie oder Tumor medullae? Dtsch. Z. Nervenheilk. **133**, 129 (1934).

Kernohan, James W.: Cortical anomalies, ventricular heterotopias and occlusion of the aqueduct of Sylvius. Arch. of Neur. **23**, 460 (1930).

Mérei, T. F.: Über die subpiale Heterotopie der Purkinjeschen Zellen des Kleinhirns. Sistema nerv. **1950**, H. 4.

Oberling: La gliomatose meningocephalique. Bull. Soc. Anat. Paris **94**, 334 (1924).

Sogenannte Retardierungen.

Barbu, V.: Über eine neuroepitheliale Zyste des vorderen Abschnittes des dritten Ventrikels. Z. Neur. **156**, 484 (1936). — Ver. f. Psych. usw. Wien 28. April 1936. — Wien. klin. Wschr. **1936**, Nr 43, 1322. — Zbl. Path. **66**, 109 (1937). — Bergel, A.: Über ein tumorähnliches Knötchen der Seitenwand des Rückenmarkes bei einem menschlichen Embryo von 16,5 mm größter Länge. Z. Neur. **116**, 687 (1928).

Jermulowicz, W.: Zur Frage der Tumoranlage im Gehirn. (Knötchen im Calamus scriptorius.) Nervenarzt **7**, 550—552 (1934).

Kessel, F. K.: Zur Genese der Monroizysten. Zbl. Neurochir. **1937**, H. 3, 206. — Zbl. Path. **68**, 6 (1937).

Liber, A. F.: Ependymal streaks and accessory cavities in the occipital lobe. J. of Neur. **1**, 17 (1938).

Ostertag, B.: Anatomisch-pathologische Befunde zur Frage psychosomatischer Beziehungen. Dtsch. med. Wschr. **1951**, 11.

Verbildungen des Zentralnervensystems und der Körperorgane.

Altmann, K.: Experimentelle Untersuchungen über mechanische Ursachen der Knochenbildung. Z. Anat. **114**, 457—476 (1949). — Untersuchungen über Frakturheilungen unter besonderen experimentellen Bedingungen. Z. Anat. **115**, 52—81 (1950). — d'Antona, L.: Siringomielia, spina bifida occulta e cheiromegalia. Atti Accad. Fisiocritici Siena **2**, 341 (1927). — Apert, E.: La dysencéphale splanchnokystique. Presse méd. **1936 II**, 2040. — Appel, H.: Hypochromie beider Augen (Fuchssche Heterochromie) und Zeichen des Status dysrhaphicus. Klin. Mbl. Augenheilk. **108**, 166 (1942). — Arnold: Gehirn, Rückenmark und Schädel eines Hemicephalus. Beitr. path. Anat. **11** (1892). — Myelocyste, Transposition von Gewebskeimen und Sympodie. Beitr. path. Anat. **16** (1894). — d'Arrigo, M: Sopra un caso de microcefalia pura con speciale riquardo alle alterazioni delle ghiandole endocrine. Cerevello **7**, 209 (1928).

Bär, R., u. R. Jaffé: Lipoiduntersuchungen in den Nebennieren des Anencephalus. Zbl. Path. (2) **35**, 179 (1924). — Balestra, G.: Delle alterazioni osteo-articulari ed ossee nella siringomielia. Radiol. med. **18**, 1515 (1931). — Bielschowsky, M., u. A. Simons: Über diffuse Hamartome des Kleinhirns und ihre Genese. J. Psychol. u. Neur. **4**, 73 (1930). — Boudouresques, J., et J. Capus: Forme algique tardive de syringomyélie avec hypertrophie du membre supérieur droit. Revue neur. **79**, 131 (1947).

Chiari, H.: Über Veränderungen des Kleinhirns, des Pons und der Medulla oblongata infolge von kongenitaler Hydrocephalie des Großhirns. Wien 1895, Bd. 63 der Denkschr. der math.-naturwiss. Kl. der ksl. Akad. Wiss. — Contardo, G. B.: Un caso di meningo encefalo-cstocele. Contributo morfologico e anatomo-patologico. Fol. gynaec. (Genova) **30**, 295 (1933). — Covell, W. P.: A quantitative study of the hypophysis of the human anencephalic fetus. Amer. J. Path. **3**, 17 (1927).

Delcroix, E.: Flexion congénitale du genou et spina bifida occulta. Arch. francobelg. Chir. **27**, 241 (1924). — Desclaux, P., Soulairac et C. Morlon: Hydrocéphalie avec spina bifida. Syndrome d'Arnold-Chiari. Études des malformations associées. Arch. franç. Pédiatr. **7**, 418 (1950). — Döring, G.: Zur Klinik vegetativer Störungen bei Syringomyelie und über trophische Störungen im allgemeinen. Dtsch. med. Wschr. **1949**, 754—758.

Ettinger, G. H., and J. Miller: Congenital anomalies in a series of anencephalic foetuses. Trans. Roy. Soc. Canada, Sect. V, **20**, 249 (1926).

Faberi, M.: Osservazioni sul timo negli anencefali. Clin. ostetr. **33**, 281 (1931). — Feriz, H.: Ein Fall von Spina bifida thoracolumbalis mit elephantiastischer Fingermißbildung. Virchows Arch. **257**, 503 (1925). — Franceschetti, A.: Hétérochromie, syndrome de Cl. Bernard-Horner, dysrhaphie et diabète insipide familial. Rev. d'Otol. etc. **15**, 42 (1937).

Gentili, A.: Sur le sexe des anencéphales par rapport au système interrénal. Arch. ital. Biol. **72**, 87—96 (1924). — Graber, H., u. G. Kersting: Pubertas praecox mit Hamartie des medio-basalen Hypothalamus mit heterotoper Retinaanlage. Dtsch. Z. Nervenheilk. **173**, 1—20 (1955).

Hartoch, W.: Die Merkmale der sog. Dystrophia adiposogenitalis. Virchows Arch. **270**, 561 (1928). — Heber, H.: Fall von rein sensibler Syringomyelie und Syringobulbie mit Arthropathie und Cheiromegalie. Mitt. Ges. inn. Med. Wien **25**, 93 (1923).

JANKOVIĆ, S., u. I. ALFANDARI: Spina bifida occulta. Izv. 2. jugoslav. radiol. Sastan. 105 u. franz. Zus.fassg 113 (1936). — JEDLICKA, V.: Endokrines System bei Anencephalen. Sborn. lék. (tschech.) 28, 399 (1927). — JONESCO-SISESTI, N.: La syringobulbie. Contribution à la physiopathologie du tronc cérébral. Préface de GEORGES GUILLAIN. Paris: Masson & Cie. 1932.

KÖHN, K.: Über die Arrhinenzephalie. Zbl. Path. 88, 257 (1952). — KÖHNE, G.: Die Beziehungen des angeborenen Olfactoriusdefektes zum primären Eunuchoidismus des Mannes. Virchows Arch. 314 (1947).

LANGERON, L., et L. DOURNEUF: Akromegalie und Syringomyelie. Rev. franç. Endocrin. 12, 417 (1934). — LAZAREVIE, V.: Mehrfache Fehlbildungen bei hypoplastischer Anlage. Virchows Arch. 273, 445 (1929). — LEHMANN, E.: Spina bifida und obere Harnwege. Z. urol. Chir. 33, 406—422 (1931).

MANKOVSKIJ, B.: Heterochromie der Iris bei Syringomyelie. Svorem. Psichonevr. (russ.) 2, 588 (1926). — MARCONI, S.: Malformazioni degli arti inferiori da spina bifida occulta. Chir. Org. Movim. 20, 401 (1934). — MAU: Spina bifida, Hüftluxation, Klumpfuß. Z. Orthop. 67, Beil.-H. 290 (1938). — MITANI, S., u. T. KAGAWA: Die klinischen und pathologisch-histologischen Forschungen der Hemi- und Anencephalie. Mitt. jap. Ges. Gynäk. 31, H. 6, dtsch. Zus.fassg 55 (1936). — MORSIER, G. DE: Études sur les dysrhaphies crânio-encéphaliques. Arch. suisse Neur. 74, 309—361 (1955). — MOSZKOWICZ, L.: Zur Genese der Mißbildungen. Virchows Arch. 293, 79 (1934).

NORDMANN, M., u. K. LINDEMANN: Tetraperomelie und Zentralnervensystem. Virchows Arch. 306, 175 (1940).

OBERLOSKAMP, I.: Über einen Fall von Mißbildung multipler Organsysteme. Diss. Düsseldorf 1940. Vgl. Beitr. path. Anat. 93, 459 (1935). — OESTERN, H. F.: Über das anatomische Verhalten der Hypophyse bei Anencephalen. Inaug.-Diss. aus dem Path. Inst. Göttingen (Prof. GRUBER) 1938. — OETTLE, M.: Beitrag zu den gleichzeitigen Miß-bildungen der weiblichen Harn- und Geschlechtsorgane. Med. Klin. 1951, 1355—1358. — OLDBERG, S.: Ein Beitrag zur Frage der Arrhinencephalie. Upsala Läk.för. Förh. N. F. 38, Nr 5, 1—14 (1932). — OSTERTAG, B.: Die erbbiologische Beurteilung angeborener Miß- und Fehlbildungen und die Frage gegenseitiger Abhängigkeit. Verh. der Dtsch. Orthop. Ges., 31. Kongr. Königsberg (Pr.), 28.—30. August 1936. Stuttgart: Ferdinand Enke. — Lokale Hyperplasie des Hypothalamus mit Pubertas praecox. Dtsch. Z. Nervenheilk. 164, 174 (1950).

PALEY, G. R.: Myopathy with spina bifida. Brit. Med. J. 1947, No 4488, 53. — PANSE, F.: Über erbliche Zwischenhirnsyndrome und ihre entwicklungsphysiologischen Grundlagen. Z. Neur. 160. — PASSOW, A.: HORNER-Syndrom, Heterochromie und Status dysrhaphicus, ein Symptomkomplex. Arch. Augenheilk. 107, 1 (1933). — Okulare Paresen im Symptomen-bild des „Status dysrhaphicus", zugleich ein Beitrag zur Ätiologie der Sympathikusparese (HORNER-Syndrom und Heterochromia iridis) sowie der Trigeminus-, Abduzens- und Fazialis-parese. Arch. Augenheilk. 107, 1 (1933). — PETTE, H.: Zur diencephalen Genese hypo-physärer Krankheitsbilder (Neurol. Univ.-Klin. Hamburg-Eppendorf). Dtsch. Z. Nerven-heilk. 163, 405—415 (1950).

RAAB, W.: Beitrag zur Genese zentralnervös bedingter Störungen des Fettstoffwechsels. Klin. Wschr. 1926, Nr 33, 1516.

SCHRIMPF, H.: Fetale Beckenformen in Abhängigkeit von Mißbildungen der Wirbel-säule. Virchows Arch. 325, 422—440 (1954). — SCHULZ, R.: Siehe S. 587. — SORRENTINO, B.: Studio anatomo-istologica sulle ghiandole a secrezione interna negli anencefali. Pathologica (Genova) 25, 625 (1933). — SOTO, M., u. L. E. ONTANEDA: Segmentäre makrosomische Syringomyelie der rechten oberen Extremität mit Pseudohypertrophie der Muskeln, wahr-scheinlich infektiösen Ursprungs. Rev. Especial. 2, 250 (1927). — Zbl. Neur. 48, 674 (1928).

TÖRÖK, J.: Die endokrinen Beziehungen der Anencephalie. Acta morph. 1, 231—242 (1951).

VECCHI, B. DE: Le ghiandole a secrezione interna nell'acrania. (Studi sulla patologia dello sviluppo.) Riv. Biol. 4, 634 (1922).

WEIDENREICH, F. R.: Das Knochengewebe. In Handbuch der mikroskopischen Anatomie des Menschen, Bd. 2/2, S. 391—420. 1930. — WINSOR, H.: Heterotopia of central nervous system in relation to malformation of body segments and nervous diseases. Med. J. a. Rec. 120, 327—332, 358—386 (1924).

YORKE, R., and J. E. EDWARDS: Diplomyelia (duplication of the spinal cord). Arch. of Path. 30, 1203 (1940).

ZEHNDER, M.: Späterscheinungen bei Spina bifida occulta lumbo-sacralis. Helvet. chir. Acta 14, 462 (1947).

Vergleichende Pathologie.

BECKER, H.: Über Hirngefäßausschaltungen. II. Intrakranielle Gefäßverschlüsse. Über experimentelle Hydranencephalie (Blasenhirn). Dtsch. Z. Nervenheilk. 161, 446—505 (1949). — Ber. Path. 8, 405 (1951). — Zur Faseranatomie des Stamm- und Riechhirns auf

Grund von Experimenten an jugendlichen Tieren. Zugleich ein Beitrag zur Umgestaltung des vor der Reifung geschädigten Gehirns und zur Agenesiefrage. Dtsch. Z. Nervenheilk. **168**, 345 (1952). — Bogaert, L. van, and J. R. M. Innes: Cerebral disorders in lambs. A study in animal neuropathology with some comments on ovine neuroanatomy. Arch. of Path. **50**, 36 (1950). — Bone, J. T.: Hydrocephalus in Calves (Hydrocephalus bei Kälbern). N. Amer. Veterinarian **34**, 25—28 (1953). — B. M. T. W. **67**, 208 (1953). — Bouman, K. H., and V. W. D. Schenk: A cyclops and a synotus. J. of Neur. **17**, Nr 65, 48 (1936). — Butz, H., u. Th. Böttger: Encephalozele der Stirnhirngegend bei zwei neugeborenen Ferkeln. Dtsch. tierärztl. Wschr. **1939**, Nr 27.

Christensen, E., u. N. O. Christensen: Angeborene, vererbte Lahmheit beim Kalb. Nord. vet. Med. **4**, 861 (1952). — Cohrs, P., u. L.-Cl. Schulz: Entwicklungsmechanisch bedingte partielle Aplasien der Rinde und von Windungsteilen des Kleinhirns beim Schwein. Dtsch. Z. Nervenheilk. **168**, 135—141 (1952). — Cordy, D. R., and H. A. Snelbaker: Cerebellar hypoplasia in a family of Airedale-dogs. J. of Neuropath. **11**, 324 (1952). — Curson, H. H.: Anatomical studies, No 39: A congenital meningeal lipoma in a sheep. Onderstep. J. Vet. Sci. a. Animal Ind. **1**, 2, 637 (1933).

Daltrop, A.: Über die gegenseitige Vertretbarkeit verschiedener Abschnitte der Hirnanlage in der Medullarplatte von Amphibien. Roux' Arch. **127**, 1—60 (1932). — Dobler: Rhachischisis partialis dorso-lumbalis. Mitt. bad. Tierärzte **3**, 65 (1903). — Dow, R. S.: Partial agenesis of the cerebellum in dogs. J. Comp. Neur. **72**, 569 (1940).

Femmings and Summer: Atrophia cortico-cerebellaris (daft lamb disease). Vet. Rec. **63**, 60 (1951). — Ferraro, A.: Étude anatomique du système nerveux central d'un chien dont le pallium a été enlevé, S. 104. Utrecht: Zuidam 1924. — Frauchiger, E., uud R. Fankhauser: Arnold-Chiari-Hirnmißbildung mit Spina bifida und Hydrocephalus beim Kalb. Schweiz. Arch. Tierheilk. **94**, 145 (1952). — Vergleichende Neuropathologie. Heidelberg: Springer 1956. — Freund, L.: Über die Erweiterung der Hirnventrikel. Wien. Mschr. **36**, 320.

Godglück, G.: Partielle kongenitale Hydrocephalie bei einem Kalbe. Encephalocystomeningocele der Bulbi olfactorii. (Abt. F. Veterin. Med., Robert-Koch-Inst. für Hyg. und Infektionskrankheiten, Berlin-Dahlem.) Mh. Vet.-med. **7**, 250—252 (1952). — Gratia et Antoine: Un cas de spina bifida chez le veau. Ann. méd. vét. **62**, 528 (1913). — Grünthal, E.: Über das Gehirn einer cyclopischen Mißbildung beim Hühnchen. Mschr. Psychiatr. **103**, 215 (1941).

Habermehl, K. H.: Über verschiedene Formen des Perosomus elumbis. Mh. Tierheilk. **6**, 41, 75 (1954). — Hjärre: Diastematomyelie und Spina bifida occulta beim Kalb. Scand. Vet. Tidskr. **16**, 179 (1926). — Holz, K.: Angeborene Mißbildung und akute Entzündung des Zentralnervensystems beim Schwein. Dtsch. tierärztl. Wschr. **1954**, 263. — Hsu, C. Y., and J. H. van Dyke: An analysis of growth rates in neural epithelium of normal an spina bifious (myeloschisis) mouse embryos. Anat. Rec. **100**, 745 (1948).

Ilancic: Zit. bei E. Frauchiger. — Innes, J. R. M., and W. N. McNaughton: Erbliche Kleinhirnrindenatrophie bei Corriedale-Lämmern in Kanada, identisch mit daft-lamb-Krankheit in Britannien. Cornell Veterinarian **90**, 127 (1950). — Innes, J. R. M., W. T. Rowland and H. B. Parry: Eine erbliche Form von Kleinhirnrindenatrophie bei Lämmern in Großbritannien. Vet. Rec. **61**, 225 (1949).

Jackschath: Myelomeningocele anterior bei einem Kalb. Berl. tierärztl. Wschr. **1899**, 455.— Joest, R.: Lehrbuch der speziellen Pathologie der Haustiere. 1936/37.

Kersten, W.: Rückenmarksmißbildung beim Hund und Menschen. Dtsch. tierärztl. Wschr. **1954**, 339—346. — King, L. S., and C. E. Keeler: Absence of corpus callosum, a hereditary brain anomaly of the house mouse. Preliminary repert. Proc. Nat. Acad. Sci. U.S.A. **18**, 525 (1932). — Kisselewa, Z. N.: Ein Fall von Balkenmangel bei der Katze. Anat. Anz. **78**, 331 (1934). — Köhler, H.: Embryopathien. Dtsch. tierärztl. Wschr. **1955**, 113.

Magnusson, H.: Überzählige Extremitäten und Spina bifida beim Kalb. Sv. Vet. Tidskr. **1918**, 58. — Marsh, E. J.: An early report of a case of cyclopia. Arch. of Ophthalm. **17**, 46 (1937). — Migne, P.: Contribution á l'étude de l'hydrocéphalie. Beitrag zur Kenntnis des Hydrocephalus. Vet. Med. Diss. Alfort 1954. — Moll, J., and C. Hillvering: An area postrema in birds? (Eine Area postrema bei Vögeln?) Proc. Kon. Ned. Akad. Wetensch., Ser. C **54**, 301 (1951). — Morley, F. H. W.: A new lethal factor in Australian Merino sheep. (Ein neuer Letalfaktor bem australischen Merinoschaf.) Austral. Vet. J. **30**, 237 (1954).

Nachtsheim, H.: Erbleiden des Nervensystems bei Säugetieren. In Handbuch der Erbbiologie des Menschen, Bd. V, S. 1—58. Berlin: Springer 1939. — Nieberle-Cohrs: Lehrbuch der speziellen pathologischen Anatomie der Haustiere, 3. Aufl. Jena 1949. — Nowakowsky, H.: Infundibulum und Tuber cinereum bei der Katze. Anat. Nachr. **1**, 74.

Örs, T., u. D. Karatson: Eine seltene Kalbsmißbildung. Allatorv. Lapok. **59**, 244 (1936).

Reisinger, L.: Konfiguration des Rückenmarks einer Doppelmißbildung beim Kalb. Münch. tierärztl. Wschr. **1915**, 277.

SANTEMA: Zit. nach E. FRAUCHIGER. — SAUNDERS, L. Z.: Studies in animals neuropathology and ophthalmopathology. Thesis Cornell S. 107, 1951. — SAUNDERS, L. Z., J. D. SWEET, FR. H. MARTIN and FINSCHER: Erbliche angeborene Ataxie bei Jersey-Kälbern. Cornell Veterinarian 42, 559 (1952). — SCHEIBER, I.: Dysrhaphie-Status dysrhaphicus. Wien. tierärztl. Mschr. 39 (5), 316 (1952). — SCHEIDY, S.-F.: Familiäre Kleinhirnhypoplasie bei der Katze. N. Amer. Veterinarian 34, 118 (1953). — SCHELLENBERG: Zit. bei E. FRAUCHIGER. — SCHENK, V. W. D.: Ein Fall von Acranie, Rhachischisis, Duplicitas medullae usw. Z. Neur. 146, 369 (1933). — SCHRÖTER, A.: Die Lämmerkrämpfe des Schafes. B. M. T. W 66, 137 (1953). — SCHULZ, L.-CL.: Entwicklungsmechanisch bedingte physiologische Aplasien in der Kleinhirnrinde beim Haus- und Wildschwein. Diss. Hannover 1953. — Merencephalie und Merocranie (Anencephalia partialis). Dtsch. tierärztl. Wschr. 1955, 189. — SCHWALBE, E.: Die Morphologie der Mißbildungen des Menschen und der Tiere. 1909. — STEPHAN, H.: Vergleichende Untersuchungen über den Feinbau des Hirnes von Wild und Haustier. Zool. Hthk. Anat. und Histol. 71, 487 (1951). — STOCKARD, CH. R.: Die körperliche Grundlage der Persönlichkeit. Jena: Gustav Fischer 1932. — STUPKA, W.: Über die Bauverhältnisse des Zentralnervensystems und des Nasenrudiments bei einer cyclopischen Ziege. Wien. med. Wschr. 1938, Nr 31, 837. — STUPKA, BOUMAN u. SCHENK: Zit. bei E. FRAUCHIGER.

THEILER, K.: Die Auswirkung von partiellen Chordadefekten bei Triton alpestris. Beitrag zur Entwicklungsmechanik der Wirbelsäule. Roux' Arch. 144, 476—490 (1950). — TIMMER, A. P.: Untersuchungen über die Genese der Encephalocele. Psychiatr. Bl. (holl.) 125, 60 (1925) [Holländisch]. — TUMBELAKA: Das Gehirn eines Affen ohne Balken. Fol. neur. 9, (1915).

ÜBERREITER: Zit. bei E. FRAUCHIGER. — ULLRICH, O.: Der Status Bonnevie-Ullrich im Rahmen anderer „Dyscranio-Dysphalangien". Erg. inn. Med. ,N. F. 2, 412—466 (1951). — Ber. Path. 10, 57 (1952).

VERLINDE-OJEMANN: Zit. bei E. FRAUCHIGER.

WEBER, W.: Gehirnmißbildung bei einem Rinderfeten. Acta anat. (Basel), 1949, 207. WINSSER: Zit. bei E. FRAUCHIGER. — WINTERFIELD, R. W.: Kleinhirnhypophasie und Degeneration bei Hühnern. J. Amer. Vet. Med. Assoc. 123, 136 (1953).

H. Allgemeine Schlußbemerkungen.

BRÜCKNER, H.: Die beidseitigen Großhirnspongioblastome, ihre Entstehung und allgemeine Stellung im Rahmen der Spongioblastome, sowie Bemerkungen zu ihrer Symptomatik und Therapie. Diss. Tübingen 1954.

HÄRTER, OTTO: Ein Beitrag zum Bild der oral-basalen Großhirnspongioblastome. Zbl. Path. 87, 209 (1951).

KAVEN, A.: s. S. 581 l. c.

LEHMANN, F. E.: s. S. 592 l. c.

TÖNDURY, G.: s. S. 593 l. c.

WERTHEMANN, A.: s. S. 593 l. c.

Die tuberöse Hirnsklerose.

Von

J. Hallervorden - Gießen und W. Krücke - Frankfurt a. M.

Mit 39 Abbildungen[1].

Klinik.

Die tuberöse Sklerose ist ein angeborenes, langsam progredient verlaufendes Leiden, welches durch multiple Geschwulstbildungen am Zentralnervensystem, der Haut, Nieren, Herz und anderen Organen in verschiedenen Kombinationen charakterisiert ist. Es handelt sich dabei um naevusartige, gewöhnlich benigne Fehlbildungen mit geringer Wachstumstendenz. Daher wird die tuberöse Sklerose zu den Entwicklungsstörungen mit blastomatösem Einschlag gerechnet.

Da auch bei der RECKLINGHAUSENschen Krankheit (Neurofibromatose) ähnliche Verhältnisse vorliegen, hat VAN DER HOEVE diese beiden Krankheiten als Phakomatosen zusammengefaßt, von φακός, welches soviel wie Naevus bedeutet. Da aber unter dieser Bezeichnung die Hauttumoren verstanden werden, mußte ein neues Wort gewählt werden. Später rechnete er auch die LINDAUsche Krankheit (1933) und das STURGE-WEBERsche Syndrom (1937) dazu.

Im Gehirn finden sich gewöhnlich kombiniert: Kleine Ventrikeltumoren vom Typus der Spongioblastome, herdförmige, durch Fasergliose verhärtete Windungsabschnitte, wobei die Form der Windung erhalten bleibt, sowie „umfurchte" Knoten im Windungsverlauf mit einer leichten Delle an der Kuppe. In diesen Herden gibt es „große Zellen", die teils mißgebildete Ganglienzellen, teils blastomatös entartete Gliazellen darstellen. Außerdem sind in der Marksubstanz Heterotopien von grauer Substanz vorhanden, die aus großen Zellen bestehen. Auch im Kleinhirn gibt es entsprechende blastomatöse Herde. Im Rückenmark sind Veränderungen selten beobachtet worden.

Klinisch äußert sich die Krankheit gewöhnlich als Epilepsie mit hochgradigem Schwachsinn, weshalb die Patienten meist anstaltsbedürftig werden. Das Krankheitsbild kann in sehr verschiedenen Formen in Erscheinung treten. Wir unterscheiden mit JOSEPHY (1936):

1. Klassische Fälle: Epilepsie und Schwachsinn, meist (nicht immer) mit Hautveränderungen.

Unterarten: a) Mit Epilepsie ohne Schwachsinn (z. B. LEY 1933, 38jähriger Mann); eventuell wird die epileptische Verblödung nicht erlebt.

b) Mit Schwachsinn ohne Epilepsie (z. B. THIÉBAUT usw. 1947).

Abarten: Mit Symptom eines wachsenden Hirntumors.

2. Fälle mit Symptomen von seiten der erkrankten Körperorgane: Nierengeschwülste (FERIZ, KIRPICZNIK), Magengeschwülste (BORREMANS) und Lungengeschwülste (BERG und ZACHRISSON 1941 u. a.).

---

[1] Die Abbildungen stammen größtenteils aus der Sammlung HALLERVORDEN (40 eigene Fälle) im Max-Planck-Institut für Hirnforschung in Gießen, die Abb. 22, 24, 26, 34, 39 von KRÜCKE aus dem EDINGER-Institut Frankfurt a. M.

3. Abortivfälle:

a) Fälle ohne Hautveränderungen oder sonstige Symptome.

b) Hautveränderungen ohne klinische Symptome von seiten des Gehirns und der Körperorgane (anatomisch können aber Veränderungen vorhanden sein).

Das hervorstechendste Symptom sind die epileptischen Anfälle, welche aber keine für die tuberöse Sklerose charakteristischen Züge besitzen. Sie können in sehr früher Kindheit beginnen, aber auch erst zur Zeit der Pubertät und später; sie wiederholen sich in regelmäßigen Abständen, oder es besteht eine Neigung zu serienweisem Auftreten, sie können aber auch das ganze Leben lang fehlen oder erst gegen Ende auftreten. Es gibt petit mal-Anfälle, JACKSONsche Anfälle, epileptische Verstimmungs- und Dämmerzustände, Wutanfälle und Psychosen.

Von neurologischen Symptomen kommen spastische Halbseitenlähmungen vor. Eine Beteiligung der Stammganglien kann sich bei dem Krankheitsprozeß in athetoiden Bewegungen kundtun (BIELSCHOWSKY) oder auch in Haltungen, die an Parkinsonismus erinnern, sowie Bewegungsverlangsamung; JOSEPHY sah eine 50jährige Frau mit Schau-Anfällen. Hirntumorerscheinungen treten auf, wenn ein florides Wachstum der Ventrikelgeschwülste zu Verdrängungserscheinungen führt.

Es gibt alle Grade von Schwachsinn bis zu schwerer Verblödung, abgesehen von einigen Fällen ungestörter psychischer Gesundheit oder wenigstens Unauffälligkeit (mit oder ohne epileptische Anfälle) (W. FISCHER 1948, STEWART 1935).

Eine ganze Reihe alt gewordener Fälle ohne bemerkenswerte klinische Erscheinungen sind bekannt. STIGLIANI (1940) hat sie zusammengestellt: NIEUWENHUIJSE 75 Jahre, POZZI 64 Jahre, KIRCH-HERTEL (1925) und KÖRNER (1924) 67 Jahre u. a.

Der Kranke von GUTTMANN (1925) wurde 77 Jahre alt. Er war immer gesund gewesen, erwarb als Bauunternehmer ein Vermögen. Bei allen Vergnügungen spielte er eine große Rolle. Im 47. Lebensjahre hatte er sein Geschäft wegen nervöser Störungen aufgegeben, er klagte damals über ein totes Gefühl im linken Arm; seit 1900 lebte er als Rentner in München und betätigte sich als Bibliothekar in einem Altertumsverein. Sieben Jahre vor seinem Tode (1916) bekam er epileptische Anfälle; hinterher bestand eine Kälte und Schwere in den linken Extremitäten. Er ging nun geistig auffallend zurück. Im November 1923 stellten sich Verwirrtheits- und Erregungszustände ein, so daß er in die psychiatrische Klinik gebracht werden mußte, wo er kurze Zeit darauf verstarb. — Es fand sich eine typische tuberöse Sklerose mit Rindenknoten, zwei verkalkten Herden im Thalamus, jedoch bestanden keine Hautveränderungen und keine Tumoren in den inneren Organen (HALLERVORDEN 1930).

Die klinische Diagnose wird erleichtert durch die charakteristischen Symptome: Adenoma sebaceum, subunguale Fibrome u. dgl., Netzhauttumoren, verkalkte Ventrikeltumoren im Röntgenbild, typische Knochenveränderungen. Fehlen solche Symptome bei einem Patienten, so kann der Nachweis derartiger Anzeichen in der Sippe auf die richtige Diagnose führen. Bei den Hauterscheinungen ist es oft fraglich, ob diese nicht auch ohne tuberöse Sklerose vorkommen, oder ob sie als Anzeichen einer Neurofibromatose gelten müssen, da sich diese Hautsymptome bei beiden Krankheiten überschneiden können.

Die *Todesursache* ist in vielen Fällen ein epileptischer Anfall oder ein Status epilepticus, seltener ein sich progressiv entwickelnder Ventrikeltumor mit Hirndruckerscheinungen oder ein Hydrocephalus durch Verschluß des Aquädukts infolge eines Ventrikeltumors. Die Geschwülste der inneren Organe können gelegentlich zum Tode führen, wie z. B. Blutungen aus Nierentumoren. Vielleicht kommt auch einmal ein Herztumor als Todesursache in Betracht. Im übrigen handelt es sich um interkurrente Krankheiten wie Tuberkulose, Pneumonie usw.

Historisches.

Den ersten Fall der Krankheit beobachtete v. RECKLINGHAUSEN (1862): Er fand bei einem Neugeborenen mehrere Rhabdomyome im Herzen, wobei gleichzeitig multiple Hirnherde vorhanden waren, deren Bedeutung damals noch nicht bekannt war. Der Name tuberöse

Sklerose [1] stammt von Bourneville (1880), welcher bei Epileptikern verhärtete Knoten im Gehirn fand; er beschrieb auch bereits das gleichzeitige Vorkommen von Hautveränderungen des Gesichtes, Mollusca des Halses und multiplen kleinen Nierentumoren. Im selben Jahre schilderte Hartdegen die gleichen Gehirnveränderungen bei einem 2 Tage alten Säugling als „Glioma ganglio-cellulare"; die Zugehörigkeit dieses Falles zur tuberösen Sklerose wurde erst später erkannt.

Bourneville konnte mit seinen Schülern 10 Fälle im Laufe von 25 Jahren beobachten, darunter auch einen ohne Epilepsie. Er hielt die Hirnveränderungen für die Folge einer fetalen Encephalitis. Brissaud (1881) nahm einen chronischen entzündlichen Prozeß an, der mit progressiven Vorgängen begänne und dann in eine regressive Schrumpfung übergehe. Scarpatetti (1898) hielt die Herde für eine Organisation des Stützgewebes infolge von Hämorrhagien, die durch eine luische Gefäßveränderung verursacht sind. Campbell (1906) dachte an eine Endothelwucherung der Blut- und Lymphgefäße, die eine Gliawucherung zur Folge haben soll. Alle diese Theorien haben sich als irrig erwiesen. Hartdegen war dem Wesen der Krankheit schon sehr viel näher gekommen, er bezeichnete die Hirnherde als Ganglioglioneurom und betrachtete sie als eine Mißbildung, deren Entstehung in das späte Fetalleben zu verlegen sei, weil die übrigen Teile der Hirnrinde normal gebildet sind. In dieser Auffassung zeigen sich bereits die beiden Komponenten Mißbildung und Neubildung, die in der Folgezeit von den Autoren bald jede einzeln, bald beide zusammen als ihre Ursache angesehen werden. Während Hartdegen noch die Ganglienzellen für die geschwulstbildenden Elemente hielt, setzte sich die Erkenntnis durch, daß der Glia die wesentlichen Anteile daran zukommen (Tedeschi 1884, Berdez 1895, Sailer 1898). Pringle (1890/91), Pellizzi (1901), Cagnetto (1902), Ponfick (1902) und Bonome (1903) trugen in weiteren entsprechenden Beobachtungen dazu bei, die regelmäßige Kombination der Gehirn-, Haut-, Nieren- und Herzveränderungen zu erkennen. Durch Pellizzis Arbeit, dessen Fälle von H. Vogt (1908) ausführlich wiedergegeben sind, wurde die Erkenntnis der Krankheit wesentlich gefördert. Er hielt die großen Zellen für undifferenzierte Ganglienzellen und vermutete die Ursache des Prozesses in einer von vornherein zu geringen Entwicklungspotenz derselben, wodurch es zu ihrer Desorientierung und infolgedessen zu einer starken Proliferation der Glia kommt. Die primäre Störung der Ganglienzellen kann sich aber erst gegen Ende des Fetallebens in den letzten Phasen der Rindenbildung durchsetzen. Auch Geitlin (1905) hält eine Hemmung der Neuroblasten für das Wesentliche, welche zum Teil nicht bis zur Rinde vorgedrungen sind, zum Teil sich dort nicht zu Nervenzellen normaler Beschaffenheit haben ausbilden können. Es sei zu einer bedeutenden Proliferation der Glia gekommen, „weil die in ihrer Entwicklung gehemmten Zellen nirgends ihre Lebenstätigkeit in Übereinstimmung mit ihrer ursprünglichen Aufgabe auszuüben vermocht haben". Alzheimer (1904) glaubt ebenfalls, daß es sich um eine mangelhafte Differenzierung der Neurospongioblasten handelt, wobei diese schließlich die Überhand gewonnen haben. Sterz (1904) sieht in der Hyperplasie der Glia eine embryonale Wachstumsstörung, und zwar sei diese bereits in die frühe Embryonalzeit vor der Differenzierung in Neuro- und Spongioblasten zu verlegen. Perusini (1905) glaubt zwar auch an eine Minderwertigkeit der Keimanlage, will aber in den Hirnherden nur eine Verstärkung der auch sonst bei der Epilepsie vorkommenden Gliose anerkennen.

H. Vogt hat in seinem zusammenfassenden und kritischen Referat und an Hand eigener Beobachtungen betont, daß es sich bei den Gehirn- und Organveränderungen nicht um ein zufälliges Zusammentreffen, sondern um koordinierte Erscheinungen handele. Er hob auch die „histologische Natur" der Krankheit hervor, die er durch folgende 4 Punkte gekennzeichnet hat: 1. Auftreten der atypischen großen Zellen, 2. die herdförmige Natur der cerebralen Erkrankungen, 3. die multiple Tumorbildung anderer Organe, 4. gewisse auf embryonale Störungen hindeutende Erscheinungen der feineren histologischen Gliederung der Rinde, Aufbaustörungen und das Vorhandensein embryonaler Zelltypen. *In dieser Kombination der Erscheinungen sah* Vogt *das Wesen des Prozesses* und kam zu folgender — auch bei Durchsicht der neueren Literatur immer noch gültigen Auffassung: „Solange die Krankheit nur unter dem Gesichtspunkt der Pathohistologie der Hirnrinde studiert wurde, mit hauptsächlicher und ausschließlicher Beachtung des Verhaltens von Ganglienzellen und Glia — und zweifellos ist dies von einem Teil der Autoren geschehen —, mußte die eigentliche Natur der Krankheit verschlossen bleiben ... Die an der Hirnrinde festzustellenden Verhältnisse sind aber nicht trennbar von den übrigen Herdprozessen des Gehirns, sowie von den somatischen Krankheitserscheinungen, vielleicht auch gar nicht ohne diese verständlich." Bis auf Pellizzi und Hartdegen wurde vordem auch die embryologische Seite der Erkrankung nicht oder nur wenig beachtet.

Art und Wesen der Organveränderungen waren zur Zeit von Vogt noch sehr unzureichend bekannt, und trotzdem hat keine der folgenden zusammenfassenden Darstellungen das Bild der tuberösen Sklerose in seiner Gesamtheit besser zu erfassen vermocht.

---

[1] „Epiloia" (Sherlock 1911) im angelsächsischen Schrifttum.

KUFS (1913) legte ein ausgezeichnet beobachtetes Material vor, mit bisher nicht be-schriebenen Organtumoren und wies auf die Möglichkeit der Vererbung hin.

Wesentliche Fortschritte brachten die Arbeiten von BIELSCHOWSKY (1913 und 1924). Er prägte den Ausdruck der „Entwicklungsstörung mit blastomatösem Einschlag". In seiner ersten Arbeit betonte er besonders die blastomatöse Entwicklungstendenz der gliösen Elemente und sprach von einer Spongioblastose. Die großen Zellen lassen sich nach seiner Silberimprägnationsmethode teils als Gliazellen, teils als mißgebildete Ganglienzellen er-kennen; Elemente, welche sich als Übergangsformen zwischen Ganglien- und Gliazellen aus der indifferenten Matrix entwickelt haben sollen, wie dies früher angenommen wurde, lehnt er ab. Anfänglich erklärte er die Mißbildung der Ganglienzellen als eine Anpassungs-erscheinung an das durch die blastomatösen Gliazellen veränderte Milieu, gab später aber zu, daß es sich um schon in ihrer Anlage verbildete Nervenzellen handelt.

Die monströsen Gliazellen sind entartete Spongioblasten, ihr Vorkommen steht in enger Beziehung zu einer Dysplasie, nämlich einer Störung der Abwanderung von Spongioblasten und Neuroblasten aus der Matrix an der Ventrikelwand. Es läßt sich an Schnittserien in manchen Fällen feststellen, daß sich im Mark von den Ventrikelknötchen eine Straße von Heterotopien bis zu den Rindenknoten hinzieht. Es ist daher sehr wahrscheinlich, daß das in blastomatöse Proliferation geratene Gliamaterial aus demselben Bezirk der Matrix hervorgeht, aus welchem die undifferenzierten Neuroblasten herstammen. Da das Matrix-gebiet aber wesentlich kleiner als die daraus hervorgehende Großhirnrinde ist, so müssen schon geringfügige Störungen im Keimlager sehr ausgedehnte Rindenveränderungen zur Folge haben. Weil die Abwanderung der Neuroblasten zeitlich etwas früher beginnt als die der Spongioblasten, so ist es verständlich, daß Ganglienzellen in den Heterotopien seltener angetroffen werden. Es scheint aber, daß gelegentlich auch Herde von der Oberfläche der Rinde her entstehen können.

Im Sinne der Dysplasie spricht auch das gelegentliche Vorkommen von Mikrogyrie in der Hirnrinde und anderen gleichzeitig vorhandenen Mißbildungen, vor allem aber die gleichgeordneten blastomatösen Veränderungen der Körperorgane.

In den Rindenknoten findet man nicht selten Proliferationszentren von Gliazellen, die noch in Teilung begriffen sind. Es handelt sich also um einen progredienten blastomatösen Prozeß, der freilich nur langsam fortschreitet und in der Regel einen durchaus benignen Charakter hat („Gehirnnaevi"), doch gibt es auch Herde, die vollständig zur Ruhe gekommen und verödet sind, die „ausgebrannten Krater". In seltenen Fällen können in Rindenherden auch maligne Entartungen vorkommen (BIELSCHOWSKY 1914), doch gilt dies noch viel mehr für die Ventrikeltumoren. Gelegentlich werden auch blastomatöse Veränderungen im Striatum angetroffen, die meist keine klinischen Erscheinungen machen; in einer Beob-achtung von BIELSCHOWSKY (1918) waren aber damit atethotische Symptome verknüpft. KUFS (1913) und BIELSCHOWSKY (1924) haben zuerst Kleinhirnherde beschrieben, die seit-dem öfters gesehen wurden (AMMERBACHER 1937 u. a.).

Den herdförmigen Charakter der blastomatösen Veränderungen hat die tuberöse Sklerose mit der zentralen Neurofibromatose gemeinsam; auch dort besteht eine mangelhafte Diffe-renzierung der Spongioblasten und ein Hemmungsvorgang, der sich bei der Abwanderung von der ependymären Matrix und bei der Verteilung im Gewebe geltend macht („fehler-hafte Gliotisation"). Der Unterschied liegt nur darin, daß die blastomatösen Herdchen bei der RECKLINGHAUSENschen Krankheit sich in die Struktur besser einordnen und die Architektonik nicht stören, während bei der tuberösen Sklerose der Rindenaufbau in den Herdgebieten von vornherein abwegig gestaltet ist. Demnach muß die Migrationsstörung bei der tuberösen Sklerose früher erfolgen als bei der Neurofibromatose, also etwa in der Zeit vom 5.—6. Monat.

Hinsichtlich der Hirnveränderungen hat sich seit der grundlegenden Darstellung von BIELSCHOWSKY kaum etwas geändert (SCHOB 1930, JOSEPHY 1936). In der Beurteilung der großen Zellen sind die Autoren meist wieder zu der von BIELSCHOWSKY bekämpften Ansicht von indifferenten Zwischenformen von Ganglien- und Gliazellen zurückgekehrt (FERIZ). MEDUNA (1930) hat durch die Darstellung dieser Elemente nach der Methode von CAJAL und HORTEGA dargelegt, daß es sich um fehlgebildete Zellen handelt. An neuen Befunden ist wohl das Wichtigste der Nachweis der Glykogenablagerung in den Ganglien-zellen durch HELMKE (1937). Hier wären weitere Untersuchungen sehr erwünscht, um so mehr, als auch die Veränderungen in den inneren Organen eine enge Beziehung zum Glykogen erkennen lassen.

Bei den Veränderungen an *Herz*, *Haut* und *Nieren* als den am häufigsten befallenen Organen und Geweben wiederholt sich die Diskussion um Terminologie und Pathogenese in ähnlicher Weise, wie sie bereits für das Zentralnervensystem geschildert ist, unabhängig davon, ob man den Zusammenhang mit der tuberösen Sklerose nachgewiesen hatte oder nicht. Zahlreiche Rhabdomyome des Herzens sind beschrieben, ohne daß die Hirnver-änderungen beachtet oder erkannt wurden. Von FARBER (1931), LABATE (1939), BATCHELOR-

Maun (1945) liegen tabellarische Aufstellungen über 62 Rhabdomyome vor; 32mal ist die Kombination mit tuberöser Sklerose angegeben. Mit der Zunahme der Kenntnis des Zusammenhanges und der Genauigkeit der anatomischen Untersuchung nehmen auch die Befunde an Organen und Geweben zu. Vogt (1908) schätzt das Vorkommen der Nierenveränderungen bei tuberöser Sklerose auf 30—40%, W. Fischer (1911) auf 60%, Critchley und Earl (1932) geben den Prozentsatz mit etwa 80% an. Es sei schon an dieser Stelle betont, daß die nur mikroskopisch feststellbaren Störungen im Gewebsaufbau, die oft nur einzelne Zellen oder Zellkomplexe betreffen, bei eingehender Untersuchung den Prozentsatz sicher noch erhöhen werden.

Zunächst standen zweifellos die makroskopisch sichtbaren Tumoren allein im Vordergrund des Interesses. Ihre Einordnung nach dem histologischen Bau machte, wie die verschiedenen Bezeichnungen erkennen lassen, einige Schwierigkeiten. Während bei den Tumoren des Herzens, Rhabdomyom und Lipom oder Mischtumoren, Rhabdomyolipome, beschrieben wurden, ist bei den Nierentumoren mit der Auffassung als Angiosarkom, Liposarkom, Myosarkom, Myolipom, Fibrolipom bis zum Peritheliom und Hypernephrom fast die gesamte Nomenklatur der Tumorpathologie der Nieren für Bildungen angewandt, deren bösartiger Charakter bis heute nicht sicher erwiesen ist. Die histologischen Merkmale der Zellen dieser Tumoren ermöglichen allein offenbar nicht, das biologische Verhalten zu beurteilen. Denn selbst verdrängendes Wachstum ist bei den Nierentumoren, denen man von allen bei tuberöser Sklerose vorkommenden Geschwülsten noch die stärkste Wachstumstendenz zuschreibt, außerordentlich selten. Bei den Herztumoren, die ganz ähnlich wie die Ventrikeltumoren regressive Veränderung und Verkalkungen zeigen können, wurde der *Glykogengehalt* zuerst erkannt (Abrikosoff 1909) und von Rehder (1914), Steinbiss (1923), Amersbach und Haudorn, Mittasch, Uehlinger u. a. bestätigt. Andererseits wurde bei den Rhabdomyomen zuerst der Geschwulstcharakter bestritten (Rehder). Uehlinger betonte den ersetzenden und nicht verdrängenden Charakter der Bildungen.

In den nur mikroskopisch nachweisbaren Herden sah man Mißbildungen oder allenfalls Hamartome (E. Albrecht) und kennzeichnete damit ihre Stellung in dem Grenzgebiet zwischen Mißbildungen und gutartigen Neubildungen. Der Mißbildungscharakter gab Veranlassung, auch von den Organveränderungen her, die Erkrankung auf eine embryonale Anlage zurückzuführen. Cesaris-Dehmel und Seiffert versuchten dies für die Herzveränderungen, W. Fischer u. a. für die Nierenveränderungen, Carol u. a. für die Hautveränderungen. Je mehr man die Zusammengehörigkeit der verschiedenen Organveränderungen bei der tuberösen Sklerose erkannte, um so mehr bemühte man sich, eine gemeinsame Grundlage für die Krankheit zu finden. Unter denen, die auf diese Weise die Veränderungen im Gehirn und den übrigen Organen auf eine Störung in der ersten Bildung und Entwicklung zurückführten, ist Bonome (1903) und Ponfick (1902) zu nennen. Bonome erklärte die Entwicklungsstörung durch anormale Gefäßverteilung, unregelmäßige Entwicklung der Capillaren und Sauerstoffmangel. Durch die Arbeiten von Bielschowsky wurde wieder mehr der blastomatöse Charakter der tuberösen Sklerose betont, aber Josephy hebt mit Recht die Auffassung von Steinbiss hervor, daß dem Überschuß an Bildungsmaterial die maligne Potenz fehlt. Dies trifft für die Mehrzahl der Bildungen sicher zu, für andere ist aber an dem Vorliegen einer echten und vielleicht sogar bösartigen Geschwulst nicht zu zweifeln. Als feststehend können wir aber ansehen, daß die regelmäßige Verbindung der Gewebsmißbildungen und Tumoren des Gehirns mit denen anderer Organe und der Haut den Charakter des Krankheitsbildes der tuberösen Sklerose bestimmt, der dadurch für die Entwicklungslehre (Feriz) und für die morphologische Geschwulstforschung bei der Diskussion um die dysgenetische Geschwulstentstehung eine besondere Bedeutung zukommt.

Pathologische Anatomie.

A. Zentralnervensystem.

1. Makroskopisch.

Das Gehirn ist oft relativ groß (Borremans u. a. 1931: 1720 g bei 65 cm Kopfumfang; Meduna 1930: bei einem 15jährigen Knaben 1790 g; Kufs 1949: 1680 g), doch gibt es auch mikrocephale Gehirne (eigener Fall: 990 g bei einem 15jährigen Mädchen). Bei der Sektion fällt sofort eine Anzahl von Rindenherden auf, die sich durch ihre weißliche Farbe und derbe Konsistenz von der Umgebung abheben, von kleinen, kaum pfenniggroßen bis zu größeren von mehreren Zentimeter Durchmesser. Sie haben keine bestimmte Lokalisation, sondern kommen an den verschiedensten Stellen vor. In seltenen Fällen kann auch nur ein einziger Herd vorhanden sein (abortive tuberöse Sklerose, A. JAKOB),

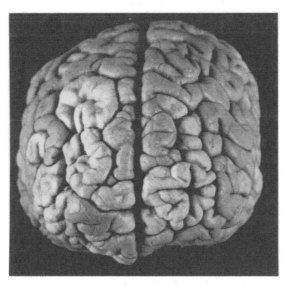

Abb. 1. Rindenknoten der tuberösen Sklerose (37,107 B). Aufsicht auf das Stirnhirn, etwa ¹/₂ natürliche Größe 30jährige Frau mit typischer Erkrankung. Gleiche Pat. wie Abb. 35.

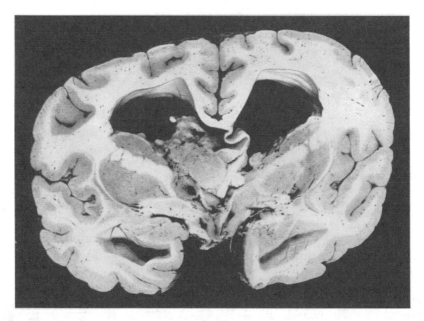

Abb. 2. Frontalschnitt durch das fixierte Gehirn (32,59a W.), ²/₃ natürliche Größe. Zahlreiche kleine und ein großer progredient gewachsener Ventrikeltumor. Starker Hydrocephalus internus durch Verschluß des Aquae-ductus, infolge einer gleichartigen Geschwulst (Absiedelung?), typische Rindenherde. 16jähriges Mädchen: Adenoma sebaceum, Krampfanfälle, Idiotie, ausgedehnte Groß- und Kleinhirnherde, progressiv wachsender Ventrikeltumor, Hydrocephalus internus, Nierentumoren. Gleiche Pat. wie Abb. 3, 14, 18, 32.

sie können sogar auch ganz fehlen (eigene Beobachtung). Neben einer einfachen gleichmäßigen Verdickung eines Windungsabschnittes gibt es „umfurchte Knoten";

diese sind von einer geringen Einsenkung umgeben und greifen auch auf benachbarte Windungen über. Auf der Oberfläche zeigen sie meist eine kleine Eindellung. Dieses sind die eigentlichen Tubera, denen die Krankheit den Namen verdankt. Tatsächlich ist der Unterschied zwischen diesen Herdbildungen nur ein gradueller (Abb. 1).

Gröbere Mißbildungen der Gesamtanlage des Gehirns sind selten: Affenspalte[1], mangelnde Operculisation der Inselrinde, mikrogyre Bezirke. Anzeichen

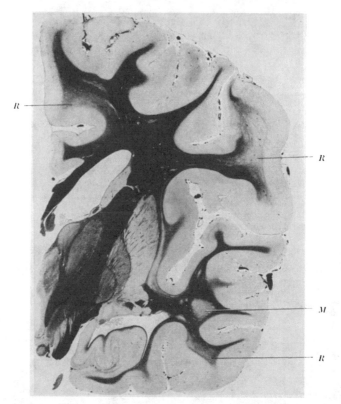

Abb. 3. Frontalschnitt in Höhe der Corp. mamillaria, Markscheidenpräparat. Vergr. 1:1,4 (40,70 K.). *R* Rindenherde; *M* Markherde. 4jähriges Mädchen, Geburt im 8. Monat. Seit dem 3. Monat epileptische Anfälle. Adenoma sebaceum und handtellergroße depigmentierte Hautpartie lumbal mit zahlreichen kleinen Fibromen. — Hirngewicht 1050 g. Nieren (nicht vergrößert): zahlreiche kleine weißliche Geschwülste, desgleichen in Herz, Milz und Schilddrüse. Gleiche Pat. wie Abb. 4, 8, 27, 36.

eines stärkeren Hirndrucks bei übergroßen Ventrikeltumoren können vorkommen, ebenso ist ein Hydrocephalus internus bei Verschluß der Liquorräume durch Tumoren nicht selten.

Auf Frontalschnitten sehen die erwähnten Rindenverdickungen auch auf dem Querschnitt weißlich aus; sie durchsetzen die ganze Rinde bis in die Marksubstanz. Die Windungskuppen sind gewöhnlich stärker betroffen als die Täler, so daß der Herd auf dem Querschnitt ein pilzförmiges Aussehen bekommen kann. Hier und da findet man auch kleine Erweichungshöhlen oder eine Auf-

---

[1] Die Affenspalte, welche nur bei niederen Affen vorkommt, geht in die Fissura parietooccipitalis über; sie entsteht durch Vorschieben des Occipitallappens über die hinteren Teile des Scheitellappens nach vorn, so daß hier ein Deckel (Operculum occipitale) entsteht, der sich leicht abheben läßt (Obersteiner).

lockerung des Gewebes unterhalb des Herdes. In den umfurchten Knoten sind die Veränderungen entsprechend ausgedehnter. In der Marksubstanz kann man oft verstreute, kleine, grauweiße Herdchen erkennen (Heterotopien).

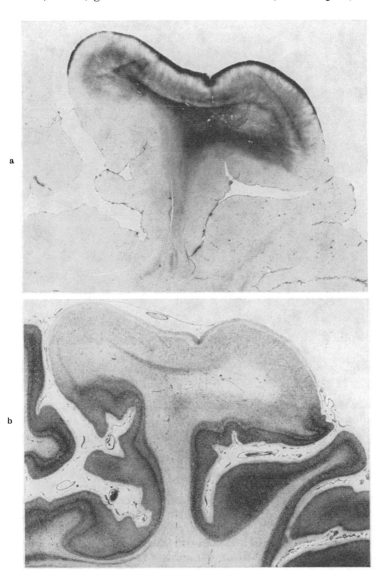

Abb. 4 a u. b. Rindenherd aus Abb. 3. Vergr. 1:1,6. a Gliafaserpräparat (HOLZER); b Zellpräparat (NISSL). Spongiöse Auflockerung im subcorticalen Mark rechts. Gleiche Pat. wie Abb. 3, 8, 27, 36.

In den Seitenventrikeln finden sich in der Regel stecknadelkopf- bis kirsch- und selbst pflaumengroße Tumoren längs der Stria medullaris oder dicht daneben auf der Oberfläche der Stammganglien. Sie kommen auch an anderen Ventrikelstellen vor, namentlich am Unterhorn, im Aquädukt und im 4. Ventrikel. Sie enthalten vielfach Kalkablagerungen, oft beträchtlichen Ausmaßes. Die Tumoren fehlen in manchen Fällen, in anderen können sie groß werden und Hirndrucksymptome verursachen (Abb. 2).

Auch im Kleinhirn kommen in einem Teil der Fälle herdförmige Einziehungen einzelner oder mehrerer Läppchen vor, nicht selten mit erheblichen Kalkablagerungen.

Tumoren der Netzhaut des Auges sind wiederholt beobachtet worden.

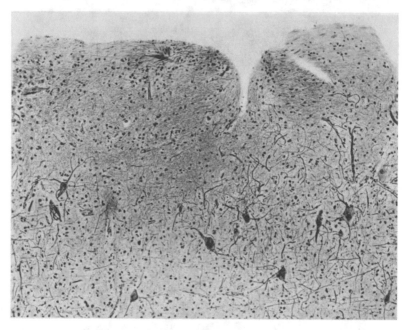

Abb. 5. Rindenherd mit mißgebildeten Ganglienzellen unter der verbreiterten ersten Schicht (29,28 b R.). Bielschowsky-Präparat. Vergr. 1:100. 15jähriges Mädchen, Epilepsie, Idiotie — Hirngewicht 930 g, kleine Ventrikeltumoren, Groß- und Kleinhirnherde.

Am Rückenmark findet man keine tuberösen Herde, doch wurde gelegentlich Spina bifida (Hartdegen), Syringomyelie (Creutzfeldt 1932) u. a. gesehen.

2. Mikroskopisch.

Übersicht.

An großen Hirnschnitten lassen sich schon makroskopisch wesentliche Züge des Prozesses erkennen. Betrachtet man ein Markscheidenpräparat eines Hemisphärenschnittes mit bloßem Auge (Abb. 3), so fallen die Rindenherde sofort durch die Verbreiterung und Plumpheit der betroffenen Windungsabschnitte auf. Die feinen Markfasern in der Rinde sind erheblich vermindert, die Marksubstanz unterhalb der Rinde eine Strecke weit wolkig aufgehellt, teils durch hier vorhandene Zellanhäufungen, teils durch eine spongiöse Auflockerung. Gleichartige, bald rundliche, bald längliche, aufgehellte Herde von Stecknadelkopfgröße bis zu 1—1¹/₂ cm Durchmesser gibt es verstreut in der Marksubstanz — es sind Heterotopien von Glia- oder Ganglienzellen; sie haben oft ein tigerartig geflecktes Aussehen, weil sie von einzelnen Markfaserzügen durchkreuzt werden. Die Herde sind vielfach in der Faserrichtung orientiert und kennzeichnen so den Weg von einem Ventrikeltumor zu den Rindenknoten. Die Ventrikeltumoren sind farblos, nur Kalkkonkremente und Inhalt der Blutgefäße färben sich schwarz an.

Das Positiv zu dem Markscheidenpräparat bildet die Darstellung der Gliafasern (Abb. 4a): Alle dort aufgehellten Bezirke sind hier durch die Fasermassen
tief violett gefärbt. Die marginale Glia bildet einen kräftigen Saum an der
Oberfläche der Rindenherde, feine Faserzüge durchziehen die Rinde nach unten —
wodurch eine feine, arkaden-
artige Zeichnung entsteht
(SCHOB 1930) —, um sich
in den unteren Schichten
wieder zu einem dichten
Faserfilz zu vereinen, welcher
in die Markstrahlen der Windungen trichterförmig hin-
einragt, entsprechend der
beschriebenen subcorticalen
Aufhellung. Der Fasergehalt
der Heterotopien ist recht
wechselnd. Die Ventrikel-
tumoren enthalten dichte
Netz- und Wirbelbildungen
von Gliafasern und sind oft
von Faserzügen wie von einer
Kapsel umgeben. Demgegen-
über zeigt das NISSL-Bild
viel weniger charakteristische
Züge (Abb. 4b). Die Rindenherde erscheinen auffallend
blaß, teils wegen des Nerven-
zellausfalls, teils wegen der
matten Anfärbung der plasmareichen Gliazellen. Aus
demselben Grunde treten
auch die Heterotopien weni-

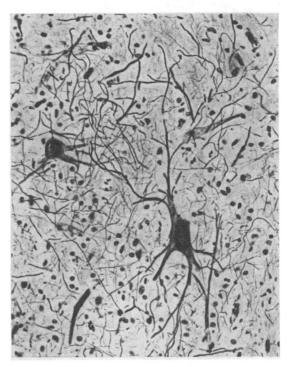

Abb. 6. Einzelne mißgebildete Ganglienzellen (aus dem Fall von
Abb. 5). BIELSCHOWSKY-Präparat. Vergr. 1:200.

ger hervor. Dagegen fallen die zellreichen Ventrikeltumoren auf, besonders
wenn sie Kalkkonkremente enthalten. Übrigens kommen Kalkablagerungen
gelegentlich auch einmal in den Rindenknoten vor.

a) Rindenherde.

Die typischen Rindenherde (Abb. 5) haben in ihrer Mitte meist eine ober-
flächliche Eindellung, aus welcher sich gewöhnlich ein Gefäß aus den weichen
Häuten in die Rinde einsenkt. Die Architektonik ist zwar in großen Zügen
erkennbar, aber etwas verwischt. In der stets verbreiterten Randschicht liegen
unter der Pia meist einige Reihen regressiv veränderter Gliazellen sowie einige
„CAJALsche Zellen", und gelegentlich auch Ansammlungen großer, plasmareicher
Gliazellen. Darunter folgt ein breites Band von großen, zum Teil verbildeten
Ganglienzellen und danach ein bis in die Marksubstanz hineinreichender Haufen
großer atypischer Gliazellen. Nach den Seiten zu geht der Herd allmählich in
die normale Rinde über. Diese Gruppierung deutet nach BIELSCHOWSKY darauf
hin, daß sich hier „genetisch getrennte Ursprungsformen" in der Rinde ange-
siedelt haben, indem die Neuroblasten zeitlich den Spongioblasten in der Wanderung von der Matrix vorangehen.

Die großen atypischen Ganglienzellen (Abb. 6) lassen sich mühelos an dem
großen Kern mit Kernkörperchen und der gewöhnlich gut ausgeprägten NISSL-

Substanz erkennen. Sie sind meist vom motorischen Typus, oft größer als die Betzschen Zellen, aber auch schmälere, recht bizarre Formen kommen vor. Wo ein Zweifel an ihrer Natur besteht, entscheidet das Fibrillenpräparat über

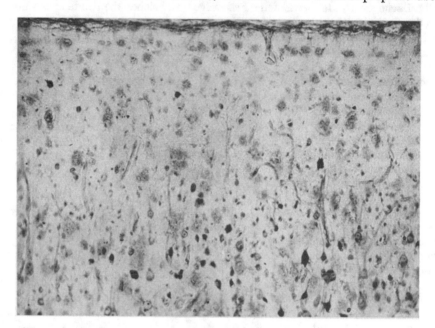

Abb. 7. Obere Rindenschichten eines tuberösen Herdes mit einzeln und in Gruppen liegenden blastomatösen Gliazellen. Thionin. Vergr. 200mal.

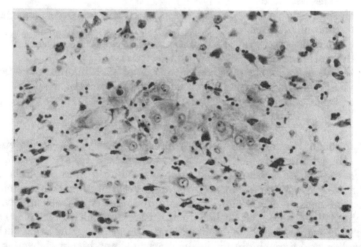

Abb. 8. Gruppe blastomatöser Gliazellen im Striatum (40,70 K). Nissl-Präparat, Vergr. 1:200. Gleiche Pat. wie Abb. 4, 27, 36.

ihre Zugehörigkeit zu den Ganglienzellen, dann treten auch die großen, unregelmäßig gebildeten und weit verzweigten Ausläufer hervor. Diese Zellen ordnen sich nicht in die Struktur ein. Die Orientierung ist oft gestört, der Achsenzylinder verläuft gegen die Rindenoberfläche zu oder verliert sich seitlich zwischen den Rindenschichten. Andere Formen sind rundlich mit pinselartig aus dem Leib hervorragenden Ausläufern. Die Axone solcher abnorm gebildeten Ganglienzellen verflechten sich innerhalb der Knoten gelegentlich zu neuromartigen Knäueln und dringen manchmal in das artfremde Gewebe der Gefäßwände ein (BIELSCHOWSKY). Die abnormen Ganglienzellen kommen hin und wieder auch an anderen Stellen der Rinde vor, wo sie einzeln oder zu mehreren wegen ihrer Größe aus der normalen Anordnung der übrigen Ganglienzellen hervorstechen. Man findet sie ebenfalls, wenn auch seltener, in den Heterotopien des Marks.

Die atypischen Gliazellen (Abb. 7 und 8) sind weitaus häufiger vertreten als diese Ganglienzellen. Neben Astrocyten mit einem oder mehreren hellen Kernen und mächtigem Plasmaleib gibt es große ovale oder runde opak aussehende Zelleiber mit 1—2 blasigen Kernen mit wenig Chromatin (Vogelaugenzellen) (Abb. 9) und ferner schmale spindelförmige mit langgezogenem Leib und wenig Ausläufern. Die pathologischen Gliaformen kommen einzeln oder in Nestern in den Rindenknoten vor, wo sie Proliferationszentren bilden können, ferner in den Heterotopien des Marks und in den Ventrikeltumoren. Sie können auch regressive Veränderungen erleiden: Der Zelleib löst sich in Vacuolen auf, auch im Kern können solche auftreten, von der ortsständigen Glia umstellt (Gliophagie). Diese großen Zellen bilden keine Gliafasern. Als Unterschiede von den atypischen Ganglienzellen hebt BIELSCHOWSKY

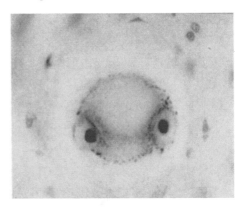

Abb. 9. Blastomatöse Gliazellen aus dem Mark (Vogelaugenzelle) (39,28a L.) NISSL-Präparat, Vergr. 1:800. 23jähriger Mann, seit 6. Lebensmonat epileptische Anfälle, Kryptorchismus, Hirngewicht 1290 g, kleine Ventrikeltumoren, Groß- und Kleinhirnherde, Nierentumoren.

hervor: die häufig wiederkehrende Vielkernigkeit, die Abschnürungsphänomene an den Zellkernen, die dichte Zusammenballung der Zellkörper mit benachbarten Exemplaren bis zu syncytialen Gebilden.

Dieselben abnormen Gliazellen können auch in Gliomen, bei den diffusen Gliomatosen und bei der zentralen Neurofibromatose angetroffen werden, worauf BIELSCHOWSKY hingewiesen hat; jedoch ist seine Meinung, daß die großen ALZHEIMERschen Gliazellen bei der Pseudosklerose damit zu identifizieren sind, nicht mehr aufrechtzuerhalten. So charakteristisch auch die beschriebenen Formen für die tuberöse Sklerose sind, so darf man sie also doch nicht als spezifisch ansehen. Wenn sich auch die „großen Zellen" meist als Ganglien- oder Gliazellen differenzieren lassen, so kommen doch immer wieder einzelne Exemplare vor, bei denen eine Entscheidung kaum möglich ist.

Es sind dies nach MEDUNA (1930) Fehlbildungen, die sich in einer vollkommen uncharakteristischen Richtung entwickelt haben. Eine solche „dysgenetische Zelle" stellt Abb. 10 dar; sie ist nach HORTEGA imprägniert. Man könnte sie zunächst für eine Nervenzelle halten (Kern mit Nucleolus, längliche Form, polarisierte Fortsätze), aber die aufgesplitterten Protoplasmafortsätze mit den aufsitzenden Dornen, die nur der Mikroglia zukommen, lassen sie doch als Gliazelle erkennen. Ein anderes, nur mit der HORTEGAschen Oligodendrogliamethode nachweisbares Exemplar mit zahlreichen Zellfortsätzen, deren Gesamtumfang MEDUNA auf 0,3—0,5 cm schätzt, zeigt Abb. 11.

Die Herabsetzung des Markfasergehaltes der Rindenherde erklärt sich zum Teil daraus, daß „mit dem Einsetzen des blastomatösen Prozesses die normale Funktion der Gliazellen als Markbildner" aufhört, also nur die Fibrillen übrigbleiben. Andererseits gehen aber auch ganze Fasern zugrunde, weil das nervöse

Parenchym durch den blastomatösen Prozeß regressiven Veränderungen unterworfen ist. Die Ganglienzellen in der 3. Schicht sind gewöhnlich sehr stark gelichtet. Die erhaltenen sind vielfach degeneriert, sklerotisch, vacuolisiert und oft reichlich mit Lipoiden beladen. Auch geblähte Zellen ähnlich den Formen der amaurotischen Idiotie können einmal vorkommen. Die Fibrillen lassen sich in ihnen schlecht darstellen. Die Veränderungen erinnern an die senilen Zellschädigungen; sogar kleine silberaffine drusenartige Gebilde, ähnlich den senilen Plaques, konnten beobachtet werden (Bielschowsky u. a.).

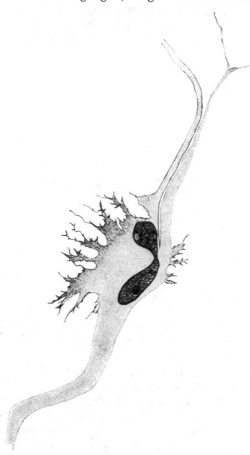

Das Fettpräparat macht die regressiven Veränderungen deutlich durch Fettkörnchenzellen in den Adventitialräumen der Gefäße und durch feine Fetttröpfchen in der ortsständigen Glia. — Wieweit diese Veränderungen als Folge des tuberösen Prozesses zu betrachten oder auf Krampfschädigungen (Scholz) durch die zahlreichen epileptischen Anfälle zurückzuführen sind, wird sich nicht immer erkennen lassen.

Die Gefäße sind in älteren Herden recht spärlich, aber auch in frischeren sind sie nicht auffällig vermehrt; sie zeigen meist eine mäßige Fibrose. Feriz (1930) macht in seinem Fall auf eine Verdickung und hyaline Umwandlung der Gefäßwand und des perivasculären, stark vermehrten Mesenchymschwammes aufmerksam und vergleicht sie mit den Gefäßveränderungen bei der Neurofibromatose. Das gleiche sah ich bei einem atypischen Fall herdförmig an einer Gruppe von Gefäßen in der Rinde ausgebildet und ein anderes Mal in einem Ventrikeltumor, doch bleiben solche Veränderungen immer Ausnahmen. — Entzündliche Infiltrate gehören nicht zum Krankheitsbild.

Abb. 10. „Dysgenetische Zelle." Hortega-Impräg. Zeichnung. [Aus Meduna, Z. Neur. 129, Abb. 5 (1930).]

Helmke (1937) fand bei einer tuberösen Sklerose in den Herden und ihrer unmittelbaren Nachbarschaft Glykogen in dem Plasma der Ganglienzellen, wodurch der Kern zur Seite gedrängt wurde (Abb. 12). Ebenso war es in Gliazellen, im Adventitialraum der Gefäße und in dem Subarachnoidalraum über den Herden vorhanden. Im formolfixierten Präparat dagegen waren statt dessen nur Vacuolen in den Ganglienzellen zu sehen. Vor ihm hatte schon Steinbiss auf den Glykogengehalt von Ventrikeltumoren hingewiesen, anläßlich der Untersuchung von Herztumoren, deren Glykogengehalt (und Verkalkung) schon Abrikosoff und Rehder beschrieben hatten.

Helmke glaubte, weil Glykogen beim Embryo nur in der Glia und nicht in den Ganglienzellen vorkommt, daß die Speicherung in den Ganglienzellen bei der tuberösen Sklerose nur in einem bestimmten Embryonalstadium zustande gekommen sei, wodurch eine irreparable Gewebsmißbildung hervorgerufen wurde; wenn dies zuträfe, so „wären alle Wachstumserscheinungen des extrauterinen Lebens in den Herden nur als geschwulstartige Wucherungen auf dem Boden einer Gewebsmißbildung anzusehen". Sein Einwand, daß das

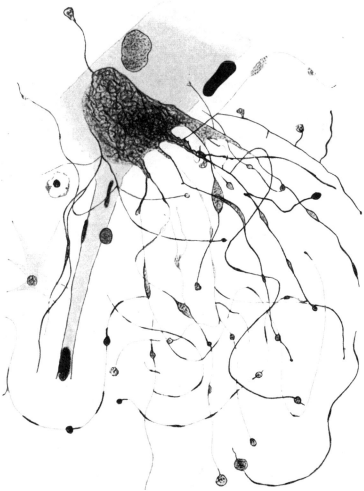

Abb. 11. Dysgenetische Gliazelle, Oligodendrogliamethode, Zeichnung.
[Aus MEDUNA, Z. Neur. 129, Abb. 10 (1930).]

Auftreten von Glykogen an den Gefäßen und an den Hirnhäuten gegen eine strenge Begrenzung auf die Zellen spräche, ist jedoch nicht zutreffend, da das Glykogen aus den Zellen stammen und abtransportiert oder sogar erst nachträglich hinausdiffundiert sein kann. NORMAN (1940) beschreibt Ganglienzellveränderungen vom Typus der amaurotischen Idiotie; er denkt an eine Kombination beider Krankheiten, könnte es sich vielleicht um nicht mehr nachweisbare Glykogenspeicherung gehandelt haben?

Eigene Untersuchungen an formolfixiertem Material ergaben immer noch einen recht beträchtlichen Glykogenreichtum gegenüber einem normalen Gewebe, allerdings in ganz diffuser Verteilung in feinen Tröpfchen in den Randzonen des Gehirns, der gesamten Rinde und des Marks, aber mit deutlicher Vermehrung in den Herdgebieten. Eine scharf begrenzte Ablagerung in den Zellen war nicht mehr vorhanden; die Tröpfchen lagen meist neben den Zellen und vermehrt an den Gefäßen (Diffusion). Dagegen gelang der Nachweis in einem Ventrikeltumor und besonders gut in den Organgeschwülsten.

Es gibt auch Fälle von tuberöser Sklerose, die keinerlei Rindenknoten erkennen lassen, dafür findet man aber in der normal aussehenden Rinde verstreut

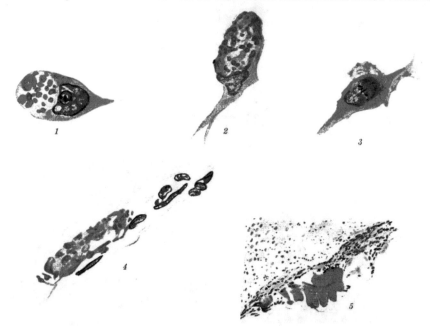

Abb. 12. *1* und *2* mit glykogenhaltigen Vacuolen erfüllte Ganglienzellen. *3* Ganglienzelle mit diffus verteiltem Glykogengehalt; *4* Glykogen in perivasculärem Lymphraum; *5* schollige Glykogenablagerung in der weichen Hirnhaut. [Nach Helmke, Virchows Arch. **300**, 130 (1937).]

hier und da einzelne oder auch mehrere große abnorme Ganglienzellen und Gliazellen. Folgende eigene Beobachtung mag als Beispiel dienen:

Herbert J. (33.4 b), 28 Jahre alt, normale Entwicklung, kein Adenoma sebaceum, erkrankte mit 14 Jahren an heftiger Migräne mit Erbrechen; mit 20 Jahren erster Krampfanfall, seitdem sehr häufige Anfälle, schließlich auch Verwirrtheitszustände, Wahnideen und Demenz. Im Gehirn (1495 g) ein Ventrikeltumor von $1^1/_2$ cm Durchmesser mit angiomatösem Herd (Abb. 15). Keine Rindenknoten, aber einige heterotope Herde im Mark, vereinzelte Ganglien- und Gliazellen in der Randschicht und verstreut in der Rinde. Im Kleinhirn nur einige unbedeutende Heterotopien von Körnern mit großen Gliazellen.

Ein bemerkenswerter Abortivfall bei einem 24 Jahre alt gewordenen Epileptiker ist von Jakob (1914) mitgeteilt worden. Von Hauterscheinungen hatte er nur einige pigmentierte Naevi an Brust und Rücken, kein Adenoma sebaceum, keine Ventrikeltumoren und keine Beteiligung der inneren Organe, sondern nur einen einzigen tuberösen Rindenknoten in der rechten zweiten Stirnwindung.

Bielschowsky hat einen Fall beschrieben, in welchem ein zum Tode führender Tumor aus einem Rindenherd hervorgegangen sein soll. Doch läßt sich der Befund eher als primäres Astrocytom auffassen (Dierig 1944). Die 30 Jahre alt gewordene Kranke, welche seit 10 Jahren an epileptischen Anfällen litt, hatte weder Hautsymptome noch Ventrikeltumoren, nur die der Geschwulst unmittelbar benachbarten Windungen waren verhärtet und enthielten Kalkniederschläge; beides kann auch auf den infiltrierend wachsenden Tumor bezogen werden. Andere aus Rindenknoten hervorgegangene Geschwülste sind meines Wissens nicht mitgeteilt worden.

Die weichen Häute pflegen oft erheblich verdickt zu sein. Über das Ein-wachsen von Gliafaserbüscheln und ihre Verschmelzung mit Bindegewebsfasern wurde schon gesprochen. Man sieht dies öfter an Kleinhirnherden. Ein Fort-wuchern der blastomatösen Gliazellen innerhalb des Subarachnoidalraumes, wie es bei der zentralen Neurofibromatose nicht selten vorkommt, ist bei der tuberösen Sklerose bisher nicht bekanntgeworden. In manchen Fällen sind die Melanophoren der Pia stel-lenweise auffällig vermehrt.

b) Markherde.

Die Markherde sind Heterotopien von kleinen Gruppen blastomatöser Gliazellen, seltener unter-mischt mit normalen oder mißgebildeten Ganglien-zellen. Die Aufhellung im Markscheidenpräparat rührt von der Verdrängung der Fasern her, sie sind deshalb auch gewöhnlich nicht scharf begrenzt. Daß ihre Lage den Weg der Zellmigration während der Entwicklung andeuten kann, wurde schon er-wähnt, ebenso ihre geringe Anfärbbarkeit im Zellprä-parat und ihr wechselnder Gliafaserreichtum. Hin und wieder, besonders in Ven-

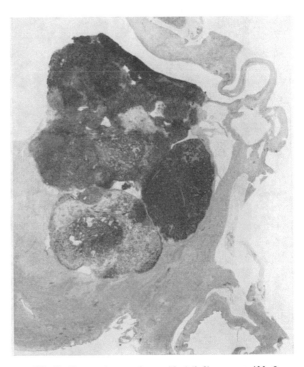

Abb. 13. Progressiv gewachsener Ventrikeltumor aus Abb. 2. Nissl-Präparat. Vergr. 1:2,6. Gleiche Pat. wie Abb. 2, 14, 18, 32.

trikelnähe, können die Herde durch Zellzüge und Wirbelbildungen sich stark dem Charakter von Ventrikeltumoren nähern, auch kommt es dann manchmal zur Ablagerung von Kalkkonkrementen.

Von ihnen zu unterscheiden sind die spongiösen Lichtungsbezirke im Markscheiden-präparat, die sich meist unterhalb größerer Rindenherde ausbreiten. Kryspin-Exner ver-mutet, daß bei stärkerer Sklerosierung der Rinde die Ernährung des Marks leidet, weil die Blutgefäße für das subcorticale Mark die Rinde durchdringen müssen. Offenbar handelt es sich um Auswirkungen von Stauungsödemen, worauf auch die stets erweiterten Adventitial-räume der Gefäße hindeuten; auch das Gliafaserbild zeigt hier nur ein lockeres Flechtwerk. Außerdem gibt es sekundäre Degenerationen im Mark, welche sich an solche spongiöse Herde anschließen, dann aber wieder eine kräftigere Faserbildung zeigen (Kryspin-Exner).

c) Ventrikeltumoren.

Die Ventrikeltumoren (Abb. 2, 13, 14, 15) bestehen „1. aus großen runden Zellen, welche in jeder Hinsicht den einfachen Formen der großen Zellen in den Rinden-herden gleichen, 2. fortsatzreicheren und vielkernigen Zellen, welche an die be-kannten Monstreformen der Glia erinnern und den großen Zellen morphologisch nahestehen, und 3. spindelförmigen Elementen mit ovalen oder länglichen Kernen, die in Bändern und Zügen angeordnet sind und sich überkreuzen und durch-flechten. In den Lücken dieser Geflechte liegen die großen Zellen haufenförmig

beisammen" (Bielschowsky 1913) (Abb. 14). Die zu 2. und 3. genannten Zellelemente, zwischen denen Übergänge vorkommen, bilden reichlich Fasern, welche
in Richtung der Zellkerne verlaufen, und den Tumoren das streifige Aussehen

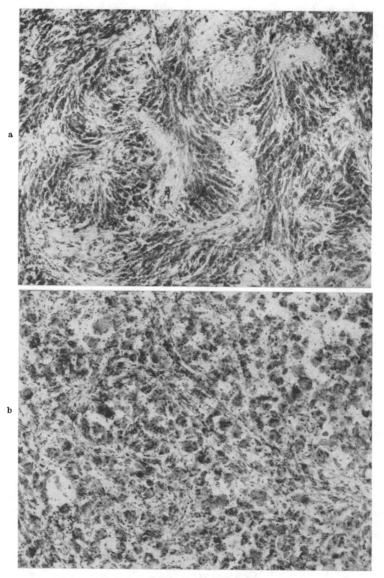

Abb. 14 a u. b. Detail aus dem Ventrikeltumor Abb. 13. Nissl-Präparat. Vergr. 1:100. a Fasciculärer,
b reticulärer Bau. Gleiche Pat. wie Abb. 2, 12, 13, 32.

verleihen; ihre gliöse Natur ist von Bielschowsky trotz anfänglicher Zweifel
sichergestellt. Häufig umgeben die Gliafasern auch die Tumoren in dichten
Geflechten wie mit einer Kapsel.

Reife Ganglienzellen gehören nicht zum Aufbau dieser Geschwulst, ihr ver-
einzeltes Vorkommen in den Randgebieten deutet auf ortsständige Elemente,
die von dem Tumor umwachsen werden. Ob gelegentlich einige Neuroblasten

vorhanden sind, ist nicht immer mit Sicherheit zu entscheiden. Die Gefäße treten im allgemeinen wenig hervor, doch können sie gelegentlich reichlich vorhanden sein, in anderen trifft man angiomartige Bildungen an. Die Gefäße zeigen oft eine hyaline Wandverquellung, seltener einen Wandumbau, der an die Neurofibromatose erinnert. Das Bindegewebe beteiligt sich an dem Aufbau der Tumoren nicht, kann aber in nekrotischen Bezirken oder in angiomatösen Gebieten vermehrt sein.

Eine solche angiomartige Bildung fand sich in dem Ventrikeltumor des S. 616 erwähnten Falles ohne Rindenknoten (Abb. 15): In diesem Gebiet gab es zahlreiche dicht gelegene dünnwandige, weite Gefäße, die Geschwulst, welche im unteren Teil noch unter dem Ependym liegt, hat dieses oben durchbrochen und ragt frei in den Ventrikel hinein; im Randgebiet und in der Nachbarschaft liegen etliche Kalkkonkremente.

Die Struktur der Tumoren erscheint „teils fasciculär, teils reticulär — vergleichbar den beiden Typen des Neurinoms" (ZÜLCH). Der reticuläre Typus entsteht offenbar — ebenfalls wie bei den Neurinomen — aus dem kleinzelligen, fasciculären durch regressive Veränderung. Damit entsprechen sie dem Bau der zentralen Neurinome, welche tatsächlich gewöhnlich Spongioblastome sind; dazu

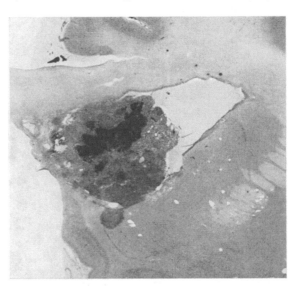

Abb. 15. Ventrikeltumor mit angiomatösem Bezirk (dunkel gefärbt) (33,4b J.). NISSL-Präparat. Vergr. 1:1,3.

paßt auch, daß in ihnen gelegentlich ROSENTHALsche Fasern zu sehen sind, welche für Spongioblastome charakteristisch, wenn auch nicht obligat sind (ZÜLCH 1943, eigene Beobachtung).

Die Tumoren liegen unter der einschichtigen Lage des kubischen Ependymepithels und einem subepithelialen gliösen Fasergeflecht. Wenn die Tumoren aber eine stärkere Proliferation zeigen, wird diese Grenze durchbrochen und die Geschwulstzellen ragen frei in den Ventrikel hinein; man hat den Eindruck, als ob sich Zellen loslösen und auf dem Liquorwege Absiedlungen bilden könnten. Dies würde dem gleichen Vorgang bei Netzhauttumoren entsprechen, wie dies VAN DER HOEVE beobachten konnte. CREUTZFELDT sprach sich für eine subependymäre Entstehung im Bereiche des Keimlagers aus, ROUSSY und OBERLING nennen diese Tumoren deshalb „subependymäre Astrocytome" (nach ZÜLCH). ZÜLCH denkt an einen Ausgang vom Ependym her und erinnert an manche Ähnlichkeiten mit dem Ependymom: es finden sich nicht nur mitunter rosettenartige Bildungen in den Ventrikeltumoren, sondern er konnte in einem Fall auch Blepharoblasten im Tumor nachweisen. Dies ändert aber nichts an der Tatsache, daß der neurinomatöse Charakter überwiegt und wir heute deshalb diese Geschwülste zu den Spongioblastomen rechnen.

Gegen die Hirnsubstanz sind die Ventrikeltumoren im allgemeinen gut abgegrenzt, doch sieht man in ihrer Nähe gewöhnlich noch einige atypische Gliazellen, die sich bald in die Umgebung verlieren, ausnahmsweise aber auch einmal in das Gewebe vordringen.

Sehr häufig sind in ihnen Kalkkonkremente vorhanden, die zu großen Steinen zusammensintern können. Sie pflegen im Innern des Tumors zuerst aufzutreten, weil dort am ehesten regressive Veränderungen entstehen und der Kalk sich an den zugrunde gehenden Bestandteilen niederschlagen kann. Er liegt zum Teil an den Gefäßen, deren Wände er durchsetzt, aber auch frei im Gewebe. Ferner gibt es geschichtete Kugeln, ähnlich den Corpora amylacea. Die charakteristische Lage der Kalkkonkremente erlaubt bereits im Leben die Diagnose im Röntgenbild (ILLING).

Der Hauptsitz der Tumoren ist die Lamina terminalis und deren unmittelbare Nachbarschaft. Sie kommen aber auch an anderen Stellen vor: am Unterhorn

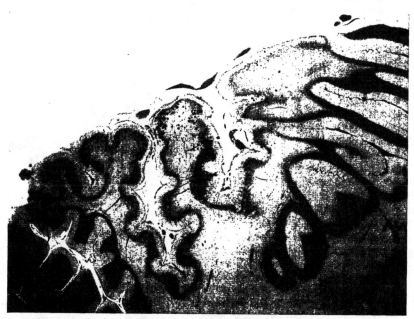

Abb. 16. Kleinhirnherd mit Kalkkonkrementen (34,20b St.). Markscheidenpräparat. Vergr. 1:5. 14jähriger Knabe, seit 2. Lebensmonat epileptische Anfälle, Adenoma sebaceum — Hirngewicht 1370 g. Ventrikeltumoren, Groß- und Kleinhirnherde, Nierengeschwülste.

des Seitenventrikels, im 3. Ventrikel, im Aquädukt und den Wänden des 4. Ventrikels. Ihr Umfang reicht vom kleinsten Knötchen bis zu Haselnußgröße, ohne daß sie sich klinisch bemerkbar zu machen brauchen. Sie können die Liquorwege verschließen, dies gilt sowohl für das Foramen Monroi als besonders auch für den Aquädukt, wodurch es gar nicht so selten zur Entwicklung eines beträchtlichen Hydrocephalus kommen kann. Die Ventrikeltumoren sind zwar ein Hauptkennzeichen der tuberösen Sklerose, aber sie können auch einmal fehlen, so z. B. in den Fällen von POLLACK, STERTZ u. a.

d) Rinden-, Markherde und Ventrikeltumoren des Kleinhirns.

Im Kleinhirn kommen wie im Großhirn Rinden- und Markherde vor, und ebenso Ventrikeltumoren. Ausgebildete große Rindenherde sind relativ selten, die kleinen unvollständigen fallen makroskopisch nicht in die Augen und werden erst bei der histologischen Untersuchung entdeckt. In den typischen Herden (Abb. 16 und 17) sind ein oder mehrere benachbarte Läppchen geschrumpft und sklerotisch, meist durch Kalkablagerungen auffällig. Die Molekularschicht ist stark verschmälert und von einem dichten Gliafasergeflecht erfüllt, das sich bis in die Marksubstanz fortsetzt, andererseits in Büscheln in die Pia eindringt; dabei kann es zu Verwachsungen zwischen benachbarten Läppchen kommen. Die Körnerschicht ist meist stark gelichtet und die Marksubstanz in dem zugehörigen Gebiet aufgehellt oder auch ganz frei von Markfasern. Die PURKINJE-Zellen sind zum Teil untergegangen, zum Teil verlagert; darunter finden sich mißgebildete Exemplare mit abnormem Verlauf von Dendriten und Achsenzylindern. Die Marksubstanz ist von großen blastomatösen Gliazellen erfüllt, teils rundlichen, teils spindelförmigen Elementen, die einzeln und in Zügen die Körnerschicht durchbrechen und dem oberen Rande der Molekularschicht zu-

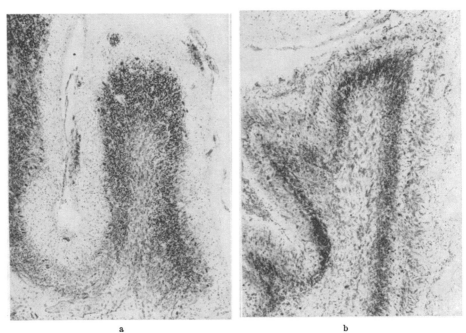

a   b

Abb. 17 a u. b. Kleinhirnherde (43,55 b R.). NISSL-Präparat. Vergr. 1 : 36. a Schwund der Körnerschicht im Windungstal, in der Molekularschicht verschiedene Heterotopien von der embryonalen Körnerschicht mit begleitenden blastomatösen Gliazellen; dichte Besetzung des Markstrahls mit blastomatösen Gliazellen. b Intensive Gliazellwucherung in der Molekularschicht und im Mark.

streben. Vielfach sind die Läppchen von einer solchen Menge von Kalkkonkrementen erfüllt, wie sie sonst nur in den Ventrikeltumoren anzutreffen sind.

In manchen Herden ist die Rinde in ihrem Aufbau weit weniger gestört, man sieht dann nur eine mäßige Lichtung der Körnerschicht, einige verlagerte PURKINJE-Zellen, aber in der Molekularschicht liegen einzelne Häufchen von Körnern verstreut, gewöhnlich unmittelbar am oberen Rande, meist in Begleitung großer Gliazellen, welche die Ursache dieser Fehlbildung kennzeichnen. Die Zahl solcher kleinen Rindenherde schwankt erheblich. Auch reine Markherde ohne jede Rindenveränderung kommen vor; sie gleichen in jeder Beziehung denen des Großhirns.

MEDUNA (1932) fand in einem ungewöhnlich vergrößertem Kleinhirnläppchen 2 Körnerschichten übereinandergelagert, dazwischen ungeordnete atypische PURKINJE-Zellen mit abnormen Dendriten, welche zur Molekularschicht ziehen, vor der darübergelagerten Körnerschicht umkehrten und sich zurückwandten. Am Rande der Molekularschicht lagen auffallend große, blasige Zellen, außerdem gab es spindelförmige PURKINJE-Zellen, deren Achsenzylinder nicht an der Basis, sondern seitlich am Zelleib entsprangen, und andere mit kaktusartig verbreiterten Dendriten, wie sie gelegentlich bei Kleinhirndegenerationen zu sehen sind. Auch Borremans u. a. (1933) erwähnten eine Verdoppelung der Körnerschicht.

Gleichartige Herdbildungen gibt es, wie Bielschowsky (1924) zuerst nachgewiesen hat, auch bei der zentralen Neurofibromatose (Gamper 1929, Ammerbacher 1937). Liber beschrieb in solchen Herden auch Rosenthalsche Fasern, Noetzel (1952) angiomartige Bildungen. — Ventrikeltumoren im Kleinhirn finden sich häufig an den seitlichen Wänden des 4. Ventrikels.

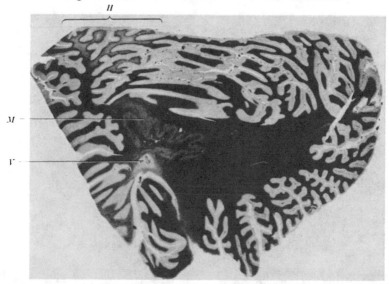

Abb. 18. Schnitt durch eine Kleinhirnhälfte (32,59a W.). Markscheidenpräparat. Vergr. 1:2. *V* Ventrikeltumor; *M* Markherd, oberhalb des N. dent.; *H* ausgedehnter Herd im Globus quadrangularis sup., kenntlich an der Aufhellung der Läppchen. Gleicher Pat. wie Abb. 2, 13, 14, 32. [Aus Ammerbacher, Arch. Psychiatr. **107**, 113 (1937).]

Die Rindenveränderungen erklären sich nach Bielschowsky aus dem Gang der Kleinhirnentwicklung, welche von 2 Seiten her erfolgt: von der Ventrikelmatrix und von der embryonalen Körnerschicht. Von dieser wandern Neuroblasten und Spongioblasten in die Körnerschicht ein, während die Purkinje-Zellen von der Ventrikelmatrix aus vordringen. Infolge der Störung dieses Vorganges durch den Prozeß der tuberösen Sklerose bleiben die Körner zum Teil in der Molekularschicht hängen und die Purkinje-Zellen können sich nicht in gehöriger Weise einordnen. Die häufige Anwesenheit der blastomatösen Gliazellen an solchen Stellen bestätigt die Richtigkeit dieser Ansicht.

Wie im Großhirn läßt sich gelegentlich auch hier ein Zusammenhang der Rindenveränderungen mit einer Stelle der Ventrikelmatrix nachweisen; ein Beispiel hierfür bringt Ammerbacher (1937) (Abb. 18). Hier ist ein keilförmiger Bezirk betroffen, welcher von einem Gliaherd mit Kalkkonkrementen unter dem Ependym ausgeht, jedoch ohne in den Ventrikel vorzuragen. Die Basis dieses Gebietes bildet eine Reihe betroffener Läppchen im Lobulus quadrangularis superior. Sie ist mit dem Ventrikel verbunden durch fischzugartig zur Rinde strebende große blastomatöse Gliazellen im Mark. Dabei wird der N. dentatus teilweise durchbrochen, dazwischen sind etliche Kalkkonkremente ausgestreut; der Aufbau der Läppchen ist nicht wesentlich gestört, sie sind im Markscheidenbild aufgehellt, im Markstrahl sind Gliazellen verbreitet und in der Molekularschicht liegen einige kleine Häufchen von Körnern in der Nähe großer Gliazellen.

Außer den tuberösen Herden begegnet man gar nicht so selten auch einfachen Kleinhirnläppchenatrophien, die recht ausgedehnt sein können; sie sind als Folge der epileptischen Anfälle anzusehen (Krampfschäden: SCHOLZ).

In den übrigen Hirngebieten treten die tuberösen Veränderungen an Umfang und Schwere weniger auffällig hervor. Im Zwischenhirn gibt es Ventrikelknötchen; gelegentlich sind einige Gruppen großer Ganglien- oder Gliazellen eingestreut. Ein Fall von Pubertas praecox von KRABBE (1922), welcher auf eine tuberöse Sklerose in den vegetativen Zentren des Zwischenhirns zurückgeführt wird, gehört nach H. LANGE-COSACK (1951) nicht hierher, es handelt sich vielmehr um eine isolierte geschwulstartige Hyperplasie der Kerne des Hypothalamus, wie sie von DRIGGS und SPATZ (1939) mitgeteilt sind. Das Mittelhirn ist öfter Sitz von Ventrikeltumoren des Aquädukts mit Hydrocephalus occlusus. Daneben gibt es manchmal ebenfalls verstreute blastomatöse Herdchen. In Brücke und Medulla oblongata ist die Randglia oft erheblich verstärkt. Abgesehen von Ventrikelknötchen an allen Wänden des 4. Ventrikels, einschließlich des Ponticulus, ist die Struktur dieser Zentren kaum gestört.

Im Rückenmark ist der Prozeß der tuberösen Sklerose weder in den eigenen Fällen noch in den im Schrifttum mitgeteilten vorhanden. FERIZ hat eine „halbkugelige Vorwölbung in der Gegend der Hinterstränge" beschrieben, die unklar bleibt (Kunstprodukt?), aber jedenfalls nicht als tuberöser Herd angesehen werden kann. CREUTZFELDT (1932) teilte eine Kombination mit Syringomyelie mit; Spina bifida ist einige Male vorgekommen (HARTDEGEN, GOTTLIEB und LAVINE 1935, eigener Fall).

In Spinalganglien und peripheren Nerven sind bisher keine Veränderungen gefunden worden, was im Gegensatz zur Neurofibromatose hervorgehoben sein soll.

e) Netzhauttumoren.

Netzhauttumoren (Abb. 19) wurden zuerst von VAN DER HOEVE (1921, 1923) beobachtet (auf chorioiditische Herde hat schon BERG 1913 hingewiesen).

Bei einem 17jährigen Mädchen mit Adenoma sebaceum, Schwachsinn und Schwindelanfällen sah er in einem Auge einen Tumor der Sehnervenpapille von der Gestalt eines Champignonpilzes von gelblich-weißer Farbe. Der Durchmesser betrug 2 Papillendurchmesser. Außerdem gab es verschiedene kleine, flache weißliche Geschwülstchen in der Retina beider Augen. In dem Papillentumor ließen sich Cystchen und Blutungen beobachten. VAN DER HOEVE sagt dazu: „Am interessantesten scheint mir in diesem Falle, daß wir tagtäglich die Änderungen an der Geschwulst verfolgen konnten: Bildung und Entleerung der Cysten, Auftreten und Verschwinden von Blutungen, Wachstum der Geschwulst usw., Prozesse, die sich wahrscheinlich in ähnlicher Weise im Gehirn abspielen."

Bei der anatomischen Untersuchung des wegen Glaskörperblutung enucleierten Bulbus zeigte sich, daß die Papillengeschwulst 2,5 mm hoch war und bis 3 mm im Durchmesser betrug. Sie lag ganz in der Nervenfaserschicht distal von der Lamina cribrosa und saß mit breiter Basis der Papille auf. Sie bestand aus großen Zellen mit großem Kern und reichlichem Plasma, welche stellenweise miteinander syncytial verbunden waren, und aus zahlreichen Fasern. Die Geschwulst enthielt Hohlräume, Blutpigment und bot Zeichen der Entzündung. Außerdem waren noch mehrere kleine Tumoren in der Netzhaut vorhanden, welche ebenfalls alle der Nervenfaserschicht angehörten und die anderen Schichten etwas verdrängten, nur einige Male die innere Körnerschicht durchbrachen. „Die Geschwülste im Auge scheinen sich durch Aussäung vermehren zu können. Schon in vivo sah ich mit dem Augenspiegel, daß von der Papillengeschwulst kleine Partikel sich abtrennten und in den Glaskörper fielen." Bei der mikroskopischen Untersuchung zeigte die Geschwulst mehrere sich abschnürende Knöpfchen und an manchen Stellen hatte man den Eindruck, „als ob ein derartiger niedergefallener Geschwulstknopf weiter gewachsen ist". Auch bei den anderen Netzhauttumoren ließ sich das Wachstum mit dem Augenspiegel verfolgen.

VAN DER HOEVE konnte noch weitere Fälle von Netzhauttumoren bei tuberöser Sklerose beobachten und in der von BOUWDYK-BASTIAANSE (1922, 1933) beschriebenen Familie mit 9 Kindern, von denen 5 an tuberöser Sklerose litten und 4 gesund waren, bei einem der gesunden Mädchen einen kleinen Netzhauttumor als einziges Merkmal auffinden. Nach 6 Jahren war der Tumor gewachsen, einige neue Knötchen dazu aufgetreten, aber kein anderes Krankheitszeichen. Von ihren 6 Kindern — sie hatte inzwischen geheiratet — hatten 3 Retinatumoren und eines hatte epileptische Anfälle (van der Hoeve 1937). Des weiteren sah er sehr ähnliche Geschwülste im Augenhintergrund bei der Recklinghausenschen Krankheit, doch unterscheiden sich diese anatomisch nach seinen eigenen Angaben (1937) durchaus von den Geschwülsten der tuberösen Sklerose (Kreibig 1949).

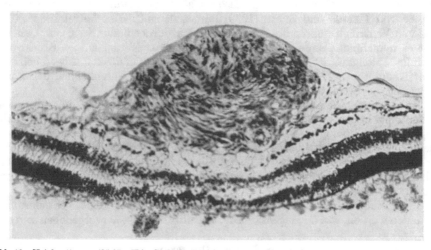

Abb. 19. Netzhauttumor (35,95a H.). Nissl-Präparat. Vergr. 1:100. 27jähriger Mann, seit 3. Lebensmonat Krämpfe, Adenoma sebaceum mit chronischem Wachstum, markstückgroßes Fibrom auf der Stirn. Kleine Fibrome an Hals und Nacken, einige schwarze Naevi am Rumpf. Chagrinlederhaut lumbal. Wachstum neuer Fibrome und Entstehung subungualer Fibrome ständig beobachtet. Athetotische Bewegungsstörungen. Ventrikeltumoren, Knoten in Groß- und Kleinhirn, Netzhauttumoren, kleine Geschwülste im Herzen. Gleicher Pat. wie Abb. 21, 23, 37a und c.

Während van der Hoeve die Tumorzellen für Neurocyten hielt und die Fasern für Nervenfibrillen, hat Schob (1925) an einem solchen Netzhauttumor die gliöse Natur dieser Zellen und die faserigen Bestandteile als Gliafasern erkannt.

Es handelte sich um einen 6jährigen Knaben mit typischer Erkrankung und mehreren kleinen Netzhauttumoren. Die kleinen Geschwülste hatten eine höckerige Oberfläche und ragten knopfförmig in den Glaskörper hinein. Atypische Ganglienzellen waren nicht zu beobachten. Er konnte in seinem Geschwülstchen 2 Schichten unterscheiden, eine untere, unmittelbar über der Ganglienzellschicht, aus einem gefäßreichen, lockeren Gewebe und darüber eine gefäßarme, dichte kernreiche Schicht direkt unter der Membrana limitans interna. Im obersten Teil sind Fasern und Kerne senkrecht zur Membran gestellt, darunter gibt es mehr parallel zur Oberfläche liegende Haufen und Faserzüge. Die Zellen liegen in Gruppen zusammen und anastomosieren mit ihren plasmatischen Ausläufern, so daß ein reticuläres Aussehen entsteht. Die Kerne sind groß, blasig, chromatinarm, doch gibt es auch schmale, langgestreckte Zellen. Die großen atypischen Gliazellen des Gehirns hat Schob nicht gesehen, doch ist ihr Vorkommen nicht zu bezweifeln (Feriz 1930 u. a.). Die Holzer-Färbung läßt dichte Gliafaserbündel erkennen, die die Oberfläche des Tumors zu durchbrechen scheinen.

Während Schob nur eine Verdrängung markloser Nervenfasern im Tumor beschreibt, hat Zbinden (1942) diese in seinem sehr ähnlichen Fall „gegenüber der Norm stark vermehrt" gefunden, außerdem gab es eingewandertes Pigment. Daß aber auch Abweichungen von diesem durchschnittlichen Bilde vorkommen, hat schon van der Hoeve erkannt; er beschreibt eine kleine Geschwulst, welche sämtliche Netzhautschichten durchsetzt und hat in einer anderen Wirbelbildungen gefunden: also gibt es auch bei diesen Geschwülsten dieselben Variationen wie bei den Ventrikeltumoren.

Klinisch sind Netzhautgliome seitdem oft beschrieben worden (zuletzt REMLER und PIECK 1950). Über histologische Untersuchungen ist dagegen seltener berichtet: FERIZ (1930), HORNICKER und SALOM (1932), HIROSE und NAGAE (1940), ZBINDEN (1942). Nach ZBINDEN hat FLEISCHER (1936) kalkhaltige Konkremente in dem Tumor und Knochenbildung in der benachbarten Aderhaut sowie stärkere Gefäßbildungen in der Umgebung der Herde gesehen. Papillengeschwülste wurden von KAZNELSON und MEKSINAF (1936), MESSINGER und CLARKE (1937), TARLAU und McGRATH (1940), LÖWENSTEIN und STEEL (1941) zusammen mit Netzhauttumoren beschrieben. Die letztgenannten Autoren beobachteten dabei ein Angiom der Aderhaut. In einem Falle von HALL (1946) gab es außer den Papillen- und den Retinatumoren auch eine gleichartige kleine gliöse Geschwulst in den vorderen Linsenfasern. Bei MESSINGER und CLARKE war der Papillentumor in den Opticus eingewachsen (ebenso bei LÖWENSTEIN und STEEL). Mißbildungen des Auges wurden beobachtet von ROSS und DICKERSON: bilateraler Keratoconus und einseitiger polarer hinterer Katarakt; Colobom von SEIDL. Die Netzhauttumoren werden auf eine Entwicklungsstörung in der 4.—6. Embryonalwoche bezogen (LÖWENSTEIN und STEEL).

3. Tuberöse Sklerose und Hirntumor.

Ventrikeltumoren können gelegentlich auch solche Dimensionen annehmen, daß Hirndrucksymptome entstehen und die Patienten daran zugrunde gehen. Wenn aber die übrigen Krankheitserscheinungen nur rudimentär entwickelt sind, besonders mit erhaltener Intelligenz, oder ganz fehlen, wird nicht an tuberöse Sklerose gedacht und nur ein Hirntumor diagnostiziert, bis die Operation oder die Leichenöffnung den wahren Sachverhalt aufklärt. STENDER und ZÜLCH (1943) unterscheiden deshalb aus praktischen Gründen: klinisch typische Fälle mit Ventrikeltumor, nicht voll ausgeprägte mit vorwiegenden Tumorsymptomen und klinisch nicht erkennbare Fälle. Hierhergehörige Beobachtungen sind mitgeteilt worden von KAUFMANN, SCHUSTER (1913), BERLINER (1921), BIELSCHOWSKY (1924), GLOBUS und STRAUSS (1925), LICEN (1928), MEDUNA (1930), CREUTZFELDT (1932), BARONE (1932), VAN BOGAERT (1933), DUWÉ und VAN BOGAERT (1933), VAN BOWDIJK-BASTIAANSE (1933), LHERMITTE, HEUYER und VOGT (1935), COOK und MEYER (1935), PENNACHIETTI (1936), HOLLMANN (1936), FERRARO und DOOLITTLE (1936), DRETLER (1938), ZÜLCH und STENDER (1943), BALÓ (1944), PUECH, LEREBOULLET und BERNARD (1945), KUFS (1949, 1950, 1954), FELD, DUPERRAT und MARTINETTI (1950), DE GIACOMO (1951), JERVIS (1954).

Die Tumoren erreichen etwa die Größe einer Walnuß oder einer kleinen Mandarine (VAN BOGAERT 1933), COOK und MEYER fanden bei einem 7jährigen Kinde mit Adenoma sebaceum und Cystenniere eine 9:6,9 cm große, die Seitenventrikel ausfüllende Geschwulst von 103 g (= 115 cm³). Das rasche Wachstum der Ventrikeltumoren findet seinen Ausdruck histologisch in der Proliferation vorwiegend großer blastomatöser Gliazellen mit Teilungsvorgängen, während die fasciculären Strukturen zurücktreten. Entweder besteht die ganze Geschwulst von vornherein aus gleichförmigen großen Zellen ohne wesentliche Faserbildung oder es entwickelt sich aus einem typischen kleinen derben Tumor, der oft schon Kalkablagerungen besitzt, ein solches zellreiches Gebilde, welches dann gewöhnlich auch stark vascularisiert ist.

BIELSCHOWSKY (1924) hat darauf aufmerksam gemacht, daß es Ventrikeltumoren gibt, die in das subependymäre Gewebe vordringen und hier in der Randzone Proliferationserscheinungen der kleinen Gliaelemente erkennen lassen. Sie entwickeln sich also nach innen und sind im Grunde nicht von den heterotopen Gliawucherungen zu unterscheiden, besonders wenn diese sich zu Zügen und Wirbeln zu formieren beginnen. Kommt es dann zu einer stärkeren lokalen Proliferation, so müssen hier Gliome entstehen. Demnach sei zu erwarten, daß sich bei solchen Formen von gliösen Geschwülsten bei genauerer Untersuchung

Anzeichen einer tuberösen Sklerose finden dürften. Diese Vermutung hat sich bestätigt. Globus und Selinsky (1932) haben in 11 Fällen von Gliomen verschiedene tuberöse Veränderungen beschrieben. Diese Tumoren unterscheiden sich von anderen Gliomen dadurch, daß sich in ihnen die wesentlichen Züge der Ventrikeltumoren erkennen lassen. Die Autoren wollen diese Geschwülste als „Neurospongioblastome" bezeichnet wissen. Wenn auch nicht alle Fälle der Autoren einer strengen kritischen Beurteilung standhalten (Scherer 1934, Dierig), so doch die meisten (nach Stender und Zülch außer den beiden ersten noch die Fälle 3, 5, 7, 11). Hierher gehört eine Beobachtung von Kufs (1949).

Bemerkenswert ist hierbei die einseitige Erkrankung der linken Hemisphäre mit einem Spongioblastom im Mark, welches keinen Ventrikeltumor darstellt, das Fehlen aller Hautveränderungen und die ungestörte Intelligenz.

Es ist auffallend, daß andere Gliomarten, wie z. B. Oligodendrogliome bei der tuberösen Sklerose nicht vorzukommen pflegen. In nähere Beziehung zu ihr wird mitunter die Beobachtung eines familiären Glioms bei 3 Brüdern gebracht, die von Bender und Panse (1932) und Hallervorden (1936) mitgeteilt ist.

Die Haupttumormasse setzt sich in beiden Fällen aus großen protoplasmatischen Gliazellen zusammen, wie sie etwa der tuberösen Sklerose entsprechen, und vorwiegend aus sehr kleinen, polymorphen dunklen Gliakernen, rundlich, ovoid oder eingekerbt, welche ungemein dicht liegen, teils über den ganzen Geschwulstbezirk ausgestreut sind, teils kompakte Herde bilden. Diese kleinen Zellen schwärmen in die Umgebung aus und durchsetzen ganze Rindenpartien, ohne deren Struktur zu verändern; sie werden vereinzelt und in kleinen Haufen an den verschiedensten Stellen auch weit entfernt, z. B. im Kleinhirn, angetroffen. Die fasciculären Strukturen des Ventrikeltumors fehlen durchweg, ebenso Kalkkonkremente. Der Gefäßreichtum ist nicht auffällig, außer in den Zentren des großen Tumors bei dem ältesten Bruder, wo er als angiomartig bezeichnet werden muß. Alles in allem ist wohl die Bezeichnung als Spongioblastom zutreffend, aber das Überwiegen der kleinen Kerne und die Art ihrer Ausbreitung gehört nicht zum Bilde der tuberösen Sklerose, ist aber so kennzeichnend für den vorliegenden Prozeß, daß man wohl von einer Verwandtschaft, nicht aber von einer Zugehörigkeit zur tuberösen Sklerose sprechen kann, vielleicht steht er der Neurofibromatose noch etwas näher. Man wird diesem Prozeß vorläufig eine Sonderstellung im Rahmen der dysontogenetischen Prozesse mit blastomatösem Einschlag zubilligen müssen.

B. Organveränderungen.

1. Hautveränderungen.

Die Hautveränderungen gehören zu den wichtigsten klinischen Symptomen, die neben den Augenveränderungen in Verbindung mit Epilepsie oder Schwachsinn die Diagnose der tuberösen Sklerose zu Lebzeiten ermöglichen. Außerordentlich zahlreiche Formen wurden beschrieben, deren diagnostische Bedeutung für die tuberöse Sklerose sehr unterschiedlich zu werten ist. Zu den charakteristischen Erscheinungen gehören das *Adenoma sebaceum* (Typus Pringle, Balzer oder Hallopeau-Leredde und Typus Barlow), die *Chagrinlederhaut* (Schuster) und die *subunguale Fibromatose* (Koenen).

Das *Adenoma sebaceum* stellt sich als eine symmetrische schmetterlingsförmig angeordnete Ansammlung stecknadelkopfgroßer oder auch etwas größerer Knötchen über den Wangen und gelegentlich am Kinn dar, die eine gelbliche, rötliche oder kupferbraune Farbe besitzen (Abb. 20). Nach den Untersuchungen von Schuster u. a. entwickelt sich das Adenoma sebaceum erst nach der Geburt, ist mit dem 10. Lebensjahr meist ausgeprägt und zeigt ein deutliches Fortschreiten. Oft treten die Hautveränderungen etwa synchron mit den Anfällen auf, bei 3 eigenen Beobachtungen mit Pieck zwischen dem 2. und 4. Lebensjahr. Die Anfälle können jedoch auch der Entwicklung der Hautveränderungen vorangehen oder erst später in Erscheinung treten.

Bei dem selteneren Typus BARLOW handelt es sich um vereinzelte, bis haselnußgroße, meist ziemlich flache (Abb. 21) und manchmal lappige Tumoren, die sich ebenfalls im Gesicht, meist auf der Stirn oder in der Kopfhaut finden.

Die *Chagrinlederhaut* kommt nach SCHUSTER besonders in der Beckengegend in Höhe der Darmbeinkämme vor. Diese Hautveränderung besteht in nur wenig über das Hautniveau hervorragenden, von parallel verlaufenden Furchen durchzogenen und wie gegerbt aussehenden, unregelmäßig begrenzten Herden, die nach KRISTJANSEN eine segmentale Ausbreitung längs der Lumbalnerven zeigen.

Die *subungualen Fibrome* sollen sich nach JOSEPHY im allgemeinen um die Pubertätszeit an Händen und Füßen entwickeln und führen zur Störung des Nagelwachstums mit Deformierung der Nägel.

Mit diesen Formen sind die bei tuberöser Sklerose beschriebenen Hautveränderungen keineswegs erschöpft, aber alle anderen insbesondere Pigmentnaevi, Café au lait-Flecke, Vitiligo, Teleangiektasien, Fibrome und Fibroepitheliome sind viel weniger charakteristisch und kommen insbesondere auch bei der Neurofibromatose oder isoliert vor.

Das histologische Bild der Hautveränderungen ist ebenso vielgestaltig wie ihre verschiedenen klinischen Erscheinungsformen. Es ist eher noch komplizierter, da das gleiche klinische Bild des *Adenoma sebaceum* z. B. nach GANS histologisch aus verschiedenartigen Veränderungen besteht und seine Bezeichnung irreführend sei, ,,da Adenome der Talgdrüsen eigentlich in keinem Falle gefunden worden sind". Man findet hierbei durchaus verschiedene histologische Bilder, unter denen die Zellhyperplasie von Talgdrüsen (Abb. 22) nur eine Form darstellt. In

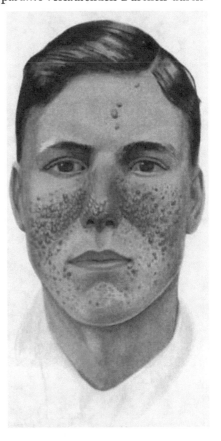

Abb. 20. Typisches Adenoma sebaceum. (Nach CRITCHLEY und EARL.)

anderen Fällen sind Talgdrüsen ganz vereinzelt nachzuweisen, statt dessen sieht man Wucherung kollagener Fasern und verschiedene Dicke des Coriums mit wechselndem Gehalt elastischer Fasern und Fettgewebsinseln innerhalb des Coriums. Der wichtigste Befund besteht aber in dem immer wieder zu beobachtenden Vorkommen abgesprengter Epithelinseln im Corium und der Verlagerung von Haarwurzeln und Schweißdrüsen in das subcutane Gewebe. Die letzteren liegen dann in Bindegewebe, mit Gefäßen und Fettzellen eingebettet, ohne den Anschluß an die Oberfläche zu erreichen. An den Schweißdrüsen sieht man hier gelegentlich eine cystische Erweiterung. Sämtliche epithelialen wie mesenchymalen Bestandteile der Haut können in wechselndem Grade Wucherungen oder Atrophien zeigen oder völlig fehlen. Die Blutgefäße sind ebenfalls an dem Prozeß beteiligt, oft findet man deutlichen Wandumbau der Gefäße mit Verlust oder Vermehrung elastischer Fasern und zelliger Proliferation des

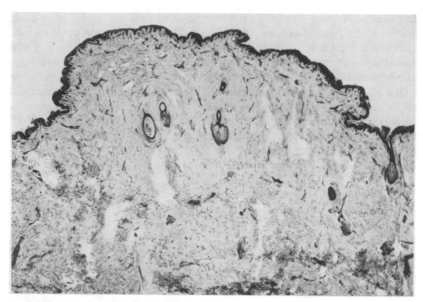

Abb. 21. S.-Nr. 37,95a H. 27jähriger Mann (gleicher Fall wie Abb. 19). Markstückgroßes Fibrom auf der Stirn mit Wucherung von Bindegewebsfasern im Corium, die im Kreyslviolettpräparat durch ihre hellere Färbbarkeit auffallen. Einzelne mißbildete Haarwurzeln und epitheliale Cysten. Färbung Kresylviolett. Vergr. 10mal. Gleicher Pat. wie Abb. 19, 26, 37 a u. c.

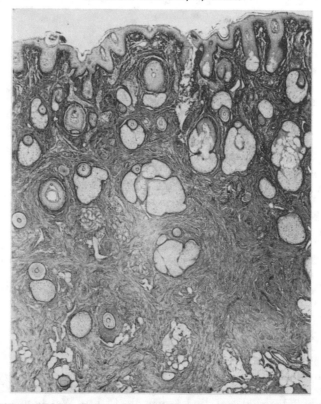

Abb. 22. F. J. 18jähriges Mädchen, Haut von der rechten Kinnseite. Talgdrüsenhyperplasie, Wucherungen der Wurzelscheiden und epitheliale Wucherungen mit Vorhornung im Corium, das ferner von unregelmäßigen Bindegewebswucherungen durchsetzt ist. An der Grenze von Corium zur Subcutis verlagerte Haaranlagen und cystisch umgewandelte Schweißdrüsen. *Klinische Daten:* Mit 2 Jahren Beginn der epileptischen Anfälle, mit 4 Jahren Auftreten geröteter Knötchen auf Wangen und Nase, die an Größe zunahmen und intensiv dunkelrotes Aussehen bekamen. Gleiche Pat. wie Abb. 34.

Endothels, sowie kollagene Wucherungen um die Adventitia oder unter der Intima. Auch angiomatöse Bildungen kommen vor. Alle diese verschiedenartigen Veränderungen können unter der Bezeichnung Naevi, Talgdrüsennaevi, fibroangiomatöse Naevi, Schweißdrüsennaevi zusammengefaßt werden. Ferner kommen naeviforme Veränderungen der Mund-Nasenschleimhaut und der Conjunctiva vor. Zu benignen cystischen Epitheliomen bestehen Übergänge. Bemerkenswert ist auch hier immer wieder die Fehl- und Defektbildung des höher differenzierten Parenchyms und auf der anderen Seite die Überschußbildung vor allem der Stützgewebsbestandteile oder der Ersatz höher differenzierter Gewebe durch

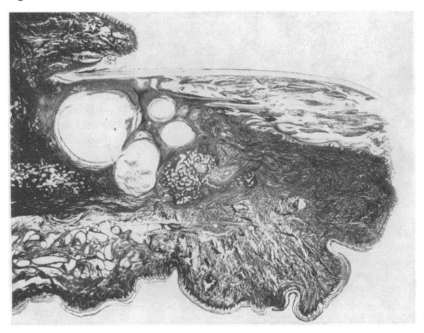

Abb. 23. S.-Nr. 35,95a H. (s. Abb. 19 und 21). Sagittalschnitt durch eine Zehe. Man sieht die Anlage von mehreren Nagelbetten mit epithelausgekleideten Cysten am Grunde der Nagelanlage, die bis unter das Endglied zwischenden Knochenreichen Unregelmäßige Knochenstruktur des Endgliedes. Färbung VAN GIESON. Vergr. 4mal. Gleicher Pat. wie Abb. 19, 21, 37a u. c.

niedriger differenzierte. Eine seltenere Beobachtung, die diese Art der Veränderungen gut erkennen läßt, stellt das Vorkommen mehrerer Nagelbetten und gleichzeitig epithelialer Cystenbildungen am Nagelgrunde einer Zehe dar (Abb. 23). Für die Naevi bei der tuberösen Sklerose hat CAROL den Namen Hamartoma pilo-sebaceum vorgeschlagen.

Im Bereich der *Chagrinlederhautherde* ist das Epithel verdünnt und erinnert an Narbenepithel. Das Bindegewebe des Coriums ist vermehrt und verdickt und besteht aus hyalinen Strängen, „die in der Umgebung der Chagrinhaut normal ausgebildeten elastischen Fasern brechen an der Grenze der hyalinen Zone plötzlich ab" (FERIZ). Das Fehlen der elastischen Fasern in den Hautherden hat auch KUFS 1913 bereits festgestellt.

Die *subungualen Fibrome* bestehen aus einer im Corium und der Subcutis ausgebildeten Wucherung bindegewebiger Fasern. An der Wucherung beteiligen sich aber auch das Epithel und die elastischen Fasern. Bei einem 5jährigen Knaben zeigte die Kleinzehe, die klinisch als umschriebener Riesenwuchs mit Knochen- und Nagelveränderungen imponierte, histologisch eine als ungewöhnlich hochgradige subunguale Fibromatose zu deutende Veränderung mit knotenförmiger Verbreiterung des Coriums und der Subcutis nur auf der einen Seite der Zehe und Verbreiterung und vertiefter Papillenbildung des Epithels (Abb. 24). Am Übergang in das normale Gewebe waren Corium und Subcutis hochgradig verschmälert, das elastische Fasernetz herdförmig unterbrochen. Die Wucherung des Coriums und der Subcutis war durch unregelmäßig angeordnete kollagene, elastische und reticuläre Fasern bedingt, in die stellenweise gewucherte, sehr glykogenreiche Schweißdrüsen eingelagert waren. An der Grenze von Corium und Subcutis fanden sich zahlreiche arteriovenöse Anastomosen.

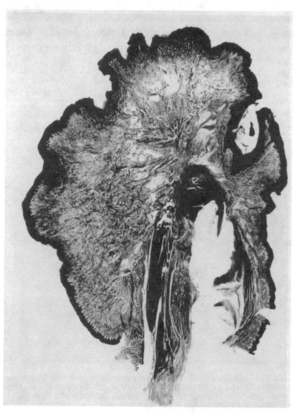

An den Nerven der Haut sind im Gegensatz zu den Verhältnissen bei der Neurofibromatose meist gar keine oder nur unwesentliche Veränderungen nachzuweisen. Gelegentlich sieht man einen Schwund von Markscheiden in den Endabschnitten mit geringer Zellwucherung (Schwannsche Zellen und Zellen des Endoneuriums). Neurofibromatöse Wucherungen und Neurinome kommen im Gegensatz zu der Neurofibromatose im allgemeinen nicht vor.

Die gesamten Hautveränderungen sind in ihrer Art durchaus den Gehirnveränderungen an die Seite zu stellen, ihre Entwicklung ist klinisch sogar viel besser zu verfolgen. Es handelt sich um Fehlbildungen, die oft bei der Geburt noch nicht nachweisbar sind und erst im Laufe der Entwicklung bis zum 10. Lebensjahr

Abb. 24. E. 5/49. H. G. 5jähriger Knabe. Umschriebener Riesenwuchs der rechten Kleinzehe, Zehennagel nur etwa hirsekorngroß. Ausgedehnte exzentrische Bindegewebswucherungen in Corium und Subcutis, atypische Schweißdrüsen mit reichlich Glykogen sowie Verbreiterung des Epithels. Auf der rechten Seite des Bildes annähernd normale Verhältnisse. *Klinische Daten:* Seit den ersten Lebenstagen im Gesicht kleine, anfangs weiße, später rötliche Knötchen. Erster epileptischer Anfall im Alter von 2 Jahren.

meist manifest werden. Knötchen- und Knotenbildung sowie das Nebeneinander von Unterentwicklung bzw. Fehldifferenzierung epithelialer und mesenchymaler Hautabkömmlinge und ihr geschwulstartiges Wachstum, bei dem die Wucherung der mesenchymalen Anteile weit überwiegt, entsprechen im Prinzip vollständig den Veränderungen am Zentralorgan, nur daß hier als Grundlage der „Sklerose" die Wucherung des mesenchymalen Gewebes anstatt der Gliawucherung im Zentralnervensystem vorkommt. So sind die zahlreichen Bildungen mit ihrer etwas verwirrenden Nomenklatur Ausdruck einer *tuberösen Sklerose der Haut*, die Prädilektionsstellen im Gesicht, der Beckenregion und an den Extremitätenenden zeigt. Viele Veränderungen sind nur mikroskopisch nachweisbar, eine Tatsache, die auch bei den übrigen Organen bisher zu wenig beachtet wurde.

Zur Beziehung zwischen tuberöser Sklerose und Neurofibromatose äußert sich GANS bezüglich der Hautveränderungen, daß die tuberöse Sklerose „nach den verschiedensten Richtungen Ähnlichkeitspunkte mit der RECKLINGHAUSEN-schen Krankheit aufweist (JADASSOHN, NOBL), aber derselben nicht gleichgestellt werden darf".

2. Herzveränderungen.

Unter den Organveränderungen bei tuberöser Sklerose sind die „*Rhabdo-myome*" des Herzens seit RECKLINGHAUSEN (1863) und VIRCHOW (1864) in der allgemeinen Pathologie am häufigsten beschrieben und diskutiert worden. MÖNCKEBERG (1924) hat in diesem Handbuch Bd. 2, S. 482 die Entwicklung unserer Kenntnisse und die Histologie ausführlich geschildert, worauf besonders verwiesen sei.

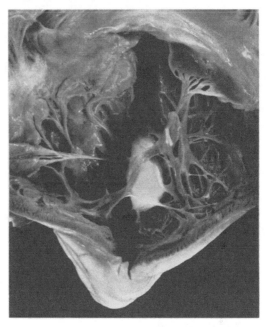

Wir können uns daher darauf beschränken, nur die Punkte hervorzuheben, die im Vergleich mit den Veränderungen anderer Organe und für unsere Besprechung der Pathogenese von Interesse sind.

Es gibt sowohl die makroskopisch wie die nur mikroskopisch nachweisbaren Veränderungen auch am Herzen. Die tumorartigen Knoten kommen als deutliche Vorwölbungen unter dem Endokard, oft in enger Beziehung zum Reizleitungssystem, wie auch verstreut im Myokard vor (Abb. 26 und 27). Sie besitzen eine grau-rötliche Farbe, schwammige oder der-

Abb. 25. S.-Nr. 39,62 F. 29jährige Frau. Subendothelial gelegenes Lipom im Balkenwerk der Papillarmuskeln **des rechten Ventrikels.** *Klinisch-anatomische Daten:* Schwere Epilepsie, Adenoma sebaceum, Hauteffloreszenz am Rücken, bis zu 3 faustgroßen multiplen Nierentumoren. Lipomyom der Leber und Milz. Haselnußgroßer Choledochustumor (histologisch nicht klassifiziert). Gleiche Pat. wie Abb. 28, 29, 30, 31.

bere Beschaffenheit, enthalten oft Inseln von Fettgewebe, seltener werden ganz *reine Lipome* oder *fibrolipomartige* Gewächse, die durch ihre weiße Farbe auffallen, beobachtet (Abb. 25) (KIRCHHERTEL, BÖHM).

B. FISCHER-WASELS hat zur Unterscheidung der verschiedenen Rhabdomyome für diejenigen des Herzens die Bezeichnung *Cordomyome* vorgeschlagen, die der Sonderstellung der Herzmuskelfasern gerecht wird.

Nach VIRCHOW bestehen die Cordomyomknoten aus einem losen Maschenwerk von ganz kavernösem Bau, welches aus fibrösen Balken zusammengesetzt erschien. Letztere umschlossen rundliche und unregelmäßige, scheinbar leere Räume von sehr verschiedener Größe, „sie bildeten ihrerseits sehr platte Scheidewände zwischen den Räumen und konnte man sich leicht überzeugen, daß sie nur da breit erscheinen, wo sie seitlich umgelegt oder verschoben waren. Bei einer 350maligen Vergrößerung lösten sich alle diese Septa oder Balken in muskulöse Bänder auf, in denen eine sehr weiche Querstreifung bei der Flächen- oder Seitenansicht hervortrat".

Abb. 26. S.-Nr. 729/49 (Senckenbergisches Pathologisches Institut Frankfurt a. M.). 6jähriger Knabe. Querstreifung der faserigen Anteile der Cordomyomzellen (Silberimprägnation nach Bodian, kombiniert mit van Gieson-Färbung). *Klinisch-anatomische Daten.* Mit 14 Monaten Adenoma sebaceum, gleichzeitig Krampfanfälle. Tod im Status epilepticus. Schwerste Veränderungen im Gehirn, zahlreiche Fibrome und Fibroepitheliome der Haut, multiple Cysten und Mischgeschwülste beider Nieren, 3 höchstens bis erbsgroße Cordomyome in der Hinterwand des linken Ventrikels und im Septum.

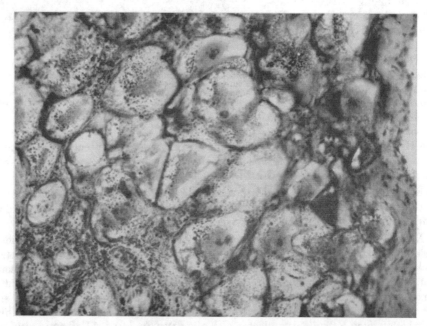

Abb. 27. S.-Nr. 40,70 K. Glykogenhaltige Cordomyomzellen. Färbung Bestsches Carmin. Vergr. 200mal. Gleiche Pat. wie Abb. 3, 4, 8, 36.

HLAVA erkannte dann erst, daß die kavernösen Hohlräume im Protoplasma großer Muskelfasern lagen, ABRIKOSOFF und CESARIS-DEMEL sprachen von „spinnenförmigen" Zellen. Diese auffallend großen Zellen, deren Querschnitt bis zum 20fachen des normalen Faserquerschnittes beträgt (RIBBERT), enthalten große Vacuolen und reichlich Glykogen in ihrem Plasma (Abb. 26 und 27). Im Interstitium finden sich mehr oder weniger zahlreiche kollagene Fasern. Während die unter dem Endokard gelegenen Cordomyome oft pilzartig in die Lichtung der Kammer vorragen, sind in Umgebung der intramuralen Knoten keine Verdrängungserscheinungen am umgebenden Gewebe nachzuweisen. Öfters werden sogar regressive Umwandlungen, Verfettung, Verkalkung oder Verknöcherung beschrieben (BUNDSCHUH, REHDER u. a.).

Neben den großen Knoten finden sich nach STEINBISS sehr häufig auch kleine bis stecknadelkopfgroße Knötchen, manchmal in großer Zahl unter dem Endokard, sowie kleine breitgestielte Knoten, die wie organisierte Thromben aussehen. Histologisch bestehen die Knötchen aus Bindegewebe, in dem eine oder mehrere Cordomyomzellen liegen.

Bei der genauen mikroskopischen Untersuchung des Herzens sind häufig im Myokard verstreut makroskopisch nicht erkennbare Herde aus einzelnen Cordomyomzellen mit oder ohne Wucherung kollagener Fasern nachzuweisen. Der ganze Herzmuskel kann von Cordomyomzellen durchsetzt sein, „Rhabdomyomatose" (SCHMINCKE). Sowohl in den Cordomyomen wie verstreut im ganzen Herzmuskel sind oft reichlich Mastzellen nachzuweisen.

Angiomatöse Bildungen, herdförmige Vermehrung kollagener Fasern und elastische Fasern sowie Gefäßwandveränderungen sind in wechselndem Grade vorhanden. Die Gefäßveränderungen im Herzen kommen, wie aus eigenen Untersuchungen hervorgeht, unabhängig von den Tumoren vor, sie sollen gesondert besprochen werden.

Von allen Organtumoren erinnert der histologische Bau der Cordomyomzellen am ehesten an eine Wiederholung des physiologischen embryonalen Zelltypus und SEIFFERT nahm an, daß es sich um eine hochgradig vergrößerte embryonale Muskelzelle handelte. CESARIS-DEMEL vergleicht den Gewebscharakter der Cordomyome mit dem schwammartigen Aufbau des Myokards etwa in der 13. Woche des Embryonallebens. UEHLINGER sieht unter anderen in der Bevorzugung der ältesten Myokardschichten (subepi- und subendokardial) einen Hinweis für die Entwicklungsstörung. Diese geweblichen Eigenschaften sowie die Anwesenheit der Rhabdomyome bei der Geburt machten die Rückführung auf eine embryonale Anlage wahrscheinlich.

Während KNOX und SCHORER, ASCHOFF und KAWAMURA die Entwicklung der Cordomyome aus PURKINJE-Zellen ableiteten, lehnt MÖNCKEBERG diese Auffassung ab, da trotz gewisser morphologischer Ähnlichkeiten eine Absprengung vom Reizleitungssystem unwahrscheinlich sei und in der Struktur der Zellen doch sehr wesentliche Unterschiede bestünden.

Am ungezwungensten erscheint REHDER die von BUNDSCHUH angeführte „Möglichkeit, daß diese Geschwülste schon in dem gemeinsamen Muttergewebe der beiden verschiedenen Muskelsysteme des Herzens vor Eintritt einer Differenzierung in Myokard und PURKINJESche Fasern angelegt waren, und die Wahrscheinlichkeit, daß die Geschwülste einer herdweisen Störung in der Ausdifferenzierung der späteren ‚gewöhnlichen' Myokardfasern ihre Entstehung verdanken, ist um so größer, als sich so überaus zahlreiche direkte Übergänge solcher Fasern in kleinste ‚Tumorherde' finden. Ungeklärt bleibt aber noch, welcher Art die Einflüsse sind, die einerseits zu der eigenartigen Persistenz des nicht fertig differenzierten Mutterbodens, andererseits zu dem der Wucherung eines Blastoms nicht unähnlichen abnormen Wachstums derselben Zellen geführt haben."

Rehder faßt die Knoten als Hamartome auf und auch Mönckeberg betont den teratogenetischen Charakter der Neubildungen, während Ribbert sie als Choristome mit Wachstumstendenz auffaßte. Die Vorstellung Ribberts über

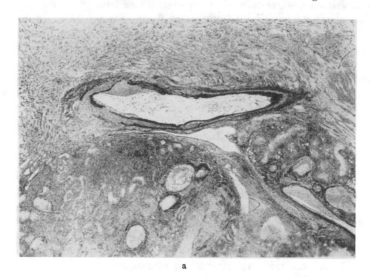

a

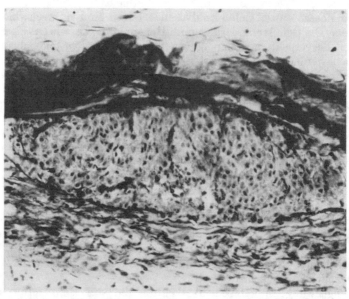

b

Abb. 28a u. b. S.-Nr. 39,62 F. Anschnitt einer Arteria arciformis an der Grenze von normaler Marksubstanz und Rindenknoten mit zahlreichen angiomatösen Abschnitten. Umschriebene Defekte der Elastica interna, externa und der muscularis (a). Unregelmäßige Wucherungen von Muskelfasern und elastischen Fasern mit Auftreibung der Media (b). Gleicher Pat. wie Abb. 25, 29, 30, 31.

die Genese der Bildungen als eine durch mechanische Entwicklungsstörung bedingte Keimversprengung wird allgemein abgelehnt.

Die Cordomyomzellen können in ihrer Differenzierung über den embryonalen Typus hinausgehen und hohe Gewebsreife erreichen (Steinbiss). Der in den Herztumoren zuerst gelungene Glykogennachweis scheint uns von besonderer Bedeutung. Abrikosoff sah in dem Auftreten des Glykogens ein Produkt des

Protoplasmazerfalls der Zellen, wir dagegen vermuten in dem Glykogennachweis sowohl bei den Ventrikeltumoren im Gehirn, den Tumoren im Herzen und den Nieren das Kennzeichen für einen besonderen und selbständigen Stoffwechsel dieser im Embryonalleben entstandenen Bildungen.

3. Gefäßveränderungen.

Das Vorkommen von Gefäßveränderungen bei tuberöser Sklerose hat JACOBS-THAL an den Nieren (1909) bereits festgestellt. Obwohl W. FISCHER, KUFS und

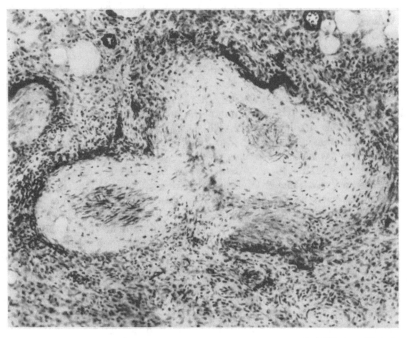

Abb. 29. S.-Nr. 39,62 F. Fast völlig obliteriertes Gefäß aus dem angiomatösen Abschnitt eines Rindenknotens. Außer der konzentrischen Intimawucherung sieht man nur noch Reste der Elastica interna. Die übrigen Wandschichten sind nicht mehr von dem umgebenden lipomyomatösen Gewebe abzutrennen. Gleicher Pat. wie Abb. 25, 28, 30, 31.

später FERIZ auf Grund neuer eigener Befunde an den Nieren erneut darauf hingewiesen haben, sind sie merkwürdigerweise in den bisherigen zusammenfassenden Darstellungen nicht berücksichtigt worden. Die Gefäßveränderungen kommen jedoch in verschiedenen Organen, besonders aber in den Nieren vor und stellen einen regelmäßigen und unseres Erachtens sehr wichtigen Befund dar. Wir können dabei *angiomatöse Bildungen* und *Gefäßwandveränderungen* innerhalb der Angiome und der Tumoren sowie unabhängig davon unterscheiden (Abb. 28 a u. b und 29).

Die größeren angiomatösen Abschnitte (Abb. 28a u. b) liegen in der Niere immer im Geschwulstgewebe, JACOBSTHAL beschrieb *Capillarangiome* und „*Arteriome*". Das angiomatöse Gewebe unterscheidet sich nach FERIZ von den gewöhnlichen Angiomen: „Die angiomatösen Geschwulstteile stellen sich stets als Knötchen dar, die aus meist großen und dickwandigen, stark gewundenen Gefäßknäueln bestehen.... Die Wände der gewucherten Gefäße sind so atypisch, daß es eigentlich unmöglich ist, Arterien und Venen auseinanderzuhalten. An Reihenschnitten kann man jedoch mit Sicherheit feststellen, daß die atypischen Gefäße miteinander, sowie mit normalen Arterien und Venen der Umgebung in Verbindung stehen. Die Gefäßknäuel bilden also *arterio-venöse Anastomosen*, den Glomerulis vergleichbar." Man kann mit FERIZ manchmal 2 Typen der angiomatösen Gefäße unterscheiden: 1. Einen arteriellen Typ mit subendothelialen hyalinen und kollagenen Faserwucherungen, fehlender Elastica interna und sehr zellreicher Media. 2. Ein venöser Typus, Gefäße mit weiter Lichtung, zeigt eine wenig verdickte Intima, Fehlen von Elastica interna und Media.

Um beide Arten von Gefäßen sieht man häufig eine Verdichtung des Geschwulstgewebes im Bereich der Adventitia von wallartiger Anordnung, wie sie auch schon FERIZ angibt. Besonders bemerkenswert ist der starke Glykogengehalt dieser perivasculären zelligen Wucherungen, wie wir ihn bei unseren eigenen Untersuchungen feststellen konnten (Abb. 37 b).

Zwischen diesen beiden Typen sieht man aber alle Übergänge und oft so schwere Veränderungen, daß die Zuordnung zu diesem oder jenem Typ nicht möglich ist. Man findet Reste von Elastica interna und völlige Obliteration der Lichtung durch Intimawucherung, die W. FISCHER bei seinen Untersuchungen allerdings fast immer vermißte. In der Adventitia sind herdförmige Wucherungen elastischer Fasern nachzuweisen. Einen unseres Erachtens sehr wesentlichen Befund beschrieben bereits W. FISCHER und KUFS, einen *Übergang der Gefäßwandelemente in das umgebende Geschwulstgewebe*. „Bisweilen geht das Gewebe dieser Gefäße unmerklich in das ... myosarkomartige Gewebe über" (W. FISCHER). KUFS beschreibt den gleichen Befund folgendermaßen: „Mitten in diesen Herden sieht man Arterien mit dicker Wand, die ohne deutliche Grenze in die Herde von glatter Muskulatur sich fortsetzt und einen integrierenden Bestandteil derselben bildet. Entweder sind die Gefäßwandschichten normal ausgebildet, und es schiebt sich zwischen Knötchen und Gefäß eine deutliche Adventitia ein oder die Media greift direkt in das myomatöse Gewebe über." FERIZ hat den Eindruck, „daß das Geschwulstgewebe, das in so enge strukturelle Verbindung mit den Bestandteilen der Gefäßwände tritt, am Aufbau der Gefäßwände beteiligt ist ...", läßt aber die Frage offen, ob es sich um eine sekundäre geschwulstartige Infiltration der Gefäßwände oder um deren Aufbau handelt. Er vergleicht das mikroskopische Bild mit den Infiltrationsscheiden bei der Peri-(Pan-)arteriitis nodosa („wobei die Geschwulstzellen an Stelle des entzündchen Infiltrates zu denken sind"). Bei Silberimprägnation zur Darstellung der lieticulären Fasern sieht man besonders eindrucksvoll, wie die Gefäßwandschichten rsich nach einer Seite hin in das umgebende myomatöse Gewebe aufsplittern und die Muskelzellen kontinuierlich in das Geschwulstgewebe übergehen. Da die myomatösen Herde um derartig veränderte Gefäße oft sehr klein sind, scheint uns die Möglichkeit ihrer Ableitung von den blastomatös veränderten Muskelelementen der Gefäße durchaus gegeben zu sein.

Im Prinzip die gleichen Veränderungen wie in den Angiomen und Tumoren der Niere sieht man auch an Gefäßen in der Nachbarschaft solcher Geschwulstknoten. Durch Fehlen des Geschwulstgewebes kommt die gestörte Struktur der Gefäßwand selbst besonders deutlich zum Ausdruck. Hier finden sich umschriebene Defekte der Elastica interna und externa, Wucherungen elastischer und kollagener Fasern in der Adventitia, Defekte und unregelmäßige myomatöse Wucherungen in der Media. Die ganz entsprechenden Gefäßveränderungen fanden wir im Herzen und an den Gehirnarterien ohne Beziehung zu den Tumoren. Aneurysmatische Bildungen, wie sie bei der Neurofibromatose beschrieben wurden, kamen bei der tuberösen Sklerose nicht zur Beobachtung. Einige der von SCHERER, KRÜCKE und REUBI bei der Neurofibromatose beschriebenen Gefäßveränderungen ähneln sehr denen bei der tuberösen Sklerose in den fortgeschrittenen

Stadien. Allerdings kommen die schweren Gefäßwandveränderungen mit Verlust der Elastica und Obliteration der Lichtung bei tuberöser Sklerose nur in den angiomatösen Abschnitten vor, während sie bei der Neurofibromatose diffuser verstreut in den Organen und nach REUBI besonders in den endokrinen Drüsen lokalisiert sind. Auch die Befunde FEYRTERs vorwiegend am Magen-Darmschlauch bei der Neurofibromatose zeigen im histologischen Bilde gewisse Ähnlichkeiten, jedoch bestehen sehr wesentliche Unterschiede. FEYRTER sieht in der geschwulstartigen Wucherung oder hyperplastischen Entfaltung des neurovasculären Endnetzes mit seinen Beizellen das Wesen des Prozesses, wovon bei der tuberösen Sklerose keine Rede sein kann. Neurofibrome und überhaupt Veränderungen am peripheren Nervensystem gehören nicht zum typischen Bilde der tuberösen Sklerose. Die Art der Gefäßveränderungen bei der tuberösen Sklerose entspricht etwa der Art der Veränderungen in der Haut oder in den übrigen Organen. Übereinstimmend sehen wir Defekt- und Fehlbildungen an der spezifisch differenzierten Muskelschicht und geschwulstartige Wucherung nicht eines neurogenen Beigewebes, sondern eben dieser Muskelfasern. Wir sehen Defekte der Elastica interna und externa sowie Wucherungen elastischer Fasern an anderen Stellen der Adventitia und wir stellen den Ersatz der fehlenden Baubestandteile in den Gefäßwänden durch oftmals verschieden zusammengesetztes Geschwulstgewebe fest, das offenbar zum größten Teil aus

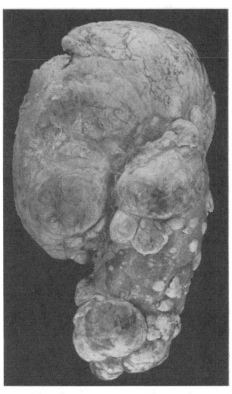

Abb. 30. S.-Nr. 39,62 F. Multiple bis faustgroße Rindenknoten. Gleiche Pat. wie Abb. 25, 28, 29, 31.

myogenen Elementen besteht. In diesen Befunden liegt ein sehr wesentlicher Unterschied gegenüber der „neurogenen vasculären Neurofibromatose" FEYRTERs.

4. Nierenveränderungen.

Die morphologischen Befunde an den Nieren gehören zu den vielgestaltigsten Organveränderungen bei der tuberösen Sklerose. Seit den ersten grundlegenden histologischen Untersuchungen von W. FISCHER sind im wesentlichen Einzelbeobachtungen mitgeteilt worden, unter denen besonders die ausgezeichnete Beschreibung von FERIZ hervorzuheben ist.

Bei makroskopischer Betrachtung fallen multiple „fast nur in der Rinde gelegene, scharf abgegrenzte, allerkleinste bis häufiger linsen- bis erbsen- bis haselnußgroße, selten kleinapfelgroße, teils grauweiße bis graugelbe bis gelbliche, weiche oder graurote, derbere Tumoren in beiden Nieren", wie KAUFMANN sie beschreibt, auf. Sie können eine beachtliche Größe (Abb. 30) erreichen (KIRPICZNIK beobachtete einen „gut kindskopfgroßen Tumor", FERIZ ein Gewächs von 800 g) und wegen Tumorerscheinungen operative Eingriffe veranlassen.

Zur Darstellung der Fülle von mikroskopischen Befunden erweist sich eine Unterteilung in die großen tumorartigen Bildungen und die nur mikroskopisch nachweisbaren Veränderungen (Hamartome und Veränderungen der verschiedenen Baubestandteile der Niere, Entwicklungsstörungen) als zweckmäßig, obwohl jede derartige Trennung völlig willkürlich ist, da fließende Übergänge zwischen Entwicklungsstörungen und den geschwulstartigen Neubildungen bestehen.

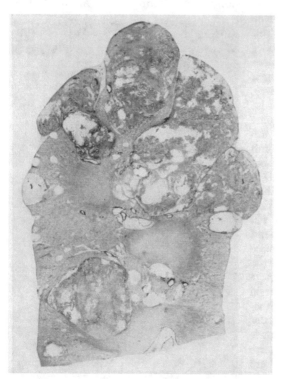

Abb. 31. S.-Nr. 39,62 F. Übersichtsbild eines mikroskopischen Präparates von Abb. 30. Der Aufbau der Mischtumoren mit reichlich Fettgewebseinlagerungen, myomatösen und angiomatösen Abschnitten, kommt hierin zum Ausdruck. Stellenweise scheinen ganze Renculi an der Bildung der Geschwulstknoten beteiligt.

a) Die großen Nierentumoren (Hamartoblastome).

Die mikroskopische Untersuchung der größeren makroskopisch sichtbaren Tumoren zeigt, daß sie sich aus verschiedenen — jeweils in wechselnden Anteilen vorhandenen — Gewebsarten zusammensetzen. Die Bestandteile dieser Mischtumoren sind Fettgewebe, glatte Muskulatur, epitheliale Zellen und Gefäße. Der verschiedene Gehalt an Fettgewebe oder faserigen Bestandteilen (Bindegewebe und Muskelzellen) bestimmt die Farbe und die Konsistenz der Gewächse. Die Geschwülste enthalten ausgereifte und unreife Gewebsarten, daneben offenbar auch noch „Blastem"-Gewebe. Mischungen aus lipo- und myomatösem Gewebe kommen am häufigsten vor. Obwohl die Geschwülste makroskopisch und mikroskopisch scharf abgegrenzt sind, fehlt ihnen jedoch eine Kapsel, so daß Tumorgewebe unmittelbar mit normalem Nierengewebe in Verbindung steht. Verdrängungserscheinungen des umgebenden Gewebes sind nur bei den größeren Geschwulstknoten nachzuweisen, bei den übrigen ebenfalls knotenförmigen Gebilden hat man, wie bei den Cordomyomen, den Eindruck einer Ersatzwucherung an Stelle offenbar fehlenden Parenchyms. Gewebsreaktionen am Rande der Geschwülste werden nur ganz selten beobachtet, destruierendes Wachstum mit Metastasenbildung wird nur in einem einzigen Fall (Kirpicznik) angegeben.

Die großen Tumoren liegen sämtlich in der Rinde, die sie oft knollenartig überragen. In den Knoten liegen zahlreiche Inseln von Fettgewebe (Abb. 31 und 32), angiomatöse und myomatöse Abschnitte.

Die Lage der einzelnen Gewebsbestandteile zeigt bei manchen der größeren Tumoren eine geschichtete Anordnung. So sieht man z. B. bei einem die ganze Rinde durchsetzenden Geschwulstknoten in den Außenbezirken ein zellreiches myomatöses Gewebe, das mit einer zellärmeren Übergangszone in epithelähnliches Gewebe mit zahlreichen Fettgewebsinseln übergeht. Darauf folgt dann eine angiomatöse Zone mit zahlreichen dickwandigen Gefäßen. Angiomatöse Abschnitte mit dickwandigen Gefäßen werden aber auch unmittelbar unter der Oberfläche dieser Knoten angetroffen, sind aber meist kleiner als die basalen, dem Mark zu liegenden Anteile. Großkalibrige Venen und Arterien ziehen oft bis dicht unter die Oberfläche der Rinde. Daß, wie FERIZ betonte, die angiomatösen Abschnitte immer nur in enger Verbindung mit den anderen Geschwulstteilen vorkommen, trifft nach unseren Untersuchungen für die größeren Bildungen sicher zu. Aber den gleichartigen Gefäßveränderungen begegnet man ebenso wie Fettzellen, myomatösem Gewebe und Hyperplasien von Harnkanälchen

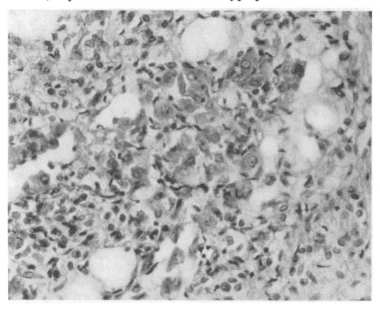

Abb. 32. S.-Nr. 32,59a W. Typisches „Mischgewebe" aus einem Rindenknoten mit epithelialen Elementen. Fett- und mesenchymalen Zellen. Gleiche Pat. wie Abb. 2, 13, 14, 18.

isoliert und verstreut im Nierengewebe, besonders in Nieren mit noch nicht sehr ausgeprägter Knotenbildung. Einige dieser Bildungen darf man wohl als beginnende Angiome ansehen.

Die histologischen Einzelheiten der angiomatösen Abschnitte wurden bei den Gefäßveränderungen beschrieben.

Die lipomatösen Anteile nehmen einen großen Teil des Geschwulstgewebes bei den größeren Tumoren ein. Das Fettgewebe kann allerdings in manchen Tumoren fast vollständig fehlen, in anderen liegt es von einzelnen Fettzellen bis zu großen Fettgewebsinseln verstreut über das ganze Gewächs. Die Fettzellen besitzen verschiedene Größe und sind in ein sehr deutliches Stroma eingebettet, das teils aus Bindegewebe, teils aus Strängen und Zügen von myomatösem oder epithelähnlichem Gewebe besteht. Mitten im Fettgewebe können einzelne isolierte Harnkanälchen vom Typus der Tubuli recti oder contorti und auch Glomeruli vorkommen.

Die myomatösen Abschnitte beschreibt FERIZ sehr treffend: „Sie setzen sich aus spindelförmigen, in Färbbarkeit und Form glatten Muskelzellen ähnelnden Zellen zusammen. Die Zellstränge durchflechten einander, sind quirlförmig aufgerollt oder strahlen fächerförmig aus, ganz wie in Leiomyomen oder Myosarkomen. Aber zwischen diesen Formationen finden sich unregelmäßige Herde und

Massen atypischer, polymorpher Zellen mit meist blassen, verschieden gestalteten
Kernen mit deutlicher Kernstruktur. Diese Zellen verdrängen stellenweise die
reiferen Gewebsteile und weisen verschiedene Differenzierungsstufen auf: bald
ähneln sie embryonalen Muskelzellen, Myoblasten, bald jungen Fibroblasten,
bald Epitheloiden und sogar wuchernden Kanälchenepithelzellen. Während an
einer Stelle des Präparates die Grenzen der Zellen undeutlich sind und ihre
Anordnung mesenchymal erscheint, sind die Zellen in der Nachbarschaft scharf
begrenzt, reich an Protoplasma, haben scharf gezeichnete Kerne mit deutlichem
Kernkörperchen und liegen in epithelartigen Verbänden mit epitheloiden Zell-
syncytien (Riesenzellen)." Feriz unterscheidet 2 Typen dieser Riesenzellen,
von denen er die einen aus myosarkomatösen Geschwulstzellen, die anderen
von Kanälchenrudimenten ableitet. Letztere enthalten Sphärokristalle. Zwischen diesen beiden Formen gibt es Übergänge. Wir können die Ferizschen
Befunde an unseren Fällen bestätigen und betonen, daß der fließende Übergang epithelartiger und mesenchymaler Gewebsarten ein sehr charakteristischer
Befund bei den Nierentumoren der tuberösen Sklerose ist (Abb. 32). In den
myomatösen sind gelegentlich ebenso wie in den lipomatösen Abschnitten
Harnkanälchen oder Rudimente von solchen sowie ganz selten auch Glomeruli
zu finden.

Bei Silberimprägnation zur Darstellung reticulärer Fasern sieht man im
myomatösen wie im lipomatösen Gewebe büschelförmig angeordnete reticuläre
Fasern, die von kollagenen Fasern begleitet sind und so zu einer mehr unregelmäßigen Struktur des Stroma führen.

In den Tumoren läßt sich auch reichlich Glykogen nachweisen, sogar nach
Formolfixierung zeigen sie manchmal mit Bestschem Carmin eine deutliche
Rotfärbung.

Für die verschiedenen Typen der Hamartoblastome hat Feriz die Bezeichnung
„Nephrome" vorgeschlagen, womit jedoch der Gewebsaufbau mit Einschaltung
der atypischen Gewebsbestandteile nicht ganz treffend gekennzeichnet ist.

b) Die mikroskopisch nachweisbaren Bildungen (Hamartome).

„So einfach gewöhnlich die Scheidung zwischen Stroma und Parenchym in
der Niere ist, so schwierig ist sie bei den in Frage kommenden atypischen Herden.
Ja häufig ist es ganz unmöglich, zu entscheiden, wo das Zwischengewebe aufhört
und die atypische Gewebseinschaltung beginnt, da diese oft zum großen Teil
aus bindegewebigen Teilen aufgebaut ist, ebenso wie das Zwischengewebe selbst.
Der innige Zusammenhang dieser Herde mit der Umgebung, ihre deutliche Einordnung in die Struktur und Gefäßversorgung des umgebenden Nierengewebes
lassen erkennen, daß wir es hier nicht mit eigentlichen Geschwülsten, d. h.
autonomen Gewebsabschnitten zu tun haben, sondern mit Entwicklungsstörungen, deren Dasein oder Erhaltensein sich das umgebende Nierengewebe noch vor
dem Abschluß seiner Entwicklung angepaßt haben muß" (Feriz). Diese kleinen
Herde bestehen aus sehr verschiedenartigen Gewebsbestandteilen ebenso wie die
größeren Knoten, meist in ebenso wechselnder Mischung. Es gibt aber auch
Herde von Zellen rein mesenchymalen Charakters, andere rein epithelialen
Charakters und vor allem sehr zahlreiche Fettgewebsinseln, von einer bis zu
mehreren Fettzellen, verstreut in der ganzen Rinde.

In zahlreichen Fällen überwiegen deutlich Fettzellen, bei anderen myomatöses
Gewebe und nach den eigenen Beobachtungen nur in einzelnen Fällen epitheliale
Zellen bei dem Aufbau dieser Hamartome.

c) Veränderungen an den einzelnen Baubestandteilen der Niere (Entwicklungsstörungen).

α) Glomerulusapparat.

Unter den Entwicklungsstörungen wollen wir die Veränderungen an dem Glomerulusapparat, an den Harnkanälchen und am Zwischengewebe besprechen, soweit sie nicht bereits bisher erwähnt sind. Am auffälligsten sind die Veränderungen an den Glomeruli, die schon W. FISCHER sehr eingehend beschrieben hat. Die Größe der Glomeruli schwankt beträchtlich, und zwar finden wir sowohl sehr kleine wie etwa doppelt so große wie normale Glomeruli, sowie Doppelformen. Die kleineren entsprechen in ihrem Aussehen den sog. „neogenen" Glomeruli (hier beim Erwachsenen vorkommend), auch bei den größeren sieht man in vielen den gleichen Zellcharakter innerhalb der Gefäßschlingen wie in den neogenen. Die größeren Glomeruli zeigen ferner Einlagerungen epithelähnlicher Zellen in oder zwischen den Gefäßschlingen „Glomeruli mit Einschlüssen" (W. FISCHER), FERIZ beschrieb cystenartige epitheloide und verfettete „Einschlußkörper". Ihr regelmäßiges Vorkommen konnten wir in unseren eigenen Beobachtungen in jedem Fall bestätigen. FERIZ hat die Einschlüsse an Serienschnitten untersucht und sieht im Gegensatz zu FISCHER den Epithelcharakter der Zellen als nicht erwiesen an. Er verweist auf die fließenden Übergänge zu mesenchymalen Zellen, während Übergangsformen zwischen Kapselepithelien und den Zellen der Einschlußkörper nicht zu finden waren. Bei unseren eigenen Beobachtungen fanden sich herdförmige Inseln von Kapselepithelien und epitheloide Einschlüsse (Abb. 33a) mit Verdrängung der Glomerulusschlingen. Da diese epitheloiden Wucherungen zwar im Kapselraum der Glomeruli, aber nicht innerhalb der Schlingen liegen, gibt es offenbar 2 Arten von derartigen Einschlüssen: intracapsuläre und intraglomeruläre. Vermutlich kommen Wucherungen der Kapselepithelien als Quelle für die ersteren und Wucherungen der Capillarwandzellen für die letzteren Bildungen in Frage.

β) Harnkanälchen.

Die architektonische Anordnung von Rinde und Mark zeigt bei der tuberösen Sklerose herdförmige Störungen, die neben der Einlagerung der atypischen Herde auf Veränderungen am spezifischen Parenchym wie unregelmäßigem Verlauf der Kanälchen mit verschieden weiter Lichtung und verschiedener Höhe des Epithels sowie in dem „gehäuften Auftreten von Kanälchen mit Sammelrohrepithel in und zwischen den Markstrahlen" beruhen (FERIZ).

„Am schwersten scheinen hier die am höchsten differenzierten Kanälchen, die gewundenen Kanälchen, betroffen zu sein. Typische Tubuli contorti kommen in den eigentlichen Randzonen der Herde nur selten vor. An ihrer Stelle sieht man gewundene und gestreckte Röhrchen mit kubischem, dunklem Epithel, von dem Typ der Sammelröhrchen. Der Ursprung solcher an die embryonale Niere erinnernden Kanälchen aus Glomerulussäumen ist deutlich nachzuweisen. Auch der Übergang des embryonalen Kanälchenepithels in normales reifes Epithel kann in einiger Entfernung von dem ‚Blastemherd' gut verfolgt werden" (FERIZ).

Manche der Kanälchen enden blind innerhalb der Herde, auch im Mark finden sich nach FERIZ einzelne gewundene und blind endigende Kanälchen.

Recht häufig kommt in den Nieren auch Cystenbildung in der Rinde vor, die oft erst mikroskopisch nachweisbar ist. Auch Adenombildung, wie cystisch papilläre Adenome, ebenfalls nur mikroskopisch nachweisbar, fanden wir in einzelnen unserer Fälle.

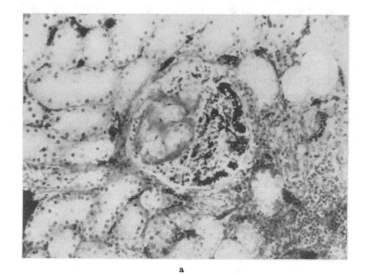

a

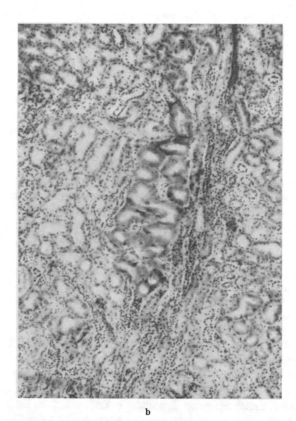

b

Abb. 33 a u. b. S.-Nr. 39,72 Sch. a Insel epithelialer Zellen im Kapselraum eines Glomerulus. b Umschriebene
Zellhyperplasien einzelner Harnkanälchen. *Klinisch-anatomische Daten:* 20jähriger Mann, seit dem 5. Lebens-
monat zahlreiche epileptische Anfälle (150—200 jährlich), Adenoma sebaceum. Ventrikeltumoren, Herde in
Groß- und Kleinhirn. Kleine Geschwülste in Nieren und Nebennieren.

Besonders zu erwähnen sind umschriebene Zellhyperplasien einzelner Zellen oder ganzer Abschnitte von Kanälchenepithelien, die wir in keinem Fall vermißten (Abb. 33b).

γ) Zwischengewebe.

„Hin und wieder stößt man auf unregelmäßige fleckige Herde hyalinen Bindegewebes oder unbestimmbaren Gewebes, bisweilen mit Vacuolen oder Fettzellen, die die Sammelröhrchen auseinanderdrängen. In der Rinde bieten die Veränderungen des Zwischengewebes ein besonders unruhiges wechselndes Bild. Vielfach erscheinen Gruppen und Züge atypischer vielgestaltiger Zellen neben normalen Bindegewebeselementen im Reticulum. Diese Zellgruppen bilden häufig Herde von der 2—10fachen Ausdehnung eines Glomerulus und stören so die Rindenschichtung auf das schwerste" (FERIZ).

Färbt man die Nieren mit BESTschem Carmin, so zeigt sich, daß nicht nur die größeren Knoten durch ihren Glykogengehalt auffallen (Abb. 37c), sondern gerade diese kleinen Herde im Zwischengewebe durch ihren Glykogengehalt deutlich hervortreten, eine Tatsache, die weder FISCHER noch FERIZ bekannt war. Hierin kann man aber unseres Erachtens das Bindeglied zwischen all diesen Tumoren in den verschiedenen Organen sehen, das trotz der gestaltlichen Unterschiede der am Aufbau dieser Tumoren beteiligten Zellen der so ganz verschiedenen Organe in einer gleichgerichteten Stoffwechselstörung zu bestehen scheint.

Alle diese verschiedenen Bildungen in der Niere stimmen nach der Art der Veränderungen mit denen der übrigen Organe überein. Wir haben es, worauf schon FISCHER verwies, einmal mit Entwicklungsstörungen des Nierengewebes zu tun, am deutlichsten erkennbar an Veränderungen der Harnkanälchen, der Glomeruli sowie den Cystenbildungen und dem Vorkommen atypischen Gewebes, von Fettgewebe und Muskulatur. Letzteres wird von FISCHER von der Nierenkapsel abgeleitet. Das atypische Wachstum und der geschwulstartige Charakter der größeren Knotenbildungen ist bei der Niere wohl von allen Organen am deutlichsten ausgeprägt, während man im Gehirn und im Herzen sehr häufig regressive Erscheinungen an den Tumoren findet, zeigen die Nierentumoren — ganz offenbar mit dem Alter zunehmend — eine Neigung zu stärkerem Wachstum. In einigen Fällen war der Nierentumor die unmittelbare Todesursache, während sonst eine Niereninsuffizienz nicht beachtet wird. Die Geschwülste sind durchweg gutartig. Der einzige immer wieder zitierte Fall mit „Metastasenbildung" von KIRPICZNIK (1910) scheint uns nicht ganz sicher die Bösartigkeit des Tumors zu beweisen.

Hierbei handelte es sich um einen 28jährigen Mann, der am 10. Tag nach der Operation eines gut kindskopfgroßen Tumors der rechten Niere an Niereninsuffizienz zugrunde ging. In den Lungen, der Milz und den retroperitonealen Lymphknoten wurden „Metastasen" gefunden, die sich in der Lunge z. B. als stecknadelkopfgroße weiße Knötchen darstellen. In der Niere fanden sich wie bei allen anderen Fällen multiple Mischtumoren.

Da nun inzwischen in den Lymphknoten, in der Milz und in den Lungen ganz ähnliche Mischgeschwülste wie in der Niere als Primärtumoren bekannt wurden, besteht durchaus die Möglichkeit, daß es sich auch im Falle KIRPICZNIKs um das multiple Auftreten von Organveränderungen gehandelt hat, eine Möglichkeit, die KIRPICZNIK noch nicht bekannt war und auch gar nicht von ihm diskutiert wird.

5. Übrige Organe.

Die erst in den letzten Jahren näher bekannt gewordenen *Knochenveränderungen* scheinen mit zu den regelmäßigen Befunden bei tuberöser Sklerose zu gehören und sind wegen ihrer röntgenologischen Darstellbarkeit an Lebenden besonders von Bedeutung. Obwohl die vorliegenden Beobachtungen noch nicht sehr zahlreich sind und vorwiegend auf Röntgenbildern beruhen, ergeben sich

doch gewisse übereinstimmende Befunde an Schädelknochen und Extremitätenenden. So haben Pinckerle und Horniker nach van der Hoeve Osteoporose
und Pneumatisation der Schädelknochen beschrieben. Gottlieb und Lavine
(1935) machten auf zwei wichtige Befunde aufmerksam: 1. auf eine röntgenologisch am Schädel nachweisbare eigenartige Sprenkelung, die auf Inseln von
vermehrter Knochendichte alternierend mit Gebieten von Verdünnung des gesamten Knochens beruhte. In einer eigenen Beobachtung mit Pieck bei einem
18jährigen Mädchen zeigten sich im Bereich der ganzen Schädelkalotte der
gleiche Befund mit Auflockerungen und zahllosen erbs- bis bohnengroßen Verdichtungen (Abb. 34). Ross und Dickerson (1943) fanden dies in 20 von ihren

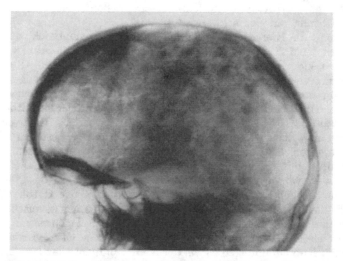

Abb. 34. F. J. Zahlreiche Aufhellungen und Verdichtungen des Knochens im Bereich der ganzen Schädelkalotte
(vgl. Abb. 22). Aufnahme von H. Pieck.

25 Fällen, vgl. ferner Sorger und Wendelberger (1935). 2. beschrieben Gottlieb und Lavine an den Händen und Füßen als neuen Befund eine periostale
Verdickung und Osteoporose der Metacarpal- und Metatarsalknochen. In einzelnen Grundgliedern der Hand zeigte der Knochen Verdickungen des Periostes
und cystenartige Bildungen in Gelenknähe. Kveim bestätigte das Vorkommen
periostaler Verdickungen und Cystenbildungen, die an Ostitis fibrosa cystica
erinnere, sich aber histologisch davon unterscheide. G. S. Hall fand Periost-
defekte und Ausbreitung der Ossifikation von dem veränderten Knochen auf
das umliegende Gewebe, die dem Bilde der „Melorheostose" entsprechen soll.
Exostosen und Enchondrome hat Baló (1944) in seinem Fall beschrieben.
Selten dürfte der in Abb. 23 dargestellte Befund sein, der eine epithelausgekleidete
Cyste unter dem Endglied sowie unregelmäßige Knochenstrukturen des Endgliedes zeigt.

In einer weiteren eigenen Beobachtung mit Pieck (5jähriger Knabe) bestand
ein umschriebener Riesenwuchs der rechten Kleinzehe — nach Kehrer unter
den Riesenwuchsformen der Zehen sehr selten. Im Röntgenbild war das Grund-
glied der 5. Zehe auffallend stark verbreitert, distalwärts konisch auslaufend.
Der 5. Strahl war gegenüber der Norm etwas breiter und dicker mit einer Aufhellung im Bereich des Tub. metatarsale. Außer den bereits erwähnten Haut-
befunden dieser Zehe (Abb. 24) — der umschriebene Riesenwuchs der Weichteile
ist vergleichbar mit einem riesigen subungualen Fibrom — fanden sich an der

Stelle des Endgliedes einzelne Knorpelinseln mit unregelmäßig gestaltetem Randgebiet und einem gefäßreichen Bindegewebe zwischen den Inseln. Die Knorpelzellen zeigten eine unregelmäßige Struktur und besonders im Zentrum der Inseln
reichlich Glykogengehalt.

Der histologische Befund an dieser Zehe steht in seiner Art durchaus im
Einklang mit den übrigen Organveränderungen, man könnte deshalb manche
der bei der tuberösen Sklerose vorkommenden Bildungen als eine Art umschriebenen Riesenwuchses in den Organen und Geweben auffassen, der von den

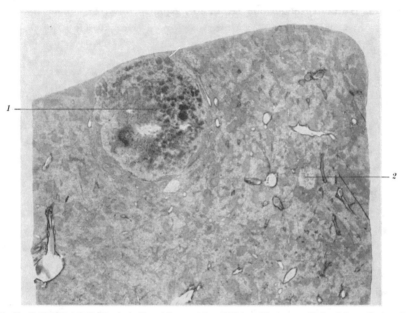

Abb. 35. S.-Nr. 37, 107 B. Angiomatöses Adenom (*1*) und kleines Lipomyom (*2*) der Leber. Hochgradige
Fettleber. Färbung: VAN GIESON. Vergr. 5mal. Gleicher Pat. wie Abb. 1.

großen Zellen in Gehirn, Herz und Nieren zu den „Splenomen" und „Nephromen"
sich erstreckt. Denn nach KEHRER liegen bei dem umschriebenen Riesenwuchs
von Gliedmaßen und Organen alle Kriterien einer Mißbildung vor und es können
gleichzeitig an anderer Stelle Massenverminderungen bestehen, wie wir es ja auch,
allerdings vorwiegend im mikroskopischen Bereich, bei der tuberösen Sklerose
sehen. Umschriebener Riesenwuchs wurde auch von Ross und DICKERSON (1943)
beobachtet mit Verdickung des Labium majus und der ganzen linken unteren
Extremität mit Ausnahme des Fußes ohne Knochenbeteiligung. Bei Probeexcision fanden sich Verdickung des Bindegewebes, Hautverdickung und angiomatöse Wucherung. Eine linksseitige Gesichtshypertrophie ohne Knochenveränderungen beschrieben bei einem 14jährigen Mädchen HERMANN und MERENLENDER.

Bei einer Reihe weiterer Organe kommen offenbar seltener und oft erst
bei der mikroskopischen Untersuchung Veränderungen ähnlicher Art wie in
Herz, Leber, Nieren vor.

In den *Lymphknoten* wurden Lipomyome (BÖHM und VELJENS), sarkomatöses
Gewebe (FERIZ), in der *Milz* Splenome (VELJENS, eigene Beobachtungen), in der
Leber Angiomyolipome (MITTASCH, eigene Beobachtungen), Lipomyome und
angiomatöses Adenom (eigene Beobachtungen, Abb. 35) beobachtet.

Neuerdings wird der Zusammenhang einer *Waben-* oder *Cystenlunge* mit der
tuberösen Sklerose diskutiert. VELJENS fand eine Cystenlunge mit verdickten

Cystenwänden, wobei es fraglich sei, ob die Cysten als Ausdruck der Tumorbildung anzusehen oder ohne sie entstanden sind. Die gefundenen myomatösen
Veränderungen im Lungengewebe werden als Mißbildungen mit Tendenz zur
Tumorbildung aufgefaßt (Samuelson 1942, Erik de Fine Licht 1947, Berg
und Zachrisson 1941, W. Fischer 1954).

An den *innersekretorischen Organen* kommen ebenfalls Veränderungen vor,
in der *Schilddrüse* adenomatöse Bildungen (W. Fischer, Böhm, Fujita, Volland). In einem unserer Fälle fanden wir Inseln von Fettzellen und atypisches
Epithel im Schilddrüsengewebe (Abb. 36), Aplasie und Hypoplasie der *Hoden*

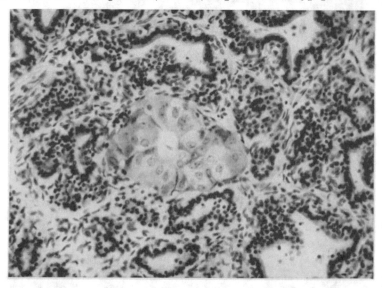

Abb. 36. S.-Nr. 40,70 K. Insel atypischer großer Epithelzellen in der Schilddrüse. Färbung Thionin,
Vergr. 200mal. Gleicher Pat. wie Abb. 3, 4, 8, 27.

wurden von Bau-Prussack beschrieben. In eigenen Fällen fanden wir weiterhin
in der *Nebenniere* lipomatöse Bildungen, im *Pankreas* ein Inselzelladenom. Von
besonderem Interesse wären die Befunde an der *Hypophyse*, für die jedoch keine
systematischen Untersuchungen vorliegen. Bei dem Fall von Feriz wurde sie
bis auf einige Nester geschichteten Plattenepithels im vorderen Anteil des Hypophysenstiels normal befunden. Eine Cyste im Hinterlappen der Hypophyse
beschreibt Baló (1944). Beziehungen zur Pubertas praecox kommen vor (vgl.
S. 623); der Fall von Krabbe gehört nicht zur tuberösen Sklerose (vgl. Lange-
Cosack 1951).

Zuletzt sei noch die *Kombination mit sonstigen Anomalien und Mißbildungen*
erwähnt, so z. B. Spina bifida (Hartdegen, Gottlieb und Lavine), Wolfsrachen
und Hasenscharte (Jonas), Ectopia testis (Bourneville), fehlende oder mangelhafte Zahnentwicklung (Steinbiss, Remler und Pieck), akzessorische Nebenniere in einem Ovarium (Kufs), Tumor duodeni (Sailer), Polyposis intestini
(W. Fischer, Böhm), Rectumpolypen (Feriz), Schaltknochen und infantiler
Uterus (Gavazzeni) u. a. m. Obwohl diese Veränderungen auch isoliert vorkommen und es statistisch keineswegs gesichert ist, daß sie bei der tuberösen
Sklerose häufiger anzutreffen sind, werden diese Vorkommnisse immer wieder
als Stütze für den Mißbildungscharakter der Krankheit angeführt. Man sollte
jedenfalls in Zukunft mehr diese Zusammenhänge beachten und vor allem bei

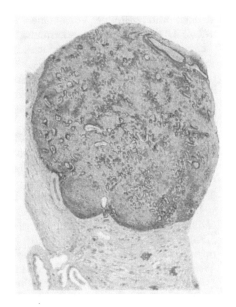

a   b

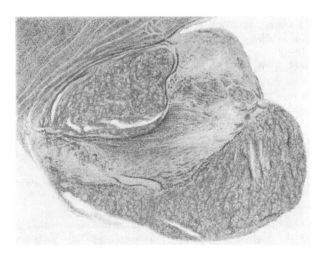

c

Abb. 37a—c. Ventrikeltumor, Cordomyom und Nierentumor bei Glykogenfärbung mit BESTschem Carmin.
a S.-Nr. 35,95a H. Vgl. Abb. 25, 28, 30 und 31. Glykogenhaltige Zellen im größeren Abschnitt der Ventrikel-
geschwulst rechts im Bilde, Kalkablagerungen im kleineren Tumorabschnitt. b S.-Nr. 35,95a H siehe a. Mittelgroßer Tumorknoten der Niere mit reichlichem Glykogengehalt im ganzen Tumor, besonders in den perivasculären Bezirken. Gleicher Pat. wie Abb. 37a. c S.-Nr. 41,135. Kurze klinisch-anatomische Daten: Sub-
endokardiales Cordomyom auf dem Septum ventriculorum. 2jähriges Mädchen, seit der 7. Lebenswoche Krämpfe;
strichförmige und runde depigmentierte Hautpartien am Abdomen. Hirngewicht 1100 g, zahlreiche Knoten
und Ventrikeltumoren, im Herzen einige weißliche kleine Knötchen, keine Nierentumoren.

jedem Fall von Cordomyom, Mischtumoren der Niere und anderer Organe oder
Adenoma sebaceum der Haut nach Hirnveränderungen fahnden, wobei eine
genaue mikroskopische Untersuchung notwendig ist. Nur bei einem genügend

großen Beobachtungsgut lassen sich die gesetzmäßigen Zusammenhänge aufdecken und zufällige Variationen ausschließen oder eventuelle Abortivfälle mit reiner Organbeteiligung erkennen. Die Diagnose tuberöse Sklerose ist bis dahin aber erst zu stellen, wenn typische Kombinationen mehrerer Organveränderungen zusammentreffen.

Die Art der mit einiger Wahrscheinlichkeit als charakteristisch für tuberöse Sklerose anzusehenden Organveränderungen ist weitgehend übereinstimmend, *wobei das Fehlen und Fehlbildungen hochdifferenzierten Parenchyms, ihr Ersatz durch atypisches und Stützgewebe, Wachstumsstörungen von Zellen und Geweben mit Bildung großer Zellformen und tumorartige Bildungen bis zur echten Geschwulstbildung und der auffallende Glykogenreichtum, besonders in den Tumoren von Gehirn, Herz und Nieren* (Abb. 37a—c) ganz im Vordergrund stehen.

Ähnlich wie bei den Vergrößerungsmißbildungen, „direkter" umschriebener Riesenwuchs (Kehrer), muß man bei den Bildungen der tuberösen Sklerose annehmen, daß die Anlage „durch (während der frühesten Entwicklung des Einzelindividuums gesetzte) Störungen dieser Gewebe selbst gelegt wird" und nicht als „Folge von Störungen, insbesondere Anlagestörungen innerer Drüsen, der Gefäße oder Nerven der betroffenen Körperabschnitte, so sehr diese auch beim krankhaften Wachstum eine Rolle spielen" (Kehrer) aufzufassen ist. Erbliche Faktoren bestimmen ganz offenbar das Krankheitsbild der tuberösen Sklerose und möglicherweise nichterbliche die Kombinationsformen oder Varianten. Bei der Besprechung über die Beziehungen quantenphysikalischer Gesetze zur Biologie kommen Timoféeff-Ressovsky und Zimmer (1947) zu dem Schluß: „Die oft beobachtbare kontinuierliche Variabilität einiger Merkmale ist somit als nicht erblich aufzufassen und dadurch ist auch von diesem Standpunkt der grundsätzliche Unterschied zwischen erblichen Mutationen und nichterblichen Modifikationen durchaus verständlich."

Die Feststellung der wahrscheinlich erblichen Bedingtheit der tuberösen Sklerose enthebt uns nicht der Aufgabe, Überlegungen über die formale Pathogenese anzustellen, wenn diese auch bei den vielen Unbekannten, die sowohl in der normalen und vor allem in der gestörten Entwicklung naturgemäß noch enthalten sind, weitgehend hypothetischer Natur bleiben müssen. Die Übereinstimmung in der Art der histopathologischen Veränderungen, so vielfältig auch die Erscheinungsformen in den verschiedenen Organen sein mögen, erlaubt doch eine gemeinsame Betrachtung der formalen Pathogenese.

C. Vererbung.

Während Gallus 1913 noch schrieb, daß Erblichkeit bisher nicht beobachtet sei, hat Kufs sie gleichzeitig aus der Darstellung des Falles von Kirpicznik als wahrscheinlich hergeleitet und Schuster bereits über mehrere Stammbäume berichtet. Berg (1913) hatte Gelegenheit, die Familie des Patienten von Kirpicznik zu untersuchen:

1. Der Vater des Patienten, 64 Jahre alt, war in den letzten Jahren nierenkrank und starb 1908 nach einer Probelaparotomie wegen einer inoperablen Nierengeschwulst. Eine Schwester von ihm war gesund, ebenso seine im 70. Lebensjahr verstorbene Frau. 2. Der Patient selbst (Beobachtung von Kirpicznik 1910) war ein intelligenter Mann, welcher im 21. Lebensjahre nach einem Unfall (Augenverletzung) vom Militär entlassen wurde und zuletzt als Bürodiätar tätig war. Er hatte seit dem 3. Lebensjahr ein Adenoma sebaceum, seit dem Unfall rechtsseitige Krampfanfälle. 1907 wurde ein Nierentumor festgestellt; er starb 1909 nach Entfernung der rechten Niere (kindskopfgroße Mischgeschwulst) im urämischen Zustand. Anatomisch: Im Gehirn Rindenknoten und kleine Ventrikeltumoren, weiße kleine Knötchen verstreut unter der Pleura der Lunge; zahlreiche kleine Tumoren der linken Niere. — Vier Geschwister des Patienten gesund. Seine Frau litt 1911/12 an einer Psychose

mit Wahnideen und Sinnestäuschungen. 3. Die Tochter des Patienten, geboren 1905, litt seit dem 4. Lebensmonat an Krämpfen, die im 2.—5. Lebensjahre aussetzten und 1910 wieder gehäuft auftraten. Niemals Sprach- oder Gehversuche. Adenoma sebaceum. Knochenverbildungen der Extremitäten. Tod 1913 im 8. Lebensjahr. Anatomisch: Im Gehirn zahlreiche tuberöse Herde, kleine Ventrikeltumoren, Lipome im Herzen, in der linken Niere ein kirschkerngroßer Tumor. — Eine Schwester dieser Patientin gesund.

Es besteht eine dominante Vererbung mit Verschlechterung des Leidens in der Deszendenz. Die Krankheit in der Familie von KIRPICZNIK zeigte sich zuerst als eine Rudimentärform in Gestalt einer Nierengeschwulst bei einem gesunden Manne, in der Familie von VAN BOUWDIJK BASTIAANSE (1933) liegt ein ähnliches Verhalten vor.

Der Vater wurde im 47. Lebensjahre an einer apfelgroßen Mischgeschwulst des Magens operiert. Von den 13 Schwangerschaften seiner sonst gesunden Frau sind 4 Fehlgeburten, nur 2 Kinder sind gesund und frei von irgendwelchen Anomalien, die übrigen 7 haben tuberöse

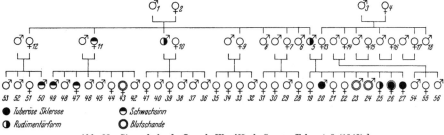

Abb. 38. Sippenbefund: Joseph W. [Nach SEIDL: Erbarzt 8 (1940).]

Sklerose mit vollständigen oder abortiven Symptomen (anatomische Befunde in 4 Fällen, darunter einer mit dem Verlauf eines Hirntumors). Bemerkenswert ist der immer frühe Beginn der Erkrankung in der Geschwisterfolge.

In einer anderen Familie war ein Lungentumor die erste Krankheitserscheinung in der Familie (ERIK DE FINE LICHT 1942). Die Tochter befand sich in einer Anstalt wegen tuberöser Sklerose mit Adenoma sebaceum und Epilepsie. Andere Fälle dieser Lungenerkrankung als Teilerscheinungen der tuberösen Sklerose sind beschrieben von VEJLENS 1941, BERG und ZACHRISSON 1941 und SAMUELSON 1942.

Eineiige Zwillinge, 15jährige Mädchen, schildert FABING (1934). — Eine Erkrankung bei nur einem Zwilling berichtet HOPWOOD (1937).

Von den immer häufiger mitgeteilten familiären Vorkommen der tuberösen Sklerose und ganzer Stammbäume ist hervorzuheben die von URBACH und WIEDEMANN (1929): Der Vater und 6 von 11 Kindern haben eine tuberöse Sklerose mit zahlreichen Hautveränderungen, darunter auch Nagelfalztumoren; ein Kind hatte eine faustgroße subcutane Geschwulst, die sich nach der Operation als ein Neurinom (VEROCAY) erwies. Diese Mitteilung wird stets als Beweis für das Zusammenvorkommen von tuberöser Sklerose und Neurofibromatose angeführt. Andere Mitteilungen über familiäres Vorkommen stammen von BORREMANS, DYCKMANS, VAN BOGAERT (1933), ILLING (1938), DUWÉ und VAN BOGAERT (1933), KUFS (1933), LEY (1933), JANSSENS und KOENEN (1932), SEIDL (1940).

SEIDL (1940) teilt eine besonders gut beobachtete Sippe mit, wobei die wichtigen Rudimentärformen eingehend berücksichtigt sind (Abb. 38).

Es ergibt sich eine dominante Vererbung mit wechselnder Ausprägung der verschiedenen Phänotypen. CURTIUS spricht von einer unregelmäßigen Dominanz, KUFS von einer dominant-heterophänen Vererbung, ähnlich wie bei der HIPPEL-LINDAUschen Krankheit, indem bald das eine, bald das andere Organ allein befallen sein kann.

Einen abweichenden Standpunkt nimmt Vaas (1940) ein, und zwar auf Grund des aus der Literatur gesammelten Materials. Er stellt fest, daß die überwiegende Mehrzahl der Probanden aus Ehen Gesunder stammen. Darum sei die tuberöse Sklerose wahrscheinlich ein recessives Erbleiden, andererseits aber ist damit die schwere Geschwisterbelastung der Probanden mit *einem* kranken Elter nicht vereinbar. Diese Gegensätzlichkeit sei nicht aufzuklären, falls man nicht das Bestehen einer cytoplasmatischen Vererbung annehmen solle, was freilich ganz hypothetisch bleibt. Dazu wäre zu sagen, was schon Kufs (1933) hervorgehoben hat, daß ,,die unregelmäßig dominante Vererbung mit dem Überspringen einzelner Generationen oder das scheinbare Verschwinden der Krankheit in der Aszendenz nur durch die Manifestationsschwankungen der Erbkrankheit bis zum völligen Fehlen der Manifestation erklärt werden kann. Wenn auch sicher bei vielen Einzelerkrankungen bei genauer Nachforschung eine Erblichkeit festgestellt werden könnte, so bleibt doch eine größere Zahl übrig, in der dieser Nachweis nicht erbracht werden kann und nur die Annahme einer neuen Mutation oder einer anderen Ursache übrigbleibt. Der anatomische Befund kann über Erblichkeit nichts aussagen.‘‘

D. Pathogenese.

Aus dem kurzen historischen Überblick geht schon hervor, daß hinsichtlich der formalen Pathogenese die Ansichten schwanken. Einigkeit besteht darin, daß es eine früh im Fetalleben sich entwickelnde Krankheit ist, die mit einer ungenügenden Differenzierung der Neuro- und Spongioblasten einhergeht; auch von einer ,,Wachstumsstörung‘‘ ist schon früher gesprochen worden (Stertz). Wiederholt ist die Frage diskutiert, ob es sich wirklich um Geschwülste handelt oder nicht. Steinbiss (1923) hat von den Rhabdomyomen ausgehend die Cohn-heim-Ribbertsche Theorie der versprengten Keime verworfen. Denn es handele sich gar nicht um Tumoren, sondern um Überschußbildungen, die er aber anders auffaßt, wie wir es heute tun, wobei wir an eine funktionelle Hypertrophie denken; er sagt nämlich: ,,Ein Zuviel in der Hirnanlage, ein Zuviel in der Herz-anlage, in der Nierenanlage usw. bedingt, daß dieser Überschuß liegenbleibt und für den definitiven Aufbau des Organs keine Verwendung findet. Dabei kann das Ganze unterwertig sein oder durch seine Anwesenheit hemmend auf die Entwicklung des Ganzen wirken; durch lokale mechanische Störungen ver-ursacht ist es aber nicht.‘‘ Josephy (1936) stimmt dieser Ansicht zu und meint: ,,Alle diese Geschwülste sind de facto gar keine Geschwülste. Sie verhalten sich biologisch ganz anders und sind im Grunde genau so wenig zu den blastoma-tösen Veränderungen zu stellen, wie man etwa einen rudimentären überzähligen Finger dahin rechnet‘‘, und verweist auf Kurtz (1934), der die Veränderungen am Haut- und Nervensystem als naevoide Systemerkrankung, eine gemeinsame Mißbildung des Meso- und Ektoderms, auffaßt; die Entwicklungsstörung müsse schon vor der Differenzierung der Keimblätter stattgefunden haben.

Nach Feriz (1930) besteht eine ,,Minusbildung im Aufbau der Organe‘‘, welche ,,überkompensiert werde durch übermäßige Wucherung atypischer, direkt vom Keimlager abzuleitender Gewebsarten‘‘. Der Zeitpunkt der Entwicklungs-störung muß in die Determinationsphase der Organentstehung verlegt werden. Der Vergleich des histologischen Baues der Hirn- und Nierentumoren zeigt, ,,daß diesen beiden eine entwicklungsgeschichtliche Eigentümlichkeit gemeinsam ist: die Doppelwertigkeit des Keimlagers, das sich in diesen Organen sowohl zu Stützgewebe wie zu Parenchym entwickeln kann (doppelwertiges Neurogliocyten-gewebe, Held; metanephrogenes Gewebe, Keibel-Mall)‘‘.

Die Anschauung von Bielschowsky, die weitaus die herrschende geblieben ist, wurde oben schon skizziert. Danach besteht eine Hemmung in der Ab-wanderung der Matrixzellen vom Ventrikel (Migrationshemmung), wobei weniger die Neuroblasten als die Spongioblasten betroffen sind, Hand in Hand mit einer mangelhaften Differenzierung. Im Vordergrund der Krankheitserscheinung steht aber die gleichzeitige blastomatöse Umwandlung der Neuroglia: „Die Störung beruht vorwiegend auf einer blastomatösen Entwicklungstendenz der gliösen Elemente und nicht auf einer primären Mißbildung der Parenchymbestandteile", wie dies früher angenommen wurde. Es handelt sich also um einen blastomatösen Prozeß — eine Spongioblastomatose —, die nicht im Fetalleben zum Stillstand kommt, sondern „überall die Zeichen einer dauernden Weiterentwicklung" verrät.

Diese bestechende Theorie von BIELSCHOWSKY ist aber nicht geeignet, wie er selbst gesagt hat, auch die Entstehung der Organveränderungen zu erklären. Untersuchungen von Organtumoren, die wir 1939 begonnen hatten und auf die sich auch APITZ in seiner Arbeit über die Nierengeschwülste bezogen hat, haben zu neuen Vorstellungen über die Pathogenese geführt, die möglicherweise erlauben, Gehirn- und Organveränderungen aus einem Gesichtspunkt zu verstehen.

Die blastomatösen Veränderungen unterscheiden sich von anderen Tumorbildungen durchaus in der Art und Ausbreitung auf so zahlreiche Organe und Gewebe; ihre im allgemeinen begrenzte Wachstumstendenz ist für die Abgrenzung des Krankheitsbildes der tuberösen Sklerose ungemein charakteristisch. Diese Bildungen, so verschieden sie hinsichtlich ihrer geweblichen Zusammensetzung im histologischen Bild erscheinen, zeigen eine grundsätzliche Übereinstimmung in der Art ihrer Entstehung (Defekte im funktionstragenden Parenchym, Ersatz durch niedrigeres oder fehldifferenziertes Keimgewebe und dessen geschwulstartige Wucherung). Diese Tatsachen erlauben den Versuch einer einheitlichen Deutung der formalen Pathogenese.

Im einzelnen sind folgende Punkte von Bedeutung:

1. Ist festzustellen, daß die Organanlage (Formbildung) an sich nicht gestört ist (seltene Ausnahmen wären die Aplasie der Nieren, Spina bifida usw., sie sprechen aber nicht gegen diese Regel). Der wesentliche Faktor ist vielmehr eine Störung in der geweblichen Differenzierung, der „Ausbildung oder Ausprägung des durch Formbildung modellierten Keimbezirks" (CLARA). Sowohl im Gehirn wie in den übrigen Organen findet man außer den makroskopisch erkennbaren Herden zahllose Gewebsmißbildungen, die nur histologisch nachweisbar sind. Dies hat schon H. VOGT veranlaßt, von der „histologischen Natur der Krankheit" zu sprechen, so z. B. in den Nieren die mißgebildeten Kanälchenepithelien, der Ersatz von Parenchym durch Fett und Muskeln und Bindegewebe in verschiedener Mischung, das Vorkommen vereinzelter Rhabdomyomzellen verstreut im Herzmuskel ohne Beziehung zu den Rhabdomyomknoten, in der Hirnrinde einzelne mißgebildete Nerven- und Gliazellen, liegengebliebene Spinalganglienzellen in den Wurzeln des Rückenmarks usw.

2. Fehldifferenzierung durch Hemmung der Abwanderung der Matrixzellen in Gestalt von Heterotopien, die in der Wegrichtung zu den Rindenknoten liegen.

3. Betroffen sind vorwiegend die Organe mit doppelwertigem Keimgewebe, wie Herz, Gehirn und Nieren, denen man bekanntlich die komplizierteste Entwicklung zuschreibt. Im Herzen differenziert sich das Keimgewebe in Myokard und Reizleitungsfasern, das metanephrogene Gewebe in Harnkanälchen und Glomerulusapparat, die Matrix des Gehirns in Neuro- und Spongioblasten.

Aus dem abwegig gestalteten Bau der fehldifferenzierten Zellen und ihrem abnormen Stoffwechsel läßt sich nicht nur die graduelle, sondern auch die wesensmäßige Verschiedenheit von den normalen Zellen erweisen. Im Herzen entsprechen den Rhabdomyomfasern weder die normalen Myokardfasern, noch die normalen Fasern des Reizleitungssystems; in den Nieren sind dies die fehlentwickelten Epithelien und die das Parenchym ersetzenden Stützgewebsmißbildungen; und im Gehirn sehen wir die fehlentwickelten Nerven- und Gliazellen.

Alle diese fehlentwickelten Zellen der genannten Organe zeichnen sich durch einen besonderen Stoffwechsel aus, welcher erkennbar wird an dem Gehalt von Glykogen, welches auch in seiner Erscheinung und seinem Verhalten von dem normalen Glykogen sich unterscheidet. Dieses Glykogen scheint für den embryonalen Charakter dieser Zellen zu sprechen.

Diese Tatsachen lassen unseres Erachtens eine einheitliche Vorstellung für die Genese der Gehirn-, Herz- und Nierenveränderungen erschließen, wie sie bisher nicht möglich war. Es ergeben sich daraus auch gewisse Anhaltspunkte für die Determinationszeit der Gewebsmißbildungen, die bei der gleichzeitigen Beteiligung verschiedener Organe — Gehirn, Haut, Herz, Nieren u. a. — früher liegen muß, als dies Bielschowsky angenommen hat, nämlich wahrscheinlich unmittelbar vor dem Zeitpunkt der Differenzierung in Myokard- und Reizleitungsfasern, des metanephrogenen Gewebes in Harnkanälchen und Glomerulusapparat, sowie der Differenzierung in Neuro- und Spongioblasten. Für den Determinationspunkt ist ferner wesentlich, daß stets das Rückenmark von allen blastomatösen Veränderungen verschont bleibt, wenigstens ist uns weder aus unserem eigenen Material, noch auch aus den Fällen der Literatur eine entsprechende Herdbildung bekannt geworden. Da das Rückenmark aber nach den Normentafeln von Keibel und Mall schon bei Embryonen von 7 mm Länge voll ausgebildet ist mit Vorderhörnern, Seiten- und Hintersträngen sowie Spinalganglien und Spinalnerven, ergibt sich daraus ein weiterer wichtiger Anhaltspunkt. Andererseits sind bei 18 mm Länge die Nieren, Herz usw. bereits in ihrer Struktur fertig angelegt. Daraus ist zu schließen, daß inzwischen, d. h. also in etwa der 3.—4. Woche, die Störung bereits eingesetzt haben muß. Zu dem gleichen Schluß führt die Beurteilung der Netzhauttumoren, deren Genese in der 4.—5. Embryonalwoche angenommen wird (Löwenstein und Steel 1941) (vgl. S. 625).

Für die Betrachtung der formalen Genese der Geschwulstbildung bei der tuberösen Sklerose erweist sich die von Apitz — in Analogie zu der Embryonalentwicklung — vorgeschlagene Unterscheidung zwischen determinierenden und realisierenden Kräften fruchtbar. Die „Determinationstheorie" ist, wie Apitz betont, nicht exakt zu begründen, da über die intracellulären Abläufe bei der normalen Determination nicht mehr bekannt ist als bei der Cancerogenese. Es besteht jedoch eine erscheinungsmäßige Identität beider Vorgänge. „Das Gemeinsame läßt sich dahin zusammenfassen, daß die Bildung konstanter Zellstämme bei der ontogenetischen Differenzierung zunächst als Determination zur Organanlage führt, dann durch Realisierung zur gestaltlich und funktionell neuen Sonderform von Zellen; die Cancerogenese führt entsprechend über die Determination von Geschwulstanlagen zur Realisation der manifesten Geschwulst" (Apitz).

Die Bildungen der tuberösen Sklerose im Gehirn und den übrigen Organen können wir als „Geschwulstanlagen" im Sinne von Fischer-Wasels und Apitz ansehen, deren wesensmäßiger Unterschied in der vom Normalen abweichenden Struktur der Zellen und dem Glykogengehalt begründet ist. Abgesehen von der Determination der Geschwulstanlage muß die Einwirkung realisierender Kräfte zur Bildung der Geschwulst angenommen werden, die bei der tuberösen Sklerose schon im Fetalleben einzuwirken beginnen und weiterhin durch das ganze Leben zum Auftreten von Geschwülsten führen können. Aus den Befunden bei der tuberösen Sklerose läßt sich vermuten, daß tatsächlich ein Unterschied zwischen determinierenden und realisierenden Kräften besteht. Wir haben gesehen, daß die Determination zu einem bestimmten frühen Zeitpunkt des Fetallebens liegen muß, während realisierende Kräfte später zur Manifestation von Tumoren in den verschiedenen Organen führen, sowohl während des Fetallebens, wie auch nach der Geburt. Bei der Geburt können Ventrikel und Rindentumoren, Rhabdomyome des Herzens und Nierentumoren vorhanden sein. Andererseits treten die Hauterscheinungen meist erst nach der Geburt auf, im wesentlichen bis zum 10. Lebensjahr, oft gleichzeitig mit dem Beginn der epileptischen Anfälle. Es ist bemerkenswert, daß bei den ausführlichen Untersuchungen von APITZ an den Nebennierenkeimen in der Niere das gleiche zeitliche Verhalten festzustellen war. Während bei der Geburt keinerlei Gewebsversprengungen aufzufinden waren, erreichen sie bis zum 10. Lebensjahr ihr Maximum; sie müssen also bis zu diesem Zeitpunkt als vorgebildete Keime im Nierengewebe vorhanden gewesen sein.

Die realisierenden Kräfte könnten, wie die Erfahrungen der allgemeinen Geschwulstlehre zeigen, in spezifischen cancerogenen Stoffen, in Hormonen usw. also in sehr verschiedenen Faktoren bestehen. Diese Faktoren können bei den zahlreich vorhandenen „Geschwulstanlagen" zur Manifestation einer echten Geschwulst Veranlassung geben. Für die Deutung der Geschwulstanlagen kann man anführen, daß diese Bildungen jahrelang latent bleiben. Nur bei einem kleinen Teil der Fälle lassen sich in den befallenen Organen morphologische Kennzeichen für ein Geschwulstwachstum nachweisen (Verdrängung und Gewebsreaktionen der Umgebung, Zerfallserscheinungen am Parenchym).

Für die Entstehung und Lokalisation der Geschwülste spielen wohl auch in den einzelnen Organen selbst gelegene Faktoren eine Rolle. Dies kommt z. B. zum Ausdruck in dem häufigeren Auftreten von Geschwülsten in den Nieren, in der viel geringeren Beteiligung der Leber und anderen Organen. Hinsichtlich des Gehirns hat CREUTZFELDT darauf hingewiesen, daß „die keimlagernahen Mißbildungen blastomatöse Neigungen zeigen und die keimlagerfernen Mißbildungen lediglich den Charakter von Dystopien besitzen. Bei der tuberösen Sklerose sehen wir beide Möglichkeiten — in Form der Rindenherde als einfache Bildungsstörung und in den Ventrikeltumoren als echte Neubildungen — auftreten."

Bei dem herdförmigen Charakter liegt es nahe, sowohl bei der Determination als auch beim Auftreten der Geschwülste an einen Einfluß des Gefäßsystems zu denken, dafür sprechen angiomatöse Neubildungen in der Leber, Niere, in Ventrikeltumoren, eine geschwulstige Wucherung der Gefäßwand in den Organen, besonders in Niere und Herz, mit und ohne perivasculäre Tumorbildung. Hinsichtlich der Niere hat JACOBSTHAL (1909) bereits betont: „Die Veränderungen des Gefäßsystems beruhten in dem einen Fall auf Capillarangiomen, die in eigenartige Beziehung zu jüngerem geschwulstmäßig wachsendem Fettgewebe treten..., bei einem 2. Fall fanden sich reichlich circumscripte Arteriome. Der 3. Fall war charakterisiert durch Wucherungen sämtlicher Schichten des Arteriensystems, vor allem der Adventitia, die schließlich zur völligen Degeneration und Verödung des Gefäßes führen."

Im Gehirn kann man die perivasculäre Geschwulstbildung von den vasculären Keimbezirken ableiten, wie dies RANKE (1910) bei einem $2^1/_2$ Monate alten Kind bereits festgestellt hat. „Unter zahlreichen, dem Ventrikel benachbarten Herden der großen Zellen finden sich einzelne, welche deutliche Beziehungen zu den Gefäßen erkennen ließen, und zwar zeigten die betreffenden Gefäße eigentümlich geschichtete Mäntel derart, daß auf eine mehrfache Lage indifferenten Keimmaterials eine einfache oder doppelte Reihe von großen Zellen folgte." Dies zeigt Abb. 39 aus dem Marklager des Gehirns eines Neugeborenen mit tuberöser Sklerose, welches wir Professor RÖSSLE verdanken.

Dieselben engen Beziehungen zwischen Gefäßen und Tumorbildung bestehen auch bei der zentralen Neurofibromatose, welche hinsichtlich der herdförmigen Tumorbildung und den pathologischen Wachstumsverhältnissen der tuberösen Sklerose sehr ähnlich ist. In geeigneten Fällen von zentraler Neurofibromatose kann man neu auftretende blastomatöse Bezirke in verschiedenen Stadien ihrer Entwicklung nebeneinander antreffen und ihre Entstehung und Ausbreitung von einem Gefäß her verfolgen. Hier sind aber keine unreifen Keimzellen vorhanden, wie bei der tuberösen Sklerose, sondern nur die ortsständige normale Glia, welche hypertrophisch wird und sich allmählich in blastomatöse Formen umwandelt. Es ist nicht denkbar, daß jede der hier liegenden Gliazellen von Anfang an zu einer solchen Umwandlung determiniert sein soll. Deshalb hat Hallervorden (1952) die Vermutung ausgesprochen, daß hier ein wachstumsfördernder Stoff von den Gefäßen ausgeht und das normale Gewebe zum pathologischen Wachstum anregt[1]. Auf die tuberöse Sklerose übertragen würde dies bedeuten, daß bereits mit dem Auftreten der Gefäße von diesen aus ein

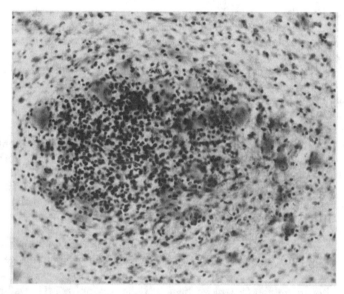

Abb. 39. Tuberöse Sklerose (46,150 Neugeborenes). Große und kleine Markheterotopien in einem aufgehellten Bezirk mit dichtem Zentrum von Matrixzellen und herumgelagerten blastomatösen Gliazellen. Hämatoxylin-Eosin-Färbung. Vergr. 200mal. [Aus Hallervorden: Bemerkungen zur zentralen Neurofibromatose und tuberöse Sklerose. Dtsch. Z. Nervenheilk. 169, 308 (1952).]

pathologisches Wachstum seinen Anfang nehmen könnte, welches zur blastomatösen Entartung und damit in dem noch unreifen Gewebe zu Entwicklungsstörungen führen muß. Dieses — natürlich genetisch bedingte — pathologische Wachstum braucht als humoraler Vorgang nicht zu der cellulären Determination, wie sie oben entwickelt wurde und der Auffassung von Apitz entspricht, im Gegensatz zu stehen; es wäre durchaus möglich, daß beides nebeneinander hergehen kann und die celluläre Determination allmählich von dem humoralen Vorgang abgelöst wird.

Auch der Einfluß der Neurotisation auf die Geschwulstbildung in den Organen wäre denkbar. Symmetrische Anordnung des Adenoma sebaceum und segmentales Auftreten mancher Hauterscheinungen, wie z. B. Chagrinlederhaut, könnte man im Sinne eines Einflusses des Zentralorgans auf die Peripherie deuten. Feriz neigt sogar dazu, in solchen von „primär verändertem Zentralnervensystem ausgehenden Einflüssen ... überhaupt das Bindeglied zwischen den verschiedenen Lokalisationen der tuberösen Sklerose zu vermuten". Dafür spricht

---

[1] Auch Baló (1944) hat schon gesagt: „Alle jene Erscheinungen, welche im Verlaufe der Sclerosis tuberosa im Gehirn bzw. im Organismus gefunden werden, können allem Anschein nach auf die durch regelwidrige Verteilung des Wachstumshormons bedingten abnormen Wachstumsimpulse zurückgeführt werden."

der vereinzelte Befund von Entmarkungen mit Wucherung SCHWANNscher Zellen in den Endgebieten der Haut und das ähnliche Auftreten symmetrischer Hauterscheinungen im Gesicht bei cerebellarer Einklemmung. Letzteres wird als vegetative Gesichtsmaske von E. FISCHER-BRÜGGE und SUNDER-PLASSMANN (1950) auf Störungen der segmentalen Innervation im Bereiche der LAEHR-SÖLDERschen Linien bezogen.

Hinsichtlich der Pathogenese besteht eine gewisse Verwandtschaft mit der Neurofibromatose und zum Teil auch mit den übrigen „Phakomatosen". Dies führt auf die Differentialdiagnose der tuberösen Sklerose gegenüber diesen Formen.

Differentialdiagnose. Die tuberöse Sklerose und die RECKLINGHAUSENsche Krankheit haben eine Reihe von Hauterscheinungen gemeinsam, wie Fibrome, Naevi usw. Der Morbus Pringle (Adenoma sebaceum) scheint für die tuberöse Sklerose kennzeichnend zu sein, wenn er gelegentlich auch einmal fehlen kann; er wird zwar manchmal auch für die Neurofibromatose in Anspruch genommen, doch handelt es sich dabei immer nur um klinische Feststellungen und es kommt dabei sehr darauf an, welche Symptome die betreffenden Untersucher für die Diagnose der RECKLINGHAUSENschen Krankheit für ausreichend erachten.

Es fehlen der Neurofibromatose die Tumoren des Herzens, der Niere, Leber usw. mit der für die tuberöse Sklerose charakteristischen Parenchymbeteiligung. Wenn Geschwülste bei der Neurofibromatose in den Organen vorkommen, so sind es gewöhnlich Nerventumoren in Gestalt von Neurinomen oder Neurofibromen. Das bei der RECKLINGHAUSENschen Krankheit öfter beobachtete Phäochromocytom der Nebenniere ist unseres Wissens bei der tuberösen Sklerose noch nicht gesehen worden.

Bei der tuberösen Sklerose dagegen fehlen Geschwülste der peripheren Nerven und des Sympathicus.

Die Gefäßveränderungen der tuberösen Sklerose zeigen besonders in den fortgeschrittenen Stadien auf den ersten Blick gewisse Ähnlichkeiten mit denen, wie sie bei der Neurofibromatose gelegentlich von SCHERER und KRÜCKE, sehr ausführlich von REUBI und FEYRTER beschrieben wurden. Es bestehen jedoch, wie bei der Besprechung der Gefäßveränderungen im einzelnen gezeigt wurde, auch wesentliche Unterschiede im mikroskopischen Bild. Eine „vasculäre Neurofibromatose" im Sinne FEYRTERs mit Wucherung des gefäßeigenen Nervengewebes kommt als Deutung für die Genese der Gefäßveränderung bei tuberöser Sklerose nicht in Betracht.

Im Rückenmark gibt es keine tuberösen Herde; eine Kombination mit Syringomyelie (CREUTZFELDT) oder Spina bifida gehört nicht zum Wesen des Prozesses, dagegen sind Tumoren verschiedener Art bei der RECKLINGHAUSENschen Krankheit nicht selten.

Im Gehirn finden sich bei der tuberösen Sklerose Rindenknoten, Ventrikeltumoren und Markheterotopien, bei der zentralen Neurofibromatose kleine Gliaherde in der Rinde, Ventrikeltumoren und, verschieden verteilt, spongioblastomatöse Bezirke oder größere Spongioblastome, seltener andere Geschwulstarten, wie Gliome, Angiome, Fibrome. Gemeinsam sind beiden Krankheiten die Ventrikeltumoren (Spongioblastome). Sehr ähnlich sind die Kleinhirnherde (BIELSCHOWSKY, AMMERBACHER 1937). Markheterotopien nach Art der tuberösen Sklerose hat GAMPER beim Recklinghausen beschrieben, doch bleibt dies eine große Ausnahme. Die kleinen Gliaherde in der Rinde bei der zentralen Neurofibromatose kommen in gleicher Art und Ausbreitung der tuberösen Sklerose nicht zu; daß sich einzelne blastomatös veränderte Gliaherde in beiden Fällen einmal gleichen können, ist selbstverständlich. Typische Rindenknoten sind bisher bei der zentralen Neurofibromatose nicht eindeutig beschrieben worden;

der immer wieder angeführte Fall von Orzechowski und Nowicki bleibt umstritten (Nieuwenhuise, Bielschowsky), kann aber bei unbefangener Beurteilung nur als reine Neurofibromatose angesehen werden.

Die Netzhauttumoren können zwar klinisch ähnlich aussehen, sind aber anatomisch ganz verschieden: Bei der tuberösen Sklerose rein gliöser Natur, bei der Neurofibromatose mehr neurinomatöser und angiomatöser Zusammensetzung (van der Hoeve 1937, Kreibig 1949).

Im allgemeinen bleibt die tuberöse Sklerose begrenzter, ihre Tumoren wachsen nicht infiltrierend, sondern nur verdrängend, während bei der Recklinghausenschen Krankheit das Wachstum viel expansiver ist, mit sehr viel mehr und rasch wachsenden Tumoren, die eher einmal zu maligner Entartung führen. Bei der tuberösen Sklerose ist der Mißbildungscharakter ausgesprochener, weil sie zu einer so frühen Zeit beginnt.

Die Lindausche Krankheit teilt mit der tuberösen Sklerose und der Neurofibromatose die Entwicklungsstörungen mit blastomatöser Tendenz in Haut, Gehirn, Retina und inneren Organen in Form von angiomatösen Geschwülsten und Cystenbildungen. Eine Kombination dieser Krankheit mit tuberöser Sklerose ist bisher nicht beschrieben worden.

In diese Gruppe hat van der Hoeve (1937) auch das Sturge-Webersche Syndrom hineingenommen auf Grund eines eigenen Falles mit halbseitiger Angiomatose des Gesichts und der weichen Hirnhäute, sowie gleichzeitigem Retinagliom mit zahlreichen Metastasen. Er weist selbst darauf hin, daß hier nicht die vollständige Symptomatologie mit Mißbildung der inneren Organe vorhanden ist, doch sei dies kein Gegengrund gegen die Zurechnung zu den Phakomatosen, da auch bei den anderen zugehörigen Krankheiten unvollständige Formen vorkommen. Bisher sind Verbindungen des Sturge-Weberschen Syndroms mit der tuberösen Sklerose nicht mitgeteilt worden, aber wir verdanken Professor Rössle das Gehirn eines Neugeborenen mit halbseitigem angiomatösem Gesichtsnaevus und Angiomatose einer Hirnhälfte, welche im Gegensatz zu den bisher beschriebenen Fällen größer ist als die andere normale Hirnhälfte. Die erkrankte Hemisphäre ist auf einer dem 4.—5. Monat entsprechenden Entwicklungsstufe stehengeblieben, fast ungefurcht, von zahlreichen Gefäßen und Kalkkonkrementen durchsetzt. An der Konvexität findet sich ein leicht vorspringender naevusartiger weißlicher Herd, welcher histologisch einen tuberösen Rindenknoten mit zahlreichen großen blastomatösen Gliazellen darstellt. Diese Beobachtung, welche noch genauer mitgeteilt werden soll, spricht also dafür, daß die Zuordnung des Sturge-Weberschen Syndroms zu den Phakomatosen berechtigt war.

Es ergibt sich also, daß trotz gewisser Grundzüge, welche die einzelnen Krankheitsbilder verbinden, jedes seine Eigenart bewahrt.

Hinsichtlich der Differentialdiagnose gegenüber anderen Gliomformen vgl. S. 625.

Literatur.

Abrikossoff: Ein Fall von multiplen Rhabdomyomen des Herzens und gleichzeitiger kongenitaler Sklerose des Gehirns. Beitr. path. Anat. 45, 376 (1909). — Alzheimer: Einiges über die anatomischen Grundfragen der Idiotie. Zbl. Nervenheilk. 1904. — Die Gruppierung der Epilepsie. Allg. Z. Psychiatr. 1907. — Amersbach u. Haudorn: Ein Fall von solitärem Rhabdomyom des Herzens usw. Frankf. Z. Path. 25, 124 (1921). — Ammerbacher: Über Kleinhirnveränderungen bei tuberöser Sklerose und zentraler Neurofibromatose. Arch. f. Psychiatr. 107, 113 (1937). — Anastassoff: Sur le phakome de la rétine dans la maladie de Bourneville. Clin. bulgara 12, 201 (1940). Zbl. Neur. 98, 539. — Andersen: Intrakranielle Verkalkung bei tuberöser Sklerose. Nord. Med. 1942, 477. Zbl. Neur. 103, 234. — Apitz: Die Geschwülste und Gewebsmißbildungen der Nierenrinde. Virchows Arch. 311 (1943). — Arndt: Multiple symmetrische Gesichtsnävi. Zbl. Hautkrkh. 1, 13 (1921).

BABONNEIX: A propos de la sclérose tubereuse. Revue neur. **25**, 17 (1918). — Sur la sclérose tubereuse. Revue neur. **71**, 159 (1939). — BABONNEIX, BRISSOT, MISSET et DELSUC: Maladie de BOURNEVILLE (sclérose tubereuse) à caractère familial et congenital avec association de symptomes de neurofibromatose (maladie de RECKLINGHAUSEN). Ann. méd.-psychol. **94**, II, 102 (1936). — BALÓ: Tuberöse Sklerose und innere Sekretion. Arch. f. Psychiatr. **117**, 333 (1944). — BALZER, F., et GRANDHOMME: Nouveau cas d'adénomes de la face. Arch. de Physiol. **8**, 93 (1886). — BALZER, F., et P. MÉNÉTRIER: Étude sur un cas d'adénomes sébaces de la face et du cuir chevelu. Arch. de Physiol. **6**, 564 (1885). — BARONE: Über einen Fall von polymorphem Gliom mit gleichzeitiger tuberöser Sklerose und kongenitaler Hirnhautmißbildung. Clin. med. ital., N. s. **63**, 844 (1932). — BATCHELOR and MAUN: Congenital glykogenic tumors of the heart. Arch. of Path. **39**, 67 (1945). — BAU-PRUSSAK: Über einen Fall von tuberöser Hirnsklerose mit Netzhautveränderungen und benignem Verlauf. Z. Neur. **145**, 275 (1933). — Beitrag zur Klinik der tuberösen Sclerose. Neur. polska **15**, 231 u. franz. Zusammenfassung 401—402 (1933). Zbl. Neur. **145**, 275. — BENDER u. PANSE: Familiäres Gliom. Mschr. Psychiatr. **83**, 253 (1932). — BERBLINGER: Tuberöse Hirnsklerose und Rhabdomyome des Herzens. Münch. med. Wschr. **1923**, Nr 31, 1035. — BERDEZ: De la sclérose tubereuse du cerveau. Beitr. path. Anat. **17**, 648 (1895). — BERG: Vererbung der tuberösen Sklerose durch zwei bzw. drei Generationen. Z. Neur. **19**, 191 (1913). — Über die klinische Diagnose der tuberösen Sklerose und ihre Beziehungen zur Neurofibromatose. Z. Neur. **25**, 229 (1914). — BERG u. VEJLENS: Maladie kystique du poumon et sclérose tubereuse du cerveau. Acta paediatr. (Stockh.) **26**, 16 (1939). — BERG u. ZACHRISSON: Cysticlungs of rare origin and tuberous sclerosis. Acta radiol. (Stockh.) **22**, 425 (1941). — BERGER: Fall von tuberöser Sklerose. Wien. med. Wschr. **1931**, Nr 7, 236. — BERGER et VALLÉE: Les rhabdomyomes congénitaux du coeur. Ann. d'Anat. path. **7**, 797 (1930). — BERGSTRAND, OLIVECEONA u. TÖNNIS: Gefäßmißbildungen und Gefäßgeschwülste des Gehirns. Leipzig 1936. — BERKWITZ and RIGLER: Tuberous sclerosis diagnosed with cerebral pneumography. Arch. of Neur. **34**, 833 (1935). — BERLAND: Roentgenological findings in tuberous sclerosis. Arch. of Neur. **69**, 609 (1953). — BERLINER: Tuberöse Sklerose und Tumor. Beitr. path. Anat. **69**, 381 (1921). — BIELSCHOWSKY: Über tuberöse Sklerose und ihre Beziehungen zur RECKLINGHAUSENschen Krankheit. Z. Neur. **26**, 133 (1914). — Zur Kenntnis der Beziehungen zwischen tuberöser Sklerose und Gliomatose. J. Psychol. u. Neur. **24** (1919). — Zur Histologie und Pathogenese der tuberösen Sklerose. J. Psychol. u. Neur. **30** (1924). — BIELSCHOWSKY u. FREUND: Über Veränderungen des Striatums bei tuberöser Sklerose und deren Beziehungen zu den Befunden bei anderen Krankheiten dieses Hirnteiles. J. Psychol. u. Neur. **24** (1918). — BIELSCHOWSKY u. GALLUS: Über tuberöse Sklerose. J. Psychol. u. Neur. **20**, Ergh. 1 (1913) (Literatur). — BLOCH and GROVE: Tuberose sclerosis with retinal tumor. Arch. of Ophthalm. **19**, 34 (1938). — BLOCK, E. BATES: Epiloia-adenoma sebaceum with epilepsy. Internat. Clin., III. s. **41**, 218 (1931). — BÖHM: Prag. med. Wschr. **38**, 329, 350. Zit. nach FERIZ. — BOGAERT, L. VAN: Sclérose tubereuse et spongioblastome multiforme. J. belge Neur. **33**, 802 (1933). — Les dysplasies neuro-ectodermiques etc. Revue neur. **63**, 353 (1935). — BOLSI: Contributo all'istologia patologica cerebrale della sclerosi tuberosa. Riv. Pat. nerv. **33**, 656 (1928). — BONFIGLI: Über die tuberöse Sklerose des Gehirns. Mschr. Psychiatr. **27**, 395 (1910). — BONOME: Sulla sclerosi cerebrale primitiva durante lo sviluppo e sui rapporti con rhabdomiomi del cuore. Gazz. med. ital. **1902**, Nr 44/45. — Sulla fina structura ed istogenesi della nevroglia patologica. Arch. Sci. med. **1901**. — Sull'importanza della alterazioni del plesso celiaco nella cirrosi dell'uomo e nella cirrosi esperimentale. Scritti in nove di Albertoni Bologna 1901 (Erg. Path. 1908). — Über die primäre Sklerose des Gehirns an Hand der Entwicklung und über deren Beziehungen zu den Rhabdomyomen des Herzens. Riun. della soc. ital. di pat. Torino. Zbl. Bakter. u. Path. **14**, 691 (1903). — BORREMANS, DYKMANS et VAN BOGAERT: Etudes cliniques, genealogiques et histopathologiques sur les formes heredofamiliaire de la sclérose tubereuse. La famille Ja. J. belge Neur. **33**, 713 (1933). — BOURNEVILLE: Contribution à l'étude de l'idiotie. Sclérose tubéreuse des circonvolutions cérébrales; idiotie et épilepsie hémiplégique. Arch. de Neur. **1880**, 81. — Sclérose cérébrale, hypertrophique ou tubéreuse compliquée de méningite. Progrès méd. **1896**, 129. — Idiotie symptomatique de sclérose tubereuse ou hypertrophique. Récherches etc. **1899**, 183. — Idiotie symptomatique de sclérose symptomatique tubéreuse ou hypertrophique. Progrès méd. **1899**, Nr 41. — Idiotie et épilepsie symptomatique de sclérose tubereuse ou hypertrophique, Teil 2. Arch. de Neur. **1900**, 29. — Idiotie et épilepsie symptomatiques de sclérose tubereuse ou hypertrophique. Récherches etc. **1900**, 182. — BOURNEVILLE et BONNAIRE: Sclérose tubereuse des circonvolutions cérébrales. Progrès méd. **1881**, 667. — Sclérose tubereuse ou hypertrophique des circonvolutions. Idiotie complète. Progrès méd. **1881**, 1007. — BOURNEVILLE et BRISSAUD: Encéphalite ou sclérose tubereuse des circonvolutions cérébrales. Contribution à l'étude de l'idiotie. Arch. de Neur. **1881**, 397. — BOURNEVILLE et NOIR: Sclérose tubereuse ou hypertrophique des circonvolutions cérébrales. Récherches etc. **1882**, 1. Nach H. VOGT. — BOUWDIJK-BASTIAANSE, VAN: Recherches cliniques et

658   J. Hallervorden und W. Krücke: Die tuberöse Hirnsklerose.

histologiques sur une forme familiale de sclérose tubéreuse. J. belge Neur. **33**, 697 (1933). — Bouwdijk-Bastiaanse, van u. Landsteiner: Eine familiäre Form der tuberösen Sklerose. Nederl. Tijdschr. Geneesk. **66** (1922). — Brandt: Über Angiomyomatosen der Lunge mit Wabenstruktur. Virchows Arch. **321**, 585 (1952). — Bremer: Über tuberöse Hirnsklerose mit bedeutenden Anomalien im Gebiß und im Durchbruch der Zähne. Acta med. scand. (Stockh.) **84**, 90 (1934). — Brissaud: Zit. nach H. Vogt. — Brouwer, van der Hoeve u. Mahoney: A fourth type of phakomatosis, Sturge-Weber Syndrome. Arch. Akad. Amsterdam, 2. Ser. **28**, Nr 4 (1937). — Brown and Gray: A case of congenital rhabdomyoma of the heart. Lancet **1930 I**, 915. — Brückner: Über tuberöse Sklerose der Hirnrinde. Arch. f. Psychiatr. **12**, 550 (1882). — Brushfield and Wyatt: Epiloia. Brit. J. Childr. Dis. **23**, 254 (1926). — I. Clinical: Brit. J. Childr. Dis. **23**, 178 (1923). — II. Pathology: Brit. J. Childr. Dis. **23**, 254 (1923). — Buckley and Deery: Abnormität des Gehirns und der Meningen, die einen intrakraniellen Tumor vortäuschte. Amer. J. Path. **5** (1929). — Bundschuh: Ein weiterer Fall von tuberöser Sklerose des Gehirns mit Tumoren der Dura mater, des Herzens und der Nieren. Beitr. path. Anat. **54**, 278 (1912). — Busch: Morbus Pringle, subunguale Fibrome, Papillomatosis cutis et mucosae, Molluscum pendulum. Dermat. Z. **62**, 8 (1931). — Buschke: Zur Kasuistik des Adenoma sebaceum. Vortr. 1904. Arch. f. Dermat. **70**, 142. — Butterworth and Wilson: Dermatologic aspects of tuberus sclerosis. Arch. of Dermat. **43**, 1 (1941). — Bychowski: Zur Klinik der tuberösen Sklerose. Dtsch. Z. Nervenheilk. **120**, 304 (1931).

Cagnetto: Contributo allo studio dei rabdomiomi del cuore. Arch. Sci. med. **28** (1903). — Campbell: Cerebral sclerosis. Brain **1906**, 328. — Carol: Beitrag zur Kenntnis des Adenoma sebaceum Pringle und sein Verhältnis zur Krankheit von Bourneville und von Recklinghausen. Acta dermato-vener. (Stockh.) **2**, 186 (1921). — Acta dermat. (Kioto) **1922**, 263. — Cesaris-Dehmel: Di un caso di rabdomioma multiple del cuore. Arch. Sci. med. **19** (1895). — Chaslin: Contribution à l'étude de sclérose cérébrale. Arch. Méd. exper. et d'Anat. path., I. s. **3** (1891). — Cook and A. Meyer: Unusual size of intraventricular spongioblastoma in a case of tuberous sclerosis. J. of Neur. **15**, 320 (1935). — Creutzfeldt: Zur Frage der tuberösen Sklerose. Vortr. 1932. Zbl. Neur. **62**, 396. — Critchley and Earl: Tuberous sclerosis and allied conditions. Brain **55**, 311 (1932). — Curtius: Die Erbkrankheiten des Nervensystems. Stuttgart 1935.

Dalsgaard-Nielsen: Tuberöse Sklerose mit seltenem Röntgenbefund. Nord. med. Tidskr. **1935**. — Dickerson: Nature of certain osseous lesions in tuberous sclerosis. Arch. of Neur. **73**, 525 (1955). — Dierig: Klinische Bemerkungen zur praktischen Bedeutung der tuberösen Sklerose. Dtsch. Z. Nervenheilk. **156**, 223 (1944). — Divry et Evrard: Ein Fall von tuberöser Sklerose. J. belge Neur. **33**, 688 (1933). — Donegani: Studio biologico di tre casi di sclerosi tuberosa. I. (Ematologia ed altri dati biologici.) Schizofrenia **7**, 101 (1938). — Dretler, J.: Über eine diffuse, ausgereifte, durch abortive tuberöse Sklerose komplizierte Hirngeschwulst. Dtsch. Z. Nervenheilk. **148**, 84 (1938). — Driggs u. Spatz: Pubertas praecox bei einer hyperplastischen Mißbildung des Tuber cinereum. Virchows Arch. **305**, 567 (1939). — Duwé et Bogaert: Adénomes sébacés du type Pringle avec fibromatose cutanée dans une famille atteinte de sclérose tubéreuse. J. belge Neur. **33**, 749 (1933).

Earl: Epiloia. Proc. Roy. Soc. Med. **24**, 1471 (1931). — Eitner: Zur Kasuistik des Adenoma sebaceum (Pringle). Wien. klin. Wschr. **1909**, Nr 33. — Eller, Jordan and Anderson: Cancer supervention in skin disease. J. Amer. Med. Assoc. **94** (1930). — Elliot: Pringles disease (Adenoma sebaceum) with associated tumors of the nail-beds of the toes. Proc. Roy. Soc. Med. **30**, 24 (1936). — Enokow: Zur Frage der Identität von Adenoma sebaceum Morbus Recklinghausen und Fibromatosis subungualis. Dermat. Wschr. **1933 II**, 1061. — Erik de Fine Licht: Über Lungencysten, Bronchiektasen und Lungenfibrosen, insbesondere tuberöse Sklerose. Acta radiol. (Stockh.) **23**, 151 (1942).

Fabing: Tuberous sclerosis with epilepsy (epiloia) in identical twins. Brain **57**, 227 (1934). — Farber, Sidney: Congenital rhabdomyoma of the heart. Amer. J. Path. **7**, 105 (1931). — Feländer: Zur Kasuistik des Adenoma sebaceum. Arch. f. Dermat. **74**, 203 (1905). — Feld, M., B. Duperrat J. Martinetti: A propos de deux observations de tumeur cérébrale aus course de la sclérose tubéreuse de Bourneville. Revue neur. **83**, 516 (1950). — Feriz: Ein Beitrag zur Histopathologie der tuberösen Sklerose. Virchows Arch. **278**, 690 (1930). — Ferraro and Doolittle: Tuberöse Sclerose. (Diffuse Neurospongioblastosis.) Psychiatr. Quart. **10**, 365 (1936). — Feyrter: Über Neurome und Neurofibromatose usw. Wien 1948. — Feyrter, F.: Über die vasculäre Neurofibromatose, nach Untersuchungen am menschlichen Magen-Darmschlauch. Virchows Arch. **317**, 221 (1949). — Fischer, W.: Die Nierentumoren bei tuberöser Sklerose. Beitr. path. Anat. **50**, 235 (1911). — Über die Tumoren bei der tuberösen Hirnsklerose. Zbl. Path. **92**, 241 (1954). — Fischer, Wa.: Zur Diagnose und Kenntnis der tuberösen Sklerose. Z. inn. Med. **3**, 269 (1948). — Fischer-Brügge u. Sunder-Plassmann: Die zentrale vasomotorische Beeinflussung umschriebener peripherer Körperabschnitte und ihre klinische Bedeutung. Acta neurovegetativa (Wien) 1, 374 (1950). — Fischer-Wasels, B.: Handbuch der normalen und pathologischen Physiologie, Bd. XIV, Teil 2. Berlin: Springer 1927. — Fleischer: Die Vererbung von Augenleiden. Erg. Path. 21, Erg.bd. 2, 544 (1929). — Über die tuberöse Sklerose, Recklinghausensche Erkrankung und Angiomatosis retinae (Lindausche Krankheit). Münch. med. Wschr. 1935, Nr 16. — Foz: Klinischer Beitrag zur Bourneville-Pellizzischen Krankheit. Bol. Inst. Psiquiatr. Fac. Cir. med. Rosario 4, 27 (1932). — Franzioni: Contributo alla etio-patogenesis della arterosi tuberosa. Rass. Studi psichiatr. 1948, 1930. — Freeman, W.: Tuberous sclerosis. Arch. of Neur. 8, 614 (1922). — Freund: Über die tuberöse Hirnsklerose und über ihre Beziehungen zu Hautnaevi. Berl. klin. Wschr. 1918, Nr 12. — Friedmann: Tuberous sclerosis, relief of epileptic symptoms by radiation therapy. Arch. of Neur. 41, 565 (1939). — Fujita u. Matano: Ein Fall von Mischgeschwulst der Niere mit tuberöser Hirnsklerose. Mitt. med. Akad. Kioto 3, dtsch. Zusammenfassung 34 (1929).

Gagel: Tuberöse Sklerose. In Neue Deutsche Klinik, Erg.bd. 1942. — Gamper: Zur Kenntnis der zentralen Veränderungen bei Morbus Recklinghausen. J. Psychol. u. Neur. 39, 39 (1929). — Gans: Histologie der Hautkrankheiten, Bd. 2. Berlin: Springer 1928. — Garcin, R., Renard, Huguet et Caron: Sur un cas hereditaire de sclérose tubereuse de Bourneville. Revue neur. 71, 62 (1939). — Gavazzeni: Un caso di sclerosi tuberosa ed della ipertrofica con idiozia. Arch. Sci. med. 26, Nr 10 (1902). — Geipel: Geschwulstbildung im Herzen. Zbl. Path. 10, 846 (1899). — Geitlin: Zur Kenntnis der tuberösen Sklerose. Arb. path. Inst. Helsingfors (Jena) 1905. Zit. nach H. Vogt. — Giacomo, de: Astrocitome protoplasmatico a sviluppo endoventriculare etc. Arch. neur. (Napoli) 6, 212 (1951). — Globus: Neurinome central associé à une sclérose tubereuse. Revue neur. 40, 1 (1933). — Globus and Selinsky: Tuberous sclerosis. J. Nerv. Dis. 68, 159 (1928). — Tuberous sclerosis in infant. Amer. J. Dis. Childr. 50, 954 (1935). — Globus and Strauss: Spongioblastoma multiforme: A primary malignant form of brain neoplasm; its clinical and anatomic features. Arch. of Neur. 14, 139 (1925). — Globus, Strauss u. Selinsky: Das Neurospongioblastom, eine primäre Hirngeschwulst bei disseminierter Spongioblastose (tuberöser Sklerose). Z. Neur. 140, 1 (1932). — Görög: Durch Gefäßmißbildungen verursachte seltene Krankheiten. Ärztl. Ges. Pécs. Sitzg vom 18. April 1932. — Gottlieb and Lavine: Tuberous sclerosis with unusual lesion of the bones. Arch. of Neur. 33, 378 (1935). — Guttmann: Zur Kasuistik der sklerosierenden Encephalitis. Z. Neur. 94, 62 (1924). — Haut und Nervensystem. In Handbuch der Haut- und Geschlechtskrankheiten von Jadassohn, Bd. IV, Teil 2. Berlin: Springer 1933.

Hall: Tuberous sclerosis, rheostosis and neurofibromatosis. Quart. J. Med., N. s. 9, 1 (1940). — The ocular manifestations of tuberous sclerosis. Quart. J. Med. 1946, 15/19 (209—220). — Hallervorden: Eigenartige und nicht rubrizierbare Prozesse. In Handbuch der Geisteskrankheiten von Bumke, Bd. 11, S. 1075. Berlin: Springer 1930. — Erbliche Hirntumoren. Nervenarzt 9, 1 (1936). — Bemerkungen zur zentralen Neurofibromatose und tuberösen Sklerose. Dtsch. Z. Nervenheilk. 169, 308 (1952). — Harbitz: Tuberöse Hirnsklerose, gleichzeitig mit Nierengeschwülsten (Myxo-Lipo-Sarkome) und einer Hautkrankheit (Adenoma sebaceum). Zbl. Path. 23, 868 (1912). — Ein Fall von tuberöser Gehirnsklerose mit Nieren- und Hauttumoren. Norsk. Mag. Laegevidensk. 73, Nr 7 (1912). — Über das gleichzeitige Auftreten multipler Neurofibrome und Gliome usw. Acta path. scand. (Københ.) 9, 359 (1932). — Hartdegen: Ein Fall von multipler Verhärtung des Großhirns bei einem Neugeborenen. Arch. f. Psychiatr. 11, 117 (1881). — Hauser: Nieren- und Herzgeschwülste bei tuberöser Sklerose. Berl. klin. Wschr. 1918, Nr 12. — Hedren: Zur Pathologie der Mischgeschwülste der Nieren. Beitr. path. Anat. 40, 1 (1907). — Heine: Beitrag zur Lehre von der Gehirnsklerose. Dtsch. Z. Nervenheilk. 12, 394 (1898). — Helmke: Glykogenablagerung im Gehirn bei tuberöser Sklerose. Virchows Arch. 300, 130 (1937). — Hermann u. Merenlender: Das Pringlesche Syndrom mit Hemihypertrophie des Gesichts ohne neuropsychische Erscheinungen. Warszaw. Czas. lek. 2, 562, 580 (1934). — Zbl. Neur. 75, 431. — Herrenschwandt: Über Augenhintergrundveränderungen bei tuberöser Hirnsklerose. Klin. Mbl. Augenheilk. 83, 732 (1929). — Herxheimer u. W. Schmidt: Neoplasmen der Haut. Verh. dtsch. dermat. Ges. (9. Kongr.) Path. 16, 599, 604 (1912). — Heuss: Adenoma sebacea. Verh. dtsch. dermat. Ges. (9. Kongr.) 1906, 409. — Hieronmini u. Kukla: Ein Beitrag zur Kenntnis der angeblichen Rhabdomyome des Herzens. Virchows Arch. 232, 459 (1920). — Hintz: Ein Fall von Naevus Pringle und Neurofibromatosis. Arch. f. Dermat. 106, 277 (1911). — Hiraga: Beiträge zur Kenntnis der Pringleschen Krankheit. Jap. J. of Dermat. 41, 63 (1937). — Hirose und Nagae: Au sujet des alterations du fond de l'oeil et de l'examen histologique de l'oeil dans la sclerose tubereuse. Annales d'Ocul. 177, 1 (1940). — Hlava: Zit. nach Mönckeberg in Handbuch von Henke-Lubarsch, Spezielle pathologische Anatomie und Histologie, Bd. 2. 1924. — Hoeve, van der: Augengeschwülste bei der tuberösen Hirnsklerose. Graefes Arch. 105, 880 (1921). — Augengeschwülste bei der tuberösen Hirnsklerose und verwandte Krankheiten. Graefes Arch. 111, 1 (1923). — Eye diseases in tuberous sclerosis of the brain and in Recklinghausen disease. Trans. Ophthalm. Soc. U. Kingd. **43**, 534 (1923). — Netzhaut und Papillengeschwülste. Ber. der 43. Verslg Dtsch. Ophthalm. Ges. Jena 1927. — Les phakomatose de Bourneville, de Recklinghausen et de Hippel-Lindau. J. belge Neur. **33**, 752 (1933). — Hollmann: Tuberöse Sklerose und Hirntumor. Z. Neur. **156**, 57 (1936). — Hopwood: Tuberous sclerosis. Report of five cases, including one case in one of twins. Ohio State Med. J. **33**, 277 (1937). — Horn: Über Beziehungen des Morbus Recklinghausen zum Morbus Pringle. Diss. Berlin 1940. — Horniker: Alterazioni oculari nella sclerosi tuberosa. Atti Congr. Soc. ital. Oftalm. **48** (1932). — Horniker e Salom: Alterazioni oculari nella sclerosi tuberosa. Boll. Ocul. **11** (1932). — Hornritter: Klinischer und histologischer Beitrag zur Kenntnis der tuberösen Sklerose. Dtsch. Ophthalm. Ges. 1932, 49. Tagg. Klin. Mbl. Augenheilk. **88**, 856 (1932). — Hub: Die tuberöse Sklerose. Klinischer und genealogischer Beitrag. Inaug.-Diss. Erlangen 1940. — Huber-Bostroem: Zur Kenntnis des Rhabdomyoms der klindlichen Niere. Dtsch. Arch. klin. Med. **23**, 205 (1897). — Hueper: Rhabdomyomatosis of the heart in a negro. Arch. of Path. **19**, 372 (1935).

Illing: Erbbiologische Erhebungen bei tuberöser Sklerose. Z. Neur. **165**, 340 (1938). — Pathologisch-anatomisch kontrollierte Encephalographien bei tuberöser Sklerose. Z. Neur. **176**, 160 (1943). — Imakita: Beiträge zur Kenntnis der Organaevi. III. Das sog. Adenoma sebaceum Pringle. Acta dermat. (Kioto) **20**, 84 (1932). — Inglis: Neurilemmoblastosis. The influence of intrinsic-factors in disease when development of the body is normal. Amer. J. Path. **26**, 521 (1950). — Local gigantism (a manifestation of neurofibromatosis): its relation to general gigantism and to acromegaly. Amer. J. Path. **26**, 1059 (1950). — Inser: Vergleichende histopathologische Daten des Anfangs- und des Endstadiums der tuberösen Sklerose. [Russisch.] Zbl. Neur. **89**, 195 (1937).

Jacobaeus: Ein Fall von hypertrophischer tuberöser Sklerose mit multiplen Nierengeschwülsten kombiniert. Nord. med. Ark., Abt. II **1903**, H. 1. — Jacobsthal: Klinisches und Pathologisches über Idiotie, mit besonderer Berücksichtigung der tuberösen Sklerose. Münch. med. Wschr. **1909**, Nr 23. — Jadassohn: J., Beitrag zur Kenntnis der Naevi. Arch. f. Dermat. **15** (1888). — Jakob, A.: Zur Pathologie der Epilepsie. Z. Neur. **23**, 1 (1914). — Janssens: Demonstration einer Familie, bei der tuberöse Sklerose vorkommt. Psychiatr. Bl. (holl.) **31**, 126 (1927). — Jervis, G. A.: Spongioneuroblastoma and tuberous sclerosis. J. of Neuropath. **13**, 105 (1954). — Jonas: Zur Histologie der tuberösen Sklerose an der Hand eines durch Rhabdomyom des Herzens komplizierten Falles Frankf. Z. Path. **11**, 105 (1912). — de Jong, Russel: Tuberous sclerosis encephalographic interpretation. J. of Pediatr. **9**, 203 (1936). — Josephy: Zur Pathologie der tuberösen Sklerose. Z. Neur. **67**, 232 (1921). — Tuberöse Sklerose. In Bumke-Foersters Handbuch der Neurologie, Bd. 16, S. 273. 1936.

Kaufmann, E.: Lehrbuch der speziellen pathologischen Anatomie. Berlin: W. de Gruyter 1931. — Kawamura, R.: Ein Fall mit mehreren Gewebsmißbildungen. Zbl. Path. **24**, 801 (1913). — Kaznelson u. Meksinaf: Augenveränderungen bei tuberöser Sklerose. Zbl. Neur. **86**, 278 (1936) [Russisch]. — Kehrer, F.: Die konstitutionellen Vergrößerungen umschriebener Körperabschnitte. Stuttgart: Georg Thieme 1948. — Kikuzawa u. Takigawa: Ein Fall von tuberöser Hirnsklerose. [Japanisch.] Okayama-Igakkai Zasshi **47** (1935). — Kimura: Über die größeren Zellen in verschiedenen Gliomen. (Nebst Beiträgen zum Neuroglioma gigantocellulare, Neuroepitheliom und zur Lehre der tuberösen Hirnsklerose.) Mitt. path. Inst. Univ. Sendai 1, H. 2 (1921). — Kirch-Hertel: Tuberöse Hirnsklerose mit verschiedenartigen Mißbildungen und Geschwülsten. Zbl. Path., Sonderbd. **33**, 65 (1923). — Kirpicznik: Ein Fall von tuberöser Sklerose und gleichzeitigen multiplen Nierengeschwülsten. Virchows Arch. **202** (1910). — Knox u. Schorer: Zit. nach Mönckeberg in Handbuch von Henke-Lubarsch, Spezielle pathologische Anatomie und Histologie, Bd. 2. 1924. — Koch and Walsh: Syndrome of tuberous sclerosis. Arch. of Ophthalm. **21**, 465 (1939). — Koenen: Eine familiäre hereditäre Form von tuberöser Sklerose. Nederl. Tijdschr. Geneesk. **1931** I, 731. — Acta psychiatr. (København) 7, 813 (1932). — Körner: Die tuberöse Hirnsklerose. Münch. med. Wschr. **1924**, 745. — Krabbe: La sclérose tubéreuse du cerveau et l'hydrocéphalie dans leurs relations avec la puberté précoce. Encéphale **17**, 281, 437, 496 (1922). — Kreibig: Über Neurofibromatose des Auges. Klin. Mschr. Augenheilk. **114**, 428 (1949). — Kreyenberg: Zur Klinik der tuberösen Sklerose. Zbl. Neur. **58**, 78 (1930). — Kreyenberg, Delbanco u. Haak: Beiträge zur Klinik und Variationsbreite der tuberösen Sklerose unter besonderer Berücksichtigung des Adenoma sebaceum. Z. Neur. **128**, 236 (1930). — Kristjansen: Hautleiden als Zeichen der tuberösen Hirnsklerose. Hosp.tid. (dän.) **71**, 687 (1928). — Krücke, W.: Zur Histopathologie der neuralen Muskelatrophie, der hypertrophischen Neuritis und Neurofibromatose. Arch. f. Psychiatr. **115**, 180 (1942). — Kryspin-Exner: Beitrag zur Histopathologie der tuberösen Sklerose. Arch. f. Psychiatr. **113**, 377 (1941). — Küchenmeister: Über einen Fall von Pringlescher Krankheit mit Veränderungen am Augenhintergrund und an den Schleimhäuten von Blase und Mastdarm. Dermat. Wschr. **1934** II, 1333. — Kufs: Beiträge zur Diagnostik und pathologischen Anatomie der tuberösen Sklerose usw. Z. Neur. **18**, 291 (1913). — Über heredofamiliäre Angiomatose des Gehirns und der Retina, ihre Beziehungen zueinander und zur Angiomatose der Haut. Z. Neur. **1928**, 113, 651. — Beitrag zur Klinik, Histopathologie und Vererbungspathologie der HIPPEL-LINDAUschen Krankheit. Z. Neur. **1923**, 138, 414. — Über den Erbgang der tuberösen Sklerose. Z. Neur. **144**, 562 (1933). — Über eine Spätform der tuberösen Hirnsklerose unter dem Bilde des Hirntumors und andere abnorme Befunde bei dieser Krankheit. Arch. f. Psychiatr. u. Z. Neur. **182**, 177 (1949). — KUFS, H.: Ein zweiter Fall von Spätform der tuberösen Hirnsklerose mit multiplen Spongioblastomen im Gehirn, Fehlen der Naevi und Nierenmischtumoren und klinischem Verlauf als rasch wachsender Hirntumor. Psychiatr., Neurol. u. med. Psychol. **5**, 299 (1953). — Über die Umwandlung der Hamartoblastombildung bei der Spätform der tuberösen Hirnsklerose in einen reinen gliomatösen Tumorprozeß und über die Entwicklung großer Ventrikeltumoren vom Bau der Ependymome bei der Frühform der tuberösen Sklerose. Psychiatr., Neurol. u. med. Psychol. **6**, 285 (1954). — KURTZ: Die bei der tuberösen Sklerose vorkommenden Hautveränderungen und ihre pathogenetische Bedeutung. Dermat. Wschr. **28**, 357 (1934). — KVEIM: Über Adenoma sebaceum. Acta dermato-vener. (Stockh.) **18**, 637 (1937). LAHDENSUN: A case of tuberous sclerosis. Acta paediatr. (Stockh.) **34**, 1 (1947). — LANGE, CORNELIA DE: Das Krankheitsbild der tuberösen Sklerose in den ersten Lebensjahren. Acta paediatr. (Stockh.) **28**, 79, 89 (1941). — LANGE-COSACK: Verschiedene Gruppen der hypothalamischen Pubertas praecox. Dtsch. Z. Nervenheilk. **166**, 499 (1951). — LAVITOLA: La sclerosa tuberosi delle circonvolzioni cerebelli. Ops. psichiatr. **2**, 504 (1934). — LAZAR: Symptomatologie und Pathologie der Sclerosis tuberosa auf Grund eines klinisch beobachteten Falles. Gyógyászat (ung.) **1931 I**, 404. — LEY: Sur la sclérose tubérose des circonvolutions cérébrales. J. belge Neur. **31**, 689 (1931). — La sclérose tubereuse des circonvolutions cérébrales. J. belge Neur. **33**, 624 (1933). — Sclérose tubereuse de BOURNEVILLE sans troubles mentau avec hérédité similaire dans la descendance. J. belge Neur. **33**, 684 (1933). — LHERMITTE, HEUYER et CLAIRE VOGT: Un cas de sclérose tubereuse avec spongioblastome paraventriculaire. Revue neur. **64**, 109 (1935). — LICEN: Sclerosi tuberosa e tumore cerebrale. Zbl. Neur. **49**, 706 (1928). — LINDAU: Studien über Kleinhirncysten. Acta path. scand. (Københ.) Suppl. **1** (1926). — LÖWENSTEIN and STEEL: Retinal tuberous sclerosis. Amer. J. Ophthalm., III. s. **24**, 731 (1941). — LOPEZ, IBOR: Adenoma sebaceum Pringle bei tuberöser Sklerose. Actas dermo-sifiliogr. **28**, 24 (1935). — LUO, T. H.: Conjunctival lesions in tuberous sclerosis. Amer. J. Ophthalm., III. s. **23**, 1029 (1940). — LIBER: Tuberous sclerosis with cerebellar involvement. Amer. J. Clin. Path. **10**, 483 (1940).

MAAS: Beiträge zur Kenntnis der RECKLINGHAUSENschen Krankheit. Mschr. Psychiatr. **28** (1910). — MACDONALD, COLIN: A rare cause of intracranial calcification: tuberous sclerosis. Brit. J. Radiol. **8**, 697 (1935). — MAGNUSSEN: Über Herzgeschwülste bei den Haustieren. Z. Krebsforsch. **15**, 212 (1915). — MARCHAND, BRISSOT et MAILLEFER: Sclérose tubéreuse a forme maligne. Encéphale **34**, 57 (1939). — MARCHIONINI: Hautveränderungen bei nicht syphilitischen organischen Erkrankungen des Zentralnervensystems. Fortschr. Neur. **6**, 300 (1934). — MEDUNA: Tuberöse Sklerose und Gliom. Z. Neur. **129**, 679 (1930). — MERKEL: Tuberöse Hirnsklerose. Verslg westdtsch. Path., Münster 1929. — MESSINGER and CLARKE: Retinal tumors in tuberous sclerosis etc. Arch. of Ophthalm. **18**, 1 (1937). — MITTASCH: Demonstration makroskopischer und mikroskopischer Präparate von Organveränderungen bei tuberöser Hirnsklerose. Münch. med. Wschr. **1922**, Nr 15, 571. — MÖLLER, A.: Über den Gesichtsschädel bei der tuberösen Sklerose. Diss. Hamburg 1935. — MÖNCKEBERG: Multiple Rhabdomyome des Herzens. Münch. med. Wschr. **1914**, Nr 42, 2108. — Die Erkrankungen des Myocards und des spezifischen Muskelsystems. In Handbuch HENKE-LUBARSCH, Bd. II, S. 482. Berlin: Springer 1924. — MOLTEN: Hamartial nature of tuberous sclerosis complex and its bearing on the tumor problem etc. Arch. Int. Med. **69**, 589 (1942). — MONTET, DE: Récherches sur la sclérose tubéreuse. L'éncephale **1908**.

NAGAE: Über einen Fall von tuberöser Hirnsklerose. Acta Soc. ophthalm. jap. **40**, 1301 (1936). — NAITO: Ein Beitrag zur pathologischen Anatomie der tuberösen Sklerose. Arch. f. Psychiatr. **70**, 545 (1924). — NEURATH: Die tuberöse (hypertrophische) Hirnsklerose. Erg. Path. **12**, 732 (1908). — NIEUWENHUISE: Zur Kenntnis der tuberösen Sklerose. Z. Neur. **24**, 53 (1914). — NIMPFER: Naevus multiplex Pringle und Morbus Recklinghausen. Dermat. Z. **68**, 112 (1933). — NITSCH: Augenhintergrundsbefund bei tuberöser Sklerose. Z. Augenheilk. **62**, 73 (1927). — NOETZEL: Angiom im Gehirn bei einem Fall von tuberöser Sklerose. Dtsch. Z. Nervenheilk. **168**, 401 (1952). — NOLL u. BECKER: Der Glykogengehalt der Muskulatur und das Erregungsleitungssystem des Herzens nach chemischen und mikroskopischen Untersuchungen. Virchows Arch. **296**, 443 (1935). — NORMAN, N. M.: Nerve cell swelling of the juvenile amaurotic family idiocy type asscoiated with tuberous sclerosis in an infant aged twelve months. Arch. of Dis. Childh. **15**, 244 (1940).

O'FLYNN and MACKAY: Tuberous sclerosis with rhabdomyomata in the heart: pathological specimens. Proc. Roy. Soc. Med. **30**, 1063 (1937). — ORZECHOWSKY u. NOWICKI: Zur Pathogenese und pathologischen Anatomie der multiplen Neurofibromatose und Sclerosis tuberosa. Z. Neur. **11**, 237 (1912). — OTONELLO: Hemisphärische, durch vorangegangene

Meningoencephalitis hervorgerufene Hirnsklerose mit multiplen Eingeweidetumoren. Rass. Studi psichiatr. **21**, 637 (1932).
Pachale: Über tuberöse Hirnsklerose mit einem eigenen Fall. Inaug.-Diss. Heidelberg 1935 (1937). — Pacheco e Silva: Ein Fall von tuberöser Sklerose. Mem. Hosp. Juquery (port.) **1929**, Nr 5/6, 109. — Pasqualini: Contributo alla istopatologia cerebrale della sclerosi tuberosa. Giorn. Psichiatr. **61**, 33 (1933). — Pellizzi: Studi clinici ed anatomopatologici sull'idiozia. I. Della idiozia da sclerosi tuberosa. Ann. di Fren. **1901**. Zit. nach H. Vogt 1908. — Pennachietti: Sclerosi tuberosa e glioma. Studio anatomo-pathologica. Cervello **15**, 121 (1936). — Perusini: Über einen Fall von Sclerosis tuberosa hypertrophica. Mschr. Psychiatr. **17** (1905). — Petersen: Ein Fall von tuberöser Sklerose in Verbindung mit Pringlescher Krankheit, Recklinghausenscher Krankheit und psychischen Symptomen. Hosp.tid. (dän.) **1935**, 883. — Pick u. Bielschowsky: Über das System der Neurome und Beobachtungen an einem Ganglioneurom des Gehirns. Z. Neur. **6**, 391 (1911). — Pollack: Kongenitale multiple Sklerose des Zentralnervensystems. Arch. f. Psychiatr. **12**, 157 (1882). — Über tuberöse Hirnsklerose. Arb. neur. Inst. Wien **24**, 93 (1922). — Ponfick: Über kongenitale Myome des Herzens und deren Kombination mit der disseminierten Form echter Hirnsklerosen. Verh. path. Ges. **4**, 226 (1902). — Pozzi: Sur un cas de cirrhose atrophique granuleuse divéminée de circonvolutions cérébra. les Encéphale **1883**. Zit. nach H. Vogt. — Pratt-Thomas: Tuberous sclerosis with congenital tumors of heart and kidney. Report of a case in a premature infant. Amer. J. Path. **23**, 189 (1947). — Pringle: Über einen Fall von kongenitalem Adenoma sebaceum. Mh. Dermat. **10** (1890). — Puech, Leseboullet et Bernard: Sclérose tubereuse et tumeurs cérébrales. Revue neur. **77**, 225 (1945). — Purtscher u. Wendelberger: Follikelnaevus am Oberlid bei der Bourneville-Pringleschen Krankheit. Graefes Arch. **138**, 388 (1938).
Quill, Laurence and Marting: Epiloia. Report of cases. Surgery **9**, 581 (1941).
Ranke: Beiträge zur Kenntnis der normalen und pathologischen Hirnrindenbildung. Beitr. path. Anat. **47**, 51 (1910). — Raso: Rabdomioma del cuore e sclerosi tuberosa. Contributo allo studio delle neuroblastodermosi (Facomatosi). Cervello **17**, 27, 101, 157 (1938). — Recklinghausen: Ein Herz von einem Neugeborenen, welches mehrere teils nach außen, teils nach den Höhlen prominierende Tumoren (Myome) trug. Verh. Ges. Geburtsh. **15**, 75 (1863). — Rehder: Ein Beitrag zur Kenntnis der Rhabdomyome des Herzens. Virchows Arch. **217**, 174 (1914). — Reitano e Mucciotti: Sulla istogenesi del rabdomioma del cuore. Cuore **17**, 605 (1933). — Remler u. Pieck: Über ophthalmologische Veränderungen bei der tuberösen Sklerose. Klin. Mschr. Augenheilk. **116**, 522 (1950). — Reubi: Les vaisseaux et les glandes endocrines dans la neurofibromatose. Schweiz. Z. Path. u. Bakter. **7**, 168 (1944). — Reyn: Morbus Bourneville, tuberöse Hirnsklerose mit Adenoma sebaceum, subkutanen Fibromen, nebst Keloid im Nacken. Verh. dtsch. dermat. Ges. **1935**, 29. — Hosp.tid. (dän.) **1935**. — Ribbert: Die Rhabdomyome des Herzens bei tuberöser Hirnsklerose. Zbl. Path. **86**, 241 (1915). — Geschwulstlehre. Zit. Handbuch Henke-Lubarsch, Herz und Gefäße, Bd. II. Berlin: Springer 1924. — Rintelen: Fundusveränderungen bei tuberöser Sklerose. Z. Augenheilk. **88**, 15 (1935). — Roger et Alliez: Les neuroectodermoses. Neurogliomatose de Recklinghausen peripherique et centrale, sclérose de Bourneville etc. Presse méd. **1935 II**, 2113. — Ross and Dickerson: Tuberous sclerosis. Arch. of Neur. **50**, 233 (1943). — Ruggeri: Considerazioni su quattro casi di sclerosi tuberosa etc. Pediatria Riv. **47**, 1040 (1939). — Inclusioni adipose intramiokardiche. Adenoma papilli. Med. ital. **21**, 319 (1940).
Sailer: Hypertrophic nodular gliosis. J. Nerve Dis. **25**, 402 (1898). Zit. nach H. Vogt. — Salom: Contributo allo studio sulla familiarita della sclerosi tuberosa. Rass. Studi psichiatr. **21**, 945 (1932). — Samuelson: Tuberous sclerosis with changes in lung and bones. Acta radiol. (Stockh.) **23**, 373 (1942). — Scarpatetti: Zwei Fälle frühzeitiger Erkrankung des Zentralnervensystems. (Multiple tuberöse Sklerose des Gehirns.) Arch. f. Psychiatr. **30** (1898). — Schairer: Über Neurofibromatose und ihre Beziehungen zu Gliomen und Hirnhernien. Z. Krebsforsch. **40**, 30 (1933). — Schenck: Diagnosis of the congenital cystic disease of the lung. Arch. Int. Med. **60**, 1 (1937). — Scherer: Untersuchungen über den geweblichen Aufbau der Geschwülste des peripheren Nervensystems. Virchows Arch. **292**, 479 (1934). — Zur Differentialdiagnose der intracerebralen („zentralen") Neurinome. Virchows Arch. **292**, 554 (1934). — Scherer, H. J.: Zur Frage des Zusammenhanges zwischen Neurofibromatose (Recklinghausen) und umschriebenen Riesenwuchs. Virchows Arch. **289**, 127 (1933). — Schieck: Netzhaut. In Henke-Lubarsch' Handbuch, Bd. XI, Teil 1, S. 578. Berlin: Springer 1928. — Schmincke: Kongenitale Herzhypertrophie, bedingt durch diffuse Rhabdomyombildung. Beitr. path. Anat. **70** (1922). — Schob: Beitrag zur Kenntnis der Netzhauttumoren bei tuberöser Sklerose. Z. Neur. **95**, 731 (1925). — Pathologische Anatomie der Idiotie. In Bumkes Handbuch der Geisteskrankheiten, Bd. 11, S. 779. 1930. — Scholz: Die Krampfschädigungen des Gehirns. Berlin-Göttingen-Heidelberg: Springer 1951. — Schulgin: Zur Frage über die Histogenese der Rhabdomyome des Herzens. [Russisch.] Zit. Zbl. Herzkrkh. **5**, 33 (1913). — Schuster: Beitrag zur Kenntnis der tuberösen Sklerose.

Dtsch. Z. Nervenheilk. **50**, 96 (1914). — SEIFFERT: Die kongenitalen multiplen Rhabdomyome des Herzens. Beitr. path. Anat. **27**, 145 (1900). — SEIDL: Zur Erbbiologie und Klinik der tuberösen Sklerose. Erbarzt 8, 99, 129 (1940). — SHERLOCK: The feeble-minded. London: MacMillan & Co. 1911. — SHIMODA: Mitt. Inst. Univ. Sendai 1, H. 2 (1921). — SLAZKA: Über Vererbung der tuberösen Sklerose. Neur. polska **21**, 277 (1938). Zbl. Neur. **94**, 206. — SNAPPER: Tuberous sclerosis of the brain (BOURNEVILLE) and Adenoma sebaceum of the face (PRINGLE) in a Chinese. China med. J. **57**, 401 (1940). — SØRENSEN: Tuberöse Sklerose. Verh. Neur. Ges. 1934. — Hosp.tid. (dän.) **1935**. — SORGER: Fall von tuberöser Sklerose. Wien. klin. Wschr. **1935**, Nr 16, 510. — SORGER u. WENDELBERGER: Beitrag zur Klinik der tuberösen Sklerose. Z. Neur. **153**, 798 (1935). — STEINBISS: Zur Kenntnis der Rhabdomyome des Herzens und ihre Beziehungen zur tuberösen Sklerose. Virchows Arch. **243**, 22 (1923). — STENDER u. ZÜLCH: Über die Ventrikeltumoren bei der tuberösen Sklerose. Z. Neur. **176**, 656 (1943). — STERTZ: Ein Beitrag zur Kenntnis der multiplen kongenitalen Gliomatose des Gehirns. Beitr. path. Anat. **37**, 135 (1904). — STEWART: An atypical form of tuberous sclerosis. Report of a case. Brit. Med. J. **1935**, No 3888, 60. — STEWART and BAUER: Tuberous sclerosis. Arch. of Path. **14**, 799 (1932). — STIGLIANI: Limiti e interferenze formali e genetiche fra sclerose tuberosa, gliosi e gliomi. Arch. „De Vecchi" (Firenze) **2**, 317 (1940). — STOCHDORPH: Die basalen Spongioblastome als Beispiel für dysontogenetische Zusammenhänge bei der Gliomentstehung. Frankf. Z. Path. **61**, 149 (1949). — TANAKA, TADASU: Über tuberöse Sklerose. Acta med. Nagasakaensia (jap.) 1 (1939). — TARLAU and MCGRATH: Pathological changes in the fundus oculi in tuberous sclerosis. J. Nerv. Dis. **92**, 22 (1940). — TAS: Myelin sheath staining (according to SPIELMEYER) applied to skin tumours of the RECKLINGHAUSEN and PRINGLE-BOURNEVILLE diseases. Acta dermtovener. (Stockh.) **21**, 699 (1940). — TAVERNARI: Sclerosi tuberosa encefaloidollare e fibrosi viscerali multiple. Giorn. Psichiatr. **65**, 400 (1937). — TEDESCHI: La gliose cerebrale negli epilettici. Riv. sper. Freniatr. **1884**. Zit. nach H. VOGT. — Sclerosi tuberosa cerebro-spinale con cirrosi epatica. Riv. sper. Freniatr. **56**, 699 (1932). — THIÉBAUT, FÉNDOU et BERDET: Gliome cérébral au cours d'une maladie e BOURNEVILLE. Rev. d'Otol. etc. **19**, 305 (1947). — TIMOFÉEFF-RESSOVSKY, N. W., u. K. G. ZIMMER: Das Trefferprinzip in der Biologie. In Biohysik, Bd. 1. Leipzig: S. Hirzel 1947. — TOURAINE et SCÉMAMA: Adenomes sebaces symetriques et sclérose tubereuse. Bull. Soc. franç. Dermat. **43**, 1276 (1936). — UEHLINGER: Über einen Fall von diffusem Rhabdomyom des Herzens. Virchows Arch. **258**, 719 (1925). — UGOLOTTI: Sclerosi cerebrale tuberosa, associata a speciali alterazioni di altri organi. Riv. Pat. nerv. **9**, 361 (1904). — URBACH u. WIEDEMANN: Morbus Pringle und Morbus Recklinghausen. Ihre Beziehungen zueinander. Arch. f. Dermat. **158**, 334 (1929). — VAAS: Klinik und Erbgang der tuberösen Sklerose. Arch. f. Psychiatr. **111**, 547 (1940). — VELJENS: Specific pulmonary alterations in tuberous sclerosis. Acta path. scand. (København) **18**, 317 (1941). — VERHAART: Ein eigenartiger Fall von BOURNEVILLEscher Krankheit. Psychiatr. Bl. (holl.) **137**, 96 (1933). — VIRCHOW: Kongenitale kavernöse Myome des Herzens. Virchows Arch. **30**, 468 (1864). — VISINTINI: Studio istopatologico di un caso di glioma polimorfo asociato a sclerosi tuberosa. (Forma abortiva di JAKOB.) Riv. Pat. nerv. **44**, 282 (1934). — VOGT, A.: Seltener Maulbeertumor der Retina bei tuberöser Sklerose. Z. Augenheilk. **34**, 18 (1934). — VOGT, H.: Zur Diagnostik der tuberösen Sklerose. Z. jugendl. Schwachsinn 2 (1908). — Zur Pathologie und pathologischen Anatomie der verschiedenen Idiotieformen. Mschr. Psychiatr. **24**,1 06 (1908). — Beitrag zur diagnostischen Abgrenzung bestimmter Idiotieformen (weitere Fälle von tuberöser Sklerose). Münch. med. Wschr. **1908**, 2037. — Die Epilepsie im Kindesalter. Berlin: S. Karger 1910. — VOLLAND: Über tuberöse Sklerose. Arch. f. Dermat. **132** (1921).

WÄTJEN: Rhabdomyome des Herzens bei tuberöser Sklerose. Cysten und Adenome der Nieren. Münch. med. Wschr. **1935**, Nr 38, 1550. — WATRIN, MEIGNANT et WEILLE: Tubereuse sclérose de BOURNEVILLE et naevi fibromateux symetriques de la face. Ann. de Dermat. **10**, 644 (1939). — WEBER: Pathogenese und pathologische Anatomie der Geistesstörungen. Erg. allg. Path. **13**, 663 (1909). — WETWER: Zur Erbbiologie der tuberösen Sklerose. Inaug.-Diss. Rostock 1939. — WEYGANDT: Demonstration über tuberöse Sklerose. 1928. Zbl. Neur. **49**, 705. — WEYGANDT, W.: Hautveränderungen bei tuberöser Sklerose. Arch. f. Dermat. **132**, 466 (1921). — WIMMER: Hautveränderungen bei tuberöser Sklerose. Inaug.-Diss. Köln 1937. — WOLBACH: Congenital rhabdomyoma of the heart. J. Med. Res. **16**, 495 (1907).

YAKOVLEV: Congenital morphologic abnormalities of the brain in a case of abortive tuberous sclerosis etc. Arch. of Neur. **41**, 119 (1939). — YAKOVLEV and CORWIN: A roentgenographic sign in cases of tuberous sclerosis of brain (multiple „brain stones"). Arch. of Neur. **42**, 1030 (1939). — YAKOVLEV and GUTHRIE: Congenital ectodermoses in epileptic patients. Arch. of Neur. **26**, 1145 (1931). — YAMAMOTO: Ein Beitrag zur Erbforschung der tuberösen Sklerose. Fukuoka-Ikwadaigaku-Zasshi (jap.) **27**, 23 (1934).

ZBINDEN: Netzhauttumoren bei tuberöser Sklerose. Mschr. Psychiatr. **106**, 145 (1942). — ZÜLCH: Die Hirngeschwülste. Leipzig 1951.

Recklinghausensche Krankheit.

Von

Alexander Schmincke†-Heidelberg.

Mit 19 Abbildungen.

Einleitung, Histogenese und makroskopisches Bild.

Die Bezeichnung des Krankheitsbildes geht auf die 1882 erschienene Monographie von FRIEDRICH VON RECKLINGHAUSEN zurück. In ihr wurde die Meinung vertreten, daß die für die Krankheit charakteristischen vielfachen Geschwülste der Haut und der Nerven bindegewebiger Natur, Fibrome, seien, die von dem Endo- und Perineurium der Nerven ihren Ursprung nähmen. Dadurch wurde eine lange Jahre hindurch immer wieder neu aufgeworfene, von den einzelnen Untersuchern unterschiedlich beantwortete Frage, ob die Knotenbildungen echte Nervengeschwülste oder Wucherungen des Neurilemm oder der bindegewebigen Nervenscheiden seien, von einem der anerkanntesten Pathologen seiner Zeit autoritativ entschieden. v. RECKLINGHAUSEN bezeichnet die Knoten als Neurofibrome.

Gegen die von v. RECKLINGHAUSEN angenommene bindegewebige Natur der Geschwülste wurden aber bei der Untersuchung weiterer Fälle bald Bedenken laut. Sie nahmen ihren Ausgang von Erwägungen über die Histogenese der Nervenscheidenzellen — SCHWANNschen Zellen. Schon die französischen Forscher TRIPIER und GAUTIER waren für deren ektodermale Natur eingetreten. Ihre Ansicht wurde dann durch den Nachweis der zugleich nervösen Natur der SCHWANNschen Zellen durch HELD u. a. bestätigt. Durch die Untersuchung VEROCAYs wurde die Ableitung der Geschwülste von den SCHWANNschen Scheidenzellen einwandfrei klargestellt. Er lehrte zuerst, daß das Krankheitsbild auf einer frühzeitigen embryonalen Entwicklungsstörung beruhe, die diese Zellen betroffen habe. Es handelt sich dabei um eine fehlerhafte, sozusagen steckengebliebene und nicht bis zum normalen Ende fortgeschrittene Aufteilung der Zellen auf die einzelnen Nervenfasern. Sie seien durch ihre neuroektodermale Herkunft mit den Gliocyten des zentralen Nervensystems zu vergleichen, gewissermaßen ihren Schwesterzellen, und so befähigt, ein nervös faseriges Gewebe zu bilden. Dementsprechend nannte VEROCAY sie „Nervenfasergeschwülste-Neurinome"[1]. Die in den einzelnen Fällen verschiedene Zahl der Geschwülste erkläre sich aus der jeweiligen Verbreitung der frühembryonalen Entwicklungsstörung, je nachdem. ob nur Teile oder größere Strecken des Nervensystems von der Hemmung der Zellaufteilung betroffen seien. So seien die Fälle von nur vereinzelten Geschwülsten bis zu solchen, in denen sie in dem ganzen Nervensystem verstreut sich fanden, genetisch aufzufassen. Der Unterschied in der Menge des Bindegewebes in den einzelnen

---

[1] Diese Bezeichnung ist die bei uns übliche geworden (Zusammenstellung sonstiger Benennungen s. HACKEL). Im außerdeutschen Schrifttum wird Neurinolemmoma, perineural Fibroblastoma (STOUT), Palisated Neurinoma (GESCHICKTER), Schwannom (MASSON) gebraucht (s. auch SAXÉN).

Geschwülsten komme daher, daß jeweils in unterschiedlichem Grad die Entwicklungsstörung auch noch die bindegewebige Komponente der Fasern mitbetroffen habe. Es handle sich also um wirkliche Mischgeschwülste-Fibroneurinome oder Neurinofibrome.

Einen weiteren wesentlichen Ausbau erfuhr die Lehre der Neurinofibrome durch ANTONI. Die formale Grundlage der Geschwulstbildung als Hemmung in der Aufteilung der SCHWANNschen Zellen wurde damit weiter befestigt. Anstatt daß sie entlang der einzelnen Nervenfaserbündel in die Peripherie abwandern, in sie eindringen und die Einzelfasern als Scheidenzellen — Lemmoblasten — umkleiden, bleiben sie auf ihrem Wege liegen und werden so zur Geschwulstmatrix. Bildungsort der SCHWANNschen Zellen ist die Ganglienleiste, die in apikocaudaler Richtung aus den hinteren oberen Teilen des embryonalen Medullarrohrs sich abschnürt und durch Segmentierung die Spinalganglien bildet. Aus der Herkunft der Zellen aus der Ganglienleiste erklärt sich die vorwiegend dorsolaterale Lage der neben dem Rückenmark zur Entwicklung gekommenen Geschwülste; weiter ihre Lokalisation vorwiegend an den hinteren, sensiblen Wurzeln — posteropetale Prädilektion. Bleiben Bildungszellen der Ganglienleiste im Medullarrohr liegen, können sie zur Entwicklung von intramedullären, auch intracerebralen Neurinomen Veranlassung geben. Der häufige, besondere und typische Sitz am Acusticus erklärt sich ebenfalls entwicklungsgeschichtlich. Ursprungsort ist hier der vestibulare Teil des Nerven, der in gleicher Weise von der Ganglienleiste aus entsteht.

Äußere und innere, zentrale Neurinome.

Das zunächst Auffällige im Erscheinungsbild der Krankheit sind die Knoten in der Haut. Größe und Zahl derselben wechseln im Einzelfalle weitgehend, auch ihre Form. Oft ist es so, daß neben einem größeren Knoten sich eine Anzahl kleinerer findet. Ihre Lage entspricht vorwiegend dem Verlaufe der sensiblen Hautnerven, gegen deren Unterlage sie leichter in der Quer- als in der Längsrichtung sich verschieben lassen; sie sind weich, teils bei der Betastung empfindungslos, teils auf Druck, mitunter auch spontan, schmerzhaft. Nicht selten finden sie sich auch wie die Perlen eines Rosenkranzes, wie an einem Strick hintereinander aufgereihte Kartoffeln — E. RINDFLEISCH — dem Verlauf eines Nerven entsprechend angeordnet.

Auch größere, breitbasig aufsitzende oder gestielte polypöse, zum Teil lappenförmig gestaltete Hautwucherungen kommen vor. Größere Bezirke, vor allem der Extremitäten, können so elephantiastisch verdickt erscheinen — Lappenelephantiasis, Elephantiasis neuromatosa.

Auch eine Vergesellschaftung der kleineren und größeren Knoten der Haut mit einem typischen Rankenneurom kommt zur Beobachtung. Es sind dann die sensiblen Hautnerven im Gebiete des Kopfes, vor allem der Haut, Schläfen, Ohr- und Wangengegend, auch des Halses und Nackens, der Brust und des Rückens stark geschlängelt, stellenweise verdickt[1]. Auch geht der Befund der Knoten häufig mit der Anwesenheit von Naevi pigmentosi einher. Diese sind gelblichbräunlich, „milchkaffeefarben", in der Form unregelmäßig, vielfach

---

[1] Hier handelt es sich bereits um Kombination mit anderen nervalen geschwulstigen Wucherungen, die mit der RECKLINGHAUSENschen Krankheit als auf dem Boden dysontogenetischer Störungen entstanden, verwandt, aber doch von ihr zu trennen sind (s. W. GERSTENBERGER, KOLB). Die Einteilung der Geschwülste des peripheren Nervensystems ist auch heute noch durchaus keine einheitliche und wird in der ausgedehnten Literatur verschieden verwendet (s. z. B. FEYRTER: Über Neurome und Neurofibrome etc. Wien 1948, S. 4; SAXÉN, S. 53; DIENER). Die wesenhafte Geschwulst der RECKLINGHAUSENschen Krankheit ist das Neurinom.

landkartenartig; nicht selten sind sie metamer und bilateral symmetrisch angeordnet. Die geschilderten Veränderungen sind die Hauptkennzeichen der Krankheit.

Hinzu kommen solche zweiter Ordnung. Es sind dies abnorme Behaarung, auch auf den Pigmentnaevi — Tierfellnaevi —, Hämo- und Lymphangiome, kleine Lipome, Vergrößerung von Talgdrüsen mit der Ausbildung von großen Comedonen in der die Neurofibrome deckenden Haut, weiter cyanotische blaue Flecken. Es handelt sich hierbei um erweiterte kleine Hautgefäße oberhalb noch in Entwicklung begriffener kleiner Neurofibromknoten. Weiter finden sich gelegentlich Asymmetrie des Schädelskelets, Wirbelsäulenverkrümmung, Mißbildungen an Fingern und Zehen, partieller Riesenwuchs, Kryptorchismus, auch Erscheinungen endokriner pluriglandulärer Störungen[1] und psychischer Abnormitäten bis zur Geistesschwäche, Knochenkrankheiten der verschiedensten Art (ADRIAN, SAALFELD)[2]. Die letztgenannten Veränderungen sind als dem eigentlichen Morbus Recklinghausen koordinierte Erscheinungen zu werten, die mit ihr auf dem gleichen Boden einer somatischen Minderwertigkeit erwachsen sind, Ausdruck einer allgemeinen körperlichen und geistigen Abwegigkeit. Sie weisen in ihrer Gesamtheit eindrucksvoll auf die allgemeine heredo-degenerative Grundlage der RECKLINGHAUSEN-

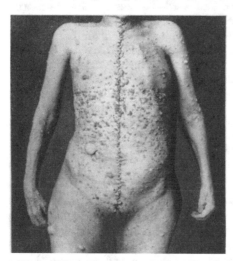

Abb. 1. Multiple Hauttumoren. 55jährige Frau.

schen Krankheit hin. Im Einzelfall können sie verschieden entwickelt sein. Es gibt auch immer wieder Fälle, bei denen sie vollkommen fehlen und die Nervengeschwülste in der Ein- und Vielzahl als einzigste Krankheitserscheinung vorhanden sind. Neben die voll entwickelten Krankheitsbilder treten so die abortiven.

Bei den ersteren Formen ergibt die Sektion stets den Befund von Neurinomknoten auch im Körperinnern. Ihr Sitz sind die cerebrospinalen und sympathischen Nerven, auch die sympathischen Ganglien. Jeder Nervenast bis in die feinen Verzweigungen kann befallen sein und somit auch jedes Organ infolge der geschwulstigen Veränderungen seiner Nerven Knoten aufweisen. Unter den Organen der Bauchhöhle ist der Magen besonders häufig Sitz einer oder mehrerer Geschwülste, oder sie sind im Bereich des Darmtraktes, im Duodenum, Coecum, Appendix, Rectum, auch im Mesenterium entwickelt (Lit. s. STOUT, FEYRTER). Aber auch bei diesen inneren Formen finden sich je nach der provinziellen Betei-

---

[1] Bei Kindern Pubertas praecox bei zentralnervöser Lokalisation (BARTA).

[2] Solche sind: Defektbildungen und Spaltungen an Röhrenknochen, Rippen und Wirbeln, partielle Hypo- und Atrophien, Usuren vor allem an den Schädelknochen, Exostosen, Cysten, teilweise Wachstumshemmungen und Wachstumssteigerungen einzelner Knochen, Verkrümmungen der langen Röhrenknochen und der Wirbelsäule, Spina bifida, auch occulta, kleine Unebenheiten mit Porose und Verdichtung, fleckige Rarefikationen der Calvaria und Hyperostose, fibröse cystische Polyostosen (JAFFÉ-LICHTENSTEIN), Ostitis fibrosa (CLARK und MATHEWS), abnorme langsame Frakturheilung (KIENBÖCK und RÖSLER); sie sind aber nicht häufig (etwa 7% der Fälle) (s. ALBRIGHT, BOENHEIM, s. auch H. KREUZIGER und H. ASFEROTH, INGLIS).

ligung des Nervensystems durchaus wechselnde, mitunter nur abortiv entwickelte und so zunächst schwer erkennbare Fälle. Die beschriebenen Veränderungen lassen sich als die *peripheren Formen* der RECKLINGHAUSENschen Krankheit zusammenfassen. An ihre Seite treten die *zentralen*. Hier finden sich Neurinomknoten an den Hirnnerven sowie am Rückenmark. Von den Hirnnerven ist besonders der N. acusticus Sitz der Knotenbildung. Sie nehmen von dem peripheren nichtgliösen Teil des Nerven, und zwar dem vestibularen, den Ursprung. Sie entwickeln sich bei weiterem Wachstum nach dem Kleinhirnbrücken-winkel zu — Kleinhirnbrücken-winkeltumor — und verur-sachen so eine Verdrängung der lateralen unteren Klein-hirnteile, der Brücke und des verlängerten Marks (BRUNNER, CUSHING, HACKEL). Sie sind häufiger ein- als doppelseitig (letztere in etwa 10% ; GAGEL, GREKOW). Als raumbeschrän-kender Prozeß der hinteren Schädelgrube können sie bald zu gesteigertem Hirndruck führen. Dementsprechend ist auch ihre klinische Sympto-matologie (s. HACKEL). Auch ohne die sonstigen Erschei-nungen der RECKLINGHAUSEN-schen Krankheit kommen die Acusticusgeschwülste gelegent-lich als Einzelgewächs vor.

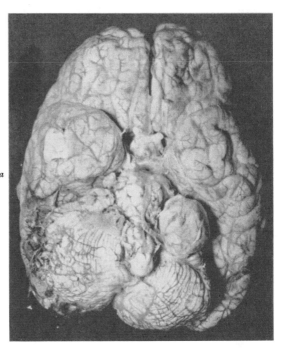

Abb. 2. Doppelseitige Kleinhirnbrückenwinkeltumoren; der rechte klein (bei *a*).

Mikroskopische Verhältnisse.

Das Sektionsbild der Acusticusgeschwülste ist charakteristisch. Je nach der ein- und doppelseitigen Entwicklung und nach der Größe der Knoten ist die Verdrängung des benach-barten Hirngewebes verschieden. Die Zeichen des Hirndrucks sind an der Abplattung der Kleinhirnhemisphären deutlich. Die inneren Teile der Kleinhirnunterfläche sind in der Regel zapfenförmig gegen das Foramen magnum vorgebuchtet. Häufig sind Hirnrinden-hernien infolge des ebenfalls im Großhirn gesteigerten Druckes in der mittleren Schädel-grube. Die Geschwülste selbst sind eiförmig bis fast kugelig, haben eine von dem Binde-gewebe der weichen Hirnhäute gebildete dünne Kapsel und zeigen auf Durchschnitten ein weißliches, streifiges Gewebe bei mäßig derber Beschaffenheit.

Außer an dem Acusticus können auch an anderen Hirnnerven Neurinom-knoten sich entwickeln. Die Nerven sind dann in der Regel in der Nähe ihrer Austrittsstelle aus dem Hirn spindelig verdickt. Besonders häufiger Sitz der Geschwülste ist der N. oculomotorius, abducens. *Neurinome des Trige-minus* sind selten (Lit. s. ALTMANN, NOWOTNY und UIBERATH). Sie ent-stehen meist aus dem distalen, bereits extradural im Cavum Meckelii gelegenen Stück des Nerven, aus seinem hinteren sensiblen Abschnitt und zeigen so im Anfang extradurales Wachstum. Erst bei ihrer weiteren Entwicklung kommt es zum intraduralen Einbruch. Die Geschwülste wachsen dann auch nach hinten in die hintere Schädelgrube ein. Das ist der Grund, warum sich bei ihnen neben

Erscheinungen von seiten des Ganglion Gasseri auch die von Kleinhirnbrücken-winkeltumoren vereinigen.

Männer sind häufiger befallen als Frauen im Gegensatz zum Acusticustumor, bei dem nach MARBURG das Umgekehrte der Fall sein soll.

Die Geschwülste sitzen überwiegend links; sie sind bis zu Nußgröße beschrieben. Sie neigen zu cystischer Entartung, auch sonstigen regressiven Veränderungen wie Auflockerung, Erweichung, Blutung, Verfettung.

Olfactorius und *Opticus* nehmen eine besondere Stellung ein. Im vorderen Teil der Kranialregion fehlt die

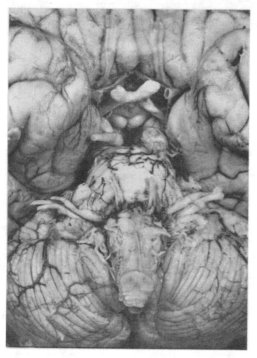

Abb. 3. Neurinome des rechten und linken Oculomotorius, Trigeminus, Abducens, Facialis, Acusticus.

Abb. 4. Neurinom, unteres Brustmark, Kompression.

Ganglienleiste. VEROCAY gibt die Existenz von Neurinomen des N. olfactorius zu, wenn er auch sein Freibleiben für die Regel ansieht. Bei dem Ursprungsmaterial kann man hier auf die Scheidenzellen der Fila olfactoria zurückgreifen, die von dem Riechepithel abstammen und den SCHWANNschen Zellen gleichzustellen sind. Auch könnte man an aus dem Vorderhirn ausgewanderte Neurocyten mit Umbildung in den Scheidenzellen äquivalente Elemente denken. Daß derartige Dinge vorkommen, dafür spricht ein Fall von PATRASSI — Neurinom der Pia mater —, den auch der Autor in der Weise erklärt. Auch kommen im Olfactorius „Übergangszellen" zwischen SCHWANNschen und Oligodendrogliazellen (TARLOW) vor. Weiter können SCHWANNsche Zellen aus den dorsalen Hirnnerven-anlagen in den Olfactorius hineingelangen.

Im *Opticus* haben REVERDIN-GRUMBACH, RÖSSLE, VOGT und LAMBERS und ORTIZ DE ZARATE Neurinome beschrieben. Hinsichtlich der Herkunft des Ur-sprungsmaterials gelten dieselben Überlegungen wie für den Olfactorius. Sie sind von den bei RECKLINGHAUSENscher Krankheit häufiger im Opticus beobachteten Gliomen zu trennen (Lit. s. ANTONI, SCHERER, BECK, ROSENDAL).

Die Geschwülste am Rückenmark liegen subdural, intermeningeal, häufiger am Halsmark und an den Fäden der Cauda equina als an anderen Stellen, in der

Regel dorsolateral in Verbindung mit den hinteren Wurzeln (ANTONI)[1], selten ventrolateral, indem sie von den vorderen Wurzeln ihren Ursprung nehmen (z. B. HARA und TODOROKY). Sie verursachen je nach Größe Druckerscheinungen in wechselndem Grad in den durch sie beeinträchtigten Rückenmarksteilen (Reizungen und Lähmungen; s. Abb. 4). Die Zahl der Geschwülste kann weitgehend wechseln. Fälle mit nur *einer* Geschwulstbildung sind nicht selten. Eine Besonderheit kommt zustande, daß die Knoten in die Intervertebrallöcher hineinwachsen und unter Vorstülpung der harten Rückenmarkshaut nach der Außenfläche der Wirbelsäule hin sich weiter entwickeln. In ihrem entsprechend dem Zwischenwirbelloch gelegenen Teil sind sie dann eingeschnürt — Sanduhrgeschwülste.

Die zentralen Neurinome können im Großhirn (JOSEPHY, BIELSCHOWSKY, ROSE, SCHEINKER, hier Literatur), in der Medulla oblongata und im Rückenmark, besonders in seinen oberen Teilen lokalisiert sein. Hier liegen sie in den mittleren und hinteren Halsmarkpartien. Größe und Form können wechseln und die Geschwülste über größere Teile der Markmasse ausgedehnt sein.

Auch bei den zentralen Krankheitsformen lassen sich Zeichen zweiter Ordnung feststellen. Da ist zunächst die immer wieder zu beobachtende Verbindung der zentralen Form der RECKLINGHAUSENschen Krankheit insbesondere der Kleinhirnbrückenwinkeltumoren mit Gewächsen der Dura mater des Hirns und Rückenmarks — Meningomen — zu nennen. Die der harten Hirnhaut treten als knotig-knollige, auch papillär gestaltete Gebilde, die in der Regel breitbasig der Dura mater-Innenfläche aufsitzen, in die Erscheinung. Bei ihrer Entwicklung verdrängen sie die Hirnrinde und graben sich in dieselbe ein. Sie bestehen aus einem harten, auf dem Schnitt streifig erscheinenden Gewebe, zeigen mitunter stärkeren Gefäßreichtum, kleine Blutungen und aus solchen entstandene braune Flecken. Die Meningome der harten Rückenmarkshaut kommen in der Ein- und Vielzahl vor. Sie sitzen in der Laterallinie in der Regel an den Stellen, an denen die Zacken des Ligamentum denticulatum befestigt sind.

Der *histologische Bau der Meningome* ist verschieden. Man hat einen Inseltyp, fibroplastischen Typ und Mischtyp unterschieden (WEBER, s. auch ESSBACH). Bei dem ersteren sieht man Zellinseln, die scharf abgegrenzt von einem meist nur wenig Gefäße führenden Stroma umgeben sind. Die Zellen sind hier groß, plattenartig, mit unscharfen Rändern und rundlichen, bis ovalen Kernen. Die Kerngröße wechselt. Man sieht mitunter Riesenkerne. Nach der Oberfläche der Geschwulst zu werden die Zellinseln kleiner und zellreicher und zeigen eine feinere Unterteilung durch Stroma. Am Rande der Zellgruppen treten hier Zellschichtungen und Wirbelstellung der Zellen auf. Sie neigen zu Hyalinisierung und Verkalkung. So entstehen die für diese Gewebsform charakteristischen Psammomkörner. Beim fibroplastischen Typ findet sich ein mehr gleichmäßig gebautes Tumorgewebe. Die Zellen sind zu Bündeln zusammengelagert, die einander durchflechten. Es entsteht so ein fibrom- oder fibrosarkomähnliches und neurinomähnliches Bild. Das Stroma tritt zurück gegen das eigentliche Geschwulstparenchym. Schichtungskugelbildung fehlt, ebenso sind Psammomkörner selten. Bei dem Mischtyp wechselt der in den beiden ersten Typen vorkommende Gewebsbau. Man sieht Schichtungskugeln, sie sind häufig verkalkt. Auch kommen Verkalkungen in Form von Balken und Spießen vor. Alle 3 Formen besitzen Kapseln, die Inselform eine zarte, der fibroplastische Typ eine derbe; beim Mischtyp ist die Kapsel geringer entwickelt.

Die Vielheit der Beobachtungen hat gewisse Lieblingsstellen der Geschwülste kennen gelehrt (CUSHING, OLIVECRONA). Oberhalb des Türkensattels, suprasellar, in der Olfactoriusrinne, im Bereich der Fronto-Temporalhirngrenze, parasagittal, in der Falx, in der Gegend des Sinus transversus und Sinus sigmoideus. Viele verlaufen klinisch vollkommen erscheinungslos, dann, wenn bei langsamem Wachstum und einer nur langsam fortschreitenden Hirnrinden-

---

[1] Als Grund hierfür kann der ungefähr 6mal größere Gehalt der hinteren Wurzeln an Zellen der Ganglienleiste als der vorderen angesehen werden (s. auch RATZENHOFER). WRIGHT hat neurinomatöse Knötchen im Bindegewebe der dorsalen Raphe beschrieben, die wahrscheinlich von den Gefäßnervenscheiden aus entstehen.

schädigung die Funktionen zum Ausfall kommender Rindenbezirke von anderen funktionell übernommen werden, oder wenn die Geschwülste gegenüber „stummen" Hirnrindenteilen entwickelt sind. Die frühere Ansicht ihrer Entstehung von den endothelialen Belegzellen der Dura mater ist zugunsten der von M. B. SCHMIDT kennengelehrten Entwicklung aus den

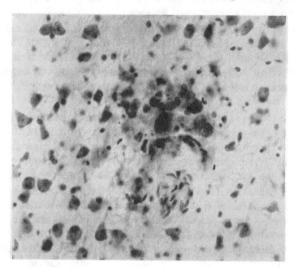

Abb. 5. Knötchen atypisch großer Gliazellen. Erklärung s. Text. (Fall SCHÖPE. Präparat von Prof. SCHOLZ.)

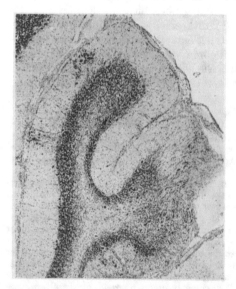

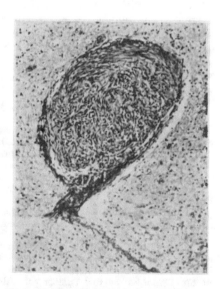

Abb. 6. Häufchen großer Gliazellen in der Kleinhirn-rinde. (Fall SCHÖPE. Präparat von Prof. SCHOLZ.)

Abb. 7. Neurinomknoten in der Adventitia einer Hirnrindenarterie. (Fall SCHÖPE. Präparat von Prof. SCHOLZ.)

arachnoidalen Zellknospen geändert. Die Frage einer Ableitung der Geschwulstelemente von embryonalen neuroblastischen, also ektodermalen Elementen wird noch besprochen. Hier gehen die Ansichten noch auseinander.[1]

---

[1] Hinsichtlich weiterer Einzelheiten sei auf die zusammenfassende Abhandlung von FOLKE HENSCHEN, dieses Handbuch Band XIII, Teil 3, S. 441, der für die Histogenese wesentlichen zelligen Knötchen auf die Diskussion auf der 37. Tagung der Deutschen Gesellschaft für Pathologie, Marburg 1953, S. 351ff. (Vortrag CAIN) hingewiesen.

Von den Anhängern der epithelialen nervösen Genese wird angenommen, daß sich die Geschwulstmatrix von aus der Ganglienleiste in die Meninx primitiva eingewanderten Elementen herleite (HARVEY und BURR). Diese Anschauung hat den Vorzug, die häufige Vereinigung der Durageschwülste mit RECKLINGHAUSENscher Krankheit einer gemeinsamen Erklärung entgegenzuführen, daß es sich nämlich um eine im Gesamtnervensystem vorhandene und über dasselbe ausgebreitete Entwicklungsstörung handele, auf deren Grundlage die vielfache Geschwulstbildung entstehe. Für die epitheliale Auffassung kann auch angeführt werden, daß man in den Meningomen nicht allzuselten große, ganglienzellenähnliche Zellen findet (SCHMINCKE).

Weitere Kennzeichen zweiter Ordnung der zentralen Form sind Entwicklungsstörungen und Geschwülste in im Einzelfall wechselnder Form und Ausdehnung, Syringomyelie, Knötchen liegengebliebener, auch zum Teil gewucherter und atypisch großer Gliazellen (Abb. 5—7) in der Rinde und im subcorticalen Markweiß, in den Stammganglien, vereinzelt auch im Rückenmark (HENNEBERG und KOCH, BIELSCHOWSKY, BECK), bindegewebige Herde mit dickwandigen Blutgefäßen in der Rinde als Fehler der Mesenchymation, kleinste Gewebsverbildungen im Groß- und Kleinhirn, wie Markflecken in der Großhirnrinde, Zell- und Schichtungsanomalien und Verwerfungen in der Kleinhirnrinde, schließlich Gliome, Epen-

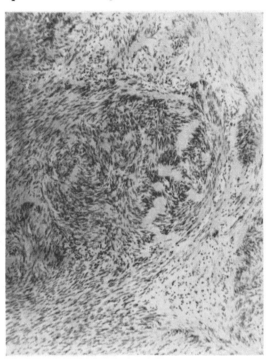

Abb. 8. Neurinom mit faserigem und (rechts oben) reticulärem Gewebstyp, ferner auch rhythmische Strukturen.

dymome, Ganglioneurome, Angiome; auch Psammome des Plexus chorioideus, für sich allein oder in Verbindung mit intramedullärer Neurinombildung (Lit. s. ADRIAN, ANTONI, SCHERER, GAMPER, AMMERSBACHER, BECK, FÄHR).

In den Fällen, in denen die zentrale Krankheitsform mit der peripheren vereinigt ist, sind die zentral gelegenen Knoten neurinomatös. Die peripheren zeigen mit wenigen Ausnahmen rein neurinomatöser Bauart (KIRCH, EICHHOFF) einen fibroneurinomatösen gemischten oder reinen Fibromcharakter. Die Wucherung der SCHWANNschen Zellen soll hier durch die des Bindegewebes verdrängt und bis zum Schwund erdrückt sein (s. auch COENEN).

Histologisch zeigen die reinen Neurinome Aufbau aus zwei Gewebsformen. Die eine, Typ A nach ANTONI, ist polar faserig (Abb. 8). Die Fasern sind fein, langwellig. In ihnen liegen stab- und eiförmige Kerne mit feiner punktförmiger Chromatinanordnung. Sie sind entweder unregelmäßig über ein Faserbündel verstreut oder zeigen Parallelstellung. Kern liegt dann neben Kern. So entstehen Kernbänder und Palisaden. Sie finden sich jeweils in einem Faserbündel in den mittleren Partien. Die einzelnen Bündel durchflechten einander. Kernreihen benachbarter Bündel stoßen vielfach zusammen. Hierdurch sowie durch den Wechsel kernhaltiger und kernfreier Bündelteile entsteht eine zickzackähnliche Zeichnung über größere Strecken. Man sieht „rhythmische" Strukturen.

Über diese ist viel geschrieben. Sie wurden teils als die Folgen einer in Schüben verlaufenden, in der Regel amitotisch vor sich gehenden Kernteilung mit polarer Lagerung der Fibrillen angesehen, teils durch mechanische Einflüsse — Wechsel von Stellen stärkerer und geringerer Gewebsdichte —, Druckunterschiede innerhalb des Geschwulstgewebes, zurückgeführt (KRUMBEIN, NESTMANN) und so den Bildern gleichgesetzt, wie man sie in der Muskulatur chronisch entzündlich veränderter Wurmfortsätze und in Leiomyomen gelegentlich beobachtet.

MASSON hat das Irrige dieser Auffassung gezeigt. Den Palisaden liegen keine rhythmisch ablaufenden Wachstumsvorgänge zugrunde, vielmehr handelt es sich um den morphologischen Ausdruck geschwulsttypischer organoider Bildungen, die den Versuch der Neurinomzellen erweisen, Tastkörperchen zu bilden, so wie das embryonal durch die SCHWANNschen Zellen geschieht.

Es gibt Neurinome, die sich durch reichlichen Gehalt an solchen Bildungen auszeichnen (Abb. 9) — Tastkörperchentumoren (BRÖGLI, SCHERER, MARTIN, BALL, DECHAUME und COLLET,

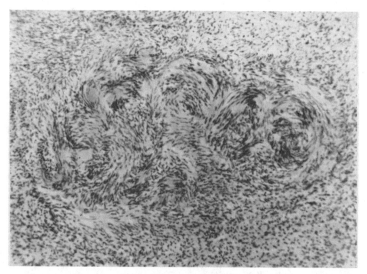

Abb. 9. „Tastkörperchen"-Bildung.

s. auch HELANEN), während sie in anderen vollkommen fehlen. Da nur die sensiblen Nerven die Fähigkeit haben, Tastkörperchen zu bilden, diese also nur in Neurinomen vorkommen können, die von sensiblen Nerven ihren Ausgang nehmen, hat MASSON zwischen sensiblen und motorischen Neurinomen unterschieden. Unterlage für die letztere Auffassung war dabei eine Beobachtung eines typischen Neurinoms mit Einlagerung quergestreifter Muskelfasern (MASSON und SIMON), die durch weitere Fälle auch in Form metastasierender Geschwülste in der Lunge erweitert wurde (MASSON und MARTIN). Die Autoren leiten dabei die Muskelfasern teils aus den Endoneuriumzellen, die ihrerseits als Abkömmlinge der SCHWANNschen Zellen betrachtet werden, teils von den SCHWANNschen Zellen unmittelbar ab.

Wirbel und Einrollungen der Fasern, ihre Aufknäuelungen und konzentrischen Schichtungen geben neben den Palisaden den histologischen Bildern die charakteristische Signatur. Sie finden sich überwiegend in den „sensiblen" Neurinomen. Sie entsprechen der Neigung des Neurinomgewebes, sich in gekrümmten Bahnen, auch um irgendwelche im Gewebe vorhandene Mittelpunkte — es können das Gefäße sein — anzuordnen (RATZENHOFER).

Die genannten Strukturen lassen sich aus der primitiven peritubulären Lage des Geschwulstgewebes erklären. Während die allererste Anlage eines Neurinoms als eine longitudinal gerichtete Anhäufung eines syncytial faserigen Gewebes, in dem die Kerne ohne besondere Anordnung, nur in den zentralen Partien in dichterer Stellung, sich befinden, darstellt, das Geschwulstherdchen — etwa 30—40 μ — langspindelige Form hat, eine konzentrische Schichtung um die Nervenfaser noch nicht hervortritt, ordnet sich danach das syncytiale Gewebe um die Nervenfaser in konzentrischen Touren. Das Geschwülstchen zeigt dann also eine peritubuläre konzentrische Anordnung. Um beim weiteren Wachstum einbezogene neue Nervenfasern spielen sich dann wieder neue sekundäre peritubuläre Wachstumsvorgänge ab. So kommt es bei Wiederholung der Vorgänge zur Entstehung von Schichtungssystemen, welche von denen der älteren Schichtungsgebilde umgeben sind (s. hierzu ORZECHOWSKI und NOWICKI, PICK und BIELSCHOWSKY, HACKEL, RATZENHOFER). Die aus den peritubulären Wucherungen hervorgegangenen neuen Wachstumszentren innerhalb von Nerven können makroskopisch in einer feinen Höckerung ihren Ausdruck finden. So sind die Sonderknötchen SORGOS, das sind knotige Unterteilungen der Geschwülstchen, die als kleine Höcker in Erscheinung treten, aufzufassen.

Die Fasern färben sich im van Gieson-Präparat rötlichgelb, im Mallory-Schnitt blau, im gut differenzierten Heidenhain-Präparat graugelb, im Silberschnitt nach BIELSCHOWSKY dunkelbraun bis schwarz; im Holzer-Präparat sind sie mitunter blau gefärbt. Da bekanntlich den Färbemethoden eine Elektivität nicht zukommt, können aus dem Ausfall der Färbungen Schlüsse auf die Natur und Herkunft der Fasern nicht gezogen werden.

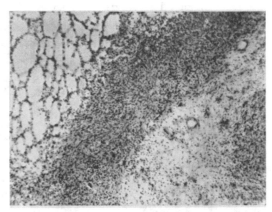

Abb. 10. Neurinom. In der Mitte zellreicher polarer, rechts reticulärer Typ, links ödematöse Auflockerung. Ganz rechts Durchmischung der beiden Typen.

Die zweite Gewebsform, Typ B nach ANTONI, ist netzförmig, apolar. Der Wechsel zwischen der ersten und zweiten Form, also zwischen Typ A und B, ist oft unmittelbar (s. Abb. 10). Dadurch kann eine landkartenförmige Felderung des Gewebes in den Schnittbildern bedingt sein, oder es kommen anscheinende Übergänge zwischen beiden Gewebstypen vor, in denen netzartige Strukturen sich in die parallelfaserigen einschalten. Das Netzwerk des Typus B ist von verschiedener Weite. ANTONI vergleicht es mit einem kunstvollen Klöppelwerk im Gegensatz zum Typ A, der wie reiches Frauenhaar aussähe. Die Zellkörper treten im Netzwerk mit zunehmendem Grad der Maschenweite und der Gewebsauflockerung immer deutlicher hervor.

Nach ANTONI geht der Typ B durch sekundäre degenerative Veränderungen — Entdifferenzierung — aus dem Typ A hervor. CUSHING nimmt eine ödematöse Durchtränkung an. Andere, z. B. NESTMANN, SCHERER, halten ihn für den jugendlichen undifferenzierten, in dem die Fibrillenbildung sich noch im Beginn befindet.

Die Ablehnung einer derartigen Ansicht findet sich schon bei ANTONI, da sich stets beim Übergang des fibrillären in den reticulären Typ ein Zerfall der Intercellularsubstanz nachweisen läßt. ANTONI vergleicht das Freiwerden der Zellkörper mit dem Verhalten der Gliazellen bei degenerativen Veränderungen im Hirn. Die reigewordenen Zellen im Netzwerk verhalten sich dabei wie die amöboiden gliösen Abräumzellen. Gegen die Auffassung der reticulären Form als degenerative hat sich auch SAXÉN ausgesprochen: die fibrilläre und reticuläre Gewebsform repräsentieren nur verschiedene Wachstumsphasen desselben Gewebes.

Die Zellen des Netzwerks sind rundlich bis polymorph. Sie zeigen perinucleär die mit wäßriger Thioninlösung und Carmoisin rotgefärbten REICHSchen π-Granula. Ihre Kerne sind rundlich, eiförmig, ihr Chromatin fein punktiert, gelegentlich pyknotisch. Man sieht nicht selten Vacuolen; werden sie größer, führen sie zur Verdrängung des Chromatins in die Kernperipherie und zur blasigen Kernauftreibung. Ein geringer Unterschied der Zell- und Kerngröße ist sehr häufig. Ist die Polymorphie stärker, und liegen die Zellen dichter beieinander, können einzelne Bezirke sarkomähnlich werden. In den peripheren Gewächsteilen kommt das häufiger vor als in den zentralen. HERXHEIMER und ROTH denken an eine Mitbeteiligung der Endothelien der intranervalen Lymphbahnen an der Wucherung.

Nach KORBSCH sind die beiden Bautypen nichts eigentlich Verschiedenes, sondern nur der jeweilige Ausdruck der unterschiedlichen Porenweite eines kontinuierlichen plasmatischen Maschennetzes, das einmal in den faserigen Teilen lang und schmal, in den reticulierten rund- und weitporig ist. Den Grund für die verschiedene Porenweite sieht der Autor in mechanischen Bedingungen einer verschiedenen Gewebsspannung. Durch veränderte Spannungsverhältnisse sollen auch die Knäuel- und Wirbelbildungen entstehen. Bei Degenerationen kommt es zu Zerreißungen der die Poren umgebenden Lamellen. Demgegenüber hat schon ORZECHOWSKI zum Ausdruck gebracht, daß es sich bei den faserigen Strukturen tatsächlich um Fibrillen, nicht um An- und Durchschnitte von Lamellen und Membranen handelt. Dem kann nur zugestimmt werden.

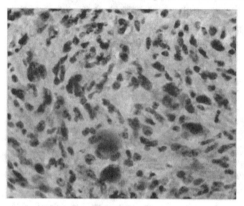

Die Zellvergrößerung in Neurinomschnitten ist mitunter recht ausgesprochen (s. Abb. 11). Gelegentlich finden sich große plasmareiche Elemente mit großen Kernen, auch großen Kernkörperchen. Sie können wie Ganglienzellen aussehen. Sie können auch mehrere Kerne enthalten. Sichere Ganglienzellen wurden bisher nur in einzelnen Fällen gefunden (POSTHUMUS: Tumor des Nervus cruralis; ORZECHOWSKI-NOWICKI: Medianusknoten; LHERMITTE-DUMAS: disseminierte Knotenentwicklung; G. ROSE: Geschwulst des Nervus cutaneus brachii medialis). Im Fall ORZECHOWSKI-NOWICKI waren Tigroidkörperchen, Zellfortsätze und sogar Golginetze vorhanden.

Abb. 11. Zellreiche Neurinompartie mit Zell- und Kernpolymorphie.

Man muß bei der Diagnose der Zellen als geschwulsteigene Elemente vorsichtig sein. Wenn die Geschwulst an Stellen sich entwickelt hat, die vorher Ganglienzellen enthielten, kann es sich um präexistente handeln. Sonst liegt ihre Erklärung in der Ambivalenz der Geschwulstzellen, die entsprechend ihrer Herkunft von Elementen des frühembryonalen Nervengewebes in der Lage sind, Nervenscheiden- und Ganglienzellen zu bilden (VEROCAY). Auch eine Differenzierung der Geschwulstzellen nach der Seite der Spongioblasten ist in den Neurinomen beschrieben. So sahen GARRÉ, ORZECHOWSKI und NOWICKI Hohlräume, die mit ependymartigen Zellen, zum Teil auch mit Flimmerung ausgekleidet waren.

Der Geschwulsttypus B zeigt häufig hyaline Entartung (s. Abb. 12). Das Hyalin ist dabei Produkt der Geschwulstzellen — Neurohyalin. Daneben gibt es aber noch eine Art der hyalinen Verquellung, zum Teil des perivasculären Bindegewebes, zum Teil der von der Kapsel in Bündelform in die Geschwulst einwachsenden Bindegewebszüge (konjunktivales Hyalin). Durch ihren Zusammenfluß können größere Strecken des Geschwulstgewebes hyalin werden. Infolge Flüssigkeitsdurchtränkung und Erweichung können sich in ihnen dann kleinere und größere Hohlräume bilden, die auch zu größeren Cysten sich umbilden können. So entstehen Bilder, die den Bau eines Lymphangioms vortäuschen[1].

In den Neurinomen der peripheren Nerven finden sich als Ödemfolgen Faserverquellung und myxomatöse Umwandlung im Bindegewebe. Es können Bilder entstehen, die dann dem hyalinen und cylindromatösen Gefüge der Speicheldrüsenbasaliome ähneln. Im Verein mit vacuolärer Zellentartung und myxomatöser Umwandlung können chondroide und chordoide Formationen entstehen, indem die Geschwulstzellen rund werden und einen Randstreifen aufweisen, z. B. in Magen-Darmwandneurinomen (FEYRTER, PIRINGER-KUSCHINKA).

---

[1] Die cystischen Degenerationen können bei in den äußeren Darmwandschichten lokalisierten Neurofibromen praktische Bedeutung gewinnen, indem sie in die Bauchhöhle perforieren und eine Peritonitis hervorrufen.

Auch *Zellverfettungen* kommen vor — xanthomatöse Neurinome —, in den peripheren Knoten weniger häufig als in den zentralen, hier vor allem in Acusticustumoren. Innerhalb der verfetteten Bezirke liegen die „Xanthomzellen" häufig epithelartig nebeneinander. Größere Lagen von Fettkörnchenzellen, die mitunter GAUCHER-Zellen weitgehend ähneln (FEYRTER), können so sich bilden. Durch die Einschmelzung verfetteter Bezirke, die infolge von Zirkulationsstörungen sich entwickeln, können ebenfalls cystische Hohlräume entstehen. Das frei gewordene Fett kann von Histiocyten des Zwischengewebes aufgenommen werden. Gegenüber der degenerativen Fettentstehung hebt SCHERER die progressive Fettspeicherung der Tumorzellen hervor.

In den peripheren Neurinomen wechselt der Fettgehalt. Es gibt lipoidarme und -reiche. Die fettigen Stoffe sind dabei Cholesterin oder Cholesterinverbindungen, zum Teil auch Neutralfett, weiter basophile, im FEYRTERschen Einschlußpräparat, Weinsteinsäure-thionin-meta-

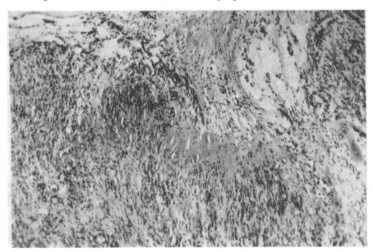

Abb. 12. Hyaline Entartung. (Erklärung s. Text.)

chromasierende Körner, Tropfen und Blasen, die ersteren in den Fasern, die letzteren in den Zellen. Es sind im Sinne der FEYRTERschen Nomenklatur chromotrope, erythrochrome, — rot gefärbte — insbesondere rhodiochrome — rosenrote — Lipoide bzw. Lipoproteide. Die genannten Stoffe sind von den nicht metachromasierenden bei rückläufigen Veränderungen entstehenden Verfettungen verschieden. Auch das Bindegewebe enthält körniges Fett. So die π-Granula, auch die Blasen in Endo- und Perineuriumzellen, wobei die π-Granula von REICH als lecithiniger Natur, von UKAI als Protagon, schließlich als Produkt von Markscheidenzerfall der Nervenfasern, noch nach MARCHI geschwärzte, lecithinhaltige ELZHOLZsche Körperchen angesprochen werden können.

Nekrosen entwickeln sich im Anschluß an Zirkulationsstörungen. Auch so entstehen mitunter kleincystische Hohlräume, oder die nekrotischen Bezirke vernarben. EHRMANN hat die Umwandlung eines Neurinomes in ein Osteom beobachtet. SAXÉN weist auf eine Abnahme und schließlichen Schwund der Argyrophilie der Fasern als Zeichen der Degeneration hin.

Innerhalb des Neurinomgewebes können sich Nervenfasern lange erhalten; mit der Zeit werden sie jedoch atrophisch und gehen zugrunde. Zunächst werden sie entmarkt, dann schwinden auch die Achsenzylinder. Anlässe zur Nervenfaserregeneration lassen sich vereinzelt in Form feiner Faserzöpfe, die durch Sprossung aus Axonen entstanden sind, nachweisen (s. auch KIRCH). Eine Mitbeteiligung der Geschwulstzellen dabei ist erwogen worden (MANTEUFFEL, SZOEGE), aber nicht sicher.

Um die Geschwülste herum liegen dünne, bindegewebige Kapseln. Von ihnen geht ein System bindegewebiger — kollagener — Scheiden in das Gewebe hinein; sie verzweigen sich weiter in feine Fasern, welche sich mit denen der Geschwulst innig verflechten können. Auch Gitterfasern finden sich in wechselnder Menge. So beschreibt FEYRTER ein teilweise argyrophiles, teilweise kollagenes Maschenwerk um die Geschwulstzellen. Die Gitterfasern können sich zu vielfach durchbrochenen Häutchen zusammenschließen. Auf dem Querschnitt zeigt sich so ein Wabenwerk mit zahlreichen Lücken in den Wandungen. Das kollagene Bindegewebe enthält im allgemeinen nur wenig elastische Fasern.

Es kommen auch Neurinome z. B. in der Haut vor, deren bindegewebige Abkapselung nur angedeutet ist, zum Teil vollkommen fehlt. Sie liegen dann ohne besondere Isolierung im Bindegewebe der Örtlichkeit.

Man hat an engere Beziehungen der mitunter reichlichen bindegewebigen Faserbildungen zu den Geschwulstzellen gedacht und im Hinblick auf die enge funktionelle Koppelung der beiden Gewebsarten einen wachstumsinduzierenden und organisatorischen Einfluß der Neurinomzellen auf das Bindegewebe angenommen (Scherer).

Gelegentlich finden sich in dem Bindegewebe der Gefäßumgebung Mastzellen und Lymphocyten; in den Magen-Darmneurinomen ist der Befund spärlicher Rundzellenansammlungen am seitlichen und äußeren Rande der Geschwülstchen häufig. Sie sind vermutlich durch Freiwerden von Stoffen beim Untergang des geschwulstgeschädigten Gewebes der Umgebung bedingt (Feyrter).

In den Geschwülsten sind gelegentlich Blutpigmentierungen als Rest alter Blutungen, Melanin (G. Herzog, Geschickter), auch vereinzelte Kalkkonkremente vorhanden. Sklerosen können sich als die Folge einer Sprengung der gemeinsamen Scheide eines Geschwulstfaserbündels entwickeln, wie sie bei weiterem Wachstum desselben sich gelegentlich einstellt. Die dabei freiwerdenden bindegewebigen Züge lagern sich interstitiell und bedingen so die bindegewebige Verdichtung (Masson).

Die Gefäße sind kleine Arterien, Venen und Capillaren. Die letzteren sind oft weit, ihre Wandung ist häufig hyalin verquollen, besonders in der Adventitia gelegentlich recht stark, so daß cylindromähnliche Bilder (s. oben) entstehen. Mitunter finden sich durch besondere Capillarektasie zustande gekommene Lacunen. Selten kommt es auch auf dem Boden von Thrombosen zu Blutungen. Ihre Folgen sind Hämosiderinpigmentierungen, gelegentlich mit sidero-fibrotischer Knötchenbildung (Askanazy). Zirkulationsstörungen führen auch zu stärkerer ödematöser Durchtränkung, gelegentlich mit dem Erfolg, daß sich im Schnittpräparat das Geschwulstgewebe schlechter anfärbt. Bei Acusticusneurinomen mit stärkerem Hirndruck kann das der Fall sein.

Auf besondere Gefäßveränderungen, bindegewebige hyaline Verdickung, netzige faserige Aufspaltung der Innenhaut mit Endothelproliferation, jedoch ohne Neubildung elastischer Lamellen, hat Scherer hingewiesen. Bei dem ersteren Prozeß können die außerhalb der Elastica interna gelegenen Schichten, vor allem die Muscularis, vollkommen schwinden. Die Gefäßwandung wird homogenisiert. Im 2. Fall kann es zum Lichtungsverschluß kommen. An Stelle kleiner Gefäße liegen dann zwiebelschalenartig geschichtet erscheinende Körperchen im Geschwulstgewebe. Die Gefäßveränderungen sollen nicht rein degenerativ sein, sondern der Geschwulstwucherung koordiniert. Sie könnten durch Änderung der Gewebstrophik infolge einer Störung der Gefäßnerven durch das Geschwulstwachstum bedingt sein. Sie wären dann also Hyperplasien auf neurotischer Grundlage und vergleichbar anderen solcher Art, wie sie nach geschädigter Innervation der Gefäße auftreten, dadurch, daß sich damit in deren Versorgungsbereich die Ernährung verändert.

Als diffuse Angioneuromatose der Gefäßwandnerven beschreibt Staemmler eine Vermehrung der Schwannschen Zellen mit Wucherung auch markhaltiger Fasern in den Nerven der Gefäße, der Pia mater, des Lendenmarks mit Einwuchern derselben in die graue Substanz.

Reubi und Feyrter haben unabhängig voneinander auf eine *vasculäre Neurofibromatose* aufmerksam gemacht. Der letztere schildert sie ausführlich als Begleitbefund bei der plattenförmigen neurogenen Gewächsbildung der gastroenteralen Neurofibromatose[1]. Befallen sind vornehmlich die Gefäße der Submucosa und des Gekröses. Es handelt sich dabei um eine Wucherung neurogener, mesodermaler und ektodermaler Beizellen der nervösen Geflechte innerhalb der Wand von Blutgefäßen. Die Veränderungen können sich in jeder Gefäßwandschicht finden, mitunter nur in einer oder in zweien oder in allen drei Schichten. An den

---

[1] Feyrter konnte im Gegensatz zu den früheren Anschauungen die relative Häufigkeit der nervösen Magen-Darmgeschwülste erweisen. Er fand bei etwa 1500 Leichen Erwachsener 120 Fälle mit insgesamt etwa 150 neurogenen Gewächsen. — Der Grund, daß sie bisher in der Literatur nicht die entsprechende Würdigung gefunden haben, liege einerseits an dem oft nur oberflächlichen Durchmusterung des Darmes, andererseits an der Verwechselung mit Myomen, die der häufigsten Erscheinungsform, dem fusiformen neurogenen Gewächs weitestgehend ähneln. — Es werden unterschieden: fusiformes Neurom in etwa $^3/_4$ aller Fälle; multiformes Neurom etwa 08%, mikrocytäres Neurom etwa 5%, reticuläres Neurom etwa 0,8%, granuläres Neurom etwa 4%, dann sog. Amputationsneurome als hyperplasiogene neuromartige Wucherungen im Grunde chronischer peptischer Magengeschwüre, in Wurmfortsätzen mit im Gang befindlicher oder vollendeter Veröung, im Grunde chronischer tuberkulöser Darmgeschwüre, in der Schleimhaut der Pars duodenalis des Ductus choledochus bei obsoleter Cholelithiasis und Cholangitis; weiter plattenförmiges und polypöses neurogenes Gewächs des Darmes, das, wie der Autor sich ausdrückt, wenn auch nicht ausschließlich, so doch in bevorzugter Weise bei der Recklinghausenschen Neurofibromatose sich findet.

Arterien sind sie stärker entwickelt als in den Venen. Die glatten Muskelfasern, die elastischen Fasern und Membranen sind dabei in der verdickten Gefäßwand atrophisch zugrunde gegangen. Bei der Wucherung der Intima und Media handelt es sich um eine Proliferation der Wandzellen der Vasa vasorum und dieser Gefäßchen selbst sowie von ,,epitheloidzellig" umgewandelten Gefäßwandelementen, welche den ,,Quellzellen" in den arteriovenösen Anastomosen vergleichbar sind. FEYRTER hält ihre neurogene Herkunft für möglich, — Dickenzunahme der Adventitia infolge Vermehrung des endoperineuralen Hüllgewebes der feinsten nervösen Geflechte — adventitielle Neurofibromatose im eigentlichen Sinn. Die Art und Herkunft der Zellen in der gewucherten Innenhaut ist noch nicht sicher. Auch intramurale Knotenbildung mit aneurysmaartiger Verunstaltung der Arterienwandung werden beobachtet

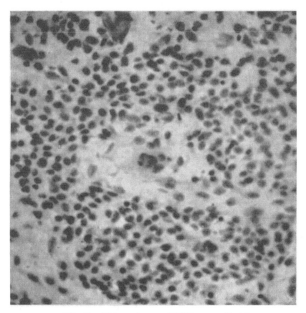

Abb. 13. Keimzentrum. (Erklärung s. Text.)

(REUBI), weiter kommen periarteriell lokalisierte kleine Knötchen vor, die mit der Periarteriitis nodosa Ähnlichkeit aufweisen (SCHÖPE; Abb. 7). Es lassen sich so einfache intimale, knollig aneurysmatische, epitheloidzellige und adventitielle Formen der vasculären Neurofibromatose unterscheiden.

In der Regel sind in den reinen Neurinomen Typ A und B vereinigt. Die faserigen polaren Teile liegen dann außen subcapsulär, die reticulären innen, oder beide durchmischen sich. Neben dem vollausentwickelten Geschwulstgewebe kann sich noch unausentwickeltes finden. Das ist jedoch nicht in allen Neurinomen der Fall. Der Befund hängt wohl damit zusammen, daß unausentwickelte Gewebe nur in verhältnismäßig jungen, noch in Entwicklung begriffenen Geschwülsten vorhanden, in bereits länger gewachsenen und somit vollausentwickelten geschwunden ist. Es handelt sich um perivasculäre Zellhaufen, die aus runden Zellen von etwas über Lymphocytengröße zusammengesetzt sind (s. Abb. 13). Nach der Peripherie nehmen die Zellen an Größe zu. Sie sind hier mitunter ganglienzellähnlich, auch sehr groß, mehrkernig, syncytial. Es sind perivasculäre Keimzentren, also Bildungsnester jugendlichen Geschwulstgewebes, wie sie z. B. in Ganglioneuromen häufig und als charakteristisches Kennzeichen sich finden (s. SCHMINCKE, SCHERER). Weiter kommen eigenartige Rosettenbildungen vor. Es sind das ebenfalls um Gefäße gelegene, mehr oder weniger kreisrunde, fast zellfrei erscheinende Bezirke von homogener Färbung, auch mit angedeuteter Radiärstreifung, die sich durch eine randständige dichte Kernanhäufung — Kernwallbildung — gegen die Umgebung absetzen. Die Deutung dieser Bildungen ist nicht ganz klar; möglicherweise sind es umgeänderte perivasculäre nervöse Keimzentren, die in der unmittelbaren Gefäßumgebung einer hyalinen Umwandlung anheimgefallen sind, oder die Quer- und Anschnitte hyalin entarteter Gefäße mit lymphocytärer Wandreaktion und Kernverschiebung.

Besondere Formen der zentralen Neurinome, diffuse Neurinome mit und ohne Riesenwuchs, Lokalisation der Neurome.

Je nach der Art des Verhaltens des neurinomatösen Geschwulstgewebes zum Ursprungsnerven hat ANTONI 3 Bautypen unterschieden: 1. Den *monozentrischen* Typ. Hier hat sich der Tumor zwischen den Fasern des Nerven entwickelt. Diese umgeben ihn so im Anfang nach Art einer Kapsel, später hebt sich die Geschwulstbildung aus dem Nerven heraus und sitzt ihm seitlich an. 2. Den *polyzentrischen* Typ. Hier finden sich im Verlauf des Nerven mehrere hintereinander gelegene, entweder abgesetzte oder teilweise ineinander übergehende Knoten; mitunter ist eine diffuse knotige Anschwellung vorhanden. 3. Den *scheidenförmigen* Typ. Bei ihm umgibt die Geschwulst den Nerven scheidenartig. An dem einen Ende tritt er ein, an dem andern aus.

Die 3 Formen finden durch ihre Entwicklung ihre Erklärung. Der monozentrische Typ entsteht durch eine an der einen oder anderen Nervenstelle lokalisierte Hemmung in der Verteilung der Lemmoblasten, der polyzentrische durch ein Vielfaches derselben Hemmung. Der Scheidentyp durch Persistenz des „Schlauchstadiums", bei dem die ursprünglichen Achsencylinderbündel noch epithelartig von den Lemmoblasten umgeben sind.

Der monozentrische Gewächstyp kommt besonders in den dem zentralen Nervensystem nahegelegenen Geschwülsten vor. Der polyzentrische überall bis in die Peripherie. Sitz des scheidenförmigen Typs sind die peripheren Nerven. Mitunter kann der Entscheid schwer fallen, um welchen der 3 Typen es sich gerade handelt.

Der polyzentrische Wachstumstyp findet sich nach RATZENHOFER besonders deutlich erkennbar in den spinalen Nervenwurzelgeschwülsten. Sie zeigen sich makroskopisch häufig durch eine feinhöckerige Oberfläche aus. Manchmal ist diese, weil die Geschwulstkeime in der Oberfläche des Wurzelfadens gelegen sind, so geradezu maulbeerförmig. In Zupfpräparaten läßt sich feststellen, daß stets ein- und derselbe Nervenfaszikel von mehreren kleinsten dicht oder in kürzeren Abständen aufeinanderfolgenden Geschwülsten eingenommen wird. Die Nervenfasern der Umgebung werden verdrängt, wobei sie das Geschwülstchen kapselartig umgeben. In die Knötchen sieht man Nervenfasern in jeweils wechselnder Menge eintreten. Der Beginn der kleinsten und jüngsten Neurinome ist mit bloßem Auge, auch bei Lupenbetrachtung nicht zu erkennen. Erst bei stärkerer Größenentwicklung lassen sich die frühen Entwicklungsstadien beobachten. Es handelt sich hier um longitudinal orientierte Faserzüge mit reichlichen, länglichen, chromatinarmen Kernen. Die kleinsten Neurinome haben spindelige Form.

In der Umgebung der Neurinome zeigen mitunter die benachbarten Scheidenzellen der Nervenfasern ein besonderes Verhalten. Sie können zu mehrkernigen Bändern zusammengefügt, auch zu knötchenförmigen Zellschichtungen vereinigt sein. Es handelt sich hier noch um Anlagematerial zu neuer Knotenbildung.

Sind die geschilderten histologischen Verhältnisse vorhanden, ist die Diagnose der Neurinome leicht. Es gibt aber auch atypische Fälle, bei denen der neurinomatöse Charakter nicht deutlich hervortritt, der Wechsel und die Vielheit der Bilder — Buntheit des Aspekts (RATZENHOFER), chamäleonische Polymorphie (ORCHEZOWSKI und NOWICKI) —, die richtige Diagnose sehr schwer machen können. Es sind das dann in der Regel isolierte Knoten der Haut, also monosymptomatische Ausdrucksformen der Krankheit. Das Bindegewebe kann hier durch starke Proliferation, Sklerose und Hyalinisierung, Lymphgefäßerweiterung, hämangiomartige Partien, Zirkulationsstörungen wie Blutungen, ödematöse Durchtränkung und myxomartige Umwandlungen oft weitgehend verändert sein. Das Vorhandensein fibrillären kernreichen neurogenen Gewebes, auch mit Kernbändern, kann dann noch die Neurinomnatur feststellen lassen, auch das Vorhandensein perivasculärer Keimzentren, die Diagnose der primären neuroektodermalen Entstehung, ermöglichen.

Einige *histologische Besonderheiten* seien noch hervorgehoben. So sind in den Wurzelknoten des Rückenmarks Cystenbildungen besonders häufig, mitunter so, daß das Gesamtgewebe wie cystisch umgewandelt erscheint. Auch sieht man schichtungskugelähnliche Kernanordnungen, die Ähnlichkeit mit den Zellschichtungen in Meningomen haben können, konzentrische Palisadenbildung, Palisadenknoten, die MASSON als geschwulstmäßige Kopien von Nervenendkörperchen auffaßt. Mitunter ist das Gewebe auch sehr zellreich und erinnert ebenfalls an das von Meningomen. Die Gefäßerweiterung kann sehr ausgesprochen sein (Abb. 14). In einem Falle sah ANTONI eine Vereinigung mit einem kavernösen Hämangiom. Vereinzelt ist ein Übergreifen der Neurinomwucherung von den erkrankten Wurzeln auf das Rückenmark beobachtet worden.

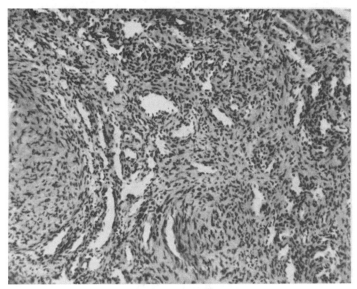

Abb. 14. Wurzelneurinom. Zellreiche Gewebsbeschaffenheit, weite Gefäße.

Die *zentralen* intracerebralen und intramedullären *Neurinome* stimmen in ihrem Bau mit den peripheren überein. Die Geschwülste bestehen aus einem kernreichen, faserigen Gewebe. Die Fasern zeigen welligen Verlauf. Kernreihen, auch Wirbelbildungen sind vorhanden. Der faserige Bau überwiegt den reticulären. Hyaline Umwandlung und Cystenbildungen kommen auch hier vor. Die Grundsubstanz kann ödematös erweichen. Innerhalb des Gewebes können sich noch Nervenfasern finden. Sie zeigen dann in der Regel einen guten Erhaltungszustand oder nur geringe Entartung der Markscheiden. In dem Gewebe sind auch nach HOLZER färbbare Fasern als Gliafasern beschrieben. Es kann sich jedoch um keine solche handeln, da faserbildende Gliazellen — Astrocyten — fehlen. So ist auch ORCHEZOWSKI nicht zuzustimmen, wenn er die zentralen Neurinome für eine Abart der Gliome, nicht mit den sonstigen Neurinomen für wesensgleich hält. Die Geschwülste zeigen reichlich Gefäße; hyaline Wandentartungen derselben sind häufig.

Neben den typischen ausentwickelten Formen gibt es auch noch zellreiche mit indifferentem Charakter mit fehlender oder nur geringer Faserentwicklung, die in ihrem Bau noch die Eigentümlichkeiten der Ganglienleiste zeigen.

FOERSTER und GAGEL haben einen derartigen Fall bei einem 5jährigen Mädchen beschrieben. In der Haut waren hier zahlreiche Neurofibrome und Pigmentflecke vorhanden. Die Hirnsektion ergab eine gleichmäßige Vergrößerung der Stammganglien, des Thalamus und Pulvinars rechts und links, der roten Kerne und Vierhügel. Sie war histologisch bedingt durch eine gleichmäßige Durchsetzung mit länglichen, spindelförmigen, chromatinreichen, gleichartig gestalteten Kernen. Die Zelleiber waren im allgemeinen nur undeutlich ausgebildet.

Oft legten sich die Zellen kapselartig um Ganglienzellen, wuchsen entlang der Markfasern, liefen in dichten Zügen den Gefäßen entlang und breiteten sich auch an der Hirnoberfläche

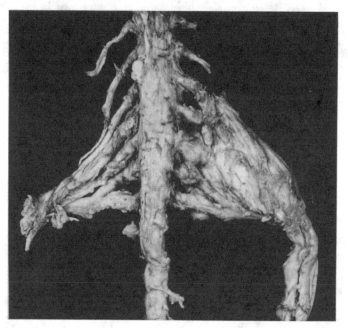

Abb. 15. „Schwannose" der Wurzeln des Halsmarks und des Plexus cervicalis. (Erklärung s. Text.)

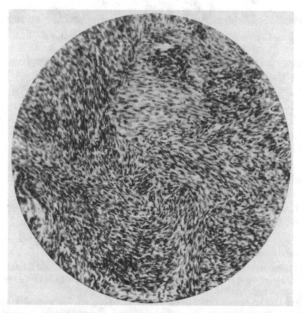

Abb. 16. „Schwannose" der Wurzeln des Halsmarks, mikroskopisch. (Erklärung s. Text.)

aus. Formen und Wachstum waren die jugendlicher Schwannscher Zellen. Die Autoren reden von einer diffusen zentralen Schwannose bei Recklinghausenscher Krankheit, da Vorstufen der Schwannschen Zellen, liegengebliebene Teile der Ganglienleiste im Markweiß um den

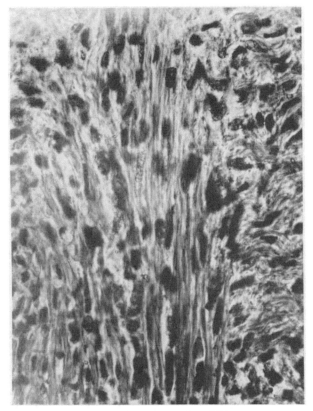

Abb. 17. ,,Schwannose des Halsmarks."

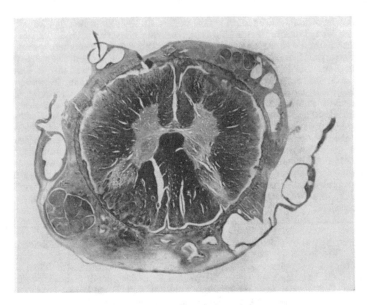

Abb. 18. ,,Diffuse Schwannose des Halsmarks." Geschwulstinfiltration des subarachnoidealen Raumes und der pialen Septen, vor allem links im Hinterstranggebiet.

3. Ventrikel und um den Aquädukt — hier war die Wucherung hauptsächlich entwickelt — die Geschwulst bildeten.

Eine weitere Beobachtung stammt von v. SÁNTHA. Hier fand sich die Geschwulst bei einem 9jährigen Mädchen, das 2 Jahre vor seinem Tod ein Kopftrauma erlitten hatte; danach waren Bewußtlosigkeit, dann Kopfschmerz und Schwindel, Erbrechen, erschwertes Sprechen und Schlucken, zunehmende Bewegungsarmut, Interesselosigkeit und Gemütsverödung eingetreten. Vor dem Tod Status epilepticus; auf RECKLINGHAUSENsche Krankheit hinweisende Hautveränderungen waren nicht vorhanden.

Bei der Sektion wurde ein 1725 g schweres, symmetrisch vergrößertes Hirn gefunden. Die einzelnen Hirnwindungen waren verdickt und abgeflacht. Der distale Teil beider Tractus olfactorii, die Corpora mamillaria, Tuber cinereum, Corpora geniculata, Vierhügel waren mächtig verdickt. Die Frontalschnittserie zeigte auch eine starke Verdickung des Septum pellucidum, der Thalami optici, weiter eine Vereiterung der Rinde im Verhältnis zur Marksubstanz im Großhirn.

Die mikroskopische Untersuchung ergab eine Durchsetzung des größten Teils des Hirns mit SCHWANNschen Zellen in jeder Hinsicht gleichenden Elementen, ohne daß es jedoch zur umschriebenen Anhäufung derselben in Form kleiner Neurinomgeschwülste gekommen war. Die Zellinfiltration fügte sich in den Bau des nervösen Parenchyms ein. Die Zellen lagen mit ihren Kernen in fischzugähnlicher Anordnung parallel. Im Bereich der Rinde, besonders im Kleinhirn, bildeten sie eine peripherische kompakte tangentialeSchicht. Um die Nervenzellen herum zeigten sie eine satellitenähnliche Gruppierung.

v. SÁNTHA erklärt seinen Fall anders als FOERSTER und GAGEL den ihren. Wegen der durchaus gleichmäßigen diffusen Durchsetzung des Nervengewebes mit Geschwulst will er als die Geschwulstmatrix nicht liegengebliebene Zellen der Ganglienleiste gelten lassen, er denkt an eine fehlerhafte Entwicklung der Spongioblasten zu Lemmoblasten, besonders auch deswegen, weil die ersteren an verschiedenen Stellen eine mangelhafte Entwicklung in Form einer nur geringen Größe, zum Teil fehlende Fortsatzbildung erkennen ließen.

Eine den beiden Fällen formal grundsätzlich gleichen, nur mit Lokalisation am Rückenmark konnte Verfasser beobachten. Bei einer 58jährigen Frau, die jahrelang Schmerzen in beiden Armen und in der Wirbelsäule gehabt hatte, fand sich neben einer knotigen Verdickung des 3., 6., 8., 9. Hirnnerven auf beiden Seiten eine ebenfalls beidseitige, zum Teil sehr starke Volumenzunahme der hinteren Wurzeln des 3., 4., 5., 6. Halssegments. Die Abb. 15 zeigt die gefundenen Verhältnisse am Halsmark. Links war die Verdickung mehr gleichmäßig, rechts knollig-knotig. Die spinalen Nerven waren hier zu einem insgesamt gänseeigroßen Geschwulstknoten zusammengeflossen. Die übrigen Wurzelpaare waren unverändert. Die Querschnittsserie durch das Rückenmark ergab keinen besonderen Befund. Sympathicus und Körpernerven ebenfalls o. B. Keine Hautknoten. *Mikroskopisch* zeigten die verdickten Partien Aufbau aus einem zellreichen Gewebe (Abb. 16). Die Zellen waren längsspindelig und hatten ebensolche Kerne. Sie bildeten geflechtartige Bündel. Zwischen den Zellen fanden sich in wechselnder Menge dünne Fasern (Abb. 17). Die Nervenfasern zogen durch das Geschwulstgewebe hindurch, ohne Entartungen aufzuweisen. Die Geschwulstzellen waren hinsichtlich Größe und Form weitgehend gleich. Vereinzelt nur ließen sich größere Elemente mit größeren Kernen feststellen. Die Rückenmarksquerschnitte zeigten histologisch nichts Besonderes mit Ausnahme, daß der Subarachnoidalraum mit demselben zellreichen, teilweise auch faserhaltigen Geschwulstgewebe durchsetzt war, wie es innerhalb der verdickten Wurzeln und Nerven gefunden wurde. Das Geschwulstgewebe war auch entlang der pialen Septen in das Rückenmark eingedrungen und die Gefäße innerhalb der Rückenmarksubstanz waren von Geschwulstgewebe umscheidet (Abb. 18). Das fand sich bis in das Lendenmark hinunter. Die mikroskopische Untersuchung der verdickten Hirnnerven ergab den typischen Befund von ausdifferenzierten Neurinomen. In der Beobachtung konnte formalgenetisch wegen der Ähnlichkeit der Geschwulstelemente mit jugendlichen SCHWANNschen Zellen nur auf solche, d. h. auf liegengebliebene Zellen der Ganglienleiste, zurückgegriffen werden.

BENEDEK und JUBA sahen eine beiderseitige diffuse und symmetrische Vergrößerung der Stammganglien, des Balkens, des Septum pellucidum und der Inselrinde bei einem 16jährigen. Die Veränderungen waren mikroskopisch durch eine diffuse Wucherung von Zellen von Spindelform mit abgerundeten oder wenig oval gestreckten chromatinreichen Kernen gebildet. Innerhalb der gewucherten Zellbezirke waren die Ganglienzellen intakt. Die Elemente zeigten Anordnung um Gefäße herum bei erhaltener Piagliagrenzmembran. Auch in der Rinde gleichmäßige Durchsetzung mit denselben Zellen bei normaler Verteilung der Ganglienzellen, Erhaltung ihrer Form und ihrer feineren cellulären Struktur. Im Silberbild ließ sich feststellen, daß ein Teil der Elemente sich nach der Seite der ependymalen bipolaren Spongioblasten sowie Astrocyten ausentwickelte. Auch in den Hirnhäuten fanden sich Zellen, welche entlang von Gefäßen aus der Rinde eingewuchert waren.

In einem weiteren Falle von BENEDEK und JUBA handelte es sich um ein zentrales Neurinom in der Mitte des Hirns — 44jährige Frau — entsprechend der 3. Hirnkammer mit

Ausbreitung auf die die Kammerwand bildenden Gebiete des Hirnstamms, Zerstörung des Thalamus und Übergreifen auf die mediale Wand des Hinterhorns der rechten Seitenkammer und den Hinterhauptlappen. Histologisch: Aufbau aus in Längsbündeln geordneten langgestreckten bipolaren Zellen.

Etwas Besonderes stellen die Fälle von diffuser Neurinomatose mit und ohne Riesenwuchsbildung im Darm und Mesenterium dar. Geschwulst und Mißbildung sind hier eng vereinigt. Die einzelnen, bisher gemachten Beobachtungen zeigten die Veränderungen in verschiedenem Grad der Ausbildung (Literatur s. OBERNDORFER, DARDICK, FEYRTER, KRAUS). Entweder fand sich nur die Appendix und das Mesenteriolum infolge einer Durchsetzung mit Neurinomgewebe vergrößert (SCHMINCKE, HEINE, SCHULZ), oder neben der Geschwulstwucherung bestand noch eine Hypertrophie der Wandschichten des Organs auch des Mesenteriolum mit starker Verdickung der hier verlaufenden Nervenstränge (OBERNDORFER, SIEGMUND, MARTZ, SCHERER), oder es war ein sektorenförmiger Darmriesenwuchs mit Neurinomatose der Wandung und der Gekrösenerven im Dünndarm (LOTZ-PICK [beim Pferd], BALTISBERGER, ASKANAZY, JENTZER und FATZER), oder im Rectum (WINESTINE) vorhanden (Abb. 19). Im Fall SCHERER

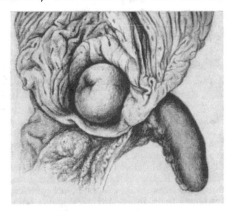

Abb. 19. Diffuse Neurinomatose der Appendix. (Fall SCHMINCKE.)

bestand außerdem noch eine starke Verdickung der Speiseröhre und des Magens bei erhaltener weiter Organlichtung und bei Neurinomdurchwachsung beider Vagi.

Histologisch unterschied sich ein Teil der Beobachtungen von den gewöhnlichen Neurinomen der Darmwand, daß in dem sonst typischen Neurinomgewebe noch große ganglienzellenähnliche Elemente in kleineren und größeren Gruppen gelagert waren, die entweder als Ganglienzellen oder als Abkömmlinge von SCHWANNschen Zellen anzusprechen waren (PICK). Im Fall SCHERER fanden sich noch besondere Verhältnisse in dem stark verdickten Mesenteriolum. Ihre Innenwand war hochgradig durch Bindegewebs- und Endothelproliferation verdickt. Die Lichtungen waren dadurch verengt. Die Muskulatur war stark bindegewebig durchwachsen.

In den Rahmen der besprochenen Veränderungen gehören auch die plattenförmigen und polypösen Gewächse FEYRTERs, die er, wenn auch nicht ausschließlich, so doch bevorzugt, in Vereinigung mit der RECKLINGHAUSENschen Neurofibromatose in der Wand des Dünn-, Dick- und Mastdarms feststellen konnte (s. S. 676 Anm.). Hier fand sich neben einer rankenförmigen geschwulstigen neurinomatösen Wucherung der örtlichen groben, feineren und feinsten nervösen Geflechte eine Hyperplasie der nichtnervösen bodenständigen Gewebe. Sie betraf alle Teile, soweit dieselben nicht druckatrophisch zugrunde gegangen waren, also die muskulären Schichten der Wand sowie das Binde- und Fettgewebe der Submucosa, auch das Epithel der Schleimhautoberfläche und der Schleimhautkrypten. Das Muskel- und Bindegewebe der neurinomatös veränderten Gefäßwandungen war nicht vermehrt.

Wie sind die eigenartigen Befunde zu erklären? Sind Gewebshypertrophie und Neurinombildung gleichgeschaltete Geschehen oder ist die Entstehung der Hypertrophie von den Nervenveränderungen abhängig? PICK nimmt für seinen Fall das erstere an. Er hält eine sektorenförmige Störung der embryonalen Anlage des Darms mit Einschluß der zugehörigen Nerven für vorliegend. Bei der Annahme eines nervösen Primats bleibt das „Wie" der Abhängigkeit ungeklärt. Ist hier die Gewebshypertrophie durch Sympathicusausschaltung bedingt, indem bei der geschwulstigen Durchwachsung die Nerven zugrunde gegangen sind? — nach Sympathicuslähmung sind Gewebshyperplasien beobachtet (TIMME, BRÜNING) —. Man hat hier angenommen, daß sie sich auf dem Boden trophoneurotischer und zirkulatorischer Störungen entwickelt (HEUSCH, ASKANAZY). Oder ist umgekehrt die Hypertrophie Folge der den einzelnen Wandgeweben in vermehrter Menge zufließenden Reize von seiten der von Neurinomgewebe durchwachsenen Nervenstränge? FEYRTER hat die ursächlichen Fragen ausführlicher besprochen. Eine Hypertrophie der Tunicae musculares durch übermäßige Beanspruchung infolge Zerschichtung durch die neurogene Wucherung spielt eine Rolle. Wesentlich scheint ihm die Beeinflussung durch Aktionssubstanzen stofflicher Qualität, deren Natur und Herkunft er aber auch nicht kennt. Besonders bei der oft lipomartigen Hypertrophie des submukösen Fettgewebes scheint ihm das annehmbar. In gleichem Sinne redet RATZENHOFER von der induzierenden Wirkung neurogener Wuchsstoffe, die in dem Neurongewebe entstehen und als pathologische Evokatoren zur Exzeßbildung des Wandgewebes führen.

Wie schon erwähnt, wechselt die Lage der Geschwulstknoten außerordentlich. Jeder Nerv kann bis in seine kleinen Verzweigungen erkrankt gefunden werden; Grad und Ausdehnung der Knoten sind dabei weitgehend verschieden. Die Vielheit der tatsächlichen Befunde geht über jede Beschreibung hinaus.

E. M. DIENER hat 549 Fälle der Literatur und des histologischen Beobachtungsgutes des Pathologischen Instituts Heidelberg zusammengestellt. Darunter waren 207 Männer und 170 Frauen. 172mal war das Geschlecht nicht angegeben. Hinsichtlich des Alters der Träger fand sich eine ansteigende Kurve von der Kindheit bis zum mittleren Lebensalter. Sie erreichte in den Jahren zwischen 25 und 50 ihren Höhepunkt und fiel in den späteren Lebensaltern steil ab. Haut und periphere Nerven waren bei weitem am häufigsten befallen, dann kamen die Hirnnerven. 50mal war der Acusticus Sitz der Geschwülste. Lieblingssitze waren ferner die intraduralen Wurzeln der spinalen Nerven. Die Lokalisation in dem sympathischen System kamen ihm ungefähr gleich. Als Besonderheiten betreffs der Verteilung auf der Körperoberfläche seien vermerkt: Tumoren im Handteller waren sehr selten, noch seltener in der Fußsohle. Die Fingerneurinome waren ebenfalls selten. Sie saßen vorwiegend an den Grundphalangen. Eine seltene Lokalisation war die Sehne des M. flex. dig. long. und des Lig. interosseum zwischen Tibia und Fibula. Auch die Mamma war seltener Sitz z. B. im Rand derselben beiderseits der Brustwarze im Corium, im Unterhautzellgewebe und in der Muskulatur der Nachbarschaft. Die äußeren Geschlechtsteile waren nur einige Male befallen: Schamgegend, Hoden, Penis[1], einmal die Endverzweigung des N. dorsalis penis, weiter Labia majora. Relativ selten saßen die Neurinome im Gesicht und im Bereich des Vorderkopfes, häufiger am Oberlid, an der Schläfe, am Kieferwinkel — hier besonders auch Rankenneurome —, häufiger am Hinterkopf — mechanische Beanspruchung beim Schlaf. Der Vagus am Hals war 17mal befallen. Die Knoten waren meist am vorderen Rand des Kopfnickers fühlbar. Zum Teil lagen sie in der Höhe der A. subclavia. Auch die Vagusäste im Kehlkopf, in der Speise- und Luftröhre zeigten Befall, ebenfalls die oberen Ganglien des Grenzstrangs.

Aus der Fülle der Kasuistik seien noch einige Besonderheiten hervorgehoben. Solitäre Magenneurinome zeigen die Eigentümlichkeit, daß Männer besonders im höheren Lebensalter (über 59 Jahre — SPÜHLER, REHN) erkranken, und zwar doppelt so häufig wie Frauen. Die Knoten sind oft gestielt. Sie können, wenn sie größer werden, zu Stenosen Veranlassung geben und bei geschwürigem Zerfall zu Blutungen und damit auch zu Anämien führen (STOUT, H. SCHUBERT, P. G. HÖHLE, W. R. PLATT und J. R. EYNON, W. P. KLEITSCH und CH. F. GUTSCH). Die Darmknoten können mitunter recht groß und cystisch werden (WOLF, WEIENETH, BOEMKE, H. SCHUBERT†), auch rufen sie Abknickungen und Invaginationen hervor; gelegentlich perforieren sie auch (s. auch CEDERMARK, PIRINGER-KUCHINKA, A. PALUMBO, H. SCHMIDT). Weitere Fundorte: äußere Nase, Nasenvorhof, Nasopharyngealraum, Larynx (G. D. STRAUSS und J. L. GUCKIER), Trachea, Bronchien, Lunge (TESSERAUX, LÖBLICH, LANGER), hinteres Mediastinum, Zunge (neurinomatöse Makroglossie[2]), Parotis, harter Gaumen, aryepiglottische Falten, Carotisdrüse, aus nervösen Elementen des Plexus caroticus, Mesocolon (BOEMKE), Schädeldach, (J. J. BLACKWOOD und R. B. LUKAS), Mandibel, Wirbelkörper, kleines Becken (P. MARQUIS und Mitarbeiter, H. GÜTHERT), Nebenhoden und Samenstrang; Tibia, Ohrregion (OLTERSDORF), Tentorium cerebelli, Plexus chorioideus, der retrobulbäre Raum (mit Verlagerung des Bulbus), Augenlider — Ciliarnerven —, Neurofibrome des Cornealrandes, der Chorioidea, der Iris (Lit. s. HENNEBERG und KOCH, ORZECHOWSKI, KRUMBEIN, COENEN,

---

[1] Ein Fall eines intraalbuginär gelegenen Neurinofibromes des Penisschaftes ist jüngst von FROBOESE mitgeteilt worden.

[2] Die nervale, zum Teil neurinomartige Natur der „Myoblastenmyome" als granuläre Neurome FEYRTERs steht zur Zeit noch zur Diskussion (FURT und CUSTER, RATZENHOFER).

WEHLER, STOUT, VOSS, BECK, MARANGOS, SCHULTE, MCDONALD und PRISTLEY, SUPPAN-
TSCHITSCH).

An den Augen finden sich dabei gelegentlich noch weitere Besonderheiten: Buphthalmus,
elephantiastische Verdickung der Lider (KIRKY) und der benachbarten Temporal- und Ge-
sichtsregion, Kommunikationen zwischen Orbital- und Schädelinnenhöhle, dadurch bedingte
Pulsation des Bulbus und Hirnhernienbildung (BLOCH), Verdickung der Sehnerven, Erweiterung des Foramen opticum, markhaltige Nervenfasern in der Retina, kleinere und größere,
aus Fasern und Zellen bestehende, in den Glaskörper hineinragende Knötchen in der Retina
und der Papille, die als gliöse Wucherungen anzusprechen sind. Sie nehmen von lokal verbildeten Gewebspartien ihren Ursprung. VON DER HÖWE hat sie Phakome ($\varphi\alpha\kappa\circ\varsigma$, Flecken)
bezeichnet. Ihr Vorkommen bei tuberöser Sklerose weist auf die nahe Verwandtschaft der
RECKLINGHAUSENschen Krankheit und der tuberösen Sklerose hin (s. auch SCHMIDT).

Auch ohne Zusammenhang mit Nerven sind Neurinome beschrieben (ASKA-
NAZY, FREITEDL). Bei der Lage der Hautgeschwülste sind mitunter deutliche
Beziehungen zu mechanischen Einwirkungen, wie Druck der Kleider in der
Schultergegend; bei Frauen hintere Rumpfpartien, Reibung durch den Rock-
bund; am Hinterkopf als einer Stelle, die im Schlafe gedrückt wird; weiterhin
zu Traumen verschiedenster Art (EIGLER) erkennbar.

Maligne Neurinome.

Die Beurteilung einer *Malignität der Neurinome* bedarf strengster Kritik.
Stärkerer Zellreichtum, Zell- und Kernpolymorphie, auch das Vorhandensein
von größeren und Riesenzellen können durchaus im Spielraum eines noch gutartigen Wachstums liegen. Die jugendlichen Geschwulstteile sind ja von Haus
aus zellreicher als die älteren. Auch ist ein infiltrierendes Einwachsen des Neurinomgewebes in die Nachbarschaft beobachtet worden, ohne daß es sich dabei
um eine als bösartig zu wertende Eigenschaft gehandelt hat, z. B. bei Lidneuri-
nomen in den Tarsus. Man muß so bei der Diagnose einer malignen Entartung
von Neurinomen vorsichtig sein. Es steht jedoch das Vorkommen bösartiger
Neurinome durch den Befund einwandfreier Fälle (ASKANAZY, HAMPERL, SCHERER,
VOSS, VERSÉ, HOEKSTRA, POURSINES und MONSTARDIER, RINGERTZ und EHRNER,
LANGER) außer allem Zweifel. Zu entscheiden ist in jedem Einzelfall, ob die
neuroektodermale oder mesenchymatische Komponente der Knoten wächst.
Es können auch, wie im Falle VOSS, der nervöse und bindegewebige Anteil
bösartig zusammenwuchern.

Die Häufigkeit der malignen Entartung ist bis zu 12% (von einigen noch höher, s. RIN-
GERTZ und EHRNER) angenommen worden (ADRIAN, HERXHEIMER und ROTH). Diese Zahl ist
wohl zu hoch bemessen (VOSS). Jedenfalls kann im einzelnen Falle mit der Möglichkeit einer
bösartigen Umwandlung gerechnet werden. Wiederholt waren ein Trauma, Sturz, Stoß,
Aufschlag durch Fall, die auslösende Ursache für die maligne Entartung der Knoten.

Betreffs der Geschlechtsverteilung ist sicher, daß die Sarkome häufiger bei Männern als
bei Frauen vorkommen. Das geht parallel mit der Erfahrung, daß auch die gutartigen
Neurinome dieselben Verhältnisse zeigen. RINGERTZ und EHRNER haben unter 99 Fällen
die Verhältniszahl 1,3 zu 1 gefunden. Die Sarkome können sich in jedem Alter entwickeln.
Der Gipfel der Häufigkeit dürfte um das 40. Lebensjahr gelegen sein. Der jüngste Erkrankte
war 9 Jahre, die ältesten — 1 Mann und 1 Frau — waren 70 Jahre alt geworden.

In einer Anzahl von Fällen mit Sarkomentwicklung ist angegeben, daß auch andere
Familienmitglieder Neurofibromatose aufgewiesen haben (HOEKSTRA u. a.). RINGERTZ und
EHRNER haben 16 Fälle zusammengestellt (hier auch Literatur). Seltener kommt es vor, daß
mehrere Mitglieder derselben Familie an Neurofibromatose mit Sarkomentwicklung leiden:
Vater und Sohn (VERSÉ, HOEKSTRA), Mutter und Sohn (MATHIES), zwei Schwestern (STEWART-
COPELAND). RINGERTZ und EHRNER zählten auf 107 Fälle von Sarkom bei multipler Neuro-
fibromatose 25 mit familiärer Anamnese, ein Erblichkeitsverhältnis ungefähr, wie es nach
ADRIAN in bezug auf Neurofibromatose überhaupt zutrifft.

Die Sarkome entwickeln sich in neurofibromatös umgewandelten Cerebrospinalnerven
wie auch in umgebildeten sympathischen Nervenstämmen oder Ganglien. In den letzteren
Fällen sind in dem Tumor oder seiner Kapsel Reste von Ganglienzellen gefunden worden.
Bei den von Cerebrospinalnerven ihre Entwicklung nehmenden Sarkomen sind solche aus

den intraduralen Teilen nur vereinzelt beschrieben. In der überwiegenden Mehrzahl der Fälle war der Ursprung im Bereich der Nerven der Extremität und den zugehörigen Cervical- und Lumbalplexus gelegen. Dabei nimmt die Häufigkeit der Sarkomentwicklung peripherwärts ab. Auch ist festgestellt worden, daß die Geschwülste häufiger von den tieferen Nervenstämmen, seltener von Subcutannerven sich entwickelten. Hirnnervenlokalisation bis auf den Vagus ist selten. Bei den Sarkomen in den tieferen Halsteilen oder im Mediastinum läßt sich der Ausgangspunkt häufig nicht sicher feststellen. Wahrscheinlicher Entstehungsort sind dann doch der Vagus oder seine Äste, oder der sympathische Grenzstrang. Weitere Entwicklungsorte sind Magen und Zwölffingerdarm, dann in der Regel mit dem Befund von Neurofibromen auch sonst in den Wandungen des Magen-Darms; weiter — selten — die Lunge. STEWART-COPELAND haben ein neurogenes Ovarialsarkom beschrieben. Die visceralen Sarkome nehmen vom Vagus oder Sympathicus den Ausgang. Auch primäre Multiplizität der Sarkome also mehrere Sarkome schon bei der ersten Diagnosestellung, ist wiederholt beschrieben. RINGERTZ und EHRNER erwähnen 9 Fälle = 8,4%. Erneute maligne Degeneration, d. h. Entstehung eines oder mehrerer neuer Sarkomgeschwülste an anderer Stelle, wurden in 6 Fällen beobachtet. In HABERMANNS Fall entwickelte sich nach Herausnahme eines „Fibrosarkoms" des N. ischiadicus ein neues im N. ulnaris. Nach Herausnahme dieses Entstehung eines „Fibrosarkoms" in der Occipitalregion. Vielfach dürfte aber doch die sekundäre Multiplizität eine primäre bei langsamer Entwicklung schon bei Vorhandensein einer großen Sarkomgeschwulst sein (Literatur bei RINGERTZ und EHRNER).

Metastasen wurden bisher in rund über 25% der Sarkomfälle beobachtet. Die verschiedensten Organe, Lunge, Pleura, Nebenniere, Skelet, Zwerchfell, Lymphknoten, Ovarien, Dura mater, Bauchfell waren Sitz derselben. Besonders häufig waren die Lungen befallen (HAMPERL, SPÜHLER, RINGERTZ und EHRNER; s. auch ORZECHOWSKI). Rezidivbildung ist häufig (O. MONOD und Mitarbeiter). Dabei kann die Rezidivgeschwulst sich zeitlich kurz nach dem operativen Eingriff entwickeln. Möglicherweise kommt dem Operationstrauma immerhin eine Bedeutung für die Sarkomentwicklung zu (O. MONOD und Mitarbeiter). Auch wiederholte Rezidivbildung ist beobachtet. Bei einer neuen Rezidivbildung in der Umgebung ist immer an die Neuentstehung eines Sarkoms zu denken. Oft wachsen die Rezidive schneller als die Erstgeschwülste und sind destruierend.

Wie die gutartigen Neurofibrome, entstehen auch die Sarkome aus der Kontinuität der in der Regel neurinomatös veränderten Nerven. Dabei scheinen sie zunächst gut abgekapselt. Bei Entwicklung aus Hautneurinomen können sie papillären Bau und sekundäre Ulceration aufweisen. Mitunter sind sie auch rankenförmig und gehen mit elephantiastischen neurinomatösen Wucherungen einher. „Mediastinalsarkome" lassen die deutliche Abkapselung vermissen. Sie können in den Thoraxraum einwachsen, dabei die Lungen komprimieren oder infiltrieren. Der Bau kann lappig sein, das Gewebe weich und sulzig. Nekrosen, Blutungen und Erweichungscysten können sich finden. Bei schnellem Wachstum können sie oft recht groß — bis Mannskopfgröße ist beschrieben — werden. Doch kann auch die Größenzunahme wie bei den gutartigen Neurinomen sich über mehrere Jahre hin erstrecken.

Die sinngemäße Einteilung der malignen Neurinome ist die in Geschwülste, welche von dem neurinomatösen Gewebe, also vom *Neuroepithel*, sich entwickeln, maligne Neurinome im eigentlichen Sinn, *malignant Neurilemmoma* (FOOT), und die von den bindegewebigen Nervenscheiden oder von den bindegewebigen Anteilen, also vom *Mesenchym* ihren Ausgang nehmen, neurogene *Sarkome* (s. auch SAXÉN). Die histologischen Befunde der *malignen Neuroepitheliome* haben in den letzten Jahren mehrfache Darstellung erfahren (A. P. STOUT 1949, G. LOYCKE). Es handelt sich vielfach um tubular strukturierte, manchmal cystopapillär gebaute, carcinom*ähnliche* Geschwülste (Abb. 20). Die histologischen Befunde der neurogenen *Sarkome* sind die eines fibroplastischen Sarkoms, wobei der Kernreichtum wechselt, ebenso der Fasergehalt, aber auch weniger ausgereifte sarkomatöse Strukturen rein cellulärer Art sich finden. Die Diagnose ergibt sich hier aus den allgemein für die Sarkome charakteristischen histologischen Bildern; die für die neurogenen Sarkome als diagnostisch verwertbaren Befunde sind nicht derart, daß sie als Besonderheiten vor anderen indifferenten und fibroplastischen Sarkomen Verwertung finden können.

Im Vergleich zu den neurogenen Sarkomen sind die malignen Neurinome selten. Sie wachsen teils infiltrierend, teils erscheinen sie von der Umgebung deutlich abgesetzt. Sie zeigen (tragen sie nicht Epithelcharakter) einen Aufbau aus Zellhaufen mit großen spindel- und eiförmigen, auch rundlichen, zum Teil Vacuolen enthaltenden Elementen mit großen Kernen von Ei- und rundlicher Form. Zwischen den Zellen finden sich auch Fasern. Auch sind Kernanordnungen in nicht immer sehr deutlicher Palisadenform zu beobachten. Ähnlichkeiten mit SCHWANNschen Elementen und mit Neurinomstrukturen lassen sich feststellen. Das Cytoplasma der Zellen färbt sich nach v. GIESON gelblich, mit der Trichrommethode rötlich (FOOT). Mitosen werden beobachtet. Variabilitäten der Zellgröße, auch der Größe der Kerne kommen vor.

Beschrieben sind weiter als charakteristisch lockig-wellige, sich durchflechtende Faserbündel mit sternförmigen Strukturen, syncytiale Zellverbände, auch größere riesenzellenähnliche Elemente; myelinhaltige Nervenfasern wurden zum Teil gefunden, zum Teil nicht. Nach

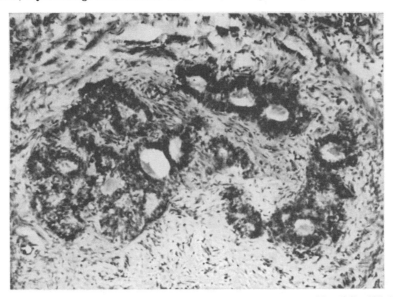

Abb. 20. Peripheres rezidivierendes lokal destruierendes Neuroepitheliom des rechten N. radialis, 47jährige Frau. (Präparat Pathologisches Institut der Freien Universität Berlin TN 1438/1439/53, Inaug.-Diss. LOYCKE.) — Drüsenartige Epithelgirlanden. — Paraffin, Schnittdicke 12 µ, Hämatoxylin-Eosin, Vergr. 1:180, Mikrophotogramm.

FOOT liegt das an der mangelnden Verläßlichkeit der Silbermethoden. Er empfiehlt die NONIDEzsche Modifikation der CAJALschen Technik.

GESCHICKTER hat bei den neurogenen Geschwülsten neben den Neurinomen, Myxoidneurinomen — solche mit myxoider Umwandlung — auch die neurogenen „Sarkome" unterschieden. Er charakterisiert ihren Bau als ausgezeichnet durch sich durchflechtende Reihen in die Länge gezogener Spindelzellen, gewellte Fasern und Tumorriesenzellen. Auch erwähnt er epithelartige Formationen. Sie sind selten. Er und COPELAND fanden die Geschw lste auch am Knochen und betonen ihre Malignität. G. HERZOG hat eine derartige Beobachtung mit Ausgang vom N. radialis im Sulcus radialis humeri bei einem 14jährigen Mädchen beschrieben und schildert als Eigentümlichkeit hohen Zellreichtum, großen Zelltyp, Mitosenbefund und eine geringe Bindegewebsbeteiligung im allgemeinen. Die Zellen waren stark basophil, hatten reichliche Fortsätze, die von den Zellpolen, wimpel- und strähnenartig, aber auch seitlich mehr sternförmig abgingen. Zwischen den Zellen und den Fortsätzen verliefen feine Bindegewebsfasern, die von Blutgefäßen ihren Ausgang nahmen. Teilweise waren die Bindegewebsfasern auch hyalin verquollen. Es fand sich stellenweise Hämosiderinablagerung in dem Geschwulstgewebe. In den Geschwulstzellen selbst, vorwiegend um den Kern herum, oft aber noch bis in die feinen verzweigten Ausläufer hinein, feinkörniges Melaninpigment. HERZOG rügt mit Recht die Bezeichnung derartiger Geschwülste als „Sarkom". Es muß „Carcinom" heißen. Ein primäres intramedulläres neurogenes Sarkom der Ulna fand J. H. PEERS bei einem 55jährigen. Doch ist der Fall nicht eindeutig.

In einem Falle von BRANDES ließ sich eine starke Umscheidung der Geschwulstkomplexe durch reichlich entwickeltes Bindegewebe feststellen. Man kann hier eine induktorische Wirkung des Geschwulstgewebes auf das bindegewebige Wachstum annehmen. Es wäre damit ein Weg zur Erklärung des Zusammenvorkommens von malignem Neurinom und neurogenem Sarkom nach Art eines Komplikationstumors (R. MEYER) gegeben.

Erblichkeit.

Die Frage der Erblichkeit ist schon frühzeitig durch die Beobachtung gehäufter Fälle in Familien und Sippen an die Ärzte herangetreten. Dementsprechend ist die Literatur darüber eine große (s. ORZECHOWSKI, GAGEL, SIEMENS, HOEKSTRA, SCHRÖDER, KLINGER, HARBITZ, GEIER und PETERSEN, KEITH, METZLER). METZLER stellte in insgesamt 387 Fällen Heredität und familiäres Auftreten fest.

Die Krankheit wurde in 1 Falle in 6, in 2 Fällen in 5, in 5 Fällen in 4, in 61 Fällen in 3, in 151 Fällen in 2 Generationen beobachtet. In 34 Fällen waren Geschwister erkrankt, in 8 Fällen zeigten auch sonstige Familienmitglieder Vorkommen eines typischen Falles von RECKLINGHAUSENscher Krankheit neben charakteristischen Symptomen zweiter Ordnung bei den übrigen Familienmitgliedern (s. auch STANGE). In 25 Fällen ließ sich Heredität ohne genaue Angaben über den Erbgang feststellen. Dabei war die Zahl der von der v. RECKLING-HAUSENschen Krankheit befallenen Mitglieder einer Familie zum Teil recht beträchtlich. In einer Beobachtung von CURTIUS 7 — 2 Generationen—; in dem Falle von NONNE 8 — 3 Generationen — und 44 — 6 Generationen — in dem Falle von GARTNER-FRAZIER. Die Vererbung manifestierte sich am häufigsten in ununterbrochener Reihenfolge; es wird also die Krankheit direkt von den Eltern auf die Kinder übertragen. Demgegenüber tritt die Zahl der Fälle, in denen die Mitglieder einer Generation phänotypisch frei von Erscheinungen waren und nur die Rolle von Konduktoren spielten, weit zurück. Hier erfolgte die Übertragung der Erkrankung von der ersten latent durch die zweite auf die dritte Generation, oder sie trat in der Deszendenz bei Seitenverwandten auf, nicht aber bei den Eltern. In vereinzelten seltenen Fällen ist die Vererbung mit gleichem Sitz der Affektion beschrieben (BRUNS: Rankenneurom in der linken Schläfengegend bei 2 Brüdern; CZERNY: Geschwulst in der Gegend der oberen Brustwirbel bei Mutter und Tochter; VOLKMANN: angeborenes Rankenneurom in der Hals-Wangengegend bei Bruder und Schwester; HEINRICH: Lappenbildung an der Nase bei Großvater und Enkelkind; MENKE: spindelförmige Geschwulst in der Medianusbahn des rechten Unterarms, Beobachtung durch 3 Generationen). Die Zahl dieser Beobachtungen scheint aber noch zu gering, um in bezug auf die Lokalisation des geschwulstigen Prozesses der Heredität eine Rolle zuzuschreiben. Die Grundlagen hierfür müßten noch verbreitert werden.

Die Mehrzahl der Beobachtungen spricht, da die Erscheinungen in der Deszendenz immer mehr abortiv werden, für ein im wesentlichen dominant vererbtes Leiden. So fanden z. B. DAVENPORT und PREISER unter 115 Kindern von Behafteten 44% Wiederbehaftete, was gut zu der theoretischen Erwartung bei Dominanz (50%) paßt. SIEMENS nimmt eine zum mindesten sehr unregelmäßige Dominanz an. Dafür spricht ihm die äußerst geringe Fruchtbarkeit der Recklinghausenkranken. „Ein Leiden mit streng dominantem Erbgang würde längst ausgestorben sein, wenn sich die Behafteten so kümmerlich fortpflanzen; die Fortpflanzung der krankhaften Erbanlagen geschieht viel häufiger durch anscheinend Gesunde als durch Behaftete." Ähnlich HARBITZ: Die Kranken sterben *mit* dem Leiden, nicht *an* ihm; auch er beurteilt die Dominanz also kritisch.

Der Erbgang ist nicht geschlechtsgebunden. Männer und Frauen erkranken in annähernd gleicher Häufigkeit. Nur in wenigen Fällen war das männliche Geschlecht bevorzugt, in anderen nur die weibliche Nachkommenschaft. Beim Studium aller einschlägigen Fragen ist wesentlich, daß das Krankheitsbild bei den einzelnen Familienmitgliedern hinsichtlich Grad der Ausbildung wechselt, und daß auf Abortivformen genau untersucht werden muß. APERT vertritt nach der Richtung hin die Ansicht, daß familiäres Auftreten zweifellos die Regel sei, wenn man auch auf Abortivformen besonders achten würde. Es gilt dies besonders für die monosymptomatischen Formen. Bei dem Wechsel des Auftretens der Krankheit in den einzelnen Lebensjahren müßte bei einer mit der krankhaften Erbanlage behafteten Familie wiederholt auch zu späteren Zeitpunkten untersucht werden. Das kommt besonders für Kinder und jugendliche Erwachsene in Frage. Es läßt sich annehmen (PRUDEN), daß bis zum 34. Lebensjahr irgendwelche Erscheinungen doch aufgetreten sind. Doch kommen Ausnahmen vor, die ersten Symptome werden auch in noch späterem Lebensalter bemerkt.

Die jeweilige Erscheinungsform der Krankheit scheint neben der Durchschlagkraft der Anlage noch von akzidentellen Faktoren wie Trauma, Infektion und Intoxikation abhängig. Die Anlage selbst wird sowohl vom Mann als von der Frau übertragen[1].

---

[1] Als ursächliche Bedingungen für die Veranlagung nimmt INGLIS in ihrem Wesen noch nicht erkannte Faktoren an. Er unterscheidet zwischen einem wesentlichen Grundfaktor, der während der Zeit nach der Befruchtung des Eies bis zu der Entwicklung des Nervengewebes im Embryo wirksam ist, und einem neuralen Faktor, welcher für die Veränderungen der Neurofibromatose selbst maßgeblich ist.

Wesentlich ist, wie betont, die geringe Fruchtbarkeit der Recklinghausenkranken. FISCHER fand unter 97 Verheirateten 27, das sind fast 28%, ohne Kinder. Eheschließungen sind wegen der durch die Krankheit bedingten Entstellung relativ selten und spät. So ist die Durchschnittsfruchtbarkeit der Recklinghausenkranken niedrig. Hinzu treten noch inkretorische Störungen des Genitales (beim Manne Impotenz und Asexualität, bei der Frau verspäteter Menstruationsbeginn und vorzeitiges Eintreten der Menopause; auch finden sich hier nicht selten Beckendeformitäten). Für die Frage der Fortpflanzung und der Krankheitsübertragung auf die Nachkommen scheint so der Schluß gerechtfertigt, daß im allgemeinen die leicht Erkrankten mit den abortiven Erscheinungen als Anlageüberträger in Frage kommen.

Schlußbetrachtung.

Wir gingen von der Lehre der Geschwulstentstehung aus einer fehlerhaften Entwicklung und Differenzierung des SCHWANNschen Zellsystems aus. Die Berechtigung dieser neurogenen Anschauung ergibt sich aus der nachgewiesenen nervalen Herkunft der Geschwulstzellen, aus dem Vorkommen von Keimzentren, die als Bildungsnester und Proliferationszentren in Nervengeschwülsten auch sonst beobachtet werden, aus dem Faserbau, wobei die Fibrillen besondere, von den gliösen Fasern unterscheidbare Strukturen und Differenzierungsprodukte der SCHWANNschen Zellen sind, schließlich aus den Wirbelbildungen, die als für die besondere Form der „sensiblen" Neurinome typische, den Bau von Tastkörperchen nachahmende Gebilde anzusprechen sind.

Der neuroektodermalen Entstehung haben KRUMBEIN, PENFIELD und JUNG die mesenchymale gegenübergestellt. Das Geschwulstgewebe soll sich aus den bindegewebigen Nervenscheiden, vor allem aus dem Endoneurium entwickeln und die feinen Fasern von dem feinfaserigen Endoneuriumgewebe stammen — Fibroma tenuifibrillare (KRUMBEIN). Die Ansicht stützt sich besonders auf färberische Reaktionen. Aus der färberischen Faserreaktion auf ihre Histogenese zu schließen, ist aber unmöglich. ORZECHOWSKI hat schon die mesenchymale Theorie zurückgewiesen und verweist dabei auf das histologische Gesamtbild, den Wechsel der Kern- und Zellgröße, die mehrkernigen Zellen, das Neurohyalin, die retikulierten Strukturen, das Auftreten junger Nervenfasern in den Geschwülsten, besonders auf das Vorkommen der zentralen Neurinome, die als Abkömmlinge desselben Zellstammes den peripheren histogenetisch gleichzusetzen sind. SCHERER hat sich dem angeschlossen, wenn er auch meint, im Einzelfall könnten die charakteristischen Eigentümlichkeiten fehlen, gelegentlich könne der Befund auch anders deutbar sein, und die Unterscheidung zwischen nervöser und bindegewebiger Fasernatur sei äußerst schwierig, mitunter unmöglich.

Die neurogene Auffassung der Neurinome ist die zur Zeit am besten gestützte (s. auch SAXÉN). Der Kernpunkt der Krankheit ist die Entwicklungsstörung, die genomartig bedingt ist (FR. BÜCHNER). Sie ist die Grundlage der Zellwucherung, die im einzelnen in ihrem endgültigen Erscheinungsbild, mitunter weitgehend, modifiziert sein kann. Die Tatsache der dysontogenetischen Grundlage ergibt sich auch aus der immer wieder festgestellten Koppelung anderer Entwicklungsstörungen mit der RECKLINGHAUSENschen Krankheit. Es gibt kaum eine gröbere Verbildung des Körpers, die nicht in dem einen oder anderen Falle von RECKLINGHAUSENscher Krankheit schon mitbeobachtet wäre. Das gilt auch für die Vereinigung mit Gliomen, die ebenfalls dysontogenetischer Natur sind. Unseres Erachtens handelt es sich hier nur um ein Nebeneinander beider Geschwulstformen, nicht um engere genetische Beziehungen. Das gleiche gilt auch unseres Erachtens für die Vereinigung mit der Syringomyelie (Lit. s. GAGEL, MARTZ, DE BUSSCHER, SCHERER und THOMAS). Auch hier ist nur ein Nebeneinander der die Grundlagen beider Krankheiten abgebenden Entwicklungsstörungen anzunehmen. Mit dem Liegenbleiben unverbrauchter Seitenwandspongioblasten hat genetisch die Neurinombildung nichts zu tun. Für die tuberöse Sklerose ist der Standpunkt der Parallelentwicklung beider Krankheiten ja allgemein anerkannt.

Die Verkettung der Neurinome mit den verschiedenen Fehlbildungen des Zentralnervensystems und den hieraus entwickelten Geschwülsten kann so aus der Herkunft aus dem gleichen dysgenetischen und damit blastomatös disponierten Boden dem Verständnis nähergebracht werden.

Schwieriger ist das für ein bei RECKLINGHAUSENscher Krankheit häufiger beobachtetes Vorkommen von Paragangliomen (HERXHEIMER und ROTH, MARTZ, AMMERSBACHER, BRENNER, KONCETZ und NAGEL, BERKHEISER und RAPPOPORT). Hier kommt man zur Zeit über den Hinweis auf eine möglicherweise im Zentralnervensystem und auch im Sympathicus als dem Boden, aus dem die Nebennierenmarkgeschwülste sich entwickeln, vorhandene Neigung zu Entwicklungsstörungen nicht hinaus.

Auch über die Beziehungen der RECKLINGHAUSENschen Krankheit zu den Naevusbildungen läßt sich, selbst wenn man der MASSONschen Auffassung der nervösen Entstehung der letzteren aus den SCHWANNschen Zellen zustimmt, nichts Bestimmtes sagen, und die Art der ursächlichen Bindungen ist ungeklärt.

Sicher scheint uns nur das Folgende: Der formalgenetische Faktor für die Geschwulstentstehung ist die Bewegungshemmung der SCHWANNschen Elemente von der zentralen Stätte ihrer Bildung nach der Peripherie; ihr Abmarsch unterbleibt. So ergeben sich abwegige Zellkompositionen, und die illegale Topik führt zur geschwulstigen Zellwucherung. Es sind dieselben Verhältnisse wie bei den Gliomen, bei denen wir ja auch die formale Grundlage in der unterbliebenen Kinese primärer Spongioblasten aus ihrem Entstehungsort des periventrikulären Marklagers sehen. Sodann: Für das jeweilige endgültige Erscheinungsbild der Krankheit spielt die Zeit, in der die Störung der Abwanderung erfolgt, die grundsätzliche Rolle. Es gibt wenig Beispiele in der Geschwulstlehre, die besser als das bei der RECKLINGHAUSENschen Krankheit der Fall ist, die Bedeutung der onkogenetischen Terminationsperiode für die formale Genese und Lokalisation der Geschwülste vor Augen führen.

Herrscht so unseres Erachtens formalgenetisch Klarheit, so fehlt noch vollkommen die Einsicht in die Faktoren, welche die Störung der Zellabwanderung verursachen und damit die Geschwulstanlagen schaffen. Das gleiche gilt für die Momente, die den unterschiedlichen Bau der peripheren und zentral gelagerten Neurinome verursachen. Wir kennen zur Zeit die Gründe für den mitunter so weitgehend fibromatösen Charakter der peripheren Neurinome noch nicht. Ob das Alter der Geschwülste eine Rolle spielt oder im Neurinomgewebe entstehende besondere Wuchsstoffe zur bindegewebigen Hyperplasie Veranlassung geben (FEYRTER), ist noch durchaus fraglich (s. auch JOHN und ORMEA). Das gleiche gilt von der Ansicht einer besonderen Reizwirkung bei der Neurinomentstehung (FEYRTER). Schon HACKEL hat von einer zentripetalen Toxinwirkung der Nervenfasern auf die SCHWANNschen Zellen gesprochen. FEYRTER denkt an eine angeborene oder erworbene funktionelle Schwäche, eine besondere Reaktionslage des vegetativen Nervensystems; gewisse, bisher nicht bekannte Schädlichkeiten sollten das Neurinomwachstum bedingen. Hierbei spiele möglicherweise eine sog. allergische Konstitution mit eine Rolle, deren im Einzelfalle wechselnde Beziehungen in verschiedener Weise wirksam zur Geschwulstbildung führen. Es wird dabei auf den von GOTTRON betonten Zusammenhang zwischen dem ersten Auftreten von Neurinomknoten in der Haut und exanthematischen Infektionskrankheiten im Kindesalter hingewiesen, wobei sich die Annahme der Allergie als pathogenetischer Komponente auf das Vorkommen von endokrin bedingter Enteropathie, Colitis mucosa, Polyarthritis, Eosinophilie des Knochenmarks, besonders auf die Ähnlichkeit neurinomatöser Wucherungen mit Periarteriitis nodosa stütze. Man sieht hier eine Vielheit von Hypothesen, deren Unterlagen und Stützen in keiner Weise gesichert sind. Schon HACKEL hat auf die Schwierigkeiten der Erklärung besonders hingewiesen und dabei „das Rätsel des Herdförmigen" herausgestellt, ohne zu einem Ergebnis zu gelangen. Man wird gut tun, sich auf den augenblicklichen Wissensstand zu beschränken.

Der Rahmen der RECKLINGHAUSENschen Krankheit ist weit, und die Auffassung des Krankheitswesens als eines dysgenetischen blastomatösen Geschehens allein wird ihr nicht voll gerecht. Sie bedarf durch den Hinweis auf die miteinhergehende Manifestation einer „allgemein degenerativen Konstitution" der Recklinghausenkranken einer wesentlichen Ergänzung. Es wurde oben schon auf die Erscheinungsformen einer derartigen allgemeinen Dysplasie (STARCK, BÖTTNER, E. MARTIN), die an den verschiedensten Symptomengruppen somatischer und neuroendokriner Art an Organen und Organsystemen zu beobachten ist, bei dem ausgesprochenen Prozeß der RECKLINGHAUSENschen Krankheit hingewiesen. Sie finden sich auch bei den nur schwer erkennbaren abortiven Fällen und bieten hier einen wichtigen Hinweis für ihre Diagnose. Vielleicht ist in dem Studium der abortiven Fälle mit ihren Begleiterscheinungen wie für die Klinik auch für die morphologische Pathologie ein Weg gegeben, in der Kenntnis der noch ungeklärten Probleme der Krankheit weiter zu kommen.

Literatur.

Zusammenfassende Darstellungen.

ADRIAN: Über Neurofibromatose und ihre Komplikationen. Beitr. klin. Chir. **31** (1901). — Die multiple Neurofibromatose. Zbl. Grenzgeb. Med. u. Chir. **6** (1903). — ANTONI, N. R. E.: Über Rückenmarkstumoren und Neurofibrome. München u. Wiesbaden: J. F. Bergmann 1920. CARRIÈRE-HURICZ et GERVOIS DUPRET: La gliofibromatose de Recklinghausen. Paris: G. Doinulie 1938.

GAGEL, O.: Neurofibromatose (RECKLINGHAUSENsche Krankheit). In Handbuch der Neurologie, herausgeg. von O. BUMKE u. O. FOERSTER, Bd. 16, S. 289. 1936.

HERXHEIMER, G., u. W. ROTH: Zum Studium der RECKLINGHAUSENschen Neurofibromatose. Beitr. path. Anat. **58**, 319 (1914).

ORZECHOWSKI, K.: Neurinome. In Handbuch der Haut- und Geschlechtskrankheiten, herausgeg. von J. JADASSOHN, Bd. 12/2, S. 163. 1932.

SAALFELD, E., u. U. SAALFELD: Die RECKLINGHAUSENsche Krankheit. In Handbuch der Haut- und Geschlechtskrankheiten, herausgeg. von J. JADASSOHN, Bd. 12/2, S. 65. — SAXÉN, E.: Tumours of the sheats of the peripheral nerves. (Studies on their structure, histogenesis and symptomatology.) Acta path. scand. (Kⱔbenh.) Suppl. **79** (1948). — SCHERER, H.: Untersuchungen über den geweblichen Aufbau der Geschwülste des peripheren Nervensystems. Virchows Arch. **292**, 479 (1934). — STOUT, A. P.: Tumoren des peripheren Nervensystems. Atlas of tumour pathol. Armed forces institute of pathology. Washington 1949.

VEROCAY, J.: Multiple Geschwülste als Systemerkrankung am nervösen Apparat. Festschrift für H. CHIARI. Leipzig 1908. — Zur Kenntnis der „Neurofibrome". Beitr. path Anat. **48**, 1 (1910).

Sonstige Veröffentlichungen.

ALBRIGHT: J. Mt. Sinai Hosp. **12** (1945/46). — ALTMANN, T.: Zur Kenntnis der primären Geschwülste des Trigeminus und des Ganglion Gasseri. Beitr. path. Anat. **80**, 361 (1928). — AMMERSBACHER, W.: Über klinische Hirnveränderungen bei tuberöser Sklerose und zentraler Neurofibromatose. Arch. f. Psychiatr. **107**, 113 (1938). — Phäochromocytom der linken Nebenniere. Arch. f. Psychiatr. **107**, 113 (1938). — ASKANAZY, M.: Über multiple Neurofibrome in der Wand des Magen-Darmkanals. Arb. path.-anat. Inst. Tübingen **2**, 452 (1894—1899). — Über schwer erkennbare Neurofibromatosen. Zbl. Path., **85**. Verslg dtsch. Naturärzte u. Ärzte Wien 22.—24. Sept. 1913. — Rankenneurom des Mesenteriums und plexiformes Ganglioneurofibrom des MEISSNERschen Plexus. Freie Ver.igg Schweiz. Pathol. 1. Tgg. 2. Juni 1935 in Bern. Schweiz. med. Wschr. **1936**, Nr 3, 81.

BALTISBERGER, W.: Fall von Rankenneurom im Mesenterium des Dünndarms. Beitr. path. Anat. **70**, 459 (1922). — BARTA, W.: Pubertas praecox, bedingt durch Neurofibromatosis generalisata (RECKLINGHAUSENsche Krankheit). Ann. Paediatr. **170**, 1, 15 (1948). — BECK, E. Zwei Fälle von Neurofibromatose mit Befallensein des Zentralnervensystems. Z. Neur. **164**, 748 (1939). — BERKHEISER, S. W. W., and A. E. RAPPOPORT: Unsuspected phaeochromocytoma of the adrenal. Amer. J. Clin. Path. **21**, 657 (1951). — BERTRAND, J., W. BLANCHARD et L. VEDEL: Deux cas de neurofibromatose du bœuf. Soc. Neur. Paris 7. Nov. 1935. Revue neur. **64**, 2, 785 (1935). — BIELSCHOWSKY, M., u. M. ROSE: Zur Kenntnis der zentralen Veränderungen bei RECKLINGHAUSENscher Krankheit. J. Psychol. u. Neur. **35**, 42 (1927). — BLACKWOOD, J. J., and R. B. LUKAS: Neurofibroma of the mandible. Proc.

Roy. Soc. Med. 44, 864 (1951). — BLOCH, F. J.: Retinal tumor associated with neurofibromatosis von RECKLINGHAUSEN's disease. Arch. of Ophthalm. 40, 433 (1948). — BOEMKE: Neurofibromatose des Mesocolons. Rhein.-westf. Pathol. 26. Mai 1951. Zbl. Path. 88, 136 1952). — BOENHEIM: Polyostotische fibröse Dysplasie. Dtsch. med. Wschr. 1950, 46, (1569. — BRENNER, F., H. KONZETT u. F. NAGEL: Über ein Phäochromocytom der Nebenniere. Münch. med. Wschr. 1938, Nr 24, 914. — BÖTTNER, H.: Dystrophia ontogenetica. Med. Klin. 1949, 4. — BRÖGLI, M.: Ein Fall von Rankenneurom mit Tastkörperchen. Frankf. Z. Path. 41, 595 (1931). — BRUNNER, H.: Zur Pathologie und Klinik der Acusticustumoren. Klin. Wschr. 1935, Nr 11, 383. — BÜCHNER, FR.: In ERICH LEXER, Lehrbuch der allgemeinen Chirurgie; neue Bearbeitung von Prof. Dr. G. REHN, 2. umgearbeitete Auflage 1952. — BUSSCHER, J. DE, u. FR. THOMAS: RECKLINGHAUSEN's neurofibromatosis contined with tome syringomyelie. J. belge Neur. 10, 788 (1938).

CEDERMARK, J.: Neurinoma in the gastro-intestinal tract. Acta chir. scand. (Stockh.) 97, 473 (1949). — CLARENBURG: Neurofibromatosis beim Rind. Tijdschr. nederl. dierkd. Ver.igg 1929, 12. — CLARK, D. H., and W. R. MATHEWS: Simultaneous occurence of VON RECKLINGHAUSEN's neurofibromatosis and osteitis fibrosa cystica. Report of a case showing both diseases in addition to liposarcoma. Surgery 33, 434 (1953). — COENEN, H.: Ein sanduhrförmiges Neurinom des Schädels (mit einem mikroskopischen Bericht von H. KORBSCH). Dtsch. Z. Chir. 227, 467 (1930). — Doppelseitiges Neurinom des Acusticus. Probl. Neurochir. 15, 13 (1951). — CURTIUS, F.: Die organischen und funktionellen Erbkrankheiten des Nervensystems. Stuttgart: Ferdinand Enke 1935. — CUSHING, H.: Intrakranielle Tumoren. Berlin: Springer 1935.

DIENER, E. M.: Über die Lokalisation der Geschwülste bei Neurofibromatosis Recklinghausen. Inaug.-Diss. Heidelberg 1950. — DOBBERSTEIN: Die Bedeutung der pathologischen Anatomie unserer Haustiere für die vergleichende pathologische Anatomie. Virchows Arch. 302, H. 1, 5. — DORDICK, J. R.: Diverticula of the vermiform Appendix associated with an over growth of nerve tissue and a partial. Arch. of path. 27, 135 (1939).

EICHHOFF, E.: Über multiple periphere, reine Neurinome (mit einem mikroskopischen Bericht von H. KORBSCH). Arch. klin. Chir. 170, 246 (1932). — EIGLER, G.: Ein traumatisch entstandenes Neurofibrom des Facialis. Z. Laryng. usw. 28, 161 (1949). — ESSBACH, H.: Die Meningeome vom Standpunkt der organischen Geschwulstbetrachtung. Erg. Path. 36, 185 (1943).

FÄHR, J.: Über Plexuspsammome und ihre teratogenetische Bedeutung bei zentraler Neurofibromatose (VON RECKLINGHAUSEN). Zugleich ein Beitrag zur fehlerhaften Mesenchymation. Inaug.-Diss. Tübingen 1947. — FEYRTER, F.: Über Neurome und Neurofibromatose, nach Untersuchungen am menschlichen Magen-Darmschlauch. Wien: Wilhelm Maudrich 1948. — Über die vasculäre Neurofibromatose usw. Virchows Arch. 317, 21 (1949). — Die Pathologie der vegetativen nervösen Peripherie. Verh. dtsch. Ges. Path. (34. Tagg) 1950, 86. — Über die divertikulären Neurome. Ver. pathol. Anat. Wien 25. März 1952. Zbl. Path. 89, 126 (1952). — RECKLINGHAUSENsche Krankheit. Neurovegetatives Symposion in Überlingen 15.—16. Sept. 1951. Nervenarzt 1952, 227. — FLACHS, H.: Die Stellung der Neurofibromatose des Rindes zu den Neurinomen VEROCAYS. Inaug.-Diss. München 1933. — FOERSTER, O., u. O. GAGEL: Ein Fall von RECKLINGHAUSENscher Krankheit mit fünf nebeneinander bestehenden verschiedenartigen Tumorbildungen. Z. Neur. 138, 340 (1932). — Zentrale diffuse Schwannose bei RECKLINGHAUSENscher Krankheit. Z. Neur. 151, 1 (1934). — FROBOESE, C.: Intraalbuginäres Neurofibrom des Corpus cavernosum urethrae penis (gutartiger Penisschafttumor). Hautarzt 5, 473 (1954). — FURT and CUSTER: Granular cells tumors. Amer. J. Clin. Path. 19, 522 (1949).

GAGEL, O.: Tumoren der peripheren Nerven. In BUMKE u. FOERSTERS Handbuch der Neurologie, Bd. 9, S. 216. 1935. Bd. 16, S. 289. 1936. — GAMPER, E.: Zur Kenntnis der zentralen Veränderungen bei Morbus Recklinghausen. J. Psychol. u. Neur. 39 (1929). — GERSTENBERGER, W.: Hypertrophische Neuritis, Rankenneurom und plexiformes Neurom., Neurofibromatose RECKLINGHAUSEN. Ein literarischer Überblick und Vergleich. Inaug.-Diss. Heidelberg 1950. — GESCHICKTER, CH. T.: Tumors of the peripheral nerves. Amer. J. Canc. 25, 377 (1935). — GEYER, H., u. O. PEDERSON: Zur Erblichkeit der Neubildungen des Zentralnervensystems und seiner Hüllen. Z. Neur. 165, 284 (1939). — GJERTZ u. HALLERSTRÖM: Tumeur des ganglion de Gasseri. Acta med. scand. (Stockh.) 63 (1923). — GOTTRON, H.: Hautkrankheiten unter dem Gesichtspunkt der Erblichkeit. Jena: Gustav Fischer 1935. — GÜTHERT, H.: Ein malignes Neurinom des Knochens. Zbl. Path. 88, 185 (1952).

HACKEL, W.: Über das Neurinom (Lemmom) der Gehörnerven. Beitr. path. Anat. 88, 60 (1932). — HALBERTSMA, K. T. A.: Familiäre Neurofibromatosen (RECKLINGHAUSEN). Graefes Arch. 134, 167 (1935). — HARA, A., u. Y. TODOROKY: Über einen Sektionsfall des von der vorderen Wurzel des zweiten Zervikalnerven aus entstandenen subduralen Neurinoms. Gann (Jap.) 33, 42 (1939). — HARBITZ, F.: Über Geschwülste der Nerven und multiple Neurofibromatosis. Norsk. mag. Laegevidensk. 1909. — En Familie med multipel neurofibromatose (v. RECKLINGHAUSEN's sykdom). Norsk mag. Laegevidensk. **1938**, 609. — HELANEN, S. S.: Peculiar connective tissue tumor of the hairy scalp. (Tactile corpuscle neurinoma ?) Acta path. scand. (Københ.) **24**, 299 (1947). — HELA, J. R.: Les neurinomes du larynx et la neurofibromatose de RECKLINGHAUSEN. Pract. otol. etc. (Basel) **12**, 165 (1950). — HENSCHEN, F.: Über Geschwülste der hinteren Schädelgrube, insbesondere des Kleinhirn-brückenwinkels. Klinische und anatomische Studie. Jena 1910. — HERXHEIMER, G.: Über die RECKLINGHAUSENsche Krankheit. Verh. dtsch. Naturforsch., 85. Verslg Wien 1913. 2. Tgg. 2. Hälfte, S. 184. — HERZOG, G.: Spezifische Pathologie des Skeletts und seiner Teile. Die primären Knochengeschwülste. In LUBARSCH-HENKES Handbuch der pathologischen Histologie, S. 368. 1944. — HEUSCH: Über die Beziehungen des Sympathicus zur Neurofibromatose und dem partiellen Riesenwuchs. Virchows Arch. **255**, 71 (1925). — HÖHLE, P. G.: Ein neurinoblastisches Sarkom des Magens. Arch. Geschwulstforsch. **3**, 32 (1951). — HOEKSTRA, G.: Über die familiäre Neurofibromatose mit Untersuchungen über die Häufigkeit der Heredität und Malignität bei der RECKLINGHAUSENschen Krankheit. Virchows Arch. **237**, 79 (1922). — HOEVE, VAN DER: Augengeschwülste bei der tuberösen Hirnsklerose (BOURNE-VILLE) und anverwandten Krankheiten. Graefes Arch. **111**, 1 (1923).

INGLIS, K.: Amer. J. Path. **26**, 1059 (1950).

JENTZER, A., u. H. TATZER: Ein Fall von Ganglioneurofibromatose des Mesenteriums und des Darms mit maligner Umwandlung. Schweiz. med. Wschr. **1938**, 569. — JOHN, F., u. F. ORMEA: Zur Histogenese des Morbus Recklinghausen der Haut. Arch. f. Dermat. **192**, 478 (1951). — JOSEPHY: Ein Fall von Porobulbie und solitärem zentralem Neurinom (zugleich ein Beitrag zur Klinik der infundibulären Prozesse). Z. Neur. **93**, 62 (1924).

KAWASHIMA: Über einen Fall von multiplen Hautfibromen mit Nebennierengeschwulst. Ein Beitrag zu den sog. Morbus Recklinghausen. Virchows Arch. **203**, 66. — KEITH: J. of Path. **62**, 519 (1950). — KIRCH, E.: Zur Kenntnis der Neurinome bei RECKLINGHAUSENscher Krankheit. Z. Neur. **74**, 379 (1922). — KIRKY, M. R.: Amer. J. Med. Sci. **222**, 229 (1951). — KLEITSCH, W. P., and CH. F. FUTCH: Gastrointestinal hemorrhage due to neurofibromatosis. J. Amer. Med. Assoc. **147**, 1434 (1951). — KLINGER, B.: Multiple Sklerose und RECKLING-HAUSENsche Krankheit (Untersuchung der Sippe R.). Z. Vererbgs- u. Konstit.lehre **21**, 322 (1937). — KOLB: Beitrag zur Neurofibromatose. Sitzgsber. der Pathol. Ver. Berlin 26. Juni 1951. Zbl. Path. **88**, 67 (1951). — KORBSCH, H.: Zur Morphologie und Genese des Neurinoms. Arch. f. Psychiatr. **92**, 183 (1930). — Die Grundsubstanz der Neurinome. Z. Neur. **165**, 337 (1939). — KRAHN, H.: Untersuchungen an Neurinomen. Zbl. Path. **38**, 113 (1926). — KRAUS, J.: Zur Problematik der RECKLINGHAUSENschen Krankheit usw. Inaug.-Diss. Heidelberg 1951. — KREUZIGER, H., u. H. ASFEROTH: Ein Beitrag zur Neurofibromatose Recklinghausen. Ärztl. Wschr. **1950**, 269. — KRUMBEIN, C.: Über die Band- und Paradestellung der Kerne, eine Wachsform des feinfibrillären mesenchymalen Gewebes. Zugleich eine Ableitung der Neurinome (VEROCAY) vom fibrillären Bindegewebe (Fibroma tenuifibrillare). Virchows Arch. **255**, 309 (1925).

LAMBERS, K. v., u. J. C. ORTIZ DE ZARATE: Zentrale und periphere Neurofibromatose unter besonderer Berücksichtigung ihrer Beziehungen zur hypertrophischen Neuritis. Dtsch. Z. Nervenheilk. **169**, 259 (1953). — LANGER, E.: Die viscerale Neurinomatose mit besonderer Berücksichtigung der Lunge. Verh. dtsch. Ges. Path. (36. Tagg) **1953**, 367. — LISCH, K.: Über die Beteiligung der Augen, insbesondere des Vorkommens von Irisknötchen bei der Neurofibromatosis Recklinghausen. Z. Augenheilk. **93**, 137 (1937). — LÖBLICH, H. J.: Über Pancoast-Tumoren. Verh. dtsch. Ges. Path. (36. Tagg) **1953**, 364. — LOYCKE, G.: Über das Vorkommen neuroepithelialer Formationen in Neubildungen des peripheren Nervensystems. Inaug.-Diss. Berlin-West 1954.

MANTEUFFEL-SZOEGE, L.: Sur les neurofibrilles dans les névromes périphériques. Bull. Assoc. franç. Étude Canc. **28**, 307 (1939). — MARANGOS, G.: Über einen Fall von doppelseitigen Geschwülsten der Carotisdrüse. Chirurg **7**, 222 (1939). — MARQUIS, P. u. Mitarb.: Manifestations osseuses au cours de la neurofibromatose (Maladie de RECKLINGHAUSEN). J. de Radiol. **32**, 608 (1952). — MARTIN, E.: Klinische Ausdrucksformen der Neurofibromatose. Helvet. med. Acta, Ser. A 1948, 323. — MARTIN, J. F., J. BALL, V. DECHAUME et V. COLLET: Schwannome cutané a type paciniforme chez la chienne. Bull. Assoc. franç. Étude Canc. **28**, 689 (1939). — MARTZ, L.: Neurofibromatose des Sympathikus mit ungewöhnlicher Beteiligung des Rückenmarks, Gehirns und der Hypophyse. Frankf. Z. Path. **46**, 119 (1934). — MASSON, P.: Experimental and spontaneous Schwannomas (peripheral gliomas). Amer. J. Path. **8**, 367 (1932). — MASSON, P., et F. MARTIN: Rhabdomyomes des nerfs. Bull. Assoc. franç. Étude Canc. **37**, 751 (1938). — METCALFE, R. H.: Generalized neurofibromatosis. Involvement of right tibia etc. Proc. Roy. Soc. Med. **44**, 75 (1951). — METZLER, F.: Über die Vererbbarkeit der RECKLINGHAUSENschen Krankheit. Eine literarische Studie. Inaug.-Diss. Heidelberg 1849. — MONOD, O. u. Mitarb.: De la dégénérescence maligne de la neurofibromatose de RECKLINGHAUSEN après l'intervention chirurgicale. J. franç. Méd. et Chir. thorac.

52, 121 (1951). — MUBERT, H.: Neurinom unter dem Bild einer Nasenvorhofcyste. HNO, Beih. z. Z. Hals- usw. Heilk. **1947**, 40.

NESTMANN, F.: Zur Histologie der Neurinome. Virchows Arch. **265**, 646 (1927). — NOWOTNY u. VIBERATH: Zur Kenntnis der Neurinome des Trigeminus. Z. Neur. **150**, 75 (1934).

OBERNDORFER, S.: Neurome, Neurinome, Neurofibrome, Neurinofibrome, Rankenneurome, Ganglioneurome. In LUBARSCH-HENKES Handbuch, Bd. IV/3, S. 751. 1929. — OLTERSDORF, W.: Isolierter Morbus Recklinghausen in der Ohrregion. Zbl. Path. **87**, 129 (1951). — ORZECHOWSKI-NOWICKI: Zur Pathogenese und pathologischen Anatomie der multiplen Neurofibromatose und der Sclerosis tuberosa (Neurofibromatosis universalis). Z. Neur. **11**, 237 (1912). — OTT: Über peri- und endoneurale Wucherungen in den Nerven einiger Tierspezies. Inaug.-Diss. Bern. 1894.

PALUMBO, L. T.: Neurofibroma of the stomach etc. Arch. Surg. **62**, 574 (1951). — PATRASSI, G.: Über einen Fall von Tumor der Pia mater des Gehirns mit Neurinomstruktur. Zbl. Path. **52**, 209 (1931). — PEERS, J. H.: Primary intramedullary Sarcoma of the ulna. Amer. J. Path. **10**, 811 (1934). — PENFIELD, W.: Tumors of the sheats of the nervous system. Arch. of Neur. **27**, 1298 (1932). — Tumoren der Scheiden des Nervensystems. Internat. Kongr. Bern 3. Aug. 1931. Z. Neur. **61**, H. 7/8, 436. — PETTINARI, V.: Morbo cutaneo di ,,Recklinghausen" con localizzazione intestinale in degenerazione sarcomatosa e perforazione. Atti Soc. Lomb. Chir. **3**, 17 (1935). — PICK, L.: Über Neurofibromatose und partiellen Riesenwuchs, insbesondere über die sektorenförmige Kombination von partiellem Riesenwuchs des Darms mit mesenterialer Neurofibromatose. Beitr. path. Anat. **71**, 560 (1923).—PIRINGER-KUSCHINKA: Zur Histologie und Biologie der Neurome des Magen-Darmschlauches. Verh. dtsch. Ges. f. Pathol. **1949**, 258. — Zur Histologie und Biologie der Neurome des Magen-Darmschlauches. Acta neurovegetativa (Wien) **1**, 5 (1951). — PLATT, W. R., and I. R. EYNON: Amer. J. Path. **28**, 569 (1952). — POSTHUMUS, H.: Ein Fall von Fibroma nervorum. Inaug.-Diss. Freiburg 1900. — POURSINES, Y., et G. MONSTARDIER: Evolution sarcomateux d'une tumeur royale de l'épaule dans une maladie de RECKLINGHAUSEN. Bull. Assoc. franç. Étude Canc. **27**, 582 (1938).

RATZENHOFER, M.: Lipoidhaltiges Neurinom des Medianus. Zbl. Path. **73**, 75 (1939). — Wien. klin. Wschr. **1939**, 823. — Verh. dtsch. Ges. Path. (34. Tagg) **1950**, 124, 181. — Virchows Arch. **320**, 138 (1951). — RECKLINGHAUSEN, F. v.: Über die multiplen Fibrome der Haut und ihre Beziehung zu den multiplen Neuromen. Berlin 1882. — REICH, F. J.: Z. Neur. **8**, 244 (1906/07). — REUBI, F.: Rev. suisse Path. **7**, Nr 3 (1944). — RINGERTZ, N., u. W. EHRNER: Über Sarkombildung bei RECKLINGHAUSENscher Neurofibromatose (mit Beschreibung zweier neuer Fälle). Z. Neur. **176**, 297 (1943). — RÖSSLE, R.: Sogenannte Fibromatose der Sehnerven. Naturwiss. med. Ges. Jena 20. Juli 1936. Münch. med. Wschr. **1916**, 1331. — ROSENDAL, TH.: Some cranial changes in RECKLINGHAUSEN's Neurofibromatosis. Acta radiol. (Stockh.) **19**, 373 (1938). — RUDDER, F.: Un cas de neurofibromatose généralisée. Note sur la neurofibromatose généralisée. Note sur la neurofibromatose animale. Nouv. iconogr. Salpétrière **19**, 161 (1906).

SÁNTHA, K. v.: Diffuse Lemmoblastose des Zentralnervensystems. (Zentrale diffuse Schwannose FOERSTERS und GAGELS.) Z. Neur. **154**, H. 4/5, 763. — SCHEINKER, I.: Beitrag zur Frage der zentralen Neurinome. Z. Neur. **155**, 338 (1936). — SCHERER, H. J.: Zur Frage des Zusammenhangs zwischen Neurofibromatose (RECKLINGHAUSEN) und umschriebenem Riesenwuchs. Virchows Arch. **289**, 127 (1933). — Zur Differentialdiagnose der intracerebralen (,,zentralen") Neurinome. Virchows Arch. **292**, 554 (1934). — Beitrag zur Differentialdiagnose neurogener Geschwülste. Virchows Arch. **292**, 562 (1934). — SCHMIDT: Multiple Neurinome mit Beteiligung der Papillen. Klin. Mbl. Augenheilk. **101**, 115 (1938). — SCHMIDT, H.: Beitrag zum Neurinom des Magen-Darmkanals. Fortschr. Röntgenstr. **95**, 262 (1952). — SCHMINCKE, A.: Diffuse Neurinombildung in der Appendix. Z. Neur. **84**, 293 (1952). — In ASCHOFF, Spezielle pathologische Anatomie, Nervensystem 8. Aufl. Jena: Gustav Fischer. — SCHÖPE, M.: Zur Genese des zentralen Neurinoms und des Meningeoms bei der VON RECKLINGHAUSENschen Krankheit. Zbl. Neur. **107**, 132 (1949). — SCHRÖDER, C. H.: Beitrag zur Vererbung der RECKLINGHAUSENschen Neurofibromatose. Bruns' Beitr. **164**, 563 (1936). — SCHUBERT, H.: Gutartige Magentumoren. Ärztl. Wschr. **1951**, 1144. — SCHULTE, T. L., J. R. McDONALD and J. T. PRIESTLEY: Tumor in the spermatic cord. Report of a case of neurofibroma. J. Amer. med. Assoc. **112**, 2405 (1939). — SIEMENS, H. W.: Ätiologisch-dermatologische Studien über die RECKLINGHAUSENsche Krankheit. Virchows Arch. **260**, 234 (1926). — SLACZKA, A.: Über die sog. Neuroepitheliome des zentralen Nervensystems (nebst Betrachtungen über die Pathogenese des Hydromyelie, der Syringomyelie und der Neurinomatose. Bull. internat. Acad. polep. **1937**, Nr 4—6, 247. — SPÜHLER, O.: Über Neurofibrome des Magens, Frankf. Z. Pathol. **48**, 149 (1938). — STAEMMLER, M.: Beitrag zur normalen und pathologischen Anatomie des Rückenmarks. III. Die diffuse Angioneuromatose des Lendenmarks und seiner Pia. Z. Neur. **1939**. — STANGE:

Morbus Recklinghausen und Schwangerschaft. Zbl. Gynäk. **23**, 1787 (1952). — STARCK, H.: Dtsch. Arch. klin. Med. **162**, H 1/2 (1928). — Dystrophia ontogenetica Recklinghausen. Ärztl. Forschg **1948**, H. 5/6, 76. — STEWART, F. W., and M. M. COPELAND: Amer. J. Canc. **15**, 1235 (1939). — STOUT, A. V.: The peripheral manifestation of the specific nerv sheath tumor (Neurilemmoma). Amer. J. Canc. **24**, 751 (1935). — The malignant tumors of the peripheral nerves. Amer. J. Canc. **25**, 1 (1935). — STRAUSS, G. D., and J. L. GUCKIER: Schwannoma of the tracheobronchial tree. Ann. Otol. **40**, 242 (1951). — SUPPANTSCHITSCH: Wien. klin. Wschr. **1941**, Nr 33, 699.

TESSERAUX, H.: Verh. dtsch. Ges. Path. (36. Tagg) **1953**, 393. — Zbl. Path. **91**, 190 (1954). UKAI, S.: Mitt. path. Inst. Sendai **2**, 65 (1932).

VOGT, A.: Neurinom des N. opticus. Schweiz. med. Wschr. **1937**, Nr 17, 367. — VOSS, W.: Allgemeine Neurofibromatosis mit sarkomatösem neurogenem Lungentumor. Frankf. Z. Path. **49**, 138 (1936).

WALTHARD, K. M.: Über Morbus Recklinghausen bei Vater und Sohn. Schweiz. Arch. Neur. **32**, 253 (1933). — WEBER, G., e L. SPORLESI: Per la pathologia dei tumori mediastinici, limfangiomi, teratomi, tumori neurogenici. Arch. ,,De Vecchi`` (Firenze) **16**, 158 (1951). — WEGELIN, C.: Über Rankenneurome. Frankf. Z. Path. **2**, 485 (1909). — WEGENETH, R.: Cystisches Neuroblastom des Dünndarms. Arch. klin. Chir. **195**, 398 (1939). — WHEELER, J. M.: Plexiform neurofibromatosis (v. RECKLINGHAUSEN disease) involving the choroid, ciliary body and other structures. Amer. J. Ophthalm. **20**, 368 (1937). — WINESTINE: Rankenneurom des Sympathicus, Plexus lumbalis. J. Canc. Res. **8**, No 3 (1928). — WOLFF, P.: Zystisches Riesenneurinom des Dünndarms bei familiärer Neurofibromatose (RECKLINGHAUSEN). Schweiz. med. Wschr. **1936**, Nr 16, 379.

Sturge-Webersche Krankheit.

Von

Gerd Peters - Bonn.

Mit 9 Abbildungen.

Unter dem Namen Sturge-Webersche Krankheit beschrieben Bergstrand, Olivecrona und Tönnis in der im Jahre 1936 erschienenen Monographie „Über Gefäßmißbildungen und Gefäßgeschwülste des Gehirns" ein Krankheitsbild, dessen charakteristische anatomische Veränderungen in einem Naevus vasculosus der Haut, gleichseitigen angiomatösen Mißbildungen am Augenhintergrund und homolateralen entsprechenden Mißbildungen in der weichen Hirnhaut, weiterhin in mehr oder weniger starken Veränderungen der den angiomatösen pialen Mißbildungen anliegenden Hirnabschnitte (Atrophie und Verkalkung) bestehen.

Die *klinischen Erscheinungen* der Sturge-Weberschen Krankheit bestehen in *Sehstörungen* (Hemianopsie, Blindheit) und in wechselnden *cerebralen Symptomen*. In den meisten Fällen wurden generalisierte *epileptische Anfälle* beobachtet. In den von Lund 1949 zusammengestellten 144 Beobachtungen litten 81 Patienten (55%) an cerebralen Krampfanfällen. In diesen 81 Beobachtungen traten bei 17 generalisierte, bei 39 fokale und bei 11 fokale und generalisierte Anfälle auf. In 12 Fällen fehlten Angaben über die Art der Anfälle. In späteren Lebensjahren setzten häufig Hemiplegien oder *Hemiparesen* ein (Béthoux, Isnel und Marcoulidès, Kasanin und Crant, Volland, Schäfer u. a.). Der klinische *Verlauf* der Krankheit ist *progredient*. In einem Teil der Fälle bestanden klinische Erscheinungen von der Geburt an (Rogers, Weber, Brushfield und Wyatt, Williams, Yakrovlev und Guthrie u. a.). Meist liegt der Beginn des klinischen Syndroms zwischen dem 6. und 12. Monat. Nach einer Zusammenstellung von 60 Fällen durch Schiötz wurden erste klinische Erscheinungen in 40 Beobachtungen im 1. Lebensjahr, in 12 vom 1.—10. und nur in 8 Fällen später manifest. Freie Intervalle bzw. stationäre Zustände wurden auch gesehen (Vincent und Heuyer sowie Kylin und Kyellin). In der Mehrzahl der Fälle waren die Träger der Mißbildungen in ihrer geistigen Entwicklung zurückgeblieben. Als seltenere Komplikationen wurden — wahrscheinlich infolge direkter oder indirekter Beeinflussung der diencephalen Region — Fettsucht (Krabbe), Hypogenitalismus (Weber, Hebold), Akromegalie, Kryptorchismus (Hebold, F. R. Meyer), Prognatie (Brushfield und Wyatt, Philippopoulos, Esser u. a.), sowie auch Kombinationen mit Syringomyelie (Silbermann und Stengel) festgestellt. In einem kleinen Teil der Fälle waren die der Seite des Hautnaevus gegenüberliegenden Extremitäten schmächtiger entwickelt und verkürzt. Das Knochenwachstum war zurückgeblieben. Vielfach erfährt man auch von einer Verschmächtigung der gesamten kontralateralen Körperhälfte. Nach den Beobachtungen von Lange-Cossak war die Unterentwicklung an den Armen stärker als an den Beinen ausgeprägt. Falk wies in zwei frühkindlichen Fällen auf der Seite des Gesichtsnaevus eine eigenartige Unterentwicklung des Ober- und Unterkiefers nach, „wobei der Übergang zum normal gebildeten Anteil der Kiefer in Form einer Stufe gebildet wurde". Die deformierten Kieferabschnitte zeigten außerdem eine Verzögerung des Zahndurchbruchs. Andererseits ist aber nicht ganz selten auch Hypertrophie der Haut und der Knochen am Gesichtsschädel und den Extremitäten (Klippel-Trenaunaysches Syndrom) beschrieben worden (de Hartog u. a.). Kombinationen mit weiteren Entwicklungsstörungen werden später noch erwähnt werden.

Bergstrand, Olivecrona und Tönnis haben in der erwähnten Monographie mit eigenen Fällen der Autoren 108 hierhergehörige Fälle zusammengestellt. Die Fälle wurden zum größten Teil nur klinisch beobachtet. Neuere, in der Monographie noch nicht berücksichtigte, zum Teil nur klinisch beobachtete Fälle, die den Sturge-Weberschen Symptomenkomplex boten, wurden von Deyes,

KREYENBERG und HANSING, FURTADO, MONIZ und LIMA, KYLIN und KYELLIN, JOIRIS und FANCHAMPS, KASANIN und CRANT, BÉTHOUX, ISNEL und MARCOULIDÈS, SUBISANA, PETERS und TEBELIS, PETERS, VAN BOGAERT und Mitarbeitern, KOCH, FALK, BROUWER, VAN DER HOEVE, MAHONEY und vielen anderen mitgeteilt. CORDERO hat 1943 265 Fälle in der Literatur gezählt, während BLUM und MUTRUX 1949 301 Beobachtungen zusammenstellten. Nur in einem Teil der Beobachtungen war die für die STURGE-WEBERsche Krankheit nach OLIVECRONA charakteristische Symptomentrias Naevus der Haut, Glaukom und cerebrale Symptome festzustellen. In einem großen Teil der Fälle fehlten einzelne Symptome, am häufigsten das Glaukom, selten auch der Hautnaevus (BERGSTRAND). BERGSTRAND spricht von der größeren Häufigkeit der „formes frustes" der STURGE-WEBERschen Krankheit. FALK wies kürzlich darauf hin, daß das voll ausgebildete Krankheitsbild im Kindesalter nur ausnahmsweise angetroffen wird. Gerade die Beteiligung der Augen fehle im Kindesalter öfters.

Die einzelnen Beobachtungen wurden in der Literatur unter verschiedenen Namen mitgeteilt. In der älteren Literatur liest man meist als Titel der Beschreibungen solcher Fälle „Gemeinsames Vorkommen von Angiomen der Haut und des Gehirns bzw. der Hirnhäute". In der ophthalmologischen Literatur findet man zahlreiche hierhergehörige Beobachtungen als Fälle von kongenitalem Glaukom mit gleichseitigem Naevus und epileptiformen Krampfanfällen beschrieben. Ein solches Krankheitsbild teilte 1879 auch STURGE mit. Er ist jedoch nicht der erste gewesen, der eine solche Kombination von Naevus und Glaukom beobachtete. SCHIRMER beschrieb einen gleichen Fall schon im Jahre 1860. WEBER hat sich insofern bei der Klärung des vorliegenden Krankheitssyndroms verdient gemacht, als er als erster im Jahre 1923 die Verkalkung im Bereich der cerebralen Veränderungen röntgenologisch feststellte. Er fand in seinem Fall eine starke Atrophie der linken Großhirnhemisphäre; im Bereich der geschrumpften Hemisphäre stellten sich röntgenologisch eigenartige, geschwungene, doppelt konturierte Schattenbildungen dar (s. Abb. 5). Diese Bildungen wurden von WEBER für ein verkalktes Hämangiom der Meningen gehalten, was, wie sich später an anatomisch untersuchten Fällen herausstellte, eine falsche Deutung war. GEYELIN und PENFIELD haben das Verdienst, als erste die röntgenologisch festgestellten Verkalkungen richtig erklärt zu haben. Sie nahmen die Verkalkung im Bereich der Hirnrinde an. KRABBE hat dann später an 6 Fällen diese Befunde von GEYELIN und PENFIELD ausführlicher bestätigt. Es erscheint nach diesem kurzen historischen Rückblick die Namensgebung STURGE-WEBERsche Krankheit ein wenig willkürlich. Es wundert daher nicht, wenn diese Krankheit auch in jüngerer Zeit anders benannt wurde. MONIZ und LIMA teilen einen hierhergehörigen Fall als „Maladie de KNUD KRABBE" mit. GEYELIN und PENFIELD sprechen von einer „central calcification epilepsy", LICHTENSTEIN und ROSENBERG von „STURGE-WEBER-DIMITRI's disease", KRABBE sowie COHN und REY teilen ihre Fälle als „WEBER-DIMITRI's disease" mit. RAWLING spricht von „WEBERS Krankheit", PHILIPPOPOULOS schlägt „STURGE-WEBER-KRABBEsche Krankheit" vor. Neuerdings wird im angloamerikanischen und französischem Schrifttum die Krankheit als „angiomatose-encéphalotrigéminée" (MEIGNANT, BEAUDOIN), „angiomatose encéphalo-trigéminale" (VAN BOGAERT u. a.) oder als „neuro-angiomatose encéphalo-faciale" (LARMANDE) bezeichnet.

Die Hauptlokalisation der *Naevi vasculosi der Haut*, die fast immer einseitig sind, ist das Gesicht und hier meist das Ausbreitungsgebiet eines oder mehrerer Trigeminusäste. Eine scharfe Begrenzung in der Mittellinie wird jedoch vielfach vermißt. So greift die Mißbildung häufig auf die Gesichtshälfte, auf behaarte Kopfhaut, auf Nacken, auf Rumpf und auch auf die Extremitäten der anderen Seite über. Die angiomatösen Veränderungen an den Wangen setzen sich nicht selten auf die Lippen, die Schleimhaut des Mundes, den harten und weichen Gaumen, das Zäpfchen und die Zunge ebenfalls der anderen Seite fort. Die Naevi können aber auch streng an der Mittellinie begrenzt sein. Die Hautnaevi kommen auch isoliert am Rumpf und den Extremitäten bei Freibleiben des Gesichtes vor. Im französischen Schrifttum spricht man wegen der nicht seltenen segmentären und streifenförmigen Anordnung der Naevi am Körper von „angiomes metamériques zoniformes linéaires". Doppelseitige Gesichtsnaevi wurden unter anderem von GREGORIO, HAEMER-

LINGK, MYLE, VAN BOGAERT sowie PERESA beobachtet. Die pathogenetische
Beziehung der angiomatösen Mißbildung der Haut zum N. trigeminus hat
KAUTZKY jüngst herausgestellt, nachdem CUSHING schon 1906, gestützt auf die
Feststellung der mangelhaften Ausbildung des Ganglion Gasseri in einem seiner
Fälle vermutete, daß Haut- und Hirnveränderungen bei der STURGE-WEBERschen
Krankheit Folge einer Trigeminusmißbildung seien. KAUTZKY stellte an Hand
der Untersuchung von 34 Fällen der Literatur bestimmte Gesetzmäßigkeiten
bezüglich der Lokalisation der Haut- und Hirnveränderungen fest. In der Mehrzahl der Fälle ist die Haut des ersten Trigeminusastes befallen und im Gehirn
bevorzugt der Occipitallappen. Nach den Untersuchungen KAUTZKYs ist die Kombination Hautnaevus im Ausbreitungsgebiet des 1. Trigeminusastes und Naevus
der Hirnhaut über dem Occipitallappen so häufig, daß man von einer Regel
sprechen könnte. Bei Hautnaevi im Versorgungsgebiet des 1. und 2. Trigeminusastes waren einige Fälle, bei welchen sich die Hirnhautveränderungen
auf den Occipitallappen beschränkten, andere, bei welchen ein Übergreifen auf
Parietal- und hintere Stirnhirnanteile festgestellt wurden. In Fällen schließlich,
in welchen der Naevus im Bereich aller drei Trigeminusäste sich ausbreitete,
war nach der Zusammenstellung KAUTZKYs die gesamte Hemisphäre befallen.
Bei Gesichtsnaevi schließlich im Ausbreitungsgebiet des 2. und 3. Trigeminusastes fanden sich Hirnhautveränderungen über der Hirnkonvexität mit Ausnahme der Occipitallappen. KAUTZKY glaubt, sich stützend auf die Genese
der Hirnhäute, daß die Nervenversorgung der weichen Häute der der Dura
mater entspricht, die eine metamere Versorgung hat. „Das Studium einer größeren
Zahl von STURGE-WEBERschen Fällen zeigt, daß die Pia-Angiomatose im allgemeinen in der Hirnregion gefunden wird, deren Dura vom gleichen Nerven
(Trigeminusast) innerviert wird, wie das im selben Fall vom Naevus befallene
Hautgebiet" (KAUTZKY). Die Angiomatose ist nach KAUTZKY an das Ausbreitungsgebiet sensibler, nicht sympathischer Nerven gebunden. KAUTZKY
glaubt weitergehend, daß nicht die sensiblen Nerven als solche, sondern die ihnen
beigeordneten parasympathischen Fasern pathogenetisch wichtig sind. Er weist
auf eine Beobachtung von STAEMMLER und KROLL hin, bei welcher der Hautnaevus nach dem Tode verschwunden war (auch histologisch nicht mehr nachweisbar war), „also als eine funktionelle Störung anzusehen war". LAIGNEL-
LAVASTINE und TINEL beschrieben einen Fall, bei welchem der Hautnaevus
am Arm durch Hochheben dieser Extremität verschwand und nach Senken des
Armes später wieder erschien als die normale Durchblutung des ebenfalls
gesenkten oder gehobenen gesunden Armes. Da Piloerektion und Schweiß-
sekretion im Naevusgebiet ungestört waren, sprechen die Autoren von einem
„dissoziierten sympathischen Syndrom". Die Annahme einer Störung des
Parasympathicus zur Erklärung der Phänomene erscheint KAUTZKY zwangloser.
Ferner weist KAUTZKY auf einen von FEGELER beschriebenen Fall hin, bei welchem
sich nach einem Trauma ein regelrechter Naevus flammeus aus einer zunächst
bestehenden einfachen Hautrötung entwickelte. „Der Einfluß des Nervensystems auf die Entstehung einer abnormen Weitstellung und Hyperplasie
von Gefäßen bei der STURGE-WEBERschen Krankheit kann wohl nur über die
Tätigkeit der Vasomotoren im Sinne der Vasodilatation, also wahrscheinlich
eines Überwiegens des Parasympathicus über den Orthosympathicus gedacht
werden" (KAUTZKY). KAUTZKY weist darauf hin, daß sich mit dieser Annahme
auch gut die gelegentlich beim STURGE-WEBERschen Syndrom nachgewiesenen
echten Hyperplasien (VAN BOGAERT) der Haut, Knochen (mit starkem Längenwachstum der Extremitäten), Kiefer und Zähne erklären lassen (CUSHING,
YAKOVLEV, HAEMERLINCK, MYLE, VAN BOGAERT, FALK u. a.). Der Füllungs-

zustand der Hautnaevi ist Schwankungen unterworfen, was aus dem verschiedenen Farbton der Fehlbildungen erkannt werden kann. BÉTHOUX, ISNEL und MAR-COULIDÈS sahen den Farbton der Naevi unter dem Einfluß affektiver Erregungen stark wechseln. LUND kommt auf Grund der Analyse von 144 Beobachtungen zu der Ansicht, daß ein gewisser Zusammenhang zwischen Ausdehnung der Haut-naevi und der Ausdehnung des cerebralen Prozesses besteht, was den KAUTZKYSCHEN Ergebnissen entspricht. Die KAUTZKYSCHE Ansicht, die auch vorher schon von anderen Autoren geäußert wurde (GREEN, CRAIG u. a.), bedarf noch der Nachprüfung an neuen Beobachtungen. Bei Durchsicht früherer Fälle kann man nicht ganz selten Abweichungen von der eben dargestellten „Gesetzmäßig-keit" feststellen.

Zu beachten ist, daß Gesichts- und Hautnaevi auch mit anderen krankhaften Prozessen kombiniert sein können, so mit der HIPPEL-LINDAUSCHEN Krankheit, arteriovenösen Aneurysmen, Kavernomen des Gehirns und der inneren Organe und auch mit der generalisierten Neurofibromatose und der tuberösen Sklerose. Die LINDAUSCHE Krankheit, die kombinierte Angiomatose der Retina und des Zentralnervensystems, ist gar nicht selten mit einer Angiomatose der Haut verbunden (AUST, TSCHENOW, LINDAU u. a.). Von VAN BOGAERT stammt die Mitteilung eines histologisch verifizierten echten LINDAU-Tumors im Mittelhirn in Kombination mit einem sonst typischen STURGE-WEBERSCHEN Syndrom. Das unterscheidende Merkmal der STURGE-WEBERSCHEN Krankheit von letzten Beobachtungen, wodurch dieses Syndrom vielleicht lediglich eine Sonderform der großen Gruppe der kombinierten Angiomatosen darstellt, ist die mit der Angio-matose der Pia zusammenhängende Veränderung (Atrophie und Verkalkung) des Gehirns. Letztere Veränderung kann infolge röntgenologischer Feststellung schon klinisch die Diagnose STURGE-WEBERSCHE Krankheit sichern. Gelegentlich findet man fibromartige Veränderungen im Bereich der Hautnaevi. GREIG sowie GIAMPALMO beobachteten im Bereich der Gesichtsnaevi ein wenig stark ausgebildetes Adenoma sebaceum, womit Übergänge zur tuberösen Sklerose gegeben sind.

Wie weit man bei Vorliegen eines isolierten Gesichtsnaevus ohne andere krankhafte Veränderungen am Auge, weichen Häuten und Gehirn schon von einer „forme fruste" der STURGE-WEBERSCHEN Krankheit sprechen kann, wird verschieden beantwortet. KOCH hat kürzlich die Frage diskutiert, ob und wann man von einer monosymptomatischen STURGE-WEBERSCHEN Krankheit sprechen darf. LOUIS-BAR sowie BLUM und MUTRUX vertreten die Ansicht, daß erst bei Vorliegen von zwei für die Krankheit typischen Symptomen die Diagnose gestellt werden sollte. KOCH schreibt hierzu: „Meines Erachtens sollte man vom patho-logisch-anatomischen Befund ausgehen. Liegen beispielsweise eine isolierte Angiomatosis des Gehirns oder der Uvea vor und zeigen diese die für die STURGE-WEBERSCHEN Krankheit charakteristischen pathologisch-anatomischen Verände-rungen, so ist es nicht nur berechtigt, sondern darüber hinaus auch notwendig, eine STURGE-WEBERSCHE Krankheit anzunehmen, will man andererseits nicht überhaupt zur Auflösung des Krankheitssyndroms kommen. Das gleiche dürfte auch für den Trigeminusnaevus gelten, also für eine Naevusform, die hinsichtlich der Lokalisation an das Versorgungsgebiet eines oder mehrerer Trigeminusäste gebunden ist."

Bei dem vollentwickelten Bild der STURGE-WEBERSCHEN Krankheit handelt es sich jedenfalls um eine kombinierte Angiomatose der Haut, des Auges und der Häute des Zentralnervensystems mit konsekutiven regressiven Veränderungen im Gehirn.

Die *Atrophie des Gehirns* ist in allen beschriebenen Fällen einseitig, der Seite der angiomatösen Veränderungen in Haut und Hirnhäuten entsprechend. Die Atrophie beschränkt sich meist auf einen umschriebenen Hirnabschnitt. Bevorzugt ist die linke Hemisphäre, vor allem der linke Occipitallappen (KRABBE, UIBERALL, MONIZ, FURTADO, DEYES, CROUZON, CHRISTOPHE, GAUCHER, BERGSTRAND, OLIVECRONA, TEBELIS, PETERS u. a.). In zahlreichen Fällen zeigt neben dem linken Occipitallappen auch der gleichseitige Temporallappen einen

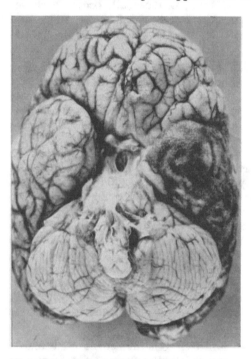

Schwund, der jedoch nicht so ausgeprägt wie der des Occipitallappens ist (UIBERALL, CROUZON, CHRISTOPHE, GAUCHER, TEBELIS, PETERS, CRAIG u. a.). Abb. 1 stellt eine Atrophie des linksseitigen Occipital- und Temporallappens dar. Seltener findet man atrophische Veränderungen und Verkalkungen im linken Frontallappen (BERGSTRAND, OLIVECRONA, LAIGNEL-LAVASTINE, DELHERM und FOUQUET). KALISCHER, WEBER, VOLLAND beschreiben eine Atrophie der ganzen linken Hemisphäre, BROUWER, VAN DER HOEVE und MAHONEY der rechten Hirnhalbkugel. HEBOLD, VOLLAND u. a. stellten in ihren Fällen eine kontralaterale Kleinhirnatrophie fest. Besonders häufig ist in der neueren Literatur ein Schwund der kontralateralen Kleinhirnhälfte erwähnt worden (VAN BOGAERT und Mitarbeiter, HALLERVORDEN u. a.). In der Mehrzahl dieser Beobachtungen wurden über dem Kleinhirn angiomatöse Veränderungen der Hirnhäute gefunden. Es lag vorwiegend eine Rindenatrophie vor, wobei auch

Abb. 1. Makroaufnahme. Fall Wie., Forschungsanstalt für Psychiatrie München. Angiomatose der weichen Häute über dem atrophischen linken Schläfenlappen. Geringere Angiomatose über dem linken Occipitallappen. Ansicht von der Basis.

Kalk- bzw. Pseudokalkablagerungen wie in den atrophischen Großhirnanteilen festgestellt wurden. Es handelte sich demgemäß nicht in allen diesen Fällen um eine transneuronale Degeneration. Daß aber auch von den veränderten Hirnabschnitten funktionell und morphologisch abhängige Teile sekundär atrophieren, wie Pyramidenbahnen, Thalamusanteile u. a. m., wurde immer wieder nachgewiesen.

In der rechten Hemisphäre sind Verkalkungen und Atrophie nicht ganz so häufig gefunden worden. Auch hier scheint der Occipitallappen von den Veränderungen bevorzugt zu sein (KRABBE, HEBOLD, GEYELIN und PENFIELD, EMANUEL, VINCENT und HEUYER).

Die Atrophie erreichte in den einzelnen Fällen sehr verschiedene Grade. Die atrophischen Hirnteile (Rinde und Mark) fühlen sich hart an, die Windungen sind im ganzen etwas verschmälert (s. Abb. 3). Eine Veränderung des normalen Windungsverlaufs oder der normalen Windungsanzahl besteht im allgemeinen nicht. Die atrophischen Hirnabschnitte geben die normalen Verhältnisse verkleinert wieder, was vor allem auch an Frontalschnitten gut feststellbar ist

(s. Abb. 3). Die Farbe des atrophischen Marklagers ist gelbgrau. Die veränderten Hirnteile gehen allmählich in das gesunde Hirngewebe über. Bei der Zerlegung des Gehirns stellt man eine mehr oder weniger hochgradige Verkalkung der

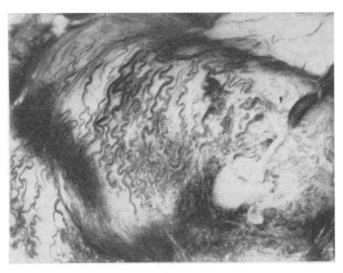

Abb. 2. Makroaufnahme. Fall Wie., Forschungsanstalt für Psychiatrie München. Schlängelung und Erweiterung der arachnoidealen Gefäße über dem linken Schläfenlappen.

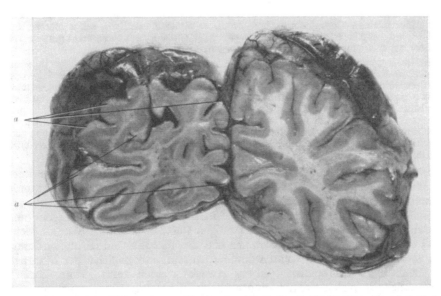

Abb. 3. Makroaufnahme. Fall von PETERS, Forschnngsanstalt für Psychiatrie, München. Frontalschnitt durch beide Occipitallappen. Im linken atrophischen Occipitallappen sieht man bei *a* in den oberen Rindenschichten eine streifenförmige gelbe Verfärbung. Es handelt sich hierbei um Kalkablagerungen.

atrophischen Hirnteile fest (s. Abb. 3). Die Verkalkung kann derart intensiv sein, daß sie der Zerlegung des Gehirns Schwierigkeiten bereitet. Die Kalkablagerungen sind vorzugsweise in der Hirnrinde anzutreffen (s. Abb. 3 und 4). Sie liegen hier häufig so dicht, daß man sie mit bloßem Auge als helle, gelbe, glänzende Streifen und Punkte in den oberen Rindenschichten erkennen kann (s. Abb. 3). Röntgenaufnahmen solcher verkalkter Gehirnscheiben zeigen eine den Windungsverlauf genau wiedergebende Schattenbildung (s. Abb. 5). Streicht man mit dem Finger über eine Scheibe des atrophischen Hirnteiles, so stellt man auch im Marklager feinste körnige Kalkniederschläge fest, die jedoch meist mit bloßem Auge nicht zu sehen sind.

Die Hirnatrophie zeichnet sich naturgemäß im *Encephalogramm* gut ab. So fand FALK in 2 Fällen einen geringgradigen Hydrocephalus internus und eine mäßige Verziehung des Seitenventrikels der veränderten Hirnhälfte zur Seite des Hautnaevus. Auch umschriebene Erweiterungen der Seitenventrikel entsprechend der auf einzelne Lappen beschränkten Atrophie wurden häufig festgestellt (GREEN u. a.). In einer großen Zahl von Beobachtungen wurde röntgenologisch eine Dickenzunahme der über den atrophischen Hirnabschnitten gelegenen Schädelhälfte konstatiert (FALK, GOETERS, HEBOLD, KALISCHER, KREYENBERG-HANSING, VOLLAND u. a.). Sie wird vielfach als Vakatwucherung aufgefaßt. Gelegentlich ist jedoch auch eine Verkleinerung der Schädelhälfte über der erkrankten Hirnhemisphäre beobachtet worden, die als Folge einer Ernährungsstörung gedeutet wird. Bei einem atypischen Fall STURGE-WEBERscher Krankheit wurde von MOELLER eine Hemiatrophia faciei beschrieben. Auch einseitige Erweiterung der Stirn- und Kieferhöhlen auf der erkrankten Gesichtsseite sind gelegentlich nachgewiesen worden. Mehrfach ist von einer Erweiterung und Vermehrung des Diploevenennetzes die Rede (VAN BOGAERT u. a.).

Von FLORES, FURTADO, MONIZ und LIMA liegen *arteriographische Befunde* bei dem STURGE-WEBERschen Syndrom vor. Letztere Autoren stellten auf der Herdseite deutliche Verlangsamung der cerebralen Durchblutung fest. In einer Beobachtung wies FURTADO nach, daß die Gehirnarterien der SYLVIschen Gruppe mit der im Occipitallappen lokalisierten Gefäßmißbildung in Verbindung standen. In einem anderen Fall war die aus der Carotis interna entspringende hintere Hirnarterie vor Erreichen der im Occipitallappen gelegenen Gefäßmißbildung vollständig thrombosiert. FURTADO kommt zu folgendem Schluß: «La lésion cérébrale de la maladie de STURGE-WEBER-KRABBE, primitivement vasculaire angiomateuse, perd précocement ses rapports avec la circulation quand elle se calcifie. C'est seulement dans la première enfance où par des signes indirects, dans la deuxième, q'on pourrait verifier cette relation. Plus tard, le processus régressif calcifiant, est si intense, que la lésion perd complètement sa structure vasculaire, se transformant en un amas granulations calcifiées qui non plus que la disposition des vaisseaux primitifs.»

Elektroencephalographische Untersuchungen von BROAGER und HERTZ wiesen in einem Fall nach, daß der epileptogene Focus die Zone der Verkalkungen überschritt. Er lag in der linken prämotorischen Region, während die Verkalkungen im linken atrophischen Occipitallappen gelegen waren. Bei der Operation wurden im Bereich des elektroencephalographisch gefundenen Krampfherdes an der Unterseite der harten Hirnhaut Gefäßmißbildungen, Verdickung der Arachnoidea und Verkleinerung der Hirnwindungen gefunden. Es ist vor hirnchirurgischen Eingriffen, die schon mehrfach durchgeführt wurde (TÖNNIS u. a.) und zum Sistieren der cerebralen Krampfanfälle führten, die elektroencephalographische Umschreibung des Krampfherdes daher wichtig.

Über den geschwundenen und verkalkten Hirnteilen zeigen die *weichen Hirnhäute angiomatöse Veränderungen*. Die Beschreibung fast aller Autoren stimmt darin überein, daß es sich weniger um tumoröse Bildungen, als um flächenhafte Veränderungen, die aus zahlreichen erweiterten, schlangen- und regenwurmartig geschlängelten, dünnwandigen Gefäßen bestehen, handelt (siehe Abb. 1 und 2). Die weichen Häute können über den atrophischen Hirnteilen derart stark von solchen Gefäßkonvoluten durchzogen sein, daß zunächst der Eindruck einer flächenhaften subpialen Blutung erweckt werden kann. Mikroskopisch erweisen sich die pialen Veränderungen als ein Konvolut stark erweiterter, mit Blut gefüllter Gefäße, deren Wand häufig nur aus einer einzeiligen Endothelzellenschicht und einer diese umscheidenden dünnen Lage kollagener Fasern besteht (BERGSTRAND, OLIVECRONA, KRABBE, PETERS und TEBELIS u. a.). Manchmal jedoch sind die Gefäße von einer breiten, sich nach VAN GIESON tiefrot anfärbenden, kernarmen Faserschicht umgeben, und zwar sehr häufig nicht in der ganzen Circumferenz des Gefäßes, sondern nur an einer umschriebenen Stelle (BERGSTRAND, PETERS und TEBELIS u. a.). Eine Muscularis ist nur in ganz vereinzelten Gefäßen beobachtet worden. Im allgemeinen fehlen bei solchen ektatischen Gefäßen Muscularis und Elastica. Man vermißt die normale Wandschichtung vollentwickelter Gefäße. Während frühere Autoren die Gefäßmißbildungen durchweg als racemöses Angiom aufgefaßt haben, stellen sie nach BERGSTRAND und OLIVECRONA eine Zwischenstufe zwischen den Teleangiektasien und dem Angioma racemosum venosum dar. Es handelt sich bei den Veränderungen in den weichen Häuten nicht um eine echte blastomatöse Bildung, sondern um Mißbildungen (LUSCHKA, STREETER, BORST, OLIVECRONA, BERGSTRAND u. a.). Wesentliche Verkalkungen sind im Bereich der angiomatösen Mißbildungen der weichen Häute meist nicht festgestellt worden. Ganz selten findet

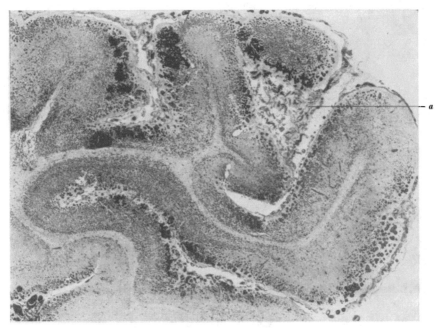

Abb. 4. Mikroaufnahme. Fall von PETERS und TEBELIS, Forschungsanstalt für Psychiatrie, München. Färbung mit Hämalaun-Eosin. Vergr. etwa 1:20. Ausgedehnte Verkalkung im Bereich der Rinde. In den oberen Rindenschichten größere, teilweise konfluierende Kalkkonkremente. In den Windungstälern bei *a* Angiomatose der weichen Häute.

man eine geringgradige Verkalkung einiger präformierter Gefäße oder kleine geschichtete, scheinbar von Gefäßen unabhängige Kalkkonkremente.

Die histologischen Veränderungen der atrophischen Hirnteile zeigen große Übereinstimmung. Der auffallendste Befund ist eine ausgedehnte Verkalkung der atrophischen Rindenteile (s. Abb. 3 und 4). Die Rinde ist mit kleinen oder größeren Kalkkonkrementen, am dichtesten in der 2. und 3. Schicht (BERGSTRAND, KRABBE, PETERS und TEBELIS u. a.) überstreut. Durch Konfluenz einzelner Kalkkonkremente kommt es vielfach zur Bildung größerer, zusammenhängender Kalkniederschläge. Die Kalkkonkremente weisen vielfach eine achatförmige Schichtung um einen oder mehrere Kerne auf (s. Abb. 4 u. 7). In den tiefen Rindenschichten sind die Kalkniederschläge im allgemeinen nicht in solcher Menge und Größe wie in den oberen Schichten anzutreffen. Vielfach sieht man jedoch auch in diesen Schichten mit feinen Kalktropfen besetzte Gefäße (Capillaren) (s. Abb. 7) oder bandförmige knollige, teils verästelte Kalkniederschläge. Diese unregelmäßig ausgebuchteten und sich verzweigenden Kalkniederschläge, die man für verkalkte Capillaren und Präcapillaren hält (BERGSTRAND, E. SCHERER,

PETERS und TEBELIS u. a.), findet man auch in den oberen Rindenschichten und besonders zahlreich im Marklager (GEYELIN und PENFIELD). Neben verkalkten kleineren Gefäßen trifft man im Mark auch häufig verkalkte größere Arterien und Venen an. Teilweise ist es durch Verkalkung solcher größeren Gefäße zu einer fast völligen Obliteration des Gefäßlumens gekommen. Nicht ganz leicht ist die formale Pathogenese der Verkalkungen zu erkennen. BERGSTRAND glaubt, daß die Kalkablagerung ursprünglich an Capillaren und Präcapillaren gebunden sei, GEYELIN und PENFIELD sind ebenfalls der Meinung, daß die Verkalkung zunächst an die Gefäße fixiert sei. Infolge der Obliteration der Gefäße komme es zu Ernährungsstörungen im Gewebe mit sekundärer

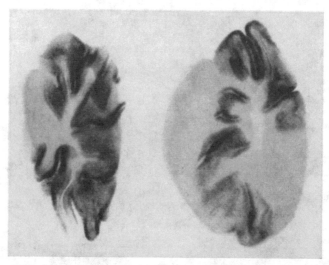

Abb. 5. Röntgenphotogramm einer Frontalscheibe aus dem linken Occipitallappen. Fall von PETERS und TEBELIS, Forschungsanstalt für Psychiatrie, München.

Bildung von Kalkniederschlägen im untergehenden Grundgewebe. VOLLAND ist der Ansicht, daß vorwiegend Abbauprodukte von Ganglienzellen eine Verkalkung erfahren. PETERS legt der primären Verkalkung der intracorticalen kleineren und größeren Gefäße eine primäre Bedeutung bei. Im allgemeinen nimmt man heute an, daß es zunächst zu einer Ausfällung kolloidaler Eiweißkörper kommt, welche sekundär Kalksalze binden. Nach Ansicht VAN BOGAERTs führen die durch die Angiomatose der Hirnhäute verursachten trophischen Störungen einerseits zu der gliösen Sklerose, andererseits zu einer physikochemischen Veränderung der Grundsubstanz und der Gefäßwände. Diese machen sich durch den Niederschlag eines Produktes in der Nähe der Capillaren, in den Gefäßwänden und im Parenchym selber bemerkbar, eines Stoffes, der als Kalkfänger dient. Es bedarf aber einer unterschiedlichen Zeitdauer, bis der „Pseudokalk" tatsächlich verkalkt und dann auch röntgenologisch darstellbar ist. DANIS und VAN BOGAERT konnten kürzlich bei einer Beobachtung, die von Geburt an verfolgt wurde, trotz früher Manifestierung cerebraler Symptome (im Alter von 3 Monaten) erst im Alter von über 5 Jahren Verkalkungen röntgenologisch nachweisen. MOREAU und BERARD fanden intracerebrale Verkalkungen erst 5 Jahre nach den ersten negativen Röntgenaufnahmen. BLUM und MUTRUX stellten durch wiederholte Röntgenkontrolle eine langsame, aber stetige Zunahme der Größe und Ausdehnung der Kalkablagerungen fest. Daneben gibt es aber eine Reihe von Fällen, bei welchen Verkalkungen röntgenologisch nicht nachweisbar waren

(Haemerlinck, Myle, van Bogaert, Fr. Koch u. a.). Die eigentliche Verkalkung ist ein sekundärer Vorgang, der, wie gesagt, nicht in allen Fällen erreicht

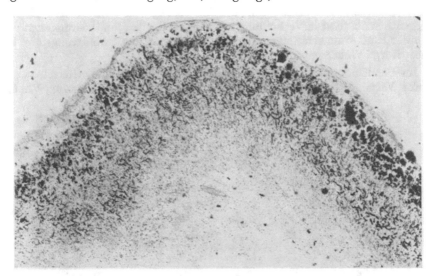

Abb. 6. Mikroaufnahme. Fall Toe., Hirnforschungsinstitut Gießen. Färbung mit Hämalaun-Eosin. Vergr. 1:24. In den oberen Rindenschichten größere Kalkkonkremente, in den tieferen Rindenschichten verkalkte Capillaren.

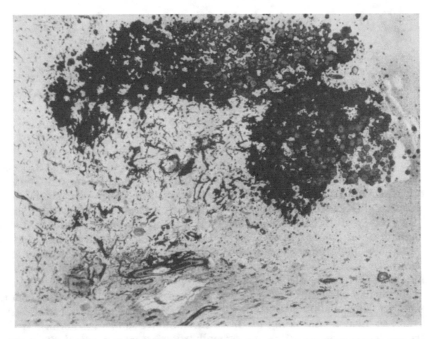

Abb. 7. Mikroaufnahme. Fall von Peters und Tebelis, Forschungsanstalt für Psychiatrie, München. Färbung mit Hämalaun-Eosin. Vergr. etwa 1:100. Dichte, weitgehend konfluierende Verkalkung im subcorticalen Marklager.

wird. Die Verkalkungen bzw. seine Vorstadien sind auch keineswegs die Ursache des Hirnschwunds, sondern letzterem fakultativ koordiniert. Atrophie des Gehirns mit Sklerose und Verkalkung sind Folgen vielmehr der angiomatösen

Mißbildung in den weichen Häuten und eventuell auch im Gehirn. Die intracerebrale Verkalkung ist auch keineswegs für die STURGE-WEBERsche Krankheit pathognostisch. Man trifft sie in der Umgebung von Hirntumoren gleichfalls gelegentlich an. Nur in Verbindung mit entsprechenden Veränderungen am Auge oder der Haut können sie einen Fingerzeig auf cerebrale Veränderungen im Sinne eines Sturge-Weber geben.

Im Bereich der verkalkten Hirnrinde beobachtet man eine mehr oder weniger starke Verminderung der Ganglienzellen (s. Abb. 4 und 6). KRABBE, VOLLAND,

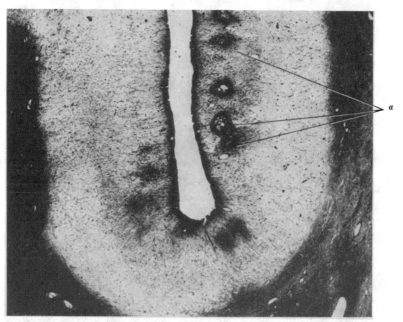

Abb. 8. Mikroaufnahme. Fall von PETERS, Forschungsanstalt für Psychiatrie München. Färbung nach HOLZER. Vergr. etwa 1:80. Neben einer Randgliose bei *a* Kapselbildung durch Gliafasern um größere Kalkkonkremente.

PETERS und TEBELIS berichten von Zellausfall, vor allem in der 2. und 3. BRODMANNschen Schicht. PETERS sah zum Teil verkalkte Ganglienzellen, zum Teil Zellschrumpfungen. In den atrophischen Hirnteilen beobachtet man starke Gliazellwucherung (KRABBE, GEYELIN und PENFIELD, KALISCHER, VOLLAND, PETERS und TEBELIS, VAN BOGAERT u. a.). Neben großen, protoplasmareichen Faserbildnern in allen Schichten der Rinde findet man in den oberen und tieferen Schichten eine mehr oder weniger starke Fasergliose; es kommt häufig zu einer hochgradigen Randsklerose (s. Abb. 8). Daneben besteht auch im Marklager eine mehr oder weniger dichte Fasergliose. PETERS beobachtete in seinem Fall eine sehr dichte Gliafaserbildung in der Umgebung größerer Kalkkonkremente, die eine Art Kapselbildung darstellt (s. Abb. 8). In einem später beschriebenen Fall fand er in der Umgebung größerer Kalkkonkremente mehrkernige riesenzellartige Gebilde, die von ihm als Fremdkörperriesenzellen aufgefaßt wurden. Im Markscheidenbild besteht eine diffuse Markmantellichtung der geschädigten Hirnteile. Da sie nur in lokaler Abhängigkeit von der erkrankten Rinde anzutreffen ist, muß die Marklichtung als Folge des Ganglienzelluntergangs in der Hirnrinde aufgefaßt werden. Stärkere Abbauerscheinungen wurden in den einzelnen Fällen nicht festgestellt; nur gelegentlich traf man im Marklager perivasculäre Ansammlungen, jedoch nicht sehr zahlreicher Fettkörnchenzellen an. Der Gewebsabbau ist bei der STURGE-WEBERschen Krankheit sehr langsam progredient.

Gelegentlich sind auch angiomatöse Mißbildungen im Gehirn erwähnt worden. GIAMPALMO und VAN BOGAERT fanden solche im Plexus chorioideus des Seitenventrikels der veränderten Hemisphäre. PETERS stellte in seinem späteren Fall im Bereich der Brücke ein kleines capillares Angiom (Teleangiektasie, BERGSTRAND) fest. Letztere Befunde weisen darauf hin, daß es bei der STURGE-WEBERschen Krankheit auch zu intracerebralen angiomatösen Mißbildungen kommen kann.

PETERS hält es für sehr wahrscheinlich, daß es sich bei der auf Abb. 2 gezeigten Veränderung in dem von PETERS und TEBELIS untersuchten Fall [Z. Neur. 157 (1937)] ebenfalls um eine subcorticale verkalkte angiomatöse Veränderung handelt. Die am Rand des „Kalktumors" häufig feststellbaren sicheren Gefäßverkalkungen, die im „Tumor" gelegenen, durch Kalkablagerung bis auf ein kleines, durchgängiges Lumen obliterierten Gefäße, schließlich die zwischen den verkalkten Massen häufig zu beobachtenden, im Bau den mißbildeten Gefäßen der weichen Häute entsprechenden, stark mit Blut gefüllten Gefäßräume sprechen sehr für eine derartige Annahme.

Bei der Tendenz angiomatöser Veränderungen, sich multipel zu manifestieren — bei der STURGE-WEBERschen Krankheit äußert sich dies im allgemeinen in dem kombinierten Vorkommen angiomatöser Mißbildungen in Haut, Auge und weichen Häuten — ist das Vorkommen angiomatöser Mißbildungen im Gehirn nicht erstaunlich. Die Verkalkung in der Hirnrinde als Kalkniederschläge im Bereich angiomatöser Veränderungen aufzufassen, liegen meines Erachtens keine sicheren Anhaltspunkte vor. In der Literatur ist dies aber häufiger behauptet worden.

Neben den mit der Grundkrankheit zusammenhängenden, eben geschilderten Veränderungen im Gehirn trifft man auch andere gewebliche Alterationen, die als Folge der den epileptischen Anfällen vorangehenden funktionellen Kreislaufstörungen im Gehirn aufzufassen sind. Es sind dies elektive Parenchymnekrosen (SCHOLZ), vor allem im Ammonshorn mit konsekutiver Gliose, disseminierter Ausfall von PURKINJE-Zellen mit Gliastrauchwerkbildung, disseminierter Zellausfall und ischämisch veränderte Zellen im Thalamus.

Die *Veränderungen am Auge*, die vielfach schon bei der Geburt, meist aber erst später (SALUS, GINZBURG, DUSCHNITZ u. a.) zu glaukomatösen Erscheinungen führen, bestehen vorwiegend in angiomatösen Mißbildungen in der *Aderhaut* (LAWFORD, WANGEMANN, STEFFEN, STOEWER, SAFFAR, CLAUSEN, WEBER, JAHNKE, v. HIPPEL u. a.). O'BRIEN und PORTER fanden in 4 Fällen Angiome der Chorioidea. In 38 von 55 Beobachtungen bestand vergrößerter Bulbus mit kongenitalem Glaukom. GRANSTROEM stellte eine scheibenförmige Verdickung der hinteren Teil der Chorioidea, die aus Teleangiektasien bestand, fest. DE HAAS spricht von einer Verdickung der Aderhaut auf das 3- bis 4-fache infolge zahlreicher strotzend gefüllter Gefäße. WANGEMANN, STEFFEN, STOEWER, SALUS und v. HIPPEL fanden einen breiten chorioidealen Tumor, dessen innere Lage verknöchert war und dessen äußere Lage aus weiten, sinuösen Gefäßen bestand. DANIS und VAN BOGAERT beschrieben kürzlich ein capillares, teilweise kavernöses Angiom der Chorioidea, das trotz häufiger ophthalmologischer Untersuchungen während des Lebens nie festgestellt wurde. Die Autoren weisen an Hand der wohl seltenen Fälle auf die Möglichkeit hin, daß derartige Mißbildungen am Auge klinisch erscheinungslos bleiben können. BLUM-MUTRUX, LEVY, SHELDEN, CLAUSEN u. a. fanden Teleangiektasien in der *Iris*. Auch O'BRIEN und PORTER fanden in 2 Fällen Angiome der Iris. Andere Autoren (SCHÜMMER, GINZBURG, ELCHNIG, FRANCESCHETTI) sprechen von Gefäßanomalien am Augenhintergrund. Veränderungen am SCHLEMMschen Kanal bei Fehlen von Gefäßanomalien an der Aderhaut stellten CLAUSEN, WEBER,

Saffar, Reis, Seefelder u. a. fest. Ein Teil der Autoren hält die gefundenen Veränderungen am Schlemmschen Kanal für die Ursache des Hydrophthalmus. Ferner sind Atrophie der Netz- und Aderhaut (Schenk), der Papille (Larmande, Davies) des Nervus opticus (Morsier-Franceschetti, Tramer u. a.) beobachtet worden.

Erwähnenswert sind jene seltenen Fälle, in welchen *Pigmentnaevi* am Auge oder Augenhintergrund festgestellt wurden. Einen Naevus pigmentosus am Fundus beschrieb Touraine. In dem von Morsier und Franceschetti mitgeteilten Fall waren die nasooculären Flecken pigmentiert. Van Bogaert weist in diesem Zusammenhang auf ältere Fälle der Literatur hin, so auf die Beobachtung von Ammon (1852) (Melanose des Auges mit Venenanomalien der Conjunctiva), auf den Fall von Behr (1903) (Melanose des Auges kombiniert mit Gefäßerweiterung in den Lidern und Exophthalmus) und schließlich auf die Mitteilung von Saffar (1906) (Melanose der Aderhaut beiderseits mit doppelseitigem Gesichtsnaevus, der sich auf Hals und Thorax ausdehnte, Naevi vasculosi an den Beinen, Teleangiektasien der Lider und kongenitaler Hydrophthalmie). Neben angiomatösen Bildungen wurden auch Gliome der Retina (Aust), Gliosis retinae (P. H. Esser) und bösartige Glioneuroblastome der Retina (van der Hoeve) beobachtet. Van Bogaert macht ferner auf Fälle mit kombiniertem Vorkommen von Melanose des Auges mit Pigmentnaevi im Trigeminusgebiet (Brown-Doherty) oder mit Pigmentnaevi am Augenhintergrund (Roll, Brown-Doherty) aufmerksam. Van Bogaert schreibt: „On est obligé de postuler même, si la preuve anatomique non est parfaite, l'existence d'une «mélanose encéphalo-trigéminale»". Er konnte aber bei Durchsicht der Weltliteratur nur einen von Kerstbaum zitierten Fall eines russischen Autors Zalko finden, bei welchem die Kombination einer Melanose des Auges und der Arachnoidea über beiden Hemisphären vorlag. Die Originalarbeit war nicht erreichbar. Dagegen liegen anatomisch untersuchte Fälle von Giampalmo sowie von van Bogaert vor, in welchen beim voll ausgebildeten Sturge-Weberschen Syndrom neben der Angiomatose der weichen Häute ein Naevus melanosus dortselbst bestand.

Nach der Darstellung der anatomischen Veränderungen der Sturge-Weberschen Krankheit ist die *Pathogenese* dieser Erkrankung zu erörtern. Es besteht völlige Übereinstimmung unter den Autoren, die sich mit der Pathogenese der Krankheit beschäftigt haben, daß die angiomatösen Bildungen in Haut, Pia und Auge auf eine angeborene, mesenchymale Fehlbildung zurückzuführen sind. Der Naevus der Haut zeigt dies in jedem Fall (Olivecrona). „Ätiologisch handelt es sich um eine angeborene Anlage, bei der die anatomischen Veränderungen sicher bei der Geburt vorhanden sind, wenn sie auch später an Umfang zunehmen" (Koch). Das kombinierte Vorkommen der angiomatösen Veränderungen in Haut und weichen Hirnhäuten erklärt Hebold folgendermaßen: „Das gleichzeitige Vorkommen des Naevus der Haut und der weichen Hirnhaut erklärt sich aus derselben ursprünglichen Anlage dieser Gebilde und muß daher eine frühzeitige Mißbildung sein, denn sowohl die äußeren Bedeckungen des Schädels wie alle Hirnhäute gehen aus Schichten des Primordialcarniums hervor, aus dem sich nur noch ein Teil des Schädels entwickelt." Das bevorzugte Auftreten der angiomatösen Mißbildungen auf der linken Seite erklärt Hebold damit, daß das Gefäßsystem bei seiner Umwandlung aus einem paarig angelegten in ein unsymmetrisches auf der linken Seite durch den Wegfall einiger Hauptgefäße stärkere Veränderungen durchmache als rechts, und es daher leichter zu Störungen der Entwicklung komme. Wie aber verhält es sich mit den cerebralen Veränderungen bei der Sturge-Weberschen Krankheit? Die Frage ist, ob es sich um koordinierte Fehlbildungen des mittleren und äußeren Keimblattes handelt oder ob die Gehirnveränderungen Folge der mesodermalen Fehlbildungen in den weichen Häuten sind. Schließlich wäre noch denkbar, daß eine frühzeitige primäre Fehlbildung im Gehirn, wie Hypoplasie bzw. umschriebene Unterentwicklung des Gehirns, einen Reiz auf das kongenital minderwertige Gefäßsystem der Pia ausübt, wodurch es nach Art einer Vakatwucherung zu Gefäßmißbildung in den über den hypoplastischen Hirnteilen gelegenen weichen Häuten kommt. Die stete örtliche Koinzidenz der Veränderungen in den weichen

Häuten und im Gehirn legt den Gedanken eines kausalen Zusammenhangs zwischen den arachnoidealen und cerebralen Veränderungen sehr nahe. HEBOLD glaubt, daß die Gefäßmißbildung in den weichen Häuten das Primäre ist, die sekundär eine Störung in der Entwicklung des Gehirns hervorruft, „indem die davon betroffene Großhirnhälfte sich zwar eine Zeitlang in allen Teilen gleichmäßig bis zu einer gewissen Größe entwickelt, dann aber im Wachstum stehenbleibt und bei weiterem Bestehen Rückbildungen eintreten". UIBERALL ist der gleichen Ansicht, indem er glaubt, daß durch Hämorrhagien, teils durch Wachstum des Angioms der weichen Häute und teils durch Zirkulationsstörungen die betreffende Hemisphäre bzw. der betreffende Hirnabschnitt in seiner Entwicklung gehemmt würde. Gleicher Ansicht sind auch LICHTENSTEIN und ROSENBERG. DÜRCK nimmt in einem Fall, in welchem er eine fast völlige Verkalkung einer atrophischen Hemisphäre bei einem 19jährigen Idioten fand, an, daß die Ursache der Hemisphärenatrophie ein flächenhaftes racemöses Angiom der Pia war, welches er über dem atrophischen Hirnteil nachweisen konnte. Das Angiom soll nach Ansicht von DÜRCK einen starken Druck auf die Rinde ausgeübt und die Radiärgefäße komprimiert haben.

Während erwähnte Autoren die Ursachen der Hirnveränderungen in den angiomatösen Mißbildungen der weichen Häute erblicken, glauben andere Autoren an voneinander unabhängige koordinierte Vorgänge im Gehirn und den Meningen (KALISCHER, KRABBE, BERGSTRAND u. a.). KRABBE nimmt eine koordinierte Mißbildung im Meso- und Ektoderm an. Die Hypoplasie der Hirnteile sei angeboren. SCHENK, der ebenfalls der Ansicht ist, daß die Hirnveränderungen und die Mißbildungen in den Hirnhäuten unabhängig voneinander sind, weist darauf hin, daß die Atrophie der Hirnteile sich nicht immer topisch mit den Bezirken mit Gefäßanomalien deckt. KROLL und STAEMMLER, die, wie schon erwähnt, in ihrem 1. Fall bei der Sektion den Hautnaevus nicht mehr nachweisen konnten, denken daran, daß primäre Funktionsstörungen des Gefäßnervensystems zur Überdehnung, Verlängerung und Schlängelung der Gefäße, zu einer Art Varicose führen, und erst sekundär eine Wandschwäche der in der Funktion geführten Gefäße hinzutritt. „Wir möchten also den Gedanken zur Diskussion stellen, daß dem Wesen der STURGE-WEBERschen Erkrankung eine ektodermale Fehlbildung im Gehirn und in den Vasomotoren von Hirn, Haut und Auge zugrunde liegt und daß aus dieser Fehlbildung sich die anatomischen Wandveränderungen der Blutgefäße und die Störungen des Kreislaufs besonders im Gehirn entwickeln, die dann mit den Kalkablagerungen das Bild beherrschen" (KROLL und STAEMMLER). Auch PETERS und TEBELIS hielten gelegentlich der Beobachtung des 1. Falles die Veränderungen im Gehirn für eine koordinierte, von den angiomatösen Mißbildungen der weichen Häute unabhängige kongentiale Mißbildung. Trotz ihrer Auffassung der unabhängigen Entstehung der ektodermalen und mesodermalen Mißbildung wurde die Tatsache der stets übereinstimmenden Lokalisation der arachnoidealen und cerebralen Veränderungen nicht übersehen. Die Autoren nahmen zwischen beiden insofern einen Zusammenhang an, als sie an ein raumausfüllendes Prinzip bei der Entstehung der angiomähnlichen arachnoidealen Veränderungen über den primär hypoplastischen Hirnbezirken denken. PETERS und TEBELIS wurden in ihrer Auffassung einer koordinierten Mißbildung des Ektoderms und Mesoderms noch bestärkt, indem sie Vergleiche zu anderen Fehlbildungen der weichen Häute, nämlich den Lipomen zogen. Sie berücksichtigen vor allem einen von E. SCHERER beschriebenen Fall einer ausgedehnten Lipomatose der Meningen, die am stärksten über dem linken Occipital- und Parietallappen ausgebildet war. Die daruntergelegenen Hirnabschnitte zeigten eindeutige Mikrogyrien, in welchen es sekundär zu

atrophischen und verkalkenden Vorgängen gekommen war, die in ihrer Beschaffenheit vollständig solchen einer STURGE-WEBERschen Krankheit glichen. Ein
Vergleich der angiomatösen und lipomatösen Veränderungen der Pia erschien
beiden Autoren um so gerechtfertigter, als beide Vorgänge sich in ihrem Mißbildungscharakter sehr nahestehen. Bei beiden Vorgängen handelt es sich um
Hamartome im Sinne ALBRECHTs. Dazu ist es noch im Fall SCHERERs zu einer
starken Gefäßvermehrung im Bereich der Lipomatose gekommen, wie man dies
öfters beobachten kann (VONDERAHE und NIEMAN). SCHERER nimmt in seinem
Fall eine primäre Hirnmißbildung an, die vor Abschluß des 5. Fetalmonats
(Mikrogyrien!) entstanden sein muß. Die Lipomatose stelle einen sekundären
Vorgang dar, vielleicht im Sinne einer Vakatwucherung. Eine gleiche Annahme

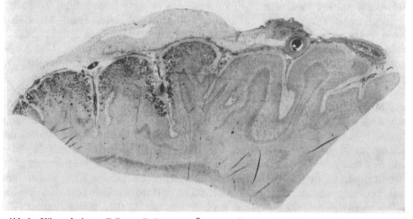

Abb. 9. Mikroaufnahme. Fall von E. SCHERER: Über piale Lipome des Gehirns, — Forschungsanstalt für
Psychiatrie, München. Färbung nach NISSL. Übersichtsbild aus dem mikrogyren Windungsgebiet des Schläfenlappens. Dichte Kalkeinlagerungen in den oberen Rindenschichten. Beachte die dickwandigen Arterienstämme
in den verdickten Meningen, rechts neben dem großen flächenhaften Lipom.

einer primären Hirnmißbildung liegt auch für die Balkenlipome nahe (KRAINER),
weil diese fast stets mit einer Aplasie oder Hypoplasie des Balkens verbunden
sind. GREBE sowie KRABBE und BARTELS haben sich ausführlich mit der „lipomatose circonscrite multiple" beschäftigt. Letztere Autoren rechnen dieses
Syndrom zu den Phakomatosen (s. S. 713). OLIVECRONA hat auch bei der STURGE-
WEBERschen Krankheit das Vorkommen von Mikrogyrien und Heterotopien,
also fetal entstandenen Fehlbildungen des Gehirns, erwähnt. Mittlerweile sind
gleiche Veränderungen in Fällen von HALLERVORDEN, SCHOLZ, GREEN, PETERS
u. a. beobachtet worden. Man kann sich aber nach gründlicher Durchsicht
der entsprechenden Literatur nicht der Tatsache verschließen, daß echte Fehlbildungen im Gehirn bei der STURGE-WEBERschen Krankheit selten sind. Meist
lassen die atrophischen Hirnteile eine ursprünglich normale Rindenstruktur
unschwer erkennen. Die Rinde zeigt eine normale 6-Schichtung. Die erhaltenen
Ganglienzellen sind voll ausdifferenziert. Ebenso ist das Marklager normal,
entwickelt. Die Veränderung, die man in den erkrankten Hirnteilen beschrieb,
wie Ganglienzellreduktion, Nervenzellveränderungen, diffuse Entmarkung,
geringe Fettkörnchenzellbildung, Gliose in Rinde und Mark sowie Kalkniederschläge lassen sich als sekundäre Veränderungen in einem primär normal entwickelten Hirnabschnitt erklären. Als Ursache der sekundären cerebralen Veränderungen genügen meines Erachtens, womit ich mich der Ansicht zuerst
erwähnter Autoren anschließe, vollständig die angiomatösen Mißbildungen in den

weichen Häuten. Früher oder später kommt es durch Druck der angiomatösen Mißbildungen in den weichen Häuten auf das daruntergelegene Gewebe und vor allem durch eine „Verblutung" in die angiomatöse Mißbildung, d. h. durch ein Abfließen oder ein Stagnieren des für die daruntergelegenen Hirnteile bestimmten Blutes in die angiomatöse Mißbildung zu Ernährungsstörungen. Das gelegentliche Vorkommen von echten Fehlbildungen im Gehirn, wie Mikrogyrien und Heterotopien, läßt sich mit einer derartigen Auffassung ebenfalls in Übereinstimmung bringen. Die Entstehung von Mikrogyrien am Rand intrauterin vor sich gegangener kreislaufbedingter Schäden wie Porencephalien ist durchaus bekannt. Man denke auch an den von HALLERVORDEN mitgeteilten Fall einer intrauterinen Kohlenoxydschädigung, als deren Folge neben hypoxämischen Schäden Mikrogyrien festgestellt wurden. Der zeitliche Faktor ist hier ausschlaggebend. Wenn die für das Wachstum und die normale Entwicklung des Gehirns notwendige Sauerstoffversorgung schon frühzeitig unzureichend ist, können Fehlbildungen des Gehirns resultieren. Tritt Sauerstoffmangel schon vor Abschluß der Migration ein (also vor dem 5. Fetalmonat), können Heterotopien, tritt er später ein, Mikrogyrien erwartet werden. Da die Fehlbildungen im mittleren Keimblatt schon intrauterin vorliegen, was überzeugend daraus hervorgeht, daß die Hautnaevi schon vor der Geburt vorhanden sind, werden die Rückwirkungen der primären mesodermalen Mißbildung auf das Gehirn unter anderem auch in Fehlbildungen bestehen können. Die Annahme einer sekundären, langsam fortschreitenden Hirnatrophie läßt sich besser mit der Tatsache, daß die klinischen cerebralen Symptome sehr häufig erst nach einem mehr oder weniger langen Intervall einsetzen, in Übereinstimmung bringen. Das klinische Syndrom spricht durchaus für einen progredienten Prozeß (CRAIG).

Man wird in einer größeren Zahl von Fällen auch das Vorliegen intracerebraler Gefäßmißbildungen als Teilursache des fortschreitenden Hirnprozesses annehmen können. CRAIG ist z. B. der Meinung, daß erste Veränderungen angiomatöse Mißbildungen in Haut, in Chorioidea, in Meningen und Hirnrinde sind. Die primären Veränderungen liegen demnach alle im mittleren Keimblatt. Die Destruktion der Hirnrinde ist nach CRAIG Folge der Ablagerung von Eisen und Kalk in die Gefäßwände. VAN BOGAERT schreibt: »La malformation, qui constitue l'angiomatose encéphalo-trigéminale est essentiellement une angiomatose cutanéau-méningée et dans un très bon nombre de cas, cérébrale. Elle entraine, avec le temps, une atrophie des régions cérébrales . . .«

FALK steht auf dem Standpunkt, daß die Mißbildungen an den Pia-, Haut- und Chorioidealgefäßen sowie Mikrogyrien, Hirnatrophie und Mikrocephalie „beredt auf eine Kombination meso- und ektodermaler Mißbildungen" hinweisen. Er macht darauf aufmerksam, daß bei der Röteln-Embryopathie Entwicklungsstörungen beobachtet werden (Mikrocephalie, geistige Unterentwicklung, verzögerter Zahndurchbruch, Gesichtsnaevus, Buphthalmus), wie sie bei der STURGE-WEBERschen Krankheit gehäuft auftreten. GIAMPALMO stellte in einem Fall STURGE-WEBERscher Krankheit einen angeborenen Herzfehler fest, der bei der Embryopathia rubeolosa ein häufiger Befund ist. In 2 Fällen von FALK hatten die Mütter während des ersten Schwangerschaftsdrittels schwere Traumen erlitten, in deren Folge stärkere und lang anhaltende Genitalblutungen auftraten. Nach Ansicht von JADASSOHN sollen unter gewissen Umständen Traumen auslösende Momente für die Entstehung von Blutgefäßgeschwülsten sein können, wobei er darauf hinweist, daß sich die Angiome meist an jenen Stellen zu lokalisieren pflegen, an welchen Unregelmäßigkeiten der Entwicklung besonders gern auftreten. FALK kommt daher zu dem Schluß, „daß die STURGE-WEBERsche Krankheit sich nur ausnahmsweise auf dem Boden einer vererbten Anlage entwickelt, dagegen scheint die Annahme erlaubt, daß das Leiden durch intrauterine Störungen bei den Müttern der erkrankten Kinder hervorgerufen wird, wobei es auffällig ist, daß die Krankheitszeichen bei der STURGE-WEBERschen Krankheit in vielen Zügen jenen Mißbildungen gleichen, wie sie bei Kindern von Frauen anzutreffen sind, die im ersten Drittel der Schwangerschaft an einer Viruskrankheit, insbesondere Röteln, erkrankt waren. Unsere eigenen Fälle machen es wahrscheinlich, daß auch Traumen, als Entstehungsursachen in Betracht kommen können, um so mehr, als diese Möglichkeit auch im Schrifttum erwähnt wird."

Es handelt sich demnach bei der Sturge-Weber*schen Krankheit um eine primäre, multiple Angiomatose, die in der Haut, in der Chorioidea, in den Hirnhäuten und in dem Gehirn lokalisiert sein kann.* Multiple angiomatöse Mißbildungen sind kein seltener Befund. *Das charakteristische Merkmal der* Sturge-Weber*schen Krankheit ist die von der angiomatösen Mißbildung abhängige Fehlentwicklung und Atrophie umschriebener Hirnteile. Die sekundäre Hirnatrophie gibt die Möglichkeit, die* Sturge-Weber*sche Krankheit als eine Sonderform der häufig vorkommenden multiplen Angiomatosen beim Menschen zu erkennen und aufzufassen.*

Es gibt auch Beobachtungen von Kombinationen von teleangiektatischen Hautnaevi und *Angiomatose des Rückenmarks.* Louis-Bar hat gelegentlich der Mitteilung der Beobachtung eines 5jährigen Knaben, der neben einer angeborenen Hautangiomatose aller vier Extremitäten an einer spastischen Lähmung beider Beine litt, als deren Ursache die Autorin eine Angiomatose des Rückenmarks vermutete, entsprechende Fälle der Literatur zusammengestellt. In einem von Cobb beschriebenen Fall lag neben einem bei der Operation verifizierten Angiom des Rückenmarks ein Hautnaevus im gleichen Rückenmarkssegment vor. Louis-Bar zitiert weitere Fälle von Chaput, Alexander, Hermann, Devic sowie Schöpe, die aber nach Ansicht der Autorin, der ich mich anschließe, nicht erlauben, „das Vorkommen eines Typus inferior des Sturge-Weber-Krabbeschen Syndroms zu beweisen".

Die *Erbpathologie* der behandelten Krankheit hat kürzlich G. Koch an Hand eigener Untersuchungen und der gesamten Literatur behandelt. Das Auftreten einer cerebralen Angiomatose in zwei aufeinanderfolgenden Generationen wurde bisher nur von Penfield und Geyelin beschrieben. Innerhalb einer Familie beobachteten die Autoren das jedoch nicht voll ausgeprägte Sturge-Webersche Syndrom bei einem Vater und 4 Kindern. In der Mehrzahl der entsprechenden Beobachtungen (Galezowski, Blum, Levy, Koch) findet man bei den Probanden die Kombination Naevus vasculosus der Haut mit Veränderungen am Augenhintergrund oder Angiomatose der weichen Häute und in der vorangehenden oder nachfolgenden Generation lediglich angiomtöse Mißbildungen der Haut. Koch weist auf die Seltenheit der voll ausgebildeten Symptomentrias und die „Mannigfaltigkeit und Ungleichartigkeit des Ausprägungsgrades dieses Krankheitsbildes" hin. Er erklärt dies aus der Tatsache, daß der Sturge-Weberschen Krankheit eine kongenital-erbliche Mißbildung zugrunde liegt. „Soweit die wenigen exakten Familienuntersuchungen eine Schlußfolgerung auf den Erbgang zulassen, liegt unter Berücksichtigung aller vorhandenen phänischen Manifestationen in einigen Fällen ein dominanter (Galezowski, Geyelin-Penfield, Koch) bzw. unregelmäßig dominanter (Gougerot-Blum-Levy, Olivecrona) Erbgang vor. Daneben lassen mehrfaches Auftreten unter Geschwistern (Oppenheim, Rawling), ohne familiäre Belastung sowie das isolierte Vorkommen des Vollsyndroms oder einzelner Mikroformen in einer Sippe auch an rezessiven Erbgang denken" (Koch).

Zurückhaltender ist Denise Louis-Bar. Sie ist wie Blum und Mutrux der Ansicht, daß man nur dann von einer Sturge-Weberschen Krankheit zu sprechen berechtigt ist, wenn mindestens zwei typische Symptome möglichst durch pathologisch-anatomische Untersuchung erhärtet sind. Selbst bei dem kombinierten Vorliegen eines Gesichtsnaevus und eines hirnatrophischen Prozesses kann ohne anatomische Untersuchung die Art des cerebralen Prozesses nicht erschlossen werden. Louis-Bar bezweifelt die Zugehörigkeit des von Geyelin und Penfield mitgeteilten Falles zu dem Sturge-Weberschen Syndrom wegen der atypischen Lokalisation und des isolierten Auftretens der cerebralen Veränderungen. Louis-Bar ist der Ansicht, „qu'il est fort difficile, dans les conditions présentes, d'admettre la transmission héréditaire de l'angiomatose encéphalocutanée".

Die nicht seltene *Kombination* der Sturge-Weberschen Krankheit mit Symptomen anderer Krankheiten, wie der *tuberösen Sklerose,* der generalisierten *Neurofibromatose* sowie der Hippel-Lindauschen *Krankheit* veranlaßte zahlreiche Autoren, das Krankheitssyndrom in eine größere, übergeordnete Gruppe einzuordnen. Es muß aber bemerkt werden, daß solche Kombinationen bei ein und demselben Kranken selten auftreten, dagegen häufiger in der gleichen Familie. Meist sind die Symptome der zweiten Krankheit wenig prägnant. Übrigens wurden auch andersartige kongenitale Dysplasien bei der Sturge-Weberschen Krankheit entweder bei dem Kranken selbst oder bei Familienmitgliedern des Kranken beobachtet. So beschrieb man *Angiome der inneren Organe, Syringomyelie, Spina bifida, Fingeranomalien, Kyphoskoliose* u. dgl. Louis-Bar hat auch Fälle aus der Literatur zusammengetragen, die als Kombination einer Sturge-Weberschen Krankheit mit der *Angiochondromatose* (Syndrom von Mafucci) gelten können.

MAFUCCI beschrieb 1881 einen Fall kombinierten Vorkommens eines Angioms mit multiplen Chondromen, die teils sarkomatös entartet waren. Später (1889) haben KAST und v. RECKLINGHAUSEN das gemeinsame Vorkommen mehrfacher Angiome der Haut, Phlebektasien und multiplen Chondromen beschrieben. 1900 wurde von OLLIER das Krankheitsbild der Dyschondrodysplasie beschrieben, das mit obenerwähnten Fällen wohl übereinstimmt. Nach VAN BOGAERT sind im ganzen 20 Beobachtungen des OLLIERschen Syndroms bekannt geworden, das häufig mit Pigmentanomalien, Phlebektasien und in einem Fall auch mit einem Gliom kombiniert auftrat. 1942 haben CARLETON, ELKINGTON, GREENFIELD und R. SMITH alle derartigen Beobachtungen als ,,Syndrom von MAFUCCI" zusammengefaßt.

Die größere Gruppe, in welcher man letztere Syndrome wie auch die STURGE-WEBERsche Krankheit heute vielfach zusammenfaßt, sind die *Phakomatosen* (VAN DER HOEVE). VAN DER HOEVE rechnete zunächst die tuberöse Sklerose und die Neurofibromatose und später die v. HIPPEL-LINDAUsche Krankheit zu diesem Krankheitsbegriff. 1938 fügte dann VAN DER HOEVE als vierte Phakomatose die STURGE-WEBERsche Krankheit hinzu. VAN DER HOEVE begründete die Zusammenfassung damit, daß alle 4 Syndrome in voller Ausprägung sich auszeichnen: 1. durch Hautflecken (phakos), 2. durch blastomatöse Mißbildungen (phakoma- und 3. durch echte Tumoren (phako-blastoma). Die Lokalisation der hauptsächlichen Veränderungen aller 4 Syndrome sind Haut, Auge und Gehirn. Allen 4 Syndromen ist nach KOCH eine starke phänotypische Variabilität eigen, KOCH hält zudem alle 4 Syndrome für angeboren. Ferner können alle 4 Syndrome von anderen Mißbildungen aller 3 Keimblätter begleitet sein. So wurden z. B. auch bei der STURGE-WEBERschen Krankheit angiomatöse Mißbildungen im Gastrointestinaltrakt von GREENWALD, KOOTE, HUDELO u. a. beobachtet. KÖHLER fand bei einer Frühgeburt neben einer das ganze Gehirn betreffenden STURGE-WEBERschen Krankheit Agenesie der Nieren und ableitenden Harnwege. Bei einem von HALLERVORDEN sezierten Fall beschreibt KOCH eine linksseitige Nierenmißbildung. Im allgemeinen treten nach Ansicht von KOCH alle 4 Phakomatosen als in sich geschlossene Syndrome auf. Es liegen aber auch, wie schon erwähnt, Mitteilungen von Kombinationen der 4 Phakomatosen vor (Sturge-Weber + tuberöser Sklerose — CRAIG, KOCH u. a.), (Sturge-Weber + Recklinghausen, Sturge-Weber + Lindau — VAN BOGAERT u. a.). VAN BOGAERT spricht bei den 4 Phakomatosen von ,,dysplasies neuroectodermiques congénitales". Er rechnet noch hinzu die xerodermische Idiotie (DE SANCTIS, CACCHIONE, ELSÄSSER u. a.).

Literatur.

AYNSLEY, TR.: Hemiplegia associated with extensive naevus and mental defect. Brit. J. Childr. Dis. 25, 197 (1928).

BABONEIX, J., HUTINEL et WIDIEZ: Hémiplégie infantile avez obésité. Bull. Soc. Pédiatr. Paris 25 (1927). — BARUK, H.: Migraines d'apparence psychogénique suivies d'épilepsie jacksonienne dans un cas d'angiome cérébral. Encéphale 26 (1931). — BELTMANN, J.: Über angeborene Teleangiektasien des Auges als Ursache von Glaucoma simplex. Arch. f. Ophthalm. 59, 59 (1904). — BERGSTRAND, H.: On the classification of the haemangiomatosis tumours and malformations of the central nervous system. Acta path. scand. (København) 26, 89 (1936). — BERGSTRAND, H., H. OLIVECRONA u. W. TÖNNIS: Gefäßmißbildungen und Gefäßgeschwülste des Gehirns. Leipzig: Georg Thieme 1936. — BÉTHOUX, C., R. ISNEL et J. MARCOULIDÈS: Angiome cérébro-rétinien avec hémiplégie et naevus frontal. Rev. neur. 66 (II) (1936). — BLUM, J. D., u. G. MUTRUX: La maladie de STURGE-WEBER-KRABBE (Angiomatose encéphalo-trigéminée). Considérations sur ses formes complètes et incomplètes à propos de deux cas. Ophthalmologica (Basel) 118, 781 (1949). — BOGAERT, L. VAN: Pathologie des angiomatoses. Acta neurol. et psychiatr. belg. 50, 525 (1950). — BONNET, P., L. PAUFIQUE et P. F. GIRARD: L'angiomatose de la rétine (maladie de v. HIPPEL) associée à l'angiomatose du système nerveux (maladie de LINDAU). J. Méd. Lyon 1943, 297. — BROAGER, B. u. H. HERTZ: An electroencephalographically localisized focus in a case of STURGE-WEBER syndrome, extirpated with good result. Acta psychiatr. (København) 24, 1 (1949). — BROUWER, B., J. VAN DER HOEVE u. W. MALONEY: A fourth type of phakomatosis — STURGE-WEBER syndrome. Verh. K. Akad. Wet., Amsterdam 36, 1 (1937).

CASSIERER, R.: Angiom des Gehirns. Neur. Zbl. 21, 32 (1902). — CASSIERER, R., u. R. MÜHSAM: Über die Exstirpation eines großen Angioms des Gehirns. Berl. klin. Wschr. 1911 I, 32. — COURVILLE, C. B.: Notes on the pathology of cerebral tumours. Bull. Los Angeles Neur. Soc. 12, 79 (1947). — COURVILLE, C. B., PH. J. VOGEL and A. J. MURIETTA: Angiomas of the cranial vault. Bull. Los Angeles Neur. Soc. 13, 1 (1948). — CRAIG, J. M.: Encephalotrigeminal angiomatosis. J. of Neur. 8, 315 (1949). — CROUZON, O., J. CHRISTOPHE et M. GAUCHER: Epilepsie et naevus vasculaire de la face. Revue neur. 40, 361 (1933). — CUPERUS, M.: Teleangiektase des Gesichts mit Glaucoma simplex. Klin. Mbl. Augenheilk. 47 (1909). — CUSHING, H.: Cases of spontaneous intracranial haemorrhages associated with trigeminal naevi. J. Amer. Med. Assoc. **47**, 178 (1906). — Notes on a series of intracranial tumor and conditions simulating them. Arch. of Neur. **10** (1923).

DANIS, P., et L. VAN BOGAERT: Stummes Angiom der Chorioidea bei einem Fall STURGE-WEBERscher Krankheit, die während des ganzen Lebens beobachtet wurde. Acta neurol. et psychiatr. belg. **51**, 74 (1951). — DEUTSCH, L.: Über einen Fall von multiplen intrakraniellen Verkalkungen nebst einer Variante des Ventrikelsystems. Z. Nervenheilk. **137** (1935). — DIMITRI, V.: Tumor cerebral congenito (Angioma cavernosi). Rev. Asoc. méd. argent. **36** (1923). — Sobre una forma especial de Angiomas cerebrales. El dia médico **14**, 35 (1942). — DÜRCK, H.: Über eine fast totale Verkalkung einer Großhirnhemisphäre bei einem fast erwachsenen Individuum. Kongr. Internat. Path., Torino 1912. — Über die Verkalkung von Hirngefäßen bei der akuten Encephalitis lethargica. Z. Neur. **72** (1921). — DYES, D.: Verkalkte Hirnrinde. Fortschr. Röntgenstr. **51** (1935).

ELLIS, R.: Trigeminal naevus and homolateral pial angioma. Proc. Roy. Soc. Med. **25**, 954 (1932). — ELSCHNIG, A.: Beitrag zur Glaukomlehre. Z. Augenheilk. **39** (1918). — EMANUEL, M.: Ein Fall von Angioma arteriale racemosum des Gehirns. Z. Nervenheilk. **14** (1899). — ESSER, P. H.: Über die STURGE-WEBERsche Krankheit. Arch. f. Psychiatr. **113**, 440 (1941).

FALK, W.: Beitrag zur Ätiologie und Klinik der STURGE-WEBERschen Krankheit. Z. Kinderheilk. **5**, 175 (1950). — FRACASSO, L.: Angioreticuloma cerebellare a nervo trigeminale. Riv. Neur. **16**, 1 (1946). — FURTADO, R.: Maladie de KRABBE (Angioma de la face, calcification occipitale, epilepsie et oligophrénie). Revue neur. **65** II (1936).

GEYELIN, H. R., u. W. PENFIELD: Cerebral calcification epilepsy. J. of Neur. **21**, 1020 (1929). — GIAMPALMO, A.: Sulla mallatia de STURGE è WEBER. Riv. Path. **32**, 1 (1940). — GINZBURG, J.: Glaukom und Feuermal mit Akromegalie. Klin. Mbl. Augenheilk. **76** (1926). — GRANSTROEM, K. O.: Naevus flammeus associated with glaucoma. Acta ophthalm. (Københ.) **1935**, 55. — GREEN, J. R.: Encephalo-trigeminal angiomatosis. J. of Neuropath. **4**, 27 (1945). GREENWALD, H. M., and J. KOOTA: Associated facial and intracranial haemangiomas. Amer. J. Dis. Child. **51**, 868 (1936). — GREGORIO, G. DE: Contributo allo studio della malattia di STURGE-WEBER-KRABBE e delle angiomatose, S. 519. Arsenali 1948. — GREIG, D.: A case of meningeal naevus associated with adenoma sebaceum. Edinburgh Med. J. **28**, 105 (1922).

HAEMERLINCK, C., G. MYLE u. L. VAN BOGAERT: Angiomatose encéphalo-trigéminée (STURGE-WEBER) sans calcifications radiologiquement décelables. J. of Neur., N. S. **10** 93 (1947). — HARTOG, W. A. DEN: About two forms in the group of the phakomatose. Fol. psychiatr. Need. **52**, 356 (1949). — HIPPEL, E. V.: Über das Angiom der Aderhaut. Arch. Ohr- usw. Heilk. **127** (1909). — HOEVE, W. VAN DER: Eine vierte Phakomatose. Ber. über die 51. Zusammenkunft der Dtsch. Ophthalm. Ges. München: J. F. Bergmann 1936. — HOFMEISTER, F.: Über Ablagerung und Resorption von Kalksalzen in den Geweben. Erg. Physiol. **10** (1910). — HOSOE, K.: Multiple intracranial angiomas. Amer. J. Path. **6** (1936).

JAHNKE, W.: Histologischer Befund bei Glaukom und gleichseitigem Naevus flammeus faciei. Z. Anat. **74** (1931). — JAKOB, A.: Zum Kapitel der cerebralen Kinderlähmung. Z. Nervenheilk. **69** (1921). — JANDEZKY, A. G.: STURGE-WEBERsche Krankheit. Ref. Zbl. Neur., Psych. **93**, 217 (1939). — JOIRIS, P., et J. FANCHAMPS: Glaucome, angiome faciale, angiome cérébral. Bull. Soc. belge Ophthalm. **70**, 1 (1935).

KALISCHER, S.: Ein Fall von Teleangiektase (Angiom) des Gesichts und der weichen Hirnhaut. Arch. f. Psychiatr. **34**, 171 (1901). — KASANIN-CRANT: A case of extensive calcification in the brain. Arch. of Neur. **34** (1935). — KAUTZKY, R.: Die Bedeutung der Hirnhaut-Innervation und ihre Entwicklung für die Pathogenese der STURGE-WEBERschen Krankheit. Dtsch. Z. Nervenheilk. **161**, 506 (1949). — KNODEL, G.: Zur Kenntnis der v. HIPPELschen Erkrankung (Angiomatosis retinae). Virchows Arch. **281**, 886 (1931). — KOCH, G.: Zur Erbpathologie der STURGE-WEBERschen Krankheit. Z. menschl. Vererb.-u. Konstit.lehre **25**, 695 (1942). — STURGE-WEBERsche Krankheit. Arztl. Forsch. **1950**, 652. — KOCH, FR.: Zerebrale Erkrankungen und Gefäßgeschwülste bzw. Gefäßmißbildungen. Z. Kinderheilk. **59**, 638 (1938). — KRABBE, K.: Recherches anatomo-pathologiques sur un cas de soi-disant angiome calcifie des méninges, démonstré par la radiographie. Revue neur. **1932**, 1. — Facial and meningial angiomatosis associated with calcifications of the brain cortex. Arch. of Neur. **32**, 757 (1934). — KRABBE, K. H.: Phakomatosis in neurology. Kopenhagen: Einar Mungsgaard 1941. — KRABBE, K. H., u. E. D. BARTELS: La lipomatose circonscrite multiple. Kopenhagen: Einar Mungsgaard 1944. — KRAINER, L.: Die Gehirn- und Rückenmarkslipome. Virchows Arch. **295**, 66 (1935). — KRATZENSTEIN, E.: Zur Lehre von den Gefäßgeschwülsten des Gehirns. Diss. Berlin 1932. — KREYENBERG, G., u. I. HANSING: Das Krankheitsbild der Hauthämangioms, kombiniert mit Rankenangiom des Gehirns und Hydrophthalmus. Z. Neur. **152** (1935). — KROLL, F. W., u. M. STAEMMLER: STURGE-WEBERsche Erkrankung. Arch. f. Psychiatr. **181**, 168 (1948). — KYLIN, E., u. T. KYELLIN: Fall von Epilepsie kombiniert mit verkalktem intrakraniellem Angiom (STURGE-WEBERsches Syndrom). Acta med. scand. (Stockh.) **88**, 107 (1936).

LAIGNEL-LAVASTINE, DELHERME et FOUQUET: Epilepsie jacksonienne par angiome cérébrale avec naevus frontal. Revue neur. 1929 I, 475. — LARMANDE, A. M.: La neuroangiomatose encéphalo-faciale. Paris: Masson & Cie. 1948. — LICHTENSTEIN, B. W., and C. ROSENBERG: STURGE-WEBER-DIMITRI's disease. Report of an abortive case. Observations on the form, chemical nature and pathogenesis of the cerebral cortical concretions. J. of Neuropath. 6, 369 (1947). — LOUIS-BAR, D.: Sur un syndrome progressif comprenant des téleangiectasies capillaires cutanées et conjonctivales symètriques à disposition naevoide et des troubles cérébelleux. Rev. neur. 4, 32 (1941). — Les rapports entre les angiomatoses du type STURGE-WEBER et les autres dysplasies (Forme de passage). Acta neurol. et psychiatr. belg. 50, 680 (1950). — LUND. M.: On epilepsy in STURGE-WEBERS disease. Acta psychiatr. (København) 24, 569 (1949).

MADDEN, J. F.: Generalized angiomatosis (teleangiectasia). J. Amer. Med. Assoc. 102, 442 (1934). — MANOLESCO, D., D. LAZARESCO et D. VINTILESCO: Naevus flammeus facial, angiome cérébral et glaucome. Maladie die STURGE-WEBER-KRABBE-SCHIRMER). Rev. d'Otol. etc. 16, 664 (1938). — MARCHESANI, O.: Naevus flammeus und Hydrophthalmus congenitus. Wien. med. Wschr. 1925. — MEYER, FR.: Mit Gesichtshautangiom vergesellschaftetes Gehirnrankenangiom. Mschr. Psychiatr. 92, 294 (1936). — MEYER, W. C.: Beiträge zur Frage des Pseudokalkes im Zentralnervensystem. Z. Neur. 146 (1933). — MONIZ, E., u. A. LIMA: Pseudoangiomes calcifiés du cerveau. Angiome de la face et calcifications corticales du cerveau (maladie de KNUD H. KRABBE). Revue neur. 63 (1935). — MÜLLER, H. H.: Über einen unter eigentümlichen Symptomen verlaufenden Fall von multiplen Hirnangiomen. Mschr. Psychiatr. 53 (1923). — MÜLLER, W.: STURGE-WEBERsche Krankheit. Zbl. Path. 70 (1938). — MYLE, G., et H. A. TYTGAT: Deux cas de maladie de STURGE-WEBER probable sans calcifications intracrâniennes radiologiquement décelables. J. belge Neur. 1943, 1.

NAECKE, P.: Ein Beitrag zur Pathogenese des Naevus vascularis. Neur. Zbl. 24, 30 1905).

O'BRIEN, C. S., et W. C. PORTER: Glaucoma and naevus flammeus. Arch. of Ophthalm. 9, 715 (1933). — OPPENHEIM, H.: Lehrbuch der Nervenkrankheiten. Berlin 1913. — OSTERTAG, B.: Die an bestimmte Lokalisation gebundenen Konkremente des Zentralnervensystems und ihre Beziehungen zur Verkalkung intrazerebraler Gefäße bei gewissen endokrinen Erkrankungen. Virchows Arch. 275 (1930).

PÉHU, DÉCHAUME et BOUCOMONT: Sur un cas d'epilepsie infantile avec calcifications intracrâniennes. Rev. franç. Pédiatr 8, 229 (1932). — PERESA, CH.: Bilateral buphthalmos associated with naevus flammeus. Arch. of Ophthalm. 14, 626 (1935). — PETERS, G.: Zur Pathogenese der STURGE-WEBERSchen Krankheit. Z. Neur. 164, 365 (1938). — Spezielle Pathologie der Krankheiten des zentralen und peripheren Nervensystems. Stuttgart: Georg Thieme 1951. — PETERS, G., u. F. TEBELIS: Beitrag zur Klinik, Anatomie und Pathogenese der STURGE-WEBERSchen Krankheit. Z Neur. 157, 782 (1937). — PHILIPPOPOULOS, G. A.: A contribution to the study of STURGE-WEBER-KRABBE's disease (4. phakomatosis). Athen 1948.

RABUT, R.: Alopécie localisée due à un naevus du cuir chevelut. Bull. Soc. franç. Dermat. 37, 86 (1930). — RAWLING, L. D.: I disk., efter WEBERS föredag. Proc. Roy. Soc. Med. 22, 442 (1929). — ROGERS, L.: Associated facial and intracranial haemangiomata. Brit. J. Surg. 21, 229 (1933). — RUKSTINAT, G.: Focal calcification of the brain and dura of a hydrocephalic idiot child. Arch. of Path. 19 (1935).

SACHS, E.: Intracranial teleangiectasie. Symptomatology and treatment with report of two cases. Amer. J. Med. Sci. 150, 565 (1915). — SALUS, R.: Glaukom und Feuermal. Klin. Mbl. Augenheilk. 71 (1923). — SCHÄFER, W.: Über einen Fall von halbseitigen Hirn- und Hauthämangiom. Mschr. Kinderheilk. 50/51, 35 (1929). — SCHECK, V. W. D.: STURGE-WEBER syndrome. Psychiatr. Bl. (holl.) 1940, 1. — SCHERER, E.: Über die pialen Lipome des Gehirns. Z. Neur. 154, 53 (1935). — SCHIELE, G.: Über vorwiegend perivasale, sekundär verkalkende Konkrementbildung im Hirngewebe. Virchows Arch. 282 (1931). — SCHIÖTZ, H.: Sindrome vascular encéfalotrigeminal. Monographien 1935. — Angiomatosis encephali et regions trigemini. Norsk. Mag. Laegevidensk. 7 (1935). — SCHIRMER, R.: Ein Fall von Teleangiektasie. Arch. f. Ophthalm. 7, 119 (1860). — SCHMINCKE, A.: Encephalitis interstitialis Virchow mit Gliose und Verkalkung. Z. Neur. 60 (1927). — SCHUBACK, L.: Über die Angiomatosis des Zentralnervensystems. Z. Neur. 110 (1927). — SITTERMANN, J., u. E. STENGEL: Angiom und Syringomyelie. Mschr. Psychiatr. 73, 265 (1929). — SPILLER, W.: Congenital tumor of the brain (teleangiectasy), and associated cerebral movements. Arch. of Neur. 2 (1919). — STEFFENS, M.: Über ein Angiom der Aderhaut mit ausgedehnter Verknöcherung bei Teleangiektasie des Gesichts. Klin. Mbl. Augenheilk. 40 (1902). — SUBISANA, A.: Enorme angiome congénital de la face et crises épileptiques généralisées suivies d'hémiparésie gauche, chez une fillette agée de 10 ans. Rev. d'Otol. etc. 14 (1936). — SUBISANA, A., et F. TOSQUELLES: Un nouveau cas de calcification intracérébrale visible radiologiquement chez une hémiplégique de l'enfance avec crises épileptiques jacksoniennes. Revue neur. **1934** II, 1.

UIBERALL, L.: Mit Hauthämangiomen kombinierte Rankenangiome des Gehirns. Z. Neur. **124**, 836 (1930).

VINCENT, C. G., et HEUYER: Présentations de deux cas d'angiome veineux cérébral. Revue neur. **1929** I, 509. — VOLLAND, R.: Über zwei Fälle von zerebralem Angiom nebst Bemerkungen über Hirnangiome. Z. jugendl. Schwachsinn **6** (1912). — VOLLAND, W.: Über intrazerebrale Gefäßverkalkungen: die idiopathische Fcrm mit vorwiegend extrapyramidalem Krankheitsbild nebst Bemerkungen zur STURGE-WEBERschen Krankheit. Arch. f. Psychiatr. **111**, 5 (1940). — VONDERAHE, A. R., and W. T. NIEMER: Intracranial lipoma. J. of Neuropath. **3**, 344 (1944).

WEBER, P.: STURGE-WEBER disease. J. of Neur. **3**, 431 (1922). — A note on the association of extensive haemangiomatous naevus of the skin with cerebral (meningeal) haemangioma especially cases of facial vascular naevus with contra-lateral hemiplegia. Proc. Roy. Soc. Med. **22**, 431 (1929). — WEIMANN, W.: Über einen eigenartigen Verkalkungsprozeß. Mschr. Psychiatr. **50** (1921). — Zur Kenntnis der Verkalkung intrazerebraler Gefäße. Z. Neur. **76** (1922).

ZWEYMÜLLER, E.: Das Krankheitsbild von Sturge-Weber. West. Z. Kinderheilk. **7**, 35 (1952).

XI. Die Pathologie des neuraxialen Hüllraums sowie der intra- und extracerebralen Liquorräume.

Von

B. Ostertag - Tübingen.

Mit 38 Abbildungen.

A. Einleitung.

Erkrankungen des Zentralnervensystems beschränken sich nicht nur auf das Gehirn und das Rückenmark selbst, sondern greifen meist auf das das Zentralnervensystem umhüllende Gewebe über und führen dort zu einer Reihe charakteristischer, tiefgreifender *Komplexreaktionen*, die sich aus der besonderen Funktion sowie den physikalisch-anatomischen Verhältnissen herleiten. Andererseits wirken sich primäre Erkrankungen der Hüllen auch auf das Zentralorgan aus. Deshalb ist die Pathologie des neuraxialen Hüllraums von der des Zentralnervensystems nicht zu trennen.

Die Bezeichnung „Neuralraum" für Schädelhöhle und Wirbelkanal (PERNKOPF) wäre die kürzeste. Auf der Suche nach einer treffenden Bezeichnung für den Hüllraum des Nervensystems waren wir über die Bezeichnung: perimyeloencephaler Raum zum „neuraxialen Hüllraum" gekommen.

Bekanntlich ist das Zentralnervensystem von 3 bindegewebigen Hüllen umgeben, den 2 zum Teil getrennt voneinander verlaufenden Blättern der Leptomeninx und der Dura. Außer diesen bindegewebigen Hüllen ist die Tabula interna des Schädelknochens, ebenso wie die äußere Grenzschicht des Hirns, zum Hüllraum zu rechnen. Er umfaßt im einzelnen, von innen nach außen gesehen, die Membrana limitans gliae, den ihr eng anliegenden Teil der Leptomeninx: die Pia; ihr folgt der sog. subarachnoidale, liquorführende Raum, der durch das äußere Blatt der Leptomeninx, die Arachnoidea, begrenzt wird. Durch einen capillären Spalt von letzterer getrennt verläuft dann die Dura mit ihren Verspannungen im Schädelbinnenraum. Ihr folgt als äußere Begrenzung die Tabula interna des Schädelknochens.

Die Abb. 1 zeigt die Verhältnisse der Einbettung des Zentralorgans in den Raum des Schädels bzw. des Wirbelkanals. Während die Kalotte der Schädelkapsel einer halbkugeligen Form nahekommt, gliedert sich die Basis des Schädels in 3 Hauptteile: nämlich die quergelagerte vordere, mittlere und hintere Schädelgrube. Das äußere Blatt der Dura bedeckt den Schädelknochen überall und umgibt die austretenden Hirnnerven zum Teil mit einer aus dem inneren und äußeren Blatt bestehenden Scheide.

Die Dura steht in der Jugend und im hohen Alter mit dem Schädelknochen in fester Verbindung, in den übrigen Lebensaltern liegt sie dem Schädelknochen bis auf einige Abschnitte an den Cristae und Processus der Basis nur an. Ihr äußeres Blatt ist zugleich Periost des Knochens. Wie die Dura des Schädels, so besteht auch die des Rückenmarkkanals aus 2 Lamellen. Die innere der letzteren setzt sich in die beiden Durablätter des Schädels fort und liegt nur im Bereich des Foramen occipitale dem Schädelknochen fest an, die äußere hingegen ist mit dem Außenperiost der Occipitalschuppe fest verbunden (v. LANZ).

Im Wirbelkanal dient die Dura lediglich als Hülle des Rückenmarks und steht mit dem Periost der Wirbelkörper nur ventral im Bereich der Zwischenwirbelscheiben durch bindegewebige Züge in Verbindung. Sie umgibt alle Rückenmarksnerven an ihren Austrittsstellen aus dem Wirbelkanal, den Zwischenwirbellöchern, noch eine Strecke weit und läßt so die sog. duralen Trichter entstehen.

Während früher lehrbuchmäßig die Leptomeninx in Arachnoidea und Pia getrennt wurde, müssen wir beide Blätter der weichen Häute als etwas Einheitliches und Zusammengehöriges betrachten. Zwischen ihnen verlaufen zahlreiche Bindegewebsbalken (subarachnoidales Gewebe), in die die Hirngefäße zum Teil eingebettet sind. Zusammen mit den Hirngefäßen senkt sich das innere Blatt zunächst als sog. pialer Trichter, später als Adventitia der Gefäße, in das Gehirn ein.

So ist der piale Anteil der Leptomeninx der Gehirnoberfläche innig angeschmiegt, dringt in die Tiefe aller Furchen und Fissuren ein und steht mit der Membrana limitans gliae in denselben Beziehungen wie die gliöse Grenzmembran innerhalb des Gehirns zu der Adventitia der Gefäße, während der arachnoidale Anteil die Furchen überbrückt.

Der von den Blättern der Leptomeninx begrenzte Raum, Cavum leptomeningicum (früher Subarachnoidalraum), enthält den extracerebralen Liquor. Bei der ungeheuren Massenentfaltung des Gehirns mit dem Wechsel von Windungen und Furchen findet sich reichlicher Liquor deshalb in den Windungstälern, während an den Kuppen der Windungen, wo arachnoidales und piales Blatt dicht aneinander liegen und fester durch subarachnoidales Gewebe verbunden sind, die liquorführende Schicht nur capillär ist.

Über dem gesamten unpaaren Neuralrohr, d. h. also dem gesamten zentralen Nervensystem ohne die Hemisphären, vom Zwischenhirn bis zum Rückenmark, entfernen sich Arachnoidea und Pia weiter voneinander. Das subarachnoidale Gewebe wird spärlicher oder schwindet ganz und es entstehen die Zisternen. Sie umgeben das unpaare Neuralrohr überall, haben eine direkte Fortsetzung in das Cavum leptomeningicum des Rückenmarks und schützen durch ihre Wasserkissenwirkung die lebenswichtigen Zentren.

Der Binnenhohlraum des Gehirns ist im Gegensatz zu der derbfaserigen Außenflächenbedeckung mit einer Ependymschicht in einzelliger Lage ausgekleidet (s. Beitrag Biondi dieses Handbuchbandes).

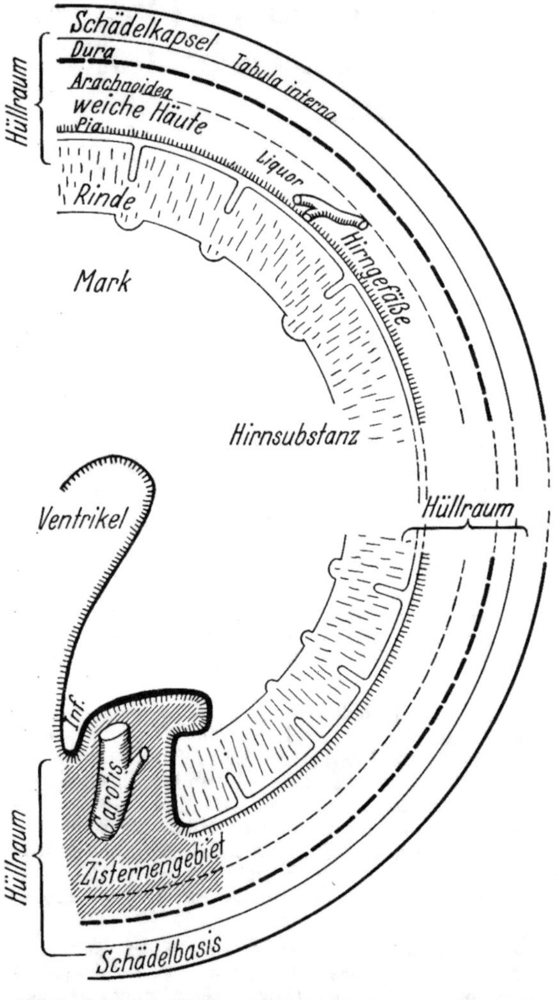

Abb. 1. Schema des Hüllraums. Der Begriff des Hüllraums umfaßt den Raum von der Grenzmembran bis zur knöchernen Innenfläche der Schädelkapsel. Auf die Schädelkapsel folgt nach innen die Dura, darunter der Subduralspalt und das arachnoidale Blatt der weichen Häute, das den Liquor führt und die Hirngefäße enthält, welche mit dem Mesenchym des pialen Blattes der weichen Häute in die Hirnsubstanz eindringen. Die Pia liegt der Grenzmembran des Gehirns überall fest an. Gebiete, in denen sich piales und arachnoidales Blatt weit voneinander entfernen, sind die Zisternengebiete, die den gesamten Hirnstamm und das Rückenmark umspülen. Der sog. subdurale Raum des Rückenmarks ist die direkte Fortsetzung des Zisternengebietes der Schädelkapsel.

In die mit Ependym ausgekleideten Hirnhöhlen (Ventrikel) ragen im Gebiete des Großhirns die Plexus hinein, die nach den klassischen Untersuchungen von Dandy und Blackfan heute allgemein als vorwiegender Ort der Liquorproduktion aufgefaßt werden (s. unten S. 737).

Nach der primären Anlage hat auch das Rückenmark einen zentralen Hohlraum, der jedoch im Laufe des Lebens spätestens zur Zeit der Pubertät obliteriert, so daß nur noch ependymale Zellreste vorhanden sind. Nur in pathologischen Fällen persistiert dieser Zentralkanal (Hydromyelie); dabei finden sich stets weitere Verbildungen.

Der innere Liquorraum des Gehirns kommuniziert mit den extracerebralen Liquorräumen in erster Linie durch das Foramen Magendii, dem noch die seitlichen Öffnungen, die Foramina Luschkae zugeordnet sind. Nur noch historische Bedeutung hat die Ansicht VON MONAKOWS, der die Foramina Magendii und Luschkae für Kunstprodukte hielt. Nach seiner Ansicht passiert der innere Liquor Öffnungen zwischen den Ependymzellen und das subependymäre Gewebe bis in die Hemisphärenwand, wo er sich in offenen Lymphspalten verbreitet und sich schließlich über die HISschen perivasculären Liquorräume in das Cavum leptomeningicum ergießt. Diese Ansicht ist heute nicht mehr haltbar, und die Verbindung zwischen innerem

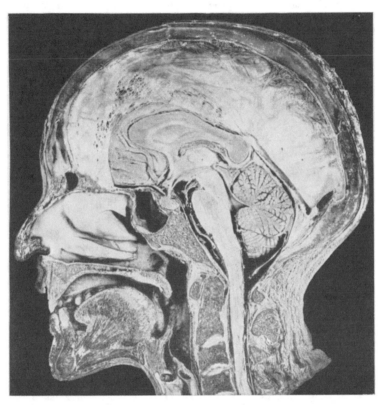

Abb. 2. (Ma 2783.) Medianschnitt durch den Schädel (nach einem Präparat HOCHSTETTERS). Lagebeziehungen der Schädelkapsel, der Dura und ihrer Sinus zu den medianen Gehirnpartien, sowie Ausdehnung der Zisternen und deren Verhältnisse zum Subarachnoidalraum des Rückenmarks.

und äußerem Liquorsystem über die genannten Forr. kann heute kaum noch angezweifelt werden. Wird in den Aquädukt ein Katheter geschoben (WEED I), so fließt aus diesem ständig Liquor ab. Wird der Abfluß verschlossen, entsteht ein Hydrocephalus. Selbst wenn nach der VON MONAKOWSCHEN These ein transparenchymatöser Abfluß bestehen sollte, so reicht dieser bei weitem nicht aus, die Bildung einer Erweiterung der Hirnkammern zu verhindern. Die eindeutigen Versuche zahlreicher Autoren (FRAZIER und PEET, DANDY und BLACKFAN, FOERSTER und WEED II u. a.), die Farbstoffe in die Ventrikelräume injizierten, erwiesen die Stromrichtung des Liquors nach außen über den genannten Weg der Foramina Luschkae und Magendii. Ausführliche Angaben über die Häufigkeit des Vorhandenseins und Offenseins dieser 3 Öffnungen für den Liquordurchfluß finden sich im Beitrag BIONDI dieses Handbuchbandes.

Der intracerebrale Liquor tritt zunächst in das Gebiet der Cisterna cerebello-medullaris und von dort aus in die übrigen Abschnitte des Cavum leptomeningicum. Er nimmt nach BIZE (zit. nach L. GUTTMANN) 3 Wege. In der Hauptsache fließt er in die basalen Zisternen bis zur Fossa Sylvii, von wo er sich über die Konvexität beider Hemisphären ausbreitet. Zum anderen ergießt er sich über den Canalis sagittalis subcerebellaris in die Fissura interhemisphaerica, die Cisterna ambiens und den Canalis subcallosus und letzten Endes fließt er in den spinalen Subarachnoidalraum ab.

Als weiterer Beleg dieses Liquorweges muß unter anderem auch die Tatsache angesehen werden, daß Metastasen, z. B. eines Plexusepithelioms des 4. Ventrikels, sich sowohl im Gebiet der Cauda equina am untersten Teil des Duralsackes, wie auch in der *Cisterna basalis* finden, ehe sie von hier aus eine weitere Ausdehnung in den übrigen Liquorraum über dem Großhirn erfahren. Soweit erforderlich, werden diese Verhältnisse unten erörtert.

Zunächst geben wir eine Übersicht über Lage und Ausdehnung der Zisternen. Die Cisterna cerebello-medullaris entsteht dadurch, daß im Gebiet des Foramen occipitale dorsal die Arachnoides von der unteren Fläche der hinteren Kleinhirnkonvexität die Oblongata bis zur Höhe des 2. Halssegments überspannt. Ventral geht sie in die Cisterna ponto-olivaris über, die ihre direkte Fortsetzung ebenfalls caudalwärts in den ventralen Subarachnoidalraum des Rückenmarks findet. Diese ventrale Cisterna ponto-olivaris besteht aus einem mittleren

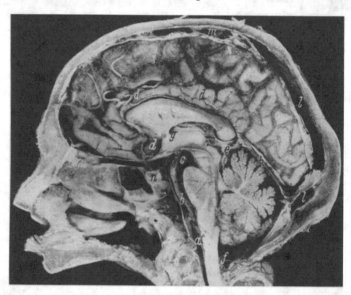

Abb. 3. (Ma 2705b.) Nach Entfernung der Falx Blick auf die linke Schädelhälfte mit median eröffnetem Gehirn. Das Bild dient der Darstellung der Zisternengröße und des Zisterneninhalts. *a* Rechte Vertebralis; *b* Arteria basilaris; *c* Cisterna magna; *d* Gebiet der Cisterna interhemisphaerica; *e* Cisterna ambiens; *f* Cisterna cerebello-medullaris; *a* und *b* Gebiet der Cisterna ponto-medullaris; *g* Foramen Monroi; *h* Tentorium; *l* Sinus transversus bzw. Übergang in Sinus sigmoides; *m* median getroffener Längssinus; *n* Sella mit Hypophyse.

und 2 seitlichen Räumen: Cisterna pontis media und Cisternae pontis laterales. Von der oralen Fläche der Brücke spannt sich die Arachnoidea zum Chiasma opticum. Der daraus entstehende Raum, die große Basalzisterne, wird in mehrere Unterabteilungen geschieden. Der hintere Anteil ist die Cisterna interpeduncularis, der vorderste die Cisterna chiasmatis, deren seitliche Fortsätze in die Cisternae fossae laterales cerebri (Sylvii) überleiten. Von der Cisterna chiasmatis geht der zisternale Subarachnoidalraum als Cisterna interhemisphaerica zunächst noch weiter nach oral und biegt dann oberhalb des Balkens dorsalwärts um und mündet schließlich in den dorsalen Teil der Cisterna ambiens ein, die den mesencephalen Hirnstamm umspült und eine weitere Verbindung des dorsalen und basalen Zisternengebietes darstellt auf der Höhe zwischen dem hinteren Teil des Tentoriumschlitzes (dorsal) und dem Clivus (basal) (Abb. 2—4).

Einen zusammenfassenden Überblick über die heutigen anatomischen und physiologischen Kenntnisse der *Liquorzirkulation* gibt Schaltenbrand I (1949). Sjöqvist (1937) wie auch Schaltenbrand II schätzen die Gesamtmenge des produzierten Liquors auf Grund experimenteller Untersuchungen auf einen halben Liter je Tag (Näheres s. unten).

Abgesehen von den durch die Knochen bedingten Abgrenzungen wird das Schädelinnere durch die Verdoppelungen der Hirnhäute aufgeteilt. Die Dura ist ein sehr straff gespanntes Gewebe und unterteilt den Schädelbinnenraum durch mehrere Verstrebungen: die in der vorderen Schädelgrube an der Crista galli ansetzende Falx teilt sich im Gebiet des Tentoriums nach links und rechts und bildet jeweils den cerebralen Anteil des Tentoriums, dessen unteres Blatt eine Fortsetzung der Dura der hinteren Schädelgrube ist. Die enorme Spannung des Tentoriumgewebes wird erhöht durch die (gedoppelte) Falx cerebelli am occipitalen Ende der hinteren Schädelgrube. Das Tentorium setzt an den Processus clinoidei anteriores an und läßt den medianen Tentoriumschlitz für den Durchtritt des Hirnstammes (Mittelhirn) frei. Das Tentorium trennt in der Fissura transversalis Kleinhirn und Großhirn. Dieses Falx-Tentoriumsystem ist ein sehnenderbes Gewebe von besonderer Festigkeit, zumal es jeweils aus 2 Durablättern hervorgegangen ist. Zwischen diesen liegen die Blutleiter, die Sinus, besonders an den Ansatzstellen der jeweils rechten und linken Dura bzw. oberen und unteren Tentoriumblätter (Abb. 2). Diese venösen Sammelgefäße sind der obere und untere Längsblutleiter, der Sinus rectus, der Sinus transversus und der Sinus sigmoideus.

In unmittelbarer Nähe der Einmündung des unteren Längssinus in den Sinus rectus mündet die Vena magna Galeni, die Sammelvene aus dem Hirninnern.

Die Zisternengebiete grenzen nicht nur die Abkömmlinge des unpaaren Neuralrohres vom Rückenmark bis Zwischenhirn einschließlich Chiasma, Infundibulum usw. gegen den

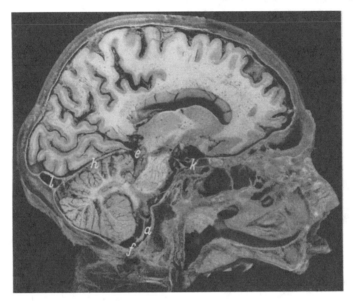

Abb. 4. (Ma 2705a.) Paramedianer Durchschnitt auf der Höhe des Tuberculum jugulare, um das seitliche Zisternengebiet sichtbar zu machen (vgl. Abb. 3). *e* Seitlicher Teil der Cisterna ambiens; *f* seitlicher Teil der Cisterna cerebello-medullaris; *h* Tentorium; *k* Carotis interna, darüber der Plexus cavernosus; der Zisternenraum bei *k* ist der Anfangsteil der Cisterna fissurae lateralis (Sylvii); *l* Sinus transversus bzw. Übergang in Sinus sigmoides. Zwischen *e* und *k* verläuft um das Mittelhirn herum die Cisterna ambiens im Tentoriumschlitz.

Knochen ab, sondern auch die Hirnsubstanz gegenüber den intrakraniellen Duraverspannungen, so insbesondere im Gebiet des Tentoriumschlitzes (Cisterna ambiens).

Histologisch bestehen die Hirnhäute in der sog. harten Haut (Dura) aus Bündeln von Bindegewebsfasern, die sich unter bestimmten Winkeln kreuzen und damit der Dura ihre Festigkeit verleihen. Die Arachnoidea besteht aus zwei Lamellen, deren äußere mit endothelartigen Zellen besetzt ist. Die innere steht durch bindegewebiges Balkenwerk in enger Verbindung mit der Pia, und ist ebenfalls mit einem endothelartigen Belag versehen, dessen Zellen zum Teil große, platte, schwach färbbare, zum Teil kleine, runde, dunkel sich anfärbende Kerne besitzen. An zahlreichen Stellen ist die Arachnoidea mit zottenartigen Ausbuchtungen besetzt, die, die Dura vor sich herstülpend, in die venösen Lacunen hineinragen. Diese Gebilde, die Arachnoidalzotten, auch PACCHIONIsche Granulationen sind in den Gegenden der großen venösen Hirnblutleiter zahlreicher als anderswo und nehmen im Alter zu. Im Gegensatz zur Arachnoidea ist die Pia eine sehr gefäßreiche Haut und besteht aus einem zarten Maschenwerk von Bindegewebsfasern. Die Ventrikel sind mit einem einschichtigen Ependym ausgekleidet (Näheres s. in den entsprechenden Kapiteln dieses Handbuches).

Entwicklung der Hirnhäute und der liquorführenden Räume.

Die Verbildungen der Hirnhäute oder deren Abweichungen von der Norm sind nur aus der normalen Entwicklung verständlich, die sich ausführlich in der grundlegenden Arbeit HOCHSTETTERS (1939) dargelegt findet (s. auch S. 333).

Das Zentralorgan ist wie alle übrigen Körperorgane in ein embryonales Bindegewebe eingebettet (Abb. 5). Dieses stammt von dem unsegmentierten Kopfmesoderm ab und im Bereich der späteren Wirbelsäule aus den Sklerotomfortsätzen der Urwirbel. Die Grenze zwischen beiden liegt etwa am Vordergrund des Myelencephalon. Zunächst entwickelt sich im Gehirn wie auch im Rückenmark die mesodermale Hülle ventral und seitlich und bildet sich an den dorsalen Partien später aus. Die Rückenmarkshülle zeigt eine schnellere Entwicklung, während die des Gehirns noch sehr zart bleibt. In den Anfängen der Anlage von Wirbel und Schädelknochen bekommt die Mesodermhülle histologisch ein anderes Aussehen. Die zarten Zellfortsätze werden plumper und die von ihnen begrenzten Maschen daher enger und deutlicher. Die Hülle füllt den ganzen Zwischenraum zwischen Zentralorgan und Knochen aus.

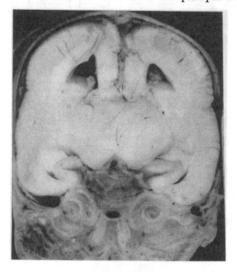

Anfangs sind diese Räume verhältnismäßig groß. Am Ende des 2. Monats verschwindet das Maschenwerk in den äußeren Lagen, dabei legen sich die Zellen dichter aneinander und formen eine dünne feste Membran: die Anlage der harten Hirnhaut wird erkennbar. Im Bereich des Schädels verwächst die Dura mit dem Periost des Knochens. Im Wirbelkanal zeigt sich die Dura erst in einiger Entfernung von den Wirbelkörpern. Hier liegt zwischen Dura und Wirbeln ein Gallertgewebe, in dem sich später die Plexus venosi interni ausbilden. Im Schädel dagegen verlaufen die entsprechenden Venen in bestimmten Bahnen gesammelt als Sinus durae matris. Der der inneren Oberfläche der Dura anliegende gefäßreiche Teil des Füllgewebes wird immer stärker aufgelockert. Durch Bildung zunächst kleinerer Hohlräume, die sich später zu einem großen, dem Cavum subdurale entsprechenden Raum vereinen, entsteht der Subduralraum. Dieser wird gegen die Oberfläche des Zentralorgans durch einen zellreichen, wenig aufgelockerten Rest des Füllgewebes begrenzt: Anlage der weichen Hirnhaut. Analog

Abb. 5. (Ma 1218.) Übersicht über die Entfaltung des medianen, insbesondere basalen Mesenchyms bei einem Fet von etwa 12 mm Länge. Man beachte die erheblichen basalen Mesenchymmassen und das zellreiche Gewebe im Gebiet der späteren Falx.

zur Entstehung der Dura lockert sich dieses Gewebe ebenfalls auf zum Cavum leptomeningicum. Durch das Füllgewebe verlaufen die Blutgefäße und treten mit einer Umkleidung des Gewebes in die Hirnoberfläche ein. Die Pia ist also gefäßführend, im Gegensatz zur Arachnoidea. Da sie der Gehirnoberfläche unmittelbar anliegt und ihr bei den verschiedenen Faltungen des Gehirns stets folgt, bilden sich aus ihr zusammen mit den epithelial gebliebenen Teilen der Hirnwand, wo sie sich anlegt, die Laminae tectoriae (Telae chorioideae). An bestimmten Stellen wuchert die Pia sehr stark und wölbt die Plexi in die Ventrikelrichtung vor. Eine eingehendere Beschreibung der Entwicklung der weichen Hirnhäute gibt Eicke (1949) auf Grund seiner Untersuchungen an einem Fet von 5,6 cm, einem von 6,5 und einem von 17,5 cm Länge.

Die Entwicklung der inneren liquorführenden Räume, Ventrikel, folgt der Differenzierung des Hirns. Im Verhältnis zu der Massenzunahme der Nervensubstanz verkleinern sie sich zunehmend, während sie primär verhältnismäßig große Höhlen mit dünner Wand darstellen (s. oben).

Solange der intramedulläre Hohlraum, der Zentralkanal mit dem 4. Ventrikel voll kommuniziert, nimmt er an der Liquorzirkulation teil. Bei seinem zunehmenden Vernarben (s. oben S. 433) würde der Hohlraum der Oblongata blind enden, wenn nicht das verdünnte Dach des Hinterhirns, das Velum medullare posterius, wie bereits betont, Öffnungen für den Liquordurchtritt hätte.

Die beiden Seitenventrikel sind meist gleich groß. Häufig findet sich bei Rechtshändern links ein etwas größerer (Meyer). Die beiden Vorderhörner sind durch die Blätter des Septum pellucidum voneinander getrennt. Der mittlere Teil des Seitenventrikel, auch Pars centralis oder Cella media genannt, wird von der Balkenstrahlung, dem Corpus striatum, der Stria terminalis, der Lamina affixa, den Plexus chorioidei und dem Balken begrenzt. Das Hinterhorn wird vom Occipitalmark umschlossen, das Unterhorn, der Hohlraum des Schläfenlappens, erhält seine Form durch das Vordringen dieses Hirnteils nach unten und vorn und wird zum größten Teil begrenzt durch das Mark des Schläfenlappens bzw. basomedial durch die Hippocampusformation mit der Fimbria hippocampi und dem Plexusansatz; das Dach bildet unter anderem dorsomedian die Cauda nuclei caudati und die basalen Abschnitte des Zwischenhirns. Der Abfluß des Liquors aus den Seitenventrikeln geschieht durch das Foramen Monroi in den 3. Ventrikel. Dieser ist eine spaltförmige Höhle unterschiedlicher Breite und wird begrenzt durch Thalamus, Hypothalamus, vordere und hintere Commissur, die Corpora mamillaria, das Tuber cinereum, die Hirnschenkel, die Lamina bzw. Tela chorioidea des Fornix und den Balken. Die Verbindung zum 4. Ventrikel stellt der Aquaeductus Sylvii, der zwischen Vierhügelplatte und Tegmentum eingebettet ist, her. In der Seitenansicht zeigt der 4. Ventrikel die Form eines Zeltes. Das Dach besteht aus dem Velum medullare anterius und posterius, während die Rautengrube den Boden darstellt. Der 4. Ventrikel öffnet sich durch das Foramen Magendii und die beiden lateralen Foramina Luschkae zu den äußeren Liquorräumen. Die Verbildungen der Hirnhäute werden entsprechend unserer Auffassung vom neuroektodermalen Mesenchym unter den Verbildungen des Gehirns mit abgehandelt. Das erscheint um so mehr berechtigt, als sonst die Einflüsse der Fehlmesenchymation und koordinierten Verbildungen am Hüllraum und Zentralorgan doppelt behandelt werden müßten.

B. Die physikalische Bedeutung des Hüllraums.

Mit Ausnahme der unten erörterten plastischen Umwandlung des Binnenreliefs, die stets eine gewisse Zeitspanne erfordert, ist beim erwachsenen Menschen das Cavum cranii von unveränderlicher, beim heranwachsenden von nahezu unveränderlicher Konfiguration. Während beim Kinde eine intrakranielle Druckzunahme zu einer Dehiszenz der Nähte führt, ist schon beim Heranwachsenden das Gebiet der Zisternen die einzige Ausweichmöglichkeit bei Zunahme des Gehirnvolumens oder anderen raumfordernden Prozessen.

Eine weitere Bedeutung der Zisternen deckt sich mit der des Liquorraumes überhaupt, insofern das Gewicht des Gehirns relativ gemindert wird, wobei dieses außerdem durch Adhäsion in dem angrenzenden Gewebe der Konvexität gehalten wird. Die dritte physikalische Funktion der Zisternen liegt in der Bedeutung als Stoßdämpfer. Sie bewahren so das anliegende Nervensystem zu einem nicht unerheblichen Grade vor Gewalteinwirkungen und regeln den Druckausgleich bei den Pulsschwankungen sowie die durch die Atmung hervorgerufenen periodischen Druckschwankungen. In ihrer Untersuchung über Gehirnpulsation bei allseitig geschlossener Schädelhöhle betonten SCHOENMAKERS und DIERCKS, daß das Gehirn bei uneröffnetem Schädel nicht pulsiere, geben aber keine Erklärung für diese Feststellung. Nach eigenen Untersuchungen läßt sich die Pulsation der Hirnmasse am geschlossenen Schädel aus dem Grunde nicht beobachten, weil die Zisternengebiete, in denen die großen Gefäße verlaufen, innerhalb des geschlossenen Systems der Schädelhöhle die Pulswelle stoßdämpferartig auffangen.

Die Zisternengebiete dienen also wesentlich dem Druckausgleich. Das Gehirn ist zwar — zumal bei chronischer Druckzunahme — ganz erheblich komprimierbar, bei plötzlichen oder relativ schnelleren Druckzunahmen jedoch bleibt nur das Ausweichen der Hirnsubstanz in die Zisternen übrig, wobei dem Druck entsprechend auch Liquor resorbiert werden kann. Nach den eingangs erörterten anatomischen Verhältnissen der Zisternengebiete kommuniziert der gesamte periencephale Liquorraum und dient zum Auffangen auch stärkerer Druckeinwirkungen und Druckschwankungen. Abgesehen davon, daß der caudale Duralsack sich schnell ausgiebig erweitern kann, stehen noch weitere wichtige Auffangmechanismen zur Verfügung, und zwar in den sog. duralen Trichtern, die die austretenden Rückenmarksnerven scheidenförmig bis in die Intervertebrallöcher hinein umgeben und anfallenden Drücken elastisch nachgeben können. Entgegen amerikanischen Autoren (COURVILLE), die eine Hirnschädigung bei Boxern auf das Aufschlagen des Cerebrums gegen die Keilbeinkante zurückzuführen versuchten, muß ich dies an sich als unwahrscheinlich ablehnen. Denn gerade die Cisterna fossae Sylvii bietet den Schutz des Gehirns gegenüber dem scharfen Keilbeinflügel.

46*

Es gibt in dem System der Zisternen nur eine einzige Stelle, wo die Dura dem Gehirn fest anliegt. Die Cisterna interhemisphaerica schützt die medianen Anteile des Gehirns gegenüber der Dura, nur am Splenium corporis callosi, im Gebiet der Einmündung der Vena magna Galeni in den Sinus rectus, liegt die hier unter größter Spannung stehende Dura dem Splenium unmittelbar an. Infolgedessen kann bei plötzlichen Gewalteinwirkungen auf das Gesicht in der Richtung auf den Oberkiefer und Jochbein ein echter Contrecoup am Splenium entstehen. Ich habe Gelegenheit gehabt, 2 derartige Fälle an meinem Berliner Institut zu untersuchen und verweise in diesem Zusammenhang auf meine Mitteilung (OSTERTAG).

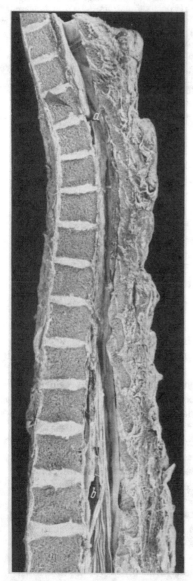

Abb. 6. (3036/47.) Im ganzen entnommene Wirbelsäule. Wirbelkanal durch Parasagittalschnitt zugänglich gemacht, durch Aufschneiden der Dura eröffnet und von links aufgeklappt. *a* Indirektes Trauma mit totaler Erweichung des Rückenmarksquerschnittes; *b* meningeale Cyste (mit schwarzem Papier unterlegt) an der Stelle von Fernherdblutungen.

Das gesamte Zisternengebiet von der ursprünglichen Lamina terminalis der Neuralrohranlage bis zur Cauda bildet dementsprechend etwas Einheitliches, ist ausschließlich medioaxial gelegen und hat nur die zwei dem Primatengehirn infolge Opercularisation angehörigen Ausläufer in Gestalt der Cisternae fossae Sylvii.

Es gibt wohl kein einleuchtenderes Beispiel für die Bedeutung der Zisternen als Ausweichmöglichkeit bei einer chronischen Druckzunahme: sind die Zisternen nämlich bereits von Hirnsubstanz ausgefüllt (Zisternenverkeilung s. unten) und trifft ein Trauma den tumorkranken Menschen, dann tritt alsbald die Dekompensation ein, und es gilt klinisch als Regel, daß ein Nichtzurückgehen traumatisch gesetzter Symptome den Verdacht auf einen bereits bestehenden, aber klinisch womöglich symptomlosen Prozeß erwecken muß (HÄUSSLER). Dies ist für die Frage der Begutachtung wichtig. Auch bei Anomalien der Schädelknochen wie beim Turmschädel oder basalen Impressionen, wo ein Ausweichen der Hirnsubstanz bei irgendwelchen Noxen in die Reserveräume ebenfalls nicht in genügendem Grade möglich ist, sind Dekompensationserscheinungen gleichfalls bekannt (SCHALTENBRAND).

Die Frage der Dekompensation und des Ausgleichs siehe unten im Abschnitt der Massenverschiebung. Ein klassisches Beispiel für Auffangen von Drucken und Druckfortpflanzungen sahen wir bei Verletzungen besonders im Gebiet der Halswirbelsäule. In den noch nicht erschienenen Untersuchungen von KOLLMER und OSTERTAG ist die Frage dieser Druckfortpflanzung näher bearbeitet. So wurden bei entsprechenden

Verletzungen im Gebiet der Halswirbelsäule sowohl ein Contrecoup im Gebiet der Cauda bzw. des Lendenmarks und am medialen Temporalpol gefunden (Abb. 6).

PFEILSTICKER konnte in seinen Untersuchungen die Entstehung der Fernherde bei Traumen und die Pufferwirkungen darstellen.

Übereinstimmend mit gewissen Veränderungen am Knochen bzw. den Bandscheiben fand SCHAAF am Rückenmark an der Stelle der Fernwirkung traumatische Veränderungen im Sinne eines Contrecoup.

Die vorstehenden Beobachtungen werden nur beispielhaft für die physikalisch-mechanische Bedeutung des Hüllraums gebracht. Einzelheiten gehören in das Kapitel der Traumen.

C. Die biologische Bedeutung des Hüllraums.
(Ortsspezifische Prozesse und deren Folgen.)

Außer der mechanisch-physikalischen Bedeutung kommt dem Hüllraum eine Aufgabe zu, für welche in dem übrigen Körper besondere Gewebe zur Verfügung stehen. Nicht nur aus den Speicherungsversuchen, sondern auch aus einer größeren Zahl pathologisch-anatomischer Beobachtungen ist diese Funktion des Hüllraums der des Retothels innerhalb der großen Körperparenchyme, zum Teil auch der des Lymphsystems gleichzusetzen. Diese Funktion wird besonders deutlich in der großen Basalzisterne mit ihrem reichlichen Mesenchym und Capillarisation[1]. Während des Krieges gesammelte Erfahrungen zeigten, daß sich z. B. in kürzester Zeit nach Entstehung eines Dekubitalgeschwüres dieselben Erreger wie in diesem mit einer vitalen Gewebsreaktion im basalen Zisternengebiet fanden, während diese in den intraspinalen Liquorräumen nicht zu finden waren. Hieraus geht außerdem hervor, daß es nicht nur eine cerebro-caudale Strömung des Liquors gibt, sondern daß eine allgemeine Liquorumwälzung statthat (BECHER, REITAU). Die obengenannten Befunde gewinnen um so mehr an Bedeutung, als wir trotz sorgfältiger Untersuchung meist kein direktes Übergreifen der Entzündung in den Duralsack erlebt haben, sondern daß der Duralsack und seine Umgebung intakt geblieben waren, so daß es sich nur um eine bakterielle Durchwanderung gehandelt haben kann. Auch bei allgemeiner Tuberkulose (Abb. 7) liegt die erste sichtbare Infektion des Liquorsystems im Gebiet der Basalzisternen, und zwar nicht selten gut abgegrenzt.

Eine besondere Schutzvorrichtung hat das Mesenchym der Basalzisterne auch bei den Durchwanderungen von Erregern aus dem Nebenhöhlengebiet.

Geburtstraumatische Blutungen setzen sich in den Zisternen der Hirnbasis ab und werden dort resorbiert (SCHWARTZ, WOHLWILL), ebenso wie subdurale Blutungen im späteren Leben. Einen weiteren Beweis für die Strömung im Liquor und die Spezialfunktion der basalen Zisternengebiete als *Schlammfänger* ist auch aus der Metastasierung verschiedener Arten von Hirngewächsen zu ersehen (TOMKINS-HAYMAKER, CAMPBELL, ERBSLÖH und WOLFERT, BODECHTEL und Schüler, GAGEL, ALBRECHT, POLMETEER und KERNOHAN).

Bei den Neurospongioblastomen des Kleinhirns ist dies allerdings nicht oft zu beobachten, weil zu oft das basokraniale Zisternensystem blockiert ist und sich die Metastasen dann im Spinalkanal ausbreiten (CONNOR und CUSHING). Dagegen sah FELLHAUER bei Medulloblastomen des Rückenmarks, von denen eines im Lumbalmark lag, ein Eindringen der Blastomzellen in den Hüllraum, die Metastasen lagen ausschließlich im Gebiet der basalen Zisternen.

---

[1] Exakte Injektionspräparate, die hier hätten wiedergegeben werden sollen, sind durch Nachkriegseinflüsse vernichtet.

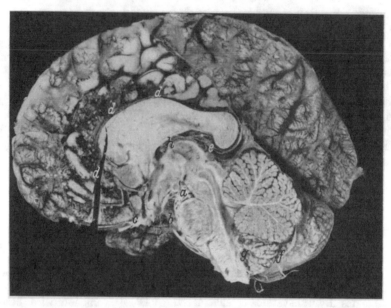

Abb. 7. (Ma 2515.) Ausdehnung einer tuberkulösen Infektion im Zisternengebiet. *a* Älteres Granulationsgewebe im Gebiet der Cisterna basalis; *b* Cyste von fibrös umgewandelter Arachnoidea im Gebiet der Basalzisterne überspannt; *c* Cisterna praechiasmatis mit älteren grauen Verwachsungen; *d* Ausdehnung im Gebiet der Cisterna interhemisphaerica; *e* im Gebiet der Cisterna ambiens mit Übergreifen auf den Plexus; *f* nur geringe Fibrose der Bedeckung der Cisterna cerebello-medullaris; *g* tuberkulöses Granulationsgewebe am Ansatz der Tela des 4. Ventrikels; *h* beginnender Hydrocephalus des 3. Ventrikels, erweitertes Foramen Monroi.

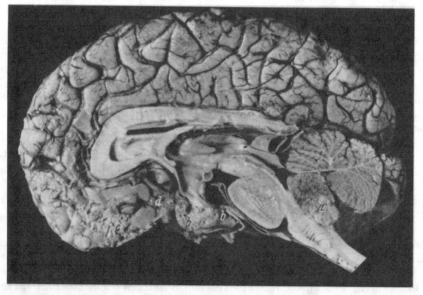

Abb. 8. (Ma 245.) *a* Plexuspapillom mit Verlegung des 4. Ventrikels; *b* Absiedlung im Gebiet der Cisterna magna und der Cisterna praechiasmatis; *c* an der Basis der Cisterna interhemisphaerica; *d* im Anfangsteil der Fissura lateralis.

Bei dem in Abb. 8 wiedergegebenen Falle hatte zwar eine Absiedlung in das Gebiet des caudalen Duralsackes stattgefunden. Die Hauptmetastasierung des am Ende des 4. Ventrikels gelegenen Plexustumors erfolgte jedoch restlos in das basale Zisternengebiet, weiter entlang der Cisterna fossae Sylvii und der Cisterna interhemisphaerica. Wenn in solchen Fällen die Cisterna praechiasmatis stärker von abgesiedelten Tumorzellen ausgefüllt war als der Hauptteil der Basalzisterne, so liegt dies oft an der schon vorausgehenden Bindegewebsreaktion und der dadurch erfolgten Blockierung dieser Zisterne.

Auch Parasiten werden an dieser Stelle am häufigsten gefunden (HENNEBERG, OSTERTAG). So verläuft die Cysticerkose häufig unter dem Bild einer chronischen basalen Leptomeningitis (REEVES und BAISINGER, ALAJOUANINE-THUREL und HORNET). Es muß dahingestellt bleiben, ob die meningealen Veränderungen auf etwaige Stoffwechselprodukte der Parasiten oder ausschließlich auf die Liquorstauung zurückzuführen sind. Einen Ausguß der medianen Zisternengebiete zeigt unter anderem die Ausbreitung der Tuberkulose (Abb. 7).

Anteilmäßig stammen Gewächsmetastasen im Hüllraum vorwiegend von den Neurospongioblastomen (CONNOR und CUSHING), seltener von Plexusgewächsen. Dann folgen verschiedene Gliome und gelegentlich Ependymome (ANTONI).

Eine meningeale Carcinose tritt besonders nach Einwanderung auf dem Nervenwege auf, und zwar über die perineuralen Lymphscheiden nach „Bahnung" durch eine Ausweitung „der flüssigen Phase des mesenchymalen Stromabettes" (ERBSLÖH) (s. hierzu die experimentellen Untersuchungen von WEED, WEGEFARTH und FAY sowie SCHALTENBRAND und BAILEY).

Ausbreitung der entzündlichen Prozesse der Hirnhäute und der Zisternengebiete werden an anderer Stelle abgehandelt (s. Kapitel Meningitis). So bleibt uns die Aufgabe, die Folgeerscheinungen chronischer oder abgelaufener Prozesse zu würdigen, sofern diese eine Besonderheit des liquorführenden Hüllraums darstellen. Dies ist die Frage bei den chronischen Meningopathien, bzw. der Meningitis serosa (QUINCKE) oder Arachnitis adhaesiva circumscripta et cystica.

Seit der Einführung des Begriffes „Pseudotumor cerebri" (NONNE), der solche Krankheitsbilder umreißt, die die Symptome eines Hirntumors vortäuschen, wird auch die Meningitis serosa bzw. ihre umschriebene Form in das Krankheitsbild Pseudotumor cerebri eingereiht. Sie stelle dabei den weitaus größten Anteil der Pseudotumoren, so daß manche Autoren unter Pseudotumor cerebri nur die Meningitis serosa und ihre Formen verstehen. Viele Autoren verstehen unter Pseudotumor cerebri alle nicht blastomatösen, raumfordernden, Prozesse. Auch KEHRER faßt neuerdings die verschiedensten Prozesse zusammen, er führt die Meningits serosa in ihren Erscheinungsformen als eine besondere Gruppe an. Dies mag zu der Zeit berechtigt gewesen sein, als sowohl Diagnose wie anatomische Abgrenzung noch größere Schwierigkeiten machten. Heute würde man wohl besser die auch in KEHRERs Sinne unter Pseudotumor cerebri zusammengefaßten Krankheiten als „andere, nicht-blastomatöse raumfordernde Prozesse" zusammenfassen, sofern eine übergeordnete Bezeichnung überhaupt notwendig ist.

Der Name „Meningitis serosa" ist an sich wenig glücklich; man müßte sich darunter eine echte seröse Entzündung ohne Zellvermehrung oder Vermehrung ungeformter Eiweißbestandteile vorstellen. Das finden wir aber lediglich beim Transsudatliquor nach Stauung.

Da wir mit der Bezeichnung Pachymeningitis, unter der wir die echte Entzündung verstanden haben wollen, recht zurückhaltend geworden sind und bei den degenerativen, toxischen und stoffwechselbedingten Vorgängen nur mehr von einer Pachymeningose sprechen, sollten wir dasselbe auch bei den weichen Hirnhäuten tun und die Endsilbe „itis" ausschließlich für die echten Entzündungen reservieren, selbst dann, wenn es ohne Zweifel richtig ist, daß ein großer Teil der sog. Meningitis serosa auf alte, auch bakterielle, Entzündungen zurückzuführen ist. Andererseits gibt es einen Teil, der nicht weniger bedeutend ist, in dem die Cystenbildungen insbesondere im basalen Zisternengebiet auf die Resorption alter Blutungen oder Diffusionsvorgänge im Kindesalter oder auf Dysplasien oder auf operative Einflüsse zurückgehen.

Pette gibt eine ausführliche Darstellung über das Problem der Meningitis serosa im Handbuch der Neurologie 1936 (ausführliches Schrifttum bis 1935); er teilt die Meningitis serosa in 3 Arten ein. bei denen es sich jeweils — gleich welcher Art und welcher Lokalisation — stets um ein einheitliches pathologisch-anatomisches Substrat handelt:

1. Meningealer Reizzustand bei akuten Infektionskrankheiten und Intoxikationen,
2. sog. Meningitis sympathica,
3. Arachnitis circumscripta et cystica.

So werden unter dem Begriff Meningitis serosa die verschiedenartigsten Vorkommen subsummiert, und zwar vor allem lokale und diffuse Liquorvermehrungen und -veränderungen, die ohne typischen Entzündungsprozeß einhergehen. Meist wird die Meningitis serosa mit dem einschränkenden Beiwort circumscripta versehen, insbesondere da sie zu Verklebungen der weichen Häute neigt und so Cystenbildungen verursacht. Auf Grund der geschilderten Eigentümlichkeiten des subarachnoidalen Gewebes der basalen Zisternengebiete sind gerade diese bevorzugt.

In seinem (vom Verfasser anatomisch unterbauten) Erfahrungsgut weist Behrend darauf hin, daß die Erkrankung der Hirnhäute und der Gefäße in der einen Hirntumor vortäuschenden Form neuerdings gehäufter auftreten. Behrend, der die letzte kritische Übersicht gibt, betont die Bedeutung der Arachnitis circumscripta in den verschiedenen Regionen, so z. B. in der hinteren Schädelgrube oder in der Cisterna optochiasmatica. Seither häufen sich die Mitteilungen.

Vom klinischen Standpunkt aus gesehen äußert sich Bailey in der 2. Auflage „Die Hirngeschwülste" (1951) hierzu:

„Vom Chirurgen, der auf die Möglichkeit eines vorliegenden Tumors gefaßt ist, werden sie als Pseudotumor (Frazier) bezeichnet oder als chronisch seröse Meningitis und chronische Arachnitis (Horrax), da sich bei der Operation eine gewisse Verdickung der Leptomeninx mit lokaler Liquoransammlung findet." Der Begriff der sog. Meningitis serosa ist zunächst ein rein klinischer, und zwar in dem Sinne, daß ein raumfordernder Prozeß vorliegt. Der Kliniker erwartet, wie Bailey schreibt, einen Tumor, der Chirurg findet ihn nicht, sondern mehr oder minder umschriebene Ansammlungen von Liquor. Daher erklärt sich auch die Identifizierung Pseudotumor, Arachnitis circumscripta, Meningitis serosa, d. h. also ein Nebeneinander von Begriffen, die jedoch pathologisch-anatomisch auf eine einheitliche Basis zurückgeführt werden können. Sofern es sich nicht um eine Vermehrung des Liquors auf entzündlicher Basis handelt, z. B. auch Liquorvermehrung bei epiduralen oder Stauungsprozessen, besteht stets das Bild der Cystenbildungen, in denen selbst Liquor produziert werden kann, wobei die Cystenwände mitunter stellenweise Plexusepithel enthalten. (Eigene Beobachtungen des Verfassers s. unten.)

Wir würden also in Analogie zur Pachymeningeose von einer cystischen Leptomeningeose sprechen müssen, und zwar erscheint dies umso berechtigter, als die Cysten zwischen den beiden Blättern der Leptomeninx liegen, gelegentlich von Gefäßen durchzogen sind und nicht selten auch innerhalb des pialen Blattes Cysten entstehen (Lemke). Für gewöhnlich liegen sie jedoch zwischen den beiden Blättern.

Nach eigener Erfahrung, wobei ich mich auf das Kinder- und Erwachsenenmaterial einer 20jährigen Tätigkeit mit durchschnittlich 1800 Obduktionen jährlich stützen kann, entsteht ein großer Teil der meningealen Cysten auf der Basis fetaler Prozesse bzw. frühkindlicher Meningitiden (PENDE, HILDEBRAND) oder Superinfektion (SCHWARZ, KOCH) von Blutungsresorptionen im basalen Gebiet. Im Kindesalter spielt die Resorption meningealer Blutungen beim Keuchhusten eine erhebliche Rolle, ebenso die Durchwanderungsotitis (KINDLER, DEMME), bei der wir dann oft nur einen kleinen Reaktions- oder Narbenherd im Gebiet der Duraperforation sehen, im übrigen aber die chronischen leptomeningealen Veränderungen an der Basis im Spätkindes- und Erwachsenenalter. In erster Linie ist es der Scharlach, der meningeale Reizzustände hinterläßt, weiterhin auch Mumps, Masern, Grippe (MARTISCHNIG), Pneumonie (KRAUS), Poliomyelitis (DANDY, BAYER, GSELL), Feldfieber (FUNK), Typhus und andere akute Infektionskrankheiten (ROSENHAGEN). Untersuchungen der an akuten Infektionskrankheiten Verstorbenen haben OSEKI, HERGESELL u. a. durchgeführt und fanden immer wieder entzündliche Veränderungen an den Meningen.

Das Bild einer ausheilenden, vorwiegend zisternal verlaufenden Meningitis zeigt Abb. 11. Die Flüssigkeitsansammlungen sind im basalen Zisternengebiet so erheblich, daß das arachnoidale Blatt über mehrere Zentimeter hinaus abgehoben erscheint. Ebenso findet sich im ganzen Gebiet der Basalzisterne eine über 1 cm in der Höhe messende Cyste. Das Gebiet der basalen Schläfenlappen an der linken Seite ist frei, während am Rande des Bildes die Ausbreitung im Gebiet der Cisterna fossae Sylvii erfolgt.

Auf die Auswirkung dieses frühkindlichen Prozesses kommen wir unten zurück. Eine ballotierende Cyste im Gebiet der Cisterna basalis, der Cisterna praechiasmatis und des Anfangsteiles der Cisterna fossae Sylvii genügen oft, um der Weiterentwicklung des Gehirns im Sinne des relativen Vorschiebens des Schläfenpoles Einhalt zu gebieten, so daß die plumpe, mehr rechteckige, kindliche Form des Großhirns erhalten bleibt (OSTERTAG).

Ein sehr häufiger Befund ist eine massive Ansammlung von mehr oder minder stark organisiertem Granulationsgewebe und Bindegewebswucherungen im Gebiet der Cisterna ambiens (NOETZEL) und in der Basalzisterne (BARRÉ, KRAUSE und PLACZEK, TÖNNIS, ZÜLCH), besonders in der Fossa interpeduncularis. Auch nach einmaligen alten, häufig banalen Traumen ebenso wie nach Geburtstraumen, Operationen (EKINGTON, LAMPIS, BECKER, YASUDA, ROUGUÈS und DAVID, MERREM, CAIRNS, SCHNEIDER, MORARD, ODY und FALLET, SCHALTENBRAND u. a.) und frühkindlichen Erkrankungen findet eine derbe, oft fast schwielige Umwandlung des arachnoidalen Blattes statt, nach dessen Einschneiden man das druckatrophisch hochgehobene Gebiet um die Corpora mamillaria und die Hirnschenkel oft sehen kann.

Die *histologische Untersuchung* zeigt dann je nach den besonderen Verhältnissen eine einfache Verdickung des bindegewebigen Gerüstes, häufig eine adventitielle Wucherung um die Capillaren des Zisternengebietes und als Zeichen dafür, daß irgendwelche Prozesse hier stattgehabt haben müssen, eine reaktive Wucherung der Glia, die über die Druckantwort hinausgeht, sowie die Ablagerung reichlicher Corpora amylacea, insbesondere an der Zwischenhirnbasis.

Die Cysten an der Konvexität finden sich für gewöhnlich im Gebiet der Cisterna fossae Sylvii (ZEHNDER, SCHERER, DONEGANI, ZÜLCH, DANDY) oder in den Endausbreitungen dieser Zisterne (OKONEK). Sie erreichen mitunter eine erhebliche Größe.

Nur bei diffusen periencephalen Prozessen, wie z. B. der progressiven Paralyse, können die Cysten auch diffus über die anderen Hirnregionen verteilt auftreten.

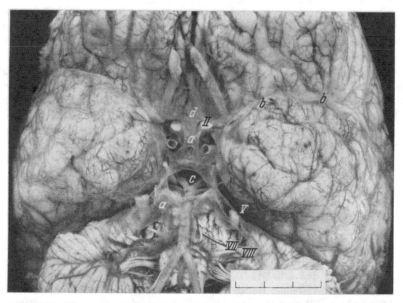

Abb. 9a. (Ma 1560.) Fibrose der Arachnoidea im Gebiet der Cisterna basalis und Cisterna fissurae lateralis. *a* Fibröse Verdickung der zisternalen Arachnoidea; *b* Cisterna fissurae lateralis; *c* Einblick in die Tiefe der Cisterna basalis bei erhöhter Füllung mit Liquor; *d* Cisterna chiasmatis; *II* Opticus; *V* Trigeminus; *VII* Facialis; *VIII* Acusticus.

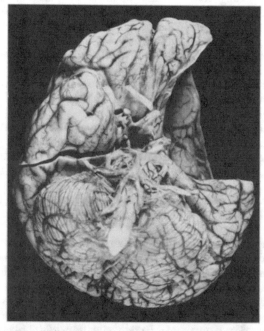

Abb. 9b. (Ma 924.) Große Cyste im Gesamtgebiet der Cisterna fossae Sylvii. Starke Auseinanderdrängung des frontalen Schläfenhirns und Freiliegen der Inselwindungen (s. Abb. 8a und b in Band XIII, Teil 3, S. 157 dieses Handbuchs),

Abb. 9a zeigt eine derartige Cyste über dem lateralen Anfangsteil der Cisterna fossae Sylvii, wo die mehrkammerige Cyste durch einen derben Ring an der Basis abgegrenzt ist und das Parenchym der Tiefe auseinanderdrängt.

Über die Größe solcher Cysteen und die Verdrängungserscheinungen an der Basis orientiert die Abb. 9b sowie die Abb. 9c.

Es ist erstaunlich und nur mit der enormen Toleranz des Großhirns gegenüber chronischen Druckeinwirkungen zu erklären, daß sich Druckatrophien nur in verhältnismäßig

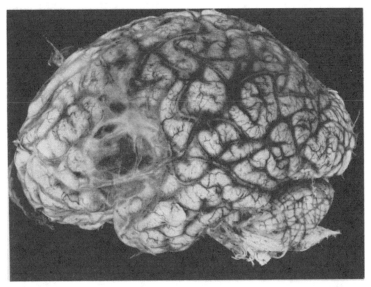

Abb. 9c. Kleinapfelgroße Cyste im Bereiche der Cisterna fossae Sylvii mit pialer Verschwartung am oberen Pol und Auseinanderdrängung des Frontal- und Schläfenlappens.

wenigen Fällen finden. In dem Fall der Abb. 10 sind zwar Kleinhirntonsillen, Flocculus und Unterwurm weit auseinandergedrängt, das Foramen Magendii mit einem Durchmesser von über 1 cm (Verschlußhydrocephalus infolge caudaler Meningitis), doch es fand sich kaum etwas von Atrophie des Organs.

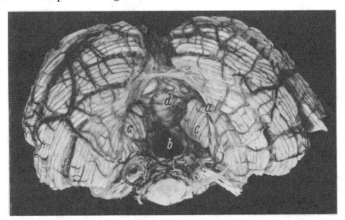

Abb. 10. (Ma 914.) Hydrocephalus internus infolge Fibrose der Cisterna cerebello-medullaris. a Fibröser Schnittrand derselben; b maximal erweitertes Foramen Magendii; c verdrängte Kleinhirntonsillen; d nach oben komprimierter Unterwurm.

Mitunter symptomlose, oft erhebliche Verdickungen des Mesenchyms wie auch Cystenbildungen finden wir im Gebiet der Cisterna ambiens (NOETZEL), wenn auch etwas seltener. Am häufigsten finden sich diese Veränderungen in Fällen hämatogener Infektion, wo der Erreger seinen Eintritt über die Plexusplatte hat, oder es gehen andererseits die entzündlichen Affektionen vom Mittelohr aus, wie auch unklare Infekte mit meningitischen Zeichen.

Aus der Umgebung einer großen Cyste stammt die mikroskopische Abb. 12. Die im Bilde unten liegende Windung ist gut erhalten, die Pia zwischen den beiden Windungen zeigt nur wenig Infiltrate und ein wenig verdickte Gefäße. In der darüberliegenden ist, nach oben-hin deutlich abgegrenzt durch piales Mesenchym und eine verbreiterte Randzone mit deutlicher zelliger Reaktion, jedoch, abgesehen von der Grundstruktur der Rinde, nicht mehr viel erkennbar. Das Parenchym ist nahezu vollständig infolge dieser Druckatrophie geschwunden.

Die Abb. 14a zeigt auf der Basis des Hirnstamms bei einer noch nicht ganz abgelaufenen cystischen basalen Meningitis die gliöse Reaktion der Randzone. Zwischen den proliferierten

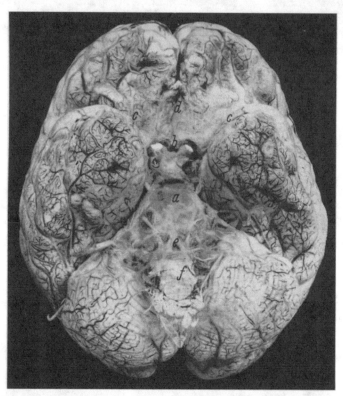

Abb. 11. (Ma 2737.) Ausgedehnte cystische basale Meningitis. *a* Cisterna basalis; *b* Cisterna praechiasmatis; *c* Cisterna fossae Sylvii; *d* Cisterna interhemisphaerica; *e* Cisterna pontis; *f* Cisterna olivaris mit starker seit-licher Erweiterung infolge Cystenbildung. Die präformierten Gewebsbestandteile wie Nerven und Gefäße scheinen deutlich durch.

Gliafasern der Randschicht und der Pia findet sich eine Reihe kleiner Cysten und entsprechend den Cysten auch Abbauprodukte.

Gegenüber den großen im Gebiet der Zisternen gelegenen Cysten spielen die über der übrigen Konvexität gelegenen kleincystischen Meningopathien eine nicht unerhebliche Rolle. Bei ihnen findet sich meist das arachnoidale Blatt erheblich verdickt, die Cysten schimmern makroskopisch durch und durch Sticheln derselben auf dem Operationstisch entleert sich eine klare Flüssigkeit, die oft dieselben Eiweißwerte gibt wie der Liquor. Abb. 13 zeigt ein derartiges Bild postscarlatinöser Meningitis, wo die Pia in der Mitte des Bildes fest mit der verdickten Arachnoidea verbacken ist, während sich links und rechts von dieser Adhäsion Cysten deutlich abheben.

Die Hirnpunktion und die dabei durchgeführte Probeexcision von Dura und Pia gibt uns nicht selten den Anhaltspunkt für periencephale Prozesse, selbst wenn für eine meningi-tische Komponente bis dahin nichts bekannt war (Ostertag, Behrend-Ostertag).

Die Abb. 14b illustriert bei dem frisch außerordentlich vorsichtig fixierten Gewebe die Entstehung der durch entzündliche Vorgänge verdickten bzw. neugebildeten Maschen.

Außer den bisher genannten ätiologischen Faktoren für die Entstehung diffuser und cystischer Arachnopathien sind spezifische Prozesse (Lues,

Tuberkulose) zu nennen. Besonders bei der Lues finden sich häufig erhebliche Verschwielungen und Verschwartungen (DONEGANI u. a.), mitunter kann auch die Tuberkulose eine cystische Arachnitis der großen Zisterne verursachen (GIROIRE, CHARBONELL, COLAS und KERNÉIS). Ebenso findet man derartige Bilder bei Mißbildungen der Hüllelemente selbst, einschließlich der Knochen und des Nervengewebes (STENDER, YASUDA, SCHWOB, QUILLAUME und BOURDELLE, ZEHNDER, MARBURG) sowie bei postencephalitischen (wenn auch VAN BOGAERT in dem von ihm beschriebenen Fall einen Zusammenhang mit dem Cystenbefund offenläßt) und postmyelitischen Prozessen (PETTE). Toxische Erkrankungen durch Bakterientoxine und andere exogene und endogene Gifte, wie sie von REUSS in die Einteilung der Meningitis serosa eingereiht wurden, sind weitere Ursachen.

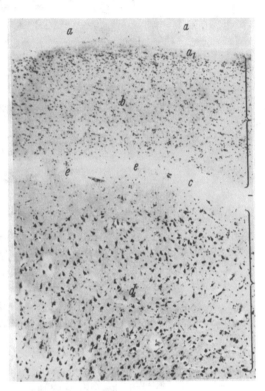

Abb. 12. (Mi 1687.) Ausgedehnte reaktive Kompressionsgliose durch meningeale Cyste in der oberen Windung; die darunterliegende Windung zeigt keine krankhaften Veränderungen bis auf eine geringe Proliferation im pialen Spalt zwischen beiden Windungen. *a* Cyste; *b* hochgradigst komprimierte Hirnwindung; *c* pialer Spalt; *d* normale Rindenstruktur; *e* geringe piale Proliferation. Vergr. 56fach.

Insbesondere möchten wir aber noch auf die offenbar gar nicht so seltenen meningealen Cystenbildungen in der Umgebung von Tumoren im Kleinhirnbrückenwinkel hinweisen (KRAUS, NOETZEL, OSTERTAG und SCHIFFER). Wahrscheinlich treffen hierfür 2 Ursachen zusammen, nämlich einmal der Stoffwechsel der Neoplasie und zum anderen die durch die Blastomatose der Basis bedingte Stauung des Liquors. Die Cysten können eine erhebliche Ausdehnung annehmen und erstrecken sich bei diesen Fällen in gleicher Weise auf das dorsale wie das ventrale Gebiet (Abb. 15). Wie bei solitären Gewächsen, so können auch diffuse, blastomatöse Prozesse mit den Folgen einer chronischen Entzündung einhergehen (PETTE, ERBSLÖH und WOLFERT, SCHALTENBRAND).

Trotzdem bleiben immer wieder Krankheitsbilder übrig, die sich in keine dieser Gruppen einteilen lassen, deren Ätiologie unbekannt bleibt und die für sich eine Gruppe der primären idiopathischen Meningitiden bilden [darunter fallen die allergisch-rheumatischen (BANNWARTH), die epidemisch auftretenden und die funktionellen Formen (SCHALTENBRAND, PETTE, KRAUS)].

Abgesehen von Entzündungen infektiöser oder toxischer Art spielte, in der Zeit nach dem ersten Weltkriege, von uns bis 1928 beobachtet, und neuerdings wieder festgestellt, auch die periencephale Ausscheidung von Eiweißsubstanzen sowohl unter der Arachnoidea wie subependymär eine Rolle. Auch hier kann es durch Organisation dieser oft metachromatischen Ausschwitzung der Pia zu einer chronisch-cystischen Meningopathie kommen. Ungeklärt bleibt jedoch bei diesen meningealen Cysten die Frage, woher kommt der Liquor? Wiederholt haben Punktionen deutlich gezeigt, daß der Cysteninhalt identisch ist mit dem Liquor, ja, daß sich diese Cysten, besonders die der basalen Zisterne, bei einer

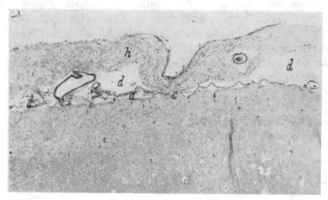

Abb. 13. (Mi 446.) Chronisch rezidivierende produktive Leptomeningitis. *a* Relativ zart erhaltene Pia; *c* Verlötung zwischen Pia und Arachnoidea; *d* intraleptomeningeale Cysten; *h* verdickte Arachnoidea, die noch reichlich Fibroblasten enthält.

Abb. 14 a u. b. a (Mi 1576) Reaktive gliöse Wucherung im Gebiet einer basalen Zisterne. *a* Pia mit *a₁* cystisch erweiterten pialen Kammern; *a₂* Infiltrate in der Pia; *b* gliöse Faserproliferation (Randgliose). Vergr. 185:1. b (Mi 2696) Anläßlich Hirnpunktion gewonnenes Präparat einer cystischen corticalen chronischen Meningopathie. *a* Dura; *b* Hirnsubstanz; *c* Pia; *d* mit Infiltratzellen durchsetzte Maschenbrücken zwischen Arachnoides und Pia. Vergr. 400fach.

suboccipitalen Punktion mit entleeren und trotzdem wieder als Cysten füllen können. In meiner Berliner Sammlung befanden sich 2 Präparate, in denen Cysten am oberen Ende der Cisterna fossae Sylvii gelegen mit einem Zellsaum ausgekleidet waren, der einem primitiven Plexusepithel ähnelte.

Besondere Erwähnung verdienen nunmehr noch diejenigen cystischen Meningitiden, die einen funktionellen Einfluß auf die vegetativen Zentren der Schädelbasis gewinnen (Abb. 16).

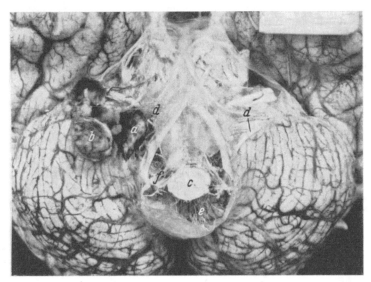

Abb. 15. (Ma 2183.) Kleinhirnbrückenwinkelmetastase eines Bronchialcarcinoms. *a* u. *b* Operationseffekt; *c* Medulla oblongata; bei der Operation angeschnittene basale zisternale Cyste, die sich bei *d* auf die andere Seite hinüberzieht; *e* Balkenwerk in der stark erweiterten Zisterne; *f* Verdichtung des zisternalen Gewebes um die Wurzel.

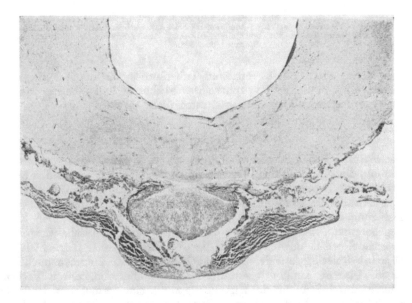

Abb. 16. (Mi 1725.) Chronisch rezidivierende basale Leptomeningitis mit Erweiterung der Zisternen und birnenförmiger Erweiterung des 3. Ventrikels, infolge Übergreifen der Entzündung auf die Basis des 3. Ventrikels. Kein allgemeiner Hydrocephalus. Normale Konfiguration des dorsalen 3. und der übrigen Ventrikel. Deutliches Hervortreten der Gefäße. Um diese herum zum Teil gliöse Narbenbildungen. Übersichtsbild. Vergr. 10:1.

Diese Fälle sind bei geeigneter Sektionstechnik gut zu erkennen. Der birnenförmig erweiterte 3. Ventrikel, der sich auch im Röntgenbild zeigt, ist ein häufiges Zeichen für diese Störungen (OSTERTAG 1947).

Dieses Bild kann sich andererseits verwischen, wenn Cysten in der basalen Zisterne das an sich erweiterte Infundibulum komprimierten, was schematisch auf dem Diagramm Abb. 17 festgehalten ist.

In frischen, jugendlichen Fällen sehen wir das ohnehin lockere Ependym der Basis des 3. Ventrikels aufgelockert, wo die Gefäße oft bis an die Nähe des Ependyms reichen. Hier werden teils durch eine Druckatrophie, teils durch lokale Schädigung infolge Organisation der infiltrierten Gefäße die wichtigen vegetativen Zentren geschädigt. In unserem Beobachtungsgut verfügen wir über Fälle mit ein- oder doppelseitiger, mehr oder minder schwerwiegender Schädigung

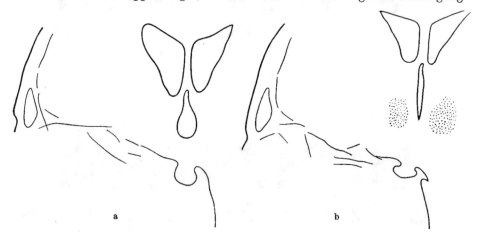

a   b

Abb. 17a u. b. (Ma 3603.) Diagramme einer Röntgenaufnahme des Ventrikelsystems und der Schädelbasis bei anterior-posteriorem Strahlengang. a Birnenförmig erweiterter 3. Ventrikel, mäßig erweiterte Sella und Arrodierung der Sattellehne. b Infantil gebliebene komprimierte Sella mit dattelkernförmig zusammengedrängtem 3. Ventrikel bei zisternalen Cysten. Man beachte die Auswirkung basaler Prozesse im Zisternengebiet auf die inneren Liquorräume.

wichtiger Kerne wie z. B. des mittleren Tuberkernes mit einem hypogenitalen Zwergwuchs als Folge. Die Hypophyse war in diesem Fall nicht in das Kompressionssyndrom mit einbezogen bzw. auch nicht direkt lädiert.

D. Der Hydrocephalus.

Hydrocephalus bedeutet nichts anderes als eine *Flüssigkeitsvermehrung* im Endocranion, die sowohl in den Binnenräumen des Gehirns, wie in den äußeren Liquorräumen vorhanden sein kann. Nimmt diese Vermehrung der Flüssigkeit im Wachstumsalter zu, so resultiert in den Zeiten der Entwicklung bis zur völligen Verknöcherung des Schädels eine Volumenzunahme desselben. Der Schädel des neugeborenen Kindes bekommt dabei eine charakteristische Gestalt, der Gesichtsschädel wirkt ungemein klein im Verhältnis zum Hirnschädel, das Gesicht selbst dreieckig (mit der Spitze nach unten). Die Volumenzunahme des Liquors im Inneren kann erfolgen durch Überproduktion, durch Verlegung des Abflusses, durch Schwund der Hirnsubstanz. Für eine Vermehrung des äußeren Liquors sind folgende Umstände verantwortlich zu machen: Stauung des Liquorabflusses unterhalb der Oblongata, mangelnde Resorption infolge Erkrankung des abführenden Venensystems und schließlich Neubildung des Liquors innerhalb abgekapselter Cysten meist als Folge früherer entzündlicher Prozesse (s. oben). Infolgedessen können wir, wenngleich die einzelnen Gruppen Überschneidungen aufweisen, den Hydrocephalus einteilen in:

1. Hypersekretionshydrocephalus, Hydrocephalus infolge gesteigerter Liquorproduktion, Hydrocephalus bei Entzündungen.
2. Hydrocephalus infolge Verlegung,
   a) nach Entzündungen der Häute,
   b) bei anderen mechanischen Ursachen.
3. Der Mißbildungshydrocephalus, sofern nicht mechanisch bedingt.
4. Der Hydrocephalus ex vacuo (nach Hirnschwellungen, Dystrophien und
atrophischen Prozessen und Defekten).
5. Hydrocephalus externus,
   a) infolge mangelnder Rückresorption, Hydrocephalus aresorptivus,
   b) bei Stauungsödemen.
6. Der posttraumatische Hydrocephalus.

Alle Einteilungen und die Erörterung über die Entstehung des Hydrocephalus leiden
meist unter dem Mangel an Exaktheit. Bald wird ein Hydrocephalus nach der Erscheinungsform, bald nach der Ursache, bald nur nach dem Zeitpunkt des Auftretens oder anderen
äußerlichen Dingen benannt. Dies führt beim Kliniker vielfach zu Mißverständnissen,
insbesondere bei der Differenzierung des konnatalen. Ein konnataler Hydrocephalus kann
sowohl exogen wie endogen bedingt sein, und zwar endogen aus primärer, wie sekundärer
Ursache. Und ein Hydrocephalus aquisitus kann ebenfalls auf endogener wie auf exogener
Basis entstehen, z. B. infolge späterer Auswirkung eines endogenen Vorgangs; er kann auf
mechanischen Verschluß wie auf eine Entzündung zurückzuführen sein. Aus diesem Grunde
glauben wir, die vorstehende Einteilung empfehlen zu dürfen, da sie nur über das formative
Geschehen etwas aussagt.

Ähnliche Gedanken mögen auch THIÉBAUT und FÉNELON veranlaßt haben,
sich mit der genaueren Terminologie des Hydrocephalus und seiner hauptsäch-
lichsten Varianten auseinanderzusetzen: der Hydrocephalus im engeren Sinne
sei im Prinzip eine Entwicklungsstörung, die mehr oder weniger frühzeitig Störungen nach Art eines vermehrten Hirndruckes hervorrufen könne, gelegentlich
sogar erst nach langer Latenz im höheren Lebensalter. Für die erworbenen
Formen sei die Bezeichnung Ventrikelerweiterung passender, der hypersekre-
torische Hydrocephalus sei hierfür der Prototyp.

Die häufigste Ursache des Hydrocephalus sei die Abflußbehinderung, sei es
in die rückwärtigen Ventrikelräume, sei es in den periencephalen Raum. Es
folge die Störung der Resorption des produzierten Liquors; am schwierigsten
zu beweisen und zu beurteilen ist die Frage der Hypersekretion.

Da der Ablauf des Geschehens beim Hydrocephalus des Menschen, abgesehen
vom reinen Verlegungshydrocephalus, nicht beobachtet werden kann, sind eine
große Anzahl von Experimenten durchgeführt worden. Dieselben befassen sich
mit der experimentellen Verlegung der Liquorabflußwege. Die ersten umfassenden Untersuchungen dieser Art führten DANDY und BLACKFAN, DANDY, FRAZIER
und PEET; WEED und WISLOCKI und PUTNAM sowie GULEKE durch. In neuester
Zeit hat BAKAY entsprechende Experimente gemacht und setzte durch intraventrikuläre Injektion von gefärbtem Paraffin und anderen Mitteln einen Liquor-
stop. Nach DANDY und BLACKFAN wird der meiste Liquor in den Plexus produziert. Verschlossen sie den Aquädukt, so stellte sich nach geraumer Zeit ein
Hydrocephalus der Seiten- und des 3. Ventrikels ein; legten sie den Verschluß
höher und verlegten den Abfluß aus einem Seitenventrikel, so entstand nur eine
Erweiterung des entsprechenden Ventrikels. Wurden beide Ventrikel verschlossen
und aus einem das Plexusgewebe entfernt, dann ließ sich in diesem keine Erweiterung, sondern eher eine Schrumpfung feststellten, während der andere hydrocephal erweitert war.

Der in den Plexus produzierte Liquor strömt über die Cisterna basalis und
cerebello-medullaris hauptsächlich den Hirnstamm entlang aufwärts, fließt über

die Konvexität beider Hemisphären und wird in den arachnoidalen Lacunen resorbiert (Weed). Die Produktion des Liquors, sein Weg und seine Resorption haben zu vielen Experimenten Anlaß gegeben und die Untersucher sind zu den verschiedensten, zum Teil erheblich voneinander abweichenden Deutungen gekommen. Manche Autoren (Askanazy, Dietrich, Wüllenweber) schrieben den Plexus eine resorptive Funktion zu. Die Resultate der Untersuchungen Dandys, Blackfans und Weeds sowie Frazier und Peets sind aber derart überzeugend, daß heute kaum noch Zweifel an der Endgültigkeit ihrer Ansicht besteht. So haben Dandy, Cushing, Jacobi und Magnus u. a. am Menschen während der Operation einen Liquoraustritt aus den Plexus beobachten können. Weed, der im Tierversuch einen Katheter in den Aquädukt einlegte, beobachtete analog einen kontinuierlichen Abfluß von Cerebrospinalflüssigkeit.

Andere Autoren suchten durch Farbstoffinjektionen einen Einblick in die „Liquormechanik" zu bekommen (Goldmann, Spatz, Schaltenbrand und Putnam, Cheng und Schaltenbrand u. v. a.). Diese Untersuchungen wurden teils zur Frage der Speicherung in den Liquorräumen (Bibinowa), teils zur Klärung der Frage der Liquorströmung und zum Teil aus biologischen Gründen (Bauer) angestellt, und wir verweisen auf diese. Die Wiedergabe dieser Untersuchungen s. Kapitel Biondi, wo sich auch eine ausführliche Beschreibung der morphologischen Beobachtungen an den Plexus- und Ependymzellen zu diesen Fragen findet. Eine ausführliche Übersicht über die Farbstoffversuche gibt Spatz.

Das Plexusgewebe ist jedoch nicht der einzige Ort der Liquorproduktion. Nach den Untersuchungen von Schaltenbrand und Putnam, Schönfeld und Leipold, Walter u. a. beteiligen sich auch die Meningen an der Produktion der Cerebrospinalflüssigkeit. Bungart schuf nach einer entsprechenden klinischen Beobachtung bei einem Hunde einen in sich geschlossenen Arachnoidalsack, der sich nach einer kurzen Zeit wieder mit Flüssigkeit füllte. Bailey, der sich in seiner Darstellung auch auf Dandy und Mitarbeiter stützt, beschreibt als klassisches Beispiel für die Bildung von Liquor in den Meningen, einen ähnlichen Versuch. Blockierte man den Spinalkanal und saugte unterhalb des Verschlusses den gesamten Liquor ab, so bildete er sich wieder von neuem. Bakay füllte sämtliche Ventrikel mit Paraffin aus und fand bei der Sektion seiner Tiere nach verhältnismäßig langem Zeitraum im Subarachnoidalraum eine klare liquorähnliche Flüssigkeit. Auf Grund der zahlreichen Experimente kann es wohl als gesichert gelten, daß, wenigstens unter pathologischen Bedingungen, die Meningen in der Lage sind, Liquor oder liquorähnliche Flüssigkeit zu bilden.

Auf Grund ihrer morphologischen Beobachtungen schrieben manche Autoren (Francini, Luschka u. a.) auch dem Ependym eine liquorbildende Funktion zu. Diese Ansicht ist aber nach den klassischen Untersuchungen Dandys recht unwahrscheinlich. Auch die Beobachtung von Jacobi und Magnus, die beim lebenden Hunde einen Austritt von Liquor aus dem Ependym sahen, lassen sich nicht damit in Einklang bringen.

Über den Liquorweg s. oben.

Liquorresorption.

Wie bereits oben angedeutet, wird der Liquor in den arachnoidalen Lacunen resorbiert (Weed). Key und Retzius führten als erste derartige Versuche durch und sprachen die Pacchionischen Granulationen als Resorptionsstelle an. Auch Quincke, der ähnliche Farbstoffversuche machte, kam zu diesem Ergebnis, und nach den Ergebnissen der Weedschen Experimente ist es schwierig, an diesem

Vorgang zu zweifeln. Dennoch lehnte DANDY diese Ansicht ab, der nach Trennung beider Hirnhemisphären von den Längssinus und Unterbindung der übrigen venösen Hirnblutleiter bei seinem Tier auch nach 6 Monaten noch keinen Hydrocephalus sehen konnte. SEPP schreibt den PACCHIONIschen Granulationen überhaupt keine Bedeutung in der Liquorresorption zu und sieht in ihnen nur Mechanismen zur Fixierung der Hirnoberfläche. Nach seiner Theorie wird der an die Hirnkonvexität gelangte Liquor durch die Pulswelle in die Arachnoidalscheiden der Arteriolen gepumpt, und von hier tritt der Liquor nach Querdurchtränkung des inneren Hirnmilieus von den Präcapillaren (Arteriolen) in die Postcapillaren (Venulen) über. In neuester Zeit hat sich auch PFEIFER in ähnlicher Weise dieser Ansicht angeschlossen. Nach WEED sind aber die Arachnoidalzotten nicht die einzige Stelle der Liquorresorption, nach seinen Untersuchungen ist anzunehmen, daß der Liquor durch direkte Transsudation aus den Capillarwänden gebildet (auch SCHALTENBRAND), ebenfalls durch die Capillaren wieder resorbiert wird. Dies ist besonders an der Hirnoberfläche der Fall. Weitere Stellen der Resorption sind die Gebiete entlang den Nervenscheiden einiger Hirn- und aller Rückenmarksnerven (HASSIN, WEED). Dies wird unter anderem auch durch die Arbeiten ULJANOWs aus dem SPERANSKY-Institut erwiesen, der mit Tuscheinjektionen den Weg des Liquors untersucht hat und so die Frage der Verbindung zwischen den Subarachnoidalräumen des Gehirns mit dem Lymphsystem zeigen konnte. So sah auch Verfasser Lymphknotenschwellungen am Halse bei circumscripter Meningitis nach Schußverletzungen.

Auch über die Frage der Möglichkeit einer Resorption durch die Ventrikelwände, das Ependym sowie den Plexus sind eine Reihe von Experimenten angestellt worden. (Über die Ansichten, daß die Plexus überhaupt nur eine resorbierende Funktion hätten, s. oben.) Daß das Ependym eine gewisse, wenn auch geringe, Resorptionsfähigkeit hat, wird heute kaum noch angezweifelt. Dafür sprechen die Farbstoffversuche von WEED, WISLOCKI und PUTNAM, NANAGAS, DANDY und BLACKFAN, JORNS, KLESTADT u. a. Es sei hier nur auf einige Belegexperimente eingegangen. DANDY und BLACKFAN brachten eine Lösung von Phenolsulfonphthalein in einen verschlossenen Ventrikel und fanden die Ausscheidung gegenüber den Kontrollen im Urin nur wenig verzögert. Ähnliche Versuche nahm auch JORNS an Hunden und Katzen vor. Er fand bei bestehendem Ventrikelverschluß eine erhebliche Verzögerung des Auftretens seiner Testsubstanzen im Urin, die sich aber schließlich doch im Urin fanden. Näheres hierüber s. Kapitel BIONDI. DEMME gibt eine kritische Übersicht der Referate vom 2. internationalen Neurologenkongreß in London 1935, auf dem die hier angeschnittenen Fragen eingehend diskutiert wurden.

Bei den physiologischen Engen des Liquorweges kann der Liquor sehr leicht in seinem Abflußsystem zu seinen Resorptionsstellen unterbrochen werden. Es kommt dann zu einer Aufstauung in dem abgeschlossenen Raum bei gleichbleibender Produktion und zu einer Erhöhung des Liquordruckes. Die intraventrikuläre Liquorbildung wäre unterbrochen, wenn die Plexusvenen nicht unter einer erhöhten Tension von außen stehen würden. Da die Plexusvenen aber der Druckauswirkung ausgesetzt sind, geht die Liquorproduktion in den Plexus weiter und der dadurch entstandene Circulus vitiosus führt so lange zu Druckanstieg, bis er nahe dem diastolischen Arteriendruck liegt. Da nur eine unbedeutende Resorptionstätigkeit vom Ependym ausgeht, führt der ständig steigende Binnendruck schließlich zu einer Erweiterung der Hirnkammern und damit zum Hydrocephalus (BAILEY). Schon MARGULIS sah das Geschehen ähnlich, auch wenn seine Deutung der Liquorsekretion unter diesen Bedingungen nicht mit den heutigen Erkenntnissen zu vereinbaren ist.

1. Hydrocephalus hypersecretorius.

Davis fand einen großen Hydrocephalus mit enormer Hypertrophie des Plexus. Er vergleicht die Tätigkeit des Plexusgewebes, wie ebenfalls Bland-Sutton, im Liquorsystem mit dem uropoetischen Apparat. De Lange bezeichnete doch den Hydrocephalus hypersecretorius als unwahrscheinlich, in ihrer ausgezeichneten Übersicht stellt Russell diese Form des Hydrocephalus ebenfalls als fraglich hin, und zwar sowohl den durch die Hypertrophie der Plexus chorioidei bedingten als auch den durch nicht ausreichende Resorption bei Thrombose der Vena magna Galeni hervorgerufenen.

Trotzdem werden immer wieder Plexuspapillome der Seitenventrikel beschrieben mit erheblichem Hydrocephalus des gesamten Ventrikelsystems; so in der Arbeit von Sourander bei einem 11jährigen Mädchen und in der Arbeit von Folena bei einem Kleinkind. Beide Autoren geben eine ausführliche Schrifttumsübersicht.

Auch der traumatische Hydrocephalus wurde als eine Art Hydrocephalus hypersecretorius gedeutet (hierüber s. unten). Von Interesse mag die ältere Auffassung Wüllenwebers und Dietrichs sein, die den Plexus vor allem eine resorbierende Funktion zuschreiben, so daß der Hydrocephalus, der sonst als hypersekretorisch aufgefaßt wird, gewissermaßen in das Gebiet des Hydrocephalus aresorptivus gehören würde.

Hydrocephalus bei Entzündungen.

Anders jedoch verhält es sich beim *Hypersekretionshydrocephalus bei entzündlichen Prozessen.*

Das Befallensein der Meningen und das Übergreifen entzündlicher Prozesse auf das Gebiet der Cisterna ambiens bedingt fast zwangsläufig ein Weiterleiten der Entzündung auf die Tela chorioidea des 3. Ventrikels und den Plexus. Die Entzündung wirkt sich, wenn auch nicht immer in einer zelligen Exsudation, so doch in einer serösen aus und die Alteration des funktionellen Epithels bedingt eine erhöhte Liquorsekretion. Reine Fälle dieser Art sind naturgemäß selten zu beobachten, da mit der Entzündung an den übrigen Meningen und insbesondere im Gebiet der Cisterna cerebello-medullaris Verklebungen vor sich zu gehen pflegen, so daß außer der Hypersekretion auch ein Verschluß im Gebiet der caudalen Abflußwege des Ventrikelsystems vorhanden sein kann. Wie weit durch den intracerebralen Druck infolge Abflußbehinderung das Plexusepithel veranlaßt wird, mehr zu produzieren, bzw. der intrakranielle Gefäßdruck versucht, einen Ausgleich zu schaffen, ist nach dem heutigen Stand der Kenntnisse noch nicht mit Sicherheit zu sagen. Bei den zum Tode führenden Fällen wird die Entscheidung immer schwer sein.

2. Hydrocephalus infolge Verlegung.

Diese Überlegungen beim entzündlichen Hydrocephalus leiten über zu dem

a) Hydrocephalus nach Entzündungen der Häute[1].

Im Liquorbild, insbesondere im Liquorsediment, konnten wir verschiedentlich Fälle über längere Zeit verfolgen, bei denen die entzündliche Genese klar war

---

[1] Die Begriffsbestimmung verlangt eine exakte Scheidung zwischen diesem mit vermehrter Flüssigkeitsproduktion einhergehenden Hydrocephalus gegenüber dem durch Meningitiden erzeugten. In laxer Anwendung des Begriffes wird als entzündlicher Hydrocephalus meist der durch Meningitiden erzeugte oder bei ihnen gefundene bezeichnet, wobei es sich

und die ursprüngliche Liquorvermehrung (klinisch und encephalographisch Hydrocephalus internus) mehr die Eiweißwerte eines Transsudates zeigte, das allmählich verschwand, während bei normalen Liquorwerten der Hydrocephalus auch weiterhin bestand. In einem Falle eigener Beobachtung konnten wir 2 Jahre nach Überstehen der Meningitis dasselbe Bild finden wie der im Falle der Abb. 20, nämlich die fibröse Umwandlung des Zisternengewebes im Gebiete der Cisterna cerebellomedullaris. Es ist jedoch nicht allein die Verlegung im Gebiet dieser Zisterne, es können auch postmeningitische Prozesse im Gebiet der Cisterna ambiens und des Ventrikelependyms auf das Gewebe übergreifen und durch eine reaktive Gliawucherung den Aquädukt weitgehend verlegen (PENNYBAKER, zit. nach RUSSELL, ZÜLCH, GLETTENBERG). Die angeborene Aquäduktstenose läßt sich am ehesten auf eine Entwicklungsstörung zurückführen (RUSSELL, s. oben). In anderen Fällen finden sich membranöse Verschlüsse, so in einem Fall von SCHEUERMANN, der trotz eines vorangegangenen Traumas diesen Befund als angeboren deutete. Weitere Stenosen, die auf eine Fehlbildung zurückzuführen sind (BECKETT, ROBACK und GERSTLE, ZÜLCH) werden im Kapitel Mißbildungen besprochen. Sie können auch intrauterin entzündlicher Genese sein.

Man unterscheidet, wie in allen Fällen, den Hydrocephalus conclusus oder communicans (GLOBUS u. a.), je nachdem, ob die Verbindung zu den anderen Ventrikeln erhalten oder verlegt ist, eine Bezeichnung, die für die einzelnen Fälle oft fragwürdig erscheint. Außer den Organisationsvorgängen auf entzündlicher Basis, wie etwa Scharlach (HALDEN), kommen für diese Form des Hydrocephalus auch andere meningeale Prozesse in Frage, auch solche, die zunächst überhaupt nicht entzündlich zu sein brauchen.

Am häufigsten sind es die Vernarbungen in den mesenchymalen Decken des caudalen 4. Ventrikels im Gebiet der Cisterna cerebello-medullaris, die den Abfluß des intracerebralen Liquors durch die Foramina Magendii und Luschkae behindern. Nicht selten sieht man dabei bioptisch wie auch nekroptisch eine dichte Membran im Gebiet des Foramen magnum (ZÜLCH, DANDY, HAMPEL u. a.), die sich auf Grund des Druckes des gestauten Liquors ballonartig vorwölbt. Dabei finden sich manchmal nach Durchschneidung dieses Zisternengewebes über bleistiftdicke Foramina Luschkae zu beiden Seiten (ZÜLCH). Andererseits kann es auch zu einem Verschluß der Foramina Luschkae und Magendii kommen, der häufig bereits angeboren auftreten kann (COLEMAN und TROLLARD, TAGGART und WALKER u. a.).

Die Ätiologie einer derartigen Vernarbung zeigt sich im kindlichen Alter häufig noch durch den Nachweis einer überstandenen Blutung, wie sie durch ein Geburtstrauma verursacht werden kann. SCHWARTZ gibt eine ausgezeichnete Übersicht darüber und WOHLWILL eine Zusammenfassung im Handbuch der Neurologie 1936. Zuweilen lassen sich auch noch entzündliche Infiltrate nachweisen. Hierbei muß man sich jedoch grundsätzlich vor der Bewertung symptomatischer Infiltrate als etwa infektiös entzündlicher hüten, wie es leider oft in Gutachten geschieht. Bei unendlich vielen an sich banalen Infektionskrankheiten

---

zum Teil um einen einfachen Okklusionshydrocephalus infolge Verlegung der Liquoraustritte aus dem 4. Ventrikel handelt. Bei Meningitiden können jedoch auch die Entzündungen auf die Nervensubstanz übergreifen, und zu einer chronischen Entzündung mit Gliaproliferation im Gebiet des Aquäduktes führen, was sich im Gebiet des Aquäduktes besonders leicht in Bildung eines Hydrocephalus auswirken kann. Durch Übergreifen der Entzündung auf das gefäßführende subependymäre Lager sind ebenfalls entsprechende Prozesse möglich, die zu Verklebungen der Ventrikelwände führen können und deren Restzustände sich auch röntgenologisch darstellen lassen (HEEP). Wie die ependymären Verklebungen zu beurteilen sind, denen meist keine klinische Bedeutung zukommt, ist noch nicht sichergestellt.

sind meningeale Reizzustände an den Prädilektionsstellen des periencephalen Systems zu finden, die oft ziemlich lange liegenbleiben können.

Die genaue Kenntnis dessen, was sich im Liquorraum abspielen kann, verdanken wir der Sedimentuntersuchung nach Entnahme lumbalen oder occipitalen Liquors, da sie die Möglichkeit gibt, qualitative Unterschiede zu erkennen. Wir verweisen dafür auf unsere zusammenfassende Darstellung (Ostertag).

So führen fetale und geburtstraumatische Blutungen, Blutungen bei Keuchhusten oder frühkindlicher Pachymeningeose, auch Blutungen noch im späteren Lebensalter (Krayenbühl und Lüthy) zu Umwandlungen der Meningen als Restzustände der Organisation. Nach neueren eigenen Beobachtungen (Ostertag) kommen auch Eiweißdurchtritte durch die Häute, insbesondere die subarachnoidalen, oft metachromatischen Ablagerungen nach Dystrophien oder bei Leberschaden in Frage. Daß es außerdem Eiweißdurchtritte bei hyperergischen Entzündungen gibt, steht nach noch nicht veröffentlichten Untersuchungen außer Zweifel. Auch bei interkurrenten, epileptischen Anfällen oder bei an späteren Verwundungen verstorbenen ehemaligen Schädelschußverletzten zeigen sich besonders im Gebiet der Zisternen je nach der Lokalisation, am häufigsten jedoch im Gebiet der Basalzisterne und der Cisterna fissurae lateralis der befallenen Seite ausgedehnte Fibrosen der Pia als Reste der Organisation.

Das Hauptkontingent dieser Fibrosen der Leptomeningen und damit auch der Störungen in der Liquorresorption stellen chronische bzw. chronisch rezidivierende, oft zellfreie Entzündungen dar. Die Frage der aseptischen Meningitis oder chronischen zellfreien „Itis" ist nicht immer ganz einfach zu beantworten. Eine chemische Entzündung kann es im Liquorraum geben, ganz allgemein nach Operationen, besonders jedoch nach Exstirpationen von Hypophysengangsgewächsen, Cholesteatomen und Epidermoiden (Verbiest), bei denen verfettete Epithelien oder der atheromähnliche Inhalt oder auch freie Fettsäuren, wie Verbiest im Experiment nachwies, einen chemischen Reiz im periencephalen Raum auszulösen vermögen. Von Interesse mag ein Fall Browns sein, bei dem durch die ölige Absonderung aus einem Epidermoid im rechten Vorderhorn der Aquädukt verschlossen wurde. Das wesentliche Schrifttum findet sich bei Kraus. Weitere ätiologische Faktoren, die oben noch nicht erwähnt sind, sind fortgeleitete oto- und rhinogene Entzündungen [Literatur bei Brunner, Handbuch der Neurologie (1936), Katschmann, Török, Garland und Seed]. So erklärt es sich auch, daß unter dem Krankheitsbild der Meningitis serosa (synonym chronische Arachnitis bzw. Arachnitis adhaesiva circumscripta) sich die verschiedenartigsten Prozesse verbergen.

b) Hydrocephalus aus anderen mechanischen Ursachen.

Abgesehen von den infolge meningealer Verklebungen und verwandter Zustände sowie bei endocerebralen den Liquorweg verlegenden Tumoren (Abb. 18) auftretenden Hydrocephali spielen eine Reihe von außen auf das Gehirn wirkende Prozesse eine Rolle. Ein isolierter Hydrocephalus beider Seitenventrikel entsteht z. B. infolge Hochdrängung des Bodens des 3. Ventrikels bei Hypophysengangsgewächsen, Cysten bei Hypophysenadenomen, Cholesteatomen, Metastasen (Bodechtel und Mitarbeiter), Gewächsen, die auch gelegentlich den 3. Ventrikel selbst eröffnen können und sogar mit einem Zapfen das eine Foramen Monroi zu verschließen vermögen. Tumoren der Epiphyse wachsen gern in den oberen Teil des 3. Ventrikels ein (Russell, Tomkins usw.), seltener auch in den Boden und verschließen entweder direkt durch den vorgelagerten Tumor den Aquädukt an seinem Eingang oder komprimieren denselben bei epicerebralem Wachstum von oben. Eine besondere Eigenart besitzen Gewächse und Cysten, die von der paraphysären Anlage ausgehen, sich im 3. Ventrikel ausdehnen und, da sie häufig gestielt sind (MARKUS), die Foramina Monroi zeitweilig verlegen bzw. den Aquädukt versperren (MADEHEIM). Über mechanisch ähnlich wirksame Gewächse liegen zahlreiche Mitteilungen vor (BASS, BEUTLER, WAHLGREN, SJÖVALL, BITTORF, REHBOCK, ZIM-MERMANN u. a.).

DieVerschiebungen des Ventrikellumens werden hier nicht behandelt, da sie ein Teil der Massenverschiebung (s. unten) sind. Eine der häufigsten, oft klinisch lange Zeit nicht erkennbaren Ursachen eines Hydrocephalus occlusus sind die Gewächse des Kleinhirnbrückenwinkels, vorzugsweise die Acusticusneurinome, seltener Cholesteatome oderMeningeome (vgl. Abb. 18). Bei atypischer Lage jedoch, wenn ein Acusticusneurinom nicht den Kleinhirnbrückenwinkel komprimiert und damit den Aquädukt verschließt, sondern den Hirnstamm und das Kleinhirn von unten anhebt, wird weder die Liquor- noch bei der Encephalographie die Luftpassage gehemmt, so daß der Hydrocephalus eindeutig nur durch die direkte Kompression im Kleinhirnbrückenwinkel entsteht.

Am caudalen Ende des 4. Ventrikels sind es, ab-

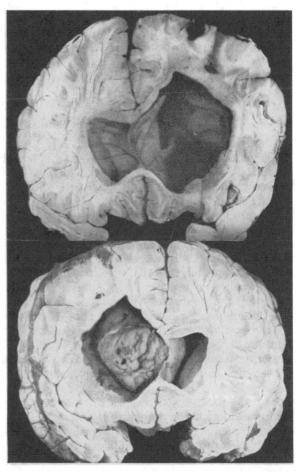

Abb. 18. (Ma 451 und 452.) Einseitiger Hydrocephalus des rechten Vorderhorns mit Verschiebung der Medianachse, Verkrümmung des Septum pellucidum infolge Ependymoms am Foramen Monroi.

gesehen von den Tumoren des Pons und des Kleinhirns, die hier nicht erörtert werden brauchen, noch die Meningeome der Falx, die gewissermaßen das Gesamtgebiet der Cisterna cerebello-medullaris komprimieren, gelegentlich auch sog. Tuberkulome, Exostosen und dergleichen mehr. Von den basalen Prozessen kommen am Knochen die Chordome vor, die meist am Ende der Zwischenhirnbasis sitzen, jedoch auch den Pons so weit hochdrängen können, daß der Aquädukt stenosiert wird. In gleicher Weise wirken sich Metastasen des Clivus bzw. Metastasen und originäre Gewächse des Keilbeins oder der Keilbeinhöhle aus; meist handelt es sich um Carcinome, seltener um knollig wachsende Sarkome. Am Übergang der Oblongata zur Medulla spinalis treten Verengerungen von seiten des Knochensystems häufiger auf (SCHWOB; s. hierzu Kapitel Kompression). In dem Abschnitt Kompression (S. 157) ist die basale Impression ausführlich behandelt. Eine

Luxation des Gelenkes zwischen 1. und 2. Halswirbel führt öfter infolge Kompression durch den Dens epistrophei zu einem Hydrocephalus (A. Hart 1949, der gleichfalls eine Übersicht über das bisherige Schrifttum gibt, allerdings seine Mitteilung unter dem irreführenden Titel „Traumatischer chronischer Hydrocephalus" herausgab). Von Th. Riechert stammt eine neue Bekanntgabe der Impression im Planum nuchale als Ursache des Hydrocephalus occlusus, wobei im Gegensatz zur basalen Impression Deformierungen der Schädelbasis zu sehen sind.

Die Ursachen für den Hydromyelus externus sind im Abschnitt der Kompression behandelt (vgl. dort S. 158ff.).

Hydrocephalus bei Chondrodystrophie (Dandy, Krauspe, Dietrich-Weinnold) s. Kapitel Mißbildungen.

3. Der Mißbildungshydrocephalus, sofern nicht mechanisch bedingt.

Bezüglich der Hydrocephalie und Hydromyelie bei Mißbildungen sei auf das Kapitel der Verbildungen verwiesen. Ein erheblicher Teil des Hydrocephalus bei Anlagestörungen ist durch die Mißbildung selbst bedingt. Die übrigen Formen müssen als symptomatische Hypoplasien bei Fehlbildungen angesehen werden, oft sind sie gekoppelt mit Hydromyelie, dysrhaphischen Störungen oder anderen Abwegigkeiten. Zur Diskussion steht hier nur die sog. Arnold-Chiarische Mißbildung, wobei der Hydrocephalus (s. oben, S. 484) nur ein Symptom des Gesamtkomplexes dieser keineswegs einheitlichen Gruppe von Verbildungen der Form darstellt. Lange Zeit galt als charakteristisches Syndrom des Arnold-Chiari der Hydrocephalus und die Verschiebung von Teilen des Kleinhirns und der Oblongata in den kranialen Anteil des Wirbelkanals (Schwalbe-Gredig). Außerdem wurden aber einfache Verdrängungen der Kleinhirntonsillen in das Gebiet der Cisterna cerebello-medullaris bzw. olivaris als Arnold-Chiarische Mißbildung beschrieben. Sie haben damit jedoch nichts zu tun (Ernst, Jakob) und sind nur in bestimmten Fällen eines diagonal gerichteten Druckes als einfache Massenverschiebungen aufzufassen. Bei der häufigsten Form der Arnold-Chiarischen Mißbildung ist der Hydrocephalus lediglich symptomatisch bedingt, der zunehmende Druck während der Entwicklung führt jedoch dazu, daß bei dem noch plastischen Knochenbau des Fetus der Hydrocephalus sogar das Tentorium nach unten durchdrückt und so zu Abknickungen auch der Oblongata an der Basis der hinteren Schädelgrube und im Gebiet des Foramen magnum führt (Schrifttum s. unter Mißbildungen). Mit dieser Auffassung stimmt auch D. Russell überein. — Mitunter kann ein prall gefülltes Cavum Vergae durch Druckwirkung einen Hydrocephalus der frontalen 3 Ventrikel bedingen.

4. Der Hydrocephalus ex vacuo.

Der Hydrocephalus ex vacuo, d. h. die passive Vermehrung des intra- wie extracerebralen Liquors auf Grund hirnatrophischer Vorgänge, insbesondere jene Altersformen, die sich bei der Pickschen und Alzheimerschen Krankheit, sowie auch solche, die sich im mittleren Lebensalter zeigen nach diffuser Sklerose, multipler Sklerose und deren Zwischenformen, nach disseminierten chronischen, entzündlichen Erkrankungen, chronischer Meningoencephalitis (Panencephalitis, Pette), nach Jakob-Creutzfeldtscher Krankheit, Meningoleucoencephalien und nach cerebraler Thrombangitis obliterans, wie sie von Bronisch beschrieben worden sind, nach Defektverletzungen und Operation bedürfen keiner Erörterung.

Einseitige Prozesse haben, wie die Abb. 19 zeigt, nur auf der befallenen Seite einen Hydrocephalus zur Folge. Charakteristisch für diese Form ist das Erhaltenbleiben der Medianstellung des Ventrikelsystems (vgl. Abb. 19).

Da die Schädelkapsel sich nicht mehr verändert, wird der Hüllraum relativ weiter auf Kosten der geschwundenen Hirnsubstanz. Schwierigkeiten in der Erkennung und Beurteilung treten nur dann auf, wenn zu einem atrophischen Gehirn noch ein Verschlußhydrocephalus hinzukommt, wie es z. B. nach Blutungen infolge einer Alterspachymeningeose der Fall sein kann, um nur eine der zahlreichen Möglichkeiten zu nennen. Da wir jedoch (s. unten) wissen, daß eine lediglich durch Vermehrung des Binnenliquors verschmälerte Hirnsubstanz sich sehr schnell erholen kann und keinen nennenswerten Substanzverlust erleidet,

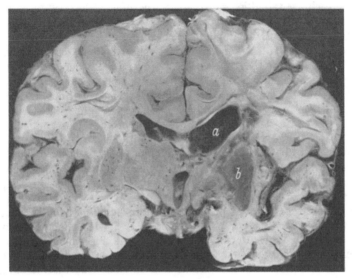

Abb. 19. (Ma 899.) Einseitiger Hydrocephalus ex vacuo, achsengerechte Stellung des Ventrikelsystems, Ansicht von vorne. *a* Erweiterung des linken Seitenventrikels infolge alter Erweichungscyste im Gebiet der 3. Linsenkernarterie (*b*).

so wird für die richtige Beurteilung eines schon vor dem Hydrocephalus bestehenden atrophischen oder degenerativen Prozesses die Diagnose nicht allzu schwierig sein. Aus gelegentlichen eigenen Beobachtungen[1], insbesondere mit C. M. BEHREND und aus der Veröffentlichung von TÖNNIS wissen wir, daß wiederholte Hirnschwellungen zu Atrophien führen können. Dasselbe kennen wir als Folge von Cardiazolschockkrämpfen, wobei wir in den bisher noch nicht veröffentlichten Untersuchungen auch durch Hirnpunktion vor der Leukotomie und autoptische Befunde zur Klarheit gelangten. Neuerdings finden wir an Spätheimkehrern mit Hungerdystrophien, auch wenn dieselben überstanden sind, insbesondere bei solchen, die klinisch eine Depression durchgemacht haben, frontale Hydrocephalien.

5. Der Hydrocephalus externus.

Abgesehen von dem Hydrocephalus externus ex vacuo ist dieser das Zeichen einer erhöhten Liquorproduktion, insbesondere bei entzündlichen Prozessen oder der mangelnden Rückresorption, also ein Hydrocephalus aresorptivus, wie er unter anderem als Spätfolge rezidivierender Subarachnoidalblutungen (KRAYENBÜHL und LÜTHY) oder etwa nach subtentoriellen Blutungen (BESSAU) auftreten kann. Bei dem Fall von JARDOS fand sich nach Rückgang einer otogenen

---

[1] Der kriegsbedingte Verlust des Bildmaterials zu diesem Abschnitt gestattet leider nicht mehr die Wiedergabe unserer Beobachtungen.

Meningitis ein circumscripter Hydrocephalus über beiden Hemisphären, für den der Autor den Druck des Ohrverbandes bei einem craniotabischen Schädel verantwortlich macht, der zu Verklebungen der Meningen geführt hätte und dadurch zu einer subarachnoidalen Liquorstauung. Durch die mangelhafte Resorption des Liquors wird er zunächst in den äußeren Räumen unter erhöhte Tension gesetzt und führt bei längerem Bestehen neben einem Hydrocephalus externus zu einer Erweiterung der Hirnventrikel. In der Hauptsache wird der Hydrocephalus externus aber durch Thrombosen der venösen Hirnblutleiter entzündlicher und nicht entzündlicher Art hervorgerufen (Schaltenbrand, Hertz). Dabei handelt es sich meistens um vom Ohr und den Nebenhöhlen fortgeleitete Infektionen (otitischer Hydrocephalus, Symonds) (s. auch Brunner, Handbuch der Neurologie 1936), so bei Thrombose des oberen Längsblutleiters, insbesondere wenn sie länger besteht (Ellis, Bailey und Hass). An der Auffassung hat sich auch seit neuerem nichts geändert, und auch Russell hat in ihrer zusammenfassenden Arbeit Erkrankungen im Gebiet der venösen Sinus in den Vordergrund gestellt.

Diffuse Gewächse der Meningen wie Sarkomatose (Volkmann), Retothelendotheliose der Häute und Verwachsungen gerade oberhalb der Mantelkante sind die Hauptursachen, die jedoch in jedem Fall einer kritischen Überprüfung bedürfen.

So sahen wir nach Verödung und Fibrose des Hüllraummesenchyms nach Röntgenbestrahlung an der Mantelkante einen Hydrocephalus internus, während in anderen Fällen nach Röntgenbestrahlung der Hydrocephalus günstig beeinflußt wird, selbst wenn man nicht annehmen kann, daß gerade die Plexus elektiv getroffen wurden. Zu vermerken ist jedenfalls, daß wir vielfach bei Sinusthrombosen, auch längst abgelaufenen und solchen frühkindlichen, die eine normale Entwicklung des Individuums zugelassen haben, einen leicht hydrocephalen Schädel, aber das Gehirn normal entwickelt fanden, wobei die Hüllräume aber reichlich Liquor enthielten.

Beim schweren Hydrocephalus infolge Sinusthrombose kommt es zu einer retrograden Liquorstauung bis in das Ventrikelsystem hinein (s. oben), wobei aber der 4. Ventrikel gegenüber den anderen weitaus stärker erweitert sein kann.

Bei allgemeiner *Stauung* fanden wir zunächst entsprechend dem Ödem der Körperorgane auch eine Flüssigkeitsvermehrung in den Meningen, die sich dann auch auf die Hirnsubstanz fortsetzen kann. Die Erkennung des Ödems macht keine Schwierigkeiten, ist jedoch von den Schwellungszuständen bei der Hirntumorkrankheit unter allen Umständen zu trennen. Eine Liquorvermehrung bei Stauung braucht oft zunächst keine Charakteristika zu zeigen. Bei der Möglichkeit der Liquorproduktion durch die Capillaren der Meningen unter besonderen Verhältnissen ist auch auf diesem Wege mit einer Vermehrung des Liquors zu rechnen.

6. Der posttraumatische Hydrocephalus.

Als erster vermutete offenbar d'Abundo eine hydrocephale Erweiterung der Hirnventrikel nach Trauma. Seitdem liegen zahlreiche Mitteilungen vor, von denen wir nur einen Teil herausgreifen können. Bevor wir aber dazu übergehen, müssen wir zu dem Problem des traumatischen Hydrocephalus überhaupt Stellung nehmen. Der Begriff ist noch recht umstritten und die Ansichten darüber weichen erheblich auseinander. Für das Zustandekommen eines solchen Hydrocephalus wird einerseits die Reizung der Plexus und gleichermaßen der Meningen verantwortlich gemacht, andererseits auch die durch das Trauma verursachte gestörte Liquorrückresorption, wie sie unter anderem durch meningeale Blutungen verursacht werden kann, genannt.

Außerdem werden Hirnschwellungszustände besonders für die akute Form und meningeale Verklebungen im Sinne der sog. Meningitis circumscripta adhaesiva verantwortlich gemacht. BOSSERT teilt den traumatischen Hydrocephalus in eine entzündliche (Meningitis serosa traumatica) und eine nichtentzündliche Form, für die er die Bezeichnung Meningopathie vorschlägt.

Zur Klärung der Entstehung des traumatischen Hydrocephalus stellte HASHIGUCHI am OBERSTEINERschen Institut an jungen Hunden Verhämmerungsversuche an. Er sah unter 17 Tieren 5mal einen Hydrocephalus. Der Verfasser hat sich den Einwand gefallen lassen müssen, daß die kurzköpfigen Hunderassen, mit denen er seine Versuche anstellte, bereits spontan einen Hydrocephalus aufweisen können, ein Befund, den auch er an seinen Kontrolltieren (1mal Hydrocephalus unter 4 Hunden) sah. Demgegenüber aber führt Verfasser den Umstand an, daß die Größe des Hydrocephalus bei seinen Versuchstieren erheblich gewesen sei und Ependym wie Plexus eine starke Vermehrung der subependymären Glia gezeigt hätten, die sich an den Kontrolltieren nicht nachweisen ließ. Der traumatische Hydrocephalus im Sinne eines Hydrocephalus hypersecretorius wird dementsprechend auf dieser Basis nicht anzuerkennen sein. Aus der Tatsache, daß der Hydrocephalus am ehesten bei denjenigen Tieren gesehen wurde, die nicht allzulange Zeit überlebten und der Beobachtung des Verschlusses der Ventrikelausgänge infolge Hirnschwellung folgert Verfasser, daß das akute Entstehen des Hydrocephalus hierin neben der Hirnschwellung eine Mitursache hätte. Infolgedessen wird auch vom Verfasser der mechanischen Auswirkung der Hirnschwellung ein erheblicher Faktor eingeräumt. Seine Forderung, solche Tiere noch lange überleben zu lassen, ist bisher nicht erfüllt.

In seinem Lehrbuch vertritt SCHALTENBRAND die Ansicht, daß ein Kopftrauma die Plexus in Erregungs- bzw. Lähmungszustände versetzt, die dann entsprechend mit einer Liquorüberproduktion oder einer Aliquorrhoe reagieren. RIEMERS und NEUDECK, die nach gedeckten Hirnverletzungen die Liquorresorption und Produktion nach dem von SCHALTENBRAND und WÖRDEHOFF angegebenen Verfahren gemessen haben, fanden bei 48 Messungen an 38 Hirnverletzten, bei denen es sich in einem Drittel um Kontusionen handelte, 22mal Resorptionshemmungen, 10mal Sekretionsstörung und 6mal eine Störung von Sekretion und Resorption. Der Autor macht darauf aufmerksam, daß seine Ergebnisse nicht abhängig waren von der Schwere des Traumas. DRESSLER fand bei 600 Fällen frischer Schädelverletzungen nur einmal einen pathologischen Unterdruck, in den meisten anderen Fällen beobachtete er eine sich bald einstellende symmetrische Erweiterung der Kammern. Auch er macht die Entstehung des Hydrocephalus internus von der Leistung der Plexus chorioidei abhängig, wobei aber gleichzeitig die vermehrte Flüssigkeitsausschwemmung aus dem Parenchym sowie die entsprechende Entquellung den Boden für den akuten, posttraumatischen Hydrocephalus bereiten. In ähnlicher Weise sieht auch KLAUE die Ursache des traumatischen Hydrocephalus in einer Flüssigkeitsverarmung und Schrumpfung des Hirngewebes infolge Störung der normalen Flüssigkeitsverteilung im Zentralnervensystem. In neuester Zeit beschrieb CORBELLA einen Hydrocephalus nach temporo-orbitalem Schädeltrauma, bei dem das linke Auge vorgetrieben wurde und enucleiert werden mußte, worauf sich eine Encephalocele, durch den Hydrocephalus vorgedrängt, entwickelte. Der Autor ist der Ansicht, daß eine Hirnnarbe einen starken Reiz auf die Liquorproduktion ausübe, die so mächtig werden kann, daß der dadurch erzeugte Hydrocephalus die Hirnbasis angreifen, die Nähte sprengen und Impressiones digitatae hervorrufen könne.

Im Sinne der Resorptionsstörung faßt LOTTIG den von ihm beschriebenen Fall auf und sieht als Ursache des Hydrocephalus die Schädigung der Arachnoidalzotten als Spätfolge einer Verschüttung. Marburg nimmt in seinem Beitrag (Handbuch der Neurologie 1936) keine Stellung zu diesem Problem und läßt beide Modi offen. Bossert fragt, ob es sich bei der Entstehung des traumatischen Hydrocephalus um Sekretions- oder Resorptions- oder vasomotorische Störungen handelt, gibt aber auf diese Frage keine Antwort.

An älteren Mitteilungen mag die von Misch interessieren, der unter anderem auch das Trauma für die Entstehung des Hydrocephalus verantwortlich macht. Nach ihm besteht beim akuten Hydrocephalus ein sicherer Kausalzusammenhang mit dem Trauma, doch deutet er mit Quincke „nicht wenige Fälle von Meningitis serosa als in Wirklichkeit Exacerbationen eines chronischen Hydrocephalus". Auffällig erschien ihm, daß er den traumatischen Hydrocephalus fast nur bei Jugendlichen um das 20. Lebensjahr herum fand. Wir konnten darüber im Schrifttum keine weiteren Angaben auffinden.

Bei 2 Fällen aus dem eigenen Beobachtungsgut schien das Trauma zunächst nur für das Auftreten des Hydrocephalus verantwortlich zu sein. Bei eingehender Untersuchung zeigte sich jedoch, daß es sich das eine Mal um eine durch subarachnoidale Blutung erfolgte Verlötung im Zisternengebiet, das andere Mal um eine schwere rezidivierende Hirnschwellung gehandelt hat.

Ein allgemeines Charakteristikum des Hydrocephalus internus, also des vermehrten Binnendruckes, ist außer der Verschmälerung der Hemisphärenwand die Abplattung und das Auseinandergezogensein der Rinde. Je nach dem Stadium des Einsetzens des Hydrocephalus ist das histologische Bild der Binnenfläche verschieden. Bei den Fällen von Mißbildungen von jugendlichem erworbenem Hydrocephalus bleiben die häufig noch nicht organisierten und umgewandelten Ependymschläuche im subependymären Lager in voller Ausdehnung erhalten. Das Parenchym bleibt sehr lange intakt. An der Hirnoberfläche zeigt die Gliarandzone eine Proliferation der Glia und der Fasern, bei starkem Druck wachsen oft Faserbüschel in die Hirnrinde ein. Nicht selten kommt es zu einer gliösen Wucherung oberhalb des Niveaus der ursprünglichen Randzone des Gehirns; in den meisten Präparaten ist die ursprüngliche Begrenzung der Molekularschicht noch gut zu erkennen. Das darunterliegende Rindenband der 2.—7. Schicht ist meist auseinandergezogen, ein Zelluntergang ist bei den postmeningitischen Prozessen meist auf ein Übergreifen der entzündlichen Prozesse direkt auf die Hirnrinde oder durch Organisation bedingt, geht also nicht ursächlich auf den Hydrocephalus zurück. Die Gliawucherung ist am stärksten in den inneren und äußeren Randzonen, im Gebiet der U-Faserung und je nach Art und Ausdehnung des Prozesses auch im Marklager. Der erkennbare Abbau ist im Verhältnis zum Parenchymverlust oft recht gering, bei den akuteren Formen findet sich sogar ein Zusammengedrängtsein des Parenchyms.

Erst in späteren Stadien wirkt sich die Druckatrophie aus. Verf. verfügt über ein großes Material von Hirnpunktaten, aus denen sich oft bei ein und demselben Individuum histologisch die Entwicklung des Hydrocephalus verfolgen läßt. Aber selbst bei diesen Fällen, von denen einzelne später mit Erfolg operiert wurden, bestätigt sich die Auffassung des außerordentlich geringen Parenchymschwundes, insofern sich auch derartige lange Zeit hydrocephal komprimierte Hemisphärenwände wieder entfalten können. Man gewinnt immer wieder den Eindruck (einschlägige Arbeiten sind mir hierüber nicht bekannt geworden), daß bei der Kompression dieser durch den Hydrocephalus offensichtlich der Hemisphärenmantel lediglich zusammengepreßt ist. Eigene Untersuchungen zeigten uns bei chronisch hydrocephalen Gehirnen eine wesentlich stärkere Quellfähigkeit des Hirnmantels in isotonischer Lösung, während ein normales Kontrollgehirn sich unverändert erhielt. Nur so kann ich es erklären, daß die Veränderungen bei chronischem Hydrocephalus eigentlich nur in der Verdichtung der Randzone und in einer Reaktion der Meningen im Sinne einer Druckfibrose vorhanden sind.

Über die Druckauswirkung auf das knöcherne Schädelrelief (s. unten) wird verwiesen — es sei nur hervorgehoben, daß beim Hydrocephalus der Druck ein gleichmäßig konzentrischer ist, so daß, abgesehen von einer physiologischen Resistenz bestimmter Hirnpartien, die Binnenstruktur des Schädels gleichmäßig betroffen wird, lediglich das hydrocephal erweiterte Infundibulum bedingt den spezifischen Umbau der Sella. Infolge der Druckauswirkung auf die Basis können Zirkulationsstörungen eintreten, die dann auch zu einem Parenchymschwund führen können. Auf jeden Fall sei aber festgehalten, daß beim Okklusionshydrocephalus die Parenchymschäden weitaus weniger auf den Hydrocephalus als auf die Zirkulationsstörungen oder auf den auch für den Hydrocephalus als ursächlich anzusehenden periencephalen Prozeß zurückgehen.

Zu unterscheiden ist von dem Hydrocephalus internus die Hydranencephalie, bei der sich unter der Pia *nur* eine Tangentialschicht findet, an die sich nach innen mit oder ohne deutlichen Ependymbelag versehen, eine etwas breitere Schicht indifferenter Gliazellen anschließt. Die Unterscheidung der Hydranencephalie vom Hydrocephalus ergibt sich ohne weiteres aus dem Vorhandensein einer meist (im Sinne der BRODMANNschen embryonalen Rinde) sechsschichtigen Rinde von säulenförmigem Aufbau mit einem ziemlich schmalen Marklager.

Bei dem früh erworbenen und angeborenen Hydrocephalus liegen im Marklager noch reichlich Neuroblasten oder Ganglienzellen.

Das Übergreifen periencephaler Prozesse auf das Ventrikelsystem.

Wenn es auch außer Zweifel steht, daß der vom Plexus produzierte Liquor durch das Ventrikelsystem in die meningeale Zisterne des Hüllraums übergeht, so gibt es andererseits auch abgesehen vom Stauungsliquor eine Diffusion von periencephal gelagerten Stoffen in das Ventrikelsystem. Den Beweis hierfür liefern subdurale bzw. subarachnoidale Blutungen sowohl im Kindes- wie im Erwachsenenalter, bei denen sich nachher das Blutpigment nicht nur in den Meningen, sondern auch entlang der Scheiden der Gefäße der oberen Rindenschichten wie auch in der Glia der Randzone des Hirns selbst fand, ebenso wie das Ependym von Blutpigment inkrustiert sein konnte.

Besondere Schwierigkeiten in der Deutung macht oft eine Verdickung des Ependyms, insbesondere bei eitriger Meningitis, die auch den Plexus mit einbezieht, so daß es zu einem Pyencephalus kommt. Gehen derartige Fälle in Heilung über, so findet sich ein entsprechender amorpher Niederschlag auf dem Ependym, der makroskopisch homogen erscheint, mikroskopisch ein völlig amorphes Gewebe darstellt. Gelegentlich sieht man einen bindegewebigen Belag auf dem Ependym, besonders beim postmeningitischen Hydrocephalus, den auch RUSSELL auf S. 121 ihrer Monographie abbildet. Sie beschreibt die mit bloßem Auge erkennbaren Flecken und vergleicht sie mit der Leukoplakie des Oesophagus. Mikroskopisch liegen die Bindegewebsfasern parallel in der Längsrichtung auf der subependymären Glia, dringen verschiedentlich in die Tiefe, wo sie sich mit dem Mesenchym der Gefäße vereinigen, wobei auch diese bindegewebig verdickt erscheinen. In dem von Frau RUSSELL gegebenen Beispiel findet sich nichts von einer zelligen Entzündung, doch nimmt Frau RUSSELL an, daß kein Zweifel daran bestehe, daß zur Zeit der aktiven Meningitis hier auch eine schwere Ependymitis vorangegangen sei. Es findet sich nicht selten auch eine Ependymitis granularis.

Verfasser kann aus seiner kriegspathologischen Erfahrung über analoge Bilder bei infizierten Schädelwunden berichten. Ein perforierter Absceß führte zu einem von den subependymären Gefäßen ausgehenden Exsudat, das bindegewebig organisiert wurde.

Folgen des Hydrocephalus.

Dabei handelt es sich vorwiegend um solche, die im Abschnitt der Kompressionen bereits behandelt worden sind, nämlich Druckatrophie der Sella, Erweiterung derselben und Atrophie der Hypophyse. Entsprechend finden sich

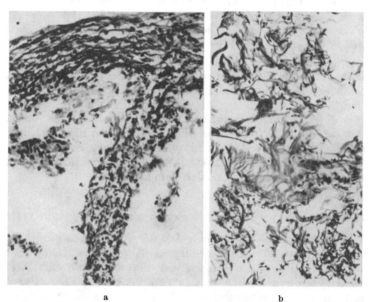

a   b

Abb. 20a. (Mi 2743.) Verdickte Arachnoidea mit noch vorhandenen entzündlichen Infiltraten und chronischer Entzündung um einen der zisternalen Bindegewebsbalken. (Vergr. 285fach, van Gieson.)

Abb. 20b. (Mi 2744.) Kernloses lockeres Maschenwerk im Zisternengebiet bei alter Entzündung. (Vergr. 250fach, van Gieson.)

dann bei einem länger bestehenden Hydrocephalus hypophysäre Erscheinungen (Takeya-Siko) im Sinne der Pubertas praecox (Schlesinger, Dorff und Shapiro). Der Druck auf die Hypophyse kann sich derart auswirken, daß man bei der Sektion jene als eine schmale, höchstens 1 mm dicke Sichel findet, die der atrophierten Hypophyse entspricht (vgl. Simons und Jaffé). Außerdem finden sich klinisch weitere Erscheinungen, die sich auf eine hypophysäre Dysregulation zurückführen lassen wie Fettsucht, Glykosurie, Amenorrhoe, Kleinwuchs u. ä. (Guillaume und Rogé). Von Lafon, Gross und Enjalbert wird auf den angeborenen oder erworbenen Hydrocephalus aufmerksam gemacht, der eine psychiatrische Bedeutung erlangt, und dessen klinische Bedeutung teils in dem „permanenten Hydrocephalus" mit Beeinträchtigung der Intelligenz und der Antriebsfähigkeit, teils im cyclischen transitorischen Hydrocephalus, der sich dann in Angst, Euphorie oder allgemeiner Apathie dokumentiert, liegt. Heuyer und Feld fanden bei einem Kind mit monströsem Hydrocephalus internus der beiden Seitenventrikel und des 3. Ventrikels eine Intelligenzinsuffizienz, die mit Zwergwuchs kombiniert war. Aus dem Schrifttum sind die Arbeiten von Mallison erwähnenswert, der zu einer anatomisch begründeten Auswertung des

Röntgenbildes gelangt. In gutachtlicher Hinsicht ist es wichtig zu wissen, daß auch beim Hydrocephalus, besonders bei Jugendlichen, ein übergroßer Hydrocephalus bestehen kann, der keine klinischen Erscheinungen macht (DE GROOD). In unserem oben beschriebenen Fall (vgl. Abb. 20a und b) lagen die Verhältnisse ähnlich. Die noch nicht abgelaufene Meningitis hat im Gebiet der

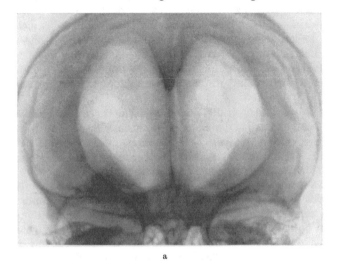

a

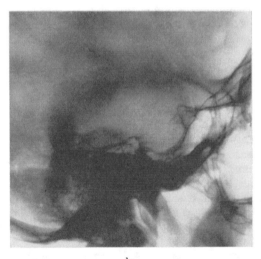

b

Abb. 21 a u. b. (Röntgenbild.) a zeigt bei Luftauffüllung die maximale Erweiterung des Ventrikelsystems ohne Ausfallserscheinungen des Gehirns. b Die maximal erweiterte Sella.

Cisterna cerebello-medullaris zu massiven Verklebungen geführt und den Abfluß des Liquors in den periencephalen Raum verlegt. Das Röntgenbild zeigt sowohl die Druckatrophie der Sella und die Atrophie des Hirnmantels. Das wiedergegebene Präparat wurde anläßlich einer TORKILDschen Operation gewonnen.

Abgesehen von den häufig symptomlosen Hydrocephalien Jugendlicher wirkt sich bei älteren Individuen der hydrocephale Druck auch auf die Zentren im Hypothalamus und seltener auf den Hirnstamm aus.

An den Stellen des geringsten Widerstandes kann der Hydrocephalus zu einer Druckatrophie führen. Am häufigsten beobachtet man dieselbe bei Kindern am Septum pellucidum, gelegentlich können auch die Fornixsäulen druckatrophieren, so daß die beiden Hirnhöhlen durch einen maximalen einkammerigen Ventrikel ersetzt sind. Beim Kind, wo der Hydrocephalus oft lange dadurch verborgen bleibt, daß der Schädel noch nachgeben kann und die Dehiszenz der Nähte nicht weiter beachtet wird, kann der Balken papierdünn werden, in seltenen Fällen sogar perforieren und so den Anlaß zu einem erträglichen Dasein des Betreffenden führen (Russell). Beim Erwachsenen wird durch die Ventrikelpunktion manchmal künstlich eine schwache Stelle gesetzt. Die Stichkanäle können sich dann unter dem erhöhten Druck porusartig erweitern (Ostertag).

Bekannt ist die Ausweitung des Infundibulums zu einem ballonartig vorquellenden Gebilde, das bei der Sektion leicht einreißt oder auch bei Operationen verletzt werden kann. Bei einem Fall eigener Beobachtung fand sich ein sekundär entzündlicher Verschluß des Aquädukts bei einem Hämangiom der Cisterna ambiens und ein derartiger Hydrocephalus (Abb. 21), der seinerzeit nicht diagnostiziert worden war und bei Berührung sofort platzte. Infolge der klinischen Symptomatologie war bei der erweiterten Sella ein Hypophysentumor angenommen worden. Es kann in diesem Fall zu einer bleistiftdicken Kommunikation zwischen innerem und äußerem Liquorraum kommen, sofern der Patient ohne Entlastung weiterlebt. Wie allgemein bekannt, kann teils durch Druck auf die Hypophyse (vgl. dieses Handbuch, Band XIII, Teil 3, S. 164) bzw. durch eine Schädigung der Kerne in der Wand des 3. Ventrikels eine entsprechende Symptomatologie (Fettsucht usw.) erzeugt werden. Das Schrifttum dürfte heute kaum zu übersehen sein. Eine der ersten sorgfältigen Arbeiten ist die von A. Auersperg (1927).

Ausbuchtungen des Ventrikelsystems infolge des Hydrocephalus finden sich sonst nur im Gebiet der Cisterna ambiens. Die Fasermassen des Balkenknies leisten einer Druckauswirkung weitaus mehr Widerstand als die Gegend des Spleniums. Hier kann gelegentlich ein occipitalwärts ausgestülpter Ventrikelsack die gesamte Zisterne ausfüllen. Insbesondere ist es aber unterhalb des Spleniums der Recessus supra- und infrapinealis, der erheblich ausgedehnt werden kann. Über derartige Fälle berichten Kajtor und Haberland. Auch Pennybaker und Russell beschreiben eine spontane Ventrikelruptur beim Hydrocephalus mit Bildung einer subtentoriellen Cyste, und Kaplan fand ähnliche Cystenbildungen im Dach des 3. Ventrikels, die durch eine kleine Öffnung mit diesem nach entzündlicher Stenose des Aquädukts in Verbindung standen.

In ähnlicher Weise kann es gerade bei dem Hydrocephalus infolge zisternaler Verklebungen, die nicht selten mit einer Verlötung der obliterierten Leptomeninx mit dem Velum medullare posterius einhergehen, zu einer ballonförmigen Auftreibung im caudalen Abschluß des 4. Ventrikels kommen. Northfield und Russell beschrieben ein „falsches Divertikel des Seitenventrikels" bei chronischem Hydrocephalus internus, der klinisch als Hemiplegie imponierte.

Der lokale Hydrocephalus ist natürlich von Ausweitungen, die infolge atrophischer Prozesse nach fetal durchgemachten Gefäßveränderungen zu finden sind, zu trennen.

Eine besondere Form des fetalen Hydrocephalus bildet jedoch die isolierte basale Ausweitung des 3. Ventrikels, wie wir sie meist als Folge frühkindlicher Meningitiden mit oder ohne Symptome zu sehen bekommen (Ostertag, Schiffer). Durch eine genaue Analyse einer Anzahl von Fällen gelang auch die ätiologische Sicherstellung dieser Veränderung, die offensichtlich darauf zurückzuführen ist, daß einmal eine Fixation infolge des entzündlichen Prozesses und der damit eindringenden Gefäße eine mechanische Ausweitung verursacht, zum anderen jedoch dürften bei der papierdünnen Wand des Infundibulums auf das Nervengewebe übergreifende Prozesse eine Entwicklungsbehinderung bedingen.

E. Die Massenverschiebungen.

Blicken wir auf die Unterteilungen des Schädelbinnenraumes zurück, so haben wir — abgesehen von den Abschnitten des knöchernen Skelets — die durch die Falx getrennten Räume für die rechte bzw. linke Hemisphäre sowie die durch das Tentorium abgegrenzte hintere Schädelgrube. Der Durchtritt für den Hirnstamm auf der Höhe der Fissura transversa wird als Tentoriumschlitz bezeichnet. Ein Bild, vor allem auch seines stark gespannten Randes, gibt Abb. 22. Das Großhirn ist auf der Höhe des Mittelhirns abgetrennt. Man erkennt an dem sorgfältig fixierten Präparat den Umfang des Zisternengebietes zwischen Schädelknochen (Clivus) bzw. Tentoriumrand und Hirnstamm. Hier verläuft die Cisterna ambiens um das Mittelhirn. In Abb. 23 zeigt das linke Bild eine regelrechte Cisterna ambiens bei unveränderten Hirnkonturen ohne Impressionserscheinungen, das rechte Bild dagegen die typische Verkeilung des medianen Schläfenlappengebietes in das Zisternengebiet und die deutliche Abschnürung durch den scharfen Rand des Tentoriumschlitzes. Gleichzeitig kann man die Ursache des Hirndruckes erkennen; es muß ein gleichmäßiger Druck (hier ein progredienter Hydrocephalus gewesen sein), da die Verdrängung eine gleichmäßige ist, außerdem weist die Ausbuchtung des In-

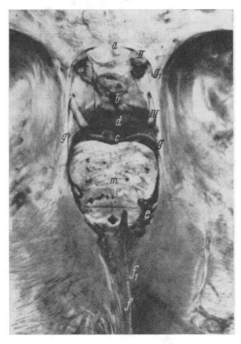

Abb. 22. (Ma 1747.) Darstellung des Tentoriumschlitzes. *a* Tuberculum sellae; *b* Dorsum sellae; *II* Opticus; *III* Oculomotorius; *m* Durchschnitt durch das Mittelhirn senkrecht zur MEYNERTschen Achse; *c* Arteria basilaris; *d* Cisterna magna im Übergang zur Cisterna pontis; *e* Cisterna ambiens; *f* Ansatz der Falx am Tentorium; *f₁* Schnittfläche der abgeschnittenen Falx; *g* der Rand des Tentoriumschlitzes mit seinem Ansatz an den Processus clinoidei anterioris.

fundibulums auf die Liquorzunahme im Ventrikelsystem hin. Den Hydrocephalus erkennt man am stark hervorgewölbten Infundibulum, die Störung der extracerebralen Liquorpassage ist an der grauen Verfärbung des Basalzisternengewebes ebenfalls deutlich. Die gleichmäßige Verkeilung der medianen Anteile des Temporallappens, d. h. also Gyrus hippocampi, spricht für einen gleichmäßig sich auswirkenden Druck. Ebenso erscheint hierfür charakteristisch die Verschiebung der rückwärtigen Teile der Gyri recti in die Cisterna praechiasmatis. Abb. 24 zeigt dagegen die typische Druckauswirkung in das caudale Zisternengebiet bei einer Schwellung des Großhirns. Da bekanntermaßen das Frontalgebiet schwellungsbereiter ist als die übrigen Rindengebiete, kommt es hier am ehesten zu akuten Volumenzunahmen im Sinne der Hirnschwellung. Dehnt sich der Druck gleichmäßig weiter aus, so entsteht das (gelegentlich fälschlich auch als ARNOLD CHIARIsche Mißbildung beschriebene) Bild der Verdrängung der Kleinhirntonsillen in das Gebiet der caudalen Cisterna cerebello-medullaris nebst der Cisterna olivaris auf der Höhe des Foramen occipitale. Über die Abgrenzung gegenüber der Arnold Chiarischen Mißbildung s. oben und im Kapitel Mißbildungen.

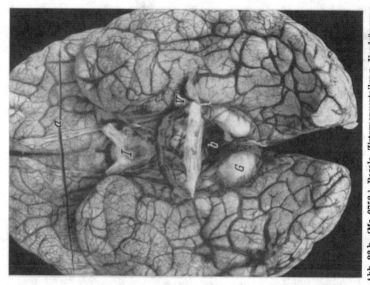

Abb. 23 b. (Ma 2752.) Basale Zisternenverteilung. Verdrängung des Gyrus hippocampi (G) in das Gebiet der Cisterna ambiens, sackartige Ausweitung des Infundibulums (T). a Schnitt zur Eröffnung des Vorderhirns zum Einblick in die Seitenventrikel bei Hydrocephalus oder zur Fixierung; b Cisterna ambiens.

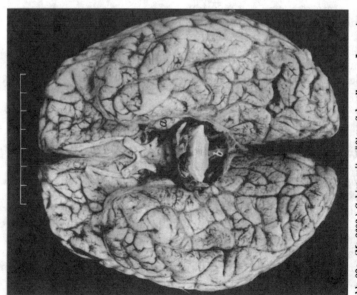

Abb. 23a. (Ma 2693.) Gehirn mit mäßiger Schwellung. a Impressions-furche des scharfen Randes des Tentoriumschlitzes in der vorderen medialen Hippocampusregion; b Cisterna ambiens und Anfang der Plexusspalte, vor b der Sektionsschnitt durch die Brücke auf die vorderen Vierhügel zur Abtrennung des Hirnstamms.

Dieselben Erscheinungen sehen wir im diagonalen Druck z. B. bei median gelegenen Psammomen an der Crista galli oder im Gebiet der oralen Falx. Auch die langsam sich entwickelnden Spongioblastome des Thalamus erzeugen ein gleiches Bild, nämlich die Verschiebung der Kleinhirntonsillen mitunter bis auf die Höhe des 2. Halssegmentes. Es bedarf keines besonderen Hinweises, daß nicht nur die abhängigen Teile des Kleinhirns auf diese Weise verdrängt werden, sondern auch, wenn auch nicht immer in demselben Maße, die Medulla oblongata, wobei sich das Kleinhirn plastischer erweist als die Oblongata. Häufig wird der Hirndruck auf den caudalen Hirnstamm als Todesursache angegeben, doch sollte man andererseits damit doch etwas vorsichtiger sein, da die langsame Anpassung keine so schweren Veränderungen setzt wie ein akuter Faktor[1].

Etwas geringere Bedeutung haben die Verschiebungen im Anfangsgebiet der Cisterna fossae Sylvii. Bei Hypophysengewächsen und anderen basalen Prozessen wird gelegentlich der Temporalpol über die Keilbeinflügel hinausgehoben, so daß sich dort eine deutliche Schnürfurche durch die Kante der Keilbeinflügel bildet, während andererseits, besonders bei frontalen parasagittalen Meningeomen und anderen frontalen Prozessen, das caudale Stirnhirn in die mittlere Schädelgrube verdrängt wird. Als einfachste Form der Verdrängung frontaler Prozesse haben wir den „Pilz des Gyrus rectus" in der Cisterna praechiasmatis erwähnt; doch können auch seitliche Anteile des basalen Frontallappens nach hinten verdrängt werden. In allen diesen Fällen finden wir eine erhebliche Zusammendrängung des Hirnstamms nach der Schädelbasis zu, so daß der Opticus in die Hirnmassen eingequetscht erscheint.

Bei dem gleichmäßigen Druck bleibt die Achsenstel-

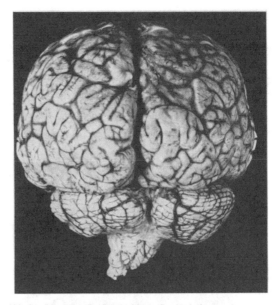

Abb. 24. (Ma 912.) In der Richtung der Medulla zu erkennender Hirndruck. Ausgezogene Kleinhirntonsillen, die Zisternen im Gebiet des Foramen occipitale austamponierend.

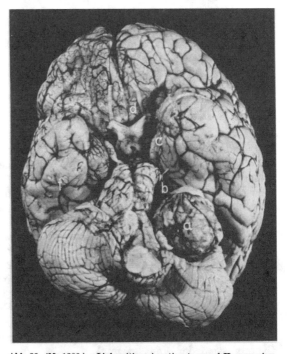

Abb. 25. (Ma 1280.) a Linksseitiger Acusticustumor; b Kompression des Pons; c Verdrängung des medialen Schläfenlappens in den Tentoriumschlitz; d Olfactoriuspilz; f Hirnhernien.

[1] Auch in diesen Fällen mögen bei akuter Hirnschwellung die Zirkulationsstörungen eine mindestens ebenso große Rolle spielen wie der Schädelbinnendruck selbst.

lung und Symmetrie der Ventrikel erhalten. Anders jedoch bei einseitigen
Prozessen. Hier treten Veränderungen ein, die intra vitam röntgenologisch
diagnostiziert schon wertvolle Hinweise für den Sitz eines Gewächses geben.
Bei allen einseitigen Volumenvermehrungen wird nicht nur die äußere
Konfiguration verschoben, sondern auch das Binnenbild der liquorführenden
Räume. Dies ist ein reversibler Vorgang; alsbald nach der Entleerung eines
Abscesses z. B. kann das Ventrikulogramm zur Norm zurückkehren. Ebenso-
oft wird bei offenem Schädel die ideale Medianlinie wieder hergestellt, was wir
in früheren Zeiten bei Hirnprolapsen sehen konnten. Eine einseitige Vergröße-

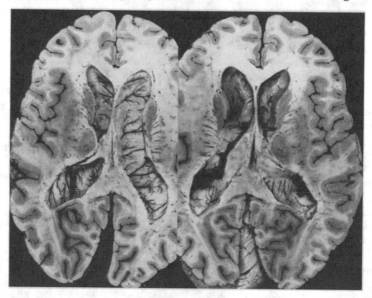

Abb. 26. (Ma 1281.) Auswirkung des Acusticustumors der vorigen Abbildung auf das Ventrikelbinnenbild,
exakter Horizontalschnitt. Links ist das Unterhirn hochgedrängt, geringe Verschiebung der Medianachse, Erweiterung des linken Vorderhorns und gleichmäßige Erweiterung des gesamten rechten Seitenventrikels.
(Fall der Abb. 25.)

rung einer Hirnkammer bei achsengerechter Stellung von Fornix und 3. Ventrikel spricht stets für einen Defekt oder eine Reduktion der Hirnsubstanz
dieser Seite.

Ehe wir jetzt zu dem Komplex der massiven Massenverschiebungen und den
Folgen raumfordernder Prozesse im Großhirn übergehen, sollen die Ungleich-
heiten der Ventrikel bei achsengerechter Stellung des Ventrikelsystems Erwähnung finden. Dies tritt dann ein, wenn ein raumfordernder Prozeß im Gebiet
der hinteren Schädelgrube sowohl den Liquorabfluß sperrt, als auch infolge
seiner Lage von unten her das Occipitalhirn hebt. So sehen wir in der Abb. 25
und 26 ein typisches Acusticusneurinom im Kleinhirnbrückenwinkel, das auf der
kranken, linken Seite den Ventrikel hebt und seine Form wesentlich beeinflußt.
Es handelt sich um einen exakten Horizontalschnitt, parallel zur Forellschen
Achse an dem vorher sorgfältig justierten Gehirn. Abgesehen von der Erweiterung
des Ventrikels sei auf die Stauung der subependymalen Gefäße hingewiesen
(Kompression der Vena magna).

Bei einseitigem Druck z. B. eines Meningeoms an der Konvexitätsfläche des
Stirnhirns würde man im Gebiet der Kleinhirntonsillen lediglich eine einseitige
Verdrängung sehen und in gleicher Weise wäre auch die Mittellinie bei der
Ventrikelfüllung sichtbar verschoben. Die Zisternengebiete sind, wie schon

besprochen, der einzige Raum, in dem die Hirnsubstanz ausweichen kann. Schon bei einer einfachen subduralen Blutung oder bei pachymeningealen Cysten, die zur Impression und Kompression einer Hemisphäre führten, wird das Ventrikelsystem konvex nach der gesunden Seite hin verschoben. Gleichzeitig tritt im Zisternenbereich der Gyrus cinguli im Gebiet der Cisterna interhemisphaerica auf die Gegenseite herüber, d. h. nicht nur der Gyrus cinguli, sondern ebensosehr die darunterliegenden Balkenabschnitte (Abb. 27). Hält der Druck länger an, gibt sogar die sonst so derbe Falx nach und die konvexe Ausbiegung beginnt schon im Hemisphärenspalt.

Dieses Ausfüllen des Zisternengebietes wird von SPATZ als Zisternenverquellung, von ZÜLCH als Zisternenprolaps bezeichnet, von uns zunächst Zisternentamponade und später *Zisternenverkeilung* genannt.

Die letztere Bezeichnung dürfte das Wesen des Prozesses eher treffen, weil gerade dieses unverrückbare Verkeiltsein im Zisternengebiet verschiedentlich den Operationseffekt gefährdet. Wie an anderer Stelle ausgeführt, beruht die gute Operabilität der Stirnhirngewächse in erster Linie darauf, daß der Druckausgleich am leichtesten wieder hergestellt werden kann, und zwar durch das Nichtabgetrenntsein der ins Zisternengebiet verschobenen Partien, während andererseits

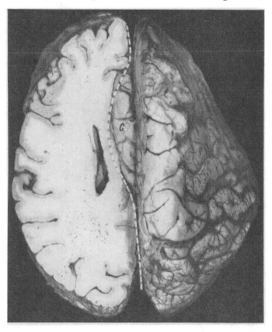

Abb. 27. (Ma 1134.) Subdurales Hämatom mit Kompression der rechten Hemisphäre, Verdrängung des rechten Gyrus cinguli (*c*) über die Medianlinie, im Gebiet der maximalen Kompression.

die Operabilität der hinteren Parietal- und Temporal- sowie der Occipitaltumoren dadurch mit in Frage gestellt ist, daß die im Tentoriumschlitz fixierten Gewebsmassen nicht in ihre normale Lage zurückkommen. Das sind diejenigen Fälle, bei denen nach der Operation akute Entlastungsblutungen auftreten.

Mag ein Acusticustumor noch so gut, fast total, entfernt sein, ist er lediglich mit einem kleinen Knopf, der nicht mitentfernt wurde, durch den Tentoriumschlitz in die mittlere Schädelgrube hineingewachsen, dann ändert sich häufig nach der Operation an der Symptomatologie so gut wie nichts, weil die Entlastung des Gehirns nur eine unvollständige geblieben war. Ob diese Verdrängung nun eine direkte durch den Tumor selbst oder eine mittelbare infolge der Hirnschwellung ist, ist im Prinzip gleich. So sehen wir auf der Abb. 28 bei einem Gewächs, das sich ziemlich schnell im Gebiet der Zentralregion ausgedehnt hat, abgesehen von dem Tumor, die Verdrängung des Gyrus cinguli über die Mittellinie, die Verschiebung der Medianlinie, die Verdrängung des gesamten Gyrus hippocampus links unter den Tentoriumschlitz mit einer scharfen Kante, während rechts nur ein schmaler Gewebsstreifen herabgezogen ist. Wäre der Tod nicht an dem progressiven Hirndruck aufgetreten, dann wäre dies sicher nach der Operation der Fall gewesen wegen der mangelnden Möglichkeit, die normalen Verhältnisse wieder herzustellen. Diese Massenverschiebungen sind nun nicht

das einzige von außen sichtbare Merkmal. Es kommen hinzu die Achsenver-
drehungen infolge der Verschiebung der Gewebsbestandteile. Die Verdrehungen
oder Verwindungen infolge der Massenverschiebung im Mittelhirn sind bereits
erörtert. Beim Einschneiden des Hirnstamms durch Mittelhirnschnitt wird dementsprechend ein Schrägschnitt durch den Hirnstamm gelegt, dessen eine Seite auffällig breit, dessen andere Seite auffällig schmal erscheint, wie es auch Spatz

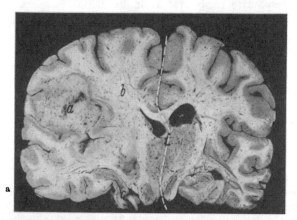

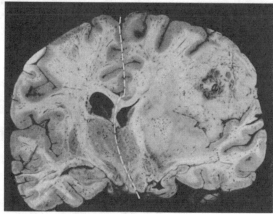

Abb. 28 a u. b. (Ma 1265.) a Zerfallendes Blastom in der Parieto-
Temporalregion mit wesentlicher Verdrängung der Mittellinie. Verkeilung des medianen Schläfenlappens mit Unterhornlumen in den
Tentoriumschlitz, rechts nur Windungsanteile. Man beachte ferner
die Erweiterung des rechten Ventrikels. b Ansicht von hinten.
a Tumor; b Hirnschwellung; c Verdrängung des Gyrus hippocampi
und Gyrus fusiformis in den Tentoriumschlitz.

(Hasenjäger und Spatz)
abgebildet hat. Bei einer
eigenen Beobachtung war die
Massenverschiebung in dem
genannten Sinne gut zu erkennen. Sie begann erst
hinter dem Opticus, das linke
Corpus mamillare war kom-
primiert, erst der mediane
Teil zeigte die Schnürfurche
des Tentoriumschlitzes und
der caudale Anteil die Abschnürung durch den Tentoriumschlitz bzw. das Tentorium selbst.

Das Ventrikelsystem wird
bei derartigen Gewächsen auf
der kranken Seite verengt,
auf der nicht befallenen Seite
erweitert. Es handelt sich
jedoch nur um eine Liquor-
verschiebung (Abb. 29).

Wenig beachtet werden
bei diesen Verschiebungen
und Verdrängungen inner-
halb des mittleren Tento-
riumschlitzes diejenigen im
Gebiet der Fissura transversalis, wie sie in der Abb. 30
gezeigt sind. Ein Gewächs
der linken Hemisphäre führt
zu deren Volumenzunahme
und zu einer Verschiebung
der Occipitalpole im Gebiet
des occipitalen Abschnittes
der mittleren Schädelgrube.
Gleichzeitig wird auf der kranken Seite die Dorsalfläche des Kleinhirns herab-
gedrückt und die der Gegenseite kompensatorisch gehoben. Abb. 30 illustriert
die Verhältnisse; die Verdrängung der Kleinhirntonsillen ist infolge des direkten
Druckes von oben nahezu gleich stark.

Verdrängungen im Gebiet des caudalen Tentoriumschlitzes, d. h. im Gebiet
der Cisterna ambiens, zeigt bei einem frontalen, nicht sehr hoch sitzenden Meningeom der 2. Frontalwindung etwa 2 Querfinger, hinter dem Frontalpol die folgende
Abb. 31. Auf einem Schnitt dicht vor Beginn der Fornix sehen wir sowohl
die Erweichungszone im Gebiet des hintern Tumorpoles wie die kollaterale
Schwellung, die auf die Balkenfasern übergeht (vgl. Abb. 32).

An diesem wie an verschiedenen anderen Bildern sehen wir die Bedeutung des Sitzes des Tumors für das Balkenniveau und dessen Verschiebung. Hier ist

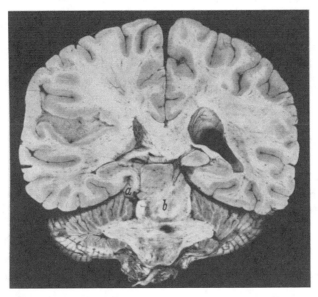

Abb. 29. (Ma 1267.) Massenverschiebung im Tentoriumschlitz. *a* Abknickung des Gyrus hippocampi; *b* der Übergang des Pulvinar in die Vierhügelregion. Achsenverdrehung des Hirnschenkelfußes. Entlastungsblutung.

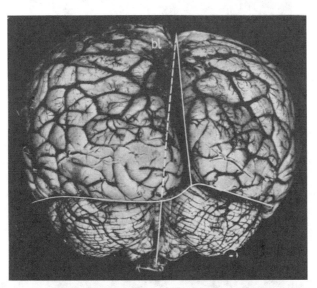

Abb. 30. (Ma 966.) Astrocytom der Mantelkante in der Parietalregion, Verschiebung des occipitalen Medianspaltes und des Transversalspaltes, gestrichelt, natürliche Medianlinie. Abgesehen von der Verschiebung des Occipitalpols auf die kontralateral gesunde Seite ist die linke Kleinhirnoberfläche plattgedrückt, die rechte nach oben verschoben. Der Druckkonus im Gebiet der Kleinhirntonsillen ist nahezu gleich.

der Balken nach unten gedrückt und das Ventrikelsystem am rostralen Abschluß nicht verschoben. Wie die Eindellung im Ventrikeldach zeigt, pflegen Gewächse an den frontalen Polen die Ventrikelenden herabzudrängen, so daß es gelegentlich, wenn auch selten, bei Tumoren im hinteren Abschnitt der Olfactoriusrinne sogar zu einem Verschluß des Foramen Monroi kommen kann. Abb. 32 zeigt die Verkeilung des Gyrus hippocampus im Gebiet der Cisterna ambiens, auf der

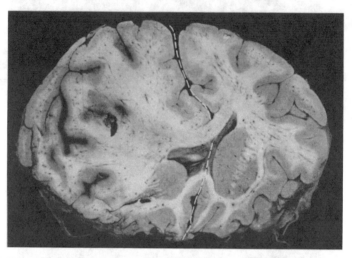

Abb. 31. (Ma 2256.) Meningeom vor dem Frontalpol mit Verdrängung der Hirnsubstanz und einseitiger Verdrängung der Kleinhirntonsillen auf der linken Seite.

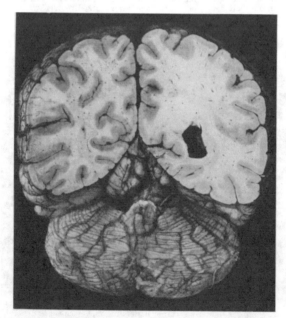

Abb. 32. (Ma 2258.) Bild desselben Falles mit starker Verdrängung der Hippocampusformation im Gebiet der Cisterna ambiens, geringer auf der rechten Seite.

vom Tumor befallenen linken Seite stärker als auf der rechten. Links ist der Ventrikel nicht sichtbar, während er auf der rechten Seite sehr erheblich erweitert ist. Man beachte auf diesem Bilde das Vordringen der beiden intrazisternalen Zapfen gegen das Kleinhirn oberhalb des Velum medullare anterius, wobei der vordere Oberwurm zapfenförmig zwischen die beiden Gyri hippocampi gelagert ist. Dabei imponiert die linke Seite wie ein vollkommener, die rechte wie ein teilweiser Zisternen,,ausguß".

Unter intraventrikulären Massenverschiebungen sind noch diejenigen zu würdigen, die atypische Bilder ergeben. Wird man auch dabei an Metastasen oder multiple Gewächse denken müssen, so gibt es andererseits Tumoren, die das Septum nicht gleichmäßig konkav nach der gesunden Seite verdrängen, sondern durch die Ventrikelerweiterung im occipitalen Anteil eine Verdrängung des Septums nach der kranken Seite hin verursachen. Das ist insbesondere dann der Fall, wenn die Tumoren weit vorne sitzen und die Verdrängung sich ausschließlich auf das Gebiet der vorderen Schädelgrube beschränkt. Bei Metastasen in beiden Hemisphären kann ein achsengerechtes Ventrikelsystem erhalten sein.

Die vorstehende Darstellung wird durch eine Reihe von einzelnen Mitteilungen verschiedener Autoren bestätigt. Der Inhalt derselben ergibt sich aus den Titeln des Schrifttumsverzeichnisses.

F. Die Veränderung des knöchernen Hüllraums und des Binnenreliefs.

Der kindliche Hydrocephalus internus imponiert durch die Größe des Kopfes, die sich fast ausschließlich auf die Schädelkapsel beschränkt, während das Gesicht dagegen zurücktritt. Durch die Ausweitung der Schädelbasis bekommt es eine dreieckige Form mit der Spitze des Dreiecks am Kinn (C. DE LANGE).

Hält das Wachstum der Knochen beim angeborenen endogenen Hydrocephalus noch verhältnismäßig Schritt mit der inneren Ausweitung, dann können die offenen Fontanellen oft noch der Norm entsprechen. Jedoch findet man zwischen den Verknöcherungszentren der Schädelknochen atrophische Stellen, die dem Binnenrelief zu entsprechen scheinen.

Nimmt der Hydrocephalus an Umfang zu, beginnt die Dehiszenz der Nähte, die sich bis an ihren Ansatz, z. B. der Kranznaht an der Basis, ausdehnen kann. Im Gebiet der hinteren Fontanelle sind die Veränderungen oft geringer, auch treten hier Schaltknochen auf, deren Entstehung an dieser Stelle nicht zu erörtern ist. Es handelt sich bei den dünnen Stellen am Knochen um Folgen des zunehmenden Druckes bei einem noch nicht verkalkten Schädel (ERDHEIM). Sind die Nähte bereits geschlossen, so können sie beim Heranwachsenden wieder gesprengt werden; andererseits kann der Schädelknochen bei nicht zu schneller Zunahme des Hydrocephalus sich weitgehend anpassen. Das sehen wir bei der progressiven Verlegung des 4. Ventrikels infolge von Kleinhirntumoren, und zwar sowohl denen des Wurms wie bei den Neurospongioblastomen (BAILEY, CUSHING). Beim Hydrocephalus des Erwachsenen dagegen bleibt das Schädeldach im großen und ganzen unberührt. Eine Verstärkung der Eindellungen des Knochens im Gebiet der PACCHIONIschen Granulationen kann nicht selten bis an die Tabula externa reichen (PRYM, ERDELYI). Auch die Innenseite der Emissarien kann ausgeweitet sein.

An der Schädelbasis finden wir bei der frühkindlichen und angeborenen Hydrocephalus das Niveau völlig verstrichen (C. DE LANGE). In meiner Berliner Sammlung befand sich ein Präparat, wo bei einem nur als Sack imponierenden Gehirn sich ebensowenig die Basalganglien an der Innenfläche abhoben, wie am Schädel die vordere von der mittleren Schädelgrube.

Anders jedoch, wenn der Hydrocephalus nach einer gewissen Anlage der Schädelbasis sich entwickelt. Charakteristisch für die in der Zeit nach der Geburt entstehende Hydrocephalus ist dann die Ausweitung des Schädelbinnenraumes über das Tentorium hinaus occipitalwärts, so daß der Occipitalpol das Kleinhirn überragt (Abb. 33). Hierbei kommt es zu einer Verschiebung auch des Binnenreliefs im Gebiet des Clivus und der hinteren Schädelgrube. Wir erkennen das daran, daß am Gehirn die MEYNERTsche Achse zur FLECHSIGschen nahezu senkrecht steht, während physiologisch der Winkel 110⁰ beträgt, und daß die occipitalen Kleinhirnpartien nach unten gedrängt sind, das Tentorium stark

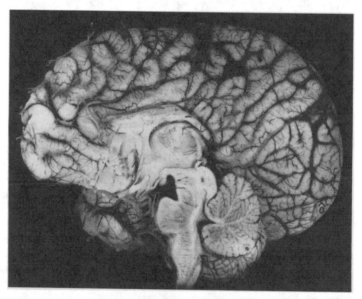

Abb. 33. (Ma 2199.) Auswirkung eines occipital orientierten Hydrocephalus beim Säugling durch weitgehende Verschiebung der Achsenverhältnisse, so daß die Hirnstammachse (MEYNERTsche Achse) senkrecht zur Großhirnachse steht.

gewölbt ist und sich häufig Kleinhirnsubstanz noch unterhalb des Foramen occipitale im Gebiet des Halswirbelkanals befindet (Differentialdiagnose gegenüber ARNOLD-CHIARI s. Kapitel Mißbildungen).

Bei zunehmendem Alter und bereits geschlossenem Schädel finden wir als Zeichen des vermehrten Druckes die ersten Veränderungen an der Sella (s. Abb. 35 und 36) (ECKER, TÖNNIS, LORENZ, ERDELYI u. a.). Große Cysten der Basalzisterne (s. Abb. 34) führen zu einer Druckatrophie des Dorsum bis zu dessen Entkalkung, wie zu einer Atrophie der Proc. clinoidei. Cysten im Gebiet der Cisterna chiasmatis führen zu einer Atrophie des Tuberculum und zu einer Ausweitung der Sella. Geht die zisternale Ausweitung auf den Anfangsteil der Cisterna fossae Sylvii über, findet sich das typische Bild der weiten Sella mit hohem Dorsum, das in der Horizontale das Tuberculum überragt. Schon in diesen Fällen erscheinen dann die Keilbeinflügel unterminiert, die mittlere Schädelgrube gewissermaßen nach vorne ausgeweitet. Bei gleichmäßigem Druck sind die Impressiones digitatae vertieft, die Juga erhöht. Bei weiterer Druckzunahme kommt es zu einer Druckatrophie und zu echten oder falschen Hirnhernien (s. Abb. 36 und 37) (H. JACOB, PRYM, BRUNNER).

Die infolge der Druckatrophie entstehenden Ausbuchtungen finden sich zum Teil an den Gefäßdurchtritten, zum Teil auf der Höhe der Windungskuppen.

Sie können verhältnismäßig schnell entstehen, was darin begründet liegt, daß das *unter Druck* stehende Gehirn bei verlegten Zisternen noch pulsiert. Echte Hirnhernien nennen wir diejenigen, in denen Hirnsubstanz durch dei Dura hindurchtritt, während diejenigen, die lediglich die Dura mit vorstülpen, als falsche bezeichnet werden.

Die Verhältnisse der hinteren Schädelgrube sind bereits gestreift; am Übergang von der hinteren zur mittleren findet sich oft eine Druckatrophie des Felsenbeins (BRUNNER, NASSUPHIS). In der vorderen Schädelgrube beschränken sich die Impressionen bei einem bereits geschlossenen Schädel auf den hinteren Teil der Olfactoriusrinne, vornehmlich aber auf das Gebiet der Lamina cribrosa. Ein chronischer, langdauernder Hirndruck kann durch gleichzeitige Atrophie der Hüllen zur Liquorrhoe führen.

Gegenüber dem *diffusen, allseitig zentrifugal wirkenden Druck* beim progressiven Hydrocephalus haben wir den *gerichteten Druck* bei der Volumenzunahme einzelner Hirnteile zu unterscheiden (Abb. 23a und b ff.). Beim Hydrocephalus internus oberhalb des Niveaus des Tentoriums, d. h. also Verschluß im Gebiet des Foramen Monroi oder im 3. Ventrikel vor dem Aquädukt wird die Volumenzunahme des Gehirns zu Impressionen der Hirnsubstanz in die Zisternengebiete führen und sich durch die Schnürfurche am Tentoriumschlitz dokumentieren (s. oben).

Auch der einseitige Druck setzt Veränderungen am Knochensystem.

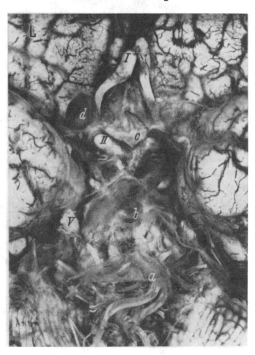

Abb. 34. (Ma 3475.) Ausgedehnte basale zisternale Meningitis infolge eines infizierten Hirnschusses. *a* Verdrängung der Vertebrales durch die basalen Cisternencysten nach rechts; *b* Impression des Pons infolge einer weiteren Cyste; *c* massive Organisation im Gebiet der Cisterna parechiasmatis; *d* Cyste im Gebiet des Anfangs des Gyrus rectus; *I, II, V* Bezeichnung der Hirnnerven.

Das supratentorielle Gebiet des linken Schädelbinnenraumes war infolge Volumenvermehrung des Gehirns in einem Falle mit schwerer Arteriosklerose der Hirn- und Basisgefäße voll ausgefüllt. Dies führte dazu, daß die unter dem erhöhten Pulsdruck stehende Carotis interna den linken Teil des Clivus völlig arrodieren konnte. Auffällig ist, daß, abgesehen von einzelnen älteren Impressionen im Gebiet der linken mittleren Schädelgrube die der rechten Seite nach vorne vergrößert ist, den Keilbeinflügel unterminiert hat, zu ausgedehnten Impressionen und Hernienbildungen an der rechten Seite geführt hat, und zwar nicht nur im Gebiet der mittleren, sondern auch der vorderen Schädelgrube, die deutlich die Spuren der Arrosion zeigt. Zu erklären ist dies lediglich dadurch, daß sich bei der fixierten linken Hemisphäre der gesamte Druck des Pulsstoßes auf die rechte Hemisphäre überträgt und dadurch die geschilderten Veränderungen hervorruft. Innerhalb kurzer Zeit können diese Veränderungen entstehen. Wir haben dies bei Schädelverletzten mit Hirnabscessen gesehen, von denen alsbald nach der Verletzung Schädelaufnahmen hergestellt waren.

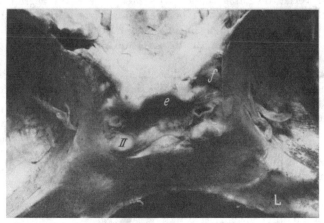

Abb. 35. (Ma 3504.) Schädelbasis von oben und vorn, Bezeichnung wie oben. Obwohl der Hirndruck bereits infolge der Trepanation und Entleerung des Abscesses wieder die achsengerechte Lagerung des Gehirns herbeigeführt hat, ist die während des bestehenden Druckes vorhandene Ausweitung der Sella erhalten geblieben. Man erkennt bei *e* die ungleiche tiefe Eindellung des Dorsum sellae, bei *f* den Abdruck der komprimierten Carotis. Die plastische Umwandlung des Schädels blieb bestehen.

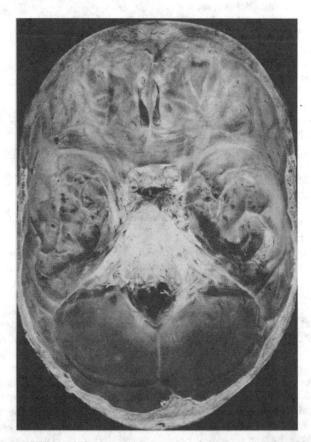

Abb. 36. (Ma 2718.) Erhöhter Schädelbinnendruck, besondere Auswirkung auf die mittlere Schädelgrube, Enostosis frontalis und Vertiefung des Sitzes der PACCHIONIschen Granulationen.

Ein Patient mit Hirnabsceß ging geraume Zeit nach Eröffnung des Abscesses zugrunde. Das Gehirn war längst wieder in die Medianstellung zurückgetreten

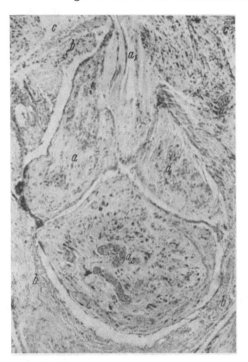

Abb. 37. *a* Hirnhernie (chronische Druckhyperplasie); a_1 der Stiel mit Proliferation des Mesenchyms; a_2 capilläre Stase in der Randzone; *b* Bruchsack; *c* Außenfläche der Dura zum Endocranium.

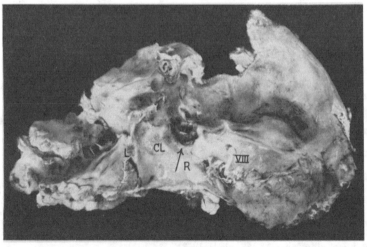

Abb. 38. (Ma 1365.) 42jährige Frau. Cholesteatom mit Druckusur an der Spitze der Felsenbeinpyramide. *Cl* Clivus; *VIII* Eintritt des 8. Hirnnerven; ↗ Druckatrophie, Nische infolge des Tumors; *L* und *R* linke bzw. rechte Felsenbeinpyramide.

und zeigte nirgends Fixierungen und keine Schwellung. Trotzdem fanden wir an der Schädelbasis die Zeichen der überstandenen Volumenvermehrung der linken Hemisphäre sowie eine derbe Membranbildung im Gebiet der Basalzisterne. Im Gegensatz zu anderen Fällen, wo die Pulsation der Carotiden unterhalb der Proc. clinoidei dieselben halbmondförmig ausweitet, war hier die Carotisrinne nach hinten verlagert, während die Proc. clinoidei nach vorne gedrängt waren.

Bei den Druckumwandlungen an der Schädelbasis finden wir im Gebiet des Clivus oft ein unterschiedliches Verhalten. Zumal bei Patienten im höheren Alter bleiben dann der vorderste Knochenkern der Basis des Clivus bzw. der Sutura spheno-occipitalis wesentlich resistenter. Handelt es sich um basale, zisternale Cysten, so führen diese zu einer Excavation des Clivus. Insbesondere bleiben die Tubercula jugularia (alte Verknöcherungszentren) weitgehend erhalten und treten deutlich gegenüber dem ausgehöhlten Knochen, deren Entwicklung individuell verschieden ist, hervor. Jedoch fällt es bei der großen Zahl von Obduktionen auf, daß gerade diese Partien, die auch dem primären Verknöcherungszentrum entsprechen, einem stärkeren Druck vermehrten Widerstand zu leisten vermögen (Ostertag-Schiffer).

Die Atrophie der Felsenbeinpyramide hat erhebliche diagnostische Bedeutung gewonnen. Eine Atrophie der Felsenbeinspitze bei einseitigem oder Tumordruck, ja selbst indirektem Druck infolge länger dauernder Hirnschwellung, ist röntgenologisch deutlich (Ostertag-Schiffer). Früher nicht beachtet und erstmalig vom Verfasser gezeigt (Ostertag) und von Schiffer röntgenologisch bestätigt, sind die Umwandlungen des Felsenbeins. Hier hält dem Druck die Eminentia arcuata etwas länger stand, während die übrige Felsenbeinfläche atrophiert. Nicht selten besteht eine tiefe Eindellung zwischen der äußeren Begrenzung des Binnenraumes und der Eminentia arcuata infolge des progressiven Druckes, die ebenso wie die Felsenbeinspitze atrophieren kann. Bei gleichmäßigem Hirndruck ist nicht nur der Meatus acusticus internus, sondern sind auch die übrigen Foramina an der Schädelbasis, erweitert (Abb. 38). Schließlich seien noch die Venenfurchen erwähnt (Erdelyi), während der Abdruck der Meningica media auch unter nicht krankhaften Verhältnissen eine erhebliche Impression in der Umgebung der Kranznaht setzen kann.

Literatur.

A. Einleitung, Allgemeines.

Bize: Hydrocephalie ventriculaire. Paris: A. Meloine 1931.

Dandy, W. E., and K. D. Blackfan: An experimental and clinical study of internal hydrocephalus. J. Amer. Med. Assoc. 61, 2216 (1913). — Internal hydrocephalus: an experimental clinical and pathological study. J. Dis. Childr. 8, 406 (1914). — Deggeler, C.: Beitrag zur Kenntnis der Architektur des fetalen Schädels. Z. Anat. u. Entw.gesch. 111, H. 4 (1942).

Eicke, W. J.: Über die Entwicklung der weichen Hirnhäute. Arch. f. Psychiatr. u. Z. Neur. 182, 585 (1949). — Erdheim, J.: Der Gehirnschädel in seiner Beziehung zum Gehirn unter normalen und pathologischen Umständen. Virchows Arch. 301, 801—817 (1938).

Foerster, O.: Encephalographische Erfahrungen. Z. Neur. 94, 512 (1925). — Frazier, C. H., and M. M. Peet: Factors of influence in the origin and circulation of the cerebrospinal fluid. Amer. J. Physiol. 35, 268 (1914). — The action of glandular extracts on the secretion of cerebrospinal fluid. Amer. J. Physiol. 36, 464 (1915). — Friede, Reinhard: Die Stria terminalis als Einrichtung der Liquorresorption. (Prosektur am öffentlichen Krankenhaus St. Pölten.) Z. Zellforsch. 38, 178—184 (1953).

Guttmann, L.: Physiologie und Pathologie der Liquormechanik und Liquordynamik. In Bumke-Foersters Handbuch der Neurologie, Bd. VII/2. Berlin: Springer 1936.

Hochstetter, F.: Über die Entwicklung und Differenzierung der Hüllen des menschlichen Gehirnes. Morph. Jb. 83, 359 (1939).

Kapustina, E. v.: Die Entwicklung des Arteriennetzes in der weichen Hirnhaut der Gehirnhemisphäre menschlicher Feten in der zweiten Hälfte des intrauterinen Lebens. Pediatr. (russ.) 1952, H. 5, 30—38.

LANZ, V.: Über die Rückenmarkshäute. I. Die konstruktive Form der harten Haut des menschlichen Rückenmarkes und ihrer Bänder. Roux' Arch. **118** (1929). — LINDAU, ARVID: Observations on the pathogenesis of hydrocephalus. (Beobachtungen über die Pathogenese des Hydrocephalus.) Acta path. scand. (Københ.) **5**, 25 (1928).

MEYER, H. H.: Der Liquor. Berlin-Göttingen-Heidelberg: Springer 1949. — MONAKOW, V.: Urämie und Plexus chorioideus. Schweiz. Arch. Neur. **13**, 515 (1923).

PERNKOPF, E.: Topographische Anatomie des Menschen. Lehrbuch und Atlas der regionär-stratigraphischen Präparation. Bd. 3: Der Hals. Wien u. Innsbruck: Urban & Schwarzenberg 1952.

SCHALTENBRAND, G.: (1) Die Liquorzirkulation und ihre anatomische Grundlage. Dtsch. Z. Nervenheilk. **67**, 140 (1936). — (2) Anatomie und Physiologie der Liquorzirkulation. Arch. Ohr- usw. Heilk. u. Z. Hals- usw. Heilk. **156**, 1 (1949). — SCHULTZ †, A., u. H. J. KNIBBE: Neue Erkenntnisse über die normale und pathologische Histologie der weichen Hirnhäute durch die Untersuchung in „Häutchenpräparaten". Frankf. Z. Path. **63**, 455—492 (1952). — SJÖQVIST, O.: Beobachtungen über die Liquorsekretion beim Menschen. Zbl. Neurochir. **2**, 8 (1937).

THEILER, K.: Zur Bedeutung der Chorda dorsalis für die Entwicklung der Kopfdrehgelenke. Verh. anat. Ges. **1952**.

WEED, L. H.: (1) Studies on cerebrospinal fluid. II. The theories of drainage of cerebrospinal fluid with an analysis of the methods of investigation. III. The pathways of escape from the subarachnoid spaces with particular reference to the arachnoid villi. IV. The dual source of cerebro-spinal fluid. J. Med. Res. **31**, 21 (1914). — (2) The cerebrospinal fluid. Physiologic Rev. **2**, 171 (1922).

B. Die physikalische Bedeutung des Hüllraums.

COURVILLE, C. B.: Coup-Contrecoup mechanism of cranio-cerebral injuries. Arch. Surg. **45**, 1 (1942).

HÄUSSLER, G.: Über Hirnschwellung bei Hirntumoren im Anschluß an Schädeltraumen. Z. Neur. **165**, 300 (1939).

KOLLMER u. OSTERTAG: Zit. nach PFEILSTICKER.

OSTERTAG, B.: Der Contrecoup am Splenium und die Frage der posttraumatischen Gliomentstehung. Mschr. Unfallheilk. **51**, 10 (1943).

PFEILSTICKER, E.: Über Art und Verteilung der Geschoßverletzungsfolgen an der Wirbelsäule. Diss. Tübingen 1949.

SCHAAF, F.: Über Folgen traumatischer Kriegsschäden des Rückenmarks mit besonderer Berücksichtigung der indirekten Verletzung und der Fernherde. Diss. Tübingen 1949. — SCHALTENBRAND, G.: Hirngeschwulstähnliche Erkrankungen, die keine Geschwülste sind. Z. Neur. **161**, 162 (1938). — SCHOENMAKERS, J., u. H. DIERKS: Gibt es eine Gehirnpulsation bei allseitig geschlossener Schädelhöhle? Ärztl. Forsch. **183** (1947). — SEEGER, WOLFGANG: Die optochiasmalen Meningealzysten (mit Bemerkungen über Symptomatologie, Differentialdiagnose und Ätiologie der Zysten). Diss. Tübingen 1955.

WIMMER, K.: Die Architektur des Sinus sagittalis cranialis und der einmündenden Venen als statische Konstruktion. Z. Anat. **116**, 459—505 (1953).

C. Die biologische Bedeutung des Hüllraums.

ALAJOUANINE, THUREL et HORNET: Cysticerce méningeal. (Considérations sur les arachnoidites.) Presse méd. **1937**, 918. — ALBRECHT, O.: Zur Frage des Ausgleichs geschädigter Funktionen im Zentralnervensystem. Wien. klin. Wschr. **1941**, 442. — ANTONI, N.: Tumoren des Rückenmarks, seiner Wurzeln und seiner Häute. In BUMKE-FOERSTERS Handbuch der Neurologie, XIV. Berlin: Springer 1936.

BAILEY, P.: Die Hirngeschwülste, 2. Aufl. Stuttgart: Ferdinand Enke 1951. — BANNWARTH, A.: Chronische lymphocytäre Meningitis, entzündliche Polyneuritis und „Rheumatismus". Arch. f. Psychiatr. **113**, 284 (1941). — Zur Klinik und Pathogenese der „chronischen lymphocytären Meningitis". Mitt. 1—3. Arch. f. Psychiatr. **117**, 161, 682 (1944). — BARRÉ: Etude sur l'arachnoidite spinale et l'arachnoidite de la fosse cérébrale postérieure. 13. Réun. Neur. internat. 1933. Revue neur. **40**, 879 (1933). — BAYER, O.: Ein Fall von Meningitis serosa poliomyelitica. Med. Klin. **1947**, 30. — BECHER, E.: Pulsatorische und respiratorische Bewegungsvorgänge im Liquor cerebrospinalis in der Schädelrückgratshöhle. Med. Welt **1942**, 619. — BECKER, P. E.: Das Nackenbeugezeichen, ein Symptom der traumatischen Arachnitis spinalis der Halsgegend. Nervenarzt **18**, 172 (1947). — BEHREND, C. M.: Pseudotumor cerebri. Dtsch. med. Wschr. **1950**, 486. — BEHREND, C. M., u. B. OSTERTAG: Die Entwicklung der diagnostischen Hirnpunktion. Dtsch. med. Wschr. **1949**, 1106. — BODECHTEL, G., u. K. SCHÜLER: Zur Klinik und Pathologie der Liquormetastasen bei Gliomen. Dtsch. Z. Nervenheilk. **142**, 85 (1937). — BOGAERT, L. V., u. P. MARTIN: Une association exceptionelle: Maladie de Parkinson post-encephalitique et arachnoidite circonscrite occlusive kystique de la fosse cérébrale postérieure. Zbl. Neurochir. **4**, 14 (1939).

Cairns, H.: Surgical aspects of meningitis. Brit. Med. J. **1949**, 969. — Connor, Ch. L., and H. Cushing: Diffuse tumors of the leptomeninges. Arch. Path. a. Labor. Med. **3**, 374 (1927).

Dandy, W. E.: Hirnchirurgie. Leipzig: Johann Ambrosius Barth 1938. — Demme, H.: Die Liquordiagnostik in Klinik und Praxis. München: J. F. Lehmann 1935. — Donegani, G.: Sull'aracnite della fossa di Silvio é della convessità cerebrale (Parte clinica). Riv. ital. Endocrin. e Neurochir. **8**, 3 (1942).

Ekington, J. St. C.: Spinal Arachnoiditis. (Meningitis serosa circumscripta spinalis.) Brain **59**, 181 (1936). — Erbslöh, F., u. E. Wolfert: Zur Pathogenese der chronischen diffusen Meningopathien. Dtsch. Z. Nervenheilk. **167**, 51 (1951).

Fellhauer: Metastasierung oder Keimversprengung bei medianen neuroektodermalen Gewächsen früher Determination. Diss. Tübingen 1947. — Frazier, C. H.: Cerebral pseudotumors. Arch. of Neur. **24**, 1117 (1930). — Funk, E.: „Pseudotumor cerebri" bei rezidivierender Feldfiebermeningitis. Nervenarzt **22**, 463 (1951).

Gagel, O.: Ein Arachnoidalsarkom mit umschriebenen Tumorknoten an verschiedenen Abschnitten des Zentralnervensystems. Wien. klin. Wschr. **1941**, 445. — Giroire, Charbonnel, Colas et Kernéis: Arachnoidite de la fosse postérieure contrôlée opératoirement au cours d'une méningo-encéphalite tuberculeuse. Rev. d'Otol. etc. **21**, 178 (1949). — Gsell, O.: Zit. nach Bayer.

Henneberg: Die tierischen Parasiten des Zentralnervensystems. In Handbuch der Neurologie, Bd. XIV. 1936. — Hergesell, F.: Histologische Untersuchungen zur Frage der Meningitis serosa. Z. Neur. **148**, 478 (1933). — Hildebrand, O.: Beitrag zur Chirurgie der hinteren Schädelgrube auf Grund von 51 Operationen. Arch. klin. Chir. **100**, 597 (1913). — Horrax, G.: Generalized cisternal arachnoiditis simulating cerebellar tumor: its surgical treatment and end-results. Arch. Surg. **9**, 95 (1924).

Kehrer, F. A.: Zur Frage des „Pseudotumor cerebri". Dtsch. Z. Nervenheilk. **160**, 1 (1949). — Kindler, W.: Die Arachnitis chiasmae optici. HNO, Beih. z. Z. Hals- usw. Heilk. **2**, 276 (1951). — Koch, R.: Meningeale Cysten, ihre Form und Entstehung. Diss. Berlin 1936. — Kraus, H.: Die Arachnitis chronica cerebralis und spinalis und ihre operative Behandlung. Langenbecks Arch. u. Dtsch. Z. Chir. **261**, 31 (1948). — Krause u. Placzek: Zur Kenntnis der umschriebenen Arachnitis adhaesiva cerebralis. Berl. klin. Wschr. **1907**, 911.

Lampis, V.: Ipertrofia dei legamenti gialli e aracnoiditi pseudo-cistiche. Ann. ital. Chir. **26**, 145 (1949). — Lemke: Zur Symptomatologie und Therapie der chronischen spinalen Arachnitis. Berl. Ges. für Psychiatr. u. Neur., Sitzg vom 9. Febr. 1942. Ref. Zbl. Neur. **103**, 470 (1943).

Marburg, O.: Hirntumoren und multiple Sklerose. Ein Beitrag zur Kenntnis der lokalisierten Form der multiplen Sklerose im Gehirn. Dtsch. Z. Nervenheilk. **68/69**, 27 (1921). — Martischnig, E.: Ein Beitrag zur Frage der Meningitis serosa. Österr. Z. Kinderheilk. **1**, 181 (1948). — Merrem, G.: Über aseptische postoperative Meningitis bei cystischen und zerfallenden Blastomen. Dtsch. Z. Chir. **247**, 105 (1936). — Morard, C., F. Ody et M. Fallet: Le vertige par blocage de la fosse postérieure. Chirurgie **4**, 11 (1942).

Noetzel, H.: Arachnoidalcysten in der Cisterna ambiens. Z. Neurochir. **5**, 281 (1940). — Nonne, M.: Über Fälle von Symptomenkomplex „Tumor cerebri" mit Ausgang in Heilung (Pseudotumor cerebri). Über letal verlaufene Fälle wie „Pseudotumor cerebri" mit Sektionsbefund. Dtsch. Z. Nervenheilk. **27**, 169 (1904).

Okonek, G.: Extracerebrale Arachnoidalzyste der linken Großhirnhemisphäre. Zbl. Neurochir. **3**, 112 (1938). — Oseki, S.: Über makroskopisch latente Meningitis und Encephalitis bei akuten Infektionskrankheiten. Beitr. path. Anat. **52**, 540 (1912). — Ostertag, B.: Pathologie der raumfordernden Prozesse des Schädelbinnenraumes. Stuttgart: Ferdinand Enke 1941. — Über ererbte und erworbene Konstitution vom Standpunkt des Pathologen. Z. menschl. Vererbgs- u. Konstit.lehre **29**, 152 (1949). — Ostertag, B., u. K. H. Schiffer: Über symptomatische zisternale Cystenbildungen bei basalen raumfordernden Prozessen. Arch. f. Psychiatr. u. Z. Neur. **181**, 93 (1948).

Pende, N. et V.: Hydrocéphalie et méningites foetales dans les maladies de développement de l'enfant. J. de Radiol. **30**, 296 (1949). — Pette, H.: Erkrankungen der Hüllen des Zentralnervensystems. Pachymeningitis und Leptomeningitis. In Bumke-Foersters Handbuch der Neurologie, Bd. X, S. 268ff. Berlin: Springer 1936. — Die verschiedenen Formen der Meningitis serosa. (Ein Versuch zur Auflösung dieses Krankheitsbegriffes.) Zbl. Neurochir. **1**, 86 (1936). — Polmeteer, E. F., and J. W. Kernohan: Meningeal gliomatosis. A study of forty-two cases. Arch. of Neur. **57**, 593 (1947).

Quincke: Über Meningitis serosa. Slg klin. Vortr. **1893**. — Über Meningitis serosa und verwandte Zustände. Dtsch. Z. Nervenheilk. **9**, 149 (1897).

Reeves and Baisinger: Primary chronic coccidiodal meningitis. A diagnostic neurosurgical problem. J. of Neurosurg. **2**, 281 (1945). — Reisau, H.: Bewegung der Cerebrospinalflüssigkeit. Nord. Med. (Stockh.) **1942**, 199. — REUSS, A.: Zur Frage der sog. Meningitis serosa. Wien. med. Wschr. **1937**, 381. — ROSENHAGEN: Zur Symptomatologie und Therapie der chronischen spinalen Arachnoiditis. (Neurologischer Teil.) Berl. Ges. Psychiatr. u. Neur., Sitzg vom 9. Febr. 1942. Ref. Zbl. Neur. **103**, 470 (1943). — ROUQUÈS, L., et M. DAVID: Le rôle des arachnoidites segmentaires dans les séquelles nerveuses des traumatismes fermés du rachis. Revue neur. **81**, 185 (1949).

SCHALTENBRAND, G.: Die Differentialdiagnose zwischen den Hirngeschwülsten und anderen Hirnerkrankungen. Zbl. inn. Med. **58**, 721 (1937). — Chronische aseptische Meningitis Nervenarzt **1949**, 431. — SCHALTENBRAND, G., u. P. BAILEY: The cerebral perivascular pia-glia membrane. J. Psychol. u. Neur. **35**, 201 (1928). — SCHERER, E.: Über Cystenbildung der weichen Hirnhäute im Liquorraum der SYLVISchen Furche mit hochgradiger Deformierung des Gehirns. Z. Neur. **152**, 787 (1935). — SCHNEIDER, H.: Über traumatische seröse Meningitis. Wien. klin. Wschr. **1942** II, 433. — SCHWARTZ: Erkrankungen des Zentralnervensystems nach traumatischer Geburtsschädigung. Z. Neur. **90**, 263 (1924). — SCHWOB, R. A., J. QUILLAUME et M. BONDUELLE: Anomalie de l'atlas avec kyste arachnoidien sousjacent. Intervention. Guérison. Contribution à l'étude des anomalies de la charnière craniovertébrale. Revue neur. **81**, 112 (1949). — STAEMMLER, M.: Beiträge zur normalen und pathologischen Anatomie des Rückenmarks. III. Diffuse Angioneuromatose des Lendenmarks und seiner Pia. Z. Neur. **166**, H. 4 (1939). — STENDER: Zur Frage der operativen Behandlung der Arachnitis spinalis. Zbl. Neurochir. **4**, 214 (1939).

TÖNNIS, W.: Kongenitale Zysten der Zisternen. Zbl. Neurochir. **2**, 356 (1937). — TOMPKINS, V. H., W. HAYMAKER and E. H. CAMPBELL: Metastatic pineal tumors. J. of Neurosurg. **7**, 159 (1950).

WEED, L. H.: Zit. nach SCHALTENBRAND u. BAILEY. — WEGEFARTH u. FAY: Zit. nach SCHALTENBRAND u. BAILEY. — WOHLWILL: Poliomyelitis. In BUMKE-FOERSTERS Handbuch der Neurologie, Bd. XVI, S. 46ff. Berlin: Springer 1936.

YASUDA, T.: Zur Frage der Arachnopathia fibrosa cystica proliferans. Dtsch. Z. Nervenheilk. **143**, 61 (1937).

ZEHNDER, M.: Subarachnoidalcysten des Gehirns. Zbl. Neurochir. **3**, 100 (1938). — ZÜLCH, K. J.: Zur Pathologie der äußeren Liquorräume. Beobachtungen über die Entstehung der Arachnoidalcysten und der liquormechanischen Vorgänge beim Hydrocephalus occlusus. Zbl. Neurochir. **10**, 25 (1950).

D. Der Hydrocephalus.

D'ABUNDO: Focolai subcorticali cerebrali a loro effetti anche in rapporto con le manifestazioni idrocefaliche. Riv. ital. Neuropat. ecc. **14**, 225 (1921). — ASKANAZY, M.: Zur Physiologie und Pathologie der Plexus chorioidei. Verh. dtsch. path. Ges. **17**, 85 (1914). — AUERSPERG, ALFRED: Das Verhalten der Kerne am Boden des 3. Ventrikels bei Hydrocephalus. Arb. neur. Inst. Wien **30**, H. 1/2, 163 (1927).

BAILEY, P.: Die Hirngeschwülste. Stuttgart: Ferdinand Enke 1951. — BAILEY, O. T., and G. M. HASS: Dural sinus thrombosis in early life: Recovery from acute thrombosis of the superior longitudinal sinus and its relation to certain acquired lesions in childhood. Brain **60**, 293 (1937). — BAKAY jr., L.: Experimental hydrocephalus and obliteration of the ventricles. J. of Neuropath. **8**, 194 (1949). — BASS, M. A.: Zur Klinik und pathologischen Anatomie der echten Cysten (der Decke) der 3. Gehirnkammer. Virchows Arch. **287**, 790 (1933). — BAUER, G.: Untersuchungen über die Resorptionswege und Saftströme des Zentralnervensystems. Virchows Arch. **298**, 686 (1937). — BECKETT, R. S.: Development stenosis of the aqueduct of Sylvius. Amer. J. Path. **62**, 197 (1950). — BESSAU: Hydrocephalus als Folge subtentorieller Blutung beim Neugeborenen. Münch. med. Wschr. **1932**, 247. — BEUTLER, A.: Über Ependymcysten im 3. Ventrikel als Todesursache. Virchows Arch. **232** (1921). — BIBINOWA, L. S.: Über die Verteilung vitaler Farbstoffe in den Hirnhäuten bei intravenöser und subcutaner Einführung. Z. Zellforsch. **24**, 227 (1936). — BITTORF: Zur pathologischen Anatomie der Gehirn- und Rückenmarksgeschwülste. Beitr. path. Anat. **1904**. — BLAND-SUTTON, J.: A lecture on the chorioid plexuses and ventricles of the brain as a secreting organ. Lancet **1923**, 1143. — BODECHTEL, G., u. H. SCHÜLER: Zur Klinik und Pathologie der Liquormetastasen bei Gliomen. Dtsch. Z. Nervenheilk. **142**, 85 (1937). — BOSSERT: Der traumatische Hydrocephalus. Jb. Kinderheilk. **88**, 452 (1918). — BROWN, H. A.: A dermoid tumor of the lateral ventricle associated with internal hydrocephalus. J. of Neurosurg. **4**, 472 (1947). — BRUNNER, H.: Otogene endokranielle Erkrankungen. In BUMKE-FOERSTERS Handbuch der Neurologie, Bd. 10, S. 194. Berlin: Springer 1936. — BUNGART: Zit. nach GUTTMANN. — BUMKE-FOERSTERS Handbuch der Neurologie Bd. VII/2, S. 53. Berlin: Springer 1936.

CH'ENG, J. C., u. G. SCHALTENBRAND: Is there a communication between the stroma of the chorioid plexus and the meninges. Zbl. Neur. **61**, 769 (1932). — COLEMAN, C. C., and Ch. E. Trollard: Congenital atresia of the foramina of Luschka and Magendie. With report of two cases of surgical cure. J. of Neurosurg. 5, 84 (1948). — Corbella, T.: Raro caso di idrocefalo interni post-traumatico a rapida evoluzione con encefalocele orbitario. Minerva chir. (Torino) 4, 149 (1949). — Cushing: Studies on the cerebrospinal fluid. Introductory. J. Med. Res. 31, 1 (1914).

Dandy, W. E.: Experimental hydrocephalus. Ann. Surg. 70, 129 (1919). — Hydrocephalus in chondrodystrophy. Bull. Johns Hopkins Hosp. 35, 5 (1921 b). — Where is the cerebrospinal fluid absorbed. J. Amer. Med. Assoc. 92, 2012 (1929). — Hirnchirurgie. Leipzig: Johann Ambrosius Barth 1938. — Dandy, W. E., and K. D. Blackfan: An experimental and clinical study of internal hydrocephalus. J. Amer. Med. Assoc. 61, 2216 (1913). — Internal hydrocephalus. An experimental, clinical and pathological study. Amer. J. Dis. Childr. 8, 406 (1914). — Davis, L. E.: A physio-pathologic study of the chorioid plexus with the report of a case of vilous hypertrophy. J. Med. Res. 44, 521 (1924). — Demme: Liquor. Fortschr. Neur. 9, 277 (1937). — Dietrich: Über die Entstehung des Hydrocephalus. Münch. med. Wschr. 1923, 1109. — Dietrich u. A. Weinnold: Ein Hydrocephalus chondrodystrophicus congenitus mit vorzeitigen Nahtsynostosen. Beitr. path. Anat. 75, 259 (1926). — Dontenwill, W.: Beitrag zur Genese des Hydrocephalus bzw. der beginnenden Hydranencephalie und zur Frage der Liquorabflußwege. Frankf. Z. Path. 63 (1952). — Dorff, G. B., and L. M. Shapiro: A clinicopathological study of sexual precocity wiht hydrocephalus. Amer. J. Dis. Childr. 33, 401 (1937). — Dressler, W.: Die Hirnkammerformen frischer Schädelverletzungen. Münch. med. Wschr. 1951, 459.

Ellis, R.W. B.: Internal hydrocephalus following cerebral thrombosis in an infant. Proc. Roy. Soc. Med. 30, 768 (1937). — Erbslöh, F., u. E. Wolfert: Zur Pathogenese der chronischen diffusen Meningopathien. (II. Med. Klin. u. Poliklin., Med. Akad. Düsseldorf u. Hirnpath. Inst., Dtsch. Forsch.-Anst. für Psychiatrie [Max-Planck-Inst.] München.) Dtsch. Z. Nervenheilk. 167, 51—73 (1951). — Ernst, P.: Mißbildungen des Nervensystems. In Schwalbes Morphologie der Mißbildungen. Jena: Gustav Fischer 1909.

Folena, S.: Su un particolare tipo di idrocefalo congeniot. (Da ipertrofia dei plessi corioidei dei ventricoli laterali.) Riv. Clin. pediatr. 38, 93 (1940). — Francini: Sur la structure et la fonction des plexus chorioides. Arch. ital. Biol. Pisa 1907. — Frazier and Peet: Factors of influence in the origin and circulation of the cerebrospinal fluid. Amer. J. Physiol. 35, 268 (1914). — The action of glandular extract on the secretion of cerebrospinal fluid. Amer. J. Physiol. 36, 464 (1914/15).

Garland and Seed: Otitic hydrocephalus. Lancet 1933 II, 751. — Glettenberg, O.: Zur Symptomatologie des chronisch entzündlichen Aquäduktverschlusses. Zbl. Neurochir. 1, 63 (1936). — Globus, J. H.: Communicating hydrocephalus. Amer. J. Dis. Childr. 36, 680 (1928). — Goldmann, E. E.: Vitalfärbung am Zentralnervensystem. Beiträge zur Physio-Pathologie des Plexus chorioideus und der Hirnhäute. Berlin 1913. — Grattarola, F. R., e G. Kluzer: Fisiopatologia della circolazione liquorale e idrocefalo sperimentale. Acta neurol. (Napoli) 5, 385—401 (1950). — Grood, M. P. A. M. de: Zwei eigenartige Fälle von Hydrocephalus bei Säuglingen. Nederl. Tijdschr. Geneesk. 1951, 3485.— Gruber, Georg B.: Weiterer Beitrag zur Frage des angeborenen Wasserkopfes bei Chondrodystrophie. Zbl. Path. 37, Erg.-H., 315 (1926). — Guillaume, J., et R. Rogé: Troubles neuroendocriniens et hydrocéphalie chronique. Revue neur. 82, 424 (1950). — Guleke, N.: Über die Entstehung des Hydrocephalus internus. Arch. klin. Chir. 162, 533 (1930).

Halden: Hydrocephalus internus idiopathicus chronicus mit Beteiligung des 4. Ventrikels. Dtsch. med. Wschr. 1909, 438. — Hampel, E.: Zur Klinik und Pathologie der chronischen Arachnitis adhaesiva. (Zugleich ein Beitrag zu den Prozessen im Kleinhirnbrückenwinkel und zu den Geschwülsten des Plexus chorioideus sowie zur Hydromyelie.) Dtsch. Z. Nervenheilk. 144, 105 (1937). — Happich-Paarmann: Die encephalographische Bedeutung atypischer Acusticus-Neurinome. Im Druck. — Hart, A.: Traumatischer chronischer Hydrocephalus bei Subluxation des Epistropheus. Zbl. Neurochir. 9, 197 (1949). — Hashiguchi, M.: Experimentelle Untersuchungen über den traumatischen Hydrocephalus. Arb. neur. Inst. Wien 29, 109 (1927). — Hassin: The cerebrospinal fluid pathways. (A critical note.) J. of Neuropath. 6, 172 (1947). — Hertz, H.: Thrombosen, Thrombophlebitiden und Thrombendangitiden in Sinus und corticalen Gefäßen. Nord. Med 43, 207 (1950). — Heuyer, G., et M. Feld: Sténose latente de l'aqueduc de Sylvius et infantilisme harmonique. Revue neur. 79, 46 (1947).

Jacob, H.: Über die Fehlentwicklung des Kleinhirns, der Brücke und des verlängerten Markes (Arnold Chiarische Entwicklungsstörung) bei kongenitaler Hydrocephalie und Spaltbildung des Rückenmarks. Z. Neur. 164, 229 (1939). — Jacobi u. Magnus: Gefäß- und Liquorstudien am Hirn des lebenden Hundes. Arch. f. Psychiatr. 73, 126 (1925). — Jardos, S.: Mit Lufteinblasung geheilter Fall von nach Meningitis entstandenem Hydrocephalus externus. Mschr. Kinderheilk. 81, 124 (1934). — Jorns: Experimentelle Untersuchungen über die Resorptionsvorgänge in den Hirnkammern. Arch. klin. Chir. 171, 326 (1932).

KAJTOR, F., u. K. HABERLAND: Durch Hydrocephalus bedingtes Kammerdivertikel in der Cisterna ambiens. Arch. f. Psychiatr. u. Z. Neur. **185**, 95 (1950). — KAPLAN, A.: Pia arachnoidal cysts of the posterior fossa. Report of two cases. J. Nerv. Dis. **108**, 435 (1948). — KATZSCHMANN: Akuter Hydrocephalus internus nach Mittelohreiterung. Z. Laryng. usw. **17**, 463 (1929). — KEY u. RETZIUS: Anatomie des Nervensystems und des Bindegewebes. Stockholm 1876. — KLAUE, R.: Zur Beurteilung hirntraumatischer Folgezustände nach stumpfem Schädeltrauma mit besonderer Berücksichtigung encephalographischer Befunde. Dtsch. Z. Nervenheilk. **164**, 259 (1950). — KLESTADT, B.: Experimentelle Untersuchungen über die resorptive Funktion des Epithels des Plexus chorioideus und des Ependyms der Seitenventrikel. Zbl. Path. **26**, 161 (1915). — KRAUS, H.: Die Arachnitis chronica cerebralis und spinalis und ihre operative Behandlung. Langenbecks Arch. u. Dtsch. Z. Chir. **261**, 31 (1948). — KRAUSPE: Chondrodystrophischer Hydrocephalus. Tagg Westdtsch. Patholog. Essen-Steele 1950. — KRAYENBÜHL, H., u. F. LÜTHY: Hydrocephalus als Spätfolge geplatzter basaler Hirnaneurysmen. Schweiz. Arch. Neur. **61**, 7 (1948).

LAFON, R., C. GROS et J. M. ENJALBERT: Les hydrocéphalies latentes en psychiatrie. Revue neur. **82**, 435 (1950). — LAMPERT, F. M.: Pathogenesis and treatment of so-called congenital cerebral herniae. Surg., Gynec. a. Obstetr. **38**, 2, 159 (1924). — LANGE, C. DE: Klinische und pathologisch-anatomisch Mitteilungen über Hydrocephalus chronicus congenitus und aquisitus. Z. Neur. **120**, 433 (1929). — LAZORTHES, G., J. GÉRAUD et H. ADUSE: L'hydrocephalie non tumorale de l'adolescent et de l'adulte. Revue neur. **82**, 427—434 (1950). — LOTTIG: Beitrag zur Frage des posttraumatischen Hydrocephalus. Zbl. Neur. **63**, 277 (1932). — LUSCHKA: Die Aderhautgeflechte des menschlichen Gehirns. Berlin 1855.

MADEHEIM, H.: Ein Beitrag zur Pathologie des 3. Ventrikels. (Cystischer Tumor des 3. Hirnventrikels.) Frankf. Z. Path. **55**, 228 (1941). — MALLISON, R.: Zur Klinik der PICKschen Atrophie. Nervenarzt **18**, 247 (1947). — MARBURG, O.: Die traumatischen Erkrankungen des Gehirns und Rückenmarks. In BUMKE-FOERSTERS Handbuch der Neurologie, Bd. XI, S. 88 ff. 1936. — MARCUS, H.: Ependymcysten im 3. Gehirnventrikel mit plötzlichem letalem Verlauf. Acta psychiatr. (København.) **14**, 527 (1939). — MARGULIS: Pathologie und Pathogenese des primären chronischen Hydrocephalus. Arch. f. Psychiatr. **50**, 31 (1913). — MISCH, W.: Zur Ätiologie und Symptomatologie des Hydrocephalus. Mschr. Psychiatr. **35**, 439 (1914).

NANAGAS, J. C.: Experimental studies on hydrocephalus. Bull. Johns Hopkins Hosp. **32**, 381 (1921). — NORTHFIELD, D. W. C., and D. S. RUSSELL: False diverticulum of a lateral ventricle causing hemiplegia in chronic internal hydrocephalus. Brain **62**, 311 (1939).

OSTERTAG, B.: Pathologie der raumfordernden Prozesse des Schädelbinnenraumes. Stuttgart: Ferdinand Enke 1941. — Über ererbte und erworbene Konstitution vom Standpunkt des Pathologen. Z. menschl. Vererbgs- u. Konstit.lehre **29**, 152 (1949). — Die Bedeutung der Pathologie des periencephalen Raumes für die Anfallsentstehung. Verh. dtsch. Ges. inn. Med. **56** (1950).

PENDE, N. et V.: Hydrocéphalie et méningites foetales dans les maladies de developpement de l'enfant. J. de Radiol. **30**, 296 (1949). — PENNYBAKER: Stenosis of the aqueduct of SYLVIUS. Proc. Roy. Soc. Med. **33**, 507 (1940). — PENNYBAKER and D. S. RUSSELL: Spontaneous ventricular rupture in hydrocephalus with subtentorial cyst formation. J. of Neur. **6**, 38 (1943). — PFEIFER, R. A.: Die Darstellung von Lymphströmungen im inneren Milieu des Gehirns. Leipzig: Geest u. Potrig 1951.

QUINCKE, H.: Zur Physiologie der Cerebrospinalflüssigkeit. Arch. Anat. u. Physiol. 1872, 153. — Über Hydrocephalus. Verh. des 10. Kongr. für Inn. Med. zu Wiesbaden 1891.

REHBOCK, D. J.: Neuro-epithelial cyst of the third ventricle. Arch. of Path. **21**, 524 (1936). — REIMERS, C., u. J. NEUDECK: Über Störungen des Liquorgleichgewichtes nach gedeckten Hirnverletzungen und ihre Beeinflussung durch Halsstrangblockaden. Dtsch. Z. Nervenheilk. **164**, 509 (1950). — RIECHERT, T.: Die Impression im Planum nuchale als eine Ursache des Hydrocephalus occlusus. Allg. Z. Psychiatr. **125**, 40 (1949). — ROBACK, H. N., and M. L. GERSTLE j r.: Congenital atresia and stenosis of the aqueduct of SYLVIUS. Arch. of Neur. **36**, 248 (1936). — RUSSELL, D. S.: Observations on the pathology of hydrocephalus. London Med. Res. Council **1949**.

SCHALTENBRAND, G.: Zit. nach DEMME, Z. Psychiatr. **102**, 153 (1936). — Die Nervenkrankheiten. Stuttgart: Georg Thieme 1951. — SCHALTENBRAND, G., u. MA, WEN CHAO: Zur Pathophysiologie des Plexus chorioideus. Dtsch. Z. Nervenheilk. **117—119**, 570 (1931). — SCHALTENBRAND, G., und Y. L. CHENG: Is there a communication between the stroma of the chorioid plexus and the meninges. Zbl. Neur. **61**, 769 (1932). — SCHALTENBRAND, G., u. PUTNAM: Untersuchung zum Kreislauf des Liquor cerebrospinalis mit Hilfe intravenöser Fluorescineinspritzungen. Dtsch. Z. Nervenheilk. **96**, 123 (1927). — SCHALTENBRAND, G., u. WÖRDEHOFF: Ein einfaches Verfahren zur Bestimmung der Liquorproduktion und Liquorresorption. Nervenarzt **18**, 463 (1947). — SCHEUERMANN, W. G., and A. GROFF: Membraneous obstruction of aqueduct of SYLVIUS (internal hydrocephalus) producing of midline cerebellar tumor. A case report. J. of Neurosurg. **5**, 399 (1948). — SCHIFFER, K. H.: Die

Formveränderungen des 3. Ventrikels in ihrer konstitutionsbiologischen Bedeutung. Ein Querschnitt durch die Arbeit der Tübinger Nervenklinik. Berlin: Springer 1949. — Schlesinger, B.: Hydrocephalus with precocious puberty following post-basic meningitis. Proc. Roy. Soc. Med. 28, 149 (1934). — Schönfeld u. Leipold: Wechselbeziehungen zwischen Blut-, Hirn- und Rückenmarksflüssigkeit. Z. Neur. 95, 473 (1925). — Schulte, Walter: Hirnorganische Dauerschäden nach schwerer Dystrophie. München: Urban & Schwarzenberg 1953. — Schwalbe-Gredig: Über Entwicklungsstörungen des Kleinhirns, Hirnstammes und Halsmarks bei Spina bifida. Beitr. path. Anat. 40, 132 (1907). — Schwartz: Erkrankungen des Zentralnervensystems nach traumatischer Geburtsschädigung. Z. Neur. 90, 263 (1924). — Schwob, R. A., J. Quillaume et M. Bonduelle: Verbildung des Atlas mit korrespondierender Arachnoidalcyste, Heilung durch chirurgischen Eingriff. Beitrag zum Thema der Anomalien der Craniovertebralverbildung, Koinzidenz von Skeletverbildung und cystischer Arachnoitis. Keine Hirndrucksymptome. Revue neur. 81, 112 (1949). — Sepp, E.: Die Dynamik der Blutzirkulation im Gehirn. Berlin: Springer 1928. — Simons, A., u. C. Hirschmann: Der Hypophysenstich beim Menschen. Diskussionsbemerkung von Jaffé. Zbl. Neur. 49, 95 (1928). — Sjövall, E.: Über eine Ependymcyste embryonalen Charakters (Paraphyse?) im 3. Hirnventrikel mit tödlichem Ausgang. Beitr. path. Anat. 1947. — Sondermann, R.: Hydrocephalus und Gehirnentwicklung. Med. Klin. 1942 I, 494. — Sourander, P.: A case of hydrocephalus in infancy caused by chorioid papilloma. Ann. med. int. fenn. 36, 679 (1947). — Spatz, H.: Versuche zur Untermauerung der Goldmannschen Vitalfärbstoffversuche. Z. Psychiatr. 80, 285 (1923). — Die Bedeutung der vitalen Färbung für die Lehre vom Stoffaustausch zwischen dem Zentralnervensystem und dem übrigen Körper. Arch. f. Psychiatr. 101, 267 (1933).

Taggart jr., S. K., and A. E. Walker: Congenital atresia of the foramens of Luschka and Magendie. Arch. of Neur. 48, 383 (1942). — Takeya-Siko: Hydrocephalus internus mit hypophysären Erscheinungen. Arch. f. Psychiatr. 108, 432 (1938). — Thiébaut, F., et F. Fénelon: Pour une terminologie précise de l'hydrocéphalie de ses principales variétés. Revue neur. 82, 449 (1950). — Török: Otogene Arachnoidalcyste. Z. Neur. 91, 381 (1924). — Tomkins, V. N., W. Haymaker and E. A. Campbell: Metastatic pineal tumors. a clinicopathologic report of two cases. J. of Neurosurg. 7, 159 (1950).

Uljanow, P. N.: Zur Frage der Verbindungen zwischen den subarachnoidalen Räumen des Gehirns und dem Lymphsystem des Körpers. Z. exper. Med. 65, 621 (1929).

Verbiest: Die Epidermoide des Rückenmarks, Analyse eines Falles, zugleich ein Beitrag zur Frage der Entstehung der aseptischen Meningitis nach Epidermoidoperationen. Zbl. Neurochir. 4, 141 (1939). — Volkmann, J.: Über primäre, diffuse und flächenhafte Sarkomatose der Pia des Gehirns. Zbl. Neurochir. 9, 141 (1949).

Wahlgren: Ependymcyste im 3. Ventrikel. Zbl. Neur. 42 (1925). — Walter, Fr. K.: Die Blut-Liquorschranke. Leipzig: Georg Thieme 1929. — Weed, L. H.: Studies on the cerebrospinal fluid. II. Theories of drainage of cerebrospinal fluid with an analysis of the methods of investigation. J. Med. Res. 31, 21 (1914). — Studies on cerebrospinal fluid. III. The pathways of escape from the subarachnoid spaces with particular reference to the arachnoid villi. J. Med. Res. 31, 51 (1914). — The formation of the cranial subarachnoid spaces. Anat. Rec. 10 (1916). — The experimental production of an internal hydrocephalus. Contrib. to Embryol. Carnegie Inst. Washington 272, 425 (1929). — The cerebrospinal fluid. Physiologic Rev. 2 (1922). — Certain anatomical and physiological aspects of the meninges and cerebrospinal fluid. Brain 58, 383 (1935). — Wislocki, G. B., and T. I. Putnam: Absorption from the ventricles in experimentally produced internal hydrocephalus. Amer. J. Anat. 29, 313 (1921). — Wohlwill: Poliomyelitis. In Bumke-Foersters Handbuch der Neurologie, Bd. XVI, S. 46 ff. 1936. — Wüllenweber: Über die Funktion des Plexus chorioideus und die Entstehung eines Hydrocephalus internus. Z. Neur. 88, 208 (1924).

Zimmermann, H. M., and W. J. German: Colloid tumors of the third ventricle. Arch. of Neur. 30, 309 (1933). — Zülch, K. J.: Über die Pathologie des Aquäduktverschlusses. Zbl. Path. 84, 492 (1949). — Zur Pathologie der äußeren Liquorräume. Zbl. Neurochir. 10, 25 (1950).

E. Die Massenverschiebungen.

Cassirer u. Lewy: Hirntumor und Hirnschwellung. Z. Neur. 11, 119 (1920). — Crinis, de: Die Hirnschwellung und ihre Bedeutung für Hirnoperationen. Z. ärztl. Fortbildg 36 (1939).

David, Thieffry et Askenasy: Le cône de pression cérébelleux dans les affections non tumorales de la fosse cérébrale posterieure. Rev. d'Ophthalm. 14, 10 (1936).

Ecker: Upward transtentorial herniation of brain stem and cerebellum, due to tumor of posterior fossa: With special note on tumors of acustic nerve. J. of Neurosurg. 5, 51 (1948). — Erdheim: Die Folge des gesteigerten Hirndruckes. Jb. Psychiatr. 39, 323 (1919). — Evans, J. P., and F. F. Espey: Cerebral swelling, an experimental study. J. of Neuropath. 8, 105 (1949).

FISCHER, E.: Erscheinungsformen und diagnostische Bedeutung der Zisternenquellungen im Hirngefäßbild. Arch. klin. Chir. **200**, 213 (1940). — FÜNFGELD: Beobachtungen über die Hirnschwellung. Med. Klin. **1936**.

GERLACH, J.: Der heutige Stand der Lehre von der REICHARDTschen Hirnschwellung. Nervenarzt **22**, 212 (1951). — GUIOT, G.: La réduction systématique de la hernie temporale. Revue neur. **79**, 116 (1947).

HÄUSSLER: Hirndruck — Hirnödem — Hirnschwellung. Zbl. Neurochir. **2**, 247 (1937). — Über die Hirnschwellung bei Großhirngeschwülsten. Zbl. Neurochir. **3**, 119 (1938). — Erstes Auftreten von Hirntumorsymptomen nach Schädeltraumen. Ber. (8. internat. Kongr.) Unfallmed. u. Berufskrkh. **2** (1939). — HASENJÄGER, TH., u. H. SPATZ: Über örtliche Veränderungen der Konfiguration des Gehirnes beim Hirndruck. (Zisternenverquellung und Verschiebung über die Medianebene.) Arch. f. Psychiatr. **107**, 193 (1937).

JABUREK: Hirnödem und Hirnschwellung bei Hirngeschwülsten. Arch. f. Psychiatr. **104** (1936). — JEFFERSON: The tentorial pressure cone. Arch. of Neur. **40**, 937 (1938).

OSTERTAG, B.: Über raumbeengende Prozesse im Schädelinneren. Fortschr. Röntgenstr. **52** (1935).

PERRET: Experimentelle Untersuchung über Massenverschiebungen und Formveränderungen des Gehirns bei raumbeengenden Prozessen. Zbl. Neurochir. **5**, 5 (1940). — PERRYMAN: Herniation of cerebral ventricles. Amer. J. Roentgenol. **59**, 27 (1948).

QUARTI, M.: Considerazioni cliniche e radiologiche sull'ernia tronco-cerebellare dello hyatus tentorii cerebelli. Chirurgica (Milano) **5**, 161 (1950).

REICHARDT: Über die Entstehung des Hirndrucks bei Hirngeschwülsten und anderen Hirnkrankheiten und über die bei diesen zu beobachtende besondere Form der Hirnschwellung. Dtsch. Z. Nervenheilk. **28** (1905). — RIESSNER, D., u. K. J. ZÜLCH: Über die Formveränderungen des Hirns (Massenverschiebungen, Zisternenverquellungen) bei raumbeengenen Prozessen. Dtsch. Z. Chir. **253**, 1 (1940).

SAUERBRUCH: Entwicklung und Stand der Hirndrucklehre seit E. v. BERGMANN. Münch. med. Wschr. **1937**, 116. — SCHEINKER: Über das gleichzeitige Vorkommen von Hirnschwellung und Hirnödem bei einem Fall einer Hypernephrommetastase des Kleinhirns. Brain **198**, 1 (1938). — Dtsch. Z. Nervenheilk. **148** (1939). — Cerebral tumors associated with cerebral swelling and edema. Arch. of Path. **45** (1941). — Transtentorial herniation of the brain stem. Arch. of Neur. **53**, 289 (1945). — Hypertensive cerebral swelling. A characteristic clinico-pathologic syndrome. Ann. Int. Med. **28**, 3 (1948). — SCHEINKER, J. M., and L. H. SEGERBERG: Posttraumatic cerebral swelling resulting in cyst formation. J. of Neuropath. **7**, 321 (1948). — SCHLÜTER u. NEVER: Zur Frage der Hirnschwellung. Z. Neur. **140** (1932). — SCHULTZE: Über Hirnschwellung. Münch. med. Wschr. **1928**, 896. — SCHWARZ and ROSNER: Displacement and herniation of the hippocampal gyrus through the incisura tentorii. Arch. of Neur. **46**, 297 (1941). — SORGO: Experimentelle Untersuchungen über die Klinik der Verquellung der Cisterna ambiens. Dtsch. Z. Nervenheilk. **149**, 5 (1939). — SPATZ: Die Bedeutung der symptomatischen Hirnschwellung für die Hirntumoren und für andere raumbeengende Prozesse in der Schädelgrube. Arch. f. Psychiatr. **88**, 790 (1929). — SPATZ u. STROESCU: Zur Anatomie und Pathologie der äußeren Liquorräume des Gehirns. Nervenarzt **7**, 9 (1934). — STENGEL: Zur Pathologie der letalen Hirnschwellung. (Ein Beitrag zur Kasuistik der Fernwirkung von Hirntumoren.) Jb. Psychiatr. **45**, 187 (1927).

TÖNNIS, W.: Veränderungen an den Hirnkammern nach Verletzungen des Gehirns. (Ein Beitrag zur Bedeutung der Encephalographie für die Folgezustände nach Hirnverletzungen.) Nervenarzt **15**, 351 (1942). — TÖNNIS-RIESSNER-ZÜLCH: Über die Formveränderungen des Hirns (Massenverschiebungen, Zisternenverquellungen) bei raumbeengenden Prozessen. Zbl. Neurochir. **5**, 1 (1940).

VINCENT, C., J. DE BEAU et G. GUIOT: L'oedème cérébral en neurochirurgie. Revue neur. **79**, 273 (1947).

ZANGE: Entstehungsbedingungen und Abwehrmöglichkeiten beim sog. Zisternenblock und seine Gefahren. Z. Hals- usw. Heilk. **44**, 101 (1938). — ZÜLCH, K. J.: Hirnödem und Hirnschwellung. Virchows Arch. **310**, 1 (1943). — Die Entstehung des Hirndruckes, insbesondere des Prolapses bei der Hirnwunde und ihren Folgezuständen. Zbl. Path. **83**, 399 (1945). — Plötzlicher Todesfall durch akute Einklemmung im Gefolge von Massenverschiebungen bei raumbeengenden Prozessen. Zbl. Path. **1949**. — Zur Pathologie der äußeren Liquorräume. Zbl. Neurochir. **10**, 25 (1950). — ZVEREV, A. F., u. V. A. BACHTJOROV: Zur Frage der Morphologie angeborener Gehirnhernien. Arch. Path. **12**, 4, 80—85 (1950).

F. Die Veränderungen des knöchernen Hüllraums und des Binnenreliefs.

BAILEY, P.: Concerning diffuse pontine gliomas in childhood. Acta neuropath. estonia **60**, 199 (1935). — BRUNNER, H.: Das Verhalten des Schläfenbeines bei Steigerung des endokraniellen Druckes. Mschr. Ohrenheilk. **67**, 1450 (1933). — Otogene endokranielle Er-

774   B. Ostertag: Die Pathologie des neuraxialen Hüllraums.

krankungen. In Bumke-Foersters Handbuch der Neurologie, Bd. X, S. 194. Berlin: Springer 1936.

Cushing, H.: Experiences with the cerebellar medulloblastomas. Ann. Surg. 50, 1002 (1909).

Ecker, A.: Erosion of the anterior clinoid process simulating that due to intrasellar tumor. Arch. of Neur. 59, 523 (1948). — Erdélyi, J.: Schädelveränderungen bei gesteigertem Hirndruck. Fortschr. Röntgenstr. 42, 153 (1930). — Erdheim, J.: Der Gehirnschädel in seiner Beziehung zum Gehirn unter normalen und pathologischen Umständen. Virchows Arch. 301, 763 (1938).

Jacob, H.: Zur Genese und Begutachtung der Pachymeningitis haemorrhagica interna. Zbl. Neurochir. 10, 266 (1950).

Lorenz, R.: Das Verhalten der Sella turcica bei pathologischen endokraniellen Prozessen. Fortschr. Röntgenstr. 72, 20 (1949).

Nassuphis, P.: Über die Arachnoidal- bzw. Hirnhernien im Bereich des Felsenbeines. HNO, Beih. z. Z. Hals- usw. Heilk. 1949, 46, 296.

Ostertag, B.: Über ererbte und erworbene Konstitution vom Standpunkt des Pathologen. Z. menschl. Vererbgs- u. Konstit.lehre 29, 157 (1949). — Ostertag, B., u. K. H. Schiffer: Zur plastischen Umwandlung des Schädelbinnenreliefs und deren Ursachen. Ber. über den Kongr. für Neur. u. Psychiatr. Tübingen 1947, 62. — Der gerichtete Schädelbinnendruck und seine röntgenologische Erfassung. Dtsch. med. Wschr. 1949, 1116.

Prym, P.: Über Gehirnhernien bei Hirndruck. Dtsch. med. Wschr. 1923, 1145.

Schiffer, K. H.: Cerebrale Frühschädigung und Schädelbasisdysplasie. Fortschr. Röntgenstr. 75, 54 (1951).

Tönnis, W.: Anzeigestellung zur operativen Behandlung der Geschwülste im Bereich des Türkensattels. Klin. Mbl. Augenheilk. 114, 1 (1949).

Wiegand, R.: Ausgüsse des knöchernen Canalis opticus im Hinblick auf klinische Ausfallserscheinungen des Sehnerven. Kongr.ber. Dtsch. Ges. für Neurochirurgie 1954. — Gesetzmäßige Formänderungen der (knöchernen Hirnhüllen bei Hirndruck und Schädelmißbildung. Taggs.ber. der Dtsch. Ges. für Neurologie 1954 Würzburg.

Erkrankungen der Dura mater.
(Pachymeningitis haemorrhagica, Pachymeningitis cervicalis hypertrophica.)

Von

N. Gellerstedt†-Upsala.

Mit 31 Abbildungen.

Zur Histologie der Dura mater.

Die normale Feinstruktur der Dura ist ziemlich kompliziert und unterscheidet sich in vielen wichtigen Beziehungen vom Bau der serösen Häute, mit denen die harte Hirnhaut somit nicht vergleichbar ist. — Es kann hier nur auf einige strukturelle Besonderheiten eingegangen werden, die für das Verständnis der in diesem Abschnitt geschilderten Teile der Durapathologie von Bedeutung sein dürften.

An der *inneren Durafläche* findet sich keine zusammenhängende Deckzellenschicht, wie es an den serösen Häuten der Fall ist, dagegen eine sehr fragile, unvollständige, *syncytiale Grenzschicht von duralen Fibroblasten*, die auch an Flächenpräparaten schwer darstellbar sind. Vom Durabindegewebe wird diese Schicht durch eine unmittelbar unter ihr liegende, äußerst dünne, gefensterte Elastinmembran, eine sog. *Elastica interna*, abgegrenzt.

Das spezielle Gefäßsystem der Dura cerebri. Die von einigen Autoren vertretene Auffassung, die Dura sei eine gefäßarme Membran, ist nach den schönen Untersuchungen von R. A. Pfeifer (1930) gänzlich unrichtig. Im Gegenteil zeigt die durale Angioarchitektonik einen so verwickelten und sonderbaren Bau, wie er sonst im Körper kaum vorkommt. — Pfeifer beschreibt in jedem der beiden fibrösen Durablätter eine arterielle und eine venöse Gefäßschicht, die durch eine Unzahl von arteriellen, venösen sowie arteriovenösen Anastomosen miteinander in Verbindung stehen (s. Abb. 1). Die gröberen Gefäße liegen im äußeren Durablatt (A. und V. meningea). Die die Arterienzweige paarweise begleitenden Venen, besonders des inneren Durablattes, sind oft grotesk geformt, mit sinuösen oder varicösen Aussackungen. In der (parietalen) Konvexitätsdura, wo die Vascularisation besonders reichlich erscheint, ziehen zahlreiche Venen innerhalb der Dura nach dem Sinus sagittalis, um in ihn durch kurze, überaus grazil gebaute Stämmchen zu münden. — Ferner nennt Pfeifer 2 Capillarnetze, die schon von Key und Retzius (1875) gut beschrieben worden sind, und die sich teils in der äußersten, teils in der innersten duralen Grenzfläche ausbreiten. Das äußere Netz verbindet sich reichlich einerseits mit den Diploegefäßen, andererseits mit dem im äußeren Durablatt befindlichen Venengeflecht. Das innere, zwischen der Elastica interna und dem fibrösen Duragewebe gelegene Capillarnetz besitzt länglich rhomboide, ziemlich enge Maschen, deren Knotenpunkte ampullenartig erweitert sind. Dadurch, daß mehrere Capillaren zu solchen kleinen Ampullen zusammenfließen, können sternchenförmige Figuren entstehen (Christensen). Der venöse Abfluß von den inneren Capillaren geht durch kurze, schräg verlaufende Stämmchen nach dem etwas tiefer gelegenen Venengeflecht. Christensen betont, daß man im histologischen Querschnittspräparat der Dura nur ganz wenige Capillaren entdecken kann, weil sie hier normalerweise blutleer und total zusammengefallen sind. Nach meinen Beobachtungen bemerkt man auch selten etwas von den Abflußbahnen aus der inneren Capillarschicht. Nur bei Stauungszuständen treten sie blutgefüllt hervor, scheinen aber auch dann nur spärlich bzw. in weiten Abständen vorzukommen. Manche dieser „Venenwurzeln" sind auch bei Stauung auffallend eng. Man hat öfters den Eindruck, daß sie von den Zentralampullchen der obengenannten Capillarsternchen ausgehen (vgl. Abb. 5 und 24).

Hinsichtlich der physiologischen Bedeutung der eigenartigen duralen Gefäßversorgung können wir nur vermuten, daß sie, über die rein nutritive Funktion hinaus, auch anderen, unbekannten Ansprüchen dient. Pfeifer und Christensen messen ihr eine wichtige Rolle als Kreislaufregulator bei veränderten intrakranialen Druckverhältnissen bei.

Eine kurze Besprechung erfordert an dieser Stelle eine kleine Gefäßanomalie, d. h. aberrante kurze Venenanastomosen zwischen Pia- und Duravenen, die also nicht direkt in die Durasinus einmünden. Sie spielen im Schrifttum eine wichtige Rolle bei der Genese von traumatischen Subduralhämatomen. Diese sog. Brückenvenen („bridging veins" der amerikanischen Autoren) wurden schon um 1889 von Mittenzweig in etwa 35% eines normalen Hirnmaterials gefunden. Neuerdings hat sie Leary (3) näher untersucht. Am zahlreichsten sind sie an der Konvexität ausgebildet (Mittenzweig, 30%), am konstantesten jedoch in der mittleren Schädelgrube, ferner oft subtentorial. Die Anastomosen der Konvexität können eine Länge von etwas mehr als 1 cm erreichen und gehen zur Dura 1—4 cm seitlich

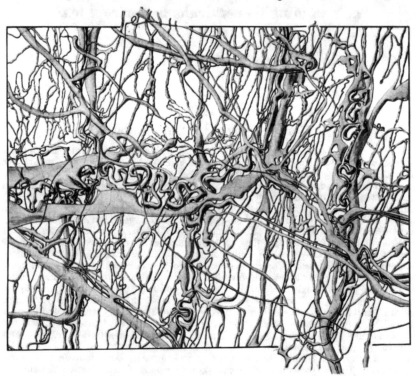

Abb. 1. Cerebrale Dura. Vollständiges Gefäßinjektionspräparat. Ansicht von der epiduralen Seite. Vergrößerung linear 34fach. *A* Arterien; *V* Venen. (Nach Pfeifer: Grundlegende Untersuchungen für die Architektonik des menschlichen Gehirns. Berlin: Springer 1930.)

vom Sagittalsinus, mitunter gruppenweise. Ihr Durchmesser ist etwa 1—2 mm, die Wandung für gewöhnlich sehr dünn und zart, so daß diese Gefäße äußerst fragil erscheinen.

Eine viel erörterte Frage ist, ob der Dura mater ein besonderes Lymphgefäßsystem zukommt. Die erhobenen Befunde sind nicht überzeugend, zum Teil sind es sicher Artefakte (s. bei Nose, Tappi, Jacobi). Die meisten Autoren sind sich nunmehr darüber einig, daß die Dura keine mit Endothel versehenen Lymphgefäße besitzt.

Zur Physiologie des Subduralraumes.

Der capillare Spaltraum zwischen harter und weicher Hirnhaut enthält nur eine ganz geringe Menge klebriger Flüssigkeit, die der capillaren Adhäsion der beiden Hirnhäute dient, was wiederum zum „Aufhängen" des Gehirns in der Schädelkapsel beiträgt. — Nach Konschegg besteht in der Konvexitätsoberfläche infolge der Hirnschwere bei aufrechter Körperhaltung ein negativer Druck, der eine Saugwirkung mit Erweiterung der inneren Duracapillaren ausübt. Homma hält dies jedoch für unwahrscheinlich. — Wie besonders die Cushingsche Schule hervorhebt, sind die Grenzflächen des Subduralraumes aus Material mit verschiedener Histogenese und Morphologie gebildet, wobei die durale Seite rein mesenchymal, die arachnoideale dagegen von Abkömmlingen des Neuroektoderms (Meningoblasten)

bekleidet wird [LEARY (1)]. Die arachnothelialen Elemente nehmen durch ihre auffallende
Fähigkeit zur Proliferation und Phagocytose eine funktionelle Sonderstellung ein. Vielleicht
ist ihre Aufgabe die, das Liquorkanalsystem des Subduralraumes von Schlacken und anderen
corpuscularen Beimengungen zu reinigen. — Daher haben auch die Grenzflächen des Subduralraumes, zumindest die arachnoideale, eine außerordentlich große Bedeutung als Schutz-
wall gegen verschiedene infektiöse und toxische Schädigungen (GELMANN u. a.). Aber auch
bei Heilungs- und Organisationsprozessen, die von den beiden Hirnhautflächen ausgehen,
äußert sich ein funktioneller Unterschied: Schüler von CUSHING konnten experimentell
nachweisen, wie bei einer subduralen, traumatischen Blutung eine Rekonstruktion des
Subduralspaltes durch Organisationsvorgänge lediglich von seiten der Dura bzw. von anderem
Körpergewebe in einem duralen Defekt bewirkt wird, aber nur wenn die Arachnoidea intakt
ist. Ist diese mitgeschädigt, kommt es hier zu einer innigen Verwachsung zwischen beiden
Häuten und der Hirnoberfläche. — Offenbar sind diese Tatsachen von großer Bedeutung
für das Verständnis der Organisationsprozesse bei den subduralen Blutungen (S. 779). —
Über Mechanostruktur und Mechanofunktion der Dura cerebrospinalis siehe ferner bei
BLUNTSCHLI, POPA und v. LANZ.

I. Hämorrhagische Krankheiten der Dura mater und des Subduralraumes.

Einleitung.

Von den aus duralen, pia-duralen und pialen Gefäßen stammenden Blut-
ergüssen interessieren uns in diesem Kapitel hauptsächlich solche von venöser
und capillarer Provenienz. Sie sind auch in neurologischer und chirurgischer
Beziehung oft sehr wichtig, weil sie unter Umständen chronisch bzw. progressiv
verlaufen und dabei eigenartige Krankheitsformen der Dura darstellen, die
manchmal mit glänzendem Erfolg operativ behandelt werden. — Zu dieser
großen Gruppe gehören einerseits Fälle mit zweifellos oder doch sehr wahrscheinlich traumatischer Ätiologie, andererseits Blutungen, die anscheinend aus
unbekannten oder nicht näher bestimmbaren Gründen „spontan" entstehen.
Die letzteren bilden das Hauptthema dieses Kapitels. Da indessen die ätiologische Rolle des Traumas auch in der Diskussion über diese Blutungsformen
noch immer eine wichtige Streitfrage ist, sind die genannten traumatischen
Blutungen hier zweckmäßig zusammen mit den „spontanen" kurz zu besprechen,
wenn auch die ersteren in der Hauptsache anderenorts behandelt werden müssen
(s. das Kapitel von LINK-SCHLEUSSING über die Verletzungen der harten Hirnhaut).

Die seit langem herrschende terminologische Verwirrung hinsichtlich der
„blutenden Duren" hängt offenbar mit den divergenten ätiologischen und pathogenetischen Anschauungen eng zusammen. Die von VIRCHOW um 1856 eingeführte
Bezeichnung *Pachymeningitis haemorrhagica interna* (P. h. i.) gründete sich auf
seine Auffassung des morphologischen Bildes als eines primär entzündlichen,
exsudativen Prozesses. — Der Name *Pachymeningosis haemorrhagica interna*
wurde von ASCHOFF verwendet, um jene Formen der blutenden, inneren Duraaffektionen zu bezeichnen, die solchen mit echt entzündlicher Ätiologie gegenüberstehen. — Die heute besonders von amerikanischer und englischer Seite
allgemein angenommene traumatische Genese führte schließlich zu der Benennung „*chronic subdural hematoma*".

Wie aus dieser Nomenklatur ersichtlich ist, vermischen sich hier Anschauungen, die sich einerseits auf hämorrhagische Prozesse der Dura selbst, andererseits auf traumatische Blutergüsse in den Subduralraum beziehen. Besonders
die Bezeichnung „chronisches Subduralhämatom" und die damit verknüpfte
Annahme der dominierenden Rolle des Traumas für allerlei hämorrhagische
Zustände der Dura und des Subduralraumes haben, wie aus der kürzlich

erschienenen, sehr wichtigen Arbeit von Link hervorgeht, zu vielen falschen Vorstellungen geführt. Nach Link ist nämlich das „chronische Subduralhämatom" oder, richtiger gesagt, das Hämatom der Dura mater (Virchow) meistens nichts anderes als eine besondere Entwicklungsphase der Pachymeningitis haemorrhagica (P. h.).

Demnach muß man vom pathologisch-anatomischen Gesichtspunkt daran festhalten, daß, wie auch von vielen älteren Autoren betont worden ist, alle jene Fälle, bei denen die anatomische Diagnose „primäre Blutung" in den Subduralraum nicht mit dem histologischen Bilde unvereinbar ist, zu *einer Hauptgruppe* mit der Bezeichnung „*subdurale Blutung*" zu vereinigen sind. In diese Gruppe gehören die allermeisten rein traumatischen Fälle, mögen wir im Einzelfall die traumatische Gefäßläsion pathologisch-anatomisch deutlich nachweisen können oder nicht. — Eine *andere Hauptgruppe*, bei der eine traumatische Ätiologie fraglich oder unbekannt, aber die Dura selbst, wenn auch aus unbekannten Gründen, erkrankt ist, wird am besten als „*Pachymeningitis* (oder *Pachymeningosis*) *haemorrhagica*" bezeichnet. Hier entsteht der hämorrhagische Prozeß „sekundär" infolge besonderer Veränderungen in der inneren Duraschicht.

Unter hämorrhagischen Duraaffektionen haben wir nun noch eine kleine, klinisch-neurologisch meist bedeutungslose *Gruppe seltener Fälle* zu erwähnen, wo die pathologische Untersuchung deutliche, in eigentlichem Sinne *krankhafte Zustände bekannter Ätiologie* in der Dura oder in ihrer nächsten Nachbarschaft aufdeckt, die ohne weiteres oder doch höchstwahrscheinlich als die Ursache einer „sekundären" Blutung in oder an der Durainnenfläche gedeutet werden können.

Es ist nicht unsere Absicht, uns hier eingehend mit der geschichtlichen Entwicklung der ätiologischen und pathogenetischen Anschauungen über das Problem der P. h. bzw. des „chronischen Subduralhämatoms" zu beschäftigen. Diese Fragen haben seit den ersten diesbezüglichen Arbeiten von Virchow eine schon längst fast unüberblickbare Literatur hervorgerufen. Das anatomische Vollbild der Krankheit war schon um die Mitte des 17. Jahrhunderts bekannt. Hanke hat in seiner Monographie (1939) einen vortrefflichen historischen Überblick geliefert, auf den hier vor allem verwiesen wird.

Da das Trauma im Schrifttum, wie gesagt, ein fundamentales Diskussionsthema in der ätiologischen Beurteilung der hämorrhagischen Prozesse im Duragebiet geworden ist und zu großer Uneinigkeit der Autoren geführt hat, soll hier zunächst einiges über die echt traumatischen subduralen Blutergüsse gesagt werden. Zum Teil dürften die genannten Meinungsverschiedenheiten darauf beruhen, daß das Untersuchungsmaterial der Autoren entweder zu klein oder zu „unrein" gewesen ist, um sichere Schlüsse zu erlauben. Andererseits scheint die terminologische Verwirrung daran schuld zu sein, daß der eine Autor mit den gleichen Bezeichnungen nicht dasselbe meint wie der andere. Manche Verfasser gehen von einem klinischen bzw. chirurgischen Untersuchungsgut aus, andere von einem Sektionsmaterial, wobei bald auf das Vollbild des Prozesses, bald auf seinen Verlauf, bald auf seine Initialphase usw. das Hauptgewicht gelegt wird. Schließlich haben die Tierversuche zum Teil widersprechende Ergebnisse geliefert.

A. Die (traumatische) subdurale Blutung.

Unsere Kenntnisse über die Entstehungsweise sowie über das Schicksal traumatisch entstandener Blutergüsse in den Subduralraum stammen hauptsächlich von Neurochirurgen und Experimentalpathologen. Das diesbezügliche klinische Untersuchungsmaterial enthält in erster Linie Unglücksfälle, die ein meist schweres Schädeltrauma kürzere oder längere Zeit überlebten. Der Bluterguß ist hier in verschiedener Weise mit Schädelfraktur, Zerreißung der Hirnhäute oder Hirnkontusionen verbunden, wobei die Blutungsquelle natürlich leicht verständlich erscheint. In anderen Fällen ohne solche schwere Verletzungen handelt es sich um Abreißen von sog. Brückenvenen, d. h. kurzen piaduralen Gefäßstrecken, die den Subduralraum mehr oder weniger schräg durchqueren, und die infolge ihrer sehr dünnen Wand auch bei mäßigem Schädeltrauma leicht einreißen.

Zweitens liegen Beobachtungen vor über das Verhalten meist kleinerer oder dünnerer subduraler Blutungen nach operativen Eingriffen am Schädelinhalt (BOECKMANN). — Schließlich kommen Tierexperimente in Betracht, wobei man entweder versucht hat, durch äußere Kopftraumen subdurale Hämatome hervorzurufen oder durch in den Subduralraum injiziertes Blut solche künstlich zu erzeugen, um sodann ihre Weiterentwicklung studieren zu können (SPERLING, VAN VLEUTEN; MARIE, ROUSSY und LAROCHE; PUTNAM und PUTNAM; ZEHNDER usw.).

Die Erfahrungen nach Hirnoperationen sowie auch die tierexperimentellen Ergebnisse haben nun im allgemeinen gelehrt, daß solche Blutergüsse in den Subduralspalt zu *regressiver Umwandlung*, Organisation und Ausheilung neigen, und daß diese Prozesse um so rascher und vollständiger eintreten, je dünner die anfängliche Blutung gewesen ist. — Hier ist indes noch eine wichtige Beobachtung von ERNA CHRISTENSEN anzuführen. Sie machte subdurale Blutinjektionen beim Hund und fand, daß das deponierte Blut, wie oben erwähnt, ziemlich bald organisiert und resorbiert wurde. Wenn sie aber den Sinus longitudinalis mit einem Faden umschnürte und verengerte, verlief die Organisation und Aufsaugung des künstlichen Hämatoms viel langsamer, so daß die Blutmasse noch 3—4 Wochen nach der Operation vorhanden war, nun aber deutlich durch zellreiches Organisationsgewebe auch hirnwärts abgekapselt erschien. Im Hämatom, das mehr oder weniger zerfallen war, fanden sich zahlreiche große, leere oder blutgefüllte Hohlräume. Die Capillaren des Organisationsgewebes sowie der Durainnenfläche auch außerhalb des Hämatomgebietes waren stark erweitert und an letzterem Orte zudem stellenweise proliferiert. CHRISTENSEN betont, daß die Verzögerung des Organisationsprozesses zweifellos auf der durch die Sinusunterbindung hervorgerufenen Stauung, besonders der inneren Duracapillaren, beruhte, wodurch die Resorption seitens der Dura erschwert worden sei. Das histologische Bild des so erzeugten experimentellen Hämatoms gleicht nach CHRISTENSEN vollkommen demjenigen des chronischen Subduralhämatoms bei Menschen.

Die Schwierigkeiten beginnen aber erst recht mit der Beurteilung der Befunde in Fällen, wo sich das betreffende Hämatom bei Menschen kürzere oder längere Zeit nach einem Kopftrauma entwickelt hat. Solche chirurgische und autoptische Beobachtungen liefert die Literatur in überaus großer Menge.

Abgesehen von Fällen mit schwerer Verletzung des Schädelinhalts kommt als Ursache der subduralen Blutung besonders bei mäßigem oder geringfügigem Schädeltrauma, wie gesagt, die Ruptur von sog. Brückenvenen in Betracht (TROTTER). Solche abgerissene anomale, pia-durale Anastomosen sind angeblich entweder bei Operation oder bei Sektion von einigen Autoren gefunden worden [KEEGAN, LEARY (2, 3), RAND, MUNRO (1), GRANT (2)]. — LEARY (3), der in rezenten „Stadien" des „chronischen Subduralhämatoms" die aktuelle Rupturstelle solcher Brückenvenen in 12 Fällen, aber nie eine Ruptur der Venae propriae der Dura, nachgewiesen zu haben meint, betont, daß jene fragilen Anastomosen dazu neigen, an ihrer arachnoidealen Befestigungsstelle zu reißen, und daß sich hier manchmal eine kleinere Subarachnoidealblutung findet, die zutage tritt, wenn man das Hämatom entfernt hat.

Unter den bunten anatomischen Blutungsbefunden nach angeblichem Kopftrauma kommen hauptsächlich 3 raumbeengende Typen vor, die aber in verschiedener Weise gedeutet worden sind. Es sind dies 1. der anscheinend frei im Subduralraum liegende, flüssige oder koagulierte Bluterguß, 2. der abgekapselte Blutsack, d. h. das „chronische Subduralhämatom" der Autoren, dessen Inhalt mehr oder weniger verflüssigt erscheint, und 3. das lamellierte Hämatom, das zwischen aus „Organisationsgewebe" gebildeten, blutpigmentreichen

„Neomembranen" frischere oder zerfallende Blutmassen enthält. Dazu kommen noch gewisse Endzustände der verschiedenen Typen.

Besonders das „chronische Subduralhämatom" in Form eines Blutsackes wird heute von den allermeisten Autoren als traumatisch ausgelöst gedeutet; doch ist zu bemerken, daß dieser Typus manchmal auch ohne bekanntes Kopftrauma vorkommen kann. Letzteres trifft offenbar auch für das lamellierte Hämatom zu, das bald als traumatisch, bald als für die P. h. i. charakteristisch angesehen wird.

Vielfach wird in der Literatur der chronische Entwicklungsgang des „Subduralhämatoms" geschildert (LEARY, MUNRO, PUTNAM, GARDNER u. a.). LEARY unterscheidet 4 Organisationsphasen, die schließlich zum bekannten Blutsack führen sollen. Die Organisation beginne (MUNRO) etwa vom 2. Tage post trauma an mit einer leichten Wucherung der fixen Gewebezellen in der Durainnenfläche. Diese Wucherung bilde die Unterlage der duralen „Neomembran" und trete schon am 8. Tage als mehrschichtiges Zellager hervor. Am 11. Tage beginne das Einwachsen dünner Fibroblastenzüge in die Hämatombasis. Erst nach etwa 20 Tagen post trauma seien die vielfach besprochenen sog. Riesencapillaren in der duralen Hämatombasis ausgebildet. Von der 2. Woche an schiebe sich das Organisationsgewebe über die Hämatomränder auf die innere (cerebrale) Hämatomoberfläche, die dadurch bald völlig gedeckt werde. Gleichzeitig mit dieser organisatorischen Umkapselung trete im Hämatominneren eine Verflüssigung des früher geronnenen Blutes ein, was das Bild des Blutsackes vervollständige. Etwa nach einem Monat post trauma erfolge aber allmählich eine regressive Umwandlung des Hämatomkapselgewebes, das immer zellärmer und fibröser erscheine, so daß nach einem Jahre die „Neomembran" duraähnlich aussehe. Der Sackinhalt werde immer dünnflüssiger und durch Resorption des Blutfarbstoffs allmählich hellbraun, gelblich, wäßrig. Bei dem geschilderten Hämatomtypus kämen gewöhnlich keine erneuten Blutungen in die Hämatomkapsel und keine auffallende Mehrschichtung derselben vor. Wenn die weiche Hirnhaut beim Trauma unverletzt geblieben ist, geht nach den meisten Autoren die Hämatomorganisation immer nur von der Durainnenfläche aus. Höchstens sei in einigen Fällen die Arachnoidea und das angrenzende Hirngewebe unter dem Hämatom gelblich verfärbt.

Es ist an sich gut verständlich, daß die Befunde solcher Blutsäcke bei Sektionen die Autoren veranlaßt haben, den Organisationsvorgang als einen chronisch verlaufenden und *subduralen* Prozeß anzusehen, letzteres besonders auch deswegen, weil der Blutsack eine so lockere Verbindung mit der Dura zeigt, daß er manchmal beim Abziehen derselben sogar aus dem Subduralraum herauszufallen scheint. — Jedoch haben sich in den letzten Jahren Stimmen hören lassen, daß solche cystische Hämatome nur scheinbar im Subduralraum, in Wirklichkeit aber *intradural* entstehen.

Um in all dieser Verwirrung einige Klarheit zu schaffen, ist LINK im Jahre 1945 darangegangen, das Problem des „chronischen Subduralhämatoms" und sein Verhältnis einerseits zum Trauma, andererseits zur P. h. i. nochmals zu überprüfen.

Das überaus große Untersuchungsmaterial von LINK, nicht weniger als 941 Sektionsfälle mit einer unteren Altersgrenze von 16 und einer oberen von 93 Jahren, sowie die klinische Berücksichtigung und genaue anatomische Analyse eines jeden Falles haben seinen Schlüssen ein Gewicht und eine Bedeutsamkeit verliehen wie niemals früher in dieser Frage. Dazu trägt noch bei, daß LINK sein Material in große Vergleichsgruppen eingeteilt hat, die eine bessere Beurteilung der pathogenetischen Vorgänge und der anatomischen Formen zulassen.

Die erste Untersuchungsreihe von LINK umfaßt Fälle mit überwiegend stumpfer Gewalteinwirkung auf den Schädel, die zu einem Bluterguß in den Subduralraum (subdurale Blutung), ausnahmsweise in das Duragewebe (intradurale Blutung) führte. — Die zweite Untersuchungsreihe entspricht der P. h. und dem Hämatom der Dura mater. Diese Hauptgruppe, wo sich die Blutung intradural und sekundär nach „pachymeningitischen" Veränderungen im inneren Durablatt entwickelt, wird in eine Untergruppe *ohne* und in eine zweite Untergruppe *mit* Trauma in der Vorgeschichte aufgeteilt.

Es soll hier nur auszugsweise über die Schlüsse berichtet werden, zu denen LINK in seiner *ersten Untersuchungsreihe* gekommen ist. — Sie beziehen sich auf 271 Fälle:

Die *subdurale Blutung* (in LINKS Sinne) kommt bei in der Regel *schwerem Schädeltrauma* von grob verletzten Stellen, vornehmlich der weichen Häute sowie der Hirnsubstanz. Die Bedeutung abgerissener Brückenvenen als gewöhnlicher Blutungsquelle ist nach LINK in der Literatur stark überschätzt worden. — Das 3. und 6. Dezennium sind nach ihm bevorzugt.

Der *Sitz* der subduralen Blutung hängt von ihrer Quelle, nicht vom Ort der Gewalteinwirkung ab. Basis und Konvexität sind meist gleichzeitig befallen. Nur in 9,2% wurde die Blutung allein an der Konvexität beobachtet.

Daß die subdurale Blutung die *alleinige Todesursache* war, wurde nur in 1,2% der Fälle festgestellt. In nur 4% des Materials war die Blutung als raumbeengend zu bezeichnen und daher klinisch bedeutsam.

Die Blutung in den Subduralraum fällt einem *Organisationsprozeß* anheim, der sich prinzipiell genau so abspielt, wie anderswo im Körper eine Blutmasse organisiert wird. Dies geschieht seitens der Dura sowie gelegentlich auch von den weichen Häuten, falls diese zerfetzt worden sind.

Die *Endergebnisse des Organisationsvorgangs* lassen 3 morphologische Typen unterscheiden, je nachdem die ursprüngliche Blutung sehr dünn, mäßig oder voluminös war. Ganz dünne Ergüsse können ohne Organisat, nur mit zurückbleibenden Pigmentflecken der Dura resorbiert werden. Etwas dickere hinterlassen an der Durainnenseite eine mehr oder weniger pigmentierte, fibröse Neomembran bzw. eine „Schwarte". Nach größeren Blutungen entwickelt sich eine dickere „Blutschwarte", d. h. ein Organisat, das in wechselnder Menge unresorbierte, zerfallene Blutreste und Fibrin enthält.

Nie geht aus einer subduralen Blutung ein sich progressiv entwickelnder Blutsack hervor. Anders lautende Angaben im Schrifttum beruhen nach LINK auf einer Verwechslung mit dem Hämatom der Dura mater, bei dem ein Trauma nur eine akzidentelle Rolle spielt. Auch eine P. h. entsteht nicht als Folge einer traumatischen subduralen Blutung.

Außerdem fand LINK schon frühzeitig und als differentialdiagnostisches Merkmal für subdurale Blutung eine oft erhebliche Blutpigmentspeicherung sowohl in den weichen Häuten als auch in Glia- und Gefäßwandzellen des angrenzenden Hirngewebes.

Im großen und ganzen stimmen die Beobachtungen von LINK ziemlich gut mit den Resultaten früher ausgeführter Tierexperimente überein, bei denen durch Kopftrauma, Injektion von Blut, Bakterien, chemisch-toxisch reizenden Substanzen u. dgl. subdurale Blutungen erzeugt werden konnten [s. auch KREMIANSKY, BARRAT, ROTH (ältere Literatur), WOLFF, KABUKI, PAMPARI u. a.]. Dieselbe Übereinstimmung besteht auch mit der Erfahrung beim Menschen hinsichtlich postoperativer Subduralblutungen sowie mit solchen schweren traumatischen Fällen des Schrifttums, wo der subdurale Bluterguß von grob verletzten Stellen der Hirnhäute bzw. der Hirnoberfläche gekommen war. Um es also nochmals zu sagen: *Subdurale Blutungen verschiedenster Genese entwickeln sich nie progressiv durch Hinzukommen von neuen (spontanen) Blutungsschüben und deren Organisation, sondern neigen von Anfang an zu regressiver Umwandlung und Ausheilung*, wie dies schon um die letzte Jahrhundertwende von JORES und LAURENT sowie neuerdings auch von VORIS, OLDBERG, PUTNAM, MUNRO und SUTER betont worden ist.

Ein paar Kommentare dürften noch angebracht sein. — Man hat im Schrifttum oft versucht, histologische Merkmale anzugeben, die für das „traumatische Subduralhämatom" besonders typisch seien. So beschrieben PUTNAM und CUSHING die später vielfach diskutierten „mesothelial lined spaces" im sich organisierenden Hämatom, in welche die sog. Riesencapillaren der duranahen Neomembran unter Umständen einmünden könnten. Dadurch entstehe ein kompliziertes Blutseensystem, das den venösen Abfluß aus der Neomembran noch mehr erschwere. PUTNAM fand diese Spatien dort, wo „pockets" aus Serum, Zellen oder Luft (?) von Fibrin umschlossen waren, welch letzteres dann organisiert werde. Solche fibrinöse Maschen und Leitfäden für die folgende Fibroblastensprossung (SPERLING, PAMPARI) sind also das Wandgerüst der genannten Spatien. C. HENSCHEN hält diese Strukturen für reparative Parzellierungen des Hämatoms durch Wucherungen von arachnoidealen Meningocyteneinschlüssen der Dura (M. B. SCHMIDT, RÖSSLE, FAHR), was meines Erachtens wenig einleuchtend erscheint. Da diese Löcher oder Spatien von späteren Untersuchern

sowohl in experimentellen als auch in menschlichen „Subduralhämatomen" traumatischer
oder spontaner Genese gefunden wurden und überhaupt bei unvollständiger Organisation
größerer, abgeschlossener Blutmassen anderswo im Körper, z. B. in dicken roten Thromben,
Hämatocelen usw., oft vorkommen [es hängt nur davon ab, welches Entwicklungsstadium
man untersucht (Christensen)], dürfte den Spatien Putnams nunmehr keine pathogno-
monische Bedeutung beigemessen werden. Nach Link ist ihre Entstehung schlechthin
als Folge der Autolyse des Gerinnsels zu deuten, meines Erachtens stehen sie vielleicht in
Zusammenhang mit der Koagelretraktion und Abscheidung von Fibrin und Serum in der
Blutmasse.

Learys früher erwähnte Beschreibung verschiedener Organisationsphasen des „chronischen Subduralhämatoms", deren Endergebnis der typische Blutsack sein soll, wird von

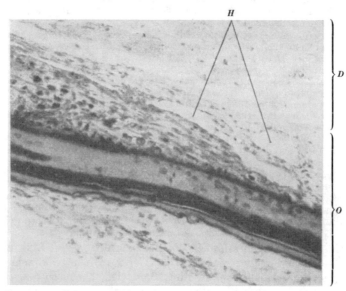

Abb. 2. Drei Wochen alte traumatische Subduralblutung. Weitgehend fibrillär ausgereiftes Organisat. Zellig
eingeschlossene, mit ausgelaugtem Blutfarbstoff durchtränkte, nekrotische Blutmasse. Duranahe spaltförmige
Hohlräume. *D* Dura; *O* Organisat; *H* spaltförmige leere Hohlräume mit zum Teil fibrocytenbegrenzter Wandung.
[Bild mit Bezeichnungen aus der Arbeit von Link: Veröff. Konstit. u. Wehrpath. 12, H. 4 (1945).]

Link energisch abgelehnt, der meint, daß Leary, und andere mit ihm, hier das traumatische
echte Subduralhämatom mit dem zur P. h. gehörenden Hämatom der Dura verwechselt
haben. — Daß indessen auch subdurale Blutergüsse wenigstens bei dickerem Format eine
Art organisatorischer Umkapselung erkennen lassen (Abb. 2), zeigen ganz deutlich sowohl
Tierexperimente von Christensen als auch Links eigene Schilderung des Organisationsvorgangs solcher Hämatome (S. 26; Abb. 2, 5 und 6 seiner Arbeit). Link sagt aber hierüber:
„Durch diese mögliche zellige Einschließung des Gerinnsels treten Bilder auf, die den Eindruck erwecken, als ob es hier zu sackartiger Abschließung desselben im Sinne eines ‚chronischen Subduralhämatoms' kommen würde. Die stadienmäßige Verfolgung dieser Vorgänge
zeigt jedoch, daß es sich hier um vorübergehende Erscheinungen im Zuge einer sich später
diffus ausbreitenden zelligen Durchsetzung des Gerinnsels handelt, deren Ergebnis die Neomembran und die ‚Schwarte' sind." — Auch bei Berücksichtigung der Linkschen Auffassung
scheint meines Erachtens die Möglichkeit nicht ausgeschlossen, daß Leary, wenigstens in
einigen seiner traumatischen Fälle, doch sackförmige Organisationsphasen echter subduraler
Blutungen vor sich gehabt hat. Übrigens dürfte im Einzelfall die anatomische Unterscheidung
gewisser Entwicklungsstufen bei subduraler Blutung einerseits und bei P. h. andererseits
unter Umständen recht schwierig sein (Jores, Rössle, Wegelin u. a.), wie auch Link
selbst zugibt, obwohl sich nach ihm solche Schwierigkeiten meistens eliminieren lassen,
wenn bei der Ausführung der Untersuchung bestimmte Voraussetzungen erfüllt sind. Dazu
gehören: 1. die Prüfung geeigneter Stellen des Untersuchungsobjekts, 2. die Anwendung
bestimmter Färbemethoden, 3. die Untersuchung des gleichen Präparats in zwei zueinander
senkrechten Schnitten, 4. die Untersuchung der angrenzenden Gehirnsubstanz einschließlich
der weichen Häute.

B. Pachymeningitis haemorrhagica und ihre Variante: Haematoma durae matris (VIRCHOW).

[Synonyma: Pachymeningitis haemorrhagica interna (VIRCHOW); Pachymeningosis haemorrhagica interna (ASCHOFF, C. HENSCHEN); Pachymeningitis haemorrhagica interna spontanea seu idiopathica; „chronisches Subduralhämatom"[1].]

Wir haben bereits erwähnt, wie verschieden die Autoren hämorrhagische Vorgänge im Subduralraum bzw. in der Dura beurteilt haben. Die entschiedensten Anhänger der traumatischen Genese wollten schließlich fast alles, was hier „hämorrhagisch" aussah, als traumatisch bedingt auffassen. Andere heben die Sonderstellung einer P. h. hervor, rechnen jedoch damit, daß letztere unter Umständen auch traumatisch entstehen kann. Noch andere Autoren betonen den strengen Unterschied zwischen traumatischen Blutungen und der P. h., die miteinander nichts zu tun hätten.

LINK hat nun diesen Unterschied klar und eingehend dargestellt. Während die subduralen Blutungen von der Durainnenfläche organisiert werden und regressiv verlaufen, ist die P. h. ein duraler Krankheitsprozeß *sui generis* mit Tendenz zu progressiver Entwicklung, wobei die wesentliche Ursache der Progressivität in bestimmten primären Veränderungen des inneren Durablattes zu suchen ist, die zu flächenhaften, typisch wiederholten geschichteten *intraduralen* Blutungen bzw. umfangreichen Hämatomen (Blutsäcken) führen können. Die Krankheit erhält ihre klinische Bedeutung durch allmählich raumbeengende Wirkung des hämorrhagischen Prozesses, was allerdings nicht die Regel ist, sondern im großen und ganzen relativ selten vorzukommen scheint. Somit sind die meisten Fälle der P. h., die an sich ziemlich häufig auftritt, nur zufällige Autopsiebefunde. — Das Fortschreiten der Krankheit ist unter Umständen jedoch kein unbegrenztes im Sinne einer dauernden hämorrhagischen Tendenz, denn ab und zu wird man inveterierten oder Endzuständen begegnen, die sich indessen morphologisch meist von denen unterscheiden, welche nach subduralen Blutungen beobachtet werden. Solche Endzustände, auch voluminöseren Umfangs, können sich über Jahrzehnte entweder mit dauernden Beschwerden oder angeblich ohne Symptome erstrecken.

1. Pathogenetische und ätiologische Fragen.

In der zweiten Hälfte des vorigen Jahrhunderts, seitdem VIRCHOW (1857) den Begriff der P. h. i. entwickelt und den Vorgang als Resultat einer fibrinös-hämorrhagischen Exsudation an der Durainnenfläche mit Neomembranbildung durch Organisation des Exsudats und der wiederholten Blutungen gedeutet hatte, herrschten bis zur Jahrhundertwende zwei Hauptanschauungen über die Pathogenese der P. h. i. vor: *1. Entzündung mit sekundärer Blutung* + Organisation. *2. Primäre Blutung* + Organisation. — KREMIANSKY (1868) und HUGUENIN (1876) vertraten etwas modifizierte Auffassungen. KREMIANSKY kam auf Grund klinischer und experimenteller Beobachtungen über die ätiologische Bedeutung des Alkoholismus zu dem Schluß, daß der Alkohol einen arteriellen Afflux und in der inneren Duraschicht eine hyperplastisch-entzündliche Proliferation von „Epithel"- und Bindegewebszellen verursache, die, unterstützt von der capillaren Hyperämie, zur Membranbildung führe. — HUGUENIN dagegen meinte, daß eine venöse Stauung der Duragefäße den Anlaß zu Blutungen ohne Entzündung gebe, was durch Organisation die Unterlage für die Membranen bilde.

---

[1] Wahrscheinlich die meisten der so bezeichneten Literaturfälle gehören hierher.

Um die Jahrhundertwende vertieften dann Jores und seine Schüler Laurent und van Vleuten die Kenntnis von der rätselhaften Genese der Krankheit. Während der letztgenannte, wie früher erwähnt, gezeigt hatte, daß experimentelle Subduralblutungen („traumatische P. h. i.") immer regressiv verlaufen, untersuchten Jores und Laurent die Frühstadien der spontanen P. h. i. vor allem mit Hilfe von Flächenpräparaten. Solche abgezogene pachymeningitische Häutchen wiesen großen Gefäßreichtum, kleine Blutungen, Lymphocyten und Pigmentzellen auf, dagegen nur selten Fibrin. Außerdem fanden sie die inneren Duraschichten aufgelockert, gefäßreich und von perivasculären Rundzelleninfiltraten durchsetzt. Die spontane P. h. i. sei demnach ein entzündlicher Vorgang, der sich in der inneren Capillarschicht abspiele und die Capillaren zu Wucherung reize. — Die drei Autoren betonen den scharfen Unterschied zwischen der „traumatischen und der spontanen P. h. i." (vgl. Kremiansky, Rindfleisch u. a., die schon früher von produktiver Entzündung mit capillarer Hyperämie in der Durainnenfläche gesprochen hatten).

Die Joressche Lehre wurde bald danach von Melnikow-Raswedenkow scharf kritisiert, der, von den besonderen anatomischen Verhältnissen der inneren Duraschicht ausgehend, die pachymeningitische Membran für das Produkt eines entzündlichen fibrinösen Exsudats hielt, das sich innerhalb der Elastica interna entwickele, und dem eine Schwellung und Wucherung des Duraendothels vorangehe. In die Fibrinmasse schössen dann durch die Maschen der Elastica Gefäßsprossen von der gleichzeitig hyperämischen inneren Capillarschicht zur Organisation des Fibrins ein. Besonders im höheren Alter aber hypertrophiere die Elastica, wodurch ihre Lücken enger und die in ihnen befindlichen Gefäße eingeschnürt würden. Der auf diese Weise erschwerte Blutabfluß aus der Membran führe sodann leicht zu Blutungen. Für den progressiven Verlauf der Krankheit müßten indessen noch toxämische Faktoren hinzukommen.

In einer späteren Arbeit haben Jores und Laurent ihre Auffassung ausgebaut, indem sie drei Formen von hämorrhagischen Vorgängen beschreiben, die früher gemeinsam als P. h. i. bezeichnet wurden: 1. *Primäre subdurale Blutung*, die auf gewöhnliche Weise organisiert wird und eine fibröse Neomembran bzw. eine fibröse Duraverdickung als Endergebnis liefert. 2. *Primäre fibrinöse oder fibrinös-hämorrhagische Exsudation* an der Durainnenfläche mit demselben regressiven Verlauf wie oben. 3. *Primäre Wucherung der inneren Duracapillaren mit Ausbildung sehr gefäßreicher Membranen an der Durainnenseite.* Aus den erweiterten Gefäßen entstehen Diapedeseblutungen, gelegentlich auch eine fibrinöse Exsudation. Der Vorgang ist hier aber progressiv infolge immer erneuter Blutungen. Durch Organisation der letzteren können jedoch auch gefäßarme, derbe Membranen entstehen, die denen nach primärer Subduralblutung ähnlich sind.

In der Folgezeit gewann die Joressche Lehre viele Anhänger, besonders in Deutschland und in den letzten Jahren auch unter Schweizer Pathologen, wie v. Albertini, Walthard und Suter, die gleich Jores und seinen Schülern auf die Untersuchung von Flächenpräparaten in Frühstadien der Krankheit Gewicht legen. Die amerikanischen und englischen Autoren, die im allgemeinen das Vollbild des „chronischen Subduralhämatoms" studierten, haben diese wichtige Untersuchung der Initialphasen überhaupt kaum berücksichtigt und sind wohl deshalb den primären genetischen Vorgängen nicht nähergekommen.

Auf eigenartige reine Capillarenwucherungen an der Durainnenfläche ohne Blutungen Pigmentzellen oder Entzündung haben seinerzeit schon Rössle und Fahr aufmerksam gemacht, die der *Pachymeningitis vasculosa* von Orth entsprechen sollen. — Wahrscheinlich solchen Gefäßwucherungen analog sind die von Heilmann beschriebenen angiomähnlichen „*Gefäßhamartien*" oder „*Teleangiektasien*" (vgl. v. Albertini), die Heilmann in 2—3% aller wahllos untersuchten Duren fand. Aus solchen „Hamartien" läßt Heilmann die P. h. i. dadurch entstehen, daß, wie er annimmt, durch Trauma oder infektiös-toxische Faktoren die äußerst dünnen Teleangiektasien leicht zu Blutungen führen, deren Organisate den teleangiektatischen Charakter der Gefäße wiederholen oder beibehalten und so die Progressivität der P. h. i. bedingen sollen.

Dagegen meint HOMPESCH, daß die ,,Gefäßhamartien" von HEILMANN nur ein Ausdruck dafür seien, daß die Dura eine so komplizierte und eigenartige Gefäßversorgung hat. Sie seien an sich kaum die Ursache einer P. h. i., aber unter Umständen könne es durch Hinzutreten eines Wachstumsfaktors zu geschwulstartiger Fehlbildung der Duragefäße kommen. Nach HOMPESCH ist die P. h. i. ein flächenhaft ausgebreitetes *kavernöses Hämangiom* der Durainnenseite mit Tendenz zu Blutungen ohne Entzündung. — Diese originellen Auffassungen von HEILMANN und HOMPESCH haben wenig Zustimmung gefunden, obwohl man, wie auch LINK sagt, wegen des mitunter enormen Reichtums dichtliegender erweiterter Gefäße in gewissen Stadien oder Formen der P. h. sogar den Eindruck eines kavernösen Gewebes hat (s. S. 811).

Die Bedeutung einer ,,primären" Gefäßschädigung für die Pathogenese der P. h. i. wird besonders von pädiatrischer Seite hervorgehoben. Die an sich größere Fragilität kindlicher Gefäße könne durch verschiedene Noxen gesteigert werden, oder es handele sich um Permeabilitätsstörungen. Es käme hier weniger eine infektiös-toxische Ursache in Frage, als vielmehr Ernährungsschäden bzw. Avitaminosen, vor allem Vitamin P = Citrin (KOHL) und Vitamin B_1 (SUTER). Die günstige Wirkung von Citrin ist nach SUTER jedoch nur eine symptomatische und durch seine hämostyptische Eigenschaft bedingt. — Die Capillarenwucherung bei P. h. i. läßt sich nach SUTER als Folge eines B_1-Mangels erklären, wofür sowohl seine Rattenversuche als auch viele Beispiele der Pathologie für vasale Wucherungs-vorgänge bei verschiedenen B_1-Mangelkrankheiten sprechen sollen (s. S. 790). — Im allgemeinen halten die modernen Kinderärzte die P. h. i. der Kleinkinder für eine toxisch-avitaminotische Krankheit (CATEL).

Die *traumatische Genese* der P. h. und des ,,chronischen Subduralhämatoms" wurde, wie früher erwähnt, besonders in Amerika verfochten und nach den Arbeiten von PUTNAM und CUSHING (1925) in den Vordergrund gestellt. Vor allem trat dabei auch das ,,chronische Subduralhämatom" und dessen allmähliche Volumenzunahme als Erklärung der eigenartigen freien posttraumatischen Intervalle in das Zentrum des Problems. Die diesbezüglichen interessanten Untersuchungen wollen wir in einem späteren Zusammenhang besprechen.

Die allermeisten Autoren, die sich früher mit der Genese und der pathologischen Anatomie der spontanen und ,,traumatischen" P. h. i. bzw. des ,,chronischen Subduralhämatoms" beschäftigt haben, lassen den hämorrhagischen Prozeß entweder primär *im Subduralraum* entstehen oder betrachten die hämorrhagisch-organisatorischen Produkte einer P. h. i. als ,,neomembranöse" Auflagerungen *auf der Durainnenfläche*. In beiden Fällen spiele sich also der Vorgang wenigstens in seiner vollen Entwicklung hauptsächlich *subdural* ab.

Im Laufe der Zeit wurden aber auch Stimmen laut, die von einer *intraduralen* Entstehung und Lage der Krankheit sprachen. Die diesbezügliche Meinung von HANNAH und KAUMP und LOVE ist vielfach zitiert, aber auch oft kritisiert worden. Auf eine ähnliche Möglichkeit für die Entwicklung intramuraler Durahämatome in gewissen Fällen wird auch von VOLANTE, MORSIER, BAKER, KALBFLEISCH sowie GROFF und GRANT hingewiesen. Neuerdings hat v. ALBERTINI entschieden diese Entstehungsweise betont. Durch *Trauma* allein können, wie auch die von HANNAH angestellten Versuche mit intraduraler Blutinjektion zeigen, nur kleine belanglose Hämatome solcher Art erzeugt werden. Ein größeres intradurales Hämatom, das die innere Gefäß-Elasticaschicht zusammenhängend ablöst, müßte aber nach LEARY das Bersten dieser äußerst zarten Schicht herbeiführen. Eine solche Ruptur mit sekundärer subduraler Blutung ist angeblich im Fall von KALBFLEISCH erfolgt. — Obwohl bis dahin sehr wenig über *spontane* Entstehung intraduraler Blutungen mit progressivem Verlauf bekannt war, wurde von einigen der genannten Autoren das Vorkommen von ganz frischen ,,subduralen" Hämatomen erwähnt, die trotzdem hirnwärts von einer gut ausgebildeten gefäß-haltigen Bindegewebsmembran abgegrenzt waren. Solche Befunde sind als Beweise für eine intradurale Hämatomgenese angeführt worden.

HANNAH beschreibt 3 Typen intraduraler Blutung. Bei der 1. Form zeige die Dura keinerlei reaktive Veränderungen. Bei der 2. komme es als Reaktion des Hämatoms zur Ausbildung einer auf der innersten fibrösen Duraschicht gelegenen falschen subduralen

Membran aus gewucherten Endothelzellen. Die Membran stehe also nicht in unmittelbarem Kontakt mit dem etwas tiefer gelegenen Hämatom. Der 3. und häufigste Typus entwickele sich in einer „neugebildeten", außerhalb der innersten fibrösen Duranebenschicht befindlichen Membran, welche die Blutung sackförmig umgebe. Die äußere Membranwand zeige Gefäßreichtum und Bindegewebe von progressivem Typus, die innere Wand sei gefäßlos und das Bindegewebe zellreich. — Die letztgenannten Befunde von Hannah sind nicht ohne Bedeutung, weil sie in gewisser Hinsicht den Beobachtungen von Link nahekommen.

Link tritt nun, wie eingangs erwähnt wurde, entschieden für *die intradurale Genese der P. h. und des Durahämatoms* ein. Seine ausgiebigen mikroskopischen Untersuchungen besonders von initialen und „präinitialen" Stadien der Krankheit haben zum Teil neue und interessante histologische Einzelheiten ergeben.

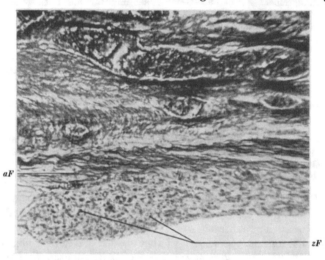

Abb. 3. Unkomplizierte Pachymeningitis haemorrhagica. Bindegewebsdegeneration im oberflächlichen Abschnitt der inneren Duraschicht. *aF* Aufgelockerte Fasern; *zF* schollig zerfallende Fasern. Perdrau-Färbung. [Bild mit Bezeichnungen aus der Arbeit von Link: Veröff. Konstit.- u. Wehrpath. **12**, H. 4 1945).]

Gleich v. Albertini geht er von der Joresschen Lehre aus und stellt die Capillarwucherungen der inneren Duraschicht in den Vordergrund des hämorrhagischen Vorgangs. Daneben zeigt nach Link die innere Duraschicht auch andere *Veränderungen, die zum Teil der Capillarenwucherung vorangehen.* Er unterscheidet somit folgende frühzeitige Vorgänge:

1. **Degenerative Alterationen** des Bindegewebes und seiner Zellen. Letztere zeigen Pyknose und karyorrhektischen Zerfall, ersteres erscheint ungleichmäßig, manchmal schichtweise aufgesplittert oder hyalin verquollen, oft stark vermehrt und stellenweise kleinschollig zerfallen. Starke Veränderungen an Zellen und Fasern können den Eindruck von Nekroseherden erwecken. Der degenerative Vorgang spielt sich allein in der inneren Duraschicht ab, wobei bald ihre ganze Breite angegriffen ist, bald die innersten, bald die äußeren Teile derselben bevorzugt sind. Der schollige Zerfall wird am besten mit Perdrau-Färbung dargestellt (Abb. 3). — Die genannten degenerativen Veränderungen scheinen den übrigen voranzugehen.

2. **Zellwucherung,** die Link von den eigenartigen perivasculären Zellhäufchen M. B. Schmidts herleitet. Diese Zellen, deren Natur unklar ist (Perithelien, Arachnothelien, Meningothelien, Meningocyten usw.), dringen mit den Gefäßen aus der Tiefe der Dura in die erkrankte Zone ein, um dort auf verschiedene Weise zugleich mit den ortsständigen zu proliferieren, und zwar diffus oder herd-

förmig, dicht oder spärlich verstreut. Wenn herdförmig auftretend, können sie wie Lymphocyteninfiltrate aussehen. — Die Tätigkeit dieser Zellwucherung ist nach Link vorwiegend eine resorptive; die Zellen speichern nämlich das Hämosiderin, in geringem Maße auch Fettstoffe. — Wahrscheinlich können sie auch faserbildende Fähigkeit besitzen, wobei ein eigenartig geformtes „Silberfaser‘‘-Netzwerk im zelligen Bereich zutage tritt. Diese Fasern können später wie das ursprüngliche fibröse Gewebe zerfallen. — Für eine gefäßbildende Tätigkeit

der gewucherten Zellen findet Link keine sicheren Beweise, hält sie aber nicht für ausgeschlossen.

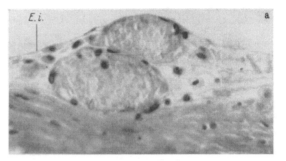

3. **Capillarenwucherung,** die als auffallendste Veränderung gleichzeitig mit der Zellproliferation auftritt und seit Jores' und Laurents Arbeiten im Schrifttum wohl bekannt ist (Abb. 4, 5 und 23). Es handelt sich um verschieden große, sehr dünnwandige, meistens strotzend blutgefüllte, oft fast sinuös dilatierte Gefäße, die [wie übrigens auch schön in Häutchenpräparaten zu sehen ist (v. Albertini, Suter u. a.)], ein Netzwerk bilden. Sie kommen in allen Abschnitten der erkrankten Durainnenschicht unregelmäßig vor und können bei besonders dichter und mehrschichtiger Lagerung den Eindruck einer Kavernomstruktur machen (s. S. 784).

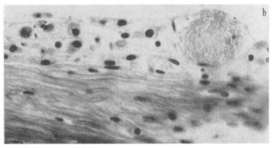

Abb. 4 a u. b. Sogenannte Initialveränderung bei der Pachymeningitis haemorrhagica. Strotzend gefüllte Joressche Capillaren. a Schwellung und beginnende Mobilisation von „Meningocyten". Ödematöse Auflockerung (und Degeneration?) von Bindegewebsfasern rechts von den Capillaren. *E. i.* Elastica interna. b Leichte Wucherung duraler Fibrocyten und „Meningocyten" (Makrophagen). Vereinzelte Pigmentkörnchen (links) und Lymphocyten, Zerfall aufgelockerter Fasern in der Gefäßschicht.

Die geschilderten, für die Duraaffektion *essentiellen Initialbefunde* betreffen, wie gesagt, nur die innere Duraschicht, während die äußere, knochenwärts gelegene ganz von ihnen frei ist. — Das histologische Gesamtbild dieser Frühphase wird von Link als *pachymeningitisch* bezeichnet. Die von vielen Autoren auch in diesem Stadium beobachteten spärlichen Lymphocyten, vereinzelten polymorphkernigen Leukocyten und Plasmazellen sind nach Link belanglos und spielen nur eine zufällige Rolle als Anzeichen einer symptomatischen Entzündung. Da indessen die typische P. h., wie Jores sie auffaßt, nicht im gewöhnlichen Sinne entzündlich ist, wäre wohl die Krankheit besser als *Pachymeningosis haemorrhagica* (Aschoff) zu bezeichnen. Link zieht jedoch den alten Namen *Pachymeningitis* vor, weil dieser zu eingebürgert sei, um durch einen anderen ersetzt zu werden. Das Attribut „interna" wird von ihm abgelehnt, weil es die falsche Vorstellung erwecken könne, daß sich der Prozeß *auf* der Durainnenfläche abspiele, und weil eine Pachymeningitis externa analoger Art nicht vorkomme.

Bei meinen eigenen Präparaten war es mir im allgemeinen nicht schwer, die genannten Initialbefunde von Link zu bestätigen. Nur möchte ich in bezug auf die degenerativen Veränderungen bemerken, daß ich sie nur in solchen Fällen gesehen habe, wo die sonstige pachymeningitische Alteration stärker ausgeprägt war. In makroskopisch unveränderten Duren alter Menschen sowie bei geringeren Graden von Zell- und Capillarvermehrung konnte ich auch mit Hilfe von Silberimprägnation die degenerativen Vorgänge, wie sie Link beschreibt, nicht beobachten. Dagegen fand sich in diesen und anderen Fällen herdweise staubige Verfettung und feinkörnige Verkalkung (Koijima bzw. R. H. Schmidt) sowohl im äußeren als auch im inneren Durablatt.

Den *pathogenetischen Initialvorgang* denkt sich Link folgendermaßen:

Aus bisher unbekannten Gründen entstehen in der inneren Duraschicht *primäre degenerative Veränderungen des Bindegewebes und seiner Zellen.* Infolgedessen kommt es zu *reaktiver Wucherung* von nichtentzündlichen Zellen, Fasergewebe und Capillaren. Gleichzeitig oder jedenfalls sehr früh treten *als sekundäre Erscheinung Diapedeseblutungen* aus den letzteren auf. Die Blutungen sind aber

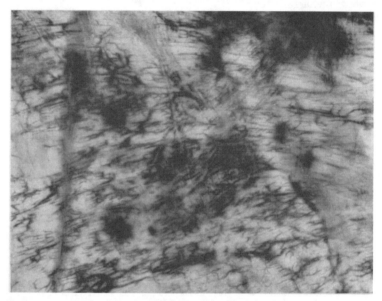

Abb. 5. 70jährige Frau. Sepsis, Urämie, Myokarddegeneration. Flächenansicht der Durainnenseite bei etwa 5facher Vergrößerung. Zufälliger Sektionsbefund einer nicht raumbeengenden Pachymeningitis haemorrhagica im parasagittalen Gebiet. Sinuswärts nach oben. Herdförmige unregelmäßige Dilatation und Wucherung der inneren Capillarschicht mit zugehörigen Venenwurzeln. Stern- und strauchförmige Gefäßbilder. Die dunklen verwischten Flecke sind etwas tiefer liegende durchscheinende Diapedeseblutungen.

nach Link als ein zufälliges Merkmal anzusehen, „das sich nur unter den besonderen Kreislaufbedingungen, unter denen die Dura schon unter normalen Verhältnissen steht, entwickelt". — Die P. h. sei somit eine, übrigens dem Menschen eigene, *degenerativ-hyperplastische Duraerkrankung*, die kaum irgendeinen anderen pathologischen Prozeß als Gegenstück habe. Wolle man jedoch einen Vergleich ziehen, so könne man am ehesten an die eigenartige Medianekrose der Aorta ascendens denken, bei der auch degenerative und hyperplastische Vorgänge das pathologische Substrat bilden.

Links Ansicht, daß eine Degeneration des duralen Bindegewebes das *primäre Geschehen* bei der P. h. ist, dürfte eine Diskussion nötig machen, weil eine solche Auffassung meines Erachtens nicht ohne weiteres eindeutig ist. — Theoretisch wäre es ja gut denkbar, daß Zerfallsherde (Nekrosen) in einem rein fibrösen Gewebe den Anreiz zu reaktiver zelliger und faseriger Wucherung auch wohl mit Gefäßneubildung in Form einer Art von reparativer Entzündung geben könnten. Dann aber müßte man, wenigstens im Anfang, die reaktive Wucherung um die degenerativen Herde auffinden können, was Link allerdings nicht erwähnt.

Die Entstehung der schon in den ersten Frühstadien bei P. h. oft *erheblichen* Proliferation und Dilatation von Capillaren auf dem Boden einfacher degenera-

tiver Veränderungen im fibrösen Duragewebe erscheint wohl auch fraglich.
Eher könnte man hier mehr oder vielleicht ausschließlich an die Wirkung allgemeiner und lokaler Zirkulationsstörungen denken. Daß solche zu der Ausformung der P. h. beitragen können, ist allerdings auch LINK keineswegs fremd.
Die Möglichkeit, daß diese Einflüsse sogar die *primäre* Rolle bei der Entstehung
der initialen duralen Gefäßwucherung spielen, wird indes meines Erachtens
allzuwenig im Schrifttum berücksichtigt, was auch CHRISTENSEN betont. Im
histologischen Bilde der P. h. fallen die Anzeichen einer gestörten duralen Zirkulation, wenigstens in nicht zu inveterierten Fällen, durchaus in die Augen, sonst
wäre es schwer verständlich, daß die gewucherten Gefäße fast immer so strotzend
blutgefüllt sind. Man hat dabei kaum nötig, von ,,Teleangiektasien" oder ,,Gefäß-
hamartien" zu reden, denn alles spricht dafür, daß der venöse Abfluß aus der
veränderten inneren Duraschicht auf irgendeine Weise erschwert ist. Als lokale
Ursache kommen hier vor allem die anatomisch feststellbaren, im Verhältnis
zu den reichen vasalen Geflechten ziemlich *spärlich ausgebildeten, kurzen Venenanastomosen* in Frage, die zwischen diesen Gefäßschichten ziehen. Bei venöser
Stauung im Duragebiet kann man an der Innenfläche sowie auch in Häutchenpräparaten von Frühstadien der P. h. manchmal schon mit unbewaffnetem Auge
beobachten, wie diese nach der Tiefe ziehenden Venenwurzeln durch sternförmiges
Zusammenfließen erweiterter Capillaren entstehen (Abb. 5). Dies betrachtet
LEARY als ,,die Crux der Situation" und will damit eine erschwerte Blutströmung
und Resorption in hämorrhagischen ,,Neomembranen" der Dura erklären
(Abb. 24). — Besonders spärlich sind die Gefäßverbindungen zwischen dem inneren
und äußeren Durablatt, was auch bei der Entwicklung eines Durahämatoms (Blutsackes) in der inneren Schicht sehr auffällig ist. Seine Wandung hängt nämlich
nur durch feinste Bindegewebszüge und vereinzelte Gefäße ganz locker mit der
äußeren endostalen Schicht zusammen.

Daß nun die von LINK beschriebene Degeneration des fibrösen Duragewebes
eine ,,primäre" Wirkung bei der Entstehung der P. h. in dem Sinne ausüben
kann, daß durch hyaline Verquellung, Sklerose usw. venöse Abflußbahnen aus
der inneren Duraschicht eingeschnürt oder verödet würden, was eine initiale
capillare Stauung und Wucherung des befallenen Gebietes hervorrufen könnte,
ist wohl denkbar, aber unbewiesen. Wie dem auch sei, dürfte es schwierig sein,
hier zwischen Ursache und Wirkung zu unterscheiden. — Der gewebsschädigende
und allmählich zu mesenchymaler Proliferation führende Effekt einer lang-
wierigen venösen Stauung ist ja schon lange bekannt. Kann man sich dann
nicht ebensogut denken, daß sich ähnliche Initialvorgänge bei der Pathogenese
der P. h. abspielen, wenigstens solange keine sicheren Beweise dafür vorliegen,
daß degenerative Veränderungen des fibrösen Duragewebes der Gefäßwucherung
vorangehen? Allerdings könnte man hiergegen vielleicht einwenden, daß eine
einfache Stauung kaum eine so erhebliche *Vermehrung* von Gefäßen, wie es
bei P. h. der Fall ist, hervorrufen würde.

Hier kann indes auf die nunmehr klassischen Untersuchungen von KROGH hingewiesen
werden. Er konnte bei mikroskopischer Beobachtung an lebendem Gewebe, das im Ruhezustand relativ arm an Capillaren war, zeigen, daß die letzteren auf verschiedene Reize
mit einer starken Dilatation und Vermehrung reagieren. Die Vermehrung entsteht durch
ein rasches Sichöffnen von früher nicht sichtbaren capillaren Gefäßbahnen. Unter solchen
Reizen kommen besonders auch hypoxämische Zustände, wie sie z. B. bei künstlicher Stauung
erzeugt werden, in Frage. Beim Aufhören des Reizes bilden sich die geöffneten Gefäße
rascher oder langsamer zurück. — Offenbar handelt es sich also bei diesen und ähnlichen
Versuchen nicht um echte ,,Neubildung" von dauernd offenen Capillaren, sondern um eine
durch den Reiz bedingte zufällige pathologische Inanspruchnahme von präformierten, im
Ruhezustand leeren Gefäßbahnen.

Selbstverständlich darf man die für die Frühphase der P h. so typische Gefäßreaktion nicht ohne weiteres dem Ergebnis der obigen „einfachen" Versuche gleichstellen. Wahrscheinlich sind für ihre Genese bei der P. h. mehrere Faktoren wirksam. Wir haben mit diesen Überlegungen nur zeigen wollen, daß die pathogenetische Beurteilung der Frühbefunde bei P. h. im Sinne von Link wohl nicht ganz eindeutig ist, und daß die vasalen Initialvorgänge nicht notwendigerweise als etwas zur Gewebsdegeneration „Sekundäres" oder „Reaktives" betrachtet werden müssen.

Hinsichtlich der *kausalen Genese* der P. h. sind, wie auch Link betont, unsere Kenntnisse noch unvollständiger. Link, der, wie oben erwähnt, in einer Degeneration des Duragewebes das „primäre" Geschehen erblickt, will in erster Linie nach Faktoren suchen, die eine solche Degeneration hervorrufen könnten. Er denkt hier an Einflüsse sowohl physiologischer als krankhafter Natur. Zu den ersteren gehören Altersveränderungen, worüber wir jedoch hinsichtlich der Dura sehr wenig wissen. Die krankhaften Ursachen stehen wahrscheinlich mit solchen Grundleiden in Zusammenhang, unter denen man vor allem die Todesursachen bei P. h. findet, und die zu chronischen Kreislaufstörungen führen oder schädliche Stoffwechselprodukte oder andere toxische Substanzen bilden. Über die hier in Frage kommenden Krankheitsgruppen s. auch S. 792.

Inwieweit und auf welche Weise diese Grundleiden imstande sind, degenerative Veränderungen des Durabindegewebes als Initialvorgang der P. h. hervorzurufen, bleibt vorläufig eine offene Frage. — Chronische Kreislaufstörungen, die sich bei Krankheiten vor allem des Herzens, der Gefäße, Lungen oder Pleuren entwickeln, besitzen wohl am ehesten eine ätiologische Bedeutung dadurch, daß sie, vielleicht in zufälligem Zusammenspiel mit lokalen Störungen der eigenartigen duralen Blutversorgung, zu venösen fleckförmigen Stauungserscheinungen der letzteren führen, die nach der obigen Diskussion als „Primärvorgang" bei der P. h. denkbar wären.

Eher könnte man sich der genetischen Auffassung von Link anschließen, wenn es sich um schädliche Stoffwechselprodukte, Toxine u. dgl. handelt, mit denen man vor allem bei Nieren-, Leber-, Magen- und Darmkrankheiten, Ernährungsstörungen, Blutkrankheiten, gewissen Allgemeininfektionen usw. zu rechnen hat. Es ist nicht von der Hand zu weisen, daß solche Noxen unter Umständen auch das Bindegewebe degenerativ beeinflussen, andererseits aber auch Kreislaufstörungen verursachen können. — Von der im Schrifttum vielfach erörterten Rolle des Alkoholismus für die Genese der P. h. können wir nur sagen, daß dem Alkohol an sich keine primäre, wohl aber in gewissen Fällen eine sekundäre ätiologische Bedeutung zukommen kann (s. unten). — Daneben sei kurz bemerkt, daß ein Teil der genannten Krankheiten natürlich auch für den *hämorrhagischen* Charakter der P. h. verantwortlich sein dürfte, was besonders für gewisse Avitaminosen gilt. Jedoch sind in diesem Punkte die Meinungen der Autoren vor allem hinsichtlich der therapeutischen Erfolge ziemlich geteilt.

Die ätiologische Bedeutung *gewisser Mangelkrankheiten* beim Problem der P. h. ist indessen im Lichte der modernen Vitaminforschung auch in anderer Hinsicht von Interesse.

Das häufige Vorkommen von P. h. in Fällen mit Lebercirrhose vor allem bei Alkoholismus wird öfters im Schrifttum erwähnt. Dieselbe Erfahrung hat neuerdings v. Albertini gemacht, was allerdings nicht mit den Angaben von Link übereinstimmt, in dessen Material die Leberkrankheiten an Häufigkeit viel stärker zurücktreten. Da sowohl in Cirrhosefällen als auch beim chronischen Alkoholismus teleangiektatische Gefäßwucherungen in der Haut und in Schleimhäuten öfters beobachtet werden (Wegelin), hält v. Albertini es für wahrscheinlich, daß durch die Leberkrankheit erzeugte schädliche Faktoren auch die für P. h. typischen „capillaren Teleangiektasien" hervorrufen können. Die Wirkungsweise solcher Stoffe sei jedoch nicht näher bekannt. Wegelin denkt hier an gefäßerweiternde Substanzen bei gestörter Leberfunktion. Für das Zustandekommen der Gefäßproliferation müsse man jedoch auch mit einer lokalen naevusartigen Disposition rechnen.

Auf Veranlassung von WALTHARD, der bereits auf die Möglichkeit aufmerksam gemacht hatte, daß die P. h. durch B_1-Mangel bei Alkoholismus entstehen könnte- hat sein Schüler SUTER auf Grund eigener Untersuchungen diese interessante Hypothese weiter entwickelt und gestützt. Er stellt zur Beantwortung 2 Haupt- fragen auf: 1. Läßt sich ein B_1-Mangel bei allen Grundleiden der P. h. nachweisen oder wenigstens wahrscheinlich machen? 2. Entstehen Gefäßwucherungen ähnlich denen der P. h. durch B_1-Mangel? — Die erste Frage kann nach SUTER aus guten Gründen wahrscheinlich bejaht werden, wie er bei einer eingehenden Sichtung des neueren Schrifttums dartut. — Die zweite Frage ist nach SUTER eindeutig positiv zu beantworten, was durch die Tierexperimente von ALEXANEDR bewiesen ist. ALEXANDER konnte bei Beri-Beri-Tauben Veränderungen fest- stellen, die denen bei der menschlichen Polioencephalitis WERNICKE ähnlich waren.

Für den Zusammenhang zwischen B_1-Mangel und Teleangiektasien oder Gefäßwucherungen lassen sich in der menschlichen Pathologie auch weitere Beispiele anführen: Angiektasien beim Rhinophym, Gefäßreichtum der Gynäko- mastie, arterielle Sternchennaevi, sog. ,,arterial spiders" der Haut (s. bei BEAN). — Bei Rattenversuchen konnte SUTER indes nur feststellen, daß der B_1-Mangel keine sichere Vermehrung der Duragefäße herbeiführte. Dagegen fanden sich bei diesen Versuchen, besonders in Kombination mit Trauma (!), sowohl eine Erweiterung als auch gewisse qualitative Strukturveränderungen der Capillaren. Der Autor gibt zu, daß diese Befunde wohl nicht identisch mit denen bei Vor- stadien der menschlichen P. h. seien, sagt aber, daß sie immerhin eine gewisse Ähnlichkeit mit solchen aufweisen. Er stellt weitere langfristigere Rattenversuche in Aussicht.

Der Wirkungsmechanismus des B_1-Mangels bei der Entstehung von Gefäßwucherungen ist vorläufig unbekannt. Nach SUTER verursachen vielleicht die Störungen im Kohlenhydrat- stoffwechsel durch Mangel an Co-Carboxylase in ähnlicher Weise eine Gefäßproliferation wie dies bei gewissen zu Anoxämie führenden Vergiftungen beobachtet wurde, was auch ein neues Licht auf die P. h.-Fälle bei venöser Stauung werfen würde (!).

Neuere Forschungen haben ferner gezeigt, daß zur komplexen Leberfunktion auch die Fähigkeit gehört, Überschuß von Östrogen im Körper zu vernichten oder zu inaktivieren. Viel scheint dafür zu sprechen, daß dieser Schutzmechanismus durch Mangel an gewissen Komponenten des B-Komplexes gestört werden kann. Bei solcher Betrachtungsweise würde die Entstehung von Gefäßwucherungen, wie bei der P. h., vielleicht letzten Endes auf eine hyperöstrogene Wirkung zurückzuführen sein, die entweder bei schwerer Leberschädigung oder aber bei anderen Krankheitszuständen ausgelöst wird, bei denen konstant oder gelegent- lich eine B_1-Hypovitaminose und damit auch sekundär eine Störung der physiologischen Östrogeninaktivierung seitens der Leber eintritt. — Der Versuch von SUTER, für die bei der P. h. mehr oder weniger häufigen Grundleiden einen in ätiologischer Hinsicht bedeutungs- vollen gemeinsamen Nenner, den B_1-Mangel, zu finden, erscheint jedenfalls als eine originelle Idee, die mit zunehmender Kenntnis von den Mangelkrankheiten vielleicht weiter aus- gebaut werden kann.

Eine ganz andere Ansicht über die Genese der P. h. hat schließlich BANN- WARTH in einer Arbeit von 1949 dargelegt. Von seinen Schlüssen, die sich auf die anatomischen Befunde von LINK und die *Gesetze der Relationspathologie* von RICKER gründen, sei hier nur folgendes angeführt:

Die zahlreichen heterogenen Ursachen der P. h. (wie sie im Schrifttum dar- gestellt werden) haben einen wichtigen Faktor in der Pathogenese gemeinsam. Sie wirken als *unspezifische* pathologische Reize auf das Strombahnnervensystem der Dura und erregen in ihrem Capillarbett (= terminale Strombahn der inneren fibrösen Schichten) einen prä- bzw. peristatischen Zustand, welcher durch stärkste Verlangsamung der Blutströmung in maximal erweiterten Haargefäßen gekenn- zeichnet sein muß (Stufe 3 der peristatischen Hyperämie = Erythrodiapedese). — Die pachymeningitischen Gewebsveränderungen sind der Ausdruck der morphologisch-strukturellen Reaktionsweise der inneren Duraschichten auf die peristatische Hyperämie stärksten Grades, d. h. auf krankhafte Veränderungen in den örtlichen Relationen des Blutes zu den Geweben, und somit das Ergebnis eines gestörten Gewebsstoffwechsels (Hypoxydose usw.).

Eine ätiologische Rolle des Traumas für die Genese der P. h. wird von Bannwarth im Gegensatz zu Link nicht abgelehnt, denn ein traumatischer Reiz (auch leichten Grades) „nimmt nämlich in der Kette pathogenetischer Vorgänge keine Sonderstellung ein, sondern er führt unter bestimmten Voraussetzungen zu genau demselben Grundvorgang (peristatische Hyperämie) an der innervierten Blutbahn der inneren Dura wie alle anderen exogenen und endogenen Reizarten, welche zur Ursache einer Pachymeningitis haemorrhagica interna werden können."

Bei dieser Betrachtungsweise wird somit wiederum, aber auf anderer Basis, ein Versuch gemacht, die so verwirrende Heterogenität der ursächlichen Faktoren von einem gemeinsamen Gesichtspunkt aus zu erklären und eine starke reaktive Hyperämie der inneren Duracapillaren als „primus motor" für den pathogenetischen Vorgang anzusetzen.

Wie aus der obigen Schilderung der Natur der P. h. hervorgeht, bleibt noch manches Unklare zu erforschen. Noch immer gelten die Worte Ludwig Aschoffs, die er in seiner Arbeit über die Anatomie des Greisenalters (1938) bezüglich der P. h. i. schrieb: „Über ihre Ursache wissen wir so gut wie nichts. . . . Der ganze Vorgang bleibt rätselhaft."

2. Frequenz, Alters- und Geschlechtsverteilung sowie Lokalisation.

Eine Durchsicht des Schrifttums liefert reichliche statistische Angaben über die Frequenz sowie die Alters- und Geschlechtsverteilung der P. h. bzw. des „chronischen Subduralhämatoms". Es hätte keinen Zweck, hier über solche Statistiken eingehend zu berichten, da, wie gesagt, das Untersuchungsmaterial der verschiedenen Autoren vor allem hinsichtlich der ätiologischen und anatomischen Beurteilung der Fälle oft nicht einheitlich und daher wohl zu Vergleichszwecken wenig geeignet sein dürfte.

Einige Angaben zu kritischem Vergleich mit den besser fundierten Zahlen der Linkschen Arbeit seien jedoch hier angeführt. Zu bemerken ist, daß sich im Material von Link keine Fälle aus dem Neugeborenen- und Kindesalter finden.

Allgemeine Frequenz in laufendem Sektionsmaterial: Berger (1890) 6,5% auf 5765 Sektionen. — Ciarla und Wolff etwa 1%. — Leary (1939) fand das „chronische Subduralhämatom" in 10% aller intrakraniellen Blutungen. — Link (1945) 3,7% auf 18000 Sektionen.

Verteilung auf besondere Krankheitsgruppen. Seit langem ist bekannt, daß die P. h. bzw. das Durahämatom bei gewissen Krankheiten besonders häufig gesehen wird. Viele Autoren führen *psychiatrisches* Material an, vor allem Paralyse, senile Demenz und Alkoholpsychosen (Berger, Ciarla, Allen). Es ist hier aber oft schwer zu entscheiden, ob die Duraerkrankung mit der Geisteskrankheit zu tun hat oder mit anderen, gleichzeitig bestehenden somatischen Leiden in Zusammenhang steht. Die letztgenannten bilden nach Link überhaupt bei P. h. und Durahämatom die häufigsten Todesursachen (86,3% seiner 2. Materialuntergruppe von 556 Fällen mit P. h. usw. ohne Trauma in der Vorgeschichte). — In erster Linie kommen (nach Link u. a.) Erkrankungen *1. des Herzens und der Gefäße, 2. der Lungen und des Brustfells, 3. der Nieren und Harnwege* und *4. der Leber und Gallenwege* in Frage. — Von anderen Autoren wird ferner die bunte Gruppe *der hämorrhagischen Diathesen* genannt (s. bei C. Henschen), sowie *Ernährungsstörungen, Avitaminosen* u. a. m. (Sherwood, Gilham und Tanzer, Liebenam, Ingalls, Saxl und Weiss, Sonnenfeld, Gutbrod, Walthard, Suter usw.).

Die Stellung der genannten Krankheitsgruppen im Problem der P. h. ist auf S. 790 erörtert worden.

Die *Altersverteilung* zeigt im allgemeinen eine Häufung der Fälle mit steigendem Alter, wobei jedoch die höchsten Altersgruppen weniger befallen sind. Ciarla und Wolff: Frequenzmaximum zwischen 51—80 bzw. 50—70 Jahren. Link: deutliche Bevorzugung des 7. Dezenniums (30,4 bzw. 38,4% seiner beiden Materialuntergruppen).

Die *Geschlechtsverteilung* zeigt nach den meisten Autoren ein deutliches Überwiegen der Männer. — König, Ciarla sowie Allen und Furlow etwa gleichlautend 3:2. —Jelsma sogar 93% Männer. — Hanke 7:1. Die hohe Differenz bei den 2 letzteren beruht wahrscheinlich auf das Überwiegen von traumatischen subduralen Blutungen. — Link: 52,3 bzw. 63,4% seiner beiden Untergruppen.

Sitz der Pachymeningitis haemorrhagica und des Durahämatoms. Die Angaben des Schrifttums über eine Bevorzugung der Schädelbasis in *Kindermaterial* (Doehle, Rosenberg, Kowitz, Guldberg u. a.) stehen offenbar mit einem gehäuften Vorkommen subduraler Blutungen in dieser Altersgruppe in Zusammenhang. Dies dürfte wenigstens in der Neugeborenenperiode sicher der Fall sein (Geburtsschäden). — Bei Erwachsenen ist die Lokalisation entschieden die Fronto-Parieto-Temporalregion der Konvexität, so z. B. nach Schneider in 99%. — Damit stimmen die Linkschen Angaben ziemlich gut überein: Beide Untergruppen: allein an der Konvexität reichlich 90%, Konvexität + Basis 8,1 bzw. 9,8%, allein an der Basis 1,1 bzw. 0%. — Beiderseitiger Sitz an der Konvexität kommt nach Link bei P. h. in den beiden Untergruppen etwa gleich häufig in 72% der Fälle vor. — Das Durahämatom sitzt jedoch immer nur an der Konvexität und ganz überwiegend einseitig, wobei typischerweise die parasagittale Region mit den pia-sinuellen Brückenvenen fast immer frei bleibt.

3. Makroskopische und mikroskopische Anatomie der Pachymeningitis haemorrhagica (Jores, Link).

Bei Schilderung der verschiedenen Formen oder Stadien, in denen die P. h. auftritt, ist zu beachten, daß zwischen ihnen keine scharfen Grenzen bestehen. Wenn auch im Einzelfall die eine oder andere Form in ,,reiner" oder isolierter Ausbildung vorliegen kann, kommen zwischen ihnen fließende Übergänge vor, wie auch in einem und demselben Fall ein Nebeneinander von verschiedenen Typen nicht selten beobachtet wird. Die entwicklungsmäßige Reihenfolge dieser Typen tritt allerdings nur bei Prüfung eines großen Materials deutlich hervor. Indessen wissen wir im ganzen sehr wenig über die Zeitdauer des progressiven Vorgangs bei den verschiedenen Formen. Es ist möglich, daß einzelne Stufen sich rasch ausbilden und als solche lange Zeit oder ,,dauernd" bestehen können. Ganz unbekannt ist, ob bei den frühesten Stadien sogar einmal auch eine *restitutio ad integrum* stattfinden kann, was trotz dem progressiven Charakter der Krankheit doch wohl denkbar wäre, falls der ätiologische oder auslösende Reiz aufhören würde. — Nach dem oben Gesagten erscheint es dann bedenklich oder gar unmöglich, sich über das *Alter der Duraaffektion* im Einzelfall zu äußern, was beim ,,chronischen Subduralhämatom" des Schrifttums für den Kliniker und gerichtlichen Mediziner von großer Bedeutung ist. Während bei den echten subduralen Blutungen die mikroskopische Beschaffenheit des *Organisationsgewebes* für eine Altersbestimmung gewisse Anhaltspunkte gibt, können bei der P. h. solche Angaben nur in bezug auf das Aussehen der *Blutungen* innerhalb weiter Grenzen gemacht werden, was natürlich mit einer Altersbestimmung der Durakrankheit selbst nicht gleichwertig ist.

Ich habe es für zweckmäßig gehalten, mich bei der folgenden Darstellung in der Hauptsache der Schilderung, Einteilung und Nomenklatur von Link anzuschließen, vor allem weil dadurch ein besseres Verständnis der Sonderstellung der P. h. gegenüber den subduralen Blutungen gewonnen wird.

Die anatomischen Befunde von Link, die sich auf ein umfassendes Material von 668 P. h.-Fällen beziehen, zeigen in seinen beiden Materialuntergruppen *ohne* bzw. *mit* Trauma in der Vorgeschichte keine prinzipiellen Verschiedenheiten und fallen somit fast ausnahmslos unter den Begriff der P. h.

Nach Form und Umfang des *hämorrhagischen Prozesses* stellt Link 3 Grundtypen auf: *a) die nicht komplizierte P. h., b) die komplizierte P. h., c) das Durahämatom.* — Der 1. Typus entspricht einem ,,Frühstadium", kommt als zufälliger Sektionsbefund vor und ist klinisch bedeutungslos. Frequenz (nach Link): 78,7%. — Der 2. Typus wird mitunter auch zufällig bei der Sektion gefunden, bei stärkeren Formen ist er aber raumbeengend und von klinischer Bedeutung.

Dieser Typus entspricht im allgemeinen dem Vollbild der P. h. i. des Schrifttums. Frequenz (nach Link): etwa 11%. — Der 3. Typus ist immer raumbeengend und eine neurologisch-chirurgisch besonders wichtige Affektion. Er
entspricht dem Haematoma durae matris von Virchow und den meisten Fällen
von „chronischem traumatischem Subduralhämatom" des Schrifttums. Frequenz
(nach Link): etwa 10%.

Zum Formenkreis der P. h. gehören im weiteren Sinne noch andere morphologische Typen, wie die *Pachymeningitis sero- oder hydrohaemorrhagica* und das

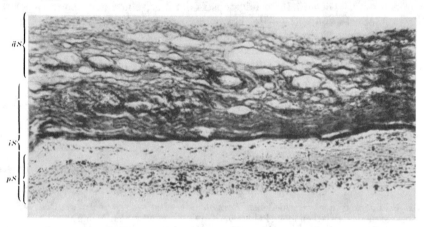

Abb. 6. Unkomplizierte Pachymeningitis haemorrhagica.
äS Äußere Duraschicht mit vielen „Entspannungslücken" (Artefakte); *iS* innere Duraschicht, deren innerer
Teil (*pS*) pigmentreich und schichtweise pachymeningitisch verändert ist.

Hydroma durae matris, welche außerhalb des Rahmens der Linkschen Arbeit
lagen (s. S. 802).

a) Das anatomische Bild der nicht komplizierten Pachymeningitis haemorrhagica.

Die Dura zeigt im befallenen Gebiet oft eine geringfügige Verdickung. An
der Innenfläche sieht man in meist fleckenförmiger Verbreitung eine gelbliche
bis braunrötliche Verfärbung, häufig mit zahlreichen Blutpunkten und dünnen
Blutfleckchen, in deren Umgebung unregelmäßige Wucherungen dilatierter fein-
ster Gefäße bei Lupenvergrößerung manchmal deutlich hervortreten (Abb. 5).
Mitunter gelingt es, mit der Pinzette von den veränderten Gebieten feine Häutchen
abzuziehen.

Mikroskopisch ist diese Form dadurch gekennzeichnet, daß der pachymeningitische Vorgang nur Teile des inneren Durablattes umfaßt, und zwar bald mehr
oberflächliche, bald tiefere Schichten desselben oder beide gleichzeitig. Die auf
S. 786 erwähnten pachymeningitischen initialen Grundvorgänge sind in wechselnder Weise vertreten, stellenweise sich mischend, stellenweise mit Überwiegen
der Zell- und Faserwucherung oder der Gefäßproliferation. Eine gewisse Schichtung kann somit auch in diesem „Frühstadium" beobachtet werden (Abb. 6
und 7). — Fibrinöse Exsudation gehört nicht zum Bilde, dagegen sieht man
ab und zu vereinzelte Lymphocyten und Plasmazellen. — Typisch ist die frühzeitige Ablagerung von Blutpigment vor allem intracellulär und perivasculär. —
Das äußere Durablatt ist wie bei den 2 folgenden Typen der P. h. grundsätzlich
unverändert.

b) Das anatomische Bild der komplizierten Pachymeningitis haemorrhagica.

Bei der komplizierten P. h. wird der Prozeß makroskopisch von größeren zusammenhängenden Blutungen in flächenhafter Ausdehnung beherrscht. Das innere Durablatt, in welchem sich wiederum der ganze Vorgang abspielt, erscheint öfters bedeutend verdickt, bis auf 1 cm und mehr, wobei es durch schichtenweise ent- *äS* standene Blutungen und pachymeningitische Proliferation auf typische Weise lamelliert erscheint. Solche Lamellen oder hämorrhagisch-hyperplastische Schichten, die oft zu mehreren (bis zu 20) vorkommen, sind, besonders in vorgeschrittenen Stadien, je nach Gefäß-, Pigment- und Bindegewebsgehalt dunkelrot, schokoladenbraun, rostgelb, weißlich usw. Die zwischen ihnen befindlichen Blutschichten erscheinen abwechselnd frisch, flüssig oder geronnen oder durch Blutzerfall in verschieden gefärbte, schwammige, *iS* krümelige oder gallertige Massen mit Beimischung von brauner oder gelblicher Flüssigkeit umgewandelt.—Hirnwärts ist die so veränderte Dura verfärbt, samtartig rauh oder ziemlich glatt. — Typisch ist ferner, daß die verdickte innere Duraschicht leicht von der äußeren endostalen abgelöst werden kann, was den falschen Eindruck erweckt, daß die äußere unveränderte Schicht die eigentliche Dura darstelle, auf deren Innenseite ein blutiges Organisat aufgelagert sei. — Dieses bunte Bild ist für die klassische P. h. i. des Schrifttums überaus charakteristisch.

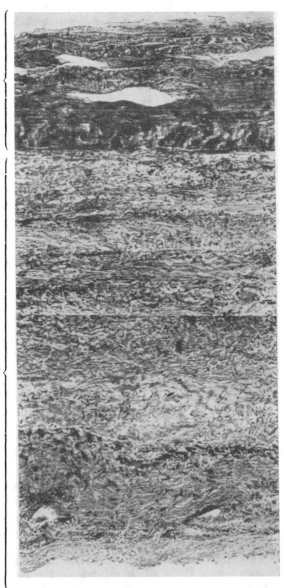

Abb. 7. Unkomplizierte Pachymeningitis haemorrhagica. *äS* Äußere Duraschicht; *iS* pachymeningitisch veränderte Durainnenschicht. Man beachte die starke Verdickung der letzteren sowie die eigenartige multilamelläre Ausbildung der pachymeningitischen Veränderung mit Wucherung und Degeneration des Fasergewebes. Wechselnder Zell-, Gefäß- und Pigmentgehalt in den verschiedenen „Lamellen". Äußere und innere Duraschicht scharf voneinander abgegrenzt. [Bild mit Bezeichnungen aus der Arbeit von LINK: Veröff. Konstit.- u. Wehrpath. 12, H. 4 (1945).]

Mikroskopisch verbreitet sich der Prozeß durch die ganze Dicke des inneren Durablattes, und zwar schichtenförmig (Abb. 8), wobei dessen tiefere, knochenwärts liegende Teile gewöhnlich am stärksten angegriffen sind. Hier findet man auch auffallende degenerative Veränderungen im Duragewebe, die stellenweise zu Nekrosen geführt haben. Wie beim 1. Typus werden die übrigen pachymeningitischen Erscheinungen in wechselndem Ausmaß bei den verschiedenen Lamellen beobachtet, die dadurch bald zell- oder gefäßreich, bald mehr fibrös und dicht erscheinen. Von den Blutungen abgesehen, stellen die pachymeningitischen Schichten, die also nach Link allein dem inneren Durablatt angehören, zusammengenommen eine erhebliche Verdickung des letzteren dar, wozu zum Teil noch eine ödematöse Durchtränkung und degenerative Quellung des Fasergewebes beitragen dürfte. — Was die Blutungen anbetrifft, ist es auffällig, daß die größeren von ihnen wiederum mehr knochenwärts im inneren Durablatt gelegen sind, was Link mit den dort ausgeprägteren degenerativen Veränderungen in Zusammenhang bringt. Diese tieferen Blutherde werden somit von der Durainnenfläche durch ziemlich dicke und dichte Gewebsschichten getrennt und lassen eine Orientierung im Längsverlauf der Fasern erkennen, wobei sie eine mehr oder weniger spulförmige Gestalt annnehmen (Abb. 9). Bei dichter Lagerung der Blutungsherde können sie natürlich teilweise konfluieren oder sind durch dünne Gewebsbrücken voneinander getrennt. In ihrer Umgebung finden sich häufig zahlreiche sinuös erweiterte Gefäße. — Sehr typisch ist, daß die größeren und älteren dieser Hämatome in Höhlen oder Spalten des pachymeningitischen Gewebes zu liegen scheinen, deren Wände scharf und wie ausgeschnitten sind (Abb. 9).

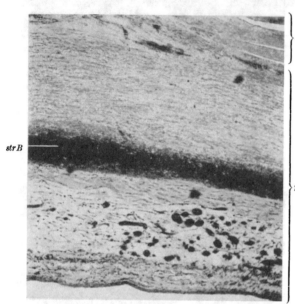

strB

äS

pS

Abb. 8. Komplizierte Pachymeningitis haemorrhagica mit Vorherrschen der degenerativen Erscheinungen und ausgedehnter Streifenblutung. *äS* Äußere unveränderte fibröse Duraschicht; *pS* pachymeningitische Schicht; *strB* streifenförmige Blutung. [Bild mit Bezeichnungen aus der Arbeit von Link: Veröff. Konstit.- u. Wehrpath. **12**, H. 4 (1945).]

Über die Entstehungsweise dieser eigenartigen Höhlenbildung äußert sich Link nicht. Man könnte meines Erachtens versucht sein, an eine mechanisch modellierende Wirkung der Hirnpulsationen auf eine langsam und expansiv vor sich gehende Blutung zu denken. — Die Bluthöhlen entsprechen offenbar einer beginnenden Blutsackbildung, wie sie für die folgende 3. Form der P. h. charakteristisch ist.

c) Das Durahämatom.

Das Durahämatom ist bei typischer Ausformung ein isolierter großer Blutsack, der auf die oben geschilderte Weise in der inneren pachymeningitisch veränderten Duraschicht seinen Anfang nimmt. Seine Größe ist entweder durch fortgesetzte hämorrhagische Ausdehnung bzw. Dickenzunahme eines isolierten Blutherdes bedingt, oder aber durch Konfluenz mehrerer solcher Herde oder durch beides zugleich. — *Das makroskopische Bild* ist überaus charakteristisch:

Anatomische Varianten sind im ganzen nicht häufig, wenn man von jenen Fällen absieht, wo der Sackinhalt als „hydro-hämorrhagisch" beschrieben wird (s. S. 802), was besonders bei Kindern und Säuglingen sogar das Typische ist (VIRCHOW, GÖPPERT, ROSENBERG, LIEBENAM u. a.). — Es kommen *mehrfächerige Hämatome* vor, sowie auch mehrere isolierte, nebeneinander liegende Säcke, welche die ganze Konvexität einseitig einnehmen können. LOVE und BAILEY konnten in einem Fall nicht weniger als 5 solche Säcke bei der Operation entfernen.

Bei der *mikroskopischen Untersuchung* zeigt sich die *innere*, dem Gehirn zugekehrte Hämatomwand von mehr oder minder zellig-fibrösem, in älteren

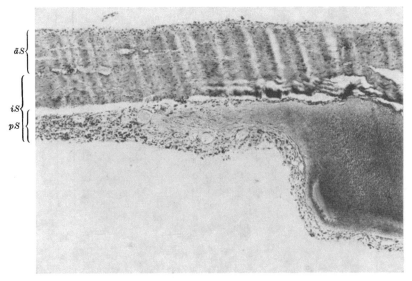

Abb. 12. Komplizierte, wenig raumbeengende Pachymeningitis haemorrhagica. Übergangsform zum Dura-hämatom. Aus dem Randgebiet des Hämatoms. *äS* Äußere, *iS* innere Duraschicht; *pS* pachymeningitisch veränderte innere Zone der letzteren. Zwischen beiden eine artefakte Spaltbildung. *pS* mit reichlicher Pigmentablagerung und vielen erweiterten Capillaren, besonders in der Nähe des Hamätomwinkels. Zunehmende Verdünnung der inneren Hämatomwand. Hirnwärts beginnende Nekrose und Auflösung der Blutmasse.

Fällen oft hyalin entartetem, meist ziemlich gefäß- und pigmentarmem Gewebe aufgebaut. — Die *äußere* Wand *(in situ)* besteht aus den oben erwähnten 2 Schichten, von denen die innere die schon beschriebenen pachymeningitischen Merkmale in wechselndem Grade aufweist (Abb. 12). Hier und besonders auch im Winkelgebiet des Hämatomsackes finden sich die früher erwähnten sinuösen Gefäße (Abb. 12 und 31), die bei dichter Lagerung ein kavernomähnliches Bild bieten können. In dieser Gefäßzone sieht man ferner mitunter kleinere frische Blutherde, die offenbar auch in die große Hämatomhöhle stellenweise einbrechen. Nach LINK können dadurch Gewebeteile von der Sackinnenseite in die Hämatommasse verlagert werden, was den falschen Eindruck einer Organisationserscheinung erwecken könne. *Echte Organisationsvorgänge werden aber nach ihm bei der P. h. und dem Durahämatom gänzlich vermißt.*

Man fragt sich, wie diese höchst merkwürdige Beobachtung erklärt werden könnte, da ja größere traumatische subdurale und (nach LINK) wahrscheinlich auch die seltenen traumatischen intraduralen Blutungen früher oder später immer wenigstens teilweise der Organisation anheimfallen, falls eine Gerinnung der Blutmasse aus irgendwelchen Ursachen nicht unterbleibt. Da indessen die traumatischen intraduralen Blutergüsse in unverändertem, diejenigen bei der P. h. dagegen in einem pachymeningitisch veränderten Duragewebe liegen, müßte vielleicht die Ursache der mangelnden Organisation bei den letzteren in Milieuverschiedenheiten zu suchen sein, wenigstens in Fällen, wo der Blutinhalt des Durahämatoms offenbar längere Zeit als geronnene Masse bestehengeblieben ist. — Weitere Untersuchungen über diese interessante Frage dürften nötig sein.

Andererseits ist gerade für das Durahämatom sowie für größere Blutungen bei der P. h. überhaupt typisch, daß das Blut nicht oder nur teilweise koaguliert oder in verflüssigtem, zerfallendem Zustand gefunden wird (s. unten). Diese mangelnde Gerinnungstendenz wird im Schrifttum verschieden gedeutet. Die Anhänger der traumatischen Schule sehen in ihr den Ausdruck einer Verdünnung der Blutmasse mit Liquor aus dem bei der Entstehung des „traumatischen Subduralhämatoms" mitverletzten Subarachnoidealraum. Martin meint dagegen, daß die Hirnpulsation eine defibrinierende Wirkung auf das ergossene Blut ausübe, wodurch die Koagulation zum Teil verhindert werde. In anderen Fällen wird man auch an gerinnungshemmende Substanzen des allgemeinen Kreislaufes denken müssen. Ob solche

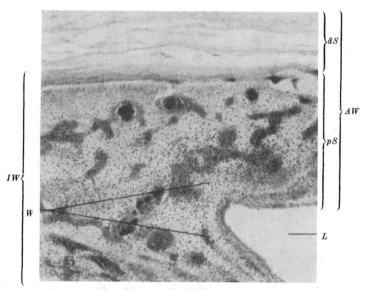

Abb. 13. Schnitt vom Winkelgebiet eines Blutsacks. Hochgradiger Gefäßreichtum. *AW* Außenwand des Blutsacks, bestehend aus: *äS* äußere unveränderte Duraschicht und *pS* pachymeningitisch erkrankter äußerer Teil der inneren fibrösen Duraschicht; *IW* Innenwand mit dem pachymeningitischen Teil der Außenwand vereinigt; *W* „Winkel"; *L* Lichtung des Blutsacks.
[Bild mit Bezeichnungen aus der Arbeit von Link: Veröff. Konstit.- u. Wehrpath. **12**, H. 4 (1945).]

Stoffe auch lokal im pachymeningitischen Gewebe gebildet werden können, wissen wir nicht. Da es sich bei der P. h. hauptsächlich um Diapedeseblutungen, weniger um Rhexisblutungen handelt, könnte man sich schließlich vorstellen, daß das ausgetretene Blut zu wenig Fibrinogen enthält, um gerinnen zu können. Übrigens muß natürlich auch berücksichtigt werden, daß in Fällen, wo der Blutsackinhalt in flüssigem Zustand gefunden wird, eine anfänglich geronnene Blutmasse wieder zur Verflüssigung gekommen ist, wie es z. B. bei massigen Hirnblutungen der Fall sein kann.

Die Volumenzunahme des Blutsackes. Wie erwähnt wurde, erfolgt diese nach Link grundsätzlich durch Blutungszuschuß von der Sackinnenseite bzw. durch Konfluenz kleinerer Wandblutungen mit der großen Bluthöhle.

Als andere Ursache der Hämatomvergrößerung käme ein Stauungstranssudat seitens der dilatierten Wandcapillaren in Frage (Richter, Snellman, Rossier). — Unter Hinweis darauf, daß die innere dünne Hämatomwand zusammen mit der anliegenden Arachnoidea wie eine semipermeable Membran wirken könne, haben Gardner und T. J. Putnam im Jahre 1932 die Ansicht ausgesprochen, daß beim Zerfall bzw. bei der Verflüssigung des Sackinhalts der kolloid-osmotische Druck im letzteren zunehme, zu dessen Ausgleich Flüssigkeit aus dem Subarachnoidealraum in den Sack eindringen und so zu seiner Vergrößerung führen müsse. — Durch verschiedene Modellversuche unter Anwendung von künstlichen Säcken aus Cellophan oder aus operativ entfernten Hämatomwandteilen wurde an Tieren und in vitro die GARDNERsche Theorie bald bewiesen (R. FISCHER, ZOLLINGER und GROSS sowie MUNRO und MERRIT). Bei den Dialyseversuchen mit Säcken aus dem genannten Operationsmaterial betrug die Volumenvermehrung jedoch nur 2,9%. GARDNERs Erklärung wurde indessen fast überall anerkannt und, weil das sackförmige ,,Subduralhämatom" allgemein als traumatisch bedingt angesehen wurde, weitgehend benutzt, um das bekannte posttraumatische Symptomenintervall zu erklären und unter gewissen Bedingungen das Alter des Hämatoms zu schätzen, was für die forensische Medizin natürlich von großer Bedeutung sein würde. — LINK ist indessen der Meinung, daß, wenn auch bei den erwähnten Modellversuchen osmotische Austauschvorgänge zwischen Blut und Liquor nachgewiesen werden könnten, man noch lange nicht berechtigt sei, die Ergebnisse solcher Modellversuche auf den lebenden Menschen zu übertragen. Wichtige Gründe sprechen nach ihm gegen die Annahme, daß ein Durahämatom auf osmotischem Wege wachsen kann.

Das Verhältnis der Pachymeningitis haemorrhagica zur Umgebung. Wenn sich eine raumbeengende P. h. in der frühkindlichen Schädelkapsel ein- oder doppelseitig entwickelt, kann der Kopf äußerlich als hydrocephalisch imponieren (PETERMAN, GUTBROD). Asymmetrische Schädelvergrößerung ist dabei viel seltener. Ausnahmsweise können die Schädelknochen über dem Gebiet eines alten Durahämatoms sklerotisch und verdickt sein (SUDECK).

Der Subduralspalt bleibt vollkommen frei, falls nicht, was selten geschieht, die P. h. durch eine subdurale Blutung kompliziert wird (s. unten).

Je nach der Dicke der pachymeningitischen Schicht bzw. des Durahämatoms zeigt der betreffende Hemisphärenteil eine seichtere oder tiefere Eindellung, ferner oft eine Verschiebung über die Sagittalebene, ödematöse Schwellung der anderen Hirnhälfte sowie verschiedentlich Kompression von äußeren und inneren Liquorwegen. Dies alles steht natürlich im Einklang mit dem klinischen Symptombilde. — Demgegenüber sind die mikroskopischen Veränderungen der weichen Häute und des angrenzenden Hirngewebes im Gebiet der Eindellung erstaunlich gering: Nach LINK sieht man gelegentlich an den Stellen stärkeren Druckes eine leichte flächenhafte Verdickung des arachnoidealen Oberflächenepithels und eine spärliche Zell- und Bindegewebsvermehrung im Subarachnoidealraum. Im Gegensatz zur Subduralblutung ist bei der P. h. der fast vollständige Mangel an Hämosiderinablagerung in den weichen Häuten und in der Hirnrinde sehr auffällig. Eine Ausnahme bilden nur die obengenannten Fälle von P. h. + Subduralblutung. — Im Gebiet der stärksten Impression kann die Rinde gelegentlich gewisse Schichtwerfungen, mäßige Gliose sowie Atrophie oder andere Degenerationserscheinungen der Nervenzellen zeigen. — Der komprimierte Hirnteil wird mitunter als dehydriert beschrieben, was die osmotische Theorie von GARDNER stützen soll (SJÖQUIST und KESSEL, HANKE u. a.).

Pachymeningitis haemorrhagica und Trauma. Wie schon eingangs erwähnt, hat LINK seine scharfe Ablehnung einer traumatischen Genese der P. h. in überzeugender Weise begründet. In seiner Materialuntergruppe von 112 P. h.-Fällen *mit* Trauma in der Anamnese (hauptsächlich Schädeltraumen) handelt es sich in Übereinstimmung mit Literaturangaben auffallend häufig um wiederholte oder vor allem um *leichte Gewalteinwirkungen*, sog. *Bagatelltraumen*. Beim Vergleich mit der P. h.-Gruppe *ohne* Trauma in der Anamnese ergaben sich gewisse signifikative Verschiedenheiten, wobei in der letzten Gruppe raumbeengende Formen nur in 11,8% und Blutsackträger in 7% vertreten waren, während in der ersten Gruppe die entsprechenden Zahlen 30,4% und 24% angeführt werden. — Da aber die anatomischen Veränderungen in den beiden Gruppen grundsätzlich übereinstimmten und die Patienten nur selten an direkten oder indirekten Folgen des Traumas gestorben waren, sieht LINK in den genannten Unterschieden nur einen Hinweis darauf, daß Patienten mit Durahämatom oder komplizierter P. h. stärkeren Grades Schädeltraumen häufiger ausgesetzt sind, mit anderen Worten, daß *die Durakrankheit manchmal bereits die Ursache des Traumas ist*.

Gegebenenfalls, wenn auch im ganzen selten, *wird ein Kopftrauma eine schon bestehende P. h. verschlimmern können.* Einerseits ist dabei die Möglichkeit nicht von der Hand zu weisen, daß traumatisch entstandene größere Blutungen in der pachymeningitischen Duraschicht eine Raumbeengung hervorrufen oder steigern können [1]. Andererseits wissen wir durch Beobachtungen von Link, daß ein Trauma eine Ruptur der Innenwand eines Blutsackes oder der Innenseite einer komplizierten P. h. herbeiführen kann, was eine große subdurale Blutung zur Folge hat und damit das Schicksal des Patienten besiegelt.

Es ist wohl zu vermuten, daß Links Auffassung von der nur zufälligen Rolle des Traumas bei der P. h. auf Widerstand seitens der traumatischen Schule stoßen wird. Vgl. G. Peters, Spezielle Pathologie des Nervensystems, S. 237, 1951, sowie Bannwarth, der auf Grund relationspathologischer Gesetze dem leichten Trauma eine ätiologische Rolle beimißt (s. S. 792).

Für *gerichtlich-medizinische Gutachten* sind die durch die Linksche Untersuchung erhobenen Tatsachen von großer Bedeutung. Wichtig ist überhaupt die *anatomische Trennbarkeit* der subduralen traumatischen Blutungen vom Formenkreis der P. h. sowie vor allem auch die nunmehr gegründete Erfahrung, daß das eingekapselte ,,chronische Subduralhämatom'' des Schrifttums eine meistens *nichttraumatische Erscheinung* ist. — Andererseits muß man bedenken, daß die Kausalität in Fällen, wo sich ein Trauma mit tödlicher Verschlimmerung einer P. h. kombiniert, theoretisch in beiden Richtungen möglich ist, ferner daß eine (schubweise) Verschlimmerung der P. h. auch ohne Trauma häufig vorkommt, und daß im überwiegenden Teil der Fälle ein Zusammentreffen von Trauma und P. h. nur zufällig und belanglos sein dürfte (Link), während die verschiedenen Grundleiden hier eine viel größere Rolle als Todesursache spielen. — Auch unter Beachtung der vielen einschränkenden oder stützenden Umstände kann, wie Link betont, die Entscheidung im Einzelfall äußerst schwierig sein. Nach ihm zeigen die neuen Erfahrungen, daß die Beurteilung der Kausalität als ,,sicher'' oder ,,möglich'' nur für höchstens 5% der Fälle gilt. — Siehe auch bei Doehle, Wegelin, Illchmann-Christ u. a.).

4. Zur Frage der spinalen Pachymeningitis haemorrhagica.

Ob in der spinalen Dura, deren inneres Blatt den eigentlichen Duralsack bildet, Veränderungen vorkommen, die denen bei der oben geschilderten P. h. analog sind, entzieht sich unserer Kenntnis. Es ist überhaupt fast unmöglich, bei den sehr seltenen Fällen des Schrifttums etwas Sicheres über die Pathogenese und Ätiologie der hämorrhagischen Veränderung zu sagen. — Mit dieser Einschränkung seien hier folgende Fälle zitiert:

Fall Winkels (1891): Fünf Monate altes Kind mit dicker hämorrhagischer Neomembran an der hinteren inneren Durafläche im oberen Dorsalgebiet.

Fall Philippe (nach Wieting): Multiple kleine subdurale Hämatome, in bindegewebsartigen Neomembranen eingeschlossen.

Fall Kernbach und Fisi (1927): ,,Pachymeningitis haemorrhagica interna'' im Spinalkanal eines rachitischen anderthalbjährigen Kindes.

Fälle von Rutishauser (1935): 1. Zwei Wochen altes Kind. Wahrscheinlich Geburtstrauma. Subdurales Hämatom von C_5 nach unten. Beginnende Organisation. 2. Kind von 9 Monaten. Ausgebreitete hämorrhagische Pachymeningitis der Schädel- und Spinaldura. Unklare Ätiologie (vgl. Fälle von Gärtner). 3. 62jährige Frau. P. h. i. im ganzen Spinalkanal. Histologisch ein frischer Prozeß.

Fall Wertheimer und Dechaume (1935): Umschriebenes cystisches Subduralhämatom in der unteren Thorakalregion. Traumatische Ursache. Vgl. Flatau und Sawicki.

Einige weitere Fälle von Ciarla sowie (zit. nach C. Henschen) von Elsberg und von Leyden.

C. Die Pachymeningitis hydro-haemorrhagica und das cystische Hydrom der Dura.

[Synonyma: Hygroma durae matris (Virchow); chronisches (traumatisches) subdurales Hydrom.]

Anscheinend zwischen Dura und Gehirn gelegene cystoide wäßrige oder leicht hämorrhagische Ergüsse waren schon in den 30er und 40er Jahren des vorigen

---

[1] Als ,,Traumen'' in weiterem Sinne kann man vermutlich auch plötzliche starke Blutdrucksteigerungen bei Körperanstrengung, Husten, Pressen u. dgl. betrachten, die das Bersten dünnwandiger pachymeningitischer Capillaren hervorrufen können (vgl. Wegelin, Quosdorf u. a.).

Jahrhunderts bekannt [BÉRARD, LEGENDRE, BARTHEZ und RILLIET (zit. nach BANNWARTH)] und wurden später von VIRCHOW mit dem Namen Hygroma durae matris belegt[1], wobei er den Erguß dem pachymeningitischen Durahämatom gleichstellte. Aber erst in den späteren Dezennien häufen sich Beobachtungen dieser Art [GÖPPERT, PAYR, ROSENBERG (1, 2), NAFFZIGER, COHEN, DANDY, LIEBENAM, LOVE, WALSH und SHELDEN, HANDFEST, DA COSTA und ADSON, OKONEK, McCONNELL, MUNRO, ROSSIER, SCOTT, ABBOT, DUE und NOSIK, HAYNES, WYCIS, GOTTEN und HAWKES, BANNWARTH usw.]. — Die meisten von diesen Autoren stützen ihre Berichte auf klinische und operative Befunde, während anatomische Untersuchungen von Sektionsfällen verhältnismäßig selten zu finden sind (RICHTER, RUBESCH, POTOTSCHNIG u. a.).

Es wird im Schrifttum öfters betont, daß diese sero-sanguinolenten oder wasserähnlichen Ergüsse vor allem dem jugendlichen und Säuglingsalter angehören und hier weit häufiger als die Vollbilder der P. h. (Durahämatom) sind. Allerdings kommen zwischen diesen beiden Erkrankungsformen der Dura fließende anatomische Übergänge vor. Da beide auch in klinischer Hinsicht viel Gemeinsames haben, wäre zu erwarten, daß sich auch die Pathogenese und Ätiologie analog oder ähnlich verhalten würden. Mangels systematischer anatomischer Untersuchungen sind wir aber hier noch mehr auf Vermutungen angewiesen als bei der P. h.

Unter den in Frage kommenden auslösenden Ursachen, die allerdings auch für die P. h. angeführt sind, werden im Schrifttum besonders das *Trauma* sowie *duranahe Entzündungen* der Schädelknochen (Mastoiditis) hervorgehoben. Überhaupt scheint eine traumatische Anamnese beim Hydrom[2] häufiger zu sein als beim Durahämatom, was wohl zum Teil mit den im Kindesalter gewöhnlichen Traumaepisoden zusammenhängt.

Verlauf. Die Hydromkrankheit entwickelt sich mitunter in kurzer Zeit nach einem Schädeltrauma ganz akut, sonst von Beginn an schleichend chronisch, oft mit schubweisen Verschlimmerungen der Hirndrucksymptome. Der Prozeß kann sich über viele Jahre hinziehen, meistens kommt er aber früher als beim Hämatom zum Stillstand. In einigen Fällen werden, selbst bei voluminösen Hydromen, *schwerere* Hirnsymptome vermißt. Dies scheint sowohl auf einem gewissen Adaptationsvermögen des Gehirns als auch auf einer passiven Erweiterung der (kindlichen) Schädelhöhle zu beruhen, wodurch dem wachsenden Hydrom Platz bereitet wird. — Spontane Ausheilungen, d. h. vollständige Resorption des Hydrominhalts, werden nicht ganz selten, besonders bei den hydro-hämorrhagischen Formen im Kindesalter beobachtet (ROSENBERG, BANNWARTH usw.).

Makro- und mikroskopische Anatomie.

Die meisten heutigen Autoren nehmen eine subdurale Entwicklung bzw. Lage des Hydroms an. Nach den spärlichen anatomischen Berichten, die überhaupt in dieser Hinsicht eine Beurteilung zulassen, dürfte es jedoch wahrscheinlicher sein, daß das cystische Durahydrom, ähnlich wie das Durahämatom (LINK), *intradural entsteht*, wie dies ziemlich deutlich aus der Schilderung und Abbildung in der Arbeit von RICHTER hervorgeht. Auch BANNWARTH betont neuerdings die intradurale Lage des Hydroms. Übrigens sprechen ja die zahlreichen fließenden Übergangsformen zwischen Hydroma und Haematoma durae für diese Genese.

Häufiger als das Hämatom sitzt das Hydrom doppelseitig. In 10 Fällen von INGRAHAM und MATSON ergab sich 7mal eine Bilateralität. — Ferner übertreffen die Hydrome häufig die Durahämatome an Volumen. Riesige ,,Wassersäcke" werden von HARANGHY und von E. SMITH beschrieben. Dementsprechend kann die Kompression des Gehirns grotesk erscheinen (Abb. 16 und 17). So bildete es im Fall HARANGHY eine 6 cm dicke, plattgedrückte Scheibe an der Schädelbasis (!). — Eine mäßige hydrocephalische Schädelvergrößerung ist oft

---

[1] Nach RICHTER stammt der Ausdruck *Hygroma durae* von DUNCAN 1828 und wurde um 1863 von VIRCHOW übernommen. — Das etwa gleichbedeutende Wort *Hydroma* ist zuerst von DANDY eingeführt worden und wird heute allgemein benutzt.

[2] Von den in der Rubrik angeführten Bezeichnungen wird der Kürze wegen im folgenden der Name *Hydrom* gewählt.

vorhanden und kann in seltenen Fällen schon bei der Geburt ausgebildet sein (GUTBROD u. a.). Auch einseitige Vorwölbung der Temporalgegend mit starker Knochenatrophie wird beschrieben, so z. B. in den 3 Fällen von BANNWARTH.

Der *Hydrominhalt*, der fast immer unter Druck steht, ist meistens hell- bis dunkelgelb, in einigen Fällen wasserklar, liquorähnlich, sonst oft bräunlich oder weinrot (Hämolyse) oder zeigt etwas stärkere Blutbeimischung. Bei farbloser Flüssigkeit ist der Eiweißgehalt niedriger. Eine gallertige Koagulation ist eine Ausnahme (RICHTER). — Nicht selten werden Mengen von mehr als 500 g, bei doppelseitiger Entwicklung insgesamt sogar bis über 1 Liter, gemessen.

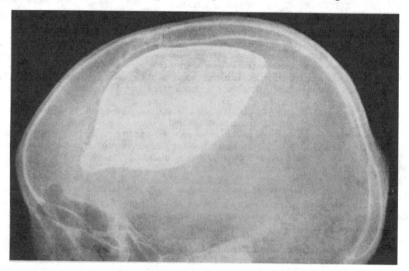

Abb. 14. Röntgenbild eines verkalkten Durahämatoms. [Nach GOLDHAHN: Dtsch. Z. Chir. **224** (1930).]

Die *Wände* des Hydromsackes sind für gewöhnlich fibrös, sehr dünn und durchsichtig oder duraähnlich derb (Abb. 17 und 18). Die Innenseite kann verschieden, aber meist nicht stark pigmentiert sein. In anderen Fällen erscheint die Wand steif, 1—3 mm dick und gelegentlich verkalkt. Multiple oder mehrfächerige Hydrome, in seltenen Fällen sogar zusammen mit einem Durahämatom, kommen vor (OKONEK).

Das *histologische Bild* wechselt je nach dem Alter des Prozesses. Rein fibröse Strukturen überwiegen, und zwar besonders in der inneren Wand. Die äußere kann in frischeren Fällen einen größeren Zellgehalt (Fibroblasten und spärliche Lymphocyten) aufweisen, ebenso zahlreiche Capillaren, die aber selten so strotzend gefüllt sind, wie es beim Blutsack der Fall ist. In veralteten Fällen bekommt die Wand eine fibro-hyaline, zellarme Struktur. Der Wandbau beim Hydrom verhält sich, von dem geringeren oder mangelnden Pigmentgehalt abgesehen, somit *grundsätzlich* in derselben Weise wie beim Durahämatom.

Unsere Kenntnisse von der *Pathogenese und Ätiologie* des Durahydroms sind überhaupt dürftig. Die alte Vorstellung, daß die „seröse" Hydromflüssigkeit durch fortgesetzte Kolliquation mit allmählichem Blutpigmentschwund aus einem früheren Durahämatom hervorgehe, ist wohl heute aufgegeben. Dagegen hat man, wie bei dem letzteren, wiederholt versucht, die wäßrige Beschaffenheit des Hydrominhalts mit der osmotischen Theorie von GARDNER zu erklären (S. 800). Dies dürfte aber beim Hydrom durch Blutzerfall allein nicht möglich sein, denn auch ohne merkbare Blutbeimischung bzw. Wandpigmentierung kann sogar in sehr alten Hydromen der Eiweißgehalt eine hohe und stabile Kurve zeigen (ROSSIER). Zudem entstehen doch, wie es scheint, große Hydrome mitunter so schnell, daß sie unmöglich bloß auf osmotische Weise erklärt werden können. — Es ist zu vermuten, daß wir es hier eher mit einem Exsudations- oder Transsudationsvorgang seitens des duralen Capillarbettes zu tun haben, was schon RICHTER (1899) angenommen hat.

Wenn ein Trauma eine auslösende oder verschlimmernde Rolle spielt, was beim Hydrom nach dem Schrifttum besonders häufig der Fall ist (INGRAHAM und MATSON u. a.), so könnte dies folglich bloß eine Gefäßschädigung milderen Grades herbeiführen, die in der Hauptsache nur eine traumatische Liquordiapedese zulassen würde (vgl. das traumatische Ödem). Sehr wahrscheinlich sind jedoch in den meisten Fällen gleichzeitig auch andere Faktoren wirksam, wie Vasotoxine usw., die zu einer bestimmten vasalen Permeabilitätsänderung führen. Nach INGRAHAM und MATSON u. a. kombiniert sich die traumatische Wirkung (bei Kleinkindern) sehr häufig mit den Folgen verschiedener Infekte sowie schwerer Ernährungsstörungen.

Über die Ursache der so auffallenden *Prävalenz* der Durahydrome *im Kindesalter* und der Durahämatome (bzw. der P. h.) im Greisenalter wissen wir so gut wie nichts. Man könnte allerdings mit BANNWARTH vermuten, daß dieser Unterschied wenigstens zum Teil ,,mit der altersbedingten prämorbiden Gefäßverfassung" zusammenhängt. — Mit Hilfe der Relationspathologie von RICKER will nun BANNWARTH das Hydrom und das Hämatom der Dura genetisch von einem gemeinsamen Gesichtspunkt betrachten, denn was die beiden trenne, ,,sind keine grundsätzlichen Unterschiede in der Kette der pathogenetischen Vorgänge, sondern bloß Unterschiede in der Stärke der örtlichen Kreislaufstörungen, d. h. in der Intensität der peristatischen Hyperämie. Was nämlich beim Hydrom gefordert werden muß, ist ausschließlich jene an mittelstarke Reizeinwirkungen gebundene Durchblutungsform, welcher die Transsudation von zellfreier Flüssigkeit zukommt (Stufe 2 der peristatischen Hyperämie = Liquordiapedese)."

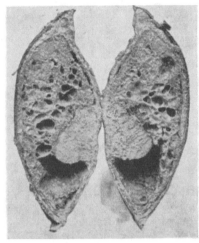

Abb. 15. Das verkalkte Hämatom der Abb. 14. Größte Dicke 4,8 cm.
[Nach GOLDHAHN: Dtsch. Z. Chir. 224 1930).]

Schließlich seien hier auch die eigenartigen, vor allem gleichfalls dem Kindes- und Jugendalter zugehörigen Zustände kurz erwähnt, wo *im Subduralraum freiliegend* eine oft erhebliche, unter Druck stehende Menge von liquorähnlicher oder leicht sanguinolenter Flüssigkeit gefunden wird. Es sind dies *die sog. akuten, nicht-cystischen subduralen Hydrome*, denen ebenfalls eine große chirurgische Bedeutung zukommt. Nach der Literatur zu urteilen, würden sie gar nicht selten sein. Indessen dürfte es wohl manchmal bei der *Operation* nicht ganz leicht sein zu entscheiden, ob ein freier subduraler Erguß oder ein ganz *dünnwandiges* cystisches Hydrom vorliegt, da nach Entleerung eines solchen seine zarte arachnoideaähnliche Innenwand der Aufmerksamkeit entgehen kann (vgl. Abb. 17). — Als *Genese* dieser *freien* Ergüsse wird öfters eine traumatische Arachnoidearuptur angenommen, wodurch Liquor in den Subduralspalt ströme (NAFFZIGER, DANDY, MUNRO u. a.). Ein Zurückströmen des Ergusses in die Liquorräume sei unmöglich, weil die Ruptur als ein Ventilverschluß wirke, besonders bei Entwicklung eines traumatischen Hirnödems. — Diese Anschauung wird indessen scharf kritisiert (ROSSIER, BANNWARTH u. a.). BANNWARTH vermutet wie beim cystischen Hydrom eher einen Transsudationsvorgang seitens der Durainnenfläche, nachdem ihre Endothelschicht traumatisch geschädigt worden sei (s. auch bei MUNRO 1942). Damit würden wahrscheinlich die freien subduralen Hydrome in genetischer Beziehung den cystischen intraduralen nahestehen. Auch werde die Zusammengehörigkeit dieser beiden Hydromtypen durch ihr gelegentlich gleichzeitiges Vorkommen bei demselben Fall gestützt.

D. Inveterierte oder stationäre Formen der Pachymeningitis haemorrhagica und der Durahydrome.

Es gibt zweifellos Fälle, wo es im Vollbildstadium der P. h. bzw. des Dura-hämatoms zu einem Stillstand des sonst progressiven Krankheitsvorgangs gekommen ist. Dasselbe gilt von Hydromfällen, die jahrzehntelang anscheinend unverändert geblieben sind. Bezüglich der P. h. muß jedoch bemerkt werden, daß solche „Endzustände" morphologisch nicht immer leicht von denen der

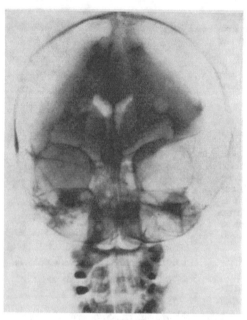 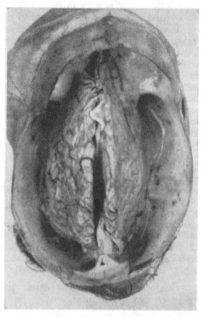

Abb. 16.   Abb. 17.

Abb. 16. Doppelseitiges chronisches traumatisches Hydrom der Dura bei einem 10jährigen Kind. Nach Ventrikulographie. [Nach Handfest: Arch. orthop. u. Unfallchir. 40 (1940).]

Abb. 17. Doppelseitiges subdurales Hydrom bei einem Neugeborenen. Hochgradige Hirnkompression. Über der rechten Hemisphäre sieht man eine dünne durchsichtige Membran, die wahrscheinlich der inneren Hydrom-wandung entspricht. (Nach B. W. Lichtenstein: Textbook of Neuropathology. Philadelphia und London: W. B. Saunders Company 1949.)

subduralen Blutungen unterscheidbar sein dürften. — Im ganzen handelt es sich um *seltene Beobachtungen*.

Einen kuriosen Anblick bietet dabei oft das fibro-hyaline Umwandlungs-produkt einer *multilamellierten* P. h. Es sieht aus, als ob eine Anzahl neue Duren nach innen von der ursprünglichen gebildet seien. Die duraähnlichen Lamellen können mit festen oder lockeren Verbindungen dicht aufeinander liegen, sind derb, weißlich-gelblich oder enthalten zwischen sich Reste von breiigen, chole-steringlitzernden Massen oder aber Ansammlungen von hellgelber Flüssigkeit. Partielle Verkalkungen der Lamellen kommen vor.

Analoge Vorgänge können sich auch beim *Haematoma durae* entwickeln. Hierbei sind die Wände des Sackes oft erheblich verdickt, hyalin-sklerotisch oder in eine verkalkte Schale umgewandelt, die mitunter auch Verknöcherung zeigen kann (Abb. 15). In solchen Fällen ist der Inhalt meistens eingedickt, rotbraun, trocken und brüchig, krümelig oder spongiös oder steinhart verkalkt mit gelbweißem Aussehen. — Verkalkungen können auch in den sklerotischen

Wänden veralteter *Hydrome* auftreten. — Beispiele der genannten „Endzustände" sind beschrieben worden von PAULUS, HEINRICHS, REDTENBACHER, SUDECK, FALKENBERG, GOLDHAHN, CRITCHLEY und MEADOWS, DAVIDOFF und DYKE, BOYD und MERRELL, LANG, LINK sowie WERTHEIMER und DECHAUME u. a. Kalkablagerungen bei diesen Formen haben klinisches Interesse wegen des typischen Röntgenschattens (Abb. 14).

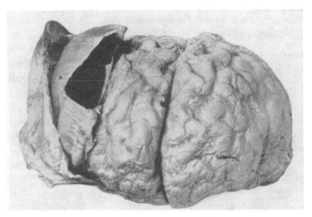

Abb. 18. Unilaterales Durahydrom. (Aus H. HAMPERL: Lehrbuch der allgemeinen Pathologie und der pathologischen Anatomie. Berlin-Göttingen-Heidelberg: Springer 1950.)

II. Hämorrhagische Duraaffektionen anderer Art.

Hier handelt es sich um eine kleine Gruppe, im ganzen seltener, Fälle von „blutenden Duren", wo die Blutung auf morphologisch feststellbaren Prozessen in der Dura oder ihrer unmittelbaren Nachbarschaft beruht, die grundsätzlich von denen abweichen, welche bei subduraler (traumatischer) Blutung sowie bei P. h. vom Typus JORES und LINK bereits besprochen worden sind. Jedoch ist die genetische Abgrenzung nicht immer leicht, weil die lokalen „primären" Prozesse mitunter auch sekundär solche Duraveränderungen hervorrufen können, die im Initialstadium der P. h. beobachtet werden, wie Gefäßwucherung, Stauung, Nekrose usw. Andererseits muß man natürlich auch damit rechnen, daß mitunter bei einer schon bestehenden P. h. sekundär und zufällig in ihrem Gebiet andersartige pathologische Vorgänge zur Ausbildung kommen (z. B. Entzündung, Tumoren usw.), was das anatomische Bild der ersteren mehr oder weniger verschleiern könnte. — Sonst bleiben aber in der Regel die zu dieser Gruppe gehörenden Durablutungen mäßig oder klein und werden nebst ihrer lokalen Ursache meistens zufällig bei der Sektion gefunden. „Selbständige" Durakrankheiten stellen sie überhaupt nicht dar. Ferner ist offenbar, daß die hier in Frage kommenden „primären" krankhaften Veränderungen der Dura nur unter Umständen zu Blutungen führen, was natürlich im Einzelfall vom Grade der gefäßschädigenden Wirkung abhängt.

1. Pachymeningitis haemorrhagica interna sensu strictiori.
(Unspezifische Entzündung.)

a) Aus der Nachbarschaft per continuitatem übergreifende Entzündung, und zwar besonders bei akuten und chronischen rhino- oder otogenen Infektionen (KREPUSKA) mit oder ohne Einschaltung einer Sinusphlebitis. Seltenere Ursachen sind eine Schädelosteomyelitis anderer Genese sowie eine eitrige Leptomeningitis. — Beim Aufschneiden der Dura findet man oft im Subduralraum eine kleine Menge freien, flüssigen, trüben Exsudates mit serös-eitriger, mitunter sanguinolenter Zusammensetzung. An der Durainnenfläche kommt es zur Ausbildung eines eitrig-fibrinösen, sulzigen, blutig gefleckten Belags. Hierdurch entstehen alle Übergänge zu einem subduralen Absceß. Das Duragewebe und die perivasculären Spatien sind mehr oder weniger stark entzündlich infiltriert.

b) *Hämatogene oder embolische Pachymeningitis.* Es handelt sich hier meistens um Fälle mit Sekundärinfektion einer bereits vorhandenen P. h. vom Joresschen Typus, deren hämorrhagisches Gewebe den mit dem Blute zugeführten Mikroorganismen als guter Nährboden dienen kann. Solche Fälle von sekundärer Eiterung in einem „chronischen Subduralhämatom" sind unter anderen von Magnan, Gläser, Krücke und Kluck beschrieben worden. — Sonst hat man als Beleg für die primär-entzündliche Natur gewisser hämorrhagischer Pachymeningitiden allerlei Bakterienbefunde in den sog. Neomembranen angeführt (Roth, Schwarz), was offenbar einer befugten Kritik unterliegt. — Eine sichergestellte hämorrhagische Duraaffektion von primär-embolischer Genese dürfte zu den größten Seltenheiten gehören. Als absolut beweisend führt Hanke den Fall Schottmüllers

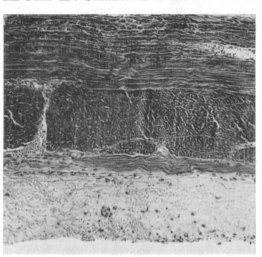

Abb. 19. Pachymeningitis exsudativa serosa acuta. Die weiten Maschen des äußerst grazilen Fibrinnetzes enthalten seröse Flüssigkeit. Häufchen von roten Blutkörperchen, spärliche Lymphocyten und Meningocyten. Die letzteren bilden ein im Exsudat eingebettetes Zellkügelchen. Man sieht aber keine Erweiterungen der inneren Capillaren. Oberflächliche Nebenschicht aus längsgetroffenen Bindegewebsfasern in der Sinusnähe. Im Subduralraum fand sich eine geringe Menge freien serösen Exsudats. Zufälliger Befund bei akuter Nephritis.

an: Puerperalsepsis mit hämolytischen Streptokokken im Blut. Auf der Durainnenseite fanden sich zahlreiche, spritzerartig erscheinende Blutungen sowie eine dünne, abziehbare „Pseudomembran", in deren perivasculären Zellhaufen Streptokokkenaggregate mit kleinen Blutaustritten in der Umgebung nachgewiesen wurden. Auch hier ist es meines Erachtens nicht ausgeschlossen, daß die Infektion sekundär im Frühstadium einer P. h. entstanden ist.

c) An dieser Stelle seien auch jene sehr zahlreichen Fälle erwähnt, in denen bei allen möglichen Grundleiden, besonders septischen Zuständen, zufällig eine *serofibrinöse bis hämorrhagisch-fibrinöse Exsudation* in der inneren Capillarschicht und vor allem auch auf der Durainnenfläche gefunden wird. Die Blutungen sind meistens klein, spritzerartig angeordnet, die Exsudatschicht läßt sich oft als dünnes Häutchen abziehen. Makroskopisch dürfte diese blutig gesprenkelte Form kaum von der Frühphase einer P. h. in Jores' und Links Sinne zu trennen sein. In der älteren Literatur wurden diese fibrinös-exsudativen Veränderungen der Durainnenseite als die den pachymeningitischen Vorgang *einleitende Entzündung* angesehen (Barrat, Melnikow u. a.), während Jores und Laurent die fibrinös-hämorrhagische Pachymeningitis interna als eine besondere Form aufstellten, die durch Organisation des Exsudats ausheile und also mit der vasculär-proliferativen Pachymeningitisform von JORES nichts zu tun habe (S. 784). — RÖSSLE hat später das seltene Vorkommen von *reinen primär-exsudativen Pachymeningitisformen* geschildert, wobei er einen serösen und einen fibrinösen Typus, je mit einer akuten und chronischen Form, unterscheidet. Sie können sich öfters miteinander und mit Blutungen kombinieren. Auch RÖSSLE sowie nach ihm FAHR, WOHLWILL, ROSENBERG usw. trennen diese exsudative Pachymeningitis vom JORESschen idiopathischen Typus streng ab, obwohl JORES selbst angibt, daß gelegentlich auch hier im Beginn etwas Fibrin beigemischt sein kann.

Inwiefern nun die primär-exsudativen Vorgänge in oder an der Durainnenfläche eigentliche Durakrankheiten sind und als solche wirklich auch den Namen

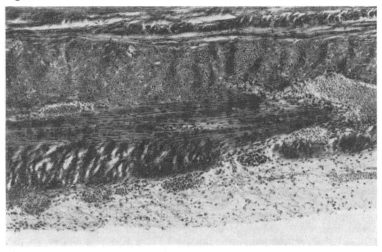

Abb. 20. Pachymeningitis exsudativa. Die Zellen der lockeren Fibrinschicht sind Plasmazellen, Lympho- und Meningocyten sowie vereinzelte polynucleäre Leukocyten. In der inneren Duraschicht perivasculäre Infiltrate ähnlicher Art. Starke Dilatation der JORESschen Capillaren. Kleinste Diapedeseblutungen. Mehrschichtung der Dura als normale Erscheinung in der Sinusnähe. Zufälliger Befund bei chronischer Lungentuberkulose.

Pachymeningitis sensu strictiori verdienen, ist wohl heute nicht ganz sicher, denn wie bei der Pachymeningitis haemorrhagica idiopathica finden sich nach den allermeisten Autoren überhaupt sehr spärliche, ja manchmal gar keine entzündlichen Zellen im Exsudat bzw. in der pachymeningitischen Duraschicht, wozu kommt, daß die übrigen Schichten der harten Hirnhaut fast immer unverändert bleiben (Abb. 19 und 20). — Die von RÖSSLE, FAHR, WOHLWILL u. a. in diesem Zusammenhang beschriebenen endothelähnlichen Zellhaufen haben mit der erwähnten „Entzündung" nichts zu tun. Nach LAAS sind sie präexistente Wucherungen von Arachnothelien, die auch in normalen Duren und in P. h. i.-Membranen vorkommen und gelegentlich Psammomkörner und Zellkugeln bilden können (Abb. 19). Vgl. die Zellhaufen von M. B. SCHMIDT. — Über Bakterienbefunde s. oben.

Hält man an einer entzündlichen Natur der genannten exsudativen Vorgänge fest, so könnte man natürlich die zellarme Exsudation als mit der serösen Entzündung RÖSSLEs verwandt betrachten. Die Exsudatbildung dürfte andererseits wohl auch als „reines" Ergebnis einer toxischen Permeabilitätsstörung der inneren Duracapillaren erklärbar sein, ohne daß man dabei von „Entzündung" im eigentlichen Sinne sprechen müßte. — BANNWARTH scheint geneigt zu sein, die chronische seröse Pachymeningitis interna von RÖSSLE als Frühreaktion eines Hydroma durae anzusehen. Weitere Untersuchungen über die Natur und Ursachen der Rössleschen Pachymeningitisformen sind wünschenswert.

2. Pachymeningitis haemorrhagica interna tuberculosa und syphilitica.

Isolierte (metastatische) spezifisch-granulomatöse Infekte der Dura cerebri und spinalis sind im ganzen ungewöhnlich, und noch viel seltener kommen ihre hämorrhagischen Spielarten vor. — Etwas häufiger scheinen andererseits die betreffenden Duraaffektionen als kollaterale oder Kontakterscheinung zu sein, aber auch hier ist die hämorrhagische Tendenz eine Ausnahme.

Im allgemeinen lassen sich folgende morphologische *Grundtypen der tuberkulösen Pachymeningitis* aufstellen: Durch *Kontaktinfektion* seitens einer Leptomeningitis entsteht sowohl im Schädel als im Spinalkanal häufig (nach Ribbert und Chiari fast konstant) eine feine miliäre Aussaat an der Durainnenfläche. Besonders diese Form kann gelegentlich einen starken hämorrhagischen Charakter zeigen (C. Henschen). — Übergreifend von einer Caries sicca entwickeln sich entweder miliäre Knötchen, graublasse tuberkulöse Neomembranen oder fungöse, käsig-eitrige Massen an der Dura mit oder ohne hämorrhagischen Einschlag, wobei im spinalen Epiduralraum voluminöse rinnen- oder röhrenförmige, feste Granulomplatten eingelagert sein können (Vorschulze, Chiari, Bönninger und Adler, Scheidegger). Breite Durchbrüche äußerer Herde in den Subduralraum sind eher selten (Baumann). Ausnahmsweise sind walnußgroße epidurale Tuberkulome im Spinalkanal gefunden worden (Bönninger), sowie gestielte, polypöse, reiskorngroße, zum Teil verkäste Tuberkeln an der Innenseite der Parietaldura in der Umgebung eines Hirntuberkuloms (Scheidegger). — Die „idiopathische" oder *metastatische Form* der Duratuberkulose, besonders bei Kindern mit akuter Tuberkulose vorkommend, bildet auf der Durainnenfläche im Gegensatz zur Kontaktinfektion isolierte oder multiple, rundliche, oft polypöse Tuberkulome größeren Formats (O. Koch). Solche erbsen- bis hühnereigroße Gebilde sind von Cautley, Montaldo, Bönninger (im Spinalkanal) und Steiger beschrieben worden.

Die syphilitische Pachymeningitis kommt nur selten isoliert vor, sondern verschmilzt in der Regel mit osteo-periostitischen Herden oder mit luischer Leptomeningitis. Man findet hierbei in verschiedener Kombination eine Pachymeningitis gummosa externa oder interna (Kaufmann, Köster), diffuse adhäsive Schwielenbildung oder eine miliäre, gummöse Aussaat (Vorschulze). Der gewöhnlichste Infektionsweg geht über die weichen Häute. — Bei syphilitischer Osteoperiostitis sah Guldberg ausgedehnte, rotbraune, dicke Neomembranen, die, wie die Dura selbst, starke Entzündung mit Plasmazellen, aber keine Spirochäten zeigten. — Kaump und Love beschrieben in einem Subduralhämatom bei luischer Infektion kleine perivasculäre Zellherde, die miliären Gummen ähnelten. — Herxheimer beobachtete eine frische Subduralblutung bei schwerer luischer Veränderung eines Durasinus, und Hahn ein basales Subduralhämatom bei basaler luischer Leptomeningitis. Die Hirnhautsyphilis ist überhaupt heutzutage eine seltene Erscheinung.

3. Subdurale Blutungen bei leukämischer Infiltration, bei Geschwülsten und bei sog. Gefäßnaevus der Dura.

Wie bei der Lokalisation der beiden erstgenannten Prozesse in den serösen Häuten der Brust- und Bauchhöhle kommt es bei ihrem duralen Sitz mitunter zu Blutungen, die jedoch selten umfangreich oder überhaupt symptomgebend sind. Meistens handelt es sich um spinngewebsdünne, rote Bluthäutchen an den veränderten Stellen der Durainnenfläche, in anderen, besonders den leukämischen Fällen bilden sich jedoch mitunter mehrere Millimeter dicke subdurale Blutergüsse, in deren Innerem oder etwa in membranösen Organisationsprodukten oder im Duragewebe selbst die blutungserregende Veränderung nachgewiesen werden kann, die also ohne mikroskopische Untersuchung oft nicht zu diagnostizieren ist.

Die *Leukämieform*, bei der oft starke intradurale Infiltrate oder Appositionen auftreten, ist die lymphatische (Hochhaus), und zwar entweder diffus oder in flachen, umschriebenen Herdchen (C. Henschen, Hanke, ferner Hochhaus: myeloische Knötchen; Rotschild, Reese, Dock, Critchley: Chlorom der Dura).

Die selten bei primären (Meningiomen), häufiger bei metastatischen *Tumoren* (Carcinomen) der Dura oder bei übergreifenden Knochen- und Weichteilsarkomen gefundenen sub- und intraduralen Blutungen, die einer P. h. ähneln können, entstehen sowohl infolge der Gefäßzerstörung bei massiver Tumorinfiltration als auch infolge lokaler Kreislaufstörungen (LAAS) durch Einwachsen von Geschwulstzellen in venöse und capillare Blutbahnen, besonders der *äußeren* Duraschicht (RUSSEL und CAIRNS). Von hier aus erreichen Tumorelemente gelegentlich die innere Capillarschicht oder hier zufällig schon vorhandene pachymeningitische ,,Neomembranen'' oder subdurale gefäßreiche Organisate (WESTENHOEFFER, DAHMEN, GUTMANN, WOLFF u. a.). — Daß schon ganz kleine Geschwülste der Durainnenfläche eine starke örtliche Kreislaufstörung herbeiführen können, sah ich in Form auffallender kongestiver Capillarenwucherung kranzförmig am Rand kleiner Meningiome (Abb. 21). Ähnliches wird von CHRISTENSEN erwähnt.

Abb. 21. Starke Wucherung und Stauung der inneren Capillarschicht am Rande eines Durameningioms. Etwa 3fache Vergrößerung.

Ob sich das Bild einer ,,blutenden'' Dura auf der Basis von präexistenten *Gefäßnaevi und ,,echten'' Angiomen* entwickeln kann, erscheint sehr fraglich, da das Vorkommen solcher Gebilde in der Dura überhaupt ganz unbewiesen ist. Wir haben auf S. 784f. die Befunde von HEILMANN (Gefäßnaevus) und HOMPESCH (kavernöses Hämangiom) kurz besprochen. Bezüglich der ,,Gefäßhamartien'' HEILMANNs kann man HOMPESCH beistimmen, wenn er sagt, daß sie gewissen Besonderheiten in der normalen Angioarchitektonik der Dura entsprechen. Solche Gefäßbezirke werden meines Erachtens durch zufällige lokale und allgemeine stauungsbewirkende Faktoren schon dem unbewaffneten Auge deutlich, und zwar an Stellen (parasagittales Fronto-Parietalgebiet), wo die durale Gefäßversorgung wahrscheinlich besonders verwickelt ist (vgl. KREMIANSKY). Sie erscheinen als diffus begrenzte rötliche Flecke an der Durainnenseite und lassen oft schon makroskopisch ihre medusakopfähnlich angeordneten Gefäße hervortreten (Abb. 22). Sie stellen somit am ehesten durch Stauung verstärkte (und gewucherte ?) Capillargebiete in der Umgebung kleiner Venenwurzeln der inneren Duraschicht dar. Ich fand sie öfters bei älteren Frauen mit Hyperostosis frontalis interna. Sicher ist, daß in solchen Gefäßflecken dünne Blutungen vorkommen können, wodurch makroskopische (meines Erachtens auch mikroskopische) Übergangsbilder zu den Initialphasen der vasculären P. h. entstehen (Abb. 23). — Ich glaube, daß man diese ,,Gefäßnaevi', die Pachymeningitis vasculosa ORTH und die subendotheliale Capillarenwucherung von JORES als genetisch zusammengehörige Erscheinungen betrachten muß.

Was schließlich das flächenhafte kavernöse Hämangiom von Hompesch als angebliche Ursache der P. h. anbetrifft, so muß man sich seiner kategorischen Deutung gegenüber noch skeptischer stellen. Seiner Beschreibung ist höchstens

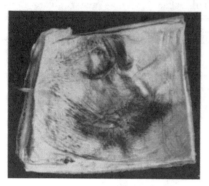

zu entnehmen, daß in einem überwiegend fibrösen pachymeningitischen Duragewebe (vgl. Link) mitunter stark dilatierte dünnwandige Gefäße in dichter Lagerung auftreten, was eine Kavernomstruktur vortäuschen könnte. Bei den äußerst spärlichen Angaben der Literatur über „Durakavernome" handelt es sich um keine echten Geschwülste, sondern um *knotige* Varicositäten (Varix verus, Varix traumaticus). — Siehe bei A. Müller, Marx und Mariantschik.

Nachtrag bei der Korrektur: Die auf S. 802 vorausgesehene Kritik der Linkschen Lehre ist besonders von H. Jacob neuerdings in Arbeiten vorgeführt worden, die mir aber leider erst bei der Korrektur vorlagen, weshalb sie hier nur in aller Kürze besprochen werden können. —

Abb. 22. Sog. Gefäßnaevus der Dura bei einem rachitischen, 9 Monate alten Kind. Strauchförmige Wucherung der inneren Capillarschicht. Links Sinus longitudinalis. Oben 2 Brückenvenen. Natürliche Größe.

Nach Jacob hat der Begriff, „chronisches subdurales Hämatom" (Blutsack) seine Berechtigung als Sonderform traumatischen Duraschadens. Dies zeige besonders auch der klinische Verlauf. Mit früheren Autoren zeigt er auf die Schwierigkeit hin, histologisch ein Organisat von einem pachymeningitischen Prozeß immer unterscheiden zu können, und zwar auch, weil die beiden Vorgänge mitunter in innigem Beieinander in Fällen von klinisch

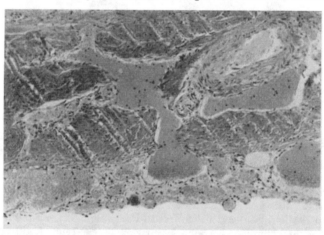

Abb. 23. Schnitt durch den „Naevus" der Abb. 22. Intensive Stauungserscheinungen auch der tieferen Dura-venen. In der Bildmitte die eigenartig geformte Begleitvene zu einem rechts gelegenen Arterienast. Sie anastomosiert mit der inneren Capillarschicht. Dort ein Psammomkörperchen.

zweifellos traumatischer Subduralblutung beobachtet werden können. Das Duragewebe habe somit die Fähigkeit einer (fakultativen) Doppelleistung, wobei im Verlauf einer organisatorischen Aufbereitung eines traumatischen Subduralhämatoms gelegentlich eine Wendung zu pachymeningitischer Progredienz einsetzen könne (sekundäre Pachymeningitis bei organisierter Subduralblutung). Jacob richtet ferner eine scharfe Kritik gegen gewisse Abbildungen von P. h. in Links Arbeit, die nach Jacob vom intraduralen Sitz der Pachymeningitis nicht hinreichend überzeugen, sondern lediglich ihre subendotheliale Entstehung beweisen, weil man am Bild die beiden, etwa wie normalerweise gleichdicken fibrösen Duraschichten als unverändert wahrnehme. — Ich glaube nun nicht, daß die Beweisführung Jacobs an Hand zweier Mikrophotogramme aus der Linkschen Arbeit die Lehre des letzteren in diesem Punkt tief erschüttern kann. — Was das „chronische Subduralhämatom" betrifft, muß ich mich eher Jacob und Peters anschließen. Wie ich auf S. 782 bemerkt habe, ist es nicht ausgeschlossen, daß in einer gewissen Phase der Organisation ein dickes Subduralhämatom eine Art von organisatorischer Umkapselung mitunter zeigen kann, wie die amerikanischen Autoren registriert haben. Wenn zudem ein Teil der Blutmasse zerfällt, nekrotisch oder flüssig wird (vgl. Link), kann die totale Organisation für lange Zeit ausbleiben, d. h. der Verlauf wird „chronisch". Peters drückt die Sache sehr klar aus: Unter dem „chronischen Subduralhämatom" der Literatur sollte man lediglich ein klinisches Syndrom verstehen, das im pathogenetischen Sinn ein Zwitter ist, denn es kann sowohl durch intradurale Blutungen bei der P. h. als auch durch subdurale Blutungen hervorgerufen werden. Ersteres ist das häufigere Geschehen. Ein „chronisches Subduralhämatom" entsteht *traumatisch* durch eine einmalige Blutung mehr oder weniger unmittelbar nach dem Trauma. Das klinische Intervall erklärt sich durch die weitgehende Kompensationsmöglichkeit gestörter intrakranieller Druckverhältnisse. Erst nach Erschöpfung der kompensierten Faktoren treten infolge gestörten Schädelbinnendrucks progrediente klinische Symptome auf. Peters bestätigt sonst im großen und ganzen die Befunde von Link, besonders auch bezüglich der untergeordneten Rolle des Bagatelltraumas für die Entstehung von Blutung in einem bereits vorhandenen pachymeningitischen Gewebe, sowie bezüglich der nichttraumatischen Ätiologie der Pachymeningitis. — Es müssen die weiteren Ausführungen in der lehrreichen und wichtigen Arbeit von Peters nachgelesen werden.

III. Pachymeningitis cervicalis hypertrophica (Charcot-Joffroy).

Schwielige Verdickungen der obersten Spinaldura waren im Zusammenhang mit klinischen Symptombildern schon um die Mitte des vorigen Jahrhunderts bekannt (Abercrombie, Gull und Koehler, nach Joffroy). Das Verdienst, die neurologische Symptomatologie zu einem charakteristischen Krankheitsbild abgegrenzt zu haben, gebührt Charcot (1869), und einige Jahre später wurden die Hauptzüge der pathologischen Anatomie dieser Erkrankung von Joffroy (1873) festgestellt.

Die sich über Jahre hinziehende, chronisch verlaufende, im großen und ganzen recht seltene Krankheit weist klinische Stadien von Progression auf, welche mit Wurzelsymptomen beginnen und oft mit dem Bilde einer Querschnittsläsion enden. Insofern ist die Symptomatologie natürlich nicht ätiologisch einheitlich, entspricht aber an und für sich recht gut der Ausbreitung und Art des anatomischen Substrats. Sobald die Lage der anatomischen Schädigung von der klassischen Stelle um den unteren Teil des Cervicalmarks abweicht oder sich erheblich über diese Gegend hinaus erstreckt, ändern oder trüben sich natürlich die symptomatischen Züge der Krankheit.

Über *Geschlechts- und Altersverteilung* ist wenig bekannt. Wilson, Bartle und Dean haben kürzlich 15 Fälle gesammelt, darunter 12 obduzierte. Das Material umfaßte Altersgruppen zwischen 21—65 Jahren, ließ aber keine deutliche Altersdisposition erkennen. Jedenfalls ist die Krankheit selten unter 20 Jahren (Probst: 15jähriges Mädchen). Auf Wilsons Material (15 Fälle) entfielen 5 Frauen, während Berger meint, daß Frauen im mittleren Alter am häufigsten betroffen werden.

Es ist von Wichtigkeit, zunächst eine pathologisch-anatomische *Begriffsbestimmung* zu geben. Joffroys Schilderung bezog sich auf die erwähnte cervicale Lokalisation, wobei das Wesentliche für ihn die schwielig verdickte Dura war. Durch die rasch an Zahl zunehmenden Beobachtungen wurde indes immer klarer, daß, wie besonders Wieting (1, 2) betonte, die Dura nicht allein affiziert wird, sondern in der Mehrzahl der Fälle mit der gleichfalls stark verdickten weichen Haut zu einer „symphyse triméningée" zusammengewachsen ist. Es stellte sich auch heraus, daß das Rückenmark, wie ja zu erwarten war, in diesen Fällen nicht von schweren Schädigungen verschont blieb, und deshalb schlug Wieting den Namen „Meningomyelitis cervicalis chronica" vor. Die alte Charcotsche Bezeichnung war jedoch schon so in der Literatur eingewurzelt, daß diese und andere Namensänderungen sich nicht durchgesetzt haben. Jedenfalls wäre es für die meisten einschlägigen Fälle richtiger, von einer Trimeningitis chronica hyperplastica zu sprechen (vgl. O. Fischer). Auch ist die typische, untere, cervicale Lokalisation keineswegs immer vorhanden. So beschreiben z. B. Clarke, Mills und Williams sowie Hohlbaum eine durale Schwielenbildung bzw. trimeningitische Verwachsungen über dem ganzen Rückenmark oder größeren Teilen desselben, Thomas und Hauser, Marinesco sowie Déjérine und Tinel vorzugsweise in der Dorsalregion, Rosenblath, Bertha und Fossel im oberen Cervicalteil und Ch. Foix, Rose u. a. in der Lumbalgegend. Selten sind zwei oder mehr getrennte meningitische Abschnitte im Spinalkanal beobachtet worden. Weshalb die untere cervicale Lokalisation vorherrscht, ist unbekannt, aber wahrscheinlich hängt es mit örtlichen anatomischen Eigentümlichkeiten in dieser Gegend zusammen

Makroskopische Anatomie.

In typischen Fällen von Lokalisation im unteren cervicalen Gebiet bzw. cervico-dorsalen Übergang besteht eine schwielige, feste und fibröse, auf Querschnitten oft zwiebelschalenartig geschichtete Verdickung der Rückenmarkshäute auf einer Strecke von wechselnder Länge (etwa 9 cm nach Kauffmann), die in gewissen Fällen ziemlich scharf abgesetzt ist, in anderen ohne deutliche Grenze nach oben und unten abnimmt. Je nach der Längenausdehnung bekommt man also typischerweise eine mit dem Rückenmark fest und diffus verschmelzende, ring- oder manschettenförmige Umschnürung, bei der es schwer sein kann, die verschiedenen Rückenmarkshäute auf Querschnitten abzugrenzen. In anderen Fällen ist die Verwachsung locker, gelatinös [Wieting (2)], ödematös oder graurot, an weiches Granulationsgewebe erinnernd, oder man findet solche Adhäsion bloß fleckenweise, besonders auf der Hinterseite des Rückenmarks, während eine ganz isolierte Duraverdickung ohne Verwachsung mit der weichen Haut eher zu den Seltenheiten gehört. — Die Dicke dieser meningealen Schwielenbildung schwankt sehr, und aus den Beschreibungen der Fälle läßt sich schwer entnehmen, ob der einzelne Autor damit nur die durale oder die von den verschmolzenen Häuten gebildete Gesamtschwiele meint. In den Fällen, wo die Dicke der Dura selbst direkt angegeben wird, scheint sie sich in bescheidenen Grenzen zu halten, 2—3 mm, selten 5 mm und mehr (nach Pförringer bis zu 7 mm), während die gesamte Dicke aller Häute oft 10mal so groß sein kann wie die der normalen Spinaldura. Fast immer ist der hintere Duraumfang am dicksten, so daß der Querschnitt siegelringförmig aussieht (Abb. 25). Die Ursache dieser Eigentümlichkeit scheint wiederum in örtlichen prädisponierenden Faktoren zu liegen, meiner Ansicht nach vielleicht darin, daß das subarachnoideale Bälkchenwerk vor allem auf der Rückseite stark ausgebildet ist, wo übrigens auch dank dem hier breiteren Epiduralraum mehr Platz ist. Bei genügend starker Entwicklung des Prozesses in den lateralen Teilen des Spinalkanals können die beiden Nervenwurzeln in die meningitische Schwielenmasse einbezogen werden. Ausnahmsweise beobachtet man makroskopisch Blutpigment im Gewebe, oder man sieht solches als eine rostfarbene Pigmentierung auf der Innenseite der nicht verklebten Dura (Fritsch).

Einige Autoren beschreiben käsige, derbe Einlagerungen oder abgegrenzte Herde in der dicksten Partie der Duraschwiele (Behier, Adamkiewicz, Babinski, Marchand sowie Bertha und Fossel). In den Fällen von Marchand und Bertha saß der käsige Herd im vorderen Duraumfang (Abb. 27).

In diesem Zusammenhang sei auch bemerkt, daß alte, indurierte *peripachymeningitische Prozesse* im Epiduralraum Bilder hervorrufen können, welche der Pachymeningitis hypertrophica gelegentlich einigermaßen ähnlich sind. Die entzündliche epidurale Schwielenbildung kann nämlich außerordentlich derb erscheinen und intensiv mit der Dura und mit den Wirbelkörpern verwachsen sein, sowie bisweilen auch zu Verlötung mit der weichen Haut führen (Mills und Spiller, Dandy, Joisten, Crouzon, Paviot, Ricard u. a.). Solche Fälle sind also eigentlich nicht zur Gruppe der Pachymeningitis cervicalis hypertrophica (P. c. h.) zu rechnen, obwohl sie auch zufälligerweise am stärksten cervical entwickelt sein können. Hier ist die Bezeichnung *Pachymeningitis spinalis fibroplastica externa* richtiger, da der Prozeß im Epiduralraum beginnt und die Dura durch *äußere* Apposition von Schwielengewebe verdickt wird. Bald ist in solchen Fällen die Ursache eine syphilitische Caries der Wirbelkörper (JÜRGENS u. a.), bald ist die Entzündung unspezifisch.

Die *Histologie* ist bei der P. c. h. nicht einheitlich, was mit der offenbar heterogenen Ätiologie zusammenhängt (s. unten). Nicht einmal die entzündliche Natur tritt immer hervor. Deshalb hält O. FISCHER „Meningomeylitis" für einen schlecht gewählten Namen, weil der Prozeß einen degenerativen Typus aufweise, und FRITSCH schlägt aus denselben Gründen die Bezeichnung „Meningoeı Arteriosclerosis post. praecipue cervicalis" vor. Darüber, daß der Prozeß in den allermeisten Fällen *entzündlichen Charakter* hat, besteht jedoch kein Zweifel. Wenn er in einigen Fällen nicht deutlich zutage tritt, so kann dies sehr wohl damit erklärt werden, daß sich die Krankheit in einem zellarmen Narbenstadium befindet. Andererseits sind die entzündlichen Einschläge in anderen Fällen sehr augenfällig (Abb. 30 und 31). Indes wird das histo-pathologische

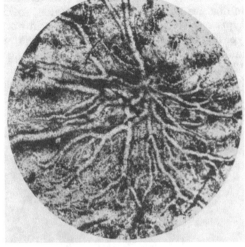

Abb. 24. Häutchenpräparat einer dünnen „Neomembran" der Durainnenseite. Radiäres Zusammenfließen zahlreicher Gefäße (Capillaren) zu einer einzigen abführenden Vene. Starke perivasculäre Pigmentablagerung. Diese Art der Gefäßanordnung führt einen erschwerten venösen Abfluß herbei und bildet so „die Crux der Situation". [Abb. aus einer Arbeit von LEARY: J. Amer. Med. Assoc. **103**, No 12 (1934).]

Bild immer von einer *Bindegewebswucherung* beherrscht, die in der Dura selbst als eine kompakte narbige Hyperplasie ihrer eigenen Elemente erscheint, oft ohne stärkere entzündliche Zellinfiltration, aber bisweilen mit einer gewissen Gefäßvermehrung. In den inneren Duraschichten sieht man dagegen ab und zu eine lebhafte *meningocytäre Proliferation* (PROBST, FISCHER), besonders bei gleichzeitiger Adhärenz an der weichen Haut (Abb. 29). In derselben Grenzschicht kommt häufig eine Ansammlung von Corpora arenacea mit oder ohne Verkalkung vor (WIETING, FISCHER, MÜLLER). Manchmal sieht man Hyalinisierung und Verkalkung (gelegentlich

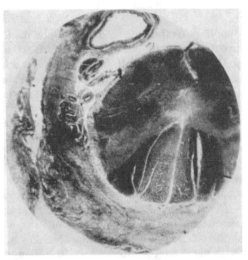

Abb. 25. Pachymeningitis cervicalis hypertrophica. Typische schwielige Verdickung und Verwachsung der Dura mit den weichen Häuten im hinteren und seitlichen Gebiet des unteren Cervicalteiles. Mäßige Entmarkung der GOLLschen Stränge. [Aus der Arbeit von E. MÜLLER: Zbl. Path. Sonderbd. zu **58** (1933).]

Verknöcherung, JOFFROY) in dem duralen Schwielengewebe. — Vorkommen von Blutpigment im Narbengewebe soll nach SIEGMUND (bei SIEBNER) auf eine traumatische Genese deuten.

Dieselbe fibröse Verdickung mit oder ohne trimeningeale Symphyse liegt nun auch in der weichen Haut vor, ist aber hier in der Regel lockerer mit hyalintrabekulärer Struktur, und auch die Zellwucherung ist hier stärker, woneben eine oft reichere, vor allem perivasculäre *Rundzelleninfiltration* in diesen Schichten gewöhnlicher ist. — In den verschiedenen verdickten Schichten, besonders in den zur weichen Haut gehörenden, sowie an der Grenze der Dura werden in typischer Weise *Gefäßveränderungen* in Form eines bis zu Obliteration gehenden Verdickung und Hyalinisierung der Gefäßwandungen beschrieben (Abb. 29). In anderen Fällen fand man eine Wucherung der endothelialen und adventitiellen Elemente der Kleingefäße, wodurch nach FISCHER die vasalen Querschnitts-bilder gewissen Stadien der Corpora arenacea gleichen, mit denen sie gelegentlich verwechselt worden sein dürften. FISCHER spricht hier von einem HEUBNER-Typus der Gefäßveränderung. In einem Fall konnte Verfasser gefäßabhängige

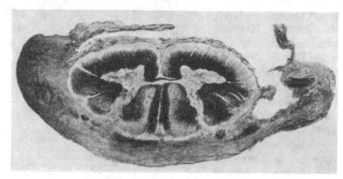

Abb. 26. Pachymeningitis cervicalis syphilitica bei einer 53jährigen Frau in der Höhe des 4. Cervicalsegments. Randentmarkung und partielle Entmarkung der Hinterstränge. WEIGERT-PAL, VAN GIESON. (Aus BEATTIE and DICKSON: Textbook of Pathology. London: Heineman 1943.)

submiliare Granulome im Duragewebe nachweisen (Abb. 30). BABINSKI erwähnt auch Gefäßthrombosen in den veränderten Häuten.

Die oben zitierten Befunde von *käsigen Herden oder Granulomen* in der pachy-meningitischen Verdickung sind verschieden gedeutet worden. In den Fällen BABINSKI, MARCHAND sowie BERTHA und FOSSEL ist die Diagnose luische Gummabildung allem Anschein nach gesichert, während die syphilitische Natur der zitierten älteren Fälle bezweifelt worden ist (ROSENBLATH). Sehr gut histo-logisch beschrieben ist der Fall von BERTHA und FOSSEL, wo der Herd alle Merk-male eines Syphiloms besaß. Es soll sich hier um „einen alten vernarbenden Prozeß" handeln. In anderen Fällen scheint diese Vernarbung viel weiter fort-geschritten zu sein als in dem letztgenannten Fall, weil der nekrotische Herd unmittelbar in einem hyalinsklerotischen Bindegewebe eingebettet lag.

Die Wirkung des meningitischen Prozesses auf das Rückenmark ist noch immer umstritten. — Die alte Auffassung war, daß das Rückenmark durch den zu-schnürenden Druck der fibrösen Neubildung geschädigt wird. Ein solcher Effekt dürfte nicht ausgeschlossen sein in Fällen, wo eine trimeningeale Symphyse von ansehnlicher Dicke vorhanden ist. Eine durch Druck und Bindegewebswucherung hervorgerufene Veröden von pialen Gefäßbahnen könnte wohl die oft hoch-gradige Randsklerose im Rückenmark erklären (Abb. 26). — Eine andere Wirkung des Schnürringes wäre die Absperrung der subarachnoidealen Liquorpassage (PFÖRRINGER sowie THOMAS und SCHAEFFER, KMENT und SALUS, MÜLLER), welche zu cerebraler Liquorstauung und Hydrocephalus führen könne, wie man dies in einigen Fällen von P. c. h. beobachtet hat. — In wieder andern Fällen mit Strangdegenerationen ist es — wenigstens was die weniger geschützten Hinterstränge betrifft — offenbar, daß sowohl Druck der meningealen Bindegewebsschwiele als die Umschnürung der hinteren Wurzeln durch dieselbe bzw. beide Faktoren gemeinsam hier eine genügende Erklärung der Degeneration geben (Abb. 25, 26, 28). — Besonders die gradweise zunehmende Umschnürung der Spinalwurzeln steht in Einklang mit den klassischen Wurzelsymptomen bei dieser Erkrankung.

Die erwähnten, an und für sich nicht besonders charakteristischen, aber in dem veränderten Gebiet oft sehr ausgebreiteten und starken Gefäßveränderungen setzen sich längs den mehr oder minder verdickten Pialsepten in das Rückenmark fort. Dieser Umstand spielt nach den meisten Autoren wahrscheinlich die wesentliche Rolle bei der Entstehung einer Reihe der schweren Veränderungen in letzterem. Die an sich histologisch unspezifischen Rückenmarksveränderungen bestehen in gliösen herdförmigen Narbenbildungen, Schrumpfungen, Erweichungen und in typischer Weise oft in syringomyelieartigen Kavitäten, alles ausgesprochener in den hinteren Partien des Rückenmarks, entsprechend der überwiegend dorsalen Entwicklung des meningealen Prozesses. Die segmentale Höhenlage der Rückenmarksherde entspricht indes nicht immer genau dem Maximum des meningitischen Prozesses.

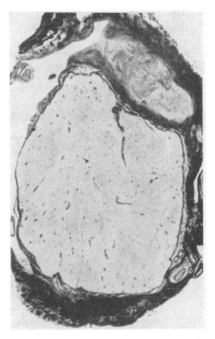

Abb. 27. Pachymeningitis cervicalis hypertrophica gummosa. Ventral in einer Duraschwarte ein gummiähnliches Gebilde. Dorsal die typische schwielige Duraverdickung. (Nach BERTHA und FOSSEL.)

In einem von O. FISCHERS beiden Fällen lag eine trimeningitische Verwachsung vor, aber histologisch waren keine obliterierenden Gefäßveränderungen zu beobachten, und auch klinisch bestanden keine Symptome der Affektion. — Der andere Fall dagegen zeigte eine isolierte Duraverdickung von 2 mm, ausgebreitete Gefäßveränderungen sowie akute Erweichungsherde in der Hinterhorngegend und ein Symptombild, das nach FISCHER also hier kein Kompressionseffekt war. Die Fälle beweisen vielmehr nach FISCHER die Bedeutung der Gefäßveränderungen für die Entstehung der Rückenmarksschädigung und damit für die Symptomatologie.

Zu einem gleichartigen Schluß gelangt FRITSCH, in dessen Fall mit typischem Symptombild die trimeningeale Verdickung relativ unbedeutend war, die Gefäßveränderungen dagegen um so hochgradiger, speziell in der Pia und im Hinterstranggebiet. Das Rückenmark wies starke Atrophie und Sklerosierung auf.

In PFÖRRINGERS Fall von P. c. h. bei einem 39jährigen Luiker bestand eine erhebliche (7 mm), isolierte Verdickung der Dura ohne Verwachsung mit der weichen Haut. Das Rückenmark zeigte hier keine Veränderung der Hinterstränge, wohl aber eine Vorder- und Seitenstrangdegeneration. Nach PFÖRRINGER beweist der Fall, daß bei einer isolierten Pachymeningitis Symptome seitens der Hinterstränge entweder ausbleiben oder von Umschnürung der Hinterwurzeln herrühren können.

Endlich konnten in einem Fall von E. MÜLLER trotz hyaliner Gefäßveränderungen auch in der septalen Pia keine gröberen Schädigungen des Rückenmarks konstatiert werden. Statt dessen war die Hyalinisierung speziell der Arachnoidea besonders hervortretend, mit starker Acidophilie der hyalinen Substanz. Nach MÜLLER beruht die Hyalinbildung teils auf Antigenausfällung und Adsorption an das Kollagen, teils auf Wasseraufnahme und Quellung der Eiweißkolloide. Hierdurch nimmt die Dicke des meningealen Schnürrings zu, wodurch sich die Druckschädigung des Rückenmarks immer mehr steigert.

Die Teilerscheinungen des neurologischen Symptombildes werden also auf verschiedene Weise ausgelöst, je nachdem, wie sich die entzündliche Neubildung zur Dura und zum Subduralraum, zu den Nervenwurzeln, der weichen Haut und ihren Gefäßen verhält. Der Krankheitsprozeß hat in den typischen Fällen seinen Ursprung in der weichen Haut und greift von da teils auf die Dura durch *innere* Apposition über, teils auf das Rückenmark über die Pialsepten und die Gefäße (Wieting, Köppen, Müller). Es dürfte jedenfalls nicht die Regel sein, daß die Dura selbst primär angegriffen ist und daß die durale Veränderung allein das neurologische Symptombild bestimmt, denn bloß ausnahmsweise wird man bei isolierter, genuiner P. c. h. die weichen Häute unbeschädigt finden.

Die wechselnden und einander teilweise widersprechenden anatomischen Befunde sowie ihr Einfluß auf das klinische Bild dürften sich am besten durch eine nicht einheitliche *Ätiologie* der Erkrankung erklären.

Die meisten Autoren sind sich darüber einig, daß *Syphilis* eine wichtige ätiologische Rolle spielt, obgleich die übrigen Anzeichen luischer Infektion bei

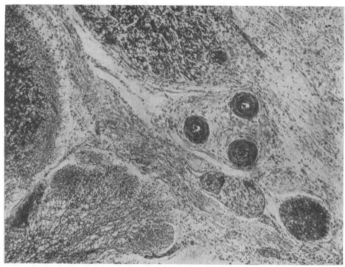

Abb. 28. Pachymeningitis cervicalis hyperplastica syphilitica. Drei Äste der A. spin. post. mit syphilitischer Panarteriitis. Fibröse Verdickung der weichen Häute und Verwachsung der Dura. Partielle Entmarkung der Hinterwurzeln. Weigert-Pal, van Gieson.
(Aus Beattie and Dickson: Textbook of Pathology. London: Hieneman 1943.)

den Patienten oft fehlen. Besonders in den allerdings seltenen Fällen, wo man gummenähnliche Herde in der meningitischen Schwiele nachgewiesen hat (Abb. 27), läge ja eine solche Deutung nahe. Aber die histologische Diagnose ist, wie oben bemerkt, in diesen Fällen nicht leicht, und Spirochäten sind, soweit sich der Literatur entnehmen läßt, in den Herden nicht nachgewiesen worden, was freilich, wie Bertha und Fossel sagen, nicht verwundern kann, da der Herd in der Regel alt ist. — Die Bedeutung der oft stark ausgesprochenen Gefäßveränderungen bei P. c. h. als eines histologisch spezifischen luischen Merkmals (Abb. 28) könnte wenigstens in den Fällen hervorgehoben werden, wo der vasale Prozeß in seinen frischeren Stadien durch endovasculitische Zellwucherung den Heubnerschen Typus annimmt. Für sich allein beweisen aber diese Veränderungen nichts für eine syphilitische Genese. — Jürgens, Köppen und Wieting machen auf die Tatsache aufmerksam, daß bei Lues cerebrospinalis gerade auch die weichen Häute des Cervicalmarks stark in den Prozeß einbezogen sind, und daß dabei oft die Cervicaldura besonders hochgradig affiziert wird.

Ob *tuberkulöse Affektionen* im Spinalkanal das Bild der genuinen P. c. h. hervorrufen können, ist dagegen sehr umstritten. Wie wir auf S. 810 gesagt haben, und wie auch Wieting (2) richtig bemerkt, hat die Duratuberkulose — auch in den Fällen, wo keine Wirbelcaries besteht — ein ganz anderes Aussehen und dürfte deshalb im großen und ganzen eine geringe Rolle bei der Genese dieses Meningitistypus spielen.

Wir haben bereits (S. 814) erwähnt, daß epiduritische fibröse Schwielen von *unspezifischer Natur* zu diffusen oder lokalisierten Duraverdickungen führen können. In noch höherem Grade besteht bei unspezifischen, fortgeleiteten oder metastatischen spinalen Leptomeningiditen die Möglichkeit, daß unter Ausbildung von hyperplastischer Narbenbildung örtliche oder diffuse trimeningeale Verwachsungen entstehen, die bei cervicaler Lokalisation kaum von einer genuinen P. c. h. unterschieden werden könnten. Möglicherweise gehören jedoch die relativ wenigen Fälle von P. c. h., wo charakteristische Gefäßveränderungen fehlen, gerade zu dieser ätiologischen Gruppe.

Ob *Lipiodolinjektion* oder, wie HOHLBAUM (2) meint, *Lumbalanästhesie* mit ungeeignetem Präparat unter Umständen aseptische chronisch-entzündliche Zustände im Spinalkanal auf

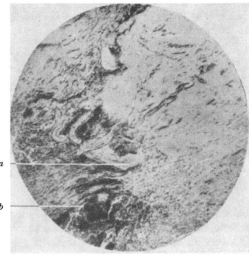

Abb. 29. Pachymeningitis cervicalis hypertrophica. Verwachsungszone zwischen der Dura (rechts) und den weichen Häuten. *a* Veränderte Gefäße; *b* Zellinfiltration. (Nach E. MÜLLER.)

rein toxisch-chemischem Wege hervorrufen kann, oder ob auch hier (sekundäre?) infektiöse Momente hinzukommen müssen, damit ein Bild wie bei der P. c. h. entsteht, bleibt eine offene Frage.

Eine *traumatische Genese* ist für einige Fälle behauptet worden (WILSON und Mitarbeiter). ROSE fand 4 Jahre nach einem Trauma der Lumbalwirbelsäule eine auf der Hinterseite des Rückenmarks befindliche meningeale Schwiele ohne hervortretende Gefäßveränderungen sowie eine Höhlenbildung im Rückenmark, die nach ihm gleichfalls traumatischen Ursprung hatte. — In einem Fall von POMMÉ und Mitarbeitern war wahrscheinlich eine Kugel durch den Epiduralraum gegangen und hatte ein Narbengewebe hinterlassen, in dem später eine Entzündung aufflammte. Auch KMENT und SALUS erwähnen die Bedeutung einer sekundären Infektion bei der traumatischen Genese. — In diesem Zusammenhang wäre an SIEGMUNDs Untersuchung über *geburtstraumatische Subduralhämatome* im Bereich des Foramen occipitale und im obersten Cervicalteil zu erinnern, durch deren Organisation ein schwieliges hyalines Narbengewebe um das Cervicalmark entstehen könne. — Endlich mit MONIZ u. a. eine Gruppe von P. c. h. mit *unbekanntem Ursprung* aufzustellen, ist mehr für klinische Zwecke von Bedeutung. Solche Fälle verteilen sich wohl auf die zuletzt erwähnten ätiologischen Gruppen, besonders auf die postmeningitischen Formen.

Die kausale Genese der P. c. h. ist also recht heterogen, und die Krankheit kann auch nicht vom pathologisch-anatomischen Gesichtspunkt als eine nosologische Einheit abgegrenzt werden (MICHEJEW und PAVLJUTSCHENKO). Für die

Entstehung des klassischen Bildes, wie Charcot und Joffroy es geschildert
haben, ist eine Konzentration des pathologischen Vorgangs auf den Cervicalteil des Spinalkanals erforderlich. Wir haben gesehen, daß diese Stelle aus

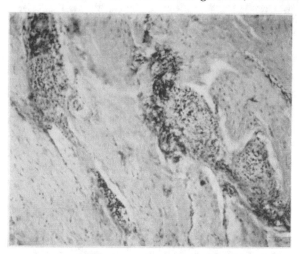

Abb. 30. Pachymeningitis cervicalis hypertrophica. Kleine Granulomherde im schwieligen Duragewebe.
Miliare Gummen?

unbekannter Ursache zwar für die Affektion an sich prädisponiert ist, aber in
einem Teil der Fälle sicher bloß einen speziellen Lokalisationstypus eines im
Spinalkanal verbreiteteren Krankheitsprozesses darstellt. Es sind die zufälligen

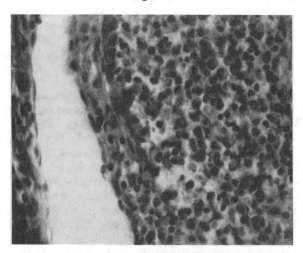

Abb. 31. Derselbe Fall wie Abb. 30. Überwiegend plasmacelluläre Entzündung in der Wand und Umgebung
einer (leeren) Duravene.

Abweichungen von der Regel, bedingt durch die Heterogenität und die Eigenart
der ätiologischen Faktoren, die, wie auf anderen Gebieten der pathologischen
Anatomie, dem morphologischen Bilde und der Symptomatologie ihr Sonder-
gepräge verleihen. Der einzelne Fall läßt sich nicht schablonenmäßig in eine
enge Krankheitsgruppe einreihen.

Literatur.

Entwicklung, Anatomie und Physiologie.

BLUNTSCHLI: Zur Frage nach der funktionellen Struktur und Bedeutung der harten Hirnhaut. Roux' Arch. **106** (1925).

CHRISTENSEN: l. c. S. 821.

GOLMANN: Beiträge zur normalen und pathologischen Histologie der weichen Hirn- und Rückenmarkshäute des Menschen. Z. Neur. **135** (1931).

JACOBI: Das Saftspaltensystem der Dura. Arch. f. Psychiatr. **70** (1924).

KEY u. RETZIUS: Studien in der Anatomie des Nervensystems und des Bindegewebes. Stockholm 1875/76.

LANZ, v.: Über die Rückenmarkshäute. Roux' Arch. **118** (1929).

MITTENZWEIG: Subdurale Blutungen aus abnorm verlaufenden Gehirnvenen. Neur. Zbl. **8**, 193 (1889).

NOSE: Zur Struktur der Dura mater cerebri des Menschen. Obersteiners Arb. **1902**, H. 8.

PFEIFER: Grundlegende Untersuchungen für die Angioarchitektonik des menschlichen Gehirns. Berlin: Springer 1930. — POPA: Mechanostruktur und Mechanofunktion der Dura mater des Menschen. Morph. Jb. **78**, 85 (1936).

SCHMIDT, M. B.: Über die PACCHIONIschen Granulationen usw. Virchows Arch. **170**.

TAPPI: Contributo alla conoscenza istologica della dura madre encefalica dell'uomo. Riv. Pat. nerv. **49** (1937) (Literatur).

Blutungen; Pachymeningitis haemorrhagica interna (P. h. i.); chronisches subdurales Hämatom.

ABBOT, DUE and NOSIK: Subdural hematoma and effusion usw. J. Amer. Med. Assoc. **121** (1943). — ALBERTINI, v.: Zur Frage der traumatischen Genese der P. h. i. Schweiz. Z. Path. u. Bakter. **4** (1941). — Weitere Beiträge zur Pathogenese der idiopathischen P. h. i. Schweiz. Z. Path. u. Bakter. **5** (1942). — ALEXANDER: Experimentelle B_1-Avitaminose. Amer. J. Path. **16** (1940). — ALLEN, DALY and MOORE: Subdural hemorrhage in psychotic patients. J. Nerv. Dis. **82** (1935). — ASCHOFF: Zur normalen und pathologischen Anatomie des Greisenalters. Med. Klin. **1938**, Nr 19.

BAKER: Subdural hematoma. Arch. of Path. **26** (1938). — BANNWARTH: Das chronische zystische Hydrom der Dura in seinen Beziehungen usw. Sammlung psychiatrischer und neurologischer Einzeldarstellungen, herausgeg. von CONRAD, Scheid u. Weitbrecht Stuttgart 1949. — BARRATT: On P. h. i. Brain **25**, 181 (1902). — BARTHEZ u. RILLIET: Zit. nach BANNWARTH. — BEAN: Amer. Heart J. **25** (1943). — BÉRARD: Zit. nach BANNWARTH. — BERGER: Zur Ätiologie und Pathogenese der P. h. i. Inaug.-Diss. Erlangen 1890. — BOECKMANN: Ein Beitrag zur Ätiologie der P. h. i. Virchows Arch. **214** (1913). — BOYD and MERRELL: Calcified subdural hematoma. J. Nerv. Dis. **98** (1943).

CATEL: Mschr. Kinderheilk. **80** (1939). — CIARLA: Beitrag zum pathologisch-anatomischen und klinischen Studium der Pachymeningitis cerebralis haemorrhagica. Arch. f. Psychiatr. **52** (1913). — CHRISTENSEN: Studier over kronisk subduralt Haematom. Kopenhagen: Nyt nordisk Forlag 1941. (Dänisch mit engl. Zusammenfassung.) — COHEN: Chronic subdural accumulations of cerebrospinal fluid after cranial trauma. Arch. of Neur. **18**, 709 (1927). — DA COSTA and ADSON: Subdural hydroma. Arch. Surg. **43** (1941). — CRITCHLEY and MEADOWS: [Verkalkung des Subduralhämatoms.] Proc. Roy. Soc. Med. **26** (1933).

DANDY: Chronic subdural hematoma and serous meningitis. In LEWIS: Practice of surgery, vol. 12. Hagerstown, Maryland: Prior Co. 1932. — DAVIDOFF and DYKE: [Verkalkung des Subduralhämatoms.] Bull. Neur. Inst. N. Y. **7** (1938). — DOEHLE: Über chronische Pachymeningitis bei Kindern und deren forensische Bedeutung. Verh. des 10. internat. med. Kongr. Berlin, Bd. 5, Abt. 17. 1890.

FAHR: Histologische Beiträge zur Frage der Pachymeningitis. Zbl. Path. **23** (1912). — FALKENBERG: Ein Hämatom der Dura mater mit verknöcherter Kapsel. Arch. f. Psychiatr. **28** (1896). — FISCHER, R., et DE MORSIER: Hématome sous-dural chronique posttraumatique. Presse méd. **41**, 1517 (1933). — FLATAU u. SAWICKY: Neur. polska **6** (1922). — FURLOW: Chronic subdural hematoma. Arch. Surg. **32** (1936).

GÄRTNER: Über P. h. Münch. med. Wschr. **1934**, 382. — GARDNER: Traumatic subdural hematoma. Arch. of Neur. **27** (1932). — GILMAN and TANZER: Subdural hematoma in infantile scurvy. J. Amer. Med. Assoc. **99** (1932). — GÖPPERT: Drei Fälle von P. h. mit Hydrocephalus externus. Jb. Kinderheilk. **61**, 51 (1905). — GOLDHAHN: Über ein großes, operativ entferntes, verkalktes, intrakranielles Hämatom. Dtsch. Z. Chir. **224** (1930). — GOTTEN and HAWKES: Acute subdural hydromas. South. Surg., Atlanta **13**, 9 (1947). — GRANT: (1) Chronic subdural hematoma. Ann. Surg. **86** (1927). — (2) Chronic subdural hematoma. Amer. Med. Assoc. **105**, 845 (1935). — GROFF and GRANT: Chronic subdural hematoma. Internat. Abstr. Surg. **74** (1942). — GULDBERG: P. h. i. bei Lues congenita.

Arch. f. Dermat. **157** (1929). — Gutbrod: Über die Pachymeningitis hydrohaemorrhagica im Säuglingsalter. Z. Kinderheilk. **62** (1941).

Hamperl-Ribbert: Lehrbuch der allgemeinen Pathologie und pathologischen Anatomie, 17. Aufl. Berlin: Springer 1944. — Handfest: Durahydrom. Arch. f. Orthop. **40** (1940). — Hanke: Das subdurale Hämatom. Erg. Chir. **32** (1939) (Literatur). — Hannah: The etiology of subdural hematoma. J. Nerv. Dis. **84** (1936). — Haranghy: Zur Kasuistik der durch P. h. i. entstandenen Blutzysten. Zbl. Path. **53** (1931). — Haynes: [Durahydrom]. War Med. **6** (1944). — Heilmann: Über die Rolle von Gefäßhamartien in der Pathogenese der P. h. i. Virchows Arch. **301** (1938). — Heinrichs: Zur Kasuistik der Hämatome der Dura. Inaug.-Diss. Halle 1883. — Henschen, C.: Zur Pathologie, Diagnostik und Therapie der „blutenden Dura". Schweiz. med. Wschr. **1930**. — Homma: In der Diskussion zum Vortrag von Konschegg. — Hompesch: Untersuchungen über das flächenhafte kavernöse Hämangiom der Dura. Virchows Arch. **307** (1940). — Huguenin: Handbuch der speziellen Pathologie und Therapie von Ziemssen, Bd. XI. Leipzig 1876.

Illchmann-Christ: Das subdurale Hämatom und die sog. P. h. des Kindesalters in der gerichtlichen Medizin. Dtsch. Z. gerichtl. Med. **39** (1949) (zwei Arbeiten). — Ingalls: The rôle of scurvy in the etiology of chronic subdural hematoma. New England J. Med. **215**, 1279 (1936). — Ingraham and Matson: Subdural hematoma in infancy. J. of Pediatr. **24** (1944).

Jelsma: Chronic subdural hematoma. Arch. Surg. **21** (1930). — Jores: Über das Verhältnis primärer, subduraler Blutungen zur Pachymeningitis. Zbl. Path. **9** (Verh. dtsch. path. Ges. Sept. 1898). — Jores u. Laurent: Histologie und Histogenese der P. h. i. Beitr. path. Anat. **29** (1901).

Kabuki: Experimenteller Beitrag zur Frage der Epi- und Subduralhämatome usw. Arch. klin. Chir. **197** (1939/40). — Kalbfleisch: Über das akute traumatische subdurale Hämatom. Dtsch. Z. gerichtl. Med. **37** (1943). — Kauffmann: Lehrbuch der Pathologie, 7. u. 8. Aufl., Bd. II. 1922. — Kaump and Love: „Subdural" hematoma. Surg. etc. **67**, 87 (1938). — Keegan: Chronic subdural hematoma. Arch. Surg. **27** (1933). — Kernbach u. Fisi: P. h. i. und ihre Bedeutung in der gerichtlichen Medizin. Dtsch. Z. gerichtl. Med. **9** (1927). — Kluck: Ein Fall von vereitertem Haematoma durae matris. Diss. Greifswald 1890. — König: Über P. h. i. Inaug.-Diss. Berlin 1882. — Kohl: [P. h. und P-Faktor.] Mschr. Kinderheilk. **86** (1941). — Konschegg: Die P. h. i. Verh.ber. der Wiener Med. Ges., Sitzg 28. Nov. 1944. Ref. Zbl. Path. **83**, 166 (1947). — Kowitz: Intrakranielle Blutungen und P. h. i. bei Neugeborenen und Säuglingen. Virchows Arch. **215** (1914). — Kremiansky: Über die P. h. i. bei Menschen und Hunden. Virchows Arch. **42** (1868). — Krogh: Anatomie und Physiologie der Kapillaren. Monographie aus dem Gesamtgebiet der Physiologie der Pflanzen und der Tiere von Gildemeister. Berlin: Springer 1924.

Lang: Über einen operativen Fall eines verknöcherten subduralen Hämatoms traumatischen Ursprungs. Zbl. Neurochir. **1942**, H. 5/6. — Laurent: Zur Histogenese der P. h. i. Inaug.-Diss. Bonn 1898. — Leary: (1) The subdural space. (Subdural hemorrhages.) Ref. Amer. J. Path. 8, Nr 5 (1932). — (2) Subdural hemorrhages. J. Amer. Med. Assoc. **103**, Nr 12 (1934). — (3) Subdural or intradural hemorrhages? Arch. of Path. **28** (1939). — Legendre: Zit. nach Bannwarth. — Lichtenstein, B. W.: Textbook of Neuropathology. Philadelphia u. London: W. B. Saunders Company 1949. — Liebenam: Zur Frage der Pachymeningitis hydro-haemorrhagica interna im Säuglingsalter. Jb. Kinderheilk. **141** (3. F. **91**) (1933). — Link: Traumatische sub- und intradurale Blutung. Pachymeningitis haemorrhagica. Veröff. Konstit.- u. Wehrpath. **12**, H. 4 (1945). — Love: Bilateral chronic subdural hydroma. J. Nerv. Dis. **85** (1937). — Love and Bailey: Multilocular chronic subdural hematoma traumatic in origin etc. Proc. Staff Meet. Mayo Clin. **12**, 600 (1937).

Magnan: Deux cas de pachyméningite hémorrhagique à caractères exceptionels. C. r. Soc. Biol. Paris, Sér. VII, **32**, tome 2 (1880). — Marie, Roussy et Laroche: Sur la réproduction expérimentale des pachyméningites hémorrhagiques. C. r. Soc. Biol. Paris **74** (1913). — Martin: Chronic subdural hematoma. Lancet **1931**, 135. — McConnell: [Subdurale Hydrome.] Amer. J. Neur. a. Psychiatry **4** (1941). — Brain **65** (1942). — Lancet **1944**, Vol. 1, 273. — Melnikow-Raswedenkow: Histologische Untersuchungen über den normalen Bau der Dura mater und über Pachymeningitis interna. Beitr. path. Anat. **28** (1900). — Mittenzweig: Subdurale Blutungen aus abnorm verlaufenden Gehirnvenen. Neur. Zbl. 8, 193 (1889). — de Morsier, Jentzer u. Fischer: Les hématomes sous-duraux chroniques. Schweiz. Arch. Neur. **33** (1934). — Munro: (1) The diagnosis and treatment of subdural hematomata. New England J. Med. **210** (1934). — (2) Cerebral subdural hematomas. New England J. Med. **227** (1942). — Munro and Merrit: Surgical pathology of subdural hematoma. Arch. of Neur. **35** (1936).

Naffziger: Subdural fluid accumulations following head injury. J. Amer. Med. Assoc. **82**, 1751 (1924).

OKONEK: [Subdurale Hydrome.] Zbl. Neurochir. **3**, Nr 2 (1938). — Bruns' Beitr. **172** (1942). — OLDBERG: Subdural hematoma. Med. Clin. N. Amer. **1945**. — ORTH: Pathologisch-anatomische Diagnostik, 5. Aufl., S. 86—87. Berlin 1894.

PÁMPARI: L'ematoma sottodurale traumatica (ricerche sperimentali). Ann. ital. Chir. **17**, 741 (1938). — PAULUS: Verkalkung und Verknöcherung des Durahämatoms. Inaug.-Diss. Erlangen 1875. — PAYR: Meningitis serosa traumatica. Med. Klin. **1916**. — PETERMAN: Subdural hematomas in children. Dis. Nerv. Syst. **4** (1943). — PHILIPPE: Pachyméningite spinale hémorrhagique. Bull. Soc. Anat. Paris, Sér. VII, **5**. — POTOTSCHNIG: Über das Hygrom der Dura mater. Virchows Arch. **231** (1921). — PUTNAM, T. J., and I. K. PUTNAM: (1) The experimental study of P. h. J. Nerv. Dis. **65** (1927). — PUTNAM, T. J.: (2) In der Diskussion nach GARDNER. — PUTNAM: (3) In der Diskussion nach GRANT (2). — PUTNAM and CUSHING: Chronic subdural hematoma. Arch. Surg. **11** (1925).

QUOSDORF: P. h. i. und chronisches subdurales Hämatom des Erwachsenen. Inaug.-Diss. Leipzig 1934.

RAND: Chronic subdural hematoma. Arch. Surg. **14** (1927). — REDTENBACHER: Wien. klin. Wschr. **1893**, Nr. 37. — RICHTER: Das Hygrom der Dura mater. Inaug.-Diss. Gießen 1899. — RICKER: Pathologie als Naturwissenschaft. Relationspathologie. Berlin 1924. — RINDFLEISCH: Lehrbuch der pathologischen Gewebelehre, 5. Aufl., S. 577. Leipzig 1878. — ROSENBERG: (1) Die P. h. i. im Kindesalter. Berl. klin. Wschr. **1913** II, Nr 49. — (2) Erg. inn. Med. **20** (1921). — ROSSIER: Contribution à l'étude des traumatismes craniocérébraux. J. de Chir. **53**, 625 (1939). — RÖSSLE: Zur Systematik der Pachymeningitiden. Zbl. Path. **20**, 1043 (1909). — ROTH: Zur Genese und Ätiologie der P. h. i. Berl. klin. Wschr. **1920** I, Nr 8. — RUBESCH: Über Pachymeningitis interna exsudativa chronica congenita usw. Zbl. Path. **15**, 550 (1904). — RUTISHAUSER: Contribution à la pathologie de la dure-mère spinale. Ann. d'Anat. path. **12**, 51 (1935).

SAXL u. WEISS: Zur Genese der Pachymeningosis hydrohaemorrhagica interna. Acta paediatr. scand. (Stockh.) **22** (1938). — SCHMIDT, M. B.: Über die PACCHIONISchen Granulationen usw. Virchows Arch. **170** (1902). — SCHNEIDER: Über die Pathogenese und Diagnostik der P. h. i. Zbl. Neur. **70**, 1 (1934). — SCOTT: [Subdurale Hydrome.] Amer. J. Surg. **55** (1942). — SHERWOOD: Chronic subdural hematoma in infants. Amer. J. Dis. Childr. **39** (1930). — SJÖQVIST u. KESSEL: Über das subdurale Hämatom. Arch. klin. Chir. **189** (1937). — SMITH, E. H.: External hydrocephalus due to stenosis of the longitudinal sinus and internal pachymeningitis. Amer. J. Dis. Childr. **49** (1935). — SNELLMAN: Histological studies on the neomembranae in a case of chronic subdural hematoma etc. Acta chir. scand. (Stockh,) **82** (1939). — SONNENFELD: Zur Ätiologie der P. h. i. Med. Klin. **1926** I, Nr 17. — SPERLING: Über P. h. i. Inaug.-Diss. Königsberg 1872. — SUDECK: Pachymeningitis fibrosa. Dtsch. Z. Chir. **106** (1910). — SUTER: Über die Ätiologie und Pathogenese der P. h. i. und ihre Beziehung zu einer B₁-Hypovitaminose. Mschr. Psychiatr. **113** (1947).

TAPPI: Contributo alla conoscenza istologica della dura madre encefalica dell'uomo. Riv. Pat. Nerv. **49** (1937) (Literatur). — TROTTER: Chronic subdural hemorrhage of traumatic origin etc. Brit. J. Surg. **2** (1914).

VIRCHOW: Das Hämatom der Dura mater. Verh. physiol.-med. Ges. Würzburg **7**, 134 (1856). — VLEUTEN, VAN: Über P. h. i. traumatica. Inaug.-Diss. Bonn 1898. — VOLANTE: Sulla patogenesi della pachymeningite emorragica interna. Giorn. Accad. Med. Torino **96**, 185 (1933). — VORIS: Subdural hematoma. J. Amer. Med. Assoc. **132** (1946).

WALSH and SHELDEN: Acute subdural hydroma. Proc. Staff Meet. Mayo Clin. **12**, 134 (1937). — WALTHARD: Zur Pathogenese und Ätiologie der P. h. i. Schweiz. Z. Path. u. Bakter. **8** (1945). — WEGELIN: Über die traumatische Entstehung der P. h. i. Schweiz. med. Wschr. **1938**, 515. — WERTHEIMER et DECHAUME: Hématome sous-dural chronique périmédullaire. Lyon chir. **32**, 587 (1935). — WERTHEIMER et DECHAUME: [Verkalkung subduraler Hämatome.] Acta psychiatr. (København) **24** (1949). — WINKELS: Über einen Fall von Pachymeningitis haemorrhagica spinalis. Inaug.-Diss. Würzburg 1891. — WOHLWILL: Über P. h. i. Virchows Arch. **214** (1913). — WOLFF: Beiträge zur Frage der P. h. Virchows Arch. **230** (1921). — WYCIS: [Subdurale Hydrome.] J. Neurosurg. **2**, H. 4 (1945).

ZEHNDER: (1) Über subdurale Hämatome. Arch. klin. Chir. **189** (1937). — (2) Zbl. Neurochir. **2**, 339 (1937). — ZOLLINGER and GROSS: Traumatic subdural hematoma. J. Amer. Med. Assoc. **103**, No 4 (1934).

Pachymeningitis heamorrhagica interna infectiosa (unspezifische, tuberkulöse und syphilitische Entzündung).

BAUMANN: Isolierte Tuberkulose der Dura mater spinalis mit totaler Querschnittslähmung. Dtsch. Z. Chir. **143** (1918). — BÖNNINGER u. ADLER: Intraduraler Konglomerattuberkel des Rückenmarks. Operation. Med. Klin. **1911**, Nr 19.

CAUTLEY: Tuberculous tumours of the dura mater in a child aged 14 months. Proc. Soc. Med. London, Sect. Dis. Child. **1912**, 130. — CHIARI: Zur Kenntnis der Pachymeningitis tuberculosa interna bei Meningitis tuberculosa. Arch. exper. Path. u. Pharmakol., Suppl. 1908. — CHRISTENSEN: l. c. S. 821.

FAHR: l. c. S. 821.
GLÄSER: Vereiterndes Hämatom der Dura mater. Dtsch. med. Wschr. 1886 I. — GULD-BERG: P. h. i. bei Lues congenita. Arch. f. Dermat. 157 (1929). ·

HAHN: Ein Fall von Haematoma durae matris auf luetischer Basis. Dtsch. med. Wschr. 1895, Nr 6. — HANKE: l. c. S. 822. — HENSCHEN, C.: l. c. S. 822. — HERXHEIMER: Die pathologische Anatomie der angeborenen Syphilis. Verh. dtsch. path. Ges. (23. Tagg.) 1928. Ref. Zbl. Path. 43, 10.

JORES u. LAURENT: l. c. S. 822.

KAUFFMANN- Lehrbuch der speziellen pathologischen Anatomie. 1922. — KAUMP and LOVE: l. c. S. 822. — KOCH, O.: Die Tuberkulose der harten Hirnhaut. Z. Tbk. 78, 318 (1937). — KÖSTER: Die charakteristischen pathologisch-anatomischen Merkmale der syphilitischen Erkrankungen der Gehirn- und Rückenmarkshäute. Inaug.-Diss. Bonn 1900. — KREPUSKA: Die P. h. i. vom otologischen Gesichtspunkte. Z. Hals- usw. Heilk. 17 (1927). — KRÜCKE: Ein Fall von eitrig entzündeter P. h. bei Diphtherie. Inaug.-Diss. Kiel 1902.

MAGNAN (Fall 2): Deux cas de pachyméningite hémorrhagique etc. C. r. Soc. Biol. Paris, Sér. VII 32, tome 2 (1880). — MELNIKOW-RASWEDENKOW: l. c. S. 822. — MONTALDO: Sopra un caso di nodulo tubercolare della dura meninge encefalica. Pathologica (Genova) 30, 140 (1938).

ORTH: l. c. S. 823.

RIBBERT-HAMPERL: Lehrbuch der allgemeinen Pathologie und pathologischen Anatomie, 13. Aufl., S. 372. Berlin: F. C. W. Vogel 1940. — ROSENBERG: l. c. S. 823 (1). — RÖSSLE: l. c. S. 823. — ROTH: l. c. S. 823.

SCHAIRER: Zit. bei HANKE. — SCHEIDEGGER: Eine besondere Form von Duratuberkulose. Zbl. Path. 62, 373 (1935). — SCHOTTMÜLLER: Pachymeningitis interna infectiosa acuta und Meningismus. Münch. med. Wschr. 1910 II, Nr 38. — SCHWARTZ, A. B.: The etiology of P. h. i. in infants. Amer. J. Dis. Childr. 11 (1916). — STEIGER: Über die Pachymeningitis tuberculosa. Inaug.-Diss. München 1911.

VORSCHULZE: Über syphilitische und tuberkulöse Entzündungen der Dura mater des Rückenmarks. Inaug.-Diss. München 1897.

WOHLWILL: l. c. S. 823.

Durablutungen bei Leukämie, Geschwulst und sog. Duranaevus.

CRITCHLEY: Spinal symptoms in chloroma and leucemia. Brain 53 (1930).

DAHMEN: Z. Krebsforschg 3 (1905). — DOCK and WARTHIN: A new case of chloroma with leucemia. Trans. Assoc. Amer. Physicians 1904.

GUTMANN: Fortschr. Med. 22, Nr 4.

HANKE: l. c. S. 822. — HEILMANN: l. c. S. 822. — HENSCHEN, C.: l. c. S. 822. — HOCH-HAUS: Münch. med. Wschr. 1907 I.

JACOB, H.: Zur Genese und Begutachtung der P. h. i. Zbl. Neurochir. 10, H. 5 (1950). — JORES u. LAURENT: l. c. S. 822.

LAAS: Pachymeningitis und Geschwulst. Zbl. Path. 69, 404 (1938).

MARIANTSCHIK: Haemangioma durae matris. Arch. klin. Chir. 149, (1927/28). — MARX: Kongenitaler Varix des Sinus longitudinalis inferior. Med. Klin. 1925, Nr 43. — MÜLLER, A.: Über Sinus pericranii. Berl. klin. Wschr. 1912, Nr 29.

PETERS, G.: Die P. h. i., das intradurale Hämatom und das chronische subdurale Hämatom. Fortschr. Neur. 19, H. 11 (1951).

REESE and MIDDLETON: Mechanical compression of the spinal cord by tumorous leucemic infiltration. J. Amer. Med. Assoc. 98 (1932). — ROTSCHILD: Chlorome der Dura mater usw. Dtsch. Z. Nervenheilk. 91 (1926). — RUSSEL and CAIRNS: Subdural false membrane or hematoma (P. h. i.) in carcinomatosis and sarcomatosis of the dura mater. Brain 57, No 1 (1934).

WESTENHOEFFER: Pachymeningitis haemorrhagica carcinomatosa interna productiva. Virchows Arch. 175 (1904). — WOLFF: l. c. S. 823.

Pachymeningitis cervicalis hypertrophica (P. c. h.).

ABERCROMBIE: Zit. nach JOFFROY. — ADAMKIEWICZ: Pachymeningitis hypertrophica und der chronische Infarkt des Rückenmarks. Wien 1890.

BABINSKI, JUMENTIE et JARKOWSKI: Meningite cervicale hypertrophique. Nouv. Iconogr. Salpêtrière 26 (1913). — BEATTIE and DICKSON: Textbook of Pathology. London: Heineman 1943. — BEHIER: Études sur les méningo-myélites chroniques. Paris 1886. — BERGER: Zur Kenntnis der Pachymeningitis spinalis hypertrophica. Dtsch. med. Wschr. 1878, Nr 50. — BERTHA u. FOSSEL: Über einen Fall von Pachymengitis cervicalis hypertrophica gummosa. Mschr. Psychiatr. 95, 102 (1937).

CHARCOT: Arch. de Physiol. 1869. — CLARKE: A case of chronic internal pachymeningitis of the spinal cord. Brain 1901. — CROUZON, PETIT-DUTAILLIS, ZARKOWSKY et BERTRAND: Compression médullaire par pachyméningite de nature indéterminée. Revue neur. 36, tome 2 (1929).

DANDY: Abscesses and inflammatory tumors in the spinal epidural space. Arch. Surg. 13, No 4 (1926). — DÉJÉRINE et TINEL: Un cas de pachyméningite hypertrophique suivi d'autopsie. Revue neur. 1909, 240.

FISCHER, O.: Zur Frage der Pachymeningitis interna chronica cervicalis hyperplastica. Z. Heilk. 25 (1904). — FOIX: Rapport sur les compressions médullaires. Revue neur. 1913, tome 1. — FRITSCH: Über die P. c. h. Inaug.-Diss. Würzburg 1906.

GULL: Cases of paraplegia. Guy's Hosp. Rep. 1858.

HOHLBAUM: (1) Operative Beseitigung postmeningitischer Rückenmarksverwachsungen. Arch. klin. Chir. 142 (1926). — (2) Über Pachymeningitis adhaesiva spinalis. Zbl. Chir. 57, Nr 16 (1930).

JOFFROY: De la pachyméningite cervicale hypertrophique. Bull. Soc. Anat. Paris 48, 194. — Thèse de Paris 1873. — JOISTEN: Über Pachymeningitis dorsalis hypertrophica. Münch. med. Wschr. 1927, Nr 7. — JÜRGENS: Über Syphilis des Rückenmarks und seiner Häute. Neur. Zbl. 1885.

KAUFFMANN: Lehrbuch der Pathologie. 1922. — KMENT u. SALUS: Pachymeningitis hypertrophica. Bruns' Beitr. 154 (1931/32). — KOEHLER: Monographie der Meningitis spinalis. 1861. — KÖPPEN: Über P. c. h. Arch. f. Psychiatr. 27 (1895).

MARCHAND: Pachyméningite cervicale externe syphilitique. Bull. Soc. Anat. Paris, Sér. VII 1904, tome 6, Nr 3. — MARINESCO: Contribution à l'étude de la pachyméningite hypertrophique. Revue neur. 1916 II, 233. — MICHEJEW u. PAVLJUTSCHENKO: Zur Frage der P. c. h. Z. Neur. 113 (1928). — MILLS and SPILLER: Case of external spinal pachymeningitis. Brain 1902, 318. — MILLS and WILLIAMS: Chronic hypertrophic spinal Pachymeningitis. J. Nerv. Dis. 8, No 12 (1911). — MONIZ: La pachyméningite spinale hypertrophique. Revue neur. 32, 433 (1925) (Literatur). — MÜLLER, E.: Hyaline Bindegewebsentartung bei einem Fall von P. c. h. Zbl. Path. Sonderbd. zu Bd. 58 (1933).

PAVIOT, WERTHEIMER, DECHAUME, LEVRAT et JARRICOT: Pachyméningite cervicale hypertrophique d'origine indéterminée. Lyon méd. 149 (1932). — PFÖRRINGER: Mitteilung zur pathologischen Anatomie der P. c. h. Mschr. Psychiatr. 28 (1910). — POMMÉ, RICARD, DECHAUME et BLAN: Compression médullaire par pachyméningite hypertrophique probablement posttraumatique. Lyon méd. 150 (1932). — PROBST: Über P. c. h. usw. Arch. f. Psychiatr. 36 (1903).

RICARD, DECHAUME et CROIZAT: Pachyméningite dorsale essentielle. Lyon méd. 1929, tome 2. — ROSE: Pachyméningite interne posttraumatique. Arch. de Neur., Sér. II 21 (1906). — ROSENBLATH: Zur Kasuistik der Syringomyelie und P. c. h. Dtsch. Arch. klin. Med. 51 (1893).

SIEBNER: P. c. h. und akute Schädigung durch Myelographie. Chirurg 7 (1935). — SIEGMUND: Zit. nach SIEBNER.

THOMAS et HAUSER: Cavités médullaires et mal de POTT. Revue neur. 1901, 17. — THOMAS et SCHAEFFER: Un cas de macrogénitosomie précoce avec ... et symphyse cervicaltriméningée. Revue neur. 1931, 595.

WIETING: (1) Über Meningomyelitis mit besonderer Berücksichtigung der Meningitis cervicalis chronica. Beitr. path. Anat. 13 (1893). — (2) Über einen Fall von Meningomyelitis chronica mit Syringomyelie. Beitr. path. Anat. 19 (1896). — WILSON: BARTLE and DEAN: Chronic hypertrophic spinal pachymeningitis. Amer. J. Med. Sci. 198, 616 (1939).

Pathologische Anatomie und Histologie der membranösen (Paries chorioideus) und der nervösen Wände (Ependym) der Hirnventrikel
(ohne Geschwülste und eitrige und spezifische Entzündungen).

Von

G. Biondi - Mendrisio.

Mit 33 zum Teil farbigen Abbildungen.

A. Normale makro- und mikroskopische Anatomie der Telae und der Plexus chorioidei.

..Die Telae chorioideae superior und inferior sind Duplikaturen der Pia mater und bestehen aus einer oberen und einer unteren pialen Bindegewebslamelle mit dazwischenliegendem subarachnoidalem Gewebe. Die Tela chorioidea füllt die Fissura transversa (Fissura Bichati) aus, die Tela chorioidea inferior ist in die Spalte zwischen dem Rhombencephalon und der ventralen Fläche des Kleinhirns eingelassen" (HOCHSTETTER). Unter Plexus chorioideus versteht man ,,an bestimmten Orten liegende, zottige, stark vascularisierte Extroflexionen der zur Ventrikelfläche gerichteten Pialamelle" (OBERSTEINER).

Nach dieser Definition wären Telae und Plexus eigentlich nur bindegewebige Bestandteile, doch sind weder in der Physiologie noch in der Pathologie Epithel und Stroma als 2 gesonderte Organe zu betrachten; kein Pathologe würde wohl unter Plexusveränderungen nur die des Stromas verstehen. Im gewöhnlichen Sprachgebrauch wird daher unter Plexus Stroma und Epithel verstanden als ob dabei ,,Plexus" durch die Begleitwörter ,,und sein Epithel" stillschweigend ergänzt wäre.

Villi chorioidales (Plexuszotten) sind nach LUSCHKA gestielte, durchschnittlich 1,8 mm lange, makroskopisch sichtbare Verlängerungen, die sich in Lappen unterteilen und an ihrer Oberfläche mikroskopisch sichtbare Erhebungen (Läppchen) zeigen. Gewöhnlich werden aber auch die Läppchen Zotten genannt.

Die die Fissura transversa ausfüllende Tela chorioidea superior hat Dreiecksform mit 2 unteren paarigen Fortsätzen. Die Spitze des Dreiecks erreicht die Fornixsäule, die Basis liegt unter dem Splenium. Die unteren Fortsätze entspringen aus den Basiswinkeln und verlaufen um den Pedunculus cerebri und folgen der Fissura chorioidea bis zum Velum terminale AEBY ins Unterhorn. Die Plexus der Seitenventrikel setzen an die lateralen Seiten des Dreiecks sowie an seine unteren seitlichen Fortsätze an.

Betrachtet man einen frontalen, durch die mittlere Ebene des 3. Ventrikels geführten Schnitt eines menschlichen Gehirnes (Abb. 1), findet man folgende Verhältnisse:

Die untere ventrale Pialamelle (Upl) ist über das Dach des 3. Ventrikels gespannt und liegt hier der Lamina chorioidea epithelialis (Telaepithel) an. Sie zeigt beiderseits nahe der Mittellinie einen von Zotten eingenommenen Streifen (Plexus chorioidei ventriculi medii). Diese Plexus erstrecken sich von der Basis der Tela bis zum Foramen Monroi, wo sie sich in die Plexus der Seitenventrikel fortsetzen. Lateralwärts inseriert die untere ventrale Pialamelle an der Taenia thalami (Tt) und begleitet die Fläche des Thalamus (Fth) bis zur Taenia chorioidea (Tch). Auf der Strecke zwischen der Taenia thalami (Tt) und der Taenia chorioidea (Tch) ist sie ohne Epithel. An der Basis der Taenia chorioidea wendet sich die untere Pialamelle aufwärts (fornixwärts) und setzt sich in die obere (dorsale) Lamelle (Opl) fort. Diese dehnt sich zuerst zwischen der Taenia chorioidea (Tch) und Taena fornicis (Tf) aus und ist auf dieser Strecke größtenteils vom Plexus chorioideus ventriculi lateralis ($Plvl$) besetzt. Dann wendet sie sich medialwärts und begleitet die untere Fläche der Taenia und des Corpus fornicis. Auf dieser Strecke ist sie ebenfalls ohne Epithel. An der vorderen Spitze der Tela chorioidea superior liegt das subfornicale Organ. Hinten setzt sich die obere Pialamelle in die Pia des Splenium und seine Umgebung, die untere Pialamelle in die Pia der Vierhügel und des Pedunculus cerebri fort.

Beim Umbiegen der Plexus der Lateralventrikel ins Unterhorn finder sich das Glomus chorioideum. Im Unterhorn inserieren die Ränder der Pialamellen oben an der Taenia chorioidea, unten an der Taenia fimbriae, einer Fortsetzung der Taenia fornicis.

Vor der Epiphyse befindet sich eine Ausstülpung, der Recessus praepinealis REICHERT, der mitunter nur spärlich Zotten trägt. An der sog. Parietalgegend sind mehrere Gebilde zu unterscheiden, von denen hier nur die interessieren, die vor der Commissura habenularum liegen, nämlich von hinten nach vorne gesehen: a) der Saccus dorsalis [auch Parencephalon

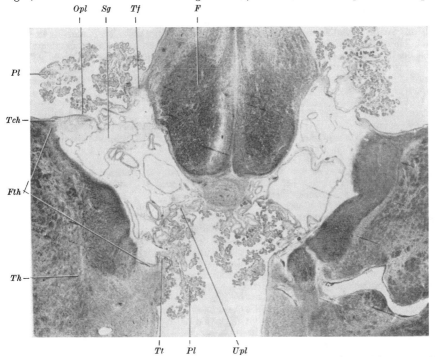

Abb. 1. Teil eines Querschnittes durch den 3. und die Seitenventrikel eines menschlichen Gehirnes etwas hinter den Foramina Monroi. *F* Fornix; *Fth* von der unteren Pialamelle bedeckte Fläche des Thalamus; *Pl* Plexus chorioidei des 3. Ventrikels; *Opl* Obere Pialamelle der Tela chorioidea superior; *Sg* subarachnoideales Gewebe; *Tt* Taenia thalami; *Tch* Taenia chorioidea; *Tf* Taenia fornicis; *Th* Thalamus; *Upl* Untere Pialamelle der Tela chorioidea superior;.

(KUPFER) oder Postparaphysis (SORENSEN) oder Periphyse (TILNEY)]; b) das Velum transversum und c) die Paraphyse.

Paraphyse und Velum transversum lassen sich bei Säugern nur im Embryonalleben trennen, sie nehmen dabei nur eine kurze Strecke des vordersten Teils der Parietalgegend ein, während der weitaus größte Teil des Daches des 3. Ventrikels beim erwachsenen Menschen dem embryonalen Saccus dorsalis entspricht, dessen caudalster Teil den Recessus suprapinealis bildet.

Die Kenntnis der embryonalen Verhältnisse kann den Pathologen insofern interessieren, als Überreste von embryonalen Gebilden in dieser Gegend möglicher Ausgangspunkt von Cysten oder Tumoren sein können.

Beim Menschen wurde die paraphysäre Anlage zuerst von FRANCOTTE, später von BAILEY und HOCHSTETTER gesehen. WARREN beschrieb hinter dem Velum transversum zahlreiche Ausstülpungen der Ventrikelwände, die auch TURKEWITSCH vor der Commissura habenularum sah und als ein paariges Organum praecommissurale deutete. Es sei ferner an das bei menschlichen Embryonen inkonstant vorkommenden Knötchen in der Commissura habenularum hingewiesen. Von allen diesen Gebilden sind vorwiegend Überreste der Paraphyse sehr hypothetisch als möglicher Ausgangspunkt tumorartiger Cysten (sog. MONROI-Cysten) angesehen worden (SJÖVALL u. a.).

Die Tela chorioidea inferior setzt sich aus einer die untere Kleinhirnfläche bedeckenden dorsalen und einer der Lamina chorioidea epithelialis des 4. Ventrikels anliegenden ventralen

Pialamelle zusammen. Dazwischen liegt Subarachnoidalgewebe. Vorn erstreckt sich die Tela über den freien Rand des Velum medullare cerebellare posterius zu dessen Wurzel. Das caudale Ende liegt dort „wo der caudale Schenkel des Adergeflechts der 4. Hirnkammer an der dem verlängerten Mark zugewendeten Seite des Kleinhirnes im Bereich der Uvula vermis endet" (Hochstetter).

Die Plexus chorioidei ventriculi quarti bestehen aus beiderseits längs der Mittellinie verlaufenden und vorn transversal etwas schräg gerichteten Strängen. Der laterale Teil liegt im Recessus lateralis. Das Ganze zeigt an der Innenseite des Ventrikeldaches eine T-Form. Näheres über die Morphologie und die Variabilität dieser Bildungen findet sich bei Graf Haller und bei Rusconi.

Vorne am Dache des 4. Ventrikels befestigt sich die ventrale Pialamelle am caudalen Rande des Velum medullare cerebellare posterius und an seiner dorsalen Fläche bis zu dessen Wurzel, hinten und lateral an der Taenia rhombencephali. Auf die Zusammensetzung der Wände des Recessus lateralis, die vorwiegend ein normalanatomisches Interesse hat, wird hier der Kürze halber nicht eingegangen. Das laterale Ende des Recessus lateralis liegt normalerweise zwischen Flocculus und den Wurzeln des IX. und X. Hirnnerven und ist beim Menschen in der Regel offen (Apertura lateralis, Foramen Luschkae). An diesen offenen Ende bildet die mediale Wand einen halbmondförmigen Rand (Key und Retzius), während das Ependymepithel einen Teil der extrovertierten Wand bekleidet (Alexander). Durch die Apertura ragen einige Plexuszotten in den Subarachnoidalraum, die Bochdalekschen Blumenkörbchen. Am caudalen Ende des 4. Ventrikels vor dem Obex befindet sich ein anderes Loch (Apertura mediana, Foramen Magendie), durch das gelegentlich die Plexus zum Unterwurm ziehen (Retzius, Hess, Graf Haller). Durch die Aperturae laterales und die Apertura mediana kommuniziert der Ventrikelraum mit dem Subarachnoidalraum. Unlängst hat v. Monakow das Bestehen der Foramina Luschkae und Magendie beim Menschen verneint[1]. An Hand des überzeugenden Beweismaterials wird ihr Vorhandensein jedoch von den meisten Autoren angenommen, wenn auch seit langem bekannt ist, daß als individuelle Varietät einige dieser Foramina fehlen können. So hat Bateman eine große Anzahl (901) Gehirne auf das Bestehen der Foramina Luschkae untersucht und hat ihren meist einseitigen Verschluß bei 11% der Geisteskranken, bei 5,3% der Epileptiker und bei 2,5% der geistesgesunden Personen gefunden. In einer großangelegten Arbeit hat Alexander das regelmäßige Vorkommen der Foramina Luschkae anerkannt und daneben festgestellt, daß in 20% der Gehirne morphologische Abnormitäten der Recessus laterales bestehen, die auf Persistenz der embryonalen Größenverhältnisse zurückzuführen sind und mit Verschluß der Foramina und Hypertrophie der Recessuswände einhergehen, Der verschlossene Recessus wird dabei sackartig erweitert und kann die Cisterna pontis vollständig ausfüllen. In weiteren 20% der Fälle sah er Übergangsbilder zu normalen Verhältnissen. Während F. Bateman den Verschluß der Foramina Luschkae in 70% der Fälle von einer Ventrikeldilatation begleitet sah, faßt Alexander die cystenartige Erweiterung der Recessus als eine in der Varietätenbreite gelegene Mißbildung auf, die keinerlei krankhafte Erscheinungen verursacht. Wichtig ist, daß der Verschluß der Foramina Luschkae häufiger bei abnorm veranlagten Personen oder bei solchen mit Erkrankungen des Zentralnervensystems als bei Normalen vorkommt und als Stigma konstitutioneller Minderwertigkeit angesehen wird (Alexander). Die von Bateman gefundenen Prozentsätze stehen damit sehr gut im Einklang. Nach Auffassung Alexanders ist der verschlossene hypertrophische Recessus lateralis nicht immer ohne pathologische Bedeutung. Zu großen Cysten erweiterte Recessus laterales können Lokalsymptome hervorrufen (Blad-Sutton), besonders in Verbindung mit pathologischen Vorgängen (Virchow und Recklinghausen, Orzechowski und Barany, Toröck). Der Verschluß aller Foramina hat einen Hydrocephalus internus occlusus zur Folge.

Der Subarachnoidalraum der Tela chorioidea superior gehört zur Cisterna fissurae transversae (ambiens), der der Tela chorioidea inferior zur Cisterna cerebello-medullaris. Beide Subarachnoidalräume sind als Ausläufer der genannten Zisternen zu betrachten und von den ventrikulären Liquorräumen durch die ventrale Pialamelle und die Lamina chorioidea epithelialis getrennt. Diese Trennung hört im Bereich des Foramen Magendie auf. Das subarachnoidale Gewebe beider Telae setzt sich aus einem Netzwerk von Bindegewebsbalken zusammen, die breite, den zisternalen Liquor enthaltende Hohlräume begrenzen. Die Pialamellen und ihre Abkömmlinge (Plexus) haben ein dichteres Gefüge. Man kann manchmal

---

[1] Bei den niederen Wirbeltieren ist der Ventrikelraum überall geschlossen. Was die Säuger anbelangt, so fand Hess am Dach des 4. Ventrikels die Tela entweder kontinuierlich (Ratte, Maulwurf, Pferd, Inuus) oder mit Löcher durchsetzt (Erinaceus, Schaf) oder vielfach durchbrochen (Katze). Von verschiedenen Autoren ist beim Pferd das Fehlen des Foramen Magendie bei vorhandenen Foramina Luschkae festgestellt worden. Coupin hat bei einer Anzahl von Gehirnen kleiner Säugetiere (Maus, Ratte, Meerschwein) an Serienschnitten einen überall verschlossenen Ventrikelraum gefunden.

in dem plexusfreien Piablatt unmittelbar unter dem Epithel vereinzelte Gliagewebsinseln finden, die sich mit van Gieson gelb färben und deren Kontinuität mit dem Gewebe der Taeniae im gleichen Schnitt nicht immer zu erkennen ist.

Diese Baueigentümlichkeiten machen es verständlich, weshalb bei entzündlichen Vorgängen ein gegensätzliches Verhalten zwischen dem von Infiltratzellen überfüllten subarachnoidalen Raum und dem verhältnismäßig nur spärliche solcher Zellen enthaltenden Zottenstroma beobachtet werden kann.

IMAMURA hat angenommen, daß die Arachnoidea sich an der Bildung des Plexusstromas beteiligt. Er trennt den Plexus (und er bezieht sich dabei offenbar auf die Verhältnisse im Glomus) in eine Pars non villosa und eine Pars villosa. In der Pars non villosa unterscheidet er 4 Schichten, und zwar: 1. Das Epithel, 2. eine piale Schicht, 3. die Schicht des arachnoidalen Bindegewebes (die im Gegensatz zur vorigen mit van Gieson sich gelb färbt und enge Maschenräume aufweist), 4. eine trabekuläre Schicht, die sich durch breitere Maschenräume von der vorigen trennen läßt. An der Bildung der Pars villosa soll nur die piale Schicht beteiligt sein. Diese Auffassung IMAMURAS fand Zustimmung (VIALLI) und Ablehnung (BONOLA, SCHMID), so daß es angezeigt ist, ihr gegenüber Stellung zu nehmen. An der Tatsächlichkeit der Beobachtung IMAMURAS ist nicht zu zweifeln, doch die Formulierung seiner Lehre ist nicht glücklich und nicht annehmbar. Wenn wir unter Arachnoidea die Hülle verstehen, die die äußeren Liquorräume nach außen begrenzt und abschließt (die alte Annahme von LUSCHKA, daß die Arachnoidea sich um die Vena Galeni und ihre Äste scheidenförmig einsenkt, wurde bereits von KEY und RETZIUS widerlegt), kann man sich nicht vorstellen, wieso diese Hülle sich an der Bildung des Plexusstromas beteiligen soll. Es kann sich hier höchstens um subarachnoidales Gewebe handeln, das aber in Höhe der Ansatzstelle an die Taeniae plötzlich aufhört. An den basalen, d. h. an den den Ansatzstellen nahen Abschnitten des Glomus (Pars villosa von IMAMURA) ist ein subarachnoidales Gewebe oder ein tiefes Stroma nicht trennbar (Abb. 2). Die Pars non villosa IMAMURAS ist entgegen ihrer Benennung nicht immer zottenfrei; zottenfrei oder zottenarm ist sie dort, wo es zur Bildung von Cysten gekommen ist. Hier kann man meist ein tiefes Stroma, nämlich die 3. und 4. Schicht von IMAMURA trennen (Abb. 3); die Schichtung ist aber nicht immer und nicht überall deutlich. Die 3. Schicht ist Sitz der geschichteten Konkremente (s. unten), die von sog. Endothelzellen schalenförmig umgeben sind. An der inneren wie der äußeren Grenze dieser 3. Schicht kann man bruchstückweise solche in mehreren Reihen gelagerte Endothelzellen finden, die dann stark an die des äußeren Belages der Arachnoidea der Gehirnoberfläche erinnern. Die 3. Schicht färbt sich mit van Gieson gelb an jenen Stellen, wo sie zellreich und arm an kollagenen Fasern ist. Die 4. Schicht hat dort ein lockeres Gefüge, wo kleine, flüssigkeitsgefüllte Hohlräume vorkommen, durch deren Vergrößerung Cysten entstehen (s. unten). Vereinzelte geschichtete Konkremente können sich mitunter

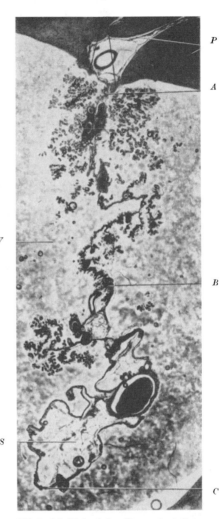

Abb. 2. Schnitt durch das Glomus chorioideum eines 47jährigen Mannes. *V* Ventrikelraum; *P* Pialamelle und dazwischen liegender subarachnoidaler Raum (in Verbindung mit der Cisterna ambiens); *T* Taeniae. In der Strecke *A—B* liegen beide Pialamellen dicht nebeneinander ohne sichtbares dazwischenliegendes subarachnoidales Gewebe. In der Strecke *B—C* ist ein tiefes Stroma (*tS*) sichtbar. In der letzteren Strecke (distaler Teil) fehlen die Zotten (Pars non villosa IMAMURAS). Imprägnation des Bindegewebes nach der Mangansilbermethode von HOLZER.

in diese Schicht verlagern. Ein ähnlich charakterisiertes tiefes Stroma kann man mitunter an circumscripten Stellen des Plexus des Recessus lateralis antreffen. Am Glomus ist die Kontinuität dieses tiefen Stromas mit dem breitmaschigen subarachnoidalen Gewebe der Cisterna (eigentlich der Fortsetzung der Cisterna fissurae transversae in die Tela) nur durch einen schmalen Streifen von dichtgefügtem Bindegewebe bewerkstelligt, das kein Maschenwerk zeigt; entweder gibt es hier kein subarachnoidales Gewebe oder seine Maschen sind stets kollabiert. Daher ist die Zusammengehörigkeit des tiefen Stromas zum subarachnoidalen Gewebe alles andere als gesichert. Daß die Reste des subarachnoidalen Gewebes sich bis

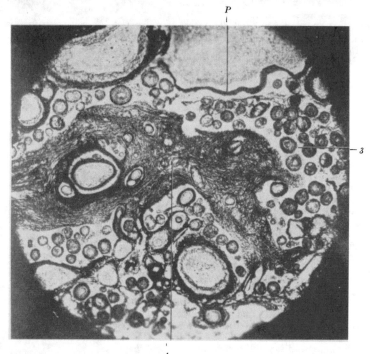

Abb. 3. Distaler Teil des Glomus chorioideum eines 66jährigen Mannes. *P* Piablatt (im Bilde ist das Epithel nicht sichtbar); *3* dritte, konkrementhaltige, fast faserlose Schicht Imamuras; *4* vierte Schicht Imamuras. Silberimprägnation des Bindegewebes wie bei Abb. 2.

in das Zottenstroma erstrecken, wie Obersteiner in seinem klassischen Lehrbuch angibt, ist abzulehnen.

Ein tiefes Stroma in den distalen Abschnitten des Glomus findet man nicht nur beim Erwachsenen, sondern auch schon beim Neugeborenen und sogar beim 7monatigen Fet bei dem in den distalen Abschnitten des Glomus nur eine spärliche Zahl von Zotten vorhanden war.

B. Normale Histologie.

Die Plexus chorioidei sind häufigen und oft sehr tiefgreifenden Altersveränderungen ausgesetzt, so daß das histologische Bild stets in Beziehung zum Alter beurteilt werden muß.

1. Lamina chorioidea epithelialis.

Unter Lamina chorioidea epithelialis versteht man das Plexus- und Tela-epithel. Es besteht aus sehr labilen, nach dem Tode rasch zu vacuolärem Zerfall neigenden Elementen (Schaltenbrand). Nach Policard rufen die sog. physiologischen Lösungen, in supravital beobachteten Zellen hypotonische Veränderungen hervor. Weiter soll nach einigen Autoren (s. unten) die Art des Todes durch

die damit zusammenhängenden funktionellen Änderungen das Zellbild beeinflussen. So dürfte auch die Narkose zur Schwellung der Zellen führen (PETTIT
und GIRARD, V. MONAKOW, SCHALTENBRAND).

Das Plexusepithel ist nach den meisten Autoren einschichtig. Ich bin aber der
Ansicht, daß beim Erwachsenen eine echte mehrreihige Anordnung der Epithelzellen an einzelnen Stellen vorkommt, und setze diesen Befund mit dem unten
zu besprechenden, am Glomus überaus häufigen Zottenreduktionsvorgang in Beziehung.

Die Epithelschicht kann auch aus dem Stroma ausgewanderte Elemente enthalten (s. unten).

Form und Höhe der Zellen schwanken und stehen mit dem funktionellen
Zustand, mit dem Alter, mit dem Ort und mit der Tierart in Zusammenhang.
Beim menschlichen Sektionsmaterial trifft man besonders bei älteren Personen
stellenweise neben hochzylindrischem sehr niedriges, fast endothelartiges Epithel
(letzteres steht wahrscheinlich zur Zottensklerose in Beziehung). Vereinzelt sind
auch regressive Vorgänge an den Zellen zu beobachten.

Als Höhenmaß werden von IMAMURA 12—15 μ, von RAND und COURVILLE
8—10 μ angegeben, wobei extreme Abflachung offenbar keine Berücksichtigung
findet.

Intercelluläre Räume und Protoplasmaverbindungen kommen im Plexusepithel nicht vor. STUDNICKA hat sie lediglich bei niederen Wirbeltieren gesehen.

Im frischen, unfixierten Zustand stellt sich das Protoplasma körnig dar.
Nach CIACCIO und SCAGLIONE läßt sich dabei beim Kaninchen ein fast homogener
oder feinkörniger, peripher von einem körnig-fädigen, zentralen Protoplasmateil
trennen. In beiden Anteilen sind kleine farblose Vacuolen und im perinucleären
Anteil mit Neutralrot färbbare Körnchen (Liposomen) enthalten. Chondriosomen
sind supravital mit Janusgrün, mit Neutralrot kaum oder gar nicht färbbar
(ACCOYER). HOGNE (1948) züchtete menschlichen embryonalen Plexus in Ge-
webskulturen und stellte in den auswachsenden Zellen zahlreiche Körnchen fest,
von denen sich einige mit Neutralrot färbten.

Im Gegensatz zum unfixierten Zustand kann man am fixierten und gefärbten
Material im Zellkörper einen oberen wabig-alveolären und einen basalen, vor-
wiegend körnigen Bau unterscheiden (VENEZIANI, PETTIT und GIRARD, SCHMID).
Beim menschlichen Sektionsmaterial ist dieser Unterschied wenig ausgeprägt
(SCHMID). Man sieht einen diffusen wabigen Bau des Protoplasma, wobei an den
Knotenpunkten des Wabenwerks häufig kleine basophile, mit Thionin färbbare
Bröckchen auftreten. Dieser wabige Bau ist offenbar durch *postmortale Ver-
änderungen* entstanden und entspricht den Bildern, die SCHALTENBRAND und
Mitarbeiter an 1 Std post mortem fixierten Kaninchenplexus gesehen haben.

Die ventrikuläre, freie Oberfläche der Plexuszellen ist gewölbt und besitzt
einen *Bürstensaum*, dessen Sichtbarkeit ein Beleg für die gute Konservierung
des Zellelementes sein dürfte (KALWARYISKI). Der Bürstensaum besteht aus
dichtgedrängten Stäbchen, zwischen denen die Cilien hindurchziehen (GRYNFELLT
und EUZIÈRE).

Trotz entgegengestzter Angaben älterer und neuerer Autoren sind die *Cilien*,
wie COUPIN, VIALLI und Mitarbeiter annehmen, beim Tier sowohl im embryonalen, als im erwachsenen Zustand ein konstanter Bestandteil der Plexusepithelzellen. Die Cilien inserieren an Basalkörperchen, die unter dem Bürstensaum
liegen. Beim gewöhnlichen Sektionsmaterial von erwachsenen Menschen ist am
fixierten Präparat weder von einem Bürstensaum, noch von Cilien etwas zu sehen.
Doch ist es GRYNFELLT und EUZIÈRE in besonders günstigen Fällen (darunter
bei einem Hingerichteten) gelungen, am Plexusepithel von erwachsenen Menschen

Cilien, Bürstensaum und Diplosome darzustellen. Beim menschlichen Feten und Neugeborenen gelingt ihre Darstellung leichter.

Das Chondriom der Plexusepithelien besteht je nach Tierart bald aus Körnchen, bald aus Fäden. Bei den Säugern überwiegt die Fadenform; die Fäden sind lang, vorwiegend senkrecht zu der freien Zelloberfläche angeordnet. Sie sind gewöhnlich im ganzen Zelleib verstreut ohne Bevorzugung besonderer Stellen, doch kann man sie mitunter zahlreicher bald in supranucleärer Lage, bald im basalen Teil oder um den Kern finden. Sie lassen sich mit dem Phasenkontrastmikroskop auch in ungefärbten, lebensfrischen Zellen erkennen (Frauchiger 1945). Es sind auch mit der Funktion verbundene Änderungen des Chondrioms beschrieben worden (s. unten).

Postmortal ändern sich die Chondriosomen rasch und wandeln sich in Körnchen oder Tröpfchen um (Ciaccio und Scaglione, Schaltenbrand). Daher treffen wir am gewöhnlichen menschlichen Sektionsmaterial nur postmortal veränderte Chondriosome unter dem Bild großer Körnchen, welche an lange Zeit in Formol fixiertem Material sich mit Eisenhämatoxylin (ohne vorausgegangene Chromierung) darstellen lassen. Hierzu gehören meines Erachtens die siderophilen Körnchen von Makoto Saito, die nach diesem Autor beim Tumor cerebri in größerer Zahl auftreten sollen.

Der Golgi-Apparat wurde in den Plexusepithelien von Meerschweinchen und Hühnerembryonen zuerst von mir (1911) nachgewiesen. Bei diesem Material zeigte sich das Binnennetz in einigen Zellelementen als ein den ganzen Zellkern umgebendes Gebilde, während es bei anderen Zellen nur supranucleär gelegen war. Beim Menschen habe ich durch die sehr geeignete Methode von Aoyama ohne Mühe ein breitmaschiges Netz mit dicken und groben Fäden darstellen können, das den Kern umgibt. Daneben treten Bilder auf, bei denen der Kern nicht von allen Seiten umgeben wird. Die Annahme von Kopsch, der nur eine supranucleäre Lage des Apparates akzeptieren will, scheint mir, wie auch Schmid, unrichtig.

Wolf-Heidegger, der eine supranucleäre Lage des Golgi-Apparates annimmt, hält diesen für den Ort, in dem die aus dem Blut in Dehydroform herkommende Ascorbinsäure reduziert und so histochemisch darstellbar wird. In der Tat hat er bei Ratten und Meerschweinchen mit der Methode von Giroud-Leblond den Golgi-Apparat „in seiner ganzen Ausdehnung mit Granula beladen und so indirekt zur Darstellung gebracht". Hingegen sind in den Ependymzellen bis auf wenige, noch unklare Ausnahmen keine Ascorbinsäuregranula darstellbar. Clara hat hingegen im Plexusepithel des Menschen histochemisch keine Ascorbingranula darstellen können und nimmt an, daß die Ascorbinsäure das menschliche Plexusepithel vor allem in der nach der Methode von Giroud-Leblond nicht darstellbaren Dehydroform passiert.

Was die *Fette und Lipoide* des Plexusepithels anbelangt, sprechen wir im folgenden von sudanfärbbaren Stoffen. Darunter fallen auch die Fettpigmente, die sich im Sudanpräparat von den nichtpigmentierten Fettstoffen nicht trennen lassen. Sudanfärbbare Stoffe sind in der Wirbeltierreihe keine konstanten Bestandteile des Plexusepithels (Vialli und Mitarbeiter). Meines Erachtens spielt das Alter hinsichtlich Menge und Vorkommen desselben eine Rolle, was die verschiedenen Angaben der Autoren zum Teil erklären kann. Beim Menschen treten sudanfärbbare Stoffe im Plexusepithel vorwiegend als Lipofuscin auf (Abb. 4).

Von Volkmann fand keine Fettpigmente beim Feten und beim Neugeborenen, sah sie jedoch viel früher als bisher angenommen, nämlich bereits im 4. Lebensjahr, auftreten. Bei älteren Personen kommt das Fettpigment reichlich vor, doch quantitativ nicht immer dem Alter proportional. Morphologisch trennt v. Volk-

MANN: 1. eine massive Form, 2. eine vacuoläre Form, 3. eine fädige Form. In den Wänden der Vacuolen (vor allem der Vacuolen von VALENTIN) bildet sich nach v. VOLKMANN ein Saum einer spezifischen albuminoiden Substanz (Propigment), die sich durch eine von ihm ausgearbeitete Methode färberisch darstellen läßt. Auf dieser Trägersubstanz lagern sich Fett- und Pigmentstoffe ab. Durch weitere Substanzeinlagerung von innen her wird das Lumen der Vacuolen kleiner, bis es zur Bildung einer massiven Pigmentform kommt, die rundlich, tropfenförmig, schollig oder morulär sein kann. Durch Pigmentbildung an vielkammerigen Vacuolen entstehen schaumartige Gebilde. Die fadenartige Form des Pigments hängt mit den von mir beschriebenen Silbergebilden eng zusammen

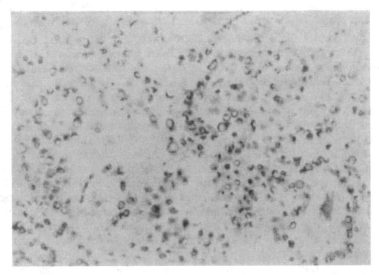

Abb. 4. Gesamtbild der sudanfärbbaren Stoffe im Plexusepithel eines 40jährigen an Lungentuberkulose gestorbenen Mannes: vorwiegend vacuoläre Fettpigmentformen. Sudan-Hämatoxylinfärbung.

und wird daher später besprochen. Fettpigment im Plexusepithel des Menschen färbt sich im NISSL-Präparat blaugrünlich bis blauschwarz, während es in den Ganglienzellen seine gelbe Eigenfarbe beibehält. Das Plexuspigment schwärzt sich mit Osmium und färbt sich zum Teil mit der Fibrinmethode (YOSHIMURA). Es selbst und seine Vorstufen sind auch mit der Carbolfuchsin-Jodmethode darstellbar (HAMAZAKI), doch bleiben dabei vereinzelte Lipofuscinschollen ungefärbt. MATUDA, der sich dieser Methode bedient hat, nimmt mit HAMAZAKI an, daß Fettpigment aus der Verbindung von Lipoidstoffen mit aus dem Kern austretenden Degenerationsprodukten entsteht. Die Frage nach dem Vorkommen von Fettpigment und seinen Vorstufen im Plexusepithel der Tiere ist bisher kaum Gegenstand von Untersuchungen gewesen. Mit der Methode von v. VOLKMANN habe ich bei alten Hunden positiv sich färbende kleine, mitunter hohle Kügelchen gesehen, bei alten Katzen Bilder getroffen, die den vielkammeigen Pigmentformen von v. VOLKMANN entsprachen. MATUDA hat im Plexusepithel des Hundes mit der Methode von HAMAZAKI nur spärliche, feine Granula gesehen.

Lipochrome kommen im Plexus nicht vor (CIACCIO und SCAGLIONE). PAS-positive Granula, die als Mucopolysaccharide angesprochen wurden, wies LEBLOND (1950) in der GOLGI-Zone der Plexusepithelzellen nach.

Melanin ist im Plexus nur bei niederen Wirbeltieren zu finden, bei denen es für den Plexus nichts Spezifisches darstellt.

Eisenpigmente in normalem Plexusepithel sind bei einigen Vogel- und Säugetierarten [Meerschweinchen (Flather), neugeborene Katze, Hund (Comini)] beobachtet worden. Bei den niederen Wirbeltieren fehlen sie ganz (Vialli und
Comini: nichtpigmentierte Eiseneinschlüsse beim Petromyzon nach Comini). Beim
Menschen sind normalerweise im Plexusepithel keine Eisenstoffe nachweisbar.

Die von Pilcz, Makoto Saito und Auersperg sowohl im Epithel als im
Stroma gefundenen, schwarzen Körnchen halte ich für Formolniederschläge.

Glykogen in den Plexuszellen ist in der Regel während der embryonalen und
fetalen Zeit sowie bei neugeborenen oder ganz jungen Tieren nachweisbar, während es beim Erwachsenen fehlt. Diese Regel erleidet besonders bei den niederen
Wirbeltieren Ausnahmen; außerdem bei Säugern hat Comini Glykogen im Plexusepithel des erwachsenen Murmeltieres nach dem Winterschlaf gefunden. Umgekehrt hat Aloisi beim Meerschweinchen während des ganzen endouterinen
Lebens kein Glykogen im Plexusepithel finden können (von Vialli bestätigt).
Bei menschlichen Embryonen tritt Glykogen im Plexusepithel frühzeitig und
reichlich auf. Askanazy konnte es bereits bei 11 mm langen Embryonen im
Ventrikeldach nachweisen. Seine Menge nimmt zuerst zu, um vom 6. Monat
intrauterinen Lebens an wieder abzusinken. Beim Neugeborenen ist es dann in
Spuren noch nachweisbar (Mangili). Es stammt höchstwahrscheinlich aus dem
Blut und tritt in den Liquor über (Sundberg und Vialli). Sundberg hält die
embryonalen Plexus für ein Glykogendepot für den Nervengewebestoffwechsel.
Die Glykogenablagerungen bevorzugen den basalen Teil der Plexusepithelzellen.
Beim erwachsenen Menschen ist es im Plexus nicht oder höchstens in Spuren
nachweisbar (Münzer) (entgegen den Angaben von Yoshimura und Kleestadt).

Oxydasegranula sind am Plexusepithel von Pighini, später von Marinesco
und Watrin, in jüngerer Zeit auch von Stiehler und Flexner (1938), in großer
Zahl nachgewiesen worden. Pighini nimmt an, daß die Liquoroxydasen aus den
Plexus stammen.

Die Bildung zahlreicher kleiner *Vacuolen* in den Plexusepithelzellen kann
Ausdruck postmortaler Veränderungen sein (s. oben). Man kann sie aber auch
im unmittelbar nach dem Tode fixierten oder in frischem Zustand untersuchten
tierischen Material finden. Bei kleinen Vacuolen kann man mit Grynfellt und
Euzière, Policard, Hworostuchin u. a. solche unterscheiden, deren Wand
mit den Chondriosomenmethoden färbbar ist, und andere, bei denen das nicht
der Fall ist. Erstere treten als kleine, mitunter halbmondförmige Hohlkügelchen
(Granula mit hellem Zentrum, Ringkörnchen) auf; Grynfellt und Euzière·
nehmen ihre Entstehung aus Chondriosomen an. Doch zeigen sie bei den supra-
vitalen Färbungen ein anderes Verhalten als die Chondriosomen (Accoyer bei
der weißen Ratte). Vacuolen ohne färbbare Wand dürften nach Grynfellt und
Euzière eine Veränderung der wandgefärbten darstellen, eine Ansicht, die nicht
von jedem Autor geteilt wird. Da beiden Vacuolenarten von dem funktionellen
Zustand der Zelle abhängen, läßt sich erklären, warum sie unkonstant auftreten
(s. unten). Gegenüber diesen kleinen Vacuolen müssen andere, meist größere
Hohlräume gesondert betrachtet werden, vor allem wegen ihres sudangefärbten
Inhalts (z. B. beim Kaninchen) oder wegen ihres Gehaltes an Fettpigment (sog.
Valentin-Vacuolen des menschlichen Plexusepithels), obgleich zu diesen die
Bezeichnung von wandgefärbten Vacuolen vollauf passen würde. Die Pigment-
vacuolen sind beim Menschen, wie das in ihnen enthaltene Pigment, an das
Alter gebunden (s. oben). Ihre Lage im Zelleib ist nicht konstant. v. Volkmann
trennt sie, wie schon erwähnt, in 2 Typen: den primär einkammerigen und den
vielkammerigen. Es ist ihm beizustimmen, wenn er annimmt, daß das Pigment
nicht in die Vacuolen eingeschlossen, sondern in deren Wand eingelagert ist.

Eine weitere Sonderstellung beanspruchen die *intracellulären Kanälchen*, die SUNDWALL beim Ochsen gesehen und abgebildet hat, und die er mit den HOLM-GRENSchen Trophospongien identifiziert.

Nach WISLOCKI und DEMPSEY (bei Macacus mulatta) enthält die obere Hälfte der Epithelzelle Ribonucleoproteid, das die metachromatische Färbung dieses Zellteiles (Verfahren nach HOLMGREN) bedingen soll. Daneben sind im Protoplasma Körnchen von saurer Phosphatase darstellbar. Saure Phosphatase wurde auch von LEDUC und WISLOCKI (1952) an tiefgefrorenen Präparaten im Plexusepithel festgestellt. Sie fand sich besonders reichlich in den Kernen und daneben auch im Cytoplasma. Auch nichtspezifische Esterase und Bernsteinsäuredehydrogenase konnten im Epithel des Plexus nachgewiesen werden.

Ferner wurden im Protoplasma der Plexusepithelien *Gebilde* gesehen, *deren Bedeutung dunkel ist*. SUNDWALL sah beim Ochsen große, mit Kernfärbungen darstellbare Gebilde, die er als *Nebenkerne* deutet, was aber zweifelhaft ist. VIALLI und Mitarbeiter beschrieben an verschiedenartigem Material im Protoplasma Körnchen, die sich im frischen wie auch im fixierten Zustand mit Silber schwärzen.

Beim Menschen konnte ich nach Gelatineinebettung und Anwendung der Mangansilbermethode nach HOZER zahlreiche, über das ganze Protoplasma zerstreute, feine Körnchen sehen, über deren Bedeutung ich nichts Sicheres zu sagen vermag.

Der *Kern* der Epithelzellen ist beim Menschen rund oder oval. Bei Thioninfärbung stellt er sich teils diffus dunkel, teils hell und bisweilen blasig dar, zeigt mehr oder minder zahlreiche feine Chromatinkörnchen und ein oder mehrere Kernkörperchen. Seine Lage ist basal oder zentral. Die Lage und Strukturänderungen sowie eine wechselnde Zahl fuchsinophiler Körnchen sind mit der Änderung des funktionellen Zustandes des Zellelementes in Beziehung gebracht worden (ENGEL, s. unten). Ganz vereinzelt sind bisweilen beim Menschen wie beim Tier mehrkernige Elemente anzutreffen (HWOROSTUCHIN und FLATHER). *Mitosebilder* sind sowohl am menschlichen wie am tierischen Material nicht anzutreffen.

2. Stroma.

Allgemeines s. S. 829.

Das bindegewebige Stroma der Zotten ist nach der Angabe der Autoren je nach Tierart verschieden entwickelt.

Neuere Autoren beschreiben in den Zotten eine subepitheliale und eine perivasculäre Schicht *reticulären Gewebes*, die durch Querbalken miteinander verbunden sind (KALWARYJSKI, BOGLIOLO, COMINI, FRANCESCHINI, VIALLI). Erstere bildet die von einigen älteren Autoren verneinte Membrana basalis, die von KALWARYJSKI und anderen Autoren als eine Lamelle aufgefaßt wird, in der die reticulären Fasern eingebettet liegen. Sie hat die Neigung, sich wellenfömig zu gestalten. Bei einigen Tierarten wie auch beim Menschen entspringen aus ihr Ausläufer, die zwischen die Zellendringen (v. ZALKA). Die andere, ebenfalls lamelläre Schicht reticulären Gewebes liegt um die Adventitia der Capillaren und Präcapillaren. Der die beiden Schichten verbindende Stromaanteil, wenn vorhanden, enthält vorwiegend kollagene Fasern, deren Menge beim Menschen vom Alter abhängt; so ist diese kollagene Zwischenschicht beim jungen, gesunden Menschen dünn, beim älteren im wechselnden Maße verdickt (Plexusfibrose). KITABAJASHI hat bei einem 10jährigen Knaben einen durchschnittlichen Durchmesser des Zottenstromas von 8 μ, bei einer 30jährigen Frau einen solchen von 8—10 μ gefunden.

Das Vorkommen *elastischer Fasern* im Stroma des Menschen wird von einigen Autoren verneint (v. Zalka). Nach meinen Beobachtungen stellen sie aber einen regelmäßigen Befund dar, wobei freilich zu bemerken ist, daß sie nicht überall darstellbar sind. Sie kommen bei älteren Personen mit verdickten Zotten besser zum Vorschein und können dort breitmaschige Netze bilden oder knorrige Anschwellungen zeigen (Schmid). Spärliche elastische Fasern sind auch im Piablatt der Tela in zottenfreien Gegenden, nicht aber im tiefen Stroma anzutreffen.

Die Zellelemente des Stroma können folgendermaßen eingeteilt werden:

a) Fibrocyten. Sie besitzen einen ähnlichen Charakter wie im übrigen Bindegewebe. Bei Vitalfärbungen zeigen sie nur geringe Speicherungsfähigkeit.

b) Histiocyten (ruhende Wanderzellen). Bei vitalen Trypanblaufärbungen (Kaninchen, Meerschweinchen) findet man sie vorwiegend subepithelial. Ihre Speicherungsfähigkeit steht hinter derjenigen der Histiocyten anderer Körperorgane bedeutend zurück. Beim Menschen soll ihr Protoplasma etwas basophil sein und feine, mit Pyronin intensiv färbbare Körnchen enthalten, ihr Kern eine ovale Form und unregelmäßig verteilte Chromatinkörnchen besitzen (Franceschini). Doch ist es nicht immer leicht, an Hand von morphologischen Eigenschaften Histiocyten von anderen Elementen zu trennen.

c) Zellen mit sudanfärbbaren Einschlüssen (die zu den Histiocyten gehören können). Diese sind nicht bei jeder Säugetierart auffindbar (Comini), und man kann mitunter ein gegensätzliches Mengenverhältnis zwischen sudanfärbbaren Stoffen im Epithel und solchen im Stroma feststellen.

Beim Menschen finden sich normalerweise im Zottenstroma Zellen mit sudanfärbbaren Einschlüssen nur selten. Dagegen ist im tiefen Stroma des Glomus häufig der Befund von mehr oder weniger zahlreichen lipidhaltigen Elementen um und zwischen den geschichteten Konkrementen und in den Cysten zu erheben. Über xanthomähnliche Lipoidablagerungen sowie über die Sudanophilie der bindegewebigen Fasern s. unten. Zellen, die nach der v. Volkmannschen Methode darstellbare Einschlüsse zeigen (Fettpigmente und seine Vorstufen), sind beim Menschen im Stroma seltener.

d) Glykogenhaltige Zellen. Glykogen kommt im Stroma erwachsener Tiere nur beim Petromyzon und bei einigen Säugetieren vor (Vialli und Mitarbeiter), beim erwachsenen Menschen aber weder im Stroma noch im Epithel, beim menschlichen Feten ist es aber im Stroma nachgewiesen worden (v. Mangili).

e) Wandernde Elemente. Diese Zellen wandern vom Stroma zum Epithel und zu den Ventrikelhöhlen. Kolmer hat Elemente mit Fortsätzen beschrieben, die der ventrikulären Fläche des Epithels aufsitzen, von denen aber am menschlichen und Säugermaterial in typischer Form und Lage kaum etwas zu sehen ist. Wohl aber treten Elemente auf, die zumindest der Bedeutung nach mit den Kolmerschen Zellen verwandt sein dürften. So finden sich in der Epithelschicht Elemente, die durch Form des Kernes (oval, nierenförmig oder mit lappigen Ausbuchtungen) von Epithelzellen deutlich zu trennen sind. In einem Falle habe ich sogar eine wandernde Zelle im Innern einer Epithelzelle gesehen. Typische Kolmersche Zellen speichern keine Vitalfarbstoffe.

Außerdem findet man beim Menschen zwischen den Zotten ausgewanderte Elemente in Form von kleinen rundlichen Zellen, die häufig einen dunklen Kern und ein fettgeladenes Protoplasma aufweisen und in einer mehr oder weniger reichlichen fadenförmigen Substanz eingebettet sind. Diese letztere wurde mitunter in verwirrender Weise als „Exsudation" bezeichnet. Doch hat sie gewöhnlich mit entzündlichen Vorgängen gar nichts zu tun.

f) Mastzellen. Ihre Zahl scheint individuellen Schwankungen unterworfen zu sein und tritt bei verschiedenen Tierarten nicht konstant auf. Sie bevorzugen den kollagenen Anteil des Stromas. Man kann sie aber auch mitunter in der subepithelialen oder perivasculären reticulären Schicht antreffen. SUNDWALL sah sogar Mastzellen, die einen Fortsatz zwischen die Epithelzellen bis zur ventrikulären Fläche entstanden. Mastzellen sind auch beim Menschen in spärlicher Anzahl vorhanden. Sie sind im fetalen Plexus reichlicher anzutreffen als beim Erwachsenen (PELLIZZI).

g) Vereinzelte Plasmazellen. Diese können im Plexusstroma auch beim Menschen ähnlich wie im normalen Bindegewebe vorkommen. Beim Meerschweinchen sind Plasmazellinseln anzutreffen (CERLETTI und LAZZERI).

h) Sog. endothelartige Zellen. Im Bereich der 3. Schicht IMAMURAs) des menschlichen Glomus finden sich spindelförmige Zellelemente mit länglichem, ziemlich chromatinreichem Kern und etwas basophilem Protoplasma. Sie sind oft schichtweise in der inneren und äußeren Grenze der 3. Schicht IMAMURAs nebeneinander gelagert, wenn auch diese schichtartige Anordnung nicht immer deutlich und oft unterbrochen ist. Die endothelartigen Zellen wuchern oft, verlagern sich und treten in innige Beziehung zu geschichteten Konkrementen (s. unten). Sie zeigen eine lebhafte Speicherungsfähigkeit (Fett und Eisen). Ihre Stellung im System der Bindegewebszellen ist nicht klar. Beläge endothelartiger Elemente finden sich gelegentlich an der Oberfläche subarachnoidaler Balken sowie um die Adventitia größerer Gefäße.

Sehr häufig sind am menschlichen Plexus und besonders am Glomus circumscripte Zellwucherungen endothelartiger Zellen und anderer Elemente, die mitunter den Eindruck einer entzündlichen knötchenförmigen Wucherung machen, aber keine pathologische Bedeutung besitzen, und lediglich mit den hier sehr häufigen regressiven Vorgängen in Beziehung zu setzen sind (s. unten).

3. Gefäße.

Die Blutversorgung erfolgt in der Tela chorioidea superior und in ihrem Plexus durch die A. chorioidea anterior und durch Äste der A. cerebri posterior (A. chorioidea posterior medialis und lateralis). Der A. chorioidea posterior lateralis kommt die größte Bedeutung zu, während die A. chorioidea anterior den lateralen und unteren Teil der Plexus laterales versorgt (FERRARIS). Sie anastomosieren derart reichlich, daß eine in die A. chorioidea anterior injizierte Masse die A. cerebri posterior erreicht (CHARPY). Im subarachnoidalen Gewebe der Tela chorioidea superior verlaufen nahe der Mittellinie die Venae cerebri internae, die beiderseitig vorne aus der Vena septi pellucidi und aus der Vena terminalis entstehen und von der Vena chorioidea, Vena basalis Rosenthal, Vena conari und kleineren Venen der Nachbargebiete ihre Zuflüsse erhalten. Durch die Vena basalis treten sie mit den Venen der Gehirnbasis in Verbindung. Die Venae cerebri internae münden in die unpaarige Vena magna Galeni ein.

Die A. cerebelli inferior posterior versorgt die Tela chorioidea inferior, die zuweilen auch aus Ästen der A. cerebelli inferior anterior und den Aa. spinales posteriores erfolgt (TSCHERNISCHEFF und GRIGOROWSKI, LUSCHKA). Der venöse Abfluß geschieht über die Venae chorioideae, die in das oberflächliche venöse Netz der Oblongata einmünden (STERZI). Blutversorgung aus dem Nervengewebe zu den Plexus ist selten. Aus den kleinen arteriellen Ästen stammen lange, gerade, parallel verlaufende Ästchen, aus denen ohne Übergang plötzlich Capillaren entstehen (FERRARIS). Erwähnt sei, daß VILSTRUP (1952) am Gefäßsystem des Plexus zahlreiche Überkreuzungen von Arterien und Venen beobachtete und annahm, daß erstere bei ihrer Erweiterung den venösen Abfluß verschließen und einen Schwellkörpermechanismus hervorrufen können.

Im Stiele der Zotten (Zotten 1. Ordnung, Luschka) verlaufen zu- und abführende Gefäße, die den Zotten 2. Ordnung (Lappen Luschka) Zweige abgeben. Diese in den Zotten 2. Ordnung subepithelial verlaufenden Capillaren bilden Schlingen, die von einer Zotte zur anderen übergehen. Sie sind in diesen mitunter sinusartig erweitert. Das Capillarendothel begrenzt das Lumen lückenlos und speichert keine vitalen Farbstoffe. Es ist nicht gelungen, um die Capillaren Pericyten darzustellen (Schmid).

Die Nervenversorgung der Telae und der Plexus chorioidei ist von Bochdalek, Benedikt, Findlay, Hworostuchin, Junet, Clark, Schmid, Shapiro, Snessarew, Müller und Weidner, Stöhr j., Bakay, Tauker u. a. untersucht worden. Es kann als erwiesen gelten, daß sich aus den Plexus caroticus und vertebralis sympathische Fasern zu den Telae chorioideae (sowie auch zur Pia) begeben. Es wird angenommen, daß die Tela chorioidea inferior Fasern aus dem 9. und 10. Hirnnerven erhält. Eine weitere Innervationsquelle dürfte die Tänien und die angrenzenden Hirnteile sein. Putnam und Ask-Upmark konnten nach Sympathicusreizung Kontraktion, nach Vagusreizung Erweiterung der Plexusarterien beobachten. Nach Stöhr jr. besteht in den Gefäßwänden ein Terminalreticulum, nach Bakay mit feinen intraplasmatischen Grundgeflechten. Receptorische Endigungen (Meissnersche Körperchen, Endknäuel) dürften Reize aufnehmen, die durch Liquor- und Gefäßdruck, vielleicht auch durch chemische Zusammensetzung des Liquors ausgelöst werden. Nervenfasern dringen bis ins Epithel vor (Junet, Clark, Shapiro) Ganglienzellen stellen einen Ausnahmebefund dar. Barsotti hat jedoch bei einem Paralytiker im Stroma der Tela chorioidea 2 sympathische Ganglien beobachtet.

4. Normale Histologie der nervösen Ventrikelwände (Ependym).

Unter Ependym wird einmal im engsten Sinne nur die Epithelbekleidung der nervösen Ventrikelwände, zum anderen dieses Epithel mit den darunterliegenden gliösen Schichten verstanden. Wenn wir aber in der Pathologie die Bezeichnung „Ependym" als Synonym der Epithelbekleidung der Ventrikelwände anwenden, so wird die schon eingebürgerte Bezeichnung „Ependymitis" ungenau. Um Mißverständnissen vorzubeugen, wird im folgenden der epitheliale Überzug der nervösen Ventrikelwände „Ependymepithel" oder „Ventrikelepithel" genannt. Das Plexus- und Telaepithel auch als „Ependym" zu bezeichnen, ist zu verwerfen, da daraus nur Unklarheiten und Mißverständnisse entstehen können.

Das Ventrikelepithel entsteht embryologisch aus den mit Blepharoblasten und Cilien versehenen primitiven Spongioblasten über das Zwischenstadium der ependymären Spongioblasten.

Im Ependym des Menschen sind 3 Schichten zu unterscheiden (Opalski): 1. das Ependymepithel, 2. eine kompakte Gliafaserschicht, 3. eine Gliazellenschicht.

Das Ependymepithel ist beim erwachsenen Menschen in einer Schicht angeordnet, nur an besonderen Stellen, so am Lateralrecessus des 4. Ventrikels, an den Plexusstielen (Opalski) am Recessus opticus und Velum medullare anterius (Frey und Stoll) findet man mehrschichtige Anordnung.

Beim Neugeborenen sind die Zellen des Ependymepithels wesentlich zahlreicher und dichter angeordnet als beim Erwachsenen. Eine subepitheliale Gliafaser- und Gliazellschicht läßt sich nicht deutlich trennen (Jahn).

Man trifft nicht selten bei sonst ruhigem Ependym des Erwachsenen Bilder die auf Wanderung vereinzelter Epithelien in die darunterliegenden Schichten hindeuten. Unter pathologischen Bedingungen kann man solche Bilder häufiger finden (Rolly, Tupa). Es ist möglich, daß nicht nur bei den niederen Wirbeltieren (Studnicka), sondern auch beim erwachsenen Menschen Elemente, die in der Schicht des Ependymepithels ihren Sitz haben, die Fähigkeit besitzen, sich in andere Elemente (vor allem in Astrocyten) umzuwandeln (HART), wobei eine Umwandlung von Zellen des Ependymepithels in Astrocyten sich über ein Zwischenstadium von OPALSKI (glioide Zellen, JAHN) vollziehen dürfte. Übrigens sind die Zellen des Ependymepithels mit den Astrocyten nahe verwandt; beide haben Fortsätze, die zu den Gefäßwänden ziehen, doch besitzen die Ependymepithelzellen besondere Merkmale entsprechend ihrer oberflächlichen Lage (Cuticula, Cilien). Streckenweise Fehlen des Ventrikelepithels kann beim Menschen nicht als normaler Befund betrachtet werden, obgleich es im Gehirn Erwachsener fast immer gesehen wird.

Mit JAHN kann man beim Menschen hauptsächlich 2 Formen von Ependymepithel unterscheiden: 1. eine Bandform und 2. eine gekammerte Form.

Das *bandförmige* Epithel ist flach und aus kubischen Zellen mit runden Kernen zusammengesetzt. Es sieht kompakt aus. Das *gekammerte* Epithel (Abb. 5) wirkt dagegen locker, was auf flüssigkeitsgefüllte Kammern zwischen den Epithelzellen zurückzuführen ist. Die Kammern sind von Protoplasmabrücken durchzogen. Die Epithelzellen sind zylindrisch, schlank oder langgezogen. Die zur ovalen Form neigenden Zellkerne dieses Kammerepithels sind durch den

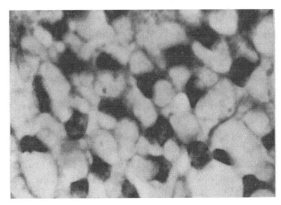

Abb. 5. Flachschnitt durch das gekammerte Ependymepithel eines 72jährigen Greises. Syncytiales Aussehen des Epithels. MANN-ALZHEIMERs Färbung.

Druck der in den Kammern enthaltenen Flüssigkeit oft deformiert und können auf verschiedenen Höhen liegen.

Das bandförmige Epithel ist an Stellen aufzufinden, wo dicke Schichten von Marksubstanz an die Ventrikel grenzen (Oberseite und Medialwand des Vorderhorns, mediale Commissur, Hinterhorn). Das Kammerepithel bildet sich dort aus, wo graue Substanz an die Ventrikel grenzt und die höchstens durch eine schmale Lage Markfasern von ihr getrennt sein kann (Lateralwand des Vorderhorns, Seitenwände des 3. Ventrikels, Aquädukt, Boden und Seitenwände des 4. Ventrikels, fast das ganze Unterhorn). Das bandförmige Epithel ist eine mehr abschließende Deckschicht, während das gekammerte Epithel eher Stoffwechselfunktionen haben dürfe (JAHN) s. unten.

Nach meinen Beobachtungen steht die Trennung dieser beiden Epithelformen prinzipiell fest, doch ist sie nicht immer sehr scharf, was wahrscheinlich mit dem funktionellen Zustand in Beziehung gebracht werden kann, so daß im Einzelfall mitunter Zweifel entstehen können, ob eine Strecke des Ventrikelepithels zu der einen oder anderen Form gehört.

Eine andere Form des Ependymepithels ist die endothelartige, flache. Bei den niederen Wirbeltieren wird sie von STUDNICKA erwähnt, beim Menschen kommt sie im Bereich der Area postrema vor.

Die Epithelzellen des Ependyms entsenden einen oder mehrere *periphere Fortsätze (Ependymfasern)*, die auch Seitenäste abgeben können. Bei den niederen Wirbeltieren sind diese Fortsätze sehr lang, reichen oft bis zur Pia und lassen sich mit dem CAJALschen Gliaverfahren darstellen. Sie enthalten feine Fibrillen,

die entweder zu einen Strang vereinigt sich bis zur Cuticula verfolgen lassen oder
dort, wo der Fortsatz in den Körper der Epithelzellen übergeht, auseinandergehend
einstrahlen (Studnicka u. a.). Dasselbe konnte Studnicka in der Fovea rhomboidalis des Menschen beobachten. Die peripheren Fortsätze der Zellen des
Ependymepithels des erwachsenen Menschen sind kurz, oft nicht sichtbar oder
im subepithelialen Gliafasergeflecht nicht verfolgbar. Doch kann man sie mitunter zu den Gefäßwänden ziehen sehen. Besonders deutlich sichtbar sind sie
beim Menschen in der mittleren Partie der Fossa rhomboidalis am Boden des
Aquädukts und im Infundibulum. Im Infundibulum, wie ich auch beim erwachsenen Menschen mit der Silberimprägnation beobachten konnte, liegen in der
Schicht des Ventrikelepithels Zellen, die ihre langen Fortsätze mitunter bis zur
pialen Oberfläche senden; es ist möglich, daß es sich hier um die sog. Pituicyten
von Bucy in oberflächlicher Lage handelt.

Zentrale Fortsätze nennt Studnicka bei niederen Wirbeltieren solche, die
tiefgelegene Zellen des Ependymepithels zur Ventrikeloberfläche senden.

Die freie Fläche der Zellen des Ependymepithels trägt eine *Cuticula*; überall
finden sich Verschlußleisten (Studnicka). Während bei niederen Wirbeltieren
das Ependymepithel regelmäßig *Cilien* aufweist, findet man bei älteren Autoren
die Angabe, daß sie bei Säugern meist bei Feten und Neugeborenen sichtbar
sind und bei Erwachsenen nur an bestimmten Stellen Fovea rhomboidalis auftreten (Studnicka). Doch hat Stocklasa bei einer Anzahl erwachsener Säuger
Flimmerbewegungen an den aus verschiedenen Gegenden entnommenen Stücken
der Ventrikeloberfläche gesehen. Am menschlichen Material können bei schonen-
der Fixation (möglichst bald nach dem Tode Einführung der Formollösung durch
die Lamina cribrosa in die Ventrikel) Cilien an allen Ventrikelteilen, nicht aber
jeder Zelle, dargestellt werden (Jahn). Diese Beobachtungen zeigen, daß im
Gehirn höherer Säugetiere und des Menschen im erwachsenen Zustand die Cilien
des Ependymepithels sehr labile Gebilde sind, die postmortal rasch zugrunde
gehen. Sie stehen mit den Blepharoblasten in Beziehung. Friede (1955) beobachtete in der Gewebekultur flimmerndes Ependym von embryonalen Kücken
und stellte eine erhebliche Resistenz der Flimmerbewegungen gegen die Einwirkung von Noxen fest.

Am menschlichen Material lassen sich letztere am zuverlässigsten mit der
Holzerschen Methode darstellen (Jahn). Rio Hortega unterscheidet beim
Menschen und bei anderen Säugetierarten auf Grund des Verhaltens der Cilien
und der Blepharoblasten 2 Arten von Epithelzellen: Zellen mit mehreren Cilien
(je ein Cilium entspringt aus einem einfachen Körnchen) und Zellen mit einer
einzigen, langen Geißel, die aus einem Diplosom entspringt. Während die Ventrikelwände nur Elemente des ersten Typus darbieten, kommen am Zentralkanal des Rückenmarks wohl beide Typen vor. Beim Menschen ordnen sich die
Blepharoblasten häufig zu einem runden Haufen an, der zwischen Kern und
ventrikulärer Zelloberfläche liegt. Wahrscheinlich handelt es sich dabei um
Zellen, die intra vitam ihre Cilien verloren haben.

Das *Chondriom* der Ependymepithelien ist aus Körnchen und aus kurzen
Chondriomiten zusammengesetzt (Grynfellt, Euzière), das *Binnennetz* ist, wie
Cajal bei neugeborenen und jungen Säugern gefunden hat, sehr einfach ge-
baut und besteht aus kurzen und dicken Fäden in supranucleärer Lage.

Die Mehrzahl der Ependymepithelien des erwachsenen Menschen enthält in
ihrem Protoplasma *sudanfärbbare Stoffe* in wechselnder Menge ohne konstante
Lage, die im Senium gewöhnlich reichlicher sind, in Form von oft zu kleinen
Häufchen vereinigten Körnchen oder von kleinen Kugeln. Abnutzungspigment
kommt im Ependymepithel selbst bei höherem Alter nicht vor (v. Volkmann).

Glykogen fehlt im Ependym des erwachsenen Menschen, von *Corpora amylacea* abgesehen, vollkommen. Beim menschlichen Embryo hat ASKANAZY das Fehlen von Glykogen im Gegensatz zu den Plexus hervorgehoben. SUNDBERG aber sah Glykogenkörnchen im Epithel der Boden- und Deckplatte bei frühembryonalen menschlichen Stadien (15 mm lange Embryonen), doch nimmt die Menge rascher ab als im Plexus und schon beim 4 cm langen Embryo findet man Glykogen nur noch in Spuren. Lieblingssitz sind nach SUNDBERG die Spongioblasten entlang der Commissura posterior des Rückenmarks und der entsprechenden Stellen des Hirnstammes bis zum Mittelhirn.

Oxydasegranula sind von MARINESCO nachgewiesen worden. Die Zellen des Ependymepithels vermehren sich in der Regel *amitotisch*, doch kann man besonders beim Kind oder bei sehr jungen Tieren *Mitose* treffen. ZAND fand sie sogar häufig. Die unter dem Epithel liegende Gliafaserschicht enthält nur spärliche Zellen und ist fast ausschließlich aus Gliafasern zusammengesetzt.

Die *Gliazellenschicht* ist nicht überall vorhanden. So fehlt sie normalerweise z. B. am Fornix, am Alveus, an der medialen Wand des Unterhornes, an Teilen des 3. Ventrikels und an der ventralen Wand des Aquädukts (OPALSKI). Sie enthält dort Elemente, die mit den gewöhnlichen Imprägnationsmethoden schwer darstellbar sind. Man kann in ihr folgende Zellarten unterscheiden:

a) *Astrocyten* und ihre Involutionsformen (längliche, schmale, überfärbte Zellen).

b) *Übergangszellen* (zuerst von OPALSKI beschrieben und von JAHN *glioide Zellen* benannt). Es handelt sich um große faserbildende Elemente mit Fortsätzen, hellem Kern und verhältnismäßig reichlichem Protoplasma. Sie weisen zum Teil die morphologischen Eigenschaften der Zellen des Ependymepithels, zum Teil die der Astrocyten auf. Blepharoblasten sind in ihnen von JAHN dargestellt worden, während Cuticula und Cilien fehlen. Sie ähneln den gemästeten Gliazellen und bilden oft Häufchen ohne Zellgrenzen. Mitunter sind sie rosettenartig angeordnet. Sie sind wenig differenzierte Elemente, die die Fähigkeit besitzen, sich sowohl in Richtung der Epithelzellen als möglicherweise auch in Richtung der Astrocyten umzuwandeln. JAHN hält sie für mögliches Ursprungsmaterial von Tumoren. ROUSSY und MOSINGER nennen sie Hypendymocyten und halten sie für artverwandt mit den Pituicyten der Neurohypophyse und den Pinealzellen, was mir zweifelhaft scheint. Ferner sind nach diesen Autoren Hypendymocyten wichtige Bestandteile einiger besonders differenzierter Stellen der Ventrikelwand (subcommissurales und hypothalamisches Organ).

c) *Spärliche Mikrogliazellen.*

d) *Überreste von embryonalen Elementen.* Die ventrikuläre Keimschicht der Matrix bildet in den ersten Monaten des intrauterinen Lebens eine dichte, gleichförmige Schicht. Später wird diese gelockert und es treten vorwiegend perivasculär gelegene Zellinseln auf. Diese Zellinseln sollen beim Menschen normalerweise am Ende des 7. Monats i. L. verschwinden (O. RANKE). CEELEN sah subependymäre Zellinseln bei Kindern, die wenige Tage oder Wochen nach der Geburt verstarben in der Hälfte der Fälle. Er deutet sie als entzündliche Elemente, während WOHLWILL bei ihnen die Charakteristica entzündlicher Infiltrate vermißt und ihre Persistenz bei einer gewissen Anzahl Neugeborener für normal hält. Beim Erwachsenen kommen normalerweise Reste des Keimmaterials vor (GUILLERY), und zwar in besonderen Gegenden (unterer Abschnitt des Caudatumkopfes, Mandelkern), wo sie zu Zellinseln angeordnet sind (OPALSKI). Es handelt sich um Elemente mit spärlichem Protoplasma und dunklem Kern. Daß sie Ausgangspunkt für Tumoren sein können, ist noch wahrscheinlicher als bei den Übergangszellen.

e) Weiter habe ich in der Zell- wie in der Faserschicnt am Silberpräparat vereinzelte runde, fortsatzlose Zellen gesehen, die als *Oligodendrogliazellen* in gequollenem Zustand imponieren, wenn sich aus technischen Gründen die Fortsätze auch nicht darstellen lassen.

Verwachsungen der Ventrikelwände sind bei der postembryonalen Zunahme der Gehirnmasse und der damit verbundenen Verringerung des Raumes der Seitenventrikel normalerweise zu beobachten. Sie entstehen am unteren Rand des Vorderhornes, am hinteren Ende des Hinterhornes und mitunter auch im Gebiet des Nucleus amygdalae. Diese Verwachsungen, die keine pathologische Bedeutung haben, hinterlassen einen Streifen von Gliafasern und verschiedenartigen, mitunter Lumina begrenzenden Zellen (Epithelzellen, Übergangszellen). Diese Streifen hat Weigert bekanntlich mit dem Kielstreifen eines Schiffes verglichen. Dabei können sogar epithelbekleidete Höhlen entstehen. Liber fand solche in der Fortsetzung des Hinterhornes sogar in 32% wahllos untersuchter Gehirne.

Über die Blutversorgung der Ventrikelwände besitzen wir spärliche Angaben. Beim Menschen dürfte zwischen der Versorgung der Seitenventrikel einerseits und derjenigen des 4. Ventrikels und des Aquaeductus andererseits ein grundsätzlicher Unterschied bestehen, der von pathologischer Bedeutung sein kann (Opalski). Während die Gefäße, die die Wände des 4. Ventrikels und des Aquaeductus versorgen, gleicher Herkunft sind als die der tiefer gelegenen Hirnteile, dürften die Wände der Seitenventrikel über eigene Blutversorgung verfügen. Beim Menschen zeichnet sich die Area postrema durch eine sehr reichliche Vascularisation aus.

Was die nervösen Apparate am Ependym anbelangt, so hat Pensa bei jungen Säugetieren, besonders beim Hund, durch die Golgi-Reaktion um den Zentralkanal ein dichtes Geflecht von Nervenfasern dargestellt, aus dem zahlreiche Äste in die Epithelschicht eindringen und mitunter die einzelnen Zellen umgeben. Agdur hat in der Tierreihe nicht nur in der Epithelschicht oder intraventrikuläre Nervenendigungen, sondern auch Nervenzellen im Ependym gesehen.

Beim Menschen sind intraepithelial gelegene Nervenzellen Ausnahmebefund; doch ist es bekannt, daß an bestimmten Stellen die Nervenzellen dazu neigen, an das Ventrikelepithel heranzurücken, so in der Area postrema und im Infundibulum, also auffallenderweise in der Nähe von vegetativen Kernen. Agdur hält es für wahrscheinlich, daß der von ihm dargestellte nervöse Apparat receptorisch wirkt und der Regulation des intracerebralen Druckes dient. Ferner hat Deery beim Menschen zahlreiche Nervenfasern um die Gefäße der subepithelialen Schicht gesehen. Solche hat auch Pesonen im Ventrikelepithel des Meerschweinchens und im Ependym des Zentralkanals eines menschlichen Feten dargestellt, die zum Teil frei im Liquorraum endigen. Roussy und Mosinger halten die Innervation des Ependyms teils für receptorisch, teils für effektorisch und meinen, daß das Höhlengrau die wichtigste Quelle der Innervation nicht nur des Ependyms, sondern auch der Epiphyse, Hypophyse und Plexus chorioidei ist.

Nach Frey und Stoll endigen sensorische Fasern in mehrschichtigen Stellen des Ependymepithels bei Katze und Mensch, und zwar optische Fasern im Recessus opticus, akustische im Gebiet des Tuberculum acusticum und wahrscheinlich vestibuläre im Velum medullare anterius; einzelne Zellen des Ependymepithels der obengenannten Gebiete sollen Ganglienzellen gleichzusetzen sein, so daß ein Teil der Ependymfasern (nämlich der basalen Fortsätze des Ependymepithels) als marklose Fasern bezeichnet werden. Außerdem haben diese Autoren vegetative Fasern im Gebiet des Recessus opticus (Mensch) und im hinteren Abschnitt des 3. Ventrikels (Katze) mit dem Ventrikelepithel in Beziehung treten gesehen.

Der Bau der Ventrikelwände zeigt örtliche Eigentümlichkeiten, worauf vergleichend-anatomisch bereits STUDNICKA hingewiesen hat. (Was den Menschen anbelangt, s. OPALSKI.) Auch kann hier auf die Beschreibung von besonders gebauten Stellen der Ventrikelwände (subfornikales Organ, subcommissurales Organ, Infundibulum, Area postrema) nicht eingegangen werden. Es wird auf die Spezialarbeiten von NICHOLS, DENDY, DENDY und NICHOLS, BAUER-JOKL, AGDUR, ARIENS, KAPPERS, CHARLSTON, GANFINI, PINES, WISLOCKI und PUTNAM, KING LESTER u. a. hingewiesen.

Der Zentralkanal ist beim erwachsenen Menschen in der Mehrzahl der Fälle obliteriert. Über die in verschiedenen Altersstufen normalanatomischen Verhältnisse und über die zur Obliteration führenden Vorgänge sowie über die Beziehungen dieser Vorgänge mit der Dysrhaphie, Hydromyelie und Syringomyelie siehe die Monographie von STAEMMLER, bei dem die einschlägige Literatur zufinden ist.

Eine Mehrteilung des Zentralkanals ist beim Menschen und Tier nicht selten beobachtet worden (BOLK, GULDBERG, AGDUR, BRANCA und MARMIER). Es handelt sich hierbei um Entwicklungsstörungen, die die unteren Abschnitte des Rückenmarks bevorzugen und deren Entstehung von zahlreichen Autoren untersucht wurde (SCHIEFFERDECKER und LESCHKE).

5. Bauunterschiede zwischen Plexus und Ependym.

Bekanntlich stellt der Plexus eine gefaltete, zottige, sehr reich vascularisierte, das Ependym eine ebene, verhältnismäßig spärlich vascularisierte Fläche dar. Beim Plexus- und Ependymepithel haben wir in histologischer Hinsicht verschieden differenzierte Gebilde vor uns, die aber bei pathologischen Zuständen nicht sicher getrennt werden können. Obgleich die Form und Größe der Plexus- und Ependymepithelien in breiten Grenzen variieren kann, sind die Plexuszellen im allgemeinen breiter und protoplasmareicher als die Ependymepithelien. Der Kern der Plexusepithelien ist meist rund, der des Ependyms an besonderen Stellen zur länglichen Form neigend. Den Plexusepithelien fehlt ein peripherer basaler Fortsatz stets, der jedoch inkonstant an den Ependymepithelien gefunden werden kann. Dem Epithel des Ependyms fehlt ein Bürstensaum; an dessen Stelle tritt eine viel einfacher gebaute Cuticula, der Bürstensaum läßt sich am gewöhnlichen menschlichen Sektionsmaterial ebensowenig wie Cilien darstellen, was höchstwahrscheinlich kein prinzipielles Trennungsmerkmal ist, sondern postmortal bedingt sein kann. Für das menschliche Plexusepithel ist das Vorkommen von Abnutzungspigment gegenüber dem Ependymepithel charakteristisch, diese Einschlüsse sind jedoch nicht in jeder Zelle und auch nicht in jedem Alter zu finden. In embryonalen Stadien unterscheiden sich Plexus- und Ependymepithel durch ihren Glykogengehalt; während es im Plexusepithel reichlich vorkommt, fehlt es im Ependymepithel oder ist nur in früheren Stadien vorübergehend zu finden (ASKANAZY, SUNDBERG), wobei das Ependymepithel einer gliösen, das Plexusepithel einer bindegewebigen Unterlage aufliegt.

6. Funktionelle Änderungen der Epithelzellen der Plexus und des Ependyms.

a) Histologisches zur Frage nach der Plexus- und Ependymsekretion des Liquors.

Die grundlegenden Experimente von DANDY und Mitarbeitern haben klar erwiesen, daß die Hirnventrikel Ort der Liquorproduktion snd. In gewissem Gegensatz zu diesen Autoren ließen GULEKEs und HEIDERICHss Versuche, die den

Aquaeductus Sylvii experimentell verschlossen, an Vorrichtungen im 3. Ventrikel denken, die unter besonderen Umständen eine Liquorresorption ermöglichen. Chiatellino bestätigte aber die Ergebnisse der amerikanischen Autoren und fand bei experimentellem Verschluß des Aquaeductus des Hundes regelmäßig einen Hydrocephalus internus, so daß heute die Lehre Monakows allgemein verlassen ist, nach der der vom Plexus abgesonderte Liquor in dem normalerweise überall verschlossenem Ventrikelsystems vom Ependym resorbiert würde und erst nach Durchziehen der Gehirnmasse in die subarachnoidalen Räume gelangt.

Es ist anzunehmen, daß nach den Experimenten der amerikanischen Autoren die Liquorproduktion durch die Plexus erfolgt. Man kann sich auch kaum vorstellen, daß das Ependym mehr Liquor produzieren sollte, als die gefalteten und vascularisierten Plexus zu resorbieren imstande wären. Die Lehre, daß die Plexus liquorbildende Organe sind, stützt sich heute jedoch auf andere Tatsachen und wird auch von der Mehrzahl der Autoren anerkannt.

Auf die Physiologie der Plexus kann hier nicht näher eingegangen werden. Es wird nur zu zeigen versucht, in welcher Weise die histologischen Untersuchungen zur Klärung der Frage nach der liquorbildenden Funktion der Plexus beigetragen haben.

Schon Faivre (1853) und Luschka (1855) hatten versucht, die Lehre der sekretorischen Plexusfunktion durch mikroskopische Beobachtungen zu begründen.

In der modernen histologischen Ära sind es Findlay, Galeotti (1898) und kurz danach Pettit und Gerard (1901—1903) gewesen, die nach mikroskopischen Bildern der Sekretion am Plexus gesucht haben.

Findlay sah kleine Tropfen (Globules) im Protoplasma der Plexusepithelzellen und betrachtete diese als Sekretionsprodukt.

Galeotti schrieb dem Zellkern im Sekretionsvorgang eine wichtige Rolle zu. Nach ihm sollen mit Fuchsin färbbare Körnchen aus dem Kern ins Protoplasma austreten, sich vergrößern und schließlich als fertiges Sekret aus der Zelle in den Liquor ausgestoßen werden.

Die später (1909) von Engel am menschlichen Plexus angestellten Untersuchungen bestätigten im wesentlichen die Lehre von Galeotti.

Schläpfer (1905) hat vitale und supravitale Färbungen (Methylenblau, Neutralrot) zur Untersuchung der Plexus (Frosch, Kaninchen) herangezogen und damit Körnchen im Protoplasma der Epithelzellen gefärbt, die nach ihm höchstwahrscheinlich kleine Tropfen mit einer lipoiden Hülle sind. Er nannte sie Globoplasten. Diese sollen sich durch wechselseitige Verschmelzung zu größeren Sekrettropfen umwandeln, intracellulär zerplatzen und schließlich als Sekret aus der Zelle heraustreten.

Schläpfer ist Francini und später Pellizzi gefolgt. Francini versuchte, die Lehre von Galeotti mit der von Schläpfer in Einklang zu bringen und nahm an, daß die supravital färbbaren Protoplasmagranula nucleären Ursprungs seien. Pellizzi hat sich im wesentlichen dieser Anschauung angeschlossen und hat auch von einer endokrinen Globoplastensekretion bei pathologischen Zuständen gesprochen; dabei dürften die Sekrettropfen statt aus der ventrikulären aus der basalen Fläche der Zelle abgesondert und ihr Inhalt von den Bindegewebszellen aufgenommen werden.

Alle diese Lehren hielten der Kritik nicht stand.

Später schieben französische Autoren dem Chondriom bei der sekretorischen Tätigkeit der Zelle eine wichtige Rolle zu (Grynfellt und Euzière, Policard). Diese Autoren nahmen auf Grund experimenteller Untersuchungen bei verschiedenen Säugetierarten an, daß sich die Chondriosomen in kleine Bläschen und sekretgefüllte Vacuolen umwandeln und das Sekret durch den Bürstensaum abfiltriert wird. Weiter haben GRYNFELLT und EUZIÈRE angenommen, daß die Tötungsart einen Einfluß auf den funktionellen Zustand der Plexus hat. Die Entblutung und die plötzliche intrakranielle Drucksenkung soll die Plexusepithelien zur Liquorproduktion anregen, während bei erhängten Tieren durch die intrakranielle Drucksteigerung die Liquorproduktion gehemmt sei. An verbluteten Tieren nahm die Zahl der vacuolisierten Zellen zu, bei erhängten dagegen fand sich eine zunehmende Zahl ruhender Zellen.

ACCOYER konnte diese Lehre mit seinen Untersuchungen jedoch nicht in Einklang bringen, denn er fand keinen Einfluß der Tötungsart auf den Zustand der Plexuszellen. Auch COMINI, die ihre Tiere durch Entblutung tötete, fand weder einen vacuolisierten Zustand der Zellen, noch eine Umwandlung der Chondrosomen in Vacuolen. Ebenso sah MOROSI bei entbluteten Tieren, Kühen und Katzen keine Vacuolen, wie auch WEED keine Vacuolen aus den Chondrosomen hat entstehen sehen. Gerade an durch Strangulation getöteten Tieren sahen SCHALTENBRAND und Mitarbeiter vacuolisierte Plexusepithelien. Ähnliche Bilder sind auch vom menschlichen Sektionsmaterial bekannt. Auch die meisten anderen Autoren lehnen eine Umwandlung von Chondriosomen in Sekretionsprodukte ab.

Nach Einspritzung sekretionserregender Stoffe fand sich eine beträchtliche Volumenzunahme der Plexusepithelien, doch bei gleichen experimentellen Bedingungen nicht immer deutlich sichtbar (PETTIT und GERARD 1902). Dabei schwindet der Bürstensaum und es ist schon im frischen unfixierten Zustand eine basale körnige, von einer ventrikelwärts gerichteten hyalinen Zellhälfte trennbar. MEEKs Untersuchungen mit Muscarin ließen Ähnliches beobachten.

In Nachuntersuchungen wurden diese Befunde (nach Einspritzung von sekretionsanregenden Substanzen) von CIACCIO und SCAGLIONE u. a. bestätigt, während bei anderen Autoren (z. B. PELLIZZI, DANDY und BLACKFAN, SUNDWALL, COUPIN, KALWARJISKI, PUTNAM-ASK-UPMARK) keine Bestätigung fanden. BECHTS Untersuchungen machen es fraglich, daß Pilocarpininjektionen eine erhöhte Liquorproduktion erwirken, wie WALTER es überhaupt für unwahrscheinlich hält, eine Liquorproduktion durch sekretorische Mittel anregen zu können. Andererseits ist zu betonen, daß die Beobachtungen nach intravenöser Gabe hypotonischer Lösungen (WEED) und bei menschlichen Fällen von schweren Kopftraumen (RAND und COURVILLE) die Lehre von PETTIT und GERARD zu stützen vermögen (Abb. 6). Die Experimente von WEED (intravenöse Einspritzung hypotonischer Lösungen) zeigen eine primär vermehrte Ansammlung von Flüssigkeit in den Liquorräumen. Nicht so einfach und auch noch nicht restlos geklärt sind die den posttraumatischen Hirndruckänderungen zugrunde liegenden Vorgänge. Über die Steigerung des Liquordruckes nach Kopftraumen hat HOFF experimentelle Untersuchungen an Hunden angestellt und beobachtete eine erhöhte Liquorproduktion, der nach 24 Std eine rasche Senkung des Liquordruckes folgte. Diese Steigerung des Druckes ist aber nicht konstant zu finden (MARBURG). Mitunter ist auch eine Senkung zu beobachten. Diese kann nicht nur nach Kopftraumen, sondern unter anderen Bedingungen und auch primär auftreten (Monographie WOLFF u. a.).

Mikroskopische Untersuchungen am Plexus und Ependym lebender Tiere haben nicht immer zu übereinstimmenden Resultaten geführt (CUSHING, JACOBI, SCHALTENBRAND, PUTNAM-ASK-UPMARK, HOFF, BERTHA und MAYR). Meines Erachtens lassen diese meist unter äußerst unphysiologischen Bedingungen gewonnenen Beobachtungen auch keine sicheren Schlüsse zu.

Untersuchungen der Plexus nach Röntgenbestrahlung (die nach einigen Autoren eine verminderte Liquorproduktion zur Folge haben soll) sind zu keinen feststehenden und verwertbaren Schlüssen gekommen.

Über Sekretionserscheinungen am menschlichen Plexus liegen Beobachtungen
von Engel, Davis und de Harven vor. Die von Makoto Saito bei verschiedenen menschlichen Erkrankungen im Plexusepithel gesehenen großen eisen-
hämatoxylinfärbbaren Körnchen sind wohl als postmortal veränderte Chondrosomen anzusehen. Im übrigen eignet sich das übliche Sektionsmaterial für cyto-
logische Untersuchungen recht wenig.

Die Schlüsse, die man aus dieser Auseinandersetzung ziehen kann, sind meines
Erachtens folgende: Beweisend für die liquorbildende Funktion der Plexus chorioidei sind die histologischen Bilder *an und für sich* nicht. Den Beweis hierfür

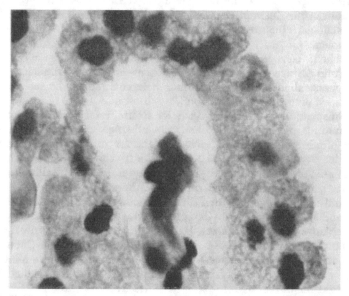

Abb. 6. Vacuolisation des Plexusepithels und durch Flüssigkeitsansammlung bedingte Loslösung desselben aus
dem Stroma. 61jähriger, 3 Std nach einer Schädelfraktur gestorbener Mann. Hämatoxylin-Eosinfärbung.
[Aus Rand u. Courville: Arch. Surg. 23, 410 (1931).]

müssen wir vielmehr in den Ergebnissen der physiologiscen Untersuchungen
(in erster Linie in den von Dandy und Blackfan) suchen. Nur im Zusammenhang mit diesen Ergebnissen sprechen die histologischen Untersuchungen für
eine Liquorbildung im Plexus. Es ist sehr wohl plausibel, daß die Volumände-
rungen und die Vacuolenbildung der Plexusepithelien morphologischer Ausdruck
der Liquorbildung sind.

Über die Funktion des Ependyms läßt sich nichts Sicheres sagen. Es ist
mehrfach auf Grund der histologischen Bilder vermutet worden, daß es sich als
untergeordnete Hilfsquelle an der Liquorproduktion beteiligt (Studnicka, Fuchs,
Hworostuchin, Milian, Grynfellt und Euzière, Ganfini, Papouschek u. a.).
Nach Staemmler soll das Epithel des Zentralkanals im frühinfantilen Alter und
bei Erwachsenen in Fällen von Dysrhaphie eine sekretorische Tätigkeit zeigen.
Bei niederen Wirbeltieren bilden sich im Protoplasma des Ependymepithels
Blasen, die als Sekret ausgestoßen werden (Studnicka). Beteiligung des Kernes
am Sekretionsvorgang wird von Fuchs, Ganfini und Papouschek angenommen.
Papouschek ist außerdem der Ansicht, daß eine periodische Umwandlung des
Flimmersaumes in Sekret erfolgt. Grynfellt und Euzière beschreiben bei
Sekretionsvorgängen im Ependym die gleichen histologischen Bilder wie im
Plexus. Rand und Courville sehen die flüssigkeitsgefüllten Kammern des

menschlichen Ependymepithels als Ausdruck der Liquorbildung an. Diese Kammern sind in Fällen von Kopftraumen mit folgendem erhöhtem Hirndruck besonders stark gefüllt (Abb. 7). Doch kann die Kammerbildung auch als Zeichen einer gesteigerten Resorption des Ependyms bei vermehrter Liquorausscheidung durch die Plexus aufgefaßt werden, man hat aber bei diesen Befunden die örtlichen Unterschiede im Bau des Ependyms nicht genügend beachtet. Die Befunde am sog. subthalamischen Organ der niederen Wirbeltiere, die bei mehrschichtigem Epithel reichlicher Vascularisation und Vorkommen einer geronnenen albuminoiden Masse in den angrenzenden Teilen des Ventrikels zu finden sind, sprechen entschieden für ein Übertreten von Stoffen aus dieser Ependymstrecke in die

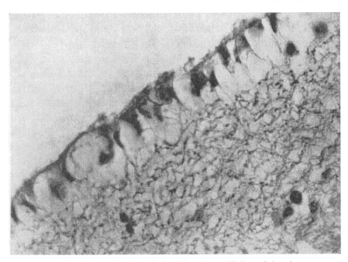

Abb. 7. Flüssigkeitsgefüllte Hohlräume im Bereich des Ependymepithels und (weniger ausgesprochen) im subepithelialen Gliagewebe. 14jähriger, 2 Tage nach einem schweren Kopftrauma gestorbener Knabe. Hämatoxylin-Eosinfärbung. [Aus RAND u. COURVILLE: Arch. Surg. **23**, 422 (1931).]

Ventrikelhöhle (KAPPERS, GANFINI, KARLTON). Bei Säugern und Menschen sind derartige Befunde nicht zu erheben. Doch läßt sich die Möglichkeit, daß auch hier aus einigen Strecken des Ependyms Stoffe in den Liquor gelangen, nicht von der Hand weisen. Normalerweise aber spielt das Ependym eine unwichtige Rolle in der Liquorproduktion. Dafür spricht vor allem seine glatte Oberfläche im Vergleich zu den zottenreichen Plexus. Es läßt sich aber damit nicht ausschließen, daß unter abnormen Bedingungen Flüssigkeit aus dem Ependym in die Ventrikelhöhle austreten kann. Hauptsächlich dürfte das Ependym jedoch in der Richtung Liquor-Gehirn permeabel sein, d. h. der Liquorresorption dienen. Hierüber siehe das nächste Kapitel.

b) Die Schrankenfunktion. Verhalten der Plexus chorioidei und der Ventrikelwände bei den vitalen Färbungen.

Histologisches zur Frage nach der resorptiven Funktion derselben.

Eine Trennung zwischen einer Blut-Liquor- und einer Blut-Gehirnschranke ist mit WALTER eine allgemeine Annahme. Eine daneben bestehende Liquor-Hirnschranke war bislang mehr ein anatomischer als ein funktioneller Begriff. Nach JAHN soll das Ependymepithel, in dem die Liquor-Hirnschranke zu lokalisieren wäre, eine ähnliche Funktion entfalten wie das Capillarendothel, so daß der Liquor nicht unverändert durch das Hirngewebe übertritt. Ob aber die

Funktion des Ependymepithels als Schranke und Schutzmembran praktisch wichtig ist, scheint mir unter anderem schon wegen der Vulnerabilität und Hinfälligkeit des Epithels, wegen seines häufigen Fehlens und seiner dürftigen Fähigkeit, Defekte zu reparieren, fraglich. Noch unsicherer dürfte eine Schrankenfunktion der Gliafaser- oder der nicht überall vorhandenen Gliazellenschicht sein.

Über die Frage der Liquorphysiologie orientieren die Bücher von Kafka und Walter sowie die jährlichen Berichte des letzten Autors.

Die Telae und Plexus sind ein Teil der Blut-Liquorschranke. Als eigentlicher Sitz dieser Schranke sowie der Blut-Gehirnschranke ist das Capillarendothel anzusehen (Spatz).

Beide Schranken verhalten sich verschiedenen intravenös zugeführten Stoffen, z. B. sauren und basischen Farbstoffen, gegenüber unterschiedlich. Auch der Dispersitätsgrad spielt eine wichtige Rolle (s. Spatz).

Goldmann gab Anstoß zu den bekannten Untersuchungen mit sauren, semikolloidalen Stoffen (vor allem Trypanblau). Im sog. ersten Versuch brachte er paraneural (Steiner und Spatz) Trypanblaulösung in die Blutbahn. Dabei zeigen alle Körperorgane schon makroskopisch eine Anfärbung. Eine Ausnahme bilden das Gehirn und Rückenmark, während sich die Plexus chorioidei anfärbten und die weichen Häute erst bei massiven Gaben Farbstoffe annahmen. Spätere Untersuchungen zeigten aber, daß auch im Bereich einiger Stellen des Gehirns der Farbstoff ins Gewebe übertritt: Infundibulum (Rachmanow, Wislocki und King), Epiphyse (Biondi, Mandelstamm und Krylow), Area postrema (Wislocki und Putnam), subfornikales Organ (Putnam, Mandelstamm und Krylow), Tänien der Plexus chorioidei.

Beim sog. zweiten Versuch mit endoneuraler (Spatz) Einverleibung färben sich die Plexus chorioidei, die weichen Häute und der liquornahe Anteil des Zentralnervensystems. Dem Referat dieser Ergebnisse lege ich die eingehenden Untersuchungen von Spatz zugrunde. (Über die Resultate der Vitalfärbungen in Kombination mit verschiedenen experimentellen Eingriffen, Röntgenbestrahlung, Diathermiebehandlung, Hirnverletzungen siehe die Zusammenstellung von Häussler.)

Bei der paraneuralen Einverleibung von Trypanblau findet man zuerst eine grobkörnige Speicherung in den Histiocyten des Stromas der Telae und der Plexus, später nach intensiverer Zufuhr eine Speicherung im Epithel sowie gelegentlich Übertritt des Farbstoffes in den Liquor. Das Capillarendothel als der eigentliche Sitz der Schranke bleibt dabei ungefärbt. Die Speicherung in den Histiocyten des Plexusstromas muß man dann so erklären, daß die gegen Trypanblau nicht absolut dichte Schranke zum Teil schon überschritten ist.

Spritzt man dagegen Trypanblau in den Liquorraum, so kommt es am Plexus zu einer diffusen Durchtränkung und bei höherer Dosierung zur Speicherung, die aber geringer ist, als wenn das Trypanblau in das Blut eingespritzt wird, eine Tatsache, die sicher nicht zugunsten einer normalen resorptiven Funktion des Plexus spricht. Auch in den Meningen finden sich Speicherungserscheinungen. Im Hirngewebe dringt die Farbe in eine schmale Randzone der äußeren und ventrikulären Fläche ein, wobei die Durchdringung den Gesetzen der Diffusion folgt und sich in breiter Front wie in einer toten Gallerte unabhängig von den Gefäßscheiden ausbreitet. Speicherung findet sich dann an den Gefäßelementen und später in den Ependym-, Glia- und Nervenzellen.

Das Verhalten der Plexus chorioidei und Ventrikelwände gegenüber in den Liquor eingeführten Stoffen ist von zahlreichen Autoren untersucht worden (Merle, Ahrens, Kleestadt, Bujard, Foley, Nanagas, Wislocki, Putnam, Cestan-Rieser-Laborde, Peterhof, Forbes-Smith-Wolffl, Fieschi, Girard,

MA-SCHALTENBRAND-CHENG, MARIMOTO u. a.). Für mikroskopische Untersuchungen hat man dabei gefärbte Stoffe oder histochemisch leicht darstellbare
Substanzen (Carmin, Tusche, Sepiapigment, WEEDsche Lösung, Glykose, Fett,
Harnstoff, NaCl u. a.) angewandt. Die Stoffe wurden subarachnoidal oder intraventrikulär sowohl bei normalen Ventrikeln (NANAGAS, WISLOCKI und PUTNAM)
wie bei Hydrocephalus nach experimentell verschlossenen Hirnventrikeln eingeführt, wobei zum Teil gleichzeitig hypertonische Lösungen intravenös gegeben
wurden (FOLEY, NANAGAS, FORBES und Mitarbeiter). Dauer der Versuche, Kon-
zentrationsgefälle (JORNS u. a.) und andere Faktoren sind nicht immer die
gleichen gewesen, so daß die Resultate variierten (Genaueres s. bei den betreffenden Autoren).

Es muß bei diesen Versuchen beachtet werden, daß das an die Liquorräume
angrenzende Gewebe gegen Einführung fremder Stoffe nicht indifferent ist. So
rufen wiederholte Einspritzungen von Trypanblau entzündliche Erscheinungen
an den Meningen und an den Ventrikelwänden hervor (SPATZ). Am Plexus
kommt es, nach Einspritzung gewaschener Erythocyten, Einspritzung von Luft
oder Trypanblau in den Liquor, neben Quellung des Bindegewebes, Anschwellung
des Epithels mit Vermehrung der Chondrosomen und des Fettes, späterem Auftreten von Vacuolen mit gefärbter oder ungefärbter Wand, zu ziemlich dauer-
haften Veränderungen, die an die postmortalen des Plexusepithels erinnern
(MA-SCHALTENBRAND-CHENG).

Beim Menschen fand zuerst ASKANAZY am Plexusepithel eines an Meningocele
operierten Kindes Hämosiderinkörnchen, die später auch WULLENWEBER nach
Ventrikelblutung und HASSIN, ISAAC und COTTLE nach Ponsblutung beschrieben.
NOETZEL fand bei einer älteren meningealen Blutung Blutpigmentkörnchen in
den Zellen des Plexusstromas und VON ZALKA hat in 22 unter 65 Fällen von Ventrikelblutung in den Plexuszellen Hämoglobin, in 4 Fällen Hämosiderin nachgewiesen und nahm auf Grund dieser Befunde eine aktive Resorption seitens
des Plexus an. JAHN fand Hämosiderin in den Ependymepithelien sowie in der
angrenzenden Glia bei einem basalen Aneurysma, das 9 Tage zuvor geplatzt war.
Hämosiderinspeicherung in den Gliazellen der Ventrikelwände fand auch NOETZEL.
DE HARVEN sah bei Hirnverwundeten mit ausgedehnter, bis zu den Ventrikeln
hinreichender Zerstörung der Hirnsubstanz eine Anreicherung lipoider Stoffe im
Plexusepithel, die er durch Resorption aus dem Liquor entstanden deutet. Die
Entstehung und Bedeutung der Fetteinschlüsse im Plexusepithel ist dunkel und
kompliziert. Man denke nur an die gefundene Fettvermehrung nach Lufteinblasung in die Ventrikel (MA-SCHALTENBRAND-CHENG). Alle diese Experimente
sind jedoch zur Klärung der Frage nach der resorptiven Tätigkeit der Ventrikelwände im normalen Liquor kaum verwertbar, da sowohl im Experiment als bei
pathologischen Zuständen abnorme Bedingungen vorliegen.

Das Ependym ist ein unwirksames oder nur schwaches Hindernis für das
Eindringen fremder Stoffe aus dem Liquor ins Hirnparenchym.

*Man kommt der Wirklichkeit wohl am nächsten mit der Annahme, daß die Plexus
liquorbildende Organe sind und nur unter besonderen Umständen Stoffe aus dem
Liquor aufnehmen können. Das Ependym dient wahrscheinlich der Liquorresorption, wobei es unter Umständen auch in der Richtung Ventrikelwand-Liquor permeabel
sein kann.* Die Liquorresorption durch das Ependym ist jedoch nur gering, sonst
könnte ein Hydrocephalus occlusus nicht zustande kommen. Schließlich ist anzunehmen, daß im Embryonalleben mit noch nicht bestehender Kommunikation
der Ventrikel mit den Subarachnoidalräumen und bei den Tierarten, bei denen
eine solche nicht zustande kommt, eine weit aktivere Liquorresorption in den
Ventrikelräumen stattfinden muß.

c) Änderungen der Plexus und des Ependyms nach intravenöser Einspritzung anisotonischer Lösungen.

Weed und McKibben fanden bei in die Blutbahn eingeführten hypertonischen Lösungen nach vorübergehendem Anstieg eine Senkung des Liquordruckes. Intravenös eingeführte hypotonische Lösungen ließen ihn ansteigen. Das Gehirn zeigt dabei eine Schwellung, während es nach intravenöser Einpritzung von hypertonischen Lösungen sich verkleinert, schrumpft und faltenreich wird. An gleichzeitig beim selben Tier vorgenommenen Einspritzungen von destilliertem Wasser und hypertonischer Salzlösung in jeweils eine Carotis wurde an der einen Hemisphäre Schwellung, an der anderen Schrumpfung beobachtet (Schalten-brand, Bailey).

Nach intravenöser Einspritzung von hypotonischen Lösungen sind die Zellen des Plexusepithels erheblich diffus angeschwollen (Weed, Fieschi, Ernst, Zand, Ferraro). Dabei treten zahlreiche Vacuolen an der peripheren Zellzone oder auch größere Flüssigkeitstropfen auf (Weed, Kubie, Fieschi). Es kommt bei einigen Zellelementen zur Berstung der Zellmembran (Weed). Das Plexusstroma ist nur leicht angeschwollen. Am Ependymepithel sind Quellungserscheinungen viel seltener und wenig ausgesprochen (Ferraro). Nach intravenöser Einspritzung von hypertonischen Lösungen in den Tierexperimenten sind die Veränderungen weniger charakteristisch (Zand, Ernst, Fieschi, Redaelli). (Über histologische Befunde am Hirngewebe bei „Wasser- und Salztieren" s. Ernst, Weed, Zand, Schaltenbrand, Ferraro usw.).

Wesentlich ist aber, daß sich bei hypotonisierten Tieren Zunahme (Weed, Ernst u. a.), bei hypertonisierten Tieren Abnahme der Flüssigkeitsmenge in den Liquorräumen findet (Nanagas, Ernst, Biancalana, Jorns u. a.). In beiden Fällen kommt es zu einer gewaltigen Flüssigkeitsverschiebung in entgegengesetzter Richtung, nicht nur zwischen Blut und Liquor, sondern auch zwischen Liquor und Gehirn (Ernst). Das Auftreten von größeren und kleineren Tropfen in den Zellen des Plexusepithels bei hypotonisierten Tieren legt die Vermutung nahe, daß hier Flüssigkeit in die Ventrikel durchtritt. Ob bei hypertonisierten Tieren sich die Plexus an der Liquorresorption beteiligen, ist unsicher (Foley, Forbes und Mitarbeiter, Nanagas, Jorns).

d) Plexusveränderungen bei der Schwangerschaft.

Hierüber gibt es nur spärliche Untersuchungen. Pellizzi beschrieb beim Kaninchen und der Katze eine Vermehrung der Lipoide, die später auch Morosi fand und solche auch beim Menschen beobachten konnte. Letzterer konnte die von Pellizzi beschriebene Vermehrung lipoider Stoffe in den Stromazellen allerdings nicht bestätigen.

Die Lipoidvermehrung im Plexusepithel setzt in den ersten Zeiten der Schwangerschaft ein, ist noch eine gewisse Zeit nach der Geburt feststellbar, steht aber mit der Schwangerschaftshyperlipoidämie nicht in Beziehung, denn 8 Tage nach der Geburt nach Absinken des Lipoidgehaltes des Blutes ließen sich noch reichlich Lipoidgranula in den Plexusepithelien nachweisen (Morosi). Da sich die Histiocyten am Speicherungsvorgang nicht beteiligen, ist die Speicherung nicht auf ein Überangebot aus dem Blut her zurückzuführen; ebenso kann es sich nicht um angehaltene toxische Produkte handeln. Die Lipoidansammlung im Plexusepithel ist Ausdruck einer aktiven, antitoxischen, schützenden Funktion der Plexus (Morosi).

e) Plexus chorioidei im embryonalen und fetalen Zustand und ihre Beziehungen zur Entwicklung des Gehirnes.

(Über embryonale Entwicklung der Plexusformationen s. HOCHSTETTER.)

Ich berichte nur kurz über die Morphologie und Histophysiologie der Plexus im Embryonalleben.

Der Plexus der Seitenventrikel füllt bei menschlichen Embryonen von 27 bis 70 mm den Ventrikelraum zum größten Teil aus. Seine Oberfläche ist grob-lappenartig ausgebuchtet. Es sind keine Zotten vorhanden. Im Querschnitt ist er wenig vascularisiert und ohne besondere Beziehungen der Gefäße zum Epithel. Das mächtige Stroma besteht aus einem zellarmen, schleimartigen Gewebe. Die Masse der Plexus beim erwachsenen Menschen ist im Vergleich hierzu erheblich reduziert, während die Oberfläche durch die Zottenbildung ungeheuer vergrößert ist, wenn sie auch mit der Größenzunahme des Gehirnes nicht Schritt hält. Die embryonalen Plexusepithelzellen sind durchschnittlich höher und schmäler als beim Erwachsenen. Im Gegensatz zum Erwachsenen gelingt die Darstellung der Cilien im Plexusepithel des Feten viel leichter und häufiger. Der Kern liegt meist in der Mitte des Zelleibes oder nahe der ventrikulären Fläche (Abb. 8), was wahrscheinlich Folge der Glykogenablagerung ist, die den basalen Teil der Zelle bevorzugt. Fettpigmente und VALENTINs Vacuolen finden sich nicht. Im Gegensatz zum Erwachsenen trifft man vielfach Mitosen (LOEPER, SUNDBERG).

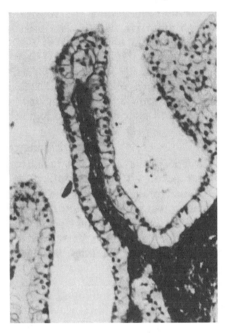

Abb. 8. Plexusepithel eines menschlichen Fetus von 215 mm. Scheitel-Steißlänge. Randständige Lage der Kerne. Färbung nach VAN GIESON.

Manche Autoren schreiben dem embryonalen Plexus eine für die Gehirnentwicklung wichtige Sekretionstätigkeit zu. Nach PELLIZZI soll die Globensekretion vom 3.—7. Monat des intrauterinen Lebens besonders lebhaft sein. Nach demselben Autor treten beim menschlichen Fetus zahlreiche Körnchenzellen im Plexusstroma auf, die durch Vermittlung des Epithels und des Liquors dem Nervengewebe Aufbaustoffe, namentlich für die Entwicklung der Markscheiden, liefern sollen. Zum Nachweis der Wichtigkeit der von den Plexus gebildeten Stoffe für die embryonale Entwicklung des Nervengewebes hat SAXTON BURR angeführt, daß in die Peritonealhöhle eingepflanzte Stücke embryonaler Hirnblasen von Kaltblütern sich nur dann entwickeln, wenn Plexusstücke mitverpflanzt werden.

Einige Autoren (BRUN, BRAUNSCHWEILER, MACKIEWICZ u. a.) haben bei Entwicklungsstörungen des Gehirnes eine mangelhafte Differenzierung der Plexus mit Persistenz embryonaler Charaktere gesehen. BRUN und BRAUNSCHWEILER nehmen an, daß Entwicklungsstörungen im Gehirn in diesen Fällen Folge mangelhafter Plexusbildung sind. Doch kann man nicht ausschließen, daß Entwicklungsstörungen der Plexus und solche des Gehirnes nur Folge einer gemeinsamen Ursache sein können (MACKIEWICZ).

54*

Sachs und Whitney äußerten die Ansicht, daß infantile Plexusveränderungen eine pathogenetische Bedeutung bei der Entstehung der Mikrocephalie haben könnten, von der Annahme ausgehend, daß eine Abnahme der Liquorproduktion im frühkindlichen Alter einen frühzeitigen Verschluß der Fontanellen haben könne. Diese Autoren stützen sich aber auf eine einzige radiologische Beobachtung von Plexusverkalkung, die freilich keine feste Grundlage für diese Hypothese darstellen kann.

Im Gegensatz zu allen diesen Autoren schreiben Gianelli und Chiancone dem embryonalen Plexus keine liquorbildende Funktion zu und nehmen an, daß die distale Randstellung des Kernes in den embryonalen Plexusepithelzellen ein Zeichen dafür ist, daß die Epithelzellen Stoffe aus dem Liquor aufnehmen und in die Blutbahn abgeben. Wie auch Vialli mit Recht annimmt, stellt dieser Befund keinen Beweis für die resorptive Tätigkeit der embryonalen Plexus dar.

Endlich sei die Annahme einiger Autoren erwähnt (Rio Hortega, Gozzano, Bolsi), wonach mesodermale Elemente im intrauterinen Leben aus der Telae chorioideae (sowie aus den Meningen) als Mikroglioblasten ins Nervengewebe eindringen und sich dort zu Mikrogliaelemente weiterdifferenzieren sollen.

Entwicklungsstörungen der Plexus.

Anencephalie ist oft mit hamartomatösem Wachstum der Meningen und der Plexus gekoppelt (Giordano).

Hamartomatöse Plexuswucherungen sind mitunter auch bei Encephalocelen gefunden worden (Giordano).

Bei einigen Fällen von Cyclopie und Arhinencephalie mit cystischer Erweiterung des membranösen Ventrikeldaches wurden mehr oder weniger entwickelte Plexus chorioidei laterales im Zusammenhang mit den Fimbrien beobachtet (Zingerle, Davidson-Black, Winkler, Kuhlenbeck-Globus). Plexusentwicklung im 3. Ventrikel ist in den Beobachtungen von Davidson-Black und von Kuhlenbeck-Globus erwähnt. Kajava fand die Hirnkammer mit stark hypertrophischer Tela chorioidea ganz gefüllt.

Bei Balkenmangel hat man verschiedenartige Befunde erhoben. Man hat Fehlen der Tela chorioidea im 3. Ventrikel (Kaufmann, Gianelli, Huddleson, Regirer) oder fehlende Plexusbildung in den Lateralventrikeln (Regirer bei einem weiteren Falle) oder komplizierte Heterotopien der Plexus der Tela chorioidea superior bei einer mit dem Ventrikelraum in Verbindung stehenden, großen Cyste (Monakow, Juba, Merkel) beobachtet. Monakow und Juba betonen den hyperplastischen Charakter der heterotopischen Plexusbildung, desgleichen Tramer an Hand eines Falles von Balkenmangel mit Tumorbildung. Komplizierte Heterotopien der Plexus des 3. Ventrikels bestanden auch im Falle von Chasan (Balkenmangel mit anderen schweren Mißbildungen des Gehirnes und Tumor).

Bei einem Fall von Hydrocephalus congenitus (verschlossener Aquaeductus, Obliteration des 3. Ventrikels) fand de Lange einen Plexus chorioideus, der bis zum Dorsalmark verlagert, dorsal von diesem gelegen und in einer embryonalen Gewebsmasse eingebettet war.

Castrillon vermißte in einem Falle von paläocerebellarer Aplasie jede Spur von Plexusgewebe im 4. Ventrikel, während in einem Falle von Kleinhirnmangel (Anton und Zingerle) Plexusbildung im stark ausgedehnten Dach des 4. Ventrikels bestand.

Heterotopische, in nervösem Gewebe eingebettete Plexuszotten fanden sich gelegentlich als Zufallsbefunde bei sonst unauffälligen Gehirnen. So sah Guizetti bei einem Knaben Plexuszotten am Hypophysenstiel und KITABAYASHI bei einem Schizophrenen solche in einem lateralen Fortsatz der Flocke, im vorderen Teil des Ammonhorns und intraventrikulär lateral vom Corpus geniculatum externum (s. auch Abschnitt: Plexus im embryonalen und fetalen Zustand).

7. Alters- und involutive Veränderungen der Plexus und des Ependyms.

Die mit den inneren Liquor in Berührung stehenden Flächen (Plexus und Ependym) zeigen beim erwachsenen Menschen mit einer an Konstanz grenzenden

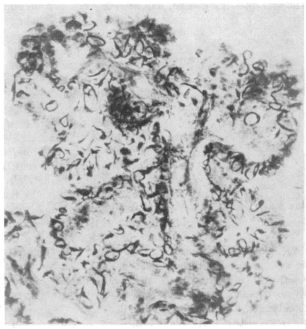

Abb. 9. Gesamtbild der Verteilung der Silbergebilde in den Epithelzellen der Plexus chorioideus einer 64jährigen, an Staphylokokkensepsis gestorbenen Frau. Eigene Silberimprägnationsmethode.

Häufigkeit Bilder, die einem Normalbild mehr oder weniger abweichen. Es sind diese Alters- öder Aufbrauchsveränderungen, von denen einige (z. B. Silbergebilde) fast ausschließlich im Senium oder Präsenium auftreten, während andere ziemlich früh, ja sogar im frühkindlichen Alter oder gar im Fetalstadium (z. B. Zottenreduktion) einsetzen können. Die Kenntnis dieser geläufigen Veränderungen ist für die Beurteilung pathologischer Befunde eine unerläßliche Bedingung. Erwähnenswert ist auch, daß am Plexus ein Korrelat zwischen klinischer Symptomatologie und anatomischem Befund häufiger als bei anderen Organen vermißt wird, worauf besonders AUERSPERG hingewiesen hat.

Die charakteristischsten und konstantesten Altersveränderungen sind die Silbergebilde.

a) Silbergebilde.

Ich habe 1932 auf das konstante Vorkommen eigenartiger Gebilde im Plexusepithel bei bejahrten menschlichen Individuen hingewiesen und sie wegen ihrer vollständigen Darstellbarkeit mit meiner eigenen Silbermethode Silbergebilde genannt (Abb. 9). Gleichzeitig und von mir unabhängig ist GELLERSTEDT auf sie gestoßen. GELLERSTEDT bediente sich der Methode von NISSL, die eine sehr unvollständige Darstellung der Silbergebilde gibt. Vorher hatten LUSCHKA, HÄCKEL und PELLIZZI dieselben gesehen, ihre kurzen Hinweise sind jedoch ungeachtet geblieben (von mir auch, als ich meine erste Mitteilung veröffentlichte). Silbergebilde am Ependym sind vor mir von HORTEGA dargestellt worden, doch hat er systematische Untersuchungen nicht veröffentlicht.

Die Erscheinungsform der Silbergebilde sind mannigfaltig. Bei vollständiger Ausbildung stellen sie am Epithel der Plexus und der Telae große und dicke Ringe dar, deren Umfang nur weniger kleiner als der Umfang der Zelle selber ist. Färbt man die Silberpräparate mit Sudan nach, so findet man ein rundes oder ovales, rot gefärbtes Tröpfchen, das wie ein Edelstein in der Fassung einge-

Abb. 10. Plexusepithelzellen mit kleineren multiplen rautenförmigen Silbergebilden. 72jährige Frau. Eigene Silberimprägnationsmethode.

schlossen erscheint. Daneben gibt es auch Formen, die nie zur Bildung eines echten Ringes kommen, die dann als unvollständige Ringe oder gleichartige kleinere Gebilde erscheinen und in größerer Zahl in ein und derselben Zelle auftreten können (Abb. 10), mitunter neben einem vollständigen Ring. In der Regel läßt sich in der Mitte aller dieser Gebilde ein sudanfärbbarer Einschluß darstellen, bei dem es sich je nach Größe der Ringe um Lipoidtropfen VALENTINs oder kleine Lipoidkugeln oder -körnchen handelt. Am gewöhnlichen Sudanpräparat (ohne vorausgegangene Versilberung) kann man mitunter von der lipoiden Kugel VALENTINs (oder Hohlkugel) sudanfärbbare Ausläufer ausgehen sehen oder vollständige sudangefärbte Ringe antreffen, die denen des Silberpräparates völlig gleichen, diese erweisen sich an ungefärbten Schnitten als pigmentiert: es ist sicher, daß es sich um Abnutzungspigment handelt, doch ist dabei nur ein Bruchteil von ihnen sichtbar. Interessanterweise sah RAMIREZ CORRIA bei Plexusepitheliomen Bildungen, die hierher gehören.

VON VOLKMANN stellte sie mit seiner Gentianaviolett- und Neutralrotmethode dar, doch gibt nach SCHMID (von mir nachgeprüft und von v. VOLKMANN mir brieflich bestätigt) die Silberimprägnation vollständigere Bilder. Bei Individuen über 60 Jahre sind die Silbergebilde in wechselnder Zahl stets zu finden, weshalb man sie als *konstantestes Altersmerkmal* ansprechen kann. Bei jungen Personen, bei denen sich noch keine Silberringe oder dergleichen gebildet haben, wird durch meine Silbermethode die Wand der VALENTIN-Vacuole, die auch vielkammerig sein kann (v.VOLKMANN), geschwärzt. Daneben schwärzen sich kleiner Pigment- oder Propigmentkörnchen. Neben typisch senil veränderten Zellen sind solche ohne senile Merkmale auch bei älteren Individuen zu finden.

Zum Binnennetz haben die Silbergebilde keine Beziehung.

Was die Entstehung der Silbergebilde anbelangt, sieht man bei der Ringbildung aus der VALENTIN-Vacuole Seitensprossen entstehen, die sich umbiegen und weiterwachsen bis zur Verschmelzung ihrer freien Enden. Ähnlich entstehen die kleineren Silbergebilde aus Seitensprossen kleinerer Vacuolen mit sudanfärbbarem Inhalt. Nach v. ZALKA resultiert die „Seitensprossung" aus der Berstung der Vacuolenwand, die durch Zunahme des Innendruckes bedingt ist. Die Affinität zu Silber- und Anilinfarben führt v. ZALKA auf eine Änderung des kolloidalen Systems zurück. Ähnliches meint SCHMID, wenn er von Dehydratation und Synäresis spricht. GELLERSTEDT nahm an, daß es sich bei den Plexusringen um Sekretionscapillaren mit Sekretstauung handelt. HAMAZAKI und MATUDA haben an Flachschnitten des Plexusepithels Kanälchen beschrieben und abgebildet, die in Umgebung des Zellkernes entstehen, kreisförmig oder halbkreisförmig um den Kern herum verlaufen und dann in ein intercellulär gelegenes Sammelrohr münden. Die Kanälchen enthalten nach der Methode von HAMAZAKI fuchsinfärbbare, säurefeste Stoffe. Nach den genannten Autoren sollen die von mir beschriebenen Ringe nur der intracelluläre, erweiterte Teil des Kanalsystems mit gestautem Inhalt sein, während der intercelluläre Teil oft leer und nicht darstellbar ist. Neuerdings berichtete DIVRY (1955), daß sich die Silbergebilde nach Kongorotfärbung eindeutig doppelbrechend verhalten und diskutiert, ähnlich wie bei der ALZHEIMERschen Fibrillenveränderung, ihre Zusammensetzung aus amyloiden Substanzen.

Ich bin jetzt zur Überzeugung gekommen, daß die Ringe und die anders geformten Silbergebilde Kanälchen sind, deren Lumina vor allem Lipofuscin und seine Vorstufen enthalten, und zwar aus folgenden Gründen: 1. stehen die Ringe

Abb. 11. Silbergebilde (Ringelchen, Fäden usw.) mit eingeschlossenen Lipoidkörnchen im Ependymepithel einer 72jährigen, an Dementia senilis leidenden Frau. Kombinierte eigene Silberimprägnationsmethode und Sudanfärbung.

mit einer VALENTIN-Vacuole in kontinuierlichem Zusammenhang; 2. sind sie mitunter in den nach HAMAZAKI gefärbten Präparaten nicht kontinuierlich gefärbt, sondern stellen sich als rosenkranzförmig angeordnete Körnchen dar; 3. sind einige (doch nicht ringförmige) Silbergebilde nach HAMAZAKI und MATUDA außerhalb der Zellgrenze verfolgbar. Freilich gelingt diese letztere Beobachtung nicht leicht und nicht sicher, weil die Grenzen der Epithelzellen in den Präparaten, in denen die in Frage kommenden Gebilde dargestellt sind, oft undeutlich sind. In den Abbildungen von HAMAZAKI und MATUDA sieht man wohl intracelluläre Kanälchen in Verbindung mit intercellulären Sammelröhren, doch keinen echten Ring, der in Verbindung mit intercellulären Kanälchen steht. Ich habe bisher nichts Derartiges beobachten können und es ist also bisher nicht bewiesen, daß die Ringe Teile eines Kanalsystems sind, das außerhalb der Zelle einmündet. Ich bleibe also weiterhin der Ansicht, daß es sich bei den vollständigen Ringen um intracellulär geschlossene Kanälchen handelt. Es ist auch nicht erwiesen, daß es sich bei den außerhalb der Zelle einmündenden Kanälchen um Sekretcapillaren handelt.

Auch am Ependym treten im Senium Gebilde auf, die wie die des Plexusepithels mit Silber darstellbar sind. Die gegenteilige Annahme von v. ZALKA ist unhaltbar. Ihre Form ist mannigfaltig: es sind bald kurze oder lange, zuweilen miteinander verflochtene Fäden, bald Ringelchen oder größere Hohlkugeln, bald Ringelchen mit fadenförmigen Ausläufern, bald Ringelchen, die im Verlauf eines Fadens eingeschlossen sind. Nicht selten kann man im Inneren der Ringelchen und Kugeln einen lipoiden Inhalt nachweisen. In einigen Fällen trifft man sehr lange, der Ventrikeloberfläche parallel verlaufende Fäden, die im syncytial angeordneten Ventrikelepithel von einem Zellelement zum anderen übergehen (Abb. 11). Silbergebilde kommen im Senium ferner in subependymären Astrocyten und auch in Astrocyten anderer Hirngebiete, besonders der 1. Rindenschichten vor. Obgleich Silbergebilde der Plexus und des Ependyms dem Wesen nach als gleichartige und gleichbedeutende Gebilde anzusehen sind, bestehen zwischen ihnen morphologische Unterschiede. So kommt es am Ependym nie zur Bildung so

großer und umfangreicher Ringe wie im Plexus und die Ringelchen oder die großen
Hohlkugeln im Ventrikelepithel sind morphologisch nicht den großen Plexusringen, sondern nur den Vacuolen der Plexus homolog.

An einigen Gehirnen alter Hunde und Katzen habe ich weder im Plexus-
noch im Ependymepithel Silbergebilde darstellen können.

Schließlich habe ich in der Faserschicht der Ventrikelwände menschlicher
Gehirne früher nicht beschriebene eigenartige Gebilde getroffen, die eine auffallende morphologische Ähnlichkeit mit den senilen Drusen der Hirnrinde haben

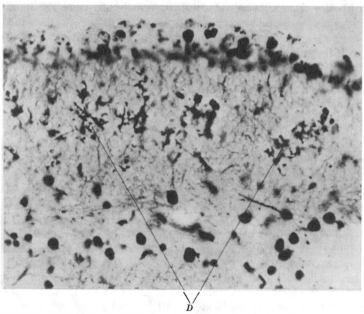

Abb. 12. Eigenartige drusige Bildungen (*D*) in der subepithelialen ependymären Gliaschicht einer 41jährigen,
an Epilepsie mit Geistesdefekt leidenden Frau. Silberimprägnation nach v. BRAUNMÜHL.

(Abb. 12). Sie lassen sich durch die Silberimprägnation nach v. BRAUNMÜHL
oder BIELSCHOWSKY wie auch durch meine Goldmethode leicht darstellen und
erscheinen als kurze, grobverästelte, ziemlich dicht aneinanderliegende Fasern.
Ihre Entstehung ist unklar. Man findet sie bei bejahrten, mitunter auch bei
jüngeren Personen. Außerdem findet man im Senium der Ventrikelwände reichlich Corpora amylacea.

b) Plexusfibrose (oder Sklerose).

Man unterscheidet eine circumscripte und eine diffuse Plexussklerose (v. ZALKA).

α) Der bessere Ausdruck für circumscripte Fibrose wäre circumscripte Hyalinose oder Zottenkonkremente (Abb. 13). Dabei handelt es sich um das Auftreten
eines zellarmen Bindegewebes an Endteilen einzelner Zotten in einem rundlichen
Areal. Im Bindegewebe lagern sich sudanophile Stoffe und mitunter auch Kalk
ab, die im VAN GIESON-Präparat ein rotes homogenes Aussehen haben. Die
WEIGERTsche Fibrinmethode ist an ihnen positiv. Man sieht so ein rundliches
Konkrement, das von den tiefen, in der sog. Endothelschicht gelegenen Konkrementen gesondert betrachtet werden muß (IMAMURA). Der Unterschied besteht
nicht nur in der Lage, sondern auch in morphologischen Merkmalen. Die Zottenkonkremente sind fast nie geschichtet, haben unscharfe, mitunter unregelmäßige

Umrisse und können von gewucherten Zellelementen umgeben sein. Dadurch wird der Endteil der Zotte beerenförmig, das Epithel ist häufig abgeflacht und die Capillaren liegen von ihm entfernt. In 70% aller zur Sektion gelangenden Fälle vom 25. Lebensjahr aufwärts fand sich eine circumscripte Fibrose (v. ZALKA), die bei jungen Individuen wesentlich seltener ist oder ganz fehlt.

β) Bei der diffusen Fibrose, die ganze Zottenareale oder gar den ganzen Plexus befällt, tritt zwischen Capillaren und Epithel ein dichtes, zellarmes, kollagenes, sich mit van Gieson intensiv rot färbendes Bindegewebe auf (Abb. 14), in dem

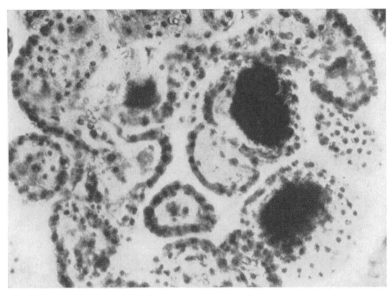

Abb. 13. Zottenkonkremente (circumscripte Sklerose). (Aus AUERSPERG: Arb. neur. Inst. Wien **31**, 77.)

nur spärliche reticuläre Fasern und Geflechte von dicken, zerbröckelten, elastischen Fasern liegen. Die Verdickung der Zotten kann mehr oder weniger ausgesprochen sein und erreicht mitunter erhebliche Grade. Abgesehen davon, daß an manchen verdickten Zotten die Capillaren überhaupt nicht mehr sichtbar sind, ist es klar, daß durch die diffuse und circumscripte Fibrose die funktionellen Beziehungen zwischen Capillaren und Epithel eine Änderung erfahren müssen. Kolloidchemisch handelt es sich um die Umwandlung einer wasserreichen Gallerte von hoher Dispersität in ein dehydriertes, wasserarmes Gel, wodurch die Durchlässigkeit herabgesetzt wird (v. ZALKA).

Dieser Vorgang ist nicht unbedingt an Arteriosklerose gebunden und die Annahme BRACKs, daß die Plexusfibrose der Restzustand früherer entzündlicher Prozesse sei, ist unbewiesen. Es ist aber nicht auszuschließen, daß gelegentlich Entzündungsvorgänge für die Entstehung der Plexussklerose eine Rolle spielen können.

In 19 Fällen von v. ZALKA fehlte die diffuse Plexusfibrose jenseits des 60. Lebensjahres nie. Auch ich fand sie unter 33 Fällen zwischen dem 60. und 90. Lebensjahr, mit Ausnahme eines einzigen Falles, immer und ausgesprochen, sie kann aber auch in jüngerem Alter einsetzen (v. ZALKA).

Die diffuse Plexusfibrose ist höchstwahrscheinlich Folge von Noxen des Alltagslebens, denen fast jede Person ausgesetzt ist. Ihre Auswirkung ist gewöhnlich dem Alter proportional. Die bei bejahrten Personen auftretende diffuse Plexusfibrose hat daher im engeren Sinne keine pathologische Bedeutung. Übertrifft sie aber bei jüngeren Personen an Grad und Ausdehnung die des betreffenden Alters, dann liegt es nahe, daß tiefgreifende Noxen stattgefunden haben müssen, z. B. in einem Fall von ALLENDE NAVARRO (39jähriger Mann mit chronischer CO-Vergiftung).

BRACK hat bei jugendlichen Individuen Fälle von Hirnblutung beobachtet, die beim Fehlen von Hypertonie, Herzhypertrophie und Nephrosklerose lediglich eine Plexusfibrose darboten. Auch KATZENSTEIN hat ähnliches beobachtet. Ich

a   b

Abb. 14a u. b. a) Hochgradige Plexusfibrose bei einem 73jährigen Manne mit Schrumpfniere. Zwischen dem (an einigen Stellen künstlich abgerissenen) Epithel und Capillaren liegt eine dicke Schicht äußerst kernarmen, fibrösen, kollagenen Gewebes. Zum Vergleich normales Bild (b) bei gleicher Vergrößerung des Plexus einer 28jährigen Person. Thionin.

halte entgegen der Vermutung von BRACK einen kausalen Zusammenhang zwischen Plexusfibrose und Hirnblutung für unwahrscheinlich.

Auch bei alten Hunden und Katzen habe ich im Plexusstroma mehr oder weniger ausgesprochene Bilder diffuser Bindegwebsvermehrung gefunden.

c) Geschichtete Konkremente.

Sie sind vor allem im Glomus und mitunter an circumscripten Stellen des Plexus der Lateralrecessus und ganz vereinzelt im subarachnoidalen Balkengewebe der Tela chorioidea superior, noch seltener der inferior zu finden. Von ganz seltenen Ausnahmen abgesehen, fehlen sie im Zottenstroma vollständig. Die gleichen geschichteten Konkremente kommen auch in der sog. Endothelschicht, die die äußere (durale) Fläche der Arachnoidea bekleidet. Während sie bei Kindern vollständig fehlen (v. ZALKA), treten sie beim Erwachsenen am Glomus so zahlreich auf, daß sie in 20% der Fälle einen röntgenologisch sichtbaren Schatten geben (BEALS u. a.). Bei Tieren hat LUSCHKA sie im Plexus des Kaninchens gesehen. Im menschlichen Glomus liegen sie als rundliche, selten als längliche Gebilde mit einer deutlichen Schichtung in der 3. Schicht Imamuras, und entstehen aus hyalinen Stoffen, auf die sich Kalk, Eisen oder Fett ablagern kann.

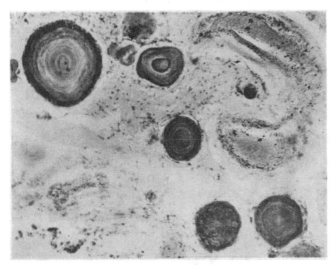

Abb. 15. Geschichtete Konkremente des Plexusglomus. Sudan-Hämatoxylinfärbung.

Sie sind doppelbrechend und können in ihren Schichten ein mikrochemisch verschiedenes Verhalten aufweisen, so daß bei kombinierten Färbungen ein recht buntes

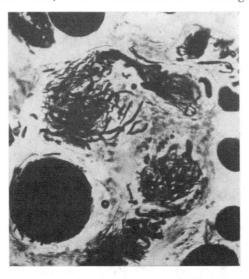

Abb. 16. Bildungsstadien der geschichteten Konkremente. Aus dem Verband gelöste knäuelförmige Binde-gewebsbündel. 27jähriger, an Meningitis tuberculosa gestorbener Mann. Holzers Mangansilbermethode.

Bild entsteht (Abb. 15). Die Jodreaktion ist immer negativ und die Bezeichnung „Corpora amylacea" ist falsch[1], wie auch die Bezeichnung „Corpora arenacea" oder Psammomkörper" nicht zutrifft, denn die Kalkreaktion ist nicht konstant.

---

[1] Luschka, Schwalbe, Gladstone und Dunlop sahen im Plexusstroma Corpora amy-lacea; ich konnte diesen Befund nicht bestätigen.

Nach einigen Autoren (Findlay, Heydt, v. Zalka, Schmid) sollen die geschichteten Konkremente aus hyalin entarteten „Endothelzellen" des Stroma nach vorausgegangener Wucherung entstehen, nach anderen Autoren aus hyalin entarteten

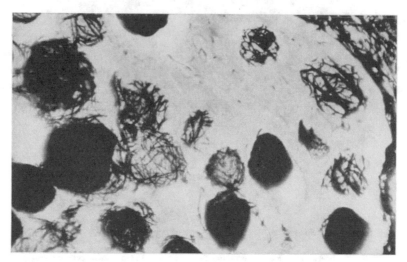

Abb. 17. Durch Bindegewebsfasernetze umsponnene geschichtete Konkremente. Perdreau.

Gefäßen. Diese letztere Entstehungsmöglichkeit ist nicht in Abrede zu stellen, nur dürfte sie sich nur selten verwirklichen, da sonst längliche, an die Gestalt der Gefäße erinnernde Gebilde häufiger anzutreffen wären. Ich habe Bilder gesehen, die die Ableitung der geschichteten Konkremente (zumindest eines Teiles derselben) aus circumscripten Degenerations- und Hyalinisierungsvorgängen der Bindegewebsbündel vollauf rechtfertigen (Abb. 16). Die gleiche Annahme vertritt Bonola. Tatsächlich kann man mitunter im Inneren der Konkremente nach Entkalkung noch Zell- und Faserreste beobachten. Die Ursache dieser degenerativen Erscheinung ist unklar. Durch die Bildung der geschichteten Konkremente werden die „Endothelzellen der 3. Schicht"

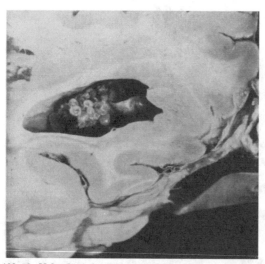

Abb. 18. Makroskopisches Bild von multiplen kleinen Cysten am Glomus chorioideum eines 82jährigen Mannes.

Imamuras zur Wucherung angeregt und können eine verhältnismäßig dicke, kollagen-faserarme Schicht bilden, die im van Gieson-Präparat gelb erscheint. Die Konkremente sind häufig von retikulären Fasern (Abb. 17) und daneben von abgeplatteten, mitunter zwiebelschalenartig angeordneten Zellelementen umgeben, die Fett- und Eiseneinschlüsse enthalten können.

d) Plexuscysten.

Ihr typischer und häufigster Sitz ist der distale Anteil des Glomus (Abb. 18).
Außerhalb desselben finden sich echte Cysten nur in Ausnahmefällen. Sie sind

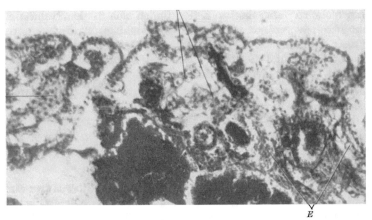

Abb. 19. Distaler Abschnitt des Gomus chorioideum bei einem menschlichen Fetus von 7 Monaten.
Epithelzellenstränge (*E*) im Stroma beim Zottenreduktionsvorgang. van Gieson.

stecknadelkopf- bis walnußgroß und es können zahlreiche Cysten nebeneinander
vorkommen. Sie entwickeln sich in der 4. Schicht IMAMURAS und tragen an der

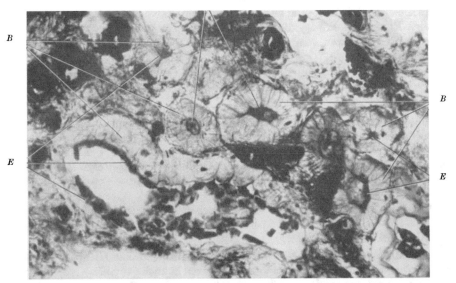

Abb. 20. Zerfallende Epithelzellenstränge (*E*) im Stroma (beim Zottenreduktionsvorgang), die von eigenartigen
bindegewebigen Formationen umgeben sind. 39jähriger, an Delirium tremens gestorbener Mann. van Gieson.

Oberfläche fast nie Zotten (Pars non villosa IMAMURAS). In den Anfangsstadien
sieht man kleine flüssigkeitsgefüllte Hohlräume. Im weiteren Verlauf kommt es
zu Zersplitterung des bindegewebigen Netzes und zu Zerfall und Reduktion eines
großen Stromaanteils. Größere Cysten sind von dünnen Bindegewebsbalken

durchzogen, an denen ich im Gegensatz zu Findlay Endothelüberzüge vermißte. Die in den Hohlräumen enthaltene Flüssigkeit ist am mikroskopischen Präparat teils nur selten sichtbar (niedriger albuminoider Gehalt), teils imponiert sie als gallertige Masse, in der mehr oder minder große, ungeschichtete, nur in Ausnahmefällen verkalkende Kugeln liegen. Diese sind mit den oben besprochenen Konkrementen nicht zu verwechseln. Zellen finden sich in den Hohlräumen selten und meist regressiv verändert. Plexuscysten kommen häufig vor. Im Material von Findlay bestand eine Häufigkeit von 56%. Von Zalka fand sie in 24% sämtlicher Fälle und in 31% über 21 Jahre alten Personen. Ein Zusammenhang mit dem Alter ist auch hier deutlich.

Bezüglich der Entstehungsweise der Cysten muß mit v. Zalka betont werden, daß es sich um eine circumscripte Flüssigkeitsansammlung handelt, die daher eine lokale Genese haben muß. Mit Findlay bin ich der Ansicht, daß Lymphabflußbehinderungen aus den distalen Glomusabschnitten in dieser Hinsicht die Hauptrolle spielen.

e) Zottenreduktion.

Auf diesen Vorgang, der am distalen Abschnitt des Glomus (wo auch Cysten zur Entwicklung kommen) regelmäßig und frühzeitig auftritt, hat besonders Auersperg hingewiesen. Ich konnte ihn sogar bei einem 7monatigen menschlichen Fetus beobachten. An anderen Glomusabschnitten setzt der Vorgang nicht so bald regelmäßig ein. Es handelt sich nicht um einen passiv durch Dehnung der Cystenoberfläche bedingten Vorgang, vielmehr rücken die basalen Teile der Zotten zusammen, so daß die Epithelbekleidung zweier benachbarter Zotten in inniger Berührung kommt und so entstehen solide Epithelstränge, die das Stroma durchziehen (Abb. 19). Die Epithelzellen dieser Stränge fallen später regressiven Vorgängen und der Auflösung anheim. Man kann dabei eigenartige Bilder treffen, nämlich Epithelzellenreste, die von einer blaßgefärbten, kernarmen, manchmal sogar radiär gestreiften, bindegewebigen Kapsel mit hyalinem Aussehen umgeben sind (Abb. 20).

C. Allgemeine Pathologie der Plexus chorioidei.

Die Pathologie der Plexus ist insofern beachtenswert als Prozesse an ihnen zu Änderungen an der Liquorzusammensetzung, die auf die Funktion des Gehirnes einwirken, führen können. Brun hat sogar die Hypothese aufgestellt, daß infektiös-toxische, traumatische oder psychisch verursachte Schädigungen der Blut-Hirnschranke bei einer angeborenen Labilität derselben eine Rolle bei der Entstehung von Neurosen (vor allem der sog. Aktualneurose von Freud) spielen sollen.

Leider ist die Beurteilung der pathologischen Plexusveränderungen durch das regelmäßige Vorkommen der oben besprochenen Alters- und Abnutzungserscheinungen bedeutend erschwert.

Von Monakow gebührt das Verdienst, das Interesse der Hirnpathologie auf die Plexus chorioidei gelenkt zu haben, obwohl manche Schlüsse von ihm und seinen Schülern heute als hinfällig betrachtet werden müssen.

Atrophie. Durch die Zottenreduktion gehen mehr oder weniger ausgedehnte Teile des Plexus zugrunde. Steigerung des intraventrikulären Druckes bei Hydrocephalus kann zu makroskpisch sichtbarer Atrophie oder gar zum totalen Schwund der Plexus führen (Hassin). Die Tatsache, daß liquorreiche, stark erweiterte Hirnventrikel in einigen Fällen atrophische oder fehlende Plexus zeigen können, ist mancherorts gegen die Lehre der liquorbildenden Plexusfunktion angeführt worden. Doch kann diese dadurch nicht erschüttert werden, weil andere Organe vikariierend Liquor bilden können.

Hypertrophie. Umgekehrt wurden bei anderen Fällen idiopathischen Hydrocephalus hypertrophische Plexus gefunden (CLAISSE und LEVI, DAVIS LOYAL), wie auch bei Gehirnmißbildung (v. MONAKOW, TRAMER). CHASAN beobachtete bei einer Mißbildung eine Hypertrophie des Plexus des *Recessus lateralis* auf der Seite, auf der eine Hypoplasie der Kleinhirnhemisphäre bestand. Nach Angabe von KITABAYASHI soll v. MONAKOW an Affen, die an einer Hemisphäre operiert worden waren, auf der Seite der Läsion eine Hypertrophie der Hemisphärenplexus gefunden haben. ALLENDE NAVARRO spricht von deutlicher, jedoch mit regressiven Erscheinungen einhergehender Hypertrophie der Plexus bei einem kurz nach einem Unfall gestorbenen cyclothymen Psychopathen, die er als Abwehrreaktion gegen exo- und endogene Noxen hinstellt.

1. Änderungen der Plexusepithelien.

a) Schwellungszustände.

Wie oben besprochen, wurde nach Verabreichung von Pilocarpin, Äther, Muscarin (PETTIT und GIRARD), bei Narkose (SCHALTENBRAND und Mitarbeiter), bei intravenösen Einspritzungen hypotonischer Lösungen (WEED), bei durch Verblutung getöteten Tieren (GRYNFELLT und EUZIÈRE) und bei schweren Kopftraumen (RAND und COURVILLE) eine Schwellung an den Epithelzellen beobachtet, die von den betreffenden Autoren als funktionelle Änderung im Sinne einer vermehrten Liquorproduktion gedeutet wurde.

Ähnliche Bilder (wobei bald die Schwellung, bald die Vacuolisation des Zellkörpers überwiegt), gelangen bei verschiedenartigen, meist akuten Vergiftungen zur Beobachtung, so bei der Urämie (FRANCINI, PELLIZZI, P. v. MONAKOW, MAKOTO SAITO), bei Vergiftungen mit Alkohol (HION), mit Diäthylquecksilber (RIVELA GRECO), mit Blei (WELLER CHRISTENSEN), mit Sublimat (GIORDANO), bei Hirnabscessen (v. VALKENBURG) oder bei Reizung des Epithels durch intraventrikuläre Einspritzungen von Blutkörperanschwemmung, von Luft, Trypanblau (SCHALTENBRAND und Mitarbeiter) oder kolloidalem Thoriumdioxyd (FREEMAN).

Manche Autoren (FRANCINI, P. v. MONAKOW) nehmen an, daß die in den ersten Stadien der Vergiftung zustande kommende Schwellung als Ausdruck einer reaktiv gesteigerten Funktion (Sekretion) der Zelle zu werten ist. Wahrscheinlich ist aber die Bedeutung der Zellschwellung nicht einheitlich. Dir Schwellung ist rückbildungsfähig, jedoch ist sie bei schweren Vergiftungen von regressiven Erscheinungen seitens des Kernes (Pyknose, Karyorhexis) begleitet (CIACCIO und SCAGLIONE bei Diphtherie-, Tetanustoxin und anderen Vergiftungen, RIVELA GRECO bei Diäthylvergiftung), was auf ein schwereres, nicht immer reversibles Befallensein der Zelle hindeutet.

Der der Schwellung entgegengesetzte Zustand, nämlich die Abflachung der Epithelzellen, ein beim menschlichen Sektionsmaterial sehr häufiger Befund, ist eine regressive Erscheinug, der eine echte pathologische Bedeutung nicht zukommt.

b) Ablagerungen.

Eine *Vermehrung lipoider Stoffe im Plexusepithel* findet im Senium und bei der Schwangerschaft (s. oben) statt. SENISE sah sie bei röntgenbestrahlten Kaninchen (s. oben). Sonst haben sich gesetzmäßige Beziehungen zwischen Fettvermehrung in der Plexusepithelzelle und ·besonderen krankhaften Zuständen bisher nicht feststellen lassen, nicht einmal bei den ausgedehnten Zerstörungsvorgängen der Hirnsubstanz, die mit übermäßigem Freiwerden lipoider Stoffe einhergehen. Übrigens ist bei der Frage nach der Aufnahme lipoider Stoffe im Plexusepithel auf resorptivem Weg vom Liquor her Zurückhaltung geboten (s. oben).

Eine echte degenerative Verfettung der Epithelzellen tritt in Form zahlreicher, kleiner, sudanfärbbarer Körnchen auf, die das ganze Protoplasma ausfüllen können (Abb. 21). Sie kann ausgedehnte Epithelzellenreihen befallen und geht mit regressiven Änderungen des Kernes einher. Sie ist Ausdruck nekrobiotischer Vorgänge. In einem Fall von Hirnblutung bei Nephrosklerose fand ich sie besonders ausgesprochen; hierbei ist wohl an einer Entstehung durch Gefäßvorgänge in den Plexus zu denken.

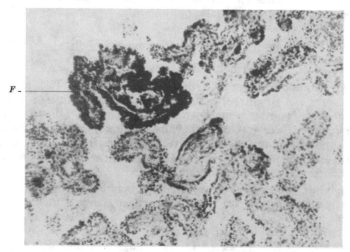

F -

Abb. 21. Fettinfarzierung (*F*) des Plexusepithels bei einer 50jährigen Schizophrenen mit Hirnblutung und Nephrosklerose. Sudan-Hämatoxylin.

Eisenablagerungen im Plexusepithel sind bei Paralyse (BARSOTTI), bei Bronzediabetes (LOEPER, LETULLE, MALLORY, BRAULT), bei Blutausgüssen im Liquorraum (ASKANAZY) gesehen worden. Eisenablagerungen im Plexusepithel bei der Paralyse habe ich selbst, wie auch SPATZ, nicht gesehen. Es dürfte sich wohl um einen sehr seltenen Befund handeln.

Im Gegensatz zum Plexusepithel sind Eisenablagerungen im Stroma häufig, sogar sehr häufig, wenn man die gelegentliche Eisenreaktion der geschichteten Konkremente mit einbezieht. Gerade um diese Knnkremente finden wir nicht selten histiocytäre, mit Eisenkörnchen beladene Elemente. Eisenstoffansammlung im Stroma nach Blutungen im Plexus bedürfen keiner besonderen Erörterung.

Glykogenablagerungen im Plexusepithel kommen beim Diabetes inkonstant (LOEPER, v. ZALKA) vor, vielleicht auch bei der Glykogenkrankheit von GIERKE (KLIMMELSTIEL).

Malariapigment. Bei einem Fall von Malaria tropica beschrieb v. ZALKA in den Epithelzellen wie auch im Capillarendothel und in den Wanderzellen des Stromas Pigmentablagerungen.

Silberablagerungen. Nach ASKANAZY ist der Plexus ein von der Argyrie bevorzugtes Organ. Silberkörnchen lagern sich dabei zwischen Epithel und Stroma ab.

Kernikterus. Hierbei fand BENECKE Hämatoidinkristalle, welche Plexusepithel und Ependymzellen stark durchsetzen.

Als *Endausgang schwerer degenerativer Vorgänge* findet man ein Zugrundegehen des Epithels, mitunter in breiten Zottenaraelen (RIVELA GRECO nach experimenteller Vergiftung mit Diäthylquecksilber, SOBOL und SVETNIK beim Kaninchen nach subchronischer Vergiftung mit Bismut subgallicum).

Beim Menschen kann man epithelentblößte Stellen am Plexus bei Meningitiden finden, wenn die Plexus Sitz schwerer Entzündungsvorgänge sind. Sonst kann das Epithel bei toxischen Zuständen zugrunde gehen, so z. B. in einem Fall eigener Beobachtung von akuter, schwerer Schizophrenie mit hirntoxischen Symptomen und Lungentuberkulose: ausgedehnte Zottenareale waren von Epithel entblößt, während in diesen Bezirken das Stroma zahlreiche mit Fett beladene Zellen zeigte.

2. Änderungen des Stromas.

Es ist mehrfach betont worden, daß einige Gifte besonders auf das Epithel, andere dagegen besonders auf das Stroma wirken. So ist Sublimat ein Epithel-, Cantharidin ein Stromagift. Bei experimenteller Cantharidinvergiftung bei Hunden (PURYESZ, DANSZ, HORWATH) und beim Kaninchen (GIORDANO) wurden Exsudation albuminoider Substanz ins Stroma und zwischen den Zotten, Quellung der Endothelzellen der Capillaren, Hyperämie und Blutungen beobachtet.

SCHORRE fand nach durch experimentelle Lungenembolie erzeugter Erhöhung des CO_2-Gehaltes des Blutes beim Kaninchen (Versuchsdauer bis $1^1/_2$ Wochen) Füllung der Gefäße und Eiweißausschwitzungen, die vom Plexusepithel auszugehen schienen.

In 2 von ALLANDE NAVARRO untersuchten Fällen von CO-Vergiftung bei Menschen standen Stromaveränderungen im Vordergrund. In einem Fall (39jähriger Mann, chronische Vergiftung) bestand das Bild einer hochgradigen, mit dem Alter des Mannes nicht in Beziehung stehenden Fibrose, im anderen Fall (subchronische Vergiftung, 44jähriger Mann) bestand im Stroma eine vorwiegend zellige Wucherung.

a) Ablagerungen.

Auf Ablagerungen im Zottenstroma ist oben hingedeutet worden.

Eine Anreicherung lipoider Stoffe in Zellelementen des Stromas läßt sich ebensowenig wie im Epithel zu bestimmten pathologischen Zuständen in regelmäßige Beziehung setzen und geht auch nicht mit der im Epithel parallel. Immerhin fand WINDHOLZ die größten Fettmengen im Stroma bei Erkrankungen, die mit Erhöhung des Blutcholesterins einhergehen. Auf alle Fälle ist anzunehmen, daß das Blut und nicht der Liquor die Hauptquelle der im Stroma abgelagerten lipoiden Stoffe ist.

Besondere Erwähnung verdient der Befund mehr oder weniger großer Knötchen, die aus runden, dicht nebeneinanderliegenden Zellen zusammengesetzt sind. In diesen Zellen sind sudanophile, doppeltbrechende Stoffe (Cholesterinester) in Form von Körnchen oder großen Tropfen eingelagert (Abb. 22). Der ganze Zelleib ist von solchen Stoffen vollgepfropft, so daß bei granulärer Speicherung nach Lösung der eingelagerten Stoffe durch histologische Reagentien das Bild der Schaumzellen entsteht. Es handelt sich um eine lokale, nichtentzündliche Lipoidose, für die man in der Literatur die Bezeichnung Cholesteatom oder Xanthom findet. (Bekanntlich gilt in der Pathologie die Bezeichnung ,,Cholesteatom" für ganze heterogene Prozesse, deren gemeinsame Eigenschaft eine mehr oder weniger massive Cholesterinablagerung ist.) Diese Herde stellen beim Menschen keine Seltenheit dar. Nach Angaben von DE MORSIER und BOGAERT fand RUTISHAUSER dieselben in makroskopischer sichtbarer Größe in 56,0% aller sezierten Gehirne. Sie liegen im Glomus, häufig beiderseits symmetrisch

(Stewart), nahe seines freien Randes, und zwar in jener Schicht des Stromas, in der sich die geschichteten Konkremente entwickeln. Makroskopisch imponieren sie als weißliche, etwa stecknadelkopfgroße Knötchen.

Beim Pferd versteht man unter *Plexuscholesteatom* ein Granulom (Pick, Roussy, Schmey, Joest), für das Schmey die Bezeichnung *Granuloma cholesterinicum* vorgeschlagen hat. Es tritt auf: 1. als Perlcholesteatum und 2. als massives Cholesteatom. Jenes bevorzugt des Plexus der Rautengrube, dieses ausschließlich den Plexus der Seitenventrikel. Das Granuloma cholesterinicum stellt beim Pferd einen sehr häufigen Befund dar, und zwar ist es von Joest in 20%, von

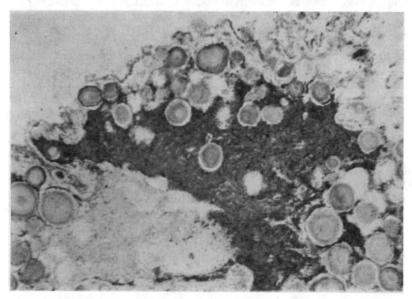

Abb. 22. Kleines „Cholesteatom" und geschichtete Konkremente im Glomus chorioideum einer 50jährigen, an Hirnblutung gestorbenen Schizophrenen. Sudan-Hämatoxylinfärbung.

Dexler in 22,5% und von Schmey sogar in 47% aller sezierten Pferdegehirne gefunden worden; das massive Cholesteatom tritt seltener auf als das Perlcholesteatom (Schmey fand es 4mal unter 120 Cholesteatomen). Nach den Tierpathologen (Schmey, Joest, auf deren Arbeit verwiesen sei: Literatur im Handbuch der pathologischen Anatomie der Haustiere von Joest) sieht man im 1. Stadium der Bildung des Granuloma cholesterinicum Makrophagen (Schaumzellen), die mit doppeltbrechenden lipoiden Körnchen beladen sind und ziemlich rasch dem Zerfall anheimfallen. Dabei werden die in ihnen enthaltenen Stoffe frei und lagern sich als Cholesterinkristalle in den Gewebsspalten ab (2. Stadium). Sie wirken als Fremdkörper und veranlassen die Bildung eines entzündlichen Granulationsgewebes, vielfach mit Riesenzellen (3. Stadium). Nach Pick und Schmey liegt dem gewöhnlichen, d. h. nichtentzündlichen Plexuscholesteatom des Menschen im wesentlichen der gleiche Vorgang zugrunde wie dem des Pferdes, indem es nämlich ein im Stadium der Schaumzellenbildung stehengebliebenes Gebilde darstelle. Hingegen sind beim Pferd nach Schmey die ersten Stadien des Vorganges (Schaumzellenbildung) selten anzutreffen.

Beim Menschen sind Fälle von Plexusxanthom mit freien Cholesterinkristallen und Granulombildung in spärlicher Zahl beschrieben worden (Beobachtungen von Blumer, Pick, Bordet und Cornil, Pearson, Cristofani). Obgleich nicht als

solche erkannt, gehört hierzu der Fall von MARZOCCHI und wahrscheinlich auch
der von FATTOVICH. Ich selber verfüge über 2 diesbezügliche Fälle, in denen
Schaumzellen ganz in den Hintergrund traten, dagegen massenhaft frei abge-
lagerte Cholesterinkristalle (Negativbild am VAN GIESON-Präparat), fibrös-hyaline
Wucherung des Bindegwebes, entzündlich-granulomatöse Reaktion, Ablagerung
von Pigmenten (wahrscheinlich Blutpigmenten) und besonders von Kalk nachgewiesen waren (Abb. 23). In einem Fall kam es zur Bildung osteoiden Gewebes.

Cholesteringranulome lie-
gen gewöhnlich am Glo-
mus und können die Größe
einer Kirsche erreichen.

Kleine nichtentzünd-
liche Cholesteatome des
menschlichen Plexus so-
wie meist das entzünd-
liche Perlcholesteatom des
Pferdes verursachen keine
klinischen Symptome,
während das massive Cho-
lesteatom des Pferdes und
das entzündliche, große
Cholesteatom des Men-
schen sich klinisch be-
merkbar machen können.

Über die Pathogenese
und die Stellung der Ple-
xusxanthome im System
der Xanthomatosen kann
wenig Sicheres gesagt werden. Warum es am Plexus
in einigen Fällen zur Bildung von Schaumzellen-
knötchen kommt, ist nicht
klar. Die Annahme eines

Abb. 23. Kirschengroßes Granuloma cholesterinicum beim Menschen
(Epilepsie). VAN GIESON-Präparat. Negativbild der Cholesterinkristalle.
(Nach einem Präparat von Prof. SCHOLZ.)

lokalen Faktors scheint unumgänglich. Der Vorgang scheint weder mit hyper-
cholesterinämischen Zuständen, noch mit pathologischem Abbau lipoider
Stoffe unbedingt gekoppelt zu sein. CHRISTOFANI vermutet eine nichtentzündliche, primäre Wucherung der Histiocyten aus unbekannten Ursachen; die
gewucherten Histiocyten würden sich später mit Cholesterinstoffen beladen,
weil das Milieu (unabhängig von pathologischen Vorgängen) besonders reich
an derartigen Stoffen sei. Meines Erachtens entstehen die entzündlichen Erscheinungen beim Granuloma cholesterinicum wahrscheinlich sekundär durch
Fremdkörperwirkung nach massenhaftem Freiwerden von Cholesterinkristallen.
Bei diesem Freiwerden von Cholesterinkristallen spielt eine Insuffizienz der Histiocyten eine Rolle.

Weiter findet man Xanthomzellen bei den Angioreticulomen des menschlichen
Plexus.

Das Verhalten der Plexus bei Lipoidosen ist wenig berücksichtigt worden,
in einigen Fällen jedoch ist ein negativer Plexusbefund ausdrücklich vermerkt
(NATALI bei der SCHÜLLER-CHRISTIAN-Krankheit, HORA bei der NIEMENN-PICK-
Krankheit). Von positiven Befunden ist nur in wenigen Fällen die Rede. So
fand BIELSCHOWSKY in einem Fall von NIEMANN-PICK-Krankheit mit Beteiligung

des Zentralnervensystems reichlich Sphingomyelin im Plexusstroma. Auch Scheidegger beobachtete Ähnliches. Im Fall von Chiari (Schüller-Christian-Krankheit) und in dem von de Morsier und van Bogaert (Cholesterinose der Milz bei strio-cerebellarem Syndrom) wurden im Plexus Xanthomzellenherde aufgefunden, doch ist es fraglich, ob es sich bei beiden Beobachtungen nicht um gewöhnliche Plexuscholesteatome gehandelt hat.

Bezüglich der Ablagerung anderer Stoffe sei erwähnt, daß Amyloid in den Wänden der Plexuscapillaren bei Fällen allgemeiner Amyloidose von Loeper, Askanazy, v. Zalka, Hechst aufgefunden wurde, von Krücke bei Paramyloidose, von Volland (auch knötchenförmig im Stroma) bei mit Diphtherie- und Choleratoxin eingespritzten Pferden.

Fieschi hat bei nephrektomierten Kaninchen massenhaft Dixanthydrolharnstoffkristalle im Stroma, an der freien Oberfläche des Plexus und in verhältnismäßig spärlicher Menge im Epithel beobachtet.

Ferner sei erwähnt, daß bei myeloischer Leukämie im Plexusstroma Herde von myeloischen Zellen auftreten können (Askanazy, Ikeda, v. Zalka), besonders bei akuten Fällen, wobei die Herde hauptsächlich aus Myeloblasten und weniger zahlreichen Myelocyten bestehen (v. Zalka).

Bei einem frühgeborenen luischen Kinde beobachtete Giordano im Stroma der Plexus des 3. Seitenventrikels perivasculäre hämatopoetische Herde vom erwachsenen Typus mit vorwiegend erythroblastischem Charkter.

Verkalkungen. Den oben besprochenen, oft verkalkten, geschichteten Konkrementen im tiefen Stroma sowie den ungeschichteten solchen im Zottenstroma kommt pathologische Bedeutung nicht zu. Eine solche kann in Frage kommen, wenn geschichtete Konkremente im Hinblick auf das Alter der betreffenden Person ungewöhnlich reichlich auftreten (z. B. in einem Fall von Dementia praecocissima von de Giacomo). Ferner ist den geschichteten Konkrementen pathologische Bedeutung nicht abzusprechen, wenn sie in großer Menge mit sonstigen pathologischen Veränderungen der Plexus einhergehen, so in Fällen von Neurofibromatose (siehe hierüber die Arbeit von Beck) oder von Tumoren (Christophe, Divry und Moreau). Wie schon erwähnt, führen Sachs und Whitney die von ihnen in einem Fall beobachtete Mikrocephalie auf Verkalkung der Plexus zurück. Ausgedehnte Plexusverkalkungen sind häufige Begleiterscheinungen des Granuloma cholesterinicum. Manche Mitteilungen von Plexusverkalkung sind verkannte Fälle von Granuloma cholesterinicum (s. oben). Ablagerungen in einer Glomuscyste des Plexus chorioideus bei chronischer Braunsteinvergiftung zeigten nach den Feststellungen von Parnitzke und Pfeiffer (1954) bei spektralanaytischer Untersuchung einen starken Mangan-, Blei- und Eisengehalt. Ferner sei im Zusammenhang mit den Verkalkungen erwähnt, daß im Plexusstroma, ähnlich wie in der Arachnoidea des Gehirnes und des Rückenmarkes, in seltenen Fällen Knochenplaques beobachtet worden sind (Findlay, Sachs und Whitney, Will, ich selbst in einem Fall von Granuloma cholesterinicum).

b) Verwachsungen.

Verschiedentlich findet man die Plexusfläche mit der gegenüberliegenden Ventrikelwand verwachsen. Mitunter findet die Verwachsung nur im Bereich beider Epithelreihen (nämlich des Plexus und des Ependyms), wobei das mehrschichtig gewucherte Ependymepithel die einzelnen Zotten, die in einem kleinen Grübchen der Ventrikeloberfläche liegen, umgibt. In anderen Fällen liegen die Zotten ziemlich tief unter der Ventrikelfläche im subepithelialen Gliagewebe.

Hierbei finden nur mäßige, reaktive Wucherungserscheinungen seitens der Gliaelemente statt, während das Zottenepithel erhalten bleibt, ohne daß das übrige
Zottengewebe darunter zu leiden scheint. Erwähnenswert ist, daß eine Flüssigkeitsansammlung um die vom Gliagewebe eingeschlossenen Zotten nicht zustande kommt. Verwachsungen kann man nicht nur bei entzündlichen Krankheiten (Paralyse), sondern auch dann finden, wenn weder von einer gegenwärtigen
entzündlichen Reaktion etwas zu sehen, noch von einer vorausgegangenen solchen
etwas zu eruieren ist, so z. B. in Fällen von Schizophrenie (KITABAYASHI, ALLENDE
NAVARRO) und von Epilepsie (ALLENDE NAVARRO, eigene Beobachtung). Wahrscheinlich ist dabei aber eine vorausgegangene Entzündung verkannt worden.

Die Veränderungen der Plexus bei Entzündungen gehören nicht in den Rahmen
dieser Darstellung. Nur sei hier auf die eigentümlichen Veränderungen hingewiesen, die die Plexus in Fällen von Meningitis purulenta und tuberculosa bei
starker Ausbildung des entzündlichen Prozesses zeigen können; es bildet sich
um den Plexus eine Schale, die zuerst aus Granulationsgewebe besteht und später
eine fibröse Organisation durchmacht (MERLE, ZAND).

c) Gefäßveränderungen.

Die Imprägnation der inneren Schichten der Arterienwand mit Fettstoffen
stellt am Glomus des menschlichen Plexus besonders bei älteren Individuen einen
sehr häufigen Befund dar, was bei den pialen Gefäßen nach meiner Erfahrung
nicht der Fall ist. Mit Sudan färbt sich die morphologisch noch unversehrt oder
aufgesplitterte und hyperplastische Elastica interna samt dem zwischen den
Lamellen sich befindlichen Gewebe. In einigen Fällen ist eine dünne Schicht
zwischen Endothel und Elastica sudanophil (beginnende Hyalinose).

Zellige Wucherung in der Arterienintima ist selten. Die Muscularis kann
stellenweise samt der Elastica unterbrochen sein, was den Boden für die Entstehung aneurysmatischer Erweiterungen (wie sie FINDLAY und JAKOB erwähnen)
vorbereitet. Die Adventitia ist im Senium oft fibrös umgewandelt.

Hyperämie der Plexus ist bei allgemeiner Stauung, Thrombose des Sinus rectus
und der Vena magna Galeni, Eklampsie und entzündlichen Vorgängen beobachtet worden; ferner auch bei Tollwut (v. ZALKA), toxischen Zuständen (HION
bei experimenteller akuter Alkoholvergiftung), mitunter bei Hirnblutung auf der
Seite der Hämorrhagie (LOEPER).

Ödem wurde bei Vergiftungen (Chromkalium: PURYESZ, DANSZ, HORWATH,
Blei: WELLER-CHRISTENSEN), lokalen Entzündungen, Hirntumoren (BONOLA),
Kopftraumen (RAND und COURVILLE), Urämie (LOEPER) und als Teilerscheinung
eines Hirnödems gefunden.

Blutungen kommen bei toxischen (HION: experimentelle akute Alkoholver-
giftung) und infektiösen Zuständen (besonders bei Meningitiden, zuweilen bei
Malaria), bei Kopftraumen (RAND und COURVILLE) und bei Aneurysmen und
Varicen (Ventrikelblutungen) vor.

WULLENWEBER beschrieb im Plexus des Seitenventrikels ein rupturiertes
Aneurysma, für das er eine infektiöse Ätiologie (Endocarditis chronica recidivans)
annahm. SPIEGEL berichtete über ein aus fehlerhafter Gefäßanlage entstandenes
Aneurysma racemosum im Plexus des Seitenventrikels, das nach Trauma rup-
turierte.

Varicen der Vena magna Galeni (WOHAC, RUHL) oder der Vena terminalis
(BEGER) sind selten. In den Fällen von HERZOG, RUHL, GIAMPALMO bestand in
der Hirnsubstanz ein Angioma racemosum, das mit den nach Dicke und Verlauf

mehr oder weniger von der Norm abweichenden Venen der Tela chorioidea superior in Beziehung stand.

Über *Verschluß der Vena magna Galeni* als Ursache eines Hydrocephalus siehe entsprechendes Kapitel.

Die *Zottencapillaren* sind bei der Plexusfibrose (s. oben) von einer mitunter dicken Schicht kernarmen kollagenen Gewebes umgeben.

(Luische und andere entzündliche Veränderungen fallen nicht in den Rahmen dieser Darstellung.)

Die oben besprochenen Alters- und involutiven Erscheinungen, die an den Plexus geläufig, doch unspezifisch und ohne pathologische Bedeutung sind, sind in der Literatur (bevor man über ihr Wesen genau informiert war) vielfach als pathologische Vorgänge angesehen worden.

C. v. Monakow und namentlich seine Schüler Kitabayashi und Allende Navarro haben den Plexusveränderungen, besonders bei der Schizophrenie und Epilepsie umfangreiche Arbeiten gewidmet.

Bei *Schizophrenie* fanden beide Autoren Zusammenballung ganzer Zotten, Massenatrophie, Zahlreduktion der Zotten, degenerative Erscheinungen (Vacuolisation, Quellung) an den Epithelzellen, starke albuminoide und zellige Exsudation zwischen die Zotten, Gefäßthrombosen usw.

Allende Navarro sah bei *Epilepsie* ebenfalls Zahl und Volumenreduktion der Zotten, stellenweise Bindegewebshyperplasie, Atrophie des Epithels. Er spricht von mangelhaft differenzierten Plexus.

Für beide Krankheiten (Schizophrenie und Epilepsie) wurde von den genannten Autoren diesen Veränderungen eine wichtige pathogenetische Rolle beigemessen. Doch haben Nachuntersucher keine Bestätigung dafür finden können (Josephy, Jakob, Hoch), wenn auch Minkowski ähnliche Befunde, doch nicht konstant, erhob. Er hebt aber mit Recht hervor, daß die Deutung dieser Veränderungen, wegen der großen Neigung der Plexus zu regressiven Erscheinungen, außerordentlich schwierig ist. Auch ich habe bisher weder bei Epilepsie noch bei Schizophrenie Bilder gesehen, die nicht auch an den Plexus von Nichtepileptikern oder Nichtschizophrenen hätten vorkommen können, und halte daher die von den genannten Autoren beschriebenen Veränderungen einerseits für gewöhnliche unspezifische Involutionsprozesse, zum anderen für Bilder der normalen Variationsbreite.

Auch die von v. Monakow jr. bei der Urämie beschriebenen Veränderungen gehören ebenfalls zu den gewöhnlichen unspezifischen Plexusfibrosen (Tannenberg, v. Zalka).

Wenn Tretiakoff und Godoy bei einigen *Erbkrankheiten* (Chorea, Neuritis hypertrophica, Morbus Friedreich) von makroskopisch sichtbarer Hypotrophie der Plexus der Seitenventrikel sprechen, so enthält die freilich ungenaue mikroskopische Beschreibung kaum etwas, was zu den genannten Krankheiten in Beziehung gebracht werden könnte.

Auch Beobachtungen Bonolas bei *Hirntumoren* gehören zum größten Teil in den Rahmen der gewöhnlichen Altersveränderungen der Plexus. Makoto Saito fand eine Vermehrung seiner „siderophilen" Granula (meines Erachtens wohl veränderte Chondriosomen, s. oben), Wullenweber zellige Infiltrate, die meiner Meinung nach wie auch nach Beobachtungen von Makoto Saito als Zufallsbefund anzusehen sind.

Plexusveränderungen bei einzelnen Krankheiten werden, soweit bekannt, in den betreffenden Kapiteln dieses Handbuches behandelt.

D. Allgemeine Pathologie des Ependyms.

Am Ependymepithel sind regressive Erscheinungen uncharakteristisch. Ältere Autoren erwähnen die „hyaloide Entartung", bei der sich das Epithel bei Überfärbbarkeit der Kerne homogen mit Eosin intensiv anfärbt (SCHÜLE, SALTYKOW, MARGULIS). SALTYKOW spricht vom gelegentlichen Vorkommen eines körnigen Zerfalls bis zur Nekrose des Epithels im Bereich der Ependymgranulationen. Unter den jüngeren Autoren fand BONOLA bei Hirntumoren trübe Schwellung, mikrovacuoläre Degeneration und Andeutung fettiger Entartung. Von trüber Schwellung bei Meningitis serosa sprechen auch DELAMARE und MERLE. JAHN sah Ablassung der Zellkerne und Schwund der Cuticula im Anfangsstadium des Epithelschwundes. Sudanfärbbare Einschlüsse, die im Senium in vermehrter Menge auftreten, tragen nicht das Gepräge einer degenerativen Verfettung (s. oben).

JAHN rechnet zu den atrophischen Veränderungen die sog. „Palisadeanordnung" des Ependymepithels (von SCHMAUS und ZAND wenig passend auch „Epithelsklerose" genannt). Dabei werden die Epithelzellen des gekammerten Epithels schmal und erreichen eine Länge, die 2—3mal die gewöhnliche übertreffen kann, während die Zellkerne in mehreren Reihen angeordnet sind. ZAND fand diesen Zustand bei einem durch Thallium aceticum akut vergifteten Kind. Doch ist es zweifelhaft, ob diesem seltenen Bild eine pathologische Bedeutung zukommt (OPALSKI).

Abflachung der Epithelzellen kann man streckenweise im Bereich der Ependymgranulationen oder andersartigen ependymalen Gliawucherungen finden. Sie kann auch durch gesteigerten intraventrikulären Druck, als Anpassung des Epithels an die Ausdehnung der Ventrikeloberfläche bei Hydrocephalus internus entstehen.

Ein echter, pathologisch bedingter, auf mehr oder weniger breite Strecken ausgedehnter Schwund des Epithels ist am Ependym sehr häufig, ja ist eine fast bei jedem menschlichen Gehirn feststellbare Erscheinung, die auf die schon erwähnte Vulnerabilität des Ependymepithels hindeutet. Epithelschwund kann auch durch postmortale Vorgänge entstehen. Der pathologisch bedingte Schwund ist in der Regel von Veränderungen der subepithelialen Schichten (Auflockerung oder Dickenzunahme derselben durch Gliafaser- und mitunter auch Zellvermehrung) begleitet. Schwerwiegende Folgen des Epithelunterganges treten nicht auf, vor allem fehlt eine lytische Einwirkung des Liquors auf die entblößten Stellen, eine Tatsache, die schwer mit der Lehre der Myelolyse von STAEMMLER (Entstehung der Syringomyelie) in Einklang zu bringen ist.

Der Weg, auf dem die Noxen auf das Epithel und die unterliegenden Schichten einwirken, ist in der Mehrzahl der Fälle der Liquorweg. Nur ganz selten trifft man Bilder, die an eine Einwirkung von Gefäßen aus (Ödem) denken lassen (JAHN). In der Tat kann die Kohäsion des Epithels mit den unterliegenden Schichten durch Flüssigkeitsansammlung in diesen bei Ausweitung der Epithelkammer wesentlich vermindert werden und vielleicht schon rein mechanisch die Loslösung des Epithels bedingen.

Ein in seiner Kontinuität unterbrochenes Ependymepithel stellt bei akuten Ependymitiden einen regelmäßigen Befund dar. Es fehlt immer an der Kuppe der Ependymwärzchen (Ependymitis granulosa) (HASENJÄGER und STROESCU) und bei sonstigen Restzuständen entzündlicher Vorgänge. Auch mildere Noxen können streckenweise Epithelschwund verursachen.

Atrophie der gesamten Ependymschichten ist nicht immer leicht zu beurteilen. Sie kann beim Hydrocephalus vorkommen und so weit führen, daß an dünnen Stellen (Septum pellucidum) sogar Löcher entstehen können (OPALSKI).

Rosenthalsche Fasern (wohl kolbenartige, sehr stark gequollene Gliafasern) treten gelegentlich als regressive Erscheinungen an Stellen starker Gliafaserneubildung auf, so beim intraventrikulären Cysticercus und mitunter im Bereich größerer Wärzchen bei Ependymitis granularis.

Regressive Erscheinungen an den ependymären Astrocyten gehen mit Schrumpfung des Zelleibs und des Kerns, der pyknotisch werden kann, einher.

Alzheimersche Kernformen hat Opalski bei Wilson-Pseudosklerose nicht gefunden.

Ablagerungen. Von der beim Senium vermehrten Menge lipoider Stoffe im Ependymepithel abgesehen (s. oben), ist die Ablagerung von Lipoiden in spärlicher Menge in vereinzelten Astrocyten und glioiden Zellen keine Seltenheit. Dieser Befund ist noch nicht als pathologisch zu deuten, kann jedoch pathologische Bedeutung erlangen, wenn diese Ablagerung in vermehrter Menge im Bereich epithelentblößter Stellen vorkommt.

Redaelli hat bei einem hydrocephalischen Kind makroskopisch sichtbare, multiple ependymäre *Xanthome* (Einlagerung einfach- und doppeltbrechender Lipoide in mesenchymalen Elementen) am unteren und hinteren Horn beider Seitenventrikel gefunden. Von xanthomatösen Herden in der Nähe der Hirnkammer bei Schüller-Christian*scher Krankheit* ist in einem Fall von Chiari die Rede.

Scheidegger fand bei einem Fall von Niemann-Pick*scher Krankheit* mit Beteiligung des Zentralnervensystems sehr viele Einschlüsse der für diese Krankheit charakteristischen Stoffe in den Ependymzellen.

Glykogenkörnchen um den Zentralkanal des Rückenmarkes zum großen Teil extracellulär gelegen, sind bei *Diabetes* gesehen worden (Neubert und Geipel). Bei der *Glykogenkrankheit* sind Ablagerungen von Glykogen in den subepithelialen Schichten von Kimmelstiel, in den Epithelzellen selbst von Esser und Scheidegger beobachtet worden.

Kalkablagerungen in Ventrikelherde bei Lues congenita wurden in diffuser Form und dicker Schicht von Giordano und als kugelige, spindelförmige und bandförmige Gebilde von Seikel beobachtet.

Amyloidablagerungen auf intakten Ependymzellen sowie knötchenförmig subependymär fand Krücke bei einem Fall von generalisierter Paramyloidose.

Grynfellt und Mitarbeiter fanden bei *Morbus Wilson* und bei experimenteller Ameisensäurevergiftung die sog. ,,Dégénérescence mucocytaire" auch in den Ventrikelwänden. Diese besteht in der Ablagerung einer schleimartigen, metachromatischen Substanz in den subepithelialen Schichten und geht bis zur Bildung von Plaques, die sogar in die Ventrikelhöhle übergehen. Mit anderen Autoren halte ich es für möglich, daß es sich hierbei um Kunstprodukte handelt.

Freie vermehrte Flüssigkeitsansammlung in den Ventrikelwänden findet man bei Hirnödem, bei lokalen Entzündungen, mitunter auch bei Vergiftungen (Weller und Christensen bei experimenteller Bleivergiftung), ferner bei Störungen des Flüssigkeitsaustausches zwischen Liquor und Gehirn, so nach intravenöser Einspritzung hypotonischer Lösungen (s. oben) nach schweren Kopftraumen (Rand und Courville) und bei experimentellen Hydrocephalus.

Von den *nichtentzündlichen Veränderungen der Gefäße* sei die Fibrose der Capillaren und der kleinen Arterien und Venen erwähnt. Sie ist der der Gefäße der äußeren Rindenschicht wesensgleich. Fibrotisch veränderte Capillaren sind besonders häufig an von Ependymepithel entblößten und durch Gliawucherung ausgezeichneten Stellen anzutreffen, was Jahn mit dem Eindringen des Liquors in Beziehung bringt. Bevorzugter Sitz sind Ependymstrecken, die mit bandförmigem Epithel bekleidet sind, da dieses weniger geeignet ist, die Reinigung des Liquors zu vollziehen, leichter seine Funktion einbüßt und zerstört wird als das Gekammerte. Hyalin degenerierte Arteriolen findet man in den Ventrikelwänden nur selten (JAHN). Ich habe sie in meinem Material vermißt.

Endarteriitis obliterans und HEUBNERsche Endarteriitis sind nicht anzutreffen (OPALSKI).

Gefäßneubildung wurde mitunter bei entzündlichen Vorgängen und ihren Folgen beobachtet.

Kleine *Blutungen* in den Ventrikelwänden treten bei Entzündungsvorgängen auf, so bei eitriger und tuberkulöser Ependymitis, bei experimenteller Einspritzung von Tuberkulin, Staphylococcus, B. pyocyaneus in die Ventrikelhöhle (DELAMARE und MERLE). Fast konstant findet man Blutungen unterhalb der intakten oder zertrümmerten ependymären Schichten bei stumpfen, tödlichen

Abb. 24. Zahlreiche ependymäre Blutungen bei einem nach Stirnbeinunfall sofort gestorbenen 27jährigen Mann.
(Aus GIERLICH: Dtsch. Z. gerichtl. Med. 26.)

Kopfverletzungen (GIERLICH) (Abb. 24). Auch nach elektrischen Unfällen sind perivasculäre Rhexisblutungen in den Wänden des 3. und 4. Ventrikels gefunden worden (KRUTTER, KAWAMURA, WEGELIN). Blutungen in die Ventrikelwände, die auf Grund von Hypertonie entstehen und besonders in der Umgebung größerer, tief gelegener Blutungen auftreten, sowie massive Blutungen in die Ventrikel können hier keine Besprechung finden, sowie auch die ependymären und subependymären Blutungen, die öfters, besonders im Gebiet der Vena terminalis, als Folge von Geburtstraumen beobachtet worden sind (SCHWARZ, PLATTEN und ALPERS u. a.). Subependymäre Blutungen können auch im Gefolge druckentlastender Maßnahmen bei Hydrocephalus occlusus entstehen.

Nekrosen in den Ventrikelwänden und im benachbarten Hirngewebe kommen bei akuten Ependymitiden oder Gefäßprozessen vor. Bei entzündlichen Prozessen (Ependymitis im Verlauf einer tuberkulösen oder eitrigen Meningitis, oben erwähnte Experimente von DELAMARE und MERLE) befällt die Nekrose die oberflächlichen Schichten der Ventrikelwände. Nekrosen, die neben den oberflächlichen Schichten das tiefliegende Parenchym befallen, deuten auf Konkomitanz mit Gefäßvorgängen (Thrombosen) hin (OPALSKI). Makroskopisch sichtbare Nekrosen am Boden der Seitenventrikel fand SEIKEL bei einem heredoluischen Kinde. Bei rein gefäßbedingten Prozessen ist die eigentliche Ventrikelwand (Epithel und subepitheliale Schichten) gewöhnlich verschont. Die Resistenz dieser Schichten bei gefäßbedingten Erweichungen hat in der des oberflächlichen Gliasaumes der Hirnrinde ihr Analogon. Dieses Verhalten kann zum Teil durch ein geringeres Bedürfnis an Blutzufuhr erklärt werden, zum Teil durch den Umstand, daß die Wände der Seitenventrikel (wo meistens solche Erweichungen vorkommen) über eigene Blutversorgung durch reichlich anastomosierende Arterien verfügen (s. oben).

Bei Blutungen und Erweichungen in den Ventrikelwänden beteiligt sich das Bindegewebe nur wenig an der Reparation; auch Hypertrophie und Vermehrung der Gliazellen, Gliafaserproduktion und Körnchenzellenbildung erreichen dabei keinen hohen Grad.

Als *Endausgang kleiner Erweichungen* bilden sich an der Ventrikelfläche Narben, die makroskopisch als Flecken mit silbernem Glanz imponieren („taches" von Merle). Größere Herde geben Anlaß zur Bildung von muldenartigen Einsenkungen („depressions cupuliformes" oder "en cuvette" von Merle), die bei hämorrhagischen Herden eine Rostfärbung zeigen können. Als "etat cryptique" bezeichnet Merle Einsenkungen der Ventrikelwände im Bereich der subependymären, sog. perivasculären Desintegrationslacunen. Das Epithel ist in all diesen Fällen erhalten und daher besteht der von Merle angestellte Vergleich mit dem Etat vermoulu der Hirnrinde ganz zu Unrecht. Alle diese, von oberflächlichen Gefäßherden herrührenden Einsenkungen der Ventrikelwände unterscheiden sich makroskopisch von dem Status varioliformis (s. unten) dadurch, daß ihre zentrale Einkerbung ausgesprochener und die Ränder nicht so weißlich und breit sind wie beim Status varioliformis (Delamare und

Abb. 25. Subependymäre Cyste als Ausgang eines Erweichungsherdes („bulle" von Merle).
(Aus Merle: Ependymites cérébrales. Paris 1910.)

Merle). Seltener kommt es als Folge von subependymären Erweichungen zur Bildung kleiner Cysten („bulles" von Merle) oder größeren solchen, die die Ventrikelwand vorwölben (Abb. 25). In ihrem Inneren ist wasserklare Flüssigkeit enthalten; ihre Wände sind unregelmäßig und zeigen einen Gliafaserfilz, gewucherte Gliazellen (mitunter solche mit Riesenkernen) und oberflächlich gelegene Gefäße. Die Wände dieser Cysten entbehren eines epithelialen Überzugs.

Diese Cysten sind von den „Ependymcysten", deren Innenwand mit Epithel ausgekleidet ist und nicht von Gefäßprozessen ausgehen, scharf zu trennen. Ependymcysten entwickeln sich mit Vorliebe in der Nähe der Foramina Monroi. Ihre Entstehung ist auf Überreste der Paraphyse bezogen worden (Sjövall, dem viele Autoren gefolgt sind, Literatur bei Foerster-Gagel, Barbu, Pero-Platania). Seltener sind epithelbekleidete Cysten an anderen Orten des Seitenventrikels oder am Aquaeductus und ihre Entstehung aus dem Ependym ist wohl annehmbar, während bei den Monroicysten nicht sicher ist, ob sie zum Ependym oder zum Plexus (keine Verwechslung mit den gewöhnlichen Plexuscysten!) gehören. (Näheres nierüber siehe im Kapitel der Hirntumoren.)

Wenn Nekroseherde auch die oberflächlichen Schichten der Ventrikelwand befallen, können in dieser Löcher entstehen, die die nach dem Gewebszerfall übriggebliebenen Höhlen mit dem Ventrikel kommunizieren lassen. In diesen Höhlen sieht man neben Abräumungszellen Zeichen mesodermaler und gliöser Wucherungen, während es dabei zur Regeneration des Epithels nicht kommt. Derartige, mitunter ziemlich umfangreiche Höhlen in der Ventrikelwand können auch traumatischen Ursprungs sein. Anders ist die Entstehungsweise der Taschen, die von den Ventrikelhöhlen ausgehen und bei Hydrocephalus congenitus in seltenen Fällen von Guillery gefunden worden sind; es handelt sich hierbei um Einrisse der Ventrikelwände durch den stark erhöhten intraventrikulären Druck.

1. Wucherungsvorgänge.

Die Fähigkeit des Ventrikelepithels, durch Wucherung Defekte wiederherzustellen, ist, wie gesagt, gering und geht langsam vor sich.

Wucherung des Ventrikelepithels mit Bildung in mehreren Reihen angeordneter Zellelemente ist selten. Bilder, die MERLE bei akuter, eitriger, KIRSCHBAUM bei tuberkulöser Ependymitis sahen, deutet OPALSKI nicht als Epithelwucherungen, sondern als supraepitheliale Auflagerungen entzündlicher Elemente. L. SEVERI beobachtete Zellansammlungen an der Ventrikeloberfäche in der Infundibulargegend proteinvergifteter Kaninchen, die er durch Wanderung von gliösen Elementen entstanden deutet. Doch kann man streckenweise in mehreren Reihen gewuchertes Epithel besonders bei supraepithelialen Gliawucherungen (s. unten), bei chronischen Ependymitiden oder bei dem Restzustand derselben finden.

Bei Prozessen vasculärer Herkunft und bei *Cycticerkose* sah OPALSKI mehrkernige Elemente und Riesenkerne (die teils an blastomatöse Formen erinnern). Vor allem bei den Folgezuständen der Ependymitiden treten nicht selten unter dem Epithelbelag vereinzelte oder zu kleinen Gruppen vereinigte, drüsenartige, mitunter vielschichtige Schläuche mit epithelartiger Bekleidung auf, die jedoch normalerweise an bestimmten subepithelialen Stellen der Ventrikelwände im Bereich der sog. Kielstreifen (s. oben), des Aquaeductus, des Recessus opticus (GUIZZETTI) und des Ponticulus (Graf HALLER) vorkommen.

Pathologisch bedingte, drüsenartige Gebilde sollen teils durch aktive Wucherung des Epithels, teils durch Versprengung einzelner Epithelstrecken bei Wucherung der subepithelialen Gliaschicht, teils durch Verschmelzung benachbarter Ependymwärzchen entstehen. Bei Fällen mit tiefer im subepithelialen Gliagewebe liegenden Epithellumina (Cysticerkose) hält OPALSKI es für möglich, daß sie nicht aus dem Epithel, sondern aus den Übergangszellen in situ entstehen. Später haben die Untersuchungen von JAHN wahrscheinlich gemacht, daß die glioiden Zellen (= Übergangszellen von OPALSKI) die häufigste (nicht aber die einzige) Quelle der epithelartigen Lumina sind. Zur Stütze seiner Annahme führt JAHN u. a. an, daß die Schläuche an Serienschnitten selten zellige Verbindungen mit dem Epithel zeigen. Die Entstehung der Schläuche ist nach JAHN auf den Reiz des Liquors auf die von Epithel entblößten Stellen zurückzuführen. Schließlich sind Epithelstränge und -schläuche bei Entwicklungsstörungen des Gehirns häufig.

Wucherungen in den subepithelialen Schichten der Ventrikelwände sind wesentliche Teilerscheinung der Entzündungsvorgänge (Ependymitiden). Es muß aber angenommen werden, daß sie auch durch andersartige, mildere Reize hervorgerufen werden können (s. unten). Die Reaktion der subepithelialen, gliösen Elemente bei ventrikelnahen Gefäßherden wurde oben erwähnt. Ein durch irgendeine Ursache bedingter Epitheluntergang hat stets eine Wucherung der subepithelialen Glia zur Folge, falls diese durch die Noxe nicht allzu schwer geschädigt ist. Doch ist weder der Untergang des Epithels eine notwendige Vorbedingung für die Gliaproliferation, noch braucht diese auf die epithelentblößten Stellen beschränkt zu bleiben. Die Faserglia wuchert gewöhnlich am meisten, doch zeigen die Astrocyten in den Ventrikelwänden weniger ausgesprochene Hypertrophieformen als in anderen Hirngegenden und Monstergliazellen finden sich nicht (OPALSKI). Dagegen trifft man bei Impf- und Maserencephalitis fast ausschließlich eine mikrogliöse Reaktion, vielfach mit reichlicher Fettkörnchenzellenbildung (OPALSKI). Die mikrogliösen Elemente lagern sich entweder um die venösen Gefäße der Ventrikelwand oder breiten sich diffus in weiten Gebieten derselben aus, wohin sie durch Wanderungen aus tieferen Hirnteilen gelangen (OPALSKI). Sie dringen dabei nicht in die Gliafaserschicht ein und das Epithel ist unverändert. Bei andersartigen Infektionen ist die Beteiligung der Mikroglia viel geringer; Opalski sah allerdings bei Fleckfieber und Malaria sporadische Bildung von Gliasternen und es kommt nur selten zu Fettkörnchenzellenbildung.

Weiter fand Opalski bei einem 3 Monate alten, an einer ungewöhnlichen Meningitisform gestorbenen Kind ausgesprochene Wucherungserscheinungen der Embryonalzellreste, die sogar ins neugebildete Granulationsgewebe über der Ventrikelfläche eingedrungen waren.

Bei Erwachsenen sind Wucherungserscheinungen in den Ventrikelwänden in wechselndem Ausmaß als Endzustände abgelaufener Prozesse ungemein häufig. Entzündliche Vorgänge spielen bei ihrer Entstehung sicher eine wichtige Rolle, doch ist es nicht meine Aufgabe, akute Entzündungsvorgänge am Ependym dar-

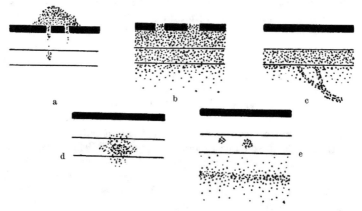

Abb. 26. Schema der ventrikulären und paraventrikulären Entzündungsformen.
(Nach Opalski: Neur. polska **1934**.)

zustellen. Ich weise auf die entsprechenden Kapitel dieses Handbuches und die grundlegende, bisher meines Wissens nur in polnischer Sprache erschienene Arbeit Opalskis[1] hin und führe hier in aller Kürze nur das an, was zur allgemeinen Orientierung unerläßlich ist.

Er trennt 5 verschiedene histologische Bilder der ventrikulären und paraventrikulären Entzündung (Abb. 26).

1. Mesodermale entzündliche Granulome, die auf der Ventrikelfläche liegen (Meningitis tuberculosa, Cysticerkose, Lepra, seltener Meningitis purulenta). Ausbreitungsweg ist der Liquor (Abb. 26a).

2. Infiltrate und Granulationen, die sich auf alle Schichten der Ventrikelwand ausbreiten (oft auch auf die anliegende Hirnsubstanz), und bei der Meningitis purulenta weniger zur Granulombildung tendieren als bei der Meningitis tuberculosa (Abb. 26b). (Ich zähle hierzu auch die sich über den Liquor ausbreitende Meningoependymitis luica, die sich aber manchmal über die Gefäße ausdehnen kann.)

3. In der Gliazellschicht und im umliegenden Gewebe aus Hortega-Zellen bestehende Proliferation bei Impf- und Masernencephalitis (Abb. 26c).

4. Vereinzelte, in größeren Abständen liegende Infiltrate oder kleine Abscesse in der Ventrikelwand ohne unmittelbaren Zusammenhang mit den Entzündungserscheinungen im anliegenden Nervengewebe (aus arteriellem Weg sich ausbreitende, embolisch-septische Encephalitis, Typhus exanthematicus) (Abb. 26d).

5. Isolierte Infiltrate in der Gliazellschicht, die im Gegensatz zu dem vorigen Typus, mit einer Entzündung des paraventrikulären Gebietes in Zusammenhang stehen (Poliomyelitis, Encephalitis lethargica) (Abb. 26e).

---

[1] Der Autor war so freundlich, mir die deutsche Übersetzung seiner Arbeit zur Verfügung zu stellen, wofür ich ihm bestens danke.

Die beiden ersten Formen können im gleichen Fall (Meningitis tuberculosa) nebeneinander vorkommen. Es sind vor allem diese auf dem Liquorweg sich ausbreitenden Entzündungsformen, die die im folgenden zu besprechenden Wucherungsformen (Ependymitis granularis, supraepitheliale gliöse Wucherungen) veranlassen. Die auf anderen Wegen sich ausbreitenden Entzündungen können dieselben insofern hervorrufen, als sie im Liquor Veränderungen erzeugen können, denn Liquor ist bei den Meningitiden der wichtigste Ausbreitungsweg für die Infektion der Ventrikelwand. Es muß mit OPALSKI angenommen werden, daß Mikroorganismen (je nach Art) bei den Meningitiden auf verschiedenem Wege in den inneren Liquor gelangen können, und zwar:

a) Über die Foramina (ein von den Luesspirochäten bevorzugter Weg),

b) durch die Telae chorioideae, deren subarachnoidaler Raum vom Ventrikelliquor nur durch ein Piablatt und Epithel getrennt ist,

c) durch einige dünne Stellen (Teniae) und durch Gegenden mit besonderen Gefäßverhältnissen (Infundibulum, Obex),

d) durch hämatogene, ventrikelnahe, infektiöse Herde[1].

Tatsächlich ist die Meningitis tuberculosa fast immer von einer Ependymitis begleitet, während sich das Ependym bei der eitrigen Meningitis nur etwa in der Hälfte der Fälle beteiligt (OPALSKI). Sie ist auch bei Meningitis luica die Regel und bevorzugt dabei den 4. Ventrikel.

Bei der Ependymitis tuberculosa bilden sich sub- und supraepitheliale mesodermale Granulome (OPHÜLS). Die ersten sind aus Epitheloid- und Infiltratzellen (vorwiegend Lymphocyten, selten Riesenzellen) zusammengesetzt, während die anderen aus von der Ventrikelwand eingewanderten Zellen entstehen, gefäßlos sind und vorwiegend Epitheloid- bei spärlichen Infiltratzellen enthalten. Über Entstehung der Epitheloidzellen siehe OPALSKI. Die supraepithelialen Granulome sind nicht nur für Tuberkulose eigentümlich, sondern kommen auch bei Cysticerkose vor. Vernarbte Endzustände der Ependymitis tuberculosa gleichen bei chronischen Fällen denjenigen der Ependymitiden anderer Ätiologie (UGURGIERI).

Bei eitriger Ependymitis treten vorwiegend perivasculär gelegene Infiltrate auf, während gelegentlich vorkommende Granulome aus Polyblasten zusammengesetzt sind (OPALSKI) und die Ventrikelfläche dichte Auflagerungen von Exsudatzellen zeigt.

Die Ependymitis luica verläuft weniger akut als die eitrige und sind bei ihr die entzündlichen Erscheinungen wenig ausgeprägt.

In der Regel geschieht die Organisation aller Ependymitisformen durch Gliaelemente, die durch Lücken des Ventrikelepithels emporwuchern. Nach HASENJÄGER und STROESCU wandern in den ersten Stadien mikrogliöse Elemente, die wohl eine Abräumtätigkeit durch die Ventrikelwände entfalten können, während die Rolle der Organisation astrocytären Elementen zukommt. Die Gliawucherung ersetzt und verdrängt die entzündlichen Produkte.

Die anschließend besprochenen Endzustände der Ependymitiden sind unspezifisch, wohl an Reizintensität gebunden und können beim gleichen Fall nebeneinander vorkommen. Man findet keine Gefäßvermehrung und das Bindegewebe an der Organisation gewöhnlich nicht beteiligt.

Man sieht als Endausgang entzündlicher (und auch andersartiger) Prozesse folgende Bilder:

a) Gliaherde. Auf der Ventrikelfläche zeigen sich mehr oder weniger erhabene, mikroskopisch mitunter streifenförmig aussehende Gliaherde verschiedener Ausdehnung. Das Epithel fehlt meist; ist es aber erhaltengeblieben, so ist es regressiv verändert oder abgeplattet. Die Ventrikelwand ist durch Vermehrung der faserigen und zelligen Bestandteile verdickt und es läßt sich eine feinfaserige von einer bündelartigen Gliose trennen (JAHN).

Feinfaserige Gliosen sind im Gehirn Erwachsener nahezu konstant anzutreffen und ihre Faseranordnung gleicht im wesentlichen der normalen. Bei der feinfaserigen Gliose sind vor allem die Astrocyten vermehrt, doch nehmen glioide Elemente an der Vermehrung teil.

---

[1] Primäre Ependymitiden sind selten und es liegen hierüber nur vereinzelte Beobachtungen vor (Fall von GEREB und DENES: Literatur dabei). Sie können auch nach Perforation durch Verletzung oder Operation, nach Durchbruch von Abscessen oder sonstigen infektiösen Herden in die Ventrikel. MERLE sah eine primäre Ependymitis der Ventrikelwände nach intracarotidaler Staphylokokkeninjektion beim Hund.

Die bündelartigen Gliosen sind nicht so häufig, nehmen gewöhnlich einen größeren Umfang an und zeigen dichte Faserbündel, die schräg oder senkrecht zur Ventrikeloberfläche ziehen. Auch hier wuchert vor allem die Makroglia (mitunter Riesenkerne).

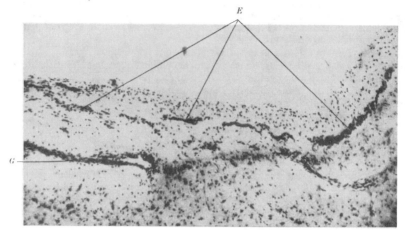

Abb. 27. Durch Wucherung der subepithelialen Schicht in die Tiefe verdrängtes Ependymepithel (*E*).
G infiltriertes Gefäß. Cysticercus racemosus. Thionin.

Jahn hebt hervor, daß diese beiden Arten von Gliawucherungen ortsgebunden sind, insofern, als die bündelartigen Gliosen (von geringen Andeutungen an anderen Orten abgesehen) nur an Stellen auftreten, wo normalerweise ein bandförmiges Epithel besteht. Feinfaserige Gliosen sollen hingegen in jenen Teilen der Ventrikelwände auftreten, die normalerweise von einem gekammerten Epithel überzogen sind. Nach meinen Beobachtungen kann diese Regel Ausnahme erleiden und es scheint, daß beim Auftreten der einen oder anderen Reaktionsform der Grad der Noxe keine untergeordnete Rolle spielt.

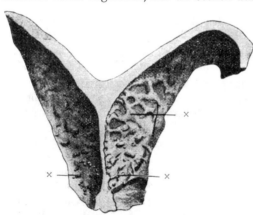

Abb. 28. État granulo-réticulé. Makroskopisches Bild.
× Netzartige Erhebungen.
(Aus Merle: Ependymites cérébrales, S. 85. Paris 1910)

b) Supraepitheliale Gliawucherungen mit eingeschlossenem Epithel. Dabei wird das streckenweise erhaltengebliebene Epithel im emporwuchernden Gliagewebe sozusagen begraben (Abb. 27). Es ist gewöhnlich kammerhaltig und syncytial angeordnet. Man findet diese Wucherungsform eher als Folge starker entzündlicher Reize als bei den milderen Prozessen zuweilen an dem der Infektion stärker ausgesetzten Ort (4. Ventrikel).

Eine Sonderstellung nimmt nach Opalski die supraepitheliale Wucherung bei Cysticerkose des 4. Ventrikels ein. Dabei füllt die um die Parasitenkapsel und ihre Granulationsgewebe gewucherte Glia die Ventrikelhöhle teilweise oder ganz: neben Rosenthalschen Fasern sieht man Elemente mit länglichem Kern ohne darstellbares Protoplasma.

c) **État granulo-réticulé** (MERLE). Dabei treten an der Ventrikelwand makroskopisch sichtbare, netzartige Erhebungen auf (Abb. 28). Mikroskopisch sieht man breite, erhabene Teile, die meist kein Epithel besitzen und aus gewuchertem, in späteren Stadien vorwiegend faserigem, mehr oder weniger zellarmem Gliagewebe zusammengesetzt sind.

d) **Bildung kleiner Wärzchen an der Ventrikeloberfläche (Ependymitis granularis).** Die Ependymitis granularis ist schon lange bekannt (BRUNNER 1694). Die Wärzchen oder Ependymgranulationen springen in verschiedener Zahl in die Ventrikelhöhle vor und sind selten mehr als sandkorngroß. In seltenen Fällen treten abnorm große, mitunter den Höchstdurchmesser von 17 mm erreichende Granulationen (wie z. B. in den Beobachtungen von JUMENTIÉ und RIZZO); es ist nicht sicher, ob es sich dabei nicht um kleine Tumoren gehandelt hat. Im Mikroskop sind winzige, konisch oder langgezogene, spitzig erhabene (Abb. 29a) oder flache, rundliche, wenig vorspringende, selten gestielte oder kolbenartige Wärzchen zu sehen (Abb. 29b). Bei Lues und Paralyse ist der 4. Ventrikel bevorzugter Fundort (s. oben). Es werden aber auch die Umgebungen des Foramen Monroi, das Septum pellucidum, der Aquaeductus und die ventralen Abschnitte des 3. Ventrikels und der Seiten ventrikel als Prädiliktions stellen erwähnt. In vereinzelten Fällen fanden sich die Granulationen auch im erweiterten Zentralkanal (SCHÜLE, HOLLMANN-ZIMMERMANN).

Die mikroskopischen Bilder sind, was Menge und Lagebeziehung der zelligen

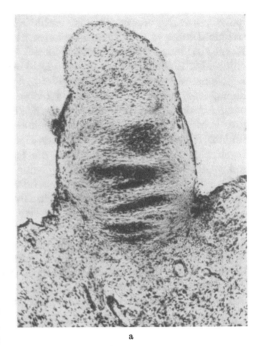

a

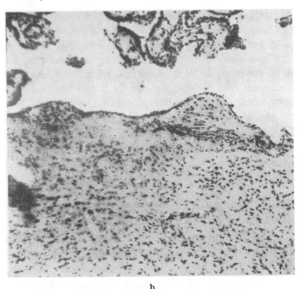

b

Abb. 29 a u. b. Ependymwärzchen am Boden der Rautengrube bei 2 Fällen von Paralyse. Thionin. a In den Ventrikelraum stark vorspringende Granulation mit Streifen von dichtgedrängten Gliaelementen. b Zwei flache Granulationen.

und faserigen Bestandteile anbelangt, verschieden. Bei einigen Wärzchen kann man einen zentral gelegenen von einem peripheren Anteil trennen (MAGNAN und

Miezejewski, Froman, Saltykow u. a.). Der zentrale Anteil ist gewöhnlich durch seinen Zellreichtum, in anderen Fällen hingegen durch Faserreichtum und Zellarmut gekennzeichnet. Die im zentralen Anteil enthaltenen Zellelemente sind meist regressiv verändert und verhältnismäßig protoplasmaarm (Riesenzellen, wie sie Jeremias und Merle gesehen haben, sind wohl Ausnahmebefunde); die Kerne sind langgezogene, chromatinreich und häufig in parallelen, gebogenen oder elliptoiden Schichten angeordnet. Bei einigen Wärzchen sind jedoch Faser- und Zellelemente regellos zerstreut. Wenn der zentrale Anteil faserig ist, kann ein homogenes, hyalines Aussehen darbieten. Es kann Gliafaserquellung auftreten nach Art der Rosenthalschen Fasern, zu denen möglicherweise die von Saltykow erwähnten „hyalinen Körper" gehören. Auch können sich Corpora amylacea finden. Schon Pellizzi konnte in den Ependymwärzchen mit der Golgi-Methode regelrechte Astrocyten darstellen; die länglichen Kerne erinnern aber sehr an mikrogliöse Elemente. An der Kuppe der Wärzchen fehlt das Epithel, an anderen Stellen derselben kann es erhalten sein oder fehlen. Benachbarte Wärzchen können zu Konglomeratgranulationen verschmelzen, so daß epithelbekleidete Schläuche oder Räume entstehen können, die sich mitunter an der Basis der Wärzchen finden. Ependymwärzchen sind sehr arm an Gefäßen.

Ependymgranulationen dürfen nicht mit jenen Erhebungen verwechselt werden, die die Ventrikelwände bei erhaltener normaler Struktur aufweisen können (État plissé und État columnaire von Merle), die, wie bereits Saltykow und Merle anerkannt haben, normale Befunde darstellen und wahrscheinlich durch Abnahme des intraventrikulären Druckes (z. B. bei remittierendem Hydrocephalus) entstehen. Auch am Aquaeductus sind sie als normale Befunde auffindbar.

Ependymgranulationen finden sich am menschlichen Sektionsmaterial häufig. Je nach dem anatomischen Material (Alter der sezierten Individuen, Verbreitung der Lues bei ihnen usw.), der Gründlichkeit der Untersuchung kann man sie mehr oder weniger häufig antreffen. Ependymgranulationen sind bei älteren Personen häufiger auffindbar, obgleich sie eigentlich keine Alterserscheinung sind und mit dem Alter in keinem direkten Zusammenhang stehen; doch sind eben ältere Personen den Noxen, die die in Frage kommenden Veränderungen hervorrufen (vor allem Entzündungen der Meningen), stärker ausgesetzt gewesen.

Ependymgranulationen sind in zahlreichen Fällen Endzustände abgelaufener Entzündungsvorgänge, so daß Zeichen einer akuten Entzündung, vor allem perivasculäre Infiltrate, fehlen können. Doch ist es nicht richtig, bei Fehlen von Zeichen eines aktuellen Entzündungsvorganges an Hand des Befundes von Ependymwärzchen von „chronischer Ependymitis" zu sprechen. Erwähnenswert ist es doch, daß in Fällen von Paralyse zuweilen an den Kuppen vereinzelter Ependymwärzchen noch Reste entzündlicher Exsudatzellen zu finden sind (Opalski, Hasenjäger und Stroescu).

Über Ependymgranulationen bei Hirntumoren siehe unten.

Spatz und seine Schüler Hasenjäger und Stroescu haben die Beziehungen der Ependymwärzchen und der verwandten Wucherungsformen zu den entzündlichen Vorgängen der Meningen und der Ventrikelwände richtig erfaßt und klargelegt. Es kann als sichergestellt betrachtet werden, daß liquorogene Entzündungsvorgänge der Ventrikelwände die in Frage kommenden Wucherungsformen hervorrufen können und daß letztere nach Ablauf der Entzündung als End- oder Narbenzustand weiterbestehen bleiben. Wenn man von den seltenen primären Ependymitidenformen absieht, entstehen liquorogene Ependymitiden (1. und 2. Form von Opalski) durch Verschleppung der Infektion von den Meningen in die Ventrikelwand. Ependymgranulationen sind eine regelmäßige oder zumindest eine sehr häufige Begleit- und Folgeerscheinung der verschiedenen Meningitisarten, natürlich auch der Paralyse, Lues cerebri, Hirncysticerkose, Hydrocephalus (Hydrocephalus und Ependymwärzchen sind in vielen Fällen als gemeinsame Folge der Entzündung anzusehen) und andere. Die Ansichten früherer Autoren können heute als überholt betrachtet werden; die von ihnen angeschuldigten Faktoren sind mögliche koordinierte Begleiterscheinungen und höchstens Teilursachen des Vorganges.

Wichtig ist die Frage, ob die Wucherungserscheinungen *stets* Folge einer Entzündung sind. Die große Häufigkeit ihres Auftretens spricht gegen eine ausschließliche entzündliche Ätiologie. Zwar ist es sehr wahrscheinlich, daß Meningitiden

in verkannter oder leichter Form viel häufiger vorkommen, als man gewöhnlich annimmt (ZAND und SPATZ), doch kann man kaum annehmen, daß die Mehrzahl der Erwachsenen eine von Ependymitis begleitete Meningitis in irgendeiner Form durchgemacht haben soll. Man muß JAHN recht geben, wenn er auch mildere Ursachen annimmt. Er ist der Ansicht, daß schon jede Verunreinigung mit Eiweiß

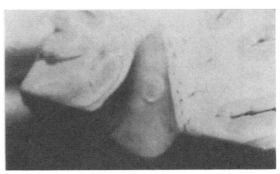

Abb. 30. Makroskopisches Bild einer Plaque von Ependymitis varioliformis im Hinterhorn eines Seitenventrikels bei einem 37jährigen Schizophrenen.

(seröse Entzündung), ja sogar jede Eiweißvermehrung im Liquor imstande ist, Untergang des Ventrikelepithels und Wucherung der subepithelialen Gliaschichten zu verursachen. ,,Nahezu jeder Mensch zu irgendwelcher Zeit seines Lebens, wenn auch für kurze Zeit, etwa während eines Infektes, erfährt eine Eiweißvermehrung im Liquor" (JAHN).

e) **Status varioliformis** (s. S. 874) von PIERRE MARIE. Dabei bilden sich an den Wänden der Seitenventrikel hirse- oder linsengroße, wenig erhabene Plaques, die eine zentrale, nabelförmige Einsenkung darbieten (Abb. 30). Makroskopisch sind sie an chromiertem Material deutlicher als an formoliertem (MERLE). In den Anfangsstadien fehlt die nabelförmige Einsenkung (MERLE). Durch Zusammenfließen benachbarter Plaques können komplizierte Bildungen entstehen. Das histologische Kennzeichen dieser Bildung besteht im Auftreten einer dünnen, kollagenen, mit van Gieson sich rot färbenden Lamelle in oberflächlicher Lage (Abb. 31), die sich aus parallel verlaufenden Fasern und spärlichen protoplasmaarmen Elementen zusammensetzt; ACHUCARRO fand in ihr elastische Fasern. Die Entstehung dieser bindegewebigen Lamelle ist unklar, ihre Beziehungen zu den Gefäßen sind entweder überhaupt nicht nachweisbar oder sehr undeutlich, so daß REDAELLI zur Annahme neigt, daß hier die kollagenen Fasern (wie ROUSSY, LHERMITTE und OBERLING bei den Gliomen, DÉVÉ und LHERMITTE beim Echinococcus der Hirnventrikel angenommen haben) aus Gliazellen entstehen können. In den Beobachtungen von REDAELLI fehlten Wucherungserscheinungen in der unter der bindegewebigen Lamelle liegenden Gliaschicht oder waren sie geringfügig. Doch fand MARGULIES bei Hydrocephalus kollagene Lamellen mit diffuser Verdickung der Ventrikelwände, und in einem Fall meiner Beobachtung bestand eine Verdickung durch faser- und Zellvermehrung der unter der bindegewebigen Lamelle liegenden Gliaschicht.

Ich halte den Status varioliformis als Endzustand einer abgelaufenen Ependymitis, wobei bindegewebige Elemente ausnahmsweise an der Organisation sich beteiligt haben.

Abb. 31. Dieselbe Plaque von Ependymitis varioliformis der Abb. 30 im van Gieson-Präparat. Fuchsinfärbbare kollagene Schicht in oberflächlicher Lage.

Eine Erwähnung verdienen jene seltenen Formen von Gliawucherungen im Bereich der Ventrikelwände, die *ependymäre Gliosen* oder *Gliomatosen* genannt werden (Abb. 32) (Margulis, Defriese, Redaelli). Die mehr oder weniger

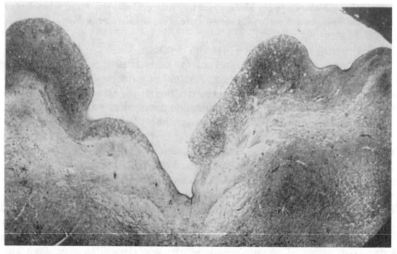

Abb. 32. Ependymäre Gliomatose im 4. Ventrikel nach tuberkulöser Entzündung der Meningen und der Plexus. (Aus Redaelli: Boll. Soc. med.-chir. Pavia 1930, Tafel 3, Abb. 2.)

umschriebene Wucherung wird dabei bis zu einigen Millimetern ungewöhnlich dick und besteht im wesentlichen aus Astrocyten, spindelförmigen Gliaelementen, zum Teil regressiv veränderten Gliafasern, Epithellumina, Epithelsträngen und epithelbekleideten Cysten. Redaelli hat auch Gefäßneubildung beobachtet.

Atypische Elemente fehlen. Die Wucherung entwickelt sich an der Oberfläche und ist von dem darunterliegenden nervösen Gewebe scharf abgesetzt. Das Fehlen infiltrativen Wachstums soll eine wichtige differentialdiagnostische Bedeutung gegenüber diffusen Blastomen der Ventrikelwände haben (REDAELLI). In Fällen von MARGULIS lagen die Herde vorwiegend in den Vorderhörnern und in der Cella media der Seitenventrikel, wie auch im 3. Ventrikel und Aquaeductus. Im Fall von DEFRIESE fand sich ein erbsengroßer Knoten in der Ventrikelfläche des linken Striatum neben kleineren Knötchen und Wärzchen im übrigen Wandbereich des linken Ventrikels. In der Mehrzahl der Fälle sind die Hirnventrikel

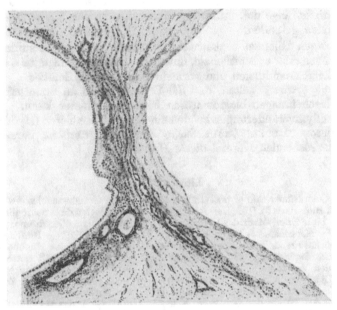

Abb. 33. Intraventrikuläre, zellenreiche, gliöse Brücke. (Aus MERLE: Ependymites cérébrales, S. 101. Paris 1910.)

mehr oder weniger erweitert. In einem Fall von REDAELLI handelte es sich (wie der Autor annahm) um eine gewöhnliche Reaktion auf eine tuberkulöse Infektion der Meningen und der Ventrikelräume.

Verwachsungen der Ventrikelwände (die nicht mit den sog. Kielstreifen verwechselt werden dürfen) sind meist Entzündungsfolge[1] und entstehen mit Vorliebe auf dem Boden der supraepithelialen Gliawucherungen. Wenn der Vorgang am Aquaeductus sich abspielt, kann die Liquorableitung erschwert oder verhindert sein. Doch auch im 4. Ventrikel kann es bei der Ansiedlung von Cysticerkus zu einem vollständigen Verschluß der Ventrikelhöhle kommen (s. oben). Ferner sind gliöse Brücken zu erwähnen, die zwischen gegenüberliegenden Ventrikelwänden ausgespannt sind. In ihnen kann man zerstreut Lymphocyten und Plasmazellen finden (MERLE) (Abb. 33). Verwachsungen auf dem Boden von supraepithelialem, *mesodermalem*, entzündlichem Granulationsgewebe sind Ausnahmebefunde (OPALSKI).

Über Verwachsungen der Ventrikelwände mit dem Plexus s. oben.

---

[1] In einigen Fällen von Stenose oder Obliteration des Aquaeductus bei Neugeborenen oder Jugendlichen beziehen manche Autoren (SPILLER, SHELDEN-PARKER-KERNOHAN, ROBACK-GERSTLE, GIORDANO) die Gliawucherung im Aquaeductusbereich auf eine dysplastische Anlage. Dasselbe tut RAMME, obgleich in seinem Fall eine Ependymitis granularis bestand.

2. Veränderungen der Ventrikelwände bei Hirntumoren.

Hasenjäger beobachtete, daß bei Gliosarkom (Glioblastima multiforme) mit ventrikelnahem Sitz auf der Ventrikelfläche, die in der Nähe des Tumors liegenden, die gewöhnliche Größe nicht überschreitende Ependymgranulationen mikroskopisch als winzige Blastome mit lebhafter Capillarwucherung sich erweisen *(Ependymitis blastomatosa)*, während die Granulationen an vom Tumor entfernten Stellen gewöhnliche unspezifische Granulationen waren.

Im übrigen hatte früher Bonola bei Hirntumoren Wucherung der subepithelialen Gliakerne bis zur Bildung von 2- oder 3-kernigen Elementen, drüsenähnliche Epithelstränge und mitunter Gliabrücken zwischen gegenüberliegenden Ventrikelwänden gefunden.

Bei bösartigen Gliomen beobachtete Smirnoff stellenweise supraepitheliale Gliawucherungen oder subepitheliale, mitunter knötchenförmige, teils epitheliale, teils gliöse Zellansammlungen und vermehrte, erweiterte Gefäße.

Es kann als erwiesen gelten, daß die Ventrikelwand an tumornahen Stellen Wucherungserscheinungen blastomatösen Einschlages bieten kann.

Über Ependymveränderungen bei den einzelnen Krankheiten (Hydrocephalus) tuberöse Sklerose, Recklinghausensche Krankheit, tierische Parasiten usw., siehe die entsprechenden Kapitel dieses Handbuches.

Literatur[1].

Accoyer: Coloration vitale et postvitale du chondriome et des vacuoles des cell. des Pl. chor. C. r. Soc. Biol. Paris **91** (1924). — Achucarro: De l'evolution de la nevroglie etc. Trab. Labor. invest. biol. Univ. Madrid **13** (1915). — Agdur: Studien über die postembryonale Entwicklung der Neuronen. J. Psychol. u. Neur. **25**, Ergh. 2 (1920). — Einige wahrscheinlich bisher unbekannte, teils im Ependym gelegene, teils in die Fossa rhomboidea hineinragende Nervenendigungen. Acta zool. (Stockh.) **3** (1922). — Über ein zentrales Sinnesorgan (?) bei den Vertebraten. Z. Anat. **66** (1922). — Chorioid plexus and ependyma in Penfield's „Cytologie". New York 1932. — Agostini: I plessi coroidei in patol. nerv. e ment. Ann. Osp. psichiatr. prov. Perugia **20** (1927). — Ahrens: Experimentelle Untersuchungen über den Strom des L. c. s. Z. Neur. **15** (1913). — Albarran: Sur la structure d'un renflement situé au niveau du bord libre du Pl. chor. Bull. Soc. anat. Paris **1880**. — Alexander: Hyperplasie des Recessus lat. ventr. quarti. Anat. Anz. **61** (1926). — Die Anatomie der Seitentaschen des 4.Ventrikels. Z. Anat. **95** (1931). — Zur Frage der Existenz eines Parietalorganrudiments. Arb. neur. Inst. Wien **34** (1932). — Allende Navarro, de: Deux cas d'epilepsie chez le perroquet. Schweiz. Arch. Neur. **13** (1923). — Deux cas d'intoxication par le gaz avec alteration de la barriére ectomesod. Schweiz. Arch. Neur. **14** (1924). La barrière ectomesodermique du cerveau l'etat normal et pathologique avec consideration spec. sur la schizophrenie et l'epilepsie. Schweiz. Arch. Neur. **16, 17, 18** (1925/26). — Aloisi: La sede ed il limite rostrale del glicogeno nel nevrasse in Mammiferi durante lo sviluppo. Boll. Soc. ital. Biol. sper. **7** (1932). — Andia: Plexos choroideos de los ventr. lat. Buenos Aires 1935. — Anglade: Deux aspects histol. d'ependimite tuberc. Revue neur. **1902**. — Anton u. Zingerle: Kleinhirnmangel. Arch. f. Psychiatr. **54** (1914). — Ariens Kappers: Über die physiologische Entwicklung der Gehirndrüsen. Nederl. Tijdschr. Geneesk. **62** (1918).— Vergleichende Anatomie der Wirbeltiere. Haarlem 1922. — Anatomie comp. du système nerveux. Paris 1947. — Arnold: Primary ependymitis. Arch. of Neur. **32** (1934). — Aronson: Über die Nerven und die Nervenendigungen in der Pia. Zbl. med. Wiss. **28** (1890). — Askanazy: Zur Physiologie und Pathologie der Pl. chor. Dtsch. path. Ges. Zbl. Path. **25** (1914). — Auersperg: Beobachtungen am menschlichen Pl. chor. der Seitenventrikel. Arb. neur. Inst. Wien. **31** (1929).

Bailey: Morphol. of the roof plate of the forebrain a. the later. choroid plexuses in the human embryo. J. Comp. Neur. **26** (1916). — The morphol. a. morphogenese of the choroid plexus etc. J. Comp. Neur. **26** (1916). — A study of tumors arising from ependym cells. Trans. Amer. Neur. Assoc. **1923**. Ref Zbl. Neur. **40**. — Arch. of Neur. **11** (1924). — Quelques nouvelles

---

[1] Der Raumersparnis halber wurden Titel in verkürzter Form angegeben. Arbeiten über Physiologie und über Entzündungskrankheiten der Plexus und des Ependyms wurden nur zum kleinen Teil, solche über die Geschwülste dieser Organe nicht erwähnt.

observations de tumeurs ependymaires. Ann. d'Anat. path. **2** (1925). — Ependymom of the cauda equina. Arch. of Neur. **33** (1935). — BAKAY: Die Innervation der Pia, der Plex. chor. usw. Arch. f. Psychiatr. **113** (1941). — BALADO u. MOREA: Wirkung der ultrapenetranten Röntgenstrahlen auf Bau und Funktion der Pl. chor. Boll. Clin. Chir. Buenos Aires **3** (1927). Ref. Zbl. Neur. **48**. — BARANY: Neuer Symptomkomplex usw. Verh. psych. neurol. Sitzg. Jb. Psychiatr. **33** (1912). — BARBU: Neuroepitheliale Cyste des 3. Ventrikels. Z. Neur. **156** (1934). — BARSOTTI: I plessi coroid. nella paralisi generale. Rass. Studi psichiatr. **24** (1935). — BATEMAN: Closed foramina of LUSCHKA in the brain of the insane etc. Arch. of Neur. **14** (1925). — BAUER-JOKL: Über das sog. Subcommissuralorgan. Arb. neur. Inst. Wien 1917. — BAUMATZ: Zur pathologischen Anatomie der Epilepsie. Schweiz. Arch. Neur. **44** (1939). — BEADLES: On the degen. lesions of the art. syst. in the insane with remarks upon the nature of granular Ependyma. J. Ment. Sci. **41** (1895). — BEALS: On intracran. calcif. probably of chor. Plex. Radiology **15** (1930). — BECHT: Studies on the cerebrospinal fluid. Amer. J. Physiol. **51** (1920). — BECHT and MATHILL: Studies on the cerebrospinal fluid. Amer. J. Physiol. **51** (1920). — BECK: Zwei Fälle von Neurofibromatose. Z. Neur. **164** (1939). — BECKER: Beiträge zur Pathologie der Pl. chor. und des Ependyms. Beitr. path. Anat. **103** (1939). — BEGER: Kasuistischer Beitrag zur cerebralen Varicenbildung. Virchows Arch. **231** (1921). — BEHNSEN: Über die Farbstoffspeicherung im Zentralnervensystem der weißen Maus in verschiedenen Altersstufen. Z. Zellforsch. **4** (1927).— BELLAVITIS: Contr. allo studio delle color. vitali del sist nerv. Riv. Pat. nerv. **34** (1929). — BENEDIKT: Über die Innervation des Pl. chor. inf. Schmidts Jb. **1874**. — BERKLEY: The neuroglia cells in the walls of the middle ventricel etc. Anat. Anz. **9** (1894). — BERTHA u. MAYR: Beobachtungen am überlebenden Pl. chor. in Tierexperimenten. Mschr. Psychiatr. **90** (1934). — BETTINGER: Zur Pathologie des Pl. chor. Zbl. Path. **52** (1931). — BIACH: Vergleichende anatomische Untersuchungen über den Bau des Zentralkanals. Arb. neur. Inst. Wien **13** (1907). — BIANCALANA: Effetti delle iniez. di sol. ipot. ed iperton. sul sistema cefalo-rachidiano. Arch. Sci. med. **54** (1930). — BIELSCHOWSKY: Amaurotische Idiotie usw. J. Psychol. u. Neur. **36** (1928). — BIELSCHOWSKY u. UNGER: Syringomyelie mit Teratom usw. J. Psychol. u. Neur. **25** (1919). — BIONDI: Sul¹a fine srutt. dell'epit. dei pl. cor. Arch. Zellforsch. **6** (1911). — Ein neuer histologischer Befund am Epithel des Pl. chor. Z. Neur. **144** (1933). — Zur Histopathologie des menschlichen Pl. chor. Arch. f. Psychiatr. **101** (1934). — Über eine Alterserscheinung an den Gliazellen usw. Arch. f. Psychiatr. **104** (1935). — BITTORF: Beitrag zur pathologischen Anatomie des Gehirns und Rückenmarksgeschwülste. Beitr. path. Anat. **35** (1903). — BIZE: Hydrocephalie ventriculaire. Paris 1931. — BLACKE: The roof a. lat. recessus of 4. ventricels. J. Comp. Neur. **10** (1900). — BLAND-SUTTON: The lat. recessus. Brain **9** (1887). — The chor. plex. a. psammomas. Brit. Med. J. **1922**. — Choroid plex. a. ventr. of the brain etc. Lancet **1923**, 204. — BLUMER: Bilat. cholesteatomatous endotheliomata of the plex. Bull. Hopkins Hosp. Rep. **1900**. — BOEHMER: Ependymcysten usw. Dtsch. Z. gerichtl. Med. **30** (1938). — BOGLIOLO: Il tessuto connettivo dei pl. cor. nei vertebrati. Studi sassar. II. s. **4** (1926). — BOLSI: Origine della microglia. Riv. Pat. nerv. **48** (1936). — BONOLA: Alteraz. dell'apparecchio coroideoependimale nelle sindromi da neoplasma endocran. Riv. sper. Freniatr. **43** (1920). — BORDET et CORNIL: Le cholesteatom des pl. cor. Progres méd. **51** (1923). — BRACK: Über Pl. chor. Z. Neur. **129** (1930). — BRANCA et MARMIER: Contr. à l'étude des malformat. ependymaires. Bibl. anat. **23** (1913). — BRAULT: Le glicogène. Paris 1930. — BREMER: Pathologisch-anatomische Begründung des Status dysraphicus. Dtsch. Z. Nervenheilk. **99** (1927). — Syringomyelie und Status dysraphicus. Fortschr. Neur. **1937**. — BRISSAUD: La neuroglie dans la moelle normale etc. Revue neur. **1894**. — BRODMANN: Beitrag zur Kenntnis der chronischen Ependymsklerose. Inaug-.Diss. Leipzig 1898. — BRUN: Bildungsfehler im Kleinhirn. Schweiz. Arch. Neur. **1**, **2**, **3** (1917/18). — Das Kleinhirn. Schweiz. Arch. Neur. **16**, **17** (1925). — BRUNNER: De hydrocephalo laborantium anatomiis. Ephem. Akad. Caes. Leopold. **1694**. — BRUNSCHWEILER: Contrib. à la connaiss. de la microceph. vera. Schweiz. Arch. Neur. **21**, **22** (1927/28). — BUJARD: Inject. de subst. colorées dans les ventr. lat. etc. C. r. Soc. Phys. et Hist. nat. Genève **37** (1920). — BUÑO: Histiocytos mening. y de los pl. chor. Arch. Soc. Biol. Montevideo **5** (1933). — Hystiocytes des méninges et des pl. chor. C. r. Soc. Biol. Paris **117** (1934). — Celulas accumulativas de las raices raquideas y cell. fagocitarias del ependymo medullar. An. Fac. Med. Montevideo **19** (1934).

CAJAL: Le conduits de GOLGI-HOLMGREN du prot. nerv. Trab. Labor. invest. biol. Univ. Madrid **6** (1908). — Nota sobre los epitheliofibrillas del ependimo. Trab. Labor. invest. biol. Univ. Madrid **17** (1919). — CANNIEU: Contr. à l'étude de la voute du 4. ventr. du phoque. Bull. Soc. zool. Arcachon **1897**. — Récherches s. la voute du 4. ventr. des vertebrés. Les trous de MAGENDIE et de LUSCHKA. Bibliogr. anat. **6** (1898). — CANNIEU et GENTES: Note sur trois cas d'absence des trous de MAGENDIE chez l'homme. Gaz. Sci. méd. Bordeaux **91** (1900). — CAPPELLETTI: L'efflusso del l. c. s. dalla fistola cefalo-rachidiana etc. Atti Accad. Sci. med. natur. Ferrara **74** (1899/1900). — Arch. ital. Biol. **36** (1901). — CARDENAS PUPO: Las formaciones fibrillares de las cell. coroid. Rev. Parasitol. **2** (1936). — CASTRILLON: Paläocerebellare Aplasie des Kleinhirnes. Z. Neur. **144** (1933).— Castro, de: Observat. sobre la histogen. de la neuroglia. Trab. Labor. invest. biol. Madrid **18** (1920). — Catola: Sulla presenza di nevroglia nelle strutt. dei pl. cor. Riv. Pat. nerv. **7** (1902). — Cavazzani: Sul l. c. r. Riforma med. **1892**. — Weiteres über die zerebrospinale Flüssigkeit. Zbl. Physiol. **10** (1896). — La fistola cefalo-rachidiana. Atti Accad. med. chir. Ferrara **1899**. — Die zerebrospinale Fistel. Zbl. Physiol. **13** (1899). — Contr. alla fisiol. del l. c. s. Ferrara 1901. — Atti Accad. med.-chir. Ferrara **1901**. — Influenza negativa di alcuni linfagoghi sulla formaz. del l. c. s. Riv. sper. Freniatr. **27** (1901). — Zur Physiologie der Pl. chor. Zbl. Physiol. **16** (1902). — Ceelen: Über Gehirnbefunde bei Neugeborenen und Säuglingen. Verh. dtsch. path. Ges. **1921**. — Virchows Arch. **227** (1920). — Cestan, Riser et Laborde: Les bases experim. du traitement intraventr. et intrameningé. Revue neur. **1924**. — Charpy: In Poirier-Charpy, Traité d'anat. humaine, Bd. 3. Paris 1921. — Charlthon: A glande like Organ in the Brain. Anat. Rec. **29** (1924/25). — Chasan: Eine Mißbildung und Mischgeschwulst des ZNS. Schweiz. Arch. Neur. **27** (1931). — Cheli: Reattività pl. cor. e barriera. Rass. Studi psichiatr. **37** (1947). — Cheng and Schaltenbrand: Is there a commun. betwen the stroma of the chor. pl. a. the Meninges. Chin. J. Physiol. **5** (1931). Ref. Zbl. Neur. **61**. — Chiancone: Istofisiol. dei pl. cor. Cervello **10** (1931). — Chiasserini: Rech. exper. sur l'hydrocephalie. Presse méd. **1922**. — Chiatellino: Ricer. sperm. sull'idrocef. Giorn. med. Alto Adige **11** (1939). — Christensen: Chron. gran. Ependymitis. Acta psychiatr. (København.) **17** (1942). — Christin et Naville: Tumeurs diffuses des parois ventr. Schweiz. Arch. Neur. **7** (1920). — Ciaccio e Scaglione: Beitrag zur cellulären Pathologie der Pl. chor. Beitr. path. Anat. **55** (1913). — Claisse et Levi: Etude d'un cas d'Hydroc. interne. Bull. Soc. anat. Paris **1897**. — Clara: Histopathologie des Vitamin C. Z. mikrosk.-anat. Forsch. **52** (1942). — Clark: Nerve ending in the chor. pl. J. Comp. Neur. **47** (1928). — Innerv. of the chor. pl. J. Comp. Neur. **60** (1934). — Claude, Vincent et Lewy-Valensi: Ependimyte subaiguë etc. Presse méd. **1911**. — Clementi: Sulla secr. della tela cor. nell'embrione di ratto. Folia neuro-biol. **7** (1913). — Collin et Baudot: Sur la struct. de la paraphyse et des pl. cor. de la grenuille. C. r. Soc. Biol. Paris **83** (1920). — Format. chor. anorm. chez la grenouille. C. r. Soc. Biol. Paris **84** (1921). — Collin et Fontaine: Innervation de l'épendyme. C. r. Soc. Biol. Paris **122** (1936). — Comini: Pl. cor. degli uccelli. Riv. sper. Freniatr. **52** (1928). — Pl. cor. mammiferi. Riv. sper. Freniatr. **53** (1930). — Pl. cor. dei pesci. Pubbl. Staz. zool. Napoli **9** (1929). — Cornil et Monsinger: Sur le proces. prolif. de l'ependym. Revue neur, **1933**. — Coupin: Sur l'absence des trous de Magendie et de Luschka chez quelques mammiphères. C. r. Soc. Biol. Paris **83** (1920). — Sur la voute du 4. ventricule des Ichtiopsides. C. r. Soc. Biol. Paris **84** (1921). — Sur le form chor. des Urodeles. C. r. Soc. Biol. Paris **85** (1921). — Sur le form chor. des selaciens. C. r. Soc. Biol. Paris **85** (1921). — Format. chor. et sac auditif du Protopterus annectens. Bull. Mus. Hist. nat. Paris **28** (1922). — Format. chor. des ratites. Bull Mus. Hist. nat. Paris **30** (1924). — Form chor. des poissons. Arch. de Morph. **1924**. — Form. chor. des poissons et la question de l'origin. du l. c. r. Schweiz. Arch. Neur. **26** (1930). — Cristofani: Contr. allo studio della patol. dei cor. etc. Riv. Pat. nerv. **60** (1942). — Cristophe, Divry et Moreau: Psammome des pl. chor. des ventr. lat. J. belge Neur. **34** (1934).

Dandy: Arteriovenous aneurisma of the brain. Arch. Surg. **17** (1928). — Dandy and Blackfan: Intern. hydrocephal. J. Amer. Med. Assoc. **61** (1913). — Amer. J. Dis. Childr. **8** (1914); **14** (1917). — Hydroc. intern. Beitr. klin. Chir. **93** (1914). — The cause of so called idiopath. hydroceph. Bull. Hopkins Hosp. **32** (1921). — D'Antona e de Robertis: Ricerche sulla color. vitale del sist. nerv. Riv. Neur. **1** (1928). — Davidson-Black: Cyclopie. J. Comp. Neur. **23**. — Dawis: A physiopathol. study of the chor. pl. etc. J. Med. Res. **44** (1924). Deery: Nerve supply of the ventr. ependym. Bull. Neur. Inst. New York **4** (1935). — Delamare et Merle: Granul. epend. et corps amyloides. Trib. med. **1909**. — Ependymites cérebr. chron. Arch. med. exp. anat. path. **21** (1909). — Anat. pathol. de l ependyme cérebr. Revue neur. **1909**. — Modif. ependym. consec. a lésions de voisinage. Trib. med. **1910**. — Ependymites aigues et subaigues. Revue neur. **1910**. — J. Physiol. path. gén. **12** (1910). — Dendy: The function of Reissner's fibre etc. Nature (Lond.) **82** (1909). — Dendy and Nicholls: Mesocoelic recess in the hunan brain. Proc. Roy. Soc., Ser. B **82** (1910). — Anat. Anz. **37** (1910). — Dévé et Lhermitte: Sclerose collagene sousependymaire. C. r. Sec. Biol. Paris **87** (1922). — Dewey: The pathways of the c. s. f. and the chor. pl. Anat. Rec. **15** (1918). — Diaz-Munoz, Donaso y Pacheco: Diabetes with lesions of chor. pl. Rev. bras. Cir. **9** (1940). — Dietrich: Entstehung des Hydrocephalus. Münch. med. Wschr. **1923**. — Divry, P.: De la nature des formations argentophiles des plexus choroides. Acta neurol. et psychiatr. belg. **1955**, 282. — Dustin: Functions des pl. chor. C. r. Soc. Biol. Paris **84** (1920). — Sur les enclaves lipoidiques su s. n. c. et les fonctions des pl. chor. Cajals Festschr. 1922. — Dyke, Elsberg and Davidoff: Enlargement of the defect in the air shadow normaly produced by the chorpl. Amer. J. Roentgenol. **33** (1935).

ENGEL: Über die Sekretionserscheinungen in den Zellen des Pl. chor. des Menschen. Arch. Zellforsch. **2** (1909). — D'ERCHIA: Studio della volta del cerv. intermed etc. Monit. zool. ital. **7/8** (1896). — ERHARDT: Diplosomen und Mitosen in cilientragendem Ependym eines Haifischembryo. Anat. Anz. **38** (1911). — ERNST: Über Psammome. Beitr. path. Anat. **11** (1892). — Granulastrukturen der Epithelien der Adergeflechte. Verh. dtsch. path. Ges. **1904**. Mißbildung des Nervensystems. Jena 1909. — ERNST, M.: Experimentelle und klinische Untersuchungen über die Wirkung anisotonischer Lösungen. Dtsch. Z. Chir. **226** (1930). ESSER u. SCHEIDEGGER: Glykogenkrankheit. Schweiz. med. Wschr. **1937**.

FAIVRE: Structure du conarium et des pl. chor. chez l'homme et les animaux. Ann. des Sci. natur. **1857**. — FARAGO: Obstruct. hydrocephalus due to ependimitis of aquaeductus. Confinia neur. (Basel) **1946/47**. — FARULLA: Morf. e strutt. dei pl. cor. ventr. lat. dell'uomo. Riv. Pat. nerv. **68** (1947). — FATTOVICH: Sulla calcif. dei pl. cor. Riv. Neur. **12** (1939). — FERRARIS: Vascol. tele e plessi cor. Riv. Pat. nerv. **69** (1948). — FERRARO: Strutt. e funz. dei pl. cor. Cervello **4** (1925). — The react. of the brain tissue to intrav. inject. of hypotonic solutions. J. Nerv. Dis. **71** (1930). — FIESCHI: Anat. dei pl. cor. dei mammif. Cervello **6** (1927). — Ricerche sperim sulla funz. dei pl. cor. Riv. sper. Freniatr. **52** (1928). — FINDLAY: The norm. a. pathol. histol. of the chor. pl. of the lat. ventr. J. Ment. Sci. **44** (1898). — The chor. pl. of the lat. ventr., their histol. norm. a. pathol. Brain **22** (1899). — FINGERLAND: Ependymcyste. Zbl. Path. **69** (1938). — FISH: The epith. of the brain cavityes. Amer. Monthly Micr. J. **11** (1896). — FLATHER: Haemosiderin content of the chor. pl. Amer. J. Anat. **32** (1923). — FLEISCHMANN: Die Beziehungen zwischen dem Liquor und dem Pl. chor. Z. Neur. **59** (1920). — FLEXNER and STIEHLER: A mechanism of secretion in the chor. pl. J. of Biol. Chem. **126** (1938). — Biochem. changes assoc. with the onset of secretion in the fetal chor. pl. etc. J. of Biol. Chem. **126** (1938). — FOERSTER u. GAGEL: Ependymcyste des 3. Ventrikels usw. Z. Neur. **149** (1934). — FOLCO: La formaz. dei fori di LUSCHKA etc. Riv. sper. Freniatr. **60** (1936). — FOLENA: Idrocefalo cong. da ipertrofia dei pl. cor. Riv. Clin. pediatr. **38** (1940). — FORBES, FREMONT, SMITH and WOLLF: Resorpt. of c. s. fluid throug the chor. pl. Arch. of Neur. **19** (1928). — FRANCESCHINI: Sulla pres. di elem. connett. nel s. nerv. centr. e sopra alcune partic. di strutt. delle meningi molli e dei pl. cor. Sperimentale **83** (1929). — FRANCINI: Strutt. e funz. dei pl. cor. Sperimentale **1907**. — Arch. ital. de Biol. (Pisa) **1907**. — FRANCOTTE: Développement de l'epiphyse. Arch. de Biol. **8** (1888). — Note sur l'oeil parietal etc. Bull. Acad. roy. Belg. **1894**. — FRANKENBERG: Entwicklung und Histologie des Zentralkanals im menschlichen Rückenmark. Z. Neur. **52** (1919). — FRAUCHIGER: Phasenmikroskopische Untersuchungen an Pl. chor. Schweiz. Arch. Neur. **58** (1946). — FREMONT and SMITH: The nature of the c. s. fluid. Arch. of Neur. **17** (1927). — FREY u. STOLL: Innervation des Ependyms. Vjschr. naturforsch. Ges. **92** (1947). — FRIEDE, R.: Untersuchungen an flimmerndem Ependym in Kultur. Arch. f. Psychiatr. u. Z. Neur. **193**, 295 (1955). — FRIEDMANN: Ein Fall von Ependymwucherung usw. Arch. f. Psychiatr. **16** (1885). — FRISE, DE: Ependimite cron. gliomatosa. Osp. magg. **1925**. — FROMANN: Untersuchungen über normale und pathologische Histologie des ZNS. 2. Veränderung des Ependyms. Jena 1876. — FUCHS: Über das Ependym. Verh. anat. Ges. **1902**. — Beobachtungen an Epithelflimmerzellen (Bau und Funktion der Ependymzellen). Anat. H. **25**, H. 77 (1904).

GAERTNER: Die Blut-Liquorschranke. Z. Biol. **86** (1927). — GAGE: Glycogen in the nerv. system of vertebrates. J. Comp. Neur. **27**. — GALEOTTI: Studio morfol. e citol. della volta del diencefalo in alcuni vertebrati. Riv. Pat. nerv. **2** (1898). — GAMPER: Zentrale Veränderungen beim M. Recklinghausen. J. Psychol. u. Neurol. **39** (1929). — GANFINI, C.: Su alcune differenziazioni dell'ependima encefalico. Genova 1922. — Un organo di senso nell'ependima diencefalico. Studi sassar. Sez. **2**, 4 (1926). — Struttura dei villi cor. di Platydactilus mauritanicus. Studi sassar. Sez. **2**, 4 (1926). — GANFINI, G.: I pl. cor. e l'aquedotto cerebr. in un caso di idrocef. occluso. Riv. sper. Freniatr. **64** (1940). — GATTA: Sulle calcif. dei pl. cor. Riv. Pat. nerv. **45** (1935). — GEIPEL: Glykogenbefunde bei Diabetes. Zbl. Path. **35**. — GELLERSTEDT: Histologische Beobachtungen über die Funktion des Pl. chor. Sv. Läkartidn. **1932**. Ref. Zbl. Neur. **66**. — Sekretionskapillaren im Epithel des Pl. chor. Zbl. Path. **56** (1932). Hirnveränderungen bei der normalen Altersinvolution. Inaug.-Diss. Upsala 1933. — GENTES: Signification choroidienne du sac vasculaire. C. r. Soc. Biol. Paris **60** (1906). — Développement comparé de la gl. infundibulaire et des pl. chor. dorsaux chez la torpille. C. r. Soc. Biol. Paris **64** (1908). — GEREB u. DENES: Primäre diffuse Ependymitis. Confinia neur. (Basel) **3** (1940). — GIACOMO, DE: Studio istopat. in un caso di demenza precocissima. Schizofrenie **7** (1938). — GIAMPALMO: Angiomi racemosi venosi del cervello. Pathologica (Genova) **31** (1939). GIANELLI: Particol. aspetto delle cell. epit. dei pl. cor. in embrioni di mammiferi. Atti Accad. Sci. med. natur. Ferrara **1910/11**. — Un caso di mancanza del corpo calloso. Bol. Accad. med. Roma **57** (1931). — GIANELLI e CHIANCONE: Struttura dei pl. cor. etc. Ric. Morf. **11** (1931). — GIERLICH: Veränderungen am Ependym und an den subependym. Zonen des Gehirnes bei frischen stumpfen Verletzungen. Dtsch. Z. gerichtl. Med. **26** (1936). — GIORDANO, A.: Le alter. del s. n. c. nella lue cong. Riv. Pat. nerv. **49** (1937). — Le disencefalie. Bari: Laterza

1939. — Girodano, F.: Color. vitale del sist. nerv. alter. dei pl. cor. Riv. Neur. 9 (1936). — Girard: La fonct. de résorption des pl. chor. et l'orig. du l. c. s. Nancy 1929.— Gladstone and Dunlop: Hydroceph. in an infant with comments on the secr., circ. a. absorption of the c. s. f. J. of Anat. 61 (1927). — Globus and Strauss: Subac. diff. ependymitis. Arch. of Neur. 19 (1928). — Goldmann: Experimentelle Untersuchungen über die Funktion des Pl. chor. und der Hirnhäute. Arch. klin. Chir. 101 (1913). — Vitalfärbungen am ZNS. Abh. preuß. Akad. Wiss. 1913. — Gordon: A pathol. state of the chor. pl. in socalled essential epilepsie. J. Nerv. Dis. 67 (1928). — Gozzano: Istogen. della microglia. Riv. Neur. 4 (1931). — Grynfellt: Les pl. chor. chez les blessés de guerre. Montpellier méd. 1918. — Lesions de l'ependyme dans la degen. mucocytaire des centres nerveux. Bull. Soc. Sci. méd. et biol. Montpellier 9 (1927). — Grynfellt et Euzière: Rech. cytol. sur les cell. epith. des pl. chor. C. r. Assoc. Anat. 1912. — Etudes cytol. sur l'élabor. du l. c. r. dans les cellules des pl. chor. du cheval. Bull. Accad. Sci. Montpellier 1912. — Note sur la struct. de l'epith. des toiles chor. et l'excretion du l. c. r. chez le Scyllium. C. r. Assoc. Anat. 1913. — Récherches sur les variations fonctionelles du chondriome des cell. des pl. chor. chez. quelques mammiphères. C. r. Assoc. Anat. 1913. — Deux communications sur l'histol. de l'epith. des pl. chor. Bull. Soc. Sci. méd. et biol. Montpellier 1913. — Histophysiol. des pl. chor. Rev. méd.-ther. 1914. — Recherches exp. sur les phénomènes cytol. de la secret. du l. c. s. Rôle de l'epithelium épendymaire. C. r. Soc. Biol. Paris 82 (1919). — Guillain, Bertrand et Lerebouillet: Hydrocephalie provoquée par une lésion systematisée des pl. chor. Revue neur. 1935. — Guillery: Besondere Befunde an Hydrocephalen. Virchows Arch. 262 (1926). — Entwicklungsgeschichtliche Untersuchungen als Beitrag zur Frage der Encephalitis interst. neonatorum. Z. Neur. 84 (1923).— Guizzetti: Eterotopia dei pl. cor. Monit. zool. 35 (1924).— Su alcuni particolari del recesso ottico. Monit. zool. 35 (1924). — Guleke: Über die Entstehung des Hydrocephalus internus. Arch. klin. Chir. 162 (1930). — Guttmann: Über einen Fall von Entwicklungsstörungen usw. Psychiatr.-neur. Wschr. 1929.

Haeckel: Beitrag zur normalen und pathologischen Anatomie der Pl. chor. Virchows Arch. 16 (1859). — Häussler: Hirndruck. Zbl. Neurochir. 2 (1937). — Haller, Graf: Anatomie und vergleichende Anatomie der Rautengrube usw. Arch. f. Physiol. 1914. — Bau und Entwicklung der Deckplatte des 4. Ventrikels usw. Verh. Anat. Ges. Erlangen. Anat. Anz. (Ergh.) 55 (1922). — Die epithelialen Gebilde am Gehirn der Wirbeltiere. Z. Anat. 63 (1922). — Hamazaki u. Matuda: Über das Ketoenolsubstanz führende Kanälchensystem im Epithel der Pl. chor. Jap. J. Med. Sci., Abt. 5, 5 (1940). — Hamby and Gardner: Ependymal cyst in the quadrigeminal region. Arch. of Neur. 33 (1935). — Hart: Primäre epitheliale Geschwülste des Gehirnes. Arch. f. Psychiatr. 47 (1910). — Harven, de: Influence des traumat. sur la struct. des Pl. chor. etc. In Trav. Amb. de l'Ocean a la Panne, Bd. I. Paris: Masson & Cie. 1917. — Harvey and Burr: Developpement of meninges. Arch. of Neur. 15 (1926). — Hasenjäger: Ausbreitung ventrikelnaher Gliosarkome usw. Z. Neur. 161 (1938). — Hasenjäger u. Stroescu: Über den Zusammenhang zwischen Meningitis und Ependymitis. Arch. f. Psychiatr. 109 (1938). — Hassin: Histopathol. findings in a case of super. a. infer. polyomyelitis etc. Arch. of Neur. 5 (1921). — Nature a. origin of the c. s. fluid. J. Nerv. Dis. 59 (1924). — Effect of organic brain a. spinal cord changes on subarachn. space, chor. pl. a c. s. fluid. Arch. of Neur. 14 (1925). — Hydrocephalus etc. Arch. of Neur. 24 (1930); 27 (1932). — Hassin et Goldberg: Mod. cérébrales chez les chiens apres ablation des pl. chor. Congrès de Londre. Revue neur. 1935. — Hassin, Isaac and Cottle: Clin. pathol. report of a case of pons hemorrhage. J. Nerv. Dis. 56 (1922). — Hauptmann: Der Weg über den Liquor. Klin. Wschr. 1925. — Verminderte Durchlässigkeit der Blut-Liquorschranke bei der Schizophrenie. Klin. Wschr. 1925. — Haushalter und Collin: Hydrocephalie et scler. des Pl. chor. C. r. Soc. Biol. Paris 67 (1909). — Haushalter et Thiry: Etude sur l'hydrocephalie. Rev. Méd. 17 (1897). — Hechst: Zur Histochemie der senilen Plaques. Arch. f. Psychiatr. 88 (1929). — Heidrich: Entstehung des Hydrocephalus internus. Bruns' Beitr. 151 (1931). — Heidrich, Haas u. Silberberg: Zur Frage der Plexusbestrahlung usw. Bruns' Beitr. 145 (1928). — Henneberg u. Koch: Zur Pathologie der Syringomyelie usw. Mschr. Psychiatr. 54 (1923). — Henschen: Ursachen des postcommotionellen und postcontusionellen Hirndruckes. Zbl. Chir. 54 (1927). — Herzog: Angioma racemosum venosum des Schädels. Beitr. path. Anat. 77 (1927). — Hess, J.: Über die Biondischen Gebilde des Plexusepithels. Arch. f. Psychiatr. 102 (1934). — Hess, O.: Das Foramen Magendi usw. Morph. Jb. 10 (1884). — Heydt, von der: Herkunft der Psammonkörner im Pl. chor. Zbl. Path. 46 (1929). — Hion: Veränderungen des Pl. chor. bei Äthylakoholvergiftung. Folia neuropath. eston. 5 (1926). — His: Entwicklung des menschlichen Rautenhirnes usw. Abh. sächs. Ges. Wiss., Math.-physik. Kl. 17 (1891). — Hoch: Pathologie des Pl. chor. bei der Schizophrenie. Klin. Wschr. 1932. — Hochstetter: Entwicklung der Pl. chor. der Seitenkammer des menschlichen Gehirnes. Anat. Anz. 45 (1913). — Beiträge zur Entwicklung des menschlichen Gehirnes. Wien 1919—1929. — Über die Bedeutung einiger Namen, welche Teile der weichen Hirnhaut (Leptomeninx) und des Gehirnes betreffen. Z. Anat. 101 (1933). —

Hoff: Experimentelle Untersuchungen über die Beeinflußbarkeit des Hirndruckes. Z. Neur. 118 (1929). — Postcommotionelles Hirnödem. Z. Neur. 129 (1930). — Hogue, M. J.: Human fetal choroid plexus cells in tissue cultures. Amer. Soc. Zool. Sept. 1948. Anat. Rec. 101, 674 (1938). — Hollmann-Zimmermann: Über Ependymitis granularis besonders des Rückenmarkes. Diss. Heidelberg 1934. — Holz: Beitrag zur Pathologie des ZNS. Ependymitis granularis. Berl. tierärztl. Wschr. 1936. — Horby: Reissners fibre in higthen Vertebrates. Brain 31 (1908). — Huddleson: Ein Fall von Balkenmangel. Z. Neur. 113 (1928). — Hugson: Embryogeny of human cerebrospinal fluid. Arch. of Neur. 14 (1925). — Hurowitz: Hydromerencephalie. Schweiz. Arch. Neur. 38 (1936). — Hworostuchin: Bau des Pl. chor. Arch. mikrosk. Anat. 77 (1911).

Ikeda: Zur pathologischen Histologie des Pl. chor. bei verschiedenen Erkrankungen. Okayama-Igakkai-Zasshi 1925. — Trans. jap. path. Soc. 14 (1924). — Imamamura Shinkiki: Histologie des Pl. chor. des Menschen. Arb. neur. Inst. Wien 8 (1902). — Inaba, Sgalitzer u. Spiegel: Einfluß der Röntgenbestrahlung auf die Liquorproduktion. Klin. Wschr. 1927.

Jahn: Die krankhaften Befunde an den Hirnkammerwänden usw. Beitr. path. Anat. 104 (1940). — Jakimowicz: Verschluß der Silviusschen Wasserleitung usw. Neur. polska 18 (1935). Ref. Zbl. Neur. 84. — Jakob: Normale und pathologische Anatomie und Histologie des Großhirns. Wien 1924. — Jakobi: Gefäß- und Liquorstudien usw. Arch. f. Psychiatr. 73 (1925). Jakobsohn Lask: Das Problem der Entstehung der Pl. chor. usw. Anat. Anz. 62 (1927). Jenny: Blutgefäßschädigung nach elektrischen Unfällen. Praxis 1946. — Jeremias: Pathologische Anatomie des Ventrikelependyms. Festschr. Lubarsch, Wiesbaden 1901. — Joest: Plexuscholesteatom des Pferdes. Z. Tierheilk. 18 (1914). — Handbuch der speziellen pathologischen Anatomie der Haustiere, Bd. 2, 2. Hälfte. — Jorns: Experimentelle Untersuchungen über Resorptionsvorgänge in den Hirnkammern. Arch. klin. Chir. 171 (1932). — Juba: Über einen mit Cystenbildung des Gehirnes, Heterotopie der Pl. chor. und Mikrogyrie verbundenen Fall von vollständigem Balkenmangel. Arch. f. Psychiatr. 102 (1935). — Jumentié: Oblit. du 4. ventr. Revue neur. 1924. — Gliomes sous-épendymaires des ventr. lat. Revue neur. 1924. — Jumentié et Barbeau: Tumeurs multipl. des ventr. lat. Revue neur. 1926. Junet: Terminations nerv. intraépithel. dans les pl. chor. de la sourie. C. r. Soc. Biol. Paris 95 (1926). — Un pl. chor. juxta-hypophysaire che Uromastix. C. r. Soc. Biol. Paris 97 (1927).— Jungling: Sind die Foramina Magendie physiologischerweise offen usw.? Zbl. Chir. 52 (1925).

Kafka: Die Zerebrospinalflüssigkeit. Wien 1930. — Liquorentstehung. Dtsch. Z. Nervenheilk. 146 (1938). — Zum Problem der Liquorkategorien. Mschr. Psychiatr. 102 (1940). — Kahlden: Wucherungsvorgänge am Ependymepithel bei Gegenwart von Cystycercus. Beitr. path. Anat. 21 (1897). — Kajava: Cyclopie. Duodecim (Helsingfors) 39 (1923). Ref. Z. Neur. 35. — Kalwaryjski: Membrane basale et bordure en brosse des cell. epith. des pl. chor. C. r. Soc. Biol. Paris 90 (1924). — Etude cytol. des cell. epith. des pl. chor. C. r. Soc. Biol. Paris 90 (1924). — Bau der Pl. chor. Polska Gaz. lek. 1924. Ref. Z. Neur. 40. — Weitere Untersuchungen über den Bau des Pl. chor. Polska Gaz. lek. 1924. Ref. Z. Neur. 40. — Karlefors: Hirnhauttraumen des Kleinhirns usw. Akad. Abh. Stockholm 1924. — Katzenstein: Juvenile Gefäßerkrankungen des Gehirns usw. Schweiz. Arch. Neur. 28 (1932). — Kaufmann: Balkenmangel usw. Arch. f. Psychiatr. 18 u. 19 (1887/88). — Kautzki: Ependymähnliche Zellen an der Wand des Cavum septi pell. Z. Anat. 108 (1938). — Kawamura: Klinische und experimentelle Elektropathologie. Arch. exper. Med. 168 (1921). — Key u. Retzius: Studien in der Anatomie des Nervensystems und des Bindegewebes. Stockholm 1875. — Kimmelstiel: Über Glykogenese. Beitr. path. Anat. 91. — King Lester: Cel. morphol. in the Area postrema. J. Comp. Neur. 66 (1937). — Kinsmann, Spurlin and Jelsma: Blood a c. s. f. changes after intraventr. injection of hyperton. sol. Amer. J. Physiol. 84 (1928). — Kirschbaum: Tuberkulose des ZNS. Z. Neur. 66 (1921). — Kitabayashi: Heterotopie der Pl. chor. Schweiz. Arch. Neur. 6 (1920). — Die Pl. chor. bei organischen Hirnkrankheiten und bei Schizophrenie. Arch. Neur. 7 (1920). — J. Nerv. Dis. 56 (1922). — Kitt: Pathologische Anatomie der Haustiere. Stuttgart 1927. — Kleestadt: Experimentelle Untersuchungen über die resorptive Funktion des Epithels des Pl. chor. und des Ependyms. Zbl. Path. 26 (1915). — Über Glykogenablagerung. Erg. Path. 15 (1911). — Klepacki: Foyers metastatiques dans les pl. comme point de depart de ventriculites et de meningites. Presse méd. 1926. — Polska Gaz. lek. 1926. — Klossowsky and Kiseleva: Devel. of the chor. pl. of the dogs brain etc. Bull. biol. et med. experi. URSS. 5 (1938). Ref. Zbl. Neur. 91. — Klossowsky u. Turetzki: Die Pl. chor. bei einigen kindlichen Nervenkranken. Sovet Pediatr. 1934. Ref. Zbl. Neur. 75. — Embryologie der Pl. chor. beim Menschen und seine Pathologie bei einigen kindlichen Krankheiten. Sovet Psichiatr. 1935. Ref. Zbl. Neur. 79. — Knor: Les voies du l. c. r. C. r. Assoc. Anat. 1928. — Koenig u. Panning: Zur Röntgenbestrahlung der Pl. chor. Dtsch. Z. Chir. 218 (1929). — Kolisko: Die Art. chorioidea. Slg med. Schr. Wien 1888. — Kollmann: Entwicklung der Adergeflechte. Leipzig 1861. — Kolmer: Eine eigenartige Beziehung von Wanderzellen zu dem Choreidealplexus usw. Anat.

Anz. **54** (1921). — Das Sagittalorgan der Wirbeltiere. Z. Anat. **60** (1921). — Eine Quelle der Liquorelemente. Wien. biol. Ges. **1922.** — Über Polymorphysmus (Amöboidismus ?) der Kerne des Pl. chor. bei Selachiern. Anat. Anz. **60** (1925). — Über einen subependymalen Nervenplexus in den Hirnventrikeln des Affen. Z. Anat. **93** (1930). — KOPSCH: Das Binnengerüst in den Zellen einiger Organe des Menschen. Z. mikrosk.-anat. Forsch. **5** (1926). — KRABBE: Histologische und embryologische Untersuchungen über die Zirbeldrüse des Menschen. Anat. H. **54** (1916). — Embryologische Untersuchungen des Hirndaches bei Tieren mit fehlender oder unentwickelter Zirbeldrüse. Verh. anat. Ges. **1922.** — L'organ souscommissural du cerveau chez les mammiphères. Accad. roy. Sci. Danmark **5** (1925). — Presse méd. **1933.** — KRAMER: On the function of the chor. glands etc. Brain **34** (1917). — KREBS u. ROSENHAGEN: Über den Stoffwechsel des Pl. chor. Z. Neur. **134** (1931). — KRUECKE: Das ZNS. bei genereller Paramyloidose. Z. Neur. **185** (1950). — KRUTTER: Der Tod durch Electrizität. Wien 1896. — Wien. klin. Wschr. **1894.** — KUBIE: Changes in intracranial pressure during forced drainage of the c. n. s. Brain **51** (1928). — KUHLENBECK and GLOBUS: Arhinencephalie. Arch. of Neur. **36** (1936).

LABORDE: La physiol. des pl. chor. Thèse Toulouse 1924/25.— LACHI: La tela chor. sup. ed i ventr. cer. nell'uomo. Pisa 1888. — Anat. Anz. **10** (1895). — LAIGNEL, LAVASTINE et JONNESCO: Rech. histol. sur les lipoides de la moëlle épinière. C. r. Soc. Biol. Paris **74.** — LAMBL: Über pathologische Zustände des Ependyms. Franz Joseph-Spital Prag **1** (1860). — LANGE, DE: Hydrocephalus chron. etc. Z. Neur. **120** (1929). — LAZZERI: Plasmazelleninsel der Pl. chor. beim normalen Meerschweinchen. Z. Neur. **147** (1933). — LEBLANC: Une dualité d'origine de pl. chor. du ventr. moyen chez Uromastix. C. r. Soc. Biol. Paris **82** (1919). — Les Pl. chor. des reptiles. Bull. Soc. Histol. natur. Afrique N. **10** (1919). — Modif. experim. de la cell. épith. des Pl. chor. chez les reptiles. C. r. Soc. Biol. Paris **83** (1920). — Anat. comp. du pl. chor. du 4. ventr. des Sélaciéns aux reptil. C. r. Soc. Biol. Paris **83** (1920). — Récherches sur les pl. chor. des reptiles. Thèse Paris 1920. — LEBLOND, C. P.: Distribution of periodic acid reactive carbohydrates in the adult rat. Amer. J. Anat. **86,** 1 (1950). — LEDUC, E. H., and G. B. WISLOCKI: The histochemical localization of acid and alkaline phosphatases, non-specific esterase and succinic dehydrogenase in the structures comprising the hemato-encephalic barrier of the rat. J. Comp. Neur. **97,** 241 (1952). — LENHOSSEK: Der feine Bau des Nervensystems. Berlin 1895. — LETULLE: Obser. sur le diabète bronzé. Arch. Sci. Med. Bucarest **1897.** — LHERMITTE: La gliose extra-pia mérienne etc. Arch. Anat. path. **3** (1926). — LIBER: Ependymal streake a. accessory cavities in the human occip. lobe. J. of Neur. **1** (1938). — LOEPER: Histol. norm. et pathol. des pl. chor. de l'homme. C. r. Soc. Biol. Paris **56** (1904). — Arch. Méd. expér. **16** (1904. — LUSCHKA: Die Adergeflechte des menschlichen Gehirns. Berlin 1855.

MA, WEN, CHAO, SCHALTENBRAND u. LIN CHENG: Zur Physiopathologie des Pl. chor. Dtsch. Z. Nervenheilk. **117—119.** NONNE-Festschr. 1931. — MACKIEWICZ: Ein Fall von halbseitiger Aplasie des Kleinhirns. Schweiz. Arch. Neur. **36** (1935). — MAGENDIE: Mémoire sur un liquide, qui se trouve dans le crane. J. Physiol. exper. et pathol. 1825; 1827; 1828. — Récherches physiol. et chimiques sur le l. c. r. Paris 1842. — MAGGIOTTO: Studio dell'istol. normale e patol. dei pl. cor. Ferrara. — MAGNAN et MIERZEJEWSKI: Lésions des parois ventricul. Arch. Physiol. norm. et path. **5** (1873). — MANCA: Cisti ependim. disembriog. paraepifisaria. Giorn. Accad Med. Torino **98** (1935). — MANDELSTAMM u. KRYLOW: Vergleichende Untersuchungen über die Farbenspeicherung im ZNS. Z. exper. Med. **58** (1927); **60** (1928). — MANGILI: Il glicogeno nei pl. cor. Riv. sper. Freniatr. **56** (1932). — MANLOVE and McLEAN: Colesteatomes of the chor. pl. West. J. Surg. etc. **44** (1936). — MARCHETTI, XILO: La secrez. vescicol. durante lo sviluppo delle vescicole cerebrali nel Bufo. Arch. ital. Anat. **20** (1923). — MARCO, DE: Alter. dei pl. cor. nell'intoss. acuta da Luminal. Osp. psichiatr. **1** (1933). — MARCUS: Ependymcyste. Acta psychiatr. (København) **14** (1939). — MARGULIS: Ependymveränderungen im Großhirn. Verslg Nervenärzte Moskau. Ref. Z. Neur. **4** (Referateteil). — Pathologie und Pathogenese des primären chronischen Hydrocephalus. Arch. f. Psychiatr. **50** (1913). — Ependymäre Gliomatose. Arch. f. Psychiatr. **50** (1913). — Pathologische Anatomie und Pathogenese der Ependymitis granularis. Arch. f. Psychiatr. **52.** — Gliomatose ependymaire des ventr. cerebr. Revue neur. **1913.** — MARICONDA: I pl. cor. in rapporto al l. c. r. in alcune malattie. Riv. osped. **20** (1928). — MARINESCO: Etude du rôle des ferments oxydants etc. Schweiz. Arch. of Neur. **15** (1924). — Rech. histol. sur les oxydases. C. r. Soc. Biol. Paris **82** (1919). — Rôle des ferments oxydants dans les phenomenes de la vie. CAJALS Festschr. 1922. — Glycogen dans le nevraxe. Ann. d'Anat. path. **5** (1928). — MARZOCCHI: Calcific. dei pl. cor. Arch. Pat. e Clin. med. **23** (1942). — MATUDA: Eigenartige Ketoenolsubstanz führende bräunliche Körperchen in den menschlichen Adergeflechten. Jap. J. Med. Sci. Abt. V, **5** (1940). — MAUGERI: La pars infer. del 4. ventric. nell'uomo. Arch. ital. Anat. **8** (1909). — MEEK: Study of the chor. pl. J. Comp. Neur. **17.** — MENNATO, DE: Alter. degen. del c. pineale e dei pl. cor. Rass. Studi psichiatr. **17** (1928). — MERKEL: Über partiellen Balkenmangel bei Cystenbildung des Gehirns. Beitr. path. Anat.

102 (1939). — MERLE: Ependymitis cérébrales. Paris 1910. — Le l. c. r. Revue neur. **1927.** — MERZBACHER: Demonstration gehirnpathologischer Präparate. Zbl. Neur. **32** (1923). — MESTREZAT: Le l. c. r. etc. Paris 1912. — METTLER: Extension of the chor. pl. into the olfactory ventr. Anat. Rec. **51** (1932). — MICHEL: Plexus- und Ependymcysten. Schweiz. med. Wschr. **1948.** — MINKOWSKI: Pathologische Anatomie der Epilepsie. Schweiz. Arch. Neur. **25** (1930); **37** (1936). — MONAKOW: Entwicklung und pathologische Anatomie des Rattenplexus Schweiz. Arch. Neur. **5** (1919). — Kreislauf des l. c. s. Schweiz. Arch. Neur. **8** (1921). Une nouvelle forme de dysgen. des pl. chor. comme base morphol. de la démence precoce. CAJALS Festschr. 1922. — Allgemeine Betrachtungen über Encephalitis. Schweiz. Arch. Neur. **10** (1922). — Biologie und Morphogenese der Microcephalia vera. Schweiz. Arch. Neur. **18** (1926). — MONAKOW, P.: Die Urämie. Schweiz. Arch. Neur. **6** (1920). — Urämie und Pl. chor. Schweiz. Arch. Neur. **13** (1923). — MONAKOW u. KITABAYASHI: Schizophrenie und Pl. chor. Schweiz. Arch. Neur. **4** (1919). — MORIMOTO: Pathologisch-histologische Untersuchungen über den Hirnventrikel. Trans. Jap. Path. Soc. **21** (1931). — MOROSI: I pl. cor. nella gravidanza. Riv. ital. Ginec. **12** (1931). — MOROWOKA: Mikrosc. examin. of the chor. pl. in gen. paresis a. the mental diseases. Proc. Soc. Med. **14.** Ref. Zbl. Neur. **26.** — The mikrosc. exam. of the pl. chor. of the various form of ment. diseases. Mitt. med. Fak. Fukuoka **8** (1924). — MORSIER, DE, et BOGAERT: Etude anatomoclinique d'un syndrome strio-cérébelleux. Confinia neur. (Basel) **2** (1939). — MOTT: Pathol. of the c. s. f. Lancet 1910. — MROZ: Veränderungen der Pl. chor. bei Meningokokkensepsis. Pedjatr. polska **11** (1931). Ref. Zbl. Neur. **67.** — Verhalten der Pl. chor. im Verlaufe einer fulminalen Meningokokkensepsis als Ausgangspunkt der Genickstarre. Bull. internat. Acad. pol. Sci. Cracovie, Cl. Méd. **4** (1932). Ref. Zbl. Neur. **67.** — MUELLER: Studien über die Neuroglia. Arch. mikrosk. Anat. **55** (1899). — MUENZER: Darstellung und Vorkommen von Glykogen im ZNS. Z. Neur. **112** (1928). — MYGIND: Histol. aspects in rel. to c. s. f. secretion. Nord, Med. **25** (1944).

NANAGAS: Experim. studies an hydrocephalus. Bull. Hopkins Hosp. **32** (1921). — NAYRAC et DUBREUILLE: Les pl. chor. dans la paral. gen. Presse méd. **1924.** — NELSON: A cause of chron. intern hydroceph. due to the ependym. gran. J. of Neur. **7** (1926). — NICHOLLS: The struct. a. developpement of REISSNERS fibre an the subcommissural organ. Quart. J. Microsc. Sci. **58** (1913). — NIGRIS, DE: Spongioblastosi glioependimale etc. Riv. sper. Freniatr. **57** (1933). — NOEL et ACCOYER: Stucture de l'epithel. des pl. chor. chez le rat nouveau né. C. r. Soc. Biol. Paris **90** (1924). — NOETZEL: Diffusion von Blutfarbstoff usw. Arch. f. Psychiatr. **111** (1940).

OBERSTEINER: Anleitung beim Studium der nervösen Zentralorgane, 5. Aufl. Wien 1912. OHASHI: Die Glykogenverteilung im zentralen Nervensystem. Folia anat. jap. **1** (1922/23). — OPALSKI: Histopathologische Veränderungen des ZNS. bei Cysticerkose usw. Bull. internat. Acad. pol. Sci,, Cracovie, Cl. Méd. **1931.** — Die lokalen Unterschiede im Bau der Ventrikelwände des Menschen. Z. Neur. **149** (1933). — Zur allgemeinen Pathologie der Ventrikelwände. Z. Neur. **150** (1934). — Morphologie und Pathologie der entzündlichen Erscheinungen am Ependym usw. Neur. polska **1934** (polnisch). Ref. Zbl. Neur. — OPHULS: Ependymveränderungen bei der tuberkulösen Meningitis. Virchows Arch. **150** (1897). — ORZECHOWSKI: Ein Fall von Mißbildung des Rec. later. Arb. neur. Inst. Wien **14** (1908). — ORZECHOWSKI u. NOWICKI: Multiple Neurofibromatose und Sclerosis tub. Z. Neur. **11** (1912). — OSCHADEROW: Abflußwege der cerebrospinalen Flüssigkeit. Anat. Anz. **82** (1936). — OSSENKOPP: Entstehung der hirnlosen Mißgeburten. J. Psychol. u. Neurol. **44** (1932). — OSTERTAG: Dysraphische Störungen usw. Arch. f. Psychiatr. **75.** — Einteilung und Charakteristik der Hirngewächse. Jena 1936.

PAPILIAN u. RUSSU: Experimentelle Forschungen über die Exstirpation der Pl. chor. Zbl. Pathol. **70** (1938). — PAPOUSCHEK: Untersuchungen am Ependym von Amphibien. Z. mikrosk.-anat. Forsch. **42** (1937). — PARNITZKE, K. H., u. J. PEIFFER: Zur Klinik und pathologischen Anatomie der chronischen Braunsteinvergiftung. Arch. f. Psychiatr. u. Z. Neur. **192**, 405 (1954). — PEARSON: Xanthome of the chor. plexus. Arch. of Path. **6** (1928). — PELLIZZI: Intorno alle granulazioni dell'ependima ventricolare. Riv. sper. Freniatr. **19** (1894). — Sulla struttura e sull'origine delle granulazione ependimarie. Riv. sper. Freniatr. **22** (1896). — Experimentelle histologische Untersuchungen über die Plexus chorioidei. Fol. neurobiol. **5** (1911). — Ricerche istol. e sperim. sui plessi chorioidei. Riv. sper. Freniatr. **37** (1911). — PENSA: Della esistenza di fibre nervose aventi speciali rapporti con l'ependima. Bull. Soc. med.-chir. Pavia 1904. — PEREYRA-KAEFER: Calcif. pl. chor. Semana méd. **1937.** — PERK: Über die Pathogenese des Hydrocephalus usw. Fol. neuropath. eston. **12** (1932). — PERO e PLATANIA: Cisti colloidee del 3. ventricolo. Riv. Pat. nerv. **59** (1942). — PERRANDO: Sulle granulazioni dell'ependima. Boll. Accad. med. Genova 1895. — PESONEN: Über die intraepend. Nervenelemente. Anat. Anz. **90** (1940). — Acta Soc. Medic. fenn. Duodecim A **22** (1940). — PETERHOF: Experimentelle Untersuchungen über die resorptive Funktion des Plexus chorioideus. Fol. neuropath. eston. **3, 4** (1925). — PETTIT et GIRARD: Processus secrétoirs dans les cellules de revetêments des plexus choroidiens des ventr. lat. C. r. Soc.

Biol. Paris **53** (1901). — Sur la fonct. sécretoire et la morphol. des plexus choroidiens. Bull. Mus. Histol. nat. **1902**. — Action de quelques substances sur l'epith. de revetêment des pl. chorioidiens. C. r. Soc. Biol. Paris **54** (1902). — Sur la morphologie des plexus choroidiens du syst. nerv. centr. C. r. Soc. Biol. Paris **54** (1902). — Sur la fonction sécretoire et la morphologie des plexus choroidien des ventr. lat. Archives Anat. microscop. **5** (1902/03). — PIERCE: Aquired hydrocephalus etc. Amer. J. Psychiatry **12** (1933). — PIGHINI: Chemische und biochemische Untersuchungen über das ZNS. I. Über die Indophenoloxydasereaktion im ZNS. usw. Biochem. Z. **42** (1912). — PILCZ: Zur Kenntnis des Plexus chor. lat. bei Geisteskranken. Jb. Psychiatr. **24** (1904). — PINES: Über ein bisher unbekanntes Gebilde im Gehirn einiger Säugetiere. J. Psychol. u. Neurol. **34** (1927). — PINES u. KRYLOW: Über die Ontogenese des subfornikalen Organs beim Menschen. Nevropat. i t. d. **1935** (russisch). Ref. Zbl. Neur. **80**. — PINES u. MAIMAN: Weitere Beobachtungen über das subfornikale Organ usw. Anat. Anz. **64** (1928). — PINKUS u. PICK: Zur Struktur und Genese der symptomatischen Xanthome. Dtsch. med. Wschr. **1908**. — PINTUS: Ependimomatosi midollare etc. Riv. Pat. nerv. **45** (1935). — Aspetti del rivestim. ependimale del canale centr. del midollo umano. Pubbl. Ist. bioch. ital. **1936**. — POLICARD: Sur quelques points de la cytologie des plexus chorioidiens. C. r. Soc. Biol. Paris **73** (1912). — PREDAROLI: Su di un caso di corea cronica non ered. Riv. Pat. nerv. **41**. — PRENANT: Criterium histol. pour la determination de la persistence du canal ependymaire primitif. Int. Mschr. Anat. u. Phys. **1894**. — PURKINJE: Über die Flimmerbewegung im Gehirn. Müllers Arch. f. Anat. u. Physiol. **1836**. — PURVES, STEWART and BERNSTEIN: A case of part. doubling of the spin. cord. Rev. of Neur. **1906**.— PURYESZ, DANSZ u. HORWATH: Die Rolle des Plexus chorioideus in der Absorption des Liquor cerebrospinalis. Mschr. Psychiatr. **77** (1930). — PUTNAM: The intercolumnar tubercle etc. Bull. Hopkins Hosp. **1922**. — PUTNAM and ASK-UPMARK: Cerebral circul. The mikr. observ. of the living chor. pl. a. ependym of the cat. Arch. of Neur. **32** (1934).

RACHMANOW: Vitale Färbung des ZNS. Fol. neurobiol. **7** (1913). — RAMIREZ CORRIA: Posicion de las hemangiomas del cerebelo en la oncologia. Arch. med. int. **1** (1935). — Pathol. de la epidemia de polyomyelitis. Trab. Seccion. pat. Inst. Finlay Habana **1935**.— Las ependym. medull. de la enfermedad de HEINE-MEDIN. Rev. Parasitol. **2** (1936). — RAMME: Skelettmalacie bei angeborener Idiotie. Beitr. path. Anat. **107** (1942). — RAND: Histol. stud. of the brain in case of fatal injury to the head. Arch. Surg. **22** (1931). — RAND and COURVILLE: Histol. studies of the brain in case of fatal injury to the head. Arch. Surg. **23** (1931). — RANKE: Normale und pathologische Hirnrindenbildung. Beitr. path. Anat. **47** (1909). — RAUBITSCHEK: Histologie der Pl. chor. bei den akuten Meningitiden. Z. Heilk., Abt. path. Anat. **26** (1905). — RAVIART, NAYRAC et DUBOIS: Lesions de l' aequeduc de Sylvius dans l'encephalite. C. r. Soc. Biol. Paris **101** (1929). — RECKLINGHAUSEN: Auserlesene pathologischanatomische Beobachtungen. Virchows Arch. **30** (1864). — REDAELLI: Tubercol. encefal. ed epend. ipertrof. Boll. Soc. med.-chir. Pavia **1930**. — Osservaz. anatomopatol. sulle ependimiti. Riv. Pat. nerv. **36** (1930). — Xantomi multipli congeniti sottoependimali. Arch. ital. Anat. e Istol. pat. **1930**. — Ependimopatie e loro patogenesi. Riv. Pat. nerv. **37** (1931). — Indagini sperim. intorno ai fattori genetici delle ependimopatie. Pathologica (Genova) **25** (1933). — REDAELLI e PREVITERA: Genesi dell'idrocefalo interno sperim. da nerofumo. Riv. Pat. nerv. **44** (1934). — REGIRER: Balkenlosigkeit. Schweiz. Arch. Neur. **36, 37** (1935/36). — REISSNER: Bau des Rückenmarkes des Petromyzon fl. Arch. f. Anat. **1860**. — RETZIUS: Studien über Ependym und Neuroglia. In Biologische Untersuchungen N. F. 5, Das Menschenhirn. Stockholm 1896. — RIO HORTEGA: Centrosoma de las cellulas nerviosas. Trab. Labor. invest. biol. Univ. Madrid **14** (1916). — RIPPING: Mitbeteiligung des Ependyms an den pathologischen Veränderungen des Gehirns. Allg. Z. Psychiatr. **36** (1880). — RISER: Le liquide c. r. Paris: Masson & Cie. 1929. — RIVELA GRECO: Azione elett. di alcuni composti mercuriali sul s. n. Nota 3. Riv. Neur. **6** (1933). — RIZZO: Gliomi astrocitari sottoepend. dei ventr. lat. Riv. Pat. nerv. **31**. — ROBACK and GERSTLE: Congen. atresia a. stenosis of the Aqueduct of SILVIUS. Arch. of Neur. **36** (1936). — ROGER and WEST: The foramen of MAGENDIE. J. of Anat. **65** (1931).— ROLLY: Ependymäre Wucherungen. Dtsch. Z. Nervenheilk. **1902**.— ROSENTHAL: Histologische Untersuchungen der Pl. chor. Kongr. poln. Neurol. Krakau 1912. Ref. Zbl. Neur. **26**. — ROUSSY: Les cholesteatomes. Bull. Soc. franç. canc. **1912**. — ROUSSY et MOSINGER: Le système neuro-végétatif periventricul. etc. Revue neur. **64** (1935). — Les glandes à fonction neuricrine du cerveau. Schweiz. med. Wschr. **1940**. — Les glandes neuricrines de l'encephale. Revue neur. **73** (1941). — RUSCONI: Ricerche morfol. sui pl. cor. dei mamm. Ric. Morf. **11** (1931).

SACHS and WHITNEY: Calcification of the chor. Pl. etc. Arch. of Neur. **21** (1929). — SAITO MAKOTO: Zur Pathologie des Pl. chor. usw. Arb. neur. Inst. Wien **23** (1921). — SAKAMOTO: Über den Retikuloendothelapparat des Pl. chor. Trans. Jap. Path. Soc. **18** (1929). Ref. Zbl. Neur. **55**. — SALTYKOW: Histologie der Ependymitis granulosa. Beitr. path. Anat. **42** (1907).— SARGENT: REISSNERS fibre in the central canal of the Vertebrates. Anat. Anz. **17** (1900). — The optic reflexapparatus etc. Bull. Mus. Comp. Zool. Harvard **44** (1904). —

The devolop. a. funct. of REISSNERS fibre etc. Proc. Amer. Acad. Arts a. Sci. **36** (1901). — The Ependyme grooves in the roof of the diencephalon. Science (Lancaster, Pa.) **17** (1903). — SCATIZZI: Sull'ependima dei Cheloni. Atti 4. Congr. Soc. Ital. Anat. 1932. — SCHACHERL: Die Schädigung des Pl. chor. als therapeutisches Moment usw. Med. Klin. **1926**.— SCHALTEN-BRAND: Die Liquorzirkulation und ihre anatomische Grundlage. Dtsch. Z. Nervenheilk. **140** (1936). — Anat. et Physiol. de la circ. du l. c. s. Congrès de Londre 1935. — SCHALTENBRAND u. PUTNAM: Untersuchungen zum Kreislauf des L. c. s. usw. Dtsch. Z. Nervenheilk. **96** (1927). SCHAPIRO: Die Innervation des Pl. chor. Z. Neur. **136** (1931). — SCHARRER: Die Bildung von Meningocyten und der Abbau von Erythrocyten in der Paraphyse der Amphibien. Z. Zellforsch. **23** (1935). — SCHEIDEGGER-BAUMANN-KLENK: Die NIEMANN-PICKsche Krankheit. Erg. Path. **30** (1936).— SCHENK: Ein Hämicephalus. Z.Neur. **142** (1932).— SCHIEFFERDECKER u. LESCHKE: Über die embryonale Entstehung von Höhlen im Rückenmark usw. Z. Neur. **20** (1913). — SCHILLING-SIENGALEWITZ: Wirkung akuter Vergiftungen auf den Pl. chor. u. L. c. s. Polska Gaz. lek. **2** (polnisch). Ref. Zbl. Neur. **36**. — Experimentelle Untersuchungen über das Verhalten des Pl. chor. und des L. c. s. bei akuten Vergiftungen. Med. dóswidcz. i spol. **1** (polnisch). Ref. Zbl. Neur. **37**. — Recherches exp. sur les reactions des pl. chor. et du l. c. r. sous l'influence d' intoxications aigues. C. r. Soc. Biol. Paris **90** (1924).— The action of neosalvarsan a. carbonoxide on the pl. chor. a. meninges. J. of Pharmacol. **24** (1924). — SCHLAEFFER: Bau und Funktion der Epithelzellen des Pl. chor. Beitr. path. Anat., Suppl 7 (1905). — SCHLAPP and GERE-BELDEN: Occlusion of the aqued. Sylvius etc. Amer. J. Dis. Childr. **13** (1917). — SCHLEGEL: Plexuscholesteatome beim Pferd und Plexuskrebs beim Rind. Arch. Tierheilk. **50** (1924). — SCHLESINGER: Die Syringomyelie. Wien 1902. — SCHLUDERMANN: Über das Flimmerepithel der Pl. chor. etc. Z. mikrosk.-anat. Forsch. **44** (1938). — SCHMEY: Über die sog. Cholesteatome der Ventrikelplexus usw. Arch. Tierheilk. **36**. — SCHMID: Anatomischer Bau und Entwicklung der Pl. chor. in der Wirbeltierreihe und beim Menschen. Z. mikrosk.-anat. Forsch. **16** (1929). Über physikalische Beeinflussung der vitalen Farbstoffspeicherung. Z, mikrosk.-anat. Forsch. **23**. — Beitrag zur Frage der Bluthirnschranke. Arch. f. Psychiatr. **102** (1934). — Eigenartige Altersveränderungen am Epithel des menschlichen Pl. chor. Schweiz. med. Wschr. **1936**. — SCHNOPFHAGEN: Über cystoide Degeneration im Pl. chor. Akad. Wiss. Wien., Abt. 3 **74** (1876). Das Ependyma der Gehirnventrikel. Jb. Psychiatr. **1** (1879); **3** (1882). — SCHOEN: Incl. cell. dans les elem. ependym. chez le souris inoculés avec le virus de NICOLLE etc. C. r. Soc. Biol. Paris **127** (1938). — SCHUELE: Zentrale Höhlenbildung im Rückenmark. Dtsch. Arch. klin. Med. **20** (1877). — SCHWALBE: Lehrbuch der Neurologie. In Handbuch der Anatomie von HOFFMANN. Erlangen 1881. — SEE: Sur le communications des cavitèes ventr. avec les espaces sous arachnoidiens. Rev. mens. **2**, **3** (1878/79). — SEIFRIED u. KREMBS: Veränderungen des ZNS. bei der infektiösen Anämie des Pferdes (Ependym. granul.) Z. Inf.krkh. Haustiere **56** (1940). — SEIKEL: Ependymitis ulcerosa und Riesenzellen bei Lues cong. Zbl. Path. **33** (1923). — SEVERI, L.: Istopatol. sist. ipotalamico-ipofisario nell'intoss. proteinica cronica sperim. Sperimentale **92** (1938). — SHELDEN, PARKER and KERNOAN: Occlusion of the aquaeductus of Sylvius. Arch. of Neur. **23** (1930). — SICARD: Les injections sous-arachnoidiennes etc. Thèse Paris 1900. — SIEDAMGROTZKY: Beeinflussung der Produktion des Ventrikelliquors durch Röntgenbestrahlung des Pl. chor. Arch. klin. Chir. **145** (1927). — SIERRA: Ventrikelerweiterung und Subependymitis bei Paralyse. Prensa méd. argent. **10** (1924) (spanisch). Ref. Zbl. Neur. **39**. — Histopathol. der Pl. chor. bei Dem. Praecox. Semana méd. **1929** (spanisch). Ref. Zbl. Neur. **53**. — SIMSON: Kalkablagerungen im Pl. chor. bei Retinitis pigmentosa. Z. Augenheilk. **75** (1931). — SJOEVALL: Ependymcyste embryonalen Charakters. Beitr. path. Anat. **47** (1910). — SLAVIERO: Gliosi epend. e collageneizzazione dei pl. cor. in caso di blocco sperim. dell'aquedotto di Silvio. Pathologica (Genova) **24** (1932). — SMIRNOFF: Bösartige Gliome. Arch. f. Psychiatr. **83** (1928). — SOBOL u. SVETNIK: Wirkung des Wismut auf das Nervensystem. Arch. f. Psychiatr. **88** (1929). — SPATZ: Die Bedeutung der vitalen Färbungen usw. Arch. f. Psychiatr. **101** (1933). — SPATZ u. STROESCU: Zur Anatomie und Pathologie der äußeren Liquorräume des Gehirns. Nervenarzt **7** (1934). — SPERANSKI: Influence du l. c. r. sur l evol. des proc. physiol. et pathol. du cerveau. Inst. Pasteur **40** (1926). — Le rôle du syst. nerv. central dans les proc. morb. loc. Ann. Inst. Pasteur **42** (1928). — SPIEGEL: Aneurisma racemosum des Pl. chor. usw. Arch. Dis. Childr. **8** (1923). — SPILLER: Two cases of part. int. hydrocephalus etc. Amer. J. Med. Sci. **124** (1902). — Syringoencephalia etc. J. Nerv. Dis. **44** (1916). — SPILLER and ALLEN: Internal hydrocephalus etc. J. Amer. Med. Assoc. **48** (1917). — SPINA: Untersuchungen über die Resorption des L. c. s. Arch. ges. Physiol. **83** (1901). — SPURLING: Cerebrospin. fluid. changes im comp. a. drainage after intrav. adm. of various sol. Arch. Surg. **18** (1929). — STAEMMLER: Hydromyelie, Syringomyelie und Gliose. Berlin 1942. — STERN: Le liquide c. r. etc. Schweiz. Arch. Neur. **8** (1921). — STEWART: Xanthoma a. Xanthosis. Brit. Med. J. **1924**, 2. — STIEHLER: Mech. of secret. J. of Biol. Chem. **126** (1938). — STIEHLER, R. D., and L. B. FLEXNER: A mechanism of secretion in the choroid plexus. The conversion of oxidation-reduction energy into work. J. of Biol. Chem. **126**, 603 (1938). — STOCKLASA: Über die Flimmerbewegung in den nervösen Zentralorganen. Anat. Anz. **69** (1930). — Stöhr jr.: Zur Innervation der Pia und des Pl. chor. beim Menschen. Anat. Anz. (Ergh.) **54** (1921). — Innervation der Pia des Rückenmarkes und der Telae chor. beim Menschen. Z. Anat. **64** (1932). — Die peripheren Anteile des vegetativen Nervensystems. In Handbuch der mikroskopischen Anatomie, Bd. 4. Berlin 1929. — Mikroskopische Innervation der Blutgefäße. Erg. Anat. **32** (1938). — Stookey and Scarf: Occlusion of the aquaeduct of Sylvius etc. Bull. Neur. Inst. New York **5** (1936). — Stoppani: La calcificaz. dei pl. cor. per la diagnosi di tumore cerebr. Cancro **4** (1933). — Studnicka: Über dem Bau des Ependyms der nervösen Zentralorgane. Anat. H. **15**, 48 (1900). — Sundberg: Das Glykogen in menschlichen Embryonen etc. Z. Anat. **73** (1924). — Sundwall: The chor. pl. etc. Anat. Rec. **12** (1917).

Taft: A note on the pathol. of the chor. pl. in general paralysis. Arch. of Neur. **1922**. — Intracell. bodies in human chor. pl. J. Neuropath. **3** (1944). — Takashima: Altersunterschiede von lipoiden Substanzen in den Epithelien der Pl. chor. Jap. J. Med. Sci. **1931**. — Tannenberg: Über Plexusveränderungen und ihre Beziehungen zur Urämie. Zbl. Path. **32** (1921). — Tarozzi: Osserv. istol. ed istogen. sul glioma. Riv. sper. Freniatr. **49** (1925). — Telatin: Studi sulla fisiopatol. del l. c. s. Giorn. Psichiatr. **61** (1933). — Idrocefalo sperim. Giorn. Psichiatr. **61** (1933). — Tillgreen: Ein seltener Fall von Ependymitis des 4. Ventrikels usw. Z. klin. Med. **63** (1907). — Tilney: A gland. outgrowth from the roof the oblongata in Amia calva. J. Comp. Neur. **43** (1927). — Török: Otogene Arachnoidealcyste. Z. Neur. **91** (1924). Traeger: Histologische Studien über den Pl. chor. einiger Säugetiere. Diss. Leipzig 1921. — Tramer: Beitrag zur Frage über die Beziehungen von malignem Tumor und Mißbildung im Pl. chor. Internat. Neurol. Kongr. Bern 1930. — Tretjakoff et Godoy: L'Etude anatomique des pl. chor. dans trois cas de mal. familares diverses. Revue neur. **28** (1921). — Tsiminakis: Zur pathologischen Histologie der Pl. chor. Wien. klin. Wschr. **1903**. — Tsucher: Innerv. of chor. pl. Arch. of Neur. **58** (1947). — Tupa: Etude histopatholog. dans la polyiomyelite etc. Arch. roum. Pat. expér. **7** (1934). — Turkewitsch: Ependym der Sylviusschen Wasserleitung bei Embryonen des Stachelschweines. Anat. Anz. **84** (1931).

Ugurgieri: Meningite tub. subacuta etc. Riv. paol. nerv. **38** (1931).

Valentin: Nova Acta physico-medica **1836**. — Valkenburg, van: Experimentelles und Pathologisches über Ependym und Pl. chor. Mschr. Psychiatr. **74** (1929). — Die Verbreitungsweise der cerebralen Infektion von einem hämatogenen Großhirnabsceß aus. Z. Neur. **94** (1925). — Valso: Pl. chor. und innere Sekretion. Klin. Wschr. **1938**, 11. — Vecchi, de, e Patrassi: Angioreticuloma dei pl. cor. Schweiz. med. Wschr. **1935**. — Veleida: Über die Einwirkung intravenöser Traubenzuckerzuführungen auf den Pl. chor. Fol. neuropath. eston. **13** (1934). — Veneziani: Contributo alla fisiologia dei pl. cor. Arch. Farmacol. sper. **1903**. — Veraguth: Über niederdifferenzierte Mißbildungen des ZNS. Arch. Entw. mechan. **12**. — Vialli: Ricerche morfol. ed istol. sui pl. cor. degli anfibi. Riv. sper. Freniatr. **52** (1928). Grassi e lipoidi dei pl. cor. nella serie dei vertebr. Monit. zool. ital. **40** (1930). — Ricerche morf. ed istol. sui pl. cor. dei rettili. Riv. sper. Freniatr. **53** (1930). — Ricerche morf. sulle formaz. coroidee dei teleostei. Pubbl. Staz. zool. Napoli **10** (1930). — Ricerche morfol. sui pl. cor. degli uccelli. Arch. ital. Anat. **29** (1931). — Ricerche morf. sulle form. coroidee dei pesci. Pubbl. Staz. zool. Napoli **11** (1931). — L'organo linfomielencefalico dei Ganoidi. Arch. di Biol. **43** (1932). — Boll. Zool. **3** (1932). — Istologia comparata e istofisiologia dei pl. cor. nella serie dei vertebr. Riv. sper. Freniatr. **54** (1930). — Morfologia dei pl. cor. nella serie dei vertebrati. Boll. Zool. **3** (1932). — Zone e forme differenziate nell'epitelio dei pl. cor. dei pesci. Monit. zool. ital. **43** (1933). — Rapporti fra connettivo reticolare e reticulum nei pl. coroidei. Monit. zool. ital. **43** (1933). — Contributo alla conoscenza istol. dell'epitelio coroideo. Cervello 1933. — Formaz. linfoidi meningee e perimeningee nei Selaci. Boll. Zool. **4** (1933). — Le formazioni coroidee nei vertebrati. Riv. Pat. nerv. **43** (1934). — Vilstrup, G.: Studies on the choroid circulation (Thesis). Novi Libri, Books and periodicals from Ejnar Munksgaard 14, No 3—4, 1952. — Virchow: Über das granulierte Aussehen der Wandungen der Gehirnventrikel. Allg. Z. Psychiatr. **3** (1846). — Vogt, H.: Mikrocephale Mißbildungen. Arb. hirnanat. Inst. Zürich, H. 1. — Volkmann, v.: Morphologie, Entstehung und Vorkommen des Abnutzungspigments im Epithel der menschlichen Pl. chor. Z. Anat. **102** (1933). — Volland: Parainfektiöse Encephalitis. Virchows Arch. **315** (1948). — Vonwiller: Über das Epithel und die Geschwülste der Hirnkammer. Virchows Arch. **204** (1911). — Vries, de: Ein Fall von Hemicephalus. Schweiz. Arch. Neur. **10** (1922).

Walter: Chronische und akute Ependymitis. Diss. Freiburg 1897. — Die Blut-Liquorschranke. Leipzig 1929. — Wahlbaum: Das Ependym bei der tuberkulösen Meningitis. Virchows Arch. **160** (1900). — Warren: The developpement of the paraphysis a. pineal region in mammalia. J. Comp. Neur. 28. — Watrin: Reaction oxydasiques dans les pl. chor. J. Comp. Neur. **86** (1922). — Modif. fonct. des cellules des pl. chor. C. r. Soc. Biol. Paris **85** (1921). — Weed and McKibben: Pressure changes in the cerebrospin. fluid following-intraveinous injection of sol. of var. concentr. Amer. J. Physiol. **48** (1919). — Experim. alt. of brain bulk. Amer. J. Physiol. **48** (1919). — Weed, H., and Lewis: Studies of cerebrospinal fluid II, III, IV. J. Med. Res. **31** (1914). — The devel. of the cerebrospinal spaces in pig. a. in man. Carnegie Inst., Publ. **1917**, No 225. — The cerebrospinal fluid. Physiol. Rev. **2** (1922). — The absorption of c. s. f. into the ven. system. Amer. J. Anat. **32** (1923). — Certains anat. a. physiol. aspect of the meninges. Brain **58** (1935). — WEED and HUGSON: Systemic effects of the intraveinous inject. sol. of various concentr. with esp. ref. to the c. s. f. Amer. J. Physiol. **58** (1917). — The c. s. f. in relat. the bony encasement of the c. n. s. etc. Amer. J. Physiol. **58** (1917). — Intracran. venous pressure a. c. s. f. pressure as affected by the intravein. inject. of sol. of various concentr. Amer. J. Physiol. **58** (1917). — WEGELIN: Pathologische Anatomie der elektrischen Unfälle. 7. Internat. Kongr. für Unfallmed. 1935. Bruxelles: Kromans 1935. — WEHRBEIN: Pathologisch-anatomische Untersuchungen über Cholesteatom des Pferdes. Arch. Tierheilk. **38** (1912). — WEIGERT: Beitrag zur Kenntnis der normalen menschlichen Neuroglia. Frankfurt 1895. — WEISS: Die Wucherung der Kammerwände des Gehirnes. Med. Jb. 1878. — WELLER and CHRISTENS: The c. s. f. in lead poissoning. Arch. of Neur. **14** (1925). — WETZEL: Bemerkungen und Bilder zur Anatomie der Tela chor. sup. usw. Z. Anat. **103** (1934). — WILL: Über Verknöcherung der Aderhautgeflechte. Schweiz. Arch. Neur. **44** (1939). — WINDHOLZ: Die Lipoide des menschlichen Ädergeflechtes. Zbl. Path. **48** (1930). — WINKLER: Cyclopie. Fol. neurobiol. **10** (1917). — WISLOCKI and DEMPSEY: Chem. histol. of the chor. pl. J. Comp. Neur. **88** (1948). — WISLOCKI and KING: The permeability of the hypophysis a. hypothalamus to the vital dyes. Amer. J. Anat. **58** (1936). — WISLOCKI and PUTNAM: Absorption from the ventr. in exper. prod. hydrocephalus. Amer. J. Anat. **29** (1921). — Note on the anat. of the area postrema. Anat. Rec. **18** (1920). — Further observ. on the anat. a. physiol. of the Area postr. Anat. Rec. **27** (1924). — WOHAK: Varix der Vena magna Galeni. Virchows Arch. **242** (1923). — WOHLWILL, F.: Zur Frage der sog. Enceph. cong. (VIRKOW). Z. Neur. **68** (1921). — WOLFHEIDEGGER: Der histochemische Nachweis von Vitamin C im Epithel des Pl. chor. Schweiz. med. Wschr. 1941. — WOLFF, H.: Die Bedeutung des verminderten Liquordruckes. Leipzig: Georg Thieme 1942. — WOLF and COWAN: Xanthomas. Rev. argent. Neur. **9** (1944). — WOLFF and FORBES: The cerebral circul. The action of hypert. sol. Arch. of Neur. **20** (1928).— WULLENWEBER: Über die Funktion des Pl. chor. usw. Z. Neur. **88** (1924). — Aneurysma des Pl. chor. mit Stauungspapille. Dtsch. Z. Nervenheilk. **84** (1925).

YOSHIMURA: Histochemisches Verhalten des menschlichen Plexus chor. Arb. neur. Inst. Wien **18** (1909).

ZALKA, E.: Beitrag zur Histopathologie der Pl. choroid. Mag. orv. Arch. **26** (1924) (ungarisch). Ref. Zbl. Neur. **41**. — Beitrag zur Vitalfärbung der Pl. chor. Mag. orv. Arch. **27** (1926) (ungarisch). Ref. Zbl. Neur. **45**. — Beitrag zur Pathohistologie der Pl. chor. I. Die Altersveränderungen. Virchows Arch. **267** (1928). — II. Histologische Veränderungen der Pl. chor. bei verschiedenen Krankheitsformen. Virchows Arch. **267** (1928). — III. Weitere Untersuchungen über Sklerose und Cysten des Pl. chor. Arch. f. Psychiatr. **102** (1934). — Über das Vorkommen und Entstehung der Silbergebilde im Plexusepithel. Beitr. path. Anat. **94** (1935). — Plexus chor. und Gehirnblutung. Virchows Arch. **301** (1938). — ZAND: Rôle protect. de la pie mère et des pl. chor. C. r. Soc. Biol. Paris **91** (1924). — Revue neur. **1924**. — Med. doświadcz. i spol (poln.) **1924**. Ref. Zbl. Neur. **40**. — Plexus chor. Warszaw. Czas. lek. **5** (1928) (polnisch). Ref. Zbl. Neur. **54**.— L'influence des solutions salines hyper. et hypotoniques sur le tissu nerveux. Revue neur. **1930**.— Les plexus chorioidiens. Paris: Masson & Cie. 1930. — A propos de la pathologie des méninges cérébrospinales. Ann. d'Anat. path. **14** (1937). — ZANGGER: Das Membranenproblem und das ZNS. Schweiz. Arch. Neur. **13** (1923). — ZIEGLER: Beitrag zur Anatomie der Pl. chor. Dtsch. Z. Chir. **66** (1903). — ZIMMAN: Struct. chor. pl. Arch. hystol. norm. y pythol. **1** (1943). — Degen. fibrill. epit. pl. cor. Arch. brasil. med. **35** (1945). — ZINGERLE: Störungen der Anlage des ZNS. Arch. Entw.mech. **14**.

Namenverzeichnis.

(Die *kursiv* gedruckten Seitenzahlen beziehen sich auf die Literatur.)

Symons, M. s. Apley, J. *79, 80,*
593.
Synder, E. R. s. Katzenel-
bogen, S. *46.*
Szatmari, A. u. L. Zoltan *587.*
Szoege s. Manteuffel-Szoege.

Taft *894.*
Taggart jr., S. K. 741.
— u. A. E. Walker *772.*
Takase 53.
Takashima *894.*
Takeya-Siko 750, *772.*
Takigawa s. Kikuzawa *660.*
Talairach, J. 164.
— s. Hecaen, H. *187.*
Tale, Th. s. Cohen, L. H. *42.*
Tambroni, R. 352.
— u. E. Padovani *362.*
Tanaka, T. *663.*
Tancredi, F., u. A. M. Pimenta
51.
Tangermann, R. *51.*
Tannenberg 870, *894.*
— J. 451,452,453,454,463,*587.*
Tanzer 792.
— s. Gilman *821.*
Tappi 776, *821, 823.*
Tarantelli, E. *97.*
Tardieu, G. 205.
— u. J. Trélat *276.*
Tardini, A. 489, *587, 591.*
Tarlau 625.
— u. McGrath *663.*
Tarlov 175, 176, 177, 178.
— s. Penfield, W. *190.*
Tarlow 668.
Tarozzi *894.*
Tas *663.*
Taterka, H. 446, *587.*
Tatzer, H. s. Jentzer, A. *693.*
Taubert, O. *57.*
Tauker 838.
Tavernari *663.*
Tavernier, J. B. 490.
— s. Daum, S. *590.*
Taylor 25.
Taziri, M. 465.
— s. Kitasato, Y. *588.*
Tebelis, F. 20,30,183,*192,*697,
700, 702, 703, 704, 705, 706,
707, 709.
— s. Nicolajew, V. *48.*
— s. Peters, G. *715.*
Tedeschi 35, *97,* 604, *663.*
Teglbjaerg, Stubbe s. Christen-
sen *277.*
Telatin *894.*
Tenani 177.
Tenner, J. 350, *362.*
Ter Braak, J. W. G., u.
F. Krause *597.*
Teresi, J. L. 203.
— s. Fox, M. J. *272.*

Tesseraux, H. 558, *597,* 684,
695.
Tetafiore, E. *97.*
Thalbitzer, S. 53, *57.*
Thannhauser, G. s. Düen, L.
43.
Theiler, K. *601, 767.*
Thiébaut 602.
— Féndou u. Berdet *663.*
— F. 737.
— u. F. Fenelon *772.*
Thieffry s. David *772.*
Thiele 55.
— R. 31, *51.*
Thiemich, M. 139, 208.
— u. W. Birk *192, 276.*
Thiemig *97.*
Thiry s. Haushalter *888.*
Tillgreen *894.*
Tilney 827, *894.*
Thom, D. A. 146,*192,*208,*276.*
— u. E. E. Southard *192.*
Thomas 395, 401, 814, 816.
— u. Hauser *825.*
— u. Schaeffer *825.*
— s. André *580.*
— A. 502.
— u. J. Gruner *593.*
— Fr. 462, 689.
— s. Busscher, J. de *585, 692.*
— L. 469, *589, 595.*
Thums 195, 200, 201, *276.*
— K. *98.*
— s. Lisch, K. *594.*
Thurel, R. 231, 444, 727.
— s. Alajouanine *276, 584,767.*
Tillmann 145,161,165,168,*192.*
Timme 684.
Timmer, A. P. 566, *601.*
Timoféeff-Ressovsky, N. W.
648.
— u. K. G. Zimmer *663.*
Tinel 698, 814.
— s. Déjérine *825.*
Tissenbaum, M. J. s. Cohen,
L. H. *42.*
Todde 24.
Todoroky, Y. 669.
— s. Hara, A. *692.*
Töbel, F. *51,* 143, *192.*
Töndury, G. 171, *192,* 203, *276,*
284, 285, 286, 341, 342, 353,
357, 359, *362,* 364, 393, 407,
422, 493, 497, 500, 567, 571,
579, 583, 593, 595, 601.
Tönnis, W. 165, 166, 167, 180,
192, 696, 702, 729, 745, 762,
769, 773, 774.
— u. B. Griponissiotis *192.*
— Riessner u. Zülch *773.*
— s. Bergstrand, H. *657, 713.*
— s. Olivecrona *189.*
Töppich 235, 237, 239.
Török, J. 418, *583, 599,* 742,
772, 828, *894.*

Toit, F. du 404, *583, 587.*
Tokay 142.
— L. s. Stief, A. *50.*
Tomasson, H. *51, 57.*
Tomkins, V. N. 725, 742.
— W. Haymaker u. E. H.
Campbell *769, 772.*
Tompkins, J. B. *51.*
Tonini 157, *192.*
Torkildsen, A. *51.*
Tornay, A. s. Sawchuk, S. *275.*
Tosquelles, F. s. Subisina, A.
715.
Touraine 708.
— u. Scémama *663.*
Tourneux 366.
Toverud, K. U. *593, 597.*
Traeger *894.*
Tramer 128, 152, 153, *192,* 708,
852, 863, *894.*
Tramontano-Guerritore, G.
589.
Tredgold, A. F. *98.*
Trélat, J. 205.
— s. Tardieu, G. *276.*
Trendelenburg, W. 106, *192.*
Tretiakoff 870.
— u. Godoy *894.*
— C. 20, 22.
— s. Laignel-Lavastine *46.*
Tribby, W. W. 203.
— s. Wyatt, I. P. *276.*
Tripier 664.
Trömner, E. 398, *583.*
Trollard, Ch. E. 741.
— s. Coleman, C. C. *769.*
Trotter 779, *823.*
Trunk, H. *51.*
Trybalski 410.
— s. Popesco, St. *583.*
Tschenow 699.
Tscherkes, A. L. 21.
— u. M. Mangubi *51.*
Tscherning 23.
Tschernischeff 837.
Tschernomordik 249.
— s. Scharapow *279.*
Tschernyscheff 280.
Tsinimakis, K. 65, 66, *81,*
894.
Tsucher *894.*
Türck 194.
Tumbelaka 470, 567, *589, 601.*
Tupa 838, *894.*
Turetzki s. Klossowsky *889.*
Turhan 215.
— u. Rössler *280.*
Turkewitsch 827, *894.*
— B. G. 402, *583.*
Turnbull, F. A. *587.*
Turner 153, 194.
Turpin *98.*
Tuthill, C. R. 332, *359.*
Tytgat, H. A. s. Myle, G.
715.

Sachverzeichnis.

Printed in the United States
By Bookmasters